DICTIONNAIRE

DE

PHYSIOLOGIE

PAR

CHARLES RICHET

PROFESSEUR DE PHYSIOLOGIE A LA FACULTÉ DE MÉDECINE DE PARIS

AVEC LA COLLABORATION

DE

MM. E. ABELOUS (Toulouse) — ANDRÉ (Paris) — S. ARLOING (Lyon) — ATHANASIU (Paris)
BEAUREGARD (Paris) — R. DU BOIS-REYMOND (Berlin) — BOTTAZZI (Florence) — E. BOURQUELOT (Paris)
J. CARVALLO (Paris) — CHARRIN (Paris) — A. CHASSEVANT (Paris) — CORIN (Liège)
A. DASTRE (Paris) — R. DUBOIS (Lyon) — W. ENGELMANN (Utrecht) — G. FANO (Florence)
X. FRANCOTTE (Liège) — L. FREDERICQ (Liège) — J. GAD (Leipzig) — GELLÉ (Paris)
F. GLEY (Paris) — L. GUINARD (Lyon) — M. HANRIOT (Paris) — HÉDON (Montpellier) — F. HEIM (Paris)
P. HENRIJEAN (Liège) — J. HÉRICOURT (Paris) — F. HEYMANS (Gand) — H. KRONECKER (Berne)
P. JANET (Paris) — LAHOUSSE (Gand) — LAMBERT (Nancy) — E. LAMBLING (Lille) — P. LANGLOIS (Paris)
L. LAPICQUE (Paris) — CH. LIVON (Marseille) — E. MACÉ (Nancy) — MANOUVRIER (Paris)
L. MARILLIER (Paris) — M. MENDELSSOHN (Pétersbourg) — E. MEYER (Nancy)
MISLAWSKI (Kazan) — J.-P. MORAT (Lyon) — A. MOSSO (Turin) — J.-P. NUEL (Liège)
V. PACHON (Bordeaux) — F. PLATEAU (Gand) — G. POUCHET (Paris) — E. RETTERER (Paris)
P. SÉBILEAU (Paris) — C. SCHÉPILOFF (Genève) — J. SOURY (Paris)
W. STIRLING (Manchester) — J. TARCHANOFF (Pétersbourg) — TRIBOULET (Paris)
E. TROUESSART (Paris) — H. DE VARIGNY (Paris) — VIDAL (Paris) — E. WERTHEIMER (Lille)

TOME DEUXIÈME

AVEC GRAVURES DANS LE TEXTE

PARIS

ANCIENNE LIBRAIRIE GERMER BAILLIÈRE ET Cie

FÉLIX ALCAN, ÉDITEUR

108, BOULEVARD SAINT-GERMAIN, 108

1896

1er Fascicule.

CONDITIONS DE LA PUBLICATION

L'ouvrage formera probablement cinq volumes in-4° de 1 000 pages chacun. Chaque volume se composera de trois fascicules.

Il paraîtra environ trois fascicules par an.

Prix du volume : **25** francs — Prix du fascicule : **8** fr. **50**.

DICTIONNAIRE

DE

PHYSIOLOGIE

TOME II

DICTIONNAIRE

DE

PHYSIOLOGIE

PAR

CHARLES RICHET

PROFESSEUR DE PHYSIOLOGIE A LA FACULTÉ DE MÉDECINE DE PARIS

AVEC LA COLLABORATION

DE

MM. E. ABELOUS (Toulouse) — ANDRÉ (Paris) — S. ARLOING (Lyon) — ATHANASIU (Paris)
BEAUREGARD (Paris) — R. DU BOIS-REYMOND (Berlin) — P. BONNIER (Paris) — BOTTAZZI (Florence)
E. BOURQUELOT (Paris) — ANDRÉ BROCA (Paris) — J. CARVALLO (Paris) — CHARRIN (Paris)
A. CHASSEVANT (Paris) — CORIN (Liège) — A. DASTRE (Paris) — R. DUBOIS (Lyon) — W. ENGELMANN (Utrecht)
G. FANO (Florence) — X. FRANCOTTE (Liège) — L. FREDERICQ (Liège) — J. GAD (Leipzig)
GELLÉ (Paris) — E. GLEY (Paris) — L. GUINARD (Lyon) — M. HANRIOT (Paris) — HÉDON (Montpellier)
F. HEIM (Paris) — P. HENRIJEAN (Liège) — J. HÉRICOURT (Paris) — F. HEYMANS (Gand)
H. KRONECKER (Berne) — P. JANET (Paris) — LAHOUSSE (Gand) — LAMBERT (Nancy)
E. LAMBLING (Lille) — P. LANGLOIS (Paris) — L. LAPICQUE (Paris) — CH. LIVON (Marseille) — E. MACÉ (Nancy)
GR. MANCA (Padoue) — MANOUVRIER (Paris) — L. MARILLIER (Paris)
M. MENDELSSOHN (Pétersbourg) — E. MEYER (Nancy) — MISLAWSKI (Kazan) — J.-P. MORAT (Lyon)
A. MOSSO (Turin) — J.-P. NUEL (Liège) — V. PACHON (Bordeaux) — F. PLATEAU (Gand)
G. POUCHET (Paris) — E. RETTERER (Paris) — P. SÉBILEAU (Paris) — C. SCHÉPILOFF (Genève)
J. SOURY (Paris) — W. STIRLING (Manchester) — J. TARCHANOFF (Pétersbourg) — TRIBOULET (Paris)
E. TROUESSART (Paris) — H. DE VARIGNY (Paris) — E. VIDAL (Paris)
G. WEISS (Paris) — E. WERTHEIMER (Lille)

TOME II

B-C

AVEC 84 GRAVURES DANS LE TEXTE

PARIS

ANCIENNE LIBRAIRIE GERMER BAILLIÈRE ET CIE

FÉLIX ALCAN, ÉDITEUR

108, BOULEVARD SAINT-GERMAIN, 108

1897

DICTIONNAIRE

DE

PHYSIOLOGIE

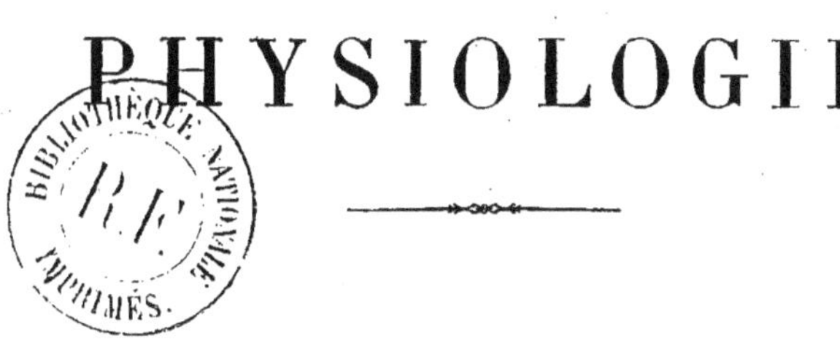

BAER (Karl Ernst von) naquit le 28 février 1792 à Piep (Esthonie). Dans la maison paternelle, plusieurs précepteurs lui enseignèrent les mathématiques et l'histoire naturelle. La botanique l'attira beaucoup, ce qui explique comment plus tard (1821), il publia dans la revue *Flora* une relation sur une excursion botanique aux bords du Samland, et qu'il inséra dans le *Bulletin* de l'Académie de Saint-Pétersbourg des observations sur la flore de la Nouvelle-Zemble et sur les dattiers de la mer Caspienne.

De 1807 à 1810, il étudia à l'école épiscopale de Réval, puis de 1810 à 1814 à l'Université de Dorpat, où il prit le grade de docteur en médecine (29 août 1814).

Peu satisfait de l'enseignement exclusivement théorique de Dorpat, il alla à Vienne où il trouva la même insuffisance d'exercices pratiques.

Porté vers l'anatomie comparée, il se rendit à Würzburg, où DÖLLINGER l'initia aux études zoologiques. Dans le laboratoire de DÖLLINGER, il assista aux recherches de PANDER sur le développement du poulet (1815-1816).

BAER passa l'hiver de 1816 à 1817 à Berlin, où il fréquentait les salles de dissection de RUDOLPHI et de ROSENTHAL.

En 1817, BURDACH lui offrit les fonctions de prosecteur à Königsberg; en 1819, BAER devint chargé de cours, et en 1822 professeur de zoologie. En 1834, il quitta Königsberg pour aller à Saint-Pétersbourg remplir les fonctions de professeur de zoologie et d'anatomie. Il enseignait en même temps l'anatomie comparée et la physiologie à l'Académie médico-chirurgicale.

En 1866, il se retira à Dorpat où il vécut jusqu'au moment de sa mort (28 novembre 1876).

Telle est, en résumé, la vie de BAER. Son activité scientifique s'exerça sur les diverses branches de l'histoire naturelle; mais ses recherches fondamentales eurent pour objet l'embryologie.

Bien que G.-F. WOLFF eût montré, en 1759, que l'embryon se formait aux dépens d'une lame étendue sur l'œuf, on ignorait encore vers 1820 les premiers développements du jeune être. On pensait, avec WOLFF, qu'il prenait naissance aux dépens d'une substance amorphe.

Malgré les recherches de PRÉVOST et DUMAS sur l'œuf des batraciens, on continuait à affirmer que l'embryon des mammifères ou l'embryon humain se forme dans l'utérus au moment de la fécondation, par l'effet d'une sorte de cristallisation. On se refusait à admettre que les mammifères, l'homme y compris, pussent descendre d'un ovule, à l'exemple des poissons, des batraciens, des reptiles et des oiseaux.

C'est BAER qui découvrit en 1827 l'ovule des mammifères sur une chienne en rut. Cette découverte fondamentale montra que les choses se passent chez les mammifères comme chez les autres animaux. L'organisme femelle produit un germe organisé, un ovule à forme déterminée. Une fois fécondé, cet ovule passe par une série de stades

successifs avant de revêtir la forme des parents qui lui ont donné naissance. Plus tard, le jeune être produit un ovule semblable à celui dont il est descendu. C'est ainsi qu'une espèce animale peut être comparée à une chaîne ininterrompue dont les divers animaux se relient l'un à l'autre. D'où cette conclusion de Baer : le *développement n'est qu'un changement de forme.*

En poursuivant ses recherches embryologiques, Baer établit la façon dont l'ébauche primitive (*blastoderme* ou *disque embryonnaire*) se transforme en une série de lames ou feuillets qui produisent plus tard les organes du jeune être. Le premier, Baer étudia l'embryologie comparée; il s'occupa du développement des poissons, des reptiles et des amphibiens. Les résultats principaux de ces recherches sont consignés dans son grand ouvrage intitulé *Développement des animaux*, dont la première partie parut en 1828, et la seconde en 1837. C'est là qu'entre autres découvertes, on relève celle de la corde dorsale, le mode de formation de l'amnios et de l'enveloppe séreuse ou chorion, le développement des vésicules cérébrales, des vésicules oculaires, etc.

Comme résultat général de l'embryologie, Baer arrive aux mêmes conclusions que Cuvier, c'est-à-dire qu'il existe quatre types fondamentaux d'animaux. Autrement dit, les organes apparaissent dans un ordre différent chez les *animaux rayonnés*, les *articulés*, les *mollusques* et les *vertébrés*.

Ces conclusions, sur lesquelles il est inutile d'insister, n'ont plus aujourd'hui qu'un intérêt historique, depuis que les progrès de l'embryologie nous ont fait connaître, dans les différents types, des ressemblances qui permettent de leur assigner une origine commune.

Quelle que soit la valeur de cette tentative de classification, l'œuvre embryologique de Baer est considérable, et voici en quels termes elle est jugée par Kölliker (*Embryol., Introd. Trad. française*) :

« La richesse et l'excellence des faits qui sont consignés dans cet ouvrage (cité plus haut), la profondeur et l'étendue des considérations générales en *font incontestablement ce que la littérature embryologique de tous les temps et de tous les peuples peut offrir de meilleur...*

« En ce qui touche les *faits*, ses travaux donnent d'abord la première investigation complète, poussée jusqu'aux détails, du développement du poulet et, en second lieu, ils exposent aussi celui des autres vertébrés d'une façon si nouvelle qu'on doit le considérer comme le *premier fondateur de l'embryologie comparée.*

« Dans le fait, V. Baer avait pour ainsi dire réalisé tout ce qu'il était possible de conquérir à la science dans l'état où elle se trouvait et avec les moyens disponibles. Ce qui manquait à ses travaux, c'était de ramener les feuillets germinatifs et les organes fondamentaux jusqu'aux éléments histologiques; en d'autres termes, c'était d'établir leur connexion avec les éléments organiques primitifs ou avec la cellule-œuf; c'était de montrer leur développement graduel aux dépens de ces éléments par différenciation histologique. Mais cette démonstration, cela va de soi, ne pouvait être tentée qu'après la découverte, par Schwann, en 1838, de la composition du corps animal par des éléments ayant valeur de simples cellules... »

Outre l'embryologie, Baer cultivait la *zoologie* et l'*anatomie*: il publia plus de cinquante mémoires relatifs à l'anatomie descriptive et comparée, à la distribution géographique des êtres et à la paléontologie. Qu'il suffise de mentionner ses recherches sur le phoque, l'esturgeon, le nez des cétacés, sur les mollusques (moule, najades, aspidogaster, bucéphale, etc.).

L'ethnographie et la géographie le passionnaient, il accepta une série de missions scientifiques que lui proposait le gouvernement russe.

Il est impossible de donner ici la liste complète des travaux de Baer : le *Catalogue of scientific Papers of the Royal Society*, I, donne l'indication de *cent dix-huit* mémoires de Baer; le volume VII de ce même catalogue en mentionne *neuf* autres; et enfin le volume IX en ajoute *six* encore.

A l'occasion du cinquantième anniversaire de son professorat, Baer a publié sa propre biographie, intitulée : *Nachrichten über Leben und Schriften des Herrn Geheimrathes Dr Karl-Ernst von Baer, mittgetheilt von ihm selbst.* Saint-Pétersbourg, 1865.

Consulter en outre :

1° WALDEYER, qui a consacré à BAER une notice : *Vortrage des Prof.* WALDEYER, dans *Amtlicher Berichte der 50 Versammlung deutscher Naturforscher und Aerzte in Munchen*, Munich, 1877, 673.

2° Un excellent article sur la vie et les travaux de BAER, paru dans la *Revue Scientifique*, 1879, n° 45, p. 1065.

ÉD. RETTERER.

BAILLEMENT.

— Le bâillement est, d'après LITTRÉ, une inspiration grande, forte et longue, indépendante de la volonté, avec écartement plus ou moins considérable des mâchoires, et suivi d'une expiration prolongée.

On peut caractériser encore le bâillement en disant que c'est une contraction spasmodique de tous les muscles inspirateurs; et, comme les muscles de la face et les muscles abaisseurs de la mâchoire sont aussi inspirateurs, ils participent à cette contraction générale commandée par le système nerveux central.

Les causes qui provoquent le bâillement peuvent être psychiques ou organiques.

Parmi les causes organiques, la respiration d'un air pauvre en oxygène et riche en acide carbonique est surtout efficace. Ainsi, dans une salle de théâtre, à la fin du spectacle, on est forcé de bâiller à plusieurs reprises. C'est une excitation physiologique, (besoin d'oxygène) du système nerveux qui répond alors par une grande inspiration.

Toutefois il ne faut pas confondre les bâillements avec les grandes inspirations qui s'observent dans le décours et à la fin de l'asphyxie. LEGALLOIS appelle bâillements les grandes inspirations où la mâchoire s'abaisse convulsivement, chez les animaux dont le bulbe a été sectionné, et la tête séparée du tronc (*Expér. sur le principe de la vie*, 1812, 83).

Toutes causes ralentissant la circulation et l'hématose peuvent provoquer le bâillement; par exemple une digestion laborieuse, la faim, le sommeil.

Les états psychiques provoquent aussi le bâillement. La monotonie d'un phénomène extérieur et l'ennui qui en résulte, sont les causes les plus communes.

Le bâillement nous offre aussi un curieux exemple d'imitation. Penser au bâillement fait bâiller. La vue d'un individu qui bâille fera bâiller ceux qui sont autour de lui. Autrement dit, pour employer les termes du langage psychologique contemporain, l'image mentale du bâillement fera naître sa réalisation organique, par suite des liens existant entre les cellules cérébrales où se crée l'image, et le bulbe respiratoire qui commande l'acte lui-même.

Il faut donc admettre que l'incitation bulbaire qui fait naître le bâillement peut être provoquée soit par une altération du sang qui irrigue le bulbe (dans sa qualité ou sa quantité); soit par une excitation venue des centres psychiques. Ainsi on doit classer ce phénomène tantôt dans le groupe des actes automatiques, tantôt dans le groupe des actes réflexes psychiques.

Le bâillement ne paraît pas être spécial à l'homme. On l'observe sur les mammifères et sur les oiseaux.

Les observations des anciens médecins sur la valeur séméiologique du bâillement sont de médiocre importance (V. BROCHIN, Art. *Bâillement. D.D.*, 1868, VIII, 151-154).

CH. R.

BAINS. Voyez Chaleur.

BAROMÉTRIQUE (Pression) et BAROMÈTRE.

— **Notions de physique générale.** — Le baromètre est un appareil physique destiné à mesurer la pression atmosphérique (βάρος, pesanteur et μέτρον, mesure).

En 1643, TORRICELLI, élève de GALILÉE, fit une expérience fondamentale qui constitue le point de départ de toutes nos connaissances à ce sujet. Il prit un tube de verre fermé par une extrémité, le remplit de mercure, ferma avec le doigt l'autre extrémité qu'il plongea dans un vase contenant du mercure et retira le doigt. La colonne de mercure s'abaissa immédiatement dans le tube, et, après quelques oscillations, son extrémité supérieure s'arrêta à 28 pouces au-dessus du niveau du mercure dans le vase. On avait déjà un premier appareil permettant de mesurer directement la pression atmosphérique, mais il était encore très imparfait et surtout difficilement maniable. Dans le but de le rendre transportable, sans altérer l'exactitude de ses indications, chose qui arrive nécessairement aux *baromètres à cuvette*, tels que ceux de Cavendish, on a imaginé nombre d'appareils dont les plus importants sont le *baromètre de* Fortin et celui de Gay-Lussac, modifié par Bunsen. Le premier est un baromètre à cuvette, mais d'une cuvette à fond mobile qui permet de ramener le niveau du mercure à un point déterminé. Le second est un baromètre à siphon, beaucoup plus léger, mais qui exige deux lectures au lieu d'une, ce qui constitue un désavantage par rapport au premier; en outre, il est moins précis. Nous ne faisons que mentionner ces deux appareils, attendu que leur description se trouve dans tous les ouvrages de physique élémentaire. On emploie encore les baromètres *anéroïdes* ou *métalliques* dont les modèles les plus connus sont ceux de Bourdon et ceux de Richard. La sensibilité de ces instruments dépend de l'élasticité de la plaque métallique sur laquelle agit l'atmosphère. Ils se graduent par comparaison avec un baromètre à cuvette; mais il faut se méfier de leurs indications qui se rapportent toujours à une latitude et à une altitude données.

Dans les observations barométriques il faut tenir compte des erreurs qui se rapportent à l'influence de la température et de la capillarité. Pour une valeur déterminée de la pression atmosphérique, la hauteur de la colonne barométrique est inversement proportionnelle à la densité du mercure, et, par suite, elle varie avec la température du liquide. Si l'on veut rendre comparables les observations faites en divers lieux, il faut ramener la hauteur de la colonne barométrique à ce qu'elle serait si le mercure était à *zéro*. Pour le développement de ce calcul nous renvoyons le lecteur à l'*Annuaire du Bureau des Longitudes*, 217, 1895. Il trouvera en outre une série de tables qui facilitent le travail de correction.

Une autre cause d'erreur est l'influence de la capillarité. Elle se fait sentir d'autant plus que le diamètre du tube barométrique est plus petit. M. Martins a inséré dans sa traduction du *Cours de météorologie de* Laemtz une table calculée qui indique, pour chaque cas, la valeur exacte de la dépression de la colonne mercurielle, c'est-à-dire la quantité dont il faut augmenter la hauteur pour avoir la véritable mesure de la pression atmosphérique.

Étant donné que l'air comme corps pesant exerce sur la surface terrestre une pression qui est en raison directe de sa hauteur, il était facile à prévoir que le baromètre pourrait servir à déterminer le degré d'altitude d'un lieu quelconque. Toutefois les variations de la pression avec l'altitude ne suivent pas un rapport constant, ainsi que le croyait Pascal. L'hypothèse d'un équilibre statique de l'atmosphère, suivant laquelle la température et l'humidité décroîtraient d'une façon régulière avec la hauteur, est bien loin de la vérité, C'est pour cela qu'il faut se mettre en garde sur la précision exagérée qu'on serait tenté d'attribuer aux résultats obtenus d'après les formules de Laplace pour calculer les hauteurs par les observations barométriques; surtout dans les cas de quelques observations isolées qui sont toujours sujettes à caution. En revanche les longues séries de mesures barométriques faites dans des stations fixes peuvent donner pour des différences d'altitude ne dépassant pas 9 000 mètres une approximation très satisfaisante. Les divers éléments dont on se sert pour établir ce calcul, assez compliqué, se trouvent dans les *Tables météorologiques internationales* et dans l'*Annuaire du Bureau des Longitudes.*

J. Müller, dans *Kosmische Physik*, se sert de la formule suivante pour calculer le rapport entre la pression et l'altitude :

$H = 18363 \log \frac{B}{b}$; où H représente la hauteur sur le niveau de la mer; B la pression barométrique sur le même niveau; et b la moyenne de mesures prises à l'endroit dont on veut connaître l'altitude. Le tableau ci-joint indique les résultats qu'on obtient d'après cette formule, pour les diverses pressions et hauteurs.

Dans un lieu déterminé du globe, la pression atmosphérique est toujours exactement mesurée par la hauteur de la colonne du baromètre. Au niveau de la mer cette pression est égale à celle qu'exerce une colonne de mercure ayant pour base un centimètre carré, et 76 centimètres de hauteur. Sa valeur réelle se calcule en sachant que le poids spécifique du mercure est de 13gr,59 par centimètre cube, ce qui fait pour le total d'une colonne barométrique de 1 centimètre carré de base, un poids de 1033 grammes. D'après cela, chaque centimètre carré de la surface d'un corps au niveau de la mer supporte, de la part de l'atmosphère, une pression de 1033 grammes.

PRESSION	ALTITUDE en MÈTRES.	PRESSION	ALTITUDE en MÈTRES.	PRESSION	ALTITUDE en MÈTRES.
millim. de Hg.		millim. de Hg.		millim. de Hg.	
760	Niveau de la mer.	406,0	5000	216,9	10000
670,4	1000	358,2	6000	191,1	11000
591,5	2000	316,0	7000	168,8	12000
521,7	3000	278,8	8000	115,9	15000
460,3	4000	245,9	9000	61,9	20000

Cette pression n'est cependant pas constante. L'expérience démontre qu'en dehors des régions tropicales le baromètre est fortement influencé par l'état de l'atmosphère. La colonne mercurielle oscille d'une manière d'autant plus prononcée qu'on s'éloigne davantage de l'Équateur.

Il y a en outre ce qu'on appelle les *variations diurnes* de la pression. Elles comprennent deux *maxima* et deux *minima*. Le premier maxima est à 9 h. 37 min. du matin, le second à 10 h. 11 min. du soir. Le premier minima est à 4 h. 5 min. du soir, le second à 3 h. 45 min. du matin.

La périodicité de ces variations diurnes de la pression est modifiée à son tour par les saisons de l'année et surtout par l'influence de la latitude. Pendant longtemps on a cru qu'au bord de la mer la pression atmosphérique était partout la même. Mais les recherches faites à ce sujet portent à admettre que la hauteur barométrique au bord de la mer tombe dans les régions équatoriales à 758 millimètres pour monter à son maximum (764 millimètres) entre les 30° et 40° de latitude et diminuer ensuite à partir de cette zone dans les contrées septentrionales. D'une manière générale, on peut dire que les oscillations barométriques se rattachent d'une part aux différences de la température extérieure et, d'autre part, à l'action variable du degré de latitude.

Influences générales de la pression atmosphérique sur les êtres vivants. — Les variations de la pression aérienne intéressent beaucoup le médecin et le biologiste, dans ce sens qu'elles forment partie du milieu vital et que leurs effets ne peuvent pas passer inaperçus pour les êtres vivants. Cependant nous pouvons dire tout de suite qu'elles n'agissent pas mécaniquement sur les organismes, car elles se transmettent dans toutes les directions, et l'équilibre se rétablit instantanément. Le trouble qu'elles opèrent est d'un ordre chimique, et étant donné que les organismes se mettent en contact avec l'atmosphère au moyen de leur fonction respiratoire, c'est là que nous devrons chercher l'origine de tous les troubles.

Il nous a semblé rationnel de développer dans cet article les diverses questions qui se rapportent à l'étude de la pression aquatique. Puisque nous nous occupons de la pression en général, il n'y a pas de raison pour négliger la pression aquatique, qui joue un rôle considérable dans la vie au sein de la mer. S'il est vrai que cette dernière pression ne se mesure pas avec le baromètre, il n'en est pas moins vrai qu'elle se calcule par des atmosphères et qu'elle représente pour les organismes marins ce que la pression aérienne représente pour les êtres qui vivent dans l'air.

Nous allons bientôt voir que les différences de la pression aérienne, de même que celles de la pression aquatique, sont très rarement un obstacle sérieux pour la vie. Quelle que soit la pression, on trouve toujours des traces d'organismes qui vivent ou qui ont vécu. Et ceci démontre que les organisations vont en changeant au fur et à mesure que les variations du milieu l'exigent.

Résumé général. — Les effets produits par les variations de la pression sur la vie des êtres peuvent se résumer comme suit : ce seront les conclusions qui vont se dégager, au fur et à mesure que nous poursuivrons l'étude de ces phénomènes.

1° Les oscillations de la pression aérienne agissent sur les organismes en changeant les conditions chimiques de leur milieu respiratoire. Ainsi que P. Bert l'avait dit, *la pression en elle-même n'est rien, les pressions partielles sont tout.* L'oxygène sous tension est mortel pour les organismes; il arrête les phénomènes vitaux. Par contre, lorsque sa tension diminue, il perd ses propriétés physiologiques et se rend impropre aux besoins de l'existence. Dans l'un comme dans l'autre cas, les êtres succombent aux progrès de l'intoxication, ne pouvant plus brûler les produits nocifs qui s'accumulent dans leur sang par le fait de la vie fermentative des tissus;

2° Pour que les troubles de la pression apparaissent nettement, il faut que les changements se fassent d'une façon brusque. Sans cela, les organismes s'adaptent vite aux nouvelles conditions de l'atmosphère, et c'est avec peine qu'on peut constater chez eux de légères modifications;

3° Les phénomènes de la décompression sont d'un ordre purement physique. Ils tiennent en effet au dégagement rapide de l'azote dissous en excès dans le sang par suite de l'augmentation de la pression;

4° Les êtres aquatiques ne semblent nullement gênés par les différences de pression qu'on observe dans l'immense étendue de l'océan. Toutefois, au delà de 400 atmosphères, c'est-à-dire à 4000 mètres de profondeur dans la mer, l'eau devient capable de vaincre la résistance élastique des tissus et de pénétrer dans l'intérieur des protoplasmas, sauf exceptions. A ce moment les organismes, extraordinairement gonflés, tombent dans la vie latente. S'ils sont tout de suite décomprimés, ils reviennent à l'état normal; mais si la pression dure longtemps, leur mort est une chose certaine.

Nous diviserons cette étude en trois grandes parties :

1° *Effets produits par les pressions élevées;*

2° *Effets produits par les pressions basses;*

3° *Phénomènes de la décompression.*

Nous allons pouvoir ainsi bien connaître le rôle que la pression atmosphérique exerce sur les diverses fonctions de la vie.

§ I. Pressions élevées. — La vie planétaire s'offre à l'observation du naturaliste sous les formes les plus multiples et les plus variées. On peut néanmoins établir une classification générale des êtres par rapport au milieu qu'ils habitent en deux grands groupes : *Les êtres aériens et les êtres aquatiques.* Les uns et les autres ne se comportent pas d'égale manière sous les brusques changements de la pression. En tant qu'un organisme vivant dans l'air est incapable de supporter une pression supérieure à vingt atmosphères, un être aquatique subit sans peine vingt ou trente fois cette même pression. Le fait paraît étrange, mais il n'en est pas moins vrai. Voilà pourquoi nous sommes obligés de les étudier séparément.

Effets produits par les pressions élevées chez les êtres aériens. — *A.* **Pressions inférieures à cinq atmosphères.** — Aucun organisme aérien, pas plus l'homme que les animaux, ne vit normalement à une pression plus forte que celle d'une atmosphère. La surface terrestre ne présente guère de dénivellations si considérables. Jamais aucune contrée, même celles qui sont situées au-dessous du niveau de la mer, comme la vallée de la mer Morte par exemple, n'ont une pression qui atteigne 825 millimètres. Il n'est donc pas possible de pouvoir connaître directement les effets provoqués chez les êtres aériens par une augmentation de la pression. Il a fallu que l'homme, dans son désir constant de chercher de nouveaux moyens de vie, descende dans les entrailles de sa planète pour qu'il s'expose ainsi aux dangers de la pression augmentée.

Depuis que Sturmius au xvie siècle inventa la cloche à plongeurs, on a eu souvent l'occasion de voir les graves phénomènes présentés par les individus travaillant dans ce fortes pressions. Dès lors les théories les plus bizarres et parfois contradictoires ont été émises pour tâcher d'expliquer le mécanisme intime de ces troubles. On a mis cependant longtemps à suivre la seule voie qui devait conduire à la trouvaille de la vérité. Ce n'est qu'en 1755 que Stairs Derham et Muschenbroeck firent les premières expériences sur les animaux enfermés dans des récipients clos. Ils ont eu le mérite de constater que, lorsque la pression dépassait une certaine limite, les animaux succombaient rapidement.

A partir de ce moment, les recherches se sont multipliées partout. Il nous serait impossible de faire ici la critique de tous ces travaux. Du reste, nous aurons à y revenir plus tard, quand nous tâcherons de mettre en lumière le mécanisme des phénomènes barométriques.

Voyons donc quels sont les effets dus à la compression, autrement dit l'action physiologique de la pression augmentée.

Soumettons un individu quelconque à l'action constante d'une pression graduellement augmentée, et arrêtons-nous à 5 atmosphères. Qu'est-ce que cet organisme va devenir? Eh bien; s'il fallait répondre tout de suite et sans beaucoup de précision, on pourrait dire qu'à part quelques légères modifications fonctionnelles il ne présenterait rien de bien remarquable. Tout d'abord l'individu ressent un bien-être général qui le rend plus actif. Puis, au fur et à mesure que la pression croît, une forte douleur d'oreilles produite par le manque d'équilibre entre la pression intérieure de la caisse du tympan et la pression externe. Plus tard, la voix acquiert un timbre nasal, et sa tonalité devient plus aiguë. A partir de 3 atmosphères l'acte de siffler lui est presque impossible : s'il veut parler, ce n'est pas sans un grand effort. Tous ces phénomènes tiennent à l'augmentation de la densité de l'air.

Les autres fonctions organiques sont aussi quelque peu atteintes. Pour ce qui concerne la respiration, le nombre et la fréquence des mouvements respiratoires diminuent notablement. Par contre, la capacité pulmonaire est plus grande, le diaphragme et la base du poumon s'abaissant considérablement. De cette manière le coefficient de la ventilation pulmonaire reste toujours le même, puisque le nombre des mouvements respiratoires est moindre; leur amplitude, en échange, est sensiblement supérieure. Comme l'a démontré P. Bert, cette augmentation de la capacité thoracique est la conséquence forcée de la compression des gaz intestinaux. La simple diminution du volume de ces gaz entraîne avec elle le diaphragme et les parois abdominales. Elle ne suit pas cependant un rapport constant avec l'augmentation de la pression. Dans une de ses expériences, la capacité pulmonaire était, à 3 atmosphères, de 16 p. 100 de la capacité initiale, tandis que, dans une autre, à la même pression, elle était de 23 p. 100. Ce fait tient à ce que le diaphragme doit rencontrer dans sa descente plus d'obstacle que les parois de d'abdomen. La tension intra-pulmonaire offre aussi d'apréciables modifications sous l'influence de l'air comprimé. Les tracés pneumographiques qu'on obtient alors montrent bien les variations de la tension intra-thoracique. Un animal est placé sous une cloche parfaitement rodée, dont la tubulure est fermée par un bouchon en caoutchouc, qui laisse passer un tube coudé en rapport avec un tambour enregistreur de Marey. Chaque mouvement de la paroi thoracique produit un changement de la pression de l'air contenu dans la cloche qui ira se marquer sur le cylindre. Les légères oscillations de l'aiguille représentent autant de modifications dans la pression de la caisse thoracique. On peut voir ainsi : 1° que le nombre de respiration. diminue dans la proportion de 10 à 7 environ; 2° que les variations de la pression intra-thoracique sont beaucoup plus petites dans l'air comprimé qu'à la pression normale.

Les phénomènes chimiques de la respiration, c'est-à-dire l'activité des combustions organiques, vont en augmentant légèrement, jusqu'à deux atmosphères, pour diminuer ensuite. Voici les chiffres trouvés par P. Bert dans quelques expériences faites sur des rats habitués à vivre depuis une dizaine de jours enfermés dans une cloche sans courant d'air.

Rats pesant 360 grammes :

à 1 atmosphère . .	12lit,60 d'oxygène consommé. 7lit,06 de CO^2 formé.
à 2,5 atmosphères. .	13lit,72 d'oxygène consommé. 10lit,32 de CO^2 formé.
à 4,2 atmosphères. .	11lit,35 d'oxygène consommé. 6lit,96 de CO^2 formé.

Du côté de la circulation on observe aussi des phénomènes assez importants. Les battements du cœur, malgré l'opinion contraire de Bucquoy, se ralentissent considérablement. Dans l'air fortement comprimé, Pol et Vatelle ont vu tomber les pulsations de 80 à 50. Ces troubles disparaissent au retour à la pression normale. D'après les recherches sphygmographiques de Vivenot, la courbe du pouls radial subit de notables changements de forme; « sa hauteur diminue, la ligne d'ascension est moins raide, plus oblique, le sommet plus arrondi, la ligne de descente perd sa forme ondulée et devient droite ou légèrement convexe ». Il y a donc, dit-il, diminution des vaisseaux et, par suite de la quantité du sang qu'ils contiennent, augmentation dans la résistance à la systole du cœur.

La tension artérielle n'avait pas pu cependant être observée à l'aide du manomètre jusqu'aux célèbres expériences de P. Bert. Les résultats obtenus par l'auteur sont assez concluants. Les voici :

1° La pression du sang (maxima, minima, moyenne) augmente dans l'air comprimé.

2° L'oscillation due à l'influence respiratoire est beaucoup plus grande dans l'air sous pression, ce qui est contraire aux assertions de Vivenot.

3° Ces variations sont concomitantes avec le ralentissement de la respiration.

4° Elles sont dues, non à l'action de l'oxygène absorbé en plus grande quantité par le sang, mais à la pression en tant qu'agent d'ordre mécanique.

La circulation capillaire offre évidemment de légères modifications sous l'influence de la pression augmentée. La peau et les muqueuses des individus travaillant dans l'air comprimé présentent une pâleur remarquable, surtout si elles ont été auparavant le siège d'une inflammation quelconque. Toutefois nos connaissances sur ce sujet se limitent à quelques observations faites par des médecins sur les ouvriers tubistes; car on n'a pas jusqu'ici institué des expériences sérieuses pour pouvoir formuler une conclusion précise.

La vie cellulaire, c'est-à-dire les phénomènes chimiques qui se passent dans la trame intime des tissus et qui sont la base de la nutrition, n'ont pas pu être étudiés d'une manière irréprochable, par suite de la grande difficulté de l'expérimentation. Pravaz de Lyon, et, après lui, Liebig et P. Bert ont essayé tour à tour d'établir le bilan nutritif des animaux soumis aux légères pressions dans les appareils médicaux.

Nous empruntons au livre de P. Bert les conclusions suivantes :

1° L'analyse de l'air expiré tranquillement par lui pendant 10 minutes donne pour une heure à la pression normale 15^{l},858 d'acide carbonique, et au maximum de la compression 16^{l},260 : il y a donc une augmentation de 0^{l},418, c'est-à-dire de 2,6 pour 100.

2° La production de l'urée, sous l'influence de la pression, augmente aussi notablement; de 20^{gr},15 qu'elle donnait à la pression normale, elle passe à 24^{gr},72, puis à 26^{gr},04 pour retomber ensuite à son taux primitif.

Toutes ces expériences ont été réalisées sur lui ou sur ses préparateurs se soumettant d'abord à une alimentation connue et gardant le repos le plus absolu. Mais, nous le répétons, la manière dont elles ont été conduites ne nous encourage pas à leur accorder une grande valeur. D'autant plus qu'il existe des différences assez importantes entre les résultats obtenus par ces divers expérimentateurs. La raison en est que les conditions dans lesquelles se sont placés les uns et les autres n'ont pas été toujours les mêmes; et, d'autre part, que les procédés employés dans leurs analyses sont bien loin d'être parfaits. Il est fort probable que la nutrition se montre plus active sous l'influence stimulante de la pression légèrement augmentée; car la plupart des observations faites par les médecins chez des individus respirant l'air comprimé accusent une sensation très vive de la faim; mais, tandis que les ouvriers tubistes maigrissent presque tous, les malades soumis au traitement aérothérapique engraissent d'une façon appréciable.

L. Simonoff affirme que, si l'on satisfait l'appétit exagéré des individus soumis aux bains d'air comprimé, ils engraissent nécessairement. Sur 53 personnes qu'il a examinées, 32 pesaient davantage après le traitement; 2 n'avaient pas changé et 19 avaient diminué de poids. Faisons néanmoins remarquer que toutes ces observations ont été prises sur des malades, et non pas sur des individus bien portants.

Voilà pour ce qui concerne les phénomènes nutritifs. En réalité les modifications ne sont pas bien sensibles, surtout pour l'organisme qui se trouve dans un milieu normal au point de vue chimique et qui n'y séjourne pas longtemps. Dans le domaine des autres fonctions les troubles sont encore moins manifestes.

A part quelques impressions désagréables reçues par les organes sensoriels, la sphère des activités cérébrales et médullaires ne se trouve ni plus ni moins restreinte. Si certains auteurs parlent d'une espèce d'excitation nerveuse qui ressemble à un commencement de folie, d'autres racontent qu'on éprouve le besoin de dormir et qu'on y est dans le calme le plus profond. Il n'y a pas moyen d'établir un accord entre ces diverses opinions; mais on doit comprendre que la variété de ces effets tient énormément aux conditions particulières de l'individu en expérimentation. Un sujet nerveux et impressionnable, comme Colladon, a pu dire qu'il se sentait pris d'une espèce d'ivresse. Par contre Lauge affirme que le seul phénomène qu'on puisse constater est un sentiment de lassitude, auquel succède généralement une tendance au sommeil.

Tels sont les phénomènes qui caractérisent la vie de l'homme dans des pressions ne dépassant jamais 5 atmosphères. Les accidents sont du même ordre pour les individus qui travaillent dans les profondeurs des eaux (scaphandriers, tubistes) que pour ceux qui sont enfermés dans des appareils de laboratoire pour un but expérimental. Il faut cependant ne pas confondre les susdits phénomènes avec les troubles qui surviennent chez ceux qui, ayant été soumis pendant un temps plus ou moins long aux effets de la compression aérienne, sont ramenés subitement aux régions où la pression est normale.

A ce moment-là surviennent des accidents qui sont dus à la décompression, dont l'étude mérite une attention spéciale.

Ainsi l'homme peut vivre à des pressions de 5 atmosphères sans ressentir d'autres troubles que de légères modifications fonctionnelles. Il y a une seule précaution à prendre quand on veut le mettre à l'écart des conséquences fâcheuses qu'entraîne la décompression : c'est celle de le faire passer d'une façon graduelle et lente dans les régions où la pression est normale.

Pressions supérieures à cinq atmosphères. — Causes de la mort. — Supposons maintenant qu'au lieu de nous arrêter aux limites déjà indiquées de 5 atmosphères, nous continuions à faire monter la pression dans la cloche où l'animal en expérience est enfermé. Il arrivera un moment où la mort viendra surprendre cet organisme qui aura lutté en vain jusqu'au dernier instant de sa vie contre les terribles effets d'une pression semblable.

A partir de 7 atmosphères, parfois même auparavant, l'animal commence à donner des signes manifestes de détresse. On peut le voir s'agiter, marcher d'un côté et d'autre, se débattre, faire des contorsions et tâcher de fuir les impressions désagréables qu'il reçoit de l'air qui l'entoure. Sa respiration devient haletante; son cœur s'accélère, et la température prise dans son rectum accuse une légère augmentation. Si à ce moment on le retire de l'appareil, quelques secondes lui suffisent pour revenir à l'état normal. Mais, si la pression continue à monter, de telle sorte qu'elle atteigne les chiffres de 15 atmosphères, alors les accidents s'aggravent, et l'animal entre dans une phase convulsive vraiment curieuse et effrayante. Ces convulsions surviennent au bout d'un temps variable, généralement de cinq à dix minutes. Elles ressemblent beaucoup à celles d'une attaque épileptique. Après une courte période de convulsions cloniques, l'animal reste contracturé dans les attitudes les plus violentes. Pendant les attaques et dans les intervalles, les mouvements respiratoires sont très amples et très précipités. « La sensibilité et l'intelligence, dit P. Bert, ne sont cependant nullement troublées. L'animal conserve intacts ses réflexes psychiques et médullaires, et paraît se rendre compte de la gravité de sa situation. Chose bizarre et surprenante ! la température qui monte jusqu'à 40° sous l'influence de l'air comprimé à quelques atmosphères, tombe tout de suite rapidement aux environs de 15 à 20 atmosphères pour ne plus se relever. Le sujet en expérience meurt dans une véritable hypothermie. C'est là l'issue de tous les accidents qu'offrent les caractères d'une profonde intoxication. »

Il n'y a pas un seul organisme aérien, animal ou végétal, qui puisse échapper aux terribles effets de l'augmentation de la pression. La vie s'arrête infailliblement aux limites de 20 atmosphères indiquées par P. Bert. Ce fait, acquis par une série d'expériences rigoureuses, pourrait servir à formuler la loi suivante, dont l'importance ne saurait être méconnue de personne. *La vie aérienne n'est plus possible au delà de 20 atmosphères de pression.*

En effet, lorqu'on étudie l'influence redoutable que l'air comprimé exerce sur les animaux de classe inférieure, les invertébrés par exemple, on observe que tous, sans exception, éprouvent les mêmes phénomènes et succombent toujours vers les mêmes limites de pression que les animaux à sang chaud. C'est là le grand mérite des recherches faites par P. Bert. Elles nous ont appris que les troubles apportés par les pressions élevées dans le mécanisme général de la vie offrent un caractère de similitude incontestable. Le mammifère comme l'oiseau, l'insecte comme le mollusque, le grand végétal comme l'algue microscopique, meurent sans rémission lorsque leur milieu vital ou l'air qu'ils respirent acquiert une pression supérieure à 20 atmosphères. Il semble que les grandes fonctions nécessaires à la vie ne peuvent plus s'accomplir sous des pressions semblables. Chaque organisme répond à sa manière aux influences fâcheuses de la pression; mais au fond le mécanisme est toujours le même. Le vertébré à sang chaud qui s'agite dans les plus violentes convulsions, l'insecte dont les mouvements sont paralysés, le végétal qui se ratatine et finit par perdre sa vitalité, le grain de blé arrêté dans sa germination, et le microbe qui ne peut plus poursuivre son travail fermentatif, sont tous soumis au même genre d'actions nuisibles.

Chemin faisant nous passerons d'abord en revue les différentes théories qui ont été proposées pour expliquer les effets produits sur les êtres vivants par l'augmentation de la pression atmosphérique.

Laissons de côté ceux qui, ignorant les principes les plus élémentaires de la physique, ont pu croire tout d'abord que l'air sous pression agit sur l'organisme comme un poids formidable capable d'écraser ses éléments et ses tissus. Il y a bien longtemps que la célèbre expérience des physiciens de Florence a démontré toute l'erreur qu'enferme une telle proposition. Les solides comme les liquides sont à peu près incompressibles, par la raison même de leur propre structure. Toutes les théories fondées sur l'idée d'une action mécanique sont donc dépourvues d'intérêt scientifique. Guérard, Foley, Pravaz, Bucquoy, Vivenot, et autres, perdent malheureusement leur temps en cherchant une interprétation d'ordre physique aux phénomènes observés par eux chez les individus vivant dans l'air comprimé. De toutes les parties de l'organisme il n'y en a qu'une seule sur laquelle puisse directement agir la pression atmosphérique : ce sont les gaz intestinaux. Leur volume doit évidemment diminuer suivant la loi de Mariotte, et, comme nous l'avons déjà dit, il en résulte un agrandissement notable de la cavité thoracique. A part ce phénomène bien connu, rien ne peut être signalé comme étant le résultat direct d'une influence physique. Le refoulement du sang vers les organes profonds, dont ont parlé quelques auteurs, doit en réalité être imputé à d'autres causes qu'à des actions purement mécaniques.

Il n'en est pas de même pour les théories qui voient dans l'origine de tous ces phénomènes le trouble chimique apporté dans les grandes fonctions de la vie par l'augmentation de la pression. Le fait que sous une plus grande pression barométrique le sang se charge, en traversant les poumons, d'une plus grande proportion d'oxygène, était une idée naturelle qui a été acceptée par presque tous les auteurs, depuis longtemps. Les médecins qui ont soigné les ouvriers tubistes ont pu voir que le sang tiré des veines pendant la compression présente une couleur rouge comme le sang artériel. Mais cela ne suffisait pas. Il fallait instituer des expériences sérieuses et bien probantes, pour pouvoir ériger là-dessus une théorie. Or on savait déjà par les mémorables travaux de Regnault et Reiset que les animaux respirant dans un milieu très riche en oxygène n'y absorbent pas davantage de ce gaz et n'y forment pas davantage d'acide carbonique que dans l'air ordinaire. Ainsi était rendue peu vraisemblable l'hypothèse d'une activité chimique augmentée.

Mais le doute et la confusion croissent quand Fernet vient prouver que les échanges gazeux de la respiration ne suivent pas du tout la loi de Dalton. C'est alors qu'on ne sait plus quoi répondre. Quelques rares esprits, d'une brillante originalité, se contentent de dire que, bien que les globules sanguins aient un coefficient d'absorption invariable, quelles que soient les conditions du milieu extérieur, l'oxygène à une forte tension est tout de même capable de se dissoudre dans le sang. Bucquoy et Foley expliquaient ainsi la richesse du sang en oxygène et l'augmentation des combustions intraorganiques. Pravaz et ses élèves Hervier et Saint-Lager, Vivenot et Panum, faisaient appel à l'expérimentation pour tâcher de résoudre ce problème. Nous savons déjà à quelles conclusions compliquées sont arrivés ces expérimentateurs. Leurs méthodes ont été bien déficientes et incomplètes. Leurs résultats devaient être contradictoires.

C'est à ce moment qu'apparaissent les découvertes de P. Bert. Malgré leur nombre et leur variété infinie, nous verrons qu'elles éclairent d'un jour nouveau tous les phénomènes.

L'éminent physiologiste s'est servi tout d'abord de l'étude de l'asphyxie dans l'air normal, pour pouvoir connaître les variations apportées au mécanisme de ce phénomène par les changements de la pression atmosphérique. La marche suivie ne pouvait être plus rationnelle.

Étant donné qu'un animal enfermé dans un récipient clos meurt infailliblement au bout d'un temps variable par suite des modifications chimiques qu'il opère dans son milieu, il était intéressant de voir quelle était la composition de l'air confiné devenu mortel pour chaque espèce, sous les diverses influences de la pression. Cette manière indirecte, dit P. Bert, serait encore le meilleur moyen de bien saisir le mécanisme des phénomènes barométriques.

Enfermons donc un animal dans une cloche, et laissons-le abandonné aux progrès de l'asphyxie dans un air de composition normale, et à 76 c. de pression. Lorsqu'il aura fini de vivre, recueillons soigneusement l'air confiné et faisons l'analyse de sa composition centésimale. Ces chiffres vont nous servir de termes de comparaison pour une autre série d'expériences où le même animal sera mort asphyxié sous l'influence de l'air sous pression.

Dans le premier cas, les chiffres trouvés par P. Bert, d'après ses nombreuses recherches sur les moineaux, oscillaient entre 3 et 4 p. 100 d'oxygène et 14 ou 16 p. 100 d'acide carbonique. La durée de la vie par litre d'air fut très variable. Cela tenait évidemment aux différences individuelles de chaque organisme.

Dans le second cas les résultats n'étaient pas du tout semblables.

Voici du reste un tableau qui indique bien les différences de composition de l'air mortel, suivant les degrés de pression auxquels les animaux ont été soumis.

EXPÉRIENCES.	PRESSION EN ATMOSPHÈRES.	COMPOSITION p. 100 DE L'AIR MORTEL.	
		O	CO^2
I	1,25	3,6	13,3
II	1,25	3,4	14,3
III	1,5	2,6	15,2
IV	1,5	2,5	15,4
V	1,75	4,9	12,9
VI	2	5	13,7
VII.	3,75	11	7,2
VIII	5	13,8	5,5
IX	6	16	4,2
X	7	16,2	3,7
XI	8.8	17,4	2,8

On voit par là que, plus la pression est élevée, plus la quantité d'oxygène contenue dans l'air devenu mortel est considérable. A $8^{atm},8$, la pression la plus forte que P. Bert ait employée dans cette série d'expériences, il restait, après la mort, 17,4 d'oxygène. Cette constatation, fort curieuse, démontrait que, au-dessus de 2 atmosphères, la mort dans l'air confiné ne pouvait pas être attribuée à la privation d'oxygène, puisque dans les expériences faites à la pression normale l'air final était beaucoup moins riche en oxygène. Par contre les résultats obtenus, en ce qui concerne les analyses de l'acide carbonique, étaient autrement démonstratifs. Si l'on multiplie les nombres indiquant la proportion centésimale de ce gaz, dans l'air devenu mortel, par le nombre d'atmosphères pour connaître la tension propre du gaz d'après l'équation $T = C \times P$, on y trouve qu'à partir de 2 atmosphères tous les chiffres oscillent entre 25 et 30.

Ainsi la mort est peut-être un véritable empoisonnement produit par le manque d'élimination de l'acide carbonique contenu dans le sang, puisque la tension de l'acide carbonique de l'air ambiant était représentée par un chiffre oscillant entre 25 et 30.

Peu importe que cette tension mortelle de l'acide carbonique fût la conséquence d'une augmentation de la pression aérienne ou d'une plus grande richesse de ce gaz dans la composition centésimale de l'air; le trouble apporté dans l'échange gazeux de la respiration était le même pour les deux cas.

Voici donc une première conclusion dont la valeur ne saurait être méconnue. Mais ce n'est pas tout. P. Bert avait vu qu'à partir de 6 atmosphères la tension propre de l'acide carbonique allait en diminuant dans l'air mortel, au fur et à mesure que la pression augmentait. Dans une nouvelle série d'expériences faites sous des pressions beaucoup plus élevées les résultats furent tout à fait nets.

Nous donnons dans ce tableau les chiffres fournis par l'analyse de l'air mortel suivant l'ordre croissant des pressions. En même temps sont inscrites les tensions calculées de l'oxygène et de l'acide carbonique d'après la composition centésimale de l'air et la pression employée dans chaque expérience.

EXPÉRIENCES.	PRESSION en ATMOSPHÈRES.	COMPOSITION DE L'AIR MORTEL P. 100		$CO^2 \times P$	$O \times P$
		CO^2	O		
I.	2	12,6	3,2	25,2	6,4
II	3	7,8	10,7	23,4	32,1
III	4	5,6	13,2	22,4	52,8
IV	5,75	3,8	15,5	21,8	89,1
V.	6	3,5	16	21,0	96
VI	8	2,4	16,8	19,2	134,4
VII.	9	2	17,5	18.0	157,5
VIII	12	1,2	18,5	14,4	222,8
IX	12	1.3	18.7	15,6	224,4
X	14	0.9	18,5	12.6	263,2
XI	14	0,9	11	13,2	111
XII.	15	0,8	19.4	11.2	291
XIII	17	0.6	18,8	10,2	319,6
XIV	20	0,4	»	8	»

Comme on peut le remarquer, la tension de l'acide carbonique va en diminuant à mesure que la pression augmente. Tout d'abord, à partir de 3 atmosphères, la différence est à peine sensible; mais, aussitôt que la pression atteint le chiffre de 8 atmosphères, cette diminution est extrêmement rapide. La quantité de plus en plus faible de l'acide carbonique ne pouvait pas être mise en cause pour expliquer la mort des animaux; un autre agent plus redoutable devait intervenir en faisant mourir l'animal avant même qu'il ait formé la proportion centésimale d'acide carbonique exigée par la formule $CO^2 \times P = 26$. L'hypothèse d'une action funeste de l'oxygène était dès lors très vraisemblable. Il suffisait de répéter les expériences en injectant dans l'appareil à compression non plus de l'air ordinaire, mais de l'air pauvre en oxygène. Eh bien! cela a été fait par P. Bert avec une réussite complète.

La mort des animaux respirant un air très pauvre en oxygène ne s'est jamais produite sous les pressions élevées, avant que l'acide carbonique ait acquis sa tension mortelle. Cette funeste influence de l'oxygène constituait donc un phénomène assez remarquable pour qu'on tâchât de le mettre en évidence. Il y avait une nouvelle méthode, inverse de celle qui venait d'être employée, laquelle pouvait fournir aussi de précieux renseignements en même temps que servir d'excellent moyen de contrôle. En effet, si l'on étudie l'action de l'air comprimé, très riche en oxygène, sur la vie des animaux enfermés, on observe que la mort arrive à un moment où ils n'ont pas encore eu le temps de former la proportion centésimale d'acide carbonique qui est contraire à leur existence.

Nous pouvons envisager les résultats de ces expériences de P. Bert indiqués dans le tableau suivant. L'acide carbonique obéit à la loi posée antérieurement jusqu'à une pression correspondant à 5 ou 6 atmosphères d'air; plus loin le produit $CO^2 \times P$ diminue rapidement. Par contre l'action funeste de l'oxygène devient très évidente lorsque sa tension est représentée par 150; c'est-à-dire lorsqu'elle correspond à une atmosphère et demie d'oxygène pur ou à 7 atmosphères de l'air normal.

EXPÉRIENCES.	PRESSION BAROMÉTRIQUE.	TENSION D'OXYGÈNE dans le mélange primitif.	QUANTITÉS CORRESPONDANTES d'atmosphères d'air.	COMPOSITION DE L'AIR MORTEL.		PHÉNOMÈNES GÉNÉRAUX présentés par les animaux.
				CO^2.	O.	
	atmosphères.		atmosphères.			
I.	1,25	32,5	1,5	22,1	3,5	Pas de suffusions craniennes.
II.	1,5	69,0	3,3	16,7	28,6	Pointillé rouge au crâne.
III.	2.5	115,5	5,5	11,1	33,3	Suffusions craniennes.
IV.	2,0	117,6	5,6	13,4	44,4	»
V.	1,75	146,3	7,3	11,9	67,8	»
VI.	3,0	258,0	12,1	5,6	78,9	»
VII. . . .	4,0	301,6	14,4	2,1	71,1	Convulsions, suffusions.
VIII. . . .	5.0	415,0	19,7	1,4	80,5	— —
IX.	8,5	433,5	20,7	0,8	47,8	—
X.	5.5	467,5	22,3	1,0	82,5	— —

Il est donc surabondamment démontré que l'oxygène, sous une certaine tension, est un agent redoutable qui, dans l'air comprimé, vient d'abord mêler son action à celle de l'acide carbonique produit, et qui, pour les hautes pressions, est la cause principale, bientôt l'unique cause de la mort. Cette tension pouvant être atteinte, suivant la remarque déjà si souvent faite, en augmentant soit la pression barométrique P, soit la proportion centésimale du gaz.

Il nous reste à chercher s'il existe une loi qui détermine l'épuisement de l'oxygène dans l'air comprimé pour les animaux qu'on y laisse périr en vases clos. Pour cela il faut éliminer l'acide carbonique au fur et à mesure de sa formation; car autrement la solution du problème est presque impossible; étant donné que les actions toxiques de CO^2 viendront se joindre aux phénomènes produits par le manque d'oxygène.

Nous rapportons ici une série d'expériences tout à fait caractéristiques. Elles nous montrent que l'épuisement de l'oxygène arrive à son maximum aux environs de 6 atmosphères. A des pressions plus fortes il diminue rapidement, de telle sorte qu'à 24 atmosphères l'animal succombe dans un air presque pur.

EXPÉRIENCES.	PRESSIONS en ATMOSPHÈRES.	TENSION INITIALE de l'oxygène.	AIR MORTEL OXYGÈNE P. 100.	TENSION DE CET OXYGÈNE.
I.	3,25	67,9	1	3,2
II.	6,25	130,6	0,8	5,0
III	9	188,1	2,2	20,8
IV	12	250,8	5,6	67,2
V	15	313,5	14,5	217,5
VI	20	418,0	18.3	366,0
VII.	24	501,6	20,3	487,2

Les terribles effets de l'oxygène sous pression se manifestent de la manière la plus nette en arrivant vers 15 atmosphères. A ce moment on voit l'animal, pris de violentes convulsions, périr dans l'espace de quelques minutes.

Quand la pression ne dépasse pas 6 atmosphères, la mort arrive, comme pour l'asphyxie dans l'air normal, à la suite du manque d'oxygène. La proportion de ce gaz contenue dans l'air devenu asphyxique n'est jamais supérieure à 1,4 ou 1,5 p. 100; sa tension oscille entre 3 et 5.

Nous avons fini cette longue étude de la mort dans l'air confiné sous des pressions diverses. Quelques conclusions s'en dégagent comme conséquences légitimes des phénomènes observés dans l'expérimentation :

1° Entre 2 et 9 atmosphères, la mort arrive lorsque la tension de l'acide carbonique s'élève à une certaine valeur, constante pour chaque espèce (pour les moineaux, elle équivaut en moyenne à $CO^2 \times P = 26$).

2° Pour les pressions très élevées, la mort est due exclusivement à la tension trop considérable de l'oxygène ambiant. Elle arrive rapidement quand la tension de ce gaz atteint 300 ou 400.

3° Pour les pressions de 1 à 2 atmosphères, la mort semble être due surtout à l'abaissement de la tension de l'oxygène, mais en partie également à l'augmentation de la tension de l'acide carbonique.

4° A partir de 3 ou 4 atmosphères, l'intervention funeste de l'oxygène commence à se faire sentir et devient très manifeste vers 9 ou 10 atmosphères.

Trois genres de mort peuvent se présenter : 1° la mort par ASPHYXIE (privation d'oxygène ou manque de tension de ce gaz; 2° l'EMPOISONNEMENT PAR L'ACIDE CARBONIQUE, et 3° l'EMPOISONNEMENT PAR L'OXYGÈNE.

Dans aucun des cas la pression barométrique n'intervient directement comme cause des phénomènes. Elle n'est qu'une des conditions qui font varier la tension des gaz: l'autre facteur est la composition centésimale. Ce que nous disons pour l'air est aussi applicable à tous les mélanges gazeux. C'est précisément sur ce principe que se base le procédé nouveau d'anesthésie trouvé par P. BERT au moyen du protoxyde d'azote.

Les tensions partielles des gaz qui rentrent dans la constitution d'un milieu vivant sont la seule cause à laquelle sont imputables les troubles présentés par les organismes. L'oxygène et l'acide carbonique, animés d'une pression diverse, agissent d'une manière tout à fait différente. Il y a pour chacun une limite, que nous venons de déterminer, qui ne peut pas être atteinte sans que la vie animale ou végétale en souffre.

Il nous reste à étudier la nature des phénomènes présentés par les êtres vivants sous l'influence de ces fortes tensions.

Effets des fortes pressions sur la respiration et les échanges. — Considérons d'abord le phénomène respiratoire comme celui qui entre directement en jeu sous l'influence de la pression. Voyons de quelle manière se comportent les animaux supérieurs possédant des poumons; nous étudierons ensuite les organismes simples, chez lesquels la respiration est un acte chimique des plus élémentaires.

Chez les vertébrés à sang chaud, la fonction respiratoire offre à la considération du physiologiste deux ordres de phénomènes importants : 1° l'échange de gaz dans le poumon; 2° les actes chimiques qui se produisent dans le milieu intérieur protoplasmique, entre le sang et les tissus.

Un grand nombre d'expérimentateurs se sont occupés à chercher ce que devenaient les phénomènes respiratoires sous l'influence des pressions faibles employées dans un but médical.

A ce qu'il paraît, dans les limites comprises entre 1 et 5 atmosphères, les variations sont très peu sensibles. Les expériences de PRAVAZ, VIVEVOT et PANUM ont été contestées par celles de P. BERT. A part l'agrandissement de la capacité thoracique, rien ne peut être signalé comme un trouble important dans la mécanique respiratoire.

Pour ce qui se rapporte à la composition chimique de l'air expiré à la pression normale et de l'air expiré sous pression, il n'y a pas, pour ainsi dire, d'expériences directes qui ne soient à juste titre critiquables.

Quelques recherches sans valeur faites chez des individus respirant l'air comprimé dans un appareil médical, voici tout ce qu'on y trouve pour pouvoir établir des conclusions rigoureuses. Tantôt c'est une analyse de l'air expiré pendant 10 minutes, sans tenir compte de l'état de nutrition de l'individu et des nombreuses causes qui interviennent en faisant changer la composition de l'air qu'on élimine. D'autres fois ce sont des erreurs commises dans la marche même de l'analyse. Presque toujours, les calculs de la composition centésimale ont été rapportés à un volume d'air considérable obtenu par une expiration trop prolongée, etc.

On comprendra sans peine qu'à de pareils résultats il est impossible d'accorder une valeur quelconque. P. Bert lui-même, qui sentait l'énorme défectuosité d'une expérimentation si mal conduite, a eu besoin de recourir à un autre dispositif : étudier les différences de composition de l'air expiré sous les grandes pressions. Au moyen d'un ingénieux appareil construit par ses élèves Jolyet et Regnard, il arrive à faire respirer aux animaux en expérience des atmosphères suroxygénées, tout à fait dépouillées d'acide carbonique par leur passage à travers diverses solutions alcalines. De cette façon il croyait réaliser les deux conditions essentielles à l'expérience, c'est-à-dire augmenter la pression de l'air respirable en empêchant les effets de sa confination. Eh bien, en réalité, il n'en était pas ainsi. D'une part une atmosphère suroxygénée dépourvue d'acide carbonique n'est pas du tout comparable à l'air ordinaire aux mêmes degrés de pression. Un seul des éléments qui entrent dans la constitution de l'atmosphère peut être mis en cause pour expliquer les phénomènes présentés par l'animal. On remarquera que, quand on augmente la pression de l'air normal, on fait croître aussi les tensions particulières à l'oxygène et à l'acide carbonique. Or, dans l'expérience susdite, la tension seulement de l'oxygène a été augmentée; car, celle de l'acide carbonique n'existant pas, elle ne pouvait jamais être que négative. Précisément le plus grand intérêt consiste à étudier les phénomènes d'ensemble provoqués par la masse aérienne avec ses composants normaux. La crainte fort légitime qu'avait P. Bert de la confination, en tâchant d'éliminer l'acide carbonique par la potasse au fur et à mesure de sa formation, ne pouvait pas être combattue par ce seul moyen. Bientôt nous montrerons que, si l'on ne fait pas sous un courant constant toutes les expériences sur la respiration, les effets de l'air confiné se feront toujours sentir; puisque l'acide carbonique est loin d'être le seul agent nuisible pour la vie dans les espaces où l'air n'est pas renouvelé.

En vue de la difficulté de cet ordre de recherches et de la grande contradiction qui régnait dans les résultats obtenus par les divers auteurs, il a fallu choisir une autre voie pour mieux comprendre la nature des phénomènes occasionnés par l'augmentation de la pression barométrique.

D'autre part les renseignements que pourrait fournir l'étude de l'élimination respiratoire ne devaient pas être bien concluants.

Nous savons d'après les différents chiffres donnés par les expérimentateurs qui se sont occupés de l'excrétion respiratoire de l'acide carbonique et de l'absortion de l'oxygène, qu'il n'y a rien de plus variable. En outre, Ch. Richet et M. Hanriot nous ont montré que le phénomène de l'exhalation ou excrétion de CO^2 n'est pas, pour quelques minutes au moins, lié à la production même de ce gaz.

Dosage des gaz du sang chez les animaux respirant à de fortes pressions. — Nous sommes donc en droit d'affirmer que l'étude des variations chimiques de l'air expiré ne suffit pas pour arriver à bien connaître l'influence de la pression sur l'organisme. Il faut aller plus loin. C'est ce qu'a fait P. Bert en entreprenant ses recherches sur les gaz du sang. Elles lui ont permis de bien saisir le mécanisme des phénomènes. L'idée était rationnelle. Étant donné que le sang est le véhicule qui porte à chaque région de l'organisme les éléments nécessaires à la respiration et à l'entretien des tissus, il fallait voir si sous les grandes pressions ces actes de la chimie cellulaire étaient ou n'étaient pas modifiés.

Voici de quelle façon il a procédé dans ces expériences et les résultats dont celles-ci ont été suivies.

Un animal solidement attaché dans sa gouttière est introduit dans un cylindre en acier où l'on refoule de l'air constamment sous une pression donnée. Celle-ci monte aisément à raison d'environ 4 minutes par atmosphère, lorsque tous les robinets sont fermés. Il faut donc 40 minutes pour arriver à 10 atmosphères, pression maxima qu'il a employée. Quand on veut extraire le sang de l'animal, lorsqu'on est arrivé à la pression voulue, il suffit d'ouvrir un robinet qui est en contact à l'aide d'une sonde avec l'artère carotide. L'animal est alors, dit P. Bert, comme une éponge puissamment exprimée par la force de l'air sous pression. Toute la difficulté de la manœuvre consiste à adapter au robinet une seringue, de telle façon qu'on recueille à l'abri de l'atmosphère le sang que nous voulons analyser.

Le tableau suivant indique bien les résultats obtenus par P. Bert. Presque tous les chiffres sont les moyennes de plusieurs analyses faites avec le sang d'un même animal.

EXPÉRIENCES.	PRESSION NORMALE. GAZ CONTENUS DANS 100 CC. de sang.				PRESSION AUGMENTÉE. GAZ CONTENUS DANS 100 CC. de sang.					GAZ LIBRES.
	O.	CO^2.	Az.	Total.	Pression.	O.	CO^2.	Az.	Total.	
I.	18,3	37,1	2,2	57,6	2	19,1	37,7	3,0	59,8	Pas de gaz.
II	19,4	35,3	2,2	56,9	3	20,9	35,1	4,7	60,7	—
III.	18,4	47,7	2,5	68,6	3	20,0	42,2	4,4	66,6	Un peu de gaz.
IV.	18,3	37,1	2,2	57,6	5	20,6	40,5	6,4	67,2	Pas de gaz.
V	22,8	50,1	2,3	75,2	5	23,9	35,2	6,0	65,1	Gaz.
VI.	20,2	37,1	1,8	59,1	5,5	23,7	35,5	6,7	65,9	—
VII.. . . .	19,4	35,3	2,2	56,9	6	23,7	35,6	8,1	67,4	Pas de gaz.
VIII. . . .	18,4	47,7	2,5	68,6	6,75	21,0	41,3	7,1	69,4	Gaz.
IX.	18,3	37,1	2,2	57,6	7,5	21,1	36.8	»	»	Pas de gaz.
X..	22,8	50,1	2,3	75,2	8	25,4	37,6	9,5	72,5	Gaz.
XI.	18,4	47,7	2,5	68,6	9,25	21,2	39,8	9,3	70,3	—
XII.. . . .	19,4	35,3	2,2	59,6	10	24,6	36,4	11.3	72,3	
XIII. . . .	18,3	37,1	2,2	57,6	10	24,4	36,8	11,4	69,6	
XIV. . . .	22,8	50,1	2,3	75,2	10	25,2	39,0	10	74,2	—
XV	20,2	37,1	1,8	59,1	10	24,7	37,9	9,8	72,4	—

La simple inspection de ce tableau nous permet de voir que les proportions centésimales des gaz du sang sous pression sont plus fortes qn'à l'état normal. L'oxygène et l'azote ont toujours augmenté; l'acide carbonique a tantôt augmenté, tantôt diminué.

Quant à la valeur de cette augmentation, il est vraiment fort curieux de voir combien elle est faible. Son maximum sous une pression de 10 atmosphères pour l'oxygène a été de 26,7 p. 100, c'est-à-dire, qu'en volume, la quantité de ce gaz contenue dans 100 centimètres cubes de sang artériel a passé de 19^{cc},4 à 24^{cc},6. Pour des pressions inférieures, la différence est encore moins sensible. Ces faits démontrent que dans l'organisme vivant l'absorption de l'oxygène ne suit pas du tout la loi de Dalton. Tout se passe comme s'il existait des éléments compensateurs adaptables aux changements de la pression extérieure. Nous verrons plus tard en quoi consiste cette propriété singulière essentielle à tous les êtres vivants. Pour le moment contentons-nous d'affirmer qu'un ouvrier qui travaille à la pression de 2 à 5 atmosphères n'a pas beaucoup plus d'oxygène dans son sang qu'à la pression normale. Il vaudrait presque autant dire que, sous ce rapport, les différences ne sont pas toujours appréciables. P. Bert lui-même a trouvé des animaux dont le sang à la pression normale contenait plus d'oxygène que le sang d'autres animaux soumis à une pression de 10 atmosphères.

Pour ce qui se rapporte à l'acide carbonique, les chiffres donnés prouvent que l'augmentation de la pression ne modifie pas d'une manière très considérable sa richesse dans le sang. Tantôt il augmente, tantôt il diminue. Cependant, à partir d'une certaine limite, il offre plutôt une tendance manifeste à la diminution. Cela confirme l'avis de P. Bert qui croyait que les accidents observés chez l'homme et les animaux soumis à de hautes pressions ne pouvaient pas être attribués à l'intervention de l'acide carbonique.

Quant à la plus grande proportion d'azote qu'on trouve dans les analyses du sang provenant des animaux soumis aux effets de la pression augmentée, c'est un fait qui rentre dans le domaine des lois naturelles. L'azote est un gaz simplement dissous dans le sang. Sa proportion doit donc suivre la loi de DALTON; et cependant il s'en faut de beaucoup que l'augmentation atteigne les degrés voulus par cette même loi. En effet, à 5 atmosphères, on y trouve le nombre moyen de 6 au lieu de 11 qu'exigerait la loi de DALTON; à 10 atmosphères, celui de 10,4, au lieu de 22, et ainsi de suite. Il y a quelque chose qui intervient pour mettre obstacle à la solution de l'azote atmosphérique et à son passage dans le sang, suivant l'ordre croissant de sa tension.

En résumé, ce que nous venons de dire prouve que chez l'animal vivant, lorsque la pression barométrique augmente, à partir d'une certaine limite (pas encore bien déterminée), l'oxygène augmente dans le sang artériel, mais avec une extrême lenteur; l'azote augmente plus vite, mais pas autant que le voudrait la loi de DALTON; quant à l'acide carbonique, il reste à peu près le même pour diminuer à partir d'une haute tension.

Voyons maintenant si tous ces phénomènes d'absorption des gaz par le sang d'un animal vivant dans l'air comprimé se reproduisent en dehors de l'organisme en suivant la même loi. Prenons le sang d'un mammifère quelconque et soumettons-le *in vitro* aux mêmes degrés de pression.

Déjà, en 1857, FERNET s'était préoccupé de faire cette intéressante étude. Il avait conclu de ses nombreuses expériences : 1° qu'il se dissout dans le plasma sanguin une quantité d'oxygène à peu près égale à celle qui se dissout dans l'eau pure (coefficient de solubilité à 16° et sous pression normale = 0,0288); 2° que les globules sanguins fixent chimiquement une quantité d'oxygène indépendante de la pression, puisqu'elle est en moyenne de 0,0958 par unité de volume; 3° que dans le sang saturé d'acide carbonique (156^{cc},1 p. 100^{cc} de sang à 16°), la plus forte partie (96^{cc},4) est dissoute, attendu qu'elle suit la loi de DALTON dans ses rapports avec la pression barométrique, et que le reste (59^{cc},7) est combiné à l'état de bicarbonate ou de phospho-carbonate, parce qu'il échappe à cette loi, et 4° que la proportion d'azote est toujours proportionnelle à la pression.

Les variations de la pression barométrique ne pouvaient donc agir que sur les gaz simplement dissous. Or, en tenant compte de ce fait que l'air qui sert à la respiration ne renferme pas plus d'un cinquième d'oxygène, la proportion dissoute dans le sérum étant diminuée dans le même rapport serait à peu près négligeable. C'est pourquoi l'absorption de l'oxygène reste invariable, quelle que soit la pression atmosphérique sur les sommets des montagnes et dans les plaines.

Les conclusions de FERNET, acceptées par tous les physiologistes de son temps, furent partiellement infirmées par les expériences de P. BERT. Celui-ci montra que, FERNET n'ayant pu modifier la pression dans des limites assez larges, ses résultats ne pouvaient offrir qu'une valeur très relative. Tout d'abord il fallait disposer d'un matériel parfait d'expérimentation que FERNET n'avait pas; et ensuite il était nécessaire de suivre une autre voie dans les analyses pour éviter les erreurs auxquelles FERNET s'expose si fréquemment. Grâce à la pompe de mercure modifiée par GRÉHANT, P. BERT arrivait à extraire totalement les gaz dissous aux différentes pressions. Puis, au moyen d'un appareil très ingénieux, il soumettait le sang à la pression désirée. Quand il voulait faire une analyse à une certaine compression, il commençait par saturer le sang en l'agitant à une pression supérieure, dans le but de s'assurer qu'en le ramenant à la pression voulue, il contiendrait bien tout l'oxygène qu'il aurait pu absorber. Un premier point fut acquis par ces expériences, c'est que l'augmentation de l'oxygène contenu dans le sang était tout à fait passagère, et disparaissait rapidement quand la compression avait cessé.

Examinons maintenant de plus près les résultats obtenus.

1re EXPÉRIENCE. — *Sang de chien défibriné.*

A la pression normale contenait O^2	20,0
A 12 atmosphères en contenait —	30,0
A 8 — — —	25,7
A 4 — — —	22,8

2me EXPÉRIENCE. — *Sang de chien défibriné.*

A la pression normale contenait O^2	20,0
A 18 atmosphères — —	28,2
A 9 — — —	25,9

3me EXPÉRIENCE. — *Sang de chien défibriné.*

A 6 atmosphères contenait O^2	19,2
A 12 — — —	26,0
A 18 — — —	31,1

Le sang qui avait servi à réaliser cette dernière expérience, après avoir été filtré à travers un linge, puis agité pendant une demi-heure, au contact de l'air à la pression normale, ne contenait que 14,9 volumes d'oxygène p. 100.

La plus grande partie de cet oxygène est chimiquement combinée à l'hémoglobine (13,95 sur 14,9). Il y a cependant une partie représentée par 0,95, simplement dissoute dans le sérum. Or, si l'on établit le rapport entre les nombres de volumes obtenus pour les différentes pressions en tenant toujours compte de la quantité invariable 13,95 p. 100, on observe qu'à partir d'une atmosphère l'oxygène va toujours en croissant.

Il n'y a pas besoin d'insister davantage. L'hypothèse est pleinement vérifiée par l'expérience, tantôt *in vitro,* tantôt *in vivo.* La pression agit en augmentant la quantité d'oxygène dissous suivant les rapports de la loi de DALTON; mais la proportion chimiquement combinée reste toujours la même. Il y a seulement une remarque à faire; c'est que, pour les expériences *in vitro*, l'augmentation de l'oxygène s'est montrée tout de suite et aux premiers degrés de la pression croissante, tandis que, pour le sang provenant de l'animal vivant, elle n'est pas bien manifeste avant une certaine limite qui oscille entre 5 et 10 atmosphères.

Voilà le fait le plus saillant qui découle des expériences de P. BERT.

Mais ce n'est pas tout. Dernièrement CHRISTIAN BOHR a pu se convaincre que le phénomène de la diffusion gazeuse dans les poumons n'était pas du tout sous la dépendance des lois de la physique. A l'aide d'un appareil très ingénieux, l'hémato-aréomètre, il est arrivé à déterminer la tension des gaz contenus dans le sang. D'autre part il a mesuré en même temps les tensions de ces gaz dans les grosses bronches; cet air étant celui qui se rapproche le plus de l'air des vésicules.

Les résultats de ses nombreuses expériences l'ont conduit à formuler les suivantes conclusions :

1° La tension des gaz dans le sang artériel et dans l'air expiré en même temps des poumons a, dans la plupart des cas, présenté des valeurs telles que les différences de tension des deux côtés des parois des vésicules pulmonaires ne peuvent être la force qui détermine la pénétration des gaz à travers le tissu du poumon.

2° Ce fait se manifeste surtout très clairement dans l'inspiration d'un air renfermant de l'acide carbonique.

3° La tension dans le sang artériel, en ce qui concerne tant l'acide carbonique que l'oxygène, est très variable chez les différents individus, même s'ils sont placés dans des conditions extérieures identiques; elle peut même, pendant de courtes périodes, varier chez le même individu, sans qu'il se produise un changement appréciable dans les conditions extérieures.

Il est bien entendu, dit l'auteur, que cette activité spéciale exercée par le tissu pulmonaire sur l'échange gazeux ne peut être déployée que dans les milieux où la composition du milieu aérien est à peu près normale. Si l'air est très pauvre en oxygène ou très riche en acide carbonique, la fonction glandulaire du poumon n'est plus possible. Des accidents graves d'intoxication surviennent alors.

Il est regrettable que l'auteur n'ait pas tâché de préciser la limite de tension à partir de laquelle s'arrête l'influence régulatrice de la respiration, ce qui aurait facilité la solution du problème. Nous sommes donc forcés de nous servir des résultats acquis par CL. BERNARD, P. BERT, MOLESCHOTT et autres dans leurs recherches sur l'asphyxie.

L'air devient irrespirable et incompatible avec l'existence lorsque l'acide carbonique acquiert une tension de 30, et l'oxygène de 400. Ce sont là les chiffres extrêmes obtenus comme moyennes d'une foule d'expériences réalisées dans les conditions les plus diverses. Ils sont bien loin d'être rigoureusement exacts, car aucun des expérimentateurs qui ont eu à résoudre cette difficile question n'a su se mettre à l'abri de certaines fonctions jusqu'alors inconnues, qui interviennent dans l'asphyxie comme facteurs d'un ordre très important.

Mais laissons ce point de côté; car nous aurons à y revenir plus tard, pour nous attacher à l'étude du mécanisme des phénomènes provoqués chez les êtres vivants par l'augmentation de la pression aérienne.

Nous savons déjà, grâce aux travaux de P. Bert, que l'on peut vivre sous une pression de 5 à 6 atmosphères sans ressentir des troubles importants dans les grandes fonctions. Les expériences de Christian Bohr nous ont appris que le poumon est un organe glandulaire exerçant une influence prépondérante sur les phénomènes de la diffusion gazeuse. Il est l'organe qui règle l'absorption de l'oxygène et l'élimination de l'acide carbonique en rapport étroit avec les besoins de l'organisme. Les variations du milieu extérieur ne sont pas à craindre si elles ne dépassent pas une certaine limite. Ainsi s'explique la possibilité de l'existence dans des régions où les différences de pression sont parfois considérables.

Jusqu'à 5 ou 6 atmosphères il n'y a pas de raison physiologique pour qu'un animal vivant à l'air libre trouve quelque obstacle à l'exercice de ses fonctions. La ventilation pulmonaire est à peu près normale (le nombre de respirations étant diminué); l'absorption de l'oxygène et l'élimination de l'acide carbonique ne diffèrent pas beaucoup de l'état physiologique; le quotient respiratoire n'atteint pas l'unité, et les gaz du sang, si l'on exclut l'azote, gardent toujours leurs proportions ordinaires. Tout se passe comme si l'organisme était capable de s'adapter sans peine à cette légère augmentation de la pression. Mais il n'en est pas de même quand la pression monte sans cesse et arrive brusquement à dépasser le chiffre de 10 atmosphères.

La perturbation qui s'opère dans les grandes fonctions de la vie est alors si manifeste, que l'animal en expérience succombe d'une façon irrémédiable. Nous avons déjà décrit ces accidents en parlant des expériences instituées par P. Bert, pour connaître le mécanisme de la mort en vase clos sous les grandes pressions. Il nous reste maintenant à étudier la nature de ces phénomènes et à déterminer, autant que possible, les limites de pression vers lesquelles ils commencent à apparaître.

Tout d'abord sont les tensions partielles des gaz qui rentrent dans la composition de l'air normal, lorsque la pression atteint ces degrés incompatibles à la vie des êtres. Cette seule donnée nous suffira *a priori* pour comprendre que la plupart des accidents doivent être attribuables à l'oxygène.

A une pression de 10 atmosphères, suivant la formule $T = C \times P$, la tension de l'oxygène sera représentée par 200; c'est-à-dire que la tension de ce gaz dans l'air normal étant égale à 20, à 10 atmosphères, doit être 10 fois plus grande, et à 20 atmosphères, 20 fois plus grande, et ainsi de suite. Car la tension d'un gaz est toujours le produit de sa proportion centésimale par la pression du mélange gazeux. L'acide carbonique, à la même pression, offrira par contre une tension de beaucoup plus faible. En supposant que sa proportion dans l'air respirable est de 0,004 p. 100, à 10 atmosphères, sa tension ne pourra pas être supérieure à 0,04 et à 20 atmosphères, supérieure à 0,08; chiffre, on le voit, trop insignifiant, pour lui accorder une valeur quelconque dans la production des troubles graves auxquels donne lieu l'augmentation de la pression. Du reste cette idée que l'oxygène est le seul agent capable de produire la mort des animaux vivant à de grandes pressions, est un point acquis par l'expérimentation qui n'offre pas le moindre doute.

Il serait cependant très important de connaître la façon dont il agit. Au delà de 5 atmosphères l'oxygène commence à se dissoudre dans le sang selon une proportion toujours croissante, au fur et à mesure que la pression augmente. En admettant que l'hémoglobine est saturée chimiquement aux environs de la pression normale, les nouvelles quantités d'oxygène qui s'ajoutent au sang, par suite d'une énorme pression, doivent être certainement dissoutes dans le sérum. A ce moment, l'organisme est pris d'une véritable intoxication. Les éléments de nos tissus, essentiellement anaérobies, puisqu'il leur faut, non de l'oxygène libre, mais de l'oxygène faiblement combiné à l'hémoglobine, se trouvent intoxiqués par le gaz simplement dissous dans le sérum. Vers 10 ou 12 atmosphères, alors que l'oxygène du sang artériel a augmenté de 3 à 4 volumes p. 100, l'animal présente des troubles graves annonçant une mort prochaine. Plus loin, vers les 20 atmosphères, apparaissent les convulsions que nous avons décrites. Elles résultent de l'excitation de l'axe médullaire. Finalement, quand l'oxygène contenu dans le sang dépasse le chiffre de 30 p. 100, l'animal périt rapidement. Il se comporte comme s'il était soumis à l'intoxication par un poison strychnique, et il périt dans des convulsions violentes dues à l'exagération du pouvoir excito-moteur de la moelle épinière. Ces accidents en général se calment sous l'influence des anesthésiques et ils sont toujours accompagnés d'un abaissement considérable de la température interne.

Dès le début de l'empoisonnement la température tombe graduellement pour atteindre, malgré la phase convulsive, des degrés très inférieurs vers les proximités de la mort. Il y a comme un arrêt dans les phénomènes chimiques de l'organisme. L'absorption de l'oxygène et l'élimination de l'acide carbonique diminuent à mesure que la tension augmente. Le sang des animaux soumis aux effets des hautes pressions est très riche en oxygène et très pauvre en acide carbonique. Tout porte à croire que les éléments cellulaires sont gravement altérés.

L'étude de l'excrétion urinaire démontre aussi que les phénomènes nutritifs sont extraordinairement ralentis. D'après P. Bert, la glycose se trouve plus abondante dans le sang d'un animal vivant dans l'air comprimé à plusieurs atmosphères.

Mais ce qui reste inexplicable, c'est la persistance des convulsions et de tous les phénomènes d'excitation, même après le rétablissement de la pression normale. Très probablement, sans qu'on puisse l'affirmer d'une façon définitive, les troubles opérés par l'oxygène dans la chimie cellulaire sont la source d'une foule de substances dérivées de la molécule albumineuse toxiques pour l'organisme. Cette idée, avancée par P. Bert, n'avait toutefois pas reçu un véritable contrôle expérimental. En effet, cherchant si le sang ne prenait pas des propriétés toxiques sous l'influence de la pression, il l'a soumis, après défibrination, à 10 ou 15 atmosphères, et l'injectait ensuite dans les veines d'un animal : il n'obtint alors aucun effet toxique. Cette méthode était si peu rationnelle que ses résultats doivent être considérés comme nuls. Pour se rendre compte de l'état du sang chez les animaux soumis aux fortes pressions, il fallait se servir de ce sang lui-même, et non pas d'un sang normal auquel on fait subir pendant un temps plus ou moins long l'action de l'oxygène comprimé. On comprendra que, dans ces conditions, c'est comme si l'on injectait un liquide contenant quelques volumes d'oxygène, mais sans aucun autre élément nuisible pour la vie. Le problème est bien plus compliqué; et en tout cas il fallait s'en rapporter au sang provenant d'un animal mort à la suite d'une pression excessive. C'est ainsi seulement que se pouvait juger la grande influence que la vie cellulaire, profondément déviée dans son mécanisme chimique, exerce sur la constitution du liquide sanguin; étant donné qu'outre les produits d'assimilation qui forment le milieu intérieur de l'organisme, il y a aussi les éléments de désassimilation, lesquels sont pour la plupart toxiques.

Malheureusement cette expérience, qui promettait de si beaux résultats, a été pour ainsi dire négative. Les sucs obtenus par Philippon avec le sang et les tissus des animaux soumis aux hautes pressions dans l'oxygène pur n'offrent pas une toxicité remarquable. Seuls les extraits du tissu musculaire se montrent un peu plus actifs; mais, si l'on prend le soin d'enlever, au moyen de l'alcool absolu, la potasse qu'ils contiennent, on voit leur toxicité disparaître presque totalement. Peut-être la recherche de ces produits toxiques n'est-elle pas facile. Et, d'autre part, le fait que les convulsions cessent dès que l'on fait respirer aux animaux malades de l'air sous pression démontrerait que ces substances se détruisent rapidement, grâce à leur peu de stabilité chimique.

En attendant, nous nous bornerons à signaler le caractère franchement toxique de l'ensemble des phénomènes présentés par les êtres vivants dans les pressions dépassant 10 atmosphères. Qu'il s'agisse d'un être élémentaire ou d'un organisme de structure complexe, tous souffrent de la même façon, quoiqu'ils répondent chacun à leur manière. Entre ces deux extrêmes, la cellule isolée et le vertébré à sang chaud, il y a toute une série de nuances intermédiaires. Les algues, les bactéries ou les graines, qui sont arrêtées dans leur travail chimique par l'action paralysante de l'oxygène, meurent en laissant les traces d'une vie anormale dans la composition chimique de leur milieu. Chez les organismes plus compliqués, chaque élément présente les mêmes troubles, mais celui-là meurt plus vite, cet autre résiste plus longtemps; cependant que tous déversent dans le milieu commun les produits qui iront intoxiquer les uns et les autres. Comme le dit Ch. Richet dans ses *Leçons sur la défense de l'organisme*, « chaque cellule retentit sur toutes les autres, et toutes retentissent sur elle ».

Voilà pourquoi cette dépression est générale dans les phénomènes de la vie. Aucun être vivant ne lui échappe, lorsque la tension de l'oxygène acquiert le chiffre de 300, on peut dire que la mort est une conséquence certaine.

Effets des fortes pressions chez les êtres aquatiques. —Tout d'abord il faut résumer en quelques lignes les principales conditions de l'existence dans les eaux. Le milieu aquatique offre pour le biologiste autant d'importance que l'atmosphère. Loin d'être restreint sur notre globe, il en occupe la plus grande partie. Suivant Krümmel la surface terrestre pourrait s'évaluer à 142 millions de kilomètres carrés, alors que les régions de l'Océan, sans compter les lacs et les fleuves, représentent une surface de 368 millions de kilomètres carrés. Le rapport de la surface terrestre et de la surface aquatique est donc dans la proportion de 1 à 2,6.

Cette masse liquide, qui forme les océans, les fleuves et les lacs, est la demeure habituelle de millions d'êtres appartenant aux deux règnes de la nature : l'animal et le végétal. Leurs modes d'existence sont très variables d'après les conditions physico-chimiques de l'eau aux différentes régions. C'est ainsi qu'il existe une faune littorale, une faune pélagique et une faune abyssale dont les caractères anatomo-physiologiques ne sont pas du tout comparables.

Dans les régions du littoral, comme du reste dans toute la superficie de la mer où pullulent les êtres de la faune et de la flore pélagiques, l'eau est riche en matériaux nutritifs; sa composition chimique est très favorable à la respiration, à cause de l'aération continuelle; la lumière y est abondante et la température variable. Aucun obstacle à la vie des organismes de la part des propriétés physico-chimiques du milieu. Rien n'empêche leur évolution naturelle, sinon la lutte entre les diverses espèces.

Mais lorsque l'on descend dans les profondeurs de la mer, les choses se passent de tout autre manière. La température diminue graduellement pour atteindre, au delà de 4000 mètres les limites voisines de 5° ou 6°. Cela tient à ce que l'eau, étant assez mauvaise conductrice de la chaleur, ne peut s'échauffer que superficiellement. Si, au lieu de vastes océans, largement ouverts, on avait affaire à des mers réduites en surface et en profondeur, limitées par des barrières s'opposant à la libre circulation des eaux, on observerait qu'à partir d'une certaine profondeur la température reste toujours constante. Pour la lumière il en est de même. Une partie de celle qui tombe sur la surface de l'océan est réfléchie; une autre partie est absorbée; de telle sorte qu'au bout d'une profondeur, variable avec la composition de l'eau, il règne une obscurité absolue. Ceci explique pourquoi la végétation n'existe pas dans les fonds des abîmes océaniques. Quelques rares exceptions connues à cette règle sont précisément des végétaux dépourvus de chlorophylle comme certains microbes.

La pression augmente d'une façon constante avec la profondeur. Chaque 10 mètres d'eau de la mer représentent sensiblement une atmosphère; de telle sorte qu'à 6000 mètres de profondeur les êtres marins supportent la pression colossale de 600 atmosphères.

La composition chimique de l'eau offre aussi des différences notables à la surface et au fond de l'océan. Les sels dissous gardent toujours la même proportion; mais les quantités de gaz que l'eau contient varient dans un rapport constant avec la profondeur. Ainsi que le montrent les nombreuses analyses de Carpenter, l'oxygène diminue lentement et graduellement, l'acide carbonique augmente, et l'azote reste à peu près invariable. Toutefois, il n'est pas encore possible de dire suivant quelle loi ces changements ont lieu. Par la comparaison des analyses précédentes et de dragages faits en même temps, la diminution de l'oxygène et l'accroissement de l'acide carbonique tiendraient à la richesse de la faune dans ces régions profondes; la proportion d'air dans l'eau de la mer ne dépendant pas de la profondeur, mais de la pression et de la température. Tout se passerait comme si les molécules de l'eau de la surface, ayant absorbé son oxygène et son azote, s'enfonçaient dans les abîmes sans se mélanger aux liquides qu'elles traversent. A part cela, il y a une diffusion perpétuelle des gaz, favorisée par les courants de circulation océanienne, et par la chute de mille poussières qui en tombant sur les eaux entraînent une bulle d'air adhérant à tout corps qui s'immerge.

Cette diversité de conditions présentées par le milieu aquatique exerce à coup sûr une influence considérable sur la vie des organismes. La pression à elle seule joue un des rôles les plus importants.

On croyait autrefois que, par suite d'une énorme pression, la vie n'était pas possible à partir de 400 mètres de profondeur dans la mer. Le naturaliste anglais Forbes appelait cette limite *le zéro de la vie animale.* Cette façon de voir a été bien changée par les recherches ultérieures. Vers 1819, un célèbre navigateur, sir John Ross, en faisant des sondages dans l'océan Arctique, put reconnaître que des animaux divers vivaient à des profondeurs de 1500 et 1800 mètres. Ces observations furent confirmées par de nombreux explorateurs : Clark Ross dans les mers antarctiques, Goodsir et Torrell dans les mers arctiques et Walich dans l'océan Atlantique. Cependant l'existence de la faune abyssale ne fut rendue indiscutable que par la découverte réalisée par A. Milne-Edwards sur le tronçon du câble cassé qui reliait l'Algérie à la Sardaigne, en 1865. On constata alors que des polypiers et d'autres animaux s'étaient développés autour du câble à une profondeur de 2000 à 2800 mètres. C'est là l'origine de toutes ces explorations scientifiques, qui sont venues après, dans le but d'étudier la biologie des fonds marins. Les voyages du *Lighting*, du *Porcupine*, du *Challenger*, du *Blake*, du *Travailleur*, du *Talisman* et de l'*Hirondelle* nous ont appris l'existence d'un monde ignoré. Nos connaissances sur l'histoire naturelle se sont enrichies extraordinairement. Ainsi nous savons aujourd'hui que la vie est possible à des profondeurs de 3 et 4000 mètres.

Comment les êtres vivant dans les eaux peuvent-ils supporter ces énormes variations de la pression aquatique?

Les animaux pulmonés, tel que l'homme par exemple, ne pourraient pas descendre quelques dizaines de mètres dans la mer sans que l'eau, triomphant des résistances de leurs ouvertures naturelles, détermine une mort instantanée. C'est le cas pour tous les êtres dont l'intérieur n'est pas traversé par le milieu aquatique. Il arrive un moment où, la pression extérieure étant plus forte que les résistances offertes par les tissus de l'organisme, l'eau finit par les pénétrer, remplissant les cavités internes perméables et rétablissant ainsi l'équilibre. Mais ces hôtes habituels de l'Océan sont enveloppés par la masse liquide. Chez eux, la pression s'exerce en dedans comme en dehors et c'est seulement dans les cas où elle devient formidable qu'on peut leur voir éprouver des accidents bien graves.

Il y a cependant certains poissons chez lesquels les brusques changements de la pression, tout en étant relativement faibles, peuvent produire une mort presque sûre. Ce sont ceux qui possèdent la vessie natatoire ne communiquant pas avec le tube digestif. Les gaz qui remplissent celle-ci, comprimés à plusieurs centaines d'atmosphères, occupent un volume cent fois plus petit. Or, lorsqu'on ramène subitement un de ces poissons à la pression normale, les gaz se dilatent, et ne trouvant pas une facile sortie, font saillir la vessie par la bouche de l'animal, lui dérangeant tous ses organes et le faisant mourir d'une façon effrayante. Toutefois, ces phénomènes relèvent plutôt de la décompression, car, si le déplacement du poisson se réalise d'une manière lente et graduelle, ils n'ont jamais lieu.

Des expériences ont été faites par P. Regnard pour étudier les effets des grandes pressions sur les animaux marins.

Ce sont les phénomènes fermentatifs qui lui ont servi tout d'abord pour établir quelques conclusions d'une certaine importance.

La levure de bière, que l'on soumet à une pression dépassant 400 atmosphères, s'arrête dans son travail chimique ou a besoin d'un temps beaucoup plus long pour transformer les mêmes quantités de sucre qu'à la pression normale. Dans ces conditions, la levure est comme dans une espèce de sommeil dont elle ne sort pas tant que la pression persiste. Si on ouvre l'appareil à pression et qu'on retire le tube qui contient le ferment alcoolique, au bout d'un certains temps on voit le liquide bouillonner et la fermentation se poursuivre tranquillement. Cela démontre que les êtres unicellulaires, vivant à la surface de la mer et entraînés tout à coup vers les abîmes, sont voués à la vie latente, au sommeil, et sans doute à la mort. Il en est de même pour toutes les autres fermentations résultant de la vie cellulaire. La putréfaction, qui est un cas particulier de celle-ci, s'arrête sous une pression de 600 à 700 atmosphères. La viande ensemencée d'une goutte de sang putréfié, après quarante jours de compression à 700 atmosphères, était absolument saine et ne contenait pas de microbes. Certes et D. Cochin ont fait des expériences dans le même sens dont les résultats sont tout à fait comparables. Nonobstant, l'existence de certains microbes dans les plus grandes profondeurs de l'Océan est une chose parfaitement constatée. Dans les cultures de l'eau prise à plusieurs mille mètres on a trouvé des microbes aérobies se développant au contact de l'air stérilisé. Quant aux ferments zymotiques, ils ne sont nullement gênés dans leur travail chimique par l'augmentation de la pression.

Il en est bien autrement pour les organisations déjà plus compliquées. Les Kolpodes et les Paramécies auxquels on fait subir une pression de 400 atmosphères, au bout de dix minutes se trouvent endormis et meurent si la pression continue à agir sur eux. Les limites de pression que ces êtres supportent ne sont pas les mêmes pour toutes les espèces. Ainsi, après sept heures de pression à 300 atmosphères, le *Chlamydococcus pluvialis* sort de l'appareil aussi vivant qu'il était en y entrant. Dès 300 atmosphères, les *Vorticelles* sont en état latent, tandis que les *Euplotes Charon*, les *Euplotes patella* et les *Pleuronema marina* ont encore tous leurs mouvements. On a presque le droit de dire que les Infusoires, ciliés ou non, qui vivent à la surface des eaux, succombent lorsque les circonstances les portent dans les fonds de l'Océan.

Les mêmes phénomènes se reproduisent chez les insectes, les mollusques et les crustacés qui forment la faune marine. Lorsqu'on prend une *Actinie* et qu'on la comprime dans l'eau de la mer, à une pression de 1000 atmosphères, l'animal reste inerte pour un temps plus ou moins long et augmente presque de deux fois son volume. Cinq ou six heures après, lorsqu'elle a repris son volume primitif, l'Actinie se réveille, ouvre ses tentacules et continue de nouveau sa vie ordinaire. Des troubles semblables appparaissent dans tous les organismes appartenant à ces groupes inférieurs. La vie latente, le gonflement par l'eau, le réveil dès que cette eau s'élimine, et la mort dans les pressions extrêmes : voilà les effets essentiels produits par les pressions aquatiques.

Sur les poissons ces phénomènes sont encore plus manifestes.

Un cyprin auquel on vide sa vessie natatoire en le mettant une minute dans le vide de la machine pneumatique, pour obvier aux inconvénients de la décompression, tombe dans un sommeil profond vers 200 atmosphères, et meurt gonflé et rigide comme un morceau de bois, dès que la pression monte à 400. Le gonflement et la rigidité de l'animal sont les deux phénomènes qui frappent le plus l'attention de l'observateur.

P. Regnard a pesé les animaux avant et après leur entrée dans l'appareil à pression. Un cyprin comprimé pendant cinq minutes à 1000 atmosphères avait augmenté en poids de 3 grammes. Des pattes de grenouilles soumises à une pression de 600 atmosphères ont augmenté aussi d'un cinquième pour le poids et le volume. Ces phénomènes ont été rendus indiscutables par les expériences les plus diverses.

L'enveloppe extérieure des animaux, c'est-à-dire ce qui forme leur tégument externe, joue un rôle de défense considérable contre les effets produits par les hautes pressions aquatiques. Deux pattes de grenouille, dépouillées de leur peau, dont l'une est recouverte auparavant par un sac de caoutchouc pour empêcher le contact de l'eau, ne se comportent pas d'égale façon aux mêmes degrés de la pression aquatique. Au bout de 600 atmosphères, celle qui était à nu est rigide, et son poids a augmenté de 2 grammes. Par contre, celle qui était enfermée dans le sac n'a pas subi de modifications appréciables. Certains animaux, dont la carapace est très épaisse, supportent sans peine des pressions mortelles pour d'autres classes d'êtres aquatiques. Ainsi les crabes poussés à 800 atmossphères, à côté d'un poisson quelconque, reviennent endormis, alors que le poisson est mort et rigide. Cependant il arrive un moment où la carapace la plus forte se laisse traverser par l'eau, sous pression. Ce phénomène est très facile à apprécier chez les crevettes qui sont très transparentes. A partir de 400 atmosphères leur carapace devient louche et opaque à la manière de celle des animaux morts et imbibés par l'eau.

C'est donc un fait bien acquis que la pression agit en faisant pénétrer l'eau dans les tissus de l'animal en expérience. Cette notion nouvelle, la science la doit tout entière aux travaux de P. REGNARD (1894). C'est lui qui a démontré le premier que l'excès d'eau dans les tissus était capable de produire la maladie puis la mort des organismes. P. BERT l'avait prouvé pour l'oxygène. L'idée n'a rien d'étrange, d'autant plus qu'il n'y a pas d'agents naturels qui ne soient capables d'actions nuisibles, quand leur énergie augmente au delà de la normale.

Quand on examine au microscope les divers tissus d'un animal, après leur avoir fait subir une pression de 600 à 1000 atmosphères, les lésions qu'on y trouve sont importantes et nombreuses. Nous en empruntons quelques-unes au livre de P. REGNARD :

Le *tissu conjonctif* est distendu par l'eau, ses faisceaux sont écartés. Dans les tendons les fibres sont séparées les unes des autres et baignent dans une atmosphère aqueuse.

Le *tissu musculaire* présente des altérations de divers ordres : si la pression n'a duré que 10 minutes et si l'on examine les muscles profonds, on voit que la striation transversale est moins nette et que le sarcolemme ne se montre plus à la surface du faisceau primitif, mais en est légèrement écarté. Les faisceaux sont devenus très friables et se brisent avec la plus grande facilité. Si la pression a duré quelques heures, les lésions sont multiples. D'abord le sarcolemme est plus ou moins soulevé. La striation transversale n'existe que dans quelques rares endroits, la longitudinale est très irrégulière ; généralement elle a complètement disparu. La substance striée est elle-même brisée, refoulée par l'eau dans le tube du sarcolemme et elle présente successivement des renflements et des amincissements considérables. Sur des coupes transversales, outre la lésion du tissu conjonctif ambiant, on voit que les fibrilles des faisceaux musculaires primitifs sont très écartées. Le protoplasme qui les sépare est très gonflé.

Les *nerfs* présentent, eux aussi, des lésions notables ; en effet, leurs fibres, soumises seulement pendant dix minutes à une pression de 600 atmosphères, ont des incisions beaucoup plus marquées qu'à l'état normal, et souvent la membrane de SCHWANN n'est plus accolée à la couche du protoplasma qui se trouve au-dessus de la myéline, mais en est écartée plus ou moins. Lorsque la pression est maintenue plus longtemps, les incisures deviennent encore plus marquées, et, en même temps, on voit qu'au niveau de chaque étranglement la myéline est refoulée des deux côtés sur une longueur plus ou moins considérable.

Les *globules sanguins* sont toujours détruits dans les vaisseaux superficiels.

Les *cellules épithéliales* paraissent au premier abord intactes, mais un examen plus attentif montre que l'eau a pénétré dans leur intérieur et a refoulé ce protoplasma au voisinage du plateau sous la forme de petits grains.

Tous ces examens ont été faits comparativement sur des tissus qui avaient été comprimés et sur d'autres qui avaient passé le même temps simplement dans l'eau. On n'a jamais trouvé la moindre lésion sur ces derniers.

La pénétration de l'eau est donc un phénomène évident. Mais comment se réalise-t-elle ?

P. REGNARD suppose que le protoplasma de l'épithélium, la matière même des fibres musculaires et la myéline des nerfs sont plus compressibles que l'eau, d'une part, et que leur enveloppe, d'autre part. C'est ainsi que l'eau les refoule et prend leur place ; puis, à la décompression, l'eau, n'ayant pas la possibilité de s'échapper, gonfle les tissus et les disjoint.

R. DUBOIS pense que l'eau aux fortes pressions se combine chimiquement aux albuminoïdes, puis, lorsque la décompression arrive, l'eau devient libre et forme des sortes d'infarctus aqueux qu'on trouve dans les tissus.

L'expérience semble donner raison à la première de ces opinions. Tous ces phénomènes ont pu être vus par REGNARD comme se produisant pendant la compression.

Des muscles de grenouilles placés sous une pression de 100 atmosphères répondent, comme à l'état normal, aux excitations électriques. Mais, aussitôt que la pression dépasse cette limite, la courbe musculaire commence à être modifiée. Vers 200 atmosphères la contraction diminue beaucoup; à 300 elle est encore sensible; à 400 elle n'existe plus, quelle que soit l'intensité de l'excitation. Ces phénomènes peuvent se passer tellement vite qu'il n'y a pas lieu de penser à l'intervention d'une action chimique de l'eau sur le tissu musculaire.

Déjà, à une profondeur de 2000 mètres, un animal doit être bien gêné dans ses mouvements ordinaires. Mais plus bas encore la natation doit devenir une fonction presque impossible; car, ainsi que l'expérience le démontre, le protoplasma musculaire décline et le muscle perd toutes ses propriétés contractiles.

Dans les nerfs comprimés l'excitabilité est aussi très diminuée. Après une pression de 100 atmosphères l'excitation électrique met un temps sensiblement long à parcourir le tronçon nerveux. Ce ralentissement du courant nerveux s'accentue de plus en plus jusqu'à 400 atmosphères. A cette limite, la contraction musculaire disparaissant, on n'a pas le moyen de connaître la vitesse de l'excitation.

Quant à la circulation, elle subit aussi des modifications importantes de la part de la pression. Chez une grenouille comprimée à 600 atmosphères on peut voir la circulation s'arrêter dans les capillaires contenus dans la membrane interdigitale. Le cœur cependant continue à battre. Cela tient à ce qu'il est très bien protégé contre l'imbibition, grâce à sa propre structure. Regnard a pu obtenir le tracé graphique d'un cœur de grenouille sous une pression de 400 atmosphères.

Pour ce qui concerne la respiration, elle n'a pas pu être étudiée chez les animaux vivant dans les grandes pressions aquatiques. Toutefois le phénomène chimique essentiel à l'acte respiratoire, l'absorption de l'oxygène par le sang, a été analysé de différentes manières. P. Regnard a pris du sang de porc dont il a déterminé le coefficient d'absorption pour l'oxygène. Le chiffre trouvé a été égal à 24 centimètres cubes d'oxygène p. 100 centimètres cubes de sang. Puis, il a soumis ce même sang à une pression de 700 atmosphères pendant trois heures. Une nouvelle analyse du pouvoir d'absorption n'a donné que 22 centimètres cubes p. 100 au lieu de 24. Cela représentait une perte de $^1/_8$ p. 100 environ. Mais cette différence devient encore plus facile lorsqu'on fait agir la pression sur le sang par espace de 24 heures. Le globule rouge perdait alors ses propriétés vitales, et le pouvoir d'absortion sanguine diminuait de $^1/_{20}$ p. 100.

On peut dire qu'il n'y a pas un seul phénomène de ceux que présentent les êtres vivants, qui ne soit pas modifié par les fortes pressions aquatiques. La génération, elle-même, en subit de graves conséquences. Les œufs de poisson qui tombent dans les grands fonds de l'Océan sont pour ainsi dire condamnés à la destruction et à la mort.

Le mécanisme de ces actions est toujours le même. La différence de compressiblilité entre les substances animales et l'eau fait qu'aux hautes pressions celle-ci pénètre dans l'intérieur des cellules, refoulant leur protoplasma et produisant leur mort fonctionnelle.

Diminution de la pression. — Avant d'entrer dans l'étude des effets produits sur les êtres vivants par une brusque diminution de la pression barométrique, il faudrait faire certaines remarques qui nous permettront de mieux comprendre la nature intime de ces phénomènes.

Il serait absurde de vouloir établir une loi générale pour tous les êtres qui peuplent la planète. Ce qui pour les uns peut être considéré comme une chute énorme de la pression, pour les autres peut n'être qu'une modification presque inappréciable. Cela tient à l'influence de l'adaptation naturelle. Lorsqu'un organisme vivant au niveau de la mer respire un air dont la pression est égale à une atmosphère, un autre qui habite les sommets des grandes montagnes se voit obligé à remplir la même fonction, sous une pression diminuée presque de moitié. Rien d'étonnant que ces deux êtres ne réagissent d'une manière différente à un même changement de la pression barométrique.

Mais ces différences deviennent encore plus sensibles chez les êtres qui forment le monde des océans. Supposons un moment qu'un organisme vivant dans les abysses est ramené tout à coup vers la surface de la mer. Personne ne saurait dire qu'il n'a pas été soumis aux effets d'un brusque abaissement de la pression aquatique. Peu importe que cette nouvelle pression soit encore considérable par rapport à celle que supportent habituellement les êtres vivant dans les grandes altitudes. Elle est devenue néanmoins une condition anormale pour l'existence de l'organisme en question. Voilà pourquoi on ne peut pas fixer une limite à l'influence que les variations de la pression exercent sur la vie en général. Les êtres se comportent chacun à sa manière suivant les diverses propriétés du milieu qu'ils habitent. Nous serons donc obligés de les étudier séparément, comme nous l'avons fait pour les fortes pressions.

Ainsi, dans une première partie, nous traiterons des êtres aériens, et dans une seconde partie des êtres aquatiques; mais les uns et les autres pourront être considérés comme soumis aux effets d'une pression diminuée, lorsqu'ils seront soudainement transportés dans une région où la pression régnante sera inférieure à celle de leur milieu habituel.

Effets produits par les pressions basses chez les êtres aériens. — Si l'on prend un organisme vivant dans un air de composition normale et à la pression d'une atmosphère et qu'on veuille le soumettre à un brusque abaissement de la pression atmosphérique, on n'a que deux méthodes à suivre. Ou bien on l'enferme dans une cloche où la pression est diminuée à l'aide d'une machine pneumatique; ou bien on le fait monter dans les hautes régions de l'atmosphère. Cette dernière méthode est peut-être la plus facile; mais elle est aussi la plus défectueuse. Les voyages sur les montagnes et les ascensions en ballon ont apporté des renseignements précieux à l'élucidation scientifique du problème qui nous occupe; mais les résultats obtenus n'ont pas été toujours comparables. Nous saurons plus tard à quoi tient l'immense variété de conclusions auxquelles sont arrivés les divers expérimentateurs.

Analysons maintenant les phénomènes présentés par les animaux, soumis à la diminution brusque de la pression atmosphérique en les groupant autour des principales fonctions physiologiques. Prenons un vertébré à sang chaud, un mammifère par exemple, et enfermons-le dans un appareil sous courant d'air à une pression de plus en plus diminuée.

A une pression 40 ou 50 centimètres de mercure, l'animal, tout étonné, s'agitera en faisant des efforts pour sortir de l'appareil qui le contient. Puis, commenceront à apparaître les phénomènes que nous allons décrire.

La *respiration* sera une des premières fonctions qui se trouvera affectée. Le nombre et le rythme des mouvements respiratoires iront en s'accélérant au fur et à mesure que la pression baissera, mais il arrivera une limite à partir de laquelle la respiration deviendra lente et irrégulière. L'animal fera alors des inspirations amples et profondes comme un animal asphyxié. Chaque mouvement musculaire sera accompagné d'une sorte d'anhélation. Et dans l'ensemble des phénomènes on pourra voir le cadre complet de l'asphyxie. Finalement, lorsqu'on atteindra une pression trop basse, dont le degré est très variable pour chaque espèce vivante, l'animal succombera aux progrès de la diminution de pression.

Dans le domaine de la *circulation* se produisent aussi des troubles importants. Tout d'abord le cœur s'accélère. Le nombre de pulsations est considérable. Parfois les animaux présentent des hémorrhagies muqueuses abondantes. Plus tard, lorsque la pression atteint des limites vraiment inférieures, le cœur se ralentit, le pouls disparaît, et la pression sanguine tombe subitement. Comme chez les animaux asphyxiés, le cœur meurt en diastole.

Pour les phénomènes qui se produisent du côté de la *digestion*, on peut voir les animaux en expérience vomir les restes d'aliments qui séjournent encore dans leur estomac : en même temps ils se gonflent par suite de la dilatation de leurs gaz intestinaux.

Aussitôt que la dépression devient assez considérable, l'*innervation et la locomotion* se trouvent profondément atteintes. Les animaux tombent sur le flanc, font des efforts pour se relever et s'agitent continuellement. Puis bientôt ils perdent connaissance et entrent dans une phase convulsive, qui ressemble beaucoup à celle que nous avons décrite pour les animaux mourant sous les grandes pressions. Si l'expérience a été lentement conduite, si elle a duré trop longtemps, ou si l'animal est très affaibli, ces phénomènes d'excitation n'apparaissent point : on constate alors une insensibilité presque absolue, suivie de la paralysie totale du corps. P. Bert a vu sur lui-même diminuer considérablement son énergie morale et physique quand il est descendu à d'assez basses pressions. Une fois, il a été surpris de ne pas pouvoir multiplier le nombre 28 par 3. A ce point d'abaissement de pression, sa tête était lourde, et son intelligence était devenue infime.

Les actes chimiques qui constituent par leur ensemble *les fonctions de nutrition* sont à leur tour très modifiés sous l'influence de la dépression atmosphérique. Dans les recherches faites par P. Bert sur les échanges gazeux de la respiration, chez les animaux soumis à des pressions inférieures à 50 centimètres de mercure, il a vu que la quantité d'oxygène consommé et celle d'acide carbonique produit, par heure et par kilogramme, sont sensiblement beaucoup plus faibles qu'à l'état normal. Cette diminution commence à devenir évidente à partir d'un tiers d'atmosphère, ce qui correspond à peu près à une hauteur de 3000 mètres ; mais elle s'accentue extraordinairement au fur et à mesure que la pression baisse. Malgré les graves objections qu'on peut faire à la méthode expérimentale employée par P. Bert, on est forcé d'admettre que les résultats sont largement démonstratifs. En effet, si l'on compare les chiffres trouvés par l'analyse de l'air confiné où respire une même espèce d'animal sous des pressions variables, on pourra voir qu'il y a toujours entre eux une différence assez nette.

Voici du reste un tableau qui montre bien tout ce que nous venons de dire. Des moineaux ont absorbé en oxygène et éliminé en acide carbonique les quantités suivantes par heure.

	Oxygène consommé.	Acide carbonique produit.
	cent. cubes.	cent. cubes.
A la pression normale (4 expériences)	147	122
Aux environs de 50 centim. cubes (4 expériences) .	118	97
— 30 — (3 expériences) .	80	65
— 24 — (4 expériences) .	72	57
— 20 — (1 expérience). .	60	»

Malheureusement, nous le répétons, ces résultats ne sont pas tout à fait à l'abri d'une critique expérimentale.

La plupart de ces expériences ont été réalisées dans l'air confiné. Outre cela, P. Bert n'a pas cru devoir tenir compte de l'état de nutrition des animaux en expérience. On sait cependant quelle est l'importance de ces deux conditions, quand on veut juger de l'intensité du phénomène chimique de la respiration. Même le repos absolu, que P. Bert avait grand soin de faire garder à ses animaux, est très difficile à obtenir dans les grands appareils dont il se servait. Comme on peut le voir, cette étude nécessitait d'être reprise.

Très récemment Loewy a fait des recherches importantes sur l'homme, respirant dans des appareils médicaux. Malheureusement il n'a pas pu opérer avec des pressions suffisamment basses. C'est pourquoi ses conclusions n'offrent qu'une valeur relative. Les voici :

1° L'échange gazeux de la respiration est indépendant dans une large mesure de la composition de l'air respiré.

2° Jusqu'à une certaine limite, l'abaissement de la pression barométrique, ou, ce qui revient au même, la diminution dans la quantité d'oxygène de l'air respirable, ne modifie en rien l'excrétion de l'acide carbonique, l'absorption de l'oxygène, ni le quotient respiratoire.

3° La mécanique respiratoire est seule influencée. Ce fait est d'un ordre purement physique.

4° Si la pression baisse tellement que la tension de l'oxygène alvéolaire devienne inférieure à 40 ou 45 millimètres de mercure, alors l'excrétion de l'acide carbonique augmente ; l'absorption de l'oxygène diminue, et le quotient respiratoire augmente légèrement.

Ainsi qu'on a lieu de le constater, il y a une grande ressemblance entre les résultats obtenus par Loewy et ceux qu'avait déjà communiqués P. Bert. Tout porte à croire que les combustions intraorganiques sont considérablement diminuées par le séjour dans l'air raréfié. L'étude de l'excrétion urinaire vient à l'appui de cette opinion. Un animal vivant durant quelques heures dans un air dont la pression a été diminuée de plus de la moitié abaisse notablement la quantité d'urée excrétée en vingt-quatre heures. Nous citerons à titre de contrôle quelques-unes des expériences faites par P. Bert.

	VENTILATION PULMONAIRE par minute.	CO^2 ÉLIMINÉ par minute.	O^2 ABSORBÉ par minute.	QUOTIENT RESPIRATOIRE.
Pression normale	5,196.9	168,5	220,0	0.766
Pression barométrique de 440 millimètres de Hg.	5,610.0	175,48	215,86	0,815

Expérience I. — Chien pesant 12 kilogrammes : il mange chaque jour 250 grammes de pain et 250 grammes de viande bouillis avec 500 grammes d'eau. Le volume total d'urine recueilli dans les vingt-quatre heures a été de 260 centimètres cubes. L'urée, contenue dans ce volume, égale à 19gr,4.

Après un séjour de vingt-quatre heures dans l'appareil, sous une pression de 38 centimètres, le chiffre d'urée contenue dans l'urine totale n'était que de 11gr,8. Le jour suivant, de 15gr,4.

Expérience II. — Chien pesant 19kil,3. Soumis depuis quatre jours à une ration alimentaire de 375 grammes de pain, 375 grammes de viande et 500 grammes d'eau.

Le volume total d'urine correspondant à une période de vingt-quatre heures, et obtenu, soit spontanément, soit à l'aide de la sonde, contient 27 grammes d'urée.

Enfermé, dans l'appareil, sous une pression oscillant entre 25 et 30 centimètres, il rend au bout de vingt-quatre heures 398 centimètres cubes d'urine qui ne contiennent que 20gr,7 d'urée.

Expérience III. — Chien pesant 20k,5, nourri pendant dix jours au régime suivant : 250 grammes de viande, 250 grammes de pain, 500 grammes d'eau. Il fournit pendant vingt-quatre heures 336 centimètres cubes qui enferment 23gr,4 d'urée (méthode d'Yvon). Soumis à une pression variant de 30 à 40 centimètres, le lendemain, il donne 570 centimètres cubes d'urine contenant 23gr,5 d'urée. Les vingt-quatre heures suivantes il n'en donne que 17gr,3, et, le soir d'après, 21,8.

Voici donc un fait parfaitement acquis par l'expérience. *Lorsque la pression atmosphérique diminue, l'activité cellulaire s'affaiblit.*

Outre ces changements dans les principaux phénomènes de la vie des tissus, il y a d'autres troubles secondaires, tels que l'apparition de la glycosurie. Il semble que le foie, irrité par l'action d'un sang brusquement désoxygéné, verse dans le torrent circulatoire une énorme proportion de sucre que l'organisme est incapable de détruire, sinon à longue échéance. Voilà pourquoi on trouve du sucre abondant dans les premiers temps de l'expérience, lorsque la dépression a agi subitement. Plus tard, le sang en contient sa dose normale, et il est très difficile d'en trouver quelques traces dans les urines.

Une des conséquences directes de cette diminution dans l'intensité des phénomènes chimiques de l'organisme est l'abaissement graduel de la *température* du corps. Il se présente chez les animaux décomprimés sans qu'ils produisent le moindre travail et sans que l'air soit refroidi. La perte est généralement de 2 ou trois degrés pour une diminution d'une demi ou deux tiers d'atmosphère en une demi-heure, par exemple.

Les actes élémentaires de la vie embryonnaire sont aussi entravés d'une manière notable par la diminution de la pression atmosphérique. C'est un fait que P. Bert a eu occasion de voir en suivant de près le développement des chrysalides. Les diverses transformations par lesquelles passent ces organismes ne peuvent plus se faire au dessous de 25 centimètres de mercure.

Il nous reste à déterminer la limite à partir de laquelle apparaissent les accidents dont nous venons de parler.

L'homme peut supporter une dépression considérable sans éprouver le moindre trouble dans ses fonctions. LOEWY a prouvé que, tant que la pression de l'oxygène de l'air intralvéolaire est supérieure à 48 ou 50 millimètres de mercure, il n'y a pas de raison pour que la vie ne s'exerce pas normalement. Cela confirme les conclusions de P. BERT et celles, plus récentes, de CHR. BÖHR. Les petites oscillations de la pression n'ont pas une grande influence sur la vie des organismes. Il faut un abaissement d'un tiers d'atmosphère pour que l'homme accuse des signes évidents de malaise. Mais cette limite varie beaucoup pour chaque individu, et plus encore pour les diverses espèces. Toutefois, on peut dire, d'une manière générale, que la mort arrive pour tous, lorsque la pression barométrique tombe vers 7 ou 8 centimètres de mercure. A ce moment l'oxygène perd ses propriétés vitales en devenant incapable de satisfaire aux exigences chimiques des organismes. Dès lors, l'existence est impossible et les animaux succombent sans qu'on puisse déceler chez eux les traces de lésions importantes.

L'autopsie n'offre en effet rien de particulier. Le sang est noir partout, excepté dans les veines pulmonaires où il absorbe de l'oxygène pendant le retour à la pression normale. Parfois les poumons sont ecchymosés, mais on y trouve rarement les foyers d'une hémorrhagie véritable. Le système nerveux central ne présente aucune lésion qui puisse expliquer la mort. Il y a cependant un fait extrêmement curieux; c'est la *rigidité cadavérique*. Elle apparaît d'une façon presque constante, et indépendamment de l'état antérieur de l'animal. A vrai dire, si l'on décapite un des animaux soumis à la diminution brusque de pression, aussitôt qu'on approche de la limite mortelle, on peut voir que la rigidité cadavérique met un temps beaucoup plus long à se manifester. Ce rare phénomène est pour ainsi dire comme une caractéristique de la mort dans les pressions excessivement basses. Il ne se produit jamais dans la mort par simple asphyxie.

Effets des pressions basses sur les végétaux. — Maintenant que nous connaissons l'ensemble des modifications présentées par les animaux vivant dans l'air raréfié, il sera bon de se demander si les végétaux subissent aussi l'influence de la dépression atmosphérique.

En 1823, DOBEREINER avait constaté que, dans l'air raréfié, l'orge donne moins de brins qu'à la pression normale. P. BERT reprit ces expériences sur le même végétal, et il a pu voir que, tandis que, à la pression normale de $0^m,76$, il obtenait des brins dont chacun pesait 8 milligrammes, à la pression de $0^m,50$, il n'obtenait que des brins de 7 milligrammes, et à la pression de $0^m,25$ des brins de 6 milligrammes. En outre la germination allait en retardant au fur et à mesure que la pression baissait. Finalement, lorsqu'on arrivait aux environs de $0^m,07$ les graines d'orges restaient intactes et ne pouvaient plus se développer. Cette limite de dépression, mortelle pour les végétaux, est précisément celle à laquelle succombent rapidement, quelques précautions qu'on prenne, les diverses classes d'animaux. La coïncidence est fort curieuse; nous verrons qu'elle est aussi très instructive. P. BERT a étudié ensuite la végétation proprement dite. Ses expériences ont une valeur très restreinte, étant donné qu'il s'est servi d'une seule espèce de végétal, la sensitive, laquelle, comme chacun sait, réagit très facilement aux variations du milieu extérieur. En tout cas, on peut affirmer que les sensitives deviennent insensibles et meurent aussitôt que la pression tombe vers 25 centimètres de mercure.

Les recherches de EBERMAYER ont montré d'autre part que les phénomènes nutritifs sont entravés chez les végétaux par la diminution de pression atmosphérique. Le hêtre, à la limite supérieure de son habitat dans les montagnes, montre des feuilles plus petites que dans les plaines, et la composition chimique indique clairement qu'il y a alors une diminution de l'activité nutritive. Tandis que les feuilles cueillies dans le bas des montagnes donnent 6,97 p. 100 de cendres, celles qui sont prises dans le haut ne donnent que 3,94 p. 100. Ces résultats concordent d'une façon générale avec ce que nous savons du *nanisme* habituel aux plantes alpines. Les végétaux inférieurs, qui sont les facteurs de presque toutes les fermentations, ne supportent pas non plus une trop grande dépression atmosphérique. A Mexico, par 2 200 mètres, la fermentation putride n'a pas lieu ; l'agent de la *fièvre jaune* ne peut plus se développer ; et les organismes animés, causes de la *verruga* et de la *peste*, ne semblent pouvoir vivre au delà de 600 mètres de hauteur. En somme, les organisations végétales se comportent de la même manière que les êtres appartenant au règne animal sous les changements de la pression barométrique. Il est probable, pour ne pas dire certain, que le mécanisme de ces actions nuisibles est indentique pour tous les êtres aériens.

Mécanisme intime de l'influence des basses pressions. — La première idée qui vienne à l'esprit est de croire à une action purement physique, comme cause de tous les phénomènes présentés par les organismes vivant dans l'air raréfié. Le corps tout entier serait plongé dans une immense ventouse, laquelle attirerait vers la périphérie les fluides circulant par les organes internes en déterminant la congestion de la peau et les hémorrhagies des différentes muqueuses. Mais cette théorie est absolument contraire aux lois de la physique élémentaire. Les liquides et les solides qui forment la totalité des organismes sont incompressibles. Dans ce sens les variations de la pression atmosphérique doivent passer inaperçues pour les êtres vivants. La suppression d'une demi-atmosphère n'augmenterait le volume de notre corps, d'après les calculs de Valentin, que de 3/100000e environ. Or, si les liquides de l'organisme étaient ainsi réellement maintenus par la pression extérieure, il suffirait d'une dépression de quelques centimètres pour produire les plus terribles désordres. Ainsi que P. Bert le fait justement observer, c'est la comparaison avec la ventouse qui a induit en erreur. On a oublié que, dans la ventouse, c'est l'effet de la pression sur le reste du corps qui amène le gonflement, la congestion et les hémorrhagies locales.

Grand nombre de physiciens, mieux inspirés, ont fait jouer un rôle important, dans les effets produits par la diminution de pression, à l'action mécanique des gaz. Les moins nombreux ont pensé que la dilatation des gaz de l'appareil digestif était suffisante à déterminer le déplacement des viscères de l'abdomen et la rupture du diaphragme et des intestins. Ces accidents ne se produisent cependant jamais dans la pratique. L'appareil digestif des mammifères n'est pas une cavité close, comme la vessie natatoire de certains poissons. Lorsque les gaz doublent de volume, ils trouvent une facile sortie par la bouche ou par l'anus,

Il semblait plus logique d'attribuer à la sortie des gaz du sang l'apparition de tous les désordres présentés par les animaux sous l'influence de la pression diminuée. Robert Boyle avait vu que les liquides organiques laissaient échapper des bulles de gaz lorqu'on les plaçait dans le vide. Ce seul phénomène fut suffisant pour qu'il établisse sa théorie de l'*embolie gazeuse* afin d'expliquer la mort des animaux vivant à des pressions basses.

A cette opinion se rallièrent presque tous les médecins et physiologistes distingués de la première moitié de ce siècle. Hoppe Seyler, qui est un des plus enthousiastes défenseurs de cette idée, avait cru voir se dégager les gaz du sang des animaux placés sous la cloche pneumatique. Gavarret soutenait aussi qu'au moment où la pression extérieure diminue les gaz tendent à sortir du liquide sanguin, refoulent les parois des vaisseaux, et celles-ci, distendues à l'extrême, finissent par se rompre en donnant lieu à des hémorrhagies. Rien ne prouve cependant que les choses se passent de cette manière. Les gaz du sang ne sont pas à l'état de simple dissolution. Donc ils ne peuvent pas suivre la loi de Dalton.

Mais, tout en admettant que ce dégagement existe pour les grandes dépressions atmosphériques, il faudra remarquer que l'oxygène doit être immédiatement absorbé par les tissus et que l'acide carbonique doit s'éliminer promptement par les poumons, car, dans le sang des animaux tués par une brusque diminution de la pression aérienne on n'a jamais pu trouver de gaz à l'état de liberté. L'azote est le seul gaz qui dans le sang puisse suivre les variations de la pression barométrique. Mais, comme sa proportion est vraiment insignifiante dans le liquide sanguin, on ne peut pas lui accorder une grande importance dans la production des phénomènes que nous venons de décrire.

L'air n'agit pas sur les organismes qui le respirent à la façon d'un agent mécanique. Chacun de ses composants jouit d'une fonction chimique spéciale dont l'intensité varie en rapport direct avec les changements que la pression subit. Il y a pour ainsi dire une limite de *pression vitale*, en dehors de laquelle les fonctions physiologiques ne peuvent plus s'opérer. Cela tient à ce que l'oxygène, élément nécessaire à l'existence de tous les êtres, perd ses propriétés vitales par le fait même de ces changements de la pression. Lorsque sa tension particulière arrive à être trop forte, nous avons vu qu'il est toxique et mortel pour les organismes. Voyons maintenant ce qui va se produire lorsque sa tension tombe.

On sait depuis les travaux de P. Bert les grandes modifications apportées au phénomène complexe de l'asphyxie par les changements de la pression atmosphérique. Nous connaissons déjà les conclusions de cet auteur pour ce qui concerne la pression augmentée. Assurément ce moyen est incomplet pour bien connaitre la nature des accidents barométriques, mais il aide puissamment à la meilleure compréhension dans un autre ordre de recherches dont nous allons bientôt nous occuper.

Si on place un animal sous une cloche hermétiquement fermée, et qu'on lui fasse respirer un air normal à la pression d'une atmosphère, sa mort arrive nécessairement lorsque la tension de l'oxygène est représentée par un chiffre qui oscille entre deux et quatre pour les divers espèces. Cette tension se détermine facilement pour les pressions supérieures à une atmosphère, d'après la suivante formule $T = C \times P$. Ce qui veut dire que la tension d'un gaz dans un mélange quelconque est égale au produit de sa proportion centésimale par la pression dont le mélange est animé. En supposant à présent que la pression est d'une atmosphère, la tension de l'oxygène sera de 20,9, chiffre qui exprime à peu près sa proportion pour 100 dans l'air ordinaire; mais, si la pression baisse, alors il faut multiplier la proportion centésimale par le rapport de cette pression à la pression normale. Ainsi la tension de l'oxygène dans un air de composition normale, à la pression de 30 centimètres serait représentée par le nombre $20,9 \times \frac{30}{76} = 8,2$.

Nous voilà déjà en mesure de pouvoir comprendre les expériences de P. Bert sur l'asphyxie dans les pressions basses.

L'analyse de la composition centésimale de l'air raréfié, devenu mortel, donne les résultats suivants, groupés dans ce tableau que nous empruntons au livre de P. Bert:

NUMÉRO des EXPÉRIENCES.	PRESSION BAROMÉTRIQUE en centimètres de Hg.	CAPACITÉ de la CLOCHE.	COMPOSITION DE L'AIR MORTEL.		TENSION de L'OXYGÈNE.	$\frac{CO^2}{O}$
			O^2	CO^2		
		litres.				
I	76	1	3,0	14,8	3,0	0,82
II	76	1,9	4,2	14,6	4,2	0,87
III	75	2.5	5,5	14,6	3,5	0,84
IV	75	1,3	5,3	16,0	3,3	0,86
V	55	3,2	4,5	14,4	3,2	0,84
VI	55	2,2	4,6	13,4	3,3	0,81
VII	48,5	1,5	5,2	14,1	3,4	0,89
VIII	47	3,2	5,5	12.4	3,5	0,80
IX	41,3	1,9	6,5	12,9	4,1	0,89
X	38	3,2	8,2	11,6	3,5	0,91
XI	37	2.5	7,2	11,5	3,7	0,84
XII	36,4	5	8,2	»	3,4	»
XIII	34,3	4,6	8,3	10,8	4,0	0,85
XIV	30,8	11,5	10,0	9,8	3.3	0,78
XV	30,5	2.5	8,3	10,4	3,2	0,95
XVI	30,3	5	8,2	10,3	3,5	0,81
XVII	30,3	7	9,3	10,1	3,0	0,79
XVIII	29	3,2	7,9	11,2	3,1	0,96
XIX	28,3	3.2	8,5	10.3	3,6	0,79
XX	27.8	3,2	11,3	10.9	4,01	0,88
XXI	26,1	5	12,8	»	4,33	»
XXII	25	2,8	13,7	8.1	4,0	0,84
XXIII	24.5	3,2	12,6	6.2	3,6	0,76
XXIV	24,2	11,5	11,6	5,4	4,0	0,75
XXV	24.2	7	12,6	7.0	3,4	0,84
XXVI	24,2	5	10,3	7,8	3,4	0,84
XXVII	24,2	2,5	11,2	5,9	3,5	0,84

On peut voir dans l'ensemble des chiffres indiqués dans ce tableau que, plus la pression est basse, plus grande est la richesse en oxygène de l'air devenu mortel. Dans les limites très inférieures de pression, l'air confiné garde à peu près sa composition normale. L'oxygène est encore dans une proportion très forte, alors que l'acide carbonique se trouve en quantités vraiment insignifiantes. On ne peut pas attribuer la mort des animaux à la privation d'oxygène ni à l'augmentation de l'acide carbonique. Cette curieuse contradiction entre les résultats obtenus par l'asphyxie à la pression normale et par l'asphyxie à des pressions plus faibles qu'une atmosphère n'est en réalité qu'apparente. Les animaux ne meurent pas par défaut d'oxygène : ils succombent à la suite du manque de tension de ce gaz. En effet, si l'on multiplie les nombres obtenus par l'analyse de la composition centésimale de l'air confiné par le rapport que nous avons établi tout à l'heure, on verra que tous les chiffres sont absolument comparables. La mort se produit d'une manière générale aussitôt que la tension de l'oxygène tombe aux environs de 3 à 4 centimètres de Hg. La grandeur en volume de l'air respirable n'entre pour rien dans le mécanisme des phénomènes. Quelle que soit la capacité des cloches où l'on réalise l'expérience, l'animal cesse de vivre juste au moment où la tension de l'oxygène est incompatible avec l'existence. Mais, si les troubles présentés par ces êtres vivant à des pressions faibles tiennent réellement à une cause de cette nature, on devrait les empêcher en augmentant la quantité d'oxygène, sans modifier pour cela la pression barométrique.

P. Bert a réussi pleinement dans ces expériences de contrôle en enlevant soigneusement l'acide carbonique au fur et à mesure de sa production. Les moineaux respirant de cette manière sont allés jusqu'aux dernières limites de pression sans ressentir aucun malaise, grâce à la forte proportion d'oxygène contenue dans l'air raréfié.

Ces premières expériences ont été faites sur des moineaux. Mais, dans des recherches postérieures, P. Bert s'est occupé des mammifères, plus tard des animaux à sang froid. Les chiffres trouvés à l'analyse de l'air confiné ont toujours oscillé entre des valeurs analogues. Il a constaté cependant de petites différences tenant au caractère physiologique de chaque espèce et à la manière dont l'expérience a été conduite. Voici du reste ses principales conclusions.

1° La mort arrive dans l'air raréfié par suite de la diminution de tension de l'oxygène ambiant.

2° Un animal à sang chaud est plus sensible à l'*abaissement barométrique* qu'un animal à sang froid.

3° Plus la température d'une espèce organique est élevée, plus sa résistance pour la diminution de pression est faible.

4° La chute brusque de la pression, quelle qu'elle soit, se fait moins sentir pour les animaux en repos que pour les animaux en activité ; pour les organismes bien nourris, que pour ceux qui sont à l'état d'inanition.

5° L'importance hiérarchique des organismes est en raison inverse de leur résistance à la dépression atmosphérique. Plus un être est élevé dans l'échelle biologique, plus il est sensible aux variations de l'air extérieur.

6° Lorsqu'on fait tomber subitement la pression, les animaux meurent plus tôt que quand on opère d'une façon graduelle et méthodique.

7° Les basses températures favorisent l'apparition des accidents dus à la dépression.

La conséquence générale, c'est que les troubles, même la mort, surviennent aussitôt que la tension de l'oxygène baisse. La diminution de la pression barométrique n'a été qu'un moyen d'obtenir cette tension insuffisante.

Évidemment on peut faire de sérieuses critiques à ces conclusions, à cause de la manière dont P. Bert a réalisé ses expériences. La plus grave objection qu'on puisse faire est celle d'avoir soumis tous les animaux aux effets complexes de l'air confiné. On sait, depuis les recherches de Brown Séquard et de d'Arsonval, qu'outre l'acide carbonique provenant des combustions organiques, il s'élimine par les poumons des produits éminemment toxiques, dont la nature chimique est ignorée, mais qui sont facilement reconnaissables par leurs terribles effets. A vrai dire il faut avouer que cela change beaucoup les conditions du problème expérimental, tel que P. Bert l'avait posé. Mais, si l'on considère que la mort des animaux arrive très rapidement, c'est-à-dire avant que l'accumulation de ces corps toxiques ait eu le temps de se produire, on comprendra que le défaut de cette méthode n'est pas si considérable qu'on aurait pu croire tout d'abord. Nous avons vu d'ailleurs que la différente capacité des cloches où les animaux respirent n'est pour rien dans le mécanisme de la mort. L'oxygène de l'air final garde toujours une tension invariable. D'autre part, P. Bert le dit d'une façon claire et décisive dans ses conclusions : *La mort arrive dans l'air raréfié, par suite de la diminution de pression, que ce soit dans un vase fermé, que ce soit sous courant d'air constant.* Au fond l'étude de l'asphyxie sous les variations de la pression n'a été qu'un moyen indirect pour connaître la nature des phénomènes barométriques.

P. Bert est allé bien plus loin dans ses investigations postérieures. Étant donnée la grande difficulté de connaître expérimentalement l'échange gazeux de la respiration chez les animaux vivant dans les pressions basses, sans les exposer aux dangers de l'air confiné, il a cherché à se rendre compte de ce qui advenait aux phénomènes chimiques de la vie cellulaire en analysant les gaz du sang. Pour cela il plaçait tous les animaux dans les mêmes conditions. C'est ainsi que les résultats pouvaient être relativement comparables. Des chiens, nourris de la même façon et depuis le même temps, étaient solidement attachés dans une gouttière afin d'empêcher leurs mouvements. Le sang tiré de la carotide ou de la fémorale était soumis aussitôt à l'action du vide dans la pompe à mercure de Gréhant. Chaque animal donnait de 35 à 40 centimètres cubes de sang, qui servaient aisément à faire une analyse. Voici quels ont été les résultats d'un premier groupe d'expériences :

NUMÉROS des EXPÉRIENCES.	GAZ CONTENUS DANS 100 CENT. CUBES DE SANG. Pression normale.			GAZ CONTENUS DANS 100 CENT. CUBES DE SANG. Pression diminuée.			
	O''	CO^2	$CO^2 + O''$	Pression.	O''	CO^2	$CO^2 + O$
				cent. de Hg.			
I.	21,6	36,3	57,9	57	18,6	35,4	54,0
II.	21,5	34,9	56,4	56	21.1	34,7	55,8
III.	17,4	33,8	51,2	56	15.5	28,0	13,5
IV.	16,9	45,7	62,6	56	12,4	35,0	47,4
V.	21,5	34,9	56,4	46	20,3	30,5	50,8
VI.	20,1	41,1	61,2	46	13.2	40,7	53,9
VII.	17,4	33,8	51,2	46	12,5	26.4	38,9
VIII.	18,8	29,1	48,9	44	16,3	23,3	39,6
IX.	20,6	39,0	59,6	36	11.9	25,2	37,1
X.	20.1	41,1	61,2	36	8,9	34,3	43,2
XI.	13,3	34,9	48,2	36	8,5	21,4	29,9
XII.	17,4	33,8	51,2	36	10.8	22,8	33,6
XIII.	16,9	45,7	62,6	36	9,6	33,9	43,5
XIV.	18,8	39,7	58,5	31,4	12,0	31,0	43,0
XV.	19,4	48,4	67,8	1	13,6	36,5	50,1
XVI. . . .	18,3	32,8	51,1	26	9,8	24,5	34,3
XVII. . . .	20,8	46,1	66,9	26	9,2	13,7	22,9
XVIII. . . .	22,6	39,7	62,3	26	9,8	23,1	32,9
XIX.	21,5	41,9	63,4	22	10,7	22	32,7
XX.	20,8	46,1	66,9	18	7,6	12,9	20,5
XXI.	20,8	46,1	66,9	17	7,1	11,9	19,0

L'examen comparatif de ces chiffres démontre que l'oxygène et l'acide carbonique diminuent dans le sang à mesure que la pression baisse. Mais on remarquera que cette diminution n'est bien appréciable qu'à partir de 56 centimètres. Cela tient à ce que ni l'oxygène ni l'acide carbonique ne sont à l'état de simple dissolution dans le liquide sanguin. S'il en était ainsi, les pertes de gaz que le sang subit, par le fait d'une chute dans la pression atmosphérique, devraient suivre le rapport de la loi de Dalton.

Laissons de côté les différences individuelles, impossibles à déterminer pour chaque expérience, et voyons quelles sont les conditions dans lesquelles se produit le phénomène de la désoxygénation et de la décarbonisation sanguine sous un même degré de dépression barométrique. Le moyen le plus simple que nous ayions à notre disposition est de comparer les valeurs représentant les pertes gazeuses pour une pression donnée avec les rapports voulus par la loi de DALTON.

PRESSION	PERTES DU SANG en OXYGÈNE P. 100	PERTES DU SANG en ACIDE CARBONIQUE p. 100.	RAPPORTS ÉTABLIS pour la LOI DE DALTON.
cent. de Hg.			
56	13,6	10,9	26,3
46	21,1	14,0	39,4
36	43,0	29,2	52,6
26	50,7	38,2	65,8

Les gaz du sang sont certainement retenus chimiquement par les éléments qui forment le liquide sanguin; car autrement ils devaient suivre, d'une façon plus régulière, les variations de la pression barométrique. Nonobstant, cette liaison ne doit pas être de la même nature pour l'oxygène et pour l'acide carbonique. Il y a un écart trop manifeste entre les pertes de l'un et de l'autre gaz pour qu'on puisse croire qu'ils se trouvent dans le sang sous le même état chimique. L'oxygène est combiné avec une substance organique qui se dissocie facilement sous l'influence de la dépression atmosphérique; mais, chose curieuse, les pertes les plus considérables qu'on ait pu enregistrer, chez l'animal vivant, se réalisent aux environs d'une demi-atmosphère. Il semble que l'hémoglobine des hématies vivantes fasse effort pour toujours garder un reste quelconque d'oxygène dans le but de ne pas perdre sa caractéristique fonctionnelle. C'est ainsi que, lorsque les animaux périssent par suite d'une grande diminution de la pression, leur sang conserve encore une proportion relativement forte de ce gaz.

L'acide carbonique, contrairement à ce qu'avait cru tout d'abord FERNET, est aussi en majeure partie combiné au sang. Ces combinaisons sont de nature inorganique, mais elles ne sont pas pour cela beaucoup plus stables que l'oxyhémoglobine. Dès que la dépression atteint 56 centimètres de mercure, on voit l'acide carbonique se dégager lentement en brisant les liens chimiques qui l'unissent aux phosphates et carbonates alcalins. Il y a lieu d'admettre que, sous l'influence de la diminution de pression, les gaz du sang, tout en étant combinés, se dégagent à mesure que la pression baisse. Or, lorsque les tensions partielles de l'oxygène et de l'acide carbonique diminuent dans le sang, les corps formés par ces deux gaz se dédoublent, ne pouvant plus conserver leur équilibre moléculaire. Cette dissociation (SAINTE-CLAIRE DEVILLE) est notamment favorisée par la température de nos tissus.

Le vide ne fait que réduire au minimum l'effet de masse de l'oxygène et de l'acide carbonique; la chaleur intervient alors en achevant l'œuvre de destruction déjà commencée. Cette loi chimique est, du reste, générale et trouve son application dans la chimie industrielle. Dans la fabrication de la chaux vive, l'acide carbonique est séparé de la chaux par la chaleur. Mais cette séparation ne se produit pas dans une atmosphère d'acide carbonique pur; au contraire, la chaux s'unit à l'acide carbonique à une température élevée, dès que la tension partielle de ce gaz est assez forte. Si l'on veut calciner rapidement et complètement le carbonate de chaux, on doit faire passer un courant d'un autre gaz pour abaisser la pression de l'acide carbonique. L'hémoglobine et l'oxygène se comportent de la même manière. Dans les alvéoles des poumons, où la pression de l'oxygène est élevée, l'hémoglobine se sature totalement ou à peu près de ce gaz. Elle le perd de nouveau, une fois qu'elle se met en présence des tissus avides d'oxygène où la tension de ce gaz est négative. La chaleur contribue pour sa part à cette dissociation nécessaire. C'est en cela qu'existe un désaccord absolu entre les expériences de FERNET, et celles, dont nous venons de rendre compte, de P. BERT. C'est que le premier de ces auteurs avait fait toutes ses recherches sur le sang *in vitro* et à des températures vraiment inférieures à celle des animaux à sang chaud. La preuve en est que Frankel et Geppert, et plus tard Hüfner, sont arrivés aux mêmes conclusions que P. Bert. En effet, ils ont trouvé que, lorsque l'on abaisse la pression barométrique à 410 millimètres de mercure, la proportion d'oxygène contenue dans le sang reste normale. Par contre, si l'on dépasse une demi-atmosphère, le sang devient tout à coup moins riche en oxygène, et cette proportion décroît à mesure que la pression baisse. La rigueur avec laquelle ces dernières recherches ont été conduites nous oblige à admettre pleinement leurs résultats. D'autre part, l'étude *in vitro* du phénomène de dégagement gazeux du sang, par suite d'une diminution de pression, ne fait que confirmer ce qui se passe chez l'animal vivant. Quand on a le soin d'opérer sur un sang récemment tiré de l'artère d'un animal et à une température voisine de celle du corps, les résultats ne peuvent être plus concordants.

Voici, à titre de contrôle, quelques-unes des analyses faites par P. Bert dans ces conditions :

Expérience I. — Sang de chien recueilli dans un flacon immergé dans l'eau à 40°.

A 725 millimètres le sang de chien contient	15,4 p. 100 d'oxygène.
A 280 — — —	13,8 p. 100 —
A 100 — — —	8,5 p. 100 —

Expérience II. — Sang de chien recueilli dans un flacon maintenu à la température constante de 40°.

A 738 millimètres le sang contient p. 100.	Oxygène	20,1
	Acide carbonique	18,8
	Azote	1,5
A 290 — — —	Oxygène	16,4
	Acide carbonique	13,0
	Azote	0,6
A 87 — — —	Oxygène	11,3
	Acide carbonique	8,6
	Azote	0,4
A 26 — — —	Oxygène	7,2
	Acide carbonique	7,0
	Azote	0,2

Expérience III. — Sang de chien défibriné. Agitation à la pression normale. Température intérieure du flacon, 38°. Le sang contient : oxygène 18,2, acide carb. 10,1.

A 380 millimètres le sang contient p. 100	Oxygène	14,8
	Acide carbonique	6,8
A 190 — — —	Oxygène	10,6
	Acide carbonique	4,0

On pourrait ainsi multiplier indéfiniment le nombre d'analyses pour démontrer que les gaz du sang subissent, à partir d'une certaine limite, les effets de la pression diminuée. Si chez l'animal vivant ce phénomène ne devient appréciable que quand on arrive à une dépression assez forte, c'est qu'il y a des éléments qui interviennent en mettant obstacle à la sortie des gaz sanguins, telle que la voudraient les lois de la physique. Nous avons déjà mentionné le rôle actif que le poumon joue dans l'échange gazeux de la respiration (expérience de Chr. Böhr). D'autre part, les diverses combinaisons de l'oxygène et de l'acide carbonique dans le sang, tout en étant relativement faciles à dissocier, jouissent encore d'une stabilité assez considérable pour résister aux variations de la pression contre lesquelles l'animal se voit obligé de lutter sans cesse. C'est là un procédé de défense parmi tant d'autres que les organismes emploient pour s'adapter aux conditions toujours changeantes du milieu qui les entoure.

Maintenant, il nous sera très facile de tirer les conséquences de l'étude expérimentale que nous venons de faire sur la nature des accidents présentés par les animaux vivant à des pressions basses.

Nous savons, d'une part, que les phénomènes relatifs à la combustion organique, source principale de l'énergie vivante, diminuent considérablement à partir d'une dépression de 50 centimètres. D'autre part, et en concordance avec ce fait remarquable, la teneur en oxygène et en acide carbonique du sang des animaux respirant dans l'air raréfié est beaucoup moins forte qu'à l'état normal. A vrai dire, tout se passe comme si on soumettait les animaux à une privation graduelle d'oxygène sans les exposer aux effets de l'air confiné. A ce point de vue, il y a une différence énorme entre un animal qui meurt des progrès de l'asphyxie due à la confination, et un autre qui succombe à la dépression par manque de tension de l'oxygène. Chez le premier, on pourra constater toutes les manifestations d'une véritable anesthésie déterminée par l'accumulation dans le sang des produits résultant de la combustion organique, tandis que chez le second on verra se produire des phénomènes d'excitation tenant à la présence de certains principes formés par la vie cellulaire, et qui n'ont pas été brûlés par l'oxygène.

Dans des expériences encore inédites, A. Mosso a bien montré que l'asphyxie et l'abaissement de pression déterminent la mort suivant des modalités très différentes. Dans la mort par asphyxie, il y a convulsions, agitation violente, dilatation de la papille, angoisse, émission de matières fécales et d'urine, tandis que dans la mort due à la dépression barométrique, la pupille est resserrée au maximum, et au lieu d'une agitation frénétique, on observe une sorte de coma soporeux, un engourdissement général, et un graduel affaiblissement de toutes les forces musculaires, sans qu'elles aient passé par la phase d'hyperexcitation convulsive qu'on observe constamment, sans exception, dans l'asphyxie simple.

En effet, nous savons aujourd'hui que les protoplasmas cellulaires ont une vie anaérobie, et que ce n'est qu'après une première phase fermentative, donnant lieu à la formation d'une foule de corps dérivés de la molécule albumineuse, que l'oxygène intervient en les dissociant et en leur faisant perdre leur toxicité. Si donc on place un animal dans des atmosphères où l'oxygène manque de la tension nécessaire pour accomplir cette fonction chimique, on lui fait courir le danger d'une mort inévitable, mort qui ressemble à l'asphyxie, encore qu'elle ne lui soit pas absolument identique.

La manière dont l'air raréfié agit sur la vie végétale n'a été mise en lumière que tout récemment par les importantes recherches de Stich, et de Bonnier et Jaccard. Certes Döbereiner, Saussure, Grichow, Borodin, P. Bert, Godlewoski, Johamssen et Wieler avaient déjà constaté que la germination et la végétation étaient profondément entravées lorsque la pression de l'air ambiant descendait au-dessous d'une demi-atmosphère. On croyait autrefois que la plante et l'animal représentaient, au point de vue physiologique, deux organismes opposés. Mais l'étude de la thermogenèse, de la respiration et de la nutrition des végétaux, a montré que ceux-ci ont besoin d'oxygène pour vivre, et que leurs tissus, non chlorophylliens, sont le siège de phénomènes d'oxydation et de fermentation d'où résulte une série de produits oxygénés qu'ils excrètent à la façon des animaux. Stich a pu prouver ainsi qu'en faisant vivre diverses espèces de plantes dans l'air raréfié, l'excrétion de l'acide carbonique finit par disparaître, et qu'au bout d'un certain temps elles meurent par suite d'un arrêt complet dans les phénomènes chimiques de la vie. Pareillement à ce qui arrive pour les animaux, l'oxygène, à une faible tension, est impropre à satisfaire aux exigences de la cellule végétale. Jaccard et Bonnier, eux aussi, sont arrivés aux mêmes résultats. D'ailleurs, la question est relativement facile à étudier lorsqu'on examine les fermentations qui représentent la vie de certains végétaux microscopiques. On constate en effet que chaque variation dans la tension de l'oxygène ambiant est suivie d'un trouble profond dans les phases chimiques de la fermentation et qu'aussitôt qu'on dépasse une certaine limite la cellule fermentative suspend son travail chimique pour rester inerte indéfiniment ou mourir lorsque cette action funeste continue.

Mal des aéronautes. — Le procédé expérimental qui consiste à s'élever dans les airs au moyen d'un artifice quelconque, pour étudier les effets de la dépression brusque sur l'organisme, n'a pu être employé que vers la fin du XVIIIe siècle, lors de la découverte du ballon d'hydrogène par le célèbre Charles, de Paris. Les milliers d'ascensions qui ont suivi celle-ci manquent en général d'intérêt, en ce sens qu'elles n'ont pas été faites dans un but scientifique. ROBERTSON fut le premier à signaler les divers troubles qui caractérisent les ascensions rapides dans les grandes altitudes; GAY-LUSSAC et BIOT, nommés par l'Institut pour faire une excursion scientifique en ballon, ne ressentirent que des malaises insignifiants. Peu d'années après, de nombreux expérimentateurs se lancèrent dans la dangereuse entreprise de *la navigation aérienne.* Parmi les noms qu'il faut retenir comme ayant le plus contribué à l'éclaircissement de la question qui nous occupe, se comptent ceux de ZAMBECARI, GLAISHER, COXWELL, CROCÉ-SPINELLI, SIVEL, G. TISSANDIER, et tout récemment, l'année dernière, GROSS et BERSON. La lecture des observations faites dans les grandes hauteurs ne nous fixe guère sur l'ordre d'apparition des phénomènes barométriques. En général, les effets de la raréfaction de l'air commencent à se faire sentir assez nettement à partir de 4 000 mètres. Mais cette limite est très variable pour les divers individus. C'est ainsi que GAY-LUSSAC, parvenu au point le plus haut de son ascension, 7 016 mètres au-dessus du niveau de la mer, a pu dire qu'il n'était pas encore assez gêné pour être obligé de descendre. BERSON atteignit dans sa seconde ascension la hauteur de 9 000 mètres sans s'apercevoir du moindre trouble. Ces différences tiennent d'une part au fonctionnement variable des organes thoraciques, et d'autre part à la capacité respiratoire du liquide sanguin qui n'est pas la même pour chaque individu. On peut affirmer cependant que, lorsque l'élévation atteinte est vraiment considérable, les effets de la pression diminuée se font sentir sans retour sur l'organisme. C'est alors que paraissent les accidents qui forment, par leur ensemble, e mal appelé *aéronautique*. L'appauvrissement rapide du sang en oxygène est le fait dominateur, autour duquel se groupent les divers troubles fonctionnels.

Comme toujours, s'il s'agit d'une cause capable d'agir sur l'organisme tout entier, c'est le système nerveux qui répond le premier. Tout d'abord, c'est l'accélération respiratoire et circulatoire qui tend, par une agitation plus fréquente du sang avec l'air, à compenser la moindre densité de l'oxygène inspiré. Puis, c'est la sensation de fatigue, la diminution des acuités sensorielles et les accidents cérébraux : vertiges, hallucinations, tintements, éblouissements et sommeil. L'excitation des nerfs pneumo-gastriques et sympathiques est cause de nausées, de battements du cœur et de congestions vaso-motrices. Plus tard l'organisme est pris de contractions convulsives, et finalement surviennent la paralysie, la syncope et la mort.

Tous ces phénomènes disparaissent rapidement lorsque le ballon descend à terre. Cela tient à ce que la proportion d'oxygène dans le sang devient normale, aussitôt que la pression augmente. Si les accidents s'arrêtent tout à coup, c'est parce que les produits toxiques, accumulés dans le sang par le fait de la vie anaérobienne des tissus, sont alors tout de suite brûlés par l'oxygène qui revient.

En somme, les modifications présentées par l'organisme aux grandes hauteurs de l'atmosphère peuvent se résumer en deux phases bien distinctes et nettes : une première, de lutte ou de défense contre la privation brusque d'oxygène, et une seconde, de déroute, qui exprime la défaillance de l'organisme par les progrès de l'intoxication.

Il est bien entendu que l'intensité des phénomènes est fonction variable d'une foule de circonstances, les unes dépendant de l'individu, les autres propres à la façon dont l'expérience a été conduite. Parmi les circconstances intrinsèques figurent, en premier rang, la richesse sanguine de l'organisme, la capacité respiratoire du sang, la ventilation pulmonaire et la moindre consommation d'oxygène par les différents tissus. Comme facteurs de second ordre, mais qui ne sont pas non plus à dédaigner, il faut tenir compte de l'état de nutrition de l'organisme et des terribles effets produits par la fatigue intellectuelle et physique. En effet nul n'ignore que rien n'abaisse plus la résistance individuelle que l'inanition ou la fatigue. Ce sont là les deux premières conditions dont l'organisme a besoin pour perdre son intégrité physiologique et tomber dans le terrain de la maladie.

Pour ce qui concerne les circonstances extérieures à l'individu, le froid apparaît comme le facteur le plus essentiel. Étant donné que les aéronautes ont à supporter de très basses températures, l'organisme se voit obligé de faire une dépense énorme d'oxygène pour pouvoir maintenir constante sa propre température, ce qui augmente nécessairement le conflit déjà établi par le manque d'oxygène. A l'action nuisible des produits accumulés dans le sang, il faut joindre les effets anesthésiques déterminés par le froid. C'est pourquoi ces individus tombent vite dans une espèce de léthargie avec perte de la connaissance et un manque absolu de sensibilité générale. Lorsque l'expérience de l'ascension aérienne a été réalisée en très peu de temps, les accidents sont encore plus graves. C'est assez exactement ce qu'on observe chez les animaux soumis à une brusque diminution de pression dans les cloches du laboratoire.

Mais en somme les ascensions en ballons n'ont pas fait avancer grandement l'interprétation des phénomènes barométriques et personne n'a pu se livrer, dans *la nacelle d'un ballon*, à l'expérimentation nécessaire pour arriver à bien comprendre le mécanisme de ces accidents. Sitôt qu'on dépasse les limites de la région respirable, l'homme est incapable de toute initiative, et plus encore d'une recherche scientifique, si insignifiante qu'elle soit.

Mal de montagnes. — On désigne sous le nom de mal de montagnes l'ensemble des modifications présentées par les excursionnistes lorsqu'ils gravissent des hauteurs considérables. Depuis le seizième siècle, époque à laquelle le célèbre jésuite espagnol Acosta fit observer l'action nuisible que l'air des lieux élevés exerce sur l'organisme, d'innombrables explorateurs se sont adonnés à l'étude de cette intéressante question. C'est à partir de ce moment qu'on a commencé à comprendre le rôle immense que la pression joue dans les diverses fonctions de la vie des êtres. Le livre de P. Bert contient un recueil presque complet de toutes les ascensions faites dans un but scientifique jusqu'au jour de sa publication. Nous tâcherons de parler ici surtout de celles qui ont été réalisées plus tard.

Les symptômes du mal de montagnes se rapprochent beaucoup de ceux du mal aéronautique et des phénomènes constatés chez les animaux soumis à la dépression expérimentale. Les petites différences qu'on observe tiennent d'une part à l'influence de la fatigue et d'autre part à la relative lenteur avec laquelle s'effectue l'ascension.

Le premier indice de l'apparition du mal est la sensation d'une fatigue extrême, fatigue qui, comme le disait P. Bert, n'est pas en rapport avec les efforts accomplis. Les voyageurs appellent cette étrange faiblesse du nom classique de « coup aux genoux ». Presque en même temps, la respiration devient courte et anhélante, le nombre des mouvements respiratoires augmente considérablement, le cœur bat vite; et le pouls, tout en étant plus fréquent, diminue en force et en ampleur, se faisant dicrote et dépressible. Ces phénomènes ont été constatés par l'immense majorité des ascensionnistes, mais ils ont été mis en relief plus spécialement par les tracés graphiques de Lortet et de Chauveau. Lorsqu'à ce moment l'individu suspend sa course, s'asseoit, ou se couche par terre, tous les symptômes disparaissent comme par enchantement : le cœur reprend son rythme habituel, la respiration se régularise, le sentiment de la force revient, et, au bout de quelques minutes le voyageur inexpérimenté, se croyant guérit de tous ces malaises, reprend avec confiance sa marche ascensionnelle. C'est alors que les accidents acquièrent réellement un caractère de gravité considérable.

On peut dire que toutes les fonctions de l'organisme sont plus ou moins atteintes. Dans le domaine de la digestion ce sont la soif exagérée, le dégoût pour les aliments, les nausées, les vomissements et la diarrhée qui tourmentent le plus l'individu. Dans la respiration, c'est l'oppression tenace et le besoin insatiable d'air qui troublent profondément le jeu normal des organes pulmonaires. Quelquefois, à la phase d'accélération respiratoire, tenant à l'excitation des centres bulbaires, succède un arrêt momentané des actes de la respiration, lequel provoque à son tour un essoufflement complet. « On étouffe », disent souvent dans leurs récits les nombreux explorateurs. En attendant, le cœur, qui bat 138 ou 140 fois par minute, commence à devenir irrégulier, perd peu à peu sa force contractile et tombe bientôt dans la syncope. La pression sanguine baisse, et la circulation est gravement entravée. La peau et les muqueuses sont en effet d'une pâleur remarquable. Il n'est pas rare de voir se produire des hémorrhagies du nez, du poumon, des yeux, des lèvres, des oreilles et de l'intestin, qui résultent de la paralysie vaso-motrice. C'est, ainsi qu'on peut le supposer, dans la sphère de l'innervation que se passent les troubles les plus importants. Les maux de tête sont dès le début violents et insupportables; mais bientôt ils sont suivis de toutes sortes d'altérations sensorielles qui jettent dans le désespoir l'individu qui les endure. En effet, le bourdonnement d'oreilles, la diminution du goût et de l'odorat, l'affaiblissement de l'ouïe et les troubles de la vision sont des phénomènes pour ainsi dire constants dans le mal de montagnes. Il y a en outre une grande prostration du corps et de l'esprit, contre laquelle le voyageur se déclare impuissant. Ainsi il tombe dans un sommeil profond, dont le réveil n'est pas toujours facile, étant donné que la mort même, une mort immédiate, peut être la suite de ces graves accidents.

Telle est la série croissante des symptômes présentés par les ascensionnistes en rapport avec la hauteur atteinte. Il s'agit maintenant de savoir dans quelles conditions se produit le mal de montagnes.

Un fait ressort de la lecture des nombreuses observations des ascensionnistes, c'est l'immunité de certains voyageurs contre les accidents. Cette curieuse constatation a amené un grand nombre de médecins et de physiologistes à nier l'existence du mal de montagnes. La moderne génération est particulièrement sceptique, mais elle commet une erreur en voulant ainsi généraliser l'innocuité des ascensions. CHAUVEAU (1894), dont la haute compétence dans ces questions est incontestable, dit : « Je crois au *mal de montagnes*, quoique je ne l'aie jamais éprouvé. » Et plus bas, il cherche à établir les causes physiologiques d'une semblable immunité. Pour nous, le fait n'a rien de surprenant. S'il y a des individus qui gravissent des lieux élevés sans être aucunement incommodés, c'est que le mal de montagnes n'est pas un mal nécessaire. Tant que le phénomène chimique de la respiration peut s'accomplir, que ce soit par des conditions extérieures favorables, que ce soit par des ressources propres à l'organisation, les accidents ne doivent pas se présenter. C'est ainsi que CHAUVEAU, DURIER, et bien d'autres, n'ont jamais ressenti le moindre malaise dans leurs excursions. Mais, disons-le de suite, l'exemple de quelques cas isolés n'est pas une preuve concluante. Ils démontrent simplement qu'en dehors de la dépression barométrique, il faut compter aussi avec une foule d'éléments variables qui prennent leur part dans la production du mal de montagnes.

Si théoriquement l'intensité des accidents doit être en rapport intime avec le degré de hauteur atteint, pratiquement les choses se passent de tout autre manière. Les ascensionnistes ont remarqué que le mal de montagnes commence à une hauteur qui varie suivant les régions, et qu'en général il ne se manifeste nettement qu'un peu au-dessus des neiges perpétuelles. Ainsi, dans les Alpes, il n'apparaît guère avant 3 000 mètres; dans les Andes de Bolivie et du Pérou, vers 4 000 mètres, et sur l'Himalaya ou sur la Cordillère équatoriale il faut dépasser 5 000 ou 6 000 mètres. Les frères SCHLAGINTWEIT réussirent sans trop de difficulté à atteindre la prodigieuse hauteur de 6 882 mètres sur les flancs de l'Himalaya, et très récemment, en 1892, le voyageur anglais CONWAY dépassa, sur la Cordillère, l'altitude de 7 000 mètres, tenant ainsi le record des ascensions faites jusqu'aujourd'hui. Ces inégalités, au point de vue de notre étude, entre les diverses régions montagneuses du globe, s'expliquent, d'une part, par la hauteur variable des neiges perpétuelles, et, d'autre part, par la disposition spéciale à chaque montagne. Lorsque l'ascension se réalise dans une ligne à peu près verticale, l'organisme n'a pas le même temps pour s'habituer au changement de pression que quand on monte par des étages successifs en stationnant durant des périodes plus ou moins longues à une même altitude. C'est en quoi les accidents sont bien plus tardifs sur l'Himalaya ou sur les Andes équatoriales que sur les Pyrénées ou sur les Alpes.

A côté de ces différences tenant aux conditions diverses du milieu extérieur, il en est qui dépendent des personnes elles-mêmes qui se soumettent à l'influence de la diminution de pression. On constate souvent que, tandis que certains voyageurs semblent extrêmement sensibles aux effets des ascensions, d'autres dépassent sans se plaindre le niveau où la grande majorité est frappée des malaises habituels. MARTIN DE MOUSSY fut atteint de la *puma* à 1970 mètres, pendant que Jules REMY monta sans embarras jusqu'au sommet du Chimborazo, dont l'altitude est de 6 420 mètres. Nous avons déjà cité l'observation de l'infatigable DURIER, lequel, à l'âge de soixante et quelques années, put faire à plusieurs reprises l'ascension du Mont-Blanc à l'abri de tout accident. Pour expliquer ces étranges anomalies on se servait autrefois des expressions banales de tempérament spécial ou d'idiosyncrasie. Aujourd'hui les termes du problème sont un peu mieux fixés. Il y a tout d'abord une question d'habitude, sur laquelle nous reviendrons lorsque nous parlerons de l'adaptation des organismes aux modifications de la pression extérieure.

Sous ce rapport les observations de d'ORBIGNY, BŒPPIG, TSCHUDI, SCHLAGINTWEIT, SINCLAIR, CONWEY, et les recherches de VIAULT et MUNTZ sont tout à fait concluantes. Lorsqu'on remarque l'impassibilité avec laquelle les indigènes gravissent les montagnes, alors que leurs compagnons de route sont en proie à toutes sortes de souffrances, on ne peut se refuser à admettre une sorte d'adaptation. D'ailleurs il n'y a pas de voyageurs ayant réalisé plusieurs ascensions qui n'aient constaté pareil fait. Les frères SCHLAGINTWEIT offrent sans contredit le plus remarquable exemple de ce genre. Dans leurs explorations sur les glaciers de l'Ibi-Gamin au Thibet ils ont constaté que l'influence de la raréfaction atmosphérique se faisait à la fin moins sentir qu'aux premiers jours, quoique l'élévation atteinte fût aussi considérable. La raison en est, ainsi que les recherches de VIAULT et MUNTZ le prouvent, que l'altitude agit sur l'organisme en augmentant le nombre des globules. Or un individu, dont le pouvoir respiratoire du sang croît par le fait de l'hyperglobulie, est assurément dans de meilleures conditions pour supporter l'abaissement de la pression, qu'un autre qui n'a pas encore subi les effets salutaires de cette modification. On comprend qu'alors ils ne sont donc pas comparables. Mais supposons à présent le cas de deux voyageurs qui, pour la première fois et en apparence semblables de santé, exécutent simultanément une même ascension; chacun va se comporter à sa manière. LORTET et DIDIER montent le même jour au Mont-Blanc, et, pendant que le premier est gravement malade, le second échappe complètement aux troubles de la dépression. Maints exemples pourrions-nous citer à l'appui de la thèse que nous soutenons, car l'histoire est bien riche en observations de ce genre; mais, le fait étant bien constaté, nous allons chercher à démontrer les raisons physiologiques de son existence.

On sait, depuis les travaux de FERNET, FRÆNKEL, P. BERT, HÜFNER et GRÉHANT, que les proportions d'oxygène trouvées dans un même volume de sang, chez les animaux de la même espèce et également bien portants, varie dans des limites considérables. Ce premier point nous fait déjà comprendre que, les réserves en oxygène n'étant pas égales pour tous les organismes, chacun doit lutter à sa manière contre le défaut de tension de ce gaz dans l'air. Il y a plus : lorsqu'on étudie *in vitro* le pouvoir d'absorption du sang pour l'oxygène, phénomène qu'on appelle la capacité respiratoire du sang, on observe qu'à chaque variété du sang correspond un coefficient d'absorption différent même pour des individus de la même espèce et dans des conditions à peu près identiques. Ce phénomène tient à la richesse variable du sang en hémoglobine et au degré de saturation plus ou moins avancé de celle-ci. On n'a donc pas le droit de s'étonner lorsque deux personnes, placées à une même hauteur, de 4 000 ou 5 000 mètres au-dessus du niveau de la mer, ne se comportent pas d'égale manière. C'est qu'il y a des différences bien nettes parmi les divers individus au point de vue de leur chimisme respiratoire, et, si la plupart des voyageurs ne peuvent plus fixer l'oxygène par défaut de tension de celui-ci, il y en d'autres mieux organisés qui réalisent cette fixation. C'est là une hypothèse assez peu satisfaisante, mais qu'il faut cependant admettre.

Autour de ce phénomène essentiel se groupent une foule de circonstances qui rendent encore plus sensibles les différences dont nous parlons. En premier lieu, il nous faudra citer les conditions de développement thoracique qui sont dans un rapport étroit avec l'échange gazeux de la respiration. Il est évident que, chez les individus à large poitrine, disposant d'un coefficient de ventilation très fort, la diffusion gazeuse se réalise plus facilement que chez les êtres rachitiques ou de proportions mesquines. Or le fait d'une ventilation pulmonaire plus active entraîne comme conséquence immédiate une décharge plus abondante des produits de la combustion accumulés dans le sang. Outre cela, elle détermine l'oxygénation presque complète du sang de manière à provoquer l'apparition du phénomène bien connu de *l'apnée* (ROSENTHAL). Ces deux avantages, pensons-nous, sont bien dignes d'entrer en ligne de compte dans l'étiologie du mal de montagnes. C'est pourquoi CHAUVEAU revient souvent, dans son article, sur le fait de sa *grande capacité respiratoire*, afin d'expliquer les causes de sa frappante immunité. Mais, en dehors de ces états inhérents à la constitution individuelle, et qui forment, pour ainsi dire, la base de nos résistances contre le mal des altitudes, il existe d'autres facteurs tenant à la manière dont les voyageurs pratiquent leur ascension et qui ne peuvent être passés sous silence. Nous faisons allusion à l'influence fâcheuse de la fatigue, de l'alimentation pauvre ou insuffisante, du mauvais état de santé et du manque de précautions pour se préserver contre l'action du froid. L'expérience a prouvé que le mal de montagnes se montre plutôt d'une façon plus grave chez les ascensionnistes qui gravissent à pied les lieux élevés que chez ceux qui vont à cheval ou portés par des guides. A ce point de vue, nous ne connaissons rien de plus éloquent que le rapport fait par P. Bert sur l'ensemble des observations alpines. Le voici : « Ici c'est un des meilleurs guides de l'Oberland qu'un travail un peu énergique rend par deux fois aveugle; là, c'est le voyageur Veddell, jusqu'alors indemne du *soroche*, qui est frappé à la suite d'une course rapide; c'est Taranne tombant à terre presque sans connaissance pour avoir voulu doubler le pas tout à coup; c'est d'Orbigny, qui, se croyant acclimaté, était forcé de s'arrêter chaque fois qu'il valsait; c'est Hedvingen tombant sur la neige, parce qu'il a voulu courir au sommet du Mont-Blanc; c'est un habitant des montagnes alpines, qui, s'efforçant de dépasser ses compagnons, roule comme si on lui avait tiré un coup de fusil. » Partout se manifeste l'influence éclatante de l'activité musculaire. Aussi n'est-il pas étonnant de voir que le mal de montagnes apparaisse à des niveaux notablement inférieurs à ceux dans lesquels se produit le mal des aréonautes. Car, ainsi qu'on peut le supposer, la production du travail exige une consommation bien plus active d'oxygène qui vient épuiser les réserves du sang en augmentant le conflit de l'organisme. Il serait oiseux d'insister sur les conséquences qui découlent de ce fait. Disons tout simplement que la fatigue comme le froid, l'inanition comme les maladies, agissent à peu près dans le même sens : d'une part, elles diminuent la résistance de l'organisme dans la lutte contre la raréfaction de l'air, et d'autre part, elles accentuent les dépenses en oxygène, s'opposant en quelque sorte au renouvellement nécessaire de celui-ci.

Primitivement, le mal de montagnes était considéré par les indigènes des pays jouissant de ce triste privilège comme le résultat de certaines *exhalaisons pestilentielles*. Cette théorie, malgré son origine vulgaire, fut acceptée par l'opinion publique. C'est à elle qu'on doit les noms divers dont les naturels de chaque pays se servaient pour qualifier l'ensemble des malaises : *sorache, puma, bôôttec, dewaiglias*, etc. Plus tard, lorsque les explorations commencèrent à devenir scientifiques, on essaya à tour de rôle de mettre en ligne de compte presque tous les facteurs possibles et imaginables dans le but d'expliquer le mécanisme du mal de montagnes. Nous n'avons pas le temps de faire ici la critique d'un nombre si considérable de théories et d'opinions si diverses. D'autant plus qu'à l'heure qu'il est ce problème s'offre à notre interprétation d'une manière claire et facile. En effet, l'ancienne théorie de l'anoxémie mise en circulation par Jourdanet, et dont la preuve expérimentale fut fournie par les expériences de P. Bert, vient de recevoir une éclatante confirmation dans les travaux de Regnard et d'Egli-Sinclair. Celui-ci a montré, par des dosages précis de l'hémoglobine, la diminution sensible de celle-ci dans le sang de ses compagnons d'excursion et chez lui-même.

Regnard a prouvé, en outre, que la fatigue entre assurément en jeu pour la production du mal de montagnes. Voici l'expérience mise en pratique par cet auteur à la suite d'une démarche faite par la compagnie des chemins de fer de la Jungfrau sur la possibilité de savoir si un touriste, partant de Lauterbrünner et transporté en moins d'une heure au sommet de la Vierge des Alpes (4 167 mètres) serait à l'abri de tout accident grave.

Pour résoudre ce problème P. Regnard place dans une cloche où l'on peut faire le vide deux cochons d'Inde. L'un est libre; l'autre est enfermé dans une sorte de cage à écureuil qui est mise en mouvement par un moteur électrique. Lorsque la roue tourne l'animal est forcé de courir et de monter sans cesse. La rotation est calculée de telle sorte que l'animal élève son propre poids d'environ 400 mètres par heure. La pression est diminuée ensuite lentement au moyen d'une trompe à vide. Tant que la dépression n'indique que 3 000 mètres de hauteur, les deux animaux semblent également calmes; mais à partir de ce moment le cobaye de la roue tombe fréquemment en avant et commence à devenir sérieusement malade. A 4 600 mètres, il paraît mort, alors que le cobaye libre n'est nullement gêné par la diminution de pression. Ce n'est qu'à 8000 mètres que celui-ci présente les mêmes troubles que son compagnon d'expérience. Voilà donc deux faits expérimentaux qui, ne pouvant pas être contestés, nous mettent en mesure de bien comprendre l'origine des troubles qui caractérisent les ascensions dans les montagnes. En premier lieu, la diminution de l'hémoglobine, c'est-à-dire du pouvoir respiratoire du sang, et en second lieu l'influence de la fatigue qui hâte, par le fait de la contraction musculaire, la dépense de l'oxygène et donne sans doute naissance à divers corps toxiques responsables de l'empoisonnement de l'organisme.

Il est bien entendu que toute cause capable d'agir dans ce sens doit être fatale pour les excursionnistes. La simple prudence conseille de se préserver contre l'action du froid, manger peu et souvent, et surtout ne pas faire des efforts inutiles.

Cette longue dissertation sur le mal de montagnes nous aura servi à savoir que la nature des accidents présentés par un alpiniste, par un aréonaute et par un animal enfermé dans une cloche où la pression est diminuée, a beaucoup de points de contact. Nonobstant, le mal des altitudes porte en lui un cachet spécial qui tient à l'action funeste de la fatigue. Il apparaît, ainsi que nous l'avons dit, dans un délai plus bref et avec des allures autrement graves. C'est pourquoi la méthode expérimentale, qui consiste à gravir une montagne pour étudier les effets de la raréfaction de l'air, n'est pas complètement dépourvue de toute cause d'erreur.

Effets produits par la diminution de pression chez les êtres aquatiques. — Si énormes que soient les différences de pression dans l'océan, les organismes marins peuvent sans grand danger passer d'une profondeur à une autre, pourvu qu'ils le fassent *graduellement*. Étant donné qu'ils sont complètement perméables par les fluides, la pression s'exerce chez eux en dedans comme au dehors, de telle sorte que, l'équilibre se rétablissant vite, ils n'ont pas la moindre conscience de ces changements. Toutefois, nous avons déjà parlé de certains animaux qui, par le fait de leur vessie natatoire, sont exposés, aussitôt qu'ils se déplacent brusquement, à subir des accidents bien graves. Les gaz contenus dans cette cavité se dilatent proportionnellement à la diminution de pression (loi de Mariotte), et, lorsque l'animal n'a pas eu le temps de les éliminer par son appareil digestif ou de les absorber dans son sang, il meurt victime d'une distension terrible qui peut aller jusqu'à le faire éclater. Tout le monde a présent à la mémoire le souvenir du dessin classique d'un *Nesscopolus*, subissant les effets de la diminution de pression. L'énorme vessie fait saillie par la bouche; les yeux sont démesurément dilatés, et presque tout le corps offre l'aspect d'un ballon qu'on aurait gonflé à l'extrême.

A part ces phénomènes propres aux animaux qui possèdent une vessie natatoire, la vie aquatique ne semble nullement gênée par la diminution de pression. Une belle expérience de P. Regnard le prouve. Cet auteur remplit les blocs de son appareil à pression de petits crustacés. Au moyen d'une lampe électrique il éclaire l'intérieur de l'appareil dont les parois sont formées par des hublots en quartz, parfaitement transparents. Un objectif, placé convenablement, projette sur un tableau l'image, colossalement agrandie, de ces êtres. Dès les premiers coups de pompe, les animaux qui mangeaient tranquillement dans le liquide sont pris d'une certaine inquiétude; ils s'agitent, et cela jusqu'à ce qu'on ait atteint une profondeur d'environ 1000 mètres. Au delà ils tombent lentement au fond de l'eau, leurs membres se raidissent, et ils demeurent immobiles tant que dure cette pression. Si à ce moment on les ramène tout à coup vers 1000 mètres ou à la pression normale, ils reprennent *instantanément* leur course habituelle sans paraître avoir été incommodés le moins du monde. Après cela, on comprendra que le doute n'est plus possible. La dépression est incapable à elle seule de produire de graves désordres dans la vie aquatique. Quels que soient les déplacements que les êtres aient à subir dans les abîmes marins, par suite des grandes révolutions géologiques, tant qu'ils montent vers la surface, leur vie n'est pas en danger.

Phénomènes de la décompression; leur mécanisme. — Lorsqu'un être sort de la sphère de sa pression ordinaire pour tomber dans un milieu où la pression est plus forte que celle de son milieu habituel, il ne peut pas être transporté soudainement à la pression primitive sans devenir le siège de modifications profondes. Voilà ce que depuis longtemps avaient eu occasion de constater les médecins qui soignent les plongeurs à scaphandres et les ouvriers tubistes. Leur accord fut unanime pour attribuer à des congestions sanguines, allant parfois jusqu'à l'hémorrhagie, les accidents consécutifs à la décompression; mais le mode de production de ces congestions restait néanmoins pour eux inconnue. Peut-être POL et WATELLE, et plus tard BUCQUOY et HOPPE SEYLER pressentirent-ils le véritable mécanisme de ce genre de lésions; mais ce n'était là qu'une simple hypothèse, dépourvue de toute base expérimentale.

C'est encore à P. BERT que revient le mérite d'avoir montré que le dégagement gazeux du sang est la seule cause capable de produire les troubles que présentent les animaux soumis à la décompression. Voici d'abord en quelques mots les accidents qui frappent le plus souvent les individus qui, travaillant sous une pression de quelques atmosphères, sont vite ramenés à la pression normale.

Dans une autre partie de ce travail nous avons déjà dit que l'augmentation soudaine de la pression ne semble avoir sur les animaux aucun effet appréciable tant qu'elle ne dépasse pas une limite donnée. C'est ainsi que les ouvriers plongeurs ne ressentent d'autres inconvénients que des douleurs d'oreilles, plus ou moins fortes, pendant qu'ils sont enfermés dans leur appareil à pression. Par contre, lorsqu'ils reviennent à la surface, ils sont pris de divers malaises dont voici les plus fréquents : un prurit ardent qui les oblige à se gratter continuellement et qu'on appelle *puces;* des tumeurs musculaires dénommées *moutons;* des gonflements des articulations; des troubles sensoriaux; des emphysèmes et des paralysies variées, spécialement des paraplégies avec prédominance des symptômes d'un côté. Finalement la mort, une mort subite, peut surprendre les malheureux qui, en sortant de l'appareil, se sentent évanouir et tombent inertes par terre, pour ne se relever jamais. Ces accidents peuvent s'amender et disparaître d'eux-mêmes au bout de quelques instants. Mais en général ils s'accompagnent de paralysies persistantes des membres inférieurs, qui sont difficilement guérissables. Tous ne souffrent pas au même degré des accidents de la décompression. De plusieurs personnes soumises à la même pression et décomprimées en même temps, il y en a qui restent absolument indemnes, d'autres qui n'ont que de légers troubles, et quelques-unes qui sont frappées d'une manière redoutable. Ces inégalités ont fortement intrigué les divers expérimentateurs, et aujourd'hui même la question ne semble pas tout à fait jugée. Cependant nous verrons bientôt que l'origine de ce phénomène bizarre pourrait recevoir son explication de la richesse variable du sang en gaz et de la facilité plus ou moins grande avec laquelle chez les divers individus les gaz peuvent se dégager. Quoi qu'il en soit, ce qui ne pourra pas être mis en doute, c'est que les troubles de la décompression sont dus au dégagement gazeux. Ceci a été pleinement démontré par les remarquables expériences de P. BERT, et très récemment continué par les belles recherches de PHILIPPON (1895) sur des animaux divers : moineaux, rats, lapins, chiens, etc., ont été soumis par P. BERT à de hautes pressions et décomprimés brusquement. Lorsque la pression dépassait 8 atmosphères, la décompression amenait presque fatalement la mort de tous les animaux.

Dans un cas d'explosion, survenu à la pression de 9^{mm},5, il y avait des gaz pour ainsi dire partout, dans le ventre, dans l'épiploon, dans la chambre antérieure de l'œil, dans le liquide céphalo-rachidien, dans la moelle et sous la peau; à tel point que l'animal était transformé en une masse cylindrique. Si l'augmentation de pression n'atteignait pas 7 atmosphères, la mort était moins fréquente, mais on trouvait une paralysie des membres postérieurs, tantôt légère et transitoire, tantôt durable et persistante, tantôt enfin devenant ascendante et entraînant la mort en quelques heures. Les autopsies immédiates, dans les cas de mort rapide, permettent de se rendre un compte exact de la nature des lésions. Disons tout de suite qu'elles ont confirmé l'existence de gaz libres dans le système circulatoire; P. BERT a pu obtenir ainsi des quantités considérables de gaz dans les cavités du cœur, et découvrir, à l'aide du microscope, les bulles de gaz engagées dans les capillaires du cerveau et de la moelle. Il est arrivé en outre à extraire les gaz rassemblés dans le cœur en collections volumineuses et à en faire l'analyse. La plus grande partie était formée d'azote : il y avait aussi de l'acide carbonique, mais pas de traces d'oxygène.

Nous voilà maintenant en état d'interpréter convenablement les effets de la décompression brusque. On se souviendra que les proportions d'oxygène et d'acide carbonique, contenues dans le sang des animaux soumis aux fortes pressions, au lieu d'augmenter sensiblement, diminuent au fur et à mesure que la pression s'élève. Par contre, la richesse du sang en azote est de plus en plus considérable, et ce gaz est peut-être le seul qui suive les exigences de la loi de DALTON. A 5 atmosphères, par exemple, un chien a en moyenne 6 volumes d'azote par 100 volumes de sang, ce qui représente à peu près un surcroît de 4 volumes par rapport au chiffre normal. « Prenons, dit P. BERT, un chien de 10 kilogrammes, et supposons qu'il ait dans ses vaisseaux sanguins et lymphatiques un litre de liquide ; ce seront 40 centimètres cubes d'azote, avec environ 10 centimètres cubes d'acide carbonique qui, au maximum, deviendront libres dans le système circulatoire. » Dès lors l'apparition des troubles ne va pas être un phénomène douteux. Les 10 centimètres cubes d'acide carbonique se dissoudront ou disparaîtront promptement; mais, quant aux 40 centimètres cubes d'azote mélangés dans le sang, ils iront sous la forme de petites bulles se répandre par toutes les régions de l'organisme et produire les troubles que nous venons de noter.

Il ne faut pas croire cependant, ainsi que l'avait pensé P. BERT, que les gaz devenus libres dans le système circulatoire sont également dangereux, quelle que soit la place qu'ils y occupent. Depuis que JAMIN eut établi que la circulation d'une colonne liquide séparée par de petites colonnes d'air ne peut avoir lieu dans des tubes capillaires qu'avec des pressions énormes, FELTZ reprit les expériences de BICHAT, de NYSTEN, d'ORÉ et de P. BERT, pour démontrer le rôle qui revient aux embolies gazeuses artérielles ou veineuses dans la production des phénomènes de la décompression. Les résultats auxquels arrive cet auteur sont en désaccord absolu avec ceux de ses devanciers. L'introduction d'air dans la carotide entraîne la mort d'une façon sûre, les injections d'air dans l'aorte abdominale déterminent toujours des symptômes de paraplégie. Le passage d'air dans ce cercle cérébral par injection dans une collatérale de la carotide amène des paralysies de la motilité et de la sensibilité avec prédominance des signes de l'un ou de l'autre côté. L'autopsie permet de constater des bulles enclavées dans le sang des capillaires ou réunies sous forme d'index divisant et subdivisant en tronçons les colonnettes de sang. L'action de l'air dans le système artériel se traduit donc par des arrêts mécaniques de la circulation dans certains territoires capillaires et principalement dans le système nerveux central, qui contient les plus fins capillaires. C'est là un fait connu de tout le monde qui n'offre rien de particulier. Mais, dans les veines, l'introduction de l'air se faisant lentement, 50 centimètres cubes de dix en dix minutes, on arrive à des quantités énormes, de 750 à 1200 centimètres cubes sans déterminer la syncope ; tout au plus, la respiration s'accélère-t-elle notablement. Lorsqu'on injecte rapidement, l'animal tombe en syncope, si bien que cet état dure très peu. Les battements du cœur reparaissent, les inspirations deviennent très fréquentes, et au bout d'une demi-heure l'animal est remis complètement, ce qui prouve que l'élimination de l'air par les poumons s'est effectuée tout de suite. Une dose plus forte occasionne fatalement la mort par paralysie cardiaque. A l'autopsie, on trouve l'air accumulé dans le système veineux. Le cœur gauche, les veines pulmonaires, l'aorte sont toujours exempts d'air. Outre cela FELTZ n'a jamais observé chez les animaux injectés par la voie veineuse les troubles nerveux qui caractérisent les embolies artérielles.

En résumé, il faut admettre que les gaz, devenus libres dans le sang, par suite de la diminution de pression, ne contribuent pas également à la production des troubles qui caractérisent la décompression, contrairement à ce que croyait P. BERT. Ces gaz, qui remplissent l'arbre artériel, sont seuls responsables des embolies capillaires; car ceux qui se forment dans les veines vont être éliminés par les poumons d'autant plus facilement qu'ils sont formés presque exclusivement d'azote. Uniquement dans les cas, dit FELTZ, où le volume total des gaz contenus dans les veines est extrêmement considérable, il peut se produire des accidents de paralysie cardiaque par réplétion du cœur droit et d'asphyxie aiguë par embolie des capillaires du poumon. Pour le reste, il faut chercher la cause de la mort dans les embolies capillaires provenant du système artériel.

Et maintenant que nous connaissons le mécanisme des phénomènes décompressifs, voyons quelles sont les lois qui régissent leur production.

Dans cette étude, nous traiterons d'abord de l'influence variable des causes externes tenant à l'expérience en elle-même pour parler ensuite des différences propres à l'organisation.

L'intensité des troubles que produit la décompression dépend de trois facteurs essentiels : le degré de pression atteint, la rapidité de la décompression et la durée du séjour dans l'air comprimé. Plus cette dernière a été longue, la pression forte et la décompression rapide, plus les accidents ont de fréquence et de gravité. Chez les ouvriers tubistes et chez les plongeurs en général, les troubles offrent une allure bien plus grave lorsqu'ils restent longtemps dans l'appareil à pression que quand ils travaillent par petites séances. Si la pression dépasse 5 atmosphères, on voit surgir toute sorte de manifestations redoutables qui vont en s'accentuant au fur et à mesure que la pression augmente. Les animaux qui ont supporté par exemple une pression supérieure à 10 atmosphères périssent sans retour lorsqu'on les fait revenir à la pression normale. Chose curieuse, ces accidents ne se produisent jamais si la décompression a été ménagée lentement. Par contre, le passage brusque des pressions fortes dans les pressions basses est toujours fatal pour l'organisme qui le ressent. Philippon a montré récemment, à l'aide d'un appareil ingénieusement construit, que, si l'on réalise la décompression en quelques secondes, on est sûr de provoquer la mort des animaux en expérience, pour insignifiante que soit la pression qu'ils subissaient. On croyait autrefois, d'après les expériences de P. Bert, que la décompression ne mettait pas en danger la vie tant que la pression atteinte n'était pas supérieure à 5 atmosphères. Eh bien, c'était là un résultat inexact. L'erreur tenait à l'imperfection des instruments employés par P. Bert. Mais ce n'est pas tout. A part ces variations apportées à l'intensité des troubles de la décompression par la manière dont l'expérience a été conduite, il en est d'autres qui sont pour ainsi dire l'expression des résistances particulières de chaque espèce d'animal et même de chaque individu. Le premier fait qui frappa P. Bert, lorsqu'il pratiquait ses expériences, c'est que chez les oiseaux la décompression est moins à craindre que chez les mammifères. Un moineau, par exemple, survit à une décompression de 10 atmosphères, tandis que, chez les mammifères, les accidents commencent à devenir graves à partir de 6 atmosphères. Il avait remarqué en outre que dans la même espèce les différences sont encore fort importantes. Toutefois, lorsqu'il s'agissait d'expliquer les causes de ces étranges inégalités, P. Bert devient confus et n'ose rien conclure. Peut-être pour les oiseaux, doit-on admettre avec Campana que les sacs aériens servent de réservoir, où les gaz s'accumulent au moment de leur dilatation ; mais, pour interpréter les autres différences, l'auteur se déclare tout à fait impuissant.

Nous avouerons que la solution du problème offre aujourd'hui même de grosses difficultés. Si l'on connaît quelques-uns des facteurs qui interviennent en faisant varier les résistances individuelles il n'en est pas moins vrai qu'on ne saisit pas le mécanisme de ces actions complexes. Personne n'ignore que le phénomène de l'élimination gazeuse se réalise à travers le poumon avec beaucoup plus de facilité chez certains individus. Cela a été mis en évidence par les belles recherches de Feltz. Nous avons prouvé en outre que le coefficient d'absorption des gaz par le sang est variable pour chaque individu. Nul doute que c'est là la cause des diversités de la résistance individuelle. Mais il reste à trouver les raisons de ces différences physico-chimiques des divers organismes.

Mal des plongeurs. — Nous pourrions faire ici en détail l'étude des malaises qui surviennent aux ouvriers travaillant sous les fortes pressions, lorsqu'ils montent à la surface, mais ce serait une répétition exacte de tout ce que nous venons de dire. Étant donné le but purement physiologique de cet article, pour nous il n'y a pas de différences sensibles entre un ouvrier qui travaille à la pile d'un pont et un animal enfermé dans une cloche, si les deux sont soumis à la même pression et décomprimés dans un égal délai. Assurément il y a encore bien des choses à dire sur la nature des lésions présentées par les plongeurs et sur les moyens de les prévenir ; mais ce sont là des questions qui intéressent plutôt le médecin et l'hygiéniste.

Les êtres aquatiques sous l'influence de la décompression. — Lorsque nous nous sommes occupés de la dépression, nous avions eu le soin de faire une distinction entre les différents êtres qui peuplent l'océan au point de vue de leur constitution anatomique. Nous avons dit que certaines espèces possédaient une vessie natatoire remplie de gaz, et, pour cette raison, étaient très sensibles aux variations de la pression extérieure; tandis que certaines autres, qui n'avaient plus cet organe, ne ressentaient pas du tout les effets de la dépression. Eh bien, la décompression semble agir dans le même sens pour le premier groupe d'organismes. Un poisson, qui tombe au fond de la mer et qui revient subitement à la surface, court le risque de mourir par distension, s'il n'a pas eu le temps d'éliminer les gaz dilatés dans sa vessie par le fait de la diminution de pression. Par contre, pour les êtres solides que P. Regnard a comprimés dans son appareil, à des pressions de 400 et 500 atmosphères, le phénomène de la décompression est un changement salutaire. Aussitôt que la pression revient à l'état normal, on les voit sortir de leur sommeil profond, et reprendre comme d'habitude leur course ininterrompue. L'eau qui avait pénétré dans leurs tissus par la force énorme de la pression commence à évacuer les protoplasmas cellulaires, et dès lors l'organisme décomprimé retrouve ses conditions primitives. La *restitutio ad integrum* même n'est pas une chose impossible; surtout dans le cas où la pression n'a pas duré trop longtemps.

Adaptation des organismes aux variations de la pression extérieure. — Parmi les conditions physiques d'un milieu vital, une des plus essentielles à l'existence est sans doute la pression barométrique. On a vu, en effet, qu'un être ne peut pas se déplacer impunément sans devenir le siège de modifications profondes. Pourvu que le changement soit assez grand et assez rapide, on est sûr de le voir tomber malade; nonobstant, les troubles de sa santé n'ont pas une durée indéfinie. Ils disparaissent au bout d'un certain temps, et on dit alors que l'organisme est parfaitement adapté. C'est là un côté de la question que nous ne connaissions qu'accidentellement. Nous savions seulement que les pressions très fortes ou très basses donnaient lieu à des accidents d'autant plus graves qu'elles étaient plus exagérées dans l'un ou l'autre sens, mais nous ignorions encore que les organismes devenaient insensibles à leurs effets dans un délai très bref. Ce fait curieux doit attirer l'attention. Étant donné que la pression agit sur les organismes continuellement, il faut admettre qu'ils se modifient pour pouvoir lutter contre l'action nuisible de celle-ci. Autrement le mécanisme de l'adaptation est incompréhensible. L'habitude ou l'accoutumance, dont parlent souvent les auteurs, est un mauvais mot. Il est matériellement impossible de s'habituer aux effets des causes funestes. On doit supposer que les organismes se transforment au point de se suffire à eux-mêmes pour combattre le défaut de leur milieu extérieur.

Le procédé dont la nature se sert pour s'adapter aux conditions toujours changeantes du milieu extérieur, est un procédé lent et graduel. L'ensemble d'opérations qui le constitue n'est pas l'œuvre d'un jour; on est donc obligé, pour les connaître, de suivre de près les évolutions des organismes dans les diverses régions de la terre. C'est au moyen de l'observation naturelle que les anciens explorateurs, comme d'Orbigny, Tschudi, de Roy, et d'autres, réussirent à constater l'existence de l'acclimatation chez les indigènes des grandes montagnes.

Le dernier de ces auteurs, qui fut pendant longtemps ancien sous-directeur à l'École des Arts et Métiers de Lima et qui avait beaucoup fréquenté les hautes régions des Andes, écrivait que la race indienne de ces pays était forte et vigoureuse, et qu'elle ne montrait en rien les traces funestes de la raréfaction de l'air. D'Orbigny s'exprime dans le même sens: les Quichuas ont les épaules très larges, carrées, la poitrine extrêmement volumineuse, très bombée et plus longue qu'à l'ordinaire, ce qui augmente leur facilité pour respirer. Coindet compare la capacité pulmonaire chez les nouveaux arrivants et chez les acclimatés dans les hautes régions du Mexique et constate que les premiers aspirent 5 litres 47 centimètres cubes par minute pendant que les seconds aspirent seulement 6 litres 32 centimètres cubes. Bien d'autres observateurs ont fait sur ce sujet les mêmes remarques. Mais aucun d'entre eux ne put supporter la vive critique que Jourdanet, le fondateur de la théorie de l'anoxémie, venait de formuler en l'appuyant sur les recherches expérimentales de P. Bert. Dès lors l'homme des hauteurs apparaissait comme un être chétif et misérable, sans vigueur physique ou morale, et incapable de toute initiative. Son manque d'aptitude pour prendre l'oxygène de l'air dans les proportions nécessaires à la vie, le fait tomber, disaient-ils, dans une sorte d'anémie profonde. Jourdanet va jusqu'à affirmer que quelques géants montagnards, dont la corpulence frappe tout d'abord, ne sont ni plus ni moins que des organisations pauvres et lymphatiques, au même titre que les ouvriers de nos grandes villes. P. Bert lui-même pensait un moment que la seule forme possible d'adaptation était de restreindre les pertes superflues d'oxygène que nous faisons continuellement? Mais plus tard, en 1882, il revient sur ses opinions primitives. Après avoir fait un grand nombre d'analyses sur le sang qu'on lui avait remis de la Paz, provenant d'individus parfaitement acclimatés, il conclut que la capacité respiratoire du sang des animaux vivant dans les grandes altitudes était beaucoup plus considérable que celle du sang des animaux demeurant dans nos contrées. La constatation expérimentale de ce phénomène, qu'il avait du reste déjà pressenti, fut pour lui un motif de grande satisfaction. Lorsqu'il écrivait son livre : *La pression barométrique*, il disait : « On pourrait se demander si, par une compensation harmonique dont l'histoire naturelle générale nous offre bien des exemples, le sang d'un individu des hauteurs deviendrait apte, soit par une modification dans la nature ou la quantité de l'hémoglobine, soit par une augmentation du nombre de globules rouges, à absorber plus d'oxygène sous un même volume, et à revenir ainsi à la normale habituelle des bords de la mer. » Nous allons voir que les recherches ultérieures sont venues donner une entière justification aux idées générales de P. Bert.

D'ailleurs l'anoxémie chronique des altitudes était complètement inadmissible. Nous nous contenterons de rappeler que presque toutes les observations de Jourdanet, à l'égard des conditions sociales des peuples américains, sont en contradiction absolue avec ce que l'histoire nous apprend. On sait en effet que, parmi toutes les civilisations américaines, celles qui ont fait preuve de plus de valeur en laissant de véritables conquêtes dans les arts comme dans les sciences, sont celles des Incas du Pérou et celles des empereurs du Mexique. De tout temps, les races qui demeurèrent dans les hauts plateaux de la Cordillère des Andes se sont montrées plus intelligentes et plus actives. Le Mexique fut pour l'Amérique ce que fut Rome pour notre vieille Europe, le berceau de la civilisation indienne. Aujourd'hui même les villes les plus importantes, les centres d'instruction les plus connus et les industries les plus nombreuses sont sans contredit dans les grands plateaux de l'Amérique centrale. Mais il y a plus. Les habitants du grand plateau du Thibet reçoivent le nom de *bod*, mot qui dénote leur vigueur. Ils jouissent de la souplesse des Chinois, ayant en outre toute la robustesse des Tartares. Vingt prêtres budes vivent d'ordinaire dans un couvent situé à une hauteur de 5 000 mètres, sans avoir conscience de la raréfaction de l'air. Partout la vie s'adapte forcément aux conditions variables du monde extérieur. Sans cela elle deviendrait impossible.

Voyons donc quelles sont les différences physiologiques que présentent les organismes des altitudes, par rapport avec ceux qui habitent les régions voisines de la mer. Occupons-nous tout d'abord des animaux à sang chaud; car chez eux les effets de l'acclimatation sont plus facilement reconnaissables.

Au cours d'une mission scientifique dans les Andes, Viault découvrit que, par le fait d'une ascension dans une montagne assez élevée, le nombre de globules augmentait considérablement dans le sang. C'est là un fait, disait-il, qui jette le plus grand jour sur le mécanisme jusque-là ignoré de l'adaptation de l'homme et des animaux à la vie dans les hauts lieux. Ses observations furent prises à la mine de Morococha (Pérou), à 4392 mètres au-dessus du niveau de la mer, pendant une période de trois semaines. Toutes donnèrent comme résultat l'augmentation constante du nombre de globules. L'auteur se croyait donc dans le droit de conclure que l'air raréfié agissait sur l'organisme en exagérant la fonction hématopoiétique, qui était la cause réelle de l'adaptation. Mais il refusait quelque importance au fait signalé par P. Bert de l'augmentation de la capacité respiratoire du liquide sanguin. Les analyses du sang des animaux, habitant les Andes, faites par lui en collaboration avec Jolyet, n'indiquent pas un surcroît sensible du pouvoir respiratoire. La proportion d'oxygène contenue dans le sang des animaux et de l'homme vivant dans l'air raréfié était à peu près la même que celle que contient le sang de l'homme et des animaux vivant au niveau de la mer. Dans ce sens, l'anoxémie, comme état physiologique au moins, ne pouvait pas exister. Müntz, qui en 1883 avait transporté sur le sommet du Pic du Midi des lapins pris dans la plaine, dans le but de contrôler les résultats des expériences de P. Bert sur l'augmentation du pouvoir respiratoire du sang provenant des individus des altitudes, trouva que, au bout de sept ans, le sang de ces animaux s'était enrichi en hémoglobine, et que par suite son pouvoir absorbant pour l'oxygène était devenu plus grand. Cette modification n'avait pas eu besoin d'un temps si long pour se produire; car, ainsi que cet auteur avait pu le constater, le sang des moutons pâturant sur les flancs du Pic du Midi, mais nés dans la vallée et transportés sur la montagne seulement depuis six semaines, contenait déjà une quantité bien plus forte d'hémoglobine. C'est grâce à cette formation abondante de la matière colorante du sang que les fonctions respiratoires peuvent s'effectuer dans les grandes altitudes où la tension de l'oxygène est extrêmement faible. Là gît le véritable mécanisme de l'adaptation naturelle. Mais on pouvait encore objecter que les expériences de Viault et Müntz étaient faites sur des animaux à l'air libre, exposés à l'action du froid et maîtres d'une alimentation abondante, conditions capables d'agir, quoique indirectement, sur les réserves en hémoglobine de l'organisme. Elles n'étaient donc pas concluantes. C'est alors que Regnard tâcha de reproduire à Paris les mêmes recherches dans des conditions qui ne sont plus critiquables. Un cobaye emprisonné sous une cloche où une trompe fait le vide, est maintenu pendant un mois à un degré de dépression constante. Dans le but de le mettre à l'abri des accidents d'intoxication produits par ses mêmes excrétions, il est changé de place tous les jours, et on a soin de l'enfermer dans un autre appareil de conditions tout à fait semblables. Le cobaye ne jouit plus, dans cet état, de l'air vif et excitant de la montagne; son appétit est plutôt un peu languissant; mais il est soumis à une dépression qui équivaut à celle qu'on éprouve au col du Saint-Bernard ou à Sant Fé de Bogota (2 000 mètres). Au bout d'un mois, il est sacrifié, son sang absorbe 21 centimètres cubes p. 100 d'oxygène, chiffre qui représente sensiblement le pouvoir d'absorption du sang des lamas de la Paz. Par contre les cobayes laissés libres à côté de lui, dans de bien meilleures conditions hygiéniques, ont un sang qui n'absorbe que de 14 à 17 centimètres cubes p. 100. Ici la certitude est complète; c'est la vie sous dépression et pendant un mois qui a produit le résultat constaté par Viault et Müntz.

Voilà comment les animaux à sang chaud se comportent, lorsqu'ils tombent dans un milieu où la tension de l'oxygène est diminuée.

Les oiseaux, qui sont parmi tous les êtres de la nature ceux qui font les mouvements les plus considérables, possèdent un sang bien plus riche en globules rouges que les autres animaux. Cette théorie est au moins plus rationnelle que celle qui soutenait que les sacs aériens sont des espèces de réservoirs que l'oiseau remplit dans les plaines, pour les vider comme un aréonaute dans les grandes hauteurs au fur et à mesure des besoins de l'organisme. Le reste des animaux est presque insensible aux variations légères de la pression que l'on constate sur la surface terrestre. Là où ils disparaissent, il faudra chercher dans d'autres causes plus actives les secrets de leur extinction. Pour ce qui fait inhérence aux végétaux aériens, ils s'adaptent à merveille à la diminution de la pression extérieure. Gaston Bonnier (1890) a fait sur ce sujet des études très remarquables. Il dit que les plantes de la région alpine sont toutes vivaces et qu'elles mettent en réserve dans leurs parties souterraines une provision de nourriture relativement plus abondante que celle de leurs domaines de la plaine. En faisant des cultures expérimentales dans les Alpes et dans les Pyrénées, il a trouvé que les organisations végétales changent quelque peu en raison directe des conditions du climat. Les tiges aériennes sont étalées, plus courtes et plus rapprochées du sol, les fleurs sont plus colorées; les feuilles plus épaisses et d'un vert plus foncé; les tissus protecteurs des tiges sont plus développés. Grâce à l'épaisseur plus grande du tissu en palissade et à l'abondance de la chlorophylle, l'assimilation par les feuilles est beaucoup plus considérable. Toutefois le climat d'altitudes est un milieu complexe, où l'intensité de la lumière, comme l'action du froid, sont, au même titre que la diminution de pression, autant d'agents modificateurs des organismes. En tout cas, on peut affirmer que, toutes les conditions étant égales, excepté la pression, les plantes peuvent s'habituer à vivre dans les grandes hauteurs.

Les êtres aquatiques, eux aussi, s'accommodent sans peine aux grandes variations de la pression dans l'immense étendue de l'océan. Depuis que les explorations scientifiques dont nous avons parlé nous apprirent qu'au delà de la région appelé par Forbes, *le zéro de la vie animale*, il y avait encore des myriades d'organismes, on a pu constater chez eux toutes les modifications que comporte l'influence de ces pressions incalculables. Le contraste qu'offre la forme abyssale, par rapport à la forme pélagique, est, à ce point de vue, véritablement surprenant. Une des particularités les plus caractéristiques des poissons de mer profonde est causée par la pression colossale sous laquelle ils vivent. Leurs systèmes musculaire et osseux sont, comparés à ceux des poissons de la surface très faiblement développés. Leurs os ont une structure fibreuse, fissurée et caverneuse; ils sont légers, renfermant à peine un dépôt calcaire, de sorte qu'une aiguille peut aisément les traverser sans se briser. Toutes les pièces squelettiques, les vertèbres spécialement, semblent n'être que très lâchement retenues entre elles, et il faut les plus grandes précautions pour qu'elles ne se séparent point quand on prend l'animal. Les muscles, surtout les grands muscles latéraux du tronc et de la queue, sont minces, facilement détachables ou destructibles, les tissus connectifs étant extrêmement peu résistants ou totalement absents. Mais les poissons sont encore des organismes trop délicats pour vivre dans les grands fonds marins. La vie animale diminue rapidement lorqu'on dépasse 4000 mètres, pour s'éteindre complètement vers une profondeur de 6000 mètres. C'est ainsi qu'à 4000 mètres on ne trouve que quelques crabes, divers oursins, et de nombreux crustacés et actinies, lesquels sont pourvus de carapaces résistantes et adoptent des formes arrondies, pour mieux supporter les effets terribles d'une pression semblable. Les végétaux aquatiques n'ont pas à supporter ces pressions excessives, attendu qu'ils disparaissent au bout de quelques mètres, par l'absence absolue de la lumière.

On voit par là que l'adaptation est un procédé commun à tous les organismes. Nul n'échappe à l'influence que sur eux exercent les variations du milieu. Les êtres vivants tiennent au monde extérieur comme le monde extérieur tient à eux. Chaque impression nouvelle trouve une réponse dans l'organisme qui la reçoit, laquelle se traduit toujours par une modification appréciable de ses organes et de ses fonctions. Le conflit et la lutte sont constants, et, pour que la vie se maintienne, il faut que l'équilibre entre le milieu et l'être demeure établi.

Bibliographie. — 1822. Cloquet (H.). *Note sur les effets de la raréfaction de l'air à de grandes hauteurs* (*Nouv. journ. de méd. chir. pharm.* Paris, xiv, 193-198). — 1826. Colladon (L. T. F.). *Relat. d'une descente en mer dans la cloche à plongeurs*. Paris, 8°. — 1827. Carson. *On the influence of atmospheric pressure on the circulation of the blood* (*Lond. med. and phys. Journ.*, (3), 125-131). — 1829. Davy (J.). *On the effect of removing atmospheric pressure from the fluids and solids of the human body* (*Trans. med. chir. Soc. Edimburg*, (3), 448-458). — 1834. Junod (V.-T.). *Rech. physiol. et thérap. sur les effets de la compress. et de la raréfact. de l'air tant sur le corps que sur les membres isolés* (*Rev. de méd. franç. et étrang.* Paris, iii, 350-368). — 1845. Le Pileur (A.). *Sur les phénomènes physiolog. qu'on observe en s'élevant à une cert. hauteur dans les Alpes* (*C. R.*, xx, 1199-1202). — 1854. Guérard (A.). *Notes sur les effets physiol. et pathol. de l'air comprimé* (*Ann. d'hyg.* Paris, (2), i, 279-304). — 1857. Hoppe (F.). *Über den Einfl. welchen der Wechsel des Luftdruckes auf das Blut ausübt* (*A. P.*, xxiv, 63-73).

1860. Vivenot (R.). *Über den Einfl. des veränderten Luftdruckes auf den menschlichen Organismus* (*A. V.*, xix, 492-522). — 1862. Glaisher (J.). *Notes of effects experienced during recent balloon ascents.* (*Lancet*, London, ii, 559). — 1863. Foley (A.-É.). *Du travail dans l'air comprimé; étude médicale, hygién. et biol., faite au pont d'Argenteuil.* Paris, 8°. — 1865. Vivenot (R.). *Über die Veränder. im arteriellen Stromgebiete unter den Einfluss des verstärkten Luftdruckes* (*A. V.*, xxxiv, 515-591). — 1868. Panum (P.-L.). *Unters. über die physiol. Wirk. der comprimirten Luft.* (*A. g. P.*, i, 125-165). — Jourdanet. *Influence de la pression de l'air sur la vie de l'homme.* 8°, Paris, 36 fig., 8 cartes. — 1869. Liebig (G.). *Über das Athmen unter erhöhtem Luftdrucke* (*Z. B.*, v, 1-27). — Lortet (L.). *Deux ascensions au Mont-Blanc; rech. physiol. sur le mal des montagnes* (*Lyon méd.*, iii, 79-103). — Schlagintweit (R.). *Effect on man of residence at great heights above level of the sea* (*Boston med. and surg. Journ.*, lxxix, 346).

1871. Liebig (G.). *Über den Einfl. der Veränderungen des Luftdruckes auf den menschlichen Körper* (*Deutsch. Arch. f. klin. Med.*, Leipzig, viii, 445-466). — 1875. Guichard. *Obs. sur le séjour dans l'air comprimé et les differ. gaz délétères, asphyxiants ou explosibles* (*Journ. de l'an. et de la phys.* Paris, xi, 452-476). — Drosdoff. *Über die Wirkung der Einathmung von verdichteter und verdünnter Luft* (*C. W.*, xiii, 773, 785). — Pravaz (C.-T.). *Rech. exp. sur les effets physiolog. de l'augm. de la pression atmosphérique.* 8°, Paris, 66 p. — 1876. Bert (P.). *Infl. de l'air comprimé sur les fermentat.* (*Ann. Chim. Phys.*, (5), vii, 145-155). — 1877. Bordier (A.). *De l'influence de la pression atmosphérique sur l'organisme aux temps préhistor.* et *de son rôle transformiste* (*Bull. soc. d'anthr.* Paris, (2), XII, 109-114). — ESCHERICH. *Die quantitativen Verhältnisse des Sauerstoffs der Luft, verschieden nach Höhenlage und Temperatur der Beobachtungsorte* (*Aertsl. int. Bl.* München, XXIV, 339-344). — MERMOD (A.). *Nouv. rech. physiol. sur l'influence de la dépress. atmosphér. sur l'habitant des montagnes* (*Bull. soc. vaud. des sc. natur.* Lausanne, XV, 65-104. 3 tabl.). — GRAND (A.). *Consid. physiol. et thérap. sur l'air condensé* (*D. P.*, 52 p.). — 1878. HEIBERG. *Autopsie d'un malade mort en sortant de l'air comprimé* (*Trav. du pont sur le Limfjoro*) (*Gaz, méd. de Paris*, (4), VII, 540). — KNAUER (H.). *Uber den Einfluss des Aufenthalts in verdünnter Luft auf die Form der Pulscurve* (Th. in Berlin. 8°). — MARCET (W.). *Summary of an experimental inquiry into function of respiration at various altitudes* (*Proc. Roy. Soc.* London, XXVII, 293-304).

1881. PAYOT (A.). *Du mal des montagnes considéré au point de vue de ses effets, de sa cause et de son traitement* (*D. P.*, 4°). — ROUXEL (L.). *Effets et mode d'action du séjour dans l'air comprimé dans le traitement de l'anémie et de l'obésité* (*D. P.*, 4°, 48 p.). — 1884. GÉRARD. *Les accidents dans les travaux à l'air comprimé à propos des cas observés pendant la construction du pont de Cubzac* (*Rev. sanit. de Bordeaux*, II, 5, 10, 15). — DUBOIS (R.) et REGNARD (P.). *Note sur l'action des hautes pressions sur la fonction photogénique du lampyre* (*B. B.*, (8), I, 675).

1885. SOMMERBRODT (J.). *Uber den Einfluss des Bergsteigens auf Herz und Gefässe* (*Berl. kl. Woch.*, XXII, 302-304). — VON ROZSAHEGYI (A.). *Uber das Arbeiten in comprimirten Luft* (*Arch. f. Hyg.* Munchen et Leipzig, III, 526-528). — REGNARD (P.). *Phénomènes objectifs qu'on peut observer sur les animaux soumis aux hautes pressions* (*B. B.*, (8), II, 510-515).

1886. MARCET (W.). *On the infl. of altitude on the chem. phenom. of respir.* (*Trans. San. Inst. Gr. Brit.* London, VII, 254-261). — CASSAEL (J.-E.-Th.). *De la pathogénie des accidents de l'air comprimé* (Th. doct. Bordeaux, 4°, 110 p.). — REGNARD (P.). *Action des hautes pressions sur les liquides animaux* (*C. R.*, CII, 173-176). — DONALDSON (Fr.). *On the causes of dyspnœa and cardiac failures in high altitudes* (*Med. News.* Philadelphia, 12 p.). — ROMANES (G.). *Experim. vith pressure on excitable tissues* (*Proc. Roy. Soc.* London, XL, 446). — PERRIER (ED.). *Les explorations sous-marines.* 8°, Paris, 342 p., 243 fig.

1887. LIEBER (A.). *Die erste ärtzliche Hilfeleistung bei Erkrankungen und Unglucksfällen auf Alpenwanderungen* (*München*, 1887, J. Lindauer, 49 p. 8°). — KESSNER (F.). *Physiol. Wirk. des verminderten Luftdruck im Höhenclima* (Th. in. Berlin, 29 p. Francke, 8°). — DONALDSON (F.). *On the causes of cardiac failures in high altitudes* (*Trans. Am. Assoc.* Philadelphia, IV, 52-59). — DE FOLIN. *Sous les mers; campagnes d'explorations du « Travailleur » et du « Talisman »*. 12°, Paris, J.-B. Baillière, 340 p.

1888. CAPUS (G.). *Sur les effets de l'altitude sur les hauts plateaux du Thibet* (*Rev. Scient.* Paris, I, 780). — TWYNAM (Q.-E.). *A case of caisson disease* (*Brit. med. Journ.* London, I, 190).

1889. V. LIEBIG (Q.). *Die Bergkrankheit.* (*Deutsche Med. Zeit.* Berlin, X, 305-307). — THOMPSON (W-G.). *The therapeutic value of oxygen inhalations with exhibition animals under high pressure of oxygen* (*N. York med. Recorder*, XXXVI, 1). — CAVALLERO (Q.) et RIVA ROCCI (S.). *Influenza inspirat. d'aria compressa sugli scambi chimici respirat. del sangue* (*Riv. gen. ital. di clin. med.* Pisa, I, 202-206). — ANTONINI (Q.). *Sulla ventilat. polmon. dell'uomo sano ed in montagna* (*Riv. gen. ital. di clin. med.* Pisa, I, 314-319). — HÉNOCQUE (A.). *Infl. de l'ascension à 300 mètres sur l'activité de la réduction de l'oxyhémoglobine* (*A. d. P.*, (5), I, 710-717). — ORTHMANN (C.). *Einfl. der comprimirten Luft auf die Harnstoffproduction* (*Th. doct.* Halle, Beyer. 8°, 31 p.). — RIVA ROCCI (S.). *La funzione respiratoria in montagna* (*Riv. clin.* Milano, XXVIII, 506-552). — REGNARD (P.). *Putréfaction sous les hautes pressions* (*B. B.*, XLIII, 641, 711). — BOHR (CHR.). *Sur la respiration pulmonaire* (*Bull. de l'Ac. roy. Dan.* Copenhague, 2 nov. 1888, tir. à p. 42 p.).

1890. V. LIEBIG (G.). *Die Bergkrankheit* (*Wien. med. Bl.* XIII, 259, 278). — HAUER (A.). *Uber die Kreislaufsveränderungen bei örtlicher Verminderung des Luftdruckes* (*Prag. med. Woch.*, n° 8). — JANSSEN (J.). *Compte rendu d'une ascension scientifique au Mont-Blanc. Observat. physiolog.* (*Rev. Scient.* Paris, (2), 385). — VIAULT (F.). *Augmentat. considérable du nombre des globules rouges dans le sang chez les habit. des hauts plateaux de l'Amér. du Sud* (*C. R.*, CXI, 917).

1891. GORBATCHEW (P.-K.). *Einfluss der Bergbesteigerung auf Blutdruck, Körpertemperatur, Puls, Athem, Verluste durch Haut und Lungenperspiration und Nährungsmenge.*

Wien, II, 1). — LIEBIG (Q.). *Einige Beobachtungen uber das Athmen unter vermindertem Luftdrucke* (*Munch. med. Woch.*, XXXVIII, 437-439). — LEGAY. *Progrès réalisés dans la construct. des chambres à air comprimé* (*Bull. gén. de thérap.* Paris, CXX, 163-168). — CARILLON (L.). *Du mal des montagnes* (*D. P.*, 58 p.). — VIAULT (F.). *Sur la quantité d'oxygène contenue dans le sang des animaux des hauts plateaux de l'Amérique du S.* (*C. R.* CXII, 295-298). — REGNARD (P.). *Rech. exp. sur les conditions physiques de la vie dans les eaux.* 8°, Paris, Masson, 501 p., IV pl. — DOLLO (L.). *La vie au sein des mers*, 12°, Paris, J.-B. Baillière, 304 p., 47 fig. — 1892. BLACK (G.-M.). *The effects of altitude upon the mucous membranes of the upper air passages, with report of cases* (*N. York med. Journ.*, LV, 407). — BOHR (CH.) et HENRIQUES. *Sur l'échange respiratoire* (*C. R.*, CXIV, 1496-1499). — KEATING (J. M.). *Hyperpyrexia in altitudes* (*Internat. med. Mag.* Philadelphia, I, 1121-1126). — LOEWY. *Uber die Athmung im luftverdünnten Raum* (*A. P.*, 545-547). — PHILIPPON (Q.). *Effets de la décompression brusque sur des animaux placés dans l'air comprimé* (*C. R.*, CXV, 186-188). — REGNARD (P.). *Les anémiques sur les montagnes; influence de l'altitude sur la formation de l'hémoglobine* (*B. B.*, (9), IV, 470-472). — VALENTINE (O.). *Formas clinicas del soroche* (*Cron. med.* Lima, IX, 102, 126, 184). — VIAULT. *Act. physiol. des climats de montagne* (*C. R.*, CXIV, 1562-1565). — WHITE (A.). *Effects of altitude* (*Maryland med.* Baltimore, XXVII, 1043-1046). — 1893. CLARK (H. E.). *On caisson disease with some speculations, as to ist causation* (*Glasc. med. Journ.*, XL, 17-28). — EGGER (F.). *Uber Veränderungen des Blutes im Hochgebirge Verch. d. Cong. f. innere med.* Berlin, 262-273 (*Jb. P.* [1895], (2), II, 191). — KOEPPE. *Uber Blutuntersuchungen im Gebirge. Verh. d. Congr. f. innere med.* Berl. 277-282 (*Jb. P.* [1895], (2), II, 191). — V. LIEBIG (G.). *Höhenluft und verdichtete Luft.* (*Deutsche Rev.* Breslau et Berlin, XVIII, 64-70). — MAYORGA (J. M.). *Contribucion al estudio de la influencià de la presion atmosferica sobre el organismo* (*Monitor med.* Lima, IX, 308, 324, 338 353, 369, 2 tabl.). — MIESCHER (F.). *Uber die Beziehungen zwischen Meereshöhe und Beschaffenheit des Blutes* (*Corrbl. f. Zchweizer Aerste*, 809-832). — PHILIPPON (G.). *Act. de l'oxygène et de l'air comprimé sur les anim. à sang chaud* (*C. R.*, CXVI, 1154). — VERGARA LOPE (D.). *La anoxihemia barometricay la tubercolosis en las altitudes, estudio pract. en el instituto medico nacional.* Mexico, 8°, 96).

1894. EGLI SINCLAIR. *Le mal de montagne* (*R. Sc.* Paris, (4,) I, 10 févr. n° 6). — CHAUVEAU (A.). *Le mal de montagne* (*Rev. Sc.* Paris, (4), I, 353-363). — JAHUNTOWSKI. *Uber Blutveränderungen im Gebirge* (*Munch. med. Woch.*, nov.). — LOEWY (A.). *Uber die Respiration und Circulation unter verdünnter und verdichteter sauerssloffarmer und sauerstoffreicher Luft* (*A. g. P.*, LVIII, 409-415). — MERCIER. *Infl. du séjour dans les grandes altitudes sur le nombre des pulsations cardiaques* (*B. B.*, (10), I, 431-434). — MERCIER (A.). *Modificat. de nombre et de volume que subissent les érhythrocytes sous l'infl. de l'altitude* (*A. P.*, (5), VI, 769-782). — PROMPT. *Le mal des montagnes* (*Dauphiné médical*, 1er oct.). — REGNARD (P.). *Les causes du mal de montagne* (*B. B.*, (10), I, 365-368).

1895. KRONECKER (H.). *Le mal de montagne* (*R. Sc.* Paris, (4), III, n° 4, 97-104). — LE ROY DE QUENET (R.). *Observat. sur le Soroche d'Amérique* (*mal de montagne*) (*Rev. scient.* Paris, (I), 347-348). — RABOT. *Le mal de montagne* (*Rev. Scient.* Paris, (4), III, 221-223). — SELLIER. *De l'infl. des hautes altitudes sur l'hyperglobulisat. du sang* (*Soc. d'hyg. publ. de Bordeaux*, 22 mars). — GERME (L.). *Rech. sur les lois de la circulat. pulmon., sur la fonction hémodynamique de la respirat. et de l'asphyxie, suivies d'une étude sur le mal de montagne et de ballon.* 8°, Paris, Masson, 428 p., XIII pl.

L'ouvrage de P. BERT sur la *Pression barométrique* (1878) et la thèse d'agrégation de A. GUÉBHARD. *Effets de la variation des pressions antérieures sur l'organisme*, 1883, ont une excellente bibliographie, de sorte que nous n'avons donné que d'une manière sommaire les travaux antérieurs à 1884.

J. CARVALLO.

BARYUM (Ba. Poids Atom = 137). — Le baryum est un métal qui ressemble à l'argent; mis en présence de l'eau, il s'oxyde vivement; il se dégage de l'hydrogène et il y a en même temps formation de baryte.

Le baryum s'unit à l'oxygène en deux proportions pour former le protoxyde de baryum, baryte, BaO ; et le bioxyde de baryum BaO^2.

La baryte est une base énergique, elle prend naissance lors de l'oxydation du métal. On la prépare en décomposant l'azotate de baryte par la chaleur au rouge blanc dans une cornue de porcelaine. Au rouge sombre elle absorbe l'oxygène et donne naissance au composé plus oxygéné; le bioxyde de baryum.

Exposée à l'air, la baryte caustique absorbe l'humidité et l'acide carbonique, et elle s'effleurit en une poudre blanche.

La baryte anhydre a une très grande affinité pour l'eau. L'hydratation d'un fragment de baryte au moyen de quelques gouttes d'eau donne lieu à un dégagement de chaleur qui peut porter la masse jusqu'à l'incandescence.

Lorsqu'on dissout la baryte caustique dans l'eau bouillante, on obtient par refroidissement des cristaux blancs transparents d'hydrate de baryte; BaO,H^2O.

La baryte se dissout dans l'eau et donne une liqueur alcaline, limpide, incolore, qui ne tarde pas à se troubler au contact de l'air; sa surface se recouvre d'une couche de carbonate qui tombe au fond pour être ainsi bientôt précipité. Aussi doit-on conserver l'eau de baryte dans des flacons bien bouchés, et à l'abri de l'acide carbonique de l'air. On se sert de cette solution comme liqueur alcaline pour les dosages acidimétriques ou pour précipiter l'acide sulfurique.

Le bioxyde de baryum est un corps solide blanc grisâtre, insoluble dans l'eau où il se dilate en s'hydratant. On peut obtenir cet hydrate cristallisé, en traitant l'eau de baryte par l'eau oxygénée (Thénard). On prépare le bioxyde de baryum en faisant passer un courant d'oxygène ou d'air pur et sur de la baryte au rouge naissant. Il sert à la préparation de l'oxygène.

Chauffé au rouge vif, le bioxyde de baryum se décompose en oxygène et baryte.

Boussingault a proposé d'appliquer ces propriétés à la préparation de l'oxygène retiré de l'air; en fixant au rouge naissant l'oxygène sur la baryte et préparant ainsi du bioxyde de baryum dans le premier temps de la réaction, puis dégager cet oxygène en chauffant au rouge vif le bioxyde de baryum ainsi formé. Les frères Brin ont réalisé à Passy cette préparation industriellement, ce qui permet d'avoir à bas prix l'oxygène dans les laboratoires et les hôpitaux.

La baryte donne avec les acides des sels bien définis et cristallisés.

Nous citerons le chlorure de baryum Ba Cl; sel blanc soluble dans l'eau, moins soluble dans l'eau chargée d'acide chlorhydrique.

L'azotate de baryte $Ba(AzO^3)^2$, sel cristallisé en octaèdres, anhydre, inaltérable à l'air, moins soluble que le chlorure.

Le sulfate de baryte, SO^4Ba, qu'on rencontre dans la nature en cristaux sous le nom de barytine. Sel insoluble dans l'eau; il en faut 300 000 parties pour dissoudre une partie de sulfate, il est aussi insoluble dans les acides. On emploie ce composé sous le nom de blanc fixe dans divers genre de peintures artificielles.

Le carbonate de baryte, $BaCO^3$, qu'on rencontre dans la nature en cristaux incolores isomorphes avec les carbonates de strontiane et de chaux.

On l'emploie fréquemment en chimie biologique pour saturer les liqueurs acides contenant de l'acide sulfurique.

Action physiologique. — Les sels de baryte sont considérés comme des poisons qui déterminent une paralysie progressive suivie bientôt d'une asphyxie qui amène la mort. Les patients ne vomissent pas toujours à cause de la paralysie des muscles abdominaux; mais ils ont de la diarrhée et des selles involontaires.

L'ingestion des sels de baryte à faibles doses ne détermine aucun effet appréciable; ingérés à doses plus forte, ils déterminent d'abord une augmentation d'appétit (Perceira) bientôt suivie de troubles gastriques, sécheresse de la langue, nausées, vomissements, diarrhée, troubles nerveux. La circulation se ralentit, Lisfranc a vu le pouls tomber à 25 ; Hufeland et Richter, Payan ont aussi observé ce ralentissement.

On a cru au commencement de ce siècle que les troubles occasionnés par les sels solubles de baryte étaient dus à la formation d'embolies causées par le précipité insoluble de sulfate de baryte qu'on supposait se produire par double décomposition du sulfate alcalin contenu dans le sérum et le sel de baryte ingéré. H. de Cyon s'est élevé contre cette théorie erronée, et il démontra en 1866 que le sulfate de baryte formé par l'injection intraveineuse simultanée de sulfate de soude et de chlorure de baryum se montrait inoffensif.

Neumann a repris en 1886 ces recherches, et est arrivé aux mêmes conclusions. Il a injecté du sulfate de baryte (en suspension dans une solution de chlorure de sodium dilué) directement dans la veine jugulaire d'un chien; le sulfate de baryte disparaissait rapidement du sang, et se localisait dans les tissus sans occasionner aucun symptôme d'empoisonnement; le chlorure de baryum administré dans les mêmes conditions occasionnait des accidents.

Dans une expérience qu'il fit sur lui-même en ingérant 0gr,50 de chlorure de baryum, il eut de la céphalalgie et une diminution de la fréquence des battements de cœur.

Après avoir fait justice de la fausse interprétation des faits qui attribuaient à des embolies les symptômes de l'empoisonnement par les sels de baryte, nous allons étudier l'action physiologique des sels solubles.

Bœhm, qui, en 1875, a étudié l'action du chlorure de baryum sur la grenouille et sur les mammifères, a constaté : que chez le grenouille une injection de 0gr,06 de chlorure de baryum dans le sac lymphatique déterminait une paralysie progressive de tous les mouvements volontaires ainsi que de l'excitabilité réflexe.

En diminuant la dose, on observe des phénomènes différents. La dose minime de 0gr,01 de chlorure de baryum injectée à *Rana temporaria* a déterminé des contractions musculaires; les membres se sont raidis en extension complète, l'animal pousse des cris et fait des bonds convulsifs.

L'action sur le cœur de la grenouille détermine un accroissement dans l'énergie des contractions et une diminution dans la fréquence des battements cardiaques.

Chez les mammifères (le chien et le chat) l'injection sous-cutanée de l'introduction dans la veine jugulaire de chlorure de baryum détermine de violentes convulsions générales suivies de parésie musculaire. Si on a atteint la dose mortelle, ces phénomènes sont rapidement suivis d'asphyxie; évacuations diarrhéiques acccompagnées de coliques et de cris; les parois abdominales sont distendues; les anses intestinales sont animées de mouvements énergiques. L'animal est atteint de salivation profuse et de vomissements.

On observe du côté de la circulation :

1° Une augmentation du travail du cœur, qui finit par s'arrêter en systole.

2° Une diminution du diamètre des petites artères.

3° La paralysie du nerf vague.

4° L'excitabilité centripète du nerf dépresseur n'est pas atteinte.

5° A dose moyenne il y a augmentation de la tension artérielle; les doses fortes paralysent le cœur.

Mickwight, qui a expérimenté le chlorure de baryum sur la grenouille et le chat, arrive aux mêmes conclusions. Il a constaté :

1° Une élévation de la pression sanguine, indépendante de l'excitation des centres vaso-moteurs de la moelle allongée.

2° Peu de temps avant la mort, un abaissement de la pression qui tombe à 0°, accompagnée d'une accélération du pouls.

3° Le cœur s'arrête en systole.

Il a constaté du côté du système musculaire une excitation dans les contractions des fibres lisses de l'intestin, de la vessie, et probablement des vaisseaux sanguins.

Sidney Ringer, et Harrington Sainsbury ont étudié l'action du chlorure de baryum sur la grenouille et tirent les conclusions suivantes :

1° Le chlorure de baryum augmente l'énergie de la systole cardiaque, ralentit les pulsations et accroît la tension artérielle.

2° Cette action persiste même après section des pneumogastriques.

3° L'application locale d'une solution de chlorure de baryum sur le cœur détermine une contraction spasmodique au point d'application. Le cœur excisé et continuant à battre s'arrête brusquement en systole lorsqu'on le soumet à l'action d'une solution d'un sel de baryte.

4° Les vaisseaux se contractent directement sous l'influence du chlorure de baryum, indépendamment de toute action des nerfs.

On voit donc en résumé que le baryum est un poison cardio-musculaire qui agit directement sur le fibre cardiaque. Il agit aussi sur la circulation en augmentant la tension artérielle et en diminuant la fréquence des pulsations. Il agit sur le système nerveux en paralysant les nerfs moteurs, lorsqu'il atteint la dose toxique.

Le baryum peut donc être considéré comme un des plus puissants poisons du cœur parmi les substances minérales.

Élimination. — NEUMANN a recherché dans ses expériences les organes dans lesquels se localisait le baryum. Il a constaté d'abord que le sulfate et le chlorure agissaient différemment, tandis qu'il retrouvait presque tout le sulfate de baryte injecté, dans le foie, la rate, les reins, la moelle des os, des traces dans les poumons, les muscles, les capsules surrénales et le thymus, et qu'il n'y en avait pas dans le cerveau. Le chlorure de baryum ne se retrouvait pas dans les tissus. Chez des lapins et des chiens auxquels il fit absorber de 0gr,10 à 0gr,40 de chlorure de baryum pendant plusieurs semaines, après les avoir sacrifiés il n'a pu retrouver que de faibles quantités de baryum dans les os; la majeure partie s'était éliminée.

LINOSSIER, qui, dans un cas d'intoxication chronique par le baryum, a recherché la baryte dans les divers organes, en a retrouvé dans tous les organes examinés. Il y en avait des traces dans les poumons et les muscles, en plus forte proportion dans le foie, et plus encore dans les reins, le cerveau et la moelle. Il a retrouvé 0gr,56 pour 1000 de cendres dans les os.

OGIER et SOCQUET, dans un cas d'empoisonnement aigu par le chlorure de baryum, — il s'agissait d'un ouvrier mort après avoir ingéré par mégarde 20 grammes de chlorure de baryum — en ont retrouvé dans le foie, les reins, les poumons, le sang du cœur. Il s'y trouvait à l'état de chlorure et de sulfate. Il en était aussi resté dans l'estomac à l'état de sulfate. La totalité de baryum retrouvé évalué en chlorure n'atteignait pas 0gr,50. Il semble donc que le baryum s'élimine rapidement.

KRAHMER prétend, sans le démontrer, que le baryum s'élimine par l'urine. ROGNETTA signale une modification appréciable dans la nature des urines de scrofuleux traités par les sels de baryum; les urines troubles deviennent limpides, et sont pour ainsi dire imputrescibles : il a pu en conserver pendant six jours sans voir se développer aucune odeur ammoniacale ni putride; l'analyse n'y a pu déceler aucune trace de sel de baryte.

BOEM et HOFFMANN n'ont pu retrouver le baryum de l'urine.

NEUMANN a retrouvé de la baryte dans les urines des animaux auxquels il donnait du chlorure de baryum, même après ingestion de petites quantités de ce sel.

Le baryum peut aussi s'éliminer par d'autres voies :

NEUMANN a retrouvé du baryum dans sa salive, lorsqu'il a expérimenté sur lui-même l'action de ce métal. SCHWILGUÉ a noté une augmentation dans la quantité du liquide lacrymal, et même il a vu survenir de véritables écoulements muqueux par le nez, les yeux et le conduit auditif chez des malades soumis au traitement barytique. ROGNETTA a attribué à l'usage de ce médicament une éruption boutonneuse de la peau, qui, du reste, s'est dissipée promptement. MICKWIGHT a observé que le chlorure de baryum déterminait de la diurèse et la production de sueurs abondantes.

Toutes ces observations démontrent que les sels de baryte solubles sont très diffusibles à travers l'organisme, et s'éliminent promptement par les divers émonctoires de l'économie; mais il semble que le rein et l'intestin sont les deux véritables portes de sorties par lesquelles s'élimine le baryum.

On voit du reste, en étudiant les lésions anatomiques déterminées par l'empoisonnement barytique, que le rein est toujours l'organe le plus atteint.

OGIER et SOCQUET ont observé, dans le cas d'empoisonnement aigu par le chlorure de baryum qu'ils ont relaté, de la congestion des reins et des poumons, pas de congestion du cerveau, un mélange de sang coagulé et d'un liquide noirâtre poisseux dans le cœur; il y avait dans l'estomac 75 grammes de liquide brunâtre; la muqueuse stomacale était boursouflée et avait une teinte ecchymotique; la muqueuse intestinale n'avait pas de lésions.

PILLIET et MALBEC, dans l'intoxication par les sels de baryte chez les animaux, ont noté que la lésion dominante était celle du rein. Il n'y avait pas d'inflammation; mais une hémorrhagie et de la dégénérescence épithéliale, différente de la nécrose de coagulation des néphrites mercurielles. C'est une dégénérescence ayant l'aspect d'une dégénérescence granulo-graisseuse; mais plus compliquée.

Toxicologie. — Les empoisonnements par les sels de baryte sont rarement causés par une main criminelle : ils sont le plus souvent occasionnés, soit par une erreur, soit par une imprudence. L'usage prolongée de sels de baryte dans un but thérapeutique, dans la scrofule par exemple, peut occasionner une intoxication chronique.

On trouve le baryum généralement à l'état de sulfate de baryte insoluble dans les cendres des organes examinés. On ne l'y retrouve, à l'état de chlorure soluble, que si la portion de soufre et d'acide sulfurique contenu dans les organes est insuffisante pour saturer tout le baryum ingéré.

Pour caractériser le sulfate de baryte, on se basera sur son insolubilité dans tous les réactifs, notamment dans l'acide azotique. Si on veut le dissoudre, on l'attaquera d'abord par du carbonate de soude au rouge; puis on lavera après refroidissement la masse fondue ou pulvérisée de façon à enlever tout le sulfate de soude. Il restera un précipité insoluble de carbonate de baryte, qui se dissoudra dans l'acide chlorhydrique ou dans l'acide azotique. On pourra alors reprécipiter le baryum de sa solution par l'acide sulfurique à l'état de sulfate de baryte.

Analyse. — En solution concentrée, la potasse et la soude précipitent en blanc l'hydrate de baryte de ses sels. Ce précipité est soluble dans l'eau en excès.

L'ammoniaque ne précipite pas les sels de baryum.

Les carbonates alcalins donnent un précipité blanc de carbonate de baryte soluble dans les acides étendus.

L'acide sulfurique et les sulfates solubles donnent un précipité blanc de sulfate de baryte insoluble dans les acides chlorhydrique et azotique.

Le chromate de potasse donne un précipité jaune soluble dans les acides.

L'acide hydrofluosilicique donne un précipité blanc cristallin.

Le phosphate de soude et l'arséniate de soude donnent un précipité blanc soluble dans les acides.

Le ferrocyanure de potassium donne un précipité blanc dans les solutions concentrées; ce précipité ne se forme pas dans les liqueurs étendues.

Les sels de baryum colorent la flamme en vert.

Au spectroscope, on observe trois bandes dans le vert et une dans l'orangé. Ces raies caractéristiques permettent de retrouver des traces de baryum; c'est la réaction la plus sensible, et qu'on doit effectuer, lorsqu'on veut savoir si un sel de strontiane, destiné à l'usage médical, est exempt de baryte; un sel de strontium pur ne doit pas donner de bandes dans le vert.

Pour doser le baryum, on l'amène à l'état de sulfate en présence d'un excès d'acide azotique : on le recueille sur un filtre et on le pèse après calcination. On doit laver soigneusement le sulfate de baryte à l'eau chaude pour enlever toutes traces de sels solubles et détacher le précipité du filtre qu'on incinère à part pour éviter toute réduction.

Thérapeutique. — En médecine on a préconisé les sels de baryum comme antiscrofuleux, et successivement CRAWFORT, HUFELAND, BERNIGAT les ont employés, ils ont rapporté 22 observations suivies de guérison. LISFRANC, BAUDELOCQUE, PAYAN ont confirmé l'action antiscrofuleuse du chlorure de baryum. On administrera ce médicament à la dose de 0gr,30 en potion. BROWN-SÉQUARD l'a employé comme modificateur des fonctions nerveuses dans la paralysie agitante. Toutefois ce médicament semble être tombé actuellement dans l'oubli à cause de sa grande toxicité.

Bibliographie. — J. ALDRIGDE. *Contribution to the history of the chlorine salts of barium* (*Dubl. J. M. et Clin. Soc.*, 1833, t. III, pp. 29-38). — R. BOEHM. *Wirk. der Barytsalse auf den Thierkörper nebst Bemerk. über die Wirk. Wasserschierlings* (*Cicuta virosa*) *auf Frösche* (*A. P. P.*, 1875, t. III, pp. 216-251). — M. CYON. *Toxische Wirk. der Baryt. und Oxalsaüre Verbind.* (*A. f. An. u. Phys.* 1886, pp. 196-203). — T. HUSEMANN. *Ein Beitrag zur Kennt. der Barytvergift* (*Zeitsch. f. pract. Heilk.*, 1886, t. III, pp. 232-245). — G. LINOSSIER. *Localisation du baryum dans l'organ. à la suite de l'intoxicat. chron. par un sel de baryum* (*B. B.*, 26 févr. 1887, pp. 122-123). — LISFRANC et BAUDELOCQUE. *Emploi du muriate de baryte dans le traitement des tumeurs blanches* (*Bull. gén. de thér.*, 1836, t. X, pp. 346-350). — MICKWIGHT (*in* NOTHNAGEL et ROSSBACH, *Traité de Thér.*, trad. franç., 1880). — J. NEUMANN. *Uber den Verbleib der in den thier. Organ. eingeführten Bariumsalze* (*A. Pf.*, 1885, t. XXXVI, pp. 576-580). — J. ONSUM. *Toxische Wirk. der Baryt. und Oxalsaüre Verbind.* (*A. V.*, 1863, t. XXVIII, pp. 233-237). — ORFILA. *Note sur l'empoisonnement par l'hydrochlorate de baryte* (*Journ. de méd. chir. pharm.*, 1818, t. I, p. 113). — *Mém. sur* *l'empois. par les alcalis fixes* (*potasse, soude, baryte et chaux*) (*Journ. de chim. médic.*, 1842, (2), t. VIII, pp. 126-197). — PELLETIER. *Obs. sur diverses prépar. barytiques* (*Rec. pér. Soc, de méd. de Paris*, 1797, t. II, pp. 48-52). — A. PILLIET et A. MALBEC. *Lésions histol. du rein produites par les sels de baryte sur les animaux* (*B. B.*, 17 déc. 1891, pp. 957-962). — ROGNETTA. *Emploi et effets thér. du muriate de baryte* (*Bull. gén. de thér.*, 1835, t. IX, pp. 88-94). — SIDNEY RINGER et HARRINGTON SAINSBURY (*Brit. med. Journ.*, 1883, (2), p. 265). — J. VALLESI. *Il cloruro di bario nel nevrosismo* (*Imparziale*, 1869, t. IX, p. 179). —

Toxicologie. Empoisonnements. Cas mortels. — CHEVALLIER (*Ann. d'Hygiène*, 1873, t. XXXIX, p. 395-404). — COURTIN (*Revue d'Hyg.*, 1882, t. IV, p. 653). — LAGARDE (*Union médicale*, 1872, t. XIV, pp. 537-542). — A. MATHER (*Med. Comm.*, Edimburgh, 1795, t. IX, pp. 265-270). — OGIER et SOCQUET (*Ann. d'hyg. publ. et de médec. lég.*, mai 1892, t. XXV, p. 447). — J. REINEKE (*Vrtlj. f. ger. Med.*, 1878, t. XXVIII, pp. 248-250). — SEIDEL (*Ibid.* 1877, t. XXVII, pp. 213-221). — C. M. TIDY (*Med. Press and Circular*, 1868, t. VI, pp. 447-449). — WACH. (*Zeitsch. f. Staatsk.* 1835, t. XXX, pp. 1-21). — J. WALSH (*Lancet*, 1859, (1), pp. 211-213). — X... (*Jahr. d. ges. Staats. Arzneikunde*, 1837, pp. 238-253).

BASIQUES (Milieux).

— **Basicité des humeurs et des tissus.** — Les milieux neutres ou légèrement basiques sont plus favorables que les milieux acides au développement des cellules vivantes. De fait les humeurs organiques contiennent une petite quantité de soude (ou de potasse), ou plutôt de carbonate de sodium (ou de potassium), ou de phosphate disodique. D'après LIEBIG (cité par WÜRTZ. *Chimie biologique*, p. 332), le sang ne contiendrait pas de soude libre, mais du bicarbonate de sodium ; car le sérum additionné de bichlorure de mercure donne un dépôt cristallin brun d'oxychlorure de mercure, et non un précipité jaune, comme en donnerait la soude libre. Les cendres du sérum renferment, d'après LEHMANN, 28,88 p. 100 de sodium et 3,2 p. 100 de phosphate disodique (PO^4Na^2H); ce qui correspond à environ 3 grammes par litre de sérum, ou, en chiffres ronds 1gr,5 par litre de sang. C'est à peu près cette proportion de bicarbonate de soude qu'on met dans de l'eau pour faire le sérum artificiel. La lymphe, la salive, le suc intestinal, la bile, le plasma musculaire, le lait sont aussi des liqueurs alcalines; mais leur alcalinité est moindre que celle du sang; le suc pancréatique est toujours très fortement alcalin. L'urine des herbivores est alcaline; et celle des carnassiers le devient lorsque le régime animal est remplacé par le régime végétal.

Le fait essentiel, c'est que les tissus des animaux vivent et respirent dans un milieu dont l'alcalinité peut être considérée comme équivalente à 1 ou 2 grammes de bicarbonate de soude.

On ne peut injecter dans le sang que de petites doses de potasse ou de soude sans déterminer la mort. D'après BOUCHARD et TAPRET (Voy. D. PH., *Antiseptiques*, t. I. p. 609), la potasse est toxique à 0,126 par kil. ; la soude à 0,39 ; le carbonate de soude à 3,00; le bicarbonate à 1,75.

Il faut remarquer que cette dose de 3 grammes de carbonate de soude par kil. de poids vif équivaut à une dissolution de 30 grammes de ce sel dans le sang.

Il semble que les produits de fatigue musculaire ou nerveuse aient une tendance à l'acidité; de sorte que l'état normal est l'état alcalin et l'état de fatigue est l'état acide, puisque le sang des animaux fatigués est moins alcalin que le sang des animaux normaux (?). De même la plus ou moins grande teneur du sang en alcalis exerce quelque influence sur la constitution chimique des globules (H. J. HAMBURGER. *Einfluss von Säure und Alcali auf defibrinirtes Blut.* (*A. P.* 1892, 513, avec la technique du dosage de l'alcalinité du sang). Enfin il n'est pas douteux que la plus ou moins grande alcalinité du sang n'agisse sur les échanges interstitiels, et spécialement sur l'excrétion d'acide carbonique. Mais ce sont là des phénomènes de nutrition qui seront traités à l'art. **Sang** (V. JAQUET. *Wirkung mässiger Säurezufuhr auf Kohlensäuremenge, Kohlensäurespamung und Alkalescenz des Blutes. A. P. P.*, 1893, t. XXX, p. 311).

Toxicité des bases. — J'ai déterminé pour les bases, comme pour les acides, les doses mortelles aux écrevisses (*Influence des milieux alcalins ou acides sur la vie des écrevisses. C. R.*, 1880, XC, 1166). L'ammoniaque est la base de beaucoup la plus toxique : à la dose de 0gr,05 par litre, elle tue une écrevisse en une demi-journée, alors que, pour exercer une action toxique égale, il faut 1 gramme de potasse; 1gr,5 de soude ou de chaux et 3 grammes de baryte. On en peut conclure que les bases sont plus toxiques que les acides, à poids égal. J'ai ainsi constaté que les liquides acides ou basiques ne sont pas toxiques en raison directe de leur acidité ou de leur basicité. Soit la dose toxique exprimée en valeur basique, égale à 1 (et évaluée en CaO); il faudra pour une toxicité égale.

Ammoniaque.	0,20
Acide azotique.	0,50
Potasse.	0,75
Acide chlorhydrique.	1,00
Acide sulfurique.	1,00
Baryte.	1,00
Soude.	1,00
Acide oxalique.	4.
Acide acétique.	12

E. Yung, étudiant cette même action des bases sur les céphalopodes (*Mitth. der zool. Stat. zu Neapel.* 1881, p. 97) a retrouvé comme ordre de toxicité : ammoniaque, potasse, soude, chaux (?), baryte (?).

Les micro-organismes peuvent résister à l'action des liquides basiques même très concentrés : la limite est impossible à préciser ; car peu d'expériences précises ont été faites à ce point de vue. On sait seulement que le ferment ammoniacal de l'urée peut végéter dans des solutions contenant beaucoup d'ammoniaque. Cette base, si toxique pour les animaux (qui possèdent un système nerveux), semble à peu près inoffensive pour les végétaux. Même les animaux inférieurs se comportent tout à fait autrement que les végétaux Ainsi Th. Bokorny (*Einige vergleichende Versuche über das Verhalten von Pflanzen und niederen Thieren gegen basische Stoffe. A. g. P.*, LIX, 1895, 537-562) a étudié l'action de l'ammoniaque, de la potasse et de la caféine sur les Paramécies, et il a vu que même à la dose de 1/1000 AzH^3 exerce encore une action nocive, tandis qu'il faut des solutions de potasse à 1/1 000 pour produire le même effet.

CH. R.

BATRACIENS. — Les batraciens constituent un groupe de vertébrés, conformés pour vivre dans l'eau et sur terre ferme, ce qui leur a valu le nom d' « amphibiens ».

D'abord réunis aux reptiles, auxquels ils ressemblent, souvent étonnamment par les formes extérieures, ils en ont été séparés grâce aux recherches de Blainville, C. Vogt, et autres, et réunis aux poissons, avec lesquels ils forment la division des vertébrés inférieurs, *anamniens;* tandis que les reptiles, les oiseaux et les mammifères constituent la division des vertébrés supérieurs, *amniotes.*

Par leur *structure anatomique* et leur mode de développement, ils se rattachent directement aux poissons, aux *Dipnoïques* surtout. Il est plus difficile d'établir leurs rapports avec les vertébrés plus élevés : reptiles, oiseaux, mammifères; des caractères d'une grande importance les séparent de chacun de ces groupes.

Le *squelette* montre un degré de développement supérieur à celui des poissons : la corde dorsale persiste en partie, mais il y a formation de *vertèbres osseuses*, séparées par des *disques invertébraux* cartilagineux, encore à l'état rudimentaire. Le nombre des vertèbres, très grand chez les batraciens fournis d'une queue, se réduit à dix chez les *anoures*, où la colonne vertébrale se termine par un coccyx.

Les vertèbres sont biconcaves chez les formes ancestrales, dans les types inférieurs, ainsi que pendant les phases initiales du développement des types supérieurs, dans lesquels les vertèbres acquièrent, plus tard, une tête articulaire et deviennent procèles ou épistocèles.

Les *côtes* proprement dites cependant manquent, on trouve des sortes de côtes rudimentaires, elles sont limitées aux vertèbres du tronc.

La *tête* s'articule avec la colonne vertébrale par un *double condyle*, caractère qui éloigne les amphibiens des reptiles, lesquels n'ont qu'un seul condyle occipital.

Le *crâne primordial* cartilagineux est incomplet chez les *Urodèles*, mais presque complet chez les *anoures;* des os de recouvrement s'y ajoutent plus tard pour constituer le crâne définitif, toujours incomplètement ossifié.

L'*appareil maxillaire* est soudé au crâne : le maxillaire inférieur seul est mobile.

Les *arcs viscéraux*, nombreux dans les types inférieurs à respiration branchiale persistante, ainsi que dans la période larvaire, subissent une réduction à mesure que la respiration branchiale fait place à la respiration pulmonaire : chez les Anoures, dans leur complet développement, un seul arc viscéral subsiste, qui fonctionne comme appareil suspenseur du larynx. Les *membres* manquent chez les *cécilies* qui rampent comme les serpents, et chez les *siren*, il n'y a que les membres antérieurs. Mais d'ordinaire les quatre membres sont bien développés et constitués par toutes les parties essentielles; ils sont plus facilement reconnaissables que chez les poissons.

La *ceinture scapulaire*, formée par l'omoplate, le coracoïde et la clavicule, reste ouverte par-devant chez les urodèles; tandis que, chez les anoures, les deux parties sont réunies par un *sternum*.

Le *bassin* des vertébrés supérieurs est déjà ébauché chez les batraciens, il est formé par les os iliaques très allongés, fixés aux apophyses transverses d'une vertèbre, et qui se soudent à leur extrémité postérieure avec le pubis et l'ilion.

Chez les *Anoures*, il y a soudure du radius et du cubitus, ainsi que du tibia et du péroné.

Chez tous les Batraciens pourvus d'une queue, les membres ne servent qu'à ramper et ne soutiennent pas le corps, lequel traîne sur le sol. C'est chez les Anoures seulement que le corps est soutenu par les membres, lesquels sont adaptés pour marcher, courir et grimper.

La *peau*, qui a une fonction importante dans la respiration et dans l'absorption, est d'ordinaire lisse et visqueuse; on ne trouve des écailles que chez les *cécilies*. Par contre, la peau est toujours abondamment pourvue de *glandes*, qui souvent sécrètent du venin, et de *chromatophores*. Ces derniers jouent un rôle important dans la coloration de l'animal, et leurs mouvements sont soumis à l'action du système nerveux central. Les émotions diverses réagissent sur la coloration des téguments qui est probablement soumise, en partie au moins, à la volonté. Chez les animaux aveuglés les variations de coloration se produisent encore; mais, lorsque tous les nerfs sensibles du corps ont été coupés, la coloration de la peau devient invariable. et uniformément foncée chez la grenouille.

La bouche, grande, est garnie, surtout à la partie supérieure, à la mâchoire et au palais, par des dents petites, aiguës, recourbées en arrière et terminées par deux pointes; elles servent non à mâcher, mais à retenir la nourriture; elles sont implantées toujours sur plusieurs, ou au moins sur deux rangées, ce qui rappelle l'organisation dentaire des poissons.

Un grand nombre de Batraciens possèdent une *langue* large, fixée sur le devant de la bouche et qui est un organe préhensile pour la nourriture.

L'*œsophage* communique avec un *estomac* à parois garnies de muscles, lequel se continue par un *intestin* assez long et divisé en intestin grêle et gros intestin. L'estomac, et souvent aussi l'œsophage, sécrètent de la pepsine, qui est déjà active à partir de 4-5°, mais la température *optima* est de 20° C. environ.

Il existe toujours un *foie*, une *rate* et un *pancréas*.

L'absorption dans le canal digestif, dans les sacs lymphatiques, ainsi que l'absorption cutanée, a lieu sous l'influence du système nerveux central. Si on coupe les nerfs moteurs de ces régions, l'absorption n'a plus lieu. Il en est de même, si on sectionne tous les nerfs sensibles de l'animal : c'est un réflexe de la sensibilité générale; la sensibilité locale n'est pas indispensable pour que la fonction s'accomplisse, il suffit qu'une racine sensible quelconque (excepté les nerfs des organes des sens spéciaux) soit conservée.

Les mouvements réguliers des *cœurs lymphatiques* sont aussi sous l'influence de la sensibilité générale.

La *circulation* se fait comme chez les poissons tant que la respiration reste branchiale; lorsque la respiration devient pulmonaire, il s'opère une notable transformation, et une double circulation s'établit : l'oreillette droite reçoit le sang veineux du corps, l'oreillette gauche le sang oxygéné, qui vient des poumons; mais, bien que le ventricule soit unique, le mélange des deux sangs ne s'y fait pas complètement, ainsi que cela a déjà été établi par Sabatier et d'autres. Les expériences récentes de Prévost confirment ces faits.

Le cœur, même excisé, continue à battre rythmiquement. Il est superflu d'invoquer les ganglions pour expliquer ces pulsations, et la différence classique que l'on observe entre les mouvements de la base et du sommet d'un ventricule sectionné transversalement, s'explique fort bien par le fait que, dans un nerf, l'excitabilité étant toujours plus grande vers les centres que vers la périphérie, la partie des ventricules voisine des oreillettes doit être plus excitable que la pointe du cœur. Celle-ci peut du reste se remettre à battre rythmiquement sous l'influence d'un courant constant, qui augmente l'excitabilité.

Comme glandes à sécrétion interne sans conduit, les batraciens possèdent le *thymus*, les *corps thyroïdes* et les *capsules surrénales*.

Les batraciens ont une paire de *poumons*, mais quelques-uns possèdent en outre, les uns temporairement, les autres durant toute la vie, des branchies. Chez les *protées*, poumons et branchies coexistent, mais, d'après SCHREIBER, lorsqu'on lie les poumons, les animaux meurent malgré leurs branchies conservées. *Spelerpes* n'a ni poumons ni branchies : c'est par la peau et la muqueuse de la bouche que la respiration s'opère.

La peau joue un grand rôle dans la respiration chez tous les Batraciens. Chez les grenouilles on peut lier les poumons, et l'animal continue à vivre.

Les *branchies* sont libres ou bien recouvertes par la peau, et communiquent au dehors par des *fentes branchiales* auxquelles correspondent des fentes dans la paroi de l'œsophage.

Dans la respiration pulmonaire, l'animal pendant l'inspiration avale l'air, lequel est poussé dans les poumons par le mouvement d'élévation rapide de la membrane de la glotte, la bouche et les narines étant fermées. L'expiration est, je crois, plutôt passive qu'active, l'air emmagasiné dans les poumons est chassé par l'effet de la tonicité des muscles des parois abdominales, et s'échappe lorsque l'ouverture de la glotte coïncide avec celle des narines.

Les respirations cessent quand on sectionne toutes les racines sensibles du corps : il suffit de conserver quelques racines sensibles, ou même une seule, pourvu que ce ne soit pas un nerf des sens spéciaux, pour voir les respirations persister. Quand toutes les racines sensibles sont coupées, l'irritation de leurs bouts centraux peut encore provoquer quelques mouvements respiratoires. C'est un réflexe de la sensibilité générale.

Le *système nerveux central*, bien que de conformation très simple, réalise cependant un progrès sur celui des poissons : les hémisphères cérébraux sont plus développés.

Je résume dans le tableau ci-joint les fonctions des diverses parties du cerveau et de la moelle dans la classe des batraciens.

Dans la division I tout le cerveau est détruit; dans la division II les lobes optiques sont conservés; dans la division III les hémisphères seuls manquent; dans la division IV l'animal est normal.

De l'examen de ce tableau il résulte qu'il existe une sorte de progression dans la localisation des diverses fonctions, tant de la vie végétative que de la vie de relation. Les centres des diverses fonctions semblent monter de la moelle dans le cerveau, quand on passe des urodèles aux anoures, et même des crapauds aux grenouilles.

C'est ainsi que des grenouilles, privées de la totalité du cerveau, sont dans un état d'infériorité marquée, vis-à-vis des crapauds ayant subi la même opération, lesquels, eux, ne sont plus à la hauteur des tritons sans cerveau. Pour que grenouilles et crapauds puissent être dans la plénitude de leurs fonctions, et à peu près comparables aux tritons totalement excérébrés, il faut leur laisser les lobes optiques.

Dans le système nerveux périphérique, on remarque une réduction du nombre des nerfs craniens par suite de la soudure de plusieurs de ces nerfs. Ainsi le vague, le glossopharyngien et l'accessoire naissent du même point de la moelle; de même que le facial et l'acoustique.

Le système sympathique est bien développé.

Les *yeux* ne manquent jamais; ils sont rudimentaires chez les espèces qui vivent sous terre. Chez les protées qui vivent dans les cavernes, ils sont bien constitués, mais recouverts par la peau. Les *paupières* font rarement défaut; quand les yeux sont recouverts par la peau, il n'y a pas de paupières distinctes. Souvent il y a une grande *membrane nyctitante*.

Les *pupilles* sont elliptiques ou triangulaires, assez mobiles. La dilatation des pupilles se fait sous l'influence de l'obscurité; ou par l'excitation des nerfs de la sensibilité générale qui produisent dilatation active, en excitant par voie réflexe le sympathique.

La pupille d'un œil énucléé est encore sensible à la lumière, il en est de même chez

Tableau comparatif des fonctions du système nerveux central dans la classe des Batraciens.

	URODÈLES.	ANOURES.	
	TRITONS.	CRAPAUDS.	GRENOUILLES.
I. Moelle épinière, moelle allongée et cervelet conservés ; tout le reste du cerveau est détruit.	1. Locomotion parfaite.	id.	id.
	2. Nutrition coordonnée.	id.	id.
	3. Réaction sur le disque horizontal tournant.	id.	id.
	4. Balancement sur le plan incliné. L'animal peut monter et descendre à volonté.	id.	Pas de balancement, ne sait ni monter ni descendre à volonté.
	5. »	Quack-réflexe.	Pas de quack-réflexe.
	6. Peut se nourrir seul, bien que la vision manque.	Ne peut pas se nourrir seul, car la vision manque.	Ne peut pas se nourrir seul, parce que la vision manque.
	7. Digestion.	id.	id.
	8. Absorption.	id.	id.
	9. Excrétion des matières solides.	id.	id.
	10. Sécrétion et excrétion de l'urine.	Sécrétion, mais rétention de l'urine.	Sécrétion, mais rétention de l'urine.
	11. Circulation.	id.	id.
	12. Battements réguliers des cœurs lymphatiques.	id.	id.
	13. Mouvement des chromatophores ; coloration normale.	id.	id.
	14. Sécrétion cutanée normale, peau humide et glanduleuse.	id.	Pas de sécrétion cutanée : peau lisse, sèche, comme parcheminée.
	15. Respiration.	id.	id.
	16. Dilatation active des pupilles.	id.	id.
	17. Centre de l'équilibration dépendant des nerfs auditifs.	id.	id.
II. Lobes optiques (*Lobi optici*) conservés ; le reste du cerveau est détruit.	18. ?	?	Audition très faible.
	19. »	Excrétion de l'urine.	id.
	20. »	Sécrétion cutanée.	id.
	21. »	»	Quack-réflexe.
	22. »	»	Balancement, peut monter et descendre à volonté.
	23. Vision (probable).	Vision.	Vision.
	24. ?	Audition.	Audition.
	25. id.	Dilatation active des pupilles.	id.
	26. ?	Centre de l'équilibration dépendante des nerfs auditifs.	id.
	27. ?	Centre des mouvements réflexes croisés.	id.
III. Couches optiques (*Thalami optici*) conservées.	28. ?	Dilatation active des pupilles.	id.
	29. ?	Centres des mouvements réflexes croisés.	id.
	30. ?	Centres de l'équilibration dépendante des nerfs auditifs.	id.
IV. Hémisphères cérébraux. Animal normal.	31. ?	Centres pour les mouvements réflexes croisés.	id.
	32. ?	Centres de l'équilibration indépendante des nerfs auditifs, dépendante probablement d'autres sensations.	id.

les poissons. Il ne s'agit pas d'une action des ganglions, mais d'une réaction du muscle iridien à la lumière (BROWN-SÉQUARD).

L'oreille est assez développée. Il y a toujours une *membrane du tympan*, quelquefois recouverte par la peau, d'autres fois libre. Le *labyrinthe membraneux* est enfermé dans un *rocher;* il se compose d'une *partie vestibulaire* avec trois canaux semi-circulaires, et d'une *partie cochléaire*. La partie vestibulaire est desservie par le rameau antérieur du nerf auditif, dont la section produit des désordres dans l'équilibration, mais n'abolit par l'audition; la partie cochléaire reçoit le rameau postérieur. La section de ce rameau de la VIIIe paire produit la surdité, mais ne donne lieu à aucun désordre dans l'équilibre ou les mouvements.

L'odorat existe probablement chez les Batraciens; les *narines* communiquent avec l'intérieur de la bouche.

On ne peut rien affirmer quant au sens du *goût*.

Le sens du *toucher* est très développé.

Les *reins* se développent par les *reins précurseurs* (*pronephros*) ou corps de WOLFF. C'est aux dépens de la partie postérieure du *pronephros* que se forment plus tard les *reins primitifs* qui sont les véritables *reins définitifs* chez les batraciens; ils sont réunis intimement avec les *organes reproducteurs*. Le canal des reins primitifs donne naissance par division au *canal de Müller*, lequel reste à l'état d'ébauche chez les mâles, et testicules et reins déversent leurs produits ensemble dans le canal des reins primitifs, appelé *canal de Leydig*. Chez les femelles le canal de MÜLLER devient l'*oviducte*, et le canal des reins primitifs ne sert qu'à l'écoulement de l'urine; il y a donc un *véritable uretère*.

Toutes ces diverses sécrétions et excrétions se réunissent en un *cloaque*, dans lequel débouche aussi la *vessie* et l'intestin.

Les *œufs*, après la fécondation, qui est externe, subissent une segmentation totale et inégale. Les œufs sont le plus souvent déposés dans la vase, ou dans l'eau; accrochés à des herbes et abandonnés. Ils sont agglutinés entre eux par une substance albumineuse, qui se gonfle dans l'eau, et qui sert, semble-t-il, de premier aliment aux jeunes qui viennent d'éclore.

D'autres fois, comme chez l'*Alytes obstetricans*, ils sont enroulés autour des pattes postérieures du mâle, qui s'enfonce avec eux dans la vase et reste ainsi jusqu'à l'éclosion.

Le *Pipa* femelle porte les œufs sur son dos, où ils ne tardent pas à provoquer une prolifération de l'épiderme, qui forme autour de chaque œuf un bourrelet, de sorte que l'œuf se trouve logé dans une petite cellule.

Chez les *Notodelphys ovipara* il existe une poche incubatrice spéciale, sur la peau du dos.

Le *Rhinoderna Darwinii* mâle porte les œufs dans une poche laryngienne, il rappelle en cela quelques poissons siluroïdes.

Les jeunes quittent l'œuf très tôt et subissent des *métamorphoses*, au cours desquelles ils ressemblent d'abord à un poisson, avec leur queue comprimée latéralement, leurs nageoires impaires, et leurs branchies; plus tard les membres apparaissent, ainsi que les poumons. Les branchies disparaissent chez la plupart, la queue aussi; l'atrophie de ces organes s'accomplit sous l'influence des phagocytes.

La température a une grande influence sur le développement des jeunes, et sur la rapidité avec laquelle s'accomplissent les métamorphoses. Lorsque la température est basse, les larves de tritons peuvent mettre un ou deux ans à accomplir leur évolution, et même, dans quelques cas, ces larves se reproduisent dans un état de développement incomplet et étant encore en possession de leurs branchies.

Tous les Batraciens n'accomplissent pas le cycle complet des transformations; quelques-uns s'arrêtent à un stade larvaire inférieur qu'ils ne dépassent jamais; d'autres, après s'être arrêtés à un stade inférieur, pendant nombre de générations, peuvent, dans des conditions favorables, faire un pas de plus en avant. C'est ainsi que l'*Axolotl* devient *Amblystome*. D'après WEISSMANN, les Axolotls actuels des lacs du Mexico ne trouvent plus les conditions favorables, qui permettaient, dans les temps passés, leur transformation en Amblystomés.

Ces métamorphoses sont un caractère qui distingue nettement les Batraciens des reptiles, malgré toutes les analogies de formes que peuvent présenter les salamandres et les lézards par exemple.

Les Batraciens sont très vivaces, ils peuvent régénérer des parties de leur corps après amputation ou bien revenir à la vie après congélation complète. Ils s'accommodent de conditions d'existence très dures parfois ; on les trouve rôdant parfois dans les sables du Sahara ; mais en général ils recherchent les endroits marécageux et sombres, ils vivent de la chasse et s'y livrent la nuit principalement ; quelques espèces chassent de jour, et dorment la nuit d'un profond sommeil, les yeux fortement fermés et rentrés dans la tête ; quelques crapauds se couvrent même les yeux avec les mains pour dormir, d'une manière très comique. En hiver ils s'enfouissent sous terre et dorment d'un sommeil hivernal.

On trouve dans le Permien des *Protritons* qui ressemblent à de toutes petites salamandres, et les *Labyrinthodontes* qui atteignent des dimensions colossales, et dont le règne est dans le trias.

Les Batraciens se divisent en : I, *Gymnophiones* ou *Apodes ;* II, *Urodèles*, parmi lesquels on distingue les *Pérennibranches*, les *Caducibranches* et les *Mycotdères ;* enfin III, les *Anoures*, qui se divisent en *Aglosses* et *Phanéroglosses*. Pour les détails innombrables qu'a fournis l'étude des Batraciens à la physiologie générale, voir l'article **Grenouille**.

CATHERINE SCHÉPILOFF.

BEAUNIS (H.). — Professeur de physiologie à la Faculté de Médecine de Nancy, actuellement (1895) professeur au Collège de France à Paris.

Nouveaux éléments de physiologie humaine (1re édit., 1876 ; 3e édit., 1888, 2 vol. 8°, Paris. J.-B. Baillière.) — *Nouv. élém. d'anatomie descriptive et d'embryologie* (en coll. avec A. Bouchard, 1re édit., 1867 ; 5e édit., 1894, 1 vol. 8°, XVI, 1072 p.) — *Programme d'un cours de physiologie* (Paris, 1872, 1 vol. 24° de 112 p.). — *De l'habitude en général* (Th. doct. Montpellier, 4°, 1856). — *Anat. gén. et physiol. du syst. lymphatique* (Th. d'agrégat. Strasbourg, 4°, 1863). — *Une expérience sur le sens musculaire* (*Bull. de la Soc. de psych. physiol.*, 1887, t. III, pp. 14-17). — *Recherches sur la mémoire des sensations musculaires* (*Ibid.*, 1888, t. X, pp. 28-34). — *Rech. sur l'influence de l'activité cérébrale sur la sécrétion urinaire et spécialement sur l'élimination de l'acide phosphorique* (*Revue médicale de l'Est*, oct., nov., déc. 1882). — *Rech. expérim. sur les conditions de l'activité cérébrale et sur la physiologie des nerfs* (1 vol. in-8° de 166 p. Paris, J.-B. Baillière, 1884 et 1885, 106 p.). — *Rech. sur le temps de réaction des sensations olfactives* (*R. méd. de l'Est*, 1883). — *Sur les contractions spontanées des muscles antagonistes* (*C. R.*, 1885, t. C, p. 918).

L'évolution du système nerveux (1 vol., 12°, 317 p. et 236 fig., Paris, J.-B. Baillière, 1890). — *Les sensations internes* (1 vol. 8°, 256 p. Paris, F. Alcan, 1889.) — *Travaux du laboratoire de psychologie physiologique de la Sorbonne* (Année 1892 et 1893). — *L'année psychologique* (en coll. avec P. Binet). Première année 1894, 1 vol. 8°, 620 p., 1895.

Le somnambulisme provoqué (1re édit., 1886 ; 2e édit., 1887, 1 vol. 12°, 292 p. Paris. J.-B. Baillière).

BÉBIRINE ($C^{19}H^{21}AzO^{3}$). — Alcaloïde contenu dans le *Nectandra Rodiei* (Guyane). Ses propriétés physiologiques n'ont pas été étudiées. Walz a dit que la bébirine était identique à la buxine (?) (*D. W. Suppl.*).

BÉGAIEMENT. — Trouble de la parole portant sur l'articulation des mots, et caractérisé par la répétition convulsive d'une même syllabe, ce qui détermine un arrêt dans la parole.

La nature physio-pathologique de cette affection est encore assez obscure. Un grand nombre de théories ont été émises. Nous ne pourrons ici entrer dans les détails qu'on trouvera exposés dans les dictionnaires de médecine.

On sait que la parole, pour être exercée dans son intégrité, suppose l'intégrité de plusieurs appareils qui tous concourent au même but ; l'émission volontaire d'un son articulé correspondant à une idéation : il faut donc, pour que la parole ait lieu : 1° une idéation ; 2° la transformation de cette idéation en une impulsion motrice coordonnée ; 3° la transmission de cette impulsion motrice aux centres moteurs bulbo-protubérantiels des nerfs de la langue, du voile du palais, des lèvres, des joues, du thorax, du cou; 4° l'exécution par ces nerfs et par ces muscles de l'ordre donné par les centres bulbaires.

Il est clair que, dans le bégaiement, ce n'est pas la transmission motrice (nerfs périphériques et muscles) qui fait défaut, et qu'on peut aussi mettre hors de cause l'idéation qui paraît intacte. Le fait bien connu, que, dans le chant, le bégaiement disparaît; que l'émotion l'accentue; que, dans la lecture à haute voix, il disparaît à peu près et s'atténue, tout cela démontre bien que l'appareil vocal proprement dit est intact, de même que l'appareil psychique.

C'est donc dans un mode d'innervation défectueux que réside le bégaiement; il s'opère par une sorte d'excitation spasmodique, qui amène la contracture musculaire, au lieu de se faire par une décharge régulière, contraction suivie d'un relâchement. La mise en jeu de l'appareil respiratoire n'est plus en rapport avec la contraction des lèvres, de la langue et des joues; au lieu d'une expiration, il se fait une inspiration, pendant l'effort d'émission vocale; et, dans l'appareil vocal lui-même, il y a un état de contracture, de spasme, qui peut être ainsi mêlé à la chorée d'une part, d'autre part à la crampe des écrivains (Voir **Chorée, Coordination**).

Les traitements variés qu'on a mis en œuvre n'ont jamais remédié que d'une manière insuffisante à cette infirmité.

Bibliographie. — Outre les articles des Dict. de médecine voy. CHERVIN, *Bégaiement et autres défauts de prononciation*, in-12, Paris, 1895, 107 p.

BELL (Charles), 1774-1842, né à Edimbourg, physiologiste et chirurgien. Quoiqu'il ait beaucoup écrit, il ne reste guère de lui que le mémoire célèbre de 1811, imprimé à un petit nombre d'exemplaires, où la distinction physiologique des racines antérieures, servant à la respiration, et des racines postérieures servant à innerver les viscères se trouve nettement établie (*An idea of a new Anatomy of the Brain submitted for the observations of his Friends*. London, 36 p. Strahan and Preston. 1811 (?).

Il convient d'ajouter que GALIEN avait pressenti que les racines antérieures et les racines postérieures n'avaient pas la même fonction (*De anatome administratione*, livr. VIII, chap. 5 et suiv.), que LAMARCK (1809) et AL. WALKER (*Arch. of univers. sciences*, juill. 1809, t. III, p. 172) avaient eu une idée analogue. Mais ni les uns ni les autres n'avaient fait d'expériences à l'appui. CH. BELL eut le mérite de faire des expériences positives, de montrer que le facial est un nerf respirateur et moteur, et que le trijumeau, par sa branche maxillaire, donne le mouvement aux muscles masticateurs, et la sensibilité à la face.

Mais il ne généralisa pas; et il ne conclut pas à cette grande loi que les racines antérieures servent au mouvement et les racines postérieures à la sensibilité.

C'est MAGENDIE qui, en août 1822, établit, par des expériences précises et indiscutables, que les deux racines nerveuses ont des fonctions bien distinctes, le mouvement pour les racines antérieures, la sensibilité sur les raisons postérieures (*Expériences sur les fonctions des racines des nerfs rachidiens* (*Journ. de physiol.*, 1822, t. II, p. 276). « M. BELL, dit-il, conduit par ses ingénieuses idées sur le système nerveux, a été bien près de découvrir les fonctions des racines spinales; toutefois, le fait que les antérieures sont destinées au mouvement, tandis que les postérieures appartiennent plus particulièrement au sentiment, paraît lui avoir échappé ». Longtemps après il disait, en parlant de cette découverte qui lui fut tant disputée et reconnue si tardivement : « C'est bien mon œuvre, et elle doit rester comme une des colonnes du monument qu'élève depuis le commencement de ce siècle la physiologie française. »

D'ailleurs comment CH. BELL aurait-il pu découvrir la fonction sensitive des racines postérieures, puisqu'il opérait sur les animaux assommés, incapables par conséquent de manifester un phénomène de sensibilité? L'idée que les racines postérieures sont sensibles *se présentait d'elle-même*, a-t-il dit plus tard, en 1844. Mais, si l'idée se présentait d'elle-même, pourquoi l'a-t-il énoncée si tard, 22 ans après les expériences de MAGENDIE, et quelques années après celles de J. MÜLLER, de CLAUDE BERNARD et de LONGET?

Ce qui a contribué à obscurcir le débat, c'est que le mémoire de 1811 de CH. BELL a été réimprimé, sans changements notables, en 1821 (*On the nerves, giving an account of some experiments on their structures and fonctions, which lead to a new arrangement of the System.* 1821, *Philosoph. Transact.*) et, plus tard, avec des changements plus importants, qui en modifient vraiment les points essentiels, en 1844 (*The nervous system of the human body as explained in series of papers read before the Royal Society of London*, 1844, 4e édit.).

Il résulte de là que, beaucoup mieux que Galien, Lamarck et Al. Walker, Ch. Bell a pressenti, et partiellement démontré, pour les nerfs de la face tout au moins, qu'il y a des fonctions différentes pour les racines antérieures et les racines postérieures, mais que la généralisation et la démonstration formelle de cette loi reviennent entièrement à Magendie (1822).

On trouvera tous les documents historiques nécessaires pour juger cette importante question : Al. Shaw. *Narrative of the discoveries of Charles Bell in the nervous System.*, 8°, London 1839. — Churchill. *Documents and dates of modern discoveries.* 8°, London, 1839. — H. Milne Edwards (*T. P.* t. xi, p. 362). — Vulpian. *Leç. sur la physiologie du syst. nerveux*, 1866. — A. Flint. *Considérat. historiques sur les propriétés des racines des nerfs rachidiens* (*Journ. de l'an. et de la physiol.*, 1868, t. v, p. 520). — Cl. Bernard. *Leç. sur les propriétés du syst. nerveux*, 1858, t. i, p. 11. — *Rapp. sur les progrès et la marche de la physiol. générale en France*, 1867, 4°, pp. 12 et 134. — Ch. Richet. *Rech. exp. et clin. sur la sensibilité* (*D. P.*, 1877, 12-19).

Voici la liste des principaux ouvrages physiologiques de Ch. Bell, autres que ceux que nous avons mentionnés plus haut.

An essay on the forces which circulate the blood; being an examination of the difference of the motions of fluids in living and dead vessels, viii-83 p. 12°, London, Longman, 1819. — *Of the nerves which associate the muscles of the chest in the actions of breathing, speaking and expression : being a contimation of the paper on the structure and function of the nerves* (*Phil. Transact.*, 1822). — *On the motions of the eye, in illustration of the uses of the muscles and nerves in the orbit* (*Phil. Transact.*, 1823.) — *An exposition of the natural system of the nerves of the human body with a republication of the papers delivered to the Royal Society on the subject of nerves* (vii-392 p. 8°. London, Spottiswoode, 1824; et Philadelphie, 1825). — *Trad. franç. du même ouvrage.* Genest, Paris, 1825. — *Practical essays* 104 p. Edinburgh, Maclachlan et Stewart, 1841. I. *On the powers of life to surtain surgical operation, the effects of violence in wounds and in operations; and the causes of sudden death during surgical operations in some remarquable instances.* II. *On the questionable practice of bleeding in all apoplectic affections, and the differents effects of drawing blood from the artery and from the vein.* III. *On squinting; its causes, the actual conditions of the eye, and the attempts to remedy the defect.* IV. *On the action of purgatives on the different portions of the intestinal canal, with a view of removing nervous affections and tic douloureux.* — (En coll. avec John Bell, son frère) : *The anat. and physiol. of the human body* (*bones, muscles and joints, heart and arteries, by* J. Bell; *anat. and physiology of the brain and nerves, organs of the senses. and the viscera, by* Ch. Bell) 1re édit., 1793. 6e édit., New York, Collins, 1834, 2 vol. *with various important additions from the writings of* Soemmering, Bichat, Béclard, Meckel, Spurzheim, Wistar. — *Three papers on the nerves of the Encephalon as distinguished from those arising from the spinal morrow.* Edimburgh, 4°, 1838.

CH. R.

BELL (Alex. Graham). — On sait que le célèbre inventeur du téléphone a commencé par l'étude des organes vocaux chez le sourds-muets, et que cette analyse physiologique de la parole qu'il a publiée à ce sujet, avant que le téléphone ait été par lui inventé, a pour titre :

Etablishment for the study of vocal physiology; for the correction of stammering and other defects of utterance; and for practical instruction in visible speech (16 p., 8°, Boston, Rand, Avery and C°, 1872). Voir **Téléphone**.

BELLADONE (*Atropa belladona*). — Les effets de la belladone sont dus presque exclusivement à l'atropine qu'elle contient; les autres alcaloïdes contenus dans la belladone (belladonine) n'ont jamais été obtenus à l'état de pureté : nous renvoyons donc à **Atropine**.

BENZÈNE [1] ($C^6H^6=78$). — *Syn.* Benzine, benzol, hydrure de phényle, phène, bicarbure d'hydrogène.

Chimie. — Découvert en 1825 par Faraday, qui l'isola des produits de la distillation de l'huile, le benzène fut obtenu à l'état de pureté en 1833 simultanément par Péligot et Mitscherlisch, en décomposant par la chaleur des benzoates mélangés d'un excès de chaux. En 1848, Mansfield et Hoffmann ont reconnu sa présence dans le goudron qui provient de la distillation de la houille. M. Berthelot a réalisé sa synthèse en chauffant dans une cloche courbe de l'acétylène à la température de ramollissement du verre.

Personne n'ignore le grand usage industriel de cet hydrocarbure qui constitue la matière première de l'industrie des matières colorantes; c'est en effet avec ce composé qu'on obtient synthétiquement l'aniline et les diverses matières colorantes qui en dérivent. Nous n'avons pas à insister ici sur l'immense développement que cette industrie a pris dans la seconde moitié du siècle ni sur l'importance considérable qu'elle a acquise aujourd'hui,

Au point de vue théorique, ce composé a au moins une égale importance; le benzène est la base de la série aromatique. Sa molécule constitue un noyau commun que l'on retrouve dans tous les composés de cette série, et l'on doit envisager tous ces corps comme dérivant du benzène, par substitution de radicaux organiques plus ou moins complexes aux atomes d'hydrogène qu'il contient.

Exposer la constitution chimique du benzène, ses divers modes de formation et ceux de ses nombreux composés serait sortir du cadre de cet ouvrage. Aussi renvoyons-nous aux traités spéciaux de chimie, nous contentant de donner quelques renseignements sur les principales propriétés du benzène.

Le benzène se rencontre dans la nature : on a signalé sa présence dans les pétroles de Bakou (Markownikoff); il se produit dans un grand nombre de réactions pyrogénées, toutes les fois qu'on détruit par la chaleur un composé organique complexe. Lorsqu'on distille à feu nu des huiles, des goudrons, du bois, de la houille, etc., on recueille, en même temps que des gaz, toute une série d'hydrocarbures liquides, volatils, insolubles dans l'eau et les alcalis, constitués par le benzène et ses homologues : on en sépare le benzène par distillation fractionnée. C'est un liquide incolore, d'odeur éthérée spéciale, non désagréable lorsqu'il est pur, très mobile. Il cristallise à + 6° en pyramides orthorhombiques, bout à 80°,9. Sa densité est de 0,900 à 0°, de 0,884 à 15°.

Le benzène est soluble dans l'alcool, le sulfure de carbone, l'éther avec abaissement de température; il est insoluble dans l'eau.

Il dissout le soufre, le chlore, l'iode, le phosphore, les huiles grasses, les graisses, les essences, le caoutchouc, les diverses résines, plusieurs alcaloïdes, quelques acides organiques, etc.

Il est inflammable, brûle avec une flamme brillante et fuligineuse; ses vapeurs, en se mélangeant à l'air, donnent naissance à des mélanges détonants.

Sa production industrielle présente de ce fait certains dangers. Aussi cette industrie se trouve-t-elle classée parmi les établissements insalubres de première classe, et soumise à certains règlements qui ont pour but d'éviter les risques d'incendie, d'explosions et les accidents quelquefois mortels qu'occasionne l'absorption par les voies respiratoires de ses vapeurs délétères.

Physiologie. Historique. — Les premières recherches relatives à l'action du benzène sur l'économie furent faites par Simpson, d'Édimbourg, en 1848.

Cet auteur considérait ce corps comme un succédané du chloroforme, et il l'administrait en inhalation par les voies respiratoires pour obtenir l'anesthésie. La résolution musculaire et l'anesthésie profonde s'obtenaient difficilement avec ce composé : de plus, son usage occasionnait une céphalalgie très importune, ce qui en fit bientôt rejeter l'emploi.

En 1854, Reynal, d'Alfort (*Mon. des hôp. de Paris*, II, 435), attire l'attention sur l'ac-

1. Nous adoptons le mot benzène comme l'ont déjà fait les rédacteurs du deuxième supplément du *Dictionnaire de chimie* de Wurtz pour nous conformer à la convention faite au congrès de chimie de Paris de 1889, qui attribue la terminaison *ène* aux hydrocarbures, *ine* et *ol* restant réservés aux composés azotés basiques et aux alcools.

tion antiparasitaire de ce produit; ses expériences l'ont amené à constater l'action toxique du benzène sur les animaux lorsqu'il est ingéré à doses élevées.

Maligin, en 1869 (*Voyenno. med. J.*, iv, fasc. 2, 1), fait une enquête physiologique sur les effets toxiques de la benzine. En 1878, Benech (*B. B.*, 1878, 363) fait une étude physiologique complète du benzène au laboratoire de Vulpian; Gabalda, en 1879, réunit dans sa thèse inaugurale toutes les recherches faites pour étudier l'action physiologique et toxique de ce corps; Neumann et Pabst (*Ass. fr. Av. sc.*, xii, 1025), en 1883, font une communication sur les accidents causés par le benzène. Outre ces travaux, un certain nombre d'auteurs ont rapporté plusieurs observations d'accidents et d'empoisonnements occasionnés par l'absorption de ce composé, et dernièrement plusieurs travaux, que nous avons mis à contribution, ont porté sur l'action physiologique du benzène et de ses dérivés.

Action générale. — Vis-à-vis des animaux inférieurs, des insectes notamment, le benzène possède une action toxique très manifeste, ainsi que la plupart des carbures aromatiques; cette propriété a été signalée pour la première fois par Milne-Edwards. Il semble que ce corps soit aussi antifermentescible et désinfectant; on l'a employé comme tel dans l'industrie sucrière pour assurer la conservation du jus sucré (A. Gautier).

A. Chassevant a démontré dans des expériences récentes que le benzène empêche les micro-organismes de se développer dans les milieux fermentescibles, avec lesquels il se trouve en contact; ce qui vient confirmer les observations de Naunyn, Possor et Wiederhold.

Le benzène ne détruit pas cependant ces germes : les microbes retrouvent toute leur vitalité lorsqu'il est évaporé. Les expériences de M. Chassevant ont porté sur les espèces microbiennes pathogènes les plus communes, *staphylocoque doré, bacille de Loeffler, colibacille, bacillus subtilis, charbon.*

Le benzène semble agir de la même façon que le chloroforme, qui, ainsi que l'a démontré Muntz, arrête temporairement l'action du ferment nitrique.

On ne doit donc pas considérer le benzène comme un antiseptique, et n'accorder aucune confiance aux méthodes de désinfection basées sur l'emploi de ce produit, tel que le nettoyage à sec des teinturiers, moyens qui ont été quelquefois, mais à tort, préconisés par certains conseils d'hygiène, pour désinfecter les vêtements, rideaux, fourrures, etc., souillés, dans certaines épidémies de fièvre typhoïde, choléra, etc.

Pendant longtemps on a cru que le benzène n'était pas toxique vis-à-vis des animaux supérieurs. Dragendorff, dans son traité de toxicologie, ne considère pas le benzène comme un poison. Cependant Reynal signale en 1854 les accidents mortels qu'il a observés chez des chevaux et des chiens auxquels il administrait du benzène par voie stomacale. En 1878, Benech, dans l'étude physiologique du benzène qu'il fit au laboratoire de Vulpian, constate la réelle toxicité de ce corps.

Lorsqu'un animal est soumis à l'influence du benzène, on observe d'abord une excitation généralisée passagère, accompagnée d'une trémulation de tous les membres; les muscles semblent vibrer, puis l'animal tombe, il survient des convulsions des membres antérieurs et postérieurs; ces mouvements sont coordonnés et ressemblent à ceux de la progression ou de la natation. Les muscles de la face, l'orbiculaire des lèvres et des paupières, participent à ces mouvements ainsi que les muscles de la nuque. En somme l'animal semble être pris de paralysie agitante. Parfois il tourne autour de son axe longitudinal. La respiration est accélérée, diaphragmatique. Au bout de quelques minutes, si la dose est assez forte, l'animal tombe en stupeur, les convulsions cessent, la respiration et les battements du cœur augmentent de vitesse, puis cessent brusquement au moment de la mort.

Si la dose n'est pas mortelle, les convulsions diminuent, sont paroxystiques; l'animal relève la tête, et finit par se relever : l'arrière-train reste plus longtemps sous l'influence du poison que l'avant-train.

Chez l'homme, les phénomènes observés sont identiques; tous les auteurs qui rapportent des observations d'empoisonnement par le benzène s'accordent à comparer les accidents à ceux de l'ivresse. Les malades ont en général un délire bruyant, une loquacité intarissable, accompagnée d'un tremblement des lèvres et des mains, analogue à ce qu'on observe dans le délire alcoolique; d'autres fois la parole est embarrassée, le malade bredouille, il est quelquefois atteint d'aphasie. Si l'empoisonnement est plus grave, on voit survenir des accès épileptiformes répétés, suivis de coma : tous ces phénomènes sont accompagnés de troubles mentaux.

Chez les individus qui sont susceptibles, par suite de leur profession, d'inhaler des vapeurs de benzène d'une façon continue (teinturiers, ouvriers des distilleries de benzène) on observe fréquemment des changements ou des bizarreries de caractère : ils ont des hallucinations, des pertes de mémoire. Quelquefois survient une parésie des membres ou même de la paralysie. Ces individus peuvent n'avoir jamais présenté aucun symptôme d'empoisonnement aigu.

Voies d'absorption. — Les animaux peuvent supporter des doses considérables de benzène, lorsqu'on l'administre par la voie stomacale, l'homme peut de même en boire une certaine quantité sans danger. Certains ouvriers recherchent même l'ivresse spéciale que ce produit leur procure; cette innocuité relative du benzène absorbé par les voies digestives est vraisemblablement due à la difficulté avec laquelle il est absorbé par les parois du tube digestif et à sa facile diffusion hors de l'organisme.

Il n'en est plus de même lorsque ce corps pénètre dans l'organisme, soit à l'état de vapeurs par les poumons, soit directement dans la circulation par injection intraveineuse; on observe dans ces deux cas les accidents toxiques graves décrits plus haut et dont l'intensité varie avec la dose administrée. Suivant Benech, le benzène, introduit par injection hypodermique, serait mal absorbé; dans une série d'expériences faites sur le chien, le cobaye et le lapin, je n'ai pas vérifié cette assertion. L'absorption du benzène injecté sous la peau se fait avec une très grande rapidité, et les phénomènes toxiques observés sont aussi intenses que lorsqu'il est porté directement dans la circulation, soit par inhalation, soit par injection intraveineuse.

Lorsqu'on injecte le benzène pur sous la peau, on observe des accidents locaux : raideur musculaire, abcès aseptiques qui sont dus à l'action irritante de ce produit sur les tissus musculaires et conjonctifs. Lorsqu'on a soin de le diluer dans son volume d'huile ou de vaseline, l'absorption se fait sans réaction locale.

Le benzène injecté sous la peau est toxique à la dose de 3 centimètres cubes par kilogramme d'animal chez le cobaye, soit $2^{gr},67$. A la dose de 1 centimètre cube il donne naissance à divers phénomènes toxiques : l'animal tombe dans le coma; les accidents durent quatre à six heures, puis il y a retour à l'état normal. A doses plus faibles les accidents sont atténués, analogues à ceux de l'ivresse plus ou moins légère.

Lorsqu'on place un animal dans une atmosphère saturée de benzène, ainsi que l'ont fait Perrin et Gabalda, il tombe dans le coma au bout de cinq minutes. Si on le retire de la cloche pour le placer dans l'air libre, l'intoxication continue pendant un temps plus ou moins long, temps qui dépend de la durée du séjour dans l'atmosphère saturée de benzène. Perrin et Gabalda n'ont jamais laissé leurs animaux plus de quinze minutes dans la cloche; nous avons pu laisser des cobayes dans une atmosphère saturée de vapeurs de benzène pendant une heure trente minutes sans observer un seul cas de mort. Après deux heures de séjour dans la cloche, un cobaye est mort, un autre a résisté à un séjour de deux heures un quart dans une atmosphère saturée de vapeurs de benzène.

Dans toutes nos expériences, les animaux sont tombés dans le coma au bout de cinq à dix minutes et sont restés sous l'influence du poison après leur sortie de la cloche. Après un séjour de une heure trente minutes ils sont restés six heures dans le coma, puis sont revenus à leur état normal progressivement, au fur et à mesure de l'élimination du benzène par les poumons.

Montalti, dans une étude très complète sur l'action toxique du benzène, a observé les mêmes phénomènes, et conclu que la vapeur de benzène ne peut être nocive pour les animaux qu'en raison de sa concentration dans l'atmosphère et de la faible dimension des espaces clos où elle se répand.

Chez l'homme l'absorption de vapeurs de benzène par les poumons semble déterminer des accidents plus graves. On rapporte le cas d'un ouvrier robuste de vingt-quatre ans qui, ayant pénétré, contrairement aux règlements, dans un local où se dégageaient des vapeurs de benzène sans avoir ouvert à l'avance porte et fenêtres, sort en titubant, crie que le feu est en lui, puis tombe mort.

Des accidents analogues, observés dans les usines, ne présentent pas en général cette gravité; ils sont rarement mortels, et les accidents mortels sont plutôt causés par l'asphyxie que par l'action toxique du benzène; les vapeurs de benzène chassant l'air respirable de l'endroit clos où elles se dégagent.

Lésions organiques. — A l'autopsie des animaux morts empoisonnés par le benzène, on observe de la congestion des poumons, des taches ecchymotiques ou seulement quelques points apoplectiques; le système veineux est gorgé de sang, surtout dans le mésentère.

Parfois on observe des hémorrhagies sous-muqueuses, quelquefois des hémorrhagies rénales et intestinales.

Les viscères présentent en général une congestion considérable. Le foie, le rein, la vessie sont fortement hyperémiés. Le cœur gauche est en systole; le cœur droit, fortement distendu par le sang noir. Le cerveau est très congestionné, surtout la protubérance et le bulbe.

Chez l'homme on observe le même ordre de lésions. Sury Bienz a remarqué, à l'autopsie du cas mortel relaté plus haut, deux ordres de lésions. Les unes, qui ne semblent avoir aucun rapport avec l'accident :

1° Un petit foyer de ramollissement cérébral à la partie postéro-interne du noyau lenticulaire gauche;

2° De vieilles adhérences du poumon droit.

Les autres semblent au contraire se rapporter à l'intoxication :

1° Lividités cadavériques d'étendue et d'intensité anormales;

2° Fluidité du sang;

3° Congestion veineuse des viscères;

4° Nombreuses ecchymoses de la plèvre pulmonaire;

5° Épanchements sanguins sur les muqueuses;

6° Œdème pulmonaire.

Action sur la circulation et le cœur. — Le benzène possède une action manifeste sur la circulation, caractérisée par une accélération considérable des mouvements cardiaques et par une vaso-dilatation.

On peut observer facilement l'action vaso-dilatatrice du benzène chez le lapin. On voit ses oreilles s'hyperémier, et ses pupilles se contracter par suite de la dilatation veineuse.

Benech, qui a mesuré les variations de la pression sanguine chez les animaux intoxiqués par le benzène, a observé au début, pendant un temps très court, une augmentation de la pression artérielle, bientôt suivie d'une diminution assez considérable de cette pression; la pression veineuse s'élevant progressivement.

En même temps que cette vaso-dilatation veineuse, on observe une accélération considérable des mouvements du cœur; ces derniers deviennent bientôt incomptables.

Benech a démontré expérimentalement que cette accélération des mouvements cardiaques est due à une action directe du benzène sur cet organe, et non pas à une action paralysante sur le pneumogastrique. En séparant le cœur d'une grenouille et exposant ce cœur à l'action des vapeurs de benzène, il a observé l'accélération des mouvements cardiaques. Ces mouvements, qui étaient de 48, se sont rapidement élevés à 100. Il fit la même observation sur un cœur de tortue préparé pour la circulation artificielle : le nombre des battements cardiaques a augmenté considérablement lorsqu'il injecta du benzène dans la circulation.

En résumé le benzène est un vaso-dilatateur périphérique, qui abaisse la pression sanguine artérielle, élève la pression veineuse. Il accélère les mouvements du cœur par action directe sur cet organe.

Action sur le système nerveux. — Le benzène agit surtout sur le système nerveux central, et principalement sur la moelle et le bulbe.

L'action sur la moelle se manifeste par l'apparition d'une excitabilité réflexe plus considérable, d'une plus grande diffusion de cette excitabilité, d'un affaiblissement dans la force et la justesse des mouvements de réaction ainsi que dans la vitesse des réflexes. C'est à cette action sur le système nerveux central que sont dues les convulsions qu'on observe chez tous les individus intoxiqués.

La section de la moelle empêche les convulsions dans tout le territoire d'innervation situé au-dessous de cette section.

L'ablation des hémisphères cérébraux est sans action sur les convulsions.

On peut empêcher les convulsions d'apparaître lorsqu'on administre, en même temps que le benzène, des anesthésiques tels que le chloroforme, le chloral. L'action toxique du benzène n'en est atténuée en aucune manière.

Le benzène possède une action manifeste sur le cerveau ; cette action est mise en évidence chez l'animal par la léthargie et la disparition des mouvements volontaires ; chez l'homme, par le délire et les hallucinations.

Suivant Benech, le benzène ne paralyse pas les nerfs périphériques ; il a démontré que l'excitation du nerf sciatique déterminait la vaso-constriction des petits vaisseaux de la jambe chez l'animal intoxiqué par cet hydrocarbure comme chez l'animal sain ; que de même la faradisation du sympathique fait pâlir l'oreille chez le lapin soumis à l'influence de ce corps, comme chez le lapin non intoxiqué.

Brunton et Cash, tout en reconnaissant que l'action principale de cè corps porte sur le système nerveux central, admettent qu'il agit aussi sur les nerfs périphériques en les détruisant.

Action sur les muscles. — Le benzène agit directement sur la fibre musculaire lorsqu'on l'administre par la voie sous-cutanée, cette action purement locale se traduit par de la raideur et de la contracture des muscles qui baignent dans le liquide. Cette contraction n'est pas permanente : elle disparaît au fur et à mesure que le benzène est absorbé et éliminé.

Action sur les sécrétions. — Les sécrétions intestinales et urinaires sont augmentées. Le benzène détermine chez le cobaye et le lapin une glycosurie passagère qu'on n'a jamais observée chez le chien.

Action antithermique. — Le benzène détermine une hypothermie qui peut être considérable, lorsqu'on l'administre par inhalations, par injections sous-cutanées ou intra-veineuses : on obtient aussi de l'hypothermie lorsqu'on l'applique sur la peau en badigeonnages. Cette hypothermie est proportionnelle à la dose administrée ; la température centrale s'abaisse au moment de l'absorption, et la courbe thermique ne se relève qu'au fur et à mesure de l'élimination du benzène.

Chez des cobayes placés dans une atmosphère saturée de benzène, nous avons vu la température s'abaisser à 30° au bout d'une heure, la température initiale normale étant de 38°,5.

Au bout d'une heure et demie la température s'est abaissée chez un autre cobaye, placé dans les mêmes conditions, à 28°,8. La température s'est relevée graduellement au fur et à mesure de l'élimination du benzène, au bout de quatre heures chez le premier, au bout de six heures chez le second elle était revenue à la normale.

Lorsqu'on introduit le benzène par la voie hypodermique, les phénomènes d'hypothermie sont les mêmes. La température rectale s'est abaissée à 32° chez un cobaye auquel on avait injecté 2 centimètres cubes de benzène par kilo, et est remontée graduellement au fur et à mesure de l'élimination.

On a aussi pu déterminer un abaissement de température en appliquant, par badigeonnage sur la peau, 10 centimètres cubes de benzène sur une surface de 15 centimètres carrés, chez un lapin. La température, qui était de 38°,9 avant l'application, s'est abaissée à 37°,5 ; cet abaissement de température a duré pendant environ une heure.

Le benzène possède donc un pouvoir antithermique très net, analogue à celui de ses dérivés ; gaiacol, antipyrine, etc.

Mode d'élimination. — Comme toutes les substances volatiles à forte tension de vapeur, le benzène s'élimine principalement par les voies respiratoires. L'haleine des personnes et des animaux intoxiqués par ce composé possède l'odeur caractéristique de ce corps. Il semble qu'il traverse l'économie sans subir de transformation. Cependant, suivant Naunyn, de Berlin, il se transformerait partiellement en phénol dans la circulation. Benech a recherché en vain la présence du phénol dans le sang et l'urine des animaux intoxiqués par le benzène. Cette transformation partielle de benzène en phénol dans l'économie se manifeste cependant par l'apparition d'une coloration noirâtre de l'urine, analogue à celle qu'on observe après absorption de phénol. Cette coloration est due à la présence d'acides sulfoconjugués de la série aromatique ; acides phénol-sulfonés $C^6H^4OH(SO^3H)$ et benzène sulfonés, $C^6H^5(SO^3H)$, que l'on retrouve dans les urines des animaux intoxiqués par le benzène (A. GAUTIER, *loc. cit.*). La transformation du benzène dans l'économie peut même être plus profonde, et donner naissance à des diphénols : hydroquinone, pyrocatéchine, que l'on retrouve aussi dans l'urine (NEUMANN et PABST, *loc. cit.*).

La proportion de benzène ainsi transformé dans l'économie et éliminé par l'urine représenterait environ 1/10 de la quantité introduite dans l'économie, les 9/10 restant s'éliminent par les poumons.

L'élimination du benzène est assez rapide ; lorsqu'on ingère du benzène, la vitesse d'élimination est assez considérable pour ne pas permettre à ce corps, qui s'absorbe lentement par les voies digestives, de manifester sa présence par des phénomènes toxiques. C'est sans doute à cette rapidité d'élimination qu'est due la toxicité relativement faible de ce composé lorsqu'il est absorbé par l'estomac.

Toxicologie. — Nous venons de voir que le benzène est un poison du système nerveux central, moelle, bulbe, encéphale : son absorption volontaire (suicide) ou accidentelle a occasionné du reste un certain nombre d'empoisonnements.

Les accidents mortels occasionnés par le benzène sont rares : nous n'avons pu en rencontrer que deux dans la littérature médicale : SURY BIENZ rapporte le cas déjà cité plus haut d'un ouvrier qui est mort après avoir pénétré dans une enceinte close où se dégageaient des vapeurs de benzène. FALK (1892) communique l'observation d'un enfant de vingt-trois mois mort en dix minutes après avoir absorbé une gorgée de benzène, malgré un lavage de l'estomac pratiqué aussitôt après l'accident.

On connaît au contraire un certain nombre d'accidents plus ou moins graves, mais non suivis de mort, occasionnés par l'absorption du benzène ; ces empoisonnements s'observent soit à la suite d'ingestion accidentelle ou volontaire (suicides) de benzène dans l'estomac, soit par pénétration des vapeurs de benzène dans les poumons. Ce dernier mode d'empoisonnement est en général professionnel, et s'observe chez les ouvriers chargés de nettoyer les alambics de rectification dans les usines où on distille le benzène, ou chez les ouvriers teinturiers qui pénètrent dans les étuves, séchoirs, sans attendre que la ventilation soit effectuée convenablement. Nous avons décrit plus haut les symptômes observés dans ces empoisonnements : ils sont plus ou moins intenses suivant la proportion de benzène absorbé.

A côté de ces accidents aigus, on observe, chez certains ouvriers teinturiers qui se livrent aux opérations du dégraissage et chez les ouvriers chargés de surveiller la distillation, des accidents dus à une intoxication chronique. Cet empoisonnement chronique se manifeste, ainsi que nous l'avons dit, par un changement dans le caractère, des pertes de mémoire, des hallucinations ; chez certains individus, il se produit une véritable ébriété qui s'accompagne d'un tremblement des mains et des lèvres ; le malade ressent un fourmillement et un engourdissement pénible de ses extrémités supérieures. On remarque aussi un liseré gingival bleu noirâtre analogue à celui qui se forme dans le saturnisme.

Ces accidents chroniques ressemblent à ceux occasionnés par l'absorption de l'alcool. Certains ouvriers, pour combattre ces phénomènes, contractent l'habitude d'absorber des boissons alcooliques. On ne saurait trop s'élever contre cette coutume ; car, ainsi que l'a constaté GABALDA, l'alcool, au lieu de diminuer l'intensité des accidents, les aggrave et semble prédisposer l'organisme à subir l'intoxication par le benzène.

Le seul remède à opposer à cet empoisonnement chronique est d'éloigner le malade du lieu où se dégagent les vapeurs de benzène, et surtout de ventiler et d'aérer convenablement les ateliers. Aujourd'hui ces accidents deviennent de plus en plus rares, les usines étant en général disposées de façon à assurer une ventilation suffisante.

En terminant ce paragraphe nous citerons les quelques cas d'empoisonnement aigu rapportés par différents auteurs, sans nous y arrêter outre mesure. Ces observations sont classées par ordre chronologique :

1858. — MONNERET. *Sur un cas d'empoisonnement par la benzine* (*Archives gén. de Méd.*, Paris, II, 291).

1862. — *A new domestic poison* (*Lancet*, London, I, (1), 105).

1867. — PERRIN. *Un cas d'intoxication par la benzine et ses effets physiologiques* (*Bull. soc. méd. d'émulat.*, Paris, (n. s.), I, 1-5).

1879. — GUYOT. *Intoxication par la benzine* (*Bull. soc. méd. hôp.*, (2), XVI, 191, et *Union méd.*, (3), XXVIII, 649).

1885. — Kasem Bek. *Sur un cas d'empoisonnement par la benzine* (*Dnevnik Obsh. Vrach. g. Kazani*, 146).

1888. — Sury Bienz. *Empoisonnement mortel par les vapeurs de benzine* (*Viertelj. f. gerichtl. Med. und Œff. Sanit.*, (n.s.), XLIX, 138).

1889. — Averill. *Benzol poisoning* (*Brit. m. j. London*, (1), 709).

1890. — Gatard. *Pseudo-empoisonnement par la benzine* (*Poitou médical*, II, 1214).

1891. — Cheikowski. *Empoisonnement par la benzine* (*Gaz. lek. Warzawa*, (2), II, 133).

1892. — Falk. *Empoisonnement mortel par la benzine* (*Viertlj. f. gerichtl. Med. und œff. Sanit.*, (3), III, 399).

1893. — Kelynack. *Un cas fatal d'empoisonnement par la benzine* (*Med. Chron. Manchester*, XIX, 112).

1894. — Rosenthal. *Benzinvergiftung und Benzin Missbrauch* (*Centralblatt f. inn. Med. Leipzig*, XV, 281).

Thérapeutique. — En 1848, Simpson, d'Edimbourg, proposa d'employer le benzène comme succédané du chloroforme pour obtenir l'anesthésie. Mais outre que ce corps est inférieur à l'éther et au chloroforme pour produire l'anesthésie, il détermina une céphalalgie très pénible qui en fit rejeter l'emploi. En 1854 Reynal, d'Alfort, expérimenta ce produit comme parasiticide, et, des observations qu'il publia à l'époque, il ressort que le benzène est un agent très actif et très efficace pour tuer les parasites qui vivent sur les animaux domestiques; qu'il est d'autant plus efficace qu'il ne produit aucune altération de la peau; que son usage est préférable à celui de la pommade mercurielle, de la décoction de tabac, de l'essence de térébenthine pour détruire les épizoaires qui tourmentent les animaux ; *ixodes* (tiques) du chien, et *dermanyssus* de la poule, etc. Reynal conseille d'employer le benzène à l'état liquide en l'étendant sur le corps à l'aide de la main.

L'année suivante, en 1855, Lambert, de Poissy, eut l'idée d'appliquer le benzène à la cure de la gale chez l'homme; il parvint à tuer rapidement les sarcoptes avec deux ou trois frictions de pommade au benzène (axonge 250 grammes, benzène 60 grammes) chez treize galeux atteints depuis plusieurs mois et chez lesquels plusieurs pommades appropriées avaient été employées sans succès. Barth confirma les observations de Lambert et recommanda l'usage du benzène contre l'*Acarus* de la gale. L'expérience a consacré l'emploi de ce composé contre les *Pediculi pubis*, l'*Achorion* du favus, le *Tricophyton tonsurans* de la mentagre. Riou-Kérangal, médecin de marine à la Guyane, s'est servi avec avantage du benzène pour tuer les larves de la *Lucilia hominivorax* qui se développe dans les fosses nasales et les sinus maxillaires, ou dans les conduits auditifs, en y déterminant des accidents graves, parfois mortels. Langdon, en 1891, s'en est servi avec succès comme parasiticide dans certaines affections cutanées.

On a préconisé l'usage du benzène à l'intérieur dans le traitement de la trichinose. Mossler avait reconnu qu'en administrant à un porc des doses croissantes de benzène (de 6 à 32 grammes!) pendant un mois, l'animal mourut, mais que les trichines qui fourmillaient dans les muscles étaient mortes. Deux lapins nourris avec de la viande trichinée et soumis en même temps aux effets de la benzine n'ont offert à l'autopsie que peu ou pas de trichine. Rodet et Magnan, qui ont repris les expériences de Mossler, ont constaté que le benzène ne tuait que les trichines contenues dans l'intestin, à la condition d'administrer ce produit peu après l'ingestion de la viande trichinée.

Le benzène, malgré les affirmations de Mossler, n'a pas répondu aux espérances qu'on avait fondées sur lui dans l'épidémie de Hedersleben.

Se basant sur les propriétés antispasmodiques du benzène signalé par Aran, Lochner a proposé l'usage du benzène à l'intérieur à dose de dix à vingt gouttes dans la coqueluche et le catarrhe. Naunyn, Nothnagel et Rossbach ont conseillé son emploi contre les vomissements. Bottari l'a employé en inhalations dans la coqueluche.

L'usage du benzène à l'intérieur semble aujourd'hui être tombé à juste titre en désuétude. Il y aurait peut-être lieu, dans certaines maladies parasitaires et de la peau, de préconiser son usage comme topique externe préférablement à beaucoup de composés de la même famille, plus irritants pour les tissus, actuellement en usage.

Composés du benzène. — On sait peu de chose précises sur l'action des composés de la benzine. Le dérivé nitré sera étudié à **Nitrobenzine**. Quant aux produits de substitution, chlorés, bromés, iodés, sulfurés, ils sont à peu près inconnus au point de vue physiologique. On trouvera décrits au mot **Phénol** quelques-uns de ces corps.

Bibliographie — **Chimie.** *D. W.*, et Suppl.

Physiologie et médecine. — BENECH. *Action physiologique de la benzine* (*B. B.*, 1878, 363). — *Rec. mém. de méd. milit.*, 1879, (3), XXXV, 81-90. — *B. B.*, 1880, 353. — BOTTARI. *Della benzina usata nella pectose di preferanza alle aspirazioni dei gaz della sale di depuratione dei gaz illuminante* (*Sperimentale*, Firenze, 1869, XXIV, 289). — BRUNTON et CASH. *Contribution to study of the connexion between chemical constitution and physiological action* (*Proc. Roy. Soc. London*, 1887 et 1891, et *Philosophical Transactions*, 1891, 547, 632). — CHASSEVANT. *Action du benzène sur les microorganismes* (*J. de pharm. et chim.*, (6), II, 440). — CHEVALLIER. *De la benzine* (*Ann. d'hyg.*, (2), XIV, 374). — GABALDA. *Étude sur les accidents causés par la benzine et la nitrobenzine* (*D. P.*, 1879). — LAMBERT. *Action topique de la benzine dans les affections sporiques* (*Bull. gén. thér.*, 1855, XLVIII, 268). — LANGDON. *Benzine comme parasiticide* (*Cincinatti Lancet Clinic*, 1891, (n. s.), XXVI, 167). — MONTALTI. *Studio pratico ed esperimentale intorno all'avelenamento per benzina* (*Sperimentale, Florence*, LXV, 138). — MALIGIN. *Enquête physiologique sur les effets toxiques de la benzine* (*Voyenno med. j. Saint Pétersbourg*, IV, f. 2, 1). — MOSLER (*Bull. de thér.*, LXVII, 185). — NAUNYN (*Zeitschr. Chem.*, 1886, 122). — NEUMANN et PABST. *Accidents produits par la benzine* (*Ass. fr. av. Sc.*, 1883, XII, 1025). — POSSOR (*Bull. Soc. Chim.* Paris, XXI, 191, 1872). — REY, *Effets toxiques et emploi thérapeutique de la benzine* (*Gaz. méd. de Lyon*, XIII, 260, 283, 304). — REYNAL. *Benzine, propriétés thérapeutiques et toxiques* (*Mon. hôp.* Paris, 1879, II, 435). — RIOU KÉRANGAL (*Arch. de méd. nav.*, II, 459, 1884). — STARKOF. *Sur la toxicologie des produits de la benzine* (*Voyenno med. Journ.*, Saint Pétersbourg, IV, f. 3, 1-43). — WIEDERHOLD (*Deutsch. med. Zeit.*, 442, 1870).

A. CHASSEVANT.

BENZOÏQUE (Acide). — Dès le commencement du XVIIe siècle, l'acide benzoïque avait été obtenu par la sublimation du benjoin, sous le nom de *fleur* ou *sel de benjoin*. On l'a trouvé dans le baume de Tolu, le sang-de-dragon, la résine de *Xanthorrea hastilis*, le bois de gaïac, le castoréum, les myrtilles.

Il s'en forme beaucoup par dédoublement de l'acide hippurique dans la putréfaction de l'urine des herbivores. C'est également un produit de l'oxydation des substances albuminoïdes, de la gélatine, de l'acide oxyproto-sulfonique (MALY) et de beaucoup de combinaisons organiques de la série aromatique : aldéhyde benzoïque, alcool benzylique, chlorure de benzoïle, toluol, acide cinnamique, naphtaline, cumol, styrol, etc.

On a trouvé de petites quantités d'acide benzoïque dans l'urine fraîche du lapin, et parfois dans celle du chien (WEYL et v. ANREP). JAARSVELD, STOKVIS, et KRONECKER l'ont signalé dans l'urine humaine, provenant de patients atteints de maladies des reins. L'acide benzoïque semble dans ces cas provenir d'une décomposition par fermentation de l'acide hippurique, décomposition qui est particulièrement rapide dans les urines alcalines ou albumineuses. SCHMIEDEBERG et MINKOWSKI ont signalé dans le tissu du rein, tant chez le porc que chez le chien, la présence d'un ferment soluble, l'*histozyme* de SCHMIEDEBERG, qui jouirait de la propriété de décomposer l'acide hippurique en acide benzoïque et glycocolle.

Préparation. — 1° L'*acide benzoïque sublimé* ou *acide benzoïque officinal* s'obtient en chauffant le benjoin de Siam (qui ne renferme pas d'acide cinnamique) dans un vase métallique à large surface recouvert d'un diaphragme de gros papier à filtrer que l'on colle sur le bord. On surmonte ce diaphragme d'un cône en papier qui embrasse les bords du vase. L'acide benzoïque se sublime, traverse le diaphragme qui retient les produits empyreumatiques, et vient se condenser dans le cône de papier. Le rendement est peu considérable : le produit contient une foule d'impuretés, notamment les benzoates de méthyle et de benzyle, la vanilline, le gaïacol, la pyro-catéchine.

Pour le purifier, on le fait recristalliser en le dissolvant dans l'eau et en le décolorant à l'aide du noir animal, ou bien en le faisant bouillir avec de l'acide nitrique étendu.

2° L'*acide benzoïque cristallisé* ou *préparé par voie humide* s'obtient en faisant macérer, puis bouillir le benjoin avec un lait de chaux. On filtre, de manière à séparer le résinate de chaux insoluble, on concentre et l'on décompose le benzoate calcique par l'acide chlorhydrique : l'acide benzoïque se précipite. Il peut être ultérieurement purifié par sublimation ou par cristallisation dans l'eau bouillante. On peut aussi faire digérer le benjoin de Siam avec trois ou quatre parties d'acide acétique, puis verser la solution dans quatre parties d'eau bouillante; la résine se précipite et la solution filtrée laisse déposer par refroidissement de l'acide benzoïque pur.

L'acide benzoïque fourni par le commerce, comme acide sublimé, est assez fréquemment de l'acide obtenu par voie humide ou de l'acide artificiel, que l'on a mélangé d'un peu de benjoin et soumis à la sublimation.

3° *L'acide benzoïque de l'urine* ou *acide benzoïque d'Allemagne* s'extrait des urines putréfiées de cheval ou de bœuf, dans lesquelles l'acide hippurique s'est dédoublé en acide benzoïque et en glycocolle.

$$\underset{\text{Acide hippurique}}{\begin{matrix} NH.CO - C^6H^5 \\ | \\ CH^2 - CO.OH \end{matrix}} + H^2O = \underset{\text{Glycocolle}}{\begin{matrix} NH^2 \\ | \\ CH^2 - CO.OH \end{matrix}} + \underset{\text{Acide benzoïque}}{C^6H^5 - CO.OH}$$

On traite par la chaux, on évapore à un petit volume, on filtre et on précipite l'acide benzoïque par l'acide chlorhydrique. On purifie par cristallisation. Cet acide a une odeur désagréable d'urine.

4° *Acides benzoïques de l'acide phtalique et du toluol.* L'acide benzoïque se prépare également industriellement par l'oxydation (au moyen d'acide nitrique) du chlorure de benzyle (ou toluol chloré) ou en décomposant à chaud le phtalate calcique par l'hydrate calcique.

Enfin l'acide benzoïque peut être obtenu par une multitude de réactions, notamment par plusieurs procédés synthétiques (Voir *D. W.* et les deux suppléments).

Propriétés. — Aiguilles ou lamelles incolores (se colorant à la longue d'une teinte jaunâtre), opaques, d'un éclat nacré et satiné, flexibles, inodores, à saveur chaude et acide. L'odeur agréable de l'acide officinal est due à un peu d'essence et de produit empyreumatiques.

Il fond à 121°,4 en un liquide transparent d'une densité de 1.0838 et bout à 239-249°. Toutefois, il se sublime déjà abondamment à la température de 145°; ses vapeurs excitent la toux.

Chaleur de combustion : 7.717 cal., d'après Stohmann, Kleber et Langbein; 6.345 cal., d'après Berthelot et Recoura; 6.3221 cal., d'après Louguinine.

Soluble dans 20 parties d'eau bouillante, dans 300 parties d'eau à 18°, dans 2,5 parties d'alcool à 90 p. 100 à froid, dans 1 partie d'alcool bouillant, dans 2,5 parties d'éther, 7,5 parties de chloroforme ou 8 parties de benzol, soluble dans les huiles grasses et les huiles volatiles, soluble sans altération dans l'acide sulfurique concentré (d'où un grand excès d'eau le précipite). Il n'est pas attaqué par l'acide azotique étendu et l'acide chromique, et se distingue ainsi de l'acide cinnamique que ces agents transforment en hydrure de benzyle.

L'acide sulfurique fumant le convertit en acide sulfobenzoïque; l'acide azotique fumant le transforme en acide nitrobenzoïque et un mélange d'acide sulfurique et d'acide azotique fumant, en acide binitrobenzoïque. Si l'on évapore un peu d'acide benzoïque dans une capsule avec de l'acide nitrique fumant, et si l'on chauffe fortement le résidu, il se développe l'odeur d'essence d'amandes amères ou de nitro-benzol.

On connait un grand nombre de produits de substitution bromés, chlorés, iodés, nitrés, amidés de l'acide benzoïque. Nous renvoyons pour leur étude au *D. W.*, I, 555 et suiv.; 1er Suppl., p. 316; 2e Suppl., 1e partie, p. 531.

Chauffé avec les alcalis caustiques, l'acide benzoïque se décompose en CO^2 et benzol. Il suffit de chauffer un mélange d'acide benzoïque et de glycocolle dans un tube scellé pour obtenir de l'acide hippurique (synthèse par déshydratation). La même synthèse est réalisée dans l'organisme par le tissu rénal (Voir plus loin).

Les combinaisons de l'acide benzoïque avec les alcalis, la chaux et la magnésie sont solubles dans l'eau; les sels d'argent, de plomb et de mercure sont presque insolubles. Les solutions neutres de benzoates donnent avec le perchlorure de fer neutre un volumineux précipité jaune rouge de benzoate ferrique. Avec l'acide benzoïque, la précipitation n'est complète que si l'on sature l'acide par de l'ammoniaque. De même, les solutions d'acétate de plomb et de nitrate d'argent ne précipitent l'acide benzoïque de ses solution même saturées que si l'on neutralise l'acide libre par de l'ammoniaque.

Recherche de l'acide benzoïque dans les urines et les liquides organiques. — L'acide benzoïque se laisse entraîner en quantité notable avec la vapeur d'eau. Aussi ne faut-il évaporer ses solutions acides, et notamment l'urine, qu'après les avoir additionnées de carbonate de sodium. On traite le résidu sirupeux de l'évaporation par l'éther qui dissout la graisse. Le résidu insoluble dans l'éther est décomposé par l'acide sulfurique et épuisé par l'éther ou l'éther du pétrole. La solution éthérée peut contenir outre l'acide benzoïque, des acides gras, des acides oxalique, succinique, lactique ou hippurique. Le résidu est traité par une petite quantité d'eau froide qui dissout les acides lactique, acétique et butyrique. Puis on traite par beaucoup d'eau, ce qui permet de séparer les acides insolubles, palmitique, stéarique et oléique. On sépare l'acide benzoïque de l'acide hippurique au moyen d'éther du pétrole dans lequel l'acide hippurique est insoluble; l'oxalate de calcium est insoluble dans l'eau, le succinate de calcium est insoluble dans l'alcool, tandis que le benzoate de calcium est soluble dans ces deux liquides, ce qui permet de séparer ces acides.

Il suffit d'évaporer la solution dans l'éther du pétrole pour obtenir de beaux cristaux d'acide benzoïque.

On utilise pour la détermination de l'acide benzoïque la forme cristalline, la solubilité et la volatilité, la réaction par l'acide nitrique, enfin l'analyse des sels de baryum ou d'argent.

Action physiologique. — L'acide benzoïque est employé en thérapeutique comme antiseptique et antizymotique, tant à l'intérieur qu'à l'extérieur, et concurremment avec l'acide salicylique, à des doses pouvant atteindre et dépasser 10 grammes par jour. Les sels de sodium, d'ammonium et de magnésium ont également été administrés chez l'homme dans le croup, les catarrhes, le rhumatisme articulaire, la goutte, etc.

La plus grande partie de l'acide benzoïque ingéré se retrouve dans les urines (et aussi dans la sueur d'après SCHOTTIN) sous forme de combinaison avec le glycocolle, c'est-à-dire d'acide hippurique, comme l'a montré WÖHLER.

Une autre partie apparaît sous forme d'acide succinique. Une foule d'autres substances, l'acide cinnamique, l'éthylbenzol, le propylbenzol, la benzylamine, la benzamide, l'acétophénone, le toluol, l'essence d'amandes amères, les acides quinique et phénylpropionique, etc., subissent la même transformation dans l'organisme et apparaissent dans les urines sous forme d'acide hippurique.

MEISSNER et SHEPARD (*Untersuchungen über d. Entstehen der Hippursaüre im thierischen Organismus*, Hannover, 1866) admettaient que c'est dans le rein que se réalise la synthèse de l'acide hippurique dans le sang des animaux chez lesquels les urines contiennent cette substance.

BUNGE et SCHMIEDEBERG reconnurent que le sang des herbivores ou des animaux qui ont ingéré de l'acide benzoïque et qui excrètent de l'acide hippurique, contient de petites quantités de cette dernière substance. Mais l'acide hippurique ne se forme pas dans le sang : on peut laisser digérer du glycocolle et du benzoate de sodium au contact du sang et à la température du corps, sans que la synthèse se produise. Mais si l'on fait circuler ce mélange dans les vaisseaux d'un rein de chien que l'on vient d'extirper, et que l'on place dans des conditions favorables à la survie des tissus, on constate la formation d'acide hippurique. Il se forme également de l'acide hippurique dans le sang contenant du glycocolle et du benzoate sodique, si on y fait macérer des fragments de tissu rénal frais.

Ajoutons qu'après l'extirpation des reins, il ne se produit plus chez le chien d'acide hippurique aux dépens de l'acide benzoïque ingéré. Le rein paraît donc être le lieu de production de l'acide hippurique chez le chien, et les petites quantités de cette substance que l'on trouve dans le sang ont probablement été résorbées à la surface des voies urinaires (SCHMIEDEBERG et BUNGE, VI, 233; A. HOFFMANN, *ibid.*, VII, 233; W. KOCHS, *A. g. P.*, XX, 64 (*Ueber eine Methode zur Bestimmung der Topographie des Chemismus im thierischen Körper.*)

Plus récemment SALOMON (*Z. P.*, III., 365, *Ueber den Ort der Hippursäurebildung beim Pflanzenfresser. Bemerkung* E. SALKOWSKI, 871) a montré que, chez les lapins qui ont subi l'extirpation des reins, on retrouve après ingestion d'acide benzoïque des quantités notables d'acide hippurique dans les muscles, dans le foie et dans le sang, mais non dans le rein. L'acide hippurique peut donc se former chez le lapin (animal herbivore) dans d'autres organes (foie, muscles?) que les reins. Voir aussi STOCKVIS et JAARSVELD, *Uber den Einflus von Nierenaffection auf die Hippursäurebildung*. *A. P. P.* x, 398.

L'ingestion d'acide benzoïque (JAFFE, *Ber. d. deutsch. chem. Gesellsch.*, x, 1925; xi, 406) et de toluol (H. MEYER. *Beiträge zur Kenntniss des Stoffwechsels im Organismus der Hühner. Diss. Königsberg. Ber. d. deutsch. chem. Gesells.*, x, 1930, 1877) provoque chez les poulets l'apparition non d'acide hippurique dans les urines, comme chez les mammifères, mais d'une combinaison d'acide benzoïque avec une base organique, de la formule $C^5 H^{12} Az^2 O^2$ l'*Ornithine*. JAFFE a donné à cette combinaison le nom d'acide ornithurique (*Ornithursäure*) $C^{19} H^{20} Az^2 O^4$.

Un grand nombre de produits de substitution de l'acide benzoïque, ou de corps, qui par oxydation peuvent se transformer en produits de substitution de l'acide benzoïque, sont excrétés par les urines sous forme de produits analogues de substitution de l'acide hippurique, quand on les introduit dans l'économie par la voie stomacale.

En voici quelques exemples empruntés au traité de chimie physiologique de HOPPE-SEYLER (*Physiologische Chemie.*, Berlin, 1881, 835), où l'on trouvera les indications bibliographiques qui se rapportent à ces recherches.

L'acide métachlorbenzoïque	devient	acide	métachlorhippurique.
Le parabromtoluol	—	—	parabromhippurique.
L'acide métanitrobenzoïque	—	—	métanitrohippurique.
Le paranitrotoluol	—	—	paranitrohippurique.
L'acide salicylique	—	—	salicylurique.
L'acide oxybenzoïque	—	—	oxybenzurique.
L'acide paraoxybenzoïque	—	—	paraoxybenzurique.
L'acide toluylique ou le xylol	—	—	tolurique.
L'acide anitique	—	—	aniturique.
L'acide cuminique	—	—	cuminurique.
L'acide mésitylénique	—	—	mésitylénurique.
L'acide phénylacetique	—	—	phénylacéturique.

Quant aux dérivés du benzol qui ne contiennent pas de carboxyle, ou qui, à côté d'un groupe carboxyle CO^2H, portent plusieurs hydroxyles OH, ou qui portent plusieurs carboxyles, ils semblent traverser l'organisme sans se combiner au glycocolle et ne fournissent pas de substances analogues à l'acide hippurique dans les urines.

L'acide phénylpropionique $C^6H^5.CH^2.CH^2.CO^2H$ se transforme également dans l'organisme en acide benzoïque. Comme l'acide phénylpropionique est un produit de la putréfaction de l'albumine (SALKOWSKI), il est possible que l'acide hippurique qui se forme dans l'organisme de l'homme et du chien privé d'aliments, ou nourri seulement de viande (SCHULTZEN, SALKOWSKI, MEISSNER et SHEPARD), ait pour origine la putréfaction intestinale de l'albumine et l'acide phénylpropionique qui en provient.

L'ingestion de benzoate de sodium a pour effet d'augmenter légèrement l'excrétion de l'azote par les urines; on sait qu'il en est de même après ingestion de chlorures, de sulfates, de phosphates et d'autres sels de sodium, de potassium et d'ammonium.

L'acide benzoïque a joué un rôle important dans les expériences instituées par SCHMIEDEBERG et plus récemment par JACQUET sur le mécanisme des oxydations organiques.

SCHMIEDEBERG (*A.P.P.*, vi, 233, 1876; xiv, 288 et 379, 1881) a montré que l'alcool benzylique ou l'aldéhyde salicylique peuvent être mis en contact avec du sang artérialisé pendant un temps prolongé, sans qu'il y ait oxydation sensible : si, par contre, on fait circuler le sang contenant l'une de ces substances pendant quelques heures à travers un organe isolé, un poumon ou un rein, par exemple, l'oxydation devient manifeste, et, à la fin de l'expérience, on trouve de l'acide benzoïque ou de l'acide salicylique en quantités relativement considérables.

JACQUET (*Mémoires de la Soc. de Biologie*, 12 mars 1892, p. 55 et *A. P. P.*) a répété ces expériences avec le même résultat. Un poumon de bœuf, dans les vaisseaux duquel JAQUET avait fait passer et repasser pendant cinq heures près d'un litre de sang additionné d'un gramme d'alcool benzylique, avait produit 185 milligrammes d'acide benzoïque. Même résultat, d'ailleurs, si le sang, dans cette expérience, était remplacé par une solution diluée de chlorure de sodium (sérum artificiel) additionné d'alcool benzoïque. L'oxygène atmosphérique oxyde donc avec la même puissance que l'oxygène du sang. La survie du tissu, son intégrité anatomique ne sont pas indispensables à la production du phénomène. La puissance d'oxydation des tissus animaux paraît due à l'intervention d'une substance soluble dans l'eau, insoluble dans l'alcool, altérée irrévocablement par la température d'ébullition de l'eau, et qui se comporte alors à la façon des ferments solubles ou enzymes.

Bibliographie. — *D. W.*, et les mémoires cités.

LÉON FREDERICQ.

BERBÉRINE ($C^{20}H^{17}AzO^4$). — La berbérine est un alcaloïde que Chevalier et Pelletan ont extrait de la racine du *Berberis vulgaris*, épine-vinette, dont il constitue la matière colorante. On le trouve aussi dans l'*Hydrastis canadensis*, qui contient de l'hydrastine à côté de la berbérine. La berbérine se présente sous forme de petits prismes ou d'aiguilles soyeuses. Elle est peu soluble, mais son azotate et son chlorhydrate se dissolvent bien en donnant de beaux cristaux jaunes. Haslwetz et de Gilm, en traitant la berbérine par l'hydrogène naissant (zinc et acide sulfurique dilué), ont obtenu l'hydroberbérine ($C^{20}H^{21}AzO^4$) dont l'acétate est cristallisable et soluble.

C'est surtout à P. Marfori (1890) que nous devons de connaître les propriétés physiologiques de la berbérine. Avant ce travail on n'a guère à citer, au point de vue physiologique, que le mémoire de Falck (1854). Les recherches de Aulde (1890), de Tortora (1878) et de Laval (1892) portent sur l'emploi, très peu recommandable en somme, de la berbérine, en thérapeutique.

D'après Marfori, l'effet principal de la berbérine est d'accélérer le cœur; et probablement cette accélération est due à une paralysie des extrémités du pneumogastrique, aussi bien chez la grenouille que chez les mammifères. Le volume du rein diminue (mesure par l'oncographe); mais cette diminution est due à l'affaiblissement du cœur et non à une action voso-motrice. En effet, les doses qui agissent sur le cœur (0gr,001 par kilogramme) sont sans aucun effet sur les vaisseaux.

De petites doses de sulfate de berbérine (0gr,003 à 0gr,005) injectées à une grenouille n'accélèrent que légèrement le cœur. A la dose de 0gr,02 à 0gr,03, le cœur finit par s'affaiblir, et l'animal meurt.

Les effets de l'hydroberbérine semblent être identiques à ceux de la berbérine au point de vue de la paralysie du vague.

Sur le système nerveux général la berbérine agit énergiquement; elle paralyse d'abord les centres moteurs volontaires; l'animal tombe, affaibli, sur le flanc; puis il y a une paraplégie complète, et l'impuissance du mouvement va en augmentant jusqu'à la mort. Pendant ce temps, le cœur s'accélère et s'affaiblit.

Mais l'hydroberbérine aurait des effets différents. Elle produit une excitation presque convulsive, avec des tremblements, avant de produire de la paralysie, tandis que la berbérine est paralysante d'emblée. Enfin l'hydroberbérine agit sur les centres vaso-constricteurs bulbaires qu'elle excite, de sorte qu'elle fait monter la pression artérielle, même après la section des vagues, alors que la berbérine n'agit pas sur les vaisseaux.

Ainsi la fixation de quatre atomes d'hydrogène sur la berbérine a modifié profondément sa fonction physiologique.

Bibliographie. — 1854. — Falck (C. P.). *Mittheil. über die Wirk. des Berberins Deutsche Klinik*, Berlin, vi, 150, 161).

1878. — Tortora (L.). *Sull' impiego dei sali di berberina nel tumore cronico di milza per malaria con febbre e senza* (*Morgagni*, Napoli, xx, 287-296).

1889. — Cabanès (A.). *De l'emploi des préparations d'Hydrastis canadensis en médecine*, D. P. Ollier Henry, 104 p.

1890. — Aulde (J.). *Studies in therapeutics : Berberis aquifolium* (*Med. News*, Philad., lxiii, 360-365). — Marfori (P.). *Recherches farmacol. sur l'hydrastine, sur la berbérine et sur quelques-uns de leurs dérivés* (*A. B. I.*, xiii, 27-44).

1892. — De Laval (M. E.). *Du Berberis aquifolium* (*Gaz. méd. de Montréal*, vi, 1-5).

CH. R.

BERNARD (Claude). — Célèbre physiologiste français né à Saint-Julien (Rhône) le 12 juillet 1813, mort à Paris le 10 février 1878.

1. **Bibliographie biographique.** — On a un grand nombre de notices biographiques de CL. BERNARD et d'exposés critiques de ses travaux. — On en trouvera l'indication presque complète jusqu'en 1881 dans un volume précieux : *L'œuvre de* CL. BERNARD, in 8°, 385 pages. Paris, J.-B Baillière, 1881. — Il faut y ajouter les publications suivantes : *Discours prononcé à la réunion de la British Association* (août 1878) par R. MAC DONELL; article de PILLON dans la *Critique Philosophique*, 21 et 28 février 1878; *L'éloge* de CL. BERNARD prononcé à la séance annuelle de l'Académie de médecine le 19 mai 1885 par J. BÉCLARD, secrétaire perpétuel; — Trois articles de A. DASTRE dans la *Revue Philosophique*; enfin les discours prononcés à l'inauguration de la statue de CL. BERNARD sur le terre-plein du Collège de France, le 7 février 1889, par BERTHELOT, PAUL BERT, DASTRE, CHAUVEAU, RENAN (*B. B.*, 1886) et à l'inauguration de la statue élevée à Lyon dans la cour d'honneur de la Faculté de Médecine le 28 octobre 1894, par BRUNETIÈRE, CHAUVEAU, KELSCH, MORAT, DASTRE, RAPHAEL DUBOIS et LABORDE. — *L'œuvre de* CL. BERNARD (1881) contient une table alphabétique et analytique des matières contenues dans les ouvrages de CL. BERNARD par R. DE LA COUDRAIE, et une bibliographie, par ordre chronologique, des travaux scientifiques de CL. BERNARD et des notices qui ont été publiées sur lui, par G. MALLOIZEL.

2. **Biographie.** — Nous empruntons une partie de sa biographie au discours de réception de E. RENAN, son illustre successeur à l'Académie Française : CL. BERNARD naquit au petit village de Saint-Julien, près de Villefranche, dans une maison de vignerons qui lui resta toujours chère et où il passa jusqu'aux derniers temps ses moments les plus doux. Il perdit son père de bonne heure. Comme il apprenait bien à l'école, le curé le choisit pour enfant de chœur et lui fit commencer le latin. Il continua ses études au collège de Villefranche, tenu par des ecclésiastiques; et, la situation de sa famille ne lui permettant pas les années de loisir, il vint le plus tôt qu'il put à Lyon où il trouva, chez un pharmacien du faubourg de Vaise, un emploi qui lui donnait la nourriture et le logement. Cette pharmacie desservait l'École vétérinaire située près de là. Le maître apothicaire faisait conserver tous les résidus accidentels des drogues et tous les fonds de pot pour fabriquer la thériaque, dont l'efficacité restait néanmoins invariable. Cette vertu thérapeutique fut le premier étonnement de CL. BERNARD et l'origine de ses doutes sur les fondements rationnels de l'art de guérir. — Il était jeune, et, sa voie étant encore obscure, il s'essayait à toute chose. Il eut un petit succès sur un théâtre de Lyon avec un vaudeville; puis il vint à Paris avec une tragédie en cinq actes dans sa valise. La tragédie, qui avait pour titre *Charles VI* (et qui a été publiée après sa mort par M. BARRAL), ne valait rien. SAINT-MARC GIRARDIN, à qui il était recommandé, le lui déclara tout net et lui conseilla une carrière moins aléatoire que celle d'auteur dramatique. — CL. BERNARD se tourna vers la médecine. Il s'appliqua à l'anatomie, à la dissection, aux travaux d'amphithéâtre. En 1839 il devint interne; le sort lui assigna le service de MAGENDIE à l'Hôtel-Dieu. Jamais le hasard n'opéra un rapprochement plus judicieux. CL. BERNARD et MAGENDIE étaient en quelque sorte créés pour se joindre, se complèter et se continuer. MAGENDIE, maître original, anti-systématique en un temps où la médecine vivait de systèmes, l'un des promoteurs de la méthode expérimentale, entraîna son interne d'occasion vers la physiologie, et décida de sa vocation en le prenant pour préparateur de son cours de médecine au Collège de France (1841). C'est là d'abord, et plus tard dans un laboratoire particulier de la rue Saint-Jacques (1845), où il recevait quelques élèves, que CL. BERNARD s'initia à l'expérimentation. En mai 1843 il publiait un premier travail sur l'anatomie et la physiologie de la corde du tympan; en décembre 1843 il soutint sa thèse de docteur en médecine sur le suc gastrique. Ses travaux se multiplièrent rapidement. En 1844 il publiait son travail sur le nerf spinal, qu'il devait compléter plus tard et faire insérer en 1851 dans les *Mémoires de Savants étrangers*. De la même époque, ses recherches sur le sucre, l'albumine et la gélatine, et trois mémoires sur l'influence des nerfs de la 8e paire. — Cependant il échoua cette année (1844) au concours d'agrégation de la Faculté de médecine. — En 1847 il supplée MAGENDIE au Collège de France dans la chaire de médecine, où il devait lui succéder définitivement en 1855 (17 octobre). — Son travail sur le pancréas est du commencement de 1850, et sa découverte de la fonction glycogénique du foie, de la fin de la même année. Il se porte candidat à l'Académie des

sciences en novembre 1850 et en avril 1852, dans la section d'anatomie et de zoologie : mais il ne fut nommé qu'en juin 1854, dans la section de médecine et chirurgie en remplacement du chirurgien Roux. — C'est en l'année 1852 qu'il a publié sa découverte sur l'influence du grand sympathique sur la calorification (29 mars, septembre, octobre et novembre). — En 1854 le gouvernement crée pour lui la chaire de physiologie de la Sorbonne, qu'il a conservée jusqu'en 1868. A cette époque il abandonna la Sorbonne, où il fut remplacé par Paul Bert, pour le Muséum d'histoire naturelle où il professa la physiologie générale, enseignement qu'il cumula jusqu'à sa mort avec celui du Collège de France (80 leçons par an). En 1868 il fut nommé membre de l'Académie française en remplacement de Flourens, et sénateur de l'Empire en 1869.

3. **Influence scientifique et philosophique.** — Cl. Bernard a exercé une grande influence sur le mouvement scientifique en France, et d'une façon plus générale sur le mouvement des idées.

Il a donné une vive impulsion à la physiologie par ses travaux et par ses découvertes; par son enseignement au Collège de France et au Muséum; enfin par sa présidence perpétuelle de la Société de Biologie, qui le mettait en contact utile avec tous ceux qui s'adonnaient aux recherches dans l'ordre des sciences relatives aux êtres vivants. Ses élèves directs, ceux qui ont travaillé sous sa direction comme aides ou préparateurs sont Paul Bert, Armand Moreau, Ranvier, Malassez, Gréhant, Dastre, d'Arsonval, Picard et Morat, mais, en réalité, son action s'est étendue indirectement sur tous les physiologistes de notre pays et elle a rayonné sur les physiologistes étrangers, dont un grand nombre sont venus se mettre quelque temps sous sa direction, comme Rosenthal, Kühne, Tarchanoff, etc.

Nous avons dit qu'en second lieu et d'une façon plus haute, Cl. Bernard avait agi sur la pensée contemporaine, comme en leur temps Descartes, Pascal, Buffon et Cuvier. Il a touché à la philosophie générale, non seulement indirectement par l'infiltration de sa méthode et des vérités particulières dans l'ordre de la vérité générale, mais d'une façon expresse et plus directe par l'un de ses ouvrages : *Introduction à l'étude de la médecine expérimentale*, paru en 1865, et qui s'adressait à un public plus étendu et enfin par une série d'articles publiés dans diverses revues et réunis plus tard sous le titre de *La science expérimentale* (Paris, J-B. Baillière, 1878). F. Brunetière, dans le discours qu'il a prononcé à Lyon le 28 octobre 1894, au nom de l'Académie française, a fait ressortir les traits caractéristiques de Cl. Bernard envisagé comme écrivain et philosophe.

Dans les dernières années de sa vie Cl. Bernard était en possession d'une renommée universelle. Le prestige qui résultait de ses découvertes était soutenu par l'aspect de sa personne, sa haute stature et un air de dignité imposante. Sa tête magistrale, toujours méditative, dit Renan, était devenue extrêmement belle à soixante ans. Elle reflétait la sérénité et l'honnêteté de son intelligence. On y lisait que sa religion était la vérité. — L'ascendant qu'il a exercé autour de lui s'explique, en dehors de son œuvre propre, par cette rencontre rare d'un caractère simple, bienveillant et noble, avec un grand esprit, profond et juste. Sa mort causa d'universels regrets; la Chambre des députés, sur la proposition de Gambetta, lui vota des funérailles nationales. Un monument dû au ciseau de Guillaume, et dont les frais ont été couverts par les savants français et étrangers, lui a été élevé sur le terre-plein du Collège de France à Paris (9 février 1886) et une autre statue à Lyon, dans la cour d'honneur des Facultés de médecine et des sciences (28 octobre 1894).

4. **Œuvres scientifiques. Bibliographie.** — L'œuvre de Cl. Bernard comprend dix-huit volumes, presque tous rédigés sous forme de leçons originales, et résumant à peu près complètement ses travaux et ses recherches.

Ce sont : 1° Cours du Collège de France : *Leçons de Physiologie expérimentale appliquée à la médecine* (1854-1855, 2 vol.). — *Leçons sur les effets des substances toxiques et médicamenteuses* (1857). — *Leçons sur la Physiologie et la Pathologie du système nerveux* (1858, 2 vol.). — *Leçons sur les propriétés physiologiques et les altérations pathologiques des liquides de l'organisme* (1859, 2 vol.). — *Leçons de Pathologie expérimentale* (1871). — *Leçons sur les anesthésiques et sur l'asphyxie* (1874). — *Leçons sur la Chaleur animale* (1876). — *Leçons sur le diabète et la glycogenèse animale* (1877).

2° Cours de la Faculté des sciences : *Leçons sur les propriétés des tissus vivants* (1866).

3° Cours du Muséum : *Leçons de Physiologie opératoire* (1874). — *Leçons sur les Phénomènes de la vie communs aux animaux et aux végétaux* (1878-1879, 2 vol.).

4° Enfin trois autres ouvrages : *Introduction à la médecine expérimentale* (1865). — *Rapport sur la Physiologie générale* (1867), faisant partie du *Recueil sur les progrès des lettres et des sciences en France*, publié par le ministère de l'Instruction publique à l'occasion de l'Exposition Universelle de 1867. — *La science expérimentale* (1878, articles divers, réunis en volume).

Les mémoires originaux dans l'ordre chronologique sont les suivants :

1843. — Mai : *Recherches anatomiques et physiologiques sur la corde du tympan, pour servir à l'histoire de l'hémiplégie faciale* (*Archives générales de médecine; Annales médico-psychologiques, Froriep's Notizen*). — 7 décembre : *Du suc gastrique et de son rôle dans la nutrition* (*D. P.*); *Journal de Pharmacie* (1844); *Froriep's Notizen* (1844); *Gazette médicale* (1844); *Archives gén. de médecine* (1844).

1844. — *Recherches expérimentales sur les fonctions du nerf spinal ou accessoire de* Willis *étudié spécialement dans ses rapports avec le pneumo-gastrique* (*Arch. gén. de médecine*, 1844). — *C. R.*, 1847, xxiv. — *Mémoires des savants étrangers à l'Académie des sciences*, xi, 1851. — 22 Avril : *Recherches physiologiques sur les substances alimentaires. Expériences comparatives sur le sucre, l'albumine et la gélatine* (avec Barreswil). *C. R.*, xviii, 783, et *Journal de Pharmacie*, v, 1844. — *Expériences concernant l'influence du nerf de la huitième paire sur les phénomènes physiques de la digestion* (avec Barreswil) (*C. R.*, xviii, 995; xix, 1284; xxi, 81, 1078). — *Froriep's Notizen*, 1845, — *Journal de Pharmacie*, vii, 1845. — *Arch. gén. de médecine*, v, 1845. — *Des matières colorantes chez l'homme* (*Thèse d'Agrégation* (1844), Paris).

1845. — Janvier : *De l'altération du goût dans la paralysie du nerf facial* (*Arch. gén. de méd.*, vi, 1845). — *Ligature du canal cholédoque* (*Soc. Philom.*, 1845). — *Collaboration au Traité d'Anatomie de* Bourgery et Jacob (1832-1854).

1846. — 23 mars : *Des différences que présentent les phénomènes de la digestion et de la nutrition chez les animaux herbivores et carnivores* (*C. R.*, xxii, 534). — *Bulletin de l'Acad. de médecine*, 1846. — *Journal de Pharmacie*, ix. — *Archives gén. de méd.* Suppl., 1846. — *Froriep's Notizen* — 16 novembre : *Note sur la Xyloïdine considérée comme substance alimentaire* (avec Barreswil) (*C. R.*, xxiii). — *Expériences sur la digestion stomacale et recherches sur les influences qui peuvent modifier les phénomènes de cette fonction* (*Arch. gén. de méd.* Suppl., 1846). — *Remarques sur quelques réactions chimiques qui s'opèrent dans l'estomac* (*Arch. gén. de méd.* Suppl., 1846).

1846-1854. — *Précis iconographique de médecine opératoire et d'anatomie chirurgicale*, in-18, 113 planches (édition 1846-1854), Xme édit., 1873. (Traduction en toutes langues européennes, sauf scandinaves).

1847. — *Mémoire sur le rôle de la salive dans les phénomènes de la digestion* (*Arch. gén. de méd.*, xiii. — *Journal de Pharmacie*, xi). — Avril : *Sur les voies d'élimination de l'urée après l'extirpation des reins* (*Arch. gén. de méd.*, xiii, 1847). — 26 juin : *Du mode d'action de la strychnine sur le système nerveux* (*Soc. phil.*, 1847). — 3 juillet : *Des conditions qui favorisent le développement de la sensibilité récurrente et de la sensibilité sans conscience* (*Soc. philom.*, 1847). — *Expériences sur les nerfs pneumo-gastriques et spinaux ou accessoires de* Willis (*C. R.*, xxiv, 716). — 16 juillet : *Recherches sur les causes qui peuvent faire varier l'intensité de la sensibilité récurrente* (*C. R.*, xxv, 104). — *Modifications apportées à la pince de* Hunter (*B. B.*, 1854).

1848. — 2 février : *Constitution physiologique de l'urine et de la bile* (*Soc. phil.*, 1848). — 29 avril : *Sur les usages du suc pancréatique* (*Soc. phil.*, 1848). — 28 août : *De la présence du sucre dans le foie* (avec Barreswil) (*C. R.*, xxvii, 514).

1849. — Janvier : *Présence du sucre dans les matières vomies par un diabétique* (*B. B.*, 4). — Janvier et février : *Action toxique de l'atropine. Sur le tournoiement* (*B. B.*, 3). — 3 février : *Influence de la section des nerfs pneumogastriques sur les contractions du cœur* (*B. B.*). — 3 février : *Du passage incomplet des substances introduites dans le sang par les voies circulatoires* (*B. B.*). — 3 février : *Influence de la section des pédoncules cérébelleux sur la composition de l'urine* (*Soc. phil.*, 1849). — 3 février : *Sur l'indépendance de l'élément moteur et de l'élément sensitif dans les phénomènes du système nerveux.* — 3 février : *Sur le tournoiement qui suit la lésion des pédoncules cérébelleux moyens* (*Soc. phil.*, 1849; *Journal l'Institut*, 1849, 52). — 7 février: *Influence du système nerveux sur la production du sucre dans l'économie animale* (*Soc. phil.*, 1849, 49; *L'Institut*, 1849, 130). — 17 février : *Paralysie de l'œsophage par la section des deux pneumogastriques* (*Mém. Soc. Biol.*, 1849). — 19 février : *Du suc pancréatique et de son rôle dans les phénomènes de la digestion* (*Mém. Soc. Biol.*, 1849, 99-115. — *Arch. gén. de méd.*, XIX, 1849 ; *C. R.*, XXVIII, 249). — 31 mars : *Disposition des fibres musculaires dans la veine cave inf. du cheval* (*Mém. Soc. Biol.*, 1849). — *Mouvements des valvules sigmoïdes* (*Ibid.*). — Avril : *Chiens rendus diabétiques* (*Ibid.*). — *Du sucre dans l'œuf* (avec Barreswil) (*Ibid.*). — Mai et juin : *Veines établissant une communication entre la veine porte et la veine cave inf.* (*Ibid.*). — Mai : *Autopsie d'un diabétique* (*Mém. Soc. Biol.*, 1849, 80). — Juin : *Action physiologique des veines. Curare* (*Ibid.*, 90). — 14 juillet : *Propriété du suc contenu dans l'intestin* (*Ibid.*, 101). — Juillet : *Procédé nouveau pour couper la cinquième paire des nerfs dans le crâne* (*Ibid.*, 104). — Août : *De l'assimilation du sucre de canne* (*Ibid*, 114). — Août : *Remarques d'anatomie comparée sur le pancréas* (*Ibid.*, 117). — *Cas d'atrophie partielle de la moelle épinière coïncidant avec une atrophie des racines antérieures correspondantes et avec une paralysie du mouvement volontaire dans les membres postérieurs, observé chez un jeune agneau* (avec Davaine) (*Ibid.*, 120). — *De l'origine du sucre dans l'économie animale* (*Ibid.*, 121). — *Arch. gén. de médecine*, 1849. — *Bibliothèque universelle de Genève*, 1849. — Août-septembre : *Anatomie d'un veau bicéphale* (avec Rayer) (*Mém. Soc. Biol.*, 1849, 126-145). — Octobre : *Expériences sur la contractilité de la rate* (*Ibid.*, 156). — Novembre : *Injection d'eau dans le système vasculaire du chien* (*Ibid.*, 170). — *De l'écoulement du suc pancréatique et de la bile* (*Ibid.*, 171). — Décembre : *Destruction du pancréas pendant la vie chez le chien* (*Ibid.*, 204).

1850. — Février : *Rapport sur un mémoire de M.* Hiffelsheim, intitulé : *Quelques observations relatives à l'inoculation du sang* (avec Brown-Séquard) (*B. B.*, 30). — 25 février : *Découverte de la fonction du pancréas dans l'acte de la digestion.* (*C. R.*, XXX, 210, 228). — *Prix de physiologie expérimentale*, 1847-1848. — 3 juin : *Note sur une nouvelle espèce d'anastomoses vasculaires* (*C. R.*, XXX, 694 et *Arch. gén. de méd.*, XXIII, 1850). — Juillet : *Faux hermaphrodisme* (*androgyne masculin Gurtl*), *observé chez un chevreau* (avec M. Rayer) (*B. B.*, 128). — Septembre : *De l'absorption élective de la veine porte et des vaisseaux chylifères* (*Ibid.*, 160). — *Sur les vaisseaux des épiploons lombaires de la marmotte* (avec Valenciennes) (*Ibid.*, 160). — Octobre : *Note sur la présence du sucre dans l'urine du fœtus et dans les liquides amniotiques et allantoïdiens* (*B. B.*, 1850, 174). — 14 octobre : *Recherches sur le Curare* (avec Pelouze) (*C. R.*, XXXI, 533 et *Arch. gén. de méd.*, XXIV, 1850). — 21 octobre : *Sur une nouvelle fonction du foie chez l'homme et chez les animaux* (*Arch. gén. de méd.*, XXIV, 363 et *C. R.*, XXXI, 571 et XXXIV, 416). — Prix de Physiologie expérimentale. — 4 novembre : *Existence du sucre dans l'urine des fœtus de vache et de brebis, dans les liquides de l'amnios et de l'allantoïde* (*C. R.*, XXXI, 659). — Décembre : *Action du Curare et de la Nicotine sur le système nerveux et le système musculaire* (*B. B.*, 195). — 9 décembre : *Du rôle de l'appareil chylifère dans l'absorption des substances alimentaires* (*C. R.*, XXXI, 798, et *Arch. gén. de méd.*, XXV, 118).

1851. — Octobre : *Sur deux cas d'altération du foie et sur un cas de fongus de la dure-mère* (avec Charcot) (*B. B.*, 134). — 31 octobre : *Sur les causes de l'apparition du sucre dans l'urine* (avec Charcot) (*B. B.*, 144). — Octobre : *Influence du grand sympathique sur la sensibilité et la calorification.* (*B. B.*, 163).

1852. — Janvier : *Variations dans les phénomènes de la digestion chez les animaux* (*B. B.*, 4). — 16 février : *Recherches d'anatomie et de physiologie comparée sur les glandes salivaires chez l'homme et chez les animaux vertébrés* (*C. R.*, XXXIV, 236, et *Arch. gén. de méd.*, XXVIII, 360). — 29 mars : *De l'influence du système nerveux grand sympathique sur la chaleur animale* (*C. R.*, XXXIV, 472 et *Arch. gén. de méd.*, XXVIII, 1852, 396 ; *Ann. des Sc. Nat.*, 1854, I). — Septembre : *Sur les phénomènes réflexes* (*B. B.*, 1852, 149). — Octobre : *Expériences sur les fonctions de la partie encéphalique du grand sympathique* (*B. B.*, 1852, 155). — Novembre : *Sur les effets de la section de la portion encéphalique du grand sympathique* (*B. B.*, 1852, 168). — *Mémoire sur les salives* (*Mém. Soc. Biol.*, 1852, 349-386 et *Arch. gén. de méd.*, XXVIII, 360).

1853. — *Expériences sur l'élimination élective de certaines substances par les sécrétions, et en particulier par la sécrétion salivaire* (*Arch. gén. de méd.*, I, 1853, p. 5). — 7 mars : *Note sur la multiplicité des phénomènes qui résultent de la destruction de la partie cervicale du grand sympathique* (*C. R.*, XXXVI, 1853). — *Recherches sur une nouvelle fonction du foie considéré comme étant producteur de matière sucrée chez l'homme et les animaux* (*Thèse de doctorat ès sc. naturelles*, 7 mars 1853; *Ann. des Sc. Nat.*, *Zoologie*, XIX, 1853, p. 282-340 et *Arch. gén. de méd.*, I, 1853, p. 762). — 30 avril : *Influence du sucre mélangé au sang pour l'absorption de l'oxygène* (*B. B.*, 1853, p. 40). — Juin : *Expériences instituées pour déterminer dans quelles conditions certaines substances, qui sont habituellement gardées par le sang, passent dans l'urine* (*B. B.*, 1853, p. 85). — Juillet : *Sur les phénomènes d'absorption qui s'effectuent à la surface des conduits des glandes salivaires* (*B. B.*, 1853, p. 104). — Août : *Sur la destruction des glandes au moyen d'injections de matières grasses* (*B. B.*, 1853, p. 115). — 7 et 21 décembre : *Recherches expérimentales sur le grand sympathique et spécialement sur l'influence que la section de ce nerf exerce sur la chaleur animale* (*Mém. Soc. Biol.*, 1853, p. 77 et *Ann. des Sc. Nat.*, *Zoologie*, 1854, p. 176).

1854. — Janvier : *Observation d'un cas de phtisie aiguë avec altération correspondante dans les reins* (avec ROBIN) (*B. B.*, 1854, p. 14-15). — 30 janvier : *Influence que la portion cervicale du grand sympathique exerce sur la température des parties auxquelles ses filets se distribuent en accompagnant les vaisseaux artériels.* Prix de physiologie expérimentale, 1853 (*C. R.*, XXXVIII, 1854, p. 194). — Juin : *Expériences relatives à la manière dont se fait l'endosmose à travers la peau des anguilles et des grenouilles* (*B. B.*, 1854, p. 72). — *Notes of M. BERNARD's lecture on the Blood.*, *by* WALTER F. ATLEE. Philadelphie, 1854, in-12.

1855. — Janvier : *Sur l'action du charbon animal par rapport aux matières organiques et particulièrement aux matières albuminoïdes* (*B. B.*, 1855, p. 1). — Janvier : *Sur les phénomènes glycogéniques du foie* (*B. B.*, 1855, p. 2). — 12 mars : *Remarques sur la sécrétion du sucre dans le foie faites à l'occasion des communications de* M. LEHMANN (*C. R.*, XL, 1855, p. 589, et *C. R.*, XLI, 1855, p. 661 et 665). — 2 avril : *Note sur la présence du sucre dans le sang de la veine-porte et dans le sang des veines hépatiques* (*C. R.*, XL, 1855, et *Journal de Pharm.*, XXVIII, 1855). — 24 septembre : *Sur le mécanisme de la formation du sucre dans le foie* (*C. R.*, XLI, 1855 ; *Journal de Pharm.*, XXXI, 1857 ; *Ann. Soc. Nat. Zool.*, VI, 1856). — 12 et 19 novembre : *Remarques relatives à la structure de la moelle allongée et à la détermination du nœud vital.* (*C. R.*, XLI, 1855, 828, 830, 918).

1856. — Février : *Influence de l'alcool et de l'éther sur les sécrétions du tube digestif, du pancréas et du foie* (*B. B.*, 1856, p. 305). — Juin : *Innocuité de l'hydrogène sulfuré introduit dans les voies digestives* (*B. B.*, 1856, p. 137). — 15 août-18 septembre : *Recherches expérimentales sur la température animale* (*C. R.*, XLIII, 1856, p. 329 et 561). — 27 octobre : *Analyses physiologiques des propriétés des systèmes musculaire et nerveux au moyen du Curare* (*C. R.*, XLIII, 1856, p. 825). — *Mémoire sur le pancréas et sur le rôle du suc pancréatique dans les phénomènes digestifs, particulièrement dans la digestion des matières grasses neutres* (*Suppl. aux C. R.*, I, 1856, p. 379).

1857. — Février : *De l'élimination de l'hydrogène sulfuré par la surface pulmonaire* (*Arch. gén. de méd.*, IX, 1857, p. 129). — Mars : *Nouvelles recherches expérimentales sur les phénomènes glycogéniques du foie* (*Mém. Soc. Biol.*, 1857, p. 1). — 23 mars : *Sur le mécanisme physiologique de la formation du sucre dans le foie* (*C. R.*, XLIV, 1857, p. 578 et 1325). — Mai : *Nouvelles expériences sur le nerf facial* (*B. B.*, 1857, p. 59). — 29 juin : *Nouveaux faits relatifs à la formation de la matière glycogène du foie* (*C. R.*, XLIV, 1857, p. 1325). — Juillet : *De l'influence qu'exercent différents nerfs sur la sécrétion de la salive* (*B. B.*, 1857, p. 85). — *Note sur les quantités variables d'électricité nécessaire pour exciter les propriétés des différents tissus* (*B. B.*, 1857, p. 113). — *Delle ossidazioni nel sangue* (POLLI, *Ann. di chim.*, XXV, 1857, p. 109).

1858. — Février : *Sur une expérience relative à l'influence que les nerfs exercent sur les glandes et particulièrement aux phénomènes de circulation pendant la sécrétion glandulaire* (*B. B.*, 1858, p. 29). — 9 août : *De l'influence de deux ordres de nerfs qui déterminent les variations de couleur du sang veineux dans les organes glandulaires* (*C. R.*, XLVII, 1858. *Journal de Physiol.*, I, 1858, p. 648). — 6 septembre : *Détermination, au moyen de l'oxyde de carbone, des quantités d'oxygène que contient le sang veineux des organes glandulaires à l'état de fonction et à l'état de repos* (*C. R.*, XLVII, 1858. — *J. de Phys.*, I, 1858, p. 658);

— *Observations sur la question des générations spontanées* (*Ann. des Sc. Nat., Zool.*, IX, 1858, p. 360).

1859. — 3 janvier : *Remarques concernant la question des générations spontanées* (*C. R.*, XLVIII, 1859). — 10 janvier : *Sur une nouvelle fonction du placenta* (*B. B.*, 1859, p. 101 ; *C. R.*, XLVIII, 1859 ; *Journ. de la Physiol.*, II, 1859, p. 31 ; *Ann. des Sc. Nat., Zool.*, X, 1858, p. 111). — Janvier : *Action des nerfs sur la circulation et la sécrétion des glandes* (*B. B.*, 1859, p. 49). — Février : *Sur la cause de la mort chez les animaux soumis à une haute température* (*B. B.*, 1859, p. 51). — 4 avril : *De la matière glycogène considérée comme condition de développement de certains tissus chez le fœtus* (*C. R.*, 1859, XLVIII ; *Journ. de la Physiol.*, II, 1859, p. 326). — 2 mai : *Remarques à propos d'une communication de M.* SCHIFF *sur l'amidon animal* (*C. R.*, XLVIII, 1859). — Mai : *De la matière glycogène chez les animaux dépourvus de foie* (*B. B.*, 1859, p. 53). — 11 juillet : *Présence du sucre dans le sang de la veine-porte et dans celui des veines sus-hépatiques* (*C. R.*, XLIX, 1859, p. 63). — 29 août : *Emploi du Curare dans le traitement du tétanos* (*C. R.*, XLIX, 1859, p. 333 et 823). — *Recherches sur l'origine de la glycogénie dans la vie embryonnaire* (*B. B.*, 1859, p. 102).

1860. — Mars : *Sur le rôle des nerfs des glandes* (*B. B.*, 1860, p. 23).

1862. — 3 août : *Coup d'œil sur la science ethnographique* (*Mém. de la Soc. d'Ethnographie*, 1862, VII, 283). — 4-8-25-août : *Recherches expérimentales sur les nerfs vasculaires et calorifiques du grand sympathique* (*Journal de la Physiol.*, V, 1862, p. 383 et *C. R.*, LV, p. 228, 305 et 341). — 1er septembre : *Des phénomènes oculo-pupillaires produits par la section du nerf sympathique cervical ; leur indépendance des nerfs vasculaires calorifiques de la tête* (*C. R.*, LV, 1862).

1864. — 25 juin : *Du rôle des actions réflexes paralysantes dans le phénomène des sécrétions* (*Journ. d'anat. et Phys. de* ROBIN, I, 1864, p. 507). — 29 août : *Recherches expérimentales sur l'opium et les alcaloïdes* (*C. R.*, 1864, p. 406-415 ; *B. B.*, 1865, p. 100). *Journ. de Pharm.*, XLVIII, p. 241). — 1er septembre : *Études physiologiques sur quelques poisons américains. Le Curare* (*Revue des Deux Mondes*, 1er septembre 1864).

1865. — *De la diversité des animaux soumis à l'expérimentation : de la variabilité des conditions organiques dans lesquelles ils s'offrent à l'expérimentation* (*Journ. d'Anat. et de Physiol. de* CH. ROBIN, II, 1865, p. 497). — 1er mars : *Étude sur la physiologie du cœur. Les fonctions du cœur et ses rapports avec le cerveau* (*Revue des Deux Mondes*, 1er mars 1865. *Revue des cours scientifiques*, II, 1864-1865). — 26 juin : *Note sur les effets physiologiques de la curarine* (*C. R.*, LX, 1865, p. 1327). — 1er août : *Du progrès dans les sciences physiologiques* (*Revue des Deux Mondes*, août 1865). — 21 août : *Note à propos des leçons du Collège de France et de l'introduction à la médecine expérimentale* (*C. R.*, LXI, p. 865). — *Dello stato del albumina nel sangue* (POLLI, *Annali d. chim*, XLIII, p. 361).

1867. — *L'observation et l'expérimentation en physiologie* (*C. R.*, LXVI, 1868, p. 1284). — 15 octobre : *Le problème de la physiologie générale* (*Revue des Deux Mondes*, 1867).

1868. — *Rapport sur le mémoire de E.* CYON *sur un nerf sensitif du cœur* (*Journ. de l'anat. et de la physiol.*, V, 1868, p. 337). — Juin-juillet : *Récentes expériences sur la vaccine* (*Journal des savants*, 1868, 362, 373, 418, 429).

1869. — 27 mai : *Discours de réception à l'Académie française* (dans la *Sc. expérimentale*, 1878, p. 404). — 14 août : *Les Sciences et l'Institut*.

1870 : *La méthode et les principes de la physiologie* (*Revue scientifique*, I, 1871). — *Sur l'asphyxie par le charbon* (*Journ. Pharm.*, XII, 1870, p. 125).

1871. — *Action de l'oxyde de carbone sur les globules du sang* (*Journ. Pharm.*, XIII, 1871, p. 255). — *Exposé des faits et des principes de la physiologie moderne* (*Mém. de la société d'Ethnographie*, XI, 1871, p. 249).

1872. — 15 mars : *Des fonctions du cerveau* (*Revue des Deux Mondes*, mars 1878, in *Sc. expérimentale*). — 23 mars : *Calorification dans l'asphyxie* (*B. B.*, 1872, p. 83). — 18 mai : *Nerfs sécréteurs et nerfs vaso-moteurs des glandes salivaires* (*B. B.*, 1872, p. 158). — 8 juillet : *Évolution du glycogène dans l'œuf des oiseaux* (*C. R.*, LXXV, 1872). — *Formation de la matière glycogène dans les animaux* (*C. R.*, LXXV, 1872). — 13 juillet : *Exophtalmie par irritation nerveuse* (*B. B.*, 1872, p. 194). — 2 décembre : *Sur la théorie de la chaleur animale* (*C. R.*, LXXV, 1872). — *Rapport sur l'ouvrage de* CHAUVEAU : *Les virus et les maladies virulentes* (*Revue scientif.*, III, 1872, p. 571). — *Action du Curare sur l'économie animale* (*Journ. pharm.*, XV, 1872, p. 390).

1873. — 8 février : *Passage de l'air des canaux glandulaires dans les capillaires* (*B. B.*, 1872, p. 59). — 29 mars : *Considérations générales relatives à la glycogénie animale* (*B. B.*, 1873, p. 128). — 10 mai : *Action de l'excitation des nerfs sensitifs sur la circulation et sur la glande sous-maxillaire* (*B. B.*, 1873, p. 173). — 17 mai : *Remarques sur les nerfs des reins* (*B. B.*, 1873, p. 184).

1874. — 14 mars : *Physiologie du nerf trijumeau* (*B. B.*, 1874, p. 150).

1875. — 10 août : *Chaleur animale. Sur les effets de la chaleur et de la fièvre* (*Association française pour l'avancement des sciences*, in la *Science expérimentale*, p. 213, *Nantes*; *Revue scientifique*, IX, 1875, p. 525.) — 15 août : *Définition de la vie. Les théories anciennes et la science moderne* (*Revue des Deux Mondes*, 15 août 1875, in la *Science expérimentale*, p. 149). — 26 octobre : *De l'emploi des moyennes en physiologie expérimentale à propos de l'influence de l'effeuillage des betteraves sur la production de la matière sucrée* (*C. R.*, LXXXI, 1875). — 5 novembre : *Action du curare et de la strychnine sur les grenouilles* (*B. B.*, 1875, p. 68). — 29 novembre : *A propos de l'effeuillement des betteraves. Réponse à MM.* DUCHARTRE et VIOLETTE (*C. R.*, LXXXI, 1875, p. 999). — 20 décembre : *Remarques critiques sur la théorie de la formation des matières saccharoïdes dans les végétaux et en particulier dans la betterave* (*C. R.*, LXXXI, 1875, p. 1231).

1876. — 12 et 19 juin, 7 et 14 août : *Critique expérimentale sur la glycosurie. Des conditions physico-chimiques et physiologiques à observer pour la recherche du sucre du sang* (*C. R.*, 1876, LXXXII, p. 114, 173, 777, 1351, 1405 ; LXXXIII, p. 369, 407 et *Annales de Physique et Chimie*, IX, 1876, p. 207). — 15 juillet : *Ethérisation appliquée aux végétaux et aux animaux* (*B. B.*, 1876, p. 263). — *La sensibilité dans le règne animal et dans le règne végétal* (*Assoc. franc. pour l'avancement des sciences*, 1876, in la *Science expérimentale*, p. 218). — 28 octobre : *Anesthésie pouvant être produite chez tous les êtres vivants* (*B. B.*, 1876, p.312). — 18 décembre : *Moyen rapide de dosage de la chaux au moyen de la magnésie et application à la défécation du jus sucré* (avec EHRMANN) (*C. R.*, LXXXIII, 1876). — *Critique expérimentale sur la formation de la matière sucrée chez les animaux* (*Ann. de Physique et Chimie*, VIII, 1876, p. 307).

1877. — 14 avril : *Recherches sur la chaleur animale* (*B. B.*, 1877, p. 179). — 7 mai : *Leçons sur le diabète et la glycogenèse animale* (*C. R.*, LXXXIV, 1877). — 12 mai : *Acidité du suc gastrique* (*B. B.*, 1877, p. 244). — 28 mai : *Critique expérimentale sur la fonction glycogénique du foie* (*C. R.*, LXXXIV, 1877; *Ann. de Phys. et Chim*, XI, 1877, p. 256). — 16 juin : *Formation du suc gastrique artificiel* (*B. B.*, 1877, p. 293). — 10 septembre : *Critique expérimentale sur la formation du sucre dans le foie* (*C. R.*, LXXXIV, 1877, p. 519 ; *Ann. de Phys. et Chim.*, XII, 1877, p. 397).

1878 (Posthume). — *La fermentation alcoolique. Dernières expériences de* CL. BERNARD (*C. R.*, LXXXVI, 1878).

1884 (Posthume). — *Circulation abdominale. Antagonisme du sympathique et du pneumogastrique* (*Mém. de la Soc. de Biologie*, 1884, 101).

En outre, CL. BERNARD a publié dans la *Revue Scientifique* 14 de ses cours du Collège de France, de la Sorbonne, du Muséum, qui correspondent plus ou moins exactement aux volumes de ses cours. — C'est à savoir :

REVUE DES COURS SCIENTIFIQUES : 1863-1864. I. *Sur les tissus* (16 leçons). — II. 1863-1864. *Sur les substances toxiques et médicamenteuses* (28 leçons). — III. 1865-1866. *Sang* et *Sécrétions. Liquides de l'organisme* (14 leçons). — VI. 1869. *Anesthésie* (20 leçons). — VII. 1870. *Asphyxie* (25 leçons).

REVUE SCIENTIFIQUE : I et II. 1871-1872. *Leçons sur la chaleur animale* (40 leçons recueillies par DASTRE). — III. (1872-1873. *Sur les phénomènes de la vie communs aux animaux et aux plantes* (22 leçons, DASTRE). — IV. 1873. *Diabète* (26 leçons, *id.*). — V. 1873. Digestion (21 leçons, *id.*). — VII. 1874. *Génération et développement* (23 leçons, *id.*). — VII. 1874. *Leçons sur la glycémie* (6 leçons, *id.*). — VIII. 1875. *La Médecine et la Physiologie* (15 leçons, *id.*). — IX. 1875. *La Physiologie générale* (17 leçons recueillies par DASTRE). — XIV. 1878. *Leçons de Physiologie opératoire* (6 leçons recueillies par MATHIAS DUVAL).

5. **Travaux originaux. Découvertes.** — On voit, par ce qui précède, que l'œuvre de CL. BERNARD embrasse presque tout le domaine de la physiologie. Elle est marquée, dans chaque branche, par quelque découverte importante. Les deux découvertes, tout à fait hors de pair, sont relatives à la *fonction glycogénique du foie* et aux

nerfs vaso-moteurs, constricteurs et dilatateurs. Là, il a tout créé, et son œuvre reste définitive. — Un peu moins haut, mais constituant encore des recherches de premier ordre : les études sur la *Sensibilité récurrente*; sur les *Fonctions du pancréas*, sur *la Chaleur animale*; sur le *Curare*. Non loin de ces travaux les recherches sur les *anesthésiques*; sur le *nerf spinal*; sur *la corde du tympan*; sur le *ferment inversif du suc intestinal*; sur *l'oxyde de carbone*. A quoi il faudrait ajouter une multitude d'observations originales, de faits nouveaux, de vues fécondes (par exemple, la conception du sang comme milieu intérieur).

Il est presque sans exemple que dans aucune science la part d'un homme ait été aussi considérable que celle de Cl. Bernard en physiologie. Son génie apparaît formé de sagacité, de pénétration, et appuyé sur une méthode parfaite.

6. **Doctrines**. — Et, par ce dernier point (méthode et doctrine), Cl. Bernard s'est élevé, en quelque sorte, du rang d'expérimentateur à celui de législateur de la méthode expérimentale. — On peut résumer la révolution à laquelle il a présidé en trois mots : Cl. Bernard a définitivement chassé du domaine de la physiologie la force vitale ; en second lieu la cause finale; en troisième lieu le caprice de la nature vivante; et sur ces ruines, élevé le principe du déterminisme. Il a fixé le rôle de l'hypothèse, et préconisé la méthode comparative.

Ces idées ont triomphé au point qu'après avoir été presque une nouveauté, elles sont devenues presque une banalité, et qu'on ne peut plus se représenter l'effort philosophique qui a été nécessaire pour les apercevoir d'abord clairement et les faire passer ensuite dans les esprits.

Malgré les efforts de quelques expérimentateurs véritables échelonnés depuis Harvey jusqu'à Magendie, la science de la vie n'avait pas suivi les progrès des autres sciences de la nature. Elle était restée embrumée de scolastique. La force vitale et la cause finale servaient souvent d'explication aux faits. Cl. Bernard a insisté sur ce que ces causes ne pouvaient être efficientes, et il les a ainsi éliminées de la science proprement dite. Du même coup il en a exclu le *caprice de la nature vivante*, c'est-à-dire l'intervention capricieuse d'une force vitale, en quelque sorte indépendante de toute condition matérielle fixe.

Ces trois négations sont contenues dans le principe du *déterminisme expérimental*. C'est à savoir que chaque phénomène est invariablement déterminé par des conditions matérielles définies qui en sont les causes prochaines. Si l'on reproduit une fois exactement les conditions matérielles de sa première apparition, le phénomène suivra.

Ce principe est la base même des sciences physiques. Il est évident. Dans les sciences biologiques, au temps de Cl. Bernard, il était presque nouveau pour les médecins, car, selon les anciennes écoles, la force vitale en faussait les applications. Selon elles, les manifestations vitales dépendaient non seulement des conditions physiques ambiantes, mais aussi de l'action d'un principe immatériel interne ; la spontanéité de l'être vivant intervenait dès lors, en quelque sorte capricieusement, c'est-à-dire en dehors d'une loi fixe, — et, pour reproduire un phénomène, il ne suffisait plus d'en ramener toutes les conditions matérielles. La méthode statistique ou des moyennes est une conséquence et un reliquat de cette conception.

Le déterminisme fait rentrer la science biologique dans le cadre commun des sciences expérimentales.

L'œuvre de Cl. Bernard a été de poser ces principes, non pas seulement théoriquement et d'une façon abstraite, mais pratiquement et d'une façon concrète, en montrant à chaque moment et pour ainsi dire dans chacune des questions qu'il a traitées les causes historiques des fausses démarches ou de la stagnation de la science.

Après avoir indiqué les voies de l'erreur, il découvre le chemin de la vérité : c'est la *méthode comparative*, employée pour juger *l'hypothèse*.

Une doctrine assez répandue chez les adversaires des vitalistes excluait de la recherche l'idée, l'idée préconçue, l'hypothèse, et admettait que la vérité devait sortir de la simple accumulation des faits (Magendie). Contrairement à cette vue, Cl. Bernard a fixé le rôle fécond de l'hypothèse.

L'hypothèse n'est et ne doit être qu'un instrument de recherches. Elle disparaît, l'œuvre finie. Son rôle, celui de l'idée préconçue, est d'exciter et diriger l'attention et de suggérer la recherche. Souveraine dans la science biologique ancienne qui considérait l'idée comme le véritable instrument d'investigation et qui confondait inextricablement le fait et l'hypothèse, celle-ci, dans la science moderne, remplit les fonctions plus modestes d'instrument provisoire. Loin d'être inutile, comme le voulait Magendie par une sorte de réaction exagérée contre les doctrines anciennes, elle devient l'auxiliaire du biologiste.

La règle de la recherche est donc : 1° Au point de départ une hypothèse : « Si l'on ne sait pas ce que l'on cherche, on ne comprend pas ce que l'on trouve. » 2° Chercher le déterminisme rigoureux du phénomène, c'est-à-dire les conditions matérielles de sa production certaine. 3° N'adopter l'hypothèse ou la réalité de l'explication qu'à titre provisoire, et seulement après avoir tout fait pour la détruire et avoir constaté sa résistance aux tentatives de destruction. 4° Procéder rigoureusement par *expériences comparatives*, c'est-à-dire telles, que de l'une à l'autre une seule condition (celle dont on veut connaître l'effet) soit changée, *cæteris paribus*, ce qui élimine l'inconnu vital.

Ces règles, auxquelles chaque expérimentateur acquiesce en théorie, on peut dire que c'est pour y avoir commis quelques infractions qu'ils tombent dans l'erreur, et c'est ce que Cl. Bernard démontrait pour chaque cas particulier.

La véritable signification de ces principes est donc de nous montrer, non pas théoriquement, mais *en fait*, *historiquement*, les voies de l'erreur, et, par une naturelle réciprocité, puisqu'il forment en quelque sorte la psychologie autobiographique du grand inventeur qu'était Cl. Bernard, de nous apprendre aussi les voies de l'invention.

Conséquences. — *Physiologie générale.* Ces idées générales en entraînent une foule d'autres relativement au rôle de la physiologie et à la signification des phénomènes vitaux. Nous n'insisterons que sur la conception de la physiologie générale.

Dans la seconde partie de sa carrière physiologique, et dans son enseignement à la Sorbonne et au Muséum, Cl. Bernard s'est efforcé de fonder la physiologie générale.

Il a opposé à l'opinion étroite, chère à l'ancienne médecine, qui arrêtait à l'homme les lois de l'animalité, la notion plus large de la généralité essentielle des phénomènes de la vie, de l'homme à l'animal, et de l'animal à la plante. C'est à cette vérité qu'aboutissent les recherches sur l'amidon animal ou végétal, sur les matières sucrées, sur l'action des anesthésiques. Il établit l'unité et la communauté des phénomènes vitaux dans les deux règnes, par la considération successive de la formation des principes immédiats, des phénomènes intimes de la digestion et des phénomènes intimes de la respiration.

Chez tous les êtres vivants les phénomènes se ramènent à deux types : les phénomènes *fonctionnels* ou de *destruction*, d'une part ; les phénomènes *plastiques* ou de *synthèse organique*, d'autre part. La vie ne se soutient que par l'enchaînement de ces deux ordres de phénomènes indissolublement unis, réciproquement causés, constamment associés. Cette affirmation constitue l'axiome de la physiologie générale et en fournit les divisions.

La première partie de la physiologie générale consiste donc à établir la doctrine de l'unité vitale, contrairement aux doctrines autrefois régnantes de la qualité vitale qui assignaient la synthèse aux végétaux et la destruction aux animaux. La deuxième partie sera l'étude des phénomènes fonctionnels ou de destruction. La troisième partie, à peine ébauchée et entrevue, l'étude des phénomènes plus obscurs de la synthèse chimique et morphologique.

C'est en considérant cette œuvre double d'inventeur et de législateur de la science physiologique que l'on pourra comprendre l'exactitude de cette parole d'un de ses contemporains, qui, si elle n'était ainsi appuyée, pourrait sembler excessive : « Cl. Bernard *n'est pas un simple physiologiste ; c'est la physiologie même.* »

A. DASTRE.

BERT (Paul). Physiologiste et homme politique français, né à Auxerre (Yonne) le 19 octobre 1833 ; — mort à Hanoï (Tonkin) le 11 novembre 1886.

P. Bert a mené de front, et avec éclat, deux carrières : l'une scientifique, l'autre politique. De cette dernière nous n'avons pas à nous occuper ici ; nous nous bornerons à en indiquer les étapes, en tant que documents biographiques. P. Bert était depuis peu de temps professeur de physiologie à la Sorbonne lorsque les événements de la guerre de 1870 le jetèrent dans la vie publique. Préfet de la Défense nationale dans le Nord en 1870, candidat à l'Assemblée nationale en 1871, député en 1872, ministre de l'Instruction publique (novembre 1881 à janvier 1882) dans le ministère Gambetta, gouverneur général du Tonkin et de l'Annam (novembre 1885 à novembre 1886), il meurt à l'âge de 53 ans. Son activité politique s'est particulièrement exercée par la parole, par la plume, par l'action (*consilio manuque*), dans le domaine de l'enseignement public, de la polémique religieuse et des questions coloniales.

Les étapes de sa *vie scientifique* sont les suivantes : licencié en droit, 1857; docteur en médecine, 1863; docteur ès sciences naturelles, 1865; préparateur de la chaire de médecine expérimentale au Collège de France (CL. BERNARD professeur) 1863-1866, professeur de zoologie et physiologie à la Faculté des sciences de Bordeaux, 1865-1866; suppléant, puis chargé du cours de physiologie comparée au Muséum d'histoire naturelle (FLOURENS professeur), 1866-1868; professeur de physiologie à la Sorbonne en remplacement de CL. BERNARD passant au Muséum, 1868, — grand prix biennal de l'Institut, 1875, — président perpétuel de la société de Biologie, 1878; membre de l'Académie des sciences, 3 avril 1881.

L'œuvre scientifique de P. BERT s'est étendue sur un nombre considérable d'objets très divers d'anatomie, physiologie végétale ou animale, histoire naturelle proprement dite. Elle comprend environ deux cents notes, mémoires ou communications. — Les parties de la physiologie qu'il a plus particulièrement poussées et développées sont relatives à la greffe animale, — aux anesthésiques, — à la respiration, — et surtout à l'influence de la pression barométrique.

Greffe animale. — *Greffe animale par approche* (*Soc. Philomathique*, 1862). — *Soudure cutanée entre deux animaux d'espèces différentes* (*B. B.*, 1863). — *Greffe animale* (*B. B.*, 1863, p. 3). — *De la greffe animale* (Thèse de médecine, 8 août 1863). — *Expériences et considérations sur la greffe animale* (*Journ. d'anat. et physiol. de* CH. ROBIN, 1863). — *Expériences de greffe animale* (*B. B.*, 1864). — *Recherches expérimentales pour servir à l'histoire de la vitalité propre des tissus animaux* (*Ann. des sc. natur.*, Zoologie, (5.), V; et Thèse de doctorat ès sciences naturelles, Paris, 1866). — *De la greffe animale*. Prix de physiologie, 1865. — *Reproductions des parties enlevées chez certains animaux* (*Soc. philomath.*, 1863). — *Reproductions des parties enlevées chez les annélides* (*Soc. Sciences phys. et nat. de Bordeaux*, V, 1863).

Anesthésiques. — *Sur l'action élémentaire des anesthésiques (éther et chloroforme) et sur la période d'excitation qui accompagne leur administration* (*Soc. des sc. phys. et nat. de Bordeaux*, IV, 1866). — *Sur la prétendue période d'excitation de l'empoisonnement des animaux par le chloroforme et l'éther* (*C. R.*, LXIV, p. 622). — *Action de l'éther et du protoxyde d'azote sur les marguerites* (*B. B.*, 1879, p. 195). — *Sur la possibilité d'obtenir à l'aide du protoxyde d'azote une sensibilité de longue durée et sur l'innocuité de cet anesthésique* (*C. R.*, 11 nov. 1878). — *Anesthésie par le protoxyde d'azote mélangé d'oxygène et employé sous pression* (*C. R.*, 21 juillet 1879 et *B. B.*, 11 mai 1878). — *Sur la zone maniable des agents anesthésiques et sur un nouveau procédé de chloroformisation* (*B. B.*, 13 *mars* 1880, et *C. R.*, 14 nov. 1881). — *De l'emploi du protoxyde d'azote dans les opérations chirurgicales de longue durée* (*Progrès médical*, 28 février 1880). — *Anesthésie prolongée obtenue par le protoxyde d'azote à la pression normale* (*B. B.*, 12 mai 1883, et *C. R.*, XCVI, p. 1271). — *Méthodes d'anesthésie prolongée par des mélanges dosés d'air et de vapeur de chloroforme* (*B. B.*, 16 juin 1883). — *Anesthésie par l'éther* (*B.B.*, 4 août 1883). — *Chloroforme à dose dosimétrique du Dr* PEYRAUD (*B. B.*, 15 déc. 1883). — *Application à l'homme de la méthode d'anesthésie chloroformique par les mélanges titrés* (*B. B.*, 22 déc. 1883, et 5 janvier 1894, et *C. R.*, 1883, XCVI, 1831, et *C. R.*, 1884, XCVIII, p. 66). — *Sur une autre méthode d'anesthésie chloroformique* (*B. B.*, 5 janvier 1884). — *Sur les mélanges titrés d'éther et d'air* (*B. B.*, 1er mars 1884). — *Observations sur les mélanges titrés de chloroforme et d'air* (*B. B.*, 28 juin 1884). — *Non-accumulation du chloroforme dans l'organisme après l'anesthésie complète* (*B. B.*, 5 juillet 1884). — *Chloroforme impur* (*B. B.*, 2 août 1884). — *Note sur l'action de la cocaïne sur la peau* (*B. B.*, 17 janvier 1885). — *Étude analytique de l'anesthésie par les mélanges titrés de chloroforme et d'air* (*B. B.*, 4 juillet 1885). — *Intoxication chronique par le chloroforme* (*B. B.*, 8 août 1885). — *L'action du protoxyde d'azote sous tension, à doses anesthésiques, ne s'étend pas sur le système nerveux sympathique* (*B. B.*, 13 juillet 1878). — *Anesthésie par le protoxyde d'azote* (*B. B.*, 15 février 1879). — *Résultats d'une opération sur l'homme (anesthésie par le protoxyde d'azote)* (*B. B.*, 29 mars 1879). — *Faits sur le protoxyde d'azote* (*B. B.*, 25 juillet 1885). — *Sur l'anesthésie; réponse* *aux observations de* M. Gosselin et de M. Richet (*C. R.*, 1884, xcviii, p. 124 et p. 265). — *Sur l'appareil de* R. Dubois *pour les anesthésies par les mélanges titrés de chloroforme et d'air* (*C. R.*, c. p. 1528). — *Intoxication chronique par le chloroforme* (*B. B.*, 1885, p. 571). — *Sur le protoxyde d'azote* (*B. B.*, 1885, p. 520).

Respiration. — La plupart des travaux de P. Bert, sur ce sujet, qui sont antérieurs à 1870, sont résumés dans l'ouvrage suivant : *Leçons sur la physiologie comparée de la respiration*, in 8°, 588 pages. Paris, Baillière, 1870. Voici le détail : *Résistance à l'asphyxie des animaux à sang chaud, nouveau-nés* (*Soc. Philomath.*, 1864). — *Résistance à l'asphyxie par submersion de diverses espèces d'animaux à sang chaud* (*Soc. Philomath.*, 1864). — *Sur les différences dans la résistance à l'asphyxie que présentent divers animaux* (*B. B.*, 28 nov. 1868). — *Des mammifères plongés dans l'eau attirent-ils le liquide par aspiration dans leurs poumons?* (*Soc. Philomath.*, 1864.) — *Différences présentées par l'asphyxie dans l'acide carbonique et dans l'azote par des mammifères nouveau-nés* (*Soc. Philomath.*, 1864). — *Asphyxie dans une atmosphère confinée des vertébrés à respiration aérienne* (*Soc. Philomath.*, 1869). — *Respiration cutanée des Batraciens dans l'eau* (*Soc. Philomath.*, 1864). — *Sur la respiration des jeunes hippocampes dans l'œuf* (*Soc. des sc. phys. de Bordeaux*, v, 1867). — *Respiration des différents tissus d'un même animal ou d'un même tissu d'animaux différents* (*B. B.*, 1868). — *Observations sur la respiration du bombyx du mûrier à ses différents états, et sur sa vie à l'état de chrysalide* (*B. B.*, 1885, p. 528). — *Sur l'hibernation artificielle des lérots obtenue par la privation d'oxygène* (*B. B.*, 1868, p. 13). — *Sur la richesse oxygénée du sang artériel d'un même animal soumis à des conditions différentes et du sang d'animaux différents soumis à des conditions identiques* (*B. B.*, 1868, p. 21). — *Sur l'élévation des côtes inférieures pendant la contraction du diaphragme* (*B. B.*, 1868, p. 21). — *Sur la diminution de pression qui se fait dans les poumons pendant l'inspiration et sur la compression pendant l'expiration* (*B. B.*, 1868). — *Sur la composition des gaz du sang chez des animaux soumis à une pression moindre que la pression atmosphérique* (*Soc. Philomath.*, 1870). — *De la prétendue influence de l'intensité des phénomènes respiratoires* (*B. B.*, 1868). — *Sur l'élasticité pulmonaire* (*B. B.*, 1884, p. 333). — *Sur l'élasticité et la contractilité pulmonaires* (*B. B.*, 1868, p. 55). — *Sur l'innervation du diaphragme chez le chien* (*B. B.*, 1868). — *Effets de la section et de la galvanisation des nerfs pneumogastriques chez les oiseaux* (*B. B.*, 1868, p. 39). — *L'arrachement du pneumogastrique dans le crâne n'arrête pas la respiration* (*B. B.*, 1868). — *Action de la section des nerfs pneumogastriques chez les animaux vertébrés aériens sur le rythme respiratoire; action de l'excitation des nerfs pneumogastriques, laryngé supérieur et nasal* (*B. B.*, 1868, p. 26). — *Régénération des nerfs pneumogastriques* (*B. B.*, 1885, p. 100). — *Sur la raison pour laquelle certains poissons vivent plus longtemps dans l'air que certains autres* (*B. B.*, 1868, p. 49). — *Ablation des branchies et des poumons chez un axolotl* (*B. B.*, 1868, p. 20). —

Pression barométrique. — Rôle de l'oxygène. — P. Bert a publié sur ce sujet (son œuvre capitale) des études nombreuses, des notes à la Société de Biologie, 13 notes à l'Académie des sciences (17 juil., 21 août 1871. — 26 fév., 1er juil., 8 juil., 9 août, 26 août 1872. — 17 fév., 3 mars, 19 mai, 16 juin, 25 août 1873, 13 déc. 1873). Nous ne les énumérerons pas ici, parce que l'on trouvera tous ces travaux développés ou résumés dans le mémoire suivant : *Recherches expérimentales sur l'influence que les modifications dans la pression barométrique exercent sur les phénomènes de la vie* (*Ann. des Sc. natur.*, avril 1874), et surtout dans l'ouvrage suivant : *La Pression barométrique*, in-8°, 1168 pages. Paris, Masson, 1878. Nous mentionnerons les publications suivantes : *De l'emploi de l'oxygène à haute tension comme procédé d'investigation physiologique; des venins et des virus* (*C. R.*, 21 mai 1877). — *De l'action de l'oxygène sur les éléments anatomiques* (*C. R.*, 25 févr. 1878). — *Sur l'oxygène et les services que ce gaz peut rendre aux aéronautes* (*Soc. de navig. aérienne*, 25 mars 1874). — *Sur l'état dans lequel se trouve l'acide carbonique du sang et des tissus* (*C. R.*, 1er nov. 1878). — *De l'action de l'eau oxygénée sur les fermentations* (*B. B.*, 1880). — *Observations sur une note de M.* d'Abbadie *relative au mal des montagnes* (*C. R.*, 1883, xcvii, p. 133). — *Sur la richesse en hémoglobine du sang des animaux vivant sur les hauts lieux* (*C. R.*, 1882, xciv, p. 805). — *Capacité respiratoire du sang des animaux habitant les grands plateaux de l'Amérique* (*B. B.*, 1882, p. 95).

Eau oxygénée (en collaboration avec P. Regnard). — *Influence de l'eau oxygénée* *sur les virus et les venins* (*B. B.*, 1882, p. 736). — *Décomposition de l'eau oxygénée par la fibrine* (*B. B.*, 1882, p. 738). — *Transformation des albuminoïdes en albuminoses sous l'influence de l'eau oxygénée* (*B. B.*, 1883, p. 133). — *Eau oxygénée en thérapeutique* (*B. B.*, 1883, p. 157). — *Eau oxygénée et virus morveux* (*B. B.*, 1883, p. 161). — *Action de l'eau oxygénée sur les matières organiques et les fermentations* (*C. R.*, 1882, XCIV, p. 1383). — *Observations sur un memoire de MM.* Péan et Baldy *relatif à l'emploi de l'eau oxygénée en chirurgie* (*C. R.*, 1882, XCV, p. 51). — *Action de l'eau oxygénée sur le sang* (*B. B.*, 1885, p. 537). — *Production d'alcool dans les fruits sous l'influence de l'eau oxygénée* (*B. B.*, 1885, p. 462).

Nutrition. — *Sur les calculs phosphatiques fournis par une nourriture exclusivement végétale* (*B. B.*, 1878). — *Sur les variations de l'urée en rapport avec la nourriture* (*B. B.*, 1878). — *Sur l'absorption par la vessie* (*B. B.*, 1869). — *Sucre dans l'urine après l'accouchement chez une chèvre sans mamelle* (*B. B.*, 1884, p. 193). — *Sur l'origine du sucre de lait* (*C. R.*, 1884, XCVIII, p. 775 et *B. B.*, 1884, p. 223).

Système nerveux. — *Sur la transmission des excitations dans les nerfs de sensibilité* (*C. R.*, 22 janv. 1877). — *Sur le tic ou chorée des chiens* (*B. B.*, 1878). — *Influence du système nerveux sur les vaisseaux lymphatiques* (*C. R.*, 1882, XCIV, p. 739 et *B. B.*, 1882, p. 188). — *Distribution des racines motrices du plexus lombaire* (*B. B.*, juillet 1881, p. 267).

Locomotion. — *Sur la locomotion chez plusieurs espèces animales : Mammifères, oiseaux, insectes, poissons* (*Soc. des Sc. phys. et nat. de Bordeaux*, V, 1867). — *Sur la prétendue action des crochets des ailes des papillons nocturnes* (*B. B.*, 1873). — *Sur le mécanisme de la projection de la langue chez le Caméléon* (*B. B.*, 1874).

Œil. — *Rôle de la membrane nictitante des oiseaux* (*B. B.*, 1885, p. 532). — *Sur le siège du Scotome scintillant* (*B. B.*, 1882, p. 571).

Oreille. — *Sur un appareil microphonique recueillant la parole à distance* (*C. R.*, 15 mars 1880). — *Microphone et téléphone pour faire entendre les sourds* (*B. B.*, 1879, p. 264). — *Sur la question de la surdi-mutité dans ses rapports avec la consanguinité* (*Soc. méd. de l'Yonne*, 1864).

Physiologie végétale. — *Sur la présence de vraies trachées dans les jeunes pousses de fougères* (*Société Philomathique*, 1859). — *Recherches sur les mouvements de la Sensitive* (*Journal de l'Anat. et de la Physiol.* de Ch. Robin, 1867; *C. R.*, 1867; *B. B.*, août 1869). — *Sur la température comparée de la tige et du renflement moteur de la Sensitive* (*C. R.*, oct. 1869). — *Sur la reviviscence de la Selaginella lepidophylla* (*B. B.*, 1868). — *Note sur la germination des amandes amères* (*B. B.*, 1885, p. 576). — *De la cause intime des mouvements périodiques des fleurs et des feuilles et de l'héliotropisme* (*C. R.*, 16 sept. 1878). — *Influence de la lumière verte sur la Sensitive* (*C. R.*, 14 fév. 1870).

Physiologie comparée. — *Note sur la mort des poissons de mer dans l'eau douce* (*Soc. des Sc. phys. et nat. de Bordeaux*, 1867). — *Sur les phénomènes et causes de la mort des animaux d'eau douce que l'on plonge dans l'eau de mer* (*C. R.*, août 1871). — *Id.* (*C.R.*, XCVII, p. 133). — *Animaux d'eau douce dans l'eau dessalée et dans l'eau sursalée* (*B. B.*, 1885, p. 525). — *Note sur quelques points de la Physiologie de la Lamproie* (*Société des Sc. phys. et nat. de Bordeaux*, 1866). — *Mémoire sur la Physiologie de la Seiche* (*Société des Sc. phys. et nat. de Bordeaux*, V, 1867 et *C. R.*, 1867). — *Sur l'Amphioxus* (*C. R.*, 1867). — *Sur les appendices dorsaux des Eolis* (*Soc. des Sc. phys. et nat. de Bordeaux*, V, 1867). — *Observations sur l'anatomie du phoque* (*Soc. Philomath.*, 1862). — *Anatomie du système nerveux de la Patelle* (*Soc. Philomath.*, 1862). — *Sur quelques points de l'anatomie du fou du Bassan* (*Soc. Philomath.*, 1865; *B. B.*, 1865); — *Sur la membrane du vol du Phalanger volant* (*Soc. Philomath.*, 1866). — *Sur l'Amphioxus* (*C. R.*, 1867). — *Note sur la présence, dans la peau des holothuries, d'une matière insoluble dans la potasse caustique et l'acide chlorhydrique concentré* (*Soc. des Sc. phys. et nat. de Bordeaux*, IV, 1866). — *Sur le sang de divers animaux invertébrés* (*Soc. des Sc. phys. et nat. de Bordeaux*, V, 1867).

Divers. — *Observat. à propos des expériences sur les décapités* (*C. R.*, 1885, CI, p. 272). — *Conservation et vieillissement du vin par l'oxygène comprimé* (*B. B.*, 23 mai 1874). — *De la formation d'acide acétique et de la formation probable de l'alcool par les cellules animales maintenues dans un état anaérobique* (*B. B.*, 13 juill. 1878). — *Sur un signe certain de la mort prochaine chez les chiens soumis à une hémorragie rapide* (*Soc. des Sc. nat. de Bordeaux*, 1867). — *Tentatives de faire reproduire par l'hérédité certaines lésions chirurgicales* (29 janv. 1870). — *Sur l'œdème consécutif à l'oblitération d'une veine* (*Soc. Philomath.*, 1870).

Lumière. Couleurs. — *Sur la question de savoir si tous les animaux voient les mêmes rayons lumineux que nous* (A. de P., 1869). — *Sur la visibilité des diverses régions du spectre pour les animaux inférieurs* (B. B., juil. 1871). — *Sur la région du spectre solaire indispensable à la vie végétale* (B. B., 27 octobre 1874). — *Sur les erreurs d'imitation des couleurs quand on les regarde à travers un milieu coloré* (B. B., 1878). — *Influence des couleurs sur la végétation* (Gauthier-Villars, 1871). — *Sur le mécanisme et les causes des changements de couleur chez le Caméléon* (B. B., 17 octobre 1874. C. R., 22 nov. 1875). — *La longueur des ondes lumineuses et leur action chimique sur la chlorophylle* (B. B., janv. 1881). — *Influence des lésions du cerveau sur les appareils de coloration des axolotls.* — *Coloration du lézard vert* (B. B., 1885, p. 523).

Poisons. — *Sur l'empoisonnement par les sels de magnésie* (B. B., 1879). — *Action de l'acide phénique sur le curare et la strychnine en dissolution* (B. B., 1865). — *Action de l'oxyde de carbone dans le muscle* (B. B., 13 juil. 1878). — *Action de l'oxyde de carbone à haute tension sur la contractilité musculaire* (B. B., 6 avril 1878). — *Sur l'action physiologique de l'acide phénique* (B. B., et Mém. B., 1869). — *Innocuité du grisou* (B. B., 1885, p. 523). — *Immunité pour le choléra des ouvriers qui travaillent le mercure* (B. B., 1884, p. 519). — *Survie d'un chien après un empoisonnement par le curare et une respiration artificielle prolongée pendant trente-neuf heures* (B. B., 28 déc. 1868 et 1879).

Venins. Virus, Microbes. — *Contribut. à l'étude des venins. Abeille, Xylocope, Scorpion* (B. B., et Mém. B., 1865). — *Recherches sur l'action toxique de l'acide phénique* (B. B., 1870). — *Sur la résistance vitale des corpuscules reproducteurs du vibrion de la septicémie* (B. B., 11 mars 1878). — *Sur la conservation des propriétés virulentes de certains sangs charbonneux après un séjour soit dans l'oxygène, soit dans l'alcool* (B. B., 1876). — *Sur l'origine du virus rabique* (B. B., 1878). — *Contribution à l'étude de la rage* (C. R., 1882, XCV, p. 1253). — *Venin cutané de la grenouille* (B. B., 1885, p. 524). — *Venin du scorpion* (B. B., 1885, p. 574). — *Influence de divers sels sur le microbe de la morve* (B. B., 1883, p. 514). — *Non-réceptivité de certains organismes pour certaines maladies contagieuses* (B. B., 1883, p. 521). — *Influence de l'oxygène à haute pression sur les corpuscules reproducteurs des vibrioniens charbonneux* (B. B., 6 avril 1878). — *Conservation dans l'alcool de l'action virulente du sang chargé de corpuscules reproducteurs des vibrioniens charbonneux* (B. B., 6 avril 1878). — *Sur le sang dont la virulence résiste à l'action de l'oxygène et à celle de l'alcool* (C. R., 30 juil. 1877).

Chaleur. — *Influence de la chaleur sur les animaux supérieurs* (B. B., 20 mai 1876). — *Sur la thermométrie cranienne* (B. B., 1879). — *Sur la mort des animaux à sang froid par l'action de la chaleur* (Soc. des Sc. nat. et phys. de Bordeaux, V, 1867). — *Note sur quelques phénomènes de refroidissement rapide* (B. B., 1884, p. 99 et 1885, p. 567). — *Sur la nature de la rigidité cadavérique* (B. B., 1881). — *La rigidité cadavérique* (B. B., 1885, p. 522).

Zoologie. — *Catalogue méthodique des animaux vertébrés qui vivent à l'état sauvage dans le département de l'Yonne, avec la clef des genres et la diagnose des espèces* (V. Masson, 1864). — *Sur les affinités de la classe des reptiles vrais avec celle des oiseaux* (B. B., 1865). — *Note sur la présence de l'amphioxus lanceolatus dans le bassin d'Arcachon et sur les spermatozoïdes* (Soc. des Sc. phys. et nat. de Bordeaux, IV, 1866). — *Mesures prises sur un jeune gorille en chair* (Soc. des Sc. phys. et nat. de Bordeaux, 1868). — *Sur l'origine des ponts naturels* (Soc. d'anthropol., 1863). — *Sur les hommes à queue* (Soc. d'anthropol., 1864). — *Sur le ganglion nerveux thoracique des araignées* (B. B., 1878).

Développement. Tératologie. — *Œuf de poule complet inclus dans un autre œuf complet* (Soc. Philomath., 1863). — *Sur un cas de monstruosité triple* (Soc. Philomath., 1863). — *Sur deux poulets déradelphes* (B. B., 1865). — *Sur une monstruosité présentée par une patelle* (Soc. Philomath., 1864). — *Sur un monstre double de la famille des monosomiens* (B. B., 1864). — *Insuffisance du péricarde observée chez un chien bien portant* (B. B., 1866). — *Développement des œufs de grenouille à l'air libre, sans eau* (B. B., 1868, p. 23). — *Sur un monstre pygopage.* — *Sur les monstres doubles* (B. B., 4 déc. 1873).

Dictionnaire de Médecine et Chirurgie pratiques (J.-B. Baillière). *Articles: Absorption, Asphyxie, Chaleur animale, Curare, Défécation, Digestion.*

Cette œuvre variée, abondante, témoigne des aptitudes encyclopédiques de PAUL BERT, et aussi de sa prodigieuse activité, si l'on considère les manifestations simultanées de son action dans le domaine politique, ses discours, rapports, conférences pédagogiques, civiques, ses ouvrages de vulgarisation.

Dans une de ses parties, cette œuvre scientifique présente une importance qui l'égale aux plus considérables de la Physiologie contemporaine. Nous voulons parler des recherches sur l'influence de la pression atmosphérique. Deux traits donnent à ce travail une valeur de premier ordre : c'est l'importance du sujet, qui, derrière son apparence spéciale, met en cause les phénomènes essentiels de la respiration, le rôle de l'oxygène, le rôle de l'acide carbonique, du sang, des liquides interstitiels et même des éléments anatomiques — et, en second lieu, le caractère complet de la solution par laquelle le phénomène vital se trouve ramené de cause en cause à un phénomène physique.

L'atmosphère exerce sur nous une action double, mécanique et chimique : elle pèse sur nous plus ou moins selon les cas, et, d'autre part, elle intervient chimiquement par l'oxygène qu'elle fournit à la respiration. Ces deux facteurs, dont la nature nous montre les influences mélangées, confondues d'une manière en apparence inextricable, P. Bert a su les dissocier; il a su établir la juste part qui revient à chacun d'eux.

Ces études aboutissent en somme à deux lois générales et élémentaires. La première, que l'on pourrait appeler le *principe de la modération physiologique*. On croyait que l'oxygène, le gaz vital, *pabulum vitæ*, ne pouvait être nuisible. Les méfaits incontestables de l'air comprimé, on les attribuait non à l'excès d'oxygène, mais à sa pression, à son effet mécanique. P. Bert a montré que c'était bien l'excès en lui-même qui était nuisible. La surabondance devient mortelle. Elle est aussi dommageable que le défaut. Trop peu et trop d'oxygène tuent aussi sûrement. La vertu des choses ne réside pas seulement dans leur nature propre, mais dans leur proportion.

La seconde loi générale, c'est la loi des tensions partielles. — Elle se résume en cette formule générale : *L'action du gaz (et des vapeurs) sur l'être vivant est réglée uniquement par leur tension partielle.* Toute une classe nombreuse de phénomènes de la vie se trouve ramenée par là à une cause physique. En son élégante simplicité cette formule de P. Bert n'a rien à envier à celle des physiciens. Dans le conflit de la plante ou de l'animal avec le gaz ou les vapeurs du monde ambiant, l'infinie variété des actions produites découle de cette règle générale comme l'effet de sa cause seconde. Peu de physiologistes ont eu ainsi l'heureuse fortune de résoudre complètement, comme Lavoisier et Cl. Bernard, un problème physiologique en le ramenant aux confins du monde physique.

Cette même règle a reçu une autre application dans les travaux de Paul Bert sur l'anesthésie. Les solutions qu'il a proposées de cette question laissent peut-être à désirer au point de vue de la commodité pratique; elles n'en sont pas moins très satisfaisantes au point de vue théorique, c'est-à-dire très scientifiques. Or le principe d'où découlent ces méthodes rationnelles d'anesthésie par le protoxyde d'azote, par les mélanges titrés de chloroforme, etc., se réduit à régler exactement la tension partielle du gaz ou de la vapeur anesthésiante offerte à l'organisme. Elles ne sont donc pas autre chose qu'une application particulière du principe, dont elles consacrent par conséquent, une fois de plus, la vérité générale. Et ainsi se dévoile le lien secret et intelligible qui, dans l'ordre des idées relie entre elles ces deux œuvres, les plus importantes de la vie scientifique de P. Bert.

A. DASTRE.

BÉTAÏNE ($C^5H^{11}AzO^2$). — C'est l'anhydride de l'acide triméthylglycolaminique $(CH^3)^3Az\langle{}^{O}_{CH^2-CO}\rangle$. Scheibler, en 1866, l'a retirée du jus de betteraves, et Liebreich, en 1869, a constaté sa présence dans l'urine. Il l'obtint aussi par synthèse en oxydant la névrine par le permanganate de potassium, d'une part, et d'autre part en faisant réagir l'iodure de méthyle sur le glycocolle. Brieger l'a retrouvée avec d'autres alcaloïdes dans les moules. Elle paraît être peu toxique. (V. Roussy. *Ptomaines* et *leucomaines*. *R. S. M.*, 1888, xxxi, 707.)

BÉTULINE ($C^{36}H^{60}O^3$). — Composé cristallisable, extrait de l'écorce de bouleau (*D. W.*, 1er suppl., 350).

BEURRE. — La matière grasse extraite du lait par le barattage est désignée sous le nom de beurre. C'est un mélange assez complexe, et en proportion variable, de différents glycérides. Quand on saponifie le beurre par la potasse et qu'on décompose le savon formé par de l'acide tartrique, on obtient une série d'acides gras : butyrique, caprique, caproïque, margarique, oléique, stéarique.

Le beurre obtenu par décantation du lait, fondu dans l'eau à 40° et complètement débarrassé d'eau, présente une composition variable. Nous donnons plusieurs analyses.

Oléine	42,2	
Butyrine	7,7	
Stéarine et palmitine	50,0	
Caproïne et capryline	0,1	(HEINTZ.)
	100	

Oléine	30,0	
Margarine	68,0	
Butyrine	2,0	
Stéarine, caproïne, caprine	traces	(CHEVREUL.)
	100	

Oléine, palmitine, stéarine	93,00	
Butyrine	4,40	
Caproïne	2,50	
Capryline et caprine	0,10	
Acide butyrique libre	traces	
	100	(DUCLAUX.)

Le beurre est naturellement coloré en jaune, mais l'intensité de la coloration varie avec l'espèce et la nourriture de l'animal : il fond à 26°,5 et se solidifie à 19°.

Mais le beurre commercial obtenu par le barattage et plus ou moins bien lavé, c'est-à-dire renfermant encore une certaine quantité de lait, a une composition différente et nécessairement très variable.

Beurre commercial.

	Valeurs moyennes.	Valeurs extrêmes.	
Eau	14	8 à 18	
Matière grasse	84	80 à 90	
Matières albuminoïdes	0,65	0,4 à 1,1	
Sucre de lait	0,65	0,3 à 1,1	
Cendres	0,2	0,1 à 0,2	(DUCLAUX.)

Ce lait de beurre, résidu du barattage, renferme toujours une certaine quantité de matières grasses qu'il est impossible d'extraire par les moyens mécaniques utilisés.

Lait de beurre.

Eau	91,24	
Matière grasse	8,56	
Matières albuminoïdes	3,50	
Sucre de lait et acide lactique	4,	
Cendres	0,70	(DUCLAUX.)

Les chiffres que nous donnons plus loin portent sur la matière grasse totale du lait, et non sur le rendement réel en beurre, ce rendement étant toujours plus faible, puisqu'il reste toujours une certaine quantité de globules butyreux dans le lait de beurre.

Teneur en matière grasse des laits de différentes espèces.

	FEMME.	ANESSE.	JUMENT.	VACHE.	CHÈVRE.	BREBIS.	CHIENNE.
VERNOIS ET BECQUEREL.	26,6	18,5	24,3	63,3	44,0	31,3	87,9
HOPPE SEYLER.	35,7	18,5	13,1	64,7	43,4	60,5	106,4
VARIATIONS EXTRÊMES A L'ÉTAT PHYSIOLOGIQUE							
Maximun	56,4	44,9	40,7	76,0	87,3	82,2	113,2
Minimum	6,4	4,1	7,7	6,9	29,7	28,5	73,3

Ces chiffres portent sur une traite totale; si on recherche la teneur en matière grasse du lait aux différents moments de la traite, on trouve encore des différences sensibles.

Examen de six échantillons pris aux divers moments de la traite (lait de vache).

	I	II	III	IV	V	VI
Beurre.	1,70	1,76	2,10	2,54	3,14	4,08
Substances solides. . .	10,47	10,75	10,85	11,23	11,63	12,67

On voit qu'il y a utilité d'opérer la traite à fond, les dernières portions du lait étant plus butyreuses.

Non seulement la proportion de la matière grasse varie, mais sa qualité est également différente; nous ne connaissons pas à ce sujet d'analyses chimiques, mais l'étude des propriétés physiques suffit pour indiquer ces variations.

DE VOLPE a montré en outre que le travail influe également sur la teneur en graisse.

	Vache après travail.	Après une nuit de repos.
Beurre p. 100	3,83	4,95
Substances solides	11,33	13,41
Sels.	0,015	0,015

Globules gras du lait. — La théorie de la fabrication du beurre est intimement liée à une question fort controversée : la constitution de l'élément gras figuré du lait.

Quand on examine au microscope le lait, ou mieux encore la crème, on voit un nombre considérable de globules, à contours nets et épais, entourés d'un liseré fin et brillant, et dont le diamètre, des plus variables, oscille entre 2,10 et même 20 μ de diamètre. Le diamètre moyen est cependant assez constant, suivant l'espèce et même suivant les races. C'est ainsi que les globules gras, qui ont un diamètre moyen de 7 μ dans la race hollandaise, ne présentent plus qu'un diamètre de 4 μ chez les tarentaises et les jersiaises (BOUCHER).

Ces globules constituent la matière grasse du lait; mais cette matière est-elle à l'état d'émulsion ou bien chaque globule possède-t-il une membrane propre? Dès 1816, TREVIRANUS considérait les globules gras comme de simples globules de graisse; en 1829 HENLE, s'appuyant sur leurs caractères optiques, les assimilait à des vésicules adipeuses dont la membrane serait de nature caséeuse. DONNÉ, traitant le lait par l'éther, voyait tous les globules disparaître, il en concluait que la matière grasse était simplement en émulsion; DUMAS, en utilisant la même expérience, aboutissait à des conclusions tout opposées : le lait saturé de sel marin donne par filtration un sérum limpide contenant tout le caséum soluble, la lactose et les sels.

Les globules restés sur le filtre renferment une matière caséeuse insoluble dans l'eau salée. C'était cette matière albuminoïde qui, pour DUMAS, constituait la membrane enveloppant la matière grasse.

Parmi les partisans de la membrane, on peut encore citer à cette époque MITSCHERLICH, MANDL, LEHMANN, MOLESCHOTT, BRAME, FREY.

A l'époque actuelle, BÉCHAMP tient encore pour la membrane. Il isole les globules en les traitant après une première filtration par de l'eau alcalinisée avec du sesquicarbonate d'ammoniaque et alcoolisée, et lave ensuite plusieurs fois avec un mélange analogue. Les globules sont repris et traités par l'éther; on obtient une matière blanche insoluble, et l'examen microscopique montre qu'il s'agit de membranes.

D'après BÉCHAMP, et contrairement à l'opinion de DUMAS, la membrane n'est pas constituée par de la caséïne, car elle est insoluble dans le sesquicarbonate d'ammoniaque et même dans une solution étendue de potasse, il s'agit « d'une matière albuminoïde spéciale qui appartient en propre aux vésicules ».

Les partisans de la membrane s'appuient principalement sur la nécessité que l'on rencontre de baratter énergiquement la crème pour obtenir le beurre, et sur ce second fait que l'éther agité avec du lait non additionné d'autres substances ne dissout pas la matière grasse.

DUCLAUX repousse au contraire la croyance en une membrane, et ne voit dans le lait qu'une simple émulsion de matières grasses. La membrane enveloppante n'est qu'un simple phénomène de diffraction. Si on écrase, dit-il, les globules gras du lait sous la lamelle porte-objet, on voit les globules se déformer, se fondre les uns dans les autres sans voir disparaître la zone enveloppante claire. On peut en un mot faire et défaire du beurre sous le microscope. On obtient une émulsion qui se comporte absolument comme le lait, en agitant de l'huile et du beurre fondu dans une dissolution de panamine.

Le fait de la montée lente de la crème, de l'agglomération difficile des globules gras en beurre, est expliqué par la simple application de lois physiques.

Le lait en temps qu'émulsion obéit aux lois de la stabilité des émulsions.

Lorsqu'un liquide A est en émulsion dans un liquide B, il faut, pour produire l'agglomération des globules de A, diverses conditions particulières. Le mouvement d'ascension est déterminé par la différence de densité des deux liquides. On admet que, par suite de leur moindre densité, les globules du lait disposent d'une force ascensionnelle d'un dix millième de milligramme environ. Mais cette force est fonction de la grosseur du globule, les plus petits ont, par suite, une force moindre, et ils ont à lutter avec plus de difficulté contre l'état visqueux du plasma.

Les globules une fois montés à la surface restent encore séparés les uns des autres, et il faut une intervention mécanique pour obtenir leur fusion, c'est-à-dire la transformation de la crème en beurre.

Sans faire intervenir l'existence d'une membrane spéciale, DUCLAUX explique la nécessité de l'intervention mécanique par le fait que deux résistances doivent être vaincues. D'une part, les lamelles du plasma qui restent interposées entre les globules, lamelles d'autant plus résistantes que le lait est mousseux quand on l'agite.

Et, d'autre part, *une force figuratrice* identique, sauf la grandeur, à celle qui arrondit les gouttelettes d'eau ou de métal en fusion.

Cette force, avec en quelque sorte une membrane autour du globule, mais membrane sans existence matérielle, nullement différenciée, « c'est une portion du même liquide, que le jeu des forces moléculaires dote de propriétés rétractiles, à la façon des membranes minces de caoutchouc ».

Barattage du lait. — Le barattage a pour but la production du beurre. Nous n'avons pas à entrer ici dans la description des instruments utilisés à cet effet. Leur principe est toujours identique : déterminer une agitation dans la crème pour amener la rupture des globules gras et leur fusion en une masse homogène.

Mais certains points sont particulièrement intéressants à étudier.

Dans les premiers moments du barattage, la crème ne présente pas de modifications; puis brusquement, à un moment donné, variable pour un brassage de même énergie, avec la température et la nature du lait, la matière grasse se prend en grumeaux plus ou moins volumineux et qui grossissent rapidement.

Quand la plus grande partie de la matière grasse est prise en masse, le rendement en beurre n'est plus augmenté, même en continuant le barattage, et bien que le liquide (lait de beurre) renferme encore une certaine quantité de matière grasse.

En étudiant la nature du globule gras, nous avons vu les explications que l'on a données de la nécessité du barattage : destruction de la membrane enveloppante, rupture de l'équilibre des forces moléculaires, ou bien encore suppression de l'état de surfusion dans lequel seraient les globules gras dans le lait, d'après Soxhlet.

On peut expliquer, par toutes ces théories, la lenteur avec laquelle apparaissent les premiers grumeaux visibles; car en réalité la fusion des globules commence dès le début, ainsi qu'on peut le constater au microscope. Il n'en est pas de même de la présence constante de matières grasses dans le lait de beurre.

Ici encore nous ne trouvons que l'explication de Duclaux.

Les globules gras du lait n'ont pas seulement un diamètre variable : ils ont encore une constitution différente, constitution qui est en rapport avec leur volume.

Les globules du lait de beurre sont précisément les plus petits, ceux qui montent le plus lentement à la surface dans le lait au repos ; or les expériences de Schrœder ont montré que la matière grasse recueillie par des écrémages successifs présente des propriétés physiques différentes, indices certains des modifications chimiques.

Et Duclaux, en s'appuyant sur cette constatation, a pu extraire, par barattage du beurre, du lait de beurre en modifiant la température et la composition chimique de ce lait, en ajoutant de l'eau ou en le neutralisant : ce beurre, du reste, est très inférieur comme goût au beurre obtenu de la crème.

Température. — La température influe beaucoup sur la rapidité avec laquelle on obtient le beurre; mais on ne saurait conclure de cette observation à l'opinion de Soxhlet admettant la nécessité de la congélation des globules gras pour le barattage. Il existe en effet une température optimum, alors que, d'après Soxhlet, la prise du beurre devait être d'autant plus rapide que le lait est plus froid. Au delà d'une certaine température, qui est d'ailleurs voisine de l'optimum, il est impossible d'obtenir la prise.

	Limites de température.	Température optimum.	
Lait doux.	7°,5 à 9°	8°	
Crème douce	11 à 15	13	
Crème aigre.	12,5 à 20	16	
Lait aigri	15 à 21	18	(Duclaux.)

La température est certainement le facteur le plus important, et les variations dans la réaction du liquide ne paraissent pas influencer la durée du barattage.

Nous n'avons pas à parler ici du beurre envisagé comme aliment, cette question étant traitée aux mots : **Aliments** et **Graisses**. Voy. aussi **Lait**.

P. LANGLOIS.

BEZOLD (Albrecht von) (1836-1868). — Professeur de physiologie à Iéna et Wurzbourg. — *Das chemische Skelet der Wirbelthiere* (Leipzig, *Zeitsch. f. wissensch. Zoologie*, IX, 1858, 240-269). — *Ueb. den Einfluss der Vergiftungen auf die Rami cardiaci des Nervus vagus* (Berlin, *Allgem. Med. Centralz.* 1858, n° 49, 345-349 ; et n° 59, 467-469). — *Zur Physiologie des Electrotonus.* (*Ibid.*, 1859, n° 25, 193-195). — *Ueb. das Gesetz der Zuckungen* (*A. P.*, 1859, 131). — *Ueb. die gekreuzten Wirkungen des Rückenmarkes* (Leipzig, *Zeitschr. f. wiss. Zool.*, IX, 1859, 307-364). — *Zur Physiologie der Herzbewegungen* (*A. V.*, XIV, 1859). — *Untersuch. über die Einwirkung des Pfeilgiftes auf die motorischen Nerven u.*

das Nervensystem (*A. P.*, 1860, 168-387). — *Ueb. die zeitlichen Verhältnisse welche bei der elektrischen Erregung der Nerven ins Spiel kommen* (*Monatsber. der k. Akad. d. Wiss. zu Berlin*, 1860, nov., 736). — *Ueb. den Einfluss constanter galvanischer Ströme auf den zeitlichen Verlauf u. die Leitung der Nervenerregung* (*Ibid.*, 1861, févr. 268, et mars 371). — *Ueber einige Zeitverhältnisse, welche bei der directen electrischen Erregung des Muskels aus Spiel kommen* (*Ibid.*, 1860, décembre, 760). — *Untersuch. üb. die electrische Erregung der Nerven und Muskeln*, Leipzig, 1861. — *Fortgesetzte Untersuch. üb. das excitirende Herznervensystem im Rückenmarck der Säugethiere* (*C. W.*, 1864, 17-18). — *Untersuch. üb. den Einfluss des Rückenmarckes auf den Blutkreislauf der Saugethiere* (*Jenaische Zeitschr. f. Med. u. Naturw.*, I, 125, 1864). — *Ueb. den Beginn der negativen Stromesschwankung im gereizten Muskel* (*Berl. Akad. Monatsber.*, 1861, 1023). — *Ueb. die negativen Stromesschankung im gereizten Muskel* (*Ibid.*, 1862, 192). — *Ueb. die Einwirkung der N. vagi u. des Sympathicus auf das Herz* (*A. Db.*, 1862, 143; *Berl. Akad. Monatsber.*, 1862, 316).

Ueb. ein neues motor. Herznervensystem, Berlin, *Allgem. med. Central.* (1862, n° 67, 529-541). — *Untersuch. üb. die Innervation des Herzens.* Leipzig, 1863.

Ueb. den Einfluss electrischer Inductionsströme auf die Erregbarkeit von Nerv. u. Muskel. en collab. avec W. ENGELMANN (*Neue Wurzburg. Zeit.*, 1865, n° 129).

Ueb. die Einwirkung d. Veratrins auf die Kreislauf u. Athmungsorgane u. auf die Erregbarkeit der Muskeln u. der motor. Nerven (en collab. avec L. HIRT) (*Ibid.*, 1865, n° 129 et 1866, n° 129). — *Ueb. die Einwirkung des Atropins auf die Herzbewegung bei Carnivoren* (en collab. avec F. BLŒBAUM) (*Ibid.*, 1866, n° 129). — *Untersuch. üb. die Innervation des Herzens u. der Gefässe* (*C. W*, 1866, 817-820, 833, 835; 1867, 17-20). — *Ueb. die physiol. Wirkungen des schwefelsauren Atropins* (*Unters. a. d. physiol. Laboratorium in Würzburg.* Leipzig, 1867, 1-72). — *Ueb. die physiol. Wirkungen des essigsauren Veratrins* (en collab. avec H. HIRT) (*Ibid.*, avec F. BLŒBAUM, 1867, 73-156).

Untersuch. üb. die Innervation des Herzens u. der Gefässe (*C. W.*, 1867, n° 23, 353-356). — *Ueb. den Einfluss der hinteren Rückenmarkwurzeln auf die Erregbarkeit der vorderen* (en collab. avec P. URPENSKY) (*Ibid.*, 1867, n° 39, 611-613).

Untersuch. üb. die Herz. u. Gefässenerven der Säurethiere (*Untersuch. a. d. physiol. Lab. in Würzburg*, Leipzig, 1867, 183-194).

J. GAD.

BIBLIOGRAPHIE. — **Utilité de la bibliographie.** — Il est évident que nous n'avons pas à parler ici de la bibliographie en général, mais seulement de la bibliographie en physiologie. Il ne faut pas la dédaigner; car les recherches qu'on a faites soi-même, si importantes qu'elles soient, ont assurément moins de valeur que les recherches précédentes faites par l'ensemble des physiologistes ou des savants qui ont étudié la même question.

Cependant, en général, dans les ouvrages de physiologie, comme dans beaucoup d'autres ouvrages scientifiques, la bibliographie est faite irrégulièrement et d'une manière tant soit peu fantaisiste, avec une extraordinaire insouciance des règles les plus élémentaires. Il n'est pas un seul ouvrage où ne se pourraient trouver à ce point de vue de grosses fautes; et ni mes collaborateurs ni moi nous ne sommes malheureusement plus exacts que les autres.

Cependant c'est quelque chose que de savoir par où l'on pêche; et, sans avoir aucune prétention à avoir fait des bibliographies irréprochables, et par conséquent sans critiquer qui que ce soit, on peut indiquer en quoi une bibliographie est irréprochable.

Cette imperfection dans la bibliographie est excusable en somme; car nulle part les règles de la bibliographie en physiologie n'ont été formulées. Il est donc besoin d'une sorte de codification, analogue à celle qui a été adoptée récemment par les mathématiciens, puis par les zoologistes, à la suite des congrès internationaux. D. FIELD, en Amérique, a, en effet, pour la zoologie proposé une méthode bibliographique qui paraît excellente et qui a été adoptée à la Société zoologique de France (*Nouvelle nomenclature des êtres organisés. Revue Scientif.*, Paris, 1er juin 1895, (4), III, 684-689). Les géographes ont aussi adopté pour la transcription des noms géographiques des mesures analogues. Il ne faut pas que les physiologistes restent en arrière, incapables d'accomplir ce qui a été fait pour les sciences mathématiques, zoologiques et géographiques.

Il faut l'avouer, nous ne sommes pas en progrès sur les physiologistes anciens. Que l'on compare deux des meilleurs traités modernes de physiologie, celui de L. Landois, par exemple (*Traité de physiologie humaine*, trad. franç. Paris, 1893), et l'admirable ouvrage de M. Foster (*Text-book of physiology*. Londres, 1889, 2 vol.), aux *Elementa Physiologiæ* de Haller, et on verra la différence dans l'érudition bibliographique. L. Landois cite nombre d'auteurs, mais il n'indique pas les origines, ce qui allège évidemment un livre fait pour des étudiants, mais au détriment peut-être de la valeur scientifique. Quant à Foster, il allège davantage encore; car il ne cite aucun nom.

A titre de document, et comme point de comparaison, je rapporterai ici, en la prenant au hasard, une citation de A. Haller, si peu connu des physiologistes contemporains. (*Elementa physiol.* Lausanne, MDCCLX, II, lib. V, sect. II, 33-34.) Il s'agit de savoir la température maximum que l'homme peut supporter dans un bain. On y trouvera des détails intéressants et probablement peu connus.

« Demum peculiaris ille calor, quem in balneis experimur, plerosque in orbe terrarum æstus aut æquat, aut superat. Aquæ equidem minerales ad 134[1], 140[2], 152[3] et 157[4] grad. Fahr. usque calent, non tamen ideo eo summum calorem elevaverim, quem homo tolerat. Fert autem certa per exempla 97, 98[5], 99[6], 100[7], 110[8] et 116[9] gradus, licet cl. Le Monnier calorem 40 grad. Reaumurianorum, sive 116 fere gr. Fahr., tolerare non potuerit[10]. Sunt tamen ægri qui etiam 42 1/2 et demum 47 gradum Reaum. per 7 vel 8 minuta ferant[11], qui est 130 grad. Fahr. diutius toleraturi, si consuetudo[12] accesserit. Demum in illo æstu Caroliniano, ut aliqui mortales perierunt[13], ita alii et plerique vitales eduraruntv[14]. »

1. Aponenses calent 52 1/2 gradu. Si Reaumuriani sunt, erunt gradus Fahrenh. 134. Vandelli *diss.* p. 7.
2. Aquæ urbis Dax apud Cl. Secondatium, ill. patris egregium filium, quas credit calidissimas esse. Aquæ Porceti gradu 154 calent. Lucas. *of min. Waters*, III, p. 196.
3. Lucas, *ibid.* De aquis etiam Porcetanis.
4. Aquæ Balarucenses ad 42 1/2 et 47 gradum Reaumuri estuant. (*Mém. de l'Ac. des Sciences*, 1752, p. 636.
5. J. Plancus vir eruditiss. in *Therm. Pisanar. descriptione*, p. 40.
6. Libere in eo calore respiratur. Senac, II, p. 250.
7. Martine, *Anim. simil.* p. 144.
8. In aquis Bathonianis, per horas tolerario Glass (*Of Baths*, p. 27). Gradum 39 Reaum. plerisque convenire (*Mém.* 1752, p. 637.) Sed is est Fahrenheitii. 113.
9. In Russorum vaporariis 108 et 116 grad. calentibus per integram horam durant, Gmelin (*Flor. Sibiric. praef.* p. LXXXI). Pene ardentem calorem ferre Weber (*verand. Rusland*, I, p. 22).
10. *Mém. de l'Acad.* 1747. Multos non ultra grad. 36 tolerare (*Mém.* 1752, p. 637.) aut 107 grad. Fahr. (Plancus, *loc. cit.*).
11. *Mémoir.* 1752, p. 636.
12. In balneo vaporis prima die vix 6 minutis durant et pene diffluunt, inde ad 15 minuta edurant. (Springsfeld. *it. Carlsbad.* p. 262).
13. Etiam in Europæ æstubus nonnunquam homines et animalia subito pericrunt (Massa, *de febr. pestilent.* p. 145). Derham (*Phys. theol.* p. 17) die 8 Jul. 1707. Gamroni et homines pereunt, et canes (Kæmpfer, p. 721).
14. *Phil. Trans.*, n. 487.

Assurément — et on verra plus loin quelles sont nos exigences — ces indications bibliographiques ne sont pas encore tout à fait irréprochables; mais elles témoignent au moins d'un immense effort d'érudition, que nos contemporains auront peine à égaler.

Quand on a fait une grande découverte, on a le droit d'être sans érudition; mais c'est à peu près le seul cas où il est permis, quand on écrit un mémoire sur telle ou telle question spéciale de physiologie, de ne pas connaître et de ne pas mentionner les travaux antérieurs.

Dans un traité classique, dans un ouvrage encyclopédique, la bibliographie est plus nécessaire encore que lorsqu'on écrit un mémoire original.

Cependant, malgré l'importance qu'il y a à adopter une bonne méthode bibliographique, il est fort rare que ce sujet ait été encore traité dogmatiquement. Pour ma part je ne connais pas d'ouvrage où la méthode à suivre en bibliographie ait été exposée d'une manière didactique. C'est cette lacune que je tâcherai de remplir en formulant quelques règles assez simples.

Règles techniques. — Je commencerai par les règles techniques, typographiques pour ainsi dire. Ce ne sont pas toujours les plus faciles à observer.

A. *Livres.* — D'abord il faut, quand on fait une citation, indiquer exactement non seulement le nom de l'auteur, mais encore l'ouvrage, avec le titre complet, l'année où le livre a paru, etc.

Si, par exemple, on veut rapporter les expériences de CLAUDE BERNARD sur la température du sang, il ne faudra pas se contenter d'écrire: *Leçons sur les liquides de l'organisme;* mais bien donner des indications plus complètes, et écrire : *Leçons sur les liquides de l'organisme* (1859, I, 50-162).

A vrai dire, ce n'est pas parfait encore; car le titre donné n'est pas tout à fait exact, et le vrai titre est : *Leçons sur les propriétés physiologiques et les altérations pathologiques des liquides de l'organisme.* Si donc on veut être tout à fait précis, on donnera le titre entier; et je pense qu'il faut toujours faire ainsi; car, si on laissait la fantaisie se donner libre cours, on finirait par transformer les titres des ouvrages qu'on cite, et il est impossible de savoir où l'on s'arrêterait dans cette altération.

Cependant, dans certains cas exceptionnels, quand il s'agit d'un livre absolument classique comme le livre de CLAUDE BERNARD, et que nulle équivoque n'est possible, on ne fera pas une très lourde faute en écrivant : *Leçons sur les liquides de l'organisme;* ou même en abrégeant typographiquement : *Leç. sur les liq. de l'org.*, ou encore : *Liq. de l'org.* Mais, comme on est déjà trop tenté de faire ces abréviations dangereuses, il est certain qu'il y a tout intérêt à mentionner le titre exact du volume, ne fût-ce que pour bien établir qu'on a tenu le livre entre ses mains.

Il est évident d'ailleurs que certaines abréviations qui n'entraînent aucune équivoque peuvent être faites. Ainsi on peut écrire : *Leç. sur les propriétés physiol. et les altérations patholog. des liquides de l'organisme.*

Il faudra aussi donner toutes les indications qui se trouvent dans le titre de l'ouvrage cité. Ainsi, pour le Traité de physiologie de LANDOIS, il faudra écrire : LANDOIS (L.), *Traité de physiologie humaine comprenant l'histologie et l'anatomie microscopique et les principales applications à la médecine pratique* (trad. sur la 7me éd. allem. par MOQUIN TANDON (G.), 8°, Paris, Reinwald, 1893, 1013 p., 356 fig.).

Deux cas peuvent se présenter. Ou bien on cite un livre en général, comme donnant des documents sur l'ensemble de la question; et alors on se contente de mentionner l'ouvrage, sans autres indications que le nombre des pages; ou bien on veut rapporter une expérience précise, déterminée, limitée, et alors il faut indiquer exactement la page. Ainsi, si je veux parler de la chaussure exploratrice destinée à indiquer la pression du pied sur le sol, je ne me contenterai pas de signaler le livre de MAREY, mais j'indiquerai exactement la page où il en a fait la description (p. 119), et, s'il en a donné une figure, comme c'est le cas, j'écrirai finalement : MAREY (J.) (*La machine animale, locomotion terrestre et aérienne.* 4e édit., Paris, 1886, p. 119. fig. 19) a décrit un appareil qui permet d'explorer la pression du pied sur le sol.

A la rigueur, quand il s'agit d'un livre très connu, classique, comme le *Traité de Physiologie* de BEAUNIS (H.) le HERMANN'S *Handbuch*, les *Leçons de* CLAUDE BERNARD, on peut se dispenser de mentionner le nom de la ville où le livre a paru, ainsi que le nombre de pages que contient l'ouvrage. Mais on est si facilement enclin à mutiler et à abréger les bibliographies qu'il vaut mieux se montrer sévère. A tout prendre, qui nous assure que, dans une quarantaine d'années, tout physiologiste saura que le *Traité de Physiologie* de BEAUNIS a paru à Paris; et le HERMANN'S *Handbuch*, à Leipzig? Je penche donc à considérer comme sinon nécessaire du moins très utile l'indication non seulement de la date, mais encore du lieu, du format, du nom de l'éditeur, du nombre de pages et du nombre de figures.

Souvent, en effet, il s'agit d'un livre ancien, ou peu classique et rare, ou d'une brochure de quelques pages, difficile à trouver dans le commerce, et alors toutes ces indications deviennent indispensables. Par exemple, pour les innombrables thèses de doctorat en médecine, qu'on passe à Paris, et dans beaucoup d'universités, et qui constituent

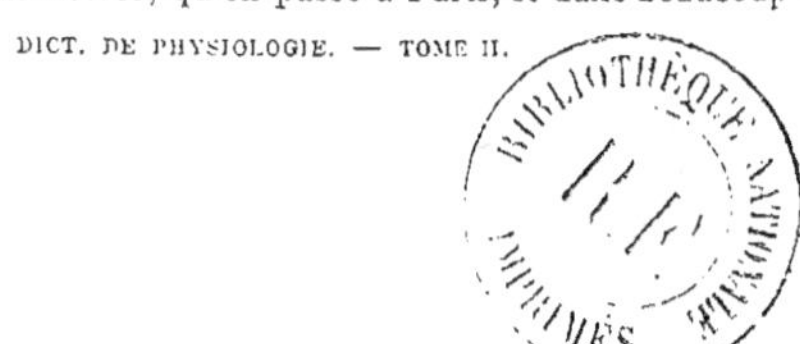

au bout de peu d'années des brochures parfois introuvables, il faut toujours mentionner le nom de l'éditeur. Par exemple j'écrirai HOUDAILLE (G.), *Les nouveaux hypnotiques*, 8°, Paris, J. B. Baillière, 1893, 240 p., 3 pl.

B. *Mémoires*. — Les détails techniques, peut-être trop minutieux, que nous venons de donner pour l'indication des livres, sont plus importants encore pour l'indication des mémoires ayant paru dans les journaux.

Naturellement les règles générales seront les mêmes, à cela près qu'il faudra, pour bien nettement distinguer le titre même du mémoire et le journal où il a paru, mettre entre parenthèses l'indication du journal.

1° *Le titre du mémoire devra être donné entièrement*. C'est là un point essentiel et qui est trop souvent oublié. Par exemple voici un mémoire de NORRIS WOLFENDEN (R.), intitulé *On the nature and action of the venom of poisonous snakes*. Eh bien! personne ne doit se permettre de supprimer les mots, en apparence inutiles, de *nature and action*. A la rigueur on pourrait s'abstenir de mettre *on the*, car évidemment cela n'ajoute rien d'essentiel : mais pourquoi faire cette suppression? Ce ne sera pas gagner beaucoup de place ou beaucoup de temps, et c'est s'engager dans une voie bien dangereuse, celle des mutilations; Il faudra donc écrire : NORRIS WOLFENDEN (R.), *On the nature and action of the venom of poisonous snakes* (*Journ. of Physiology*, VII, 327-364).

Il y a cependant un défaut à cette indication, et un défaut grave, c'est que l'année n'est pas indiquée, et, de fait, elle ne se trouve pas mise en tête du volume; mais je vois, dans une note placée au début de l'article de R. NORRIS WOLFENDEN, que ce mémoire a été lu à la *Royal Society* le 17 décembre 1885. Cela permet de réparer l'omission de la date, et, comme il est probable que le mémoire n'a paru que quelques jours au moins après la lecture à la *Royal Society*, on pourra écrire, faute d'indications plus exactes : (1885-1886).

Enfin, comme le travail de cet auteur a été fait au *Physiological Laboratory* de l'*University College* de Londres, on pourra, si l'on veut être tout à fait complet, ajouter cette indication parfois très utile. S'il y a des planches hors texte, on l'indiquera aussi. Mais ce n'est pas le cas dans le mémoire que je cite.

Enfin le mémoire de NORRIS WOLFENDEN est composé en réalité de deux notes bien distinctes. I. *The venom of the indian Cobra* (*Naja Tripudians*), pp. 327-356. — II. *A note upon the venom of the indian Viper* (*Daboia Russellii*), pp. 356-364. Mais cette double citation entraînerait peut-être trop loin; et il paraît qu'on sera à l'abri de tout reproche en écrivant: NORRIS WOLFENDEN (R.), *On the nature and action of the venom of poisonous snakes* (*Naia tripudians; Daboia Russellii*) (*Journ. of Physiology*. 1885-1886, VII, 327-364; *Roy. Soc.* 17 déc. 1885; *Physiological Laboratory University College London*).

Mais il y a peut-être un peu de luxe, et on sera correct encore si l'on supprime les mots *Naia tripudians, Daboia Russellii*, qui ne sont pas dans l'intitulé du mémoire en question. De même l'origine de ce travail peut n'être pas mentionnée, et, quelque utile qu'il soit, ce détail bibliographique n'est pas nécessaire.

Dans l'*Index Catalogue*, à la suite du titre du journal, on a mis l'indication de la ville où le journal a été édité. Cette indication est indispensable dans une bibliographie générale; elle ne l'est pas autant dans un livre de physiologie, surtout lorsqu'il s'agit d'un journal très connu.

Cependant, comme à tout prendre cette indication est peu de chose, qu'elle a été adoptée par l'*Index Catalogue*, qu'elle a été adoptée par l'Associat. franç. (*Congrès de Bordeaux*, 1895), il me paraît préférable d'ajouter le nom de la ville au titre du journal.

Donc, pour résumer, nous écrirons de la manière suivante le mémoire ci-dessus pris comme exemple : NORRIS WOLFENDEN (R.). *On the nature and action of the venom of poisonous Snakes* (*Naja tripudians; Daboia Russellii*) (*Journ. of Physiol., Cambridge*, 1885-1886, VII, 327-364) (*Roy. Soc.*, 17 déc. 1885. *Physiolog. Lab. University College*, London).

2° *Il faut donner dans leur langue originale les indications bibliographiques*. C'est là une règle qui ne souffre pas d'exception quand il s'agit d'auteurs français, allemands, italiens, anglais. Il me paraît inutile de démontrer la nécessité de cette proposition. On pourra, il est vrai, au texte original ajouter la traduction; mais cela paraît superflu. On doit admettre en effet qu'un savant qui écrit sur un sujet quelconque connaît l'anglais, le français, l'allemand, l'italien; car ces quatre langues sont absolument indispensables.

L'espagnol et le roumain, encore que le nombre des travaux écrits dans ces deux langues soit peu considérable, se rapprochent assez du latin, du français et de l'italien, pour qu'une traduction soit le plus souvent inutile, quoiqu'on ne puisse exiger d'un savant qu'il comprenne couramment, outre les quatre langues fondamentales, l'espagnol et surtout le roumain.

Quant au grec et au latin, ce sont langues anciennes, qui, actuellement encore, font partie des études qu'on exige des médecins. Par conséquent il faudra mettre les citations latines et les citations grecques dans ces deux langues. Cela s'applique aussi, bien entendu, aux très rares ouvrages scientifiques écrits en grec moderne.

S'il s'agit d'autres langues, une traduction sera nécessaire. Il y a parfois d'excellents mémoires écrits en danois, en suédois, en hollandais, en polonais, en hongrois. Il faudra alors donner dans la langue originale l'indication bibliographique tout entière, mais en la faisant suivre d'une traduction; car vraiment il serait un peu enfantin de supposer qu'un savant connaisse toutes ces langues. En somme il n'y a pas là de difficulté; car ces langues emploient l'alphabet romain. Dans quelques cas même, quand la compréhension est facile, on n'a pas besoin de faire de traduction.

A cet égard l'*Index Catalogue*, qui, pour toutes ces questions de bibliographie, est un modèle dont la perfection est presque décourageante, a résolu nettement la question, et avec un tact parfait. Ainsi, à l'article *Retina* (XII, 76) je trouve RETZIUS (G.). *Om membrana limitans retinae interna* (*Nord. med. Ark. Stockh.*, 1871, III, n° 2, 1-34. 1 pl.). *Bidrago till kannedomen om de inre lagren i ögats näthinna* (*On the inner-layers of the retina*) (*Nord. med. Ark. Stokh.* 1871, III, n° 4, 23-31). On voit que la première indication, qui se comprend d'elle-même, n'a pas été traduite, tandis que la seconde indication, difficile à comprendre quand on ne connaît pas la langue suédoise, a été traduite, mais en traduction abrégée.

En un mot la traduction des indications suédoises, polonaises, danoises, etc., est préférable; mais on peut dire qu'elle est facultative. En tout cas *il est indispensable de toujours donner le texte dans la langue originale.*

Pour la langue russe, une difficulté nouvelle se présente; non pas seulement à cause du vocabulaire même, absolument différent du vocabulaire des langues germaines et latines; mais parce que l'alphabet n'est pas le même. Il faudra donc transcrire le texte russe dans l'alphabet romain, puis en donner la traduction. C'est ainsi que procède l'*Index Catalogue*. Ainsi, à ce même article *Retina* (p. 72); je trouve KOSTENITCH (I.). *Razvitie palochek, kolbochek i narujuago jàdernago sloja v setchatke zarodysha cheloveka* (8°. Pétersbourg. 1887). Or il est fort heureux que l'*Index Catalogue* nous en donne la traduction (*Development of columnar rods, bulbous and external granular layers of retina in animal fœtus*), car sans cette traduction il est probable que beaucoup de savants d'Allemagne et d'Italie, comme de France et d'Angleterre, seraient réduits à ignorer absolument le sujet qu'a traité KOSTENITCH.

A vrai dire il est à désirer que les savants écrivant dans une langue qui n'est ni le français, ni l'anglais, ni l'allemand, ni l'italien, prennent le parti de donner la traduction de leur mémoire en une quelconque de ces langues. Parmi les physiologistes français et étrangers que je connais, je n'en vois guère qui soient en état de profiter d'un mémoire écrit en russe, ou en hongrois, ou en danois, ou en polonais. Si le triomphe d'une langue scientifique unique est à peu près impossible, puisque — malheureusement peut-être — le latin a été abandonné; au moins pourrait-on limiter à quatre le nombre des langues scientifiques le français, l'anglais, l'allemand, l'italien (et c'est exprès que je les range ainsi dans cette énumération). Écrire dans une langue qui n'est pas scientifique, c'est se condamner à rester à peu près ignoré.

Quand on mentionne un mémoire, publié dans un recueil, il ne suffit pas de donner la page qui commence le mémoire; il faut encore donner le nombre de pages; car cela peut fournir une indication précieuse. Il est clair par exemple qu'en voyant les deux mémoires suivants : SCHIFF (M.) *Uber die active Theilnahme des Magens beim Mechanismus des Erbrechens* (*Moleschott's Untersuch.*, *Giessen*, 1870, X, 353); et d'autre part KLEIMANN (A.) et SIMONOWITSCH (R.) *Experim. Untersuch. uber den Brechact.* (*A. g. P.*, 1872, V, 280), rien ne peut me faire connaître l'importance comparée de ces deux mémoires. Au contraire je donnerai un renseignement précieux en indiquant que le mémoire de M. SCHIFF a 52 pages, tandis que celui de A. KLEIMANN et R. SIMONOWITSCH n'en a que deux. (Je ne veux pas dire qu'on ne puisse en deux pages dire d'excellentes choses et mentionner d'importantes découvertes.)

Pour ce qui a trait à la notation exacte du journal, il convient d'adopter un ordre invariable : 1° la date, 2° la tomaison, 3° la page. On peut, d'ailleurs se dispenser d'indiquer : t. xv, p. 55; et mettre simplement en chiffres romains la tomaison, en chiffres arabes la page, ce qui sera suffisamment compréhensible. Ainsi j'écrirai : CONTEJEAN (CH.), *Contribut. à l'étude de la Physiol. de l'estomac* (*Journ. de l'An. et de la Phys.*, Paris, 1893, XIX, 94-136; 370-423; 4 pl.)

Souvent la tomaison est difficile à indiquer; car il y a des séries successives, parfois d'une assez grande complication, comme par exemple dans les premières années des *Bulletins de la Société chimique de Paris*. Il faut alors indiquer la tomaison et la série. Pour cela on ne saurait mieux faire que de suivre les indications données en tête du volume. Par exemple, je vois : MORAT (J. P.), *Nerfs et centres inhibiteurs* (*Arch. de Physiol.*, Paris, 1894, 5me série, t. VI, 26e année, pp. 7-18, 5 pl.). Or il est assez inutile d'encombrer la bibliographie en mettant 26e année; et il faudra simplement mettre entre parenthèses le n° de la série; et écrire (*Arch. de Physiol.*, Paris, 1894, (5), VI, 7-18, 5 pl.).

Il paraît aussi qu'il est inutile d'indiquer dans quel fascicule se trouve le numéro en question; mais, quand il s'agit d'un journal hebdomadaire, ou d'une séance de société savante, il est bon de mettre la date exacte à laquelle se rapporte l'indication bibliographique, sans que cependant ce soit indispensable. Ainsi soit comme citation : GLEY (E., *Sur la polypnée des chiens thyroïdectomisés* (*Comptes rendus des séances de la Soc. de Biol.*) Paris 1893, (9), V, 515); je pense qu'il sera bon de mettre la date et d'écrire (*Comptes rendus des séances de la Soc. de Biol.*, Paris, 13 mai 1893, (9), V, 515). En effet, dans certaines revendications de priorité, il n'est pas du tout indifférent qu'un travail ait paru en mai ou en juillet de la même année.

Quelquefois on connaît un mémoire uniquement par le tiré à part. La pagination n'est pas la même que celle du recueil où il a paru. On ne peut guère demander au bibliographe de recourir au recueil même, souvent difficile à consulter. Il faut alors se contenter d'indiquer qu'il s'agit d'un tirage à part. Ainsi par exemple j'écrirai : BOURQUELOT (E.), *Recherches sur la fermentat. alcool. d'un mélange de deux sucres* (*Ann. de Chim. et de Phys.*, oct. 1886, (6), IX, tir. à p. 31 p.). Si je puis donner ces indications, c'est parce qu'elles ont été mises par l'imprimeur à la fin et au début du tiré à part (comme cela se fait presque toujours). N'ayant pas pu donner la page à laquelle le mémoire a été imprimé dans les *Annales de Chimie et de Physique*, je donne deux autres indications, j'écris octobre; et je fais mention du nombre de pages : 31 p.

Il faut faire remarquer que parfois ces indications données sur les tirés à part sont insuffisantes; il serait désirable assurément qu'il n'en fût pas ainsi, et qu'en faisant la bibliographie, on fît la vérification dans le recueil même; mais ce serait peut-être se montrer un peu trop exigeant.

Enfin il y a souvent des brochures tirées à petit nombre, ne contenant que quelques pages, et n'étant pas des tirés à part, c'est-à-dire n'ayant paru dans aucun recueil scientifique. Alors il faut mentionner la brochure, en indiquant le nom de l'éditeur, la date, le format et le nombre de pages (S'il n'y a pas de date, ce qui arrive encore quelquefois, on mettra en abréviation *s. d.*). On donnera en somme toutes les indications qui peuvent permettre de retrouver le mémoire en question. Ainsi je cite FELTZ (V.) et RITTER (E.), *Etude clin. et expérim. sur l'action de la bile et de ses principes introduits dans l'organisme* (Nancy, 1876, 8°, Berger-Levrault, 20 p.). Mais je vois que cette brochure contient un extrait de différentes notes communiquées à l'Académie des sciences, et cette indication est tellement utile, vu le peu de diffusion de cette brochure, sans doute assez rare, vu la grande publicité des *Comptes rendus de l'Ac. des sciences*, que je serai vraiment forcé d'ajouter à l'indication bibliographique précédente : *Extr. des Comptes rend. de l'Ac. des sciences de Paris*, 18 mai, 13 juillet, 14 déc. 1874; 8 mars, 2 nov. 1875; 6 mars, 6 juin 1876).

Il y a là, comme on voit, après les règles fondamentales que personne n'a le droit de transgresser, quantité de petites additions utiles qu'on peut faire, en se remémorant toujours que le vrai bibliographe doit, avant toutes choses, faciliter la tâche de ceux qui viendront après lui, et leur épargner erreurs et hésitations.

En principe on n'a pas le droit d'abréger le titre de tel ou tel recueil; on pourra bien évidemment écrire: *Arch. de physiol. norm. et path.*, Paris. au lieu d'*Archives de Physiologie normale et pathologique;* et *Centralbl. f. med. Wiss.*, au lieu de *Centralblatt für die medicinischen Wissenschaften*, Berlin; mais dans un ouvrage de longue haleine, comme un traité de physiologie, et à plus forte raison, dans un dictionnaire comme ce Dictionnaire de physiologie, on pourra faire quelques abréviations pour les recueils fréquemment cités. Ainsi nous écrivons *A. d. P.* au lieu d'*Archives de Physiologie*, et *C. W.* au lieu de *Centralblatt für die medicinischen Wissenschaften*.

Au dernier congrès international de physiologie, à Berne, 1895, on a adopté, à la suite d'un rapport que j'ai présenté au nom de Bowditch, H. Kronecker et A. Mosso, les principes généraux suivants pour abréviations de titres, dans les journaux principaux consacrés partiellement ou totalement à la physiologie. Ces titres reviennent sans cesse, dans les citations, et par conséquent l'abréviation serait une vraie économie, et parfaitement légitime, si, chaque année en tête du journal, on la répétait. Bien entendu il ne fallait pas multiplier ces citations abrégées, et nous avons pensé que quinze suffisaient.

1. *Archives de Physiologie normale et pathologique* (Paris) . . . . *A. d. P.*
2. *Archives italiennes de Biologie* (Turin) . . . . *A. i. B.*
3. *Archiv für die gesammte Physiologie* (Bonn) . . . . *A. g. P.*
4. *Archiv für experimentelle Pathologie und Pharmakologie*, (Leipzig, . . *A. P. P.*
5. *Archiv für (Anatomie und) Physiologie* (Leipzig) . . . . *A. P.*
6. *Archiv für pathologische Anatomie und Physiologie* (Berlin) . . . . . . *A. A. P.*
7. *Comptes rendus hebdomadaires des séances et mémoires de la Société de Biologie de Paris* . . . . *B. B.*
8. *Centralblatt für Physiologie* (Leipzig et Vienne) . . . . *C. P.*
9. *Comptes rendus hebdomadaires des séances de l'Académie des Sciences de Paris* . . . . *C. R.*
10. *Jahresberichte über die Fortschritte der Physiologie* (Leipzig, puis Bonn) . . *Jb. P.*
11. *Journal of Physiology* (Cambridge) . . . . *J. P.*
12. *Jahresberichte für physiologische Chemie* . . . . *Jb. C.*
13. *Sitzungsberichte der k. Ak. der Wissench. Wien* . . . . *Ac. W.*
14. *Zeitschrift für Biologie* (München) . . . . *Z. B.*
15. *Zeitschrift für physiologische Chemie* (Strasbourg) . . . . *Z. p. C.*

Ces abréviations ne sont pas tout à fait identiques à celles que nous avons adoptées pour le premier volume de ce dictionnaire; mais nous adopterons dorénavant la classification et la méthode du Congrès de Berne.

Une autre abréviation, nécessaire et très simple, consiste à ne pas indiquer les mots revenant sans cesse, in-8°, in-12°, etc. On conviendra de supprimer in, en mettant f°, 4°, 8°, 12°, 18°, etc.

Nous dirons plus loin, — car c'est un point d'une importance fondamentale — que l'on doit toujours recourir aux sources, et que, si, pour une cause ou l'autre, parce que c'est inutile ou impossible, on ne l'a pas fait, au moins faut-il ne pas induire en erreur le lecteur; et dire qu'on a cité non d'après l'original même, mais d'après tel ou tel auteur, auquel on est forcé d'avoir recours pour ne pas avoir pu ou voulu consulter l'original. Ainsi, pour prendre un exemple, étudiant l'excitabilité du nerf vague, je ne dirai pas: « Dans le nerf pneumogastrique, sauf le cas où le nerf est encore très excitable, presque toutes les excitations, mécaniques, thermiques ou chimiques produisent un arrêt respiratoire dans l'expiration (Langendorff. in. v. Wittich. *Mittheil. aus dem Königsberger physiol. Laboratorium*, 1878, 33). » Mais je mettrai (Langendorff, cité par J. Rosenthal, *Physiolog. der Athembewegungen*, Hermann's *Handb. Leipzig*, 1880, iv a, 260). Il est même tout à fait superflu, dans un cas semblable, c'est-à-dire quand on n'a pas consulté l'ouvrage original, de citer les *Mittheil. aus dem Königsberger Labor.*; car il est clair que tout physiologiste possédant cette publication très spéciale aura à sa disposition un livre aussi classique que le Hermann's *Handbuch*.

Voilà pour les citations d'après tel ou tel auteur. Il en est tout à fait de même pour les analyses; et, quand il s'agira d'une indication bibliographique puisée dans un recueil analytique, comme la *Revue des sciences médicales*, ou le *Centralblatt für Physiologie*, il faudra mettre que c'est d'après une analyse qu'on parle de tel ou tel mémoire. Ainsi par exemple : « Verhoogen établit que l'hyoscyamine, injectée à une grenouille, perd une partie de sa toxicité dans le tissu hépatique, mais que le sang ne diminue pas son pouvoir toxique. » Je trouve ce fait dans une analyse donnée par la *Revue des sciences médicales ;* et alors j'écrirai ainsi l'indication bibliographique : Verhoogen (J). *Rech. sur la diffusion dans l'organisme de certaines substances toxiques ou médicamenteuses inject. dans le sang circulant* (an. *Rev. Sc. Méd.*, Paris, 1895, xlv, 80-81).

Un autre cas, enfin, assez commun, se présente. Beaucoup de recueils analytiques citent, sans aucune analyse, certains mémoires dont ils donnent l'indication bibliographique sans la faire suivre d'aucuns commentaires. Évidemment il n'y a aucun intérêt à indiquer qu'on a trouvé cette citation dans tel ou tel recueil, puisque en la copiant textuellement on donne tout ce que ce recueil a donné. Par exemple, je trouve dans l'*Index medicus* (1893, xv, 601) : Fodor (G.), *Uber die Schilddrüse* (*Pest. med. Chir. Presse*, Budapest, 1893, xxix, 561-564) ; nul besoin d'indiquer que j'ai pris le titre de ce mémoire dans l'*Index medicus*, puisque, en consultant ce recueil, on ne trouvera rien de plus que ce que je donne ici. Mais, d'autre part, il n'est pas permis de laisser croire que j'aie consulté ce mémoire de G. Fodor, si en réalité je ne l'ai pas eu entre les mains. On a parfaitement le droit d'indiquer, dans une liste bibliographique, un livre qu'on n'a pas consulté, à condition qu'on ne le laisse pas ignorer. Il faudra donc trouver un signe quelconque pour ne pas induire le lecteur en erreur. Je propose qu'on adopte à cet égard le principe suivant : qui est de mettre un astérisque en avant du nom de G. Fodor, qu'on écrira alors ainsi : *G. Fodor.

Quant à la place de l'indication bibliographique, il y a trois procédés : 1° la mettre immédiatement dans le texte même, à la suite du nom de l'auteur ; 2° la mettre au bas de la page avec un renvoi numérique ; 3° mettre un numéro d'ordre qui se réfère à une liste numérotée qu'on place à la fin du chapitre, ou du volume, ou de l'article.

Chacun de ces procédés a ses avantages et ses inconvénients. Cependant, en pareille matière, comme toute mesure uniforme devient bonne, par cela même qu'elle est universellement acceptée, nous prendrons le parti que le congrès de Zoologie et le congrès de Physiologie de Berne ont adopté, c'est-à-dire l'indication chronologique, de sorte qu'on mettra entre parenthèses la date du mémoire cité. A la fin, on donnera une table chronologique, qui, pour les travaux se rapportant à la même année, sera faite par ordre alphabétique.

Prenons un exemple : je suppose la bibliographie du Camphre. Je trouve pour les trois années 1892, 1883, 1894, les mémoires suivants, que j'écris ainsi :

1892. — *Prentiss (D. W.). *Poisoning by camphor.* (*Ther. Gaz.* Detroit. 1892, (3), viii, 106).

1893. — *Kunze (F.). *Zur therapeutischen Verwendung des Kampherweins* (*Allg. med. Centr. Zeit.* Berlin, 1893, lxii, 301).

1894. — *Chatterji (B. B.). *A case of camphor poisoning* (*Med. Reporter*, Calcutta, 1894, iii, 123).

*Robert (R.). *Pharmacology of the camphor group and of the ethereal oils* (*Med. Age*, Detroit, xii, 161-168).

Dans le cours de l'article **Camphre**, si j'ai à mentionner des travaux, j'écrirai Prentiss (1892), Kunze (1893), Chatterji (1894), et Robert (1894).

L'avantage évident de cette méthode est qu'il n'y a pas interruption du texte par la lecture des notes.

Si l'on tient à citer telle ou telle page d'un mémoire ou d'un livre, on écrira alors très simplement Robert (1894, p. 165) ; le premier chiffre se rapportant toujours à l'indication bibliographique mise à la fin de l'article.

Si l'on nous a suivi dans cette longue et minutieuse exposition, on voit qu'il se dégage quelques règles générales.

1° Indiquer, le nom de l'auteur, avec l'initiale de son prénom, le titre exact et complet de son livre ou de son mémoire, sans en rien changer, dans quelque langue qu'il ait été écrit, et quelle qu'en soit la longueur.

2° Indiquer, s'il s'agit d'un livre, la date et le lieu de la publication, avec le nombre de pages et le nombre de planches ; s'il s'agit d'un mémoire, indiquer le recueil où il a paru, avec la date, la tomaison, la page initiale et la page finale, et le nombre des planches et figures. Si, au lieu de citer l'ensemble d'un livre ou d'un mémoire, on cite seulement un fait déterminé, indiquer la page ou les pages dans lesquelles ce fait est mentionné.

3° Indiquer si l'on connaît cet ouvrage par la lecture de l'ouvrage même, ou par une citation, ou par une analyse, ou par une simple mention bibliographique.

4° Mettre par ordre chronologique, année par année, à la fin de l'article, les mémoires cités, et pour chaque année, adopter l'ordre alphabétique par noms d'auteurs.

Des mesures propres à faciliter la bibliographie. — Les titres des mémoires ont souvent l'inconvénient de ne rien dire, et par conséquent de rendre leur classification dans une table analytique absolument difficile. Il est donc de toute nécessité qu'un auteur, quand il donne un titre à son mémoire, indique explicitement le sujet.

Par exemple, à propos de la respiration, je trouve les titres suivants (*Ind. Cat.*, XII, 53) :

On Respiration. — *Sur la respiration pulmonaire.* — *Recherches physiques sur la respiration de l'homme.* — *On Some of the most important facts respecting respiration.* — *Fortgesetzte Untersuchungen über die Athmung der Lungen.*

Tous ces titres sont beaucoup trop vagues pour pouvoir être utiles à l'auteur qui veut chercher un renseignement précis. S'agit-il des échanges chimiques, de la mécanique respiratoire, de l'influence du nerf vague, etc.? Et puis quelle utilité à mettre dans le titre ces mots peu précis, comme : *Contribution à... Étude sur... Recherches expérimentales...*

Ce sont des allongements inutiles et par conséquent mauvais.

Il faut tâcher, dans chaque titre que l'on donne à son mémoire, de préciser le plus possible, en éliminant tout mot parasite. J'ai écrit un mémoire intitulé : *Recherches de calorimétrie;* j'aurais assurément mieux fait d'écrire : *Calorimétrie par le calorimètre à siphon;* ou simplement *Calorimétrie directe;* puisqu'il est évident qu'un mémoire sur la calorimétrie comporte des recherches nouvelles.

Des conditions d'une bonne bibliographie. — Une bonne bibliographie doit être *sincère*, *complète* et *limitée*.

Sur la *sincérité* et l'exactitude, nous n'avons pas à revenir; car, en exposant les règles pratiques, nous avons en somme donné les conditions de la loyauté bibliographique.

De bibliographie *complète*, il n'y en a pas, et il ne peut pas y en avoir : car les publications s'accumulent; elles sont devenues presque innombrables. Dans *l'Index Catalogue* (1892, XIII, 238-294), la liste des sociétés savantes et des sociétés médicales comprend 56 pages, ce qui représente à peu près 560 publications. En y ajoutant les journaux, recueils, revues de toutes sortes, on arrive à un millier. Évidemment il en est beaucoup d'inutiles; mais cela seul suffit à prouver qu'espérer faire une bibliographie complète c'est toujours une illusion.

Toutefois, en physiologie, il existe actuellement des recueils analytiques excellents, qui fournissent tant de documents qu'on sera presque assuré, si on les a consultés avec soin, de ne rien omettre d'essentiel.

Ces recueils bibliographiques ou analytiques sont principalement : 1° *Index Catalogue of the Library of the surgeon general's Office, Author's and subjects*; Washington, 1880-1894 (de A—V), XIV vol. Cette magnifique publication, supérieure à tout ce qui a été fait sur le continent, est, comme nous l'avons déjà dit, d'une perfection irréprochable. 2° *Index medicus, a monthly classified Record of the current medical Litterature of the world*, par John S. Billings *and* Robert Fletcher, Boston, 4°, 1878-1894, XVI vol. Elle paraît tous les mois par fascicules d'une centaine de pages. Comme dans *Index Catalogue*, la médecine y tient une place prépondérante; mais les ouvrages physiologiques y sont très exactement mentionnés; d'ailleurs la médecine et la physiologie se touchent de si près que, dans nombre de sujets physiologiques, un recueil médical est indispensable. 3° *Centralblatt für Physiologie, unter Mitwirkung der Physiologischen Gesellschaft zu Berlin*, par S. Exner et J. Gad (Plus tard (1895) *unter Mitwirkung der Physiologischen Gesellschaft zu Berlin und des physiologischen Clubs in Wien*, par J. Gad et J. Latschenberger (Leipzig et Vienne, 8°, 1887-1894, VIII vol.). Et actuellement cet excellent recueil contient des analyses détaillées des principaux mémoires de physiologie, et, en outre, environ quatre fois par an, une copieuse bibliographie sans analyse des documents moins importants (*ergänzende Literaturübersicht*). 4° *Revue des sciences médicales en France et à l'étranger, recueil trimestriel analytique, critique et bibliographique*, par G. Hayem, Paris, 8°, 1873-1894

XLIV vol.). Comme le *Centralbl. f. Phys.*, la *R. S. M.*, tout en donnant l'analyse des principaux mémoires de physiologie et de médecine, donne, par ordre alphabétique, ce qui est très précieux, des renseignements bibliographiques sans analyse, placés à la fin du volume, 5° *Jahresberichte uber die Fortschritte der Anatomie und Physiologie*, par Fr. Hofmann et G. Schwalbe; puis L. Hermann et G. Schwalbe (Leipzig, 8°, 1872-1891, XX vol.). Excellent recueil paraissant une fois par an, et dont la moitié était consacrée à l'anatomie. Depuis 1892 elle est dédoublée, de sorte qu'il y a pour lui faire suite *Jahresbericht uber die Fortschritte der Physiologie*, par L. Hermann (Bonn, 8°, 1892-1894, III vol.[1]). 6° *Jahresbericht über die Leistungen und Fortschritte der Anatomie und Physiologie*, par R. Virchow et Aug. Hirsch (Berlin, 8°, 1873-1894, XX vol.). Cette publication est en réalité plus ancienne : elle a fait partie de 1866 à 1873 du *Jahresbericht über die Leistungen und Fortschritte der gesammten Medicin*, par R. Virchow et Aug. Hirsch (Berlin, 8°, 1866-1873, XII vol.). Elle remonte plus loin encore, puisque c'est la continuation du *Jahresberichte über die Fortschritte der gesammten Medicin in allen Ländern*, par C. Canstatt (Erlangen, 8°, 1841-1865, LVI vol.). Ce recueil a été un des premiers recueils analytiques méthodiques où les ouvrages de physiologie aient été mentionnés d'une manière satisfaisante.

Voici donc six recueils analytiques qui permettront d'avoir, sur tel ou tel point de la science, des documents nombreux et exacts. Si l'on a consulté avec soin la table des matières qui est annexée à chaque volume, on peut être absolument sûr qu'on n'a omis aucun mémoire essentiel.

Il existe encore beaucoup d'autres recueils analytiques se rapportant non plus à la physiologie tout entière, mais à certaines parties de la physiologie; par exemple, pour la chimie physiologique, le *Jahresbericht über die Fortschritte der Thierchemie*, par R. Maly. Wiesbaden, 8°, 1871-1894; XXIII vol.), rendra de grands services. De même, pour l'optique physiologique, la psychologie normale et pathologique, la physique physiologique, la zoologie, on pourra consulter des recueils analytiques spéciaux. Mais, à vrai dire, il me paraît inutile de dresser cette longue liste, et je croirais volontiers que les six recueils mentionnés plus haut sont tout à fait suffisants.

On a vu, en regardant la date à laquelle le premier volume de ces ouvrages a paru, que, sauf pour *l'Index Catalogue* qui donne les travaux anciens et modernes, sauf pour le *Jahresb.* de Canstatt, qui a commencé en 1841, ces recueils ne portent que sur les travaux relativement récents, de 1872 à 1894. Or la science physiologique ne date pas de 1872. C'est une vérité très évidente, qui est cependant souvent méconnue. On ne peut donc pas se contenter des recueils analytiques.

Pour ce qui est de la bibliographie dans les siècles passés, il y a, avant tout, A. Haller. Comme nous l'avons dit plus haut, ses *Elementa physiologiæ* sont une œuvre de prodigieuse érudition, qui peut, selon toute vraisemblance, pour tout ce qui touche la bibliographie ancienne, être regardé comme absolument complet. Il faut ajouter à cet admirable ouvrage le *Catalogue des imprimés de la Bibliothèque impériale* (Sciences médic.) (Paris, 4°, 1857-1873, III vol.).

La bibliographie plus moderne, celle de 1780 à 1840, et surtout, celle qui est plus importante, c'est-à-dire celle de 1840 à 1872, ne peut être faite que dans les livres classiques, ou en consultant les tables des principaux recueils de physiologie.

Les livres classiques, traités de physiologie, encyclopédies, dictionnaires, contiennent de nombreuses indications, qui permettront le plus souvent de recourir aux sources. J'en citerai seulement quelques-uns, plus ou moins indispensables au physiologiste. Milne Edwards (H.), *Leçons sur la physiologie et l'anatomie comparée de l'homme et des animaux* (Paris, Masson, 8°, 1857-1881, XIV vol.). La physiologie comparée y est faite magistralement, et la bibliographie y est excellente. — Longet (F. A.), *Traité de Physiologie* (Paris, Germer-Baillière, 8°, 3e édition, 2e tir., 1873, III vol.). — Burdach (C. F.), *Traité de Physiologie considérée comme science d'observation* (trad. franç. par A. Jourdan. (Paris, J. B. Baillière, 8°, 1837-1841, IX vol.). — Wagner (R.), *Handwörterbuch der Physiologie*

1. Pour tous ces recueils analytiques les dates que nous donnons se rapportent non à la date de la publication, mais à la date de l'année où ont paru les mémoires analysés. Ainsi c'est en 1894 qu'a paru le *Jb. P. pour* 1892.

mit Rücksicht auf physiologische Pathologie (Braunschweig, 8°, 1842-1853, IV vol.).

Il conviendra d'ajouter quelques traités classiques plus modernes; surtout HERMANN (L.), *Handbuch der Physiologie* (Leipzig, Vogel, 8°, 1879-1881, VI vol.). — BEAUNIS (H.). *Nouveaux éléments de physiologie humaine comprenant les principes de la physiologie comparée et de la physiologie générale* (Paris, J. B. Baillière, 8°, 3e édit., 1888, II vol.). — VIERORDT (H.), *Anatomische, physiologische und physikalische Daten und Tabellen* (Iéna, G. Fischer, 8°, 1888 et 1895).

Ces trois ouvrages, écrits à des points de vue très différents, et possédant des mérites divers, peuvent être considérés comme achevant la liste des livres *indispensables*.

Ainsi la bibliographie fondamentale pourra être faite en se reportant aux ouvrages indiqués : 1° par les six recueils analytiques ou lexicographiques mentionnés plus haut; 2° par les ouvrages de A. HALLER, C. BURDACH, H. LONGET, H. MILNE EDWARDS, R. WAGNER, L. HERMANN, H. BEAUNIS, H. VIERORDT.

Si la bibliographie contemporaine comporte beaucoup plus de recherches que la bibliographie moins récente, c'est que les traités classiques ont éliminé en général les travaux inutiles ou insignifiants, et qu'il y a probablement peu de faits importants, ou de mémoires dignes d'être consultés, qui aient échappé aux auteurs ci-dessus mentionnés, qui ont écrit des Traités ou Encyclopédies de physiologie.

Toutefois, dans des cas spéciaux, le recours à d'autres ouvrages sera fort utile, parfois même nécessaire, et je me garderai de déconseiller des recherches bibliographiques plus étendues; car souvent, en consultant des livres moins lus que les traités classiques, on fait de véritables trouvailles. Mais, en réalité, avec les livres que j'indique, une bibliographie très riche sera déjà obtenue, et qui suffira, sauf exception, à presque toutes les exigences.

Quant à la manière de faire la recherche : les index et les tables la facilitent, de telle sorte qu'en quelques jours on arrive à terminer la bibliographie. Bien entendu, ce mot bibliographie signifie simplement indication des mémoires qu'il faut consulter. Bien rarement, sinon jamais, l'analyse donnée par un recueil analytique ne suffit à remplacer la lecture du mémoire original. Mais c'est déjà beaucoup d'avoir dressé la liste des mémoires originaux qu'il faut consulter pour être à même d'étudier complètement une question.

Pour chercher dans un index ou une table analytique, il faudra souvent se reporter à plusieurs titres. Soit par exemple à traiter l'influence de l'inanition sur les échanges respiratoires; il faudra chercher aux mots : **Inanition, Jeûne, Respiration, Nutrition, Chaleur, Assimilation**. Peut-être même faudra-t-il recourir à d'autres mots qui paraissent plus éloignés et n'avoir qu'un rapport indirect avec le sujet qu'on traite. Ainsi il faudra chercher à **Alimentation, Gaz du sang, Digestion, Faim, Anorexie, Température, Fièvre, Hystérie, Glycogénie, Hydrates de carbone, Système nerveux.**

Rapidement on verra dans l'index de chacun des livres analytiques consultés quels sont les mémoires se rapportant plus ou moins à la question.

La liste bibliographique qu'on dresse ainsi (pour soi-même, et non pour la publier) peut être plus vaste qu'il ne convient : c'est sans grand inconvénient, et on évite ainsi les omissions graves. Ce n'est pas un très dificile travail; car, sans peine, on arrive à pouvoir d'un coup d'œil parcourir une table analytique. Il y a là une mécanique spéciale dans la rapidité de la lecture qu'on acquiert très vite.

D'ailleurs si, dans la bibliographie qu'on fait ainsi, il se trouve des lacunes, elles seront bientôt comblées par les auteurs divers qu'on va consulter. Il est peu probable que des mémoires tant soit peu importants puissent ainsi échapper.

Voilà donc exposées les conditions nécessaires et suffisantes pour que la bibliographie soit complète. Une autre qualité est nécessaire : la bibliographie doit être *limitée.*

Deux cas se présentent. Ou bien on écrit un mémoire original, avec des expériences nouvelles, sur un point limité de la science : ou bien on écrit un travail didactique sur une question plus ou moins vaste; un livre, ou un article de dictionnaire.

La manière de faire la bibliographie est tout à fait différente dans les deux cas.

Supposons d'abord qu'il s'agisse, comme c'est le cas le plus fréquent, d'une question limitée sur laquelle ont porté les recherches originales; et qu'on veuille donner la bibliographie des travaux y afférents : et prenons un exemple quelconque; je suppose *les échanges respiratoires pendant le jeûne.*

D'abord, pour savoir ce qui a été écrit sur la question, je serai forcé de consulter beaucoup d'ouvrages; mais il faut bien se garder de faire participer le lecteur à ce dur travail, et *il ne faut donner que l'indication des mémoires traitant directement ce sujet spécial.*

Il est vrai que souvent on sera forcé de donner, comme points de repère, des chiffres se rapportant aux échanges à l'état normal. Or la bibliographie deviendrait alors considérable. Il sera bon alors de la faire pour soi-même; mais non de la reproduire dans le mémoire qu'on écrit. Les auteurs classiques (Regnault et Reiset, Pettenkoffer et Voit, Ranke, etc., cités dans les traités de physiologie) donnent de nombreuses indications qu'il serait fastidieux de reproduire. Donc, après avoir rapporté les chiffres principaux, qui représentent les échanges à l'état normal, on se contentera de mettre entre parenthèse les noms des auteurs qui ont adopté tel ou tel chiffre, en renvoyant pour les indications bibliographiques détaillées aux traités classiques, et aux bibliographies qui ont été faites sur ce sujet si vaste.

On aura donc à distinguer entre les livres qu'on a dû étudier, et les livres dont on doit donner la bibliographie. Souvent il faudra consulter trente mémoires pour ne donner l'indication que d'un seul. Autrement dit encore, en un sujet spécial, il ne faut donner que la bibliographie spéciale.

Celle-là devra être donnée complètement et exactement, sauf dans un cas. C'est lorsque le même sujet a été déjà traité par un autre physiologiste, et qu'il en a donné une bibliographie satisfaisante. A quoi bon transcrire les indications qu'il a données? Pourquoi encombrer un mémoire de citations qui ont été déjà imprimées? Le mieux en pareille matière est de renvoyer au mémoire antérieur, où la bibliographie est bien faite, en prenant soin de le dire, et d'en combler les lacunes, si on les trouve. Si j'écris en 1895 sur un sujet complètement traité (au point de vue bibliographique) en 1885; je n'aurai vraiment à donner que la bibliographie de 1885 à 1895.

Une bibliographie démesurée est tout aussi fautive qu'une bibliographie incomplète; et d'ailleurs, le plus souvent, ces longues bibliographies qu'on voit dans certains mémoires sont incomplètes, par cela même qu'elles sont démesurées.

En dehors du sujet limité qu'on traite, on se trouve bien souvent amené à parler de tel ou tel fait physiologique n'ayant qu'un lointain rapport avec le titre du mémoire. Dans ce cas il faudra être encore réservé dans la bibliographie. Si c'est un fait connu, classique, indiqué dans tous les traités, il n'est pas besoin de donner d'indication bibliographique. Je dirai par exemple que les animaux soumis à l'inanition meurent quand leur poids a diminué de 40 p. 100 (Chossat) et je n'irai pas mettre en note l'indication du mémoire célèbre et classique où Chossat a exposé ses expériences. A la rigueur, je pourrai même supprimer le nom de Chossat, tant le fait est connu. Mais, s'il s'agit d'un fait récent, non classique, que les principaux traités ne mentionnent pas, il sera bon non seulement de nommer l'auteur qui a démontré le fait, mais encore d'indiquer exactement le mémoire où la démonstration a été faite.

D'ailleurs, en pareille matière, il n'y a pas de règles précises, comme celles que nous avons formulées plus haut à propos de la technique. C'est affaire de tact plutôt que de principe. Chaque auteur peut comprendre la bibliographie à sa manière, à condition qu'il ne manque pas aux règles élémentaires de loyauté et d'exactitude.

Quand il s'agit de la composition d'un traité, d'un livre, d'un article de dictionnaire, il faut procéder un peu autrement que pour un mémoire original. On n'a pas le droit de passer sous silence la bibliographie ancienne. Par exemple, si l'on traite les échanges chimiques respiratoires, on ne peut pas omettre de citer les travaux d'Andral et Gavarret, Regnault et Reiset, Pettenkoffer et Voit, et de donner les sources exactes; car ce sont vraiment des œuvres fondamentales.

Cependant il faudra faire un choix; car on ne peut songer à citer sans critique et pêle-mêle tous les travaux qui ont été faits sur la question. Or c'est précisément ce choix parmi un grand nombre de mémoires qui constitue la manière de composer un livre; et nous n'avons pas la prétention de donner à des maîtres quelques conseils à cet égard. La seule prescription technique que nous nous permettions de faire, c'est que, lorsque tel ou tel fait, qui paraît digne de mention, se trouve relaté, on donne le nom de l'auteur, en même temps que l'indication bibliographique exacte, et cela avec d'autant plus de soin que le fait est moins connu, et que l'indication bibliographique est moins banale.

Il sera toujours utile de faire savoir, soit dans une note, soit dans le texte même, quels sont les auteurs précédents qui ont fourni sur ce sujet une bonne bibliographie, et alors d'y renvoyer pour de plus amples détails. Car souvent on est forcé de se restreindre et d'écrire en dix pages, dans un traité élémentaire de physiologie, par exemple ce qui pourrait comporter plus de quarante pages. Au moins peut-on en partie compenser cette brièveté nécessaire par l'indication de quelques ouvrages plus complets, aussi bien au point de vue de la bibliographie même qu'au point de vue des développements, théoriques, instrumentaux, ou expérimentaux.

Ce dont il faudra toujours s'abstenir, c'est de copier les bibliographies déjà faites. Il n'est pas de métier plus ingrat. Quand une bibliographie a été faite, et bien faite, il faut y renvoyer, et ne pas croire qu'on fait une œuvre utile en la copiant d'une manière plus, ou moins exacte.

Il est quelquefois nécessaire de donner à la fin d'un chapitre important une bibliographie plus ou moins étendue, difficile à consulter. Alors il faut séparer cette longue liste en plusieurs chapitres distincts, dont chacun est plus spécialement consacré à telle ou telle partie du sujet. Ainsi, pour la bibliographie des échanges respiratoires, il sera bon de faire des coupures dans lesquelles on mettra, je suppose, *Méthodes et procédés techniques.* — *Influence du système nerveux.* — *Échanges respiratoires en général.* — *Influence des mouvements et des contractions musculaires.* — *Influence des aliments.* — *Influence de la température extérieure*, etc. Dans *Index Catalogue* on trouvera de bons exemples de bibliographie par chapitres; cette méthode exige plus de travail, mais elle facilite beaucoup la tâche de ceux qui consultent l'ouvrage.

Pour les ouvrages destinés aux élèves, la bibliographie doit être traitée bien autrement que lorsqu'il s'agit d'une bibliographie destinée à des physiologistes. Avant tout elle doit être courte. Alors il faudra faire connaître les livres qu'un étudiant aura profit à consulter, et même qu'il pourra consulter. Ainsi, pour prendre toujours le même exemple des phénomènes chimiques de la respiration, nul besoin d'indiquer les nombreux mémoires portant sur des questions de détails. Ce qu'il faudra indiquer, et cela avec quelque soin, ce sont les livres, classiques ou non classiques, écrits en la langue nationale, dans lesquels l'étudiant pourra trouver le complément et le développement des parties, qu'on a été contraint, *brevitatis causâ*, de traiter d'une manière plus ou moins insuffisante. Ainsi, à propos des échanges chimiques respiratoires, je citerais volontiers, comme pouvant être lus avec plaisir et profit par des jeunes gens, le mémoire original de Lavoisier, qui est le point de départ de tout et la base de la physiologie; les leçons de J. B. Dumas (*Chimie physiologique et médicale*, 1846, 8°, Paris, 417-475); Gavarret, *Chaleur produite par les êtres vivants*, 1855, Paris, 12°, 141-545; et, pour les travaux plus récents, Viault (G.) et Jolyet (F.), *Traité de physiologie humaine* (2e édit. 1894, Paris, 8°, 434-466). Cette bibliographie n'a aucun point de commun avec celle qu'on devra donner dans un traité non élémentaire.

Mais, comme je l'ai dit déjà, autant il est permis d'être sévère quant aux conditions techniques qui sont des prescriptions invariables, autant toute règle est impossible, quand il s'agit d'un choix à faire entre les livres à citer ou à ne pas citer dans un manuel destiné aux élèves. Pour un traité destiné à des savants, je serais un peu plus exigeant, et je ne crois pas qu'on puisse se dispenser de citer, et de citer exactement, les mémoires ou les ouvrages auxquels on fait allusion dans le texte.

On nous pardonnera d'avoir osé donner ces conseils; pourtant on devine qu'ils s'adressent non aux maîtres, mais aux jeunes gens. Les maîtres n'ont pas de conseils à recevoir; tandis que les jeunes gens, perdus dans le flot de mémoires, de publications, de livres, que leur offre la science contemporaine, ne trouveront peut-être pas facilement les conseils pratiques que nous nous sommes permis de leur exposer ici.

Certes, c'est une assez lourde tâche que de présenter une bibliographie exacte et complète. Mais c'est un genre de travail auquel on finit par s'attacher passionnément; et, après un court apprentissage, on deviendra, pour peu qu'on ait quelque application, très bon bibliographe. Après tout, le génie des découvertes et l'éloquence du langage ne sont pas donnés à tous les savants; mais tous les savants ont le devoir de connaître plus ou moins les travaux de leurs prédécesseurs; et l'érudition, en physiologie, comme en les autres sciences, est absolument indispensable.

Bibliographie des traités de physiologie. — Nous croyons devoir donner, à titre de documents, la liste des principaux Traités didactiques de physiologie. Cette liste est faite en grande partie d'après l'*Index Catalogue* (1890, XI, art. **Physiology**, 244-284).

Au lieu d'adopter l'ordre alphabétique comme dans *I. C.*, nous avons suivi l'ordre chronologique. Pour les ouvrages qui se trouvent décrits dans *I. C.*, nous n'avons donné d'autre indication que le lieu de publication et la date. Les ouvrages non mentionnés dans *I. C.* sont au contraire indiqués avec le titre complet, et les autres mentions bibliographiques nécessaires. Un astérisque indique ceux que nous n'avons pas consultés nous-même, en dehors des indications fournies par *I. C.*

En général j'indique la dernière édition et l'ouvrage original (non la traduction).

Il n'est pas fait mention des ouvrages de physiologie populaire, non plus que des manuels destinés à l'enseignement primaire ou à l'enseignement secondaire. Sont omis aussi les soi-disant traités de physiologie philosophique, où la fantaisie des auteurs se donne libre carrière. De même nous avons laissé tous les ouvrages traitant, malgré leur titre, certaines parties de la physiologie, et non la physiologie tout entière.

Enfin nous ne citons pas les nombreux commentaires qui ont été, jusqu'au XVIIe siècle, écrits sur la physiologie d'Aristote, de Galien et d'Hippocrate.

E. Rudius (Venise, 1588). — *J. Brisianus. *Physiologiæ libri duo, quibus naturæ miracula miro ordine et doctrinâ explicantur* (Venise, Zenarius, 1596, 4°).

*J. Riolan. *Prælectiones in libros physiologicos et de abditis rerum causis* (Paris, Périer, 1601, 8°). — *J. Bordingus. *Physiologia denuo recognita et in communem studiosorum utilitatem nunc seorsim edita* (Rostock, Myliander, 1605, 8°). — *A. Kyper. *Anthropologia corporis humani contentorum et animæ naturam et virtutes, secundum circularem sanguinis motum explicans* (Leyde, Wijngarden, 1650, 4°). — A. Deusing. *Oeconomia corporis animalis in quinque partes distributa* (Groningue, 1660-1661, 12°, 5 vol.). — *J. T. Schenk. *Schola partium humani corporis, usum earumdem et actionem secundum situm, connexionem, quantitatem, qualitatem, figuram atque substantiam continens* (Iéna, Neuenhahns, 1664, 4°). — *G. W. Wedel (Iéna, 1680). — N. Hoboken. *Medicina physiologica ex recentiorum principiis accuratissimis, methodo clare et distincte exposita* (2e édit., Utrecht, de Vater, 1685, 4°). — *T. Craanen (Gand, 1685). — J. Bohn (Leipzig, 1686). — * J. B. Verduc. *Traité de l'usage des parties, dans lesquelles on explique les fonctions du corps par des principes très clairs fondés sur des observations de pratique et sur ce qu'il y a d'incontestable dans l'anatomie moderne, avec les organes des sens internes et externes* (Paris, d'Houry, 1696, 2 vol., 12°). — G. Cockburn (Augsbourg, 1696).

*J. Vest. *Oeconomia corporis humani, in quâ octo dissertationibus functiones pleræque et potiores facili et concinna methodo in usum studiosæ juventutis proponuntur, et ex suis causis deducuntur, opusculum et sua brevitate et utilitate medicinæ tironibus se maxime commendens* (Iéna, Ehrt [1700?], 8°). — D. C. Vater. *Physiologia experimentalis in usum academicæ juventutis, plurimis quæstionibus curiosis illustrata, et experimentis mechanicis, anatomicis, aliisque confirmata. Opera et studio* Abrah. Vateri (Wittemberg, Limmermann, 1712, 2e édit., 4°). — *G. P. Nenter. *Theoria hominis sani, sive physiologia medica, in quâ, expunctis minime necessariis, superfluis ac curiosis quæ vera artis medicæ fundamenta magis avertere quam confirmare solent, ea, quæ ad medicum ejusque scopum præcipue spectant, traduntur, et ex veris naturæ, in corpore humano agentis, principiis solide demonstrantur* (Strasbourg, Beck, 1714, 8°). — H. F. Teichmeyer. *Elementa anthropologiæ, sive theoria corporis humani in quâ omnium partium actiones ex recentissimis inventis anatomicis et rationibus, tum physicis, tum chimicis, tum denique mechanicis declarantur in usum auditorii sui* (Iéna, Bielck, 1719, 4°). — G. D. Coschwitz (Leipzig, 1725). — B. Robinson. *A treatise on the animal oeconomy* (Dublin, Ewing, 2e éd., 1734, 8°). — J. Juncker. *Conspectus physiologiæ medicæ* (Halle, 1735, 4°). — G. Behr (Strasbourg, 1736). — J. G. de Berger. *Physiologia medica sive de naturâ humanâ liber bipartitus* (2e édit., Francfort, B. Stock et Schilling, 1737, 8°, 100 p. et un index). — F. Hoffmann (Halle, 1738). — C. Hegardt (Londres, 1741). — F. Stochr (Heidelberg, 1742). — *Fr. Quesnay. *Essai physique sur l'économie animale* (Paris, 1743, 2e édit., 12°, 3 vol.). — *A. E Buechner. *Fundamenta physiolo-*

giæ ex physico-mechanicis principiis deducta (Halle, 1746, 4°). — *J. H. Schultze. *Physiologia medica, usus prælectionum accommodata* (Halle, 1747, 8°). — J. Lieutaud (Amsterdam, 1749 (et non 1849.) — G. Hamberger (Iéna, 1751). — *G. Heuermann. *Physiologie, contenant une description exacte des actions et des fonctions les plus importantes à la vie de l'homme* (Copenhague et Leipzig, Peet, 1751-1755, 5 vol. 8°). — B. Bertrand (Paris, 1756). — *M... *Eléments de physiologie, composés en faveur de ceux qui commencent à étudier en médecine* (Paris, Cavelier, 1756, 12°). — *C. Jahn. *Physiolog. méd. chir. allemande ou doctrine de l'homme, dans laquelle on expose ses parties essentielles, sa construction, la qualité du sang et sa circulation, la sécrétion des humeurs et la propagation du corps humain, le tout d'après les principes physico-mécaniques* (Dresde, Gerlach, 1756, 8°). — P. Hayl (Fulda, 1756). — A. Haller (Lausanne, 1757). — *Ch. Jenty. *A course of anatomico-physiological lectures on the human structure and animal oeconomy* (Londres, 1757, 8°, 3 vol.). — J. F. Dufieu (Lyon, 1763). — *Sigaud Delafond. *Leçons sur l'économie animale* (Paris, Delalain, 1767, 2 vol., 12°). — *H. Pomberton. *A course of physiology, divided into twenty lectures* (Londres, Nourse, 1773, 8°). — Grossin Duhaume. *Tableau de l'économie animale, ou Nouvel abrégé de physiologie concernant le mécanisme et l'organisation du corps humain* (Paris, Cellot, 1778, 12°). — T. Bordenave (Paris, 1778). — F. Cremadells (Rome, 1779). — H. Boerhave (Halle, 1780). — J. N. Jadelot (Vienne, 1782). — *C. Ludwig. *Institutiones physiologicæ* (Cologne, 1785, 8°). — L. Caldani (Venise, 1786). — W. Cullen (Venise, 1788). — T. Skeete (Londres, 1788.). — *A. Humonelli. *Elementi di fisiologia medica* (Naples, 1789, 5 vol. 8°). — *E. Platner. *Briefe eines Arztes uber den menschlichen Körper* (Leipzig, 1771, 8°, 2 vol.). — J. F. Metzger. *Grundriss der Physiologie* (Königsberg, 1777, 8°).

J. Autenrieth (Tubingen, 1801). — J. Dömling (Göttingen, 1802). — G. Prochaska (Vienne, 1802). — Q. Treviranus. *Biologie oder philosophie der lebenden Natur fur Naturforscher und Aerzte* (Göttingen, 1802-1806, 6 vol., 8°). — J. Meyer (Berlin, 1805). — P. Barthès (Paris, 1806). — C. Dumas (Paris, 1803). — F. Fodéré (Avignon, 1806). — P. Walther (Landshut, 1807). — *J. Heinroth. *Grundlage der Naturlehre des menschlichen Organismus* (Leipzig, 1807, 8°). — *F. Augustin. *Lehrbuch der Physiologie des Menschen, mit vorzüglicher Rücksicht auf neuere Natur philosophie und comparative Physiologie* (Berlin, 1809, 8°, 2 vol.). — F. Hildebrandt (Erlangen, 1809). — G. Jacopi (Pavie, 1809). — A. Yvey (Amsterdam, 1809). — *B. Mojon (*Leggi fisiologiche.* Gênes, Gravier, 2e éd., 1810, 8°). — R. Saumaren (Londres, 1813). — J. Wilbrand (Giessen, 1815). — *J. F. Pierer et N. Choulant. *Anatomisch physiologisches Realwörterbuch.* (1816 à 1829, 8 vol.). — J. Gordon (Edimbourg, 1817). — T. Ventosa (Madrid, 1818). — W. Lawrence (Londres, 1819). — H. Humans (Dordrecht, 1820). — J. Blumenbach (Göttingen, 1821). — L. Martini (Turin, 1821). — K. Rudolphi (Berlin, 1821). — L. Lenhossek (Vienne, 1822). — N. Adelon (Paris, 1823). — J. Grimaud (Paris, 1824). — S. Gallini (Padoue, 1827). — J. Hergenröther (Würtzbourg, 1827). — P. Hutin (Philadelphie, 1828). — H. Mayo, Londres, 1829). — P. Bland (Paris, 1830). — I. Bourdon (Paris, 1830). — F. Tiedemann (Darmstad, 1830). — C. Heusinger (Leipzig, 1831). — C. Sandras (Paris, 1831). — P. Gerdy (Paris, 1832). — De Blainville (Paris, 1833). — A. Richerand (Paris, 1833). — D. Eschricht (Copenhague, 1834). — *L. Broussais. *Traité de physiologie appliquée à la pathologie* (Paris, J. B. Baillière, 1834, 2 vol, 8°). — A. Brüggemann (Magdebourg, 1835). — K. Burdach (Leipzig, 1835). — A. Thomson (Edimbourg, 1835). — F. et J. Arnold (Zürich, 1836). — J. Fletche, (Edimbourg, 1836). — *R. Dunglison. *Human Physiology* (Philadelphie, 1836, 8°, 2 vol.). — F. Magendie (Paris, 1836). — I. Bischhoff (Vienne, 1838). — A. Dugès (Montpellier, 1838). — A. Sébastien (Groningen, 1838). — W. Alison (Londres, 1839). — J. Elliotson. *Human Physiology* (Londres, 1839, 8°, 1200 p.). — A. Lepelletier (Paris, 1839). — P. Roget (Philadelphie, 1839). — J. Müller (Côblence, 1840). — J. Mercer (Edimbourg, 1841). — R. Wagner (Leipzig, 1842). — G. Kürschner (Eisenach, 1843). — J. Bostock (Londres, 1844). — A. Fourcault (Paris, 1844). — L. Fränkel (Berlin, 1844). — D. Oliver (Boston, 1844). — J. F. Sobernheim (Berlin, 1844). — M. Medici. *Manuale di fisiologia* (Naples, Pasiello, 5e éd., 1845, 2 vol. 12°). — C. Carus (Leipzig, 1847). — M. Fränkel (Erlangen, 1847). — A. Berthold (Göttingen, 1848). — P. Bérard (Paris, 1848). — A. Dépierris (Paris, 1848). — G. Hamilton (New-York, 1849). — J. Wyman (New-York, 1849). — S. Tommasi (Turin, 1852). — J. Reese (Philadelphie, 1852). — K. Baumgartner (Stuttgart, 1853). — R. Wagner (Leipzig, 1854).

— J. Brachet (Paris, 1855). — G. Valentin (Brunswick, 1855). — J. Béraud (Paris, 1856). — F. Donders (Leipzig, 1856). — R. Dunglinson (Philadelphie, 1856). — R. Todd et W. Bowmann (Londres, 1856). — F. Bomicci (Pérouse, 1858). — M. Schiff (Lahr, 1858, inachevé). — A. Costa Simœs (Coimbre, 1861). — C. Ludwig (Leipzig, 1861). — K. Balogh (Pesth, 1862). — J. Shea (Londres, 1863). — C. Kolb (Stuttgardt, 1864). — P. Panum (Copenhague, 1865). — I. Setschenoff (Pétersbourg, 1866). — J. Foulton (Toronto, 1868). — J. Marshall (Philadelphie, 1868). — J. W. Draper (New-York, 1870). — T. Liégeois (Paris, 1870, inachevé). — J. H. Bennett (Edimbourg, 1872). — G. Colin (Paris, 1872). — J. Ranke (Leipzig, 1872). — J. Angell (New-York, 1873). — J. Bardon Sanderson (Londres, 1873). — F. A. Longet. *Traité de physiologie* (Paris, G. Baillière, 3e édit., 2e tir., 1873, 8°, 3 vol. de 760, 887, 956; 9, 70, 55 fig.). — *T. Martin. *Nouvel abrégé des éléments de physiologie* (Paris, 8°, 1873). — J. D. Steele (New-York, 1874). — J. Büdge (Leipzig, 1875). — *C. Vogt (*Lettres physiologiques*, Paris, 1875, 8°). — W. B. Carpenter (Philadelphie, 1876). — E. Cyon (Giessen, 1876). — M. W. Hilles (Londres, 1876). — *R. Gscheidlen. *Physiologische Methodik, ein Handb. der practischen Physiologie* (Brunswick, Vieweg, 1877, 8°). — C. Peyrani (Parme, 1877). — K. Vierordt (Tubingen, 1877). — F. Lussana (Padoue, 1878). — W. Wundt (Stuttgard, 1878). — L. Hermann (Leipzig, 1879). — Matsuyama Seiji (Tokio, 1879). — Schmidt-Mülheim (Leipzig, 1879). — *J. A. Fort. *Manuel de Physiologie humaine* (Paris, Delahaye, 12°, 1880). — W. Rutherford (Edimbourg, 1880). — E. Brücke. *Vorlesungen uber Physiologie, unter dessen Aufsicht nach stenographischen Aufzeichnungen herausgegeben* (3e édit., Vienne, Braumüller, I, 8°, 1881, 546, 81 fig.). — J. C. Dalton (Philadelphie, 1882). — Nagamatsu Tokai (Tokio, 1882). — F. Siegmund (Vienne, 1882). — O. Cadiat (Paris, 1883, inachevé). — R. Tigerstedt (Stockholm, 1883). — J. Béclard *Traité élémentaire de physiologie humaine* (Paris, 1e édit. 1884). — A. Brass (Leipzig, 1884). — O. Funke (Hambourg et Leipzig, 1884). — W. Preyer. *Eléments de physiologie générale*, trad. par J. Soury (Paris, Alcan, 1884, 8°, 314). — P. A. Anikieff (Pétersbourg, 1885). — A. Brückmüller (Vienne, 1885). — Bell (F. J.) (Philadelphie, 1885). — A. Gruenhagen. *Lehrbuch der Physiologie* (Hambourg, Voss. 1885, 8°, 250 fig.). — G. Paladino (Naples, 1885). — H. Power (Londres, 1885). — P. Albertoni et A. Stefani (Milan, 1886). — P. Bert (Paris, 1886). — B. Weinstein. *Handbuch der physiologischen Maassbestimmungen* (Berlin, Springer, 1886, 8°). — P. Bojarinoff (Pétersbourg, 1887). — H. C. Chapman (Philadelphie, 1887). — A. Garsella (Pise, 1887). — S. Rahmer (Stuttgart, 1887). — G. Albini (Milan, 1888). — H. Beaunis (Paris, 1888). — J. J. Pilley et J. Goodfellow (Londres, 1888). — Mac Kendrick (Glasgow, 1888). — M. Foster. *A text book of physiology* (Londres, Macmillan, 5e édit., 8°, I. 846 p., 92 fig.). — J. Roberston (Londres, 1888). — *F. Klug. *Traité de physiologie humaine* (en hongrois) (Budapest, société Franklin, 1888, 8°, 2 vol. de 552 et 611 p., 228 fig.). — W. S. Furneaux (Londres, 1888). — B. Harris et A. Power (Londres, 1888). — I. Munk (Berlin, 1888). — *A. Flint. *A Text book of human Physiology* (4e édit., Londres, Lewis, 1889, 8°). — L. Fredericq et P. P. Nuel. *Éléments de physiologie humaine, à l'usage des étudiants en médecine* (2e édit., Paris, Masson, 1889, 8°, 613, 258 fig.). — R. Rensone (Naples, 1889). — W. Ellenberger. *Vergleichende Physiologie der Haussäugethiere* (Berlin, Parey, 1890-1891, 8°, 2 vol. 877 p. 82 fig.). — W. Stirling. *Outlines of practical physiology, being a Manual for the physiological Laboratory, including chemical and experimental Physiology, with reference to practical medecine* (2e édit., Londres, Griffin, 1890, 8°, 325 p., 234 fig.). — *A. Fick. *Compendium der Physiologie des Menschen* (4e édit. Vienne, Braumüller, 1891, 8°, 76 fig.). — *Lahousse. *Manuel de physiologie humaine.* (Paris, Lecrosnier, 1891, 2 vol., 8°, 130 fig.). — *W. Mill. *A Text book of comparative physiology* (Londres, Hirschfeld, 1891, 8°). — *R. Œstreich. *Compendium der Physiologie des Menschen* (Berlin, Krager, 1891, 12°, 302 p., 76 fig.). — *R. M. Smith. *Physiology of the domestic animals* (Londres, Davis, 1891, 8°, 400 fig.). — *J. Steiner. *Grundriss der Physiologie des Menschen* (7e édit., Leipzig, Veit, 1891, 8°, 463 p.). — A. Waller. *An introduction to human Physiologie* (Londres, Longmans, 1891, 8°, 612 p., 293 fig.). — M. Duval. *Cours de physiology* (7e édit., Paris, J. B. Baillière, 1892, 8°, 750 p., 220 fig.). — L. Fredericq. *Manipulat. de physiologie, guide de l'étudiant au laborat. pour les travaux pratiques et les démonstrations de physiologie* (Paris, J. B. Baillière, 1892, 8°, 283 p., 191 fig.). — *J. Gad et F. Heymans. *Kurzes Lehrbuch der Physiologie des Menschen* (Berlin, Wreden, 1892, 8°, 62 fig.). — *L. Hermann. *Lehrbuch der Physiologie* (10e édit., Berlin, Hirschwald, 8°, 158 fig.).

— *Kirke. *Handbook of Physiology* (13e édit. du traité de W. Baker et V. Harris. Londres, Murray, 1892, 8°, 895). — J. V. Laborde. *Traité élémentaire de Physiologie, d'après les leçons pratiques de démonstrations, précédé d'une introduction technique à l'usage des élèves* (Paris, Soc. d'édit. scientif., 1892, 8°, i, 387 p., 155 fig.). —*L. Landois. *Lehrbuch der Physiologie des Menschen* (8e édit., Vienne, Urban et Schwartzenberg, 1892, 8°). — *Fr. Manning. *Physiology. A manual for students and practitioners* (Philadelphie, Léa, 1892, 12°, 213 p.). — *I. Munk. *Physiologie des Menschen und der Säugethiere* (3e édit., Berlin, Hirschwald, 1892, 8°, 623 p., 109 fig.). — *E. H. Starling. *Elements of human physiology* (Philadelphie, Blackiston, 1892, 12°, 437 p.). — P. Langlois et H. de Varigny. *Nouveaux éléments de physiologie, précédés d'une introduction*, par Ch. Richet (Paris, Doin, 1893, 12°, 947 p., 153 fig.). — H. Vierordt. *Anatomische, physiologische und physikalische Daten und Tabellen zum Gebrauche für Mediciner* (2e édit., Iéna, Fischer, 1893, 8°, 400 p. —*G. Yeo. *Ammanual of physiology* (6e *Ammeric. from the 3 revised Engl. edit.* Philadelphia. Blackiston, 1893, 12°, 759 p.). — F. Viault et F. Jolyet. *Traité élémentaire de physiologie humaine* (2e édit., Paris, Doin, 1894, 8°, 933 p., 401 fig.). — J. Bernstein. *Lehrbuch des physiologie des thierischen Organismus, im speciellen des Menschen* (Stuttgart, Enke, 1894, 8°, 754 p.) — M. Verworn. *Allgemeine Physiologie. Ein Grundriss der Lehre vom Leben* (Iéna, Fischer, 1894, 8°, 584 p.).

III. Index des principaux travaux des Laboratoires de physiologie publiés en volumes. — Les travaux des laboratoires de physiologie font parfois double emploi avec les recueils de physiologie. Parfois aussi ils contiennent des mémoires inédits, ou ayant paru dans des journaux peu répandus. L'ensemble de ces publications forme en tout cas une extrêmement intéressante bibliothèque physiologique. Nous ne mentionnerons ici que les principales.

Quelques-uns de ces recueils, parfois assez importants, sont des recueils factices composés des *tirés à part* de mémoires ayant paru ailleurs; avec un titre spécial à la première page. Je citerai par exemple les travaux des laboratoires de l'University College (Londres, par A. Schäfer et W. Halliburton, et par V. Horsley et R. Boyce) de Bologne, par P. Albertoni; de Pérouse, par G. Pisenti; de Pise, par Stefani; mais ils ne se trouvent pas en librairie, et il n'en existe que quelques rares exemplaires.

Baltimore. — *Studies from the biological laboratory* (1882-1893, 8°, 5 vol. Baltimore, John's Hopkins University), par H. Newell Martin et W. K. Brooks.

(La plupart de ces mémoires ont paru dans le *Journal of physiology*.)

Breslau. — *Studien der physiologischen Institut* (1858, 4°, Leipzig), par K. B. Reichert; et 1861-1868, 8°, Leipzig, Breitkopff et Härtel, par R. Heidenhain.

Heidelberg. — *Untersuchungen aus dem physiologischen Institute der Universität Heidelberg* (1878-1882, 8°, 4 vol. Heidelberg, C. Winter), par W. Kühne.

Édimbourg. — *Reports from the laboratory of the Royal College of physicians* (1889-1894, 8°, 5 vol. Édimbourg, Pentland), par J. Batty Tuke et Sims Woodhead, et, en 1894, par J. Batty Tuke et D. Noel Patin.

(Anatomie pathologique, médecine expérimentale et physiologie.)

Leipzig. — *Arbeiten aus der physiologischen Anstalt zu Leipzig* (1866-1894, 8°, Leipzig, Hissel, puis Veit, 28 fasc.) par C. Ludwig.

La plupart de ces mémoires ont paru dans les *Archiv fur Anat. Physiol. und medic. Wiss.*, et dans les *Arch. f. Physiol.* dont ils constituent un des éléments les plus importants.

Leyde. — *Onderzoekingen gedaan in het physiologisch Laboratorium der Leidsche Hoogeschool*, par C. Heynsius (1869-1884, 8°, Leyde [van Doesburg] 6 vol. en hollandais). — 2e série, par W. Einthoven, 1894.

Liège. — *Travaux du laboratoire de l'Institut de physiologie* (1885-1894, 8°, Paris et Liège, J. B. Baillière, 4 vol.), par L. Fredericq.

Manchester. — *Studies from the physiological laboratory of Owen's College* (1878, 1 vol. 8°, Manchester), par A. Gamgee; 1891 (1 vol. 8°, Manchester, Cornish), par W. Stirling.

Paris. — *Physiologie expérimentale. Travaux du Laboratoire (du Collège de France)*, (1875-1880, 8°, Paris, Masson, 4 vol.), par J. Marey.

Paris. — *Travaux du Laboratoire de physiologie de la Faculté de médecine* (1891-1894, 8°, Paris, F. Alcan, 3 vol.), par Ch. Richet.

Stockholm. — *Mittheilungen vom physiologischen Laboratorium des Carolinischen medico-chirurgischen Institute* (1882-1892, 8°, Stockholm, Norstedt, puis Leipzig, Veit, 8 fasc.), par Chr. Loven, puis R. Tigerstedt.

Utrecht. — *Onderzoekingen gedaan in het physiologisch Laboratorium der Utrechtsche Hoogeschool uitgegeven door,* F. C. Donders (1840-1892). (1re série, 1848-1856, 8 fasc. — 2e série, 1867-1870, 3 fasc. — 3e série, 1871-1889, 11 fasc. — 4e série, 1891-1895, 3 fasc. Utrecht, Breijer, 8°), par W. Engelmann et C. A. Pekelharing (en hollandais).

Würtzbourg. — *Untersuchungen aus dem physiologischen Laboratorium* (1853-1856, 1 vol.; 1867-1869, 2 vol.; 1872-1878, 4 vol., 8°, Leipzig, puis Würtzbourg), par A. Fick.

Il est évident que beaucoup d'autres recueils analogues pourraient être cités: mais il faut savoir se borner.

Sans entrer dans plus de détails, citons ceux de Beaunis (Paris), de Bernstein (Halle), de A. Fick (Zurich), de Jolyet (Bordeaux), de H. Kronecker (Berlin), de Laborde (Paris), de Livon (Marseille), de Mosso (Turin), ainsi que ceux des Laboratoires de physiologie de Karlsberg (Copenhague), de Bergen, de Cambridge, de Moscou, etc.

Index bibliographique des principaux recueils de physiologie[1].

A. — Recueils ayant cessé de paraître[2].

1° *Archiv für physiologische Heilkunde,* par W. Roser et C. Wunderlich (I-XV, 1842-1856, 15 vol.); (et I-III, (2), 1857-1859, 3 vol. 8°, Stuttgard).

2° *Beiträge zur Anatomie und Physiologie,* par C. Eckhard (I-XI, 1858-1885, 11 vol. 8°, Giessen).

3° *Journal de physiologie expérimentale et pathologique,* par F. Magendie (I-XI, 1821-1831, 11 vol. 8°, Paris).

4° *Journal de la physiologie de l'homme et des animaux,* par C. Brown-Séquard (I-VI, 1858-1883, 6 vol. 8°, Paris).

5° *Untersuchungen zur Naturlehre der Menschen und der Thiere,* par S. Moleschott (I-X, 1857-1870, 10 vol. 8°, Francf. a. M. et Giessen).

B. — Recueils en cours de publication.

a. — *Recueils exclusivement physiologiques.*

6° *Archives de physiologie,* par Brown-Séquard, Charcot et Vulpian (1868-1894; 1re série 1868-1873, 5 vol. — 2e série, 1874-1882, 10 vol. — 3e série, 1883-1887, 10 vol. — 4e série, 1888, 2 vol. — 5e série, 1889-1894, 6 vol.: en tout 35 vol.); en 1895 par Bouchard, Chauveau, Marey, 8°, Paris (*A. d. P*).

7° *Archiv für die Physiologie,* par Ch. Reil (1796-1815, 12 vol. 8°, Halle). — *Deutsches Archiv für Physiologie,* par J. F. Meckel (1815-1823, 8 vol. 8°, Halle et Berlin). — *Archiv für Anatomie und Physiologie,* par J. F. Meckel (1826-1832, 6 vol. 8°, Leipzig). — *Archiv für Anatomie, Physiologie und wissenschäftliche Medicin,* par J. Müller (1834-1876, 43 vol. 8°, Berlin et Leipzig), en 1876 par C. Reichert et E. du Bois Reymond. — *Archiv für Physiologie,* par E. du Bois Reymond (1877-1894, 18 vol. 8°, Leipzig). En tout, depuis l'origine, 87 volumes. C'est le plus ancien recueil physiologique. Un index, non analytique, mais alphabétique par noms d'auteurs, a paru en 1879 (*Verzeichniss der Abhandlungen in den Jahrgängen* 1834-1876. — Leipzig, Veit. 8°, de 43 p.). *A. P.*

8° *Archiv für die gesammte Physiologie der Menschen und der Thiere,* par E. Pflüger.

1. Il est assez difficile de dire où s'arrêtent les journaux de physiologie et où ils commencent. Il est des journaux de médecine, d'art vétérinaire, de physique, de chimie et d'histoire naturelle qui contiennent des mémoires de physiologie. Le *Biologisches Centralblatt,* quoique consacré plus spécialement à l'histoire naturelle, peut, à certains égards, être considéré comme un journal de physiologie. De même les *Annales de chimie et de physique* (surtout autrefois), les *Arch. de médec. vétérinaire,* le *Zeitschrift für Hygiene,* la *Revue d'Hygiène,* contiennent parfois de vrais mémoires de physiologie. Mais nous ne mentionnons ici que les journaux consacrés exclusivement à la physiologie expérimentale (normale ou pathologique).

2. Nous ne citons que les principaux. En effet quelquefois, au bout d'un an ou deux la publication a cessé; d'ailleurs l'importance de ces recueils passagers et anciens n'est en général pas très grande. Ceux que nous indiquons ici sont au contraire tout à fait excellents.

(1868-1896, 62 vol. 8°, Bonn). — Il a paru un Index des tomes 1 à 30, analyt. et alphabét. (*Register zum* I-XXX Band, 1885, 157 p.). *A. g. P.*

9° *Archives italiennes de Biologie*, par C. Emery et A. Mosso, 1882-1896, Paris et Turin, 8°, 22 vol. En 1894 par A. Mosso. Une table a paru en 1894 (*s. d.*). — *Table générale des matières* (alphabét. et analyt.) *contenues dans les vingt premiers volumes*, par G. Manca (8°, 173 p.) (*A. i. B.*).

10° *Comptes rendus des séances et Mémoires de la Société de Biologie* (1849-1896, Paris, 8°, 48 vol.). — 1re sér., 1849-1852, 4 vol. Les autres séries de 5 vol. en 5 vol. A partir de la 8e série, ce titre est *Comptes rendus hebdomadaires des séances, etc.* (*B. B.*).

11° *The Journal of physiology*, par Michael Foster (1878-1896. Londres et New-York, 8°, 19 vol.) (*J. P.*).

12° *Skandinavisches Archiv für Physiologie*, par F. Holmgren (1889-1896, Leipzig, 8°, 6 vol.).

13° *Zeitschrift für Biologie*, par W. Kühne et C. Voit (1864-1894, Munich et Leipzig. 8°, 30 vol., 1re série, 1864-1882, 18 vol. — 2e série, 1883-1896, 12 vol. (*Z. B.*).

14° *Zeitschrift für physiologische Chemie*, par E. Baumann et F. Hoppe-Seyler (1877-1896, Strasbourg, 8°, 19 vol.) (*Z. P. C.*).

C. — Recueils où l'anatomie et la pathologie expérimentale sont traitées en même temps que la physiologie.

1° *Annales de l'Institut Pasteur*, par E. Duclaux (1887-1896, Paris, 8°, 9 vol.).

2° *Archiv für pathologische Anatomie und Physiologie und für klinische Medicin*, par R. Virchow et B. Reinhardt (1847-1896, Berlin, 8°, 134 vol.) (*A. A. P.*).

3° *Archiv für experimentelle Pathologie und Pharmakologie*, par E. Klebs, B. Naunyn et O. Schmiedeberg (1873-1896, Leipzig, 8°, 36 vol.). En 1894, par B. Naunyn et O. Schmiedeberg (*A. P. P.*).

4° *Archives de médecine expérimentale et d'anatomie pathologique* (1889-1896, Paris, 8°, 7 vol.).

5° *Archives des sciences biologiques publiées par l'Institut impérial de médecine expérimentale à Saint-Pétersbourg* (En russe et en français, 1892-1896, Saint-Pétersbourg, 4°, 4 vol.).

6° *Archives de Biologie*, par E. Van Beneden, et Ch. Van Bambeke (1880-1896, Gand, Leipzig et Paris, 8°, 14 vol.).

7° *Comptes rendus des séances de l'Académie des sciences* (Paris, Mallet-Bachelier, puis Gauthier-Villars, 4°, 1835-1896, 122 vol.). Trois volumes de tables ont paru; une table des auteurs, puis une table analytique des matières (*Table générale des comptes rendus des séances de l'Académie des sciences*, 1er vol., 1853, 4°, Paris, Mallet-Bachelier de 1018 p., table des tomes I à XXXI, de 1835 à 1850. — 2e vol., 1870, 4°, Paris, Gauthier-Villars, de 1354 p., table des tomes XXXII à LXI, de 1851 à 1865. — 3e vol. 1888, 4°, Paris, Gauthier-Villars, de 1599 p., table des tomes LXII à XCI, de 1866 à 1880).

La physiologie n'a qu'une part assez restreinte dans cette admirable publication, car les Mathématiques et la Chimie y prennent une place prépondérante; mais parfois on y trouve des notes physiologiques de grand intérêt.

8° *The Journal of Anatomy and Physiology*, par G. M. Humphry et W. Turner (1866-1896, Cambridge et Londres, 8°, 29 vol.).

9° *Journal de l'Anatomie et de la Physiologie de l'homme et des animaux*, par Ch. Robin, (1864-1896, Paris, 8°, 32 vol.; — en 1886, par G. Pouchet; en 1894, par M. Duval).

10° *Sitzungsbericht der kaiserlichen Akademie der Wissenschaften. Mathematisch. naturwssenschaftliche Classe. Dritte Abtheilung. Enthält die Abhandlungen aus dem Gebiete der Physiologie, Anatomie, und theoretischen Medicin* (Vienne). (Ak. IV.)

A cette liste sommaire il conviendrait peut-être d'ajouter quelques recueils médicaux, mais où la physiologie trouve aussi place; recueils mensuels ou trimestriels, *Rivista di freniatria et di medicina legale; Zeitschrift für klinische Medicin; Archivio per le scienze mediche; Archives générales de médecine; Brain*, et les recueils hebdomadaires; *Lancet; British medical Journal; Berliner klinische Wochenschrift; Revue Scientifique; Semaine médicale; Riforma medica.*

Classification décimale de la Physiologie. — Nous croyons devoir donner ici le système de classification décimale d'après la méthode de MELVIL DEWEY (*Decimal classification and Relativ Index*, 8°, 1894, Library Bureau, Boston, 593 p., 5e édit.) et *Organ. scientif. de la bibliogr. internat.*, 1896. Off. intern. bibliogr. de Bruxelles.

Nous avons, de concert avec quelques-uns de nos collègues de la Société de Biologie, R. BLANCHARD, G. BONNIER, BOURQUELOT, DUMONTPALLIER, DUPUY et MALASSEZ, agrandi le cadre des indications fournies par M. DEWEY, de sorte que, selon toute apparence, pour une classification méthodique et générale de la physiologie, cet index peut suffire.

Je n'ai pas à entrer dans le détail du système, il suffira de noter quelques points essentiels.

C'est d'abord que la liberté de classification n'était pas entière, puisque le système de DEWEY existait déjà, et que, sous peine d'arriver à une anarchie absolue, il était nécessaire de le conserver intégralement, en y ajoutant, peut-être; mais en tout cas sans y rien modifier. A vrai dire, l'inconvénient n'est pas aussi grand qu'on l'imagine; car toute classification est nécessairement arbitraire et artificielle, quelque excellente qu'on la suppose. Il va de soi que cette classification que nous donnons ici, adoptée par l'Institut bibliographique de Bruxelles, ne pourra être modifiée que par l'adjonction de certains numéros nouveaux; on pourra ajouter (à condition d'une entente avec l'Institut de Bruxelles), mais il sera impossible de modifier, sous peine d'aboutir à une inextricable confusion.

L'usage n'en est pas difficile. Cependant il nécessite une certaine attention.

Dans certains cas, rien n'est plus simple. Par exemple, je trouve l'indication bibliographique suivante : A. DAMEUVE. *Contribution à l'étude des mouvements de l'estomac chez l'homme. D. P.*, 1889, 8°, Ollier Henry, 73 p. Rien de mieux déterminé. Il suffira de se reporter à la table où on trouvera *Mouvements de l'estomac*, 327. La thèse de A. DAMEUVE prendra donc le numéro 612.327.

Mais souvent l'indication est plus délicate; car il est des questions connexes. Par exemple, si je trouve GALLERANI, G. *Resistenza della emoglobina nel digiuno* (*Ann. di chim. e di farm.* Milano, 1892 (4), XVI, 141-159), il sera nécessaire de mettre une double indication à hémoglobine (111.11) et à jeûne, inanition (391.1) (phénomènes chimiques de l'inanition). Si l'on veut donc être correct, il faudra faire deux fiches semblables et en écrire une qu'on mettra à hémoglobine (111.11) et une autre qu'on mettra à inanition (391.1).

A vrai dire, chaque indication décimale comporte un petit problème, intéressant à résoudre, et qui ne peut même jamais, sauf le cas des sujets absolument classiques, être résolu d'une manière absolument satisfaisante; surtout quand le titre et le sujet d'un mémoire ne comportent que des notions très générales. Je vois par exemple : *Relation des expériences faites sur un supplicié*, par CH. FAYEL. Sous quelle rubrique mentionner ces recherches qui portent sur l'irritabilité musculaire, l'action des muscles intercostaux, la persistance de l'irritabilité cardiaque, etc.? Ne pouvant l'indiquer à tous les chapitres, je le mettrai simplement à physiologie, 612, sans autre indication; ou, si je consens à faire trois, quatre, cinq indications par fiches, je les répéterai à 218 (action des muscles respirateurs), 172 (irritabilité cardiaque), 741.6 (irritabilité musculaire). Mais il faudra toujours, pour faire méthodiquement cette classification, avoir lu au moins l'analyse du mémoire.

S'il s'agit de faire une classification générale, universelle, il est clair que le numéro principal de l'indication décimale doit se rapporter à ce qui représente le mieux l'article en question. Par exemple soit un mémoire sur le traitement de l'hyperthermie fébrile dans la fièvre typhoïde par les bains froids, c'est évidemment à fièvre typhoïde (traitement) ou à bains froids que l'indication décimale devra être donnée, mais un physiologiste qui classe les fiches de sa bibliothèque ou de la collection de ses mémoires et de ses thèses aura le droit de classer cet article à chaleur, et c'est pour cela que nous avons cru devoir réserver dans la physiologie une place pour les affections médicales. Il y a, pour le cas spécial qui nous occupe, le chapitre 57. Fièvre et hyperthermies fébriles; nous mettrons donc l'article ci-dessus indiqué sous la rubrique 612.57, encore qu'il soit préférable pour un médecin de le classer à 616.927 (fièvre typhoïde).

De même, en zoologie, je trouve JOLYET. *Respiration des cétacés*. Un zoologiste classera ce mémoire à cétacés 599.5; mais un physiologiste préférera le classer à respiration, et de fait nous avons laissé pour chaque grande fonction une place à la physiologie comparée, de sorte que je classerai ce mémoire à mécanique respiratoire des mammifères 612.299.9; ou bien, s'il s'agit d'échanges gazeux plus que de mécanique respiratoire à 612.229.9.

Il faut songer aussi que, pour être complet, ou à peu près complet, il y a des doubles emplois nécessaires.

Par exemple, à physiologie du cœur, on ne pouvait omettre l'action du pneumogastrique sur le cœur (612.178.1). Mais, d'autre part, il faut mentionner aussi l'action de ce nerf sur le cœur à l'article pneumogastrique, de sorte que 612.819.911 fait tout à fait double emploi avec 612.178.1. De même encore on doit mentionner érection dans la physiologie des vaso-dilatateurs (612.184) et, d'autre part, à la physiologie des organes de la génération (612.612), et aux vaso-moteurs du système génital (612.187.612).

Mais cela ne nécessite pas l'emploi d'une double fiche; car tout physiologiste qui voudra étudier l'action du pneumogastrique sur le cœur cherchera ses documents aussi bien à pneumogastrique qu'à cœur.

Nous avons cherché, autant qu'il a été en notre pouvoir, à établir des séries parallèles. Ainsi les divisions générales de la physiologie sont celles qui concordent avec les autres divisions générales de la classification de Dewey. Un traité de physiologie sera 612.02; l'histoire de la physiologie sera 612.09; un traité sur la circulation du sang sera 612.102, et l'histoire de la circulation du sang 612.109; un traité sur le système nerveux 612.802; l'historique du système nerveux 612.809.

On remarquera aussi un certain parallélisme entre les chiffres. Ainsi les mémoires de physiologie comparée portent les chiffres zoologiques.

.111.97 Globules des Poissons.
.111.98 Globules des Reptiles et Oiseaux.
.111.99 Globules des Mammifères.
.767 Locomotion des Poissons.
.768 Locomotion des Oiseaux.
.769 Locomotion des Mammifères.
.829.7 Système nerveux des Poissons.
.829.8 Système nerveux des Oiseaux.
.829.9 Système nerveux des Mammifères.
.849.7 Œil des Poissons.
.849.8 Œil des Oiseaux.
.849.9 Œil des Mammifères.

La composition chimique normale des humeurs porte le dernier chiffre 1.

.313.1 Salive normale.
.321 Suc gastrique normal.
.331 Suc intestinal.
.357.1 Bile normale.
.461 Urine.
.421 Lymphe.

Pour les paires nerveuses les numéros sont parallèles.

.819.1 1re paire cranienne.
.819.2 2e paire cranienne.
.819.3 3e paire cranienne.

Le chiffre 6 indique en général la physiologie pathologique.

.111.6 Globules dans les maladies.
.186 Vaso-moteurs dans les maladies.
.313.6 Altérations pathologiques de la salive.
.326 Altérations pathologiques de l'estomac.
.346 Altérations pathologiques du pancréas.
.664.6 Lait dans les maladies.

Le chiffre 4 se rapporte souvent à l'action des poisons.

.834 Action des poisons sur la moelle.
.224 Influence des poisons sur les échanges.
.334 Action des poisons sur la sécrétion intestinale.

Le parallélisme absolu eût été avantageux, au point de vue mnémotechnique; mais il était impossible, d'abord parce que, dans le système de DEWEY, déjà établi,il n'existe pas, ensuite parce que les divers sujets ne comportent pas une classification identique.

Somme toute, une sorte de régularité a été obtenue, et l'effort de mémoire nécessaire pour retenir ces divers chiffres n'est pas très grand.

On a demandé souvent de quelle utilité pouvait être cette classification. Il ne me semble pas douteux qu'elle est considérable.

Pour classer les fiches et les notes bibliographiques, même si ce système ne devait être employé que d'un seul physiologiste, il serait très avantageux; car il a été médité et élaboré de manière à fournir une classification à peu près aussi bonne que toute autre. Mais son principal avantage n'est pas là. En effet, elle est générale, c'est-à-dire qu'elle ne sera pas employée par un seul physiologiste, mais par tous ses collègues. Tous ceux qui auront écrit une publication sur un sujet de physiologie pourront classer leur article au chiffre qui leur paraîtra préférable, tous les bibliothécaires auront adopté la même notation, et toutes les indications que tel ou tel physiologiste aura adoptées pour sa bibliothèque seront immédiatement utilisables à tous. En un mot, il pourra y avoir unité et entente dans l'étude bibliographique, indépendamment du pays et de l'époque, au lieu qu'actuellement tout est confusion.

Nous avons aussi pris le parti de laisser toujours, autant que cela était possible, quelques numéros en blanc, de manière à permettre une certaine extension à la classification, au cas où, comme cela est certain, à l'avenir, de nouvelles déterminations deviendraient nécessaires.

Très souvent, en physiologie, comme d'ailleurs dans les autres sciences, il y a des sujets ayant pour titre : *Rapports de la circulation avec la respiration. Influence de la chaleur sur les centres nerveux*, etc. On mettra entre parenthèses le second sujet indiqué. Si circulation est 1 et respiration est 2, l'influence de la circulation sur la respiration sera 1 (2). Inversement l'influence de la respiration sur la circulation sera 2 (1). Influence de la chaleur sur la sécrétion biliaire 59 (357.3). Dans quelques cas, les plus importants, et ceux qu'on peut prévoir, l'indication est mentionnée dans l'index. Ainsi l'action du système nerveux sur la sécrétion et la fonction salivaires, qui a été l'objet de nombreux mémoires, est indiquée 313.8, et, en précisant plus encore, 313.87.

Pour mieux faire juger, donnons quelques exemples pris au hasard, par exemple dans l'*Index medicus* (1890, XII, 382), nous voyons :

Ueber das Lecithin und Cholesterin der rothen Blutkörperchen; 111.19.
(Autres substances chimiques des globules rouges :)

Ueber das Hämoglobin gehalt des Blutes unter verschiedenen Einflüssen, insbesondere dem der Antipyretica; 111.4. (Action des poisons sur les globules.)

Beiträge sur Herzinnervation; 178. (Innervation du cœur.)

Sull' asione microbicida del sangue in diverse condizioni dell'organismo; 118.2. (Propriétés bactéricides du sang.)

Rapporto fra le azioni di inibizione e di accelerazione del cuore per compressione dell' addome; 175. (Fréquence des battements du cœur.)

Contribuzione farmacologica alla dottrina dell' attività della diastole; 171. (Mécanisme de la contraction du cœur) et 174. (Actions toxiques sur le cœur.)

Contribution à l'étude de la physiologie du foie. 35. (Foie.)

Beiträge zur Spaltung der Säure im Darm. 332. (Digestion intestinale, etc.)

En somme, la classification des mémoires des ouvrages de physiologie par le système décimal est extrêmement simple le plus souvent, et, dans les cas où elle est difficile, il est évident que le mémoire en question serait, avec toute classification, quelle qu'elle soit, fort difficile à classer.

Mais, si judicieux que soit l'indice proposé, le meilleur sera celui que donnera l'auteur lui-même; et c'est là qu'est vraiment la grande utilité future de la classification décimale. Il faut que chaque physiologiste fasse précéder son mémoire d'un numéro répondant à la table décimale, et en parfaite concordance avec les expériences ou les dées qu'il aura développées dans sa notice.

581.1. Physiologie végétale.

581.10. Généralités.

.101 Physiologie générale de la plante.
.101.0 Vie.
.101.1 Pesanteur et actions mécaniques.
.101.3 Électricité.
.101.4 Lumière et phosphorescence.
.101.5 Chaleur et température.
.101.6 Eau.
.101.7 Physiologie du développement.
.101.8 Action des anesthésiques et des poisons.
.102 Traités généraux.
.103 Méthodes de culture.
.103.1 Plantes vasculaires.
.103.5 Organismes inférieurs.
.108 Instruments et technologie.
.109 Historique.

581.11. Circulation.

.111 Absorption des liquides.
.112 Circulation des liquides.
.113 Circulation des gaz.
.115 Exsudation.
.116 Transpiration.
.116.1 Mécanisme et mesure de l'émission de vapeur d'eau.
.116.2 Influence de la chlorophylle.
.116.3 Influence de la lumière.
.116.4 Influence de l'humidité de l'air.
.116.5 Influence de la température.
.116.7 Chaleur absorbée.
.117 Influences extérieures sur la circulation.
.119 Pression interne.

581.12. Respiration.

.121 Mécanisme et mesure de l'absorption d'oxygène et de l'émission d'acide carbonique.
.122 Influence de la pression.
.123 Influence de la lumière.
.124 Influence de l'humidité.
.125 Influence de la température.
.126 Autres influences.
.127 Chaleur dégagée.

581.13 Nutrition.

.131 Aliment.
.131.11 Plantes carnivores.
.132 Assimilation chlorophyllienne.
.132.1 Mécanisme et mesure de l'émission d'oxygène et de l'absorption d'acide carbonique.
.132.3 Influence de la lumière.
.132.4 Influence de l'humidité.
.132.5 Influence de la température.
.132.6 Autres influences.
.132.7 Chaleur absorbée.
.133 Formation et répartition des réserves.

581 .134 Utilisation des réserves; digestion.
.134.1 Réserves amylacées.
.134.2 Réserves cellulosiques.
.134.3 Réserves oléagineuses.
.134.4 Réserves albuminoïdes.
.135 Sécrétion et excrétion.
.135.1 Laticifères.
.135.2 Canaux sécréteurs.
.135.3 Glandes et cellules sécrétrices.
.135.4 Nectaires.
.135.5 Produits secrétés.
.135.41 Essences et parfums.
.135.42 Résines.
.135.43 Gommes.
.135.44 Nectar.
.135.5 Influence du milieu extérieur.
.135.6 Autres influences.
.136 Dégénérescence et résorption partielle.
.136.1 Desquamation.
.136.2 Chute des feuilles.
.136.3 Chute des branches.
.136.5 Cicatrisation.
.137 Parasitisme.
.138 Symbiose.

581.14 Développement.

.141 Physiologie de la graine.
.142 Physiologie de la germination. (Voir 581.3.)
.143 Croissance.
.143.1 Influence de la pesanteur et actions mécaniques; géotropisme.
.143.3 Influence de l'électricité.
.143.4 Influence de la lumière; héliotropisme.
.143.5 Influence de la température.
.143.6 Influence de l'eau.
.144 Physiologie spéciale de la racine.
.145 Physiologie spéciale de la tige.
.146 Physiologie spéciale de la feuille.
.147 Physiologie spéciale de la fleur.
.147.1 Physiologie du développement de la fleur en fruit.
.148 Physiologie spéciale du fruit.
.149 Longévité, mort.

581.15 Variation.

.151 Polymorphisme.
.152 Adaptation à des causes isolées.
.152.3 Lumière.
.152.4 Eau.
.152.5 Température.
.152.6 Sol.
.153 Adaptation aux conditions naturelles.
.152.0 Climat.
.152.1 Altitude.
.152.2 Latitude.
.152.3 Littoral.
.154 Mimétisme.
.155 Métissage, hybridité.
.157 Variation de l'espèce.

581 .157.1 Variétés.
.157.2 Formes.
.158 Sélection.

581.16 **Reproduction.**

.161 Physiologie de la fécondation.
.162 Sexualité.
.163 Parthénogenèse.
.164 Pollinisation.
.164.1 Auto-fécondation.
.164.2 Fécondation croisée.
.165 Spores.
.166 Formes alternantes.
.167 Multiplication.
.167.1 Greffe.
.167.2 Bouturage.
.167.3 Marcottage.
.168 Hérédité.

581.17 **Physiologie cellulaire.**

.171 Physiologie du protoplasma.
.172 Physiologie de la membrane.
.173 Physiologie du noyau.
.174 Leucites.
.174.1 Corps chlorophylliens.
.174.2 Pigments.
.175 Suc cellulaire.
.176 Physiologie des tissus.
.175.1 Tissus conducteur.
.175.2 Tissus de soutien.
.175.3 Tissus de protection.

581.18 **Mouvements et sensibilité.**

.181 Mouvements protoplasmiques.
.182 Mouvements mécaniques.
.182.1 Déhiscence des anthères.
.182.2 Déhiscence des fruits.
.183 Mouvements et sensibilité des organes.
.183.1 Racine.
.183.2 Tige.
.183.3 Feuille.
.183.31 Influences extérieures.
.183.32 Renflements moteurs.
.183.33 Mouvements spontanés.
.183.34 Sommet des fleurs.
.183.4 Fleur.
.183.41 Influences extérieures.
.183.44 Sommeil des fleurs.
.183.5 Vrilles.
.183.6 Poils.
.184 Mouvements de la plante entière.
.184.1 Cils vibratils.
.184.2 Influences extérieures.

581.19 **Chimie végétale.**

.191 Nature chimique du sol.
.191.1 Sols naturels.

.191.2 Substances ajoutées au sol.
.192 Analyse de la plante.
.192.1 Analyse des cendres.
.192.2 Analyse organique.
.192.3 Analyse immédiate.
.193 Produits hydrocarbonés.
.194.1 Amidon, inuline.
.194.2 Sucres.
.194.3 Cellulose.
.194 Produits azotés.
.195.1 Chlorophylle.
.195.2 Aleurone.
.195.3 Tanin.
.196.4 Alcaloïdes.
.195 Matières colorantes.
.196 Autres produits.
.197 Diastases.
.198 Réactions internes.
.199 Physiologie des fermentations.

612. Physiologie animale[1].

612.0. Généralités.

.01 Théories et généralités sur la physiologie.
.011 De la méthode expérimentale.
.012 De la vivisection (v. aussi 614.22).
.013 De la vie et de la mort. Vitalisme.
.014 Physiologie des cellules et des organismes.
.014.1 Caractères et fonctions chimiques de la cellule.
.014.2 Caractères histo-morphologiques.
.014.3 Caractères physiologiques de la cellule.
.014.4 Action des agents extérieurs sur les organismes et le protoplasma.
.014.41 Action de la pression barométrique (v. aussi 612.27).
.014.42 Action de l'électricité. Électro-physiologie (v. aussi 612.743).
.014.43 Action de la température (v. aussi 612.59).
.014.44 Action de la lumière (v. aussi 612.849.1).
.014.45 Action des sons et des vibrations (v. aussi 612.858.76).
.014.46 Action des poisons et substances chimiques.
.014.47 Action des forces mécaniques.
.014.48 Autres agents physiques.
.015 Chimie physiologique en général (v. aussi 612.392).
.015.02 Traités de chimie physiologique.
.015.04 Discours, mélanges, essais.
.015.05 Journaux et Revues.
.015.07 Méthodes techniques.
.015.1 Ferments en général.
.015.2 Composition normale des organismes.
.015.3 Échanges chimiques (métabolisme) en général.
.016 Moyens d'attaque et de défense chez les êtres vivants.

1. Comme toute la physiologie porte le numéro 612, nous avons jugé inutile de le répéter. Il est clair que toute indication numérique doit être précédée du numéro 612. Ainsi .082 se lira 612.082, et .833.391, se lira 612.833.391. Mais, dans une bibliographie (ou une bibliothèque) exclusivement physiologique, on pourra supprimer le premier terme 612, qui se répète invariablement à chaque indication.

612.02 Traités généraux.
.04 Discours, mélanges, essais sur la physiologie.
.05 Journaux et Revues.
.06 Sociétés et Congrès de physiologie.
.07 Enseignement de la physiologie.
.071 Organisation des laboratoires.
.072 Méthode graphique en général.
.073 Autres méthodes de technologie physiologique.
.09 Historique.

612.1 Sang et circulation.

.109 Historique de la circulation du sang.
.11 Propriétés générales du sang.
.111 Globules rouges du sang.
.111.1 Composition chimique des globules.
.111.11 Hémoglobine (v. aussi 612.111.4 et 612.127).
.111.14 Carboxyhémoglobine. Action de CO sur le sang.
.111.15 Spectroscopie du sang (v. aussi 612.117).
.111.16 Méthémoglobine et dérivés (hématine).
.111.17 Isotoxie des globules.
.111.19 Autres substances chimiques des globules.
.111.2 Numération des globules.
.111.3 Formation des globules (v. aussi 612.119).
.111.4 Action des poisons sur les globules (v. aussi 612.111.14).
.111.6 Globules dans les conditions pathologiques.
.111.7 Autres globules, différents des hématies.
.111.9 Globules des divers vertébrés.
.112 Leucocytes.
.112.2 Mouvements et irritabilité des Leucocytes.
.112.3 Phagocytose et diapédèse.
.112.9 Leucocytes chez les divers animaux.
.113 Sang artériel.
.114 Sang veineux.
.115 Coagulation du sang.
.115.1 Fibrine. Propriétés chimiques.
.115.3 Substances qui modifient la coagulation.
.116 Quantité totale du sang.
.116.2 Hémorrhagie.
.116.3 Transfusion du sang.
.117 Couleur du sang (v. aussi 612.111.1).
.118 Autres propriétés du sang.
.118.1 Pression osmotique du sang (v. aussi .612.111. 17).
.118.2 Action toxique du sang.
.118.3 Propriétés bactéricides et antitoxiques du sang.
.118.5 Sérothérapie et hématothérapie.
.118.7 Sang des différents organes.
.119 Hématopoièse (v. aussi 612.111.3).
.12 Propriétés chimiques du sang.
.122 Hydrates de carbone et sucres du sang.
.123 Matières grasses du sang. Cholestérine.
.124 Albumines et Albuminoïdes (voir aussi 612.398.12).
.125 Matières azotées cristallisables.
.126 Sels minéraux.
.127 Gaz du sang.
.127.1 Technique pour le dosage des gaz.
.128 Autres matières chimiques du sang.
.129 Sang des divers animaux

612.13 Principes hydrauliques de la circulation.
.133 Circulation artérielle (v. aussi 612.143).
.133.1 Élasticité artérielle.
.133.2 Contractilité artérielle.
.134 Circulation veineuse (v. aussi 612.144).
.135 Circulation capillaire (v. aussi 612.145).
.14 Pression du sang.
.141 Technique pour mesure de la pression du sang.
.143 Pression du sang dans les artères (v. aussi 612.133).
.144 Pression du sang dans les veines (v. aussi 612.134).
.145 Pression du sang dans les capillaires (v. aussi 612.135).
.146 Influence de la respiration sur la pression du sang (v. aussi 612.214).
.148 Pression du sang dans la petite circulation.
.15 Vitesse de la circulation.
.16 Pouls.
.161 Description des sphygmographes.
.166 Pouls dans les maladies.
.17 Cœur.
.171 Mécanisme de la contraction cardiaque.
.171.1 Technique de la contraction cardiaque. Cardiographe.
.171.3 Système de clôture des valvules.
.171.5 Bruits du cœur.
.171.7 Ectopies cardiaques.
.172 Irritabilité et contractilité cardiaques.
.172.1 Rôle du sang et des artères coronaires. Anémie.
.172.3 Électrisation du cœur et période réfractaire.
.172.4 Pouvoir électro-moteur.
.173 Travail du cœur.
.174 Actions toxiques sur le cœur.
.174.1 Atropine.
.174.2 Anesthésiques.
.175 Rythme et fréquence des battements du cœur
.176 Cœur dans les maladies.
.178 Innervation du cœur.
.178.1 Pneumogastrique.
.178.2 Grand sympathique.
.178.3 Ganglions du cœur.
.178.4 Action de l'encéphale.
.178.5 Action du bulbe.
.178.6 Syncopes et réflexes cardiaques.
.179 Cœur et circulation dans la série animale.
.179.3 Cœur des Protozoaires.
.179.4 Cœur des Mollusques.
.179.5 Cœur des Arthropodes.
.179.6 Cœur des Batraciens.
.179.7 Cœur des Poissons.
.179.8 Cœur des Reptiles et Oiseaux.
.179.9 Cœur des Mammifères.
.179.91 Circulation de l'embryon.
.179.92 Circulation du fœtus.
.18 Vaso-moteurs.
.181 Action des nerfs et centres nerveux sur les vaisseaux.
.181.1 Action de l'encéphale.
.181.2 Action du bulbe.
.181.3 Action de la moelle.
.181.4 Action du grand sympathique.
.182 Influence des vaso-moteurs sur la pression artérielle.

612 .183 Vaso-constricteurs.
.184 Vaso-dilatateurs.
.186 Vaso-moteurs dans les maladies.
.187 Vaso-moteurs dans les organes.
.187.1 Changement de volume des organes.
.187.2 Vaso-moteurs du poumon.
.187.3 Vaso-moteurs de l'appareil digestif.
.187.31 Vaso-moteurs des glandes salivaires.
.187.32 Vaso-moteurs de l'estomac.
.187.33 Vaso-moteurs de l'intestin.
.187.35 Vaso-moteurs du foie.
.187.38 Action des vaso-moteurs sur l'absorption.
.187.39 Action trophique des vaso-moteurs.
.187.4 Action des vaso-moteurs sur les glandes.
.187.41 Vaso-moteurs de la rate.
.187.46 Vaso-moteurs du rein.
.187.5 Action des vaso-moteurs sur la température (v. 612.531).
.187.57 Vaso-moteurs dans la fièvre (v. 612.57).
.187.6 Vaso-moteurs du système génital.
.187.612 Érection.
.187.74 Vaso-moteurs des muscles.
.187.79 Vaso-moteurs de la peau.
.187.82 Vaso-moteurs du cerveau.
.187.83 Vaso-moteurs de la moelle.
.19 Action de divers organes sur la circulation.

612.2 Respiration.

.21 Mouvements respiratoires (Mécanique respiratoire).
.211 Pneumographie. Types respiratoires.
.212 Élasticité pulmonaire et pression intra-pleurale.
.214 Influence de la respiration sur la circulation (v. aussi 612.146).
.215 Contractilité pulmonaire et des bronches.
.216 Fréquence et rythme respiratoires.
.216.1 Bruits respiratoires.
.217 Action du diaphragme.
.218 Action des autres muscles inspiratoires et expiratoires.
.219 Autres phénomènes mécaniques.
.219.1 Effort.
.22 Échanges gazeux de la respiration (Chimie respiratoire).
.221 Technique des échanges gazeux.
.222 Influence de la pression barométrique (v. aussi 612.27).
.223 Influence de l'alimentation.
.225 Influence de la température.
.226 Échanges respiratoires dans les maladies et les intoxications.
.227 Influence des mouvements musculaires.
.228 Influence du système nerveux.
.229 Influence de l'espèce animale.
.229.1 Influence de la taille.
.229.2 Échanges gazeux des Invertébrés.
.229.6 Échanges gazeux des Batraciens.
.229.7 Échanges gazeux des Poissons.
.229.8 Échanges gazeux des Reptiles et des Oiseaux.
.229.9 Échanges gazeux des Mammifères.
.23 Échanges gazeux dans le sang.
.231 Air expiré.
.232 Asphyxie.
.232.2 Asphyxie par submersion.

612 .232.9 Asphyxie. Physiologie comparée.
.233 Respiration dans l'air confiné.
.234 Action toxique de l'acide carbonique.
.235 Théorie des échanges gazeux entre l'air et le sang.
.24 Capacité pulmonaire. Air résidual.
.25 Exhalation d'eau par le poumon.
.26 Respiration élémentaire des tissus.
.27 Influence de la pression barométrique sur les êtres vivants (v. aussi 612.014.41).
.271 Effets sur l'absorption d'oxygène et l'exhalation d'acide carbonique.
.273 Effets toxiques de l'oxygène.
.274 Action des pressions fortes.
.275 Action des pressions faibles.
.275.1 Mal de montagnes.
.275.2 Mal aéronautique.
.276 Action des pressions sur les fermentations.
.277 Effets de la décompression.
.279 Vie des animaux aquatiques aux grandes pressions.
.28 Influence du système nerveux sur la respiration.
.281 Action du cerveau et de la volonté.
.282 Action du bulbe. Nœud vital.
.284 Action des poisons sur les centres respiratoires.
.285 Apnée.
.287 Action des pneumogastriques.
.288 Réflexes respiratoires.
.29 Action des divers organes.
.299 Mécanique respiratoire chez les animaux.
.299.3 Mécanique respiratoire des Protozoaires. .299.4 Mécanique respiratoire des Mollusques, etc., comme .179.3, 179.4, .179.5, etc.

.612.3 Digestion en général.

.301 Théories de la digestion.
.302 Ouvrages généraux.
.309 Historique de la digestion.
.31 Bouche. Dents. Glandes salivaires.
.311 Mastication et préhension.
.312 Déglutition
.313 Glandes salivaires.
.313.1 Composition de la salive normale.
.313.2 Action de la salive sur les aliments.
.313.3 Sécrétion salivaire.
.313.4 Action des poisons (v. 615.741).
.313.41 Élimination des poisons.
.313.42 Action de l'atropine et de la pilocarpine.
.313.5 Relations entre la morphologie et l'excitation.
.313.6 Altérations pathologiques de la salive.
.313.61 Fistules salivaires accidentelles.
.313.63 Parasites et microbes de la salive.
.313.64 Calculs salivaires.
.313.69 Substances anormales.
.313.8 Action du système nerveux sur la sécrétion salivaire.
.313.82 Action du sympathique.
.313.87 Action de la corde du tympan (v. aussi 612.819.77).
.313.9 Glande sous-orbitaire.
.314 Venins salivaires et venins en général.
.314.1 Composition chimique.
.314.2 Action toxique.
.314.3 Immunité contre les venins.

612.32 Estomac. Suc gastrique. Vomissement.
.321 Composition normale du suc gastrique.
.321.1 Fistules gastriques expérimentales.
.321.2 Détermination de l'acide du suc gastrique.
.321.5 Pepsine.
.321.6 Labferment et présure.
.321.9 Autres éléments du suc gastrique.
.322 Action sur les aliments et digestion stomacale.
.322.1 Digestion de l'amidon.
.322.2 Digestion des sucres
.322.3 Digestion des graisses.
.322.4 Digestion de l'albumine.
.322.45 Nature et propriété des peptones (v. aussi 612.398.17).
.322.5 Propriétés antiputrescibles du suc gastrique.
.322.6 Action de la bile sur le suc gastrique (v. aussi 612.342.5).
.322.7 Absorption dans l'estomac (v. aussi 612.386).
.322.72. Absorption des sucres.
.322.73 Absorption des graisses.
.322.74 Absorption des albumines et des peptones.
.323 Sécrétion stomacale.
.323.2 Formation et disparition de la pepsine.
.323.3 Formation de l'acide chlorhydrique.
.323.4 Autodigestion de l'estomac.
.324 Action des poisons sur la sécrétion gastrique et élimination.
.325 Relations entre la morphologie et l'excitation.
.326 Altérations pathologiques de la sécrétion stomacale.
.326.1 Fistules gastriques accidentelles chez l'homme.
.326.3 Parasites et microbes de l'estomac.
.326.6 Suc gastrique dans les maladies.
.326.9 Substances anormales du suc gastrique.
.327 Mouvements de l'estomac.
.327.2 Action motrice du pneumogastrique.
.327.5 Mérycisme et Rumination.
.327.7 Vomissement.
.327.8 Action des vomitifs (v. aussi 615.731).
.328 Action du système nerveux sur l'estomac (v. aussi 612.327.2).
.33 Intestin.
.331 Composition normale du suc intestinal.
.331.1 Fistules intestinales expérimentales.
.331.7 Gaz de l'intestin.
.332 Action du suc intestinal sur les aliments et digestion intestinale.
.332.2 Digestion des sucres.
.332.3 Digestion des graisses.
.332.4 Digestion de l'albumine.
.332.7 Absorption dans l'intestin (v. .386).
.332.72 Absorption des sucres.
.333.73 Absorption des graisses. Chylifères (v. aussi 612.426).
.332.74 Absorption des peptones. Transformation des peptones.
.333 Sécrétion intestinale.
.334 Action des poisons sur la sécrétion. Purgatifs (v. aussi 615.732).
.336 Altérations pathologiques de la sécrétion intestinale.
.337 Mouvements de l'intestin.
.338 Action du système nerveux sur l'intestin.
.338.1 Action des nerfs et centres nerveux sur la sécrétion.
.338.4 Phénomènes vaso-moteurs (v. aussi 612.187.33).
.339 Péritoine.
.34 Pancréas. Suc pancréatique.

612 .341 Composition normale du suc pancréatique.
.341.1 Fistules pancréatiques expérimentales.
.342 Action du suc pancréatique sur les aliments.
.342.1 Sur l'amidon.
.342.2 Sur les sucres.
.342.3 Sur les graisses.
.342.4 Sur les albumines.
.342.5 Action sur la bile et sur le suc gastrique (v. aussi 612.322.6).
.343 Sécrétion pancréatique.
.344 Action des poisons sur la sécrétion pancréatique.
.345 Relation entre la morphologie et l'excitation.
.346 Altérations pathologiques du suc pancréatique.
.348 Action du système nerveux sur le pancréas.
.349 Pancréas comme glande à sécrétion interne. Glycosurie pancréatique.
.35 Foie.
.351 Circulation hépatique et composition chimique du foie.
.351.1 Composition chimique du foie.
.351.5 Circulation hépatique.
.352 Glycogénèse (v. aussi 612.349).
.352.1 Dosage du sucre. Procédés techniques.
.352.11 Dosage du glycogène.
.352.2 Sucre du sang (v. aussi 612.122).
.352.3 Action des nerfs sur la fonction glycogénique. Diabète expérimental (v. aussi 612.349).
.352.6 Théories du diabète chez l'homme (v. aussi 616.63).
.352.7 Glycogène des muscles (v. aussi 612.744.11).
.352.8 Relations entre la glycogénèse et l'alimentation.
.352.9 Glycogène des autres organes.
.353 Actions chimiques hépatiques.
.353.1 Formation de l'urée (v. aussi 612.463.2).
.354 Action des poisons sur le foie.
.354.1 Stéatoses hépatiques toxiques.
.354.2 Action antitoxique du foie.
.355 Température du foie (v. aussi 612.563).
.356 Fonction hématopoiétique du foie (v. aussi 612.119).
.357 Bile et sécrétion biliaire.
.357.1 Composition normale de la bile.
.357.11 Fistules biliaires.
.357.13 Matières colorantes.
.357.15 Sels biliaires.
.357.19 Autres éléments.
.357.2 Action de la bile sur les aliments.
.357.3 Sécrétion biliaire.
.357.31 Quantité de bile.
.359.32 Origine des sels biliaires.
.357.33 Origine des matières colorantes.
.357.4 Action des poisons sur la sécrétion biliaire (v. aussi 615.742).
.357.5 Élimination des poisons par la bile.
.357.6 Altérations pathologiques de la bile.
.357.64 Calculs biliaires.
.357.65 Oblitération des canaux biliaires. Ictère (v. aussi 616.36).
.357.66 Bile dans les maladies.
.357.67 Effets toxiques de la bile.
.357.69 Substances anormales de la bile.
.357.7 Excrétion biliaire. Contractilité des canaux.
.357.8 Action du système nerveux sur la fonction biliaire.
.357.9 Bile des divers animaux.

612 .357.94 Bile des Mollusques, etc., comme 179.3, 179.4, 179.5, etc.
.36 Défécation. Gros intestin.
.361 Composition chimique des matières fécales.
.363 Digestion cœcale.
.364 Absorption par le gros intestin.
.365 Défécation.
.37 Digestion. Physiologie comparée.
.379.3 Digestion des Protozoaires. .379.4 Digestion des Mollusques, etc. comme 179.3, 179.4, 179.5, etc.
.38 Absorption.
.381 Imbibition. Transsudations et exsudations. Œdème.
.382 Osmose (v. aussi 532.7).
.382.1 Dialyse des substances salines.
.382.2 Dialyse des substances sucrées.
.382.4 Dialyse des substances albuminoïdes.
.383 Diffusion.
.384 Absorption par la peau (v. 612.79).
.385 Absorption par les poumons.
.386 Absorption par le tube digestif (v. 612.332.7 et 612.332.7).
.387 Absorption par les muqueuses et les séreuses.
.388 Absorption par le tissu cellulaire.
.39 Nutrition.
.391 Faim et soif. Inanition (v. aussi 613.24).
.391.4 Inanition chez l'homme.
.391.6 Inanition dans les maladies.
.391.9 Inanition chez les animaux.
.391.92 Inanition chez les animaux à sang froid.
.391.96 Inanition chez les animaux à sang chaud.
.392. Aliments en général.
.392.1 Fixation du carbone.
.392.2 Fixation de l'azote (v. aussi 612.461.23).
.392.3 Fixation de l'eau.
.392.4 Fixation du soufre, du phosphore, du fer.
.392.5 Valeur thermodynamique.
.392.6 Aliments minéraux.
.392.7 Aliments végétaux.
.392.71 Végétarisme (v. aussi 613.26).
.392.72 Fruits et légumes.
.392.73 Féculents.
.392.74 Pain.
.392.8 Aliments animaux (v. aussi 613.28).
.392.81 Viandes.
.392.82 Bouillon.
.392.83 Œuf comme aliment.
.392.84 Lait comme aliment (v. aussi 612.644).
.393. Condiments et stimulants.
.393.1 Alcool comme aliment et boissons alcooliques.
.393.2 Café. Thé (v. aussi 613.37).
.393.9 Autres condiments.
.394 Ration de croissance.
.395 Ration d'entretien.
.395.1 Ration de travail.
.396 Hydrates de carbone.
.396.1 Composition chimique.
.396.11 Amidon.
.396.12 Dextrines. Glycoses.
.396.14 Saccharose. Lactose. Maltose.

612 .396.17 Cellulose.
.396.19 Autres sucres.
.396.2 Transformation des sucres dans l'organisme. Glycolyse.
.396.3 Diastases en général.
.396.7 Teneur des aliments en hydrates de carbone.
.397 Graisses.
.397.1 Formation des graisses dans l'organisme.
.397.2 Transformation des graisses dans l'organisme.
.397.7 Teneur des aliments en graisses.
.398 Albuminoïdes et matières azotées.
.398.1 Composition chimique des albuminoïdes.
.398.11 Albumine de l'œuf.
.398.12 Sérine du sang (v. aussi 612.124).
.398.13 Caséines (v. aussi 612.664.4).
.398.14 Autres albumines animales. Nucléines. Gélatines.
.398.15 Légumine.
.398.16 Autres albumines végétales.
.398.17 Peptones.
.398.19 Matières azotées non albuminoïdes.
.398.2 Transformation des albumines dans l'organisme.
.398.3 Ferments protéolytiques en général.
.398.4 Produits chimiques de dédoublement de l'albumine.
.398.5 Valeur thermodynamique des albumines.
.398.7 Teneur des aliments en albumines.

612.4 Glandes en général. Sécrétion et excrétion.

.401 Action de la circulation sur les glandes.
.402 Action des glandes sur la nutrition.
.408 Influence du système nerveux sur les glandes.
.409 Sécrétions glandulaires chez les animaux.
.41 Rate.
.411 Action hématopoiétique.
.413 Contractilité de la rate.
.42 Système lymphatique et lymphe.
.421 Lymphe. Composition chimique.
.422 Quantité et origines de lymphe.
.423 Circulation lymphatique.
.424 Cœurs lymphatiques.
.425 Innervation des lymphatiques.
.426 Absorption par les lymphatiques (v. aussi 612.333.73).
.427 Fistules lymphatiques.
.43 Thymus.
.44 Glande thyroïde.
.441 Composition chimique.
.445 Thyroïdectomie chez les animaux.
.446 Thyroïdectomie chez l'homme.
.448 Effets des extraits thyroïdiens.
.45 Capsules surrénales.
.46 Rein et urine.
.461 Composition chimique de l'urine.
.461.1 Réaction.
.461.17 Technologie urinaire.
.461.2 Urée et produits azotés.
.461.21 Dosage de l'urée.
.461.22 Dosage de l'azote total.
.461.23 De l'excrétion azotée en général (v. aussi 612.392.2).

.461.231 Rapports de l'excrétion azotée avec l'alimentation.
.461.232 Rapports de l'excrétion azotée avec le travail.
.461.25 Acide urique.
.461.26 Autres produits azotés.
.461.27 Matières colorantes de l'urine.
.461.6 Matériaux salins de l'urine.
.461.7 Autres éléments de l'urine.
.461.8 Éléments organiques non azotés de l'urine.
.461.9 Urine des animaux.
.461.92 Urines des Invertébrés.
.461.98 Urines des Reptiles et des Oiseaux.
.461.99 Urines des Herbivores.
.462 Toxicité urinaire.
.463 Sécrétion urinaire.
.463.1 Quantité d'urine.
.463.2 Élimination de l'urée.
.463.4 Circulation rénale.
.463.5 Influence de la pression artérielle sur la sécrétion urinaire.
.464 Action des poisons sur la sécrétion urinaire et élimination.
.464.1 Diurétiques (v. aussi 615.761). Polyurie.
.464.2 Albuminuries toxiques.
.464.21 Dosage de l'albumine.
.464.3 Élimination des poisons.
.464.4 Glycosuries toxiques. Phloridzine.
.465 Relations entre la morphologie et la sécrétion.
.466 Altérations pathologiques de la fonction rénale et de l'urine.
.466.2 Urine dans les maladies.
.466.21 Urine dans le diabète. Glycosurie.
.466.211 Dosage du sucre de l'urine.
.466.22 Urine dans l'albuminurie.
.466.23 Urémie (v. aussi 616.61).
.466.6 Substances anormales de l'urine.
.467 Excrétion urinaire.
.467.1 Fonctions contractiles de la vessie et des uretères.
.467.2 Absorption dans les voies urinaires.
.467.3 Innervation de l'appareil vésical.
.468 Action du système nerveux sur la fonction des reins.
.49 Sécrétions vicariantes et autres sécrétions.

612.5 Chaleur animale.

.51 Origines de la chaleur animale.
.511 Calorimétrie directe.
.511.1 Technique calorimétrique.
.512 Calorimétrie indirecte.
.512.1 Influence de l'alimentation.
.512.3 Rapports avec les échanges respiratoires.
.52 Rayonnement de calorique.
.521 Pertes par la radiation cutanée.
.523 Pertes par l'évaporation pulmonaire.
.524 Pertes par l'évaporation cutanée.
.53 Régulation de la température.
.531 Influence des vaso-moteurs.
.532 Influence du mouvement musculaire (v. aussi 612.745.3).
.533 Action de la sueur.
.534 Action de la respiration.
.535 Centres thermiques.

612.54 Autres conditions influençant la température et la thermogenèse.
.55 Variations dans la production de chaleur.
.56 Température du corps.
.561 Technique thermométrique.
.562 Température de l'homme.
.563 Topographie thermique.
.566 Température des animaux à sang froid.
.568 Température des Oiseaux.
.569 Température des Mammifères.
.57 Fièvre et hyperthermies fébriles.
.58 Animaux hibernants.
.59 Chaleur et froid. Effets sur l'organisme.
Exemple : .59.74 Effets sur les muscles.
.59.793 Effets sur la respiration cutanée.
.59.8 Effets sur le système nerveux.
.59.9 Effet des brûlures et des gelures.

612.6 **Reproduction et génération.**

.601 Génération spontanée.
.602 Greffe.
.603 Cicatrisation. Régénération.
.605 Hérédité.
.61 Appareil mâle.
.611 Sperme.
.612 Érection.
.613 Copulation et fécondation.
.616 Testicule. Liquide orchitique.
.62 Appareil femelle. Ovulation. Utérus.
.63 Imprégnation.
.64 Développement de l'embryon.
.646 Physiologie de l'embryon (v. aussi 612.179.91).
.647 Physiologie du fœtus (v. aussi 612.179.92).
.648 Physiologie du nouveau-né.
.65 Croissance des êtres.
.66 Période adulte.
.661 Puberté.
.662 Menstruation.
.663 Fécondité.
.664 Lactation.
.664.1 Composition chimique du lait (v. aussi 614.32).
.664.2 Sucre (v. aussi 612.396.14).
.664.3 Graisses. Beurre.
.664.4 Caséine et albumine (v. 612.398.13).
.664.5 Autres substances.
.664.6 Substances salines.
.664.9 Comparaison des laits de divers animaux.
.664.3 Sécrétion lactée.
.664.32 Formation du sucre.
.664.33 Formation de la graisse.
.664.34 Formation de la caséine.
.664.35 Colostrum.
.664.36 Variations du lait suivant diverses causes.
.664.4 Action des poisons sur la sécrétion du lait et élimination.
.664.5 Relations entre la morphologie et la sécrétion.
.664.6 Altérations pathologiques de la sécrétion lactée.
.664.7 Digestion du lait.
.664.8 Influence du système nerveux sur la sécrétion.

612.67 Période de déclin. Mort.
.68 Longévité.

.7 Organes du mouvement. Voix. Peau.

.71 Protoplasme (v. aussi 612.014).
.72 Cils vibratils.
.73 Muscles lisses.
.74 Muscles striés.
.741 Contraction musculaire.
.741.1 Technique myographique.
.741.3 Changements de volume du muscle. Onde musculaire.
.741.4 Élasticité du muscle.
.741.6 Irritabilité musculaire. Influence du sang.
.741.7 Période latente et phénomènes histologiques de la contraction.
.741.8 Bruit musculaire.
.741.9 Physiologie comparée.
.742 Rigidité cadavérique.
.743 Phénomènes électriques de la contraction.
.743.1 Technique électro-physiologique.
.744 Chimie du muscle.
.744.1 Composition normale au repos.
.744.11 Glycogène musculaire (v. aussi 612.352.7).
.744.14 Myosine et albuminoïdes.
.744.15 Autres substances.
.744.16 Sels du muscle.
.744.17 Gaz du muscle.
.744.2 Effets chimiques de la contraction musculaire.
.744.21 Effets de la fatigue. Ergographe.
.744.22 Consommation d'oxygène et production de CO^2.
.745 Effets dynamiques et thermiques de la contraction musculaire (v. aussi 612.532).
.745.1 Effets dynamiques.
.745.3 Effets thermiques.
.745.5 Rapports du travail et de la chaleur.
.746 Altérations pathologiques de la fonction musculaire.
.747 Action des poisons sur la contraction musculaire.
.748 Action du système nerveux sur les muscles.
.748.1 Contraction volontaire des muscles.
.748.2 Tonicité des muscles.
.748.3 Sensibilité musculaire (v. aussi 612.885).
.748.5 Influence nutritive des nerfs. Nerfs et centres trophiques des muscles. Dégénérescences et atrophies.
.75 Physiologie des os et des articulations.
.76 Locomotion. Principes de mécanique animale.
.761 Chronophotographie. Technique.
.762 Locomotion chez les invertébrés.
.763 Autres mouvements.
.766 Locomotion chez l'homme.
.767 Locomotion des poissons. Vessie natatoire.
.768 Locomotion et vol des oiseaux.
.769 Locomotion des quadrupèdes.
.77 Production d'électricité et de lumière.
.771 Animaux électriques.
.772 Animaux phosphorescents.
.78 Voix et parole.
.781. Sensibilité du larynx.
.782 Fonction motrice du larynx.

612 .782.1 Influence du spinal.
.782.2 Influence du pneumogastrique.
.782.3 Laryngoscopie.
.782.4 Mouvements de la glotte.
.783 Larynx artificiels.
.784. Registres de la voix.
.784.1 Ventriloquie.
.786 Fonction des organes sonores des Invertébrés.
.788 Fonction du larynx des Oiseaux.
.789 Parole. Langage.
.789.1 Rôle des cavités buccale et nasale.
.789.2 Fonctions des lèvres et du voile du palais.
.789.3 Rôle des centres nerveux. Aphasie (v. aussi 616.855).
.789.4 Timbre des voyelles.
.79 Peau.
.791 Absorption.
.791.1 Pénétration des corps solides.
.791.2 Absorption des graisses.
.791.3 Absorption des sels dissous.
.791.4 Absorption des liquides.
.791.5 Absorption des gaz.
.792 Transpiration cutanée.
.792.1 Sueur. Composition chimique.
.792.4 Action des poisons sur la transpiration cutanée.
.792.6 Altérations pathologiques de la sueur.
.792.8 Action du système nerveux sur la transpiration cutanée.
.793 Respiration cutanée.
.793.4 Influence du vernissage.
.794 Sensibilité de la peau.
.795 Résistance électrique de la peau et des tissus.
.798 Nerfs trophiques de la peau.
.799 Croissance et physiologie des ongles et des poils.
.799.9 Peau et tégument chez les divers animaux.

612.8 Système nerveux.

.801 Théories sur le système nerveux et l'innervation.
.801. 1 Inhibition et dynamogénie.
.801. 2 Action du système nerveux sur les phénomènes chimi ques.
.802 Traités généraux.
.804 Discours et leçons sur le système nerveux en général.
.805 Revues et journaux sur la physiologie du système nerveux.
.809 Historique sur la physiologie du système nerveux.
.81 Système nerveux périphérique.
.811 Distinction des nerfs sensitifs et des nerfs moteurs.
.811.4 Influence de la sensibilité sur le mouvement et du mouvement sur la sensibilité.
.812 Sensibilité récurrente.
.813 Phénomènes électriques de l'excitation nerveuse (v. aussi 612.743).
.814 Phénomènes chimiques et thermiques de l'excitation nerveuse.
.815 Phénomènes histologiques de l'excitation nerveuse.
.816 Irritabilité des nerfs.
.816.1 Action de l'électricité.
.816.3 Conductibilité nerveuse.
.816.5 Vitesse de l'onde nerveuse.
.817 Action des nerfs sur les muscles (v. aussi 612.748).
.817.1 Poisons curarisants.
.818 Nerfs trophiques.

612 *Exemple* : .818.79 Nerfs trophiques de la peau. .818.46 Nerfs trophiques du rein, etc.
.818.8 Dégénérescence des nerfs.
.818.9 Régénération et cicatrisation des nerfs.
.819 Physiologie spéciale des nerfs.
.819.1 Ire paire. Nerf olfactif.
.819.2 IIe paire. Nerf optique (v. aussi 612.843).
.819.3 IIIe paire.
.819.31 Action sur l'iris et l'accommodation.
.819.32 Action sur la paupière.
.819.33 Action sur les mouvements de l'œil.
.819.4 IVe paire.
.819.5 Ve paire.
.819.52 Action sensitive.
.819.53 Action trophique.
.819.6 VIe paire.
.819.7 VIIe paire.
.819.71 Action sur les muscles de la face.
.819.73 Action sur la respiration.
.819.74 Action sur l'ouïe.
.819.75 Action dans la déglutition et la gustation.
.819.77 Action sur la salive. Corde du tympan (voir aussi 612.313.87).
.819.78 Paralysie du facial. Pathologie comparée.
.819.8 VIIIe paire (v. aussi 612.85.
.819.82 Canaux semi-circulaires (v. aussi 612.858.3).
.819.9 IXe paire.
.819.91 Xe paire. Pneumogastrique.
.819.911 Action sur le cœur.
.819.912 Action sur la respiration.
.819.913 Action sur l'estomac.
.819.915 Action sur le foie.
.819.916 Action sur l'intestin.
.819.917 Action dans la phonation.
.819.918 Mort après section des pneumogastriques.
.819.92 XIe paire.
.819.921 Anastomose avec le pneumogastrique.
.819.922 Fonction respiratoire.
.819.923 Fonction vocale.
.819.93 XIIe paire.
.819.94 Nerfs rachidiens en particulier.
.819.941 Nerf phrénique.
.82 Centres nerveux. Encéphale.
.821. Psychologie physiologique en général.
.821.1 Temps de réaction aux excitations.
.821.11 Technique des méthodes.
.821.14 Temps de réaction aux excitations visuelles.
.821.15 Temps de réaction aux autres excitations.
.821.2 Attention, mémoire, association.
.821.3 Instinct et intelligence.
.821.4 Action des poisons sur l'intelligence et le système nerveux.
.821.41 Morphine et homologues.
.821.42 Anesthésiques en général (v. aussi 615.965 et 615.966).
.821.44 Action de l'alcool (v. aussi 615.964).
.821.6 Réflexes psychiques.
.821.7 Sommeil.
.821.71 Somnambulisme et hypnotisme.

612 .821.73 Théories du sommeil.
.821.8 Sens en général et théories de la sensation.
.821.28 Lois psycho-physiques.
.821.29 Illusions sensorielles.
.822 Cellule nerveuse en général et centres nerveux.
.822.1 Composition chimique des centres nerveux.
.822.2 Phénomènes chimiques de l'excitation nerveuse.
.822.3 Phénomènes électro-moteurs.
.822.4 Phénomènes thermiques.
.822.5 Phénomènes histo-morphologiques de l'excitation nerveuse.
.822.6 Effets de l'ablation de l'encéphale.
.823.7 Décapitation.
.823 Poids et morphologie générale du cerveau.
.824 Circulation cérébrale.
.824.1 Liquide céphalo-rachidien.
.824.2 Mouvements du cerveau.
.824.4 Anémie cérébrale.
.824.5 Compression du cerveau.
.825 Circonvolutions cérébrales.
.825.1 Excitabilité corticale.
.825.2 Centres psycho-moteurs. Localisations.
.825.23 Actions inhibitoires (v. aussi 833.8).
.825.3 Épilepsie corticale.
.825.4 Action sur la respiration et la pression artérielle.
.825.5 Fonctions sensorielles des circonvolutions.
.825.54 Vision.
.825.56 Audition.
.825.57 Olfaction.
.825.58 Sens musculaire (v. aussi 612.885).
.825.6 Lésions pathologiques et dégénérescences des circonvolutions.
.825.7 Fonctions thermiques. Centres thermiques (v. 612.535).
.826 Ganglions cérébraux.
.826.1 Corps opto-striés et calleux.
.826.2 Conduction dans le cerveau.
.826.3 Pédoncules cérébraux et protubérance.
.826.5 Tubercules quadrijumeaux. Lobes optiques.
.826.7 Pédoncules cérébelleux.
.826.9 Autres parties du cerveau.
.827 Cervelet.
.827.6 Cervelet dans les affections pathologiques.
.828 Bulbe rachidien.
Exemple : .828.17 Centres cardiaques vaso-moteurs. .828.2 Centres respiratoires, etc.
.828.5 Centres thermiques.
.828.6 Conduction dans le bulbe.
.828.7 Centres trophiques.
.829 Système nerveux central dans la série animale.
.829.3 Système nerveux central des Radiaires. .829.4 Système nerveux des Mollusques, etc., comme .179.3, .179.4, .179.5, etc.
.83 Moelle épinière.
.831 Conduction dans la moelle épinière.
.832 Excitabilité de la moelle épinière.
.833 Action réflexe.
Exemple : .833.1 Réflexes circulatoires. .833.18 Réflexes vaso-moteurs. .833.2 Réflexes respiratoires, etc.
.833.8 Action des centres nerveux sur les réflexes.

612 .833.9 Autres phénomènes de l'action réflexe.
.833.91 Vitesse des réflexes.
.834 Moelle comme centre d'innervation.
.835 Dégénérescences de la moelle. Atrophies.
.84 Optique physiologique. Vision.
.840.1 Théories générales.
.840.2 Traités.
.840.4 Essais, mélanges, discours.
.840.5 Journaux et Revues.
.840.6 Sociétés.
.840.7 Technique et instruments
.840.9 Historique.
.841 Cornée et Conjonctive.
.842 Iris. Choroïde. Corps ciliaire. Accommodation.
.842.1 Accommodation (v. Presbytie .845.4).
.842.2 Action des nerfs et des centres nerveux sur la pupille.
.842.4 Action de l'atropine et des poisons sur l'iris.
.842.5 Choroïde et pigment de l'œil.
.842.6 Pression intra-oculaire, et circulation oculaire.
.842.9 Iris, choroïde, etc., dans la série animale.
.843 Nerf optique. Rétine et fonction rétinienne.
.843.1 Pourpre rétinien.
.843.2 Irradiation.
.843.3 Sensibilité chromatique et contraste des couleurs
.843.31 Vision des couleurs.
.843.32 Sensibilité chromatique.
.843.33 Daltonisme et troubles de la sensibilité chromatique.
.843.34 Mélange des couleurs.
.843.35 Contraste des couleurs.
.843.4 Phénomènes entoptiques.
.843.5 Persistance des impressions visuelles.
.843.6 Champ visuel. Acuité visuelle. Photométrie.
.843.7 Conduction dans l'encéphale.
.843.71 Rôle des circonvolutions.
.843.72 Perceptions optiques.
.843.73 Audition colorée.
.843.74 Illusions optiques.
.844 Cristallin, humeur vitrée.
.844.1 Changements de courbure du cristallin (v. .842.1).
.845 Troubles de la fonction visuelle (v. .617.75).
.845.1 Myopie.
.845.2 Hypermétropie.
.845.3 Astigmatisme.
.845.4 Presbytie.
.845.5 Daltonisme.
.846 Mouvements de l'œil.
.846.2 Vision binoculaire.
.846.3 Action de la IIIe paire.
.846.4 Action de la IVe paire.
.846.6 Action de la VIe paire.
.846.7 Notion du relief. Stéréoscopie.
.846.8 Strabisme. Diplopie.
.847 Appareil palpébral et lacrymal.
.849 Vision dans la série animale.
.849.3 Chez les Protozoaires, etc. (Comme plus haut).
.85 Audition.
.851 Oreille externe (fonctions).

.854 Oreille moyenne.
.855 Membrane du tympan.
.856 Trompe d'Eustache.
.857 Osselets et mouvements des osselets.
.858 Oreille interne.
.858.1 Conduction des sons dans l'oreille interne.
.858.2 Utricule et saccule.
.858.3 Canaux semi-circulaires (v. aussi 612.819.82).
.858.4 Limaçon. Organe de Corti.
.858.7 Conduction des excitations acoustiques dans l'encéphale et perceptions acoustiques.
.858.71 Acuité auditive.
.858.72 Rôle des circonvolutions.
.858.73 Sensations subjectives.
.858.74 Sensations musicales et distinctions des sons et des timbres.
.858.75 Audition binauriculaire.
.858.76 Sensibilité générale des êtres aux sons (v. aussi 612.014.45).
858.9 Audition dans la série animale.
.858.90 Chez les Protozoaires, etc.
.86 Olfaction.
.87 Gustation.
.88 Toucher. Sensibilité tactile. Équilibre.
.881 Notion de l'espace.
.882 Sens de la température.
.883 Sens de la pression.
.884 Sensibilité à la douleur.
.885 Sens musculaire.
.886 Sens de l'équilibre (v. aussi .819.82).
.889 Sensibilité tactile dans la série animale.
.89 Système du grand sympathique.
.891 Ganglions cervicaux.
.892 Ganglions thoraciques.
.893 Ganglions abdominaux.
.896 Action sur l'iris.
.897 Action sur le cœur.
.898 Action sur l'intestin.
.899 Système sympathique dans la série animale.

INDEX SOMMAIRE (PHYSIOLOGIE ANIMALE)

BICHAT (Xavier) naquit le 11 novembre 1771 à Thoirette en Bresse. En 1891, il commença à Lyon ses études de médecine que les troubles politiques l'obligèrent à suspendre. Il resta quelque temps étudiant à l'hôpital de Bourg. En 1793, il se rendit à Paris et suivit à l'Hôtel-Dieu les leçons de DESAULT. Ce chirurgien sut apprécier les qualités du jeune élève, il l'associa non seulement à ses travaux théoriques et pratiques, mais encore le reçut dans sa maison comme son fils et son ami.

Après la mort de DESAULT (1795), BICHAT professa dans un amphithéâtre privé de la rue du Four. C'est sans titre officiel (il n'était pas encore docteur) qu'il enseigna l'anatomie, la physiologie et la médecine opératoire.

Tout en coordonnant les principes de la doctrine de son maître et en publiant les mémoires de DESAULT, BICHAT fit œuvre personnelle et originale. Il envisagea l'anatomie et la physiologie d'une manière plus philosophique et établit les rapports qui existent entre ces sciences et la médecine. Pour arriver à une connaissance plus parfaite des fonctions, il sentait qu'il fallait fixer les idées sur la structure des organes, revenir ensuite à l'étude de ces mêmes fonctions, en examinant les diverses causes qui peuvent les troubler.

Après avoir exposé ses idées nouvelles dans ses cours d'anatomie, il en fit l'objet de trois mémoires qu'il lut à la Société médicale d'émulation : le premier de ces mémoires sur les *Membranes synoviales* fut inséré dans le tome II de la Société médicale d'émulation. Il y décrivit l'organe qui produit la synovie et y exposa une nouvelle théorie sur la formation de cette humeur qui lubrifie les surfaces articulaires. Dans le second mémoire intitulé *Traité des membranes*, on trouve l'histoire des différentes membranes qui entrent dans la composition de nos organes.

La publication de ces ouvrages, dont quelques-uns sont des chefs-d'œuvre, fut menée en quelques années. L'enseignement et le travail de l'amphithéâtre d'autre part amenèrent une fatigue considérable aggravée par une affection gastrique.

Une chute, qu'il fit en descendant l'escalier de l'Hôtel-Dieu, lui fit perdre connaissance et précipita la marche de la maladie. Il succomba le 22 juillet 1802.

Parmi les publications de BICHAT, dont nous donnerons la liste à la fin de cet article, voici quelles sont ses œuvres fondamentales : 1° le *Traité des membranes;* 2° les *Recherches physiologiques sur la vie et la mort;* 3° l'*Anatomie générale.*

Jusqu'à BICHAT, on avait considéré les organes comme des individualités indivises. Le premier, il introduit dans la science la notion de *tissus*, c'est-à-dire d'éléments différents qui, par leur réunion, constituent des organes plus ou moins complexes et possédant des propriétés variables. « Tous les animaux, dit-il, sont un assemblage de divers organes qui, exécutant chacun une fonction, concourent, chacun à sa manière, à la conservation du tout. Ce sont autant de machines particulières dans la machine générale qui constitue l'individu. Or ces machines particulières sont elles-mêmes formées par plusieurs tissus de nature très différente et qui forment véritablement les éléments de ces organes. La chimie a ses corps simples qui forment, par les combinaisons diverses dont ils sont susceptibles, les corps composés. De même l'anatomie a ses tissus simples qui, par leurs combinaisons, quatre à quatre, six à six, huit à huit, etc., forment les organes... Ces tissus sont les véritables éléments organisés de nos parties. Quelles que soient celles où ils se rencontrent, leur nature est constamment la même, comme en chimie les corps simples ne varient point, quels que soient les composés qu'ils concourent à former. Ce sont ces éléments organisés de l'homme qui font l'objet spécial de l'anatomie générale. »

C'est par l'observation positive que BICHAT cherche à établir les propriétés des tissus; il porte toute son attention sur les propriétés physiques de texture. Il s'occupe de préférence des solides et laisse un peu dans l'ombre les liquides de l'économie, si ce n'est le sang dont il étudie l'action prépondérante sur l'organisme.

Un nombre déterminé de tissus ou systèmes élémentaires compose l'ensemble du corps humain. Chacun d'eux présente des formes diverses, suivant sa destination; chacun possède différents degrés de vitalité et se développe d'une manière particulière. Les uns entrent dans la composition de tous les organes et établissent des rapports entre les parties les plus éloignées. Les autres, isolés dans la position qu'ils occupent, sont circonscrits dans des limites bien plus étroites; mais, malgré leur isolement, ils participent aux impressions générales et forment des points d'appui essentiels à la conservation du tout et à l'harmonie de l'ensemble. Ici la matière organisée s'allonge en fibres déliées qui s'assemblent en faisceaux; là, elle s'aplatit en membranes. Plus loin, vous voyez des cylindres et des conduits; ailleurs, ce sont des fils presque imperceptibles. Certains organes vous présenteront une matière dure et compacte; d'autres, une substance molle et pulpeuse. Vous observerez des fibres dans les muscles, des lames dans les membranes, des granulations dans les glandes. Chaque élément anatomique isolé diffère essentiellement de ceux qui ne sont pas destinés aux mêmes usages.

Pour surprendre l'identité ou les différences des éléments anatomiques, Bichat s'adressa à divers moyens d'étude, tels que : 1° la dissection; 2° la dessiccation; 3° la combustion; 4° la macération et la putréfaction; 5° l'ébullition et la coction; 6° l'action des acides, des alcalis, etc.

Bichat étudia la nature plus que les livres; et c'était là, comme il le disait lui-même, le secret de la course étendue et rapide qu'il a fournie en si peu de temps.

A force de patience et de sagacité, il parvint à reconnaître vingt et une formes élémentaires de tissus ou systèmes : le *cellulaire*, le *nerveux*, l'*osseux*, le *médullaire*, le *cartilagineux*, le *fibreux*, le *musculaire*, etc.

Il est inutile de les énumérer tous; cependant il convient d'en signaler six, que Bichat nomme *systèmes générateurs*, parce qu'ils se rencontrent réunis dans tous les appareils organiques : ce sont les systèmes *cellulaire*, *artériel*, *veineux*, *exhalant*, *absorbant* et *nerveux*.

Ils contituent le canevas fondamental de tous les organes, et la substance muqueuse de l'embryon se compose exclusivement de ces six éléments. C'est dans cette trame commune que se dépose la substance nutritive représentée par la fibrine, par l'albumine, par la gélatine, soit pure, soit combinée avec le phosphate de chaux, etc., selon la nature de l'organe.

Les éléments jouissent, à différents degrés, de quatre propriétés. Deux d'entre elles, de nature physique, résultent de l'arrangement des molécules et subsistent dans le cadavre; ce sont l'*élasticité* et l'*extensibilité* de tissu.

A ces propriétés d'ordre physique, Bichat oppose les phénomènes compliqués que présente l'animal pendant les manifestations de la vie : ce sont là les *propriétés vitales*, *sensibilité* et *contractilité*. Il distingue une *sensibilité animale* ou *percevante* d'où dérivent les *sensations;* une *sensibilité organique*, faculté de la matière vivante, qui est sensible aux impressions sans que l'individu ait conscience de cette impression; une *contractilité animale* ou volontaire, et une *contractilité organique sensible*, propriété inhérente aux fibres musculaires qui se raccourcissent, sous l'influence de la volonté ou bien sous celle d'excitants variés et qui président à la locomotion, aux mouvements des plans musculaires des viscères; enfin une *contraction organique insensible*, faculté que possèdent tous les tissus vivants d'exécuter des mouvements intimes inaccessibles à nos sens, mais indiqués par les résultats et qui, jointe à la sensibilité organique, tient sous sa dépendance la circulation capillaire, les sécrétions, les absorptions, la nutrition, etc.

Pour comprendre toute l'importance de l'œuvre de Bichat, il faut nous reporter à l'époque où ce grand homme entreprit ses recherches. On attribuait alors tous les phénomènes de la vie à une cause immatérielle, qu'on appelait principe vital. Bichat s'élève avec raison contre ces vues métaphysiques. « La vie, dit-il, n'est pas une émanation d'un principe abstrait, indivisible, animant les êtres; elle est la résultante d'une multitude de forces distinctes. Chacune de ces forces a son origine dans les propriétés spéciales des parties élémentaires composant les organismes. »

Si l'on veut bien se rappeler que les actes réflexes étaient inconnus, qu'on ignorait la distinction des nerfs *moteurs* et *sensitifs*, on ne s'étonnera pas de voir Bichat attribuer à la fibre musculaire la *sensibilité*, puisqu'elle ressent l'impression, et la *contractilité*, puisqu'elle répond par un changement de forme à une irritation mécanique ou chimique.

Après avoir établi ces propriétés générales des tissus vivants, Bichat considère les organes qu'ils forment et les rapporte, d'après leurs caractères spéciaux et leur mode action, à deux chefs, à savoir : la *vie animale* et *la vie organique;* suivant que ces organes se rangent dans l'une ou l'autre catégorie, leurs fonctions ont pour but de mettre l'animal en rapport avec le monde extérieur (caractère de l'animalité), ou bien de présider à la conservation et à la nutrition de l'individu (caractère de la vie organique).

Les recherches physiologiques sur la vie et la mort forment, à proprement parler, deux ouvrages distincts. Dans la première partie, Bichat divise les fonctions en deux sections principales, sous le nom de vie animale et de vie organique; il trace avec détail les caractères différentiels des deux ordres d'organes qui se placent dans l'une ou l'autre classe. La deuxième partie est consacrée à examiner le mode de cessation des deux vies (*animale et organique*); il assigne à chacune des caractères qui distinctifs. C'est par des expériences, des vivisections sans nombre, par l'observation des malades et les autopsies, qu'il cherche à établir l'influence qu'ont les uns sur les autres, le *cœur*, le *poumon* et le *cerveau*. C'est là l'origine de sa doctrine relative à la connexion des fonctions cérébrale, pulmonaire et cardiaque.

Trois organes principaux, dit-il, sont le triple lien qui unit les phénomènes de la vie générale. La *vie animale* a des *organes* spéciaux dont le centre commun est le cerveau, plus la portion de moelle qui descend jusqu'à l'origine du nerf phénique. Ils sont chargés de produire des sensations, d'exécuter les mouvements volontaires et ceux de la respiration. Donc par l'expérimentation Bichat arrive à concentrer la vie animale dans certains *appareils*.

Il n'en est pas de même de la vie de nutrition : elle se manifeste à différents degrés dans tous les organes, y compris ceux de la vie animale. Les actes intimes dont elle se compose, les mouvements involontaires qui concourent à son exécution, ceux du cœur, du canal intestinal, ne sont que très indirectement sous la dépendance du centre nerveux de la vie animale. Le seul lien qui les unisse, c'est le sang rouge indispensable à la vie organique et dont la production est due aux mouvements respiratoires qui appartiennent à la vie animale.

Jusqu'alors on regardait le grand sympathique comme un nerf céphalo-raphidien; Bichat le premier le proclama comme le *centre nerveux de la vie organique*, sans pouvoir préciser davantage et montrer la véritable signification de la vie ganglionnaire. Enfin, il expose de quelle manière la vie s'éteint dans tous les organes, selon qu'elle cesse dans l'un de ces trois organes. Cette dernière partie constitue un modèle de l'art expérimental.

« Toute espèce de mort subite commence, dit Bichat, par l'interruption de la circulation, de la respiration, ou de l'action du cerveau... L'une de ces trois fonctions cesse d'abord, toutes les autres finissent ensuite successivement; en sorte que, pour exposer avec précision les phénomènes de ces genres de mort, il faut les considérer sous ces trois rapports essentiels. »

Ces études le conduisent à établir les lois suivantes : la première, c'est que le cerveau ne peut fonctionner qu'autant qu'il a éprouvé une certaine excitation que le sang exerce sur lui, d'où la cessation des fonctions cérébrales dans la syncope; la seconde, c'est que cette excitation ne peut être produite que par le sang vivifié par la respiration, d'où la cessation des fonctions cérébrales dans l'asphyxie.

C'est pour démontrer la seconde de ces lois, dit très bien Dareste (*loc. cit.*), que Bichat a fait ses expériences célèbres sur la respiration. Profitant des travaux physiologiques du grand médecin anglais Godwin et des découvertes chimiques de Lavoisier, Bichat a nettement établi les relations qui existent entre la respiration et le phénomène de l'hématose; il a parfaitement démontré que la conversion du sang noir en sang rouge ne peut s'opérer que sous l'influence de l'air atmosphérique.

« Une des meilleures méthodes pour bien juger la couleur du sang, dit Bichat, est, à ce qu'il me semble, celle dont je me suis servi. Elle consiste à adapter d'abord à la trachée-artère mise à nu, et coupée transversalement, un robinet que l'on ouvre et que l'on ferme à volonté... On ouvre en second lieu une artère quelconque, la carotide, la crurale, etc., afin d'observer les altérations diverses de la couleur du sang qui en jaillit, suivant la quantité et la nature de l'air qui pénètre les cellules aériennes... Il résulte de toutes ces expériences que la durée de la coloration du sang rouge en sang noir, est, en général, en raison directe de la quantité de l'air contenu dans les poumons; que, tant qu'il en existe de respirable dans les dernières cellules aériennes, le sang conserve plus ou moins la rougeur artérielle; que cette couleur s'affaiblit à mesure que la portion respirable diminue; qu'elle reste la même qu'elle est dans les veines, quand tout l'air vital a été épuisé à l'extrémité des bronches. »

En résumé, l'idée du triple foyer de la vie est celle-ci, d'après BICHAT :

1° Le *sang artériel est indispensable à l'entretien de la vie de relation et à celui des mouvements du cœur; 2° ce dernier en supporte plus longtemps la privation que l'axe cérébro-spinal.*

Bien que BICHAT négligeât d'interroger l'élément *vivant* à l'aide du microscope, ses recherches marquent une ère nouvelle en biologie; elles ont été le point de départ des progrès accomplis en anatomie et en physiologie :

Voici la liste des œuvres de BICHAT par ordre chronologique :

1. *Notice historique sur* DESAULT. Paris, 1795. Dans le quatrième volume du *Journal de Chirurgie* de DESAULT.

2. *Description d'un nouveau trépan*, dans le deuxième volume des *Mémoires de la Société médicale d'Émulation.*

3. *Mémoire sur la fracture de l'extrémité scapulaire de la clavicule*, dans le même recueil, même volume.

4. *Description d'un procédé nouveau pour la ligature des polypes*, dans le même recueil, même volume.

5. *Mémoire sur la membrane synoviale des articulations*, même recueil, même volume.

6. *Dissertation sur les membranes et sur leurs rapports généraux d'organisation*, dans le même recueil, même volume.

7. *Mémoire sur les rapports qui existent entre les organes à forme symétrique* et *sur ceux à forme irrégulière*, dans le même recueil, même volume.

8. *Œuvres chirurgicales de* DESAULT. Paris, 1798-1799, 8°, 3 volumes.

9. *Traité des membranes en général et des diverses membranes en particulier.* Paris, 1800, in-8; *ibid.*, 1802, in-8; *ibid.*, 1816, in-8; 1827.

10. *Recherches physiologiques sur la vie et la mort.* Paris, 1800-1802-1805, 1822.

11. *Anatomie générale, appliquée à la physiologie et à la médecine.* Paris, 1801 (4 volumes), 1812-1819-1821.

12. *Traité d'anatomie descriptive.* Paris, 1801-1802-1803, in-8, 5 vol. BICHAT ne publia que les deux premiers volumes, et laissa le troisième presque fini. BUISSON le termina et composa le quatrième. ROUX écrivit le cinquième.

13. *Anatomie pathologique. Dernier cours* de XAVIER BICHAT, d'après un manuscrit *autographique* de P. A. BÉRARD, par BOISSEAU. Paris, 1825, in-8.

Consulter :

BILON. *Éloge historique* de BICHAT. Paris, 1802. — SUE (PIERRE). *Éloge de* BICHAT, 1803. — LE VACHER DE LA FEUTRIE. Dans les *Mémoires de la Société d'émulation*, an VII. — MIQUEL. *Éloge de* BICHAT, 1824. — ROUX. *Éloge de* BICHAT, 1851.

KÜSS. *Appréciation générale des progrès de la physiologie depuis* BICHAT. Thèse de concours, Strasbourg, 1846.

DARESTE. *Nouvelle bibliographie générale* (Article BICHAT), sous la direction du Dr HOEFER.

MATHIAS-DUVAL. *Anatomie générale et son histoire* (*Revue Scientifique*, 16 janvier 1886).

ED. RETTERER.

BIÈRE. — Ne voulant envisager l'étude de la bière qu'au point de vue physiologique, nous parlerons spécialement de sa composition chimique et de son rôle dans l'alimentation. La bière est une boisson qui résulte de la fermentation de l'amidon contenu dans certaines graines. De toutes les céréales, l'orge est le plus généralement employée pour sa fabrication. Mais, dans certains cas, on se sert de froment, de seigle, d'avoine. C'est l'avoine qui donne en partie à la bière de Louvain son arome agréable. Du reste, tous les fruits amylacés peuvent servir à la fabrication de la bière, puisque tous sont susceptibles de fournir du sucre sous l'influence de la diastase.

Sans vouloir traiter de la fabrication de la bière, ce qui regarde la chimie industrielle et non la physiologie, nous dirons cependant que la graine en germant transforme, grâce à la diastase, l'amidon en sucre. On trouvera à l'article **Amylacés**, I, 445, une étude plus détaillée de l'action de la diastase sur l'amidon. Cette saccharification de l'amidon des graines, c'est le *maltage*.

Le sucre formé subit ensuite la fermentation alcoolique sous l'influence de la levure de bière; cette fermentation, qui a été admirablement étudiée par Pasteur, a été aussi décrite en détail par Duclaux, et le lecteur pourra trouver sur ce sujet des renseignements aussi précieux que nombreux dans *l'Encyclopédie chimique de* Frémy (ix, *Microbiologie*, par Duclaux). Qu'il nous suffise de dire qu'il existe une fermentation qui se fait à la température de 15 à 20°. C'est la levure dite *levure haute* qui détermine cette fermentation. La fermentation due à la levure *basse* se fait à 4 ou 5°.

Les principes aromatiques et amers de la bière sont fournis par l'infusion de *houblon* (*Humulus lupulus*) dont on emploie les cônes. A la base des bractées qui forment ceux-ci se trouve une sécrétion jaune orangé, granuleuse, aromatique et amère. L'extrait de houblon contient un principe stupéfiant particulier, la *lupuline*, qui donne à l'ivresse de la bière sa forme spéciale.

Le poids spécifique de la bière est un peu plus considérable que celui de l'eau. Il oscille entre 1004 et 1030. La densité moyenne est de 1017. Cette densité dépend évidemment des proportions d'extrait et d'alcool que contient la bière. La bière est généralement mousseuse, et ce caractère est dû à la présence et au dégagement de l'acide carbonique libre, acide carbonique qui se produit au cours de la fermentation. La couleur de la bière varie suivant son origine; elle est jaune ambré, parfois jaune brun acajou, presque noire.

Au point de vue chimique, la bière contient essentiellement: de *l'alcool, des hydrates de carbone*, des *sels*, de *l'acide carbonique, une substance amère et une substance aromatique* fournis par le houblon, et enfin de *l'eau*.

Le tableau suivant, emprunté à Voit (d'après Lambling. *Encycl. de* Frémy, xi, 2e sect., 2e fasc., 170) donne la composition moyenne d'une bière de bonne qualité.

Eau	90 à 71 p. 100.
Acide carbonique	0,218 —
Alcool (en vol.)	3,679 —
Extrait	5,612 —
Albumine	0,491 —
Sucre	0,872 —
Dextrine et gomme	4,390 —
Glycérine	0,218 —
Cendres	0,223 —

La bière contient donc du sucre et de la dextrine en proportions notables, qui communiquent à la bière: le sucre, une saveur douce, la dextrine et la gomme la propriété de ne pas être sèche à la bouche, qualité fort estimée par les connaisseurs.

La proportion d'alcool varie beaucoup suivant les bières, mais d'une façon générale elle est toujours inférieure à celle que renferme le vin. Le tableau suivant, de Girard et Pabst (Dujardin-Beaumetz, *Hyg. alim.*, p. 103), montre que la proportion d'alcool varie entre 7 et 3 pour 100. Les bières anglaises sont les plus alcoolisées.

Composition des bières p. 100.

	Alcool. — Moyenne.	Extrait. — Moyenne.	Cendres. — Moyenne.
Bières françaises.			
Strasbourg	4,7	4,65	0,32
Lille	4,1	4,65	0,35
Paris	3,5	6,00	»
Nancy, Tantonville, etc.	5,6	5,70	0,9
Lyon	5,5	5,00	»
Bières allemandes.			
Saxe	3,7	5.8	0,25
Bavière	4,5	7.2	0,29
Hanovre, Holstein, Poméranie	4,2	5,9	0,25
Bières autrichiennes.			
Vienne, Moravie	3,5	6.1	0.20
Bohême	3,6	4,7	0.20

Bières anglaises.			
Ale d'exportation	7,3	5,9	0,35
Porter de Londres	5,2	6,4	0,32
Bières belges			
Lambic	6,02	3,7	0,32
Faro	4,15	4,2	»
Bière d'orge	4,35	3,4	»
Diverses	5	5,5	»

Les bières les moins alcoolisées (au-dessous de 3 p. 100) sont dites *petites bières* ou bières de consommation, parce qu'elles doivent être bues immédiatement, ne pouvant se conserver. Les bières dites *de garde* sont plus alcoolisées. Enfin pour les transports à grande distance et le séjour dans les pays chauds, les bières sont additionnées d'alcool et le plus souvent d'alcool de grains ou de pommes de terre dont l'action toxique est beaucoup plus énergique que celle des alcools de vin.

Outre les hydrates de carbone, la bière contient encore de l'albumine. PAYEN a déterminé la quantité d'azote contenu dans la bière de Strasbourg et il a trouvé pour 1 litre 0gr,81 d'azote correspondant à 5gr,26 de matière albuminoïde; 4 à 6 grammes de matières albuminoïdes.

On trouve encore dans la bière : du tanin, des matières grasses, des lactates et de l'acide lactique libre, des acétates et de l'acide acétique, des produits pyrogénés provenant du malt coloré, des malates et de l'acide succinique, de la glycérine, enfin des sels minéraux parmi lesquels surtout des phosphates et des carbonates terreux.

Au point de vue physiologique, on doit considérer dans la bière les effets de l'alcool, des principes aromatiques et amers et des substances nutritives qu'elle contient.

Au point de vue de l'alcool, la bière est moins riche que le vin, mais il ne faut pas oublier qu'elle se consomme en bien plus grande quantité et qu'un buveur de bière arrive en somme à ingérer de notables quantités d'alcool. Rappelons qu'une bouteille de bière à 4 p. 100 d'alcool représente 30 grammes d'alcool, et qu'il est bien rare qu'une bouteille soit la consommation maxima, même pour les buveurs modérés. Donc, quoique moins alcoolisée, la bière offre autant, sinon plus, de dangers que le vin.

A dose très modérée l'alcool de la bière peut jouer un rôle utile dans l'organisme, mais point indispensable, hâtons-nous de le dire. A la dose de 30 à 50 grammes en effet, l'alcool vaut 200 à 355 calories (Voy. article **Aliments**). Par conséquent, simplement par son alcool, la bière peut jouer un rôle thermogène appréciable.

Quant aux principes amers et aromatiques que la bière renferme, d'une part ils en font un liquide tonique et apéritif, mais d'autre part le principe actif du houblon, la *lupuline*, produit la somnolence et l'hébétude. C'est ce qui donne à l'ivresse de la bière son cachet caractéristique. Ajoutons que la plupart des buveurs de bière sont des fumeurs, et que, au *lupulinisme* [qu'on nous permette ce néologisme] se joint fatalement le nicotinisme pour aggraver l'action stupéfiante.

La bière est diurétique, et ces qualités diurétiques elle les puise surtout, comme le fait remarquer DUJARDIN-BEAUMETZ, dans cette propriété qu'elle a de ne pas étancher la soif. L'organisme du buveur de bière est un vrai tonneau des Danaïdes. Parfois la consommation peut dépasser 20 litres par jour par individu. Ce n'est pas sans inconvénients sérieux qu'on impose pareil travail à l'émonctoire rénal.

Au point de vue thérapeutique, par la diastase qu'elles renferment, les bières peuvent aider à la digestion des féculents. On a même fait des bières spéciales, dites *bières de malt*, qui renferment une grande quantité de diastase. Enfin on emploie encore pour le traitement de certaines dyspepsies des extraits de malt ou *maltines* (Voy. DUQUESNEL. *Sur la diastase et les préparations de malt. Bull. de Thérap.*, LXXVII, 1874, 20 et 71).

La bière est-elle alimentaire? Nous avons vu qu'elle contient des substances albuminoïdes et des hydrates de carbone. Aussi peut-on dire que la bière est à un certain degré un aliment. Un litre de bière peut en effet fournir jusqu'à 50 grammes d'hydrates de carbone et sous une forme éminemment assimilable : sucres et dextrine. De plus la bière renferme une faible proportion de matières azotées assimilables et de sels qui peuvent jouer un certain rôle dans la nutrition. Pour ces raisons on peut considérer la bière comme une boisson faiblement alimentaire. On sait d'ailleurs que les buveurs de bière sont généralement doués d'un embonpoint respectable. Mais cette adipose peut être aussi bien la conséquence de l'inaction et de la vie contemplative du buveur de bière que des propriétés véritablement nutritives de cette boisson.

E. ABELOUS.

BILE. —

Sommaire : § I. Introduction. Notions anatomiques. — § II. Caractères de la bile. Fistules biliaires. — § III. Sécrétion et excrétion de la bile. — § IV. Composition de la bile. — § V. Sels biliaires. Acides biliaires. — § VI. Pigments biliaires et dérivés. — § VII. Cholestérine. Mucine. Pseudo-mucine. — § VIII. Calculs biliaires. — § IX. Indications pathologiques. — § X. Circulation entéro-hépatique de la bile et de ses éléments. — § XI. Bibliographie.

§ I. — Introduction. Notions anatomiques.

1. *Développement embryogénique du foie chez les vertébrés.* — **2.** *Constitution du foie. Lobule vasculaire. Lobule glandulaire.* — **3.** *Anatomie et histologie des voies biliaires.* — **4.** *Cellule hépatique.* — **5.** *Variations anatomiques du foie.* — **6.** *Variations de l'appareil biliaire* : *a*, absence de vésicule; *b*, disposition particulière des canaux.

La bile est une sécrétion du foie.

Le foie est un organe à fonctions complexes : 1° sécréteur de la bile ; 2° formateur et entrepositaire d'hydrates de carbone (fonction glycogénique et sécrétion interne); 3° modificateur des substances qui lui sont amenées par la circulation.

Nous n'avons à l'envisager ici que comme sécréteur de la bile, comme glande biliaire, chez les vertébrés.

1. Développement embryogénique du foie. — Le foie a, embryologiquement, une double origine : intestinale et vasculaire.

Rappelons brièvement qu'il apparaît à un certain moment comme un diverticule, une évagination ou bourgeon creux (diverticule hépatique primaire formé par l'hypoblaste) à la partie antérieure de l'intestin moyen. Ce bourgeon (double chez les oiseaux), embrassant le tronc de la veine omphalo-mésentérique, se divise en branches qui se subdivisent elles-mêmes indéfiniment en canalicules unis en réseau et de plus en plus petits (ensemble des voies biliaires). D'autre part, la veine omphalo-mésentérique bourgeonne de son côté et ses rameaux pénètrent le réseau précédent, y formant un système de vaisseaux afférents (système de la veine-porte) et un système de vaisseaux efférents (système de la veine sus-hépatique); c'est une véritable glande vasculaire sanguine constituant un réseau remarquable, de disposition tout à fait spéciale.

Cet ensemble constituera par son développement progressif le foie de l'adulte.

Chez les vertébrés inférieurs, on trouve des traits permanents de la dualité primitive : par exemple, chez l'amphioxus, la formation intestinale subsiste seule ; le foie se réduit à un diverticule indivis situé à la partie antérieure de l'intestin moyen dont les parois sont colorées en vert par des glandules qui les pénètrent (foie biliaire).

2. Constitution du foie. Lobule vasculaire. Lobule glandulaire. — Chez l'adulte, le foie constitue un organe complexe dans lequel on distingue trois objets : un réseau biliaire, *arbre biliaire* ; un riche *réseau capillaire* en mailles à disposition particulière ; une masse de cellules spéciales comblant les vides des deux réseaux précédents, les *cellules hépatiques*, élément fondamental dont l'activité résume les différentes activités de l'organe lui-même. L'ensemble est enveloppé dans la tunique propre du foie ou capsule de Glisson (1654) d'où partent des cloisons qui divisent la masse en parties plus ou moins distinctes, lobules hépatiques.

Nous n'avons pas à dire ici les deux manières dont on décompose la masse hépatique pour faire comprendre la disposition réciproque de ses parties constituantes. On peut la grouper autour des *veines sus-hépatiques*, les lobules étant alors des grains (polyédriques par pression réciproque) appendus par une petite veine afférente (veine intralobulaire) à l'axe de la grappe qui est la veinule sus-hépatique. C'est la théorie du foie lobulaire, ou du lobule vasculaire). Ou bien, on peut imaginer la masse hépatique groupée autour des conduits biliaires, avec lesquels cheminent les branches de l'artère hépatique, de la veine-porte et les nerfs. Seulement l'arbre biliaire ne se termine point par des dilatations, des acini sécréteurs, comme dans les véritables glandes tubulaires ; il se termine par un chevelu de branches grêles qui plongent dans la masse des cellules hépatiques qui lui sont appendues (Théorie du foie glande tubulaire, ou du lobule glandulaire).

On a résumé de la manière suivante les différents degrés de complication du foie (Th. Shore Lewis Jones) :

1° Le foie est un diverticule de l'intestin, simple glande tubulaire limitée par un endoderme sécréteur modifié. C'est le cas de l'amphioxus et de tous les vertébrés au début.

2° Subdivision des cellules endodermiques à l'extrémité du diverticule de manière à former une masse solide. Cette masse est traversée de canalicules pour l'écoulement de la sécrétion dans le tube primitif transformé en canal excréteur.

3° Multiplication ultérieure des cellules et pénétration des vaisseaux sanguins qui la divisent en colonnes solides, ces colonnes étant en quelque sorte drainées par un système de canaux biliaires intercellulaires. Cet état est celui du foie de la lamproie.

4° Pénétration plus complète des vaisseaux sanguins entre les colonnes précédentes. Celles-ci forment alors un réseau de cylindres composés de cellules hépatiques, les cellules étant d'ailleurs disposées de manière à former une couche unique autour des capillaires biliaires. Tel est l'état permanent des poissons, amphibiens et reptiles. C'est la condition transitoire des mammifères pendant leur développement.

5° Enfin, pénétration encore plus complète des vaisseaux sanguins qui s'insinuent entre les éléments des cylindres cellulaires précédents. De plus, les capillaires sanguins s'arrangent d'une manière particulière ; ils se rassemblent en petits groupes qui aboutissent chacun par un affluent unique dans les veinules efférentes (sus-hépatique). Chacun de ces petits groupes de tissu hépatique constitue un lobule hépatique. C'est le cas des mammifères adultes.

3. Anatomie et histologie des voies biliaires. — Le seul point qui importe ici, c'est de faire remarquer qu'en définitive les canalicules biliaires ne finissent pas en extrémités closes, à parois propres, indépendantes des cellules hépatiques. Leurs ramifications d'origine sont de simples interstices canaliculés entre les cellules hépatiques contiguës. Ces interstices ne sont pas irréguliers ; ils sont disposés systématiquement, et forment un premier réseau (*réseau intralobulaire*) constitué par des petits canaux cylindriques de 1 μ à 2 μ, sans paroi propre, réseau dont les mailles enveloppent chaque cellule hépatique. Ces mailles polygonales, forcément isodiamétrales aux cellules hépatiques, aboutissent à un réseau extérieur placé dans les espaces et fissures de Kiernan, c'est-à-dire dans les intervalles qui séparent les masses des lobules et non plus à l'intérieur de ceux-ci. C'est là un (*réseau interlobulaire*), présentant nettement une paroi propre formée: 1° d'une tunique lamineuse ; 2° de la *membrana propria ;* 3° d'un revêtement d'épithélium prismatique régulier. Ces canalicules interhépatiques se déchargent dans des canaux de plus en plus volumineux et finalement dans le *canal hépatique* qui prend le nom de *canal cholédoque* au point de son trajet d'où se détache de lui l'embranchement *canal cystique*, qui aboutit à la vésicule biliaire. Le cholédoque continue son trajet vers le duodénum où il aboutit dans l'ampoule de Vater. La structure des grosses voies est la même que celle des canalicules interhépatiques, à l'exception des fibres musculaires qui viennent s'y ajouter et des glandes en grappe qui existent dans l'épaisseur de la paroi. Dans le *canal hépatique*, l'épithélium est formé de cellules cylindriques très allongées, à plateau mince et situé vers la lumière du canal, à extrémité apointie vers la profondeur. La couche conjonctive est formée de faisceaux parallèles à l'axe et de fibres élastiques en réseau : ce tissu est condensé au-dessous de l'épithélium de façon à former une membrane. Des glandes en grappe, simples dépressions sans caractère spécial du canal lui-même et sans signification physiologique, se rencontrent plus ou moins abondantes sur le trajet du canal hépatique.

Le *canal cholédoque* a une paroi épaisse. Il comprend : 1° une tunique muqueuse formée d'une seule assise de cellules cylindriques allongées à plateau mince et strié et à extrémité apointie comme celles du canal hépatique ; 2° au-dessous, une couche de tissu conjonctif délicat, avec cellules plates et cellules migratrices ; 3° une tunique musculaire à fibres lisses disposées en réseau formant un véritable sphincter à l'extrémité du cholédoque ; 4° une tunique externe fibreuse. On y voit encore des glandes en grappe.

Le *canal cystique* a la même structure que le canal cholédoque.

La vésicule biliaire offre les trois couches habituelles : 1° La muqueuse à épithélium cylindrique, à derme conjonctif, comme précédemment, avec des villosités lamelliformes anastomosées, qui forment à la surface de véritables aréoles, et à glandes en grappe ; 2° La musculeuse à fibres en réseau ; 3° La tunique fibreuse formée de tissu conjonctif ordinaire et recouverte par le péritoine.

4. Cellule hépatique. — L'organisme élémentaire du foie est la cellule hépatique. Ces cellules occupent les mailles du réseau capillaire du lobule dont elles reproduisent la disposition. Ce sont des blocs, polyédriques par pression réciproque, à nombre de facettes variable, d'un diamètre moyen oscillant entre 18 μ et 26 μ. Les faces portent l'empreinte des capillaires sanguins et des canalicules biliaires ultimes, sous forme de gouttières complétée en canal par la gouttière de la cellule contiguë. La cellule hépatique n'a pas d'enveloppe : une couche de protoplasma condensé à la périphérie en tient lieu : de celle-ci partent des travées protoplasmiques, très anastomosées entre elles en un réseau qui aboutit au noyau, ou du moins à l'enveloppe protoplasmique du noyau. Celui-ci est volumineux, 9 μ. Dans les mailles du réseau protoplasmique s'amasse le glycogène ; dans les travées du réseau lui-même on trouve deux espèces de granulations : 1° des *granulations graisseuses* surtout abondantes au moment de la digestion des graisses et pendant la lactation ; 2° des granulations pigmentaires biliaires, jaunes ou brunes, rares.

5. Variations anatomiques du foie. — La forme du foie varie chez les différents animaux, sans que ces variations aient beaucoup d'intérêt. Chez les mammifères on y distingue deux lobes principaux, eux-mêmes plus ou moins subdivisés en lobes secondaires. Chez l'homme il y a un lobe droit, un lobe gauche, et à la base deux petits lobes complémentaires, le lobe carré, le lobule de Spiegel. Chez les singes le lobe droit est divisé en quatre, le lobe gauche en deux. Chez le chien, il y a cinq divisions : le lobe droit principal portant la vésicule, le lobe droit complémentaire ; le lobe gauche est divisé en trois : principal, complémentaire, accessoire.

Chez certains rongeurs (*Capromys Fournieri*) il y a une multitude de petits lobules. Chez les ruminants (mouton) les divisions sont peu marquées.

Chez les oiseaux le foie est volumineux. Il l'est chez les gallinacés et surtout chez les palmipèdes. Chez ceux-ci le foie est divisé en deux lobes presque égaux : le gauche présente un commencement de division par une scissure (coq).

Chez les reptiles et les batraciens le foie présente des divisions marginales ; les grenouilles ont un organe hépatique à deux lobes ; chez les ophidiens l'organe est cylindrique et compact.

Chez les poissons la variété est poussée très loin. Les uns possèdent un foie en une seule masse (saumon, brochet, anguille) ; chez d'autres il est très divisé (carpe). Nous n'avons pas à nous occuper de ces particularités en ce moment.

Ce qui importe à notre sujet, c'est la connaissance des *dispositions de l'appareil biliaire.*

6. Variations de l'appareil biliaire. — a. *absence de vésicule biliaire.* — La plus importante particularité, c'est l'absence ou la présence de la vésicule biliaire. Dans le cas général, celle-ci existe. Exceptionnellement, elle fait défaut. Les voies biliaires d'excrétion sont alors réduites à un canal hépatique unique, volumineux, se rendant à l'intestin, correspondant aux deux segments, hépatique et cholédoque, des animaux ayant une vésicule : c'est le canal *hépato-entérique*. Ce cas se présente chez un certain nombre de vertébrés : ce sont en général des animaux chez qui le déversement continu de la bile est en rapport avec la continuité de la digestion, laquelle ne subit pas de longues interruptions. Parmi les mammifères la vésicule est absente : 1° chez beaucoup d'herbivores (cheval, cerf, chameau) ; 2° chez des pachydermes (éléphant, rhinocéros, tapir). Elle existe, au contraire, chez le porc. Chez l'éléphant le conduit hépato-entérique présente à son extrémité intestinale une dilatation considérable où s'ouvre le canal pancréatique ; 3° chez des rongeurs (*mus cricetus*) ; 4° chez les paresseux, etc.

La vésicule biliaire fait défaut chez beaucoup d'oiseaux : perroquets, pigeons, autruches, *Rhea americana ;* chez les Cuculidés, etc. Parmi les poissons on cite les Pétromyzontes (*Lamproies adultes*) qui n'ont point de vésicule.

b. *Disposition particulière des canaux.* — Lorsque l'appareil est complet, il peut encore éprouver des variations de disposition (Widersheim).

1° La disposition de l'homme se rencontre chez la plupart des mammifères, quelques oiseaux, beaucoup d'amphibies, quelques poissons (Lophius) (fig. 1).

2° Le nombre des canaux hépatiques peut s'accroître.

Cette disposition se rencontre, chez le phoque où il en existe deux. Ils sont en plus grand nombre chez les tarsius, le galéopithèque, les monotrèmes parmi les mammifères; le xiphias, le trigle, l'esturgeon parmi les poissons (fig. 2).

3° Le nombre des canaux hépatiques s'étant accru, l'un d'entre eux débouche directement dans la vésicule; c'est un conduit *hépato-cystique* (fig. 3).

Cette disposition se rencontre chez le bœuf, le mouton, le chien.

4° Enfin, le cholédoque peut faire défaut, dans la disposition précédente. Alors la bile se déverse pour une part directement dans l'intestin, pour une autre part indirectement par l'intermédiaire de la vésicule. Il y a un canal *hépato-entérique*, un canal *cystico-entérique*, un canal *hépato-cystique*. Il en est ainsi chez la loutre parmi les mammifères, chez la presque totalité des oiseaux, chez les tortues, chez le crocodile, etc. (fig. 4).

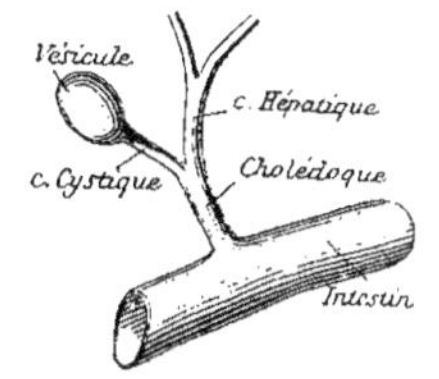

Fig. 1.

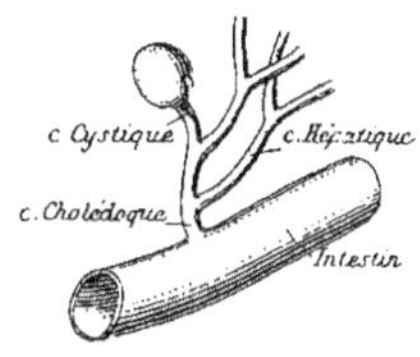

Fig. 2.

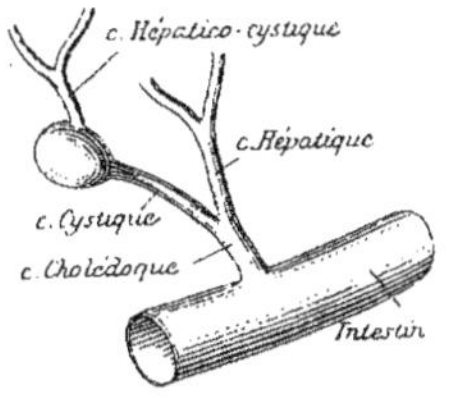

Fig. 3.

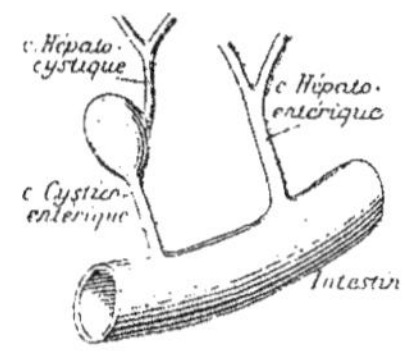

Fig. 4.

§ II. — Caractères de la bile. Fistule biliaire.

7. *Caractères physiques de la bile fraîche. Couleur. Densité. Caractères optiques.* — 8. *Caractères chimiques.* — 9. *Caractères physiologiques. Toxicité.* — 10. *Manières de recueillir la bile. Fistules biliaires.*

7. Caractères physiques de la bile fraîche. — La bile est un liquide clair.

a. Couleur. — Sa couleur est variable du jaune brunâtre au brun verdâtre suivant les circonstances et l'espèce (prédominance de l'un ou l'autre des deux pigments jaune-brun et vert, bilirubine et biliverdine ou de leurs dérivés). Chez le cobaye, la bile est incolore : elle est verte chez l'oie et chez le bœuf. Chez l'homme la bile normale fraîche sous une mince épaisseur est jaune d'or; l'épaisseur augmentant, elle devient jaune orange. Si elle séjourne à l'air et à la lumière, elle devient verte par transformation de la bilirubine en biliverdine. A l'état pathologique et dans des circonstances extra-normales, la couleur de la bile varie; elle est noire, rouge, bleue, incolore. La bile noire ou *atrabile*, où les anciens voyaient un signe de la démence, est une bile extrêmement concentrée, comme il arrive dans le typhus ou le choléra. Elle est *rouillée* ou *rouge* par épanchement de sang ou passage de la matière colorante du sang (Hémoglobino-cholie observée dans la fièvre typhoïde, la tuberculose aiguë, l'empyème, l'asystolie chez l'homme ; dans le charbon chez le lapin; chez le chien soumis au refroidissement), elle est encore rougie par élimination des substances rouges injectées dans les veines (fuchsine, indigo-carmin, rouge d'aniline) (Chronszczewski). On a signalé et les anciens ont observé également des cas de *bile bleue*. Enfin, il existe des cas où la bile était incolore, et cela, non seulement dans la vésicule par précipitation de pigment d'une bile originellement colorée; mais incolore dès les canaux biliaires, dès sa formation.

Il s'agit de faits pathologiques dans lesquels la fonction chromogénique de la cellule biliaire est altérée. On trouve souvent dans les vésicules biliaires qui ne sont plus en communication avec la voie d'excrétion biliaire un liquide muqueux, incolore, opalescent, tandis que dans les conduits biliaires parcourus par la bile celle-ci présente sa couleur jaune normale. Mais il existe également des cas de bile réellement incolore, dont le pigment est absent, tandis que les acides biliaires s'y retrouvent quoique diminués (RITTER, G. HARLEY, V, HANOT); dans ce cas les matières fécales sont décolorées sans qu'il y ait ictère. Ce sont là des cas de bile incolore, bile blanche, acholie pigmentaire (V. HANOT), cas nécessairement pathologiques (hépatite tuberculeuse aiguë, foie gras, etc.). Il faut noter que l'on trouve chez le cobaye une bile vésiculaire incolore.

b. Densité. — 1,010 (JACOBSEN) pour celle des canaux biliaires (homme); 1,026, 1,032 pour celle de la vésicule (homme). Chez le chien, de même : 1,014 (DASTRE) pour la bile obtenue par fistule; 1,020 ou davantage pour la bile vésiculaire.

c. Caractères optiques. — Au spectroscope, la bile ne présente pas de bandes d'absorption caractérisées (chez l'homme, le chien); elle semble absorber la lumière, d'une manière continue d'une extrémité du spectre à l'autre (Voir **51** *b*). Chez le bœuf et le mouton il s'ajoute au pigment ordinaire un autre pigment, *cholohématine* (Mac MUNN) qui possède un spectre caractéristique à quatre bandes.

d. Chauffée à ébullition, elle ne se trouble pas; mais il se forme à la surface du liquide une pellicule qui se ride comme celle du lait bouilli.

8. Caractères chimiques. — La *réaction* de la bile doit être signalée. Tous les auteurs répètent que cette réaction est neutre; quelquefois légèrement alcaline; jamais acide, sauf dans les cas de putréfaction.

Ceci n'est pas exact. La bile de la vésicule tout au moins est normalement acide. Pour la bile de bœuf, 1 gramme de bile neutralise en moyenne 0 milligr. 546 d'alcali caustique (à la phénolphtaléine); la bile de porc est aussi faiblement acide; les chiffres varient entre 0,56 et 1gr,56. De même l'acidité a été constatée chez le chien. Enfin, chez l'homme, il faut en moyenne 2mm,03 d'alcali caustique pour 1 gramme de bile — et précisément l'acidité diminue dans les biles décomposées (A. JOLLES). Cette acidité est due aux acides libres (acides gras) et aux sels acides. — La bile dissout les graisses.

9. Caractères physiologiques. — Toxicité. — L'odeur est faible ou nulle, quelquefois musquée. La saveur est amère avec arrière-goût douceâtre. La bile dissout les globules blancs et rouges, les cellules hépatiques, les cellules d'épithélium, les fibres musculaires. C'est un poison protoplasmique (D. RYWOSCH).

La bile introduite dans le tube digestif n'est pas toxique. On a pu faire ingérer quotidiennement à des chiens d'environ 10 kilogrammes des quantités de bile de bœuf ou de bile de chien montant à 100-200 centimètres cubes sans inconvénient d'aucune espèce. Avec des quantités considérables, de 250 centimètres cubes de bile de bœuf, on a seule-observé un effet purgatif inconstant (DASTRE).

Au contraire, la bile introduite dans le sang est toxique. La bile de bœuf est toxique en injection sous-cutanée chez le rat à dose de 3 à 4 centimètres cubes; chez le cobaye avec 10 à 15 centimètres cubes. L'animal devient apathique, somnolent, sa respiration s'accélère et la mort survient entre deux heures et deux jours (PRÉVOST et BINET).

BOUISSON, FRERICHS, VULPIAN n'ont point constaté la toxicité biliaire, parce qu'ils n'opéraient point par injection méthodique suffisante. DEJDIER (1722); MAGENDIE, CH. V. DUSCH (1854) avaient cependant montré la toxicité de la bile. FRERICHS lui-même avait indiqué le ralentissement du cœur qu'elle produit, ralentissement qui a été expliqué par une paralysie du système accélérateur cardiaque provoquée par les sels biliaires (RÖHRIG, LANDOIS). BOUCHARD a établi que la bile produisait des accidents mortels, convulsifs et paralytiques, qu'elle était réellement toxique et qu'elle l'était neuf fois plus que l'urine. Il opérait avec la bile diluée au tiers. Il suffit pour tuer un lapin de 4-6 centimètres cubes de bile par kilogramme d'animal.

Les matières nocives de la bile sont les sels biliaires et les pigments. On attribuait aux sels biliaires surtout cette nocivité depuis TH. V. DUSCH (1854), LEYDEN (1866), FELTZ et RITTER (1874-1876). Mais BOUCHARD a montré (1887) que la bile perd beaucoup de sa toxicité (66 p. 100) lorsqu'on lui enlève les pigments, en la traitant par le charbon animal qui la décolore. Le fait a été confirmé par STOCKVIS et de BRUIN (1889). La bilirubine aurait peu d'effet sur la pression du sang et la fréquence du pouls. Ces phénomènes, dans le cas d'injection de bile complète, appartiendraient donc aux sels biliaires. Au contraire, pour l'abaissement de température. Les injections de bile produisent un effet hypothermisant qui disparaît si on la décolore (CHARRIN et CARNOT).

Les toxicités relatives des différents constituants de la bile seraient les suivantes : le glycocholate de soude à dose de 0gr,54 par kilogramme (BOUCHARD, TAPRET et BRUIN); le taurocholate à dose de 0gr,46; la bilirubine à dose de 0gr,05 par kilogramme. Il faut noter cependant que l'on emploie la lessive de soude pour dissoudre la bilirubine et que celle-ci peut intervenir dans la toxicité (RYWOSCH).

En somme, les sels biliaires seraient environ de cinq à dix fois moins toxiques que le pigment. Mais comme d'autre part ils sont beaucoup plus abondants (au moins sept fois dans les analyses les moins favorables), il en résulte que la toxicité de chacun des deux composants intervient dans la toxicité de la bile totale pour une fraction presque égale ou au moins plus près de l'égalité que ne sont les toxicités absolues (par exemple un-demi ou un tiers).

C'est à la toxicité de la bile qu'il faut attribuer les symptômes ictériques (Voy. *Pathologie de la bile*), le ralentissement du pouls, les hémorragies, l'amaigrissement, l'albuminurie, tous phénomènes résultant de l'action altérante produite par la bile sur les éléments des tissus vivants.

10. Manière de recueillir la bile. Fistule biliaire, complète, incomplète, temporaire, permanente. — *a.* La bile de la vésicule, bile cystique, est obtenue par nécropsie plus ou moins hâtive chez l'homme qui a succombé à une maladie ou à un accident, ou incidemment au cours d'une opération chirurgicale. On la recueille de même par nécropsie ou vivisection chez l'animal.

b. La bile hépatique est obtenue par *fistule biliaire*.

L'opération de la fistule biliaire a été réalisée d'abord par SCHWANN (1844) et BLONDLOT (1846); puis par BIDDER et SCHMIDT, HEIDENHAIN, SCHIFF, RÖHRIG pour l'étude des circonstances ou des constituants de la sécrétion; enfin par un grand nombre de physiologistes : RUTHERFORD, PASCHKIS, BALDI, RÖHMANN, ROSENBERG, PREVOST et BINET, DASTRE.

c. On a pratiqué la fistule biliaire chez le chat, le lapin, le porc, le mouton, le cobaye, le cheval. Tous ces animaux n'ont pu être conservés que peu de temps après l'opération. Au contraire, le chien a pu être maintenu en bonne santé plusieurs mois (RÖHMANN-PRÉVOST et BINET) et même au delà d'une année (DASTRE).

d. On a observé des cas de fistule biliaire chez l'homme et l'on s'en est servi pour l'étude de la bile. Tels sont les cas de RANKE, VON WITTICH, MONRO, JACOBSEN, YEO et HERROUN, COPEMAN et WINSTON, MAYO-ROBSON. Dans la plupart de ces cas il ne s'agissait que de fistule incomplète chez des sujets d'ailleurs malades et la bile pouvait être souillée de matières étrangères. Le sujet de COPEMAN faisait exception : c'était une femme de 26 ans, en bonne santé et dont le poids augmentait.

On distingue, en fait de fistule biliaire, la *fistule incomplète* et la *fistule complète*, l'une et l'autre, d'ailleurs, pouvant être *temporaire* ou *permanente*. La fistule est *complète* quand toute la bile s'écoule par le trajet fistulaire; elle est *incomplète* lorqu'une partie de la bile continue à s'écouler par les voies naturelles dans l'intestin. *Temporaire*, c'est une vivisecrtion pratiquée pour le temps nécessaire à l'observation immédiate : elle est *permanente*, lorsque l'animal qui en est porteur la conserve après l'opération et le rétablissement en état normal. Enfin la fistule est *cholédoque* ou *cystique*.

e. La *fistule biliaire cholédoque* est une fistule complète, temporaire, qui utilise pou, l'écoulement de la bile le canal cholédoque, exactement comme on utilise les canaux naturels pour les fistules salivaires ou pancréatiques :

1° On peut faire le cathétérisme du cholédoque en faisant une contre-ouverture au duodénum en face de l'ampoule de Vater et en introduisant par cette voie une canule qui sortira par l'ouverture intestinale et la plaie de l'abdomen.

2° On peut encore sectionner le cholédoque, lier le bout périphérique, faire pénétrer la canule dans le bout central et la fixer à la peau par son autre extrémité; mais on a à craindre dans ce cas des coudes et flexions du canal sur la canule qui pourraient s'opposer à l'écoulement.

Cette fistule ne permet, en général, qu'une observation passagère et de courte durée. Elle a été surtout pratiquée chez le cheval qui ne possède point de vésicule biliaire (COLIN).

f. La *fistule cystique* consiste à utiliser comme voie d'écoulement la vésicule biliaire. C'est l'opération habituelle. La vésicule biliaire est ouverte et fixée à la peau. La bile s'écoulera exclusivement par le canal hépatique, le canal cystique et la vésicule si l'on a soin d'obstruer le canal cholédoque (*fistule complète*). Il faut non seulement lier le canal, mais en exciser une portion : le canal simplement lié se rétablit, en effet, en quelques jours et redevient perméable à la bile.

L'opération de la *fistule incomplète* ne diffère de la précédente qu'en ce que l'on ne touche point au canal cholédoque qui reste constamment perméable. On a prétendu que la bile ne le traversait plus et qu'elle prenait exclusivement la voie cystique (Bidder et Schmidt, Schiff). Dans la réalité il n'en est pas ainsi : la bile, avec des alternatives, suit les deux voies qui lui sont offertes (Dastre).

Ces opérations de fistule biliaire cystique (complète ou incomplète) ont été utilisées sous la forme *temporaire* par quelques expérimentateurs (Rutherford). Elles ont pourtant un désavantage marqué sur la fistule permanente, car elles entachent l'observation de tous les troubles qui résultent du choc opératoire, de l'action des narcotiques, du délabrement, de l'immobilisation; et ces inconvénients qui ne masquent et n'altèrent pas les résultats, dans le cas de la fistule salivaire par exemple, les changent notablement lorsqu'il s'agit d'une glande à réactions lentes comme le foie.

h. La *fistule complète et permanente*, qui permet l'observation sur l'animal remis des suites opératoires, est bien préférable et reste l'opération de choix. Le manuel opératoire et le dispositif ont été perfectionnés récemment (Dastre, 1890). Les expérimentateurs avaient vainement cherché à maintenir la canule dans l'orifice : ils étaient obligés d'introduire, au moment où l'on veut récolter la bile, un tube de verre ou de métal dans l'orifice qui se rétrécit rapidement et quelquefois de le débrider. Cette manière de faire, parmi d'autres inconvénients, offre celui de ne pas permettre de récolte prolongée et exclut par conséquent l'étude des modifications à longue échéance dont il faut tenir cependant grand compte quand il s'agit du foie. Les perfectionnements apportés par Dastre permettent la fistule permanente avec canule à demeure, à poste fixe. L'opération se fait en deux temps : l'outillage est simple. Le résultat est que l'on peut recueillir la bile chez un animal (chien) en santé, en pleine liberté, dont toute la bile s'écoule à mesure de sa sécrétion dans un réservoir que l'animal porte avec lui sans en être gêné.

i. *État des chiens à fistule.* — Les animaux (chiens) opérés dans ces conditions peuvent se conserver en pleine santé pendant longtemps. La couleur des excréments est en rapport avec l'alimentation. Avec le régime du lait, du sucre et du pain, cette couleur est tout à fait blanche. Avec la viande bouillie et le lait elle est ardoisée. La consistance est restée molle; rarement des selles moulées. D'une façon général l'odeur n'était pas plus fétide que chez les animaux où le régime et la consistance en fèces sont les mêmes. Seulement cette odeur était d'une autre nature. On n'y reconnaissait point les produits sulfurés, hydrogène sulfuré, sulfhydrates.

L'animal a horreur des graisses. Même lorsqu'il mange gloutonnement, il écarte les parties grasses. En revanche il les accepte très facilement sous la forme du lait. Lorsqu'on augmente la quantité de graisse du régime, les selles deviennent diarrhéiques; il y a irritation intestinale. L'absence de bile exige par conséquent un régime spécial d'où les graisses sont presque exclues, ou du moins où elles sont faiblement représentées (Dastre). Des chiens à fistule biliaire exclusivement nourris de viande se maintiennent en équilibre azoté (Voit).

La digestion des matières grasses est donc entravée à un haut degré par la fistule biliaire. La quantité excrétée est beaucoup plus grande par rapport à la quantité absorbée (58 p. 100 au lieu de 18 p. 100, Röhmann). Les graisses éliminées le sont à l'état neutre, d'après Voit (1882) : elles le seraient à l'état d'acides gras et de savons (Röhmann).

j. La quantité de bile obtenue par la fistule biliaire serait moindre que la quantité qui s'écoule dans l'intestin. Schiff aurait constaté ce fait en pratiquant la fistule du cholédoque de manière à permettre à volonté l'écoulement dans l'intestin ou au dehors. Dans ce dernier cas où les matériaux de la bile ne sont plus soumis à la résorption dans l'intestin, l'abondance de la sécrétion diminue : on la ramène à sa valeur primitive si l'on réintroduit dans l'intestin la bile fournie par la fistule soit que celle-ci agisse en repassant dans la sécrétion (Schiff), soit qu'elle excite simplement la sécrétion biliaire (Heidenhain).

§ III. — Sécrétion et excrétion de la bile. Influence de la circulation, du système nerveux. Cholagogues.

11. *Sécrétion de la bile;* a, *sa formation par la cellule hépatique correspondant à un processus d'oxydation;* b, *sa continuité;* c, *sa non-préexistence.* — **12.** *Influence de la circulation;* a, *ligature de l'artère hépatique;* b, *ligature brusque et complète de la veine porte;* c, *ligature partielle.* — **13.** *Innervation. Influence du système nerveux.* — **14.** *Influences qui font varier les quantités de bile sécrétée. Cholagogues;* a, *influence du régime. Inanition;* b, *alimentation;* c, *la bile, puissant cholagogue;* d, *autres cholagogues.* — **15.** *Écoulement de la bile. Sa marche dans les conduits biliaires;* a, *vis à tergo;* b, *pression des parties voisines;* c, *contractilité biliaire;* d, *excitation électrique;* e, *pression de la bile.*

11. Sécrétion de la bile. Sa formation par la cellule hépatique correspondant à un processus d'oxydation. — *a.* La sécrétion de la bile (sécrétion externe du foie) est le résultat de l'activité générale de la cellule hépatique s'exerçant sur les matériaux qui lui sont fournis par le sang ou qu'elle a accumulés en elle antérieurement.

Cette activité intime de la cellule hépatique est encore mal connue dans son détail et ce n'est pas d'ailleurs le lieu de l'examiner ici : voici seulement quelques indications générales : L'ensemble des réactions qui s'accomplissent dans le foie et qui sont simultanées à la formation de la bile est exothermique. Il se produit en effet un dégagement de chaleur considérable : c'est au sortir du foie que le sang est le plus chaud, et le foie est l'organe dont la température est la plus élevée. C'est là un fait dont l'on peut inférer que les oxydations y sont prépondérantes. *On peut donc concevoir d'après cela la formation de la bile comme résultant surtout d'un processus d'oxydation.* Une seconde considération concorde avec la précédente; la bile, en effet, contient une très grande quantité d'acide carbonique libre ou combiné, et seulement des traces d'oxygène. L'acide carbonique et l'eau sont les témoins d'oxydations poussées à leur terme, et nous allons voir précisément qu'il y a aussi de l'eau formée dans le foie et éliminée par la bile. Enfin, l'urée qui est un produit de l'oxydation des albuminoïdes, bien qu'elle n'apparaisse pas sensiblement dans la bile, a son principal foyer de formation dans le foie.

b. La sécrétion de la bile est continue, comme l'activité même de la cellule hépatique : mais elle peut s'accélérer sous des influences physiologiques, circulatoires ou nerveuses, plus ou moins passagères, quelques-unes périodiques, dont le peu que nous en savons sera indiqué plus loin.

c. Les éléments caractéristiques de la bile *ne préexistent pas* dans le sang Celui-ci, en effet, ne contient pas d'acides biliaires, non plus d'ailleurs que n'en contient aucun liquide ou tissu de l'organisme; et quant aux pigments biliaires, le sang n'en renferme que les matériaux. Enfin, l'eau elle-même, qui dilue ces principes dans la bile, ne provient pas tout entière de la simple filtration de celle qui est contenue dans le sang, car la pression dans les canaux biliaires peut dépasser la pression du sang afférent (veine-porte). Une partie de l'eau biliaire provient donc des combustions accomplies dans l'organe hépatique.

Second argument : les cellules hépatiques vivantes, mais extraites de l'organisme, peuvent, en présence du glycogène et de l'hémoglobine, former *in vitro* un pigment voisin des pigments biliaires (Anthen) et des acides biliaires (Kallmeyer et Alex. Schmidt).

Enfin, troisième argument, l'extirpation du foie, chez les animaux qui peuvent supporter cette opération (oiseaux) et survivre quelque temps, n'est suivie de l'accumulation des éléments de la bile dans aucun organe.

Les faits que nous venons de rappeler brièvement établissent ces trois points : 1° que la formation de la bile a lieu dans le foie par suite de l'activité des cellules hépatiques, et que ses éléments n'existent pas préformés dans le sang. La sécrétion biliaire n'est pas une filtration ou une élimination de substances formées ailleurs; 2° que cette sécrétion est continue, ininterrompue comme l'activité vitale des cellules qui la produisent; 3° que d'une façon générale, elle correspond à des phénomènes d'oxydation.

La sécrétion de la bile est continue, mais plus ou moins active suivant les circonstances. Chez les animaux qui possèdent une vésicule, la bile s'y accumule à mesure de sa formation, et elle se déverse dans l'intestin au moment de la digestion, sous l'influence d'une excitation qui amène le relâchement du sphincter qui existe à l'embouchure du canal cholédoque dans le duodénum.

12. Influence de la circulation. — La sécrétion de la bile est, conformément à la loi générale, en rapport avec l'activité de la circulation sanguine dans l'organe. Or celle-ci est alimentée par deux sources : l'artère hépatique (5 millim. diamètre) qui amène du sang artériel et la veine-porte (16 millim. diamètre) qui amène le sang chargé des matériaux absorbés par l'intestin.

On a cherché à connaître la part qui revient à l'une et l'autre de ces deux sources, en supprimant chacune d'elles alternativement et en appréciant les effets de cette suppression.

a. Si l'on pratique la *ligature de l'artère hépatique*, la sécrétion continue sous la seule influence de la circulation porte (SCHIFF, SCHMULEWITSCH, ASP). Mais le phénomène ne durerait pas et il se produirait bientôt une *mortification* du foie, ou des parties où l'artère liée se distribue, lorsqu'il y a plusieurs artères hépatiques (pigeon) (KOTTMEIER, BETZ, COHNHEIM, LITTEN). On exprime ce fait en disant que l'artère hépatique est le vaisseau nourricier du foie, et l'on ajoute que la veine-porte en est le vaisseau fonctionnel. Mais cette distinction est un peu artificielle, comme le prouve l'expérience de la ligature de la veine-porte.

b. La *ligature totale et brusque de la veine-porte* est impraticable chez les mammifères. Elle entraîne une issue fatale rapidement (en moins de deux heures chez les lapins et les chiens). La mort survient après une série d'accidents consistant en : affaiblissement et assoupissement de l'animal, paralysie du train postérieur, diminution de l'amplitude respiratoire; ordinairement pas de convulsions. Ces accidents sont attribués : pour une part, à l'accumulation du sang qui, continuellement amené et n'ayant plus d'écoulement vers la veine-cave, s'amasse dans l'intestin, congestionnant les organes abdominaux et anémiant les autres, et, pour une autre part, à une intoxication.

A défaut de la ligature brusque on peut pratiquer chez les mammifères l'*oblitération lente* de la veine-porte (oie, CL. BERNARD). Celle-ci permet l'établissement d'une circulation collatérale qui rend possible le passage du sang du système de la veine-porte à celui de la veine-cave inférieure. Or il est remarquable que cette oblitération lente de la veine-porte ne supprime pas plus que la ligature de l'artère hépatique seule la sécrétion biliaire : elle la ralentit seulement; celle-ci se continue aux dépens de l'artère hépatique.

c. La *ligature partielle* de la veine-porte, c'est-à-dire celle qui est pratiquée sur une branche qui se rend à un lobe, laisse subsister dans celui-ci une sécrétion biliaire affaiblie qui paraît se produire par conséquent aux dépens du sang de l'artère hépatique (SCHMULEWITSCH, ASP).

d. Enfin, le sang de l'artère hépatique lancé dans le bout hépatique de la veine-porte dont le bout intestinal a été lié, suffit à entretenir la sécrétion hépatique.

e. En résumé la bile se sécrète aux dépens du sang, quel qu'il soit, qui lui est apporté soit par l'artère hépatique, soit par la veine-porte — plus abondamment avec le sang de la veine-porte, d'une façon plus précaire et seulement provisoire avec le sang de l'artère hépatique. Il semble que la condition qui intervient est moins la qualité du sang artériel ou veineux que les circonstances de sa distribution plus ou moins abondante ou facile. La suppression de toute irrigation sanguine, comme il est naturel (ligature simultanée de l'artère hépatique et de la veine-porte) abolit la sécrétion de la bile (RÖHRIG).

Les hémorragies profuses tarissent la sécrétion biliaire avant d'arrêter les fonctions des autres systèmes, musculaire et nerveux (HEIDENHAIN). La congestion des organes voisins (muscles du tronc) la diminue (LANDOIS), probablement en diminuant la circulation hépatique.

13. — Innervation. Influence du système nerveux sur la sécrétion. — *a.* L'action directe *du système nerveux* sur la sécrétion biliaire n'est pas encore connue. Le système nerveux agit indirectement sur le foie en agissant sur sa circulation, ou, ce qui revient au même, sur la circulation intestinale. Tout ce qui restreint la circulation intestinale diminue la sécrétion. Ainsi s'explique l'effet des excitations directes du ganglion cervical inférieur, de l'anneau de VIEUSSENS, des splanchniques, — ou de l'excitation réflexe déterminée par la stimulation des nerfs sensibles. La piqûre diabétique du 4e ventricule et la section de la moelle cervicale agiraient de même (HEIDENHAIN), mais, cette fois, en provoquant la stase dans les vaisseaux du foie.

b. L'énervation du foie ne supprime pas la sécrétion de la bile : elle l'augmenterait même aux premiers moments (AFANASSIEW).

c. L'excitation de la couche corticale (gyrus sygmoïde) produirait une diminution de la sécrétion biliaire (BOCHEFONTAINE).

d. L'excitation d'un nerf sensitif (bout central) provoque une diminution momentanée de la sécrétion biliaire. De même l'excitation de la moelle cervicale. Au contraire, la section de la moelle cervicale produit un accroissement de la sécrétion.

e. L'excitation du bout périphérique du vague sectionné donnerait un ralentissement de la sécrétion. Quant au bout central (depuis la sortie du crâne jusqu'au cardia), il produirait, contrairement aux nerfs sensitifs en général, une augmentation réflexe de la sécrétion : même effet, en agissant sur le nerf intact; mais cet effet serait éminemment passager (RODRIGUEZ).

f. L'excitation des splanchniques diminue aussi la sécrétion.

g. On a un effet d'accroissement passager, suivi d'un ralentissement secondaire, lorsque l'on excite les nerfs qui entourent l'artère hépatique (AFANASSIEW) (Voir n° **15** pour l'influence sur l'excrétion).

14. Influences qui font varier les quantités de bile sécrétée. Cholagogues. — L'ancienne médecine considérait la sécrétion biliaire comme une dépuration, et elle attachait, en conséquence, une grande importance à connaître les substances qui pouvaient augmenter cette sécrétion, c'est-à-dire les cholagogues. On trouve dans les traités de thérapeutique une liste plus ou moins étendue des agents de cette espèce. Nous verrons que la plupart sont sans action.

a. *Influence du régime. Inanition.* — Le *jeûne* diminue la production de bile, mais non pas immédiatement, car on peut observer au début une augmentation ou un état stationnaire avec les mêmes oscillations qu'à l'état normal (ROSENBERG). La sécrétion se continue et cela jusqu'à la mort, mais la quantité absolue diminue : il y a *hypocholie*. Chez des cobayes on aurait pu constater une réduction au tiers de la quantité normale (1/2,7), quand l'animal a perdu un tiers de son poids (34,46 p. 100) (LUKJANOW). Le résidu solide, l'azote et le soufre descendent en même temps, mais moins vite; en sorte que leur quantité relative augmente d'une manière progressive et notable (ALBERTONI). La bile se concentre donc à mesure que sa quantité diminue : elle devient plus épaisse : sa coloration devient beaucoup plus intense, le pigment étant l'élément le plus accru. On notera encore que la bile existe déjà avec ses caractères chez le fœtus, tandis que les autres sécrétions digestives ne commencent qu'après la naissance.

b. *L'alimentation* est une condition du maintien de la sécrétion. Nous avons vu qu'il était difficile, dans des expériences bien faites, d'apercevoir l'influence diurne des repas sur la vitesse de la sécrétion (DASTRE). De même, il est difficile d'apercevoir l'influence du genre d'alimentation sur la quantité totale sécrétée. Il semble que le régime le plus favorable soit un régime mixte, viande et hydro-carbonés ; l'ingestion de peptones agit dans le même sens. Un régime purement végétal ou trop riche en graisse ferait légèrement baisser la sécrétion. — On a signalé enfin l'action utile des condiments, poivre, moutarde.

Nous voyons combien ces influences sont faibles ou douteuses. On retrouve la même incertitude dans toutes les déterminations relatives à la quantité de bile. Nous en avons dit les causes (**10**, *f* et **14**, *d*). Il n'y a de valables que les mesures portant sur la bile totale recueillie chez l'animal dans les conditions normales. — Il n'est pas légitime — alors que nous connaissons pas les causes des variations de la sécrétion biliaire et que ce sont elles précisément qu'il s'agit de préciser — de conclure, d'une mesure prise pendant quelques moments, à la quantité totale. Enfin, il peut arriver que l'on confonde avec un excès d'activité sécrétoire ce qui pourrait n'appartenir qu'à une mise en jeu plus énergique de l'appareil d'excrétion. D'après l'aveu universel (SCHIFF, SOCOLOFF, etc.), il n'y a de résultat absolument sûr et constant que celui-ci :

c. *La bile est un puissant cholagogue.* — Administrée en nature ou en extrait par la voie alimentaire, elle provoque rapidement un accroissement de la sécrétion biliaire.

Cela est vrai quelles que soient les biles employées, de bœuf, mouton, porc, chien.

Les éléments de la bile agissent comme la bile totale. L'injection de sels biliaires augmente la sécrétion, mais plus particulièrement celle des sels biliaires (Huppert) : de même les pigments biliaires et le pigment sanguin seraient des cholalogues pigmentaires. L'acide cholalique agirait encore comme les acides et sels biliaires (A. Weiss) ; la taurine et le glycocolle seraient sans effet.

d. Cette question des cholagogues, qui a intéressé de tous temps la médecine, a donné lieu aux assertions les plus contraires. La tradition attribuait gratuitement à beaucoup de substances des vertus cholalogues imaginaires. L'étude expérimentale n'a commencé qu'avec les recherches de Mosler (1857); elle a été continuée par Röhrig (1873), Rutherford (1880), Baldi (1883), H. Paschkis (1884), Prévost et Binet (1888). Les procédés ont consisté à pratiquer chez le chien une fistule temporaire ou permanente, et à recueillir la bile après administration de la substance dont on cherche l'action. Rutherford, par exemple, pratiquait une fistule temporaire chez des chiens curarisés et injectait directement dans le duodénum la substance à étudier. Les causes d'erreurs sont nombreuses dans cette façon de procéder: l'influence du curare, de la vivisection, de la respiration artificielle, les troubles de l'absorption, l'impossibilité d'observer autre chose que les effets immédiats. On peut de même adresser des reproches plus ou moins graves aux autres opérateurs. Il nous paraît qu'il n'y a de sûreté que pour les observations faites sur les animaux à fistule permanente, munis d'un attirail qui permet l'écoulement et la récolte automatique de la bile, chez qui l'on fait ingérer la substance à étudier. Les observations de ce genre sont en nombre infiniment restreint : les autres sont plus ou moins imparfaites et c'est là la raison des dissidences. Paschkis et Baldi nient l'effet utile des médicaments dits cholagogues, tels que podophylle, rhubarbe, jalap, phosphate de soude, eau de Carlsbad, pilocarpine, huile de croton, coloquinte. C'est-à-dire que ces auteurs nient l'existence même des cholagogues, tandis que Rutherford et Röhrig en donnent des listes assez longues et d'ailleurs non concordantes.

e. Plus récemment, Prévost et Binet ont entrepris de nouvelles expériences. D'après eux les substances cholagogues sont les suivantes : La bile et les sels biliaires, seuls cholagogues certains ; puis assez loin l'urée; l'essence de térébenthine et ses dérivés : terpinol et terpine; le chlorate de potasse; le benzoate de soude, le salicylate de soude, le salol, l'évonymine; la muscarine (employée en injections sous-cutanées).

2° Substances n'amenant qu'une augmentation légère ou douteuse, inconstante : Bicarbonate de soude; sulfate de soude; chlorure de sodium, sel de Carlsbad; propylamine, antipyrine; aloès ; acide cathartique; rhubarbe; hydrastis canadensis; ipéca; boldo.

3° Substances déterminant une diminution (?) de la bile : iodure de potassium; calomel (colorant les selles en vert); atropine (injections sous-cutanées); strychnine (à dose toxique); fer et cuivre (injections sous-cutanées).

4° Substances sans action sur la sécrétion biliaire : phosphate de soude, bromure de potassium; chlorure de lithium; sublimé; arséniate de soude; alcool; éther; glycérine quinine; caféine; pilocarpine; kairine; cytise; séné; colombo.

Les grands lavements d'eau froide préconisés dans l'ictère n'ont pas modifié la sécrétion biliaire. L'eau tiède ingérée ou injectée dans les veines est à peu près sans action cholagogue, à moins qu'elle ne soit introduite en quantité considérable (Prévost et Binet) et encore l'effet n'est-il pas certain (Stadelmann).

15. Écoulement de la bile. Sa marche dans les conduits biliaires. — L'excrétion de la bile se fait sous l'influence des forces suivantes : 1° *vis à tergo;* 2° compression par les organes voisines; 3° contraction péristaltique des canaux biliaires.

a. *Vis à tergo.* — La bile s'écoule par le même mécanisme que les autres sécrétions, c'est-à-dire que les parties nouvellement sécrétées refoulent devant elles les précédentes. C'est l'activité sécrétoire qui détermine et règle la progression dans les premières voies. La pression y varie de 15 à 27 centimètres d'eau chez le chat.

b. *Pression des parties voisines.* — La bile cède à la compression périodique exercée par le diaphragme sur le foie à chaque inspiration, effet aidé encore par la compression de l'intestin qui chasse le sang dans la veine-porte, et par l'aspiration simultanée dans les veines sus-hépatiques.

c. Dans les voies intermédiaires et surtout dans les canaux plus volumineux, un mécanisme nouveau vient ajouter son action aux précédentes : c'est la contractilité des voies biliaires. On a indiqué (n° **3**) la structure des grosses voies biliaires, du canal cholédoque et de la vésicule avec leur tunique musculaire et leur réseau nerveux. On a aussi signalé l'existence d'un véritable sphincter à l'extrémité duodénale du canal cholédoque (R. Oddi). C'est la structure d'organes doués de mouvement. Et, en effet, les voies biliaires jouissent d'une contractilité évidente, quoique faible. L'inspection simple montre qu'elles sont animées de mouvements spontanés, rythmés, analogues à ceux de l'estomac, de l'intestin, de la vessie. Ceci se voit particulièrement chez les oiseaux (Pigeon). Ces mouvements ont été étudiés d'une manière plus approfondie au moyen du rhéomètre à huile de Morat (Doyon). Les nerfs grands splanchniques sont les nerfs moteurs des voies biliaires. Leur excitation provoque la contraction de l'ensemble de l'appareil excréteur. Le relâchement de ces organes ne peut être obtenu que par voie réflexe; en particulier, l'excitation du bout central du nerf grand planc eshnique détermin la décontraction de la vésicule biliaire. D'autre part, l'excitation du bout central du vague provoque un réflexe excréteur en relâchant le sphincter duodénal et faisant contracter en même temps la vésicule. L'asphyxie détermine la contraction de l'ensemble des voies biliaires : le curare le relâche; la pilocarpine contracte et l'atropine relâche, comme cela a lieu pour l'estomac et la vessie.

Quant au sphincter cholédoque, il a un centre spinal au niveau de la première paire lombaire. L'excitation électrique de la racine antérieure de cette paire provoque la contraction spasmodique du sphincter. L'excitation des nerfs sensitifs, du vague, du splanchnique et de la surface intestinale voisine du cholédoque provoque des contractions réflexes. Le tonus du sphincter cholédoque serait maintenu par des ganglions sympathiques, groupes de cellules signalées normalement dans l'espace réservé entre les fibres musculaires de l'intestin, écartées pour le passage du cholédoque, et les fibres mêmes du sphincter (R. Oddi et G. Rosciano).

En résumé l'ensemble des voies biliaires externes constitue un appareil régulateur de l'excrétion (Doyon).

Chez l'homme le système musculaire des canaux biliaires s'atrophierait avec l'âge, d'où une stagnation, une stase de la bile chez le vieillard.

d. L'excitation des voies biliaires met en jeu à la fois leur contractilité et aussi leur sensibilité. L'expérience a été faite chez le chien par divers expérimentateurs (Mubon, Laborde, Simanowsky). L'excitation électrique chemine vers la moelle par les nerfs sympathiques centripètes et va provoquer, en même temps que les impressions perçues (douleurs de la colique hépatique, par exemple), les réflexes provoqués en général par l'excitation des nerfs sensitifs, à savoir : l'action sur le cœur qui est ralenti et affaibli ; l'action sur la respiration qui s'explique par des troubles circulatoires (réflexe vasoconstricteur des vaisseaux pulmonaires, (Arloing et Morel, François-Franck); vomissements. Tels sont les effets généraux de réaction. Les effets locaux consistent en une contraction à caractère péristaltique plus ou moins marqué des voies d'excrétion.

e. Il faut noter que l'écoulement de la bile se fait sous une certaine pression. Le liquide arrive par un système de voies externes qui ne sont pas naturellement béantes, mais affaissées par la pression des organes voisins, ce qui constitue une première résistance. En second lieu, la vésicule biliaire ne paraissant pas se vider complètement, la bile n'y peut pénétrer qu'en surmontant une certaine résistance correspondant soit à sa distension, soit aux contre-pressions qu'elle-même supporte de la part des parties voisines.

Pour se rendre compte de la pression sous laquelle la bile est excrétée, on a branché un manomètre sur son parcours. Il suffit de fixer le manomètre sur la vésicule biliaire. On voit le niveau du liquide s'élever jusqu'à une hauteur d'environ 20 centimètres chez le cobaye (184 millim. à 212 millim.) (Heidenhain, Friedländer, Barisch). Mais c'est là un maximum. Si l'on s'arrange pour obliger la bile à dépasser cette pression pour s'écouler au dehors, on constate qu'elle n'y réussit pas : elle est résorbée dans le foie et passe dans le sang produisant les désordres connus de l'ictère.

Chez le chat la pression maxima varie de 158 millimètres d'eau à 264 millimètres chez le chien elle oscille autour de 275 millimètres d'eau.

§ IV. — Composition qualitative et quantitative de la bile.

16. *Composition qualitative.* — **17.** *Analyse sommaire de la bile.* — **18.** *Bile de la vésicule. Absorption. Extirpation. Fistule cystique.* — **19.** *Composition quantitative de la bile: homme, chien, divers animaux.* — **20.** *Corps simples:* a. *Potassium et sodium*; b. *Chlore, soufre et azote;* c, *excrétion du fer par la bile.* — **21.** *Graisses de la bile.* — **22.** *Gaz de la bile.* — **23.** *Quantité de bile chez l'homme et les animaux.* — **24.** *Variations de la quantité de bile. Variations diurnes.* — **25.** *Variations de la composition de la bile. Bile chez les invertébrés. Hépato-pancréas.* — **26.** *Différences de composition de la bile chez les vertébrés.* — **27.** *Substances éliminées par la bile.* — **28.** *Relations entre la formation des sels biliaires et celle des pigments biliaires.*

16. Composition qualitative. — a. *Éléments normaux.* — Les constituants essentiels de la bile peuvent être énumérés de la manière suivante :

1° Substances *caractéristiques*, exclusives à la bile dans les conditions normales : *Sels biliaires;*

2° Substances principales, sans être entièrement caractéristiques : *Pigments biliaires;*

3° Autres constituants :

Organiques	*Mucine* (faible quantité). *Pseudo-mucine.* *Cholestérine.* Matières grasses dissoutes par la bile : palmitine, stearine, oléine, myristine et acides gras correspondants, savons. *Lécithine* ou ses produits de décomposition : névrine ou choline et acide phosphoglycérique. Urée (traces). *Acide acétique, acide proponique,* combinés.
Minéraux (cendres).	Chlorure de sodium. Carbonate de sodium et de calcium. Phosphates de fer, calcium, magnésium. Sulfates de sodium et de potassium. Traces de cuivre, silice.

b. *Matières rares :* Glucose et albumine.

c. *Produits de décomposition de la bile :* Acide cholique, taurine, glycocolle; acide choloïdique, dyslysine, ammoniaque.

d. *Produits de putréfaction :* Ammoniaque, hydrogène sulfuré; acides gras volatils, acétique, valérianique; sulfate de soude; sulfhydrate d'ammoniaque; phosphate ammoniaco-magnésien; phosphate de chaux.

17. Analyse sommaire de la bile. — a. On distingue les constituants biliaires en trois groupes :

1° Les substances insolubles dans l'alcool : pigment biliaire principal (bilirubine), mucine, pseudo-mucine et sels minéraux.

2° Substances solubles dans l'alcool et insolubles dans l'éther : sels biliaires;

3° Substances solubles dans l'alcool et solubles dans l'éther : cholestérine, lecithine et graisses.

On peut, au moyen de ces trois dissolvants, procéder à une analyse sommaire de la bile. On n'a d'ailleurs ainsi qu'un résultat approché et non point rigoureux. Les pigments biliaires ne sont pas, en effet, insolubles dans l'alcool; la bilirubine est un peu soluble; la biliverdine est soluble. Ces corps se partagent donc, dans le traitement alcoolique. De même, les sels minéraux sont en général insolubles dans l'alcool; cependant le chlorure de sodium est sensiblement soluble.

Sous le bénéfice de cette observation, on peut opérer de deux manières différentes :

b. *Première méthode.* — On fait deux parts de la bile à analyser : A et B : A servira à déterminer les sels biliaires, les graisses et les sels minéraux; B, l'eau, le pigment et la mucine.

A. On mélange le volume (A) de bile avec 1 quart de volume de charbon animal (pour enlever les pigments) dans une capsule de porcelaine. On évapore à sec au bain-marie. On transporte dans un ballon où l'on chauffe cette poussière avec l'alcool absolu.

On filtre et on lave à l'alcool absolu sur le filtre ou dans un appareil à épuisement ; on a un filtrat *f* et un résidu *r*.

Le filtrat *f* est une solution alcoolique de *sels biliaires* (avec *cholestérine et graisses*) dont on peut avoir le poids en évaporant un échantillon P. On ajoute de l'éther anhydre tant qu'il se forme un précipité; ce précipité (lentement déposé) est constitué par les sels biliaires (bile cristallisée de PLATTNER). On les recueille sur un filtre taré · on lave à l'éther; on dessèche dans l'exsiccateur et on pèse. On a le poids des sels biliaires *p*, et par différence le poids P-*p* de la cholestérine et des graisses.

Le résidu *r* est formé de mucine et pseudo-mucine, sels minéraux, charbon et pigment. Lavé à l'eau, il abandonne les sels minéraux que l'on peut recueillir par évaporation et pesée.

B. La portion (B) fournit d'abord un échantillon de poids connu que l'on évapore au bain-marie puis à l'étuve à 105° jusqu'à ce que le poids reste invariable. Une nouvelle pesée fait connaître le *résidu sec.* On a par différence la quantité d'eau de la bile. Puis la masse (B) est évaporée au bain-marie; traitée ensuite par l'alcool à chaud qui donne un précipité de mucine et pseudo-mucine, sels minéraux et pigment et un filtrat (sels biliaires, graisses). Le précipité est lavé à l'alcool sur le filtre, recueilli et pesé. Si l'on retranche de son poids le poids connu par l'opération précédente des sels minéraux on a par différence le poids (ensemble) de la pseudo-mucine et du pigment.

c. *Deuxième méthode :*

La bile est traitée directement par l'alcool. On précipite ainsi la mucine, les sels (partiellement, le pigment biliaire). On filtre; on a un précipité (A) et un filtrat (B). On sèche le précipité, on le pèse; on l'incinère, on pèse de nouveau. Cette dernière pesée fournit la quantité de matières minérales : par différence avec la première on a le poids de mucine et pigment (ensemble).

C'est, jusqu'ici le procédé précédent (B) avec cette différence que l'on détermine la matière minérale par incinération.

Le filtrat (B) contient les sels biliaires et les substances grasses, cholestérine, lécithine, graisses, savons alcalins. On l'évapore et on le reprend par l'eau qui dissout savons et sels biliaires laissant les graisses en suspension, et on ajoute à plusieurs reprises de l'éther qui dissout la cholestérine, la lécithine, les graisses. On décante l'éther. On a une liqueur éthérée (C) et une liqueur aqueuse (D). On prend la liqueur éthérée, on 'évapore et du résidu qui fournit le poids de l'ensemble l'on fait deux parts qui serviront à la détermination : l'une de la cholestérine, l'autre de la lécithine : on aura les graisses par différence. La première portion est redissoute dans l'alcool à 80°. On y ajoutera un fragment de potasse caustique et l'on chauffera dans un ballon au bain-marie pour opérer la saponification de la graisse. On évaporera au bain-marie dans une capsule. On reprendra le résidu par l'eau qui dissoudra les savons et laissera la cholestérine. On ajoutera de l'éther exempt d'alcool et l'on agitera. L'éther dissoudra seulement la cholestérine et formera une couche supérieure que l'on décantera, séchera et pésera. Quant aux savons ils resteront dans la couche inférieure.

La seconde portion servira à déterminer la lécithine. Pour cela, on traitera par le mélange carbonate de soude + azotate de potasse, dans le creuset, jusqu'à fusion et calcination. L'acide phosphorique de la lécithine passera à l'état de phosphate alcalin. On précipitera par le molybdate d'ammoniaque et l'on pèsera à l'état de pyrophosphate magnésien. De la quantité de phosphore on déduira le poids de lécithine, d'après la supposition que l'on a affaire à la lécithine distéarique.

Si du poids total de l'extrait éthéré on déduit le poids de la cholestérine et le poids de la lécithine, la différence donnera le poids des graisses.

La partie (D) insoluble dans l'éther et soluble dans l'eau contient les sels biliaires et les savons. S'il s'agit de la bile de chien qui ne renferme que du taurocholate, on déterminera le soufre par la méthode ordinaire, on en déduira le poids du taurocholate.

Le mélange sels biliaires et savons peut être analysé en se fondant sur ce que les acides gras sont solubles dans l'éther et non les acides biliaires. On prendra donc ce résidu et après l'avoir traité par l'acide chlorhydrique pour mettre en liberté les acides, on traitera par l'éther qui enlèvera les acides gras dont on aura le poids par évaporation.

18. Bile de la vésicule. Bile des canaux biliaires. — La bile peut être recueillie, soit après séjour dans la vésicule, soit directement au sortir du canal hépatique. La composition de ces deux liquides biliaires n'est pas identique; il y a entre eux des différences de concentration, de coloration, de dépôt organique.

Bile de la vésicule. — *a.* La vésicule est à la fois un *sac absorbant* et un *organe sécréteur*. L'absorption se fait par les villosités lamelleuses de la muqueuse : elle a pour résultat une concentration du liquide qui peut être considérable. Le résidu sec s'élève à près de 15 p. 100 dans la bile cystique, au lieu de 1 à 2 p. 100 dans la bile des canaux biliaires recueillis par fistule. Les chiffres exacts sont les suivants : Chez l'homme, pour la bile de la vésicule récoltée rapidement après la mort (mort subite); 14,04 p. 100 de parties solides (FRERICHS); 13,96 p. 100 (GORUP-BESANEZ); pour la bile recueillie chez le cadavre : 9,02 p. 100. Au contraire, la bile au moment de sa formation, bile obtenue d'une fistule, renfermait seulement 1,423 p. 100 de résidu sec, chez un sujet sain (COPEMAN et WINSTON); elle renfermait 1,346 p. 100 chez un sujet atteint de cancer (YEO et HERROUN).

Chez le chien on a trouvé 2,27 p. 100 de résidu sec pour la vésicule et seulement 0,4 p. 100 pour la bile fraîche obtenue de fistule. Ainsi, la concentration de la bile vésiculaire est de cinq à dix fois plus considérable que celle de la bile fraîche.

b. Cette concentration considérable suppose une durée de *séjour prolongée* dans la vésicule. La vésicule ne se vide pas complètement à chaque repas, ainsi qu'on le professe (GUILBAUD). Les contractions de la couche musculaire n'ont de prise sur le contenu que lorsque le réservoir est rempli; elles ne peuvent en évacuer qu'une partie, le trop plein. L'évacuation de la vésicule est difficile pour les raisons suivantes : le canal cystique possède des valvules de HEISTER; il est séparé de la vésicule par un repli valvulaire s'opposant à la sortie facile du liquide. Il faut, en fait, pour l'évacuer, exercer une pression extérieure croissante et ce moyen ne réussit que difficilement chez le cobaye, chez le lapin et chez le chien. Il y a donc stagnation prolongée d'une partie de la bile dans la vésicule, circonstance qui explique entre autres choses : 1° l'imprégnation de la muqueuse vésiculaire par les pigments biliaires, tandis qu'il n'y a point de coloration des canaux biliaires, et 2° la formation lente des calculs biliaires. Toutefois lorsque l'on enferme la bile dans la vésicule par une ligature, les changements qu'elle éprouve sont différents du cas normal : le liquide devient trouble et blanchâtre; il y a diminution (absorption) des matières colorantes et des acides biliaires (ROSENKRANZ). — La vésicule n'a pas de rôle essentiel. Elle fait défaut chez le cheval, l'âne, l'éléphant : elle a pu être enlevée chez l'homme sans dommage appréciable.

c. L'extirpation de la vésicule biliaire a été pratiquée chez l'homme dans un but chirurgical (LANGENBUSCH, THIRIAR). Elle a été réalisée chez les animaux pour la première fois par LAMBECCANI (1680) et répétée depuis par divers opérateurs (R. ODDI) sur le chien. On observe des phénomènes plus ou moins passagers de rétention biliaire, d'ictère. L'urine se charge de pigment biliaire comme une urine ictérique : les fèces sont eux aussi fortement colorés, liquides, riches en mucus. Les conduits biliaires et spécialement les canaux cystique et cholédoque sont très dilatés, et peuvent quelquefois simuler un nouveau réservoir biliaire. Il est vraisemblable que cette dilatation n'est pas due à la poussée propre de la bile sécrétée, mais à la poussée contractile et péristaltique des canaux biliaires sur leur contenu.

d. La bile subit dans la vésicule certains changements; elle fonce en couleur et gagne de la pseudo-mucine. La vésicule se comporte comme un *organe sécréteur*.

On a étudié cette sécrétion de la vésicule dans deux cas de *fistule cystique* suite de cholecystotomie (DEBURGH BIRCH et HARRY SPONG); le canal cystique était obstrué, la bile ne pénétrait plus dans la vésicule où l'on ne trouvait plus les éléments biliaires caractéristiques. Le liquide clair et visqueux qui s'écoulait par l'orifice fistuleux était donc considéré comme le produit de la sécrétion de la paroi cystique.

Quantité produite en vingt-quatre heures : 30 centimètres cubes; quantité d'eau : 97 p. 100. Résidu sec : organique 1 à 1,4, minéral 0,7 à 0,8; réaction : alcaline.

Les matières organiques étaient : mucine, traces d'albumine; ni urée, ni sucre.

Les matières inorganiques étaient : chlorures, carbonates et phosphates alcalins.

Le rôle de ce liquide serait de lubréfier la paroi et de la protéger contre l'action irritante de la bile (?). Si l'on pratique la ligature du cholédoque, la mucine et la cholestérine augmentent, l'acide taurocholique diminue dans la vésicule (V. Harley).

19. *a*. Composition quantitative de la bile chez l'homme et chez le chien.

COMPOSITION DE LA BILE.	HOMME. Bile de la vésicule. Frerichs (1845).	Bile de la vésicule. Gomp-Besanes.	Bile de fistule chez l'homme. Copeman et Winston.	Bile de fistule chez l'homme. Yeo et Hersoun.	CHIEN. Bile de la vésicule. Hoppe-Seyler.	Bile de la vésicule. Hoppe-Seyler.	Bile de la fistule biliaire. Hoppe-Seyler.	Bile de la fistule biliaire. Hoppe-Seyler.	Bile de la fistule biliaire. Dastre.
Eau	859,20	822,7	985,77	987,16	977,28	»	994,00	»	995,80
Matières solides	**140,8**	**177,3**	**14,43**	**12,84**	**22,72**	»	**5,42**		**4,10**
Glycocholate de soude / Taurocholate de soude	91,40	107,9	6,28						
Glycocholate de soude				1,65			»		
Taurocholate de soude				0,55	11,959	12,602	3,460	3,402	»
Cholestérine					0,449	0,133	0,074	0,049	»
Lécithine (Cholestérine, Lécithine, Graisses)	11,80	47,3	0,99	0,38	2,692	0,930	0,118	0,121	»
Graisses					2,841	0,083	0,335	0,239	»
Savons	»	»	»	»	3,155	0,104	0,127	0,110	»
Pseudo-mucine			1,72		0,454	0,245	0,053	0,170	»
Pigment et matières organiques insolubles dans l'alcool (avec Pseudo-mucine)	29,80	22,1	» » 0,72	1,48	0,973	0,274	0,442	0,543	»
Sels minéraux	**7,80**	**10,8**	**4,51**	**8,78**	**0,199**	»	**0,408**	»	»
KCl / NaCl				avec matières extractives					
NaCl	2,5	»	»		0,015	»	0,185	Chiffre trop faible à cause de la quantité enlevée par l'alcool.	
K^2SO^4	»	»	»		0,004	»	0,022	»	»
Na^2SO^4	»	»	»	»	0,050	»	0,046	»	»
PO^4Na^3	2	»	»	»					
$(PO^4)^2Ca^3$ / $(P^2O^7)Mg^2$	1,8	»	»	»	0,080	»	0,039	»	»
$FePO^4$	»	»	»	»	0,017	»	0,021	»	»
SO^4Ca	0,2	»	»	»					
CO^3Na^2	»	»	»	»	0,005	»	0,056	»	»
CO^3Ca	»	»	»	»	0,019	»	0,030	»	»
MgO	»	»	»	»	0,009	»	0,009	»	»
Fer	Traces	»	»	»	»	»	»	»	»
Cuivre	Traces	»	»	»	»	»	»	»	»
Silice	Traces	»	»	»	»	»	»	»	»

***b*. Composition quantitative de la bile vésiculaire chez les divers animaux.**

	BŒUF.	PORC.	KANGOUROU.	OIE.	OIE.	PYTHON.
Eau	90,44	88,80	85,87	80,02	77,6	90,42
Matières solides	**9,56**	**11,20**	**14,13**	**19,98**	**22,4**	**9,58**
Sels biliaires	»	8,38	7,59	14,96	16,4	8,46
Ps-mucine et pigment	0,30	0,59	4,34	2,56	3,1	0,89
Cholestérine		»	»	»	»	»
Lécithine (Cholestérine, Lécithine, Graisses)	8,00	»	»	0,36	0,3	0,03
Graisses		2,23	1,09	»	»	»
Sels minéraux	1,26	»	»	2,10	2,6	10,20

c. La quantité de bile de la vésicule varie entre des limites assez étendues, mais il n'est pas exact, ainsi que nous venons de le faire observer, qu'elle se vide complètement au moment des repas pour se remplir dans l'intervalle. Chez le bœuf, par exemple, la quantité minimum pour 523 observations a été de 90 centimètres cubes et le maximum de 730 centimètres cubes.

20. Corps simples de la bile. — a. *Potassium et sodium dans la bile.* — Le *potassium* et le *sodium* sont surtout engagés dans les sels biliaires, taurocholate, glycocholate. Le sodium est en grand excès par rapport au potassium.

Ces mêmes métaux sont encore engagés dans la bile à l'état de chlorures, phosphates sulfates. Si l'on évalue chez un chien à fistule biliaire les quantités de K et de Na éliminées dans un temps donné et par suite dans les vingt-quatre heures, on constaterait que l'élimination du sodium par la bile des vingt-quatre heures est constante, considérable, indépendante du régime et de la quantité de bile (J. Glass). L'élimination du K est inconstante et minime; elle dépend du repas : elle pourrait augmenter considérablement lorsqu'on administre à l'animal une certaine quantité de chlorure de sodium, surtout de chlorure de potassium. Au contraire, l'administration des chlorures alcalins ne ferait pas varier la quantité du sodium (G. Pirri).

b. *Chlore. Soufre. Azote.* — La teneur en *chlore* varie pendant le séjour de la bile dans la vésicule biliaire dont les parois absorbent à la fois l'eau et les sels les plus diffusibles. La bile normale, bile de la fistule, contient plus d'eau mais aussi relativement plus de chlorure de sodium que celle de la vésicule. La bile de la vésicule a fourni une quantité de chlore qui chez le chien varie entre 0,634 p. 100 à 0,117 p. 100; chez le porc, de 0,086 à 0,191 p. 100. Chez le bœuf, de 0,151 à 0,219 p. 100 (Dagini).

Soufre. — La proportion de soufre de la bile varie de 2,8 à 3,1 p. 100 du résidu sec; il ne se transforme pas par oxydation en acide sulfurique : il apparaît dans la bile à l'état de combinaisons complexes.

Azote. — La proportion de l'azote varie de 7 à 10 p. 100.

c. *Excrétion du fer par la bile.* — Le pigment sanguin, l'hémoglobine, composé ferrugineux, est utilisé dans le foie pour la formation du pigment biliaire, composé non ferrugineux. Il y avait donc lieu de chercher ce que devient le fer. L'expérience a appris que le fer est éliminé en partie avec la bile; d'autre part il est fixé dans le tissu hépatique à la nucléine cellulaire ou à d'autres protéides avec lesquels il forme une combinaison (*ferratine*) qui peut être détruite par l'action de l'acide chlorhydrique et des ferro et ferricyanures de potassium (Zaleski) ou encore par l'action de l'acide chlorhydrique et du thiocyanate de potassium. Ces réactions peuvent être utilisées pour l'investigation microscopique. La quantité de fer du tissu hépatique augmente dans l'anémie pernicieuse. La bile élimine une portion du fer à l'état de phosphate de fer. On l'a analysée à ce point de vue et les premières déterminaisons ayant donné des chiffres trop forts, il y a eu tendance chez les physiologistes, depuis Lehmann (1853), à exagérer l'importance de la sécrétion du fer par la bile. Voici les résultats plus récents :

EXPÉRIMENTATEURS.	QUANTITÉ DE FER EN MILLIGRAMMES, excrétée en 24 heures par kilo d'animal (chien).
Kunkel (1876)	1,000 à 1,500
Ivo Novi (1890)	0,380
Hamburger (maximum) (1880)	0,140
Dastre (1891)	0,090
Anselm (1892)	0,038

Dans la bile de l'homme, Young (1871) avait trouvé de $3^{mm},9$ à $10^{mm},2$ pour 100 centimètres cubes de bile et Hoppe-Seyler seulement 6 milligrammes.

La quantité de fer de la bile varie d'ailleurs dans des limites étendues (du simple au triple) d'un jour à l'autre. L'excrétion est donc irrégulière, même avec un régime extrêmement régulier, ce qui montre que le fer biliaire est indépendant du fer alimentaire (contrairement à l'opinion de divers auteurs (Ivo Novi, etc.); il dérive seulement du travail hématolytique qui se fait dans le foie (Dastre). La quantité éliminée par jour et par kilogramme d'animal chez le chien varie de $0^{mm},14$ à $0^{mm},09$.

21. Graisses de la bile. Urée. — La bile contient en dissolution les graisses neutres de l'organisme, oléine, palmitine, stéarine, myristine (LASSAR COHN) et les savons correspondants. La quantité en est d'ailleurs variable. Elle proviendrait en grande partie de l'absorption intestinale; elle augmenterait, en tous cas, après les repas riches en graisse (ROSENBERG). Lorsqu'on prépare l'acide cholique par le procédé de MYLIUS (**36**, *f*), on obtient à côté du cholate de baryte soluble, les savons de baryte insoluble, d'où l'on peut extraire les graisses neutres — et parmi elles le myristine qui jusqu'ici n'avait été trouvé que dans le règne végétal et dans le spermaceti. — L'urée n'existe qu'à l'état de traces dans la bile, sauf le cas où les uretères sont liés préalablement. La quantité de bile augmente alors : elle est plus aqueuse qu'à l'état normal (MICHAILOW).

22. Gaz de la bile. — On a étudié les gaz de la bile (cystique) (PFLÜGER, BOGOLJUBOW, NOEL). L'oxygène fait défaut ou se trouve en proportions insignifiantes. L'acide carbonique domine : il diminue d'ailleurs à mesure du séjour de la bile dans la vésicule. L'acide carbonique est à deux états : dissous et pouvant être extrait par le vide ; combiné et devant être extrait par les acides. PFLÜGER (1869) avait trouvé dans un cas les chiffres suivants pour la bile de la vésicule :

100 parties de bile contiennent. . .	0,2 oxygène.	
— — — . . .	0,4 azote.	
— — —	56,1 acide carbonique.	14,4 extrait par le vide.
		41,7 — par les acides.

Dans d'autres cas, les nombres variaient entre des limites étendues, du simple au décuple. On trouvait, par exemple, pour l'acide carbonique libre, des chiffres oscillant de 5 à 17 volumes par 100; pour l'acide combiné de 0,6 à 62 p. 100. BOGOLJUBOW a donné dix analyses. J.-J. CHARLES a constaté que la bile du lapin contenait des carbonates en quantité notable et peu d'acide libre; la décomposition produit un volume supérieur à celui de la bile qui l'a fourni. L'O et l'Az sont en quantité faible, inférieures à 2 p. 100. Chez le chien la quantité de CO^2 est beaucoup moindre et variable.

Si l'on considère le trait principal de cette composition, la richesse en acide carbonique et le défaut presque absolu d'oxygène, et si l'on tient compte d'ailleurs que les gaz sont en quelque sorte les témoins des phénomènes de la formation biliaire, on devra dire que celle-ci prend naissance dans des conditions qui correspondent à des oxydations qui consommeraient l'oxygène et produiraient de l'acide carbonique.

23. Quantité de bile. — *Chez l'homme.* — La quantité sécrétée en vingt-quatre heures (évaluée en cent. cubes) chez l'homme a été trouvée variable : 779.6 (COPEMAN et WINSTON); 652cc. (RANKE); 332cc,8 (VON WITTICH); 453-556 (WESTPHALEN); 374,5 (YEO et HERROUN); tous chiffres minima puisqu'ils correspondent à des cas de fistule incomplète.

Chez les animaux :

Par kilogramme et par vingt-quatre heures.

	OIE.	CHAT.	CHIEN.	MOUTON.	CORNEILLE.	LAPIN.
Bile fraîche	11gr,78	14gr,50	19gr,99	25gr, 41	72gr,09	136gr,84
Résidu sec.	0gr,81	0gr,81	0gr,98	1gr,34	5gr,25	2gr,47

En ce qui concerne le chien, ARNOLD (1854) a donné des nombres variant de 8gr,112 à 11gr,642 NASSE; (1851), des chiffres entre 12,2 et 28,4; BIDDER et SCHMIDT (1852), des chiffres entre 13gr et 28gr; KÖLLIKER et MÜLLER, 32 grammes.

On conçoit le désacord de ces résultats d'après la méthode qui a servi à les obtenir. Cette méthode consiste, non pas à mesurer la bile totale excrétée pendant les vingt-quatre heures chez l'animal bien portant, mais à mesurer son écoulement pend nt un temps plus ou moins court, dans des conditions souvent peu normales, et à supputer la quantité totale, en partant de cette supposition que la sécrétion est continue et sensiblement constante. L'erreur est à chaque pas. — La seule méthode irréprochable consisterait à recueillir la bile totale de vingt-quatre heures chez un sujet bien portant et sans que l'opération de la récolte troublât son état. En se plaçant dans ces conditions plus parfaites (fistule permanente, canule à demeure), on trouve que la plupart des chiffres précédents sont exagérés. Chez le chien la quantité de bile excrétée est de 10^{gr},5 par kilo et par vingt-quatre heures, et la quantité de résidu sec correspondant, est de 0.44 (DASTRE).

24. Variations de la quantité de bile. — *a*. La sécrétion biliaire est, comme on l'enseigne, continue; mais elle offre dans son activité des variations que les physiologistes ont essayé de préciser.

Avant d'indiquer les circonstances qui peuvent influer sur ces variations de l'activité sécrétoire, il importe de faire remarquer l'incertitude de la plupart des mesures. La détermination de la quantité de la bile sécrétée dans un temps donné exige que l'on puisse recueillir pendant ce temps la totalité de la bile chez un animal en bonne santé muni d'une fistule permanente, et dans des conditions normales. Mais déjà le fait de l'écoulement de la bile au dehors et par conséquent de la suppression de la circulation biliaire entéro-hépatique constitue un état de choses anormal. En second lieu, ainsi que nous l'avons dit à propos de l'opération de la fistule, le plus souvent les expérimentateurs ont récolté la bile d'une façon défectueuse.

b. Variations diurnes de la sécrétion biliaire chez le chien. La plus grande diversité régnait quant aux variations diurnes de la sécrétion biliaire. On fixait les maxima de la sécrétion à 13-15 heures après le repas (BIDDER et SCHMIDT) : de 3-8 (KÖLLIKER et MÜLLER); 3 à 5, et 13-15 (HEIDENHAIN). J'ai opéré dans des conditions plus favorables que la plupart de mes prédécesseurs (animal en santé parfaite, portant avec lui l'attirail qui permet à la bile de s'accumuler). L'animal est soumis à un régime constant, la sécrétion biliaire est recueillie toutes les deux heures. On constate ainsi les faits suivants : 1° La sécrétion biliaire est sensiblement régulière. Les oscillations ne dépassent pas 1/6 à 1/4 de la valeur moyenne. Il y a deux maxima, l'un matinal à 9 heures, l'autre vespéral, 9 heures à 11 heures. 3° L'influence des repas, c'est-à-dire de l'ingestion d'aliments et du travail digestif qui lui fait suite (digestion gastrique) *paraît indifférente*. Pour voir un rapport entre les oscillations observées et les repas, il faudrait dire que l'influence des repas se ferait sentir, de 10 à 14 heures après et les maxima de l'activité sécrétoire correspondraient à la fin de l'absorption des produits digérés et à l'intervention élaborative de l'organe hépatique sur ces produits.

D'après mes déterminations voici les données de la sécrétion chez le chien :

Quantité de bile sécrétée en une heure et par kilo d'animal : 0^{cc}4;

Densité 1.014, avec des oscillations extrêmes très faibles (1,015-1,012) ;

Résidu sec pour 100 de bile : 4,10 avec variations faibles.

Quant à l'influence du régime et de diverses substances sur la quantité de bile sécrétée, il en a été question à propos des conditions de la sécrétion (n° **14**).

25. Variations de la composition de la bile. — *Bile chez les Invertébrés*. — *Hépato-pancréas*. — Chez les invertébrés, la bile ne contient plus de véritables sels biliaires, glycocholates ou taurocholates. Elle n'est plus caractérisée que par des pigments, et ceux-ci sont différents de la bilirubine.

La fonction pigmentaire est donc la dernière qui subsiste; et encore varie-t-elle. En outre, la sécrétion du foie contient les ferments digestifs qui, chez les vertébrés supérieurs existent dans la sécrétion du pancréas, organe absent chez ces animaux. Le prétendu foie des invertébrés est donc bien plutôt un pancréas : on traduit plus ou moins fidèlement le fait en lui donnant le nom d'*hépato-pancréas*.

Chez les céphalopodes on a cherché dans la poche à encre l'équivalent du foie pigmentaire. Le pigment noir y est accompagné d'une substance mucinoïde et de sels (carbonates de chaux et de magnésie, chlorure et sulfate de sodium). NENCKI et SIEBER (1888) en ont extrait un acide sépiaïque contenant comme éléments C.O.H.Az et S.

26. Différences de composition de la bile chez les vertébrés. — Chez les vertébrés il existe un foie et une bile véritables. L'organe chez l'amphioxus est réduit à un simple diverticule : la bile en est la sécrétion pariétale : elle serait très pauvre en pigment.

Chez certains poissons marins la bile contient des sels biliaires potassiques au lieu des sels sodiques : chez d'autres (d'eau douce) les sels biliaires sont sodiques : ce sont presque exclusivement des taurocholates; il y a très peu de glycocholates.

Chez les serpents (boa, python) on trouve surtout des taurocholates.

Chez les tortues la potasse l'emporte sur la soude.

On verra plus loin que les sels biliaires sont un peu différents chez différents animaux : la bile du porc contient les sels de l'acide hyoglycocholique et de l'acide hyotaurocholique; la bile d'oie les sels sodiques de l'acide chenotaurocholique avec des glycérides d'acides gras volatils.

Au point de vue des pigments, la bile du mouton et celle du bœuf contiennent de la cholohématine; celle du chien renferme une substance qui a les mêmes caractères spectroscopiques que la méthémoglobine (Wertheimer et Meyer).

Chez l'homme il existerait une petite quantité d'un élément accessoire, le fellinate de sodium (Schotten); mais les éléments fondamentaux sont les deux sels de sodium, le glycocholate est le taurocholate; ce dernier est environ trois fois plus abondant. Chez les enfants à la mamelle, il existe même seul (Jakubowistch). Chez les carnivores c'est le taurocholate qui domine : il existe à peu près exclusivement chez le chien adulte et chez le chat.

Chez d'autres animaux la proportion des deux sels varie entre des limites assez étendues : ainsi chez le bœuf, dans 22 cas sur 100, on a trouvé l'acide glycocholique dominant (100 pour 77); dans les 78 autres cas, c'est l'acide taurocholique qui l'emportait considérablement. Le rapport de l'acide taurocholique T, à l'acide glycocholique G était 33. $\frac{T}{G}=33$. (Marshall, observation de 543 bœufs américains).

27. Substances éliminées par la bile. — 1° Il y a des substances qui sont éliminées par la bile après accumulation dans le foie; 2° il y en a qui sont éliminées rapidement par cette sécrétion; 3° il y en a qui ne passent point dans la bile.

1. Beaucoup de substances introduites dans l'économie sont accumulées dans le foie et plus ou moins tardivement éliminées par la bile.

En premier lieu, les sels métalliques, antimoine, plomb, cuivre, mercure, zinc.

En second lieu les métalloïdes toxiques, phosphore, arsenic.

2. Sont rapidement éliminés par la bile : essence de térébenthine, terpinol, terpine; acide salicylique; bromure de potassium, iodure de potassium; salicylate de soude; sulfo-cyanure de potassium, chlorate de potasse, acide phénique; cyanoferrure de potassium; chlorate de potasse; caféine. La fuschine, la cochenille, l'indigo-carmin, le rouge d'aniline sont éliminés par la bile et lui donnent une coloration rouge.

Le sulfo-indigotale de soude (injecté dans les veines, Diakonow) colore en bleu la bile et l'urine.

3. Ne sont pas éliminés par la bile : le calomel; la quinine; l'acide benzoïque; l'antipyrine; la kairine; la strychnine; le cuivre; le lithium, et parmi les matières colorantes le bleu de Berlin et le bleu d'aniline.

Il n'y a pas de rapports rigoureux, contrairement à ce que l'on est tenté de supposer, entre le fait d'une substance d'être éliminée par la bile, et le fait d'exciter la sécrétion biliaire et d'en augmenter la quantité (Prévost et Binet). A la vérité dans la liste des substances cholagogues, il y en a plusieurs qui sont en même temps facilement éliminées par la bile; en première ligne les sels et pigments biliaires; puis, par exemple, l'essence de térébenthine et ses dérivés; le chlorate de potasse, le salol et l'acide salicylique; mais il n'y a pas coïncidence pour toutes; par exemple l'iodure de potassium facilement éliminé diminue la sécrétion biliaire; l'arséniate de soude ne l'augmente point. Il n'y a conséquemment pas de dépendance rigoureuse entre les deux propriétés, cholagogue et éliminatoire.

La bile éliminerait une petite partie de la graisse alimentaire après un repas riche en corps gras. Sa teneur augmenterait dans cette circonstance en matériaux de cette espèce (Rosenberg).

28. Relations entre la formation des sels biliaires et des pigments biliaires. Bile blanche,

bile incolore. — Les deux produits caractéristiques de la bile, les *sels biliaires* et le *pigment*, ont-ils des relations originelles nécessaires?

Il est clair que la formation simultanée de ces deux éléments dans et par la cellule hépatique leur crée un lien plus ou moins étroit en tant que produits d'une même activité cellulaire. Il est cependant vraisemblable qu'ils ne se conditionnent pas réciproquement. On verra en effet que le pigment biliaire résulte de la transformation du pigment sanguin; or, cette transformation peut avoir lieu par d'autres agents que les cellules hépatiques. La formation du pigment biliaire n'entraîne donc pas obligatoirement celle des acides biliaires. La preuve inverse n'est pas entièrement faite. On cite, il est vrai, les cas de *bile incolore* comme établissant la production des acides biliaires sans formation concomitante de pigment. Mais ces cas trop rares demanderaient à être étudiés d'une manière plus approfondie.

§ V. — Sels biliaires. Acides biliaires.

I. SELS ET ACIDES NORMAUX. — **29.** *Les sels biliaires, élément caractéristique de la bile.* — **30.** *Propriétés générales des sels et des acides biliaires :* a, *réaction de* PETTENKOFER; b, *dédoublement*; c, *solubilité.* — **31.** a, *bile décolorée;* b, *bile de* PLATTNER *ou bile cristallisée.* — **32.** *Acide glycocholique :* a, *synonymie;* b, *état naturel;* c, *propriétés : solubilité. Pouvoir rotatoire. Action de la chaleur. Action des acides;* d, *Glycocholates : leur solubilité; leurs relations;* e, *préparations par l'acide sulfurique; par l'acétate de plomb; par le procédé de* HÜFNER. — **33.** *Acide taurocholique;* a, *synonymie;* b, *propriétés : solubilité; action de la lumière; action de la chaleur; stabilité;* c, *taurocholates;* d, *préparation.* — **34.** *Reconnaître la présence de l'acide taurocholique dans les sels biliaires et en déterminer la quantité.* — **35.** *Analyse quantitative des sels biliaires : deux procédés.*

II. PRODUITS DE DÉDOUBLEMENT DES ACIDES BILIAIRES : NOYAU CHOLIQUE. — **36.** *Acide cholique ou cholalique;* a, *état naturel;* b, *caractères : solubilité, action de la lumière;* c, *propriétés chimiques. Combinaison avec l'iodure de potassium;* d, *action de la chaleur. Deshydratation. Oxydation;* e, *combinaisons salines. Cholates;* f, *Préparation :* 1° *Procédé à la baryte.* 2° *Procédé de* MYLIUS.

III. SUBSTITUTS DES ACIDES BILIAIRES CHEZ DIFFÉRENTS ANIMAUX. — **37.** *Bile de porc;* a, *acide hyoglycocholique;* b, *acide hyotaurocholique; acide hyocholique.* — **38.** *Bile d'oie;* a, *acide chénotaurocholique;* b, *acide chénocholique.* — **39.** *Acide du guano, guanocholique.* — **40.** *Acides des bézoards :* a, *acide lithofellique;* b, *acide lithobilique.*

V. DÉRIVÉS DES ACIDES BILIAIRES ET DE LEUR NOYAU L'ACIDE CHOLIQUE. — **41.** *Procédés de dérivation et propriétés générales.* — **42.** *Réaction de* PETTENKOFER; a, *Procédé de* PETTENKOFER; b, *modification de* MYLIUS; c, *modification de* NEUKOMM; d, *théorie de la réaction de* PETTENKOFER; e, *conditions de la réaction;* f, *recherche des acides biliaires dans les liqueurs pauvres (urines).*

V. PRODUITS DE DÉDOUBLEMENT DES ACIDES BILIAIRES; ACIDES AMIDÉS. — **43.** *Glycocolle;* a, *synonymie, et constitution;* b, *état naturel;* c, *propriétés;* d, *réactions caractéristiques.* — **44.** *Taurine;* a, *synonymie et constitution;* b, *propriétés;* c, *état naturel;* d, *réactions caractéristiques;* e, *préparation de la taurine; recherche de la taurine dans la bile, dans les excréments.*

VI. PHYSIOLOGIE DES ACIDES BILIAIRES. — **45.** *Toxicité des acides biliaires proprement dits.* — **46.** *Localisation des acides biliaires.* — **47.** *Origine des acides biliaires.* — **48.** *Évolution de acides biliaires. Résorption. Élimination.*

I. — SELS ET ACIDES NORMAUX

29. Les sels biliaires, élément caractéristique de la bile. — Les sels biliaires constituent l'élément caractéristique de la bile. Ils lui sont exclusifs, alors que les autres composants peuvent se rencontrer en plus ou moins grande quantité dans le sang et les tissus.

Ils apparaissent dès les premiers temps de la constitution du foie, dans la vie embryonnaire; par exemple, chez le poulet dès le troisième jour de l'incubation (BEAUNIS et RITTER), ainsi que la réaction de PETTENKOFER permet de s'en assurer.

Les acides biliaires font défaut dans la sécrétion du prétendu foie des invertébrés (céphalopodes), qui manque ainsi du caractère fondamental de la bile. Au contraire, on y retrouve les ferments pancréatiques (A. B. GRIFFITHS). C'est un pancréas plutôt encore qu'un *hépato-pancréas*.

Dans la bile de l'homme on trouve les deux sels, le glycocholate et le taurocholate de sodium; le premier trois fois plus abondant.

	YEO ET HERROUN.	SOCOLOFF.	HOPPE-SEYLER.
Glycocholate de sodium . . .	1,65 p. 1000	4,804	3,03
Taurocholate de sodium . . .	0,55 —	1,567	0,87

Dans la bile du chien, on ne trouve à peu près que du taurocholate, on s'en assure rapidement par la réaction suivante : cette bile ne donne pas de précipité par l'acétate neutre de plomb (tandis que les glycocholates donnent dans ces conditions un précipité de glycocholate de plomb insoluble).

30. Propriétés générales des sels et des acides biliaires. — a. *Réaction de* PETTENKOFER. — La bile, les sels biliaires et la plupart de leurs dérivés présentent une réaction remarquable dont il sera question plus loin; c'est la réaction de PETTENKOFER. Cette réaction appartient au noyau commun de ces composés qui est l'acide cholique ou cholalique.

Les sels biliaires sont les sels sodiques (potassiques chez quelques poissons) des deux acides glycocholique et taurocholique.

b. *Dédoublement.* — Les acides biliaires sont des composés organiques azotés. L'acide taurocholique contient en plus du soufre. Ils sont formés d'un noyau commun, l'acide cholique, composé ternaire, et d'un corps amidé le glycocolle dans un cas, la taurine dans l'autre. C'est par ces corps amidés que l'azote et le soufre (dans le cas de la taurine) sont introduits dans la molécule.

Sous l'influence des acides ou des bases à chaud le dédoublement a lieu avec fixation d'eau. Il s'exprime par les équations suivantes :

$$\underset{\text{Acide glycocholique.}}{C^{26}H^{43}AzO^{6}} + H^{2}O = \underset{\text{Glycocolle.}}{C^{2}H^{5}AzO^{2}} + \underset{\text{Acide cholique.}}{C^{24}H^{40}O^{5}}$$

$$\underset{\text{Acide taurocholique.}}{C^{26}H^{46}AzSO^{7}} + H^{2}O = \underset{\text{Taurine.}}{C^{2}H^{7}AzSO^{2}} + \underset{\text{Acide cholique.}}{C^{24}H^{40}O^{5}}$$

c. *Solubilité* — Les acides biliaires sont solubles dans l'alcool; ils sont peu solubles dans l'éther. L'un est très peu soluble dans l'eau (acide glycocholique); l'autre, très soluble, acide taurocholique. Cette propriété est utilisée pour leur séparation.

Les sels alcalins sont très solubles dans l'eau et déliquescents : ils sont solubles dans l'alcool, insolubles dans l'éther, propriétés utilisées pour la préparation de la bile de PLATTNER.

Les sels alcalino-terreux sont en général peu solubles dans l'eau : les sels alcalino-terreux du noyau cholique sont plus solubles. Les sels du dérivé lithobilique sont insolubles.

Les sels métalliques sont insolubles dans l'eau.

Tous ces sels, alcalins, alcalino-terreux, métalliques (sels plombiques, par exemple sont solubles dans l'alcool et insolubles dans l'éther, qui en général les précipite de leur solution alcoolique.

Les solutions aqueuses de sels biliaires sont précipitées par l'acétate de plomb : pour l'acide glycocholique par l'acétate neutre et le sous-acétate; pour l'acide taurocholique seulement par le sous-acétate.

31. Bile décolorée. Bile cristallisée ou bile de PLATTNER. — Dans beaucoup des opérations chimiques que l'on exécute avec la bile, analyses, recherches, préparations, on emploie deux produits obtenus de la bile, au lieu de partir de la bile même. Ce sont : la *bile cristallisée de* PLATTNER, et la *bile incolore*, ou mieux *décolorée*.

a. *Bile incolore, décolorée.* — On mélange la bile avec du noir animal[1] de manière à

1. Le noir animal ne doit contenir ni acides ni sulfates, afin de ne pas dédoubler les sels biliaires, et afin de n'y pas introduire de soufre qui troublerait l'analyse. si plus tard l'on voulait déterminer l'acide taurocholique ou la taurine.

faire une bouillie que l'on fait ensuite sécher en évaporant au bain-marie dans une capsule. On laisse refroidir, puis on traite par l'eau et on lave sur un filtre. Le liquide passe incolore.

Le charbon a retenu les matières colorantes et diverses impuretés. L'eau dissout les sels biliaires, les sels minéraux et des produits secondaires en minime quantité. C'est ce mélange qui constitue la « bile incolore ».

b. *Bile cristallisée. Bile de* PLATTNER. — La bile cristallisée est constituée par le mélange des sels biliaires cristallisés dans l'alcool. Ces sels, glycocholate de soude et taurocholate de soude, sont très solubles dans l'eau; ils sont déliquescents et ne peuvent être conservés cristallisés en présence de l'eau; on devra donc l'éviter. D'autre part, ces sels sont solubles dans l'alcool; ils sont insolubles dans l'éther qui, ajouté à la solution alcoolique, prend l'alcool et amène le dépôt des sels à l'état cristallin. Tel est le principe de la préparation.

On se débarrasse d'abord des pigments. On prend, par exemple, 300 grammes de bile de bœuf qu'on mélange à 30 grammes de charbon animal. On évapore au bain-marie dans une capsule. La masse séchée et pulvérisée est chauffée dans un ballon avec l'alcool absolu. On l'épuise à l'alcool bouillant. On filtre (filtre sec) dans un ballon (sec). On a un filtrat et un résidu. Le résidu est formé de pseudomucine, sels minéraux insolubles dans l'alcool, charbon. Le filtrat contient les sels biliaires et la cholestérine.

On réduit le filtrat au bain-marie à l'état de sirop épais. On laisse refroidir. Puis on ajoute de l'éther anhydre dans le ballon que l'on ferme avec un bouchon et qu'on laisse au repos. Le sirop dépose une masse de cristaux fins, brillants et soyeux que l'on peut décanter et laver à l'éther qui entraînera la cholestérine.

Au moyen de la bile cristallisée on peut obtenir les acides biliaires.

32. Acide glycocholique ($C^{26}H^{43}AzO^{6}$). — a. *Synonymie.* — Acide cholique (GMELIN). LEHMANN a préféré, le nom de glycocholique qui représente son dédoublement par hydratation sous l'action des acides et des bases. Il subit dans l'intestin une modification analogue.

$$\underbrace{C^{26}H^{43}AzO^{6}}_{\text{Acide glycocholique.}} = \underbrace{C^{2}H^{5}AzO^{2}}_{\text{Glycocolle.}} + \underbrace{C^{24}H^{40}O^{5}}_{\text{Acide cholalique.}} - H^{2}O$$

b. *État naturel.* — Existe à l'état de glycocholate de soude dans la bile des mammifères; de glycocholate de potasse dans celle des poissons.

c. *Propriétés.* — Corps solide, blanc, cristallisé en fines aiguilles soyeuses.

Solubilité. — Peu soluble dans l'eau froide [1 partie pour 3000 à 15° (EMICH)]

Plus soluble à chaud (1 partie pour 120).

Très soluble dans l'alcool fort : modérément soluble dans l'alcool faible (1 partie pour 1000 d'alcool à 10 p. 100; 1 partie pour 3, 6 d'alcool à 50 pour 100.) — Cristallise le mieux au sortir des solutions alcooliques de 10 p. 100 à 30 p. 100.

Peu soluble dans l'éther, quoique plus que dans l'eau (1 partie pour 1000 d'éther). L'éther le précipite de ses solutions alcooliques, et le précipité laissé en contact avec la liqueur alcoolo-éthérée où il a pris naissance prend la forme cristalline; soluble dans les acides sulfurique, chlorhydrique, acétique.

Trois fois moins soluble dans le benzol et le chloroforme que dans l'eau.

L'acide glycocholique peut se dissoudre dans l'acide taurocholique et rester ains dissimulé.

Pouvoir rotatoire droit de la solution alcoolique — $[\alpha]_d = +29°$. — Le glycocholate de soude a pour pouvoir rotatoire $[\alpha]_d = +15°$ p. 100.

Chaleur. — Il fond, puis se décompose.

Acides. — L'acide sulfurique le dissout; puis, à chaud, lui enlève H^2O en fournissant le corps $C^{26}H^{41}AzO^{5}$, *acide cholonique* amorphe, insoluble dans l'eau, soluble dans l'alcool L'acide chlorhydrique, les acides étendus en général, au contraire, lui cèdent à chaud de l'eau et le dédoublent en glycocolle et acide cholalique; si l'on prolonge l'action le phénomène se complique des produits de décomposition de l'acide cholalique, à savoir : *dyslisine* (anhydride cholique) $C^{24}H^{36}O^{3}$ par perte de $2H^2O$.

Les bases (baryte, soude) dans les mêmes conditions (eau, ébullition prolongée) opèrent les mêmes dédoublements,

d. *Sels. Glycocholates.* — L'acide glycocholique est monobasique.

Solubilité. — Les sels alcalins et alcalino terreux sont solubles dans l'eau : les autres sont insolubles dans l'eau (sauf le sel d'argent.)

Tous les glycocholates sont solubles dans l'alcool (ex : glycocholate de plomb).

Ils sont insolubles dans l'éther.

Les sels d'alcalis sont neutres (exemple : le glycocholate de soude $C^{26}H^{42}Na\,Az\,O^{6}$).

La saveur des glycocholates alcalins est amère, avec arrière goût douceâtre.

On peut, au moyen du glycocholate de soude, préparer le glycocholate de plomb et inversement revenir du second au premier. On traite la solution aqueuse de glycocholate de soude par l'acétate de plomb : on obtient un précipité blanc de glycocholate de plomb insoluble dans l'eau. On peut le redissoudre dans l'alcool à 95° où il est très soluble. — D'autre part, si l'on fait bouillir le précipité plombique avec une solution aqueuse de carbonate de soude, le glycocholate de soude se régénère et le carbonate de plomb se précipite.

e. *Préparation.* — On prend de la *bile cristallisée* de bœuf qui contient souvent des quantités notables d'acide glycocholique (dans 22 p. 100 des cas, 100 d'acide glycocholique contre 77 d'acide taurocholique). Il faut séparer les deux acides (les deux sels) l'un de l'autre. Cette séparation se fait facilement parce que l'acide glycocholique est presque insoluble dans l'eau (1 pour 3000, Emich), tandis que l'acide taurocholique y est très soluble. — On en second lieu on se fonde sur cette propriété que les glycocholates d'alcalis sont précipités par l'acétate neutre de plomb, tandis que les taurocholates sont précipités par le sous-acétate seulement.

1° *Par l'acide sulfurique.* — On pile dans un mortier la bile cristallisée de bœuf avec l'éther anhydre, et on exprime le mélange. On achève d'enlever ainsi les impuretés solubles dans l'éther.

Puis on dissout la masse dans la moindre quantité d'eau. — On ajoute de l'éther, — puis une solution étendue d'acide sulfurique que l'on verse goutte à goutte d'abord (et plus abondamment quand la cristallisation à commencé). Il se forme une masse cristalline d'acide glycocholique. Le sulfate de soude et l'acide taurocholique restent en solution dans l'eau. On décante l'eau mère. On lave à l'eau froide. On peut redissoudre dans l'eau bouillante d'où les cristaux se déposeront.

2° *Par l'acétate de plomb.* — La solution aqueuse de bile cristallisée est traitée par l'acétate de plomb. Il se forme un précipité blanc de glycocholate de plomb ; on filtre. Le filtrat est composé de taurocholate de soude que l'acétate de plomb n'a pas précipité sensiblement. On lave le précipité sur le filtre ; on le sèche. On le dissout dans l'alcool.

La dissolution alcoolique chaude est traitée par l'hydrogène sulfuré : on filtre pour séparer le sulfate de plomb. Le filtrat composé d'acide glycocholique en solution alcoolique est concentré, et l'acide en est précipité par l'éther ou par l'eau à l'état de masse qui prend peu à peu l'aspect d'un dépôt cristallin.

On peut dans ce dernier cas partir directement de la *bile décolorée.*

N. B. On peut aussi prendre le premier filtrat séparé du glycocholate de plomb, lequel contient le taurocholate de soude : on le traitera par l'acétate basique de plomb qui le précipitera à l'état de taurocholate de plomb et on en retirera l'acide taurocholique (Voir **33**). On a ainsi un procédé de séparation et par suite d'analyse des deux acides biliaires.

3° *Procédé de* Hüfner. — Hüfner a fait connaître un procédé rapide de préparation, en partant de la bile même.

On se débarrasse d'abord des matières mucinoïdes en traitant la bile fraîche par l'acide chlorhydrique en petite quantité. — On agite ; on filtre.

Le filtrat est alors traité par un mélange d'acide chlorhydrique, 5 parties ; éther, 30 parties ; pour 100 parties du filtrat. — Il se précipite une bouillie d'acide glycocholique que l'on peut laver, sécher à l'air et faire recristalliser.

On peut remplacer l'éther par le benzol. Cette préparation ne réussit qu'avec certaines biles ; avec celles où l'acide glycocholique est plus abondant que l'acide taurocholique.

33. Acide taurocholique ($C^{26}H^{45}AzO^{7}S$). — a. *Synonymie.* — Acide choléique (Strecker).

Son nom (Lehmann) exprime son dédoublement sous l'action des bases et des acides à chaud en deux composés, la taurine et l'acide cholalique.

$$\underbrace{C^{26}H^{45}AzO^{7}S}_{\text{Acide taurocholique.}} = \underbrace{C^{2}H^{7}AzO^{3}S}_{\text{Taurine.}} + \underbrace{C^{24}H^{40}O^{5}}_{\text{Acide cholalique.}} - H^{2}O$$

b. *Propriétés.* — Il subit dans l'intestin la même hydratation.

Corps solide blanc. Cristallisé en aiguilles soyeuses déliquescentes.

Sa saveur est d'une amertume extrême.

Solubilité. — Très soluble dans l'eau ; ses cristaux sont déliquescents.

Soluble dans l'alcool.

Insoluble dans l'éther; moins soluble dans l'éther que l'acide glycocholique, mais un peu soluble dans la solution éthérée de ce dernier.

L'acide taurocholique en solution aqueuse dissout faiblement l'acide glycocholique ; 1000 d'acide taurocholique à 10 p. 100 dissolvent 6,9 d'acide glycocholique.

Lumière. — Pouvoir rotatoire droit $[\alpha] = + 24°,5$ dans sa solution alcoolique.

(Parkes aurait observé un pouvoir gauche à peu près égal.)

Il est abondant dans la bile des carnivores : chien, chat.

Chaleur. — Il fond et se décompose.

Stabilité. — Sa réaction acide est forte. — Il est moins stable que l'acide glycocholique; il se dédouble plus facilement par l'action des bases, des acides étendus à chaud (et même par l'eau bouillante), par la putréfaction, et dans l'intestin, en taurine et acide cholalique.

c. *Sels. Taurocholates.* — L'acide taurocholique est monobasique.

Les sels alcalins et alcalino-terreux sont solubles dans l'eau. Les autres sont insolubles.

Les taurocholates sont solubles dans l'alcool.

Ils sont insolubles dans l'éther.

Les solutions aqueuses sont précipitées à l'état emplastique par le sous-acétate de plomb et non par l'acétate neutre.

Les sels d'alcalis sont neutres; ex. : taurocholate de soude, $C^{26}H^{44}NaAzO^{7}S$.

d. *Préparation.* — On part de la bile de chien qui contient presque exclusivement de l'acide taurocholique, — et spécialement de la bile cristallisée de cet animal qu'on dissout dans l'eau.

Ou, dans le cas d'une bile donnée, on part du filtrat obtenu en versant de l'acétate neutre de plomb dans la solution aqueuse de *bile cristallisée* de Plattner, ou dans la *bile décolorée.*

La liqueur est additionnée de sous-acétate de plomb qui précipite l'acide taurocholique à l'état de taurocholate de plomb. On lave à l'eau; on sèche; on dissout dans l'alcool fort et bouillant, et l'on fait passer dans cette solution alcoolique un courant d'hydrogène sulfuré qui précipite le plomb à l'état de sulfure et laisse l'acide taurocholique en solution dans l'alcool. On sépare le sulfure de plomb par filtration. On concentre. On précipite l'acide taurocholique de cette solution alcoolique par un excès d'éther. La masse amorphe se transforme à la longue en masse cristallisée de cristaux longs et soyeux.

34. Reconnaître la présence de l'acide taurocholique dans les sels biliaires et en déterminer la quantité. — L'acide taurocholique contenant du soufre, il faut déterminer si, dans la bile donnée, il y a du soufre et combien il y en a.

On emploie pour cela la méthode générale qui consiste à oxyder le soufre et à le caractériser à l'état d'acide sulfurique.

On prend dans un creuset 0gr,2 de bile cristallisée et on y ajoute 6 grammes du mélange nitreux (3 parties de nitrate de potasse et 1 partie de carbonate de soude). On chauffe le mélange lentement en commençant par la périphérie, jusqu'à fusion et combustion complète du charbon. Le soufre oxydé est à l'état d'acide sulfurique combiné avec les alcalis. On dissout le résidu dans l'eau à chaud; on filtre pour clarifier la liqueur; on acidifie avec l'acide chlorhydrique (pour détruire les carbonates qui pourraient fournir ultérieurement un carbonate de baryte insoluble); puis on ajoute du chlorure de baryum en solution. Il se fait un précipité caractéristique de sulfate de baryte. On pourra au besoin le recueillir et le peser. 233 parties de $BaSO^4$ correspondent à 32 parties de soufre et une partie de soufre à 16,8 d'acide taurocholique.

35. Analyse quantitative des sels biliaires. — On prépare l'extrait alcoolique des sels biliaires (bile décolorée). On prend pour cela 100 cc. de bile : on y ajoute assez de charbon animal bien lavé (ne contenant point de sulfates), pour en faire une pâte. On la sèche au bain marie. On la pulvérise. On l'épuise à l'alcool chaud qui dissout les sels biliaires (et la cholestérine, lécithine et graisses).

a. 1er *procédé*. — On évapore l'extrait alcoolique. On redissout dans l'eau : on a ainsi une solution aqueuse des deux sels biliaires débarrassée des graisses, cholestérine, etc. On traite la solution par l'acétate neutre de plomb qui précipite l'acide glycocholique à l'état de glycocholate de plomb en poudre blanche, insoluble. On filtre. Le filtre retient le glycocholate plombique que l'on lavera, sèchera, pèsera.

Le filtrat contient le taurocholate de soude qui n'est pas précipité par l'acétate neutre, de l'acétate de soude et un peu d'acétate de plomb. On traitera par l'acétate basique de plomb qui donnera un précipité de taurocholate de plomb que l'on lavera, sèchera, pèsera de même.

b (*variante*). — On divise l'alcool en deux lots égaux qui serviront chacun à la détermination de l'un des acides biliaires. On les évapore à siccité. Avec l'un on détermine l'acide taurocholique comme précédemment. Avec l'autre on prépare l'acide glycocholique ou le glycocholate de plomb que l'on lave, sèche et pèse sur filtre taré.

II. — PRODUITS DE DÉDOUBLEMENT DES ACIDES BILIAIRES

Les acides glycocholique et taurocholique sont caractérisés par la propriété de se dédoubler, comme nous l'avons dit, sous l'action prolongée des bases et des acides étendus à chaud en acide cholalique ou cholique d'une part, taurine ou glycocolle de l'autre... Il faut dire deux mots de ces produits.

36. Acide cholique ou cholalique ($C^{24}H^{40}O^5$). — a. *État naturel*. — Cet acide constitue le noyau commun des acides biliaires proprement dits. — On le rencontre dans l'intestin, dans les fèces, dans l'urine ictérique et généralement dans toutes les circonstances de décomposition de la bile.

b. *Caractères*. — Saveur très amère :

Solubilité. — Très peu soluble dans l'eau.

Peu soluble dans l'éther (1 partie dans 27?).

Soluble dans l'alcool. Il cristallise de l'alcool sous forme de pyramides rhombiques et tétraèdres fixant une molécule d'eau lorsqu'on étend d'eau l'alcool. Extrait de la bile du bœuf il cristallise plus facilement que de celle du chien.

Lumière. — Ses solutions dévient à droite le plan de polarisation.

L'acide anhydre a $[\alpha]_D = + 35°$.

c. *Propriétés chimiques*. — C'est un corps non saturé. Il se combine à l'eau, à l'acide chlorhydrique, à l'acide iodhydrique, à l'iodure de baryum, à l'iodure de potassium.

Si l'on dissout 2 grammes d'acide cholique avec un gramme d'iode dans 40 parties d'alcool et que l'on ajoute 20 centimètres cubes d'une solution d'iodure de potassium contenant un gramme d'iode, il se forme un composé particulier (insoluble dans l'eau) qu'une addition nouvelle d'eau accompagnée d'agitation continuelle précipite en une masse de cristaux brillants de couleur bleuâtre, que l'on lave à l'eau. Ce corps a des analogies avec l'iodure d'amidon. Il répond à la formule $(C^{24}H^{40}O^5)^4 KI + nH^2O$. — On connaît de même l'acide choliodhydrique : $(C^{24}H^{40}O^5)^4 HI + nH^2O$.

La réaction bleue avec l'iode permet de reconnaître l'acide cholique et de le distinguer des autres acides voisins, coexistant avec le premier ou provenant de celui-ci par réduction ou oxydation (acides hyocholique, fellinique, bilianique, désoxycholique, déshydrocholique) qui ne donnent pas cette réaction. Pour l'obtenir avec l'acide cholique il suffit de prendre 2 centigrammes de cristaux, de dissoudre dans un demi-centimètre cube d'alcool, d'y ajouter 1 centimètre cube de la solution normale d'iode étendue au $^1/^{10}$, et d'étendre d'eau ensuite. Il y a une seconde de combinaison de l'iode avec l'acide cholique, de couleur brune, plus riche en iode que la précédente, répondant à la formule $C^{24}H^{40}O^{5}I^{2}$. Elle est ramenée à la première par les agents réducteurs (hydrogène, acide sulfhydrique, acide sulfureux). Inversement le composé bleu est ramené au composé brun par la solution d'iode dans l'iodure de zinc. L'amidon forme une combinaison iodée brune correspondant à la combinaison bleue (F. Mylius).

d. *Chaleur, déshydratation, oxydation.*

Chauffé à 200° dans l'eau, en vase clos, l'acide cholique se déshydrate et fournit la dyslysine.

$$C^{24}H^{40}O^{5} - 2H^{2}O = \underset{\text{Dyslysine.}}{C^{24}H^{36}O^{3}}$$

La dyslysine, chauffée avec la potasse, régénère l'acide cholique sous forme de cholate de potassium.

$$C^{24}H^{36}O^{3} + KOH + H^{2}O = C^{24}H^{39}KO^{5}$$

On signale quelquefois sous le nom d'*acide choloïdinique* le composé ayant pour formule : $C^{24}H^{38}O^{4} = C^{24}H^{40}O^{5} - H^{2}O$, intermédiaire à l'acide cholique et à la dyslysine, mais qui paraît être un mélange de ceux-ci.

Oxydé avec l'acide nitrique il fournit l'*acide déhydrocholique* $C^{24}H^{34}O^{5}$. Ce corps soluble dans l'acide acétique et dans le carbonate de soude se colore en rouge intense lorsque l'on traite sa solution par le diazobenzol alcalin : l'acide chlorhydrique donne avec cette solution un précipité rouge.

L'acide dehydrocholique en présence du brome sec fournit le dérivé monobromé $C^{24}H^{33}O^{5}Br$.

L'oxydation de l'acide cholique poussée plus loin fournit enfin les acides oxalique, cholestérique $C^{8}H^{10}O^{5}$ et des acides gras volatils.

Par réduction l'acide cholique fournit l'*acide désoxycholique* ($C^{24}H^{40}O^{4}$) (Mylius) dont le sel de baryte est difficilement soluble, tandis que le cholate de baryte est soluble.

e. *Combinaisons salines. Cholates.* — L'acide cholique décompose le carbonate de soude en déplaçant l'acide carbonique.

Les cholates alcalins sont très solubles dans l'eau. — Les cholates terreux moins solubles; le cholate de baryte est soluble. — Les autres insolubles.

Les cholates sont solubles dans l'alcool.

f. *Préparation.* — Elle est fondée sur le dédoublement des acides biliaires en présence des alcalis à chaud.

Il y a deux procédés : le procédé plus ancien à la baryte — et le nouveau procédé de Mylius à la soude.

1° *Procédé à la baryte.* — On fait bouillir 500 cc. de bile avec de l'eau de baryte saturée (75 grammes de baryte caustique) pendant 24 heures au bain de sable, dans un ballon muni d'un réfrigérant, de manière que la quantité d'eau ne varie pas. — On laisse refroidir. La liqueur contient du cholate de baryte un peu soluble (et d'autres sels de baryte, insolubles; par exemple des savons, du stéarate de baryte provenant des matières grasses de la bile, du carbonate de baryte, etc.). On les sépare par filtration.

Le filtrat est traité par l'acide chlorhydrique de manière à dépasser le point de neutralisation. On se débarrasse ainsi de l'excès de baryte; le cholate de baryte est décomposé; l'acide cholique presque insoluble se précipite; on filtre. Le précipité resté sur le filtre (acide cholique et impuretés) est lavé à l'eau.

On redissout dans un peu de soude (il se forme du cholate de soude et des impuretés). [On peut se débarrasser de beaucoup de celles-ci en mélangeant la masse à du charbon animal et en laissant digérer pendant plusieurs jours. On reprend par l'eau.]

La solution du sel de soude est alors traitée par l'acide chlorhydrique additionné d'éther. L'acide cholique est de nouveau mis en liberté et se précipite à cause de son insolubilité dans l'éther et dans l'eau : la masse est cristalline au bout de quelques jours. On peut la laver à l'eau, l'exprimer, — puis la reprendre par l'alcool où elle se dissout.

On ajoute alors de l'eau de manière à avoir un trouble persistant (tenant à la précipitation de l'acide cholique); par le repos et le refroidissement il se dépose des cristaux formés d'aiguilles octaédriques groupées et de tétraèdres clairs.

Ce procédé consiste, on le voit, à dédoubler les acides biliaires par l'action de la baryte qui donne un cholate barytique assez soluble ; à précipiter l'acide cholique insoluble de son sel de baryte par l'acide chlorhydrique ; à reconstituer le sel de soude et à précipiter de nouveau l'acide cholique par l'acide chlorhydrique ; à dissoudre l'acide cholique dans l'alcool et à l'en déposer par addition d'eau. L'action répétée de l'acide chlorhydrique et les lavages à l'eau et à l'éther enlèvent les impuretés.

2° *Le procédé de* Mylius *est plus simple.* — On opère sur un litre de bile de bœuf que l'on traite par 200 centimètres cubes de lessive de soude à 30 p. 100 ($d = 1,34$). On chauffe 24 heures à l'ébullition au bain de sable dans un ballon avec réfrigérant pour éviter la perte d'eau. — On laisse refroidir et l'on neutralise avec un courant d'acide carbonique à refus. (On a ainsi des savons de soude, des sels de soude, carbonate, etc., mélangés au cholate de soude.) On évapore à sec. On reprend par l'alcool à 90° qui dissout abondamment le cholate et les savons et mal la plupart des impuretés. On filtre. La solution alcoolique de cholate de soude (et savons) est étendue d'eau (pour permettre l'action ultérieure du chlorure de baryum) jusqu'à ce qu'elle ne contienne plus que 20 p. 100 d'alcool. — On traite alors par le chlorure de baryum étendu tant qu'il se fait un précipité (savons de baryte). On filtre. Le filtrat contient du cholate de baryte (soluble dans le grand excès d'eau). On le décompose en ajoutant de l'acide chlorhydrique. Il se fait un dépôt d'acide cholique, que l'on sèche par compression, etc., que l'on reprend par l'alcool absolu, et que l'on purifie par des cristallisations successives.

III. — Substituts des acides biliaires chez différents animaux

Les acides biliaires proprement dits sont l'acide glycocholique, et l'acide taurocholique, chez le plus grand nombre des mammifères. Mais ces acides sont remplacés par d'autres de composition voisine et de rôle équivalent chez quelques animaux. Chez l'homme l'acide cholique est accompagné par l'*acide fellinique* $C^{23}H^{38}O^4$ qui cristallise de sa solution acétique en prismes isolés ou réunis en masses rayonnantes (Schotten Lassar-Cohn). Chez le bœuf, la bile contient, outre l'acide cholique à sel de baryte soluble, de l'acide choléinique ($C^{25}H^{42}O^5$) à sel barytique peu soluble. Chez le porc, au lieu d'acide cholique ($C^{24}H^{40}O^5$) le noyau est constitué par l'*acide hyocholique* $C^{25}H^{40}O^4$. En se combinant avec le glycocolle et la taurine avec élimination d'eau, il fournira l'*acide hyoglycocholique* $C^{27}H^{43}AzO^5$ et l'*acide hyotaurocholique* $C^{27}H^{45}AzSO^6$. Il y aurait même deux variétés de chacun de ces acides, désignées par les lettres α et β ; la première variété α correspond aux formules précédentes ; l'*acide hyoglycocholique* β à la formule $C^{26}H^{43}AzO^5$; l'*acide hyotaurocholique* β à $C^{26}H^{45}AzSO^6$; l'*acide hyocholique* β à $C^{20}H^{40}O^4$. L'histoire de ces corps est tout à fait parallèle à celle que nous venons de faire. Dans la bile d'oie, le noyau est formé par l'*acide chénocholique* $C^{27}H^{44}O^4$; il y a un *acide chénotaurocholique* $C^{29}H^{49}AzSO^6$; pas d'acide chénoglycocholique. Signalons enfin : l'*acide guanocholique* du guano ; l'*acide lithofellique* $C^{20}H^{36}O^4$ et l'*acide lithobilique* $C^{30}H^{72}O^6$ des bézoards.

37. Bile de porc. — a. L'*acide hyoglycholique* $C^{27}H^{43}AzO^5$ existe à l'état de sel de soude dans la bile du porc.

L'histoire de ce corps est exactement parallèle à celle de l'acide glycocholique.

C'est un corps amorphe, résineux, incolore, de saveur très amère.

Il est insoluble dans l'eau, peu soluble dans l'éther ; soluble dans l'alcool.

La solution alcoolique a un pouvoir rotatoire droit de $[\alpha]_d = +2°$.

Les alcalis et les acides le dédoublent en glycocolle et acide hyocholique.

$$\underbrace{C^{27}H^{43}AzO^5}_{\text{Acide hyoglycocholique.}} = \underbrace{C^2H^5AzO^2}_{\text{Glycocolle}} + \underbrace{C^{25}H^{40}O^4}_{\text{Acide hyocholique.}}$$

Le sel de soude est soluble dans l'eau : le sulfate de soude l'en précipite. On utilise cette propriété pour le préparer.

Préparation. — On prépare la bile de porc « décolorée par le noir animal ». On y ajoute des cristaux de sulfate de soude à saturation. L'hyoglycocholate se précipite.

On le lave avec la solution saturée de sulfate de soude. Puis on décompose par l'acide chlorhydrique froid.

L'acide hyoglycocholique insoluble dans l'eau se précipite ; on le sépare par filtration des petites quantités de chlorure de sodium et de sulfate de soude qui y étaient mêlées. On lave à l'eau. On reprend par l'alcool qui dissout l'acide biliaire et on précipite par addition d'eau.

b. *L'acide hyotaurocholique* $C^{27}H^{45}AzSO^{6}$ existe en très petite proportion dans la bile de porc. Il est toujours mêlé d'acide hyoglycocholique. Il se dédouble par les acides étendus, les alcalis et l'eau à chaud en taurine et acide hyocholique.

c. *L'acide hyocholique* $C^{25}H^{40}O^{4}$ se dépose en cristaux mamelonnés de sa solution alcoolique.

Il est insoluble dans l'eau ; sensiblement soluble dans l'éther; soluble dans l'alcool.

L'acide chlorhydrique chaud le déshydrate en hyodyslysine $C^{25}H^{38}O^{3}$.

38. Bile d'oie. — a. L'*Acide chénotaurocholique* $C^{29}H^{49}AzSO^{6}$ se prépare comme l'acide taurocholique qu'il remplace dans la bile d'oie.

On traite celle-ci par le sous-acétate de plomb qui précipite l'acide chénotaurocholique à l'état de sel de plomb, et on procède comme il a été dit (**33**, d).

Le corps est amorphe, incolore, soluble dans l'eau et dans l'alcool.

Il se dédouble en acide chénocholique et taurine sous l'influence des alcalis à chaud.

b. *L'acide chénocholique* $C^{27}H^{44}O^{4}$, a été obtenu cristallisé (*Encyclopédie chimique*).

39. Acide du guano. Acide guanocholique. — A été retiré par Hoppe-Seyler du guano du Pérou, où il existe à l'état de sel de soude. Sa dissolution dans l'acide sulfurique ou concentré est fluorescente, rouge verdâtre.

40. Acides des bezoards. — a. *Acide lithofellique* $C^{20}H^{36}O^{4}$. — Corps trouvé dans certains bézoards orientaux.

Incolore ; cristallisé en prismes.

Insoluble dans l'eau ; peu soluble dans l'éther ; soluble dans l'alcool.

La solution alcoolique a une réaction acide marquée, un pouvoir rotatoire droit de $[\alpha]_D = + 13,76$; une saveur amère.

Il fond à 204° ; se décompose au-dessus.

Les sels alcalins sont très solubles : alcalino-terreux sensiblement solubles.

b. *Acide lithobilique* $C^{30}H^{72}O^{6}$. — Existe dans les bézoards d'Orient.

Fond à 199°.

Se colore en rouge violet par l'acide chlorhydrique chaud.

Le lithobilate de baryte est insoluble.

IV. — Dérivés des acides biliaires et de leur noyau l'acide cholique

Les acides biliaires, sous l'influence des agents oxydants, réducteurs, déshydratants, donnent un certain nombre de produits qui se mêlent à ces acides mêmes. Nous citerons seulement les principaux :

L'*acide cholonique* $C^{26}H^{41}AzO^{5}$, obtenu par l'action de l'acide sulfurique sur l'acide glycocholique; l'*acide choléique* ou *choléinique* (Latschnoff), $C^{25}H^{42}O^{4}$; l'*acide désoxycholique*, $C^{24}H^{40}O^{4}$ que Mylius a obtenu par réduction ; l'*acide déhydrocholique*, $C^{24}H^{34}O^{5}$, l'*acide bilianique*, $C^{24}H^{34}O^{8}$ et l'*acide isobilianique* qu'il a obtenus par oxydation. La *dyslysine*, $C^{24}H^{36}O^{3}$ obtenue par déshydratation et l'*acide choloïdique*, $C^{24}H^{38}O^{4}$, qui semble être un mélange de dyslysine et d'acide cholique. La dyslysine est une sorte de résine, neutre, insoluble dans l'eau et dans l'alcool, peu soluble dans l'éther, donnant la réaction de Pettenkofer.

Propriété générale. — Tous ces acides biliaires, leurs sels et leurs dérivés, présentent une réaction caractéristique, la réaction de Pettenkofer. L'acide déhydrocholique, l'acide bilianique, l'acide isobilianique et leurs dérivés azotés, produits artificiels d'oxydation de l'acide cholique seraient seuls à ne pas présenter ce caractère. Schiff (1868-1892) a prétendu que la bile du cobaye ne donne pas non plus la réaction de Pettenkofer[1].

1. Au lieu de la coloration rouge-violet, on obtient, en effet, une couleur brunâtre. Mais, si l'on opère sur l'extrait alcoolique de bile, la réaction habituelle se manifeste très bien. On peut

41. **Réaction de** PETTENKOFER (Acides biliaires). — Elle résulte de la mise en présence de trois produits : solution de sels biliaires; sucre ou furfurol; acide sulfurique et se manifeste par une coloration qui varie du rouge cerise au violet.

Elle se fait sous trois formes : celle de PETTENKOFER; celle de MYLIUS; celle de NEUKOMM.

a. *Procédé de* PETTENKOFER. — α. La réaction typique se fait avec la solution à 1 p. 100 de sels biliaires que l'on appelle « bile cristallisée de PLATTNER », ou encore avec la solution à 1 p. 100 du produit nommé « bile sèche officinale » (SALKOWSKI). On opère sur quelques centimètres cubes (10-20) que l'on verse dans un verre à réaction.

On y ajoute cinq gouttes d'une solution de sucre de canne à 10 p. 100, ou simplement un très petit morceau de sucre que l'on dissout par agitation.

Au moyen d'une pipette à poire (ou simplement en versant le long de la paroi du verre tenu obliquement) on verse un demi-volume (5 à 10 centim. cubes) d'acide sulfurique concentré qui occupera le fond du verre.

A la limite de séparation des deux couches on voit se développer une coloration rouge violet.

6. On mêle les deux couches (lentement pour éviter toute élévation de température qui empêcherait le phénomène). Le meilleur moyen est de placer le verre dans un cristallisoir plein d'eau froide et d'y promener lentement et circulairement le verre tenu par son bord. Le mélange prend une couleur pourpre. Pour l'examiner au spectroscope on en fait une solution acétique et une solution alcoolique.

Solution acétique. — On mêle à la moitié de la liqueur pourpre précédente quelques centimètres cubes de l'acide acétique du commerce.

Ce mélange a un reflet verdâtre et montre une bande d'absorption dans le vert entre D et E, plus près de E.

Solution alcoolique. — On mêle à l'autre moitié de la liqueur pourpre quelques centimètres cubes d'alcool (5-10). Le mélange présente la bande verte DE au début, et bientôt après une seconde bande dans le bleu près de F. En même temps sa couleur devient brunâtre.

b. *Modification de* MYLIUS. — Au lieu de sucre on emploie une solution de furfurol à 1/1000°. On procède comme précédemment en ajoutant un peu plus d'acide sulfurique, ou encore : on prend 1 centimètre cube de la solution des sels biliaires dans l'alcool : on y ajoute une goutte de la solution de furfurol au millième; puis 1 centimètre cube d'acide sulfurique concentré (UDRANSKY).

c. *Modification de* NEUKOMM. — Consiste à opérer avec des liqueurs étendues et à chauffer.

On prend la solution de bile cristallisée au 1/10°. On en met quelques gouttes dans une petite capsule de porcelaine. On y ajoute une trace de sucre et ensuite quelques gouttes d'acide sulfurique étendu. On chauffe au bain-marie. On voit se développer une coloration violette le long des bords : elle se maintient plus ou moins longtemps si l'on arrête l'évaporation.

On peut obtenir la réaction de PETTENKOFER en remplaçant l'acide sulfurique par l'acide phosphorique concentré (DRECHSEL); moins facilement avec l'acide chlorhydrique et le chlorure de zinc.

d. *Théorie de la réaction de* PETTENKOFER. — La réaction de PETTENKOFER appartient, avons-nous dit, à tous les sels et acides biliaires et à leurs dérivés, sauf à ceux obtenus par oxydation. Elle est le fait du noyau commun cholique.

Ce n'est pas le sucre lui-même qui intervient. L'acide cholique donne encore la réaction lorsque au lieu de sucre on emploie le mélange des substances volatiles qui résultent de la distillation du sucre avec l'acide sulfurique moyennement concentré,

aussi la manifester avec la bile fraîche en prenant quelques précautions. Les acides biliaires du cobaye sont un peu moins solubles que ceux du bœuf ou du chien et exigent une plus grande quantité d'acide sulfurique. Cet excès, d'autre part, brunit les matières organiques, parmi lesquelles le sucre. — C'est pour une raison analogue que l'acide glycocholique est moins sensible au réactif de PETTENKOFER que l'acide taurocholique ; il est en effet moins soluble. L'acide taurocholique favorise la réaction parce qu'il contribue à solubiliser l'acide glycocholique. — La bile de cobaye semble contenir de l'acide hyoglycocholique, comme celle du porc (D. RYWOSCH).

et dans ce mélange le furfurol. Le furfurol est en effet une aldéhyde que l'on obtient en faisant agir l'acide sulfurique sur le sucre et mieux l'acide sulfurique et le bioxyde de manganèse sur le sucre. Le furfurol, en très faible quantité, mélangé à l'acide cholique et à l'acide sulfurique, donne la coloration rouge. A cet égard, l'acide cholique permet de déceler des traces de furfurol (1/40e de milligramme). La coloration varie d'ailleurs : le ton du rouge n'est pas le même : avec un excès de furfurol elle passe au bleu.

La réaction d'ailleurs n'est pas spéciale à l'acide cholique et aux acides biliaires. Udransky a indiqué soixante-seize substances qui la fournissaient, et parmi elles Mylius cite les alcools isopropylique, isobutylique, allylique, amylique, le diméthyléthyl carbinol, le triméthyl carbinol, l'acide oléique et le pétrole; on a encore signalé la sapotaxine, la solvine, l'acide quillajuique (Rywosch).

e. *Conditions de la réaction.* — L'acide sulfurique ne doit contenir ni acide sulfureux, ni acide azotique, ni vapeurs nitreuses.

La liqueur doit être débarrassée des graisses et des albuminoïdes. L'acide oléique donne en effet la réaction.

De même, l'albumine donne aussi une coloration rouge, un peu différente toutefois à l'examen spectroscopique.

f. *Appendice. Procédé de* Neukomm *pour la recherche des acides biliaires dans des liqueurs pauvres* (Urine par exemple). Le procédé consiste à préparer les sels plombiques des acides biliaires, puis les sels sodiques et à soumettre ceux-ci isolés au réactif de Pettenkofer. On évapore à siccité; on dissout dans l'alcool absolu; on évapore et reprend par l'eau; on traite par le sous-acétate de plomb qui précipite les acides biliaires à l'état de sels de plomb; on reprend par l'alcool qui dissout les sels biliaires plombiques et permet ainsi de les séparer; on filtre.

On transforme en sel de soude (par l'acide chlorhydrique, le carbonate de soude et la soude).

On évapore et traite le résidu par un excès d'éther; le résidu est repris par l'eau.

C'est sur cette liqueur que l'on essaye la réaction de Pettenkofer.

V. — PRODUITS DE DÉDOUBLEMENTS DES ACIDES BILIAIRES. ACIDES AMIDÉS

43. Glycocolle ($C^2H^5AzO^2$). — a. *Synonymie et constitution : Glycine, glycocine, acide amido-acétique.* — Les acides amidés présentent en partie les caractères d'un acide, en partie ceux d'une base faible. C'est comme base faible que le glycocolle est combiné à l'acide cholique dans l'acide glycocholique. Les amides proviennent des acides dans lesquels un atome d'hydrogène du radical est remplacé par l'amidogène AzH^2. Avec l'acide acétique $C^2H^4O^2$, on a $C^2H^3(AzH^2)O^2$, acide amido-acétique ou glycocolle $C^2H^5AzO^2$.

b. *État naturel.* — Le glycocolle n'existe pas à l'état libre dans l'organisme, mais seulement à l'état combiné. Ce corps existe dans la bile à l'état d'acide glycocholique ou d'acide hyoglycocholique uni à l'acide cholique avec élimination d'eau. De même, uni à l'acide benzoïque, il forme l'acide hippurique qui se rencontre dans l'urine, surtout des herbivores :

$$\underset{\text{Glycocolle.}}{C^2H^5AzO^2} + \underset{\text{Acide benzoïque.}}{C^7H^6O^2} - H^2O = \underset{\text{Acide hippurique,}}{C^9H^9AzO^3}.$$

Il existe dans la substance collagène à l'état de combinaison complexe et il apparaît dans la décomposition des substances dérivées, gélatine, mucine, etc. On le trouve dans l'intestin comme produit de décomposition de la bile. Il est largement réabsorbé en nature.

c. *Propriétés.* — Il est soluble dans l'eau et cristallise en prismes rhomboédriques.

Il est insoluble dans l'alcool; insoluble dans l'éther.

La solution aqueuse est acide.

Le glycocolle se combine avec les bases, les acides et les sels.

Chauffé avec la lessive de soude, il donne lieu à une coloration rouge et il y a développement d'ammoniaque.

d. *Réaction de* Scherer. — Chauffé sur la lame de platine il laisse un résidu incolore.

Celui-ci, chauffé avec une goutte de la solution caustique de soude, prend la forme d'une goutte huileuse qui court sans toucher la surface du platine.

Chauffé dans un tube de verre ouvert aux deux bouts, il se sublime en développant une odeur d'amylamine.

44. Taurine ($C^2H^7AzSO^3$). — a. *Synonymie et constitution.* — Acide amido-isothionique, amido-éthylsulfurique.

L'acide isothionique est de l'acide sulfureux H^2SO^3 où un atome d'hydrogène est remplacé par le radical mono-atomique oxyéthylène (C^2H^4OH), soit $H(C^2H^4OH)SO^3$. L'isothionate d'ammonium $H[C^2H^4.O(AzH^4)]SO^3$ en perdant de l'eau sous l'influence de la chaleur fournit la taurine.

$$\underbrace{H[C^2H^4.OAzH^4]SO^3}_{\text{Isothionate d'ammoniaque.}} - H^2O = \underbrace{C^2H^7AzSO^3}_{\text{Taurine.}}$$

L'acide amido-isothionique résulte du remplacement dans le radical acide-isothionique, de l'hydroxyle OH par l'amidogène AzH^2. Alors

$H(C^2H^4OH)SO^3$ devient $H[C^2H^4AzH^2]SO^3$ ou $C^2H^7AzSO^3$.

b. *Propriétés.* — La taurine est peu soluble dans l'eau froide; mais très soluble dans l'eau chaude. Elle est soluble dans les acides minéraux; insoluble dans l'alcool; insoluble dans l'éther.

Elle cristallise de sa solution aqueuse en prismes rhombiques droits.

La réaction de la solution aqueuse est neutre.

c. *État naturel.* — On trouve la taurine dans la bile. Elle y est unie à l'acide cholique pour former l'acide taurocholique de la bile des mammifères; à l'acide hyocholique chez le porc pour former l'acide hyotaurocholique; à l'acide chenocholique dans la bile d'oie où elle forme l'acide chenotaurocholique.

La décomposition de ces acides biliaires sous diverses influences (bases, acides, putréfaction) met de la taurine en liberté dans l'intestin. La plus grande partie est probablement résorbée comme telle. Le reste subit vraisemblablement une désintégration plus profonde sous l'action des alcalis qui la font passer à l'état de sulfates : ceux-ci sont éliminés par l'urine. Une partie des sulfates de l'urine viendrait de cette source. Ingérée dans l'organisme, la taurine est éliminée, au moins partiellement par les urines à l'état de sulfate et aussi à l'état d'acide taurocarbamique, $C^3H^8Az^2SO^4$ (combinaison de la taurine avec l'acide cyanique, $CAzHO + C^2H^7AzSO^3 = C^3H^8Az^2SO^4$).

On a encore trouvé la taurine en petite quantité dans divers organes : dans le foie, le rein et le poumon : dans la rate de certains poissons, dans les muscles du cheval, des poissons plagiostomes, des mollusques.

d. *Caractères et réactions.* — Les réactions de la taurine sont fondées sur sa richesse en soufre (25,60 p. 100) :

1° Calcination sur la lame de platine.

On prend quelques cristaux. La matière fond d'abord en brunissant; puis elle charbonne en développant une odeur piquante (acide sulfureux ou sulfurique) accompagnée d'odeur empyreumatique.

2° Calcination avec le carbonate de soude.

On écrase quelques cristaux et on les mélange avec plusieurs volumes de carbonate de soude sec. Ce mélange est fondu sur la lame de platine. On laisse refroidir. On jette dans un verre à réaction et on ajoute une petite quantité d'acide sulfurique étendu. Il se dégage de l'hydrogène sulfuré que l'on reconnaît à son odeur ou à sa réaction sur le papier imbibé d'acétate de plomb qui, placé au-dessus du verre, brunit puis noircit.

e. *Préparation de la taurine* $C^2H^7AzSO^3$ (Salkowski). — On part de la bile (chien) et l'on dédouble l'acide taurocholique par la chaleur et l'acide chlorhydrique en taurine et acide cholique plus ou moins privé d'eau (**36**, d). L'opération se fait au bain de sables Dans une capsule à évaporation on mélange 300 grammes de bile avec 100 centimètre. cubes d'acide chlorhydrique. Il se forme une masse résineuse, nageant dans une partie liquide. On continue à chauffer jusqu'à ce que les fils qu'on étire de cette masse au moyen d'une baguette de verre deviennent aussitôt durs et cassants.

La masse résineuse serait constituée par l'*acide choloïdinique* ($C^{24}H^{40}O^5 - H^2O$); sa transformation cassante correspondrait à la *dyslysine* (anhydride cholique ($C^{24}H^{40}O^5—2H^2O$).

On décante la partie liquide (taurine et sel) et on évapore jusqu'à ce que le chlorure de sodium commence à déposer. On filtre alors. On concentre à faible volume. On se débarrasse encore du sel par une nouvelle filtration et l'on verse dans 15 volumes d'alcool où la taurine est insoluble. On filtre; on lave à l'alcool; on reprend par l'eau chaude où la taurine est très soluble et d'où elle se dépose en cristaux par refroidissement (elle est peu soluble dans l'eau froide). On peut la décolorer au charbon animal.

f. *Recherche de la taurine*, — 1° *Dans la bile.* — On peut rechercher la taurine dans la bile par le procédé même de sa préparation. On peut encore laisser pùtréfier la bile jusqu'à ce que sa réaction soit acide (taurine acide, acides dérivés des acides biliaires). On traite par l'acide acétique qui précipite quelques-uns de ces produits et laisse la taurine en solution. On filtre. Le filtrat est évaporé. Il est repris par l'alcool où la taurine est insoluble. On la caractérise dans ce résidu alcoolique et si elle est assez abondante on peut la faire cristalliser.

2° *Dans les excréments.* — On les sèche, on les épuise par l'eau froide, puis par l'alcool. On reprend par l'eau bouillante; on filtre à chaud; la taurine se dépose, par le refroidissement, de cette liqueur.

VI. — PHYSIOLOGIE DES ACIDES BILIAIRES

45. Toxicité des acides biliaires proprement dits. — Les acides biliaires et leurs sels de soude sont toxiques (TH. V. DUSCH. 1854). Ils exercent une action destructive sur les globules du sang (HÜNEFELD, 1840 et V. DUSCH). Ils sont un poison du cœur, un paralysant (FRERICHS, 1858 et RÖHRIG, 1863). Injectés dans les veines ils provoquent le ralentissement du pouls de 72 battements à 40. Ce ralentissement du cœur s'accompagne du ralentissement de la respiration, et de troubles nerveux, c'est-à-dire des symptômes de l'ictère grave (FELTZ et RITTER). Le ralentissement du cœur produit par les sels biliaires tient à une action périphérique sur le cœur (SCHACK, 1869) ou à une paralysie du système accélérateur (RÖHRIG, 1863), car il n'est pas influencé par la section des nerfs vagues. Il est précédé d'un effet passager d'accélération (TRAUBE, 1864, SPALLITA). Les mêmes accidents se produisent lorsqu'on les injecte sous la peau ou dans le gros intestin, c'est-à-dire quand ils sont mis en condition de passer dans le sang. Le glycocholate de soude est toxique pour le lapin à la dose de 0gr,54 par kilo. d'animal; le taurocholate à la dose de 0gr,46 (BOUCHARD et TAPRET). C'est aux acides biliaires d'une part et aux pigments biliaires de l'autre que l'on attribue la toxicité de la bile totale (Voir n° **9**).

46. Localisation des acides biliaires. — Les acides biliaires proprement dits ne sauraient donc se trouver, en quantité appréciable dans le sang, y passer ni y séjourner. Ce serait un état de choses incompatible avec la santé.

Absents du sang, ils se forment dans le foie; ils n'existent que dans la bile et ne se trouvent que dans les parties supérieures de l'intestin grêle où elle est déversée. Ils s'y décomposent rapidement sous des influences diverses, sans quoi ils seraient résorbés et provoqueraient les accidents signalés. Les produits de décomposition, glycocolle, taurine, acide cholique, n'ont plus les mêmes inconvénients.

Les sels biliaires ne passent dans le sang et de là dans l'urine que dans les conditions pathologiques où la bile entière est résorbée; c'est-à-dire dans l'ictère.

47. Origine des acides biliaires. — Les cellules hépatiques forment les acides biliaires, par leur activité spéciale, au moyen des éléments ambiants apportés par le sang.

Les cellules hépatiques vivantes, *in vitro*, hors de l'organisme et chargées encore de glycogène, peuvent, plongées dans le mélange hémoglobine et glycogène, produire des acides biliaires (KALLMEYER et ALEX. SCHMIDT) et cette production est favorisée par la présence de la soude et du sérum. Dans ces conditions, il se forme en même temps de l'urée (WOLD. FICK).

Peut-on admettre qu'il se forme séparément du glycocolle et de la taurine d'une part, de l'acide cholique d'autre part, et que ces principes sont ensuite réunis par synthèse pour constituer les acides glycocholique et taurocholique? C'est possible et même vraisemblable. Mais on n'a aucune preuve de cette formation successive et synthétique.

On n'a pas réussi *in vitro* à réaliser cette synthèse des acides biliaires au moyen de leurs deux éléments. On n'a pas réussi non plus *in vivo;* tout au moins l'ingestion de taurine n'a pas augmenté la quantité de sels biliaires sécrétée. Ce n'est point par la bile que cette taurine s'est surtout éliminée, mais par l'urine à l'état d'acide carbamique.

Cependant, si l'on mêle à la nourriture des chiens de l'acide cholique (de bœuf) en quantité notable, on retrouve dans leur bile de l'acide glycocolique formant 7 p. 100, 13 p. 100 de l'extrait alcoolique (A. Weiss) : l'acide absorbé par les radicules de la veine-porte se serait donc associé au glycocolle et à la taurine et serait sorti du foie avec la bile à l'état d'acides biliaires composés. Si l'on donne de l'acide cholique et du glycocolle à un chien et à un autre de l'acide cholique et de la taurine, on trouve chez les deux du glycocholate, mais 13 p. 100 chez le premier et 2 p. 100 seulement chez le second. La synthèse taurine-acide cholique serait donc plus faible chez le chien que la synthèse glycocolle-acide cholique.

De plus l'introduction de cholate de soude augmente la quantité des matières colorantes de la bile.

Si l'on admet ces résultats de A. Weiss, il devient difficile de comprendre pourquoi, normalement, il n'y a pas toujours une certaine quantité d'acide glycocholique dans la bile du chien, puisqu'il y a toujours dans les portions supérieures de son intestin de l'acide cholique et de la taurine provenant du dédoublement des taurocholates de la bile.

En admettant cette formation synthétique, seulement vraisemblable, d'où en viendraient les éléments? On suppose toujours implicitement qu'ils viennent du plus près. L'acide cholique $C^{24}H^{40}O^{5}$ d'après cette hypothèse viendrait des corps gras dont il est proche (Bidder et Schmidt, Lehmann) : le glycocolle et la taurine $C^{2}H^{7}AzSO^{3}$ viendraient des matières albuminoïdes dont elles sont en effet un élément de décomposition.

48. Évolution des acides biliaires. Résorption. Élimination. — L'expérience montre qu'il n'y a point de sels biliaires au delà des parties supérieures de l'intestin grêle. L'analyse ne les trouve plus.

Ils ont donc été détruits ou résorbés en nature, voilà les deux seules explications. Mais la seconde, la résorption en nature, même partielle, semble contredite par ce fait que le passage des sels biliaires dans le sang provoque des accidents toxiques, même lorsque l'absorption est faite par la veine-porte et que les acides biliaires sont immédiatement conduits au foie. C'est ce dont témoigne le fait des accidents toxiques produits par l'introduction des sels biliaires dans le gros intestin.

Les sels biliaires sont donc détruits; ils sont décomposés en leurs éléments. Ces éléments peuvent être résorbés ou éliminés. Nous allons voir qu'ils sont en effet éliminés pour une part — résorbés pour une autre part, — et nous aurons à fixer les proportions relatives de ces deux parties.

La *destruction* se fait par dédoublement en acides amidés (taurine et glycocolle) et acide cholique d'autre part, car on retrouve les acides amidés dans l'intestin grêle supérieur et l'acide cholique dans le gros intestin. L'acide cholique lui-même est d'ailleur attaqué et fournit des dérivés par déshydratation : dyslysine (douteux dans l'intestin Hoppe-Seyler), acide choloïdique (mélange de dyslysine et acide cholique).

Mais si l'on rencontre dans le gros intestin et dans les excréments l'un des facteurs, l'acide cholique, on ne rencontre point l'autre, l'acide amidé. Dans le gros intestin ou dans les fèces il n'y a normalement qu'une quantité très faible ou nulle de glycocolle ou de taurine, comme il n'y a qu'une quantité nulle d'acides biliaires proprement dits. On n'y trouve (à côté de la cholestérine et des pigments biliaires dont nous n'avons pas à nous occuper pour le moment) que l'acide cholique et ses dérivés tels que dyslysine. Les acides amidés correspondants sont donc absorbés ou détruits. La taurine détruite fournit (voir **44**, c) une partie des sulfates de l'urine. Les agents de ces dédoublements des acides biliaires seraient les micro-organismes de l'intestin (putréfaction); et comme ceux-ci font défaut dans l'intestin du fœtus, on trouve les acides biliaires, spécialement l'acide tauro-cholique inaltéré dans le méconium (Zweifel).

En résumé les acides biliaires sont détruits dans l'intestin grêle. Les acides amidés taurine, glycocolle, résultant de cette destruction sont résorbés ou détruits : l'acide cholique est éliminé en partie.

Il est possible, *a priori*, qu'à côté de l'acide cholique éliminé il y en ait une autre partie résorbée aussitôt. En fait nous allons voir qu'il en est ainsi.

De la quantité d'acide cholique des excréments on peut déduire facilement la quantité correspondante des acides biliaires. Chez le chien, par exemple, où n'existe que l'acide taurocholique, on a trouvé dans les fèces des vingt-quatre heures 0gr,36 d'acide cholique (HOPPE-SEYLER). Cette quantité correspond à 0gr,45 d'acide taurocholique. Or, la bile de chien élimine dans les vingt-quatre heures 4 grammes en moyenne d'acide taurocholique (BIDDER et SCHMIDT). La proportion d'éléments biliaires éliminés serait donc très faible par rapport à la proportion d'éléments sécrétés, 10 p. 100 environ. La différence 90 p. 100 représenterait donc la proportion de ces éléments résorbés, retenus pour de nouvelles synthèses. On a obtenu, pour l'homme, des nombres analogues; à savoir 3 grammes d'acide cholique éliminé en vingt-quatre heures (BISCHOFF), tandis qu'il y avait 11 grammes d'acides biliaires excrétés (VOIT).

La bile décomposée dans l'intestin grêle n'est donc pas perdue pour l'organisme : les éléments en sont repris et ramenés au foie (les acides amidés presque totalement le noyau cholique en partie) (A. WEISS).

On peut exprimer ces résultats en disant que la bile est reprise en partie et en partie éliminée par les fèces. Les proportions de la quantité reprise à la quantité résorbée ne sont pas exactement connues; il est possible d'ailleurs qu'elles varient avec les conditions. Il y a parmi les physiologistes deux courants d'opinion. Les uns inclinant, avec LIEBIG, SCHMIDT et SCHELLBACH, à exagérer le rôle de la résorption; les autres, avec TAPPEINER et LEYDEN, tendant à le réduire. Nous retrouverons cette question à propos de la bile totale.

§ VI. — Pigments biliaires et dérivés.

49. *Coloration de la bile; pigments principaux.* — **50**. *Dérivés des pigments normaux par réduction, hydratation, oxydation.*

I. PIGMENTS NORMAUX. — **51**. *Bilirubine;* a, *état naturel;* b, *propriétés physiques : cristallisation, solubilité, action de la lumière;* c, *caractères et propriétés chimiques, bilirubinates;* d, *action des agents réducteurs;* e, *préparation de la bilirubine;* f, *réactions de coloration :* DE GMELIN; DE MALY, D'EHRLICH; g, *détermination quantitative de la bilirubine.* — **52**. *Biliverdine;* a, *état naturel;* b, *propriétés physiques, solubilité, action de la lumière;* c, *propriétés chimiques : biliverdinates alcalins et alcalino-terreux;* d, *action des agents réducteurs : hydrobilirubine;* e, *préparation.* — **53**. *Réaction des pigments biliaires ou* DE GMELIN; a, *généralité;* b, *succession des teintes;* c, *manières d'opérer;* d, *modification de* BRÜCKE; e, *modification de* O. V. FLEISCHE. — **54**. *Recherche des pigments biliaires dans l'urine et dans les liquides organiques;* a, *sur l'urine en nature;* b, *sur papier imprégné* (ROSENBACH); c, *sur pigments extraits* (SALKOWSKI); d, *procédé du chloroforme et de l'acide acétique glacial;* e, *procédé de* E. MARÉCHAL *et* ROSIN.

II. DÉRIVÉS DES PIGMENTS NORMAUX. — **55**. *Hydrobilirubine ou urobiline biliaire;* a, *état naturel;* b, *constitution;* c, *propriétés;* d, *caractères;* e, *préparation;* f, *origine.* — **56**. *Bilifuscine;* a, *état naturel et constitution;* b, *propriétés chimiques;* c, *préparation.* — **57**. *Biliprasine;* a, *état naturel;* b, *propriétés;* c, *préparation.* — **58**. *Bilicyanine ou cholécyanine;* a, *propriétés;* b, *préparation;* c, *caractères.* — **59**. *Autres pigments biliaires bleus;* a, *pigment de* RITTER; b, *pigment* D'AUDOUARD. — **60**. *Cholételine; caractères et propriétés.* — **61**. *Cholohématine;* a, *état naturel et caractères;* b, *préparation.*

III. ORIGINE ET FORMATION DES PIGMENTS BILIAIRES. — ÉVOLUTION. — RÔLE. — **62**. *État des pigments biliaires dans la bile.* — **63**. *Relations entre les pigments biliaires et le pigment sanguin;* a, *libération de l'hémoglobine dans le plasma sanguin;* b, *extravasats sanguins;* c, *parenté démontrée par les phénomènes de réduction;* d, *action des acides énergiques sur l'hématine.* — **64**. *Pouvoir d'élimination de la bile pour les pigments biliaire et sanguin.* — **65**. *Lieu de formation des pigments biliaires, foie;* a, *ligature de la veine porte et extirpation du foie;* b, *absence des pigments normaux dans les tissus.* — **66**. *Action des cellules hépatiques sur le pigment sanguin,* in vitro. — **67**. *Évolution et élimination des pigments biliaires.* — **68**. *Rôle physiologique du pigment biliaire.*

49. Coloration de la bile. — *Pigments principaux.* — La bile est colorée par les pigments biliaires. La matière colorante est un élément principal de la bile, mais elle n'est point caractéristique de ce liquide à l'égal des sels biliaires qui ne se rencontrent dans aucun autre tissu ni aucune autre humeur. Le pigment biliaire ou ses dérivés prochains peuvent se rencontrer dans le sang, dans l'urine et en certaines circonstances dans quelques tissus.

Il y a deux matières colorantes principales dans la bile fraîche, à savoir : la *bilirubine* et la *biliverdine*, cette dernière résultant de l'oxydation de la première par l'oxygène atmosphérique (Maly). On a comparé ces deux corps, dans leurs rapports réciproques, à l'hémoglobine et à l'oxyhémoglobine. On passe, en effet, de la bilirubine à la biliverdine par l'agitation de l'air : mais on n'a pu revenir encore de la biliverdine à la bilirubine par l'action des réducteurs. A ces pigments principaux se rattachent plusieurs dérivés moins connus qui résultent de l'altération des deux pigments fondamentaux, par réduction, oxydation ou hydratation, et qui se rencontrent dans l'organisme.

La bilirubine correspond à la formule : $C^{32}H^{36}Az^4O^6$. La biliverdine en dérive par oxydation; elle a pour formule :

$$\underbrace{C^{32}H^{36}Az^4O^8}_{\text{Biliverdine.}} = \underbrace{C^{32}H^{36}Az^4O^6}_{\text{Bilirubine.}} + O^2$$

50. Dérivés des pigments normaux. — De ces corps dérivent : 1° Par réduction et hydratation, l'*hydrobilirubine* dont le nom même indique la genèse :

$$\underbrace{C^{32}H^{40}Az^4O^7}_{\text{Hydrobilirubine.}} = \underbrace{C^{32}H^{36}Az^4O^6}_{\text{Bilirubine.}} + H^2O + H^2$$

2° Par hydratation simple, la *bilifuscine* dont la formule : $C^{32}H^{40}Az^4O^8$ ou $2(C^{16}H^{20}Az^2O^4)$ est plus incertaine.

$$\underbrace{C^{32}H^{40}Az^4O^8}_{\text{Bilifuscine.}} = \underbrace{C^{32}H^{36}Az^4O^6}_{\text{Bilirubine.}} + H^2O$$

On l'a trouvée dans les calculs biliaires.

3° Par hydratation et oxydation, la *biliprasine* $C^{32}H^{44}Az^4O^{12}$ ou $2(C^{16}H^{22}Az^2O^6)$.

$$\underbrace{C^{32}H^{44}Az^4O^{12}}_{\text{Biliprasine.}} = \underbrace{C^{32}H^{36}Az^4O^6}_{\text{Bilirubine.}} + O^2 + 4H^2O$$

On l'a trouvée dans les calculs biliaires de l'homme, du bœuf, dans les urines ictériques et dans le placenta de la chienne.

4° Par oxydation, la *bilicyanine* ou *cholécyanine*, pigment bleu que l'on observe dans diverses circonstances : dans la réaction de Gmelin par exemple.

La formule n'en est pas encore bien fixée. On l'a trouvée accidentellement dans la bile.

5° Par oxydation encore, la *cholételine* $C^{32}H^{36}Az^4O^{12}$ (Maly) qui répond à l'anneau jaune, produit ultime d'oxydation que l'on observe dans la réaction de Gmelin.

$$\underbrace{C^{32}H^{36}Az^4O^{12}}_{\text{Cholételine.}} = \underbrace{C^{32}H^{36}Az^4O^6}_{\text{Bilirubine.}} + 3O^2$$

On a encore décrit d'autres dérivés des pigments biliaires sous les noms de : *bilihumine, bilicyanine, bilipurpurine*, qui n'ont pas encore été nettement isolés.

La bile fraiche et normale ne paraît contenir essentiellement que la biliverdine. C'est cette substance et son dérivé immédiat, la biliverdine, qu'il faut d'abord étudier.

I. — PIGMENTS NORMAUX

51. Bilirubine ($C^{32}H^{36}Az^4O^6$). — a. *État naturel.* — Existe à l'état de dissolution (peut-être en partie à l'état de combinaison alcaline) dans la bile de beaucoup d'animaux; (homme, porc, chien); à l'état de combinaison saline calcaire insoluble (bilirubinate de chaux) dans les calculs biliaires rougeâtres du bœuf, du veau; — Elle existerait dans le sérum du sang de cheval (Hammarsten). D'après d'autres cette matière colorante du sérum serait une *lutéine* ne donnant pas la réaction caractéristique avec la lessive alcaline (Voir plus bas, c).

b. *Propriétés physiques.* — Existe à deux états : amorphe, cristallisée.

Amorphe. — Poudre jaune rougeâtre, orangée.

Cristallisée. — Elle cristallise par évaporation de ses solutions dans le chloroforme, la benzine ou le sulfure de carbone en tablettes clino-rhombiques à angles obtus souvent arrondis, brunissant peu à peu à la lumière et à l'humidité.

Solubilité. — Insoluble dans l'eau. Très peu soluble dans l'éther. Un peu soluble dans l'alcool. Très soluble dans le chloroforme. — Elle est soluble aussi dans la benzine, le sulfure de carbone, l'alcool amylique, et la glycérine à chaud.

Ces solutions sont jaunes ou brunes.

Les solutions que l'on emploie sont les solutions chloroformiques.

Lumière. — Les solutions chloroformiques présentent une couleur rouge brun ; on dit assez généralement qu'elles absorbent uniformément toutes les radiations du spectre, sans présenter de bandes nettes correspondant à l'absorption de parties déterminées et exactement limitées du spectre. L'absorption croît d'une façon continue du rouge au violet. Le violet est encore absorbé par les solutions assez étendues pour paraître incolores. En réalité, lorsque l'on emploie des solutions chloroformiques convenablement diluées, on observe un spectre assez particulier présentant une bande entre D et E et deux plages obscures occupant les deux extrémités du spectre. Par exemple, prenons un spectre ainsi repéré : Étendue, 20 millimètres ; ligne C correspondant à la division 5,65 ; ligne D à 7,7 ; ligne F à 13,8 ; ligne G à 19,3. — On aura alors avec une solution de la bilirubine convenablement diluée vue sous une épaisseur de 25 mm 5 une bande d'absorption entre D et E de 8,8 jusqu'à 9,1 ; — et de part et d'autre une absorption complète, à savoir ; du côté du rouge jusqu'à 4,9 et du côté du violet depuis la division 11 jusqu'au bout (A. Jolles).

La bilirubine a un pouvoir tinctorial considérable ; une solution chloroformique à 1/40000 colore encore d'une manière appréciable en jaune.

c. *Caractères. Propriétés chimiques.* — La bilirubine a la fonction *acide.* C'est un acide monobasique, l'*acide bilirubinique.* Elle se combine avec les bases pour fournir des bilirubinates. On connaît des *bilirubinates alcalins* et *alcalino-terreux*, *métalliques.*

Sels alcalins. — Si l'on introduit dans une lessive alcaline de la *poudre de bilirubine*, elle s'y dissout et forme un *bilirubinate alcalin*, rouge-jaunâtre neutre : on connaît ceux de soude $C^{32}H^{35}NaAz^4O^6$, de potasse, d'ammoniaque.

Elle se comporte encore de même en présence d'une solution de carbonates alcalins ; elle se dissout d'abord et prend la place de l'acide carbonique.

Inversement, les acides minéraux décomposent les bilirubinates alcalins et déposent la bilirubine insoluble.

Les bilirubinates alcalins sont solubles dans l'eau, comme tous les sels alcalins : ils sont insolubles dans le chloroforme.

Réaction caractéristique avec la lessive alcaline. — Si l'on part d'une solution chloroformique de bilirubine ; et si l'on agite cette solution avec une lessive alcaline, la bilirubine quitte le chloroforme qui se décolore pour passer à l'état de bilirubinate dans la liqueur aqueuse. Celui-ci reste dissous si la quantité d'eau est suffisante : mais si l'on a opéré avec une faible quantité d'alcali concentré, le bilirubinate se précipite. De même le sulfate d'ammoniaque à saturation précipite les bilirubinates alcalins.

Cette réaction différencie la bilirubine d'autres pigments tels que la lutéine des corps jaunes ovariens e du jaune d'œuf dont les solutions chloroformiques agitées avec le carbonate de soude n'abandonnent pas à celui-ci leur matière colorante.

Les bilirubinates alcalins agités au contact de l'oxygène ou simplement abandonnés à l'air se transforment en *biliverdinates.*

Sels alcalino-terreux. — La bilirubine se combine encore avec les terres alcalines pour former des *bilirubinates alcalino-terreux.*

Ces sels sont insolubles dans l'eau et insolubles dans le chloroforme. Ils constituent la masse principale de certains calculs biliaires (calculs de bilirubinate de chaux unis à d'autres substances, chez le veau).

Si l'on part d'un bilirubinate alcalin, on le transforme facilement en bilirubinate alcalino-terreux en le traitant par une solution de sel terreux, par exemple par le chlorure de calcium. Le bilirubinate calcique insoluble se dépose : il a pour formule $C^{32}H^{34}CaAz^4O^6$.

Les bilirubinates de plomb, d'argent, etc., sont également insolubles.

Le tableau des solubilités rend compte des réactions précédemment indiquées :

	EAU.	CHLOROFORME.	ALCOOL.	ÉTHER.
Bilirubine	Insoluble.	Soluble.	un peu soluble.	très peu soluble.
Bilirubinates alcalins	Solubles.	Insolubles.	Insolubles.	
Bilirubinates alcalino-terreux . . .	Insolubles.	Insolubles.	Insolubles.	Insolubles.

d. *Action des agents réducteurs.* — Si l'on traite la bilirubine par un agent réducteur, (amalgame de sodium), elle est transformée en *hydrobilirubine* en prenant de l'hydrogène et de l'eau ;

$$\underbrace{C^{32}H^{36}Az^4O^6}_{\text{Bilirubine.}} + H^2O + H^2 = \underbrace{C^{32}H^{40}Az^4O^7}_{\text{Hydrobilirubine,}}.$$

l'hydrobilirubine est identifiée à *l'urobiline* (Jaffé), matière colorante de l'urine (Voir **55**, f).

e. *Préparation de la bilirubine.* — On la retire de la bile ou des calculs biliaires.

1. La bile contient des quantités très faibles de bilirubine parce que cette substance a un grand pouvoir tinctorial. Pour l'en retirer on traite la bile fraîche sortant de la vésicule et n'ayant pas encore subi le contact de l'air qui la changerait en bilirubine. On a soin d'aciduler légèrement la bile fraîche avec l'acide chlorhydrique afin de détruire les bilirubinates. On l'agite avec son volume de chloroforme : la couche inférieure se colore en rouge en dissolvant la bilirubine.

En évaporant, la bilirubine reste mélangée à des matières grasses que l'on élimine par l'éther, lequel dissout très peu la bilirubine.

2. *Calculs biliaires.* — La vésicule biliaire du veau contient des calculs brun rougeâtre dont le bilirubinate de chaux constitue la plus grande partie ; et la cholestérine une autre portion. On pulvérise le calcul et on le traite par l'éther qui enlève la cholestérine et n'agit pas sur le bilirubinate. Après avoir épuisé par l'éther on épuise de même par l'eau chaude ; puis on sèche la poudre. On traite ensuite par l'acide chlorhydrique étendu qui déplace et dépose l'acide bilirubinique et forme du chlorure de calcium : on lave à l'eau sur un filtre de manière à enlever le chlorure de calcium et en général les impuretés solubles dans l'eau.

L'acide bilirubinique ou bilirubine que l'on obtient ainsi est à l'état de dépôt amorphe. Pour l'avoir cristallisée on la dissout dans le chloroforme bouillant : elle s'en dépose par refroidissement lent en cristaux formés de plaquettes losangiques.

f. *Réactions de coloration.* — La bilirubine présente trois réactions de coloration.

1° *La réaction de* Gmelin, qui est générale, dont il sera parlé plus loin (**53**), et qui consiste à oxyder la bilirubine avec l'acide nitrique nitreux.

2° *La réaction de substitution bromée.*

Si l'on mélange les solutions chloroformiques de brome et de bilirubine on obtient des produits de substitution bromés présentant la gamme des colorations rouge, violette, bleue, verte ; à savoir : 1. la *bilirubine tribromée* $C^{32}H^{33}Br^3Az^4O^6$ (Maly) dont les solutions alcooliques ou éthérées sont colorées en bleu intense et déposent par évaporation des cristaux de même couleur ; l'acide sulfurique les dissout avec coloration vert intense ; les alcalis avec coloration violette ; 2. la *bilirubine bibromée* soluble dans l'alcool avec belle couleur violette.

3° *La réaction d'*Ehrlich est spéciale à la bilirubine.

Le réactif est ainsi composé :

Nitrite de sodium	0gr,10
Acide chlorhydrique.	15 cent. cubes.
Acide sulfanilique	1 gramme.
Eau, compléter à.	1 litre.

On ajoute deux volumes de ce réactif à un volume de la solution chloroformique de bilirubine. La liqueur se trouble tout en restant rouge. On ajoute de l'alcool qui la clarifie ; puis quelques gouttes d'acide acétique glacial. Il se développe une coloration violette passant au bleu intense (G. et S).

g. *Détermination quantitative de la bilirubine.* — A. Jolles (1894) a préconisé le moyen suivant :

La solution alcoolique d'iode constitue un agent d'oxydation, gradué et faible, qui transforme complètement la bilirubine en biliverdine sans dépasser ce terme. La réaction a lieu d'après la formule $C^{32}H^{36}Az^4O^6 + 4I + 2H^2O = C^{32}H^{36}Az^4O^8 + 4HI$, d'après laquelle 508 d'iode répondent à 572 de bilirubine, ou en d'autres termes 1 centimètre cube de la solution alcoolique d'iode centi-normal ($1^{gr},27$ p. 1000 d'alcool) correspond à $0^{gr},00144$ de bilirubine. La fin de la réaction est marquée par la coloration verte pure de la liqueur; par les caractères spectroscopiques de la biliverdine; par l'invariabilité de la teneur en iode. En titrant l'iode employé (différence entre la quantité ajoutée et celle qui reste en excès) on sait du même coup combien il y a de bilirubine. Pour faire l'opération, on emploie la bilirubine en solution chloroformique (environ 1 centigramme dans 30 centimètres cubes de chloroforme). On ajoute la solution centi-normale d'iode par petites portions et on agite. La liqueur devient verte : la réaction exige environ six heures. On sait le nombre de centimètres cubes de solution iodée que l'on a ajouté; il faut savoir ce qu'il en reste dans la liqueur. Pour cela on emploie, suivant les règles chimiques de l'iodimétrie, la solution centi-normale d'hyposulfite de soude cristallisé ($2^{gr},40$ pour 1 litre d'eau) dont chaque centimètre cube correspond à $1^{milligr},27$ d'iode. — Afin de faire agir cette solution aqueuse sur la solution chloroformo-alcoolique (ou sur un échantillon de celle-ci), il faut ajouter à celle-ci de l'iodure de potassium (10 centimètres cubes de la solution à 1/10) et de l'eau (100 centimètres cubes par exemple). — On ajoute à l'hyposulfite 3 à 4 centimètres cubes de liqueur d'amidon à 1/100 et l'on verse la liqueur alcoolique iodurée d'iode dans une quantité donnée d'hyposulfite, jusqu'à coloration bleue de l'amidon iodé. La quantité d'hyposulfite employée fait connaître la quantité d'iode qui existait dans la liqueur.

Lorsqu'on opère sur une solution chloroformique de bilirubine, le procédé est exactement applicable, comme nous venons de dire. Lorsque l'on opère sur une liqueur complexe comme la bile, il y faut quelques précautions. Dans ce cas, en effet, la solution d'iode agit rapidement, immédiatement, sur la bilirubine, dans une première phase; puis, lentement sur les autres éléments de la bile, à savoir les graisses, les acides gras et les autres acides libres. On prend 10 centimètres cubes de bile que l'on verse dans un ballon d'Erlenmeyer de 150 centimètres cubes de capacité : on y ajoute 5 centimètres cubes de chloroforme pur et on y fait couler goutte à goutte la solution alcoolique d'iode, jusqu'à transformation de couleur en vert. — On procède ensuite à la détermination de l'iode en excès, comme précédemment; on connaît par différence l'iode employé à l'oxydation de de la bilirubine et par suite la quantité de celle-ci. A la fin de l'opération, on a deux couches : l'une de chloroforme coloré en jaune et au-dessus la solution alcoolique verte.

La bile de bœuf contient 0,024 à 0,027 p. 100 de bilirubine et malgré son aspect verdâtre peu de biliverdine. — La bile de porc est plus riche; elle contient de 0,051 à 0,206 p. 100; celle de l'homme, de 0,154 p. 100 à 0,262.

52. Biliverdine($C^{32}H^{36}Az^4O^8$). — Produit d'oxydation de la bilirubine dont elle diffère par deux atomes d'oxygène en plus $C^{32}H^{36}Az^4O^8 = C^{32}H^{36}Az^4O^6 + O^2$. Cette transformation se produit à l'air non seulement pour la bilirubine mais pour ses solutions alcalines (bilirubinates) qui verdissent à l'air lentement et rapidement en présence du bioxyde de sodium (Doyon). Son histoire est entièrement parallèle à celle de la bilirubine.

a. *État naturel.* — Elle existe dans la bile chez les herbivores et les animaux à sang froid; elle existerait de même dans le bord du placenta de la chienne(?); dans le contenu intestinal; dans l'urine ictérique; dans la coquille des mollusques (Krukenberg).

b. *Propriétés physiques. Aspect.* — Elle existe à l'état amorphe, poudre vert foncé.

On l'a obtenue à l'état de cristaux au sortir de sa solution acétique glaciale. Ce sont des plaquettes losangiques à angles tronqués, de coloration verte.

Solubilité. — Elle est insoluble dans l'eau, l'éther; elle est encore insoluble dans le chloroforme pur, la benzine, le sulfure de carbone, dissolvants de la bilirubine. Elle est soluble dans l'alcool (bleu verdâtre avec fluorescence rouge); soluble dans l'acide acétique glacial et dans la solution chloroformique d'acide acétique glacial. Elle est soluble dans l'acide sulfurique et reprécipitée par addition d'eau (G. et S.).

La manière différente dont se comportent la bilirubine et la biliverdine par rapport aux dissolvants alcool et éther permet de séparer facilement ces substances et d'analyser leur mélange.

On peut former le tableau suivant :

	EAU.	ALCOOL.	CHLOROFORME.	ÉTHER.	ACIDE ACÉTIQUE GLACIAL.
Bilirubine	Insoluble.	Peu soluble.	Très soluble.	Insoluble.	»
Biliverdine. . . .	Insoluble.	Soluble.	Insoluble.	Insoluble.	Très soluble.

Action de la lumière. — On admet, en général, que, comme la bilirubine, la biliverdine (examinée au spectroscope en solution alcoolique) n'offre pas de bandes d'absorption. Elle absorbe toutes les régions spectrales d'une manière continue ; très étendue, elle absorbe surtout le rouge extrême ; concentrée elle ne laisse passer que les rayons verts. En réalité, pour un degré de concentration et une épaisseur convenables, la biliverdine présente un spectre particulier formé de deux bandes : l'une en avant de D, l'autre entre D et E et de deux plages sombres embrassant les deux extrémités du spectre.

Par exemple, avec le spectre repéré dont nous avons parlé à propos de la bilirubine (n° **51**. b) on a une première bande (de 7,1 à 8,1) et une seconde de 8,9 à 9,1. L'absorption est complète dans le rouge jusqu'à 6,4 et à l'autre extrémité du spectre à partir de 14. — En faisant varier l'épaisseur de la couche examinée et la concentration, on a souvent (bile humaine) les deux bandes réunies en une bande large au voisinage de D et une coupure claire dans le rouge au voisinage de C (5,5).

e. *Propriétés chimiques.* — Comme la bilirubine, la biliverdine a une fonction acide : c'est l'acide biliverdinique. Elle se combine aux bases pour former des biliverdinates.

On connaît des biliverdinates alcalins et alcalino-terreux.

Sels alcalins. — Si l'on introduit dans une lessive alcaline de la poudre de biliverdine, elle s'y dissout et forme un biliverdinate alcalin.

Elle se comporte de même en présence d'une solution de carbonates alcalins : elle s'y dissout d'abord pour prendre ensuite la place de l'acide carbonique.

Inversement les acides minéraux décomposent les biliverdinates alcalins et déposent la biliverdine insoluble.

Les biliverdinates alcalins sont solubles dans l'eau ; ils sont insolubles dans les autres menstrues (alcool)?, éther, chloroforme, comme les bilirubinates.

Sels alcalino-terreux. — La biliverdine se combine avec les terres alcalines pour former des biliverdinates alcalino-terreux. Ces sels sont insolubles dans l'eau et dans tous les autres menstrues, chloroforme, éther, alcool.

Les biliverdinates alcalins sont décomposés et la biliverdine précipitée à l'état de biliverdinate alcalino-terreux par les sels terreux solubles, comme elle est précipitée à l'état de biliverdine par les acides minéraux.

Si l'on traite les bilirubinates alcalins par l'oxyde puce de plomb, il y a formation de biliverdinate de plomb qu'on peut séparer, puis précipiter par l'acide acétique. MALY s'est servi de ce corps pour la préparation de la biliverdine.

d. *Hydrobilirubine.* — La biliverdine se comporte comme la bilirubine en présence des agents réducteurs : elle fixe de l'hydrogène, perd de l'eau et se transforme en hydrobilirubine.

$$\underbrace{C^{32}H^{36}Az^4O^8}_{\text{Biliverdine.}} + H^6 = \underbrace{C^{32}H^{40}Az^4O^7}_{\text{Hydrobilirubine.}} + H^2O.$$

On traite par l'amalgame de sodium une solution alcoolique de biliverdine.

e. *Préparation.* — On part de la bilirubine ou des bilirubinates.

On agite avec l'air ou l'oxygène pur une solution de bilirubinate alcalin et on laisse en contact jusqu'à ce que la coloration ait passé au vert. L'oxygène a été absorbé ; le bilirubinate est changé en biliverdinate.

On traite par l'acide chlorhydrique étendu ; l'acide biliverdinique est déposé, l'alcali passe à l'état de chlorure d'alcali que l'on enlève par des lavages à l'eau. La biliverdine est ensuite purifiée par dissolution dans l'alcool d'où on la précipite par addition d'eau en excès.

On opère plus rapidement en chauffant au bain-marie dans des tubes scellés, plein d'air, la solution chloroformique de bilirubine en présence d'acide acétique qui dissoudra la biliverdine au fur et à mesure de sa production.

53. Réaction des pigments biliaires ou réaction de Gmelin. — a. *Généralité.* — Les matières colorantes biliaires, bilirubine, biliverdine, traitées par les agents d'oxydation fournissent une série de produits d'oxydation mal connus, mais remarquables par leurs colorations vives et variées et se succédant régulièrement. Cette réaction sert à caractériser les pigments biliaires. Elle est connue sous le nom de *réaction de* Gmelin.

b. *Succession des teintes.* — L'oxydation graduée des pigments biliaires par l'acide azotique nitreux donne une série de produits dont les couleurs se succèdent dans l'ordre suivant d'oxydation décroissante :

Le pigment bleu est formé par la bilicyanine ou cholécyanine (voir **50**), le vert est dû à la biliverdine; le jaune à la cholétéline, le rouge à la bilipurpurine.

c. *Manière d'opérer.* — On verse dans le fond d'un verre à réaction une petite quantité d'acide azotique nitreux. Au-dessus, au moyen d'une pipette, on fait arriver la solution moins dense de bile ou de bilirubinate alcalin, avec précaution, de manière à éviter l'agitation et le mélange des deux liqueurs. A la limite de séparation, l'acide azotique diffuse et réagit sur le liquide biliaire; il se produit dans celui-ci une série de couches superposées, les plus oxydées étant les plus inférieures, présentant de bas en haut la succession des teintes suivantes : jaune au contact de l'acide, orangé, rouge, violet, bleu, vert.

Cette superposition de couleurs dans l'ordre précité est caractéristique des pigments biliaires.

La bile de bœuf donne mal la réaction de Gmelin (Salkowski). La bile humaine et la bile de chien la donnent.

Observation. — Si l'on opère avec la solution chloroformique de bilirubine on observe les colorations indiquées, mais naturellement en ordre inverse, puisque la solution chloroformique a une densité plus grande que l'acide azotique et qu'elle occupe le fond du verre.

d. *Modification de* Brücke. — On réalise une réaction ralentie en opérant de la manière suivante :

On fait bouillir de l'acide azotique (moyen d'avoir de l'acide azotique nitreux). On laisse reposer, on mêle à la bile. Le mélange est placé dans un verre. Au moyen d'une pipette on fait tomber au fond du verre quelques gouttes d'acide sulfurique. La température s'élève lentement et l'on observe la succession caractéristique des couleurs.

e. *Modification de* O. Von Fleischl. — Au lieu d'acide azotique récemment bouilli, on mêle à la bile de l'azotate de potasse concentré, et l'on opère comme précédemment, La réaction se maintient pendant une demi-heure.

54. Recherche des pigments dans l'urine et dans les liquides organiques. — L'urine ictérique contient les pigments biliaires. Pour les déceler on a recours à la réaction de Gmelin qu'on utilise de diverses manières. On peut en effet l'essayer : 1° sur l'urine même; 2° sur le papier filtré imprégné d'urine (Rosenbach); 3° sur la biliverdine extraite de l'urine.

1° *Sur l'urine en nature.* — On procède comme dans le cas de la bile. Au fond d'un verre à réaction, on introduit quelques centimètres cubes d'acide azotique nitreux, et on fait arriver au-dessus, au moyen d'une pipette, l'urine moins dense qui surnage sans se mélanger. La diffusion fait pénétrer l'acide dans l'urine et l'on voit celle-ci présenter, à partir de la surface de séparation, la série connue des couches colorées de bas en haut en jaune, rouge, violet, bleu et vert.

2° *Sur papier imprégné d'urine* (Rosenbach). — On filtre une certaine quantité d'urine. On étale le filtre sur du papier à filtre sec et tandis qu'il est encore humide, on l'humecte à l'intérieur avec l'acide azotique nitreux. On voit se produire la coloration caractéristique.

3° *Sur les pigments extraits de l'urine* (Salkowski). — C'est le procédé le plus sensible. On alcalinise l'urine avec quelques gouttes de carbonate de soude (saturé). Les pigments biliaires sont dissous à l'état de bilirubinates ou de biliverdinates alcalins s'ils ne l'étaient déjà; surtout à l'état de biliverdinates, car le contact de l'air suffit à changer les bilirubinates alcalins en biliverdinates. On ajoute goutte à goutte une solution de chlorure de calcium à 1/10 jusqu'à ce que la liqueur qui surnage le dépôt qui se forme n'offre plus de coloration particulière autre que celle de l'urine normale. Le chlorure de calcium a précipité les biliverdinates alcalins solubles à l'état de sels de chaux insolubles.

On filtre; on lave sur le filtre le précipité formé des sels calciques des pigments biliaires. On le jette dans un verre à réaction et on le délaye dans l'alcool où il est d'ailleurs insoluble. On ajoute alors de l'acide chlorhydrique et on agite, le dépôt se dissout. Le biliverdinate a été décomposé par l'acide chlorhydrique : il s'est formé du chlorure de calcium et la biliverdine mise en liberté s'est dissoute dans l'alcool où elle est très soluble. La réaction se fait à chaud. La solution incolore, présente, si on la chauffe, une couleur variant du vert au bleu, s'il y avait vraiment des pigments biliaires : sinon elle reste incolore. On laisse refroidir et on traite cette liqueur par l'acide azotique nitreux. On observe la succession des couleurs, bleue, violette, rouge.

Observation. — Dans les urines riches en indican la réaction de Gmelin fournit des résultats incertains ou faux, si on l'applique à l'urine même ou au papier teinté. Mais en l'appliquant aux pigments extraits, toute cause d'erreur est écartée.

Procédé de Hedenius. Le procédé de Hedenius n'est qu'une variante de celui de Salkowski. — 1° Si la liqueur est peu colorée et pauvre en albumine on en prend 5 centimètres cubes. On y mélange 10 à 15 centimètres cubes d'alcool. Il se forme un précipité. On ajoute goutte à goutte de l'acide chlorhydrique à (10 p. 100, 25 p. 100), de manière à dissoudre le précipité. On chauffe à deux reprises à ébullition. La liqueur prend une coloration bleu-verdâtre plus ou moins rapidement. (1 heure pour les liqueurs peu colorées).

2° S'il y a beaucoup d'albumine, on forcera la dose d'alcool et on filtrera le précipité (20 volumes d'alcool pour cinq de la liqueur, agitation, filtration). On acidifie avec précaution avec l'acide chlorhydrique, 4 à 5 gouttes. On chauffe à ébullition. On a une belle couleur bleu-vert.

3° Le procédé est utilisable pour le sang ictérique.

4° Un quatrième moyen consiste à utiliser la propriété de la biliverdine de se dissoudre dans l'acide acétique glacial et dans le chloroforme qui contient de l'acide acétique glacial.

On prend une petite quantité d'urine que l'on acidifie avec l'acide acétique et que l'on agite ensuite avec le chloroforme. La liqueur se colore en jaune.

5° *Procédé de* E. Maréchal et H. Rosin. — Dans un tube à réaction contenant l'urine à analyser et tenu très incliné on fait arriver le long de la paroi quelques centimètres cubes (2 à 3) d'une solution alcoolique de teinture d'iode officinale à 10 p. 100.

Très rapidement on voit apparaître à la limite de séparation des deux couches un anneau d'une belle couleur verte qui peut persister quelques heures, s'il y a des pigments biliaires dans l'urine. Cette coloration est due à la biliverdine qui se forme sous l'action oxydante de l'iode (Voir n° **51**, g). S'il n'y a pas de pigment biliaire, on n'observe qu'un anneau jaune clair ou presque incolore dû à la décoloration du pigment urinaire jaune.

II. — DÉRIVÉS DES PIGMENTS BILIAIRES

Les dérivés des pigments biliaires dont il reste à parler sont des éléments de la bile que leur minime quantité, leur inconstance ou leur caractère accidentel peuvent faire considérer comme accessoires.

La biliverdine est le générateur de la plupart : les autres dériveraient directement du pigment sanguin.

On les obtient par oxydation (par exemple au moyen de l'acide azotique nitreux dans la réaction de Gmelin); par réduction (au moyen de l'acide chlorhydrique et du zinc), — au moyen de l'amalgame de sodium, ou encore au moyen du courant électrique. Si l'on fait traverser la bile par un courant de pile, on voit au pôle positif la série des changements de couleurs qui s'observent dans le cas d'oxydation; si l'on substitue alors le pôle négatif au pôle positif on observe les changements inverses qui indiquent une réduction (Haycraft et Scofield). Enfin, les procédés d'hydratation combinés avec les précédents varient encore la série des produits.

La bilirubine fournit :

Par oxydation, la *biliverdine* (pigment vert); par oxydation plus avancée, la *bilicyanine* ou *cholecyanine* (pigment bleu, et enfin la *cholételine* (pigment jaune);

Par hydratation simple, la *bilifuscine ;*

Par hydratation et oxydation, la *biliprasine;*

Par réduction et hydratation, l'*hydrobilirubine ;*

Auxquels il faut ajouter la cholohématine, la bilihumine, la bilipurpurine, composés mal étudiés encore et certainement impurs.

55. Hydrobilirubine, urobiline biliaire ($C^{32}H^{40}Az^4O^7$).

a. *État naturel.* — A été trouvée dans la bile de l'homme, du porc, du bœuf, du mouton (Mac Munn).

On l'a identifiée à l'urobiline vraie du pigment urinaire, ce qui est contesté par Mac Munn, et à la *stercobiline* ou pigment des fèces.

b. *Constitution.* — Elle provient soit du pigment biliaire, soit du pigment sanguin :

Elle provient de la bilirubine par hydratation et réduction, lorsque l'on traite par l'amalgame de sodium la solution alcaline du pigment biliaire.

$$\underset{\text{Bilirubine.}}{C^{32}H^{36}Az^4O^6} + H^2O + H^2 = \underset{\text{Hydrobilirubine.}}{C^{32}H^{40}Az^4O^7}.$$

1° *Pigment biliaire.* — On peut encore l'obtenir par réduction en partant de la biliverdine dont on traite de même la solution alcaline ou alcoolique par l'amalgame de sodium.

$$\underset{\text{Biliverdine.}}{\underline{C^{32}H^{32}Az^4O^8}} + H^6 = \underset{\text{Hydrobilirubine.}}{\underline{C^{32}H^{40}Az^4O^7}} + H^2O.$$

2° *Pigment sanguin.* — On part de l'hémoglobine ou mieux de son dérivé l'*hématine;* on traite par le zinc et l'acide chlorhydrique. Il se produit une réaction complexe.

$$\underset{\text{Hématine.}}{C^{32}H^{34}Az^4O^4Fe} + 4H^2O - FeO = \underset{\text{Urobiline.}}{C^{32}H^{40}Az^4O^7}.$$

c. *Propriétés.* — Rouge, rose, ou brun.

Légèrement soluble dans l'eau.

Soluble dans l'alcool, l'éther, le chloroforme, les solutions alcalines, les solutions salines.

Spectre. — Une bande d'absorption aux limites du vert et du bleu entre les lignes *b* et F. La bande est plus nette lorsque l'on ajoute une goutte d'acide chlorhydrique. Une bande accessoire étroite près de D.

d. *Caractères.* — Solution d'urobiline (urine).

1° L'examen spectroscopique montre la bande sombre entre *b* et *F*.

2° On traite la solution d'urobiline par l'ammoniaque; puis on ajoute dans la liqueur claire (filtrée au besoin) quelques gouttes de la solution de chlorure de zinc (solution aqueuse à consistance sirupeuse ramenée à la densité 1,20 par addition d'alcool). — La liqueur prend une fluorescence verte et montre au spectroscope la même bande, un peu plus près du vert (deux bandes accessoires étroites entre *C* et *D*.)

On peut modifier ces procédés de diverses manières pour la recherche de l'urobiline dans l'urine.

e. *Préparation de l'urobiline biliaire.* — On traite la bile par l'alcool acétique, qui précipite la pseudo-mucine et les sels minéraux. On filtre. Le filtrat est étendu d'eau et agité avec le chloroforme. Le chloroforme prend une couleur orangée. Il contient la bilirubine et l'urobiline. On évapore au bain-marie et l'on reprend par l'alcool rectifié dans lequel la bilirubine est presque insoluble. On a ainsi une solution d'hydrobilirubine.

Cette solution donne le caractère spectroscopique de l'urobiline. Bande principale entre le vert et le bleu, entre *b* et *F*, et bande accessoire étroite près de *D*.

Traitée par l'ammoniaque et le chlorure de zinc et abandonnée à l'air elle fournit la fluorescence verte.

f. *Origine de l'urobiline biliaire.* — L'origine probable de ce pigment dans la bile est la suivante :

Le pigment biliaire versé avec la bile dans l'intestin y subit des réductions et hydratations qui le font passer à l'état d'hydrobilirubine. Celle-ci est résorbée, conduite par la veine porte au foie, et excrétée avec la bile : une autre partie traverse simplement le foie et sera ultérieurement éliminée par le rein[1].

56. Bilifuscine ($C^{32}H^{40}Az^{4}O^{8}$). — a. *État naturel et constitution.* — C'est une substance encore mal connue. Elle a été trouvée dans les calculs biliaires chez l'homme.

Elle résulte de l'hydratation de la bilirubine.

$$\underset{\text{Bilirubine.}}{C^{32}H^{36}Az^{4}O^{6}} + H^{2}O = \underset{\text{Bilifuscine.}}{C^{32}A^{40}Az^{4}O^{8}} \text{ (STADELER).}$$

Elle ne donnerait pas la réduction de GMELIN.

Solubilité. — Elle est insoluble dans l'eau ; à peu près insoluble dans l'éther et le chloroforme ; soluble dans l'alcool. La solution est brune.

b. *Propriétés chimiques.* — Elle a une fonction acide. Elle se dissout dans les alcalis dilués en donnant des bilifuscinates rouge-brun ; solubles. Ceux-ci sont décomposés par les acides et déposent de leurs solutions aqueuses l'acide bilifuscinique (bilifuscine), insoluble sous forme de flocons et masses de couleur brune.

Le bilifuscinate d'ammoniaque traité par le chlorure de calcium précipite un bilifuscinate de chaux insoluble.

c. *Préparation.* — On l'extrait des calculs biliaires de l'homme ; de couleur brune.

Ces calculs sont pulvérisés, et traités par un mélange d'éther et d'alcool, qui dissout la cholestérine. Le résidu est traité par l'acide chlorhydrique étendu qui dissout les sels de chaux et précipite les pigments. On lave à l'eau chaude pour enlever le chlorure de calcium et l'excès d'acide. On reprend par l'alcool dans lequel la bilirubine qui peut exister est peu soluble et la bilifuscine au contraire très soluble. On pourra d'ailleurs se débarrasser de la bilirubine par le chloroforme. On évapore. On a la bilifuscine que l'on peut purifier par des lavages répétés à l'alcool.

Les dissolvants de la bilifuscine étant les mêmes que ceux de la biliverdine, il est inévitable que le produit soit mélangé de biliverdine, à moins que ce produit ou ses sels fassent rigoureusement défaut dans le calcul biliaire.

57. Biliprasine ($C^{32}H^{44}Az^{4}O^{12}$) (?). — Est un produit d'hydratation et oxydation de la bilirubine $C^{32}H^{44}Az^{4}O^{12} = C^{32}H^{36}Az^{4}O^{6} + O^{2} + 4H^{2}O$.

a. *État naturel.* — Son existence comme composé spécial est contestée. MALY l'identifie à la biliverdine. Elle existerait dans les calculs de l'homme, du bœuf, dans les urines ictériques, dans le placenta de la chienne (ETTI).

b. *Propriétés.* — Masse noire brillante donnant une poudre verdâtre. Insoluble dans eau, éther, chloroforme. Soluble dans alcool. La solution verte se décompose à l'air. Elle est dissoute par les alcalis comme la bilirubine, la biliverdine, la bilifuscine et reprécipitée par les acides sous forme de flocons verts.

c. *Préparation.* — S'extrait des calculs. La poudre de calculs épuisée par l'eau, l'éther, le chloroforme et l'acide chlorhydrique, est traitée par l'alcool. L'extrait alcoolique sec qui renferme la biliverdine et la biliprasine est repris par l'alcool froid. Celui-ci évaporé donne la biliprasine (évidemment mélangée à de la biliverdine, puisque ses dissolvants sont les mêmes).

58. Bilicyanine ou cholécyanine. — L'un des premiers produits d'oxydation de la biliverdine. Il correspond à la coloration bleue de la réaction de GMELIN.

a. *Propriétés.* — C'est une substance de couleur violet foncé.

Elle est insoluble dans l'eau. Elle est soluble dans l'alcool, l'éther, le chloroforme :

1. A. JOLLES (1895) distingue une urobiline physiologique et une urobiline pathologique. La première s'identifie au produit obtenu par l'oxydation de la bilirubine au moyen de l'acide azotique ; l'autre serait un produit de réduction de la bilirubine (Hydrobilirubine). Leurs réactions spectroscopiques sont les mêmes : même fluorescence avec le chlorure de zinc et l'ammoniaque. — Elles diffèrent en ce que l'urobiline physiologique est oxydée par la solution iodée et ne donne plus ni spectre caractéristique ni fluorescence ; tandis que l'urobiline pathologique reste inaltérée. — L'urobiline pathologique apparaît dans les urines à la suite des maladies qui s'accompagnent de destruction des globules rouges, et de la résorption d'extravasations sanguines volumineuses ; elle aurait son origine dans les pigments biliaire et sanguin.

les solutions sont violettes. Elle se dissout dans les alcalis, en brun violet. Elle se dissout dans les acides, en bleu : le carbonate de soude l'en précipite en brun.

La dissolution dans l'acide sulfurique est verte : l'addition d'eau détermine un précipité floconneux vert et la solution passe au violet verdâtre.

b. *Préparation.* — On l'obtient en oxydant la bilirubine ou la biliverdine par l'acide azotique et en arrêtant l'oxydation au moment où la solution prend la couleur bleue et montre au spectroscope deux bandes d'absorption α et β entre *C* et *D*.

On agite avec le chloroforme et l'eau : l'eau prend l'acide azotique et surnage ; le chloroforme dissout la bilicyanine et forme la couche inférieure. On décante, évapore le chloroforme en répétant plusieurs fois les dissolutions et évaporations chloroformiques.

c. *Caractères.* — Au spectroscope elle ne présente pas de bandes d'absorption, en solution neutre.

Elle se distingue de l'indigo par l'action naturelle de la solution alcaline de glucose. Celle-ci décolore l'indigo, mais *n'agit point* sur la cholecyanine (G et S).

59. Autres pigments biliaires bleus. — a. *Pigment de* Ritter. — Il s'agit d'un pigment bleu que l'on obtient en épuisant la bile par le chloroforme. La solution chloroformique est agitée avec la lessive de soude étendue. Elle se décolore. On neutralise par l'acide chlorhydrique.

Le liquide se sépare en deux couches : la couche inférieure chloroformique colorée en jaune ; la couche supérieure, acide, bleue par un corps tenu en suspension. On décante et on filtre.

Ce pigment provient sans doute de l'oxydation des pigments normaux à l'air en présence des alcalis (A. Gautier). Sa solution alcaline est à peine jaune, tandis que celle de la bilicyanine est brun violet ; et d'ailleurs, la bilicyanine est soluble dans le chloroforme et les acides en bleu, tandis que ce pigment y est insoluble. La solution alcaline de glucose le décolore comme elle fait pour l'indigo, et dépose un corps brun.

e. *Pigment d'*Andouard. — C'est un pigment bleu soluble dans l'eau bouillante ; avec fluorescence rouge et bande d'absorption de C. à D ; insoluble dans l'éther, le chloroforme, la benzine ; peu soluble dans l'alcool. Il devient soluble en jaune dans les alcalis ; il est oxydé en violet, rouge et enfin jaune par l'acide azotique (Réaction de Gmelin).

Il a été retiré de vomissements mélangés de bile bleue (G. et S.).

60. Cholételine ($C^{32}H^{36}Az^{4}O^{12}$). — Produit ultime d'oxydation de la bilirubine par l'acide nitrique (anneau jaune de la réaction de Gmelin).

$$\underbrace{C^{32}H^{36}Az^{4}O^{12}}_{\text{Cholételine.}} = \underbrace{C^{32}H^{36}Az^{4}O^{6}}_{\text{Bilirubine.}} + 6O.$$

Poudre brune, amorphe ; soluble dans l'alcool, éther, chloroforme, acide acétique (en jaune sans bande d'absorption).

Elle se dissout aussi dans les alcalis et est précipitée par les acides.

Les agents réducteurs la transforment en hydrobilirubine (amalgame de sodium), comme cela a lieu pour la bilirubine.

Elle se distingue de l'urobiline en ce que sa solution alcoolique ne devient pas fluorescente en présence de la solution alcoolique de chlorure de zinc ammoniacal (contenant 1 gramme de $ZnCl^2$ pour 100 centimètres cubes d'alcool saturé d'ammoniaque). Elle ne se colore pas par les acides étendus.

61. Cholohématine. — a. *État naturel ; propriétés.* — Ce pigment de couleur verte, d'odeur musquée, existerait dans la bile du bœuf et du mouton. Elle fournit un spectre à quatre bandes : une principale mince entre D et E plus près de D : deux autres secondaires, en D et en E : — I λ, 649 ; II λ, 613-585 ; III λ, 577-561 ; IV λ,537-521,5.

Solubilité. — Insoluble dans l'eau : soluble dans l'éther et le chloroforme.

b. *Préparation.* — On agite la bile acidulée avec le chloroforme, qui dissout la cholohématine et la bilirubine (à l'exclusion de la biliverdine). On sépare. On évapore le chloroforme. On dissout dans l'éther qui prend la cholohématine (à l'exclusion de la bilirubine). On filtre. On évapore. On reprend par le chloroforme.

Ce corps serait un dérivé de l'hématine, intermédiaire à cette substance et au pigment biliaire (Mac Munn).

III. — ORIGINE ET FORMATION DES PIGMENTS BILIAIRES

62. État des pigments biliaires dans la bile. — Les pigments étant insolubles dans l'eau, n'existent en solution dans la bile qu'à la faveur des sels alcalins qu'elle contient : sels biliaires, carbonates, phosphates; ils y existent aussi vraisemblablement à l'état de sels pigmentaires alcalins (bilirubinates) qui, eux, sont solubles. On comprend dès lors qu'elles puissent se déposer facilement lorsqu'il se produit un simple changement de composition saline du milieu. De même, l'on comprend que la présence dans la bile de sels solubles terreux puisse amener le dépôt de bilirubinates ou biliverdinates calciques, éléments des calculs biliaires.

Cas pathologiques — En cas d'ictère, elle apparait dans les urines, le sérum du sang et les principales humeurs de l'économie.

63. Relations entre les pigments biliaires et le pigment sanguin. — Les pigments biliaires dérivent tous de la bilirubine et celle-ci paraît tirer son origine des matières colorantes du sang, hémoglobine et oxyhémoglobine.

Le pigment biliaire serait donc un produit de décomposition du pigment sanguin.

Voici les arguments : ils sont tirés des phénomènes d'oxydation qui s'accomplissent dans le sang et les tissus.

a. *Libération de l'hémoglobine dans le plasma sanguin.* — Toutes les fois que l'on détruit le globule sanguin et que la matière colorante (hémoglobine) sort du globule et est exposée aux mutations destructives dans le plasma sanguin ou dans les tissus, il apparaît dans le sang ou ces tissus, et l'on retrouve dans les urines, des produits identiques, quant à leur constitution, aux pigments biliaires ou à leurs dérivés.

C'est ce qui arrive, par exemple, lorsque l'on injecte dans le sang des acides biliaires (Frerichs), de l'ammoniaque, du chloroforme ou de l'éther (Nothnagel); de grandes quantités d'eau (Hermann) du sérum étranger (Landois); dans l'empoisonnement par le phosphore, l'arsenic, le tartre stibié. On voit alors apparaître la bilirubine dans les urines. La destruction du globule par une injection d'aniline ou de toluidine fait même apparaître dans la bile un corps voisin de la méthémoglobine (Wertheimer et Meyer).

De même lorsque, au lieu de faire sortir l'hémoglobine du globule sanguin dans le plasma, au moyen d'un agent destructeur du globule, on injecte directement de l'hémoglobine dans la veine jugulaire d'un chien, on voit apparaître la bilirubine dans les urines (Kühne et Tarchanoff).

b. *Extravasats sanguins.* — Le sang extravasé (à la suite de contusions, par exemple) disparaît petit à petit par oxydation. A la place de la matière colorante du sang on obtient une série de colorations qui rappellent celles de la réaction de Gmelin, bleu, violet, rouge, jaune. Enfin, si les altérations oxydantes sont moins marquées, on trouve souvent un dépôt de cristaux d'*hématoïdine*, qui ne serait pas autre chose que la biliverdine, d'après les expériences de Jaffé, Hoppe-Seyler, Salkowski.

On a pu reproduire ces phénomènes de l'extravasation sans recourir à la contusion. On a injecté dans le tissu cellulaire en diverses régions du corps du sang défibriné (Quincke) ou même de l'oxyhémoglobine cristallisée (Latschenberger). Au bout de quelques jours on peut déceler l'hématoïdine et les pigments biliaires, au lieu d'injection, dans les tissus qui entourent le foyer encore liquide.

Ces pigments biliaires se présentent sous forme de granulations jaune-verdâtre (*cholé-globines*) ne contenant point de fer, destinées à se changer en bilirubine. A côté de celles-ci, on en trouve d'autres, noires, ferrugineuses, les *mélanines*.

Ainsi l'oxydation dans le sang et les tissus du pigment sanguin libre produit les pigments biliaires. On les trouve sur place, s'ils y peuvent rester; ils sont entraînés par les urines et par la bile si l'action s'est produite dans le milieu mobile du sang. On trouve en effet le pigment biliaire dans l'urine, comme nous l'avons dit, et il augmenterait aussi dans la bile au détriment des autres éléments.

Si l'on transporte les résultats de ces expériences au cas de la formation normale de la bile, on voit qu'il y a deux possibilités, quant au lieu où se forment les pigments biliaires. Ils pourraient être formés dans le sang et les tissus et simplement éliminés par la bile; ou, comme les acides biliaires ils seraient formés dans le foie même et éliminés par la bile. C'est à cette dernière doctrine qu'il faut se rattacher, comme nous le verrons tout à l'heure.

c. La parenté du pigment biliaire et sanguin est encore démontrée par les phénomènes de *réduction.*

Les agents réducteurs (*in vitro*) forment aux dépens du pigment sanguin une matière, l'*urobiline*, qui est le pigment urinaire; ils forment aux dépens du pigment biliaire ainsi que nous l'avons vu (n° **55**) l'*hydrobilirubine.*

On a constaté l'hydrobilirubine dans la bile de l'homme (MALY) et l'urobiline dans le sang (sérum du sang de bœuf). Ces deux pigments sont considérés comme identiques. [Ils ne le seraient pas absolument; l'hydrobilirubine étant un produit impur (MACMUNN, DISQUE)]. L'opération se fait en traitant l'hémoglobine et l'hématine par le zinc et l'acide chlorhydrique ; on a l'urobiline (HOPPE SEYLER).

$$\underset{\text{Hématine.}}{C^{32}H^{32}Az^{4}O^{4}Fe} + 4H^{2}O - FeO = \underset{\text{Urobiline.}}{C^{32}H^{40}Az^{4}O^{7}}.$$

De même, l'urobiline et la biliverdine, traitées par l'amalgame de sodium, fournissent l'hydrobilirubine (R. MALY).

$$\underset{\text{Bilirubine.}}{C^{32}H^{36}Az^{4}O^{6}} + H^{2}O + H^{2} = \underset{\text{Hydrobilirubine.}}{C^{32}H^{40}Az^{4}O^{7}}.$$

d. Enfin, la parenté des pigments biliaire et sanguin est encore manifestée d'une autre manière. L'action des acides énergiques sur l'*hématine* produit l'*hématoporphyrine* isomère de la bilirubine.

On part du pigment sanguin, l'*hémoglobine.* Celle-ci peut se dédoubler en substances albuminoïdes d'une part et hématine (ferrugineuse) d'autre part. Parmi les influences de ce genre nous signalerons par exemple celle du suc gastrique.

L'hématine dérive donc facilement du pigment sanguin. Sa formule est $C^{32}H^{32}Az^{4}O^{4}Fe$. Sous l'influence des acides énergiques elle prendrait de l'eau et perdrait du fer qui forme avec l'acide un sel de fer et passerait à l'état d'*hématoporphyrine.*

$$\underset{\text{Hématine.}}{C^{32}H^{32}Az^{4}O^{4}Fe} + 2H^{2}O - Fe = 2\ \underset{\text{Hématoporphyrine.}}{(C^{16}H^{18}Az^{2}O^{3})}.$$

$$\underset{\text{Hématoporphyrine.}}{2\,(C^{16}H^{18}Az^{2}O^{3})} = \underset{\text{Bilirubine.}}{C^{32}H^{36}Az^{4}O^{6}}.$$

Cette dernière réaction peut être considérée comme exprimant hypothétiquement mais conformément aux faits connus la formation du pigment biliaire aux dépens du pigment sanguin.

64. Pouvoir d'élimination de la bile pour les pigments biliaires et sanguins introduits artificiellement. — L'injection de bilirubine dans le sang paraît augmenter la proportion de pigments de la bile (TARCHANOFF, VOSSIUS) et la quantité même de bile (polycholie).

Il en est de même de l'injection d'oxyhémoglobine (KÜHNE, TARCHANOFF). On voit, sous l'influence de l'injection veineuse d'hémoglobine, la quantité de pigment augmenter dans la bile, trois ou quatre heures plus tard, en même temps qu'augmente la quantité de bile (TARCHANOFF, STADELMANN, GORADECKI). Si l'injection est faite sous la peau, le résultat est le même, mais il se manifeste plus tard (douze à quatorze heures). Il y a *polycholie.* L'ingestion simple de certains produits ferrugineux organiques obtenus du sang, par réduction tels que l'hémol, l'hémogallol, l'hématine augmenterait la sécrétion des matières colorantes de la bile appréciée au spectrophotomètre (J. MEDELJE).

Si la quantité d'hémoglobine est plus considérable, elle peut passer en nature dans la bile (chez le lapin, principalement). Il y a *hémoglobinocholie.* Elle passe aussi dans l'urine (hémoglobinurie). Il faut des précautions particulières pour constater l'hémoglobinocholie; on conçoit que tout suintement sanguin de la plaie fistulaire (résultant d'une érosion produite par la canule ou de cause analogue), qui vient se mêler à la bile recueillie, peut induire en erreur et faire croire à une élimination d'hémoglobine par le foie.

65. Lieu de formation des pigments biliaires. — La transformation du pigment sanguin en pigment biliaire est rendue à peu près certaine par les faits précédents. Reste à savoir où se fait cette transformation ; si elle se fait dans le sang même, ou dans le foie, ou peut-être dans le foie et dans le sang.

La *formation du pigment biliaire a lieu dans le foie*. Deux ordres de faits le prouvent ; à savoir :

a. *Ligature de la veine porte et extirpation du foie.* — Le foie élimine les pigments biliaires. S'il les éliminait seulement sans les produire, ceux-ci devraient s'accumuler dans le sang dans le cas où le foie serait séparé de la circulation générale.

Pour séparer le foie de la circulation générale, il y a théoriquement deux moyens : le premier est de séparer l'organe du corps (extirpation, hépatectomie) ; le second consiste à interrompre le cours du sang dans la veine-porte (ligature de la veine-porte) et aussi à lier l'artère hépatique. Mais d'autre part, la *ligature brusque de la veine porte* est une opération mortelle chez les mammifères. Les chiens y succombent en deux heures environ : les lapins plus rapidement. Après la ligature, le sang toujours poussé par les artères s'accumule dans les capillaires et les veines de l'intestin où il reste en stagnation, tandis que les autres organes sont anémiés. Cette interruption de la circulation et ce déplacement sont l'une des causes (mais non la seule) des accidents mortels.

L'*extirpation du foie* semble *a fortiori* impossible, puisqu'elle exige déjà la ligature des vaisseaux. Un artifice expérimental a cependant permis de créer un état de choses équivalant à l'ablation du foie. Eck a réussi à aboucher (fistule de Eck) la veine porte dans la veine cave de manière à annihiler l'étape hépatique. Les animaux survivent de trois à dix jours et meurent avec des accidents d'intoxication nerveuse. Après avoir pratiqué la fistule de Eck on a pu enlever le foie chez des chiens (Stolnikow) ; l'animal a survécu six heures. L'existence d'un système de Jacobson (veines qui établissent la communication entre la veine porte et les veines rénales) permet la ligature et l'ablation du foie chez les oiseaux (pigeons, oies) avec une survie de dix à vingt-quatre heures. De même les anastomoses (système de Jacobson) entre la veine porte hépatique, le système porte rénal et la veine abdominale permettent l'ablation du foie chez les grenouilles, avec survie de trois à sept et même vingt et un jours.

En résumé, on a pu chez les oiseaux (pigeon, oie) pratiquer la ligature des vaisseaux du foie (ou même l'ablation de l'organe), avec un temps de survie suffisant (dix à vingt-quatre heures) pour l'observation des phénomènes. On n'observe pas chez le pigeon d'accumulation de pigment biliaire dans le sang, ni dans les tissus : il n'y a plus d'urine. Chez les autres oiseaux (poules, canards, oies), la survie est la même (dix à vingt heures) : il n'y a pas de pigment biliaire dans le sang ou dans les tissus ; l'urination persiste ; l'urine contient de faibles quantités de pigment biliaire ; mais celui-ci provient sans doute de la résorption de la bile qui se trouvait dans l'intestin (Minkowski et Naunyn).

Chez les grenouilles, l'expérience n'a pas de signification à cause de la faible quantité de pigment biliaire ; on ne peut en déceler la présence dans le sang ni après l'ablation du foie ni même dans la condition mécanique de l'ictère (ligature du cholédoque).

b. *Absence de pigments dans le sang.* — On ne trouve pas de bilirubine dans le sang normal. A la vérité on l'a signalée dans le sérum de quelques animaux (Cheval, Hammarsten) ; mais dans la plupart des cas (et peut-être dans celui-là même), il s'agit d'un pigment voisin, mais non d'un pigment identique. Le pigment du sérum est une lutéine différant de l'urobiline par l'absence de la réaction de la lessive alcaline sur la solution chloroformique (Voir n° **51**, c).

Il en serait de même de la bilirubine trouvée dans beaucoup de parties de l'organisme, kystes, placenta, infarctus hémorragiques de la rate. Ce seraient des lutéines, c'est-à-dire des composés voisins du pigment biliaire, mais non identiques à lui. Ils n'expliquent donc pas la bilirubine de la bile. Le foie peut avoir l'office de les éliminer, tels quels ou après leur avoir fait subir une transformation qui les identifierait au pigment de la bile. Et si elle les élimine en nature, sans les modifier, c'est ce qui expliquerait la présence de l'urobiline que l'on a signalée à côté de la bilirubine dans la bile (Maly).

66. Action des cellules hépatiques sur le pigment sanguin, *in vitro*. — Un dernier argument en faveur de la formation des pigments biliaires par la cellule hépatique est fourni par les expériences *in vitro* sur l'activité de ces éléments.

L'hémoglobine est attaquée en général par les cellules vivantes de manière à fournir des dérivés. L'action consiste en une sorte de digestion analogue à la digestion gastrique ou pancréatique (dédoublement en une albumine et hématine). — Avec les cellules hépatiques l'action est différente. L'hémoglobine est attaquée plus profondément. Les cellules hépatiques vivantes, *in vitro*, hors de l'organisme, chargées encore de glycogène, absorbent l'hémoglobine dissoute et forment à ses dépens, entre autres substances, un pigment spécial différant du pigment biliaire ordinaire, de la bilirubine, dont il a les autres caractères (de solubilité, par exemple) par l'absence de la réaction de Gmelin (Anthèn). La même réaction se produirait avec le tissu hépatique broyé, n'offrant plus d'éléments cellulaires intacts, mis en présence de l'hémoglobine en même temps que du glycogène ou de la glycose (R).

67. Évolution et élimination des pigments biliaires. — Le pigment biliaire fondamental, la bilirubine, ne se retrouve pas dans le gros intestin, ni conséquemment dans les excréments. Ceux-ci ne donnent pas normalement la réaction de Gmelin. Cependant leur matière colorante est liée au pigment biliaire; elle en dérive, car lorsque la bile n'arrive pas dans l'intestin et que par conséquent le pigment biliaire n'y arrive pas non plus, les fèces sont décolorées (fèces ictériques).

De même que les sels biliaires sont décomposés dans l'intestin; de même les pigments biliaires sont altérés et fournissent des dérivés de la bilirubine, et surtout l'*hydrobilirubine* ou *urobiline* $C^{32}H^{40}Az^{4}O^{7}$. La formation de ce dernier produit est un fait de *réduction*, réalisé *in vitro* par l'amalgame de sodium, par l'hydrogène à l'état naissant (n° **55**, b). Il se produit des actions de ce genre dans l'intestin : il y a des micro-organismes, le ferment butyrique par exemple, qui fournissent l'hydrogène naissant.

Dans l'intestin du fœtus il n'y a point de micro-organismes de ce genre, aussi dans le *méconium* qui s'y trouve rencontre-t-on le pigment biliaire inaltéré, la bilirubine, la biliverdine (Zweifel) et un pigment rouge produit d'oxydation. Tandis que dans l'intestin de l'adulte il se produit des phénomènes de réduction, dans celui du fœtus il se fait des oxydations (Hoppe-Seyler).

Le pigment biliaire est donc transformé dans l'intestin grêle en urobiline et autres dérivés (stercobiline ?). L'urobiline n'est pas toute éliminée avec les fèces; une grande partie est résorbée dans l'intestin grêle, sur place; elle passe dans le sang et ce serait là l'explication de la présence de ce pigment dans le sang. L'urobiline du sang ne proviendrait pas en fait d'une réduction de l'hémoglobine, mais de l'absorption de l'hydrobilirubine formée dans l'intestin aux dépens du pigment biliaire. A tout le moins, il y aurait deux origines pour l'urobiline du sang, origine hépato-intestinale, origine sanguine. L'urobiline ne reste d'ailleurs pas dans le sang : elle est éliminée par l'urine. On voit ainsi le pigment biliaire engendrer le pigment urinaire.

68. Rôle physiologique du pigment biliaire. — Le pigment biliaire est un produit de régression de la matière colorante des globules rouges : c'est un élément de désassimilation ou de déchet dont la formation doit être exothermique : c'est un élément toxique dont le foie débarrasse l'économie.

D'autres pigments sont éliminés presque exclusivement par le foie avec la bile, par exemple : la chlorophylle des végétaux (Wertheimer); d'autres le sont en même temps par d'autres voies, telles que l'urine ; exemples : la cochenille, la fuchsine, la garance (?), le sulfo-indigotate de soude.

Le pigment biliaire n'est pas rejeté tel quel, mais seulement après de nouveaux changements. C'est un produit de *déchet intermédiaire* (G. et S.) au moyen duquel se forment les produits définitifs, à savoir : les pigments excrémentitiels rejetés avec les fèces; et surtout l'urobiline pour laquelle la voie d'élimination est le rein.

§ VII. — Cholestérine. Mucine et pseudo-mucine.

69. *Cholestérine* ; a, *état naturel* ; b, *propriétés : solubilité, action de la chaleur et de la lumière* ; c, *dérivés : déshydratation, oxydation* ; d, *constitution chimique* ; e, *réactions microscopiques* ; f, *réactions chimiques de* H. Schiff ; *de* Salkowski ; *de* Liebermann ; *point de fusion* ; g, *séparation de la cholestérine et des corps gras* ; h, *préparation* ; i, *état dans l'organisme* ; j, *origine de la cholestérine* : k, *rôle physiologique de la cholestérine*. — 70. *Mucine et pseudo-mucine biliaires.*

Parmi les composants de la bile, après ceux qui sont caractéristiques, sels biliaires et pigments, on trouve la cholestérine et les mucines.

69. Cholestérine ($C^{26}H^{44}O$ ou $C^{27}H^{44}O$).

Composition centésimale : C = 83,87 ; H = 11,82 ; O = 4,31

a. *État naturel.* — Très répandue dans les deux règnes, elle semble entrer dans la constitution du protoplasma.

Elle est un constituant normal de la bile;

Un constituant (quelquefois exclusif) des calculs qui se trouvent dans les canaux biliaires ou dans la vésicule biliaire.

Elle existe dans un grand nombre de tissus organiques, à savoir : tissus nerveux, substance blanche (16,42 p. 100); substance grise (3.43); rate, ovaires, globules du sang; organes frappés de dégénérescence graisseuse; cœur gras, masses tuberculeuses, tumeurs en dégénération; globules du pus : cristallin atteint de cataracte.

Elle existe dans les liquides et secreta organiques : sérum du sang (0,02 p. 100), liquides hydropiques ou kystiques, humeur vitrée, matière sébacée de la peau, suint de mouton (15 p. 100), sperme, lait, sueur, méconium;

Dans le contenu intestinal; excréments.

On la trouve dans le jaune de l'œuf (1,46 p. 100); dans les œufs de poissons, de crustacés; dans la laitance des poissons.

La cholestérine existe également dans les végétaux, sous le nom de phytostérine. On la trouve, en particulier, dans les graines de lentilles, pois, céréales; dans les parties vertes des jeunes plantes, pousses et bourgeons; dans les champignons. La phytostérine diffère de la cholestérine par son point de fusion (133° au lieu de 145°). (G. S.)

b. *Propriétés.* — Corps solide, blanc, gras au toucher, léger et surnageant l'eau, inodore insipide, existant à deux états; de cholestérine proprement dite ou hydratée $C^{26}H^{44}O + H^2O$, cristallisant eu larges tables rhomboïdales (angles 79° 30′; 100° 30′) ou à l'état anhydre $C^{26}H^{44}O$, cristallisant en fines aiguilles soyeuses de ses solutions éthérées ou chloroformiques (?).

Chaleur. — Chauffée elle fond à 145°; se volatilise à 360° dans le vide; brûle enfin avec une flamme fuligineuse.

Solubilité. — Insoluble dans l'eau ; dans les acides étendus ; dans les alcalis, ce qui la distingue des corps gras.

Elle est très soluble dans l'alcool bouillant d'où elle cristallise par refroidissement; dans l'éther (1 gramme cholestérine dans 2gr,20 d'éther ordinaire à 37°5); dans l'éther amyl-valérianique (1 gramme cholestérine dans 4gr,5, éther val. à 37°5) et cet éther reste fixé comme de l'eau de cristallisation (G. Bruel).

Encore très soluble dans : chloroforme (2 grammes cholestérine dans 20 grammes à 37°5); benzine; esence minérale; l'anhydride acétique à chaud.

Un peu soluble dans les graisses; huiles végétales; solutions aqueuses de savons; solutions aqueuses de sels biliaires, ce qui explique sa présence dans la bile.

Réaction. — La réaction de la cholestérine en dissolution est neutre au tournesol.

Lumière. — Dévie le plan de polarisation à gauche. Son pouvoir rotatoire est $[\alpha]^d = -31°$ en solution éthérée : $[\alpha]_d = -36°,61$ en solution chloroformique.

c. *Dérivés par déshydratation et oxydation.* — 1° Déshydratation. Sous l'influence de l'acide sulfurique la cholestérine se déshydrate et fournit des carbures de composition identique $C^{26}H^{42}$,

$$C^{26}H^{44}O = C^{26}H^{42} + H^2O.$$

isomères les uns des autres et présentant des colorations diverses : ce sont les *cholestols* ou *cholestérilènes.*

2° Oxydation. On chauffe la cholestérine avec l'acide azotique jusqu'à dessiccation. La cholestérine est décomposée en acide carbonique, acide acétique et homologues, et enfin *acide cholestérique* $C^8H^{16}O^5$ qui forme un dépôt jaune. — L'acide cholestérique fournit un sel ammoniacal rouge. Si donc on humecte le dépôt jaune précédent à chaud par une goutte d'ammoniaque, la solution prend une teinte rouge vif.

d. *Constitution chimique.* — Mal connue. On la considère comme un alcool monoatomique de la série cinnamique; — d'autres auteurs comme analogue aux hydrates de terpine. Sous l'influence des acides elle perd de l'eau et fournit des éthers.

La cholestérine présente un certain nombre de réactions caractéristiques.

e. *Réactions microscopiques.* — 1° On en dissout une partie dans l'alcool bouillant; on laisse spontanément s'évaporer la solution dans un verre de montre. On voit se former à la surface une couche qui se dispose ensuite en un amas de cristaux. Examinés au microscope ils s'offrent sous l'aspect de tablettes rhombiques souvent à angles rentrants, particulièrement lorsqu'ils se sont formés spontanément dans les exsudats anciens et dans les liquides des kystes.

2° On en étale une petite quantité sur l'objectif : on recouvre d'une lamelle et l'on fait arriver latéralement de l'acide sulfurique concentré (5 volumes d'acide sulfurique pour 1 volume d'eau). Les cristaux fondent sur les bords et laissent à la place des gouttelettes de couleur rouge jaune.

3° Si à ce moment on fait arriver de la même manière une très petite quantité d'iode ioduré (solution d'iode dans l'iodure de potassium) les cristaux se colorent en brun, puis en violet et en bleu clair, en subissant une fusion partielle.

Ces colorations sont dues aux cholestérilènes $C^{26}H^{42}$ obtenus par déshydratation.

f. *Réactions chimiques.* — *Réaction de* H. Schiff. — On place quelques fragments de cholestérine sur le couvercle renversé d'un creuset en porcelaine. On ajoute quelques gouttes d'acide chlorhydrique et une trace de perchlorure de fer; on évapore.

Le mélange est coloré en bleu violet magnifique. Le perchlorure de fer peut être remplacé dans cette réaction par le chlorure d'or, le chlorure de platine ou le bichromate de potassium,

Réaction de Salkowski. — Dans un verre à réaction bien sec on dissout la cholestérine dans quelques centimètres cubes de chloroforme. On y ajoute volume égal d'acide sulfurique concentré et on agite à plusieurs reprises. Les couches se séparent, l'acide sulfurique en dessous ; le chloroforme en dessus. La solution chloroformique se colore en rouge (rouge sang, puis rouge cerise, puis pourpre). La couche inférieure d'acide sulfurique se colore en vert fluorescent dichroïque.

Si l'on prend une petite quantité de la couche supérieure chloroformique et qu'on la jette dans un verre à réactif, seulement humide, la solution se décolore rapidement. En ajoutant une nouvelle quantité d'acide sulfurique la coloration reparaît. Abandonnée à elle-même, la solution se décolore aussi par absorption de l'humidité de l'air.

Si l'on ajoute du chloroforme (contenant souvent une faible quantité d'eau) à la solution chloroformique pourpre, la couleur passe au bleu : une nouvelle addition d'acide sulfurique régénère le rouge.

Lorsque les solutions sont très étendues, qu'elles ne contiennent qu'une faible quantité de cholestérine dissoute dans le chloroforme, la réaction se passe d'une manière un peu différente. La teinte de la solution chloroformique varie du jaune au rose; celle de l'acide sulfurique est jaune avec reflet vert (S).

Réaction du cholestol de Liebermann. — On dissout une petite quantité de cholestérine à chaud dans l'anhydride acétique, on y ajoute après refroidissement de l'acide sulfurique concentré. Le mélange présente la série des colorations des cholestols de déshydratation, à savoir : rose, rouge, bleu, bleu vert.

On peut dissoudre la cholestérine dans le mélange chloroforme et anhydride acétique et opérer comme précédemment (modification de Burchard).

Ces réactions de Liebermann et de Salkowski ont la même sensibilité; elles décèlent 1/20000 de cholestérine ou de ses graisses. Elles appartiennent aussi aux éthers de la cholestérine et naturellement aux éthers palmitique et stéarique dont le mélange constitue la *lanoline* de Liebreich.

Point de fusion, 145°. — Enfin si l'on dispose d'une quantité plus considérable de matière, on peut la purifier par des cristallisations et dissolutions répétées dans l'alcool absolu bouillant, et déterminer le point de fusion qui est à 145°.

La cholestérine végétale, *phytostérine,* a son point de fusion à 133°.

g. *Séparation de la cholestérine et des corps gras.* — La cholestérine se distingue des corps gras en ce qu'elle n'est pas saponifiable. Elle ne se dissout pas dans les alcalis en donnant des savons solubles. Elle reste insoluble.

De là un moyen de séparer la cholestérine des corps gras mélangés. On traitera le mélange cholestérine-graisses par l'alcool à 80 p. 100. On y ajoutera un fragment de potasse caustique et l'on chauffera dans un ballon au bain-marie pour opérer la saponification de la graisse. On évaporera dans une capsule au bain-marie. On reprendra le résidu par l'eau qui dissoudra les savons et laissera la cholestérine. On ajoutera de l'éther exempt d'alcool et l'on agitera. L'éther dissoudra la cholestérine et formera une couche supérieure que l'on décantera. Quant aux savons insolubles dans l'éther ils restent dans la couche inférieure.

h. *Préparation.* — On extrait généralement la cholestérine des calculs biliaires qui en contiennent de 64 à 98 p. 100 : les plus riches étant blancs ou incolores.

On les pulvérise; on traite la poudre par l'éther à froid pour enlever les corps gras; puis par l'alcool bouillant qui dissout la cholestérine et la dépose en cristaux par refroidissement.

i. *État dans l'organisme.* — La cholestérine est un composé très riche en carbone (83 p. 100), qui se rencontre, ainsi que nous l'avons dit, dans un grand nombre de parties de l'organisme. Insoluble dans l'eau, elle reste en solution dans la bile grâce aux sels biliaires et aux savons que contient ce liquide; on conçoit dès lors qu'une légère modification de ce milieu puisse en amener le dépôt (calculs biliaires).

C'est encore grâce aux savons solubles qu'elle peut exister dans le sérum du sang et divers liquides organiques, d'où elle se dépose facilement ou dans lesquels elle reste en suspension (kystes hépatiques, ovariens, etc.). Elle est soluble dans les corps gras et la lécithine, et c'est mêlée à ces composés qu'elle paraît exister dans les éléments anatomiques à l'état de consistance semi-solide.

j. *Origine de la cholestérine.* — On ne sait rien de net sur l'origine de la cholestérine de l'organisme. Les théories en cours la font provenir de trois sources :

1° De la désassimilation de la substance nerveuse (A. Flint);

2° De la réduction des albuminoïdes (Mialhe).;

3° De l'alimentation végétale (Beaunis).

1°. La cholestérine existe en assez grande abondance dans les tissus nerveux. On en a trouvé 16,42 p. 100 dans la substance blanche et 3,43 p. 100 dans la substance grise. A. Flint a soutenu qu'elle provenait de la désassimilation fonctionnelle du cerveau : la preuve qu'il en a voulu donner n'est pas valable; il se fondait sur des analyses comparatives quant à la cholestérine du sang afférant au cerveau (carotidien) et du sang efférant (jugulaire). Des analyses de ce genre offrent trop d'incertitude; elles ont d'ailleurs donné des résultats différents à des auteurs différents (Ritter).

2°. La cholestérine dériverait des albuminoïdes par réduction. Les arguments sont tirés de ce fait que la production de cholestérine coïncide avec un ralentissement dans les oxydations ; en effet :

1° L'on observe les calculs biliaires (dépôt de cholestérine) coïncidant avec les calculs urinaires (ceux-ci dus sans incertitude au ralentissement des oxydations);

2° On observe encore les calculs biliaires dans les circonstances où les combustions deviennent insuffisantes, exercice insuffisant, régime azoté trop riche, vieillesse, vie sédentaire;

3° On observe encore des dépôts de cholestérine dans l'intestin chez les animaux hibernants, c'est-à-dire dans une période de combustions ralenties.

3°. Les végétaux comestibles renferment des composés très analogues à la cholestérine (physostérine) qui n'en diffèrent que par son point de fusion, et la caulostérine, la paracholestérine. On a supposé (Beaunis) que ces produits pourraient devenir la source de la cholestérine trouvée dans l'organisme animal. L'hypothèse analogue a été proposée et contredite déjà en ce qui concerne l'origine des graisses.

k. *Rôle physiologique de la cholestérine.* — Ce rôle paraît être double : de *constitution*, de *désassimilation*.

1° La présence de la cholestérine dans l'économie, dans les parties jeunes, végétales ou animales, dans les tissus en voie de formation, dans les globules sanguins, les cellules nerveuses, dans les œufs de poisson, dans le vitellus de l'œuf de poule, dans la laitance, dans les graines, engagent à le considérer comme un *élément constituant du protoplasma*.

2° D'autre part, elle est évidemment un produit de déchet, de désassimilation. C'est le foie qui en est l'émonctoire et qui le rejette avec la bile; elle suit l'intestin sans être l'objet d'une réabsorption sensible, et est expulsée avec les fèces. En ce sens elle serait un des témoins et un des termes de la désassimilation nutritive des tissus.

70. Mucine. Pseudo-mucine biliaire. — La bile, particulièrement celle de la vésicule, est plus ou moins épaisse et visqueuse; elle mousse par l'agitation. Elle doit ce caractère à un produit particulier que nous appelons *pseudo-mucine biliaire.*

Il y a à côté de cette *pseudo-mucine* un peu de *mucine* véritable sécrétée par les glandes muqueuses qui se trouvent sur le trajet et surtout dans la partie terminale des gros conduits biliaires, et par les cellules caliciformes des canaux biliaires. Mais ce n'est là qu'une partie et une faible partie de ce que l'on a appelé longtemps et à tort *mucine* biliaire et que l'on obtient en précipitant la bile par l'alcool.

Les caractères d'une véritable mucine sont les suivants : 1° viscosité; 2° précipitation de ses solutions par l'acide acétique, sans redissolution par un excès du réactif; 3° précipitation par l'alcool; 4° existence du soufre dans sa composition à côté de C. H.O. Az et à l'exclusion du phosphore; 5° dédoublement par ébullition avec les acides étendus en une substance albuminoïde et un hydrate de carbone réduisant la liqueur de Fehling, comme le glucose, mais incapable de fermenter.

Ces caractères n'appartiennent pas à la grande masse de la prétendue mucine biliaire, ainsi que Landwehr l'a démontré. Celle-ci est visqeuse; elle est précipitée par l'alcool, elle est précipitée par l'acide acétique, mais elle se redissout dans un excès de réactif, contrairement à la vraie mucine; elle contient du phosphore en outre des éléments qui entrent dans la mucine; enfin, traitée à ébullition avec un acide minéral étendu, elle ne fournit point par dédoublement un hydrate de carbone réducteur.

Landwehr avait cru que la pseudo-mucine biliaire était un mélange de globuline avec des sels biliaires. Hammarsten et Paijkull ont montré que c'était une *nucléo-albumine.* Elle est soluble comme celle-ci dans les solutions alcalines diluées en donnant une liqueur à réaction neutre, à consistance visqueuse. Elle est phosphorée. Soumise à la digestion gastrique elle laisse un dépôt inattaqué de nucléine. On ne sait si elle est produite dans les cellules hépatiques ou dans les glandes muqueuses des parois biliaires.

§ VIII. — Calculs biliaires.

71. *Caractères et mode de formation des calculs biliaires :* a, *nombre et volume*; b, *forme et structure;* c, *composition;* d, *classifications;* e, *mode de formation.* — **72.** *Analyse des calculs biliaires.*

71. Caractères et mode de formation. — Les calculs biliaires sont des concrétions qui se produisent dans les conduits biliaires ou dans la vésicule. Elles sont formées par un dépôt des matériaux de la bile, modifiés ou non, autour d'un noyau insoluble composé de cholestérine ou des combinaisons calcaires des acides biliaires, des pigments biliaires ou des acides gras (679 fois contre 267) ou, enfin, autour d'un noyau microbien (Galippe, V. Hanot). Leur arrêt dans les canaux biliaires ou dans le canal cholédoque provoque les accidents des coliques hépatiques (*lithiase biliaire*).

a. *Nombre, volume, fréquence.* — Les calculs vésiculaires sont plus ou moins nombreux dans la vésicule (1 à 110, ou davantage) : ils sont d'autant plus petits qu'ils sont plus nombreux. [Ex. : 1 calcul pesant 6 grammes ou 110 calculs pesant huit centigrammes. (Ritter.)] Très souvent ils ont le même poids, la même composition, et se forment simultanément.

On a trouvé des calculs biliaires dans 4,9 p. 100 des sujets. A l'Institut anatomique de Budapest on a constaté 146 calculeux sur 2 958 cadavres; et, ceci, jamais au-dessous de dix ans; rarement entre onze et vingt ans (femmes); enfin, ils semblent plus fréquents chez les femmes 66,5 p. 100 des cas (D. Kuthy et Z. Dousgany).

b. *Forme et structure.* — Ils sont en général arrondis : quelquefois en forme de tonneaux, quelquefois polyédriques par pression réciproque.

c. *Composition.* — Les matériaux des calculs biliaires sont les suivants :

Cholestérine, pigments biliaires, sels minéraux, comme éléments principaux, et comme éléments accessoires : des graisses, du mucus, des épithéliums. On a signalé comme éléments anormaux : de l'acide urique, de la silice, du fer, cuivre, manganèse, à l'état de traces.

d. *Classification.* — On distinguera donc trois catégories de calculs biliaires suivant qu'y prédominera l'un des éléments principaux.

Il y a des calculs de *cholestérine*, des calculs de *pigments*, des calculs *minéraux ;* ce qui veut dire que la cholestérine prédomine dans les premiers : les pigments dans les seconds ; les matières minérales, carbonate et phosphate de chaux dans les derniers.

I. Chez l'homme, les *calculs de cholestérine* sont de beaucoup les plus abondants ; on les trouve 954 fois sur 958 ; d'après la statistique de Ritter. Quelquefois la cholestérine est si abondante, qu'elle forme la presque totalité du calcul. Ils contiennent, par exemple, 97,4 à 98,1 p. 100 de cholestérine. Ces cas se sont présentés une fois sur vingt.

Dans les autres cas, elle est toujours très prédominante. Sa proportion minima est de 64,2 p. 100. Les matières minérales (carbonate et phosphate de chaux) sont toujours en faibles quantités (0,1 à 8 p. 100). Ce qui complète le pourcentage, c'est le pigment biliaire.

En somme, deux catégories de calculs de cholestérine : 1° les *calculs de cholestérine presque pure* (cholestérine 97 à 98 p. 100 ; pigment 2 p. 100 ; matière minérale, quelques millièmes). Ils se distinguent : par leur couleur, blanc ou jaune cireux ; par leur masse, souvent considérable (poids : 2 à 28 grammes) ; par leur cassure cristalline et radiée ou cireuse sans cristallisation.

2° Les calculs où la *cholestérine prédomine* seulement de beaucoup sur les pigments (cholestérine 64, 2 p. 100 à 84, 3 p. 100 ; pigments 27,4 à 12,4 p. 100). Ces cas sont les plus nombreux ; ils se rencontrent chez l'homme dix-neuf fois sur vingt.

Ces calculs sont colorés : ils présentent des aspects, des structures diverses ; tantôt ils sont amorphes ; plus habituellement ils sont rayonnés, les rayons étant formés par des paillettes de cholestérine cristallisée ; souvent, enfin, ils sont formés de couches alternantes et concentriques de cholestérine amorphe et de matière colorante.

II. *Les calculs de pigment* sont rares chez l'homme (3 fois sur 958) ; mais ils sont plus fréquents chez les animaux et particulièrement chez le bœuf. On les trouve chez le porc. Ils constituent la matière première la plus riche pour la préparation des pigments. On peut employer aussi à cet usage les calculs dans lesquels les pigments biliaires, sans prédominer sur la cholestérine, y sont cependant très abondants ; par exemple, les calculs de bœuf qui contiennent de 28 à 45 p. 100 de bilirubine.

Ces calculs sont en général friables et fortement colorés, depuis le rouge clair jusqu'au brun foncé, et au vert noirâtre.

Les pigments biliaires peuvent être dans les calculs à l'état libre, bilirubine et dérivés (bilifuscine, biliprasine, bilihumine), — mais la plus grande partie se trouve à l'état de sels calcaires des pigments biliaires (bilirubinate de chaux).

III. *Les calculs minéraux*, sont rares chez l'homme (1 sur 958). On y a trouvé du carbonate de chaux (64 p. 100), du phosphate tricalcique (12,3 p. 100) ; phosphate ammoniaco-magnésien (3,4 p. 100).

e. *Mode de formation.* — La cholestérine n'est pas soluble dans l'eau : elle l'est faiblement dans les graisses, la lecithine, les solutions aqueuses de savons, les solutions aqueuses de sels biliaires et par conséquent dans la bile. On conçoit que ces solutions soient voisines de leur saturation, et que si leur composition vient à changer quantitativement la cholestérine se déposera. — De là le noyau et les dépôts calculeux. On admet généralement que ces dépôts se forment plus facilement autour du noyau initial une fois constitué, ou encore lorsque ce noyau est un corps étranger, microbe ou produit microbien qui se serait introduit dans les voies biliaires. Contrairement à cette opinion. J. Mayer a pu introduire dans la vésicule biliaire d'un chien des corps étrangers, plus ou moins rugueux et les y laisser plus d'une année sans qu'il se produisît de calcul biliaire. Il conclut de là, avec Naunyn, que les calculs ont pour origine une maladie de l'épithélium muqueux. — Les pigments biliaires sont dans les mêmes conditions. Quant aux sels terreux des pigments biliaires qui représentent la forme la plus abondante du pigment dans les calculs, il suffit que le foie excrète dans la bile une petite quantité de sels terreux solubles pour que le dépôt de bilirubinates ou biliverdinates calciques ait lieu.

72. Analyse des calculs biliaires (Salkowski). — Les calculs sont réduits en poudre, et la poudre est mise à digérer dans un ballon avec de l'éther. La cholestérine est dissoute. On filtre. Le filtrat contient la cholestérine.

Le résidu lavé à l'éther sur filtre contient les pigments biliaires — à l'état de sels calciques surtout — et les éléments accessoires, tous ces corps étant insolubles dans l'éther. On traite sur le filtre par l'acide chlorhydrique étendu qui décompose les sels calciques, fournit du chlorure de calcium d'une part qui passe en solution et libère d'autre part le pigment biliaire qui se précipite, étant insoluble dans l'eau pure ou saline. On lave avec l'eau pour enlever le chlorure de calcium; on sèche; on traite par le chloroforme qui dissout la bilirubine.

<table>
<tr><td rowspan="3">Poudre de calcul digérée avec l'éther. On filtre.</td><td>A. Filtrat. . . . . .</td><td colspan="3">Solution de cholestérine dans l'éther.</td></tr>
<tr><td>B. Résidu sur filtre.</td><td>Pigment biliaire libre ou surtout en sels calciques.</td><td>C. Filtrat.</td><td>Sels de chaux solubles (chlorure de calcium).</td></tr>
<tr><td colspan="2">On lave le filtrat avec l'acide chlorhydrique étendu. On a :</td><td>D. Résidu.</td><td>Pigment biliaire, surtout bilirubine. On lave à l'eau : on sèche, et on dissout avec le chloroforme.</td></tr>
</table>

1° Le filtrat A contient la cholestérine mélangée à des matières grasses. On pourra en effectuer la séparation, bien que ce ne soit pas nécessaire si l'on veut se contenter de caractériser la cholestérine.

Pour séparer la cholestérine des graisses on se fonde sur ce que celles-ci sont saponifiables par les alcalis et transformées en savons solubles dans l'eau, tandis que la cholestérine n'est pas modifiée (Voir n° **69**, *g.*). On évaporera donc la solution éthérée. On fera une solution du résidu dans l'alcool à 80°; on ajoutera un morceau d'alcali caustique et l'on chauffera au bain-marie. On évaporera au bain-marie l'alcool. On reprendra par l'eau. La cholestérine restera en suspension dans l'eau savonneuse. On ajoutera de l'éther; on agite et après repos la couche supérieure décantée contiendra toute la cholestérine en solution éthérée.

On répétera avec la cholestérine les réactions caractéristiques indiquées plus haut : réactions microscopiques; réaction chimique de H. Schiff; de Salkowski; de Libermann; du point de fusion.

2° Le résidu B resté sur le filtre, contient les pigments biliaires libres ou engagés dans des combinaisons calciques. On l'a lavé à l'éther pour bien le débarrasser des substances solubles et l'on coupe ensuite l'extrême bord du filtre qui échapperait à ce lavage et pourrait retenir encore un peu de cholestérine qui se serait diffusée jusque-là. On le coupe en fragments : on l'ajoute au résidu et on lave encore à l'éther.

Puis on jette sur le filtre de l'acide chlorhydrique étendu à trois volumes, et on fait repasser plusieurs fois le filtrat sur le filtre sur lequel reste le résidu.

Finalement le filtrat C contient les sels de chaux solubles et des traces de cuivre.

3° *Filtrat C. Sels de chaux solubles et traces de cuivre.* — On caractérise les sels de chaux par addition d'ammoniaque, d'acide acétique, d'oxalate d'ammoniaque. On caractérise les sels de cuivre avec quelques gouttes de la solution de cyanoferrure de potassium qui fournit un précipité de ferricyanure de cuivre qui colore en brun la liqueur.

4° *Le résidu D*, resté sur filtre, est formé de *bilirubine*. Il est lavé à l'eau jusqu'à ce que le filtrat ne précipite plus le nitrate d'argent (c'est-à-dire ne contienne plus d'acide chlorhydrique. Le filtre est ensuite séché dans l'exsiccateur, coupé au fragments. Ceux-ci sont jetés dans un ballon avec un peu de chloroforme chauffé au bain-marie. La solution se colore en jaune brun. On filtre. On a ainsi une solution de *bilirubine* dans le chloroforme. On peut la caractériser par ses réactions :

a. Examen microscopique des produits d'évaporation de la solution chloroformique. — On évapore dans un verre de montre ou sur le porte-objet une petite quantité de la solution chloroformique. On observe à la lumière simple ou mieux à la lumière polarisée un dépôt cristallin. Ce sont des tablettes rhombiques allongées et granulations cristallines qu'il ne faut pas confondre avec des cristaux de cholestérine mal séparée. On répète avec ces cristaux la *réaction de* Gmelin.

b. On agite avec une solution faible de carbonate de soude la solution chloroformique. La couleur quitte la couche inférieure de chloroforme et passe dans la couche supérieure alcaline qui se colore. La bilirubine a passé à l'état de bilirubinate de soude soluble dans l'eau, insoluble dans le chloroforme. Cette réaction distingue la bilirubine d'autres pigments tels que les lutéines.

c. Abandonnée à l'air cette solution alcaline brune devient verte; il y a transformation du bilirubinate de soude en biliverdinate de soude par absorption d'oxygène.

§ IX. — Indications pathologiques.

73. *Passage dans les tissus des éléments caractéristiques.* — **74.** *Ictère par rétention de la bile; ictère hépatogène; cholémie.* — **75.** *Modifications subies par la bile retenue dans la vésicule.* — **76.** *Changements de la bile dans divers états pathologiques.*

73. Passage des éléments caractéristiques de la bile dans les tissus. — Parmi les éléments de la bile il y en a qui ne se trouvent jamais ailleurs à l'état normal. Tels les sels biliaires, en conséquence caractéristiques de la bile. Tous les autres éléments de la bile peuvent normalement exister en plus ou moins grandes quantités dans le sang ou d'autres tissus.

A l'état pathologique, il n'en est plus ainsi. Les sels biliaires peuvent passer avec les autres éléments de la bile dans le sang, et de là dans les tissus. Les conditions de ce passage sont : 1° une augmentation de la pression de la bile dans les canaux biliaires au-dessus d'un certain maximum (colonne de bile de 275 millimètres chez le chien, Afanassiew), condition réalisée lorsqu'un obstacle mécanique s'oppose à son cours, tel que calcul dans le canal hépatique ou le cholédoque, ligature des mêmes canaux, compression de ces canaux par une tumeur ; 2° la diminution de la pression sanguine dans le système porte (cette pression moyenne oscille autour de 11 millimètres de mercure), condition réalisée dans l'*ictère des nouveau-nés* par la ligature du cordon ombilical, c'est-à-dire de la veine ombilicale, affluent de la veine porte, ou encore dans l'*ictère d'inanition*, où la circulation intestinale est très réduite.

3° Une destruction exagérée des globules du sang (transfusion de sang étranger injection d'eau, empoisonnements divers par le phosphore, l'arsenic, l'antimoine (tartre stibié), l'éther, le chloral, etc., compression du placenta dans l'utérus chassant un excès de sang dans les vaisseaux du nouveau-né). Il y a dans ce cas formation exagérée de bile (polycholie) et résorption partielle de cet excès.

Dans ces cas, la bile tout entière, sels caractéristiques, et pigments, etc., passe dans le sang : elle produit ainsi un empoisonnement dont les symptômes connus appartiennent à la maladie, l'ictère grave. Ce sont : 1° la coloration en jaune de la peau et de la conjonctive; 2° le passage des sels et acides biliaires dans les urines qui deviennent brunâtres, tandis que d'autres sécrétions restent incolores (salive, larmes, mucus); 3° la décoloration des excréments qui deviennent cendrés, durs, gras et fétides; 4° le ralentissement du pouls (de 72 battements à 40) dû aux acides biliaires, et s'accompagnant de ralentissement de la respiration et d'hypothermie; 5° des troubles nerveux consistant en fatigue, faiblesse, accidents comateux, parfois insomnie, prurigo; 6° troubles de la vision se produisant à la longue et tenant à l'imprégnation de la rétine par le pigment biliaire (xanthopsie); 7° formation dans l'urine de cylindres urinaires (Nothnagel) due à l'élimination par le rein de la globuline séparée de l'hémoglobine du sang.

74. — Ictère par rétention de la bile; ictère hépatogène; cholémie. — La bile retenue dans les voies biliaires par un obstacle (calcul, ligature, tumeur) qui l'empêche de s'écouler dans l'intestin est résorbée par la surface des voies biliaires; elle trouve une issue à travers la paroi des capillaires sanguins ou lymphatiques, qu'elle traverse (par osmose?). La bile est ainsi transportée dans la circulation générale. Ultérieurement, elle traverse en sens inverse la paroi des capillaires sanguins pour s'éliminer par l'urine (urine bilieuse) ou pour déposer son pigment dans les tissus, spécialement dans la peau qui prend la teinte ictérique (jaunisse). Chez l'homme l'ictère est apparent au bout de vingt-quatre heures.

Quelle est la part des deux ordres de vaisseaux dans la résorption de la bile? La bile passe dans les vaisseaux sanguins; mais elle passe aussi dans les lymphatiques. Tiedemann et Gmelin (1827) ont trouvé la bile dans le canal thoracique après la ligature du cholédoque. On rencontre même la bile dans la circulation lymphatique avant de la ouver dans le sang. Si l'on pratique une fistule du canal thoracique et que l'on recueille la lymphe après avoir lié le canal cholédoque, on trouve aussitôt et abondamment dans cette lymphe le pigment et les sels biliaires que l'on ne peut déceler dans le sang (FLEISCHL, 1874. — KUNKEL, 1873).

La résorption biliaire dans le foie ictérique se fait donc, en partie au moins, par le système lymphatique du foie. On a même été plus loin et l'on a soutenu qu'elle se faisait *exclusivement* par le système lymphatique d'où la bile était ensuite déversée dans le sang (KUFFERATH, V. HARLEY).

Lorsque, chez le chien, on lie (avec excision) le canal cholédoque, les symptômes ictériques se manifestent dans l'espace de 48 heures au maximum. On voit apparaître dans les urines le pigment biliaire et les acides biliaires. Chez l'homme l'ictère est apparent au bout de 24 heures.

Il y a une circonstance remarquable où l'ictère se trouve considérablement retardé. C'est lorsque l'on pratique en même temps la ligature du canal thoracique, c'est-à-dire que l'on entrave le cours de la lymphe (KUFFERATH, 1880). Les chiens supportent assez bien la ligature du canal thoracique, sans œdème ni extravasats et peuvent être conservés plus ou moins longtemps à la condition d'exclure les graisses de leur alimentation (SCHMIDT-MÜLHEIM); le cours de la lymphe se rétablit d'ailleurs au bout d'un certain temps par développement d'un système de lymphatiques accessoires, qui entrent en connexion avec la veine cave.

Si l'on pratique la ligature du canal thoracique en même temps que celle du cholédoque, on constate deux faits intéressants : c'est d'abord que l'ictère fait défaut, que les pigments et sels biliaires n'apparaissent pas dans l'urine en 24 heures ni même en 48 heures, mais seulement 3,4,6,7,11 et 17 jours après (KUFFRATH, V. HARLEY); le second fait, c'est que le cholédoque est très souvent rompu, accident qui entraîne la mort, et qui n'arrive presque jamais dans le cas ordinaire.

Cette rupture est précédée d'une dilatation considérable des voies biliaires, et généralement elle se produit au niveau de la ligature qui n'a pu encore être consolidée et constitue un point de moindre résistance.

On se met à l'abri de ce dernier accident en pratiquant l'opération en deux temps : en liant d'abord le canal cholédoque et en exécutant la ligature du canal thoracique plus tard, après 2 à 13 jours, lorsque les phénomènes ictériques ont commencé à se produire. Dans un certain nombre de cas on voit alors les phénomènes ictériques rétrograder et disparaître pour un temps. L'urine qui contenait les pigments et sels biliaires cesse d'en contenir pendant quelque temps. — L'inconstance du phénomène ne permet cependant pas une conclusion rigoureuse.

On doit admettre que le *système lymphatique est une des principales voies pour l'absorption de la bile et son transport dans la circulation générale. L'obstruction de cette canalisation supprime ce passage de la bile et elle ralentit assez la sécrétion pour rendre insignifiante, dans beaucoup de cas, la quantité qui passe, en fin de compte, dans le système sanguin.*

Il est évident en effet, d'après ces expériences même, que la production de la bile est singulièrement entravée par la ligature des deux canaux. La quantité produite doit être très diminuée. La rétention des quantités normales pendant des périodes de 7 à 17 jours serait incompatible avec la survie et la santé de l'animal.

V. HARLEY outrepasse la signification de l'expérience en considérant comme démontré que le système lymphatique seul, à l'exclusion des capillaires sanguins, possède le pouvoir d'absorber la bile dans le foie et de la transporter dans la circulation générale. On a constaté, en effet, que le ferro-cyanure de sodium, la strychnine, l'atropine introduites dans la vésicule biliaire après ligature du cholédoque étaient absorbées par par les vaisseaux sanguins (C. TOBIAS, 1895).

On a étudié chez le chien à jeun l'influence exercée sur les échanges matériels de l'organisme par la ligature du cholédoque (N. P. KRATKOW). L'animal perd rapidement de son poids et meurt avec une perte de 30 p. 100 à 40 p. 100. — L'excrétion urinaire d'azote est augmentée : l'acide urique augmentant plus vite que l'urée. Les sulfates préformés augmentent : les acides sulfo-conjugués ne varient pas. L'eau excrétée par le rein et le poumon augmente. Les échanges gazeux ne diminuent qu'après quelques jours (N. P. KRATKOW). Ces résultats (en admettant qu'ils soient certains) pourraient s'expliquer par l'hypothèse suivante : Le foie absorberait les produits azotés de la destruction des tissus et les utiliserait en partie, de manière à atténuer la perte de l'organisme relativement à ces matériaux importants. La ligature du cholédoque ferait perdre aux cellules hépatiques cette propriété. L'hypothèse a besoin de confirmation. En même temps, les cellules hépatiques produiraient des substances toxiques altérées et des ferments (diastase) que l'on retrouverait dans l'urine.

75. Modifications subies par la bile retenue dans la vésicule. — La bile retenue dans la vésicule, après ligature du canal cholédoque, subit des modifications notables que l'on peut apprécier en prélevant un échantillon avant de lier le canal cholédoque et le comparant à un autre pris après la ligature, à l'autopsie. Ces observations ont appris que la bile s'appauvrissait surtout en acide biliaire (taurocholique), qui peut tomber à moitié (après une longue durée d'occlusion, 31 jours), tandis qu'elle gagne en mucine (qui peut arriver à tripler) et en cholestérine (qui dans un cas a vingtuplé) (V. Harley).

76. Changements de la bile dans divers états pathologiques. — La sécrétion biliaire diminue dans l'état fébrile (G. Pisenti). La diminution pourrait atteindre un tiers ou un demi, mais il n'y a pas de changement de composition, s'il s'agit d'une hyperthermie simple, tandis qu'il y aurait concentration, s'il s'agit d'un état infectieux. La sécrétion cesserait au-dessus de 41°.

La composition de la bile est altérée dans quelques états pathologiques. Elle contient du sucre dans le diabète; de l'urée dans l'urémie; de la leucine et de la tyrosine dans l'ictère grave; de l'albumine dans le mal de Bright; de l'hémoglobine (à l'exclusion des autres sécrétions) dans l'empoisonnement par l'aniline et les toluidines. Il y a hypercholie (diabète biliaire) dans la cirrhose hypertrophique.

Les micro-organismes peuvent emonter de l'intestin dans les canaux biliaires (par exemple, le *B. Coli*, cause des angiocholites suppurées); de même, des micro-organismes banals peuvent envahir les voies biliaires dans le cas de fistule biliaire ouverte au dehors (Dastre). C'est peut-être à cette invasion ascendante que sont dues les altérations qui se produisent à la longue chez les chiens à fistule, où l'on trouve fréquemment à l'autopsie les signes d'une hépatite interstitielle (Rohmann, Dastre).

§ X. — Circulation entéro-hépatique de la bile ou de ses éléments : Rôle de la bile.

77. *Évolution de la bile dans l'intestin. Décomposition et résorption partielle.* — 78. *Circulation entéro-hépatique;* a, *de la bile;* b, *des éléments biliaires.* — 79. *Élimination des pigments biliaires par le foie.* — 80. *Divers rôles attribués à la bile.* — 81. *Rôle antiseptique de la bile.* — 82. *Action de la bile sur les ferments solubles.* — 83. *Rôle de la bile dans la digestion en général;* a, *digestion artificielle;* b, *digestion artificielle.* — 84. *Action de la bile dans l'absorption digestive des graisses;* a, *La bile émulsionne les graisses neutres;* b, *Action de la bile sur la digestion des graisses. Fistule cholecysto-intestinale.* — 85. *Action de la bile sur les fibres musculaires de l'intestin.* — 86. *Ferment diastasique de la bile.*

77. Évolution de la bile dans l'intestin. Sa décomposition. *Sa résorption partielle.* — Nous avons vu, en étudiant l'évolution des sels biliaires (**48**) que ces sels, décomposés dans l'intestin grêle, ne sont point perdus pour l'organisme; les éléments en sont repris et ramenés au foie; les acides amidés glycocolle et taurine, presque entièrement, le noyau cholique en partie.

De même, en étudiant l'évolution du pigment biliaire **67**, nous avons vu qu'il était transformé dans l'intestin grêle, par réduction, en *hydrobilirubine*, dont on peut faire trois parties : l'une qui suit les excréments; une seconde partie qui passe dans le sang et revient au foie; une dernière partie (urobiline) passée dans le sang est éliminée par l'urine.

Ces faits résultent des analyses du contenu intestinal rapprochées des analyses du sang et de la bile. Si l'on ajoute que la cholestérine, comme nous l'avons dit aussi (**69**, *k*), n'est pas l'objet d'une résorption appréciable dans l'intestin, et qu'elle est éliminée par les fèces, nous aurons rassemblé les faits positifs qui rendent compte de l'évolution et de la destinée de la bile dans l'intestin.

Il en résulte qu'une grande partie de la bile n'est pas perdue, qu'elle est réabsorbée et conduite au foie. Quelle est cette proportion? Là dessus, nous l'avons dit, les physiologistes sont divisés. Les uns l'exagèrent (Liebig, Schmidt, etc.); les autres la restreignent (Tappeiner, Leyden).

II. Quoi qu'il en soit, on peut se demander ce que deviennent les éléments résorbés amenés par la veine porte au foie: acides amidés, glycocolle et taurine, noyau cholique, bilirubine. Deux réponses, sont possibles *a priori* et ont en effet été proposées :

1° On a supposé que ces éléments, par une opération de synthèse inverse du dédoublement qui leur a donné naissance, allaient reconstituer les acides biliaires et la bile elle-même. Il résulterait de là que la bile (ou du moins son constituant principal) ferait en quelque sorte la navette entre l'intestin et le foie. Déversée dans l'intestin, elle serait ramenée au foie d'où elle retournerait à l'intestin avec la quantité nouvellement sécrétée, accomplissant une sorte de circulation indéfinie, à laquelle on peut donner ainsi le nom de *circulation entéro-hépatique* de la bile.

2° D'autre part, il est possible que ces éléments ne soient réellement pas utilisés dans le foie à la formation de la bile. L'acide cholalique résorbé peut être transformé par combustion, dans l'économie, en acide carbonique et eau; le glycocolle en acide hippurique et urée (la quantité d'urée augmentant, en effet, beaucoup après l'ingestion de glycocolle, Horsford, Schultzen, Nencki); la taurine fournissant les sulfates de l'urine.

Il est difficile de décider entre ces deux hypothèses. La seconde rencontre plus de faveur actuellement parmi les chimistes physiologistes. La première a des partisans parmi les physiologistes.

78. Circulation entéro-hépatique. — a. *de la bile.* — L'hypothèse de la circulation entéro-hépatique de la bile a pour premier auteur Schiff (1870). Il supposait que la bile déversée dans l'intestin y était absorbée en nature, sans subir de changement; qu'elle était reconduite au foie qui l'éliminait à son tour, telle qu'elle, en nature, sans non plus lui faire subir de changement. Il y aurait eu réellement circulation pure et simple de la plus grande partie de la bile entre l'intestin et le foie.

b. *Circulation des éléments de la bile. Arguments.* — Sous cette forme excessive (adoptée par quelques physiologistes) l'hypothèse en question n'est pas soutenable. Il n'y a pas simple absorption de la bile en nature dans l'intestin, mais au contraire dédoublement et inégale résorption des éléments, noyau cholique et acides amidés. — Il ne peut non plus y avoir, par conséquent, simple élimination par le foie des éléments résorbés; il faut une mise en œuvre synthétique de ces éléments. La circulation entéro-hépathique de la bile ne peut donc pas être prise au pied de la lettre; c'est une métaphore ou une *image* de l'évolution des acides biliaires.

Les arguments qui ont été fournis par Schiff et d'autres observateurs sont intéressants comme faits, indépendamment de toutes conclusions.

Voici ces arguments :

1. La bile de cobaye ne donne point la réaction de Pettenkofer. La bile de bœuf donne cette réaction. Ou si l'on introduit de la bile de bœuf dans l'intestin du cobaye, la sécrétion biliaire de cet animal devient apte à donner là réaction (Schiff).

Les choses se passent donc comme si la bile de bœuf avait été absorbée, arrêtée par le foie et éliminée en nature avec la bile du cobaye. Il y a d'autres interprétations possibles, en outre de cette restriction de fait que la bile du cobaye peut donner suffisamment clairement la réaction de Pettenkofer (Vulpian, Beaunis, v. n° **41**).

2. Lorsque l'on introduit des sels biliaires dans les vaisseaux ou dans l'intestin d'un animal muni de fistule, on constate une augmentation de la bile excrétée et précisément des sels biliaires (Huppert). L'augmentation des sels biliaires excrétés se manifeste de 12 à 14 heures après l'ingestion; le maximum de l'excrétion d'eau, de 24 à 36 heures (Stadelmann). Il n'y aurait pas d'augmentation des pigments.

Le fait peut être interprété soit comme une excrétion en nature de la matière introduite, soit comme une stimulation de la fonction sécrétoire à laquelle seraient fournis des éléments favorables.

3. Si l'on donne à un animal un sel biliaire qui ne soit pas normalement contenu dans sa bile, ce sel s'y retrouve (A. Weiss).

Par exemple, on fait ingérer du glycocholate de soude à un chien dont la bile ne contient que du taurocholate de soude. La quantité de bile augmente et on y retrouve le glycocholate en quantité abondante.

Cette expérience avait été d'abord réalisée par Sokoloff (1876) et elle lui avait fourni un résultat négatif : cet observateur n'avait constaté ni une augmentation de la quantité de bile, ni la présence du glycocholate anormal. A. Weiss (1884) a obtenu, au contraire, des résultats positifs, ainsi que Prevost et Binet. D'autre part, en faisant ingérer du cholate de soude et du glycocolle, on trouve dans la bile du chien du glycocholate, preuve que la synthèse des sels biliaires est réalisable dans le foie lorsqu'on lui en fournit les éléments.

Ces expériences plaident en faveur de la circulation entéro-hépatique de la bile, non pas en nature (Schiff), mais avec décomposition et reconstitution (A. Weiss).

On a enfin invoqué les faits relatifs à l'élimination des pigments biliaires en nature, par la bile.

79. — Élimination des pigments biliaires par le foie. — La bilirubine augmente dans la bile à la suite de l'injection de cette substance dans le sang (Tarchanoff, Vossius).

A des chiens à fistule biliaire on injecte dans l'estomac ou dans le sang de la bile verte de bœuf, et dans les heures suivantes on voit à l'inspection simple la bile brune du chien devenir verte (Baldi). Wertheimer a donné plus de précision à cette expérience au moyen de l'examen spectroscopique, en utilisant la donnée de Mac-Munn, à savoir que les biles du bœuf et du mouton présentent un spectre particulier, à quatre bandes, dû à la cholohématine. (La bilirubine du chien ne donne pas de bandes.) On voit au bout de dix minutes apparaître dans la bile de l'animal en expérience le spectre caractéristique de la bile étrangère.

Le foie élimine d'autres pigments introduits dans le sang : la cochenille et la fuchsine (Prévost et Binet), l'indigo-sulfate de soude (Chrzonczewsky), la garance (Blanchard?), enfin, la matière colorante verte des végétaux injectée dans le sang à l'état de phyllocyanate alcalin s'élimine par la bile (alors qu'elle ne s'élimine point par l'urine).

Ces expériences prouvent la faculté remarquable du foie d'éliminer les pigments que lui amène le sang. Le foie excrète en nature les pigments de la bile introduite dans la circulation. Mais ceci ne prouve pas que de l'intestin la bile passe en nature dans le sang, comme l'exigerait l'hypothèse de Schiff. Et, en effet, en injectant dans le duodénum du chien 100 à 120 centimètres cubes de bile de mouton, on ne retrouve pas la cholo-hématine dans la bile de l'animal.

80. Divers rôles attribués à la bile. — On a attribué à la bile divers rôles.

1° Dans la digestion des matières grasses. Elle émulsionne les graisses, favorise leur passage à travers les membranes animales (absorption); son absence (fistule) rend nuisible leur ingestion; la bile rend l'épithélium intestinal apte à absorber les globules graisseux.

2° Dans le processus de l'absorption par les chylifères, par une action qu'elle exercerait sur les fibres musculaires des villosités; dans l'absorption et la progression du bol intestinal par son action sur les tuniques musculaires de l'intestin.

3° Dans la constitution du bol excrémentitiel, une certaine proportion de matériaux azotés sont éliminés par la bile avec le contenu intestinal : de même, certains composés ternaires, tels que la cholestérine qui ne peut être éliminée par le rein, n'étant pas soluble dans l'eau ni dans l'urine. Cependant, le rôle excrémentitiel de la bile est limité singulièrement par la réabsorption intestinale. Et d'ailleurs, comme le fait observer Bunge, si la bile était un pur excrément, le cholédoque s'ouvrirait à la terminaison de l'intestin comme les reins, et non au commencement.

4° D'autre part, la bile, par la grande quantité de liquide qu'elle introduit dans l'intestin, serait antiseptique : elle interviendrait pour entraver la fermentation des matières putrides de l'intestin.

81. Rôle antiseptique de la bile. — La bile intervient dans la digestion, d'après l'opinion commune, de diverses manières : entre autres, en entravant la fermentation putride des aliments. Bien que la bile se putréfie à l'air, l'opinion commune lui a attribué un pouvoir antiseptique qu'elle ne possède guère. La putréfaction de la bile se produit assez lentement à l'air. Il en résulte beaucoup d'indol (et d'oxacides aromatiques). C'est surtout la pseudo-mucine qui est la source de ce produit. Il apparaît déjà six heures après la mort (Carl Ernst). Il s'accompagne quelquefois d'acide désoxycholique. Le passage du vert au jaune et au brun indique un processus de réduction. L'électrolyse de la bile prolongée pendant deux heures donne les mêmes couleurs et les mêmes produits (G. N. Stewart). Le fait est surtout évident avec la bile de bœuf dont le spectre est analogue à celui de la cholo-hématine.

L'une des raisons qui font admettre le rôle antiputride de la bile est l'odeur fétide des selles chez les ictériques, signalée par tous les médecins. De même les physiologistes signalent l'odeur infecte des selles chez les chiens opérés de fistule biliaire. Mais d'une façon générale on n'observe pas que l'odeur soit réellement plus fétide que chez les animaux où le régime et la consistance surtout des fèces sont les mêmes. Seulement cette odeur est d'une autre nature. On n'y reconnaît point les produits sulfurés, hydrogène sulfuré, sulphydrates (Dastre).

On a tenté la culture de différents bacilles (charbon, spirilles de Finkler et Prior, de la septicémie du lapin, etc.) dans des tubes de gélatine mélangés de 30 p. 100 à 60 p. 100 de bile. Le développement s'est fait partout facilement (Copermann et Winston). En particulier, le bacille de Koch ne perd, par un séjour prolongé dans la bile, ni son pouvoir de colorabilité, ni son pouvoir de développement, ni ses caractères de virulence (E. Sergent). La bile n'aurait donc d'effet antiseptique appréciable que sur les organismes de la putréfaction.

La bile produirait ainsi normalement un effet de désinfection sur le contenu intestinal, effet qui manquerait chez les chiens à fistule.

Bidder et Schmidt (1852) avaient insisté sur l'odeur putride des excréments des chiens à fistule, comme des malades ictériques : il avaient vu des fèces rares, poisseux, gras, à odeur putride : on observait en même temps des flatuosités, et un développement de gaz intestinaux. Ces phénomènes exactement observés prouvent seulement que les animaux opérés souffraient de désordres intestinaux : mais ceux-ci peuvent parfaitement être évités chez les chiens à fistule, grâce à un régime approprié. Pour beaucoup d'auteurs la désinfection biliaire aurait une importance considérable pour la santé et pour la conservation de la vie (Maly).

L'analyse des urines peut renseigner sur l'état des fermentations putrides de l'intestin, les témoins de cette fermentation (acides oxygénés aromatiques et acides sulfo-indoxylés) passant dans les urines. Or, chez les chiens à fistule biliaire, on ne constate pas d'augmentation de ces produits. De plus, pour une même nourriture, la quantité d'azote des fèces reste la même, après comme avant l'établissement de la fistule, de telle sorte que l'action supposée des microbes de la putréfaction n'accroît pas la destruction des matières azotées intestinales. La bile ne jouerait donc pas le rôle antiputride qu'on lui attribue (Röhmann).

82. Action de la bile sur les ferments solubles. — La bile mélangée au suc de levure fait perdre à celui-ci la faculté d'intervertir le sucre : elle paralyse le ferment inversif ou invertine. L'organisme lui-même (*Sacharomyces cerevisiæ*) ne paraît pas autrement atteint : il continue à vivre et à se développer (F. Falck). D'après C. Schipiloff il faut distinguer trois cas. Le plus fréquent est celui où la bile empêche l'action des ferments; c'est le cas pour la pepsine, comme nous venons de le voir pour l'invertine : cette action serait due aux acides biliaires. D'autre fois elle reste indifférente, c'est le cas des diastases amylolytiques, de l'émulsine, de la papaïne, du lab ferment. Enfin, dans d'autres cas elle favorise l'action : ferments du pancréas.

83. Rôle de la bile dans la digestion en général. — La bile joue un rôle dans la digestion des graisses; elle y intervient à côté du suc pancréatique. Le problème est de connaître l'étendue de cette action et de faire la part de ces deux agents.

En second lieu, outre ce rôle spécial dans la digestion des graisses dont nous allons essayer de fixer la nature et l'étendue, on a attribué à la bile un rôle dans la digestion en général, dans la digestion des albuminoïdes qu'on a exprimé en disant : *La bile met fin à la digestion gastrique et la fait même rétrograder; elle prépare la digestion intestinale.* L'afflux de bile paralyserait ou détruirait la pepsine, voilà l'arrêt; voici maintenant la rétrogradation : l'action irait plus loin, une partie des peptones formées dans l'estomac (particulièrement aux dépens du tissu conjonctif des aliments azotés) seraient précipitées à l'état floconneux par le liquide biliaire.

a. *Digestion artificielle.* — Ces opinions ne sont pas exactes (Dastre). Il faut d'abord distinguer les digestions artificielles et les digestions naturelles.

Le fait réel, c'est l'arrêt de la digestion gastrique artificielle, *in vitro*, par l'addition d'une quantité suffisante de bile.

L'addition à une digestion gastrique d'un poids de bile égal au dixième du poids de suc gastrique arrête la digestion de la fibrine (Cl. Bernard). Si l'on ajoute la bile au suc filtré on voit se produire un précipité jaune floconneux; mais ce précipité ne serait nullement produit par des peptones ramenées ainsi de l'état liquide à l'état solide (Schiff, Hammarsten, Maly, Emich). Il ne faut donc point parler de rétrogradation. Reste l'arrêt qui, lui, est réel. Celui-ci a été attribué : 1° au changement de réaction du milieu on admet que la bile neutraliserait l'acidité du sac gastrique. Mais la bile arrête la digestion gastrique artificielle même en milieu acide, deux fois plus acide que le suc normal (Hammarsten et Burkart); 2° l'arrêt a été attribué à l'entraînement et à la précipitation de la pepsine. Il se forme en effet un précipité (d'acide glycocholique déplacé par l'acide chlorhydrique, de mucus, d'albumine et de gélatine) et le précipité fixe et retient la pepsine, comme il arrive toutes les fois qu'il se forme un précipité dans une liqueur contenant un ferment soluble. Il est probable que toutes ces causes interviennent pour paralyser la pepsine et produire l'arrêt de la digestion artificielle.

b. *Digestion naturelle.* — C'est une opinion médicale généralement admise depuis Galien, que l'afflux de la bile dans l'estomac entrave la digestion gastrique et l'arrête : qu'il provoque l'indigestion et le vomissement. On l'a soumise à l'épreuve expérimentale. A des chiens bien portants, normaux ou à fistule gastrique, on fait ingérer soit avant les repas, soit aux différents temps de la digestion, tantôt 100 grammes, tantôt 250 grammes de bile de bœuf. Ni la digestion, ni la santé générale de l'animal ne sont troublées. Les fortes doses produisent simplement des effets purgatifs. Le contenu stomacal examiné peu de temps après est redevenu acide, l'effet alcalinisant de la bile étant rapidement compensé par la sécrétion gastrique augmentée (Dastre). De même si la bile est directement amenée dans l'estomac (fistule cholécysto-stomacale), par abouchement de la vésicule avec ce viscère (R. Oddi). Enfin on a souvent retiré par la sonde, en cas de digestions normales, de la bile mêlée au chyme (cent sept fois sur cent quarante-deux (Herzen). Donc l'introduction de la bile dans l'estomac ne produit ni vomissements, ni troubles gastriques; elle n'amène point la précipitation des peptones et n'entrave point la fonction digestive de l'organe.

La digestion des matières albuminoïdes se fait à la façon ordinaire chez les animaux porteurs de fistule biliaire (Bidder et Schmidt, Voit, Röhmann, etc.).

84. Action de la bile dans l'absorption digestive des graisses. — Le rôle de la bile dans la digestion des graisses résulte d'un certain nombre de faits observés soit *in vitro*, soit *in vivo*.

a. *La bile émulsionne les graisses neutres.* — 1° Si l'on mélange, en effet, la bile aux graisses neutres, on constate qu'elle en dissout réellement une petite portion, mais qu'elle en émulsionne la plus grande partie sous forme de globules microscopiques aptes à traverser le revêtement épithélial de l'intestin grêle.

De même, les savons sont solubles dans la bile et augmentent sa faculté d'émulsion pour les graisses neutres. Il y en est encore ainsi pour les acides gras libres : Mais ici le phénomène de dissolution se complique d'une décomposition (Steiner), l'acide gras prenant une partie de la soude au sel biliaire et précipitant l'acide taurocholique ou glycocholique correspondant (Lenz).

Cette action *in vitro* se produit certainement dans l'intestin.

2° On a encore cité le fait que la filtration des graisses à travers les membranes animales les diaphragmes poreux, les tubes capillaires, se produit sous une pression plus faible lorsque ces membranes, ces diaphragmes sont imbibées de bile, que lorsqu'elles sont imprégnées d'eau ou de solutions salines (Williams, Westinghausen). Cette condition est sans application en ce qui concerne le passage des graisses à travers les cellules épithéliales de l'intestin. On admet, en effet, que le plateau des cellules cylindriques intestinales est formé par une multitude de filaments protoplasmiques parallèles encerclés par un rebord saillant. Ceux-ci sont excités dans leur vitalité et leur mobilité par l'action de la bile (Thanhoffer) et vont alors se saisir des globules graisseux émulsionnés. De telle sorte que l'absorption des graisses serait particulièrement une propriété vitale des cellules de l'intestin (Ranvier), propriété qui serait favorisée par l'action de la bile et aussi du suc pancréatique, en tant que celui-ci est un agent émulsionnant. Mais aussi il paraît être, en plus, un agent saponifiant.

b. *Action de la bile sur la digestion des graisses. Fistule cholécysto-intestinale.* — Cl. Bernard tendait à attribuer la digestion des graisses (préparation à l'absorption) au suc pancréatique, à l'exclusion de la bile. *In vitro*, le suc pancréatique émulsionne et saponifie cette classe d'aliments. *In vivo*, le lapin fournit dans le même sens un argument naturel. Chez cet animal le canal pancréatique s'ouvre à 35 centimètres plus bas que le cholédoque; dans cet intervalle, les aliments sortant de l'estomac sont uniquement exposés à l'action de la bile. Or, si l'on a mêlé de la graisse à ces aliments, on constate que dans tout ce parcours cette graisse n'est ni émulsionnée, ni absorbée, et on le constate en remarquant que les chylifères ne sont point devenus laiteux (Cl. Bernard).

L'expérience de la *fistule cholécysto-intestinale* (Dastre), chez le chien, consiste à ouvrir la vésicule dans l'intestin à quelque distance au-dessous du canal de Wirsung après excision du cholédoque. En sacrifiant l'animal après un repas riche en matières grasses, on constate que les chylifères sont transparents dans la portion qui ne reçoit que le suc pancréatique, et que l'injection laiteuse ne commence qu'au-dessous du point d'arrivée de la bile.

L'expérience, contre partie de la précédente, apprend donc que la digestion des graisses appartient en réalité à la bile autant qu'au suc pancréatique.

C'est là un résultat *qualitatif*. Pour fixer quantitativement le rôle des deux sucs, on a exclu successivement chacun d'eux (ablation de pancréas ou fistule pancréatique, fistule biliaire) et examiné la manière dont était modifiée l'absorption des graisses. Lorsque l'on donne à un animal des aliments gras émulsionnés (lait) l'absorption peut être totale (97 p. 100); avec la bile seule (le suc pancréatique étant exclu), l'animal utilise encore 72 p. 100 (Minkowski; Abelmann); avec le suc pancréatique (la bile étant exclue), l'animal n'utilise plus que 62 p. 100 (Dastre). — Si l'on donne des graisses non émulsionnées, le déchet est beaucoup plus considérable. Un chien, par exemple, qu reçoit 150 grammes à 250 grammes de graisse et qui en absorbe 99 p. 100: s'il a une fistule n'en aborbera plus que 40 p, 100, même si l'on réduit à 100 grammes ou 150 grammes la quantité offerte (Voit). En tout cas, ce régime devient incompatible avec la santé et la conservation de l'animal.

La digestion des graisses est autre chose que la digestion des autres aliments; c'est une question d'activité vitale de la cellule d'épithélium, autant et plus qu'une question de préparation de l'aliment (émulsion par le suc pancréatique et par la bile). On a soutenu que le mélange de la bile au suc pancréatique favorise l'action de ce dernier sur les graisses et l'accélère dans la proportion de 3 à 1; et que, d'autre part, l'addition d'acide chlorhydrique à 2,5 p. 100 renforce encore cette activité saponifiante (Rachford). On comprendrait alors la disposition anatomique des conduits biliaires et pancréatiques dans le duodénum. L'anatomie comparée montrerait que la bile et le suc pancréaitque sont versés par un orifice commun chez les animaux mamifères qui consomment des aliments gras en quantité considérables et que cet orifice commun est d'autant plus près du pylore que précisément l'animal mange plus de graisse. De même, la vésicule biliaire est nécessaire chez tous ceux qui s'alimentent de graisses, et son développement est en rapport avec la part plus ou moins grande des corps gras dans l'aliimentation de l'animal. L'étude de la digestion des albuminoïdes en présence de la bile et d'une liqueur acide conduirait aux mêmes résultats (Rachford et Southgate).

85. Action de la bile sur les fibres musculaires de l'intestin. — On admet que la bile stimule les contractions de l'intestin. On infère cette propriété d'observations indirectes : par exemple que les contractions péristaltiques seraient moins actives et la constipation ordinaire dans les cas où la bile ne s'écoule pas dans l'intestin; et d'autre part que l'ingestion de sels biliaires produirait la diarrhée et les vomissements (LEYDEN, SCHÜLEIN). Ces arguments ne peuvent être admis comme absolument sûrs, — et d'autre part, la constatation directe est contraire à leur conclusion, car l'évacuation directe d'une certaine quantité de bile dans le duodénum n'a pas produit de mouvement appréciable (SCHIFF).

On a admis toutefois une action excitatrice de la bile sur les fibres musculaires des villosités, action qui aurait pour résultat de vider le lymphatique central, par conséquent de favoriser l'absorption.

86. Ferment diastasique de la bile. — On a attribué à la bile une action diastasique, saccharifiant l'amidon et le glycogène (NASSE, JACOBSON, V. WITTICH, BUFALINI); il y a de fortes raisons de douter de la réalité de ce ferment (GORUP-BESANEZ. KÜHNE). NEUMEISTER cite la ptyaline comme existant dans la bile.

§ XI. — Bibliographie.

Bibliographie. — E. WEILL. *Du reflux permanent de la bile dans l'estomac* (*Soc. des sc. méd. de Lyon*, 1890). — BOUCHARD. *Leçons sur les auto-intoxications*, 1887, 241. — WERTHEIMER. *Élimination par le foie de la matière colorante verte des végétaux* (*A. P.*, 1893, 122). — WERTHEIMER et E. MEYER. *De l'apparition de l'oxyhémoglobine dans la bile* (*A. P.*, 1889, 438). — HERZEN. *Digestion stomacale* (Lauzanne, 1866). — C. SCHIPILOFF. *Rech. sur les ferm. digestifs* (*Arch. sc. phys. et nat.*, Genève, XXII, 1889). — E. SERGENT. *La bile et le bacille de* KOCH (*B. B.*, 13 mai 1893). — F. FALK. *Ueber die Einwirkung von Verdauungs Säften auf Fermente* (*A. P. P.*, 1887, 187). — *Procédé pour déceler des traces minimes de pigment biliaire dans les urines*, par E. MARÉCHAL et H. ROSIN (*Sem. méd.*, 11 fév. 1893). — O. LIEBREICH. *Lanoline et graisse de cholestérine* (*A. P.*, 1890, 365). — LANDWEHR (*Z. P. C.*, VIII, 114). — PIJAKULL (*Z. P. C.*, XII, 196). — RÖHRIG, VIRCHOW et HIRSCH (*Med. Jahresb.*, I, 1873, 143). — SCHMULEWITSCH (*Berichte des Sächs. Akad. d. Wissenschaft.*, 1868). — PRÉVOST et BINET. *Recherches expérimentales relatives à l'action des médicaments sur la sécrétion biliaire et à leur élimination par cette sécrétion* (*Rev. méd. de la Suisse Romande*, 20 mai 1888). — R. ANSELM. *Ueber die Eisenausscheidung durch die Galle* (*Arbeiten des Pharmakologischen Institutes zu Dorpat*, VON KOBERT, VIII, 1892, 51). — O. MÜLLER (1890) et W. NISSEN (1891). *dans des thèses de* DORPAT. — W. GORODECKI. *Ueber den Einfluss des experimentell in den Körper eingeführten Hæmoglobins auf Secretion und Zusammensetzung der Galle*, 1889. *Inaugural Dissertation* (DORPAT). — FR. SPALLITA. *Action de la bile sur le mouvement du cœur* (*Untersuchungen zur Naturlehre des Menschen und der Thiere*, XIV, 44, 1889). — ALBERTONI. *La sécrétion biliaire dans l'inanition* (*A. i. B.*, XX, 134, et *Memorie del Instituto di Bologna*, III, 1893). — DEBURGHD BIRCH et H. SPONG. *The secretion of the Gall Bladder* (*The Journal of Physiology*, VIII, 378.) — J.-J. CHARLES. *Untersuchungen über die Gase der Lebergalle* (*A. g. P.*, XXVI, 201). — IVO NOVI. *Il ferro nella Bile* (*Accademia delle scienze di Bologna*, 10 mars 1889). — *L'eliminazione del ferro* (*Archivio per le Scienze mediche*, XV, n° 25). — RUGGERO ODDI. *Effetti dell' estirpazione della Cistifellea* (*Boll. delle Scienze mediche di Bologna*, VI, XXI, 1888). — G. PISENTI. *Sulle modificazioni della Secrezione Biliare nei processi febrili* (*Archivio per le Scienze mediche*, IX, n° 10, 1885). — G. PIRRI. *Le sodium et le potassium dans la bile* (*A. i. B.*, XX, 196 et *Mem. dell Accadem. di Bologna*, III, 1893). — G. DAGNINI. *Recherches sur le chlore de la bile* (A. *i. B.*, XX, 180 et *Accad. di Bologna*, VII, 1893). — V. HARLEY. *Leber und Galle während dauernden Verschlusses von Gallen und Brustgang* (*A. P.*, 1893, 291). — *Pathology of obstructive Jaundice* (*British Med. Journal*, 20 août 1892). — KÜFFRATH. *Ueber die Abwesenheit der Gallensaüren im Blute nach dem Verschluss des Gallen und des Milchbrustganges*. — *De l'absence des acides biliaires dans le sang après la ligature du canal cholédoque et du canal thoracique* (*A. P.*, 1880, 92). — M. SCHIFF. *Sur la réaction des acides biliaires et leur différence chez le bœuf et chez le cobaye* (*A. P.*, IV, 1892, 594) — (*A. g. P.*, 1870, III, 598). — SCHWANN (*A. V.*, 1844, 124). — VOSSIUS (*A. P. P.*, 1879, XI, 427). — SALKOWSKI. *Practicum der Physiol. und Pathol. Chemie*, 1893. — F. RÖHMANN. *Beobachtungen an Hunden mit Gallenfistel. A. g. P.*, XXIX, 509). — MAC MUNN (*Journal of Physiol.*, X, 198). — S. ROSENBERG. *Ueber die Cholagoge Wirkung des Olivenöls im Vergleich zu der Wirkung einiger anderen Cholagogen Mittel.* (*A. g. P.*, XLVI, 336). — WERTHEIMER et MEYER (*C. R.*, CVIII, 357). — A. WEISS. *Ce que devient la bile dans le canal digestif* (*Bull. de la Soc. Imp. des naturalistes de Moscou*, 1884). — NOEL. *Étude* *générale sur les variations des gaz du sang (et de la bile)* (*Thèse de Paris*, 1870). — Mösler. *Untersuchungen über Ubergang von Stoffen in Galle* (Giessen, 1857). — Hammarsten (*A. Pf.*, 1869). — Hammarsten et Burkart (*A. Pf.*, 1868 et 1869). — Röhrig (*Med. Jahr. Wien.*, 1873). — Rutherford. *Transact. of the royal Society of Edimburg*, 1880, xxix. — Baldi (*A. B.*, 1883, iii, 387). — Wertheimer. *Expériences montrant que le foie rejette la bile introduite dans le sang* (*A. P.*, 4 octobre 1891, 724). — Th. Shore et Lewis Jones. *On the structure of the vertebrate liver* (*The Journal of Physiol.*, x, 408, 1889). — A. Dastre. *Opération de la fistule biliaire* (*A. P.*, 1890, 714). — *Recherches sur les variations diurnes de la sécrétion biliaire* (*A. P.*, 1890, 800). — *De l'élimination du fer par la bile* (*A. P.*, 1891, 136). — *Recherches sur la bile* (*A. P.*, 1890, 315). — M. Doyon. *Étude analytique des organes moteurs des voies biliaires chez les vertébrés* (*Thèse de la Faculté des sciences de Paris*, 1893). — V. Hanot. *La bile incolore; acholie pigmentaire* (*Sem. méd.*, 1er mai 1895, n° 23). — Guibbaud. *Aperçu nouveau sur le cours de la bile*. — Bouchard. *Leçons sur les auto-intoxications* (1887). — Rosenkranz. *Ueber das Schicksal und die Beductung einiger Gallenbestandtheile* (*Verhandlungen der Physikal Medicin Gessels Würzburg*, xiii, 218). — Gobley. *Recherches sur la nature chimique et les propriétés des matières grasses contenues dans la bile* (*Bull. de l'Acad. de méd.*, 2 septembre 1856). — Copeman and Winston (*The Journal of Physiol.*, x, 213). — Yeo and Herroun (*The journal of Physiol.*, v, 116). — Asp (*Berichte der Sächr. Akad. d. Wiss.*, 1873). — Heidenhain. *Studien des Phys. Inst. Breslau*, ii. — Blondlot. *Essai sur les fonctions du foie*, 1846. — Hoppe-Seyler. *Physiologische Chemie*. — Garnier, Lambling et Schlagdenhaufen. *Chimie des liquides et des tissus de l'organisme* (*Encyclop. chim. de Frémy*, 1892). — Marshall. *Ueber die Hufner'sche Reaction bei americanischer Ochsengalle* (*Z. P. C.*, 1886, xi, 233). — F. Mylius. *Ueber die blaue Iodstärke und die blaue Iodcholsaüre* (*Z. P. C.*, xi, 1887, 306). — *Zur Kenntniss der Pettenkofer'schen Gallensaüre Reaction* (*Ibid.*, 492). — C. Schotten. *Ueber die Saüren der menschlichen Galle* (*Z. P. C.*, xi, 1887, 269).

C. Schotten. *Ueber die Saüren der menschlichen Galle* (*Z. P. C.*, xi, 1887, 268). — S. Jolin. *Ueber die Saüren der Schweinegalle* (*Z. P. C.*, xi, 1887, 417.) — F. Mylins. *Zur Kenntniss der Petterkofer'schen Gallensaürereaction* (*Z. P. C.*, xi, 1887, 492). — A. Jolles. *Ueber den Nachweiss von Urobilin im Harne* (*A. Pf.*, lxi, 622). — Rachford et Southgate. *Influence of bile on the pisteolytic action of pancreatic Juice* (*Medical Record.*, déc. 1895). — B.-K. Rachford. *Comparative anatomy of the Bile and Pancreatic Ducts in mammals studied from the Physiologic, Standpoint of fat Digestion* (*Medicin*, déc. 1895). — J. Glass. *Ueber den Einfluss einiger Naturnsalze auf Secretion und Alkalien gehalt der Galle* (*A. P. P.*, 30, 241). — M. Michailow. *Ueber die Wirkung der Ureterunterbindung auf die Absonderung und Zusammensetzung der Galle* (*Petersburg. medic. Wochenschrift*, 1892, n° 2). — N.-P. Kratkow. *Ueber den Einfluss der Unterbindung des Gällenganges auf den Stoffwechsel im thierischen Organismus* (*Wratsch.*, 1891, n° 29 et *C. W.*, 1891, n° 51, 932). — Carl Ernst. *Ueber die Faülniss der Galle und deren Einfluss auf die Darmfaülniss* (*Z. P. C.*, xvi, 205). — G.-W. Stewart. *Die Wirkung der Electrolyse und der Faülniss auf die Galle und besonders aüf die Gallenfarbstoffe* (Travail du Laboratoire de Manchester analysé dans *P. C.*, 5, 437). — Lassar-Cohn. *Ueber die Cholalsaüre und einige Derivate derselben* (*Z. P. C.*, xvi, 488). — Lassar-Cohn. *Vorkommen von Myristinsaüre in der Rindergalle* (*Z. P. C.*, xvii, 67). — Lassar-Cohn. *Die Saüren der menschlichen Galle* (*Z. P. C.*, xix, 563). J. Mayer. *Experimenteller Beitrag zur Frage der Gallensteirnbildung* (*A. V*, vi, 561. — Voit. *Ueber die Bedeutung der Galle für die Aufnahme der Nahrungsmittel in Darmkanal* (*Festschrift München*, 1882). — L. Paijkull. *Ueber die Schleimsubstanz der Galle* (*Z. P. C.*, xii, 1887, 196). — R. Oddi et G. D. Rosciano. *Sur l'existence de ganglions nerveux spéciaux à proximité du sphincter du cholédoque* (*A. B.*, xxiii, 459 et *Monitore Zoologico Italiano*, v. 9 et 10, 1894). — V. Harley. *Leber und Galle während danernden Verschluss von Gallen- und Brustgang* (*A. P.*, 1893, 291). — C. Tobias. *Sur l'absorption par les voies biliaires* (*A. B.* de Van Beneden, xiv, 1895). — J. Hedenius. *Methode zum Nachweiss des Gallenfarbstoffes in ikterischen Plüssigkeiten* (*Upsala Läkareforenngseb.*, 29, 541). — A.-G. Barbiera. 1. *L'azote e l'acque nelle bile et nelli urine* (*Annali di Chimica e Farmacologia*, déc. 1894; 2. *L'eliminazione della bile nel diguinoe dopo differenti genoer di alimentazione* (*Bullett. della scienze med. di Bologne*, vii, 5, 1894); 3. *L'eliminazione dell'urea della bile nel digestivo dopo differente genere di alimentazione* (*Ibid.*). — D. Kuttig et Z. Donogany. *Gallens-*

teine in Budapester Leichen (*Orrosi hetilap., Budapest.*, 1894, 287). — K. LANDSTEINER. *Ueber Cholsaüre* (*Z. P. C.*, XIX, 285). — D. RYWOSCH. *Vergleichende Versuche über die giftige Wirkung der Gallensaüren* (*Arbeiten des pharmak. Institut. zu Dorpat*, II, 1888, 102). — *Einige Notizen die Giftigkeit der Gallenfarbenstoffe bettreffend* (*Arbeiten des pharmak. Inst. zu Dorpat.*, VII, 1891, 157).

A. DASTRE.

BINOCULAIRE. — Le terme « binoculaire » s'entend de toute fonction résultant de l'emploi simultané des deux yeux, en opposition avec les fonctions résultant de l'emploi d'un seul œil; fonction monoculaire. Il y a un champ visuel monoculaire, et un binoculaire; il y a de la diplopie (vision double) monoculaire et de la diplopie binoculaire; il y a enfin la vision binoculaire et la vision monoculaire. Nous renvoyons à l'article **Vision binoculaire**.

NUEL.

BIOLOGIE. — Les mots de « biologie et « de biologiste » sont de ceux que l'on rencontre et emploie le plus fréquemment : et ce sont en même temps de ceux que l'on emploie le plus à tort. Ceci vient de ce qu'on leur attribue un sens beaucoup trop vague et élastique. Il sera bon, pour commencer, de dire en quoi consiste la biologie, et en quoi elle ne consiste pas.

Étymologiquement, la biologie est la science de la vie. Ce que c'est que la vie, nous l'ignorons. Les physiologistes en ont donné mille définitions différentes, la définissant toujours en termes de physiologie, c'est-à-dire, par la nutrition, par la motilité, par la spontanéité, par la reproduction, etc. Par la nutrition, qui n'est point sans analogie avec certains phénomènes des corps non vivants; par la motilité, en tenant la motilité du corps vivant comme distincte de la motilité des corps non organisés, malgré le caractère de certaines manifestations de mouvement (héliotropisme, thermotropisme, géotropisme, chimiotaxie) qui se rapprochent du mouvement non vivant; par la spontanéité malgré le rôle considérable des réflexes dont la spontanéité est absente. Et pourtant nous sentons — mieux que nous ne l'exprimons — les caractères de l'organisme vivant, ou en vie latente susceptible de se réveiller, de sorte que, si une définition satisfaisante et suffisante nous fait encore défaut, nous avons du moins l'assurance que la chose existe et qu'elle présente des caractères qui lui sont spéciaux, bien qu'au bas de l'échelle, il puisse être malaisé de dire au juste où finit l'inanimé et où commence le vivant. Cette difficulté n'est point spéciale à la matière dont il s'agit ici : elle se présente dans tous les domaines, étant seulement plus grande en ce qui concerne la vie.

Laissons donc la définition de la vie, et venons à celle de la Biologie. Elle est moins simple qu'on ne croit.

Biologie, dit LITTRÉ : « Science qui a pour sujets les êtres organisés et dont le but est d'arriver par la connaissance des lois de l'organisation à connaître les lois des actes que ces êtres manifestent. »

C'est là une définition large assurément; mais elle l'est trop, ou ne l'est pas assez. Les « actes » ont leur importance, cela n'est point douteux : mais les lois des « manières d'être » n'ont-elles pas leur importance, et où en est-il tenu compte?

La vérité est que sous le nom de biologie, l'on réunit, le voulant ou sans y faire attention, deux ordres d'études très différentes : la biologie d'une part, *stricto sensu*, et les sciences biologiques de l'autre[1]. Et comme il arrive toujours, quand un même mot a deux significations, l'une des deux l'emporte sur l'autre, et le mot ne garde qu'un sens. La chose se fait avec d'autant plus de facilité, si, comme c'est actuellement le cas, l'un des deux sens correspond à une réalité constamment présente, et l'autre à une quasi-

1. Ouvrez au hasard l'un des nombreux ouvrages de « Biologie » qui se publient en Angleterre ou aux États-Unis, par exemple la *General Biology* de MM. SIDGWICK et WILSON (1889, New-York, H. Holt). La classification adoptée est la suivante : les sciences morphologiques (Anatomie, Histologie, Taxonomie, Distribution, Embryologie) sont désignées comme subdivisons de la biologie qui dès lors est l'ensemble des sciences biologiques. Même classification dans les récentes *Lectures on Biology* de R. W SHUFELDT (1892) pour qui « la Biologie au temps présent se trouve comprendre le groupe des sciences qui traitent des phénomènes présentés par la matière vivante. »

abstraction; si l'un des ordres d'études, désignés par le mot, est florissant, alors que l'autre est en quelque sorte délaissé. La confusion entre la biologie et les sciences biologiques s'est donc implantée, et, aujourd'hui, on considère comme biologiste quiconque touche de près ou de loin aux sciences biologiques. La zoologie, la botanique, la physiologie, l'embryologie, la tératologie, etc., sont de la biologie, pour la plupart, et il n'y a point de raison pour ne pas appeler biologistes aussi bien les pathologistes. Troublée ou normale, la vie est toujours la vie, et à ce compte le médecin fait aussi œuvre de biologie.

A la vérité, cette modification de sens des termes serait de peu d'importance, s'il n'existait pas un domaine distinct des précédents, qui ne fait pas partie de telle ou telle des sciences biologiques, et auquel il convient de réserver le nom de biologie. Du moment où ce domaine existe, il mérite d'avoir son nom, et il convient d'en délimiter les frontières. Il est essentiel, donc, de distinguer les sciences biologiques — chacune desquelles a depuis beau jour son nom et son attribution suffisamment explicites — de la biologie qui est autre chose que celles-ci, tout en ayant avec elles des rapports que nul ne peut méconnaître.

Qu'est-ce donc que la biologie?

Résumé historique : Treviranus. Geoffroy-Saint-Hilaire. Lamarck. Claude Bernard. — C'est en 1802 que le terme biologie a fait son apparition, et figuré officiellement dans la science, en tête d'un volumineux traité de Gottfried Reinhold Treviranus, intitulé *Biologie oder Philosophie der Lebenden Natur für Naturforscher und Aerzte* (Göttingue, J. F. Röwer, 1802, 6 vol. in-8).

Pour bien comprendre l'œuvre de Treviranus, il faut se reporter à l'époque où elle parut, et considérer ce qu'étaient les sciences naturelles à son époque. En vérité, c'était chose infiniment sèche. La zoologie et la botanique n'étaient que nomenclature d'espèces : la physiologie était rudimentaire, la morphologie n'avait point encore pris l'essor que l'on sait, la philosophie des sciences naturelles n'existait point, ou du moins commençait seulement à se constituer. « Quel homme, disait Treviranus, qui n'a point encore perdu le sens des choses élevées, pouvait trouver de la science à ce travail de mémoire? » Il faut en effet, avoir singulièrement rétréci son horizon mental pour trouver le moindre intérêt aux catalogues de noms qui, il y a cent ans, constituaient la zoologie et la botanique courantes. « Notre but, dit encore Treviranus, notre but est d'entrependre une nouvelle sorte de recherches, sans tenir compte des applications possibles des résultats de nos recherches à n'importe quelle science ou art. L'objet de nos recherches sera constitué par les différentes formes et manifestations de la vie, les conditions et lois sous lesquelles celle-ci se produit, et les causes qui l'effectuent ou déterminent. La science qui se consacre à cet objet, nous la désignerons sous le nom de biologie ou *Lebenslehre*. »

Un passage est particulièrement important en ce qu'il montre bien le fond de la pensée de Treviranus, et indique exactement son orientation. Il pressent les objections qu'on lui fera, et les formule de façon concise. « Du vieux sous une forme nouvelle, va-t-on dire...? » Et c'est bien cela. La Biologie, ce n'est à tout prendre qu'une orientation mentale, c'est une façon particulière d'envisager les faits connus, c'est un prisme intellectuel. Oui, dit Treviranus : du vieux sous une forme rajeunie. N'est-ce donc rien que d'envisager les grandes verités à un point de vue général? La vie n'est-elle pas la seule chose intéressante, en elle-même si nous y pouvons atteindre, dans ses manifestations, et dans ses formes? Et cataloguer ces formes et manifestations, n'est-ce pas infiniment moins intéressant que de méditer sur les causes de ces différences de forme? Les matériaux dont Treviranus veut tirer parti se trouvent jusqu'ici dispersés dans les sciences les plus différentes, et en particulier dans l'histoire naturelle et dans la théorie de la médecine. En somme, je retiendrai de ces passages et d'autres encore, et enfin du titre même de l'œuvre les éléments que voici : « La Biologie est la *philosophie* de la nature vivante; elle étudie les *conditions et lois* dans lesquelles la vie existe; elle emprunte ces matériaux aux sciences naturelles. »

Il faut bien tout dire : les intentions de Treviranus étaient excellentes et parfaitement naturelles et justifiées : mais il n'a pas produit l'œuvre que comportaient celles-ci. Il n'a pu réussir à s'affranchir complètement de l'éducation, mortelle ennemie de l'originalité, et malgré lui la tradition l'a en partie détourné de son but. Il faut ajouter aussi, pour son excuse, qu'il lui eût été bien difficile de constituer de toutes pièces la biologie. Il en existait bien çà et là des fragments épars : mais impossible de les grossir en six volumes. En cent ou deux cents pages, il eût pu donner une esquisse de ce que devait être la biologie, et il eût été sage de s'en tenir là. Il a voulu faire rentrer toutes les sciences biologiques dans son cadre, et celui-ci s'en est trouvé déformé, méconnaissable. Ce n'est point le premier et ce ne sera point le dernier à qui pareille mésaventure arrivera. Le plan général de son œuvre, que nul ne lit plus, contient pourtant quelques bonnes parties, sur les gradations de la nature vivante, sur la distribution de la vie; mais le reste n'est que classification, paléontologie du temps, et physiologie comme on la faisait encore.

Si donc la *Biologie* de TREVIRANUS ne répond point totalement au but que se proposait son auteur, il faut du moins tenir compte à celui-ci de son intention, et retenir ce qu'il avait de nouveau et d'original dans sa conception. N'y eût-il que les passages cités plus haut, ils suffisent à justifier l'emploi qui doit être fait du terme *Biologie*, tel que nous le définissons plus loin. Mais, avant d'en venir à cette définition, il faut voir quelle a été la fortune du nom et de la chose au cours du siècle.

LAMARCK employa le mot en 1802, dans son *Hydrogéologie*, de sorte qu'on ne saurait décider qui, de lui, ou de TREVIRANUS, l'employa le premier. LAMARCK était assurément plus près de la biologie que ne le fut son émule, et sa *Philosophie Zoologique* est là pour en faire preuve. Ce n'est toutefois que plus tard que la nature de la biologie se formule de façon nette, précise, avec ISIDORE GEOFFROY-SAINT-HILAIRE. Autant l'école de CUVIER devait être peu apte à saisir le point de vue nouveau représenté par le mot nouveau, autant au contraire l'école de LAMARCK et de GEOFFROY-SAINT-HILAIRE était préparée à le comprendre. Et en vérité, si la grande œuvre de ce dernier ne porte point le titre de *biologie*, c'est affaire de circonstances. ISIDORE GEOFFROY tient *biologie et histoire naturelle générale* pour exactement synonymes. « Ce nom (celui de biologie) ce nom, aussi exact que concis, est le seul que j'eusse employé dans cet ouvrage si le premier n'eût été consacré et popularisé par l'emploi qu'en a fait BUFFON. Tout le monde sait que son immortel ouvrage porte ce titre : *Histoire naturelle générale et particulière*. » Il en résulte que BUFFON avait une idée exacte de la biologie; TREVIRANUS ne vit guère que le nom. LAMARCK et GEOFFROY SAINT-HILAIRE, tout en n'employant guère le mot, eurent, le dernier surtout, une notion très nette de la chose. A dire vrai, c'est dans l'*Histoire Naturelle Générale* qu'il faut chercher la première œuvre de biologie de réelle importance, la première ébauche tant soit peu complète de la *vie de l'espèce*, opposée à la *vie de l'individu*, de la biologie opposée à la physiologie. Il est permis de laisser de côté LORENZ OKEN. Dans ses *Éléments de physiophilosophie* (philosophie de la nature) il divise son sujet en trois parties : la *mathésis*, qui est la doctrine du tout (de l'esprit et des activités), l'*ontologie* ou étude des phénomènes individuels, *de entibus*; et enfin la *biologie*, étude du tout dans les individus (*de toto in entibus*) qui comprend l'organogénie, la phytogénie, la phytophysiologie, la phytologie, la zoogénie, la physiologie, la zoologie, la psychologie. Il ne manque que la pathologie pour comprendre tout le domaine des êtres vivants, mais il ne s'y trouve rien de ce qui, à nos yeux, constitue la biologie proprement dite.

Bien que foncièrement — et étroitement — physiologiste, FLOURENS est de ceux qui ont aperçu, dans une certaine mesure, la distinction qui sépare ces deux sciences. « A côté de l'étude propre de la vie, dit-il (*Cours de Physiologie comparée*, 1856), il y a l'étude des êtres vivants. » Mais n'est-il pas bizarre qu'ensuite il vienne faire de la biologie une subdivision de la physiologie, laquelle, pour lui, comprend la biologie, étude des parties, et l'ontologie, étude des êtres?[1] Il obéissait en réalité à cette tendance parfois inavouée,

1. « La physiologie est la science de la vie. On peut considérer la vie en elle-même, c'est-à-dire dans la force dont elle est douée et dans les fonctions qui la constituent. C'est la *physiologie proprement dite*. »

« A côté de l'étude propre de la vie, il y a l'étude des êtres vivants. »

« L'étude des êtres nous donne une autre science. Nous ne décomposerons plus les êtres; nous les étudierons en eux-mêmes chacun ayant sa détermination propre. » « Pour me résumer je divise la physiologie en : 1° physiologie des parties; 2° physiologie des êtres. »

« J'appelle l'étude propre de la vie *biologie*, et l'étude des êtres vivants *ontologie*. »

mais fréquente et très humaine, qui pousse l'homme à mettre particulièrement en vedette l'objet habituel de ses préoccupations, pour n'accorder aux objets dont il ne s'occupe point qu'une place inférieure et subordonnée. Cela est humain, et quelque peu puéril : la « supériorité » d'une branche de la science sur une autre est un de ces sujets qu'on peut discuter fort longuement sans arriver à une conclusion satisfaisante, et le mieux est de se rappeler simplement que la grandeur de la science est moins dans le domaine même de celle-ci que dans les qualités qu'y apporte le savant. L'instrument importe assez peu, et c'est l'artiste qui compte seul. Sous les doigts de plusieurs milliers de mortels le piano paraît un outil méprisable, jusqu'au jour où un RUBINSTEIN s'en empare, et fait oublier tous les virtuoses de second ordre enorgueillis d'instruments considérés comme plus nobles. Il en est de même dans les sciences, et les discussions trop fréquentes sur la question de savoir si telle science est plus élevée ou plus belle que telle autre sont aussi puériles qu'inutiles. Est-il besoin d'ajouter que ceci n'est point à l'adresse spéciale de FLOURENS? En réalité FLOURENS, loin de vouloir subordonner à la physiologie le domaine de la biologie, voulut l'incorporer à celle-ci, augmentant l'extension du mot physiologie en y créant deux départements, l'étude des organes et l'étude des êtres. Voyant dans celle-ci un sujet intéressant, il voulait se l'annexer simplement. « Faut-il que la physiologie reste étrangère à ce grand domaine d'études nouvelles que notre siècle a vu naître? Se bornera-t-elle toujours à étudier les organes et les fonctions sans s'occuper des êtres? » Cela est fort sagement pensé et clairement dit, mais quand on voit ce que devient la physiologie, à quel degré de spécialisation il faut parvenir, quelle variété de méthodes, quelle étendue de culture sont requises dans les sciences dites accessoires, médicalement parlant, il est évident qu'il faut bien que la physiologie reste étrangère à ce domaine dont l'extension va croissant, et dont les limites sont si distinctes de celles de la première.

Encore faut-il savoir gré à FLOURENS de n'avoir point méconnu la biologie. Sans doute, il appelle biologie ce que nous appellerons sciences biologiques, et donne le nom d'ontologie à ce qui est proprement la biologie; mais il aperçoit du moins l'existence de deux domaines distincts, et indépendants : distincts et indépendants dans la mesure où peuvent l'être des sciences traitant des mêmes objets à des points de vue différents, dans des relations différentes.

Avec CLAUDE BERNARD les choses changent. Dominé, dès qu'il sort de l'étude spéciale d'une fonction ou d'un organe, d'un nerf ou d'un groupe de cellules, dominé par sa conception de la physiologie générale, il n'aperçoit point le domaine de la biologie, tel qu'il avait apparu à quelques-uns de ses devanciers Il n'y a pas lieu de définir ici la physiologie générale : il en sera parlé ailleurs, et, au reste, il n'y a entre elle et la biologie que de rares points de contact. Pour la biologie même, CLAUDE BERNARD ne la voit point : il ne la voit pas distincte de la physiologie.

« Chaque science a son problème spécial à résoudre, son but propre à poursuivre, en un mot son objet déterminé, et à ce titre la physiologie est la science qui étudie les phénomènes manifestés par les êtres vivants : c'est donc la *science de la vie*, la *biologie* comme on l'appelle souvent. » (*Leçons sur les propriétés des tissus vivants*, 4.) C'est à lui surtout qu'est dû l'abus actuellement fait du mot biologie partout pris pour synonyme de physiologie. En de nombreux passages de son œuvre cette confusion de la biologie s'affirme (implicitement ou explicitement). « La physiologie est la science de la vie : elle décrit et explique les phénomènes propres aux êtres vivants. » (*Phén. de la vie*, I, 3.) « La physiologie ou science de la vie fait connaître et explique les phénomènes propres aux êtres vivants (*ibid.* II, 391). » La physiologie embrasse tous les phénomènes vitaux : voilà qui est très clair. En réalité CLAUDE BERNARD considère l'être vivant comme formant l'objet de deux sciences bien distinctes. D'un côté il relève du naturaliste; de l'autre, du physiologiste. Comme il n'y a plus de naturalistes aujourd'hui, le zoologiste a pris sa place, et celui-là sera bientôt remplacé par un certain nombre de spécialistes, malacologiste, entomologiste, etc.

L'être vivant est étudié au point de vue morphologique et anatomique par le zoologiste qui en fait connaître la forme et les caractères extérieurs, la structure intérieure, les organes, systèmes, tissus, la formation et le développement. La description la plus complète d'une espèce, son embryogénie, son développement, voilà l'œuvre qu'il doit mener à bien.

A vrai dire, entre le naturaliste ou zoologiste tel que le voyait CLAUDE BERNARD, et une plaque photographique ou un appareil enregistreur d'un nouveau genre, il n'y a pas grande différence. Le naturaliste, pour le grand physiologiste, est un simple observateur. Les sciences naturelles sont des sciences d'observation, ou descriptives.

Après l'œuvre du naturaliste, ou zoologiste, vient celle du physiologiste, pour CLAUDE BERNARD. Voici un organisme : son anatomie, son histologie, son développement ont été étudiés : il reste à en faire la physiologie. Telle est l'œuvre de ceux qui s'attachent à l'étude des êtres vivants. L'un examine la structure, et considère l'être en soi, mort. L'autre s'efforce de connaitre la fin des parties chez l'être vivant.

Il serait injuste de méconnaître, chez CLAUDE BERNARD, une conception un peu plus générale de la physiologie que celle qui vient d'être décrite.

CLAUDE BERNARD aperçoit bien la dépendance physiologique de l'organisme par rapport au milieu. La vie est un phénomène essentiellement conditionné : elle n'est possible, *pro loco* et *pro tempore*, que grâce à un concours de circonstances.

« Dans tous nos cours de physiologie générale nous avons donc toujours professé qu'il fallait admettre deux ordres de milieux bien distincts pour les êtres vivants.

« 1° Les *milieux cosmiques* ou *extérieurs*, en contact immédiat avec les éléments anatomiques qui composent l'être vivant :

« 2° Les *milieux organiques* ou *intérieurs* en contact immédiat avec les éléments anatomiques qui composent l'être vivant. »

Cela est très juste, et la notion des relations de l'être avec le milieu est de celles qui sont le plus importantes. Mais remarquez que l'énumération est incomplète. On considère l'être en relations avec le milieu physico-chimique extérieur, et avec le retentissement de celui-ci sur le milieu intérieur : mais les relations de l'être avec les autres êtres ne sont pas mentionnées. Le milieu organique extérieur est passé sous silence.

En résumé, — car ces considérations historiques doivent maintenant faire place à une définition, — en résumé, c'est à GEOFFROY SAINT-HILAIRE qu'il faut remonter pour trouver une conception exacte de la biologie. FLOURENS a eu une vision moins nette, CLAUDE BERNARD, attiré par d'autres objets, n'a guère vu que la physiologie proprement dite. Il en a élargi le cadre sans doute, mais pas assez pour y faire entrer la biologie qui du reste n'a pas à y entrer, et dont le domaine est distinct. Comme il le dit lui-même (*Science Expérimentale*, 99) :

« Toutes les classifications des sciences ne sauraient se fonder exclusivement sur les circonscriptions naturelles des corps qu'elles considèrent; elles se divisent aussi et plus particulièrement selon les problèmes spéciaux qu'elles se proposent de résoudre. La physiologie générale, par son objet, se confond avec toutes les sciences des êtres vivants, puisqu'elle analyse des phénomènes qui se passent à la fois dans l'homme, dans les animaux et dans les végétaux. »

Appliquant ce principe d'une incontestable exactitude, nous trouvons qu'en effet les « problèmes spéciaux » que font surgir les organismes ne sont pas tous groupés et reconnus dans la physiologie et les sciences naturelles telles qu'on les comprend communément. Tous les points de vue ne sont pas examinés : il en reste un qui est le point de vue biologique, et qu'il nous faut indiquer. Dire que les études ne peuvent se guider exclusivement sur les « circonscriptions naturelles » des organismes, revient à dire que les différentes sciences sont affaire *de point de vue* ou *d'orientation de l'esprit*. La biologie ne fait pas exception : c'est bien plus une façon de considérer les choses, qu'un domaine spécial dans celle-ci.

Définition et Divisions de la Biologie. — Nous la définirons volontiers de la façon que voici : *la science des rapports des organismes avec le milieu ambiant et avec les organismes présents et passés*. Expliquons cette définition[1]. Le milieu est un ensemble de circonstances très variées, extérieures à l'organisme. Supprimez ou modifiez telles de celles-ci, et c'est la mort. Diminuez l'oxygène de l'eau ou de l'air dans certaines proportions, l'asphyxie survient. Abaissez la température de tant de degrés, et c'est le sommeil suivi

1. On peut la rapprocher d'un passage qui est dans la même orientation. « La vie peut encore être dite l'action propre des êtres organisés sur eux-mêmes et sur le monde entier. » (*Hist. Nat. Gén. des Règnes Organiques*, II, 58.)

de la mort, et ainsi de suite. Il y a une action toute-puissante du milieu sur la physiologie de l'individu, et l'étude d'une partie de ces rapports de l'individu et du milieu revient incontestablement à la physiologie. C'est au physiologiste de déterminer dans quelle mesure la vie est compatible avec telle modification du milieu, dans quelle mesure celle-ci agit sur le fonctionnement des organes; et c'est bien ce qu'il fait, dans le laboratoire par l'expérimentation. Mais il y a une étude qu'il ne fait pas : c'est celle de ce qui se passe dans la nature, et c'est au biologiste de la faire.

Cette étude des relations de l'individu et des milieux est complexe. Les relations sont doubles : il y a l'action du milieu sur l'individu, il y a l'action de l'individu sur le milieu. Quelques naturalistes se sont, çà et là, préoccupés de cette dernière, mais il a encore été peu fait de chose dans cette direction. D'autre part, le milieu est complexe aussi : il y a le milieu physico-chimique, représenté par la température, la pression, la proportion d'humidité, la lumière, l'électricité, etc. : mais il y a encore le milieu organique : le milieu constitué par les autres êtres de même espèce, ou d'espèce différente, dont l'action est parfois évidente, le plus souvent obscure et méconnue. Au total nous avons donc :

Action du milieu physico-chimique sur les organismes. Action des organismes sur le milieu physico-chimique; action réciproque ou intéraction des organismes.

Action du milieu physico-chimique sur les organismes et des organismes sur le milieu. — Les points sur lesquels cette division de la biologie attirera notre attention sont nombreux. Considérons l'action du milieu physico-chimique sur les organismes. C'est, en partie, à cette action qu'il faut rapporter les particularités de la distribution de ces derniers. La physiologie nous apprend que le mammifère en général ne saurait impunément être porté à une température supérieure ou inférieure à 42° et 30° par exemple. Mais elle ne nous dit absolument pas pourquoi il y a des mammifères tropicaux et polaires, et pourquoi d'autres ne vivent que dans les régions tempérées. C'est l'affaire de la biologie. Par l'observation et l'analyse, elle nous montre que, en dehors des températures qui tuent l'individu, il y a des températures qui tuent l'espèce indirectement, en ne lui permettant pas de trouver les aliments nécessaires, ou bien, s'il s'agit de plantes, en ne leur permettant pas d'arriver à la maturation des graines. Les lois de la distribution des espèces dans ses rapports avec la température sont fournies par la biologie. Mêmes faits pour les rapports avec le milieu chimique et avec tous les autres éléments du milieu en général. Cela est le cas plus encore pour le milieu organique. La physiologie élucide bien les rapports de la vie de l'individu avec la température et la composition de l'atmosphère : mais elle ignore parfaitement les rapports des individus entre eux, à l'intérieur de l'espèce; elle ignore les rapports d'une espèce avec une autre. Reprenant ces différents points, nous voyons que l'étude des relations de l'organisme avec le milieu nous fournit les grandes divisions suivantes :

1° Action des organismes sur le milieu : modifications physiques, chimiques, et mécaniques du milieu par le fait de la vie des êtres. Ce domaine est très considérable, encore que peu exploré. Depuis la viciation de l'air de la respiration jusqu'à la formation des roches par les débris des organismes morts, et à la formation de terres fermes par l'action des madréporaires, le champ est immense.

2° Action du milieu physico-chimique sur les organismes. Laissant de côté tout ce qui est du domaine de la physiologie (toxicologie, rôle des facteurs extérieurs dans la physiologie de l'individu), nous avons ici plusieurs problèmes concernant non plus l'individu mais l'organisme plus complexe formé par l'ensemble des unités de l'espèce. L'influence des facteurs physico-chimiques sur les individus explique pourquoi l'habitat des différentes espèces est souvent si étroitement limité, et nous amène à l'étude spéciale de la distribution des organismes et des lois qui la régissent. Accessoirement, et logiquement, se groupent différents problèmes connexes, l'étude des migrations, des moyens de dispersion, de la naturalisation, et de l'acclimatation.

3° Interaction des organismes, ou action du milieu organique représenté par l'ensemble des êtres vivants sur différents groupes de ces êtres. Tantôt il s'agit de l'influence de l'ensemble des êtres sur une même espèce; tantôt le champ est plus limité, et c'est des rapports entre individus de même espèce qu'il s'agit. Par là nous sommes amenés à considérer la lutte pour l'existence et ses innombrables modalités; certaines causes de destruction des êtres, les façons par lesquelles des êtres d'espèce différente se nuisent ou se rendent service — comme dans la fertilisation des plantes par l'intermédiaire des insectes, — les moyens de protection divers — anatomiques, physiologiques, psychologiques — par lesquels les espèces se défendent contre les ennemis variés qui les entourent, et enfin la sélection naturelle par laquelle, à l'intérieur de l'espèce, des individus se trouvent être mieux pourvus que d'autres pour la lutte. J'indique seulement les grandes têtes de chapitre : mais sous chacune de celles-ci se groupent de nombreuses subdivisions.

Relations mutuelles des organismes. — Ceci dit sur les rapports de l'organisme et du milieu, passons au second terme de la définition donnée plus haut, et considérons ce que peuvent être les rapports avec les organismes présents. A vrai dire, on pourrait placer ici tout ce qui se rattache à l'interaction des organismes, en y joignant quelques sujets d'étude tels que les associations, les antipathies, le principal sujet étant celui du parasitisme, du commensalisme et de la symbiose. Mais il vaudrait mieux encore rattacher ces dernières matières à l'intéraction, pour ne conserver qu'un groupe de problèmes homogène.

Ce groupe est celui qui fait surgir le problème de la variation. Considérant les organismes contemporains — et il importe peu qu'ils soient présents ou passés, du moment où ils ont vécu en un même temps — nous voyons qu'à l'intérieur de l'espèce les individus ne sont point strictement identiques; il y a des divergences, des variations. Le problème de la variation se pose, et, avec lui, celui de l'espèce. Il y a donc à considérer les variations, à les mesurer et jauger, à les expliquer dans la mesure du possible, et c'est à quoi s'appliquent depuis peu certains biologistes anglais de la façon la plus intéressante. La question de l'espèce entraîne forcément celles de la race et de la variété, et on reconnaîtra qu'avec la question formidable de l'espèce et de la variation, il y a là un domaine des plus étendus. On y entre volontiers, mais jusqu'ici on n'en est guère sorti, de façon satisfaisante tout au moins. Le polymorphisme est encore une des questions qui se rattachent aux précédentes, ou plutôt à la question centrale de la variation, et il conduit à son tour à une autre étude encore bien vaguement ébauchée, mais dont l'intérêt est considérable. Je veux parler de la variabilité physiologique.

Les zoologistes ont jusqu'ici dressé le catalogue des espèces en fonctions de morphologie : pour eux l'espèce est une succession d'individus oscillant dans d'étroites limites autour d'un même type anatomique moyen, et on distingue l'espèce *a* de l'espèce *b*, dans le même genre, au moyen de caractères morphologiques souvent insignifiants. Quelques poils de plus ou moins, un peu moins de longueur à tels appendices, une petite différence de forme ou de dimensions relatives, et c'en est assez pour créer une espèce nouvelle. Il n'y a là que des variations du plus ou moins, et les zoologistes en ont à tel point abusé que les plus fervents partisans de la fixité des espèces se sont trouvés, par une plaisante ironie, être ceux qui ont fait le plus de tort à cette notion. Ils ont tant fait d'espèces que leurs adversaires ont pu leur dire, non sans apparence de raison, que le résultat de leurs travaux est simplement de démontrer qu'il n'y a pas d'espèces. Rien ne ruine mieux un argument que de le pousser jusqu'au bout, et de l'appliquer avec la plus sévère logique.

En insistant de façon exagérée sur la notion d'espèce, les zoologistes ont méconnu un élément important de la question. Ils n'ont considéré que la morphologie, ils l'ont considérée avec exagération, ignorant un élément au moins aussi important que la morphologie : je veux parler de la physiologie. La notion morphologique de l'espèce a primé le reste, et la notion physiologique ne leur est point apparue.

Cette notion est de haute importance. Deux espèces de même genre diffèrent extérieurement par quelques traits morphologiques : mais elles diffèrent encore, et parfois elles diffèrent beaucoup plus, par leur physiologie. Cela nous est souvent indiqué par la différence d'alimentation : l'une s'accommodant de ce qui ne convient pas à l'autre; par des différences de réaction à l'égard des mêmes substances toxiques, etc. Cette question sera traitée plus à fond au mot **Espèce**; mais il convient d'indiquer ici, déjà, le fait très évident, mais jusqu'ici trop méconnu, de la différence physiologique, ou physiologico-chimique, des espèces du même genre. Désormais l'espèce devra se définir non seulement en termes morphologiques souvent grossiers et très apparents, mais encore en termes physiologiques, plus difficiles à reconnaître, et non moins certains, et, au point de vue biologique, beaucoup plus importants. Entre deux races du *Bacillus anthracis* il n'y a pas de différences morphologiques, ou il n'y en a presque pas : mais il y a une différence physiologique énorme : l'une produisant les effets pathologiques du charbon, et l'autre ne les produisant pas (Chauveau). N'est-ce pas autrement important, comme caractère différentiel, que la présence ou l'absence de quelques poils?

En dernier lieu, nous avons à considérer les rapports des organismes avec les êtres passés ou antécédents. J'entends par là les rapports avec les ascendants, avec les organismes d'où sont issus directement et indirectement ceux que l'on considère, soient-ils actuels ou passés. Le problème de la reproduction se pose en première ligne, non pas celui des phénomènes physiologiques de la reproduction, la fécondation, la formation, la nutrition de l'embryon, etc., qui appartiennent à la physiologie, mais les problèmes des causes de la sexualité, des effets du croisement, de l'hybridité, du métissage, de leurs limites, etc. Il suffit d'énumérer ces noms pour juger de l'étendue du domaine qui s'ouvre.

D'autre part, tant par les études se rattachant à la reproduction que par la comparaison des organismes avec ceux qui s'en rapprochent le plus, dans des temps antérieurs ou postérieurs, d'autres problèmes se trouvent suscités : ceux de l'hérédité, de l'évolution, et du transformisme — anatomique, physiologique, psychologique — tandis que, dans une autre direction, la reproduction conduit à l'étude de la vie et de la mort en général.

Résumant ce qui précède, nous dirons donc que la biologie, science des rapports des organismes avec le milieu ambiant et avec les organismes contemporains ou antérieurs, comprend les problèmes suivants.

1° Rapports des organismes avec le milieu.	Action du milieu sur les êtres. Action des êtres sur le milieu. Interaction des êtres.
Distribution. Dispersion. Migration. Naturalisation. Acclimatement. Acclimatation. Adaptation. Moyens de protection, de défense et d'attaque. Causes de destruction. Lutte pour l'existence. Sélection. Parasitisme. Symbiose. Commensalisme. Associations.	
2° Rapports des organismes avec les organismes contemporains.	Variation. Espèce. Race. Variété. Polymorphisme. Variabilité physiologique.
3° Rapports des organismes avec les organismes antécédents.	Reproduction. Sexualité. Hybridité. Croisements. Hérédité. Transformisme. Évolution. Mort et vie

Tel est le domaine de la biologie ou histoire naturelle générale, ou encore physiologie des organismes opposés à la physiologie des organes et parties. Il confine en quelques points à celui de la physiologie sans doute, mais il ne se confond aucunement avec lui. La biologie n'est pas la physiologie, et elle a son domaine distinct, homogène, indépendant : il est donc grand temps de bien reconnaître l'existence de la première, et de ne pas continuer à employer les deux termes comme synonymes. Assurément ce n'est pas une question de terminologie qui peut nuire au développement d'une science encore naissante : l'essentiel est qu'on s'y adonne. Il est bon qu'elle soit reconnue et classée, quand ce ne serait que pour le bon ordre.

Il n'y a pas d'inconvénients à grouper ensemble toutes les sciences relatives aux êtres vivants sous la désignation des sciences biologiques, et sous ce terme on peut grouper la morphologie, la physiologie, animales et végétales, le développement, la paléontologie, etc., et jusqu'à la biologie même, mais ce dernier terme doit avoir son sens propre distinct de celui des autres termes. Dans le fond on peut dire que la biologie est affaire d'orientation de l'esprit, et ceci est tout à fait conforme à ce que disait Cl. Bernard.

Prenons, par exemple, la question des venins. L'étude de leur constitution chimique relève de la chimie; celle de leur production, de la physiologie; comme l'étude de leur action sur les organismes; faites-en la comparaison et la classification, etc, c'est de la philosophie chimique; considérez leur rôle dans les rapports des organismes, et voilà de la pure biologie. Il en va de même pour la couleur, pour cent et mille autres sujets. Il y a donc avantage à conserver la désignation de « sciences biologiques » pour grouper toutes les sciences relatives à la vie, et marquer la communauté d'objet, tandis que les noms des sciences ainsi groupées indiquent la différence des points de vue sous lesquels on considère l'objet commun. La vie est une, sans doute, mais on ne saurait trop varier les prismes à travers lesquels on la regarde.

De la méthode en biologie. — De la méthode en biologie, il suffira de dire qu'elle n'a pas de prétention à des moyens d'investigation spéciaux, distincts de ceux des autres sciences d'observation. Elle est très éclectique, prenant son bien où elle le trouve, laissant de côté ce qui lui est inutile. C'est, ou plutôt, cela a été, surtout une science d'observation, une de ces pauvres sciences que beaucoup d'expérimentateurs considèrent avec un dédain peu dissimulé, oubliant trop souvent qu'une bonne observation a une valeur que n'auront jamais cent mauvaises expériences, oubliant aussi qu'une observation prise dans des conditions connues a la même valeur qu'une expérience bien faite, oubliant enfin que l'observation est parfoisplus difficile que l'expérimentation, et qu'elle est la base, le point de départ de celle-ci. Au fond cette vieille querelle entre expérimentateurs et observateurs est très puérile : il y a mieux à faire qu'à se critiquer mutuellement. L'observation entre lesmains de Darwin — et de bien d'autres — a donné d'assez beaux résultats pour qu'on cesse ces récriminations.

Toutefois, l'expérimentation aussi peut et doit jouer un grand rôle dans la biologie. Jusqu'ici il a été fort restreint. La physiologie a expérimenté dans son domaine spécial, mais avec des procédés qui ne sont points applicables à la biologie. Ce sont, en réalité, les éleveurs, les horticulteurs et les bactériologistes qui nous montrent les principales méthodes expérimentales à employer en biologie, et ces méthodes sont très simples le plus souvent.

Le seul point sur lequel il convient d'insister, en terminant, est la nécessité pour les progrès de la biologie, de disposer d'institutions spéciales. Le plus souvent il est besoin d'un temps très long pour une expérience d'ordre biologique, et la vie d'un homme, à supposer, ce qui est l'exception rare, qu'il dispose dès un âge assez jeune des moyens de travail nécessaires, et n'arrive point à devenir son propre maître vers l'âge du repos, est trop court pour l'exécution de celle-ci. Après lui, elle cesse forcément, et voilà une expérience perdue. Il serait à souhaiter que des expériences mûrement réfléchies et entreprises pussent continuer à se faire après la mort de celui qui les a imaginées, jusqu'à ce que l'on arrive à un résultat caractérisé. Ces conditions de travail, sur lesquelles j'ai insisté déjà dans *Experimental evolution* (1891, Londres), se réaliseront sans doute un jour, et alors seulement la méthode expérimentale pourra être appliquée de façon sérieuse à l'étude de la biologie. Il est à peine besoin de dire qu'on est en droit d'en attendre les plus heureux et les plus importants résultats. Il est évident que la notion de la nécessité de recourir à la méthode expérimentale — déjà signalée par Francis Bacon dans la *Nova Atlantis*, voici trois cents ans — gagne du terrain, surtout en pays de langue anglaise. Voir par exemple L. H. Bailey : *Experimental Evolution among plants* (*American Naturalist*, 1er avril 1895); et H. F. Osborn : *The hereditary mechanism and the search for the unknown factors of Evolution* (*ibid.*, mai 1893).

Il faut se féliciter aussi de voir les embryologistes entrer — à la suite de Dareste — dans la voie de l'expérimentation. Les *Archiv für Entwickelungsmechanik der Organismen*, fondées en 1894 par M. Wilh. Roux, sont un acheminement vers la création d'un recueil qui verra sans doute le jour, à une époque indéterminée, et dont le but sera le progrès de la biologie au sens vrai du mot, et non celui des sciences biologiques en général.

Nous assistons assurément, depuis quelques années, à un mouvement marqué dans l'étude de la biologie, telle qu'elle est définie ici : moins en France, peut-être, qu'à l'étranger. Sous l'impulsion du grand biologiste de ce siècle, sous l'impulsion de Darwin — à bien des points de vue continuateur de la pensée de Geoffroy Saint-Hilaire négligé et oublié — bien des naturalistes se sont orientés de façon nouvelle, et la preuve en est dans le nombre des travaux portant sur les différentes questions relevant de la biologie au sens strict du mot. — Les problèmes que les morphologistes ont jusqu'ici dédaignés, ou ignorés, sont ceux qui attirent le plus l'attention, et il y a contre la tradition qui règne depuis trois quarts de siècle, en matière de sciences naturelles, une réaction à laquelle on ne peut qu'applaudir.

HENRY DE VARIGNY.

BISMUTH (P. at. = 210). — **Chimie.** — Le bismuth ne fut distingué des autres métaux, plomb, étain, avec lesquels on le confondait depuis la plus haute antiquité, que vers le commencement du XVIe siècle. AGRICOLA est le premier auteur qui parle de ce métal. POTT, BECCHER, au commencement du XVIIIe siècle, étudièrent ses principales propriétés. Les premières applications thérapeutiques de ce métal datent aussi de cette époque.

Le bismuth destiné aux usages médicaux doit être pur, débarrassé notamment du soufre et de l'arsenic que contient toujours le bismuth du commerce. Pour purifier le bismuth on doit le fondre lentement et à deux reprises avec un vingtième de son poids d'azotate de potasse (*Codex*); mais ce procédé ne fournit pas de bismuth parfaitement pur. Il faut, pour l'obtenir chimiquement pur, le réduire au creuset par le flux noir de l'azotate basique de bismuth bien lavé.

Le bismuth s'unit directement à froid au chlore, au brome et à l'iode pour donner des chlorures $BiCl^3$, bromure $BiBr^3$, iodure BiI^3.

Il ne s'unit pas directement à l'oxygène, mais il peut, en se combinant avec ce métalloïde, donner naissance à plusieurs oxydes :

L'oxydule, Bi^2O^2, difficilement salifiable;

L'oxyde, Bi^2O^3, qui donne les sels de bismuth;

L'oxyde salin, Bi^2O^4.

L'anhydride bismuthique, Bi^2O^5, qui correspond à l'acide bismuthique BiO^3H, acide faible qui s'unit difficilement aux alcalis pour donner des bismuthates.

Le bismuth, en se combinant avec les acides, donne naissance à toute une série de sels. Sauf le sous-nitrate, ils sont peu employés et fort peu intéressants. Les sels de bismuth solubles jouissent de la propriété de donner naissance, lorsqu'on les verse dans un excès d'eau, à des composés basiques insolubles.

En médecine on n'emploie qu'un petit nombre des combinaisons de bismuth et en général des sels insolubles.

Le plus employé de tous et celui qui a été pendant longtemps le seul en usage, est le sous-nitrate de bismuth, qu'on devrait appeler nitrate basique de bismuth. Ce composé s'obtient en décomposant par l'eau une solution de nitrate neutre de bismuth $(AzO^3)^3Bi,5H^2O$; il se dépose sous forme d'une poudre blanche insoluble dans l'eau, soluble dans les acides. Suivant YVON le sous-nitrate de bismuth préparé suivant les prescriptions du *Codex* français répondrait à la formule $5Az^2O^5, 11Bi^2O^3. 11 H^2O$. Il perd son eau à 105° et son acide à 260°.

Dans sa nouvelle édition, le Codex français décrit le mode de préparation de divers autres sels de bismuth qui sont employés en thérapeutique.

Le *gallate basique de bismuth*, poudre jaunâtre insoluble qui a été récemment désignée par un fabricant désireux d'en monopoliser la vente, sous le nom de *dermatol*.

Le *salicylate de bismuth*, poudre blanche insoluble qui se dissout dans les acides avec séparation d'acide salicylique.

Le *benzoate de bismuth*, poudre insoluble qui se comporte comme le salicylate en présence des acides.

Diverses autres combinaisons à base de bismuth sont préconisées en thérapeutique :

Le *tannate de bismuth*, poudre jaunâtre insoluble dont la composition est mal définie.

L'*eudoxine*, sel de bismuth de la tétraiodophénolphtaléine, poudre brun rougeâtre sans odeur ni saveur. Le *phénate de bismuth*. Le *valérianate de bismuth*, préconisé par G. RIGHINI contre les névralgies stomacales. Le *protoiodure de bismuth*.

Nous renverrons le lecteur désireux de connaître ces composés et leurs usages aux traités de thérapeutique et aux formulaires.

Physiologie. — Les sels de bismuth solubles sont en général des caustiques violents, dont l'action sur l'économie est absolument analogue à celle des acides libres qui se trouvent dans ces sels; c'est ainsi que l'action locale du nitrate neutre de bismuth et celle du chlorure peuvent être comparées à celle de l'acide nitrique ou de l'acide chlorhydrique. Les composés insolubles ne présentent ni saveur ni action nocive et sont bien tolérés dans l'organisme.

Pendant longtemps le sous-nitrate de bismuth n'a été employé qu'à l'extérieur comme fard; ce n'est que vers la fin du XVIIIe siècle qu'ODIER attira l'attention sur les propriétés antidiarrhéiques de ce composé.

Dans les premiers temps, des accidents gastriques graves, observés par POTT chez un individu qui avait absorbé du sous-nitrate de bismuth; la mort accidentelle, signalée par KERNER, occasionnée par l'ingestion de huit grammes de sous-nitrate de bismuth, jeta un discrédit sur l'emploi de ce composé à l'intérieur. Mais les travaux de BRETONNEAU, MONNERET, TROUSSEAU, BÉCHAMP et SAINT-PIERRE, VULPIAN, VAN DER CORPUT, THOMPSON, etc., ont réhabilité et consacré l'utilité de ce médicament.

A cause de son insolubilité le sous-nitrate de bismuth, même à haute dose, est en général toléré par l'économie sans inconvénient et on était arrivé jusqu'à ces dernières années à attribuer tous les accidents qu'on observait à la suite d'ingestion de sous-nitrate de bismuth comme résultant de la présence de substances étrangères toxiques, plomb, arsenic, dans le sel ingéré, considérant le bismuth comme inoffensif.

Cependant les expériences d'ORFILA faites avec le nitrate neutre de bismuth; de RABUTEAU avec le tartrate double de bismuth et de potassium; de FEDER MEYER, de LUCHSINGER, MARTI et MORY avec le citrate de bismuth ammoniacal et le citrate double de bismuth et de soude; celles de STEINFELD et MEYER, celles de BALZER avec le tartrate et le citrate de bismuth; celles de DALCHÉ et VILLEJEAN avec le sous-nitrate introduit directement sous la peau, prouvent surabondamment la réelle toxicité du bismuth, que RABUTEAU compare à juste titre à celle de l'antimoine.

L'étude de l'action physiologique du bismuth a été l'objet de nombreuses recherches. Les divers auteurs qui se sont occupés de cette question ont expérimenté tantôt avec des sels solubles, tantôt avec des sels insolubles; ils introduisaient ces composés, tantôt par la voie stomacale, tantôt directement dans l'économie par injections sous-cutanées ou intra-veineuses.

Dans l'exposé de ces recherches, nous sacrifierons l'ordre chronologique pour étudier séparément l'action des sels solubles et celle des sels insolubles.

Action physiologique des sels de bismuth solubles. — ORFILA étudie l'action du nitrate neutre de bismuth sur les animaux et constate qu'administré en injection sous-cutanée, à la dose 0gr,60 à 0gr,75, il détermine la mort en dix minutes. Les accidents observés sur les animaux mis en expériences sont des vertiges, un tremblement convulsif des membres, surtout des membres postérieurs, de violents battements de cœur, une respiration accélérée et difficile.

A l'autopsie la langue et la muqueuse buccale sont livides; les poumons sont rouges, crépitants; le cœur est rempli de sang noir. Administrées par voie stomacale, des doses de 3 à 10 grammes furent mortelles, et occasionnèrent, outre les phénomènes déjà décrits ci-dessus, des nausées et des vomissements. A l'autopsie, la muqueuse stomacale est ulcérée, on observe des plaques rouges sur le duodénum et les poumons.

La grande causticité du nitrate de bismuth ne permet pas de déterminer exactement l'action toxique du bismuth et de séparer nettement ses effets de ceux occasionnés par l'acide nitrique. On peut attribuer la mort des animaux soumis à l'expérience aux lésions occasionnées par l'action toxique du produit, et non pas seulement à l'action toxique du bismuth. C'est du reste la conclusion que les contemporains et les successeurs d'ORFILA ont tirée de ces expériences.

RABUTEAU, pour éviter l'action irritante et caustique des sels de bismuth solubles, tels que le nitrate et le chlorure, emploie dans ses expériences le tartrate double de bismuth et de potasse, sel soluble à acide organique, non caustique. Il a constaté que la toxicité de ce composé était aussi considérable et même plus considérable que celle de l'émétique d'antimoine.

STEPHANOVICH, en 1869, a constaté la grande toxicité du citrate de bismuth ammoniacal, qui tue à la dose de 0gr,6 par kilo d'animal. Il a observé que les lésions produites par ce composé dans l'organisme, dégénérescence graisseuse du foie, des reins, et du cœur, étaient comparables à celles que produit le phosphore.

En 1879 FEDER MEYER remarque que le citrate de bismuth ammoniacal administré à la dose de 6 à 8 milligrammes détermine l'apparition de diarrhées, de tremblements, d'une exagération considérable de la sensibilité et l'incoordination des mouvements chez les malades.

Luchsinger, Marti et Mory expérimentent en 1883 l'action physiologique du citrate de bismuth ammoniacal et du citrate double de bismuth et de soude. Ils constatent que ces composés tuent de gros lapins à la dose de 0gr,2; qu'administrés à la grenouille en injection sous-cutanée, ils occasionnent des accidents analogues à ceux que l'on observe avec les sels de potasse. Les animaux à sang chaud succombent par paralysie du cœur, lorsqu'on administre d'emblée une dose toxique massive. Dans les empoisonnements subaigus, chez ces mêmes animaux, on observe : 1° une inflammation considérable du tube digestif, même lorsque les sels sont introduits dans l'économie par injection sous-cutanée; 2° un abaissement notable de la pression sanguine et de la température. L'animal succombe avant que le cœur ait cessé de battre.

Steinfeld et Meyer ont, en 1886, étudié l'action physiologique du tartrate double de bismuth et de soude. Ils préparaient ce sel en dissolvant l'oxyde de bismuth Bi^2O^3 dans l'acide tartrique et en saturant la liqueur acide par la soude. La liqueur qu'ils obtenaient ainsi contenait 2gr,04 du bismuth par 100 cc.

Pour déterminer l'action propre du bismuth, ils ont voulu pouvoir éliminer les phénomènes occasionnés par l'action physiologique du tartrate de soude. Aussi ont-ils commencé par étudier l'ation physiologique de ce sel. Dans leurs expériences ils employaient des solutions de tartrate de soude de concentration identique à celles de tartrate double de bismuth et de soude. Pour obtenir une action appréciable, il faut injecter à une grenouille 0gr,08 d'acide tartrique.

Le tartrate de soude détermine des secousses fibrillaires dans tous les muscles du squelette, débutant par les membres postérieurs. Ces secousses persistent après la section des nerfs périphériques, quelquefois même cette section est suivie d'un véritable tétanos, qui dure plusieurs minutes. On observe du côté du cœur un ralentissement progressif des contractions, qui vont jusqu'à l'arrêt complet. Si la dose administrée est plus faible, le cœur n'est pas atteint, les secousses musculaires apparaissent seules, tout rentre dans l'ordre au bout de vingt à trente heures. Lorsqu'on administre des doses massives, 0gr,2 à 0gr,3, le système musculaire et le système nerveux sont paralysés; l'animal meurt au bout de douze à trente-six heures.

Le tartrate double de bismuth et de soude, à la dose de six à vingt-cinq milligrammes, détermine une exagération considérable du pouvoir excito-moteur; les moindres sensations tactiles déterminent une contracture semblable aux contractures strychniques; l'animal coasse. Cet accès de contracture dure quelquefois pendant quinze minutes.

L'exagération du pouvoir excito-moteur peut durer cinq à sept heures, quelquefois quinze à vingt heures; les accès de contractures peuvent même se répéter à intervalles réguliers jusqu'au troisième jour.

Au sortir de ces accès l'animal reste inerte, quelquefois sans respiration; il ne répond plus aux excitations extérieures. Ces attaques vont en s'espaçant à mesure qu'elles se répètent; l'animal finit par succomber à une paralysie cardiaque.

Steinfeld et H. Meyer ont conclu de ces expériences que les sels de bismuth agissent sur la moelle allongée en excitant les centres convulsivants à la façon de la picrotoxine, de la cicutine et des sels de baryte; peu à peu cette excitation se propage au névraxe et finalement on observe une paralysie généralisée du système nerveux central. L'excitabilité des nerfs périphériques reste intacte jusqu'à la fin; l'excitation bulbaire n'intéresse pas les centres des fibres d'arrêt contenues dans le nerf vague.

Les sels de bismuth ne paraissent pas influencer directement l'appareil circulatoire; les modifications passagères des contractions cardiaques que l'on observe au début sont imputables à l'acide tartrique.

Les expériences que Steinfeld et Meyer ont faites sur les mammifères leur ont permis de constater que l'action toxique du bismuth s'exerce sur le système nerveux, surtout sur la moelle et le bulbe.

On observe deux phases dans l'empoisonnement par bismuth. La première est caractérisée par une exagération du pouvoir excito-moteur, caractérisé par des convulsions périodiques, des vomissements, la respiration tumultueuse, etc.

Dans la seconde phase apparaissent des phénomènes de paralysie : paralysies motrices d'origine centrale; on observe aussi un abaissement de la pression intravasculaire et un ralentissement de la respiration. Le cœur est lui-même influencé; mais seulement après le système nerveux : ses ganglions moteurs sont frappés d'une paralysie plus ou moins nette.

Si les animaux ne succombent pas aux accidents primitifs; si, en un mot, l'empoisonnement n'est pas aigu, mais chronique, l'action toxique du bismuth se porte sur d'autres organes : les reins, le tube digestif, principalement la muqueuse buccale et celle du gros intestin. Ils ont de l'albuminurie, de la stomatite, de la diarrhée, du ténesme.

A l'autopsie des cas d'empoisonnement chronique on observe constamment, quoique les sels de bismuth aient été injectés sous la peau ou dans les veines, une coloration noire foncée du gros intestin et de ses annexes. La muqueuse présente de vastes foyers de nécrose dans le gros intestin; celles de l'estomac et de l'intestin grêle ont conservé leur structure normale.

Balzer, en 1889, a étudié l'action physiologique du citrate de bismuth : il détermine un empoisonnement suraigu déterminé chez un chien de 5 kilogrammes par l'injection de 14 centigrammes de citrate de bismuth.

Dans les empoisonnements chroniques il observe une stomatite diffuse, caractérisée par l'apparition de plaques diphtéroïdes verdâtres qui ne sont précédées ni de rougeurs ni de tuméfaction. Cette stomatite est accompagnée par de la gangrène et par une haleine fétide. L'animal a en outre de la dyspnée, de l'oppression, il maigrit et s'affaisse.

Tous ces symptômes ont fait comparer, par l'auteur, l'action du bismuth sur l'économie animale à celle du mercure.

L'ensemble de ces expériences faites dans divers pays par des auteurs différents et à des époques différentes prouve surabondamment la toxicité du bismuth.

On doit en conclure que les sels solubles de ce métal, poisons convulsivants du système nerveux, agissent en excitant les centres moteurs de la moelle allongée à la façon de la picrotoxine, de la cicutoxine ou des sels de baryte. Cette excitation se propage au névraxe et aboutit à une paralysie généralisée du système nerveux central. Il ne semble pas influencer directement l'appareil circulatoire.

Avec Rabuteau, nous comparerons l'action toxique des sels solubles de bismuth à celle des sels d'antimoine; le bismuth semblant même être plus toxique.

Action physiologique des sels de bismuth insolubles. — Le sous-nitrate de bismuth est de beaucoup le plus important de ces composés; pendant longtemps ce fut le seul sel de bismuth employé en thérapeutique, et c'est sur lui que portent la plupart des expériences et des observations.

L'action physiologique du sous-nitrate de bismuth ingéré par la voie stomacale a été l'objet de nombreuses hypothèses contradictoires.

Pott en 1729, Stahlius, Hoffmann, Geoffroy en 1741, Odier en 1775, Trail et Verneck ont observé certains accidents toxiques consécutifs à l'ingestion de sous-nitrate de bismuth, tels que des nausées, des vomissements, des vertiges, de la lassitude, de la petitesse et de la faiblesse du pouls, des défaillances, etc.

Kerner, en 1829, publie l'observation d'un cas de mort causé par l'ingestion de 8 grammes de sous-nitrate de bismuth : « Un homme ayant pris par méprise 8 grammes de magistère de bismuth mêlé à la même quantité de bitartrate de potasse, meurt le neuvième jour avec des accidents singuliers : nausées, vomissements noirs, selles alvines liquides, tremblements et crampes des membres, inflammation de la bouche et de la luette, troubles respiratoires, œdème, anurie. A l'autopsie on constate la présence de nombreuses lésions du tube digestif; de la gangrène, de l'inflammation et du ramollissement de la muqueuse gastrique. »

Mayer, de Bonn, en 1891, à la suite d'expériences faites sur des animaux, constate la toxicité du sous-nitrate de bismuth et observe les mêmes accidents que ceux décrits par Kerner. Lombard de Genève constate aussi, la même année, la toxicité de ce composé.

Serres, de Dax, cite quatre cas d'intoxication, à la suite de l'absorption de 1gr,50 à 2 grammes de sous-nitrate de bismuth; les symptômes en étaient assez graves : vomissements, saveur métallique, colliques, diarrhée, lipothymies, stomatites, ptyalisme.

Lussana a observé que l'usage prolongé de ce médicament détermine à la longue des accidents scorbutiques; d'après l'auteur, « la face prend l'aspect plombé, les yeux perdent leur éclat et s'entourent d'un cercle livide palpébral. La respiration est fétide, les gencives se gonflent, deviennent fongueuses et fournissent une sanie sanglante ; on observe de temps en temps des hémorrhagies, soit des fosses nasales, soit de la muqueuse bronchique, soit de l'intestin. Tout porte à croire que ce sel possède une action dissolvante de l'élément globulaire du sang, analogue à celle dont jouissent les sels : chlorure de potassium, chlorure de sodium, chlorhydrate d'ammoniaque; autrement dit c'est un agent fluidifiant. »

Bretonneau, Monneret, Trousseau, Léo de Varsovie, Béchamp et Saint-Pierre, Vulpian, Van den Corput, Thompson et beaucoup d'autres font ingérer cependant ce médicament à hautes doses sans observer aucun accident.

Trousseau et Léo de Varsovie ont administré jusqu'à 18 grammes de sous-nitrate de bismuth par jour, dans les cas de diarrhée rebelle; Monneret en prescrivit jusqu'à 80 grammes par jour, et tout récemment Mathieu signale le cas d'un individu atteint d'hyperchlorhydrie qui fut soumis avec succès à la médication par le sous-nitrate de bismuth à haute dose (20 grammes par jour); cet individu a ingéré en quatre-vingts jours 1^{kil},600 de sous-nitrate de bismuth sans présenter aucun accident, aucun trouble de la santé générale : pas de stomatite, pas de diarrhée, seulement une légère pigmentation de la face.

Ces faits tendent à prouver l'innocuité du sous-nitrate de bismuth absorbé par la voie stomacale. Aussi considère-t-on ce sel comme inoffensif.

Dragendorff, dans son *Traité de toxicologie*, dit : « J'ai donné dans des expériences physiologiques plus de 40 grammes de sous-nitrate de bismuth par jour, pendant un temps assez long pour que je ne croie pas que les préparations bismuthiques puissent être rangées parmi les substances toxiques. Les impuretés que ce sel renferme trop souvent provoquent les accidents. »

On a en effet rencontré, souvent, dans le sous-nitrate de bismuth, employé à l'usage médical, diverses impuretés : du plomb, du cuivre, du mercure, de l'antimoine.

Bricka, qui, comme tous ses contemporains, considère ce sel comme inoffensif, attribue l'accident observé par Kerner à la présence de l'arsenic. Ce que nous savons actuellement sur la toxicité des sels solubles de bismuth, notamment sur la toxicité du tartrate, nous permet de nous rendre compte plus exactement des causes de cet accident.

Le sous-nitrate de bismuth, ingéré en même temps que le tartrate acide de soude, a donné naissance à du tartrate double de bismuth et de soude, sel soluble qui, diffusant dans l'économie, a suffi sans doute pour occasionner les accidents et la mort.

Nous pouvons admettre avec Dalché et Villejean que, si le sous-nitrate de bismuth, pris par les voies digestives, est inoffensif, cela tient à l'insolubilité de ce sel, qui n'est presque pas attaqué par les liquides faiblement acides de l'estomac, et est complètement insoluble dans le suc intestinal, dont la réaction est alcaline. Nous ne devons pas cependant considérer ce médicament comme inactif en raison de son insolubilité, ainsi que l'avaient supposé Nothnagel et Rossbach qui ont proposé de rejeter son emploi. On s'accorde en général à reconnaître une certaine action physiologique au sous-nitrate de bismuth administré par les voies digestives.

Giacomini a observé une sensation pénible de vacuité épigastrique et de faim, accompagnée de diurèse, après l'absorption du sous-nitrate de bismuth par le tube digestif.

Fonssagrives a remarqué que le bismuth, pris à hautes doses, produit de la pesanteur stomacale, effet qu'il attribue à une pure action mécanique. Pour cet auteur, le sous-nitrate de bismuth chemine le long du tube digestif et s'élimine à l'étai de sulfure par les fèces qu'il colore en noir.

Pour Béchamp et Saint-Pierre, le sous-nitrate de bismuth exerce une double action sur le tube digestif : une action topique et une action absorbante.

Par son action topique il modifie la vitalité et le fonctionnement de la surface muqueuse qui tapisse le tube intestinal, diminue les sécrétions, favorise la guérison des ulcérations intestinales, d'où résulte le rétablissement des fonctions digestives, la disparition des douleurs de l'estomac et la cessation de la diarrhée.

Par son action absorbante il s'empare de l'hydrogène sulfuré et neutralise les détritus viciés de l'intestin. Certains auteurs, Quintrac, Bricka, etc., attribuent à ce composé une action purement mécanique, d'autres le considèrent comme un absorbant.

Pour Bouchardat, c'est un excellent absorbant de l'hydrogène sulfuré. L'acide azotique, mis en liberté par cette réaction, agirait comme antiseptique.

Schuler a observé que la soif diminue lorsqu'on a pris du sous-nitrate de bismuth; il attribue ce phénomène à une action spéciale de ce sel sur l'innervation abdominale, plutôt qu'à la diminution ou à la cessation de la sécrétion séreuse exagérée de l'intestin.

Brassac admet que pris à dose élevée il dessèche la muqueuse buccale et gastrique.

Hannon a observé que le sous-carbonate de bismuth, ingéré à la dose de 0gr,50 à 0gr,70, détermine, cinq ou six heures après son absorption, un ralentissement et un affaiblissement du pouls; que la sécrétion urinaire augmente, que les urines sont plus claires et que l'appétit ne revient pas aux heures accoutumées. Si l'emploi de ce sel se continue pendant plusieurs jours, ces phénomènes deviennent inappréciables.

Le bismuth semble avoir une action sédative pendant les premiers jours, et, ensuite agir comme un tonique.

Regnault a émis en 1890 l'opinion que le sous-nitrate de bismuth, en raison de son pouvoir désulfurant, a une action sur la conservation du fer dans l'économie. Que si la théorie de Bunge est vraie, ce corps agirait à la façon des médicaments ferrugineux, qui, n'agissant pas directement par le fer qu'ils renferment mais par l'action désulfurante qu'ils exercent, protègent le fer qui entre dans la constitution des matériaux hématogéniques contenus dans les aliments.

Le sous-nitrate de bismuth aurait donc une influence sur la conservation de l'hématogène et contribuerait par la suite à la reproduction des hématies et de l'hémoglobine.

L'action physiologique du sous-nitrate de bismuth, pénétrant directement dans l'économie, soit par application directe sur une plaie cutanée, soit par injection sous-cutanée, n'a été l'objet de recherches que dans ces dernières années, quoique son application sur le tégument externe, comme antiseptique, date du xviie siècle.

Lefèvre, dans son traité de chimie, recommande son emploi « pour tous les vices et toutes les éruptions du cuir et surtout contre la démangeaison : il efface les taches et adoucit l'âpreté de la peau du visage et des mains ».

Au xviiie siècle on emploie ce composé contre l'eczéma et dans certaines affections cutanées, Gilette constate son action bienfaisante sur les ulcères scrofuleux, l'alopécie, la pelade généralisée, le pemphigus, les fissures de l'anus, les eschares.

Le sous-nitrate de bismuth arrête les suppurations fétides qui succèdent aux varioles confluentes, et cicatrise les ulcères de mauvaise nature. Cloquet, Bretonneau, Follin l'ont employé avec succès dans certaines affections des yeux; Monneret, Trousseau s'en sont servi pour traiter les plaies scrofuleuses; Mourlon, Corby et Bazin préconisent son emploi comme traitement de la blennorrhagie chez l'homme et chez la femme.

En 1881, Kocher se sert du sous-nitrate de bismuth pour panser les plaies chirurgicales, et en vulgarise l'usage. Schuler, son élève, considère ce sel comme un antiseptique au moins aussi bon que l'iodoforme; dans ses conclusions, il prétend qu'avec cet agent les intoxications ne sont pas à craindre comme avec l'iodoforme, qu'il n'irrite pas les plaies, que ce n'est pas cependant un antiseptique puissant, et qu'on ne peut le considérer comme un désinfectant; mais que c'est un excellent cicatrisant.

L'emploi du sous-nitrate de bismuth comme antiseptique cicatrisant des plaies chirurgicales a déterminé un certain nombre d'accidents.

En 1882, Kocher lui-même observe de l'entérite et des néphrites chez ses opérés. Israel signale l'apparition d'une stomatite gangréneuse aiguë, consécutive à l'application d'un pansement de bismuth.

En 1883, Pétersen constate des phénomènes d'intoxication survenus chez un jeune homme de quatorze ans opéré d'une tumeur blanche du genou et pansé au sous-nitrate de bismuth. Ces phénomènes sont caractérisés par l'apparition d'une stomatite accompagnée de salivation abondante, de douleurs vives, et d'une coloration bleuâtre de la muqueuse buccale.

En 1884, Dalché observe des accidents d'intoxication très graves chez une femme atteinte d'une brûlure au troisième degré et pansée au sous-nitrate de bismuth. Gosselin et Héret, expérimentant l'action antiseptique et cicatrisante du sous-nitrate de bismuth sur des animaux, sont très surpris de les voir succomber du treizième au quatrième jour et se demandent si la mort n'est pas occasionnée par le bismuth.

Mais ce n'est qu'en 1887 que Dalché et Villejean expérimentent l'action physiologique du sous-nitrate de bismuth introduit dans l'économie soit par injection hypodermique, soit par simples applications à la surface de plaies. Ils constatent que le bismuth pénètre dans l'économie grâce à la présence des matières albuminoïdes qui favorisent la solubilisation du sel; que cette absorption, quoique lente, entraîne l'intoxication parce qu'elle est continue. Cette intoxication se manifeste par une stomatite particulière caractérisée par un liseré brun violacé noirâtre luisant qui se dépose sur le rebord gingival; par des plaques de même couleur qui se montrent sur les parois de la bouche et sur la face inférieure de la langue.

Dans les cas aigus, cette stomatite se complique de gangrène.

Ils ont observé en outre de l'albuminurie, et une entérite à selles sanglantes, dysentériforme, ainsi que de la congestion hépatique avec polycholie.

Lorsqu'il y a eu intoxication chronique, ils ont observé une altération du système nerveux, des troubles de la motilité, une diminution de la sensibilité que les auteurs attribuent à une altération médullaire, due propablement à une ischémie vasculaire.

A l'autopsie, outre le liseré noir, on voit des plaques gangréneuses et des ulcérations des joues et de la langue; La bile est abondante dans l'intestin grêle. Le gros intestin, à partir de la valvule iléo-cécale, présente une coloration noirâtre et des ulcérations; Le foie et les reins sont congestionnés.

Ainsi tous les phénomènes toxiques sont identiques à ceux qu'on observe lorsqu'on étudie l'action physiologique des sels solubles de bismuth.

Le bismuth est donc un métal toxique. Son action doit être comparée à celle de l'antimoine, du plomb et du mercure.

Les symptômes observés dans l'empoisonnement par les sels de bismuth sont analogues à ceux qu'on observe dans les intoxications saturnines et mercurielles : stomatites, diarrhées, selles sanglantes, dysentériformes, lésions locales du gros intestin, lésions du foie et du système nerveux.

L'innocuité des sels insolubles de bismuth ingérés par l'estomac est due à ce que le sous-nitrate de bismuth. sel insoluble, n'est presque pas attaqué par le liquide faiblement acide de l'estomac, qu'il est complètement insoluble dans le suc intestinale, lequel est alcalin. *Corpora non agunt nisi soluta.*

Le bismuth pénètre cependant en petite quantité dans l'organisme, ainsi que le prouvent les expériences de Bergeret et Mayençon, qui ont décelé la présence de faibles quantités de bismuth dans divers tissus de l'organisme d'individus qui avaient ingéré du sous-nitrate de bismuth par la voie stomacale.

Localisation du bismuth dans l'organisme. — Les sels solubles de bismuths se diffusent très rapidement dans tout l'organisme; il en est de même des sels insolubles introduits directement dans l'économie, soit par injection hypodermique, soit par application sur les plaies.

Ingéré par voie stomacale, il n'est absorbé qu'en faible proportion et beaucoup plus lentement.

Le bismuth se localise dans presque tous les tissus, surtout dans les épithéliums et les parois vasculaires. Orfila a constaté la présence du bismuth dans le foie des animaux sur lesquels il expérimentait l'action physiologique de ce métal.

Bergeret et Mayençon, qui employaient pour déceler la présence du bismuth le sulfocyanure de potassium, réactif très sensible, ont observé la présence du bismuth dans le foie, les reins, le sang, le cerveau, la rate; chez des animaux et des individus qui avaient ingéré du sous-nitrate de bismuth.

Lewald a retrouvé ce métal dans le lait d'une nourrice qui avait absorbé 1 gramme de sous-nitrate de bismuth.

Meyer a constaté la localisation du bismuth dans les lymphatiques.

Dalché et Villejean ont constaté la présence du bismuth dans les reins, la rate, le cerveau, les glandes salivaires. Heert en a retrouvé dans les os.

La localisation du bismuth dans les tissus détermine des phénomènes de nécrose, étudiés surtout par Kocher et par Pisenti. Le rein subit une nécrose épithéliale, qui détermine une néphrite interstitielle caractérisée, pendant la vie, par l'apparition d'albumine et de cylindres dans l'urine. Le foie, le cœur présentent de la dégénérescence graisseuse. Le long du tube intestinal, il se produit une pigmentation particulière, accompagnée d'hyperémie, d'inflammation et de nécrose épithéliale.

La précipitation partielle du métal dans l'intérieur des vaisseaux sanguins détermine par obstruction l'arrêt de la circulation avec toutes ses conséquences.

Voies d'élimination. — Le bismuth introduit dans l'économie s'élimine assez rapidement par les divers émonctoires, reins, glandes salivaires, paroi intestinale.

Dalinsky a observé la présence du bismuth dans la salive.

Steinfeld et Meyer ont observé, dans leurs expériences faites avec le tartrate de bismuth, que l'élimination du bismuth est relativement rapide, surtout à travers les reins. Après dix ou quinze heures, l'élimination par cette voie est terminée, l'urine et le sang ne contiennent plus trace de bismuth. Le tube digestif est une des voies les plus importantes au point de vue de l'élimination de ce métal. C'est surtout au niveau du gros intestin et à l'état de sulfure que se fait l'excrétion; tandis que par l'intestin grêle il ne s'en élimine que de petites quantités.

La bile, le suc pancréatique ne contiennent pas de bismuth.

Lorsqu'on fait absorber des préparations sulfureuses, l'élimination du bismuth au niveau du tube digestif est considérablement accélérée, et on retrouve ce métal à l'état de sulfure et en grande proportion, aussi bien dans l'estomac et l'intestin grêle que dans le gros intestin, ainsi que le démontrent les expériences de Steinfeld et Meyer.

Recherches toxicologiques. — Pour déceler la présence du bismuth dans les tissus, il faut détruire la matière organique par l'acide azotique ou le bisulfate de potasse et l'acide sulfurique. On peut caractériser la présence de ce métal dans les liqueurs obtenues, soit en le précipitant à l'état de sulfure, redissolvant le précipité par l'acide azotique et le dosant à l'état métallique par électrolyse, ainsi que l'ont fait Dalché et Villejean, soit en faisant déposer ce métal sur le couple zinc platine et décelant sa présence au moyen du sulfocyanure de potassium ainsi que l'ont fait Bergeret et Mayençon. Cette réaction est très sensible, le bismuth réagit sur le papier au sulfocyanure de potassium en donnant une tache jaune. Bergeret et Mayençon sont arrivés à déceler avec cette méthode 1/240 000e de bismuth dans une solution. Nous citerons encore la réaction très sensible de l'iodobismuthate de potasse avec les alcaloïdes appliquée par S. Léger à la recherche du bismuth, que donne 1 gramme de cinchonine transformé en nitrate et dissous avec 2 grammes d'iodure de potassium dans 100 centimètres cubes d'eau. Ce réactif donne avec les sels de bismuth un précipité orangé. Ce réactif permet de déceler le bismuth dans une solution qui n'en renferme que 1/500 000e. Nous renverrons le lecteur désireux de connaître les méthodes de dosages et de recherches de ce métal aux traités spéciaux d'analyses chimiques. Les impuretés qui souillent les sels de bismuth, arsenic, plomb, antimoine, doivent être caractérisées avec soin; les méthodes qui permettent de les reconnaître sont trop complexes pour que nous puissions les décrire ici.

Usage thérapeutique. — Les sels insolubles de bismuth sont généralement employés dans le traitement des diarrhées, comme antiseptiques intestinaux. Real en a proposé l'administration à hautes doses dans le traitement de la fièvre typhoïde : il lui reconnaît une action modificatrice manifeste sur les sécrétions intestinales.

Massucci a employé avec succès le protoiodure de bismuth dans les cas d'affections syphilitiques secondaires. Giovani Righini a préconisé l'emploi du valérianate de bismuth à la dose de 0^{gr},25 contre les névralgies douloureuses de l'estomac.

On a aussi préconisé le sous-nitrate de bismuth à l'extérieur; suivant Kocher, Schuler, Gillette, Langenbeck, Hahn, c'est un hémostatique et un antiseptique.

Monneret, Trousseau avaient du reste déjà préconisé son emploi. Nous devons rappeler cependant que l'usage de ce médicament appliqué directement sur les plaies peut déterminer des accidents graves.

Bibliographie. — Balzer. *Expériences sur la toxicité du bismuth* (*B. B.*, 27 juill. 1889). — Baylor. *Special report on arsenic in subnitrate of bismuth* (*Tr. med. Soc. Virginica*, 1879, ii, 413). — Béchamp et Saint-Pierre. *Sur la préparation et les caractères du sous-nitrate de bismuth* (*Montpellier médical*, 1860, iv, 355-375). — Bergeret et Mayençon. *Recherches du bismuth dans les tissus et les humeurs* (*J. de l'anat. et phys.*, 1873, ix, 243-249). — Dalché et Villejean. *Recherches expérimentales sur la toxicité du bismuth* (*Arch. gén. méd.*, août 1887). — *Nouvelles recherches sur la toxicité du bismuth* (*Bull. gén. thér.*, CXV, 404-448, 1888). — FULLERTON. *Cas d'empoisonnement par le sous-nitrate de bismuth impur* (*arsenic*) (*Am. J. med.*) *Soc. Phila. n. s.*, LXVII, 280, 1874). — GAUCHER et BAILLI. *Sur l'intoxication par le sous-nitrate de bismuth employé dans le pansement des plaies* (*Journ. de pharm. et de chimie*, 1896, (6), III, 200-201). — GOSSELIN et HÉRET. *Études expérimentales sur les pansements au sous-nitrate de bismuth* (*Arch. méd.* janvier 1886). — HÉRET. *Monographie du sous-nitrate de bismuth* (*D. P.*, 1890). — HOPPE SEYLER. *Zur Kenntniss der Wismuthpreparate und der Verwandung unlöslischer Substanzen im Verdauungskanal* (*Mith. f. d. Ver. Schlesw. Holst. Aerzte*, Kiel, I, 43, 1892). — KERNER. *Geschichte einer tödtlichen Vergiftung durch basische salpetersaures Wismuth* (Heidelberg, *Klin. Ann.*, 1829, V, 348). — *Histoire d'un empoisonnement mortel par le nitrate basique de bismuth* (*J. de chim. méd.*, VI, 522, 1830). — TH. KOCHER. *Wismuth als Antiseptik* (*Samml. Klin. Vorträge*, 1882). — LUCHSINGER, MARTI et MORY. *Effets physiologiques de quelques poisons métalliques* (*Correspond. Blatt f. Schw. Aerzte*, n° 17, 422, sept. 1883). — PETERSEN. *Un cas d'intoxication par le sous-nitrate de bismuth* (*Deutsche medic. Woch.*, n° 25, 1883). — PISENTI. *Sulle alterazioni di alcuni organi prodotte dal bismuto* (*Giorn. intern. d. sc. med. Napoli*, X, 750, 1888). — RICHE. *Impuretés du sous-nitrate de bismuth* (*Bull. Ac. méd.*, Paris, juillet 1878). — STEINFELD (W.). *Untersuch. üb. die toxischen u. therap. Wirk. des Wismuth's* (*A. P. P.*, 1885, XX, 40-84). — JARENSKI. *Contribution à l'étude de l'action pharmacologique et thérapeutique des phénates de bismuth* (*Arch. sc. biol.*, II, 246, St-Pétersbourg, 1893). — WILSON. *Poisoning with Bismuth* (*New-York med. journ.*, LIX, 87, 1894).

A. CHASSEVANT.

BIURET. — Lorsqu'on chauffe avec précaution des cristaux d'urée à sec, dans une éprouvette, l'urée fond, puis se décompose en dégageant de l'ammoniaque et en laissant un résidu opaque blanc. Ce résidu contient, entre autres produits de décomposition, du biuret $C^2O^2Az^3H^5$. La réaction qui lui donne naissance peut être représentée par :

$$\underset{\text{Urée}}{2CO\left\langle\begin{matrix}AzH^2\\AzH^2\end{matrix}\right.} = AzH^3 + \underset{\text{Biuret}}{\begin{matrix}CO\left\langle AzH^2\right.\\ \quad\rangle AzH\\ CO\left\langle AzH^2\right.\end{matrix}}$$

Traité à froid par un alcali (lessive de soude ou de potasse) et un peu de sulfate de cuivre, le biuret fournit un liquide d'une coloration vineuse, violet-pourpre. Il est probable que le cuivre se substitue à l'hydrogène dans la molécule du biuret.

Cette réaction dite *R. du biuret* est caractéristique des substances ayant une constitution analogue à celle du biuret; ainsi on l'obtient également avec l'acide aspartique.

Elle est également caractéristique des peptones et des propeptones ou albumoses. Pour séparer les albumoses des peptones, on saturera le liquide au moyen de sulfate d'ammonium qui précipite les albumoses. Le précipité sera recueilli sur un filtre, égoutté, essuyé, redissous dans l'eau, additionné d'un excès de soude, puis de quelques gouttes d'une solution diluée de sulfate de cuivre. L'apparition d'une coloration vineuse indique la présence des albumoses. Le liquide saturé de sulfate d'ammoniaque et filtré sera additionné d'un excès de soude, jusqu'à ce qu'il commence à se produire une cristallisation. Puis on y ajoutera goutte à goutte une solution diluée de sulfate de cuivre. La coloration vineuse indique la présence de peptone proprement dite.

Si l'on recherche la peptone ou la propeptone dans le sang ou dans des liquides contenant des albuminoïdes, on pourra précipiter ces dernières substances au moyen d'acide trichloracétique et instituer ensuite la recherche par la soude et le sulfate de cuivre.

Si l'on traite un liquide contenant de l'albumine ou une autre substance albuminoïde vraie avec de la soude et un peu de sulfate de cuivre, on obtient un liquide violet, qui vire au pourpre par l'ébullition (Réaction du biuret à chaud). Même réaction avec les protéides, notamment avec la nucléine. KRUKENBERG (*Ueb. das Zustandekommen der sog. Eiweissreactionen. Sitzungsber. Ienaischen Gesellsch.*, II, 1885. Anal. dans *J. B.*, XV, 1885, 21) a montré que plusieurs dérivés des albuminoïdes, notamment le collagène, la conchioline, la spongine, la carnéine, la fibroïne donnaient également à chaud la réaction du biuret. Il en est de même de la gélatine et de la peptone de gélatine. La réaction du biuret n'est pas due ici à la formation de peptones ou de propeptones aux dépens de la spongine, de la conchioline, etc., car ces substances ne fournissent pas de peptones parmi leurs produits de décomposition.

On ignore la nature du dérivé albuminoïde auquel est due la réaction du biuret fournie par les albuminoïdes et les peptones. Brücke a étudié les analogies et les différences que présentent la vraie réaction du biuret (fournie par le biuret) et la réaction du biuret des peptones (Brücke. *Ueb. das Alkophyr u. üb. die wahre u. die sogen. Biuretreaction. Monatsh. f. Chemie*, iv, 1883, 203. Anal. dans *J. b. P.*, 1883, xiii, 23).

L'intensité de la coloration violette que prend une solution d'albumine lorsqu'on la traite par la soude et le sulfate de cuivre (mélanger 4 centimètres cubes de liquide albumineux avec 2 centimètres cubes d'une solution de soude concentrée et 4 gouttes d'une solution de sulfate de cuivre au dixième, agiter et filtrer sur du papier résistant à l'action de la soude, d'après F. Klug, est proportionnelle à la quantité d'albumine contenue dans le liquide et peut être utilisée dans le dosage rapide de cette substance. F. Klug recommande à cet effet l'emploi du spectrophotomètre (*Ueb. eine neue Art der quantitativen Bestimmung von Eiweiss. Centralbl. f. Physiol.*, 1893, vii, 227).

A plus forte raison la réaction du biuret peut-elle servir à rechercher les albuminoïdes dans les liquides qui n'en renferment pas d'ordinaire, comme les urines. Quinquaud (*B. B.*, 1886, 452) a employé à cet effet la liqueur cupropotassique.

La réaction du biuret a été pareillement utilisée par Schmidt-Mülheim pour le dosage colorimétrique de la peptone, par comparaison avec la teinte d'une solution titrée de peptone, additionnée de soude et de sulfate de cuivre et servant d'étalon.

On peut objecter à ce dosage, qu'il est difficile d'ajouter exactement la quantité voulue de sulfate de cuivre pour obtenir le maximum de coloration. Dès qu'on dépasse ce point, on modifie la teinte du liquide dans le sens de la couleur bleue du sulfate de cuivre ajouté en excès. En outre, si le liquide est coloré par lui-même, la comparaison avec l'étalon devient très difficile.

Quant aux propriétés chimiques du biuret, nous renvoyons aux traités de chimie. Elles n'intéressent guère le physiologiste. Disons seulement que le biuret constitue des aiguilles cristallines, peu solubles dans l'eau froide, très solubles dans l'eau bouillante et dans l'alcool. On peut l'obtenir en dissolvant dans l'eau la masse blanchâtre provenant de la fusion de l'urée. On élimine au préalable l'acide cyanurique par l'acétate de plomb; l'excès de plomb est précipité par l'acide sulfhydrique. On filtre et évapore à un petit volume : le biuret cristallise. Si l'on chauffe le biuret, il se décompose en ammoniaque et en acide cyanurique.

LÉON FREDERICQ.

BIZZOZERO (Giulio) professeur à Turin. — Nous ne mentionnons pas ici ses travaux d'histologie pure, mais seulement ceux qui intéressent directement la physiologie.

Studii comparativi sui nemaspermi e sulle ciglia vibratili, Milano, press. *Ann. univ.* 48 p., 8°. — *Di alcune alterazioni dei linfatici del cervello e della pia madre*, Bologna, 16 p., 8°. — *Beiträge zur Kenntniss der sogenannten endogenen Zellenbildung* (*Wien. med. Jahr.*, 1872, 160-168). — *Uber die Veränderungen des Muskelgewebes nach Nervendurchschneidung* (*Wien. med. Jahr.*, 1873, 125-127) (en coll. avec C. Golgi). — *Sull'origine dei globuli rossi del sangue. Ricerche sperimentali sulla ematopoesi splenica* (*Arch. p. l. sc. med.*, Torino, 1879, iv, 1-66) (en coll. avec G. Salvioli). — *Ueber die Einwirkung der Bluttransfusion in das Peritoneum auf den Hämoglobingehalt des kreisenden Blutes* (*C. W.*, 1879, 917-918) (en coll. avec C. Golgi). — *Ueber die Blutbildung bei Vögeln* (*C. W.*, 1879, 737-739) (en coll. avec A. Torre). — *Sulla produzione dei globuli rossi negli uccelli* (*Arch. p. l. sc. med.*, Torino, iv, 1879, 388-412) (en coll. avec A. Torre). — *Das Chromocytometer, ein neues Instrument zur Bestimmung des Hämoglobingehaltes des Blutes* (*Strick. med. Jahr.*, 1880, 251-267). — *Sulla produzione dei globuli rossi del sangue nella vita extra-uterina* (*Giorn. d. R. Acc. di med. di Torino*, 1880, 24 p., 1 pl.). — *Sur un nouvel élément morphologique du sang chez les mammifères et sur son importance dans la thrombose et dans la coagulation* (*A. B.*, 1881, i, 1-4; ii, 345; iii, 94). — *Sur les petites plaques du sang des mammi-*

fères, et la coagulation (*A. B.*, 1881, I, 274-278). — *Sur la formation des corpuscules rouges* (*A. B.*, 1883, IV, 329-345). — *Du sort des globules rouges dans la transfusion du sang défibriné* (*A. B.*, 1886, VII, 279-291) (en coll. avec C. Sanquirico). — *De l'origine des corpuscules sanguins rouges dans les différentes classes de vertébrés* (*A. B.*, IV, 1883, 309-329) (en coll. avec A. Torre). — *Sur le tissu des glandes excrétantes* (*A. B.*, 1888, IX, 1-2) (en coll. avec G. Vassale). — *Nouvelles recherches sur la structure de la moelle des os chez les oiseaux*, 1 pl. (*A. B.*, 1891, XIV, 293-332). — *Sur les plaquettes du sang des mammifères* (*A. B.*, 1891, XVI, 375-392).

BOIS REYMOND (Émile du), professeur à la Faculté de médecine de Berlin.

Électro-physiologie. — *Quæ apud veteres de piscibus electricis exstant argumenta*, Diss. inaug., Berlin, 1843. — *Zur Theorie der Nobilischen Farbenringe* (*Pogg. Ann.*, 1846, LXXVI). — *Ueb. den sogenannten Froschstrom u. die elektromotor. Fische* (*Ibid.*, 1843, LVIII). — *Untersuch. über thierische Elektricität*, 2 vol. 8°, Berlin, Reimer, 1848-60. — *Sur la loi du courant musculaire, sur la loi qui préside à l'irritation électrique des nerfs* (*C. R.*, 1850, XXX). — *Ueb. den Einfluss welche der Dimensionen innerlich polarisbarer Körper auf die Grösse der secundär electromotor. Wirkung üben* (*M.*, 1859 [1]). — *Ueb. nicht polarisibare Electroden* (*M.*, juin 1859). — *Ueb. den secundären Widerstand, ein durch den Strom bewirktes Widerstand's Phänomen an feuchten porösen Körpern* (*M.*, 1860). — *Ueb. Jodkalium Electrolyse u. Polarisation durch den Schlag des Zitterwelses* (*Pogg. Ann.*, 1861, CXII). — *Zur Theorie der astatischen Nadelpaare* (*Ibid.*, 1861, CXII). — *Ueb. den zeitlichen Verlauf voltaelecktrischen Inductionsströme* (*M.*, 1862). — *Ueb. das angebliche Fehlen der unipolaren Zuckung bei dem Schliessungs Inductionsschlage* (*A. P.*, 1860, 461, 639). — *Ueb. positive Schwankung des Nervenstromes beim Tetanisiren* (*A. P.*, 1861, 786). — *Ueb. das Gesetz des Muskelstromes mit besonderer Berücksichtigung des M. Gastroknemius des Frosches* (*A. P.*, 1863, 521, 649). — *Ueb. die räumliche Ausbreitung des Schlages der Zitterfische* (*M.*, 1864). — *Ueb. die durch Dehnung der Muskeln hervorgerufenen Neigungströme* (*M.*, 1866). — *Ueb. die elektromotorische Kraft der Nerven u. Muskeln* (*A. P.*, 1867, 257). — *Ueb. die Erscheinungsweise des Muskel u. Nervenstromes bei Anwendung der neuen Methoden an deren Ableitung* (*A. P.*, 1867, 417). — *Neue Versuche ub. den Einfluss gewaltsamer Formveränderung der Muskeln auf deren elecktromotorische Kraft. Widerlegung der von H. D*r *Ludimar Hermann kürtzlich veröffentlichten Theorie der elecktromotor. Erscheinungen der Muskeln u. Nerven* (*M.*, 1867). — *Ueb. aperiodische Bewegungen gedämpfte Magnete* (*M.*, 1869, 1870, 1873 et 1874). — *Ueb. den Einfluss körperlicher Nebenleitungen auf den Strom des M. Gastrocnemius des Frosches* (*A. P.*, 1871, 561). — *Anleitung zum Gebrauch des runden Compensatores* (*A. P.*, 1871, 608). — *Ueb. die negative Schwankung des Muskelstromes bei der Zusammenziehung* (*A. P.*, 1873, 517). — *Experimentalkritik der Entladungshypothese ub. die Wirkung von Nerv auf Muskel* (*M.*, 1874, 519-560). — *Ueb. die Rolle parelektronomischen Strecke bei der negativen Schwankung* (*A. P.*, 1876, 123-166; 342-381). — *Gesammelte Abhand. zur allgemeinen Muskel u. Nerven Physik.*, 2 vol. 8°, Berlin, Reimer, 1875 et 1877. — *Versuche am Telephon* (*A. P.*, 1877, 573-576; 582-584). — *Ueb. die bisherigen Ergebnisse der von Prof. G. Fritsch zur weiteren Erforschung der elektrischen Organe der Fische untergenommen Reise* (*A. P.*, 1882, 61-75; 477-503). — *On a new principle affecting the distribution of the Torpedinidæ and on the probable occurence of the T. occidentalis, Storer, on the British Coast* (*Brit. Ass. Rep.*, 1882, 592-595). — *Ueb. die Fortpflanzung des Zitteraales* (*Gymnotus electricus*) (*A. P.*, 1882, 76-80). — *Ueb. secundäre elecktromotor. Erscheinungen an Muskeln, Nerven u. elektr. Organen* (*M.*, 1883, 343-404). — *Lebende Zitterochen in Berlin* (*A. P.*, 1885, 86-145; *M.*, 1885, 691-750; *A. P.*, 1887, 51-110). — *Bemerkungen ub. einige neuere Versuche am Torpedo* (*M.*, 1888, 531-554). — *Ueb. secundäre elektromotor. Erscheinungen an den elektr. Gewebe* (*M.*, 1889, 1131-1165 et 1890, 639-677). — *Von der inneren negativen Polarisation der Muskeln* (*A. P.*, 1891, 402-475). — *Ueb. Versuche an im hiesigen Aquarium neugeborenen Zitterochen* (*M.*, 1892). — *Vorläufiger Bericht uber die von Prof.* Fritsch *angestellten neuen Untersuch. an elektr. Fischen* (*A. P.*, *Suppl.*, 217-220).

Physiologie générale. — *Bemerk. ub. die Reaktion der elektr. Organe u. der Muskeln*

1. *M.* signifie : *Monatsberichte der k. preussischen Akad. der Wissenschaften zu Berlin.*

(*A. P.*, 1859, 846). — *De fibræ reactione, ut chemicis visa est, acida* (*Habilit. Schr.*, 4°, Berlin, 44 p. 1859). — *Zur Kenntniss der Hemicranie* (*A. P.*, 1860, 857). — *Abänderung des Stenson'schen Versuches für Vorlesungen* (*A. P.*, 1860, 261). — *Ub. die Immunität gegen Strychnin* (*A. P.*, 1868, 755). — *Ub. facettenförmige Endigung der Muskelbündel* (*M.*, 1872). — *Vermuthungen üb. die denkbare Function der Spinalganglien* (*M.*, 1877).

Histoire et Critique. — *Gedächtnissrede auf Johannes* Muller (*M.*, 1859). — Voltaire *als Naturforscher* (*M.*, 1868). — *Der physiologische Unterricht sonst u. jetzt*, Berlin, Hirschwald, 8°, 1877. — Chamisso *als Naturforscher* (*M.*, 1888). — *Rede zur Leibniz feier* (*M.*, 1876, 385-405). — *L'exercice* (*Rev. Scientif.*, Paris, 1882, 97-109). — *Naturwissenschaft. u. bildende Kunst* (*M.*, 1890). — Maupertuis (*M.*, 1892).

D. R. B. R.

BOLDO.

BOLDO. — Le boldo est une plante originaire du Chili (*Boldea fragrans*) employée dans la médecine des indigènes de l'Amérique du Sud. En 1874, Dujardin-Beaumetz et C. Verne en firent l'étude pharmacodynamique : ils notèrent des effets hypnotiques assez vagues; d'ailleurs ils employèrent l'extrait alcoolique, et non une substance chimique déterminée. Verne en put cependant retirer un alcaloïde qu'il désigna sous le nom de *boldine*. Chapoteaut (1884) montra que la boldine existe en faible quantité, et que son action physiologique est peu marquée. Mais à côté de la boldine se trouve un glucoside, boldoglucine, dont les effets physiologiques très marqués ont été étudiés par Laborde et Quinquaud (1885), et surtout par Juranville (1885), qui en a fait l'objet d'une monographie importante à laquelle nous renvoyons pour plus amples détails. Nous n'avons pas pu consulter les travaux plus récents de Schuchardt (1889), Rusby (1890) et Pascoletti (1891).

La boldoglucine, d'après Juranville, n'est pas très toxique. Il faut, en injection veineuse, à peu près 0gr,35 par kilogramme pour amener la mort. En ingestion stomacale il faut une dose plus forte. Au début, on note de l'agitation, une excitation très vive, de l'hypersécrétion salivaire; des vomissements répétés, symptômes plus ou moins analogues à une sorte d'ébriété. Continuant l'ingestion, on voit apparaître les phénomènes d'hypnose; la respiration se ralentit et la température s'abaisse. Finalement les réflexes disparaissent, l'animal est plongé dans la résolution complète. Dans cette période de coma, la consommation d'oxygène est diminuée, comme aussi la production d'acide carbonique.

Quelques expériences, faites par Juranville avec Fr. Franck et E. Gley, sur la circulation cérébrale dans le sommeil provoqué par la boldoglucine, ont semblé montrer qu'il y avait un léger degré d'anémie du cerveau, mais on ne peut vraiment pas en conclure qu'elle soit hypnogène, parce qu'elle anémie l'encéphale.

Sur la grenouille, des doses de 0gr,15 à 0gr,20 amènent un état de mort apparente avec conservation des mouvements cardiaques ralentis et affaiblis.

Administrée aux aliénés pour leur procurer le sommeil, la boldoglucine paraît avoir donné d'assez bons résultats.

Peu d'expériences ont été faites sur la boldine, dont on ne peut extraire que de minimes quantités. D'après Juranville (p. 22), elle aurait plutôt un effet convulsivant qu'un effet hypnotique.

Bibliographie. — 1874. — Dujardin-Beaumetz et Verne (C.). *Étude sur le boldo* (*Bull. gén. de thérap.* Paris, xliii, 165; 219).

1884. — Chapoteaut. *Sur un glucoside du boldo* (*C. R.*, xcviii, 1052-1053).

1885. — Juranville (R.). *Rech. exp. et cliniques sur l'action somnifère de la boldoglucine* (*D. P.*, 8°. Parent, 60 p.). — Laborde et Quinquaud. *Act. physiolog. d'un glucoside l u boldo sur le sang, sur la respirat. et sur la nutrition* (*B. B.*, 2 mai).

1889. — Schuchardt (B.). *Mittheil. ub. neuere Arzneimittel : Boldea fragrans; boldo boldin; boldo-glucosid; Solanum paniculatum; jurubeba* (*Corr. Bl. d. allg. ärtzl. Ver. v. Thüringen.* Weimar, xviii, 74-91).

1890. — Rusby (H. H.). *Boldo* (*Drug. Bull.* Détroit, iv, 77-80).

1891. — Pascoletti (S.). *Sull' azione della boldina; studio sperimentale* (*Terapia mod.* Padova, v, 169-180).

BORE (Bo.11). — Le bore a été découvert en 1808 par GAY-LUSSAC et THÉNARD. C'est un métalloïde solide qui se présente à l'état amorphe sous l'aspect d'une poudre brunâtre; on l'obtient en réduisant par le magnésium son oxyde l'acide borique.

Ce corps par ses propriétés se rapproche d'une part du carbone et du silicium, d'autre part du phosphore et de l'arsenic. Dans la classification des métalloïdes, il est le seul représentant d'une famille intermédiaire entre celle du carbone et celle de l'azote.

De tout ses composés, seul son oxyde (acide borique) et les sels qu'il fournit intéressent le physiologiste.

L'acide borique, BoO^3H^3, a été découvert par HOMBERG en 1702. Il se présente sous forme de lamelles blanches nacrées contenant 43,6 p. 100 d'eau. Chauffé, il perd peu à peu son eau; au rouge sombre il devient anhydre et entre en fusion ignée; il se prend par le refroidissement en une masse incolore vitreuse. Au contact de l'air, l'acide borique fondu perd peu à peu de sa transparence, en se recouvrant d'une couche d'acide borique hydraté. Au rouge vif, l'acide borique Bo^2O^3 se volatilise lentement.

L'acide borique se dissout peu dans l'eau; à la température de 10° il exige 35 parties d'eau pour se dissoudre, à 20° ils se dissout dans 20 parties et à 100° dans 12 parties et demi.

La dissolution d'acide borique soumise à la distillation entraîne une certaine quantité de ce corps. Ce fait explique comment les jets de vapeur et de gaz qui s'échappent du sol dans certaines contrées contiennent de l'acide borique.

L'acide borique se dissout aussi dans l'alcool; il communique à sa flamme une coloration verte caractéristique. Cette coloration est due à la formation d'un éther borique volatil; la présence d'une base empêche la réaction. La présence de certains acides, phosphorique, tartrique, empêche également la coloration de la flamme par l'acide borique.

L'acide borique se trouve dans la nature, quelquefois en écailles brillantes dans les cratères des volcans, mais ordinairement, il se trouve en dissolution dans de petits lacs où il est amené par des jets de vapeurs (suffioni) qui, sortant des crevasses du sol, abandonnent à l'eau froide l'acide borique qu'elles entraînent. Ces lacs (lagoni) se rencontrent surtout en Toscane. On en extrait l'acide borique impur par simple évaporation.

Le bore se rencontre encore dans la nature à l'état de borate de soude (borax), dans un très grand nombre de lacs et de sources minérales. On en rencontre aux Indes, dans les montagnes du Thibet, dans l'île Ceylan, en Saxe, dans les eaux thermales de Wiesbaden, Aix-la-Chapelle, Bagnères, Luchon, Barèges, Vichy, Cauterets, etc.

On le rencontre encore à l'état de borate de magnésie (boracite) en combinaison avec la silice et la chaux (borosilicate de chaux) ou encore à l'état de borate de soude et de calcium (boronatrocalcite).

Pour purifier l'acide borique impur, on le traite à chaud par le carbonate de soude, il se forme du borate de soude, que l'on purifie par plusieurs cristallisations. On en extrait l'acide borique en dissolvant 1 partie de borax dans 2 parties et demie d'eau bouillante et en y versant de l'acide chlorhydrique jusqu'à ce que la liqueur colore la teinture de tournesol en rouge pelure d'oignon. Pendant le refroidissement, l'acide borique se dépose. On le lave à l'eau froide, puis on le fait redissoudre et recristalliser.

Les sels fournis par l'acide borique et les bases ont des compositions différentes suivant qu'ils dérivent de l'acide borique BoO^3H^3 ou des divers anhydrides : les acides polyboriques.

Nous ne parlerons que du borate de soude (borax), seul sel de l'acide borique employé en médecine. Quelle que soit son origine, naturelle ou artificielle, le borax raffiné se présente sous deux formes distinctes : tantôt en gros prismes hexagonaux contenant 47 p. 100 d'eau, tantôt en octaèdres réguliers ne contenant que 30 p. 100 d'eau. Cette différence dans la forme cristalline et dans l'état d'hydratation dépend de la température à laquelle s'est faite la cristallisation. Le borax prismatique ou borax ordinaire, $Bo^4O^7Na^2 + 10H^2O$, cristallise à la température ordinaire; le borax octaédrique, $Bo^4O^7Na^2 + 5H^2O$, s'obtient lorsque l'on fait cristalliser la solution à la température de 60°.

Le borax prismatique se dissout dans 12 parties d'eau froide et dans 2 parties d'eau bouillante.

Physiologie. — Le borax et l'acide borique n'ont été l'objet d'aucune étude physiologique méthodique. Aussi ne possédons-nous que peu de renseignements sur leur mode d'action dans l'économie.

Au moment de sa découverte par HOMBERG, on a considéré l'acide borique comme un calmant antispasmodique (sel sédatif de HOMBERG); son usage, ainsi que celui du borax, a été proposé contre les maladies nerveuses, surtout contre l'épilepsie; il semble sans grand succès. Son emploi a cependant donné quelques résultats analogues à ceux du bromure. Voir les observations de GOWERS, FOLSOM, FÉRÉ, DIJOUD.

Le pouvoir antiseptique de l'acide borique et du borax mis en lumière par DUMAS a attiré l'attention générale, et l'on peut dire que c'est à cette propriété qu'est due l'importance de ces composés.

On a préconisé l'acide borique en médecine comme étant l'antiseptique le meilleur et le plus inoffensif; cependant les expériences de SCHUETZLER, les plus précises de toutes celles qui ont été publiées sur ce sujet, démontrent que, si les solutions d'acide borique à un demi p. 100 peuvent empêcher le développement des microbes du pus, sa solution concentrée, c'est-à-dire à 4 p. 100, est incapable d'arrêter la putréfaction ni aucune fermentation déjà commencée. On doit donc considérer l'acide borique comme un antiseptique de peu d'énergie.

Ce qui n'empêche que l'usage du borax et surtout celui de l'acide borique ne se soit répandu en médecine et en chirurgie comme étant l'antiseptique le moins dangereux à manier à cause de son innocuité relative.

CANIO, SCHOULL ont préconisé son emploi, sous forme d'insufflation et de vaporisation, comme traitement de la tuberculose. TORTCHINSKY l'a employé comme antiseptique intestinal dans la fièvre typhoïde.

On a encore mis à profit son pouvoir antiseptique pour assurer la conservation des aliments, et éviter leur putréfaction. Le borax et l'acide borique ont formé et forment encore, malgré les avis des conseils d'hygiène et les prohibitions des gouvernements, la base des sels conservateurs.

En 1875, HERZEN préconise l'emploi de l'acide borique et du borax pour la conservation des viandes. SCHIFF nous apprend que cette méthode de conservation est mise en pratique avec plein succès en Amérique et dans la Russie méridionale. LIEBREICH, dit qu'en Norvège on conserve le poisson pêché au large en le plongeant dans une solution d'acide borique; STEIN a calculé que chaque kilo de poisson ainsi conservé contient environ 2 grammes d'acide borique. Tous ces auteurs concluent à l'innocuité de ces pratiques, et considèrent que même à haute dose l'acide borique et le borax n'ont jamais causé d'empoisonnement.

Telles sont aussi les conclusions des expériences de CYON en 1878, qui a constaté que le borax ajouté à la viande peut être absorbé à la dose quotidienne de 12 grammes sans provoquer le moindre trouble dans la nutrition générale. Le borax substitué au sel marin semble même, d'après cet auteur, augmenter la faculté d'assimilation de la viande et amener une forte augmentation du poids de l'animal, soumis à la même alimentation exclusivement albuminoïde.

Dans des expériences entreprises en 1880, GRUBER arrive à des conclusions différentes t il a observé que, lorsqu'on nourrit des chiens avec de la viande chargée de borax, du jour où on donne le borax, la désassimilation des matières albuminoïdes est plus considérable, résultat dû, suivant cet auteur, à la plus grande excrétion d'eau occasionnée par l'élimination de ce sel. Pour lui, le borax, au lieu d'épargner les matières albuminoïdes, agit comme tous les sels neutres, augmente la sécrétion aqueuse, et par suite celle des principes albuminoïdes. Le borax s'élimine rapidement, et semble n'avoir aucune autre influence fâcheuse sur l'organisme.

WOLHER, STEHBERGER ont constaté que le borax absorbé dans l'économie s'élimine rapidement par l'urine sans décomposition.

BISWANGER a constaté sa présence dans le sang, la bile, la salive, et a remarqué que par son élimination par la peau il détermine une éruption impétigineuse, d'accord en cela avec GUBLER.

ROSENTHAL, qui a étudié l'action de l'acide borique dans la médication interne, a observé, qu'à la dose de 1 gramme à 1gr,5, il détermine l'acidité de l'urine préalablement neutre; qu'à la dose de 4 à 6 grammes il augmente la diurèse; 12 à 15 grammes occasionnent de la gastralgie, de l'inappétence, l'apparition de vomissements.

L'usage du borax ou de l'acide borique à l'intérieur ou en pansement dans un but thérapeutique a du reste été cause d'un certain nombre d'accidents, signalés par Molodenkow, Gowers en 1881, Rosenthal, Welch en 1884, Folsom en 1886, Lemoine en 1892, Feré en 1893.

Tantôt on n'observe que de simples éruptions cutanées ressemblent à l'eczéma dit séborrhéique, cerclé d'une bordure rouge squameuse, accompagné d'une alopécie généralisée, ainsi que l'ont constaté Feré, Folsom, Gowers, accidents que l'on amende rapidement par simple suspension du traitement.

Ces accidents sont quelquefois accompagnés de troubles digestifs, vomissements, états nauséeux; de troubles cérébraux, céphalagie, insomnie, hallucination de la vue, comme l'a observé Lemoine.

Welch, qui faisait des applications locales de solution boriquée et d'acide borique comme traitement d'un écoulement vaginal, a observé que les mains et les pieds de sa malade ont pris l'aspect de membres trempés dans une solution alcaline caustique.

On cesse le traitement, les accidents disparaissent.

Molodenkow a observé deux empoisonnements suivis de mort causés par l'acide borique : 1° On fait à une femme de vingt-cinq ans, à la suite d'une thoracentèse, un lavage de la cavité pleurale avec une solution à 5 p. 100 d'acide borique. Immédiatement on observe des vomissements, du collapsus, le pouls devient faible. Le lendemain apparait un érythème de la face et du dos : la malade meurt le deuxième jour en prostration. 2° On vide un abcès par congestion chez un enfant de seize ans atteint du mal de Pott, on le lave avec une solution d'acide borique. Une demi-heure après, on observe des vomissements, un affaiblissement considérable du pouls; vingt-quatre heures après apparaît un érythème, le troisième jour il meurt.

L'auteur considère l'acide borique comme un poison cardiaque.

Ces observations semblent démontrer que l'absorption de l'acide borique et du borax n'est pas aussi inoffensive que le prétendent ses défenseurs. Aussi est-ce à juste titre que les divers gouvernements proscrivent l'emploi de ces produits comme sels de conserve.

En Allemagne on interdit aux fournisseurs des conserves de la marine de se servir de substances contenant de l'acide borique.

Le conseil d'hygiène public et de salubrité, en France, en a interdit l'emploi dans les vins, et pour la conservation des matières alimentaires, viande, lait.

Les partisans de l'acide borique s'appuient, pour démontrer son innocuité et légitimer son usage, sur la présence presque constante du bore dans la plupart des végétaux.

Rising a constaté la présence de l'acide borique dans les vins de Californie; Soltsien a retrouvé cet élément dans les vins de Saxe; Baumert et Rippert ont observé la présence du bore dans tous les échantillons de vins qu'ils ont analysés.

Von Lippmann et A. Crampton ont analysé les cendres de divers végétaux; toutes contenaient de l'acide borique, excepté les pommes et le cidre pur.

Hotter a voulu voir si cet élément, qui se retrouve dans presque tous les végétaux en faible proportion, n'avait pas une action sur la végétation.

Il a constaté que l'acide borique, ajouté à la dose de 1/1000e à la solution nourricière offerte à des pois et à des plants de maïs, produit des effets désastreux sur la végétation. Des taches pâles apparaissent sur les feuilles : la chlorophylle est détruite : la plante ne tarde pas à péricliter.

A la dose de 1/100 000e l'acide borique entrave encore la végétation.

De ces quelques faits il semble ressortir que le bore est un élément toxique pour tous les organismes vivants. Il serait désirable que quelques recherches physiologiques vinssent nous renseigner sur sa véritable action sur l'organisme animal.

Bibliographie. — Bedoin. *Contribution à l'étude des antiseptiques; expériences sur le borax* (*Mém. Soc. méd. Bordeaux*, 1877, 222, et *Gaz. méd. Bordeaux*, 1877, 276, 280). — Binswanger. *Pharmakologische Würdigung der Borsäure, des Borax und oder Borsäureverbindungen*. 8°, Munich, 1846. — Bouley. *Rapport sur l'usage alimentaire du sel de conserve*

(*Rec. trav. comité cons. hyg. Seine*, 1879, 352, VIII). — CANE. *Emploi de l'acide borique dans les pansements* (*J. Ph. Ch.*, (4), XXIX). — CANIO. *Tr. de la tuberculose pulmonaire par le borax* (*C. W.*, IV, 1888). — DE CYON. *Sur l'action physiologique du borax* (*C. R. A. Sc.*, LXXXVII, 845, 1878). — DIJOUD. *Traitement de l'épilepsie par le borate de soude* (*T. P.*, 1890). — FÉRÉ. *Note sur l'action du borax administré par la voie gastrique sur la sécrétion cutanée.* (*B. B.*, 1893, 987). — FÉRÉ et H. LAMY. *Deux cas d'éruption eczémateuse produits par le borax* (*Nouv. icon. Salp.*, II, 305, 1889). — FOLSOM. *Case of epilepsy treated with borax* (*Boston med. and surg. J.*, 1886). — FLÜGEL. *Beitrag zur Geschichte und zur Würdigung der arzlichen Krafte des Borax.* Bamberg, 1847. — GOWERS. *On psoriasis from borax* (*Lancet*, 24 sept. 1881). — GRUBER. *De l'influence du borax sur la désassimilation de l'albumine dans l'organisme* (*Z. B.*, XVI, 198, 1880). — HERZEN. *Acide borique considéré comme conservateur de la viande* (*J. Ph. Ch.*, (4), XXIII, 386). — HOTTER (*Landwirt. Vers.*, XXXVII, 437). — JACQUES. *Cons. mat. animal au moyen du borate de soude* (*J. Ph. Ch.*, (4), XXVII, 208). — LEMOINE. *Toxicité de l'acide borique* (*Bull. méd. du Nord*, n° 10, 255, 1890). — LEMOINE. *Liséré gingival consécutif à l'ingestion du borax* (*Bull. méd. du Nord*, n° 16, 385, 1892). — LIEBREICH. *Poissons conservés par l'acide borique* (*Berl. Klin. Woch.*, n° XXXIII, (15 août 1887). — MAIRET. *Traitement de l'épilepsie par le borate de soude* (*Progrès médical*, 10 octobre 1891). — MOLODENKOW. *Deux cas d'empoisonnements par l'acide borique employé en pansement* (*Wratsch*, XXXI, 1881). — PELIGOT. *Ac. borique et borates* (*J. Ph. Ch.*, (4), XXV, 168). — POLLI. *Ac. borique, propriétés antifermentescibles* (*J. Ph. Ch.*, (4), XXVI, 77). — SCHOULL. *Taitement de la tuberculose pulmonaire par l'acide borique* (*Gaz. heb. méd. chir.*, XL, 1887). — SCHUETZLER. *Act. du borax dans la fermentation et la putréfaction* (*Ann. Chim. Phys.*, (5), IV, 343, 1875). — STEWART. *Use of borax in epilepsy* (*Lancet*, 1890, I, 909). — TORTCHINSKY. *Emploi de l'acide borique dans la fièvre typhoïde* (*Bolnithnaia Gazeta Botkina*, XLVIII, 1892). — WAGNER. *Ueber die diuretische Wirkung des Borax* (*T. Kiel*, 1892). — GEO WELCH. *Toxicals effects of boracic acide* (*N. York med. record.*, 3 nov. 1888).

A. CHASSEVANT.

BORELLI (Giovanni Alfonso) (1608-1679). Physiologiste italien, qui, ayant la connaissance approfondie des mathématiques, chercha à appliquer aux phénomènes de la vie et spécialement aux mouvements musculaires les lois de la mécanique et de la mathématique. Son ouvrage principal est le traité du mouvement des animaux, où, pour la première fois, l'histoire de la contraction musculaire est abordée comme un problème de mécanique. C'est un livre, de lecture difficile, où les propositions physiologiques cherchent à être démontrées comme des propositions de mécanique. Le chapitre consacré au vol des oiseaux est particulièrement intéressant, quoique il admette que le centre de résistance de l'aile coïncide avec le centre de gravité de l'oiseau. Il donne des raisons contestables pour expliquer que les hommes ne pourraient adapter leurs muscles au vol, comme les oiseaux. Il a aussi évalué la force musculaire du cœur et le chiffre qu'il donne est prodigieusement exagéré, plus grande, dit-il (*Proposition* LXXIII, p. 84, édit. de 1743) que 180 000 livres. Il se sert du mot *automa* pour explique la contraction du cœur. Quant à la respiration, les considérations mécaniques qu'il fournit sont intéressantes; mais toutes les théories sur la fermentation du sang sont naturellement assez ridicules, encore qu'on trouve mentionnées quelques expériences curieuses.

C'est donc, en somme, une injustice que de juger d'un mot l'œuvre de BORELLI, en disant qu'il est le chef de l'école iatro-mécanicienne. Il fut aussi physiologiste expérimentateur, et il est certainement, après HARVEY et DESCARTES, et loin d'eux, un des principaux physiologistes du XVIIe siècle.

Bibliographie. — *De motu animalium, pars prima in qua copiose disceptatur de motionibus conspicuis animalium, nempe de externorum artuum flexionibus, etc.*, Roma, in-4°, 1680... *Pars altera in qua de causis motus musculorum et motionibus internis atque humorum qui per vasa et viscera animalium fiunt. Ibid.*, in-4°, 1681. — L'édition la plus commune est celle de 1743, publiée par J. BERNOUILLI. — *De motu animalium* (2 parties), *Editio nova, dissertationibus physico-mechanicis de motu musculorum et de effervescentia et fermentatione*, 228 et 290 pp. La Haye, P. Gosse, in-4°, 1743. — *De vi percussionis et motionibus naturalibus a gravitate pendentibus, sive introductiones et illustrationes physico-ma-

thematicæ, apprime necessariæ, ad opus ejus intelligendum de motu animalium, una cum ejusdem auctoris responsionibus in animadversiones D. Stephanide Angelis ad librum de vi percussionis, in-4°, 262 p. Leyde, van der Aa, 1686. — (La première édition est de Reggio, 1670.)

BORNÉSITE ($C^7H^{14}O^6$). — Matière sucrée volatile, dextrogyre, cristallisable, extraite du caoutchouc de Bornéo. En la traitant par l'acide iodhydrique bouillant, A. Girard a obtenu la bornéodambore ($C^6H^{12}O^6$). La bornésite serait l'éther méthylique de la bornéodambore. Elle n'est pas fermentescible et ne réduit pas la liqueur de Fehling (*D. W. Suppl.*, I, 370; II, 786).

BOTANIQUE. (V. Physiologie végétale.)

BOUILLON. — On donne le nom de bouillon au liquide provenant de la décoction lente de la *viande*. C'est, en somme, un extrait aqueux à haute température progressivement amenée, du tissu musculaire de divers animaux. L'étude du bouillon est inportante au point de vue de l'hygiène alimentaire et de la physiologie pure. C'est à ce dernier point de vue que nous la traiterons exclusivement. Nous n'entrerons donc dans aucun détail circonstancié concernant les divers procédés de préparation du bouillon. Ils ne sont intéressants qu'au point de vue de l'hygiène alimentaire. La question qui nous importe surtout, c'est de savoir quels sont les éléments du tissu musculaire que l'eau peut extraire et quelle est leur valeur au point de vue de la nutrition. Ce qu'il nous faut donc d'abord connaître, c'est la composition de la viande, c'est-à-dire du tissu musculaire qui a fourni le bouillon.

Composition de la chair musculaire. — Sa densité chez les mammifères est en moyenne de 1,055, c'est-à-dire égale à celle du sang.

Voici d'après Hoppe Seyler (*Chimie physiologique*) la proportion d'eau que renferment les muscles de divers animaux :

ESPÈCES.	EAU P. 100.
Bœuf.	72 à 74
Porc.	77
Oiseaux.	70 à 76
Reptiles.	76 à 80
Poissons.	79 à 82
Écrevisses.	85

La proportion centésimale d'eau est intéressante à connaître parce qu'elle influe évidemment sur la valeur nutritive des viandes.

ORIGINE DES VIANDES.	EAU.	ALBUMINE SOLUBLE.	MUSCULINE.	MATIÈRES GÉLATINEUSES.	MATIÈRES EXTRACTIVES.	CRÉATINE.	GRAISSES.	CENDRES.	AUTEURS.
Mammifères (moyenne). .	72,87	2,17	15,25	3,16	1,60	0,09	3,72	1,14	Moleschott.
Bœuf.	73,39	2,25	15,21	3,21	1,39	0,07	2,87	1,60	—
—	77,50	2,20	15,80	1,90	2,93				Berzélius.
Veau.	73,75	2,27	14,36	5,01	1,27	»	2,56	0,77	Moleschott.
Chevreuil. . .	75,17	2,10	16,98	0,50	2,52	»	1,90	1,12	—
Porc.	70,66	1,63	15,50	4,08	1,29	»	5,73	1,11	—
Poulet. . . .	76,22	3,03	16,69		0,94	0,32	1,42	1,37	—
Saumon . . .	76,87	4,34	10,96		1,78	»	4,79	1,26	—
Carpe.	78,54	2,93	10,21	2,02	1,45	»	2,84	2,00	—
Sole	86,16	13,61					0,248	1,23	Payen.
Maquereau . .	68,27	24,96					6,76	1,85	—
Goujon. . . .	76,89	20,43					2,67	3,44	—
Anguille . . .	62,07	14,06					23,86	0,77	—

Au point de vue nutritif il nous importe aussi de connaître la proportion totale d'azote, puisque c'est là l'élément caractéristique des matières quaternaires.

D'après Schützenberger, le chiffre d'azote du muscle frais varie entre 3,15 (mouton) et 3,48 p. 100 (cheval) avec 3,29 pour le bœuf, 3,18 pour le veau, 3,25 pour le porc.

Les chiffres ci-dessus, empruntés à Moleschott, Berzélius et Payen, d'après Garnier (*Enc. chim. de Frémy*, IX, 2e *section*, 2e *fascicule*, 467), donnent résumée en tableau la composition des diverses viandes usuelles.

Matières minérales du muscle. — Les éléments minéraux entrent pour une proportion notable dans la composition du muscle et passent en grande partie dans le bouillon.

Voici, d'après Bibra, la composition minérale de la chair de diverses espèces (pour 100 *de muscles desséchés*) (Bibra, *cité par* Pelouze et Fremy. *Traité de chimie*, VI, 253).

ORIGINE DES MUSCLES.	CENDRES p. 100 de muscle sec	CHLORURES ALCALINS.	ÉLÉMENTS DES CENDRES. SULFATES alcalins.	PHOSPHATES alcalins.	PHOSPHATES terreux.	CARBONATE DE SOUDE.
Homme de 30 ans (membres)	»	10,30	1,72	72,95	15,03	»
Femme de 36 ans (muscles pectoraux)	4,80	13,44	1,86	63,58	21,12	»
Cœur	3,61	5,33	traces.	84,13	10,53	»
Enfant d'une semaine	»	6,33	2,04	81,44	10,19	»
Bœuf	7,71	6,50	0,30	76,80	16,40	»
Chevreau femelle	4,68	1,00	»	72,00	20,60	»
Renard femelle	3,85	1.02	2,50	74,08	24,40	»
Chat (mâle)	3,36	3,17	»	74,13	20,70	2,00
Poule (pectoraux)	5,51	1,39	traces.	84,72	13,89	»
Faucon	4,46	7,38	4,50	46,15	41,97	»
Carpe	6,16	1,31	12,30	44,19	42,20	»
Perche	7,08	1,27	»	54,39	44,34	traces.
Grenouille	4,96	11,00	»	64,00	25,00	traces.

Composition des cendres de la chair musculaire.

100 PARTIES DE CENDRES RENFERMENT :	BŒUF.	CHEVAL.	VEAU.	PORC.	MORUE.
Potasse	35,94	39,40	34,40	37,79	3,70
Soude	»	4,86	2,35	4,02	4,26
Magnésie	3,31	3,88	1,45	4,81	3,27
Chaux	1,73	1,80	1,99	7,54	40,22
Chlore	4,86	1,47	10,59	0,62	15,11
Oxyde de fer	0,98	1,00	0,27	0,35	0,54
Acide phosphorique	34,36	46,74	48,13	44,47	16,78
Acide sulfurique	3,37	0,30	»	»	1,64
Silice	2,07	»	0,81	»	»
CO^2	8,02	»	»	»	13,56
Auteurs	Stœlzel.	Weber.	Staffel.	Echevaria.	Zedeler.

On voit que les éléments qui dominent dans les cendres de la viande sont l'*acide phosphorique* et la *potasse* comme pour les globules rouges du sang. On n'y trouve que peu de chlorure de sodium, sauf chez le veau.

L'analyse suivante de la viande de bœuf (100 parties) empruntée à Bunge (*Cours de chimie biologique et pathologique*, traduction de Jaquet, 1891) le montre nettement.

Potasse, $K^{2}O$.	4.654
Soude, $Na^{2}O$.	0,770
Chaux, CaO.	0,086
Magnésie, MgO.	0,112
Oxyde de fer, $Fe^{2}O^{3}$.	0,037
Acide phosphorique, $P^{2}O^{5}$.	4,674
Chlore, Cl.	0,672
Soupe, S.	2,211

Si nous nous étendons un peu longuement sur les matières minérales du muscle, c'est que ces substances passent en très grande partie dans le bouillon, lequel peut être considéré comme une solution de *matières minérales* et de matières extractives.

D'ores et déjà, en effet, nous pouvons dire que, sur 5 parties de cendre totale, 4 passent dans l'extrait aqueux de muscle et 1 seulement reste dans la fibre. Nous donnerons d'ailleurs tout à l'heure la composition des cendres du bouillon et de la viande épuisée.

Nous emprunterons d'abord à A. Gautier (*Chimie biologique*, 1892, III, 300) un tableau donnant à la fois la composition de 1000 parties de chair musculaire fraîche et des matériaux qui composent le bouillon par kilog. de viande ou pour 2 litres et demi de bouillon.

Composition de 1000 parties de chair musculaire fraîche.

	MAMMIFÈRES EN GÉNÉRAL.	OISEAUX EN GÉNÉRAL.	ANIMAUX A SANG FROID.	HOMME.	BŒUF.	VEAU.	PORC.	POULET.
Eau.	745 à 783	717 à 773	790 à 805	730 à 745	775	782	783	773
Matières organiques	208 à 245	217 à 263	180 à 200	220 à 216	219	211	208	230
Matières minérales.	9 à 12	10 à 19	10 à 20	»	12	13	»	»
Contenant :								
Musculine.	35 à 106	30 à 111	29 à 87					
Substance du stroma (insoluble dans le sel marin).	78 à 161	88 à 184	70 à 121	155	175	162	168	165
Albuminoïdes solubles.. . .	29 à 30	»	19	19	22	26	24	30
Graisse (moyenne).	»	»	»	25	110 à 150	80	40 à 90	12
Matériaux du bouillon par kilogr. de viande ou pour 2 lit. 1/2 de bouillon :								
Corps gélatinisant par la coction.	»	»	25	21	13	16	8	»
Créatine.	2	3 à 4	2 à 3	»	»	»	»	»
Corps xanthiques.	0,4 à 0,7	0,7 à 1,3	»	»	»	»	»	»
Acide inosique (sel de baryte).	0,1	0,1 à 0,3	»	»	»	»	»	»
Taurine.	0,7(cheval)	»	1.1	»	»	»	»	»
Inosite.	0,03	»	»	»	»	»	»	»
Glycogène.	4 à 5	»	2 à 5	»	»	»	»	»
Acide lactique.	0,4 à 0,7	»	»	»	»	»	»	»

MATIÈRES MINÉRALES.	MAMMIFÈRES en général.
Acide phosphorique, $P^{2}O^{5}$.	3,4 à 5,0
Potasse, $K^{2}O$.	3,0 à 3,9
Soude, $Na^{2}O$.	0,4 à 0,7

Chaux	0,9 à 0,18
Magnésie	0,4 à 0,43
Chlore	0,5 à 0,7
Oxyde de fer	0,03 à 0,10
Soufre total dosé à l'état de sulfate	2,20

Composition[1] des cendres du bouillon et de la viande épuisée.
(KELLER, *Ann. d. Chim. und Pharm.*, LXX. 91.)

SELS.	CENDRES DE L'EXTRAIT.		CENDRES DE LA VIANDE ÉPUISÉE.		CENDRES DE LA VIANDE TOTALE.	
Chlore	8,63		»		7,09	
Potassium	9,40		»		7,72	
Acide sulfurique	3,59		»		2,95	
Potasse	4,23		»		3,47	
Acide phosphorique	26,27		38,40	65,29	28,42	
Potasse	38,87		26,89		36,73	
Phosphate de chaux	3,06	9,39	9,34		4,17	13,77
— de magnésie	5,76		16,83		7,72	
— de fer	0,57		8,02		1,88	

Parties des muscles solubles dans l'eau. — Les muscles cèdent à l'eau froide 7,5 p. 100 de matières solubles, elles-mêmes composées de 1,5 à 2 p. 100 d'albumine et d'une matière colorante rouge (myohématine). Ces albuminoïdes, myosine, myoglobuline, myoalbumine, seront étudiés à l'article **Muscle**. Le reste (5,5 p. 100 environ) est formé de matières extractives : créatine, sarcine, xanthine, taurine, inosite; de glycogène, acide inosique, acide lactique et de sels minéraux. Quand le muscle est traité par l'eau bouillante, comme c'est le cas pour le bouillon, il cède à l'eau 1 à 2 p. 100 de gélatine [2] provenant de l'action de l'eau chaude sur le tissu conjonctif. Mais, en revanche, l'eau chaude coagule certains des albuminoïdes que l'eau froide avait extraits du muscle (sérine, pigment, hémoglobine). Ce coagulum forme l'écume qui vient surnager et que l'on rejette.

Ce qui reste en dissolution, c'est la gélatine, une trace d'albuminates solubles et des peptones, plus les substances extractives et des matières ternaires : glycogène, glycose, dextrine, inosite, acide lactique, et enfin des sels minéraux.

Le résidu insoluble est principalement formé de la partie albuminoïde du muscle qui était contractile pendant la vie, c'est-à-dire :

1° Du plasma musculaire coagulé ou *myosine;*

2° Des sarco-éléments;

3° Du sarcolemme, des tendons, du tissu conjonctif;

4° Des vaisseaux, nerfs, graisses, etc.;

5° Des sels insolubles. Ces sels sont composés de phosphate de magnésie, de phosphate de chaux et d'un peu de peroxyde de fer.

Propriétés physiques du bouillon. — C'est un liquide légèrement ambré, dont la densité varie suivant la quantité de viande qui a servi à sa préparation : elle est toujours plus considérable que celle de l'eau.

Avec du bouillon préparé sans addition de sels et avec de l'eau distillée, CHEVREUL a trouvé comme densité 1004,5. Le bouillon exhale, surtout à chaud, une odeur caractéristique agréable, variable suivant la nature de la viande qui a servi à la préparation (bœuf, mouton, etc.). La saveur varie aussi suivant l'origine de la viande.

Le bouillon est légèrement acide, même quand il vient d'être préparé et avec de la viande absolument fraîche. Cette acidité est due, non à l'acide lactique, comme on l'a cru longtemps, mais au *phosphate acide de potassium*. Quand le bouillon est abandonné

1. D'après GARNIER (*loc. cit.*, 474).
2. La viande des jeunes animaux cède plus de gélatine que celle des adultes.

à lui-même au contact des germes extérieurs, il fermente, et sa réaction devient plus acide. C'est qu'il se forme dans ce cas de l'acide lactique en proportions notables.

Voici une analyse de bouillon préparé par Chevreul avec de l'eau distillée et 0kil.,500 grammes de viande sans os. Le liquide dégraissé a fourni :

Eau et petite quantité de matières volatiles.		988,570
Substances organiques séchées dans le vide sec à 20°.		12,700
Matières inorganiques solubles.	Potasse et soude. . . Acide phosphorique et traces d'acide sulfurique	2,900
Matières inorganiques insolubles dans l'eau.	Phosphate de magnésie.	0,208
	— de chaux.. Oxyde de fer.	0,100
	Total. . . .	1004,478

La densité de ce bouillon était 1004,5; on voit que la décoction de viande a donné 13 p. 1000 environ de matière organique, et un peu plus de 3 p. 1000 de sels fixes.

La potasse était à la soude comme 5,5 est à 1 ; le phosphate de magnésie beaucoup plus abondant que le phosphate calcique; enfin la proportion des phosphates était considérable.

Le bouillon de ménage présente une richesse en sels assez considérable à cause de l'addition de chlorure de sodium et des légumes divers qui entrent dans sa préparation.

Pour extraire de la viande la plus grande quantité possible de substances, il faut prendre certaines précautions dont la non-observation entraînerait la préparation d'un bouillon très pauvre en substances dissoutes. C'est ainsi qu'il est bon de hacher la viande ou tout au moins de la couper en petits morceaux et de la laisser au contact de l'eau froide pendant un certain temps en remuant légèrement le mélange; l'addition de chlorure de sodium à l'eau favorise encore la dissolution de certains albuminoïdes (globulines). On élève ensuite doucement la température du mélange. Une chauffe trop brusque pourrait, en effet, coaguler trop rapidement l'albumine à la surface du muscle et empêcher la diffusion dans l'eau des matériaux solubles. Il est donc très mauvais de saisir les fragments de viande par l'eau bouillante.

Quand la température de l'eau atteint 70 à 72 degrés, l'albumine (sérine) se coagule et forme des grumeaux qui montent à la surface mélangés à de la graisse et qu'on écume. Il est bon de ne pas maintenir, tout le temps de la coction, la température à 100 degrés, mais bien de maintenir la température un peu au-dessous du point d'ébullition. Cette température élevée agit sur les substances collagènes (tissus connectifs) et les transforme en gélatine qui est soluble dans l'eau bouillante, et qui se prend en gelée par le refroidissement. La coction doit être maintenue pendant cinq à six heures environ. Quant à la quantité de viande employée elle est en moyenne de 1 kilogramme pour 2 litres et demi de bouillon.

Il est évident, que plus le bouillon sera riche en substances solides, plus la viande aura été appauvrie. Les bons bouillons donnent de mauvais bouillis (au point de vue alimentaire). Le bouillon fait trop hâtivement et en soumettant la viande à une température trop brusquement élevée laissent à cette dernière la majeure partie de ses substances nourrissantes. L'addition d'os à la viande n'augmente nullement les qualités nutritives du bouillon.

Ajoutons que, lorsque la coction de la viande est faite en vase clos, dans la marmite de Papin, la température dépassant 100 degrés, l'eau surchauffée peut hydrater les substances albuminoïdes et les transformer en peptones. Un bouillon fait dans ces conditions sera évidemment plus riche en peptones et partant plus nourrissant qu'un bouillon fait dans les conditions habituelles[1].

Nous arrivons ainsi à cette question si longtemps débattue des propriétés nourrissantes du bouillon. C'est encore un préjugé très tenace et très répandu que le bouillon est constitué par la *quintessence* de la viande, et par conséquent qu'il est un aliment à la

1. Au point de vue chimique consulter l'excellent travail de Bouveault sur la *Chimie du bouillon* (*Trav. du laboratoire* de Ch. Richet, III, 1894, 203-232).

fois excellent et facile à prendre. Mais un examen de la composition chimique du bouillon montre qu'il faut beaucoup en rabattre.

En fait de substances albuminoïdes, que contient le bouillon? Rien ou presque rien. L'albumine du muscle a été, en effet, coagulée par la chaleur et écumée. Le bouillon contient, il est vrai, une petite quantité de peptones, mais cette quantité est trop faible pour jouer un rôle important.

Il contient de la gélatine en plus ou moins grande proportion. Mais cette gélatine est-elle un aliment suffisant? La composition centésimale des matières gélatineuses est à peu près identique à celle des matières albuminoïdes, mais elles sont cependant plus pauvres en carbone et plus riches en oxygène, ce qui permet de penser qu'elles sont les produits d'un commencement de dédoublement et d'oxydation des matières albuminoïdes dans l'organisme; leur chaleur de combustion est en effet plus faible que celle des matières albuminoïdes (DANILEWSKY, *C. W.*, 1881, n°s 26 et 27).

D'ailleurs, les expériences de MAGENDIE pour la célèbre commission dite de la gélatine (*C. R.*, 2 août, 1841, XIII, 237), et celles plus récentes de VOIT (*Z. B.* VIII, 297, 1872) montrent que la gélatine est incapable de remplacer les substances albuminoïdes des aliments. La gélatine peut tout au plus jouer un rôle d'épargne, quand on l'ajoute à une nourriture trop pauvre en albuminoïdes, en empêchant une consommation de l'albumine des tissus.

En somme, le pouvoir nourrissant de la gélatine est faible et, de plus, la quantité de gélatine renfermée dans un bouillon est ordinairement très faible, puisque généralement le bouillon ne se coagule pas à froid, ce qui arriverait s'il contenait 1 p. 100 de gélatine (BUNGE, *loc. cit.*, 136).

Quant aux autres matières azotées contenues dans le bouillon, ce sont des matières extractives, c'est-à-dire des produits de désassimilation, d'oxydation ou de dédoublement; on ne peut donc les considérer comme des aliments. La créatine, la créatinine, quoi qu'on en ait dit, ne jouent aucun rôle nutritif et reparaissent intactes dans les urines, dans les vingt-quatre heures qui suivent l'absorption. BOUVEAULT a constaté (*Trav. du Lab. de* CH. RICHET, 1894, III, 244) qu'il y avait de notables quantités d'ammoniaque.

Restent les substances ternaires : graisses et hydrates de carbone. Les graisses n'existent qu'en faible quantité dans le bouillon, elles ont disparu en grande partie avec l'écume. Quant aux hydrates de carbone, glycogène, dextrine, sucre, inosite, leur proportion est si faible qu'il faudrait absorber des quantités colossales de bouillon pour que ces substances pussent jouer un rôle nutritif appréciable.

On a essayé enfin d'expliquer l'importance de l'extrait de viande et du bouillon comme aliment par son contenu élevé en sels. Mais notre alimentation normale n'a pas besoin d'addition de sels. Même pour l'organisme en voie de développement, il n'y a qu'un seul sel, la chaux, dont la quantité pourrait être trop faible; or, c'est précisément en chaux que l'extrait de viande est pauvre. Les cendres ne contiennent que 0,23 p. 100 de CaO (BUNGE, *loc. cit.*, 137).

En revanche, le bouillon est riche en sels de potassium[1]. C'est par la présence de ces sels de potassium qu'on a voulu expliquer l'action stimulante et réconfortante du bouillon. Il est certain, en effet, que si le rôle nutritif du bouillon est nul, comme le montrent et le raisonnement théorique et l'expérimentation directe, son rôle stimulant et réconfortant est incontestable. Cette action est immédiate : c'est là un caractère important. Après un travail fatigant, l'ingestion du bouillon de viande réconforte, *restaure* immédiatement. A quoi est due cette action?

Les propriétés organoleptiques du bouillon doivent, en agissant sur les sens (odorat, goût), jouer un certain rôle. Il faut en outre tenir compte de l'action des sels de potassium et des matières extractives. KEMMERICH (*A. Pf.*, II, 49, 1869) a montré qu'à petite dose les sels de potasse agissent comme excitants cardiaques; à haute dose, au contraire, comme paralysants. BUNGE, qui discute et critique les expériences de KEMMERICH (*loc. cit.*, 130), conclut au contraire « que les sels de potasse pris en grande

1. Cette richesse en sels de potassium fait que le bouillon peut être quelquefois dangereux, quand l'émonctoire rénal ne fonctionne pas suffisamment.

quantité ne paralysent pas plus le cœur qu'ils ne le stimulent à petites doses ». Mais les sels de potassium n'agissent pas seulement sur le cœur : ils agissent aussi sur le système nerveux, et à petites doses ils excitent les centres nerveux. Il est fort possible, en somme, que les sels de potassium jouent un rôle important dans l'action stimulante du consommé. C'est probablement aussi en excitant le système nerveux central qu'agissent les matières extractives, sans qu'on puisse attribuer cette action plus particulièrement à l'une d'entre elles.

Au point de vue de la digestion, le bouillon peut jouer un rôle important. On sait la part considérable que Schiff, et plus tard Herzen et Girard, ont fait jouer à certaines substances dites *peptogènes* dans la sécrétion du suc gastrique actif. La dextrine, la gélatine, les peptones introduites dans la circulation favorisent la transformation de la substance *pepsinogène* en *pepsine*. Or le bouillon contient de telles substances. On comprend donc que son ingestion, au commencement du repas, puisse favoriser la digestion en stimulant la sécrétion d'un suc gastrique actif.

En résumé : rôle nutritif à peu près nul, action stimulante et réconfortante très appréciable, action favorable dans la digestion ; tel est le bilan physiologique du bouillon.

Dans la pratique bactériologique on fait des bouillons avec différentes viandes ; selon la culture qu'on veut développer. On y ajoute généralement de la glycérine et de la peptone, et quelques sels. On comprend que la variété de ces divers bouillons de culture est presque infinie.

J.-E. ABELOUS.

BOURGEON. (V. Germination.)

BOURGELAT (Claude).

Fondateur des Écoles vétérinaires ; né à Lyon le 11 novembre 1712 ; mort à Paris le 3 janvier 1779.

Fils d'un négociant en soie et ancien échevin de Lyon, Claude Bourgelat, après d'excellentes études chez les jésuites, se prit d'une grande passion pour le cheval. On a dit qu'il étudia le droit à Toulouse, fut avocat au Parlement de Grenoble, et qu'il quitta brusquement le barreau, après avoir gagné une cause dont il connut plus tard l'injustice, pour entrer dans les mousquetaires. Mais on ne trouve pas trace du nom de Bourgelat dans les Archives toulousaines ou grenobloises. Ce qui est certain, c'est que Bourgelat fit preuve de « grandes capacités tant au fait de la cavalerie que d'autres exercices qui se montraient dans les établissements connus à cette époque sous le nom d'Académies » où l'on apprenait aux jeunes gentilshommes à monter à cheval et les autres exercices qui en dépendent, au moyen desquels ils se rendaient capables d'entrer dans le service militaire et d'être toujours utiles à l'État. Aussi obtint-il du comte d'Armagnac, grand écuyer de France, le 29 juillet 1740, un brevet pour exercer les place et charge de directeur de l'Académie de Lyon qui devenaient vacantes.

Depuis Solleysel, jamais aucun maître d'équitation n'avait joui d'une faveur aussi considérable. Les étrangers et surtout les Anglais le proclamèrent le premier écuyer de l'Europe. On raconte même que Frédéric le Grand consulta Bourgelat sur la meilleure manière de conduire une charge de cavalerie.

En 1740, il publia le *Nouveau Newcastle* ou *Traité de Cavalerie*. Comme tous ses similaires, cet ouvrage se terminait par quelques notions sur l'organisation et la médecine du cheval. Esprit supérieur, Bourgelat comprit, en l'écrivant, combien cette partie de l'hippologie laissait à désirer, combien surtout la partie médicale était faite de préjugés populaires et de fautes grossières.

Il résolut de s'instruire en fouillant, selon sa propre expression, dans le livre de la nature. Il se mit à étudier l'organisation et les maladies des animaux sous la direction de deux membres du Collège de chirurgie de Lyon : Pouteau et Charmeton.

En 1750, il donna ses *Éléments d'hippiatrique* ou *Nouveaux principes sur la connaissance et sur la médecine des chevaux*, en trois volumes, où il dit expressément que ceux qui se destinent à la médecine des animaux « n'acquerront jamais le degré suffisant d'instruction, tant qu'on ne formera point d'établissements, qu'on n'ouvrira pas des écoles pour les instruire ». Pour stimuler l'initiative des hommes d'État, il ajoutait : « Considérer les avantages qu'elles procureraient à l'État ce serait vouloir suggérer des idées qui n'échapperaient pas sans doute à des génies qui ne se conduisent que par les vues supérieures du bien public. »

Les éléments d'hippiatrique eurent un grand retentissement et valurent à son auteur le titre de correspondant de l'Académie des sciences de Paris, puis de l'Académie de Berlin.

Fonder une école où l'on instruirait dans l'anatomie, la thérapeutique et la ferrure, les jeunes gens qui se destinent à la médecine des animaux divers, tel fut le projet que Bourgelat caressa de 1740 à 1761.

Bourgelat était admirablement préparé pour mener à bien un projet de cette nature; pourtant il est probable qu'il n'aurait pu le réaliser s'il n'eût joui de l'influence particulière qu'il devait à d'excellentes relations sociales.

Bertin, ancien intendant de la généralité du Lyonnais, devenu ministre des finances, confident des intentions de Bourgelat, obtint, le 4 août 1761, du conseil d'État du roi Louis XV, un arrêt par lequel le directeur de l'Académie de Lyon était autorisé à créer dans cette ville une école vétérinaire, et recevait, dans ce but, une somme de 50 000 livres pour la durée de six années.

L'école s'ouvrit le 1er janvier 1762. Les premiers élèves remportèrent de si grands succès dans la lutte contre certains épizooties que le roi décida, à la date du 3 juin 1764, que l'établissement de M. Bourgelat prendrait dorénavant le titre d'*École royale vétérinaire*. Bien plus, le roi voulut qu'une école semblable fût créée aux environs de Paris, à Alfort, par les soins mêmes de Bourgelat, qui reçut, en 1764, le titre de directeur et inspecteur général de l'école royale vétérinaire de Lyon et de toutes les écoles vétérinaires établies ou à établir dans le royaume. Dès 1765, Bourgelat alla se fixer dans la capitale et fut nommé en outre commissaire général des haras du royaume.

L'école de Lyon est donc le berceau de l'enseignement vétérinaire. De cette école et de celle d'Alfort sortirent les étrangers qui fondèrent plus tard des établissements analogues dans leurs pays respectifs.

Bourgelat eut, pour premier collaborateur, à Lyon, l'abbé Rozier, chargé d'enseigner l'histoire naturelle aux nouveaux étudiants. Il se chargea lui-même d'écrire pour ses disciples, sur toutes les branches de l'art de guérir, des cahiers que des assistants avaient pour mission de lire et de commenter devant les élèves. Quelques-uns furent imprimés, par exemple, le Traité d'anatomie, le Traité des bandages, l'Art vétérinaire ou Traité de l'extérieur du cheval.

Bourgelat doit être connu des physiologistes, non seulement parce qu'il créa des établissements qui contribuent aux progrès de leur science, non seulement parce qu'il étudia lui-même expérimentalement quelques points de la physiologie, tels que le vomissement, la locomotion, mais encore parce qu'il songea, en fondant les écoles vétérinaires, à les ouvrir à tous pour les besoins de leurs travaux. Dans ses premières instructions sur ces écoles, il stipula qu'elles seraient encore ouvertes à toutes les personnes qui, ayant pour mission de faire avancer la science, ont acquis le droit d'interroger la nature. Le grand Haller, qui, avec raison, croyait avoir conquis ce droit, s'empressa d'en profiter et adressa au fondateur de l'école de Lyon tout un programme d'expériences à exécuter pour élucider certaines questions, notamment le jeu du cœur.

Bibliographie. — *Le nouveau Newkastle ou Nouveau traité de Cavalerie géométrique, théorique et pratique*, Lausanne, 1740. — *Éléments d'hippiatrique* ou *Nouveaux principes sur la connaissance et la médecine des chevaux*, 3 vol. in-12, Lyon, 1750-1753. — *Matière médicale raisonnée ou Précis des médicaments considérés dans leurs effets*, 6 éditions. — *Éléments de l'art vétérinaire*, 2 vol. Paris, 1775. — *Zootomie ou Anatomie comparée*, 1766-1769. — *De la conformation extérieure du cheval*, 1768. — *Essai sur les appareils et sur les bandages propres aux quadrupèdes*, 1 vol. in-8, 1770. — *Essai théorique et pratique sur la ferrure*. 1 vol in-8, 1770. — *Règlement pour les Écoles Royales Vétérinaires*. 1 vol., 1777. — *Encyclopédie* de d'Alembert et Diderot, *passim*.

S. ARLOING.

BOWDITCH (H. P.). — Professeur de physiologie, Harvard University, Boston. — *Ueber die Eigenthümlichkeiten der Reizbarkeit welche die Muskelfasern des Herzens zeigen* (*Arbeiten aus der Physiologischen Anst. zu* Leipzig, 1871, 139-176). — *Alcohol as a* *nutritive agent* (*Boston med. and surgical Journal*, juin 1872, LXXXVI, 413). — *Ueber die Interferenz des retardirenden und beschleunigenden Herznerven* (*A. P.*, 1872, 259-280). — *The lymph spaces in fasciæ* (*Proceedings of the American Acad.*, 11 févr. 1873). — *Reports on Physiology* (*Boston med. and surg. Journal*, 1873-1876). — *The influence of anesthetics on the vasomotor centres* (En collabor. avec C. S. MINOT. *Boston med. and surg. Journ.*, 21 mai 1874, 493-498). — *Force of ciliary motion* (*Ibid.*, 10 août 1876, 159-164). — *A new form of inductive apparatus* (*Proceedings of the Am. Acad.*, 12 oct. 1875). — *The growth of children* (8ᵉ *Ann. Reports state Bd. of Health of* May 1879, 51 p., 15 fig.). — *Does the apex of the heart contract automatically?* (*J. P.* Cambridge, I, n° 1, 104-107). — *The growth of children, supplementary investigation* (10ᵉ *Ann. Rep. state Bd. of Health of* May, 1879). — *The effect of the respiratory movements on the pulmonary circulation* (En collabor. avec GARLAND. *J. P.*, Cambridge, II, n° 2, 91-109). — *A new form of Plethysmograph* (*Proceedings of the Am. Acad.*, 14 mai 1879). — *Physiological apparatus in use at the Harvard medical School* (*J. P.*, Cambridge, II, n° 3, 202-205). — *The relation between growth and disease* (*Transactions of the Am. med. Assoc.*, 1881). — *A comparison of sight and touch* (En collabor. avec SOUTHARD. *J. P.*, Cambridge, III, n° 3, 232-245). — *Optical illusions of motion* (En collabor. avec HALL. *J. P.*, Cambridge, III, n° 5, oct. 1882, 297-307). — *On the collection of data at autopsies* (*Boston med. and surg. Journ.*, 19 oct. 1882, II, 365-366). — *Plethysmographische Untersuchungen über die Gefässnerven der Extremitäten* (En collabor. avec WARREN. *Centralblatt für die med. Wissensch.*, Berlin, 1883, 513-514). — *Force production* (*Boston med. and surg. Journ.*, 1883, CVIII, 385). — *Note on the nature of nerve force* (*J. P.*, Cambridge, VI, n° 3, mai 1885, 133-135). — *What is nerve force?* (*Proceedings of the Am. Assoc. for Adv. of Sc.*, XXXV, août 1886). — *Plethysmographic experiments on the vasomotor nerves of the limbs* (En collabor. avec WARREN. *J. P.*, Cambridge, VII, nᵒˢ 5 et 6, nov. 1886, 416-450). — *The action of sulphuric ether on the peripheric nervous system* (*Am. Journ. of med. sciences*. Philadelphie, avril 1887, 444-455). — *The renforcement and inhibition of the Knee-jerk* (*Boston med. and surg. Journ.*, 31 mai 1888, 542-543). — *Hints for teachers of physiology* (*Boston*, D. C. Heatl, 1889). — *The Knee-jerk and its physiological modifications* (En collabor. avec WARREN. *J. P.*, Cambridge, XI, 1890, 25-64). — *Phys. of women in Massachusetts* (*Ann. Rep. of the state Bd. of Health of* May, 1889). — *Ueber den Nachweis der Unermüdlichkeit der Säugethiernerven* (*A. P.*, Leipzig, 1890, 505-508). — *The growth of children studied by Galton's method of percentile grades* (22ᵉ *Ann. Rep. of the state Bd.* May 1890, 479). — *Is Harvard a University?* (*Harvard Monthly*, janv. 1890, IX, 143-151). — *Are Composite photographs typical pictures?* (*Mc Clur's Magazine*, sept. 1894). — *A card catalogue of scientific literature* (*Science*, 15 fév. 1895).

BRANCHIE et Respiration branchiale. — Les branchies sont les organes respiratoires des animaux aquatiques, formés par des replis des téguments, flottant librement dans l'eau, et à l'intérieur desquels circulent le sang et la lymphe.

L'oxygène dissous dans l'eau passe par diffusion à travers la membrane de la branchie et est absorbé par le sang qui le distribue ensuite aux différents organes du corps. De même l'acide carbonique, résidu de la combustion organique, chemine en sens inverse, c'est-à-dire du sang vers l'eau extérieure. Le même phénomène d'absorption d'oxygène et d'exhalation de CO^2 se produit d'ailleurs par toute la surface de la peau chez la plupart des animaux aquatiques. Chez les Protozoaires, les Cœlentérés, un certain nombre d'Annélides et de Mollusques, il n'y a pas de vraies branchies : la respiration est exclusivement cutanée.

D'ailleurs cette respiration cutanée peut suffire à entretenir la vie chez d'autres animaux aquatiques qui possèdent cependant des branchies. L'Axolotl (P. BERT) supporte fort bien l'amputation de ces organes, ainsi que celle des poumons, et continue à absorber l'oxygène et à rejeter CO^2 dans l'eau extérieure.

Pour que la branchie puisse remplir sa fonction respiratoire, il faut que les deux liquides en présence, eau et sang, se renouvellent constamment. Nous n'avons pas à nous occuper de la circulation du sang à l'intérieur des vaisseaux afférents et efférents des branchies. Quant au renouvellement de l'eau, il est réalisé par différents procédés. Chez les Échinodermes, les Annélides, les Mollusques, les Ascidies et les larves de Batraciens au premier stade du développement, la surface des branchies est recouverte de cils vibratiles qui attirent l'eau extérieure vers la surface respiratoire, puis la repoussent au loin. C'est ce que l'on reconnaît parfaitement aux mouvements des corpuscules solides que l'eau tient en suspension. Si l'on détaille un fragment de branchie, les mouvements des cils continuent à se produire et déplacent assez rapidement le fragment qui les porte (STEINBUCH, FÜRTH et SHARREY, Cités par J. MÜLLER).

Chez beaucoup de Mollusques, les branchies sont protégées par des replis de la peau et comme renfermées dans des sacs, à l'intérieur desquels le courant aqueux suit une direction déterminée. Un certain nombre de Lamellibranches ont une cavité branchiale qui communique avec l'extérieur par deux longs tuyaux accolés constituant le siphon: l'un sert à l'entrée de l'eau, l'autre à la sortie.

(C. ALDER et HANCOCK. *On the branchial currents in Pholas and Mya, Annals of nat. History*, (2), vol. VIII,3-70, 1851.)

Chez d'autres animaux aquatiques où les branchies ne sont pas recouvertes de cils vibratiles, le renouvellement de l'eau est assuré par de véritables mouvements respiratoires des branchies ou des cavités dans lesquelles ces organes sont contenus. Ainsi chez l'écrevisse, et chez le homard, la chambre respiratoire située sur le côté du thorax est traversée d'arrière en avant par un courant d'eau entretenu par les mouvements rythmés d'une palette mobile, le fouet ou appendice externe de la deuxième mâchoire. MILNE-EDWARDS a montré qu'en sectionnant les muscles qui animent cette palette mobile, on supprime le renouvellement de l'eau, et qu'on fait périr l'animal par asphyxie. Il a étudié le mécanisme des mouvements respiratoires dans les différents groupes de crustacés. (H. MILNE EDWARDS. *Mécanisme de la respiration chez les articulés; Ann. des sc. nat. Zoologie*, (2), XI, 129, 1839. *Leçons sur la physiologie et l'anatomie comparée de l'homme et des animaux*, I et II, 1857.)

Chez les mollusques céphalopodes le sac qui contient les branchies exécute de véritables mouvements rythmés d'inspiration et d'expiration. A l'inspiration, le sac se dilate, l'eau se précipite à droite et à gauche par la large fente qui fait communiquer le sac avec l'extérieur. A l'expiration, cette fente se referme; le sac se resserre, et l'eau est lancée à l'extérieur par l'orifice de l'entonnoir, contre lequel viennent s'appliquer les bords de la fente respiratoire. Le mouvement d'inspiration est d'ailleurs accompagné d'un mouvement d'expansion des branchies. (PAUL BERT. *Mémoire sur la physiologie de la seiche.* — LÉON FREDERICQ. *Sur l'organisation et la physiologie du poulpe. Arch. zool. exp.*, 1878. — S. FUCHS. *Beiträge zur Physiologie des Kreislaufes bei den Cephalopoden. A. Pf.* LX, 173, 1895. — JOUBIN. *Struct. et dévelop. de la branchie de quelques Céphalopodes. Arch. zool. exp.*, 1885, p. 75. — J. V. UEXKÜLL. *Physiol. Unters. an Eledone moschata. Z. f. Biologie*, XXVIII, 562.)

Chez les poissons, le renouvellement de l'eau est également assuré par des mouvements alternatifs de dilatation et de resserrement des parois de la cavité branchiale. Chez les poissons osseux, la bouche s'ouvre en même temps que les opercules des ouïes s'écartent; il en résulte un agrandissement de la cavité respiratoire qui provoque l'entrée d'un flot de liquide, principalement par la bouche. L'eau n'entre guère par les fentes branchiales : il y a là une membrane flottante faisant plus ou moins office de soupape. A l'expiration, la bouche se referme et les opercules s'abaissent, d'où resserrement de la cavité : l'eau, qui était entrée surtout par la bouche, sort par les fentes branchiales, sa sortie du côté de la bouche étant empêchée par un repli valvulaire. Au reste, ces valvules sont loin d'être d'infranchissables obstacles; pour peu que la respiration devienne difficile, on voit l'eau entrer et sortir à la fois par la bouche et les ouïes. PAUL BERT a conservé en vie de petites carpes, dont les unes avaient les opercules liés des deux côtés, de manière à empêcher la sortie de l'eau, dont les autres avaient la bouche cousue, de manière à empêcher l'entrée de l'eau; chacun des orifices restés libres jouait alternativement chez ces poissons le rôle d'orifice inspirateur et expirateur.

FLOURENS a montré qu'outre les mouvements de totalité de l'appareil respiratoire, les lamelles branchiales étaient agitées elles-mêmes de mouvements propres. D'une manière générale, elles s'écartent les unes des autres durant l'inspiration, pour se rapprocher jusqu'à se juxtaposer au moment où se resserrera tout l'appareil maxillo-branchial. (FLOURENS. *Mémoires d'anatomie et de physiologie comparée*, 3e mém : *expériences sur le mécanisme de la respiration des poissons*, 75, Paris, 1844. — Voir aussi : CONSTANT

Duméril. *Mémoire sur le mécanisme de la respiration des poissons. Magasin encyclopédique*, vi, 35, Paris, 1807. — Duvernoy. *Du mécanisme de la respiration des poissons. Ann. des sc. nat. Zool.*, (2), xii, 65, 1839. — Remak. *Bemerkungen über dieäusseren Athemmus keln der Fische.* Müller's *Archiv*, 1843, x, 190.)

Paul Bert a le premier réalisé l'inscription des mouvements respiratoires des poissons au moyen d'ampoules en caoutchouc reliées chacune à un tambour à levier. Ces ampoules étaient placées soit dans une fente branchiale, soit dans la cavité buccale; soit au niveau de l'orifice buccal. Les mouvements de l'opercule ont été enregistrés par Paul Bert et par M'Kendrick au moyen d'un explorateur formé d'une capsule à air munie d'un bouton et reliée à un tambour à levier. Le bouton était appliqué contre la face extérieure de l'opercule. (Paul Bert. *Leçons sur la physiologie comparée de la respiration*, 1870, 225. — M'Kendrick. *The respiratory movements of Fishes. The journal of Anatomy and Physiology*, 1879, xiv, 461-466. pl. xxviii.) Les graphiques publiés par Paul Bert et par M'Kendrick rappellent les graphiques respiratoires des mammifères. Grâce à l'emploi de la méthode graphique, Paul Bert a pu rectifier les idées erronées que Duvernoy avait émises au sujet du mécanisme respiratoire des poissons.

Nous renvoyons au livre de Paul Bert pour l'étude du mécanisme de la respiration chez l'Amphioxus, les Myxines, les Lamproies et les Plagiostomes.

Il nous reste à signaler un fait extrêmement intéressant qui nous est présenté par les branchies d'un certain nombre de larves aquatiques d'insectes, notamment des libellules. Chez ces animaux, comme l'a vu Réaumur, l'eau entre et sort d'un mouvement alternatif et régulier par l'orifice anal, elle vient baigner les feuillets branchiaux qui garnissent les parois du rectum. Mais l'oxygène dissous dans l'eau ne passe pas ici directement dans le sang, il pénètre sous forme gazeuse dans les tubes trachéens contenus dans les lamelles branchiales et de là se répand par les trachées dans les différents organes du corps. (Dutrochet. *Du mécanisme de la respiration des insectes*, ii, Paris, 1837. — Léon Dufour. *Études et observations anatomiques et physiologiques sur les larves de libellules. Ann. des sc. natur. Zool.*, (3), xvii, 65, 1852.)

Échanges respiratoires chez les animaux aquatiques. — Ainsi que Spallanzani l'a montré le premier (voir Spallanzani. *Mémoires sur la respiration.* Genève 1803. — Senebier, *Rapport de l'air avec les êtres organisés*, i, 130. — H. Davy, *Contributions in physical and medical knowledge*, 1799, 138. — Sylvestre, *Bulletin de la société philomatique*, i, 17), la respiration branchiale consiste comme la respiration aérienne en une absorption d'oxygène (dissous dans l'eau) et en une exhalation de CO^2 au niveau de la branchie. Comme pour la respiration pulmonaire, il s'agit probablement d'un simple phénomène de diffusion, chacun des gaz considérés cheminant de l'endroit à tension forte vers l'endroit à tension faible.

L'eau saturée d'air à 14°.1 et 760 millimètres de pression contient, d'après Pettersson et Sondén (*Ber. d. d. chem. Ges.*, xx, 1443) 7,05 centimètres cubes d'oxygène et 14.16 centimètres cubes d'azote (à 0° et 760 millimètres P) par litre d'eau. Ordinairement l'eau des fleuves et des étangs est presque saturée d'oxygène.

H. Sainte-Claire Deville (*A. Ch. Ph.*, xxiii, 42) a trouvé par litre : 7,9 centimètres cubes d'oxygène dans l'eau de la Garonne en amont de Toulouse, 8,4 centimètres cubes dans celle du Rhône à Genève, 7,4 centimètres cubes pour le Rhin à Strasbourg et 4,9 dans l'eau de Seine prise à Bercy en juillet. L'eau de Seine contient de 6 à 8 centimètres cubes d'après Gréhant, et Jolyet et Regnard. Ces derniers expérimentateurs ont trouvé 7,9 centimètres cubes pour l'eau de l'étang de Ville-d'Avray et 4,5 à 6,34 centimètres cubes dans l'eau de mer. Un litre d'eau contient donc 25 à 30 fois moins d'oxygène qu'un égal volume d'air. Pour fournir les 70 centimètres cubes d'oxygène que consomme une tanche par heure et kilogramme d'animal, il faudrait donc prendre complètement l'oxygène dissous dans 10 litres d'eau.

Malgré cette faible teneur en oxygène dissous, ce gaz diffuse cependant rapidement et en quantité suffisante de l'eau vers le sang branchial des poissons pour répondre aux besoins de la respiration. La diffusion est favorisée ici par l'énorme surface d'échange que présentent les branchies lorsque leurs lamelles sont suspendues et étalées dans l'eau. Si la plupart des poissons périssent rapidement par asphyxie lorsqu'on les retire de l'eau et qu'on les place à l'air, c'est que leurs lamelles branchiales s'accolent les unes aux autres et forment ainsi des masses compactes à surface insuffisante pour les échanges respiratoires : c'est ce que FLOURENS a nettement montré le premier. Avant lui, on attribuait à tort la mort des poissons dans l'air à la dessiccation de leurs branchies.

HUMBOLDT et PROVENÇAL (*Mémoires de phys. et de chimie de la société d'Arcueil*, II, 369) cherchèrent à déterminer la valeur de l'absorption d'oxygène et d'exhalation de CO^2, en plaçant des poissons pendant un temps donné dans un volume connu d'eau de Seine dont les gaz avaient été dosés, et en analysant pareillement à la fin de l'expérience les gaz contenus dans l'eau employée. Leurs recherches n'ont pour nous qu'un intérêt historique, parce que le procédé d'extraction des gaz de l'eau était imparfait et que les animaux étaient laissés trop longtemps dans un volume de liquide insuffisant. Les poissons n'étaient retirés de l'eau que lorsqu'ils étaient déjà très souffrants et près de mourir.

BAUMERT (*Chemische Untersuchungen über die Respiration des Schlammpeizgers. Cobitis fossilis.* Heidelberg, 1852) se servit de procédés plus parfaits pour déterminer la valeur des échanges respiratoires des poissons. Les analyses de gaz furent faites d'après la méthode de BUNSEN; de plus, dans plusieurs de ses expériences, l'eau servant à la respiration des poisons était constamment renouvelée (Voir plus loin les chiffres des expériences de BAUMERT).

On sait que les loches (Cobitis) avalent de l'air qui séjourne un certain temps dans l'intestin et est ensuite expulsé par l'anus. Cette respiration intestinale est encore plus active chez un poisson du Brésil, *Callichtys asper Cuv.* (JOBERT. *Ann. des sciences naturelles. Zool.*, (6), V, 1877). BAUMERT a trouvé que l'air expulsé par l'anus chez le *Cobitis* contenait (moyenne de trois expériences) : 87,18 de Az : 12,03 de O^2 et seulement 0,79 p. 100 de CO^2 Il refit deux fois l'analyse chez des poissons qui pendant plusieurs heures avaient été empêchés d'avaler de l'air. Il trouva en moyenne 91,33 de Az, 7,94 de O et 0,73 p. 100 de CO^2. La respiration branchiale seule maintient donc dans le sang de la loche la tension de CO^2 à une valeur inférieure à celle qu'on trouve dans le sang des mammifères.

QUINQUAUD a fait également quelques déterminations d'oxygène consommé par les poissons. L'oxygène était dosé dans l'eau par l'hydrosulfite de sodium (Voir plus loin les chiffres trouvés par QUINQUAUD).

Les expériences de GRÉHANT sur le chimisme respiratoire des poissons ont le défaut d'avoir été prolongées jusqu'à consommation intégrale de l'oxygène dissous dans l'eau. Les poissons étaient donc à la fin de l'expérience dans un état d'asphyxie commençante, et l'on ne peut considérer les chiffres d'oxygène consommé et de CO^2 produit comme correspondant aux conditions normales de l'existence. Au reste le volume de CO^2 produit dépassait toujours (parfois du double) le volume d'oxygène consommé (contrairement aux affirmations de HUMBOLDT et PROVENÇAL). GRÉHANT constata aussi que l'extirpation de la vessie natatoire n'a pas, comme le croyaient HUMBOLDT et PROVENÇAL, d'influence marquée sur le chimisme respiratoire de la tanche (GRÉHANT. *Recherches physiologiques sur la respiration des poissons.* Thèse de Paris, 1870, et *Journal de l'anatomie et de la physiologie*, 1870, 213).

GRÉHANT constata que les poissons vivent beaucoup plus longtemps dans de l'eau additionnée de 1|10 de son volume de sang de chien défibriné et artérialisé que dans de l'eau ordinaire, et qu'ils consomment une partie de l'oxygène combiné à l'hémoglobine du chien. Il compare ce mode de respiration avec la respiration placentaire du fœtus de mammifères (GRÉHANT. *C. R.*, LXXV, 621). JOLYET et REGNARD ont contesté les résultats de cette expérience. KRUKENBERG a constaté également que les poissons ne peuvent utiliser l'oxygène de l'hémoglobine dissoute dans l'eau dans laquelle on les place (KRUKENBERG. *Bedenken gegen einige aus neueren Untersuchungen über den Gaswechsel bei Fischen und bei Wirbellosen gezogene Schlussfolgerungen. Physiol. Studien a. d. Küsten d. Adria.* 1 Abth., 160, Heidelberg).

Enfin GRÉHANT a fait avec PICARD une série d'expériences sur l'*asphyxie et la cause des mouvements respiratoires chez les poissons, C. R.*, LXXVI, 646). Si on place un poisson dans de l'eau bouillie, ne contenant pas d'oxygène, jusqu'à ce que les mouvements respiratoires aient disparu, il suffit de replacer l'animal dans de l'eau contenant très peu d'oxygène pour que la respiration se rétablisse. Si on plonge le corps entier du poisson et même les branchies dans l'eau, en ayant soin de tenir l'extrémité de la bouche en dehors de l'eau, la respiration s'arrête en peu d'instants; par contre un poisson que l'on tient en l'air continue à respirer tant que l'extrémité du museau reste en contact avec la surface de l'eau. Les auteurs admettent que les mouvements respiratoires ont pour point de départ une action sur les nerfs sensibles de la bouche, et que de plus il faut la présence dans le sang d'une certaine quantité d'oxygène.

Morren (*C. R.*, 1845, cité par Jolyet et Regnard) avait déjà constaté que, toutes les fois que pour une cause quelconque les eaux de nos rivières et de nos étangs arrivent à ne plus contenir que 2 à 3 centimètres cubes d'oxygène par litre, au lieu de 7 à 8, ou plus, qu'elles contiennent normalement, un grand nombre de poissons mouraient, et que les plus voraces d'entre eux (brochets, perches) étaient frappés les premiers.

Jolyet et Regnard (*A. P.*, 1877) ont montré que le cyprin doré éprouve un malaise respiratoire très marqué, lorsqu'on soumet le milieu dans lequel il vit à une diminution de pression (abaissement de 76 à 14 centimètres de mercure) correspondant à une tension d'oxygène d'un peu plus de 3 p. 100 d'une atmosphère. Ce n'est pas l'action mécanique de la pression qui intervient ici, puisque le poisson supporte parfaitement une dépression plus forte (pression de 11 centimètres cubes de mercure seulement) si l'on a soin de faire barboter dans l'eau une atmosphère suroxygénée. C'est une question de tension d'oxygène.

(Voir aussi Ch. Richet, *Observations sur la respiration de quelques poissons marins. Gaz. méd. de Paris*, (6), 2, 1880, 592-593.)

Nous devons également à Ducand et Hoppe-Seyler (*Beiträge zur Kenntniss der Respiration der Fische. Zeits. f. physiol. Chemie*, 1893, xvii, 164) une série d'expériences sur l'influence exercée par la quantité d'oxygène dissous dans l'eau sur la respiration de la truite et de la tanche. Lorsque la tension de l'oxygène est comprise entre 8 et 11 p. 100 la respiration des poissons paraît tout à fait normale. Lorsque cette tension descend à 2 à 4. 5 p. 100 les truites souffrent de dyspnée et mourraient assez rapidement si on prolongeait l'expérience. Les tanches supportent une dépression d'oxygène encore plus forte.

Les mêmes expérimentateurs ont constaté l'extrême lenteur avec laquelle l'oxygène diffuse à travers l'eau (*Ueber die Diffusion von Sauerstoff und Stickstoff in Wasser, Arch. f. physiol. Chemie*, 1893, xvii, 147 et 1894; xix, 410). P. Regnard a fait des observations analogues. Il faudrait d'après lui un millier d'années pour que l'oxygène pénétrât par la seule action de la diffusion jusqu'au fond de la Méditerranée.

La série la plus complète de recherches sur le chimisme de la respiration chez les animaux aquatiques est due à Jolyet et Regnard (*Recherches sur la respiration des animaux aquatiques. A. P.*, 1877, 584, (2), iv). L'appareil dont ils se sont servis est construit sur le principe de celui de Regnault et Reiset. C'est un appareil parfaitement clos, contenant une certaine quantité d'eau où surnage une atmosphère limitée. L'air circule constamment et barbote dans l'eau par le jeu d'une poire en caoutchouc que l'on soumet à des compressions régulières. On maintient la composition de ces milieux constante en faisant passer l'air à travers un flacon laveur contenant une solution de potasse titrée, qui absorbe CO^2. L'appareil est relié à un réservoir gradué d'oxygène, qui remplace ce gaz à mesure qu'il est consommé. L'air, l'eau et la potasse sont analysés au début et à la fin de l'expérience.

Le tableau de la page 247 reproduit d'après Rosenthal (*H. H.*, iv, 2, 149) les résultats des expériences de Baumert, Quinquaud, Jolyet et Regnard sur la consommation de l'oxygène et la production de CO^2 chez les animaux aquatiques.

Dans la respiration des animaux aquatiques, l'oxygène et l'acide carbonique traversent la membrane de la branchie en vertu des lois de la diffusion, chacun de ces gaz cheminant de l'endroit à forte tension vers l'endroit à faible tension; il ne semble pas nécessaire de faire intervenir ici une action spécifique de la membrane branchiale.

L'auteur de cet article[1] a montré que chez les invertébrés, mollusques, céphalopodes et crustacés décapodes, les sels dissous dans l'eau du milieu extérieur traversent la branchie par diffusion et tendent à se mettre en équilibre avec les sels dissous dans le sang. La proportion de sels solubles contenus dans le sang des crustacés peut varier dans des

1. Léon Fredericq. *Archives de zoologie expér. et génér.*, 1884. *Livre jubilaire de la Soc. de méd. de Gand*, 1884. *Travaux du laboratoire*, iii, 187, 1889-90.

	POIDS EN GRAMMES.	TEMPÉRATURE °C.	PAR KILOGRAMME-HEURE Oxygène consommé. c.c.	CO² exhalé.	QUOTIENT RESPIRATOIRE.	AUTEURS.	OBSERVATIONS.
Poissons d'eau douce:							
Cyprinus auratus. . .	12-14	8	26,3	20,9	0,795	BAUMERT.	Animaux nourris insuffisamment.
— — . . .	12-14	11-12	41,3	31,4	0,760	—	Moyenne de 3 expériences.
— — . . .	33-40	12	45,8	32,7	0,715	JOLYET ET REGNARD.	Moyenne de 2 expériences.
— — . . .	82-130	12	35,03	25,7	0,733	—	Moyenne de 3 expériences.
— — . . .	85	2	14,8	»	»	—	Démonstration de l'influence de la température.
— — . . .	85	10	37,8	»	»	—	
— — . . .	85	30	147,8	»	»	—	
— phoxinus. . .	5	16	140,0	120,4	0,86	—	Défaut passager d'oxygène pendant l'expérience.
— Tinca.	222	14	55,7	36,7	0,66	—	
— — . . .	500	?	70,0	»	»	QUINQUAUD.	*C. R.*, LXXVI, 114-9.
— — . . .	185-224	?	128,0	»	»	—	
— Carpio. . . .	28	?	128	»	»	—	
— — . . .	plus de 1000	?	48	»	»	—	
— Tinca.	190-223	5	11,53	8,09	0,70	BAUMERT.	Animaux nourris normalement
— — . . .	190-223	8	12,71	9,43	0,74	—	
— — . . .	190-223	10	13,22	9,77	0,74	—	
Cobitis fossilis. . . .	46-61	9-12	31,8	32,2	1,01	—	Moyenne de 6 expériences.
—	43-61	13	27,2	27,4	1,01	—	Moyenne de 4 expériences.
—	43-61	13,5-18	37,0	31,8	0,86	—	Moyenne de 3 expériences.
—	43-61	19-21,5	41,3	35,1	0,85	—	Moyenne de 2 expériences.
—	16	17-22	86,3	67,3	0,78	JOLYET ET REGNARD.	
Muraena anguilla. . .	51	14	40,5	32	0,79	—	
— . . .	112	15	48,0	28,8	0,60	—	
Poissons de mer:							
Mullus.	390	15	171	147	0,86	—	L'animal fait des mouvements énergiques.
—	28	14	134,0	108,5	0,81	—	
Sparus auratus. . . .	75	19	142	90,9	0,64	—	
Trigla hirundo. . . .	350	15	94,5	68	0,71	—	
Muraena conger. . .	545	13	59,8	43	0,72	—	
— . . .	145	16	75,7	50,7	0,67	—	
Raja torpedo.	315	14,5	47,0	27,5	0,585	—	Moyenne de 2 expériences.
Pleuronectes solea. .	185	14	73,5	59,5	0,81	—	
— maximus.	320	15	80,0	48	0,60	—	Très vorace — après un repas.
Squalus catulus. . .		»	54,5	52,4	0,83	—	
Syngnathus.	10,5	»	89,9	76,4	0,85	—	
Perennibranchiati:							
Axolotl.	42	11,5	45,2	25,3	0,56	—	
Crustacés d'eau douce:							
Astacus fluviatilis. . .	31	12,5	38,0	32,7	0,86	—	
Gammarus pulex. . .	?	12,5	132,0	95	0,72	—	
Crustacés marins:							
Palaemon squilla. . .	?	19	125	103,8	0,83	—	
Cancer pagurus. . . .	470	16	107,0	89,9	0,84	—	
Homarus vulgaris. . .	345	15	68,0	54,4	0,8	—	
Palinurus quadricorn.	520	15	44,2	38,9	0,88	—	
Mollusques:							
Octopus vulgaris. . .	2310	15,5	44,1	37,9	0,86	—	
Cardium edule. . . .	10	15	14,8	12,4	0,84	—	Les bivalves sont pesés avec leur coquille. — Défalcation faite des coquilles, les échanges respiratoires auraient la même énergie que chez le poulpe.
Mytilus edulis. . . .	25	14	12,2	9,3	0,76	—	
Ostraea edulis. . . .	50	13,5	13,4	10,6	0,79	—	
Zoophytes:							
Asteracanthion rubens.	»	19	52	25,3	0,79	—	
Vers:							
Hirudo officinalis. . .	2,2	13,5	22,98	15,9	0,69	—	
Hirudo officinalis. . .	»	13,0	39,70	35,7	0,90	—	Les mêmes animaux gorgés de sang de chien.

limites fort larges (0,94 à 3,39 p. 100, soit plus que du simple au triple), suivant la composition saline du milieu extérieur, c'est-à-dire suivant la richesse en sels de l'eau dans laquelle vivent les animaux.

J'ai pu, à court intervalle, faire varier du simple au double la proportion de sels du sang des *Carcinus mænas*, en transportant ces crabes successivement dans de l'eau plus ou moins salée.

Le tableau suivant résume les résultats numériques de ces dosages.

Proportions salines du sang des Crustacés.

ESPÈCE ANIMALE.	SANG.		EAU DANS LAQUELLE L'ANIMAL VIVAIT.	
	DENSITÉ.	PROPORTION des sels solubles.	DENSITÉ.	PROPORTION de sels.
		p. 100.		
Astacus fluviatilis.	»	0,94	»	Eau douce.
Carcinus menas.	»	1,48	»	Eau saumâtre.
— —	»	1,65	1 007	environ 0,9
— —	»	1,56	1 010	— 1,3
— —	»	1,99	1 015	— 1,9
— —	»	3,001	1 026	3,40
— —	»	3,007	»	»
Homarus vulgaris.	»	3,040	1 026	3,41
Platycarcinus pagurus. . . .	1 037	3,101	»	3,40
— —	1 036	3,104	»	»
Palinurus vulgaris.	»	2,9	»	»
Maja squinado de Roscoff. .	»	3,045	»	»
— — de Naples. .	»	3,37	»	3,9

C'est vraisemblablement à travers les branchies que s'établit cet échange de sels entre le sang et l'eau extérieure. La mince paroi branchiale jouerait là un rôle analogue à celui de la membrane d'un dialyseur. Elle permettrait le passage des sels suivant la même facilité avec laquelle elle se laisse traverser par l'oxygène et par l'acide carbonique, dans l'acte respiratoire.

Cette assimilation des téguments branchiaux du crabe avec la membrane inerte d'un dialyseur n'est pas nécessairement infirmée par le fait que la proportion absolue de sels solubles peut présenter certaines différences entre les deux liquides en présence : sang et eau de mer.

Ainsi chez les crabes vivant dans l'eau saumâtre, et surtout chez l'écrevisse, le sang contient notablement plus de sels que l'eau extérieure. Au contraire, le sang des crustacés d'eau de mer est toujours un peu moins riche en sels que l'eau qui baigne la branchie. La présence de substances colloïdes dissoutes dans le sang (hémocyanine, albumines, etc.) peut, en effet, modifier les conditions de l'équilibre osmotique entre le sang et l'eau de mer : en d'autres termes, il est possible que l'équilibre osmotique soit atteint, sans que la quantité absolue de sels solubles contenus dans les deux liquides, sang et eau de mer, soit rigoureusement la même. Ainsi deux crabes (*maia*) vivant dans l'eau de mer de la Méditerranée, contenant 3,955 p. 100 de sels, avaient dans leur sang respectivement 3,39 et 3,34 p. 100 de sels. Des échantillons de sang furent placés dans un dialyseur suspendu dans la même eau de mer contenant 3,955 p. 100 de sels. Après deux jours de dialyse, il y avait, pour l'un des sangs, une légère diminution des sels après dialyse, pour l'autre sang, il n'y avait pas de changement.

La dialyse n'avait en rien modifié le sang n° 1, et avait à peine altéré le sang n° 2. L'équilibre osmotique salin était donc déjà atteint dans le corps de l'animal, entre le sang et le milieu extérieur constitué par l'eau de mer. La branchie du *maia* se comporte pendant la vie comme la membrane inerte du dialyseur.

Chez les poissons, le milieu intérieur, le sang, subit d'une façon moins étroite l'influence de la composition saline du milieu extérieur. Le sang des poissons de mer n'est pas beaucoup plus salé que celui des poissons d'eau douce. La proportion de sels peut y dépasser légèrement 1,5 p. 100, mais ne semble pas pouvoir atteindre 2 p. 100, quoique l'eau de la mer Méditerranée contienne près de 4 p. 100 de sels. Le sang d'une raie contenant 1,62 de sels fut dialysé pendant quarante-huit heures avec de l'eau de mer contenant 3,955 p. 100 de sels. Après dialyse il renfermait 3,668 de sels. De même le sérum du sang d'une centrine contenait, avant dialyse, 1,72 p. 100, après dialyse 2,97 p. 100 de sels.

L'équilibre osmotique était donc loin ici d'être atteint chez l'animal vivant, entre le sang et l'eau extérieure, comme il l'est chez les crustacés. La branchie de la raie et de la centrine s'oppose donc à cet équilibre. La paroi branchiale des poissons ne se comporte pas sous ce rapport comme une membrane indifférente, inerte : elle laisse passer les *gaz, oxygène* et *acide carbonique*, mais elle arrête les *sels*. Elle fait un véritable choix parmi les substances dissoutes dans l'eau extérieure. C'est probablement le revêtement épithélial extérieur des lamelles branchiales qui est ici l'agent actif de cette sélection : l'endothélium des vaisseaux y contribue peut-être également. Rappelons que Ch. Richet a conclu de ses études sur la vie des poissons dans divers milieux (*B. B.*, 1886, 482) à la difficulté de l'absorption des poisons par les branchies des poissons.

Il serait intéressant de rechercher et de doser, dans le sang des poissons, le sucre, l'urée, etc. Il est probable que la paroi de la branchie qui s'oppose à l'entrée des sels de l'eau de mer, s'oppose pareillement à la sortie du sucre et des autres substances diffusibles qui peuvent être utiles à l'organisme. Elle permet, au contraire, la sortie des substances formées dans l'organisme et dont l'accumulation pourrait lui être nuisible : c'est ce que P. Regnard a démontré en ce qui concerne les carbonates. Il a constaté que, à côté de la respiration branchiale gazeuse, il existe chez les poissons une vraie respiration *solide* par la sortie, par diffusion, des carbonates contenus dans le sang. Un poisson qui à 10° excrétait en vingt-quatre heures 840 centimètres cubes CO^2 libre, excrétait en même temps 30 centimètres de CO^2 à l'état de carbonate. A 25°, il excrétait 1440 centimères cubes CO^2 libre et 218 centimètres cubes CO^2 combiné. A 30°, il excrétait 2664 centimètres cubes CO^2 libre et 880 centimètres cubes CO^2 combiné. Il s'agit donc bien d'un phénomène respiratoire, puisqu'il progresse ou diminue en même temps que les combustions respiratoires. Une preuve plus complète encore a été fournie par une expérience dans laquelle la tête d'une anguille plongeait seule dans un vase d'eau : le reste du corps de l'animal était dans un autre vase : dans ces conditions la tête a exhalé 172 centimètres cubes d'acide carbonique combiné. P. Regnard, *De l'excrétion des carbonates par les branchies* (*B. B.*, 1884, 188).

Bibliographie. — Thomas Williams. *Organs of Respiration in Todd's Cyclopædia of An. a. Phys.*, v., 258, 1859. — *On the mechanic of aquatic respiration and on the structure of the organe of breathing in invertebrate animals. Ann. of. nat. hist.*, (2), xii, 243, 233, 393; 1853, et xiv, 34, 241; 1854. — Paul Bert. *Leçons sur la respiration.* — Rosenthal, *H. H.*, et les différents mémoires cités, notamment ceux de Jolyet et Regnard, Hoppe-Seyler, etc.

LÉON FRÉDERICQ.

BRÉSILINE ($C^{16}H^{14}O^5$). — Matière extraite des bois du Brésil; elle se colore à l'air et à la lumière et se dissout en rouge dans la soude. On peut obtenir le dérivé tri et tétra-méthylique. Ses propriétés et sa composition chimique la rapprochent de l'hématoxyline. Par une oxydation ménagée on la transforme en brésiléine ($C^6H^{12}O^5$).

BROMAL. — Le composé bromé, découvert par Löwig en 1832 (*Ann. de Chimie et Pharm.*, iii, 305), est l'aldéhyde acétique tribromée CBr^3COH. Ce liquide, huileux, bout à 174° à 760 mm. : il a un poids spécifique de 3,34, sa saveur est brûlante; il est très irritant et produit une vive excitation avec hypersécrétion des muqueuses oculaire et respiratoire; ses propriétés hypnotiques seraient nulles (Rabuteau); comme le chloral, il a la propriété de se combiner avec une molécule d'eau pour former l'hydrate de bromal $C^2HBr^3O + H^2O$, qui est une substance solide, cristallisant en larges paillettes rhombiques et se liquéfiant à 53°5. L'hydrate de bromal possède une odeur aromatique piquante; il se dissout facilement dans l'eau, avec laquelle il doit former une solution neutre, ne donnant pas de précipité de bromure d'argent par l'addition du nitrate d'argent. L'hydrate de bromal, comme l'hydrate de chloral, est décomposé par les alcalis; si on ajoute de la soude ou de la potasse à une solution d'hydrate de bromal, celle-ci se trouble par le bromoforme mis en liberté, qui se dépose ensuite.

Les propriétés si intéressantes de l'hydrate de chloral ont appelé immédiatement l'attention sur son homologue bromé, l'hydrate de bromal. STEINAUER a étudié son action physiologique, et lui a attribué des propriétés thérapeutiques (narcotiques et anti-épileptiques) qui n'ont pas trouvé d'application générale.

Chez les animaux poikilothermes comme les animaux homéothermes, l'hydrate de bromal détermine, à dose relativement petite (0,06-0,09 grammes chez les petits lapins et 0,02-0,03 chez les grenouilles), un état d'hyperémie et d'hypersécrétion des muqueuses, et une période d'excitation qui, quoique passagère, est plus marquée et plus longue qu'avec l'hydrate de chloral; puis surviennent et l'hypnose et l'anesthésie, moins profondes qu'avec le chloral; en même temps la respiration et la contraction cardiaque diminuent de fréquence; dans la suite, d'après la dose et la résistance de l'animal, le pouls peut s'accélérer, devenir irrégulier (dyspnée, cyanose) et disparaître par suite de l'arrêt du cœur en systole. Si les doses sont plus considérables, le ralentissement d'abord, puis l'irrégularité de la respiration et de la circulation surviennent constamment; en outre, le cœur s'arrête en diastole. L'hydrate de bromal exercerait une action paralysante spéciale sur les centres automatiques du cœur [et sur le myocarde; en outre, il diminuerait l'excitabilité de la moelle épinière (E. STEINAUER. *Ueber das Bromalhydrat und seine Wirkung an dem thierischen und menschlichen Organismus, Virchow's Arch.*, 1870, L, 235; et 1874, LIX, 65.

HEYMANS.

BROME. — Corps simple métalloïde de la famille des halogènes, découvert par L. BALARD en 1826 dans les eaux mères des salines de Montpellier. On l'extrait actuellement des eaux mères des marais salants, des eaux mères des salines du continent et des cendres de varech. Le brome est liquide à la température ordinaire, d'un rouge brun foncé, opaque en couches épaisses et d'un rouge hyacinthe, par transparence, en couches minces. Poids atomique, 79,7; densité à 20°, 3, 12; le point de fusion du brome ordinaire est — 7°,3, tandis qu'à l'état de pureté et de siccité parfaites il ne se solidifie qu'à — 24°,5; point d'ébullition, 63°. Le brome se volatilise très facilement, même à la température ordinaire; ses vapeurs sont rutilantes et ont une densité de 5°,54. Il est relativement peu soluble dans l'eau; l'eau saturée de brome à 20°, qui est d'une couleur orangée, contient 3,2 p. 100 de brome et pèse environ 1,0237; il est plus soluble dans l'alcool et surtout dans l'éther, le sulfure de carbone et le chloroforme.

Les propriétés chimiques du brome le rapprochent beaucoup du chlore; comme lui, il ne s'unit pas directement à l'oxygène; il se combine directement aux métaux, mais non, à la température ordinaire, à l'hydrogène.

L'eau de brome, exposée à la lumière, se décolore; de l'oxygène est mis en liberté et le brome se transforme en acide bromhydrique : de là, l'eau de brome agit comme oxydant, décompose un grand nombre de matières organiques et les transforme en acides (mannite, sucre, glycérine, acide urique). Cette propriété oxydante est la raison de son emploi comme agent oxydant dans l'analyse chimique; elle explique en très grande partie le pouvoir décolorant, désinfectant et toxique du brome.

L'eau de brome jaunit à froid l'eau d'amidon; elle coagule l'albumine et transforme le sang d'abord en une masse vert olive, puis grise, avec destruction des globules rouges. Elle arrête l'action des ferments non organisés dissous dans l'eau, celle de l'invertine à une partie de brome : 2840 parties de la solution, celle de la diastase à 1 : 5070; celle de la ptyaline à 1 : 5380; celle de l'émulsine à 1 : 12654; celle de la pepsine à 1 : 16777; celle de la myrosine à 1 : 28490 (WERNITZ, cité par H. MEYER, *Ueber das Milchsäureferment, und sein Verhalten gegen Antiseptica; Inaug. Diss.*, Dorpat, 1880).

Le brome détermine facilement la mort des micro-organismes; en général, il arrête leur développement à une dilution de 1 : 6308; il tue les bactéries à 1 : 769; et les spores à 1 : 473. Le développement des bacilles du charbon est arrêté dans une solution de 1 : 1500. Le brome exerce la même action toxique sur les champignons et les infusoires, mais à un degré encore plus intense.

Les vapeurs du brome et l'eau de brome ont été recommandées comme désinfectant; l'emploi des vapeurs de brome comme désinfectant a été beaucoup facilité par la préparation « du brome solide » de FRANK, qui contient jusqu'à 75 p. 100 de brome qu'il abandonne lentement à l'air (FISCHER et PROSKAUER, *Ueber Desinfection mit Chlor. und Brom., Mitth. aus den kaiserl. Gesundheitsamte*, II, 308).

Les vapeurs concentrées de brome déterminent déjà sur la peau intacte la coloration jaune de l'épiderme, une sensation de démangeaison, une congestion plus ou moins intense, laquelle se termine par une légère desquamation. Le brome liquide possède une odeur forte et irritante, une saveur intense et âcre; mis en contact avec la peau ou les muqueuses visibles, il provoque la congestion, la vésication et bientôt une cautérisation plus ou moins profonde. L'inhalation des vapeurs de brome détermine du coryza, un goût métallique, de la salivation, du larmoiement, de la conjonctivite, le spasme de la glotte, de l'oppression, due, croit-on, au spasme des muscles de REISSEISSEN, et des symptômes généraux (vertiges, céphalalgie). L'ingestion d'une certaine quantité de brome occasionne rapidement des altérations profondes des muqueuses stomacale et intestinale. Tous ces effets doivent être attribués à l'action destructive exercée par le brome sur tous les tissus indistinctement, par suite de ses affinités chimiques; on croit qu'il se forme, d'une part, d'abord de l'acide bromhydrique qui se transforme ensuite en bromure, et, d'autre part, des produits de décomposition des substances cellulaires. L'eau de brome a été recommandée parfois, en inhalation et badigeonnages, contre les affections diphtéritiques (K. B. LEHMANN, *Arch. d'hygiène*, VII, 1888, 231).

Les plantes qui croissent dans un terrain renfermant des composés bromés (bromite par exemple) peuvent assimiler le brome, et c'est ce qui explique en partie que RABUTEAU, W. KNOP et GRANGE, *Sur la présence de l'iode et du brome dans les aliments et les sécrétions* (*Arch. gén. de méd.*, (4), XXIX, 113) ont pu déceler du brome dans l'organisme animal, celui-ci pouvant, en outre, l'ingérer avec l'eau. La teneur de brome de l'organisme pourrait dépasser parfois celle en iode.

Le brome, en se combinant avec un ou plusieurs éléments simples, forme une série de composés, dont quelques-uns sont étudiés brièvement plus loin, dont d'autres sont décrits dans des articles spéciaux (**bromures, bromoforme, bromal**). Pour déceler la présence du brome dans les composés organiques, il faut d'abord désagréger leurs molécules (par exemple par la potasse alcoolique) et amener le brome sous la forme d'un bromure soluble, de potassium ou de sodium. Les réactions suivantes permettent de caractériser la présence du brome dans une solution. Celle-ci, additionnée de peroxyde de manganèse et d'acide sulfurique, dégage par la chaleur des vapeurs rouge brun de brome. La coloration de la solution ne change pas si on ajoute de l'acide sulfurique et du nitrite de potassium. La solution, acidifiée par de l'acide sulfurique et additionnée d'eau de chlore, se colore en jaune par le brome mis en liberté, et, si on agite ensuite avec du chloroforme, celui-ci se colore en jaune. En cas de présence d'iode, le chloroforme se colore en violet; mais, si l'on continue à ajouter prudemment de l'eau de chlore, en même temps qu'on agite, la coloration violette disparaît d'abord et fait place à une coloration jaune déterminée par le brome. Le nitrate d'argent détermine un précipité blanc jaune de bromure d'argent, Ag Br, insoluble dans l'acide nitrique et difficilement soluble dans l'ammoniaque.

Composés du brome. — Parmi les acides que forme le brome, citons l'acide bromhydrique, HBr, l'acide bromique, $HBrO^3$; l'acide perbromique, $HBrO^3$, qui ne présentent pas d'intérêt pour le physiologiste; les anhydrides des oxacides, ainsi que les acides correspondants aux acides hypochloreux et chloreux, ne sont pas connus à l'état de liberté.

L'*acide bromhydrique* n'existe dans la nature que sous forme de composés métalliques, tels que le bromure de sodium dans l'eau de mer. La combinaison directe du brome avec l'hydrogène ne se fait qu'à la température d'incandescence. L'acide bromhydrique se prépare en faisant agir de l'eau sur le tribromure de phosphore; de fait, on n'emploie pas le tribromure comme tel, mais on fait arriver les vapeurs de brome sur du phosphore amorphe et humide. La réaction se passe de la manière suivante : $PBr^3 + 3H^2O = H^3PO^3 + 3HBr$. L'acide bromhydrique constitue un gaz incolore, d'une odeur vive, très piquante, fumant facilement à l'air, très soluble dans l'eau. La solution aqueuse saturée a un poids spécifique de 1,78 et renferme 82 p. 100 de HBr. Au point de vue chimique, l'acide bromhydrique est très analogue à l'acide chlorhydrique, mais il est moins stable que ce dernier; il se décompose facilement, surtout sous l'influence de la lumière, en mettant du brome en liberté.

L'acide bromhydrique est un acide monobasique et forme une série de sels surtout neutres, qu'on appelle bromures (Voyez **Bromures**).

L'acide bromhydrique figure au dernier Codex français de 1884 comme acide bromhydrique gazeux et comme acide bromhydrique dissous; cette dernière préparation, qui est une solution 1/10 et a une densité de 1,077, est limpide, incolore, inodore et présente une saveur et une réaction faiblement acides. Certains cliniciens ont présumé que les bromures agissaient sur l'organisme par suite de la mise en liberté de l'acide bromhydrique, et ils ont dès lors recommandé, probablement à tort, de remplacer les bromures par la solution aqueuse d'acide bromhydrique.

L'*acide bromique* n'est connu qu'en solution aqueuse et se prépare par décomposition du bromate de barium avec l'acide sulfurique. Une propriété très importante de l'acide bromique libre est de donner du brome libre avec l'acide bromhydrique libre, $5HBr + HBrO^3 = 3H^2O + 3Br^2$. La solution de bromate, par contre, n'agit pas sur la solution de l'acide bromhydrique ou de bromure; mais si l'on ajoute une petite quantité d'acide sulfurique dilué, les deux acides, mis en liberté, réagissent aussitôt, du brome devient libre et colore la solution. Cette réaction permet de déceler la présence de bromates dans les bromures.

HEYMANS.

BROMOFORME

BROMOFORME ($CHBr^3$.). — Le bromoforme est un des quatre dérivés bromés du méthane : il est l'homologue du chloroforme et de l'iodoforme; il se forme, à l'exemple du chloroforme, lors de la réaction de la potasse sur le bromal; de fait, on le prépare en saturant le lait de chaux avec du brome, en ajoutant de l'alcool et en distillant ensuite.

Liquide incolore, volatil, mais moins que le chloroforme, point de fusion 7°,6, point d'ébullition 151°,2, poids spécifique 2,775 à 14°,5, peu soluble dans l'eau froide, soluble dans l'eau chaude, très soluble dans l'alcool, l'éther et les huiles; son odeur est analogue à celle du chloroforme, sa saveur est plutôt âcre.

Les vapeurs du bromoforme irritent les muqueuses buccales et pharyngiennes, provoquent de l'hypersécrétion; absorbé par la muqueuse respiratoire et charrié par le sang dans la profondeur de l'organisme, le bromoforme manifeste en premier lieu une action sur le système nerveux central, principalement sur l'écorce cérébrale dont il diminuerait l'excitabilité psychomotrice (Bonome et Mazza). Chez l'homme, l'anesthésie bromoformique. quoique plus lente et moins profonde que l'anesthésie chloroformique, surviendrait sans être précédée d'une période d'excitation; en outre la respiration et la circulation seraient à peine ralenties. Pour le bromoforme, comme pour d'autres composés bromés, chlorés ou iodés, on a cherché à déterminer si la molécule bromoforme agit dans l'organisme comme telle, ou bien par le brome mis en liberté. De ce que le bromoforme administré à diverses reprises apparaît dans l'urine sans former de bromure, Binz conclut que son action repose sur sa décomposition, tandis que Stockvis est plutôt d'un avis contraire, parce qu'il n'apparaît pas de bromure dans les urines après une seule inhalation.

Le bromoforme a été recommandé comme anesthésique local et général, d'abord par Nunneley (1849), puis par Schuchardt, Rabuteau, et Richardson, plus tard par V. Horsley (1883), Bonome et Mazza (1884) ; il posséderait également des propriétés germicides assez puissantes, puisqu'il tue les bactéries en solution à 0,1 p. 100 : c'est ce qui l'a fait préconiser dans ces derniers temps dans les maladies infectieuses de l'appareil respiratoire, spécialement la coqueluche (Steinauer, *Virchow's Arch.*, L et LIX ; G. Krosz, *Arch. f. exp. Path. u. Pharm*, 1 ; Binz, *Arch. f. exp. Path. u. Pharm.*, XXVIII, 201).

BROMURES. — Il faut distinguer les bromures inorganiques d'avec les bromures organiques ou éthers bromés; nous dirons plus loin quelques mots de ces derniers.

Les bromures inorganiques ou métalliques ressemblent beaucoup aux chlorures métalliques; généralement solubles, ils ont l'aspect salin; leur couleur varie avec la nature du métal. Le chlore chasse le brome des bromures avec l'aide de la chaleur et se combine au métal. L'acide chlorhydrique décompose à chaud les bromures en formant un chlorure et de l'acide bromhydrique; un mélange d'acide sulfurique et de bioxyde de manganèse réagit sur les bromures comme sur les chlorures. $2MBr + MnO_2 + 2H^2SO^4 = 2Br + 2H^2O + MSO^4 + MnSO^4$. Un mélange d'acide sulfurique et de bichromate de potassium produit également du brome pur, qu'on peut recueillir par distillation et condensation. Le dosage du bromure est facile, par exemple, à l'aide de la solution titrée de nitrate d'argent, s'il n'est pas accompagné de chlorure ou d'iodure. Comme ce dernier cas se présente très rarement, on doit presque toujours recourir aux méthodes indiquées pour séparer le brome d'avec le chlore et l'iode; mais toutes ces méthodes sont plus ou moins défectueuses et varient d'après les cas particuliers, aussi devons-nous renoncer à les décrire ici et nous renvoyons aux traités spéciaux, par exemple, R. Fresenius, *Traité d'analyse quantitative, traduit* par L. Gautier, 1891, p. 562 et 570. La recherche et le dosage du brome dans les tissus doivent évidemment être précédés de la calcination de la matière organique; pour l'urine, on pourrait s'en passer, même pour l'analyse quantitative, d'après Caigniet (*Journal de chimie et de pharmacie*, IX, 427). A cet effet, il recommande la solution titrée d'hypochlorite de soude, qu'on ajoute peu à peu à l'aide d'une burette au filtrat incolore et acidifié par l'acide citrique; le brome mis en liberté est recueilli dans du sulfure de carbone qu'on renouvelle de temps en temps. On conserve ainsi toujours un liquide incolore et on reconnaît facilement le moment où une nouvelle goutte de la solution titrée d'hypochlorite de soude ne colore plus le liquide et le sulfure de carbone, ce qui indique la fin de la réaction.

Bromure d'ammonium. — Le bromhydrate d'ammoniaque, NH^4Br, se prépare le mieux en saturant de l'ammoniaque avec une solution d'acide bromhydrique, cristallisée. Il se présente en prismes incolores, volatils sans fusion ni décomposition, très solubles dans l'eau, presque insolubles dans l'alcool, légèrement acides. Les altérations principales sont le bromate, le sulfate et le chlorure.

Le bromure d'ammonium posséderait l'action calmante des bromures et l'action convulsivante de l'ammoniaque; d'après Eulenburg et Guttmann (*Virchow's Archiv*, XLI). 0,06 -- 0,12 gr. provoque chez la grenouille des accès convulsifs en même temps que le cœur continue à battre; des doses plus fortes déterminent des convulsions plus faibles et une paralysie rapide. L. Brechemdy (*The physiological action of the bromide of ammonium. Philadelphia med. Times*, 1878, n° 270), qui a expérimenté avec ce bromure chez la grenouille, le lapin et le pigeon, conclut de ses recherches que les doses toxiques (0,06 — 0,30 gr. en injection sous-cutanée chez la grenouille) déterminent le relâchement musculaire, la disparition des réflexes, l'insensibilité, et que la mort survient d'ordinaire au milieu de convulsions toniques et cloniques. Ces phénomènes seraient dus à une action sur le système nerveux central. L'action sédative du bromure d'ammonium serait plus marquée que celle de ses congénères, ainsi $1^{gr},80$. équivaudrait, d'après Regnard, à 3 grammes de bromure de potassium.

Bromure d'ammoniaque et de rubidium, mélange des deux bromures qui se présente sous forme de poudre blanche ou jaune, soluble dans l'eau (Laufenauer, *Orvosi hetilap*, 1889, 314).

Bromure de baryum, cristallin en tables rhomboïdales, incolores, d'une saveur âcre, amère, très solubles dans l'eau, solubles dans l'alcool absolu; employé pour préparer l'acide bromhydrique; ces propriétés physiologiques sont avant tout celles du baryum.

Bromures de calcium et de magnésium existant dans la plupart des eaux minérales dites bromo-iodurées; le bromure de calcium serait, d'après Hammond, plus actif que le bromure potassique, parce qu'il est plus instable.

Bromure de lithium, cristallin, très hygrométrique, soluble dans l'eau, renferme 92 p. 100 de brome; il ne modifierait pas l'excrétion de l'acide urique ou de l'urée chez l'homme sain (Lévy).

Bromure d'or. Au Br^3., masse jaune gris, insoluble dans l'eau; son action physiologique paraît ne pas encore avoir été étudiée; on signale qu'à doses très petites, il agirait déjà sur l'épilepsie.

Bromure de potassium. — Le plus important des bromures, celui dont l'action physiologique a été à différentes reprises] l'objet de recherches minutieuses, est incontestablement le bromure de potassium. Conjointement avec le bromure de sodium et les iodures alcalins, il existe dans l'eau de la mer, dans les eaux mères des salines et dans une foule d'eaux minérales. C'est un produit commercial qui trouve une application étendue dans la thérapeutique, dans la photographie pour préparer le bromure d'argent; on peut le préparer en mêlant 3 p. de brome avec 7 p. de potasse caustique d'une densité de 1 333 et en décomposant le bromate par calcination avec de la poudre de charbon. Après cristallisation, le bromure de potassium se présente en cubes incolores, d'une densité de 2,69, solubles dans 2 p. d'eau et 200 p. d'alcool; sa solution ne doit pas se colorer en présence de l'acide acétique pur; il décrépite au feu et fond sans décomposition. Le bromnre de potassium possède une saveur à la fois salée et piquante; son action bactéricide est presque nulle; par contre, il possède des propriétés physiologiques très intéressantes.

A moins d'être appliqué en nature ou en solutions concentrées et à différentes reprises, le bromure de potassium n'exerce pas d'action locale sur la peau et les muqueuses; les muscles et les nerfs, qui sont placés dans des solutions de bromure, s'altèrent et meurent assez rapidement; ainsi si l'on injecte à la grenouille, 0,06 — 0,12 de bromure sous forme d'une solution à 25 p. 100, une irritation douloureuse locale se manifeste par des réflexes intenses, et il apparaît à l'endroit de l'injection des contractions fibrillaires qui s'étendent au muscle voisin à mesure que la solution diffuse; mais si on dilue au même degré où le bromure circule dans les liquides organiques, on peut dire que l'action du bromure de potassium sur ces éléments est pour ainsi dire nulle. Le bromure de potassium est à peine absorbé par la peau intacte; mais, pris à l'intérieur ou injecté sons la peau, il l'est très rapidement : après 5 minutes, on peut déjà déceler le brome dans l'urine et la salive. Le bromure de potassium s'absorbe très probablement comme sel et il s'élimine sous forme de bromures alcalins, spécialement sodiques.

On a beaucoup discuté, sans la résoudre, la question de savoir comment le bromure agit dans l'organisme, est-ce comme sel par une combinaison moléculaire, ou est-ce après une double décomposition, causée par le brome à l'état naissant?

Les expériences chez l'homme et celles, plus précises, chez les animaux ont prouvé que le bromure de potassium manifeste surtout son action sur le système nerveux central, spécialement sur le cerveau. A la suite d'une dose variant de 2,5 — 10,0 gr. chez l'homme sain, il survient une sensation de fatigue, fréquemment accompagnée de céphalalgie; l'intelligence devient moins vive, les idées moins nettes, la parole est traînante. S'il préexistait de la surexcitation cérébrale, due par exemple au surmenage intellectuel, cette dose de bromure provoque de la sédation, un sentiment de repos et de bien-être. Quoiqu'on ait affirmé souvent le contraire, il n'y a pas lieu de considérer le bromure de potassium comme un véritable *hypnotique;* il diminue l'excitabilité psycho-motrice et réflexe du cerveau et prédispose ainsi au sommeil. Mais le bromure de potassium porte également son action sur la moelle épinière; en clinique on observe fréquemment, à la suite de petites doses répétées ou d'une dose unique élevée, la disparition des réflexes pharyngiens, parfois celle des réflexes du canal de l'urèthre, du vagin et même de la cornée; si la dose est suffisamment forte, le sens tactile d'abord, douloureux ensuite, peut disparaître.

Ces différents phénomènes trouvent une interprétation plus précise dans des expériences instituées sur les animaux : les réflexes et la sensibilité diminuent ou disparaissent chez les grenouilles intoxiquées, même dans les membres où, à l'exemple de CLAUDE BERNARD, on a intercepté le courant sanguin (EULENBURG et GUTTMANN, KROSZ); en outre, les grenouilles bromurées ne subissent pas, ou subissent à un plus faible degré l'action tétanisante de la strychnine. Ces différents faits, comme d'autres encore, prouvent l'action centrale du bromure de potassium. KROSZ signale, d'autre part, que les grenouilles, chez lesquelles les réflexes ont complètement disparu, peuvent encore exécuter des mouvements volontaires; elles pourraient retirer les pattes artificiellement étendues, alors que les excitations les plus intenses ne provoquent plus de réflexes. On a conclu de ces expériences que le bromure de potassium altère les rapports fonctionnels entre les terminaisons centrales des nerfs sensitifs et les centres réflexes. On pourrait évidemment faire plus d'une objection à cette conclusion. Des phénomènes cérébraux de même ordre que ceux observés chez l'homme, apparaissent chez les animaux auxquels on a administré du bromure de potassium (1,0 — 2,0 gr. chez les lapins). Les expériences d'ALBERTONI (*A. P. P.*, 1876, vol. VI, 252), démontrent que l'écorce cérébrale subit l'action du bromure : après avoir déterminé chez le chien le degré d'excitabilité de la région motrice sur un côté du cerveau, il soumet l'animal à l'intoxication par le bromure, et examine, à des intervalles variables l'excitabilité de l'autre région motrice; il constate alors que le bromure de potassium diminue notablement l'excitabilité du cerveau au courant électrique et cela d'une manière d'autant plus manifeste que l'administration du bromure a été continuée pendant plus longtemps. D'après ce même auteur, le bromure de potassium supprimerait la possibilité de provoquer des accès épileptiformes par excitation électrique de l'écorce cérébrale. SOKOLOWSKY, SEMMOLA, LEWITZKY, ALBERTONI ont observé que les vaisseaux du cerveau et de la pie-mère se rétrécissent sous l'influence du bromure; il en résulte un certain degré d'anémie qui peut contribuer à provoquer les phénomènes cérébraux, mais l'importance en a été exagérée par certains auteurs en la considérant comme la cause unique de toutes les modifications fonctionnelles du cerveau. Sous l'influence de doses moyennes, la respiration est ralentie chez les animaux comme chez les hommes; les contractions cardiaques sont moins fréquentes et moins énergiques; la pression sanguine s'abaisse. Dès que la dose devient toxique, la respiration et la circulation s'accélèrent, deviennent irrégulières et la mort survient au milieu des phénomènes de la dyspnée respiratoire et circulatoire. Les modifications circulatoires sont en partie d'origine centrale, en partie d'origine périphérique; le myocarde lui-même est altéré dans certaines intoxications, spécialement chez la grenouille. EULENBURG et GUTTMANN ont observé que le cœur, arrêté en diastole, était déjà devenu insensible à l'excitation électrique et mécanique, alors que l'excitabilité des nerfs périphériques et des muscles, quoique diminuée, existait encore. Devant de telles expériences et devant l'action cardiaque bien manifeste du potassium, une série d'expérimentateurs ont cru devoir attribuer exclusivement au potassium toute l'action déterminée par le bromure de potassium. Nous n'insistons pas sur cette discussion qui s'est prolongée durant des années, parce qu'il est bien établi, aujourd'hui, que les autres bromures métalliques provoquent la plupart des phénomènes signalés pour le bromure de potassium.

Le bromure de potassium diminuerait l'élimination de l'azote, augmenterait celle du phosphore, en même temps qu'il s'accumulerait jusqu'à un certain degré dans la substance cérébrale, ces trois facteurs interviendraient dans l'action anti-épileptique du bromure de potassium (G. KROSZ. *A. P. P.*, 1876, VI, 1, bibliographie complète; *Thérapeutique* de NOTHNAGEL et ROSSBACH, traduit par J. ALQUIER, 1889, Paris).

Bromure de sodium. — Cristaux ou poudre cristalline, solubles dans 1, 2 parties d'eau et 5 parties d'alcool, déliquescent; d'une saveur moins désagréable que le bromure de potassium. L'action physiologique du bromure de sodium se confond avec celle du bromure de potassium; quoiqu'il faille considérer le potassium comme un poison du myocarde, il n'en paraît pas moins certain que cette action a été beaucoup exagérée, et que, combiné avec le brome, il ne prend qu'une très faible part aux phénomènes qui apparaissent.

A doses égales, le bromure de sodium diminuerait davantage les réflexes que le bromure de potassium; sa dose toxique est quatre à cinq fois plus grande que celle de ce dernier bromure.

Le bromure de sodium renferme 77 p. 100 de brome, tandis que le bromure de potassium n'en contient que 67 p. 100, et le bromure d'or seulement 27, 5 p. 100, que le bromure d'ammoniaque atteint 8 p. 100 et le bromure de lithium 91 p. 100; ces chiffres, comparés aux doses actives de ces bromures, démontrent que l'action physiologique et toxique des bromures n'est pas régie seulement par leur richesse en brome : l'affinité de la molécule bromure et la fixité du bromure lui-même varient sans doute beaucoup, d'après le métal auquel le bromure est combiné; en outre, ce métal lui-même peut agir pour son compte. Ce sont là, sans doute, les principales causes qui font varier l'action des différents bromures (STARTS, HALIS, RABUTEAU, KROSZ; bibliographie *in* KROSZ, *l. c.*).

Composés organiques bromés. — Un ou plusieurs atomes de brome peuvent remplacer un ou plusieurs atomes d'H des hydro-carbures saturés ou s'additionner aux hydro-carbures non saturés et former ainsi des composés mono ou multibromés qu'on appelle également mono, bi, tri, bromure; l'acide bromhydrique peut s'additionner comme à différents alcaloïdes agissant à la manière de l'ammoniaque et forme de la sorte des éthers qu'on appelle plus fréquemment bromhydrates. Les bromures organiques les plus importants au point de vue physiologique sont les suivants :

Acide acétique monobromé, $C^2H^3O^2B^r$, cristaux rhomboédriques très déliquescents; point de fusion 81°. Ce composé a été expérimenté sur la grenouille et sur le lapin par STEINAUER (*Virchow's Arch.*, LIX, 1873, 1) 0,005 — 0,3 grammes en solution à 2 — 20 p. 100, chez les grenouilles, 0,5 — 1,0 gramme en solution de 20 — 30 p. 100 chez le lapin provoquent de la narcose, la diminution des réflexes, le ralentissement de la respiration et de la circulation.

Bromol ou *phénoltribromé* a été recommandé par RADENAKER (*Nouveaux remèdes*, p. 36), comme antiseptique. Le chien supporterait sans inconvénient 0,8 grammes.

Bromhydrate de cicutine, voy. **Ciguë**.

Bromhydrate de cinchonidine, voy. **Cinchonidine**.

Bromhydrate d'ésérine, voy. **Esérine**.

Bromhydrate de morphine, voy. **Morphine**.

Bromhydrate de quinine, voy. **Morphine**.

Bromure de camphre, voy. **Camphre**.

Bromure d'éthyle, voy. **Éthyle** et **Anesthésiques**.

Bromure d'éthylène, CH^2Br — CH^2Br., liquide incolore, d'une odeur analogue au chloroforme, insoluble dans l'eau, soluble dans les huiles grasses; agirait comme les bromures (J. DONATH. *Therap. Monatshefte*, 1891, 335).

BRONCHES (V. Poumons).

BROWN-SÉQUARD (C. E) (1817-1894). — Né à Port-Louis (île Maurice), a exercé une grande influence sur les progrès de la physiologie en général et de la physiologie du système nerveux en particulier.

Son œuvre est considérable, non seulement par le nombre des sujets traités, mais encore par les perfectionnements successifs qu'il donnait sans cesse à sa découverte première. Il ne se lassait pas de reprendre la question traitée d'abord. Nous donnons plus loin la liste des principaux mémoires écrits par lui, liste très abrégée, puisque la nomenclature complète ne comprendrait pas moins de cinq cents indications différentes.

Si nous cherchons à mettre en lumière les points principaux qui se dégagent de cette œuvre riche et touffue, nous voyons trois grands faits dominateurs.

1° *Fonctions de transmission des cordons de la moelle.* — Jusque-là on ignorait que les impressions sensitives passent par la substance grise et les excitations motrices par la substance blanche.

2° *Inhibition et dynamogénie.* — C'est là le point essentiel de son œuvre; celui qui fait le sujet de plus de cent mémoires. L'irritation d'un point quelconque du système nerveux va retentir sur d'autres parties du système nerveux, tantôt pour les inhiber, tantôt pour les dynamogéner. Que, dans son ardeur infatigable, BROWN-SÉQUARD ait souvent donné trop d'extension à ces deux mots, il n'en est pas moins vrai que cette notion de la dynamogénie et de l'inhibition, toute imparfaite qu'elle soit, est maintenant à la base de la physiologie et de la pathologie du système nerveux. Quel que soit le sort réservé à la théorie, les faits si variés, si instructifs, si ingénieux, que BROWN-SÉQUARD a apportés, resteront inébranlés et inébranlables. Et, en réalité, personne plus que BROWN-SÉQUARD n'était dédaigneux des théories. Il les considérait avec raison comme dépourvues de toute valeur, bonnes pour les savants médiocres, sans imagination expérimentale : car la vraie imagination consiste à trouver des faits nouveaux et non à édifier des théories nouvelles. Il n'a donc jamais essayé de faire la théorie de l'inhibition ou de la dynamogénie : il s'est contenté d'entasser les faits qui l'établissent, et ainsi d'introduire dans la science cette notion aujourd'hui fondamentale, que la cellule nerveuse, étant stimulée, agit sur les autres cellules nerveuses, tantôt pour ralentir, tantôt pour renforcer leur action.

3° *La fonction des glandes à sécrétion interne* (capsules surrénales, testicules, corps thyroïde). — On sait à quel point a pris de l'importance cette notion des appareils glandulaires, tels que le pancréas, le corps thyroïde, les capsules surrénales, peut-être le rein, qui modifient la constitution du sang, en détruisant certains poisons ou en y déversant certaines substances chimiques nécessaires.

Il est impossible de faire mention de toutes ses autres découvertes de détail, si originales, si ingénieuses : sur le poison volatil de la respiration, sur les propriétés stimulantes de l'acide carbonique, sur l'inhibition par la cautérisation du larynx, sur l'hérédité de l'épilepsie acquise, sur les hémorrhagies vaso-motrices, sur les réflexes thermiques, etc., car ce serait passer en revue toutes les parties de la physiologie.

Brown-Séquard avait, ce qui est rare, même chez les savants, l'amour de la science. Il a vécu pour la physiologie qu'il a adorée, depuis sa première jeunesse jusqu'à la vieillesse, d'une passion profonde, sans que l'âge ait pu ralentir son ardeur. Dans l'histoire de la physiologie du xixe siècle, il occupera une place prépondérante, non loin de Magendie, Flourens, J. Müller, Helmholtz, Claude Bernard et Ludwig.

Pour la biographie de Brown-Séquard on pourra consulter entre autres : Dupuy (*B. B.*, 1894, et *Revue Scientifique*); E. Gley (*A. P.*, 1894, 501-516); A. Mosso (*Illustrazione italiana*, n° 19, 1894).

Voici d'abord la liste des ouvrages de Brown-Séquard.

Experimental and Clinical Researches on the Physiology and Pathology of the spinal cord and some other parts of the nervous Centres. Richmond, 1855. — *Researches on Epilepsy : its artific. production in animals and its etiology, nature, and treatment in man*. Boston, 1857. — *Course of lectures on the Physiol. and Pathol. of the centr. nervous systeme delivered at the Roy. Coll. of Surgeons of England in May* 1858 (2e édit., Philadelphie, 1860). — *Leç. sur le diagnostic et le traitement des principales formes de paralysies des membres inférieurs* (trad. par R. Gordon. Paris, 1865). — *Leç. sur les nerfs vaso-moteurs, sur l'épilepsie et sur les actions réflexes normales et morbides* (trad. par Béni-Barde. Paris, 1872).

Voici maintenant la liste, très abrégée, des mémoires publiés par lui. En 1886, le nombre de ces notices s'élevait à 435 ; et de 1886 à 1894 le nombre total a dû s'élever à 500. On comprend que nous ne puissions tout mentionner ici.

Contrairement à l'usage adopté dans ce dictionnaire, nous avons donné en français l'indication des mémoires publiés en anglais par Brown-Séquard. En effet, nous avons suivi pour la rédaction de cet index bibliographique la notice donnée par lui-même, où les mémoires anglais sont indiqués en traduction française. Nous renvoyons pour plus de détails à cette importante notice (*Travaux scientifiques* de C. E. Brown-Séquard. Paris, Masson, 1886, 4°, 75).

Système nerveux. — *Rech. et expér. sur la physiol. de la moelle épinière* (*D. P.*, 1846). — *Durée de la vie des batraciens en automne et en hiver après ablat. de la moelle allongée et d'autres parties du centre cérébro-rachidien* (*C. R.*, 1847, xxiv, 363, 688). — *Rech. exp. sur les résultats de l'ablation des centres nerveux et particul. de la moelle allongée dans les cinq classes de vertébrés* (*C. R.*, 1848, xxvi, 413). — *Des rapports qui existent entre les fonct. des racines motrices et celles des rac. sensitives des nerfs spinaux* (*B. B.*, 1849, 15). — *Production de force nerveuse par la moelle épinière* (*B. B.*, 1849, 19). — *L'action de téter est indépendante du cerveau* (*B. B.*, 1849, 60). — *Tournoiement et roulement consécutifs à l'arrachement du nerf facial* (en coll. avec Martin-Magron. *B. B.*, 1849, 133). — *Altérat. path. qui suivent la section du nerf sciatique* (*B. B.*, 1849, 136). — *Siège central de la sensibilité et valeur des cris comme preuve de perception de la douleur* (*C. R.*, 1849, xxix, 672). — *Des différences d'énergie de la faculté réflexe, suivant les espèces et les âges, dans cinq classes d'animaux vertébrés* (*B. B.*, 1849, 171). — *Transmission croisée des impressions sensitives par la moelle épinière* (*B. B.*, 1850, 33). — *Influence des nerfs vagues sur les battements du cœur* (*B. B.*, 1850, 45). — *D'une action spéciale qui accompagne la* *contract. muscul. et de l'existence de cette action dans certains cas patholog. et dans ce que* M. MAGENDIE *a appelé sensibilité récurrente* (*B. B.*, 1850, 171). — *Survie des batraciens et des tortues après ablation de la moelle allongée* (*B. B.*, 1851, 73). — *Exp. nouvelle sur la voie de transmission des impressions sensitives dans la moelle épinière* (*B. B.*, 1851, 77). — *Une nouvelle espèce de tournoiement* (*B.B.*, 1851, 79). — *Influence d'une partie de la moelle épinière sur les capsules surrénales* (*B. B.*, 1851, 146). — *Infl. du syst. nerv. sur les fonct. de la vie organique* (*Medical Examiner*, 1852, 486). — *Sur un trouble singulier des mouvements volontaires lorsqu'on expose à l'air le ventricule spinal chez les oiseaux* (*Ibid.*, 1853, 144). — *Effets de la section et de l'excitation des nerfs vagues sur le cœur* (*B. B.*, 1853, 152, 153). — *Section et galvanisation du nerf grand sympathique cervical* (*C. R.*, 1854, XXXVIII, 72). — *Transmission croisée des impressions sensitives dans la moelle épinière* (*C. R.*, 1855, XLI, 118, 347, 477). — *Rech. sur la moelle épinière et sur la moelle allongée comme conducteurs des sensations et des mouvements volontaires* (*Proc. of the Roy. Soc.*, 1857, VIII, 591). — *Rech. sur les causes de la mort après l'ablation de la partie de la moelle allongée qui a été nommée point vital* (*Journ. de la physiol.*, 1858, I, 217). — *Influence qu'une moitié latérale de la moelle exerce, dans certains cas, sur la moitié correspondante de l'encéphale et de la face* (*Ibid.*, 241). — *Sensibilité tactile et sa mesure dans l'anesthésie et l'hyperesthésie* (*Ibid.*, 344). — *Rech. sur la physiol. et la path. de la protubérance* (*Ibid.*, 523 et 755 et 1859, II, 121). — *Rythme dans le diaphragme et dans les muscles de la vie animale après leur séparation des centres nerveux* (*Ibid.*, 1859, II, 115). — *Rech. exp. sur diverses questions concernant la sensibilité* (*Ibid.*, 1861, IV, 140). — *Production de symptômes cérébraux à la suite de certaines lésions du nerf auditif* (*Gaz. hebd.*, 1861, 56). — *Remarques sur quelques points de la physiologie du cervelet, du nerf auditif, du cerveau et de la moelle épinière* (*Journ. de la physiol.*, 1861, IV, 413, 484, 584). — *Sur l'existence du sang rouge dans les veines et infl. du syst. nerv. sur la couleur du sang* (*Ibid.*, 1862, V, 566). — *Rech. exp. et clin. sur la transmission des impressions de tact, de chatouillement, de douleur, de température et de contract. muscul. dans la moelle épinière* (*Ibid.*, 1864, VI, 124, 232 et 581). — *Production d'ataxie musculaire par l'irritat. d'une petite partie de la moelle épinière chez les oiseaux* (*Ibid.*, 1864, VI, 701). — *Trajet des diverses espèces de conducteurs d'impressions sensitives dans la moelle épinière* (*A. P.*, 1868, I, 610, 716 et 1869, II, 236 et 693). — *Infl. d'une irritat. des nerfs de la peau sur la température des membres* (en coll. avec J. S. LOMBARD, *A. P.*, 1868, I, 688). — *Infl. du centre nerveux cérébro-rachidien sur les échanges entre le sang et les tissus* (*A. P.*, 1869, II, 98). — *Faits démontrant qu'il existe trois espèces de syncopes caractérisées : l'une par l'arrêt du cœur, une seconde par l'arrêt de la respiration, et la troisième par l'arrêt de quelques-uns des échanges entre les tissus et le sang* (*A. P.*, 1869, II, 767-771). — *Arrêt de la respiration par action réflexe* (*B. B.*, 1871, 134, 138, 156). — *Production d'hémorrhagies, anémie, œdème ou emphysème dans les poumons par certaines lésions de la base de l'encéphale* (*Lancet*, 1871, (1), 6). — *Emphysème immédiat par la galvanisation du nerf vague* (*B. B.*, 1872, 181, 187). — *Rech. exp. et clin. sur l'arrêt soudain de la respiration et d'autres phénom. normaux et morbides* (*Arch. of scientif. and pract. med.*, 1873, 87). — *Sur la production d'effusions sanguines par influence nerveuse* (*Ibid.*, 1873, 148). — *Atrophie de l'œil du côté de la cautérisation du cerveau* (*B. B.*, 1875, 354). — *Production des effets de la paralysie du grand sympath. cervical par l'excitat. de la surface du cerveau* (*B. B.*, 1875, 353, 372). — *Variété des effets paralyt. ou spasmod. causés par l'irritat. thermique du cerveau* (*B. B.*, 1875, 146, 360, 372, 376; et 1875, 8). — *Sur l'apparition d'une paralysie du côté d'une lésion encéphalique* (*B. B.*, 1875, 424; et 1876, 2, 13). — *Leçons faites au Collège Royal des médecins de Londres sur la physiol. pathol. du cerveau* (*Lancet*, 1876, 1877, 1878, *passim*). — *Prolongation extraordinaire des principaux actes de la vie après cessation de la respiration* (*A. d. P.*, 1879, 83-88). — *Faits montrant que des lésions de diverses parties de l'encéphale peuvent déterminer l'inhibition des cellules nerveuses et d'autres éléments de la moelle épinière, servant aux mouvements réflexes* (*B. B.*, 1879, 129). — *Faits nouveaux absolument contraires à la théorie des centres psycho-moteurs* (*B. B.*, 1879, 152). — *Faits montrant que la galvanisation de la surface de chaque hémisphère cérébral agit sur les muscles des membres du côté opposé par deux voies bien distinctes l'une de l'autre* (*B. B.*, 1879, 165). — *Expér. montrant : 1° que l'excitat. galvan. des parties considérées comme motrices à la base de l'encéph. produit plus souvent des mouvem. du côté correspond. que du côté opposé; 2° qu'une lésion d'un côté de la moelle épinière ou d'un des *nerfs sciatiques peut produire l'inhibition des cellules motrices et sensitives du bulbe et de la protubérance* (B. B., 1879, 200). — *Rech. montrant la puissance, la rapidité d'action et les variétés de certaines influences inhibitoires (influences d'arrêt) de l'encéphale sur lui-même ou sur la moelle épinière, et de ce dernier centre sur lui-même ou sur l'encéphale* (C. R., 1879, LXXXIX, 657). — *Rech. expér. sur une nouvelle propriété du syst. nerveux* (*Ibid.*, 889 et 1881, XCIII, 885). — *Expér. montrant que l'anesthésie due à certaines lésions du centre cérébro-rachidien peut être remplacée par de l'hyperesthésie sous l'influence d'une autre lésion de ce centre* (C. R., XC, 750). — *Nouveaux faits relatifs à l'action du chloroforme appliqué à la périphérie du syst. nerveux (peau et cond. auditif externe)* (*Gaz. médic.*, 1880, 669 et 1881, 31). — *Nouveaux faits relatifs aux effets produits par le chloral anhydre et le chloral hydraté, appliqués sur la peau* (*Ibid.*, 1881, 81). — *Phénomènes unilatéraux, inhibitoires et dynamogéniques dus à une irritation des nerfs cutanés par le chloroforme* (C. R., CXII, 1891, 1517). — *Faits montrant que dans certains cas de lésion enceph. la première rigidité qui suit la mort n'est pas la raideur cadavérique, mais bien une contracture* (*Gaz. médic.*, 1881, 678). — *Rech. exp. montrant que des causes diverses, mais surtout des lésions de l'encéphale, et en particulier du cervelet, peuvent déterminer après la mort une contracture générale ou locale* (C. R., XCIII, 1881, 11 49). — *Contracture après la mort* (B. B., 1882, 25). — *Régénérat. du nerf sciatique dans une longueur de 12 cent. dans l'espace de dix semaines chez un petit singe* (B. B., 1882, 30). — *Rech. sur une influence spéciale du syst. nerv. produisant l'arrêt des échanges entre le sang et les tissus* (C. R., XCIV, 1882, 491). — *Rech. exp. et clin. sur l'inhibition et la dynamogénie. Applicat. des connaissances fournies par ces recherches aux phénom. princip. de l'hypnotisme et du transfert* (*Gaz. hebd.*, 1882, 35, 53, 751, 05, 136). — *Production d'une anesthésie générale sous l'influence de l'irritat. de la muqueuse laryngée par de l'acide carbonique ou du chloroforme* (B. B., 1882, 799). — *Anesthésie génér. sous l'influence d'une irritat. galvan. intense d'un des nerfs laryngés supérieurs* (B. B., 1883, 156). — *Sur l'apparition d'un état cataleptiforme après la mort* (B. B., 1883, 191, 206). — *Rech. exp. et clin. sur le mode de production de l'anesthésie dans les affect. organ. de l'encéph.* (B. B., 1883, 417, 454 et C. R., XCVI, 1883, 1766). — *Contracture immobilisant le corps et les membres dans certains cas de mort subite, contracture qui persiste après la mort* (*La Nature*, 1884, 1274). — *Persistance de la parole dans le chant, les rêves et le délire, chez des aphasiques* (B. B., 1884, 256). — *Excitabilité motrice et excit. inhibit. dans les régions occipit. et sphénoïd. de l'écorce cérébr.* (B. B., 1884, 320). — *Rech. sur l'augmentat. de la toxicité musculaire et sur l'inhibition de la propriété essentielle des tissus contractiles* (B. B., 1885, 206). — *Sur une espèce d'anesthésie artificielle sans sommeil et avec conservation parfaite de l'intelligence, des mouvements volontaires, des sens et de la sensibilité tactile* (C. R., 1885, C, 1366). — *Prolongation exceptionn. de certains actes réfl. de la moelle épinière après la mort* (B. B., 1886, 101). — *Sur l'existence dans chacun des hémisphères cérébraux de deux séries de fibres capables d'agir sur les deux moitiés du corps, soit pour y produire des mouvements, soit pour déterminer des phénomènes inhibitoires* (B. B., 1887, 261). — *Faits montrant que c'est parce que le bulbe rachidien est le principal foyer d'inhibition de la respiration qu'il semble être le principal centre des mouvem. respirat.* (B. B., 1887, 293). — *Explicat. du retour quelquefois si rapide de la sensibilité et du mouvement volontaire, après la suture des bouts d'un nerf coupé* (B. B., 1888, 245-249). — *Notions nouvelles de physiol. des centres nerveux pour servir à la pathogénie de la paralysie et de l'anesthésie* (B. B., 1888, 276-279; 290-294). — *Expériences montrant combien est grande la dissémination des voies motrices dans le bulbe rachidien* (A. de P., 1889, 600-609). — *Champ d'action de l'inhibition en physiologie, en pathogénie et en thérapeutique* (*ibid.*, 1-24, et 337-340). — *Le sommeil normal, comme le sommeil hypnotique, est le résultat d'une inhibition de l'activité intellectuelle* (*ibid.*, 333-336). — *Influence du syst. nerv. pour retarder la putréfaction* (B. B., 1890, 2-4). — *Rech. sur les mouv. rythmés des ailes et du thorax chez les oiseaux décapités ou ayant subi d'autres lésions des centres nerveux* (A. de P., 1890, 371-378). — *Théorie des mouvem. involont., coordonnés, des membres et du tronc, chez l'homme et les animaux* (A. de P., 1890, 411-424). — *Nombreux cas de vivisection pratiquée sur le cerveau de l'homme. Leur verdict contre la théorie des centres psychomoteurs* (A. de P., 1890, 762-773). — *Faits cliniques et expérimentaux contre l'opinion que le centre respiratoire se trouve uniquement ou principalement dans le bulbe rachidien* (A. de P., 1893, 131-141). — *Remarques sur la durée des propriétés des muscles et des nerfs après la mort* (A. de P., 1894, 188-195).

Épilepsie. — *D'une affection convulsive qui survient chez les animaux après section d'une moitié latérale de la moelle épinière* (*B. B.*, 1850, 105, 169; *C. R.*, 1856, XLII, 86). — *Transmission de l'épilepsie accidentelle par hérédité* (*B. B.*, 1859, 194). — *Sur l'arrêt immédiat de convulsions violentes par l'influence de l'irritation de quelques nerfs sensitifs* (*A. de P.*, 1868, 157). — *Avortement d'attaques d'épilepsie par l'irritation de certains nerfs* (*A. de P.*, 1868, 317). — *Épilepsie due à certaines lésions de la moelle et des nerfs rachidiens* (*B. B.*, 1869, 29, 65, 111, 121, 140, 156, 158, 190, 294 et *A. P.*, 1869, 211, 422, 496). — *Du lieu de passage dans la moelle des conducteurs spéciaux qui font contracter les muscles dans les convulsions épileptiformes* (*A. de P.*, 1869, 775). — *Physiologie de l'épilepsie* (*B. B.*, 1870, 9, 33, 45, 50, 59, 82, 91, 96, 113, 124; 1871, 95, 145, 146, 154, 179; 1872, 1, 18, 195; *A. de P.*, 1870, 153, 402, 516; 1871, 116, 204). — *Convulsions épileptiformes ou mouvements rotatoires causés par les capsules surrénales* (*B. B.*, 1871, 188). — *L'hypertrophie du cœur est un effet constant de l'épilepsie artificielle, après un certain temps* (*B. B.*, 1872, 195). — *Production d'épilepsie par une lésion du nerf grand sympath. dans l'abdomen* (*B. B.*, 1872, 18). — *Faits nouveaux établissant l'extrême fréquence de la transmission par hérédité d'états organiques morbides, produits accidentellement chez des ascendants* (*C. R.*, 1882, XCIV, 697).

Muscles, Cœur, Sang, Peau et Viscères. — *Hibernation des tanrecs* (*B. B.*, 1849, 37). — *Sang veineux excitateur de certains mouvements* (*B. B.*, 1849, 50). — *Poches anales des tortues* (*B. B.*, 1849, 132). — *Mort par la foudre et électro-magnétisme* (*B. B.*, 1849, 138, 154). — *Mouvements rythm. des muscles respirat. et locomot. après la mort* (*B. B.*, 1849, 159). — *Apparition de la rigidité cadavérique avant la cessation des mouvem. du cœur* (*B. B.*, 1850, 194). — *Persistance de la vie dans les membres atteints de la rigidité qu'on appelle cadavérique* (*C. R.*, 1851, XXXII, 855). — *Rech. sur le rétablissem. de l'irritab. muscul. chez un supplicié, treize heures après la décapit.* (*C. R.*, 1851, XXXII, 897; *Mém. Soc. Biol.*, 1851, 147 et *B. B.*, 1851, 103). — *Rech. sur les phénom. de contract. muscul. en apparence spontanés* (*Medical Examiner*, 1853, 491). — *Cause des mouvements du cœur* (*ibid.*, 504). — *Faits nouveaux relatifs à la coïncidence de l'inspiration avec une diminution dans la force et la vitesse des battements du cœur* (*B. B.*, 1857, 89 et *Journ. de la physiol.*, 1858, I, 512). — *Rech. expér. sur les capsules surrénales* (*C. R.*, 1856, XLII, 422, 542; 1857, XLIV, 246; XLV, 1036; *Arch. gén. de médec.*, 1856, VIII, 385, 572; *Journ. de la physiol.*, 1858, I, 160). — *Infl. de l'oxyg. sur les propr. vitales des nerfs, des muscles et de la moelle* (*Proceed. of the Roy. Soc.*, 1857, VIII, 598). — *Rech. sur les relations qui existent entre l'irritab. muscul., la rigidité cadavér. et la putréfact.* (*C. R.*, 1857, XLV, 460; *Journ. de la physiol.*, 1861, IV, 266). — *Rech. expér. sur les propriétés physiol. et les usages du sang rouge et du sang noir et de leurs principaux éléments gazeux* (*Journ. de la physiol.*, 1858, I, 95, 352, 729). — *Expér. sur la transformat. de l'amidon en glucose dans l'estomac* (En coll. avec J.-G. Smith) (*Journ. de la physiol.*, 1858, I, 158). — *Modificat. des globules circul. du sang de mammifères injecté dans le syst. circulat. des oiseaux, et altérat. des globules ovales du sang d'oiseau injecté dans le syst. circul. des mammifères* (*ibid.*, 173). — *Sur des faits qui semblent montrer que plusieurs kilogr. de fibrine se forment et se transforment chaque jour dans le corps de l'homme, et sur le siège de cette production et de cette transformation* (*ibid.*, 298). — *Rech. sur la possibilité de rappeler temporairement à la vie des individus mourant de maladie* (*ibid.*, 666). — *Contract. rythm. dans les cond. excrét. des principales glandes* (*ibid.*, 775). — *Cause des phénom. qu'on observe après ligature de l'œsophage* (*ibid.*, 799). — *Expér. sur l'absorpt. de la graisse* (*ibid.*, 808). — *Rech. exp. et clin. sur plusieurs questions relatives à l'asphyxie* (*ibid.*, 1859, II, 93). — *Transmission par hérédité de nombre d'altérations accidentelles* (*B. B.*, 1870, 5, 16, 17, 59, 64, 96, 124; 1872, 188). — *Rigidité cadavérique, nouveaux faits* (*B. B.*, 1885, 249). — *Formation de globules sanguins quand on injecte du sang d'oiseau dans les veines d'un mammifère après la mort* (*B. B.*, 1885, 307). — *Rech. expér. paraissant montrer que les muscles atteints de rigidité cadavér. restent doués de vitalité jusqu'à la putréfact.* (*C. R.*, 1885, CI, 926). — *Puissance de format. des globules sanguins, dans le syst. vascul. des mammifères, après la mort* (*B. B.*, 1885, 287, 393).

Chaleur animale. — *Températ. normale de l'homme* (*Medical Examiner*, 1852, 554). — *Influence de l'asphyxie sur la chaleur animale* (*B. B.*, 1856, 89). — *Basse températ. de q.q. palmipèdes longipennes* (*Journ. de la phys.*, 1858, I, 42). — *Influence du froid appliqué à une petite partie du corps de l'homme* (En coll. avec Tholozan) (*ibid.*, 1858, I, 497, 502). — *Infl. du changement de climat sur la chal. anim.* (*ibid.*, 1859, II, 549). — *Se produit-il* *beaucoup plus de chaleur dans le sang circul. dans les poumons lorsque l'air inspiré, de chaud et humide, devient froid et sec?* (*A. de P.*, 1869, II, 19).

Œil et vision. — *Act. de la lumière lunaire sur la pupille* (*B. B.*, 1849, 9). — *Rech. expér. sur l'influence excitatrice de la lumière, du froid et de la chaleur sur l'iris, dans les cinq classes de vertébrés* (*Journ. de la physiol.*, 1859, II, 281, 451). — *Production d'amaurose et d'exophthalmie par une lésion du corps restiforme et de la moelle* (*B. B.*, 1871, 125).

Varia. — *Cause de mort (refroidissement) qui existe dans un grand nombre d'empoisonnements* (*B. B.*, 1849, 102). — *Mode d'action de la strychnine* (*B. B.*, 1849, 119). — *Innocuité de l'injection de lait dans les veines* (*B. B.*, 1878, 292). — *Existence de mouvem. rythm. dans les vaisseaux du cœur* (*Gaz. médic.*, 1880, 669). — *Remarques sur la spermine et le liqu. testiculaire* (*B. B.*, 1889, 415, 420, 430, 454; 1890, 717; 1892, 505, 508, 531, 607, 796, 815; *A. de P.*, 1891, 224-230; 402-403). — *Rech. sur les extraits liquides retirés des glandes et d'autres parties de l'organisme et sur leur emploi en inject. sous-cutanées comme méthode thérapeut.* (En collab. avec d'Arsonval) (*A. de P.*, 1891, 491-507; 593-598; 1893, 192, 539, 205, 796). — *Recherches démontrant que les poumons sécrètent un poison extrêmement violent qui en sort avec l'air expiré* (En collab. avec d'Arsonval) (*B. B.*, 1888, 33, 54, 90, 99, 108, 110, 151, 172; *A. de P.*, 1890, 680; 1894, 113-124). — *Importance de la sécrétion interne des reins démontrée par les phénomènes de l'anurie et de l'urémie* (*A. de P.*, 1893, 778-786).

CH. R.

BRUCINE

($C^{23}H^{20}Az^2O^4$). — La brucine est un alcaloïde extrait de végétaux appartenant au genre strychnos (*Loganiacées*) tels que écorce de vomiquier, fausse angusture, noix vomique, bois de couleuvre, fève de Saint-Ignace, hoang-nân.

Propriétés physiques et chimiques. — Elle se présente sous forme de prismes rhomboïdaux; quand on l'obtient par refroidissement d'une solution aqueuse, elle a un peu l'aspect de l'acide borique. Très amère et inodore, elle est peu soluble dans l'eau, 1/500 dans l'eau bouillante; 1/850 dans l'eau froide. Pourtant ses cristaux contiennent 15,45 p. 100 d'eau, ils s'effleurissent à l'air et peuvent se fondre dans leur eau de cristallisation. Insoluble dans l'éther et les huiles fixes ou essentielles, elle est soluble dans l'alcool; cette solution dévie à gauche le plan de la lumière polarisée; elle fond à 178°.

Elle forme avec les acides des sels qui ont tous une saveur fortement amère. Ces principaux sels sont : l'azotate, le chlorhydrate, le sulfate, tous solubles dans l'eau et cristallisables, et l'acétate qui n'est pas cristallisable.

L'acide azotique donne avec la brucine une réaction caractéristique qui la distingue de la strychnine; c'est, à froid, une coloration rouge sang : cette réaction est assez sensible pour servir à reconnaître les nitrates dans les eaux. Si on ajoute en même temps du chlorure d'étain avec l'acide azotique, on obtient une couleur rouge magnifique. L'acide sulfurique produit avec la brucine une coloration rose qui passe au jaune, puis au verdâtre; avec l'iode on obtient un précipité orange d'iodobrucine.

Préparation d'après Pelletier **et** Caventou. — L'écorce de fausse angusture est réduite en poudre et traitée d'abord par l'éther pour enlever la matière grasse, puis soumise à diverses reprises à l'action de l'alcool concentré. Ces différentes teintures sont réunies, puis distillées pour en séparer l'alcool; il reste une matière extractive qui est reprise par l'eau, filtrée et précipitée par le sous-acétate de plomb, qui enlève la plus grande partie de la matière colorante; filtrée de nouveau, l'excès de plomb est enlevé par un courant d'hydrogène sulfuré, puis filtrée encore. On fait bouillir cette solution avec un excès de magnésie, le précipité magnésien est ensuite recueilli sur un filtre et lavé jusqu'à ce que les eaux de lavage passent incolores : on les concentre alors par l'évaporation, et la brucine impure se dépose sous forme d'une masse grenue.

Pour la purifier, on la sature par de l'acide oxalique et l'oxalate de brucine formé est lavé par l'alcool absolu refroidi à 0°. La matière colorante ainsi enlevée, le sel reste parfaitement incolore. La brucine peut en être isolée à l'état de pureté en redissolvant le sel dans l'eau et en le décomposant par de la chaux ou de la magnésie. Reprenant le précipité par l'alcool, filtrant et abandonnant la solution à une évaporation lente, la brucine se dépose en beaux cristaux incolores.

D'après Thénard, il suffit de traiter l'écorce par l'eau bouillante et d'ajouter immédiatement l'acide oxalique dans les décoctions. On fait concentrer la liqueur; l'oxalate de brucine se dépose et on la purifie à l'aide de l'alcool absolu à 0°, comme il a été dit plus haut.

Propriétés physiologiques. — L'action de la brucine a été étudiée par Andral, Magendie, Bricheteau, Bouchardat, Lepelletier, etc. Ces divers auteurs sont arrivés à constater que la brucine agit bien moins activement que la strychnine. Ses effets sont moins généraux, quoiqu'elle détermine des secousses convulsives. On peut dire que, de tous les systèmes de l'organisme, le seul touché par cette substance est le système nerveux, les autres n'éprouvant aucune modification.

Les muscles du pharynx, des mâchoires, et de l'œsophage, ne sont pas atteints par la brucine comme par la strychnine, ce qui fait que la mastication, la déglutition et la voix ne sont pas gênées. La brucine diffère encore de la strychnine en ce que son action est moins durable. Lorsque l'on administre la brucine à la dose de 10 centigrammes, on constate de la céphalalgie, de légers fourmillements dans les membres, des picotements dans la tête et quelquefois des démangeaisons assez vives; si l'on dépasse la dose de 10 centigrammes, on peut observer des secousses musculaires, des contractions ou des flexions successives plus ou moins fortes et plus ou moins précipitées dans les doigts et les orteils, mais il ne se produit pas cette raideur tétanique caractéristique de l'action de la strychnine; le sommeil est perdu; les érections sont fréquentes.

Thomas-J. May, de Philadelphie, a appelé l'attention sur l'action anesthésique locale de la brucine; cette action, comparable à celle de la cocaïne, serait moins passagère mais moins constante et moins certaine. Une solution de 5 à 10 p. 100 de brucine appliquée sur la langue et les lèvres peut faire disparaître la sensation piquante et chaude que procure le poivre de Cayenne.

D'après Naresi, les sels de brucine en solution sont antiseptiques et antifermentescibles. Du lait, de l'urine, du sang, mêlés à une solution d'un sel de brucine, restent sans altération. Il en est de même de la viande arrosée avec une solution de sulfate de brucine.

D'après Falck, la brucine serait 34 fois moins active que la strychnine. Husemann dit 8 fois moins. Pelletier 10 fois; Andral 12 fois; Magendie 24 fois; il est probable que ces différences ne tiennent pas seulement à la différence des méthodes, mais encore à des variations dans la pureté des produits. Il est probable, d'après Husemann (1878), que ce qu'on vend dans le commerce sous le nom de brucine est un produit assez impur, contenant des bases cristallisables, très voisines.

D'ailleurs Hanriot (1892) a montré que les réactions colorantes ordinaires ne peuvent déceler la strychnine mélangée à la brucine commerciale, et que par conséquent il fallait faire toutes réserves sur la soi-disant transformation de brucine en strychnine, annoncée par Sonnenschein.

On peut donc résumer les propriétés physiologiques de la brucine, en disant qu'elle agit exactement comme la strychnine, mais avec une activité dix fois moins grande.

Monnier, puis Wintzenried (1882), ont constaté que sur la *R. esculenta* et sur la *R. temporaria* les effets ne sont pas identiques. Il faut de bien plus fortes doses pour agir sur la *R. temporaria*, tandis que sur la *R. esculenta* de faibles doses agissent, et à la manière du curare : au contraire, sur la *R. temporaria*, ce sont les effets convulsivants qui prédominent.

Vulpian a répété et confirmé ces expériences, et il a vu qu'à tous les points de vue la brucine agissait comme la strychnine (action curariforme à forte dose; conservation de la vie par la respiration artificielle, etc.) (V. **Strychnine.**)

Si, au lieu d'employer la brucine, on emploie le *hoang-nan*, on a, semble-t-il, tous les effets de la brucine, puisque c'est à cet alcaloïde que le *hoang-nan* doit ses propriétés toxiques (Livon).

Le composé méthylé de la brucine (l'iodure, ayant pour formule $C^{23}H^{26}Az^2O^4CH^3I + 8H^2O$), découvert par Stahlschmidt, a été étudié par Crum Brown et Fraser. Les effets sont beaucoup moins intenses que ceux de la brucine; il faut près de 1 gramme de ce sel pour tuer un lapin de 2k,500; et une dose de 0gr,60 n'agit pas. Le sulfate est plus soluble et beaucoup plus actif; il tue un lapin à la dose de 0gr,15. Chez la grenouille, à forte dose, il semble agir, ainsi que la strychnine et le curare, en paralysant les extrémités terminales des nerfs. Du reste cette modification particulière qui fait que les nerfs moteurs ne peuvent plus provoquer de contractions musculaires à une certaine période de l'évolution de l'intoxication, est commune à bon nombre de substances, comme l'ont montré bien des physiologistes, CAHOURS et JOLYET entre autres, et JOBERT pour des strychnées du Sud de l'Amérique (*Ass. franç.*, Bordeaux, 1895).

Toxicologie. — La mort arrive par asphyxie avec la brucine, comme avec les strychnées. La respiration est arrêtée, les muscles ne pouvant plus fonctionner; les pupilles se dilatent, les muqueuses se cyanosent et les battements du cœur finissent par s'arrêter.

Traitement. — La première indication est de faire vomir; l'apomorphine en injection hypodermique peut rendre en pareil cas de réels services; puis on administre les antidotes suivants qui paraissent avoir une action très nette : le tannin, l'iode et le chlore, qui forment des composés insolubles avec la brucine. Il faut employer ensuite tout ce qui peut modérer les réflexes : chloral, bromure, éther, chloroforme, puis quelques diurétiques pour éliminer le poison. Tous les excitants extérieurs doivent être évités et le malade doit être laissé dans le calme et l'obscurité.

Recherche de la brucine. — Pour cette recherche on peut suivre la méthode générale de STASS ou celles de RODGERS et GIRWORD ou de GRAHAM et W. HOFMANN.

Méthode de RODGERS *et* GIRWORD : — Les matières suspectes, le tube digestif et son contenu, le foie, le sang, sont épuisés par l'acide chlorhydrique étendu; on filtre ensuite; on évapore à siccité au bain-marie, puis le résidu est traité par l'alcool. Le soluté alcoolique est évaporé à son tour, et le nouveau résidu est repris par l'eau. La liqueur obtenue est traitée par l'ammoniaque, qui isole les alcaloïdes, puis on l'agite avec le chloroforme, qui s'empare de ces alcaloïdes. Le chloroforme décanté à l'aide d'une pipette, étant évaporé, laisse la brucine. On la purifie en la traitant par l'acide sulfurique concentré qui charbonne les matières étrangères. On décompose par de l'ammoniaque, on reprend par le chloroforme et on fait évaporer.

Méthode de GRAHAM *et* W. HOFMANN. — Avantageuse pour rechercher la brucine dans la bière et les urines, cette méthode consiste à ajouter au liquide suspect 30 grammes de noir animal par litre, à agiter la masse de temps en temps et à filtrer après vingt-quatre heures.

Le charbon est lavé avec de l'eau froide et épuisé par l'alcool à 90°, qui enlève la brucine et la laisse déposer par évaporation. Il ne reste plus qu'à caractériser l'alcaloïde.

Emploi thérapeutique. — La brucine est relativement peu employée en thérapeutique. Pour certains auteurs pourtant, comme BRICHETEAU, RABUTEAU, LEPELLETIER, etc., elle donnerait de bons effets dans les paralysies datant de plusieurs mois. La dose administrée en pareil cas a été de 2 centigrammes au début, avec augmentation chaque jour, proportionnant les doses avec les effets produits. On peut arriver ainsi sans accidents jusqu'à 75 et même 90 centigrammes; mais il faut surveiller l'action du médicament afin de le suspendre dès que les phénomènes de contraction se produisent.

WEISS a profité de l'action anesthésique locale de la brucine, pour calmer les douleurs qu'occasionne le furoncle du conduit auditif externe.

Bibliographie. — 1868. — CRUM BROWN (A.) et FRASER (TH.). *On the connection between chemical constitution and physiolog. action* (*Transact. of The Roy. Soc. Edinb.*, XXV, *Brucia*, 14-20).

1875. — FALCK (F.-A.). *Brucin und Strychnin; eine toxicologische Parallele* (*Viertelj. f. gericht. Med.*, XXIII, 78-98).

1877. — LIVON (CH.). *Note pour servir à l'hist. physiolog. du Hoang-nan.* (*B. B.*, 289-291).

1878. — HUMANN (TH.). *Antagonistische und antidotarische Studien* (*Brucin und Chloral*) (*A. P. P.*, IX, 426-434). — RABUTEAU et PIÉTRI. *Rech. sur les effets toxiques du Hoang-nan.* (*B. B.*, 211-213).

1880. — BARALT (R.-H.). *Du Hoang-nan et de son emploi contre la lèpre* (*D. P.*). — CASTAING. *Étude sur le Hoang-nan* (*Journ. de thérap.*, Paris, VII, 111).

1881. — GALIPPE (V.). *Note sur l'act. physiolog. du Hoang-nan.* (*J. d. Conn. méd. prat.* Paris, III, 353, 363, 370, 378, 386, 396).

1882. — VULPIAN (A.). *Leçons sur les subst. tox. et médicam.*, 8°, Paris, Doin, 600-615. —

WINTZENRIED (L.). *Rech. exp. relatives à l'action physiol. de la brucine* (8°, Dissert. Genève, 71 p. An. in *Jb. P.*, 1882, XI, 227) (avec la bibliographie antérieure).

1886. — MAYS (TH.). *Action physiolog. de la cocaïne et de son analogue, la brucine* (*R. Sc. Méd.*, XXVII, 479).

1892. — HANRIOT (M.). Art. *Brucine. D. W.*, 2e Supplém., I, 797.

CH. LIVON.

BRUCKE (Ernst von) (1819-1892)[1]. Professeur de physiologie, à Vienne.

1841. — *Ueber die stereoskopischen Erscheinungen und Wheatstone's Angriff auf die Lehre von der identischen Stellen der Netzhäute* (*M. A.*, 459-476).

1842. — *Vorkommen der Harnsäure im Rinderharn* (*M. A.*, 91). — *Ueber die Ursache der Todtenstarre* (*M. A.*, 178-188). — *De diffusione humorum per septa mortua et viva* (Inaug. Dissert.).

1843. — *Ueber den inneren Bau des Glaskörpers* (*M. A.*, 345-348). — *Diffusion tropfbarer Körper durch poröse Scheidewände* (*Pogg. Ann.*, 58).

1844. — *Ueber die physiologische Bedeutung der stabförmigen Körper in den Augen der Wirbelthiere* (*M. A.*, 444-451). — *Blut des Rebstocks* (*Pogg. Ann.*, 63).

1845. — *Nachträgliche Bemerkungen über den innern Bau des Glaskörpers* (*M. A.*, 130-131). — *Ueber das Verhalten der optischen Medien des Auges gegen Licht- und Wärmestrahlen* (*M. A.*, 262-276). — *Anatomische Untersuchungen über die sogenannten leuchtenden Augen der Wirbelthiere* (*M. A.*, 387-405).

1846. — *Ueber den Musculus Cramptonianus und den Spannmuskel der Chorioidea* (*M. A.*, 370-378). — *Ueber das Verhalten der optischen Medien des Auges gegen die Sonnenstrahlen* (*M. A.*, 379-382).

1847. — *Ueber das Leuchten der menschlichen Augen* (*M. A.*, 225-227). — *Bemerkungen über die Bestimmung des specifischen Gewichts der Milch* (*M. A.*, 409-414). — *Ueber einen eigenthümlichen Ring an der Krystallinse der Vögel* (*M. A.*, 477-478).

1848. — *Ueber die Bewegung der Mimosa pudica* (*M. A.*, 434-455). — *Das Wesen der braunen Farben* (*Pogg. Ann.*, 74). — *Folge der Farben in den Newton'schen Ringen* (*Pogg. Ann.*, 74).

1849. — *Bemerkungen über die Mechanik des Entzündungsprocesses* (*W. S.*, 130-138). — *Untersuchungen über die Lautbildung und das natürliche System der Sprachlaute* (*W. S.*). — *Ueber Reinigung von Aracometern aus Glas* (*W. S.*, III).

1850. — *Ueber den Bau und die physiologische Bedeutung der Peyerischen Drüsen* (*Wien. Denkschr.*, II).

1851. — *Untersuchungen über subjective Farben* (*Pogg. Ann.*, 84; *Wien. Denksch.*, III). — *Ueber den Farbenwechsel der Kamäleonen* (*W. S.*, VII, 802-806). — *Ueber eine Arbeitsloupe* (*W. S.*, VI, 554-555).

1853. — *Ueber den Dichroismus des Blutfarbestoffs* (*W. S.*, XI, 1070-1076). — *Ueber complementar gefärbte Gläser beim binocularen Sehen* (*W. S.*, XI, 213-216; *Pogg. Ann.*, 90). — *Ueber die Farben, welche trübe Medien im auffallenden und durchfallenden Lichte zeigen* (*Pogg. Ann.*, 88).

1854. — *Die Arbeitsthiere* (Rede in der *Wiener Akademie*). — *Ueber einen eigenthümlichen Inhalt der Darmblutgefässe* (*W. S.*, XII, 682-684). — *Ueber die unächte innere Dispersion der dichroitischen Hematinlösungen* (*W. S.*, XIII, 485, 486; 1855, *Pogg. Ann.*, 94). — *Physiologische Bemerkungen über die Arteriæ coronariæ Cordis* (*W. S.*, XIV).

1855. — *Der Verschluss der Kranzadern durch die Aortenklappen.* — *Die Darmschleimhaut und ihr resorbirendes Gefässsystem* (*Wiener Mediz. Wochenschr.*, n° 24, 369-373; 28, 433-437). — *Nachweis von Chylus im Innern der Peyer'schen Drüsen* (*W. S.*, XV, 267-269).

1856. — *Object-Träger aus Canarienglas* (*W. S.*, XXI, 430-432). — *Grundzüge der Physiologie und Systematik der Sprachlaute* (*Zeitschr. für österreich. Gymn.*).

1857. — *Ueber Gravitation und Erhaltung der Kraft* (*W. S.*, XXV, 19-30). — *Ueber den*

1. Abréviations spéciales employées dans cet article :
W. S. — *Sitzungsberichte d. k. Akademie der Wissenschaften, Wien.*
M. A. — (MULLERS') DU BOIS-REYMOND'S, *Archiv für Anatomie. u. Physiologie, u. wiss. Med.*, Berlin.

Bau der Muskelfasern. Resultate von Untersuchungen mit Hilfe des polarisirten Lichtes (W. S., XXV, 579). — *Ueber die Ursache der Gerinnung des Blutes* (A. A. P., XII).

1858. — *Ueber Harnzuckerproben* (*Zeitsch. des k. Ges. d. Aerzte zu Wien*, n° 38). — *Ueber das Vorkommen von Zucker im Urin gesunder Menschen* (W. S., XIX, 346-349). — *Ueber die reducirenden Eigenschaften des Harns gesunder Menschen* (W. S., 568-574). — *Nachschrift zu Prof.* KUDELKA'S *Abhandlung über Hon. Dr.* BRÜCKE'S *Lautsystem* (W. S., XXVIII, 63-92).

1859. — *Eine Dissectionsbrille* (*Arch. f. Ophtalmologie*). — *Ueber die Aussprache der Aspiraten im Hindostani* (*Phil. histor. Cl.* W. S., XXXI). — *Beiträge zur Lehre von der Verdauung* (W. S., XXXVII, 131-184). — *Ueber Gallenfarbstoffe und ihre Auffindung* (W. S., XXXV, 13-17).

1860. — *Ueber prismatische Brillen* (*Wiener medizin. Woch.*, n° 23, 353-358). — *Darf man den Urin, in welchem der Zucker Quantitativ bestimmt werden soll, vorher mit Bleiessig ausfällen?* (W. S., XXXIX, 10-16).

1861. — *Ueber den Metallglanz* (W. S., XLII, 177-192). — *Beiträge zur Lehre von der Verdauung* (W. S., XLIII, 601-624). — *Die Elementar-Organismen* (W. S., XLIV, 381-400).

1862. — *Ueber die sogenannte Molecularbewegung in thierischen Zellen, insonderheit in den Speichel-Körperchen* (W. S., XLV, 629-642). — *Das Verhalten der sogenannten Protoplasmaströme in den Brennhaaren von Urtica urens gegen die Schläge des Magnetelektromotors* (W. S., XLVI, 35-38).

1863. — *Ueber eine neue Methode der phonetischen Transcription.* — *Ueber die mikroskopischen Elemente welche den Schirmmuskel der Medusa aurita bilden* (W. S., XXVIII, 156-158).

1864. — *Ueber den Nutzeffect intermittirender Netzhautreizungen* (W. S., XLIX, 128-153). — *Die Intercellularräume der Mimosa pudica* (W. S., L., 203-206). — *Ueber den Verlauf der feinsten Gallengänge* (W. S., L, 501-502).

1865. — *Ueber Ergänzungsfarben und Contrastfarben* (W. S., LI, 461-501 ; 4 pl.).

1867. — *Ueber das Verhalten lebender Muskeln gegen Borsäurelösungen* (W.S., 622-624). — *Ueber das Verhalten einiger Eiweisskörper gegen Borsäure* (W. S., LV, 881-904). — *Ueber den Bau der rothen Blutkörperchen* (W. S., LVI, 79-91). — *Ueber den Einfluss der Stromesdauer auf die elektrische Erregung der Muskeln* (W. S., LVI, 594-604).

1868. — *Ueber das Aufsuchen von Ammoniac in thierischen Flüssigkeiten und über das Verhalten desselben in einigen seiner Verbindungen* (W. S., LVII, 20-28). — *Ueber das Verhalten entnervter Muskeln gegen discontinuirliche elektrische Ströme* (W. S., LVIII, 125-128). — *Ueber asymetrische Strahlenbrechung im menschlichen Auge* (W. S., LVIII, 321-328 ; 1 pl.). — *Ueber die Reizung der Bewegungsnerven durch elektrische Ströme* (W. S., LVIII, 451-466).

1869. — *Ueber die Peptontheorien und die Aufsaugung der eiweissärtigen Substanzen* (W. S., LIX, 612-633).

1870. — *Einige Versuche über sogenannte Peptone* (W. S., LXI, 250-256). — *Ueber die physiologische Bedeutung der theilweisen Zerlegung der Fette im Dünndarme* (W. S., LXI, 362-366).

1871. — *Ueber eine neue Methode Dextrin und Glycogen aus thierischen Flussigkeiten und Geweben abzuscheiden und uber einige damit gewonnene Resultate* (W. S., LXIII, 214-222). — *Die physiologischen Grundlagen der neuhochdeutscher Verkunst.* Wien.

1872. — *Studien über die Kohlehydrate und die Art wie sie verdaut und aufgesaugt werden* (W. S., LXV, 126-161).

1874. — *Ueber das Verhalten der entnervten Muskeln gegen den constanten Strom* (W. S., LXX, 144-150).

1875. — *Ueber die Wirkungen des Muskelstromes auf einen secundären Stromkreis und uber eine Eigenthümlichkeit von Inductionsströmen die durch einen sehr schwachen Strom inducirt worden sind* (W. S., LXXI, 13-28). — *Ueber eine neue Art die Böttger'sche Zuckerprobe anzustellen* (W. S., LXXVII, 20-26).

1877. — *Ueber das Absorptionsspectrum des übermangansauren Kali und seine Benützung bei chemisch-analytischen Arbeiten* (W. S., LXXIII). — *Beitrage zur chemischen Statik* (W. S., LXXV, 507-522). — *Ueber willkürliche und krampfhafte Bewegungen* (W. S., LXXVI, 237-279).

1878. — *Ueber einige Empfindungen im Gebiete der Sehnerven* (W. S., LXXVII, 39-74).

1879. — *Ueber die Nothwendigkeit der Gymnasialbildung für die Aerzte* (Inaug. Rede; Wien). — *Ueber den Zusammenhang zwischen der freiwilligen Emulgirung der Oele und dem Entstehen sogenannter Myelinformen* (W. S., LXXIX, 267-278). — *Ueber einige Consequenzen aus der* Young-Helmholtz'schen *Theorie* (W. S., LXXX, 18-72).

1881. — *Ueber eine durch Kaliumhypermanganat aus Hühnereiweiss erhaltene sticks-toff-und schwefelhaltige unkrystallisirbare Säure* (W. S., LXXXIII, 7-12). — *Nachtrag zu der Mittheilung über eine durch Oxydation von Eiweiss erhaltene unkrystallisirbare Säure* (W. S., LXXXIII, 174-177). — *Ueber einige Consequenzen der* Young-Helmholtz'schen *Theorie* (W.S., LXXXIV, 425-458).

1882. — *Ueber die Nachweisung von Harnstoff mittelst Oxalsäure* (W. S., LXXXXV, 280-281).

1883. — *Ueber das Alkophyr und über die wahre und sogenannte Biuretreaction* (W. S., LXXXVII, 141-162).

1884. — *Ueber die Wahrnehmung der Geräusche* (W. S., XC, 199-230).

1886. — *Ueber die Reaction welche Cyanin mit Salpetersäure und Kali gibt* (W. S., XCIV, 277-280).

1887. — *Ist im Harn des Menschen freie Säure enthalten?* (W. S., XCV, 102-107). — *Bemerkungen über das Congoroth als Index, insonderheit in Rücksicht auf den Harn* (W. S., XCVI, 130-135).

1888. — *Ueber das Verhalten des Congoroths gegen einige Säuren und Salze* (W.S., XCVII, 5-15). — *Ueber die optischen Eigenschaften des Tabaschir* (W. S., XCVII).

1889. — Van Deen's *Blutprobe und* Vitali's *Eierprobe* (W. S., XCVIII, 128-142).

1890. — *Ueber zwei einander ergänzende Photometer* (*Zeitschr. f. Instrumentenkunde*, janv. — *Schönheit und Fehler der menschlichen Gestalt.* Wien.

Grundzüge der Physiologie und Systematik der Sprachlaute für Linguisten und Taubstummenlehrer. 1856. Wien. — *Nachruf auf Joh. Müller* (*Wiener med. Wochenschr.*, 1858, nos 24, 429-433). — *Beiträge zur Physiologie der Sprache* (W. S., 1858, XXVIII, 63-92). — *Die Physiologie der Farben für die Zwecke der Kunstgewerbe.* Leipzig. — *Muskelfasern in polarisirtem Licht* (Stricker's *Handbuch der Gewebelehre*, I, Leipzig, 1871-1872). — *Bruchstücke aus der Theorie der bildenden Kunste* (*Internat. Wissench. Bibl.*, 1877, 28). — *Anatomische Beschreibung des Augapfels*, 1847, Berlin. — *Vorlesungen über Physiologie*, 4e Édit., Wien, 1871-1872.

R. d. B. R.

BRUIT MUSCULAIRE

— (Ton ou son musculaire, bruit rotatoire des muscles).

L'air qui entoure immédiatement ou médiatement le muscle doit présenter des oscillations correspondant aux ondes d'épaississement qui parcourent la substance musculaire, lorsqu'elle est en état d'excitation; si ces oscillations aériennes sont suffisamment rapides et suffisamment intenses, elles doivent provoquer dans l'appareil auditif qu'elles frappent une excitation que la conscience qualifie de bruit, de son ou de ton, d'après l'impression reçue. De fait, Swammerdam, Roger, Alb. V. Haller, Grimaldi et Wollaston (1810) avaient déjà appelé l'attention sur le bruit sourd, pareil au roulement lointain des voitures sur le pavé, qu'on entend lorsque, pendant un profond silence et l'appareil auditif étant reposé, par exemple au milieu de la nuit, ou introduit un doigt dans l'oreille et qu'on contracte énergiquement les muscles du bras. Wollaston rapporta ce bruit à la nature intermittente de la contraction musculaire il croyait que le ralentissement des oscillations contractiles, dû à l'âge et à l'affaiblissement, provoquait le tremblement sénile. A l'aide du mouvement imprimé à une plaque arrondie de bois, il reproduisit un bruit ayant même hauteur que le bruit musculaire et trouva ainsi que la fréquence vibratoire de ce dernier était de 20 à 30 par seconde (minimum 14 à 15, maximum 35 à 36). Natanson (1860), Collongues (1860), Haughton (1863) étudièrent cette fréquence à l'aide de flûtes à anche et de diapasons. Ils trouvèrent qu'elle était très constante pour les différents muscles et chez différents individus; d'après eux, elle était d'environ 32 à 36 vibrations par seconde.

Les recherches de Helmholtz (1864) firent entrer cette question dans une nouvelle phase; car les données obtenues ainsi nous renseigneraient sur le mode d'activité du muscle, du nerf et des centres nerveux. HELMHOLTZ constata qu'on entend encore mieux le bruit musculaire quand, dans les conditions citées plus haut, on se bouche les oreilles (par exemple avec de la cire) et qu'on contracte énergiquement les muscles masséters ou les autres muscles du visage; il ausculta également le bruit musculaire chez d'autres personnes et chez des animaux (lapins, chiens) en appliquant l'oreille ou le stéthoscope sur le muscle en contraction; il réussit enfin à entendre, quoique d'une manière très faible, le bruit musculaire du muscle de la grenouille en suspendant le muscle à une baguette en verre introduite dans le méat auditif et en faisant soulever un poids par le muscle. Ces différentes méthodes permettaient l'analyse subjective du bruit musculaire par le sens de l'ouïe; HELMHOLTZ eut recours à la résonnance de ressorts et à la méthode graphique pour inscrire ainsi les qualités objectives de ce bruit. A cet effet, il attacha ou appliqua au muscle différents ressorts (ressorts de montre, bandelettes de papier) élastiques, munis parfois d'une pointe écrivante, qui inscrivait les vibrations sur une surface noircie en mouvement. Le nombre de vibrations qui est propre au ressort présentant le maximum de co-vibration, correspond ainsi à la vitesse vibratoire du son musculaire. HELMHOLTZ trouva, d'une part, que la vitesse des vibrations perçues sur un muscle humain contracté volontairement était effectivement de 36 à 40 vibrations par seconde; mais, d'autre part, que les vibrations du ressort présentant le maximum de résonnance n'était que 18 à 20 par seconde; il en conclut que le ton fondamental du bruit musculaire était de 18 à 20, et qu'on n'entendait que le premier harmonique supérieur. DU BOIS-REYMOND avait déjà signalé depuis 1859 que l'excitation tétanique de la moelle épinière détermine un bruit musculaire analogue au bruit de la contraction musculaire volontaire; HELMHOLTZ prouva que ce bruit avait également la même fréquence. Par contre, si l'on tétanise artificiellement le muscle, directement ou par l'intermédiaire de son nerf moteur, le ton musculaire présenterait une hauteur qui correspondrait à la fréquence de l'excitation. Ces données, pour autant qu'elles sont absolument exactes, permettent de conclure que le tétanos musculaire constitue une superposition de contractions simples; que le nerf, ainsi que le muscle, répondent par un nombre d'excitations égal au nombre de stimulations (excitations électrique); que les centres moteurs de la moelle épinière et ceux du cerveau envoient aux nerfs et muscles une excitation périodique présentant 18 à 20 vibrations par seconde.

Mais la certitude de ces généralisations doit être mise en doute par diverses données expérimentales plus récentes. Déjà HELMHOLTZ lui-même avait signalé dans son premier mémoire (1864) que la relation entre la vitesse de l'excitation électrique et la hauteur du ton musculaire n'était pas constante pour toutes les fréquences; il avait remarqué, en outre, que la fréquence d'oscillation du bruit musculaire physiologique était relativement très irrégulière. Dans un travail ultérieur (1867), HELMHOLTZ signale que le bruit musculaire perçu (36 à 40 vibrations par seconde) correspond au ton propre de l'oreille, et que, en conséquence, il est dû aux ébranlements irréguliers de la membrane du tympan, déterminés par les oscillations musculaires, mais que la hauteur de ce ton n'est pas proportionnelle à la fréquence des ondes musculaires. Dès lors, les conditions qui modifient le ton propre de l'oreille doivent également modifier le susdit bruit musculaire. MAREY (1886) observa que la hauteur du bruit musculaire du masséter augmentait lors d'un effort de contraction plus énergique; dans ces conditions, l'excitation se communique peut-être au *tensor tympani*, et le ton propre à la membrane du tympan devient ainsi plus élevé. BERNSTEIN a constaté chez le lapin que l'excitation chimique du nerf provoque un bruit musculaire analogue au bruit qui accompagne la contraction volontaire. Pour expliquer ce phénomène, cet auteur avait cru devoir attribuer à l'appareil neuro-musculaire la propriété de transformer une excitation continue ou irrégulière en une excitation périodique régulière; mais il est plus probable que le bruit perçu dans ces circonstances n'est non plus que le ton de résonnance propre à l'oreille et provoqué par la cause susdite. Cette interprétation est encore rendue plus probable par les expériences de HERROUN et YEO et de WILLIAM. HERROUN et YEO ont observé que l'excitation unique du muscle (courant d'ouverture ou de fermeture) est suivie seulement d'un bruit musculaire qu'ils considèrent comme le ton propre à la membrane tympanique. Une observation analogue a été faite chez l'homme par MAC WILLIAM; la contraction musculaire provoquée par le phénomène du genou ou du pied s'accompagne d'un ton musculaire; considérant cette contraction musculaire comme une secousse simple, il conclut également dans le même sens que HERROUN et YEO. Quoique, devant ces faits, il semble probable que la simple secousse musculaire peut déterminer un bruit musculaire, il nous semble néanmoins qu'on peut encore se demander s'il faut nécessairement rapporter ce bruit au ton propre à l'oreille. Est-ce que les ondes contractiles, qui parcourent les fibres musculaires et les muscles, ne pourraient pas elles-mêmes provoquer des vibrations sonores ayant un rapport immédiat avec la propagation de ces ondes? Il semble en effet établi, d'autre part, qu'il existe un rapport réel, au moins dans certaines limites, entre la fréquence d'excitation et la hauteur du ton musculaire; c'est ce qui résulte des expériences de BERNSTEIN, de KRONECKER et STIRLING, de LOVEN. Ce dernier expérimentateur, examinant le bruit musculaire du tibial du lapin, trouva que le ton musculaire est le plus intense quand on emploie les excitations tétaniques minimales. En outre ce ton musculaire n'est pas à l'unisson avec la vibration électrique, mais une octave plus bas; en renforçant de plus en plus le courant électrique, le ton musculaire disparaît d'abord, mais réapparaît ensuite et alors à l'unisson avec l'interrupteur. LOVEN a observé que, lors de l'excitation du nerf par les courants induits, la hauteur du ton musculaire peut atteindre jusque 704 vibrations par seconde, et même 1000 vibrations, d'après BERNSTEIN.

WEDENSKY a étudié, à l'aide du téléphone de SIEMENS, les variations négatives du muscle en contraction; d'après lui, le son électrique du muscle coïncide avec le son musculaire et il conclut de ses expériences que la règle de HELMHOLTZ, exprimant la corrélation immuable entre le rythme de l'irritation et le rythme musculaire n'est juste que dans des limites restreintes, c'est-à-dire jusqu'à une certaine fréquence et à partir d'une certaine force de l'irritation; de plus ces limites se restreignent encore avec chaque pas du muscle vers la fatigue. Le rythme vibratoire du muscle actif ne permet pas toujours de conclure rigoureusement à celui du tronc nerveux qui met le muscle en activité. Toutefois, d'après ce même auteur encore, le bruit musculaire ne serait pas un phénomène de résonnance de notre oreille et constitue l'expression d'un rythme réel du muscle, mais ce rythme n'est ni aussi simple ni aussi uniforme qu'on l'a admis d'abord.

Bibliographie. — Jusqu'en 1879, dans *H. H.* vol. I, 1re partie, p. 48 et vol. III, 2me partie, p. 122. — E. HERING, *Uber die Muskelgeräusche des Auges. Wiener Akad. Sitz.* 1879, (3), LXIX. — TH. STEIN, *Trouvé's Controlversüche über Töne und Geraüsche der Muskeln, Med. Cbl.*, 1880, n° 10. — CHR. LOVEN, *Uber den Muskelton, etc. A. P.*, 1881, 363. — J. BERNSTEIN, *Telephonische Warnehmung der Schwankungen des Muskelstroms bei der Contraction. Sitz. d. Nat. Ges. zu Halle*, 1881. — V. KRIESS, *A. P.*, 1884, 337. — F. YEO, *Note on the sound accompanying the single contraction of the skelettal muscle. J. P.*, 1885, VI, 287. — N. WEDENSKI, *Du rythme musculaire dans la contraction. A. de P.*, 1891, (5), III, 58 et 253 (avec bibliographie).

H.

BRUNTON (T. Lauder). Physiologiste anglais. Ses principaux travaux portent sur la thérapeutique et la pathologie expérimentales.

Physiologie. — *Influence of Temperature on the Pulsations of the Mammalian Heart, and on the Action of the Vagus* (*St Barth. Hosp. Rep.*, VII, 1871). — *On Rhythmic Contraction of the Capillaries in Man* (*Journ. Anat. a. Phys.* V, 1, 1884.) — *The Valvular Action of the larynx* (en collab. avec CASH) (*Journ. Anat. a. Phys.*, XVII, 1883). — *Note on Independent Pulsation of the Pulmonary Veins and Vena Cava* (en collab. avec FAYRER) (*Proceed. of the Royal Soc.*, n° 172, 1876). — *Third Report of the Committee appointed to investigate the Conditions of intestinal secretion a. movement* (avec WEST et PYE-SMITH) (*Report of the Brit. Assoc. for the Advancement of Science*, 1876). — *Simple Instrument for examining the Competence of the Tricuspid a. Mitral Valves* (*St Barth. Hosp. Rep.*, XIV, 1878, 255-256). — *On Pulsation in the jugular and other Veins* (*Med. Press. a. Circular*, juillet, 1879). — *On the Explanation of Stannius Experiment, and the Action of Strychnia on the Heart* (en collab. avec CASH) (*St Barth. Hosp. Rep.*, XVI, 1880, 229-233). — *A Simple Method of demonstrating the Effect of Heat on the Frog's Heart* (*Journal Anat. a. Phys.*, X, 1876, 602-603). — *On the Position of the Motor Centres in the Brain in regard to the Nutritive and Social Functions.* Brain, janv. 1882). — *On the effect of electrical stimulation of the Frog's Heart and its modification by*

Cold, Heat and the Action of Drugs (en coll. avec T. CASH) (*Proc. Roy. Soc. Lond.*, n° 214, 1881, 1 p.).

Chimie physiologique. — *On the Cause of non Precipitation of Oxide of Copper in testing certain Cases of Diabetic Urine* (*St Barth. Hosp. Rep.*, XVI, 1880, 235-239). — *On the chemical Composition of the Nuclee of Blood Corpuscules* (*Journ. Anat. a. Phys.*, nov. 1869). — *The Action of Alcohols and Aldehydes on Proteid Substances* (en collab. avec MARTIN) (*J. P.*, XII, 1891, 1-3). — *On the Albuminous Substances which occur in the Urine in Albuminuria* (en collab. avec d'ARCY POWER). — *Showed occurrence of Trypsin and a Ferment like Ptyalin in Urine* (*St Barth. Hosp. Rep.*, XIII, 1878). — *Action of various Alkaloids on Processes of Oxidation* (en collab. avec CASH) (*St Barth. Hosp. Rep.*, XIII, 1881).

Pathologie expérimentale. — *Effects of kneading of Muscles on Circulation* (en collab. avec TUNNICLIFFE) (*J. P.*, XVII, 1894, 364-377). — *On the Pathology a. Treatment of Diabetes Mellitus* (*Brit. Med. Journ.* janv., 1874). — *Effect of warmth in preventing death from Chloral* (*Journ. of Anat. a. Physiol.*, VIII, 1872, 332-359). — *Physiolog. Res. on the Nature of Cholera* (*Brit. Associat. at Bradford*, 23 sept. 1873). — *Local Anaesthetics. All cardiac poisons have a local anaesthetic action* (*Lancet*, mars, 1888). — *On the pathology of dropsy.* (*The Practitioner*, XXXI, 177-199). — *On some of the variations observed in the rabbit's liver under certain physiol. and patholog. circumstances* (*Proc. Roy. Soc. Lond.*, 1891-92, 4, 209-211). — *On Artificial Respiration and Transfusion as a Means of preserving Life* (*Brit. med. Journ.*, mai 1873). — *Atropia as an antidote to poisonous mushrooms* (*Brit. med. Journ.*, 14 nov. 1874). — *The ferment Action Bacteria* (avec MACKADYEN) (*Proc. Roy. Soc. London*, 23 mars 1889, XLVI, 542).

Toxicologie et thérapeutique expérimentale. — *A Textbook of pharmacology, therapeutics and materia medica.* 3e édit., London et New-York, 1891. Macmillan, 8°, 1313 p. — Trad. franc. *Traité de pharmacologie, de thérapeut. et de mat. médicale* (Traduit par L. DENIAU et E. LAUWERS). Bruxelles, 1889, 1244 p. — *An introduction to modern therapeutics, being the Croonian Lectures on the relationship between chemical Structure and physiological Action in Relation to the preventive Control and Cure of Diseases.* London, Macmillan, 8°, 195 p. 1892. — *Contributions to the study of the Connection between chemical Constitution and physiological Action* (*Phil. Tr.*, 1891, 1892, CLXXXII, 547-632) (en coll. avec Th. CASH). — *Contribution to our Knowledge of the Connection between chemical Constitution, physiological Action and Antagonism* (en coll. avec CASH) (*Proceed. Roy. Soc. London*, n° 224, 1883). — *Preliminary Note on the Action of Calcium, Barium and Potassium on Muscles* (avec Th. CASH) (*Proc. Roy. Soc. Lond.*, 13 févr. 1883). — *Contributions to the Study of the Connection between physical Action a. chemical Constitution* (en collab. avec CASH) Part I et II (*Proceed. of the Roy. Soc.*, XLIX). — *Experiments upon Influence of the mineral Constituents of the Body upon immunity from Infections Diseases* (en collab. avec BOKENHAM) (*Brit. Med. Journ.*, 1891, (2), 114). — *On the action of purgative medicines* (*Practitioner*, XII, 1874, 24 p.). — *On the Effect of Nitrite of Amyl on the circulation* (*Journ. of Anat. a. Phys.*, V, 1869). — *On the Use of Amyl in angina Pectoris* (*Lancet*, 27 juill. 1867 : *Clinic. Soc., Report*, III, 11 févr. 1870, 12 p.). — *Researches made in the pharmacological Laboratory St Bartholomew's Hospital under the Direction of* T. LAUDER-BRUNTON. 1. *On the Physiological Action of Casca Bark* (en collab. avec PYE); 2. *Antagonism between Strychnia a. Hydrocyanic Acid*; 3. *Preliminary Notes on the Physiological Action of Nitro-Glycerine* (en collab. avec T. S. TAIT. *Showed that it acted like Nitrites*; 4. *On the Emetic Action of Sulphate of Copper when injected into the Veins* (en collab. avec E. de LANCY WEST); 5. *On the Influence of Quinine a. Sulphuric Acid upon Reflex Action* (en collab. avec G. L. PARDINGTON (*Barth. Hosp. Rep.* 1876, XII). — *Physiological Action of Condurango* (*J. P.*, V, 1876). — *Action of Ammonia and its Salts, and of Hydrocyanic upon Muscle and Nervs* (*Proceed. Roy. Soc. London*, n° 214, 1881). — *Comparative Action of Bertoni's Ether, Tertiary Amyl Nitrite, Amyl Nitrite, and Iso-Butyl Nitrite* (*St Barth. Hosp. Rep.*, XXVIII, 1892, 281-287). — *On the Apparent Production of a new effect by the joint Action of Drugs within the Animal Organism* (*Journ. of Anat. a. Phys.*, n° 13, 1873). — *Physiological Action of the Bark of Erythrophleum Guineense, Casca Cassa, or Sassy Bark* (en collab. avec W. PYE) (*Proc. Roy. Soc. London*, n° 172, 1876, 3 p.). — *On digitalin with some Observations on the Urine* (Th. inaug. 1868. Churchill, London). — *Modifications in the Action of Aconit produced by Changes in the Body Temperature* (en collab. avec CASH) (*St Barth. Hosp. Rep.*, XXII, 1886). — *Physiological Action of Pyridine* (en collab. avec Tunnicliffe) (*J. P.*, xvii, 272-276). — *On the Circumstances which modify the Action of Caffeine a. Theine on Voluntary Muscle* (en collab. avec Cash) (*J. P.*, ix, 1888, 112-137). — *On the Comparative Action of Hydroxylamine a. Nitrites upon Blood Pressure* (en collab. avec Bokenham) (*Proc. Roy. Soc. London*, xlv). — *On the Nature and physiolog. Action of the Crotalus poison as compared with that of Naja Tripudians and other Indian venimous Snakes, also investigations into the nature of the influence of Naja and Crotalus poison on ciliary and amoeboid action and on Vallisneria, and on the influence of inspiration of pure Oxygen on poisoned Animals* (en collab. avec J. Fayrer) (*Proc. Roy. Soc. Lond.*, n° 159, 1875, 261-278). — *On the Nature and Physical Action of the Poison of Naja Tripudians and other Indian Snakes* (en collab. avec Fayrer) (*Proc. Roy. Soc.*, n° 145, 1873). — *Remarks on Snake Venom and its Antidotes* (*Brit. Med. Journ.*, janv. 1891, (1), 1-3).

W. S.

BULBE. — Par ses faisceaux blancs le bulbe sert de lieu de passage aux excitations centrifuges et centripètes : par les agglomérations de substance grise qu'il renferme, il est un centre important d'actes réflexes ou automatiques.

En tant qu'organe de transmission, il représente un véritable carrefour que traversent les multiples voies, ascendantes et descendantes, qui unissent la moelle aux centres encéphaliques, sans compter celles qui mettent en relation ses propres masses grises avec ces mêmes centres (cerveau, cervelet, etc.) : de plus c'est à son niveau que se font les principaux entre-croisements des voies motrices et sensitives. En tant qu'organe à activité propre, non seulement il préside, par les noyaux des nerfs crâniens qui y trouvent leur siège, à des réflexes simples ou compliqués, mais en outre quelques uns de ses amas ganglionnaires, plus élevés dans la hiérarchie, ont pour attribution de coordonner et de régulariser le fonctionnement d'autres centres subalternes. C'est à ces différents points de vue qu'il y a lieu d'étudier les fonctions du bulbe (fig. 5).

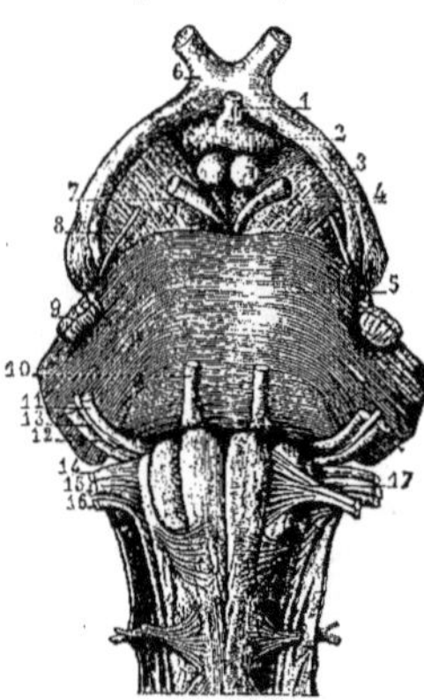

Fig. 5. — Face antérieure du bulbe rachidien pour montrer les objets et les fibres arciformes des olives.
1, Tuber cinereum. — 2, infundibulum. (plancher du 3e ventricule). — 3, tubercules mamillaires. — 4, pédoncule cérébral. — 5, protubérance annulaire. — 6, chiasma des nerfs optiques. — 7, nerf oculo-moteur commun. — 8, nerf pathétique, — 9, nerf trijumeau. — 10, nerf oculo-moteur externe. — 11, nerf facial. — 12, nerf acoustique. — 13, nerf intermédiaire de Wrisberg. — 14. nerf glosso-pharyngien. — 15, nerf pneumo-gastrique. — 16, nerf spinal. — 17, nerf grand hypoglosse.

I. **Aperçu d'anatomie.** — Cette étude devrait avoir une introduction anatomique. Mais nous ne pouvons nous étendre sur une description détaillée de l'organe. Le trajet des différents faisceaux blancs sera examiné pour chacun d'eux en particulier à propos de ses fonctions. Il a paru nécessaire seulement de donner une vue d'ensemble sur la configuration et la répartition de la substance grise, sur la disposition respective des parties constituantes de l'organe, dans le but de faciliter la lecture de cet article, et aussi de fixer la nomenclature adoptée ; parce que, pour les noyaux gris en particulier, elle varie avec chaque auteur : il y aura aussi lieu de rechercher si quelques-uns de ces amas ganglionnaires, tels qu'ils ont été délimités par les anatomistes, correspondent à des centres fonctionnels délimités par les expériences physiologiques.

La continuation de la substance grise de la moelle avec certains éléments du bulbe se poursuit assez facilement. Dans la moelle, la portion motrice de la substance grise qui est ventrale, située en avant de l'épendyme se groupe en deux colonnes : l'une interne, l'autre externe, qui occupent la tête de la corne antérieure. A la naissance du bulbe, le passage des fibres qui de la pyramide antérieure se rendent au cordon latéral du côté opposé, décapite la corne antérieure en même temps qu'il disloque la tête. Les deux groupes cellulaires poursuivent leur trajet isolément ; le groupe interne dont le siège correspond à la base de l'ancienne corne antérieure donne au niveau du bulbe le noyau de l'hypoglosse (aile blanche interne du 4me ventricule, AI, fig. 6) plus haut sur les limites du bulbe et de la protubérance, celui du nerf oculo-moteur externe, plus haut encore ceux du pathétique et de l'oculo-moteur commun (fig. 6).

La colonne externe fournit de bas en haut : 1° le noyau ambigu, *nucleus ambiguus* (*na*, fig. 7 et 8), origine du spinal bulbaire, de la portion motrice du glosso-pharyngien, et du pneumo-gastrique; 2° le noyau du facial; 3° celui du nerf masticateur. Ces deux derniers appartiennent à la protubérance (fig. 6). De cette même colonne dériverait aussi le noyau accessoire de l'hypoglosse, dont l'existence cependant est contestée.

Le noyau latéral du bulbe (fig. 7 et 8, *nlt*) est également considéré comme un fragment de la corne antérieure, qui dans la substance réticulée a perdu ses contours réguliers et qui s'est en quelque sorte disséminée dans la substance blanche.

La substance grise des cornes postérieures est encore plus profondément transformée que la substance motrice : 1° Par suite de l'entre-croisement dit sensitif, la corne postérieure est également décapitée et sa tête forme une colonne volumineuse affectée au trijumeau. 2° La base de cette même corne envoie en arrière (*nc*, *ng*, fig. 7) deux excroissances qui pénètrent : l'une dans l'épaisseur du faisceau de GOLL (noyau de GOLL, noyau du cordon grêle); l'autre dans le faisceau de BURDACH (noyau de BURDACH, noyau cunéiforme). Le premier répond à la saillie appelée pyramide postérieure ou *clara* (13, fig. 6), le second à un léger renflement situé un peu plus en dehors, le tubercule cunéiforme de SCHWALBE. 3° Comme les cordons postérieurs de la moelle s'écartent fortement l'un de l'autre à leur terminaison, il en résulte que les cornes postérieures sont déjetées en dehors, et, quand le canal central est ouvert, la base de ces cornes se dispose en une colonne grise qui est située en dehors du noyau de l'hypoglosse (*n* XII, fig. 7 et 8) et qui forme le noyau dit de l'aile grise, pour les nerfs glosso-pharyngien et pneumo-gastrique (*n* X, fig. 7 et 8, AG, fig. 6).

On décrit généralement comme une dépendance de cette base l'un des noyaux de l'acoustique, celui qui correspond à l'aile blanche externe (AE, fig. 6 et VIII, *a*, fig. 8) : mais il paraît préférable de considérer, avec CHARPY, les différents noyaux de la huitième paire, la bandelette solitaire qui appartient à la neuvième et à la dixième, et plus haut le noyau de la branche ascendante du trijumeau comme des parties différenciées ayant perdu toute analogie avec les cornes postérieures de la moelle.

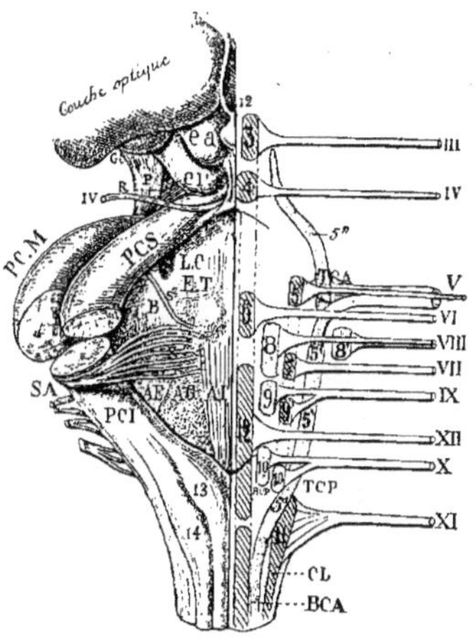

FIG. 6. — Plancher du quatrième ventricule et noyaux terminaux et d'origine des dernières paires des dix nerfs craniens.

De III à XII, les dix derniers nerfs craniens. — 3, noyau radiculaire de la troisième paire. — 4', noyau de la quatrième paire. — 6. noyau de la sixième paire. — 12, noyau de la douzième paire. — 5, noyau radiculaire de la branche motrice du trijumeau, noyau masticateur. — 7, noyau de la septième paire. — 9, noyau moteur de la neuvième paire. — 10, noyau moteur de la dixième paire. — 11, noyau du spinal. — 8, noyau terminal dorsal de l'acoustique. — 8', noyau terminal ventral de la même paire. — 9, noyau terminal (sensitif) de la neuvième paire. — 10, noyau terminal de la dixième paire. — 5', noyau terminal du nerf trijumeau, racine descendante bulbaire. — 5'', racine ascendante du trijumeau. — BCA, colonne grise représentant la base de la corne antérieure de la moelle, segmentée. — BCP, colonne segmentée représentant la base de la corne postérieure. — TCA, colonne représentant la tête de la cornée antérieure. — TCP, colonne représentant la tête de la cornée postérieure. — CL, corne latérale de la moelle cervicale. — AI, aile blanche interne. — AG, aile grise. — AE, aile blanche externe. — S, barbes du calamus. — S², baguette d'harmonie. — ET, eminentia teres. — LC, locus caeruleus. — B, plancher du quatrième ventricule : PCS', pédoncule cérébelleux supérieur. — PCI, pédoncule cérébelleux inférieur. — PCM, pédoncule cérébelleux moyen. — P, pédoncule cérébral. — R, ruban de REIL latéral. — *ea*, tubercule quadrijumeau antérieur. — *er*, tubercule quadrijumeau postérieur. — *Gi*, corps genouillé interne. — 13, pyramide postérieure. — 14, cordon de BURDACH (D'après DEBIERRE).

Aux noyaux des nerfs craniens viennent s'ajouter de nouvelles masses grises, en particulier les olives avec leurs noyaux accessoires, plus les noyaux arciformes et différents autres amas dont il va être question.

Pour fixer la topographie des différents éléments du bulbe, examinons, en effet, une coupe de l'organe faite un peu au-dessus du point où le canal central s'est ouvert et où les principales parties constituantes sont représentées (fig. 7 et 8). Nous voyons, en arrière des pyramides et des olives, les racines de l'hypoglosse subdiviser la coupe en deux champs; l'un, interne, compris entre ces racines et le raphé, c'est la substance réticulée blanche; l'autre, externe, limité par les olives en avant, par les noyaux des cordons postérieurs en arrière, par le faisceau cérébelleux, le corps restiforme et la

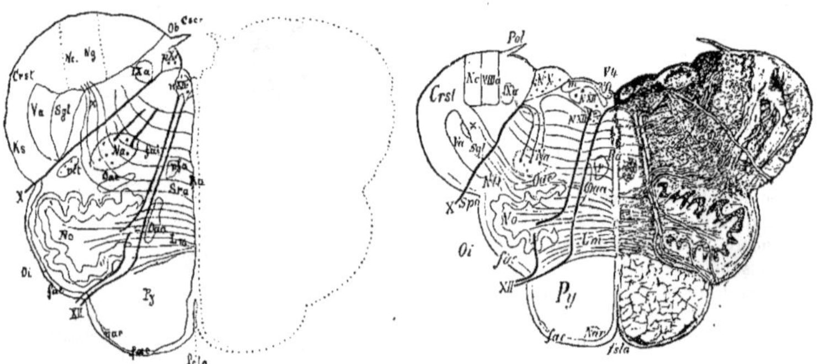

Fig. 7 et 8. — *Va*, racine descendante du trijumeau. — IX*a*, racine du glosso-pharyngien. — X, nerf vague. — XII, nerf hypoglosse. — *Crst*, corps restiforme. — *Cscr*, calamus scriptorius. — *fae*, fibres arciformes externes. — *fai*, fibres arciformes internes. — *fsla*, scissure longitudinale antérieure. — *Ks*, faisceau cérébelleux de Flechsig. — *Lm*, lemnisque ou ruban de Reil. — N*a*, noyau ambigu. — *nar*, noyau arciforme. — N*c*, noyau du cordon de Burdach ou noyau cunéiforme. — N*g*, noyau du cordon de Goll ou noyau grêle. — *nfa*, noyau du cordon antérieur. — O*i*, olive inférieure. — N*o*, noyau olivaire. — O*aa*, noyau olivaire accessoire antérieur. — O*ae*, noyau olivaire accessoire externe. — P*y*, pyramide. — R*a*, raphé. — S*gl*, substance gélatineuse. — S*ra*, substance réticulée blanche. — O*b*, O*bex*, verrou. — X, fibres arciformes provenant de la partie supérieure du noyau du cordon postérieur (D'après Obersteiner).

VIII*a*, racine de l'acoustique. — V4, 4me ventricule. — N*ft*, noyau du funiculus teres. — P*ol*, ponticulus. — S*po*, sillon post-olivaire (D'après Obersteiner).

racine ascendante du trijumeau en dehors, les racines de l'hypoglosse en dedans : c'est la substance réticulée grise qui doit son nom au mélange intime de la substance blanche avec les fragments de la corne antérieure et aussi avec des amas nouveaux. A certains endroits on y voit les cellules nerveuses se réunir pour former de petits groupes compacts, en particulier le noyau ambigu, à peu près au centre de la substance réticulée grise, et le noyau latéral un peu en avant de la racine du trijumeau. C'est cette formation grise qu'Edinger désigne sous le nom de champ moteur de la calotte[1], sans doute à cause de ses relations avec les noyaux moteurs, parce que le rôle des faisceaux blancs qui la parcourent est encore bien hypothétique : en effet, à côté des fibres arciformes, ce sont surtout les prolongements de la partie dite fondamentale ou restante des cordons latéraux qu'on y rencontre.

Dans la substance réticulée blanche où les agglomérations de cellules nerveuses sont plus clairsemées, la partie antérieure correspond aux fibres sensitives du ruban de Reil, et la partie postérieure est formée principalement par le prolongement du faisceau fondamental du cordon antérieur refoulé en arrière par les entrecroisements qui se sont faits à l'extrémité inférieure du bulbe. Sur la coupe on voit dans le champ de la substance réticulée blanche un noyau gris, le noyau du cordon antérieur de Roller, situé de chaque

1. Par extension de la nomenclature appliquée primitivement au pédoncule cérébral, on appelle également calotte l'étage supérieur ou dorsal de la protubérance et du bulbe.

côté de la ligne médiane (*nfa*, fig. 7) et qui mérite une mention spéciale : une des nombreuses tentatives faites pour localiser le centre respiratoire bulbaire lui a en effet assigné pour siège ce groupe cellulaire (noyau respiratoire de MISLAWSKY).

Sur une coupe faite un peu plus haut vers l'extrémité supérieure des olives bulbaires (voy. fig. 120, p. 286 de l'*Anatomie des centres nerveux* d'OBERSTEINER), on trouve à peu près à la place primitivement occupée par le noyau précédent une nouvelle agglomération, plus volumineuse, le noyau central inférieur de ROLLER. Il s'interpose également entre le ruban de REIL et le prolongement de la partie fondamentale du cordon antérieur; mais celui-ci forme alors à ce niveau un tractus très limité, qui prend le nom de faisceau longitudinal postérieur. D'après BECHTEREW le noyau central inférieur correspondrait assez bien par sa situation au centre vaso-moteur, tel qu'il a été délimité par les expériences physiologiques. Mentionnons encore, bien qu'il appartienne à la protubérance, le noyau réticulé de la calotte (*nucleus reticularis tegmenti*) de BECHTEREW, dont nous aurons à parler, et qui siège également de chaque côté du raphé entre le ruban de REIL médian et le faisceau longitudinal postérieur. Il faut remarquer pourtant avec KÖLLIKER (*Handb. der Gewebelehre*, II, 322, que ces subdivisions sont quelque peu arbitraires, parce que les cellules ne forment que très rarement des amas compacts de forme constante et déterminée : aussi propose-t-il de donner à l'ensemble de ces éléments remarquables par leurs dimensions et leur forme étoilée et disséminés dans la substance réticulée grise ou blanche, le nom de *nucleus magnocellularis diffusus* (*Ibid.*, 240). On verra plus loin le rôle qu'il assigne à ce noyau.

II. Le bulbe organe de conduction. — Nous étudierons d'abord dans le bulbe les voies de transmission. Ce qui rend l'exposé de cette question particulièrement difficile, c'est que cette partie de l'axe nerveux n'est pour la plupart des faisceaux qu'on y rencontre qu'un lieu de passage ou de relai, de sorte que, pour comprendre leurs fonctions, il est indispensable de savoir d'où ils partent et où ils aboutissent. Encore l'origine et la terminaison de quelques-unes des voies conductrices n'est-elle pas déterminée avec certitude, et, alors même que la systématisation anatomique de tel ou tel faisceau paraît bien établie, ses attributions fonctionnelles sont souvent hypothétiques. Il reste encore bien des problèmes à résoudre avant que ce chapitre puisse être complet : nous rangerons les faits déjà acquis dans le cadre suivant :

1° Voies de transmission de la motricité volontaire;

2° Voies de transmission de la sensibilité consciente;

3° Voies réflexes;

4° Connexions du bulbe et de la moelle avec le cervelet.

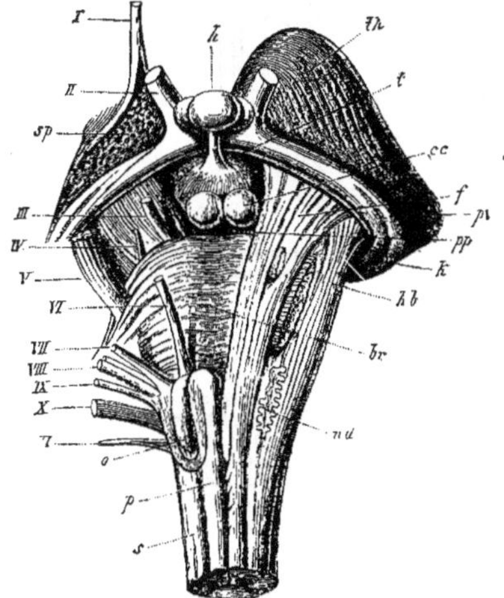

FIG. 9. — Décussation des pyramides et leur trajet de la moelle de l'encéphale.

h, hypophyse. — *th*, couche optique. — *t*, tuber cinereum avec infundibulum, la tige et la glande pituitaire. — *f*, pédoncule cérébral. — *c*, *c*, tubercules mammillaires. — *p.p*, substance perforée postérieure. — *k*, corps genouillés. — *br*, pont de Varole. — *nd*, noyau dévié de l'olive. — *s*, et *hb*, cordon latéral. — *p*, pyramide antérieure. — *pt*, pédoncule cérébral. — *o*. olive, — *sp*, substance perforée latérale. — I à XI, nerfs craniens.

1° Voies de transmission de la motricité volontaire. A. *Chez l'homme.* — La voie destinée à transmettre les incitations volontaires aux organes chargés d'exécuter le mouvement comprend dans sa forme élémentaire deux neurones articulés entre eux c'est-à-dire deux cellules avec leurs prolongements. Le neurone central ou cérébro-spinal (*n*, EC, fig. 10), prend son origine dans la substance corticale des circonvolutions rolandiques, dans la cellule pyramidale de l'écorce qui envoie son prolongement cylindraxile se mettre en contact par ses ramifications terminales et aussi par ses collatérales avec les prolongements protoplasmatiques et le corps cellulaire du neurone périphérique (11 et 10, fig. 10). Celui-ci a sa cellule d'origine dans les masses grises qui constituent les noyaux moteurs et son cylindre-axe passe par les racines antérieures pour se ramifier dans le muscle.

L'ensemble des prolongements cylindraxiles qui unissent l'écorce cérébrale aux neurones périphériques s'appelle le faisceau pyramidal, non pas, comme on le dit quelquefois, parce que ses fibres proviennent des cellules pyramidales de l'écorce, mais parce qu'elles constituent au niveau du bulbe deux colonnes de substance blanche appelées pyramides antérieures. L'anatomie de développement a fait voir que les fibres de ce faisceau se garnissent de myéline plus tardivement que celles des autres tractus qui l'entourent, dans les premiers mois de la vie extra-utérine, du moins chez l'homme. La méthode des dégénérations a permis, peut-être mieux encore, de l'isoler des faisceaux voisins, de démontrer sa direction centrifuge et ses connexions centrales et périphériques. La méthode de l'atrophie, imaginée par Gudden, contribue au même but. En effet, l'ablation de la région frontale de l'hémisphère chez un nouveau-né a pour effet de provoquer la disparition complète de la pyramide (Mayser, *Arch. f. Psych.*, VII, 585). Edinger a eu occasion d'examiner le système nerveux d'un enfant chez lequel existait un ramollissement étendu de l'écorce de la région pariétale : le faisceau pyramidal correspondant faisait entièrement défaut (*Vorlesungen uber den Bau der nervösen Centralorgane*, Leipzig, 1893, 6).

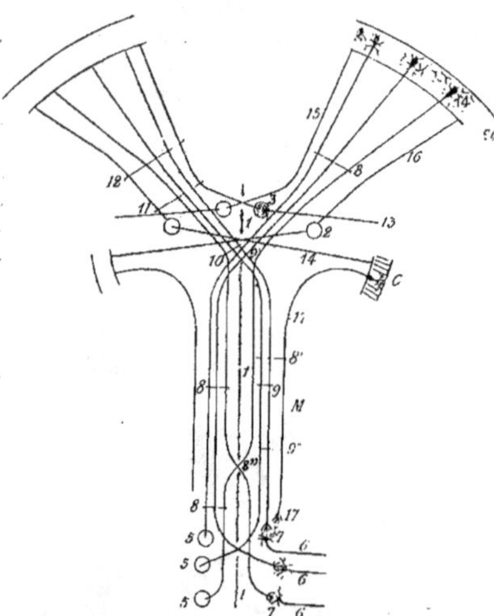

Fig. 10. — Schéma des voies pyramidales. — EC, écorce cérébrale. — C, écorce cérébelleuse. — M, moelle épinière. — 1, 1, sillon médian du névraxe. — 3, noyaux des nerfs craniens. — 5, 5, noyaux médullaires. — 6, 6, racines rachidiennes antérieures. — 7, 7, cellules radiculaires des cornes antérieures. — 8, voie du cordon pyramidal. — 8', voie pyramidale du cordon antérieur. — 8'', commissure antérieure de la moelle. — 9, fibres décussées dans la moelle du faisceau pyramidal croisé. — 9', décussation des pyramides. — 10, pyramide. — 11, pied du pédoncule cérébral. — 12. capsule interne dans la région motrice. — 13, nerf cranien. — 15, connexions croisées entre le cerveau et les noyaux des nerfs craniens. — 17, voie cérébelleuse centrifuge (On a laissé de côté, dans la légende, ce qui a trait aux connexions des noyaux du pont de Varole, 2.) (D'après Debierre).

Dans la région du bulbe le faisceau moteur présente une disposition d'une importance considérable au point de vue physiologique, puisqu'elle a permis d'expliquer l'influence croisée des hémisphères sur les mouvements des membres : c'est la décussation des pyramides, c'est-à-dire des neurones centraux (9, fig. 10). Mais, avant de subir cet entre-croisement, visible extérieurement, le faisceau pyramidal s'est mis en communication avec les noyaux moteurs bulbo-protubérantiels par des fibres qui traversent également la ligne médiane (15, fig. 10). Cette portion cranienne de la voie motrice a été appelée le faisceau géniculé parce qu'il occupe plus haut le genou de la capsule interne. Muratoff, après l'ablation du centre cortical du facial chez le chien, a pu suivre des fibres dégénérées du faisceau pyramidal jusqu'au noyau contro-latéral du nerf, tandis qu'elles restaient au contraire intactes, si la destruction était limitée aux centres des extrémités. (*A. A. P.*, 1893, 112).

L'entre-croisement proprement dit des pyramides (10, fig. 10) porte donc sur la portion rachidienne des fibres motrices, celle qui va aux cellules motrices de la moelle. Le faisceau pyramidal se subdivise dans la majorité (75 p. 100) des cas en deux faisceaux très inégaux : l'un, qui renferme de 91 à 97 p. 100 des fibres, passe dans le côté opposé de la moelle, pour y former dans la partie postérieure du cordon antéro-latéral le faisceau pyramidal croisé ; l'autre continue le trajet de la pyramide et reste dans le cordon antérieur du même côté: c'est le faisceau pyramidal direct ou cordon de Turck (8', fig. 10). Il est à remarquer que, même dans la pyramide, ce dernier ne se confond pas avec le faisceau croisé : il reste en dehors de lui, et dans les cas de dégénérescence il peut être moins altéré que lui, ou même rester intact (Jacobsohn, *Ub. die Lage der Pyramidenvorderstränge. Neurol. Centralblatt*, 1895, 348).

La décussation des pyramides est d'ailleurs sujette à un certain nombre de variétés. 1° Le cordon pyramidal direct est beaucoup plus développé que le cordon croisé, c'est-à-dire que la majeure partie des fibres de chacune des pyramides reste du même côté; 2° Dans des cas extrêmement rares, l'entre-croisement peut même manquer totalement et la pyramide bulbaire ne se continue qu'avec le cordon antérieur de la moelle (Bechterew); 3° Par contre la décussation peut être complète; il n'y a que des faisceaux croisés et pas de faisceaux directs.

Dans les cas précédents, les dispositions sont restées symétriques : si on suppose que l'une des pyramides seulement se comporte comme il vient d'être dit, on aura autant de variétés asymétriques.

L'importance physiologique de ces variations anatomiques dépend de la signification qu'on attache au faisceau pyramidal direct. Pour la plupart des auteurs, anatomistes et neuro-pathologistes, le faisceau de Turck n'est direct qu'en apparence. Ses fibres, au lieu de s'entrecroiser en bloc au niveau du collet du bulbe, comme celles qui vont au cordon latéral, se décussent successivement le long de la commissure antérieure (8'', fig. 6), pour se mettre en rapport, à mesure qu'elles arrivent à destination, avec les cornes antérieures du côté opposé, disposition semblable à celle qu'affectent les fibres pyramidales à l'égard des noyaux d'origine des nerfs craniens. Par conséquent le mode de terminaison de toutes les fibres pyramidales resterait toujours le même, et les différentes anomalies présentées par l'entre-croisement des pyramides n'auraient aucune conséquence, puisque arrivées au terme de leur course les fibres du cordon direct ont passé en définitive du côté opposé. A l'appui de cette opinion on a fait surtout observer les remarquables rapports de compensation qui existent entre les deux faisceaux nés de la pyramide, de telle sorte qu'à un développement considérable du faisceau pyramidal croisé correspond un faible développement du cordon de Turck du côté opposé et inversement (Bechterew, *Die Leitungsbahnen im Gehirn und Rückenmarck*, 1894, 46; Lenhossek, *Anat. Anzeiger*, 1887). De plus, d'après Homen, la lésion isolée de F Py D amènerait une paralysie siégeant du côté opposé à la lésion et même plus prononcée que celle de F Py C (cité dans *Leçons sur les maladies de la moelle* par Pierre Marie, 1892). D'après d'autres, au contraire, le F Py D mérite réellement son nom et met en rapport l'hémisphère avec le côté correspondant de la moelle : cette disposition anatomique trouverait son expression clinique dans l'affaiblissement moteur constaté dans le côté prétendu sain, à la suite d'une hémiplégie corticale (Friedlander, *Neurolog. Centralblatt*, 1883, 241). Les auteurs qui expliquent les quelques cas de paralysie directe, observés à la suite d'une lésion centrale, par l'absence d'entre-croisement ou le développement anormal du faisceau pyramidal direct, se rattachent implicitement à la même opinion.

Comme le faisceau de Turck se rencontre à peu près exclusivement chez l'homme, on l'a encore considéré comme une voie supplémentaire de perfectionnement pour les membres supérieurs. Pour réfuter cette opinion, Williamson invoque une observation dans laquelle une dégénération localisée aux deux faisceaux de Turck, vers la jonction de la région cervicale avec la région dorsale de la moelle, n'avait amené aucune paralysie dans les membres supérieurs (*Neurol. Centralb.*, 1893, 405).

On a enfin admis que le F Py C représente plus spécialement la voie des mouvements volontaires des extrémités, tandis que le F Py D sert probablement à l'innervation volontaire des muscles du tronc. Une partie de ses fibres seulement passerait du côté opposé, une autre partie se mettrait en rapport avec les cellules des cornes antérieures du côté correspondant. Ce qui s'accorde bien avec cette hypothèse, c'est que d'une part le F Py D n'arrive qu'à la partie inférieure ou moyenne de la région dorsale, et que d'autre part l'expérience a démontré que les connexions de l'écorce cérébrale avec les muscles du tronc sont en partie directes, en partie croisées : à la suite d'une lésion en foyer dans un hémisphère cérébral, le gauche par exemple, il n'y a pas paralysie complète des muscles du tronc à droite, parce que ceux-ci reçoivent encore des impulsions motrices de l'hémisphère sain, mais en même temps il y a un affaiblissement de ces mêmes muscles à gauche, c'est-à-dire du côté de la lésion (ZIEHEN, art. *Medulla spinalis* in *Reealexicon der medic. Propaedeutik*). UNVERRICHT a même soutenu, d'après des expériences faites sur les animaux et dont il sera question plus loin, que les communications de l'écorce cérébrale avec les muscles du tronc sont purement directes.

Mais en nous tenant à l'opinion moins exclusive, énoncée plus haut, il faut ajouter que ce n'est pas seulement pour les muscles du tronc qu'il existe des relations bilatérales, c'est-à-dire à la fois directes et croisées avec les hémisphères. La plupart des muscles animés par les nerfs bulbo-protubérantiels se comportent de même : les muscles du larynx, de la mastication, l'orbiculaire des paupières, le frontal, ceux qui président aux mouvements conjugués du globe oculaire, le sterno-mastoïdien. Il n'est question ici que de l'homme, et de déductions fondées sur l'observation pathologique. Chez les animaux, l'expérimentation démontre nettement l'action bilatérale de l'écorce sur les noyaux moteurs craniens et la méthode des dégénérations a même pu mettre en évidence les conducteurs par lesquels elle s'exerce.

Les noyaux moteurs rachidiens autres que ceux qui animent les muscles du tronc peuvent, dans des cas assez nombreux, présenter eux-mêmes avec les hémisphères des relations du même genre, abstraction faite du cordon pyramidal direct dont il a déjà été question.

PITRES, en effet, a appelé l'attention sur un mode particulier de décussation des pyramides, relativement fréquent, puisqu'il l'a rencontré dix fois sur quarante cas (*A. de P.*, (3), III, 1884, 142). A la suite d'une lésion unilatérale du cerveau il a trouvé, en effet, une dégénération bilatérale des cordons latéraux ; l'altération médullaire a même été parfois plus intense du côté correspondant à l'hémiplégie que du côté opposé. Pour expliquer ce fait il a admis que chez certains sujets les fibres contenues dans l'une des pyramides se prolongent en partie dans le cordon latéral du côté opposé, en partie dans celui du côté correspondant. C'est donc là une nouvelle variété d'entre-croisement à ajouter à celles déjà mentionnées. Cette interprétation, déjà fort rationnelle en elle même, a été confirmée par les recherches récentes de MURATOW (*Neurol. Centralb.*, 1895, 482) de DÉJERINE et THOMAS (B. B. 1896, 157) qui ont pu suivre les fibres dégénérées, à partir de la pyramide, dans les deux cordons latéraux. Cette disposition est d'ailleurs assez commune chez divers animaux.

On a admis, et c'est une opinion professée actuellement par la plupart des traités spéciaux, que l'une des conséquences de cette distribution des faisceaux pyramidaux est la bilatéralité des symptômes de l'hémiplégie d'origine centrale, à savoir la diminution de la force musculaire dans les deux membres du côté prétendu sain, étudiée par PITRES et par DIGNAT ; on explique aussi de la même façon l'exagération des réflexes tendineux, la trépidation épileptoïde dans les membres inférieures de ce même côté. Mais PITRES lui-même a eu soin de faire remarquer que ces troubles ne sont nullement en relation avec la dégénération bilatérale, que l'affaiblissement musculaire du côté opposé à l'hémiplégie est un fait banal, qui existe également quand la dégénérescence est unilatérale. Les véritables troubles moteurs liés à l'altération bilatérale, d'après PITRES, seraient les suivants. Chez les sujets hémiplégiques vulgaires, la marche revient, mais certains malades ne recouvrent jamais la faculté de se tenir en équilibre : il y a chez eux un trouble évident dans l'harmonisation des synergies musculaires qui se produisent automatiquement dans la marche et la conservation de l'équilibre : ce sont ces symptômes qui vraisemblablement sont la conséquence de la distribution bilatérale de la dégénération.

Quoi qu'il en soit, la diminution de la force musculaire du côté correspondant à la lésion attend encore son explication. Il faudrait cependant ne pas oublier que dans la moelle tous les neurones périphériques ne sont peut-être pas directs, bien qu'on pose habituellement le fait en règle. En effet, BECHTEREW et OBERSTEINER décrivent des filets des racines antérieures qui passent par la commissure blanche et naissent dans les cornes antérieures du côté opposé. De même, en détruisant les cellules motrices d'une moitié de la moelle, Grunbaum a trouvé des fibres dégénérées dans les racines antérieures contro-latérales (*Jb. P.*, xvi, 368), de telle sorte qu'une influence excitante ou paralysante, qui est croisée par le fait du neurone central, redevient directe par le fait du neurone périphérique, au moins pour quelques-unes des racines. Peut-être est-ce là un des éléments de la solution du problème. Quant à des fibres, qui, du faisceau pyramidal croisé, repasseraient à travers la commissure, dans la moitié opposée de la moelle, telles qu'elles sont représentées, en 9, dans la fig. 6, rien ne démontre leur existence.

La décussation des pyramides avec ses différentes modalités a fourni, ainsi qu'il vient d'être exposé, l'explication la plus simple de l'influence croisée du cerveau sur le mouvement volontaire, et des variations auxquelles elle peut être sujette suivant les régions du corps et suivant les individus; et cette explication s'appuie en outre sur les relations du faisceau pyramidal avec la zone motrice de l'écorce et sur son trajet centrifuge.

Mais, pour pouvoir rapporter, en toute certitude, le fait physiologique à la disposition anatomique, il faudrait disposer d'observations cliniques, répondant à la règle posée par Charcot pour les localisations cérébrales, à savoir que les symptômes observés pendant la vie dans les affections du bulbe pussent être expliqués par une lésion unique, destructive, ancienne et bien limitée. Il faudrait donc qu'une désorganisation complète, soit unilatérale, soit bilatérale des pyramides, mais strictement bornée à ces faisceaux, fût accompagnée dans le premier cas d'une paralysie croisée, dans le second d'une paralysie des quatre membres. Malheureusement, si l'on parcourt les traités et les mémoires spéciaux (Nothnagel, *Traité clinique du diagnostic des maladies de l'encéphale*, 1885; Hallopeau, *Th. Agrégat. Paris*, 1875, *Des paralysies bulbaires*), il est difficile de trouver des cas qui réalisent les conditions exigées : ou bien il s'agit de lésions diffuses ou bien de compressions par des tumeurs. Si l'on veut invoquer cependant les observations de ce genre, on peut citer particulièrement, à l'appui de l'opinion consacrée, un exemple emprunté à Leyden (*in* Nothnagel, p. 140). Chez un sujet sur lequel les deux bras étaient en état de parésie et les extrémités inférieures totalement paralysées, on trouva à l'autopsie un ramollissement de la moelle allongée portant principalement sur les pyramides ainsi que sur la portion inférieure du raphé; l'affection était plus prononcée à gauche qu'à droite. Dans une autre observation de Leyden, une atteinte partielle des pyramides des deux côtés s'était manifestée par une faiblesse motrice des quatre extrémités. Il est certain aussi, comme l'a déjà dit Olivier d'Angers, que, dans les altérations unilatérales du bulbe portant sur la partie antérieure de l'organe, on observe « des effets croisés semblables à ceux qui résultent des mêmes altérations dans le cerveau : lésion à droite, paralysie à gauche, et réciproquement, etc. ».

Mais habituellement les parties voisines des pyramides ne sont pas indemnes, ou bien il s'agit d'un néoplasme dont il est difficile d'apprécier le champ d'action. Encore la paralysie croisée est-elle loin d'être la règle. Quand dans les affections de la moelle allongée la paralysie périphérique est unilatérale, dit Hallopeau, on pourrait être tenté de placer la lésion dans la moitié opposée du bulbe, mais on s'exposerait à être démenti par l'autopsie.

Un exemple intéressant de ce genre, parce que la lésion était précisément limitée à la pyramide, est dû à Fabre (Nothnagel, p. 141). Homme de 70 ans ayant déjà eu plusieurs attaques d'apoplexie. Un jour, soudaine perte de connaissance; paralysie complète des extrémités du côté *gauche :* les membres droits sont rigides et contracturés. A la suite d'une abondante saignée, la contracture disparaît, la conscience et la parole reviennent ensuite. Quelques jours après, nouvelle attaque et mort. A l'autopsie, le cerveau tout entier normal. Le milieu de la pyramide antérieure *gauche* contient un foyer jaunâtre, gros comme un pois au centre duquel un petit caillot noirâtre; moelle saine.

Il est remarquable que les faits cliniques sur lesquels seuls peut se fonder la physiologie du faisceau pyramidal chez l'homme ont toujours fourni des arguments très sérieux aux adversaires de la doctrine classique. Brown-Séquard, dans un de ses derniers travaux, a réuni une quantité considérable de documents sur ce point intéressant de la physiologie du bulbe (*Recherches cliniques et expérimentales sur les entre-croisements des conducteurs servant aux mouvements volontaires*, *A. de P.*, 1889, 219). Il en a conclu que, s'il y a des faits qui sont en harmonie avec la doctrine reçue, il y en a d'autres, où, malgré une destruction du bulbe limitée à sa partie supposée motrice et des parties qui l'avoisinent, il n'y a pas de paralysie évidente des membres. Au contraire, il y a des faits nombreux montrant qu'il peut y avoir paralysie des membres, bien que la lésion n'existe que dans des parties qu'on admet ne servir en rien aux mouvements des membres : la paralysie peut donc exister du côté lésé, à la suite d'une lésion quelconque du bulbe, et ces derniers cas sont même beaucoup plus nombreux que les autres.

Vulpian aussi, dans ses *Leçons sur la physiologie générale et comparée du système nerveux*, Paris, 1866, s'accorde avec Brown-Séquard, pour déclarer que les pyramides n'ont, relativement à la transmission volontaire, qu'une importance très secondaire, parce qu'elles ne représentent qu'une partie très restreinte de l'ensemble des conducteurs moteurs. Il s'appuie sur deux observations souvent citées. Chez une femme de 83 ans, on trouva à l'autopsie une atrophie des deux pyramides, l'atrophie de la pyramide antérieure du côté droit *paraissait* complète, sa saillie était très diminuée et elle était d'un gris jaunâtre dans toute son épaisseur. *L'examen microscopique n'a pas été fait*, de sorte que l'on n'a pu constater s'il existait encore des fibres saines. Cette femme n'était pas atteinte de paralysie appréciable.

Chez une autre femme de 50 ans l'atrophie des pyramides antérieures était beaucoup plus avancée à droite qu'à gauche; les fibres nerveuses de la pyramide avaient disparu, presque toutes remplacées par du tissu scléreux. *Il n'y avait que les fibres des parties profondes qui fussent en partie conservées*. Or les deux membres supérieurs avaient toute leur liberté de mouvements. Les membres inférieurs étaient paralysés, mais c'était par suite d'une affection de la moelle épinière n'impliquant que sa moitié inférieure jusqu'à la région dorsale.

Il est certain que ces derniers faits, comme aussi celui de Fabre, répondent le mieux aux conditions requises des observations de ce genre, elles sont destructives, limitées aux faisceaux en cause et anciennes : elles sont cependant, elles aussi, sujettes à des objections qu'il suffit de souligner sans les discuter plus amplement.

Il serait nécessaire surtout que la proportion approximative de fibres restées saines fût nettement déterminée, et d'autre part, quand il s'agit de paralysies directes, il faudrait que le mode de décussation fut spécifié, non pas tant à cause de l'absence possible d'entre-croisement qui est très rare, mais à cause de la distribution des faisceaux décrite par Pitres, et relativement fréquente. Si, en effet, les fibres quelquefois très nombreuses que la pyramide envoie dans le cordon latéral du même côté sont plus particulièrement intéressées, le siège de la paralysie du côté correspondant trouve facilement son explication. D'autre part, dans les cas où l'on a observé des troubles moteurs, quand la lésion avait respecté les pyramides, on n'a pas toujours suffisamment distingué la paralysie vraie de l'ataxie des mouvements, qui peut être due à une lésion des conducteurs sensitifs, situés plus en arrière.

B. Transmission de la motricité volontaire chez les animaux. — Ces réserves faites, il faut ajouter que les arguments contraires à la doctrine reçue tirent une nouvelle force des expériences faites sur les animaux. Avant d'en résumer les résultats, il nous faut d'abord, pour les mieux interpréter, exposer la manière dont se comportent les pyramides chez les diverses espèces animales et la distribution des faisceaux pyramidaux. Il importe aussi au physiologiste de connaître les dispositions particulières aux animaux sur lesquels il est le plus souvent appelé à opérer. Franck et Pitres avaient déjà abordé cette étude, par la méthode des dégénérations (Voir art. *Encéphale* du *D. D.*). Elle a été complétée par Spitzka (*Journal of comparat. Med. and Surgery*. Analysé *Neurol. Centralbl.*, 1886, 273), et par Bechterew (*Ub. die verschiedenen Lagen und Dimensionen der Pyramidenbahnen. Neurolog. Centralbl.*, 1890, 738). D'après ce dernier auteur, le développement relatif des pyramides chez les différentes espèces de vertébrés est soumis à de grandes variations qui dépendent non pas tant du développement plus ou moins considérable des extrémités que de l'aptitude à exercer des mouvements bien différenciés. Chez les lièvres et les lapins, dont les extrémités sont bien disposées pour le saut et la course, moins bien pour des mouvements plus délicats, les pyramides sont faiblement développées, mieux développées chez les rats blancs où les mouvements sont plus complexes, mieux encore chez les chiens et les chats; elles acquièrent leur plus haut degré de développement chez les primates et chez l'homme. Comme l'a déjà montré Spitzka, les pyramides n'existent pas chez les cétacés; il en serait de même chez l'éléphant. Bechterew fait aussi remarquer que, chez l'enfant nouveau-né, la pyramide gauche est plus volumineuse que la droite, ainsi que les deux faisceaux, direct et croisé, qui en naissent. Il avait aussi signalé antérieurement ce fait que chez les animaux qui courent librement dès leur naissance, les fibres pyramidales sont déjà achevées, c'est-à-dire qu'elles ont leur gaine de myéline, à l'inverse de ce qui se passe chez ceux qui ne peuvent pas encore marcher.

Quant à la situation des voies pyramidales dans la moelle, il y a de grandes différences suivant les animaux. Chez le chien et le chat, il n'y a de fibres pyramidales que dans les cordons latéraux; il n'en passe pas dans le cordon antérieur, c'est-à-dire que chez eux le cordon de Turck n'existe pas. Ce fait avait déjà été noté par Franck et Pitres, et depuis lors par divers auteurs : ajoutons qu'il en est de même chez le lapin et le singe.

Berger est peut-être le seul expérimentateur (*Neurolog. Centralbl.*, 1895, 719) qui ait trouvé, chez le chien, un faisceau dégénéré dans le cordon antérieur à la suite de l'extirpation de la zone motrice : outre le faisceau pyramidal croisé, il signale de plus un tractus dont la situation correspond à celle du faisceau de Gowers chez l'homme.

Chez le singe, Mellus dit également avoir trouvé dans le cordon antérieur des fibres peu nombreuses se continuant avec celles de la pyramide.

Chez le rat, la souris, comme l'avaient déjà montré Stieda et Lenhossek, la voie pyramidale se trouve à la partie ventrale des cordons postérieurs et l'examen de la partie inférieure de la moelle allongée démontre que l'entre-croisement se fait, non pas, comme dans les espèces précédentes, de la pyramide vers le cordon latéral, mais bien de la pyramide vers le cordon postérieur. Il en est de même chez le cochon d'Inde; seulement la voie pyramidale, au lieu de passer dans les cordons postérieurs sous forme de faisceau compact comme chez le rat blanc, y pénètre sous forme de tractus disséminés dans le segment antérieur des cordons postérieurs au voisinage de la substance grise. Chez un cochon d'Inde dont les pyramides avaient été lésées, Bechterew a suivi la dégénération dans la partie ventrale des cordons postérieurs, tandis que la partie postérieure des cordons latéraux était intacte.

S'il faut en croire Zacharzewsky (*Journ. de l'anatomie*, 1892, 332), il y aurait cependant chez les rats et les souris des fibres pyramidales dans les cordons latéraux, et d'autre part, chez le chien, Muratoff a trouvé de ces mêmes fibres dans les cordons postérieurs.

Une disposition importante au point de vue de ses conséquences physiologiques se rencontre chez diverses espèces animales : la pyramide fournit un faisceau non seulement pour le cordon latéral du côté opposé, mais aussi pour celui du côté correspondant. Ce mode de distribution, d'abord décrit chez l'homme par Pitres, comme il a été dit plus haut, a été observé chez le chien par Singer, Franck et Pitres, par Langley, par Sandmeyer et étudié particulièrement par Sherrington (*Journal of Physiology*, 1885, 177; *Lancet*, février 1894, 265), et Muratoff (*Arch. f. Anat.*, 1893, 98). Chez le chien une lésion corticale unilatérale entraîne souvent, et il semble même habituellement une dégénération bilatérale des cordons latéraux. Sur une section transversale, un faisceau sclérosé occupe du côté correspondant à la lésion la même place que le faisceau altéré du côté opposé. D'après Sherrington les fibres du premier pourraient être à celles du second comme 1 : 100 ou comme 1 : 6. Ce physiologiste avait d'abord émis l'opinion que la dégénérescence du faisceau direct portait sur des fibres deux fois croisées; « *recrossed* », c'est-à-dire ayant franchi deux fois la ligne médiane, une première fois au niveau de la décussation des pyramides, une deuxième fois dans les commissures de la moelle.

Mais Muratoff a démontré qu'en réalité la pyramide se bifurque en deux faisceaux, l'un direct, l'autre croisé : l'entre-croisement chez le chien est donc habituellement incomplet, et chaque hémisphère est en rapport avec les deux moitiés de la moelle. Sherrington s'est d'ailleurs lui-même rangé à l'opinion de Muratoff. Je ferai remarquer qu'il ne faut pas assimiler le faisceau direct du cordon latéral chez le chien au faisceau de Türck chez l'homme, puisque le premier reste définitivement du côté où il se trouve, tandis que le second, très vraisemblablement, repasse en totalité ou en partie du côté opposé, ainsi qu'il a été dit plus haut.

La même dégénération bilatérale à la suite d'une lésion unilatérale de la zone motrice a été observée chez le chat par Rob. Boyce (*Neurolog. Centralbl.*, 1894, 466), chez le singe par Schäfer, Sherrington (*Journal of Physiology*, x, 1889, 429; *British med. Journ.*, 1890, 14), Mellus (*Proceed. of the Roy. Society*, 1894, 208; *Ibid*, 1895, 206). Sherrington avait d'abord trouvé que chez le singe macaque la dégénération bilatérale est peu marquée si on enlève exclusivement les centres moteurs des membres; elle devient au contraire manifeste après l'ablation d'une région qui correspond probablement à la zone motrice du tronc, ce qui reviendrait à dire que l'influence directe de l'hémisphère s'exercerait surtout sur les muscles du tronc. Par contre, Mellus a obtenu une dégénération bilatérale, même après ablation des centres moteurs des extrémités. Cet expérimentateur enlève isolément chez divers singes (*Macacus innuus*), soit le centre moteur du gros orteil, soit celui du pouce; après extirpation du centre de l'orteil, sur trois expériences, la pyramide dégénérée se divisait en deux faisceaux, dont le moins volumineux restait du côté de la lésion (à gauche); de ce côté la zone dégénérée représentait, dans un cas, le tiers, et, dans les deux autres cas, le vingtième environ de la dégénération totale. Dans ces trois expériences aussi, des fibres en petite quantité étaient dégénérées dans le cordon antérieur du même côté; les lésions se poursuivaient sans changement dans les faisceaux altérés jusqu'à la région lombaire.

Après l'ablation du centre moteur du pouce, sur quatre cas, il n'y en eut qu'un où des fibres dégénérées passaient dans le cordon latéral correspondant. Mais le faisceau altéré était moins volumineux qu'après l'extirpation du centre du gros orteil. Dans ce seul cas aussi quelques fibres dégénérées poursuivaient leur trajet dans le cordon antérieur. La dégénération commençait à diminuer vers la septième paire cervicale et avait entièrement disparu vers la troisième dorsale.

En rapprochant ces observations de celles de Sherrington, on pourrait en conclure que chez l'animal le plus rapproché de l'homme il existe des voies qui permettent à chaque hémisphère du cerveau d'exercer une action bilatérale sur les muscles du tronc et sur ceux du membre inférieur, tandis que pour les membres supérieurs leur influence est surtout croisée : ce qui concorderait bien avec les données fournies par la pathologie humaine. Cependant, dans une note ultérieure, Sherrington (*Lancet*, février 1894), après avoir enlevé la zone motrice du bras chez quatre singes, constate une dégénérescence bilatérale qui se termine au niveau de l'extrémité inférieure du renflement brachial et dans l'un des cas le rapport des fibres directes aux fibres croisées est de un à quatre.

La méthode des dégénérations a permis aussi de mettre en évidence les doubles connexions de chaque hémisphère avec les noyaux bulbaires. A la suite de l'ablation des zones motrices du côté gauche pour différents muscles de la face et de la tête, Mellus a trouvé au point de jonction de la protubérance avec le bulbe des fibres dégénérées quittant la pyramide gauche et passant dans les noyaux du facial de chaque côté. Il a vu aussi des fibres se détacher du tractus pyramidal pour les noyaux moteurs du glosso-pharyngien et du pneumogastrique des deux côtés : les fibres croisées étaient plus nombreuses que les fibres directes.

Sherrington, ayant détruit à gauche le centre cortical du larynx, a trouvé des fibres dégénérées dans les deux pyramides et, au niveau de l'émergence du trijumeau, en a compté 196 dans la pyramide gauche et 167 dans la pyramide droite.

On sait d'ailleurs que l'excitation des zones motrices montre très nettement l'action bilatérale du cerveau sur les muscles animés par les nerfs bulbo-protubérantiels : des excitations très limitées d'un même hémisphère peuvent provoquer par exemple la contraction de l'une ou de l'autre moitié de la langue. De même l'ablation du centre laryngé d'un côté, chez le chien (Krause), chez le singe (Horsley et Semon), n'affaiblit pas d'une façon appréciable l'adduction des cordes vocales : il faut détruire les centres des deux hémisphères pour supprimer les mouvements volontaires de la phonation.

Les données fournies par la méthode des dégénérations peuvent également servir à expliquer les résultats de quelques-unes des expériences entreprises en vue de déterminer, chez les animaux, le rôle de la décussation des pyramides dans la transmission croisée des impulsions volontaires aux muscles des extrémités.

On a vu que chez le chien, le chat, chaque hémisphère est habituellement mis en relation avec les deux moitiés de la moelle par les faisceaux qui, de chaque pyramide, vont aux deux cordons latéraux. Si donc l'on sectionne l'entre-croisement bulbaire sur la ligne médiane, il doit bien en résulter un affaiblissement des mouvements dans les quatre extrémités, mais la paralysie sera incomplète. En effet, deux chiens ainsi opérés par Vulpian et Philippeaux pouvaient se tenir dressés quelques instants sur leurs pattes : il fut même possible à l'un deux de faire quelques pas en chancelant. Laborde a répété la même expérience chez le chat avec les mêmes effets (*Traité élém. de physiol.*, 132).

Si l'on pratique une hémisection transversale du bulbe, l'on doit s'attendre aussi pour les mêmes motifs à ne trouver de paralysie complète ni d'un côté ni de l'autre. C'est encore ce qu'ont observé Oré (*C. R.*, xxxviii, 1854, 938) et Vulpian (*loc. cit.* et *C. R.*, 1886, cii, 90). Ce dernier physiologiste part de là pour dénier à l'entre-croisement des pyramides l'importance qu'on lui accorde et admet que les excitations motrices ne suivent pas invariablement un chemin tracé d'avance. Aujourd'hui, comme nous l'avons fait remarquer plus haut, les conséquences de ces vivisections pourraient encore se comprendre sans qu'il soit besoin de faire intervenir d'autres voies conductrices que les pyramides, étant donnée la distribution bilatérale des faisceaux qui en partent. L'explication, cependant, cesse d'être applicable aux lapins et aux cobayes, puisque chez eux les effets de ces opérations sont les mêmes que chez le chien ou le chat, bien que la disposition anatomique dont il est question n'ait pas été signalée chez ces animaux.

D'ailleurs un très grand nombre de faits et d'expériences s'accordent à démontrer combien doit être faible la part que prennent les pyramides, du moins chez les animaux, non seulement à la transmission croisée, mais à la transmission motrice en générale. La preuve la plus convaincante que la décussation de ces faisceaux ne peut être la seule cause de l'action croisée du cerveau c'est que leur section transversale ne produit pas de paralysie : les pyramides en effet, dit Schiff qui a fait cette expérience, ne servent pas au mouvement (*Lezioni di fisiologia sperimentale*, Firenze, 1873, 270). Lussana et Lemoigne sont arrivés à des conclusions semblables (*A. de P.*, 1877, 380). Magendie déjà devait avoir fait la même observation, puisque ayant sectionné chez un chien la pyramide droite et constatant une paralysie du même côté, il ajoute : « Voilà la première fois que je vois la blessure d'un des faisceaux du bulbe déterminer la paralysie de toute une moitié du corps (*Leçons sur les fonctions et les maladies du système nerveux*, 283). »

Les expériences toutes récentes de Starlinger lui ont donné les mêmes résultats (*Die Durschneidung beider Pyramiden beim Hunde* (*Neurol. Centralbl.*, 1895, 390). Starlinger aborde les pyramides par la face antérieure du bulbe en trépanant l'apophyse basilaire. Tous les animaux, deux heures après l'opération, pouvaient descendre plusieurs marches sans trébucher. Un à trois jours après ils se montraient moins disposés à se mouvoir, mais surtout parce qu'ils évitaient de tirailler la grande plaie du cou que l'on avait dû pratiquer. Ils couraient, du reste, en furetant comme d'autres chiens, se grattaient la tête et le cou, levaient la patte pour uriner, et, si on immobilisait une des pattes, ils continuaient à mouvoir les trois autres.

Au bout de deux semaines ils ne se distinguaient nullement d'animaux non opérés, exécutaient tous les mouvements normaux, sautaient sur les chaises et sur les tables, se servaient des pattes antérieures pour ronger les os, etc. L'examen microscopique du bulbe de l'un des chiens, un mois après l'opération, montra que la section était complète aussi bien en profondeur que sur les côtés. Comme le fait remarquer Starlinger, la section des deux pyramides semblerait devoir donner les mêmes effets immédiats que l'ablation des deux zones motrices corticales : et cependant il ne se produit aucun trouble moteur.

Des expériences précédentes, il faut rapprocher celles où Brown-Séquard, après avoir coupé en travers les deux pyramides bulbaires, provoque encore par faradisation de la zone motrice du cerveau des mouvements dans les membres, aussi forts que ceux que l'on avait constatés avant la section.

Brown-Séquard cependant ne va pas aussi loin que Schiff, et, d'après la contre-épreuve, admet que la transmission peut se faire aussi, mais avec moins d'énergie, par les pyramides. Car après avoir coupé tout le bulbe, à l'exception de ces faisceaux, il a pu encore déterminer les mouvements ordinaires dans les membres (*A. de P.*, 1887, 600).

D'autres faits encore montrent que la perte des faisceaux pyramidaux n'a chez le chien aucune des conséquences de la paralysie centrale. Des chiens auxquels Goltz avait enlevé soit d'un côté, soit des deux côtés, les parties antérieures des hémisphères, et qui avaient survécu dix à douze mois, les mouvements des membres étaient redevenus entièrement normaux; et cependant les faisceaux pyramidaux étaient dégénérés (SCHRADER, *Neurolog. Centralbl.*, 1891, 407. LANGLEY et GRUNBAUM, *Journ. of Phys.*, XI, 1890) HERZEN et LOEWENTHAL ont rapporté des observations du même genre (*A. de P.*, 1886, VII, 260). La moelle avait été sectionnée, d'un côté, à son point de jonction avec le bulbe, et tandis que le faisceau pyramidal était envahi par la dégénération dans presque toute son étendue, les mouvements intentionnels de la patte antérieure du côté correspondant se rétablissaient peu à peu.

De plus quelques semaines ou quelques mois après qu'un faiseau pyramidal de la moelle à été divisée, et alors qu'il est par conséquent dégénéré complètement, l'excitation de la zone motrice de l'hémisphère opposé peut produire les mêmes mouvements que chez l'animal normal.

C'est un des arguments que SCHIFF a fait valoir dans une discussion avec HORSLEY (*Brain*, IX, 1887, 304). Ce dernier (*Ibid.*) a pu opposer à son contradicteur des résultats différents empruntés à SCHIFF lui-même. Il n'en est pas moins vrai que les faits invoqués par ce physiologiste existent. Ils ont été constatés également par HERZEN et LOEWENTHAL dans le travail cité plus haut. Après la dégénération du faisceau pyramidal, disent-ils, « l'irritation des points excitables de la couche corticale peut donner des réactions à peu près semblables à celle qu'elle donne lorsque ces faisceaux sont intacts ».

De même UNVERRICHT (*Uber doppelte Kreuzung cerebro-spinal Leitungsbahnen. Neurolog. Centralb.*, 1890, 493) signale incidemment comme un fait remarquable, que non seulement les mouvements se rétablissent à la longue, après la division d'un faisceau pyramidal, dans les muscles primitivement paralysés, mais que l'excitation de leur centre cortical y provoque des mouvements localisés, quoique moins intenses que chez l'animal intact, à tel point qu'il se demande si l'on ne pourrait pas admettre une réparation organique, un rétablissement des voies conductrices. Mais la régénération de la moelle chez les animaux supérieurs est bien improbable.

Devant cet ensemble de faits, on comprend que SCHIFF en arrive à conclure que, contrairement à ceux qui pensent que les faisceaux pyramidaux sont les intermédiaires nécessaires entre les excitations et les paralysies de la zone excitable du cerveau, et les manifestations motrices ou paralytiques (ataxiques pour SCHIFF), dans les membres, il n'y a aucune preuve suffisante en faveur des fonctions motrices des pyramides : bien que leur dégénérescence accompagne constamment celle du gyrus sigmoïde chez les animaux adultes, il n'existerait entre les deux organes que des relations trophiques (*Centralbl. f. Phys.*, 1893). Les conclusions de HERZEN et LŒWENTHAL sont moins absolues, et sans doute aussi plus rapprochées de la vérité. Pour eux, le faisceau pyramidal est la voie habituelle, la voie de moindre résistance pour les impulsions motrices. Quand elle vient à être interrompue, des voies collatérales et habituellement inactives la remplacent peu à peu.

Il est difficile en effet de ne pas admettre que les relations anatomiques du faisceau pyramidal avec les noyaux moteurs bulbo-médullaires d'une part, avec la zone motrice corticale d'autre part, que ses relations trophiques, avec cette dernière, n'entraînent aussi des relations fonctionnelles. On en trouve encore une autre preuve dans ce fait que le développement du faisceau chez les diverses espèces animales est proportionnel à la complexité et à la perfection des mouvements des membres. Enfin les pyramides paraissent douées d'excitabilité motrice : leur irritation mécanique ou électrique provoque des mouvements dans les extrémités (LONGET, LABORDE). Il est vrai que, d'après BROWN-SÉQUARD, neuf fois sur dix les contractions se manifestent dans les membres du côté qui correspond à la pyramide excitée[1]. Mais WERTHEIMER et LEPAGE ont constaté au contraire que l'excitation faradique de l'un ou de l'autre de ces cordons produit des mouvements dans les membres du côté opposé (*A. de P.*, 1896).

Il est indiscutable néanmoins que, chez les animaux, les pyramides et les faisceaux pyramidaux ne sont nullement indispensables à la transmission des impulsions volontaires : les effets négatifs de la section des pyramides suffiraient à eux seuls pour le prouver.

1. L'excitabilité du faisceau pyramidal, et par suite aussi celle des pyramides, est contestée par beaucoup de physiologistes; c'est à l'article **Moelle** que cette discussion trouvera sa place.

Il y a donc dans le bulbe certainement d'autres voies pour les excitations motrices, et elles se trouvent sans doute dans la partie fondamentale des cordons antéro-latéraux : il est non moins certain que ces conducteurs ne sont pas soumis à l'influence trophique des cellules de la région motrice, puisque après l'ablation de celle-ci on ne trouve de la dégénération que dans les pyramides.

Ces voies, d'après tous les faits expérimentaux, doivent avoir chez les animaux une importance plus grande que celles des faisceaux pyramidaux et les fibres directes y prédominent vraisemblablement sur les fibres croisées, si l'on en juge d'après les conséquences d'une hémisection transversale de la moelle allongée. Car cette opération est loin d'amener les effets, même incomplètement croisés, observés dans certains cas par Vulpian et Oré. Souvent, au contraire, elle produit une hémiplégie exclusivement localisée au côté correspondant à la lésion ou prédominant de ce côté (Flourens, Magendie, Brown-Séquard). Vulpian lui-même, dans un autre travail que ceux déjà cités (*Mémoires de la Soc. de Biologie*, 1861), dit qu'après une section unilatérale du bulbe une observation attentive permet de constater que dans presque tous les cas il y a un affaiblissement plus grand des membres d'un côté : ce sont toujours les membres du côté correspondant au côté lésé qui sont les plus faibles, il peut même y avoir une paralysie à peu près complète de ces membres.

Schiff, qui a pratiqué des sections méthodiques d'une moitié du bulbe à des niveaux différents, trouve aussi que la paralysie reste limitée aux extrémités correspondantes et qu'elle est plus ou moins durable, tant qu'on ne se rapproche pas de la protubérance. Lorsque la section porte sur la partie supérieure de la moelle allongée on obtient une paralysie alterne, c'est-à-dire du membre antérieur homolatéral, et du membre postérieur du côté opposé : en sorte qu'il admet en ce point une décussation des conducteurs volontaires des membres postérieurs. Une autre preuve qu'il donne de cet entre-croisement, c'est que l'excitation unilatérale du bulbe dans cette région détermine des convulsions dans le membre antérieur corrrespondant, et le membre postérieur croisé, comme l'avait déjà noté Budge.

Il n'a été question jusqu'à présent que des voies de transmission pour les muscles des extrémités. Pour les muscles du tronc, Schiff a constaté qu'à la suite d'une hémisection transversale, un peu au-dessus du calamus, à gauche par exemple, ils sont paralysés du côté correspondant à la lésion, d'où résulte une incurvation de l'axe du corps vers le côté opposé, vers la droite, parce que les membres de ce côté ont seuls gardé leur activité ; l'animal, quand il marche, tend à tourner de gauche à droite. Les résultats obtenus par les hémisections successives faites de bas en haut amènent Schiff à conclure que les conducteurs pour les mouvements du tronc traversent deux fois la ligne médiane dans la région bulbo-protubérantielle.

Récemment Unverricht (*loc. cit.*), qui ne paraît pas avoir eu connaissance des expériences de Schiff, a été conduit aussi à décrire pour ces mêmes conducteurs une double décussation, mais en leur faisant suivre toutefois un trajet différent. Unverricht constate que l'excitation de la zone motrice de l'écorce produit une incurvation de la colonne vertébrale à concavité dirigée vers le côté excité, ce qui est dû à ce que les muscles homolatéraux se contractent seuls ou du moins plus vigoureusement. Il semblait rationnel de supposer que les fibres afférentes à ces muscles passaient directement de l'hémisphère dans la moitié homolatérale de la mœlle. Mais l'expérience n'a pas justifié cette hypothèse : en effet une hémisection gauche de la moelle immédiatement au-dessous du bulbe n'a pas empêché l'hémisphère gauche de provoquer encore la contraction des muscles du côté correspondant : d'où Unverricht conclut que les conducteurs, après avoir franchi une première fois la ligne médiane au niveau de l'entre-croisement en pyramides, repassent du côté opposé par les commissures de la moelle à des niveaux différents. Les résultats d'Unverricht ne se concilient pas avec ceux de Schiff : le seul cependant qui leur soit commun et que l'on peut en déduire, c'est que chaque hémisphère est en relation avec les muscles homolatéraux du tronc, et Unverricht suppose même que c'est avec ces muscles seuls et non avec ceux du côté opposé. C'est aussi ce qui résulte des recherches récentes de Werner (*Neurol. Centralbl.*, 1895, 824) chez le chien. Mais chez le singe Horsley et Schaffer ont montré (*Philosoph. Transactions*, xx, 1888) que chaque hémisphère est en connexion avec les muscles du tronc de l'un et de l'autre côté, de sorte que l'ablation de l'un des centres corticaux ne produit pas sur ces muscles d'effet notable, et qu'une destruction bilatérale est nécessaire pour les paralyser. On a vu que la méthode des dégénérations a permis de suivre ces conducteurs bilatéraux.

2° **Voies de transmission de la sensibilité consciente.** — Le bulbe est également le siège du principal entre-croisement des conducteurs de la sensibilité. Sans empiéter sur la physiologie de la moelle, il est nécessaire de présenter sommairement dans son ensemble le trajet des voies sensitives.

Des fibres des racines postérieures, les unes (fibres longues) se rendent directement jusqu'à la moelle allongée où elles trouvent un premier relai représenté par les noyaux des cordons de Goll et de Burdach (voir plus haut, p. 27); les autres (fibres courtes ascendantes et descendantes) se terminent dans la substance grise de la moelle épinière en se mettant en relation avec les cellules des cordons : autour de celles-ci aboutissent aussi les collatérales des fibres soit ascendantes, soit descendantes.

Les masses grises qui apparaissent dans les cordons de Goll et de Burdach représentent donc des noyaux terminaux pour les fibres longues des cordons postérieurs. Les cellules nerveuses qui les constituent se mettent en contact par leurs corps cellulaires et leurs prolongements protoplasmatiques avec les ramifications terminales de ces fibres radiculaires. Les prolongements cylindraxiles de ces mêmes cellules se rendent dans des parties plus élevées de l'axe cérébro-spinal après s'être entre-croisés dans le bulbe.

Des noyaux de Goll et de Burdach on voit en effet partir des fibres nerveuses qui se dirigent en avant, puis en dedans, contournent ainsi la substance grise qui entoure le canal central puis s'entre-croisent sur la ligne médiane dans l'espace compris entre le canal central et le fond du sillon médian antérieur. Elles prennent ensuite une direction verticale en formant un faisceau compact de fibres nerveuses, placé immédiatement derrière les pyramides. C'est la couche du ruban de Reil, couche de fibres sensitives ou encore couche interolivaire, parce qu'après entre-croisement elle est située entre les olives (*Lm*, fig. 3 et 4). Le ruban de Reil, dont il est ici question, et auquel, comme le fait remarquer Brissaud, Reil serait bien étonné d'avoir servi de parrain, a des synonymes nombreux : lemnisque laqueus, ruban médian (parce qu'il se tient près de la ligne médiane), ruban supérieur (*obere Schleife*) (à cause de sa terminaison). Il existe en effet un second faisceau de même nom : le ruban de Reil, externe ou inférieur (*untere Schleife*), inférieur (parce qu'il s'arrête aux tubercules quadrijumeaux). Ce dernier représente la voie centrale de la branche cochléaire du nerf acoustique. Nous n'avons pas à nous en occuper ici.

Les fibres du ruban de Reil médian sont venues se grouper directement en arrière des fibres pyramidales en refoulant dans le voisinage du canal central, c'est-à-dire derrière elles les fibres du faisceau fondamental. Dans le trajet qu'elles décrivent pour s'entre-croiser, elles forment une partie des fibres arciformes internes. Toutes les fibres parties des noyaux de Goll et de Burdach n'entrent pas dans la constitution du ruban de Reil; il en est qui se rendent au cervelet; nous les retrouverons plus loin.

Les conducteurs sensitifs que l'on vient de décrire comprennent donc deux neurones : l'un périphérique et direct, l'autre central et croisé. Le premier a sa cellule d'origine dans le ganglion rachidien, dont l'une des branches, assimilée à un prolongement protoplasmatique, se termine dans les organes périphériques; dont l'autre, fibre ascendante longue des cordons postérieurs, va se ramifier par ses arborisations terminales autour des cellules des noyaux de Goll et de Burdach (fig. 7). Le neurone central est représenté par ces dernières cellules dont le prolongement cylindraxile, après s'être entrecroisé avec celui du côté opposé se rend à la couche optique suivant les uns, à l'écorce cérébrale suivant les autres.

Les recherches faites dans ces dernières années ont mis en lumière les relations des fibres radiculaires avec les noyaux bulbaires des cordons postérieurs d'une part, et d'autre part celles de ces noyaux eux-mêmes avec le ruban de Reil. La méthode des dégénérations expérimentales, appliquée à cette question par Singer (*Sitzungsber. der kais. Akad. Wien*, 1881), Singer et Munzer (*Denkschr. d. kais. Akad. Wien*, 1890), Odi et Rossi (*Arch. it. de Biol.*, 1891, 296), Berdez (*Revue méd. de la Suisse romande*, 1892, 300) ont permis, contrairement aux observations de Tackacz et de Rossolymo, de suivre les fibres des racines postérieures jusqu'à la moelle allongée [1]. Les observations anatomo-pathologiques ont confirmé ces résultats (Voir la bibliographie de ces cas, SCHAFFER, *Arch. f. mikrosk. Anat.*, 1894, 263). BECHTEREW, qui considérait les cordons de GOLL comme des voies commissurales entre les différents segments de la substance grise (*Die Leitungsbahnen*, 1894), se contente aujourd'hui de conclure que la majorité des fibres de ces cordons naît de la substance grise.

En réalité, les dégénérations consécutives à la destruction expérimentale ou pathologique des racines postérieures montrent que les fibres radiculaires longues, pendant leur trajet de bas en haut, sont refoulées de plus en plus vers la ligne médiane par les fibres des racines postérieures pénétrant plus haut. Les fibres ascendantes des nerfs sacrés sont repoussées en dedans par celles des nerfs lombaires, celles-ci par les dorsales, ces dernières par les cervicales. Le cordon de GOLL est ainsi uniquement formé par l'adjonction successive des fibres longues des racines postérieures : il ne reçoit pas de fibres endogènes, c'est-à-dire nées de la substance grise médullaire. Une fois entrés dans ce cordon, les faisceaux radiculaires sont pour ainsi dire classés, ils émettent bien dans leur trajet ascendant des collatérales, mais aucune fibre étrangère ne vient plus à se mêler à eux (DÉJERINE et SOTTAS, *B. B.*, 1895, 465).

Au point où les cordons postérieurs s'unissent avec leurs noyaux bulbaires, toutes les fibres longues radiculaires venant de la partie inférieure de la moelle sont donc contenues dans le cordon de GOLL : mais les fibres longues des racines cervicales restent dans le cordon de BURDACH. Il n'y a guère que SCHAFFER (*loc. cit.*) qui, dans un cas de destruction des racines rachidiennes au niveau de la onzième dorsale ait observé, une dégénérescence des faisceaux de BURDACH, qu'il a pu suivre jusqu'à la moelle allongée, d'où il a conclu que dans la moelle cervicale le cordon de BURDACH renferme probablement, comme celui de GOLL, des fibres radiculaires venant des régions inférieures. Mais DÉJERINE et SPILLER (*B. B.*, 1895, 627) déclarent qu'il est douteux qu'aucune fibre de ce genre passe dans la région cervicale par le cordon de BURDACH.

De la description précédente il résulte que l'entre-croisement sensitif n'est pas en continuation directe avec les fibres des cordons postérieurs comme l'avaient admis SAPPEY et DUVAL. Jusqu'à présent, dit LŒWENTHAL (*Rev. méd. de la Suisse romande*, 1885, 514), personne n'a pu suivre la dégénération ascendante du cordon postérieur chez l'homme au delà des noyaux gris qui se trouvent sur son trajet. Cependant SCHAFFER, dans l'observation déjà citée, a suivi (procédé de MARCHI) des fibres dégénérées du cordon de BURDACH, dans les fibres arciformes internes et dans le ruban de REIL contro-latéral.

D'autre part DÉJERINE et SPILLER, dans un cas de compression radiculaire intéressant la partie inférieure du filum terminale et toutes les paires des racines sacrées et lombaires, moins la première lombaire, ont vu quelques fibres des cordons de GOLL passer dans l'entre-croisement sensitif du bulbe : mais ils n'ont pu les suivre que sur un court trajet et n'ont pas constaté la dégénération du ruban de REIL.

Il est possible que quelques fibres des cordons ne s'arrêtent pas au relai bulbaire. On avait admis aussi des relations des fibres des cordons postérieurs avec les olives. EDINGER a montré que chez les fœtus de sept mois on peut voir les faisceaux postérieurs déjà myéliniques traverser, sans s'y arrêter, les olives qui n'ont pas encore de fibres à myéline.

Les connexions des noyaux de GOLL et de BURDACH avec l'entre-croisement sensitif et le ruban de REIL sont bien nettement établies par l'étude du développement, par l'expérimentation, par l'anatomie pathologique. Chez le fœtus de 7 mois on peut voir les fibres myéliniques qui viennent du noyau de BURDACH et au neuvième mois celles qui viennent du noyau de GOLL participer à l'entre-croisement (EDINGER).

SINGER et MUNZER ont détruit chez des jeunes chats la partie inférieure du noyau de BURDACH, et ils ont trouvé en dégénérescence un faisceau de fibres nerveuses partant du noyau pour contourner en arcade le canal central et après entre-croisement dans le raphé remonter en direction longitudinale dans la couche interolivaire (*Beitr. z. Anat. des Centralnervensyst.*, Wien, 1890).

VEJAS, sur un lapin nouveau-né chez lequel la presque totalité des noyaux de GOLL et de BURDACH avait été désorganisée, a vu se produire une atrophie des fibres arciformes

1. Les détails de ces expériences trouveront leur place à l'article **Moelle**.

internes et de la couche interolivaire du côté opposé; mais il ne l'a suivie que jusqu'au voisinage du corps trapézoïde (*A. f. Psych.*, XVI, 200). MOTT, dans plusieurs cas d'ablation des noyaux de GOLL et de BURDACH chez le singe, a poursuivi la dégénérescence du ruban de REIL jusqu'à la région sous-optique (*Brain*, 1895).

D'ailleurs, les observations pathologiques sont assez nombreuses dans lesquelles le ruban de REIL dégénère à la suite de l'altération des noyaux de GOLL et de BURDACH contro-latéraux. D'après ce qui a été dit du mode d'origine des fibres sensitives entre-croisées, la dégénération devrait toujours suivre une direction ascendante des noyaux bulbaires vers les régions supérieures du cerveau. C'est en effet ce qui a été observé dans les expériences précédentes : il en a été de même dans les cas pathologiques quand le système du ruban de REIL était lésé soit au niveau de la couche interolivaire (KAHLER et PICK, P. MEYER), soit au niveau de l'entre-croisement des pyramides (SCHULTZE), soit au niveau des noyaux de GOLL et de BURDACH, ainsi que M. et Mme DÉJERINE (*B. B.*, 1895, 285), ROSSOLYMO, SCHAFER et MIURA l'ont signalé. Dans ces cas la dégénérescence du ruban de REIL opposé pouvait être suivie jusqu'à la région sous-optique et même jusqu'à partie inférieure de la couche optique.

Mais les cas de dégénérescence descendante sont encore plus nombreux : on en trouvera une énumération ainsi que la bibliographie dans un travail de MŒLI et MARINESCO (*Erkrankung in der Häube der Brücke mit Bemerkungen uber den Verlauf der Bahnen der Sensibilität, Arch. f. Psych.*, XXIV, 1892, 655).

Quand le ruban de REIL est lésé dans la protubérance, ses fibres dégénèrent en effet dans les deux sens et leur altération descendante se poursuit encore jusqu'aux noyaux de GOLL et de BURDACH du côté opposé. Les lésions de la couche optique ou de la région sous-optique, celles de certaines parties de l'écorce cérébrale peuvent aussi produire cette même altération descendante. MONAKOW (*Correspondenzbl. f. Schweiz. Aertzte*, 1884; *Neurol. Centrabl.*, 1884, 197), à la suite de l'extirpation du lobe pariétal chez un animal nouveau-né, a suivi l'atrophie du ruban de REIL jusqu'au noyau du cordon de GOLL du côté opposé : MOELI fait remarquer à ce propos qu'on n'a pas encore obtenu des résultats semblables chez l'animal complètement développé. Dans un cas de FLECHSIG et HŒSEL (*Neurolog. Centralbl.*, 1890, 417), un foyer destructif qui remontait à la première enfance ayant désorganisé les circonvolutions centrales, particulièrement la pariétale ascendante, à gauche, le ruban de REIL médian était réduit au cinquième ou au sixième environ de ses dimensions normales; le noyau du cordon de BURDACH droit était très atrophié, celui de GOLL un peu moins.

A cette question de la dégénération descendante du ruban de REIL se rattache celle de sa terminaison. En effet FLECHSIG et HŒSEL soutiennent, en s'appuyant surtout sur l'observation précédente, que les fibres sensitives aboutissent, à l'écorce cérébrale, aux circonvolutions centrales. CHRISTFRIED JAKOB (*Neurolog. Centralbl.*, 1895, 308) admet que l'altération du ruban de REIL consécutive aux lésions corticales et sous-corticales n'est qu'une atrophie simple, et non une dégénérescence; mais que la dégénérescence vraie allant jusqu'à la disparition totale du faisceau peut être la suite d'une désorganisation de la couche optique; par conséquent, les fibres du ruban de REIL auraient leurs cellules d'origine dans le thalamus.

Mais M. et Mme DÉJERINE font valoir d'une part contre FLECHSIG et HŒSEL qu'ayant pu examiner dix-neuf hémisphères porteurs de lésions corticales ou sous-corticales dont l'ancienneté variait de 10 à 77 ans, sans participation des masses grises centrales à la lésion, ils n'ont trouvé, dans aucun cas, le ruban de REIL dégénéré. Ils soutiennent, contrairement à JAKOB, que, dans tous les cas, que la lésion soit corticale, thalamique, sous-thalamique ou pédonculaire, la dégénérescence descendante du ruban de REIL doit être considérée non comme une dégénérescence vraie, mais comme une atrophie rétrograde, cellulipète, s'effectuant de la périphérie du neurone vers sa cellule d'origine, semblable à celle que l'on observe dans la méthode expérimentale de GUDDEN, semblable à celle qui se produit à la longue dans le segment central; cellulipète d'un faisceau encéphalique ou médullaire interrompu par une lésion.

En définitive, M. et Mme DÉJERINE sont d'accord avec MAHAIM pour admettre que le faisceau sensitif ne monte pas directement dans la corticalité; mais qu'il s'arrête à la couche optique; de sorte que la voie sensitive bulbo-corticale comprend deux neurones :

l'un inférieur ou bulbo-thalamique, l'autre supérieur, reliant le thalamus à l'écorce; au contraire, d'après Flechsig et Hœsel, il n'y aurait qu'un seul neurone depuis les cellules des cordons de Goll et de Burdach jusqu'à l'écorce. Il faut ajouter encore que le neurone bulbo-thalamique a sa cellule d'origine dans les noyaux de Goll ou de Burdach, et non, comme le veut Jakob, dans le thalamus.

Du reste, dans une note récente, Flechsig reconnaît qu'une partie du ruban de Reil se termine dans la couche optique (*Neurol. Centralb.*, 1896, 449).

Nous avons suivi une partie de la voie sensitive de son origine à sa terminaison probable. Mais, à côté d'elle, on en décrit une autre qui présenterait la disposition inverse, c'est-à-dire qu'elle serait déjà croisée dans la moelle et continuerait directement son trajet dans le bulbe après s'être réunie à la précédente. Elle se constituerait de la façon suivante. Tandis que les fibres longues des neurones périphériques remontent, comme il a été dit, jusqu'aux noyaux de Goll et de Burdach, les fibres courtes de ces neurones par leurs arborisations terminales et collatérales se ramifient dans toutes les régions de la substance grise de la moitié correspondante de la moelle, pour se mettre en rapport avec les prolongements protoplasmatiques et le corps cellulaire des cellules, dites des cordons (*Strangzellen*), qui sont pour elles ce que les cellules des noyaux de Goll et de Burdach sont aux fibres radiculaires longues des cordons postérieurs. Les cellules des cordons à leur tour émettent des prolongements cylindraxiles qui traversent la commissure antérieure et qui cheminent dans le faisceau fondamental du cordon latéral et du cordon antérieur du côté opposé, puis au niveau du bulbe, se réunissent aux fibres qui viennent de s'entre-croiser en cette région (fig. 11). Par conséquent, à la partie inférieure de la moelle allongée, toutes les fibres sensitives seraient des fibres croisées dont les unes ont subi une décussation successive, de bas en haut, dans la commissure blanche de la moelle, tandis que les autres ont subi une décussation en bloc un peu au-dessus de l'entre-croisement des pyramides antérieures (voy. fig. 11). Il s'établit ainsi une analogie entre les voies sensitives et les voies motrices, qui présentent, elles aussi, ces deux variétés d'entre-croisement. Telle est la manière de voir d'Edinger (*Vorlesungen*, etc., 1893, 161). La description de Koelliker ne diffère que sur un point de la précédente. Les fibres qui se sont croisées dans la moelle, au lieu de se continuer directement dans le ruban de Reil, subissent une interruption dans les amas cellulaires du bulbe et de la protubérance dans le *nucleus magnocellularis diffusus*, dont les prolongements cylindraxiles vont rejoindre le ruban de Reil. On aurait donc les rapports suivants : 1° fibres courtes des racines postérieures allant aux cellules des cordons de la moelle; 2° fibres entre-croisées des cordons de la moelle allant aux cellules de la moelle allongée; 3° fibres des cordons de la moelle allongée allant aux cellules des centres supérieurs.

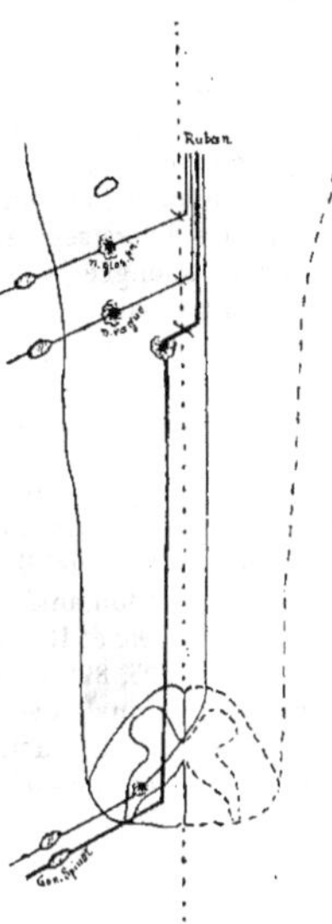

Fig. 11. — Schéma des voies sensitives, d'après Edinger.

On n'a mis en cause, dans cette description, que les fibres longues du faisceau fondamental du cordon antéro-latéral; mais peut-être les fibres courtes qui unissent entre eux les différents étages de la moelle, au lieu de ne servir qu'à la propagation des réflexes, jouent-elles aussi un rôle dans la transmission de la sensibilité consciente. Cette partie de la voie sensitive serait alors interrompue par l'intercalation d'un certain nombre de cellules propageant de bas en haut l'excitation.

Quoi qu'il en soit, l'existence de la voie sensitive à croisement médullaire a surtout été étudiée par Edinger (*Deutsch. med. Wochenschr.*, 1890, n° 10) qui invoque, pour la faire admettre, des arguments tirés de l'anatomie comparée, de l'anatomie de développement, de la pathologie expérimentale. Chez les poissons, les amphibiens, les racines postérieures se terminent en majorité dans la substance grise des cornes postérieures : on voit alors partir de ces dernières des tractus qui s'entre-croisent dans la commissure antérieure pour passer dans les cordons antéro-latéraux du côté opposé. Il cite Waldeyer comme ayant décrit les mêmes fibres chez l'homme et chez le singe. Ramon y Cajal chez un poulet, au cinquième jour de l'incubation, a figuré également de nombreuses fibres, venues des cornes postérieures, s'entre-croisant dans la commissure antérieure et pénétrant dans les cordons antérieurs.

Édinger s'appuie également sur les résultats obtenus par certains expérimentateurs par la méthode de dégénération. Auerbach, ayant sectionné, sur des chats âgés de trois à cinq mois, le cordon postérieur et la moitié postérieure du cordon latéral d'un côté, a suivi des fibres dégénérées à travers la commissure dans les cordons antéro-latéraux du côté opposé, et jusqu'à l'origine de la moelle allongée. Mais Auerbach lui-même fait remarquer qu'au niveau de l'entre-croisement des pyramides ces fibres sont très clairsemées et qu'elles ont disparu au voisinage du point d'émergence des racines supérieures de l'hypoglosse : d'après lui la marche, la distribution de la dégénérescence qu'il a observée indiquent, au contraire, que les faisceaux altérés sont des voies qui associent entre eux les divers segments de la substance grise médullaire, et celle-ci avec l'origine de la moelle allongée (*Anat. Anzeiger*, 1889, et *A. A. P.*, cxxi, 199).

Edinger a aussi invoqué un cas de Rossolymo, dont il sera encore question plus loin, dans lequel un gliome, qui avait détruit la corne postérieure de la moelle dans une grande étendue, avait amené une dégénérescence du ruban de Reil du côté opposé, de sorte que les observations d'Auerbach et de Rossolymo se compléteraient l'une par l'autre, le premier ayant suivi les fibres croisées dans la commissure antérieure de la moelle, le second les ayant poursuivies jusqu'au ruban de Reil. Malheureusement pour la théorie, dans le fait de Rossolymo, la dégénérescence du ruban de Reil était due à l'altération des noyaux de Goll et de Burdach contro-latéraux : ni la commissure antérieure de la moelle, ni le cordon antéro-latéral opposé ne présentaient de dégénérescence.

Cependant Oddi et Rossi, chez le chien (*loc. cit.*), Pellizzi, chez le même animal (*Arch. ital. de Biol.*, 1895, 89), Berdez, chez le cochon d'Inde (*Rev. méd. de la Suisse romande*), ont également signalé des fibres dégénérées dans le cordon antéro-latéral opposé à la suite de la section des racines postérieures d'un côté. De même Brautigam admet qu'elles passent par la commissure postérieure (*Jahrb. f. Psych.*, xi, 1892).

L'entre-croisement d'une partie des conducteurs sensitifs dans la moelle est considéré comme un postulatum réclamé par la physiologie, en raison de l'anesthésie croisée consécutive à une hémisection de la moelle. Le syndrome de Brown-Séquard a été si souvent observé soit dans les cas pathologiques, soit dans les vivisections, que les expériences contradictoires de Mott (*J. P.*, 1891) n'ont pas encore pu modifier sur ce point l'opinion admise, d'autant moins que Turner, expérimentant comme Mott sur les singes, est arrivé à des résultats à peu près conformes à ceux de Brown-Séquard (*Brain*, 1891).

Aussi, comme, malgré quelques données contradictoires, il est admis que les racines sensitives ne s'entre-croisent pas dans la commissure postérieure, que, d'autre part, l'entre-croisement des conducteurs de la sensibilité dans la commissure antérieure n'est pas suffisamment établi, beaucoup d'auteurs se retranchent sur la décussation des collatérales des fibres radiculaires dans la commissure postérieure. Il est à remarquer cependant que Brown-Séquard lui-même, d'après de nouvelles expériences, en était arrivé à nier l'entre-croisement sensitif de la moelle (*A. d. P.*, 1894, 195).

S'il n'est pas bien prouvé que dans la constitution du ruban médian de Reil il entre un faisceau à croisement médullaire, constituant ce qu'on appelle la voie sensitive indirecte, on sait par contre qu'il s'y adjoint des fibres croisées parties des noyaux des nerfs bulbaires. La voie sensitive de ces nerfs et des nerfs craniens en général se modèle sur celle des nerfs rachidiens. Leurs neurones ont leurs cellules dans les ganglions périphériques (ganglion jugulaire et plexiforme pour le pneumo-gastrique, ganglion de Gasser pour le trijumeau, etc.). Le prolongement de ces cellules se bifurque ; l'un se termine par des ramifications libres à la périphérie, le second pénètre dans l'axe cérébro-spinal et s'y divise en deux branches, l'une ascendante, l'autre descendante, qui se mettent en contact par leurs collatérales et leurs ramuscules terminaux avec les cellules des noyaux sensitifs, dits d'origine, mais en réalité, terminaux. Ces cellules à leur tour émettent d'une part des fibres longues ascendantes qui, après entre-croisement dans le raphé (fig. 11), vont rejoindre le ruban de Reil contro-latéral (voie sensitive centrale des nerfs craniens), et d'autre part des fibres courtes qui se terminent autour de différentes cellules de la substance grise du bulbe pour servir principalement aux mouvements réflexes.

Sans entrer dans les détails relatifs à chaque nerf, on voit, par exemple, les fibres parties du ganglion de Gasser se bifurquer, dans le tronc cérébral, en une branche ascendante qui va dans un noyau sensitif spécial (noyau sensitif supérieur, colonne vésiculeuse), et une branche descendante (la ci-devant branche ascendante) dont les fibres se résolvent en arborisations terminales autour des cellules du noyau gélatineux de Rolando. L'expérimentation démontre que ces fibres ont bien leur cellule d'origine dans le ganglion de Gasser : si l'on coupe la cinquième paire à son émergence au pont de Varole, les fibres de la racine descendante bulbaire dégénèrent, mais les cellules de la substance gélatineuse restent intactes (Bechterew). Il n'est pas hors de propos de rappeler que Ranvier déjà avait montré que le ganglion de Gasser se comporte à l'égard des fibres du trijumeau comme les ganglions rachidiens à l'égard des racines postérieures, c'est-à-dire qu'il représente leur centre trophique : d'ailleurs, pour les physiologistes le noyau, dit d'origine, des nerfs sensitifs ne pouvait être, au point de vue fonctionnel, qu'un noyau de terminaison ou du moins un relai dans la conduction.

La portion sensitive du pneumogastrique et du glosso-pharyngien mérite une mention spéciale : les fibres du premier de ces nerfs, parties des ganglions jugulaire et plexiforme, se bifurquent dans le bulbe : tandis que les branches ascendantes ou plutôt horizontales vont au noyau de l'aile grise, les branches descendantes forment un faisceau accompagné dans son trajet, de cellules autour desquelles se ramifient les arborisations terminales des fibres. Les racines du glosso-pharyngien ont le même sort que celles du pneumogastrique et fournissent même un plus grand nombre de fibres à ce faisceau descendant appelé faisceau solitaire (Lenhossek), bandelette solitaire (Duval). Or ce faisceau a encore été appelé le faisceau respiratoire (Gierke, Krause), parce que certaines expériences y ont placé le siège du centre respiratoire.

Les fibres qui mettent en relation les noyaux bulbaires sensitifs avec le ruban de Reil du côté opposé et par conséquent avec l'écorce cérébrale ont été mises en évidence par Edinger. Il les a étudiées surtout chez les jeunes lézards, parce que dans cette espèce il n'y a pas, dans le cerveau postérieur, de faisceaux venant des membres et compliquant la texture et que, chez l'animal jeune, il n'y a encore que les parties afférentes aux nerfs craniens qui soient pourvues de leur gaine de myéline. Il a observé ces mêmes fibres croisées chez d'autres animaux, poissons et mammifères. La méthode des dégénérations a du reste depuis lors permis d'isoler dans le ruban de Reil ces fibres centrales croisées appartenant au trijumeau (Hœsel). Le ruban de Reil médian est également la voie centrale de la branche vestibulaire du nerf acoustique, tandis que sa branche cochléaire a, au contraire, sa voie spéciale dans le ruban de Reil latéral.

Si le ruban de Reil médian est réellement le principal conducteur de la sensibilité consciente, sa destruction ou son interruption dans le bulbe doit donc amener une hémianesthésie, qui siégera du côté opposé, à cause de l'entre-croisement sensitif. Cependant Couty, en 1877, disait, après avoir réuni des faits nombreux, que dans les lésions du bulbe les troubles anesthésiques étaient nuls ou, quand ils existaient, qu'ils n'avaient rien d'hémiplégique (*De l'hémi-anesthésie mésocéphalique. Gaz. hebdomad.*, 1877 et 1878).

Depuis lors il a été publié quelques observations qui prouvent le contraire, et qui présentent de plus cet intérêt que le ruban de Reil était seul lésé. On peut donner comme exemple le cas suivant emprunté à Déjerine. Hémiplégie droite : il existe dans tout le côté droit du corps, face, membre supérieur, membre inférieur, une diminution marquée des différents modes de sensibilité générale, tact, douleur, température. La diminution de la sensibilité de la moitié droite du corps s'arrête exactement sur la ligne médiane : elle est moins marquée sur la face que sur le côté correspondant du corps. Du côté gauche du corps, la sensibilité intacte. A l'autopsie, outre les lésions dépendant d'un ancien foyer hémorrhagique de la capsule interne et du noyau lenticulaire du côté gauche, on trouve une atrophie marquée du ruban de Reil du même côté, avec atrophie des noyaux de Burdach et de Goll du côté opposé (*Sur un cas d'hémi-anesthésie de la sensibilité générale relevant d'une atrophie du faisceau rubané de Reil. A. de P.*, 1890, 558).

Un cas de Rossolymo, bien qu'intitulé *Zur Physiologie der Schleife* (*Arch. f. Psych.*, 1890,

XXI, 897) paraît moins démonstratif. Il s'agit d'une dégénérescence du ruban de REIL droit avec hémi-anesthésie gauche respectant la face et portant surtout sur les membres supérieurs. Mais comme en même temps la corne postérieure gauche était sur toute la hauteur de la région dorsale et cervicale le siège d'un gliome, avec dégénération de la partie correspondante des cordons postérieurs, cette lésion pourrait bien expliquer à elle seule les troubles de la sensibilité.

Une observation de P. MEYER (*Arch. f. Psych.*, XIII, 1882, 63), bien que le ruban de REIL eût été intéressé un peu plus haut que le bulbe, peut trouver sa place ici. Un foyer hémorrhagique avait presque entièrement détruit à droite, au niveau des deux tiers inférieurs du pont de VAROLE, le ruban de REIL, mais en même temps aussi une partie des champs voisins. Il y avait eu anesthésie et analgésie absolue du bras gauche, anesthésie très marquée du membre inférieur gauche, moins marquée à la face du même côté. L'anesthésie portait sur toutes les formes de sensibilité, y compris le sens musculaire. Dans le domaine de la cinquième paire à droite, il y avait de l'hyperesthésie, phénomène irritatif.

MOELI et MARINESCO (*Arch. f. Psychiatrie*, XXIV, 1892, 655), dans le travail déjà cité, ont réuni à peu près tous les cas connus de lésions du ruban de REIL soit dans le bulbe, soit plus particulièrement dans la protubérance, et en en faisant la critique ils concluent que toutes les fois que le ruban de REIL et la partie ventrale de la formation réticulée sont libres, il n'y a pas de troubles de la sensibilité de la peau, tandis que, quand ces parties sont intéressées, les altérations de la sensibilité se manifestent.

Il existe cependant au moins un cas contradictoire qui est des plus nets. Il appartient encore à P. MEYER (*Arch. f. Psych.*, 1886, XVII, 439). Un foyer intéressant à gauche les fibres parties des noyaux de GOLL et de BURDACH avait amené la dégénérescence du ruban de REIL droit. Toutes les formes de la sensibilité étaient conservées : la malade se plaignait de sensations douloureuses très vagues, mais il n'y avait aucune différence dans la sensibilité des deux côtés du corps.

Par contre, il y a aussi des exemples où une lésion uni-latérale du bulbe a produit une hémi-anesthésie du côté opposé sans que le ruban de REIL ait été touché. Une observation de SENATOR, ainsi que la figure qui l'accompagne (*A. für Psych.*, XI, 1881), ne laisse pas de doute à cet égard. Elle est encore remarquable en ce qu'elle mentionne une des conséquences possibles des affections de ce genre, à savoir l'hémi-anesthésie alterne. Il existait un ramollissement dans la partie postéro-interne de la région inférieure du bulbe à gauche, la sensibilité à la douleur avait disparu presque entièrement dans la moitié gauche de la face, d'une part, dans la moitié droite du tronc et dans les membres du côté droit d'autre part. Un autre cas d'hémi-anesthésie alterne, mais dans lequel le ruban de REIL était intéressé, est également dû à SENATOR (*A. P.*, XIV, 1883, 643).

VULPIAN a publié un fait du même genre. Ramollissement du bulbe dans la région postérieure de la moitié droite de l'organe en arrière de l'olive : diminution de la sensibilité cutanée et perversion de la sensibilité thermique dans les membres gauches : même modification de la sensibilité de la face du côté droit (*De l'hémi-anesthésie alterne comme symptôme de certaines lésions du bulbe*, *C. R.*, 1886, CII).

L'explication de ces cas est facile : si une lésion située à droite, par exemple, interrompt les voies sensitives du trijumeau droit, avant leur entre-croisement et les voies sensitives des extrémités gauches, après l'entre-croisement, on aura une hémi-anesthésie alterne. Si au contraire la lésion intéresse les voies de la sensibilité faciale, quand elles ont franchi la ligne médiane, qu'elles ont passé de la moitié gauche dans la moitié droite du bulbe, la face sera anesthésiée du même côté que les membres.

VULPIAN insiste sur l'intégrité de la sensibilité gustative dans le domaine du trijumeau paralysé, alors que la sensibilité générale de la moitié correspondante de la langue est amoindrie, et il y voit une preuve que ce ne sont pas les filets du trijumeau qui président à la gustation (*C. R.*, 1885, CI, 1037 et 1447).

Il est peu d'observations pathologiques qui signalent dans les affections du bulbe une dissociation des différentes formes de la sensibilité. Une opinion assez répandue attribue à la voie sensitive directe, c'est-à-dire aux cordons postérieurs de la moelle, la conduction des impressions du tact (SCHIFF), du froid (HERZEN), du sens musculaire, tandis que la voie sensitive indirecte, celle qui a ses premiers relais dans la substance grise de la moelle, servirait à transmettre les impressions de douleur et de chaleur. Les conducteurs pourraient donc être lésés isolément dans le bulbe.

Il n'y a guère que Senator (*loc cit.*) et Goldscheider (An. in *Neurol. Centralbl.*, 1891), qui aient noté : le premier des troubles de la sensibilité générale avec conservation des impressions kinesthésiques (notion de la position et du déplacement des membres), le second, au contraire, une perversion du sens musculaire avec intégrité de la sensibilité cutanée, et ils admettent tous deux, d'après la distribution de la lésion, que les conducteurs kinesthésiques sont dans le bulbe plus rapprochés de la ligne médiane que les autres. On a noté aussi parfois une véritable ataxie des mouvements due aux troubles de la sensibilité.

Les quelques expériences faites sur les animaux pour étudier le mode de transmission des impressions sensitives du bulbe semblent aussi devoir faire admettre, d'accord avec les faits pathologiques, un entre-croisement bulbaire. Une hémisection du bulbe produit chez le cobaye, le lapin, le chien, de l'anesthésie cutanée dans les membres de côté opposé. Mais il s'en faut qu'elle soit complète, comme elle devrait être, d'après le schéma de la fig. 10, c'est-à-dire si tous les conducteurs de la sensibilité des membres, après avoir franchi la ligne médiane avaient convergé dans la moitié opposé du bulbe. La diminution de la sensibilité peut être peu marquée, et il faut donc admettre qu'il y a dans la moelle allongée des conducteurs sensitifs non entre-croisés.

Une des conséquences de l'hémisection, c'est une hyperesthésie du côté de la lésion. Sur des cobayes opérés à gauche, auxquels on avait fait une injection de chlorhydrate de strychnine pour augmenter le pouvoir réflexe, le plus léger attouchement des membres du côté gauche donnait lieu à des accès convulsifs, tandis qu'il fallait un contact plus fort des membres du côté droit pour produire le même effet (Vulpian, *C. R.*, 1886, CII, 10).

Les suites d'une section unilatérale du bulbe sont donc analogues à celles de la même opération sur la moelle, si ce n'est que dans le premier cas il n'y a pas une différence aussi grande de la sensibilité dans les deux côtés du corps. L'hyperesthésie en particulier n'est pas constante : on l'attribue habituellement à une irritation des éléments sensibles en arrière de la section.

D'après Brown-Séquard l'anesthésie contro-latérale ne peut s'expliquer par la section de conducteurs croisés, car, après qu'une hémisection du bulbe a produit de l'anesthésie du côté opposé, si on coupe de ce côté la moitié latérale de la moelle dorsale ou lombaire, l'anesthésie est remplacée par de l'hyperesthésie du membre postérieur après cette seconde section (en même temps que l'anesthésie apparaît au membre postérieur du côté opposé) (Voir en particulier *Arch. de Physiol.*, 1889, 486).

On peut reproduire expérimentalement l'hémi-anesthésie alterne : car outre la diminution de la sensibilité des membres et du tronc du côté opposé, la section transversale d'une moitié du bulbe rachidien amène aussi un affaiblissement considérable dans la sensibilité et la motilité de la face du même côté : la section de la racine bulbaire du trijumeau rend compte de ces manifestations du côté de la tête, déjà signalées par Magendie et étudiés ensuite par Vulpian (*Thèse*, Paris, 1853) et Laborde (*Mém. de la Soc. de Biol.*, 1877). Brown-Séquard et Schiff ont noté ce fait curieux que la section intra-bulbaire du trijumeau est beaucoup moins douloureuse que celle du nerf à son émergence.

On peut observer aussi à la suite de cette opération les altérations du globe de l'œil qui se produisent quand on divise le trijumeau à la base du crâne (Duval et Laborde).

Les résultats obtenus par Schiff relativement à la sensibilité des membres ne concordent pas avec ceux qui viennent d'être exposés. D'après ce physiologiste, du côté de l'hémisection il se produit de l'hyperesthésie, mais du côté opposé la sensibilité reste normale. Au bout de quelque temps l'exagération de la sensibilité disparaît et on peut même constater que les membres du côté lésé sont moins sensibles aux impressions tactiles que ceux du côté sain : cet affaiblissement persiste pendant toute la vie (*Lezioni di fisiologia*, 264). Récemment, Bogatschow a cherché à préciser le rôle du ruban de Reil par des expériences directes, pratiquées sur ce faisceau. D'après la courte analyse parue dans le *Neurolog. Centralb.* 1896, 19, cet expérimentateur est arrivé aux résultats suivants. Lorsque la section du bulbe, faite d'arrière en avant, s'arrête à la face dorsale des olives, la sensibilité de l'animal reste intacte : si elle arrive jusqu'à la face dorsale des pyramides et divise la partie externe de la couche interolivaire, soit les fibres comprises entre les pyramides et les olives, le sens musculaire est aboli dans la moitié opposée du corps; si la couche interolivaire est sectionnée, les olives restant intactes, le sens musculaire est perdu dans les deux côtés du corps. Chez quelques-uns des animaux, l'analgésie, amenée par l'opération, disparut bientôt, bien que l'examen microscopique permît de reconnaître la section complète des fibres correspondantes dans la moitié opposée du bulbe.

Il va sans dire qu'on ne peut songer à atteindre le ruban de Reil pour étudier son excitabilité; mais, pour les pyramides postérieures qui prolongent vers le bulbe les cordons de Goll et renferment les noyaux grêles, on sait que des phénomènes réactionnels très vifs accompagnés de manifestations de sensibilité répondent à cette excitation. Laborde a observé que les lésions bornées aux pyramides postérieures déterminent de l'incoordination motrice. Bechterew, après la lésion du noyau de Goll, note également des troubles de l'équilibre, semblables à ceux que produisent l'ablation ou la section des cordons de Goll (*Neurol. Centralbl.*, 1890, 92). Récemment encore Ferrier et Turner (*Proceed. of the Roy. Society*, 1894), trouvent que la destruction des noyaux de Goll et Burdach s'accompagne de troubles temporaires dans la station et dans la marche : il est remarquable que ni ces derniers physiologistes, ni Bechterew n'ont constaté de troubles de la sensibilité cutanée ou musculaire.

3° Voies réflexes dans le bulbe.

Le bulbe est encore un lieu de passage pour des voies réflexes importantes dont quelques-unes paraissent assez bien déterminées.

L'une d'entre elles est représentée par le faisceau, dit fondamental, du cordon antérieur de la moelle qui lors de l'entre-croisement sensitif, est refoulé, comme il a été dit, en arrière du ruban de Reil, forme alors, au niveau du bulbe, la partie postérieure ou dorsale de la substance réticulée blanche et se continue dans la protubérance sous le nom de faisceau longitudinal postérieur. C'est un faisceau important dans l'organisation interne du système nerveux central : il existe également bien développé dans toute la série des vertèbres et ses fibres s'entourent d'une gaine de myéline à une époque peu avancée du développement embryonnaire (Van Gehuchten).

D'après Kölliker, le faisceau fondamental du cordon antérieur aurait pour fonction de transmettre aux noyaux moteurs de l'hypoglosse, et plus haut aux cellules d'origine des nerfs moteurs de l'œil, les impressions sensibles recueillies par les nerfs rachidiens. Ses fibres, en effet, naissent des cellules des cordons de la moelle, dont on a déjà vu plus haut les relations avec les racines postérieures et, dans leur trajet, elles fournissent des collatérales aux noyaux des nerfs XII, VI, IV, et III, en même temps qu'elles s'y épuisent par leurs arborisations terminales. Par l'intermédiaire de ce faisceau des excitations parties des nerfs spinaux pourraient réagir sur le groupe médian des noyaux moteurs craniens, en particulier sur les nerfs moteurs oculaires.

Les fibres de la partie fondamentale du cordon latéral rempliraient les mêmes fonctions. Comme les précédentes, elles naissent des cellules des cordons, et par les nombreuses collatérales qu'elles donnent aux noyaux moteurs du groupe externe, c'est-à-dire aux noyaux moteurs des nerfs XI, X, IX, et plus haut à ceux des nerfs VII et du nerf masticateur, elles leur transmettent des excitations parties des nerfs sensibles. Les fibres elles-mêmes du faisceau fondamental du cordon latéral sont interrompues dans les amas gris de la substance réticulée du bulbe, et plus haut dans le noyau réticulé du pont. Bechterew a étudié leurs connexions avec ces noyaux ; mais on ne peut rien dire de précis sur leur signification physiologique.

En ce qui concerne le faisceau longitudinal, et par conséquent le faisceau fondamental du cordon antérieur, des recherches récentes ont montré que, contrairement à l'opinion de Kölliker, il renferme principalement, sinon exclusivement, des fibres descendantes. Spitzka avait d'abord fait valoir ce fait important que ce faisceau est très volumineux chez les reptiles et les amphibiens qui ont un cerveau antérieur peu développé et que par conséquent il prend sans doute son origine dans le cerveau moyen. Aussi a-t-il admis qu'il met en relation les lobes optiques avec les nerfs moteurs de l'œil, et aussi avec les noyaux d'origine destinés aux muscles de la tête.

Gudden avait objecté qu'il ne devait pas être en connexion avec les noyaux moteurs de l'œil, puisqu'il est aussi développé chez la taupe que chez le lapin.

Bien que cette partie de l'étude du faisceau longitudinal appartienne à la physiologie de la protubérance, disons cependant que Held, Van Gehuchten, Mahaim (*Bull. de l'Acad. roy. de Belgique*, 1895, 427, 640) ont nettement établi les rapports de ce tractus avec les noyaux moteurs de l'œil.

Le point qui nous intéresse ici, c'est que les fibres du faisceau longitudinal représentent une voie de communication à direction descendante entre les tubercules quadrijumeaux antérieurs et les nerfs moteurs bulbaires et rachidiens. Or dans ces éminences viennent se rendre des fibres acoustiques et optiques; leurs cellules ganglionnaires émettent des prolongements cylindraxiles qui deviennent les fibres constitutives du faisceau longitudinal et se mettent en rapport avec les noyaux d'origine des nerfs moteurs craniens et les cellules radiculaires des cornes antérieures de la moelle. En extirpant un de ces tubercules sur le lapin, Held a pu suivre les fibres dégénérées jusque dans le cordon antéro-latéral de la moelle (*A. f. Anat.*, 1893, 201).

Ainsi s'expliquent anatomiquement les mouvements réflexes qui peuvent survenir à la suite d'excitations optiques ou acoustiques. Van Gehuchten dans un travail récent et complet sur le faisceau longitudinal de la truite a confirmé et développé les recherches de Held; chez les poissons aussi il existe dans ce faisceau un groupe de fibres distinct qui part des cellules du lobe optique et que Van Gehuchten propose d'appeler faisceau descendant optique (*Bullet. de l'Acad. roy. de Bruxelles*, 1895, 323 et 1894, 114).

Le bulbe lui-même est également le siège de réflexes nombreux auxquels participent les différents nerfs craniens, moteurs et sensitifs. Les plus importants seront étudiés plus loin quand on traitera du bulbe comme organe central. Il suffira d'indiquer ici comment l'on peut comprendre, d'après les nouvelles données sur la stucture du système nerveux, les voies de transmission.

Les fibres sensitives des nerfs pneumo-gastrique et glosso-pharyngien, par exemple, peuvent venir en contact, directement par leurs collatérales avec les cellules radiculaires des fibres motrices de ces mêmes nerfs, de même qu'avec les cellules d'origine du nerf hypoglosse. Les fibres sensitives du trijumeau envoient des collatérales au noyau moteur de ce même nerf, ainsi qu'aux différents noyaux moteurs du bulbe et de la protubérance. C'est l'arc réflexe le plus simple qui a pour intermédiaire des fibres collatérales sensitivo-motrices.

Des connexions plus complexes s'établissent de la façon suivante. Les cellules des noyaux terminaux des nerfs sensitifs émettent des fibres courtes destinées à les mettre en relation avec les masses grises motrices voisines : c'est ce que l'on peut appeler la voie centrale réflexe des nerfs craniens sensitifs, par opposition à la voie centrale de la sensibilité consciente qui, formée par les fibres longues, rejoint le ruban de Reil et met en communication les noyaux terminaux et les nerfs sensitifs avec les centres encéphaliques supérieurs.

4° Des connexions du bulbe et de la moelle avec le cervelet. — Physiologie des corps restiformes et de l'olive. — Sans empiéter sur la physiologie du cervelet, il est à propos de résumer, dans une description d'ensemble, les relations du bulbe et de la moelle avec le cervelet, et les fonctions qu'on leur attribue : cet exposé s'impose, dans un article consacré à la physiologie du bulbe, autant que celui des relations de ces mêmes parties avec le cerveau. A ce chapitre vient se rattacher naturellement l'étude des olives bulbaires.

Le rôle du cervelet dans le maintien de l'équilibre et dans la coordination des mouvements peut être et a été diversement interprété. Quelle que soit la façon dont on le conçoive, il est nécessaire que cet organe soit mis en rapport avec les appareils périphériques par des conducteurs centripètes : ceux-ci en effet sont depuis longtemps connus. Certaines théories physiologiques, ainsi que des observations pathologiques, ont aussi fait supposer que le cervelet envoie aux muscles des impulsions centrifuges, et de fait on a décrit récemment des voies par lesquelles passent les excitations de cette nature. Ainsi ce centre nerveux serait, comme le cerveau, mis en rapport avec la périphérie par deux sortes de conducteurs.

La presque totalité des voies centripètes passe par le corps restiforme ou pédoncule cérébelleux inférieur. C'est d'abord le faisceau cérébelleux direct de la moelle, ou faisceau de Flechsig, qui naît des colonnes de Clarke (voy. **Moelle**), chemine à la face externe du pédoncule cérébelleux inférieur (*Ks*, fig. 6) et aboutit à la partie dorsale du vermis supérieur, comme l'ont démontré Bechterew par l'embryologie, Auerbach par la dégénération expérimentale (*loc. cit.*), et Monakow par la méthode des atrophies. Chez le chat nouveau-né ce dernier auteur a montré que la section de la moelle cervicale produit une atrophie dans la moitié correspondante du vermis supérieur.

Le corps restiforme amène encore au cervelet des fibres, parties des noyaux bulbaires des cordons postérieurs, c'est-à-dire des noyaux de Burdach et des noyaux de Goll; celles qui partent du premier de ces noyaux sortent d'un groupe externe de grandes cellules assimilé au noyau médullaire de Clarke (Blumenau) et se rendent directement dans le pédoncule du même côté (fibres arciformes externes et postérieures du bulbe).

Les fibres parties du noyau de Goll sont : les unes directes, faisant partie des fibres arciformes externes et postérieures; les autres croisées : celles-ci, après décussation dans le raphé, sortent par le sillon médian antérieur, contournent horizontalement la pyramide antérieure pour se rendre aux fibres du pédoncule cérébelleux opposé.

Remarquons maintenant que dans la colonne de Clarke de la moelle dorsale, les cellules d'origine des fibres du faisceau de Flechsig entrent en contact avec un grand nombre de ramifications collatérales et terminales des neurones sensitifs périphériques : d'après certains auteurs, des fibres radiculaires postérieures remonteraient même directement dans le faisceau de Flechsig (voy. **Moelle**). D'autre part, les noyaux des cordons de Goll et de Burdach sont eux-mêmes en rapport, comme on sait, avec les ramifications cylindraxiles des fibres des racines postérieures.

En définitive les fibres du faisceau cérébelleux et celles qui partent des noyaux bulbaires des cordons postérieurs relient, les unes comme les autres, les neurones sensitifs périphériques de la moelle épinière aux masses grises du cervelet.

Edinger a décrit aussi un faisceau sensoriel cérébelleux qui s'applique à la face interne du pédoncule cérébelleux et qui mettrait en rapport avec la substance grise du cervelet les nerfs sensitifs bulbaires acoustique, trijumeau, pneumo-gastrique, glosso-pharyngien. D'après Bechterew, ce segment interne du pédoncule représenterait uniquement une voie d'association entre les noyaux gris du cervelet, noyau du toit et noyau globuleux, avec la branche vestibulaire du nerf acoustique.

En outre au faisceau de Flechsig viennent s'ajouter dans le pédoncule des fibres parties du noyau bulbaire du faisceau latéral : ce noyau s'atrophie à la suite de l'ablation d'une moitié du cervelet (Vejas).

Il reste à signaler un dernier cordon qui unit les nerfs sensibles périphériques au cervelet, mais qui ne passe pas par le pédoncule cérébelleux inférieur : c'est le faisceau de Gowers, situé à la surface de la portion ventrale du cordon latéral de la moelle. Il avait été considéré d'abord comme un conducteur des impressions douloureuses par Gowers, puis par Bechterew (*Neurol. Centralbl.*, 1884, 155). Mais Lœwenthal (*Rev. méd. de la Suisse romande*, 1885, 514) l'a poursuivi, chez le chien, à travers le bulbe et la protubérance jusqu'au pédoncule cérébelleux supérieur; puis Mott (Brain, xv, 1892) et Tooth (*ibid.*) chez le singe, Auerbach chez le chat (*loc. cit.*) l'ont vu se mettre en rapport avec la portion ventrale du vermis supérieur. En outre, Mott a constaté que, chez le singe, le faisceau de Gowers peut être sectionné sans qu'il en résulte de l'analgésie, et récemment Bechterew lui-même a rapporté des expériences d'un de ses élèves d'après lesquelles la section de la partie antérieure des faisceaux latéraux ne produit pas d'analgésie (*Neurol. Centralbl.*, 1894). En réalité, il faut donc considérer le faisceau de Gowers comme le segment ventral des tractus spino-cérébelleux dont le faisceau de Flechsig représente le segment dorsal. Comme ce dernier, il subit la dégénérescence ascendante, et, si ses origines dans la moelle ne sont pas encore exactement connues, on peut cependant affirmer qu'elles sont en relation avec les nerfs sensibles rachidiens.

La question des voies descendantes ou centrifuges (17, fig. 6) du cervelet est encore à l'étude : Bechterew déjà avait admis que le pédoncule cérébelleux moyen se met en rapport par un faisceau spécial avec le noyau réticulé du pont, et celui-ci, à son tour, avec la partie fondamentale du cordon antéro-latéral de la moelle à laquelle Bechterew attribue des fonctions motrices.

Marchi est arrivé à des résultats plus complets, par ses recherches sur les dégénérations chez les chiens et les singes, auxquels Luciani avait enlevé le cervelet, soit partiellement soit en totalité. Il a trouvé que la dégénérescence du pédoncule cérébelleux moyen se poursuit à travers la couche interolivaire et le faisceau longitudinal postérieur jusque dans la moelle où elle occupe la périphérie du cordon antéro-latéral, et qu'elle s'étend même aux racines antérieures ainsi qu'à quelques fibres de nerfs craniens. D'autre part la dégénérescence du pédoncule cérébelleux inférieur se propageait à la partie antérieure du faisceau de Flechsig. Marchi a trouvé des contradicteurs dans R. Russel (*British med. Journ.*, 1894, 395 et 640), dans Ferrier et Turner (*Proceed. of the Roy. Soc.*, 1894, LXIV). Par contre Campbell (*British med. Journ.*, 1894, 641) constate, à la suite de lésions destructives du cervelet, une dégénérescence descendante dans le faisceau cérébelleux direct, ainsi que dans certaines fibres descendant des corps restiformes dans le cordon de Burdach pour aller se mettre en rapport avec les cellules des cornes antérieures de la moelle cervicale.

Enfin dans un travail récent, Biedl a étudié complètement la voie centrifuge cérébelleuse qui, d'après lui, suit le pédoncule cérébelleux inférieur (*Neurol. Centralbl.*, 1895, n°s 10 et 11).

Il est difficile de préciser le rôle des conducteurs de cet ordre : on pourra l'expliquer différemment suivant l'idée qu'on se fait du mode d'action du cervelet. Quant aux voies centripètes, il est probable qu'elles apportent à ce centre des excitations parties de la peau, des muscles, des articulations, qui interviennent dans le maintien de l'équilibre et dans la régulation des mouvements : par le nerf vestibulaire arrivent également des impressions qui ont à cet égard une grande importance.

On conçoit donc qu'une lésion du pédoncule cérébelleux inférieur ou corps restiforme, par lequel passe la plus grande partie des divers conducteurs dont il a été question, détermine des troubles dans la station et la locomotion.

Rolando avait observé sur une chèvre que la lésion de l'un des corps restiformes détermine une attitude singulière dans laquelle le corps se courbe en arc du côté de la blessure. Magendie a obtenu le même résultat. Après lésion du pédoncule gauche, dit Magendie, l'animal se roule en cercle, le museau se rapproche de la cuisse gauche et se cache dans le pli de l'aine. On essaie en vain de ramener le corps dans une attitude droite : il reprend sa courbure. L'animal n'est plus libre de changer d'attitude. D'après Longet, le phénomène signalé par Rolando ne survient jamais quand la section est réellement limitée au pédoncule cérébelleux inférieur, et il se manifeste seulement dans le cas où le faisceau sous-jacent, faisceau intermédiaire du bulbe, a été lui-même lésé.

Flourens, Laborde ont noté une tendance au recul après la blessure de ce pédoncule. L'incurvation en arc de cercle du côté de la lésion a été constatée par divers expérimentateurs, Laborde, Bechterew, Biedl. De plus, « si dans ces conditions (après piqûre du corps restiforme) l'animal en expérience est sur ses pattes et excité à se mouvoir, il est comme désemparé, étant irrésistiblement entraîné sur le côté ou en arrière sans pouvoir arriver à l'équilibre stable, tombant tantôt en avant sur la face, tantôt sur le flanc, tantôt, et avec une tendance plus marquée, sur le train postérieur avec entraînement au recul » (Laborde).

Bechterew (*A. de P.*, 1884, XXXIV, 379) a étudié plus complètement encore les conséquences de la section d'un des pédoncules cérébelleux inférieurs. Après cette opération l'animal roule sur son axe dans la direction du pédoncule lésé, quel que soit le point où la section ait été faite. Dans l'intervalle de ces mouvements il reste couché sur le côté vers lequel se fait le roulement. Curschmann (*Deutsches Arch. f. klin. Med.*, 1874, XII, 356) avait déjà insisté sur ce décubitus forcé du côté de la lésion après section unilatérale des deux pédoncules, antérieur et postérieur; l'animal conserve cette position jusqu'à la mort et y revient fatalement dès qu'on le couche du côté opposé sur le dos ou sur le ventre. Un autre effet de la lésion, bien décrit par Bechterew, ce sont les troubles dans les mouvements du globe oculaire : il y a du nystagmus et une déviation telle des yeux que celui du côté lésé est dirigé en bas et en dedans, l'autre en haut et en dehors : ces manifestations persistent dans l'intervalle des mouvements forcés. En outre, pendant les pauses, la tête et la partie antérieure du tronc s'incurvent fortement dans la direction où se fait le roulement : les deux membres opposés à la section sont en extension et appliqués avec force contre le sol, tandis que ceux du côté correspondant sont à demi fléchis, sans tension.

Les mouvements de roulement très prononcés, presque incessants les premiers jours, deviennent ensuite de plus en plus rares : au bout d'un temps plus ou moins long, il cessent, mais ce n'est que dans des cas très rares que l'animal arrive à se tenir debout et à marcher. Quand il y réussit, il a une tendance extrême à chanceler et à tomber sur le côté vers lequel se faisait le roulement. Parfois aussi il décrit alors des mouvements de manège dans la direction du côté sain.

La description de Becuterew a été confirmée en tous ses points dans le travail récent de Biedl, sauf en ce qui concerne les suites éloignées de l'opération : d'après ce dernier expérimentateur les animaux peuvent se rétablir complètement : au bout de quinze jours environ la locomotion des petits chats opérés était redevenue normale. De plus Biedl a constaté chez l'un d'eux des troubles dans la coordination des mouvements de la tête et des mâchoires.

On a discuté beaucoup sur la sensibilité des corps restiformes à une époque où l'on se demandait s'ils continuaient dans le bulbe les cordons postérieurs de la moelle. Brown-Séquard les avait trouvés peu sensibles aux excitations mécaniques. Longet les dotait au contraire d'une vive sensibilité. Vulpian et Laborde leur ont reconnu également cette propriété. D'après Schiff, la section de la partie interne du corps restiforme ne provoque pas de manifestations de douleur : la section du faisceau externe est douloureuse et amène du côté opéré une hyperesthésie limitée aux deux membres et ne portant pas sur le tronc et sur l'abdomen. L'exagération de la sensibilité est moindre qu'après la section d'un cordon postérieur. L'excitation de la lèvre supérieure du faisceau externe sectionné est douloureuse, mais moins que celle de la lèvre inférieure.

Enfin la lésion du corps restiforme peut amener un ensemble curieux de symptômes qui reproduisent à peu près ceux de la maladie de Basedow, accélération des battements du cœur, exopthtalmie, gonflement ou du moins congestion du corps thyroïde. Le fait a été signalé par Filehne; puis constaté également par Durdufi et Bienfait (*Annales de la Soc. méd. chirurg. de Liège*, 1895). Le lieu d'élection pour provoquer l'apparition du syndrome de Basedow se trouve, d'après Bienfait, vers le milieu de la longueur du corps restiforme. Ajoutons encore que Mendel a trouvé ce faisceau atrophié à gauche chez un sujet qui avait succombé à l'affection dont il s'agit (*Deutsche med. Wochenschrift*, 1892, n°5). Il est bon de rappeler que Brown-Séquard a depuis longtemps noté l'exophtalmie consécutive à la lésion du corps restiforme et même la transmission par hérédité de cette déformation de génération en génération chez les cobayes, « au point qu'il se formait presque une race nouvelle » (*Notice sur les travaux scient. de* Brown-Séquard, 57). L'illustre physiologiste a observé dans les mêmes conditions des hémorrhagies souscutanées et de la gangrène de l'oreille, résultant évidemment de troubles vaso-moteurs et également transmissibles par hérédité (*Bull. Acad. de méd.*, Paris, 1869, 171).

L'étude des fonctions de l'olive bulbaire trouve sa place ici. Cet organe, en effet, semble comme une partie détachée du cervelet englobée dans la moelle allongée, il offre de grandes analogies de forme et de structure avec le noyau denté du cervelet.

On sait aussi depuis longtemps que l'atrophie congénitale ou une lésion destructive ancienne d'un hémisphère cérébelleux entraîne celle de l'olive contro-latérale. L'extirpation d'une moitié du cervelet chez les jeunes animaux produit le même résultat : la destruction du noyau denté du cervelet suffit à elle seule. Dans la série animale, l'olive et le corps denté suivent une marche parallèle et n'acquièrent que chez l'homme leur plein développement (Charpy). La physiologie expérimentale confirme ces analogies.

Les relations de l'olive avec le cervelet s'établissent par un faisceau qui franchit la ligne médiane, croise le corps restiforme opposé de dedans et dehors, s'applique à sa face externe et se rend au noyau denté autour duquel ses fibres forment ce qu'on appelle la toison comme le corps denté est en rapport par le pédoncule cérébelleux supérieur avec le noyau rouge contro-latéral, on peut admettre que l'olive, le corps restiforme du côté opposé, le noyau denté, le pédoncule cérébelleux supérieur et le noyau rouge de la calotte représentent un système important au point de vue de la conservation de l'équilibre (Edinger). Pour Bechterew l'olive est en connexion avec un faisceau spécial situé un peu en arrière d'elle : le faisceau central de la calotte (*Centralbl. f. Neu-*

rol., 1885, 194) qui remonte jusqu'aux masses grises du troisième ventricule dont il a cherché à établir l'influence sur l'équilibration : le tractus cérébello-olivaire ne serait que la continuation de ce faisceau et amènerait au cervelet des impulsions centripètes qui partent de la substance grise ventriculaire et réagissent à leur tour sur des voies centrifuges. FLECHSIG fait terminer le faisceau central de la calotte dans le noyau lenticulaire du cerveau, en sorte que ce dernier, le corps denté du cervelet, l'olive du bulbe forment un système solidaire dont les trois membres peuvent être simultanément atrophiés (*Centralbl. f. Neurol.*, 1885, 196).

On considère généralement les fibres cérébello-olivaires comme des fibres centripètes, allant de l'olive vers le cervelet. Il n'est pas douteux, fait remarquer KOELLIKER, que chacun des pédoncules ne renferme des fibres cylindraxiles émises par les cellules de PURKINJE, c'est-à-dire des conducteurs centrifuges. Si l'on se demande où se rendent celles du pédoncule inférieur, on arrive par exclusion à admettre que ce ne peut être que dans les olives : ces fibres se terminent autour des cellules olivaires : celles-ci à leur tour se mettent en relation dans le bulbe avec la partie fondamentale des cordons latéraux. Par conséquent les cellules de PURKINJE enverraient par le faisceau cérébello-olivaire des excitations centrifuges aux olives, qui de leur côté actionneraient les noyaux moteurs de la moelle par l'intermédiaire des cordons latéraux. En fait, MARCHI, HELD, BIEDL ont démontré l'existence des fibres centrifuges dans le tractus qui unit le cervelet à l'olive.

Quel que soit le mécanisme par lequel l'olive intervient dans le maintien de l'équilibre, quelques expériences semblent démontrer que son influence à cet égard est réelle. LABORDE, en localisant l'excitation à cet organe, a vu se produire, comme l'avait déjà observé MAGENDIE, des mouvements de rotation et de déséquilibration. Pour lui ils ne dépendent pas de l'olive elle-même, mais bien de ses relations avec les fibres cérébelleuses.

BECHTEREW dit être arrivé à sectionner isolément l'une des olives sans toucher le pédoncule cérébelleux ou les parties voisines. Les troubles ont été les mêmes que ceux qui succèdent à la section de ce pédoncule. Immédiatement après l'opération il se produit une torsion de la tête et du tronc autour de l'axe longitudinal du corps, de sorte que la joue du côté correspondant à la lésion regarde presque directement en bas, la joue opposée en haut : l'œil du côté de la section regarde en bas et en dehors, l'autre en haut et en dedans : il y a en même temps du nystagmus. Quand l'animal est mis à terre, il se produit un roulement sur l'axe, vers le côté opéré. Dans l'intervalle des accès, il prend une attitude forcée et reste couché sur le côté de la lésion. Lorsqu'on cherche à lui faire quitter cette position, il offre une grande résistance et raidit les deux extrémités du côté opposé à l'opération. Au repos, l'animal s'incurve en arc de cercle.

En général, il n'y a pas de troubles de la sensibilité ni de paralysie. Les animaux opérés réagissent vivement à toutes sortes d'excitations, et ils exécutent, étant couchés, des mouvements énergiques des quatre membres. Quand ils essaient de marcher, ils retombent bientôt sur le côté de la lésion.

Lorsque la lésion d'une olive est très circonscrite, il peut y avoir des mouvements de propulsion ou de recul, de la tendance au recul. Les mêmes manifestations se produisent si les deux olives ont été légèrement blessées. Si au contraire les lésions des deux organes sont plus étendues, l'animal présente des troubles de l'équilibre caractérisés par un vacillement marqué du corps, des oscillations de la tête et du tronc, de l'inaptitude à la station et à la marche, bien qu'il n'y ait pas de paralysie. En résumé la lésion des olives produit des attitudes et des mouvements forcés, des troubles de l'équilibre (*A. de P.*, 1882, XXIX, 257).

On ne peut méconnaître l'analogie de cette description avec le tableau des troubles consécutifs à la section du pédoncule cérébelleux inférieur : en effet, alors même que celui-ci reste intact, les fibres qui le mettent en communication avec les olives n'en sont pas moins lésées. Mais les expériences de BECHTEREW prouvent tout au moins que la lésion du faisceau cérébello-olivaire a les mêmes conséquences que celle du corps restiforme tout entier. Chez l'homme, dans les cas d'altération limitée à l'une des olives, on a observé aussi de la rotation forcée du côté sain vers le côté malade (MESCHEDE, *Jb. P.*, 1888, 34). Il est à peine besoin de faire remarquer que l'opinion de SCHRŒDER VAN DER KOLK, qui faisait de l'olive l'organe coordinateur de la fonction du langage, ne trouve aucun appui dans l'exposé anatomique des relations de cet organe : les faits pathologiques l'ont aussi depuis longtemps démentie.

III. Le Bulbe, organe d'innervation centrale. — Comme centre d'origine de nombreux nerfs craniens, moteurs et sensitifs, dont la sphère de distribution est très étendue, le bulbe tient sous sa dépendance des actes multiples, tels que ceux du clignement et de la mimique, de la succion, de la mastication, de la déglutition.

Tous ces actes s'accomplissent sans doute, comme nous l'avons déjà dit, à la façon des réflexes simples, c'est-à-dire au moyen de fibres collatérales sensitivo-motrices qui unissent directement les nerfs sensitifs aux noyaux d'origine des nerfs moteurs ou bien par des fibres qui, parties des noyaux terminaux des nerfs sensibles, vont se mettre en rapport avec les cellules ganglionnaires motrices.

C'est également parce qu'il est le centre d'origine du nerf modérateur du cœur, et sans doute aussi de ses nerfs accélérateurs, que le bulbe est le foyer régulateur des mouvements de cet organe, de même encore qu'il est le centre des sécrétions salivaire, lacrymale, pancréatique. Il n'est pas nécessaire d'admettre dans tous ces cas des groupements cellulaires spéciaux venant se superposer en quelque sorte aux noyaux moteurs et sensitifs, et rattacher les uns aux autres les conducteurs centripètes et centrifuges. L'association des mouvements bilatéraux des globes oculaires s'explique également par une disposition anatomique fort simple. Cependant, quand le mécanisme nerveux se complique, il est probable qu'un noyau distinct sert à en associer les diverses pièces, même alors que celles-ci sont toutes situées dans le bulbe lui-même. C'est ainsi que pour la déglutition il est vraisemblable qu'il existe un agencement de ce genre. Peut-être en est-il de même pour les mouvements coordonnés du langage articulé.

Mais la sphère d'influence du bulbe ne se limite pas seulement à des actes régis par les nerfs qui émanent de cet organe; elle s'étend à des mouvements très complexes dont les agents sont animés par des nerfs qui prennent naissance dans les noyaux situés au loin et répartis sur une étendue souvent très grande de l'axe gris. Tels sont les mouvements de la respiration, ceux des parois contractiles des vaisseaux. Il a paru que l'explication la plus simple de cette influence devait être cherchée dans l'existence de foyers spéciaux destinés d'une part à centraliser les excitations, périphériques ou autres, qui provoquent le mouvement et d'autre part à coordonner l'activité des agents qui l'exécutent. C'est ainsi qu'on a localisé dans le bulbe : 1° Le centre respiratoire qui en comprend lui-même deux autres, l'un inspirateur et l'autre expirateur, et auquel vient encore s'ajouter un centre de l'éternuement, un centre de la toux, un centre de la phonation, un centre du vomissement; 2° le centre vaso-moteur général ou plutôt deux centres; l'un vaso-constricteur, l'autre vaso-dilatateur.

A cette même catégorie d'organes centraux qui commandent à d'autres foyers subordonnés appartiendraient : 1° Le centre de coordination des réflexes; 2° un centre de locomotion, du moins chez les animaux à sang froid; 3° un centre des convulsions; 4° un centre dilatateur de la pupille; 5° un centre sudoral supérieur.

Je ne sais si, malgré l'abondance de la substance grise dans le triangle inférieur du quatrième ventricule, on trouverait à côté des noyaux moteurs et sensitifs assez de groupements cellulaires distincts pour répondre à toutes ces localisations. Toujours est-il que l'existence de quelques-uns de ces centres est contestable; par exemple le centre des convulsions et même le centre de coordination des réflexes. D'autre part, pour quelques-uns des actes dont il a été question (vomissement, éternuement, etc.), le bulbe est, il est vrai, indispensable à leur accomplissement, sans que pour cela il y ait lieu de leur attribuer un centre anatomique spécial. Cette question sera discutée pour chacun d'eux en particulier.

L'activité des divers centres bulbaires peut avoir des causes et des modes de manifestation différents. Elle peut trouver sa source dans des excitations extérieures (centres réflexes). S'il existe vraiment dans la moelle allongée un centre coordinateur des mouvements qui servent à la parole, il appartient aussi à cette même catégorie, puisqu'il reçoit ses impulsions d'un autre point du système nerveux; mais ici c'est l'influence volontaire qui représente l'excitant normal. Par contre, pour d'autres centres, le stimulus se produit sur place et dépend des modifications nutritives qui se passent dans la cellule ganglionnaire elle-même : le centre est dit automatique; cependant il n'est pas toujours facile de faire la part des deux causes d'excitation.

L'activité de ces foyers nerveux peut n'être mise en jeu qu'à des intervalles plus ou moins éloignés, par des stimulations physiologiques : centre de la déglutition, par exemple : par contre elle est dite tonique lorsqu'elle s'exerce d'une façon constante (centre vaso-constricteur, centre modérateur du cœur) ou rythmique, lorsqu'elle est sujette à des alternatives régulières d'augmentation et de diminution (centre respiratoire). Un centre tonique peut d'ailleurs présenter des oscillations rythmiques; tel le centre vaso-constricteur.

Les décharges nerveuses périodiques qui partent du bulbe se traduisent par des variations électriques qui ont été étudiées par Setschenoff chez la grenouille (*A. g. P.*, xxv, 281 et xxvii, 524).

Pour mettre quelque ordre dans l'étude des nombreux centres qui viennent d'être énumérés, nous passerons successivement en revue : 1° les centres d'ordre supérieur, coordinateurs ou régulateurs de la motricité; 2° les réflexes moteurs simples qui ont leur centre dans le bulbe; 3° les centres cardiaques et vasculaires; 4° l'influence du bulbe sur certaines sécrétions, sur divers actes nutritifs et sur la température. Enfin nous terminerons en étudiant l'association fonctionnelle de quelques-uns de ces centres.

Centre respiratoire. — A. Historique. — Le bulbe, pour la majorité des physiologistes, est le centre excitateur des mouvements de la respiration; c'est par son intermédiaire qu'agit la cause, quelle qu'elle soit, qui met en jeu le mécanisme complexe destiné à assurer les échanges gazeux de l'organisme. Pour quelques-uns, il n'est que le régulateur de ces mouvements et son rôle, ainsi réduit, n'en reste pas moins très important.

Galien et, à une époque plus rapprochée de nous, Lorry (1760) avaient vu que la section de la moelle épinière entre la première et la deuxième vertèbre cervicale anéantit sur-le-champ la respiration et la vie.

Mais l'opinion qui place dans le bulbe le centre exclusif des mouvements respiratoires a son fondement dans les mémorables expériences de Legallois. L'exposé classique de cette question n'a eu depuis lors rien à modifier d'essentiel au rapport présenté par Percy à l'Institut sur les recherches de l'illustre physiologiste (septembre 1811) : « L'auteur a pris un lapin de cinq à six jours, il a détaché le larynx de l'os hyoïde et mis la glotte à découvert pour qu'on puisse observer ses mouvements, après quoi il a ouvert le crâne et extrait d'abord le cerveau puis le cervelet. Après cette double extraction, les inspirations ont continué; elles étaient caractérisées chacune par quatre mouvements qui se faisaient simultanément, savoir : un bâillement, l'ouverture de la glotte, l'élévation des côtes et la contraction du diaphragme. Ces quatre mouvements ayant été bien constatés et devant durer un certain temps, d'après l'âge de l'animal, l'auteur a extrait la moelle allongée et à l'instant même, ces mouvements ont cessé tous ensemble. On a reconnu que la portion de moelle allongée extraite s'étendait jusqu'auprès du trou occipital, et qu'elle comprenait l'origine des nerfs de la huitième paire. »

Il répète ensuite l'expérience, avec cette différence qu'au lieu d'enlever de prime abord une aussi grande étendue de moelle allongée, il l'extrait successivement par tranches d'environ trois millimètres. Les mouvements inspiratoires ne s'arrêtent qu'après l'extraction de la quatrième tranche : on a vérifié qu'elle embrassait l'origine des nerfs de la huitième paire (pneumo-gastrique). « Il est évident que si, au lieu de détruire le lieu dans lequel réside les premiers mobiles de tous les mouvements inspiratoires, on se bornait à l'empêcher de communiquer avec les organes qui exécutent ces mouvements, on produirait un effet semblable, c'est-à-dire qu'on arrêterait ceux de ces mouvements dont les organes ne communiqueraient plus avec le lieu dont il s'agit. C'est ce qu'on vient de voir dans le chat sur lequel la section des nerfs récurrents a arrêté les mouvements de la glotte sans arrêter les trois autres mouvements. Pour suspendre de même ceux-ci, il suffit de prendre garde par quelle voie leurs organes communiquent avec la moelle allongée. Or, il est clair que c'est par les nerfs intercostaux et par conséquent par la moelle épinière que la moelle allongée agit sur les muscles qui soulèvent les côtes et que c'est par les nerfs diaphragmatiques et par conséquent encore par la moelle épinière qu'elle agit sur le diaphragme. En coupant la moelle sur les dernières vertèbres cervicales, et au-dessous de l'origine des nerfs diaphragmatiques, on doit donc arrêter les mouvements des côtes et non ceux du diaphragme, et en coupant cette moelle entre l'occiput et l'origine des nerfs diaphragmatiques, on doit faire cesser à la fois les mouvements des côtes et ceux du diaphragme : c'est en effet ce qui a lieu. »

Legallois pratique en effet ces diverses sections qui donnent les résultats prévus. Il y ajoute la section du pneumogastrique vers le milieu du cou (pour paralyser les récurrents), et alors des quatre mouvements inspiratoires il ne reste plus que les bâillements, « lesquels attestaient que la moelle allongée conservait encore la puissance de les produire tous et qu'elle ne l'exerçait sans effet par rapport aux trois autres, que parce qu'elle ne communiquaient plus avec leurs organes ». Enfin Legallois prouve par des expériences semblables sur la grenouille « que ces résultats tiennent à des lois générales de l'économie animale et que la puissance nerveuse est distribuée et se régit d'une manière conforme dans les animaux vertébrés ». Ce n'est pas du cerveau tout entier, conclut Legallois, que dépend la respiration, mais bien d'un endroit assez circonscrit de la moelle allongée, lequel est situé à une petite distance du trou occipital et vers l'origine de la huitième paire.

Sur cette matière, Flourens n'a absolument rien ajouté aux faits découverts par Legallois, si ce n'est la conception fausse du nœud vital. Il s'est efforcé, il est vrai, de déterminer d'une façon plus précise le siège du centre respiratoire; mais sa localisation n'a pas résisté longtemps aux attaques dont elle a été l'objet. Flourens, du reste, dans ses différentes publications, n'a pas toujours assigné les mêmes limites au nœud vital. Il s'agissait d'abord d'un point qui se trouve à l'origine même de la huitième paire, origine qu'il comprend dans son étendue, commençant avec elle et finissant un peu au-dessous : les limites expérimentales de ce point sont marquées au-dessous par la persévérance des mouvements inspiratoires de la tête et au-dessus par la persévérance de ceux du tronc (*Rech. expérim. sur les fonctions et les propriétés du système nerveux*, Paris, 1842).

Plus tard le point, premier moteur du mécanisme respiratoire et nœud vital du système nerveux, n'est pas plus gros qu'une tête d'épingle (*C. R.*, xxiii). Plus tard enfin il devient double, formé de deux parties ou moitiés réunies sur la ligne médiane : il se trouve entre le trou borgne en haut, le point de jonction des pyramides postérieures en bas; et le signe extérieur pour le trouver, c'est le V de la substance grise à l'angle inférieur du quatrième ventricule. Si la destruction passe en avant du trou borgne, les mouvements respiratoires du thorax subsistent : si elle passe en arrière du point de jonction des pyramides postérieures, ce sont des mouvements respiratoires de la face qui subsistent ; si la section passe sur le milieu du V de la substance grise, tous les mouvements du thorax et de la face sont abolis (*C. R.*, 1858, xlvii, 803; *Ibid.*, 1859, xlviii, 1136).

Ce point n'était pas seulement pour Flourens le centre respiratoire, mais son intégrité était indispensable à toutes les fonctions de la vie : car tout ce qui du système nerveux reste attaché à ce point, vit, et tout ce qu'on en sépare meurt. La théorie du nœud vital dans le sens où l'entendait Flourens, c'est-à-dire d'un point d'où dépendrait non seulement la respiration, mais « l'exercice de l'action nerveuse, l'unité de cette action, la vie entière de l'animal en un mot », n'a eu qu'une existence éphémère. Par contre tous les physiologistes, sauf quelques rares exceptions, ont continué, depuis Flourens, à placer dans un point circonscrit du bulbe le centre et le premier moteur du mécanisme respiratoire.

B. **Siège du centre respiratoire.** — Le désaccord commence lorsqu'il s'agit de préciser exactement le siège de ce centre.

Les sections longitudinales du bulbe pratiquées par Volkmann sur les oiseaux (1844) et par Longet sur les mammifères (*Arch. génér. de méd.*, xiii, 377, 1847) avaient déjà démontré que la pointe du calamus peut être sectionnée sans que la respiration s'arrête, et Longet localisait le centre dans le faisceau intermédiaire du bulbe. Schiff (*Musken u. Nerven Physiologie*, Lahr, 1858-59) tire de ses expériences les conclusions suivantes : « 1° Chaque moitié du corps a son centre respiratoire; 2° les deux centres respiratoires sont séparés l'un de l'autre par une masse intermédiaire assez large de substance grise; 3° ces centres se trouvent très peu en arière du point de sortie des nerfs vagues, près du bord latéral de la masse grise qui forme le plancher du quatrième ventricule : ils s'étendent moins en arrière que l'aile grise elle-même, dont on peut extirper la partie postérieure sans danger immédiat pour la vie (cité d'après Girard, *Recherches sur l'appareil respiratoire central*, Genève et Bâle, 1891).

En résumé Schiff a pu extirper sans inconvénient le nœud vital de Flourens, mais l'ablation de la partie supérieure et externe de l'aile grise (*ala cinerea*) arrête la respiration dans la moitié correspondante du corps. Dans son *Recueil des Mémoires physiologiques*, (I, Genève, 1894), SCHIFF revient sur ce sujet, et décrit minutieusement le procédé opératoire qu'il emploie. L'excision de l'aile grise, sur les deux tiers environ de sa longueur, suffit pour produire l'effet cherché. SCHIFF ajoute ici que le centre respiratoire ne correspond pas à toute l'épaisseur de l'aile grise, qu'on peut en enlever la couche la plus superficielle, celle qui fait saillie sur le plancher du quatrième ventricule sans compromettre la respiration.

Notons que c'est en présence des faits signalés par VOLKMANN, LONGET, SCHIFF, que FLOURENS en était arrivé à modifier sa première description du centre respiratoire et à le dédoubler.

Cependant la localisation de SCHIFF a eu le même sort que celle de FLOURENS : c'est-à-dire qu'elle a été contestée dans la suite par divers expérimentateurs. GIERKE (*A. g. P.*, 1873, VII, 583) put pratiquer l'ablation de l'aile grise de chaque côté et constater après cette opération la persistance de tous les mouvements respiratoires. Il a trouvé, par contre, que, pour provoquer leur arrêt définitif, il devait sectionner ce faisceau longitudinal de fibres nerveuses, accolé au noyau du glosso-pharyngien et du pneumogastrique que les anatomistes désignent sous le nom de bandelette ou faisceau solitaire. GIERKE est parvenu à extirper presque toute une moitié du bulbe en ne conservant de ce côté que le faisceau en question : l'animal ainsi opéré pouvait vivre encore assez longtemps pour qu'il fût possible de reconnaître que la respiration était restée bilatérale. Ici ce n'est même plus un amas de cellules nerveuses qui est mis en cause, mais bien un tractus de fibres nerveuses.

Plus tard, il est vrai, GIERKE (*C. W.*, 1885, 593) revint sur la structure de ce faisceau pour y décrire des éléments cellulaires interposés aux fibres. Mais que nous apprend l'anatomie sur la signification de ces fibres et de ces cellules? KRAUSE a considéré les premières comme une voie de communication entre le pneumo-gastrique et le noyau du nerf phrénique, et lui a donné avec GIERKE le nom de faisceau respiratoire. KÖLLIKER, au contraire, d'après les préparations mêmes de KRAUSE, a contesté qu'elles se prolongent dans la moelle cervicale. On a vu en effet qu'elles ne sont autre chose que des racines sensitives de la neuvième et de la dixième paire et que les cellules qui les accompagnent forment un des noyaux terminaux de ces nerfs.

Avec MISLAWSKY (*C. W.*, 1885, 466) le centre respiratoire se déplace de nouveau. Les faisceaux de GIERKE n'ont pas d'influence sur les mouvements respiratoires et leur centre se trouve dans ce que nous avons appelé la substance réticulée blanche, sous forme de deux amas ganglionnaires, situés de chaque côté du raphé, en dedans des racines de l'hypoglosse, en arrière des olives inférieures; ils s'étendent depuis le niveau du calamus jusqu'au noyau central de ROLLER dont ils se distinguent par leurs cellules plus petites.

GIRARD (*loc. cit.*, 1891) confirme les données de SCHIFF. Il n'a jamais pratiqué l'ablation de la partie la plus externe de la masse cellulaire qui constitue l'aile grise, ni la destruction totale du noyau postérieur du pneumogastrique sans provoquer soit la cessation de la respiration du côté correspondant, quand l'opération était unilatérale, soit la mort subite quand elle était faite des deux côtés. Il déclare néanmoins que comme GIERKE il a cherché en vain dans la zone de LEGALLOIS un noyau gris qui pût être considéré comme un vrai centre respiratoire. Il admet que toutes les parties sensibles du corps délèguent un certain nombre de fibres qui se mettent en communication avec les éléments cellulaires plus ou moins disséminés de cette région. Il accorde de plus une grande importance au faisceau respiratoire qui serait, pour lui aussi, la voie centrifuge traversant le carrefour central et allant se mettre en communication avec les masses grises de la moelle épinière d'où partent les noyaux respiratoires du tronc. La simple section du faisceau fait cesser subitement tous les mouvements du tronc du côté correspondant.

LABORDE revient à la localisation de FLOURENS : le foyer du mécanisme respiratoire est situé immédiatement au-dessus du bec du calamus, inclus dans le V de substance grise, comprenant deux moitiés à cheval sur le raphé médian et au moins la moitié de l'épaisseur de la substance bulbaire. L'abrasion du centre de FLOURENS à l'aide d'un emporte-pièce provoque toujours invariablement l'arrêt complet et irrémédiable des mouvements respiratoires, la piqûre ou l'abrasion de tout autre point voisin n'entraîne jamais le même résultat (*Tr. de Physiol.*, 154).

En présence de ces contradictions, GAD et MARINESCO (*A. de P.*, 1893, 175) se sont proposé récemment de déterminer le siège du centre par une méthode permettant d'éviter l'ébranlement traumatique et les hémorrhagies. Dans ce but ils ont employé la cautérisation punctiforme au moyen de petites perles de verre, grosses comme une tête d'épingle. En observant ces précautions ils constatent que la destruction de la plupart des points situés sur ou sous le plancher du quatrième ventricule peut déterminer des troubles de la respiration; mais ils ne sont que transitoires. Les mouvements ne sont définitivement supprimés que lorsqu'on détruit la substance réticulée. Chez le lapin, c'est la substance réticulée grise qu'il faut enlever dans une certaine étendue; chez le chat, comme la substance réticulée blanche renferme beaucoup de cellules nerveuses, sa destruction suffit pour troubler profondément la respiration ou pour l'arrêter. La localisation dans la formation réticulée est d'autant plus satisfaisante, dit GAD, que cette partie est en relation intime avec les cordons latéraux, par lesquels se transmettent à la moelle les excitations parties du centre bulbaire.

SCHIFF a cherché à concilier ces résultats contradictoires, en particulier ceux de GIERKE, de GAD et de MARINESCO, avec les siens. Si GIERKE n'a pas observé d'arrêt de la respiration à la suite de l'ablation de l'aile grise, c'est qu'il n'en a enlevé que la couche la plus superficielle; si la section du faisceau respiratoire produit cet effet, c'est qu'elle ne peut se pratiquer sans lésion de la partie externe de l'aile grise. Si GAD et MARINESCO sont arrivés à placer le centre respiratoire dans la substance réticulée, c'est parce que la destruction des éléments nerveux qu'elle renferme supprime les communications entre l'aile grise et les conducteurs centrifuges et centripètes impliqués dans le mécanisme respiratoire.

On peut, en effet, mettre d'accord ces données diverses si on considère que les couches profondes de l'aile grise, dont l'ablation, d'après SCHIFF, est nécessaire pour suspendre la respiration, font en réalité partie de la substance réticulée et que celle-ci contient aussi le faisceau respiratoire de GIERKE. Mais il est important de remarquer que les divergences portent surtout sur les limites qu'il faut assigner au centre respiratoire. Tandis que pour SCHIFF et GIERKE il n'occupe qu'un point circonscrit de la substance réticulée, pour GAD et MARINESCO il s'étend au-dessous du plancher du quatrième ventricule sur la presque totalité de l'aire comprise entre la ligne médiane et le corps restiforme; on a vu, en effet, que, suivant les espèces animales, il peut siéger soit dans la substance réticulée blanche, soit dans la substance grise. Quant aux limites supérieures du centre de GAD, elles ont été fixées plus tard par ARNHEIM (*A. P.*, 1894, 1) au niveau du tubercule acoustique. Il ne faut pas s'attendre, dit ce dernier, à ce qu'un appareil de coordination aussi élevé soit représenté par un noyau circonscrit, comme l'est celui d'un nerf moteur. Il suffit d'avoir démontré qu'il siège dans un groupe de cellules appartenant à un système anatomique bien défini et soumises à des conditions identiques d'irrigation sanguine.

La substance réticulée forme-t-elle vraiment le système anatomique bien défini que l'on réclame? Les anatomistes ne conviendront sans doute pas volontiers que tel soit le cas pour cette agglomération si complexe d'éléments nerveux, moteurs ou sensitifs, dont les relations exactes sont loin d'être nettement établies, surtout en ce qui concerne les groupes ganglionnaires surajoutés à ceux de la moelle. D'autre part la physiologie est amenée à localiser dans cette même substance des centres aux attributions les plus variées. Si donc une méthode aussi minutieuse que celle de GAD et MARINESCO conduit au résultat indiqué, la conclusion à laquelle on arrive, c'est qu'il n'est pas possible de délimiter le centre respiratoire d'une façon plus précise que ne l'avait fait LEGALLOIS.

Il faut reconnaître, du reste, que le siège exact de ce centre n'a pas grande importance, et qu'un point cependant reste acquis : c'est que, pour arrêter la respiration, la lésion du bulbe doit porter, de préférence, sur une région déterminée de cet organe, sur le triangle inférieur du plancher du quatrième ventricule, sur ses couches nerveuses profondes. La plupart des physiologistes ont déduit de là que le mécanisme de la respiration est exclusivement régi par des amas cellulaires ayant leur siège dans cette zone.

BROWN-SÉQUARD le premier s'est élevé contre la doctrine classique, et n'a accepté ni le nœud vital, ni le centre respiratoire. On cite souvent, parmi les expériences que ce physiologiste a opposées à la localisation du centre respiratoire dans le bulbe, celles où il a montré que les animaux résistent à l'ablation de cet organe, pendant un temps plus ou moins long : les batraciens pendant des semaines, certains reptiles pendant des jours, les mammifères hibernants pendant des heures, les oiseaux et les mammifères non hibernants pendant des minutes (*Bull. de la Soc. philomat.*, 1849, 117). Mais BROWN-SÉQUARD ne cherche encore dans ce travail qu'à prouver que la moelle allongée n'est pas essentielle à la vie : dans l'énumération des fonctions et des propriétés qui persistent, il n'est pas question des mouvements respiratoires. A ce moment, il partage sans doute encore l'opinion générale, car il est dit dans ce mémoire : « Tout le monde sait, surtout depuis les travaux de FLOURENS, que la moelle allongée tient sous sa dépendance les mouvements respiratoires. »

C'est en 1858 (*Recherches sur les causes de la mort après l'ablation de la partie de la moelle allongée qui a été appelée point vital. Journ. de la Physiol.*, I, 217) qu'il établit une règle des plus importantes dans l'étude des centres nerveux, à savoir que les effets obtenus à la suite d'une lésion traumatique de ces centres peuvent reconnaître deux causes absolument distinctes, soit la perte de fonctions par suppression de la partie lésée, ce que GOLTZ a appelé plus tard les phénomènes de déficit, soit l'irritation produite sur les parties voisines ou sur les organes éloignés. Sans nier les résultats obtenus par FLOURENS, il soutient qu'on peut les interpréter différemment; mais il montre aussi qu'ils ne sont pas constants, que la respiration peut avoir lieu avec force et régularité pendant un grand nombre de jours, après l'ablation du nœud vital. La mort subite, quand elle se produit, n'est donc pas due à l'extirpation de ce point, mais à l'irritation des parties voisines qui produit un arrêt du cœur et des mouvements respiratoires; de ces deux conséquences de l'opération, la dernière est une cause de mort plus fréquente que l'autre et peut exister seule. Enfin le procédé même de FLOURENS, qui consiste dans l'emploi d'un emporte-pièce, expose plus que tout autre à ce résultat, parce qu'il agit brusquement sur toute la surface qu'un bistouri ou des ciseaux n'irritent que partiellement.

Bien que ces idées n'aient pas prévalu, plusieurs arguments cependant peuvent être invoqués pour les appuyer.

Il est incontestable que tout ébranlement un peu violent des centres nerveux peut, par un mécanisme qu'il est difficile de préciser, mais dont les effets n'en sont pas moins palpables, provoquer à distance des phénomènes d'inhibition, et au voisinage du nœud vital les conditions sont particulièrement favorables. L'influence du pneumogastrique sur la respiration est telle qu'une irritation violente de ce nerf peut dans certains cas produire la mort subite par arrêt de cette fonction (P. BERT) : l'action inhibitoire du trijumeau est bien connue également; celle du glosso-pharyngien est soutenue par KRONECKER et MARCKWALD. On comprend donc que l'excitation de la partie du bulbe d'où naissent et où s'implantent ces nerfs, puisse avoir pour les mouvements de la respiration les conséquences les plus graves.

Le désaccord même qui règne entre les physiologistes sur l'endroit précis où il faut pratiquer l'opération de FLOURENS, n'est-il pas une preuve que l'abolition de ces mouvements est le résultat de lésions dont le siège peut varier dans des limites assez étendues pourvu qu'elles produisent une irritation suffisante? Et, s'il y a un lieu d'élection pour réussir plus sûrement, n'est-il pas précisément, comme le montrent les tentatives de localisation de SCHIFF, LONGET, GIERKE, GIRARD, à proximité ou au niveau de l'origine des nerfs inhibiteurs dont il a été question?

Comment une incision unilatérale pratiquée sur un faisceau intermédiaire du bulbe produira-t-elle la mort subite, comme l'a souvent observé LONGET, si ce n'est par une irritation à distance?

Enfin des lésions qui n'intéressent pas directement le bulbe et qui portent sur la protubérance ou même sur les pédoncules cérébraux amènent quelquefois par un mécanisme semblable à un arrêt définitif de la respiration. BROWN-SÉQUARD, COSTE (*Th. P.*, 1851) ont signalé des faits de ce genre. Il est vrai qu'ils ne sont pas très communs. Mais BROWN-SÉQUARD a fait valoir que le bulbe, au voisinage du *calamus scriptorius*, est doué, bien plus qu'aucune autre région de l'axe cérébro-spinal, de la puissance inhibitoire, et qu'il l'exerce non seulement à l'égard de la respiration, mais aussi de presque toutes les autres propriétés que possède le système nerveux. (Faits montrant que c'est parce que le bulbe rachidien est le principal foyer d'inhibition qu'il semble être le principal centre des mouvements respiratoires. *B. B.*, 1887, 293.) Il faut tenir compte sans doute aussi de cette circonstance, que la section du bulbe prive subitement la substance grise de la moelle d'impulsions centripètes de toute nature, venues des régions supérieures et qui contribuent à entretenir son excitabilité normale.

On trouvera plus loin quelques autres preuves en faveur de cette théorie, ainsi que les arguments qu'on lui a opposés. Il est à remarquer aussi qu'à chaque nouvel essai de localisation, les partisans d'un centre respiratoire unique ne se font pas faute d'invoquer l'inhibition pour expliquer les résultats obtenus par ceux de leurs prédécesseurs qui ne sont pas d'accord avec eux sur le siège exact de ce centre dans le bulbe.

Mais on conçoit que les vues théoriques soutenues par Brown-Séquard n'aient pu ébranler la doctrine reçue. Il fallait des faits. C'est encore le même physiologiste qui a publié les premiers connus. « Dans certains cas et chez certains animaux, on peut voir des mouvements respiratoires s'opérer après l'ablation de la moelle allongée. Le docteur Bennet-Dowler, de la Nouvelle-Orléans, a signalé cette persistance chez les crocodiles, nous l'avons constatée et nous l'avons fait voir nombre de fois dans nos cours chez les oiseaux, enfin le docteur B. W. Richardson, de Londres, et nous-même l'avons observée chez les mammifères nouveau-nés[1] (*Journal de la Physiol.*, 1860, 153). »

Il ne s'agit plus ici, comme dans le cas d'extirpation ou de piqûre du bulbe, d'expériences qui peuvent recevoir des interprétations diverses : ce sont des données positives. Et cependant il faut reconnaître qu'elles n'ont pas modifié les idées régnantes. Exposées dans les lignes que nous venons de citer, elles semblent avoir été moins connues que celles dont il a été précédemment question et qui, elles, prêtaient mieux à la controverse. Peut-être aussi les quelques cas cités par Brown-Séquard ont-ils été regardés comme des exceptions trop rares pour infirmer la généralité des résultats obtenus à la suite de l'ablation du bulbe.

En 1874, une observation faite par V. Rokitansky vint de nouveau appeler l'attention sur ce sujet. Cet auteur a vu que de très jeunes lapins, dont la moelle était séparée du bulbe et auxquels il administrait de la strychnine, exécutaient au milieu des convulsions quelques mouvements respiratoires (*Wiener med. Jahr.*, 1874, 30). V. Schroff modifia l'expérience en soumettant les animaux à l'action d'une température d'environ 37°, pour réveiller l'irritabilité de la moelle affaiblie par le choc. Lorsqu'on arrêtait l'insufflation pulmonaire, l'animal faisait encore deux ou trois respirations (*Ibid.*, 1875). Mais il semble que ces expérimentateurs n'aient pas osé rompre avec l'opinion reçue. C'est ainsi que Schroff trouve à la concilier avec les faits qu'il a constatés en admettant que le centre respiratoire envoie un prolongement dans la moelle cervicale.

Ces travaux ont servi de point de départ aux recherches beaucoup plus complètes de Langendorff. Dans un premier et important mémoire, ce physiologiste soutient l'autonomie des centres respiratoires de la moelle par deux sortes d'expériences : les unes sont relatives à des animaux ordinairement très jeunes auxquels on injecte un demi à 1 milligramme de strychnine, après qu'ils ont subi la section du bulbe : dans les autres, on n'a pas recours à l'agent excitant. Dans le premier cas on voit, après que les convulsions générales ont cessé, l'animal continuer à exécuter des mouvements respiratoires spontanés, et l'on est donc déjà autorisé à conclure avec Langendorff que la moelle peut par elle-même envoyer aux muscles de la respiration des excitations à caractère rythmique, si l'on a soin de réveiller son excitabilité. Si l'on objecte que le poison modifie, ce qui est incontestable, le fonctionnement des centres, Langendorff montre qu'on arrive égale-

1. Landois, dans son *Traité de Physiologie*, cite Brachet (1835) comme ayant déjà observé le retour des mouvements respiratoires du tronc chez les nouveau-nés à moelle sectionnée. J'ai parcouru l'ouvrage de Brachet (*Recherches expérimentales sur les fonctions du système nerveux ganglionnaire*, édit. 1837) et je n'y ai rien trouvé de semblable. Si vraiment il avait constaté le fait dans un passage qui pourrait m'avoir échappé, toujours est-il qu'il n'en aurait tiré aucun parti. Pour lui, en effet, « les nerfs de la huitième paire reçoivent dans les poumons l'impression du besoin de respirer et la transmettent à la moelle allongée et celle-ci réagit sur les parties de la moelle épinière qui fournissent les nerfs respiratoires de la poitrine. *Si la communication entre la moelle allongée et la moelle épinière est interceptée, la respiration ne peut plus avoir lieu, puisque la moelle allongée ne peut plus transmettre à la moelle épinière le besoin de respirer qu'elle a conçu* ». Et il fait remarquer de plus que chez les acéphales ou anencéphales qui ont respiré après la naissance, *constamment* la portion de la moelle allongée à laquelle vient aboutir le nerf vague existait; ce qui ne s'accorde guère avec l'observation que Landois lui attribue.

ment à provoquer, par des excitations mécaniques ou électriques des nerfs sensibles, des mouvements respiratoires réflexes chez des animaux, de préférence très jeunes, auxquels on n'a pas administré de strychnine. Dans ces mêmes conditions il a observé également des séries de mouvements respiratoires spontanés, quand après la section du bulbe il suspendait par intervalles l'insufflation pulmonaire. Il recommande, pour réussir dans ce cas, de ne s'adresser autant que possible qu'à des animaux nouveau-nés ou âgés d'un jour ou deux seulement : la respiration qu'on observe chez ces derniers est lente, tout à fait régulière et rappelle celle qui s'établit après la section des pneumogastriques.

Aux physiologistes qui ont observé le retour de la respiration chez les animaux nouveau-nés, il faut ajouter encore Landois (*T. P.*), Rouget (*A. de P.* 1889, 336). Les faits négatifs tels que ceux qui ont été rapportés par Heinricius (*Z. B.*, xxvi) ne prouvent qu'une chose, c'est que le phénomène n'est pas constant.

On peut en dire autant d'une observation de Kehrer (*Z. B.*, 1891, 450, x). Un enfant nouveau-né auquel on avait été obligé de perforer le crâne et de broyer la masse cérébrale, pour permettre son expulsion, s'était remis néanmoins à respirer régulièrement : la moelle allongée était restée intacte avec des débris des pédoncules cérébelleux et de la protubérance. De plus l'excitation de la région palmaire ou plantaire provoquait des mouvements réflexes dans les *extrémités correspondantes*. Une section transversale faite avec des ciseaux au milieu du calamus scriptorius n'eut aucune influence ni sur la respiration ni sur les réflexes. Mais une deuxième section faite à un centimètre en arrière, à l'extrémité postérieure du calamus, amena la disparition complète des mouvements respiratoires, ainsi que *celle des réflexes des membres*. Cette observation me paraît particulièrement intéressante, parce qu'elle vient à l'appui de ce que dit Brown-Séquard du pouvoir inhibitoire de ce point spécial du bulbe.

Remarquons en effet que ce ne sont pas seulement les mouvements respiratoires qui s'arrêtent complètement, mais aussi les mouvements réflexes des membres. Kehrer présente, à propos de ce cas, les raisons qui doivent faire rejeter la théorie de l'inhibition : il oublie toutefois ou plutôt il méconnaît ce dernier détail, si significatif. Son observation l'amène à conclure que, chez l'homme comme chez les animaux, le centre respiratoire a son siège immédiatement au-dessous de la pointe du calamus scriptorius : mais il faut aller plus loin et dire alors que les centres réflexes des membres supérieurs et inférieurs ont leur siège au même niveau. C'est en effet ce que semble admettre Kehrer. On peut bien discuter, il est vrai, sur l'existence à ce niveau d'un centre coordinateur des réflexes; mais ce n'est pas de cela qu'il est ici question. Si les mouvements provoqués dans le membre postérieur par l'excitation de la région plantaire sont arrêtés par la section du calamus, c'est qu'incontestablement l'opération a retenti jusque sur la moelle lombaire elle-même pour inhiber ses fonctions. Si j'ai insisté sur cette observation, c'est que, loin de contredire l'opinion de Brown-Séquard, elle me paraît des plus propres à la confirmer.

Cependant, contre les résultats obtenus par Langendorff chez l'animal nouveau-né, on a fait valoir qu'ils ne pouvaient s'appliquer à l'animal adulte, parce que, chez le premier, les centres médullaires possèdent un certain degré d'autonomie qui ne se retrouve pas chez le second.

Ce qui semblait donner quelque poids à cette opinion, c'est que Langendorff lui-même n'avait pas été heureux dans ses expériences sur les animaux déjà éloignés du moment de la naissance. Après avoir parlé des mouvements spontanés observés chez les nouveau-nés, il ajoute : chez les animaux un peu plus âgés leur nombre n'est jamais grand, insuffisant par conséquent pour entretenir la vie; chez les lapins plus développés on ne voit souvent se produire, après l'arrêt de l'insufflation pulmonaire, qu'un ou deux mouvements respiratoires spontanés; très souvent ils font complètement défaut.

Et Knoll, chez des lapins jeunes, mais non encore arrivés à leur complet développement, avait trouvé que la section complète de la moelle au-dessous du calamus amène l'arrêt définitif de la respiration qui ne peut plus être rappelée par l'insufflation pulmonaire (*Ak. Wien.*, juillet 1885, xci, 328).

En effet le lapin est l'animal le moins propre à ce genre d'expériences, à cause du peu de résistance de ses centres médullaires au traumatisme. C'est ce qui explique aussi pourquoi, dans ses expériences récentes, Porter (*J. P.*, xvii, n° 6, 1895) n'a observé sans exception que des mouvements très faibles sur huit lapins ainsi opérés et complètement développés.

Les observations faites par Langendorff sur des animaux strychnisés avaient aussi prêté prise aux critiques.

J'ai pu répondre aux objections tirées de l'emploi de la strychnine ou de l'âge des animaux en montrant que, même chez les mammifères arrivés à leur complet développement, les mouvements respiratoires du tronc ne sont pas définitivement abolis, après la section de la moelle au niveau de l'axis (*Journ. de l'Anat.*, 1886, 438). L'expérience était pratiquée sur des chiens adultes, ou tout au moins âgés de quelques mois : le retour spontané de la respiration avait lieu au bout d'un temps plus ou moins long, variable suivant l'âge de l'animal : elle revenait plus rapidement chez les animaux jeunes. Les mouvements respiratoires que l'on observe dans ces conditions ont généralement une physionomie particulière : ils sont fréquents, superficiels, d'amplitude inégale, ne sont pas sensiblement influencés par une ventilation pulmonaire énergique ou par l'asphyxie. Les mouvements du tronc et ceux de la tête ne sont pas synchrones: souvent enfin des contractions actives des muscles expirateurs viennent compliquer les tracés. Quant à la durée de cette respiration, elle peut être assez longue, puisqu'on l'a vue persister pendant 25 minutes, pendant une demi-heure et même pendant 45 minutes chez de jeunes chiens, après arrêt de l'insufflation pulmonaire.

Ces expériences semblaient bien prouver que l'arrêt de la respiration après la section de la moelle cervicale est un effet d'inhibition, puisqu'elle se rétablit si on a soin de prolonger assez longtemps l'insufflation pulmonaire pour que les centres médullaires aient le temps de se remettre du choc traumatique. Comme, chez les animaux à sang froid, le choc est peu marqué, j'ai pensé qu'en refroidissant préalablement l'animal les mouvements respiratoires reviendraient plus rapidement, et c'est en effet ce qui a eu lieu : j'ai pu ainsi, chez des animaux adultes, constater leur retour au bout de 5, 10, 15 minutes et quelquefois immédiatement après l'opération.

Enfin, en étudiant l'influence de l'excitation des nerfs centripètes, nerf sciatique et plexus brachial, sur la respiration spinale, j'ai vu que tous les effets qu'elle détermine chez l'animal intact peuvent encore s'observer après l'ablation de la moelle allongée (*Journ. de l'Anat.*, 1887, 567).

Le retour des mouvements respiratoires chez un mammifère adulte, après la section de la moelle, n'avait pas encore été signalé. Aussi le fait lui-même a-t-il d'abord été révoqué en doute (Vulpian, *Bullet. méd.*, 1888 ; Laborde, *Tr. de Physiol.*). C'est ensuite l'interprétation de ces mouvements qui a donné lieu à de nombreuses controverses. On a supposé qu'il s'agissait de ces contractions rythmiques du diaphragme et des muscles respirateurs, indépendantes du système nerveux décrites par Valentin, Brown-Séquard, ou de ces secousses musculaires spontanées, observées par Schiff après la section des nerfs moteurs. Mais dans mes expériences la destruction de la moelle ramenait au repos les agents de la respiration et la section des nerfs phréniques paralysait le diaphragme.

Marckwald, qui a vu chez des jeunes animaux à moelle sectionnée des contractions du diaphragme se répéter toutes les minutes ou demi-minutes et persister pendant une heure environ après l'arrêt de l'insufflation pulmonaire, les a appelées des convulsions respiratoires (*Z. B.* 1886, v, et *Mittheil. d. Naturforsch. Gesellsch. in Bern.*, 1889). En admettant même que ces mouvements aient toujours le caractère spasmodique que ce physiologiste leur attribue, leur point de départ ne pourrait être cherché ailleurs que dans la substance grise de la moelle où ils trouvent leur centre. (Voir pour l'exposé et la critique de ces objections : Wertheimer, *A. de P.*, 761, 1889 ; Langlois et Varigny, *Rev. des sc. méd.*, xxxiii, 299, 1889.)

Pour Girard (*loc. cit.*), dont la description d'ailleurs se rapproche beaucoup de la mienne, ils sont purement réflexes, au sens le plus restreint du mot. Ce n'est évidemment pas là un caractère propre à les distinguer des mouvements respiratoires normaux pour les physiologistes qui, avec Schiff, soutiennent que ces derniers ont une origine réflexe. Les deux expérimentateurs précédents ont également beaucoup insisté sur ce que les muscles des pattes et du tronc s'associent aux contractions des agents de la respiration.

Bienfait (*Arch. de Biol.*, 1892, xii, 639) note les différentes causes, autres que l'excitation des centres médullaires, d'où peuvent relever ces mouvements, mais trouve cependant qu'il est des cas où, l'animal restant complètement immobile, on voit s'inscrire par l'intermédiaire de la trachée des courbes simulant les courbes respiratoires. Après avoir énuméré les caractères qui les distinguent de la respiration normale, il ajoute : « Le fait que rien ne règle ces mouvements de façon à les mettre en rapport avec les besoins de l'organisme nous empêcherait de les considérer comme de véritables mouvements respiratoires... » Il explique leur persistance « chez un animal absolument immobile, par la grande sensibilité des centres respiratoires médullaires qui continuent à agir, alors que les centres affectés à la vie de relation restent inertes ».

Porter (*loc. cit.*) a signalé, parmi les causes d'erreur possibles, des contractions rythmiques du trapèze et du sterno-cleido-mastoïdien. Sur six chiens chez lesquels il a expérimenté il a observé parfois des variations considérables de la pression thoracique, dues en grande partie à ces muscles. Dans un cas il a vu des mouvements du diaphragme mis à découvert.

Tous ces auteurs, auxquels il faut encore joindre Gad et Marinesco (*loc. cit.*), Grossmann, Arnheim, se sont attachés à faire ressortir les caractères irréguliers, désordonnés de ces mouvements. En réalité, chacun d'eux en donne un tableau différent, parce que le type de cette respiration varie en effet beaucoup suivant le degré plus ou moins grand d'excitabilité de la moelle; et celui que j'ai décrit répond non à la totalité, mais à la généralité des cas, tel qu'il s'était présenté dans de nombreuses expériences.

C'est ainsi que Schiff, qui a sans doute multiplié les observations, dit qu'il peut confirmer ma description sous presque tous les rapports, la restriction portant non sur les caractères de ces mouvements, mais sur le nombre d'opérations suivies de succès[1]. Et cependant Schiff avait d'abord supposé que les mouvements du diaphragme observés par moi, à la suite de la section de la moelle, rentraient dans la catégorie de ceux qu'il avait précédemment étudiés (*Ann. des sc. phys. et natur.*, 1877, lxix, 375), c'est-à-dire qu'ils étaient dus à l'action du courant propre du muscle cardiaque sur le nerf phrénique : il pense cependant encore que dans certains cas, il en est ainsi (*Recueil de Mém.*, 9).

Les faits en eux-mêmes subsistent donc entiers. Ainsi que le reconnaît Porter, « les efforts faits pour mettre de côté les résultats de Langendorff et de Wertheimer n'ont eu que peu de succès. La controverse porte aujourd'hui sur l'interprétation des contractions qu'ils ont observées. »

Récemment aussi Arnheim pose la question en ces termes : On peut sans doute démontrer, dit-il, qu'un animal dans certaines conditions anormales est encore capable d'exécuter des mouvements plus ou moins coordonnés, ce que les adversaires de l'autonomie des centres spinaux n'ont jamais nié en principe. Ce fait prouve seulement que des éléments centraux subalternes, qui certainement dans l'organisme normal sont subordonnés à un appareil central plus élevé, peuvent encore d'eux-mêmes, après suppression de ces derniers, être le point de départ d'impulsions motrices limitées.

Quoi qu'il en paraisse, c'est là une première concession. Les résultats obtenus par les adversaires de l'opinion classique peuvent, en effet, être envisagés à un double point de vue : l'un, qui n'est pas le moins important, est relatif à la physiologie générale de la moelle épinière, l'autre à la physiologie spéciale de l'innervation centrale de la respiration. En ce qui concerne le premier, si on ne nie plus que les muscles respiratoires peuvent se contracter spontanément et rythmiquement sous l'influence d'impulsions parties de la moelle, alors même qu'elle est séparée du bulbe, il n'y a pas encore bien longtemps qu'il en est ainsi. Il ne faut pas oublier que, jusque dans ces dernières années, malgré les faits contradictoires signalés par Brown-Séquard, la théorie en était restée à ce qu'elle était du temps de Flourens, sinon pour le système nerveux tout entier, du moins pour l'innervation respiratoire : tout ce qui, du mécanisme respiratoire, reste attaché à ce point vit, tout ce qui en est séparé meurt. C'est donc déjà quelque chose que les expériences de Rokitanski, Schroff, Langendorff et les miennes confirmant,

1. Schiff dit qu'il n'a pas obtenu comme moi 50 p. 100 de succès : sous ce rapport même il n'y a pas de différence dans les résultats; j'ai dit que « je n'ai pas noté le nombre d'animaux opérés sans résultats; mais il a été certainement de plus du double » (des cas suivis de succès).

toutes, celles de Brown-Séquard, aient démontré que la substance grise de la moelle peut par elle-même envoyer des excitations rythmiques aux muscles respirateurs, sans qu'elle ait besoin de recevoir son stimulus de quelque autre point de l'axe nerveux.

Ainsi se trouve résolue la « grande difficulté » qu'avait soulevée Legallois lui-même. Après avoir tant fait pour démontrer que la vie du tronc dépend de la moelle épinière, il ne pouvait manquer d'être frappé de la contradiction entre le principe qu'il avait posé et sa découverte du centre respiratoire encéphalique : « Les nerfs diaphragmatiques et tous les autres nerfs des muscles qui servent aux phénomènes mécaniques de la respiration prennent naissance dans la moelle épinière de la même manière que ceux de tous les autres muscles du tronc. Comment se fait-il donc qu'après la décapitation les seuls mouvements inspiratoires soient anéantis et que les autres subsistent? C'est là, à mon sens, un des plus grands mystères de la puissance nerveuse, mystère qui sera dévoilé tôt ou tard. » Il s'est trouvé que les mouvements respiratoires obéissent eux aussi à la loi commune et que leurs centres immédiats doivent être cherchés dans la moelle épinière : non pas seulement leurs centres anatomiques, mais aussi leurs centres fonctionnels, puisque, isolés de l'encéphale, ces noyaux médullaires peuvent entretenir le mouvement dans les organes de la respiration.

Reste la question de savoir si l'on est autorisé à appliquer ces résultats au fonctionnement normal du mécanisme respiratoire. Faut-il, avec les uns, ne voir dans ces noyaux spinaux que les centres des muscles respiratoires et non des centres respiratoires? Devrons-nous les appeler avec les autres des centres accessoires, c'est-à-dire des centres qui n'entreraient en activité que si la moelle est séparée de l'encéphale? Ou bien, au contraire, jouissent-ils chez l'animal intact de l'autonomie que nous leur trouvons chez l'animal à moelle sectionnée?

C'est sur ce point que porte aujourd'hui la discussion. Les conditions dans lesquelles on observe ces mouvements, entretenus par la moelle, ne sont pas, dit Schiff, des conditions normales. Ils ne se manifestent que parce que l'excitabilité de la substance grise dépasse les limites physiologiques. L'excitant normal de la respiration ne suffirait pas à provoquer son activité, et, de plus, quand celle-ci est mise en jeu, elle est incoordonnée, déréglée. Des arguments du même genre ont été présentés par Rosenthal (*Biol. Centralb.*, I) et par Kronecker (*D. med. Wochenschr.*, 1887, n° 36, ch. XXXVII).

Il est bien certain que, si la moelle est séparée de l'encéphale, son excitabilité s'exagère. Mais, comme cette propriété ne se rétablit que progressivement, il y aura cependant une période où elle sera revenue à peu près à son degré normal : or rien ne dit qu'à ce moment on ne puisse déjà inscrire les mouvements respiratoires. D'ailleurs, devant cette objection, toute localisation médullaire deviendrait impossible, puisque la méthode employée dans ce but, la seule qui soit démonstrative, consiste à isoler la moelle ou une partie de l'organe de l'encéphale : tous les centres spinaux ont été déterminés de cette façon, sans qu'on ait songé à mettre le retour des mouvements auxquels ils président sur le compte de l'hyperexcitabilité de la substance grise.

Il est vrai que l'on a le droit d'exiger que les contractions commandées par les centres spinaux soient régulières, coordonnées, semblables à celles de l'état normal, et, sous ce rapport, les expériences faites sur les animaux déjà arrivés à leur complet développement, particulièrement les miennes, donnent prise à la critique. Mais on peut faire valoir que la section du bulbe a supprimé un mécanisme régulateur.

D'ailleurs, chez les animaux nouveau-nés, la respiration spinale remplit bien les conditions requises, d'après la description de Langendorff. Chez les animaux adultes, j'ai pu observer et même reproduire des types respiratoires qui ne différaient pas sensiblement du type normal. Je n'ai pas insisté sur ces faits particuliers parce qu'en les rapprochant du plus grand nombre de cas observés j'ai supposé que l'excitabilité de la moelle était moins bien revenue dans les premiers que dans les seconds. Je suis plus porté à croire aujourd'hui, d'accord avec Schiff, qu'elle avait dépassé le degré normal dans les expériences sur lesquelles j'ai basé ma description; mais cette hyperexcitabilité n'est pas la cause provocatrice du retour des mouvements : elle contribue, avec la suppression de l'influence bulbaire, à leur donner précisément ces caractères particuliers que divers expérimentateurs et moi-même leur avons décrits.

Que la moelle épinière « possède par elle-même l'aptitude à produire des mouvements d'inspiration coordonnés en vue de l'exécution de la fonction respiratoire normale », c'est ce que prouve encore une observation publiée par Chauveau (*Mém. Soc. de Biol.*, 1891, 186). Chez des chevaux à moelle cervicale sectionnée on peut, au moyen d'une faradisation convenablement graduée des branches perforantes des nerfs intercostaux, c'est-à-dire par voie réflexe, entretenir la respiration pendant une demi-heure et plus. « La coordination des mouvements respiratoires ainsi obtenus ne paraît rien laisser à désirer : ce ne sont pas de simples secousses réflexes uniques ou fusionnées, mais bien de véritables contractions réglées pour l'accomplissement d'une fonction naturelle. »

Cependant pour Chauveau, quand la moelle n'est pas séparée de l'encéphale, l'excitation spinale a une provenance centrale, la moelle allongée; après section de la moelle la respiration ne peut s'établir spontanément, à moins pourtant que les cellules médullaires ne retrouvent ailleurs l'excitation rythmée qui leur fait défaut, par exemple dans le système périphérique. Par conséquent, d'après Chauveau, le fonctionnement des centres spinaux devrait être considéré comme un fait possible, mais accidentel.

Un phénomène qui, s'il se vérifiait, démontrerait victorieusement que, dans les parties séparées du bulbe, comme dans celles qui sont restées en connexion avec lui, la cause d'activité reste la même : je veux parler du synchronisme entre les mouvements respiratoires du tronc et ceux de la tête, chez un animal à moelle cervicale sectionnée. En fait, la coïncidence exacte des mouvements dans les deux segments du corps a été signalée par Langendorff (1880) et Rouget (*loc. cit.*). Mais Langendorff est revenu depuis lors sur la signification du phénomène. Il pense que les mouvements respiratoires de la tête suivent le rythme de ceux du tronc, parce qu'ils sont influencés par ces derniers. Ce sont les variations de volume des poumons qui, par l'intermédiaire des filets centripètes du pneumogastrique commandent au rythme des mouvements de la tête (*A. P.*, 1891, 491). Il faudrait donc, pour que l'expérience fût démonstrative, qu'elle réussît chez un animal à moelle sectionnée dont les pneumogastriques auraient été coupés.

Mosso (*A. P., Suppl.*, 1886, 38) a aussi apporté son contingent de faits à l'appui de l'autonomie des différents centres nerveux. Il montre, par des exemples nombreux, que les mouvements de la face, ceux du thorax, de l'abdomen jouissent les uns par rapport aux autres d'une certaine indépendance, et il est d'avis que le bulbe n'a qu'un rôle de coordination. C'est ainsi, par exemple, que, pendant le sommeil, une diminution de l'activité du diaphragme concorde par une sorte de compensation avec une augmentation d'amplitude des mouvements de la paroi thoracique, que, dans différentes autres circonstances, il se produit des variations d'amplitude ou de rythme de la respiration thoracique auxquelles ne participent pas la respiration abdominale, et inversement. Une observation particulièrement intéressante faite par Mosso, c'est que la face continue encore à exécuter des mouvements respiratoires quand les noyaux des nerfs qui l'animent ont été séparés du centre bulbaire. Ce qui est vrai pour les muscles du tronc l'est donc également pour ceux de la tête.

Grossmann ne veut pas admettre non plus un centre respiratoire unique (*Sitzungsb. d. Wien. Akad. d. Wissensch.*, xcviii, juillet 1889, 402). Le noyau du facial pour les muscles du nez, celui du pneumogastrique pour les mouvements du larynx, le noyau thoracique, c'est-à-dire la colonne grise qui donne naissance au phrénique et aux nerfs respiratoires du thorax, représentent dans leur ensemble l'appareil central qui excite et règle le mécanisme de la respiration. Le stimulus normal agit en même temps sur les trois noyaux et sur les muscles qui en dépendent, parce que ces masses grises sont en relation fonctionnelle au moyen de fibres centrales. Lorsqu'un des noyaux est séparé des deux autres, ces deux derniers restent capables, grâce à leur union, de fusionner assez régulièrement les excitations qu'ils reçoivent et d'envoyer des impulsions rythmiques aux muscles respiratoires. Mais il faut alors que l'excitant acquière une intensité plus grande; de là des pauses prolongées entre les mouvements qui, par suite, deviennent plus énergiques parce que entre chaque décharge nerveuse les excitations ont plus de temps pour s'accumuler. Mais aucun des trois noyaux n'est en état, lorsqu'il est complètement isolé, de fusionner les excitations et de provoquer des mouvements rythmiques. Ce n'est que dans certaines conditions particulières que ceux-ci peuvent encore se produire : en règle générale un noyau respiratoire isolé ne répond plus à l'excitation que par des mouvements convulsifs. Si Grossmann est d'accord avec les partisans de l'autonomie des différents centres respiratoires, sur le fond même de la question, on voit qu'il s'en éloigne beaucoup par ces dernières conclusions sur lesquelles nous avons déjà eu à nous expliquer plus haut.

Les expériences que cet auteur cite à l'appui de sa thèse sont les suivantes. Il pratique une section transversale de la moelle entre la deuxième et la troisième vertèbre cervicale ou même plus bas, et arrête ainsi la respiration du thorax : les mouvements du nez et du larynx continuent, mais ils sont profondément modifiés, très ralentis : il n'y en a plus que six à sept à la minute, plus tard deux ou trois seulement; la glotte s'ouvre largement, les narines se dilatent avec force, l'animal exécute des mouvements de la mâchoire, dès qu'on arrête l'insufflation pulmonaire, malgré une ventilation énergique. Ces modifications sont d'autant plus remarquables que la section a été faite à une assez grande distance au-dessous des noyaux du pneumogastrique et du facial. Grossmann en déduit que, le centre respiratoire étant privé d'un de ses segments, le noyau thoracique n'est pas en état d'envoyer aux muscles des impulsions ayant leur rythme normal.

A plus forte raison si on sépare complètement l'un de ces noyaux de chacun des deux autres. Si on isole ainsi le noyau du pneumogastrique par deux sections faites, l'une au-dessus, l'autre au-dessous de lui, la glotte ne présente plus de mouvements spontanés : ou bien les cordes vocales, en abduction forcée, sont animées de tremblements irréguliers et n'exécutent tout au plus que deux ou trois mouvements respiratoires. De sorte que le noyau du nerf vague n'a pas par lui-même une autonomie plus marquée que celui du facial ou que le noyau thoracique. Cependant son importance est forcément plus grande, parce que, comme il est intermédiaire aux deux autres, sa destruction supprime toute relation entre les noyaux restants.

Mais Bienfait (*loc. cit.*) est en contradiction avec Grossmann sur les résultats de l'expérience fondamentale. Il a vu les mouvements d'ouverture et de fermeture de la glotte persister encore, alors que la région du centre respiratoire principal, c'est-à-dire le noyau du pneumogastrique, a été isolé des deux autres par deux sections transversales.

Arnheim a également combattu les conclusions de Grossmann : il pense que, si la manière de voir de Grossmann sur les relations des centres respiratoires était fondée, l'excitation du noyau thoracique devrait retentir sur les deux autres, celle du noyau facial devrait avoir le même effet ; l'expérience démontre le contraire.

C. **Hémiplégie respiratoire.** — Nous avons jusqu'ici passé principalement en revue les effets des sections totales de la moelle et l'interprétation diverse qui en a été donnée. Il nous reste à examiner les conséquences des hémisections de l'organe au point de vue de la respiration : c'est surtout dans ces expériences que l'on cherche aujourd'hui les arguments contre les centres spinaux. C'est Schiff qui, le premier, en 1854, a localisé dans les cordons latéraux les voies destinées à transmettre aux muscles de la respiration les impulsions parties du bulbe. Si on coupe l'un de ces cordons au-dessous du bulbe, la respiration cesse du côté correspondant et ne se rétablit plus jamais. Schiff a pu conserver pendant quatorze semaines un chien ainsi opéré et atteint d'une hémiplégie respiratoire persistante.

Brown-Séquard, par contre, affirma plus tard (*A. de P.*, 1869, 299) qu'après une hémisection de la moelle cervicale les mouvements respiratoires non seulement ne sont pas abolis, mais qu'ils présentent même une amplitude plus grande.

Vulpian qui, dans ses *Leçons sur la physiologie du système nerveux*, avait aussi fait des observations contraires à celles de Schiff, revient plus tard sur son opinion première (Art. *Moelle* du *Dict. D.*) et trouve que l'opération paralyse presque entièrement, sinon entièrement, les muscles du côté correspondant.

P. Bert (*Leçons sur la physiol. de la respiration*) sépare la moelle en deux chez un chien nouveau-né par une incision longitudinale s'étendant de la première à la quatrième paire cervicale; l'animal continue à respirer normalement. Il coupe alors la moelle en travers du côté gauche immédiatement au-dessus de la première paire : rien de changé. De même après une section au-dessus de la deuxième paire. Ce n'est qu'après division au niveau de la troisième paire que la moitié gauche du diaphragme cesse ses mouvements.

Pour Gierke, la section unilatérale du faisceau respiratoire suffit pour amener le résultat indiqué par SCHIFF. HÉNOCQUE et ÉLOY ont obtenu des résultats variables (*B. B.*, 1882).

La question est encore aujourd'hui un sujet de controverses portant non plus sur l'explication des faits, mais sur ces faits eux-mêmes. LANGENDORFF, dans un premier travail (*A. P.*, 1887, 289), trouve que la paralysie respiratoire du côté opéré n'est que temporaire et l'attribue au choc traumatique. Comme il n'est pas toujours facile de décider si les mouvements du diaphragme du côté de l'hémisection sont actifs ou passifs, LANGENDORFF sectionne le nerf phrénique du côté opposé, et voit alors, sans qu'il y ait de doute possible, le muscle du côté opéré se contracter. L'objection grave qu'on peut tirer contre la théorie de l'inhibition de l'arrêt définitif de la respiration n'est donc pas fondée, dit LANGENDORFF. Il est vrai que ces résultats, ajoute-t-il, peuvent se concilier avec la théorie classique, si l'on admet que chacun des centres symétriques du bulbe est en rapport non seulement avec les noyaux médullaires de son côté, mais encore avec ceux du côté opposé. LANGENDORFF se demande donc si ce sont les excitations parties du bulbe ou celles qui naissent dans les centres spinaux eux-mêmes qui provoquent le retour des mouvements du côté opéré. Pour que la première supposition soit vraie, il faut : 1° que chacun des centres symétriques bulbaires puisse agir sur les noyaux médullaires du côté opposé; 2° que les voies entre-croisées par lesquelles cette action s'exerce siègent au-dessous du niveau de la section, c'est-à-dire dans la moelle cervicale. Or LANGENDORFF admet bien, d'après ses expériences, l'existence de conducteurs entre-croisés; mais il soutient, dans ce premier mémoire, que l'entre-croisement a lieu dans le bulbe exclusivement et non au-dessous. Si un tel entre-croisement existait dans la moelle on ne comprendrait pas pourquoi, après division longitudinale du bulbe sur la ligne médiane, l'excitation d'un des pneumogastriques ou de l'un des trijumeaux n'agit plus que sur la moitié correspondante du diaphragme : on ne comprendrait pas non plus pourquoi, après une hémisection de la moelle, les mouvements respiratoires ne reviennent pas toujours immédiatement du côté opéré.

Ce raisonnement conduit LANGENDORFF à la conclusion que, lors du retour de la respiration, ce sont les noyaux spinaux qui sont par eux-mêmes le point de départ des excitations.

Par contre, MARCKWALD, GAD et MARINESCO confirment les expériences de SCHIFF, et ils placent les voies conductrices dans la partie profonde du cordon latéral, dans la substance réticulée.

GIRARD consacre un long chapitre à l'hémiplégie respiratoire; de très nombreuses expériences sur des chiens, des chats, des cochons d'Inde, des rats, lui ont donné les mêmes résultats : paralysie totale du côté de la section, et cela non seulement dans les premiers temps qui suivent l'opération, mais aussi longtemps que l'animal a survécu. Toutefois, lorsqu'il se produit de la dyspnée, même modérée, la respiration unilatérale devient insuffisante, et le côté qui ne respirait pas auparavant apporte maintenant un faible concours. Pour GIRARD le retour de la respiration impose la conclusion, non pas qu'il y ait des centres respiratoires spinaux, mais qu'il y a un entre-croisement infra-bulbaire, qu'au-dessous de la région où la section a été pratiquée des fibres émanant des faisceaux respiratoires traversent la ligne médiane.

MOTT (*J. P.*, XII), chez un singe auquel il avait pratiqué une hémisection à la partie supérieure de la moelle cervicale, n'a constaté qu'une faible différence dans les mouvements respiratoires des deux côtés.

KNOLL sur 19 lapins n'a jamais obtenu l'hémiplégie respiratoire. Les tracés qu'il enregistre révèlent bien un affaiblissement de la respiration du côté lésé, mais ils affirment non moins nettement sa persistance (*Ak. Wien.*, 1887, XCVII, 163); il attribue ces résultats à l'action croisée du centre bulbaire.

LANGENDORFF (*A. P.*, 1893, 597) reprend alors la question et arrive à la conclusion que dans certains cas l'arrêt de la respiration du côté opéré est durable, mais que dans d'autres il manque, dans d'autres enfin, il ne persiste pas, sans qu'il faille, avec GIRARD, faire intervenir la dyspnée pour expliquer le retour des mouvements.

Mais de nouvelles observations lui font admettre avec KNOLL et GIRARD qu'à la suite d'une hémisection de la moelle le bulbe peut exercer son action sur les noyaux spinaux; du côté opéré, qu'il existe réellement des connexions croisées dans la moelle cervicale

En effet, sur des animaux chez lesquels, après cette opération, les mouvements du diaphragme étaient revenus du côté lésé, l'excitation du bout central de l'un des pneumogastriques réagissait sur les deux moitiés du muscle. De sorte qu'après avoir considéré les effets de l'hémisection comme plutôt favorables à l'existence des centres spinaux, Langendorff est d'avis qu'ils ne prouvent rien ni dans un sens ni dans l'autre : et la seule conséquence qu'on puisse en tirer, c'est qu'après cette opération, la moelle allongée peut encore agir sur les deux moitiés de la moelle.

Schiff répond à Langendorff en maintenant son affirmation qu'un animal après une hémisection complète ne respire plus jamais du côté opéré (*Recueil de Mém.*, I), à moins qu'il ne soit soumis à certaines conditions anormales; mais celles-ci ne peuvent agir que d'une façon passagère et le retour de la respiration doit être considéré non pas même comme une exception, mais comme un incident exceptionnel.

Dans le travail le plus récent sur ce sujet, Porter soutient que l'arrêt de la respiration est le phénomène habituel, puisque dans 29 cas il n'a vu les mouvements se rétablir que deux fois. Mais il n'en est pas moins vrai qu'après l'opération les noyaux du phrénique ont gardé leur activité fonctionnelle : pour la mettre en jeu immédiatement il suffit de sectionner le nerf phrénique du côté opposé. Ainsi, on pratique une hémisection de la moelle à droite au niveau de la deuxième ou de la troisième vertèbre cervicale; la respiration continue à gauche; on coupe le phrénique gauche, la respiration unilatérale gauche est remplacée sans discontinuer par une respiration unilatérale droite. Ou bien on sectionne d'abord le phrénique gauche, puis la moelle cervicale à droite, la respiration continue, sans interruption, à droite. Il n'y a qu'une explication possible, dit Porter, de ce résultat qui s'est reproduit constamment sur 13 lapins et 1 chien : si les noyaux des phréniques n'envoient plus d'impulsions aux muscles de la respiration après leur séparation du bulbe, c'est qu'ils n'en reçoivent plus et que d'autre part ils ne peuvent les provoquer par eux-mêmes.

Le retour de la respiration s'explique par l'action du bulbe sur le côté opéré. Les excitations bulbaires descendent dans les cordons latéraux du côté intact. La plus grande partie se transmet aux cellules du même côté, une très faible partie aux cellules du côté opposé. Dans les conditions normales l'excitation qui arrive à ces dernières n'est pas suffisante pour les stimuler; mais, lorsqu'on sectionne le phrénique du côté intact, la plus grande partie des excitations, sinon leur totalité, passe par les commissures et la respiration devient croisée. Ce n'est pas la dyspnée qui amène cet effet; car, après la section du phrénique, il n'y a aucune pause entre l'arrêt de la respiration du côté primitivement intact et le début de la respiration du côté opposé. Enfin Porter trouve que l'excitation qui descend de cet organe vers le diaphragme ne peut franchir la ligne médiane qu'au niveau du noyau du phrénique, et nulle part ailleurs.

Ces expériences de Porter sont fort intéressantes : il faut remarquer cependant que Schiff a publié de curieuses observations sur le même sujet (*Recueil de Mém. physiologiques*, I) et cela sans que les deux physiologistes aient eu connaissance de leurs travaux respectifs. On a vu plus haut que Langendorff, quand le retour des mouvements du diaphragme lui paraissait douteux à la suite d'une hémisection, sectionnait le phrénique du côté opposé pour lever ses doutes. Schiff rappelle à ce propos ce fait singulier, que des animaux auxquels il avait sectionné le phrénique gauche par exemple, au niveau du cou et chez lesquels la respiration s'était arrêtée du côté correspondant, ont pu contracter de nouveau la moitié gauche du diaphragme lorsque, quelques jours ou quelques semaines après la première opération, on sectionnait le nerf phrénique droit.

Schiff rapporte de plus une observation qui se rapproche beaucoup de celles de Porter. Il fait une hémisection de la moelle cervicale à gauche et arrache même deux racines du phrénique du côté gauche. Plus tard, l'animal étant chloralisé, la section du nerf phrénique droit ramène des contractions manifestes et énergiques du côté gauche.

L'explication de ces résultats, si singuliers au premier abord, est la suivante. Schiff a constaté que le phrénique reçoit à la base du thorax un filet qui lui vient de la sixième paire, lequel est respecté lorsqu'on sectionne le phrénique au cou : et alors la section du phrénique opposé est en quelque sorte un moyen spécifique, suivant l'expression même de Schiff, pour provoquer à l'activité le noyau d'où naît cette racine. Les deux racines supérieures du phrénique fournissent des fibres qui répondent à l'excitant normal) : sont-elles coupées, le nerf ne peut plus fonctionner normalement. Mais, si, pour une raison ou pour une autre, l'excitation devient plus intense, alors la racine inférieure ou plutôt son centre médullaire entre en action : elle n'obéit qu'à des stimulants forts. Il y a par conséquent dans la moelle deux centres pour le diaphragme, l'un supérieur, l'autre inférieur, et ce dernier ne réagit pas aux mêmes excitations que l'autre.

Si j'ai bien compris SCHIFF, le retour de la respiration du côté de l'hémisection médullaire, après arrachement du phrénique opposé serait dû exclusivement à la mise en activité du centre inférieur du diaphragme; le centre qui correspond aux deux racines supérieures, une fois séparé du bulbe, resterait définitivement paralysé, même quand les deux racines sont demeurées intactes, tandis que pour PORTER c'est le noyau tout entier du phrénique qui entre en activité.

En outre, d'après SCHIFF, une condition favorable à la réussite de l'expérience, c'est de laisser un certain intervalle entre les deux opérations, afin de permettre à l'augmentation d'excitabilité qui suit les sections nerveuses, de se manifester. Il rappelle même à ce propos une observation qui ne concorde pas avec celles de PORTER. Chez un lapin le centre bulbaire ayant été sectionné d'un côté et la respiration étant arrêtée de ce côté, la section du phrénique opposé, pratiquée immédiatement, paralysa, il va sans dire, la moitié correspondante du diaphragme, mais ne ramena pas les mouvements de l'autre moitié. Je ne veux toutefois pas mettre en opposition une observation unique avec la série d'expériences méthodiques de PORTER, et j'examinerai les conséquences qui découlent de ces dernières.

En effet, les résultats observés à la suite des hémisections de la moelle, si contradictoires qu'ils soient, ont de part et d'autre servi d'armes contre la théorie qui attribue à des phénomènes d'inhibition l'arrêt de la respiration consécutif à une section totale de l'organe.

La respiration ne revient plus jamais, dit SCHIFF, si on a divisé un cordon latéral ou une moitié de la moelle; son arrêt ne peut donc être dû au choc traumatique : car on ne prétendra pas que celui-ci persiste pendant quatorze semaines, par exemple.

La respiration ne s'arrête jamais du côté de l'hémisection, dit KNOLL, elle se rétablit toujours instantanément, dit PORTER, si on coupe le phrénique opposé, les effets de l'opération ne peuvent donc être dus au choc, puisque les noyaux spinaux continuent ou restent aptes à fonctionner immédiatement.

Si nous envisageons d'abord cette dernière catégorie de faits nous pensons qu'elle n'est nullement inconciliable avec l'existence de centres spinaux. Elle prouve seulement qu'une section unilatérale de la moelle, faite avec précaution, n'inhibe pas les centres au même degré qu'une section totale, dont l'action ne peut être contestée. En effet, si la respiration peut dans certains cas se rétablir spontanément après un temps plus ou moins long, nous sommes en droit de dire qu'après une inhibition plus ou moins prolongée les centres médullaires du coté opéré recommencent à participer à l'entretien des mouvements respiratoires et cela dans des conditions absolument normales, puisque l'influence régulatrice du bulbe continue à s'exercer, au moyen des voies croisées décrites par PORTER. Ou bien, pour faire revenir la respiration il faut sectionner le nerf phrénique du côté opposé, et alors l'explication qui se présente, c'est que l'inhibition est assez peu marquée pour qu'il suffise de suppléer à la diminution d'excitabilité des centres spinaux par un renforcement des excitants, condition que réalise la section du phrénique opposé. Car, si les partisans de l'autonomie des centres n'admettent pas que les excitations parties du bulbe soient la cause provocatrice de leur activité, il ne nient pas qu'elles ne puissent la modifier dans un sens ou dans un autre. Que la respiration revienne, soit immédiatement du côté lésé, soit par un artifice expérimental, cela ne peut donc rien prouver, à mon avis, contre l'existence des centres spinaux. Il ne reste que ce fait qu'une hémisection de la moelle n'a pas, pour l'excitabilité de la moelle, les conséquences fâcheuses qu'une section totale nous permet de constater journellement.

L'objection la plus grave, par contre, qui puisse être faite à la théorie de l'inhibition, est celle de SCHIFF : la persistance indéfinie de la paralysie unilatérale, après une hémisection de la moelle, mettrait la théorie en défaut. Mais cette donnée a trouvé, comme on l'a vu, de nombreux contradicteurs.

Enfin il est un argument que les divers auteurs, Knoll, Marckwald, Schiff, Porter, Gad et Marinesco s'accordent à invoquer contre l'autonomie des centres spinaux. On fait d'abord une hémisection de la moelle, puis, après un intervalle de temps plus ou moins long, une deuxième hémisection du côté opposé, et alors la respiration s'arrête.

Si l'hémiplégie respiratoire est vraiment définitive, les résultats de la première opération paraissent suffisamment démonstratifs, et il n'y a pas lieu d'insister. Mais, si la respiration persiste, ou revient après la section unilatérale, l'expérience reste discutable. La deuxième opération, dit-on, n'a pas dû inhiber les centres médullaires plus que ne l'avait fait la première. Mais l'excitabilité de la moelle reste-t-elle vraiment normale après le deuxième traumatisme et les réflexes généraux qui permettent d'en juger sont-ils alors conservés ? Et d'autre part, voici des centres habitués à recevoir à l'état physiologique des excitations continuelles sensitives et sensorielles parties de l'encéphale. Une première hémisection ne les en avait privés que partiellement. Brusquement on les leur supprime; peut-on s'attendre à ce qu'ils se remettent à fonctionner sans désemparer et sans qu'il leur faille un certain temps pour s'adapter aux conditions nouvelles qui leur sont faites? Gad admet que les cellules des centres bulbaires ne gardent leur sensibilité pour l'excitant sanguin que sous l'influence d'autres excitations qui leur arrivent par les conducteurs nerveux (*A. P.* 1893, 183). Il s'agit, dans le cas qu'il vise, du centre bulbaire séparé du cerveau. Que sera-ce donc pour les centres spinaux, séparés du bulbe?

Après avoir résumé et discuté les faits, quelle idée pouvons-nous nous faire du rôle du bulbe dans l'innervation respiratoire. La théorie classique est présentée aujourd'hui à peu près sous la forme suivante par Gad (*A. P.*, 1886, 388 et 1893, 175). Il existe une série de noyaux gris qui représentent, pour les muscles de la respiration, un système de projection du premier ordre. Ils ont leur siège dans la corne antérieure de la moelle (il faut ajouter et dans la substance grise motrice du bulbe) et, échelonnés sur des niveaux différents, ils forment les centres segmentaires des muscles respiratoires. A côté de ceux-ci existe le centre respiratoire proprement dit, système de projection du deuxième ordre, qui réside dans le bulbe, et qui assure la synergie régulière des différents groupes musculaires en vue d'un but déterminé. Ce centre, qui doit être subdivisé en deux autres, l'un expirateur, l'autre inspirateur, reçoit des incitations réflexes ou volontaires, qu'il transmet, en les réglant, aux muscles de la respiration. Mais le stimulus normal qui assure les échanges gazeux de l'organisme prend naissance dans les cellules ganglionnaires de ce centre bulbaire qui sont très sensibles aux modifications des gaz du sang. M. Foster (*T. P.*, ii, 616) cependant apporte des correctifs à cette manière de voir. Il ne faut pas se représenter, dit le physiologiste anglais, les impulsions parties du centre bulbaire comme assez parfaites (*fully coordinated and equipped*) pour n'avoir plus qu'à arriver à leur destination : il y a des raisons de croire qu'elles peuvent être modifiées par les noyaux médullaires : d'autre part ces centres subalternes peuvent, dans certains cas exceptionnels, suppléer, quoique imparfaitement, le centre principal.

Mais nous pouvons concevoir aussi le fonctionnement de l'appareil central de la respiration sous un autre aspect. L'excitant normal ne s'adresse pas seulement à un point circonscrit du système nerveux, mais bien à toute la colonne grise qui donne naissance aux muscles respiratoires, et le point de départ de l'excitation qui provoque les mouvements n'est pas en ce point, mais dans toute cette colonne. Cependant dans la substance réticulée du bulbe se trouve un amas ganglionnaire qui est en connexion avec les différents noyaux impliqués dans le mécanisme respiratoire et qui doit à ses relations avec les pneumo-gastriques, à ses relations avec de nombreuses voies sensitives venues du cerveau et de la moelle, peut-être aussi à une sensibilité plus grande pour les variations des gaz du sang, la propriété de pouvoir régler le nombre et l'amplitude des mouvements respiratoires sur les besoins de l'organisme.

L'unité d'action de tout le système n'a pas besoin d'être soumise à l'hégémonie du bulbe : pour qu'elle soit assurée, il suffit, comme l'a fait remarquer Langendorff, que ces noyaux multiples, ayant les mêmes attributions fonctionnelles, jouissent d'une excitabilité commune à l'égard d'un même excitant; je dis commune et non pas égale, parce qu'il y a lieu de supposer qu'elle est plus développée dans le noyau régulateur bulbaire.

Brown-Séquard paraît avoir considéré le bulbe surtout comme un organe inhibiteur de la respiration. C'est restreindre beaucoup trop le rôle de cet organe. Si la région voisine de la pointe du calamus possède incontestablement une puissance d'inhibition des plus prononcées, c'est une propriété de ce centre plutôt qu'une fonction : le bulbe peut non seulement ralentir et arrêter la respiration ; il peut aussi bien l'accélérer, ne serait-ce qu'à cause de ses rapports avec le pneumogastrique. Quant à sa théorie de l'innervation respiratoire, Brown-Séquard l'a formulée en ces termes : « Les mouvements respiratoires dépendent de toutes les parties excito-motrices de l'axe cérébro-spinal et de la substance grise qui unit ces parties aux nerfs des muscles respirateurs; » ce qui revient à dire que les noyaux moteurs d'où naissent les nerfs de la respiration sont mis en activité par les excitations qui naissent de toutes les parties du corps. Il faut ajouter cependant que l'éminent physiologiste est plus tard (*A. de P.*, 1889, 337) revenu sur son opinion, pour se ranger à l'idée que l'excitation directe des diverses parties du centre respiratoire par le sang est la cause essentielle du rythme.

D. **Centre respiratoire dans la série animale.** — Il n'a été question jusqu'à présent que du centre respiratoire chez les mammifères. Chez la grenouille il est situé dans la moelle allongée. Si l'on sectionne cet organe en travers, immédiatement derrière le cervelet, on abolit les mouvements respiratoires immédiatement et pour toujours (Flourens, *C. R.*, 1882, liv).

Ce centre est limité, d'après Schrader (*A. g. P.*, xli, 75), par deux lignes, l'une antérieure, parallèle au bord postérieur du cervelet; l'autre postérieure, passant approximativement au niveau de la pointe du calamus. Voir aussi Langendorff (*A. P.*, 1887, 285) et Knoll (*Wien. Akad. Sitzungsb.*, juillet 1887, xcii).

C'est qu'en effet, chez la grenouille, les nerfs qui régissent le mécanisme respiratoire sont le pneumogastrique, le glosso-pharyngien et le facial, de sorte qu'en détruisant le bulbe on détruit les voies centrifuges elles-mêmes de l'innervation respiratoire.

Par contre, on peut sectionner et même détruire la moelle sans que les mouvements respiratoires du nez, du larynx et du plancher buccal s'arrêtent; et même ceux du tronc persistent parce qu'ils sont habituellement passifs, liés aux variations de volume du poumon (Langendorff, *A. P.*, 1888, 304). Il y a cependant aussi chez la grenouille des mouvements actifs d'expiration des flancs, et leur centre se trouve probablement, d'après Langendorff (*A. P.*, 1891, 497), dans la partie supérieure de la moelle.

Chez le lézard, il existe des centres médullaires qui continuent à fonctionner après la section de la moelle allongée et qui peuvent entretenir pendant longtemps la respiration (Langendorff, *A. P.*, 1891, 491). On a vu que Bennett Dowler a fait une observation du même genre sur le crocodile.

Langendorff a ainsi pratiqué quelques expériences chez les invertébrés. Donhoff avait trouvé que le centre respiratoire de l'abeille est dans le ganglion sus-œsophagien. Langendorff constate au contraire qu'après l'ablation de la tête les mouvements rythmiques de l'abdomen qui actionnent les trachées persistent; il en est de même chez différents autres hyménoptères.

Chez le hanneton on peut de même enlever la tête et le premier anneau thoracique. Chez la libellule, non seulement les mouvements persistent dans ces conditions, mais de plus chaque segment de l'abdomen isolé possède son centre respiratoire particulier qui continue à fonctionner (*A. P.*, 1883, 81).

Chez les crustacés isopodes les lamelles respiratoires ont, comme on sait, leur siège sur les pattes abdominales. Chez un représentant de cette espèce (*Idothea entomon*) Langendorff a vu que les mouvements respiratoires rythmiques qui mettent en jeu les branchies et leurs opercules persistent quand l'abdomen a été séparé du thorax, entretenus qu'ils sont par les ganglions abdominaux (*A. P.*, 1888). Cependant, d'après Fredericq, le centre respiratoire du poulpe se trouve dans les ganglions sous-œsophagiens *C. R.*, lxxxviii, 346).

E. **Excitabilité directe du bulbe.** — Kronecker et Marckwald (*A. P.*, 1879 et 1880), Marckwald (*Z. B.*, 1886) ont excité, avec des courants d'induction, le centre respiratoire bulbaire, après avoir sectionné transversalement la moelle allongée à la hauteur des tubercules acoustiques (lapin). Lorsque la respiration continuait normalement, un fort choc d'induction produisait en général une inspiration, s'il tombait sur la phase expiratoire, et une expiration s'il tombait sur la phase d'inspiration. Lorsque la respiration était devenue périodique, c'est-à-dire quand elle présentait des intermittences régulières, chaque excitation produisait, à la fin de la période ou durant les pauses, un mouvement à caractères normaux. Si l'animal était en état d'apnée, les chocs d'induction isolés, même les plus forts, ne provoquaient pas de mouvements : il faut donc que leur action, pour être efficace, soit renforcée par l'excitant chimique.

Lorsque l'excitation a lieu au moyen des courants intermittents avec des intervalles de 1/12 à 1/20 de seconde, il suffit de courants relativement faibles pour accélérer la respiration, si elle est normale, pour raccourcir ou supprimer les phases d'intermittence si elle est périodique. Avec des courants intermittents forts on obtient un état tétanique du diaphragme qui se prolonge longtemps et qui est parfois suivi d'une expiration active, puis d'une nouvelle inspiration convulsive.

En résumé, d'après KRONECKER et MARCKWALD, l'excitation directe du bulbe produit surtout des effets d'inspiration, mais aussi des expirations actives, de sorte que l'on ne peut douter, d'après ces auteurs, de l'existence dans le bulbe de deux sortes de centres : mais le centre d'expiration est plus difficilement excitable que l'autre.

LANGENDORFF (*A. P.*, 1881, 519) obtient également des résultats très variables avec l'excitant électrique chez des animaux qui ont reçu une faible dose de chloral; cependant les cas les plus fréquents sont ceux où le diaphragme se met dans le relâchement complet, ou se maintient dans un état de contraction minimum, sans participation des muscles expirateurs. Chez les lapins qui ont reçu une dose de chloral suffisante, l'excitation électrique produit exclusivement un arrêt en expiration (à comparer avec ce qui se passe pour l'excitation du pneumogastrique, FREDERICQ, *A. P.*, 1883). De sorte que pour LANGENDORFF ce sont en définitive les effets d'inhibition qui l'emportent.

GAD et MARINESCO (*loc. cit.*), en localisant aussi exactement que possible les excitations, et se servant comme électrodes d'épingles à insectes, bien isolées jusqu'à leur pointe, trouvent que l'excitation faradique de la substance réticulée produit constamment, pour le courant le plus faible possible, une accélération de la respiration sans modification de la position moyenne du thorax : ce que ces physiologistes considèrent comme une preuve de l'existence d'un centre inspiratoire bulbaire, LANGENDORFF, au contraire (*A. P.*, 1893, 407), pense que c'est un simple phénomène réflexe.

GAD et MARINESCO, ARNHEIM constatent en outre que l'excitation de la moelle au-dessous de la pointe du calamus met le thorax en état d'inspiration forcée, provoque un état tétanique des puissances inspiratoires, pendant que les mouvements respiratoires continuent avec leur fréquence et leur amplitude antérieures. La conclusion est que, dans ce cas, on n'agit plus sur des centres, mais sur de simples conducteurs. MARCKWALD avait déjà cherché dans les résultats comparatifs de l'excitation du bulbe et de la moelle des preuves contre l'existence de centres spinaux (Voir la critique de LANGENDORFF, *A. P.*, 1881, 237).

SCHIFF fait remarquer que la différence des effets obtenus suivant le siège de l'excitation peut tenir à ce que l'on agit sur des conducteurs différents; on peut ajouter, sur des centres de nature différente, si l'on admet que l'un est régulateur et que l'autre ne partage pas cette propriété.

Un autre excitant physique qui a été employé, c'est le froid. FREDERICQ, en appliquant des fragments de glace sur le bulbe, a vu au bout de peu de temps les mouvements respiratoires se ralentir notablement sans pouvoir cependant les suspendre complètement par ce moyen. Il a pu, d'autre part, diminuer ou augmenter leur fréquence, en faisant alterner l'action de la glace avec celle de la chaleur. En employant des mélanges réfrigérants à — 15° ou — 20°, la membrane occipito-atloïdienne restant intacte, FREDERICQ est arrivé à arrêter totalement la respiration : chez les animaux à bulbe refroidi, l'excitation du pneumogastrique ne produit plus que des arrêts en expiration (*A. P.*, 1883. *Suppl.*).

MARCKWALD, en faisant couler sur la surface de section de la moelle allongée un mélange réfrigérant à — 5°, a observé des modifications très curieuses de la respiration. Celle-ci, qui avait d'abord été périodique après la section du bulbe, devint rythmique pendant la réfrigération : l'inspiration et l'expiration, aussi bien que les pauses respiratoires, furent entrecoupées par des contractions du diaphragme très fréquentes et irrégulières, en sorte que les respirations primitives prirent un aspect très particulier; elles ressemblèrent bientôt aux secousses du diaphragme que l'on obtient lorsqu'on agit sur les phréniques par des excitations qui ne se suivent pas assez rapidement et qui provoquent alors un tétanos discontinu. Cependant il ne s'agissait pas d'une augmentation de fréquence des mouvements normaux; mais ceux-ci étaient entrecoupés par des contractions intermittentes du diaphragme, en quelque sorte surajoutées. Après une réfrigération prolongée, le type respiratoire primitif disparut entièrement et il ne resta plus que ces petites respirations si remarquablement fréquentes, petites et irrégulières.

Marckwald a donné à ces manifestations le nom de dyspnée (il vaudrait mieux dire polypnée) par le froid, et il les attribue à une excitation directe de certaines fibres qui iraient du cerveau aux noyaux médullaires des muscles respirateurs sans passer par le centre bulbaire. J'ai fait remarquer que cette forme de respiration ressemble étonnamment à celle que l'on observe assez souvent chez des animaux à moelle sectionnée (*Journ. de l'An.*, 1887, 582).

Comme excitant chimique on a employé surtout le chlorure de sodium. En appliquant des cristaux de ce sel à la surface de la moelle allongée, Langendorff a obtenu des effets toujours les mêmes (*A. P.*, 1881); un arrêt prolongé de la respiration en expiration, quelquefois seulement un ralentissement. Si on laisse assez longtemps la substance sur le centre nerveux, la respiration s'arrête toujours, et l'animal meurt. L'arrêt n'est pas un phénomène paralytique, mais bien un effet d'excitation; car en enlevant ou en remettant le sel on peut à plusieurs reprises suspendre ou faire reparaître la respiration. Ces résultats, comme on voit, sont semblables à ceux qu'a obtenus Fredericq avec la glace. Il faut rappeler aussi que l'excitation du pneumogastrique par le chlorure de sodium donne toujours un arrêt en expiration (Wertheimer, *A. d. P.*, 1890).

Cependant Marckwald, en excitant la surface de section du bulbe au moyen de ce sel, a constaté un type respiratoire analogue à celui qui a été décrit plus haut et qu'il explique de même. D'après Aducco également, chez les animaux non anesthésiés, le chlorure de sodium active la respiration. Ce même physiologiste a signalé ce fait intéressant, confirmé par Fr. Franck (*A. d. P.*, 1892, 562,) que le chlorhydrate de cocaïne, appliqué directement sur le plancher du quatrième ventricule, arrête les mouvements respiratoires (*A. i. B.*, 1890, xiii, 89). Il en a conclu que cette substance paralyse en ce point un centre moteur.

Les excitations mécaniques ont donné souvent à Langendorff un arrêt de la respiration en expiration ou un ralentissement. Parmi les modifications d'ordre mécanique, on peut citer encore celles qui résultent de la division de la moelle allongée au-dessus du centre bulbaire. Quand la section se rapproche de l'aile grise, la respiration devient périodique, prend un type semblable à celui de Cheyne-Stokes : des séries de trois, quatre, quelquefois cinq mouvements respiratoires sont séparées par de longues pauses.

Marckwald fait jouer un rôle important dans la genèse de ces troubles à l'élimination partielle des excitations venues du cerveau. Schiff, qui les avait déjà signalés antérieurement, les attribue à la compression mécanique causée par les extravasats sanguins sur le centre respiratoire ou sur ses voies conductrices (*Recueil de Mém. physiol.*, i, 32).

Association bilatérale des centres respiratoires. — Le centre respiratoire, qu'il soit coordinateur ou simplement régulateur, est pair et symétrique, comme l'ont montré les expériences de Volkmann, Longet, Schiff, et comme Flourens lui-même a fini par l'admettre. Chez les animaux auxquels on a sectionné le bulbe sur la ligne médiane, non seulement les mouvements respiratoires persistent des deux côtés, mais ils restent synchrones. Toutefois l'excitation du pneumogastrique ou du trijumeau n'a plus alors d'influence que sur la moitié correspondante du diaphragme, et la respiration devient et reste en général asymétrique, d'après Langendorff (*A. P.*, 1881, 78). La section, soit d'un seul, soit des deux pneumogastriques a les mêmes effets : la fréquence et l'amplitude des mouvements des deux moitiés du diaphragme deviennent inégales. Ce sont là les conséquences de la suppression des commissures bulbaires entre les deux centres. Si au contraire celles-ci sont restées intactes, l'excitation de l'un ou de l'autre des deux nerfs vagues réagit encore, même après une hémisection de la moelle cervicale, sur la moitié du diaphragme restée active.

Une expérience du même genre est due à Nitschmann (*A. A. P.*, xxxv, 1885, 558). Chez des lapins âgés de quelques semaines, il sectionne toute la moelle cervicale sur la ligne médiane, les mouvements respiratoires continuent bilatéraux et synchrones; l'excitation du pneumogastrique, du trijumeau ou d'un nerf sensible des membres, agit sur les deux côtés à la fois. Mais, si la partie inférieure du bulbe est en même temps fendue sur la ligne médiane, l'excitation unilatérale d'un de ces nerfs n'agit plus que sur le côté correspondant (sauf celle du sciatique qui peut encore influencer directement les centres spinaux bilatéraux).

De ces faits, on a conclu avec raison qu'il existe une association fonctionnelle entre les deux centres bulbaires. Mais on est allé plus loin, et on a soutenu que, quand les commissures ont été divisées au niveau de la pointe du calamus, chaque moitié du bulbe n'est plus en rapport qu'avec les noyaux médullaires du côté correspondant et devient incapable d'agir sur ceux du côté opposé. Les expériences de Knoll, Girard, Porter, de Langendorff lui-même ont démontré le contraire : il existe en effet des voies croisées dans la moelle cervicale, ainsi qu'il a déjà été dit. Il faut ajouter que Knoll (*loc. cit.*, 1888) soutient, contrairement à Langendorff, que, quand on a pratiqué la section médiane du bulbe, l'excitation du bout central du nerf vague réagit constamment sur les deux côtés, bien que plus faiblement sur le côté opposé. D'ailleurs, la ligature d'un de ces nerfs peut ne pas altérer le synchronisme de la respiration; enfin, s'il est vrai que souvent après cette opération on observe de l'asymétrie au point de vue de la fréquence et de l'amplitude, elle n'est jamais durable et cesse toujours après la ligature du second pneumogastrique (Knoll).

G. **De l'excitant normal des centres respiratoires.** — L'activité des centres respiratoires est-elle réflexe, provoquée par des stimulations périphériques ou est-elle automatique, c'est-à-dire mise en jeu par des excitations nées sur place? Cette question et celle qui lui est connexe, à savoir la cause de la première respiration, a déjà été traitée à l'article **Apnée** et à l'article **Automatisme** (Voy. ces mots). On y trouvera l'exposé des deux opinions contraires et les expériences sur lesquelles elles se fondent. Il suffira de les rappeler en y ajoutant quelques détails complémentaires, plus directement en rapport avec notre sujet. Pour Vierordt, Volkmann, Rash, Schiff et Schipiloff, le centre respiratoire est incapable de fonctionner sans excitations nées en dehors de lui : par contre, un seul nerf sensible, qui est resté en rapport avec le bulbe par l'intermédiaire d'une moitié de la moelle, suffit à entretenir la respiration (Schiff). Hering, après avoir constaté qu'une racine sensible demeurée intacte peut encore assurer la motilité d'un membre après section de toutes les autres, s'est rattaché incidemment à la même opinion (*A. g. P.*, liv, 1893, 617).

D'après Marckwald, si les excitations périphériques ne sont pas la cause exclusive des mouvements respiratoires, elles jouent du moins un rôle prépondérant; le centre respiratoire isolé des principaux conducteurs centripètes est encore en état de fonctionner, mais son fonctionnement devient anormal. On trouvera plus loin les faits sur lesquels s'appuie Marckwald et ceux qui lui ont été opposés.

Les expériences de Rosenthal, de Fredericq (voy. **Apnée**) tendent à prouver, au contraire, que le stimulus normal du centre respiratoire doit être cherché dans le sang qui les baigne. Il faut y ajouter celles de Geppert et Zuntz (*A. g. P.*, 1888, xlii). Pour démontrer que c'est bien dans le sang que réside l'excitant, ces physiologistes tétanisent, sur des animaux, les membres inférieurs après avoir sectionné la moelle vers la neuvième ou la douzième vertèbre dorsale. Bien qu'on ait ainsi éliminé l'influence des nerfs centripètes des extrémités, la tétanisation électrique des muscles qui a pour but de surcharger le sang des produits de l'activité de ces organes, n'en produit pas moins une augmentation considérable de la ventilation pulmonaire; on constate d'ailleurs, par comparaison, que, dans ces conditions expérimentales, les modifications qui portent sur le volume d'air respiré, sur l'absorption de O et sur l'élimination de CO^2 sont les mêmes que chez l'animal intact auquel on fait exécuter du travail. Cette première série d'expériences réfute l'opinion de Volkmann d'après laquelle la composition du sang réagit sur les centres respiratoires par l'intermédiaire des nerfs centripètes. Une nouvelle preuve que c'est ce liquide qui est le véhicule de l'excitant formé pendant la contraction musculaire, c'est que, si l'on supprime la circulation dans les membres pendant leur tétanisation, la ventilation pulmonaire n'est plus influencée et ne se renforce qu'après le retour du sang dans les extrémités inférieures. Les résultats furent encore les mêmes après section de la moelle au niveau de la septième cervicale, section des pneumogastriques, des sympathiques, des récurrents, opérations qui avaient pour but d'éliminer le plus possible de nerfs centripètes. Il est vrai qu'il en reste encore d'intacts, mais il n'est pas vraisemblable, disent Geppert et Zuntz, qu'ils répondent à une excitation à laquelle les autres nerfs se sont montrés insensibles. Les physiologistes se croient donc autorisés à conclure que c'est dans le centre respiratoire lui-même que la stimulation se produit[1].

C'est en effet l'opinion qui compte aujourd'hui le plus de partisans, bien qu'on reconnaisse cependant que la preuve absolument rigoureuse n'en a pas été donnée. Chez les mammifères on a toujours, dans ces expériences, laissé intacts quelques nerfs sensibles. D'ailleurs, le problème, dans les termes où il est posé par Schiff, ne peut même pas être résolu, dans cette classe d'animaux, par la méthode des sections nerveuses. Car si les mouvements respiratoires devaient continuer même après l'élimination de toutes les voies centripètes, rien n'empêche d'admettre, dit ce physiologiste, que l'excitant chimique n'agisse encore sur les centres par l'intermédiaire des racines sectionnées et des cordons postérieurs, dont la sensibilité est si vive chez les mammifères, alors que chez la grenouille elle est peu prononcée.

Il ne reste donc qu'à faire la part des faits apportés des deux côtés et à conclure ou que les centres respiratoires ont une activité automatique, mais que leur sensibilité à l'excitant chimique est entretenue par les stimulations périphériques, ou bien que, si les variations d'excitabilité des cellules ganglionnaires sont liées aux variations des échanges gazeux, les mouvements sont provoqués par les impulsions centripètes.

La première opinion concorde mieux avec les observations faites chez les mammifères; elle peut même encore se concilier avec celles qui ont été faites chez les batraciens. On peut supposer que chez ces derniers l'impressionnabilité à l'excitant chimique est trop déprimée après la suppression des excitations périphériques; elle resterait suffisante chez les mammifères. Puisque Schiff reconnaît que d'une part les racines et les cordons postérieurs chez la grenouille ne réagissent pas à l'excitant respiratoire sans le concours de la sensibilité périphérique et que d'autre part ces mêmes parties sont, au contraire, encore aptes à y répondre, dans les mêmes conditions, chez les animaux à sang chaud, n'est-on pas en droit d'étendre cette différence de propriétés aux centres eux-mêmes?

Ce qui a fait croire surtout que le sang est l'excitant normal des centres respiratoires, c'est qu'il y a un rapport intime entre le degré de leur activité et les variations des gaz dans ce liquide. Mosso a montré, il est vrai, que nous pouvons, sans inconvénient, réduire dans des proportions notables la quantité d'air introduite, parce qu'elle est normalement plus grande qu'il ne serait nécessaire, et qu'il y a une respiration de luxe. En outre l'activité des centres respiratoires se modifie dans certaines circonstances, par association à celle des autres centres nerveux, sans que cette modification paraisse répondre aux besoins des échanges gazeux (*A. P., Suppl.* 1886). Mais cette indépendance entre le mécanisme et le chimisme respiratoires ne dépasse pas certaines limites.

Quand l'air inspiré contient trop de CO^2 ou trop peu d'O; quand une cause quelconque entrave l'hématose; quand, par suite de troubles de la circulation soit locale, soit générale, le sang qui baigne les centres est renouvelé incomplètement, les mouvements respiratoires sont renforcés; ils deviennent surtout plus profonds et des muscles auxiliaires qui n'interviennent pas normalement sont mis en jeu. Ainsi se trouve réalisé un remarquable mécanisme d'adaptation, puisque l'excès de CO^2 ou le défaut d'O dans le sang a précisément pour conséquence immédiate une ventilation pulmonaire plus active qui tend à ramener ces gaz à leur taux normal.

Une nouvelle question souvent agitée se pose ici. Est-ce la diminution d'O, est-ce l'augmentation de CO^2 qui agit comme stimulant quand la veinosité du sang augmente? Il est généralement reconnu aujourd'hui que chacun de ces facteurs peut influencer l'activité du centre respiratoire. (Pour la bibliographie voir l'article **Apnée** et Rosenthal, *H. H.*)

Les mouvements de la respiration sont renforcés lorsqu'on fait respirer à un animal

1. La valeur de ces expériences a été discutée par Speck, *Deutsches Arch. f. Klin. Med.*, XXVII 509. D'autre part elles ont été confirmées par Schenk (1892).

du CO^2 en excès, même lorsque le mélange renferme encore une quantité suffisante d'O. Dohmen a montré aussi qu'une augmentation de CO^2 dans l'air inspiré amène de la dyspnée, alors que le sang renferme autant d'O que dans les conditions normales ou même davantage. D'autre part la dyspnée se produit également quand on fait respirer Az ou H purs ou mélangés à une quantité insuffisante d'O. Dans ce dernier cas, c'est bien le défaut d'O qui en est cause et non l'accumulation de CO^2; l'élimination de ce gaz n'est pas empêchée dans ces conditions, comme on l'avait d'abord soutenu.

Aussi les physiologistes ont-ils attribué, tantôt à l'une, tantôt à l'autre de ces deux variations, l'excitation normale des centres respiratoires. Pour Rosenthal, c'est la diminution d'O, l'opinion qui tend au contraire à prévaloir aujourd'hui, c'est que c'est surtout CO^2 qui règle l'activité respiratoire. En effet, fait-on observer, ce gaz agit encore même quand sa proportion dans le mélange inspiré est peu élevée. D'autre part la diminution d'O : est trop rapidement préjudiciable à la vitalité des éléments, pour que la régulation de l'hématose repose sur cette modification, tandis que l'accumulation de CO^2 est beaucoup moins pernicieuse.

A cette raison d'ordre téléologique on pourrait objecter, il me semble, que, si la diminution d'O est à ce point dangereuse pour l'organisme, la réaction ne devrait en être que plus vive et plus rapide.

Pour Hermann l'excitant normal est probablement toujours CO^2, mais son action est renforcée par le manque d'O, comme elle le serait par l'action de la strychnine (*T. P.*, 1892, 136). Quoi qu'il en soit, Gad a montré, par exemple, que, pour de faibles modifications de l'air inspiré un excès de CO^2 a sur la respiration des effets manifestes, alors qu'une diminution correspondante d'O n'a pas d'influence : 3 p. 100 de CO^2 renforce la ventilation pulmonaire, alors que l'abaissement du chiffre d'O à 17 ou 18 p. 100 ne donne que des résultats douteux (*A. P.*, 1886).

D'après Berns l'influence de CO^2 sur les centres se manifeste chez le lapin par une augmentation d'amplitude, au bout de une à deux minutes, c'est-à-dire aussitôt que le sang du poumon a eu le temps d'arriver à l'axe nerveux. Il n'est donc pas probable qu'il se forme lors de l'inhalation de CO^2 une substance intermédiaire, et les variations de tension de ce gaz dans le sang doivent être efficaces par elles-mêmes.

Chez l'homme les conséquences de cette inhalation sont les suivantes : c'est encore principalement l'amplitude de la respiration qui augmente, et avec elle le volume d'air introduit, tandis que la fréquence du rythme est à peine modifiée. L'accroissement de la ventilation pulmonaire est déjà très sensible au bout de 15 à 20 secondes, la ventilation croît encore jusqu'à la fin de la première minute et reste alors constante tant que la quantité de CO^2 reste la même (Lœwy, *A. g. P.*, 1890, XLVII, 601).

Berns a trouvé aussi que ce gaz, indépendamment de son action directe, exerce une action réflexe sur les centres respiratoires par l'intermédiaire des filets sensibles des voies respiratoires. Gad a confirmé le fait, ainsi que Knoll qui l'avait d'abord révoqué en doute. La première inspiration d'un animal auquel on fait respirer CO^2 est d'emblée et sans exception plus profonde : cet effet immédiat ne se produit plus lorsque les pneumogastriques sont coupés. Il ne faudrait cependant pas conclure de là que CO^2 des alvéoles puisse dans les conditions normales exciter les ramifications terminales des pneumogastriques, car, même dans la proportion de 50 à 58 p. 100, il n'agit que sur la muqueuse des grosses brônches et non sur celle de leurs divisions terminales (*A. P.*, 1890, 588).

Bernstein avait soutenu que la diminution d'O excite le centre inspiratoire, tandis que l'augmentation de CO^2 excite le centre expiratoire. Gad a montré au contraire que toute dyspnée, quelle que soit sa cause, se traduit par un renforcement de l'activité des puissances inspiratoires. Soit qu'on fasse directement inhaler CO^2 à un animal, soit qu'on le fasse respirer dans un tube étroit, de manière à altérer l'air inspiré par l'air de l'expiration, ce sont toujours des efforts d'inspiration que l'on provoque. Les centres respiratoires réagissent encore de même dans les cas d'hémorragie; l'inspiration devient alors plus profonde pour assurer aux centres une hématose suffisante, malgré le ralentissement de la circulation.

Aussi, d'après Gad, le centre inspiratoire est-il seul sensible aux variations des gaz du sang : le centre expiratoire ne serait excitable normalement que pour des stimulations réflexes. Ce n'est que quand elle arrive à son maximum, que l'asphyxie exerce

son action excitante sur le centre expiratoire, comme sur tous les autres. Gad, soit dit en passant, est donc ainsi obligé d'admettre que ce centre de la substance réticulée, que l'on représente comme une individualité anatomique, comprend deux sortes de cellules, les unes sensibles, les autres insensibles à l'excitant chimique.

Les gaz du sang ne sont pas les seuls agents d'excitation des centres respiratoires. Geppert et Zuntz (*loc. cit.*) ont montré qu'il est d'autres substances, encore mal déterminées il est vrai, qui agissent dans le même sens et qui se forment pendant la contraction musculaire. L'influence du travail sur la respiration est d'observation journalière : mais elle est particulièrement bien mise en lumière par les expériences de Hanriot et Richet, qui, en faisant tourner une roue par un individu dont on mesurait la respiration, ont vu que la ventilation pulmonaire était exactement proportionnelle au nombre des tours de roue (*Tr. du Labor.* de Ch. Richet, i, 516). L'augmentation de CO^2 formé pendant la contraction musculaire avait toujours paru l'explication la plus simple de la plus grande activité de la respiration. Mais Zuntz et Geppert ont trouvé que pendant le travail la quantité de CO^2 diminue dans le sang et que l'O augmente. Ces modifications, en apparence paradoxales, s'expliquent par ce fait que le renforcement de la ventilation pulmonaire non seulement suffit à couvrir l'excédent des combustions, mais fournit, plus qu'il ne serait nécessaire pour maintenir à son taux normal la proportion des gaz du sang. Comme d'autre part on ne peut pas invoquer des changements de tension de ces gaz, il faut admettre que le sang reçoit, des muscles qui travaillent, une substance qui va exciter le centre respiratoire. Elle est probablement de nature acide. Chez le lapin en particulier, la quantité de CO^2 du sang est encore notablement inférieure à la normale, 40 minutes après la tétanisation électrique de l'animal : comme alors la ventilation pulmonaire est depuis longtemps redevenue normale et ne peut par conséquent expliquer cette diminution, celle-ci ne peut être due qu'à une alcalinité moindre du sang. Geppert et Zuntz ont, du reste, constaté directement cette dernière modification chez le lapin. Chez le chien les acides formés semblent être neutralisés au fur et à mesure de leur production. C. Lehmann a démontré aussi l'action excitante des acides sur les centres respiratoires (*A. P.*, 1888, xlii, 284).

On pourrait admettre cependant que la substance formée diminue le pouvoir d'absorption du sang pour CO^2, de sorte que ce gaz, s'accumulant dans les tissus et par conséquent aussi dans les centres respiratoires, resterait encore, en dernier ressort, l'agent excitant.

II. Causes de variations de l'excitabilité fonctionnelle des centres respiratoires — Différentes conditions peuvent modifier cette excitabilité : l'arrêt brusque de la circulation, les hémorrhagies, la température, les substances narcotiques, etc. Un lapin supporte bien la ligature des deux artères vertébrales et d'une des carotides, sans que les centres respiratoires réagissent : si on comprime alors graduellement la seconde carotide, les signes ordinaires de la dyspnée se manifestent. Mais, si l'on interrompt brusquement et totalement la circulation dans le dernier vaisseau resté libre (expérience de Kussmaul et Tenner), le tableau se modifie : la respiration d'abord plus fréquente et plus ample se ralentit bientôt notablement tout en restant profonde. Le fait caractéristique, c'est que l'expiration est devenue prédominante : la tonicité d'intensité constante qui maintient le thorax dans sa position d'équilibre normale, est abolie, et la cage thoracique prend peu à peu la position qu'elle a sur le cadavre. Gad, qui a étudié ces phénomènes, fait remarquer qu'il ne faut pas conclure de là à une activité plus grande des puissances expiratoires : celles-ci n'ont aucun effort à faire, elles deviennent prépondérantes, uniquement parce que la vitalité du centre inspiratoire se trouve d'emblée compromise par la suppression brusque de la circulation encéphalique.

A la suite d'hémorrhagies abondantes, il arrive un moment où l'on assiste à des manifestations du même genre. Bien que les inspirations, séparées par de longues pauses, soient encore profondes, d'une amplitude double de la normale, l'examen des graphiques montre que la tonicité inspiratoire n'existe plus, et que, dans l'intervalle de chaque mouvement respiratoire, le thorax revient progressivement sur lui-même. Cette période, pendant laquelle le rythme est très ralenti, correspond au collapsus du centre inspiratoire; c'est la phase syncopale, préagonique, et la transfusion de la solution physiologique de chlorure de sodium est devenue impuissante à sauver l'animal.

Entre la respiration simplement dyspnéique du début, dont il a été question plus haut, et la respiration terminale que l'on vient de décrire, vient s'intercaler, dans les cas d'hémorrhagies répétées, une forme différente de l'une et de l'autre, caractérisée par la grande fréquence et le peu d'amplitude des mouvements respiratoires, et qui rappelle la polypnée thermique. Mais pendant cette période les tracés montrent que l'effort inspiratoire est encore très appréciable : la position moyenne du thorax indique que l'action tonique du centre s'exerce encore et que le peu d'amplitude de la respiration tient simplement à l'excursion moindre de la paroi thoracique. A cette phase les effets de la transfusion ne sont plus certains, mais généralement elle améliore la respiration en la faisant revenir au type de la première période, au type dyspnéique (Gad, *A. P.*, 1886, 543).

Luchsinger et Socoloff (*A. g. P.*, 1880, XXIII, 283), Langendorff et Siebert (*A. P.*, 1881, 341) ont étudié sur les centres respiratoires de la grenouille les conséquences de l'arrêt de la circulation. Chez cet animal la ligature de l'aorte ou une hémorrhagie abondante rend la respiration périodique : des séries de mouvements sont séparés par des pauses plus ou moins longues. Si l'on remplace le sang par une solution physiologique de chlorure de sodium, la respiration prend un type particulier, intermédiaire entre le rythme normal et le rythme périodique; mais la ligature de l'aorte rend la respiration franchement périodique, chez les grenouilles salées; puis vient une phase pendant laquelle les mouvements respiratoires s'espacent et se ralentissent : de 45 à 95' après la ligature ils s'arrêtent définitivement. Si l'on enlève la ligature, la respiration se rétablit, d'autant plus rapidement que l'arrêt de la circulation a été plus court; mais, s'il se prolonge au delà de cinq heures, les mouvements ne reviennent plus : ceux-ci sont d'abord périodiques, au moment où le sang peut reprendre son cours, puis ils reviennent à leur rythme régulier.

Bien que la respiration ne soit pas tout à fait normale chez les grenouilles salées, il est cependant remarquable qu'elle ne devient périodique qu'après ligature de l'aorte et que le rythme reprend ses caractères primitifs, lorsqu'on rétablit la circulation. Ce qui tend à prouver que le centre respiratoire, affaibli par le manque de substances nutritives, n'a pas besoin de sang pour redevenir excitable, puisqu'une solution de ClNa, à peine teintée en jaune par l'hémoglobine, suffit[1].

Luchsinger et Sokolow ont également pu rendre la respiration intermittente chez des grenouilles en les maintenant submergées pendant plusieurs heures au fond de l'eau pour les soumettre à une asphyxie prolongée : le rythme particulier se manifestait quand cessait la submersion. L'asphyxie, l'arrêt de la circulation déterminent incontestablement des troubles de la nutrition et par suite des modifications dans l'excitabilité du centre respiratoire, qui ont pour conséquence la respiration périodique.

L'élévation de la température du corps produit, et par action directe, et par action réflexe, une accélération énorme du rythme respiratoire. Dans ces conditions l'animal respire surtout pour se refroidir, en activant l'évaporation pulmonaire. Ch. Richet a montré que cette fonction hypothermisante du bulbe est distincte de sa fonction chimique; celle-là ne peut s'exercer que si celle-ci est complètement satisfaite. L'échauffement du sang des carotides amène aussi la polypnée thermique. Arnheim s'est demandé si l'hyperexcitabilité du centre inspiratoire, due à la chaleur, n'aurait pas pour résultat de laisser persister exclusivement les réactions inspiratoires, lors de l'excitation électrique du pneumogastrique. L'expérience a répondu négativement; l'irritation de ce nerf peut encore, pendant la polypnée thermique, arrêter la respiration en expiration.

Sous l'influence d'un refroidissement prolongé j'ai vu le nombre des mouvements respiratoires tomber à 8, 6 ou même 4 par minute (*Journ. de l'Anat.*, 1887). Dans ce cas, j'ai observé aussi des types de respiration périodique (*A. de P.*, 1890, 40).

Lœwy (*A. g. P.*, 1890, XLVII, 601) a étudié l'excitabilité fonctionnelle des centres respiratoires dans diverses conditions physiologiques. Dans ce but il mélange à l'air inspiré des

1. Il faut rapprocher de cette observation l'expérience de V. Ott (*A. P.*, 1882, 113), qui a pu retirer à un chien les 14/15 de son sang sans que l'animal devînt dyspnéique. De même Marckwald a fait valoir que la respiration peut, dans certaines conditions, continuer régulièrement et pendant longtemps après l'arrêt de la circulation. Ces faits ont été invoqués contre l'opinion qui place dans le sang l'excitant normal de la respiration. Lœwy en a donné une interprétation qui permet de les concilier assez bien avec la théorie admise (*A. g. P.*, XLII, 271, 1888).

proportions variables de CO^2 qui agit comme excitant. La proportion de ce gaz dans l'air expiré est prise comme mesure de l'intensité de l'excitant, et l'augmentation correspondante du volume d'air respiré donne la mesure de l'effet produit. Lœwy trouve ainsi que l'excitabilité des centres respiratoires représente une valeur sensiblement constante chez des individus de constitution et d'âge différents, chez le même individu examiné à des époques différentes.

Elle ne s'est trouvée diminuée ni dans le sommeil normal, ni dans le sommeil provoqué par le chloral, la chloralamide, l'hydrate d'amylène; la morphine seule l'a déprimée très notablement. Si donc l'activité de la respiration est moindre pendant le sommeil, il faudrait en chercher la cause, non pas dans une diminution de l'excitabilité du centre, mais bien dans la diminutiou des excitants, psychiques, sensoriels, sensitifs qui l'influencent par voie réflexe.

Cependant il résulte des expériences de Çorin (*Bull. de l'Acad. roy. de Belg.*, 1893), qu'à une certaine dose les hypnotiques modifient l'excitabilité des centres respiratoires. En effet, à la suite de l'administration de la chloralamide, de l'uréthane, du croton-chloral, de l'aldéhyde, de la paraldéhyde, de l'alcool éthylique, l'irritation du bout central du pneumogastrique ne produit plus que des arrêts en expiration.

On a vu que Fredericq a déjà signalé le même fait comme une conséquence de l'intoxication par le chloral et par CO^2. Certaines substances de la série de la pyridine présentent aussi cette particularité physiologique (Corin).

Enfin une observation intéressante faite par Loewy, c'est qu'à la suite d'une augmentation d'activité de l'appareil respiratoire, provoquée par un excitant extérieur, tel que l'inhalation de CO^2, il ne se manifeste pendant longtemps aucune sensation de fatigue ou d'effort. Lorsqu'au contraire on renforce volontairement la respiration, cette sensation se produit déjà au bout de quelques minutes. Ce ne sont pas les centres et les muscles respiratoires, qui dans ces conditions se fatiguent si rapidement; mais bien la volonté. Ce qui le prouve, c'est que la sensation pénible disparaît si, supprimant l'effort volontaire, on continue à imprimer à la ventilation pulmonaire la même activité que précédemment par une inhalation de CO^2. Loewy rapproche ces résultats des observations bien connues de Mosso sur la fatigue, tout en reconnaissant qu'il y a peut-être lieu de tenir compte de l'action anesthésique de CO^2.

K. **Réflexes respiratoires et régulation du rythme.** — Si les excitations centripètes ne sont pas, vraisemblablement, les causes du rythme respiratoire, elles servent du moins à entretenir sa régularité. Ce sont les filets centripètes du pneumogastrique qui jouent le rôle capital dans cette régulation.

Rosenthal a émis l'hypothèse que les centres respiratoires n'envoient pas immédiatement leurs impulsions aux muscles; ils ont à triompher d'une certaine résistance. S'appuyant sur les conséquences de l'excitation et sur celles de la section des pneumogastriques, il admet que les stimulations qui partent constamment de ces nerfs diminuent cette résistance et rendent les décharges des centres plus fréquentes et moins fortes. Les pneumogastriques sont-ils divisés, l'activité centrale se traduira par une série d'impulsions plus rares, mais par contre plus énergiques. Dans les deux cas toutefois, le travail fourni sera le même; car il dépend uniquement des variations des gaz du sang. Après comme avant la section des nerfs, la même quantité d'air traverse les poumons dans un temps donné.

Gad a objecté que les effets immédiats de la suppression des pneumogastriques (*A. P.*, 1880, 1) ne confirment pas cette théorie. Ils se caractérisent par une durée plus longue de la phase inspiratoire, par un raccourcissement de l'expiration : le thorax se dilate au delà de sa position d'équilibre normale et reste dilaté : plus tard aussi, l'effort inspiratoire se montre toujours renforcé. Il ne devrait pas en être ainsi d'après l'hypothèse de Rosenthal, puisque les résistances auraient dû augmenter après la section des pneumogastriques. De plus, suivant Gad, l'effet utile sur la ventilation pulmonaire peut avoir diminué. Lindhagen (*Skand. Arch. für Physiol.*, iv), il est vrai, trouve avec Rosenthal que la section des vagues n'a pas d'influence sur le volume d'air respiré, mais il s'accorde sur ce point avec Gad que, lorsque les nerfs sont intacts, le même résultat est obtenu avec un travail moindre.

Si donc l'effort des muscles inspiratoires est disproportionné à l'effet utile, quand le pneumogastrique n'agit plus, c'est que ce nerf, loin de diminuer les résistances hypothétiques que rencontre le centre respiratoire, a au contraire pour fonction principale de modérer les impulsions qui en partent, quant à leur durée et quant à leur intensité. Il intervient donc surtout dans la régulation du rythme, comme un nerf d'arrêt.

Qu'il existe des fibres inhibitoires ou fibres d'expiration dans le tronc du pneumogastrique, à côté des fibres d'inspiration, cela n'est pas douteux. Hering et Breuer, dont les expériences détaillées trouveront leur place à l'article **Pneumogastrique**, font jouer un rôle également important aux deux ordres de fibres dans le mécanisme de l'auto-régulation du rythme respiratoire. La distension du poumon à chaque inspiration excite mécaniquement les fibres d'expiration dont la stimulation produit par voie réflexe un relâchement du diaphragme; le retrait du poumon, par contre, met en jeu les fibres d'inspiration et provoque ainsi le retour de la phase active. L'inspiration appelle l'expiration, et réciproquement.

Pour Meltzer le mécanisme est un peu différent. Il constate que, pour une certaine intensité du courant électrique, l'expiration provoquée par l'excitation du bout central du pneumogastrique est suivie d'une inspiration qui se produit quand l'excitation cesse : par conséquent, les deux groupes de fibres étant excités en même temps, c'est l'influence des fibres d'expiration qui l'emporte, mais dans les fibres d'inspiration l'effet persiste plus longtemps. C'est ce qui arriverait aussi dans les conditions normales. Les deux espèces de fibres sont simultanément mises en jeu par la distension du poumon : l'action des fibres d'expiration prédomine tant que dure l'excitation; mais dans les fibres antagonistes, l'effet survit à la cause, et, quand le poumon est revenu sur lui-même, se manifeste par une inspiration (*New-York med. Journ.*, 1890).

Cependant la régulation du rythme respiratoire se conçoit très bien sans que l'on ait besoin de faire intervenir les fibres spéciales d'inspiration. Comme le stimulus normal de la respiration agit d'une façon constante sur les centres, l'inspiration se produit par cela même que l'effet inhibitoire dû à l'excitation des fibres d'arrêt cesse de se faire sentir. Il suffit que celles-ci, à chaque ampliation du poumon, diminuent l'excitabilité du centre respiratoire, pour que la régularité du rythme soit assurée. Ce sont donc surtout les fibres d'expiration qui servent à l'entretenir sans que le concours des fibres antagonistes soit nécessaire.

L'action du pneumogastrique sur les centres paraît s'exercer non seulement par ces excitations périodiques, dues aux variations de volume des poumons, mais encore même à l'état de repos de ces organes : ce nerf aurait une influence tonique (Marckwald). Lœwy a montré, en effet, que si, par exemple, on provoque le collapsus d'un des poumons en oblitérant la grosse bronche avec une tige de laminaria, lorsque l'air qu'il renferme a été résorbé, la section du pneumogastrique, du côté intact, modifie la respiration, comme si l'on avait sectionné les deux nerfs : d'où l'on peut conclure que le pneumogastrique du côté atélectasié n'agit plus sur la respiration, et que, par conséquent, la réplétion normale du poumon entretient le tonus du nerf. Ce qui le prouve encore, c'est qu'il suffit d'insuffler de nouveau le lobe atélectasié dont le pneumogastrique est resté intact pour que la respiration reprenne son rythme normal.

L'une des branches des pneumogastriques, le laryngé inférieur, est aussi un nerf inhibiteur pour les centres respiratoires. Rosenthal, qui a le premier signalé l'influence d'arrêt de ce nerf, la considérait comme spécifique. Schiff a montré qu'il n'en était rien (*C. R.*, 1861, LIII). En outre les branches laryngées supérieures n'ont pas de tonus : leur section ne modifie ni la forme, ni le nombre des mouvements respiratoires. Le nerf récurrent (Burckhardt), les terminaisons nerveuses de l'endocarde (Fr. Franck) renferment aussi des fibres d'arrêt, qui peuvent agir accidentellement.

Les nerfs sensibles autres que le pneumogastrique interviennent-ils dans la régulation du rythme? L'expérience répond négativement, du moins en ce qui concerne les nerfs du tronc et des extrémités. Si l'on sectionne, comme l'a fait Marckwald, la moelle à la hauteur de la 7ᵉ vertèbre cervicale, en même temps que les branches des plexus brachial et cervical, sauf le phrénique, la respiration continue normalement. Schiff cependant admet que dans certaines conditions, par exemple après la suppression des pneumogastriques, les nerfs sensibles du tronc peuvent devenir une des sources de la régulation.

Ce qui est certain, c'est que les impressions qu'ils conduisent aux centres respiratoires doivent favoriser leur excitabilité. D'autre part toute excitation accidentelle de ces nerfs peut par voie réflexe modifier le rythme de la respiration. Schiff, dans le travail cité plus haut, a rapporté de nombreuses observations de ce genre. Depuis lors, elles se sont multipliées. Les réactions sont du reste des plus variées.

Le ralentissement ou l'arrêt des mouvements respiratoires peut être produit par l'excitation des filets sensibles du trijumeau, en particulier ceux du pourtour des narines et ceux des fosses nasales (Schiff, Holmgren, Kratschmer, Fr. Franck). Gad et Wegele (*A. P.*, 1881, 566) ont montré que l'arrêt de la respiration qui se fait en expiration n'est pas dû, dans ces cas, à une contraction active des muscles expirateurs, mais à un relachement des agents de l'inspiration, puisqu'il se produit encore lorsqu'on a sectionné la moelle entre la dernière vertèbre cervicale et la première dorsale, et que l'on a éliminé, par conséquent, la plupart des muscles expirateurs : C'est du reste ainsi que l'avait déjà interprété Schiff. Les même effets s'obtiennent encore par l'irritation des nerfs les plus variés : ils seraient constants quand l'excitation est forte (Langendorff). Graham a signalé l'action des filets sensibles du splanchnique qui, suivant l'intensité de l'excitant, peut ralentir les mouvements, les arrêter en expiration soit passive, soit active.

Certains réflexes d'arrêt sont particulièrement intéressants : si l'on plonge un lapin dans l'eau, après lui avoir introduit une canule dans la trachée, la respiration peut se suspendre pendant près de cinq minutes (Falck) ; elle s'arrête également, mais moins longtemps, si on se borne à immerger l'extrémité du museau ou à asperger le pourtour des narines. Ces réflexes protecteurs sont beaucoup plus développés chez les animaux plongeurs ; chez le canard cette même aspersion peut amener un arrêt qui dure de huit à douze minutes (Fredericq).

La réaction est souvent inspiratoire : ce serait surtout le cas pour les excitations des nerfs de la queue et des membres inférieurs chez le lapin (Schiff). On sait aussi qu'une aspersion d'eau froide sur divers points du corps peut rendre la respiration plus ample et plus fréquente. L'excitation des filets sensibles du phrénique agit dans le même sens : elle provoquerait cependant parfois des réflexes d'expiration (Anrep et Cybulski).

Si nous passons aux nerfs sensoriels, l'excitation des nerfs acoustiques ou optiques accélère la respiration (Christiani). D'après Fano et Masini (*A. P. P.*, 1893, 206), les canaux semi-circulaires exercent sur le centre respiratoire une influence d'arrêt; le limaçon, une action accélératrice. L'ablation des premiers produit des troubles très analogues à ceux qui suivent la section des pneumogastriques, mais qui disparaissent après l'ablation ultérieure du limaçon. L'excitation de la muqueuse olfactive peut, suivant l'intensité du stimulant accélérer, la respiration ou amener un arrêt en expiration (Gourewitch, *Dissert.* Bern, 1882, cité par Marckwald). Chez le lapin, l'excitation des lobes olfactifs par des courants faibles n'agit que sur les mouvements de l'aile du nez : les narines tendent à se fermer et se dilatent fortement quand l'excitation cesse. Ce n'est que si l'on emploie des courants forts qu'il se produit aussi un arrêt de la respiration thoracique (Arnheim, *loc. cit.*). Cependant, chez le chien, Surmont et moi n'avons pas obtenu de réflexes respiratoires à la suite de l'irritation du lobe olfactif (*B. B.*, 1888, 62).

Knoll (*Sitzungsb. Wien. Akad.*, 1885, xcii, 308) a fait de ces réactions réflexes une étude d'ensemble. Il divise les nerfs en trois catégories : 1° à effet exclusivement inspiratoire : glosso-pharyngien, phrénique, rameau lingual du trijumeau, nerf optique; 2° à effet exclusivement expiratoire, le nerf splanchnique; 3° dans la troisième catégorie viennent se ranger tous les autres nerfs sensibles dont l'excitation, suivant qu'elle est forte ou faible, produit soit l'expiration, soit l'inspiration. Les résultats sont les mêmes que l'animal soit ou non narcotisé, qu'il soit intact ou excérébré. Cependant, d'après Knoll, les excitations du nerf optique n'agissent plus pendant la narcose ou après l'ablation du cerveau, de sorte que le réflexe serait purement psychique ; pour le nerf acoustique les résultats n'ont pas été aussi formels. Relativement au glosso-pharyngien, il faut noter que Kronecker et Marckwald, contrairement à Knoll, lui ont trouvé une influence d'arrêt, très manifeste.

Si l'on ajoute que le sympathique contient également les deux espèces de fibres antagonistes (Hamburger, *Z. B.*, xxviii, 305), on voit que tous les nerfs sensibles peuvent en définitive agir sur la respiration.

J'ai constaté que chez les animaux à bulbe sectionné le mode de réaction des centres spinaux diffère surtout suivant leur état d'activité au moment de l'excitation. La variabilité des résultats obtenus chez l'animal intact, lors de l'irritation de la plupart des nerfs, tient, sans doute, en partie à une cause semblable.

A côté de l'influence réflexe des nerfs sensibles périphériques, il faut placer aussi l'excitation exercée sur les centres respiratoires par diverses parties de l'encéphale, situées au-dessus du bulbe.

Par l'excitation du gyrus sygmoïde Danilewsky a obtenu un ralentissement, et Ch. Richet un arrêt complet de la respiration; Lépine, Bochefontaine ont observé de l'irrégularité et une accélération des mouvements. Pour François-Franck, les résultats varient avec l'intensité de l'excitant; si celui-ci est fort, c'est surtout un ralentissement qui se produit, exceptionnellement un arrêt. Il n'y a donc pas lieu de distinguer des centres accélérateurs ou modérateurs, l'excitation de chaque point de la partie motrice de l'écorce peut déterminer des modifications de fréquence et d'amplitude dans un sens ou dans un autre. Cependant Unverricht localise un centre expirateur, nous dirons plutôt un point à réaction expiratoire, dans la deuxième circonvolution externe chez le chien. Preobrachenski confirme le fait et trouve de plus, immédiatement en arrière de ce point, un autre centre dont la réaction se manifeste par des effets d'inspiration.

Christiani a délimité à la partie interne de la couche optique une région très circonscrite dont l'excitation électrique, mécanique ou chimique provoque l'arrêt du diaphragme en inspiration ou une augmentation de fréquence et d'amplitude des mouvements respiratoires : c'est le centre d'inspiration du troisième ventricule. L'excitation des tubercules quadrijumeaux antérieurs produit l'arrêt de la respiration en expiration : deuxième centre, celui-là pour l'expiration.

Newell-Martin et Bookier, Christiani lui-même ont trouvé un deuxième centre inspirateur ayant le même mode d'influence que celui du troisième ventricule, et situé à l'union des tubercules quadrijumeaux antérieurs et postérieurs. Récemment R. Arnheim (*loc. cit.*) a constaté que l'influence du mésocéphale sur les centres respiratoires est croisée. Si l'on fait une incision transversale du bulbe jusqu'à la ligne médiane, de manière à séparer le noyau du facial du centre respiratoire bulbaire, l'excitation de la couche optique du côté opposé n'a plus d'effet sur la respiration thoracique ou nasale; du côté correspondant à la section elle continue au contraire à agir. La même expérience prouverait aussi que les excitations qui vont de la couche optique au noyau du facial ne s'y rendent pas directement, mais bien par l'intermédiaire du centre commun de coordination.

Avec Marckwald la question des influences centrales prend une forme nouvelle. D'après cet expérimentateur, si l'on sectionne les nerfs vagues, au bout de quelque temps, la respiration redevient normale, ou à peu près; il faut donc en conclure que d'autres agents interviennent qui suppléent les pneumogastriques. Ce sont les voies cérébrales ou voies supérieures, comme les appelle Marckwald, qui remplissent ce rôle. Leur intégrité peut compenser l'absence des nerfs pneumogastriques, et réciproquement. Mais si l'on vient à couper ces nerfs et d'autre part à diviser la moelle allongée au niveau des tubercules acoustiques, c'est-à-dire au-dessus du centre bulbaire, il ne se produit plus que des convulsions respiratoires, c'est-à-dire des contractions tétaniques du diaphragme qui peuvent durer jusqu'une minute trois quarts, et qui alternent avec des pauses prolongées. Le résultat est le même, que la moelle allongée soit sectionnée d'abord et le pneumogastrique ensuite, ou inversement. D'où la conclusion que l'activité du centre respiratoire est surtout d'origine réflexe, et que, privée du concours des excitations centripètes, elle ne peut plus se manifester que par des convulsions irrégulières. D'après Marckwald, en effet, l'action des nerfs sensibles de la peau, restés en communication avec le centre, ne peut remplacer l'intervention des voies nerveuses encéphaliques ni celle du pneumogastrique.

Ces conclusions ont été combattues par Langendorff, Loewy, Girard.

Langendorff (*A. P.*, 1887, 285) enlève à des grenouilles le cerveau antérieur et le moyen, sectionne et détruit la moelle immédiatement au-dessous du bulbe, extirpe les poumons et dans quelques cas aussi le cœur. La partie intacte du myélencéphale n'a plus que cinq millimètres environ d'étendue et est à peu près soustraite à toutes les influences périphériques. Malgré toutes ces mutilations, le jeu régulier des mouvements du plancher de la bouche, des narines, de la glotte persiste pendant des heures.

Plus tard, Langendorff reprend en collaboration avec Franck (*A. P.*, 1888, 286) ces expériences chez le lapin, et il sectionne, comme l'avait fait Marckwald, les voies supérieures en même temps que les pneumogastriques. Il constate que les inspirations convulsives peuvent manquer entièrement après ces opérations, ou disparaître pour faire place à des mouvements normaux, que chacune de ces respirations présente suivant les cas une durée variable, de 2 à 3″ jusqu'à 30 à 60″, mais qu'elles se suivent d'ailleurs régulièrement : par conséquent le centre respiratoire ainsi isolé conserve non seulement son activité automatique, mais de plus le pouvoir d'entretenir la régularité du rythme.

Lœwy (*A. g. P.*, 1888, xlii, 245,) arrive de son côté aux mêmes résultats que Langendorff. Il constate avec Marckwald que la section simultanée des voies cérébrales et des pneumogastriques amène des modifications remarquables de la respiration : celle-ci est extraordinairement ralentie; la ventilation est au moins réduite de moitié, dans l'unité de temps : chaque mouvement respiratoire est devenu plus ample. Mais les alternatives régulières d'inspiration et d'expiration, c'est-à-dire ce qu'on appelle le rythme, sont conservées. Lœwy constate de plus que les produits déversés dans le sang pendant le travail musculaire, du CO^2 mélangé à l'air inspiré, agissent sur le centre respiratoire, après les opérations indiquées, comme chez l'animal intact ; il en conclut que les centres encéphaliques ne contribuent pas à faire varier le travail des agents de la respiration, quand la composition du sang se modifie.

Pour Schiff et Girard également, l'appareil central du bulbe est parfaitement capable d'entretenir le rythme normal de la respiration, lorsque ses communications avec l'encéphale ont été coupées : mais d'après ces physiologistes ce sont les nerfs centripètes du tronc et des extrémités qui remplacent alors les voies encéphaliques et les nerfs pneumogastriques, tandis que pour Langendorff et Lœwy la propriété de maintenir le rythme est une des manifestations de l'activité automatique du centre respiratoire.

Comme on avait objecté à Marckwald que les convulsions respiratoires étaient dues non à la suppression des voies encéphaliques, mais aux lésions inhérentes à leur ablation, il a eu recours à un autre procédé : il a injecté dans les artères du cerveau une masse composée de paraffine et d'huile d'olives, se solidifiant à la température de 40 à 41°, et il a étudié ainsi les effets d'élimination des divers territoires du cerveau antérieur et du mésocéphale (*Z. B.*, xxvi). Il arrive ainsi à corroborer ses premières propositions avec quelques modifications, peu importantes du reste. Le cerveau et la partie antérieure du cerveau moyen n'ont pas d'influence permanente sur la respiration : la suppression de l'activité des tubercules quadrijumeaux antérieurs n'ajoute rien aux effets de la section des pneumogastriques : mais, quand les tubercules postérieurs sont paralysés par l'anémie, la respiration devient convulsive, si les nerfs vagues ont été coupés. Ces ganglions exercent donc une action permanente, tonique, sur les centres respiratoires et sont capables de suppléer à l'absence des pneumogastriques. Cependant, même après l'élimination simultanée de ces nerfs et des tubercules quadrijumeaux postérieurs, au bout de quelque temps les mouvements convulsifs diminuent de durée, et, tout en restant profonds, redeviennent rythmiques. Marckwald admet que le noyau sensitif du trijumeau acquiert à la longue des propriétés toniques et exerce une influence régulatrice sur les spasmes, d'abord irréguliers.

Pachon, d'après ses expériences sur les pigeons, admet aussi que les tubercules bijumeaux exercent sur la respiration une action régulatrice constante. Il trouve que l'excitation de ces tubercules produit un arrêt de la respiration qui dure quelque temps après la cessation de toute excitation. Leur destruction est suivie d'une accélération très marquée de la respiration.

L'excérébration chez ces oiseaux diminue, au contraire, presque de moitié la fréquence des mouvements respiratoires ; cette diminution de fréquence dépend bien, suivant Pachon, de la déficience cérébrale, et non de l'hémorrhagie ou de l'hypothermie consécutive à l'acte opératoire, ni d'une inhibition partielle des centres respiratoires excito-moteurs (*Trav. du Labor. de* Ch. Richet, ii, 97).

Les conséquences que l'on peut tirer de l'ensemble des expériences dont il vient d'être question sont les suivantes : l'excitation de certaines régions de l'encéphale provoque par voie réflexe et par action à distance sur les centres respiratoires des manifestations diverses : en certains points les conducteurs sensibles sont plus sensibles à l'exploration. Il y a lieu d'admettre toutefois qu'il part constamment du cerveau et de quelques-uns de ses ganglions, en particulier, des excitations qui maintiennent les cellules du centre régulateur bulbaire dans un état fonctionnel plus parfait, qui lui donnent une impressionnabilité plus grande pour le stimulus normal. Si les tubercules quadrijumeaux paraissent avoir sous ce rapport une influence plus marquée, peut-être n'est-ce qu'en raison de leurs connexions intimes avec les voies sensorielles, et l'anatomie nous a montré, d'ailleurs, des conducteurs qui, partis de ces ganglions, vont se mettre en rapport avec les noyaux bulbo-médullaires. Il semble en effet que toutes les impressions périphériques n'ont pas une valeur égale : Loewy (*A. P.*, 1893) a constaté, par exemple, que la double section intra-cranienne des nerfs trijumeaux, jointe à celle des nerfs vagues, n'a pas plus d'effet sur la respiration que celle de ces derniers seuls : elle n'équivaut pas à la suppression des voies supérieures.

De tout ce qui précède il résulte que le rythme respiratoire présente des modifications plus ou moins profondes, après la suppression des influences centripètes, mais que néanmoins il persiste.

Il reste donc à expliquer comment cette activité automatique est en même temps rythmique. Il a déjà été dit plus haut que Rosenthal a émis l'hypothèse que le centre respiratoire n'envoie pas immédiatement ses impulsions aux nerfs centrifuges, mais qu'il a à vaincre une certaine resistance avant de leur arriver : il faut donc que l'excitation des cellules ganglionnaires ait atteint une certaine intensité pour que la décharge puisse avoir lieu ; quand celle-ci s'est produite, la résistance l'emporte de nouveau, et ainsi de suite. L'excitation continue se trouve de la sorte transformée en une série d'impulsions périodiques. Ainsi un gaz qui s'échappe librement d'un tube ne se dégagera plus que par bulles, si on met quelque obstacle à sa fuite ; si, par exemple, on plonge le tube dans l'eau. La pression du gaz et toutes les autres conditions restant les mêmes, le volume et le nombre des bulles de gaz se modifiera suivant que la résistance deviendra plus ou moins forte, que le tube sera enfoncé dans l'eau plus ou moins profondément, que la densité du liquide augmente ou diminue. Rosenthal développe cette hypothèse en ajoutant que la résistance n'est pas la même pour les différents groupes musculaires, qu'elle est moindre du côté du diaphragme, plus considérable du côté des muscles inspirateurs accessoires, c'est-à-dire de ceux qui n'interviennent que dans la dyspnée. Enfin il est encore obligé d'admettre que chez les animaux dont l'expiration est habituellement passive, la résistance à l'expiration est beaucoup plus grande qu'à l'inspiration, de sorte que normalement l'excitation ne peut jamais atteindre un degré assez élevé pour en triompher, alors surtout que du côté des muscles inspirateurs elle trouve un dégagement facile. On a vu plus haut comment, d'après Rosenthal, les fibres du pneumogastrique, celles du laryngé inférieur interviennent pour diminuer ou pour augmenter cette résistance et les objections faites à cette manière de voir.

Cette théorie, comme le reconnaît d'ailleurs Rosenthal, n'est qu'une hypothèse, une comparaison. Il n'est pas vraisemblable non plus que le rythme soit dû à des variations périodiques dans la composition du sang, liées à la respiration, puisqu'une tête séparée du tronc continue encore à exécuter des mouvements respiratoires rythmiques. L'explication la plus simple et la plus vraisemblable, c'est que les cellules nerveuses du centre respiratoire jouissent de la propriété de transformer une excitation continue en impulsions rythmiques, ce qui, d'ailleurs, laisse la difficulté entière.

Le bulbe, centre des divers actes respiratoires. — Le bulbe tient sous sa dépendance divers actes réflexes qui se rattachent au mécanisme de la respiration : tels que la toux, l'éternuement, le bâillement, le vomissement, etc.

Le point de départ de la *toux* est habituellement une excitation des terminaisons sensitives de la muqueuse laryngo-bronchique. Cependant toute l'étendue de cette membrane n'est pas également sensible. Bidder avait déjà trouvé que chez le chat et le chien l'excitation mécanique n'agit exclusivement que sur la partie de la muqueuse laryngée qui commence un peu au delà du bord libre de la corde vocale inférieure et s'étend jusqu'au bord inférieur du cartilage cricoïde. Schiff a confirmé le fait pour le chien (*Recueil des Mém. physiol.*, II, 494).

Plus tard Koths (*A. P.*, LX, 1874), qui ne paraît pas avoir connu les expériences de Bidder, constate à son tour que les bords libres des cordes vocales ne sont pas sensibles : par contre, la toux éclate et atteint son maximum d'intensité si on irrite la muqueuse interaryténoïdienne : l'excitation des replis glosso-épiglottiques, ary-épiglottiques, celle du bord de l'épiglotte à son union avec ces replis produit également une vive réaction. Cependant, d'après Vulpian (*A. d. P.*, 1882, 272), tous les points de l'espace interaryténoïdien ne sont pas doués de cette sensibilité particulière qui les rend aptes à susciter des secousses réflexes de toux : cette propriété est surtout très marquée au niveau des points où les cartilages aryténoïdes se continuent avec la corde vocale, dans l'étendue de 2 à 3 millimètres.

Budge, Blumberg, Green, Rosenthal et Bidder avaient pensé que, seule, la région de la muqueuse qui doit sa sensibilité au laryngé supérieur peut être le point de départ du réflexe. Longet, chez le mouton, et Schiff, chez le chien, ont vu, au contraire, qu'après la section de ces nerfs une toux violente pouvait encore se produire lorsque des gouttes de liquide ou des parcelles alimentaires pénétraient dans les voies respiratoires. Plus tard Nothnagel, puis Koths, Vulpian ont constaté que la muqueuse trachéo-bronchique était excitable pour les agents mécaniques, particulièrement au niveau de la bifurcation de la trachée.

L'irritation du parenchyme pulmonaire n'a rien donné à Nothnagel et à Kochs; par contre ce dernier a pu provoquer des quintes de toux par une simple pression sur la plèvre costale mise à nu, ou bien par l'introduction de glace, l'injection de teinture d'iode; mais la plèvre pariétale seule s'est montrée sensible, et non la plèvre pulmonaire.

L'excitation de la muqueuse qui tapisse la paroi postérieure du pharynx et la face supérieure du voile du palais est presque toujours suivie d'une ou deux secousses de toux, d'après Koths, chez l'homme moins souvent que chez les animaux. La contusion, la pression, la faradisation de la tunique musculaire de l'œsophage ont donné aussi des résultats positifs, déjà observés par Krimer (1819).

Sur le rebord du foie et de la rate, Naunyn a constaté une zone tussigène, dans les cas d'engorgement de ces viscères. On sait que le chatouillement du conduit auditif externe chez certains sujets provoque la toux (rameau auriculaire du pneumogastrique). Sous le nom de toux du trijumeau, Schadewald et Wille ont décrit des quintes qui ont leur point de départ dans l'irritation des fosses nasales. Mackensie a trouvé une zone particulièrement sensible correspondant à l'extrémité postérieure du cornet inférieur et à la partie avoisinante de la cloison (Voir art. *Toux*, *D. D.*).

Bidder et d'autres physiologistes avaient pensé qu'il était nécessaire que les ramifications terminales des nerfs fussent excitées pour provoquer la toux. Mais Krimer, Cruveilhier, Romberg, Schiff ont obtenu le réflexe en excitant soit le tronc du pneumogastrique soit celui du laryngé supérieur. Koths est arrivé aux mêmes résultats : il a constaté de plus que l'irritation mécanique ou électrique des nerfs pharyngés est très efficace : celle des nerfs récurents n'a rien donné, après la section des nerfs laryngés supérieurs. Nothnagel, ainsi que Koths, a encore provoqué la toux en irritant la muqueuse de la trachée et des bronches : le réflexe était aboli après la section des deux pneumogastriques. Quand un seul des nerfs est divisé, l'irritation de la bronche ou de la plèvre du côté correspondant amène encore des quintes à cause des anastomoses entre les deux nerfs.

Koths a encore pu provoquer la toux en agissant sur le plancher du quatrième ventricule, de chaque côté du raphé, soit par de légères pressions, soit au moyen de courants électriques faibles.

Les voies centrifuges du réflexe sont constituées par les nerfs qui animent les muscles respiratoires, y compris les agents constricteurs de la glotte.

Dans l'*éternuement* ce sont les mêmes muscles des parois thoraciques et abdominales qui entrent en jeu; mais l'occlusion momentanée des voies respiratoires a lieu au niveau de l'arrière-cavité des fosses nasales, par l'intermédiaire du voile du palais. Le point de départ habituel de cet acte est dans les branches nasales du trijumeau, non dans celles qui appartiennent au nerf maxillaire supérieur, comme on l'admet généralement, mais bien dans le rameau nasal interne ou ethmoïdal du nerf ophtalmique. Ce rameau représente la voie centripète normale du réflexe, d'après les expériences de Sandmann (*A. P.*,

1887, 483), de WERTHEIMER et SURMONT (*B. B.*, 1888, 62). D'après ces derniers, c'est à tort que l'éternuement qui se produit par l'action d'une vive lumière sur l'œil ou dans les cas de kératite est attribué à l'impression des rayons lumineux sur la rétine : elle reconnaîtrait comme cause une excitation des nerfs ciliaires dont les rapports intimes avec le rameau ethmoïdal expliquent bien ce phénomène de synesthésie (Voy. art. **Éternuement**). L'irritation des nerfs olfactifs ou du lobe olfactif ne provoque pas le réflexe.

On explique communément le rôle du bulbe dans ces mouvements complexes en faisant remarquer qu'organe central de la respiration, il doit être aussi celui des actes qui se rattachent intimement à cette fonction. Cependant il est des auteurs qui attribuent à certains d'entre eux des centres spéciaux. C'est ainsi que KOTHS décrit deux centres symétriques de la toux, situés un peu au-dessus des centres respiratoires. Il se fonde sur ce que le réflexe peut encore se produire si on sectionne le bulbe transversalement à la partie moyenne du plancher du quatrième ventricule, et qu'il cesse lorsque la section passe plus bas, immédiatement au-dessus de l'obex. Le centre se trouverait donc un peu plus haut que le centre respiratoire et s'étendrait jusqu'au milieu du plancher du ventricule. Pour montrer combien ces délimitations sont, en général, difficiles et par suite peu précises, il suffit de faire remarquer que ce centre, que KOTHS considère comme distinct du centre respiratoire, correspond d'après lui à l'aile grise, c'est-à-dire à un point où SCHIFF et divers autres physiologistes ont précisément localisé le centre de la respiration.

Cependant les tentatives de ce genre paraissent très logiques : l'on ne peut se borner, pour rendre compte de ces actes complexes, à invoquer l'existence d'un centre coordinateur des mouvements respiratoires : il faudra encore expliquer comment, par exemple, à ces derniers mouvements viennent s'associer dans l'éternuement ceux du voile du palais, et dans le bâillement ceux des muscles abaisseurs de la machoire, etc. L'on sera ainsi amené à créer presque autant de centres coordinateurs distincts qu'il y a de ces actes spéciaux : mais le substratum anatomique manque.

On échappe à ces difficultés si l'on admet que le bulbe n'est indispensable à l'accomplissement de ces mouvements complexes que parce qu'il est l'aboutissant ou le lieu de passage des voies centripètes que suivent les stimulations, provocatrices du réflexe : pour quelques-uns de ces actes, il est encore nécessaire à un autre titre, comme centre d'origine de certains nerfs moteurs (nerfs du larynx pour la toux, nerfs de l'estomac pour le vomissement, etc.).

Ainsi, s'il s'agit de la toux, une excitation d'une nature spéciale, partie, par exemple, du pneumogastrique, provoquera la série de mouvements qui caractérisent cet acte en s'irradiant directement aux divers noyaux moteurs qui sont impliqués dans le phénomène : de même dans l'éternuement. Ce sont là des réflexes coordonnés en vue d'un but déterminé, comme la physiologie de la moelle épinière nous en offre tant d'exemples, sans que l'on ait songé à admettre pour chaque cas particulier un centre coordinateur spécial.

La coopération des muscles thoraco-abdominaux qui interviennent dans la toux et l'éternuement peut d'ailleurs se faire sans le secours du bulbe. C'est ainsi que chez des chiens, des chats à moelle cervicale sectionnée, LUCHSINGER a vu, à la suite d'une excitation mécanique ou électrique du nerf splanchnique[1], le diaphragme s'abaisser, les muscles abdominaux se contracter, et le thorax prendre la position d'expiration (*A. g. P.*, XXVIII, 75, 1882).

Centre bulbaire du vomissement. — Ce que l'on vient de dire des actes précédents s'applique aussi vraisemblablement au vomissement. Cependant la plupart des physiologistes attribuent à ce réflexe un centre spécial. GIANNUZZI (1865), ayant administré un vomitif à des animaux auxquels il avait coupé la moelle entre la 1re et la 2me vertèbre cervicale, vit se produire les mouvements habituels du côté de la bouche et de la région du cou, mais le vomissement n'eut pas lieu, parce que le diaphragme et les muscles abdominaux restèrent au repos. GIANNUZZI en a conclu que le centre du vomissement se trouvait plus haut que la moelle cervicale, c'est-à-dire dans le bulbe.

1. Il est à remarquer que chez l'animal intact l'excitation de ce nerf met le diaphragme en relâchement.

L'expérience de LUCHSINGER, citée plus haut, montre cependant que les mouvements coordonnés des muscles thoraco-abdominaux ne sont pas devenus impossibles dans les conditions où se plaçait GIANNUZZI. On trouve d'ailleurs dans SCHIFF (*Lez. di Fisiol. speriment.*, 1873, 186) une observation du même genre qui se rapporte précisément à notre sujet. Chez les chiens auxquels il avait détruit la moelle allongée, il vit se produire encore, après injection de tartre stibié dans les veines, des contractions irrégulières du diaphragme et des muscles abdominaux; mais le vomissement n'eut plus lieu, parce qu'il manquait le concours de certains mouvements de l'estomac indispensables à cet acte. Pour SCHIFF cependant, le bulbe tient sous sa dépendance le vomissement, non pas seulement comme centre d'origine des nerfs de l'estomac, mais encore comme centre coordinateur.

GRIMM et HERMANN (*A. g. P.*, 1871, IV, 205) puis GREVE (*Berl. Klin. Woch.*, 1874) ont émis l'opinion que ce centre se confond avec le centre respiratoire ou qu'il doit en être très voisin. Ils se fondent sur ce que d'une part les vomitifs empêchent l'apnée, amènent par conséquent un état particulier d'excitation du centre respiratoire, et que d'autre part l'apnée empêche les vomitifs d'agir, ce qui revient à dire que, quand le centre bulbaire n'est plus sensible à l'excitant respiratoire, il cesse de l'être à l'influence des substances émétiques. On peut objecter à ce dernier fait que l'établissement d'une fistule trachéale et l'entretien de la respiration artificielle supprime l'aspiration thoracique qui, d'après LUTICH, FRANÇOIS-FRANCK et ARNOZAN, joue un rôle important dans le mécanisme du vomissement.

HARNACK a opposé aussi à l'identification des deux centres que les chiens profondément narcotisés par le chloral ou la morphine ne vomissent plus, si on leur donne de d'apomorphine, bien que les centres respiratoires continuent à fonctionner, et que, dans cet état de narcose, de fortes doses de la substance vomitive accélèrent la respiration (*A. P. P.*, II, 254).

HLASKO (*Dissert.* Dorpat, analys. in *Jb. P.* de VIRCHOW et HIRSCH, 1887, I, 214) cherche à faire la part des centres qui, d'après V. OPENCHOWSKY, gouvernent les mouvements de l'estomac. Ce dernier avait trouvé que la destruction des tubercules quadrijumeaux supprime chez le chien l'action de l'apomorphine, que celle des corps striés en retarde les effets. Comme le jeu des muscles du thorax et de l'abdomen n'est pas influencé par ces opérations, il était permis d'en conclure que le vomissement n'avait plus lieu parce que celles-ci avaient éliminé des centres pour les mouvements de l'estomac : les expériences de HLASKO viennent à l'appui de cette hypothèse.

Notons encore, dans le même ordre d'idées, que, d'après V. KNAUT (*Jb. P.*, 1886, 80), non seulement la section de la moelle au-dessus de la cinquième vertèbre dorsale empêche le vomissement, mais encore celle des cordons antérieurs de la moelle seuls, celle des cinquième, sixième et septième racines dorsales, celle du sympathique entre la cinquième et la septième côte, des grands splanchniques, en un mot des filets sympathiques qui vont à l'estomac.

Cependant il résulte des expériences de TUMAS (*Jb. P.*, 1887, 72), contrairement à celles de V. OPENCHOWSKY, que les régions de l'encéphale situées au-dessus du bulbe ne sont pas nécessaires au vomissement : celui-ci se produisait encore sous l'action de l'apomorphine quand une section transversale avait divisé la moelle allongée chez des chiens ou des chats au-dessus des stries acoustiques, à deux millimètres plus bas que le bord postérieur de la protubérance. Pour localiser plus exactement le centre, TUMAS badigeonne avec un pinceau, trempé dans une solution de 1 à 2 p. 100 de chlorhydrate d'apomorphine, différentes régions du bulbe et de l'origine de la moelle cervicale, et il trouve qu'en appliquant la substance vers l'angle postérieur du quatrième ventricule, il se produit au bout d'une minute à une minute et demie des mouvements de vomissement énergiques et répétés.

TUMAS cherche ensuite si le centre du vomissement et celui de la respiration se confondent. Dans ce but, il sectionne sur la ligne médiane le plancher du quatrième ventricule, depuis les stries acoustiques jusqu'à deux millimètres en arrière de la pointe du calamus : après cette opération, l'injection sous-cutanée d'apomorphine ne détermine plus son effet habituel, bien qu'elle accélère la respiration. Donc, d'une part, les deux centres ne sont pas identiques, et, d'autre part, celui du vomissement doit se trouver en un point de la ligne médiane sectionnée. D'autres expériences montrent enfin que le centre en question s'étend sur une longueur de cinq millimètres (2 millimètres en avant et 3 millimètres en arrière de la pointe du calamus), qu'il n'a que 2 millimètres de large, et qu'il faut intéresser à ce niveau des couches profondes.

En résumé, si l'on considère combien le mécanisme du vomissement est complexe, il est difficile d'admettre qu'il soit réglé par le centre respiratoire : la contraction des muscles thoraco-abdominaux est, il est vrai, un facteur des plus importants : mais la dilatation du cardia, sinon la contraction de l'estomac, paraît également nécessaire. D'autre part, la protection des voies respiratoires supérieures, au moment du rejet du contenu stomacal, se fait par une série d'actes semblables à ceux qu'on observe pendant la déglutition, de sorte qu'un centre coordinateur unique ne se comprend qu'autant qu'il assure la coopération de tous ces agents; il devrait donc commander à la fois aux muscles inspirateurs et aux expirateurs, aux noyaux d'origine des nerfs moteurs de l'estomac et aux organes de déglutition. Mais il ne paraît pas vraisemblable qu'il se soit formé un centre d'une organisation aussi complexe pour répondre à certains actes accidentels, pathologiques, qui ne se produisent même pas dans toutes les espèces animales.

Ce n'est que chez les ruminants que l'existence d'un appareil central de ce genre aurait sa raison d'être physiologique : le mécanisme de la rumination a, en effet, de grandes analogies avec celui du vomissement. Mais il est probable que dans l'un et l'autre cas on a affaire à un réflexe adapté et coordonné, sans intervention d'un centre spécial.

Quant au point de départ des irritations diverses que provoquent le vomissement, et à l'action des vomitifs, je renverrai aux articles spéciaux qui leur sont consacrés.

La rumination aussi est un acte réflexe, puisque même chez l'animal narcotisé l'excitation mécanique ou électrique de la panse ou du bonnet provoque la série de mouvements qui constituent ce phénomène (Luchsinger).

Centres bulbaires coordinateurs des réflexes et centre bulbaire convulsif. — On sait que, suivant les lois de Pflüger, la généralisation des réflexes ne pourrait se faire que par l'intermédiaire du bulbe. C'est aussi la conclusion à laquelle est arrivé Owsjanikow d'après des expériences faites sur des mammifères.

Si l'on sépare la moelle allongée du cerveau moyen, l'excitation d'une patte provoque des contractions dans toutes les autres, tant que le plancher du quatrième ventricule est intact : mais l'irritation du membre postérieur ne produit plus rien dans le membre antérieur et réciproquement, si la moelle est coupée au niveau du calamus scriptorius : dans ces conditions, on n'obtient plus que des réflexes localisés, et non des réflexes généraux. Pour que ceux-ci soient possibles, il n'est pas nécessaire que tout le plancher du ventricule soit respecté : il suffit qu'il persiste un peu plus du tiers de sa hauteur, à partir du calamus, c'est-à-dire environ 5 millimètres (*Berichte d. Ges. d. Wiss. Leipzig*, 1874, 457).

Mais Luchsinger (*A. g. P.*, xxii, 1880) a fait remarquer que les expériences d'Owsjanikow ont été pratiquées sur le lapin, c'est-à-dire sur l'animal dont la moelle résiste le moins aux traumatismes, comme il a déjà été dit. Chez la chèvre, chez de jeunes chats, on obtient des résultats contraires. Ce n'est que sur les lapins adultes que Luchsinger a pu confirmer les faits signalés par Owsjanikow; chez de jeunes lapins, on peut provoquer des réflexes généralisés après la section de la moelle : c'est également ce qu'a observé Langendorff (*Medic. Centralb.*, 1880). J'ai signalé incidemment des observations semblables faites sur le chien (*Journ. de l'Anat.*, 1886, 474).

Il semble cependant que l'intégrité du bulbe favorise la propagation des réflexes : s'il existe vraiment un centre spécial à cet effet, il faut le concevoir comme un foyer d'association pour les centres segmentaires de la moelle et il devra se confondre avec ce qu'on a appelé le centre des convulsions : car le même mécanisme qui sert à la généralisation des mouvements réflexes permettra aussi celle des mouvements convulsifs.

Schroeder van der Kolk, Kussmaul et Tenner avaient déjà localisé dans le bulbe le centre des convulsions. Cette opinion a été confirmée plus tard par Roeber, Heubel, Bohm. Le premier constate que, si l'on provoque chez la grenouille des convulsions au moyen de la picrotoxine, et si pendant les accès on sectionne la moelle, toute la partie inférieure du corps rentre au repos (*A. g. P.*, 1869, 38).

Heubel (*A. g. P.*, ix, 294) développe ces expériences. Pour déterminer quelle est la région de l'encéphale qui est le point de départ des convulsions, il détruit sur la grenouille le cerveau, puis les couches optiques, et les accès se manifestent encore, quoique moins réguliers et moins violents après la deuxième opération : la section de la moelle les arrête. Si, au lieu d'injecter la picrotoxine sous la peau, on applique la substance en solution concentrée sur la face supérieure de la moelle allongée, les convulsions éclatent beaucoup plus tôt. On n'obtient rien si on imprègne avec le toxique la moelle sectionnée au-dessous de la pointe du calamus.

Non seulement la picrotoxine, mais encore l'ammoniaque, les sels ammoniacaux, l'urée, la nicotine n'agissent, suivant Heubel, que par l'intermédiaire du bulbe. Il en serait de même pour la cicutine, d'après Bohm (*A. P. P.*, iii, 225 et v, 287).

Papellier, par l'application directe de carbonate d'ammoniaque, de sels de soude et de potasse sur le bulbe a déterminé aussi des convulsions générales violentes (Landois, *T. P.*, édit. allem. 819).

Heubel a localisé le centre chez la grenouille vers la partie inférieure du quatrième ventricule; Nothnagel a cherché à le délimiter chez les mammifères (*A. A., P.*, iv, 1). Binswanger (*A. f. Psych.*, xix) a repris plus récemment ces mêmes expériences chez le lapin, et par l'excitation directe, mécanique ou électrique est arrivé à des résultats qui concordent sensiblement avec ceux de Nothnagel. La région excitable comprend une assez grande étendue du bulbe et de la protubérance. Les points excitables du plancher du quatrième ventricule partent de son extrémité inférieure depuis les renflements des cordons de Goll, et vont le long des parties latérales jusqu'à la fovea antérieure. Vers la partie moyenne et inférieure du ventricule ils s'étendent jusqu'au bord externe de l'aile grise, dans sa partie antérieure jusqu'au bord externe de l'*eminentia teres*. Ils répondent à l'excitant électrique, quelques-uns à l'excitant mécanique. Les points les plus sensibles se trouvent vers la partie antérieure de ce territoire.

Binswanger admet d'ailleurs que ces régions sont des centres d'association pour les centres échelonnés le long de la moelle et que les manifestations convulsives provoquées directement sont d'origine réflexe et dues à l'excitation du trijumeau ou peut-être encore à celle d'autres voies sensibles, situées dans le champ externe de la formation réticulée.

Il ne faudrait pas croire cependant que la substance grise du bulbe soit forcément et exclusivement le point de départ des convulsions et que la moelle ne fasse que répondre aux excitations qu'elle en reçoit. Marshall Hall avait déjà émis l'opinion qu'elle est active par elle-même. En rendant compte des expériences de Kussmaul et Tenner, Brown-Séquard (*Journ. de la Physiol.*, i, 201) a fait remarquer que les convulsions pouvaient encore se produire dans le train postérieur, chez les animaux tués par hémorrhagie ou asphyxiés, lorsqu'on avait sectionné préalablement la moelle cervicale. Ces expériences ont été confirmées et développées par Luchsinger (*A. g. P.*, 1878, xvi, 510) qui a également provoqué des convulsions dans les membres inférieurs par la ligature de l'aorte abdominale.

Le même physiologiste, en expérimentant avec la picrotoxine qui entre les mains de Roeber, de Heubel avait servi à localiser le centre convulsif, est arrivé à des résultats tout différents de ces prédécesseurs. Si chez un jeune chat on sectionne la moelle au niveau de la dernière vertèbre dorsale et si on attend quelques jours avant d'injecter la picrotoxine, les convulsions sont aussi violentes dans le train postérieur que dans le train antérieur. Chez des animaux nouveau-nés l'expérience peut réussir immédiatement après que la moelle a été divisée : elle réussit aussi, quoique moins bien, chez le lapin, le pigeon et même chez la grenouille, mais surtout pendant la saison chaude.

Par conséquent, la substance grise médullaire est, par elle-même, sensible à l'action de la substance toxique sans l'intervention d'un centre convulsif; elle se comporte de même, contrairement aux assertions de divers auteurs, à l'égard de la cocaïne, du camphre, de la morphine, de l'atropine, de la santonine (Luchsinger et Guillebeau, *A. g. P.*, xxviii, 61 et xxxiv, 294), je puis ajouter aussi de l'aniline (Wallez, Th. Lille, 1889).

La cellule nerveuse réagit plus facilement aux substances convulsives quand la température de l'animal est plus élevée : dans ces conditions la dose minimum est plus faible.

Langlois et Ch. Richet, qui ont étudié ce fait (*A. d. P.*, 1889, 181), pensent que la température favorise la combinaison chimique du poison avec la cellule.

Centre bulbaire de la coordination des mouvements de locomotion. — Divers expérimentateurs ont, dans ces derniers temps, placé ce centre dans le bulbe, chez les animaux à sang froid. Pourtant déjà on trouve des indications très nettes sur ce sujet dans Legallois. « La simple section de la moelle épinière à l'occiput, dit-il, a les mêmes conséquences que la décapitation au point de vue des mouvements. L'animal est absolument dans le même état que s'il avait été décapité, il ne sait plus gouverner ses mouvements; la tête vit comme si elle était sans corps et le corps, comme s'il était sans tête.

« Cependant il peut arriver que les reptiles continuent à gouverner leurs mouvements et à marcher après avoir été décapités : mais si on y prend garde, on trouvera que dans tous ces cas, la décapitation n'a été que partielle, qu'elle a été faite sur le crâne et que la partie postérieure du cerveau est demeurée unie avec le corps : *ce qui indique que c'est dans quelque endroit de cette partie que réside la faculté qu'ont les animaux de régler leurs mouvements.* Pour trouver quel est cet endroit, il suffirait d'enlever successivement les portions antérieures du cerveau et de continuer cette opération jusqu'à ce qu'on arrivât à faire perdre tout à coup à l'animal la faculté de marcher. Les recherches que j'ai déjà faites sur ce sujet m'ont appris qu'il a son siège vers la moelle allongée. Mais, pour le déterminer avec plus de précision, il faudrait avoir des reptiles beaucoup plus grands que ceux que j'ai pu me procurer. »

Schiff a constaté de même que chez la grenouille, l'harmonie et la régularité des mouvements de locomotion sont liées à l'intégrité de la moelle allongée, qu'elles persistent après l'ablation du cerveau, du cervelet, des lobes optiques. Il décrit les troubles de coordination qui suivent la destruction du bulbe, et les voit se manifester encore plus ou moins longtemps après l'opération (*Lez. d. Fisiol. sperim.*, 1873, 212).

Fano, Steiner ont publié des expériences qui coïncident avec celles de Legallois et de Schiff. Le physiologiste italien (*A. i. B.*, iii, 1883, 365) arrive à cette conclusion que dans l'ensemble embrassant la moelle épinière et le tiers inférieur du sinus rhomboïdal, il existe un centre automatique d'où partent d'une manière rythmique des impulsions pour les mouvements de déambulation. Les lobes optiques exercent sur ce centre une fonction tonique d'inhibition. Les hémisphères cérébraux sont capables d'affaiblir ou de suspendre, sous forme d'actes de volition, l'action inhibitrice des lobes optiques et rendent ainsi possible le développement des énergies du centre automatique bulbo-spinal. En effet, si on enlève à des tortues les hémisphères cérébraux seuls, ces animaux restent parfaitement immobiles lorsqu'on ne les excite pas : il en est de même chez tous les reptiles et les batraciens. Mais, si on leur enlève en plus les lobes optiques, ces effets sont bien différents. Peu après l'opération, les tortues présentent des mouvements de déambulation parfaitement coordonnés, soit continus, soit périodiques, qui se font dans diverses directions, sans but apparent, et qui ne cessent que peu avant la mort de l'animal. Les résultats ont été tout aussi nets chez les crapauds, un peu moins chez les tritons, chez les couleuvres et peuvent aussi s'observer chez les grenouilles.

Ces phénomènes de déambulation persistent après l'ablation du cervelet : de plus les animaux gardent encore le sens de l'équilibre : renversés sur le dos, les crapauds et les tortues cherchent à se redresser et y réussissent. Cependant ces animaux s'arrêtent pendant un temps plus ou moins long qui peut dépasser une demi-heure si on les heurte ou si on les saisit brusquement, puis ils reprennent leurs mouvements habituels; ceux-ci n'ont pas de rapport direct avec les mouvements respiratoires. Toutefois, dans un travail ultérieur dont je ne connais que l'analyse (*Jb. P.*, 1885), Fano signale un rapport de ce genre. Le centre de déambulation est tout près du centre respiratoire. Un alligator auquel on avait enlevé tout l'encéphale, sauf ces deux derniers centres, exécutait avant chaque mouvement respiratoire un mouvement coordonné du corps et des extrémités qui tendait à soulever la tête hors de l'eau.

Pour Steiner (*Untersuch. ub. d. Physiol. des Froschirns*, an. in *Jb. P.*, 1885, 34), la moelle allongée est le siège du centre de locomotion chez la grenouille, et même le siège exclusif. Elle régit tous les mouvements complexes qui servent à la progression, d'après les excitations qu'elle reçoit de sources multiples : du cerveau, de la couche optique, du cerveau moyen et peut-être aussi du cervelet. Steiner a observé en effet que, si on enlève le cerveau, le cervelet, et la partie du bulbe que recouvre ce dernier, les grenouilles restaient couchées, aplaties sur le ventre; mises sur le dos, elles ne faisaient aucun effort pour se redresser. Les excitations provoquaient des réactions de défense; mais les mouvements réguliers de locomotion, dus à l'activité coordonnée des quatre extrémités, ne se manifestaient plus. Mis dans l'eau, les animaux restaient immobiles, flottaient à différents niveaux ou gagnaient immédiatement le fond.

Les expériences de SCHRADER (*A. g. P.*, 1887, XLI, 75) n'ont pas confirmé les précédentes. Les grenouilles auxquelles on a enlevé le cerveau, ainsi que la partie du bulbe recouverte par le cervelet, ne se distingueraient guère, par leur attitude, des animaux à bulbe intact, si ce n'est que la position des membres dans l'attitude accroupie n'est pas aussi correcte que chez ces derniers. En outre les grenouilles ainsi opérées, au lieu de rester en repos, paraissent incessamment poussées par un besoin de locomotion : infatigablement elles se meuvent, par des mouvements bien coordonnés et elles s'arrêtent seulement lorsqu'elles se sont heurtées à un coin du récipient où elles sont renfermées. Ces derniers faits sont analogues, comme on voit, à ceux qu'a signalés FANO, si ce n'est qu'ici une partie du bulbe est enlevée. La forme de ces mouvements est, il est vrai, quelque peu anormale : l'animal progresse, par une sorte de reptation, mais il exécute des sauts réguliers sous l'influence d'une excitation. La natation présente aussi quelques caractères particuliers.

Si l'ablation de la moelle allongée porte un peu plus en arrière, l'attitude de l'animal devient plus irrégulière : les extrémités ne s'appliquent plus normalement au tronc. Après chaque mouvement elles reprennent lentement et souvent incomplètement leur position de repos : ces troubles sont la manifestation de la suppression de plus en plus complète des excitations parties de l'encéphale ; si on y supplée par une irritation réflexe, l'attitude redevient presque normale. La tendance au déplacement diminue; les mouvements spontanés sont plus rares : ils se font plus maladroitement, mais ils ne cessent pas d'être parfaitement coordonnés, même quand on a enlevé tout le bulbe jusqu'à la pointe du calamus.

D'où SCHRADER conclut qu'il n'existe aucun point de ce centre nerveux dont l'ablation, chez la grenouille, abolisse nécessairement la coordination des mouvements de locomotion. Il fait remarquer aussi que le centre, qui, d'après HEUBEL, préside à la généralisation des convulsions, correspond à cette région qu'on peut enlever sans voir disparaître les mouvements coordonnés.

Chez les mammifères, le bulbe participe aussi dans une certaine mesure, d'après SCHIFF, à la coordination des mouvements.

Il n'est pas facile de résoudre la question d'après ces données contradictoires. Si l'on admet un centre bulbaire pour la coordination des réflexes, il doit contribuer également à celle des mouvements de locomotion; mais, chez les mammifères et les oiseaux, la part principale revient au cervelet et à l'isthme de l'encéphale. Chez les batraciens le cervelet est très peu développé; la protubérance n'existe pas en tant qu'organe anatomiquement distinct; ses fonctions sont remplies par la moelle allongée. Celle-ci doit donc prendre une influence plus grande sur l'attitude et la locomotion. Les expériences de SCHRADER montrent, il est vrai, que son importance a été exagérée ; mais il n'en résulte pas moins de sa description que les grenouilles, privées d'une partie plus ou moins grande de leur bulbe, présentent dans leur attitude, dans leur mode de progression et de natation, des troubles évidents. SCHRADER les a attribués à une diminution de la « sensibilité cérébrale » : il entend sans doute par là la suppression d'excitations des diverses parties du cerveau. SCHIFF, qui a observé des troubles semblables, les considère comme des vices de coordination. La question revient donc à déterminer dans quelle mesure participe à ces manifestations soit la destruction d'un centre spécial, soit la suppression de certaines excitations; c'est-à-dire que c'est le problème du mécanisme même de la coordination qui se pose, problème complexe qui ne peut être étudié ici. Mais tout ce que nous savons des centres coordinateurs de la locomotion doit nous faire admettre que, s'ils sont peut-être plus perfectionnés dans certaines parties du système nerveux, ils ne peuvent pas être localisés dans une région circonscrite. Il suffit de rappeler les mouvements parfaitement coordonnés observés par SINGER et TARCHANOFF chez les pigeons, les canards à moelle sectionnée (Voy. **Moelle**), par CHAUVEAU chez le cheval et l'âne (*Mém. de la Soc. de Biol.*, 1891).

IV. — Le bulbe dans ses rapports avec les fonctions des nerfs auxquels il donne origine. — Le bulbe, comme il a déjà été dit, est l'organe central d'un certain nombre d'actes fonctionnels auxquels concourent les différents nerfs moteurs qui en partent ou les nerfs centripètes qui y aboutissent.

A. **Déglutition.** — L'anatomie peut déjà faire prévoir que, si on détruit le bulbe, la déglutition devient impossible, puisque tous les nerfs qui ont à intervenir dans cet acte sont mis hors d'action. D'autre part l'expérience démontre qu'on peut enlever toutes les parties de l'encéphale, situées en avant de lui, sans empêcher la déglutition de se produire, et que, par conséquent, le centre du réflexe a son siège dans la moelle allongée.

Pour déterminer exactement la situation qu'il occupe, il est nécessaire d'indiquer sommairement les voies centrifuges et centripètes du mécanisme. Les premières sont représentées par la branche motrice du trijumeau (particulièrement par le muscle mylo-hyoïdien) puis le facial, l'hypoglosse, le glosso-pharyngien, le vago-spinal.

L'importance respective des voies centripètes ont été l'objet d'expériences assez nombreuses. Panizza et Stannius avaient déjà vu (*cit. in* Gruenhagen, *T. P.*, III, 266), que l'intégrité ni du nerf lingual ni du glosso-pharyngien n'est nécessaire à l'accomplissement régulier de la déglutition. Schiff confirme le fait pour la neuvième paire (*Leçons sur la digestion*). Waller et Prévost (*A. de P.*, 1870, 185 et 343) trouvent que chez le chat et le chien l'excitation du glosso-pharyngien provoque des mouvements, mais que chez le lapin ce nerf ne contribue en rien aux phénomènes réflexes de la déglutition. Plus récemment Kronecker et Meltzer (*A. P.*, 1881, 465,; *Ibid.*, 1883, 209) ont établi qu'au lieu d'être excito-moteur il exerce, au contraire, une influence d'arrêt sur la déglutition.

Un rôle important dans la production du réflexe revient aux rameaux palatins du maxillaire supérieur (Schrœder van der Kolk, Schiff, Waller et Prévost). Wassilieff (*Z. B.*, 1888, 29) a obtenu chez le lapin des effets constants et réguliers par l'attouchement d'une région du voile du palais qui s'étend de chaque côté de la ligne médiane sur une longueur de 2 centimètres et une largeur de 2 à 5 millimètres. Cette zone commence en arrière du bord postérieur de la voûte palatine osseuse. Waller et Prévost avaient déjà trouvé que c'est surtout au niveau des amygdales que l'excitation mécanique de la muqueuse donne lieu à des mouvements de déglutition. L'excitabilité réflexe du voile est abolie par la cocaïne et par la section des nerfs trijumeaux.

L'électrisation des nerfs laryngés supérieurs détermine constamment, comme l'ont montré Rosenthal et Bidder (*A. P.*, 1865, 492), un mouvement de déglutition : mais les effets sont inconstants, si on excite mécaniquement les régions muqueuses auxquelles ils se distribuent; d'autre part la déglutition s'opère encore très facilement après la section de ces nerfs.

Les nerfs récurrents (Waller et Prévost), mais chez les herbivores seulement[1] (Steiner cité in *H. H.*, v, 2e partie, 428) les branches pharyngiennes du pneumogastrique (Schiff) contribuent aussi par leurs filets sensitifs au phénomène réflexe.

En résumé les voies centripètes principales de la déglutition sont, d'une part, les rameaux palatins du maxillaire supérieur, d'autre part, les nerfs laryngés supérieurs. Les premiers peuvent être considérés comme donnant normalement l'éveil au mécanisme réflexe, les seconds interviennent pour protéger l'entrée des voies respiratoires; quand, par exemple, après l'ingestion de boissons, des gouttes de liquide sont restées en contact avec les sillons glosso-épiglottiques, leur présence provoque des mouvements secondaires de déglutition qui les empêchent de pénétrer dans l'orifice du larynx.

Il résulte de cette répartition des voies centripètes que, si l'on sectionne chez le lapin la moelle allongée au niveau du tubercule acoustique, le réflexe pourra encore être provoqué par l'excitation du nerf laryngé supérieur, mais non par celle du voile du palais : comme l'opération a éliminé non seulement les voies sensitives, mais encore les voies motrices du trijumeau, le mylo-hyoïdien cesse de se contracter : mais les autres mouvements s'exécutent normalement (Wassilieff, *loc. cit.*, Marckwald, *Z. B.*, xxv).

Le centre de la déglutition est donc situé plus bas que le tubercule acoustique : d'autre part il ne s'étend pas au delà de la pointe du calamus scriptorius, puisque, si l'on

1. Wassilieff n'a pas confirmé le fait pour le lapin.

sépare à ce niveau la moelle du bulbe, et qu'on entretienne la respiration artificielle, le réflexe n'est pas compromis. Marckwald a cherché à localiser le centre avec plus de précision. Wassilieff avait déjà trouvé que si chez un lapin on sectionne tout l'encéphale jusqu'au-dessus du noyau du nerf vague, les parties innervées par le laryngé supérieur continuent à donner naissance à des mouvements réflexes de déglutition. D'après Marckwald le centre est situé un peu au-dessus et en dehors de la pointe de l'aile grise, au-dessus du centre respiratoire. Lorsque la section passe en ce point, la respiration continue, mais la déglutition ne peut plus être provoquée même par l'excitation du nerf laryngé supérieur : la destruction unilatérale de la substance nerveuse, à ce niveau, supprime le réflexe du côté correspondant seulement. Par contre, l'extirpation de l'aile grise en totalité abolit la respiration sans influencer la déglutition. L'excitation directe de la moelle allongée ne peut pas concourir à délimiter le centre réflexe : elle reste sans effet sur la déglutition, sans doute, d'après Marckwald, parce qu'elle porte en même temps sur le noyau du nerf inhibiteur, c'est-à-dire du glosso-pharyngien.

Marckwald pense que le centre de la déglutition est un groupe cellulaire appartenant au noyau du pneumogastrique. Mais peut-être existe-il en ce point un foyer ganglionnaire spécial servant de centre d'association aux différents nerfs impliqués dans le mouvement réflexe.

Le mécanisme de la déglutition, tel qu'il a été établi par Arloing, par Kronecker et Meltzer, le mode de propagation des contractions de l'œsophage étudié par Mosso (voy. **Déglutition**) doivent faire supposer que l'appareil coordinateur envoie ses impulsions aux différents noyaux auxquels il commande dans un ordre déterminé, de telle sorte que ce sont d'abord les nerfs des parties supérieures du tractus pharyngo-œsophagien, puis seulement ceux des parties inférieures qui sont excitées. Les expériences de Kronecker et Meltzer les ont même conduits à admettre que cette transmission successive se fait par l'intermédiaire de six groupes ganglionnaires rangés en série. L'indépendance relative de ces centres élémentaires peut aussi rendre compte du fait signalé par Chauveau (cité dans Fredericq et Nuel, *T. P.*, 1894, 423) : les nerfs sensibles des muscles pharyngiens étant par exception distincts des nerfs moteurs, l'excitation faible d'un de ces nerfs provoque d'abord une contraction du seul muscle correspondant : si on renforce l'excitation on voit entrer en action les autres muscles du pharynx.

Rappelons enfin pour mémoire que Schroeder van der Kolk avait localisé le centre coordinateur de la déglutition dans les olives bulbaires chez les animaux, dans les noyaux juxta-olivaires chez l'homme : hypothèse qu'aucun fait expérimental n'est venu justifier.

Mastication et succion. — Ces deux actes sont de purs réflexes, indépendants du cerveau proprement dit. Gad l'a démontré pour le premier (*A. P.*, 1891, 541), et Brown-Séquard pour le second (*B. B.*, 1849, 60). Basch (*Analysé in C. P.*, 1894, 762) a étudié récemment le mécanisme nerveux de la succion. Les nerfs centrifuges qui interviennent sont la branche motrice du trijumeau pour les muscles masticateurs, mylo-hyoïdien, ventre antérieur du digastrique et péristaphylin externe, le facial pour les muscles des lèvres, le stylo-hyoïdien, l'hypoglosse et les nerfs cervicaux pour les muscles de la langue et les muscles sous-hyoïdiens.

Chez les jeunes lapins il est possible, par un attouchement léger et circonscrit de chaque point de la partie antérieure de la muqueuse buccale, de provoquer des mouvements de succion, tandis que l'excitation limitée aux lèvres ne produit pas des contractions de ces organes. L'excitation est surtout efficace à la surface de la langue, elle l'est moins quand elle porte sur la muqueuse de la voûte palatine, moins encore sur les autres points. Un seul attouchement produit une série de quatre ou cinq mouvements.

La seule voie centripète du réflexe est le trijumeau. Les animaux nouveau-nés, encore aveugles, se nourrissent après la section des nerfs olfactifs et des glosso-pharyngiens, preuve que les nerfs des sens n'ont pas d'influence.

Basch n'a pas pu établir d'une façon certaine les relations centrales entre les conducteurs nerveux. Cependant, chez un lapin âgé de trois semaines, une lésion unilatérale du bulbe eut pour résultat de supprimer le réflexe du côté opéré. L'animal fut conservé durant trois semaines, pendant lesquelles il se développa une kératite purulente. L'autopsie montra que la lésion avait porté sur l'intervalle compris entre le territoire moteur et le territoire sensitif du trijumeau : aucun des noyaux de ce nerf n'était altéré : le noyau de l'hypoglosse était intact; le facial gauche était dégénéré au niveau du genou. Basch conclut de là qu'il existe un centre bilatéral pour la succion situé à la partie interne du corps restiforme et du pédoncule cérébelleux supérieur, dans la substance comprise entre le noyau sensitif et le noyau moteur du trijumeau.

Il serait peut-être aussi simple de dire que la section a supprimé les relations centrales entre le trijumeau sensitif et les nerfs moteurs qui concourent à la succion.

Formation et progression du bol alimentaire. — Il est curieux de remarquer que, si la mastication et la déglutition s'exécutent avec régularité sous l'influence exclusive du bulbe, il n'en est plus de même de la formation et de la progression du bol alimentaire. Gad a montré que cet acte intermédiaire ne se manifeste plus chez un lapin auquel on a enlevé les hémisphères cérébraux (*T. P.*, édit. allem., 160). Si on introduit entre les incisives et les molaires d'un animal ainsi opéré un fragment d'une feuille de chou, il exécute des mouvements de mastication qui divisent l'aliment : mais la masse divisée n'est pas transformée en bol, elle s'arrête dans la partie antérieure de la cavité buccale et finit par en retomber peu à peu. Il va sans dire que, si l'on porte l'aliment plus en arrière, son contact avec le voile du palais détermine un mouvement de déglutition. Par conséquent la formation et la progression du bol alimentaire sont soumises au contrôle des hémisphères cérébraux.

Pour empêcher ces phénomènes de se produire, il n'est pas nécessaire d'enlever les hémisphères cérébraux tout entiers : l'extirpation de la région corticale, où se localisent les sensations gustatives, suffit. L'intervention du cerveau permet donc à l'animal de faire un choix parmi les substances ingérées et joue ainsi un rôle protecteur : cette garantie eût manqué à l'organisme, si tous les actes relatifs à l'ingestion des aliments n'étaient soumis qu'à l'influence de mécanismes exclusivement réflexes.

L'acte par lequel la grenouille happe sa proie est aussi sous la dépendance du bulbe. Schrader (*loc. cit.*) constate que les grenouilles auxquels on a enlevé le cerveau continuent à attraper vivement les mouches, si les lobes optiques sont intacts, parce que les excitations parties des nerfs optiques ne passent pas nécessairement par le cerveau pour agir sur les centres qui servent à la préhension des aliments. L'acte de happer la nourriture est un réflexe optique. Les mouvements de préhension cessent de se produire spontanément lorsqu'on a détruit les lobes optiques.

Mais il ne faut pas conclure de là que l'influence du cerveau moyen leur soit indispensable. Si en effet l'on sectionne chez la grenouille la partie antérieure du bulbe et si l'on touche avec le doigt les narines de l'animal, il happe le doigt, le saisit avec la bouche et les membres antérieurs et fait effort pour le déglutir; puis il refait les mouvements inverses et repousse le doigt, avec l'aide des pattes de devant. Si l'on touche les narines avec un morceau de viande, il en est encore de même. Ce n'est pas seulement l'attouchement de la tête, mais celui des membres antérieurs ou de tout autre point du corps qui provoque le réflexe. L'acte de mordre semble être dans ce cas un mouvement coordonné de défense.

La section qui lui permet de se produire doit passer derrière le cervelet et parallèlement à lui, par conséquent immédiatement en avant du trijumeau.

Ce nerf forme la voie centripète du réflexe et le facial qui anime les muscles moteurs de la mâchoire en est la voie centrifuge. L'ablation de la partie de la moelle allongée qui, chez la grenouille, donne origine au facial et au trijumeau supprime ce réflexe, mais laisse persister le mouvement de déglutition, dont le centre se trouve au niveau de l'origine des nerfs vagues.

Clignement. — Ce réflexe peut être produit soit par l'attouchement de la cornée et de la conjonctive, soit sous l'influence des excitations lumineuses. La voie centripète normale est le trijumeau; sa voie centrifuge, le facial. Cependant Cl. Bernard a montré qu'après la paralysie de la cinquième paire, l'excitation de la partie du pavillon de l'oreille, qui doit sa sensibilité à la branche auriculaire du plexus cervical, peut encore provoquer le clignement.

Chez le lapin, l'attouchement de la cornée ne produit qu'un réflexe unilatéral : de même chez le cochon d'Inde, les oiseaux, la grenouille, tandis que, chez l'homme, souvent aussi chez le chien et le chat, il est bilatéral (Langendorff, *A. P.*, 1887, 144).

Nickell a déterminé les limites de la zone qui sert de centre au réflexe (*A. g. P.*, XLII, 1888, 547). Exner avait trouvé (*A. g. P.*, VIII, 530) que, si chez le lapin ou la grenouille on sectionne la moelle cervicale de bas en haut, il arrive un moment où l'attouchement de la cornée ne produit plus le réflexe, à savoir lorsque l'opération porte sur la pointe du calamus. Le centre devrait donc se trouver à ce niveau. Seck, à l'occasion d'expériences sur la sécrétion lacrymale, le prolonge encore bien plus en arrière, jusque vers la quatrième ou la cinquième vertèbre cervicale, ce qui est en contradiction avec les données de l'anatomie, puisque la racine du trijumeau ne descend pas si bas.

Nickell a pratiqué des sections unilatérales du bulbe sur différentes espèces animales, mais plus spécialement sur le lapin. Il constate ainsi que la limite postérieure du centre se trouve à peu près au milieu de l'aile grise, ou même un peu plus haut, et sa limite antérieure au bord antérieur de la protubérance. Ce qui revient à dire que c'est entre ces deux points que les fibres sensibles, venues de la conjonctive et de la cornée, se mettent en rapport avec le noyau du facial. Laborde fait remarquer également qu'à la suite de la section transversale du bulbe au niveau du nœud vital, si on entretient la respiration artificielle, on voit persister les mouvements réflexes des paupières (*T. P.*, 167).

Ces expériences montrent donc que les fibres de l'ophtalmique ont leur noyau terminal en un point relativement élevé du bulbe. D'autre part, elles ne sont pas favorables à l'opinion de Mendel (*Berl. klin. Wochenschr.*, 1887, n° 48) qui fait provenir les fibres du facial supérieur, celles qui sont destinées au muscle orbiculaire des paupières, d'un noyau commun avec la troisième paire. S'il en était ainsi, la limite supérieure du centre devrait se trouver plus haut que la protubérance, tandis qu'il suffit que celle-ci soit intacte pour que le réflexe soit encore possible.

Lorsqu'une vive lumière vient frapper l'œil, est-ce encore le trijumeau, gardien naturel de cet organe, qui vient donner l'éveil au réflexe, ou bien est-ce la rétine et le nerf optique? Brücke s'est déclaré partisan de la première opinion, en se basant sur ce qu'une impression lumineuse intense est douloureuse et que le nerf optique ne conduit pas les impressions de ce genre. Eckhard (*C. P.*, 1895, 353) s'est assuré que dans ces conditions il s'agit d'un réflexe optique. Il constate d'abord que l'action brusque d'une vive lumière sur l'œil du lapin produit le clignement du côté correspondant, mais aussi, à l'inverse des excitations mécaniques, du côté opposé; l'effet est toutefois moins prononcé de ce dernier côté.

Si l'on coupe le nerf optique entre le chiasma et l'œil, l'occlusion des paupières fait défaut, quand on éclaire l'œil du côté opéré; on provoque encore un réflexe bilatéral si l'on agit sur l'œil du côté intact. On peut l'obtenir également par l'excitation du bout central d'un des nerfs optiques: par contre, la section du trijumeau ne l'empêche pas. L'ablation des hémisphères cérébraux n'a pas d'effet. Par une série de sections successives, Echard constate, en effet, que les voies réflexes ne remontent pas vers le cerveau, mais qu'elles se mettent en rapport avec le facial sans passer par l'intermédiaire du centre sensoriel : l'impression lumineuse qui se produit en même temps que le clignement n'est pas en relation causale avec le mouvement : elle n'est qu'un phénomène associé.

Il faut rappeler cependant que, d'après Cl. Bernard et Castorani (*Leçons sur la physiol. du système nerveux*, II,) dans les inflammations de la cornée, la photophobie et le blépharospasme, qui n'est autre chose que l'exagération du réflexe normal, sont dus à l'excitation des nerfs ciliaires et non à celle de la rétine.

Phonation et langage articulé. — Comme centre d'origine des nerfs du larynx le bulbe est indispensable à la phonation. Si chez un jeune animal on enlève le cerveau et la protubérance on pourra encore provoquer des cris en excitant fortement une partie sensible. Si on détruit le bulbe, le cri n'est évidemment plus possible.

Vulpian a déjà insisté sur les caractères particuliers de ce cri, bien différent de celui qui exprime la douleur ou les émotions de l'animal. Pour qu'il représente vraiment une réaction émotive, il faut que d'autres centres encéphaliques soient restés intacts, la protubérance, d'après Vulpian et Longet, les couches optiques, suivant Bechterew. Ce dernier (*A. A. P.*, CX, 1887, 102) a constaté qu'un animal auquel on a enlevé les parties du cerveau qui sont en avant des couches optiques pousse, à chaque excitation douloureuse, un cri violent presque ininterrompu qui se prolonge plus ou moins longtemps après que l'excitation a cessé : il donne à son cri des intonations variées comme l'animal intact. Si, au contraire, les couches optiques sont enlevées à leur tour, le cri est bref, faible, monotone; il faut des excitations violentes pour le provoquer. Onodi fait jouer un rôle prépondérant aux tubercules quadrijumeaux postérieurs. Le territoire dont l'intégrité serait nécessaire à la phonation a comme limite supérieure le sillon transversal qui sépare les tubercules quadrijumeaux antérieurs des postérieurs et comme limite inférieure une ligne distante de la première de 8 millimètres. Toute section faite au-dessus de cette région laisse la phonation intacte: au-dessous, elle l'empêche (*Neurolog. Centralb.*, 1894, 752).

Quoi qu'il en soit, pour que la manifestation émotionnelle vienne s'ajouter à l'acte réflexe simple, il faut donc l'intégrité d'autres centres supérieurs. De même, pour que le larynx s'adapte aux mouvements compliqués de la phonation, il faut que le centre bulbaire obéisse aux impulsions venues de l'écorce cérébrale, comme l'ont montré les recherches de Krause (*Berlin. kl. Wochenschr.*, 1890, 80), celles de Semon et Horsley (*Ibid.*, 82, et *Philosoph. Transact.*, CLXXXI, 187). D'après les expérimentateurs anglais, le centre cortical préside principalement aux mouvements volontaires d'adduction ou de phonation, le centre bulbaire aux mouvements automatiques d'abduction, c'est-à-dire de respiration. Ce dernier règle donc la fonction organique du larynx en tant qu'élément actif de la mécanique respiratoire, l'autre centre placé plus haut commande la part que prend l'organe à la plus élevée des fonctions des relations. « Ce qui différencie la fonction vocale du larynx et sa fonction respiratoire, c'est uniquement la diversité de leur origine centrale; l'une est un acte cérébral et l'autre un phénomène bulbaire » (Voir Raugé, *A. P.*, 1892, 730). Cette dualité physiologique peut paraître séduisante par sa simplicité, mais elle ne répond pas entièrement aux faits. Il est vrai que « l'acte délibéré qui règle avec une précision positivement artistique la tension phonique des cordes et le degré d'occlusion glottique appartient à la catégorie des phénomènes conscients que la volonté commande, que l'intelligence contrôle et dirige et dont le caractère éminemment psychique affirme clairement la provenance centrale » (Raugé, *loc. cit.*). Mais il n'est plus exact de dire que, quand c'est le bulbe qui le dirige, le larynx n'accomplit plus exclusivement que l'acte d'abduction pure et simple qui assure d'une façon permanente la dilatation de la glotte, l'acte respiratoire en un mot.

Le centre bulbaire avec les nerfs qui en partent et les muscles qu'ils animent est le centre primordial de tous les mouvements de l'organe vocal, qu'ils soient adducteurs ou abducteurs. Les expériences de Vulpian et de Longet, pour avoir été complétées, n'ont pas pour cela perdu leur signification : celles de Bechterew démontrent même que l'influence de l'écorce cérébrale n'est pas nécessaire pour la modulation des sons. Dans le centre bulbaire qui anime en définitive les muscles antagonistes, constricteurs et dilatateurs, l'instrument est complet. Mais la manière dont il répond dépend des qualités de l'exécutant : une excitation réflexe chez l'animal excérébré jusqu'au dessus du bulbe lui fera rendre des sons brefs et monotones, celle qui part des couches optiques produira des mouvements plus expressifs; enfin il ne manifeste toute sa perfection que quand il est dirigé par le cerveau. On ne peut donc pas admettre que le centre bulbaire ne sert qu'aux fonctions respiratoires du larynx.

D'ailleurs, Semon et Horsley ont délimité sur le plancher du quatrième ventricule des zones distinctes dont l'excitation détermine, soit l'abduction, soit l'adduction des cordes vocales. Il existe de chaque côté de la ligne médiane un foyer circonscrit, pour la fermeture bilatérale de la glotte et en dehors de lui une autre zone dont la stimulation n'amène que l'adduction unilatérale. Ces auteurs pensent que dans ce dernier cas on agit probablement sur des fibres qui, plus loin, émergent du bulbe dans les racines du nerf spinal; quant à la zone d'adduction bilatérale, ils sont portés à la considérer comme une station de passage pour les impulsions cérébrales et comme un centre pour les excitations réflexes : ce qui concorde avec l'opinion que nous avons soutenue plus haut. L'abduction est toujours bilatérale et la zone qui lui correspond est située plus haut que celle qui commande le mouvement antagoniste.

Krause et Semon ont montré que le centre bulbaire maintient les muscles abducteurs de la glotte dans un état d'activité permanente. L'état d'écartement de la fente glottique, même dans la respiration la plus calme, ne représente pas une attitude passive : c'est, au contraire, une position active due au tonus des dilatateurs. Les effets de la section des nerfs récurrents suffiraient à le prouver. Le véritable état d'inertie de la glotte, c'est celui où elle se trouve, alors que l'action musculaire est supprimée (Voir pour la bibliographie RAUGÉ, *loc. cit.*).

Il est intéressant de rapprocher cette position respiratoire de la glotte du tonus également permanent des muscles inspirateurs, qui donne au thorax, même en dehors de la phase active de la respiration, une position bien différente de celle qu'il a sur le cadavre : l'une et l'autre sont évidemment dues au même mécanisme, probablement automatique.

Le bulbe donne naissance non seulement aux nerfs de la phonation, mais encore aux autres nerfs moteurs qui concourent à l'exercice de la parole. A-t-il par lui-même une part directe à l'enchaînement de ces mouvements si complexes? Existe-il dans cet organe un mécanisme construit sur le type de celui que SCHRŒDER VAN DER KOLK avait, sans autres preuves, localisé dans les olives, instrument complet auquel l'écorce cérébrale n'aurait qu'à envoyer ses impulsions? Il est certain que la grande et même la plus grande partie du travail de coordination se fait dans l'écorce, peut-être cependant se perfectionne et s'achève-t-il dans le bulbe : pour juger de la question, les observations pathologiques pourraient nous apprendre si dans les lésions bulbaires il est des troubles du langage qui doivent s'expliquer par un défaut de coordination et non par la simple paralysie des nerfs qui interviennent dans le mécanisme moteur de la parole. Je ne sais si la distinction a été faite.

Une observation, qui trouve sa place ici, a été faite par M. DUVAL et F. RAYMOND (*A. de P.*, 1879): des deux noyaux de l'hypoglosse, le noyau principal serait plus spécialement le centre des mouvements de la langue pour la parole; le noyau accessoire, celui des mouvements de l'organe associés à la déglutition.

Mouvements d'expression : mimique. — Il en est des mouvements d'expression comme de ceux de la phonation. Leur premier centre se trouve dans le bulbe, puisque les manifestations expressives des émotions et des passions ont pour instruments principaux les muscles animés par un nerf bulbaire. Mais le bulbe, lorsqu'il agit seul, ne peut pas plus faire varier le jeu de la physionomie qu'il ne fait varier le jeu du larynx, puisqu'il lui faut à cet effet des excitations qui ne peuvent lui venir que des centres impressionnés par les influences psychiques.

La forme la plus élémentaire de ces mouvements a cependant très probablement son centre dans la moelle allongée elle-même. Lorsque, par exemple, chez les tout jeunes enfants, le chatouillement de la joue amène un sourire qui reste limité au côté correspondant, il y a lieu de croire que l'excitation n'a pas dépassé le bulbe. FILEHNE, qui signale ce fait (*A. P.*, 1886, 43), le rapproche du redressement unilatéral du pavillon de l'oreille chez le lapin auquel on chatouille ou pince la peau de la joue : tandis que la section d'un nerf trijumeau arrête le jeu du pavillon du côté correspondant en supprimant les excitations périphériques qui l'entretiennent. Or, la mimique du pavillon de l'oreille n'est nullement influencée par l'ablation du cerveau : c'est un réflexe bulbaire. Il peut encore en être de même pour quelques mouvements expressifs plus complexes.

Mais les impulsions psychiques et même les impressions périphériques en général, tactiles ou autres, seraient transmises au noyau du facial par la couche optique. Telle est du moins la conclusion à laquelle l'expérimentation et l'observation clinique ont conduit BECHTEREW (*A. P.*, 1887, 110) et BRISSAUD (*Leçons sur les maladies du système nerveux*, 1895).

BRISSAUD a surtout étudié le rire et le pleurer, ces manifestations émotives, qui, d'abord limitées au domaine du facial, finissent par gagner aussi les muscles de la respiration. Il fait remarquer que l'excitation bulbaire directe n'a pour effet que des contractions, sans manifestations expressives bien connues, mais le bulbe peut obéir à des commandements venus de plus haut, de la substance corticale. Ces ordres qui vont produire des actions psycho-réflexes sont transmis par la couche optique. Les connexions de la couche optique avec les noyaux bulbaires sont telles que pour chaque expression simple ou complexe il existe un centre de commandement. De ce centre partent des excitations destinées aux noyaux bulbaires et elles relèvent elles-mêmes d'un ébranlement psychique.

« Une lésion exclusivement irritative du bulbe ne produira qu'un spasme grimaçant, participant à la fois du rire et du pleurer. Tous les groupes cellulaires agissent à la fois, car la couche optique n'intervient pas pour faire son choix. »

Comme le rire n'est pas forcément d'origine corticale, puisqu'il peut être provoqué par le chatouillement, il faut admettre que celui-ci a aussi son centre de réflexion dans la couche optique.

Des faits particulièrement intéressants, signalés également par Bechterew, c'est que les mouvements volontaires de la face et les mouvements expressifs peuvent être paralysés indépendamment les uns des autres.

Brissaud en donne l'explication suivante. Les voies de la motricité volontaire pour le facial sont dans le faisceau géniculé, mais les fibres qui conduisent les excitations de l'écorce frontale au centre de la couche optique sont dans le segment antérieur de la capsule interne, formant la racine antérieure du thalamus.

« Lorsqu'un sujet a une lésion destructive d'un des segments capsulaires antérieurs, quelque effort qu'on fasse, on ne parviendra pas à stimuler chez lui le centre de la physionomie pour le côté opposé : un seul hémisphère fonctionnera, et le malade ne rira que d'un côté de la face. Si la lésion intéresse au contraire le faisceau géniculé ou faisceau moteur volontaire, les mouvements psycho-réflexes sont encore possibles, et le malade aura gardé sa mimique expressive. Si les deux faisceaux géniculés sont intéressés, soit par une double lésion capsulaire symétrique, soit par une lésion unique au niveau de leur décussation, le sujet ne pourra plus exécuter volontairement un seul mouvement du visage. Il lui reste toutefois un faisceau conduisant les excitations du souvenir jusqu'à la capsule interne, jusqu'au centre de coordination des jeux de la physionomie : il sera encore capable d'animer tous ses noyaux moteurs bulbaires. Mais l'excitation sera déréglée, il n'y a plus moyen pour le patient de maîtriser son hilarité par l'inhibition volontaire et le syndrome du rire bulbaire se développe sans contrôle et sans frein. »

Centre dilatateur de la pupille. — Ce centre, pour bon nombre de physiologistes, doit rentrer dans la catégorie des centres bulbaires, puisque les nerfs dilatateurs, d'après eux, ont leur origine dans la moelle allongée. Pour d'autres, au contraire, il ne devrait pas figurer ici : il aurait son siège dans la moelle épinière : nous aurons à discuter cette question.

C'est Budge et Waller qui ont localisé, comme on sait, dans la partie inférieure de la moelle cervicale, le centre qui préside à la dilatation pupillaire (voy. **Moelle**), le centre dit cilio-spinal. Mais Schiff montra bientôt (*Physiol. des Nervensyst.*, 1858, 199) qu'une section unilatérale, faite soit au niveau de la 4me cervicale, par conséquent au-dessus des limites supérieures du centre supposé, resserre également la pupille ; que les résultats sont les mêmes lorsque l'opération porte sur des niveaux plus élevés de la moelle cervicale, ou sur le bulbe lui-même, ce qui prouve que dans ces conditions on paralyse des conducteurs nerveux venus de plus haut.

En outre, si on détruit une moitié du bulbe, la pupille se rétrécit du côté correspondant: mais, si on détruit ensuite la moelle cervicale, le resserrement n'augmente pas, d'après Schiff; d'où ce physiologiste conclut que la moelle ne peut pas être le centre du mouvement de dilatation, puisque sans le bulbe elle ne contribue pas à maintenir dilaté l'orifice pupillaire. Enfin une hémisection de la moelle équivaut à la section du sympathique cervical : si en effet on divise ce cordon après que la moelle a été coupée, la deuxième opération n'ajoute rien aux effets de la première (*Lez. di fisiol. sperim.*, 1873, 196).

Salkowsky *Zeitschr. f. rat. Med.*, xxix, 1867) arrive aussi à la conclusion que les filets dilatateurs du grand sympathique prennent naissance dans le bulbe. Hensen et Voelcker (*Arch. f. Ophtalm.*, 1878, xxiv) le localise plus haut, près de l'aqueduc de Sylvius, au voisinage du centre constricteur.

Par conséquent la moelle ne serait qu'un lieu de passage pour les fibres dilatatrices qui arrivent au cordon du sympathique par l'intermédiaire des racines antérieures des dernières paires cervicales et des premières paires dorsales (Pour la topographie voir **Sympathique**). D'autres fibres parties sans doute du même centre prennent la voie du trijumeau[1] comme l'ont démontré en particulier VULPIAN et FRANÇOIS FRANCK (*Trav. du lab. de Marey*, 1878), peut-être aussi, d'après BESSAU (cité par GRUENHAGEN, *T. P.*, III, 297) la voie de l'oculo-moteur externe, SHEGLINSKY a même soutenu que, chez les oiseaux, toutes les fibres dilatatrices passent par la cinquième paire et que le sympathique n'en renferme pas (*Jb. P.*, 1884, 127).

Contrairement à cette assertion, GRUENHAGEN rappelle qu'il a démontré que, chez les pigeons, la pupille se dilate par excitation du ganglion cervical inférieur ou de la partie inférieure de la moelle cervicale (Voir sur cette question : GRUENHAGEN, *A. g. P.*, XL, 65; JEGOROW, *ibid.*, XLI, 326).

D'après KOWALESKY (*Arch. sl. de Biol.*, I, 92), les fibres nerveuses qui agissent sur l'écartement de la fente palpébrale et sur les mouvements de la membrane nictitante passent exclusivement par le sympathique cervical.

L'existence des fibres dilatatrices cérébrales suffirait à expliquer pourquoi, après la section de la moelle cervicale à sa partie supérieure, la stimulation du bout central d'un nerf sensible cranien produit encore par voie réflexe l'agrandissement de l'orifice pupillaire, ainsi que l'a constaté KOWALESKY (*loc. cit.*). Mais, en outre, il paraît suffisamment établi par les expériences mentionnées plus haut que le centre principal pour la dilatation de la pupille a son siège dans le bulbe ou du moins dans l'isthme de l'encéphale. Le point en litige, c'est plutôt de savoir s'il a bien réellement un autre centre dans la moelle, dans la région cilio-spinale.

La question pouvait paraître résolue par certaines expériences de BUDGE, par celles de CHAUVEAU, qui, après avoir isolé la région cilio-spinale par deux sections transversales, a encore obtenu de la dilatation de la pupille par galvanisation d'une racine postérieure de ce tronçon (*Journ. de la Physiol.*, IV, 370, 1861). On a objecté à ces résultats qu'on est trop rapproché des racines antérieures et que la diffusion du courant est à craindre.

Toujours est-il que SALKOWSKY a trouvé que, chez le lapin, ni l'asphyxie ni l'excitation des nerfs sensibles du tronc n'agit plus sur la pupille, quand la moelle est coupée au-dessous de l'altas. Plus récemment GRUENHAGEN et COHN (*Jb. P.*, 1884, 123) modifient l'expérience en ce qu'ils éliminent l'influence des centres cérébraux par ligature des quatre vaisseaux qui les nourrissent. Après avoir dilaté préalablement la pupille par l'atropine, dans le but de paralyser et de mettre hors de cause le nerf constricteur, ils arrêtent la circulation cérébrale, et lorsqu'au bout de vingt secondes environ les convulsions générales s'établissent, la pupille se dilate encore davantage : ces effets sont dus à l'excitation des centres cérébraux par l'anémie. Lorsque les convulsions ont cessé, ainsi que la surdilatation, si, entretenant la respiration artificielle, on excite le nerf crural, on obtient encore des réflexes généraux; mais la pupille ne réagit plus. Il en est encore de même si dans ces conditions on surcharge le sang de CO^2, tandis que la dilatation ne manque jamais, sous l'influence de cet agent, lorsque la circulation cérébrale est intacte.

Contrairement aux expériences précédentes, LUCHSINGER a trouvé chez des chats ou des chèvres auxquels il avait sectionné la moelle entre l'atlas et l'axis, puis le cordon cervical du sympathique d'un côté, que l'excitation du nerf médian produit encore de la dilatation de la pupille du côté où le sympathique a été respecté : l'effet était plus marqué si on avait d'abord augmenté l'excitabilité de la moelle par la picrotoxine ou la strychnine. De même si on soumettait les centres à l'action de l'asphyxie, la dilatation était plus prononcée du côté où le sympathique était resté intact (*A. g. P.*, XXII, 1880, 158).

L'influence des excitations sensitives chez les animaux à moelle sectionnée ayant été niée par TUWIM (*A. g. P.*, XXIV, 1881, 132), LUCHSINGER, en collaboration avec GUILLEBEAU, confirme ses premières assertions par de nouvelles expériences, et ajoute, entre autres faits, que, chez les jeunes chats, quand la moelle cervicale a été coupée, la section d'un des cordons sympathiques au cou détermine par elle-même une inégalité de la pupille : celle du côté où le sympathique est intact est plus large que l'autre[2]; de plus, sous l'in-

1. Chez le lapin, d'après ECKHARD, le trijumeau fournit au contraire des filets irido-constricteurs (*C. P.*, 1892, 129).

2. Nous ne discuterons pas ici la part qui peut revenir dans ces effets à la suppression de l'influence tonique des ganglions sympathiques (Voir FRANÇOIS FRANCK. Art. « *Sympathique* » du *D. D.*).

fluence des poisons convulsivants, on voit la différence augmenter. Ces résultats sont contraires, comme on le voit, à ceux qu'avait obtenus Schiff et parlent en faveur de la provenance médullaire, au moins partielle, des fibres dilatatrices (*A. g. P.*, 1882, 72, xxviii).

Ott s'est appuyé sur des expériences tout à fait analogues à celles de Luchsinger, pour admettre l'existence d'un centre médullaire (*H. P.*, 1882, 127). Mayer et Pribram ont soutenu la même opinion (*Ibid.*, 1884, 126), ainsi que Steil et Langendorff, *A. g. P.*, lviii, 155, 1894).

Il est certain que l'hypothèse de la commune origine des deux espèces de fibres dilatatrices, médullaires et cérébrales, dans un noyau unique, voisin du centre constricteur de la pupille, et d'où elles iraient rejoindre : les unes, le trijumeau ; les autres, le sympathique, serait plus satisfaisante que celle des deux foyers distincts : mais on doit tenir compte des expériences nombreuses qui tendent à démontrer l'influence propre de la moelle sur la dilatation pupillaire.

Si on veut se rendre compte de la signification de ces diverses parties d'un même appareil central, on peut supposer que, les fibres dilatatrices ayant leur origine dans des points distincts et assez éloignés, les unes dans un noyau médullaire, les autres dans un noyau bulbaire, il devenait nécessaire, pour assurer leur synergie, que l'un d'eux prît un rôle prépondérant, ou qu'un noyau spécial vînt se superposer aux deux autres. Cependant on conçoit difficilement un centre coordinateur ou même directeur pour un mouvement aussi simple que celui de la dilatation pupillaire, qu'il s'agisse de la contraction d'un muscle spécial dilatateur ou de l'inhibition du muscle constricteur. Peut-être le centre spinal sert-il surtout aux réflexes qui ont leur point de départ dans les nerfs sensibles du tronc, tandis que le centre bulbaire obéit plus particulièrement aux influences sensorielles et cérébrales. Mais il paraît plus vraisemblable que les noyaux de la moelle et du bulbe associent normalement leur activité, par cela même qu'ils sont soumis à une excitation commune.

L'action de cet appareil central est tonique. On sait, en effet, que, si on sectionne les voies dilatatrices périphériques, le sympathique cervical par exemple, la pupille se rétrécit. D'autre part, si l'on supprime les voies du réflexe qui préside au resserrement de cet orifice, c'est-à-dire si on divise la troisième paire ou bien le nerf optique, la pupille s'élargit parce que l'action tonique du centre dilatateur s'exerce sans contrepoids. C'est encore par le même mécanisme que l'orifice s'agrandit quand l'œil est soustrait à l'influence de la lumière, c'est-à-dire de l'agent excitant qui provoque le réflexe constricteur. Les stimulations des nerfs centripètes, les impressions douloureuses, les émotions, l'asphyxie, l'anémie dilatent la pupille en renforçant l'activité du centre.

Centre pour les mouvements de latéralité des yeux. — M. Duval et Laborde (*Journal de l'Anat.*, 1880) ont montré que sur le plancher du quatrième ventricule il existe une disposition anatomique qui unit physiologiquement l'oculo-moteur externe d'un côté à l'oculo-moteur commun du côté opposé. Cette association serait réalisée très simplement par des fibres qui, émanées du noyau de la quatrième paire, vont, par l'intermédiaire de la bandelette longitudinale, constituer une partie des racines de l'oculo-moteur commun contro-latéral. Le droit interne recevrait ainsi son innervation de deux sources : de la troisième paire du côté correspondant pour les mouvements de convergence et de la sixième paire du côté opposé pour les mouvements de latéralité dans lesquels il unit son action au droit externe de l'autre côté.

Une déviation conjuguée des yeux sera donc la conséquence, soit de l'irritation, soit de la destruction unilatérale du noyau de la sixième paire : il est facile de voir que, dans le premier cas, l'animal en expérience regardera du côté de la lésion, et, dans le second, du côté opposé. La destruction des deux noyaux produit le strabisme interne.

Cependant le mode d'association décrit par Duval a été contesté par divers anatomistes (Voir *Traité d'anatomie* de Poirier, iii, 517). Comme un certain nombre de fibres de l'oculo-moteur commun sont croisées, Spitzka a émis l'hypothèse qu'elle vont au muscle droit interne du côté opposé, ce qui expliquerait le fonctionnement simultané de ce muscle avec le droit externe contro-latéral par l'action synergique des deux noyaux moteurs (sixième et troisième paire) du même côté. Huguenin et Meynert avaient supposé une association croisée de noyau à noyau par des fibres traversant le raphé.

Centres cardiaques et vasculaires. — **1° Centre modérateur du cœur.** — En faisant passer à travers le bulbe le courant d'un appareil magnéto-électrique, les frères E. et E. H. Weber virent le cœur s'arrêter, « privé de mouvement ». Ils reconnurent aussi que l'action du centre nerveux s'exerce par l'intermédiaire des pneumogastriques et que le cœur se remet à battre malgré l'excitation, lorsque celle-ci est assez prolongée pour que l'excitabilité des nerfs soit épuisée. L'honneur de cette découverte est attribuée quelquefois à Budge. Dans une courte notice historique, Brown-Séquard (*A. de P.*, 1889, 337) établit les droits de priorité des frères Weber et prouve aussi qu'ils distinguaient nettement, dès le début, entre un arrêt du cœur dépendant d'une contraction et son arrêt passif, qui constitue ce qu'on appelle aujourd'hui un acte d'inhibition. Toujours est-il que l'organe est arrêté, comme on sait, en état de relâchement (Voir aussi pour l'historique Tigerstedt. *Lehrb. der Physiol. des Kreislaufs*, 1893, 231).

Les frères Weber avaient trouvé que le territoire dont l'excitation électrique produit cet effet sur le cœur est compris entre l'extrémité postérieure des tubercules quadrijumeaux et la pointe du calamus scriptorius. Laborde a déterminé d'une façon plus précise le centre modérateur. En irritant mécaniquement un point spécial de la partie moyenne et latérale de la face postérieure du quatrième ventricule, en dehors et un peu au-dessus de l'aile grise, vers le tiers inférieur du corps restiforme, il a obtenu un ralentissement ou un arrêt du cœur, sans modification concomitante de la respiration (*A. de P.*, 1888).

Il est d'ailleurs évident que ce centre doit se trouver dans le noyau d'origine du spinal, c'est-à-dire dans le *nucleus ambiguus*, puisque les fibres d'arrêt du pneumogastrique sont empruntées à la racine bulbaire du nerf de la onzième paire[1]. Aussi, après une section de la moelle cervicale entre l'atlas et l'axis, le centre modérateur du cœur peut-il encore modifier son activité, sous l'influence de causes diverses, par exemple après stimulation des nerfs centripètes bulbo-protubérantiels.

Chez la grenouille, Eckhard, par des piqûres limitées, a obtenu un ralentissement très marqué des battements du cœur, lorsque l'excitation portait sur la partie du bulbe comprise entre la pointe du calamus et l'insertion du cervelet (*Beiträge zur Physiol.*, VIII, 187, 1878). Schrader a localisé plus exactement le centre d'arrêt chez la grenouille au niveau des origines du pneumogastrique (*Inaug. Dissert.*, Strasbourg, 1886).

Il peut être excité d'ailleurs, non seulement par le courant électrique et les agents mécaniques, mais encore par les agents chimiques. Langendorff, en appliquant du chlorure de sodium sur le bulbe de la grenouille, a obtenu un arrêt du cœur; un ralentissement chez le lapin (*A. P.*, 1881, 519). Schiff avait déjà obtenu des résultats semblables par l'emploi d'alcalis ou d'acides : mais il les considérait alors comme des effets d'épuisement (*Recueil de Mémoires*, II, 164).

L'activité du centre modérateur est certainement tonique chez quelques espèces animales, chez le chien par exemple; si en effet on sectionne chez cet animal les deux pneumogastriques, il se produit une accélération considérable des mouvements du cœur. Les variations d'activité de ce centre, qui chez le chien s'associent au fonctionnement du centre respiratoire, prouvent aussi sa tonicité : cette même démonstration est applicable, comme il sera dit plus bas, à d'autres espèces animales.

Il n'en serait plus de même chez le lapin. Si chez cet animal on met à découvert les deux pneumogastriques et si on pratique la respiration artificielle, en la réglant de telle sorte que la fréquence des battements du cœur reste la même qu'auparavant, on peut couper les deux nerfs sans que le rythme des pulsations se modifie (Landois, *T. P.*).

Ce sont donc surtout les troubles respiratoires consécutifs à l'opération qui, d'après cette manière de voir, expliqueraient l'accélération du cœur. Schiff est arrivé à des conclusions semblables, non seulement chez le lapin, mais chez le chien (1866) (Voir *Recueil de Mém. physiol.*, II, 375 et 476). Bien que dans une note additionnelle (1894) ce physiologiste déclare que son opinion est aujourd'hui moins exclusive, il ne semble pourtant pas admettre encore l'activité tonique du centre modérateur.

1. Cependant, pour Giannuzzi, le pneumogastrique lui-même renferme des fibres modératrices, et d'après Grossmann (*A. g. P.*, 1894, 59), contrairement aux expériences de Waller, Schiff, Heidenhain, Franck, le spinal n'a pas d'action sur le cœur. Vas (*C. P.*, 1895, 585) est arrivé à des résultats semblables à ceux de Grossmann.

Il faut ajouter encore que KOTHS et TIEGEL[1](*A. g. P.*, 1876, 13) ont même trouvé que chez le lapin le cœur se ralentit après la double vagotomie. Par contre, H. E. HERING, dans un travail récent (*A. g. P.*, LX, 429, 1895), soutient que, chez cet animal aussi, l'accélération est très notable, qu'elle ne manque jamais si l'opération est faite dans des conditions normales, que le ralentissement qui s'observe quelquefois est toujours de courte durée.

Cependant, chez la grenouille[1], la tortue, la section des pneumogastriques n'accélère pas le cœur. Il en est de même chez les animaux hibernants (HERMANN, *T. P.*, 97, 1892), chez les mammifères nouveau-nés (SOLTMANN, LANGENDORFF, ANREP, E. MEYER, *A. de P.*, 1893, 475). BERNSTEIN a cherché à démontrer que le tonus du centre modérateur est d'origine réflexe : il divise la moelle au niveau de l'atlas pour éliminer la majeure partie des conducteurs centripètes, enlève de plus le sympathique, dans la plus grande partie de son étendue, et trouve alors que la section des pneumogastriques ne produit plus ses effets habituels (*Arch. f. Anat. u. Physiol.*, 1864, 650). Mais la chute de la pression sanguine, consécutive à la section de la moelle, amène une diminution d'excitabilité du centre modérateur, laquelle peut par elle-même expliquer ce résultat. Il est probable que les causes qui entretiennent le tonus sont multiples. Si les excitations centripètes apportent leur concours, la composition, la pression du sang doivent aussi jouer leur rôle.

Toujours est-il que l'activité du centre du nerf vague peut être modifiée par l'une ou l'autre des conditions qui viennent d'être énumérées. C'est ainsi qu'elle se renforce par l'action du sang noir : le cœur, en effet, se ralentit pendant l'asphyxie : le phénomène est bien dû à l'influence des pneumogastriques, car, si l'on coupe ces nerfs, l'organe accélère ses mouvements (TRAUBE). CH. RICHET considère ce ralentissement comme un moyen de défense contre l'asphyxie; celle-ci amène plus rapidement la mort quand les pneumogastriques ont été coupés. Si ces nerfs sont intacts, la moindre fréquence des battements du cœur épargne la consommation d'oxygène, et le mycocarde s'épuise moins vite (Voir **Asphyxie**). LAULANIÉ s'est rencontré avec CH. RICHET pour attribuer aux réactions asphyxiques des nerfs du cœur un effet utile (*Journal de l'Anat.*, 1893). A l'inverse de l'asphyxie, l'apnée accélère le cœur, sans doute par diminution de tonicité du centre modérateur.

L'influence de la pression artérielle est des plus importantes. BERNSTEIN (*C. W.* 1867, 1), en injectant du sang défibriné à des animaux pour augmenter la tension vasculaire, a vu le cœur se ralentir : le même résultat peut s'obtenir soit par la compression de l'aorte abdominale (MAREY, *Mém. de la Soc. de Biologie*, 1859, 301, *La circulation du sang*, 1881, 334), soit par l'excitation du bout périphérique des nerfs splanchniques (ASP). Dans ce dernier cas à l'augmentation de pression viennent sans doute s'ajouter les effets réflexes dus à la sensibilité récurrente. On peut même agir exclusivement, et l'expérience devient encore plus démonstrative, sur la circulation de l'encéphale. Si, comme l'a fait FR. FRANCK (*Trav. du Labor. de* MAREY, 1877, 275), on isole les vaisseaux encéphaliques de la circulation générale et qu'on y établisse un courant de sang défibriné, on peut ralentir ou arrêter le cœur, suivant que l'on augmente plus ou moins la pression dans les vaisseaux de la boîte cranienne, pourvu que les pneumogastriques maintiennent la communication entre l'encéphale et le cœur. Par contre, la diminution de la tension vasculaire, à la suite d'une saignée par exemple, a comme conséquence une accélération du rythme du cœur. Cette adaptation de l'activité du centre modérateur aux variations de la pression constitue un des mécanismes régulateurs qui ont pour but d'obvier à ces variations. Si, en effet, la pression vient à monter, le renforcement de l'action modératrice, c'est-à-dire le ralentissement des battements du cœur aura pour résultat de la faire baisser, et inversement, si la tension diminue. BERNSTEIN a bien fait ressortir la signification de ces faits. ROY et ADAMI ajoutent avec raison que la facilité avec laquelle le noyau du pneumogastrique réagit à une augmentation de pression est une garantie pour le système nerveux central qui se protège de la sorte contre la congestion (*Philosoph. Transact.*, CLXXXIII, 1892, 264).

Une compression exercée graduellement de dehors en dedans sur la surface de l'en-

1. Pour la grenouille il existe cependant des données contradictoires (Voir AUBERT, H. H.). J'ai fait à différentes reprises l'opération sur cet animal sans voir le cœur augmenter de fréquence.

céphale produit aussi, par action mécanique sur le noyau du pneumogastrique, un ralentissement graduel des battements du cœur (LEYDEN, PAGENSTECHER, FR. FRANCK, *loc. cit.*). SPENCER et HORSLEY ont repris récemment cette question (*Proc. of the Roy. Soc.*, 1890 et *Philosoph. Transact.*, CLXXXII, 201, 1891). Ils ont constaté que l'arrêt du cœur durait aussi longtemps que la compression elle-même, à moins qu'on ne sectionnât les pneumogastriques ou qu'on n'eût recours à la respiration artificielle. Dans ce dernier cas, l'effet modérateur cessait de se produire au bout de quelque temps, bien que la compression fût maintenue, et le cœur revenait à son rythme normal ou même s'accélérait, comme si les pneumogastriques avaient été coupés; à ce moment les nerfs n'avaient plus d'action sur le cœur. Quand la pression portait sur le bulbe lui-même, au-dessous du calamus, elle arrêtait la respiration sans influencer le cœur; si elle s'exerçait sur la partie inférieure du ventricule, la respiration était suspendue en même temps que la pression artérielle baissait et que le cœur se ralentissait : puis il s'arrêtait à son tour après la respiration. Lorsque la compression portait sur la partie supérieure du ventricule, le cœur se ralentissait encore, mais la tension artérielle augmentait et le rythme respiratoire était accéléré.

Enfin l'activité du centre modérateur du cœur peut être modifiée par des stimulations réflexes variées, qu'elles partent, soit du pneumogastrique lui-même ou de ses branches, soit des autres nerfs de sensibilité générale ou même des nerfs sensoriels, soit enfin du sympathique : l'influence des causes psychiques et des émotions est bien connue. « L'arrêt du cœur ou syncope peut succéder à toute action perturbatrice violente et subite, de quelque nature qu'elle soit » (CL. BERNARD) (Pour les réflexes modérateurs voir **Cœur**).

D'après E. HERING (*Sitzungsber. Ak. Wissench. Wien*, LXIV, 333, 1871), l'insufflation du poumon accélère le cœur en diminuant le tonus des nerfs vagues. Récemment H. E. HERING (*loc. cit.*) s'est assuré aussi que cet effet de la distension pulmonaire est subordonné en partie à l'intégrité de ces nerfs.

Si chez le nouveau-né le centre modérateur ne possède pas encore l'activité tonique, il est cependant excitable comme le nerf pneumogastrique lui-même. KEHRER a provoqué un ralentissement des battements du cœur chez de très jeunes lapins, et ENGSTRÖM chez des enfants nouveau-nés en comprimant la boîte cranienne (cités par TIGERSTEDT, *loc. cit.*, 294). Chez des chiens nouveau-nés, E. MEYER (*loc. cit.*) a obtenu le même effet par voie réflexe, en faisant agir des substances irritantes sur les nerfs sensibles des voies respiratoires supérieures.

L'excitabilité du noyau du nerf vague existe du reste déjà durant la vie intra-utérine; le ralentissement du cœur du fœtus pendant les violentes contractions de la matrice doit être attribuée à l'excitation dyspnéique du centre modérateur provoquée par les troubles de la circulation placentaire (SCHULTZE).

Centre accélérateur du cœur. — Ce centre est souvent localisé dans la moelle épinière; mais les expériences, faites sur la portion cervicale de cet organe, ne prouvent que la présence de voies accélératrices et non celle d'un véritable centre. On n'a jamais démontré que la moelle isolée puisse servir par elle-même d'intermédiaire aux réflexes accélérateurs. V. BEZOLD, du reste, à qui sont dues les premières expériences sur l'origine et le trajet des nerfs accélérateurs, conclut de ses recherches que le bulbe renferme un foyer excitateur des mouvements du cœur, d'où partent des conducteurs qui passent par la moelle et aboutissent au sympathique (*Untersuch. ub. die Innervation des Herzens*, 1863, cité d'après SCHIFF, *Recueil des Mém. physiol.*, II, 574). En effet, après la section des pneumogastriques, l'excitation de la moelle allongée, au lieu d'un ralentissement, détermine une augmentation de fréquence des battements du cœur. Comme l'appareil vaso-constricteur est excité en même temps, LUDWIG et THIRY avaient cru pouvoir attribuer ce résultat à l'augmentation de pression qui résulte du resserrement de la presque totalité des petits vaisseaux (*Sitzungsb. d. Akad. d. Wissensch. Wien.*, XLIX, 421, 1864). Mais bientôt BEVER et BEZOLD (*C. W.*, 1866, 833) répétèrent l'expérience en paralysant la plus grande partie du système vasculaire par une section de la moelle entre la première et la deuxième vertèbre dorsale et obtinrent encore, en excitant la moelle cervicale, une accélération du cœur sans augmentation concomitante de la pression. Presque en même temps, M. et E. CYON démontraient aussi, par un procédé analogue, que ces deux phénomènes étaient indépendants l'un de l'autre : chez le lapin, ils sectionnaient les deux nerfs splanchniques, les pneumogastriques, le sympathique cervical, et, lorsqu'ils excitaient ensuite la moelle cervicale, ils voyaient le cœur s'accélérer, sans que la pression montât : comme contre-épreuve ils enlevaient en plus le ganglion cervical inférieur et le premier ganglion thoracique, et alors l'accélération ne se manifestait plus, lors de l'irritation de la moelle. C'est donc par ces renflements nerveux que devaient passer les filets excitateurs des mouvements du cœur (*Arch. f. Anat. u. Physiol.*, 1867, 389). BEZOLD les avait également suivis dans le ganglion cervical inférieur (Pour la topographie des nerfs accélérateurs, voir **Cœur** et **Moelle**).

Tout porte à croire que dans ces expériences sur la moelle cervicale on agit sur de simples conducteurs venus de plus haut, d'un centre qui selon toute vraissemblance est voisin du centre modérateur. Pour SCHIFF il doit en être forcément ainsi, puisque ce physiologiste n'admet pas d'autre nerf moteur pour le cœur que le vago-spinal.

On s'est demandé si le centre accélérateur du cœur est comme son antagoniste en état permanent d'activité, s'il jouit de propriétés toniques. V. BEZOLD, STRICKER et WAGNER (*Wien. med. Jahrb.*, 1878, 370), TSCHIRIEW, (*A. P.*, 1877, 164) répondent à cette question affirmativement. Ils ont constaté, en effet, qu'après section préalable des pneumogastriques l'extirpation bilatérale du ganglion cervical inférieur et du premier ganglion thoracique, ou, ce qui revient au même, la section de la moelle cervicale, ralentit très manifestement les battements du cœur. Les expériences de SUTSCHINSKY (cité d'après TIGERSTEDT) parlent dans le même sens : cet expérimentateur trouve que, si les nerfs accélérateurs ou la moelle cervicale sont coupés, l'excitation du nerf vague produit plus facilement un arrêt du cœur que si les nerfs antagonistes sont intacts. Je rappellerai à ce propos qu'une expérience de FR. FRANCK, qui est précisément la contre-partie de la précédente, peut être invoquée pour démontrer la tonicité de l'appareil modérateur : lors de l'excitation des nerfs acccélérateurs, la période latente est notablement moins longue si les pneumogastriques ont été sectionnés préalablement (*Trav. du labor. de* MAREY, 1878.).

TIMOFEEW (*Jb. P.*, 1889, 58) croit pouvoir tirer de ses expériences les mêmes conclusions que les auteurs précédents. Il supprime en deux temps les nerfs accélérateurs de droite et ceux de gauche. Après que l'anse de VIEUSSENS (qui réunit l'un à l'autre le ganglion cervical inférieur et le premier thoracique) a été divisée, le rythme du cœur ne se modifie pas : si on répète l'opération du côté opposé, il se produit, mais au bout de trois à cinq jours seulement, un ralentissement notable. TIMOFEEW attribue ce retard à un état momentané de parésie du nerf vague.

Les observations de E. H. HERING (*loc. cit.*) paraissent plus démonstratives : si, en même temps que l'on sectionne les pneumogastriques, on enlève les nerfs accélérateurs, ou si ces derniers ont été extirpés préalablement, la fréquence des pulsations est beaucoup moindre, après la vagotomie, que lorsque celle-ci est pratiquée seule : d'ou il résulte que l'accélération qui suit la section des nerfs vagues est liée, au moins en partie, à l'intégrité des nerfs accélérateurs : on peut ainsi en conclure indirectement que leur centre possède une activité tonique.

Cependant M. et E. CYON, FR. FRANCK (Art. *Sympathique* du *D. D.*) lui dénient cette propriété.

Les différentes influences que nous avons vu s'exercer sur le centre modérateur agissent aussi sans doute sur l'appareil nerveux antagoniste. Mais, comme le premier est normalement prédominant[1], il faut souvent arriver à l'éliminer pour mettre en évidence l'action accélératrice. C'est ainsi que DASTRE et MORAT (*A. de P.*, 1884), après avoir sectionné le pneumogastrique et attendu que le rythme du cœur fût redevenu à peu près normal, ont vu se produire une augmentation de fréquence de ses battements sous l'influence de l'asphyxie.

Il n'est pas facile de dire comment le centre accélérateur se comporte à l'égard des variations de la pression artérielle. Il est possible qu'il se trouve excité en même temps que le centre antagoniste lorsque la pression augmente, mais que son influence est masquée par celle de ce dernier. Il ne suffit pas pour résoudre la question de supprimer les pneumogastriques : car l'élévation de pression peut encore réagir sur l'appareil modérateur intrinsèque du cœur, ainsi que sur le myocarde lui-même. Aussi les divers expé-

1. Cela ne serait vrai que pour les excitations directes : le contraire s'observerait pour les excitations réflexes, d'après ROY et ADAMI (*Philosoph. Transact.*, 239, 1892).

rimentateurs ont-ils obtenu dans ces conditions les résultats les plus variés (Voir Tigerstedt, 300).

Il est probable aussi que, lorsque, dans les cas de compression cérébrale ou dans d'autres circonstances analogues, le ralentissement ou l'arrêt primitif fait place à une augmentation de fréquence des battements du cœur, c'est parce que le centre accélérateur soumis à la même excitation que l'appareil antagoniste manifeste son activité, après épuisement de ce dernier.

Une condition qui paraît agir puissamment sur ce centre et sur laquelle Schiff a surtout appelé l'attention, c'est l'anémie relative du cerveau produite par l'occlusion des deux carotides : celle-ci a, en effet, comme conséquence une accélération considérable des battements du cœur, en même temps qu'une augmentation de la pression. Schiff attribue la première à l'excitation des nerfs moteurs cardiaques, la seconde à celle des nerfs vasculaires. Aussi a-t-il cherché à utiliser ces phénomènes pour déterminer le trajet des nerfs accélérateurs. Chez des chiens curarisés et atropinisés il coupe les pneumogastriques à la région cervicale : la pression et le pouls continuent à augmenter simultanément après l'occlusion des carotides : mais, si l'on sectionnait le nerf laryngé supérieur ou sa branche inférieure seule ou le nerf récurrent, l'arrêt de la circulation carotidienne produisait encore une augmentation de la pression, tandis que la fréquence du pouls ne variait plus (*Recueil de Mém.*, II, 539). La conclusion fut que la plus grande partie des fibres accélératrices quittent le pneumogastrique au-dessus de la région de l'os hyoïde, passent par le laryngé supérieur, puis par le laryngé inférieur, grâce aux anastomoses qui unissent ces deux nerfs et arrivent, par l'intermédiaire du récurrent, aux ganglions du sympathique. Quelques filets accélérateurs restent dans le tronc du vague (*Ibid.*, 513).

François Franck, qui a répété ces expériences, n'a pu les confirmer : la compression simple ou double des carotides chez le chien et le chat produit l'accélération du cœur, que les laryngés supérieurs soient intacts ou non (*Trav. du Labor. de* Marey, 1878, 73).

Il faut ajouter cependant que Schiff considère encore aujourd'hui cette expérience comme la méthode la plus simple, comme une démonstration de cours permettant de prouver que le système du pneumogastrique « renferme des fibres accélératrices et que par ces fibres chemine une grande partie de l'influence du cerveau sur le cœur » (*loc. cit.*, 544, note).

La différence des résultats tient peut-être à la différence des conditions expérimentales, Schiff opérant sur des animaux atropinisés et curarisés, et Fr. Franck sur des chiens non traités de la même façon.

On a étudié récemment de divers côtés l'influence du travail musculaire sur l'appareil accélérateur. Johansson (*Skand. Arch. f. Physiol.*, 1893), par une méthode semblable à celle qu'ont employée Geppert et Zuntz pour étudier l'action des produits de l'activité musculaire sur la respiration, tétanise le train postérieur en excitant le bout périphérique de la moelle lombaire sectionnée et trouve que les substances formées accélèrent le cœur; par contre le rythme de cet organe ne varie pas, si on interrompt la circulation dans les muscles pendant leur tétanisation. Il se demande si cette action s'exerce sur les centres extrinsèques ou sur les centres intrinsèques du cœur, et résout la question dans ce dernier sens.

Mais, comme l'accélération observée dans ces conditions est peu prononcée, Johansson pense que celle qui se manifeste pendant le travail volontaire doit tenir et à l'excitation réflexe partie des nerfs sensibles, et à un phénomène d'irradiation inter-centrale, tel que les centres accélérateurs associent leur activité à celle des noyaux moteurs mis en jeu par la volonté. Des deux facteurs, le dernier serait le plus important.

Jacob, par contre, trouve que les effets produits par le travail musculaire sont surtout d'origine réflexe, qu'ils ont leur point de départ dans la stimulation des nerfs centripètes des muscles, et réagissent sur le cœur par l'intermédiaire des nerfs accélérateurs et toniques. Il ne croit pas à une action des produits de nutrition du muscle, parce que la tétanisation du bout périphérique du sciatique ne modifie pas le rythme du cœur (*A. P.*, 1893). Mc William, à son tour (*C. P.*, 1894, 431), soutient que l'augmentation de fréquence des battements du cœur dans l'effort musculaire est due à une diminution d'activité du centre du pneumogastrique : il admet du reste également que les réflexes accélérateurs se produisent par le même mécanisme, et que les variations de pression n'agissent que sur l'appareil modérateur.

Enfin les résultats de H. E. Hering (*loc. cit.*) peuvent concilier jusqu'à un certain point tout ce que ceux des auteurs précédents ont de contradictoire. L'accélération du cœur pendant le travail est liée principalement à l'intégrité des nerfs accélérateurs; toutefois les effets de l'excitation du centre correspondant sont renforcés par une diminution d'action du centre antagoniste. Après la section des nerfs vagues, il est vrai que l'augmentation de fréquence du cœur, qui accompagne l'effort musculaire, devient beaucoup moins prononcée, ce qui semble parler en faveur de l'influence prédominante du pneumogastrique : mais ce résultat tient à ce que la vagotomie, par elle-même, a déjà accéléré le cœur, et surtout à ce que les troubles respiratoires produits par cette opération interviennent. Si en effet on supprime les nerfs modérateurs, non plus en coupant les pneumogastriques, mais en arrachant les nerfs spinaux, ce qui ne modifie guère le rythme de la respiration, l'accélération du cœur devient beaucoup plus marquée, lors de l'activité musculaire, qu'après la vagotomie. Si l'on enlève les nerfs accélérateurs, elle devient au contraire beaucoup moindre que chez l'animal intact, du moins dans les premiers jours qui suivent l'opération.

Pour Hering, la diminution d'excitabilité du pneumogastrique est due aux excitations réflexes parties du poumon; l'activité plus grande du centre accélérateur aux stimulations réflexes des nerfs sensibles musculaires. Il ne nie pas d'ailleurs la possibilité d'une association intercentrale, telle que l'admet Johansson, et reconnaît que des conditions complexes peuvent intervenir pour produire ces effets, les variations de la pression et le mode de répartition du sang, les produits de la contraction musculaire : à quoi il faut ajouter sans doute aussi l'élévation de la température du corps.

Exceptionnellement la volonté pourrait agir sur les nerfs accélérateurs. Tarchanoff, après avoir passé en revue les principales observations connues, rapporte l'histoire détaillée de deux sujets à qui il était possible de porter la fréquence de leur pouls, l'un de soixante-dix à cent cinq, l'autre de quatre-vingt-cinq à cent trente pulsations à la minute; il leur suffisait de concentrer leur attention sur l'idée d'accélérer le cœur. Tarchanoff admet que ces effets doivent être attribués à une excitation des centres accélérateurs, et non à une diminution d'activité du centre antagoniste. Ces sujets présentaient l'un et l'autre cette particularité remarquable de pouvoir contracter volontairement des muscles soustraits à l'influence de la volonté, tels que les muscles de l'oreille, et de fléchir isolément la troisième phalange des doigts (*A. g. P.*, xxxv) (Pour les réflexes accélérateurs, voir **Cœur**).

Centres vaso-moteurs. — 1° *Vaso-constricteur.* — Les méthodes qui ont été utilisées pour localiser dans le bulbe le centre vaso-constricteur sont les mêmes que celles qui ont servi à la détermination du centre respiratoire.

Une hémisection ou une section transversale totale de la moelle a pour conséquence immédiate une paralysie des vaso-constricteurs, caractérisée par la congestion des parties, avec élévation de température; cette opération a les mêmes effets que la section des nerfs vasculaires qui naissent de la moelle en arrière de la lésion. Or, si elle porte vers des régions de plus en plus élevées, la paralysie des vaisseaux sera d'autant plus étendue que la moelle aura été divisée plus haut. Si la section est pratiquée au-dessus de la première paire dorsale, il s'en suivra une hyperémie paralytique, non seulement des membres inférieurs et supérieurs et de la plupart des organes abdominaux, mais encore de la tête et de la face, en même temps qu'une chute considérable de la pression artérielle. On peut déjà en conclure que les impulsions centrales qui entretiennent la tonicité des vaisseaux de ces régions partent d'un niveau supérieur au point lésé. Mais, comme les conséquences de l'opération sont les mêmes ou encore plus marquées si l'on sectionne la moelle cervicale à son union avec le bulbe, on est amené à chercher dans ce dernier organe le centre qui préside à la contraction des petits vaisseaux. Cette opinion se confirmera encore si l'on vient à séparer le bulbe de la protubérance en laissant la moelle intacte : dans ce cas, en effet, les troubles vasculaires sont nuls ou transitoires, ou du moins ils ne persistent que dans des régions très circonscrites.

C'est par des expériences de ce genre que Schiff, le premier, est arrivé, peu après la découverte de Cl. Bernard, à localiser le centre vaso-moteur au voisinage du calamus

(*Unters. z. Physiol. d. Nervensystems.* Francf., 1855, 219). Plus tard il a fixé son siège au niveau de l'origine de l'hypoglosse. (Voir *Rec. de Mém.*, II, 578).

Owsjanikoww et Dittmar ont cherché à le délimiter plus exactement encore. Dans ce but, le premier pratique des sections successives de l'encéphale de haut en bas et enregistre en même temps la pression artérielle. Celle-ci devra baisser dès que la section commencera à entamer le centre vaso-constricteur, dont on aura aussi marqué la limite antérieure : la limite postérieure sera atteinte lorsque la pression sera arrivée à un minimum, au-dessous duquel elle ne tombera plus par de nouvelles sections, faites plus bas (*Berich. d. sachs. Gesellsch.*, 1871, 135). Owsjanikow s'est servi d'un autre moyen plus précis pour fixer la limite postérieure. Dittmar (*Ibid.*, Leipzig, 1870, 18) avait montré que l'excitation du sciatique produit encore une vaso-constriction d'ensemble et par conséquent une augmentation de la pression, après une section faite au-dessus du bulbe : il suffisait donc de noter le moment où les excitations des nerfs sensitifs cessaient de provoquer des réflexes vaso-constricteurs.

Owsjanikow a trouvé de la sorte que chez le lapin le centre commence en haut à 1 ou 2 millimètres derrière les tubercules quadrijumeaux, qu'il se termine à 4 millimètres au-dessus de la pointe du calamus, qu'il mesure environ 4 millimètres de longueur et qu'il n'est pas médian, mais pair et bilatéral. Par des sections méthodiques. Dittmar a essayé de circonscrire chacun des centres bilatéraux avec plus de précision encore (*Be. d. sächs. Ges.*, Leipzig, 1873, 449). Chacun d'eux occuperait dans la partie antérieure du prolongement des cordons antéro-latéraux un espace prismatique, dont il a mesuré les limites et qui correspond au noyau antéro-latéral de Clarke. Bechterew pense que les expériences physiologiques doivent faire localiser le centre vasomoteur dans le noyau central inférieur de Rollet, c'est-à-dire dans le champ interne de la substance réticulée.

Malgré la précision apparente de ces résultats, il ne faut pas considérer le centre bulbaire comme le point où prennent origine tous les nerfs vaso-moteurs du corps. Des expériences nombreuses et probantes ont fait voir que la moelle épinière peut, par elle-même, présider à des réflexes vaso-moteurs, que les excitants centraux, tels que l'asphyxie et la strychnine provoquent par son intermédiaire la constriction vasculaire, qu'après sa section, la tonicité des vaisseaux primitivement paralysés finit par se rétablir presque entièrement, au bout de quelque temps. C'est ce que Schiff lui-même avait déjà reconnu. La moelle est donc plus qu'un simple conducteur pour les vaso-moteurs; son pouvoir tonique et réflexe à leur égard doit faire supposer qu'ils y trouvent leurs centres élémentaires, bien que l'anatomie n'ait pas encore discerné dans les régions motrices de la moelle un groupe spécial des cellules sympathiques. Ces centres, à leur tour, doivent être unis par des conducteurs spéciaux aux foyers bulbaires. Cependant récemment encore Aducco a contesté leur existence (*Arch. ital. d. Biol.*, XIV, 373). Après la cocaïnisation locale du bulbe ou l'injection de poudre de lypocode dans les vaisseaux encéphaliques, la pression étant tombée presque à zéro, ni l'asphyxie, ni la strychnine n'ont pu la relever, tandis que l'électrisation de la moelle, c'est-à-dire l'excitation portée sur les voies conductrices, a pu la faire remonter. Les faits contraires sont trop nombreux (voy. **Moelle**) pour que les centres médullaires vaso-moteurs puissent être mis en doute [1].

La seule question qui soit discutable est celle qui s'est posée à propos des centres respiratoires, à savoir quels sont les rapports fonctionnels de ces foyers médullaires avec le centre bulbaire. Faisons remarquer d'abord que les physiologistes qui admettent leur existence, — et ils sont la majorité, — seront sans doute bien obligés de reconnaître que l'inactivité momentanée de la moelle après sa section ne peut être que la conséquence de ce même phénomène d'inhibition, qu'on se refuse à rendre responsable de l'impuissance des centres médullaires respiratoires, dans des conditions identiques. On a soutenu, il est vrai, que les centres vaso-moteurs spinaux ne manifestent leur activité que quand le foyer bulbaire a été mis hors de cause : ce sont des centres supplémentaires qui normalement ne fonctionnent pas, tant que ce dernier est intact (M. Foster, *T. P.*, I, 347).

1. L'arrêt de la respiration, à la suite de la cocaïnisation du bulbe, ne doit donc pas être invoqué comme un argument contraire à l'existence des centres respiratoires spinaux.

Mais si l'on comprend que certaines parties du centre nerveux puissent, par une adaptation plus ou moins longue, s'adapter à des fonctions nouvelles, on s'explique moins bien que la suppléance puisse s'établir aussi rapidement.

Pour d'autres auteurs, la généralité des nerfs vasculaires aurait son centre dans le bulbe, en particulier ceux de l'abdomen, tandis que les vaisseaux des téguments et des muscles seraient surtout soumis à l'influence spinale (Voir GRUENHAGEN, *T. P.*, III, 299). Cette hypothèse toutefois ne paraît pas justifiée : les splanchniques qui régissent la circulation abdominale trouvent très probablement leur origine dans la moelle elle-même, comme les nerfs vaso-moteurs des extrémités.

D'après l'opinion la plus répandue les centres médullaires ne servent qu'aux réflexes locaux, tandis que le foyer bulbaire les aurait tous sous sa dépendance et pourrait les faire agir tous en même temps. Mais, si la subordination de la moelle au bulbe est incontestable, il y a cependant des raisons de croire que, même dans les actions vaso-motrices généralisées, les centres spinaux n'ont pas besoin de recevoir du centre supérieur l'impulsion première qui suscite leur activité. C'est dans ce sens que l'on peut interpréter, à mon avis, certaines expériences de KRONECKER et SANDER (*A. P.*, 1082, 422). Après avoir sectionné la moelle allongée à son union avec la protubérance, ces physiologistes excitaient soit ce centre nerveux seul, soit la moelle au niveau de l'origine des splanchniques, soit les deux régions à la fois. Ils pouvaient obtenir ainsi une élévation maximum de pression, lorsqu'ils agissaient exclusivement sur l'un ou sur l'autre point. HEIDENHAIN, en employant des courants très intenses, était aussi arrivé à provoquer par l'intermédiaire du bulbe une contraction généralisée des petits vaisseaux (*A. g. P.*, V, 80, 1872).

Mais KRONECKER et SANDER ont noté que souvent l'excitation simultanée du bulbe et de la moelle était nécessaire pour atteindre ce résultat, que parfois même l'excitation isolée de l'un des deux centres restait sans action. Il est surprenant, font-ils remarquer, que l'irritation de la moelle allongée, alors même que les électrodes sont portés jusqu'à l'origine de la moelle cervicale, ne détermine pas une contraction maximum des vaisseaux : ils en concluent que tous les territoires vasculaires ne sont pas toujours régis par un centre unique, et qu'il n'existe entre les divers centres que des connexions assez lâches qui dans certaines circonstances peuvent se relâcher encore davantage. Une autre conclusion, qui paraît également permise, c'est que les excitations physiologiques qui déterminent une vaso-constriction très étendue n'agissent pas toujours par l'intermédiaire du centre bulbaire, puisqu'il est parfois impuissant à produire cet effet, mais qu'elles mettent en jeu directement tout l'appareil central bulbo-spinal qui donne naissance aux nerfs vasculaires.

On pourrait toutefois objecter aux expériences de KRONECKER et SANDER que, si l'excitation du centre vaso-constricteur a parfois des effets peu prononcés ou même reste inefficace, c'est qu'elle est contrebalancée par celle du centre antagoniste, vaso-dilatateur : cependant un autre fait encore parle en faveur de l'activité des foyers médullaires. Des contractions rythmiques des vaso-moteurs s'accompagnent quelquefois de secousses musculaires qui leur sont synchrones (WERTHEIMER, *A. de P.*, 1895). Il n'est pas probable que ce soit une impulsion partie du bulbe qui se propage jusqu'aux noyaux médullaires des nerfs moteurs de la patte postérieure, par exemple : c'est l'excitation, née sur place, des centres vaso-moteurs spinaux qui s'irradie directement aux noyaux voisins : en effet LUCHSINGER a observé cette association des mouvements rythmiques des pattes avec les ondulations vaso-motrices chez des animaux à bulbe sectionné (*A. g. P.*, XVI, 524, 1878). C'est là, je pense, une nouvelle preuve de l'activité autonome des centres vasculaires de la moelle et de leur coopération directe aux actions vaso-motrices. Le foyer bulbaire est un mécanisme surajouté de régulation, peut-être aussi de coordination : ses relations probables avec les voies centripètes ascendantes de la moelle et avec les voies sensitives cérébrales lui permettent d'envoyer à chaque centre segmentaire une somme d'excitations plus grande que celui-ci ne peut en recevoir des seuls éléments sensibles avec lesquels il est en connexion directe.

Le centre vaso-moteur est sensible, comme ceux qui l'avoisinent, aux divers excitants mécaniques, chimiques, électriques. Un choc d'induction unique n'a pas d'effet. Les chocs d'intensité moyenne n'agissent que lorsqu'ils se succèdent à raison de deux à trois par seconde. L'effet maximum indiqué par l'élévation maximum de la pression sanguine est obtenu avec dix ou douze excitations fortes ou avec vingt à vingt-cinq excitations moyennes à la seconde, KRONECKER et NICOLAIDES (*A. P.*, 1880, 437).

L'expérience classique de la section du sympathique cervical suffit à démontrer que l'activité de ce centre est tonique. Mais, de plus, elle est sujette à des variations périodiques qui paraissent absolument spontanées et qui se traduisent par des ondulations rythmiques de la pression que l'on peut avec FREDERICQ (*A. P.*, 1887, 351) désigner sous nom de courbes de S. MAYER pour les distinguer des courbes de TRAUBE-HERING dont il sera question dans un autre chapitre.

L'asphyxie, l'anémie, la strychnine excitent le centre vaso-constricteur. Pendant l'apnée, son tonus diminue, et avec lui la pression artérielle.

2° *Centre vaso-dilatateur.* — Il est probable qu'à côté du centre précédent il existe dans le bulbe un centre de même ordre pour la vaso-dilatation. Les seules données que nous ayions sur cette question sont dues à LAFFONT. On verra plus loin, à propos de la piqûre diabétique, que ce physiologiste a été conduit à admettre deux centres situés de chaque côté du raphé bulbaire, qui président à la dilatation des vaisseaux de l'abdomen. La piqûre faite à droite ou à gauche de la ligne médiane a pour effet de les exciter; le lendemain de l'opération, alors que l'animal est revenu à des conditions physiologiques, l'action hémodynamique réflexe du nerf dépresseur du côté lèsé est abolie, celle du côté sain, si la piqûre a été unilatérale, est intacte. Le centre dilatateur intéressé serait détruit par l'hémorragie, et l'excitation du nerf de CYON, qui agit sur la circulation abdominale par l'intermédiaire de ce centre, reste aussi sans effet.

Il est certain aussi qu'il existe pour les nerfs vaso-dilatateurs des centres autonomes dans la moelle épinière (voyez **Moelle**). L'activité de cet appareil n'est pas tonique; la section des nerfs vaso-dilatateurs n'amène aucune modification dans l'état des petits vaisseaux : ils n'entrent en fonction que s'ils sont soumis à quelque cause d'excitation centrale ou périphérique.

Nous n'étudierons ni les réflexes vaso-moteurs, ni l'influence exercée par le cerveau sur les centres en question. Une notion d'ordre général qui peut prendre place ici, c'est que les excitants qui mettent en jeu l'appareil vaso-moteur, n'agissent pas exclusivement, dans la plupart des cas étudiés, soit sur le système vaso-constricteur, soit sur le système vaso-dilatateur, mais sur tous les deux simultanément. Il existe sous ce rapport entre les vaisseaux des différentes régions du corps, un antagonisme remarquable sur lequel HEIDENHAIN (*A. g. P.*, III, 1870, 504) et particulièrement DASTRE et MORAT (*A. de P.*, 1884) ont appelé l'attention. Cette règle s'applique non seulement aux irritations réflexes, mais encore aux excitants centraux tels que l'asphyxie et même la strychnine (WERTHEIMER, *A. de P.*, 1891, 548, DELEZENNE, *A. de P.*, 1894, 899), la nicotine.

Dans ces diverses conditions où la prédominance de la vaso-constriction fait monter dans des proportions considérables la pression artérielle, il est cependant des régions où la vaso-dilation l'emporte. Inversement, quand par l'excitation du nerf de CYON la pression baisse parce que les petits vaisseaux des organes splanchniques sont dilatés, ceux du tégument se rétrécissent, d'après DASTRE et MORAT (*loc. cit.*). Cependant BAYLISS (*Congrès de Liège*, 1892) a trouvé que dans ce cas les uns et les autres sont égalemcnt congestionnés.

Centres sécréteurs. — 1° *Centres des sécrétions salivaire, gastrique, pancréatique.* — Les nerfs excito-sécréteurs de la salive, la corde du tympan et le glosso-pharyngien qui ont dans le bulbe leur centre anatomique y ont aussi leur centre fonctionnel. La salivation réflexe peut encore être obtenue quand le bulbe a été sectionné à son union avec la protubérance. CL. BERNARD a montré, le premier, que l'excitation mécanique du plancher du quatrième ventricule provoque la sécrétion. LOEB a constaté, à son tour, qu'une lésion unilatérale stimule l'activité des deux glandes sous-maxillaires et de la parotide du côté correspondant, tandis que la parotide du côté opposé demeure inactive ou à peu près.

Ce ne sont pas seulement les fibres sécrétoires des nerfs craniens qui ont leur centre dans le bulbe, mais aussi les filets excito-sécréteurs contenus dans le sympathique. En effet GRUTZNER et CHLAPOWSKY ont vu que l'excitation de la moelle allongée sollicite encore la sécrétion de la glande sous-maxillaire quand la corde du tympan est sectionnée et n'a plus d'action sur cette glande quand le sympathique est divisé à son tour.

Des recherches récentes ont démontré que la sécrétion du suc gastrique, celle du suc pancréatique sont régies par le pneumogastrique et par conséquent elles doivent aussi trouver leur centre dans le noyau de ce nerf. PAWLOW et SCHUMOVA-SIMANOWSKAJA (*C. P.*, III, 113) ont pratiqué chez le chien une fistule stomacale et ont divisé l'œsophage à la région cervicale. L'ingestion de viande, qui naturellement n'arrivait pas jusqu'à l'estomac, produisait constamment un écoulement abondant de suc gastrique par la fistule. Je ferai remarquer que cette première partie de l'expérience offre une analogie complète avec l'observation faite par CH. RICHET sur Marcelin R..., à qui VERNEUIL avait dû pratiquer une fistule stomacale à cause d'une oblitération absolument parfaite de l'œsophage, et chez lequel la mastication des substances sapides amenait la même manifestation signalée par PAWLOW et S. S (*Journal de l'Anat.*, 1878, 170). HEIDENHAIN se demande à propos de ce fait clinique si l'effet sécréteur ne doit pas être attribué soit à des contractions réflexes de la paroi stomacale, soit à des réflexes vaso-moteurs (*H. H.*). Mais l'expérience de PAWLOW et S. S. tend à faire croire qu'il s'agit d'un réflexe sécréteur vrai : en effet, en excitant le bout périphérique du pneumo-gastrique par des chocs d'induction peu fréquents, ces expérimentateurs ont obtenu la sécrétion d'un liquide clair, moins acide, il est vrai, que le suc gastrique normal, mais jouissant cependant de propriétés peptonisantes manifestes. D'autre part, chez l'animal opéré comme il a été dit, la section des splanchniques n'empêche pas le réflexe de se produire, tandis que celle des pneumo-gastriques le fait disparaître.

C'est aussi par l'intermédiaire des nerfs pneumo-gastriques que le bulbe agit sur la sécrétion pancréatique. L'influence du centre sur cette glande a été étudiée d'abord par LANDAU et par HEIDENHAIN (*A. g. P.*, 1875). LANDAU avait vu l'excitation asphyxique ou électrique de la moelle allongée appeler ou augmenter la sécrétion. HEIDENHAIN est arrivé également à des résultats positifs. En particulier, lorsque l'électrisation se prolongeait pendant plusieurs minutes, ce physiologiste voyait d'abord se produire une accélération de la sécrétion, puis un ralentissement ou même un arrêt complet, puis une nouvelle accélération beaucoup plus marquée que la première; mais qui ne se manifestait que deux ou trois minutes après que l'excitation avait cessé. Ce n'est pas seulement la quantité de liquide qui augmentait, mais encore sa concentration. HEIDENHAIN suppose, pour expliquer les variations qu'il a observées pendant et après la durée d'une excitation, que l'action vaso-constrictive qui anémie la glande, vient s'ajouter à l'effet sécrétoire et empêche bientôt celui-ci de se manifester : mais l'activité des éléments épithéliaux se prononce de nouveau, après que la contraction vasculaire a cessé. Comme fait du même genre, il faut noter que HEIDENHAIN a vu des ralentissements périodiques de la sécrétion concorder avec la phase d'ascension des courbes de TRAUBE.

PAWLOW a repris récemment cette question et a montré qu'en effet ce sont surtout les troubles vaso-moteurs concomitants qui compliquent les résultats, lorsqu'on excite la bulbe, soit directement, soit indirectement, c'est-à-dire par l'intermédiaire des nerfs de sensibilité. C'est ainsi, par exemple, que, si l'on sectionne la moelle cervicale pour éviter les réflexes vaso-constricteurs, l'excitation d'un nerf sensible cranien, par exemple du nerf lingual, provoque la sécrétion pancréatique, à la condition que les nerfs pneumo-gastriques soient intacts; ces nerfs conduisent en effet, d'après PAWLOW (*A. P.*, *Suppl.*, 1893, 176) et MORAT (B. B., 1894) les filets excito-sécréteurs qui vont au pancréas.

Nous ne nous occuperons pas ici des excitations variées, centrales ou périphériques, ni des influences fréno-sécrétoires qui peuvent agir sur les centres sécréteurs dont il est question; nous renvoyons à l'étude de chaque sécrétion en particulier.

2° *Centre glycogénique.* — CL. BERNARD, par une expérience célèbre, a démontré l'influence du bulbe et du système nerveux sur la fonction glycogénique. Pour provoquer l'apparition du sucre dans l'urine, il suffit de pratiquer une piqûre dans un espace limité en haut par une ligne transversale qui unit les deux tubercules acoustiques (chez le lapin), en bas par une autre ligne qui va d'une origine du pneumo-gastrique à l'autre. CL. BERNARD a fait construire à cet effet un instrument qui se compose d'une tige aplatie et tranchante à l'une de ses extrémités. Au milieu de la lame et de l'axe de l'instrument la tige se prolonge par une petite pointe très aiguë, longue de un millimètre environ. On plante cet instrument immédiatement en arrière de la tubérosité qui correspond à la bosse occipitale supérieure, et quand par des mouvements de latéralité ou a pénétré dans la cavité du crâne, on dirige la tige obliquement de haut en bas et d'arrière en avant, de façon à lui faire croiser une ligne qui s'étendrait d'un conduit auriculaire à l'autre. On pousse ainsi jusqu'à ce qu'on atteigne l'os basilaire avec la pointe de l'instrument, puis on le retire avec précaution. Dans cette opération on perce le cervelet, les couches postérieures et moyennes de la moelle allongée : la pointe qui termine l'instrument a pour but de réduire au minimum la lésion des couches antérieures de la moelle allongée dont l'excitation pourrait avoir pour conséquence des convulsions et des mouvements désordonnés de l'animal. Cet instrument n'est d'ailleurs pas indispensable et on peut aussi arriver sur l'endroit indiqué en passant à travers la membrane occipito-atloïdienne.

La glycosurie ainsi produite est temporaire : elle dure de quelques heures à deux jours, au maximum. Cl. Bernard a essayé en vain de la rendre permanente en laissant l'instrument en place. Un phénomène qui est presque toujours lié à la glycosurie, c'est la polyurie : cependant les deux manifestations peuvent être indépendantes l'une de l'autre. Si l'on pique au lieu d'élection, c'est-à-dire entre les pneumo-gastriques et les tubercules acoustiques, on détermine à la fois la polyurie et la glycosurie : si l'on pique un peu plus haut, c'est la polyurie seule, et les urines sont alors souvent albumineuses; si l'on pique plus bas, c'est la glycosurie sans polyurie (*Leçons de physiol. expérim.*, 1854-1855).

Il est intéressant de savoir comment le grand physiologiste fut conduit à trouver que la piqure d'un point circonscrit du bulbe peut rendre un animal glycosurique. Ayant vu que, lorsqu'on sectionne les pneumo-gastriques, la sécrétion glycosurique est interrompue, il tenta de produire le cas inverse, c'est-à-dire l'exagération de cette fonction : dans ce but il galvanisa les nerfs pneumo-gastriques (bout périphérique) sans obtenir de résultat. Se rappelant alors que, dans certaines expériences sur la cinquième paire, il avait provoqué une salivation très abondante en piquant le centre nerveux à l'origine de ce nerf, il pensa pouvoir obtenir un effet analogue sur la sécrétion glycogénique en piquant le centre d'origine du pneumo-gastrique, et il réussit en effet du premier coup à rendre l'animal diabétique.

« J'avais cru pouvoir expliquer cette apparition du sucre dans cette expérience en disant que la sécrétion était sous l'influence directe du pneumo-gastrique, et l'expérience semblait venir confirmer ma théorie sur le mécanisme suivant lequel s'opérait cette action. C'était cependant une erreur comme je le vis plus tard par l'expérience : car ce n'est pas par le pneumo-gastrique que se transmet l'excitation qui part des centres nerveux pour déterminer la sécrétion à se produire. Car si, avant de pratiquer la piqûre de la moelle allongée chez un animal, je lui coupais d'abord les pneumo-gastriques, le sucre n'en apparaissait pas moins dans le sang et dans les urines en très grande abondance. L'influence de la piqûre ne se propageait donc pas le long du pneumo-gastrique. Si au contraire on laissait ce nerf intact et qu'on coupât la moelle épinière au-dessus de l'origine des filets sympathiques qui se rendent au foie, la production du sucre était interrompue » (*Leçons de Physiol. expériment.*, 1855, II, 315).

Aussi Cl. Bernard écrit-il que le pneumo-gastrique paraît conduire ici une impression centripète qui arrive au centre nerveux, redescend ensuite par la moelle épinière et se transmet au foie par l'intermédiaire des filets et des ganglions sympathiques. En effet, après avoir coupé le pneumo-gastrique, si, au lieu d'agir sur son bout périphérique, ce qui n'a aucun effet sur la sécretion du sucre, on excite au contraire son bout central, on produit ainsi une exagération de la fonction glycogénique chez l'animal normal. Cette excitation réflexe part du poumon, puisqu'une section du nerf entre les poumons et le bulbe arrête la production du sucre, tandis que la même opération, faite immédiatement au-dessus du foie, n'a pas le même effet.

Kuhne (*Gœttinger Nachricht.*, 1856) et Schiff (*Unters. üb. der Zukerbildung in der Leber*, Wurzburg, 1858) ont, les premiers, indiqué des procédés pour obtenir le diabète chez les grenouilles.

Ce n'est pas seulement l'excitation directe du bulbe qui amène la glycosurie : celle des nerfs sensibles conduit au même résultat, sans doute par action réflexe sur ce centre nerveux. Les effets de l'irritation du bout central du pneumo-gastrique, constatés d'abord par Cl. Bernard, ont été confirmés depuis par de nombreux expérimentateurs : Eckhard, Külz (*A. g. P.*, XXIV, 1881), Arthaud et Butte (*A. de P.*, 1888).

L'électrisation du nerf dépresseur (Filehne, *C. W.*, 1878, 18, Laffont), celle du sciatique; (Schiff, etc.) et probablement celle des nerfs sensibles en général produisent la glycosurie. Si celle-ci s'est manifestée aussi comme phénomène transitoire de courte durée après la section des pneumo-gastriques soit au cou, soit au-dessous du diaphragme (Eckhard-Kulz) la cause en est sans doute à l'irritation traumatique des filets centripètes de ces nerfs.

La glycémie par asphyxie (Dastre, *D.* Paris, 1879), celle qui succède à l'administration des anesthésiques, est aussi attribuée généralement à la suractivité des centres nerveux.

Mais le mécanisme par lequel l'excitation du bulbe, et en particulier la piqûre, déterminent l'apparition du sucre dans l'urine n'est pas encore aujourd'hui, malgré de nombreux travaux, complètement élucidé. Il est bien établi que le phénomène est la conséquence d'une formation plus abondante de sucre dans le foie. En effet, l'extirpation du foie chez la grenouille empêche la piqûre de produire ses effets habituels : l'inanition prolongée, qui fait disparaître le glycogène du foie, l'empoisonnement par l'arsenic et le phosphore qui compromettent l'activité et la nutrition de la cellule hépatique, agissent de même. En outre, à la suite de la piqûre, on observe une diminution rapide et énorme du glycogène hépatique (et musculaire), utilisé pour la surabondante fabrication du sucre (Kaufmann, *A. de P.*, 1895, 276).

Mais, si l'on veut étudier de plus près le mode de participation du système nerveux à l'hyperglycémie et à la glycosurie, on se heurte aux opinions les plus diverses. Pendant une première période, c'est surtout dans la suractivité de la circulation hépatique qu'on a cherché la cause de l'exagération de la fonction glycogénique, et la discussion a porté d'une part sur le trajet des nerfs qui règlent cette circulation, et d'autre part sur la nature exacte des changements qu'elle subit.

Cl. Bernard a montré que la section préalable des splanchniques destitue la piqûre de son pouvoir habituel, bien que cette même opération, si elle est pratiquée après la piqûre, n'empêche pas la glycosurie de persister, une fois qu'elle a été produite. La première partie de cette expérience, confirmée depuis par Eckhard, Cyon et Aladoff, Fr. Franck, Kaufmann[1], semblent démontrer que c'est par les nerfs splanchniques que se transmet au foie l'action du bulbe. Il est à remarquer cependant que Cl. Bernard n'a pas tiré cette conclusion du fait qu'il a observé, et qu'il dit (*Système nerveux*, II, 344 et 555) que cette action s'exerce non pas par les splanchniques, mais par des filets nés plus haut.

Quant à la nature des modifications de la circulation hépatique, Cl. Bernard avait d'abord pensé qu'elles étaient la conséquence d'une paralysie vaso-motrice. Mais bientôt, en raison de l'impuissance de la piqûre du bulbe à produire le diabète, quand la moelle était sectionnée au-dessus du renflement brachial, en présence surtout du caractère temporaire de la glycosurie qui aurait dû persister autant que la lésion elle-même si celle-ci avait vraiment paralysé des filets vaso-constricteurs, il fut amené à modifier son opinion première, et à admettre au contraire que le traumatisme bulbaire excitait un nerf vaso-dilatateur qui aurait son origine sur le plancher du quatrième ventricule, qui émergerait de la moelle au niveau de la première paire dorsale, et dont le trajet ultérieur jusqu'au foie resterait à déterminer (Voir dans Laffont, *Journ. de l'Anat.*, 1880, 347, un exposé historique complet de la question).

Schiff, qui a obtenu la glycosurie, soit chez les mammifères, soit chez la grenouille, par des lésions pratiquées sur différentes parties des centres nerveux, aurait considéré les deux mécanismes comme possibles, d'après les citations des auteurs. Cependant dans le mémoire paru dans le *Journal d'Anatomie*, 1866, 373, il n'est question que de l'hypérémie paralytique qui succède soit à la piqûre de Bernard, soit aux autres lésions du myélencéphale. Schiff soutient alors que les troubles circulatoires agissent en favorisant la production du ferment diastasique, qui n'existe pas normalement dans le sang : aussi sur la grenouille en hibernation, chez laquelle ce ferment ne peut se former, en raison de conditions particulières inhérentes à l'état physiologique de l'animal, la piqûre ne détermine pas le diabète, bien que le foie soit riche en matière glycogène. La glycosurie pourrait bien aussi ne pas être seulement l'effet spécifique d'une hyperémie du foie, mais de toute hyperémie d'une certaine étendue.

1. Toutefois Schiff, de Graefe, Hensen ont observé la glycosurie après la simple action de ce nerfs.

Eckhard (*Beitr.*, iv. 1) croit à l'existence d'un appareil spécial placé sur le trajet des vaso-moteurs hépatiques, et constitué par le ganglion cervical inférieur et les premiers ganglions thoraciques : l'irritation, l'incision de ces renflements ganglionnaires amène la glycosurie. Mais la production exagérée de sucre ne peut être due à une paralysie vaso-motrice, puisque ni la section des splanchniques, ni celle du cordon thoracique du sympathique n'ont cet effet. Eckhard partage donc l'opinion de Cl. Bernard quant à la nature irritative de la lésion.

Cyon et Aladoff (*Bull. Acad. impér. des sc. de Saint-Pétersbourg*, viii, 1871) combattent les conclusions d'Eckhard, et reviennent à la théorie neuro-paralytique. Ce n'est pas seulement la section ou l'excitation mécanique du ganglion cervical inférieur ou du premier thoracique qui produisent la glycosurie : leur arrachement total et même la simple section des fibres nerveuses qui y aboutissent ont un résultat identique. Comme ces expérimentateurs prouvent d'autre part, en mesurant la pression latérale dans l'artère hépatique, que l'anse de Vieussens renferme des vaso-constricteurs pour le foie, ils en déduisent que la piqûre paralyse ces filets nerveux. Ils trouvent aussi que l'extirpation des ganglions sympathiques, de même que la piqûre du bulbe, lorsqu'elle est précédée de la section des splanchniques ou de celle du cordon thoracique du sympathique, ne fait plus apparaître le sucre dans l'urine, et ils expliquent le fait en disant que ces nerfs renferment non seulement les vaso-constricteurs du foie, mais encore ceux de tous les organes abdominaux, de sorte que ces opérations préalables, au lieu de congestionner le foie ont plutôt pour effet de l'anémier, à cause de la dérivation sanguine qui se produit du côté des autres viscères.

Pavy et Fr. Franck, qui ont obtenu le diabète, l'un par la destruction du bulbe ou la section du nerf vertébral, l'autre par la division du filet interne, ont soutenu également la théorie de l'hyperémie paralytique.

Avant d'aller plus loin, il faut faire remarquer que, si l'arrachement ou la section de certains ganglions ou de certains nerfs détermine l'apparition de la glycosurie, on n'est pas autorisé à conclure de là que la piqûre du bulbe ne fait que léser ces mêmes fibres à leur origine bulbaire ou qu'elle agit par l'intermédiaire de ces ganglions.

L'hypothèse de Cl. Bernard a été reprise par Laffont (*loc. cit.*), qui l'a appuyée sur des données expérimentales, en déterminant le trajet des vaso-dilatateurs par lesquels le bulbe exerce son action sur la circulation du foie. Ces nerfs passent par les trois premières paires dorsales; l'effet de la piqûre est empêché par l'arrachement de ces racines : d'autre part l'excitation de leur bout périphérique produit un abaissement de la pression artérielle dans les organes splanchniques et fournit ainsi la preuve de l'existence des filets dilatateurs cheminant par ces racines. La glycosurie d'origine réflexe, et en particulier celle qui s'obtient par l'intermédiaire des nerfs dépresseurs, s'explique facilement par la mise en jeu du centre vaso-dilatateur bulbaire, elle est d'ailleurs également empêchée par l'arrachement des premières paires dorsales. L'effet primitif de la piqûre est une excitation du centre lésé; plus tard le foyer hémorragique s'élargit, la région piquée s'altère et alors une excitation portée au même endroit est impuissante à rétablir la glycosurie éteinte. Au contraire, une deuxième piqûre, siégeant du côté opposé, fait renaître le phénomène disparu, puisque les centres vaso-dilatateurs sont doubles.

Relativement à cette dernière conclusion de Laffont, il faut cependant noter que Laborde a pu rendre la glycosurie plus persistante et lui imprimer une durée de plusieurs semaines en reproduisant plusieurs fois la lésion (*D.* Paris, 175). Quant aux autres résultats obtenus par Laffont, on peut se demander si l'excitation transmise par l'intermédiaire des racines dorsales, au lieu de porter sur des filets vaso-dilatateurs, n'agirait pas plutôt sur des filets excito-sécrétoires, ou peut-être sur les deux espèces de fibres. Les deux effets pourraient être simultanés et néanmoins indépendants, comme dans le cas de la stimulation de la corde du tympan.

Vulpian déjà s'est demandé (*Leçons sur l'appareil vaso-moteur*, ii), si la piqûre du bulbe n'actionne pas des filets sécréteurs. Fr. Franck (Art. « *Sympathique* » du *D. D.*), revenant sur son opinion première, émet aussi l'avis que l'hyperglycémie dans cette expérience est le résultat d'une excitation sécrétoire exagérée. Aujourd'hui cette manière de voir tend à se substituer de plus en plus à la théorie vaso-motrice, et des faits expérimentaux sont venus l'appuyer.

Morat et Dufour (*A. de P.*, 1894, 371) pensent qu'il y a des nerfs qui ont pour fonction d'activer la transformation du glycogène en glucose et se fondent sur les observations suivantes. L'excitation directe ou asphyxique du grand splanchnique restreint la circulation hépatique : bien que ce nerf renferme probablement des vaso-dilatateurs pour le foie, l'effet vaso-constricteur l'emporte. Or, si on analyse les variations de la quantité du sucre dans le sang, pendant et après l'excitation, on trouve que les deux phénomènes, l'un circulatoire, l'autre sécrétoire, qui amènent la formation de glucose, tantôt s'accompagnent, tantôt se suivent, tantôt s'ajoutent et tantôt s'inversent, et qu'ils sont par conséquent indépendants, et gouvernés chacun par ses nerfs propres.

Une autre expérience est peut-être plus démonstrative. Chez un animal curarisé on fait la respiration artificielle, on lie rapidement l'aorte et la veine-porte pour supprimer dans le foie toute circulation, mais les splanchniques sont laissés intacts. On distrait du foie un de ses lobes, par une ligature fortement serrée ou une franche section et on referme l'abdomen. On suspend alors la respiration artificielle jusqu'à menace d'asphyxie et on la rétablit de temps en temps pour mettre la moelle dans le plus grand état d'excitation et le plus longtemps possible. Cette excitation va nécessairement à la partie du foie qui a été laissée en communication avec les nerfs : le lobe lié ou détaché en est naturellement préservé. On trouve ainsi que la quantité de glycogène qui disparaît dans ce lobe témoin est notablement moindre que dans la partie du foie soumise encore à l'influence nerveuse; dans cette dernière, la transformation de la matière glycogène en sucre a donc été plus active.

Cette expérience tend à démontrer la présence de fibres glyco-sécrétoires dans le nerf splanchnique. Les filets centrifuges du pneumo-gastrique paraissent également avoir de l'influence sur la glycogénie, d'après les observations de Morat et Dufour (*A. de P.*, 1894, 631) : mais leur action pourrait s'exercer en deux sens différents, soit dans le sens d'une dépression, ce qui est le cas le plus général, soit dans le sens d'une augmentation.

Depuis que l'on connaît le rôle important que joue le pancréas dans la fonction glycogénique, on a dû naturellement songer à faire intervenir cette glande dans le mécanisme de la glycosurie consécutive à la piqûre du 4e ventricule. C'est dans cette direction que Chauveau et Kaufmann ont conduit leurs récentes recherches. Ces physiologistes admettent que la sécrétion interne du pancréas exerce une action modératrice sur la formation du glucose (voir pour les diverses opinions émises à ce sujet l'article **Pancréas**), et d'autre part que les centres régulateurs de la glycémie sont très complexes (*B. B.*, mars 1893). Le foie et le pancréas sont actionnés l'un et l'autre, et par un centre excito-sécréteur, et par un centre frénateur. Les mêmes influences qui excitent le foie réfrènent le pancréas et inversement : « les deux glandes hépatique et pancréatique sont donc associées dans le travail glycoso-formateur : en fonctionnant simultanément en sens inverse, elles modifient la formation sucrée dans le même sens. Quand la machine foie est sollicitée à fonctionner plus activement, le frein pancréas se desserre (Kaufmann, *A. de P.*, 1895, 389). » En d'autres termes, l'action modératrice que le pancréas exerce normalement par sa sécrétion interne, sur la formation de sucre dans le foie, se trouve suspendue lors de la piqûre, par l'excitation de fibres qui empêchent cette sécrétion.

La piqûre bulbaire produit donc à la fois une excitation des centres sécréteurs du foie et frénateurs du pancréas, qui sont situés dans la moelle allongée ou dans la partie de la moelle comprise entre la troisième vertèbre cervicale et le bulbe. L'action hyperglycémique créée dans les centres est transmise simultanément au foie et au pancréas, à savoir aux nerfs excito-sécréteurs du premier, aux nerfs fréno-sécréteurs du second.

Si, laissant de côté l'interprétation, nous nous en tenons aux faits exposés par Kaufmann, l'expérience montre que : 1° si on a coupé soit les deux splanchniques, soit tous les filets nerveux qui du ganglion solaire se rendent au foie et au pancréas, la piqûre diabétique n'a plus aucun effet hyperglycémique; 2° si le foie a conservé ses relations nerveuses intactes et qu'en même temps le pancréas est énervé, la piqûre continue à faire augmenter la quantité de sucre dans le sang. Ce fait prouve l'existence de filets glyco-sécréteurs allant directement au foie, ou du moins d'une action bulbo-hépatique directe. Dans le même sens parlaient déjà les observations de Hédon, qui a vu la piqûre du 4e ventricule renforcer la glycosurie chez des animaux dépancréatisés (*A. de P.*, 1894, 269). Mais d'autre part, quand le foie seul est énervé, le pancréas conservant ses relations nerveuses intactes, l'action créée par la piqûre peut être assez puissante pour provoquer la glycémie et même la glycosurie. D'après d'autres expériences analogues, Kaufmann (*B. B.*, 27 oct. 1894) conclut qu'en l'absence de toute transmission nerveuse au foie, la lésion bulbaire détermine par l'intermédiaire des nerfs fréno-sécréteurs du pancréas un arrêt passager de la sécrétion interne de cette glande, et par conséquent l'hyperglycémie. Cette inhibition pancréatique, d'origine nerveuse, produit les mêmes effets que l'extirpation du pancréas, avec cette différence pourtant qu'elle ne supprime pas pour toujours la fonction de la glande : celle-ci se réveille et se rétablit quand l'excitation des nerfs frénateurs a cessé (*B. B.*, avril et oct. 1894; *A. de P.*, 1895, 286).

Cependant Kaufmann est amené à admettre que le système nerveux agit non seulement sur les fonctions sécrétoires internes du foie et du pancréas, mais encore sur les échanges nutritifs dans tous les tissus de l'économie. En effet, alors que sur l'animal à appareil hépato-pancréatique énervé, la piqûre diabétique ne produit pas son effet habituel, aussi longtemps que la fonction pancréatique conserve son activité normale, il n'en est plus de même si celle-ci est supprimée ou affaiblie. Ainsi chez l'animal à foie énervé et à pancréas extirpé la piqûre bulbaire détermine toujours un accroissement énorme de l'hyperglycémie et de la glycosurie, sans que l'on puisse invoquer par conséquent la transmission d'une action nerveuse quelconque au foie ou au pancréas.

Kaufmann pense que ces manifestations sont le fait, non d'une formation active de glucose dans les différents tissus, mais bien celui d'une résorption histolytique générale plus active, qui fait pénétrer en abondance dans le sang des matériaux capables d'activer la formation sucrée dans le foie. Aux centres sécréteurs du foie, frénateurs du pancréas, stimulés par la piqûre, il en ajoute donc un autre, le centre excitateur de l'histolyse.

Si la lésion de ce dernier n'a pas d'effet chez l'animal dont l'appareil hépato-pancréatique est énervé, mais dont la fonction pancréatique est normale, c'est que celle-ci est assez puissante pour maintenir l'histolyse dans son activité normale ou à peu près.

Ajoutons enfin qu'à l'inverse de la piqûre diabétique les actions hypoglycémiques qui agissent par l'intermédiaire du système nerveux produiraient une excitation qui, elle, porte sur les centres antagonistes des précédents, centres frénateur du foie, excitateur du pancréas, frénateur de l'histolyse.

Pour les rapports de la piqûre diabétique avec les fonctions du pancréas voir aussi Thiroloix (*B. B.*, 1894, 291 et 1895, 256).

Influence du bulbe sur la sécrétion de la bile et de l'urine. — Freundt et Graupe n'ont pas observé de variation dans la quantité de bile sécrétée chez des cochons d'Inde, après la piqûre du quatrième ventricule. Naunyn a vu se produire après cette opération, chez des lapins, un arrêt de la sécrétion de cinq à dix minutes. Quand celle-ci reprenait, elle restait encore très ralentie, pendant quelque temps (Heidenhain, *H. H.*).

D'après Vulpian, au contraire, les lésions expérimentales du plancher du quatrième ventricule déterminent une suractivité de la sécrétion biliaire qui se manifeste par une plénitude extrême de la vésicule et l'abondance de la bile dans l'intestin grêle (*Mém. de la Soc. de Biol.*, 1861, 239). Vulpian incline à croire qu'il y a non seulement une action exercée sur les vaso-moteurs, mais encore une excitation de filets excito-sécrétoires. Il est difficile de concilier ces observations contradictoires : il semblerait cependant que la congestion hépatique que l'on considère comme une conséquence de la piqûre diabétique dût entraîner à sa suite une augmentation plutôt qu'une diminution de la sécrétion biliaire.

La polyurie qui accompagne la glycosurie, mais qui peut en être indépendante, a été attribuée par Eckhard à la lésion d'un centre sécréteur spécial donnant naissance à des fibres qui émergent de la moelle au niveau de la portion thoracique de la moelle et qui arrivent au rein par la voie du sympathique. L'existence de nerfs spécifiques pour la sécrétion urinaire a aussi été soutenue récemment par Spalitta (*Sicilia med.*, 1889).

Mais Heidenhain a fait remarquer à propos des expériences d'Eckhard que les variations de l'urine consécutives à la lésion des centres nerveux s'expliquent facilement par les troubles de la circulation qu'elle provoque.

Centre de la sécrétion lacrymale. — Ce centre a été délimité par Seck (*J. P.*, 1885, 58)

La limite postérieure serait au niveau de la cinquième et même de la sixième vertèbre cervicale et sa limite antérieure en avant du point d'émergence du trijumeau. On peut supprimer toutes les parties situées en avant de ce point sans empêcher le réflexe sécrétoire que l'on provoque en irritant la conjonctive, avec l'essence de moutarde, par exemple. D'autre part la section de la moelle cervicale trouble la sécrétion dès qu'elle dépasse par en haut la cinquième et même la sixième cervicale. La conservation parfaite du réflexe sécrétoire marche de pair avec celle du réflexe palpébral. Mais comme Nickell a trouvé que Seck avait porté beaucoup trop en arrière la limite postérieure de ce dernier réflexe, il doit en être de même pour le réflexe sécrétoire.

Centre de la sécrétion sudorale. — Pour tous les centres de sécrétion, sauf le centre glycogénique, dont le mode d'action est encore discuté, l'influence du bulbe s'explique facilement, puisqu'elle s'exerce par des nerfs qui naissent directement de cette région de l'axe nerveux. Il reste à en mentionner un dernier, le centre sudoral, dont les attributions peuvent se comparer à celles du centre vaso-moteur, en ce sens qu'il tient sous sa dépendance des centres échelonnés dans la moelle épinière.

Les expériences de Luchsinger (*A. g. P.*, xvi, 510); celles de Vulpian (*C. R.*, lxxxvi, 1878), montrent qu'il n'y a pas, comme l'a soutenu Nawrocki (*C. W.*, 1879), un centre unique dans le bulbe, mais que les excitants centraux, la chaleur, l'asphyxie, la picrotoxine peuvent encore provoquer la sudation dans les membres, quand la moelle cervicale a été sectionnée.

Pour Vulpian les centres médullaires présideraient aux actions locales, et le centre bulbaire aux actions sudorales d'ensemble, celles qui interviennent par exemple dans les phénomènes de régulation thermique. Les considérations présentées à propos du centre vaso-moteur peuvent aussi s'appliquer au fonctionnement de l'appareil central qui commande à la sécrétion de la sueur.

Le centre sudoral est double : aussi peut-on observer des cas de sudation unilatérale. L'excitant physiologique de ce centre, la chaleur, agit sur lui peut-être par voie réflexe, mais principalement en élevant la température du sang et par conséquent aussi celle des cellules nerveuses; la dilatation des vaisseaux cutanés qui accompagne alors la sudation se produit par le même mécanisme.

Fredericq (*Arch. de Biol.*, 1882), pour le démontrer, cherche à échauffer son propre sang en inspirant à travers un tube métallique chauffé et en élevant par ce moyen la température de l'air qu'il inspire. Fr. Franck reproche à ce procédé de ne pas exclure les excitations réflexes qui peuvent partir des nerfs sensibles des voies respiratoires et de la cavité buccale. Pour obtenir le chauffage direct du sang des carotides, il place, à l'exemple de Fick et de Goldstein, ces vaisseaux dans de petites gouttières métalliques dans lesquelles circule un courant d'eau chaude. L'animal étant curarisé, on voit bientôt le cœur s'arrêter, la pression baisser et la sueur apparaître sur les pattes, sauf sur le membre inférieur, dont on avait préalablement sectionné le sciatique (Art. « *Sueur* » du *D. D.*). Luchsinger a de même démontré l'influence directement centrale de la chaleur sur les centres sudoraux de la moelle.

Influence du bulbe sur la température et sur la nutrition. — Le bulbe exerce une influence incontestable sur la répartition de la température par l'intermédiaire de l'appareil vaso-moteur ainsi que de l'appareil respiratoire. Il paraît également avoir de l'action sur la production de la chaleur. Tscheschichin a trouvé (*A. P.*, 1866, 561) qu'une section qui sépare le bulbe de la protubérance amène une notable élévation de la température; il en a conclu que les parties de l'encéphale situées en avant du bulbe jouent par rapport à l'axe bulbo-spinal le rôle de centres modérateurs, ce qui implique l'existence de centres excitateurs de la thermogénèse dans le bulbe et la moelle. Lewitzki (*A. A. P.*, xlvii, 357) n'a pas pu confirmer ces résultats. Bruck et Günther (*A. P.*, iii, 578) les ont au contraire vérifiés, au moins en partie. L'élévation de température s'obtenait plus facilement par des blessures de la région bulbo-protubérantielle que par des sections complètes : elle n'était pas durable et disparaissait plus ou moins complètement au bout de quelque temps : les lésions du bord antérieur de la protubérance se sont montrées inefficaces. Ce qui doit faire rejeter, d'après ces expérimentateurs, l'hypothèse des centres modérateurs, c'est que l'excitation électrique de la région intermédiaire entre le bulbe et la protubérance, comme celle du bulbe à son union avec la moelle, produisait également l'augmentation de la température : mais dans ce dernier cas les contractions musculaires venaient compliquer les observations.

Bien que Bruck et Günther n'aient pas cherché à donner une explication définitive du phénomène, on peut cependant déduire de leurs expériences que celui-ci est la conséquence non d'une paralysie de centres situés plus haut, mais d'une excitation des régions bulbo-protubérantielles. Schreiber (*A. P.*, viii, 576) a obtenu également d'une façon constante et sans exception une élévation de température du corps par des lésions pratiquées à la limite du bulbe et de la protubérance. Wood (cité par Rosenthal, *H.H.*) a constaté par des mesures calorimétriques qu'une section transversale faite à ce niveau augmente à la fois et la déperdition et la production de calorique et il se rattache à l'opinion de Tscheschichin.

Fredericq (*Arch. de Biol.*, 1882, 750), au contraire, conclut de ses propres expériences qu'il s'agit d'une excitation des centres qui président à la thermogénèse. Chez des lapins, sur lesquels ce physiologiste a pratiqué des piqûres à la partie moyenne du bulbe, il y avait en même temps qu'une élévation de température une consommation plus grande de la quantité d'oxygène.

Il y a donc lieu d'admettre d'après toutes ces observations concordantes, auxquelles il faut ajouter celles de Pfluger (*A. g. P.*, xii, 181) que le bulbe a une véritable influence sur la thermogénèse : ce ne peut être qu'en activant les phénomènes de combustion interstitielle dans les tissus, et en particulier dans le tissu musculaire. Comme les nerfs moteurs, même au repos, stimulent les échanges nutritifs dans ce tissu, ainsi que l'a montré Cl. Bernard, c'est sans doute aussi par leur intermédiaire que les centres nerveux exagèrent l'intensité des phénomènes chimiques des muscles, sans que ceux-ci subissent nécessairement des modifications apparentes.

Il résulte aussi de ce qui précède que le bulbe agit sur la nutrition générale : on a vu plus haut que pour expliquer les effets de la piqûre diabétique on a dû faire intervenir des actions sur les échanges nutritifs. Comme observation de même ordre, Fano a noté que chez la tortue des variations périodiques dans l'exhalation de CO^2 sont liées à l'intégrité du bulbe. Gruenhagen (*T. P.*, iii, 267) a émis l'hypothèse que les oscillations diurnes de la température de l'homme pourraient être dues aussi à des phases périodiques d'activité de ce centre.

Association fonctionnelle des centres bulbaires. — Un chapitre très intéressant de la physiologie du bulbe est celui de l'influence qu'exercent les uns sur les autres quelques-uns des centres nerveux groupés dans cet organe. L'activité de l'un d'entre eux retentit pour ainsi dire forcément sur celui du centre voisin, et souvent le phénomène ainsi provoqué par irradiation ne paraît être d'aucune utilité pour l'organisme ; dans certains cas cependant il s'agit d'un mécanisme protecteur. Toujours est-il que ces faits doivent être connus, parce qu'ils nous donnent la clef de quelques modifications fonctionnelles, qui sans eux resteraient inexpliquées. Les associations de ce genre qui ont été plus spécialement étudiées sont : 1° celles qui existent entre le centre respiratoire d'une part, le centre modérateur du cœur, et le centre vaso-constricteur d'autre part : 2° celles qui se font entre le centre de déglutition et les centres voisins.

Association du centre respiratoire avec le centre modérateur du cœur. — C'est sans doute Brown-Séquard qui a soutenu, le premier, qu'en dehors des influences mécaniques par lesquelles la respiration peut agir sur le cœur, il faut tenir compte également de l'intervention du système nerveux, lorsqu'il disait : « Une excitation part donc du centre cérébro-spinal et se propage au cœur à chaque effort inspiratoire. Quand l'action nerveuse sort de ce centre pour gagner les muscles dilatateurs du thorax, elle se jette aussi dans les fibres cardiaques et va produire dans le cœur une suspension ou une diminution de mouvement. » (*Journ. de la Physiol.*, 1858.) L'idée d'une irradiation intercentrale était ainsi nettement exprimée, mais l'expérience a démontré plus tard que les effets étaient tout différents, du moins dans la respiration normale, de ceux qu'a décrits Brown-Séquard et qu'ils ne se vérifient que dans l'effort inspiratoire. La même idée paraît d'ailleurs avoir été exprimée un peu plus tard par Pfluger et par Donders. Elle a été formulée explicitement par Burdon Sanderson dans le passage suivant : « Nous savons maintenant que les variations périodiques dans la pression artérielle et la fréquence des battements du cœur ont leur source première dans les centres vaso-moteur et modérateur du cœur qui fonctionnent d'une façon rythmique, non point parce qu'ils sont soumis à quelque excitation rythmique, mais parce qu'ils ont des périodes d'activité et de relâchement correspondant à celles du centre respiratoire. » (*Handbook of Physiol.*, 1873, 315.)

Ces observations s'appliquent plus particulièrement aux variations respiratoires de la circulation chez le chien. Chez cet animal, le pouls s'accélère à l'inspiration, se ralentit à l'expiration. Ces alternatives ne tiennent ni à des influences mécaniques, ni à des stimulations réflexes parties du poumon, ni, comme l'avait supposé SCHIFF, (*C. W.*, 1872, 157) à une action produite sur les centres cardiaques et vasculaires par des changements périodiques dans la composition du sang aux deux temps de la respiration. Pour le démontrer, il suffit de se placer dans des conditions telles, que la respiration ne puisse plus modifier ni la pression dans le thorax et l'abdomen, ni la circulation pulmonaire, ni le volume du poumon, ni par conséquent les échanges gazeux.

BURDON SANDERSON y arrive en expérimentant sur des chiens curarisés. Lorsque la curarisation est presque complète, et qu'il ne persiste plus que quelques mouvements rudimentaires des muscles respiratoires, l'irrégularité du rythme du cœur continue à s'inscrire nettement, en même temps que les variations de la tension artérielle qui en sont la conséquence et elle coïncide comme à l'état normal avec les phases des respirations rudimentaires.

La méthode mise en usage par FREDERICQ donne des résultats encore plus frappants. On enlève, presque en totalité, la paroi antérieure du thorax, on coupe les phréniques, on ouvre largement toute la paroi abdominale par une incision longitudinale et par deux incisions transversales. Il va sans dire qu'après ces opérations les mouvements respiratoires qui pourront se produire n'auront aucune influence sur la pression thoracique ou abdominale, ni sur le poumon lui-même qui reste affaissé. L'animal est maintenu en vie grâce à la respiration artificielle. A un moment donné on suspend l'insufflation pulmonaire : l'animal, d'abord en état d'apnée, s'asphyxie bientôt et se met à respirer spontanément avec son moignon de thorax. Les battements du cœur s'accélèrent et la pression monte pendant l'inspiration ; pendant l'expiration les phénomènes inverses se produisent absolument comme chez l'animal intact.

Il est clair que ces irrégularités du rythme du cœur ne peuvent être dues qu'à des variations périodiques de l'activité du centre modérateur, associées à celles du centre régulateur de la respiration. Il n'y a plus en effet d'autre intermédiaire par lequel la respiration puisse agir sur le cœur, si ce n'est le centre vaso-moteur bulbaire dont il va être question. Il suffit du reste chez l'animal intact de sectionner ou de paralyser les deux nerfs pneumogastriques pour faire disparaître les variations du rythme. Mais l'expérience de FREDERICQ démontre en même temps que celles-ci ne sont pas dues à des excitations réflexes parties des nerfs sensibles du poumon, liées aux alternatives de distension et de retrait du poumon, puisque cet organe reste toujours en collapsus. C'est donc en vertu d'un mécanisme automatique et non réflexe que le centre modérateur du cœur associe son activité à celle du centre respiratoire.

Un autre procédé également démonstratif et qui permet en même temps d'éliminer l'intervention du centre vaso-moteur, consiste à supprimer la respiration du tronc par la section sous-bulbaire de la moelle, et à enregistrer les mouvements respiratoires de la tête en même temps que la pression artérielle, les pneumo-gastriques, il va sans dire, restant intacts. Si dans ces conditions on suspend de temps en temps la respiration artificielle pour amener un certain degré d'asphyxie, on voit qu'à chaque mouvement d'ouverture de la gueule correspond une accélération des pulsations artérielles (WERTHEIMER et MEYER, *A. de P.*, 1889, 24).

Tous les animaux ne présentent pas les variations respiratoires du rythme cardiaque qui s'observent chez le chien. MOREAU et LECRENIER (*Arch. de Biol.*, 1883) ont constaté qu'elles faisaient défaut chez le lapin. LEGROS et GRIFFÉ ne les ont pas trouvées davantage chez toute une série d'animaux d'espèces différentes sur lesquelles ils ont expérimenté (veau, mouton, chèvre, cheval, cobaye, dindon) : chez tous ces animaux les pulsations sont isochrones aux deux temps de la respiration. Chez le cochon seul, les modifications du rythme et de la pression se sont montrées semblables à celles du chien (*Bull. de l'Acad. des sciences de Belgique*, 1883, 153).

Chez l'homme l'irrégularité du pouls aux deux temps de la respiration est un phénomène, sinon constant, du moins très fréquent. Chez certains sujets elle est normalement aussi nette que chez le chien ; chez un très grand nombre il suffit de faire ralentir le rythme respiratoire pour qu'elle devienne bien distincte : une dose suffisante d'atropine, qui paralyse les pneumo-gastriques, réussit à la faire disparaître, ce qui prouve que chez l'homme également elle est sous la dépendance d'une action nerveuse (Wertheimer et Meyer, *loc. cit.*).

Le centre vaso-moteur est associé, comme le noyau du nerf vague, au fonctionnement du centre respiratoire. Lorsque, chez un chien curarisé, auquel on a coupé les deux pneumo-gastriques, on suspend l'insufflation pulmonaire, la pression monte progressivement, par suite de l'action excitante du sang noir sur le centre vaso-moteur : mais cette ascension n'est pas continue, elle présente une série d'oscillations régulières auxquelles on donne le nom de courbes de Traube-Hering, du nom des physiologistes qui les ont les premiers observées et étudiées.

Traube avait supposé, pour expliquer ce phénomène, que le centre vaso-moteur réagit par des manifestations rythmiques à l'excitation continue due au sang asphyxique.

Hering a démontré (*Sitz. Akad. Wien*, 1869, 844) que les courbes vaso-motrices sont subordonnées à des variations rythmiques dans l'activité des centres respiratoires. En effet, lorsque chez un chien légèrement curarisé et à pneumo-gastriques coupés, on arrête la respiration artificielle, on voit quelquefois les mouvements respiratoires avortés, que l'animal arrive encore à exécuter, s'accompagner régulièrement de secousses dans les membres, en même temps que s'inscrivent les oscillations de la pression.

Plus tard, lorsque la curarisation est plus complète, les contractions des muscles respirateurs cessent à leur tour ; mais il peut se faire que les secousses rythmiques des pattes persistent pendant quelque temps, toujours synchrones aux courbes de la pression, et qu'elles restent ainsi seules à indiquer les rapports de ces dernières avec les impulsions parties des centres respiratoires.

Mais Hering a laissé indécise la question de savoir à quelle phase de la respiration la pression monte, à quelle phase elle s'abaisse. Ce point a été élucidé par Fredericq, qui, dans l'expérience dont il a été question plus haut, a vu, après que les pneumo-gastriques avaient été coupés, la pression baisser à l'inspiration, ce qui indique une diminution d'activité du centre vaso-constricteur, et monter à l'expiration, pour la cause inverse. Tant que les nerfs vagues sont intacts, ces effets sont masqués par les variations inverses de pression due à l'irrégularité des battements du cœur.

Fredericq a exposé dans le tableau suivant les relations fonctionnelles dont il est ici question entre les différents centres bulbaires.

	CENTRE D'INSPIRATION.	CENTRE D'EXPIRATION.	CENTRE MODÉRATEUR DU CŒUR.	CENTRE VASO-MOTEUR.
I..........	Inspiration.	Minimum d'action.	Minimum d'action.	Minimum d'action.
II..........	Repos.	Maximum. Expiration.	Maximum. Tendance à l'ascension de la pression sanguine.	Maximum. Ralentissement des pulsations cardiaques.

Ces rapports sont toutefois un peu moins complexes que ne pourrait le faire supposer ce tableau. Il n'y a pas lieu de faire intervenir le centre d'expiration, puisque, chez le chien en particulier, l'expiration est passive. Une formule qui résume plus simplement les faits est la suivante. Quand l'activité du centre respiratoire augmente (inspiration), celle des centres modérateur et vaso-moteur diminue ; quand l'activité du premier diminue (expiration), celle des deux autres revient à son degré normal. Il semble que le centre respiratoire ne puisse accroître périodiquement son activité qu'au détriment des deux centres dont il inhibe ou du moins dont il déprime momentanément la tonicité. Les propriétés toniques du centre vaso-constricteur sont en effet incontestables ; d'autre part, l'existence des irrégularités cardiaques chez certaines espèces animales, leur absence chez d'autres peuvent précisément être considérées comme une présomption en faveur de la tonicité du centre modérateur du cœur chez les premières, alors qu'elle ferait défaut chez les secondes. Aussi était-il à prévoir que, chez le chien nouveau-né, la tonicité du centre modérateur du cœur n'existant pas, les variations de rythme feraient défaut; c'est en effet ce qu'a constaté E. Meyer (*loc. cit.*).

Par contre toutes les conditions qui augmentent l'excitabilité du noyau du pneumogastrique amplifient en quelque sorte le phénomène : c'est ce qu'on observe dans l'asphyxie, dans la morphinisation arrivée à un certain degré; c'est aussi ce qu'a constaté Aducco dans l'inanition (*A. i. B.*, xxi, 412).

C'est surtout sous l'influence de la veinosité croissante du sang que les variations respiratoires des pulsations du cœur se prononcent le plus fortement. Laulanié pense que l'inhibition périodique à laquelle l'asphyxie donne une telle puissance a pour effet de graduer la dépense de l'innervation motrice du cœur, qui se distribue de la sorte avec plus d'économie.

Chez les animaux, le ralentissement expiratoire augmente d'abord avec les progrès de l'inanition et atteint un maximum. Pendant une deuxième période, l'activité du centre modérateur diminue, puis elle ne se manifeste plus que par périodes. Il n'est pas hors de propos de rappeler à ce sujet que Chossat et Cl. Bernard ont signalé la facilité avec laquelle on provoque des syncopes chez les animaux soumis à l'inanition, ce qui veut dire que leur appareil modérateur est devenu plus excitable.

Nous avons vu plus haut en parlant du centre vaso-moteur que celui-ci est sujet à des oscillations rythmiques, que Fredericq a désignées sous le nom de courbes de S. Mayer : elles se distinguent des courbes de Traube, dont il vient d'être question, en ce qu'elles correspondent non plus à un seul, mais à plusieurs mouvements respiratoires. On les considère généralement comme n'ayant avec ces derniers aucun rapport. Knoll les a vues pourtant dans beaucoup de cas, mais non dans tous, coïncider, elles aussi, avec des variations d'activité du centre respiratoire, qui se répartissaient, il va sans dire, sur de plus longues périodes, et se caractérisaient par des modifications d'amplitude portant sur des groupes de mouvements (*Sitz. Akad. Wien*, 1885, xcvii, 443).

En définitive le centre modérateur du cœur, qui n'a pas par lui-même d'activité rythmique, acquiert cependant cette propriété, du moins chez certains animaux, par ses relations avec le centre régulateur de la respiration; les variations périodiques du centre vaso-moteur sont également subordonnées, en règle générale, à celles du centre respiratoire; cependant son activité rythmique propre ne paraît pas douteuse.

Association du centre de déglutition avec les centres voisins. — L'influence de ce centre sur le centre respiratoire est assez complexe : elle se traduit par des effets de deux ordres, les uns d'inhibition, les autres d'excitation. Ce sont toutefois les premiers qui l'emportent.

Longet avait déjà noté qu'au moment de la déglutition la respiration s'arrête d'abord d'elle-même (*T. P.*). Il avait vu dans ce fait une garantie pour les voies respiratoires, mais sans s'expliquer sur son mécanisme. Meltzer a constaté que la mise en activité du centre de déglutition rend moins impérieux le besoin de respirer, et il a reconnu aussi que non seulement une inhibition, mais encore un phénomène d'excitation peut s'irradier d'un centre à l'autre (*A. P.*, 1883). Rosenthal et Bidder avaient en effet déjà signalé des mouvements du thorax dus à la déglutition, mais ils les attribuaient a la traction exercée par l'œsophage et la trachée sur le poumon et sur le diaphragme. Waller et Prevost ont, au contraire, bien montré qu'ils étaient en réalité provoqués par une contraction du diaphragme, de faible amplitude il est vrai, et qu'il s'agissait bien d'un mouvement actif et non passif : ce qui a été confirmé par Steiner, Knoll, Marckwald (*Z. B.*, 1887). Arloing s'est occupé du rôle de ce mouvement respiratoire dans la déglutition (voy. ce mot); Steiner et Marckwald, de sa signification et de son mécanisme qui seuls nous occuperont ici. D'après les recherches de ce dernier, ce qui caractérise surtout la respiration dite de déglutition, c'est, en définitive, l'inhibition de la respiration normale, précédée, elle même, mais non toujours, d'un faible mouvement inspiratoire. Celui-ci même passerait souvent inaperçu lorqu'il tombe sur la phase d'inspiration normale, s'il n'était pas suivi immédiatement d'une action d'arrêt qui tend à mettre le diaphragme dans le relâchement. Quant au mécanisme du phénomène, Steiner, d'après le schéma qu'il en donne (*A. P.*,

1883), croit à une irradiation directe d'un centre à l'autre par des fibres qui les unissent.

Marckwald admet que c'est un acte réflexe; pour expliquer comment se succèdent les deux manifestations antagonistes d'excitation et d'arrêt, il fait intervenir le glosso-pharyngien dont il a reconnu l'influence inhibitoire sur la respiration. Au moment de la déglutition, les fibres centripètes de ce nerf et celles du pneumogastrique sont excitées simultanément : simultanément elles transmettent cette excitation au centre respiratoire. Celle qui part du nerf vague provoque un faible mouvement d'inspiration, mais ce mouvement est immédiatement coupé par l'action du nerf glosso-pharyngien qui inhibe la respiration. S'il peut se manifester, c'est uniquement parce que le nerf de la neuvième paire a une période d'excitation latente très longue.

Il est remarquable que, même lorsque le centre respiratoire est en état d'apnée, la respiration, dite de déglutition, continue à se produire (Steiner, Marckwald). Elle est supprimée si l'on détruit les ailes grises de chaque côté, bien que l'excitation des nerfs laryngés supérieurs ou celle du voile du palais provoquent encore les mouvements de déglutition (Marckwald).

Le centre de déglutition réagit aussi très manifestement sur le centre modérateur du cœur. Chez l'homme, le pouls s'accélère pendant la déglutition : cette accélération est proportionnelle au nombre des mouvements de déglutition et à la rapidité avec laquelle ils se succèdent. Lorsqu'ils sont suffisamment fréquents, le nombre des battements artériels peut s'élever par exemple de 72 à 90, pour retomber ensuite à 55. Melzer qui a signalé ces faits (*loc. cit.*) admet qu'il y a dans ce cas deux irradiations successives, la première déprimant la tonicité du nerf vague, la deuxième, au contraire, la renforçant; peut-être le phénomène est-il moins complexe; on peut supposer qu'après une inhibition momentanée l'excitabilité du pneumogastrique non seulement revient à son degré normal, mais la dépasse en raison même de ce qu'elle vient d'être un instant amoindrie.

L'origine centrale de ces changements de fréquence du cœur qui ne peut être démontrée directement chez l'homme ressort bien des expériences pratiquées sur le chien. Chez un animal à moelle sectionnée au niveau de l'axis, les pneumogastriques étant intacts, on inscrit simultanément les mouvements de déglutition et la pression artérielle. On constate alors que chacun de ces mouvements spontanés ou provoqués s'accompagne d'un ralentissement des battements du cœur, quelquefois d'une véritable intermittence.

Par conséquent l'influence de la déglutition s'exerce dans un sens absolument inverse chez l'homme et chez le chien Wertheimer et Meyer (*A. P.*, 1890, 284).

Pour expliquer cette différence, on peut supposer que le ralentissement du cœur chez le chien doit son origine aux modifications que subit à ce moment le centre inspiratoire et qu'il se produit pour ainsi dire par contre-coup.

On a vu, en effet, que, du côté de la respiration, le phénomène fondamental associé à la déglutition est un acte d'arrêt, quel que soit d'ailleurs son mécanisme. Or, chez le chien, l'influence du centre respiratoire sur le centre modérateur du cœur est plus puissante que chez aucune autre espèce animale, de sorte que les variations de son activité devront facilement retentir sur le noyau du nerf vague.

Le tableau suivant, en résumant les relations qui existent entre les phases d'activité de ces deux centres, nous montre immédiatement quelle doit être, chez le chien, lors de la déglutition, l'influence de l'inhibition respiratoire sur la circulation.

CENTRE RESPIRATOIRE	CENTRE MODÉRATEUR DU CŒUR
1° Activité augmentée.	Activité diminuée (accélération).
2° Activité diminuée (inhibition).	Activité augmentée (ralentissement du cœur).

Mais chez l'homme, le centre respiratoire et le centre modérateur du cœur seraient inhibés en même temps lors de la déglutition.

On peut exprimer de la façon suivante la différence entre les phénomènes observés chez l'homme et chez le chien au moment de la déglutition, en même temps que sa cause probable.

I. — Chez le chien.

Centre de la déglutition.
Activité.

↘

Centre respiratoire.
Activité diminuée (inhibition).

↗

Centre modérateur du cœur.
Activité augmentée (ralentissement).

II. — Chez l'homme.

Centre de la déglutition.
Activité.

Centre respiratoire.
Activité diminuée (arrêt respiratoire).

Centre modérateur du cœur.
Activité diminuée (accélération).

Meltzer a également noté chez l'homme une diminution de pression au moment de la déglutition, ce qui impliquerait une diminution de tonicité du centre vaso-constricteur.

Il est à remarquer que les irradiations étudiées dans ce chapitre, celles qu'on peut considérer comme physiologiques, partent exclusivement des centres à activité périodiquement renforcée, comme le centre respiratoire, ou franchement intermittente, comme le centre de la déglutition; les centres vaso-moteur et modérateur du cœur sont purement passifs et ne font que subir les influences qui leur sont transmises.

E. WERTHEIMER.

BUXINE.

BUXINE. — La buxine est un alcaloïde qui a été isolé en 1829 du buis (*Buxus sempervirens*, Buxacées) par Fauré.

Propriétés physiques et chimiques. — La buxine se présente sous la forme d'une substance blanche soyeuse, constituée par de petits cristaux prismatiques. Elle est très amère et provoque l'éternuement. Presque insoluble dans l'eau, peu soluble dans l'éther, elle se dissout très bien dans l'alcool.

Elle forme avec les acides des sels qui sont très amers et qui donnent un précipité gélatineux avec les alcalis. Le sulfate se présente sous la forme de grains cristallins.

L'acide azotique donne avec la buxine une réaction rouge pourpre.

Préparation. — On prend de l'écorce de buis grossièrement pulvérisée et on la fait bouillir pendant six heures dans de l'eau acidulée au centième avec de l'acide sulfurique; on passe avec expression et on filtre, on concentre, on traite par la chaux vive et on filtre dès qu'on observe de l'alcalinité; on lave la masse calcaire avec de l'eau froide, on l'exprime et on la sèche. On réduit le précipité calcaire en poudre et on le traite par de l'alcool à 40°. On ajoute à la solution, par petites quantités, de l'acide sulfurique pour former du sulfate de buxine. On traite ce sulfate par de l'acide azotique qui précipite les matières résineuses. On évapore et on ajoute de la magnésie calcinée. On recueille le précipité magnésien sur un filtre, on le lave à l'eau froide et on le traite par de l'alcool à 40° et bouillant. Après avoir filtré, l'on concentre la liqueur et l'on obtient par le refroidissement des cristaux blancs de buxine pure (Dupuy).

Action physiologique. — Voici, d'après Cazin, qui a étudié à dose faible cette substance, ce que l'on observe: « J'ai administré, dit-il, 50 centigrammes de sulfate de buxine à un lapin; l'animal, au bout de deux heures, a paru étourdi, ses mouvements étaient hésitants; il me semblait fatigué; il eut deux ou trois évacuations alvines, puis tout rentra dans l'ordre. Même effet sur des chiens; j'ai porté la dose à 4 grammes; il y a eu superpurgation suivie de sommeil que j'ai attribué à la fatigue, mais la mort n'est pas arrivée; l'ouverture du corps m'a permis de constater un état inflammatoire marqué de l'estomac et surtout de l'intestin grêle et du gros intestin. Sur un chien il y a eu des vomissements abondants; un autre a présenté une légère contracture des muscles du col. J'ai moi-même, étant dans un état de parfaite santé (pouls, 72 pulsations), et après avoir vidé l'intestin, pris, le matin, à jeun, 50 centigrammes de sulfate de buxine dans un peu d'eau sucrée; légère sensation de chaleur à l'épigastre; une demi-heure après, nausées non suivies de vomissements. Au bout de deux heures, courbature, malaise, céphalalgie peu intense, fatigue (78 pulsations), puis chaleur douce, suivie, au bout d'un quart d'heure, de moiteur générale; avec elle la gêne momentanée que j avais éprouvée cessa, le pouls devint plus large, plus mou (74 pulsations), bientôt tout effet avait disparu, aucune douleur de ventre, pas de selles, mon appétit était éveillé, je pus manger comme d'habitude. »

D'autres expériences plus nombreuses et plus précises ont été faites par Sydney Ringer et W. Murrell (*Observations on Box, Buxus sempervirens, with special reference to the true nature of tetanos. Med. Chir. Transact.*, LIX, 1876) et C. de Freitas (*Observations sur le buis. A. de P.*, 1878, v, 493-506). Ils ont opéré non pas avec la buxine, mais avec l'extrait hydro-alcoolique de buis, et ils ont conclu que le buis est un poison paralysant qui agit sur les centres nerveux après avoir provoqué d'abord une série de petites convulsions tétaniformes, et une augmentation de l'activité réflexe.

Emploi thérapeutique. — Cette substance a été proposée comme succédanée de la quinine et employée contre les fièvres. Mais, en présence du peu d'avantage que l'on semble en avoir retiré, son emploi comme fébrifuge, quoique recommandé par quelques auteurs, est complètement délaissé.

CH. LIVON.

C

CACAO. — Le cacao est la base d'un de nos aliments les plus usités, le chocolat. Le cacao que nous consommons en France nous vient du Brésil, de Cuba, de Cayenne, la Guadeloupe, etc.

C'est la semence du *Theobroma cacao*, famille des Malvacées, tribu des Byttnériacées. Comme pour le café, l'arome du cacao ne se développe que par la torréfaction.

Boussingault, Payen, Trushen et Mitscherlich ont analysé les semences de cacao.

Les substances caractéristiques qu'elles contiennent sont la substance grasse du beurre de cacao et un alcaloïde, la *théobromine*, qui, on le sait, existe dans le thé.

Théobromine	1 à 3 p. 100
Matière grasse	50 —

La *théobromine* est un alcaloïde appartenant au groupe urique; sa formule est $C^7H^8Az^4o^2$. C'est une diméthylxanthine (la caféine est de la triméthylxanthine).

On obtient la théobromine en épuisant le cacao par l'eau bouillante. La solution est précipitée par le sous-acétate de plomb. On filtre, on sépare l'excès de plomb par H^2S, on filtre et on évapore à siccité. On traite le résidu par l'alcool bouillant, et la théobromine se dépose par refroidissement.

Le beurre de cacao est un des composants importants de la semence; il entre dans la composition de cette graine quelquefois pour plus de 50 p. 100. Il doit le nom de beurre à sa consistance. On l'obtient en traitant la pulpe de semences de cacao par l'eau bouillante et en décantant l'huile qui surnage. Ce beurre est d'une consistance ferme, d'une couleur jaunâtre. Il fond à 30° et est soluble dans l'éther.

Outre la théobromine et le beurre, le cacao contient de 13 à 18 p. 100 de *matières albuminoïdes* et de l'amidon, plus des sels parmi lesquels domine le phosphate de potasse.

Quand la semence de cacao est torréfiée, l'amidon se change en dextrine et il se forme des produits empyreumatiques.

L'étude de la composition chimique du cacao nous permet de comprendre sa valeur alimentaire.

C'est à la fois un aliment réparateur par les principes immédiats qu'il contient: dextrine, matières albuminoïdes, beurre, sels et un aliment agissant aussi sur le système nerveux par la *théobromine*. A ce point de vue, il peut rentrer dans la classe des aliments dits *d'épargne*. On sait que le cacao fait partie d'un analeptique bien connu, le racahout des Arabes, où on le mélange à de la fécule de pomme de terre, de la farine de riz, du sucre et de la vanille.

Additionné de sucre et de cannelle, il constitue le chocolat dont la valeur nutritive est bien connue. C'est un aliment complet grâce à l'association de l'albumine, de la graisse, du sucre et des phosphates; il renferme moins d'albumine que le lait, moins de sucre, et à peu près la même quantité de matières grasses.

Ainsi, d'après Boussingault,

100 de lait de vache contiennent typiquement :

Albumine	4.0
Beurre	4,4
Sucre	4,4
Phosphates et sels.	0,8
Eau	86,4
	100

Un chocolat préparé à l'eau avec 57gr,9 de tablettes a donné 342 grammes de liquide contenant :

Albumine	3
Beurre	14
Sucre	32,5
Sels, phosphates	1

Sous le même poids de 342 grammes, le lait aurait contenu :

Albumine	13,6
Beurre	15,0
Sucre	15,0
Sels, phosphates	2,7

D'où la conclusion que pour faire du chocolat un aliment complet il suffit de l'associer au lait.

J. E. A.

CACHOU. — Produit pharmaceutique extrait de l'*Acacia catechu*, et de *l'Ureca catechu*. La substance principale qui y est contenue est la *catéchine*.

CADAVÉRINE. — Substance extraite par Brieger d'organes humains putréfiés. Ladenburg a montré qu'elle était identique avec une base obtenue par synthèse, la pentaméthylène diamine $(CH^2)^5(AzH^2)^2$. Le bacille du choléra dans les bouillons de culture en produit des quantités notables. On la retrouve dans tous les produits de putréfaction des matières animales, et dans l'urine des cystinuriques. L'urine normale n'en contient point. Pour la préparer par synthèse on traite par le zinc et l'acide chlorhydrique le cyanure de méthylène.

C'est un liquide sirupeux, fortement alcalin, qui forme des combinaisons cristallisables avec l'acide chlorhydrique, le chlorure d'or et le chlorure de platine. Udransky et Baumann (*Z. p. C.*, xv, 77) ont constaté qu'elle est à peu près inoffensive en ingestion stomacale. On a pu en donner 10 grammes sans accident à un chien de 6 kilogrammes : injectée sous la peau elle provoque des phénomènes inflammatoires intenses; elle est donc pyogène (Lambling. *D. W.* 2e Suppl., 833. — L. Brieger. *Microbes, Ptomaïnes et maladies*, 12°, Paris, 1887, 148-156.). — Roussy. *Ptomaïnes et Leucomaïnes* (*R. S. M.*, 1888, xxxi, 308).

CADMIUM. — **Caractères chimiques.** — Découvert en 1818 par Hermann dans la Blende de Silésie, le cadmium peut être séparé du zinc, avec lequel on le trouve constamment uni dans la nature, grâce à sa plus grande volatilité. Le métal pur est blanc, très malléable, légèrement altérable à l'air, il a un poids spécifique de 8, 6, fond à 320 et bout à 860°. Ses sels sont solubles dans l'eau, peu solubles dans l'alcool et presque insolubles dans l'éther.

Dans le système périodique de Mendéléeff, le cadmium occupe, dans les trois grandes périodes, la même place que le zinc et le mercure. Ces trois corps présentent en effet de grandes analogies.

Les recherches sur l'action physiologique des sels de cadmium sont peu nombreuses, et nous devons déclarer qu'il nous a été impossible de consulter les premiers mémoires parus (Rosenbaum, 1819; Schubarth, 1821; Marme, 1867). Nous nous en tiendrons donc au mémoire de Paderi (1895) et à nos recherches personnelles (1895-1896).

Dose toxique. — Les affinités chimiques que présentent le cadmium et le zinc devaient conduire à rechercher si ces deux corps exerçaient une action physiologique en fonction de leurs poids atomiques. Athanasiu et Langlois, en se plaçant à ce point de vue, ont déterminé ainsi comparativement l'action des sulfates de zinc et de cadmium sur les organismes inférieurs (ferment lactique), sur les animaux à sang froid (grenouilles) et sur les vertébrés supérieurs (chiens).

En agissant sur le ferment lactique, en déterminant les quantités de sels qui entravent la fermentation, ils ont trouvé les chiffres suivants :

$$CdSO^4\ 0,20 :: ZnSO^4\ 1,60\ à\ 1,50.$$

On voit que le sulfate de cadmium est huit fois plus actif que le sulfate de zinc, mais il faut tenir compte de l'eau de cristallisation. Or, si on fait porter le calcul sur le poids du métal seul, on trouve encore pour le cadmium une activité quatre fois plus grande que pour le zinc; ce qui vient confirmer pour le zinc et le cadmium la loi établie par Ch. Richet pour les métaux alcalins : « Pour des poids moléculaires égaux, les métaux alcalins sont d'autant plus toxiques que leur poids atomique est plus élevé. »

Les résultats obtenus sur les grenouilles d'une part, sur les chiens d'autre part, présentent cependant un désaccord curieux et encore inexpliqué.

Les doses toxiques par kilogramme d'animal, en ne tenant compte que du métal des sels, sont les suivantes:

	Grenouilles	Chiens.
Cd	0,042	0,01
Zn	0,034	0,018

Pour les animaux à sang froid, il faut donc une dose de cadmium supérieure à celle du zinc pour amener la mort, alors que, sur les animaux à sang chaud, nous retrouvons une vérification de la loi énoncée plus haut, le cadmium étant deux fois plus toxique que le zinc.

Action générale sur les animaux à sang froid. — Les solutions de sulfate de cadmium sont très acides; il est donc nécessaire de n'employer que des solutions très diluées pour éviter les actions caustiques locales. Athanasiu et Langlois ont employé des solutions ne dépassant pas 3 p. 1000.

L'injection de $0^{gr},02$ de sulfate de cadmium à une grenouille de 28 grammes amène très rapidement la suppression des mouvements spontanés.

La grenouille reste inerte; placée dans un cristallisoire plein d'eau, elle ne cherche pas à nager : toutefois elle reste en équilibre. Placée sur le dos, elle parvient à se redresser péniblement, sans coordination parfaite, puis elle retombe dans un état d'inertie complète.

Les mouvements resspiratoires de déglutition et les mouvements des flancs persistent. Les réflexes sont intacts; si on pince la patte, l'animal la retire; elle se comporte à ce moment comme une grenouille à encéphale supprimé, toutefois avec cette modification que les réflexes, quoique persistants, sont plutôt affaiblis.

Cet affaiblissement des réflexes est déterminé par une altération des fonctions médullaires; car nerfs et muscles restent intacts.

Paderi insiste également sur la résistance des nerfs et des muscles dans l'intoxication par le cadmium. Il a vu cependant que si on plonge un muscle de grenouille dans une solution de cadmium à 2,5 p. 1000, très rapidement l'excitabilité musculaire diminue et l'excitation électrique ne donne plus aucun effet au bout de vingt-cinq minutes. L'immersion de la patte galvanoscopique, au contraire, n'altère en rien, tout au moins pendant plus de onze heures, l'excitabilité du nerf. Athanasiu et Langlois ont vu simplement une légère augmentation dans la période latente chez les grenouilles intoxiquées.

Si le système nerveux périphérique est peu touché, il n'en est pas de même du système nerveux central. Les grenouilles intoxiquées par le cadmium se comportent au début comme des grenouilles excérébrées, puis la moelle épinière se prend ensuite. D'après Paderi l'intoxication suit une marche descendante. L'écorce cérébrale est prise la première, puis le bulbe et enfin la moelle épinière, les nerfs restant longtemps excitables après que la moelle a cessé de réagir. Nous verrons plus loin les résultats obtenus sur les animaux supérieurs.

Action sur le cœur et la respiration. — Marmé avait signalé la cessation des mouvements respiratoires comme un des premiers symptômes de l'intoxication. En réalité, sur la grenouille du moins, les mouvements de déglutition respiratoire persistent encore quand l'animal ne réagit plus aux excitations extérieures, et nous verrons que sur les animaux à sang chaud les troubles respiratoires sont à peu près nuls.

Les troubles du côté de l'appareil central de la circulation sont, au contraire, très caractéristiques. Sur une grenouille injectée, on observe un ralentissement progressif du rythme cardiaque; les battements du cœur, qui étaient de 45 en une minute, tombent, au bout d'une heure, à 26 et même à 18, dans le même espace de temps. Ce ralentissement dans le rythme se fait brusquement; pendant une heure, le rythme est entre 45 et 41, puis, en trois ou quatre minutes, le ralentissement s'accentue : 26, puis 22, puis 18...

Le tracé cardiographique montre :

1° Que la systole se fait plus lentement, moins énergiquement;

2° Que le temps de repos du cœur, si court chez un cœur normal, tend de plus en plus à se prolonger, pour arriver, quand le rythme tombe à 18, à une période de deux secondes;

3° On observe fréquemment une certaine périodicité dans le rythme cardiaque, le cœur restant en diastole pendant un espace de temps égal à une contraction. Ce rythme est le plus souvent alternant : 3-4-3.

Les mêmes phénomènes s'observent avec la tortue. Mais, avec ce dernier animal, nous avons pu étudier l'action des sels de cadmium sur le cœur isolé de l'organisme, en pratiquant une circulation artificielle par le procédé de Marey.

Le graphique ainsi obtenu est comparable à celui du cœur en relation avec le système nerveux central chez une tortue empoisonnée avec un sel de cadmium.

Ralentissement du rythme cardiaque, qui, de 30 par minute, tombe successivement à 20, puis à 10, et finalement à 5 par minute, une heure après l'intoxication, alors qu'un cœur témoin mis dans une solution physiologique donnait encore un rythme normal au bout d'une heure et demie.

Allongement de la période systolique, diminution d'amplitude et de l'énergie cardiaque, repos du cœur durant dix à douze secondes.

L'expérience faite sur le cœur de la tortue, séparé de l'organisme, permet d'admettre une action directe du cadmium sur le cœur lui-même; les tracés du cœur de tortue obtenu sur l'animal intact, sur l'animal ayant reçu de l'atropine, et enfin sur le cœur hors de l'organisme, sont absolument comparables.

Dans une autre série d'expériences, les injections de cadmium ont été faites sur des tortues chauffées vers 28° et maintenues plusieurs heures à cette température. Dans ces conditions, nous avons vu le cœur, naturellement accéléré par suite de l'élévation thermique, présenter, après l'injection de sulfate de cadmium, une accélération plus accentuée encore, mais en réalité assez passagère.

Tortue chauffée progressivement jusqu'à 31°. Le rythme cardiaque arrive à 34° par minute et se maintient ainsi pendant 6 minutes. A ce moment, injection dans la veine jugulaire de 1 centimètre cube de la solution de cadmium, soit 0,00335. Cette injection est suivie presque immédiatement d'une diminution considérable dans les changements volumétriques du cœur; c'est seulement 3 minutes après l'injection que les contractions reprennent, en augmentant progressivement de force. Au bout de dix minutes, le rythme s'accélère, atteint 50 vers la vingtième minute et se maintient à ce rythme 10 minutes environ. On continue les injections de cadmium, et le rythme s'abaisse successivement, mais très lentement, à 30, puis à 20.

Dans une autre expérience, en vue d'éviter l'arrêt cardiaque, observé à la suite de l'injection directe du sulfate de cadmium dans la jugulaire, la solution a été introduite dans le péritoine. Les modifications du rythme ont été analogues à l'expérience précédente : accélération du cœur pendant quelques minutes.

Action sur les animaux à sang chaud. — Les symptômes généraux observés sur le chien sont identiques à ceux signalés chez la grenouille. Dès le début de l'intoxication, l'animal perd toute spontanéité, il cesse de se débattre, reste la tête allongée sur la table, le corps immobile, la respiration régulière. Et cependant la motilité et la sensibilité périphérique restent intactes; si on pince ou si on brûle la patte, il la retire, mais sans crier, sans tourner la tête. C'est un simple réflexe de protection : le cerveau intellectuel a cessé de fonctionner, et cependant les centres corticaux, contrairement à l'opinion de Paderi, ont conservé leur excitabilité à l'excitant électrique.

Les troubles circulatoires, par contre, sont très intenses; graduellement, la pression artérielle baisse depuis le début de l'injection; cette diminution est constante et régulière, elle s'accompagne d'une accélération considérable dans le rythme, qui augmente du double en moins d'une heure, 30-64, alors que la pression tombe de 15 à 9 et que les mouvements respiratoires sont à peine accélérés. Cette accélération persiste même quand la pression est tombée à 3 centimètres de Hg, et c'est seulement quand cette pression arrive vers 2 centimètres que l'on observe un ralentissement.

Les troubles circulatoires observés chez les animaux à température constante et chez les animaux à température variable sont donc absolument différents. Sur les deux, la mort dans l'intoxication par le sulfate de cadmium arrive par le cœur : diminution de l'énergie cardiaque, chute de pression, arrêt final en diastole ; mais alors que, sur les grenouilles et les tortues, nous avons toujours constaté un ralentissement dans le rythme cardiaque, chez le chien, nous avons toujours observé une accélération énorme.

C'est pour chercher l'explication de ces faits, en apparence contradictoires, que nous avons chauffé les animaux à sang froid, refroidi les animaux à sang chaud.

Chez les premiers, ainsi que nous le signalions plus haut, on peut observer, à la suite de l'injection de sels de cadmium, une accélération faible et passagère ; chez les seconds, refroidis vers 28°, on observe un ralentissement dans le rythme ; ralentissement très appréciable, puisqu'il tombe à 32 par minute avec une pression de 7 centimètres, alors qu'au début de l'expérience le même animal, déjà descendu à 28°, avait encore une pression de 14 et un rythme de 75.

Quand au mécanisme même de l'action du cadmium sur le système circulatoire, il reste encore bien obscur. Paderi admet une double action et sur le muscle cardiaque lui-même et sur les centres bulbaires modérateurs du cœur. Sur le chien normal, quand le cœur est déjà accéléré, la section des pneumogastriques n'amène aucune modification, et il faut refroidir l'animal et supprimer par suite cette accélération, pour observer par la section des vagues une accélération passagère, de deux minutes au plus.

Mécanisme d'action du cadmium. — S'appuyant sur une observation de Marmé, qui a signalé la combinaison du cadmium avec les albuminoïdes, combinaison qui rappelle celle du mercure avec les mêmes corps, Paderi admet que « le cadmium agit sur l'organisme en se combinant avec l'albumine, non encore organisée, mais près d'être organisée : l'albumine circulante de Voit et Pettenkofer ». Le cadmium n'agirait pas directement sur le protoplasma vivant en modifiant sa structure et en altérant sa fonction, mais indirectement en mettant entrave à l'apport des éléments nutritifs qui lui sont indispensables pour son bon fonctionnement. Un argument en faveur de cette hypothèse est l'absence de toute période d'excitation précédant la phase paralytique; on peut encore faire remarquer la lenteur de la mort, même avec de fortes doses.

L'action du cadmium sur le sang est indéniable. Athanasiu et Langlois, sans avoir pu démontrer l'action directe des sels de cadmium sur l'albumine circulante, ont vu, en effet, d'une part que, l'état d'équilibre de différents éléments du sang étant profondément modifié, l'isotonie des globules par rapport au sérum sanguin était complètement altérée. En dehors des expériences *in vitro* très concluantes, on peut constater facilement la diffusion de la matière colorante du globule dans le sérum, quand on recueille du sang d'un animal intoxiqué. D'autre part, ils ont vu *in vitro* la transformation partielle de l'hémoglobine en hématine. Les recherches de ces auteurs concordent donc en réalité avec l'hypothèse admise par Paderi que le cadmium exerce son action sur les matières albuminoïdes du sang.

Applications thérapeutiques. — Le sulfate de cadmium a été employé quelquefois comme succédané du sulfate de zinc soit dans les affections oculaires, soit contre la blennorrhagie. Son pouvoir antiseptique supérieur à celui du zinc pourrait lui faire donner la préférence. Quant à son utilisation dans le traitement de la syphilis, cette idée, reposant uniquement sur ses analogies avec le mercure, est problématique. Peut-être le bromure de cadmium pourrait-il être substitué avec utilité au bromure de potassium, mais c'est une simple hypothèse, appuyée uniquement sur le calme observé chez les chiens ayant reçu de très faibles doses de *sulfate* de cadmium.

ATHANASIU ET LANGLOIS.

CÆCUM (Voyez Intestin).

CAFÉ. — Nom de la graine du caféier (*Coffea Arabica, L.*) ; arbuste de la famille des Rubiacées, qui s'acclimate très bien dans les régions chaudes du globe et dont les fleurs blanches répandent une odeur suave. Le produit commercial arrive débarrassé de ses enveloppes et porte le nom de café décortiqué. Suivant leur provenance les grains sont plus ou moins gros et réguliers, et leur aspect ne trompe pas le connaisseur sur leur origine.

Le café s'emploie soit vert, soit après torréfaction. Mais c'est sous cette dernière forme qu'il est le plus employé.

Introduit en Europe par les Orientaux, sa consommation est devenue considérable; aussi donne-t-il lieu à un commerce très important qui va en augmentant chaque année et qui dépasserait pour l'Europe le chiffre de 300 millions de kilogrammes.

Sous l'influence de la torréfaction le café subit des modifications très grandes. Tout en perdant 15 à 20 p. 100 de leur poids, les grains doublent presque de volume et acquièrent en même temps un goût amer et un parfum qui diffèrent complètement du goût et du parfum du café vert. Il se développe une huile volatile, et une partie du tannin serait mise en liberté (Chenevix). Le principe actif (*la caféine*) ne paraît pas altéré (Garot).

Pour que la torréfaction soit bien faite, il faut qu'elle ait lieu en vase clos, à un feu modéré et que les grains soient soumis à une agitation continuelle. On doit l'arrêter lorsque les grains ont pris une couleur brune, que l'on peut comparer à la couleur *aile de hanneton* ou à celle de la peau de la châtaigne; ils sont luisants et recouverts d'une matière grasse. Pour qu'ils conservent la presque totalité de la caféine, il ne faut pas que la torréfaction soit poussée trop loin.

D'après Payen, le café contient p. 100 : Cellulose, 34; eau hygroscopique, 12; matière grasse, 10 à 13; glycose avec dextrine et acide végétal, 15,5; légumine, 10; chlorogénate de potasse et de caféine, 3,5; matière azotée, 3; caféine libre, 0,8; huile volatile concrète 0,001; huile volatile liquide, 0,002; substances minérales, 6,697.

En précipitant de la décoction de café par le sous-acétate de plomb, Pfaff a reconnu la présence de deux corps particuliers, l'un ressemblant au tannin, l'*acide cafétanique*, l'autre identique à l'acide chlorogénique de Payen, l'*acide caféique*. C'est à ce corps que le café torréfié doit son arome spécial, car chauffé fortement il dégage la même odeur. La quantité de caféine (V. ce mot) varie suivant les espèces.

L'infusion de café vert ou non torréfié est bien différente de celle faite avec la graine torréfiée. Avec le café vert on obtient une boisson ayant une odeur et une saveur herbacées, tandis qu'après une torréfaction bien faite et qui doit varier suivant les qualités, on a une boisson aromatique des plus agréables. Aussi son usage s'est-il fort répandu. C'est que sous l'influence de la torréfaction la partie du café qui est soluble dans l'eau se décompose et se transforme en un principe amer et en *caféone*, nom donné par Boutron et Frémy au produit qui communique l'arome. La torréfaction a encore la propriété de rendre les semences très friables et par conséquent faciles à réduire en poudre. Mais il ne faut pas que le point soit dépassé, sans quoi il se fait un dégagement de substances empyreumatiques qui communiquent au café une saveur fort désagréable.

Pour obtenir une boisson agréable, il faut avoir recours à l'infusion et non à la décoction qui fait perdre au café son arome et même le rend amer. Payen, en effet, a constaté qu'après deux heures d'ébullition il n'y avait plus d'odeur caractéristique.

D'une manière générale, l'infusion de café produit une excitation qui procure une sensation de bien-être par suite d'une action marquée sur les fonctions digestives et circulatoires, ainsi que sur les facultés intellectuelles. Comme le dit Michel Levy, « les esprits les plus lourds puisent dans le café une certaine facilité pour les œuvres de l'intelligence ; il ne fait pas éclore la pensée dans la cervelle de l'idiot, mais il ranime les facultés engourdies de l'homme sain; il épanouit l'imagination du poète, il ravive la mémoire du professeur, il fait couler les idées de la plume, et les paroles des lèvres. » Son action sur le système nerveux céphalique se traduit chez la plupart des personnes par une perte du sommeil pendant les premières heures qui suivent son ingestion; il est vrai que l'habitude diminue sensiblement, mais n'épuise jamais cette action.

Si cette boisson s'est répandue d'une façon si universelle, elle le doit à la sensation agréable qui suit son emploi et qui amène un état de *défatigue*. C'est pour cela que les Européens dans les pays chauds et que les créoles eux-mêmes en font un usage constant pour résister à l'action dépressive de la grande chaleur. Une tasse de café noir, en effet, rafraîchit, modère la sueur et la soif et relève les forces. Son action sur la sécrétion rénale empêche la concentration des urines qui se produit sous l'action de l'exagération de la sécrétion sudorale.

Cette sensation de bien-être est telle que l'habitude de prendre du café devient un vrai besoin pour beaucoup de personnes qui ne peuvent commencer leur journée qu'après avoir pris une tasse de cette infusion; pour d'autres, c'est la digestion qui ne peut se faire qu'avec son aide. Il constitue pour certains ce que l'on a appelé la *boisson intellectuelle*, grâce à son pouvoir de rendre les idées plus vives, plus nettes; à tel point que beaucoup d'auteurs ne peuvent travailler que sous son influence.

Ses qualités n'ont pas été appréciées de la même manière par tout le monde: les uns en ont fait un poison, les autres un nectar. Il y a de l'exagération de part et d'autre.

Tout le monde ne le supporte pas, il est vrai, de la même façon et certains tempéraments en sont plutôt incommodés. Mais sous l'influence de l'habitude les inconvénients s'atténuent très facilement. Fontenelle est un exemple que l'usage du café n'abrège pas l'existence. « Poison lent, disait-il, car voilà bientôt quatre-vingts ans que j'en bois, sans qu'il ait produit d'effet. »

Son action varie suivant l'âge, le sexe, l'état de vacuité ou de plénitude de l'estomac. Il convient moins aux femmes et aux enfants qu'aux hommes et aux vieillards.

Pris après les repas, il produit moins d'effet qu'absorbé à jeun, probablement parce qu'une partie de son action est employée à favoriser la digestion. Aussi est-il très utile après les repas un peu copieux.

Il est favorable aux personnes lymphatiques, lentes, à estomac paresseux, il est nuisible aux tempéraments nerveux et très impressionnables, aux personnes atteintes de goutte, d'hémorrhoïdes ou de gastralgie.

Le café a-t-il réellement des propriétés nutritives? A l'appui du pouvoir nutritif du café on a cité l'exemple des mineurs de Charleroi qui, grâce à son usage, conservaient leur santé et leur énergie malgré une alimentation insuffisante. Mais cette idée a été combattue par Magendie, qui, rapportant les faits de Charpentier de Valenciennes, établit que la santé des mineurs était loin d'être florissante. D'un autre côté les musulmans d'Abyssinie, qui usent largement du café, supporteraient le jeûne moins bien que les chrétiens.

Dans le café il ne faut peut-être pas voir seulement la richesse en azote, mais, comme nous l'avons déjà dit, l'action excitante générale sur la plupart des fonctions de l'organisme et en particulier sur l'estomac, ce qui permet à cet organe stimulé de sécréter du suc gastrique en plus grande quantité et de digérer plus complètement les aliments qui lui sont présentés.

Peut-être aussi peut-on faire rentrer le café dans la catégorie des aliments qui ralentissent les phénomènes de décomposition interstitielle et qui empêchent plutôt la *dénutrition*.

Pris à l'excès le café détermine un état fébrile qui n'est pas désagréable, une exaltation des facultés intellectuelles et des sens, de l'insomnie, de l'anxiété épigastrique, de la motilité exagérée, ainsi qu'une tendance à la loquacité. On arrive même à constater du tremblement des membres et de la mâchoire inférieure. A ces phénomènes succèdent une fatigue générale, de l'abattement et une tendance invincible au sommeil. Si l'abus est continué, il détermine un état persistant d'excitation et d'irritabilité qui peut aller jusqu'à des troubles plus ou moins marqués de l'innervation.

Le lait additionné de café, ou ce que l'on appelle vulgairement le café au lait, constitue un excellent aliment qui sert de premier déjeuner à une grande partie de la population européenne. C'est bien à tort que dans ces derniers temps on s'est imaginé qu'il pouvait être nuisible.

C'est, au contraire, un aliment très bon et très sain qui se digère avec une grande facilité et qui ne mérite nullement les reproches qu'on lui a adressés, même venant de la part de certains médecins. Quant à faire naître des écoulements leucorrhéiques chez les femmes, c'est une de ces erreurs qui se propagent sans cause et qui n'ont jamais été démontrées.

Mode d'emploi. — Usages. — Le café peut s'employer de plusieurs manières:

1° Macération de café vert, qui consiste à mettre dans un verre d'eau froide 25 grammes de café que l'on laisse macérer environ douze heures;

2° Café cru en poudre, peu usité, employé jadis par GRINDEL comme fébrifuge;
3° Café noir en infusion ou sous forme de sirop.

En dehors de son emploi dans l'alimentation journalière, ce dont nous n'avons pas à nous occuper ici, renvoyant aux traités d'hygiène, le café a reçu de nombreuses applications en médecine dont les principales sont les suivantes: douleurs de tête, céphalées ou migraines; fièvres intermittentes; affections rhumatismales ou goutteuses; asthme, coqueluche; torpeur cérébrale et coma; hydropisies et albuminurie; gravelle et coliques néphrétiques; réduction des hernies. Il a été employé comme anaphrodisiaque contre le priapisme nocturne; comme désinfectant et enfin comme désodorant pour masquer l'odeur et le goût de certaines substances telles que la quinine, le musc, l'assa fœtida, etc.

Une des propriétés les plus importantes du café est son action dans les accidents comateux qui accompagnent certains empoisonnements, tels que ceux par l'opium et ses alcaloïdes, l'acide prussique, les champignons, etc., bref, toutes les fois qu'il y a torpeur.

Il est bon d'ajouter en terminant que c'est à son alcaloïde, la *caféine* (voir ce mot), que le café doit la plus grande partie de ses propriétés.

Bibliographie. — HIERLEIN (W). *Das Coffein u. das Kaffeedestillat in ihrer Beziehung zum Stoffwechsel* (*A. g. P.*, 1892, 165-185).

CH. LIVON.

CAFÉINE ($C^8H^{10}Az^4O^2$). — La caféine est un alcaloïde que l'on trouve non seulement dans les graines, les tiges et les feuilles du caféier (*Coffea arabica* L.), arbuste de la famille des Rubiacées, mais encore, comme nous le verrons, dans d'autres végétaux.

C'est en 1820 qu'elle fut découverte par RUNGE dans le café. En 1827, OUDRY trouva dans le thé une substance qu'il appela théine et qui fut reconnue identique à la caféine par JOBST et MULDER en 1838. En 1840, MARTIUS isolait de la caféine du Guarana, pulpe du *Paullinia sorbilis*. En 1843, STENHOUSE la retirait du thé du Paraguay et des tiges et des feuilles du caféier. DUMAS et PELLETIER l'analysèrent pour la première fois en 1823 et c'est en 1832 que PFAFF et LIEBIG en donnèrent la composition exacte. HERZOG le premier établit la nature alcaline de cette substance, que STRECKER, en 1861, obtenait synthétiquement en partant de la théobromine. La caféine s'extrait aussi avantageusement de la noix de Kola (*Cola acuminata* B. BROWN), comme l'ont montré HECKEL et SCHLAGDENHAUFFEN.

Propriétés physiques et chimiques. — La caféine cristallise en aiguilles soyeuses très fines qui paraissent être prismatiques; elles sont blanches, inodores et très amères, et renferment une molécule d'eau de cristallisation qu'une température de 150° ne leur fait pas perdre complètement.

Tous les auteurs qui ont étudié cette substance ne sont pas d'accord sur son point de fusion: les uns lui assignent 178° comme point de fusion (MULDER), les autres 234° (STRECKER), 229° (COMMAILLE). Des recherches récentes (L. GAUCHER, 1895) semblent établir que la caféine commence à se vaporiser à 177°-178° avant de fondre, et qu'elle n'entre en fusion qu'à 228°-229°, son point d'ébullition serait à 384° (STRECKER). Sa solubilité varie beaucoup suivant le liquide; d'après LEBLOND, elle est soluble dans 60 parties de suc gastrique; quant aux liquides employés ordinairement, voici le tableau de solubilité de la caféine, d'après le *Dict. de chim.* de WURTZ, *Suppl.* 388.

	A 15-17°		A L'ÉBULLITION	
	Caféine hydratée.	Anhydre.	Hydratée.	Anhydre.
Chloroforme	«	12,97	«	19,02
Alcool à 85°	2,51	2,30	«	«
Eau	1,47	1,35	49,73	45,55
Alcool absolu	«	0,61	«	3,12
Éther	«	0,0437	«	0,36
Sulfure de carbone	«	0,0585	«	0,454
Essence de pétrole	«	0,025	«	«

La densité de la caféine cristallisée est de 1,23 à 19°; sous l'influence de la chaleur, la caféine dégage de la méthylamine lorsqu'elle est unie à un acide capable de fournir de l'hydrogène; elle en dégage également lorsqu'on la fait bouillir avec de la potasse ou qu'on la chauffe avec de l'hydrate de baryte. Il se forme dans ce cas un nouvel alcaloïde que l'on a nommé « caféidine ».

Une réaction importante est celle que l'on obtient en chauffant la caféine avec de la chaux sodée ; il se produit un dégagement d'ammoniaque et il reste un mélange de carbonate de potasse, de carbonate de soude et de cyanure de sodium : cette réaction distingue nettement la caféine de la pipérine, de la morphine, de la quinine et de la cinchonine qui dans les mêmes conditions ne donnent pas de cyanure de sodium.

La caféine donne des sels avec les acides, mais d'après les recherches de Tanret les véritables sels ne seraient obtenus qu'avec les acides minéraux, les acides organiques ne donnant lieu qu'à des mélanges fort peu stables que l'on ne doit pas considérer comme des sels. « Les propriétés alcaloïdiques de la caféine, dit-il, sont extrêmement faibles ; c'est ainsi que sa réaction est parfaitement neutre au tournesol et que les réactifs ordinaires des alcaloïdes, l'iodure double de mercure et de potassium et le réactif de Bouchardat ne la précipitent que si ses solutions sont relativement très chargées. N'étant pas alcaline, la caféine est incapable de neutraliser la plus petite quantité d'acide, et, si elle forme des sels avec certains acides, ces sels sont loin d'être aussi stables que ceux de la plupart des autres alcaloïdes. »

L'acétate, le valérianate, le lactate, le citrate de caféine ne sont pas des sels, mais des mélanges d'acide et de caféine que l'on devrait faire disparaître des ouvrages de thérapeutique et du langage médical et scientifique.

Les acides minéraux, au contraire, tels que l'acide chlorhydrique, l'acide bromhydrique forment des sels que l'on obtient en très beaux cristaux, mais qui ne sont pas stables et que l'eau et l'air libre décomposent.

Tanret a remarqué que la caféine en présence du benzoate, du cinnamate, du salicylate de soude se dissolvait dans très peu d'eau et formait ainsi des sels doubles, très solubles et très riches en caféine. « Ce qui prouve, dit-il, qu'il y a là plus qu'une simple solution, c'est que, pour un poids déterminé de caféine, il faut des poids également déterminés de ces sels alcalins ; autrement dit, la combinaison a lieu d'après les équivalents de ces divers corps. »

Le cinnamate de soude dissout la caféine dans l'eau, équivalent pour équivalent : 170 de cinnamate pour 224 de caféine. Ce sel double contient ainsi 58,9 p. 100 de caféine.

Le benzoate de soude et de caféine contient, pour deux équivalents de benzoate de soude (288), un équivalent de caféine (244), soit 45,8 p. 100 de caféine.

L'acide salicylique permet d'obtenir le sel double le plus riche en caféine : un équivalent de salicylate de soude (160) permet la dissolution d'un équivalent de caféine (244). Ce qui donne 61 p. 100 de caféine.

La solubilité de ces sels doubles est telle qu'on peut obtenir facilement avec le benzoate et le cinnamate de soude des solutions contenant par centimètre cube 20 centigrammes de caféine et jusqu'à 30 centigrammes avec le salicylate.

Voici les formules proposées par Tanret :

N° 1.	Benzoate de soude	2gr,95
	Caféine	2gr,50
	Eau distillée	6 gr. ou q. s. pour 10 cc.

Chaque centimètre cube contient 25 centigrammes de caféine.

N° 2.	Salicylate de soude	3gr,10
	Caféine	4 gr.
	Eau distillée	6 gr. ou q. s. pour 10 cc.

Chaque centimètre cube contient 40 centigrammes de caféine.

La dissolution doit se faire à chaud, au bain-marie.

N° 3.	Cinnamate de soude	2gr,10
	Caféine	2gr,10
	Eau	q. s. pour 10 cc.

Grâce à ces formules on obtient des solutions qui permettent, sous un petit volume, d'injecter des quantités assez fortes de caféine par la voie hypodermique.

Préparation. — La caféine peut s'extraire du café, du thé, du guarana, du thé de Paraguay et de la noix de kola. Plusieurs procédés ont été proposés pour faire cette extraction. Celui qui est le plus généralement employé est le suivant : On fait avec la substance dont on veut extraire l'alcaloïde une infusion que l'on précipite par le sous-acétate de plomb. On ajoute au liquide un peu d'ammoniaque et l'on filtre; au moyen d'un courant d'acide sulfhydrique, on débarrasse le liquide filtré de l'excès de plomb, on filtre de nouveau et on évapore lentement la liqueur. D'abondants cristaux de caféine presque pure se déposent par refroidissement. On les purifie par des cristallisations successives.

La quantité de caféine varie beaucoup suivant le produit dont on l'extrait et même lorsque l'on se sert du thé ou du café suivant les différentes espèces.

Le guarana contient environ 5 p. 100 de son poids de caféine; la noix de Kola contient 2gr,348 p. 100 de caféine libre et non combinée à un acide organique et 0gr,023 de théobromine.

Pour les thés et les cafés, DRAGENDORFF (de Dorpat) en a fait de nombreuses analyses, et il a donné les tableaux suivants :

Thés.

		Théine p. 100.
Thés en fleurs	Kiachta	2,9
	Canton	2,6
Thé noir	Kiachta	2,5
	Canton	2,2
Thé vert	Kiachta	1,6
	Canton	1,9
Thé jaune	Kiachta	1,9
	Canton	1,8

Cafés.

	Caféine.
1. Brun préauger	0,71
2. Mocca jaune très fin	0,64
3. Menado jaune	1,22
4. — bleu	1,38
5. Mocca d'Alexandrie	0,84
6. Gamaïca Plantagen très fin	1,43
7. Surinam, 1re qualité (Java)	1,78
8. Préauger	0,93
9. Surinam, 2me qualité (Java)	1,04
10. Ceylan Plantagen perlé	0,78
11. Java jaune	0,88
12. Java des Indes orientales	1,22
13. Myssore	1,23
14. Malabar	0,88
15. Java écru	2,21
16. Costa Rica	1,18
17. Ceylan Plantagen (petites fèves)	1,58
18. Washed Rio	1,14
19. Native Ceylan, perlé	1,14
20. — 1re qualité	0,87
21. Native Ceylan, 2me qualité	1,54
22. Mocca d'Afrique	0,70
23. Feldkaffée de la Jamaïque	0,67
24. Native Ceylan, 3me qualité	1,57
25. Santos	1,49

Propriétés physiologiques. — Les propriétés physiologiques de la caféine ont donné lieu à des travaux nombreux qui sont loin d'arriver à des résultats identiques : cela vient sans doute de ce que les expérimentateurs ne se sont pas toujours placés dans les mêmes conditions d'animaux, de doses, de durée et peut-être aussi de pureté des produits employés.

Tous ces facteurs jouent certainement un grand rôle dans la divergence des opinions.

Nous allons donc présenter un résumé des résultats obtenus les plus importants, en envisageant les principaux appareils les uns après les autres.

Appareil digestif. — La caféine n'a pas une action directe bien marquée sur les fonctions digestives. Elle est généralement bien supportée par l'estomac, à moins que les doses ne soient trop élevées. Il se produit alors, comme l'a indiqué Fort, J. A. (1883) des crampes d'estomac et des troubles de l'intestin qui peuvent s'expliquer par la paralysie des vaso-moteurs entraînant des troubles de la sécrétion intestinale. C'est par l'intermédiaire des racines médullaires du grand sympathique que ce résultat se manifesterait. Chez certains cardiaques, elle peut déterminer une anorexie absolue et des vomissements; on peut aussi observer de l'intolérance quand le foie est altéré, dans la cirrhose, par exemple (Huchard). En dehors de ces cas on constate un effet plutôt indirect transmis par le système nerveux: ainsi Leven (1868) signale les contractions musculaires de l'estomac et de l'intestin.

Appareil respiratoire. — Ceux qui ont étudié l'action de la caféine sur la respiration n'ont pas tous constaté les mêmes faits. Cette divergence provient sans doute encore des conditions dans lesquelles les expériences ont été faites, et du moment de l'observation, car on constate plusieurs phases dans l'action de cette substance.

Pour Leven (1868), au début de l'action de la caféine, la respiration est accélérée : Giraud (1881) dit que les doses toxiques administrées à des animaux produisent une accélération des mouvements respiratoires, puis un ralentissement par épuisement nerveux; pour Henneguy (1875), après une légère excitation du système nerveux et des muscles, les mouvements volontaires et respiratoires disparaissent; Gosset (1885) a constaté que la guaranine qui est identique à la caféine amenait l'arrêt de la respiration. Germ. Sée, Lapicque et Parisot (1890), dans leurs expériences sur l'homme et les animaux, ont démontré que la caféine empêchait l'essoufflement et les palpitations consécutives à un travail violent. Parisot, dans son travail sur *l'action de la caféine sur les fonctions motrices*, ajoute qu'il est extrêmement vraisemblable que c'est essentiellement par une modification des fonctions bulbaires que la caféine s'oppose à l'essoufflement.

Cette action sur le centre respiratoire est importante, car elle permet de supprimer l'essoufflement qui est une cause de gêne si grande dans les marches prolongées; c'est ce qui permet à Parisot de dire : La caféine met un homme non entraîné dans les conditions d'un homme entraîné; elle lui communique pour ainsi dire instantanément l'entraînement qui lui manquait. Chez un homme entraîné elle ajoute son action à celle de l'entraînement.

L'action sur le centre respiratoire est confirmée par Steward (1882) qui a constaté que sur les animaux empoisonnés la respiration cessait avant l'arrêt du cœur.

Nutrition. — Comme pour la respiration, on peut dire que les opinions sur l'action de la caféine dans la nutrition sont très partagées. En analysant les divers travaux traitant de cette question on éprouve un certain embarras à en dégager une conclusion; car, si les uns attribuent à cette substance des propriétés particulières qui en feraient non seulement un *aliment*, mais encore une *substance d'épargne* empêchant l'individu de se *dénourrir*, les autres, au contraire, lui refusent presque toute action nutritive. C'est en évaluant les variations de l'excrétion de l'urée que l'on a cherché à établir le véritable rôle joué par la caféine dans les phénomènes de nutrition. Seulement, sans qu'il soit possible de bien en établir la véritable cause, les résultats fournis sont loin de concorder.

Pour Beale, Böcker, J. Lehmann, Gubler, Hammond, Jomand, Marvaud, Bouchardat, Trousseau, etc., la caféine diminue la quantité des matières excrémentitielles de l'urine ainsi que la dépense des matières albuminoïdes.

D'après Rabuteau et Eustratiadès on constate une diminution notable de l'urée.

Schultze (de Breslau) a signalé un ralentissement de l'excrétion de l'urée et une diminution considérable de l'activité du travail nutritif envers lequel la caféine agirait comme un véritable aliment.

Pour Leven, C. G. Lehmann et Frœlich on observe un ralentissement dans les mouvements de décomposition des éléments organiques.

Francotte (de Liège) dit que les variations de la quantité d'urée et d'urine excrétées sont peu considérables et ne se produisent pas dans le même sens; pour lui, chez l'homme, la caféine ne serait pas diurétique, tandis que pour Huchard elle produit la diurèse. Voit arrive à cette conclusion qu'il n'y a pas de modification dans la quantité d'urée; c'est aussi la conclusion de Giraud et de Leblond pour les doses physiologiques; A. Fort ne voit dans le café ni un aliment de dépense, ni un aliment d'épargne.

A côté des auteurs qui prétendent que la caféine n'a aucune action sur les phénomènes de la nutrition ou une action de ralentissement, il y en a d'autres au contraire qui reconnaissent à cet alcaloïde des propriétés bien différentes. Ainsi pour Binz l'urée et CO^2 sont éliminés en plus grande quantité qu'à l'état normal. Fubini et Ottolenghi ont constaté une augmentation de l'excrétion de l'urée; mais cette augmentation tiendrait à l'excitation intellectuelle et musculaire.

Pour Roux, on trouve au début de l'action de la caféine une augmentation de chlore et d'urée dans les urines; mais ensuite, par le fait de l'habitude, l'usage de la caféine ne modifie plus la composition de l'urine.

Guimaraes et Raposo, en administrant de fortes doses de café, ont remarqué qu'il agissait comme agent de désassimilation, mais qu'avec des doses moyennes il y avait d'abord un mouvement de désassimilation suivi d'un mouvement d'assimilation. En somme, augmentation de l'alimentation, non par une action directe excitante sur les phénomènes digestifs, mais par une action indirecte.

Couty, Guimaraes et Niobey ont étudié les modifications du sang, et ils ont trouvé une augmentation d'urée et du sucre, avec une diminution des gaz du sang, comme du reste d'Arsonval et Couty l'avaient observé avec le maté.

Pour G. Sée et Lapicque la caféine augmente les combustions azotées, elle n'est pas un moyen d'épargne, elle ne remplace pas les aliments, elle ne fait que remplacer l'excitation tonique générale que produit l'ingestion des aliments; elle active les combustions, consomme du combustible, favorise le travail musculaire par usure de l'organisme en brûlant les réserves. Elle augmente la dénutrition (Leblond, 1883) quand elle est prise à dose élevée.

Parisot (1890), qui s'est livré à un examen critique détaillé des travaux qui ont été publiés sur cette question, arrive aux conclusions suivantes : la caféine n'agit pas sur la nutrition comme un aliment d'épargne. Elle n'a pas d'action spécifique sur l'excrétion de l'urée, elle la modifie dans des sens divers sous l'influence de conditions inconnues. Elle agit sur l'individu inanitié non pas comme un aliment, mais en tonifiant le système nerveux et en permettant, par son ingestion, l'utilisation des réserves de l'organisme.

On s'est encore adressé à l'observation des variations de la température et à la mesure de l'acide carbonique dégagé dans la respiration pour apprécier l'action de la caféine sur les échanges organiques.

Dans les recherches sur les variations de température il faut éliminer celles qui ont été faites sur le lapin, attendu que cet animal présente des variations à l'état normal, qu'il est très difficile d'expliquer; il ne faut donc considérer que les résultats obtenus sur le chien ou sur l'homme. Pour Guimaraes, Binz, Parisot la caféine produit chez le chien une ascension thermique pouvant atteindre 1°,4 dans le rectum. Chez l'homme Marvaud a constaté un abaissement de trois dixièmes en moyenne, mais c'était dans le creux axillaire qui peut être considéré comme donnant la température périphérique. Or Leblond a trouvé que la caféine produisait une chute de la température périphérique envisagée dans son rapport avec la température centrale; quant à la température buccale il a constaté qu'elle n'était point modifiée. On peut donc admettre par cette constatation indirecte qu'il y a augmentation des combustions.

Quant à l'excrétion de l'acide carbonique, Hoppe-Seyler (1857) et Edward Smith (1860), qui se sont occupés de la question, ont trouvé une augmentation.

Du reste, en envisageant les échanges organiques d'une façon générale, sous l'influence de la caféine, on arrive toujours à trouver qu'ils sont augmentés, que cette augmentation tienne à une action directe, ou bien qu'elle soit le résultat d'une action indirecte provenant du système nerveux, qui, comme nous le verrons bientôt, éprouve une excitation bien nette sous l'influence de cette substance; il n'y a par conséquent rien d'étonnant alors que l'on constate une augmentation de l'excrétion de l'urée, une augmentation de température et une augmentation de l'exhalation de l'acide carbonique. Il faut ajouter que la caféine s'élimine rapidement par les urines où il est facile de la retrouver, quoique Neubauer n'ait jamais constaté sa présence.

Appareil de la circulation. — Nous retrouvons pour la circulation les mêmes divergences que celles qui ont été signalées précédemment : les uns prétendent que la caféine accélère le cœur, les autres qu'elle le ralentit.

Il y a excitation du cœur pour LONDE, MURRAY, NYSTEN, A. RICHARD; le pouls est accéléré pour PROMPT.

TROUSSEAU a constaté que le nombre des battements du cœur était augmenté.

Pour ROGNETTA, le pouls ne s'accélère pas : il devient plus mou, plus ample, plus lent, et les vaisseaux du cerveau ont de la tendance à se désemplir. Il y aurait au contraire accélération d'après PEUILLEAU et DELTEL. ALBERS prétend que l'état tétanique des muscles périphériques produit par la caféine se retrouve sur le cœur; que sous cette influence il se spasmodise, pâlit et diminue de volume.

CARON, après avoir absorbé $0^{gr},50$ de caféine, a vu son pouls descendre de 80 à 56 pulsations. MÉPLAIN, avec une dose analogue, a constaté aussi une chute de 61 à 56 pulsations, avec une augmentation de la tension artérielle.

Le ralentissement serait le résultat ordinaire d'après JOMAND. SABARTHEZ au contraire admet l'accélération des contractions cardiaques.

D'après LEVEN les doses toxiques commencent par augmenter le nombre des battements puis cette augmentation fait place à un ralentissement. Il en serait de même d'après FALK, STUHLMAN et VOIT.

Pour BINZ la caféine à dose modérée augmente l'action du cœur directement et excite la contraction artérielle; la pression sanguine augmente, ainsi que la fréquence du pouls, et comme conséquence il y a élévation de température.

GENTILHOMME, au contraire, prétend que la caféine est sans action sur le cœur, sur la tunique musculaire des artères et sur les nerfs vaso-moteurs.

HOPPE, JOHANNSEN, SCHMIEDEBERG, et d'autres qui ont étudié la caféine, ne parlent point de son action sur le cœur. Pour HENNEGUY le cœur se ralentit, s'affaiblit et finit par s'arrêter en systole.

FONSSAGRIVES admet une augmentation de la tension artérielle, une diminution de la fréquence du pouls, une excitation des vaso-moteurs et une augmentation de la contractilité. Le cœur est excité, ses mouvements deviennent plus énergiques, ce qui produit une augmentation de la tension artérielle.

BENNET a observé une contraction puis une dilatation des vaisseaux capillaires avec stase sanguine.

MAGENDIE, qui s'est servi de l'hémodynamomètre de POISEUILLE, a constaté que la pression augmente beaucoup.

AUBERT et DEHN, qui ont fait des expériences comparatives, ont vu qu'à forte dose la caféine était sans action sur le cœur de la grenouille, mais qu'au contraire, chez le chien et le chat, elle déterminait une fréquence extrême du pouls, une diminution de la pression sanguine, suivie d'une augmentation avec ralentissement des pulsations.

GIRAUD, d'après des expériences faites sur lui-même, arrive à ces conclusions : la caféine diminue la fréquence du pouls, augmente la tension artérielle ainsi que l'énergie des battements du cœur. Sur les animaux les doses toxiques accélèrent puis ralentissent la circulation par épuisement nerveux, diminuent considérablement la pression sanguine, paralysent complètement les vaso-moteurs.

Pour STEWARD, la caféine stimule d'abord le cœur, augmente la tension artérielle, puis affaiblit la puissance musculaire cardiaque et diminue la pression sanguine et, comme corollaire, détermine de l'hyperthermie d'abord, puis un abaissement de température au moment où se produit la paralysie. Cette action serait due, d'après cet auteur, à la paralysie des ganglions cardiaques.

J. A. FORT prétend que l'on peut constater des troubles cardiaques ainsi que de la paralysie des vaso-moteurs.

JACCOUD prétend que la caféine augmente l'impulsion du cœur dont elle régularise les battements.

Pour DUJARDIN-BEAUMETZ la caféine régularise les contractions du cœur, et sous son influence le pouls présente des pulsations plus amples et moins nombreuses. Pour LÉPINE elle accroît l'énergie des contractions cardiaques aussi puissamment que la digitale.

LEBLOND a observé qu'à dose physiologique la caféine diminue la fréquence du pouls en augmentant l'énergie des battements cardiaques et la pression sanguine par constriction vaso-motrice; elle fait aussi tomber la température périphérique.

A dose toxique, la pression sanguine baisse par paralysie vaso-motrice. Chez les animaux à sang froid il a constaté que le cœur se ralentissait de plus en plus et finissait par s'arrêter en systole; chez les animaux à sang chaud le cœur s'accélère sur la fin de l'empoisonnement: il finit par s'arrêter en diastole, et la température baisse rapidement.

Parisot ne s'est pas occupé spécialement de l'action de la caféine sur la circulation, mais pour lui cette substance agit sur la pression sanguine et sur le cœur par un effet vaso-tonique. L'accélération des battements du cœur chez un sujet qui se fatigue serait consécutive à une chute de la pression du sang; la caféine, maintenant la pression sanguine à son niveau normal, empêche ainsi l'accélération et permet à l'organisme de lutter plus longtemps contre la fatigue.

Gaetano Vinci (1895), dans un travail sur l'action de la caféine sur la pression sanguine, arrive aux conclusions suivantes : quelle que soit la voie d'administration de la caféine, on constate toujours sur les animaux normaux une élévation de la pression vasculaire, ne serait-ce que de quelques millimètres de mercure. Chez le lapin seulement on observe un abaissement consécutif, cet abaissement peut se mettre sur le compte de l'immobilité et de la douleur produite par l'injection.

Quand on a soumis des chiens et des lapins à des saignées répétées et que l'on a ainsi abaissé la pression, la caféine produit sur ces animaux une augmentation de tension très forte, puisqu'elle peut faire atteindre à la pression le point normal et qu'elle peut même le dépasser. Ces effets ne sont généralement obtenus qu'avec la digitale ou avec des substances appartenant au même groupe pharmacologique.

Chez les chiens soumis à l'inanition, l'élévation de la pression se manifeste aussi très nettement, cette élévation est presque en raison directe de l'affaiblissement des forces de l'animal; pourtant, si, par le fait d'un épuisement trop grand, l'animal est réduit à un état tel que la fibre cardiaque ait perdu sa sensibilité à la caféine, dans ce cas on observe toujours un relèvement de la pression, mais dans des proportions beaucoup plus petites.

Pour obtenir un effet utile, il faut des doses assez fortes, car les petites produisent bien l'augmentation de la pression sanguine, mais d'une façon peu accentuée. Si les doses administrées sont très fortes, on arrive à produire l'empoisonnement qui se traduit par une atteinte de la fibre musculaire du cœur, c'est-à dire paralysie du myocarde et comme conséquence chute de la pression.

L'action de la caféine se manifeste toujours rapidement et dure assez longtemps. En administrant des doses successives on obtient toujours une nouvelle augmentation de la pression, mais elle est moins marquée.

On peut donc conclure de l'ensemble de tous les travaux publiés que, d'une façon générale, la caféine augmente l'énergie du cœur ainsi que la pression sanguine.

Système nerveux. — La caféine agit très manifestement sur le système nerveux. Tous les observateurs l'ont constaté.

Le café a toujours été considéré comme un excitant des fonctions cérébrales : cette action, il la doit assurément à son alcaloïde. Laissant de côté les auteurs qui n'ont eu en vue que le café dans son ensemble, nous ne parlerons que de ceux qui ont spécialement étudié l'action de la caféine.

Pour Trousseau, la caféine et ses sels, à la dose de quelques grains, produisent un assoupissement léger, suivi bientôt d'une excitation qui active l'énergie des fonctions vitales et favorise le travail intellectuel; à haute dose elle serait vomitive.

Hoppe prétend que sur la grenouille rousse elle paralyse énergiquement et promptement les nerfs : la paralysie frapperait plus vite la sensibilité que le mouvement.

D'après Leven, dans la première période de l'absorption, l'appareil nerveux central, le cerveau, la moelle sont irrités. Dans la deuxième période, le système nerveux se fatigue. La caféine n'abolit pas entièrement le pouvoir réflexe ni les propriétés des nerfs et des muscles; elle ne fait que diminuer leur excitabilité.

Henneguy a constaté qu'au début il y a une légère excitation du système nerveux, puis que la sensibilité s'émousse. Les nerfs moteurs conservent leur excitabilité dans toute leur étendue après la disparition des réflexes. Ce qui prouverait que la perte des mouvements tiendrait réellement à une action sur les centres nerveux.

Pour Bennet la caféine à petites doses produit de l'excitation cérébrale non suivie de coma, puis une perte partielle de la sensibilité; à fortes doses, une excitation cérébrale avec paralysie complète de la sensibilité et la mort.

Gentilhomme n'a constaté aucune influence sur le système nerveux central ou périphérique.

Nothnagel et Rosbach prétendent qu'à dose toxique la caféine excite d'abord, puis déprime l'activité cérébrale.

D'après Giraud on constaterait une paralysie complète des cordons postérieurs de la moelle ainsi que des nerfs périphériques. Les cordons antérieurs et les nerfs moteurs ne subiraient aucune influence.

Le cerveau et la moelle seraient excités pour J. A Fort.

Pour Steward (New-York), il se produit d'abord de l'excitation cérébrale, avec insomnie, hallucinations, délire; puis survient de l'assoupissement, dû probablement à de l'épuisement nerveux.

Leblond, de ses observations, conclut que la caféine est un excitant du système nerveux à dose physiologique, mais qu'à dose toxique elle paralyse les nerfs sensitifs périphériques et agit aussi sur le pneumogastrique dont elle diminue l'excitabilité. Elle exagère le pouvoir excito-moteur de la moelle et détermine dans le bulbe une excitation des appareils modérateurs du cœur.

Les conclusions de Parisot sont les suivantes : la caféine a une action élective sur le système nerveux dont elle exagère la tonicité, et c'est par l'intermédiaire de celui-ci qu'elle agit sur tous les autres systèmes.

Système musculaire. — Ce qui vient d'être dit à propos du système nerveux indique que le système musculaire, soit directement, soit indirectement, doit être influencé par la caféine. Mais là encore, les expérimentateurs diffèrent dans leurs conclusions et de plus les muscles ne réagissent pas toujours de la même façon, même chez deux variétés d'une même espèce animale, comme nous le verrons à propos de la grenouille rousse et de la grenouille verte.

Tissot, Albers (de Bonn), Coggsivell considèrent la caféine comme un tétanisant plus énergique que la strychnine.

Pour Fonssagrives elle stimule la contraction musculaire, et cette stimulation défatigue le muscle.

Méplain prétend qu'elle détermine une excitation exagérée, qu'elle donne naissance à des frémissements musculaires et à des spasmes fibrillaires erratiques dans les membres inférieurs et dans les fléchisseurs des doigts, et qu'elle produit une incoordination des mouvements qui ressemble à un état choréique.

D'après Falck, sous l'influence de la caféine, les extrémités antérieures et postérieures se raidissent et tombent dans une sorte d'état cataleptique. Pour Hoppe les muscles sont excités, ils se raidissent aussi et se paralysent, mais un peu plus tard que les nerfs.

Leven tire les conclusions suivantes de ses expériences : dans la première période de l'absorption, les muscles de la vie animale sont le siège de tremblements et de contractures généralisées, le système musculaire de la vie organique, c'est-à-dire les fibres de l'estomac, de l'intestin et de la vessie se contractent violemment. Dans la deuxième période de l'absorption, le système musculaire se fatigue, mais ne se paralyse pas. La caféine n'abolit pas entièrement le pouvoir réflexe ni les propriétés des nerfs et des muscles, elle ne fait que diminuer leur excitabilité.

Pour Henneguy on constate au début une légère excitation des muscles, puis les mouvements volontaires disparaissent et dans les membres se produisent des convulsions.

Après la disparition des réflexes, les nerfs moteurs conservent dans toute leur étendue leur excitabilité; les muscles contracturés perdent rapidement leur contractilité après la mort et entrent en rigidité cadavérique.

De fortes doses de caféine produisent d'après Bennet des spasmes tétaniques et des convulsions.

Pour Voit les muscles deviennent beaucoup plus denses et très fermes. Au début ils restent sensibles à une excitation directe, mais peu à peu ils meurent dans un état de rigidité.

D'après Johannsen, sur la grenouille, les muscles, sous l'influence de la caféine, sont saisis d'une rigidité semblable à celle occasionnée par la chaleur. Il ne se produit ni tétanos, ni excitabilité réflexe.

Pour Buchheim et Eisenmenger, au contraire, il y a toujours du tétanos, des convulsions toniques avec de vives secousses. Ces auteurs sont les premiers qui aient indiqué que la courbe de la contraction affectait un caractère particulier.

Aubert constate de l'excitabilité réflexe croissante et du tétanos; pour lui la raideur des muscles n'a pas d'importance, et n'est pas le résultat d'une action directe.

Schmiedeberg a cherché quelle pouvait être la cause de la divergence que l'on constate entre les résultats obtenus, et il la met sur le compte de la variété des animaux, suivant que l'on expérimente sur les grenouilles rousses ou sur les grenouilles vertes. Ses conclusions sont les suivantes : sur les grenouilles rousses, la caféine produit uniquement des altérations musculaires, sans la moindre trace de tétanos. Ces altérations commencent au point d'application, et ne s'étendent que très lentement et progressivement sur les organes plus éloignés qui peuvent être encore absolument intacts, tandis que les muscles d'abord touchés paraissent complètement raides et contracturés et sont devenus partiellement ou totalement inexcitables. Une portion d'un muscle peut être tout à fait morte et une autre rester excitable encore à un haut degré.

Chez les grenouilles vertes on constate un tétanos réflexe très violent et très persistant, surtout au début de l'intoxication avec des doses faibles, sans qu'on observe la moindre raideur des muscles. Ce n'est que plus tard, au deuxième ou au troisième jour de l'intoxication, que ces différences se compensent partiellement; d'un côté on remarque chez la grenouille rousse une excitabilité réflexe plus intense, et parfois même de faibles accès tétaniques; de l'autre, la grenouille verte présente d'une façon évidente une raideur des muscles qui n'atteint pourtant jamais un degré aussi élevé que dans l'autre espèce.

Schmiedeberg prétend qu'il faut admettre une différence seulement quantitative. Les modifications apportées dans les muscles, ne sont dues qu'à une rigidité cadavérique plus ou moins prompte. Si le tétanos, dit-il, ne fait jamais défaut chez la grenouille verte, c'est que la moelle épinière des deux espèces d'animaux possède une réceptivité différente pour le poison. La moelle épinière de la grenouille rousse est soustraite à l'influence de la caféine, parce que cette substance est énergiquement retenue par les muscles, ce qui empêche sa rapide diffusion.

D'après Gentilhomme la caféine à dose toxique diminue d'abord, puis abolit les mouvements réflexes. Elle donne naissance à des contractions musculaires toxiques en agissant directement sur le fibre musculaire dont elle est un poison. Elle détermine la mort par asphyxie par suite de la raideur et de l'immobilité de tous les muscles et surtout des muscles respiratoires. Pour lui elle n'agit pas sur les fibres musculaires de la vie organique.

Suivant Nothnagel et Rossbach des spasmes tétaniques se produisent sous l'influence de doses toxiques.

Pour Giraud, la caféine produit des convulsions cloniques et des spasmes tétaniques qui diffèrent de ceux produits par la strychnine, en ce qu'ils ne sont pas provoqués par le choc et l'attouchement.

Steward (New-York) a constaté du tremblement musculaire et chez les animaux en expérience des convulsions et de la paralysie.

Leblond, qui a étudié minutieusement l'action de la caféine sur le muscle, arrive aux conclusions suivantes. La caféine, administrée en injections dans les sacs lymphatiques, a manifesté son action sur les muscles d'une manière différente, suivant la dose et la durée de l'empoisonnement, sans parler encore de l'individualité même de la grenouille. Il distingue dans l'action de la caféine sur les muscles quatre périodes.

1° Augmentation de l'excitabilité musculaire directe et indirecte;

2° Période de contracture transitoire et de rigidité cadavérique;

3° Convulsions toniques et tétanos;

4° Diminution et perte de l'excitabilité.

En effet, en administrant à la grenouille une dose de 10 à 15 milligrammes de caféine, on voit que, cinq à dix minutes après l'injection, l'excitabilité musculaire augmente, ce qui se traduit par une augmentation de l'amplitude de la courbe musculaire obtenue dans les mêmes conditions expérimentales qu'avant l'empoisonnement. En même temps la durée de la période de l'excitation latente diminue.

Dans la seconde période de l'empoisonnement, le muscle, tout en se contractant aussi brusquement que dans la première période, se relâche plus difficilement; la décontraction se fait en plusieurs secondes, la durée de la contraction musculaire augmente aussi.

Le muscle est dans un état de contraction transitoire semblable à celle que provoque la vératrine. Le ralentissement de la décontraction ne se produit qu'à un certain moment du relâchement musculaire. Ce relâchement se fait brusquement jusqu'à un certain point, à partir duquel il s'effectue avec une lenteur extrême. La forme de la courbe présente alors une ascension brusque, suivie d'une descente brève dans sa partie supérieure et très allongée dans sa partie inférieure. Parfois même cette lenteur du relâchement musculaire ne se manifeste qu'après une nouvelle contraction; la courbe présente alors sur le trajet de sa descente un crochet plus ou moins allongé, une sorte de dicrotisme. Ce phénomène s'observe aussi dans l'empoisonnement par la vératrine.

Ce caractère de la courbe d'un muscle empoisonné par la caféine disparaît sous l'influence de diverses conditions qui modifient aussi la courbe d'un muscle vératrinisé. C'est aussi dans cette période de l'empoisonnement que l'on commence à observer la rigidité musculaire qui persiste encore dans la période suivante.

Dans la troisième période, qui commence quarante à soixante minutes après l'injection, on voit survenir dans les muscles des contractions toniques. Ces contractions, présentant tout à fait le caractère de convulsions, deviennent de plus en plus fortes, et elles se transforment presque en un tétanos de courte durée.

Si dans cette période de convulsions on réussit à exciter le muscle dans un moment où il est complètement relâché, alors il retombe dans une contraction tonique et présente tous les caractères d'un tétanos.

La rigidité musculaire persiste dans cette période-ci et augmente même, car il s'y surajoute la rigidité tétanique. A partir de ce moment, après vingt, quarante et cinquante minutes, les convulsions cessent, et le muscle, tout en restant rigide jusqu'à un certain point, commence à perdre sa contractilité. C'est la quatrième période qui commence: elle est caractérisée par la diminution de l'excitabilité musculaire et elle aboutit à sa perte absolue.

La courbe musculaire perd son caractère spécial, et son amplitude diminue de plus en plus. La durée de la période de l'excitation latente, qui diminue dans les phases précédentes, est ici notablement augmentée. Au bout de deux ou trois heures après l'injection, le muscle n'est plus excitable.

On n'observe pas toujours les quatre périodes : l'absence de l'une ou de l'autre ne dépend pas seulement de la dose du poison, mais encore de la grenouille elle-même. Les phases de contractions et de tétanos peuvent manquer complètement : dans ce cas, après une période plus ou moins longue d'excitabilité augmentée, on passe à la période de diminution et à l'inertie complète; d'autres fois, c'est la seconde période qui fait défaut, et, presque immédiatement après l'injection, les convulsions tétaniques se produisent.

Leblond n'admet pas la différence signalée par Schmiedeberg entre la grenouille rousse et la grenouille verte : pour lui, cette différence peut se retrouver chez les animaux d'une même espèce. Pour lui, la caféine aurait donc d'abord une action directe sur le muscle, produisant l'augmentation de l'excitabilité et donnant lieu à la contracture, ensuite une action sur la moelle épinière provoquant le tétanos.

Pour G. Sée et Lapicque la caféine à petites doses répétées, 0,60 centigrammes par jour par exemple, facilite grandement le travail musculaire en augmentant l'activité, non pas directement du muscle lui-même, mais du système nerveux moteur tant cérébral que médullaire. Elle diminue la sensation de l'effort et écarte la fatigue.

E. Parisot, qui a repris en détail l'étude de l'action de la caféine sur le système musculaire en collaboration avec Lapicque, arrive aux conclusions indiquées déjà par Schmiedeberg; c'est-à-dire que les résultats diffèrent suivant que l'on expérimente sur la grenouille verte ou sur la grenouille rousse.

Chez la grenouille verte on observe de l'hyperexcitabilité médullaire comme avec la strychnine; c'est du reste le résultat général que l'on constate chez les autres animaux avec la caféine.

Sur la grenouille rousse on obtient de la rigidité cadavérique indépendante des centres nerveux et de la moelle. Pour SCHMIEDEBERG cette différence tient à une affinité plus grande des muscles de la grenouille rousse pour la caféine, qui fait que le muscle absorbe toute la caféine et empêche l'action sur la moelle.

Mais, comme l'ont démontré LAPICQUE et PARISOT, chez les deux espèces de grenouilles, l'action toxique est diminuée et fort retardée si on injecte la solution directement dans un muscle et non sous la peau. Le muscle injecté se durcit, devient inexcitable et semble, pour un certain temps au moins, subir lui seul l'action du poison; il y a un retard très marqué sur la production des phénomènes toxiques, ce retard pouvant avoir une durée de une heure et demie. Pourtant ce retard est surtout marqué sur la grenouille rousse. Il y a donc une affinité spéciale de ses muscles, ce qui constitue une exception.

Chez d'autres animaux, tels que le crapaud, la tortue, on observe comme sur la grenouille verte une hyperexcitabilité médullaire considérable; chez les mammifères tout le système moteur subit une activité exagérée, se manifestant par des crampes, des convulsions tenant à une action médullaire. Sur le pigeon, les mêmes auteurs ont constaté de l'engourdissement avec rigidité musculaire pour une dose de 0gr,15 par kilogramme. Ils ont observé aussi la modification caractéristique de la forme de la contraction musculaire signalée par LEBLOND, et que nous avons indiquée plus haut; l'allongement de la phase de relâchement du muscle. Ce phénomène n'est pas le résultat d'une action directe sur le muscle, mais il est d'origine médullaire; car, si on coupe le sciatique sur la grenouille en expérience, la courbe caractéristique ne se produit plus, mais elle se produit au contraire si l'on vient à lier un membre, sauf le nerf.

La caféine paraît donc exercer son action tout d'abord exclusivement sur le système nerveux dont elle exagère la tonicité; ce n'est qu'avec des doses considérables ou à la condition d'être mise directement en contact du muscle qu'elle agit comme poison musculaire. Dans ce cas elle abolit complètement la contractilité musculaire.

Ajoutons en terminant que GOSSET, en expérimentant avec la guaranine qui, comme on le sait, est identique à la caféine, a observé sur les grenouilles de la raideur musculaire et des accès tétaniques généralisés.

HECKEL et SCHLAGDENHAUFEN avec la noix de kola, riche en caféine, comme ils l'ont démontré, ont toujours obtenu du tétanos sur les grenouilles vertes dont ils se sont servis dans leurs expériences.

DIETL et VINTSCHGAU ont remarqué que le café abrégeait dans une proportion assez marquée le temps de la réaction physiologique.

PASCHKIS et J. PAL ont constaté sur la grenouille rousse une augmentation de l'excitabilité, puis de l'inexcitabilité, aussi bien avec la caféine qu'avec la théobromine et la xanthine.

Toxicité. — Quoique la caféine soit généralement bien tolérée, elle n'en est pas moins toxique à doses élevées.

Quelles sont les doses pouvant produire l'intoxication?

Des faits publiés et des expériences, il ressort que la caféine serait toxique.

A la dose de 0gr,01 à 0gr,02 pour la grenouille.
— de 0gr,10 à 0gr,20 — le cobaye.
— de 0gr,50 à 0gr,80 — le lapin.

Pour le chien de taille moyenne, la dose n'a pas été déterminée : il paraît bien supporter 1 gramme à 1gr,50.

Quant à l'homme, il faut réellement des doses considérables pour déterminer des effets toxiques. Plusieurs cas d'empoisonnement ont été publiés, un entre autres par GÉRATY (1889), qui relate le fait d'une dame qui éprouva un véritable empoisonnement après avoir pris, pour calmer une migraine, une cuillerée à dessert (environ dix grammes) de citrate de caféine granulé.

On doit pourtant agir prudemment en administrant cette substance, puisque HUSEMANN rapporte un cas d'empoisonnement après l'absorption de 0gr, 25 de caféine.

En pareil cas il faut s'empresser de faire vomir, pratiquer des frictions énergiques sur les membres, administrer des boissons alcooliques avec de petites doses d'opium et soumettre le malade à une diète rigoureuse.

L. FAISANS (1893) a communiqué à la Société médicale des hôpitaux de Paris un travail dans lequel il prétend que la caféine produirait chez certains malades de l'excitation cérébrale intense avec insomnie, et même du délire qu'il appelle délire caféinique; ce délire serait caractérisé par une prédominence d'hallucinations visuelles. On peut admettre que ce délire ne se produit que chez les sujets présentant un état névropathique antérieur spécial. Aussi doit-on surveiller l'administration de cet alcaloïde chez les sujets nerveux et chez les alcooliques.

Usages. — Ce qui a été dit de l'action physiologique doit servir d'indication pour l'emploi de la caféine en thérapeutique. Ce n'est point le lieu ici de faire un chapitre complet sur les indications de cette substance en thérapeutique, le cadre de cet ouvrage ne le permet pas.

Son action sur les différentes fonctions permet de l'employer surtout dans les affections cardiaques (JACCOUD), où elle est quelquefois supérieure à la digitale, comme l'a démontré HUCHARD surtout. Elle est employée pour régulariser le cœur et augmenter sa force d'impulsion; comme diurétique, comme tonique général et comme tonique du cœur en particulier. C'est en somme un très bon médicament toutes les fois que cet organe a besoin d'être excité. Voilà pourquoi dans certaines maladies infectieuses, quand l'organe central de la circulation est menacé, comme dans la variole, la fièvre typhoïde, l'influenza, etc., elle est appelée à rendre de réels services.

Mode d'emploi. — La caféine étant peu soluble dans le suc gastrique, une partie pour soixante, il ne faut pas l'administrer en pilules, ni même en cachets, si l'on veut obtenir un effet rapide. Le mieux est de l'administrer en potion, ou mieux encore en injections hypodermiques, d'après les formules indiquées plus haut qui permettent de donner une dose assez élevée sous un petit volume. Mais il faut l'administrer à doses fractionnées, et il est sage de ne pas débuter par plus de vingt centigrammes, la susceptibilité des sujets pouvant varier. S'il y a lieu, on augmente rapidement la dose, et l'on peut aller jusqu'à 1gr,50 par jour, dose qu'il est prudent de ne pas dépasser, sauf dans certains cas exceptionnels où l'on peut aller jusqu'à deux et même trois grammes par jour (HUCHARD). Cette dernière dose pourtant ne doit être atteinte que très rarement.

Bibliographie. — On trouvera une bibliographie assez complète dans le travail de LEBLOND (E.), *Étude physiolog. et thérapeutique de la caféine* (D. Paris, 1883) et dans celui de PARISOT (E.), *Étude physiolog. de l'action de la caféine sur les fonctions motrices* (D. Paris, 1890). Depuis ces publications les principaux travaux à signaler sont les suivants :

1889. — CERVELLO (V.) e CARUSO-PECORARO. *Sul potere diuretico della cafeina associata agli ipnotici, Sicilia med.* Palermo, (1), 3-6. — DUPUY (B.). *Alcaloïdes.* 8°, Paris, G. Rongier, I, 288-340 — GERATY (T.). *A case of poisoning by citrate of caffeine* (*The Lancet*, London, I, 219). — LAPICQUE (L.) et PARISOT (E.). *Action de la caféine sur le système nervo-musculaire* (*B. B.*, (9), I, 702-704).

1890. — FERRARA (N.). *Osservazioni farmacologiche e cliniche sulla caffeina* (*Progresso medico*, Napoli, IV, 393-412). — HECKEL (E.). *Sur la caféine et les préparatioms de Kola* (*Bullet. de l'Academ. de Médecine*, Paris, (3), XXIII, 392, 413, 433). — HUCHARD (H.). *Nouvelle contribution à l'Étude de l'action tonique et excitante de la caféine* (*Bullet. et Mém. de la Soc. méd. des hôpitaux.* Paris, (3), VII, 565-571). — LAPICQUE (L.). *Sur l'action de la caféine comparée à celle de la Kola* (*B. B.*, (9), II, 254). — REICHERT (E. T.). *The action of caffeine on tissue metamorphosis and heat phenomena* (*New-York med. J.* 456-459). — *The action of caffeine on the circulation* (*Ther. Gaz.* Détroit, (3), VI, 294-302). — SÉE (C.) et LAPICQUE (L.). *Action de la caféine sur les fonctions motrices et respiratoires à l'état normal et à l'état d'inanition* (*Bull. de l'Academ. de Méd.* Paris, (3), XXIII, 313-330). — SEMMOLA (M.) et MARCONE (G.). *Nuove ricerche sperimentale sulla caffeina.* (*Progresso med.*, Napoli, IV, 299, 233, 257, 321).

1891. — BINZ (C.). *Beitrag. zur Toxikologie des Caffeines* (*Arch. f. exp. Path. u. Pharmakol.*, Leipzig, XXVIII, 197-200). — PETRESCO. *Sur l'action hypercinétique de la caféine à hautes doses ou doses thérapeutiques* (*Verh. d. X intern. med. Congr.*, Berlin, II, 5-10).

1892. — BALDI (D.). *Condizioni istologiche dell epitelio renale dopo diuresi per caffeina* (*Riforma med.*, Napoli, VIII, 4, 831-833). — FERRARA (N.). *Pharmakologisches u. med. Klinisches über das Coffein* (*Intern. Klin. Rundscha.* Wien. vi, 182, 222, 262). — Fröhner. *Toxikologische Untersuch. über das Coffein* (*Monatsh. f. prakt. Thier.* Stuttgard, iii, 529-541).

1893. — Faisans (L.). *Du délire caféinique* (*Bull. et mém. de la Sociét. méd. des hôpitaux.* Paris, (3), x, 343-353). — Wood. *Strophantus, caféine, etc.* (*Boston, med. a. surg. Journ.*, cxxviii, 509-511).

1895. — Gaucher (L.). *De la caféine et de l'acide cafétannique dans le caféier* (*Coffea arabica.* L.). *Recherches microchimiques.* 8°, Montpellier, Boehm, 47 p. — Vinci (G.). *Azione della caffeina sulla pressione sanguina* (*Arch. di farmacologia et therapeutica*, Palermo, iii, 365-406). — Vinci (G.). *Action de la caféine sur la pression sanguine* (*A. i. B.*, xxiv, 482-484).

CH. LIVON.

CAILLETTE. — Un des estomacs des Ruminants. Voyez **Rumination.**

CAILLOT. Voyez **Coagulation.**

CAÏNCIQUE (Acide). — Corps extrait par F. Pelletier et Caventon de l'écorce de *Chiococca racemosa.* Sa formule est probablement $C^{40}H^{64}O^{18}$. Sous l'action des acides, comme les glycosides, il donne du sucre et la caïncétine ($C^{22}H^{34}O^{3}$).

CAJEPUT (Essence de). — Elle bout à 175-200°; on l'obtient en distillant avec l'eau les feuilles de *Malaleuca leucodendron* (*D. W.*, i, 698).

CAL. Voyez **Ostéogénie.**

CALABARINE. Voyez **Ésérine.**

CALAMUS SCRIPTORIUS. Voyez **Bulbe.**

CALCIUM (Ca = 40). — Cet élément ne se rencontre pas dans la nature à l'état de liberté; mais on y trouve ses composés en abondance. La majeure partie de la croute terrestre superficielle est constituée par des carbonates, phosphates et sulfates de chaux. Les eaux douces, salées et minérales, ainsi que l'eau de mer, contiennent toutes des sels de chaux en plus ou moins grande proportion. Les sels de chaux entrent dans la composition des divers tissus et liquides des organismes animaux et végétaux.

Le métal calcium ne présente par lui-même aucun intérêt; H. Davy l'a préparé pour la première fois en 1808, en soumettant la chaux à l'électrolyse en présence de mercure. En distillant l'amalgame de calcium formé, on obtient un métal jaune, qui se ternit à l'air humide, décompose l'eau et brûle à l'air avec une flamme éblouissante.

En se combinant à l'oxygène, le calcium donne deux oxydes : le protoxyde de calcium, chaux, CaO; le bioxyde de calcium, CaO^2. Ce dernier composé s'obtient lorsqu'on traite l'eau de chaux par l'eau oxygénée.

Chaux. — La chaux vive CaO s'obtient en calcinant le carbonate de chaux naturel au rouge vif dans de grands fours spéciaux dits fours à chaux. La chaux vive ainsi préparée en grand par l'industrie est toujours très impure, mais elle suffit pour la plupart des usages.

Lorsqu'on veut avoir de la chaux pure, il faut calciner dans un creuset de platine l'azotate de calcium pur, ou mieux le carbonate de calcium pur précipité.

Cet oxyde, d'une densité égale à 2,3, est infusible au feu de forge; il ne se ramollit qu'à la flamme du chalumeau et ne se volatilise qu'au four électrique. C'est à cause de cette propriété que ce corps peut servir à la confection des creusets réfractaires.

Les radiations lumineuses intenses que la chaux émet lorsqu'elle est fortement chauffée sont mises à profit comme source d'éclairage pour les projections (lumière Drummond).

La chaux vive a une grande affinité pour l'eau et donne en s'y combinant un hydrate $Ca(OH)^2$. Cette réaction s'accompagne d'un grand dégagement de chaleur : 15 calories; en même temps le morceau de chaux qui s'hydrate augmente de volume.

se réduit en poudre et se délite. Cette grande avidité de la chaux pour l'eau est utilisée pour dessécher les gaz, les tissus, concentrer les solutions.

La chaux hydratée $Ca(OH^2)$ est peu soluble dans l'eau, plus à froid qu'à chaud.

1 partie de chaux se dissout : dans 750 parties d'eau froide.
— — — à 100° dans 1270 parties d'eau.

La solution de chaux, eau de chaux, est alcaline; elle absorbe avec avidité l'acide carbonique de l'air; elle neutralise les solutions acides et précipite certains composés.

Le lait de chaux, qui n'est autre chose que de l'eau de chaux saturée, tenant en suspension un excès de chaux hydratée non dissoute, est souvent employé. On le préfère à l'eau de chaux, parce que sous un moindre volume il contient une plus grande proportion de base.

L'action de la chaux sur l'organisme diffère suivant son état d'hydratation : c'est en tous les cas un caustique énergique, qui détruit les tissus en donnant une escharre molle.

Liborius en 1887 a mis en lumière l'action antiseptique de la chaux; Pfuhl, Kitasato, Richard et Chantemesse ont préconisé l'emploi du lait de chaux pour désinfecter les selles typhiques et cholériques. Liborius a constaté qu'une proportion de 0gr,0074 p. 100 de chaux dans un liquide suffit à détruire le bacille typhique; à la dose de 0gr,0246 p. 100 elle détruit le bacille cholérique. Pfuhl a reconnu que la chaux vive en morceaux agit moins rapidement que la chaux éteinte. Le lait de chaux obtenu en mélangeant une partie de chaux éteinte et 4 parties d'eau est le meilleur désinfectant. 1 kilo de chaux peut désinfecter 250 kilos de matière fécale cholérique. Kitasato a constaté que, pour désinfecter les déjections cholériques, il faut les additionner de 0,0966 p. 100 de chaux. Richard et Chantemesse ont observé que pour stériliser les matières septiques il faut les additionner de 4 p. 100 de chaux. Gontermann a proposé de badigeonner les fausses membranes diphtériques avec de l'eau de chaux. Ce topique arrêterait leur développement et détruirait le bacille de Löffler.

Sels de chaux. — Le *fluorure de calcium* ($CaFl^2$) se rencontre abondamment dans la nature en filons puissants dans les terrains métallifères : on l'appelle en minéralogie *fluorine* ou *spath fluor*. C'est un composé insoluble dans l'eau qui ne présente aucune action spéciale sur l'économie (Rabuteau). Il entre en certaine proportion dans la composition des os et surtout de l'émail des dents, où il semble être combiné au phosphate de chaux.

Wilson et Horford en ont retrouvé des traces dans le sang, le lait, le cerveau.

Le *chlorure de calcium* ($CaCl^2$) est un sel incolore très déliquescent qui s'obtient en dissolvant le marbre ou la craie dans l'acide chlorhydrique. Il cristallise de ses solutions concentrées en prismes répondant à la formule $CaCl^2H^2O$. Ces cristaux sont solubles dans le quart de leur poids d'eau; la dissolution absorbe une grande quantité de chaleur. On met à profit cette propriété pour obtenir facilement de grands abaissements de température; le chlorure de calcium, mélangé à de la glace pilée, constitue un mélange réfrigérant donnant un abaissement de température de — 51°. Il convient de mélanger :

Neige ou glace pilée . . . . 2 parties.
Chlorure de calcium cristallisé pulvérisé . . . . 3 —

Lorsqu'on le chauffe, le chlorure cristallisé commence par fondre dans son eau de cristallisation, qu'il perd complètement à 200°. Il se prend alors en masse spongieuse; chauffé davantage, il éprouve la fusion ignée; coulé en plaque, il se prend en une masse dure cassante.

Le chlorure de calcium fondu ou desséché est très avide d'eau, on l'emploie dans les laboratoires pour dessécher les gaz et concentrer les solutions. Il dessèche mieux que la chaux, moins bien que l'acide sulfurique.

Le chlorure de calcium est soluble dans l'alcool.

Rabuteau a constaté que le chlorure de calcium en poudre ou en solution concentrée possède des propriétés caustiques remarquables, analogues à celle du chlorure de zinc, auquel il a proposé de le substituer dans la pâte de Canquoin.

En solutions étendues le chlorure de calcium agit sur l'organisme comme le chlorure de potassium. En injection intraveineuse, administré en 10'' à la dose de 1gr,50, il tue en une minute un chien de moyenne taille. A la dose de 3 grammes, il détermine une mort foudroyante, probablement par arrêt du cœur.

Rabuteau a constaté que des muscles mis en contact avec une solution de chlorure de calcium se contractaient d'abord vivement, puis devenaient inertes, et cessaient de se contracter sous l'influence d'un excitant quelconque.

Suivant Boyer, le chlorure de calcium aurait une action stimulante sur les ganglions vaso-moteurs qui déterminerait une contraction des vaisseaux sanguins.

Ingéré à hautes doses, en solution étendue, le chlorure de calcium produit des évacuations alvines; c'est un purgatif dangereux dont on doit éviter l'emploi; car, lorsqu'il est absorbé en trop grande quantité, il produit des vertiges, du tremblement de tous les membres, une prostration générale; le pouls devient petit, spasmodique, la mort survient par syncope, ainsi que l'a observé Richter.

Le chlorure de calcium se trouve, ainsi que le fluorure, dans les os et l'émail dentaire, combiné au phosphate de calcium.

L'emploi du *bromure de calcium* ($CaBr^2$) a été préconisé en thérapeutique dans le traitement des affections nerveuses. Suivant Hammond, ce sel serait bien supporté et ne produirait pas d'acné.

Le *sulfure de calcium* (CaS) est sans usage : le polysulfure impur qu'on obtient en faisant bouillir un lait de chaux avec de la fleur de soufre constitue le *foie de soufre calcaire* employé pour la préparation des bains sulfureux, il sert à épiler les peaux et entre dans la composition de la poudre antipsorique de Pihorel.

L'*hypochlorite de calcium* ($Ca(ClO)^2$), chlorure de chaux, est un désinfectant et un décolorant. Sa propriété spéciale est due au chlore qu'elle contient. (V. Chlore.)

Le *sulfate de calcium* ($CaSO^4$) se rencontre abondamment dans la nature, soit à l'état anhydre, *anhydrite;* soit hydraté, *gypse*, $SO^4Ca.2H^2O$.

Le sulfate de chaux hydraté est légèrement soluble dans l'eau.

1 litre d'eau	à 0°	dissout	1gr,90	de sulfate	de calcium.	
1 —	à 38°	—	2gr,14	—	—	(maximum).
1 —	à 99°	—	1gr,75	—	—	

Les eaux qui séjournent sur les terrains contenant du gypse (exemple : eau des puits de Paris) contiennent du sulfate de chaux en solution, elles sont des *eaux séléniteuses* impotables. Le sulfate de chaux encroûte les tissus herbacés que l'on y fait cuire. On a même prétendu que les tissus des personnes qui absorbaient ces eaux s'imprégnaient de dépôts calcaires; cette opinion semble n'avoir aucun fondement.

Le sulfate de chaux n'existe vraisemblablement pas dans l'organisme des êtres supérieurs. Certains auteurs prétendent cependant en avoir constaté la présence dans le sang, le suc pancréatique, les os rachitiques. Nous verrons qu'une grande partie de la chaux contenue dans les cendres des cartilages costaux s'y trouve à l'état de sulfate de chaux. Il est cependant certain que ce sulfate de chaux ne préexiste pas dans le cartilage; il se forme pendant la calcination au dépend du soufre et de la chaux contenus dans les matières albuminoïdes (Gorup-Besanez).

Hilger a signalé la présence normale du sulfate de chaux chez les animaux inférieurs. Il constituerait un des principes normaux des holothuries et du manteau des tuniciens. On a aussi constaté sa présence dans les cartilages du squelette du squale.

Ces affirmations ont été formulées parce qu'on a retrouvé du sulfate de chaux dans les cendres des tissus animaux examinés. Or, nous venons de le voir, les cendres des cartilages costaux contiennent aussi du sulfate de chaux. Le sulfate de chaux que l'on retrouve dans les cendres de ces organismes inférieurs peut ne pas préexister dans les tissus vivants de ces animaux : il se formerait pendant l'incinération par le mécanisme que nous venons de décrire d'après Gorup-Besanez. De nouvelles recherches sont nécessaires pour élucider cette question.

Phosphate de calcium. — L'acide phosphorique PO^4H^3 donne, en se combinant avec la chaux, trois phosphates différents.

Le *phosphate monocalcique* $(PO^4)^2CaH^4$, phosphate acide de chaux, sel très déliquescent, cristallisant en lames nacrées, très solubles dans l'eau, à réaction fortement acide.

Ce composé s'obtient en traitant par l'acide sulfurique la cendre d'os (phosphate tricalcique). L'agriculture en consomme de grandes quantités sous le nom de *superphosphates*. Il existe dans les cellules acides de l'économie animale et végétale.

On le rencontre dans le guano, dans certains amas de phosphates naturels (*Brushite*). Il se retrouve aussi dans l'urine.

On préconise son emploi en médecine pour accélérer la dentition, l'ossification.

Son action physiologique n'est pas encore complètement élucidée : nous y reviendrons lorsque nous parlerons de l'importance des sels de chaux dans l'organisme.

Kollcher (*Wien. med. Presse*, n° 29, 1006, 1887) a employé avec succès ce composé, en mettant à profit son action corrosive pour détruire les fongosités tuberculeuses articulaires, pour cicatriser les abcès froids et les lésions osseuses qui résistaient au traitement par l'iode.

Le *phosphate dicalcique* (PO^4CaH), sel blanc cristallin à peu près insoluble dans l'eau, s'obtient en précipitant une solution de chlorure de calcium par le phosphate disodique.

Ce sel est soluble dans les acides étendus. 1 gramme de phosphate bicalcique se dissout dans :

1gr,25 d'acide citrique cristallisé.
1gr,05 d'acide lactique.
1gr,65 d'acide chlorhydrique à 33 p. 100.

Dans ces conditions on obtient des solutions que l'on désigne en médecine sous le nom de *chlorhydrophosphate*, *lactophosphate*, etc., qui ne sont autre chose que des solutions de phosphate monocalcique mélangé, soit à du chlorure, soit à du lactate de calcium.

Le *phosphate tricalcique* $(PO^4)^2Ca^3$ est une substance blanche, insoluble dans l'eau, qu'on peut obtenir au laboratoire en précipitant une solution de chlorure de calcium par du phosphate de soude en présence d'ammoniaque. Mais généralement on le retire, soit des cendres d'os des vertébrés dont il constitue environ 85 p. 100 de leur poids, soit de gisements assez répandus dans la nature qu'on rencontre dans les couches inférieures du terrain crétacé, au-dessus des grès verts et des argiles; quelquefois dans les terrains tertiaire, jurassique et même silurien. La variété la plus importante, connue sous le nom de *coprolithes*, est constituée par les excréments et les ossements fossiles.

Warington, qui a déterminé la solubilité du phosphate tricalcique dans les eaux, a constaté qu'une partie de phosphate de calcium se dissout dans :

89,448 parties d'eau bouillie à 70°.
19,628 parties d'eau additionnée de sel ammoniac à 10°.
4,324 — — — — — à 17°.
1,788 — — saturée d'acide carbonique à la pression normale.

Le phosphate de chaux se rencontre dans tous les liquides et tous les tissus de l'économie animale sans exception; principalement dans les os, les dents, dont il constitue les deux tiers du poids; dans les incrustations, les concrétions, les productions osseuses de nouvelles formations, les enveloppes de calculs, etc.

Toutes les substances histogéniques, albuminoïdes et dérivées, laissent après calcination un résidu de cendres contenant du phosphate de chaux. Seul le tissu élastique fait exception.

La majeure partie du phosphate de chaux se trouve dans l'organisme à l'état solide, imprégnant la substance collagène des os auxquels il communique la rigidité. On le rencontre encore dans les ongles, les poils, les griffes, les liquides de l'économie.

Certains observateurs admettent que le phosphate tricalcique, que l'on retrouve dans les cendres des matières albuminoïdes, existe dans les tissus et les liquides de l'organisme, combiné avec la matière albuminoïde et non pas à l'état de phosphate acide.

Les animaux carnivores trouvent le phosphate de chaux tout formé dans l'alimentation carnée.

Les herbivores le forment dans leur économie aux dépens de la chaux qui leur est fournie à l'état de sels à acides organiques par les végétaux et des phosphates fournis aussi par les plantes.

Nous reviendrons sur le mécanisme de cette transformation lorsque nous nous occuperons de l'assimilation et de la désassimilation de la chaux par l'organisme animal.

Le phosphate de chaux s'élimine par les reins et par l'intestin; cette élimination est normalement très faible. L'augmentation dans la proportion de phosphate de chaux désassimilé constitue un état pathologique.

Le *carbonate de chaux* ($CaCO^3$) est excessivement répandu dans la nature où il se présente sous les formes les plus variées. A l'état de pureté, il cristallise sous deux formes distinctes, l'*aragonite*, prisme droit à base rectangle; le *spath d'Islande*, rhomboïde. Finement cristallisé, et rassemblé en masse compacte, il constitue le marbre.

Le carbonate de chaux, insoluble dans l'eau pure, est soluble dans l'eau chargée d'acide carbonique; une solution saturée d'acide carbonique à la pression ordinaire dissout : 0gr,70 de carbonate de chaux à 0°.

0gr,88 — à 10°.

Ce carbonate de chaux se dépose lorsque l'acide carbonique se dégage.

C'est par ce mécanisme que se sont formés et que se forment constamment dans la nature d'importants dépôts calcaires. Stalactites, stalagmites, géodes, albâtre, sont des dépôts de carbonate de chaux abandonnés par les eaux chargées d'acide carbonique qui arrivent des profondeurs de la terre saturées de ce sel; au niveau du sol elles perdent leur acide carbonique et laissent déposer le carbonate de chaux.

Une grande partie du carbonate de chaux qui se trouve dans la nature a une autre origine; il provient des animaux inférieurs, mollusques et autres invertébrés, amas de coquilles fossiles antédiluviennes, en dépôts considérables, que l'on retrouve dans les terrains secondaires et tertiaires, et qui constituent le calcaire grossier.

La craie est constituée par l'agglomération de débris calcaires de corps d'animaux microscopiques, infusoires, polypiers, etc.

Ces formations de calcaire et de craie se continuent incessamment à l'époque actuelle dans le fond des mers où s'amassent les coquilles des animaux morts.

Le carbonate de chaux se dépose dans tous les tissus des animaux inférieurs invertébrés, principalement dans le tissu conjonctif où il produit un véritable squelette extérieur. Il constitue la carapace des infusoires, le dépôt calcaire des échinodermes, la coquille des acéphales, des gastéropodes, des céphalopodes, les perles, la carapace des crustacés, etc.

Le carbonate de chaux constitue encore la majeure partie des principes minéraux de coquilles des œufs des oiseaux et des chéloniens.

Il entre dans la composition de la substance osseuse, dentaire, etc., des vertébrés.

Chez les vertébrés inférieurs, chez les grenouilles par exemple, le carbonate de chaux forme le dépôt calcaire des enveloppes du cerveau et de la moelle allongée : il se dépose dans la partie antérieure de la colonne vertébrale au lieu d'émergence des nerfs spinaux.

On rencontre souvent des dépôts de carbonate de chaux dans diverses productions pathologiques, concrétions, calculs, ossifications néoplasiques, tubercules crétacés, etc.

Le carbonate de calcium que l'on retrouve dans l'organisme y a été introduit, soit par les aliments végétaux à l'état de sels de chaux à acides organiques, soit surtout par les eaux de boissons, où il s'y trouve dissous à la faveur de l'acide carbonique qu'elles renferment.

Ce sel s'élimine comme la plupart des sels calcaires avec les matières excrémentitielles. On ne le rencontre pas dans l'urine de l'homme ni dans celle des carnivores. L'urine des herbivores doit son aspect trouble, jumenteux, au carbonate de chaux qu'elle tient en suspension.

Sels de chaux dans l'organisme. — Après l'étude rapide que nous venons de faire des principaux sels de chaux, nous allons tâcher de montrer par quelques chiffres, résultats d'analyses, l'importance et l'ubiquité de la chaux chez les êtres vivants, ainsi que la diffusion de ce corps dans les divers tissus et liquides de l'organisme.

On a déjà signalé dans l'article **Aliments** l'importance de la chaux, et donné de nombreuses analyses des diverses substances alimentaires végétales et animales où se trouve la teneur en chaux de ces produits.

Nous ne nous occuperons ici que de la chaux contenue dans les tissus et liquides de l'organisme.

Nous avons réuni dans le tableau suivant les résultats des analyses de divers auteurs donnant la proportion de chaux exprimée en CaO contenue dans 1 000 parties de différents tissus et liquides de l'organisme; on peut facilement se rendre compte de l'importance relative de la chaux dans ces diverses substances, par une simple lecture.

PROPORTION DE CHAUX EXPRIMÉE EN CaO, CONTENUE DANS 1000 PARTIES DE :	CaO	AUTEURS AYANT fait les dosages.
	gr.	
Chair musculaire fraîche	0,46	BUNGE.
Cerveau frais	0,02	GEOGHEGAN.
Rate	0,551	OIDTMANN.
Foie	0,339	—
Os de l'homme	367,4	ZALESKY.
Os de bœuf	322,62	—
Os de tortue	349,34	—
Sang défibriné (porc)	0,07	BUNGE.
Chyle	0,09 0,2	SCHMIDT.
Humeur vitrée de l'œil de l'homme	0,133	LOHMEYER.
Colostrum	0,90	WILDENSTEIN.
Lait de femme	0,33	BUNGE.
— de vache	1,6	—
— de chienne	4,53	—
Salive mixte de l'homme	0,04	JACUBOWITZ [1].
— — du chien	0,15	SCHMIDT et BIDDER [1].
Suc gastrique	0,03	SCHMIDT.
— — de chien	0,3	—
— — de mouton	0,055	—
Suc pancréatique	0,047	—

1. La chaux et la magnésie sont dosées ensemble.

Dans le tableau p. 393 se trouve la quantité de chaux rapportée, non plus au poids des tissus frais, mais à la quantité totale des matériaux fixes (cendres) qu'ils contiennent.

Ce tableau permet de se rendre compte de l'importance de la chaux dans le squelette minéral de l'organisme.

Nous avons, de plus, réuni pour chaque espèce de tissu un certain nombres d'analyses d'espèces animales différentes, ce qui permet de se rendre compte d'un seul coup d'œil de la variation dans la proportion de chaux contenue dans un même tissu, suivant les espèces animales.

On voit que c'est surtout dans le tissu osseux que les sels de chaux se trouvent en abondance. La chaux des os se trouve à l'état de sels insolubles; phosphates, carbonates, fluorures, imprégnant la matière organique fondamentale, l'osséine.

	100 PARTIES D'OS CONTIENNENT EN MOYENNE.	
	Hommes.	Animaux.
Phosphate de chaux $Ca^3(PO^4)^2$	83,89 — 85,90	85,97 — 87,38
Carbonate de chaux $CaCO^3$	9,06 — 11,00	8,96 — 10,34
Fluorure de calcium $CaFl^2$	3,20 — 0,60	0,40 — 0,60

QUANTITÉ DE CHAUX EXPRIMÉE EN CaO CONTENUE DANS 100 PARTIES DE CENDRES DE :	CaO	AUTEURS QUI ONT FAIT LES ANALYSES
Tissu musculaire, homme	2	CHAMPIONNET et PILLET.
— — bœuf	1,3	—
— — bœuf	1,73	STŒLZEL.
— — cheval	1,80	WEBER.
— — veau	1,99	STAFFEL.
— — porc	7,54	SCHEVARIA.
— — raie	15,2	CHAMPIONNET et PILLET.
— — morue	40,22	ZEDELER.
Tissu du foie d'homme	0,20	OIDTMANN.
— — enfant	0,07	—
Bile humaine	2,16	JACOBSEN.
— de bœuf	1,43	H. ROSE.
Poumons : homme : état normal	1,9	SCHMIDT.
— — anémie	0,9	—
— — emphysème	0,63	—
— — tuberculose	3,28	—
— — pneumonie	2,10	—
— chien	4,9	—
Os : homme adulte	54	HEINTZ.
— —	56,18	ZALESKY.
— enfant : 14 jours	52,78	RECKLINGHAUSEN.
— — 6 ans	53,2	—
— bœuf	56,96	ZALESKY.
— bœuf	53,92	HEINTZ.
— mouton	35,52	—
— cobaye	57,91	ZALESKY.
— tortue	55,44	—
Cartilages costaux, enfant : 6 mois	32,11	BIBRA
— — 3 ans	32,53	—
— — fille : 19 ans	40,77	—
— — femme : 25 ans	39,30	—
— — homme : 40 ans	39,51	—
— de requin	0,40	SOXHLET.
Cerveau	0,72	BREED.
Sang : homme	0,90	HOPPE-SEYLER
— —	1,68	—
— —	1,88	—
— veau	0,73	—
— mouton	1,10	—
— poulet	1,08	—
— de chien	1,29	—
Globules sanguin	0,9	BUNGE.
Sérum sanguin	2,28	WEBER.
— — chien	2,1	BUNGE.
Lymphe	0,979	DOCHNARDT et HENSEN.
Lait de femme	18,78	WILDENSTEIN.
— vache	17,31	WEBER.
— vache	25,51	HAIDLEN.
— chienne	34,44	—
Jaune d'œuf	12,21	POLECK.
Jeune lapin entier	35	BUNGE.
— chat —	34	—
— chien —	35,8	—

Diverses causes physiologiques et pathologiques influent sur la proportion de sels de chaux contenue dans les os.

D'après ZALESKY, les os longs, et principalement le fémur, contiennent en général une plus grande proportion de matière minérale; les os courts de la tête : occipital, rocher, contiennent une plus forte proportion de sels fixes que les os longs.

FREMY, et plus tard BIBRA et FRERICHS, ont observé l'existence d'une quantité plus considérable de phosphate de chaux dans la partie compacte que dans la partie spongieuse des os.

Il semble que l'âge doit avoir une certaine influence sur la composition des os. RECKLINGHAUSEN admet que dans les os jeunes l'acide phosphorique ne s'y trouve pas à l'état de phosphate tricalcique ; SCHERER a démontré qu'ils contenaient une certaine quantité de phosphate monocalcique.

Il semble évident qu'au fur et à mesure de son complet développement l'os devient de plus en plus riche en matières minérales.

Les résultats analytiques obtenus par divers physiologistes qui se sont occupés de la question, BIBRA, FRÉMY, ZALESKY, VOLKMANN, etc., sont contradictoires. LEHMANN, RECKLINGHAUSEN AEBY, admettent que l'âge est sans influence.

Les chiffres suivants, dus à FRÉMY, semblent démonstratifs à cet égard.

AGES.	CENDRES.	$Ca^3(PO^4)^2$	$CaCO^3$
Fœtus 6 mois	62,8	60,2	—
Garçon 18 mois	64,6	61,5	—
Homme 40 ans.	64,2	56,9	10,2
Femme 80 ans.	64,6	60,9	7,5
— 88 ans.	64,3	57,4	9,3
— 97 ans.	64,9	57,0	9,3

Le sexe semble sans influence sur la composition des os dans les différentes espèces.

Les os des divers animaux renferment les mêmes éléments et sensiblement en même proportion. Chez les herbivores, les os contiennent un peu plus de carbonate de chaux que ceux des carnivores. Les os des pachydermes et des cétacés sont très riches en carbonate de chaux.

Les os fossiles semblent contenir une proportion plus considérable de fluorure de calcium. Voici les analyses d'un humérus et d'un fémur fossiles d'ours des cavernes qui semblent le démontrer.

	$Ca^3(PO^4)^2$	$CaCO^3$	$CaFl^2$	
Humérus.	76,68	5,15	1,09	A. GAUTIER.
Fémurs	74,33	0,84	0,72	KROCKER.

Les os malades sont en général moins riches en sels minéraux que les os sains.

Nous avons réuni dans le tableau suivant un certain nombre de résultats d'analyses, qui montrent cette diminution dans la proportion des sels de chaux :

100 PARTIES D'OS CONTIENNENT :	$Ca^3(PO^4)^2$	$CaCO^3$	AUTEURS
Os atteints d'ostéomalacie :			
Homme 40 ans. Fémur.	17,56	3,04	LEHMANN.
— — Côte.	21,02	3,27	—
Enfant 6 ans. Fémur.	53,25	7,49	BIBRA.
Enfant vertèbres.	12,56	3,20	MARCHAND.
Os rachitiques :			
Os du crâne.	26,92	5,49	PELOUZE et FRÉMY.
Tibia (enfant)	26,94	4,88	LEHMANN.
—	32,04	4,01	—
Fémur.	14,78	3	MARCHAND.
Humérus	15,60	2,66	RAGSKY.
Cubitus	47,83	7,42	BIBRA.
Crâniotabes	45,54	4,92	SCHLOSSBERGER.
—	46,18	5,75	—
Os nécrosé.	72,63	4,03	BIBRA.
Os atteints de carie :			
Métacarpien.	49,77	7,24	—
Portion articulaire.	31,36	4,07	—
Phalanges.	49,36	8,08	—
Fémur	54,53	5,44	—
Vertèbres lombaires	44,05	3,45	—

Suivant LASSAIGNE, les os de nouvelle formation contiendraient moins de phosphate et plus de carbonate de chaux que les os normaux ; il cite à l'appui de cette affirmation les analyses suivantes :

100 PARTIES D'OS CONTIENNENT :	$Ca^3(PO^4)^2$	$CaCO^3$
Os sain.	41,6	8,2
Os épaissi.	36,3	6,5
Exostose	30,0	14,0
Cal.	32,5	6,2

L'ivoire dentaire, l'émail, le cément sont des tissus imprégnés, comme les os, de sels calcaires insolubles, phosphate, carbonate, fluorure qui leur communiquent la dureté et la résistance caractérisant ces tissus.

HOPPE-SEYLER a observé dans l'émail dentaire la présence d'une certaine proportion de chlorure de calcium. Ce sel s'y trouverait combiné au phosphate et formerait une apatite semblable à la roche qui existe dans la nature, répondant à la formule $P^3Ca^5ClO^{12}$; roche beaucoup plus résistante que le phosphate tricalcique.

Nous résumons dans le tableau suivant un certain nombre d'analyses d'ivoire dentaire, d'émail et de cément (voir page 396, tableau I) :

Le tissu cartilagineux est aussi encroûté par des sels de chaux insolubles, qui lui communiquent sa consistance spéciale. L'analyse des cendres de cartilages montre que la chaux s'y trouve en grande quantité, à l'état de phosphate et de sulfate. Le sulfate de chaux ne préexiste pas dans le cartilage frais ; mais se produit pendant l'incinération ; la chaux qui, dans le cartilage, est combinée à la matière organique, s'unit à l'acide sulfurique qui se forme aux dépens du soufre des matières albuminoïdes qui s'oxyde pendant la calcination (GORUP-BESANEZ).

Nous donnons ci-dessous résumées les analyses de BIBRA (voir page 396, tableau II).

Tableau I.

100 PARTIES CONTIENNENT :	$Ca^3(PO^4)^2$	$CaCO^3$	$CaCl^2$	AUTEURS
Ivoire dentaire :				
Homme	64,3	5,3		BERZÉLIUS.
Homme adulte	66,72	3,36		BIBRA.
Femme 25 ans	67,54	7,97		—
Bœuf	66,80	2,50		AEBY.
Émail dentaire :				
Enfant nouveau-né	67,73	8,41	Traces.	HOPPE-SEYLER.
—	75,23	7,18	0,23	—
—	76,89	6	—	—
Porc jeune	82,43	6,71	0,46	—
— adulte	85,31	8,97	0,62	—
Chien	89,44	5,39	0,80	—
Cheval	84,20	9,17	0,66	—
Éléphant fossile	82,55	8,38	0,44	—
Mastodonte	96,69		0,59	—
Rhinocéros fossile	85,54	7,78	0,65	—
Paléotherium	95,84		0,57	—
Cément	60,70	290		FRÉMY.

Tableau II.

100 PARTIES DE CENDRES CONTIENNENT :	CENDRES DE CARTILAGES COSTAUX :	
	$Ca^3(PO^4)^2$.	$CaSO^4$.
Enfant de 6 mois	20,86	50,68
— 2 ans	21,33	48,68
Fille de 19 ans	5,36	92,41
Femme de 25 ans	16,33	87,32
Homme de 40 ans	13,09	79,03

Outre les os, dents, cartilages, qui contiennent normalement des sels de chaux insolubles, certaines productions dérivées des tissus conjonctifs et épithéliaux sont aussi imprégnées d'un dépôt calcaire. Les cheveux, les poils, les plumes, les ongles, les griffes, les sabots, les écailles, les cornes, les carapaces, les coquilles doivent en partie leurs propriétés spéciales à la proportion et à la nature des sels de chaux qu'ils contiennent.

Les cendres de cheveux sont riches en phosphate et en carbonate de chaux. Voici les résultats des analyses de BAUDRIMONT :

100 PARTIES CONTIENNENT :	CENDRES DE CHEVEUX HUMAINS (BAUDRIMONT).		
	$Ca^3(PO^4)^2$.	$CaCO^3$.	$CaSO^4$.
Cheveux blancs	20,532	16,181	13,576
— blonds	9,616	9,96	»
— roux	10,296	4,033	»
— bruns	10,133	5,600	»
— noirs	15,041	4,628	»

La ramure des ruminants contient une assez forte proportion de sels de chaux. La ramure de cerf donne 63,68 p. 100 de cendres qui renferment 51,52 p. 100 de chaux; celle de chevreuil 63,22 p. 100 de cendres, renfermant 51,52 p. 100 de chaux (SCHUTZENBERGER).

Les écailles de poisson contiennent beaucoup de chaux : 75,98 p. 100 dans celles de carpes, 21,93 dans celles du brochet : la chaux s'y trouve à l'état de phosphate (SCHUTZENBERGER). La coloration chatoyante des écailles de poisson paraît due à une combinaison de chaux et de guanine (BARRESWILL et VOIT).

Le squelette minéral de la carapace des crustacés, des coquilles des mollusques, ainsi que celui de la coquille des œufs d'oiseaux est presque exclusivement constitué par du carbonate de chaux.

Dans le tableau suivant on verra résumées quelques analyses de carapaces de crustacés et de coquilles de mollusques.

100 PARTIES CONTIENNENT :	$Ca^3(PO^4)^2$.	$CaCO^3$.	$CaSO^4$.	AUTEURS.
Carapace de crustacés :				
Écrevisses.	6,7	56,8	»	FRÉMY.
Homards.	3,32	47,26	»	CHEVREUL.
Langoustes	6,7	49	»	FRÉMY.
Crabes.	6,	62,8	»	CHEVREUL.
Coquilles de mollusques :				
Pieter glaber	0,3	96	0,7	de SERRES et FIGUIER.
Vénus.	0,1	96,6	0,3	—
Huîtres	0,5	93,9	1,4	—
Seiches	Traces.	85,0	»	JOHN.
Coquilles pétrifiées :				
Picten glaber	0,8	96,7	»	de SERRES et FIGUIER.
Vénus.	0,6	97,9	»	
Huîtres.	0,5	95,5	»	

La nacre de perle contient 66 p. 100 de carbonate de chaux (MÉRAT et GUILLOT); les corallides et madrépores sont formés presque exclusivement par du carbonate de chaux pur :

100 PARTIES CONTIENNENT :	CaO.	
Corail rouge	53,50	(MÉRAT et GUILLOT.)
Corail blanc.	50	
Coralline articulée.	49,5	

Voici quelques analyses des coquilles d'œufs, d'oiseaux et de reptiles :

100 PARTIES CONTIENNENT :	$CaCO^3$.	$Ca^3(PO^4)^2$.	AUTEURS.
Coquilles d'œufs de :			
Héron	94,6	0,42	WICK.
Mouette.	91,96	0,83	—
Faisan	93,33	1,37	—
Poule.	93,70	0,76	—
Canard	94,42	0.84	—
Oie.	95,26	0,47	—
Tortue	55,4	7,3	GMELIN.
Crocodile	91,10	0,54	BRUMERST.

Les sels de chaux s'accumulent encore fréquemment dans certaines productions pathologiques, tubercules pulmonaires, calculs urinaires, biliaires, salivaires, tartre dentaire, etc.

100 PARTIES CONTIENNENT :	$Ca^3(PO^4)^2$.	$CaCO^3$.	$CaSO^4$.	AUTEURS.
Calculs biliaires	2,9	81,6	1,8	RITTER.
— de pancréas	66	16	»	O. HENRY.
— —	80	3	»	GOLDING BIRD.
— salivaire	4,1	81,3	»	WRIGHT.
— —	5,2	79,4	»	—
— —	4,2	80,07	»	—
— —	38,2	13,9	»	BIBRA.
— —	75	20	»	LECANU.
— —	55	15	»	BESSON.
— —	75	2	»	GOLDING BIRD.
— —	66,70	11,30	»	HUMBERT.
— —	80	15	»	GRASSI.
— —	65,40	5,70	»	HARDY.
Tartre dentaire :				
(Incisives).	63,88	8,48	»	»
»	62,56	8,12	»	»
(Molaires)	55,11	7,36	»	»
»	63,12	8,01	»	»

Les squames de l'ichtyose renferment 43,9 p. 100 de phosphate de chaux. Certains calculs urinaires sont constitués par du phosphate de chaux presque pur. (V. **Dents, Urines.**)

Origine, assimilation, désassimilation de la chaux de l'organisme. — Cette grande quantité de chaux, nécessaire à l'édification du squelette au moment de la croissance de l'individu, et plus tard la chaux qui est indispensable pour le remplacement des sels calcaires éliminés, nous sont fournies presque exclusivement par les aliments, lesquels sont tous plus ou moins riches en sels calcaires.

Malgré de nombreuses recherches, aucun résultat positif n'est venu jusqu'à présent nous renseigner sur le mode d'assimilation de cet élément indispensable.

VAUGHAN et HARRIET BILLS ont établi que la chaux contenue dans le poulet au moment de son éclosion est cinq ou six fois supérieure à la quantité de chaux contenue dans l'intérieur de l'œuf, et que la chaux ainsi assimilée par le poulet pendant l'incubation provient de la coquille, dont la perte, relativement à cet élément, suffit pour expliquer l'accroissement en chaux de l'embryon de poulet par une simple transposition; mais on ignore le mécanisme intime de cette assimilation.

Le fœtus des vivipares emprunte aux sucs nourriciers de sa mère les sels de chaux nécessaires à la formation de son squelette. La nature prévoyante dispose même de réserves de phosphate de chaux destinées à fournir des matériaux pour l'édification de la substance osseuse. DASTRE a montré en effet que chez la brebis, la vache, la truie, on peut retrouver à certains moments de la vie embryonnaire, dans le tissu conjonctif du chorion, des dépôts blanchâtres, d'aspect vitreux, formés de phosphate de chaux.

Le besoin de sels de chaux au moment de la croissance, aussi bien chez le fœtus que chez le jeune individu, est d'autant plus considérable et impérieux que la croissance est plus active. D'après BRUBACKER, l'enfant à la mamelle réclame dans les premiers temps de la première enfance 3 grammes de chaux par jour, rien que pour le développement de ses os.

Deux méthodes s'offrent aux physiologistes pour se rendre compte de l'influence des sels calcaires de l'alimentation sur le développement du squelette osseux : 1° la suppression ou plus rationnellement la diminution des sels calcaires contenus dans les aliments; 2° l'addition de sels de chaux aux aliments.

Malheureusement, les résultats des expériences sont le plus souvent contradictoires.

Cependant certains expérimentateurs ont observé que la soustraction des sels terreux des aliments, prolongée pendant plusieurs mois, amène une diminution dans la proportion du phosphate de chaux normalement contenu dans les os.

Chossat et Dusart ont prétendu avoir déterminé de l'ostéomalacie chez les pigeons, en les nourrissant avec des aliments privés complètement de sels calcaires.

Forster a constaté qu'une alimentation pauvre en sels calcaires altère tous les éléments du corps, en particulier les os. Suivant cet auteur les os perdent leur chaux, chez les animaux soumis à l'inanition calcaire, sans que pour cela le reste du corps perde une proportion notable de cette base. D'après cet auteur, chez des animaux en inanition calcaire :

La perte en chaux pour tout le corps excepté les os est de. . . . 1gr,93
La perte en chaux pour l'ensemble des os est de. 13gr,57

Stilling et Mering ont reproduit tous les accidents d'ostéomalacie chez une chienne pleine, qu'ils nourrissaient avec trop peu de chaux. Cette bête mit bas des petits qui marchèrent très tard, et elle-même avait une colonne vertébrale présentant à l'autopsie les lésions de l'ostéomalacie.

Lehmann a rendu rachitique un jeune porc qui absorbait la même nourriture qu'un autre animal sain de même espèce, provenant de la même portée, en retranchant simplement le phosphate de chaux des aliments de ce premier.

A côté de ces expériences qui semblent démontrer que la suppression de la chaux de l'alimentation amène des troubles profonds dans l'organisme, et surtout dans le tissu osseux, il convient de citer l'opinion de Zaleski, Weiske et Wildt qui prétendent que la suppression de la chaux alimentaire n'a aucune influence sur la composition des os.

Weiske nourrit, dans une première expérience, un chien avec des aliments ne contenant que 0gr,542 de chaux par jour; le chien devint faible, languissant et mourut le cinquantième jour. A l'analyse la composition d'un de ses métacarpiens ne présenta aucune différence avec celle d'un même os provenant d'un animal alimenté normalement.

Le chien avait pourtant éliminé 90gr,30 de chaux et n'en avait absorbé que 26gr,55.

Dans de nouvelles recherches, Weiske et Wildt ont expérimenté sur de jeunes moutons. Ils sacrifièrent les animaux au bout de cinquante-cinq jours : à l'analyse ils ne constatèrent aucune différence dans la composition des os des animaux privés de chaux comparée à celle des os des animaux qui avaient eu un régime normal.

Les expériences de Weiske ne semblent pas démonstratives. Aussi Chabrié fait-il remarquer à juste titre que si, dans la première expérience, la composition des os est restée la même, on ne peut en conclure que la privation de chaux alimentaire ne soit pas nuisible à l'organisme; et, à supposer que le poids du système osseux soit resté le même, ce que Weiske ne dit pas; les autres parties du corps ont vraisemblablement fourni la substance minérale exigée pour le renouvellement des sels de chaux du système osseux. Ce mécanisme de la transposition de la chaux des parties molles dans le système osseux a été constaté par Brubacker, lequel a observé qu'à mesure que l'enfant se développe la chaux devient plus abondante dans la substance osseuse, plus rare dans ses parties molles.

Les animaux soumis à un régime alimentaire leur apportant peu de chaux peuvent trouver dans l'eau de boisson la chaux nécessaire à l'entretien de leurs os. Boussingault a montré que cette source de chaux n'est pas du tout négligeable. De jeunes porcs, soumis à une alimentation de pommes de terre, ne parvenaient pas à s'assimiler la quantité suffisante de chaux nécessaire à la constitution de leur système osseux. Ils ont trouvé dans l'eau de boisson qu'ils absorbaient en plus grande proportion la chaux complémentaire indispensable au développement de leurs os.

La nature du sel calcaire assimilé par l'organisme diffère suivant le mode d'alimentation de l'animal considéré.

Les herbivores trouvent la chaux dans les fourrages et l'eau à l'état de sels organiques: oxalate, tartrate, carbonate, etc., qui se transforment tous en carbonate et chlorure dans les voies digestives au moment de l'absorption. Le carbonate de chaux provenant de la décomposition des sels organiques se dissout facilement dans le plasma sanguin, grâce à l'excès d'acide carbonique que ce dernier contient. Ce ne serait que secondairement, par double décomposition, que se formerait le phosphate de chaux.

Les carnivores trouvent dans leur alimentation le phosphate de chaux tout formé, à l'état soit de phosphate tricalcique, soit de phosphate acide.

Les eaux et les végétaux chez les omnivores leur apportent en outre une certaine proportion de carbonate.

On peut se demander où et comment s'opère la transformation de carbonate de chaux en phosphate, dans l'économie.

Risell admet que le carbonate de chaux se décompose dans le tube digestif en chlorure et en phosphate acide, qu'il est résorbé à cet état, en passant dans le sang et de là dans les tissus.

Pour Valentin la transformation de carbonate en phosphate de chaux se ferait sur place dans l'intérieur des os. Cet auteur a constaté que les os de néoformation sont plus riches en carbonate qu'en phosphate de chaux, ce qui viendrait à l'appui de son hypothèse.

La manière dont se fait le dépôt calcaire dans l'intérieur des os a été l'objet de nombreuses recherches, mais les résultats des expériences entreprises pour déterminer le mode de formation et de fixation du phosphate de chaux dans les os sont malheureusement trop souvent contradictoires,

Tandis que, suivant Zaleski, Wurth, Frerichs, les sels de chaux des os s'y trouveraient à l'état de combinaison organico-calcaire; suivant Maly et Jul. Donath, le phosphate des os ne s'y trouverait pas combiné à l'osséine.

Les expériences de Maly et Jul. Donath sont de deux sortes : 1° Ils ont établi que la solubilité du phosphate de chaux récemment précipité, et celle de phosphate du chaux des os était sensiblement la même; 2° que la matière organique de l'os décalcifié, mélangée au phosphate de chaux, n'avait aucune tendance à s'y combiner, même après un temps fort long.

Aeby a confirmé par ses recherches les observations de Maly et Donath; il a en outre étudié les conditions de l'ossification. Suivant cet auteur, il se produirait dans l'intérieur du cartilage, par simple transposition d'eau, et sans changement dans son volume, des phosphates de basicités différentes. Le phosphate tricalcique se transformerait en deux autres sels : un phosphate plus basique, qui serait celui qu'on retrouve déposé dans le tissu osseux, et un phosphate acide soluble. Cette hypothèse repose sur deux faits : d'abord la découverte dans l'émail des dents de deux phosphates de chaux de basicités différentes; puis la décomposition par l'eau du phosphate de chaux tricalcique en phosphate basique et en phosphate acide de chaux.

Pour Chabrié le dépôt du phosphate de chaux dans les os serait dû à ce que le phosphate de chaux dissous dans le sang à la faveur de l'acide carbonique, se déposerait dans le cartilage en y rencontrant des substances avides d'acide carbonique, qui, s'emparant de ce corps, sépareraient le phosphate de chaux de sa solution dans le plasma. Cet auteur fait intervenir dans la calcification du cartilage l'action des sels ammoniacaux. (Pour plus de détails, v. **Ossification.**)

Ainsi que nous venons de le voir, il semble démontré que la chaux alimentaire est nécessaire à l'édification et à l'entretien du squelette, mais les conditions d'assimilation de ce corps ne nous sont pas encore connues d'une façon certaine.

Certains auteurs se sont demandé si l'addition artificielle de sels de chaux appropriés à l'alimentation ne serait pas favorable à la formation du squelette; *a priori* il semble qu'on peut seconder la nature, en lui apportant en excès un élément indispensable. Les nombreuses expériences faites pour élucider cette intéressante question de physiologie n'ont donné jusqu'à ce jour que des résultats incomplets et souvent contradictoires. Paquelin et Jolly ont démontré que l'addition de phosphate de chaux tricalcique à l'alimentation est au moins inutile; car ce sel passe en nature dans les fèces sans être absorbé par l'intestin. Weiske a nourri deux veaux en ajoutant à leur alimentation du phosphate de chaux : il a constaté qu'un des veaux avait assimilé 50 p. 100 de phosphate ajouté, l'autre n'en ayant pas assimilé du tout. Plus tard il a pu constater que seul le carbonate de chaux avait une influence favorable sur le développement et la composition des os chez les herbivores soumis à une alimentation exclusive d'avoine.

A. Gautier a établi que les sels solubles de chaux additionnés à l'alimentation de jeunes animaux ne favoriseraient pas la fixation de la chaux dans le squelette, et que même cette addition était nuisible au développement de l'animal.

Les expériences faites avec le lactophosphate de chaux (phosphate de chaux dissous dans l'acide lactique), ont déterminé la mort des animaux mis en expérience, l'excès de sels de chaux fourni à l'organisme par ce médicament ne contrebalançant pas l'action désassimilatrice de l'acide lactique, dont nous allons constater les effets tout à l'heure.

Élimination. — Les voies d'élimination de la chaux sont principalement les reins et le gros intestin; une petite proportion de chaux s'élimine encore par les productions épidermiques.

Cette élimination n'est pas considérable à l'état normal; Senator admet que l'homme sain élimine de 0,20 à 0,25 de chaux par les urines en vingt-quatre heures. Malheureusement le dosage de la chaux éliminée par les urines ne peut nous donner que des renseignements très erronés sur la désassimilation de cet élément; car, ainsi que l'a démontré Rey, c'est surtout par le gros intestin que se fait l'élimination de ce corps. Par des expériences directes, faites à la suite d'injections sous-cutanées de sels de chaux solubles, chez des animaux en inanition, la chaux éliminée par le gros intestin s'élevait de 20 à 96 p. 100 de la quantité injectée, tandis que, suivant Rüdel, la proportion de chaux éliminée par les urines après injection sous-cutanée de sels de calcium n'est que de 12 à 13 p. 100 de la quantité injectée.

Il ressort de ces observations que les nombreuses tentatives faites jusqu'à ce jour pour mesurer l'activité de la désassimilation calcaire, chez les individus normaux, rachitiques ou ostéomalaciques, sont forcément erronées; et on arrive à facilement concevoir pourquoi, chez des individus notoirement rachitiques, où la désassimilation de la la chaux semble être intensive, on ne constate souvent aucune augmentation dans la chaux excrétée par les urines.

La désassimilation doit se faire surtout par la voie rectale. La connaissance que nous avons actuellement de l'importance de la voie rectale pour la désassimilation de la chaux ne nous donne malheureusement pas une méthode expérimentale qui puisse nous permettre de nous rendre compte de la désassimilation calcaire, car on retrouve dans les fèces simultanément la chaux désassimilée par notre organisme, et la chaux alimentaire non assimilée. Il nous semble donc impossible dans l'état actuel de nos connaissances de mesurer l'activité de l'assimilation et de la désassimilation de sels de chaux par l'organisme sain ou malade.

Nous allons cependant citer les différentes observations et recherches faites jusqu'à ce jour sur ce sujet, en remarquant que les analyses des auteurs, ayant presque exclusivement porté sur la chaux éliminée par les urines, donnent des résultats qui sont forcément erronés. Ils sont cependant susceptibles de donner quelques renseignements utilisables.

Senator a constaté que chez les phtisiques, et en général chez les malades, la désassimilation de la chaux par les urines était plus considérable que chez l'individu sain. Hoppe-Seyler a observé que, chez les individus soumis au repos au lit, l'élimination de la chaux par les urines subit en général une notable augmentation, qui, du reste, n'est que temporaire, le chiffre retombant au chiffre normal lorsque l'individu reprend ses occupations.

Dans les maladies fébriles, on a remarqué, en général, une diminution dans la quantité de chaux éliminée par les urines; le traitement mercuriel paraît augmenter cette élimination.

Dans presque toutes les maladies du système osseux; rachitisme, ostéomalacie, le os perdent leur matière minérale; cependant les nombreuses analyses d'urines n'ont donné que des résultats contradictoires, tantôt augmentation, tantôt diminution dans la proportion de chaux éliminée; ces divergences apparentes entre la chaux désassimilée et la chaux excrétée, résident sans doute en ce fait que l'on n'a mesuré jusqu'à ce jour que la chaux contenue dans les urines, en considérant cette voie comme seul émonctoire calcaire, alors que la majeure partie de cet élément s'excrète par le gros intestin.

Cette divergence peut encore tenir à une autre cause, mise en lumière par Brubacker; cet auteur a observé en effet que la proportion de chaux contenue dans les parties molles est plus élevée chez les rachitiques que chez tous les enfants normaux. Il semblerait d'après cette constatation que le rachitisme serait plutôt dû à une non-précipitation des sels calcaires dans l'intérieur du tissu osseux, liée à une réaction acide du protoplasma osseux, qu'à une diminution de la chaux contenue dans l'organisme.

L'expérience a, en effet, démontré qu'une alimentation acide exerce une action nocive sur l'ossification. Heitzmann a rendu de jeunes animaux ostéomalaciques en les soumettant à un régime normal additionné d'acide lactique. Baginsky a constaté que l'acide lactique n'empêchait pas l'accroissement des jeunes animaux; mais produisait des altérations de leur système osseux analogues au rachitisme. A. Gautier a montré que l'action nocive d'une alimentation acide conduit les animaux jusqu'à la mort, même lorsqu'on exagère l'excès de sels calcaires contenus dans leur alimentation.

Que l'acidité des humeurs favorise la désassimilation de la chaux, ou empêche seulement le dépôt calcaire dans l'intérieur du tissu osseux; tous les auteurs s'accordent aujourd'hui pour reconnaître son action nuisible sur la constitution du squelette minéral.

Nous croyons intéressant de reproduire à la fin de cet article les conclusions suggérées, par l'ensemble des faits actuellement connus, à deux auteurs qui ont étudié spécialement l'assimilation et la désassimilation de la chaux dans l'organisme. Ces conclusions résument assez bien l'état actuel de nos connaissances sur la physiologie de la chaux, si mal connue encore actuellement.

Chabrié conclut de l'examen des documents et de ses propres expériences que, pour l'ossification chez l'homme :

1° Il est dangereux de retirer le phosphate de chaux normalement contenu dans les aliments.

2° Il faut donner la chaux alimentaire sous la forme qu'elle a dans les végétaux, ce qui revient à dire qu'il est bon de choisir ceux qui en contiennent le plus.

3° Il est inutile et peut-être nuisible d'administrer à des enfants des sels minéraux de chaux, à l'exception peut-être du carbonate.

4° Il faut que l'alimentation n'ait pas pour conséquence de rendre les urines trop acides.

5° Il est indiqué de choisir des aliments qui, sans augmenter l'acidité urinaire, sont de nature à accroître la production de l'urée, et le nombre des globules du sang.

Scheteling, à la suite de ses recherches sur l'excrétion et l'assimilation de la chaux dans l'organisme sain et malade, conclut de la façon suivante :

1° La chaux éliminée par l'urine provient de l'alimentation : sa quantité dépend des capacités digestives, osmotiques, résorbantes de l'estomac et de l'intestin.

2° Le carbonate de chaux en petite quantité et dilué de beaucoup d'eau est presque toujours rapidement résorbé par l'estomac.

3° Les phosphates calcaires de la viande sont en faible partie transformés en chlorures et résorbés directement. La majeure partie passe avec les matières protéiques dans l'intestin grêle, et de là dans la lymphe; la présence d'acide chlorhydrique est nécessaire pour préparer la dissolution.

4° Les boissons favorisent d'une façon remarquable le passage de la chaux du tube digestif dans le système circulatoire.

5° Une augmentation pathologique essentielle de l'élimination calcaire dans les maladies chroniques des organes thoraciques ou des centres nerveux n'est ni démontrée ni même probable.

6° La diminution calcaire pathologique se produit d'après les lois physiologiques de l'inanition : cependant les sels calcaires, vu leur solubilité difficile, restent en arrière des autres matières fixes de l'urine.

7° On peut conclure que l'usage régulier de l'eau et du sel de cuisine est le meilleur moyen de dissoudre la chaux de l'alimentation.

L'administration de la chaux comme médicament manque de base scientifique.

Action physiologique. — L'étude de l'action physiologique des divers sels de chaux a été mentionnée plus haut. On a vu qu'ils ont des propriétés très différentes. Aussi ne peut-on faire aucune généralisation sur l'action physiologique des sels de calcium.

Nous rappellerons seulement que Beyer a constaté que les sels de calcium solubles amènent la contraction des vaisseaux par action stimulante sur les ganglions vasomoteurs; et que Rabuteau compare l'action de la chaux à celle de la potasse.

La présence des sels solubles de calcium dans les liquides de l'organisme est nécessaire pour l'accomplissement de certains phénomènes physiologiques. Arthus et Pagès ont démontré que la transformation du fibrinogène en fibrine sous l'influence du fibrinferment ne peut s'effectuer dans le sang et amener sa coagulation qu'à la condition qu'il s'y trouve des sels calciques solubles.

La caséification du lait serait aussi sous la dépendance de la présence des sels calcaires solubles dans ce liquide. Suivant ces auteurs la fibrine et la caséine seraient des sels calcaires insolubles.

On reviendra sur ce sujet aux articles **Lait, Coagulation, Sang.**

Recherche et dosage du calcium. — La totalité de la chaux des liquides et tissus se retrouve dans les cendres. Elle est à la fois dans la partie soluble et dans la partie insoluble des cendres. On caractérise sa présence en la précipitant par l'oxalate d'ammonium à l'état d'oxalate de calcium. Il faut avoir eu soin de précipiter auparavant tous les éléments insolubles par l'ammoniaque.

Lorsqu'on veut rechercher la chaux dans les cendres, on les dissout dans l'acide chlorhydrique à chaud. La solution chlorhydrique est additionnée d'un excès d'ammoniaque et abandonnée au repos à l'abri de l'air pour permettre au précipité de se déposer. La liqueur claire filtrée est additionnée d'oxalate d'ammoniaque : l'oxalate de chaux se précipite.

Lorsqu'on veut doser le calcium des os, on opère d'une façon analogue. Les cendres sont dissoutes dans de l'acide chlorhydrique à chaud; on évapore la solution en consistance sirupeuse au bain-marie; on ajoute un excès d'acétate de soude, ce qui substitue aux acides minéraux l'acide acétique dans lequel l'oxalate de chaux est insoluble. La liqueur chauffée au bain-marie est additionnée d'un excès d'oxalate d'ammonium; le précipité d'oxalate de chaux est recueilli sur un filtre, lavé, séché et calciné. Le produit de la calcination est humecté avec une solution de carbonate d'ammonium, évaporée à sec et calcinée au-dessous du rouge. Le résidu obtenu dans ces conditions est constitué par du carbonate de chaux; on le pèse en défalquant le poids des cendres du filtre. On peut faire la vérification de ce dosage en calcinant au rouge vif de façon à transformer le carbonate de chaux en chaux vive, CaO : il faut laisser refroidir le creuset dans une atmosphère sèche et exempte d'acide carbonique, sous une cloche sur l'acide sulfurique. Le poids obtenu est celui de l'oxyde de calcium.

On peut aussi transformer le carbonate de chaux en sulfate. Il suffit d'humecter après refroidissement avec de l'acide sulfurique, ou mieux avec du sulfate d'ammonium (Schrötter), évaporer et calciner au rouge.

Le poids de carbonate de chaux multiplié par 0,4 donne le poids du calcium.

Celui de la chaux, CaO, multiplié par 0,71429 donne la quantité du calcium.

Le poids de sulfate de chaux multiplié par 0,41154 donne le poids de CaO correspondant; multiplié par 0,29395, il donne celui du calcium.

Krüger propose de substituer à la méthode pondérale une méthode volumétrique, qui permet d'évaluer des proportions très faibles de calcium. Il précipite la chaux à l'état d'oxalate, comme d'habitude, recueille le précipité lavé, et le traite par une solution d'acide sulfurique à 5 p. 100.

Il détermine au moyen d'une solution titrée de permanganate de potasse la proportion d'acide oxalique contenu dans la liqueur et en déduit par le calcul la proportion de chaux. Cette méthode lui a permis de doser avec exactitude des proportions de 1$^{\text{milligr.}}$,05 à 3 milligrammes de chaux par litre.

Dans certains liquides, urines, sérum, etc., on peut effectuer directement la précipitation de la chaux, soit avec l'oxalate d'ammonium, soit avec le fluorure de sodium. (Voir, pour les détails, les articles **Urines, Sang.**)

On peut facilement caractériser l'oxalate de chaux au microscope. Sa forme la plus habituelle est en octaèdres, rappelant l'aspect d'une enveloppe de lettre, avec commencement de modification sur les arêtes; cette forme ne permet de confusion avec aucun autre corps. Quelquefois il peut se rencontrer à l'état de prismes terminés en pyramides, que l'on pourrait confondre avec des cristaux de phosphate ammoniaco-magnésien; l'oxalate de chaux se distingue facilement du phosphate par son insolubilité dans l'acide acétique. On trouve aussi quelquefois l'oxalate de chaux à l'état de sphéroïdes, en forme de biscuit, analogues aux dépôts de carbonate de chaux; on peut facilement le différencier par l'acide acétique; le carbonate dégage de l'acide carbonique, l'oxalate reste insoluble.

(Voir aussi les articles : **Aliments, Os, Cartilages, Sang, Urine**, etc.)

Bibliographie. — Amsler. *Bedeutung der Kalkes in Trink-und Mineralwasser* (*Corr. Bl. f. schweitz. Aerzte*, 391, 1878). — Arthus et Pagès (*A. d. P.*, (5), II, 739, 1890). — H. G. Beyer. *The direct. action of calcium salts on the bloodvessels* (*Med. News*, 4 sept. 1886). — Caulet (*Bull. thér.*, Paris, LXXXVIII, 349, 1875). — Ducoudray. *Étude physiologique et thérapeutique de divers composés du calcium* (*D. Paris*, 1873). — Goutermann. *Die Behandlung der Diphteritis mit Kalkpräparaten* (*Berl. klin. Woch.*, n° 4, 52, 1881). — Hammond. *Emploi du bromure de calcium* (*Bull. gén. thér.*, 15 nov. 1872). — Kollscher. *Traitement de la tuberculose locale par la chaux* (*Wien. med. Press*, n° 29, 1006, 1887). — Kitasato. *Ueber das Verhalten der Typhus und Cholera bacillus zu sauren oder alkalihaltigen Boden* (*Zeit. f. Hyg.*, III et *Revue d'hyg. et pol. sanit.*, XI, 653, juillet 1889). — Krüger. *Ueber die quantitative Bestimmung geringer Menge von Kalk* (*Z. p. C.*, XVI, 445). — Liborius. *Einige Untersuchungen über die desificirende Wirkung des Kalkes* (*Zeit. f. Hyg.*, II, et *Centr. f. allgemeine Ges.*, 1887, 406). — Pfuhl. *Ueber die Desinfection der Typhus und Cholera Ausleerung mit Kalk* (*Zeit. f. Hyg.*, VI, et *Rev. hyg. et pol. sanit.*, juillet 1889). — Richard et Chantemesse. *Désinfection des matières fécales au moyen du lait de chaux* (*Rev. d'hyg. et pol. sanit.*, XI, 641, juillet 1889).

Sels de chaux dans l'organisme. — Assimilation et désassimilation. — Aeby (*C. W.*, 1873, n° 54, 849). — Baginsky. *Ueber Stoffwechsel im kindlichen Alter* (*Berl. klin. Woch.*, n° 19, 281, 1879). — *Ueber den Einfluss der Entziehung des Kalkes in der Ernährung* (*A. P.*, 1881). — *Ueber den Einfluss der Entziehung des Kalkes in der Nährung und der Fütterung mit Milchsaure auf den wachsenden Organismus* (*Verhandl. der physiol. Ges., Berlin.*, 6 mai 1881). — *Zur Path. der Rachitis* (*A. A. P.*, LXXXVII, 1882). — Beneke. *On the physiol. and path. of the phosphate and oxalate of lime and their relation to the formation of cells* (*Lancet*, 1851, I, 431). — Brubacker (*Z. B.*, XXVII, 517-569). — Bunge. *Cours de chimie biologique et pathologique*, trad. fr. 8° Carré, 1891. — Chabrié. *Les phénomènes chimiques de l'ossification*, 8°, Paris, Steinheil, 1895. — Chossat (*C. R.*, XIV, 451). — Dastre. *Addition aux « Leçons sur les phénomènes de la vie de Claude Bernard »*, 1879. — Dusart. *Arch. gén. méd. chir.*, 1869; et *Recherches sur le rôle physiologique et thérapeutique du phosphate de chaux*, Paris, in-12, 1870; et *Gaz. méd. de Paris*, 1874). — Dusart et Blache. *Recherches sur l'assimilation du phosphate de chaux, etc.* (*Tribune médicale*, 1876, LXXV, 67). — Forster (*Z. B.*, XII, 464). — Garnier. *Tissus et organes* (*Enc. chim. Frémy*, IX, 2° sect., 2° fasc., 2° partie). — Garnier et Schlagdenhaufen. *Analyse chimique des liquides et des tissus de l'organisme* (*Enc. chim. Frémy*, IX, 2° sect., 2° fasc., 1° partie). — Gorup-Besanez. *T. chimie physiologique*, trad. fr., 8°, Dunod, 1888. — Heitzmann (*Ak. W.*, 1873, n° 17). — Hoppe-Seyler. *T. Analyse chimique appliquée à la physiologie.* — *Élimination des sels de chaux par l'urine, etc.* (*Z. p. C.*, XV, 161-179). — Jolly. *Note sur l'origine du phosphate de chaux éliminé par les voies urinaires et intestinales* (*Bull. Soc. méd. prat. de Paris*, 1876, 107). — Lambling. *Les aliments* (*Enc. chim. Frémy*, IX, 2° sect., 2° fasc., 2° partie). — Lehmann (*Tageblatt des 50ᵉⁿ Versam. deutsch. Naturfors. und Aerzte.* München, 1877, 215). — Maly et Jul. Donath (*C. R., Acad. Sc. Vienne*, 1873). — Paquelin et Jolly. *De l'origine du phosphate de chaux éliminé par les voies urinaires et intestinales* (*Bull. gén. thér.*, Paris, 1876, XC, 489). — *Non-assimilation des sels minéraux de chaux* (*France méd.*, n° 80-81). — Regnard. *Des effets physiologiques et thér. du phosphate de chaux* (*Union méd.*, Paris, (3), XXIV, 1877). — Rey. *Uber die Ausscheidung und Resorption des Kalkes* (*A. P. P.*, XXXV, 295). — Roloff (*Arch. f. Thierh.*, 1889). — Rudel. *Uber die Resorption und Ausscheidung des Kalkes* (*A. P. P.*, XXXIII, 79-90). — Runo Giliberti. *Sulla sede di formazione del ossalato di calcio sull'organismo animale* (*Arch. p. l. sc. med.*, Torino, IX, 1885). — Schetelig. *Uber die Herstammung und Ausscheidung des Kalkes im gesunden und kranken Organismus* (*A. A. P.*, LXXXII, 437, 1880). — Seemann (*Berl. klin. Woch.*, n° 19, 281). — Senator (*Charité Ann.*, VII, 397). — Stilling et Mering (*Centr. f. d. med. Wiss.* 1889, 803). — Terey et Arnold. *Das Verhalten des Calcium Phosphate im Organismus des*

Fleischfresser (*A. g. P.*, XXXII, 1883). — VAUGHAN et HARRIETT BILLS. *Estimation of lime in the shell and in interior of the eggs before and after incubation* (*J. P.*, I, 434). — VOIT. *Ueber die Bedeutung des Kalkes für thier Organismus* (*Z. B.*, XVI, 1880). — WEISKE (*Journ. f. Landwirthsch.*, XXI, 2ᵉ fasc.); (*Landwirth. Vers. Stat.* XI, 81-109). — WEISKE et S. VIDT (*Z. B.*, IX, 541-549).

A. CHASSEVANT.

CALCULS. Voyez Bile, Salive, Urine.

CALLEUX (Corps). Voyez Cerveau.

CALLOSE. — Substance analogue à la cellulose, extraite par L. MANGIN (*C. R.*, CX., 644) des graines des Conifères.

CALLUTANNIQUE (Acide) $C^{14}H^{14}O^{9}$(?). — Substance extraite par ROCHLEDER de l'*Erica vulgaris* (*D. W.*, (2), 849).

CALORIMÈTRES et CALORIMÉTRIE ANIMALE. —

Nous décrirons ici les principaux calorimètres, et la technique de ces appareils; et nous renverrons à l'art. **Chaleur** pour les conclusions qu'on en peut décrire. Les mesures rigoureuses employées dans les sciences physico-chimiques pour étudier soit la chaleur spécifique des corps, soit leur chaleur de formation ou de combustion ne peuvent être appliquées exactement dans les recherches physiologiques.

Pour les objets inertes, que le corps soit apporté dans le calorimètre à une température donnée, supérieure au récipient, ou bien qu'il soit brûlé dans l'appareil, le résultat final est toujours le même. Le corps étudié a perdu son calorique et l'a cédé au calorimètre.

En physiologie, au contraire, l'animal vivant placé dans l'appareil de mesure a une température propre, température qui ne varie que fort peu pendant la durée de l'expérience, et c'est l'émission constante de la chaleur faite en un temps donné qu'il s'agit de mesurer.

En outre, si l'on veut étudier la marche normale de la thermogénèse, il faut nécessairement que l'animal reste pendant toute la durée des recherches dans des conditions normales de température et de ventilation. C'est là un élément important du problème et qui vient compliquer singulièrement les conditions de l'expérience.

On peut classer les calorimètres en deux grands groupes:

Dans le premier groupe, sont les appareils protégés contre la radiation extérieure et qui recueillent la totalité de la chaleur émise par l'animal.

Ce sont: le calorimètre à glace de LAVOISIER et LAPLACE; les calorimètres à vapeur de ROSENTHAL, de NEESEN; les calorimètres à eau de DULONG, de OTT le calorimètre à température constante de D'ARSONVAL.

Quant à la méthode de calorimétrie par les bains, elle nous paraît être intermédiaire entre les deux groupes.

Dans le second groupe, sont compris les calorimètres dans lesquels une partie de la chaleur transmise à l'appareil est rayonnée au dehors, quelle que soit la substance calorimétrique employée.

Ce sont : les calorimètres à eau et à rayonnement et les calorimètres à air, dont les types sont aujourd'hui multipliés.

Calorimètres totaliseurs. — A. *Calorimètre à glace de* LAVOISIER *et* LAPLACE. — Le calorimètre à glace se composait essentiellement de trois enceintes métalliques dont la première recevait l'animal; la seconde, munie d'un robinet d'écoulement, contenait de la glace fondante, et la troisième, extérieure, remplie de glace, avait pour objet de réaliser vis-à-vis de la seconde enceinte une température constante et égale, prévenant tout rayonnement. Le poids de la glace fondue pendant l'expérience multiplié par sa chaleur de fusion représentait la chaleur perdue par l'animal. Un cochon d'Inde, en 10 heures, fit fondre 402ᵍʳ,27. Mais la température de l'animal avait baissé.

Le calorimètre à glace, premier en date, est passible de graves objections.

L'animal est placé dans un milieu trop froid et il ne peut se maintenir à une température constante ou, s'il y réussit, il doit exagérer son activité thermogénétique.

Il est difficile, en outre, de connaître exactement le poids de la glace fondue; une certaine quantité d'eau, indéterminée, étant toujours retenue sur les parois de l'enceinte et entre les fragments de glace. Or, une erreur de 1 gramme correspond à 79,2 calories.

B. *Calorimètre à eau* de Dulong. — Dulong et Despretz ont utilisé, après Crawford, un calorimètre à eau, que l'on trouve décrit partout, et qui leur permettait de déterminer simultanément la chaleur cédée à l'eau et l'intensité des échanges respiratoires.

L'appareil de Senator ne présente également que des modifications de détails. L'animal, placé dans une cage d'osier, était renfermé dans une enceinte à double paroi remplie d'eau. Le tout était protégé contre le rayonnement extérieur.

C. *Calorimètre à eau de* I. Ott. — Il s'agit toujours d'un réservoir à double enceinte. L'eau renfermée dans la double paroi est constamment maintenue en mouvement par un agitateur actionné par un moteur électrique, et qui fait vingt courses par minutes. Le tout est entouré par une enveloppe isolante constituée par une épaisseur de six pouces de cuivre ou d'une certaine masse de bois. Un thermomètre donne la température de l'eau. Un appareil aspirateur permet d'assurer une ventilation suffisante, l'air passant par un serpentin à travers le matelas d'eau avant sa sortie.

Ott a fait construire un appareil de ce genre pour l'homme, qui exige 250 kilos d'eau. (Il est à remarquer que malheureusement Ott ne veut pas employer le système décimal et le thermomètre centigrade.)

L'étalonage, pratiqué, soit en comburant de l'alcool, soit en plaçant un vase d'eau chaude, indiquerait une erreur maximum en moins de 5 p. 100 entre le chiffre calculé et le chiffre observé.

D. **Calorimètre à température constante** (d'Arsonval). — Dans cet appareil, d'Arsonval a voulu réaliser deux conditions spéciales.

Le calorimètre doit rester à une température invariable. Il ne doit ni céder, ni emprunter du calorique au milieu dans lequel il est plongé.

Le calorimètre proprement dit est placé dans une enceinte à température constante ayant exactement le même degré que lui : il ne peut donc y avoir échange de calorique entre les deux appareils.

L'enceinte à température constante est constituée par un cylindre à double paroi, entourant le calorimètre et rempli d'eau dans son segment annulaire.

Ce sont les variations de volume corrélatives aux variations thermiques de cette masse d'eau qui règlent le passage du gaz combustible qui doit la maintenir au degré voulu. Il nous paraît inutile d'insister ici sur les appareils régulateurs à soupape partout utilisés aujourd'hui.

Le calorimètre lui-même, qui s'emboîte dans la chambre à température constante, est à peu près identique. C'est une double paroi renfermant de l'eau, et contenant deux séries de tubes en spirale, l'un destiné à évacuer l'air expiré après qu'il a perdu pendant son passage sa chaleur, l'autre sert de régulateur : il reçoit de l'eau à 0° qu'il ne laisse sortir, à l'aide d'un régulateur, qu'à une température déterminée après qu'elle a traversé le calorimètre. Le tube d'évacuation de l'air a été supprimé depuis par d'Arsonval et remplacé par une simple lame métallique, formant plafond, placée très près de la paroi supérieure du calorimètre. Les gaz, pour sortir de l'enceinte, se laminent contre le calorimètre et lui cèdent leur chaleur. L'eau provenant de la glace fondue entre donc à 0° dans le serpentin et sort à la température fixée n. Elle gagne donc n calories par litre écoulé. Il suffit de calculer ou d'enregistrer l'écoulement d'eau en un temps pour connaître la chaleur cédée au calorimètre par l'animal. L'enceinte à température constante peut être supprimée si on opère dans une cave ou dans toute autre pièce dont la température reste fixe.

Calorimétrie par les bains. — Liebermeister et ses élèves Kernig et Hattwig ont entrepris une série d'étude par la méthode des bains en s'appuyant sur la possibilité de connaître la production de chaleur en augmentant ou en diminuant la perte du calorique. De là deux procédés : celui des bains froids et celui des bains chauds, établis d'après les principes suivants :

I. — *Quand un corps demeure pendant un certain temps à la même température et qu'en même temps il se trouve dans les mêmes conditions de chaleur, il doit reproduire autant de chaleur qu'il en perd. Si nous déterminons la chaleur perdue, nous connaîtrons la chaleur produite.*

II. — *Lorsqu'un corps susceptible de produire de la chaleur est placé dans des conditions extérieures telles (bain maintenu à la température du corps) qu'il ne reçoit ni ne perd de la chaleur pendant un certain temps, la quantité de chaleur qu'il crée est égale au produit des trois facteurs : 1° l'élévation de la température du corps; 2° le poids du corps; 3° sa capacité calorifique.*

$$C = T' - T \times P \times Q.$$

Kernig a fait toutes ses observations sur lui-même et trouve les chiffres suivants :

		Calories produites.
De nov. à janv. . . .	Poids 57 kilog.	1 320
De janv. à fév. . . .	— 55,7 —	1 290 —

Le chiffre obtenu par Liebermeister est plus élevé : 1 800 calories.

Hattwig a employé la même méthode; mais ses observations portent sur des fébricitants.

D'autre part, Liebermeister et ses élèves admettent que chaque point du corps a acquis dans l'unité de temps la même température que l'endroit où le thermomètre est appliqué. Cette hypothèse est toute gratuite et ne saurait tenir contre ce simple fait que deux thermomètres identiques ne donnent pas les mêmes chiffres pour les deux aisselles.

Leyden a borné ses recherches à des observations de calorimétrie locale, faites à l'aide d'un manchon de cuivre rempli d'eau et où l'on introduisait la jambe ou le bras de l'individu en expérience. L'élévation de température de l'eau indiquait la quantité de chaleur dégagée par la partie du corps incluse dans l'appareil. Les causes d'erreur sont encore considérables : évidemment il existe des compensations locales qui peuvent se faire en des endroits très divers et qui interdisent complètement de déduire, des chiffres obtenus, la quantité totale des calories dégagées.

Les critiques dirigées contre cette méthode des bains ont été adoptées par presque tous les auteurs, et c'est tout récemment seulement qu'elle a été reprise et défendue par Lefèvre. Nous résumerons, d'après ce dernier, et les critiques de Winternitz et la défense du procédé.

1° Il est difficile de faire des lectures thermométriques rigoureuses;

2° L'immersion dans un bain exige l'emploi d'une grande quantité d'eau. Alors les variations de températures sont faibles et la sensibilité de la méthode diminue;

3° En raison de sa forte chaleur spécifique, l'eau est une mauvaise substance calorimétrique;

4° Malgré toutes les précautions prises pour assurer le mélange, il est impossible de compter sur l'homogénéité de température d'une grande quantité d'eau;

5° On ne peut pas compter sur la régularité du refroidissement et du réchauffement d'une grande masse d'eau.

La première critique s'applique en réalité à tous les appareils de mesure calorimétrique, il s'agit simplement d'avoir des appareils sensibles et de prendre quelques précautions au moment de la lecture.

Les critiques 2 et 3 sont évidemment justifiées, et la défense évoquée par Lefèvre suffisait en réalité à condamner le procédé.

La perte de sensibilité, dit-il, causée par la grande capacité calorifique de l'eau, est largement compensée par l'intensité du débit de chaleur au contact de ce liquide. D'ailleurs la quantité d'eau peut être réduite à un certain minimum.

Quant aux deux dernières objections, Lefèvre répond par des résultats expérimentaux qui lui permettent de conclure que la température d'une grande masse liquide peut rester homogène, *si elle est bien exactement* mélangée : dans ces conditions, le refroidissement est régulier.

Lefèvre utilise pour ses recherches, soit un petit calorimètre constitué par une baignoire contenant 72 litres (au lieu des 200 de Liebermeister) dans laquelle l'homme reste accroupi et ne plonge pas complètement dans le liquide, soit un grand calorimètre de 100 litres de liquide en lequel le corps plonge entièrement.

La protection du calorimètre n'est pas décrite, mais, par contre, l'auteur peut lire la température à $\frac{1}{270}$ de degré près.

Calorimètres à rayonnement. — *Échauffement du calorimètre.* — Si l'on introduit dans le calorimètre, un animal vivant, c'est-à-dire une source de rayonnement calorique constante, le calorimètre étant à une température plus basse que l'animal va s'échauffer.

Mais, dans ce cas, se trouvant à une température supérieure au milieu ambiant, il abandonnera à ce milieu une certaine quantité de chaleur, et nous pouvons admettre que cette émission de chaleur, suivant la loi de Newton, sera proportionnelle à la différence de température entre le calorimètre et le milieu ambiant.

Pour chaque appareil, il existe une constante du pouvoir émissif qui est essentiellement fonction de la surface du calorimètre. Ce coefficient peut être désigne par E.

On admet, d'autre part, que l'animal produit la même quantité de chaleur en l'unité de temps n, et qu'il maintient par une production de chaleur égale à l'émission sa température constante.

La température du calorimètre s'élève suivant une courbe $a\ c$; les temps étant pris sur les abcisses, et la température sur la ligne des ordonnées. Après un temps connu 0, la valeur $\tau 0$ indique l'élévation de température.

Dans le temps 0, le calorimètre a reçu $n0$ chaleur, et, par suite, sa température aurait dû s'élever de $\frac{n0}{20}$ C. 20 étant, je suppose, la valeur en eau du calorimètre.

Mais cet échauffement ($a c$) ne pourrait se produire qu'avec une enveloppe absolument non conductrice, qui donnerait :

$$20\,t\,0 = n\,0.$$

La quantité de chaleur émise étant proportionnelle à l'élévation thermique, ceci n'est possible que pour une petite source de calorique mesurée en un temps court.

Mais, quand il s'agit d'une production plus forte et continue, il faut tenir compte de deux facteurs qui concourent au début à échauffer le c.

1° Dès son entrée dans l'appareil, l'animal, par suite de sa température supérieure, abandonne de la chaleur, indépendamment de celle qu'il produit.

2° Cette chaleur abandonnée sera compensée en totalité ou en partie par celle que produit l'animal, si bien que la température ne varie pas.

Dans tous les cas, la rapidité avec laquelle la chaleur se transmet de l'animal au calorimètre dépend très peu, au début, de la chaleur produite, mais est liée à la différence entre les deux températures de l'animal et du calorimètre.

On doit donc rejeter toutes les mesures qui tiennent compte de la partie initiale; car la température perdue au début est retrouvée si l'expérience est assez longue.

Il faut que la capacité du calorimètre soit telle qu'il n'enlève pas à l'animal plus de chaleur que celui-ci n'en peut produire dans le même temps, et cette propriété du calorimètre dépend non seulement de sa valeur en eau, mais surtout de son coefficient d'émission.

On doit, pour éviter ces causes d'erreur, laisser un certain temps l'animal dans l'appareil, et on ne peut plus négliger la perte de la chaleur à l'extérieur.

On a laissé de côté dans cette discussion la nature de la substance calorimétrique : air, eau, alcool, En fait, en prenant pour W la valeur en eau du calorimètre, la chaleur spécifique n'a aucune influence sur le résultat final. Celle-ci dépend seulement du coefficient d'émission E, c'est-à-dire de la nature de la surface du calorimètre. Si W est très grand, ce qui est le cas pour le calorimètre à eau, la température finale sera longue à atteindre. L'eau présente encore cet inconvénient qu'il est très difficile d'estimer exactement la température moyenne d'une masse d'eau. Nous verrons plus loin que, d'après Lefèvre, cette mesure est possible, à la condition d'assurer un mélange bien homogène avant chaque lecture, condition presque irréalisable dans les calorimètres ordinaires.

Calorimètre à air. — Les calorimètres à air ont été employés presque simultanément par d'Arsonval, puis par Ch. Richet (mai 1884). Ces deux physiologistes ont employé d'ailleurs des systèmes de mensuration différents, bien que le principe de l'appareil récepteur fût le même.

Les observations que nous avons faites sur la calorimétrie par rayonnement, quelle que soit la substance dilatable employée, peuvent s'appliquer à tous les appareils employés dans ce but : nous nous contenterons d'exposer succinctement les dispositions spéciales des appareils préconisés.

A. *Calorimètre de* Ch. Richet. *Calorimètre à siphon.* — L'enceinte à double paroi qu constitue le calorimètre proprement dit est formée par deux calottes hémisphériques de cuivre. Dans le calorimètre pour lapins et oiseaux, cette double paroi était constituée par un long tube de cuivre enroulé en spirale et laissant passer l'air dans les interstices des tubes; dans le calorimètre pour les chiens et les enfants, on utilisait une double enveloppe de cuivre. Le premier type, tube enroulé, a été critiqué par d'Arsonval : toute mesure serait complètement illusoire, dit-il, si on remplaçait les deux vases concentriques par un tube plein d'air, roulé sur lui-même. Dans ce cas, en effet, la chaleur peut se perdre à l'extérieur soit par les interstices laissés entre les spires du tube, soit par simple communication métallique sans avoir au préalable échauffé la masse d'air amenée dans le tube.

Cette critique perd en réalité de sa valeur, quand on se rapporte au mode d'étalonnage de l'appareil; les causes de déperditions étant égales.

Des expériences nombreuses montrent d'ailleurs que le même animal donnait dans le calorimètre à tubes et dans le calorimètre formé par deux vases concentriques des chiffres identiques, en tenant compte de la constante propre à chaque appareil.

Ch. Richet utilise comme procédé de mesure la méthode du volume variable à pression constante.

L'enceinte calorimétrique est mise en communicatiou avec un grand vase hermétiquement clos rempli de liquide avec un siphon amorcé; dans ces conditions, la moindre augmentation de pression fera écouler l'eau du siphon, et la quantité d'eau qui tombera sera précisément égale en volume à la dilatation de l'air. Si on recueille dans une éprouvette graduée l'eau qui s'écoule, on mesure exactement la dilatation de l'air du récepteur calorimétrique. L'élément essentiel de cet appareil, c'est qu'il travaille toujours à pression nulle, condition absolument nécessaire pour que la sensibilité soit suffisante. Cette pression nulle s'obtient en ramenant toujours le siphon au niveau exact de l'eau du vase clos.

B. *Calorimètre compensateur à air de* d'Arsonval. — L'appareil comprend deux cylindres de zinc à doubles parois, fermés par un couvercle également à doubles parois pour permettre l'introduction de l'animal. Ces deux cylindres sont identiques tant par leur volume et leur forme que par l'état de la surface rayonnante.

L'échauffement de l'air peut être observé par des procédés différents.

Un tube manomètre en U, rempli de liquide, est mis en communication par ses deux extrémités avec les tubes de caoutchouc des deux calorimètres. On obtient ainsi un vrai thermomètre différentiel, et le manomètre indique constamment l'excès de température du calorimètre sur le milieu ambiant.

Les calories rayonnées en un temps donné sont rigoureusement proportionnelles à la hauteur du manomètre.

Pour répondre aux objections de Ch. Richet, qui critiquait la sensibilité des appareils manométriques, d'Arsonval, tout en n'admettant pas cette critique, propose d'augmenter la sensibilité de l'appareil de mesure en utilisant l'artifice proposé par Kretz et Mondésir : chaque branche du manomètre se termine par un renflement cylindrique, ayant dix, vingt et cent fois la section du tube composant cette branche. On remplit l'instrument de deux liquides non miscibles et de même densité (eau colorée et pétrole) de façon que les niveaux arrivent au milieu des renflements du manomètre. Les liquides se superposent dans la petite section, et on obtient ainsi des dénivellations considérables.

Appareil enregistreur. — On peut enregistrer les variations par plusieurs procédés.

A. — Au lieu d'un tube en U on prend deux tubes manométriques séparés, constitués par un tube de verre droit. Chaque tube plonge dans des vases placés sur les plateaux d'une balance Roberval quelconque, mais dont on a abaissé le centre de gravité par un contre-poids mobile pour l'empêcher d'être folle; son fléau porte un levier inscripteur.

En faisant une aspiration dans les deux réservoirs du thermomètre différentiel on aspire la colonne liquide, jusque vers le milieu des tubes manométriques qui sont d'*égal calibre*. Dans ces conditions la balance inscrira seulement la différence de hauteur des colonnes manométriques.

B. — Les deux branches du manomètre sont terminées chacune par une capsule métallique que clôt une membrane élastique. Ces deux membranes sont reliées entre elles par une tige rigide faisant mouvoir un levier inscripteur.

C. — L'appareil enregistreur se compose d'un double gazomètre suspendu aux extrémités d'un fléau muni d'un stylet enregistreur. Le tube de chaque calorimètre arrive sous une des cloches gazométriques. On conçoit qu'avec ce dernier appareil les deux calorimètres doivent être rigoureusement identiques pour assurer la compensation.

Les autres calorimètres ne sont que des modifications instrumentales, plus ou moins ingénieuses, du système employé par D'ARSONVAL et CH. RICHET.

Calorimètre de U. Mosso. — L'appareil se compose de deux cylindres concentriques hermétiques, fermés par un couvercle métallique dont l'obturation est obtenue au moyen du mastic.

U. Mosso a surtout cherché dans cette disposition à abréger le temps nécessaire pour que le calorimètre reprenne la température ambiante entre chaque expérience. Lorsqu'on a démonté l'appareil et séparé les caisses l'une de l'autre, celles-ci recouvrent en très peu de temps la température ambiante. Quand il s'agit de disposer de nouveau l'appareil pour y remettre l'animal, il ne faut pas plus de temps qu'avec les autres calorimètres.

Quand au mastic de vitrier qui sert à assurer la fermeture des deux caisses cylindriques, il est choisi par l'auteur, à l'exclusion d'une fermeture hydraulique, pour supprimer toute différence de pression entre l'atmosphère et l'air de l'enceinte calorimétrique.

Le tout est entouré d'une caisse en bois, ayant pour objet d'éviter l'influence des variations de la température extérieure de la chambre.

La mensuration de la dilatation de l'air se fait avec le pléthysmographe d'U. Mosso. L'air dilaté pénètre dans un flacon WOLF, là il comprime l'eau renfermée dans ce flacon et le liquide déplacé par la pression se déverse dans le cylindre flottant du pléthysmographe.

Calorimètre de ROSENTHAL. — Nous ne décrirons ici que le dernier appareil auquel il s'est arrêté.

Le calorimètre est toujours constitué par une chambre en cuivre à double paroi fermée hermétiquement par une plaque de verre enchâssée dans une monture métallique. A la face postérieure du cylindre opposée à la porte se trouvent trois robinets : l'un en communication avec le manomètre, les deux autres destinés à assurer la ventilation. A ces deux derniers sont annexés des thermomètres qui indiquent les variations de température de l'air entrant et de l'air sortant. L'air sortant, d'ailleurs, passe par une série de tubes dans l'intérieur de la double paroi, abandonnant ainsi une partie du calorique enlevé à l'animal.

Pour favoriser l'apport le plus complet de la chaleur à l'air contenu dans la double enceinte, la surface extérieure du cylindre interne est munie de longues bandes de métal, qui augmentent ainsi sa surface de rayonnement; mais, bien entendu, ils n'entrent pas en contact avec la paroi extérieure. Il existe, en outre, et dans le même but, deux anneaux épais. Cette armature a encore pour résultat de donner une grande résistance à la déformation, et on peut ainsi soumettre le cylindre à de fortes pressions pour s'assurer de son étanchéité.

Dans les appareils antérieurs ROSENTHAL employait un troisième cylindre qui avait pour objet d'éviter les influences des variations extérieures.

Méthode de mesure. — ROSENTHAL mesure l'élévation de température du matelas d'air à l'aide d'un manomètre dont la branche extérieure, au lieu d'être libre, était autrefois en communication avec un second calorimètre jouant le rôle de compensateur. Mais, comme il suffit en réalité de connaître la température moyenne de l'espace environnant, il entoure le calorimètre proprement dit d'une série de tubes placés à une certaine distance des parois extérieures : c'est le système commun de ces tubes qui est mis en communication avec le manomètre.

Des robinets en T permettent d'établir la communication des deux systèmes (Air du calorimètre, ou air du système compensateur) avec l'atmosphère.

Mais cet appareil compensateur ne suffisant pas, même quand la chambre où se trouve le calorimètre est dans d'assez bonnes conditions d'égalité de température, Rosenthal dispose autour du calorimètre complet (calorimètre et système compensateur), une large cage en verre, dont il maintient la température à un degré constant, soit par un régulateur à gaz quand il fait froid, soit par le passage à travers un système de tuyau d'eau froide.

La chaleur cédée à l'air extrait par l'appareil de ventilation est mesurée grâce aux deux thermomètres placés à l'entrée et à la sortie, et au compteur à gaz qui donne la quantité d'air passé, et ajoutée ensuite aux chiffres résultant de la lecture du manomètre.

Il en est de même en ce qui concerne la vapeur d'eau : l'air entre sec, sort en partie saturé. Il n'y a pas lieu de tenir compte de la vapeur condensée dans le manomètre, puisqu'elle est récupérée par l'appareil. Celle qui est entraînée par le courant d'air est arrêtée dans des barbotteurs à acide sulfurique : de simples pesées permettent de se rendre compte des calories enlevées ainsi de l'appareil et qu'il faut ajouter de nouveau.

Calorimètre de Rubner. — Le calorimètre de Rubner, tout au moins le dernier décrit par ce physiologiste, se rapproche de celui de Rosenthal, en ce que l'appareil compensateur est constitué également par un système de tubes communiquant entre eux. Il diffère néanmoins en ce que tout l'appareil est plongé dans une grande caisse pleine d'eau. L'enceinte à double paroi dont on mesure la dilatation de l'air étant séparée du bain d'eau par une troisième paroi qui forme une seconde enceinte isolante (Isolarium).

L'eau du bain est maintenue à une température constante à l'aide de deux appareils de régulation automatique : un courant d'eau froide si l'eau s'échauffe, un brûleur à gaz si au contraire la température baisse.

La chambre du calorimètre est d'une capacité de 84 litres.

L'appareil volumétrique, constitué par un cylindre en fer-blanc mince, suspendu à une roue en aluminium, est très sensible, puisqu'une pression de $0^m,004$ d'eau suffit à mettre en mouvement la roue. Un stylet enregistreur monté sur le diamètre de la roue vient inscrire sur un cylindre tournant.

L'appareil est organisé pour étudier en même temps les échanges respiratoires. Quand aux dispositions adaptées pour recueillir la vapeur d'eau, et pour tenir compte de la chaleur entraînée par l'air échauffé, elles n'ont rien de spécial.

Étalonnage des appareils. — Procédé par l'eau chaude. — Ce procédé est certainement le plus simple. On introduit dans le calorimètre un vase fermé rempli d'eau à une température connue, d'une capacité suffisante pour que sa perte de chaleur se produise régulièrement et lentement. On tient compte nécessairement de la valeur en eau du récipient. La différence de température au début et à la fin de l'expérience donne la quantité totale de calories perdues.

Ce procédé a toutefois des inconvénients.

α. Il est toujours difficile de connaître exactement la valeur vraie d'une masse d'eau de plusieurs litres.

β. Les erreurs de lecture par suite de la grande chaleur spécifique de l'eau ont une importance énorme.

γ. La température du récipient varie depuis le début de l'expérience, et suivant une marche décroissante, alors que la température de la chambre calorimètre au contraire s'élève ; le rayonnement calorique, obéissant à la loi de Newton va en diminuant progressivement. Il est difficile dans ce cas, de faire des étalonnages de longue durée, surtout quand on ne prend comme indications calométriques que les états stables du manomètre.

Procédé par un courant électrique. — On peut utiliser la chaleur produite par le passage d'un courant constant dans un fil de maillechor introduit dans le calorimètre.

D'après la loi de Joule, la quantité de chaleur dégagée pendant l'unité de temps est proportionnelle à la résistance du conducteur et au carré de l'intensité du courant.

$$W = \frac{I^2 R \times 3600}{\lambda Q}$$

En employant par exemple un fil d'une résistance de 0,39 ohm et une batterie d'accumulateurs fournissant 6,7 ampères, FREDERICQ obtenait un dégagement de 153 calories-heures.

D'ARSONVAL utilise comme spire chauffante une spirale de ce genre avec un ohm de résistance. La formule est alors ainsi simplifiée.

$$W = \frac{(67)^2 \times 0,39}{9,81 \times 424} \times 3600 = 153$$

$$\text{Calories par heure} = I^2 \times 0,864.$$

Procédé par la combustion de l'hydrogène. — Il est très facile d'obtenir de l'hydrogène pur; et d'autre part la chaleur produite par la combustion de ce gaz est exactement connue.

La seule difficulté est d'obtenir un débit de gaz régulier, condition nécessaire pour se placer dans des conditions d'étalonnage comparables.

ROSENTHAL, ne tenant compte que des moments où le manomètre reste fixe, laisse tout d'abord l'hydrogène brûler avec une grande flamme pour chauffer l'appareil, puis il diminue ensuite la flamme. Une fine spirale de platine portée au blanc par l'hydrogène permet de voir si la combustion se maintient et en même temps empêche la flamme réduite de s'éteindre. L'expérience de contrôle, c'est-à-dire la mesure exacte de la quantité d'hydrogène brûlée faite au compteur ne commence qu'au moment où le manomètre reste stationnaire et dure uniquement pendant cet état stationnaire.

L'hydrogène en brûlant absorbe de l'oxygène et produit de la vapeur d'eau. Il faut donc assurer la ventilation, et par suite tenir compte de la chaleur perdue sous forme d'échauffement de l'air et de vapeur d'eau. Mais on peut également se contenter de fournir à la chambre calorimétrique l'oxygène au fur et à mesure des besoins de la combustion. Car la vapeur d'eau dans ce milieu saturé se précipite sur les parois, et il n'y a pas à en tenir compte.

Étalonnage par l'alcool. — En brûlant dans le calorimètre un poids connu d'alcool pur, on peut encore connaître la quantité de calories cédées au calorimètre. Toutefois ici encore on rencontre certaines difficultés pour obtenir une production constante de chaleur. ROSENTHAL, en effet, a signalé l'influence exercée sur la combustion non seulement de l'alcool, mais de tous les corps combustibles utilisables, par de faibles oscillations dans la proportion de l'oxygène existant autour de la flamme.

L'emploi de l'alcool comme comburant permet en même temps de faire des titrages d'épreuves sur les variations dans la composition de l'air du calorimètre.

Calorimètres à air (par échauffement direct). — *Calorimètre de* HIRN. — La méthode consistait à placer l'être vivant dans une enceinte renfermée elle-même dans une autre pleine d'air et beaucoup plus spacieuse, et à laisser la température de la première devenir *complètement stable :* en d'autres termes, à attendre que les pertes externes du calorimètre soient devenues parfaitement égales à la production interne de la chaleur.

Le calorimètre consistait en une guérite de bois aussi hermétique que possible, munie de fenêtres et placée au milieu d'une salle dont la température ne varie que très lentement. L'air était continuellement agité dans le calorimètre et on prenait la température de l'enceinte et de la salle très exactement.

Pour titrer cet appareil, HIRN brûlait de l'hydrogène et calculait ainsi combien de chaleur il fallait produire dans l'intérieur de la guérite pour en maintenir la température à 5, 10 ou 15° au-dessus de la température externe. On connaissait en un mot par là la loi de refroidissement de la guérite.

Afin d'éviter la perte de temps nécessaire pour arriver à l'état d'équilibre, on introduisait au début, en même temps que le sujet, un morceau de fer rouge, que l'on retirait par une lucarne quand on était arrivé au voisinage du degré prévu théoriquement.

KAUFMANN a repris récemment le calorimètre de HIRN avec quelques faibles modifications. La guérite est en zinc d'une capacité de 2 600 litres; l'animal est placé au centre dans une cage isolée, enfin les températures internes et externes sont inscrites au moyen d'un thermographe RICHARD très sensible.

La capacité de la chambre calorimétrique est telle que, pour des expériences de durée relativement longue, une ventilation quelconque serait inutile.

Rappelons qu'en 1871 SAPALSKY et KLEBS avaient calculé par le même procédé la chaleur dégagée par des cobayes.

Anémo-calorimètre de d'Arsonval. — L'appareil de D'ARSONVAL, construit dans un but essentiellement clinique, est des plus simples.

Si l'on enferme un sujet dans une espèce de chambre isolée du milieu ambiant, l'air pénétrant par la partie inférieure s'échauffe au contact du sujet et s'échappe par la partie supérieure, le tirage ainsi formé étant fonction de l'échauffement de l'air, c'est-à-dire de la chaleur dégagée par le sujet.

Pour réaliser un tel appareil il suffit d'une couverture de laine de 2 mètres de hauteur et de 5 mètres de long que l'on attache à un disque de bois de 0m,80 de diamètre.

Ce disque de bois, qui constitue le plafond de la chambre calorimétrique, porte à son centre une cheminée conique de 0m,20 à la base, de 0m,10 au sommet sur 0m,68 à 0m,80 de hauteur totale. La partie supérieure reçoit un embout coudé à angle droit sur lequel on adapte un anémomètre en aluminium de RICHARD dont la vitesse de rotation est rigoureusement proportionnelle à la vitesse de l'air.

Un homme fait exécuter au moulinet 2 500 tours en un quart d'heure, correspondant à une colonne d'air de 625 mètres et une ventilation de 18 mètres cubes à l'heure.

En moins d'une minute de séjour dans l'appareil le moulinet a pris sa vitesse maxima et on peut faire une observation dès la seconde minute.

Enfin on peut le transformer en appareil enregistreur en appliquant le principe de l'odographe de MAREY.

D'après D'ARSONVAL, il n'y aurait nullement à tenir compte des variations de température de l'air extérieur, l'instrument tournant uniquement sous l'influence de la température entre l'air qui entre et l'air qui sort de l'appareil. Cette différence restant constante, quelle que soit la température initiale de l'air à son entrée.

Graduation. — On emploie un courant électrique en utilisant comme surface de chauffe une spirale de maillechort de 1,6 millimètres de diamètre, faisant 140 tours et présentant une hauteur de 0m,60 et un diamètre de 0m,40. La résistance totale est de 40 ohms.

Cette forme permet de considérer l'appareil comme ayant la même surface d'émission qu'un sujet adulte (*B. B.*, 103, 1896).

Le nombre des révolutions de l'anémomètre est sensiblement proportionnel à l'intensité du courant; comme la chaleur dégagée est proportionnelle au carré de cette intensité, on voit que la chaleur de la source est proportionnelle au carré du nombre de tours effectués par l'anémomètre dans l'unité de temps.

Donc, si, avec une seconde source de chaleur, l'anémomètre tourne deux fois plus vite, c'est que la seconde source de chaleur est quatre fois plus énergique que la première. En d'autre terme, la chaleur dégagée est proportionnelle au carré de la vitesse du courant d'air.

Ventilation des calorimètres. — Les expériences de calorimétrie ne sont en réalité bien démonstratives que si on peut en même temps comparer la quantité de chaleur émise par l'animal, avec la quantité de calories indiquées par l'activité des échanges respiratoires.

En outre, si on laisse échapper l'air expiré sans précautions spéciales, il est impossible de tenir compte de la chaleur entraînée par cet air, soit sous forme d'air échauffé, soit surtout sous forme de vapeur d'eau. Il est donc indispensable de placer l'animal en expérience dans un espace hermétiquement clos et d'assurer par une ventilation suffisante la pureté de l'air dans lequel il se trouve pendant toute la durée de l'expérience.

Toutefois il y a intérêt à ne pas dépasser dans le chiffre de la ventilation une quantité donnée, pour éviter des causes d'erreur soit dans l'estimation de l'acide carbonique produit, soit dans le calcul des calories enlevées par le courant d'air.

En nous rapportant aux chiffres donnés par PETTENKOFFER, nous pouvons admettre qu'un animal placé dans une atmosphère renfermant 0,6 p. 100 se trouve encore dans des conditions normales. PETTENKOFFER admet que l'air est réellement vicié quand la teneur en acide carbonique atteint 1 p. 100.

Il est donc facile de calculer, étant donnés le cube de l'enceinte calorimétrique et la production moyenne d'acide carbonique par l'animal en expérience, la vitesse qu'il faut donner au courant d'air de ventilation pour amener l'intégrité du mélange gazeux ou tout au moins pour le maintenir à un taux d'acide carbonique inférieur à 1 p. 100.

Les calorimètres employés pour les recherches physiologiques sont généralement petits, leur capacité intérieure oscillant entre 30 et 60 litres, et ne permettant, par suite, de n'employer que des animaux de petites tailles : lapin de 2 kilogrammes, chien de 4 à 6 kilogrammes au maximum.

Or un chien de 5 kilogrammes produit en moyenne par heure 8 grammes d'acide carbonique, soit 4 litres, correspondant au bout d'une heure à un taux de 12 p. 100 pour une enceinte de 33 litres. On arrive ainsi à calculer qu'une ventilation de 400 litres par heure s'impose pour ne pas laisser monter le taux de CO^2 au-dessus de 1 p. 100.

Nous n'avons pas tenu compte dans ce calcul de la teneur en acide carbonique de l'air atmosphérique, mais ce chiffre est en réalité négligeable, au point de vue de la ventilation. Il faut nécessairement en tenir compte quand on veut peser l'acide carbonique produit par l'animal.

Nous devons ajouter que ROSENTHAL considère comme impraticable une ventilation aussi active.

Les recherches de LAULANIÉ sur l'asphyxie en vase clos tendent d'ailleurs à montrer qu'une ventilation aussi intense est tout au moins inutile, et que la limite des altérations de l'air compatible avec l'accomplissement de l'osmose pulmonaire et des échanges respiratoires est bien plus étendue que ne l'admet PETTENKOFFER.

Sur un chien de 3 kilos enfermé dans un vase clos de 150 litres, les échanges respiratoires n'ont été modifiés qu'au bout de 4 heures, quand l'acide carbonique avait atteint une tension de 6 p. 100 et que celle de l'oxygène était tombée à 14 : LAULANIÉ admet donc que l'on peut laisser sans inconvénient un animal dans une atmosphère renfermant jusqu'à 3 p. 100 d'acide carbonique. Le problème de la ventilation se trouve dans ce cas très simplifié.

Bibliographie. — Les travaux ci-dessous relatés se rapportent à la technique calorimétrique. Pour une étude faite autrement qu'au point de vue *instrumental*, voir **Chaleur.**

1779. — CRAWFORD (A.). *Experiments and observat. on animal heat and the inflammat. of combustible bodies, being an attempt to resolve these phenomena into a general low of nature.* London, Murray and Sewell.

1780. — LAVOISIER et LAPLACE. *Mémoire sur la chaleur*, etc., in *Œuvres complètes de Lavoisier*, 1863, II, 283-315.

1823. — DULONG. *De la chaleur animale* (*Journ. de physiol. expér.*, Paris, III, 45-52).

1824. — DESPRETZ (C.). *Rech. expérim. sur les causes de la chaleur animale* (*Journ. de physiol. exp.*, Paris, IV, 143-159).

1841. — DULONG. *Mém. sur la chaleur animale* (*Ann. de ch. et de phys.*, Paris, I, (3), 440).

1860. — LIEBERMEISTER. *Physiol. Unters. uber die quantitativen Veränder. der Wärmeproduction in kaltem Bade* (*D. Arch. f. klin. Med.*, Leipz., V, 217-234).

1868. — LEYDEN (E.). *Untersuchungen ueber das Fieber* (*D. Arch. f. klin. Med.*, V, 273-371).

1872. — SENATOR. *Neue Unters. über die Wärmebildung und den Stoffwechsel* (*A. P.*, 1-54 et 1874, 18-57). — WINTERNITZ. *Beitr. z. Lehre von der Wärmeregulation* (*A. P. P.*, LVI, 181-196).

1879. — D'ARSONVAL. *Rech. sur la chaleur animale* (*Trav. du Lab. de Marey*, IV, 387-406). — HIEN (G.-A.). *Réflex. crit. sur les expér. concernant la chaleur humaine* (*C. R.*, LXXXIX, 687 et 833).

1880. — WOOD (H.). *Fever, a study in morbid and normal Physiology. Smiths. Contributions*, Philad., 4°, 1880.

1884. — RICHET (CH.). *La calorimétrie à siphon et la production de chaleur* (*B. B.*, 707-715).

1885. — RICHET (CH.). *Rech. de calorimétrie* (*A. de P.*, VI, 237-258; 450-497).

1886. — FREDERICQ (L.). *De l'action physiolog. des soustractions sanguines* (*Trav. du lab. de Liège*, I, 217-226). — MALOSSE (T.). *Calorimétrie et thermométrie*, Paris, Davy, 8°, 111 p.

1888. — MOSSO (U.). *La doctrine de la fièvre et les centres thermiques cérébraux* (*A. i. B.*, XIV, 247).

1889. — Rosenthal (I.). *Calorimetrische Untersuchungen* (*A. P.*, 1-53). — Rubner (M.). *Ein Calorimeter für physiolog. und hygien. Zwecke* (*Z. B.*, 400).

1890. — Ansiaux (G.). *De l'infl. de la température extér. sur la production de chaleur chez les animaux à sang chaud* (*Travaux du lab. de L. Fredericq*, III, 169-185). — D'Arsonval. *Rech. de calorimétrie animale* (*A. de P.*, XXII, 610-622; 781-790). — Ott (I.). *Human calorimetry* (*N.-Y. med. Journ.*, 30 mars et 13 juill.). — Reichert. *Heat phenomena in normal Animal* (*Univers. med. Magazine*, Philad., janv., avril).

1893. — Langlois (P.). *Contribution à l'étude de la calorimétrie chez l'homme* (*Trav. du Laborat. de Ch. Richet*, Paris, I, 279-352). — Rosenthal (I.). *Physiolog. Calorimétrie* (*Berl. klin. Woch.*, XXX, 911-915). — Waller (A.-D.). *Calorimetry by surface thermometric and hygrometric data. Proc. physiol. Soc. London* (in *J. P.*, pp. XXV-XXIX).

1894. — D'Arsonval (A.). *L'anémo-calorimètre ou nouvelle méthode de calorimétrie humaine, normale et pathologique* (*A. de P.*, 360-370). — Butte et Deharbe. *Mesure de la chaleur produite par un animal* (*B. B.*, 649-651; 694-695). — Cybulski (N.). *Une nouvelle modification d'un microcalorimètre* (*A. i. B.*, XXII, p. XLVI-XLVII). — Haldane, White et Washbourn. *An improved form of animal calorimeter* (*J. P.*, XVI, 123-139). — Lefèvre (J.). *Quantité de chaleur perdue par l'organisme dans un bain froid* (*B. B.*, 450-452).

1895. — Lefèvre (J.). *Deux propositions nouvelles sur la thermogénèse* (*B. B.*, 366-368).

1896. — Kaufmann (M.). *Méthode pour servir à l'étude des transformations chimiques intra-organiques et de l'origine immédiate de la chaleur dégagée par l'homme ou l'animal* (*B. B.*, (10), III, 201-203).

P. LANGLOIS.

CALYCINE ($C^{18}H^{12}O^{5}$).— Substance colorante, cristallisable, extraite par Hess du lichen, *Calycium chrysæphalum* (*D. W.*, (2), 849).

CALYCANTHINE ($C^{25}H^{28}O^{11}$). — Glycoside cristallisé, fluorescent, extrait du *Calycanthus floridus* (*D. W.*, (1), 392).

CAMÉLÉON. — Le caméléon est une sorte de lézard du groupe des *Sauriens vermilingues*, dont l'espèce la plus connue (*Chamelio vulgaris* Cuv.) habite le littoral méditerranéen (Espagne, Afrique, Asie Mineure); c'est celle que les physiologistes ont eu l'occasion d'étudier plus spécialement. Sa tête a la forme d'une pyramide; son corps est fortement comprimé latéralement; à chaque membre les cinq doigts sont soudés en deux groupes formant comme les mors d'une pince au moyen de laquelle l'animal se fixe aux branches en s'aidant en outre de sa queue préhensile.

Deux caractères contribuent encore à distinguer cet être aux allures si étranges : 1° sa peau grossièrement chagrinée est capable de *changements de coloration* brusques et variés; 2° sa *langue*, très protractile, se détend à la façon d'un ressort et, propulsée en avant, va saisir la proie convoitée à une distance au moins égale à la longueur du corps de l'animal. Ces deux phénomènes ont vivement sollicité l'attention des naturalistes. Nous allons rapidement passer en revue les travaux qui ont eu pour but d'en expliquer la nature.

1° **Changements de coloration.** — Deux choses sont à considérer :

a. Quels sont les agents, les causes premières, capables de produire les changements de coloration?

b. Par quel mécanisme ces causes peuvent-elles agir?

Les premiers naturalistes, se bornant à des observations superficielles ou à de sommaires expériences, durent s'en tenir à des hypothèses. Ils ne s'occupèrent pour ainsi dire que des causes du phénomène, et ils purent noter l'action de la lumière et celle des émotions; ils firent même intervenir l'influence du milieu, avançant que le caméléon prend la couleur des objets qui l'entourent.

Pour expliquer le mécanisme par lequel ces agents peuvent arriver au but, les uns firent intervenir l'afflux du sang dans la peau, déterminé par les passions qui agitent l'animal; les autres invoquèrent l'action de la lumière « sur le cours et les propriétés vitales du sang » (Vrolik), la réfraction différente de la lumière à laquelle le sang donne lieu suivant les quantités qui arrivent à la peau (J. Murray); les grandes dimensions des poumons (ceux-ci sont pourvus, en effet, de réservoirs d'air en forme de branches rameuses qui se logent entre les viscères), qui, suivant qu'ils se remplissent d'air ou se vident, rendent le corps plus ou moins transparent, contraignant une quantité plus ou moins grande de sang à refluer vers la peau et colorant même ce fluide d'une manière plus ou moins vive (Cuvier).

Pour trouver des données plus précises, basées enfin sur l'étude anatomique de la peau, seule méthode capable d'éclairer la question, il faut arriver à 1834, époque à laquelle H. Milne-Edwards publia un mémoire dans lequel il établit « que la peau du caméléon renferme deux couches de pigment superposées, mais disposées de manière à pouvoir se montrer sous l'épiderme simultanément ou bien à se cacher l'une au-dessous de l'autre; que tout ce qu'il y a d'anormal dans les changements de couleur peut être expliqué par l'apparition du pigment de la couche profonde en quantité plus ou moins considérable au milieu du pigment de la couche superficielle ou sa disparition au-dessous de cette couche ».

C'était faire un grand pas vers l'explication du mécanisme des changements de coloration, bien que déjà Van der Hoeven (1831) eût ouvert la voie en attirant l'attention sur le rôle du pigment de la peau dans les changements de couleur du caméléon.

Un mémoire important de Brücke (1852) apporta bientôt de nouveaux éléments à la discussion. Suivant lui, les couleurs du caméléon ne sont pas dues seulement à des pigments, il y a aussi des « couleurs *d'interférence* produites par les cellules pigmentaires ». Les expériences établissent en outre l'influence du système nerveux sur les changements de couleur et démontrent que les courants électriques les provoquent également.

Enfin les recherches de G. Pouchet et de P. Bert viennent apporter des documents plus complets et donnent une solution satisfaisante des deux parties du problème (cause et mécanisme).

G. Pouchet, par une étude histologique attentive de la peau, établit ce qui suit :

La peau du caméléon comprend de dehors en dedans : 1° un épiderme dont la couche cornée peut donner lieu, dans certaines circonstances, à des phénomènes d'irisation, mais de peu d'importance; 2° un derme mince; 3° une couche de corpuscules pigmentaires (*chromoblastes*) jaunes et *d'iridocytes*, ces derniers jouissant de la propriété *céruléscente*, c'est-à-dire émettant des radiations bleues quand ils sont vus sur un fond noir, et offrant une coloration jaunâtre sur fond clair; 4° un *écran* formé d'une couche d'argenture, sorte de poussière blanche sur laquelle la lumière agit par réfraction multiple et dans la profondeur de laquelle se voient des chromoblastes noirs et des chromoblastes colorés dans la gamme du rouge. Tous ces chromoblastes étalent leurs prolongements arborescents sous la direction du derme à travers l'écran, et la couche des iridocytes.

Ces particularités de structure permettent d'expliquer tous les changements de coloration. Supposons, par exemple, que les chromoblastes noirs entrent en rétraction, ils se dissimuleront alors dans la profondeur de l'écran et l'animal paraîtra *jaune* partout où il y aura au-dessous du derme des chromoblastes jaunes; il sera *jaunâtre* partout où il n'existera au-dessous de l'écran que des iridocytes; enfin il sera d'un blanc éclatant si ni chromoblastes jaunes, ni iridocytes ne s'interposent à l'argenture (écran).

Les chromoblastes noirs viennent-ils au contraire à se dilater, envoyant leurs prolongements à travers l'écran jusqu'au milieu des iridocytes, ceux-ci émettront des radiations bleues (cérulescence); la peau sera *verte* là ou elle était jaune, *bleue* là où il n'y avait pas de chromoblastes jaunes, *grise* aux places qui étaient blanches, etc.

On voit que toutes les combinaisons de couleur observées chez le caméléon s'expliquent ainsi par un mécanisme très simple consistant dans la contraction ou l'expansion des chromoblastes.

P. Bert, de son côté, a démontré expérimentalement que deux causes principales interviennent pour produire ces effets : d'une part les excitations et les émotions telles que la colère et la peur, d'autre part l'action directe de la lumière et spécialement de la région bleu-violet du spectre sur la matière contractile des chromoblastes. La preuve expérimentale de cette action, déjà notée d'ailleurs par beaucoup d'observateurs, c'est que, si on recouvre d'un écran percé de trous le corps d'un caméléon exposé à la lumière, les parties éclairées sont les seules qui deviennent foncées; la même action se produit chez l'animal complètement éthérisé. *L'influence directe de la lumière sur la peau est analogue à celle qu'elle exerce sur les fibres de l'iris.*

D'autre part le rôle du système nerveux a été étudié de très près par P. Bert. « Chaque hémisphère cérébral commande par l'intermédiaire des centres réflexes aux nerfs colorateurs des deux côtés du corps; mais il agit principalement sur les nerfs analogues aux vaso-constricteurs de son côté et sur les nerfs analogues aux vaso-dilatateurs du côté opposé. Dans l'état régulier des choses, chaque hémisphère entre en jeu (en outre des excitations venant par la sensibilité générale) sous l'influence des excitations venant par l'œil du côté opposé. »

Si les travaux que nous venons d'analyser brièvement donnent l'explication fondamentale des phènomènes, il n'en reste pas moins quelques points obscurs, et G. Pouchet en indique quelques-uns. Y a-t-il individualisme fonctionnel des chromoblastes? Il le suppose, vu qu'on ne peut expliquer que par une véritable autonomie fonctionnelle de ces éléments les livrées variables que présente le caméléon en état de veille.

D'autre part, y a-t-il action *volontaire* ou seulement résultante d'actions réflexes involontaires, aussi compliquées qu'on voudra l'imaginer, dans les changements de coloration?

Dans un récent mémoire, R. Keller confirme dans leurs résultats principaux les faits indiqués par Brücke et P. Bert. Il a en outre expérimenté avec la lumière électrique, qui, en une minute, colore la région de la peau qui est éclairée en noir. Ce sont surtout les rayons bleus qui agissent. L'ablation d'un œil ne paraît pas beaucoup modifier les changements de couleur de la peau. Mais les effets en sont assez variables. En somme les observations de Keller ne dissipent pas les incertitudes qu'avaient laissées les travaux de Brücke, Krükenberg, Pouchet et P. Bert.

Projection de la langue. — Le mécanisme de la projection de la langue a donné lieu à bien des hypothèses.

Cet organe comprend une portion terminale courte et renflée (*bulbe*) et une portion cylindrique creuse atteignant jusqu'à 25 centimètres de long dans l'état d'extension, et se réduisant à 4 centimètres à l'état de repos. Cette portion cylindrique est emmanchée sur un stylet rigide (*glosso-hyal*), sorte de mandrin qui n'est qu'un prolongement de l'hyoïde, long de 4 centimètres environ.

Nous rappellerons en deux mots les théories anciennes: Houston invoquait, pour expliquer la projection brusque en avant de l'appareil, une érection du bulbe; Hunter suggéra que l'état d'extension était l'état naturel de la langue, et que les muscles propres à l'organe n'intervenaient que pour le faire rentrer dans la bouche. Suivant Cuvier la détente résulterait de contractions de muscles circulaires compris dans la paroi de la portion cylindrique.

Ces fibres, par un mouvement péristaltique centripète très rapide, arriveraient à prendre successivement point d'appui sur l'axe solide (*glosso-hyal*) et expulseraient ainsi le bulbe. Cette théorie a eu quelque succès; il ne manquait cependant, pour l'appuyer, que de prouver l'existence même de ces fibres circulaires. Or ces fibres n'existent pas. Pour Perrault et Duméril la projection de la langue serait due à une expiration violente au moyen de laquelle le caméléon remplirait brusquement d'air le cylindre creux. Malheureusement pour la théorie la trachée ne communique pas avec ce cylindre.

Enfin, Duvernoy admet que l'hyoïde, se portant brusquement en avant sous l'influence des muscles qui s'y attachent, projette par contre-coup le bulbe.

Dans un tout récent mémoire, Dewèvre, après avoir démontré expérimentalement qu'aucune des hypothèses ci-dessus n'est acceptable (sauf, pour une part, celle de Duvernoy), reprend la question par la base et commence, chose qui n'avait point été faite, par une étude anatomique sérieuse des parties; ce qui le conduit à faire intervenir, outre les muscles, un organe élastique spécial constitué par une poche à air, diverticule du troisième anneau de la trachée, qui est logée en arrière de l'hyoïde, entre celui-ci et le sternum.

Nous ne pouvons entrer ici dans le détail de la description anatomique, mais nous pouvons résumer comme suit l'explication du phénomène.

L'appareil est formé de deux arcs (arbalètes) élastiques placés l'un derrière l'autre;

L'arc antérieur est constitué par deux cordons musculaires (muscles génio-périglosses) prenant leur insertion fixe, de chaque côté, sur la mâchoire inférieure, et leur insertion mobile en arrière du bulbe qui se trouve ainsi au centre de l'arc.

L'arc postérieur est formé par les branches de l'hyoïde que les muscles sterno-hyoïdiens rattachent au sternum; cet arc est séparé du sternum par la poche à air ci-dessus décrite.

Enfin les deux arcs sont réunis centre à centre par les muscles glosso-hyoïdiens qui occupent la paroi du cylindre creux formant la hampe de la langue.

Quand ces derniers muscles se contractent, ils tirent le bulbe en arrière et bandent l'arc antérieur. Si en même temps les sterno-hyoïdiens entrent en contraction, l'arc postérieur (hyoïde) se trouve tendu aussi et tiré en arrière vers le sternum; mais il rencontre alors la poche à air, la comprime, et se trouve ainsi appuyé sur une sorte de balle élastique en tension.

Dans cet état les deux arcs sont donc tendus, l'antérieur portant le bulbe en son centre, le postérieur portant le mandrin (glosso-hyal) qu'engaine la partie cylindrique plissée de la langue.

Si alors tous les faisceaux musculaires susdits se relâchent brusquement et qu'en même temps se contractent les muscles (génio-périglosses) qui forment l'arc antérieur, on conçoit aisément que tout l'appareil tend à reprendre sa position première, mais que dans cette détente le bulbe est propulsé au loin: 1° par la détente de l'arc musculaire sur lequel il repose; 2° par l'impulsion (comparable au choc d'une queue de billard) que lui donne le mandrin (glosso-hyal), rejeté lui-même en avant par la détente de l'arc hyoïdien, dont la force d'impulsion est encore accrue en raison de l'élasticité du réservoir d'air sur lequel il reposait.

Somme toute la projection de la langue du caméléon s'expliquerait en considérant tout l'appareil comme un appareil balistique où l'élasticité des parties joue un rôle considérable, à côté du rôle que joue la contractilité des cordages qui les meuvent.

Mouvements dissociés des yeux. — Le caméléon possède une autre particularité étrange, sur laquelle l'attention des physiologistes ou des naturalistes ne s'est guère portée jusqu'ici. Chez lui la vision binoculaire est absolument dissociée, c'est-à-dire qu'il peut exécuter avec le globe oculaire d'un côté des mouvements de rotation qui sont différents des mouvements de rotations de l'autre globe; ce qui contribue à lui donner un aspect bizarre. Il serait intéressant de rechercher la cause anatomique de cette singularité.

Bibliographie. — *a.* **Changements de coloration.** — On trouvera dans Brücke et dans l'*Herpétologie générale de* Duméril, iii, 198, des renseignements très complets sur les anciens auteurs. Ajoutons : H. Milne-Edwards. *Ann. des Sc. nat., Zoologie.* 1834. — Brücke. *Untersuch. über den Farbenwechsel des Afric. Chamæleon.* (*Denkschrift. d. k. Akad. Wien*, iv, 1852, pl. lx, lxi.) — G. Pouchet. *Des changements de coloration sous l'influence des nerfs* (*Journ. de l'An. et de la Phys.*, 1876). — P. Bert. *C. R.* 1875. — P. Bert. *Act. du syst. nerv. sur les variations de couleur du caméléon* (*B. B.*, 1875, 310-311, et 350-353). — Les mémoires de Vrolik (Amsterdam) et de J. Murray (*Froriep's Notizen*, 1826) ont été analysés dans le *Bulletin de Férussac*, 1828, xiv, 263, par S. G. Luroth, qui était, avec Lesson, rédacteur principal de la partie zoologique de ce bulletin. — Krukenberg. *Ueber die Mechanik des Farbenwechsel bei Chamaeleon vulg. Cuv.* (*Vergl. Physiol. Studien*; *Heidelberg*, iii, 1880) — R. Keller. *Ueber den Farbenwechsel des Chamaeleon und einiger anderer Reptilien* (*A. g. P.*, LXI, 125-169). — Biedermann. *Ueber den Farbenwechsel der Frösche* (*A. g. P.*, 1892, 41, 455-508).

b. **Langue.** — On trouvera dans H. Milne-Edwards (*Leçons d'Anat. et de physiologie*, vi, 75) une bibliographie bien complète. Ajoutons: Dewèvre. *Le mécanisme de la projection de la langue chez le caméléon* (*Journ. de l'An. et de la physiol.*, 1895, n° 4, 343).

BEAUREGARD.

CAMELLINE ($C^{53}H^{84}O^{19}$) — Glycoside mal déterminé, extrait du *Camellia japonica*. (*D. W.*, (1), 392).

CAMPHRE ($C^{10}H^{16}O$). — Le camphre est une essence concrète retirée d'un arbre de la famille des *Lauracées*, qui croît au Japon et dans toute l'Asie orientale : le

Laurus camphora de LINNÉ ou *Camphora officinarium* (BANTH) ou *Cinnamomum camphora* de NEES et EBERMAIER.

Le camphre est blanc, translucide, fragile, il a un aspect cristallin, sa cassure est *brillante*.

A côté du camphre du Japon, on trouve le camphre de Bornéo et le camphre de Ngaï, ou camphre de Blumea, qui ont une grande analogie avec lui, mais qui proviennent, le premier du *Dryobalanops aromatica* de la famille des Diptérocarpées, et le second du *Blumea balsamifera* de la famille des Synanthérées.

Il existe d'autres camphres qui sont aussi des essences concrètes, mais qui, au point de vue chimique, diffèrent du camphre commun : tels sont les camphres de bergamote, d'anis, de thym, etc.

Le camphre ordinaire se trouve dans le commerce sous deux états : raffiné en gros pains arrondis, concaves, et en grains grisâtres, sales, impurs et huileux. On se sert généralement du raffiné qui provient de la sublimation du camphre brut en grains.

Il jouit d'une certaine élasticité qui fait que sa pulvérisation est assez difficile et ne peut s'effectuer qu'en l'humectant avec de l'éther ou de l'alcool. Il fond à 175° et bout à 204°; à la température ordinaire, il est assez volatil pour disparaître peu à peu complètement. Mis en petits fragments à la surface de l'eau, il possède un mouvement giratoire que l'on peut arrêter en trempant dans l'eau une aiguille huilée.

Il se trouve dans toutes les parties du *Laurus camphora*. Au Japon, on fait bouillir les différentes parties de cet arbre dans de grandes chaudières munies de chapiteaux garnis de roseaux ou de paille de riz. Sous l'influence de la chaleur, l'essence se volatilise et vient se condenser en petits cristaux dans la garniture des chapiteaux.

Ces cristaux sont raffinés en Europe dans des matras hémisphériques qui sont chauffés au bain de sable. C'est ainsi que sont obtenus les gros pains.

Il ressemble à de la glace, quand il est en grosses masses blanches et qu'il est coupé fraîchement. Il cristallise en prismes hexagonaux pyramidés; c'est à sa densité, 0,98 à 0,99, qu'il doit de nager à la surface de l'eau. Il donne une saveur d'abord chaude, amère, brûlante, puis une sensation de fraîcheur : son odeur est spéciale, aromatique. Il est très peu soluble dans l'eau, 3/1000; l'eau chargée d'acide carbonique et de carbonate de magnésium favorise sa dissolution et sa suspension; il est soluble dans l'alcool à 120/100, dans l'éther, le chloroforme, les huiles essentielles fixes; il brûle à l'air avec une flamme fuligineuse.

Il se combine au brome pour donner des cristaux rouge rubis, qui fondent et se décomposent entre 80° et 90° en donnant le camphre monobromé ou *bromure de camphre* $C^{10}H^{16}O\,Br^2$, découvert en 1863 par SCHWARTZ. Ce corps, employé en thérapeutique comme antispasmodique et sédatif très prononcé, se présente sous la forme de cristaux en longues aiguilles, presque incolores, prismatiques et triangulaires, fondant entre 70° et 76°, d'une odeur aromatique camphrée et térébenthinée, ayant une saveur amère, durs, insolubles dans l'eau, mais solubles dans l'alcool, l'éther, le chloroforme, le sulfure de carbone, les huiles fixes et volatiles.

Propriétés pharmacodynamiques générales. — Les émanations du camphre ont un effet toxique sur beaucoup d'animaux inférieurs, les insectes particulièrement, sauf pourtant certaines teignes (CARMINATI, MENGHINI, MONRO). Lorsque l'on place des grenouilles ou des oiseaux sous une cloche bien aérée, mais renfermant du camphre, on voit ces animaux mourir au bout de quinze à vingt minutes avec des phénomènes convulsifs énergiques qui ne tiennent pas à l'asphyxie, comme l'ont cru bien des auteurs, mais qui sont le résultat d'une intoxication véritable. Si, lorsque les phénomènes convulsifs de l'intoxication commencent à se manifester nettement, on soustrait la grenouille aux émanations du camphre, on voit l'animal reprendre peu à peu son état normal à mesure que la substance s'élimine. Mais ce retour demande un temps assez long, plusieurs heures parfois, pendant lesquelles on remarque de temps en temps des secousses convulsives générales; le moindre contact réveille ces convulsions, on croirait l'animal sous l'influence d'une intoxication strychnique. Il est facile de voir là autre chose que de l'asphyxie simple.

On dirait que l'effet est différent suivant le mode de pénétration de la substance chez la grenouille. Ainsi, en injectant de l'huile camphrée dans le sac dorsal, on ne constate pas ces convulsions générales que j'ai signalées précédemment : l'animal éprouve bien quelques contractures, mais il finit par succomber sans secousses convulsives analogues à celles qui précèdent la mort après les inhalations de camphre.

Le cœur continue à battre assez longtemps.

Les phénomènes convulsifs sont très marqués chez les mammifères : les lapins, les cobayes, les chats sont très sensibles à cette substance : 2 ou 3 centimètres cubes d'huile camphrée en injection sous-cutanée déterminent assez rapidement des phénomènes convulsifs généraux, puis la mort au bout de quelques heures.

Les chiens paraissent résister davantage, quoiqu'il y ait beaucoup d'irrégularité dans cette action ; ainsi certains chiens sont pris de convulsions pour avoir absorbé 5 centigrammes de camphre ; d'autres supporteraient impunément 15, 20 grammes sans rien éprouver (?).

Le camphre produit des effets locaux et des effets généraux.

Effets locaux. — Appliqué sur la peau intacte, il procure une sensation de fraîcheur due à son évaporation. Si la peau est dénudée, il détermine de la cuisson, du picotement et une rougeur inflammatoire.

Sur les muqueuses il finit par donner naissance à une ulcération, si le contact est prolongé (ORFILA, BRUNWEL) ; sur la muqueuse nasale, il fait naître de la démangeaison, et un picotement qui ne tardent pas à produire de l'éternuement par voie réflexe, ainsi qu'une sécrétion plus abondante ; sur la langue il donne une saveur âcre et amère avec une certaine fraîcheur ; la sécrétion salivaire est augmentée par action réflexe. Lorsque le camphre pénètre en morceaux dans l'estomac, il détermine un sentiment d'ardeur ; mais, si les doses sont élevées, ce sont alors des nausées, des vomissements et des phénomènes inflammatoires.

Effets généraux. — Nous avons déjà parlé de l'action générale sur l'organisme : action se traduisant par des phénomènes convulsifs pouvant se terminer par la mort, si la dose est élevée ; mais, si les doses ne sont pas très élevées, et si la susceptibilité de l'organisme n'est pas trop grande, ces effets sont fugaces, car le camphre s'élimine assez rapidement par la respiration, comme en témoigne l'odeur camphrée que prend l'air expiré, après l'absorption de cette substance ; il s'élimine aussi par la peau, la sueur lui servant de véhicule. Les reins seraient aussi une voie d'élimination pour SCUDERG, mais non pour LASSONE, CULLEN, TROUSSEAU et PIDOUX, BUCHHEIM, W. HOFFMANN. Pour WIEDMAN il existerait dans l'urine à l'état de glycoside acide azoté qui serait son produit de décomposition et que l'on obtiendrait en débarrassant l'urine des acides sulfurique et phosphorique par des précipitations répétées avec l'acétate de plomb.

Appareil digestif. — Le camphre à dose modérée paraît ne pas avoir d'action spéciale sur l'appareil de la digestion ; mais, si les doses sont élevées, il y a de l'intolérance. Il donne en passant dans la bouche et l'œsophage, quand il est administré en nature, un sentiment de froid que TROUSSEAU et PIDOUX comparent à la sensation que procure l'absorption d'une glace quand il fait bien chaud. La seule sécrétion qui paraisse influencée par action réflexe est la sécrétion salivaire, qui est augmentée ; les autres sécrétions du tube digestif ne subissent aucune modification. Les fonctions intestinales ne sont pas modifiées, il n'y a ni constipation, ni diarrhée ; on constate quelquefois une action carminative. D'après BLACHE, il agirait mieux en lavement qu'administré par l'estomac : pourtant il détermine du côté du rectum un peu de chaleur locale et une constipation momentanée, facilitant l'absorption et la tolérance de la substance ; cette constipation semble due à la légère anesthésie que produit le camphre.

Appareil de la circulation. — Chez la grenouille, le cœur est excité par le camphre, ou du moins les nerfs frénateurs ont perdu beaucoup de leur action, puisque ni la muscarine, ni l'excitation du pneumogastrique ne parviennent à l'arrêter, et qu'on n'obtient que du ralentissement. Pour HEUBNER il y aurait paralysie des centres vaso-moteurs médullaires.

Chez les mammifères, le cœur ne subit aucune influence, mais la pression vasculaire sanguine est augmentée : et ce phénomène se produit non seulement pendant les convulsions, mais aussi chez les animaux curarisés. Cette augmentation, qui est rapide et périodique, semble due à une irritation croissante et périodique des centres vaso-moteurs.

Mais Rossbach a constaté que la section des vagues au cou l'arrêtait; fait qui est resté jusqu'ici inexpliqué.

Chez l'homme les résultats diffèrent suivant les auteurs. Pour les uns, en effet, on constate une élévation de la température et du pouls; pour les autres se serait le contraire. Il faut voir dans ces contradictions, entre observateurs également dignes de foi, des différences de susceptibilité d'organismes; le camphre étant une substance vraiment à effets variés suivant les individus, et peut-être suivant les conditions d'absorption.

L'abaissement de la température est pourtant un fait constant, soit chez les animaux sains, soit chez les animaux fébricitants. Chez l'homme le phénomène est identique. En donnant du camphre à ses blessés atteints d'érysipèle, Pirogoff a toujours constaté un peu d'hypothermie.

Chez le chat et le chien W. Hoffmann a obtenu les résultats suivants :

	DOSE de camphre.	TEMPS ÉCOULÉ.	ABAISSEMENT de température.
Chat	0,6	2 heures.	1°,8
	0,9	5 —	3°,4
	1,2	24 —	1°,6
Chien	0,9	5 —	0°,7
	1,2	3 —	0°,1
	1,9	4 —	1°,1
	2,2	6 —	1°,8

Chez le lapin et le cobaye j'ai toujours observé un abaissement encore plus marqué que chez le chat et le chien.

Ainsi chez le cobaye, après une injection sous-cutanée de 2 centimètres cubes d'huile camphrée, après 2 heures l'abaissement était de 1°, 8; après 3 heures, il était de 3°, 9; chez le lapin, avec 3 centimètres cubes d'huile camphrée en injection sous-cutanée, après 6 heures, l'abaissement de la température était de 4°, 6; il atteignait 5°, 8, après 7 heures.

Appareil de la respiration. — En inhalations le camphre détermine un léger ralentissement de la respiration et un peu d'oppression. Après l'administration de fortes doses, on observe de l'accélération respiratoire et de la dyspnée pendant la période d'excitation, pendant les accès convulsifs il y a suspension de la respiration avec angoisse et suffocation. Entre les accès la respiration s'accélère, comme pour compenser l'absorption d'oxygène qui n'a pu se faire pendant les accès. Pendant la période comateuse qui précède la mort, la respiration est tout à fait superficielle, presque insensible.

C'est par le poumon que se fait en grande partie l'élimination du camphre.

Ici encore on trouve des différences dans les résultats obtenus, suivant les doses et suivant les sujets : tantôt c'est une action excito-motrice sur les nerfs de l'appareil respiratoire, tantôt c'est une action sédative.

Système nerveux. — Quand on administre le camphre par la voie sous-cutanée, on constate chez les grenouilles une paralysie de la moelle et des nerfs moteurs sans excitation extérieure (Carminati, Wiedemann). Cette paralysie se manifeste assez rapidement, au bout de 10 à 20 minutes, elle est assez avancée pour que les effets de la strychnine soient supprimés (Binz, Grisar). Lorsque les grenouilles sont soumises aux émanations de la substance, les phénomènes sont quelquefois un peu différents, car on observe des secousses convulsives, comme nous l'avons déjà dit.

Chez les animaux à sang chaud, les phénomènes ne sont plus les mêmes, et varient d'un individu à l'autre. C'est ainsi que chez l'homme, pour certains individus, le camphre est un excitant, tandis que pour d'autres il constitue un sédatif. Cette dernière catégorie d'individus est la plus nombreuse. Mais, d'une manière générale, il y a hallucinations, puis exaltation psychique, impulsion au mouvement, à l'action; l'individu éprouve aussi une sensation spéciale de légèreté : mais, d'autres fois, on remarque de la lassitude, de la prostration intellectuelle, de l'asthénie, de l'anesthésie, de l'analgésie, et quelquefois de la perte de connaissance. — Il tempère les actions nerveuses et émousse certaines sensibilités spéciales; aussi est-il considéré comme un anaphrodisiaque : son composé bromuré, le bromure de camphre, jouit très manifestement de cette propriété.

Chez les animaux que l'on emploie généralement pour les expériences, on voit survenir des convulsions, des spasmes, de l'agitation. Ils sont haletants, courent çà et là, puis chancellent et ont de la difficulté à se tenir sur leurs pattes qui s'écartent, ne pouvant supporter le poids du corps. Ils sont pris de spasmes convulsifs généraux intermittents et au bout de quelques heures, si la dose est suffisante, la mort survient dans un accès convulsif· si la dose n'est pas trop élevée, le camphre s'élimine assez vite et l'animal se rétablit. Il n'y a pas paralysie de la moelle, mais il y a bien parésie des quatre pattes, surtout des postérieures.

Les cas d'empoisonnement survenus chez l'homme ont permis de voir qu'à une période d'excitation et de convulsions succède une période de collapsus, de paralysie de la sensibilité, de paralysie de la vessie et du rectum, et enfin le coma qui précèdent la mort. Si la dose n'a pas été mortelle, la santé revient peu à peu, mais il reste la plupart du temps des phénomènes inflammatoires locaux du côté de l'estomac.

Organes génito-urinaires. — Le camphre est considéré, presque par tous les observateurs, comme un anaphrodisiaque. Scudéry et Jierg, pourtant, le classent parmi les substances aphrodisiaques, et Andral, dans ses cliniques médicales (I, 140), cite un vieillard à qui un lavement camphré rendit la vigueur des anciens jours. Il ne faut voir là qu'une exception; car son action sédative sur les organes génito-urinaires est manifeste (Blache, Carquet, Raspail, Delioux de Savignac, etc.). Cette action est plus marquée chez l'homme, chez lequel le camphre produit comme une anesthésie du sens génital, quelle que soit la voie de pénétration de la substance : c'est ainsi que l'on a cité des pharmaciens et des ouvriers employés au raffinage qui se plaignaient d'impuissance. Pour Raspail, ce ne serait pas l'odoration, mais l'application externe de poudre sur les parties génitales qui produirait l'effet le plus sûr. Quoi qu'il en soit, son action élective sur les organes génito-urinaires se produit soit après son usage externe, soit après son usage interne. On doit reconnaître que, par ses émanations, il finit toujours par pénétrer dans l'organisme avec l'air de la respiration. A cause de ces propriétés il est employé avec succès pour calmer les irritations morbides portées sur les organes génito-urinaires, entre autres celles dues à l'emploi des cantharides. Il aurait aussi une certaine action excitante sur l'utérus, surtout pendant la gestation. Dans le Levant il est employé comme abortif. Fenerly et Barallier signalent un cas d'avortement provoqué par l'absorption de 12 grammes de camphre dissous dans un verre d'eau-de-vie; quatre jours après la femme succombait.

En résumé, comment doit-on considérer le camphre? En analysant les travaux publiés sur cette substance on voit que les uns en font un excitant, les autres un sédatif. Ces contradictions sont plutôt apparentes que réelles, elles tiennent aux doses employées et à la susceptibilité des organismes sur lesquels on a fait les observations. Comme je l'ai déjà dit, cette substance varie beaucoup dans ses effets; et telle dose qui semble faible pour un organisme, est, au contraire, très forte pour un autre. N'avons-nous pas vu, pour rester sur le terrain expérimental, que certains chiens sont pris de convulsions après l'absorption de 5 centigrammes de camphre, tandis que d'autres supportent impunément la dose considérable de 20 grammes (??)

Mais, en somme, à doses thérapeutiques chez l'homme, on peut considérer le camphre comme un sédatif du système nerveux; le calme se produit après une légère excitation primitive.

Action parasiticide et antiseptique. — Pour certains animaux inférieurs le camest très toxique, mais pour d'autres il ne l'est nullement. Aussi son emploi comme parasiticide est-il complètement illusoire.

Comme antiseptique, quoique entravant dans une certaine mesure les fermentations et les putréfactions, son usage, qui a fait la base de toute une méthode spécifique universelle, est délaissé avec juste raison aujourd'hui, en présence des nombreux agents antiseptiques énergiques et sûrs dont on dispose.

Toxicologie. — Le camphre est toxique, comme du reste les autres huiles essentielles. Son action irritante et inflammatoire sur les muqueuses l'avait fait placer parmi les narcotico-acres d'Orfila.

A quelle dose cette toxicité se manifeste-t-elle? En présence des faits d'intoxication chez l'homme, publiés jusqu'à ce jour, il est impossible de préciser cette dose. En effet un enfant de 18 mois serait mort après avoir absorbé 2 grammes de camphre. J'ai cité plus haut le cas de cette femme qui succomba après en avoir ingéré 12 grammes pour se faire avorter. Des cas d'empoisonnement ont été observés après des lavements renfermant 0gr,50, 4 grammes, 6 grammes ou après l'absorption de 30 grammes d'huile camphrée. La dose toxique semble donc varier avec l'âge, le sexe, et les individualités.

En cas d'expertise médico-légale on doit procéder pour le rechercher comme pour les essences en général, c'est-à-dire en distillant les matières, les liquides du tube digestif et l'urine au bain-marie de chlorure de calcium. Le produit de la distillation est agité avec un dissolvant neutre, insoluble dans l'eau, pétrole, benzine, certains éthers, puis on évapore. Les caractères physiques et chimiques permettent de reconnaître le camphre abandonné par l'évaporation.

Emploi thérapeutique. — Usages. — Il y a peu de maladies pour lesquelles le camphre n'ait pas été préconisé : je renvoie aux traités de thérapeutique pour l'étude détaillée de son emploi et de ses usages. Le seul point à signaler d'une façon générale, c'est qu'à l'intérieur il faut se méfier des doses élevées de 3 à 4 grammes. On ne doit l'administrer, tout en bien surveillant ses effets, qu'à la dose de 0gr,50 à 1 gramme par jour en pilule, ou suspendu dans un liquide approprié et en fractionnant les doses.

Bibliographie. — 1879. — Haller (A.). *Contribution à l'étude du camphre et d'un certain nombre de ses dérivés.* Nancy, 8°. — Lamadrid (J.-J.). *A case of camphor poisoning, followed by symptoms of acute gastritis* (*Phila. M. times*, ix, 325). — Pavesi (C.). *Dei canforati e specialmente del canforato di morfina* (*Independente*, Torino, xxx. 37-39). — Schmiedeberg (O.) et Meyer (H.). *Ueber Stoffwechselprodukte nach Campherfütterung* (*Ztschr. f. physiol. Chem.* Strasb., 422-450).

1885. — Banerjee (B.-N.). *A case of camphor poisoning* (*Indian med. Gaz.*, Calcutta, xx, 142). — Planat. *Observat. d'accès d'hystéro-somnambulisme hallucinatoire consécutifs à l'absorption d'une dose toxique de camphre* (*Ann. méd. psych.* Paris, (7), 224-232).

1886. — East (E.). *Poisoning by essence of camphor; recovery* (*Brit. M. J.* London, 542). — Ryan (J.-P.). *Poisoning by camphor* (*Austral. M. J.* Melbourne, 433).

1887. — Brothers (A.). *A case of poisoning by camphor, with remarks* (*Med. Rec. N. Y.*, xxxii, 734-736). — Davies (R.). *A fatal case of camphor poisoning* (*Brit. M. J.* London, 726). — Finley (M.-J.). *A fatal case of poisoning from camphor* (*Med. Rec. N. Y.*, xxxi, 125). — Perrenot (F.). *Étude expérimentale et clinique sur le chlorure de camphre et son emploi dans les pansements.* Lyon, 8°. — Trinchera (A.). *Ricerche e osservaz. sull' azione esterna della canfora* (*Clin. vet.* Milano, x, 390-398).

1888. — Houman (A.). *Fatal case of camphor poisoning* (*Austral. M. J.*, Melbourne, x, 252-256).

1889. — Dreesmann (H.). *Ueber die antihydrotische Wirkung der Camphersaüre.* Bonn, W. Kramer, 8°. — Rivière (A.). *De l'incompatibilité du camphre et de l'alcool camphré* (*Ann. Soc. de méd. de Gand*, 11). — Wagener (H.). *Unters. über die Wirkung des Camphers und der Camphersaüre.* Marburg, F. Sommering, 8°.

1890. — Combemale et Dubiquet. *Valeur de l'acide camphorique comme agent antisudoral* (*Bull. méd. du Nord*, 585). — Hartleib (B.). *Beiträge zur therapeutischen Verwerthung der Camphersaüre* (*Wien. Med. Presse*, xxxi, 286-289). — Levur (A.-N.). *Étude sur l'action physiologique du camphre et de ses composés* (*Vrach.*, Saint-Pétersb., xi, 409, 440, 476).

1891. — Alexander (B.). *Ueber subkutane Injektionen von Oleum camphoratum* (*Pharm. deutsche Med. Ztg.* Berl., xii, 359-883-886). — Bohland (K.). *Die Anwendung der Kamphersaüre und ihre Ausscheidung im Harn* (*Deutsches Arch. f. klin. Med.*, Leipz., 289-306). — Huchard (H.) et Faure-Miller (R.). *Injection d'huile camphrée dans la phtisie* (*Rev. gén. de cliniq. et de thérapeutique*, 529). — Socquet (J.). *Suspicion d'empoisonnement par le camphre* (*Ann. d'hyg.*, Paris, xxv, 520-532). — De Varigny (H.). *Note sur l'action du camphre sur la germination* (*B. B.*, (9), 296).

1892. — Prentiss (D.-W.). *Poisoning by camphor* (*Therap. Gaz.*, Détroit, (4), 106).

1893. — Kunze (F.). *Zur therapeut. Verwendung des Kampherweins* (*Allg. med. cent. Ztg.*, Berlin, 301).

1894. — Chatterji (B.-B.). *A case of camphor poisoning* (*Med. reporter*, Calcutta, 123). — Robert (R.). *Pharmacology of the camphor group and of the ethereal oils* (*Med. Age*, Détroit, 161-168).

Voir les articles « *Camphre* » du *Dict. Encycl. des sciences médic.*, par Delioux de Savignac, xii, 1874, et du *Dict. de thérapeutique de* Dujardin-Beaumetz, i, 1883).

CH. LIVON.

CANADINE. — Alcaloïde qui accompagne la berbérine et l'hydrastine dans les racines d'*Hydrastis canadensis* (*D. W.*, (2e), 938).

CANAUX SEMI-CIRCULAIRES. Voyez **Audition.**

CANNABINE. — Voyez **Hachich.**

CANNELLE (Essence de). — Elle bout à 220°-225°. On l'extrait tantôt de la cannelle de Ceylan (*Laurus cinnamomum*), tantôt de la cannelle de Chine (*Laurus cassia*). Elle est constituée surtout par l'hydrure de cinnamyle.

CANTHARIDES. CANTHARIDINE. — La cantharide est un insecte vésicant (*Lytta vesicatoria*) du groupe des coléoptères hétéromères.

Le corps et les élytres de cet insecte sont vert doré à reflets métalliques; sa longueur est de 15 à 20 millimètres. La femelle est plus grande que le mâle. Après avoir fécondé sa femelle, le mâle meurt (Audouin). La femelle alors s'enfonce sous la terre, pond et meurt à son tour. C'est sur les frênes et les lilas dont elles se nourrissent que l'on récolte les cantharides dans le midi de la France et de l'Europe. On étouffe les insectes avec des vapeurs de vinaigre bouillant, puis, on les dessèche à l'étuve en ayant la précaution de ne pas pousser la dessiccation trop loin, car la cantharidine se volatiliserait (Thierry).

En 1810, Robiquet découvrit la cantharidine, qui est le principe actif des cantharides. Parmi les substances que l'on retire de ces insectes, il y a une matière verte à laquelle on avait attribué une certaine action, mais cette matière verte semble n'être que de la chlorophylle provenant des feuilles dont se nourrissent les insectes (Lissonde et Chautard).

Dans quelle partie de l'animal se trouve la chantharidine? Tout le corps en contiendrait pour Linné; Berthoud prétend que c'est surtout dans le thorax et l'abdomen qu'on la rencontre; pour Ferrer ce serait surtout dans la tête et dans les antennes. Mais avec le temps, à mesure qu'elles se dessèchent, les cantharides perdent peu à peu leur principe, d'où la nécessité de n'employer que des insectes frais.

Pour extraire la cantharidine, on commence par pulvériser des cantharides aussi fraîches que possible. La poudre ainsi obtenue est traitée par le chloroforme dans un extracteur à distillation continue; l'extrait est traité à son tour par du sulfure de carbone qui dissout les matières grasses et laisse la cantharidine sur le filtre (Mortreux). Ce procédé donne environ 0,20 de cantharidine pour 40 grammes de cantharides; il est bon pour l'extraction, mais on ne doit pas l'employer pour le dosage exact.

Galippe remplace le chloroforme par l'éther acétique, qui dissout mieux la cantharidine.

Rennard commence par former du cantharidate de magnésie, en mélangeant la poudre de cantharides avec de l'eau et de la magnésie; il épuise ensuite la masse par le chloroforme, pour enlever les graisses; le sel formé reste. Le cantharidate est décomposé par l'acide sulfurique qui met la cantharidine en liberté. Avec un mélange à parties égales de sulfure de carbone et d'alcool, on finit de dégraisser la cantharidine. Ce procédé est bon pour le dosage en tenant compte de la petite quantité de principe actif dissoute par le mélange : 0gr,0085 de cantharidine sur 30 grammes de cantharides.

La cantharidine, dont la formule d'après Regnault serait $C^{10}H^{12}O^{4}$, peut être considérée comme un phénol tétratomique (Hétet). Elle cristallise en tables rhomboïdales ou en prismes à quatre pans; elle est incolore, inodore et sans action sur le tournesol; très volatile, elle se sublime en aiguilles à la température ordinaire; à 120° elle se volatilise complètement, elle passe en très petite quantité avec l'eau de distillation, elle fond à 208°-210°, elle est insoluble dans l'eau. A la température ordinaire, sa solubilité est la suivante dans diverses substances : dans l'alcool, 0,125 p. 100; dans l'éther, 0,11; dans le chloroforme, 1,20; dans la benzine, 0,20; dans le sulfure de carbone, 0,06; les corps gras liquides ou fondus, les huiles essentielles la dissolvent très bien; elle se dissout dans certains acides sans se combiner avec eux; elle se dissout dans les alcalis hydratés en formant des sels cristallisables. Ces cantharidates, qui ont les mêmes propriétés que la cantharidine, sont très peu solubles dans l'alcool, ils sont insolubles dans l'éther et le chloroforme; traités par des acides, les cantharidates sont décomposés, et la cantharidine se précipite.

Une solution moyennement concentrée de cantharidine donne : avec les chlorures de calcium et de baryum, un précipité blanc; avec l'acétate de plomb, un précipité blanc cristallin; avec le chlorure mercurique et l'azotate d'argent, un précipité blanc; avec les sulfates de cuivre et de nickel, un précipité vert; avec les sels de cobalt, un précipité rouge; avec le chlorure de palladium, un précipité cristallin et soyeux. Traitée par l'acide sulfurique, la cantharidine se dissout; si on chauffe jusqu'à ébullition la dissolution acide et qu'on ajoute du bichromate, il se produit une vive effervescence, et on obtient une masse verte (oxyde vert de chrôme).

Action physiologique. — Les effets de la cantharidine sont, d'une manière générale, les mêmes que ceux des cantharides; aussi la description qui suit est-elle applicable à l'une et aux autres; la seule différence qui existe est une différence de proportion entre les effets de la cantharidine et ceux du poids de cantharides auquel elle correspond.

Si l'on admet la proportion indiquée par Thierry et Lissoude, les cantharides contiendraient en moyenne 1/250 à 1/200 de cantharidine. Dans ces conditions la cantharidine devrait avoir une action deux cent fois plus énergique; or il n'en est rien, l'effet ne dépasse pas une intensité de 20 à 50. Deux grammes de cantharide qui renferment un centigramme de cantharidine agissent comme dix centigrammes de cantharidine. Il existe donc une cause à cette action si différente. Pour Gubler cette différence tiendrait à un changement moléculaire semblable à celui qui se produit pour certains alcaloïdes.

Les effets sont locaux ou généraux.

Effets locaux. Si l'on applique 0gr,0005 de cantharidine par exemple sur la peau, au bout de 15 à 20 minutes il se produit une vésication, la vésicule se produit en 15 minutes, si l'application a lieu sur la lèvre. Pour produire le même effet, l'emplâtre à la poudre met sept à huit heures. Si l'on suit les phénomènes qui se manifestent, on les voit apparaître dans l'ordre suivant : premièrement la peau sur laquelle la substance a été appliquée devient chaude, rouge; elle est le siège d'un picotement et se trouve légèrement hyperesthésiée; la rougeur et la chaleur augmentent ensuite, le picotement est remplacé par de la cuisson, et une sensation très manifeste de brûlure; enfin l'épiderme se soulève, de petites bulles remplies d'un liquide citrin se forment : ces bulles grossissent peu à peu, elles se réunissent et donnent naissance à une ampoule en rapport avec l'application faite. Le sérum qui remplit l'ampoule est généralement jaune, à réaction alcaline : il contient de la cantharidine. Aussi produit-il souvent de la vésication dans les parties sur lesquelles il s'écoule : il contient aussi de la fibrine et de l'albumine. En enlevant la peau, on aperçoit le derme rouge, les papilles turgescentes; si l'application persiste, le derme arrive à s'ulcérer. Si l'application est faite sur une muqueuse au lieu d'être faite sur la peau, l'action est plus rapide et plus énergique.

Bretonneau, de Tours, prétend qu'après une première application sur une muqueuse, lorsque la cicatrisation s'est effectuée, la muqueuse est modifiée par la première application d'une façon telle qu'elle est inapte à une seconde application. Il se produirait là une sorte d'immunitté acquise. Un phénomène analogue se voit quelquefois pour la peau, un vésicatoire appliqué sur une région qui a précédemment reçu un premier vésicatoire, ne prend pas, et ne produit de la vésication que sur les points qui n'ont pas été atteints par le premier. Il faut ajouter que certains organismes sont réfractaires à l'action de la cantharidine (Gubler). Elle n'agirait donc pas seulement comme irritant chimique. Chez les hydropiques, dans les maladies infectieuses, chez les individus atteints de maladies du cœur, ou de maladies des reins, les vésicatoires ont de la tendance à produire de l'ulcération et du sphacèle.

Lorsque la cantharidine a été ingérée, elle donne naissance à une vive irritation du tube digestif, à de la rougeur et à une production de mucus jaunâtre. Si la quantité absorbée est petite, on constate une sensation de brûlure bucco-pharyngienne et stomacale, une saveur âcre et désagréable, de l'anorexie et des nausées.

Si la dose est élevée, il y a tuméfaction des glandes salivaires, sécrétion abondante de salive, coliques très violentes, vomissements et diarrhée souvent sanguinolente, douleur analogue à celle de la péritonite.

Si la quantité absorbée est très forte, il n'y a plus de déglutition possible, tellement l'inflammation de la région bucco-pharyngienne est intense : il se produit des spasmes pharyngiens très douloureux.

Effets généraux. Les effets généraux varient suivant les doses et suivant le sujet.

Certaines espèces d'insectes et d'arachnides mangent les cantharides sans danger les animaux à sang froid, les poules, les hérissons, le porc-épic (Virey), seraient réfractaires. A quoi cela tient-il? Gubler suppose que cette immunité tient à une albuminurie accidentelle ou naturelle qui donnerait la clé de la résistance de ces animaux. La grenouille, qui est habituellement albuminurique, est réfractaire à la cantharidine.

Quand on expérimente sur les chiens, il faut, pour produire des effets analogues, des doses plus fortes que chez l'homme.

Lorsque la dose ingérée est *faible*, on observe, environ deux heures après, de la séche resse de la bouche, de la soif, de la douleur d'estomac, une perversion de l'appétit, du ralentissement du pouls, un besoin plus fréquent d'uriner avec des urines plus abondantes, une diminution des forces avec tendance à la diaphorèse. Ces symptômes peu à peu s'accusent de plus en plus : le pouls baisse jusqu'à ne plus compter que vingt-deux à la minute (Giacomini) : la température descend : il se produit de la défaillance, des vertiges, du tremblement des membres. La miction devient douloureuse, il y a ténesme vésical et anal, des sueurs abondantes et froides, des évacuations alvines; le visage est pâle et altéré. Puis peu à peu tous ces symptômes s'amendent et le rétablissement survient.

Si la dose est *forte*, mais non toxique, on observe les effets suivants sur les différents appareils.

Appareil digestif. — Peu de temps après l'ingestion on constate une soif vive et ardente, du hoquet et des vomissements accompagnés de mouvements répétés de mastication; il y a anorexie complète. Pourtant quelquefois l'appétit est augmenté, mais alors le goût est perverti. Ces symptômes sont généralement suivis de selles copieuses jaunes ou verdâtres. Même lorsque la cantharidine est injectée dans les veines, on observe de la congestion gastro-intestinale et de la diarrhée (A. Cantieri).

Appareil circulatoire. — Sous l'influence de la cantharidine la circulation est accélérée (Sigmund); la température s'élève : il se produit une petite fièvre qui accroît la dénutrition et augmente la proportion d'urée (Chalvignac, Kemmerer).

La masse sanguine est altérée dans sa constitution (A. Cantieri); il y a comme désagrégation et contraction des globules sanguins; l'énergie de la contraction cardiaque et vasculaire diminue, ce qui amène un abaissement de la pression sanguine. D'autres fois on remarque un ralentissement très marqué du pouls avec intermittences et altérations du rythme; d'autres fois, le pouls fréquent et vif au début (Pallé et Vigenaux) devient filiforme. Lorsque la circulation au lieu d'être accélérée est ralentie, à la place d'une augmentation de température, on observe une diminution de chaleur (Pullini) avec frissons violents et sueurs froides sur tout le corps. Les chiens sur lesquels on expérimente recherchent le feu et se traînent au soleil (Gubler).

Lorsque la mort survient après de hautes doses chez les animaux, à l'autopsie, on trouve le cœur et les gros vaisseaux distendus par un sang noir en partie coagulé (Baglivi, Forster, Hilfred). Galippe, dans ses recherches, a observé des ecchymoses dans les cavités péricardique et endocardique.

Appareil respiratoire. — Ce n'est qu'après les doses élevées que la respiration se trouve modifiée; elle devient en effet plus active : les mouvements respiratoires sont accélérés, mais irréguliers : il y a de la dyspnée (Orfila). A l'autopsie, Beaupoil, dans ses expériences, a constaté des hémorrhagies intra-pulmonaires. Chez l'homme, on a constaté de l'hyperhémie de la muqueuse bronchique, les poumons splénisés et gorgés de sang. Sur les chevaux, Dupuy et Burdin ont trouvé une éruption vésiculeuse et des ulcérations dans les fosses nasales. La cantharidine s'éliminant en partie par les poumons, il est facile d'expliquer ainsi les lésions que l'on trouve dans ces organes dans le cantharidisme.

Appareil urinaire. — C'est certainement l'appareil qui se ressent le plus de l'action de la cantharidine. Après l'absorption de cette substance on constate généralement une diminution dans la sécrétion urinaire (Baglivi, Toti di Fojano, Giacomini). L'excrétion est fréquente, douloureuse, pénible, les envies d'uriner sont continuelles et tantôt il y a émission avec une sensation de cuisson et de brûlure; tantôt strangurie; la vessie est très douloureuse et se sent très bien. Un élève de GIACOMINI, non seulement sentait sa vessie, mais encore ses reins et ses uretères.

On peut dire que la cantharidine exerce sur les organes urinaires une action intense et élective. Cette action est due à ce que la cantharidine, s'éliminant par les reins, agit directement sur les surfaces avec lesquelles elle se trouve en contact. 0gr,06 de poudre de cantharides donnent naissance chez le chien à de la cystite avec hyperhémie et points ecchymotiques de la muqueuse vésicale et congestion des reins.

Chez l'homme, le cantharidisme se manifeste par du ténesme vésical, par une douleur brûlante dans la région vésico-rénale et par du chatouillement du gland.

En administrant des doses élevées, 1 gramme de poudre de cantharides, par exemple, pendant plusieurs jours, les urines ne tardent pas à devenir troubles par l'abondance des leucocytes, et à se charger de mucus (SCHACHOWA et LANGHANS, CAZENEUVE et LIVON); elles finissent par renfermer de l'albumine en quantité. Malgré la présence du mucus, malgré l'inflammation, les urines restent acides, et la fermentation ammoniacale ne se produit pas si des germes ne sont pas apportés de l'extérieur (CAZENEUVE et LIVON).

Si l'on continue l'administration de la cantharide, la dysurie devient de plus en plus grande, les urines sont sanguinolentes et les hématies sont ratatinées : alors la réaction urinaire change et devient alcaline. On trouve même des matières grasses qui indiquent l'altération du rein. C'est qu'en effet il se produit une néphrite parenchymateuse (SCHACHOWA, CANTIERI, CORNIL) et même une pyélo-néphrite albumineuse dans l'empoisonnement aigu (CORNIL).

Dans l'empoisonnement lent on retrouve les lésions de l'albuminurie *a frigore* ou infectieuse.

SCHROFF et HEINRICH ont constaté les mêmes lésions rénales cantharidiennes.

L'albuminurie cantharidienne est le premier signe de la lésion rénale; mais l'irritation de l'organe, en augmentant, donne naissance à une néphrite desquamative ou parenchymateuse.

La lésion ne se localise pas dans le rein, elle envahit aussi la vessie. MOREL-LAVALLÉE et BOUILLAUD ont été les premiers à décrire la cystite et l'albuminurie cantharidienne.

D'après ce qui précède, c'est donc le rein qui est le plus touché, tandis que, dans les vaisseaux sanguins, la cantharidine circule impunément.

Pour GUBLER, cette innocuité serait due à l'albumine qui préserverait les parois de l'action de la cantharidine en la neutralisant, ou bien en se combinant pour ainsi dire avec elle. Cette combinaison se détruit dans les reins et les tubuli, sous l'influence de l'acidité de l'urine, et alors la cantharidine agit librement. On avait pensé que le sel formé avec la soude neutralisait l'action de la cantharidine, mais il n'en est rien, puisqu'il est démontré que les cantharidates sont aussi actifs que le principe isolé (MASSING, DRAGENDORFF, DELPECH, GUBLER).

Quoique s'éliminant par toutes les sécrétions de l'organisme, la cantharidine n'agit que sur les surfaces à sécrétion acide (G. CENTISSON) : les reins et la peau. Mais il ne faudrait pas en déduire que cette action soit due à la décomposition des cantharidates par l'acide contenu dans ces sécrétions. GUBLER, en effet, a parfaitement démontré que ces acides sont loin d'être suffisants pour décomposer les cantharidates, qui du reste sont aussi actifs que la cantharidine même. La neutralisation dans les vaisseaux tiendrait donc aux matières protéiques du sang, et l'action sur les reins et la peau serait due à une sélection particulière entre les différents principes circulant dans le sang, sélection se faisant spécialement dans ces organes.

Ces considérations conduisent à démontrer l'inutilité de laisser longtemps les vésicatoires appliqués, puisque, dès le début, il y a combinaison de la cantharidine avec les matières albuminoïdes; d'où neutralisation ; d'un autre côté, l'absorption se continuant, il y a élimination par toutes les sécrétions non albumineuses; urine, sueur, larmes, peut-être salive parotidienne. LERICHE, en effet, a constaté une irritation de la muqueuse buccale et des glandes salivaires chez un jeune sujet sur lequel on avait appliqué un vésicatoire. Mais on ne voit rien survenir dans les appareils à sécrétion albumineuse, les cavités séreuses par exemple.

Ce qui semble confirmer cette interprétation, c'est que GUBLER n'a jamais vu survenir de cantharidisme dans les cas de maladie de BRIGHT, où l'urgence avait nécessité l'application de vésicatoires.

Souvent, après l'application d'un vésicatoire, les urines deviennent albumineuses (BOUILLANT, MOREL-LAVALLÉE, SCHACHOWA). Cette albuminurie serait due à l'irritation des vaisseaux glomérulaires du rein ;elle ne dure pas longtemps. Aussi la cantharidine ne tarde-t-elle pas à produire son effet.

C'est surtout après l'administration de la cantharidine par l'estomac que les accidents du côté des organes urinaires sont à craindre ; autrement ils ne sont relativement pas très fréquents après l'application des vésicatoires. Ainsi GUBLER, LANDRIEUX et LANGLET n'ont trouvé d'accidents que dans la proportion de 1/12; mais il faut encore tenir compte de l'étendue de la surface recouverte par le vésicatoire et du temps d'application. La durée de ces accidents est généralement de dix heures environ.

Peut-on faire jouer un rôle au sexe?

GUBLER dans sa statistique est arrivé aux proportions suivantes : hommes, 8/100; femmes, 30/100. Comme il le fait observer lui-même, ce n'est peut-être là qu'une coïncidence.

C'est en moyenne dix-huit heures après l'application que se manifestent les premiers symptômes de dysurie. Cette dysurie est souvent accompagnée de la présence d'albumine ; pourtant quelquefois on n'en constate aucune trace, ce qui semble indiquer qu'il peut y avoir irritation de l'urèthre et du col vésical, sans action sur le glomérule.

Après l'absorption de doses massives on voit souvent de la néphrite avec convulsions et paralysie, en somme les symptômes de l'urémie. Aussi le coma survient-il alors, suivi bientôt par la mort.

Pourtant les phénomènes ne se manifestent pas avec la même intensité chez tous les sujets, car, si l'on rencontre des personnes qui à chaque vésicatoire ont du cantharidisme, il en est chez lesquelles on ne le rencontre jamais : c'est une affaire de terrain, de tempérament.

Se basant sur la théorie qui attribuait les phénomènes du cantharidisme à la décomposition des cantharidates, on a proposé, pour combattre ces phénomènes, d'alcaliniser les urines par une médication alcaline (MARTIN-DAMOURETTE, AMENILLE) afin de reconstituer le sel ; mais, ainsi qu'il a été dit plus haut, les sels agissent comme la cantharidine. On a encore conseillé le camphre comme antidote des cantharides à cause de ses propriétés anti-aphrodisiaques. Mais pour GUBLER l'action du camphre contre le cantharidisme n'est pas démontrée : elle est illusoire. J'avoue, en effet, avoir constaté de la dysurie et de la strangurie, malgré l'administration des alcalins et malgré la poudre de camphre appliquée sur les vésicatoires.

Appareil génital. — La cantharidine doit-elle être considérée comme aphrodisiaque, pouvant augmenter la puissance virile? Non. Les érections que l'on observe tiennent à une excitation réflexe, dont le point de départ se trouve dans les muqueuses urinaires enflammées. On ne peut mieux comparer cet effet qu'à celui de la blennorrhagie, de l'uréthrite aiguë. C'est ainsi que momentanément il peut y avoir augmentation et facilité des appétits sexuels ; mais on ne peut pas voir là une véritable action aphrodisiaque, agissant sur l'innervation, sur le centre génito-spinal et sur la production de la matière fécondante.

GALIPPE, dans son étude sur l'empoisonnement par les cantharides, n'a pas trouvé un seul cas probant d'action vraiment aphrodisiaque ; tous les cas cités peuvent être attribués à une action réflexe, occasionnée par l'inflammation de la vessie et de l'urèthre.

Après l'absorption de doses élevées, on constate bien du gonflement des parties génitales, des érections douloureuses, du ténesme vésical, mais ce ne sont là que les conséquences de l'inflammation des muqueuses, à tel point que l'acte vénérien ne peut s'accomplir. On a même constaté quelquefois de la gangrène de la verge à la suite de cette inflammation.

Chez la femme, le seul effet observé est la production d'hémorrhagies utérines ; aussi a-t-on employé quelquefois les cantharides dans un but criminel d'avortement.

Dans les expériences pratiquées sur les chiens, on ne voit rien de spécial du côté du pénis.

Chez les étalons, on constate des lésions inflammatoires particulières (SAJOUS, DUPUY), que l'on ne peut nullement considérer comme le résultat d'une action aphrodisiaque. Ce sont des ulcérations du fourreau de la verge et du pénis, de l'écoulement purulent par l'urèthre, de l'engorgement du scrotum.

Système nerveux. Système musculaire. — Il est difficile de séparer l'un de l'autre ces deux systèmes, quand on étudie l'action de la cantharidine. Les systèmes nerveux et musculaire sont atteints surtout lorsque la substance a pénétré en assez grande quantité dans l'organisme; lorsque la dose est faible, tout au plus peut-on constater un peu de faiblesse générale (Schroff, Heinrich).

Mais, si la dose est élevée, surviennent alors des phénomènes indiquant que les deux systèmes sont profondément touchés.

On remarque d'abord une lassitude avec malaise général, puis de la prostration. Ces phénomènes sont bientôt suivis de vertiges, de maux de tête et même de délire, car l'intelligence se trouble à son tour. Tantôt c'est une excitation furieuse, avec cris, vociférations, secousses tétaniques qu'un rien provoque, fortes convulsions cloniques, quelquefois même une sorte de tétanos généralisé; les pupilles sont dilatées et irrégulières; tantôt, au contraire, c'est une dépression silencieuse, de la torpeur, un vrai narcotisme. Peu à peu le centre respiratoire se paralyse, la respiration alors ne peut plus se faire, des convulsions générales surviennent, et la mort arrive par une vraie asphyxie (Radecki).

Chez les animaux, la période d'excitation est plus rare : généralement on observe de la faiblesse, une grande prostration avec tressaillements, tremblements et quelquefois de courtes secousses tétaniques. L'empoisonnement continuant, la paralysie médullaire se manifeste, l'animal tombe sur le flanc et ne peut plus se relever, les pattes postérieures sont les premières paralysées, comme c'est la règle dans les empoisonnements toxiques; puis ce sont les membres antérieurs qui sont envahis par la paralysie. Ces muscles tombent dans la résolution complète, et la sensibilité à son tour disparaît; la mort arrive dans le coma.

A l'autopsie, on trouve de l'hyperhémie des méninges, du cerveau, de la moelle, avec tendance au ramollissement des renflements dorsaux et lombaires.

Chez la grenouille, Cantieri a constaté l'abolition des réflexes.

Toxicologie. — Les empoisonnements par la cantharidine sont assez fréquents, qu'elle ait été administrée comme aphrodisiaque ou comme abortive. C'est du reste un poison violent, puisque 5 à 10 centigrammes suffisent pour produire la mort : la poudre de cantharides n'est pas aussi active; il en faut 4 à 8 grammes.

C'est généralement sous forme de poudre de cantharides qu'elle a été absorbée dans du chocolat, des pastilles, des confitures, quelquefois aussi c'est sous forme de liqueur lorsque l'on emploie la teinture.

Sa toxicité n'est pas la même pour tous les animaux, puisque, toxique pour les chiens, les chats, les lapins, les canards, elle ne l'est pas pour les poulets, les dindes, les grenouilles, le hérisson, le porc-épic.

Introduite dans l'organisme, elle est très stable, et ne se détruit pas. C'est ainsi que Dragendorff l'a retrouvée chez un chat mort depuis quatre-vingt-quatre jours, et qu'il a pu empoisonner des chats en leur faisant manger des poules ayant ingéré des cantharides.

En présence d'un empoisonnement, on pourra d'abord être fixé par les commémoratifs et l'analyse des effets physiologiques qui ont été décrits antérieurement; il y a de la diarrhée et des vomissements par suite de l'inflammation de tout le tube digestif. Il faut examiner à la loupe non seulement les matières rejetées, mais encore les membranes du tube digestif desséchées préalablement, lorsque la chose est possible. On retrouve alors les débris des élytres, reconnaissables à leur reflet métallique et à leur couleur.

La cantharidine, étant rapidement absorbée, passe dans tout l'organisme et s'élimine par les reins; on doit la rechercher dans le cerveau, le foie, le cœur, le sang, l'estomac et l'urine.

Procédé de Dragendorff. — Pour l'extraire dans un cas d'empoisonnement, voici le procédé à suivre : on fait bouillir les matières avec de la magnésie et on les évapore à siccité. On épuise par l'éther, le chloroforme et la benzine, pour enlever les corps étrangers : le résidu est soumis pendant quelques minutes à l'action de l'acide sulfurique au dixième et bouillant.

En se refroidissant le liquide abandonne la graisse figée à sa surface ; on filtre sur un filtre mouillé et le filtratum est agité avec le tiers de son volume de chloroforme ; cette opération est répétée deux ou trois fois.

Les liqueurs chloroformiques sont réunies, lavées à l'eau pour enlever l'acide sulfurique et abandonnées à l'évaporation spontanée.

La partie insoluble dans l'acide sulfurique peut renfermer encore de la cantharidine ; on la dessèche et on l'épuise par le chloroforme.

On obtient rarement des cristaux par l'évaporation à cause des corps gras qui restent ; mais le résidu produit facilement la vésication. On peut aussi former de nouveau du cantharidate de magnésie que l'on lave à la benzine, à l'éther et que l'on décompose ensuite, ce qui permet alors avec le chloroforme d'avoir des cristaux.

Le sulfure de carbone purifié et distillé ne dissolvant pas la cantharidine, on peut s'en servir pour enlever les corps gras qui gênent dans les recherches de ce genre.

La cantharidine se combinant facilement avec les substances albuminoïdes, DRAGENDORFF a modifié son procédé pour la rechercher dans les organes et dans le sang.

On commence par détruire les albuminoïdes. Pour cela on emploie une solution potassique au quinzième, dans laquelle on fait bouillir les organes jusqu'à ce que l'on obtienne une masse fluide et homogène. Le liquide étant refroidi, on l'agite avec du chloroforme pour enlever les matières étrangères, puis on ajoute quatre à cinq volumes d'alcool et on sature par de l'acide sulfurique.

Le liquide est porté à l'ébullition, on le filtre une première fois bouillant et une seconde fois après refroidissement. On distille pour séparer l'alcool, et le résidu est traité par le chloroforme. Les extraits chloroformiques sont traités comme il a été dit dans le premier procédé.

Mode d'emploi. Usages. — C'est généralement sous la forme de poudre que les cantharides sont employées. C'est cette poudre qui sert de base à tous les emplâtres vésicants, quelques-uns pourtant sont faits avec des cantharidates alcalins.

Les autres préparations employées sont la teinture de cantharides ; l'éthérolé de cantharides ; l'huile de cantharides.

C'est surtout comme révulsif et pour produire une véritable substitution que l'action vésicante de la cantharide est employée en thérapeutique à l'extérieur. A cause de l'élimination de la cantharide par les poumons, les reins et la peau, on a conseillé à l'intérieur certaines préparations dans les affections de ces divers organes, mais on peut dire que son action salutaire n'est pas démontrée ; aussi faut-il être très réservé sur l'usage interne des préparations renfermant de la cantharidine.

Ce que j'ai dit précédemment sur l'effet physiologique aphrodisiaque de la cantharide me dispense d'en dire davantage.

Bibliographie. — 1873. — SCHWERIN (E.). *Ein Fall von Vergiftung durch Collodium cantharidatum* (*Berlin. klin. Wochens.*, n° 44).

1874 — CANTIERI (A.). *Studi sperimentali sulla cantaride considerata come medicamento Lo Sperimentale*, fasc. 7, 8, 9, 10. — GALIPPE (V.). *De l'empoisonnement par la poudre de cantharides au point de vue de la médecine légale* (*J. d. conn. méd. pratiq.*, Paris, 359-361). — DU MÊME. *Recherches sur l'empoisonnement par la poudre de cantharides* (*B. B.*, (6), 141-160).

1874. — GUBLER (A.). Art. « *Cantharide* », *Dict. Encycl. des Sciences méd.*, XII, 190-241.

1875. — BLACHER. *De la néphrite aiguë cantharidienne comme cause productrice de convulsions urémiques chez les enfants* (*France médic.*, 20 mars). — CORRADI (A.). *Etude critique sur les propriétés aphrodisiaques de la cantharide* (*Annal. universali di medicina e chirurgia*, mars). — GALIPPE (V.). *Action de la cantharidine* (*B. B.*, 23 janvier).

1878. — CAZENEUVE (P.) et LIVON (CH.). *Recherches expérimentales sur la fermentation ammoniacale de l'urine* (*Marseille médical*, juillet, 385-397). — COUTISSON (G.). *Effets physiologiques et thérapeutiques de la cantharidine dissoute dans le chloroforme*, 4°, D., Paris.

1880. — CORNIL (V.). *Sur les lésions du rein et de la vessie dans l'empoisonnement rapide par la cantharidine* (*C. R.*, 26 janvier). — *Recherches histologiques sur l'action toxique de la cantharidine* (*Journ. de l'Anat. et de la Physiologie*).

1881. — DIETERLEN. *Observation de cystite cantharidienne grave* (*France méd.*, 29 octobre).

1882. — AUFRECHT. *Das runde Magengeschwür in Folge subcutaner Cantharidin-Einspritzungen* (*C. W.*, n° 35).

1883. — DUJARDIN-BEAUMETZ. Art. « *Cantharides* », *Dict. de Thérapeut.*, I, 688-703, Paris. — ELIASCHOFF (J.). *Ueber die Wirkung des Cantharidins auf die Nieren* (*A. A. P.*, XCIV, 323.

1884. — GUARNIERI (G.) et AGOSTINELLI (R.). *Sull' avvelenamento per cantaride* (*Arch. per le sc. med.*, Torino, 307-319). — LANGOWOI. *Ueber die Alterationen des Gefässsystems und der inneren Organe in Folge von cantharidin* (*Fortschritte der Medicin*, n° 13). — LAUTRÉ. *Intoxication cantharidienne par le vésicatoire* (*Gaz. des hôpit.*, n° 128).

1885. — LAHOUSSE. *Recherches expérimentales sur les lésions histologiques du rein produites par la cantharidine, suivies de considérations sur divers symptômes de l'albuminurie chez l'homme* (Brux. A. Manceaux, 8°, 52 p.).

1886. — PISENTI (G.). *Sulle alterazioni renale in un caso di leggiero avvelenamento per cantaridi* (*Ann. di chim. e di farm.* Milano, (4), 13-19).

1887. — CORNIL et TOUPET. *Sur la karyokinèse des cellules épithéliales et de l'endothélium vasculaire du rein observée dans l'empoisonnement par la cantharidine* (*C. R.*, 1875-1877 et *A. de P.*, (3), x, 71-75, 1 pl.). — OTT (A.). *Ueber einen Fall von zufälliger Canthariden Vergiftung* (*Mitth. d. Ver. d. Aertze in med. Oest.* Wien, XIII, 142).

1889. — FABRE (P.). *Ingestion de cantharides pulvérisées; hématurie; cystite, absence de priapisme; guérison en quatre jours* (*Gaz. méd.*, Paris, (7), 546.

1890. — BRESSLER (F.-C.). *Toxic. effects following the application of emplastrum cantharidis* (*Therap. Gaz.* Detroit, (3), VI, 450).

1891. — BECK (C.). *Poisoning with cantharides* (*N. Am. Pract.* Chicago, 522-526). — DEVOTO (L.). *Sull'azione della cantaridina* (*Boll. d. R. accad. med. di Genova*, 121-126). — LIEBREICH (O). *Ueber das Cantharidinsaüre Kali.* (*Soc. de méd.* Berlin, février-mars). — ROSENBACH. *Bewirkt die Injection von Cantharidinsaürensalzen Fieber* (*Deutsche med. Woch.*, 524). — STEIDEL (P.). *Ueber die innere Anwendung der Canthariden* (*Eine historische Studie*). Berl. O. Francke, 8°, 31 p.

1892. — KAHN (M.). *Ueber die Wirkung des Cantharidins* (*Therap. Monatsh.*, Berl., 235-239). — LHOTE et VIBERT. *Un cas d'empoisonnement par la cantharidine* (*Ann. d'hyg.* Paris, (3), XXVIII, 221-226). — TALAMON. *Action diurétique du cantharidate de potasse* (*La médec. expériment.*, octobre, 665).

1893. — CASSAET (E.). *De l'action de la teinture de cantharides* (*B. B.*, 10 juin, 603-606).

CH. LIVON.

CAPILLAIRES.

— **Anatomie générale.** — Découvert par MALPIGHI en 1661, le système capillaire, transition du système artériel au système veineux, a reçu des anatomistes des limites très différentes, suivant les caractères de classification adoptés. Les uns, HENLE et ROBIN par exemple, ne considèrent que le calibre des vaisseaux et distinguent trois variétés :

1re variété, de	7 µ à	30 µ
2e —	30 µ à	70 µ
3e —	70 µ à	150 µ

Ils reconnaissent des fibres musculaires lisses dans les capillaires du dernier genre.

D'autres, comme RANVIER, donnent pour base à leur classification un caractère histologique et joignent aux systèmes artériel et veineux tous les vaisseaux à fibres lisses : le capillair naît où cesse la tunique musculaire de l'artère; il finit où commence celle de la tunique musculaire de la veine.

La physiologie ne peut guère adopter de limites aussi précises que l'anatomie. C'est surtout aux capillaires ainsi définis que s'appliquera ici l'étude des phénomènes circulatoires, il est évident que nombre de faits et de lois pourront convenir à des rameaux suffisamment fins des systèmes artériels et veineux.

Structure des capillaires. — Il ne sera question, au point de vue anatomique, que des capillaires vrais, tels que les définit RANVIER.

L'examen direct des capillaires isolés par dissociation, ou dans les organes transparents d'un animal vivant (épiploon du lapin, expansion de la queue du têtard, etc.), semblerait leur assigner comme structure une membrane parsemée de noyaux incolores. En 1865, l'usage de réactifs appropriés modifia les idées acceptées alors. Hoyer, Eberth, Auerbach, etc., emploient le nitrate d'argent et voient apparaître des cellules que sépare une substance intermédiaire réduisant le sel métallique. Les recherches de Chrzonszczewski (1866), celles d'Eberth et de Legros (1868), sont confirmatives.

Cellules : Ce sont des cellules endothéliales, plates, à contours sinueux, du moins lorsqu'on les traite par le procédé ordinaire d'imprégnation. Leur forme varie suivant le diamètre du capillaire considéré. Polygonales dans les capillaires larges, elles s'allongent et semblent s'enrouler sur elles-mêmes dans les plus étroits, prenant au point de jonction de plusieurs vaisseaux une forme étoilée, très marquée chez les reptiles. Le protoplasme en est homogène et présente quelques granulations au voisinage d'un noyau ovoïde, facilement colorable, à grand axe parallèle à la direction du vaisseau.

Chez les êtres inférieurs, les cellules vraies enserrent de nombreux éléments plus petits, privés de noyau (céphalopodes). Auerbach les signalait dans les capillaires lymphatiques des vertébrés; ils existeraient aussi, quoique peu nombreux, dans les capillaires sanguins; ils deviennent pour Eberth des cadavres de cellules en voie d'expulsion.

Rouget indique en 1873 un caractère du protoplasme des capillaires, retrouvé d'ailleurs quelquefois dans d'autres endothéliums vasculaires. Dans les cellules de tout âge, il serait parsemé de vacuoles susceptibles d'être gonflées par les liquides. Il en conclut que leur protoplasme jouit d'un très grand pouvoir absorbant, et admet plus tard qu'elles peuvent jouer un certain rôle dans la diapédèse.

Espaces intercellulaires. — L'imprégnation au nitrate d'argent les dessine sous forme de lignes sombres, d'aspect variable, suivant la méthode employée. Rendues sinueuses par la rétractation du vaisseau dans les méthodes ordinaires, elles sont au contraire presque droites si une injection solide soutient la paroi du vaisseau (Chrzonszczewski). La présence en certains points d'espaces sombres de dimensions variables, circonscrits par ces lignes de séparation, a soulevé de nombreux débats. J. Arnold, qui les appelle suivant leur taille stomates ou stigmates, en fait des ouvertures préformées devant donner issue aux globules dans la diapédèse. Cette opinion est à peu près abandonnée. Eberth a fait remarquer avec raison que des granulations colorées — du moins du volume des globules — ne traversent jamais la paroi.

D'autre part, si l'on répète l'expérience de Cohnheim en laissant à l'air le mésentère de la grenouille avant de l'imprégner, on constate une augmentation considérable du nombre des stomates (Ranvier). Ils paraissent donc n'être que des cicatrices résultant du passage des globules en diapédèse; l'élasticité des cellules est suffisante pour permettre leur écartement par le leucocyte, qui ne laisse ainsi qu'une légère trace de son passage.

Tunique adventice. — L'existence et la texture de cette tunique ont soulevé les plus vives controverses. Un rôle important lui a été attribué par quelques physiologistes (contractilité).

En 1855, Ch. Robin trouve aux capillaires des centres encéphalo-rachidiens une gaine lymphatique (1855-59). His confirme bientôt le fait.

Stricker (1865) signale à certains capillaires une gaine de même nature et observe quelquefois à l'intérieur du vaisseau des saillies plus ou moins prononcées.

A peu près à la même époque, Eberth décrit, principalement sur les capillaires de l'hyaloïde de la grenouille, une formation conjonctive spéciale, composée de cellules à fins prolongements, qui s'anastomosent autour du vaisseau. Elles n'arrivent pas à l'entourer d'un manchon fermé, comparable à une gaine lymphatique. Les capillaires les plus fins en sont dépourvus.

En 1866, Stricker confirme ses premières recherches. Golubew observe les mêmes faits, mais place les saillies signalées par Stricker dans les noyaux de l'endothélium.

Rouget, en 1873, décrit avec détail, sur l'hyaloïde de la grenouille, un réseau analogue à celui d'Eberth. Dans un mémoire postérieur, il affirme de nouveau, chez les mammifères nouveau-nés, l'existence de proéminences passagères à l'intérieur des vaisseaux, et en place l'origine dans une contraction plus ou moins étendue de la couche externe.

D'autre part, CHRZONSZCZEWSKI avait observé qu'une injection ne filtre pas au dehors des vaisseaux malgré la destruction partielle de l'endothélium.

ROUGET admet dans ses derniers travaux l'existence d'une membrane amorphe entre l'endothélium et le réseau conjonctif décrit par EBERTH et par lui.

RANVIER a constaté souvent à la coupe une régularité si parfaite de la paroi qu'elle nécessite pour lui la présence d'une membrane propre.

En résumé, on semble pouvoir admettre les points suivants :

1° Les capillaires les plus étroits n'ont en général qu'une seule tunique : l'endothélium. A l'état normal, cette assise ne présente aucune ouverture réelle dans sa paroi;

2° Il existe souvent sur certains capillaires (gros et moyens, appartenant à des organes spéciaux), soit une gaine lymphatique vraie, soit, plus souvent, une gaine incomplète, résultant d'anastomoses multiples de cellules conjonctives ramifiées;

3° Il paraît exister dans ces mêmes vaisseaux une membrane amorphe, intermédiaire entre l'endothélium et le réseau précité;

4° On observe fréquemment à l'intérieur des capillaires des saillies passagères assez prononcées pour réduire notablement leur calibre, toutes réserves faites sur le lieu d'origine qu'on leur assigne.

Dimensions des capillaires. — On assigne en général aux capillaires vrais une largeur pouvant varier de 15 μ à 4 μ seulement. Si l'on considère les dimensions du globule rouge (7 μ), on voit qu'il doit subir une notable déformation pour poursuivre sa route, et l'on conçoit sans peine quelle résistance doivent offrir au cours du sang de pareils vaisseaux. Toutefois il faut signaler une sorte d'adaptation du capillaire à la dimension des globules dans l'échelle animale. LEYDIG a constaté chez le protée, dont on connaît le diamètre relativement considérable des hématies, une largeur proportionnée des capillaires.

La mesure du diamètre de ces vaisseaux est, du reste, chose délicate. Sur des tissus morts, on ne peut rien conclure. D'ailleurs les variations constantes que subit leur largeur chez l'animal vivant, sous diverses influences, rendent douteux les résultats obtenus.

Terminaison des capillaires. — Du côté des artères, c'est une anastomose par accommodation réciproque de ramuscules extrêmement fins avec le capillaire proprement dit.

Tout autre est l'abouchement avec le système veineux. Le capillaire garde son calibre, comme la veinule garde le sien. La jonction se fait brusquement, et RANVIER en compare le résultat à la soufflure qui réunit deux tubes de verre d'inégal diamètre.

Réseaux capillaires. — Ils résultent des anastomoses multiples des vaisseaux capillaires. Leur disposition est par là même très variable, mais présente néanmoins quelques caractères particuliers à chaque tissu.

Dans les muscles, par exemple, ils cheminent dans l'interstice des faisceaux, s'étirant en écheveaux plus ou moins épais. Ailleurs, ils dessinent des figures polygonales. Dans le rein, ils se pelotonnent sur eux-mêmes. Leur abondance est en rapport avec l'activité fonctionnelle de la région qu'ils occupent. Le poumon, les glandes en sont très abondamment pourvus, comme les systèmes nerveux et musculaire que le sang doit restaurer et débarrasser activement des déchets nuisibles.

Étendue du système capillaire. — On admet en morphologie vasculaire que le diamètre total des branches résultant de la division d'un tronc artériel est, sauf exceptions, supérieur à celui de la branche-mère. On a vu (voy. **Artères**) que, si l'on rapproche par la pensée toutes les ramifications de l'arbre artériel, on obtient, abstraction faite des parois, un tronc de cône, dont la petite base correspond à l'aorte, la grande base au système capillaire. Ce dernier se comporte d'une manière analogue, en formant à son tour un tronc soudé à la grande base du précédent, mais dont l'angle d'ouverture croît beaucoup plus vite, grâce à l'extrême fréquence des divisions et à l'existence de branches latérales qui ne modifient pas le diamètre du tronc producteur. Il en résulte une notable ampliation de capacité du système capillaire, mais aussi une ampliation de surface plus considérable encore. D'où une division extrême de la nappe sanguine, qui multiplie les points de contact entre le liquide nutritif et les éléments anatomiques.

On a pu calculer d'une façon approchée la valeur du rapport de la section totale maxima des capillaires au calibre de l'aorte.

Pour que la circulation soit possible, il faut que chacune des divisions théoriques de l'appareil vasculaire soit traversée dans le même temps par une égale quantité de sang. Si chaque systole expulse du ventricule gauche 60 grammes de sang par exemple, il est nécessaire que 60 grammes de liquide traversent dans le même temps le système capillaire, le système veineux et la petite circulation : sinon l'équilibre serait immédiatement rompu. Ceci posé, il est évident que le courant sanguin prendra des vitesses très différentes suivant le calibre total de la division où on le considère : elles seront précisément en raison inverse de ces calibres. La section de l'aorte à son origine, la vitesse du sang dans ce vaisseau ont été mesurées directement (voy. **Circulation**). Nous verrons qu'on a pu, par diverses méthodes, mesurer la vitesse du sang dans les capillaires. — Le quatrième terme de la proportion est facile à déduire et représente la section totale du système capillaire.

Il résulte de la méthode même que les résultats dépendent des valeurs attribuées par les auteurs aux autres termes de la proportion. Leur exactitude est subordonnée aux limites d'erreurs des méthodes qui ont déterminé les autres éléments.

Vierordt, d'après ses expériences et ses mesures, attribue au rapport la valeur 700/1. Le calibre de l'aorte à son origine étant 6 centimètres carrés, il trouve, par section totale des capillaires de l'organisme, 43 décimètres carrés environ. D'après les mesures de Volkmann, Donders estime que le rapport ne dépasse pas la valeur 500/1. Mais, nous le répétons, toutes ces mesures comportent une incertitude assez grande, et l'approximation en est impossible à déterminer.

Aspect de la circulation capillaire au microscope. — La première observation directe du mouvement des globules dans les vaisseaux date de Malpighi (1661). Beaucoup d'auteurs ont décrit depuis ce phénomène, tant sur l'animal vivant que sur des membranes vasculaires détachées du corps. Ce dernier mode d'observation est d'ailleurs fort défectueux, les moindres causes extérieures (pressions accidentelles, inclinaison du microscope, chaleur, etc.), déterminent des courants très variables qui ont amené parfois les premiers observateurs aux hypothèses les plus invraisemblables sur les causes de la progression des éléments figurés. L'observation *in vivo*, si facile d'ailleurs dans la membrane digitale, la langue, le sac pulmonaire de la grenouille, élimine ces causes d'erreur, car les globules n'obéissent plus alors qu'à la force naturelle qui provoque leur progression normale.

A un grossissement de 100 diamètres environ, on n'aperçoit d'abord qu'un courant : c'est seulement dans des capillaires de petit calibre qu'on peut saisir et isoler les détails du phénomène. On voit alors les globules se presser au centre du vaisseau, en limitant sur les bords deux zones claires, où ils ne s'engagent qu'accidentellement, pour les abandonner bientôt. Poiseuille a démontré le premier qu'il s'agissait là d'une couche de plasma immobile ou de vitesse relativement faible, adhérente en quelque sorte aux parois vasculaires et sur laquelle glissent les globules et les couches liquides les plus internes. Il le prouvait en comprimant en un point la paroi d'un capillaire artériel. La zone transparente disparaissait aussitôt, en amont comme en aval du point comprimé, sans qu'il soit par conséquent possible d'invoquer l'excès de pression artificiellement produit. Toutefois Ranvier semble mettre en doute l'existence *réelle* de cette couche.

Si les hématies ne peuvent s'engager dans la zone transparente, elle sert au contraire de véhicule aux leucocytes; l'observation en est aisée chez la grenouille, vu leur abondance relative (1 sur 8 environ). Il est assez difficile d'interpréter cet écart de vitesse des deux sortes d'éléments. Donders l'attribue à des différences de forme et de densité : les hématies, elliptiques et plus denses, recevraient du courant une force vive plus considérable; les globules blancs, plus légers et sphériques, ne lui offriraient jamais qu'une fraction de leur circonférence, rouleraient sur eux-mêmes, perdant ainsi une partie de leur force d'impulsion. Ils pourraient alors pénétrer dans la zone transparente, où le contact des parois retarde encore leur marche. Cette hypothèse n'a, du reste, jamais pu être vérifiée.

Mais l'existence, bien constatée tout d'abord par Poiseuille, d'une zone retardée, est de première importance en mécanique circulatoire; elle rend compte, avec ce que nous savons du diamètre des globules et de certains capillaires, de la nature des résistances au mouvement du sang dans les vaisseaux de cet ordre.

Causes de la circulation capillaire. Contractilité des capillaires. — S'il n'est aujourd'hui douteux pour personne que l'action du cœur soit la seule cause de la circulation capillaire, ce fait n'a été définitivement admis dans la science qu'après de curieux retours,

Bien longtemps, les physiologistes se sont laissé guider par cette idée, que la force impulsive du cœur est totalement épuisée au niveau des capillaires, que ceux-ci doivent à leur tour pousser activement le sang vers le système veineux. Le xviie et le xviiie siècle admettent donc sans la moindre preuve une contractilité *active* de ces vaisseaux. Bichat (*Anat. gén.*, ii, 509, 1801), Savary (Dict. en 60 vol., 1813), Richerand même (*Él. de physiol.*, i, 370, 1820), acceptent encore cette hypothèse, que Magendie, le premier, repoussera formellement (1837).

Deux causes provoquèrent surtout ces erreurs :

1° Le sang n'est plus animé, au niveau des capillaires, de mouvements saccadés, isochrones aux pulsations cardiaques. Les propriétés spéciales de la paroi artérielle, les résistances croissantes que rencontre le sang devant la diminution du calibre des artères en rendent complètement compte. Divers faits pathologiques apportent d'ailleurs de nouvelles preuves : le relâchement paralytique des petits vaisseaux, la diminution du retrait des artères lorsque s'affaiblit la contraction cardiaque (mort prochaine d'un animal), l'athérome artériel, etc., provoquent l'apparition du *pouls capillaire;* il est d'ailleurs normal dans les premiers mois de la vie embryonnaire, où les artères n'ont pas encore acquis leurs propriétés élastiques (Spallanzani).

2° La paroi capillaire était considérée comme contractile *à la façon des artérioles.* Pour les capillaires faux du premier genre, le fait est hors de doute. L'absence de tunique musculaire constatée plus tard dans les capillaires vrais suffit à détruire cette erreur.

L'étude exacte de la structure du capillaire, de sa tunique adventice, met en lumière avec Stricker (1865-66-76), Golubew, et surtout Rouget (1873-74), la véritable nature de leurs propriétés contractiles. Pour tous ces auteurs, la paroi peut être le siège d'étranglements plus ou moins rapprochés, dus à des mouvements sarcodiques du protoplasme, auxquels succèdent, sous diverses influences, des dilatations très nettes. Le lieu d'origine de ces mouvements protoplasmiques est tout d'abord bien moins précis. Wharton-Jones, par exemple, ne veut y voir qu'une compression plus ou moins complète exercée par les tissus voisins. Mais Stricker les observe *à l'intérieur* de la gaine lymphatique, *dont les parois restent rectilignes.* Golubew en place le siège dans les noyaux fusiformes des cellules endothéliales. Rouget les attribue au réseau conjonctif ramifié et fenêtré qu'il décrit, et les met en évidence en 1874 par l'emploi des anesthésiques ou d'excitants divers. C'est l'opinion généralement admise.

Il est évident qu'aucun rôle *actif*, analogue à celui d'un cœur périphérique, n'appartient aux capillaires. Leur resserrement ne peut que retarder le cours du sang, sans que l'on puisse comprendre qu'il le fasse progresser dans un sens plutôt que dans l'autre. Son rôle unique paraît donc être de modifier suivant les circonstances la surface de contact du sang et des éléments anatomiques. Il s'agit en somme d'un régulateur de la nutrition intime des tissus.

Action des agents extérieurs sur la contractilité des capillaires. — 1° *Température.* — L'application d'un corps chaud sur la peau provoque l'apparition d'une tache rouge, signe d'une circulation capillaire plus active. Un corps froid produit l'effet inverse et détermine la pâleur du tégument.

2° *Excitations mécaniques.* — L'effet produit diffère avec l'intensité de l'excitation. Modérée, elle produit la contraction des vaisseaux, déterminant une traînée pâle sur le passage du corps irritant. Cette contraction n'apparaît qu'après un certain temps et persiste ensuite. Il faut donc admettre aussi pour les capillaires une période d'excitation latente appréciable. Une irritation trop intense épuise, au contraire, très rapidement l'activité contractile des vaisseaux et provoque leur relâchement. Une expérience analogue à la précédente le démontre facilement : une ligne rouge apparaît d'emblée sur le passage du corps irritant.

La fréquence des excitations développe la contractilité capillaire. Il est facile de le démontrer d'une manière analogue en choisissant deux régions convenables (main et épigastre) : deux irritations identiques produisent des effets opposés.

3° *Phénomènes de réaction.* — Une dilatation suit le plus souvent un resserrement, lorsque cesse d'agir la cause provocatrice. HENLE explique ce fait par une fatigue, une paralysie consécutive de l'élément contractile. La constriction qui succède au relâchement primitif est également hors de doute : l'effet décongestionnant des irrigations chaudes est en effet souvent utilisé en thérapeutique; l'explication en est moins facile à trouver.

4° *Changement dans l'équilibre de pression des organes.* — A l'état normal, la force contractile des capillaires semble réglée pour chaque organe d'après la pression extérieure qu'ils ont à supporter. L'afflux du sang est limité en chaque point de la peau, par exemple, par la contractilité vasculaire jointe à la pression atmosphérique. Une ventouse la supprime-t-elle? L'énergie contractile trop faible des capillaires permet une congestion immédiate. L'ouverture de l'abdomen provoque une chute de pression par le même mécanisme.

5° *Changements d'attitude du corps.* — La station verticale nécessite évidemment une certaine accommodation de la contractilité vasculaire dans les différentes régions du corps pour balancer les effets de la pesanteur. Cette inégalité du pouvoir contractile doit, du reste, pouvoir se modifier assez rapidement pour s'adapter aux changements fréquents d'attitude que subit le corps, sans qu'il se produise de troubles circulatoires notables.

6° *Action des courants électriques.* — Sur le rein soumis à la circulation artificielle, MOSSO a pu, au moyen d'appareils volumétriques, constater les faits suivants :

La contractilité des capillaires n'est pas sensiblement touchée par les courants induits.

Les courants continus produisent un resserrement de ces vaisseaux, bientôt suivi d'une dilatation, explicable par la théorie de la fatigue de HENLE.

Action du système nerveux (Voy. Vaso-moteurs).

Contractions rythmiques des capillaires. — SPALLANZANI, SCHIFF, CALLENFELS, RIEGEL, WHARTON-JONES, etc., ont pu observer chez divers animaux des contractions périodiques des petits vaisseaux, suivies de dilatation à intervalles plus ou moins réguliers.

TRAUBE et MAYER (*Rev. des sciences médic.*, 1876, II, 2), sur le chien et le lapin, purent mettre en évidence de grandes oscillations de la pression artérielle, en interférence avec les oscillations respiratoires, tandis que le cœur garde son rythme normal. D'après ces auteurs, la section de la moelle supprimerait ces contractions; elles reconnaîtraient donc pour cause une action des centres sur les vaisseaux.

D'autres observateurs (NUSSBAUM, HUIZINGA, *A. g. P.*, XI, 207) les ont vu persister après cette section. Quelle que soit la cause qu'on leur attribue, il s'agit là d'un phénomène qui semble se passer dans ces capillaires du premier genre et qui tend à démontrer l'analogie de la contraction des muscles vasculaires et de celle du cœur et des autres muscles de l'organisme (MAREY).

Lois de la circulation capillaire. — La connaissance de la structure et des propriétés de la paroi capillaire permettra maintenant l'étude des lois qui régissent le cours du sang dans ce genre de vaisseaux.

Les conditions physiques de la circulation d'un liquide dans un conduit isolé sont connues, si l'on détermine sa *pression et sa vitesse.* Pour le système capillaire, la question se pose toutefois moins simplement, et trois points sont à examiner.

a. Rapports de la pression et de la vitesse dans le système artériel et le système capillaire.

b. Pression et vitesse dans ce système en particulier.

c. Rapports des pressions et des vitesses dans les capillaires et le réseau veineux.

a. En 1738, BERNOUILLI montra que, dans un conduit bien calibré, suffisamment large, où circule un liquide, les pressions exercées en chaque point de la paroi décroissent proportionnellement à la distance de ce point à l'origine du conduit. C'est un effet du frottement contre les parois.

Or cette loi n'est plus applicable dès qu'il ne s'agit plus d'un conduit bien calibré, mais d'un tube offrant un rétrécissement en un point de son parcours. L'expérience prouve alors :

1° Que la pression est *plus forte* que dans le cas précédent *en amont* du point rétréci;

2° Qu'elle est *plus faible en aval;*

3° Que, dans chacune des parties du conduit que sépare le rétrécissement, *elle décroît moins vite* que dans le premier cas (abstraction faite de la chute brusque qui se produit au point rétréci).

Quant à la *vitesse* d'écoulement, elle est devenue moindre dans les deux parties du système; elle varie évidemment en sens inverse des résistances offertes à l'écoulement, aussi bien dans la partie *amont*, d'où le liquide s'échappe moins vite que dans la partie *aval*, où il arrive en moindre abondance. Au point rétréci seulement, où la pression est très faible, la *vitesse* des molécules est beaucoup plus considérable; car un même nombre de molécules doit traverser dans le même temps chaque section du tube.

Dans le système artériel proprement dit, la pression décroît très lentement vers la périphérie. L'abouchement avec le système capillaire produit alors l'effet d'un rétrécissement artificiel, ou plutôt celui d'un rétrécissement de longueur très appréciable et non plus linéaire; et l'expérience démontre alors une nouvelle loi :

La *pression* décroît *plus vite* en chaque point d'un tube capillaire que dans les parties larges, qui le précèdent et le suivent.

En résumé : si l'on suppose le système circulatoire parcouru par un courant liquide continu et régulier, la pression décroît lentement dans toute l'étendue du systéme artériel. — Elle décroît beaucoup plus vite dans toute l'étendue du système capillaire.

Quant aux lois qui régissent le rapport des vitesses dans les artères et les capillaires, l'existence d'un *réseau de calibre total variable* suivant les organes, montrera tout à l'heure des faits en opposition avec les résultats de l'expérience précitée.

b. *Pression et vitesse du sang dans le système capillaire.* — Dès son entrée dans les capillaires, le sang cesse d'obéir aux règles générales de l'hydrodynamique, et son cours est régi par un certain nombre de lois spéciales, étudiées et fixées par Poiseuille, vérifiées ensuite par Arago, Babinet, Regnault, etc. L'observation microscopique le faisait d'ailleurs prévoir : l'existence et l'importance de la zone retardée par rapport à la portion mobile du liquide suffisent à expliquer ces exceptions.

Vu le nombre des variables qu'elles renferment, ces lois peuvent être présentées de bien des manières. Toutefois il est possible de les résumer dans les six propositions suivantes :

1° Le régime de l'écoulement dans deux tubes capillaires est, toutes choses égales d'ailleurs, indépendant de la nature des parois.

La paroi réelle *liquide*, où glisse la portion interne, justifie simplement ce fait. Poiseuille l'a vérifié avec des tubes de verre polis, dépolis, vernis, etc. Ces diverses conditions sont sans influence, tant que le liquide mouille les parois; mais le mercure, au contraire, se comporte différemment.

2° Toutes choses égales d'ailleurs, le régime de l'écoulement dépend de la nature du liquide.

Poiseuille a étudié dans ce sens un grand nombre de substances : l'azotate de potassium, par exemple, et l'ammoniaque facilitent l'écoulement des liquides; l'alcool le retarde.

3° *Les quantités* écoulées à travers deux tubes capillaires identiques sont, dans les mêmes conditions, proportionnelles à la charge.

4° *Les quantités* écoulées dans un même temps, sous une même pression, à la même température, avec des tubes de même longueur, sont entre elles comme *les quatrièmes puissances des diamètres* de ces tubes.

5° *Les vitesses* d'écoulement sont donc *proportionnelles à la pression, au carré des diamètres, en raison inverse des longueurs des tubes.*

6° *La résistance* offerte au passage du liquide est proportionnelle au carré de la vitesse d'écoulement.

Les expériences de Poiseuille portèrent d'abord sur des tubes de verre. Poursuivant l'application de ces lois à la physiologie, il les répéta avec des tubes de matière organisée. Sur un rein de chien séparé du corps, il voit l'écoulement du sérum de bœuf influencé comme lorsqu'il circule dans des tubes inertes. Il entreprend ensuite sur le cheval vivant une série d'expériences qui confirment ces résultats. De cette unité d'action des diverses substances sur l'écoulement dans des capillaires inertes et des capillaires vivants ou morts, il croit pouvoir conclure à l'identité des lois qui régissent l'écoulement des liquides dans ces divers canaux.

Toutefois l'application directe des recherches mécaniques de Poiseuille ne renseigne guère le physiologiste sur le régime véritable du cours du sang dans les divers points de l'organisme.

Les quantités qui traversent un organe en un temps donné sont, par exemple, fort difficiles à estimer *a priori* avec exactitude. Considérons en effet les systèmes capillaires de l'intestin et du poumon. Si nous pouvons attribuer respectivement à ces vaisseaux des diamètres tels que, à égalité de longueur, il doive passer dans le poumon, d'après la loi des diamètres, trente fois plus de sang que dans le système intestinal, l'équilibre n'en sera pas moins rétabli si le calibre total des capillaires pulmonaires équivaut à trente fois celui du système intestinal.

Si ce chiffre est dépassé, il y a excès en faveur du poumon, malgré l'étroitesse relative de ses vaisseaux. Une estimation par le calcul de la quantité de sang qui traverse un organe en un temps donné, nécessiterait d'abord la connaissance très exacte de la longueur, du diamètre et du nombre des capillaires de la partie considérée. Or ces données sont des plus incertaines.

Quant à l'état de contraction des vaisseaux, propre à chaque organe ou même à chaque partie d'un organe, et que nous ne pouvons jamais apprécier exactement, son influence est évidemment des plus grandes.

Pression dans les capillaires. — La pression, dit l'expérience, doit décroître rapidement d'un bout à l'autre du système capillaire. Elle obéit évidemment à cette loi, si l'on considère l'énorme chute que décèle le manomètre entre l'extrémité du système artériel, où la tension est encore fort élevée, et l'origine du système veineux, où elle est, au contraire, très basse, bientôt nulle et même négative (1/20 de celle de l'artère correspondante pour les vaisseaux des membres, Vierordt). Donders estime toutefois qu'au milieu du système capillaire la pression atteint encore la moitié de sa valeur dans le système artériel.

Mais elle est des plus variables dans *sa valeur absolue*. Elle doit *augmenter*, par exemple, si les artérioles afférentes viennent à se *dilater*, transmettant ainsi plus complètement la pression initiale, celle des grosses artères. De même, elle suivra dans les capillaires toute ascension dans ces mêmes artères. Elle montera encore si les veines afférentes se resserrent, jusqu'à pouvoir égaler presque la pression artérielle; de même, si la pression monte dans le système veineux (position d'un membre, obstacle, etc.). Des conditions inverses produiront un abaissement dans la pression capillaire.

En outre, sa valeur absolue considérée comme normale diffère beaucoup suivant les auteurs et les méthodes employées.

Kries comprimait à l'aide d'une plaque de verre un point de la peau, jusquà' pâleur du point considéré et mesurait la pression exercée par unité de surface de la petite plaque. Admettant que tout le travail ainsi produit est utilisé pour l'écrasement des vaisseaux, il trouve par cette méthode les valeurs suivantes :

Peau humaine. Main élevée.	24	millimètres.
— Main baissée.	62	—
Capillaires de l'oreille.	20	—
Capillaires des gencives du lapin. . .	32	—

Roy et Graham Brown (*J. P.*, 1880, II, 323), au moyen d'une platine spéciale, compriment des membranes vasculaires sous le champ même du microscope. Ils constatent de grandes différences dans la résistance à l'écrasement des capillaires de différents diamètres. Il est donc à peu près impossible d'assigner une valeur absolue à la pression moyenne du sang dans cet ordre de vaisseaux.

Vitesse dans les capillaires. — On a vu que la vitesse d'une molécule liquide dans *un tube étroit* est supérieure à celle du même liquide dans une partie large précédant le point rétréci; une même quantité de liquide doit, en effet, traverser dans le même temps chaque section du conduit.

Ce fait, vrai pour un capillaire *isolé* soudé à une artère, ne l'est plus si l'on considère le cône formé par le système entier. Toutes choses égales, la vitesse d'une molécule dans deux tubes larges d'inégal diamètre est en raison inverse de ces diamètres. Elle est donc plus faible à l'extrémité du système artériel que dans l'aorte, plus faible encore dans le système capillaire, pour lequel l'angle d'ouverture du cône croît très rapidement. Elle doit donc varier suivant le point considéré, choisi plus ou moins près de l'origine ou de la fin du système; suivant le diamètre du vaisseau considéré (un globule de 7 μ circulera évidemment à grand'peine dans un capillaire de 4 μ); suivant aussi l'état de dilatation ou de contraction du vaisseau examiné. C'est encore là ce qui explique les écarts trouvés par les physiologistes dans la valeur absolue de ces vitesses. Les procédés employés pour les mesurer reposent presque tous sur le même principe : observer au microscope le temps exact mis par un globule pour parcourir une longueur connue d'un capillaire (déduction faite du grossissement). D'autres méthodes (images de Purkinje,) sont évidemment passibles des mêmes objections.

Voici quelques chiffres donnés par les auteurs :

Hales	0mm,28	par 1″
Weber.	0mm,57	—
Valentin. . . .	0mm,50	—
Vierordt. . . .	1mm,5 à 0mm,8	par 1″ en moyenne (vertébrés).
—	0mm,5 à 0mm,75	par 1″ (peau humaine).

Si l'on songe que des chiffres aussi incertains ont dû servir au calcul de l'aire du système capillaire, on comprend sans peine quels doutes accompagnent les résultats ainsi trouvés.

c. *Rapport des pressions et des vitesses dans les capillaires et les veines.* — D'après la conception du cône vasculaire, et contrairement à ce qui aurait lieu dans un capillaire unique brusquement dilaté, dès la partie veineuse du système capillaire le courant sanguin doit notablement s'accélérer. L'observation le démontre directement. L'accélération continuera de plus en plus vers le cœur; l'on sait toutefois que l'aire du système veineux décroît moins vite que n'avait crû le calibre de l'arbre artériel.

Quant à la pression, décroissant très vite dans le système capillaire, elle baisse encore, *mais plus lentement*, dès que le calibre s'élargit de nouveau. Elle est, en somme, presque nulle dès l'origine du système veineux.

Inversement à ce qui se produit pour les artères, toute *dilatation capillaire élève la pression dans le système veineux.* Tout resserrement produira l'effet inverse. L'œdème, résultat habituel d'un excès de tension capillaire, peut donc provenir, soit d'un relâchement de la paroi artérielle (inflammation), soit d'une stase veineuse d'origine quelconque.

Pouls capillaire. Pouls total. Pléthysmographie. Osmose. Diapédèse. — Pour ces diverses questions, nous renvoyons à l'article **Circulation** et aux articles spéciaux.

Bibliographie sommaire (Voir la bibliographie plus détaillée à **Circulation, Vaso-moteurs, Pouls, Pléthysmographie**).

1835. — Poiseuille (J.-L.-M.). *Rech. sur les causes du mouvement du sang dans les vaisseaux capillaires*, 4°, Paris, 80 p., 6 pl.

1846. — Poiseuille (J.-L.-M.). *Rech. exp. sur le mouvement des liquides dans des tubes de très petit diamètre* (*Mém. des savants étrang.*, ix, 493-513).

1863. — Marey (J.). *Physiol. médicale de la circulation du sang*. Paris, Delahaye, 568 p.

1870. — Onimus. *Des phénomènes électro-capillaires : résumé des expér. de* M. Becquerel (*Journ. de l'An. et de la Physiol.*, Paris, vii, 250-255).

1873. — Rouget (Ch.). *Mém. sur le dévelop., la structure et les propriétés physiolog. des capillaires sanguins et lymphatiques* (*A. de P.*, v, 603-663).

1875. — Vulpian (A.). *Leç. sur l'appareil vaso-moteur*, 2 vol., 8°, Paris.

1877. — Stricker. *Untersuch. über die Contractilität der Capill.* (*Ak. W.*, lxxiv, 313-332).

1879. — Rouget (Ch.). *Contractilité des capillaires sanguins* (*C. R.*, LXXXVIII, 916-918).

1880. — Fr. Franck (A.). *La contractilité des vaisseaux capillaires vrais; son rôle dans la circulation du sang* (*Gaz. hebd. de méd.*, Paris, (2), XVII, 65, 81).

1886. — Ozanam (Ch.). *La circulation et le pouls*, 1 vol., 8°, Paris.

1892. — Azoulay. *Procédé pour rendre le pouls capillaire sous-unguéal plus visible* (*B. B.*, 319-320). — Piotrovski (G.). *Plethysmogr. Untersuch. an Kaninchenohre* (*C. P.*, VI, 464-466.

1893. — Fick (A.). *Uber den Druck in den Bluctapillären* (*A. g. P.*, XLII, 482). — Stefani (A.). *Comment se modifie la capacité des différents territoires vasculaires avec la modificat. de la pression* (*A. i. B.*, XX, 91-109).

1894. — Bayliss (W. M.), et Starling (E. M.). *Observat. of venous pressures and their relationship to capillary pressures* (*J. P.*, XVI, 159-202). — Campbell (H.). *On the resistance offered by the blood capillaries to the circulation.* (*Lancet*, (1), 594-596. — Hallion (L.) et Comte (C.). *Rech. sur la circulat. capillaire chez l'homme à l'aide d'un nouvel appareil pléthysmograph.* (*A. d. P.*, (5), VI, 381-390).

E. VIDAL.

CAPRIQUE (Acide) ($C^{10}H^{20}O^2$). — Acide de la série grasse, qu'on extrait en même temps que les acides caproïque et caprylique du beurre de coco, où il se trouve à l'état d'éther de la glycérine. Corps solide fondant à 570° et bouillant à 27°.

CAPROÏQUE (Acide) ($C^6H^{12}O^2$). — Acide de la série grasse, extrait du beurre de coco, bouillant à 200°, et liquide à la température ordinaire.

CAPSICINE. — Alcaloïde cristallisable extrait de diverses espèces de piments. (*Capsicum annuum*) (*D. W.*, (1), 403).

CAPRYLIQUE (Acide) ($C^8H^{16}O^2$). — Acide de la série grasse, extrait du beurre de coco, fond à 30°, et bout à 240°.

CARAMEL. — Produit mal déterminé de l'action de la chaleur sur les sucres. On admet (Gélis) les réactions suivantes :

$$C^{12}H^{22}O^{11} = 2H^2O + C^{12}H^{18}O^9 \text{ (caramélane).}$$
$$3C^{12}H^{22}O^{11} = 8H^2O + C^{36}H^{50}O^{25} \text{ (caramélène).}$$
$$8C^{12}H^{22}O^{11} = 37H^2O + C^{96}H^{102}O^{51} \text{ (caraméline).}$$

CARAPA. — L'écorce de *Carapa guyanensis* et *Carapa Touloucouna* (Sénégal) contient un principe amer désigné sous le nom de carapine, mal déterminé.

CARBOGLUCOSIQUE (Acide) ($C^7H^{14}O^8$). — Ce corps se forme par fixation de l'acide cyanhydrique et de l'eau sur le glucose, en vase scellé (Schützenberger) (*D. W.*, (2), 990-991). Il ne réduit pas la liqueur de Fehling, et est sans pouvoir rotatoire.

CARBONATES. — Sels de l'acide carbonique, soit neutres ($CO^3(M''^2)$, soit acides (bicarbonates : $CO^3(M'H)$.

Les carbonates des métaux alcalins sont très solubles dans l'eau, leurs solutions bleuissent le papier de tournesol. Les carbonates neutres alcalino-terreux sont insolubles, les carbonates acides légèrement solubles dans l'eau. Les autres carbonates sont insolubles.

Tous les carbonates sont décomposés par les acides solubles dans l'eau, avec mise en liberté de CO^2 (effervescence).

Les carbonates neutres (sauf ceux des métaux alcalins) sont dissociés par la chaleur en CO^2 et oxyde métallique, à condition que la tension de CO^2 descende au-dessous d'une certaine valeur (tension de dissociation). Les bicarbonates se décomposent déjà à la température ordinaire en CO^2 et carbonate neutre dans des conditions analogues de dissociation.

Ainsi le bicarbonate de calcium de la salive se décompose à l'air libre en CO^2 et carbonate neutre qui se dépose (tartre dentaire). De même le bicarbonate de sodium du sang est décomposé par le vide de la pompe à mercure en CO^2 et carbonate neutre. Ce dernier peut ultérieurement être dissocié en CO^2 et en soude libre sous l'influence de l'hémoglobine. Des phénomènes chimiques analogues se passent dans la respiration pulmonaire.

On trouve des carbonates de sodium, de potassium, etc., dans le sang et dans la plupart des liquides et tissus de l'économie, excepté, bien entendu, dans les liquides franchement acides, tels que le suc gastrique, l'urine des carnivores, etc.

L'action physiologique des carbonates varie avec la nature de leur métal. En effet, ces corps sont décomposés dans l'estomac par HCl, et transformés en chlorures. CO^2 est mis en liberté.

L. F.

CARBONE ou CHARBON. — C = 12 (Diamant, graphite, carbone amorphe, charbon de cornue, de bois, d'os, etc.).

Densité : 3.5 (diamant), 1.57 (carbone amorphe).

Calorique spécifique : 0,241 (charbon de bois) à la température ordinaire. 0.46 à 600° (conforme à la loi de Dulong et Petit).

Calorique de combustion. $C + O^2 = CO^2$, 8 calories pour 1 gramme de charbon amorphe.

Température de combustion. + 1678°.

Le carbone est inodore, insipide, insoluble dans tous les dissolvants. La seule action intéressante au point de vue physiologique ou médical qu'on lui ait reconnue, c'est celle d'absorber à sa surface et de condenser des corps gazeux. On utilise en thérapeutique le charbon de bois pour combattre la putréfaction intestinale. La même propriété est mise à profit dans la construction des filtres pour l'eau potable.

Certaines variétés de charbon, notamment le noir animal, retiennent les matières colorantes dissoutes, et jusqu'à un certain point d'autres substances, d'où son emploi en chimie pour clarifier les liquides colorés (Décoloration de la bile dans la préparation des acides biliaires).

Sous forme de noir de fumée, il sert à noircir le papier des appareils enregistreurs.

Le carbone peut exister dans notre corps à l'état élémentaire, sous forme de dépôts granuleux de teinte ardoisée, dans le tissu des poumons et des ganglions bronchiques. Cette poussière de charbon provient de l'extérieur; elle a été introduite avec l'air de l'inspiration et s'est déposée à la surface de l'arbre bronchique, d'où elle a pénétré à travers la muqueuse jusque dans les lymphatiques. Ces dépôts ne se rencontrent que chez les habitants des villes qui respirent un air chargé de vapeurs charbonneuses. Le carbone se trouve également dans les tatouages à la poudre de canon.

A l'état de combinaison, le carbone représente plus de 50 p. 100 du résidu sec de notre corps. Les atomes de carbone, soudés les uns aux autres, grâce à leur tétravalence, forment comme le noyau central des molécules d'albumine, de graisse, d'hydrocarbonés, etc., noyau central dont les valences disponibles sont saturées par des atomes d'hydrogène, d'oxygène, d'azote, etc.

Herbert Spencer a insisté sur cette association de trois gaz parfaits à un corps fixe et infusible : « D'une part, n'était la mobilité moléculaire extrême que possèdent trois des quatre principaux éléments de la matière organique; et n'était la grande mobilité moléculaire qui en résulte pour leurs composés les plus simples, l'élimination rapide des déchets de l'action organique ne pourrait avoir lieu, et il n'y aurait point cet échange continuel de matière que la vitalité implique. D'un autre côté, n'était l'union de ces éléments extrêmement mobiles en des composés d'une complexité extrême, ayant des molécules relativement vastes que leur inertie rend comparativement immobiles, les composants d'un tissu vivant n'auraient point cette fixité mécanique qui les empêche de s'en aller par diffusion en même temps que les produits de rebut que la décomposition du tissu engendre. » (*Principles of Biology.*)

De son côté Leo Errera a attiré l'attention sur ce fait que les éléments indispensables à la vie, C,O,H,Az, etc., ont des poids atomiques peu élevés et appartiennent par conséquent aux premières séries du système périodique de Mendelejew.

« Les éléments des atomes légers sont les plus répandus à la surface du globe; leurs composés les plus simples sont généralement ou gazeux, ou solubles dans l'eau, ce qui explique l'arrivée des aliments dans l'organisme et l'élimination des déchets; la plupart sont mauvais conducteurs de la chaleur et de l'électricité, et tous ont des chaleurs spécifiques élevées. Ceci permet aux organismes, tout en ayant relativement peu de masse, de supporter plus facilement et de ne subir que peu à peu les variations calorifiques et électriques du milieu extérieur, et de dépenser beaucoup d'énergie, sans abaisser beaucoup leur température. »

Enfin il y a lieu de supposer, d'après la théorie mécanique de la chaleur, que les atomes légers, en s'accumulant en très grand nombre, donnent naissance à des molécules que la chaleur disloque beaucoup et échauffe peu. Nous aurions là un des facteurs essentiels de cette instabilité chimique qui caractérise le protoplasme vivant (*Biolog. Centralblatt*, 1887, 22).

L. F.

CARBONE (Oxyde de) (CO). — Découvert par Priestley au siècle dernier.

L'oxyde de carbone se produit par la combustion du charbon en présence d'une quantité insuffisante d'oxygène, par la réduction à chaud de l'anhydride carbonique (CO^2) par le charbon, les métaux, etc. On doit donc s'attendre à le rencontrer dans l'atmosphère des locaux chauffés par des réchauds ou des poêles à tirage défectueux, dans celle des établissements métallurgiques où l'on réduit des oxydes métalliques par le charbon, ou dans les travaux de mine après l'emploi d'explosifs. Il se forme également par l'action de la vapeur d'eau sur le coke ou le charbon de bois chauffé au rouge (gaz à l'eau), et par la distillation sèche d'un grand nombre de combinaisons organiques. C'est un des constituants du gaz d'éclairage (10 p. 100 de CO et davantage), lequel lui doit ses popriétés toxiques. Il existe fréquemment en quantité notable dans les hydrocarbures préparés artificiellement. D'après Boussingault, l'acide pyrogallique et la potasse en solution concentrée peuvent dégager une trace d'oxyde de carbone.

Fokker (*J. P.*, xiv, 376) a constaté que la fumée du tabac peut contenir jusqu'à 5 à 10 p. 100 de CO.

Les produits de la combustion normale du gaz d'éclairage ne semblent pas contenir d'oxyde de carbone (Gréhant, *B. B.*, 1889, 348).

Préparation. — Quand on n'a besoin que de petites quantités d'oxyde de carbone, par exemple pour démontrer l'action de ce gaz sur l'hémoglobine, on peut prendre le gaz d'éclairage.

Ainsi, pour préparer de l'hémoglobine oxycarbonée, il suffit de faire barboter le gaz d'éclairage pendant un certain temps à travers une solution de sang ou d'hémoglobine.

On prépare ordinairement l'oxyde de carbone en chauffant dans un matras de l'acide oxalique cristallisé avec cinq à six fois son poids d'acide sulfurique concentré.

$$C^2H^2O^4 = CO + CO^2 + H^2O.$$

On absorbe CO^2 en faisant passer le mélange gazeux à travers plusieurs flacons laveurs contenant de la lessive de soude ou de potasse, et finalement un flacon d'eau de baryte. On chauffe modérément.

On obtient également de l'oxyde de carbone à peu près exempt de CO^2, en chauffant de l'acide formique ou des formiates en présence d'acide sulfurique, ou bien un mélange d'une partie de ferro-cyanure de potassium et de huit à dix parties d'acide sulfurique. Il ne faut pas chauffer au delà de la liquéfaction complète du mélange. On lave le gaz sur de la soude.

Propriétés. — Gaz incolore, inodore, insipide, neutre. Densité 0,96709 (air = 1), 14 (hydrogène = 1) (1 litre CO pèse $1^{gr},25133$). Solubilité : 1 vol. d'eau dissout $0,032874 - 0,00081632\,t + 0,00001642\,t^2$ de CO d'après Bunsen (0,024 ou 1/40 de son volume à 15°, 0,02312 à 20°). D'après Carius, 1 vol. d'alcool dissout 0,20443 vol. CO entre 0 et 25°.

D'après Winkler (*Z. p. C.*, 1892, ix, 171), le coefficient de solubilité de CO dans l'eau distillée est 0,02337 à 19,6°. La solubilité de CO dans les solutions d'hémoglobine est moindre (0,02096 à 19,6°) d'après Hüfner (*A. P.*, 1895, 309).

L'oxyde de carbone conserve son état gazeux à la température de 29° et à la pression de 300 atmosphères. Mais, si on le détend subitement, ce qui doit produire une température d'au moins 200° au-dessous du point de départ, on voit apparaître immédiatement un brouillard intense produit par la liquéfaction, ou peut-être par la solidification du gaz (Cailletet, *C. R.*, lxxxv, 1213, 1217).

La formation de l'oxyde de carbone par l'union de C et O dégage 30,150 calories d'après THOMSEN (*Deutch. chem. Gesells.*, 1873, 1533; *Bull. Soc. Chim.*, Paris, XXI, 442); celle de l'anhydride carbonique par l'union de CO+O dégage 66,810 calories, d'après THOMSEN; 68 calories d'après BERTHELOT (*Bull. Soc. Chim.*, Paris, XXXI, 227).

Combinaisons. — Nous ne citerons, parmi les combinaisons de l'oxyde de carbone, que celles qui présentent de l'intérêt au point de vue des physiologistes.

L'oxyde de carbone se combine avec les sels cuivreux (LEBLANC, *C. R.*, XXX, 488), notamment avec le chlorure. Cette propriété est mise à profit dans l'analyse volumétrique des gaz.

Il se combine avec le nickel pour former le *Nickelcarbonyle*, substance toxique étudiée par HANRIOT et CH. RICHET (*B. B.*, 1891, 185 et 212).

L'oxyde de carbone se combine avec l'hémoglobine.

Hémoglobine oxycarbonée. — L'hémoglobine forme avec l'oxyde de carbone une combinaison analogue à l'hémoglobine oxygénée, mais plus stable que cette dernière (CL. BERNARD. *Leçons sur les effets des substances toxiques*. Paris, 1857. HOPPE-SEYLER *A. A. P.*, XI, 288, 1857, et XIII, p. 104, 1858. LOTHAR MEYER (*De oxydo carbonico, Diss.* Breslau, 1858). D'après HÜFNER (*A. P.*, 1894, p. 120), 1 gramme d'hémoglobine de bœuf absorbe ainsi 1,338 cent. cubes de CO (à 0° et 760 P), c'est-à-dire le même volume que le volume d'oxygène absorbé pour former l'oxyhémoglobine. (Théoriquement 1,34 centimètres cubes, étant donné que l'hémoglobine du bœuf contient 0,336 p. 100 de fer). JOHN MARSHALL (*Z. p. C.*, VII, 81) avait trouvé 1,205 centimètres cubes (à 0° et 1 m. P.), KÜLZ (*Z. p. C.*, VII, 384), 1,254 centimètres cubes de CO (à 0° et 1 m. P.).

Si l'on traite de l'hémoglobine oxygénée par CO, ce dernier gaz se substitue volume à volume à l'oxygène qui est mis en liberté.

CL. BERNARD avait mis cette propriété à profit pour l'extraction de l'oxygène du sang.

La combinaison oxycarbonée est à son tour décomposée, si on la traite par le protoxyde d'azote; et l'oxyde de carbone est remplacé volume à volume par ce gaz (PODOLINSKI. *A. g. P.*, VI, 553, 1872). Par contre, l'hémoglobine oxycarbonée résiste à l'action de H^2S, tandis que l'oxyhémoglobine est décomposée et fournit une combinaison à teinte verdâtre (E. SALKOWSKI, *Z. p. C.*, VII, 114, 1883).

On peut dire d'ailleurs d'une façon générale que l'hémoglobine oxycarbonée est une combinaison plus stable que l'oxyhémoglobine. TH. WEYL et ANREP (*C. W.*, 1880, n° 11 et *A. P.*, 1880, 227) ont constaté que l'hémoglobine oxycarbonée résistait mieux que l'hémoglobine oxygénée aux agents d'oxydation. Ainsi le sang ordinaire ou l'oxyhémoglobine additionné de quelques gouttes d'une solution diluée (0,025 p. 100) de permanganate de potassium, se décolore, devient jaune-verdâtre et montre la bande de la méthémoglobine. L'hémoglobine oxycarbonée reste rouge au contact de la solution de caméléon et ne montre pas la bande de la méthémoglobine. Ils ont proposé d'utiliser cette réaction dans la recherche de l'oxyde de carbone dans le sang.

Les mêmes auteurs ont affirmé que CO se combinait également à la méthémoglobine, ce que H. BERTIN-SANS et MOITESSIER ont contesté (*C. R.*, CXIII, 210, 1892). Ces derniers assurent que, si l'on transforme l'hémoglobine oxycarbonée en méthémoglobine (par l'action du ferricyanure de potassium en poudre à + 40°), il suffit de soumettre le mélange au vide, pour recueillir immédiatement l'oxyde de carbone qui s'échapperait aussi facilement que si le gaz était simplement absorbé dans l'eau. BERTIN-SANS et MOITESSIER ont même basé sur ce fait un procédé de recherche de CO dans le sang. On fait barboter lentement les gaz extraits par le vide du sang traité par le ferricyanure, à travers un tube de CLOËZ contenant un peu d'hémoglobine qui absorbe CO. De cette façon ils purent constater la présence de CO dans 400 centimètres cubes de sang qui avaient été mélangés avec 1/15 de sang oxycarboné.

On a cru pendant longtemps que l'hémoglobine oxycarbonée était une combinaison entièrement stable; sa dissociation par l'action du vide, par celle d'un courant de CO^2, O^2, H^2, avait été niée par NAWROCKI, par POKROWSKI, etc.

DONDERS (*A. g. P.*, V, 20, 1872. Voir aussi ZUNTZ. *Ibid.*, V, 584, 1872) a montré le premier que l'hémoglobine oxycarbonée était, comme l'hémoglobine oxygénée ou comme le bicarbonate de sodium, une combinaison dissociable par l'abaissement de la tension de CO; la courbe de l'absorption de CO par l'hémoglobine en fonction de la tension de ce gaz monte presque verticalement de 0 à 1,2 centimètres cubes par gramme d'hémoglobine, pour une pression de 0 à 1 millimètre de mercure de pression. A partir de cette pression la courbe est presque horizontale.

Cette courbe a été déterminée directement par HÜFNER et R. KÜLZ (*Ib. P.* XIII, 98 et XIV, 120) pour des solutions d'hémoglobine. Ces expérimentateurs ont employé la méthode spectro-photométrique pour déterminer les proportions relatives d'hémoglobine oxycarbonée et d'hémoglobine oxygénée qui se forment au contact d'atmosphères plus ou moins riches en CO. Une atmosphère contenant 0,14 p. 100 de CO transforme la moitié de l'hémoglobine en hémoglobine oxycarbonée. BOCK (*C. P.*, VIII, 1894, 385) a fait des déterminations analogues au moyen de l'absorptionomètre de BOHR et publié également une courbe de dissociation. Pour la comparaison entre la courbe de dissociation de l'hémoglobine oxycarbonée et de l'hémoglobine oxygénée, en fonction de la tension de CO, et de O^2, voir BOCK, VIII, 386, 1894, HÜFNER, *A. P.*, 1895, 222.

Il suffit de 0,07 p. 100 de CO pour transformer le tiers de l'hémoglobine en combinaison oxycarbonée.

H. DRESER (*A. P. P.*, XXIX, 119, 1891) s'est également servi du spectro-photomètre de HÜFNER pour déterminer simultanément dans le sang la proportion d'hémoglobine oxygénée et d'hémoglobine oxycarbonée. Chez le lapin, la mort par CO survient lorsque la capacité respiratoire du sang est tombée à 30 p. 100 de sa valeur normale.

Il résulte de ce qui précède que la proportion d'hémoglobine oxycarbonée que contient le sang d'un animal dépendra de la proportion d'oxyde de carbone contenue dans l'air qu'il respire. C'est ce que les expériences de GRÉHANT (*B. B.*, 1892, 163) ont montré de la façon la plus nette. GRÉHANT a constaté que le sang de chiens qui ont respiré des mélanges gazeux renfermant 1/1000, 1/2000, 1/3000, 1/4000 de CO, contient respectivement 5,5, 2,8, 1,7, 1,3 et 0,5 centimètres cubes CO p. 100 centimètres cubes de sang (proportionnalité directe, comme si l'absorption de CO par le sang obéissait à la loi de DALTON-HENRY).

GRÉHANT (*B. B.*, 17 mars 1894, 251) a constaté également que, plus le mélange respiré est pauvre en CO, plus il faut de temps pour que l'équilibre entre le sang et l'air, c'est-à-dire la constance de la teneur du sang en CO soit atteint. Cette constance se montre au bout d'une heure pour une atmosphère contenant 1 : 1000 CO; il faut une demi-heure pour 1 : 5000 CO; 2 heures pour 1 : 10000 CO.

Il résulte également de ce qui précède que l'hémoglobine oxycarbonée doit se dissocier peu à peu, et l'oxyde de carbone être éliminé à l'extérieur chez les animaux que l'on replace dans de l'air pur, exempt de CO, après un empoisonnement non mortel par ce gaz (Voir plus loin *Empoisonnement par* CO).

Spectre d'absorption de l'hémoglobine oxycarbonée. — Le spectre d'absorption des solutions diluées (sol. couleur fleur de pêcher) d'hémoglobine oxycarbonée présentent entre D et E deux bandes d'absorption rappelant celles de l'hémoglobine oxygénée. La différence la plus apparente entre les deux spectres, c'est que pour l'hémoglobine oxycarbonée la première bande d'absorption α ne s'étend pas jusque contre D, comme c'est le cas pour l'hémoglobine oxygénée, mais s'arrête à une petite distance de D, de sorte qu'entre la bande α et D, on aperçoit la partie jaune du spectre. LÜSSEN recommande d'examiner les deux spectres simultanément de manière à les comparer directement. Il serait facile de cette façon de reconnaître la présence de l'hémoglobine oxycarbonée dans du sang qui a été agité avec de l'air contenant 1 : 1800 de CO (*Zeit. f. klin. Med.*, IX, 397, 1885).

D'après JADERHOLM (*Nordiskt medicinskt Arkiv*, VI, n°s 11 et 21, 1875 et VIII, n° 12, 1877) le milieu de la bande α correspond pour l'oxyhémoglobine à la longueur d'onde 577 1/2; pour l'hémoglobine oxycarbonée, à 572. La bande β correspond à 539 1/2 pour l'oxyhémoglobine et à 532 pour l'hémoglobine oxycarbonée (d'après ANGSTROM, D = 5892 et E = 5269).

Mais le diagnostic spectroscopique des hémoglobines oxycarbonée et oxygénée devient facile si l'on emploie un agent de réduction. Une goutte de solution incolore de sulfure d'ammonium ou de liqueur de STOKES (tartrate ferreux) provoque au bout de quelques minutes (une demi-heure au plus tard) la réduction de l'oxyhémoglobine et l'apparition de la bande unique de l'hémoglobine réduite, tandis que l'hémoglobine oxycarbonée résiste à cette épreuve et que les deux bandes d'absorption y persistent. La conservation en vase clos peut servir à établir la même distinction.

Si l'on enferme dans un tube scellé une solution d'oxyhémoglobine, elle ne tarde pas à se réduire par l'action de la putréfaction. Au bout de peu de jours, elle ne montre plus que la bande unique de l'hémoglobine réduite. Dans les mêmes conditions, l'hémoglobine oxycarbonée se conserve indéfiniment, résiste à la putréfaction et continue à montrer les deux bandes d'absorption caractéristiques (HOPPE-SEYLER, *Z. p. C.*, I, 121, 1877).

Produits de clivage de l'hémoglobine oxycarbonée. — Comme on le sait, l'hémoglobine oxygénée se décompose sous l'influence des alcalis, des acides, etc., d'une part en une substance albuminoïde, d'autre part, en une matière colorante ferrifère brune, l'hématine; l'hémoglobine oxycarbonée fournit dans les mêmes conditions une matière colorante rouge (HOPPE-SEYLER, 1858), l'*hématine oxycarbonée* ou plus correctement l'*hémochromogène oxycarboné* à spectre d'absorption caractéristique (Voir JADERHOLM, *Nordiskt med. Arkiv.*, VI, 1875 et HOPPE-SEYLER. *Z. P. C.*, XIII, 477). Cette réaction est mise à profit dans les recherches médico-légales concuremment avec l'examen spectroscopique.

D'après HOPPE-SEYLER, il faut traiter le sang par deux fois son volume d'une solution de soude d'une densité de 130. Il se forme un précipité d'un beau rouge pour l'hémoglobine oxycarbonée.

E. SALKOWSI (*Z. p. C.*, XII, 227) recommande de modifier la réaction de HOPPE-SEYLER, de la façon suivante. On dilue le sang avec vingt volumes d'eau distillée, une partie du mélange est additionnée d'un égal volume de lessive de soude d'une densité de 1,34 : flocons rouges, puis liquide rouge dans le cas de CO, flocons ou liquide brun dans le cas d'hémoglobine ordinaire.

Un grand nombre d'autres réactifs produisent des précipités rouges (hémochromogène oxycarboné) dans les solutions d'hémoglobine oxycarbonée et des précipités bruns (hématine ordinaire) dans les solutions d'hémoglobine oxygénée (Voir: KATAYAMA. *A. A.P.*, CXIV, 53. — WELZEL. *Jb. P.*, XIX, 109. — KUNKEL. *Ibid.*, XVIII, 66).

ZALESKI (*Jb. P.*, XV, 153) recommande de rechercher CO dans le sang par le procédé suivant : on dilue 2 centimètres cubes de sang avec un égal volume d'eau, et l'on ajoute un petit nombre de gouttes (3 gouttes d'une solution de sulfate de cuivre saturée au 3/4) d'un sel cuivrique. Il se produit un précipité rouge brique, tandis que l'hémoglobine oxygénée fournit un précipité brun chocolat.

(Voir aussi H. BERTIN-SANS et MOITESSIER. Action de l'oxyde de carbone sur l'hématine réduite. *C.R.*, CXVI, 591, et *Bull. Soc. Chim.*, Paris, 5 septembre 1893.)

Pour extraire CO du sang ou de l'hémoglobine oxycarbonée, GRÉHANT traite le sang dans le vide par deux fois son volume d'acide sulfurique concentré ou par un excès d'acide acétique et chauffe au bain-marie, puis traite par l'ébullition et le vide et recueille les gaz qui se dégagent.

Empoisonnement par l'oxyde de carbone. — L'oxyde de carbone est un gaz extrêmement toxique. Sa toxicité s'explique par la formation de l'hémoglobine oxycarbonée; elle dépend de la tension de CO dans l'air respiré par l'animal. Une fois unie au gaz CO, l'hémoglobine est momentanément perdue pour l'acte respiratoire.

DRESER admet que, chez le lapin, la mort arrive quand la capacité respiratoire est réduite à 30 p. 100.

GRÉHANT a montré que la respiration d'un air contenant 1/275 de CO est mortelle pour le chien; pour le moineau 1/450 suffirait à produire la mort, tandis que, pour tuer un lapin, il faudrait 1/70 de CO (*C. R.*, LXXXVI, 895; LXXXVII, 193; XCI, 858; CVI, 289. *Gaz. méd., Paris*, 1878, 435, 529; 1879, 472; 1880, 668).

GRÉHANT a constaté également que, chez le chien empoisonné par l'oxyde de carbone, la capacité respiratoire du sang est réduite de 25 centimètres cubes à 5 centimètres cubes (*B. B.*, 1892, 164).

D'après BIEFEL et POLAK (*Z. B.*, XVI, 879) une atmosphère contenant 1 à 2 p. 100 de CO tue le lapin en 10 à 60 minutes. MAX GRUBER a constaté que le lapin peut résister plusieurs heures dans une atmosphère contenant 0,35 p. 100 de CO (MALY, XV, 375).

DRESER (*A. P. P.*, XXIX, 119) admet que la dose mortelle pour 1 kilogramme de lapin est de $0^{gr},0115$ de CO; ce qui, pour un homme de 70 kilogrammes, correspondrait à $0^{gr},805$ de CO.

D'après Hempel, 0,05 de CO suffirait déjà pour provoquer les symptômes d'empoisonnement.

Gruber admet que l'homme peut respirer sans inconvénient pendant trois heures de l'air contenant 0,021 à 0,024 p. 100 de CO.

Gréhant (*Gazette méd. de Paris*. 1871, 15, *B. B.*, 4 juin 1871) a montré que CO apparaît dans le sang en quantité notable (4,3 p. 100 en volume) quelques secondes après l'inhalation de ce gaz, et qu'après 1'30″ d'inhalation le sang pouvait déjà en contenir 18,4 p. 100 en volume.

Les symptômes de l'empoisonnement aigu par l'oxyde de carbone rappellent entièrement ceux de l'asphyxie et paraissent devoir être rapportés à la même cause : le manque d'oxygène des centres nerveux, dû à ce fait que l'hémoglobine oxycarbonée est devenue impropre à la respiration : dyspnée intense, convulsions, exophtalmie, dilatation des pupilles, variations de la pression sanguine et du rythme cardiaque très analogues à celles de l'asphyxie simple (Voir Traube. *Ges. Beiträge z. Path. u. Physiol.*, i, 329; Pokrowsky. *Arch. f. Anat. u. Physiologie*, 1866, 59).

Chez l'homme, l'empoisonnement suit en général une marche lente (empoisonnement par « *la vapeur de charbon* »). Dyspnée peu marquée, pas de convulsions, céphalalgie, vertiges, malaise, souvent vomissements, hallucinations, perte de connaissance. L'empoisonnement par CO provoque la glycosurie (Jeannéret. *L'urée dans le diabète artificiel*. Berne, 1872), l'azoturie (exagération de l'usure organique).

Kast (*Z. p. C.*) constate que l'élimination du chlore par les urines diminue notablement pendant l'empoisonnement par CO chez les animaux normaux, tandis que les animaux nourris au moyen d'aliments pauvres en chlore montrent, sous l'influence de CO, une augmentation notable des chlorures de l'urine (H. Friedberg. *Die Vergiftung mit Kohlendunst*, Berlin, 1866).

L'empoisonnement par CO diffère de l'asphyxie en ce que, dans les cas de mort, le sang présente une belle couleur rouge, et que, dans les cas de guérison, la guérison complète est fort lente; l'empoisonnement non mortel peut même laisser comme traces durables des paralysies, spécialement des paralysies vaso-motrices, parfois même des maladies des centres nerveux (Voir Hermann, *Toxicologie*).

Dans le cas d'empoisonnement non mortel, l'hémoglobine oxycarbonée du sang se dissocie peu à peu à partir du moment où l'individu respire de l'air frais. Cette dissociation, admise par Donders, a été démontrée par Gréhant (*C. R.*, lxxvi, 233, 1873 ; cii, 825; *B. B.*, 1886, 166, 182), Oechsner de Coninck (*B. B.*, 1886, 202), G. Gaglio (*Jb. P.*, xvi, 403) et d'autres.

Ces expérimentateurs ont retrouvé, dans l'air de l'expiration, la presque totalité de CO absorbé par le sang, et rejettent par conséquent l'idée d'une oxydation de ce gaz dans l'organisme. Dybkowsky (Hoppe-Seyler *Med. chem. Unters.*, i, 117), Cheneau, Pokrowsky (*A. P. P.*, xxxvi, 482), Edwin Kreis (*A. g. P.*, xxvi, 425, 1881), Gruber (Maly, *Jb.*, xv, 375), L. de Saint-Martin (*C. R.*, cxii, 1232; cxv, 835; cxvi, 260) admettent au contraire qu'une partie de CO s'oxyde dans le sang et disparaît en se transformant en CO^2.

Franke et Marthew (*A. A. P.*, (13), vi, 3, 535; 1894) constatent une augmentation notable de la destruction des albuminoïdes du corps (augmentation de l'urée) sous l'influence de l'empoisonnement par CO. C'est un point de ressemblance de plus entre cet empoisonnement et l'asphyxie simple par privation d'oxygène.

Dreser a constaté également la prompte élimination de CO après un empoisonnement non mortel (capacité respiratoire tombée à 40 p. 100). Au bout de vingt minutes la capacité respiratoire remonte à 73 p. 100 : elle atteint 90 p. 100 au bout de deux heures.

L'élimination de CO est accélérée par la respiration d'oxygène pur.

L'oxyde de carbone n'a pas d'action sur les nerfs ni sur les muscles de la grenouille (Pokrowsky, *A. P. P.*, xxxvi, 482; Hermann, *Unters. Stoffw. Musk.* Berlin, 1867); il ne suspend ni les battements du cœur de la grenouille (Castell, *A. A. P.* 1854, 226; Schiffer, *De gazorum quorumdam in cordis actionem efficacitate*, Diss. Berol., 1863; Klebs. *A. A. P.*, xxxii), ni les mouvements des cils vibratils (Kühne, *Arch. f. Mikr. Anat.*, ii, 372); A. Marcacci (*A. i. B.*, xix, 140; *C. P.*, vii, 466) admet que l'oxyde de carbone exerce une action excitante sur les voies respiratoires et provoque la syncope par voie réflexe.

L'oxyde de carbone agit fort lentement sur les vertébrés à sang froid.

Il est douteux qu'il exerce une action nuisible sur les invertébrés dont le sang ne contient pas d'hémoglobine.

CL. BERNARD (*Leçons sur les subst. toxiques*, 200) avait vu la germination s'arrêter par l'action d'une atmosphère contenant 1/6 de CO. D'après LINOSSIER (*Mémoires Soc. Biologie*, 1890), la germination du cresson serait ralentie par 50 p. 100 de CO, mais non arrêtée complètement par 79 p. 100. LINOSSIER admet que CO exerce, à côté de son action sur le sang, une action toxique spécifique sur d'autres organes, par exemple sur le système nerveux.

Une grenouille meurt plus vite (en moins de deux heures) dans l'oxyde de carbone que dans l'hydrogène (huit heures). Un escargot peut vivre longtemps dans une atmosphère contenant 10 p. 100 de CO, mais meurt au bout de quelques jours dans des mélanges d'air et d'oxyde de carbone contenant de 20 à 80 p. 100 de CO.

GRÉHANT et QUINQUAUD (*C. R.*, XCVI, 330; *B. B.*, 1883, 502) ont constaté le passage de CO du sang de la mère (chienne) à celui du fœtus.

FALK (cité *Jb. P.*, XIV, 376) ne trouva pas de CO dans le sang d'un fœtus de huit mois dont la mère avait été empoisonnée par CO.

ZALESKI (*A. P. P.*, XX, 34, 1885) a constaté l'absorption de CO à la surface péritonéale et son excrétion au moins partielle par la surface pulmonaire.

PIOTROWSKI (*B. B.*, 1893, 433) a cherché pendant combien de temps on peut retrouver l'oxyde de carbone dans le sang après l'empoisonnement.

Recherche et dosage de l'oxyde de carbone. — *Dosage de CO dans les mélanges gazeux riches en CO.* — Dans l'analyse gazométrique de mélanges contenant O, CO^2, CO et Az, on absorbe d'abord O et CO^2, puis le mélange restant est mis en contact d'une solution ammoniacale ou acide de chlorure cuivreux (Voir BUNSEN. *Méthodes gazom.*; HEMPEL, *Gasanalytische Methoden*), qui absorbe CO. DREHSCHMIDT recommande de préférence la solution ammoniacale. Dans la méthode gazométrique de HEMPEL, cette solution est contenue dans une pipette spéciale (pipette composée).

Préparation du chlorure cuivreux. On dissout 10,3 grammes d'oxyde de cuivre dans 100 à 200 centimètres cubes d'acide chlorhydrique fumant, et on conserve la solution ainsi obtenue en contact avec un excès de tournures et de fils de cuivre dans un flacon bouché et à l'abri de l'air, jusqu'à ce que la solution soit entièrement décolorée. Pour précipiter le chlorure cuivreux, on verse cette solution dans un grand vase de Berlin de un à deux litres de contenance : on décante l'acide surnageant et on dissout le précipité dans 100 à 150 centimètres cubes d'eau distillée que l'on verse dans un matras de 250 centimètres cubes et on y fait passer un courant d'ammoniaque jusqu'à ce que le liquide commence à se colorer en bleu. Éviter un excès d'ammoniaque. On dilue de manière à faire 200 centimètres cubes.

Opérer autant que possible à l'abri du contact de l'air, par exemple dans une atmosphère d'hydrogène.

La solution peut absorber utilement six fois son volume de CO.

Ne pas perdre de vue que cette solution absorbe également l'oxygène, l'acétylène et l'éthylène (Voir HEMPEL, *Gasanalytische Methoden*, 2e édit., p. 159 et suivantes).

La solution acide de chlorure cuivreux peut être conservée sous le pétrole.

GRÉHANT prépare la solution du protochlorure de cuivre d'une manière très simple : « Dans un flacon plein de tournure de cuivre, on verse une dissolution de bichlorure de cuivre dans un grand excès d'acide chlorhydrique » (GRÉHANT, *Les gaz du sang*, Paris, Masson, 1894, 54).

On peut aussi doser l'oxyde de carbone dans l'air ou dans les mélanges gazeux contenant de l'oxygène, en provoquant sa transformation en CO^2. On commence par débarrasser le gaz à analyser de son anhydride carbonique, en le faisant passer successivement à travers un appareil à potasse, puis à travers une solution de baryte; on le conduit ensuite à travers un tube à combustion contenant de l'amiante chauffée, enfin, à travers un appareil à eau de baryte. Le trouble de la baryte indique la présence de CO^2, provenant de la combustion de CO, et permet de doser ce gaz à l'état de CO^2.

S'il y a beaucoup de CO, on fait les différentes opérations dans un tube à analyse et l'on opère volumétriquement, en provoquant la combustion de CO + O par l'étincelle électrique (Voir BUNSEN, *Méthodes gazométriques*, trad. SCHNEIDER, 1858, 103).

Gréhant utilise le grisoumètre de Coquillion pour doser CO en le transformant en CO^2 au contact d'un fil de platine chauffé au rouge (*B. B.*, 1893, 162 et *Les gaz du sang*, Paris, 1894, 21).

Recherche de l'oxyde de carbone dans l'air. — Procédé de Vogel (*Ber. d. deuts. chem. Ges.*, xi, 235 et 794). Pour reconnaître de petites quantités de CO dans l'air, on agite l'air avec quelques centimètres cubes de sang dilué, ou on fait passer l'air à travers un appareil approprié contenant du sang dilué ou de l'hémoglobine, et l'on observe la formation de l'hémoglobine oxycarbonée. (Spectre d'absorption à deux bandes, persistance des deux bandes, malgré l'action du sulfure d'ammonium ou d'autres agents de réduction, persistance des deux bandes, malgré la conservation en vase clos et la putréfaction à l'abri de l'air.)

On peut aussi placer une souris pendant plusieurs heures dans l'air où l'on soupçonne la présence de CO, et rechercher dans son sang la présence de l'hémoglobine oxycarbonée (Hempel, *Gasanal. Methoden*, 2ᵉ éd., 1890, 168; *Z. p. C.*, xviii, 399). Hempel a constaté que l'on peut par ce dernier procédé reconnaître avec certitude 0.05 p. 100 d'oxyde de carbone dans l'air et que la limite est 0.03.

Wolff a décrit un appareil spécial pour la recherche de CO dans l'air au moyen du sang dilué (figuré dans Hempel, *Ganasal. Methoden*).

On a également utilisé pour la recherche de CO la propriété que ce gaz possède de décomposer le chlorure de palladium et de sodium avec dépôt de palladium métallique et formation de CO^2. Malheureusement, un grand nombre d'autres combinaisons organiques réduisent également le chlorure de palladium.

Pour reconnaître CO dans l'air, Fodor recommande d'agiter pendant 15 à 20 minutes 10 à 20 litres d'air avec une petite quantité de sang dilué. On soumet ensuite le sang à l'ébullition et on y fait barboter un courant d'air qui a été lavé au préalable sur une solution de chlorure de palladium; puis l'air, au sortir du sang, traverse une solution d'acétate de plomb, et d'acide sulfurique dilué et finalement traverse la solution de chlorure de palladium dont il provoque la réduction. On peut déceler de cette façon 0,005 p. 100 de CO dans l'air (Voir Maly. *Jb.*, xii, 375).

Gréhant a constaté que la richesse d'une atmosphère en CO peut se déterminer d'après l'analyse du sang d'un animal qui y a séjourné (*C. R.* 1892, 164, *C. R.*, cxiv, 309 et *Les gaz du sang*, Paris, 1894, 101 et suiv.).

Appendice.— Le nº 5, xvi, ii, du *Journal of Physiology*, paru après la composition de cet article contient deux mémoires de J. Haldane sur l'action toxique de l'oxyde de carbone étudié chez l'homme et par une méthode permettant de reconnaître et de doser CO dans l'air. J'y relève les points suivants :

Dosage. — Du sang de bœuf saturé de CO et dilué au centième avec de l'eau, présente une belle coloration rouge; du sang ordinaire (oxygéné), dilué au même degré, présente une teinte jaunâtre. En ajoutant à ce dernier liquide un égal volume d'une solution de carmin à 0,01 p. 100, on lui donne la même teinte que celle du sang dilué et saturé de CO.

Étant donné un échantillon de sang dont l'hémoglobine est incomplètement saturée par CO, on pourra déterminer son degré de saturation, en recherchant le volume de solution de carmin qu'on doit lui ajouter pour rendre sa teinte semblable à celle du sang dilué saturé de CO. Ce procédé colorimétrique permet donc de déterminer d'une façon très simple la teneur d'un échantillon de sang en hémoglobine oxycarbonée.

Le même procédé peut être utilisé dans la recherche et le dosage de CO dans l'air. A cet effet, 100 ou 200 centimètres cubes de l'air à analyser sont agités dans une bouteille avec 5 centimètres cubes d'une solution de sang au centième jusqu'à équilibre de tension (10 minutes suffisent). On y dose la proportion d'hémoglobine oxycarbonée par le procédé colorimétrique. Connaissant cette valeur, il est facile de calculer la teneur de l'air en CO, soit en employant la courbe de dissociation de l'hémoglobine oxycarbonée, soit en utilisant les chiffres du tableau suivant :

Degré de saturation du sang par CO.	Quantité de CO dans l'air.
10 p. 100.	0,015 pour 100 d'air.
20 —	0,04 — —

Degré de saturation du sang par CO.	Quantité de CO dans l'air.
30 p. 100.	0,08 pour 100 d'air.
40 —	0,12 — —
50 —	0,16 — —
60 —	0,22 — —
70 —	0,30 — —
80 —	0,60 — —
90 —	1,2 — —

Ces valeurs ne sont exactes que si l'air a sa proportion normale d'oxygène, la présence de l'oxygène favorisant la dissociation de l'hémoglobine oxycarbonée.

L'auteur a constaté que les symptômes de l'empoisonnement par CO sont les mêmes chez l'homme, que ceux du déficit d'oxygène (Anoxhémie, mal des montagnes). Les symptômes ne commencent à se montrer (au repos) que lorsqu'un tiers de l'hémoglobine du sang est combiné à CO, c'est-à-dire lorsque l'air contient plus de 0,05 p. 100 de CO. Les symptômes deviennent alarmants lorsque la moitié de l'hémoglobine est saturée de CO (air contenant 0,2 100 de CO).

La moitié environ du CO contenu dans l'air respiré est absorbé par le sang dans le poumon. Il faut donc qu'un homme ait fait passer par ses poumons environ 660 centimètres cubes de CO pour qu'il y ait absorption de 330 centimètres cubes de CO, c'est-à-dire la quantité nécessaire pour produire les premiers symptômes de l'empoisonnement.

Même lorsqu'on respire les mélanges pauvres en CO, au bout de deux heures et demie, l'équilibre est établi entre le sang et l'air respiré; et la proportion de CO n'augmente plus dans le sang.

La disparition de CO du sang sous l'influence de la respiration d'air pur est toujours plus lente que son absorption pendant la période d'empoisonnement.

Le temps nécessaire pour que les symptômes se montrent ou disparaissent chez les animaux à sang chaud respirant des mélanges gazeux contenant une certaine proportion de CO est inversement proportionnel à la valeur des échanges respiratoires par unité de poids. Ce temps est vingt fois plus court chez la souris que chez l'homme. Une souris mourra en trois minutes dans une atmosphère où l'homme aurait résisté pendant une heure. La souris est donc un excellent indicateur pratique de la présence de CO en quantité nuisible dans l'atmosphère.

On trouve également dans le travail de l'auteur des courbes de dissociation de l'hémoglobine oxycarbonée en fonction de la tension de CO, tant dans une atmosphère oxygénée que dans une atmosphère exempte de ce gaz.

Le vol. XVIII, 201, du *Journal of Physiology* contient un premier travail de HALDANE sur l'influence de la tension de l'oxygène sur la toxicité de l'oxyde de carbone. L'auteur a constaté que la toxicité de l'oxyde de carbone diminue quand la tension de l'oxygène augmente. L'oxyde de carbone ne tue plus la souris si l'on élève la tension de l'oxygène à deux atmosphères. Dans ce cas, l'oxygène simplement dissous dans le sang suffit aux besoins respiratoires. CO n'a donc aucune action toxique sur les éléments histologiques des tissus. Son action sur l'organisme s'explique entièrement par sa combinaison avec l'hémoglobine.

LÉON FREDERICQ.

CARBONIQUE (Anhydride ou Acide) (CO^2 ou H^2CO^3). — L'anhydride carbonique (CO^2) se produit par la combustion du charbon ou des substances organiques en présence d'un excès d'air, par la respiration des animaux, par la fermentation alcoolique et par celle de la cellulose, par la putréfaction, par la décomposition des carbonates, etc.

L'anhydride carbonique se rencontre à l'état libre dans l'air et dans l'eau que respirent les animaux, dans les gaz intestinaux, à l'état libre et à l'état de combinaison dans les différents tissus et liquides de l'économie.

Préparation. — On décompose le marbre blanc par l'acide chlorhydrique faible :

$$CaCO^3 + 2HCl = CaCl^2 + CO^2 + H^2O.$$

La réaction se fait dans un flacon de WOULFF ou dans un appareil de KIPP; on lave le gaz dans un flacon de Woulff contenant une solution de carbonate de soude, de manière à retenir l'acide chlorhydrique entraîné. L'acide carbonique préparé ainsi ne doit pas précipiter le nitrate d'argent (absence d'acide chlorhydrique).

Bunsen recommande de traiter la craie par l'acide sulfurique concentré, et d'ajouter quelques gouttes d'eau. On obtient ainsi un dégagement très continu et parfaitement uniforme d'acide carbonique chimiquement pur.

Propriétés physiques et chimiques. — Gaz incolore, à odeur piquante, à saveur aigrelette, à densité élevée : 1,5241 (densité de l'air = 1), 22 (hydrogène = 1). Un litre de CO^2 pèse 1gr,9664. Coefficient de dilatation entre 0° et 100° : 0,3719 (Regnault) 0,366087 (Magnus). Pouvoir réfringent : 1,526 (Dulon). La loi de Mariotte ne s'applique à ce gaz que pour de faibles pressions, sous celle d'un tiers d'atmosphère par exemple.

Coefficients d'absorption (volume CO^2 réduit à 0° et 760 P. qu'un volume d'eau ou d'alcool dissout sous la pression normale aux différentes températures) :

TEMPÉRATURE.	EAU.	ALCOOL.
0°.	1,7967	4,3295
3°.	1,5787	4,0589
5°.	1,4497	3,8908
8°.	1,2809	3,6573
10°.	1,1847	3,5140
12°.	1,1018	3,3807
15°.	1,0020	3,1993
18°.	0,9318	3,0402
20°.	0,9014	2,9465

(Bunsen, *Méthodes gazométriques*, trad. franç. 1858, p. 309.)

L'acide carbonique se liquéfie à 0° sous la pression de 36 atmosphères, en fournissant un liquide incolore, très soluble dans l'alcool, l'éther et les huiles volatiles, mais ne se mélangeant pas à l'eau. Densité 0,90 à — 20°, 0,83 à 0°, 0,60 à + 30°.

Les tensions aux différentes températures sont les suivantes :

	ATMOSPHÈRES.
— 59,4	4,6
— 48,8	7,7
— 30,5	15,4
— 20,0	21,5
— 10,0	27
0,0	38,5
+ 10,0	46
+ 19,0	57
+ 30,7	74

L'acide carbonique liquide, en s'évaporant à l'air, au sortir de l'appareil où il est comprimé, se refroidit fortement (— 78°) et se condense en partie en formant une neige blanche cotonneuse, s'évaporant lentement, ne donnant pas à la main une sensation très vive de froid. Si on écrase le flocon, ou si on le mélange à de l'éther, le contact avec la peau produit une sensation douloureuse de brûlure, et la peau est désorganisée.

Acide carbonique de l'air. — On a cru pendant longtemps, à la suite des travaux de de Saussure et de Thénard, que la proportion d'acide carbonique de l'air était variable et comprise entre 2 et 6 dix-millièmes en volume. Actuellement on admet, à la suite des beaux travaux de J. Reiset (*Ann. de Chim.*, 1882, xxiv, 143), et de Müntz et Aubin (*Ibid.*, 1882, xxiv, 222), que la variation de la proportion d'acide carbonique de l'air est du même ordre que celle de l'oxygène et de l'azote, c'est-à-dire presque négligeable. Ces savants ont reconnu, à la suite d'un nombre considérable d'analyses, que l'air renfermait en moyenne 2,942 dix-millièmes en volume d'acide carbonique, que l'air provienne des bords de la mer ou de l'intérieur des terres, des régions élevées de l'atmosphère ou de la surface du sol, qu'il ait été recueilli au-dessus d'un terrain inculte ou d'un champ en pleine végétation, etc. Les diverses conditions ne changeaient cette quantité que de 0,03 pour 1 000.

La plupart des analyses dignes de foi accusent un peu moins d'acide carbonique le jour que la nuit, l'été que l'hiver; la variation paraît due à l'action de la végétation. On ne l'observerait pas en mer. La proportion de CO^2 serait un peu plus faible dans l'hémisphère austral, un peu plus faible à la surface de la mer : elle augmenterait par les temps de neige et de brouillard.

Le climat, l'altitude du lieu, la pression barométrique, etc., seraient sans influence. Les sources locales d'acide carbonique (industrie, agglomérations humaines, terrains volcaniques, etc,) modifient aussi fort peu la proportion de ce gaz. (Consulter pour la bibliographie et la discussion des points litigieux : SPRING et ROLAND. *Mémoires couronnés de l'Ac. royale de Belg.*, 1885, XXXVII.)

La constance relative de la proportion d'acide carbonique dans l'air est un phénomène remarquable. TH. SCHLŒSING (*C. R.*, XC, 1410) en a proposé une explication par une application du principe de la dissociation. La tension de l'acide carbonique de l'air serait maintenue constante par la dissociation du bicarbonate de calcium tenu en dissolution dans les eaux de la mer. Si la dose de CO^2 venait à diminuer dans l'air, le bicarbonate de calcium marin se dissocierait, la moitié de son acide passerait dans l'atmosphère et comblerait par conséquent le vide. Si, au contraire, l'air se chargeait d'une quantité anormale d'acide carbonique, l'augmentation de tension de ce gaz aurait pour effet de reconstituer une certaine quantité de bicarbonate en dissolution dans l'eau de mer.

Le carbonate de calcium contenu dans la masse des océans jouerait le rôle de régulateur de l'acide carbonique de l'air.

Dosage de CO^2 dans l'air atmosphérique. — L'air atmosphérique contient trop peu d'acide carbonique pour qu'on puisse songer à y doser ce gaz par les méthodes gazométriques ordinaires. On opère de la façon suivante : on traite un grand volume d'air mesuré, par un petit volume d'une solution titrée de baryte (Procédé de SAUSSURE, modifié par PETTENKOFER). La baryte absorbe CO^2, ce qui abaisse son titre. La diminution du titre de la baryte indique la quantité de CO^2 absorbée. On titre la baryte par une solution titrée d'acide oxalique.

La solution d'acide oxalique contient 5,6316 grammes d'acide cristallisé pour un litre d'eau distillée. 1 cc. = 1 cc. CO^2. On peut également employer une solution contenant 2,8636 grammes d'acide oxalique par litre. 1 cc. de cette solution = 1 milligr. CO^2. Ces solutions d'acide oxalique peuvent être employées, soit pures, soit diluées.

Comme indicateur on se sert de papier de curcuma ou de phénolphtaléine.

SPRING a employé de l'acide chlorhydrique au lieu d'acide oxalique dans le titrage de la baryte.

Pour faire absorber CO^2 par la baryte, on peut mettre le liquide barytique dans un ou plusieurs appareils d'absorption (tubes de PETTENKOFER inclinés convenablement) à travers lesquels on fait lentement passer l'air au moyen d'un aspirateur qui sert en même temps à mesurer le volume d'air employé. On peut aussi se servir d'une grande bouteille remplie de l'air qu'il s'agit d'analyser ; on y verse la baryte ; on remue la bonbonne, de manière à faire couler la baryte sur les parois, et l'on attend que l'absorption soit complète. La bonbonne est fermée par un bouchon de caoutchouc à travers lequel passe un tube plongeant jusqu'au fond et contenant en deux ou trois endroits un tampon de coton bien propre. L'opération de l'absorption terminée, on relie l'extrémité extérieure du tube de verre avec une burette dans laquelle on aspire la baryte.

Le carbonate de baryum est retenu sur les tampons de coton, et la baryte pénètre absolument claire dans la burette et peut être titrée immédiatement.

Le procédé SAUSSURE et PETTENKOFER a été étudié et modifié par un grand nombre d'expérimentateurs.

W. HESSE (*Vierteljahrsschr. für gericht. Medicin u. öff. Sanitätswesen.*, XXXI, 2. — procédé décrit aussi dans CL. WINKLER, *Anleitung z. Unters. d. Industriegase*, 375) lui a donné une forme très pratique, qui permet d'arriver à des résultats exacts, même en opérant sur un petit volume d'air.

Enfin citons la pipette de PETTERSSON (FRESENIUS, *Z. C.*, XXV, 467) qui sert à doser volumétriquement la vapeur d'eau et l'anhydride carbonique de l'air. La vapeur d'eau est absorbée par l'anhydride phosphorique, et CO^2 par la chaux sodée : on mesure la diminution de volume de l'air après chaque absorption. PETTERSSON et PALMQVIST ont ultérieurement simplifié l'appareil en ce qui concerne l'absorption de CO^2 (Voir HEMPEL, *Gasan. Meth.*, 2e partie, p. 278).

Dosage de CO^2 dans les gaz du sang, l'air de l'expiration et les mélanges riches en CO^2. — Dans la *méthode gazométrique* de Bunsen (Voir Bunsen, trad. franc., 88) « on détermine l'acide carbonique par une balle de potasse fixée à l'extrémité d'un fil de platine et contenant assez d'eau pour recevoir l'impression de l'ongle. Avant d'introduire cette balle dans le gaz, on en humecte la surface avec quelques gouttes d'eau distillée. Pour avoir des résultats parfaitement exacts, il convient d'introduire dans le gaz une seconde balle de potasse aussi exempte d'eau que possible, pour être sûr, qu'après l'absorption de l'acide carbonique, le gaz se trouve à l'état de parfaite siccité. » L'opération s'effectue dans le tube gradué à absorption. La diminution de volume correspond à l'acide carbonique.

On peut également se servir d'une solution de potasse pour absorber CO^2 (1 p. de potasse pour 2 p. d'eau. 1 cc. absorbe utilement 40 cc. CO^2). Dans la méthode de Hempel, le gaz à analyser est contenu dans une burette spéciale, entourée d'eau; il est limité par de l'eau et mesuré à la pression atmosphérique actuelle. L'absorption de CO^2 se fait en faisant passer le gaz dans une pipette spéciale contenant la solution de potasse. Après absorption, on fait rentrer le gaz dans la burette et l'on fait une nouvelle lecture du volume. Il y a avantage à se servir de tubes ou de burettes graduées ayant une assez grande contenance (100 cc. ou davantage), mais présentant une partie rétrécie, graduée en 20e, 25e ou 50e de centimètres cubes, servant aux lectures. Vierordt s'était servi d'un appareil analogue, auquel il avait donné le nom d'anthracomètre.

Pour l'analyse de l'air de l'expiration d'après la méthode de Hempel, j'ai fait construire une pipette de 100 cc. présentant une partie rétrécie allant de 100 cc. à 94 cc. et servant aux lectures de volume du dosage de CO^2. Un second rétrécissement s'étendant du 82e au 78e cc. sert au dosage de l'oxygène (à absorber par une pipette à phosphore).

Dosage de CO^2 produit par la respiration des animaux. — I. Nous renvoyons à l'article **Respiration**, et nous nous bornons à mentionner les principales méthodes usitées en physiologie.

I. **Méthode de** Prout, d'Andral **et** Gavarret (*Ann. de Chim.*, (3), viii, 1843), **de** Vierordt (*Physiologie des Athmens*, 1845), **de** Speck (*Physiologie des Athmens*, 1892), **de** Lossen, **de** Berg, **etc.** — On mesure le volume d'air qui passe par les poumons et l'on analyse un échantillon de cet air.

II. **Méthode d'**Hanriot **et** Charles Richet (*B. B.*, déc. 1886 et 1887, 753). — On mesure au moyen d'un compteur à gaz le volume d'air inspiré *a* (privé de CO^2 et saturé de vapeur d'eau). On mesure également le volume d'air expiré avant (volume *b*) et après absorption de CO^2 (volume *c*). Le volume *b-c* représente le CO^2 fourni par la respiration de l'animal.

III. **Méthode de** Letellier **et** Boussingault (*Z. p. C.*, xi, 186 et 433), **de** Scharling, **de** Pettenkofer (*Ann. d. Chemie u. Pharmac.*, 1862, *Suppl. B*, ii, 1; *Z. B.*, xi, 532 et 126), etc. — L'individu en expérience est placé dans une chambre ventilée par un courant d'air. On dose l'eau et CO^2 dans un échantillon de l'air pris avant et après son passage à travers l'appareil.

Quand on opère sur de petits animaux, on peut recueillir tout le CO^2 produit par l'animal (Delsaux, *Arch. de Biol.*, vii, 287, [1883; Corin et Van Beneden, *Ibid.*, vii, 265, 1883; Arloing, *Appareil simple destiné à mesurer la quantité totale d'acide carbonique*, Lyon, 1885, etc.).

IV. **Méthode de** Lavoisier, 1777, **de** Regnault **et** Reiset (*Ann. de Chim.*, (3), xxvi, 1849), **de** Hoppe-Seyler, **de** Colasanti, **de** Seegen **et** Nowak, etc., etc. — L'animal respire dans une atmosphère confinée dont on maintient la composition constante en restituant l'oxygène à mesure qu'il est consommé et en absorbant CO^2 à mesure de sa production.

D'Arsonval (*B. B.*, 1887, 750), G. Fano, etc. (*A. i. B.*, x), ont construit des appareils permettant de doser d'une façon continue le CO^2 produit par l'animal et d'enregistrer la courbe de la production de CO^2.

Action physiologique de CO^2. — Doses faibles de CO^2. — L'homme et les animaux supérieurs peuvent respirer sans grand inconvénient de l'air atmosphérique contenant 1, 2, 3, 4, 5 p. 100 et même davantage de CO^2. Dans ce cas, la tension de ce gaz augmente légèrement dans le sang, les liquides et les solides de l'organisme, jusqu'à ce qu'un nouvel équilibre de tension se soit établi entre l'air des alvéoles et le sang du poumon. Cet excès d'anhydride carbonique agit comme un excitant sur les centres de la moelle allongée, provoque de la dyspnée et augmente l'intensité des combustions interstitielles. J'ai constaté sur moi-même que ma consommation d'oxygène augmentait manifestement lorsque l'air que je respirais contenait une proportion un peu plus forte de CO^2 (*Rech. sur la régulation de la température*, *Arch. de Biol.*, 1882). D'Arsonval est arrivé au même résultat. Miescher Rush (*A. P.*, 1885, 373) a cherché à déterminer la valeur de l'excès de CO^2 de l'air des alvéoles pulmonaires nécessaire pour produire une légère dyspnée. D'après Vierordt, l'air des alvéoles contiendrait 5,43 p. 100 de CO^2, Miescher Rush trouve comme valeurs normales dans deux expériences 5,35 p. 100 et 5,28 p. 100 de CO^2. Il constate que la dyspnée commence à se produire, dès que l'air des alvéoles contient 6,0 à 6,4 de CO^2.

Bernstein (*A. P.*, 1882, 313) avait cru constater que la dyspnée par excès de CO^2 amenait une prédominance des mouvements d'expiration, tandis que la dyspnée par manque d'oxygène provoquait une exagération des mouvements d'inspiration. Gad n'a pu confirmer le fait. J'ai constaté que la dyspnée par excès de CO^2 produit chez moi des maux de tête bien plus intenses que la dyspnée par manque d'oxygène.

On sait que l'intensité de la ventilation pulmonaire (c'est-à-dire le nombre et la profondeur des mouvements respiratoires) s'accommode à chaque instant aux besoins respiratoires de l'organisme. Miescher Rush admet que l'acide carbonique de l'air des alvéoles, ou plutôt du sang, joue ici le rôle de régulateur (bien plutôt que le déficit plus ou moins grand d'oxygène du sang). Toute augmentation de CO^2 du sang excite davantage les centres respiratoires et provoque une augmentation de la ventilation pulmonaire. Tout abaissement de la proportion ou mieux de la tension de CO^2 du sang aurait pour effet de diminuer l'excitation des centres respiratoires, d'où respiration moins profonde ou moins fréquente.

L'apnée produite par la ventilation énergique du poumon n'est assurément pas due à une suroxygénation du sang, comme l'avaient admis Pflüger et Rosenthal. J'ai montré que la tension de l'oxygène pouvait atteindre 60 p. 100 d'une atmosphère, et au delà, dans le sang artériel du chien sans que l'apnée se montre. Il ne reste donc pour expliquer l'apnée d'origine chimique, si tant est qu'elle existe, qu'à recourir à la diminution de tension de CO^2 dans le sang par le fait de la ventilation artificielle du poumon.

Doses moyennes de CO^2. — Si l'on fait respirer aux animaux des doses de CO^2 ne dépassant pas 20 p. 100 de CO^2, on constatera des phénomènes d'excitation du côté des centres nerveux respiratoire, vaso-constricteur et accélérateur du cœur, sudoripare, salivaire, etc., mais pas de vrais symptômes d'empoisonnement. L'animal pourra continuer à y vivre pendant plusieurs heures.

Cependant les animaux finissent par mourir (épuisés par les efforts des muscles respiratoires) dans des mélanges gazeux modérément riches en CO^2, si on les y laisse pendant plusieurs jours (Friedlander et Herter, *Z. p. C.*, II, 99).

Doses fortes de CO^2. — Des doses supérieures à 30 p. 100 amènent généralement la mort au bout d'un temps plus ou moins long. Les animaux peuvent résister pendant plusieurs heures dans des mélanges à 30 p. 100, pendant une demi-heure et davantage dans des mélanges à 60 p. 100. On fera bien de prendre un mélange très riche en CO^2 (au moins 60 p. 100 de CO^2), mais contenant une proportion d'oxygène au moins égale à celle de l'air atmosphérique, quand on veut étudier les effets de l'empoisonnement aigu par CO^2. On peut se servir pour ces expériences d'un grand sac en caoutchouc contenant le mélange et communiquant par ses deux extrémités au moyen de tubes en caoutchouc et de flacons laveurs, avec une canule en Y fixée dans la trachée de l'animal (Gréhant).

Paul Bert (*Pression barométrique*) a constaté que les moineaux meurent dans une atmosphère contenant 26 p. 100 de CO^2, que la proportion mortelle pour les rats est de 30 p. 100, de 35 à 38 p. 100 pour les chiens et seulement de 13 à 17 p. 100 pour les amphibiens et les reptiles. Friedlander et Herter (*Z. p. C.*, II, 94) n'ont pu vérifier cette résistance moins grande des animaux à sang froid. Dans une expérience où un pigeon, un lapin, une tortue et une couleuvre à collier avaient été placés dans une atmosphère confinée riche en CO^2, ils constatèrent la mort du pigeon au bout d'une heure; à ce moment l'atmosphère contenait 28,9 p. 100 CO^2 et 54,7 p. 100 O^2. Le lapin mourut au bout de cinq heures (46,3 p. 100 CO^2 et 29,7 p. 100 O^2). La tortue et la couleuvre à collier résistèrent davantage.

Paul Bert admet que la mort arrive chez le chien lorsque le sang artériel contient plus de 100 centimètres cubes de CO^2 p. 100, et le sang veineux environ 120 centimètres cubes de CO^2 p. 100 centimètres cubes de sang.

La tension de 26 p. 100 d'une atmosphère de CO^2 représentant la dose mortelle pour le moineau, il est clair que si l'on augmente la pression du mélange gazeux de manière à atteindre 2, 6, 8, etc., atmosphères, des proportions centésimales plus faibles de CO^2 correspondront à la même tension de 26 p. 100 d'une atmosphère. Paul Bert a constaté en effet que la mort survient chez le moineau à la pression de 2 atmosphères à 13 p. 100 CO^2, à celle de 4 atmosphères à 6,5 p. 100 CO^2, et à celle de 8 atmosphères à 3,25 p. 100 CO^2.

L'empoisonnement par CO^2 est caractérisé, comme l'asphyxie due à la privation d'oxygène, par des phénomènes d'excitation des différents centres cérébro-spinaux, excitation à laquelle succède la paralysie finale. Mais les phénomènes de l'empoisonnement par CO^2 se présentent tout autrement que ceux produits par simple occlusion trachéale ou par respiration d'un gaz inerte. Dans l'empoisonnement par CO^2, les phénomènes d'excitation sont bien moins intenses, et ont une durée relativement courte, l'anesthésie étant complète au bout de quelques secondes. Par contre, les phénomènes de paralysie finale sont extraordinairement lents à se produire. Les centres de la sensibilité et des mouvements sont pris les premiers, après avoir passé par un état différent de celui par où passent ces mêmes centres lors de l'asphyxie par manque d'oxygène. Les centres qui président aux mouvements respiratoires, ceux qui influencent les battements du cœur et d'autres peuvent résister pendant un temps fort long, parfois pendant plus de deux heures.

S. Fredericq (*Arch. de Biol.*, vii, 1886, 223, *Travaux Laboratoire physiologie*, Liège) distingue chez le lapin deux périodes dans l'empoisonnement par CO^2 et les caractérise de la façon suivante :

Première période. — *Stade d'excitation* (durée moyenne : trente-cinq secondes). — Diminution du nombre des mouvements respiratoires. Augmentation de l'amplitude de ces mouvements. Expirations actives dès le début. Forte excitation de l'animal accompagnée souvent de convulsions.

Au début, légère baisse de la pression sanguine, suivie d'une hausse à laquelle succède une seconde baisse, puis une seconde hausse. Diminution du nombre des pulsations; ce nombre se relève un peu vers la fin. Oscillations très prononcées du manomètre inscripteur, surtout pendant la première hausse et la seconde baisse de la pression. Les vaisseaux cutanés se dilatent quelquefois pendant la première hausse et restent dans cet état jusqu'à la fin du stade; d'autres fois ils restent resserrés. Les pupilles se contractent. La sécrétion salivaire augmente.

Seconde période. — *Stade de narcose.* — Dès le début, insensibilité et paralysie; l'animal tombe sur le flanc. Au début, diminution du nombre des mouvements respiratoires, ce nombre restant ensuite stationnaire jusqu'à la mort. Diminution de l'amplitude des mouvements respiratoires; ils cessent en même temps que les pulsations du cœur. Diminution régulière et progressive de la pression sanguine. Le nombre des pulsations reste au début ce qu'il était à la fin du premier stade, puis il monte un peu, pour rester ainsi assez longtemps et diminuer enfin vers la mort. On observe fréquemment des oscillations périodiques plus ou moins régulières de la pression sanguine embrassant chacune plusieurs mouvements respiratoires et dues à des variations périodiques de l'accélération du rythme cardiaque. Les vaisseaux cutanés restent resserrés ou se resserrent dans le cas où ils étaient dilatés. Les pupilles se dilatent et restent dilatées jusqu'à la mort. La sécrétion salivaire tarit presque complètement. Mouvements péristaltiques des intestins.

La durée de cette période varie d'après la composition du mélange gazeux employé. La mort arrive au bout d'une demi-heure à deux heures si l'on emploie de fortes doses de CO^2 (60 à 70 p. 100), comme dans les expériences de S. Fredericq.

D'après Friedländer et Herter, des doses de 20 p. 100 de CO^2 ne donnent que des phénomènes d'excitation; les animaux peuvent vivre pendant des journées entières, dans de telles atmosphères. Avec des doses de 30 p. 100, aux phénomènes d'excitation succèdent rapidement des phénomènes de narcose; mais la mort n'arrive qu'au bout de plusieurs heures.

Si l'on fait respirer de l'acide carbonique pur à un animal, on observera les effets cumulés de l'asphyxie et de l'empoisonnement par CO^2; l'animal meurt plus vite que dans l'asphyxie simple.

J'ai constaté que, pendant l'empoisonnement par de fortes doses de CO^2, l'excitation du bout central du pneumogastrique provoque constamment des réflexes d'expiration chez le lapin. L'empoisonnement par le chloral présente la même particularité (*Arch. de Biol.*, v, 573, et *Travaux du laboratoire*, I, Liège, 1886, 1).

Cl. Bernard avait admis que l'acide carbonique n'est pas un poison proprement dit, mais qu'il empêche l'absorption d'oxygène par la surface pulmonaire. Dans cet ordre d'idées, l'empoisonnement par CO^2 ne serait qu'une variété d'asphyxie (*Leçons sur les effets des substances toxiques*, Paris, 1857, 141). Aujourd'hui on distingue soigneusement l'asphyxie de l'empoisonnement par CO^2.

Pour l'acide carbonique du sang, de la lymphe et des tissus, voir les articles **Sang, Lymphe, Respiration.**

Action locale de CO^2. — L'acide carbonique a une saveur aigrelette agréable : il irrite assez fortement la conjonctive oculaire et les différentes muqueuses. Brown-Séquard admet qu'un jet d'acide carbonique gazeux projeté sur la muqueuse du larynx peut produire l'anesthésie locale, et même une inhibition générale de la sensibilité.

Il paraît bien établi que son contact avec la muqueuse respiratoire provoque par voie réflexe (excitation des filets centripètes du vague) une inhibition de la respiration. Si l'on plonge la main dans un récipient rempli de gaz carbonique, on éprouve une sensation de chaleur à la peau. D'Arsonval a vanté l'action antiseptique de l'acide carbonique comprimé à 50 atmosphères sur les extraits glycérinés des tissus animaux (*B. B.*, 1893, 914). Voir aussi Steinmetz (*Centralb. f. Bakter. u. Paras.*, xv, 18, 677, 1893).

On sait que l'acide carbonique du sang agit comme un excitant puissant sur les cellules nerveuses des centres respiratoires, vaso-moteurs, cardio-inhibiteurs, etc., et active les mouvements de l'intestin. A dose plus forte, CO^2 produit la paralysie et la mort. D'après Gruenhagen, CO^2 agissant localement sur un nerf sciatique de grenouille y supprimerait l'excitabilité, mais laisserait intacte la conductibilité nerveuse. Les plantes n'échappent pas à cette action néfaste de CO^2 : toute germination s'arrête dès que la tension de CO^2 atteint une certaine limite.

Seuls, certains organismes inférieurs, notamment la levure de bière, paraissent entièrement réfractaires à l'action toxique de CO^2 et supportent une tension de CO^2 de plusieurs atmosphères.

On admet en général que CO^2 exerce une action nuisible sur le phénomène de la coagulation du sang (Wright. *Proc. Roy. Soc.*, LV, 333, 279). Ebstein et Schulze (*A. A. P.*, CXLIV, 475, 1893), Schierbeck (*Skandin. Arch.* 1891, *C. P.*. VIII, 210, 1894) ont étudié l'action de CO^2 sur les ferments diastasiques. Ils ont constaté que le pouvoir saccharifiant de la diastase était augmenté par CO^2 en solution alcaline (Ebstein, Schulze), ou neutre (Schierbeck); diminué au contraire en solution acide.

LÉON FREDERICQ.

CARDIOGRAPHE

CARDIOGRAPHE (de καρδία, cœur et γράφω, j'écris). — Appareil destiné à étudier les pulsations cardiaques par la méthode graphique.

On tend aujourd'hui à restreindre la dénomination de cardiographes aux appareils qui servent à recueillir le tracé du choc du cœur à l'extérieur de la poitrine. En Allemagne et en Angleterre, *cardiogramme* est, pour un grand nombre d'auteurs, synonyme de *tracé du choc du cœur* (Voir M. von Frey. *Einige Bemerkungen über den Herzstoss. Münch. med. Wochens.*, 1893, 865).

Comme l'interprétation du *cardiogramme* est intimement liée à l'étude du tracé de la pression intraventriculaire, nous nous occuperons également dans cet article des appareils qui servent à enregistrer les variations de pression à l'intérieur des cavités du cœur (*cardiographes manométriques*).

Nous renvoyons à l'article **Cœur** pour les autres procédés d'enregistrement de la pulsation cardiaque. (*Cardiomyographie, Cardiopléthysmographie, Pulsation cardio-œsophagienne, Pulsation cardio-pneumatique*, etc.)

A. Cardiographes manométriques. — CHAUVEAU et MAREY inaugurèrent en 1861 (*Gazette médicale de Paris*, 1861, 320, *Appareils et expériences cardiographiques. Mém. Acad. de méd.*, Paris, 1863, XXVI, 268 à 319. Voir aussi MAREY, *Physiol. méd. circ. du sang*, 1863; *Journ. de l'Anat. et de la Physiol.*, 1861, 276; *Cardiographes* in *Dict. encycl. des sc. méd.*, 1871) la méthode cardiographique dans leurs célèbres recherches sur le mécanisme des mouvements du cœur.

La figure 12, empruntée à leur mémoire, représente leur cardiographe réduit au sixième de sa grandeur réelle.

Cet appareil est destiné à enregistrer sur le cheval vivant, et sans ouvrir le thorax, les variations de pression du sang à l'intérieur des cavités du cœur, variations de pression qui correspondent aux différentes phases de relâchement et de contraction des oreillettes et des ventricules. Les sondes exploratrices, V, O, *c*, formées d'ampoules

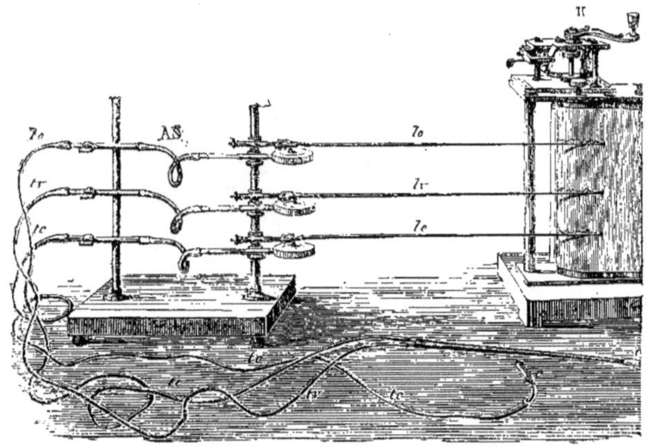

FIG. 12. — Appareil cardiographique ayant servi aux premières expériences de CHAUVEAU et MAREY.

élastiques, compressibles, remplies d'air, sont reliées chacune par un long tube de caoutchouc avec un tambour à levier *lo, lv, lc*. Deux de ces ampoules V, O, associées en une seule sonde à double courant, sont glissées par une boutonnière de la jugulaire droite dans le cœur droit, jusqu'à ce que l'ampoule V vienne buter contre le fond du ventricule droit. La sonde est ensuite légèrement retirée, de manière que l'ampoule V occupe le milieu du ventricule droit, et l'ampoule O le milieu de l'oreillette droite. La troisième ampoule *c* peut être introduite dans une carotide et poussée jusque dans le ventricule gauche. On cherche à franchir l'orifice aortique, au moment de l'ouverture des sigmoïdes artérielles. On peut aussi employer cette troisième ampoule à explorer le choc précordial.

L'opération s'exécute facilement sur le cheval, sans qu'il soit nécessaire d'attacher l'animal, ni de l'anesthésier. C'est une véritable expérience de cours (Voir LÉON FREDERICQ, *Manipulations de physiologie*, 1892, 154).

Elle a été répétée par CHAUVEAU devant le Congrès de physiologie réuni à Liège en 1892.

La figure 13 reproduit un exemple des tracés obtenus de cette façon.

On y voit que le tracé des deux ventricules est parfaitement synchrone; tous deux montrent une légère augmentation de pression au moment de la systole de l'oreillette; tous deux montent brusquement à une grande hauteur au début de la systole ventriculaire, puis présentent un plateau systolique ondulé (de *m* en *m'*), indiquant que la pression reste élevée dans les ventricules pendant toute la durée de leur systole. En *m'* survient le relâchement des ventricules; la courbe tombe brusquement, en présentant au bas de sa ligne de descente une petite ondulation v' (ondulation de clôture des sigmoïdes pour Chauveau et Marey), à laquelle fait suite une pression négative (vide post-systolique);

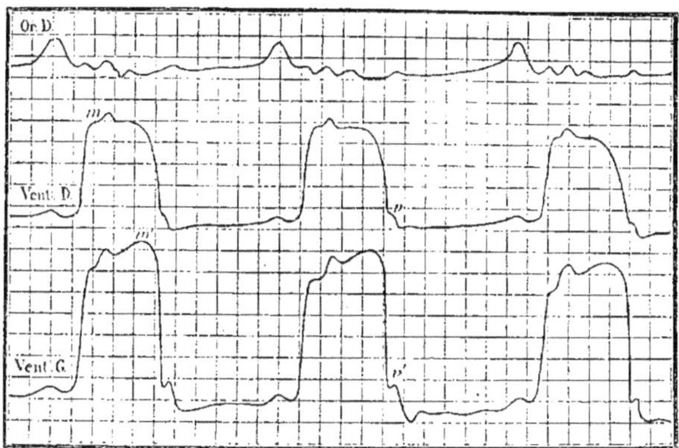

Fig. 13. — Tracés recueillis au moyen des sondes cardiographiques.
Or. D, oreillette droite. — Vent. D., ventricule droit. — Vent. G., ventricule gauche. —Synchronisme parfait des deux ventricules.

puis la courbe remonte lentement pendant la pause jusqu'au début de la pulsation suivante. Les ondulations du plateau systolique sont dues pour Marey à des ondes nées au sein du liquide sanguin au niveau de l'aorte (ou de l'artère pulmonaire), et se propageant de l'artère vers le ventricule.

Le tracé de l'oreillette montre l'ondulation positive due à la systole de l'oreillette, puis une série d'ondulations correspondant à celles du plateau systolique du ventricule.

Fick (*Eine Verbesserung des Blutwellenzeichners. A. g. P.*, xxx, 397) a décrit en 1883 un manomètre inscripteur qui n'est au fond qu'un tambour à levier de petit modèle, relié directement par un tube étroit rempli d'air avec la canule dont l'extrémité ouverte plonge dans le sang. Il a reproduit un graphique de pression recueilli au moyen de cet appareil dans le ventricule gauche du chien. Ce graphique rappelle ceux de Chauveau et Marey.

Léon Fredericq (*Ann. de la Soc. médico-chirurg.* Liège, juillet 1886; *Bull. Acad. Belg.*, 1886; *Arch. de Biol.*, viii et *Travaux du Lab.*, ii; *Arch. de Biol.*, xiv, 1895 et *Travaux du lab.*, v, *C. P.*, ii, 14 Avr. 1888, 19 Déc. 1891, 30 Juillet 1892, 258; 22 Avril 1893) a répété chez le chien les expériences de Chauveau et Marey, en se servant principalement de sphygmoscopes ou de sondes analogues à celles des illustres initiateurs des recherches cardiographiques. Les tracés qu'il a obtenus rappellent en tous points ceux du cheval.

La figure 14 nous montre un tracé de pression du ventricule gauche et un tracé de pression recueilli simultanément dans l'oreillette gauche (chien à poitrine ouverte). La ligne pointillée indique le tracé de pression dans l'aorte.

L'interprétation de l'auteur est au fond la même que celle de Chauveau et Marey : elle s'en sépare sur les deux points suivants :

Léon Fredericq obtient chez le chien un plateau systolique à trois ondulations. Il a montré que ces trois ondulations se voyaient encore sur les tracés recueillis après ligature ou section des artères et des veines du cœur, et qu'on les retrouvait sur le tracé myocardiographique. Ces ondulations sont pour lui l'indice que la contraction des muscles ventriculaires doit être assimilée, non à une secousse musculaire simple, mais à un court tétanos, résultant de la fusion incomplète de trois secousses [1].

1. Cette opinion a été combattue par Meyer (*A. de P.*, 1892), Laulanié (*B. B.*, 1892, 17 juin); appuyée par Contejean (*B. B.*, 1894, 831).

L'auteur admet également que la clôture des sigmoïdes se fait non en *f*, mais en *f'*; il se base sur les résultats fournis par l'inscription simultanée de la pression dans l'aorte. L'ondulation *f* correspond pour lui au flot de sang de l'oreillette qui envahit le ventricule, aussitôt que celui-ci se relâche.

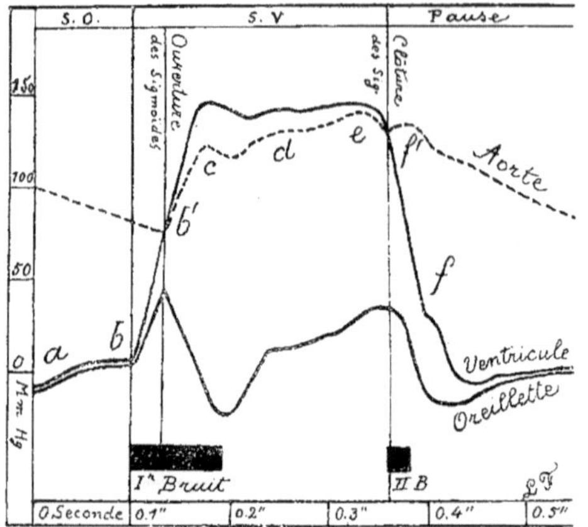

Fig. 14. — Tracés de pression recueillis simultanément dans l'oreillette gauche, dans le ventricule gauche et dans l'aorte chez le chien.

ab, systole de l'oreillette. — *bcdef'*, systole du ventricule. — *bb'* et *f'*, ouverture et clôture des sigmoïdes artérielles. (Léon Fredericq. *Éléments de physiologie*, 3e édition, fig. 37.)

Rolleston (*Observations on the endocardial pressure curve. Journal of Physiology*, 1887, 235, viii) s'est servi, pour enregistrer la courbe de pression endocardiale, d'un appareil ouvert, dans lequel les variations de pression se transmettaient par l'intermédiaire d'un liquide anticoagulant à un piston mobile à l'intérieur d'un tube cylindrique. Les mouvements du piston agissaient sur un levier enregistreur fixé solidement à une lame d'acier dont la torsion contrebalançait l'action de la pression.

Les tracés rappellent plus ou moins ceux de Chauveau et Marey. Rolleston admet, comme Fredericq, que la clôture des sigmoïdes correspond à la fin du plateau systolique *e f'* et non à l'ondulation *f* de la ligne de descente.

Magini (*La pression du sang dans les cavités du cœur étudiée au moyen d'un trocart spécial. A. i. B.*, viii, 125, 1887) a décrit un trocart permettant de pénétrer directement dans le cœur du chien à travers la paroi thoracique, sans avoir à ouvrir la poitrine. Ce trocart, relié à un appareil enregistreur, fournit des courbes de pression intraventriculaire. Magini n'a pas publié de tracés, sans doute parce que ses tracés étaient semblables à ceux de Marey et Chauveau.

Roy et Adami (*Heartbeat and Pulse-wave : The Practitionner*, Février, Juill. 1890) ont fait chez le chien de nombreuses expériences de cardiographie : inscription de la pression intra-ventriculaire au moyen d'une canule à piston, inscription myographique de la contraction de la paroi de l'oreillette, de celle des muscles papillaires, de celle des fibres longitudinales ou transversales des ventricules. Ils admettent que les différentes catégories des fibres ventriculaires ne se contractent pas en même temps, et ils expliquent de cette façon les ondulations du plateau systolique de la courbe de pression intra-ventriculaire (Voir plus loin un tracé emprunté au travail de Roy et Adami).

Hürthle (*Ueber den Zusammenhang zwischen Herzthätigkeit und Pulsform. A. g. P.*, xlix, 51, 1891) s'est servi d'une sonde à double courant, introduite par une carotide jusque dans le ventricule gauche, pour enregistrer simultanément chez le chien les variations de pression à l'intérieur du ventricule gauche et de l'aorte. Les extrémités ouvertes de la sonde plongent dans le ventricule et l'aorte, et transmettent les variations de pression par l'intermédiaire d'une colonne de liquide anticoagulant, à deux petits tambours à levier remplis également de liquide. Les beaux tracés obtenus au moyen de cet appareil rappellent ceux de Chauveau et Marey et ceux de Fredericq. L'auteur ne s'est pas prononcé sur la signification des trois ondulations du plateau systolique, ni sur celle de l'ondulation finale *f*.

Townsend Porter (*Researches on the filling of the heart. Journal of Physiology*, xiii,

313, 1892) a publié une série de tracés recueillis au moyen de l'appareil de HÜRTHLE, et rappelant les graphiques de HÜRTHLE et de ROLLESTON.

FRANÇOIS FRANCK (*A. de P.*, 1891, 765), E. GLEY (*A. de P.*, 1891, 734; *B. B.*, 1894, 445), E. MEYER (*Sonde cardiographique pour la pression intra-ventriculaire chez le chien*, *B. B.*, 1894, 443. *Cardiographie chez le chien. A. de P.*, 1894, 692) ont décrit des sondes cardiographiques applicables au cœur du chien, et construites sur le modèle des sondes de CHAUVEAU et MAREY. Ces sondes fournissent des tracés analogues à ceux du cheval. MEYER admet, avec MAREY et CHAUVEAU, que l'ondulation de la ligne de descente du tracé de pression intra-ventriculaire correspond à la clôture des valvules sigmoïdes; il constate que cette ondulation est fréquemment dédoublée. Le premier accident correspond, d'après MEYER, à la fermeture des valvules sigmoïdes; le second « *au choc de la colonne de sang* ».

CHAUVEAU et MAREY, FICK[1], LÉON FREDERICQ, ROLLESTON, ROY et ADAMI, HÜRTHLE, ARLOING, FRANÇOIS-FRANCK, E. GLEY, MEYER, PORTER, CONTEJEAN (voir plus loin), BAYLISS et STARLING, etc., sont d'accord pour admettre que le tracé de pression de la systole ventriculaire a une forme plus ou moins trapézoïde, et présente un plateau systolique plus ou moins ondulé.

KREHL et FREY (*A. P.*, 1890, 30), FREY (*Die Untersuchung des Pulses*, et *Das Plateau des Kammerpulses*, *C. P.*, 6 mai 1893; *A. P.*, 1893, 1) nient au contraire l'existence du plateau systolique.

FREY a enregisté chez le chien les tracés de pression intra-cardiaque au moyen d'un manomètre élastique analogue à celui de FICK, auquel il donne le nom de *tonomètre* (la canule, dont l'extrémité ouverte plonge dans le sang, est reliée au moyen d'un système de tubes étroits remplis à moitié de liquide, à moitié d'air, avec un très petit tambour à levier). Les tracés de pulsation ventriculaire fournis par le tonomètre montrent une ondulation en forme de colline unique, la ligne de descente faisant suite à la ligne d'ascension. Le tracé est pour FREY identique à celui de la secousse musculaire.

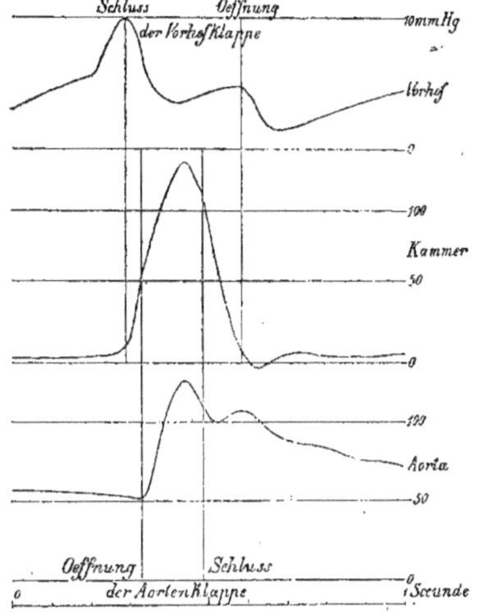

FIG. 15. — Tracés de pression de l'oreillette (*Vorhof*), du ventricule (*Kammer*) et de l'aorte (*Aorta*), correspondant à une pulsation cardiaque. Ouverture (*Oeffnung*), fermeture (*Schluss*) des valvules aortiques et auriculo-ventriculaires (d'après FREY : *Die Untersuchung des Pulses*, 1892, fig. 28, p. 88).

Le plateau qui se voit sur les tracés publiés par les autres auteurs est dû, d'après FREY, à des défauts d'expérimentation. Le plus fréquent serait une position vicieuse de la sonde à l'intérieur du ventricule. Si la sonde est poussée trop loin dans le ventricule, elle ne baigne pas dans le sang pendant toute la durée de la systole ventriculaire; elle se trouve, à un certain moment, enclavée et bouchée entre les parois ventriculaires accolées. Il en résulte que le sommet de la courbe se trouve tronquée et simule dans ce cas un plateau.

HÜRTHLE (*Vergleich. d. Prüfung der Tonographen von Frey's und Hürthle's*, *A. g. P.*, LV, 319, 1893), L. FREDERICQ (*Das Plateau des Kammer-und Aortenpulses. C. P.*, 22 Avril 1893 et *Arch. de Biol.*, XIV, 1895), CONTEJEAN (*Das Plateau der Druckkurve in der Herzkammer*, *C. P.*, 30 Juli 1894) ont montré que la forme des tracés recueillis par FREY dépendait d'un vice dans la construction de son appareil enregistreur.

1. Cependant FICK, dans une publication ultérieure, a publié des tracés se rapprochant de ceux de FREY (cité par FREY).

Le tonomètre de FREY est un appareil paresseux, incapable de suivre des changements rapides de pression, comme ceux qui se déroulent au cours de la systole ventriculaire.

La même sonde, introduite dans le ventricule droit d'un chien, fournit des tracés en forme de colline ou en forme de plateau trapézoïde, suivant qu'on la relie à un appareil inscripteur paresseux (tonomètre, sphygmoscope), ou fonctionnant correctement (manomètre de HÜRTHLE ou de GAD). La forme de la courbe ne dépend donc pas de la position de la sonde dans le ventricule : au reste, le plateau systolique se voit encore sur le tracé aortique, où il ne peut être question d'obturation de l'extrémité de la sonde exploratrice (MAREY et CHAUVEAU, LÉON FREDERICQ).

CONTEJEAN (*A. de P.*, 1894, 821) a d'ailleurs montré que le tracé hémautographique du ventricule avait la même forme trapézoïde et présentait le plateau systolique. Ce tracé était obtenu en introduisant par l'oreillette un tube de verre ouvert à l'intérieur du ventricule, et en recevant sur le papier de l'appareil enregistreur le jet de sang qui s'écoule à chaque systole.

Enfin, s'il pouvait rester le moindre doute sur l'existence du plateau systolique, il serait levé par les expériences de BAYLISS et STARLING (*On the form of the intraventricular and aortic pressure curves obtained by a new Method. Internat. Monatsschrift f. Anat. u. Physiol.*, 1894, XI,). Ces auteurs ont employé une méthode fort simple, consistant à photographier les changements de volume d'un espace microscopique rempli d'air à l'extrémité fermée d'un tube de verre capillaire dont l'extrémité ouverte était mise directement en rapport avec la cavité (ventricule gauche ou aorte du chien) dont on voulait étudier les variations de pression. Les tracés obtenus par eux sont en tout semblables à celui du schéma de FREDERICQ reproduit plus haut.

En résumé donc, d'après CHAUVEAU et MAREY, ARLOING, D'ESPINE, LÉON FREDERICQ, ROLLESTON, ROY ET ADAMI, HURTHLE, PORTER, BAYLISS et STARLING, CONTEJEAN, MEYER, FR. FRANCK, GLEY, le tracé de pression intraventriculaire montre :

1° une ascension brusque (*bc*, fig. 14) correspondant au début de la systole ventriculaire et au premier bruit du cœur. Au début de cette partie de la courbe les valvules auriculo-ventriculaires se ferment, vers son milieu (*b'*) les valvules sigmoïdes s'ouvrent;

2° un plateau systolique ondulé (*cde*). Ces ondulations sont au nombre de trois (*cde*) chez le chien, d'après FREDERICQ, BAYLISS et STARLING, etc. Elles sont dues, d'après MAREY, à des ondes liquides rétrogradant de l'aorte vers le ventricule gauche; d'après DONDERS (*Trav. du Lab. d'Utrecht.*, I, 11, 1867) et d'autres, à des imperfections de l'appareil enregistreur ; d'après ROY et ADAMI, à l'absence de synchronisme de la contraction des différentes parties du ventricule; d'après D'ESPINE (*Revue de médecine*, 1882, 7, 17), aux efforts successifs de la contraction des ventricules; d'après FREDERICQ, STEFANI (*Mem. dell' Acc. di Ferrara*, 1891, 69, cité par TIGERSTEDT), à la forme de contraction du muscle cardiaque, qui est un tétanos composé de trois secousses élémentaires.

L'ondulation *c* est souvent exagérée, à sommet aigu, probablement parce que la plume du tambour à levier, vivement projetée vers le haut, dépasse sa position d'équilibre. Les ondulations *d* et *e* sont souvent fusionnées en une saillie unique (tracés de ROLLESTON, de ROY et ADAMI); dans certains cas, il s'agit probablement d'une déformation artificielle de la courbe par un appareil enregistreur peu sensible.

3° Une ligne de descente *e f* correspondant au relâchement du muscle cardiaque. Les sigmoïdes artérielles se ferment, dans le voisinage de *e* pour LÉON FREDERICQ, ROLLESTON, ROY et ADAMI, etc. ; au niveau de *f'* pour MAREY et CHAUVEAU, MEYER, etc. LÉON FREDERICQ attribue, au contraire, l'ondulation finale *f'* au flot de l'oreillette.

Signalons encore comme éléments moins constants : l'ondulation *ab*, qui correspond à la systole de l'oreillette, et le creux (dû au vide post-systolique) qui se montre après *f'*.

Cardiographie proprement dite. Inscription du choc du cœur. — CHAUVEAU et MAREY (*loc. cit.*) ont enregistré chez le cheval le choc du cœur, au moyen d'une ampoule spéciale, très analogue à l'ampoule manométrique du ventricule. Cette ampoule était placée dans une fente pratiquée dans l'épaisseur des muscles intercostaux (quatrième espace intercostal gauche ou droit); elle était reliée à un tambour à levier.

Ils obtinrent des tracés de choc du cœur très analogues à ceux de la pression ventriculaire. La fig. 16 nous en montre un exemple. Toutes les inflexions du tracé ventriculaire V, notamment l'ondulation A, due à la systole auriculaire, la brusque ascension du début de la systole ventriculaire B, le plateau systolique et ses ondulations, la chute

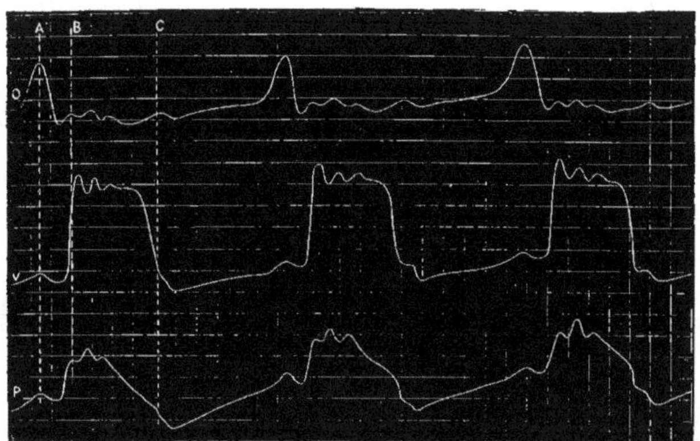

Fig. 16. — Tracés de pression auriculaire O, de pression ventriculaire V et du choc du cœur P, recueillis simultanément chez le cheval (Marey, *Circulation du sang*).

A, sommet de la systole auriculaire. — De B en C, systole ventriculaire. — C, ondulation de clôture des valvules sigmoïdes.

indiquant la fin de la systole ventriculaire et l'ondulation finale C se retrouvent sur les deux tracés. Le synchronisme est parfait.

La principale différence entre les deux tracés, c'est l'obliquité descendante du tracé du choc du cœur à partir du point B. Cette obliquité révèle un nouvel élément de la pulsation : cet élément, c'est le changement de volume du ventricule à mesure que celui-ci se vide par sa contraction.

Le tracé du choc du cœur représente donc pour Chauveau et Marey un tracé des changements de la pression intraventriculaire (ou de la consistance de la paroi ventriculaire) modifié par le tracé des variations de volume du cœur.

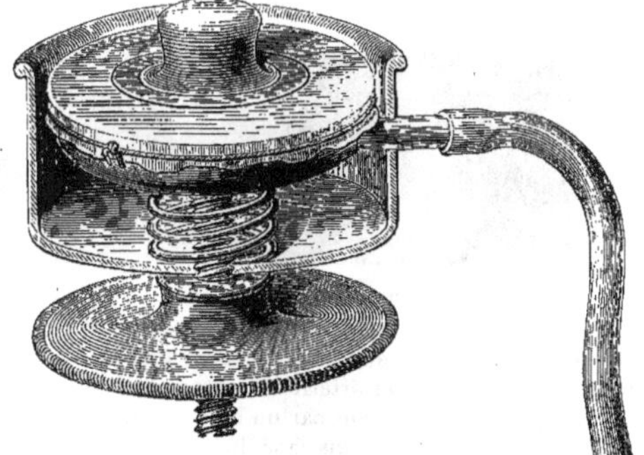

Fig. 17. — Cardiographe de Marey pour l'exploration du cœur chez l'homme (*Trav. Labor.*, 1875).

Marey, en 1865, a réussi à construire des cardiographes ou capsules exploratrices pouvant s'appliquer sur l'homme, et recevoir le battement du cœur que l'on sent en appliquant la main sur la poitrine. L'explorateur du choc du cœur est une capsule en bois ou en métal, fermée[1] au moyen d'une membrane en caoutchouc, et reliée par un tube avec un tambour à levier. La membrane peut porter extérieurement un bouton que l'on applique au niveau de la peau, là où se perçoit le mieux l'ébranlement dû au choc du cœur (cinquième espace intercostal gauche). L'appareil est plus ou moins fortement pressé contre la peau.

1. Le premier cardiographe de Marey était une capsule ouverte.

Marey a décrit plusieurs modèles de cardiographe.

Meurisse et Mathieu (*Arch. phys. norm. et path.*, 1875, 257); Keyt (*Sphygmography and Cardiography*. New-York et London, 1887); Burdon Sanderson (*Handbook f. the physiol. Laboratory*, 254, 1873); v. Basch (*Zeit. f. klin. Med.*, II); Knoll (*Prag. med. Woch.*, 1879); Grunmach (*Berl. klin. Wochens.*, 1876, 473); Brondgeest (*Onderz. Utrecht*, II, 1873, 327); Edgren (*Skand. Arch. f. Phys.*, 1889, I), et d'autres, ont pareillement décrit des cardiographes qui au fond sont construits sur le même modèle que celui de Marey. Ces instruments peuvent être appliqués chez l'homme ou chez les animaux.

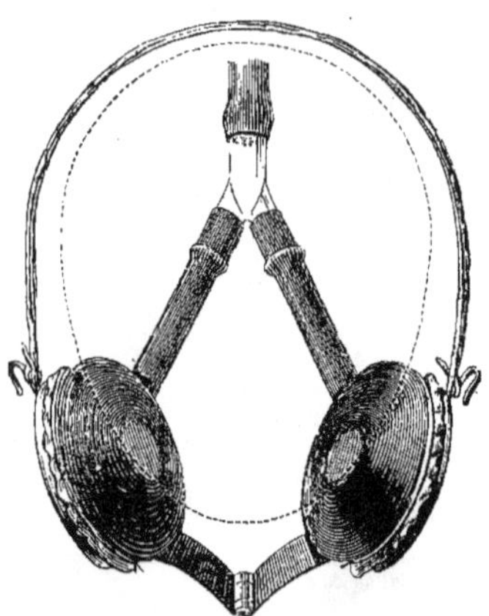

Fig. 18. — Explorateur à deux tambours de Marey, servant à enregistrer le choc du cœur chez les petits animaux. L'appareil est censé fixé autour du thorax du lapin, dont le périmètre est représenté par la ligne elliptique pointillée (Marey, *Circulation du sang*.

Galabin, Garrod et Landois se sont servis du sphygmographe de Marey pour l'inscription du choc du cœur.

Baxt (*A. P.*, 1878, 125); Hürthle (*loc. cit.*); Frey (*loc. cit.*); Roy et Adami (*loc. cit.*); Laulanié (*C. R. Soc. Biologie*, 1889, 682), ont eu recours à des procédés un peu différents pour enregistrer le choc du cœur des animaux.

Si le cardiographe est appliqué à la bonne place, il pourra fournir des tracés rappelant en tous points ceux de la pression intraventriculaire : ondulation forte *a b* pour la systole de l'oreillette, ascension brusque *b c*, plateau systolique à trois ondulations *c d e* pour la systole ventriculaire, descente brusque *c f* pour le relâchement ventriculaire, ondulation finale ou creux du vide postsystolique.

Le plateau systolique *c d c* est fréquemment incliné, ses ondulations systoliques sont plus ou moins marquées, la première *c* peut être exagérée, par suite de l'inertie du

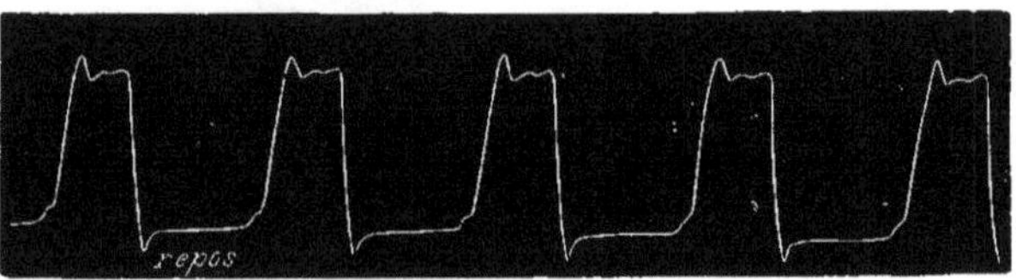

Fig. 19. — Tracé du choc du cœur recueilli chez l'homme ; d'après Marey.

levier enregistreur, les deux suivantes *d e* sont assez souvent fusionnées. Le moment de l'ouverture des sigmoïdes artérielles correspond au milieu ou au tiers supérieur de la ligne *bc*; il se marque parfois par un creux de la ligne d'ascension (Voir fig. 22 et 23, III).

L'identification du tracé du choc du cœur et du tracé de pression intraventriculaire, admise par Marey et Chauveau[1] a été adoptée généralement en France; et les tracés cardiographiques recueillis sur l'homme y ont toujours été interprétés conformément à leurs idées. Cette identification a été vivement combattue en Allemagne, principalement par les cliniciens.

Mais, avant d'exposer les controverses auxquelles l'interprétation des cardiogrammes

1. Cette identification est confirmée par la comparaison des tracés cardiographiques (tracés du choc du cœur) avec les tracés de pulsation carotidienne recueillis simultanément chez l'homme.

recueillis sur l'homme a donné naissance, il est bon d'énumérer au préalable les recherches assez peu nombreuses faites sur le chien, et ayant pour but de comparer le tracé de pression intraventriculaire et celui du choc du cœur.

Frey (*Die Untersuch. des Pulses,* 1892) rejette complètement l'identification du tracé du choc du cœur avec celui de la pression intra-ventriculaire. Pour lui, le choc du cœur ne présente pas chez le chien de relations fixes avec les phases des changements de pression qui se déroulent à chaque pulsation dans le ventricule et dans les artères. Le cardiogramme n'aurait d'ailleurs pas de forme typique: son tracé varierait suivant l'endroit du cœur où il a été recueilli; et, pour un même endroit du cœur, suivant le nombre des pulsations et le degré de réplétion du cœur. Le cardiogramme, pour Frey, est au fond une courbe de secousse musculaire, modifiée par des changements de forme et de situation des différentes parties du cœur. Ce n'est ni une courbe de pression intra-ventriculaire, ni une courbe de volume du ventricule.

De son côté, Martius s'est vivement élevé contre la comparaison faite par Marey et Chauveau, et reprise par Léon Fredericq, de la courbe de pression intra-ventriculaire et du tracé cardiographique. « *Ces deux courbes n'ont,* pour lui, *rien de commun : elles se produisent par un mécanisme entièrement différent, et ne présentent qu'exceptionnellement et accidentellement une certaine similitude extérieure. Leur comparaison n'a guère de sens et ne peut conduire qu'à des conceptions erronées* » (*Zeits. f. klin. Med.*, xix, 5 du tiré à part).

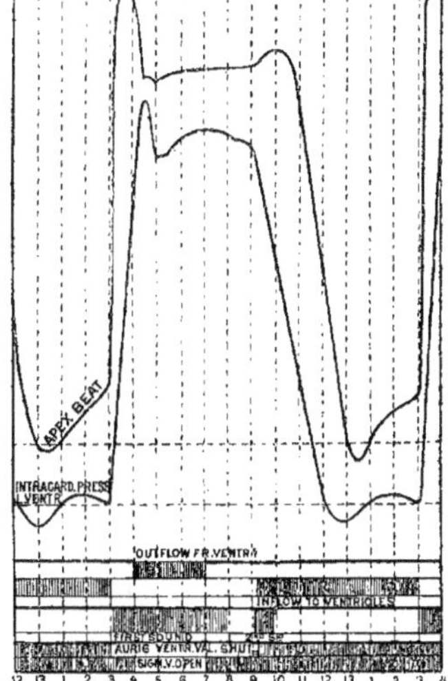

Fig. 20. — Schéma indiquant les relations du tracé ventriculaire (*Intracard. pressure*) et du choc du cœur (*Apex beat*), d'après Roy et Adami.

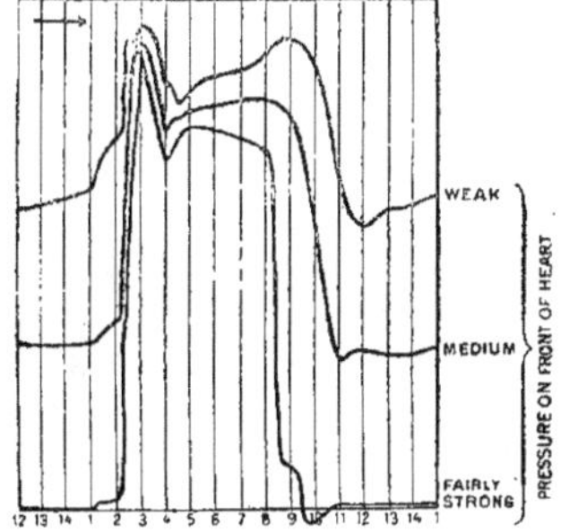

Fig. 21. — Diagramme montrant les modifications de la courbe du choc du cœur chez le chien sous l'influence des variations de la pression exercée par le bouton du cardiographe sur la paroi ventriculaire (fig. 13 de Roy et Adami).

Martius se réclame principalement des recherches de Roy et Adami pour affirmer la différence fondamentale des tracés de pression ventriculaire et des tracés cardiographiques. Analysons brièvement le travail de ces auteurs.

Roy et Adami (*The Practitioner*, 1890, 244) admettent que la courbe du choc du cœur diffère sensiblement chez le chien de celle des variations de la pression intra-cardiaque, comme le montre la fig. 20.

La ligne d'ascension du cardiogramme est beaucoup plus raide et atteint son sommet plus tôt que ne le fait la courbe de pression. Le plateau systolique du tracé cardiographique est notablement plus long et se termine par une ondulation qui suit la production du second bruit du cœur.

Cette discordance entre les deux tracés s'accentue davantage, si le bouton du cardiographe n'appuie pas suffisamment sur le cœur. Plus la pression qu'exerce l'appareil récepteur est faible, et plus le tracé du choc du cœur se trouve déformé, aplati, et plus le plateau systolique s'allonge. (Voir la fig. 13 de Roy et Adami, reproduite ici à la fig. 21.)

Roy et Adami arrivent à la conclusion assez décourageante « *qu'il est difficile et même dans la plupart des cas impossible de mesurer avec exactitude la durée des différentes phases du cycle cardiaque en s'en tenant uniquement aux tracés du choc du cœur* » (Roy et Adami, *loc. cit.*, 244).

Hürthle a publié d'admirables tracés de la pression intra-ventriculaire et du choc du cœur (recueillis chez le chien), sur lesquels on constate que les deux courbes montent en même temps, présentent un plateau systolique semblable et redescendent au même moment. « *L'effort de pression que la surface du cœur exerce contre la paroi thoracique antérieure et qui produit la portion systolique du cardiogramme parcourt ici les mêmes phases que les variations de la pression à l'intérieur du ventricule, et nous pouvons en tirer la conclusion que les deux courbes ont même cause efficiente, c'est-à-dire la contraction du muscle ventriculaire, et que le cardiogramme peut servir à fixer la durée de la systole du ventricule* (*A. g. P.*, xlix, 93).

Hürthle ajoute que malheureusement il n'en est pas toujours ainsi, et que dans beaucoup de cas, le cardiogramme présente une forme *atypique*, la ligne d'ascension précédant celle du graphique de pression, et le plateau systolique se prolongeant après la chute de la courbe de pression. Dans les expériences de Hürthle, l'appareil récepteur du choc du cœur était constitué par une tige creuse terminée par une petite ampoule élastique. La tige et l'ampoule étaient introduites à travers la paroi thoracique, de manière à venir directement en contact avec le cœur recouvert de son péricarde. Le tracé était inscrit par une espèce de petit tambour à levier.

Hürthle a publié un schéma (*A. g. P.*, xlix, 1891) très analogue à celui de Fredericq reproduit plus haut. (fig. 14).

Léon Fredericq (*Bull. Acad. méd. Belg.*, 1894; *Arch. Biol.*, xiv, 1895 *et Trav. Lab.* v), a montré que la forme du tracé cardiographique dépend chez le chien de l'endroit de la poitrine où l'on applique le cardiographe, ce que Marey avait constaté pour l'homme. On peut chez le chien obtenir à volonté des cardiogrammes *typiques* ou *atypiques*. Il est toujours possible sur les chiens maigres couchés sur le côté ou sur le ventre, de recueillir à certains endroits de la paroi thoracique *droite*, des tracés cardiographiques trapéziformes, identiques à ceux de la pression intra-ventricutaire, et sur lesquels le début *b* et la fin *e* de la systole ventriculaire se marquent de la même façon que sur le tracé de pression intra-ventriculaire. Dans ces cas, « les plumes des deux enregistreurs (sonde cardiaque droite, explorateur du choc du cœur) montent et descendent en même temps, comme si elles étaient liées l'une à l'autre par un fil invisible. »

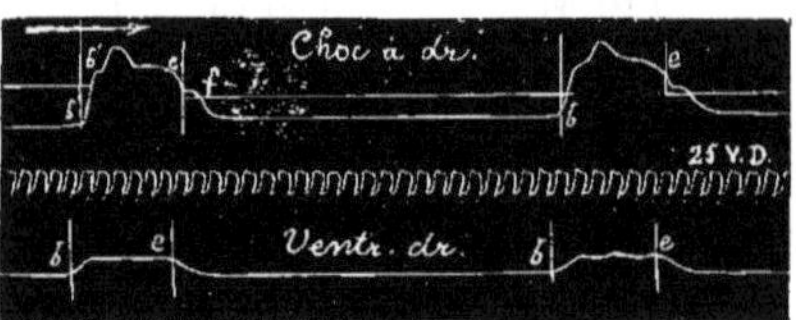

Fig. 22. — Tracés de choc du cœur (à droite) et de pression intra-ventriculaire (droit) chez le chien. — *b'*, ouverture des sigmoïdes artérielles et moment de la pénétration du sang dans l'aorte. — *b*, début, et *e'*, fin de la systole ventriculaire. — *f*, ondulation finale. Le temps perdu n'est pas rigoureusement le même dans les deux appareils enregistreurs. D'après Léon Fredericq (*Arch. Biol.*, xiv, 1895, et *Trav. Lab.*, v).

Les différences que peuvent présenter les deux tracés dans le reste de leur parcours sont de peu d'importance, et s'expliquent par cette considération, que la courbe recueillie par le bouton du cardiographe, doit être considérée, avec Chauveau et Marey, comme une courbe de contraction ou d'épaississement du muscle cardiaque (identique à la courbe de pression intra-ventriculaire), plus ou moins déformée par la courbe des changements de volume du cœur entier ou du ventricule. Le plateau *c d e* est, en effet, plus ou moins incliné vers *e*, conformément à la diminution de volume du ventricule; de plus, la ligne d'ascension *bc* peut présenter en *b'* une dépression, correspondant à l'ouverture des sigmoïdes artérielles, et à la pénétration de l'ondée ventriculaire dans l'artère pulmonaire ou l'aorte. L'ondulation finale *f* (flot de l'oreillette pour Léon Fredericq) est souvent beaucoup plus marquée sur le tracé du choc du cœur que sur celui de la pression intra-ventriculaire.

Ce sont là des tracés cardiographiques *typiques*. Mais il suffit de s'éloigner un peu du point où on les obtient, de manière à ce que le bouton du cardiographe cesse de presser dans la substance du cœur, pour que le tracé soit plus ou moins déformé par la courbe des variations de volume du cœur et prenne une forme *atypique*.

Le plateau se creusera, l'ondulation *f* augmentera d'importance, se fusionnera plus ou moins avec le plateau, et l'allongera d'une façon anormale. Le tracé conservera sa forme trapézoïde, mais il n'y aura plus coïncidence aux points *ef* avec le tracé de pression intra-cardiaque. Cette forme *atypique* du tracé du choc du cœur est chez le chien assez fréquente, si l'on applique l'explorateur sur le côté gauche de la poitrine.

Si l'on recule davantage la capsule exploratrice du cardiographe, le tracé recueilli devient tout à fait atypique et représente une pulsation négative, dont le début correspond à l'ouverture des valvules sigmoïdes, et la fin à l'ondulation *f*, ou flot de l'oreillette. Le cardiogramme représente dans ce cas avant tout, la courbe des variations de volume du ventricule.

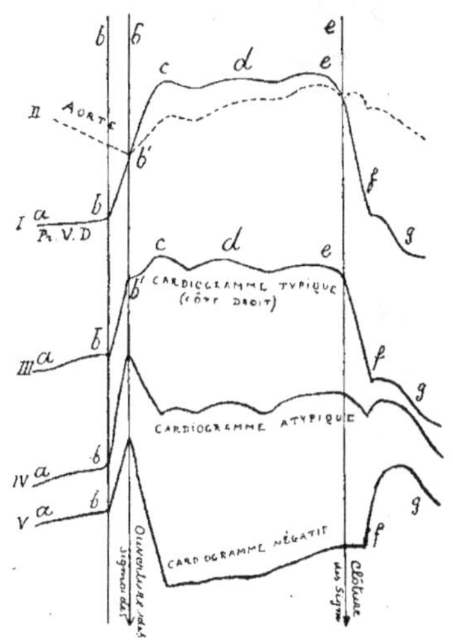

Fig. 23. — I, tracé de pression intra-ventriculaire. — II, tracé de pression aortique. — III, cardiogramme typique recueilli à droite. — IV, cardiogramme atypique recueilli à gauche. — V, cardiogramme atypique négatif. — *ab*, systole auriculaire. — *bcde*, systole ventriculaire. — *b'*, ouverture des valvules sigmoïdes. — *e*, clôture des valvules sigmoïdes. (Schéma d'après Léon Fredericq. *Trav. Lab.*, v.)

Il est clair que, si l'on veut utiliser, chez l'homme, le tracé du choc du cœur, pour déterminer la durée des phases de la pulsation cardiaque, il faut s'efforcer d'obtenir un cardiogramme typique, c'est-à-dire appliquer le bouton du cardiographe, fortement, de manière à ce qu'il s'enfonce à travers un espace intercostal dans la substance même du cœur (cinquième espace intercostal gauche, sujet penché de ce côté).

Si, en déplaçant le cardiographe, on obtient tantôt des pulsations négatives, tantôt des pulsations à plateau systolique long, tantôt à plateau systolique court, il faudra rejeter les premières et les secondes, et s'attacher à recueillir uniquement les dernières [1].

La plupart des cardiogrammes recueillis chez l'homme et publiés par les auteurs sont heureusement des tracés typiques présentant la forme trapézoïde, le plateau systolique plus ou moins incliné, à trois ou deux ondulations, et souvent l'ondulation finale *f* au bas de la ligne de relâchement ventriculaire. Je range parmi les tracés plus ou moins typiques ceux recueillis chez des sujets atteints d'ectopie du cœur par François Franck (*Travaux du Lab.* Marey, 1877, iii, 31) et par v. Ziemssen (*Deutsches Arch. f. klin. Med.*, xxx, 1882, 278) et ceux recueillis sur des sujets normaux par Marey (*Circulation du sang*). — Landois (*Graph. Unters. über den Herzschlag*. Berlin, 1876. Art. *Herzstosscurve*, in *Real Encycl. d. ges. Heilkunde*, vi, 520, 1881, et *Lehrbuch der Physiologie*). — Galabin (*Guy's Hospital Reports*, 1875, 3e sér., xx, 261). — Ott et Haas (*Prager Vierteljahrschr.*, 1877, iv, 49). — Maurer (*Deutsches Archiv f. klin. Medic.*, xxiv, 1879, 293 et 309). — Rosenstein (*Deutsches Archiv f. klin. Med.*, 1879, xxiii, 79). — Edgren (*C. P.*, déc. 1887, 487. *Skand. Arch. f. Phys.*, i, 1889). — Martius (*Zeit. f. klin. Med.*, 1888, xiii et 1890, xix, *Deutsche med. Wochens.*, 1888). — v. Ziemssen et Maximowitsch (*Deutsches Archiv f. klin. Medic.*, xlv, 1889). — Hochhaus (*A. P. P.*, xxxi, 1893, 405). — Hilbert (*Zeit. f. klin. Med.*, 87, xxix. Suppl., 1891). — v. Maximowitsch (*Deutsches Archiv f. klin. Medic.*, xlix, 1892, 394). — Schmidt (*Zeit. f. klin. Med.*, xxii, 1893). — Rech (*Graph. Unters. Diss. Bonn*,

1. Haycraft (*The movements of the heart within the cardiogramme. J. P.*, xii, 1891, 238) a fait précisément l'inverse : aussi considère-t-il le cardiogramme négatif comme typique chez l'homme.

1890). — Fr. Müller (*Berl. klin. Wochens.*, 1895). — Héricourt et H. de Varigny (*B. B.*, 1888.)

Sur beaucoup de ces tracés, les ondulations du plateau systolique, et surtout la pre-

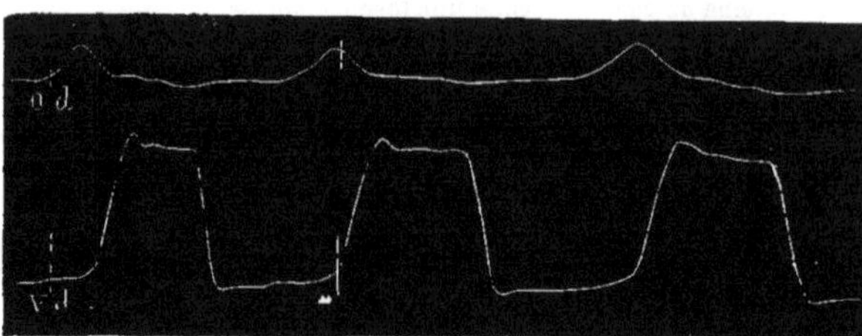

Fig. 24. — Tracés cardiographiques de l'oreillette (*o. d*) et du ventricule (*v. d*) droits chez une femme atteinte d'ectopie du cœur, d'après Fr. Franck.

mière, sont fortement exagérées. Il s'agit sans doute dans ces cas de défauts d'expérimentation. (Déformation de la courbe par la projection brusque du levier qui saute en l'air et dépasse la hauteur normale de la courbe.)

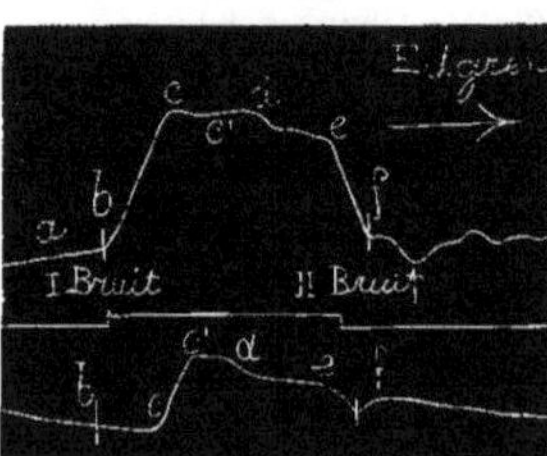

Fig. 25. — Tracé cardiographique et tracé carotidien recueillis chez l'homme par Edgren.

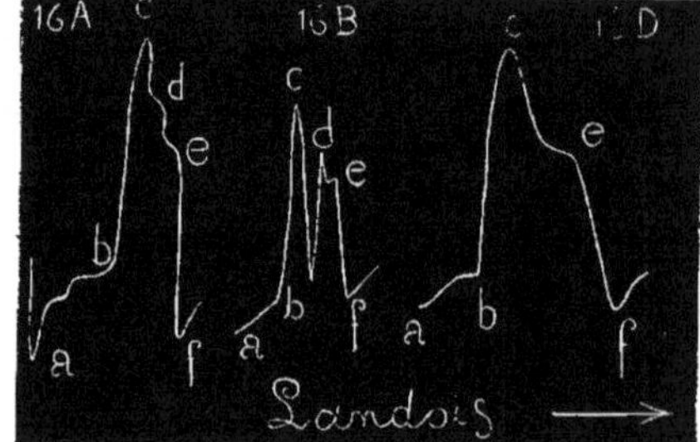

Fig. 26. — Tracés du choc du cœur (Landois).

Si les auteurs s'accordent plus ou moins sur la forme générale du *cardiogramme* typique de l'homme, il n'en est pas de même de son interprétation.

Marey et Chauveau, auscultant le cœur du cheval, notaient au moyen d'un signal électrique le moment où ils entendaient le second bruit du cœur (clôture des sigmoïdes); ce moment correspondait à la ligne de descente *cf* du tracé cardiographique et marquait donc la fin de la systole. Landois a cru, au contraire, se convaincre que le second bruit du cœur s'entendait pendant l'inscription du plateau systolique; il admit le dédoublement de ce second bruit: le bruit aortique correspond pour lui à l'ondulation *d* et celui de l'artère pulmonaire à l'ondulation *e* du plateau systolique. Aussi Landois admet-il que la première ondulation seule du plateau systolique correspond à la systole ventriculaire et que les deux suivantes sont dues respectivement à la clôture des sigmoïdes aortiques et pulmonaires. Maurer, Ott et Haas, Ziemssen et Gregorianz, Maximowitsch, Malbranc, et d'autres cliniciens ont adopté plus ou moins complètement les idées de Landois. Martius, dans ses première recherches, avait même renchéri sur l'interprétation de Landois, et affirmé que le second bruit, noté au moyen d'un signal, correspondait, non

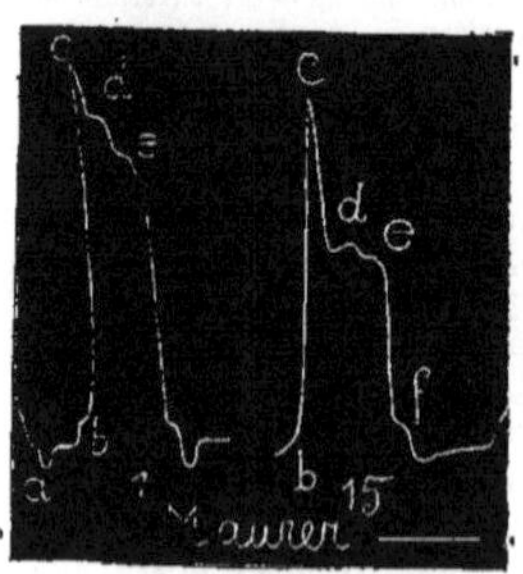

Fig. 27. — Tracés du choc du cœur de l'homme (Maurer).

à la seconde élévation du plateau systolique, mais au creux qui sépare la première élévation *c* de la sonde *de*, tandis qu'Edgren notait au contraire le second bruit au bas de la ligne de descente *e f*. La figure 28 donne une représentation schématique de ces divergences. d'appréciation.

Les expérimentateurs allemands les plus récents, Fr. Müller (*Berl. klin. Wochens.* 1895, n°s 35, 38), Hochhaus (*A. P. P.*, xxxi, 405), P. Hilbert (*Zeit. f. klin. Med.*, xix[1], Suppl. II., 158, 1891) et Martius lui-même (*Zeit. f. klin. Med.*, 1891, 108) entendent et notent à présent le second bruit dans le voisinage du point *e*. C'est également au point *e* que je l'entends chez le cheval, le chien et l'homme.

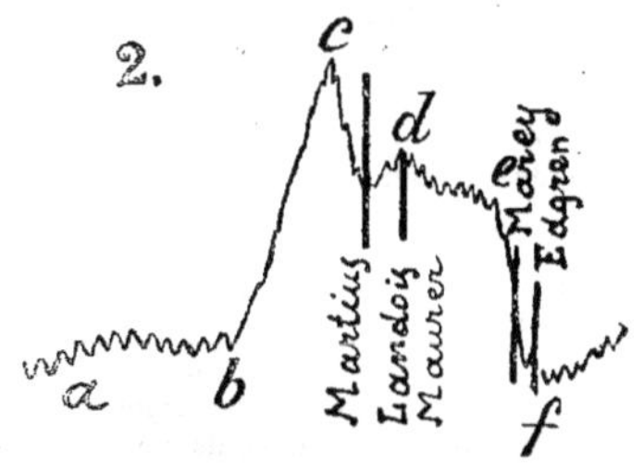

Fig. 28. — Tracé cardiographique recueilli chez l'homme sur une plaque vibrante par Landois. J'ai ajouté sur la figure de Landois des marques indiquant les points du cardiogramme qui correspondent au second bruit du cœur, d'après Martius (premières recherches), Landois, Maurer et les cliniciens allemands, Chauveau et Marey, et Edgren.

Le procédé subjectif de la notation du second bruit conduit à des résultats incertains. Nous possédons heureusement deux méthodes objectives qui permettent de déterminer avec certitude la fin de la systole ventriculaire et le moment de clôture des sigmoïdes artérielles. La première, due à Chauveau (*C. R.*, 1894), consiste à introduire chez le cheval par la carotide un explorateur électrique du mouvement des valvules sigmoïdes (fermeture d'un contact électrique au moment de la clôture des sigmoïdes) et à enregistrer ce mouvement en regard des tracés cardiographiques.

La seconde méthode appliquée par Hürthle (*Deutsche med. Woch.*, 1892 et 1893. *Ueber die mechanische Registrirung der Herztöne, A. g. P.*, lx, 1895, 263), ainsi que par Einthoven et Geluk (*Die Registrirung der Herztöne, A. g. P.*, lvii, 1894, 617) consiste à enregistrer objectivement chez l'homme, au moyen d'un microphone enregistreur, le second bruit.

Ces deux méthodes ont fourni des résultats entièrement concordants. C'est bien dans le voisinage de *c*, à l'endroit où le plateau systolique cesse brusquement et se continue avec la ligne de descente *c f* que se produit le second bruit, que se ferment les valvules sigmoïdes et que se termine la systole ventriculaire.

La comparaison des tracés de pression dans le ventricule et dans l'aorte (Marey et Chauveau, Hürthle, Léon Fredericq) a d'ailleurs conduit à des résultats concordants.

Plusieurs cliniciens allemands ont discuté la question de savoir à quelle portion du tracé cardiographique de l'homme correspond le moment de l'ouverture des valvules sigmoïdes de l'aorte et la pénétration du sang dans l'aorte. Ils ont cherché à résoudre la question en comparant le tracé sphygmographique de la carotide avec le cardiogramme. Les uns admettent avec Martius que la pénétration de l'ondée sanguine dans l'aorte correspond exactement au sommet *c* de la ligne d'ascension *bc*. Cette ligne d'ascension *bc* représenterait le retard de la pulsation aortique sur celle du ventricule (retard essentiel de Marey, *Anspannungszeit* de Gad, *Verschlusszeit* de Martius). D'autres, au contraire, admettent que le moment de l'ouverture des sigmoïdes ne se marque pas sur le tracé cardiographique et correspond à un point de la ligne d'ascension compris entre *b* et *c*.

Il est certain pour moi que, sur les cardiogrammes typiques, l'ouverture des valvules sigmoïdes précède l'inscription du premier sommet *c* du plateau systolique et correspond par conséquent à un point de la ligne d'ascension *bc* que j'appellerai *b'*. Ce point *b'* m'a paru se marquer souvent chez le chien par une petite dépression de la ligne d'ascension

1. Byron-Bramwell et Murray (*Brit. med. Journ.*, 1888, 10) placent également le second bruit du cœur sur la ligne de descente du cardiogramme (cités d'après Tigerstedt). Il en est de même de v. Holowinski et Pavinski (*Rech. cardiograph. Arch. sc. biol.*, Saint-Pétersbourg, i, 1892, 787, cité d'après le *Jahresber.* de Hermann).

du cardiogramme; je le retrouve principalement sur les tracés recueillis au moyen d'appareils très sensibles, mais n'inscrivant que des courbes de petite dimension (de manière à éviter la projection du levier au moment de l'inscription).

Quant au premier bruit, son début peut ne correspondre qu'à la seconde moitié de la ligne d'ascension *bc* du cardiogramme. HÜRTHLE admet que, dans ce cas, la première moitié de *bc* correspond à la systole de l'oreillette (Voir HÜRTHLE, *A. g. P.*, LX, 281) et la seconde au début de la systole du ventricule.

En résumé, depuis le travail magistral de CHAUVEAU et MAREY, toute une génération de physiologistes s'est occupée de l'étude cardiographique de la pulsation du cœur. Les faits découverts par les illustres initiateurs de la cardiographie ont été soumis à la critique expérimentale la plus rigoureuse. Après avoir été contestés, principalement par les cliniciens allemands, ils sont actuellement acceptés par la grande majorité des expérimentateurs.

Bibliographie. — Les articles cités dans le texte. — MAREY (*Circulation du sang. Méthode graphique.* Article « Cardiographe » du *Dict. encycl. des sc. méd.*, 1871). — GSCHEIDLEN (*Physiologische Methodik*, 1876). — ROLLETT (*Blutkreislauf* in *Handbuch* de HERMANN). — LANGENDORFF (*Physiologische Graphik*, 1891). — TIGERSTEDT (*Physiologie des Kreislaufes*, 1893).

Nombreuses indications bibliographiques dans les mémoires cités de MAREY, LANDOIS, MARTIUS, LÉON FREDERICQ, V. FREY, etc.

L. FREDERICQ.

CARDOL. — Liquide huileux, insoluble dans l'eau, non volatil, qu'on extrait en même temps que l'acide anacardique de l'*Anacardium occidentale*. Il a des propriétés vésicantes.

CARNIVORES (Animaux). — Voyez Aliments.

CAROTTINE. — Matière colorante jaune de la carotte; on la prépare en épuisant la racine râpée par l'eau, et en précipitant par le tannin et une petite quantité d'acide sulfurique. Le dépôt est épuisé par l'alcool à 80° bouillant; et le résidu insoluble est traité par le sulfure de carbone, puis évaporé, et repris par l'alcool absolu. Cette solution concentrée dépose la carottine en cristaux rouge-brun, assez volumineux, à reflets métalliques, solubles dans le sulfure de carbone, la benzine et les huiles éthérées, insolubles dans l'eau et l'alcool, peu solubles dans l'éther et le chloroforme.

Ces cristaux se décolorent à la lumière et sous l'influence de la chaleur.

La composition de la carottine est représentée par la formule $C^{18}H^{24}O$; ce corps fond à 167°8.

La carottine est indifférente aux sels métalliques, aux acides et aux alcalis.

L'hydrocarottine ($C^{18}H^{30}O$) se dépose au bout d'un certain temps de la solution alcoolique en feuillets cristallisés, sans saveur ni odeur.

CARPAINE. — Alcaloïde contenu dans les feuilles du *Papaya carica*, et extraite par GRESSHOFF (*Ber. d. d. ch. Ges.* Berlin, 1890, XXIII, 3537-3538). Poison du cœur qui a tué un coq à la dose de 0gr,2 et un crapaud (de 30 grammes) à la dose 0gr,012. OEFELE (*Ann. de Merck*, 1892, 28) l'a donné à l'homme en injections sous-cutanées comme succédané de la digitale.

CARTHAMINE ou ACIDE CARTHAMIQUE ($C^{14}H^{16}O^7$). — C'est une belle matière colorante rouge fournie par les fleurs du *Carthamus tinctorius* (*D. W.*, I, 772).

CARVI (Essence de). — Essence fournie par la distillation du *Carum carvi*, ombellifère. C'est un mélange de carvène, $C^{10}H^{16}$, qui bout à 173°; et de cartol ($C^{10}H^{14}O$), qui bout à 225°.

CARYOPHYLLINE ($C^{10}H^{16}O^2$). — Substance cristallisable extraite du girofle (*Caryophyllus aromaticus*).

CASCARILLINE. — Principe amer, assez mal déterminé, de l'écorce de cascarille (*Croton eleuteria*).

CASCARINE. — LEPRINCE (*C. R.*, 1892, 2e semestre, p. 286) a donné ce nom à une substance qu'il a extraite de l'écorce de *Cascara sagrada*, et que les recherches de M. LAFFONT ont montrée comme étant le principe actif du cascara (LAFFONT, *la Cascarine*, Imp. Nelzès, Paris, 1892).

R. G. ECCLES (*The druggist circular*, mars 1888, p. 54) avait découvert un alcaloïde qu'il avait appelé la *rhamnine*.

Pour obtenir la *cascarine*, LEPRINCE pulvérise l'écorce de cascara (*Rhamnus prushiana*) épuise la poudre par l'eau distillée bouillante, additionnée de 20 grammes de CO^3Na^2. Après neutralisation par SO^4H^2, il se produit un abondant dépôt. On filtre. Le filtrat, évaporé à une douce chaleur et mieux dans le vide, donne un dépôt. On redissout ce dépôt dans l'eau alcalinisée bouillante et on précipite par SO^4H^2. Le produit provenant de l'évaporation des liqueurs légèrement acides est un mélange complexe qui contient avec la cascarine des produits d'oxydation et d'hydratation insolubles dans l'alcool.

On épuise cette substance desséchée à 50° par de l'acétone. La solution est séparée par filtration du résidu insoluble. On additionne de SO^4H^2, et après quelques heures de contact on verse dans une grande quantité d'eau chaude. Après vingt-quatre heures, il se rassemble un dépôt brun verdâtre qu'on recueille sur un filtre. On le soumet au même traitement que le précédent. Après plusieurs purifications on obtient ainsi une substance jaune composée d'aiguilles microscopiques.

Propriétés. — La cascarine est incolore, insipide, soluble en rouge pourpre foncé dans la potasse et avec la même coloration dans les solutions alcalines. Elle est insoluble dans l'eau, soluble dans l'alcool, moins soluble dans le chloroforme, soluble dans l'alcool éthéré. Desséchée à 50° et sur l'acide sulfurique, elle donne à l'analyse des nombres correspondant à la formule $C^{12}H^{10}O^5$.

Par fusion avec la potasse la cascarine donne une substance blanche cristallisée qui présente les réactions de la *phloroglucine*.

Ce serait donc une substance ternaire appartenant à la série aromatique, puisque en le fondant avec KOH elle donne un phénol.

LEPRINCE ne se prononce pas sur le point de savoir si la cascarine est identique ou simplement isomère à la rhamnétine de SCHUTZENBERGER, obtenue par dédoublement d'un glucoside complexe étudié par LIBERMANN.

Ce qui est certain, ajoute LEPRINCE, c'est que deux végétaux de la même famille, le rhamnus et le cascara, se rapprochent encore par les principes immédiats qu'on en peut extraire.

D'après d'autres auteurs la cascarine serait identique à la *Franguline*, glucoside retiré de l'écorce de bourdaine (*Rhammus frangula*).

La cascarine jouit d'une action laxative très marquée, comme l'écorce dont on la retire. Elle purge et combat la constipation en déterminant une augmentation des sécrétions intestinales en même temps que des contractions de l'intestin.

J.-E. A.

CASÉINE. — *La caséine* est la partie[1] la plus importante des matières albumineuses du lait; le reste est constitué par l'albumine qui forme l'enveloppe des globules de graisse, et un mélange d'une variété soluble de cette dernière, avec une substance albumineuse de nature chondroïde, ainsi que des corps protalbiques, syntoprotalbiques et des peptones.

C'est dans le lait seulement que la caséine a été trouvée avec certitude.

Nature de la caséine. — C'est une question très controversée que celle de la nature de la caséine. Tandis que HAMMARSTEN et CHITTENDEN considèrent la caséine

1. Cf. COLLIN et PLANCHON. *Les Drogues simples*, 1896, II.

comme formée par une substance albumineuse homogène, la *nucléo-albumine*, pour A. Danilewsky, c'est un mélange de deux substances (et même trois) de nature distincte : la *caséo-albumine*, et les *caséoprotalbines*.

Ces divergences de vues proviennent, ainsi que A. Danilewsky l'a montré, du fait que les auteurs emploient des procédés différents pour préparer la caséine.

Procédés de préparation. — Le procédé courant, pour préparer la caséine, est le suivant : on ajoute à du lait, étendu de deux ou trois volumes d'eau, goutte à goutte, de l'acide chlorhydrique, ou acétique, étendus, jusqu'à formation d'un précipité floconneux, abondant; on filtre et on lave le précipité à l'eau, à l'alcool et à l'éther.

On peut aussi précipiter la caséine en ajoutant au lait du sulfate de magnésie jusqu'à saturation; on lave ensuite le précipité avec la solution saline, puis à l'alcool et à l'éther.

Mais A. Danilewsky a montré que la caséine ainsi préparée entraîne avec elle les globules de graisse, que le traitement par l'éther ne peut éloigner, car ce ne sont pas des gouttelettes libres de graisse, mais bien de petits globules ayant une paroi propre formée par de l'albumine.

Voici le procédé que Danilewsky préconise et qui donne d'excellents résultats. La caséine, obtenue par précipitation avec les acides, et bien lavée à l'eau, est broyée finement avec un peu d'eau, puis dissoute dans une solution très étendue d'ammoniaque. Le liquide, d'aspect trouble, est versé sur plusieurs filtres de papier assez épais. Les premières portions de liquide passent troubles, on les reverse de nouveau sur le filtre : le liquide doit passer limpide.

Les globules de graisse restent sur le filtre. La caséine qui est en solution dans le liquide est précipitée par de l'acide chlorhydrique étendu, puis lavée à l'eau, à l'alcool et à l'éther.

Le choix de l'acide n'est pas indifférent lorsqu'il s'agit de précipiter la caséine de ses solutions alcalines, car la partie protalbique de la caséine est très soluble dans les solutions de sels alcalins, qui bleuissent le tournesol, et exige un grand excès d'acide pour se précipiter. Mais un grand excès d'acide dissout à son tour la partie albumineuse de la caséine, et celle-ci n'est pas précipitée en entier.

L'acide chlorhydrique convient très bien, tandis que l'emploi de l'acide acétique doit être rejeté. En effet, si on répète à plusieurs reprises la redissolution de la caséine dans une solution faible de soude caustique, et qu'on la précipite chaque fois par l'acide acétique (c'est le procédé employé par Hammarsten pour préparer la caséine), *on arrive à éliminer complètement la caséo-albumine, et la caséine ainsi obtenue n'est plus formée que par la caséoprotalbine seulement : c'est la caséine de* Hammarsten. L'acide chlorhydrique, par contre, précipite la caséine avec toutes ses parties constituantes et dans leur rapport normal, car ni la caséo-albumine, ni la caséoprotalbine ne sont solubles dans le chlorure de sodium, ou le chlorure d'ammonium.

Propriétés. — Ainsi préparée, la caséine présente les propriétés d'un acide, elle rougit fortement le tournesol, et sature une certaine quantité de bases. C'est ainsi qu'elle chasse l'acide carbonique du carbonate de chaux.

Desséchée, c'est une poudre blanche, amorphe, qui peut être chauffée à 100° sans perdre ses propriétés et sa solubilité. Elle est insoluble (presque) dans l'eau et dans l'alcool, ainsi que dans les solutions salines à réaction neutre; mais soluble dans les solutions alcalines faibles. Si on dissout la caséine dans l'eau de chaux, et qu'on y ajoute avec précaution de l'acide phosphorique jusqu'à réaction neutre, la caséine reste en solution, en apparence du moins, mais peut-être est-elle seulement très fortement gonflée. La couleur du liquide rappelle celle du lait écrémé.

Les solutions de caséine ne se coagulent pas par l'ébullition, mais se recouvrent d'une pellicule de caséine coagulée, tout comme le lait, et qui se renouvelle lorsqu'on l'enlève. Les acides faibles précipitent la caséine de ses solutions, elle peut se redissoudre dans un excès d'acide, surtout dans l'acide chlorhydrique, moins dans l'acide acétique; la présence des sels retarde la précipitation par les acides.

Bouillie avec une solution de soude caustique à 2 p. 100, la caséine donne, en présence de l'oxyde de plomb, du sulfure de plomb (la caséine de Hammarsten ne donne que des traces de sulfure métallique).

Après incinération, la caséine laisse beaucoup de cendres, formées de chaux et d'acide phosphorique (la caséine de HAMMARSTEN ne donne presque pas de cendres). La caséine se transforme complètement en peptones, sous l'influence de la trypsine, en milieu alcalin.

Séparation des parties constituantes de la caséine. — Les *substances caséoprotalbiques* constituent le tiers environ du poids total de la caséine. Pour les extraire on fait bouillir la caséine avec de l'alcool à 50 p. 100, et on filtre *à chaud*. Après refroidissement du liquide filtré, la caséoprotalbine se dépose sous forme de gros flocons blancs; elle est insoluble (presque) dans l'eau, elle rougit fortement le tournesol et se combine aux bases; c'est à cette substance que la caséine doit ses propriétés acides. Bouillie avec de la soude caustique à 2 p. 100, elle ne donne pas, en présence de l'oxyde de plomb, du sulfure de plomb; après la combustion elle ne laisse pas de cendres; ce sont les propriétés de la caséine de HAMMARSTEN.

Les réactions colorées que cette substance donne, lorsqu'on l'évapore à siccité après l'avoir additionnée d'un peu d'alcool et d'une goutte d'acide acétique, montrent qu'elle est formée de deux substances : la *caséoprotalbine* et la *caséoprotalbinine*, qui sont les

TABLEAU I

Tableau comparatif des propriétés de la caséine et de ses parties constituantes.

	CASÉINE.	CASÉOPROTALBES.	CASÉO-ALBUMINE.
1° Dans les acides dilués.	Soluble.	Très solubles.	Lentement soluble.
2° Dans les alcalis dilués.	Facilement soluble et sature les bases.	Facilement solubles et saturent les bases.	Soluble, mais ne sature pas les bases.
3° Après incinération. . .	Cendres : Ca et PO^4H^3	»	Ca et PO^4H^3.
4° Contiennent.	1,1 à 1,2 p. 100 de soufre.	1,1 p. 100 de soufre.	1,23 p. 100 de soufre.
5° Par l'ébullition avec la soude caustique à 1 ou 2 p. 100, le S donne. . .	Du sulfure métallique.	»	Sulfure métallique.
6° Dans les solutions des sels alcalins à réaction alcaline.	Soluble.	Solubles.	Peu soluble.
7° Dans l'eau.	Peu soluble.	Peu solubles.	Insoluble.
8° Dans l'alcool à 40-60 p. 100 bouillant.	En partie soluble.	Solubles.	Insoluble.
9° Par l'ébullition avec de l'eau ou de l'alcool . . .	Se coagule et devient insoluble.	Ne sont pas coagulés et restent solubles.	Se coagule et devient insoluble.
10° Au tournesol.	Peu acide.	Acide.	Très peu acide.

homologues de la *protalbine* et de la *protalbinine*, premiers échelons de la peptonisation pancréatique de l'albumine de l'œuf.

On peut préparer la *caséo-albumine* en extrayant de la caséine la totalité des substances caséoprotalbiques, par des ébullitions répétées avec de l'alcool à 50 p. 100. Mais il vaut mieux, après une première ébullition de la caséine avec l'alcool à 50 p. 100, traiter le résidu par de l'acide chlorhydrique à 1 p. 100 qui dissout les substances protalbiques, mais ne dissout pas la caséo-albumine qui a été coagulée par la chaleur.

On peut aussi obtenir la caséo-albumine en faisant dissoudre la caséine dans une solution faible de soude caustique, en neutralisant par l'acide acétique jusqu'à ce que le liquide devienne opalescent, et en ajoutant de l'alcool jusqu'à formation de précipité floconneux. Le précipité recueilli sur un filtre est lavé à l'alcool faible et à l'eau. En répétant à plusieurs reprises la dissolution de la caséine dans la soude, et la précipitation par l'acide acétique, on peut obtenir la caséo-albumine dans un état de grande pureté. La caséoprotalbine qui reste en solution est éliminée complètement par ces opérations répétées.

La caséo-albumine ne rougit pas le tournesol et ne s'unit pas aux bases. Elle est soluble dans les solutions alcalines et des sels alcalins, de même que dans les solutions diluées des acides minéraux; peu soluble dans l'acide acétique faible.

Par l'ébullition avec la soude caustique à 2 p. 100, elle donne facilement, avec l'oxyde de plomb, un sulfure de plomb.

Après combustion, la caséo-albumine laisse des cendres formées de chaux et d'acide phosphorique; des lavages répétés avec les acides minéraux ne parviennent pas à la débarrasser de ces éléments minéraux.

La caséine existe-t-elle dans le lait avec toutes ses parties constituantes?

1° La caséine précipitée du lait frais par un mélange d'alcool et d'éther, ou par l'alcool seul, est toujours formée par un mélange des parties constituantes dont nous avons parlé.

2° La caséine obtenue par coagulation spontanée du lait se comporte tout à fait de la même manière, avec l'alcool à 50 p. 100 bouillant, que celle qui est obtenue par la précipitation avec les acides.

3° En ajoutant au lait frais son volume d'alcool concentré, en faisant bouillir et en filtrant à chaud, le liquide laisse déposer par refroidissement un abondant précipité de caséoprotalbes; celles-ci ne sont donc pas un produit artificiel, dû à l'influence des acides sur le lait, dans la précipitation de la caséine. On peut de même retrouver sur le filtre après cette opération la caséo-albumine avec toutes ses propriétés.

Rapport génétique des caséoprotalbes et de la caséo-albumine. — Dähnhardt, et plus tard Danilewsky et Radenhausen, ont extrait des glandes mammaires de la vache un ferment qui transforme facilement, en solution alcaline, la caséo-albumine en substances protalbiques de la caséine.

En outre, lorsqu'on abandonne à la température de 15° pendant 20 à 30 heures de la caséo-albumine pure, délayée dans un grand volume d'une solution de soude caustique à 1 p. 100, le liquide, filtré et neutralisé par de l'acide chlorhydrique très dilué, laisse déposer un précipité, lequel, lavé à l'eau et à l'alcool, montre les propriétés de la caséine, et abandonne à l'alcool à 50 p. 100, bouillant, une quantité notable de caséoprotalbes acides.

Or Danilewsky a montré qu'on peut transformer les caséoprotalbes en caséo-albumine par le même procédé par lequel on transforme les substances protalbiques dérivées de l'albumine, en albumine d'œuf, ce qui se fait avec incorporation dans la molécule d'une certaine quantité de phosphate de chaux. On peut donc, en se basant sur la présence du phosphate de chaux en dissolution dans le lait, admettre que les caséoprotalbes du lait dérivent de la caséo-albumine, qui a perdu par ce fait ses éléments inorganiques. La caséo-albumine du lait montre, par sa faible teneur en soufre, qu'elle-même provient de l'albumine du sérum du sang.

Caséine artificielle. — En faisant digérer pendant assez longtemps de l'albumine d'œuf, avec un grand volume de solution de soude caustique à 2-3 p. 100, à la température de 15°, on peut la transformer en partie en protalbine et protalbinine, et on obtient, par neutralisation du liquide filtré, un précipité blanc, qui est un mélange d'albumine non encore modifiée, et de substances protalbiques, et qui se comporte sous tous les rapports comme la caséine naturelle.

C'est la caséine artificielle: on peut la préparer aussi avec la fibrine, et avec l'albumine du sérum du sang; dans ce dernier cas la ressemblance avec la caséine naturelle est encore plus complète, la teneur en soufre des deux substances étant la même.

Action de la présure. — Tandis que les acides, les sels, l'alcool, de même que la coagulation spontanée du lait précipitent la caséine sous sa forme naturelle, la présure la modifie notablement, et l'on a grand tort de confondre sous le même nom de « caséine » les produits de ces différentes opérations. Danilewsky a montré que la caséine coagulée par la présure n'est plus de la caséine naturelle, mais qu'elle possède les propriétés de la *caséo-albumine seulement*; elle ne rougit pas (ou presque pas) le tournesol, est très peu soluble dans les solutions des sels à acides faibles, et dans l'eau de chaux, et ne laisse pas de cendres après incinération; l'alcool à 50 p. 100 bouillant n'extrait que des traces de corps caséoprotalbiques.

La caséo-albumine n'est pas modifiée par la présure : celle-ci n'agit que sur les caséo-

TABLEAU II

Tableau comparatif des propriétés de la caséine naturelle et de la caséine artificielle.

	CASÉINE NATURELLE ET ARTIFICIELLE.
Dans l'eau et l'alcool.	Insoluble.
Se délaie dans l'eau	Partiellement, sous forme de poussière, qui rougit le tournesol.
Dans l'HCl à 0,1 p. 100.	Soluble.
Dans la NaOH à 0,1 p. 100	Soluble.
Dans les sels alcalins à réaction alcaline	Soluble.
Dans l'eau de chaux	Soluble et éliminée partiellement par l'ébullition.
Dans les sels neutres : NaCl, NH^4Cl, $MgSO^4$, Na^2SO^4	Insoluble.
Par neutralisation des solutions acides ou alcalines.	Est précipitée des solutions pas trop étendues sous forme de flocons.
Par l'ébullition avec de l'alcool à 50 p 100.	Toutes deux sont séparées en une partie soluble et une partie insoluble; la partie soluble est précipitée par refroidissement de la solution alcoolique, sous forme de flocons, elle est formée de substances protalbiques acides, ne laissant pas de cendres. La partie demeurée insoluble est de l'albumine coagulée par la chaleur.
L'incinération donne.	Des cendres formées de calcium, de magnésium et d'acide phosphorique.
En faisant bouillir avec NaOH à 2-3 p. 100 en présence d'oxyde de plomb.	Il se forme du sulfure de plomb.
Les acides minéraux.	Ne sont pas fixés à la température ordinaire.
Les alcalis.	Sont fixés en assez grande quantité; les substances sont dissoutes avant la saturation et montrent bientôt une réaction fortement alcaline.
La présence du phosphate de sodium.	Empêche la précipitation par les acides en solution alcaline ou saline. La quantité d'acide à employer doit être plus grande.
Lorsque ces corps sont en solution alcaline ou acide, ou bien en suspension dans l'eau, l'évaporation de ces liquides.	Donne lieu à la formation d'une pellicule à la surface du liquide, qui se reforme à mesure qu'on l'enlève.
Action de la présure sur des solutions faiblement acides ou alcalines.	Les deux substances sont coagulées et précipitées de leurs solutions, seulement en présence du calcium et de l'acide phosphorique.

protalbes seules, lesquelles passent à l'état de caséo-albumine en s'incorporant une partie du phosphate de chaux, dont la présence dans le liquide est absolument indispensable (ainsi que HAMMARSTEN l'a noté le premier), pour que la transformation, et par conséquent la coagulation, puissent s'opérer.

Les caséoprotalbes pures, retirées de la caséine, dissoutes dans l'eau de chaux, et additionnées de phosphate de chaux, se coagulent aussi bien sous l'influence de la présure.

La présure exerce exactement la même action sur les substances protalbiques préparées artificiellement avec l'albumine. En ajoutant à une solution protalbique, faiblement alcaline, ou acide, un peu d'eau de chaux et quelques gouttes de solution de phosphate de sodium, puis quelques gouttes de présure, la solution se coagule dans l'espace de quinze à vingt minutes à la température de 20 à 30°. Le coagulum lavé ne renferme que des traces de substances protalbiques et forme une véritable albumine. Lorsque le calcium et l'acide phosphorique, ou l'un de ces corps, font défaut, la formation de l'albumine n'a pas lieu.

Pour démontrer que la chaux et l'acide phosphorique sont véritablement combinés avec les matières albumineuses, et non pas seulement mélangés à elles, DANILEWSKY donne les raisons suivantes :

1° Les acides dilués ne peuvent extraire le Ca et le PO^4H^3.

2° Des substances protalbiques mélangées intimement avec le phosphate de chaux ne perdent pas pour cela leur solubilité dans l'alcool à 50 p. 100 bouillant.

3° En s'incorporant le phosphate de chaux, les corps protalbiques perdent leurs caractères acides, ainsi que leurs propriétés de s'unir aux bases, et deviennent des corps indifférents, neutres.

4° La présence d'un excès de CaO dans les cendres montre que l'acide phosphorique et la chaux ont dans la molécule d'albumine un rapport qui n'est pas celui du $(PO^4)^2Ca^3$.

Cependant, pour HAMMARSTEN, le phosphate de chaux ne joue pas un rôle direct dans la coagulation de la caséine par la présure; voici l'expérience sur laquelle il se base. A une solution de caséine ne contenant pas de phosphate de chaux, il ajoute de la présure. La coagulation n'a pas lieu; mais, si, au bout d'un certain temps, on détruit la présure en soumettant le liquide à l'ébullition, et qu'ensuite on y ajoute du phosphate de chaux, la coagulation se produit. HAMMARSTEN en conclut que la présure a agi en l'absence du phosphate de chaux, dont la présence est seulement nécessaire pour permettre la précipitation de la caséine hors du liquide dans lequel elle était en solution.

Pour lui l'action de la présure consiste à scinder la caséine, primitivement homogène, en deux corps : l'un insoluble et qui se précipite, c'est la *paracaséine;* l'autre, en faible quantité, est une espèce d'albumine soluble qui reste en solution dans le petit lait.

HALLIBURTON propose d'appeler *caséinogène* la caséine avant la coagulation par la présure, et *caséine* le produit de la coagulation.

Caséine du lait de femme. — La caséine du lait de femme, comme aussi du lait de jument, se précipite difficilement par les acides, les flocons sont très ténus; la présure aussi la coagule imparfaitement et difficilement sous la forme de très petits flocons.

Les recherches de DANILEWSKY ont montré que la caséine du lait de femme contient, outre la caséoprotalbine, et la caséoprotalbinine, des corps protalbiques qui sont à un degré de peptonisation supérieur à ceux-ci, notamment les homologues de la protalborangine et de la protalbosérine: or l'albumine arrivée à ce stade de la peptonisation se précipite très difficilement et imparfaitement, soit par les acides, soit par la présure.

Proportions de la caséine dans le lait. — Les chiffres donnés par les divers auteurs varient nécessairement suivant les procédés employés pour isoler la caséine; on ne peut donc leur accorder qu'une valeur relative.

	CASÉINE DANS 100 PARTIES DE LAIT DE VACHE.		
BOUSSINGAULT ET LEBEL. . .	3,00	3,40	3,40
LYON PLAYFAIR.	3,90	4,90	5,40
FILHOL ET JOLY.	3,90	4,25	4,55
POGGIALE.	3,80	—	—
CHEVALIER ET HENRY	3,75	4,20	—
GORUP-BESANEZ.	5,40	—	—

	CASÉINE DANS 100 PARTIES DE LAIT DE FEMME.						
DONNÉ	1,90	»	»	»	»	»	»
FR. SIMON	3,90	1,96	2,20	4,52	3,55	3,70	3,10
E. MARCHAND.	0,63	—	—	—	—	—	—
VERNOIS ET BECQUEREL .	3,92	—	—	—	—	—	—
DOYÈRE.	1,55	1,17	—	—	—	—	—
FILHOL ET JOLY.	1,50	0,89	0,85	0,85	0,85	1,00	2,05
BRUNNER	0,63	—	—	—	—	—	—
FOLMATSCHEFF	2,05	1,04	—	—	—	—	—

Armand Gautier donne les proportions suivantes pour divers autres laits : chèvre 3,71 ; brebis 6,10 ; ânesse 1,70 ; et jument 2,70.

La proportion de caséine varie suivant le mode d'alimentation.

Lait de chienne, d'après Subbotin.

	Viandes maigres.	Pomme de terre.	Graisse.
Caséine p. 100	5,10	4,26	5,92

Clemm a montré que le colostrum ne contient pas de caséine ; celle-ci n'apparaît dans le lait (lait de femme) qu'après la naissance.

	4 semaines avant la naissance.	17 jours avant la naiss.	9 jours avant la naiss.	24 heures avant la naiss.	2 jours après la naiss.
Caséine p. 100	»	»	»	»	21,82

D'après Fleischmann, le colostrum de la vache contient de la caséine, et en plus grande quantité que le lait, si l'on en juge par le tableau suivant donné par Halliburton.

	Colostrum.	Lait.	Lait.
Caséine p. 100	7,30	3,57	3-4

Enfin la proportion de caséine peut varier suivant les races, suivant l'âge, et le nombre des portées.

Bibliographie. — (Consulter les principaux traités de Chimie physiologique de A. Gautier, Gorup-Besanez, Hammarsten, Hoppe-Seyler, Halliburton.)

Hammarsten (A). *Zur Kenntniss des Kaseins und der Wirkung des Labferments* (*Nov. Act. Reg. Soc. scient. Upsala*, 1877, *Festschr.*) — Arthus et Pagès. *Rech. sur l'action du lab et la coagulation du lait dans l'estomac et ailleurs* (*A. de P.*, 1890, (5), II, 331-339). — *Sur le labferment de la digestion du lait* (*ibid.*, 540-545). — Dähnhardt. *Zur Caseinbildung in der Milchdrüse* (*A. g. P.*, 1870, III, 586-598). — Béchamp (A.). *Sur quelques particularités de l'histoire de la caséine et de l'albumine à propos d'une note de* M. Commaille (*J. de pharm. et de chim.*, Paris, 1874, XX, 17-20). — Kehrer (F.). *Zur Morphologie des Caseins* (*C. W.*, 1870, VIII, 545). — Lubavin (N.). *Ueber die künstliche Pepsinverdauung des Caseins und die Einwirkung von Wasser auf Eiweisssubstanzen* (*Med. Chem. Unters. a. d. Lab. zu Tubingen.* Berlin, 1871, 463-485). — Moraczewski. *Verdauungsprodukte des Caseins und ihr Phosphorgehalt* (*Z. C.*, 1894, XX, 28-51). — Danilewsky (A.) et Radenhausen (P.). *Nouvelles recherches sur les albumines du lait* (*Moniteur scientifique*, oct. 1881, 1109), et dans le *Journal de la Société de chimie* de Saint-Pétersbourg (en russe, *in extenso*). — Danilewsky (A.). *Étude sur la constitution chimique des matières albuminoïdes* (*Arch. d. sc. phys. et natur.*, Genève, 1882, 305-330 ; 431-474 ; 150-177 ; 425-462). — Schmidt Mülheim. *Findet in der Milch eine Caseinbildung auf Kosten des Albumins statt ?* (*A. g. P.*, 1882, XXVIII, 243-254). — Schmidt Mülheim. *Beiträge zur Kenntniss der Eiweisskörper der Kuhmilch.* (*A. g. P.* 1882, XXVIII, 287-312). — Uffelmann (J.). *Studien über die Verdauung der Kuhmilch und über die Mittel ihre Verdaulichkeit zu erhöhen* (*A. g. P.*, 1882, XXIX, 339-386). — Meisil (E.). *Ueber die Veränderungen des Milchcaseins* (*Ber. d. d. chem. Gesellschaft.* Berlin, 1882, 1259-1264). — Salkowski (E.). *Ueber das Verhalten des Caseins bei der Magenverdauung und die Verseifung der Fette* (*C. W.*, 1893, XXXI, 467-469). — Salkowski (E.). *Ueber den Verbleib des Phosphors bei der Verdauung des Caseins* (*C. W.*, 1893, XXXI, 385). — Kappeller. *Untersuch. über das Casein* (*Diss. inaug. Dorpat*, 8°, 1874). — Hugounenq (L.). *Rech. sur le passage des solutions de caséine à travers la porcelaine* (*Lyon méd.*, 1892, LXX, 385-391). — Chittenden (R. H.). *Caseoses, casein, dyspepton and casein peptone* (*Tr. Connecticut Acad. arts and sc.* New Haven, 1890, VIII, 66-105). — Edkins (J. S.). *The change produced in casein by the action of pancreatic and rennet extracts* (*J. P.*, 1891, XII, 193-219). — Drechsel (E.). *Ueber basische Spaltungsprodukte des Caseins* (*Verh. d. X. int. med. Cong.* Berlin, 1890, II, (2), 27-31 ; *C. R.*, 1889, III, 66-70). — Chittenden et Painter. *Casein and its primary cleavage products* (*Trans. Conn. Acad. arts and sc.*, New Haven, 1885-88, VII, 362-405).

CATHERINE SCHÉPILOFF.

CASTRATION. — Opération ayant pour résultat de priver les sujets de l'espèce humaine ou les animaux de la faculté de se reproduire, par annulation ou suppression des organes essentiels de la génération.

Pratiquée chez le mâle, cette opération est encore appelée *émasculation.*

Chez la femelle, elle devient l'ovariotomie, l'oophorectomie.

Les sujets qui l'ont subie sont diversement qualifiés, suivant l'espèce à laquelle ils appartiennent.

Chez l'homme, ce sont des *castrats* ou des *eunuques;* cette dernière dénomination s'appliquant plus spécialement aux individus émasculés, que l'on commet à la garde des femmes, dans les harems (de εὐνή, lit et ἔχειν, garder).

Chez les animaux, par le fait de la castration, le cheval entier ou étalon devient un cheval *hongre;* le baudet devient un *âne;* le taureau, un *bœuf;* le bélier, un *mouton;* le bouc, un *menon;* le verrat, un *cochon* ou un *porc;* le coq, un *chapon;* la vache, une *beuve* ou *beuvonne;* la brebis, une *moutonne;* la poule, une *poularde.*

Origine et but. — La castration est depuis fort longtemps en usage; on peut en trouver mention au delà du VIIe siècle avant notre ère, et, à part les Celtes et les Germains, à propos desquels l'histoire manque de renseignements à cet égard, on peut dire que tous les peuples anciens, y compris les Grecs et les Romains, la connaissaient et la pratiquaient, chez l'homme et chez les animaux.

Il paraît cependant que chez les Juifs cette mutilation était prohibée d'une façon absolue et pour tous les animaux (ROUYER, J., 1859).

Actuellement, hormis les peuples orientaux, les musulmans et certaines sectes religieuses, la castration n'est plus en usage, pour l'homme, dans les nations civilisées. Défendue par les lois, elle est qualifiée crime et punie sévèrement quand elle est pratiquée pour toute autre raison qu'une nécessité chirurgicale.

Par contre, chez les animaux, cette opération a pris et prend encore de l'extension, particulièrement dans les pays où l'élevage du bétail est en honneur.

Nous trouverons donc, de ce côté, de nombreux et intéressants sujets d'étude.

Le but poursuivi par ceux qui ont usé et usent encore de la castration n'a pas été et n'est pas toujours le même. Dans les temps anciens et encore de nos jours, dans certaines contrées (Abyssinie), la castration symbolise l'immolation du vaincu; elle imprime le sceau de la défaite, de l'esclavage et de la servilité. Dans l'Afrique orientale, c'est aussi un châtiment; les Gallas n'hésitent pas à y avoir recours, chez les enfants rebelles, ingrats ou qui manifestent des allures étranges et un emportement déréglés (DELAFOSSE, M., 1894).

Pourtant, dans d'autres pays, on la voit devenir une prérogative, une marque distinctive et une initiation réservée aux plus hautes classes.

Les Skoptzy, dont nous aurons encore à parler bientôt, composent toute une secte religieuse, dont l'idéal de sainteté réside entièrement dans la pratique de mutilations portant toujours, à divers degrés, sur les organes de la génération (TEINTURIER, E., 1876-1877).

Mais en dehors de ces considérations, d'un ordre spécial, *la castration a été et est pratiquée en vue de mettre à profit quelques-unes des conséquences physiologiques qu'elle produit sur l'organisme et certaines fonctions.*

C'est la stérilité, dans l'accomplissement du coït, quand il était encore possible, qui faisait hautement apprécier les castrats de certaines dames romaines. C'est la neutralisation sexuelle complète qu'on recherche chez les eunuques des harems. C'est la conservation du diapason élevé de la voix enfantine qui a motivé l'émasculation d'enfants destinés à faire des chantres pour les théâtres et les chapelles d'Italie.

Enfin, c'est pour rendre les animaux plus doux, plus dociles, plus faciles à dresser et à manier; c'est pour augmenter leur aptitude à l'engraissement, à la production d'une viande de bonne qualité ou du lait, que la castration est pratiquée pour certaines espèces domestiques.

On pressent donc, d'après ce dernier exposé, que la castration a sur l'organisme vivant une influence considérable qui se traduit par des modifications anatomiques et physiologiques nombreuses, dont nous aurons à nous occuper; car ce sont elles surtout qui nous intéressent et doivent trouver place dans un ouvrage de physiologie.

Nos documents ayant été recueillis en vue d'une étude comparée, nous envisagerons les conséquences de la castration aussi bien chez l'homme que chez les animaux, ayant la conviction que, de part et d'autre, les faits se prêteront un mutuel concours pour arriver à l'éclaircissement de points encore controversés ou mal interprétés.

Caractères de la sexualité. — Influence des glandes génitales sur l'organisme et les grandes fonctions permettant de prévoir et d'expliquer les conséquences de leur suppression. — Dans la période d'activité sexuelle, qui a son début à la puberté, une grande partie des forces de l'organisme se dépense du côté des appareils chargés d'assurer les importantes fonctions de reproduction.

A partir du moment où l'être vivant, arrivé à son complet développement organique, n'est pas dans la nécessité exclusive de ménager, pour le perfectionnement et la conservation de son individualité, toutes les ressources qu'il trouve dans ses fonctions de nutrition, il est, de par les lois naturelles, dans l'obligation de sacrifier une partie de son activité à la conservation de l'espèce et à la production de nouvelles existences.

A l'époque de la puberté, le travail nutritif, en totalité dépensé, depuis la naissance, au profit des appareils qui fonctionnent pour l'individu, est dérivé partiellement vers les organes chargés d'assurer la conservation de l'espèce et s'accélère par conséquent dans l'appareil de la génération et dans tous ses annexes.

Aussi voit-on survenir, en même temps que le réveil des organes générateurs, des modifications variées dans les autres organes qui, pour une part importante, doivent concourir à l'accomplissement du grand acte de la reproduction.

C'est à ce moment surtout que les *caractères apparents et distinctifs de la sexualité* s'accusent, afin d'exagérer, chez le mâle et chez la femelle, les différences extérieures et instinctives qui doivent stimuler le fonctionnement génital et aboutir au réveil des appétits sexuels.

C'est à ce moment que, chez la femme, les mamelles, qui jusque-là étaient rudimentaires, se développent; le bassin s'élargit, les formes deviennent plus harmonieuses; les poils apparaissent dans diverses parties du corps; les organes générateurs se vascularisent et entrent dans un état de turgescence qui s'exagère périodiquement et aboutit aux évacuations sanguines menstruelles.

Chez l'homme, le larynx s'agrandit; le diapason de la voix devient plus grave; le système pileux se développe; l'excitabilité de l'appareil génital devient plus grande; la liqueur séminale contient des spermatozoïdes, etc. En même temps, de part et d'autre, le caractère se modifie, les goûts et les aspirations se singularisent.

Chez les mammifères domestiques la même chose s'observe et, dans la plupart des espèces, on voit l'aptitude à la reproduction se manifester par des différences sexuelles aussi apparentes et aussi caractéristiques.

Le mâle se distingue par l'épaississement de ses formes; par les dimensions plus grandes de la partie antérieure de son corps; son poitrail et son encolure sont bien développés, bien musclés; sa tête est forte; par contre, son bassin est étriqué, différence très sensible chez les ruminants. Les phanères, crinière et queue chez le cheval, chignon chez les bovins, sont plus fournis chez le mâle que chez la femelle et, dans les espèces pourvues de cornes, on trouve encore de ce côté des particularités distinctives et fort appréciables. Les cornes du taureau, larges à la base, fortes et puissantes, se développent en épaisseur comme en largeur, tandis que celles de la vache sont toujours moins volumineuses, mais plus longues.

Dans l'ensemble, les femelles se singularisent par une plus grande finesse et une plus grande élégance de forme; leur encolure est peu musclée, leur tête plus légère, leurs membres plus grêles, et, entre leur train antérieur et leur train postérieur, la différence de poids est beaucoup moins appréciable que chez les mâles.

Enfin, chez les animaux comme chez l'homme, le caractère subit, par le fait du réveil des instincts sexuels, de profondes modifications se traduisant, surtout chez le mâle, par des tendances batailleuses pouvant aller jusqu'à la méchanceté.

Toutes ces modifications et toutes ces différences, dont nous ne pouvons du reste donner qu'un court aperçu, sont entièrement sous la dépendance de l'activité fonctionnelle des glandes génitales. Ce sont ces glandes qui poussent l'organisme vers le type masculin ou le type féminin, à telles enseignes qu'avant leur complet développement et leur réveil physiologique, les différences entre les jeunes individus des deux sexes ne sont pas ou sont à peine appréciables.

D'après ces quelques faits, on saisit toute l'importance du retentissement des appareils sexuels sur l'organisation générale et la physiologie des êtres; mais il ne faut pas oublier que les modifications organiques concomitantes du réveil de l'activité des glandes génitales ne font qu'accuser la différenciation des sexes, et, comme nous le disions plus haut, ne doivent que contribuer à forcer les rapprochements en exagérant les contrastes.

On peut donc prévoir que ces modifications et ces différenciations, qui n'ont leur raison d'être qu'autant que les sujets sont pourvus de testicules ou d'ovaires, subiront des déviations profondes, dans leur évolution et leurs caractères, quand les glandes feront défaut ou seront supprimées.

Chez tous les animaux, la privation des organes reproducteurs entraîne des changements variés et nombreux sur les éléments constitutifs divers, sur le caractère, la conformation extérieure et le tempérament général de l'individu; ceci provient de ce que les forces nutritives et vitales, principalement dirigées, dans les conditions normales, vers la fonction à laquelle est confiée la conservation de l'espèce, prennent, après la castration, une direction différente et se concentrent tout entières sur les fonctions d'essence exclusivement individuelle.

Naturellement, à ce point de vue, la castration a une influence plus ou moins marquée suivant qu'elle est pratiquée chez de très jeunes sujets, avant le réveil de l'activité des glandes sexuelles, ou bien suivant qu'elle est pratiquée tardivement, lorsque les organes sont complètement développés et ont même fonctionné.

Dans le premier cas, les sujets châtrés sont vraiment des neutres, en ce sens qu'aucune des modifications organiques, *caractéristiques de la sexualité*, n'a pu seulement être ébauchée, tandis que dans le second, il y a forcément conservation de quelques caractères sexuels qui, bien qu'atténués, sont encore persistants.

Une autre cause pouvant permettre d'expliquer en partie les conséquences de la castration se trouve dans les faits relatifs aux sécrétions internes.

En effet, lorsque Brown-Séquard (1869) eut établi que toutes les glandes, pourvues ou non de conduits excréteurs, donnent au sang des principes utiles dont l'absence se fait sentir après leur extirpation ou leur destruction; lorsque, dans la série de travaux qu'il a publiés, de 1889 à 1893, cet auteur eut en quelque sorte apporté une preuve de la valeur de la sécrétion interne du testicule, en exposant les résultats thérapeutiques de la médication orchitique, on crut avoir trouvé la clef des multiples effets produits par la castration.

Il est vrai que, bien avant ces travaux, on avait déjà pensé à une résorption partielle des sucs testiculaires et à leur influence favorable sur la nutrition, mais on ne paraît pas y avoir ajouté autant d'importance que dans ces dernières années.

Établissant une comparaison entre l'invigoration produite par les injections de suc testiculaire et la débilité physique et morale des castrats et des eunuques, on a cru voir dans les suites de l'émasculation une conséquence d'un arrêt de développement et d'un ralentissement des fonctions nutritives, par défaut de stimulant interne (Éloy, Th. 1893). Dans une certaine mesure, la chose est admissible; mais, si une bonne part doit être accordée à cette explication, s'il est prouvé que le produit de la sécrétion interne testiculaire exerce sur la nutrition générale une action stimulante qui imprime à tous les systèmes une puissante impulsion vitale, il ne faut pas en exagérer la valeur.

On ne doit pas oublier que les glandes génitales ne sont pas des organes essentiellement destinés à avoir des rapports étroits avec les fonctions de nutrition. Bien au contraire, toute leur influence doit s'exercer en vue de concourir à la seule fonction de reproduction; les caractères organiques et physiologiques différentiels que l'on voit se développer chez les êtres vivants, par le fait de leur activité, ne font que compléter la sexualisation.

En tant que glandes jouissant de la fonction, commune à tous les tissus, de fournir au sang des principes utiles, le testicule et l'ovaire doivent trouver des suppléances, mais comme organes essentiels et distinctifs de la sexualité, il n'en est pas de même.

L'influence qu'ils exercent de par leur sécrétion interne, variable suivant les espèces, n'est pas absolue; celle qu'ils exercent, en tant que glande génitale, sur la différenciation morphologique et physiologique des sexes est capitale.

C'est à cette dernière que nous accordons la plus grande part, parmi les causes des modifications produites par la castration.

L'intégrité anatomique et fonctionnelle des glandes génitales étant la condition essentielle du développement et de la persistance des caractères distinctifs des sexes, on prévoit que la castration doit avoir pour conséquence d'harmoniser tout ce que la sexualité particularise. Le neutre est, en somme, un intermédiaire entre le mâle et la femelle, il faut donc admettre que dans les modifications observées, il doit y avoir une tendance du mâle vers le type féminin et de la femelle vers le type masculin. Ceci est incontestable, du moins pour les mâles; les individus émasculés sont certainement poussés vers le féminisme et prennent quelques-uns des attributs de ce sexe. Tout cela se retrouve d'ailleurs en partie dans les modifications qui s'observent chez les sujets âgés, après la cessation de l'activité génitale.

La tendance à la confusion et à la disparition de certains caractères sexuels est bien connue chez les vieillards; elle s'accuse, chez l'homme âgé, par une modification du caractère, des goûts, de la voix, du facies et de l'aspect viril; chez les femmes qui ont cessé d'avoir leurs menstrues, par le timbre de voix qui souvent tourne au grave, la pousse des poils à la lèvre supérieure ou au menton, etc.

Ces femmes-hommes que les Romains appelaient *viragines* ont leurs sosies chez les animaux. Ainsi, quand les biches sont devenues stériles, on voit parfois leur tête s'orner de bois, comme les cerfs, et, chez les oiseaux, il est fréquent de rencontrer de vieilles femelles ayant cessé de pondre, qui alors prennent la livrée des mâles.

Principales modifications produites par la castration chez l'homme. — Dans la pratique de l'émasculation chez l'homme, la gravité et l'étendue de la mutilation dépendent de la façon dont l'opération est faite et des organes atteints.

Autrefois les Romains ont établi des catégories qui correspondent à ce que l'on peut voir encore de nos jours. Ils qualifiaient de *castrati* les individus auxquels la totalité des organes externes de la génération (testicules, pénis) avaient été enlevés; les *spadones* étaient seulement privés des testicules; enfin les *thlibiæ* n'avaient subi aucune mutilation, mais simplement certaines manœuvres ayant pour résultat de rendre leurs testicules impropres à remplir leurs fonctions.

La secte religieuse des Skoptzy, dont les adeptes se rencontrent en Russie et pour qui l'idéal de sainteté consiste à préconiser et à pratiquer des mutilations, portant à divers degrés sur les appareils reproducteurs, comprend les Skoptzy *du petit sceau* qui n'ont subi que l'ablation des testicules et les Skoptzy du *sceau impérial*, privés à la fois de la verge et des testicules.

Mais, quelle que soit l'étendue de la mutilation, les glandes génitales sont toujours intéressées, de telle sorte que, finalement, le résultat est constamment le même. Seul l'âge du sujet soumis à la castration est, comme nous l'avons déjà dit, susceptible d'avoir une influence réelle sur les conséquences de l'opération.

Opérés jeunes, les castrats n'éprouvent aucuns des changements qui caractérisent la puberté; ils conservent le type enfantin, et, par leur aspect physique, leurs facultés intellectuelles et morales, ils se rapprochent de la femme ou de l'enfant.

Leur peau est blanche, douce au toucher; leur système pileux reste juvénile; chez eux, les poils ne poussent ni à la face, ni aux aisselles, ni aux parties génitales; ou bien, s'il en vient quelques-uns, ils sont rares, courts, grêles, duveteux.

Les eunuques sont presque tous de haute taille; leur buste est court, mais leurs jambes et leurs bras sont très longs. Ces particularités signalées par Godard, de Amicis (1883) et d'autres, sont en rapport avec un mode spécial d'accroissement des os; ceux-ci, particulièrement les os longs, sont grêles, allongés; les saillies et crêtes d'insertions musculaires sont absentes ou peu accusées. Sur un squelette d'eunuque, étudié récemment par Lortet, on trouva un humérus relativement court, un radius et un cubitus long et faible; les métacarpiens, très allongés, ainsi que les phalanges, constituaient une main étroite, presque simienne. Le fémur, très faible, ne présentait pas de courbure; le tibia et le péroné, tous deux très grêles, étaient d'une longueur tout à fait exagérée. Les pieds étaient plats; les phalanges et les métacarpiens, très grêles et très longs.

L'allongement insolite des membres portait donc surtout sur les membres postérieurs, ce qui est du reste absolument en rapport avec les constatations de Poncet.

Cet auteur a constaté que la castration du lapin détermine, en effet, un allongement des os, des fémurs, des tibias, du sacrum, avec atténuation des courbures et agrandissement du canal médullaire (Poncet, 1877).

Chez les castrats les épaules restent étroites, le bassin s'élargit, les formes s'arrondissent, s'empâtent, se chargent d'embonpoint, et il n'est pas rare de voir les mamelles se développer avec un certain volume comme chez la femme.

L'accroissement du larynx, cause essentielle du changement de timbre de la voix chez l'adolescent, ne se produit pas chez l'individu émasculé qui, pour cette raison, conserve sa voix enfantine avec un peu plus de force cependant, à cause de l'agrandissement des cavités thoraciques, buccales et nasales. On a même prétendu que, comme les enfants, les castrats prononcent la lettre R avec quelques difficultés; mais le fait est douteux, car ce défaut de prononciation eût été une raison suffisante pour enlever aux eunuques chanteurs une bonne partie du succès qu'ils ont eu autrefois dans les chapelles et les théâtres d'Italie. D'ailleurs, cette particularité ne se rencontre pas chez les Skoptzy, qui prononcent parfaitement les *r* (Teinturier, 1877), pas plus que chez les eunuques des pays orientaux, qui lancent à tout venant, et à titre d'injure, le mot « *ganavar* » en appuyant fortement sur la lettre *r*.

En plus de l'atrophie pénienne on peut relever l'arrêt de développement des autres organes de la génération, notamment des vésicules séminales et de la prostate.

Il existe, en effet, des relations fonctionnelles étroites entre les testicules et la prostate. Parmi les travaux récents, ceux de Launois (1894), basés sur l'embryologie, l'anatomie et la physiologie, confirment le fait. Entre l'évolution et la formation de la prostate et celles des testicules, on trouve des rapports intimes qui se traduisent parfaitement dans les vices de conformation et les différentes atrophies testiculaires; dans la monocryptorchidie le lobe correspondant de la prostate est habituellement seul atrophié, alors que l'atrophie prostatique est totale dans la cryptorchidie.

Kirby a pratiqué chez le chien des expériences qui lui ont montré qu'une atrophie très rapide de la prostate suivait habituellement l'extirpation totale des testicules (d'après *R. S. M.*, 1894). Nous avons observé nous-même des faits analogues chez deux animaux, dont les prostates, explorées à travers le rectum, présentaient un volume paraissant supérieur à la normale; la castration double avait produit, après cinquante-six jours, une réduction assez appréciable des organes; nous avons pu l'évaluer à un peu plus d'un quart du volume primitif. Guyon (1895) a rapporté aussi des expériences, faites en collaboration avec Legueu, qui parlent encore dans le même sens. La castration double fut pratiquée sur trois chiens; deux furent sacrifiés au bout de cinq mois, le troisième après deux mois et demi. Chez les deux premiers la prostate avait diminué environ des deux tiers, et chez le troisième l'atrophie était déjà évidente. D'après Albarran (1895), dont les expériences, complétées par l'examen histologique des organes, ont été faites aussi chez le chien, l'atrophie de la prostate, après la castration, débute rapidement; elle est déjà très appréciable un mois et demi à deux mois après la castration.

Chez l'homme des faits cliniques assez nombreux semblent parler dans le même sens. Belfield (1894), par exemple, rapporte le cas d'un jeune homme de vingt et un ans auquel on enleva les deux testicules, atteints de lésions tuberculeuses, et chez lequel, par suite de cette opération, la prostate se réduisit aux dimensions d'un tout petit nodule. C'est en se basant sur des observations de cette nature et en considérant que l'ovariotomie a pu amener la disparition des fibromes de la matrice et l'atrophie de l'utérus lui-même, qu'on a été conduit à penser que la castration pourrait avoir le même effet sur la prostate hypertrophiée. Voilà pourquoi, chez les vieillards présentant les troubles de l'émission de l'urine, causée par l'hypertrophie considérable des lobes prostatiques, on a proposé d'avoir recours à la castration. L'opération pratiquée par plusieurs chirurgiens, Raunx (1891), Haynes (1894), White, Griffiths, Bryson, Watson (1894), Sinitzine, Lütkens, Guyon, Legueu, Albarran, Socin (1895), etc., paraît avoir donné d'excellents résultats, à telles enseignes que le procédé est actuellement recommandé par tous ceux qui y ont eu recours contre les complications du prostatisme.

Sans nier des faits, qui nous paraissent au contraire avoir un très grand intérêt, nous croyons cependant qu'il y a lieu de ne pas généraliser encore, car, de ce que la castration produit l'atrophie de la prostate saine et détermine la régression de certains éléments hypertrophiés de cette glande, il ne s'ensuit pas que, dans tous les cas et pour toutes les tumeurs, le résultat soit le même. Il restait à démontrer — ce qui, à notre avis, est beaucoup plus pratique — que la simple ligature ou section des canaux déférents, peut avoir sur les lobes prostatiques les mêmes conséquences que la castration. Ces essais ont été tentés par Guyon et Legueu (1895), mais les résultats qu'ils ont donnés sont encore trop incertains pour qu'il soit possible de conclure relativement aux rapports à noter entre le volume de la prostate et la suppression fonctionnelle des testicules.

Les grandes fonctions sont plus ou moins influencées par la castration. Habituellement, les castrats manquent de vigueur et d'énergie; ils sont mous; leurs muscles manquent de tonicité. Chez eux, les fonctions digestives sont ralenties, et la nutrition retardée; leurs urines, faiblement acides, sont pauvres en urée et autres produits azotés.

Au moral, on présente les castrats comme inférieurs; leur débilité et leur faiblesse intellectuelle sont partout citées. Cependant, à ce point de vue, il y a peut-être des restrictions à faire, non seulement à cause de ce que l'on observe quand on se livre à des études comparatives, mais aussi parce que, dans l'histoire, on cite des eunuques qui ont acquis une réelle célébrité; tel Aristonicus, général de Ptolémée; Ali, grand vizir de Soliman; Phavorinus, dont la réputation comme philosophe justifie la grande intelligence.

Cependant, au point de vue intellectuel, il y a à tenir compte de la race. — En Orient, on trouve des eunuques abyssins qui sont non seulement doux, sociables, intelligents, mais sont très estimés à cause de l'adresse et du dévouement dont ils font preuve. Quant aux autres races noires, elles fournissent des eunuques d'une extrême sauvagerie, ayant des instincts bas au suprême degré et beaucoup moins développés intellectuellement.

Si on compare les castrats d'une race aux individus intègres de cette race, on constate évidemment une légère infériorité; s'ils sont habituellement plus doux, les castrats ont moins de courage et d'initiative; ils n'ont jamais de virilité dans le caractère, sans cesser pourtant d'être féroces, le cas échéant.

Il y a quelque apparence de contradiction entre l'opinion courante relativement à l'infériorité intellectuelle des castrats et l'influence fâcheuse exercée par le réveil des aptitudes reproductrices sur l'intelligence de certains enfants. En principe, et abstraction faite de l'abus des plaisirs sexuels, il est admis qu'une déviation trop considérable des forces nerveuses vers le travail génital est une cause de faiblesse psychique. La physiologie comparée apprend d'ailleurs que la castration rend les animaux domestiques plus éducables, plus faciles à dresser, ce qui suppose naturellement un plus grand développement de l'entendement.

De même, quoique ce ne soit pas tout à fait comparable, il est notoire que chez les abeilles neutres les facultés instinctives ou intellectuelles, comme on voudra, sont fort remarquables, tandis que chez les sujets féconds on ne voit, sous ce rapport, aucune supériorité sur les autres insectes.

En résumé, si au point de vue de l'intelligence les castrats ne sont pas extraordinairement doués; si, parmi eux, on trouve peu d'hommes vraiment supérieurs, il ne faudrait peut-être pas aller jusqu'à leur décerner, comme caractère distinctif, un cachet d'infériorité morale qui pourrait les faire prendre pour plus atténués du cerveau qu'ils ne le sont en réalité. Il ne faut pas oublier que ce sont des malheureux qui, malgré tout, doivent moralement souffrir beaucoup de la triste situation qui leur est faite au milieu des autres hommes. Au dire de Teinturier, les Skoptzy sont généralement honnêtes. Aussi, à part les méfaits qu'ils commettent par fanatisme et par conviction religieuse, les meurtriers et les voleurs sont-ils rares parmi eux.

En prenant de l'âge, les castrats deviennent épais; leur tissu cellulaire prédomine et se charge de graisse; ils s'empâtent, acquièrent de l'embonpoint et prennent de bonne heure un facies flétri, jaunâtre, poupin et vieillot. Lorsqu'ils sont vieux, leur ventre est gros, mou et relâché, leurs jambes massives, leur démarche lourde et pénible.

La durée de leur vie est peut-être inférieure à la moyenne, ce qui n'empêche pas cependant certains d'entre eux d'atteindre un âge assez avancé.

Pratiquée chez les adultes, la castration tend à produire des modifications analogues à celles qui viennent d'être décrites; cependant, généralement, ces modifications sont beaucoup moins prononcées.

L'aspect physique extérieur change peu; les formes conservent mieux leur cachet masculin et n'ont pas autant de tendances à tourner vers le féminisme. Le système tégumentaire change d'aspect : l'épiderme blanchit; les régions velues s'éclaircissent ou deviennent glabres; la barbe tombe. La voix est peu changée, elle s'affaiblit seulement ou devient plus rauque, mais elle n'est jamais comparable à celle d'un jeune castrat. Les mamelles prennent parfois un développement notable.

La faculté d'entrer en érection et d'avoir des rapprochements sexuels, bien qu'elle aille en s'affaiblissant, persiste habituellement un temps assez long chez les émasculés à l'âge adulte.

Dans toutes ces modifications, il n'y a aucune régularité; souvent assez profondes, elles sont parfois peu accusées, mais toujours appréciables, de telle sorte que c'est à tort qu'il a été dit que les émasculés, après la puberté, restent, à peu de choses près, ce qu'ils étaient avant.

Ce que fait la castration, l'atrophie testiculaire consécutive à des traumatismes ou à des altérations pathologiques graves le réalise parfois. Ainsi LEREBOULLET a rapporté qu'un homme de vingt-sept ans, atteint d'une atrophie des testicules, consécutive à une syphilis, perdit sa barbe, prit une voix de femme, des formes arrondies, des seins volumineux, et simultanément fut atteint d'une impuissance complète, caractérisée par l'impossibilité de l'érection et de l'éjaculation.

En des circonstances analogues on a signalé encore l'hypertrophie mammaire, la gynécomastie, même en l'absence de tout autre caractère féminin et sans impuissance sexuelle; c'est au moins ce qu'ont rapporté LACASSAGNE, CLOQUET, BERTHERAND, HORTELOUP, GRAILLET, GUBLER, REUDER, LEREBOULLET (1877).

Les conséquences de la castration sur le moral et la mentalité sont plus appréciables chez les opérés après la puberté que chez les sujets émasculés dès l'enfance. La cause s'en trouve certainement dans ce fait que les troubles psychiques qui ont été relevés proviennent, non de l'influence immédiate des testicules sur le cerveau et sur son activité fonctionnelle, mais de la tristesse et du chagrin que peuvent éprouver ceux qui sont privés d'organes auxquels l'homme tient habituellement beaucoup. Ces regrets tournent fréquemment à l'obsession, et de là aux troubles cérébraux et à la folie, il n'y a qu'un pas. On en trouve la preuve dans les formes tristes d'aliénation mentale qui ont été maintes fois observées à la suite des maladies des voies génito-urinaires et après la perte des testicules en particulier.

L'homme, dont les testicules, complètement dégénérés ou farcis de tubercules, n'ont plus aucune valeur physiologique, n'eût-il plus aucun désir sexuel, tient essentiellement à garder des preuves extérieures et palpables d'une puissance génitale disparue; aussi, toutes les fois que, dans ces cas, la castration s'impose, le devoir du chirurgien est-il de conserver autant que possible ce testicule *moral* ou de le remplacer par quelque chose; ne serait-ce qu'une balle d'argent, une boule de celluloïde, un peloton de soie, comme déjà on l'a fait plusieurs fois.

La contre-épreuve de l'influence psychique des testicules se trouve dans l'absence de troubles mentaux et la rareté de la folie chez les castrats par conviction (PELIKAN, 1876).

Les Skoptzy sont dans ce cas; émasculés par fanatisme et par conviction religieuse, leur croyance les empêche de s'affliger de ce qui, pour les autres, est un chagrin et une obsession (TEINTURIER, 1877).

Principales modifications produites par la castration chez la femme. — Les conséquences de la castration chez la femme ont été moins étudiées que chez l'homme, d'abord parce qu'il est beaucoup plus rare de rencontrer des eunuques femmes; en second lieu, parce qu'on n'a pas suffisamment indiqué les particularités différentielles offertes par les sujets opérés jeunes, sans autres motifs qu'une neutralisation sexuelle, et par les sujets opérés après la puberté, à un âge mûr, voire même à un âge avancé, pour remplir une indication chirurgicale.

Quelques auteurs ont posé en principe que, quand l'ovariotomie est pratiquée chez l'enfant, elle peut produire des modifications analogues ou correspondant à la féminisation des castrats.

A partir de la puberté, elle n'aurait pas d'influence semblable et ne déterminerait pas l'altération du type féminin (HEGAR, 1878).

Tout le monde n'est pas de cet avis et, en fait, il est parfaitement certain que, même après la puberté, la castration atténue quelques-uns des caractères sexuels de la femme et imprime à l'organisme certains attributs qui le rapprochent du type masculin (KEPPLER, 1890). Dans quelques parties de l'Asie, où des peuples barbares ont l'habitude de pratiquer l'extirpation des ovaires chez de toutes jeunes filles, on a, paraît-il, l'occasion de rencontrer souvent des eunuques femmes, dont l'aspect viril est justificatif de l'influence des glandes génitales sur les caractères extérieurs de la sexualité. Dans ces conditions, comme chez l'homme, on ne voit se produire, à l'âge adulte, aucun des changements qui caractérisent la puberté; les règles n'apparaissent pas; la peau reste blanche dans les points où, habituellement, elle se pigmente, comme au périnée, au pourtour de l'anus, aux aisselles; le bassin ne s'élargit pas comme dans les conditions physiologiques; et les glandes mammaires, au lieu de prendre leur développement et leur aspect normaux, restent petites et à peine saillantes.

Les organes génitaux subissent aussi une atrophie appréciable, se traduisant par une diminution de volume de l'utérus, par le raccourcissement et le rétrécissement du vagin.

Les fibres musculaires de la matrice éprouvent une dégénérescence atrophique analogue à celle qui survient à l'époque de la ménopause.

Cette dégénérescence a été étudiée expérimentalement chez la lapine par BUYS et VANDERVELVE (1894), qui ont constaté que la castration entraîne des altérations bien définies dans le parenchyme musculaire lisse de l'utérus. Ces altérations consistent en un processus atrophique, sans stéatose; le tissu conjonctif de l'endométrium se transforme en tissu fibreux cicatriciel, et l'épithélium des glandes muqueuses est frappé de dégénérescence et de nécrose.

Il y a mieux; on a observé, chez les femmes rendues stériles par l'ovariotomie, l'apparition de caractères masculins, tels que la croissance de moustaches ou de barbe et certaines modifications laryngiennes donnant à la voix un timbre viril particulier.

Quant aux instincts sexuels, nous verrons plus loin ce qu'ils offrent de spécial.

Les autres modifications physiologiques que peuvent présenter les castrats femmes ont été moins bien étudiées; mais, en revanche, on possède des renseignements plus complets sur les suites de la castration telle qu'elle a été pratiquée et se pratique encore couramment en gynécologie, depuis BATTEY (1872) et HEGAR.

Nous trouverons, dans ces faits, des compléments de renseignements; mais, déjà, il faut bien savoir que, si l'ovariotomie tardive a moins d'influence sur l'organisme de la femme adulte, elle n'est pas cependant sans avoir quelques conséquences dignes d'attirer l'attention.

D'après KEPPLER (1890), les conséquences physiologiques de l'ovariotomie pratiquée en vue de remplir des indications chirurgicales (tumeurs, kystes, salpingites ou processus inflammatoires) ont été les suivantes : cessation des hémorragies utérines, diminution du diamètre du bassin, d'autant plus importante que la malade était plus jeune; diminution progressive de la longueur et du volume de l'utérus et du vagin; atrophie des seins; atténuation ou disparition de la couleur brune de certaines régions de la peau; aucun changement dans le timbre de la voix, ni du côté du système pileux; aucune tendance à l'adiposité. Les appétits sexuels sont restés intacts, particulièrement chez les femmes opérées jeunes.

Mais la plupart des auteurs sont d'accord pour admettre que l'ovariotomie double, chez l'adulte, doit produire la suppression des menstrues et une ménopause anticipée, quelques-uns ont prétendu le contraire, et ont établi des distinctions, d'après les cas pathologiques qui ont motivé l'intervention (KEPPLER, 1890).

Sur vingt-cinq ovariotomisées, HOMANS (1881) a vu une femme conserver ses règles pendant huit mois, avec apparition de vives douleurs aux époques. Après avoir pratiqué neuf ovariotomies doubles, FEHLING (1885) a constaté sur deux femmes une persistance irrégulière des hémorragies utérines, un an et deux ans après l'opération.

Terrier (1885-1886) a apporté des faits plus intéressants parce que les malades ont été suivies très longtemps. Vingt-deux opérations d'ovariotomie doubles ont été recueillies et suivies par lui pendant plus de dix ans, et si, dans la majorité des cas, la suppression des règles a été immédiate, on a enregistré quatre exceptions. Chez une femme, les règles, après avoir reparu cinq fois en un an et demi, sont devenues régulières pendant deux ans pour disparaître ensuite définitivement. Chez trois autres femmes, les menstrues se sont montrées aussitôt après l'opération et ont persisté régulièrement, pendant quinze mois chez l'une, vingt mois chez l'autre, sept ans chez la troisième.

Par contre, Magnin (1886) cite dans sa thèse soixante-sept observations d'oophorectomie dans lesquelles on ne trouve pas un cas de persistance de règles.

En somme, et sans multiplier davantage les citations, on voit que nombre de faits empruntés à la chirurgie peuvent faire croire à la possibilité d'une menstruation régulière chez la femme, même après l'ablation des deux ovaires; ce qui, au point de vue physiologique, a des conséquences et une portée considérables.

En effet, admettre que la menstruation peut persister après l'ovariotomie double, c'est porter une atteinte grave à la théorie classique de Négrier qui veut que l'ovulation soit la condition *sine qua non* de l'écoulement menstruel. Aussi a-t-on cherché à expliquer les faits précédents et à les mettre en rapport avec les lois de la physiologie.

Déjà, en 1882, Lebec a avancé que les écoulements de sang qui persistent parfois après l'ovariotomie double sont la conséquence d'une sorte d'habitude de l'organisme, et dépendent de conditions anatomiques, spéciales aux organes génitaux, favorables aux hémorragies de leur côté plutôt que partout ailleurs.

Cette explication a été admise par Terrier (1885), qui a parlé, lui aussi, de poussées congestives vers l'utérus, résultat d'une habitude fonctionnelle, conduisant à des hémorragies utérines plutôt qu'à des règles.

Se basant sur une statistique de Riegel, qui a constaté que, sur cinq cents femmes, vingt-trois ont présenté des ovaires supplémentaires, Duplay (1885) a émis l'hypothèse que la persistance du flux menstruel, après l'ovariotomie, pouvait tenir à une anomalie numérique et à la conservation d'une glande génitale supplémentaire.

Mais l'explication la plus vraie, la cause qui, dans l'immense majorité des cas, justifie la réapparition et la conservation des règles, après la castration double de la femme, doit se trouver dans la façon incomplète dont l'opération a été pratiquée. Avec Terrier (1885, 953), Duplay et Reclus (1892, viii, 682), Pozzi (1892), il faut admettre que la menstruation, après ovariotomie, est certainement le résultat d'une opération incomplète et de la persistance d'une petite portion de tissu ovarien qui suffit pour maintenir le réflexe instigateur de la congestion utérine et de l'hémorragie menstruelle.

Nous avons vu plus haut que, parmi les conséquences de l'oophorectomie, Keppler ne reconnaît pas de changements dans le timbre de la voix; c'est là, en effet, une modification fort peu connue, mais que nous devons simplement signaler comme inconstante, car, en réalité, elle existe parfois.

De même que, chez l'homme, l'ablation des testicules ne cause pas toujours la production de la voix eunuchoïde, de même, chez certaines femmes, l'extirpation des ovaires n'a aucune influence sur le timbre vocal. Mais le fait ne saurait être généralisé, car la castration peut avoir une influence éloignée évidente sur la voix féminine.

D'ailleurs, pour bien étudier ce trouble vocal, il faut avoir, comme J. Moure (1894), l'occasion de rencontrer des personnes ayant fait usage de leur voix pour chanter. On peut remarquer alors que l'ablation des ovaires, chez la femme encore jeune, semble, au moins dans quelques cas, abaisser la tonalité de l'émission vocale.

C'est ainsi qu'à la suite d'une castration nécessaire une femme de trente ans, douée auparavant d'une voix de soprano aigu, perdit toutes ses notes élevées. Après l'opération, elle atteignait le *sol* avec beaucoup de difficulté, mais, par contre, son médium s'était timbré; de *soprano*, elle était devenue une *mezzo grave*, presque une *contralto*, si sa voix avait été plus vibrante et plus étendue. Ces changements du timbre vocal, après la castration, doivent provenir d'une sorte de mue ayant pour résultat l'accroissement du larynx et l'élongation des rubans vocaux. Quant à l'influence de la castration sur le *moral* et la *mentalité* de la femme, elle est souvent considérable, mais d'autant plus à craindre que les antécédents héréditaires du sujet le prédisposent davantage aux troubles mentaux. La forme d'aliénation qui paraît être la plus fréquente est la mélancolie, à des degrés divers; mélancolie anxieuse, avec stupeur, refus des aliments, etc. On a observé aussi des accès d'agitation et de manie aiguë. Il est intéressant de constater que parfois ces troubles cérébraux ont succédé à une ovariotomie unilatérale (Bryant, d'après Barwelle, 1885), ce qui pourrait faire supposer que chez la femme, comme chez l'homme, une grande part doit être accordée aux regrets qu'éprouvent les malades et à l'obsession qui en est la conséquence.

Influence de la castration sur les animaux. — Chez les animaux domestiques l'étude des modifications produites par la castration est des plus suggestives; car, étant complètement à l'abri de toute influence psychique et morale, les sujets se présentent à l'observation dans des conditions naturelles, qui, vu l'abondance des cas, peuvent apporter un appoint sérieux à l'influence des organes génitaux sur les grandes fonctions.

D'une façon générale, il faut retenir que, par suite de l'émasculation, le mâle est poussé vers le féminisme, tandis que réciproquement, *bien qu'en gardant beaucoup mieux que lui* les attributs de son sexe, la femelle a des prédispositions à prendre certains caractères du mâle.

C'est toujours une tendance du sujet châtré vers une conformation intermédiaire qui fait de lui ce qu'il est réellement, c'est-à-dire un neutre. Mais là encore l'influence de l'âge est importante, et il faut bien s'attendre à ce que les modifications morphologiques et physiologiques soient moins accusées à la suite d'une castration tardive qu'après une castration précoce.

Influence de la castration sur les animaux mâles. — *Opérés jeunes*, avant qu'ils aient acquis leurs formes définitives, les animaux semblent subir une sorte d'arrêt dans leur développement; les caractères décrits plus haut, comme distinctifs du sexe mâle, n'apparaissent pas, et le sujet prend, quant à sa conformation, des apparences qui le rapprochent de la femelle.

Le train antérieur reste étroit pendant que les parties postérieures s'élargissent; la tête s'allonge, reste fine et légère; l'encolure s'amincit, les rayons osseux prennent plus de longueur, de telle sorte que, dans l'ensemble, les formes sont moins trapues, moins ramassées.

Le système tégumentaire est aussi modifié chez l'animal châtré : la peau est fine, les crins et les poils sont moins fournis et moins rudes. Par exemple, le mouton qui a été châtré jeune fournit une laine dont le poids est intermédiaire entre celle du mâle et celle de la femelle; par ses qualités, elle se rapproche plus de celle de la brebis que de celle du bélier (Cornevin, *Ch.*, 1891, 217). Chez le chapon on sait que les plumes de la queue, au lieu de se relever et de se recourber en faucille, restent horizontales. Les cornes, dans les espèces qui en sont pourvues, subissent aussi les effets de l'émasculation. Chez le mouton, l'arrêt de développement est complet, et les cornes ne poussent pas, à moins que l'opération ait été pratiquée tardivement; dans ce cas, elle arrête la pousse au point où elle en était et s'oppose à tout accroissement ultérieur. Chez les bovins, qu'elle soit pratiquée dès le jeune âge ou plus tard, la castration n'entrave point l'accroissement de la corne, mais celui-ci ne se fait plus dans le même sens; l'élongation, chez le bœuf, l'emporte de beaucoup et devient le triple de ce qu'elle est chez le taureau. C'est ce dont on peut se rendre compte à l'examen du tableau suivant que nous empruntons à Cornevin (1891, 219). Dans ce tableau se trouvent consignées des observations faites sur deux taureaux de race schwitz, âgés l'un et l'autre de vingt et un mois.

Chez les animaux, la castration modifie aussi les caractères et le timbre de la voix. Parfois elle a pour conséquence de rendre les sujets silencieux, non pas d'une façon absolue, mais au moins dans les circonstances où les mâles de leur espèce ont coutume de faire entendre leur cri distinctif; c'est ce qui arrive au cheval hongre et surtout au chapon. D'autre part, il y a des différences fort appréciables entre le hennissement faible du cheval hongre et le timbre de voix, sonore et aigu, du cheval entier; entre le beuglement du bœuf et le mugissement du taureau. Dans tous les cas, il y a diminution de la force, de la sonorité, de l'ampleur et du vibrant de la voix chez les animaux émasculés.

MESURES DES CORNES PRISES LE JOUR de la castration de l'un des sujets.		MESURES PRISES UN AN APRÈS.		ACCROISSEMENT ANNUEL DE LA CORNE.	
Circonférence.	Longueur.	Circonférence.	Longueur.	Circonférence.	Longueur.
		ANIMAL NON CHATRÉ			
0,22	0,22	0,24	0,23	0,02	0,01
		ANIMAL CHATRÉ			
0,24	0,21	0,23	0,25	— 0,01	0,03

D'autres particularités ont été relevées du côté des organes génitaux, canal déférent, vésicule séminale, verge, etc., qui, du fait de l'émasculation, subissent un arrêt de développement partiel, plus ou moins important suivant l'espèce et l'âge du sujet, mais toujours appréciable. Toutes proportions gardées, la verge du cheval hongre et du bœuf est moins longue et moins grosse que celle de l'étalon et du taureau. Ainsi, d'après quelques mensurations faites chez des animaux, à peu près de même taille, on a relevé comme chiffres moyens : 91 à 93 centimètres de long et 10 à 11 centimères de circonférence pour des verges de taureaux; 61 à 82 centimètres de long et 6 à 8 centimètres de circonférence pour des verges de bœufs.

D'autres différences ont été relevées chez les solipèdes, du côté de la circulation et du système nerveux.

On a constaté que, se rapprochant en cela de la jument, le cheval hongre avait un pouls notablement plus rapide que le cheval entier. Se basant sur les résultats fournis par une série de quinze pesées comparatives, COLIN (1886) a établi que la différence dans le poids total de l'encéphale n'est pas grande entre le sujet hongre et l'étalon; elle est représentée en moyenne par 4 grammes seulement en faveur du premier.

Par contre, si le poids de l'encéphale est établi par rapport au poids du corps, on constate que le cheval hongre l'emporte sur l'étalon et sur la jument.

La comparaison des différents organes composant la masse encéphalique donne d'autres résultats : on voit alors que la conséquence la plus remarquable de l'émasculation est l'augmentation absolue et relative du poids du cervelet et la diminution des hémisphères cérébraux et de l'isthme.

Le tableau ci-dessous, établi d'après COLIN (1886, I, 302), confirme les faits précédents.

	POIDS VIF.	ENCÉPHALE.	CERVELET.	CERVEAU.	ISTHME.	MOELLE épinière.
	kilog.	grammes.	grammes.	grammes.	grammes.	grammes.
Hongres.	335	629	76,6	515	37,2	267,6
Étalons.	401	633	75	518	39,4	273
Juments	348	597	66,9	494	36,5	259,7

Les conséquences de la castration sur le caractère et le tempérament des mâles sont aussi très importantes : ce sont peut-être celles qui ont le plus contribué à la vulgarisation de l'opération pour les animaux domestiques.

Privés de leurs organes génitaux les animaux sont plus dociles, plus doux, plus maniables, plus caressants et plus faciles à dresser. Les passions instinctives sont éteintes chez eux, au grand avantage de l'intelligence qui prend toute prépondérance et augmente de beaucoup les aptitudes des sujets à l'entendement et au dressage.

Les chevaux, si souvent indomptables quand ils sont animés par les instincts génésiques, deviennent faciles à dresser après l'émasculation. Ne s'excitant plus contre les juments ni même contre leurs congénères, ils peuvent être utilisés partout et en toute circonstance sans inconvénients.

Le taureau, dont le naturel sauvage, irascible et farouche, dont la méchanceté habituelle constituent un réel danger et qui, en dehors de la saillie, est généralement inutilisable, devient, après la castration, le paisible et docile bœuf.

On a bien opposé parfois à ces avantages la perte de l'énergie, le peu de vigueur, la mollesse et la tendance à l'engraissement qui figurent aussi parmi les caractères des châtrés; mais l'expérience de tous les jours démontre qu'il ne faut pas en exagérer l'importance. S'il est vrai que les animaux émasculés ont moins de vivacité et d'ardeur que les animaux entiers, il est non moins vrai qu'ils ont autant de force et de vigueur réelle.

Il y a mieux : n'ayant rien à dériver et à dépenser du côté des fonctions reproductrices, l'organisme des châtrés concentre toute sa force et toute son énergie dans une autre direction qui, suivant les services que l'on attend des sujets et les conditions d'existence dans lesquelles on les place, en fait des animaux de travail ou des productures de viande et de graisse. Nul ne peut contester les excellents services que rendent les chevaux qui presque tous ne sont utilisés qu'après avoir été hongrés. Qui mettra en doute la puissance de travail du bœuf et la facilité avec laquelle, d'autre part, on peut l'engraisser quand on le laisse en stabulation permanente?

Principales modifications produites par la castration chez les femelles. — Parmi les femelles domestiques, la truie d'abord et la vache ensuite sont celles que l'on soumet le plus souvent à la castration. A part les circonstances où l'opération s'impose, pour combattre la nymphomanie par exemple, les juments sont rarement châtrées. Dans les autres espèces l'ovariotomie est encore plus rare.

L'habitude de châtrer la truie remonte à la plus haute antiquité et persiste encore de nos jours. Les jeunes truies qui ne doivent pas être livrées à la reproduction sont opérées vers l'âge de six mois. Par ce moyen on évite l'apparition des chaleurs, qui sont fréquentes et d'une violence excessive chez ces femelles; on accroît l'activité des facultés digestives et assimilatrices, de telle sorte que la bête engraisse beaucoup plus vite, fournit une chair de meilleure qualité et peut être livrée de très bonne heure à la consommation. A l'autopsie, on a noté un arrêt de développement des voies génitales et l'atrophie de la matrice.

Ce sont les seules constatations qui aient été bien faites et que l'on possède relativement aux suites de la castration chez les truies.

Plus intéressantes sont les modifications produites par l'ovariotomie chez les femelles de l'espèce bovine.

Beaucoup mieux que les autres, l'organisme de la vache subit l'influence de la castration, et d'autant plus que l'opération a été faite chez des bêtes plus jeunes. Il est vrai de dire cependant qu'en règle générale l'ovariotomie n'est pratiquée que chez des vaches adultes, après un ou plusieurs vêlages, lorsque, l'animal ne devant plus ou ne pouvant plus porter, on songe à augmenter ses qualités laitières et sa propension à l'engraissement. En effet, outre certaines modifications morphologiques, qui donnent à la beuvonne quelques caractères qui l'éloignent de son sexe et la rapprochent du type mâle, l'ovariotomie, chez une vache fraîchement vêlée, a, sur la sécrétion lactée, une influence vraiment extraordinaire que nous devons exposer avec quelques détails.

Influence de l'ovariotomie sur la sécrétion lactée. — Comme terme de comparaison, nous rappellerons au début que, dans les circonstances ordinaires, la lactation, d'abord abondante après le vêlage (dix litres de lait par jour pendant le premier mois), diminue peu à peu, à partir du trentième au quarantième jour pour tomber de huit à six litres, après le huitième mois, et cesser généralement au bout de huit à dix mois.

Or l'effet le plus remarquable de l'ovariotomie est de prolonger la durée de la sécrétion lactée à un chiffre de rendement égal, parfois supérieur, à celui du vêlage pendant une moyenne de vingt à vingt-quatre mois, variable d'ailleurs avec la nature de la bête, sa nourriture et son hygiène.

Pendant près de deux ans une beuvonne peut donner en moyenne dix litres de lait par jour et ne tomber à neuf ou huit litres qu'après ce laps de temps.

D'après un grand nombre d'observations, dues à Winn (1831), Levrat (1834, 1835), Régère (1835), Charlier (1848, 1853, 1854), Prangi (1850), Gourdon (1850), Matthis

(1854), Flocard (1894, 1895), on peut dire qu'une vache ovariotomisée donne *au moins*, dans l'année qui suit l'opération, 1 300 à 1 400 litres de lait de plus que si elle n'eût pas subi d'opération.

Mais ce ne sont là que des résultats moyens habituels; à côté, on possède des exemples beaucoup plus remarquables de prolongation de la sécrétion lactée, pendant plusieurs années.

Flocard, de Genève, qui, pour la castration de la vache, a acquis une réputation hors de pair, a bien voulu nous communiquer quelques résultats, encore inédits, et fort curieux, au point de vue de la physiologie de la glande mammaire :

Une vache de race fribourgeoise, châtrée deux mois après vêlage avec quatorze litres de lait par jour, a mis *sept ans* pour descendre à huit litres.

Une vache de Simenthal, châtrée dix mois après avortement, avec douze litres de lait par jour, a mis *six ans* pour tomber à huit litres.

Une Schwitz, châtrée avec seize litres de lait par jour, a mis *cinq ans* pour descendre à douze litres.

Une Durham-fribourgeoise, âgée de dix-sept ans, châtrée avec onze litres de lait par jour, a mis *quatre ans* pour tomber à neuf litres.

Une Simenthal, châtrée deux mois après vêlage, donnant vingt et un litres de lait par jour, a mis *trois ans* pour descendre à dix-huit litres. Cette bête a donc fourni près de sept mille litres de lait par an pendant trois ans.

Ces quelques exemples nous ont paru dignes d'attirer l'attention des physiologistes.

Ce n'est pas tout; non seulement la castration modifie la quantité du lait, mais elle a sur sa composition une influence considérable :

Dès les premiers jours qui suivent l'opération, la qualité du lait s'améliore, au point que la proportion de *beurre* peut doubler; la *caséine*, les *sels* et la *lactose* augmentent également; mais, au bout d'un certain temps, un mois à deux mois plus tard, la richesse du lait diminue insensiblement pour s'arrêter cependant à un chiffre *toujours supérieur* au chiffre initial (Flocard).

Ces résultats, connus et signalés depuis plus de trente ans par les promoteurs de la castration des bêtes bovines, sont confirmés par un nombre incalculable d'analyses qui établissent une *différence de plus d'un tiers*, en beurre et en caséum, en faveur du lait des vaches châtrées.

Tandis que le lait de deux vaches non châtrées donnait, par litre, en beurre et caséum réunis, 66 grammes et 80gr,4, le lait de six vaches ovariotomisées contenait 101 grammes, 105 grammes, 116 grammes, 117gr,6, 140 grammes et 150 grammes des mêmes éléments (Maumené).

Lorsque la quantité de lait que donne chaque jour une vache châtrée commence à décliner, une compensation s'observe du côté de la stéatopoïèse; la bête s'engraisse avec une remarquable facilité, acquiert rapidement un embonpoint notable, et fournit, après abatage, une chair d'excellente qualité.

Influence que peut avoir la castration sur les instincts génésiques de l'homme et des animaux. — Nous avons dit plus haut que, chez les castrats, les appétits sexuels ne se manifestent généralement pas, surtout quand l'opération a été faite dès le jeune âge, ajoutant aussi que la faculté d'entrer en érection et d'avoir des rapprochements persiste habituellement un temps assez long chez les sujets opérés à l'âge adulte.

Ces particularités offrent un intérêt tout spécial, et ne doivent pas être présentées sous une forme aussi concise, à cause d'exceptions fréquentes : il nous faut donc y revenir pour faire connaître les nombreuses variations que l'on a observées à ce point de vue dans les deux sexes, chez l'homme et chez les animaux.

En effet, s'il est hors de doute que la puissance reproductrice et la fécondité dépendent entièrement et exclusivement des testicules et des ovaires, on n'est pas aussi bien renseigné sur les relations qui existent entre la présence ou l'absence de ces glandes, les appétits sexuels et la faculté d'accomplir le coït. Nombreuses sont les observations qui, chez l'homme et chez les animaux, démontrent que des individus émasculés ont manifesté des ardeurs génitales et se sont livrés à l'acte de la copulation, et prouvent que des femelles ovariotomisées ont eu des besoins sexuels impérieux et éprouvé les sensations voluptueuses du coït. Seulement, il est utile de le rappeler encore, chez les mâles et chez l'homme surtout, la possibilité d'accomplir l'acte vénérien ne s'observe bien que chez les sujets émasculés tardivement ou au moins à l'âge adulte. Ceux-ci conservent une vigueur génitale qui leur permet d'avoir des érections normales, même suivies d'éjaculations et de remplir, au moins en apparence, leur rôle de mâle.

Ces particularités, non ignorées de certaines dames romaines, étaient fort appréciées de celles qui, tout en recherchant les plaisirs de l'amour, étaient obsédées par la crainte de la maternité.

Quelques castrats ont parfois donné des preuves d'ardeurs sexuelles excessives qui, pour des sujets normaux, auraient presque constitué une anomalie.

Teinturier (1876), par exemple, cite, d'après Liprandi, le cas d'un riche Skopety de Saint-Pétersbourg, qui, pour son usage intime, se faisait envoyer des jeunes filles allemandes; bien peu pouvaient rester avec lui plus d'un an, et, quand il les renvoyait, comblées de présents, elles partaient aussi avec une santé à jamais perdue.

En 1865, A. Richet reçut dans son service un individu auquel il dut enlever le seul testicule qui lui restait, l'ablation du premier avait été faite quelques années auparavant. Cet homme put être suivi, après cette double castration, et A. Richet affirme que trois ans après rien n'avait changé; l'érection et le coït étaient aussi faciles qu'auparavant.

Dans un travail de Mauri (1894) nous avons trouvé des renseignements détaillés sur une observation intéressante que Princeteau avait déjà communiquée à la Société d'anatomie de Bordeaux, en 1889. Il s'agit d'un jeune homme de dix-neuf ans, qui avait subi l'ablation successive des deux testicules pour épididymite et orchite tuberculeuse et qui, huit mois après, se vantait hautement d'accomplir le coït aussi bien qu'avant toute opération et affirmait qu'il éjaculait des quantités considérables de sperme. Princeteau put vérifier cette assertion et examiner au microscope le liquide éjaculé par ce sujet. Ce liquide, dont la quantité a été évaluée à huit grammes, était peu épais, légèrement visqueux et jaune. Chose vraiment extraordinaire et que nous ne prendrions pas la peine de relever si le fait n'était avancé par un homme dont le nom et la situation sont des garanties, la liqueur séminale de ce castrat renfermait des spermatozoïdes vivants et nombreux, mais dont le flagellum était court et la tête presque ronde. Les seules explications à admettre, pour justifier la présence des spermatozoaires dans ce cas, sont ou bien l'imperfection de l'opération, ou bien une émission d'éléments formés avant l'opération et conservés dans les voies génitales.

Mais, hormis cette réserve et la certitude que l'on doit avoir relativement à l'absence de spermatozoïdes dans la liqueur émise par les castrats, il est incontestable que certains de ces individus peuvent avoir des éjaculations véritables et terminer le coït par une émission de liquides sécrétés par les glandes annexes de l'appareil génital.

Des faits analogues ont été observés chez les animaux, le cheval en particulier, et confirment d'autant mieux les dires précédents que là les influences psychiques, en ce qui se rapporte à l'érection, ne sont en rien susceptibles de forcer les besoins naturels.

Parmi les observations intéressantes qui figurent dans le mémoire de Mauri (1894, 534), il en est une qui mérite d'être rappelée brièvement ici.

Elle se rapporte à un cheval anglo-arabe, âgé de quatre ans, qui avait été châtré et avait malgré cela conservé toutes les allures d'un étalon. Il était sans cesse tourmenté par l'instinct génésique et faisait entendre des hennissements et des ronflements qui devenaient surtout significatifs à l'approche d'une jument. Quand on lui en présentait une, il la flairait, la mordillait, entrait en érection et, brusquement, se câbrait sur elle pour la saillir enfin avec une grande vigueur. L'acte terminé, il éprouvait très manifestement le sentiment de lassitude, de défaillance momentanée que présente tout étalon dès que la saillie est effectuée et, à la sortie du pénis des voies génitales de la femelle, on pouvait voir s'écouler encore un liquide visqueux, filant, un peu moins épais que du sperme ordinaire. Ce liquide fut examiné au microscope et, dans aucune des nombreuses préparations faites, il n'a été possible d'apercevoir un seul spermatozoïde.

Les allures et la conduite de ce cheval *hongre* pouvant cependant prêter au doute et faire songer à une anomalie testiculaire telle que la cryptorchidie, Mauri lui fit subir une double opération qui démontra à l'évidence que la castration avait été bien faite et que le sujet était parfaitement dépourvu de toute glande génitale.

Ce cas, bien que remarquable par l'ardeur des appétits sexuels conservés par le sujet et par la façon irréprochable dont tous les faits ont été observés, n'est pas unique. D'après les renseignements fournis par plusieurs vétérinaires chargés de la direction des remontes de la cavalerie, il ressort que 2 à 3 p. 100 en moyenne des jeunes chevaux *hongres*, entretenus dans les annexes, conservent des instincts génésiques, effectuent la saillie, émettent du liquide spermatique, mais, naturellement, sans aucun résultat quant à la fécondation des juments qui les reçoivent.

Cependant un détail d'observation mérite d'être souligné; c'est que, contrairement aux cryptorchides et à part quelques exceptions, la grande majorité des chevaux hongres qui conservent des ardeurs génitales ne hennissent pas et ne recherchent pas les juments. Ce n'est que lorsque ces dernières sont en chaleur et après une poursuite et des attouchements soutenus que ces chevaux opèrent la saillie.

Toutefois, quand ils sont en train, ils peuvent l'accomplir plusieurs fois, en très peu de temps, et avec toute la vigueur d'un étalon. Sandrail (1894) a vu, par exemple, un cheval certainement hongre qui, placé entre deux juments en rut, les a saillies quatre fois en l'espace de deux heures, allant alternativement de l'une à l'autre.

Par conséquent, chez l'homme comme chez les animaux, la castration n'est pas toujours un moyen d'éteindre les ardeurs sexuelles, et ce serait une erreur de croire qu'il y a dans cette opération un remède infaillible pour modifier le caractère des mâles ou calmer des désirs vénériens dont l'exagération serait devenue un danger pour la santé du sujet.

A titre d'exemple, nous citerons seulement celui que rapporte Godwin (1877) qui a observé un malade chez lequel la castration double ne put faire disparaître un besoin impérieux de masturbation qui le poussait à des excès déplorables. Après l'opération comme auparavant, l'individu avait des désirs sexuels, des érections; il se masturbait, pratiquait le coït et, au moment du spasme, éjaculait du mucus, mêlé à la sécrétion des glandes annexes.

La loi du Missouri qui, il y a quelques années, infligeait la castration aux individus reconnus coupables de viol, était loin d'avoir toujours le résultat cherché, car on a vu des criminels, soumis antérieurement à cette peine, se rendre de nouveau coupables des mêmes attentats (W. Hammond, 1877).

Ce que nous venons de dire pour les mâles se retrouve chez la femme et chez les femelles des animaux.

L'ovariotomie qui, généralement, soustrait la femelle au réveil des appétits sexuels et aux ardeurs du rut, n'a pas toujours cette conséquence. Son influence, à ce point de vue, est variable, non seulement suivant l'âge du sujet, mais suivant son espèce; hâtons-nous d'ajouter, immédiatement, qu'il est très exceptionnel de rencontrer des sujets du sexe féminin qui aient été châtrés de bonne heure.

En fait, le rôle de la femme dans l'accomplissement du coït admet très bien la passivité. La non-participation *effective* de celle qui peut toujours livrer ses voies génitales à un rapprochement sexuel n'étant en rien un obstacle à ce rapprochement, on comprend, que, quant à la consommation de l'acte vénérien, la castration n'ait pas d'effet immédiat. Mais ceci ne saurait entrer en ligne de compte, car autre chose est de savoir si la femme ovariotomisée peut, comme avant l'opération, désirer les rapprochements sexuels et y prendre une part active par le plaisir qu'elle y trouve.

Or, à cet égard, s'il est des femmes que la castration plonge dans une inertie génitale absolue, il en est d'autres qui conservent toute leur ardeur. Parmi les premières, on en a cité pour lesquelles le coït était devenu véritablement insupportable. Parmi les secondes, il y a à distinguer celles qui éprouvent encore le désir vénérien, en dehors de toute stimulation immédiate, et celles qui ne sentent se réveiller en elles les spasmes amoureux qu'au moment de l'accomplissement de l'acte.

Tout récemment, Lapthorn Smith (1895) a publié l'observation que voici : une jeune femme de vingt-cinq ans avait eu les deux ovaires et les trompes enlevées, sept ans auparavant, pour une double affection inflammatoire de ces organes. La menstruation avait été progressivement supprimée, et depuis six ans elle avait complètement disparu. Or, après ce laps de temps, cette femme rencontra un ancien ami et eut un rapport avec lui. Il paraît que durant l'acte sexuel elle éprouva un plaisir si intense qu'elle sentit se réveiller toutes ses ardeurs passées; d'après elle, l'extirpation des ovaires n'altère en aucune façon les sentiments de la femme envers le sexe opposé.

Nous nous garderons de généraliser autant, mais nous ne pouvons nous empêcher de constater cependant que les femmes âgées, même longtemps après la ménopause et l'extinction de l'activité ovarienne, donnent des preuves éloquentes de l'acuité de leurs passions et de la difficulté qu'elles ont à les contenir.

Ce dernier fait irait de pair avec celui que rapportent ceux qui disent avoir vu des femmes pour lesquelles l'extirpation des ovaires, non seulement n'a pas été suivie de la perte des appétits sexuels, mais semble au contraire les avoir augmentés.

De précieux renseignements peuvent d'ailleurs être donnés par les chirurgiens qui ont fait l'ovariotomie pour combattre des manifestations nerveuses, en apparence ou intimement liées aux fonctions génitales. Depuis les travaux de BATTEY, HÉGAR et son élève WIEDOW (1885), la castration a été préconisée et employée parfois systématiquement pour combattre des névroses et des névropathies diverses, hystéro-épilepsie, hystérie avec douleur ovarienne, hystérie grave, délire mélancolique, etc., et on a trouvé, dans cette pratique, un moyen qui a réussi souvent. D'après les statistiques que nous avons pu consulter, émanant d'auteurs français et étrangers, 57 p. 100 des troubles nerveux pour lesquels on a dû avoir recours à l'ovariotomie ont été très améliorés, voire même complètement guéris par l'opération ; malheureusement toutes les malades n'ont pas été suivies assez longtemps pour qu'il soit possible d'être exactement renseigné sur les suites éloignées de ces interventions. Quoi qu'il en soit, de l'avis même de HÉGAR, on a d'autant plus de chance de réussir que le facteur étiologique essentiel de la névrose a plus de rapport avec les fonctions des glandes génitales.

Chez les femelles domestiques, en plus des indications qui découlent de l'influence de l'ovariotomie sur l'engraissement et sur la lactation, cette opération est couramment employée pour calmer l'orgasme génital et surtout pour modifier le caractère des bêtes qui, par le fait d'une surexcitation exagérée des appétits sexuels, sont *nymphomanes* ou *taurelières*.

Or il arrive souvent qu'après une extirpation double et parfaite des ovaires les instincts génésiques persistent et se manifestent avec toute leur ardeur.

Et d'abord, il a été reconnu que chez la jument le caractère se modifie plus difficilement que chez les autres femelles et que la persistance des chaleurs après la castration est, chez elle, plus fréquente. En plus des observations recueillies par TRASBOT, CADIOT (1888), par DÉGIVE (1876), par DELAMOTTE (1889) et par d'autres, FLOCARD nous a déclaré que, sur vingt et une juments nymphomanes opérées par lui, onze sont restées aussi méchantes et aussi excitables qu'avant l'intervention.

D'ailleurs, la remarque que nous faisions plus haut, à propos des femmes névropathes, n'a pas échappé à la sagacité des observateurs vétérinaires : THOMASSEN (1889) a fort bien dit, par exemple, qu'au point de vue du résultat à attendre de l'ovariotomie, il faut savoir distinguer la nymphomanie, se dénotant par un désir exagéré de l'acte vénérien, d'un simple défaut de caractère. Dans ce dernier cas, le résultat de la castration sur les ardeurs génitales est incertain.

Sur trois vaches *parfaitement châtrées* par BASSI (1891), deux manifestèrent encore des chaleurs après l'opération. La persistance du rut est parfois observée aussi chez les truies après l'ovariotomie et, dans ce cas particulier, la chose est d'autant plus intéressante que ces femelles sont habituellement opérées très jeunes.

En somme, malgré l'importance capitale des ovaires dans l'ovulation et le réveil des instincts génésiques, on est forcé de reconnaître que, même en dehors d'eux, les instincts peuvent persister et se manifester, chez la femme, par des désirs et des sensations voluptueuses, chez les femelles, par la persistance des chaleurs.

D'après cela, et d'après ce que nous avons écrit sur le même sujet à propos des mâles, quelle part faut-il accorder aux glandes génitales, testicules et ovaires, dans le réveil et la stimulation des appétits sexuels?

La réponse à cette question ne peut ressortir que de la remarque suivante. Si, en qualité d'organes chargés de fournir les éléments essentiels à la fécondation et à la reproduction, les glandes génitales sont indispensables, leurs relations avec les centres nerveux génito-spinaux ne sont pas telles que précisément elles aient sur l'activité de ceux-ci une influence prépondérante.

Ces centres, comme d'ailleurs les autres parties de l'appareil sexuel, peuvent entrer en fonction, indépendamment des testicules et des ovaires, et accomplir ainsi les actes physiologiques qui entrent dans leurs attributions ordinaires.

Dans les conditions normales, l'accomplissement du coït, comprenant l'érection, l'éjaculation, la turgescence des organes érectiles, l'hypersécrétion glandulaire et le spasme voluptueux, se compose d'une série d'actes indépendants de la volonté, par conséquent de nature essentiellement réflexe, dont les centres, logés dans la partie lombaire de la moelle, entrent en activité sous l'influence de causes excitantes variées, leur arrivant par des voies centripètes multiples.

Naturellement, étant donné le but à atteindre et le rôle des glandes génitales pour lesquelles, en réalité, les autres parties de l'appareil sexuel ne sont que des serviteurs, on comprend que les excitations venant de ces glandes soient capables, au premier chef, de stimuler fortement les centres génito-spinaux. La présence des testicules et des ovaires, le réveil de leur activité sécrétoire, l'élaboration des spermatozoïdes et des ovules, en un mot le fonctionnement des glandes essentielles de la génération, voilà la première source de la mise en jeu des autres parties de l'appareil reproducteur. Anatomiquement et physiologiquement, celles-ci n'ont de raison d'être que pour permettre le rapprochement et la rencontre des éléments sécrétés par les glandes.

Mais la Nature a bien fait les choses, et, étant donné la haute importante de la fonction de reproduction, elle a multiplié les moyens qui préparent le rapprochement des sexes en établissant d'abord les différences morphologiques et en multipliant surtout à l'infini les voies par lesquelles des excitations génitales peuvent arriver.

Par suite des relations directes ou indirectes qui unissent entre elles toutes les parties des centres nerveux, le besoin génital peut donc avoir son point de départ dans des stimulations psychiques, visuelles, auditives, olfactives; dans des impressions tactiles, des contacts périphériques et des excitations mécaniques variées.

Que, par leur présence ou leur sécrétion interne, les testicules et les ovaires aient une action tonifiante particulière sur les centres génitaux; qu'ils entretiennent d'une façon permanente une exacerbation des appétits sexuels; qu'ils exaltent et renforcent l'impressionnabilité génitale en faisant que chacune des causes d'excitation dont nous avons parlé aient un maximum d'effet avec un minimum d'intensité; enfin, que les excitations d'origine testiculaire et ovarienne soient directement ou indirectement les plus puissantes, c'est ce que personne ne peut contester; mais il est non moins incontestable aussi, *qu'indépendamment* et *abstraction faite des glandes génitales*, le réseau réflexe, qui prépare et préside à l'accomplissement du coït, est au complet et peut fonctionner parfaitement. Il n'y a donc aucune raison physiologique sérieuse pour que la castration étouffe à jamais les appétits sexuels et soit un obstacle absolu à l'exécution normale de l'acte vénérien.

L'ablation des testicules et des ovaires ne peut avoir qu'un résultat immédiat, c'est d'atténuer ou d'émousser les désirs et les sensations du coït, en supprimant la cause et le but réels de tout accouplement qui doit être fructueux.

Tout individu normal, en possession de ces glandes génitales, doit subir de ce fait un réveil *spontané* des appétits sexuels, même en dehors de toute provocation extérieure; tandis qu'au contraire, un individu châtré est voué plus ou moins au silence génital et n'éprouve habituellement de désirs que s'il rencontre, dans des influences extérieures, la stimulation qu'il ne saurait trouver en lui-même. Encore y a-t-il, de ce côté, des différences considérables, suivant l'âge qu'avait le sujet au moment de la castration, suivant l'espèce, suivant l'individu et son état sexuel avant l'opération, suivant ses conditions d'existence après la neutralisation. D'une manière générale, les instincts génésiques ont d'autant plus de chance d'être émoussés ou complètement éteints, que le sujet a été opéré plus jeune et plus longtemps avant la puberté; dans ce cas, les centres nerveux génitaux peuvent, comme les autres parties de l'appareil reproducteur, subir une sorte d'arrêt de développement que leur inertie fonctionnelle, au moment où ils devraient entrer en activité, ne fait qu'aggraver.

Par contre, si la castration est pratiquée tardivement, après la puberté, dans la force de l'âge, chez un sujet en pleine vigueur sexuelle, ayant eu des désirs vénériens qu'il a même pu satisfaire, ses conséquences sur la puissance génitale ne sont jamais ou rarement immédiates. L'individu peut conserver, pendant un temps plus ou moins long, ses habitudes et ses appétits anciens, mais il est vrai de dire qu'à la longue il se refroidit; ses besoins sexuels deviennent de moins en moins impérieux; ses érections deviennent de plus en plus difficiles et ne se montrent enfin qu'à de très rares intervalles.

L'influence de l'espèce apporte quelques arguments justificatifs à l'explication par nous admise de la persistance des instincts génésiques chez les castrats. On y voit très manifestement le rôle important des influences stimulantes extra-testiculaires et extra-ovariennes qui, à elles seules, sont capables d'aboutir au réveil de l'activité génitale.

Chez les sujets de l'espèce humaine d'abord, il est prouvé que, proportionnellement, la persistance du sens génital après la castration est plus fréquente que chez les animaux. Même chez les individus opérés dès l'enfance, comme les eunuques, on peut voir se réveiller toutes les aspirations de l'homme, au sens vrai du mot, et la mentalité qui en est la conséquence. C'est que, chez ces individus, non seulement il peut y avoir des causes excitatrices nombreuses résultant de la vue ou du contact de la femme, mais il y a surtout l'intelligence, le pressentiment des plaisirs de l'amour qui naît fatalement des récits détaillés qu'on en trouve partout, des constatations journalières faites dans l'entourage et qui ne sauraient échapper à l'observation d'un être qui, pour être émasculé, n'en est pas moins raisonnable. Sûrement, si l'éducation du sens génésique des castrats humains ne se fait pas naturellement, par suite de l'absence de la glande génitale, elle doit se faire par la voie du raisonnement qui peut suffire pour donner aux influences stimulantes d'ordre psychique une puissance compensatrice de l'insuffisance qui existe d'un autre côté.

Les variations qui proviennent de l'individu et de son état sexuel avant l'opération ont non moins de valeur; elles seules peuvent expliquer les nombreuses exceptions que l'on enregistre dans les conséquences de la castration sur les instincts génésiques. Elles rentrent dans le cadre des modalités différentielles qui font que chaque sujet a sa physiologie propre, sa manière de vivre et sa façon particulière de réagir aux causes stimulantes externes.

C'est seulement par des particularités individuelles, résultant d'un état spécial du système nerveux et de son impressionnabilité que l'on peut comprendre pourquoi certains castrats gardent si longtemps leur puissance génitale ou manifestent une ardeur qui serait presque anormale pour un mâle de leur espèce, tandis que d'autres n'ont plus le moindre désir, ni la moindre érection, ou ne se décident à accomplir le coït qu'après de nombreuses provocations et excitations de divers ordres.

Les insuccès que donne parfois la castration quand on y a recours pour guérir ou améliorer certaines névropathies ou des vices de caractères (satyriasis, onanisme, hystérie, etc., chez les sujets de l'espèce humaine; nymphomanie, méchanceté chez les animaux) doivent s'expliquer encore par un état anormal du système nerveux, avec retentissement sur la sphère génito-spinale, plus ou moins indépendant de la présence ou de l'état des glandes génitales.

En effet, il faut distinguer parmi les névroses celles qui ont pour facteur étiologique essentiel l'activité des glandes génitales; celles qui sont entretenues et aggravées par les excitations qui partent de ces glandes, et enfin celles qui, au contraire, dépendent absolument de l'état du système nerveux.

Contre ces dernières l'intervention a peu de chance d'aboutir à un résultat heureux.

L'influence des conditions d'existence et des circonstances extérieures sur le réveil et les manifestations des instincts génésiques après la castration s'étudie fort bien chez les animaux qui, à ce point de vue, offrent le grand avantage d'être soustraits aux influences d'ordre psychique.

La plupart des vétérinaires qui ont vu les chevaux hongres entrer en érection et effectuer la saillie rapportent que, dans la majorité des cas, cette particularité a été observée chez des animaux vivant en promiscuité complète avec des juments (dans les régiments de cavalerie, par exemple, mais surtout dans les annexes de remonte); c'est au printemps, quand ces dernières entrent en chaleur, qu'on voit quelques chevaux hongres, poursuivis et provoqués par elles, faire œuvre de mâles, alors que dans les conditions habituelles ils sont parfaitement tranquilles, ne hennissent pas et perdent toute ardeur génésique.

Ces explications admises, on doit maintenant comprendre sans peine la raison physiologique pour laquelle les appétits sexuels peuvent persister après la castration.

L'étonnement que certains auteurs ont manifesté lorsque, après une opération bien faite et bien complète, ils ont constaté ce phénomène, n'a pas sa raison d'être; car, si la fécondité est exclusivement liée aux testicules et aux ovaires, le fonctionnement des voies génitales, avec les conséquences qu'il a sur la sensualité, jouit d'une plus grande indépendance.

Des explications précédentes sont naturellement exclus les cas dans lesquels la persistance des instincts génésiques est suffisamment justifiée par l'imperfection de la castration ou par l'existence de glandes supplémentaires. Il a été prouvé, en effet, que la conservation d'un fragment sain de tissu testiculaire ou de tissu ovarien est une cause importante de stimulation génitale et, dans quelques cas, on a pu rattacher les ardeurs sexuelles anormales de mâles châtrés à une triorchidie bien constatée (Bernadot, 1894).

Quelques considérations particulières relatives à l'influence de la castration sur la nutrition. — De l'ensemble des faits rapportés plus haut, il est hors de doute que la castration a un retentissement considérable sur la nutrition; les individus privés de leurs glandes génitales paraissent manquer d'un stimulant utile à l'activité de leurs échanges nutritifs; il y a chez eux une propension considérable à l'épargne et à l'accumulation de la graisse, accumulation qui doit se faire d'autant mieux que le sujet n'a rien à dépenser pour les fonctions de reproduction et dispose de tous ses matériaux pour ses fonctions de nutrition.

Mais là encore on paraît avoir exagéré beaucoup les conséquences fâcheuses de la castration et, dans ces dernières années, on a eu d'autant plus de tendance à noircir le tableau que les travaux de Brown-Séquard, en remettant sur le tapis le principe incontestable des sécrétions internes, ont attribué au testicule une part considérable dans la stimulation de la nutrition et de l'activité nerveuse.

Afin que l'on ne se méprenne pas sur la portée des réserves que nous allons faire, relativement à cette fonction des testicules, nous déclarons admettre en son entier le principe physiologique des sécrétions internes; nous croyons absolument aux faits mis en évidence par les recherches de Brown-Séquard; nous admettons, par conséquent, que les épithéliums séminifères ne sont point exclusivement faits pour produire des spermatozoïdes et sécréter du sperme, mais nous pensons aussi qu'il ne faut pas exagérer l'importance de ce rôle tonifiant du suc testiculaire, au point de faire oublier qu'en somme le testicule est surtout chargé, *à lui seul*, d'une fonction pour laquelle il n'a pas son homologue dans l'organisme, et qui a peut-être plus d'importance que toutes les autres, puisqu'elle doit assurer la conservation de l'espèce.

Malgré cela, malgré la prépondérance qu'il faut laisser aux glandes génitales en tant qu'agents provocateurs de tout mouvement organique devant aboutir à la différenciation sexuelle, il faut croire au rôle secondaire que doivent avoir ces glandes sur la nutrition proprement dite. Mais la cause essentielle des modifications qui surviennent chez les castrats, du côté de la nutrition, provient en grande partie de ce que la part des forces nutritives et vitales qui aurait dû être dirigée du côté de la reproduction est déversée sur les fonctions d'essence exclusivement individuelle.

Par conséquent, si le sujet trouve dans l'existence qui lui est faite ou dans les services qu'on attend de lui un moyen de dépenser une partie des forces vitales dont il dispose, il n'y a pas de raison pour que l'équilibre ne s'établisse pas dans sa nutrition, et pour que son état général, à part les caractères distinctifs de la sexualité, ne soit pas chez lui ce qu'il est chez un être non châtré.

Les exemples innombrables que l'on trouve chez l'homme, mais surtout chez les animaux, abondent dans ce sens. Il faut donc, quand on examine l'état de la nutrition chez un castrat, se garder de porter une appréciation, sans l'accompagner d'une indication précise sur le genre de vie de l'individu; on évitera ainsi des généralisations hâtives et que nous considérons comme exagérées.

En effet, il nous semble qu'on a eu le tort d'appliquer à tous les castrats les particularités que l'on a relevées sur des sujets dont l'existence se prêtait admirablement à la mollesse, à l'engraissement, à l'apathie générale et à la décrépitude. Ces caractères sont ainsi donnés comme des conséquences fatales de l'émasculation, alors qu'en fait ils ne sont probablement que des suites indirectes et non obligées de cette opération.

Qu'un eunuque, qui participe à la vie sédentaire du personnel des harems, se présente avec toutes les apparences ci-devant décrites, c'est parfaitement admissible, car de par son état génital, comme il manque d'un stimulant interne important, il est prédisposé à tout cela, mais tout porte à croire que s'il avait une vie plus active, il ne serait pas plus amolli qu'un homme normal.

Par exemple, si chez les eunuques Kojahs il est habituel de noter la tendance à l'obésité, à la flaccidité des muscles et à la mollesse générale, Shortt (1872) en a vu qui se présentaient dans des conditions bien différentes, étaient même plutôt maigres que gras, parce qu'ils se livraient couramment à la vie active du chasseur.

C'est d'ailleurs la même chose chez les animaux; toutes les bêtes hongrées et châtrées, le cheval par exemple, qui sont livrées à un travail régulier, n'ont absolument rien des tendances à l'engraissement qui se constatent chez les sujets auxquels on ne demande aucune dépense de force, et surtout chez ceux que l'on entretient pour en faire des animaux de boucherie.

De même, lorsque chez la vache l'exagération de la production du lait, qui suit la castration, commence à diminuer, on voit la propension à l'engraissement s'accuser progressivement et établir ainsi une sorte d'équilibre dans l'utilisation des matériaux de la nutrition.

L'influence de la castration sur la nutrition n'est donc pas fatale, quant aux suites qu'elle peut avoir; il faut la considérer simplement comme considérable, mais admettre aussi que, pour se faire sentir, elle exige quelques conditions adjuvantes.

Ces effets seront enfin d'autant plus appréciables que, l'opération ayant été pratiquée sur de tout jeunes sujets, l'organisme aura été soustrait plus tôt aux dépenses qu'il est appelé à faire lorsqu'il jouit de son activité sexuelle.

Cependant, tout en tenant grand compte de ce qui précède, nous ne devons pas en exagérer l'importance au point de faire oublier complètement la part qui revient aux sécrétions internes des glandes génitales dans l'influence exercée par ces glandes sur la nutrition des sujets. Par la suppression des testicules et des ovaires, non seulement on mobilise les forces vitales de l'organisme du côté des fonctions individuelles, mais on prive cet organisme d'un stimulant efficace des échanges et des oxydations, qui se trouve dans la sécrétion interne des glandes. En effet, il doit y avoir dans cette sécrétion un agent de combustion qui, en exagérant les dépenses, provoque la rénovation de la matière, stimule les mouvements d'assimilation et de désassimilation, et, en suractivant les oxydations, dégage de la force, tonifie les éléments contractiles et s'oppose à l'accumulation de la graisse. C'est au moins ce qui ressort des travaux de Brown-Séquard sur les effets de la médication orchitique et des travaux de Rostchinine, Schichoreff, Weljanninoff, Tarchanoff, Pöhl, etc., sur les propriétés de la spermine.

Ces fait seront développés ailleurs; mais nous ne pouvons nous dispenser de rappeler que, dans plusieurs expériences, Pöhl a démontré directement le pouvoir oxydant de la spermine, complétant ainsi les recherches de Tarchanoff qui, chez des animaux dont les processus d'oxydation intra-organiques étaient ralentis, a vu cette substance relever manifestement le taux des combustions. Ces auteurs ont constaté que dans l'urine des sujets soumis aux injections de spermine le coefficient de l'oxydation est exagéré; il y a augmentation de l'urée et diminution des leucomaïnes urinaires.

Bien que Brown-Séquard ait dit, avec quelque raison, que, malgré les travaux faits sur la spermine, la question de savoir quelle est la substance dynamogénique du suc testiculaire est encore à résoudre, il paraît hors de doute que c'est à une stimulation des échanges et des oxydations qu'il faut ramener l'influence tonifiante des glandes génitales et de leur sécrétion interne. Mais, à ce point de vue, ces glandes peuvent trouver des suppléances, soit dans les autres glandes et les autres éléments, soit dans la stimulation générale et la suractivité fonctionnelle qui proviennent du mouvement et du travail musculaire.

Aux faits précédents on peut joindre enfin les observations de Truzzi, qui prétend que la castration exerce une influence favorable sur la marche de l'ostéomalacie, et les résultats expérimentaux de Curatulo et Torcelli qui nous apprennent que l'ovariotomie a pour conséquence une augmentation dans la quantité de phosphore accumulé dans l'organisme. L'explication invoquée consiste à admettre que, par la castration, on supprime la source d'un produit qui, normalement, activerait l'oxydation des substances organiques phosphorées au dépens desquelles sont formés les sels des os. Ces recherches, qui mériteraient d'être reprises, et peut-être mieux interprétées, ont pourtant quelques rapports avec ce que nous avons dit du pouvoir oxydant du suc testiculaire et de la spermine.

En résumé, dans les modifications générales, morphologiques et physiologiques qui suivent la castration, il faut voir :

1° *La conséquence prépondérante de la suppression d'organes essentiellement et étroitement liés à tout ce qui se rapporte à la differenciation des sexes;*

2° *La conséquence d'une mobilisation des forces vitales vers les seules fonctions individuelles de la nutrition;*

3° *Enfin, la conséquence de la suppression d'une source d'activité et de vigueur importante que le sujet trouve normalement dans l'exagération des combustions et des échanges intra-organiques, sous l'influence stimulante de la sécrétion interne des glandes génitales.*

Bibliographie. — Principaux ouvrages et travaux consultés :

1834 à 1875. — Levrat. *De la castration chez la vache et de son influence sur la sécrétion du lait* (*Recueil de médecine vétérinaire*, 1834, 65). — *De la quantité de lait fournie par des vaches plus d'une année après la castration* (*Ibid.*, 1835, 472). — *Résultat des expériences faites sur la castration de la vache* (*Ibid.*, 1838, 357 et 421). — Thomson (H.). *Preternatural enlargment of the breasts in a man eunuchs and their peculiarities* (*Lancet*, Lond., 1837-38, 356). — Serres (E.). *Guide hygiénique et chirurgical pour la castration* (1 vol., 550 pages, Toulouse, 1853). — Charlier (P.). *Études pratiques, recherches et discussions sur la castration des vaches* (*Recueil de médecine vétérinaire*, 1854, 5, 81, 283, 441, 505, 583, 731). — Mattis. *Castration des vaches. Expériences sur le rendement de ces animaux* (*Annales de médecine vétérinaire*, 1854, 587). — Edden (H.). *A few notes, with reference to "the eunuchs" to be found on the large house-holds of the state of Rappotana* (*Indian Ann. med. Soc.*, Calcutta, 1855-56). — Rouyer (J.). *Étude médicale sur l'Ancienne Rome* (In *Gazette médicale de Paris*, 1859, 601-609). — Gourdon (J.). *Traité de la castration des animaux domestiques* (1 vol., 550 pages, Paris, 1860). — Bilharz. *Beschreibung der Genitalorgane einiger schwarzen Eunuchen, nebst Bemerk. über die Beschreibung der Clitoris* (*Zeitsch. für wissensch. Zoologie*, 1860, x, 281). — Duka. *Case of emasculation as practised among the Mahometans in East India* (*Tr. Path. Soc.*, London, 1865-66). — Milne-Edwards. *Leçons sur la physiologie et l'anatomie comparée de l'homme et des animaux*, ix, 1870, 88 et suivantes). — Kopernicky et Davis. *On the strange peculiarities observed by a religiosous sect of Moscovites called Scoptsis* (*J. Anthropol. Soc.*, Lond., 1870-71). — Shortt (J.). *The Kojahs of southern India (eunuchs)* (*J. Anthrop. Inst.*, Lond., 1872-73, 402-407). — Leroy-Beaulieu. *Les Skoptzy* (*Revue des Deux Mondes*, 1875, 600-610).

1876 à 1880. — Degine (A.). *Ovariotomie suivie de succès chez une jument nymphomane* (*Annales de méd. vét.*, 1876, 24). — Pelikan. *Gerechtlich-med. Untersuchungen über Skopsenthuns in Russland*, 4°, Giessen, 1876. — Lereboullet. *Contribution à l'étude des atrophies testiculaires et des hypertrophies mammaires observées à la suite de certaines orchites (gynécomastie et féminisme)* (*Gazette hebd. de méd. et de chirurg.*, 1877, 533 et 549). — Teinturier (E.). *Les Skoptzy* (*Progrès médical*, 1876-77). — Jameison (R.-A.). *Chinese eunuchs* (*Lancet*, 1877, 123). — Poncet (A.). *Influence de la castration sur le développement du squelette* (*Congrès de l'association française pour l'avancement des sciences*, session du Havre, 1877). — Godwin. *Castration not the cure for veneral desire* (*Journ. of the American med. Association*, 1877). — Hammond (W.). *Ibid.* — Battey (R.). *Ibid.* — Scapit. *Histoire d'un eunuque européen* (12°, Bruxelles, 1878). — Hegar. *Die Castration der Frauen* (*Sammlung klinischer Vorträge*, 1878, 136). — Reclus (E.). *Circoncision, sa signification, ses origines et quelques rites analogues* (*Revue internationale des sciences*, 15 mars 1879). — Welponer. *Extirpation des deux ovaires dans un cas d'hystéro-épilepsie* (*Wien. med. Wochenschrift*, 1879, n° 30, 803). — Degive (A.). *Castration pratiquée avec succès chez une jument chatouilleuse et méchante* (*Ann. de méd. vét.*, 1880, 483).

1881 à 1885. — Homans (J.). *Twenty five consecutive cases of ovariotomy* (*Boston med. and surg. Journ.*, 1881). — Lebec. *Suites éloignées de l'ovariotomie* (*Archiv. gén. de méd.*, juin et juillet 1882). — Wiedaw. *Zur Kastration bei Uterusfibrom* (*Centralbl. für Gynecol.*, 1882, 81). — De Amicis (Ed.) *Constantinople*, Paris, 1883. — Likauff. *Sugli Skoptzi* (*Archiv. di psych.*, Torino et Roma, 1884). — Fehling (H.). *Zehn Castrationen* (*Archiv für Gynækologie*, xxii, 3, 1885). — Terrier. *Remarques cliniques à propos de l'influence de l'ovariotomie double sur la menstruation* (*Bulletin de la Société de chirurgie*, 1885, 774 et 787).

— Duplay. *Ibid.*, 792-793. — Terrier. *Influence des ovariotomies doubles sur la menstruation* (*Revue de chirurgie*, décembre 1885, 953). — Barwell. *An unusual (insanity) case of ovariotomy* (*Med. Times*, 1885, 391). — Wiedow. *Die Kastration bei Uterusfibrom* (*Arch. für Gynecol.*, xxv, 2, 1885, 299).

1886 à 1890. — Magnin. *De la castration de la femme, comme moyen curatif des troubles nerveux.* Thèse de Paris, 1886. — Terrier. *Opération de* Battey. *Guérison des douleurs et de l'hystérie* (*Bulletin de la Société de chirurgie*, 1886, 874-885). — Colin (G.). *Traité de physiologie comparée des animaux domestiques* (3ᵉ édition, 2 vol., 1886). — Haffter et Widmer. *Eigenthümlicher Fall von Hysterie durch Castration geheilt* (*Corresp.-Blatt für schw. Aerzte*, 1886). — Schrœder. *Ueber die Castration bei Neurosen* (*Berl. klin. Woch.*, 1886, 735). — Detroye. *De la castration de la vache, considérée dans quelques cas de nymphomanie* (*Journal de méd. vét. et de Zootech.*, 1886, 132). — Dick. *Castration wegen Hysteria gravis* (*Corresp.-Blatt für schw. Aerzte*, 1887, 86). — Schramm. *Ueber Castration bei Epilepsie* (*Berl. klin. Woch.*, 1887, 38). — Cadiot (P.-J.). *Ovariotomie chez les juments nymphomanes* (*Bulletin de la Soc. centrale de méd. vét.*, oct. 1888). — Trasbot (*Ibid.*). — Princeteau (*Bulletin de la Soc. d'anatomie de Bordeaux*, 1889, 151). — Thomassen. *Castration chez la jument* (*Annales de méd. vét.*, Bruxelles, 1889, 23). — Delamotte. *Castration des juments nymphomanes, méchantes ou rétives* (*Revue vétérinaire*, Toulouse, 1889, 323, 378, 431, 492, 533).

1890 à 1896. — Keppler. *Ueber das Geschlechtsleben des Weibes nach der Kastration* (*Centralbl. fur Gynecol.*, 1890, Supplément). — Cornevin (Ch.). *Traité de Zootechnie générale*, 1 vol., Paris, 1891. — Duplay et Reclus. *Traité de chirurgie* (Paris, 1892, viii, 682). — Pozzi (S.). *Traité de gynécologie*, 2ᵉ édition, Paris, 1892. — Cadiot (P.-J.). *De l'ovariotomie chez la jument et chez la vache* (1 fasc., 40 pages, Paris, 1893). — Eloy (Ch.). *La méthode de* Brown-Séquard, 1 vol. in-16, Paris, 1893. — Delafosse (M.). *Les Hamites de l'Afrique orientale* (*L'Anthropologie*, 1894, 169). — Buys et Vandervelve. *Recherches expérimentales sur les lésions utérines consécutives à l'ovariotomie double* (*Annales de la Société belge de chirurgie*, février 1894). — Moure (J.). *De l'influence de l'ovariotomie sur la voix de la femme* (*La voix parlée et chantée*, v, 1894, 217). — Launois. *Castration et atrophie de la prostate* (*Association française pour l'avancement des sciences. Congrès de Caen*, 1894). — White (W.). *The operation of castration for hypertrophy of the prostate* (in *R. S. M.*, 1894). — Kirby, in *R. S. M.*, 1894. — Flocard (C.). *Ovariotomie chez la vache* (*Société centrale de méd. vét.*, 12 juillet 1894, 493). — Mauri (F.). *Contribution à l'étude de l'influence des testicules et des ovaires sur les instincts génésiques* (*Revue vétérinaire*, Toulouse, 1894, 473, 534, 577, 648). — Bernardot. In *Mémoire précédent*, 579. — Sandrail. *Ibid.*, 577. — Flocard (C.). *Rapport sur la castration des vaches laitières* (*Bulletin de la classe d'agriculture de la Société des arts de Genève*, 1ᵉʳ trimestre, 1895, 206). — Guyon (F.). *De la résection des canaux déférents et de son influence sur l'état de la prostate* (*Communication au 9ᵉ Congrès français de chirurgie*, 21 octobre 1895). — Albarran. *Castration dans l'hypertrophie de la prostate* (*Communication au 9ᵉ Congrès français de chirurgie*, 25 oct. 1895). — Legueu (*Ibid.*). — Socin (*Ibid.*). — Lapthorn Smith. *Effets éloignés de l'ablation des ovaires sur l'appétit sexuel* (*Union méd.* et *Lyon médical*, 1895, lxxx, 295). — Curatulo (G.-E.) et Tarulli (L.). *De l'influence de l'extirpation des ovaires sur l'échange des matières* (*Therapeutische Wochensch.*, 1895, 451-454, Analyse in *Bulletin gén. de thér.*, cxxix, 1895, 371). — Lütkens. *Nouvelle contribution au traitement de l'hypertrophie prostatique par la castration* (*Deutsch. med. Wochenschrift*, 1895, n° 5, et *Bulletin gén. de thérap.*, cxxviii, 1895, 335). — Lortet. *Présentation d'un squelette d'eunuque* (*Société de médecine de Lyon*, 16 mars 1896). — Poncet (A.). *Sur la castration* (*Ibid.*, 23 mars 1896). — Lortet. *Allongement des membres par la castration* (*C. R.*, avril, 1896). — Voir aussi les travaux de Brown-Séquard sur la *Médication orchitique*, in *C. R.* — *B. B.* — *A. de P.*, de 1889 à 1893 [1].

L. GUINARD.

CATALEPSIE. — Définition.

— Le mot catalepsie s'applique à des sujets différents qu'il importe de bien dissocier; car une certaine confusion est encore établie.

Ainsi la médecine ancienne et le langage populaire ont confondu la catalepsie avec

1. L'étude de la castration étant faite ici à un point de vue exclusivement physiologique, nous n'avons fait entrer dans notre index bibliographique que les ouvrages ou travaux qui nous ont servi dans la rédaction de cet article.

cette insensibilité et cette immobilité totales qu'on appelle à plus juste titre la *léthargie*.

De fait il faut réserver le mot de catalepsie à un état spécial de la fibre musculaire. On comprend que, selon que cette modalité pathologique du muscle est générale ou partielle, il puisse y avoir des catalepsies totales — c'est la catalepsie des auteurs anciens — ou des catalepsies incomplètes, localisées, portant seulement sur un ou plusieurs groupes musculaires.

Le plus souvent la catalepsie relève de la grande hystérie. Insensibilité, arrêt de tous les phénomènes de la vie organique, suspension ou diminution des phénomènes de la vie végétative, abolition de la volonté, de la mémoire, et probablement de la conscience, tels sont les phénomènes de l'accès cataleptique idiopathique, lequel n'est, à tout prendre, qu'une forme d'un accès d'hystérie. Mais, comme cette attaque cataleptique est souvent confondue avec l'état de léthargie, c'est à ce mot que nous la décrirons, sommairement d'ailleurs; car il s'agit là de phénomènes uniquement pathologiques, quelque intéressants qu'ils soient pour la physiologie.

Dans la grande attaque hystérique, d'après la description que Charcot et P. Richer ont donnée, une des phases de l'accès est constituée par une période cataleptique. Il est probable d'ailleurs que la régularité des formes de cet accès est plutôt un phénomène d'éducation et de suggestion qu'un phénomène nosologique véritable, et, malgré la grande autorité de Charcot, on peut admettre que la succession régulière et méthodique des différentes phases, telles qu'on les a si bien observées à la Salpêtrière, est surtout due à l'imitation.

La catalepsie n'est pas une maladie véritable, et elle ne doit pas prendre rang dans le cadre nosologique. C'est un symptôme, un état musculaire spécial, lui-même lié étroitement à un état spécial du système nerveux. Nous allons donc chercher, laissant de côté la pathologie, à étudier cette altération *sui generis* de la fibre du muscle.

État du muscle cataleptique. — Ce qui régit l'état du muscle, c'est l'élasticité musculaire. Or nous savons que l'élasticité du muscle dépend absolument de l'excitation nerveuse de ce muscle. A l'état de repos le muscle est parfaitement élastique, c'est-à-dire que, si on l'écarte de sa position primitive, il y revient aussitôt; mais son élasticité est faible, en ce sens qu'un léger effort suffit pour le distendre et l'écarter de sa position primitive.

Au contraire, le muscle contracté est fortement élastique; car, pour l'écarter de sa position primitive, il faut un grand effort, auquel il résiste énergiquement. Il est d'ailleurs parfaitement élastique, car, s'il a été tiraillé; il revient exactement à sa position originelle.

Le muscle catalepsié est tout autre; il est *faiblement* élastique, car un faible effort l'écarte de sa position primitive, et surtout *incomplètement* élastique; car, une fois écarté de sa position originelle, il n'y revient plus et garde indéfiniment la même position. De même qu'un morceau de cire ou de beurre, dans lequel on a tracé une empreinte, la conserve sans reprendre son état premier, de même le muscle cataleptique demeure modifié par le fait de l'effort qu'on a exercé sur lui.

Sur l'individu cataleptique les muscles ont donc une élasticité très différente de l'élasticité normale. On plie le bras, et le bras reste plié. On écarte les doigts, et les doigts restent écartés; on ferme la paupière, et la paupière reste fermée. C'est cet état du muscle que les anciens avaient désigné sous le nom de *flexibilitas cerea*. On voit qu'il consiste uniquement en une modification de l'élasticité. Or, comme cette élasticité est sous la dépendance du système nerveux, il s'ensuit que la catalepsie est une perversion de l'innervation motrice du muscle.

Nous ne pouvons assurément entrer ici dans l'histoire de la contraction musculaire, et pourtant ce serait nécessaire pour faire comprendre qu'il y a tous les degrés entre les formes de contraction du muscle, variant selon que cette contraction est suivie d'un plus ou moins grand degré de relâchement. Si une excitation nerveuse provoque un raccourcissement de la fibre musculaire avec relâchement, rien de surprenant qu'une autre excitation nerveuse, légèrement modifiée, provoque un raccourcissement non suivi de relâchement. C'est dans les deux cas un changement d'élasticité.

En somme l'état cataleptique du muscle est une contracture imparfaite. Le tétanique et le cataleptique se ressemblent beaucoup. Chez l'un et chez l'autre, la volonté ne peut plus faire contracter le muscle; chez l'un et chez l'autre, le muscle n'est pas relâché; et il n'y a entre eux qu'une différence, c'est que chez le cataleptique la contracture est modérée, pouvant être vaincue par les plus faibles excitations mécaniques, tandis que chez le tétanique la contracture est violente et résiste à tous les efforts.

De même que chez le tétanique, chez le cataleptique, les muscles de la vie animale ne se comportent pas comme les muscles de la vie végétative. Ainsi le cœur et les muscles de la respiration conservent leur contractilité normale, au moins quand la maladie n'est pas très grave. L'appareil digestif, avec ses muscles lisses, n'est pas atteint; la déglutition même continue à être possible. Tout se passe comme si les seuls muscles atteints étaient les muscles soumis à l'influence de la volonté. De là une théorie qu'on peut, au moins provisoirement, admettre sur la nature de la catalepsie, c'est qu'elle est une altération de la volonté, ou plutôt de l'innervation volontaire motrice des muscles. La moelle n'y est probablement pour rien; c'est le cerveau qui seul est en jeu. Le cataleptique n'a plus la force volontaire suffisante pour modifier l'état dans lequel se trouvent ses muscles, et alors ses muscles, lorsque ils sont dans tel ou tel état, y restent définitivement fixés, puisque la volonté ne peut plus intervenir efficacement pour les ramener au relâchement.

Relations de la catalepsie avec l'état mental. — Puisque, ainsi que nous venons de le dire, la catalepsie est une perversion de l'innervation volontaire, il s'ensuit qu'elle est produite par des perversions mentales d'une sorte tout à fait spéciale. C'est ce que nous allons démontrer *a posteriori*, en établissant la relation qui unit l'état mental à la catalepsie.

C'est chez les hystériques qu'elle apparaît avec le plus d'évidence. On connaît le syndrôme si bien étudié par Lasègue (1865). Quand on empêche une malade hystéro-anesthésique de voir le mouvement qu'elle doit exécuter, elle devient incapable de ce mouvement. Qu'on place alors ses muscles dans telle ou telle position, ils resteront figés dans cette position, et la possibilité du mouvement ne reparaîtra que si on rend à la malade la vue du membre cataleptisé. En outre elles n'ont plus de sens musculaire et ne peuvent dire dans quelle position on a placé leurs muscles.

Ainsi il semble que chez certains sujets, à volonté débile, comme les hystériques, l'intégrité du mouvement, c'est-à-dire la contraction suivie de relâchement, exige quelque sensibilité; soit la sensibilité visuelle, soit la sensibilité propre du muscle. Nous devons en effet concevoir le mouvement musculaire normal comme étant déterminé par cette force inconnue, ou plutôt connue par la seule conscience, que nous appelons la *volonté*. Si cette volonté vient à faiblir, elle ne pourra plus être mise en jeu par les incitations psychiques de la mémoire et de l'association des idées; elle aura besoin pour s'exercer des incitations présentes fournies par le toucher, la vue ou la sensibilité musculaire. Or cette volonté faible caractérise l'état des hystériques. Chez elles ce qui domine, c'est, ainsi que l'a clairement montré P. Janet (1892), le rétrécissement du champ de la conscience, et la diminution de la volonté. Elles sont à la fois, et avec les nuances et les transitions les plus diverses, abouliques et anesthésiques. Cette aboulie et cette anesthésie donnent la raison d'être de l'état cataleptique de leurs muscles, ou même, si l'on veut, de l'état de contracture, qui n'en est guère qu'une variété.

Aussi la catalepsie se retrouve-t-elle dans d'autres affections mentales que dans l'hystérie, c'est lorsque la volonté est gravement atteinte, par exemple dans la manie, dans l'hypochondrie, dans la mélancolie avec stupeur, surtout; et en général dans toutes les maladies mentales où la volonté est affaiblie ou lésée.

De quelques autres particularités de l'état cataleptique des muscles. — Notons tout d'abord l'absence de fatigue. On sait que les contractures les plus violentes et les plus persistantes ne déterminent aucune sensation de fatigue, de sorte que pendant longtemps, plusieurs heures, plusieurs jours, plusieurs mois même, un muscle restera sans s'épuiser, et sans fatiguer le sujet, violemment contracturé. Il en est tout à fait de même pour le muscle des cataleptiques. Malgré les positions les plus invraisemblables et les plus fatigantes, nul sentiment de fatigue, nul tremblement. Cela a été vu par P. Janet (1892), et par Binet et Féré (1887). On doit donc assurément considérer la fatigue comme un phénomène purement psychique, bien plus que comme un phénomène musculaire, et admettre que, si le muscle n'est pas relié à des centres nerveux sensibles et conscients, il ne s'épuise pas. Ce qui fatigue, c'est l'innervation volontaire, qui commande la contraction du muscle. Si cette innervation volontaire n'existe pas, le muscle, pourvu qu'il soit parcouru par du sang oxygéné, reste indéfiniment contracturé sans jamais s'épuiser ni donner la sensation de fatigue. On peut indéfiniment, c'est-à-dire pendant plusieurs heures, provoquer des secousses musculaires en excitant les muscles d'un animal normal. De même il reste pendant un temps prolongé, sans fatigue, cataleptisé, et c'est une excellente preuve à ajouter à celles que nous donnions tout à l'heure, pour bien établir que le muscle des cataleptiques est insensible, ou plutôt que les centres volontaires cérébraux qui commandent le mouvement, ont perdu leur activité. S'ils étaient actifs, ils se fatigueraient, et le muscle cesserait d'être cataleptique.

Il n'y a pas seulement la catalepsie de l'immobilité; il y a encore la catalepsie du mouvement. On peut, au lieu de laisser un membre dans la position en laquelle on l'a fixé, l'agiter, lui faire exécuter tel ou tel mouvement; alors ce mouvement se continue, et cela sans relâche, sans fatigue, et aussi sans conscience. C'est encore, si l'on veut, de la catalepsie, mais c'est de la catalepsie compliquée d'un mouvement automatique, de sorte que par des transitions presque insensibles, nous arrivons de la catalepsie à l'automatisme.

Et en effet, à l'origine de ces divers états, nous retrouvons toujours le même phénomène essentiel, une perversion de la volonté, une modification de l'innervation cérébrale. Non pas que l'innervation cérébrale soit supprimée; car, si elle était supprimée, ce serait de la paralysie qu'on noterait, et non de la catalepsie; mais l'innervation volontaire n'est plus capable de ces alternances et de ces efforts successifs, qui constituent sa modalité propre. Plus d'effort, plus de fatigue, plus de volonté; les muscles ne se contractent plus que par des incitations réflexes; et, une fois contractés, ils sont incapables de revenir à leur état de relâchement; car la volonté du cataleptique, ainsi que le muscle qui est son image, ne peut plus intervenir, après qu'elle a été stimulée par une excitation réflexe.

On pourrait donc appliquer à l'intelligence elle-même et à la volonté l'expression de cataleptiques; et d'intéressantes expériences qu'on a faites chez les hystériques somnambules viennent à l'appui de cette opinion. Si on prend un de leur membres et qu'on le place dans une position qui éveille telle ou telle idée, telle ou telle passion de l'âme, tous les muscles se conformeront à cette indication automatique. C'est une sorte de catalepsie psychique, c'est-à-dire l'impossibilité de modifier par son initiative propre l'état, soit de la conscience, soit de l'innervation motrice.

Catalepsie dans l'hypnotisme. — Les faits que nous venons d'exposer sur la pathogénie de la catalepsie expliquent pourquoi, dans l'état somnambulique, la catalepsie est un phénomène constant, et presque caractéristique.

J'ai montré (1881) que, tout à fait au début de l'hypnose, alors qu'il n'y a guère encore d'autre phénomène appréciable, on peut déjà constater une modification de l'excitabilité musculaire, caractérisée par une notable diminution de l'influence volontaire. Il n'y a plus de sensation de fatigue; les muscles gardent longtemps la position qu'on leur a donnée, et ils reviennent moins facilement à l'état de repos; bref, c'est une demi-catalepsie, ou plutôt une catalepsie commençante.

A une période plus avancée de l'hypnose, la catalepsie devient plus complète, non pas qu'on l'observe toujours; car, selon l'éducation des somnambules, les symptômes sont très différents; mais, chez nombre de sujets, il y a, en même temps que l'anesthésie musculaire, tendance soit à la contracture, soit à la catalepsie, qui n'en est qu'une variété.

Heidenhain, dans son mémoire sur le somnambulisme (1880), déclare que le somnambulisme se rapproche de la catalepsie, plus que toute autre affection morbide.

On comprendra bien pourquoi ce lien étroit existe entre la catalepsie et le somnambulisme, si l'on revient à l'explication donnée plus haut : une diminution de l'influence que la volonté exerce sur les muscles. En effet, ce qui paraît vraiment être le caractère psychologique du somnambulisme, c'est l'affaiblissement de la volonté. Le somnambule, sauf exception, a perdu sa spontanéité intellectuelle. Comme une cire docile, il reçoit les impressions extérieures sans les modifier, et c'est à cause de cette passivité psychologique que la suggestion est sur lui si efficace. Il est devenu automatique, suggestible, et ses muscles sont alors facilement cataleptisables.

L'état cataleptique du muscle nous apparaît donc, en dernière analyse, comme un phénomène de suggestion. Chaque mouvement qu'on imprime au muscle détermine une vraie petite suggestion qui dure tant qu'une nouvelle suggestion ne viendra pas l'effacer. Or, ici, la nouvelle suggestion, c'est un nouveau déplacement musculaire. La volonté est impuissante à faire mouvoir ce muscle faiblement contracturé, et il faut une nouvelle excitation extérieure, qui est une sorte de suggestion névro-musculaire, pour amener un changement d'état.

Ainsi l'hypnotisme réalise expérimentalement le fait de l'aboulie partielle, ou rétrécissement du champ de la conscience, et par conséquent il a créé une sorte de diathèse cataleptique.

Catalepsie chez les animaux. — La catalepsie chez les animaux se confond avec ce que Preyer a décrit sous le nom de *Cataplexie*. Nous n'avons pas à rappeler ces expériences, qui seront décrites avec les détails nécessaires à l'article **Hypnotisme.** Disons seulement en quoi consistent les principaux phénomènes. On verra que l'état cataleptique domine.

Si on fixe sur une planche, en face d'une raie brillante, une poule, ou un lapin, ou un cobaye, l'animal semble comme frappé de stupeur (A. Kircher, 1685). Il ne peut plus se mouvoir, et conserve sans résistance les positions les plus étranges qu'on lui inflige. On peut donc dire que ses muscles sont cataleptiques; mais cet état ne persiste que tant que l'animal reste ainsi abruti par la terreur. S'il revient à lui, s'il reprend sa spontanéité, la catalepsie disparaît.

Les paupières sont ouvertes ou demi-closes, et cependant le clignement n'est pas totalement aboli, comme si le clignement relevait de la vie végétative plus que de la vie animale. Les mouvements de déglutition et de respiration sont intacts. Il y a paralysie du mouvement volontaire des muscles de la vie animale, ou plutôt, si l'on peut se servir de cette expression, paralysie du pouvoir de relâchement des muscles.

Il suffit même, pour obtenir des effets analogues, de placer sous l'aile la tête d'un canard (ou d'une poule), après l'avoir quelque temps balancé. Une sorte de demi-sommeil lui fera clore à moitié les paupières, et on pourra pendant quelques secondes, voire même pendant quelques minutes, le garder ainsi immobile, sans qu'il puisse, ou, ce qui revient au même, sans qu'il veuille se déplacer de la position qu'on a donnée à ses membres.

On voit très bien, par cette simple expérience, la relation qui réunit la catalepsie avec les phénomènes de l'innervation cérébrale. A mesure que le cerveau, paralysé pour une cause ou une autre, — et dans l'espèce, il est paralysé par une excitation périphérique assez forte, — ne peut plus exercer son influence sur les muscles, le muscle devient cataleptique. Reste toujours, à la vérité, pour expliquer l'état de contraction, une influence cérébrale qui agit encore, mais c'est une influence cérébrale provoquée, non spontanée, déterminée par une incitation réflexe musculaire locale; ce n'est plus cette action d'ensemble, contraction et relâchement due à l'action du cerveau vibrant dans sa totalité et la plénitude de sa puissance, que nous appelons spontanéité ou volonté.

En résumé, de cette discussion nous pouvons conclure que l'état cataleptique est provoqué par l'impuissance du cerveau à résister aux excitations réflexes transmises mécaniquement aux muscles. Le mouvement et le relâchement volontaires sont également paralysés.

Catalepsie dans les intoxications. — Puisque la catalepsie dépend d'un trouble de l'innervation cérébrale, il devait y avoir dans certaines intoxications par des poisons psychiques apparition de ce phénomène. Cependant, il est fort rare (si tant est même qu'il existe, sauf un cas douteux d'Alfonski, 1885), après le chloroforme chez l'homme, peut-être parce qu'on ne l'a guère cherché. Mais Tarchanoff (1895), dans ses ingénieuses expériences sur les grenouilles chloroformées, a parfaitement noté de curieux phénomènes, qui ressemblent tout à fait à la catalepsie. Au moment où commencent à se dissiper les effets du chloroforme, les grenouilles ont des attitudes bizarres, et, pendant un temps assez court, elles présentent un état cataleptique très net. On sait qu'alors elles ont aussi des hallucinations.

Rapport de la catalepsie avec la rigidité cadavérique. — Dans certains cas extrêmement rares, la rigidité cadavérique survient au moment même de la mort. Par exemple, sur les champs de bataille, on a noté quelquefois que les cadavres avaient l'attitude dans laquelle la mort les avait surpris. On trouvera plus loin quelques indications bibliographiques à ce sujet; 1870, 1872, etc. mais ce n'est pas ici qu'il convient de traiter la question; car cette rigidité dite cataleptique n'a en réalité rien à faire avec la catalepsie. C'est une rigidité instantanée, à la fois complète et soudaine. Brown-Séquard pense que ce phénomène remarquable est lié à une action du système nerveux, et même, en précisant davantage, du cervelet. Il paraît bien en effet que la lésion de certaines parties de l'encéphale est la cause déterminante de ces rigidités soudaines.

S'agit-il, comme le pense Brown-Séquard, d'une contracture persistant après la mort, ou d'une rigidité cadavérique véritable? C'est un point que nous n'avons pas à étudier. Rappelons seulement qu'entre la contracture et la rigidité cadavérique, il n'y a probablement pas de différence essentielle. Tonus, contraction, catalepsie, contracture, rigidité, ne sont que des modifications d'une propriété fondamentale du muscle, à savoir son élasticité, soumise à l'influence dominatrice du système nerveux, qui, parce qu'il règle les actions chimiques de la fibre musculaire, règle aussi ses propriétés physiques.

Bibliographie. — Nous donnons ici la bibliographie des travaux les plus récents sur la catalepsie. Pour les travaux anciens, nous renvoyons à l'article **Catalepsy** de l'*Index Catalogue*. Ce sont d'ailleurs des mémoires d'intérêt médical plutôt que physiologique. Pareillement, pour ce qui touche à l'hypnotisme de l'homme et des animaux, nous n'avons indiqué que quelques travaux essentiels, ceux où ont été traités les rapports entre l'état des muscles et l'excitabilité musculaire.

1841. — Bourdin (C.-E.-S.). *Traité de la Catalepsie*, 8°, Paris.

1859. — Michéa. *Du sommeil cataleptique chez les Gallinacés* (*Gaz. des hôpit.*, Paris, li, 607).

1860. — Armand. *De l'attitude des morts sur les champs de bataille* (*Rec. des Mém. de Médec. milit.*, Paris, (3), iii, 5-15). — Dowler (R.). *Rem. and translations illustrative of the physiognomy of the battle field and the attitudes of the dead* (*N.-Orl. med. and surg. Journ.*, xvii, 96-100).

1865. — Lasègue. *De la catalepsie partielle et passagère* (*Arch. génér. de Méd.*, Paris, (6), v, 385).

1870. — Brinton (J.-H.). *On instantaneous rigor as the occasional accompaniment of sudden and violent death* (*Am. Journ. of med. sc.*, Philadelphie, lix, 87-93). — Neudörfer. *Die Fortdauer des Lebensausdruckes im Tode, mit Rucksicht auf die auf Schlachtfeldern gemachten Beobachtungen* (*Allg. mil. ärztl. Zeit.* Wien, xi, 161-164). — Rossbach (J.-M.). *Ueber eine unmittelbar mit der Lebensende beginnende Todtenstarre* (*A. p. A.*, li, 558-568).

1872. — Longmore (T.). *On the perpetuation of attitude and facial expression which is occasionally met within soldiers who have been killed by gun shots on fields of battle* (*Arm. med. dep. Rep.*, London, xii, 283).

1873. — Czermak (J.). *Beobacht. und Versuche über hypnotische Zustände bei Thieren* (*A. g. P.*, vii, 107-121). — Falk (F.). *Ueber eine namentlich auf Schlachtfeldern beobachtete Art von Leichenstarre* (*D. mil. ärztl. Zeitschr.*, Berlin, ii, 588-608). — Preyer. *Ueber eine Wirkung der Angst auf Thiere* (*C. W.*, 177-179).

1876. — Plath (G.). *Ueber die sogenannten hypnotischen Zustände bei Thieren*. D. Greifswald. 8°, 39 p.

1878. — Henrot (H.). *De la catalepsie synergique; de la catalepsie provoquée; rapport qui existe entre les catalepsies et les actes volontaires* (*Un. médic. et sc. du Nord-Est*, Reims, ii, 279-296).

1880. — Heidenhain (R.). *Der sogenannte thierische Magnetismus*, 2e édit., Leipzig, Breitkopf et Härtel, 51 p. — Richet (Ch.). *De l'excitabilité réflexe des muscles dans la première période du somnambulisme* (*A. de P.*, xii, 155).

1881. — Brown-Séquard. *Rech. expérim. montrant que des causes diverses, mais surtout des lésions de l'encéphale, et en particulier du cervelet, peuvent déterminer, après la mort, une contracture générale ou locale* (*C. R.*, xciii, 1149-1152). — Laborde (J.-V.). *Sur quelques phénomènes d'ordre névropathique observés chez les cobayes, dans certaines conditions expérimentales; la prédisposition sexuelle et d'espèce* (*B. B.*, (7), ii, 391).

1882 — Milne-Edwards (A.). *Note sur les effets de l'hypnose sur quelques animaux* (*C. R.*, xciv, 385). — Tessier. *Cas très curieux d'hystéro-catalepsie et d'hypnotisation* (*Lyon méd.*, xxxix, 601).

1883. — Charcot et Richer (P.). *Note on certain faits of cerebral automatism observed in hysteria during the cataleptic period of hypnotism; suggestion by the muscular sense* (*Journ. nerv. and mental diseases*, x, 1-13). — Richet (Ch.). *Hypnotisme et contracture* (*B. B.*, (7), v, 662).

1884. — Brémaud. *Note sur la contracture dans la catalepsie hypnotique* (*B. B.*, (8), i, 23). — Finlayson (J.). *Post mortem rigidity within fifteen minutes of death* (*Brit. med. Journ.*, London, (2), 466).

1885. — Alfonski (A.). *Catalepsie succédant au chloroforme* (en russe) (*Med. Vestnik*, Pétersbourg, xxiv, 7). — Danilewsky (B.). *Zur Physiol. des thierisch. Hypnotismus* (*C. W.*, xxiii, 337), — Greene (F.-W.). *A case of catalepsy* (*Lancet*, London, (1), 1068). — Jacobi (A.). *Catalepsy in a child three years old* (*Am. Journ. med.-sc.*, Philadelphie, lxxix, 450-452). — Richer (P.). *Études cliniques sur la grande hystérie ou hystéro-épilepsie*, 2e édit., Paris, Delahaye, 276-300).

1886. — Fedeli (C.). *Di un singolare caso di catalessi nell' uomo*, 2e édit., Pisa, F. Mariotti, 44 p., 8°. — Mills (C.-K.). *A case presenting cataleptoïd symptoms, the phenomena of automatism at command and of imitation automatism* (*Med. News*, Philadelphie, xlviii, 298-300). — Picot (C.). *Un cas de catalepsie idiopathique* (*Rev. méd. de la Suisse romande*, Genève, vi, 628-630). — Provis. *Névrose, Catalepsie* (*Arch. méd. belges*, xxix, 93-99). — *Sueno cataleptico* (*Siglo med.*, Madrid, xxxiii, 312).

1887. — Binet et Féré. *Rech. exp. sur la physiologie des mouvements sur les hystériques* (*A. d. P.*, (3), x, 320-373). — Robertson (A.). *On catalepsy with cases: treatment by high temperature and galvanism to head* (*Journ. of ment. sc.* London, xxxiii, 259-267). — Von Schoot (H.). *Katalepsie bijeene zwangere en haar jonggeboren Kind* (*Nederl. Tijdsch. v. Geneesk*, Amsterdam, xxiii, 110-113).

1888. — Von Schrenck Notzing (A.). *Ein Beitrag zur therapeutischen Verwerthung des Hypnotismus*, Leipzig, Vogel, 8°, 94 p. — Stura (F.). *Tarantismo, catalessi, e somnambulismo prodromi d'isterismo precoce* (*Osservatore*, Torino, xxxix, 193-202).

1889. — Kiaer. *To Tilfaelde af kataleptisk Dodsstished* (*Ugesk. f. Laeger*, Copenhague, xix, 101-103).

1890. — Jaja (F.). *Un caso di catalessi consciente, con conservazione della parola* (*Boll. d. clin.*, Milano, vii, 110-119, et *Gazz. Med.* Bari, x, 49-56). — Moll (A.). *Der Hypnotismus*, Berlin, Fischer, 8°, 352 p.

1891. — Gilles de la Tourette. *Traité clinique et thérapeut. de l'hystérie*. Paris, Plon et Nourrit, 1891, 8°, 582 p. — Sloan (A.-T.). *An extreme case of hystero-catalepsy trances lasting 58, 30, 24 and 12 hours; insanity, recovery* (*Tr. med. chir. Soc.*, Edimbourg, xi, 81-93).

1892. — Aikin (J.-M.). *Catalepsy* (*Omaha Clinic*, v, 37-39). — Drysdale (C.-R.). *A case of Catalepsy in a patient with general tuberculosis* (*Lancet*, (2), 610). — Hospital. *Considérat. sur la catalepsie* (*Ann. méd. psych.*, Paris, (7), xv, 355-383). — Janet (P.). *État mental des hystériques. Les stigmates mentaux*, 12°, Paris, Rueff, 162-198. — Voisin (A.). *De la cessation instantanée d'accès de catalepsie par la faradisation du mamelon gauche* (*Rev. de l'hypnot.*, Paris, vii, 307-311).

1893. — Spina (A.). *Ueber die experimentelle Hervorrufung eines kataleptiformen Zustandes bei der Weissen Ratte* (*Allg. Wien. med. Zeit.*, xxxviii, 485-497). — Lloyd (W.-F.). *A case of catalepsy* (*Brit. med. Journ.*, London, (2), 1213). — Mundé. *Reflex cataleptiform neuroses* (*Intern. Clin.*, Philadelphie, (3), iii, 255). — Walker (A.-S.). *A case of hystero-catalepsy* (*Edinb. Hosp. Reports*, i, 423-425). — Winslow (W.-W.). *A case of catalepsy* (*Brit. med. Journ.*, London, (1), 1321). — Mitchell (J.-K.). *A case of local catalepsy; an undescribed hysterical disorder* (*Am. Journ. med. sc.*, Philadelphie, cvi, 148-151).

1894. — Landau (R.). *Ein Fall von Katalepsie* (*Wien. med. Presse*, xxxv, 1324-1343). — Olaechea (G.). *Un caso raro de catalepsia : curación por medio de la suggestion hypnotica* (*Crón. med.*, Lima, xi, 177-179).

1895. — Féré (Ch.). *Note de deux cas de mort chez des coqs en conséquence du sommeil provoqué* (*B. B.*, 521). — Gley (E.). *De quelques conditions favorisant l'hypnotisme chez les grenouilles* (*B. B.*, 519). — Warnock (J.). *A case of catalepsy with prolonged silence alternating with verbigeration* (*Journ. of ment. sc.*, London, xli).

CH. R.

CATALPIQUE (Acide) ($C^{14}H^{14}O^{6}$). — Corps cristallisable, qu'on extrait des fruits verts du *Bignonia catalpa*. En même temps on trouve un glycoside, mal déterminé, ou catalpine (*D. W.*, (2), 1027).

CATAPLEXIE. Voyez **Hypnotisme** et **Catalepsie.**

CATÉCHINE. — La *cathéchine* s'extrait du *cachou*. Il y a diverses catéchines que A. Gautier a extraites de cachous de diverses origines. Ces diverses catéchines ont des points de fusion différents, allant de 140 à 205°.

On trouve aussi dans le vin une catéchine spéciale, et la matière colorante du vin en serait un produit d'oxydation.

Fondue avec la potasse, la catéchine du cachou donne de la phloroglucine, de l'acide protocatéchique et de l'acide formique. La catéchine du vin donne de l'acide protocatéchique, de l'acide formique et une substance qui paraît être de l'oxyphloroglucine. Etti a obtenu en soumettant la catéchine à l'action de la chaleur 4 anhydrides.

Enfin Liebermann et Tauchert ont obtenu de la catéchine anhydre en fines aiguilles en la faisant cristalliser dans l'éther acétique. Sa formule serait $C^{21}H^{20}O^{9}$. La catéchine non anhydre a pour formule $C^{21}H^{20}O^{9},5H^{2}O$. Ces auteurs ont aussi obtenu un dérivé diacétylé.

CÈDRE (Essence de) ($C^{15}H^{26}O$). — Essence provenant de la distillation de *Juniperus Virginiana*. Sa partie liquide est le cédrène, qui bout à 237° (*D. W.*, I, 778).

CELLULE. — On donne le nom de *cellules* aux unités ou individualités morphologiques et physiologiques, qui, avec les dérivés cellulaires, constituent les plantes et les animaux. La vie est le résultat des phénomènes qui se passent dans les cellules et leurs dérivés.

Voici l'ordre que je suivrai dans l'étude de la cellule :

I. Morphologie.

II. Composition chimique.

III. Structure du corps cellulaire et du noyau.

IV. Phénomènes élémentaires de la vie cellulaire.

- **1° Nutrition.**
- **2° Mouvement.**
- **3° Multiplication cellulaire.**

V. Division du travail chez les êtres multicellulaires.

Chapitre I. — **Morphologie de la cellule.** — **A. Cellule végétale.** — Faisons au sommet d'une jeune tige végétale une section mince et examinons-la au microscope. Nous verrons une série de petits territoires délimités de tous côtés par de fines cloisons et formant chacun une petite masse cubique ou polyédrique (fig. 29). Les dimensions de ces territoires varient légèrement d'un végétal à l'autre, mais le plus souvent il faut user de verres grossissants pour les voir (leur diamètre est en moyenne de 0mm,025 à 0mm,100). Chacun de ces petits territoires est appelé *cellule*.

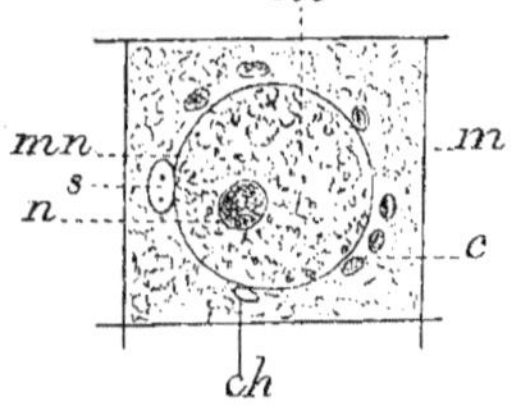

Fig. 29. — *Cellule végétale jeune* (en partie d'après Strasburger) : *no*, noyau ; *mn*, membrane nucléaire ; *n*, nucléole ; *c*, corps cellulaire ; *m*, membrane cellulaire ; *ch*, chloroleucites ; *s*, sphère directrice avec centrosomes.

La cellule végétale présente : 1° une cloison, *paroi* ou *membrane* périphérique (*m*) ; 2° un contenu. La membrane est plus dense et plus résistante ; le contenu, fluide et finement granuleux (*c*) est connu sous le nom de *protoplasma* (πρῶτος, premier ; πλάσσειν, donner une forme). En examinant le protoplasma avec plus d'attention, on aperçoit vers le centre une espèce de vésicule, ou plutôt de corpuscule réfringent (*no*), le plus souvent arrondi, auquel on a donné le nom de *noyau*, parce qu'on avait comparé, à une certaine époque, l'ensemble de la cellule à un fruit charnu, tel qu'une cerise, dont la peau, la chair et le noyau rappellent grossièrement les parties constituantes d'une cellule végétale.

En résumé, la cellule végétale, prise dans une partie de la plante en plein accroissement, est constituée par : 1° une *membrane* ; 2° un *protoplasma*, que nous appellerons avec Ch. Robin et Flemming, *corps cellulaire*, ou *corps* tout simplement ; 3° un *noyau*.

Si maintenant nous examinons un point moins rapproché du sommet de la tige, nous rencontrons des cellules (fig. 30, A) qui présentent des différences notables ; elles sont plus hautes ; la membrane est plus épaisse, et le corps n'est plus une masse pleine. Le corps (c) continue à tapisser la face interne de la membrane ; mais il se réduit à une mince couche, d'où partent de distance en distance des cordons ou filaments protoplasmiques allant converger vers un point plus gros au centre duquel se trouve le noyau. Les intervalles que laissent entre eux les filaments protoplasmiques sont occupés par des espaces ou *vacuoles* (v) remplis par un fluide d'apparence aqueuse. Ce liquide a reçu le nom de *suc cellulaire*.

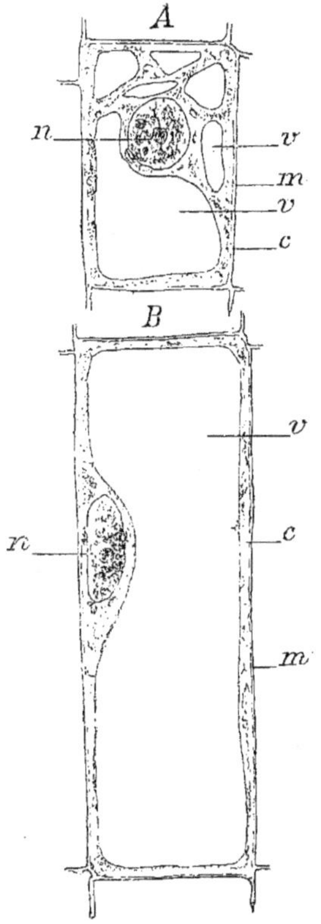

Fig. 30 A et B. — *Cellules végétales plus âgées que dans la fig. 29 à deux stades différents* (d'après Strasburger) : *n*, noyau avec nucléole, *c*, corps ; *m*, membrane cellulaire ; *v*. *v*. vacuoles.

Si nous nous éloignons davantage encore du sommet de la tige (fig. 30, B) nous trouvons des cellules plus allongées et *creuses*, c'est-à-dire que tout leur intérieur est occupé par une seule et immense vacuole (v), circonscrite par le corps cellulaire (c), qui se réduit à un mince revêtement de la membrane. En un point de ce revêtement le noyau *n* occupe un point légèrement saillant.

Dans les cellules plus âgées encore, il devient de plus en plus difficile de constater la présence du corps et du noyau, qui disparaissent peu à peu par résorption : la cellule, qui est tout à fait vide, n'est plus représentée que par son squelette, c'est-à-dire par la membrane.

Les quelques aspects dont nous venons de donner un rapide aperçu et qui se succèdent dans la tige de haut en bas, ne sont qu'un résumé de l'histoire de la cellule *végétale* : d'abord constituée par le corps et le noyau, la cellule élabore ensuite une membrane périphérique, puis un suc qui occupe les cavités résultant de son extension. Enfin tout disparaît, sauf la membrane.

Les membranes des cellules superposées, se fusionnant et se modifiant, continuent à persister dans les arbres et forment le *bois* qui, on le sait, remplit un rôle mécanique des plus importants.

Historique. — C'est en examinant au microscope un morceau de liège que l'Anglais Robert Hooke (1665) découvrit des cavités limitées par des parois solides ; de là le nom de *cellules* qu'on a continué à appliquer à ces formations, alors même qu'elles représentent des masses pleines. En 1686, l'Italien Malpighi vit également ces vieilles cellules végétales, qu'il appela très justement des *utricules* (petites outres). Pendant longtemps on ne connut que la membrane, ou plutôt on n'accorda que peu d'attention à l'espèce de gelée ou mucus qui la remplit.

C'est seulement vers 1831 que l'Anglais Robert Brown signala la présence constante du noyau dans les jeunes cellules végétales. Un peu plus tard, Hugo Mohl étudia avec soin le revêtement protoplasmique de la membrane et lui donna le nom d'*utricule primordial*, c'est-à-dire précédant la paroi cellulaire elle-même. C'est ainsi que vers le milieu de ce siècle les botanistes décrivirent à la cellule les quatre parties essentielles étudiées plus haut : 1° la *membrane* ; 2° le *corps* ; 3° le *suc cellulaire* ; 4° le *noyau*.

B. **Cellule animale**. — Enlevons, à l'aide de pinces ou avec la pointe d'un scalpel, un mince lambeau de la portion superficielle de la peau d'une grenouille, ou bien encore raclons la surface de la muqueuse buccale ou nasale d'un mammifère. En regardant les parcelles ainsi obtenues et délayées dans une goutte d'eau, nous apercevons des petites masses de 0mm,010 à 0mm,020, composées chacune d'un *corps* et d'un *noyau*. La cellule animale est donc une unité plus simple que la cellule végétale. En se juxtaposant et en se superposant, les cellules superficielles de la peau ou des muqueuses forment les membranes telles que l'*épiderme* et les *épithéliums* (fig. 31).

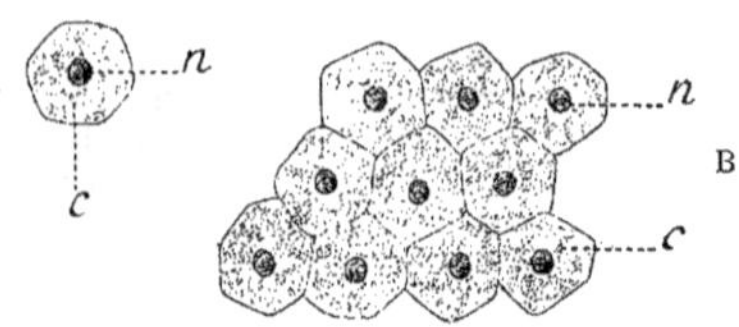

Fig. 31. – Cellules épithéliales : A, isolée; B, réunies en membrane; *c*, corps; *n*, noyau de la cellule.

Si l'on examine le tube digestif ou les conduits des glandes qui s'ouvrent à la surface de la peau ou des membranes muqueuses, on constate également la présence d'une ou de plusieurs rangées de cellules analogues aux précédentes, bien que leur forme soit un peu différente (fig, 32). Ces cellules épithéliales se continuent jusque dans les culs-de-sac qui se branchent sur les conduits excréteurs et qui constituent la partie essentielle des glandes.

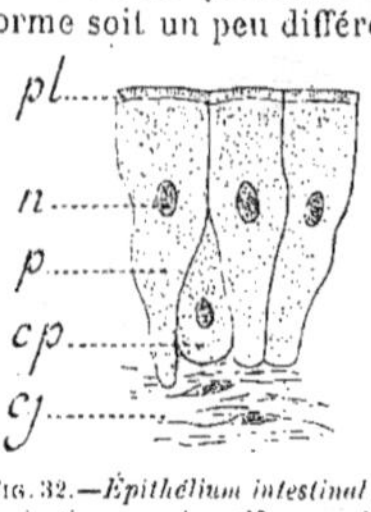

Fig. 32.—*Épithélium intestinal* : *cj*; tissu conjonctif: *p*. cellule cylindrique avec noyau (*n*); *pl*, cuticule ou plateau : *cp*, cellule jeune de remplacement.

Aplaties, polyédriques ou cylindriques, les cellules *épithéliales* présentent partout un *corps* et un *noyau*.

En examinant, d'autre part, des lambeaux de la tunique *musculeuse* de l'intestin ou de la vessie, on trouve que ces membranes *contractiles* sont formées par des éléments microscopiques en forme de fuseaux effilés aux deux bouts et intimement juxtaposés. Dans l'intérieur de chacun de ces fuseaux se trouve un bâtonnet allongé selon le grand axe et offrant tous les caractères d'un noyau. Ces tuniques sont donc constituées par des *cellules fusiformes*, appelées *fibres musculaires lisses* (fig. 33).

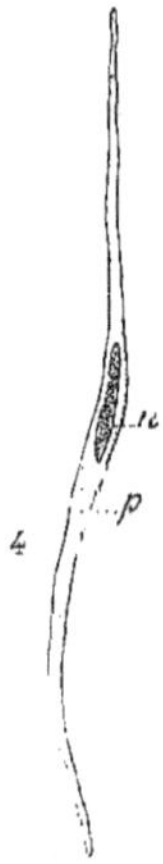

Si enfin nous étudions au microscope le fin granulé que représente à l'œil nu la substance grise du cerveau, du cervelet ou de la moelle, nous verrons encore des cellules possédant un corps et un noyau. Mais ce qui est caractéristique dans les cellules nerveuses, c'est l'irrégularité de leurs contours : leur corps émet, en effet, de tous côtés, des prolongements qui vont se ramifier plus loin comme les branches d'un arbre.

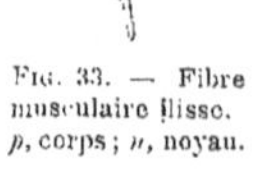

Fig. 33. — Fibre musculaire lisse. *p*, corps; *n*, noyau.

Ces quelques exemples, empruntés à divers organes, montrent que, même à l'état adulte, les animaux présentent des petites masses ou cellules possédant les parties essentielles des jeunes cellules végétales; c'est-à-dire *un corps* et *un noyau*. Ce fait n'est que la conséquence de l'origine des êtres vivants. En effet, d'après le développement, *tout végétal, tout animal procèdent d'une cellule*.

Cette revue rapide de la constitution de certains tissus végétaux et animaux nous permet de conclure que les parties *constantes et partant essentielles* d'une cellule sont le *corps* et le *noyau*.

Les quelques chiffres que nous avons donnés plus haut suffisent pour donner une idée de la taille des cellules; libres ou réunies en colonies, la plupart des cellules sont microscopiques. Celles qui semblent, à première vue, faire exception, rentrent dans la règle générale: l'œuf de poule n'est qu'une cellule, dont le volume résulte, non pas de l'augmentation du corps cellulaire et du noyau, mais de l'addition d'une énorme quantité de matériaux nutritifs. La cellule nerveuse peut atteindre par ses prolongements une longueur supérieure à un mètre, mais prolongements et corps cellulaire ne sont visibles qu'avec les verres grossissants.

Historique. — La connaissance de la cellule animale est de date récente. Après que l'Italien FONTANA eut vu et figuré, en 1781, les *noyaux* dans les cellules épidermiques de l'anguille, après que RASPAIL (1820), TRÉVIRANUS (1835) et F. ARNOLD (1836) eurent observé des faits analogues, on se contenta pendant longtemps de dire que l'organisme animal est formé « par de petits amas d'une substance molle ».

C'est seulement en 1839 que SCHWANN, contemporain de SCHLEIDEN, entreprit des recherches suivies et méthodiques sur la cellule animale. Le premier, il montra que l'animal, tout comme le végétal, est formé de cellules ou de dérivés cellulaires. Mais, imbu des idées de SCHLEIDEN, SCHWANN crut voir autour de toute cellule animale une *membrane périphérique*. L'existence de cette membrane semblait si évidente que HENLE (1841), KÖLLIKER (1851), pour ne citer que les noms les plus autorisés, s'accordèrent à considérer cette membrane périphérique comme l'une des parties constituantes de toute cellule.

Nous verrons plus loin que quelques cellules animales sont en effet pourvues d'une membrane qu'on peut isoler du corps cellulaire. Mais le plus souvent il en va différemment, et cependant il existe, autour de toute cellule *libre*, une zone plus dense, une sorte de cuticule ou de couche limitante. O. HERTWIG nous a démontré la présence d'une zone limitante autour des œufs de grenouille, bien que nous ne puissions l'isoler mécaniquement. En blessant ces œufs avec une aiguille très fine, HERTWIG n'a pu constater ni lésion ni solution de continuité. Mais, après avoir fécondé les œufs blessés, il vit plus tard, au moment de la division ou segmentation, que par le point lésé s'échappait une gouttelette de protoplasma. Autrement dit, l'aiguille avait produit dans la couche périphérique une plaie qui n'était pas guérie et permettait la sortie du plasma intérieur.

En résumé, les parties constantes de la cellule animale et végétale sont le *corps* et le *noyau*. Mais, dans certaines cellules animales et dans la plupart des cellules végétales, le corps est enfermé en une *membrane cellulaire*.

Inutile de revenir sur les formes variées qu'affectent les cellules; les exemples précédents suffisent à en donner une idée. Quant à leur volume, nous avons déjà dit que les cellules sont en général invisibles à l'œil nu.

En ce qui concerne la *forme* du noyau, ce corpuscule est le plus souvent arrondi, ovalaire ou parfois allongé en bâtonnet. Disons cependant que certains organismes inférieurs, tels que les vorticelles, présentent des noyaux en forme de croissant ou bien de chapelet, c'est-à-dire constitués par une file de gros grains. D'autres fois, par exemple dans les cellules glandulaires qui fournissent le produit avec lequel l'araignée tisse sa toile, le noyau paraît ramifié en bois de cerf.

Autres parties morphologiques de la cellule. — 1° *Nucléole*. De bonne heure on reconnut à l'intérieur du noyau un corpuscule (*n*) qu'on a regardé comme jouant vis-à-vis du noyau le même rôle que ce dernier remplit vis-à-vis de la cellule. Aussi lui a-t-on donné le nom de *nucléole* (fig. 29, *n*). Le nucléole de l'ovule, très volumineux, a été découvert l'un des premiers; il a reçu le nom spécial de *tache germinative*, de même qu'on a appelé le noyau de l'ovule *vésicule germinative*. Le nucléole occupe généralement une position excentrique dans le noyau. Il est arrondi ou ovalaire et plus réfringent que la substance nucléaire. Fixant plus énergiquement les matières colorantes que le noyau, le nucléole a été longtemps considéré comme un épaississement de ce dernier; mais, comme il se comporte autrement que le noyau sous l'influence de certains réactifs, on tend aujourd'hui à le considérer comme une formation indépendante. En tout cas, nous ignorons sa signification. Durant la division cellulaire, par exemple, il disparaît pour apparaître à nouveau dans les jeunes cellules.

2° *Sphère directrice et centrosomes*. E. VAN BENEDEN a signalé, en 1874, dans la cellule animale en voie de division, deux corpuscules à peine visibles aux plus forts grossissements et occupant chacun respectivement le centre des deux pôles cellulaires : d'où leur nom de *corpuscules polaires* ou *centrosomes*. Les couleurs d'aniline se fixent énergiquement sur les centrosomes. Une zone de substance protoplasmique les entoure, qui se distingue du reste du corps cellulaire par un pouvoir colorant plus énergique. On a donné à cette zone le nom de *sphère attractive* ou *directrice*, parce qu'elle semble (voir plus loin, § IV) former les deux centres autour desquels se groupent les deux moitiés de la cellule qui se divise.

Après avoir été découverts dans les cellules en voie de division, la sphère directrice et les centrosomes ont été vus dans la plupart des cellules animales; ce sont des parties, non pas transitoires, mais constantes à toutes les époques de la vie cellulaire.

En un mot, le *corps cellulaire* possède une ou deux petites sphères (fig. 29 *s*,) constituées par une substance transparente et homogène (*archoplasma* ou mieux *archiplasma*), qui renferme un ou deux corpuscules centraux (*centrosomes*).

Les cellules végétales semblaient dépourvues de sphère directrice et de centrosomes, quand L. GUIGNARD, à qui la biologie générale est redevable de tant de découvertes, a également établi l'existence de ces formations dans les végétaux.

CHAPITRE II. — **Composition chimique de la cellule.** — La chimie a montré que la composition moléculaire des cellules ne comprend pas d'autres éléments que ceux qu'on trouve dans le monde inorganique. Des soixante-huit éléments connus, plusieurs font partie intégrante de la plupart des cellules ; ce sont : le *carbone*, l'*hydrogène*, l'*oxygène*, l'*azote*, le *soufre*, le *phosphore*, le *chlore*, le *potassium*, le *sodium*, le *magnésium*, le *calcium*, le *fer*. Souvent on y découvre, en outre, du *silicium*, du *fluor*, du *brome*, de l'*iode*, de l'*aluminium* et du *manganèse*.

Ces éléments sont combinés de telle sorte qu'ils forment des composé complexes, parmi lesquels il faut citer en première ligne les *albuminoïdes*, les *hydrates de carbone*, les *corps gras*. La présence des albuminoïdes est caractéristique de toute matière organique ; on sait que ces substances résultent de l'union du *carbone*, de l'*hydrogène*, de l'*oxygène*, de l'*azote* et du *soufre*. On ne connaît pas de cellule vivante où les albuminoïdes fassent défaut. D'autre part, l'albuminoïde est toujours associé à des substances minérales ; dès qu'on prive une plante ou un animal d'éléments minéraux en le nourrissant exclusivement d'albuminoïdes, l'être dépérit et meurt.

Il est certain que la connaissance des diverses espèces de cellules, au point de vue de leur composition intime, nous donnerait la clé des manifestations si variées de la vie ; malheureusement tout est à faire à cet égard. Les éléments qui composent les albuminoïdes, par exemple, sont combinés dans des proportions à peine connues. Qu'il me suffise de citer un seul exemple : l'hémoglobine, qui est l'albuminoïde des globules rouges du sang, aurait, selon ZINOFFSKY, la formule suivante en ce qui concerne le sang du cheval : $C^{712} H^{1130} Az^{214} O^{245} Fe S^2$.

Ajoutons que les auteurs attribuent à l'hémoglobine des autres espèces animales une formule, différente de celle du cheval.

Un caractère commun à tous les albuminoïdes, c'est qu'ils traversent difficilement les membranes animales ; ils ne peuvent le faire qu'après s'être hydratés, c'est-à-dire transformés en *peptones*. La plupart d'entre eux possèdent la propriété de se *coaguler* sous l'influence de la chaleur, de l'alcool ou des acides ; en d'autres termes de passer de l'état liquide à l'état solide.

Parmi les albuminoïdes, les uns sont solubles dans l'eau et constituent les groupes des *albumines* (albumine de l'œuf, du sang, du muscle, etc.) ; les autres ne se dissolvent que si l'eau tient également en dissolution une petite quantité d'un sel neutre : ce sont les *globulines* (myosine, gluten) ; d'autres enfin restent dissous dans un milieu saturé d'un sel neutre : tel est le groupe des *vitellines* (tablettes vitellines de l'œuf, aleurone des plantes).

Il est rare que, dans la cellule, les albuminoïdes existent à l'état de liberté ; ils sont généralement combinés à d'autres substances pour constituer le groupe des *protéides*. Telle est l'hémoglobine, qui est unie au fer. La *caséine* du lait est un albuminoïde uni à la chaux : la caséine ne se coagule pas sous l'influence de la chaleur, mais il suffit de lui enlever la chaux en y ajoutant un acide pour voir le caillot se former.

Mentionnons enfin la *nucléine*, albuminoïde qui se trouve en abondance dans le noyau cellulaire. Elle a pour caractère de fixer énergiquement les matières colorantes. Aussi les éléments qui manquent de noyau sont-ils privés de nucléine ; ils fixent mal la plupart des matières colorantes. La nucléine est la substance chromatique des histologistes.

A ces parties constituantes de la cellule il faut joindre les produits de l'activité cellulaire (hydrates de carbone, corps gras, etc.), et les produits de dédoublement ou de l'usure cellulaire (urée, acide urique, etc.).

Quelle que soit la constitution chimique de la cellule, il est une condition essentielle et indispensable pour qu'elle manifeste ses propriétés physiologiques ; il faut qu'elle se trouve dans un milieu humide. La soustraction de l'eau ou dessiccation a pour effet d'amener un état caractérisé par l'absence de manifestations vitales, une sorte de *mort apparente*, d'où la cellule se réveille, dès qu'on lui rend l'eau qu'elle a perdue. La cellule n'est pas désorganisée ni morte; la vie n'est que suspendue. Des graines conservées pendant deux siècles dans les greniers du Muséum ont germé, lorsqu'on les a placées dans un milieu humide.

Il en va de même pour certains animaux pluricellulaires, tels que les *tardigrades* et les *rotifères*, qui vivent dans les mousses des toits. Tant qu'ils habitent un milieu humide, ces êtres se meuvent; on observe dans leur organisme tous les phénomènes qui caractérisent la vie chez les autres animaux. Exposés à la dessiccation lente, ce qui leur arrive naturellement à la suite des variations atmosphériques, ils cessent peu à peu de se mouvoir; on les voit se ratatiner et devenir aussi inertes qu'un grain de poussière, dont on ne saurait les distinguer. Cet état peut persister pendant des semaines et des mois; mais, pour leur rendre tous les caractères de la vie (nutrition, mouvement et reproduction), il suffit de les placer dans un milieu favorable.

Les *anguillules du blé*, beaucoup d'*infusoires*, et surtout les *bactéries*, se comportent de même.

Ainsi on rencontre des êtres dont les cellules soumises à certaines influences (froid, chaleur, etc.) résistent pendant un temps souvent fort prolongé, tandis que les autres organismes se désorganisent dans les mêmes conditions. Nous pouvons en tirer la conclusion que les cellules ont, chez les divers animaux et végétaux, une constitution chimique différente. Le jour où celle-ci sera déterminée, peut-être serons-nous en état d'expliquer par la chimie les phénomènes qui caractérisent la vie cellulaire.

Il est de la plus haute importance, au point de vue pratique, de ne pas perdre de vue le fait suivant : il existe autant de constitutions cellulaires que de groupes cellulaires et d'espèces animales ou végétales. On commet une lourde faute en étendant et en généralisant, comme on le fait trop, les résultats fournis par l'étude d'un type quelconque. Le plus souvent nous sommes obligés de recourir à des liquides qui conservent, fixent ou colorent les cellules pour mieux les étudier. Or quel est le liquide fixateur ou colorant qu'on puisse appliquer indistinctement à tous les éléments? Quelques exemples, empruntés à Flemming, prouvent surabondamment que ce réactif n'existe pas. L'acide osmique conserve dans l'ovule des mammifères les parties figurées et disposées en filaments telles qu'on les observe à l'état vivant. Il en est de même pour la cellule du cartilage. Au contraire, le même réactif rétracte les filaments de la cellule hépatique. D'autre part, si l'on plonge les cellules de *spirogyra* (algue) dans une solution à 2 p. 100 d'acide osmique, on voit les filaments du corps cellulaire se modifier dans leur forme et leurs rapports respectifs.

Autre exemple : l'acide chromique et l'acide picrique conservent d'une façon satisfaisante le corps cellulaire (filaments et substances amorphes) de la plupart des cellules animales, l'œuf des échinodermes et des mollusques, tandis qu'ils altèrent l'ovule des mammifères.

Il est évident que les propriétés *physiologiques* sont en rapport direct avec la constitution et l'arrangement intime des substances organiques qui composent le corps cellulaire et le noyau. Pour connaître cet arrangement qu'on appelle *structure*, il est donc nécessaire de recourir au microscope, d'étudier les cellules à l'état vivant et après l'action des réactifs; il faut de plus s'adresser aux êtres et aux tissus les plus variés pour comparer entre eux les résultats obtenus par ces deux méthodes.

Chapitre III. — **1° Structure du corps cellulaire.** — Nous étudierons la structure de la cellule dans deux cas bien distincts : 1° chez les êtres unicellulaires vivant librement dans le milieu ambiant ou circulant dans les tissus des animaux pluricellulaires; 2° dans les cellules qui sont entourées d'une membrane ou groupées étroitement en colonies.

a) *Cellules libres.* — Parmi les protozoaires (êtres unicellulaires) on en trouve dont la forme du corps peut varier (amibes et rhizopodes). Des cellules analogues existent dans le sang et la lymphe des êtres pluricellulaires; on les appelle *globules blancs* ou *leucocytes.* Lorsqu'on observe au microscope une amibe ou un leucocyte *vivants* (fig. 34, *1*), leur corps paraît transparent et finement granuleux, surtout vers le centre. Si l'on poursuit l'examen, on voit se former sur un ou plusieurs points de la surface (2) une ou plusieurs saillies plus hyalines que le reste; à mesure que ces saillies se développent, la masse du corps diminue sur un autre point. La saillie qui a pris ainsi naissance est un prolongement du corps cellulaire; elle a été comparée à un faux pied, d'où son nom de *pseudopode* (*a*). Pour former un pseudopode, la substance du corps conflue vers le point saillant, en même temps que la configuration générale change, et que la cellule se déplace. Mais, après avoir émis un pseudopode sur un point, l'amibe ou le leucocyte peut le rétracter dans la masse générale pour en pousser un autre sur un autre point du corps.

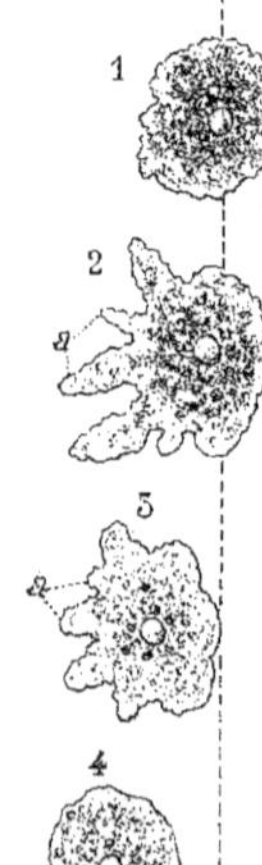

Fig. 34. — *Globule blanc* : 1, au repos; 2, émettant des pseudopodes (*a*); 3, le corps cellulaire conflue vers les pseudopodes; 4, globule blanc revenu au repos après déplacement (D'après le cours de M. Duval).

Les pseudopodes affectent un aspect lobé chez le leucocyte et l'*Amœba diffluens;* il prennent une forme effilée, comme épineuse, chez d'autres amibes. Chez beaucoup de rhizopodes pourvus d'un squelette périphérique, on voit sortir par les orifices de la carapace des pseudopodes allongés et filiformes, qui, de distance en distance, envoient l'un vers l'autre des rameaux latéraux et figurent ainsi un réseau richement anastomosé.

Ajoutons que le noyau subit des variations de forme qui correspondent à celles qu'on observe dans le corps cellulaire.

Tous ces faits démontrent que, chez les leucocytes et les amibes, le corps cellulaire, quoique formant une individualité et possédant une consistance différente de celle du milieu aqueux où il se trouve est fluide; les parties ou molécules qui le composent sont mobiles les unes sur les autres : de là les mouvements d'expansion, de retrait et la variabilité de la forme générale.

b) *Cellules entourées d'une membrane.* — 1° *État vivant.* — Dans nombre de cellules végétales (poils staminaux de *Tradescantia*, par exemple), entourées d'une membrane ou paroi rigide, complètement close, le corps cellulaire se meut dans cette espèce de prison. On voit des déplacements qui consistent dans un transport de granulations d'un point à un autre; ce sont des courants de plasma qui partent du revêtement tapissant la paroi pour se diriger dans les trabécules protoplasmiques cloisonnant la cellule; ils gagnent ainsi la portion du corps qui renferme le noyau. Le sens du courant change à tout moment; parfois même il se produit, dans un seul filament, deux courants qui suivent des directions opposées. Le mouvement qui en dérive s'appelle *circulation* du protoplasma.

Dans d'autres végétaux, les grains de chlorophylle et le noyau participent au mouvement, c'est-à-dire que tout le corps cellulaire avec le noyau est entraîné d'une paroi à l'autre; on désigne ce mouvement d'ensemble sous le nom de *rotation*. Dans les cellules de *Chara* et de *Nitella*, par exemple, le protoplasma décrit en tournant une véritable spirale,

Tels sont le *mouvement amiboïde* et la *circulation plasmatique* qui peuvent s'observer simultanément sur une seule et même espèce de cellules, par exemple dans les *Myxomycètes*, dont je choisis comme type le *Chondrioderma* (fig. 35).

Le *Chondrioderma difforme* est une espèce de gelée ou de mucus qui se développe sur les feuilles mortes et qui couvre souvent une étendue de plusieurs centimètres. Au microscope on voit que c'est une masse fluide, visqueuse et renfermant un grand nombre de noyaux.

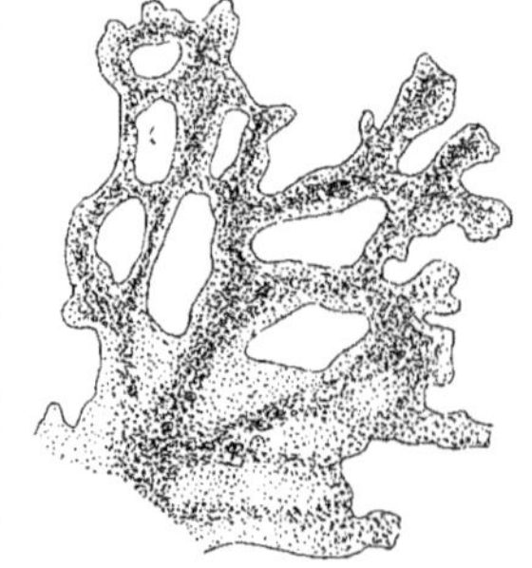

Fig. 35. — Fragment de myxomycète (*Chondrioderma difforme*). D'après Strasburger.

Le centre de la masse est rempli de granulations; la portion périphérique en est dépourvue. La portion granuleuse, plus fluide, est le siège d'un mouvement continu du protoplasma qui se dirige de la périphérie vers le centre, et *vice versa*.

Le Chondrioderma présente donc une véritable circulation plasmatique. De plus, la couche périphérique du myxomycète est capable d'émettre des pseudopodes qui font progresser toute la masse par un mécanisme analogue au mouvement amiboïde, c'est-à-dire par une sorte de reptation.

Quant à l'arrangement des granulations, il faut de toute nécessité nous en rapporter à ce que nous voyons, à l'état vivant : les granulations qui se déplacent dans un plasma sont mobiles les unes sur les autres comme les molécules fluides du plasma.

2° *Structure après l'action des réactifs.* — Quelles modifications les agents chimiques (acides, solutions diverses) déterminent-ils sur le corps cellulaire? Existe-t-il des substances qui conservent l'arrangement des granulations et des parties fluides, tel que nous l'observons sur le vivant?

Klemm (*loc. cit.*) a fait des recherches dans ce sens sur les poils de certains végétaux (*Mormodica* et *Trianea*). Voici les résultats essentiels auxquels il est arrivé.

Après avoir bien établi que le protoplasma végétal présente, à l'état vivant, une substance fondamentale hyaline renfermant des granulations et des vacuoles, il a fait agir *temporairement* des substances chimiques en solution diluée. Certains liquides produisent un aspect fibrillaire, d'autres une apparence alvéolaire, d'autres encore un réseau. Fait des plus intéressants : si la quantité de réactif employée est très faible et qu'on n'en prolonge pas l'action, le corps cellulaire peut prendre la structure alvéolaire, fibrillaire ou réticulaire, et la garder quelque temps sans être frappé de mort. Le protoplasma végétal peut donc vivre tout en changeant de structure.

L'action des *acides* (formique, citrique, sulfurique, azotique, etc.) fait apparaître des granulations qui sont précédées par une sorte de contraction du protoplasma.

Les *alcalis* et les *alcaloïdes* (ammoniaque, potasse, chaux, caféine) provoquent la formation de vacuoles, d'où l'aspect spongieux du corps cellulaire.

En employant une solution de sulfate de cuivre (dans la proportion de 10 p. 100), Klemm vit le mouvement protoplasmique se continuer pendant une heure dans les cellules de *Mormodica*. Peu à peu le corps cellulaire cessa de vivre, mais ni sa configuration ni sa structure n'avaient changé. Le suc cellulaire lui-même s'était à peine modifié; on constatait seulement une légère rétraction du protoplasma.

Les sels d'argent et de mercure, etc., exercent sur les cellules une action analogue aux sels de cuivre. Il en va de même pour l'alcool.

Concluons : *les liquides dits fixateurs (alcool, sels de cuivre ou de mercure, etc.), tout en coagulant le protoplasma végétal, nous permettent de tirer des conclusions fermes sur l'arrangement des parties élémentaires; ils conservent, en effet, l'aspect et la structure de la cellule vivante sans altérations appréciables.*

c) *Cellules animales réunies en tissus.* — Ici encore, examinons les cellules à l'*état vivant*, puis *après l'action des réactifs*.

Les larves de grenouille, de salamandre, etc., ont des organes dont la transparence se prête à l'examen sur le vif et avec un grossissement suffisant. Dès 1878, Flemming s'est appliqué à cette sorte d'études.

Les cellules *épithéliales* de la queue et des branchies montrent ainsi un corps transparent et homogène, sauf quelques-unes qui sont creusées de vacuoles et remplies de mucus.

Les cellules *cartilagineuses* possèdent un corps fluide, clair, traversé par des traînées plus denses et plus sombres, c'est-à-dire des *filaments*, à trajet ondulé surtout du côté du noyau. De plus, on aperçoit, dans le corps, des granulations qui ne sont pas en rapport avec les filaments.

Les *fibres musculaires lisses*, qui sont des cellules, présentent une fine striation longitudinale; les *fibres nerveuses* offrent un aspect fibrillaire analogue.

Les cellules *hépatiques* (grenouille), examinées *vivantes* dans une goutte d'humeur aqueuse, ont le corps cellulaire hyalin traversé par des filaments.

L'*ovule* frais de lapine présente un vitellus plein de vacuoles et des filaments à trajet ondulé.

Tous ces faits permettent de dire : le corps des cellules précédentes a une structure qui diffère de celle des amibes, des myxomycètes ou du corps cellulaire végétal; outre la substance homogène et transparente, le protoplasma de ces cellules est pourvu de parties figurées qui affectent la forme de granulations ou sont disposées en filaments.

Après cette étude préliminaire, il convient de traiter les tissus par les liquides conservateurs et de préférence par l'alcool, les sels de mercure, etc., dont nous connaissons le pouvoir fixateur. Après durcissement, il est possible de pratiquer des coupes minces, de faire agir des matières colorantes (carmin, hématoxyline, couleurs d'aniline) qui, en se portant sur l'une ou l'autre partie du protoplasma, mettent admirablement en relief les détails de structure les plus délicats.

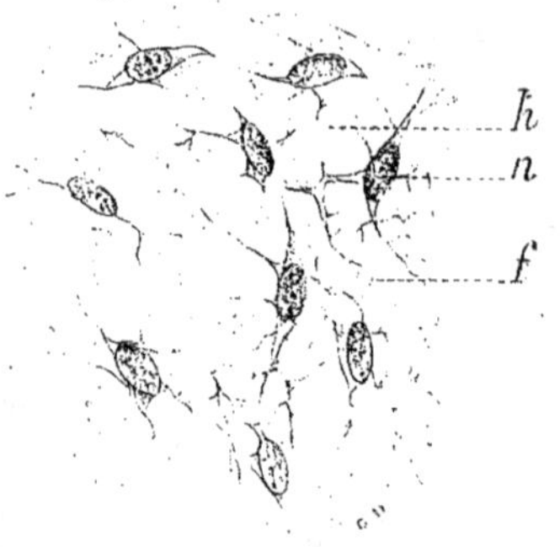

Ces phénomènes sont d'une importance capitale en anatomie et en physiologie générales, surtout quand il s'agit des animaux supérieurs dont les tissus vivants ne se prêtent guère à l'examen. Par ces procédés, il est possible de surprendre les modifications qui surviennent sous l'influence du fonctionnement normal, de la fatigue, de l'injection des substances médicamenteuses ou toxiques.

Fig. 36. — *Cellules conjonctives* : *n*, noyau ; *f*, réseau fibrillaire ; *h*, hyaloplasma.

Quelques exemples de structure empruntée aux tissus des Mammifères :

La figure 36 représente plusieurs cellules conjonctives des membres d'un fœtus de lapin : le corps cellulaire est composé de deux substances de réactions et d'aspect différents : l'une est *figurée* et l'autre *amorphe*. La première a la forme de filaments qui partent d'une zone périnucléaire et qui se divisent en branches plus fines, à mesure qu'elles rayonnent vers la périphérie. Les rameaux qui s'en détachent arrivent au contact des ramuscules voisins. L'ensemble de ces filaments figure un *réseau* qui parcourt et cloisonne en tous sens la substance amorphe ou *hyaloplasma* des cellules.

La cellule *épidermique* ou *glandulaire* (fig. 37) des mammifères présente de même un hyaloplasma et des filaments formant un lacis ou charpente fibrillaire.

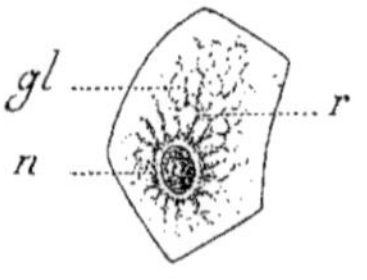

Fig. 37. — Cellule du foie : *n*, noyau ; *r*, réseau fibrillaire ; *gl*, plasma avec glycogène.

La cellule *nerveuse*, qui est d'origine épidermique, a une structure analogue quoique plus compliquée. Les recherches de Nissl (Voir les indications données par R. y Cajal, *loc. cit.*) ont mis ce fait hors de doute. Le corps de la cellule se compose également d'un hyaloplasma et d'un réseau, mais ce dernier renferme des corpuscules ou grumeaux possédant une grande affinité pour les matières colorantes. On les a appelés grains *chromatiques* ; mais, pour ne pas préjuger de leur nature et de leur ressemblance avec la substance chromatique du noyau, il me semble préférable de désigner ces corpuscules par le nom de *grumeaux chromophiles*. Non seulement ils remplissent le corps cellulaire, mais ils s'avancent jusque dans les prolongements ramifiés, dits protoplasmiques ou *dendrites*. Le cylindre-axe ou *neurite* semble en être dépourvu. Ces faits ont été observés sur les poissons, les reptiles, les oiseaux et les mammifères (Voir R. y Cajal, *loc. cit.*).

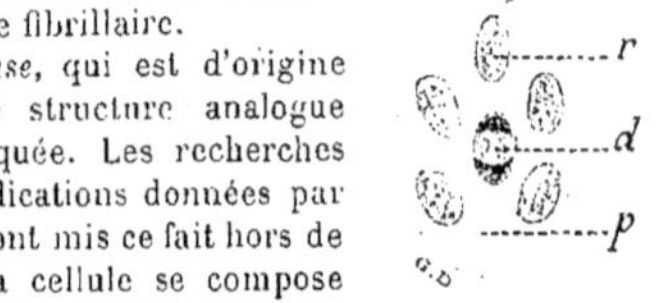

Fig. 38. — Cellules conjonctives dont le corps cellulaire est homogène (*p*) et confondu à sa périphérie avec celui des cellules voisines ; *r*, noyau des cellules qui ne se divisent pas ; *d*, noyau d'une cellule en voie de division.

Dogiel (*loc. cit.*), d'autre part, a étudié au même point de vue, après coloration au bleu de méthylène, les cellules nerveuses de la rétine des oiseaux et, malgré la différence du procédé, il a également constaté l'existence, dans le corps cellulaire, de filaments et de grumeaux chromophiles.

Concluons : le corps des cellules qu'on trouve dans les tissus animaux est composé d'un *hyaloplasma*, 2° d'un *réseau fibrillaire*. *En coagulant le protoplasma, les réactifs fixateurs* (qu'il convient de déterminer pour chaque animal et pour chaque tissu) *n'ont pas pour effet de faire apparaître une structure différente de ce qui existe sur le vivant.*

Influence de l'âge. — La structure varie avec l'âge de la cellule. — Traitée par les mêmes réactifs, les cellules montrent une structure qui diffère suivant les stades de leur évolution.

Un seul exemple que chacun est à même de vérifier : il est facile de se procurer des embryons de lapin ou de cobaye et de fixer leurs pattes, à divers âges, dans une solution aqueuse et concentrée de bichlorure de mercure. Après durcissement, on pratique des coupes, qu'on colore avec les teintures les plus variées (hématine, orange, thionine). Dans ces conditions, le tissu sous-épidermique (mésodermique) se présente, à l'origine, comme une masse formée de cellules à protoplasma homogène et transparent (fig. 38). A mesure que les membres s'allongent, on voit apparaître, autour du noyau, des filaments dans la substance amorphe du corps cellulaire (fig. 39). Ces filaments se ramifient et s'anastomosent avec les voisins. Autrement dit, le protoplasma, d'abord homogène, s'est différencié : 1° en *réseau fibrillaire;* 2° en *hyaloplasma* (fig. 40).

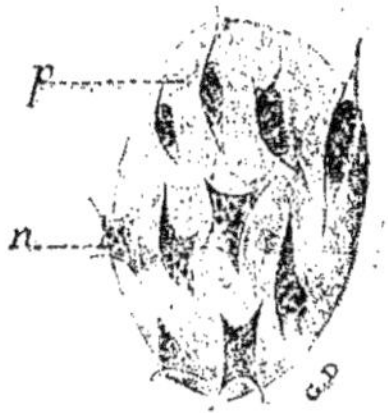

FIG. 39. — Cellules conjonctives plus âgées que dans la fig. 35 et où la partie périnucléaire du corps cellulaire commence à élaborer des fibrilles.

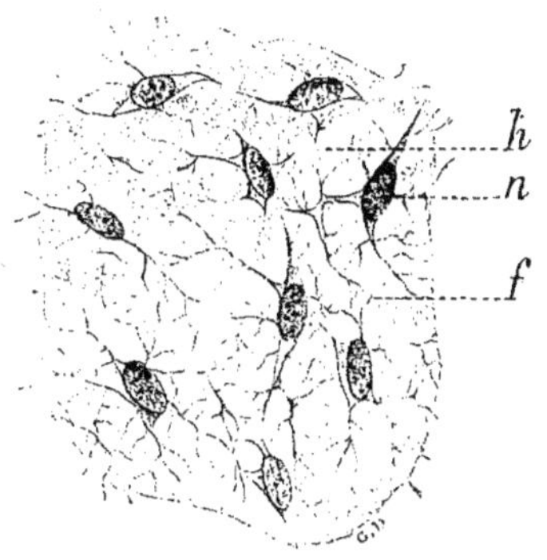

FIG. 40. — Cellules conjonctives plus âgées encoreque dans les fig. 35 et 36 avec noyau (n); le corps cellulaire présente des fibrilles anastomosées (f) et un plasma homogène (h) (*tissu conjonctif à mailles pleines*).

L'évolution de la substance du corps cellulaire ne s'arrête pas là : dans les régions où il y aura mouvement, l'hyaloplasma s'accroît, devient plus mou et se transforme en substance muqueuse. Celle-ci se fluidifie et disparaît, en sorte qu'il se produit des espaces vides ou *vacuoles* dans l'intervalle du réseau fibrillaire (fig. 41).

En un mot, le corps de la cellule conjonctive est d'abord homogène; puis il s'y développe des fibrilles, qui se ramifient et dont les intervalles, d'abord pleins, se vident plus tard. A la structure homogène succède une structure *fibrillaire*, puis *réticulée*, puis *alvéolaire*. Toutes ces structures sont véritables, mais n'existent qu'à une période déterminée de l'évolution cellulaire.

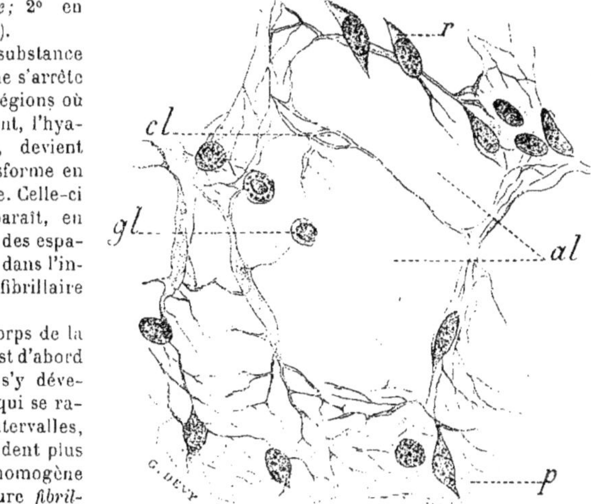

FIG. 41. — Tissu conjonctif aréolaire : le plasma homogène du stade précédent s'est fluidifié en partie : d'où les vacuoles (*al*); *cl*, restes des cloisons fibrillaires; *gl*, restes des cellules conjonctives ou globules blancs; *p*, portion du tissu conjonctif *plein*. comme dans la figure 40.

La cellule *nerveuse* présente, comme l'a montré VAS (Voir *Indicat. bibliog.* dans R. Y CAJAL, *loc. cit.*), des modifications structurales analogues. Chez un fœtus humain de sept mois, les cellules du sympathique ont un corps homogène; sur un fœtus à terme, on y voit apparaître des grumeaux chromophiles à la périphérie du corps; sur l'enfant de dix à douze ans, le réseau fibrillaire s'est développé et est pourvu de nombreux grumeaux chromophiles. Cette structure se maintient chez l'adulte; mais, chez le vieillard, on remarque que les grains chromophiles diminuent de volume et de nombre.

Lenhossék et R. y Cajal ont confirmé ces résultats non seulement chez l'homme, mais chez les divers Vertébrés. Ils ont trouvé en outre que, sur le même animal, les grumeaux chromophiles apparaissent à des époques variables dans les diverses régions du système nerveux.

En résumé, il n'existe pas de type unique de structure, ni pour toutes les cellules, ni même pour une seule espèce de cellules aux différentes périodes de leur évolution. Ici le protoplasma reste homogène ou granuleux et toutes les parties sont mobiles les unes sur les autres. Sur d'autres cellules, il apparaît des vacuoles; sur d'autres encore, des parties figurées qui constituent une véritable charpente fibrillaire aux portions plus fluides.

2° Structure du noyau. — Le noyau présente une structure analogue à celle du corps de la cellule : 1° une substance dense et aisément colorable, disposée sous la forme de filaments anastomosés (*filament nucléaire ou chromatique*); 2° une substance fondamentale qui paraît homogène (du moins dans la cellule qui n'est pas en train de se diviser). Le filament nucléaire est composé lui-même d'une charpente peu colorable, appelée *linine* (λινον, filament) dans laquelle se trouvent incrustés des grains ou globules de chromatine. On peut isoler la linine de la chromatine, par exemple à l'aide du lysol qui dissout cette dernière substance et montre isolément la charpente de linine.

Les intervalles du réseau chromatique sont remplis par la substance homogène, habituellement désignée sous le nom de *suc* ou *plasma* nucléaire. M. Heidenhain et Reinke (*loc. cit.*) ont montré dans ces derniers temps, et indépendamment l'un de l'autre, que le plasma nucléaire présente également des granules très fins formant une sorte de charpente *interchromatique* ou *achromatique*, qu'ils ont appelée *lanthanine* (λανθανω, je suis caché) ou *œdématine*, parce qu'elle se gonfle avec une grande facilité.

Il nous reste à examiner *les relations du corps cellulaire et du noyau*. Ce dernier est en général limité par une enveloppe très nette, qui a été appelée *membrane nucléaire* (fig. 29, *mn*). On a considéré cette enveloppe comme appartenant tantôt au noyau, tantôt au corps cellulaire. Il semble que la membrane nucléaire n'est qu'une condensation de la charpente figurée du corps cellulaire et du noyau. Autrement dit, la membrane nucléaire ne constitue pas une paroi continue et fermée; c'est une membrane à claire-voie, une sorte de grillage dont le réseau est en continuité, d'une part, avec la charpente du corps cellulaire, et de l'autre avec celle du noyau (Voir plus loin, p. 524).

Le squelette de la cellule formerait ainsi un tout continu : dans le corps cellulaire, il est représenté par la charpente réticulée et, dans le noyau, par le réseau nucléaire; l'un et l'autre pourraient à l'occasion s'infiltrer de granulations, soit chromophiles, soit chromatiques.

Quand la membrane nucléaire disparaît pendant la division cellulaire (voir fig. 41) on la voit se résoudre en un réseau à mailles plus lâches et les filaments restent en connexion avec la charpente du corps cellulaire.

Historique. — Voici un aperçu rapide des opinions relatives à la structure et à la valeur morphologique de la cellule *animale*.

Tant qu'on regardait la membrane cellulaire comme fondamentale, on n'accordait qu'une médiocre valeur au contenu fluide.

C'est seulement vers 1860, que L. Beale en Angleterre, E. Brücke en Autriche, et Max Schultze en Allemagne montrèrent presque simultanément que le contenu cellulaire est, non point un liquide aqueux, mais une substance de consistance plus ferme. Max Schultze compara la cellule à la masse qui constitue les protozoaires. Brücke généralisa cette vue et appela la cellule « l'*organisme élémentaire* », de sorte que le corps des êtres supérieurs apparut comme une association de cellules ou d'organismes élémentaires. « La membrane cellulaire fut détrônée, et l'on abattit, selon l'expression de Waldeyer, les murs de la prison pour délivrer le corps cellulaire. »

A partir de 1860, pendant nombre d'années, on s'appliqua à rechercher les cellules dans les organes, à déterminer leur forme et leurs dimensions dans la série des êtres. Les dissociations dans l'eau, l'addition d'une goutte d'acide acétique parurent suffisantes pour établir l'existence du noyau et les propriétés du corps cellulaire : le premier fut décrit comme une vésicule transparente, et le corps cellulaire comme une substance homogène, parsemée de granulations.

Mais peu à peu on conserva les tissus dans l'alcool, les bichromates, l'acide osmique, etc., et l'on s'aperçut, — d'autant mieux que dans l'intervalle les microscopes furent considérablement perfectionnés, — que corps cellulaire et noyau présentaient une *structure*. En même temps Gerlach découvrit les avantages qui résultent de l'emploi des matières colorantes.

Depuis une vingtaine d'années on a poussé ces recherches avec une activité inouïe, et on a accumulé des matériaux immenses sur ce sujet. Comme dans toutes les questions délicates et portant sur des sujets aussi nombreux que ceux qui composent le monde organisé, on est loin cependant d'être d'accord sur la structure du corps cellulaire et du noyau.

Certains observateurs estiment que le protoplasma est homogène : d'autres soutiennent qu'il est composé de granulations juxtaposées ou mises bout à bout; d'autres encore le comparent à une éponge dont les mailles renferment une masse fluide; il en est pour prétendre qu'il existe une charpente composée de *filaments indépendants les uns des autres* et plongés dans une masse amorphe; quelques-uns enfin considèrent le squelette protoplasmique comme une série de lamelles ou de feuillets reliés ensemble et formant un système alvéolaire.

La lecture de ces diverses observations, l'examen des théories m'ont laissé l'impression suivante : la plupart des histologistes se sont adressés dans leurs études à des êtres appartenant à des groupes différents ou bien à des tissus de nature ou d'âge variables. Les aspects qu'ils décrivent répondent à la réalité, mais le plus souvent les résultats ne sont pas comparables, en raison de la période d'évolution ou de la provenance différentes des cellules. Dans certains cas enfin, on a donné comme normales des altérations dues à l'emploi des réactifs.

Le point capital est le suivant : les détails de structure que nous voyons après l'action de l'acide osmique, de l'alcool, du bichlorure de mercure, etc., sont-ils l'expression de ce qui existe sur le vivant? les filaments et les granulations que l'on observe après fixation et coloration sont-ils l'effet d'une altération? Ch. Robin l'a cru, Henneguy le pense encore aujourd'hui.

« On peut, je crois, dit Henneguy (*loc. cit.*, p. 60), comparer la constitution du protoplasma à celle du plasma sanguin qui, liquide pendant la vie, se compose de deux substances, l'albumine et la fibrine. La coagulation du plasma sanguin, privé de vie, fait apparaître, sous forme de filaments, la fibrine qui y était dissoute. L'on doit, jusqu'à un certain point, considérer aussi la plastine comme une sorte de fibrine susceptible de se séparer du protoplasma sous forme d'un réseau de filaments ou d'amas de granulations, par la coagulation *post mortem* ou due à l'action des réactifs. »

Pour les raisons précédemment exposées (p. 511 et suiv.), je ne saurais souscrire à ces conclusions.

Comme il résulte de la comparaison de la cellule vivante avec celle qui a été *fixée*, les faits de structure, quand on s'est entouré de toutes sortes de garanties, sont l'expression de quelque chose de *préformé*, et non le résultat d'une altération de même essence que la coagulation du sang.

Autre assertion, contre laquelle on ne saurait trop s'élever, c'est celle de décrire partout une structure soit *fibrillaire*, soit *réticulée*, soit *alvéolaire*, soit *homogène*. Ici encore il faut bien préciser les faits : le protoplasma des amibes, des myxomycètes, est fluide, à peine plus consistant que l'eau; nous pouvons le *coaguler* par les réactifs; mais, quelle que soit la consistance ainsi obtenue, nous n'y verrons jamais apparaître un réseau fibrillaire analogue à celui des cellules conjonctives ou nerveuses.

A mon sens, et cela me semble indiscutable après les observations que j'ai rapportées plus haut : 1° le *protoplasma est homogène dans beaucoup de cellules jeunes et demeure tel chez nombre d'éléments libres;* 2° *les parties figurées qui apparaissent plus tard dans ce protoplasma se disposent en filaments anastomosés au sein d'une substance homogène et plus fluide.*

VIE CELLULAIRE. — CHAPITRE I. — **Phénomènes élémentaires de la vie cellulaire.** — La morphologie et la structure donneraient une idée bien incomplète de la cellule, si une étude ultérieure ne faisait connaître son mode d'ativité; l'anatomie et la physiologie s'éclairent mutuellement, au même titre que quelques notions relatives à la construction d'une machine permettent de mieux comprendre son jeu et les services qu'elle peut rendre.

Toutes les cellules ont une propriété commune : elles sont *irritables*, c'est-à-dire qu'elles réagissent de diverses façons contre les influences du monde extérieur. Il est probable que les manifestations *vitales* si diverses que nous observons dans les cellules sont fonction des arrangements, c'est-à-dire correspondent à des variétés dans la structure du corps cellulaire et du noyau. — Tout être *vivant* provient d'un être *vivant*. — Il existe de telles différences entre les propriétés des corps vivants et celles du monde inorganique que nous ne pouvons aujourd'hui nous faire aucune idée sur la façon dont la matière vivante a pris naissance aux dépens des éléments minéraux. — Cependant les êtres vivants continuent à dépendre étroitement du monde inorganique, parce que tout être vivant est dans un état de rénovation constante; la vie ne se maintient que par un échange continuel avec le milieu extérieur.

Tels sont les faits montrant que la vie cellulaire comprend essentiellement la nutrition, l'accroissement, des élaborations diverses, et la multiplication.

1° Nutrition. — Beaucoup d'êtres unicellulaires (leucocytes, amibes, rhizopodes), qui ne sont pas entourés d'une membrane solide, usent de leurs pseudopodes pour s'emparer des corps étrangers dont ils se nourrissent. Au contact d'un corps étranger, le pseudopode se renfle, l'entoure peu à peu, l'incorpore dans la masse générale où les particules nutritives sont dissoutes, tandis que les portions solides (squelette, etc.,) sont rejetées. Mais ce mode d'entrée est le moins fréquent. Le plus souvent, avant de pénétrer dans la cellule, les substances doivent être dissoutes pour pouvoir imbiber le corps cellulaire. Quand les matériaux alimentaires sont insolubles, la cellule élabore elle-même un suc qu'elle déverse sur eux et qui les transforme en substances solubles et diffusibles. C'est ainsi que les sucs digestifs agissent, à l'aide de leurs ferments et de leurs principes minéraux, pour transformer les albuminoïdes en peptones, l'amidon en sucre, etc.

Cependant la *cellule* est capable de faire un choix parmi les matériaux qui l'entourent; c'est ainsi que, parmi les protozoaires qui vivent dans le même fond, les uns se construisent un squelette calcaire, les autres une charpente siliceuse; que les plantes marines, telles que les *fucus*, assimilent des quantités variables de soude, de potasse, de chaux, etc.

Dans les organismes *pluricellulaires*, les divers groupes cellulaires (os, cartilage, tissu conjonctif, dent, etc.), fixent en proportions bien différentes les sels de chaux, de magnésie, etc.

Nous ignorons à peu près complètement comment se fait ce choix; invoquer l'affinité ou l'activité spéciale de chaque groupe cellulaire, c'est constater un fait; ce n'est point donner une explication.

Voici néanmoins quelques expériences qui nous éclairent sur les conditions générales qui président à l'entrée des liquides.

a) *Substances liquides.* — Remplissons les trois quarts d'une vessie de porc avec une solution de sel marin et plongeons-la dans de l'eau ordinaire. Nous la verrons gonfler peu à peu, devenir turgescente et acquérir une tension notable.

Cette expérience nous donne une idée des phénomènes d'osmose découverts en 1823 par Dutrochet. Elle nous montre qu'il s'établit à travers la paroi deux courants inverses; l'eau ordinaire a traversé de dehors en dedans la membrane avec plus de rapidité et en plus grande quantité que la solution saline ne l'a fait dans le sens opposé.

Des phénomènes analogues s'observent dans les cellules des végétaux.

Nous savons que leur corps cellulaire renferme un suc dans lequel se trouvent dissous non seulement des sels, des acides, mais encore du sucre et d'autres corps.

Grâce à ces substances, le suc cellulaire attire l'eau avec une énergie telle que la pression intérieure des cellules acquiert ordinairement 3, 4 ou 5 atmosphères; dans les cellules de la couche génératrice et des rayons médullaires, cette pression peut même monter jusqu'à 10 ou 15 atmosphères.

Ainsi la pression interne des cellules dépasse souvent celle de nos machines à vapeur. Elle a pour effet de tendre la paroi ou membrane cellulaire et de produire la *turgescence* de la cellule, c'est-à-dire *un mouvement d'extension du protoplasma.*

Si l'on enlève de l'eau à la cellule, la pression intérieure diminue, la membrane cellulaire, qui est élastique, se rétracte; l'ensemble de la cellule se raccourcit en tous sens, et elle devient molle et flasque.

Ce phénomène se produit dès qu'un végétal, herbacé par exemple, perd par l'évaporation plus d'eau qu'il n'en absorbe par les racines; la plante *se fane.* Ce qui montre bien que les choses se sont passées ainsi et que l'étiolement ne résulte pas du relâchement primitif de la membrane cellulaire, c'est-à-dire du squelette, c'est qu'il suffit de restituer l'eau à la plante fanée pour la voir reprendre très vite son état turgescent et son aspect florissant primitifs.

Les solutions salines peuvent agir, comme l'évaporation, pour faire perdre à la cellule son eau, son état turgescent, en un mot pour produire un mouvement de rétraction du protoplasma. Il suffit de plonger le végétal dans une solution saline, qui enlève à la cellule une partie de son eau. Dans ces conditions, on voit le protoplasma et la membrane des cellules se rétracter et le végétal prend une apparence fanée, bien qu'il se trouve dans un milieu liquide. On a donné à l'ensemble de ces phénomènes le nom de *plasmolyse.* C'est la plasmolyse qui nous permet de mesurer la tension interne des cellules. En effet, si une solution saline donnée produit une tension osmotique de deux atmosphères et qu'elle détermine dans un végétal la perte de la turgescence, nous sommes en droit de conclure que la tension intérieure des cellules de ce végétal équivaut à la pression de deux atmosphères.

L'état de turgescence ou de flaccidité des cellules détermine des mouvements variés dans les végétaux. On en connaît des exemples remarquables chez les légumineuses et les oxalidées. Sous l'influence de l'obscurité, on voit les feuilles de trèfle (*Trifolium*) s'abaisser lentement, de même que celles de l'Oxalis. Le contact et le choc produit des effets analogues et plus rapides sur la sensitive (*Mimosa pudica*), qui est, comme on sait, une légumineuse des tropiques. Jusqu'à ces dernières années, on mettait ces mouvements sur le compte de l'irritabilité ou de la sensibilité propre aux végétaux. On sait aujourd'hui qu'ils sont dus à la turgescence ou à la flaccidité des cellules.

Les folioles de la feuille composée de la sensitive sont réunies les unes aux autres par des sortes de coussinets. Ceux-ci sont composés de cellules à parois élastiques et fortement turgescentes quand la plante est tranquille et en pleine lumière; c'est là ce qu'on a appelé l'état *de veille.* Dans ces conditions, les folioles sont étalées et le pédoncule de la feuille composée se dirige en haut. Dès que la feuille est ébranlée, les folioles se rapprochent les unes des autres, et le pédoncule principal subit un mouvement de descente.

Tous ces effets sont déterminés par les modifications qui se produisent dans les cellules inférieures des coussinets élastiques; le contact produit dans les cellules une brusque sortie de l'eau, qui pénètre dans les espaces intercellulaires. Après le choc, la feuille garde quelque temps cette position qu'on a prise pour l'état de *sommeil.* Elle en sort, c'est-à-dire qu'elle se réveille plus tard, pour reprendre l'aspect qui caractérise l'état de veille.

Une température de 25 à 35° C. favorise la manifestation de ces phénomènes. L'abaissement ou l'élévation de la température diminue ou paralyse même ces mouvements; c'est ainsi qu'une température de 40° provoque la rigidité thermique; l'obscurité ou la sécheresse, de même que le vide, l'hydrogène, le chloroforme, etc., amènent des effets analogues.

Tous ces faits s'expliquent par l'état d'affaissement du corps cellulaire dont *l'irritabilité spéciale* se trouve ainsi diminuée.

Les mouvements qu'exécutent les feuilles de *Dionæa muscipula* sont dus à un mécanisme semblable : au contact d'un corps étranger, d'un insecte par exemple, la feuille se meut et rapproche ses deux moitiés, de façon à emprisonner l'animal imprudent qui a ébranlé les poils de la surface. Ce n'est pas tout : dans la région où l'insecte est retenu captif, certaines cellules sécrètent un suc qui englue l'animal et digère les tissus encore vivants; ce suc agit sur eux comme les sucs digestifs d'un animal quelconque agissent sur un organisme ingéré dans la cavité gastrique.

Inutile de revenir sur les mouvements dont le corps cellulaire est le siège à l'intérieur des membranes cellulaires (Voir p. 510).

Gaz. — *Oxygène.* — *L'oxygène* est nécessaire au maintien de la vie de toutes les cellules. Quand une cellule végétale ou animale est privée d'oxygène, les manifestations motrices ou les phénomènes de la division cellulaire ne tardent pas à s'arrêter.

Pour constater combien la cellule est avide d'oxygène, il suffit d'observer la manière dont les organismes unicellulaires se dirigent vers les milieux oxygénés. Stahl le démontre en disposant un amas de myxomycètes de telle sorte que l'une des extrémités de la colonie cellulaire plonge dans de l'eau distillée recouverte d'une couche d'huile, tandis que l'autre bout est en contact avec du papier à filtre en plein oxygène : dans ces conditions, on voit les myxomycètes se retirer lentement de l'eau distillée et s'étaler sur le papier à filtre. Les myxomycètes sont *aérotropiques*.

En rassemblant dans un tube à réactions des *zoospores* d'algues ou bien des *Euglènes* (*infusoire flagellate*) on n'a qu'à renverser le tube dans un vase pour voir ces organismes abandonner l'eau du tube et émigrer dans l'eau du vase où l'oxygène est en plus grande proportion. Pour montrer que c'est bien l'oxygène qui attire les Euglènes, on n'a qu'à verser une couche d'huile sur l'eau du vase et à y faire pénétrer un tube à réactions; alors les Euglènes abandonnent le vase pour se rendre dans l'eau du tube à réactions.

2° **Mouvement.** — Outre le mouvement moléculaire qui accompagne l'entrée des particules nutritives et la sortie des déchets, mouvement qui échappe à notre observation, le corps cellulaire est capable de se déplacer en partie ou en totalité. Nous avons déjà signalé cette sorte de mouvement dans les cellules libres et dans celles qui sont entourées d'une membrane.

Le mécanisme à l'aide duquel se font les mouvements présente de nombreuses variétés.

Beaucoup d'algues unicellulaires (*desmidiées, diatomées*) se meuvent à l'aide de prolongements protoplasmiques qu'elles émettent à travers les orifices de leur carapace; d'autres sécrètent une sorte de mucus qui sert à les fixer momentanément sur un objet; elles trouvent ainsi un point d'appui qui leur permet de progresser par reptation.

Nous avons déjà étudié les mouvements dits *amiboïdes*, c'est-à-dire ces mouvements *lents* que le protoplasma demi-fluide est capable d'effectuer en faisant confluer le corps cellulaire tantôt vers un point, tantôt vers un autre, ce qui amène le déplacement de la masse générale. C'est une sorte de turgescence localisée en un point (Voir p. 510).

D'autres êtres également *unicellulaires*, limités par une membrane cuticulaire, se munissent sur un ou plusieurs points de prolongements persistants, dont les ondulations produisent le mouvement et qui constituent des organes locomoteurs. On donne à ces prolongements persistants le nom de *cils* ou de *flagellum*.

Ajoutons simplement que durant l'évolution des spores reproductrices des myxomycètes, on voit sur ces êtres unicellulaires *cils* et *pseudopodes* se succéder.

Les infusoires, dits ciliés, ont le corps en partie ou totalement recouvert de cils, longs de $0^{mm},015$ et dont le nombre oscille entre 2000 à 10000. Chez les êtres multicellulaires, c'est seulement sur l'extrémité libre des cellules formant le revêtement cutané ou la membrane qui tapisse la cavité de certains organes internes (œsophage, poumons, etc.) qu'on rencontre des cils. D'autres êtres, tels que certains infusoires ou bien certaines cellules (spores reproductrices des plantes inférieures, spermatozoïdes de la plupart des animaux) présentent un ou deux prolongements plus longs dont les mouvements rappellent ceux d'un fouet; de là leur nom de *flagellum*.

Les cils, comme le flagellum, sont composés d'un protoplasma homogène, qui est en continuité directe avec le corps cellulaire. Les mouvements dont ces prolongements sont le siège se succèdent dans un ordre et avec un rythme constant; sous le champ du microscope, ils ondulent comme un champ de blé agité par le vent.

Chez les êtres multicellulaires le mouvement des cils des cellules adhérentes a pour effet de transporter plus loin et de chasser les mucosités ou les corps étrangers, c'est-à-dire de nettoyer la surface des membranes. Quant aux cils et au flagellum des êtres inférieurs (protozoaires) ou des cellules reproductrices, ils décrivent des mouvements ondulatoires dans l'eau, et servent de rames natatoires qui entraînent le corps cellulaire plus loin. La progression ainsi produite égale à la seconde deux ou trois fois la longueur de l'être microscopique; en plusieurs heures cet être parcourt l'espace d'un mètre, mais le déplacement n'est pas moins considérable, si l'on songe que les meilleurs bateaux à vapeur mettent de 10 à 15 secondes pour parcourir un espace égal à leur propre longueur.

A. Influence des divers agents sur le mouvement cellulaire. — Le mouvement est l'une des propriétés les plus caractéristiques de la matière vivante. Aussi a-t-on soumis les cellules dont le protoplasma se meut à l'action des corps les plus divers pour déterminer comment ce protoplasma se comporte et se modifie sous l'influence de ces agents.

Demoor (*loc. cit.*) a fait des recherches très intéressantes sur ce sujet en prenant comme objet d'études les poils de *Tradescantia virginica* et les *globules blancs*.

Il dépose les poils staminaux de Tradescantia dans une goutte d'une solution de sucre à 3 p.100 qui ne détermine aucune plasmolyse et qui permet aux cellules de continuer à vivre régulièrement.

En plaçant ensuite la préparation dans un appareil d'Engelmann et remplaçant l'air par divers gaz, il a étudié l'influence de l'hydrogène, de l'acide carbonique, du protoxyde d'azote, du chloroforme, du vide, d'une pression de plusieurs atmosphères, etc., sur les mouvements du protoplasma des cellules végétales et des leucocytes.

Dans l'hydrogène, l'acide carbonique, le vide, les mouvements protoplasmiques sont suspendus. Quant à l'oxygène, Demoor a confirmé le fait bien connu que ce gaz accélère les mouvements du protoplasma. Le protoxyde d'azote a la même action que l'oxygène.

Sous l'influence de l'*eau chloroformée* au quart, il se produit une période d'excitation très intense : la vitesse du protoplasma est considérablement augmentée; de grosses granulations apparaissent dans le contenu cellulaire; les différents corps solides sont entraînés par des courants exagérés de la matière vivante; une forte vacuolisation se produit dans celle-ci. Cette phase dure de 2 à 5 minutes.

L'anesthésie se produit ensuite : le protoplasma s'immobilise progressivement et entre bientôt en repos complet.

Dans certaines des expériences de Demoor, les cellules sont restées deux heures dans le liquide anesthésiant; après un lavage dans l'eau, l'activité de ces éléments reparaissait.

Dans d'autres cas, les cellules immergées pendant 15 ou 30 minutes étaient mortes.

En résumé, le *chloroforme éteint l'activité du protoplasma après l'avoir exagérée pendant un temps relativement court.*

L'ammoniaque possède une action analogue.

Le globule blanc se comporte comme les cellules végétales sous les mêmes influences.

Les effets de l'hydrogène, de l'acide carbonique et du vide semblent s'expliquer par l'asphyxie; les effets du chloroforme et de l'ammoniaque résultent de l'action spécifique de ces substances sur la matière vivante. Il y a empoisonnement.

Sous l'action de *l'hydrogène*, les globules blancs se ramassent sur eux-mêmes.

Sous l'influence du chloroforme, les *amibes* se roulent en boule; puis, quand on fait passer un courant d'eau dans la préparation de façon à enlever le chloroforme, les amibes recommencent à émettre des pseudopodes.

B. Influence de la température sur le mouvement cellulaire. — Quant à la *température*, voici comment elle agit sur les globules blancs. Une augmentation *légère* de la température provoque l'exagération des mouvements amiboïdes. A 37°, les *déplacements du protoplasma sont très rapides et se manifestent dans tous les globules blancs.* Ceux-ci prennent alors un aspect granuleux particulier, analogue à celui qu'a décrit Arnold dans les premiers temps de la dégénérescence : les grumeaux de la substance cellulaire sont plus évidents, et le fond général du leucocyte est plus clair qu'à l'état normal. Les grosses granulations protoplasmiques s'amassent dans la partie de la cellule où se produisent principalement les pseudopodes. L'hyaloplasma entoure le protoplasma granuleux d'une couche très évidente. — Si la direction générale du transport vient à changer, l'hyaloplasma s'épaissit progressivement du point où il est actuellement en grande quantité vers une région autre; les granulations protoplasmiques se déplacent dans le même sens; au niveau de la nouvelle accumulation de l'hyaloplasma se forment alors des pseudopodes d'abord hyalins, puis granuleux et le déplacement général du globule blanc s'opère finalement dans la direction nouvelle indiquée par les formations amiboïdes du protoplasma. La partie du protoplasma qui était primitivement en activité se trouve actuellement au repos absolu (Voir fig. 34, p. 510).

L'hyaloplasma ne semble pas être un intermédiaire passif dans l'élément vivant; c'est une substance très irritable et jouant un rôle essentiel dans la vie de la cellule.

L'amibe diffluens se contracte en boule à 35°. En abaissant la température, on voit au bout de deux heures l'amibe s'étaler de nouveau et émettre des pseudopodes. A 45° l'amibe meurt. On peut garder cet organisme pendant plusieurs heures sur la glace, sans le faire mourir; en effet, il suffit d'élever la température pour voir le mouvement réapparaître.

On dispose une plaque de myxomycètes sur du papier à filtre de telle façon que l'un des bouts plonge dans de l'eau à 7° et l'autre dans de l'eau à 30° : peu à peu on voit tous les myxomycètes se rassembler sur la portion du papier qui est à la température de 30° (*Thermotropisme*).

En mettant des paramécies (*infusoires*) dans une petite auge dont on chauffe *inégalement* les deux extrémités, on constate qu'elles se rendent au pôle le plus chaud (24°), quand l'autre pôle est à 12°; au contraire, quand l'un des pôles est à 28° et l'autre à 26°, elles s'assemblent dans l'eau qui est à 26°.

Les rhizopodes et les autres infusoires (*Actinosphærium et Stentor*) se comportent de même sous l'influence de la température : à une *basse* température, ils ralentissent leurs mouvements; à 15°, ils les accélèrent; à 25, 30 et 35° les stentors se meuvent et s'agitent comme des enragés.

Le protoplasma des cellules *végétales* réagit d'une façon analogue sous l'influence de la chaleur, mais les réactions diffèrent suivant que l'élévation de température se fait *graduellement* ou *brusquement*.

En portant *graduellement durant une demi-heure* les poils de *Mormodica* d'une température de 16° à 48°, Klemm vit le protoplasma continuer à se mouvoir, tandis qu'en élevant *brusquement* la température à 45°, tout mouvement cesse, le protoplasma est mort.

Lorsque l'élévation graduelle de la température dépasse le degré physiologique, on voit tout à coup survenir des courants énergiques dans le corps cellulaire : les corpuscules ou leucites sont agités et transportés avec une grande vitesse. Si on continue à élever la température, les courants se ralentissent et les trabécules protoplasmiques présentent une sorte de trépidation. Puis survient la contraction et enfin la rigidité protoplasmique, caractérisée par une apparence granuleuse.

Si on soustrait un poil de *Mormodica* à cette température élevée, très voisine de la désorganisation, on voit le refroidissement amener des courants plus rapides, même tumultueux, puis les trabécules du corps cellulaire se rétractent, et peu à peu l'état normal se rétablit.

En un mot, la chaleur n'a pas une influence spécifique sur le protoplasma végétal : les changements de température produisent des effets analogues à ceux que nous verrons déterminés par le choc, l'électricité ou les agents chimiques.

Ce sont les alternatives *brusques* de la température qui amènent les effets les plus manifestes et entraînent le plus sûrement la désorganisation.

C. Influence du contact et de la pression sur le mouvement cellulaire. — Quand le contact est léger, les protozoaires émettent leurs pseudopodes; si l'on touche ces pseudopodes et qu'on exerce sur eux une pression plus forte, les protozoaires les retirent immédiatement. Ces phénomènes qui résultent du contact ou de la pression ont été groupés sous le nom de *barotropisme;* dans le premier cas, le barotropisme est *positif*, et, dans le second, *négatif*.

En mettant des *amibes* dans un verre de montre, on les voit émettre des pseudopodes; mais elles les rentrent dès qu'on fait passer des vibrations ou qu'on les soumet à des chocs; quinze à vingt chocs à la seconde amènent une rétraction de tous les pseudopodes et les amibes se roulent en boule.

Les rhizopodes (actinosphère) font de même; comme chez les amibes, tous les mouvements sont *lents*.

Les *infusoires ciliés* et *flagellates* réagissent énergiquement au moindre contact; l'attouchement sur l'un des points du corps se transmet instantanément, l'infusoire agite son flagellum ou ses cils et se sauve dans une direction opposée. Ici les mouvements sont rapides, parce que les cils et le flagellum représentent des organes à protoplasma spécialisé.

Un *courant d'eau* peut provoquer des effets semblables. Un ruban de papier à filtrer qui plonge par l'un de ses bouts dans un verre plein d'eau est parcouru par un courant d'eau qui se dirige vers le bout libre. En mettant ce bout libre en relation avec un amas de myxomycètes, celui-ci se met à ramper le long du ruban et se dirige contre le courant. En l'absence du courant, le mouvement n'a pas lieu, ce qu'on vérifie aisément en mettant du papier humide en contact avec les myxomycètes.

On sait que, par l'effet de la pesanteur, les racines se dirigent vers le centre de la terre, tandis que le tronc et les branches montent vers le ciel. C'est là ce qu'on appelle *géotropisme*.

Voici quelques expériences qui jettent quelque lumière sur ce phénomène.

Les *Paramécies* mises dans un tube à réaction plein que l'on retourne, se rassemblent au bout de peu de temps dans la partie supérieure du tube où la pression est la plus faible; certaines bactéries se comportent tout autrement, puisqu'elles gagnent toujours la partie inférieure du tube. Les premières obéissent à un *géotropisme négatif*, les secondes à un *géotropisme positif*.

D. Influence de la lumière sur le mouvement cellulaire.— On sait de longue date que certaines plantes se tournent toujours du côté du soleil dont elles suivent le mouvement apparent. Les végétaux cultivés dans les appartements inclinent toujours leur tige et leurs branches du côté de la fenêtre. En marquant une série de points de repère sur le côté de la plante tourné vers la lumière et sur le côté opposé, on constate que les courbures sont déterminées par une croissance inégale : le côté tourné vers la lumière s'accroît plus lentement que le côté opposé.

Les pédoncules des feuilles, les branches et le tronc se dirigent vers la lumière; ils possèdent un *héliotropisme positif*. Quand la plante possède des racines aériennes (*chlorophytum*), on voit celles-ci se diriger vers le point opposé à la lumière : elles ont un *héliotropisme négatif*.

Ce sont essentiellement les rayons *bleus* et *violets* qui produisent ces effets héliotropiques.

Les *zoospores des algues* sont influencées par la lumière. Dans l'obscurité elles se meuvent en tous sens, sans direction déterminée; si on fait pénétrer un faisceau lumineux dans le milieu où elles se trouvent, elles vont tout droit vers la lumière. Quelquefois, quand la lumière est trop intense ou à une certaine période de leur évolution, les zoospores fuient les endroits éclairés. Ces mouvements *phototactiques* jouent un rôle considérable dans la vie des algues : en se fixant, la zoospore donne naissance à une plantule qui, pour ne pas périr, a besoin de lumière. C'est pour cette raison que la zoospore recherche un endroit *moyennement* éclairé, qu'elle ne cesse de se mouvoir dans un lieu privé de lumière et qu'elle fuit un endroit trop vivement éclairé.

Les *Myxomycètes* s'étalent sur les objets faiblement éclairés, mais si la lumière devient intense, ils s'en éloignent.

Quand on met certains flagellates dans un vase dont l'une des extrémités est éclairée *fortement*, et, l'autre, *faiblement*, on les voit se diriger du côté peu éclairé. Mais ceci est une affaire d'habitude, parce que d'autres flagellates se comportent différemment; les infusoires qui vivent *habituellement* dans un milieu bien éclairé recherchent la lumière, tandis que les autres préfèrent l'obscurité.

En l'absence de lumière, la plante se désorganise par une sorte d'inanition. Une très faible lumière suffit à beaucoup de plantes inférieures pour se développer.

Pringsheim a montré qu'une lumière très intense, mais seulement *en présence de l'oxygène*, produit la désorganisation et la mort des cellules végétales. Les modifications et les altérations consécutives à l'action de la lumière intense sont les mêmes que celles que déterminent les agents physiques, chimiques, etc. : l'apparition d'un état de rigidité, la formation de nodosités protoplasmiques et de granulations.

E. Influence de l'électricité sur le mouvement cellulaire. — Verworn a étudié les effets du courant continu sur les infusoires. En faisant passer un courant continu à travers une goutte d'eau qui renferme beaucoup de *Paramécies* (Paramécium aurelia), on les voit toutes se rassembler au pôle négatif (*Galvanotropisme négatif*). Dès que le courant cesse, les infusoires quittent le pôle négatif pour aller, la plupart du moins, vers le pôle positif.

Comme un grand nombre d'autres protozoaires, les amibes sont également influencées par le courant. Les amibes émettent en effet des pseudopodes du côté du pôle négatif et se dirigent de ce côté. En renversant le courant, les pseudopodes apparaissent de l'autre côté du corps de l'amibe.

Plusieurs infusoires pourvus de flagellum (flagellates) se dirigent, au contraire, vers le pôle *positif* (*galvanotropisme positif*).

Si l'on fait passer un courant continu dans un vase renfermant tout ensemble des infusoires ciliés et des flagellates, il s'opère un triage parfait : les ciliés vont se rassembler au pôle négatif et les flagellates au pôle positif.

Les courants *induits* déterminent, au début, sur les cellules des poils de *Tradescantia*, comme sur les amibes et les plasmodies, des expansions sous la forme de languettes ou de papilles. En interrompant le courant, on voit les cellules reprendre leur état normal. Mais en continuant le courant d'induction, le protoplasma forme des vacuoles et se désorganise.

Klemm (*loc. cit.*) a constaté de plus que, sous l'influence d'un courant faible, le noyau se gonfle énormément, avant que le corps cellulaire ne soit le siège d'aucune modification : si l'on cesse le courant, les mouvements protoplasmiques recommencent. Il semblerait donc que le noyau fût plus sensible à l'électricité que le corps cellulaire.

Que conclure des nombreux faits que nous venons de citer? De prime abord la cellule libre (leucocytes, amibes, protozoaires), de même que le protoplasma des cellules végétales paraîtrait réagir de la même façon sous l'influence des agents les plus divers (mécaniques, physiques, chimiques, lumière). L'expérience suivante de Massart semble parler dans ce sens : on sait que la phosphorescence de la mer est due à des infusoires flagellates, *les noctiluques*, et que l'agitation de l'eau de mer (choc) amène la phosphorescence. Massart montre que les agents *chimiques* produisent même résultat. Il met dans un vase des noctiluques et y ajoute avec une pipette une goutte d'eau distillée ou une solution de chlorure de sodium, ou d'eau sucrée : les noctiluques atteints par l'une ou l'autre solution deviennent *phosphorescents*.

D'autre part, les organismes inférieurs libres et doués de mouvement se dirigent vers certains milieux, parce que ces derniers ont une constitution chimique spéciale (*chimiotropisme* ou *chimiotaxie positive*) et s'éloignent d'autres milieux autrement constitués (*chimiotaxie négative*).

Voici comment Massart le démontre par une expérience très simple et des plus élégantes : il met dans une goutte d'eau un certain nombre d'*Anophrys* (infusoire cilié), puis il relie cette goutte au moyen d'un bout de papier à filtrer avec une autre goutte d'eau distillée. Ceci fait, il ajoute à la goutte qui renferme les Anophrys des cristaux de sel marin; à mesure que ceux-ci se dissolvent, on voit les Anophrys émigrer dans la goutte d'eau distillée (*chimiotaxie négative*).

Les *zoospores* des fougères, au contraire, se dirigent vers une solution faible d'acide malique (Pfeffer). Il est donc probable que les éléments mâles des fougères et peut-être ceux des divers organismes vont à la rencontre des éléments femelles en vertu d'une sorte de *chimiotaxie* positive.

Explication de ces phénomènes. — Il y a pourtant quelque chose de plus : les êtres unicellulaires n'obéissent pas aveuglément au galvanotropisme, ni à l'héliotropisme ni au chimiotropisme; c'est ce que semblent montrer les observations suivantes :

Nous avons vu qu'un contact léger amène la formation des pseudopodes chez les amibes. On peut suivre au microscope la manière dont, chez les rhizopodes, par exemple, ils capturent leur proie : quand un des *infusoires dont l'animal se nourrit habi-*

tuellement arrive au contact d'un pseudopode, on voit le protoplasma confluer en ce point, former une boule, entourer peu à peu l'infusoire et l'attirer dans la masse du corps.

Cependant la *nature* différente du corps qui entre en contact amène une réaction autre, ce qui semble indiquer que l'être unicellulaire *se rend compte de l'impression.*

En effet, lorsqu'à l'exemple de P. Jensen (*loc. cit.*) on observe un rhizopode polythalame (Orbitolites) vivant, on voit les pseudopodes présenter des mouvements dans deux directions inverses : tantôt le protoplasma s'éloigne du corps par une sorte *d'expansion* (mouvement centrifuge), tantôt il revient vers la partie centrale (mouvement centripète ou rétraction). Au point où deux filaments protoplasmiques du *même individu* se touchent, on constate une accélération des mouvements protoplasmiques et il en résulte une accumulation de protoplasma au point où il y a eu contact.

Quand, au contraire, l'un des filaments d'un rhizopode touche un filament d'un autre individu de la même espèce, on constate un arrêt brusque des mouvements d'expansion, une sorte de soubresaut, et chacun des filaments se rétracte et forme une boule au point touché. De là absence de fusion.

Ainsi les filaments protoplasmiques du *même* individu se fusionnent dès qu'ils arrivent au contact, tandis que le contact des filaments entre individus différents, quoique de la même espèce, n'est jamais suivi de fusion.

Si l'on coupe des pseudopodes, ceux-ci continuent à vivre pendant quelque temps. En laissant ces parties sectionnées au voisinage du rhizopode auquel elles ont appartenu, on les voit se fusionner très vite avec lui dès qu'elles arrivent à son contact. Si, au contraire, un individu rencontre des pseudopodes sectionnés et provenant d'un autre individu de la même espèce, le premier rétracte ses propres pseudopodes à leur contact comme s'il se trouvait en présence d'un Orbitolites entier.

Il n'est guère possible d'interpréter ces faits autrement que par une *sensibilité en quelque sorte consciente chez les êtres unicellulaires.*

Avant de finir ce chapitre, ajoutons encore que le protoplasma *s'adapte* aisément à des changements lents de milieu : ainsi les myxomycètes mis brutalement dans de l'eau qui renferme 2 p. 100 de sucre de raisin meurent immédiatement; mais si, à l'eau ordinaire où se trouvent les myxomycètes, on ajoute, par intervalles, des quantités *progressivement* plus fortes de sucre, ces organismes s'accroissent et se multiplient. Les *amibes* d'eau douce périssent quand on les met *brusquement* dans l'eau salée; cependant elles peuvent vivre dans une solution qui renferme 4 p. 100 de sel, à la condition que le sel y soit déposé successivement par petites doses.

3° **Multiplication cellulaire.** — En se nourrissant la cellule grandit, mais sans dépasser certaines dimensions toujours identiques dans un même groupe. De plus, elle ne vit qu'un laps de temps déterminé. Dans ces conditions, il s'agit de savoir comment elle donne naissance aux générations suivantes et comment elle s'y prend pour produire des êtres de taille parfois colossale.

On voit survenir dans les diverses parties de la cellule des modifications qui se traduisent le plus souvent par des mouvements visibles au microscope, qui changent la structure et qui aboutissent à une division en deux jeunes cellules.

Deux cas peuvent se présenter.

A. Division directe. — Un mode de division très simple s'observe sur les cellules libres que nous avons étudiées précédemment (amibes, leucocytes); il est très probable qu'il est en relation directe avec la structure également simplifiée de ces êtres, formés d'un protoplasma fluide comme du blanc d'œuf, bien que granuleux par places.

L'observation se fait sur les cellules vivantes (les leucocytes dans une goutte de lymphe ou de sang, les amibes dans l'eau qui est leur milieu naturel). On voit alors la cellule s'allonger : corps cellulaire et noyau s'étirent. En même temps le protoplasma se porte du côté des extrémités, de sorte que la région moyenne s'amincit et que l'ensemble prend l'aspect et la forme d'un biscuit. Ce déplacement et l'orientation nouvelle de la substance du corps cellulaire et du noyau procèdent des mouvements actifs dont le protoplasma est le siège. En effet, on voit se produire de nombreux pseudopodes aux deux extrémités, c'est-à-dire du côté opposé où se fait l'amincissement et l'étranglement du corps cellulaire. Enfin le point d'union se réduit à un filament qui finit par se rompre : d'où la production de deux cellules jumelles dont chacune possède la moitié du corps cellulaire et du noyau de la cellule-mère.

La cause prochaine de la division des cellules libres est difficile à saisir; cependant, si l'on songe qu'en grandissant la cellule-mère atteint une taille qui rend les échanges nutritifs plus difficiles dans les parties centrales, on peut proposer l'explication que voici : le protoplasma, devenu trop massif, se porte, par un véritable mouvement amiboïde, dans deux directions opposées, chacune des deux moitiés conservant la moitié respective du noyau. En se séparant complètement, chacune des moitiés prend une taille plus appropriée aux manifestations de la vie cellulaire.

Ce mode de division, dit *direct* ou *amitosique* (voir plus loin) est plus rare que celui que nous allons décrire, parce que la plupart des cellules offrent une structure plus compliquée que les globules blancs et les amibes. De plus elles possèdent un protoplasma plus dense; ce qui nécessite préalablement des modifications structurales dont le but paraît être d'assurer à chacune des cellules jumelles une répartition égale de la substance du corps cellulaire et du noyau.

B. Division indirecte. — 1re PHASE OU INITIALE. — Le premier phénomène qui frappe dans une cellule qui va se diviser, c'est une augmentation de volume du noyau. Puis on voit survenir des modifications dans la structure : les filaments *chromatiques* qui formaient un réseau s'épaississent, en même temps que les rameaux latéraux qui reliaient les branches principales disparaissent. Les réactifs colorants, en se fixant sur les filaments nucléaires, montrent ces faits avec la dernière évidence : le réseau chromatique est remanié, de telle sorte qu'il est remplacé par un filament unique, plus épais et contourné en peloton (fig. 42, 1). Un peu plus tard, on assiste à la disparition du nucléole, sans qu'on sache ce qu'il devient.

Du *côté du corps cellulaire*, il se passe des phénomènes non moins importants : la *sphère directrice* augmente de volume et les centrosomes s'écartent (fig. 42, 1). D'abord côte à côte, les deux centrosomes quittent la place qu'ils occupaient tout près de l'équateur; ils s'éloignent de plus en plus l'un de l'autre et finissent par se placer chacun à l'un des pôles opposés du noyau (2, 3, 4). Simultanément, la substance de la sphère directrice (*s*), puis le réseau du corps cellulaire subissent un remaniement analogue à celui du noyau : ils se disposent en filaments parallèles, qui se groupent, à partir de chacun des centrosomes, pour prendre la forme de stries rayonnantes dont l'ensemble forme le *fuseau achromatique* du corps cellulaire (fig. 42, 2, 3).

Sur ces entrefaites, le grillage très serré de la membrane nucléaire s'élargit et se résout en filaments séparés qui vont renforcer le squelette achromatique du noyau. A partir de ce moment, les rayons des sphères directrices qui avaient débuté dans le corps cellulaire s'étendent dans la substance nucléaire et rejoignent les filaments achromatiques du noyau, de telle sorte que chacun d'eux forme un fil continu qui s'étend, à travers le noyau, d'une sphère directrice à l'autre. Au *fuseau achromatique* du corps cellulaire se sont adjoints les filaments *achromatiques* du noyau (fig. 42, 4).

En résumé, la première phase de la division cellulaire indirecte est caractérisée par : 1° *la formation et l'épaississement du filament chromatique;* 2° *l'acheminement des centrosomes aux deux pôles;* 3° *la disparition de la membrane nucléaire;* 4° *la formation du fuseau achromatique.*

Les premiers observateurs ont surtout été frappés par les phénomènes qui se déroulent dans le filament chromatique; de là le nom de *mitose* donné à ce mode de division (μιτος, peloton) ou de karyokinèse (κάρυον, noyau ; κινεσις, mouvement). La phase initiale a été désignée sous le nom de *spirème* (σπειρημα, repli) à cause de la forme en peloton que prend le filament chromatique.

2° PHASE OU MOYENNE. — a) *Segmentation du peloton.* — Le filament chromatique, après s'être épaissi et raccourci, se dispose en rosette à l'équateur, c'est-à-dire à la partie renflée du fuseau achromatique (fig. 42, 4). En même temps, il se segmente, c'est-à-dire qu'il se coupe transversalement en une série de fragments ou tronçons. La forme de ces tronçons varie dans les divers organismes; ils affectent le plus souvent l'aspect d'anses de V ou d'U; d'autres fois ils sont arrondis en boules ou présentent la forme de bâtonnets. Le nom de *chromosomes*, que leur a donné WALDEYER, s'applique aux uns et aux autres. Leur nombre est toujours le même pour la même espèce d'éléments cellulaires et pour la même espèce animale ou végétale. Il y en a 24, par exemple, dans les cellules épithéliales de la salamandre et 12 dans les cellules du sac embryonnaire du lis (*Lilium Martagon*); quoi qu'il en soit, la segmentation *transversale* aboutit à la formation de chromosomes sensiblement égaux.

b) Dédoublement des chromosomes.— Alors survient un phénomène de la plus haute importance, découvert par Flemming dans les cellules animales et par Guignard dans les cellules végétales : c'est la *division longitudinale* ou *dédoublement des chromosomes*. A cet effet, les grains de chromatine qui sont rangés en une série régulière dans le filament de linine se partagent chacun en deux grains (fig. 42, 4), placés côte à côte (*grains jumeaux*); puis, le filament de linine se dédouble à son tour, c'est-à-dire se divise en long dans l'intervalle des grains jumeaux : chaque chromosome donne ainsi naissance à deux chromosomes jumeaux (fig. 42, 5).

c) Étoile ou plaque équatoriale. — Soit avant, soit après le dédoublement des chromosomes, ceux-ci s'ordonnent le long des filaments du fuseau achromatique au niveau de l'équateur (5 et 6). Leur ensemble prend alors l'aspect d'une *étoile dite nucléaire ou chromatique;* on l'appelle encore *disque ou plaque équatoriale* (*stade du monaster*).

3e Phase ou terminale. — Les chromosomes jumeaux vont quitter leur position équatoriale; ils s'éloignent de l'équateur et l'on dit que la *métakinèse* se produit (μετά indiquant le changement du mouvement). L'un des chromosomes jumeaux émigre vers le pôle supérieur, l'autre vers le pôle inférieur, en cheminant le long du filament achromatique sur lequel il est disposé (7 et 8). Chacun prend une inclinaison telle que sa convexité est tournée dans le sens du déplacement, c'est-à-dire du côté du pôle correspondant. En s'éloignant de l'équateur, les chromosomes restent unis par les filaments achromatiques du fuseau. Ainsi se constitue la figure d'une double étoile chromatique réunie par une portion moyenne achromatique : c'est le stade *dyaster*, l'un des plus caractéristiques de la division cellulaire.

Les chromosomes se rapprochent de plus en plus des pôles, puis on les voit se grouper près de la sphère directrice et se réunir pour constituer un filament nucléaire dont les éléments se modifient : ils se replient et s'anastomosent de façon à reprendre la disposition du réseau nucléaire primitif (9 et 10). — La partie achromatique se dissocie de même; au niveau de l'équateur apparaissent des granulations sous la forme de nodosités, qui forment la *plaque cellulaire* ou *phragmoplaste*, ébauche de la cloison ou membrane cellulaire (10). Dans les cellules animales, on a observé des vestiges de phragmoplaste.

Ainsi s'achève l'individualisation des deux jeunes cellules.

Problèmes qui se rattachent à la division cellulaire. — Une première remarque au sujet de ces modifications du corps cellulaire et du noyau : ni l'un ni l'autre n'ont une structure *invariable*, puisque l'arrangement des parties élémentaires change aux diverses phases de la division cellulaire et diffère notablement de ce qui existe une fois que la division est achevée. Ces faits confirment nos conclusions sur la structure de la cellule (Voir p. 509, 510, 511, 512 et 513).

Le froid retarde, puis arrête la division cellulaire.

Des *œufs d'échinoderme* peuvent rester plusieurs heures dans l'eau glacée, sans s'altérer : s'ils sont en train de se diviser, la segmentation s'arrête; mais elle se poursuit, il est vrai, si l'eau de mer revient à la température ordinaire.

Il est à peine besoin d'ajouter que l'oxygène accélère notablement les phénomènes de la division tant pour le noyau que pour le corps cellulaire.

1° *Rôle du corps et du noyau dans la division*.— Cette question a donné lieu à une foule de controverses : la division cellulaire est-elle le fait de l'activité spéciale du noyau du corps cellulaire ou des centrosomes? Ces parties essentielles de la cellule ont-elles une vie plus ou moins indépendante?

Voici une série d'expériences qui parlent en faveur d'une certaine indépendance du noyau et du corps cellulaire.

Dès 1887, les frères Hertwig firent l'observation suivante : ils mirent des œufs d'oursin fécondés dans une solution de quinine ou de chloral; au bout d'un séjour plus ou moins prolongé, ils les portèrent de nouveau dans l'eau de mer. Dans leur milieu naturel les œufs recommencèrent à se diviser coup sur coup, mais le corps cellulaire ne prit point part à la division; il resta comme inerte. Donc le noyau a été peu influencé

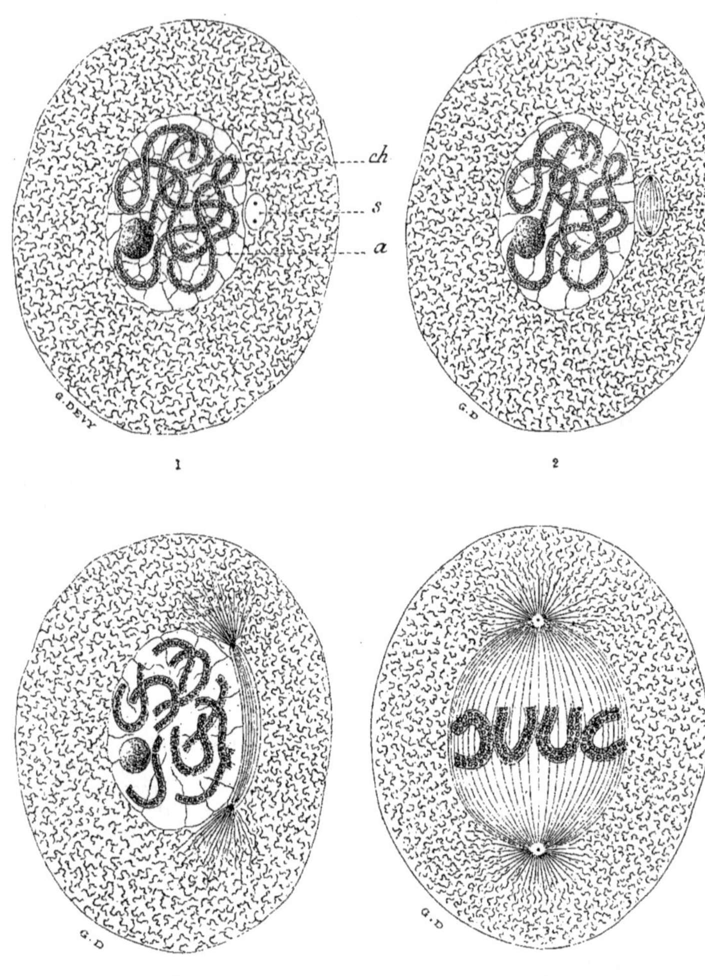

FIG. 42. — *Phases de la division cellulaire dite indirecte.*

1. filament nucléaire disposé en peloton. { *s*, sphère directrice avec centrosomes. *ch*, filament chromatique. *a*, réseau achromatique du noyau.

2. Au début de la formation du fuseau achromatique *s* dans le corps cellulaire.

3. Les centrosomes se raprochent chacun du pôle correspondant; le fuseau achromatique s'allonge; le peloton chromatique se divise transversalement; la membrane nucléaire tend à disparaitre.

4. Les centrosomes occupent les pôles. Le réseau achromatique du noyau participe à la formation du fuseau achromatique qui rayonne à travers le noyau; les U chromatiques ou chromosomes (dont 4 seulement sont figurés) présentent deux rangées de granulations et se disposent au niveau de l'équateur.

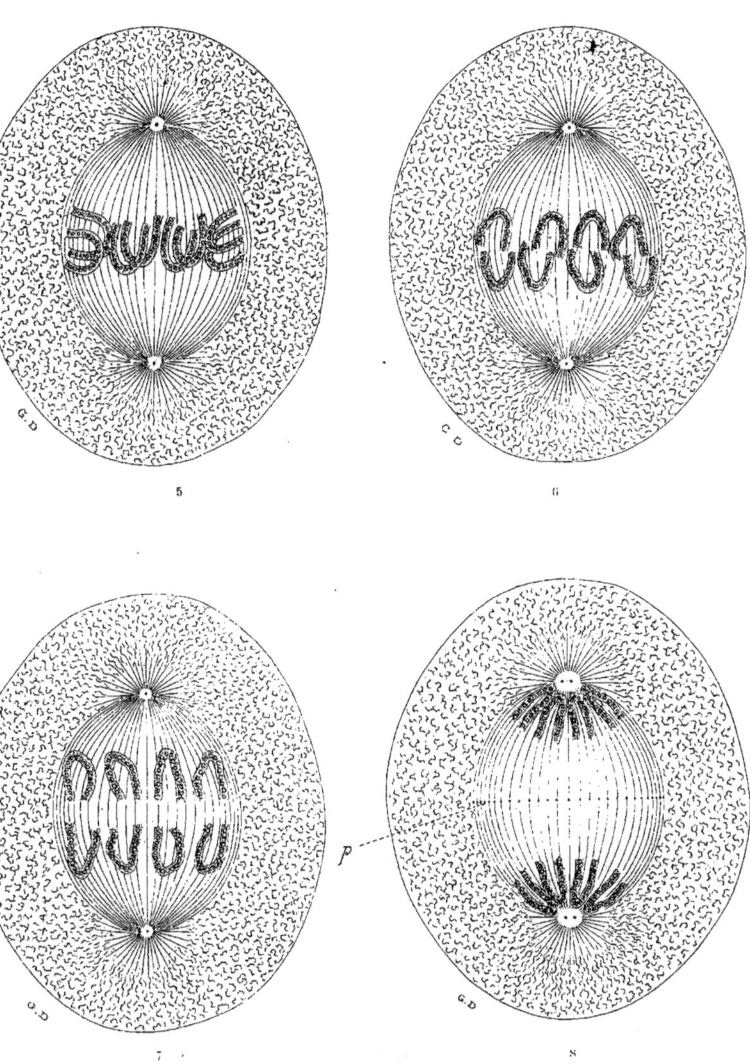

FIG. 42. — *Phases de la division cellulaire dite indirecte* (suite).

5. Dédoublement ou division longitudinale des chromosomes.

6. Séparation des chromosomes jumeaux qui s'orientent le long des filaments achromatiques, de façon que la convexité de chacun d'eux soit tournée vers le pôle ou centrosome correspondant.

7. Éloignement des chromosomes de l'équateur; ils cheminent vers chacun des pôles (stade dyaster).

8. Les chromosomes au niveau des pôles; *p*, granulations formant par leur ensemble la plaque cellulaire.

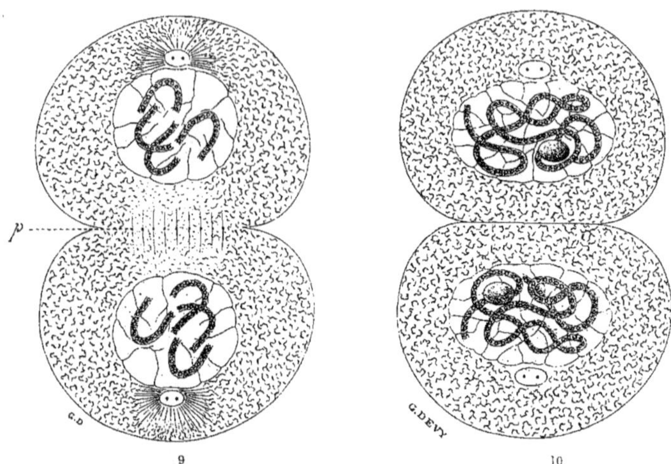

Fig. 12. — *Phases de la division dite indirecte* (fin).

9. Les filaments achromatiques s'ordonnent de nouveau en réseau; séparation des deux moitiés du corps cellulaire.

10. Achèvement de la division : les chromosomes s'unissent les uns aux autres pour former le réseau chromatique de chacun des noyaux jumeaux ; la membrane nucléaire se reconstitue, en même temps que réapparait le nucléole.

par les agents toxiques, ou bien la torpeur consécutive à l'empoisonnement a cessé dans le noyau plus rapidement que dans le corps cellulaire.

Chabry (1890) vit, d'autre part, qu'une pression mécanique exercée sur une moitié de l'œuf n'empêche pas le noyau de se diviser, mais le corps cellulaire ne se segmente pas.

Loeb (1895) plaça des œufs d'oursins, récemment fécondés, dans de l'eau de mer additionnée de sel marin (2 p. 100) : le noyau se divisa, mais non pas le corps cellulaire. Si l'on augmente la concentration de l'eau de mer, le noyau continue à se diviser, mais plus lentement et, au bout de 6 heures environ, il devient inerte également.

Driesch (1892) institua des expériences analogues en faisant agir la *chaleur* sur les œufs d'oursins; une température de 31° provoque une division nucléaire, sans qu'il y ait segmentation cellulaire. Un mélange d'eau de mer et d'eau douce donne les mêmes résultats.

Demoor (1895) expérimenta d'autre part sur les cellules végétales : il soumit des jeunes poils staminaux de *Tradescantia virginica* à diverses influences (hydrogène, vide, chloroforme, froid, ammoniaque). Ces divers agents paralysent l'activité du corps cellulaire, tandis que le noyau continue à se diviser.

Les conclusions générales que comportent ces expériences me semblent être les suivantes : les agents extérieurs atteignent le corps cellulaire plus vite que le noyau; on pourrait croire de prime abord que le corps cellulaire préserve le noyau de leur influence toxique. L'influence du chaud et du froid montrent que le noyau est en réalité moins sensible aux influences extérieures et qu'il jouit d'une certaine indépendance fonctionnelle, puisqu'il continue à se diviser, quand le protoplasma est déjà paralysé.

2° *Y a-t-il des cellules sans noyau?* Haeckel, dans ses remarquables recherches sur les organismes inférieurs, rencontra des rhizopodes qu'il crut constitués uniquement par une masse de protoplasma sans trace de noyau. Cet auteur rangea tous les animaux unicellulaires sans noyau dans le groupe des *monères*.

Nous avons vu que la substance du noyau a une grande affinité pour les matières colorantes; aussi, en employant les réactifs colorants, plusieurs auteurs et spécialement A. GRUBER (1888) ont montré que diverses monères, tels que le *Pelomyxa pallida*, possèdent, non pas un noyau bien délimité, mais de nombreuses granulations qui fixent les matières colorantes : les granulations chromophiles sont répandues dans toute la masse du corps cellulaire.

Au lieu de former un organe bien délimité, les granulations chromatiques sont plus ou moins éparses dans le corps cellulaire (*noyau diffus*).

Un autre groupe d'organismes inférieurs, les bactéries, se trouvent dans le même cas. On sait que les bactéries représentent les êtres vivants les plus petits; le bacille de la tuberculose, par exemple, n'a qu'une taille de 0mm,0015, à 0mm,0050. Malgré ces dimensions exiguës, les bactéries sont des cellules pourvues d'une enveloppe et d'un contenu cellulaire riche en substance chromatique. En effet, lorsqu'on les place dans des solutions salines qui leur enlèvent l'eau, on voit sous l'influence de la déshydratation (phénomène désigné sous le nom de *plasmolyse*) le protoplasma se détacher de la membrane limitante ou périphérique. D'autre part, les matières colorantes, spécialement les couleurs d'aniline, se fixent énergiquement sur les bactéries, et ce moyen a permis de découvrir nombre d'espèces qui, vu leur petitesse et leur transparence, avaient jusqu'alors échappé à l'observation. Grâce à cette méthode, on a constaté que la plus grande partie du corps des bactéries est constituée par une substance chromatique analogue au noyau des êtres supérieurs; les portions non colorables, très réduites, occupent, soit la périphérie, soit les deux extrémités. En un mot, malgré l'exiguïté de sa taille, chaque bactérie renferme, autrement groupées il est vrai, les deux substances (cellulaire et nucléaire) qui caractérisent toute cellule; de plus, une membrane spéciale délimite cet organisme.

3° *L'union du corps cellulaire et du noyau constitue seule une unité physiologique.* — Privé du noyau, le corps cellulaire ne tarde pas à périr. C'est là un fait capital, qui prouve que l'unité morphologique et physiologique résulte de l'union du noyau et du corps cellulaire. Bornons-nous à citer quelques exemples, empruntés aux nombreuses expériences instituées par KLEBS, GRUBER, NUSSBAUM, HOFER, BALBIANI et VERWORN.

En plaçant des algues filamenteuses (*Zygnema*, *Spirogyra*) dans une solution de sucre (16 p.100), KLEBS vit, par l'effet de la plasmolyse, le corps cellulaire se segmenter en plusieurs morceaux, dont l'un renfermait le noyau, tandis que les autres ne présentaient aucune trace de cette formation. Tous continuaient à vivre pendant des semaines, mais avec une différence notable dans leur vitalité : le *fragment muni du noyau se sécrète une membrane de cellulose*, tandis que les autres, privés de noyau, restent dépourvus de membrane; il suffit, pour que la membrane se développe, que le fragment sans noyau soit réuni par une trabécule protoplasmique au fragment à noyau.

Autre fait qui parle dans le même sens : lorsque les matériaux nutritifs commencent à s'épuiser dans le milieu où vivent certaines bactéries (*Bacillus subtilis*), on voit le contenu cellulaire se rétracter et se détacher de la membrane, constituer une jeune cellule ou spore, qui s'entoure d'une nouvelle membrane.

On sectionne, d'autre part, le corps d'une amibe ou d'un infusoire, de façon que ses deux moitiés renferment chacune une portion de noyau; toutes deux continuent à vivre : elles se nourrissent, elles s'accroissent, et au bout de quelque temps elles ont reconstitué chacune un être semblable à l'amibe ou à l'infusoire mère.

Si, au contraire, on pratique la section de telle sorte que l'une des parties renferme à elle seule *tout* le noyau, tandis que l'autre portion en soit privée, le résultat sera bien différent. La portion privée de noyau continue quelque temps à se mouvoir, mais sa vitalité est bien affaiblie, puisque les particules alimentaires qui s'y trouvaient au moment de l'opération ne sont plus digérées. Au bout de quelque temps, les mouvements se ralentissent et le fragment sans noyau se désorganise.

Tout autre est le sort du *fragment qui contient le noyau :* ici la plaie se cicatrise et peu à peu l'être blessé récupère, par régénération, la forme et la taille du sujet opéré. La digestion et la nutrition s'y font donc aussi bien et mieux que sur un individu normal.

Concluons : *le noyau exerce une influence capitale sur la vie de la cellule. Il peut y avoir du protoplasma sans noyau* (hématies des mammifères); *mais ces formations n'ont plus la valeur de cellules.*

Nous renvoyons à l'article **Fécondation** pour tout ce qui est relatif au rôle que joue le noyau dans la transmission des propriétés reproductrices et héréditaires.

4° *Y a-t-il d'autres modes de multiplication que la division directe et indirecte?* — Nous avons dit que la division cellulaire semble être un acte consécutif à la croissance : arrivée à une taille déterminée, la cellule n'augmente plus, de telle sorte que, pour produire un organe ou un être de grandes dimensions, elle se divise en deux cellules qui donnent naissance par division successive à une multitude de cellules de volume réduit.

Ce point de vue nous permet de comprendre un mode spécial de croissance et de multiplication cellulaire que l'on observe chez nombre d'organismes inférieurs du groupe des champignons. Tel est le cas de la levure de bière (*Saccharomyces cerevisiae*). Ici la cellule ne se partage pas en deux moitiés égales; mais elle produit sur un point une petite saillie, qui, après avoir grossi pendant quelque temps, se cloisonne au point d'union avec la cellule-mère et constitue une nouvelle cellule.

Un grand nombre de champignons se comportent de même et se multiplient par des sortes d'excroissances désignées sous le nom de *conidies*, mais qui ne représentent que des jeunes cellules ou spores ayant pris naissance par bourgeonnement de la cellule-mère.

CHAPITRE II. — **Division du travail chez les êtres multicellulaires.** — Les cellules jumelles auxquelles une cellule-mère donne naissance conservent des rapports bien variables selon le groupe végétal ou animal auquel elles appartiennent. Quand il s'agit de cellules libres (globules blancs ou protozoaires), les cellules jumelles se séparent et mènent une vie indépendante : elles grandissent et se divisent plus tard comme la cellule-mère. Certains infusoires donnent ainsi naissance à des centaines de générations. Il est vrai qu'à un moment donné elles ont besoin de se réunir deux à deux, de faire un échange de substance nucléaire, sous peine de subir une sorte de dégénérescence sénile et de périr (Voir **Fécondation**).

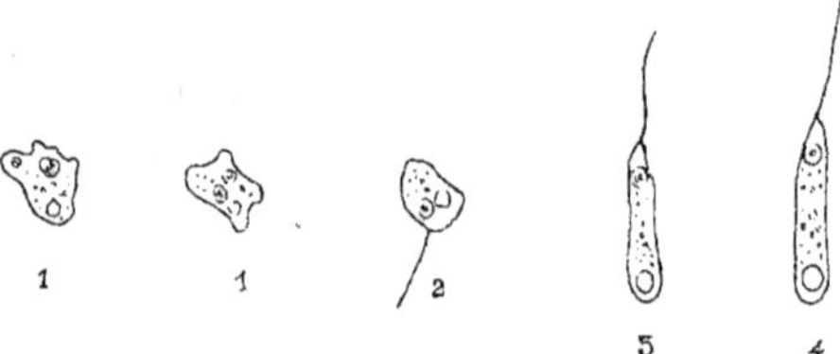

FIG. 43. — *Spores de Myxomycètes* (d'après STRASBURGER).
3 et 4, jeunes zoospores munies, en haut, d'un flagellum et d'un noyau et, en bas, d'une vacuole contractile. Ces zoospores dérivent de la fragmentation de la plasmodie :
2, zoospore plus âgée, dont le corps a changé de forme et qui, après avoir perdu son flagellum, se transforme en *myxamibe* (1, 1).

Dans les *myxomycètes* (fig. 43, ci-contre) nous voyons, d'autre part, chaque noyau et corps cellulaire correspondant de la plasmodie (fig. 35, p. 510) s'entourer à un moment donné d'une membrane, de façon à donner naissance à une cellule isolée ou *spore*. Dans un milieu humide, le corps cellulaire de la spore s'accroît, la membrane se rompt et il en sort une cellule nue. Celle-ci prend un aspect pyriforme, se munit d'un cil vibratile (fig. 43, 3, 4) qui permet à la *zoospore* de faire des mouvements très actifs dans l'eau. Plus tard le corps de la zoospore change de forme (2); ensuite le cil disparaît et la zoospore se transforme en une sorte d'amibe (1, 1), qui est encore capable de se mouvoir en émettant des pseudopodes. Enfin, après avoir mené une existence libre, les spores se réunissent en grand nombre et se fusionnent pour constituer une *plasmodie* de grandes dimensions.

Chez les organismes supérieurs (végétaux et animaux) les choses se passent tout différemment. Deux cellules, dont chacune a une origine distincte, et qui, au point de vue de la substance nucléaire ne représentent chacune qu'une fraction de cellule, se réunissent et forment une cellule unique ou œuf *fécondé*. L'œuf des animaux pluricellaires, en se divisant, produit un amas de cellules dont la réunion en colonie constitue un être unique. Ces cellules se disposent en groupes distincts pour former les *organes* du nouvel être; les unes se juxtaposent pour circonscrire une cavité, puis un tube qui accomplira seul le travail d'absorption pour toute la colonie; il en est qui deviennent des organes de soutien, d'autres forment des organes de *mouvement;* d'autres encore se réunissent en groupes qui reçoivent les impressions du monde extérieur ou des organes internes : telles sont les *cellules sensorielles* et les *cellules du système nerveux* qui centralisent les impressions, les modifient et règlent le jeu des autres organes et les relations de toute l'économie avec le milieu extérieur. D'autres enfin sont réservées pour la reproduction. Autrement dit, tandis que, chez les êtres unicellulaires, la même cellule préside à la nutrition, à la sensibilité, au mouvement et à la reproduction, nous voyons, chez les êtres multicellulaires, se constituer une série de catégories particulières de cellules ou de dérivés cellulaires qui se partagent les diverses besognes de nutrition, de soutien, de sensibilité, de mouvement et de reproduction. C'est une véritable *division du travail*, qui entraîne des différences morphologiques et structurales des plus importantes. En effet, sauf les globules blancs, la grande majorité des cellules acquièrent une forme et une structure spéciales.

C'est cette spécialisation ou *différenciation* qui détermine la forme et la structure particulières des cellules; nous en avons parlé dès le début.

Ce n'est pas tout; à la suite de cette différenciation, les relations des cellules appartenant à la même colonie, issue d'un œuf unique, varient notablement d'un groupe à l'autre.

Dans les *myxomycètes* (fig. 35, p. 510), les corps cellulaires sont confondus en une masse commune (plasmodie); dans les plantes pluricellulaires, les cloisons séparent et réunissent en même temps toutes les parties du végétal. Chez les animaux pluricellaires, il en est de même pour un grand nombre d'organes.

Dans le *tissu conjonctif* des mammifères, les fibrilles qui avaient débuté dans la zone périnucléaire se sont étendues jusqu'à la limite du corps cellulaire et se sont anastomosées avec les fibrilles des cellules voisines. Il en résulte une *charpente réticulée* commune à toute une région ou à un organe entier.

Dans les membranes épithéliales des mammifères, Ranvier, dès 1882, a signalé l'existence de fibrilles qui prennent naissance dans le protoplasma et relient les cellules les unes aux autres. Kromayer (*loc. cit.*) a confirmé et étendu l'observation de Ranvier; grâce à des procédés techniques plus parfaits, il a montré que le protoplasma des cellules épithéliales est parcouru par un système de fibrilles qui s'entre-croisent en tous sens, tout en se prolongeant d'une cellule à l'autre. La cavité qui renferme le noyau est limitée par un lacis particulièrement serré.

Il ressort des exemples précités que le corps des cellules épithéliales ne se continue qu'en partie avec les éléments voisins; mais, dans certains organes d'origine épithéliale, le placenta des mammifères entre autres, les cellules épithéliales, d'abord distinctes, se fusionnent par toute leur périphérie avec les cellules contiguës. Le fait a été surabondamment démontré par les recherches multiples et approfondies de Mathias-Duval (*loc. cit.*). Je sais bien que quelques esprits chagrins ont vu là un effet de dégénérescence cellulaire. Mais c'est là une hypothèse aussi légère que mal fondée, puisque la fusion se produit à un stade évolutif, alors que les cellules sont loin d'avoir manifesté toute leur énergie formative.

D'autres cellules paraissent simplement accolées : telles sont les fibres musculaires lisses, les cellules nerveuses. Pour ces dernières en particulier, ce fait, longtemps méconnu, a été démontré par les recherches de R. y Cajal; c'est par *simple contact* que les ramifications de la cellule nerveuse reçoivent, au niveau des cellules épithéliales, les impressions périphériques, qu'elles les transmettent aux cellules voisines, que la cellule motrice elle-même agit sur la fibre musculaire contractile.

En résumé, *les cellules réunies en colonies peuvent avoir des rapports de continuité* ou de *contiguïté*.

Il est donc nécessaire de jeter un coup d'œil d'ensemble sur chacun des groupes cellulaires différenciés pour saisir le jeu de toute la colonie. Les propriétés des organismes unicellulaires, que nous avons appris à connaître en étudiant les amibes, les leucocytes ou les infusoires, se trouvent à l'état d'ébauches au fond de toute cellule ou dérivé cellulaire des êtres multicellulaires; mais le physiologiste qui s'en tiendrait à ces notions élémentaires se trouverait aussi peu avancé que le psychologue qui, pour juger des progrès de l'esprit humain, se bornerait à spéculer d'après l'homme primitif ou les peuples barbares.

Cette revue nous montrera de plus un fait des plus importants au point de vue morphologique et physiologique, c'est que l'activité fonctionnelle implique des modifications structurales très accusées.

1° **Travail de la cellule végétale.** — Le protoplasma de la cellule végétale diffère singulièrement de celui des cellules animales, par ce fait que sa nutrition s'opère aux dépens d'éléments minéraux ou inorganiques; il possède la faculté de transformer ces matériaux en substance organique, c'est-à-dire vivante. Les cellules animales, au contraire, meurent dans un milieu exclusivement minéral ou inorganique, c'est-à-dire qu'elles ont besoin, pour subsister, d'avoir à leur disposition des composés organiques.

Ce fait capital est facile à vérifier. On prépare une solution aqueuse renfermant, dans la proportion d'un demi à 1 pour 1000, des azotates, des phosphates de chaux et de magnésie, du chlorure de sodium et des traces de sels de fer; on plonge dans le liquide les racines d'une jeune plante, de blé ou de maïs, tandis que la tige et les feuilles restent à l'air. Dans ces conditions la plante, *exposée en pleine lumière*, s'accroît et prospère.

Si à l'aide d'une cloche, on isole la plante de l'atmosphère de façon à empêcher l'accès et le renouvellement de l'air, la plante dépérit et meurt.

Donc, pour grandir, il faut à la plante : 1° de l'eau et des sels minéraux; 2° l'oxygène et l'acide carbonique de l'air qui lui fournit le carbone.

La provenance atmosphérique du carbone était ignorée jusqu'à la fin du XVIIIe siècle. C'est seulement à cette époque que le Hollandais INGENHOUZ et les Génevois SENEBIER et THÉOD. de SAUSSURE établirent que sous l'influence des rayons solaires les feuilles vertes décomposent l'acide carbonique de l'air en fixant le carbone et en dégageant l'oxygène.

A l'aide du carbone et de l'eau, la cellule végétale fabrique des hydrates de carbone. L'acide carbonique atmosphérique pénètre dans les parties vertes et principalement dans la feuille, tandis que l'eau est puisée par les racines et monte dans la tige, grâce à l'évaporation qui se fait au niveau des feuilles. Ces deux éléments (eau et acide carbonique) se rencontrent dans le parenchyme des feuilles, et la chlorophylle, sous l'influence de la lumière solaire, en produit l'assimilation. La lumière et spécialement les rayons rouges et jaunes fournissent la force nécessaire à la réduction de l'acide carbonique, qui aboutit à la fixation du carbone et à l'élimination de l'oxygène.

Les cellules végétales respirent comme les cellules animales, c'est-à-dire qu'elles consomment de l'oxygène; c'est dans la lumière bleue et violette que cette combustion est le plus intense.

Outre le carbone, la cellule végétale assimile également de l'azote. Cet azote dérive surtout des azotates et des sels ammoniacaux que contient le sol.

a) Élaborations de la cellule végétale. — Nous avons vu que de bonne heure les cellules végétales s'entourent d'une membrane isolable et présentent dans leur protoplasma des corpuscules à peu près constants, appelés *trophoplastes*, *chromatophores* ou *leucites*. Ces derniers (fig. 29 *ch.*, p. 304) sont de forme ovalaire, ellipsoïde, très réfringents et apparaissent dans le voisinage du noyau. Les premiers leucites sont un produit de l'activité cellulaire; mais, une fois formés, ils peuvent donner naissance, par voie de division, à d'autres leucites. Ces corps sont propres aux végétaux supérieurs : les champignons en semblent dépourvus.

Certains leucites produisent de l'amidon (amyloleucites); d'autres, sous l'influence de la lumière, se chargent de chlorophylle (chloroleucites) ou d'autres matières colorantes (chromoleucites). C'est ainsi que la pomme de terre, les légumineuses, s'assimilent les éléments minéraux, se remplissent de leucites, qui élaborent de l'amidon sous la forme de grains composés de couches concentriques. Il y en a de toutes les dimensions, depuis $0^{mm},002$ jusqu'à $0^{mm},18$; dans ce dernier cas, ils sont visibles à l'œil nu. Les grains d'amidon sont composés d'hydrates de carbone, dont la formule est $C^6H^{10}O^5$ ou l'un de ses multiples.

Les cellules des graines oléagineuses produisent des cristaux d'aleurone. Ceux-ci se développent dans des vacuoles riches en albuminoïdes dont l'aleurone possède tous les caractères. Dans les graines de ricin, l'huile est élaborée à côté des grains d'aleurone.

Outre les corps gras, les cellules de certains végétaux sécrètent des essences ou des éthers qu'on trouve répartis dans le protoplasma sous l'aspect de gouttelettes réfringentes. C'est à la présence de ces éthers que les folioles colorées des fleurs doivent leur parfum.

Dans les pétales de la rose, ces gouttelettes prennent une forme cristalline. Parfois ces essences sont excrétées par les cellules qui les ont produites, et, après oxydation, elles passent à l'état de camphres ou de résines. Cependant la plupart des essences ne préexistent pas dans les végétaux ; elles résultent de l'action de deux substances formées chacune dans des cellules spéciales. L'acide cyanhydrique par exemple, qui se développe à un moment donné dans les amandes amères et le laurier-cerise, ne préexiste pas dans les tissus de ces plantes. Il prend naissance par l'action d'un ferment sur une glucoside en présence de l'eau.

Nous devons la connaissance de ces faits à une série d'études délicates et approfondies de L. Guignard (*loc. cit.*). Cet auteur a pu montrer que certaines cellules élaborent le ferment, tandis que d'autres produisent la glucoside; l'acide cyanhydrique est dû à l'union de ces deux corps.

Chez les crucifères, les essences, ordinairement sulfurées, résultent également de l'action d'un ferment et d'une glucoside, dont la production se localise dans des cellules spécialisées (Guignard).

b) *Suc cellulaire.* — On appelle ainsi le liquide qui remplit la cavité des cellules végétales adultes. Il est plus aqueux et plus clair que le liquide qui se trouve dans les vacuoles du protoplasma. Mais le plus souvent il est impossible d'établir une limite nette entre le contenu des vacuoles et celui des cavités cellulaires. Le suc cellulaire a des réactions acides et tient en dissolution des hydrates de carbone, mais le plus souvent du sucre.

c) *Paroi cellulaire.* — Les jeunes cellules sont séparées les unes des autres par des membranes minces, qui s'accroissent surtout dans le sens longitudinal. Tant que dure cet allongement, la membrane cellulaire reste mince; mais, une fois que la cellule a acquis sa longueur définitive, la membrane cellulaire s'épaissit. Alors elle perd son aspect homogène et paraît constituée par plusieurs lamelles ou couches; en d'autres termes, la paroi est *stratifiée*. Le plus souvent, on peut reconnaître trois couches, accolées à la membrane primitive; de ces trois couches, la seconde est la plus épaisse; la plus mince est la couche interne.

Ces diverses couches sont des parties transformées ou élaborées du corps cellulaire. Il est très probable que l'épaississement de la paroi résulte de *l'apposition* de nouvelles couches plus internes. Cependant certaines substances peuvent ultérieurement s'incorporer, par un phénomène *d'intussusception*, dans les couches déjà formées.

Les membranes cellulaires sont spécialement composées de *cellulose*, dont la constitution générale est représentée par la formule $C^6H^{10}O^5$, ou par l'un de ses multiples; la cellulose, insoluble dans les bases et les acides dilués, se dissout dans l'acide sulfurique concentré. Cependant la cellulose n'existe jamais à l'état de pureté parfaite; on la trouve mélangée à diverses substances, parmi lesquelles dominent les composés *pectiques*. La membrane primaire qui cloisonne les cellules jeunes est essentiellement formée, comme l'a montré Mangin, de pectose; les lamelles qui s'y ajoutent plus tard sont un mélange de pectose et de cellulose; enfin la dernière lamelle contient uniquement de la cellulose.

Les cellules du bois, c'est-à-dire celles qui se *lignifient*, se chargent de divers produits désignés sous le nom de *coniférine* et de *vanilline*. Quant aux cellules qui forment le liège, elles s'imprégnent de *subérine*.

Dans beaucoup de fruits, les cellules de revêtement ont des parois qui se *gélifient* au contact de l'eau. C'est par un processus analogue que se forment les *gommes*.

2° Travail des cellules des animaux pluricellulaires. — **I. Sécrétions et élaborations.** — *a*) *Cellule glandulaire.* — Chez les mammifères, les cellules glandulaires sont répandues à la surface des membranes muqueuses et dans des dépressions qui se produisent sur ces membranes ou bien qui dérivent de bourgeons cellulaires. Les cellules glandulaires ont des usages divers : les unes préparent des produits qui passent dans le sang (*glycogène*) ou qui servent, par exemple, à liquéfier les substances alimentaires et à les rendre absorbables (1er groupe); les autres éliminent ou détruisent les déchets organiques (2e groupe).

1er *groupe de cellules glandulaires.* — Une des plus belles conquêtes de l'histo-physiologie est certainement d'avoir montré que la plupart des produits de l'organisme n'existent tout formés ni dans le sang, ni dans la lymphe, mais qu'ils sont dus à l'activité de certaines cellules. Dans l'impossibilité de poursuivre l'étude de ces phénomènes à travers les diverses glandes de l'économie, nous nous bornerons à quelques exemples pour en montrer l'essence.

Dans les glandes *sébacées*, annexées aux poils, existent plusieurs rangées de cellules épithéliales, dont les profondes, seules, se divisent pour engendrer les cellules jeunes. Dans les couches suivantes, on voit le corps cellulaire élaborer des gouttelettes de graisse qui s'accumulent autour du noyau d'après un mécanisme qui rappelle ce qui se passe dans les cellules adipeuses. A mesure que le protoplasma subit cette transformation graisseuse, le noyau s'atrophie et toute la cellule finit par se résoudre en une goutte qui s'écoule sur la peau sous la forme de *sebum*.

Dans l'exemple précédent, la cellule ne sécrète qu'une fois, puisqu'elle se détruit; mais le plus souvent, la cellule se débarrasse du produit élaboré et recommence son travail. C'est ainsi que le corps de la cellule hépatique prépare dans les mailles de son réseau une substance de composition analogue à l'amidon, le *glycogène* de Cl. Bernard. On voit que certaines cellules animales ressemblent à cet égard aux cellules végétales; mais, dans le foie, le glycogène ne prend pas une forme figurée; il existe toujours à l'état amorphe. Plus tard, le glycogène s'hydrate et passe, à l'état de glycose, dans le sang.

Dans la plupart des autres glandes (*salivaires, pancréatiques, sudoripares*, etc.) ainsi que sur les muqueuses à épithéliums sécréteurs, les recherches de Heidenhain, de Ranvier, etc., ont bien établi par quel mécanisme s'effectue la sécrétion. Ce mécanisme est le suivant : l'acte essentiel qui se passe dans le corps cellulaire consiste dans une élaboration de substances qui seront déversées plus tard à la surface de la peau ou de la muqueuse. Ces substances sont variables (mucus, ferments non figurés, etc.); mais elles se forment aux dépens des matériaux que la cellule emprunte au sang ou à la lymphe; elles s'accumulent ensuite dans la portion libre de la cellule épithéliale où la résistance est moindre, et peu à peu s'échappent par une sorte de fonte. Après avoir augmenté de volume, puis s'être débarrassée des produits élaborés, la cellule, qui se trouve réduite à de petites dimensions, se gorge à nouveau de matériaux, pour s'accroître et sécréter derechef.

La meilleure preuve que la sécrétion est un travail protoplasmique propre à des cellules spécialisées, c'est que nous pouvons arrêter ce travail en imprégnant de poison (atropine, etc.) les éléments du protoplasma; nous pouvons aussi l'activer par l'injection d'autres produits, tels que la pilocarpine, ou bien encore par le passage d'un courant électrique. Autrement dit, l'irritabilité de la cellule glandulaire peut être endormie ou anéantie, comme l'a été celle de l'œuf par le chloral; on peut également l'exagérer au moyen d'excitants appropriés.

2e *groupe de cellules glandulaires.* — Il existe des cellules dont le travail consiste, non pas à produire, mais à éliminer uniquement les déchets formés ailleurs. Citons, par exemple, l'épithélium des tubes urinifères des reins. Jusqu'à ces derniers temps, on supposait que ces déchets s'accumulaient, dans l'intérieur des corps cellulaires des tubes urinifères, sous la forme de stries, de boules ou de vésicules. Il n'en est rien, et l'erreur provenait d'un défaut de technique, de l'emploi de liquides altérants. H. Sauer (*loc. cit.*), qui a fait une étude approfondie de l'épithélium des canalicules urinifères chez la grenouille et divers mammifères, a établi d'abord que toutes les cellules de cet épithélium présentent à leur extrémité interne ou libre un revêtement de cils très fins. Ensuite il a comparé entre eux les reins des animaux atteints d'anurie et de polyurie. Pour produire l'anurie, il injecta dans la veine jugulaire des solutions d'urée, de sucre ou de sel marin.

Les résultats intéressants obtenus ainsi par Sauer sont les suivants : l'épithélium, dont la structure protoplasmique ne varie guère, est *haut pendant la période d'anurie:* la lumière du tube contourné est très étroite. Quand, au contraire, il y a eu *polyurie*, les cellules épithéliales de ce tube sont basses, comme aplaties, et la lumière du canalicule s'ouvre largement. D'où cette conclusion générale pour le travail des cellules épithéliales qui ne font qu'éliminer des produits formés ailleurs : elles *se gorgent, en les choisissant dans le sang, des matériaux qui doivent être éliminés; ceux-ci s'accumulent dans leur extrémité libre, qui subit la fonte pour en débarrasser l'économie.*

Comment agissent les cellules des organes, tels que la *glande thyroïde*, les *capsules surrénales*, le *corps pituitaire*, etc., qui sont composés de grains et de cordons cellulaires, analogues à ceux des glandes précédentes, mais qui sont privés de conduit excréteur? Versent-ils dans la lymphe ou dans le sang les principes qu'ils fabriquent ou bien détruisent-ils par leur activité propre certains poisons fabriqués par l'organisme et que leur amènent les vaisseaux?

Depuis les expériences d'Abélous et de Langlois, on sait que l'ablation des *capsules surrénales* entraîne une véritable intoxication et la mort de l'animal. Stilling, d'autre part, après avoir enlevé l'une des capsules, a vu s'hypertrophier celle qui restait. Depuis, Aug. Pettit a étudié avec soin les modifications structurales qui surviennent chez l'anguille, quand, après avoir extirpé l'une des capsules surrénales, on laisse vivre l'animal un temps plus ou moins long. Dans la capsule surrénale normale, les cellules épithéliales des cordons ou cylindres qui composent l'organe sont disposées sur une seule rangée, et leur hauteur ne dépasse pas 15 à 20 μ. Chez les animaux opérés, la capsule qui a fonctionné pour deux, présente des cylindres dont l'assise cellulaire a presque doublé de hauteur; au lieu d'une seule rangée d'éléments, il s'en est produit trois ou quatre. En nombre de points, on voit les cellules faire saillie dans la lumière du cylindre. De plus, l'extrémité interne ou centrale de ces cellules épithéliales est en relation avec une masse amorphe, résultant évidemment de la fonte d'une partie ou de la totalité de certaines cellules.

Cette prolifération cellulaire et l'augmentation de volume des éléments indiquent certes une activité fonctionnelle plus intense. De plus, l'augmentation de la masse amorphe, après l'injection de certains poisons, semble montrer que les phénomènes intimes de ce travail consistent dans la destruction, soit des substances introduites dans le sang, soit des déchets organiques eux-mêmes.

On sait que la *glande thyroïde* est constituée par un amas de vésicules ou follicules revêtu d'une assise de cellules épithéliales cubiques ou cylindriques. L'extirpation de cet organe donne lieu à toute une série de troubles nutritifs caractérisés par l'épaississement de la peau (myxœdème), l'altération du système nerveux, et un affaiblissement consécutif des facultés intellectuelles. De nombreux expérimentateurs ont cherché à déterminer les conditions dans lesquelles fonctionnent les follicules clos du thyroïde, et de quelle façon ils élaborent la substance colloïde qui s'accumule dans leur cavité.

Dès 1889, Langendorff a distingué deux sortes de cellules dans le revêtement épithélial des follicules clos de l'organe : les unes sont des cellules épithéliales ordinaires, les autres sont constituées par un corps cellulaire, homogène, hyalin, et se colorent plus énergiquement que les premières. Leur protoplasma homogène se comporte à cet égard comme la substance colloïde, d'où le nom de *cellules colloïdes*. Il est possible de suivre, stade par stade, les modifications qui transforment une cellule épithéliale ordinaire en cellule colloïde.

Pour activer les fonctions du corps thyroïde, on a essayé successivement l'injection de divers produits, tels que la pilocarpine, etc.; mais les résultats les plus démonstratifs ont été obtenus (voir Ernest Schmidt, *loc. cit.*) par l'*extirpation* d'une partie ou des deux tiers de l'organe. La plaie guérie, on a laissé vivre l'animal (chien) pendant plusieurs mois; puis on a comparé la structure du restant de l'organe avec celle des portions enlevées auparavant. L'examen microscopique montra que le nombre des *cellules colloïdes avait augmenté notablement et que l'augmentation s'était faite aux dépens des cellules épithéliales.*

Autrement dit, la cellule épithéliale des follicules clos du corps thyroïde élabore dans son corps cellulaire une substance homogène, qui peu à peu se transforme en colloïde, et qui s'amasse dans l'extrémité centrale de la cellule. Cette substance, après avoir subi la fonte, s'accumule dans la lumière de la vésicule. On le voit, les cellules des glandes privées de conduit excréteur travaillent comme celles qui en sont pourvues.

Maintenant se pose la question de savoir si cette substance colloïde est de nouveau résorbée par les vaisseaux, et comment elle agit ultérieurement sur l'organisme en arrivant au contact des tissus. Notkin (*loc. cit.*) semble avoir apporté quelques éclaircissements nouveaux à ce problème : avec les thyroïdes de bœuf, de mouton, de porc et de chien, il a réussi à préparer un corps qu'il regarde comme un composé bien défini, et qui a les propriétés des protéides. Cette substance est toxique. Injectée à forte dose, la protéide du thyroïde détermine une excitation générale. A faibles doses, elle amène l'abaissement de la température, affaiblit et diminue les battements du cœur. En un mot, elle détermine un ensemble de symptômes analogues à ceux qui résultent de l'extirpation du corps thyroïde. Ces résultats semblent indiquer qu'à l'état normal, les cellules épithéliales des follicules thyroïdes soustraient au sang une protéide de désassimilation et la dédoublent ou la détruisent en dernier ressort par leur activité propre, de façon à en débarrasser l'organisme.

Le noyau prend part au travail de la cellule glandulaire. — Nous devons enfin nous demander si, dans ce travail de sécrétion, le noyau joue un rôle à côté du corps cellulaire?

Les observations de Heidenhain, de Ranvier et d'autres ont nettement établi le changement de configuration du noyau *pendant* et *après* la sécrétion : les cellules épithéliales qui se sont accrues et gonflées des produits de sécrétion offrent chacune un noyau à contours sinueux, et dont les pointes s'avancent et rayonnent jusque dans le corps cellulaire. Cet aspect étoilé semble indiquer une sorte de ratatinement du noyau, pendant que la cellule ne travaille pas. — Sur les glandes ou les épithéliums qui, après excitation, se sont vidées de leur contenu, le corps cellulaire a diminué, il est vrai, mais le noyau est plus volumineux, et a pris une forme arrondie ou ovalaire.

Ce dernier fait tendrait à prouver que c'est par le noyau que la cellule épuisée commence à se reconstituer.

Ce n'est pas tout. Il semble que certaines portions nucléaires puissent émigrer du noyau, et aller renforcer la substance du corps cellulaire.

Nussbaum, le premier, a signalé, dans les cellules pancréatiques de la salamandre, un corpuscule, qu'il considéra comme un noyau accessoire (*Nebenkern*). Ogata, puis Platner, font dériver ce corpuscule du noyau. Nickolaïdès et Melenissos provoquent sur les chiens une sécrétion abondante de suc pancréatique par l'injection de pilocarpine, et l'examen microscopique du pancréas paraît établir que les granulations nucléaires ont donné naissance au noyau accessoire.

Enfin A. V. Eecke (*loc. cit.*) a confirmé ces résultats sur la grenouille et le chien empoisonnés par la pilocarpine : certaines granulations nucléaires émigrent du noyau pour se loger dans le corps cellulaire, au début de l'activité sécrétoire. Pour cet auteur, le noyau accessoire donnerait naissance à un nouveau noyau, quand le vieux noyau est atrophié.

b) Travail de la cellule nerveuse. — Le fonctionnement de la cellule nerveuse s'accompagne de modifications morphologiques et structurales dans le corps et dans le noyau. Hodge, Vas, Lambert, Lugaro ont fait de nombreuses expériences qui démontrent ce fait (Voir les indications bibliographiques dans R. y Cajal, *loc. cit.*).

Après avoir excité par un courant induit le ganglion cervical d'un lapin, ils ont comparé la structure des cellules fatiguées à celles du ganglion du côté opposé. Au début de son fonctionnement, la cellule nerveuse devient plus volumineuse, comme turgescente; les grumeaux chromophiles augmentent de nombre et de taille. Plus tard, quand elle a travaillé jusqu'à la fatigue, les grumeaux chromophiles occupent une situation plus périphérique dans le corps cellulaire et ils ont diminué en volume et en quantité.

Quant au *noyau*, il est gros, et à contours bien arrondis, dans la cellule qui n'a pas travaillé ou au début de l'excitation, tandis qu'après la fatigue, il prend un aspect ratatiné ou étoilé. En examinant les cellules de la moelle épinière qui innervent les muscles de l'aile du moineau, Hodge a vu que les noyaux ont une forme vésiculaire et arrondie sur l'oiseau resté toute la nuit dans un repos complet, tandis que le soir, après le vol et la fatigue de la journée, les noyaux présentent une configuration sinueuse ou dentelée.

Ces changements de structure montrent que, sous l'influence du travail, la cellule nerveuse subit des modifications morphologiques analogues à celles de la cellule épithéliale et glandulaire.

Si nous disposions d'un espace moins restreint, il serait intéressant d'examiner comment certaines cellules nerveuses s'adaptent et se spécialisent. C'est ainsi que la rétine, par exemple, ne donne que des sensations lumineuses, alors même qu'elle subit une irritation mécanique. La différenciation s'étend même jusqu'aux cellules centrales, puisque les lésions de certains territoires bien circonscrits donnent lieu à des hallucinations *visuelles*, plus loin à des troubles *auditifs*, plus loin encore à des sensations, soit *olfactives*, soit *gustatives*. Il existe même un certain nombre de faits expérimentaux que la *structure* ne nous permet pas encore d'expliquer : comment se fait-il, par exemple, qu'un courant électrique de même intensité produise dans certaines régions de la peau une sensation de *froid* et dans d'autres une sensation de *chaud?*

II. Édifications et dérivés cellulaires. — Les êtres unicellulaires sont capables d'élaborer des parties dures qui servent de *squelette* au restant du corps cellulaire. C'est ainsi que les *foraminifères* s'entourent d'une carapace ou test calcaire, que les *radiolaires* produisent des aiguilles rayonnant à partir du centre, ou des spicules formant des grillages très élégants. Ces formations calcaires ou siliceuses sont intimement combinées à un composé organique, qui rappelle l'osséine des Vertébrés. Ce seul fait suffit à montrer que le squelette est édifié par le corps cellulaire lui-même.

Les édifications squelettiques acquièrent une importance plus considérable chez les êtres pluricellulaires, où la masse souvent colossale du corps a besoin d'une charpente solide. Dans la plupart des livres, même les plus récents, on rencontre encore une conception des plus grossières sur la nature des tissus qui concourent au mouvement et au soutien de l'organisme : les parties dures seraient dues à une sorte de cristallisation ou d'exsudation; les cavités articulaires et bourses muqueuses prendraient naissance sous l'influence du frottement, etc. (Poirier). Dans ces conditions, il est impossible de comprendre, au point de vue de la physiologie générale, les rapports si étroits qui existent entre des organes de consistance variable, tels que le tissu conjonctif lâche, d'une part, les cartilages et les os, de l'autre. Ces divers organes réclament à cet égard des recherches nouvelles. Quoi qu'il en soit, voici un court résumé des édifications cellulaires qui aboutissent à la formation des organes moteurs, passifs et actifs, chez les animaux multicellulaires (mammifères).

a. Tissu conjonctif lâche. — Le tissu mésodermique (du feuillet moyen) peut nous servir d'exemple pour montrer de quelle façon la cellule se comporte pour former des cavités ou édifier des substances figurées et des matières amorphes des plus résistantes.

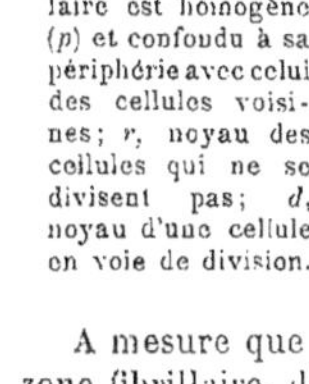

Fig. 44. — Cellules conjonctives jeunes, dont le corps cellulaire est homogène (*p*) et confondu à sa périphérie avec celui des cellules voisines; *r*, noyau des cellules qui ne se divisent pas; *d*, noyau d'une cellule en voie de division.

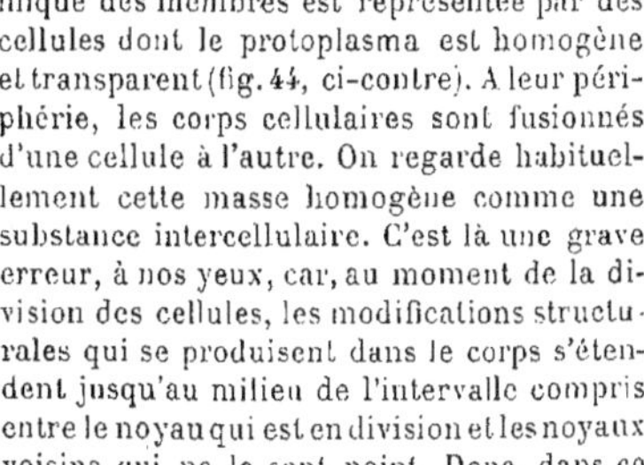
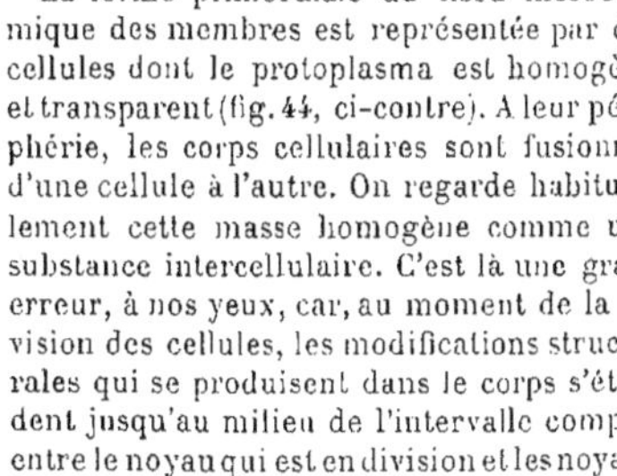
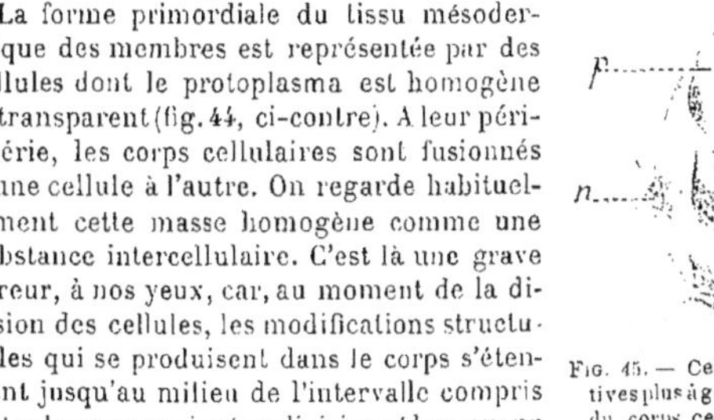

La forme primordiale du tissu mésodermique des membres est représentée par des cellules dont le protoplasma est homogène et transparent (fig. 44, ci-contre). A leur périphérie, les corps cellulaires sont fusionnés d'une cellule à l'autre. On regarde habituellement cette masse homogène comme une substance intercellulaire. C'est là une grave erreur, à nos yeux, car, au moment de la division des cellules, les modifications structurales qui se produisent dans le corps s'étendent jusqu'au milieu de l'intervalle compris entre le noyau qui est en division et les noyaux voisins qui ne le sont point. Donc, dans ce premier stade, le corps des cellules est formé par un protoplasma homogène.

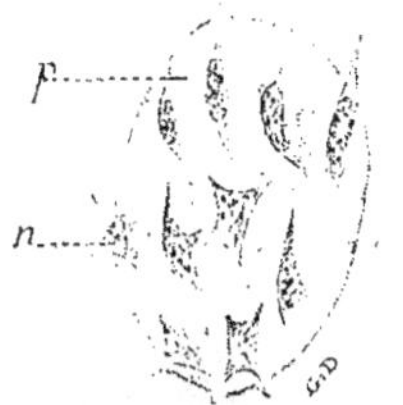

Fig. 45. — Cellules conjonctives plus âgées, où la partie du corps cellulaire (*p*) qui entoure le noyau (*n*) commence à élaborer des fibrilles.

A mesure que le corps grandit, on voit apparaître, dans le voisinage du noyau, une zone fibrillaire, d'où partent des prolongements figurés qui s'avancent dans la portion homogène du protoplasma (fig. 45). De cette façon, le corps cellulaire est peu à peu parcouru en tous sens par des fibrilles, qui, à mesure qu'elles s'étendent, se munissent, sur leur trajet, de branches latérales. Le corps cellulaire prend ainsi un aspect cloisonné. La portion du protoplasma qui reste homogène (*hyaloplasma*) est enserrée dans les mailles formées par le réseau fibrillaire. Ce qui prouve que le réseau fibrillaire s'est développé dans l'intérieur et aux dépens du corps cellulaire, c'est que l'hyaloplasma remplit partout les mailles du réticulum et n'existe nulle part séparéme

Quand le réseau fibrillaire a atteint la périphérie de chaque corps cellulaire, les fibrilles se continuent d'une cellule à l'autre, puisque celles-ci sont fusionnées (fig. 46).

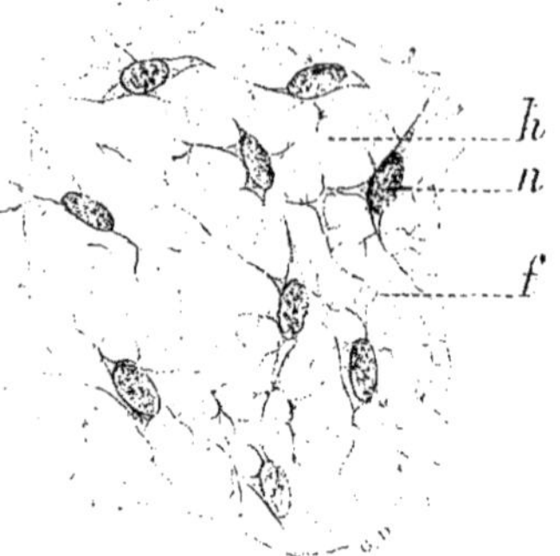

Fig. 46. — Cellules conjonctives plus âgées encore avec noyau (*n*); le corps cellulaire présente des fibrilles anastomosées (*f*) et un plasma homogène (*h*) (*tissu conjonctif à mailles pleines*).

A ce stade, nous sommes en présence d'un *tissu réticulé à mailles pleines d'hyaloplasma*.

L'hyaloplasma ne tarde pas à subir des modifications : il augmente et se transforme en substance muqueuse (*gélatine de Wharton*). Cette dernière devient de plus en plus fluide et se résorbe de façon que les mailles du réseau représentent de larges espaces vides ou vacuoles. C'est là le *tissu réticulé ou aréolaire avec ses espaces intracellulaires* (fig. 47).

Il peut même arriver, par exemple dans les régions où se développent les bourses muqueuses ou les cavités articulaires, que le réseau fibrillaire, la zone péri-nucléaire du corps cellulaire et le noyau s'atrophient eux-mêmes, de sorte qu'à la place d'un tissu plein chez l'embryon, on trouve, chez le fœtus et l'adulte, une cavité.

b. Tissu conjonctif fasciculé (fibreux, tendineux). — Lorsque le corps des cellules conjonctives élabore des fibrilles qui se juxtaposent en fascicules serrés et se continuent d'une cellule à l'autre, on voit alors se former des *fibres conjonctives disposées en faisceaux*. En même temps que la partie périphérique du corps subit cette transformation, la zone péri-nucléaire du corps et le noyau se divisent et donnent naissance à de nouvelles générations de cellules conjonctives, qui sont capables de produire, d'après le même mécanisme, de nouveaux faisceaux de fibrilles conjonctives.

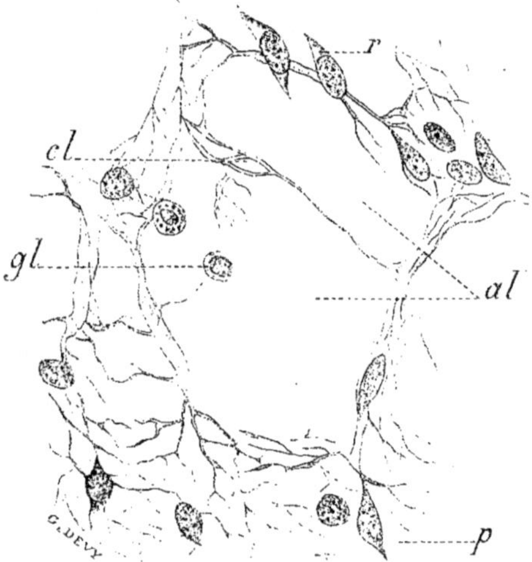

Fig. 47. — Tissu conjonctif aréolaire; le plasma homogène du stade précédent s'est fluidifié en partie : d'où les vacuoles (*al*); *cl*, restes des cloisons fibrillaires; *gl*, restes des cellules conjonctives ou globules blancs; *p*, portion du tissu conjonctif *plein*, comme dans la fig. 46.

Les auteurs classiques comprennent autrement ce processus et décrivent l'histogénèse du tissu conjonctif de la façon suivante : à leur avis, les cellules conjonctives excrèteraient dans leur intervalle une substance amorphe, dite *fondamentale*, qui aurait le pouvoir de prendre ultérieurement une forme figurée en se clivant, pour ainsi dire, en une série de fibrilles. Cette manière de voir n'est qu'un souvenir mal déguisé de la vieille théorie du *blastème*, défendue par Schwann et le regretté Ch. Robin, d'après laquelle a matière vivante *non figurée* serait capable de s'organiser en noyaux, puis en corps cellulaires ou en éléments figurés.

Les fibres *élastiques* se développent d'une façon analogue aux dépens du corps des cellules du tissu conjonctif. D'abord uniquement cellulaire, la cellule élastique se transforme plus tard en fibres élastiques avec disparition plus ou moins complète du corps cellulaire et du noyau. Les fibres élastiques résistent, comme on sait, à l'action des acides et de la coction, qui transforment par contre les fibres conjonctives ou collagènes en gélatine. En faisant agir sur les fibres élastiques, à chaud, la potasse caustique concentrée ou bien, à froid, les acides sulfurique et azotique, on réussit à détruire les fibres élastiques.

c. Tissu adipeux. — Dans certaines régions, on voit le corps des cellules conjonctives élaborer des gouttelettes réfringentes, qui se dissolvent dans l'éther et le chloroforme et qui noircissent sous l'influence de l'acide osmique. Ce sont des gouttelettes *de graisse.* A mesure que de nouvelles gouttelettes apparaissent dans le corps cellulaire, elles arrivent au contact les unes des autres, et, le protoplasma disparaissant, elles confluent en une grosse goutte de graisse. C'est ainsi que le corps de la cellule se transforme en une vésicule adipeuse, que limite la zone périphérique de protoplasma renfermant le noyau sur un point et constituant une membrane hyaline, dite *cellulaire.* De l'assemblage d'un grand nombre de cellules adipeuses résulte la formation des lobules et des lobes de graisse, que réunissent et séparent des traînées de tissu conjonctif.

d. Tissu cartilagineux. — Lorsqu'on examine le tissu mésodermique qui occupe l'axe des membres embryonnaires, on voit le corps même des cellules s'accroître et augmenter la distance qui sépare les noyaux voisins. Comme pour le tissu conjonctif primordial, ces cellules sont fusionnées en une masse unique. Peu à peu, le protoplasma acquiert de la consistance et prend une apparence vitrée, parce qu'il élabore, sur sa périphérie, de la substance cartilagineuse, réunie en une masse continue d'une cellule à l'autre. A mesure que se fait cette transformation, on voit s'établir une séparation nette sous la forme d'une ligne à double contour (*capsule de cartilage*), entre la portion périphérique du corps cellulaire devenue cartilage et la portion centrale renfermant le noyau. Cette portion centrale, formée par un protoplasma mou, persiste, et constitue la *cellule cartilagineuse* de l'adulte.

Cependant elle peut continuer à se diviser et donner naissance à de jeunes générations de cellules, capables d'élaborer, sur leur périphérie, de nouvelle substance cartilagineuse.

La substance cartilagineuse, appelée encore *substance fondamentale*, reste habituellement homogène; mais, dans les régions (sous le périchondre) où se forme du cartilage aux dépens du tissu conjonctif jeune, on constate que les fibres conjonctives se continuent et se perdent dans l'intérieur de la masse transparente et hyaline qui constitue la substance fondamentale du cartilage. Ce fait vient à l'appui de notre manière de voir, et montre que le corps des cellules conjonctives peut, à sa périphérie, se transformer en substance cartilagineuse, tandis que la zone péri-nucléaire persiste avec le noyau sous la forme de cellule cartilagineuse.

Chez certains Invertébrés (Céphalopodes) et dans quelques tumeurs pathologiques (enchondromes), tout le corps des cellules cartilagineuses n'élabore pas de cartilagéine, en sorte que les cellules restent unies par des prolongements anastomotiques et conservent la forme des cellules étoilées.

e. Tissu osseux. — Si la périphérie du corps cellulaire élabore, sur sa plus grande étendue, une substance organique (*osséine*) et se charge de sels calcaires (phosphates et carbonate de chaux et de magnésie), le tissu devient *osseux.* Comme dans le cartilage ramifié et le tissu conjonctif réticulé, les cellules voisines sont reliées les unes aux autres par des prolongements protoplasmiques. Le restant des corps cellulaires avec leur noyau et leurs prolongements figure ainsi un système anastomosé et étoilé, tel que le représente la figure 46. Autrement dit, au lieu d'élaborer une substance muqueuse ou fluide, comme dans les tissus muqueux et réticulé, le corps de certaines cellules mésodermiques, appelées *ostéoblastes*, produit de l'osséine et s'imprègne de sels calcaires pour constituer un tissu de soutien dur et résistant. Si l'on prive un jeune mammifère (chien) des éléments calcaires (en le nourrissant d'aliments pauvres en sels minéraux et en ne lui donnant à boire que de l'eau distillée), les ostéoblastes continuent à se diviser; l'animal grandit comme un chien ordinaire, mais son squelette reste mou, les épiphyses se tuméfient et présentent l'ensemble des troubles qui caractérisent le *rachitisme.* Ces faits démontrent que les ostéoblastes incorporent à l'état normal les sels calcaires; c'est en les combinant à la substance organique qu'ils élaborent et édifient le *squelette osseux*.

D'autres cellules conjonctives, qui sont disposées sur une rangée unique à la surface des papilles dentaires, s'allongent en masses prismatiques ou *odontoblastes*, et la portion superficielle du corps cellulaire élabore, de la même façon que les ostéoblastes, de l'osséine dans laquelle se dépose une très forte proportion de sels calcaires. C'est ainsi que se produit l'*ivoire* ou *dentine*, parcourue par une série ramifiée de prolongements cellulaires qui continuent à demeurer en relation avec la portion profonde de l'odontoblaste. L'histogénèse de la dentine est identique à celle de la substance osseuse, avec cette restriction que les odontoblastes n'édifient le squelette calcaire que par l'extrémité superficielle du corps, l'extrémité profonde continuant à croître et à rester molle; l'ostéoblaste, au contraire, élabore la substance osseuse par toute la périphérie du corps cellulaire.

f. Cellules contractiles et muscles. — A mesure que l'ovule fécondé des êtres pluricellulaires se divise en cellules de plus en plus nombreuses, on voit certains groupes de cellules se modifier de façon à se transformer en organes *actifs et spéciaux* du mouvement. Les unes s'allongent notablement dans un sens et prennent la forme de fuseaux. On leur donne le nom de *fibres musculaires lisses*, parce que leur corps cellulaire présente un aspect homogène, quoique les grossissements très forts y montrent de fines fibrilles longitudinales, comparables à des cils plongés dans un plasma amorphe. Ces éléments représentent néanmoins des cellules, puisque constamment le corps cellulaire renferme un noyau allongé. Les fibres lisses sont capables de modifier leur forme sous l'influence de divers agents (physiques, chimiques, mécaniques), de façon à raccourcir leur axe longitudinal en augmentant leurs autres dimensions (Voir fig. 33, p. 506).

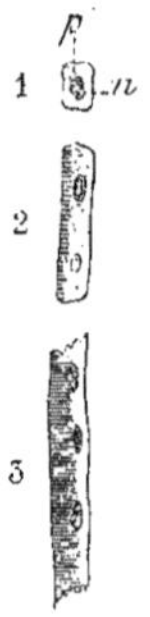

Ainsi les fibres musculaires lisses, en rapprochant leurs deux extrémités, ne produisent du mouvement que dans un seul et même sens, c'est-à-dire selon leur grand axe.

D'autres cellules embryonnaires donnent naissance, en se divisant, à des amas de cellules, dont les corps (fig. 48) continuent à rester unis, comme c'est le cas habituel dans les tissus mésodermiques, de telle sorte qu'il en résulte des colonnes ou fibres atteignant souvent une longueur de près d'un décimètre. Les nombreux noyaux persistent au centre ou à la surface de ces fibres. Ce qui caractérise essentiellement ces colonnes ou fibres musculaires, c'est que le protoplasma fusionné de ces cellules prend, en évoluant, un aspect et une structure caractéristiques de ces éléments. Il se dispose dans chaque fibre en une série de fibrilles dont chacune présente une file longitudinale de stries transversales ou segments alternativement *clairs* et *sombres* : d'où le nom de *fibre musculaire striée* (fig. 48). Les fibrilles elles-mêmes de chaque fibre sont réunies par un plasma appelé *sarcoplasma*, qui se condense le plus souvent à la surface de chaque fibre en une enveloppe homogène ou *sarcolemme*.

FIG. 48. — Cellule (1) avec corps (*p*) et noyau (*n*) qui se divise pour former une colonie de cellules, dont les corps cellulaires (2 et 3) confondus présentent une alternance de disques *clairs* et *sombres* (*fibre musculaire striée*).

On sait que, sous l'influence de la volonté, par le choc, par le passage d'un courant électrique, par l'action des agents chimiques, on peut changer la forme de la fibre musculaire. Nous voyons alors cette fibre devenir plus courte et plus épaisse et gagner en épaisseur ce qu'elle a perdu en longueur. C'est là l'état *de contraction* du muscle strié.

L'étude de la substance musculaire à l'état de repos et d'activité a donné des résultats du plus haut intérêt. En les rapprochant des mouvements amiboïdes et surtout des changements de forme amenés par la turgescence des cellules végétales, il est possible d'entrevoir une partie des modifications qui se produisent lors de la contraction musculaire.

La lumière, par exemple, qui traverse les segments clairs de la fibre musculaire à l'état de repos subit la réfraction simple; de là le nom de substance *isotrope* donné à la matière qui compose ces segments. Au niveau des segments *sombres*, la lumière est réfractée plus énergiquement; la substance qui les forme est dite *anisotrope*.

Sous l'influence de l'excitation, la fibre musculaire striée non seulement se raccourcit et s'épaissit, mais des modifications de volume et de composition se produisent dans les segments clairs et sombres : les segments sombres ou *anisotropes* augmentent de dimensions, en même temps qu'ils diminuent de consistance, deviennent moins denses et plus clairs; d'où une réfraction moindre des rayons lumineux qui les traversent. Les segments clairs ou *isotropes*, au contraire, se sont transformés en parties plus consistantes et plus sombres, c'est-à-dire réfractant plus énergiquement la lumière.

Autrement dit, l'excitation a pour effet de faire refluer dans les disques sombres la portion la plus fluide des disques clairs; les disques sombres deviennent *turgescents* aux dépens des disques clairs. En se produisant instantanément sur une longueur considérable, on s'explique comment le muscle strié peut gagner en épaisseur et en largeur ce qu'il a perdu en longueur. En même temps il devient plus *élastique*, ce qui lui permet de soutenir, de soulever ou d'abaisser les segments du squelette avec les charges qu'ils supportent.

Résumé et conclusions générales. — Tout organisme est d'origine cellulaire et se compose de cellules ou de dérivés cellulaires. La cellule est essentiellement formée par le *corps cellulaire* et le *noyau*. Au corps cellulaire est annexée *la sphère directrice* avec les *centrosomes;* dans le noyau se trouve le *nucléole*.

Sans former partout un corpuscule nettement délimité, la substance nucléaire (noyau) existe toujours; mais, chez beaucoup d'êtres inférieurs, elle est répandue par tout le corps cellulaire. Un corps cellulaire, privé de noyau, peut continuer à vivre quelque temps et remplir des fonctions importantes; tel est, par exemple, le cas des globules rouges des mammifères. Mais ces fragments de corps cellulaires ont perdu la faculté de se reproduire.

Si l'on sépare artificiellement le corps cellulaire du noyau, on voit que ces deux formations cessent peu à peu de se nourrir et de s'accroître; la faculté de reproduction est perdue. C'est donc *l'union du corps cellulaire et du noyau*, c'est-à-dire *la cellule, qui représente l'unité morphologique et physiologique de la matière vivante*. Les autres parties (membrane, etc.) qu'on rencontre dans beaucoup de cellules sont des produits de l'activité cellulaire.

Les substances qui constituent la cellule résultent de la combinaison des mêmes éléments que ceux qui se trouvent dans le monde inorganique. Les éléments les plus constants sont le *carbone*, l'*hydrogène*, l'*oxygène*, l'*azote* et le *soufre;* ils se combinent dans des proportions complexes et variables d'une cellule à l'autre; mais, pour former la matière vivante, ils constituent des substances analogues au blanc d'œuf ou *albuminoïdes*. A ces albuminoïdes, qui ne font défaut dans aucune cellule, s'unissent des quantités, habituellement minimes, d'autres éléments minéraux (phosphore, fer, calcium, potassium, sodium, etc.). Ce qui caractérise essentiellement la matière vivante, ce sont les modifications intimes dont elle est constamment le siège; elle ne cesse de s'incorporer des éléments venant du dehors et de rejeter des déchets. C'est ainsi que toute cellule *vivante* présente un mouvement de reconstitution et de décomposition dont l'essence nous échappe, mais dont nous voyons les résultats ultimes et qui se traduit par une rénovation perpétuelle (*tourbillon vital*).

La *consistance* et la *structure* des cellules diffèrent considérablement : dans un grand nombre de cellules (libres ou entourées d'une membrane), le corps cellulaire est formé d'une substance fluide parsemée de granulations. La partie fluide (plasma ou hyaloplasma) se meut et se déplace en tous sens, ainsi que les granulations. Chez la plupart des cellules adultes des animaux multicellulaires, on trouve que, dans ce plasma, les parties figurées sont disposées sous la forme d'un réseau. Peu ou point développés sur les cellules jeunes, les filaments de ce réseau prennent une extension plus notable à mesure que la cellule s'accroît. Cependant l'arrangement de ces filaments réticulés peut se modifier dans le corps cellulaire et le noyau, pendant la division cellulaire par exemple, ou à la suite des élaborations qui se produisent dans le protoplasma. La *structure* des cellules *varie* par conséquent, non seulement d'une cellule à l'autre, mais encore aux diverses périodes de la vie cellulaire. Mais, fait capital, qu'on vérifie par l'étude de la cellule vivante, la structure préexiste et ne résulte pas de la coagulation ou de l'altération amenée par certains réactifs.

Le corps cellulaire et le noyau sont *irritables*, c'est-à-dire qu'ils réagissent contre les influences extérieures (agents chimiques et physiques, etc.). Ces réactions diffèrent selon les différentes espèces de cellules : tantôt on observe le mouvement, tantôt la sécrétion, tantôt des élaborations diverses. Mais l'irritabilité ne se manifeste que dans des limites très étroites et dans un milieu déterminé : c'est ainsi qu'une température trop élevée ou trop basse, une lumière trop intense, un courant électrique trop énergique annihilent toute manifestation vitale et entraînent la rigidité de la matière vivante, suivie bientôt de la désorganisation.

En se nourrissant, la cellule s'accroît. Après avoir atteint certaines dimensions, qu'elle ne saurait dépasser, elle se multiplie. Dans beaucoup de cellules à structure simple, on voit le corps cellulaire et le noyau se porter dans deux directions opposées; la portion moyenne s'étire et s'étrangle jusqu'à amener la séparation de la cellule en deux moitiés, dont chacune constitue une cellule nouvelle (*division directe*). Dans la plupart des cellules des êtres multicellulaires une autre division, dite *indirecte*, est précédée par un remaniement préalable des diverses parties de la cellule, c'est-à-dire que la structure est profondément modifiée : les filaments du corps cellulaire se groupent en séries rayonnantes autour des deux centrosomes, dont chacun s'est porté à l'un des pôles opposés de la cellule ; le réseau achromatique du noyau participe à la formation de ces rayons, dont l'ensemble figure un *fuseau*, dit *achromatique*. Les parties *chromatiques* du noyau se condensent en un filament qui s'enroule en peloton, puis s'ordonne à l'équateur du fuseau, et enfin se partage en tronçons ou *chromosomes*. Ces derniers se divisent ensuite en long, et donnent chacun naissance à deux chromosomes jumeaux qui cheminent le long des rayons achromatiques, et dont l'un gagne le pôle supérieur et l'autre le pôle inférieur. Parvenus au voisinage du centrosome correspondant, les chromosomes jumeaux s'unissent de nouveau en un filament, puis en un réseau chromatique, en même temps que les filaments achromatiques et l'hyaloplasma se répartissent entre les deux moitiés correspondant à chacun des noyaux jumeaux. C'est ainsi que se fait le partage égal de toutes les parties de la cellule-mère entre les deux cellules-filles.

Ajoutons que, chez nombre d'êtres inférieurs, la multiplication se fait un peu différemment : la cellule, après avoir atteint un certain volume, pousse un prolongement, une sorte de bourgeon qui, à un moment donné, se sépare par une cloison de la cellule-mère et constitue une nouvelle cellule, sans que la cellule-mère ait perdu son autonomie.

Dans les cellules *libres*, toutes les parties du corps cellulaire sont capables de s'incorporer les matériaux nutritifs et de se mouvoir. Dans les colonies cellulaires, qui résultent de la multiplication d'une seule cellule originelle, il y a *division du travail ;* c'est-à-dire que certains groupes président spécialement à la préparation des sucs nutritifs d'autres aux mouvements, d'autres encore aux rapports avec le monde extérieur, etc. Cependant une seule et même cellule peut localiser le mouvement dans une portion spéciale de son corps cellulaire : beaucoup de cellules *libres* ou de cellules disposées en membranes de revêtement se munissent ainsi de *cils* ou de *flagellum* dont le mouvement ondulatoire acquiert une grande énergie.

Le mouvement est *lent* dans les cellules dont le corps cellulaire est capable de produire des expansions sur divers points ; il devient *rapide* et *énergique* dans les cellules ou les colonies cellulaires dont l'expansion et le raccourcissement se font toujours dans le même sens.

Au point de vue du *travail physiologique*, la cellule *végétale* se distingue en général de la cellule animale, par ce fait que, sous l'influence de la lumière, ses chloroleucites peuvent fixer les substances inorganiques (carbone et eau) et former, créer, pour ainsi dire, la substance organique.

La cellule animale et les cellules de certains végétaux inférieurs périssent, au contraire, si elles n'ont à leur disposition des substances organiques préformées.

Mais, quelles que soient les élaborations de la cellule animale ou végétale, elles résultent toujours de l'activité propre du corps cellulaire, à laquelle le noyau n'est pas étranger. Les produits sont expulsés ou bien s'accumulent dans une portion du corps cellulaire à l'état amorphe ou figuré (paroi cellulaire, graisse, cartilage, os, fibres conjonctives, etc.).

Chez les animaux multicellulaires, chaque cellule ou dérivé cellulaire possède son autonomie et son activité propre; mais, en se groupant par millions pour constituer un *individu*, ces unités morphologiques et physiologiques restent néanmoins solidaires les unes des autres.

Les cellules spécialisées qui assurent l'harmonie de l'ensemble sont les cellules *nerveuses;* elles se ramifient dans toutes les parties de l'organisme et mettent leurs prolongements *au contact* des autres éléments : elles recueillent les impressions des cellules qui président à la digestion, à la respiration, etc., c'est-à-dire à toutes les fonctions nutritives et reproductrices, et elles transmettent à ces organes, après élaboration, l'influence qui régularise le fonctionnement normal. Nous ignorons le mécanisme intime par lequel les cellules nerveuses dirigent les phénomènes de la nutrition en général; nous ne pouvons qu'enregistrer les résultats immédiats de leur fonctionnement et les troubles consécutifs à la suppression de l'action nerveuse.

Nous saisissons mieux les rapports des cellules nerveuses avec le milieu extérieur et les organes du mouvement.

A la suite du *contact* de notre tégument avec les objets, de l'action de la *lumière* sur la rétine, des *vibrations sonores* sur l'organe auditif, etc., les cellules nerveuses sont modifiées, et, après avoir subi l'*impression*, elles peuvent réagir, par l'intermédiaire des muscles, sur le monde ambiant. Dans d'autres cas, elles gardent l'impression, la transforment et après l'avoir conservée pendant longtemps sous la forme de *souvenir* ou de *mémoire*, elles nous permettent de comparer à tout moment les impressions actuelles aux images antérieurement déposées. Grâce à cette modification persistante, nous pouvons même, en l'absence de toute impression actuelle, comparer entre elles les sensations conscientes ou *idées*, qui nous restent des impressions antérieures.

Éd. RETTERER.

Bibliographie.

1° Livres traitant de la cellule en général et donnant la bibliographie jusqu'à ces dernières années :

Flemming. *Zellsubstanz, Kern u. Zelltheilung*. Leipzig, 1882.

Ranvier. *Traité technique d'histologie*, 1re et 2e édition.

Detmer. *Manuel de technique de Physiologie végétale* (Traduction française). 1890.

O. Hertwig. *Die Zelle und die Gewebe*. Iéna, 1892.

M. Verworn. *Allgemeine Physiologie*. Iéna, 1895.

Y. Delage. *La structure du protoplasma et les théories sur l'hérédité*. Paris, 1895.

F. Henneguy. *Leçons sur la morphologie et la reproduction de la cellule*, publiées par Fabre-Domergue. Paris, 1896.

2° Liste par ordre alphabétique des Revues et des Mémoires les plus récents cités dans le courant de l'article :

Van Beneden et Neyt. *Nouvelles recherches, etc.* (*Bulletin de l'Académie Royale de Belgique*, 3e série, xiv, n° 8, 1887).

Demoor. 1° *Recherches sur la structure du tissu réticulé; 2° Contribution à l'étude de la physiol. de la cellule* (*Archives de Biologie de van Beneden*, xiii, 1895).

Dogiel. *Die Structur der Nervenzellen* (*Archiv f. mik. Anat.*, xlvi, 394).

A. v. Ecke. *Modifications de la cellule....* (*Archives de Biologie de v. Beneden*, xiii, 1895).

Flemming. *Zur Mechanik der Zelltheil.* (*Archiv f. mik. Anat.*, xlvi, 696).

V. Gehuchten. *Le Mécanisme de la sécrétion* (*Anat. Anzeiger*, 1891, 12).

L. Guignard. 1° *Sur la localisation dans les amandes, etc.* (*Journal de pharmacie et de chimie*, 1890). — 2° *Recherches sur la nature et la localisation, etc.* (*Journal de Botanique*, 1890 et 1894).

M. Heidenhain. *Neue Untersuchungen über....* (*Arch. f. mik. Anat.*, xliii, 1894).

K. Hurthle. *Beiträge zur Kenntniss der Secretionsvorgänge in der Schilddrüse* (*A. g. P.*, lvi, 1894, 1-45).

P. Jensen. *Individuelle physiol. Unterschiede zwischen Zellen der gleichen Art* (*A. g. P.*, 1895, lxii, 172-201).

Klemm. *Desorgan. d. Zelle* (*Jahrbücher f. wissenschaf. Botanik*, xxviii, 1895).

Kromayer. *Die Protoplasmafaserung* (*Archiv f. mik. Anat.* xxxix, 141).

LŒB (JACQUES) et IVING HARDESTY. *Localisation der Athmung in der Zelle* (*A. g. P.*, XLI, 1895, 583-595).

NIESING. *Zellstudien* (*Arch. f. mik. Anat.*, XLVI, 1895, 147).

NOTKIN. *Beitrag z. Schilddrüsenphys.* (*Wiener medic. Wochenschrift*, 872, 1895).

MATHIAS-DUVAL. *Le Placenta...* (*Journal de l'Anat. et de la Physiol.*, 1890 à 1896).

A. PETTIT. *Recherches sur les capsules surrénales* (Thèse de doctorat ès sciences, Paris, 1896 et *Journal de l'Anat.* et *de la Physiol.*, 1896).

RAMON Y CAJAL. *Estructura del...* (*Revista trimestrial micrographica*, mars 1896).

REINKE. *Zellstudien* (*Arch. f. mik. Anat.*, XLIII et LXIV).

RETTERER (ED.). 1. *Protoplasma et Pigment* (*Dictionnaire des Sciences médicales* de DECHAMBRE). 2. *Des bourses muqueuses* (*Journal de l'Anatomie et de la Physiologie*, 1896, 256).

SAUER. *Neue Untersuchungen...* (*Arch. f. mik. Anat.*, XLVI, 109).

SCHMID (ERNST). *Der Secretionsvorgang...* (*Arch. f. mik. Anat.*, XLVII, 204).

STRASBURGER, NOLL, SCHENCK et SCHIMPER. *Lehrbuch der Botanik f. Hochschulen*, Iéna, 1895.

VERWORN. *Physiolog. Bedeutung des Zellkerns* (*A. g. P.*, LI, 1892, 1-119).

WALDEYER. *Die neueren Ansichten über den Bau u. das Wesen der Zelle* (*Deutsche medicinische Wochenschrift*, 24 octobre 1895).

ÉD. R.

CELLULOSE.

CELLULOSE. — La cellulose est un hydrate de carbone du type $(C^6H^{10}O^5)^n$, dont le degré *n* de polymérisation n'est pas encore déterminé. Elle est très abondamment représentée dans le règne végétal où elle forme la masse principale des parois cellulaires, si bien que la nourriture des herbivores renferme jusqu'à un quart ou un tiers de cellulose.

Les destinées de la cellulose dans le tube digestif ne sont pas encore exactement connues. La panse des ruminants, et probablement celle de tous les herbivores, contient un grand nombre des ferments figurés, qui, plus ou moins vite, transforment la cellulose en produits solubles; mais la nature de ces produits est encore mal déterminée. Il y a probablement formation de dextrine et de glucose, accompagnés de composés acides qui ont été étudiés par TAPPEINER. Cet auteur a montré que, dans un milieu préalablement stérilisé, puis ensemencé avec des bactéries de la panse des ruminants, avec addition de 1 p. 100 d'extrait de viande, la cellulose disparaît dans la proportion de 50 p. 100, si le milieu est neutre. Au bout de quatre semaines, la liqueur est devenue acide; elle contient de l'acide acétique et des homologues supérieurs, ainsi qu'une petite proportion d'un corps aldéhydique. Il se dégage en outre un mélange d'acide carbonique et de méthane. Si au contraire le milieu est alcalin, le gaz des marais fait défaut et l'on ne recueille qu'un mélange d'hydrogène et d'acide carbonique, mais la liqueur renferme les mêmes produits que ci-dessus. Les antiseptiques enrayent cette fermentation (TAPPEINER, *Zeitschr. f. Biol.*, XX, 52, 1884).

La bibliographie antérieure à ce travail se trouve dans VOIT (*Physiol. d. Stoffwechsels u. der Ernährung* in *Hermann's Handb. d. Physiol.*, VI, 1e partie, 42).

Les sucs digestifs de l'homme et du chien paraissent n'exercer aucune action sur la cellulose; celle-ci disparaît néanmoins en partie dans le tube digestif de l'homme, lorsqu'elle est suffisamment jeune et tendre, probablement sous l'action des micro-organismes. La partie non dissoute forme une fraction importante des excréments et contribue par sa masse à amener la progression du bol fécal. Les expériences de KNIERIEM ont montré combien est considérable le rôle joué sous ce rapport par la cellulose dans la digestion intestinale des herbivores et, à un moindre degré, il est vrai, chez l'homme omnivore (Voy. l'article **Aliments**, I, p. 332).

CÉNESTHÉSIE.

CÉNESTHÉSIE. — On donne le nom de *cénesthésie* (αἴσθησις, sentiment; κοίνος, général) à la sensation de notre propre existence, et on admet qu'elle est le résultat des excitations périphériques multiples qui arrivent aux centres nerveux venant soit de nos viscères, soit de nos muscles, soit de la surface cutanée.

A l'état normal toutes ces sensations venant aux centres sont confuses. Notamment nos viscères, l'estomac, le foie, la rate, le cerveau lui-même, ne sont pas perçus par nous; si bien que, lorsque tout est régulier, nous ne sentons pas nos organes. Mais, s'ils sont atteints de quelque lésion, alors ils transmettent des sensations douloureuses, pénibles, toujours extrêmement vagues d'ailleurs.

Il est bien difficile de dire à quoi est due la sensation même de notre existence. A l'action musculaire, en partie; en partie aussi au plaisir ou à la douleur; en partie à la sensibilité de nos organes. L'ensemble de toutes les perceptions confuses, indistinctes, multiples, transmises à l'intelligence, constitue la notion de notre *moi* physique.

Quoique évidemment la multiplicité et l'intensité des excitants périphériques tende à renforcer la notion du *moi*, on ne peut dire que cette notion en dépende absolument. Ainsi, dans l'obscurité complète et le silence absolu, si on reste parfaitement immobile, on ne perd cependant pas la conscience d'être. On sait (voy. **Anesthésie**) que pour Strumpell l'absence d'excitations produit le sommeil; mais il est clair qu'il faut faire des réserves sérieuses à ce sujet; car dans le cas de Strumpell il n'y avait pas une anesthésie véritable, mais seulement une de ces anesthésies systématiques dont P. Janet a si bien expliqué la nature. (Voir aussi F. Roland. *De la suppression des sensations et de ses effets sur l'activité psychique. Rev. de méd.*, Paris, 1896, xvi, 393-403.)

On ne peut donc rien savoir sur ce que deviendrait un être totalement privé de sensibilité périphérique (viscérale, musculaire et cutanée). Tout au plus peut-on supposer que, tant que l'irrigation sanguine continue à maintenir la cellule nerveuse à son état normal, les cellules nerveuses où s'élabore la conscience continuent à vivre. Mais cette conscience doit être alors singulièrement diminuée; car elle est probablement sous la dépendance des excitations périphériques qui vont sans cesse aux centres encéphalo-médullaires, pour leur donner une certaine tonicité. De même que le tonus des muscles s'abaisse dès qu'on fait la section de la racine sensitive, de même, probablement, le tonus de la moelle et du cerveau doit faiblir quand les excitations sensitives n'y arrivent plus.

A la vérité ce sont là de pures hypothèses. Mais, dans l'étude de la cénesthésie, tout n'est guère qu'hypothèse. Ainsi, si l'on cherche à localiser son *moi* dans telle ou telle partie de l'organisme, on n'arrivera qu'à des résultats absurdes. Les anciens avaient placé le siège de l'âme dans le cœur (*præcordia*) ou les parties voisines (*pectus*). Les modernes, qui savent que la pensée a pour organe l'encéphale, seraient disposés, je crois, à localiser le *moi* dans la tête. Mais c'est peut-être par suite d'une idée scientifique préconçue, plutôt que par une sensation véritable. Pour ma part, j'avoue avoir souvent, dans le silence, l'obscurité et l'immobilité de la nuit, cherché à m'imaginer en quelle partie du corps, ou en quelle région de la tête, mon *moi* me paraissait siéger. Je n'ai pu rien trouver de satisfaisant.

La pathologie fournit des dissociations curieuses de la cénesthésie. Peut-être faut-il y faire rentrer les dédoublements de la personnalité, quoique l'hypothèse d'une perversion de la cénesthésie n'éclaire guère la question. Chez les hypocondriaques il y a une sensibilité maladive, exagérée, de toutes les impressions viscérales. Ils sentent leurs viscères se mouvoir, se distendre, se contracter, et ces sensations anormales deviennent parfois le point de départ d'un délire qui se systématise. Dans l'état de somnambulisme, certaines malades peuvent décrire l'état de leurs viscères; et assurément, ainsi que je l'ai constaté, quoique cette tendance soit un résultat de l'éducation que le magnétiseur donne à ses sujets, il y a à cette description anatomique des viscères une propension normale, chez le somnambule. Mais il faut dégager ce fait de l'apparence de merveilleux qu'on a voulu lui donner. Il est possible, en effet, que les sensibilités transmises de nos viscères aux centres, tout en étant à l'état normal inconscientes, deviennent conscientes dans certains états pathologiques.

CH. R.

CÉPHALOPODES. — Voy. Mollusques.

CÉRASINOSE

($C^6H^{12}O^6$). — Sucre obtenu en même temps que l'arabinose, par l'action des acides étendus sur la gomme de cerisier (*D. W.*, (2), 1031).

CERBÉRINE. — Substance toxique, qui n'est ni un alcaloïde ni un glucoside, extraite par GRESHOFF des graines du *Cerbera Odellam* (*Annales du jard. botan. de Buitenzorg, Java* et *Ber. d. d. chem. Ges.*, Berlin, 1890, XXIII, 3 545). Le *Cerbera Odollam* est employé comme vomitif.

CÉRÉBRINE. — Substance chimique contenue dans le cerveau (Voy. **Cerveau, Chimie**).

CÉRIUM (Ce = 140). — Métal rare, de la famille du magnésium et de l'aluminium. On le trouve dans certains minerais, associé au lanthane et au didyme. SCHIAPARELLI et PERRONI en ont trouvé des traces en incinérant le résidu de l'évaporation de 600 kilogrammes d'urine d'homme (*Gazz. ch. ital.*, IX, 465). Son oxyde, insoluble, (CeO), se dissout dans les acides pour former des sels.

On ignore complètement ses propriétés physiologiques. Pourtant on a essayé en Amérique de l'employer dans le traitement de quelques maladies. JONES. *Obs. on the ther. action of the oxalate of cerium in the vomiting of pregnancy* (*Chicago med. journ.*, 1861, IV, 65-69). — LEE, C. *On the therap. use of the oxalate of cerium* (*Am. journ. med. sc.*, Philad., 1860, XL, 391-394). — SIMPSON. *Note on the therap. action of the salts of cerium* (*Monthl. journ. med. sc.*, Lond. et Edimb., 1854, XIX, 564). — MILLS, C. K. *Oxalate of cerium* (*Phil. med. Times*, 1875, VI, 148-171).

CÉROPIQUE (Acide) ($C^{36}H^{34}O^{5}$) (?). — Corps retiré des aiguilles de pin.

CÉROSIE ($C^{24}H^{48}O$). — Cire qu'on extrait de l'écorce des cannes à sucre.

CÉROTINE ou **Alcool cérylique** ($C^{27}H^{55}OH$). — Elle s'obtient par la saponification de la cire de Chine ou cérotate de céryle, produit de la sécrétion végétale que détermine sur les arbres la piqûre de certains coccus. Distillée, elle fournit le cérotène ($C^{27}H^{54}$) qui ressemble beaucoup à la paraffine.

CÉROTIQUE (Acide) ($C^{27}H^{54}O^{2}$). — Acide gras constituant la plus grande partie de la portion de la cire des abeilles, soluble dans l'alcool bouillant.

CÉRUMEN. — Matière grasse, très amère, sécrétée par les glandules sébacées qui se trouvent dans la paroi cutanée du conduit auditif externe. L'accumulation du cérumen dans l'oreille externe peut produire momentanément quelques troubles de l'audition.

D'après CHEVALIER, cité par PÉTREQUIN (*Mém. sur le cérumen considéré chimiquement et patholog. sous un nouveau point de vue. Union médic.*, 1873, XV, (3), 311-315; 325-327), il serait ainsi composé :

Eau	0,100
Stéarine et oléine	0,260
Savons de potasse	0,520
Autres matières organiques	0,120
Chaux et soude	traces
	1,000

CERVEAU.

I. Résumé général. — La théorie scientifique des localisations cérébrales est assez tard venue dans le monde, mais le principe de la localisation des fonctions psychiques, intellectuelles et morales est presque aussi vieux que la pensée humaine. La localisation des fonctions de la sensibilité et de l'intelligence, des passions et de la motilité volontaire, dans les organes thoraciques et abdominaux, a certainement précédé de longtemps la localisation de ces mêmes fonctions dans l'encéphale, mais le principe reste le même, quel que soit le siège assigné à ces fonctions. Aux plus lointaines époques, comme de nos jours, la grande curiosité scientifique de l'homme sur l'origine et la nature de ses sensations et de ses idées ne s'est reposée que dans la considération des différents organes de son corps dont l'activité varie plus particulièrement avec la qualité et l'intensité de ses émotions, de ses passions et de ses pensées. Dès le ve siècle, en Grèce, on eut une notion assez claire des rapports du cerveau avec les nerfs et les organes des sens. La théorie des trois âmes, ou des trois fonctions cardinales de l'âme, telle qu'elle exista chez les Pythagoriciens, chez Platon et chez Aristote, est bien un essai de localisation des fonctions psychiques supérieures. Hippocrate et les Hippocratistes ont assigné des sièges différents à ces fonctions, mais ils les ont localisées comme les autres fonctions de l'organisme vivant. Avec Hérophile et Érasistrate, mais surtout chez Galien, et chez ses successeurs, c'est-à-dire chez tous les biologistes du monde entier jusqu'à nos jours, jusqu'à Soemmerring, à Gall et à Flourens, le principe de la localisation des fonctions psychiques, plus inébranlable que jamais, a produit une première végétation d'idées systématiques, sinon encore scientifiques, sur la détermination anatomique du siège des fonctions de la sensibilité et de l'intelligence soit dans les ventricules, soit dans le corps même de l'encéphale. Galien, ne séparant pas la fonction de l'organe, cherche à déterminer, dans les différentes régions du cerveau, le siège des principales fonctions du système nerveux central, dont les propriétés servent à définir la nature même de l'âme. La première localisation scientifique d'une fonction psychique du cerveau fut celle du langage articulé dans le pied de la F[3] gauche ; elle date de 1861, et dérive de l'observation clinique et de l'anatomie pathologique de l'aphémie. Paul Broca vit très bien, comme l'avaient pressenti Bouillaud et Auburtin, que de la réalité démontrée de cette première localisation dépendait la vérité du principe général des localisations fonctionnelles du cerveau, considéré, non plus comme un organe unique, fonctionnellement homogène (Flourens, Gratiolet), mais comme un groupe ou « plusieurs groupes d'organes », dont

1. L'historique de la fonction du cerveau est traité, comme on le verra, avec plus de détails que ne le comporte en général le plan de ce *Dictionnaire*. Mais nous avons voulu laisser toute latitude à notre éminent collaborateur, de sorte que ce très savant exposé historique des fonctions du cerveau est l'historique de tout le système nerveux, et, à certains égards, de la physiologie tout entière. (Ch. R.)

la diversité et le siège distinct correspondent à l'hétérogénéité et à l'indépendance des fonctions psychiques proprement dites, c'est-à-dire des fonctions de l'écorce du cerveau antérieur. Dès 1861, « le principe des localisations cérébrales » paraît à Paul Broca fondé et à jamais établi sur « l'anatomie, la physiologie et la pathologie cérébrales ». Quant à la théorie actuelle des localisations cérébrales, telle qu'elle a été constituée par les travaux de Fritsch et Hitzig, David Ferrier, Hermann Munk, Luciani, Charcot, Exner, elle est née de la découverte de l'excitabilité de la substance cérébrale au moyen de l'électricité; elle date de 1870, et relève surtout de l'expérimentation physiologique et de la méthode anatomo-clinique.

II. Premiers philosophes grecs. — **Alcméon** (vers 500), médecin de Crotone, qui le premier aurait fait des dissections et des vivisections, fut aussi sans doute l'un des premiers qui, chez les Grecs, ait localisé dans le cerveau les sensations et la pensée [1]. Ce jeune contemporain de Pythagore était célèbre dans sa patrie par ses études d'anatomie et de physiologie, par la découverte de la structure et des fonctions des nerfs optiques et du canal qu'on devait désigner du nom de trompe d'Eustache, non moins que par ses recherches sur la formation et la nutrition du fœtus dans l'utérus; il croyait, comme Anaxagore, que la tête se forme la première dans l'embryon, sans doute parce que, dans la tête, est le cerveau, principe du sentiment et du mouvement, siège de l'âme (ἐν τῷ ἐγκεφάλῳ εἶναι τὸ ἡγεμονικόν), auquel arrivent toutes les sensations par l'intermédiaire des canaux (πόροι) qui partent des organes des sens (Théophr., *De sensu*, IV, § 26). Alcméon est probablement l'auteur de la plus ancienne physiologie des sensations; on connaissait d'Alcméon une théorie de l'audition, du goût, de l'odorat; il aperçut clairement les rapports, l'étroite liaison des sensations avec le cerveau. La condition anatomique de ces rapports, les canaux ou conduits (πόροι), ce sont les nerfs, dont la nature propre devait être, pendant plusieurs siècles encore, profondément ignorée. Hérophile et Érasistrate, aussi bien que Galien, Rufus d'Éphèse, Celse, Arétée, nommaient habituellement les nerfs de sensibilité πόροι; ils les confondaient avec les tendons et les ligaments (νεῦρα); Némésius, le premier, établit plus nettement la distinction entre tendons et nerfs. Mais, pendant toute l'antiquité, les nerfs conserveront le nom que leur donne Alcméon. Pour Démocrite aussi, comme pour Héraclite et Empédocle, les sens sont essentiellement des canaux ouverts entre le monde extérieur et le cerveau; pour Diogène d'Apollonie, ce sont des veines (φλεβία) : c'est par ces conduits, comme s'exprimait Alcméon, que se produisent les sensations (δι' ὧν αἱ αἰσθήσεις). Dès qu'ils sont obstrués ou oblitérés par la maladie, la sensibilité et le mouvement s'évanouissent avec la pensée. L'essentiel dans le processus de la sensation est la transmission de l'impression externe au cerveau ou au cœur, selon les théories du siège de l'âme raisonnable. La distinction des sensations et des perceptions est donc déjà, chez Alcméon, fondée sur des considérations anatomiques. Le cerveau et les nerfs, par le fait même de leur union, réagissent réciproquement, et l'affaiblissement des sensations de cause centrale ou cérébrale, quand les nerfs sont dérangés de leur origine, est assez nettement indiqué dans un fragment d'Alcméon. Sa théorie du sommeil et de la mort, la plus ancienne peut-être, est encore aujourd'hui assez répandue : « Le sommeil survient, disait Alcméon, par la retraite du sang dans les veines, le réveil par sa diffusion; si la retraite est complète et définitive, la mort. »

Il paraît bien que c'est à ce physiologiste que pensait Platon lorsque, dans le *Phédon* (96 B), Socrate, faisant un retour vers ses anciennes études sur la nature, qui avaient dû être bien superficielles, demande, avec une ironie non moins superficielle, « si c'est le sang qui fait la pensée, ou l'air, ou le feu, ou aucune de ces choses, mais le cerveau, qui nous procure les sensations de l'ouïe, de la vue, de l'odorat; si, de ces sensations (αἰσθήσεις), naissent la mémoire et l'opinion (μνήμη καὶ δόξα), et, de la mémoire et de l'opinion, arrivées au repos, la science (ἐπιστήμη) ». Les anciens qui ont considéré le cerveau comme l'organe central des perceptions des sens sont, en dépit de toute vraisemblance, extrêmement peu nombreux. Aristote qui, ainsi que Platon, semble avoir tiré des écrits d'Alcméon beaucoup plus de faits et de doctrines qu'on ne l'avait cru, ne

1. *Fragmenta philosoph. græc.* (Mullach), II, LV, p. 114, et p. 233, le texte de Chalcidius, *Comment. in Timæum*, CCXLIV. Alcmaeus Crotoniensis, in physicis exercitatus, quique primus exsectionem aggredi est ausus. Galien, *De hist. philos.*, Kühn, XIX, 222 sq.

désigne cette hypothèse, lorsqu'il la cite pour la combattre, que comme étant celle de « quelques-uns ». En dehors d'Alcméon, on ne peut nommer en effet, avant Platon, que Pythagore, Démocrite et Anaxagore. Mais la critique a élevé des doutes très justifiés sur l'authenticité des doctrines attribuées à Pythagore, et les idées maîtresses des philosophies de Démocrite et d'Anaxagore sont inconciliables avec une localisation stricte des perceptions et de la pensée dans le cerveau, comme cela apparut nettement plus tard chez Asclépiade. Quoique l'auteur hippocratique du traité *Sur la maladie sacrée*, dont on parlera, localise dans le cerveau les fonctions supérieures de l'innervation, ce n'est point dans la matière du cerveau, mais dans l'air, que ce médecin voyait le principe des sensations, des passions et de l'intelligence. Il ne s'agit, dans le passage du *Phédon* que nous venons de traduire, ni d'Hippocrate, ni de Pythagore, ni de Démocrite. Reste donc qu'il s'agit d'Alcméon (Rud. Hizzel, *Zur Philosophie des Alcmäon. Hermes*, XI, 1876, 240-6). Si l'on réfléchit au sens profond de ce texte, on y apercevra que, dès une haute antiquité, le cerveau a été conçu comme l'organe de la science, c'est-à-dire des généralisations les plus élevées de l'expérience et de l'observation, parce qu'il est l'organe des *sensations* perçues, conservées par la mémoire, associées en systèmes de pensées.

C'est chez le disciple de Leucippe, chez **Démocrite** d'Abdère (460-361), que se trouve l'origine la plus ancienne des doctrines et des théories modernes sur la nature des sensations et des idées. A cet égard, pour qui sait l'histoire de la pensée humaine, Démocrite est le grand ancêtre de Berkeley. Car ce disciple de Locke resta un sensualiste, et son idéalisme, ou plutôt son immatérialisme, n'a point d'autre fondement scientifique que ces propositions célèbres dans lesquelles Démocrite a montré le caractère absolument subjectif, idéal, de nos sensations : « C'est dans l'opinion qu'existe le doux, dans l'opinion l'amer, dans l'opinion le chaud, dans l'opinion le froid, dans l'opinion la couleur : rien n'existe en réalité que les atomes et le vide. » Démocrite dit des qualités sensibles des corps ce que les Éléates disaient du mouvement et du changement : elles ne sont que pure apparence. La nature de nos impressions subjectives dépend des divers groupements des atomes en figures qui rappellent les schémas de nos chimistes (Arist., *Metaphys.*, I, III). « Le schéma existe en soi, disait Démocrite, mais le doux, et en général la qualité de la sensation, n'existe que par rapport à autre chose » (Théophr., *De Sensu*, 69). Toute sensation est ramenée à une modification du toucher. Les opinions que nous avons des choses dépendent de la matière dont elles nous affectent. L'essence véritable des objets, la seule réalité, l'atome, c'est-à-dire l'Être, échappe à nos prises et demeure inaccessible. Voilà pourquoi l'homme vit plongé dans un monde d'illusions et de formes trompeuses que le vulgaire prend pour la réalité. « A vrai dire, nous ne savons rien. » Démocrite distinguait sans doute, comme tous les physiologues antérieurs, entre la réflexion (διάνοια) et la perception sensible (αἴσθησις), mais toutes deux avaient même origine. Or si la science contemporaine a établi une vérité, c'est celle-ci : En nous et hors de nous, nous n'atteignons que des phénomènes, de pures apparences, des signes, non des substances, et nos diverses espèces de sensations, traduisant chacune le même fait dans une langue différente, loin d'être des représentations fidèles des choses, n'en sont que d'obscurs symboles. Cet idéalisme savant ne diffère point au fond, on le voit, du matérialisme de Démocrite ou de l'immatérialisme de Berkeley. C'est un des coups de génie de Bacon de Verulam d'avoir reconnu l'importance capitale de l'œuvre de Démocrite dans l'histoire de l'esprit humain ; il lui a rendu, parmi les philosophes grecs, la première place depuis si longtemps usurpée par Socrate et par Platon. Qu'aux lointains rivages de la Thrace un Hellène du Ve siècle ait acquis le prodigieux savoir encyclopédique que toute l'antiquité accorde à Démocrite, cet ensemble des connaissances humaines qu'on admire chez Aristote, c'est ce qu'attestent encore les fragments des écrits du vieux maître, qu'Aristote, Théophraste, Eudème avaient sous les yeux.

La doctrine des parties et du siège des âmes chez Platon, quoique ne différant guère au fond de celle de Philolaos et des autres Pythagoriciens, voire de Démocrite lui-même, nous paraît pourtant d'un intérêt considérable pour l'histoire de la structure et des fonctions du cerveau. Pour la première fois, les rapports anatomiques et physiologiques de l'encéphale et de la moelle épinière sont nettement indiqués, et l'importance de ce dernier centre, jusqu'ici laissé à peu près dans l'ombre par les philosophes et les médecins, apparaît. De la théorie des trois âmes, en elle-même, nous n'avons rien à dire : ce n'est pas une thèse scientifique, c'est une allégorie philosophique qui s'est transmise jusqu'à nous sous la forme de la doctrine classique des facultés de l'âme. L'unité des phénomènes fondamentaux de la vie psychique ne fait de doute aujourd'hui pour personne. La théorie des trois âmes, commune à PLATON et à HIPPOCRATE, n'en fut pas moins adoptée par GALIEN, qui demeura sceptique toutefois à l'endroit de l'immortalité de l'âme intelligente. Pour PLATON l'encéphale est le siège du νοῦς (*Tim.*, 76 C) : l'âme pensante est, comme pour les Pythagoriciens, localisée dans la tête, le θυμὸς dans la poitrine à proximité de la tête, afin, dit PLATON, d'exécuter plus rapidement les ordres de la raison et de tenir en bride les désirs; le cœur est l'organe physiologique du θυμός. A la place des nerfs, encore inconnus, ce sont les vaisseaux sanguins qui, entre autres offices, conduisent les impressions sensibles du corps au cerveau. Les trois âmes, logées dans la tête, la poitrine et le ventre, séparées par le cou et par le diaphragme, avaient donc pour organes l'encéphale, le cœur et le foie. Entre le diaphragme et le nombril, le foie, siège de l'âme sensitive, jouait, chez PLATON, le même rôle quant aux perceptions des sens, que nous verrons attribué au cœur par ARISTOTE : c'est le siège des sensations et des désirs, c'est l'âme femelle, âme mortelle, comme l'âme mâle d'ailleurs, dont le siège principal est dans le cœur. Mais ce qui frappe tout physiologiste, c'est qu'ici, chez PLATON, ces deux âmes mortelles sont unies au cerveau, siège de l'intelligence, par l'intermédiaire de la moelle épinière. Chacune des âmes énumérées sont attachées, au moyen de liens, l'âme inférieure à la moelle contenue dans la partie inférieure de la colonne vertébrale, l'âme supérieure à la moelle contenue dans la partie supérieure de la colonne vertébrale, l'âme intelligente au cerveau.

L'encéphale et la moelle ne sont qu'une seule et même substance, quoique cette substance soit divisée en segments d'inégale importance quant aux fonctions psychiques. Aussi bien voici le texte si curieux du *Timée* où toute l'économie apparaît comme subordonnée du myélencéphale : « Quant aux os, à la chair et à toutes les parties de cette nature, voici ce qui eut lieu. Elles eurent pour principe la formation de la moelle (ἀρχὴ μὲν ἡ τοῦ μυελοῦ γένεσις). Car les liens vitaux qui unissent l'âme au corps, attachés en tous sens dans la moelle, étaient comme les racines de l'espèce mortelle. » A la moelle, formée de la « semence universelle de l'espèce mortelle tout entière », sont donc attachés trois genres d'âmes. Suivant ces fonctions, la moelle présente les divisions suivantes : 1° l'encéphale (ἐγκέφαλος), partie la plus importante de la moelle, puisqu'elle devait recevoir, « ainsi qu'une terre labourée, la semence divine », c'est-à-dire l'âme intelligente; 2° le reste de la moelle, devant contenir le reste de l'âme, ou la partie mortelle, segmenté en formes « rondes et allongées », portant le nom commun de moelle (μυελός). Ce sont là les ancres auxquelles sont attachés les liens qui unissent les trois âmes. Le corps fut construit autour de ce myélencéphale après que celui-ci eut été muni d'un revêtement osseux, tels que les os du crâne et les vertèbres cervicales, dorsales, etc. (*Tim.*, 73 B). Quant à ces « liens », c'étaient les veines et les ligaments, faisant encore office de nerfs. Ce que PLATON appelle nerfs, en effet, ce sont les tendons, les ligaments, les aponévroses. Aussi dit-il positivement que « la tête est dépourvue de nerfs » (*Tim.*, 75 C). Le cerveau, siège de l'intelligence, n'est pas ici le siège des perceptions, comme chez ALCMÉON. Quand cet ébranlement de l'air qu'on nomme le son, dit-il, frappe l'organe de l'ouïe, c'est-à-dire l'air contenu dans l'intérieur de l'oreille, de petites veines pleines de sang, traversant le cerveau, portent la sensation au foie, siège de l'âme sensitive (THÉOPHR., *De sensu*, VI, 85). De même pour le goût, etc. Il reste toujours que, chez l'auteur du *Timée*, il y a, non pas un centre psychique, l'encéphale ou le cœur, mais des centres psychiques hiérarchiquement subordonnés, nettement localisées dans la moelle épinière, la moelle allongée et le cerveau.

III. Hippocrate et les Hippocratistes du siècle de Périclès croyaient en général l'encéphale humide et froid. « L'encéphale est de nature froide et solide » (*De l'usage des liquides*, § 2). « Le cerveau est la métropole du froid et du visqueux, ὁ δὲ ἐγκέφαλος ἐστι μητρόπολις τοῦ ψυχροῦ καὶ τοῦ κολλώδεος » (*Des chairs*, § 4). « Le cerveau est humide (ὁ ἐγκέφαλος ὑγρος ἐστι) et entouré d'une membrane (μῆνιγξ) humide et épaisse. » (*Ibid.*, § 16.) La fonction de la vue est entretenue par l'humidité qui lui vient de l'encéphale par le canal des petites veines; si ces veines viennent à se dessécher, la vue s'éteint. Cette humeur est des plus pures. Voici d'ailleurs ce texte, qui ne nous renseigne pas seulement sur l'opinion des médecins grecs du ve siècle touchant la nature de l'encéphale, mais aussi sur l'état de leurs connaissances relatives à l'œil. « Quant aux yeux, de petites veines se portent de l'encéphale à la vue par la méninge enveloppante (φλεβία λεπτὰ ἐς τὴν ὄψιν ἐκ τοῦ ἐγκέφαλου διὰ τῆς μήνιγγος τῆς περιεχούσης φέρονται); ces petites veines nourrissent la vue par l'humidité la plus pure provenant de l'encéphale : on se mire dans ces yeux (*Des lieux dans l'homme*, (2). » Dans le traité des *Chairs*, § 17, on lit aussi : « La vision est ainsi : une veine (φλέψ) partie de la membrane du cerveau se rend à chaque œil au travers de l'os. » Il n'est point douteux pour nous que « ces veines » soient les nerfs optiques entourés de leur gaine durale. C'est ce que ARISTOTE, dont la doctrine sur les rapports de l'œil et de l'encéphale apparaît ici en quelque sorte à l'état naissant, a connu également, selon moi; il désigne seulement les nerfs optiques par le mot πόροι ou canaux, expression qui d'ALCMÉON à GALIEN, et bien après encore, a servi à nommer des nerfs de sensibilité. Mais c'est surtout dans le traité des *Glandes* (§ 10 et 11), d'origine cnidienne (LITTRÉ), qu'il convient d'étudier les idées d'HIPPOCRATE sur la nature du cerveau. On sait que, dans la doctrine hippocratique, les glandes sont chargées d'absorber et d'éliminer le superflu du liquide qui surabonde dans le corps. HIPPOCRATE compare le cerveau à une glande, non seulement quant à son aspect, mais pour sa fonction : « Le cerveau est semblable à une glande (τὸν ἐγκέφαλον ἴκελον ἀδένι); en effet, le cerveau est blanc, friable comme les glandes. » Il rend à la tête les mêmes offices que ces organes : il délivre la tête de son humidité et renvoie aux extrémités le surplus provenant des flux. C'est même parce que le cerveau, à l'aise dans le large espace qu'est la tête, est une glande plus grosse que les autres, que « les cheveux sont plus longs que les autres poils », des aisselles ou des aines par exemple. La gravité des maladies que cette glande produit la distingue encore des autres glandes. Outre les sept catarrhes qui partent du cerveau, cet organe lui-même est exposé à deux affections selon que la matière retenue est âcre ou ne l'est pas : dans le premier cas, c'est l'apoplexie, avec convulsions généralisées et aphasie, dans le second, le délire et les hallucinations. « Si l'encéphale est irrité (par l'âcreté des flux), il y a beaucoup de troubles, l'*intelligence se dérange* (ὁ νοῦς ἀφραίνει), le cerveau est pris de spasmes et convulse le corps tout entier; parfois le patient ne parle pas; il étouffe : cette affection se nomme apoplexie. D'autres fois le cerveau ne fait pas de fluxion âcre; mais, arrivant en excès, elle y cause de la souffrance; l'*intelligence se trouble* et le patient va et vient *pensant et croyant autre chose que la réalité*, et portant le caractère de la maladie dans des sourires moqueurs et des visions étranges (*Œuvres*, éd. LITTRÉ, VIII, 565). »

En même temps que la doctrine de la nature froide et humide de l'encéphale, on rencontre chez les Hippocratistes la croyance, fort ancienne, également adoptée par ARISTOTE et élevée à l'état de dogme scientifique jusqu'à la fin du XVIIIe siècle, des rapports du sang avec l'intelligence. « Selon moi, dit l'auteur du traité des *Vents* (§ 14), de tout ce que renferme le corps, rien ne concourt plus à l'intelligence que le sang, μηδὲν εἶναι μᾶλλον τῶν ἐν τῷ σώματι ξυμβαλλομένον ἐς φρόνησιν ἢ αἷμα. » L'auteur connaissait un grand nombre d'exemples où les modifications du sang modifient l'intelligence. Et au premier livre des *Maladies* : « Le sang dans l'homme apporte la plus grande part de l'intelligence, quelques-uns même disent qu'il l'apporte tout entière, ἔνιοι δὲ λέγουσι τὸ πᾶν. » A cet égard, l'auteur du traité du *Cœur* (§ 10 et 11) est encore le maître de DESCARTES, de WILLIS, de VIEUSSENS. Ce que ces maîtres de la science et de la pensée moderne ont appelé, après GALIEN, les esprits animaux, n'était, on le sait, que le sang artériel débarrassé de tous ses éléments impurs (*cruor*, *serum*), enlevés par les veines et par les glandes de l'encéphale, et distillé ou rectifié au delà de toute expression dans son passage à travers les fins canaux sanguins des plexus choroïdes et de l'écorce cérébrale, comparés par WILLIS aux serpentins des alambics. L'auteur du traité du *Cœur* dit, en effet, que « l'intelligence de l'homme est innée dans le ventricule gauche et commande au reste de l'âme, γνώμη γὰρ ἡ τοῦ ἀνθρώπου πέφυκεν ἐν τῇ λαιῇ κοιλίῃ καὶ ἄρχει τῆς ἄλλης ψυχῆς. » Or le ventricule gauche du cœur ne contient pas de sang; cela résulte du moins d'une vivisection pratiquée par ce médecin : « Sur un animal égorgé, ouvrez, dit-il, le ventricule gauche, et tout y paraîtra désert, sauf un certain ichor, une bile jaune et les membranes dont j'ai parlé. Mais l'artère n'est pas privée de sang, non plus que le ventricule droit. » Ainsi le ventricule gauche ne contient pas de sang; ses valvules empêchent que le sang de l'aorte n'y pénètre; il reçoit bien l'air par les veines, mais sa nourriture véritable, il la tire d'une « superfluité *pure et lumineuse* qui émane d'une *sécrétion du sang* », et c'est pourquoi ce ventricule est le siège du *feu inné* et de l'*intelligence*. Si l'on prend garde au sens de ces trois ou quatre expressions du vieil auteur hippocratiste, καθαρή, φωτοειδής, διάκρισις τοῦ αἵματος, on aura comme le sommaire et l'abrégé des doctrines qui, pendant plus de deux mille ans, ont expliqué la nature de l'âme raisonnable et des esprits animaux par une sorte de feu, de « flamme très vive et très pure » (DESCARTES), résultant de la séparation ou distillation des éléments du sang.

Les médecins grecs du ve siècle estimaient que la moelle épinière ou dorsale provient du cerveau (*Des maladies*, II, § 5; *Des chairs*, § 4) et que les deux méninges, l'une supérieure, plus épaisse, l'autre ténue, appliquée sur le cerveau, enveloppent l'encéphale. Sous le nom de cordons (τόνοι), ils possédaient quelques vagues notions des nerfs (IIe livre des *Epidémies. Œuvres*, V, 125). La connaissance des rapports entre les symptômes cliniques des affections du cerveau et de la moelle et les lésions connues de ces parties, quoique les faits fussent souvent bien observés, ne modifia en rien l'opinion traditionnelle sur la nature et les fonctions de l'encéphale. On savait que, dans les blessures du cerveau dues soit à des accidents, soit à des interventions chirurgicales (trépan, etc.) sur cet organe dans les plaies de la tête, des convulsions ou des paralysies se produisent du côté du corps opposé à la lésion, et que la perte de la parole accompagne quelquefois ces paralysies (*Prénotations de Cos*, XXVIII, 488-490). Les malades deviennent aussi « sans voix » à la suite de commotions et de congestions cérébrales (*Aphorismes*, § 58). A l'épilepsie, chez les jeunes enfants, succèdent quelquefois des paralysies locales et des contractures (*De la maladie sacrée*, 8); l'atrophie musculaire succède également à la paralysie dans la partie affectée (*Prorrhétiques*, § 39). Dans les plaies de la tête et dans les traumatismes opératoires, les convulsions qui peuvent éclater sont également croisées : elles dépendent bien du cerveau (*Des plaies de la tête*, § 13, etc.; *Des Glandes*, VIII, 567). Enfin le délire et les troubles de l'intelligence étaient nettement rattachés aux phlegmasies cérébrales et aux traumatismes craniens. On trouve aussi chez ces médecins grecs une idée qui reparaît chez ARISTOTE, mais exagérée et déformée au point d'avoir induit, selon tous les critiques, le philosophe en une grave erreur; c'est que « l'encéphale est plus sur le devant de la tête que sur le derrière » (*Des maladies*, II, 8). C'est là un fait d'observation; mais ce qui n'en est pas un, ce serait de soutenir, comme l'aurait fait le Stagirite, que chez tous les animaux « le derrière de la tête est vide et creux » (*De anim. hist.*, I, XIII), et cela lorsqu'il a décrit d'ailleurs la forme et la structure du cervelet. Mais, en rapprochant la lettre de ce texte de celle du passage que nous citerons et dans lequel ARISTOTE parle explicitement des ventricules latéraux et moyen, passages où le même mot (κοῖλόν) est employé, je ne doute pas qu'ARISTOTE ait désigné ici le quatrième ventricule ou ventricule du cervelet.

L'auteur du traité sur la *Maladie sacrée* fait décidément entrer dans la science la doctrine qui localise les fonctions intellectuelles et morales dans le cerveau. Un autre point de doctrine bien établi dans ce traité, et qui n'a pas eu moins de peine à triompher (si tant est qu'il ait vaincu, même en Europe, l'ignorance et la superstition), c'est que toutes les maladies sont de cause naturelle, que l'épilepsie n'est pas plus « sacrée » que n'importe quelle autre névrose ou psychose, et que les sensations, les passions et l'intelligence dépendent du cerveau. Tant que le divin ou le surnaturel intervient en quoi que ce soit dans les événements du monde et de la vie, il n'y a point de science de la nature. Lorsque la foudre éclatait dans les cieux embrasés, quand les comètes apparaissaient, que le soleil ou la lune s'éclipsait, dit DÉMOCRITE, les hommes des anciens jours s'effrayaient, convaincus que les dieux étaient les auteurs de ces prodiges. Pour que la science pût apparaître, il fallait écarter résolument toutes les interprétations anthropomorphiques et religieuses de la nature : c'est ce qu'a fait l'auteur du traité sur la *Maladie sacrée*.

Le cerveau, dit-il, chez l'homme comme chez les autres animaux, est double; le milieu en est cloisonné par une membrane mince. Des veines y arrivent de tout le corps, nombreuses et menues, mais deux grosses surtout, l'une du foie, l'autre de la rate : ce sont des soupiraux du corps qui aspirent l'air; elles le distribuent partout à l'aide de petites veines. C'est l'*air*, en effet, qui donne l'intelligence au cerveau. On reconnaît les doctrines d'ANAXIMÈNE et de DIOGÈNE d'Apollonie. « Quand l'homme attire en lui le *souffle*, ce souffle arrive d'abord au cerveau, et c'est de cette façon qu'il se disperse dans le reste de corps, *laissant dans le cerveau sa partie la plus active, celle qui est intelligente et connaissante.* » Si, en effet, continue l'auteur, l'*air* se rendait d'abord dans le corps, pour parvenir de là au cerveau, il laisserait l'intelligence dans les chairs et dans les veines, il arriverait échauffé au cerveau, et il y arriverait non pur, mais mêlé avec l'humeur provenant des chairs et du sang, de sorte qu'il n'aurait plus ses qualités parfaites (*Œuvres*, VI, 352, sq.). Pour ces raisons, il regarde le cerveau, lorsqu'il est sain, comme l'organe qui dans l'homme a le plus de puissance (δύναμιν πλείστην). C'est par le cerveau que nous pensons (καὶ τούτῳ φρονεῦμεν), que nous comprenons (νοεῦμεν), que nous voyons et entendons, que nous connaissons le beau et le laid, le mal et le bien, l'agréable et le désagréable, le plaisir et le déplaisir. Mais si le cerveau n'est pas sain, s'il est trop chaud ou trop froid, trop humide ou trop sec, c'est par lui également que nous délirons, que des craintes et des terreurs nous assiègent, que des songes et des soucis sans motifs nous tourmentent. Selon que l'altération du cerveau dépend de la pituite ou de la bile, les aliénés sont calmes, déprimés et anxieux, ou bruyants et malfaisants. Comme le *cerveau* est *l'interprète de l'intelligence* (τὸν ἑρμηνεύοντα), et que l'intelligence provient de l'*air*, dont le premier il reçoit l'impression, s'il arrive quelque changement notable dans l'air, par l'effet des saisons, le cerveau est exposé aux maladies les plus aiguës, les plus graves, les plus dangereuses, et de la crise la plus difficile pour les médecins inexpérimentés. Quant au *diaphragme* (αἱ φρένες), c'est bien au hasard qu'il doit son nom, car il n'a rien à faire avec la pensée et l'intelligence (φρονέειν), non plus d'ailleurs que le *cœur*, quoique quelques-uns disent que nous pensons par le cœur (λέγουσι δέ τινες ὡς φρονέομεν τῇ καρδίῃ), et que cet organe est ce qui cause le chagrin et les soucis. Il n'en est rien. Sans doute, par l'effet d'une joie vive ou d'une violente peine, le cœur se contracte comme le diaphragme « tressaille et cause des soubresauts ». Mais ni l'un ni l'autre n'a part à l'intelligence : seul, le *cerveau* est l'organe ou l'interprète de l'intelligence.

IV. Aristote. « Entre les animaux, l'homme a le plus de cerveau (ἔχει δὲ τῶν ζῴων ἐγκέφαλον πλεῖστον ἄνθρωπος), en tenant compte de la proportion de sa taille : dans l'espèce humaine, les mâles en ont plus que les femelles, parce que, dans l'homme, la région qui comprend le cœur et les poumons est plus chaude et plus sanguine que dans tout autre animal... C'est donc à un excès de chaleur que s'opposent les excès d'humidité et de froid. » (*De part. anim.*, II, III, X; *De gener. anim.*, V, III, IV; *Problem.*, I, 16; II, 17; XXXVI, 2.) Ce texte résume assez bien la doctrine d'**Aristote** sur les fonctions du cerveau. Ces fonctions ne sont point celles que, depuis Alcméon, nombre de naturalistes et de médecins grecs avaient plus ou moins nettement reconnues : l'encéphale n'est pas, pour Aristote, le siège des sensations, des passions et de l'intelligence. Le centre psychique, le siège principale des sensations et de la pensée, c'est le cœur. Aristote prétend même que le cerveau n'a rien de commun avec la moelle épinière : celle-ci est chaude naturellement tout au contraire du cerveau. Le cerveau n'a aucune fonction psychique; il n'est à cet égard qu'un intermédiaire indispensable entre les sensations de la vue et de l'odorat et le cœur, où elles aboutissent. Si l'homme a le cerveau le plus grand, c'est parce que le cœur et le poumon de cet animal sont plus chauds et qu'à cet excès de chaleur la nature, comme toujours, devait opposer un excès de réfrigération. Le cerveau a naturellement les proportions et les dimensions qu'exigent les besoins de l'économie. C'est chez l'animal une manière de glacière permanente. Voilà sa fonction. « On peut supposer, en comparant, il est vrai, une petite chose à une grande, dit Aristote, qu'il en est de ceci (la réfrigération du cœur par le cerveau) comme de la production de la pluie : la vapeur qui sort et qui s'élève de la terre est portée par sa chaleur dans les parties supérieures, et, quand elle arrive dans l'air froid qui est au-dessus de la terre, elle se condense et se change en eau, sous l'action du refroidissement, pour retomber de nouveau sur la terre. » (*De part. anim.*, II, VII.) Le *sommeil*, chez les animaux qui ont un cerveau, est un effet de la même cause (et, dans les animaux qui n'ont pas de cerveau, la partie qui le remplace). En refroidissant l'afflux du sang venu de la nourriture, ou pour quelques autres causes semblables, la tête devient lourde et pesante et chasse la chaleur en bas avec le sang; en s'accumulant dans les parties basses, la chaleur amène le sommeil. En d'autres termes, comme toute évaporation doit monter pour redescendre, après s'être portée naturellement aux parties les plus hautes, la chaleur, chez l'animal, doit retomber en masse et se diriger en bas. Bref, le sommeil est un refroidissement des parties supérieures, parce que les pores (nerfs) et les lieux divers qui sont dans la tête sont refroidis quand l'évaporation s'y porte (οἱ ἐν τῇ κεφαλῇ πόροι καὶ τόποι καταψύχονται) (*De somno et vigilia*, III). Voilà dans quel sens il faut entendre, chez ARISTOTE, que le cerveau est le siège principal du sommeil. Par une vue assez profonde, et que je me borne à signaler, venant à parler des convulsions de la première enfance, ARISTOTE écrit : « Le sommeil ressemble à l'épilepsie et, dans un certain sens, c'est une épilepsie (ὅμοιον γὰρ ὁ ὕπνος ἐπιλήψει, καὶ ἔστι τρόπον τινὰ ὁ ὕπνος ἐπίληψις) : il ne faut donc pas s'étonner, ajoute-t-il, que, fort souvent, cette affection commence durant le sommeil, et que l'accès ait lieu quand on dort, et non dans la veille. »

Le cerveau est composé d'eau et de terre; voici quelques faits qui le prouvent. « Si l'on fait cuire le cerveau, il devient sec et dur; il ne reste plus que la partie terreuse, l'eau ayant été vaporisée par la chaleur. » Il en est de même quand on brûle des légumes et d'autres fruits (*De part. anim.*, II, VII). Le cerveau de l'homme, à la fois le plus grand, le plus humide et le plus froid, est environné de deux membranes, l'une plus solide, du côté de l'os, l'autre, plus délicate, posée sur le cerveau lui-même. L'encéphale est double chez tous les animaux; en arrière est situé le cervelet (παρεγκεφαλίς), « lequel possède une composition tout autre, soit au toucher, soit à la vue ». Dans la tête, l'encéphale se trouve dans la partie antérieure; « le derrière de la tête, chez tous les animaux, est vide et creux » (κενὸν καὶ κοῖλον) (*De animal. histor.*, I, XIII, XVI). Le crâne de l'homme est aussi celui qui a le plus de sutures (ῥαφάς), et les mâles en ont plus que les femelles, et cela pour que le plus gros cerveau soit aéré davantage et puisse bien respirer. « Trop humide ou trop sec, il n'accomplirait plus sa fonction propre » : de là des maladies de l'encéphale, des dérangements d'esprit (παρανοίας), et la mort. « Car la *chaleur* et le principe qui sont dans le *cœur* sont très sympathiques : ils ressentent, avec une rapidité extrême, les changements et les modifications du sang de l'encéphale. » Les fonctions psychiques du principe des sensations, je veux dire du *cœur*, dépendent en effet, chez l'homme, de cette « heureuse combinaison » entre l'intensité de la chaleur du cœur et le volume ainsi que l'humidité réfrigérente du cerveau. Voilà pourquoi « l'homme est le plus intelligent de tous les êtres » (*De gener. anim.*, II, VII). Les animaux, si inférieurs à l'homme à cet égard ont, en effet, « peu de cerveau », et leur cerveau est moins humide (*Ibid.*, V, III, IV. Cf. *Problem.*, X, 1). S'ils n'ont pas de *sang*, ils n'ont pas de cerveau, car ils n'ont que peu ou point de chaleur. Quant à l'encéphale, il n'a de sang lui-même chez aucun animal (ἄναιμος δ' ὁ ἐγκέφαλος ἅπασι), et, dans sa masse, il n'a point de veines : quand on le touche, il est naturellement froid. Seule, la méninge qui l'enveloppe est pourtant sillonnée d'un grand nombre de petites veines provenant de la grande veine et de l'aorte (*De animal. hist.*, I, XIII, XVI ; III, III, XI).

Les parties de la tête sont maintenues, non par des « nerfs » (c'est-à-dire des tendons, des muscles, etc.), car la tête est dépourvue de nerfs (*De part. anim.*, II, VII. Cf. *Tim.*, 75 C), mais au moyen des sutures des os. Nulle part, dans l'œuvre qui porte son nom, ARISTOTE ne s'est démenti à cet égard : ce n'est point l'encéphale, c'est le cœur qui est le siège des sensations et de l'entendement. L'ancienne doctrine de l'insensibilité du cerveau et de la moelle a persisté, on le sait, jusqu'aux expériences de FRITSCH et HITZIG sur l'excitation directe des deux substances cérébrales. Voici comment s'exprimait ARISTOTE : « Chez aucun animal, le sang n'est sensible quand on le touche, non plus que ne le sont les excrétions des intestins, *non plus que l'encéphale et la moelle*, qui ne marquent pas davantage de sensibilité quand on les touche. » (*De anim. hist.*, II, VII ; III, XIV.) C'est donc bien à tort que « quelques-uns » ont considéré le cerveau comme le principe des sens (*Metaphys.*, IV, I ; VII, X. *De juv. et sen.*, c. III). « Le cerveau n'est cause d'aucune espèce de sensation, parce qu'il est absolument insensible (ἀναίσθητος), comme le sont d'ailleurs toutes les autres sécrétions. » C'est par une simple conjecture qu'on a réuni le cerveau et la sensibilité l'un à l'autre. Et ARISTOTE renvoie aux ouvrages où il a démontré que c'est dans la région du cœur qu'est le principe des sens (*De part. anim.*, II, X). « Il suffit du plus simple coup d'œil, dit-il encore, pour voir que le cerveau n'a point la moindre connexité avec les parties qui servent à sentir; et il n'est pas moins évident que, quand on le touche, *il ne sent rien*, pas plus que le sang ni les excrétions quelconques des animaux (*De part. anim.*, II, VII). » « Il est donc certain, en nous appuyant sur les faits, que c'est dans le cœur que se trouve le principe de l'âme qui sent, le principe de l'âme qui fait croître et le principe de l'âme qui nourrit (*De juv. et sen.*, l. 1.). » Le cœur n'est pas seulement le principe des sensations, mais de l'organisme entier (*De an. gen.*, II, VI, VIII): c'est pourquoi il se forme en premier lieu (ARISTOTE avait observé sans doute le *punctum saliens* de l'œuf d'oiseau); le cerveau n'est formé qu'aussitôt après le cœur, pour tempérer la chaleur de cet organe.

C'est au cœur qu'arrivent les sensations de l'ouïe, de l'odorat, du toucher, de la vue et du goût, qui n'est qu' « une espèce de toucher ». Il semble qu'ARISTOTE ait pris le nerf auditif pour une veine et considéré la trompe d'Eustache comme le nerf auditif, car, selon lui, du moins dans un texte, le conduit (πόρος) de la sensation de l'ouïe ne traverse pas le cerveau, ainsi que le font le nerf optique ou le nerf olfactif : il va directement au cœur en passant par l'arrière-bouche (*De an. hist.*, I, XI). Ailleurs le conduit pénétrerait dans l'occiput (*De part. anim.*, II, X). L'air vibre dans l'intérieur de l'oreille jusqu'au canal osseux appelé limaçon. L'œil est bien formé d'une partie du cerveau : comme lui, il est humide et froid (*De gen. an.*, II, VIII; *De sensu et sens.*, c. II); la partie de l'œil qui voit est de l'eau; il ne distingue que trois couleurs. Quant aux nerfs optiques, je ne crois pas qu'on puisse révoquer en doute qu'ARISTOTE (ou les auteurs qu'il suit) ne les ait vus et décrits. Les nerfs optiques, le chiasma et les bandelettes frappent à première vue tout homme qui considère la base d'un encéphale, depuis le poisson jusqu'à l'homme. On ne sait pourquoi la plupart des philosophes qui ont interprété ARISTOTE contestent que le Stagirite ait connu les nerfs optiques. Ce passage entre plusieurs nous paraît décisif, quoiqu'il ne témoigne pas sans doute qu'ARISTOTE ait regardé de très près et disséqué les nerfs de la deuxième paire. Mais il n'a pas vu davantage l'espace creux et vide qui, selon lui, existerait sur le derrière de la tête, non plus qu'il n'a compté les sutures du crâne de la femme comparées à celles du crâne de l'homme, qu'il dit différer en nombre : « De l'œil trois conduits (πόροι) se rendent à l'encéphale; le plus gros et le moyen vont jusqu'au cervelet (εἰς τὴν παρεγκεφαλίδα), et le plus petit va jusqu'au cerveau même: le plus petit conduit est le plus rapproché du nez [chiasma] : les deux plus grands sont parallèles et ne se rencontrent pas [bandelettes]; les conduits moyens (οἱ δὲ μέσοι) s'entrecroisent, disposition qui est surtout très claire chez les poissons. Les conduits moyens [chiasma] sont plus près du cerveau que les grands [bandelettes] » (*De anim. hist.*, I, XIII). Ces conduits ou canaux de l'œil (πόροι) sont l'expression par laquelle, nous l'avons dit, tous les anciens philosophes et médecins grecs désignent ce qu'on devait plus tard appeler des nerfs. Par νεῦρα, ARISTOTE entendait, comme HIPPOCRATE et PLATON, les tendons, les ligaments et les aponévroses. Mais, puisqu'il a décrit le trajet des nerfs optiques, ces canaux du cerveau, on ne peut pas dire qu'ARISTOTE n'a pas connu ces nerfs. Quant aux νεῦρα, dont il place l'origine dans le cœur, encore une fois ce n'étaient pas des nerfs, mais des tendons et des ligaments : Ἡ μὲν ἀρχὴ καὶ τούτων (νεύρων) ἐστὶν ἀπὸ τῆς καρδίας (*De anim. hist.*, III, V). Mais les nerfs optiques, aussi bien d'ailleurs que les nerfs olfactifs, s'ils passaient par le cerveau, où ils aboutissent, les nerfs optiques en particulier, à des veines, ne faisaient que le traverser : c'est au cœur que ces veines portaient finalement la sensation. Le cerveau n'était donc pour ces deux sens qu'un lieu de passage. Quant aux autres sensations, celles de l'ouïe, du goût, etc., elles étaient directement conduites par les veines au cœur sans passer par le cerveau.

Les sens et les sensations, voilà bien pour ARISTOTE la source unique de toute connaissance. Le toucher est au fond de tous les autres sens, comme l'*âme végétative*, c'est-à-dire la nutrition, la croissance, la reproduction, est impliquée dans l'*âme sensitive*, par laquelle s'exerce la perception sensible; dans l'*âme motrice*, où le désir subsiste; dans l'*âme pensante*, où l'intelligence et la raison sont comme les plus hautes frondaisons de l'arbre de vie qui, par ses racines, plonge dans la terre nourricière. Quelle distinction faut-il faire entre l'âme raisonnable et l'âme irraisonnable? Ces parties sont-elles distinctes et séparables à la manière de celles du corps et de toute matière susceptible d'être divisée? Bref, l'âme peut-elle être divisée en parties ou non (μεριστὴ ἡ ψυχὴ οὔτ' εἰ ἀμερής)? ARISTOTE répond à ces questions par une ingénieuse comparaison qui fait clairement entendre que ces âmes ne sont pas plus réellement séparables de leur nature que, dans une circonférence, « la partie convexe et la partie concave » (*Ethic. Nicom.*, I, XIII; *Ethic. Eudem.*, II, I). Point de pensées sans images, sans perception, sans sensation, sans nutrition. Les images (φαντάσματα) avec lesquelles nous pensons, et sans lesquelles il n'y a pas de pensée, ne sont pas les idées de PLATON : « Dire que les idées sont des exemplaires et que les autres choses en participent, c'est, dit ARISTOTE, se payer de mots vides de sens et faire des métaphores poétiques (*Metaphys.*, I, IX). »

Il y a chez ARISTOTE une théorie des images que la psychologie physiologique contemporaine ne pourrait guère que développer et approfondir en l'adaptant à notre connaissance actuelle des fonctions du cerveau. « L'être, s'il ne sentait rien, ne pourrait absolument ni rien savoir ni rien comprendre. Quand il conçoit quelque chose, il faut qu'il conçoive en même temps quelque image (φάντασμα) : car les images sont comme des espèces de sensations sans matière (*De an.*, III, VIII). » Si ce qu'ARISTOTE appelle les pensées premières de l'intelligence, peut-être les catégories, ne sont pas, au sens vulgaire, des images, il reconnaît que, sans les images, elles ne seraient pas. Ainsi, pour l'âme raisonnante, pour l'intelligence, les images sont proprement des sensations avec lesquelles elle opère. « Voilà pourquoi, dit expressément le Stagirite, l'âme ne pense jamais sans image, διὸ οὐδέποτε νοεῖ ἄνευ φαντάσματος ἡ ψυχή. » (*De. an.*, III, VII; *De mem. et reminesc.* c. I.) L'origine des images, de ces résidus de sensations, comme nous disons, ce sont les impressions périphériques des organes des sens, les « modifications de la pupille », par exemple, qui à son tour « modifie autre chose », celles des appareils de l'oreille interne, etc. De là pour l'intelligence (τὸ νοητικόν) occupée à penser les formes des images, la possibilité d'une vie intérieure qui, en l'absence de sensations actuelles, la détermine à rechercher ou à fuir ce qui lui est utile ou nuisible. Car « les sensations et les images demeurent dans les organes des sens » (*De an.*, III, II). Et grâce à ces « images et à ces pensées » qui sont dans l'âme (*Ibid.*, III, VII), l'intelligence peut aussi « calculer et disposer l'avenir par rapport au présent, comme si elle voyait les choses (ὥσπερ ὁρῶν). Le rêve lui-même n'est qu' « une sorte d'image » qui apparaît dans le sommeil (*De insomn.*, III). L'imagination (φαντασία) et la pensée (νόησις) ont la puissance même qu'ont les choses elles-mêmes (τὴν τῶν πραγμάτων ἔχουσι δύναμιν). L'idée du chaud ou du froid, par exemple, du plaisir ou de la douleur, est à peu près ce que sont ces choses : il suffit de penser à certains objets pour frissonner et trembler d'épouvante. Ce sont bien là des impressions ou affections (πάθη) et des altérations (ἀλλοιώσεις) que l'on éprouve du fait des images. Une modification de ce genre, dont les commencements sont à peine sensibles, peut, en se propageant, déterminer, dans tout l'organisme, des troubles considérables, aussi différents que nombreux. C'est, dit ARISTOTE, comme le gouvernail qui n'a qu'à se déplacer d'une manière imperceptible pour causer à la proue un déplacement énorme. Lorsque, dans sa marche, l'altération ainsi produite arrive au cœur, siège de la sensibilité, du mouvement et de l'intelligence, en même temps que principe de la vie et du pneuma inné (πνεῦμα σύμφυτον), elle retentit de là sur tout le corps, déterminant de la rougeur ou de la pâleur, du frisson, du tremblement ou des mouvements émotionnels contraires à ceux-là. Mais la cause de ces changements, à l'état de veille ou de rêve, c'est toujours une image ou une pensée, bref, ce qui a survécu en nous des sensations antérieures.

Point d'autre origine du mouvement chez les animaux : la réaction motrice suit fatalement le déclenchement de la machine comme dans les mécanismes automatiques. Chez l'animal qui se meut, dit ARISTOTE, il en est absolument « comme dans les automates (τὰ αὐτόματα) qui se meuvent par le moindre mouvement dès que les ressorts sont lâchés, parce que les ressorts peuvent ensuite agir les uns sur les autres... C'est absolument ainsi que les animaux se meuvent. Leurs intruments sont et l'appareil des nerfs et celui des os : les os sont en quelque sorte les bois et les fers des automates; les nerfs (νεῦρα, — il s'agit ici des muscles) sont comme les ressorts qui, une fois lâchés, se détendent et meuvent les machines » (*De anim. motione*, c. VII). La différence qu'indique ARISTOTE entre les automates et les animaux, c'est que les premiers n'éprouvent pas en se mouvant de modifications internes de la même nature que celles que causent chez l'animal les images (φαντασίαι) et les sensations (αἰσθήσεις), origine des mouvements.

Les physiologistes contemporains qui admettent que la psychologie n'est qu'une province de la biologie doivent reconnaître ARISTOTE comme un précurseur, et, à bien des égards, comme un maître, dans l'étude des sensations et de l'intelligence. La sensibilité et la pensée étaient bien incontestablement, pour ARISTOTE, du domaine des sciences de la vie. Il l'a dit même expressément : l'étude de l'âme appartient au physiologiste. Toutes ses observations sont empruntées à la série entière des êtres organisés. Le traité *de l'Ame* est un grand livre de psychologie comparée.

C'est de l'école même d'Aristote que sortent **Théophraste** (373-288) et **Straton** de Lampsaque (280). Théophraste, qui a fondé la botanique et la physiologie végétale, sans parler de la minéralogie, comme Aristote la zoologie, incline, en psychologie, à résoudre par la doctrine de l'immanence les principaux problèmes de la biologie. Théophraste est un physiologiste informé et curieux dont on ne lit pas sans profit ce qui reste de ses essais sur le *vertige*, sur la *fatigue*, sur la *sueur*, en particulier les expériences sur les sensations de l'*odorat*. Ce même courant d'études s'observe chez Aristoxène, autre disciple du maître, qui, étudiant l'acoustique, composa une théorie de la musique déduite tout entière, non de spéculations philosophico-mathématiques, mais d'une étude approfondie de l'ouïe.

C'est chez Straton de Lampsaque, le physicien, comme on l'appelait, qu'apparaît le mieux la direction des études suivies par les successeurs d'Aristote : ils se détournent de plus en plus des spéculations métaphysiques pour s'adonner à l'étude de la nature. Le successeur de Théophraste dans l'école conçut l'activité de l'âme comme un mouvement, et dériva toute vie des forces immanentes du monde. Il ne distingua plus la sensation de la pensée et n'admit point de νοῦς séparé. En physiologie comme en psychologie, Straton arrive à des vues d'une singulière justesse. Loin de placer dans le cœur le principe de la sensibilité, c'est dans le cerveau, « entre les sourcils », qu'il situait le siège des sensations et de l'entendement : là persistent les traces des impressions. Tous les actes de l'entendement sont des mouvements. Straton établit que, pour être perçues, les impressions des sens doivent être transmises au cerveau, et que, « si l'intelligence faisait défaut, la sensation ne pourrait absolument pas exister ». De ce principe il tira une théorie fort remarquable de l'attention. Voici quelques observations de Straton sur les illusions localisatrices des sens : « Ce n'est pas au pied que nous avons mal quand nous le heurtons ni à la tête quand on se cogne, ni au doigt lorqu'on se coupe. Toute notre personne est insensible (ἀναίσθητα γὰρ τὰ λοιπά) à l'exception de la partie souverainement maîtresse : c'est à elle que le coup va porter, avec promptitude, la sensation que nous appelons douleur. »

Avec les disciples d'Aristote les sciences naturelles étaient donc définitivement entrées dans l'ère de l'expérimentation et de l'observation objective des faits : à Alexandrie elles vont être étendues et approfondies par les plus rares génies peut-être qui aient paru dans le monde. On ne saurait trop insister, après Draper, sur l'importance capitale de l'œuvre de l'école d'Alexandrie dans l'histoire des sciences de la nature et de la vie. La philosophie grecque avait fini, comme elle avait commencé, par le naturalisme. La doctrine d'Épicure forme la transition entre l'ancienne philosophie des Hellènes et l'époque des recherches fructueuses sur le terrain solide des sciences de la nature. C'est à Alexandrie qu'elles ont fleuri pour la première fois : c'est d'Alexandrie qu'elles sont venues dans l'Europe moderne comme des semences fécondes. Le grand présent que cette ville d'Égypte a fait au monde, c'est la *méthode scientifique*.

Ce progrès décisif dans l'histoire de la civilisation s'étendit à toutes les sciences. Ce fut le triomphe de la méthode inductive, reposant sur l'idée de l'existence de lois dans la nature. Le complément de la méthode inductive, l'expérimentation, ne fit point défaut. Les progrès de la mécanique, l'invention des instruments de précision, la pratique des expériences, donnent une portée et une solidité jusqu'alors inconnues à l'observation méthodique des phénomènes. Avec **Hérophile** et **Érasistrate**, l'anatomie et la physiologie deviennent les fondements mêmes de la science de la vie. « Hérophile et son grand contemporain Érasistrate, les chefs de l'École d'Alexandrie, dit W. Preyer, occupent un rang considérable dans l'histoire de la physiologie, parce que, les premiers, ils firent des dissections sur des êtres vivants (chèvres, boucs, hommes condamnés à mort). » Praxagoras de Cos, qui vivait vers 335 avant notre ère, distingua les artères des veines ; il prétendait que, pendant la vie et à l'état normal, les artères sont remplies d'air, non de sang, et qu'elles se convertissent en nerfs ou ligaments à leur terminaison ; le cerveau n'était qu'une simple excroissance de la moelle épinière. Le disciple de Praxagoras, Hérophile, qui avait vingt-deux ans quand Aristote mourut, pratiqua la physiologie expérimentale et fit avancer la connaissance du cerveau et du système nerveux central. Hérophile fut surtout un grand anatomiste. Il avait beaucoup disséqué (Ἡρόφιλον γὰρ πολλὰ ἀνατετμηκότα), dit GALIEN (*De la meilleure secte*, II), qui associe au nom d'HÉROPHILE celui d'EUDÈME, et qui professe une admiration sans borne pour les écrits de ces savants sur la « dissection des nerfs » (*Des lieux affectés*, III, XIV). Pour ne rappeler que ce qui, dans les découvertes d'HÉROPHILE, a trait à la structure et aux fonctions du cerveau et du système nerveux central, HÉROPHILE, qui connaît les nerfs, non sans les confondre encore avec les tendons et les ligaments, les distingue en nerfs de mouvement et nerfs de sentiment; les nerfs tirent leur origine de l'encéphale et de la moelle épinière. « Si l'on en croit HÉROPHILE, a écrit RUFUS d'Ephèse, il y a des nerfs du mouvement volontaire qui proviennent de l'encéphale et de la moelle dorsale (ἀπό τοῦ ἐγκεφάλου καὶ νωτιαίου μυελοῦ), d'autres qui vont s'insérer, ceux d'un os sur un autre os (ligaments), ceux d'un muscle sur un autre muscle (aponévroses), d'autres enfin qui attachent les articulations (tendons). » (*Anat. des parties du corps*, *Œuvres*, éd. DAREMBERG et RUELLE, p. 185.) Outre l'origine des nerfs et la structure de l'œil, cet anatomiste a décrit le *calamus scriptorius*, les *plexus choroïdes* (μήνιγγα χοριοειδῆ) qui tapissent les ventricules, les *sinus* veineux de la dure-mère et le *torcular* ou pressoir d'HÉROPHILE. Les *lieux* du cerveau qu'il a le plus étudiés sont, on le voit, les ventricules : il y localisait l'âme (ἐν ταῖς τοῦ ἐγκεφάλου κοιλίαις), en particulier dans le *quatrième ventricule* ou *ventricule du cervelet* (GALIEN, *de Hist. philos.* KÜHN, XIX, 315; *Utilité des parties*, VIII, XI). Les forces régulatrices de la vie étaient, pour HÉROPHILE, les forces *nutritive*, *calorifique*, *sentante* et *pensante*, auxquelles il donnait pour substratum le *foie*, le *cœur*, les *nerfs* et le *cerveau*.

Le grand contemporain d'HÉROPHILE, ÉRASISTRATE, qui tout en distinguant, lui aussi, des nerfs de sensibilité et de mouvement, n'échappa point toujours à la confusion que nous avons signalée, crut d'abord que les nerfs tirent leur origine de la dure-mère, parce qu'il les en avait vus sortir. Plus tard, après avoir fait des dissections plus exactes, il reconnut que les deux classes de nerfs naissent de la matière médullaire du cerveau. Dès lors le principe des nerfs fut, pour ÉRASISTRATE, non plus les méninges, mais le cerveau. Il décrivit le cerveau et le cervelet, les circonvolutions, les ventricules. La plus vieille histoire scientifique du cerveau nous a sans doute été conservée en une page magistrale d'ÉRASISTRATE qu'on lit dans GALIEN (*De Hippocr. et Plat. plac.*, VII, III, KÜHN, 600) : Chez l'homme, disait ÉRASISTRATE, comme chez les animaux, le cerveau est double; il ressemble à l'intestin jéjunum et présente beaucoup de replis (καὶ δ'ἐγκέφαλος παραπλήσιος ὢν νήστει καὶ πολύπλοκος); mais beaucoup plus encore que le cerveau, le cervelet présente des circonvolutions variées. Le ventricule s'étend en longueur jusque sous le cervelet (ἡ ἐπεγκρανίς). Parmi les animaux, le cerf, le lièvre, et si quelque autre est plus rapide encore, sont pourvus de ce qui leur est utile pour courir, et de muscles, et de nerfs. « De même, comme l'homme surpasse de beaucoup les autres animaux par son intelligence, il a le cerveau le plus circonvolutionné. » Οὕτω καὶ ἄνθρωπος ἐπειδὴ τῶν λοιπῶν ζώων πολὺ τῷ διανοεῖσθαι περίεστι, πολὺ τοῦτ' ἔστι πολύπλοκον. Du cerveau sortent tous les processus des nerfs (ἀποφύσεις τῶν νεύρων). Bref, l'encéphale paraît être le principe ou l'origine des nerfs du corps. Les sensations qui proviennent des narines, des oreilles, gagnent le cerveau. Des processus ou nerfs émanant du cerveau se portent aussi à la langue et aux yeux. Le pneuma qui, introduit par la respiration, passe des veines du poumon dans les artères, devient, dans le cœur, l'air vital (πνεῦμα ζωτικόν), dans le cerveau, l'air psychique (πνεῦμα ψυχικόν) (*De Hippocr. et Plat. plac.*, II, VIII). Dans la secte médicale des PNEUMATISTES, chez ARÉTÉE comme chez ATHÉNÉE d'Attalie, en Cilicie, au Ier siècle, le pneuma, on le sait, joue un rôle capital dans tous les processus de la vie.

Sur la limite du Ier et du IIe siècles, au temps de l'empereur Trajan, **Rufus** d'Ephèse décrivit avec une rare précision l'état des connaissances sur la structure et les fonctions du cerveau. Dans l'intérieur du crâne est contenu l'encéphale, plus volumineux, en égard aux corps, chez l'homme que chez les autres animaux. Des deux méninges, l'une plus épaisse, plus résistante, adhère aux os du crâne; elle a un mouvement analogue à celui du pouls (σφυγμικῶς κινεῖται); l'autre, plus mince, est étendue sur l'encéphale. Ces deux enveloppes sont nerveuses (c'est-à-dire fibreuses, νευρώδεις) et membraneuses; elles jouissent d'une certaine *sensibilité* (ποσήν τε αἴσθησιν ἔχουσαι) et présentent un entrelacement de réseaux. La surface supérieure du cerveau est pulpeuse et visqueuse; ses renflements et ses anfractuosités lui ont fait donner le nom de variqueuse (κιρσοειδές);

elle est *grise* (διάλευκος); sa surface inférieure et postérieure est dite base; le prolongement qui prend naissance à la base est le parencéphale (cervelet). Les cavités de l'encéphale ont reçu le nom de ventres ou ventricules (κοιλίαι); la membrane qui revêt intérieurement les ventricules s'appelle tunique choroïde : Hérophile l'appelait méninge choroïde. Du cerveau sortent comme des pousses ou rejetons les nerfs sensitifs et moteurs (νεῦρα αἰσθητικὰ καὶ προαιρετικά), par lesquels nous avons le sentiment et exerçons le mouvement volontaire (διὰ ὧν αἴσθησις καὶ προαιρετικὴ κίνησις) et par lesquels s'accomplit toute opération du corps. De l'encéphale naît la moelle épinière qui s'échappe dans le trou du crâne à l'occiput et qui descend jusqu'au bas du rachis à travers toutes les vertèbres; la moelle n'est pas une substance particulière, mais un écoulement du cerveau (ἀπόρροια ἐγκεφάλου). Il y a des nerfs qui sortent de la moelle épinière et de la méninge qui l'enveloppe. Parmi les nerfs qui proviennent de la moelle épinière, comme du cerveau, les uns sont actifs (moteurs), les autres sensitifs (νεῦρα πρακτικὰ καὶ αἰσθητικά); on les appelle *cordons* (τόνοι); ceux qui entourent les articulations sont appelés ligaments. Du cerveau partent et sortent par des trous qui leur sont destinés des canaux ou nerfs (πόροι) qui se distribuent à chaque organe des sens, tels que les oreilles, les narines, etc. Un de ces prolongements se détache en avant de la base du cerveau, se divise en deux branches et se rend à chacun des yeux (*Du nom des parties du corps, Œuvres*, 153 et 163; *De l'anat. des parties du corps*, 169).

V. Galien. — La physiologie, qui trouva dans **Galien** de Pergame (131-200), pendant plus de mille ans, sa plus haute expression, avait déjà découvert le rôle et l'importance de l'encéphale, de la moelle épinière et des nerfs. Le cerveau, si longtemps considéré, avant et après Aristote, comme une masse inerte, comme une sorte d' « éponge » humide et froide, destinée à refroidir le cœur, avait été reconnu, par les anatomistes et les physiologistes de l'école d'Alexandrie, pour le siège des fonctions de la sensibilité, du mouvement volontaire et de l'intelligence. Le rôle de la moelle épinière était connu; des milliers d'années avant Charles Bell et Magendie, les nerfs sensibles avaient été distingués des nerfs moteurs. Outre les nerfs de la sensibilité générale et du mouvement, les anatomistes, et, bien avant eux, les vieux naturalistes ou physiologistes de l'Hellade avaient, sous le nom de canaux ou conduits, indiqué ou suivi le trajet des nerfs sensoriels ou crâniens depuis les organes périphériques des sens jusqu'au cerveau, ou du cerveau jusqu'aux organes des sens, tels que le nerf optique, par exemple, dont les expansions formaient la membrane réticulée de la rétine. Ils savaient aussi que des nerfs se rendent aux muscles des yeux. La lecture d'un simple texte didactique, tel que celui de Rufus d'Éphèse, prouve manifestement que l'anatomie du système nerveux central était presque aussi avancée au Ier siècle de notre ère, qu'elle le sera à l'époque de Willis et de Vieussens. Bref, les idées d'Aristote sur les fonctions de l'encéphale et l'origine des nerfs n'auront pas besoin d'être renversées par Galien. Ce grand médecin, qui n'a guère fait que vulgariser, avec l'anatomie et la physiologie d'Hérophile, d'Érasistrate, d'Eudème et de Marinus, les théories biologiques d'Aristote et la pathologie hippocratique, pouvait se dispenser de « rougir » (*De l'util. des parties*, VIII, III) de certaines doctrines du Stagirite, lequel appartenait à une tout autre famille d'esprits que Galien de Pergame. Ce n'est pas qu'il ait raison de soutenir que, contre toute apparence, Aristote a situé dans le cœur le principe des nerfs. Galien est évidemment dans la voie de la grande explication scientifique des fonctions du cerveau lorsqu'il loue Platon et Hippocrate d'avoir localisé dans le cerveau le principe des mouvements volontaires (*De Hippocr. et Plat. plac.*, II, VIII). Au cours de ses vivisections, qui paraissent avoir été, comme il le dit, très nombreuses (*Ibid.*, VII, III), et dont il avait certainement une pratique consommée, Galien a souvent mieux observé que les plus célèbres physiologistes d'entre les modernes, tels que Haller et Longet. La clinique chirurgicale, et en particulier la chirurgie de l'encéphale, déjà si avancée au Ve siècle, lui fournit aussi la matière de véritables expériences de physiologie. Dans les fractures du crâne, si un os, dit-il, comprime les ventricules du cerveau, et surtout le ventricule moyen (*Des lieux affectés*, IV, III; *Manuel des dissect.*, VIII, III), le malade tombe dans un assoupissement profond, comateux, et devient insensible à toute excitation (carus). De même, dans les trépanations, Galien avait noté que si, en plaçant le méningophylax pour protéger la dure-mère, « on comprime seulement un peu trop le cerveau, l'homme devient sans sentiment, et tout mouvement volontaire est aboli », ἀναίσθητος τε καὶ ἀκίνητος ἁπαντιῶν τῶν καθ' ὁρμὴν κινήσεων (*De Hipp. et Pl. plac.*, I, Kühn, 186). C'est, on le voit, au IIe siècle, une des expériences célèbres de La Peyronie.

Que par ses expériences sur les animaux vivants et par ses observations de clinicien pénétrant et profond, Galien ait fait avancer la physiologie comme science de l'usage des organes; qu'il ait, dès cet époque, montré que les fondements véritables de la médecine sont l'expérimentation physiologique et l'observation clinique, c'est un mérite assez rare pour expliquer l'extraordinaire fortune des doctrines galéniques dans le monde entier. Le chapitre de Galien sur l'épilepsie (*Des lieux affectés*, III, IX), entre beaucoup d'autres consacrés à la pathologie mentale et nerveuse, est admirable, même après le traité *De la maladie sacrée*. On n'a jamais décrit avec plus de précision et de sûreté les lésions des sens et de l'intelligence de cette grande *affection du cerveau* (κατ'αὐτὸν ἐγκέφαλον ἡ τούτου τοῦ πάθους ἐστι γένεσις) durant les paroxysmes convulsifs.

Mais ce grand médecin, qui « jamais n'abandonne la pratique pour l'étude, ni l'étude pour la pratique », fut en somme un penseur assez médiocre. La recherche de l'utilité des parties des animaux constitue pour lui, comme il le proclame, le principe d'une « théologie parfaite » (XVII, 1). Confiné dans les vues étroites d'un utilitarisme qui rappelle celui de Socrate, la téléologie organique de Galien, presque toujours puérile, n'a que de très lointaines affinités avec celle d'Aristote. Cause-finalier et esprit religieux, exaltant à tout propos la sagesse et la prévoyance des dieux, et découvrant dans le monde le gouvernement d'une providence, Galien, alors même qu'il les invoque, et croit vivre de leur pensée, n'a rien de la froide et solide raison de Platon, d'Aristote ni de Théophraste. Ce médecin consommé, cet expérimentateur hors ligne, avec son goût intempérant de polémique, avec son intolérance doctrinale, ses déclamations de rhéteur agité et bruyant, avait bien plus l'étoffe d'un professeur que celle d'un savant et d'un philosophe. Philosophe, Galien ne l'est pas, car sur toutes choses il possède des lumières particulières; il est, comme un prêtre, dans le secret des dieux; il applique aux phénomènes de la nature entière une explication, toujours la même, de croyant enthousiaste. Savant, il le serait, s'il suffisait pour cela d'être un grand érudit, un esprit toujours en éveil, un travailleur infatigable. Mais le savant est moins celui qui sait que celui qui comprend. Le monde n'est pas pour lui un mystère, mais un problème éternel et infini. Pour Galien, le monde était un vaste théâtre dont un impresario divin se donnait le spectacle après en avoir tout réglé avec un art admirable; on l'eût dit constamment dans les coulisses de cet impresario.

Galien, qui « n'a jamais disséqué que des animaux » (Daremberg, *Expos. des conn. de Galien sur l'anat., la phys. et la pathol. du syst. nerv.*, Th. Paris, 1841), a peu fait pour l'avancement de la connaissance du cerveau de l'homme. Pierre Camper, après Raymond Vieussens, a démontré, contre Eustache, que Galien n'a jamais disséqué de cerveaux humains (P. Camper, *De l'Orang-Outang*, *Œuvres*, I, 22 sq., 43. R. Vieussens, *Nevrogr. univers.*, Lugd., 1684, 141; cf. Ch. Richet, *Phys. des muscles et des nerfs*, 503), mais des cervaux de singes, d'ours, de chiens, etc. Il n'avait même pas à Rome, comme il en aurait eu à Alexandrie, d'ossements humains, ainsi qu'il en témoigne en ses *Préparations anatomiques*. C'est donc presque uniquement sur ces mammifères, sur les singes en particulier, que Galien s'est exercé à l'anatomie. Il ne témoigne nulle part d'avoir disséqué un cadavre humain, mais il exhorte sans cesse ses auditeurs à faire sur les animaux, sur les singes, comme il l'a fait (εἶδον... ἔν τινος ἀνατομῇ πιθήκου, etc.), ces études pratiques de dissection qui peuvent seules permettre, au cas où ils trouveraient l'occasion d'autopsier un cadavre humain, de se reconnaître promptement sur ce cadavre. Faute de cette préparation, les médecins, en présence du corps d'un soldat ennemi, par exemple, tué sur le champ de bataille, ne savent rien voir ni reconnaître. Des observations fructueuses de ce genre ont souvent pu être faites, au témoignage exprès de Galien, sur « le corps de ceux qui étaient condamnés à mort ou exposés aux bêtes (τῶν τε γὰρ ἐπι θανάτῳ κατακριθέντων καὶ θηρίοις παραβληθέντων... ἐν τοῖς σώμασι) » et sur les brigands gisant sans sépulture. Ceux, ajoute Galien, qui dissèquent fréquemment des cadavres d'enfants exposés « savent combien la structure de l'homme et celle du singe se ressemblent ». Enfin, une autre source d'enseignement de ce genre, pour le médecin, ce sont les cas de grands traumatismes, de vastes destructions des téguments, etc., qu'on observe en clinique (*De anatom. administr.*, III, V, IX. Kühn, II, 384, 396). Ces indications assez brèves, mais topiques, n'affirment ni n'infirment la pratique des vivisections humaines qui semble bien avoir existé à Alexandrie, à l'époque d'Hérophile et d'Érasistrate. Dans la Grèce comme à Rome, la dissection des cadavres passait pour une chose « honteuse », du moins aux yeux des gens du monde. Mais Galien savait que ceux qui lui avaient révélé la structure et les fonctions de ce corps humain qu'il admirait si fort, Hérophile, Érasistrate, Eudème, avaient tiré toute leur science de l'étude directe de l'anatomie et de la physiologie de l'homme. Il professait donc, lui aussi, mais sans pouvoir mettre en pratique ses enseignements, qu'il est nécessaire de disséquer des cadavres humains. Peut-être pensait-il même que, pour parler avec Celse, « Hérophile et Érasistrate avaient fort bien fait de disséquer tout vivants (vivos inciderint) les criminels que les rois retiraient des prisons pour les leur livrer, examinant, tandis qu'ils respiraient encore, ce que la nature avait tenu caché. » (A. C. Celsus, *Artium liber sextus idem medic. primus. Prooemium.* Cf. Tertullien, *De anima*, x et xxv.)

La théorie des nerfs mous pour les sensations, des nerfs durs pour les mouvements, a eu la fortune que l'on sait. Galien attribue une origine différente à ces deux espèces de nerfs : les premiers dérivent du cerveau, les seconds du cervelet et de la moelle épinière. Tous les nerfs du corps, nerfs durs, qui déterminent les mouvements par traction, tension, flexion, et que Galien assimile à des cordes (il s'agit bien des nerfs, non des tendons et des ligaments), dérivent ou du cervelet ou de la moelle épinière, origine et principe de tous les nerfs durs, car le cerveau lui-même durcit à mesure qu'il se rapproche de la moelle, et la moelle à mesure qu'elle avance vers sa terminaison. « Les nerfs devant avoir une double nature, le cerveau lui-même a été fait double, plus mou à la partie antérieure, plus dur dans l'autre partie que les anatomistes appellent parencéphale (cervelet). » Le cervelet ne donne absolument naissance à aucun nerf mou. Or c'est du cervelet, beaucoup plus dur que le cerveau, que sort la moelle épinière (*De l'utilité des parties*, VIII, vi, x; IX, iv, xiv; *Du mouvement des muscles*, I, 1). Dans toutes les parties de l'animal inférieures au cou qui sont mues volontairement, les nerfs moteurs tirent leur origine de la moelle épinière (τὰ κινητικὰ νεῦρα... ἐκ τοῦ καλουμένου νωτιαίου). Quant aux nerfs craniens, aux nerfs des sens, certains d'entre eux se durcissent pendant leur trajet (*Ibid.*, IX, xiv) ou sortent des parties les plus postérieures du cerveau afin de servir aux mouvements des organes des sens situés dans la tête. « Ainsi dans les sens qui sont mus par la volonté, tels que les yeux et la langue, il existe des nerfs de deux espèces, et non pas seulement des nerfs mous (ou sensoriels), comme dans les oreilles et le nez » (VIII, v) : tandis que les nerfs mous s'épanouissent à la face externe de la langue ou sur l'organe essentiel de la vision, les nerfs durs s'insèrent aux muscles de la langue et des yeux. Il en résulte que si l'un des deux nerfs vient à être lésé, la lésion n'affecte que la fonction propre de ce nerf. Ainsi la langue peut être privée soit de la motilité, soit de la faculté d'apprécier les saveurs. Comme les parties postérieures du cerveau et le cervelet sont, par eux-mêmes, suffisamment durs, elles n'ont pas besoin que la pie-mère s'y enfonce pour les soutenir, car, ainsi que le répète Galien, « le cervelet tout entier dépasse de beaucoup en dureté le cerveau » (*Ibid.*, VIII, vi, xi). Et même, à ce propos, Galien, qui tient volontiers la plupart des anatomistes qui l'ont précédé comme « mal éveillés encore », s'écrie qu'il s'étonne, non seulement de l'absurdité des dogmes de Praxagoras et de Philotime, mais de leur ignorance des faits, démontrés par la dissection, parce qu'ils ont regardé l'encéphale comme une sorte d'excroissance ou de rejeton de la moelle épinière. Le cervelet et les parties situées à la base de l'encéphale à laquelle fait suite la moelle épinière, n'ont donc pas besoin que la pie-mère les tapisse et les consolide, comme c'est le cas pour les parties molles et diffluentes des parties antérieures du cerveau. Dans une de ses recherches de physiologie expérimentale, Galien, ayant mis à nu, sur toutes ses faces, le cerveau d'un animal mort, et en ayant enlevé la pie-mère, vit les parties dépouillées de leur membrane s'affaisser et s'écouler. Or, selon lui, et pour des raisons théoriques, nullement expérimentales, l'encéphale d'un animal vivant devrait être encore plus mou. Ce cerveau diffluent, il le considère comme dur au regard du cerveau vivant, alors que le pneuma psychique ne s'était pas échappé de l'organe et qu'il conservait toute sa chaleur naturelle. L'encéphale cadavérique serait ainsi, selon Galien, non pas ramolli, mais durci, parce que tout ce qu'il renfermait de sang, de phlegme ou d'autres humeurs, s'est coagulé par le froid (*Ibid.*, VIII, viii).

Le cervelet n'est point, comme le cerveau, formé de grandes circonvolutions (οὐ γὰρ ἐξ ἑλίκων μεγάλων) séparées par la pie-mère, mais « d'un grand nombre de corps très petits », autrement disposés que dans le cerveau. Des ventricules antérieurs du cerveau, le pneuma psychique arrive, élaboré, par un canal, dans le ventricule du cervelet, ou quatrième ventricule qui, dit Galien, devait être d'une grandeur considérable, tous les nerfs du corps dérivant soit du parencéphale, soit de la moelle épinière (*Util. des parties*, VIII, IX). « En effet, le ventricule paraît grand, et le canal qui, des ventricules antérieurs, vient y déboucher, est fort grand aussi. » Aussi bien, Galien écrit ici (*Ibid.*, VIII, XIII) que si, « comme il l'a démontré ailleurs, le pneuma psychique n'est pas seulement renfermé dans les ventricules, mais dans tout le corps de l'encéphale (δι' ὅλου τοῦ κατὰ τὸν ἐγκέφαλον σώματος), il faut croire que, dans le cervelet qui devait être le principe des nerfs du corps entier, ce pneuma se trouve en très grande abondance. » Quand à Érasistrate, qui avait enseigné que le cervelet (ἡ ἐπεγκρανίς) est d'une structure plus complexe que le cerveau, et soutenu que si le cervelet, et aussi le cerveau, est d'une structure plus complexe chez l'homme que chez les autres animaux, c'est que ceux-ci n'ont pas une intelligence semblable à celle de l'homme (ὅτι οὐ περίεστιν αὐτοῖς ὁμοίως ἀνθρώπῳ τὸ νοεῖν), Galien le blâme d'avoir mal raisonné, « puisque les ânes eux-mêmes ont un cerveau très circonvolutionné (πολύπλοκον τὸν ἐγκέφαλον) », alors que la faiblesse de leur entendement n'exigerait qu'un encéphale des plus simples. Mieux vaut donc croire, conclut Galien, que « l'intelligence (τὴν σύνεσιν) résulte du bon *tempérament* du corps pensant, quel qu'il soit (τῇ τῆς οὐσίας εὐκρασίᾳ τοῦ νοοῦντος σώματος, ὅ τι ποτ' ἂν ᾖ τοῦτο), et non de la complexité de sa composition » ou, comme nous dirions, de sa différenciation morphologique. Il lui semble enfin que c'est moins à la *quantité* qu'à la *qualité* du pneuma psychique qu'on doit rapporter la perfection de la pensée, τὴν ἀκρίβειαν τῆς νοήσεως.

La théorie du triple pneuma a déjà, chez Galien, toute la subtilité aiguë, toute la rigueur logique, purement spécieuse, qui caractérisent l'esprit et l'enseignement des maîtres et des écoles du moyen âge. Le *pneuma psychique* est localisé dans l'encéphale et dans les nerfs, le *pneuma vital* dans le cœur et les artères, le *pneuma physique* dans le foie et dans les veines. Les manifestations dynamiques de ces trois esprits, la *force psychique*, la *force sphygmique* et la *force physique*, correspondant aux esprits *animaux*, *vitaux* et *naturels*, dépendent de l'absorption du pneuma vital dans la respiration. Hérophile avait distingué les artères des veines par leur épaisseur, conjecturant que la tunique artérielle est six fois plus épaisse que la tunique veineuse. Galien se rendait compte de cette différence en raisonnant ainsi: le pneuma étant subtil et très vif en ses mouvements, devait trouver dans les artères une forte résistance, sans quoi il s'échapperait à travers leurs parois; le sang, au contraire, étant pesant, épais et lent dans ses mouvements, stationnerait dans des tuniques épaisses et ne pourrait servir à la nutrition des parties (*Utilité des parties*, VI, X. Cf. Daremberg, *Anat. et physiol. d'*Hérophile. *Rev. Scientif.*, 1881, I, 12). Galien témoigne avoir toujours trouvé chaud le cerveau des animaux, ce qu'il s'expliquait par la présence des nombreux vaisseaux sanguins qui rampent sur la pie-mère et dans la substance du cerveau. « La *force psychique* est la condition de la représentation intellectuelle, de la mémoire, de la pensée; elle communique aux nerfs le pouvoir de sentir, aux organes moteurs la faculté d'accomplir des mouvements. La *force sphygmique* est la condition du courage, de la colère, de la force du caractère, et, par les artères dont elle détermine la pulsation, de la chaleur propre de l'organisme. La *force physique* est la condition des désirs sensuels, et, par les veines, de la nutrition et de la formation du sang. Trois groupes de fonctions dérivent de la triple force vitale: 1° fonctions *animales*, qui se subdivisent en: *a*, fonctions principales: activités spirituelles; *b*, fonctions auxiliaires: activité des sens et mouvement volontaire; 2° fonctions *vitales* qui se subdivisent en: *a*, fonctions principales: activité du cœur (dans le cœur gauche sont créés les esprits vitaux et se forme la chaleur, ce qui, d'ailleurs, doit aussi avoir lieu dans le foie, lieu d'origine des veines); *b*, fonctions auxiliaires: respiration et pouls; 3° fonctions *naturelles*, qui se subdivisent en: *a*, fonctions principales: nutrition et croissance de l'individu et de l'espèce (fonctions de la génération ou fonctions sexuelles). » (Preyer, *Élém. de phys. génér.*, p. 43 et suiv. de notre trad.)

Parmi les recherches capitales de physiologie expérimentale de Galien, on signale la section totale, transversale et longitudinale de la moelle épinière, la section du nerf vague et des nerfs intercostaux. Les sections transversales de la moelle épinière privent de sensibilité et de mouvement toutes les parties du corps situées au-dessous, la moelle tirant de l'encéphale la faculté de la sensation et celle du mouvement volontaire (*Des lieux aff.*, III, XIV), les nerfs, jouant toujours le rôle de canaux ou conduits, apportant aux muscles les forces qu'ils tirent de l'encéphale comme d'une source. Tous les muscles, dit GALIEN, sont en rapport avec le cerveau et la moelle épinière par des nerfs dont la destruction enlève au muscle tout mouvement et tout sentiment (*Du mouv. des muscles*, I, I). A côté de la paralysie du mouvement, on parlait, au temps de GALIEN, d'une paralysie de la sensibilité. L'inflammation d'un nerf peut déterminer des convulsions et du délire; en ce cas, la section du nerf a souvent mis fin aux symptômes; mais le muscle auquel ce nerf se rendait reste paralysé. Outre les monoplégies des divers segments de membres, la face, ou les parties de la face, la langue, les mâchoires, les lèvres, l'œil, peuvent être isolément paralysées, *comme si ces parties n'avaient pas toutes un seul lieu pour principe* (ἕνα τόπον ἀρχὴν) et qu'elles tirassent leurs nerfs de différentes régions de l'encéphale (*Des lieux aff.*, III, XIV). Si l'on sectionne la moelle épinière à différentes hauteurs, toute la partie située au-dessus de l'incision, demeurée en rapport avec le cerveau, conserve ses fonctions, contrairement à ce qui arrive pour les parties inférieures à la lésion. Une section hémi-latérale de la moelle ne paralyse que le côté correspondant à la section.

Arrosé par le sang chaud et subtil de l'artère et par le sang plus froid et plus épais de la veine, le corps du muscle devient, pour ainsi dire, une plante; lorsqu'il reçoit les forces que le nerf lui apporte de l'encéphale, il acquiert le sentiment et le mouvement volontaire : il est devenu un organe psychique. Quoique tous les nerfs soient doués de deux facultés, la sensibilité et le mouvement, de toutes les parties auxquelles ils se distribuent, les muscles seuls se meuvent (*De l'util. des parties*, XVI, II); les autres ne font que sentir, telles la peau, les membranes, les tuniques, les artères, les veines, les intestins, la matrice, la vessie, l'estomac, etc. A plus forte raison en est-il ainsi des organes des sens (*Ibid.*, VIII, IX et X). Aux parties en rapport avec la sensibilité se rendent les nerfs mous, aux organes moteurs les nerfs durs, à ceux enfin qui possèdent l'une et l'autre fonction, les deux sortes de nerfs. Tous les organes sensoriels, tels que les yeux, les oreilles, la langue, dont la nature de la sensation est « supérieure » à celle de la sensation commune à toutes les parties, c'est-à-dire au tact, sont pourvus de la double espèce de nerfs, les nerfs mous se rendant à la partie qui est l'instrument propre de la sensation, les nerfs durs allant aux muscles. Chaque oreille, par exemple, reçoit un nerf mou, tandis que ses parties destinées à se mouvoir (le pavillon) reçoivent des nerfs durs. Le derme tout entier reçoit, non un nerf spécial et isolé, mais des fibrilles issues des fibres nerveuses sous-jacentes, lesquelles servent d'organes de sensation. Le muscle est proprement l'organe du mouvement volontaire : il meut les partie au moyen des tendons insérés sur les parties elles-mêmes. Mais, outre les muscles volontaires, il y en a d'involontaires. Quel critérium peut servir à les distinguer? La marche, par exemple, est un mouvement volontaire, car on peut marcher plus vite ou plus lentement, s'arrêter, etc. Au contraire, la volonté ne peut ni arrêter le mouvement de l'artère ou du cœur, ni l'exciter, ni le rendre plus fréquent ou plus rare. Aussi ne dit-on pas que de tels actes soient des actes de l'âme, mais de la nature. Les *mouvements naturels* ou *involontaires* sont encore, par exemple, les mouvements de l'estomac, des intestins, etc. (*Ibid.*, VII, VIII; X, IX). Enfin, des actes volontaires, les uns paraissent entièrement libres, les autres sont subordonnés aux affections du corps. Ainsi, des gens ont gardé le silence un an entier ou davantage par l'effet de leur volonté; personne ne peut retenir ses excréments ou son urine. De même il est impossible de retenir longtemps sa respiration (*Du mouv. des muscles*, II, VI). Le diaphragme et tous les muscles abdominaux sont des organes dont les mouvements dépendent de l'âme, c'est-à-dire de la volonté; ils agissent toujours par impulsion *volontaire*. Des nerfs durs sont affectés aux muscles de ces mouvements. Au contraire, les intestins et l'estomac sont des organes dont les mouvements, soustraits à la volonté, se contractant sans recevoir d'impulsion, sont appelés naturels ou involontaires (*Ibid.*, II, VIII); les viscères n'ont que peu de nerfs moteurs ou durs : le nerf du cœur et de l'estomac (le pneumo-gastrique) est un nerf mou sensitif.

Quant à sa substance, le cerveau ressemble beaucoup aux nerfs, dont il est le principe. S'il est plus mou que tous les nerfs, c'est qu'il reçoit toutes les sensations (πάσας μὲν εἰς αὐτὸν τὰς αἰσθήσεις), c'est qu'il se représente toutes les représentations (πάσας δὲ φαντασίας φαντασιουμένῳ), c'est qu'il pense toutes les pensées (καὶ πάσας νοήσεις νοήσοντι). Le cerveau est donc mou et de « température modérée » (*De l'util. des parties*, VIII, VI; IX, IV). Peut-on essayer de localiser plus exactement encore, dans le corps du cerveau, le siège de ces fonctions? GALIEN a-t-il distingué la substance grise de la substance blanche? Je ne le crois pas. Voici le passage où l'on a cru apercevoir quelque vague indication à ce sujet : « Dans le cerveau antérieur, les parties voisines de l'enveloppe appelée dure et épaisse méninge sont, et avec raison, plus dures, la partie moyenne, enveloppée par les parties supérieures, plus molle. » Celle-ci est un lieu d'origine pour les nerfs mous, comme l'est la partie externe pour les nerfs durs (*Ibid.*). Le cerveau est encore la condition et le principe de toute sensation. C'est en vain que les organes spécifiques des sens, les yeux, les oreilles, le nez, la langue, et aussi le tact, ont été modifiés par leur stimulus adéquat, la lumière, les sons, les odeurs, les saveurs (le semblable devant, selon GALIEN, être reconnu par le semblable), car tout sens n'est pas modifié par tout objet sensible, et, par exemple, « aucun des sensoriums ne sera modifié par les couleurs si ce n'est celui de la vue » : cette modification des organes des sens, condition première de la sensation, demeurerait sans effet si elle n'était « connue » de l'âme raisonnable (τὸ ἡγεμονικόν), c'est-à-dire du complexus de fonctions localisées dans « le corps du cerveau » que GALIEN appelle ici la *représentation*, la *mémoire*, la *raison* (τὸ φανταστιούμενον καὶ μεμνήμενον καὶ λογιζόμενον). Pour « connaître » les impressions reçues par les appareils périphériques des sens, le cerveau envoie jusqu'à eux « une partie de lui-même ». Tels sont les processus mamillaires qui, des ventricules antérieurs, aboutissent aux narines, véritable apophyse cérébrale, le nerf optique, « qui n'est pas tout à fait un nerf » et par lequel le cerveau se prolonge jusqu'à « l'humeur cristalline ». Dans les yeux, environnés de membranes de tous côtés, GALIEN montre l'impression produite par les couleurs, par exemple, « parvenant rapidement à la *portion de cerveau* qu'ils renferment », τὴν ἐγκεφάλου μοῖραν. De même pour les nerfs plus ou moins mous de la langue et des oreilles. Quant au nerf de la cinquième paire, fort et dur, il est propre au mouvement et au tact, dit GALIEN, c'est-à-dire au plus grossier des sens (καὶ τῶν αἰσθήσεων τὴν παχυμερεστέραν ἁφήν) (*Ibid.*).

Ainsi le cerveau est à la fois le point de départ et d'arrivée de la modification survenue dans chaque sens en activité; c'est par le cerveau que la sensation existe. En dépit de la parfaite intégrité de ses sens, un animal sans cerveau ne saurait éprouver de sensations. Et, avec l'abolition des sensations, c'est aussi la mémoire des images ou représentations, conditions du jugement, qui disparaît, car GALIEN a écrit : « Voyez les gens frappés d'apoplexie, bien que tous leurs organes des sens soient intacts, ces organes ne leur sont plus d'aucun usage pour l'appréciation des choses sensibles, οὐδὲν δ' εἰς τὴν τῶν αἰσθητῶν διάγνωσιν. » (*Ibid.*)

Il nous faut insister, avec GALIEN, sur la forme et les fonctions des ventricules du cerveau, qu'ARISTOTE n'avait décrits que d'une façon bien sommaire : « Dans presque tous les animaux, le cerveau a une petite cavité dans son centre, ἔχει ἐν τῷ μέσῳ ὁ τῶν πλειστῶν πᾶς κοῖλόν τι μικρόν. » (*De animal. hist.*, I, XIII.) Selon GALIEN, les deux ventricules antérieurs ou ventricules latéraux opèrent l'inspiration, l'expiration, l'exsufflation de l'encéphale : c'est par les trous nombreux des os ethmoïdes que l'air, pénétrant dans ces ventricules, arrive à l'encéphale, ces ventricules communiquant avec les narines par leurs parties antérieures; ils préparent et élaborent pour le cerveau le pneuma psychique. A l'entrée du canal qui, du ventricule moyen (3e ventricule), apporte le pneuma dans le ventricule du cervelet (4e ventricule), quelques auteurs font du conarium, ou glande pinéale, un « surveillant et comme un économe décidant de la quantité de pneuma qui doit être transmise ». GALIEN, cherchant l' « utilité » de cette glande conoïde, qui ressemble à une pomme de pin, écarte non seulement tout rapprochement avec le pylore, dont la fonction, selon quelques-uns, est d'empêcher l'aliment de passer de l'estomac dans l'intestin grêle avant d'être élaboré : il estime que, comme toutes les glandes analogues, elle sert de soutien aux ramifications des vaisseaux et n'est point le portier du pneuma psychique. Cette dernière fonction est dévolue aux éminences quadrigéminées et au vermis inférieur du cervelet. En outre, et ce point d'histoire est important pour bien entendre la doctrine de DESCARTES sur le siège de l'âme dans la glande pinéale, le conarium ne fait en aucune façon, pour Galien, partie de l'encéphale; elle n'est pas, dit-il, rattachée à l'intérieur du ventricule, mais seulement à l'extérieur, et ne se meut pas par elle-même : c'est une simple glande. Elle ne peut donc, en dépit de sa position favorable, ouvrir ou fermer tour à tour le canal. Ce sont là des suppositions d'un esprit ignorant, s'écrie Galien, qui nie l'art de la nature, laquelle ne fait rien sans but, et qui refuse de s'instruire (*De l'util. des parties*, VIII, XIV).

L'air, venu des narines par les processus mamillaires (nerfs olfactifs) et par les trous de l'ethmoïde, se mêle dans les ventricules latéraux aux esprits vitaux remontant du cœur à ces ventricules par les artères. Là, dans ces ventricules supérieurs ou antérieurs, s'élaborent pour le cerveau les esprits animaux, et le pneuma psychique trouve son origine dans le pneuma vital venu du cœur par les artères (*Ibid.*, IX, IV). Les artères de l'encéphale, dont la direction est ascendante, laissent échapper le pneuma parfaitement élaboré dans ce que Galien appelle le plexus réticulé, le « rets admirable, » lequel n'existe d'ailleurs pas chez l'homme. Le cerveau est animé d'un double mouvement, diastolique et systolique : le premier favorise l'arrivée de l'air et des esprits vitaux dans les ventricules; par l'effet du second les esprits animaux sont distribués aux nerfs.

On a vu que le pneuma psychique est répandu dans tout l'encéphale et dans les nerfs qui en tirent leur principe (*Util. des parties*, VIII, XIII), et non pas seulement dans les ventricules. Galien aurait-il varié relativement au siège de la fabrique des esprits animaux et, des ventricules, le domicile de ces esprits aurait-il été transféré par le médecin de Pergame dans ce que nous appellerions parenchyme du cerveau et du cervelet? Cela ne me paraît point exact. Aussi bien voici le texte du passage invoqué : « Il vaut mieux penser que l'âme habite dans le corps même du cerveau (ἐν αὐτῷ μὲν τῷ σώματι τοῦ ἐγκεφάλου τὴν ψυχὴν οἰκεῖν),... mais que son *premier organe*, et pour toutes les sensations et pour tous les moments volontaires, est le *pneuma*. » Or ce pneuma est toujours engendré dans les ventricules du cerveau, et c'est même pourquoi une grande quantité d'artères et de veines s'y terminent, origine des plexus choroïdes. « Le pneuma des artères est appelé vital, celui du cerveau *psychique, non parce qu'il serait la substance de l'âme*, mais parce qu'il est le πρῶτον ὄργανον de l'âme qui habite dans le cerveau, *quelle que soit d'ailleurs la substance de celle-ci.* » Selon la doctrine authentique de Galien, le pneuma psychique est donc toujours engendré dans les ventricules du cerveau (*De Hippocr. et Plat. plac.*, VII, III). « J'appelle *pneuma psychique*, dit expressément Galien, le pneuma des ventricules du cerveau, qui est le *premier organe* servant à l'âme pour envoyer, dans toutes les parties du corps, la sensibilité et le mouvement. » (*Des lieux aff.*, IV, III.) Des ventricules antérieurs, le pneuma psychique arrive, élaboré, par un canal, dans le ventricule du cervelet (4e ventricule), ventricule qui devait être, estimait Galien, nous le répétons, d'une grandeur considérable, et qui l'a trouvé tel en effet (*Util. des parties*, VIII, XI. Cf. *de Hipp. et Plat. pl.*, VIII, III), car tous les nerfs du corps dérivent ou du *parencéphale* (cervelet) ou de la *moelle épinière*. Hérophile avait, pour cette raison, considéré ce ventricule comme le plus important (κυριωτέραν κοιλίαν); après Aristote, il nommait le cervelet *parencéphale;* Érasistrate l'appelait *encranc* (ἐγκρανίς). Le ventricule du cervelet est pourtant moins grand que les ventricules antérieurs (*Util. des parties*, VIII, XII).

Quant à l'âme raisonnable, la troisième âme, ἡ λογιστικὴ ψυχή, qui préside aux sensations et aux actions volontaires, elle a toujours, chez Galien, habité le cerveau. A cette époque déjà, le siège de la partie directrice de l'âme (τὸ τῆς ψυχῆς ἡγεμονοῦν) avait beaucoup varié dans les écrits des philosophes, des anatomistes, des physiologistes et des médecins. C'était surtout entre la tête et le cœur que les systèmes oscillaient. Alcméon, Pythagore, Démocrite, Platon, Straton, Hérophile, Érasistrate avaient localisé ce principe soit dans la tête ou dans le cerveau, soit dans les méninges, soit dans les ventricules. Mais Hippocrate et les Hippocratistes, Empédocle, Parménide, Diogène, Aristote, Chrysippe, les Stoïciens, Épicure, étaient restés attachés à l'antique tradition du genre humain, qui situe dans le cœur et dans le sang, bref dans les organes thoraciques, depuis la tête jusqu'au diaphragme, le siège et le domicile de l'âme (Galien, *Util. des parties*, I, IX; *De hist. phil.*, Kühn, XIX, 315). Galien ne pouvait hésiter, non plus, à l'entendre, qu'aucun médecin instruit de son temps. Un point sur lequel physiologistes et philosophes devaient tomber d'accord, c'est que là où est l'origine des nerfs, là est le siège du pouvoir central de l'âme, ὅπου τῶν νεύρων ἡ ἀρχή, ἐνταῦθα καὶ τὸ τῆς ψυχῆς ἡγεμονικόν (*De Hippocr, et Plat.*, *plac.*, VIII, I). Or l'origine des nerfs est dans le cerveau, ἐν τῷ ἐγκεφάλῳ, et non ailleurs, du moins le principe *premier*, puisqu'un grand nombre de nerfs sortent soit du parencéphale (cervelet), soit de la moelle épinière, tout en recevant, il est vrai, du cerveau, leur efficace (*Des lieux aff.*, III, IX; *Util. des parties*, VIII, XI). En tout cas, l'origine des nerfs n'est point dans le cœur. CHRYSIPPE soutenait encore, en effet, que là où sont les affections de l'âme, là est son siège, et que, les passions étant dans le cœur, le cœur était le domicile de l'âme. A quoi GALIEN répondait, avec cette calme et superbe assurance que seule la science peut donner : Des gens étrangers à l'anatomie peuvent écrire et répéter que le cœur est le principe des nerfs ; ils ne sauraient le démontrer. Le médecin ne sait-il pas que le siège de toutes les affections des fonctions de l'intelligence et des passions, de la sensibilité et du mouvement volontaire, doit sûrement se trouver dans le cerveau? Τὸ μὲν οὖν ἐγκεφάλῳ πάντα γίνεσθαι τὰ τῶν ἡγεμονικῶν ἐνεργειῶν πάθη (*Des lieux aff.*, III, VII, IX).

Pour les maladies de l'encéphale, GALIEN professait qu'il suffit de savoir que le lieu affecté est le cerveau, et qu'une humeur visqueuse, épaisse, accumulée dans ses ventricules, doit obstruer les canaux du pneuma psychique : « Je ne sais pas pourquoi nous sommes pris de délire pour un excès de bile jaune dans le cerveau ou de mélancolie pour un excès de bile noire, de léthargie pour un excès de phlegme ou de tout autre matière refroidissante (*Que les mœurs de l'âme*, etc., c. III). C'est surtout l'obstruction des canaux de sortie du pneuma psychique, par conséquent des ventricules moyen et postérieur, par l'effet de la stagnation de l'humeur épaisse du phlegme ou de l'atrabile, qui causait ces troubles graves de la sensibilité, du mouvement, de la mémoire et de l'intelligence. L'atrabile peut encore engendrer la mélancolie quand elle est en excès « dans le corps même du cerveau », siège de l'âme raisonnable (*Des lieux affectés*, III, IX). Dans l'épilepsie, dont les convulsions diffèrent de celles des autres névroses « par la lésion de l'intelligence et des sens », le malade ne pouvant ni voir, ni entendre, etc., et la mémoire ayant disparu avec l'intelligence, ce sont également les conduits du « pneuma psychique des ventricules » qui sont obstrués. Ce pneuma, élaboré dans les ventricules antérieurs, doit traverser, en effet, le ventricule moyen pour passer dans le quatrième, et de là se répandre dans toutes les parties du corps, afin d'y apporter la sensibilité et le mouvement. Tout obstacle à cette progression, tout arrêt, se traduira par des symptômes d'anesthésie et de paralysie, accompagnés de troubles des fonctions intellectuelles.

Ici nous pouvons hardiment prononcer le mot de localisations cérébrales des fonctions de la sensibilité, du mouvement et de l'intelligence dans des provinces distinctes du cerveau. « Si la partie antérieure tout entière du cerveau est affectée, dit GALIEN, nécessairement son ventricule supérieur (antérieur) l'est également, par sympathie, et ses fonctions intellectuelles sont lésées (βλάπτεσθαι δὲ καὶ τὰς διανοητικὰς αὐτῶν ἐνεργείας). L'individu ainsi affecté est privé de sensibilité et de mouvement. » (*Des lieux affectés*, IV, III.) Cette affection, GALIEN l'appelle κάρος; il note que, au contraire de ce qui a lieu dans l'apoplexie, la respiration n'est point altérée. « Entre le carus et l'apoplexie se place l'épilepsie (ἡ ἐπιληψία), qui détermine des convulsions du corps tout entier, mais sans aboutir, comme l'apoplexie, à des troubles de paralysie motrice (paraplégie). » C'est toujours une humeur, froide, épaisse et visqueuse, accumulée dans les ventricules ou dans le corps de l'encéphale, qui cause ces maladies. Dans les carus et les épilepsies, les ventricules (αἱ κοιλίαι) sont plus affectés que le corps du cerveau (τὸ σῶμα τοῦ ἐγκεφάλου), tandis que dans les apoplexies c'est celui-ci qui l'est davantage. Dans les carus, les parties antérieures (τὰ πρόσω) sont plus affectées, dans les apoplexies et les épilepsies, les antérieures et les postérieures (ἀμφότερα) le sont également. Dans les catalepsies et les affections dites *catochés* (κατοχάς) les parties postérieures (τὰ ὀπίσω) souffrent le plus. Le carus peut résulter de la compression des ventricules du cerveau, et surtout du ventricule moyen (ἡ μέση κοιλία), dans l'opération du trépan, ou par l'effet de la pression exercée par un os brisé; il n'y a ni convulsions ni dyspnée comme dans l'épilepsie et l'apoplexie.

On doit reconnaître que GALIEN a rendu le plus signalé service à l'esprit humain en mettant fin à cette période d'égarement où, à la suite d'HIPPOCRATE et d'ARISTOTE, philosophes et médecins avaient si longtemps erré, en établissant pour toujours dans le cerveau le siège des fonctions des sensations, du mouvement volontaire et de l'intelligence.

« J'ai montré dans mes livres, répète GALIEN, que l'âme raisonnable habite dans le cerveau » (*De l'Util. des part.* IX, IV); que « le cerveau est la cause et le principe des sensations et des mouvements volontaires, » et que « par les canaux ou conduites qui en dérivent et vont se distribuer à toutes les parties de l'organisme vivant, celles-ci sont susceptibles de sentiment et de mouvement » (GALIEN, *Meth. medendi*, IX, c. X, KÜHN, X, 636; *Hippocrat. Epid.* VI *et Gal. in eum Comment.* V, sect. V. KÜHN, XVII B, 248; *Galeni in Hippocr. libr. de Alimento Comment.* III, KÜHN. XV, 293; *Hippocr. de Humoribus liber et Gal. in eum Comment.*, I, IX, KÜHN, XVI, 93). Ces canaux ou conduits (πόροι, ὀχετοί) sont bien les « voies » que suit le pneuma psychique de l'encéphale aux organes des sens et des mouvements volontaires et involontaires (αἱ τοῦ πνεύματος ὁδοί) (*Util. des Parties*, X, XII). Cela paraissait surtout manifeste des nerfs optiques, descendant de l'encéphale aux yeux, et qu'HÉROPHILE avait nommés πόροι, « parce qu'eux seuls présentent des canaux visibles destinés au parcours du pneuma ». Et, à ce sujet, en parlant de l'union de ces nerfs dans ce que nous appelons le chiasma, GALIEN nie qu'ils soient transposés ou croisés et qu'ils aillent, celui du côté gauche à l'œil droit, celui du côté droit à l'œil gauche. Là où ces nerfs se rencontrent avant de se séparer de nouveau pour se rendre aux yeux, ils unissent, dit-il, purement et simplement leurs canaux (τοὺς πόρους ἑνώσαντα, συνάψαι τοὺς πόρους), ce qui expliquait que les deux images de la vision binoculaire pouvaient, avant de parvenir à l'âme, « s'assembler en une », ainsi que parlera DESCARTES.

Mais quel rapport existe exactement entre le pneuma engendré dans les ventricules antérieurs et l'âme raisonnable, dont le domicile est également dans le cerveau, et qui semble comme la source élevée d'où partent les innombrables courants de la vie psychique, répandue par les nerfs dans le corps entier au moyen de leurs canaux ? En s'en tenant à la lettre des textes que nous citons, il paraît bien que le pneuma psychique des ventricules ne soit que l'instrument principal, le « premier organe » dont l'âme se sert. « Pour nous, dit GALIEN, faisant un retour sur ce qu'il avait dit dans son grand ouvrage sur les *Dogmes d'Hippocrate et de Platon*, il paraissait naturel, en raisonnant d'après les faits évidents qui ressortent de la dissection (τοῖς γὰρ ἐκ τῆς ἀνατομῆς φαινομένοις), que l'âme résidât dans le corps du cerveau (ἐν τῷ σώματι τοῦ ἐγκεφάλου) par qui se produit le *raisonnement* et se conserve le souvenir des *images* sensibles (ἡ τῶν αἰσθητικῶν φαντασιῶν... μνήμη). Le premier organe de l'âme pour toutes les fonctions *sensitives* et *volontaires* était le pneuma des ventricules du cerveau, et surtout du ventricule postérieur (καὶ μᾶλλον γε κατὰ τὴν [κοιλίαν] ὄπισθεν), qui reçoit le pneuma psychique élaboré dans les ventricules antérieurs » (*Des lieux aff.*, III, IX). Non pas, d'ailleurs, que le ventricule moyen, que GALIEN appelait cavité du corps voûté cintré ou de la voûte à trois piliers n'eût point d'importance, au contraire, surtout au regard des deux ventricules antérieurs. Quant au pneuma psychique, de deux choses l'une, disait GALIEN, ou il est l'essence de l'âme, ou il n'est que son premier organe (*De usu respir. liber*, c. V. KÜHN, IV, 509). S'il était la substance de l'âme, lorsque le pneuma psychique s'échappe des ventricules, du fait, par exemple, d'un traumatisme cranien, l'animal périrait aussitôt. Mais le pneuma peut s'échapper des ventricules, l'animal ne meurt pas; il est seulement privé de sensibilité et de mouvement jusqu'à ce que le pneuma se reforme (*De Hipp. et Plat. plac.*, VII, III. KÜHN, V, 606).

Pourtant, avoue GALIEN, il avait plus d'une fois été tenté d'appeler ce pneuma le pneuma psychique, la substance de l'âme (ψυχῆς οὐσίαν), ou l'âme même, et peut-être était-ce là en effet sa pensée, car s'il pouvait se représenter le siège du pneuma psychique et imaginer le mode de sa production, voire sa nature, il lui était naturellement impossible de rien apercevoir de semblable pour cette âme, et, quoiqu'il fût grand dialecticien, GALIEN était surtout physicien, j'entends anatomiste et physiologiste, il aimait les faits et les expériences. Mais GALIEN manquait, je l'ai dit, d'esprit philosophique, esprit peu commun, après tout, chez les plus grands médecins, lequel brise résolument avec les traditions religieuses et métaphysiques de l'époque et du milieu social, et considère, du point de vue purement historique, les croyances dogmatiques des contemporains. Aussi GALIEN ne sait-il que croire touchant la nature de cette « substance de l'âme raisonnable », hôtesse du cerveau.

Avec PLATON, GALIEN avait localisé dans le foie, le cœur et l'encéphale les trois espèces ou les trois parties de l'âme traditionnelle. Mais il s'en faut de beaucoup qu'il considérât l'une d'elles, l'âme raisonnable, comme immortelle. « Quant à moi, déclare GALIEN à ce sujet, je n'ai pas d'argument péremptoire pour discuter avec Platon si cette opinion est vraie ou fausse » (*Que les mœurs de l'âme sont les conséquences du tempérament du corps*, c. III). Plus loin, dans ce même traité, il professe sans détour que l'âme est matérielle. Dans son livre *sur la formation du fœtus* (Kühn, IV, 699-700), Galien « avoue » encore que, « ne trouvant aucune opinion scientifiquement démontrée, il a des doutes sur la substance de l'âme et ne peut rien avancer de probable » (οὐδεμίαν εὑρίσκων δόξαν ἀποδεδειγμένην ἐπιστημονικῶς). Il a bien raison d'admirer l'assurance des gens qui affirmeraient quelque chose en pareille matière (*Hippocr. Epidem.*, VI et *Galeni in illum Comment.*, V, sect. V, Kühn, 17 B, 248). Aussi ne s'agit-il point d'affirmer ou de nier, mais de passer outre, et de poser en termes nouveaux les vieux problèmes, ce qui est le seul moyen de les résoudre. Galien conclut donc qu'aussi bien le médecin n'a que faire de connaître la substance de l'âme. Il demeure sceptique et ennuyé; car tout ce doute est contraire à ses habitudes d'affirmation tranchante, intolérante et agresssive; il incline visiblement vers l'idée d'un pneuma psychique, qui serait la substance de l'âme, ou l'âme même, mais la médiocrité et la faiblesse de son jugement, dès qu'il ne voit plus et ne touche plus, l'empêchent de suivre jusqu'au bout le chemin abrupt et désert où il allait s'engager.

Et pourtant, en dépit du vague et de l'indécision de sa pensée à ce sujet, Galien distingue expressément, au point de vue du siège des fonctions psychiques, les *ventricules* du *corps du cerveau* : s'il suffit, pour abolir chez l'animal vivant, au cours d'une vivisection, le sentiment et le mouvement, de pousser la section de l'encéphale jusqu'à l'un des ventricules, la réunion des surfaces de section nous fait bientôt assister au retour des fonctions évanouies; l'animal recommence à sentir et à se mouvoir. Si, dit Galien, après avoir excisé l'os de la tête et mis à nu la dure-mère, on sectionne cette membrane, si l'on coupe le cerveau lui-même, en quelque point que ce soit, τὸν ἐγκέφαλον αὐτὸν ὁπωσοῦν, l'animal ne perd ni le sentiment ni le mouvement. Pour cela, la section doit pénétrer jusqu'à l'un des ventricules du cerveau. La lésion du quatrième ventricule affecte le plus gravement l'animal, celle du ventricule moyen moins gravement; le dommage survenant après une lésion de chacun des ventricules antérieurs est moins grand encore, surtout si l'animal est jeune. Les *compressions* (θλίψεις) expérimentales des ventricules chez les animaux, ou produites accidentellement chez des sujets que l'on trépane, provoquent les mêmes phénomènes que les sections du cerveau pratiquées jusqu'aux ventricules (*De Hippocr. et Plat. plac.*, VI, III; VII, III). Que les parois des ventricules sectionnées se cicatrisent et, grâce à la formation nouvelle du pneuma, le mouvement et la sensibilité reparaîtront (*Des lieux aff.*, III, XIV).

Non seulement l'évaporation du pneuma psychique par l'ouverture pratiquée n'a point privé de vie l'animal : dès que le pneuma s'est de nouveau rassemblé dans les ventricules, les fonctions qui servent à définir l'âme, la mémoire, la représentation et le jugement reparaissent; elles ne résidaient pas dans le pneuma psychique, dont la production et la consommation incessantes rappellent tout à fait ce qu'on nomme quelquefois la force nerveuse. Le pneuma psychique de Galien n'est donc pas l'âme : c'est « le premier organe » de l'âme, qui, elle, « quelle que soit d'ailleurs sa nature », comme Galien l'a dit du « corps du cerveau » où elle habite, siège dans le cerveau même (*De Hippocr. et Plat. plac.*, VII, III). Le pneuma, comme l'influx nerveux des modernes, sert ainsi surtout à la transmission des sensations et des mouvements volontaires; les mélanges du pneuma psychique avec d'autres substances peuvent le rendre fumeux, fuligineux, impropre à l'exécution des fonctions de la vie de relation. Mais la raison et la mémoire des représentations ou images sensibles (*Des lieux aff.*, III, IX), éclipsées en quelque sorte durant les paroxysmes épileptiques et les différents délires, reparaissent après les accès. Ce qui a fait dire à Galien que l'épilepsie est une affection dont le siège réside dans une région supérieure, dans le cerveau lui-même, ce n'est pas seulement parce que l'activité des sens est abolie pendant l'attaque : c'est surtout parce que la « raison » et la « mémoire » du malade sont aussi profondément altérées. « Les affections des fonctions dirigeantes (ou de l'âme raisonnable) naissent toutes, dit-il, dans le cerveau » (*Ibid.*, III, VII; IV, III). Le peuma psychique des ventricules a pour unique mission de porter dans toutes les parties la sensibilité et le mouvement; ce « premier organe » de l'âme en est en quelque sorte le premier courrier.

Galien a fait plus qu'entrevoir la possibilité d'une science des localisations fonctionnelles du cerveau, considéré décidément comme organe de la sensibilité, du mouvement volontaire et de l'intelligence. Telle est bien, en effet, la division qu'il adopte pour l'étude des fonctions psychiques (τὰς ψυχικὰς ἐνεργείας), lorsqu'il les distingue en *sensitives*, *motrices* et *intellectuelles*, τὰς αἰσθητικὰς καὶ τὰς κινητικὰς καὶ τρίτας τὰς ἡγεμονικάς (*De symptomatum differentiis*, III, Kühn, VII, 55 et suiv.). La faculté *sensitive* de l'âme (ἡ αἰσθητικὴ τῆς ψυχῆς ἐνέργεια) comprend en tout cinq fonctions différentes : la vue, l'odorat, le goût, l'audition, le tact, avec son symptôme particulier, la douleur. La fonction *motrice* de l'âme (ἡ κινητική) n'a qu'un seul mode, la motilité. La dernière, celle de l'âme *raisonnable* (ἡ κατ' αὐτὸ τὸ ἡγεμονικόν), se divise en *représentation*, *entendement* ou *pensée* et *mémoire* (διαιρεῖται εἴς τε τὸ φανταστικόν, καὶ διανοητικὸν καὶ μνημονευτικόν).

Ce schéma de Galien diffère surtout de celui d'Aristote et des Péripatéticiens par l'absence d'un *sensorium commune* unique vers lequel concourent tous les autres sensoriums ou organes des sens et qui soit le sens commun de tous et de chacun des sens. Outre les sens spéciaux, en effet, Aristote avait admis l'existence d'un sens commun où convergent nécessairement toutes les sensations en acte, ἐπεὶ οὖν τῶν ἰδίων αἰσθητηρίων ἕν τι κοινόν ἐστιν αἰσθητήριον (*De Juvent. et Senect.*, I). Ce sens commun, Aristote l'avait naturellement localisé dans le cœur, principe de toutes les sensations et siège de l'organe commun de tous les autres organes des sens (III). On connaît la fortune prodigieuse de cette théorie d'Aristote qui, encore au XVIIIe siècle, a trouvé un apologiste chez le grand anatomiste Sömmerring. Du cœur, le *sensorium commune* émigra, au cours des âges, dans bien des provinces de l'encéphale; c'est dans le liquide des ventricules du cerveau que cette idée antique devait s'éteindre, au moins en apparence, car elle se survit dans le langage et s'impose quelquefois encore, sous forme de postulat, à l'esprit des physiologistes qui traitent des fonctions du cerveau. En tout cas, et cette remarque importe pour l'histoire des doctrines psychologiques du moyen âge et des temps modernes, Galien n'invoque jamais de *sensorium commune*. Le passage des *Definitiones medicæ* (CXIII, Kühn, XIX, 378) où la faculté directrice de l'âme, considérée comme exerçant une sorte d'empire sur les « parties de l'âme », est localisée à la base de l'encéphale (ἐν τῇ βάσει τοῦ ἐγκεφάλου), au lieu de l'être dans « le corps du cerveau », comme dans l'œuvre entière de Galien, n'est certainement pas authentique. Aucun des caractères du *sensorium commune* n'est d'ailleurs attribué ici à cette partie souveraine de l'âme.

Un des plus grands mérites de Galien, à notre sens, et qui le place si haut dans les sciences biologiques qu'il domine encore, à bien des égards, les plus grands médecins des temps modernes, c'est d'avoir eu très nettement conscience que l'étude des phénomènes de la vie doit reposer sur le solide fondement de l'anatomie, de la physiologie expérimentale et de l'observation clinique. Les recherches cliniques doivent constamment s'éclairer à la lumière des vérités établies par les études d'anatomie et de physiologie : voilà ce que Galien a compris, pratiqué et professé, plus de mille ans avant que des savants illustres de notre siècle se soient avisés de revendiquer pour les recherches cliniques une sorte d'autonomie! Nous avons assez insisté sur la médiocrité d'esprit philosophique de Galien pour ne pas méconnaître en ce grand médecin un précurseur des méthodes cliniques fondées sur l'anatomie et la physiologie. Nous ne citerons de Galien qu'une seule observation clinique, un seul essai de diagnostic topographique des lieux affectés. Galien ne s'y montre neurologiste aussi pénétrant que parce qu'il était anatomiste et physiologiste. Le sujet bien connu de cette observation est le sophiste Pausanias, originaire de Syrie, venu à Rome. Depuis trente jours, la sensibilité des deux petits doigts et de la moitié du médius de la main gauche avait disparu, le mouvement étant demeuré intact. Galien interrogea ce malade; il apprit qu'il était tombé d'un char peu de temps avant cette affection. « Je conjecturai, dit-il, qu'à l'endroit où le nerf sort, après la septième vertèbre cervicale, quelque partie enflammée, par suite du coup, avait contracté une diathèse squirrheuse. Telle fut ma réflexion, car je savais de science certaine, par l'anatomie, que les cordons nerveux paraissent avoir, quand ils s'échappent du cerveau [ou de la moelle], une circonscription propre. La portion inférieure du dernier des nerfs sortis du cou va aux petits doigts (nerf cubital) en se distribuant au derme qui les entoure, et, de plus, à la moitié du doigt médius. Ce qui semblait le plus étonnant aux médecins, c'est que la moitié du médius paraissait affectée. Ce fait même me confirma dans l'idée que cette partie-là seule du nerf avait souffert, qui, se détachant du tronc à l'avant-bras, aboutit aux doigts indiqués. Faisant donc enlever le médicament appliqué sur ses doigts, je le déposai précisément à cette partie de l'épine où se trouvait l'origine des nerfs affectés. Et ainsi il arriva, chose qui sembla étonnante et extraordinaire à ceux qui le virent, que les doigts de la main furent guéris par les médicaments appliqués sur le rachis. » (*Des lieux aff.*, I, VI; III, XIV.) Comment le mouvement des membres peut-il être conservé, alors que la sensibilité en est perdue, demandaient les médecins? « Eh! quoi, leur répond GALIEN, n'avez-vous pas parfois vu le contraire, la sensibilité conservée et le mouvement aboli? » Voici l'explication qu'il donnait de ces deux phénomènes. Tout mouvement volontaire est exécuté par des muscles; si les nerfs des muscles sont affectés, les doigts perdent le mouvement; mais, si les nerfs affectés sont ceux qui se rendent au derme, c'est le sens du toucher qui est altéré. Dans l'observation actuelle, la « faculté sensitive ne découlait plus dans les doigts, l'origine du nerf étant lésée à sa sortie de la moelle ». D'autre part, dans les paralysies des membres entiers, *mouvement et sentiment sont également abolis*. Bref, celui-là seul qui connaît l'anatomie des nerfs peut exactement juger, comme dans le cas du sophiste Pausanias, à quelle vertèbre la moelle est affectée, si elle l'est tout entière ou dans un de ses côtés. « Si l'affection intéresse la moitié gauche de la moelle, toutes les parties du côté gauche du corps sont paralysées, celles du côté droit demeurent exemptes de paralysie. Quand l'affection occupe, non pas la moelle elle-même, mais une seule racine d'un nerf, les parties où le nerf se distribue sont paralysées. Il est très rare qu'un seul muscle soit affecté par les coups reçus sur le rachis, *les nerfs issus de la moelle se distribuant dans plusieurs muscles.* »

VI. Moyen âge. — La physiologie aristotélique et galénique du système nerveux central traversa, sans modification essentielle, ce qu'on nomme assez improprement la physiologie des Arabes et celle des Scholastiques, ainsi que celle des nombreuses écoles médicales du XVe siècle : aucune découverte importante ne fut ajoutée à la physiologie traditionnelle des Grecs. De l'an 200 à l'an 1500, il n'a point paru un physiologiste de quelque originalité, quoiqu'on rencontre un certain nombre de recherches spéciales intéressantes. La doctrine de GALIEN, mieux comprise en général que celle d'ARISTOTE, règne et gouverne.

En somme, les trois principales fonctions psychiques supérieures, assez vaguement indiquées par GALIEN, après celles de la sensibilité générale et spéciale et de la motilité, donc en troisième lieu, et sans localisation précise dans le corps du cerveau, mais dans le cerveau, non dans les ventricules : les représentations, l'entendement ou la pensée et la mémoire, sont devenues les cinq ou six fonctions de la sensibilité et de l'intelligence, à sièges ventriculaires nettement distincts, d'AVICENNE et des médecins et chirurgiens italiens et français des XIIIe et XIVe siècles; ce sont déjà là autant de centres fonctionnels du cerveau, comme le remarque EDOUARD ALBERT (*Beiträge zur Geschichte der Chirurgie*, Wien, 1877, 38). L'observation clinique semblait d'ailleurs confirmer la réalité de ces localisations cérébrales. GUY DE CHAULIAC, venant à parler à propos des plaies de la tête des signes de l'incision du cerveau, s'exprimait ainsi au sujet des lésions de ces fonctions : « Car on perd la *raison* (*ratio*) si la playe est aux *parties antérieures de la tête* et la *mémoire* si elle est aux *parties postérieures;* et avec les susdits accidents il y a estonnement de sens (*stupor*) et plus grande resverie (*et desipientia major*) (*Chirurgia*, G. DE SALICETO, tract. III, doct. II, c. I, 36; NICAISE, 254).

A côté de ce passage de GUY DE CHAULIAC, on pourrait placer un texte de LANFRANC, où sont énumérées non seulement toutes les altérations de la sensibilité et de la motilité volontaire dans les lésions du cerveau et de ses enveloppes, mais celles des images mentales ou représentations, de la raison, de la mémoire (*Tract.* II, c. I, p. 218). Un cas qui fit quelque bruit dans les cliniques chirurgicales des XIIIe et XIVe siècles fera mieux comprendre encore « combien la doctrine de la localisation des fonctions du cerveau était profondément enracinée » chez ces médecins. Il est rapporté dans la *Chirurgie* de THÉODORIC, de l'école de Bologne comme son maître, HUGUES DE LUCQUES, dont il est question dans cette observation. THÉODORIC témoigne avoir vu un homme, guéri par son maître, dont un des ventricules avait été complètement vidé (*una cellularum a cer ebro tota evacuata fuit*); or ce ventricule était le quatrième, ou ventricule postérieur, le siège de la mémoire. « Je vis, raconte THÉODORIC, je vis mon maître HUGUES au plus haut point étonné de ce fait, attendu que le patient avait de la mémoire comme auparavant; il était, en effet, fabricant de selles, et n'avait pas oublié son métier (*erat enim factor sellarum et artem suam non amisit*) » (Lib. II, c. 2. *Ibid.*, p. 145). Ce cas parut si extraordinaire ou plutôt si invraisemblable aux chirurgiens de l'époque, qu'ils ne l'accueillirent qu'avec le plus complet scepticisme. Tels LANFRANC, sans doute, et certainement GUY DE CHAULIAC. Celui-ci rapporte bien avoir vu un malade recouvrer la mémoire dont « un peu de la substance du cerveau » était sorti du fait d'une « playe » de la « partie postérieure du cerveau », traumatisme dont le principal symptôme s'était montré par « l'offense de la mémoire », mais il ajoute tout aussitôt : « Je ne dis pas toutefois qu'on vesquit s'il en sortait toute une cellule, comme THÉODORE raconte d'un cellier (*cellarius*) » (le fabricant de selles de HUGUES DE LUCQUES étant devenu un cabaretier chez GUY DE CHAULIAC) (Tract. III. doct. I, c. I. *Ibid.*, p. 25, *la Grande Chirurgie*, 201).

Cet étonnement profond d'HUGUES DE LUCQUES devant un cas de destruction du quatrième ventricule sans amnésie, le doute et l'ironie avec lesquels ses confrères acueillirent un pareil fait, tout témoigne de la foi des chirurgiens et des médecins du temps en la doctrine des localisations des fonctions psychiques dans des régions bien distinctes du cerveau. Au XIIIe et au XIVe siècles, comme aux siècles suivants, comme à notre époque surtout, où, grâce à une asepsie rigoureuse et à une science exacte de la topographie crânio-cérébrale, la chirurgie de l'encéphale a reconquis son antique maîtrise, la connaissance des principales fonctions du cerveau humain est résultée des faits observés ou provoqués par les chirurgiens au cours de leurs opérations sur l'encéphale. Les observations de compression locale du cerveau par fragments d'os enfoncés dans la pulpe cérébrale sont presque toujours d'un grand enseignement pour la physiologie. On trouve par exemple, chez NICOLAS MASSA (mort en 1564 ou 1569), un cas très net et tout à fait saisissant d'aphasie traumatique. Dans une fracture du crâne (coup de hallebarde), où les méninges et la substance du cerveau avaient été détruites « jusqu'à l'os basilaire », et où le malade avait perdu la parole, MASSA remarqua qu'un fragment d'os manquait; les médecins qui donnaient des soins au malade ne l'avaient pas vu. MASSA ne douta plus que cette « perte de la voix » ne fût causée par la pénétration, dans le cerveau, de ce fragment d'os, et, prenant un instrument des mains d'un des assistants, il le retira de la plaie. Aussitôt le malade commença de parler, au grand étonnement des médecins et au grand applaudissement de l'assistance (Cas de MARCUS Goro, NIC. MASSAE *Epistolar. medicinalium* II, 90-91. Venetiis, 1558, in 4°. Cf. un cas semblable dans FR. ARCAEUS. *De recta curandorum vulnerum ratione*, 62-64, Antverpiae, 1574, in-16.

Outre les lésions du siège de l'articulation verbale, il y a, entre autres, chez **Ambroise Paré** (1517-1590), un cas non moins net de surdité acquise par lésion de la région temporale. Étant à Turin, en 1538, un des pages du maréchal de MONTJEAN reçut un coup de pierre qui fractura, à droite, l'os pariétal; de la plaie sortit environ « la grosseur d'une demi-avelaine » de substance cérébrale. Un jeune médecin survint qui contesta que ce fût là un fragment de cerveau et soutint que c'était de la graisse. Disons tout de suite que le page guérit, mais resta sourd tout le reste de la vie. Un intérêt non moins élevé ressort pour l'étude des fonctions du cerveau de la démonstration par raison et par expérience à laquelle se livra AMBROISE PARÉ, devant un grand nombre de gentilshommes et autres assistants, dit-il, pour convaincre d'erreur son contradicteur. A cet effet, il ne s'appuie pas tant sur « les dissections des corps morts », « où jamais on ne voit aucune graisse dans le cerveau », que sur l'impossibilité en quelque sorte *a priori* d'une production de graisse dans le « crâne », et cela quoique « les parties soient froides », car le cerveau est « gluant, humide et aqueux », écrit AMBROISE PARÉ, disciple ici d'HIPPOCRATE et d'ARISTOTE, non de GALIEN. Mais la doctrine des esprits animaux du médecin de Pergame reparaît bientôt et se mêle avec celle d'ARISTOTE. Car, s'il « ne se peut faire graisse » dans le cerveau, c'est qu'il « y a grande quantité d'*esprits animaux* qui sont *très chauds et subtils*, joint la multitude des *vapeurs* élevées de tout le corps à la tête : lesquelles choses empêchent la génération de la graisse » (*Œuvres*, MALGAIGNE, 1840, II, 71). Ces « esprits » galéniques et ces « vapeurs » aristotéliques étaient pour AMBROISE PARÉ lui-même, pour un des plus puissants génies du XVIe siècle, des êtres et des choses dont on peut argumenter dans une dispute scientifique. La croyance à la vérité des dogmes traditionnels d'HIPPOCRATE, d'ARISTOTE et de GALIEN sur la nature et le mécanisme des fonctions psychiques, la foi complète en la localisation de ces fonctions dans des régions distinctes et déterminées du cerveau, bref, le principe et la doctrine des localisations fonctionnelles du cerveau, étaient donc admis et discutés comme des faits par les biologistes, en particulier par les médecins et les chirurgiens, depuis la renaissance, dans l'Occident, des études anatomiques et cliniques.

Les travaux et les découvertes des grands anatomistes du XVIe siècle, SYLVIUS, CHARLES ESTIENNE, VÉSALE, FALLOPE, VAROLE, SERVET, présentent un caractère original. Mais la physiologie du système nerveux central n'était encore que celle d'HÉROPHILE et de GALIEN. HARVEY lui-même n'a pas d'autres idées sur les fonctions du système nerveux que celles du médecin de Pergame. **Jean Fernel** (1485-1588), dont la pensée et l'expression sont d'une clarté et d'une simplicité vraiment classiques, est un disciple de PLATON et d'ÉRASISTRATE égaré à la cour de HENRI II. Les trois âmes habitent toujours le foie, le cœur et le cerveau; celui-ci est le principe commun des sensations : *Sentientis animæ propria sedes propriumque instrumentum est cerebrum* (*De naturali parte medicinæ*, libri septem, Lugd., 1551, l. v, c. IX). La moelle dérive de la partie postérieure du cerveau, comme un tronc sort d'une racine, et descend par le canal vertébral. Des nerfs partent, ainsi que des branches, de la moelle spinale, qui vont dans les membres déterminer le mouvement. La faculté suprême du mouvement a son siège dans le cerveau, surtout dans cette *région postérieure* de l'organe que les Grecs ont appelée παρεγκεφαλίς ou le cervelet : de cette partie proviennent tant la moelle épinière que les nerfs moteurs, *moventes nervi*, nerfs durs, à l'exception de quelques-uns qu'émet la *partie antérieure du cerveau*. Celle-ci est, en effet, « le domicile » de l'âme sentante et de toutes ses facultés : c'est de là que partent les nerfs du sentiment, *sentientes nervi*, nerfs mous, qui vont aux organes des sens. Les nerfs du toucher sont un peu plus durs que les nerfs des sens spéciaux. Le chapitre IX du livre V porte ce titre significatif qui indique bien une préoccupation constante de tous les anatomistes, physiologistes et cliniciens de tous les temps, celle de localiser dans l'encéphale les diverses fonctions de l'innervation supérieure : *Quam unaquæque sentientis animæ facultas sedem habeat*, etc.

La substance molle aussi bien que la substance dure du cerveau est, selon FERNEL, le siège de la *mémoire* et sert d'instrument (*instrumentum*) ou d'organe à la réception ou perception des *spectres* des choses. En parlant des nerfs moteurs, je note que FERNEL estime très nettement que ces nerfs, en dépit de leur nom, ne produisent pas le mouvement volontaire; ils ne font que transmettre aux muscles la force efficace, réelle, du mouvement : les muscles méritent donc seuls, comme nous l'enseignons aujourd'hui, après MEYNERT, d'être appelés les organes propres du mouvement volontaire (*musculos... propria sunt movendi instrumenta... Motus voluntarii proprium organum est musculus*). Des nerfs issus du cerveau, pourquoi les uns servent-ils au mouvement, les autres à la sensibilité? Ils ont même origine, et le même *esprit animal* circule en eux. On répète, avec GALIEN, que les nerfs du mouvement sont durs et mous avec du sentiment; mais les nerfs de la « sixième paire », les nerfs vagues, sont beaucoup plus durs que les nerfs moteurs des yeux, ou de la « deuxième paire », remarque FERNEL. Aussi, pour ces raisons et d'autres encore, s'est-il persuadé que la diversité fonctionnelle des nerfs doit être rapportée, non à leur plus ou moins grande dureté ou mollesse, mais à ce qu'il appelle leur composition. Voici comment il s'exprime à ce sujet : « Le cerveau est agité d'un mouvement incessant, mais il n'est doué d'aucune sensibilité tactile. Au contraire, les méninges qui l'enveloppent sont immobiles par elles-mêmes, surtout la dure-mère, mais elles jouissent de la sensibilité tactile la plus exquise (*tactu autem eaedem valent exquisitissimo*). » Et ce n'est pas seulement GALIEN qui le dit : FERNEL a pu le constater au cours de sa pratique sur des cerveaux dont un traumatisme avait ouvert le crâne. D'ailleurs, dans les maladies du cerveau, telles que le délire, il n'existe pas de douleur de cet organe; mais la moindre lésion des méninges, causée par une vapeur ou une humeur un peu âcre, excite une violente douleur. Voilà qui démontre la nature différente du cerveau et des méninges. Or, et c'est ici que FERNEL perpétue la doctrine d'ÉRASISTRATE, les *nerfs moteurs* proviennent du *cerveau*, « dont la partie postérieure est le principe et le siège du mouvement », comme l'antérieure l'est du sentiment, et les *nerfs sensibles* proviennent en grande partie des *méninges*. FERNEL s'élève aussi contre l' « opinion absurde », venue, dit-il, des Arabes, qui situe la mémoire dans le quatrième ventricule, la pensée et l'imagination dans les ventricules antérieurs. Les souvenirs et les images sont d'une même essence et n'ont qu'un seul et même siège, le cerveau.

Le syncrétisme des doctrines hippocratique et galénique était si avancé, à la fin du XVIe siècle et au commencement du XVIIe siècle, qu'il devenait souvent difficile, dans les Écoles de médecine où on lisait les livres de FERNEL, d'ANDRÉ DU LAURENS et de RIOLAN, de remonter sûrement à l'origine de ces doctrines. En parlant de la division des parties donnée par HIPPOCRATE, on entendait dans l'école par « parties impellentes ou qui font effort », les esprits « qui courent et vaguent, avec une vitesse incroyable, dans toutes les parties », comme s'exprime **Théophile Gelée**, médecin de la ville de Dieppe, en une sorte de manuel où se trouvent résumés les enseignements d'ANDRÉ DU LAURENS et de RIOLAN (*L'Anatomie françoise en forme d'Abrégé*. Rouen, 1679).

Des trois parties nobles, « le cerveau envoie la faculté animale, par les nerfs, à tout le corps, pour lui donner le sentiment et le mouvement ». Le *nerf*, appelé aussi *partie spermatique*, parce qu'il est engendré de la semence, est composé de deux substances, l'une interne, moelleuse; l'autre externe, membraneuse, comme la moelle du cerveau et de l'épine, dont il provient et retient la nature. « Car, comme la moelle du cerveau et celle de l'épine sont couvertes de la pie et de la dure-mère, ainsi la substance moelleuse du nerf est revêtue de deux membranes qui empêchent qu'elle ne coule ou ne soit offensée; et, si le nerf est fait de plusieurs cordons, elles les lient et contiennent ensemblement. *La moelle est la partie principale du nerf* par laquelle il porte la faculté de sentir et de mouvoir, *car encore qu'il n'ait point de cavité sensible, si est-ce que l'esprit animal ne laisse point de passer*, à raison de la grande subtilité, *par le travers de sa substance poreuse* pour se rendre aux parties. » C'est le nerf qui « communique » aux parties le sentiment et le mouvement : aux yeux, par exemple, le sens de la vue; aux muscles la *réflexion*, la contraction, la distension. Selon la nature des parties auxquelles ils se distribuent, *organes animaux* (yeux, oreilles, nez, langue, peau) ou muscles, *parties naturelles* (estomac ou ventricule, foie, rate, etc.), *parties vitales* (cœur, poumon, etc.), les nerfs font le sentiment ou le mouvement. La distinction entre nerfs de sensibilité et de mouvement n'est donc pas justifiée. Les nerfs sont ou mous ou durs, selon leur *origine* (cerveau ou moelle épinière), leur *usage* (le sentiment ou le mouvement), ou leur *trajet*, les nerfs étant d'autant plus durs qu'ils s'éloignent davantage de leur origine, d'autant plus mous qu'ils en sont proches. Les nerfs, « que soulait HEROPHILUS appeler *pores*, à raison, disait **Charles Estienne**, de leur notable cavité » (*La dissection des parties du corps humain*. Paris, 1546, in-fol., 267), sortent ou du cerveau postérieur ou de l'origine de la moelle de l'épine. Des *sept paires*, la plus grosse et la plus molle, l'*optique*, prend son origine du cerveau postérieur : ces nerfs s'unissent quasi à mi-chemin, « non point par intersection ni par attouchement simple, mais par la confusion de leur moelle », ce qui a pour effet non seulement de renforcer ces nerfs, mais est cause que « l'esprit visoire peut passer en un moment d'un œil à l'autre pour la perfection de la vue ». Après s'être ainsi confondus, ces nerfs se séparent, et, de leur substance interne, moelleuse, se fait la tunique réticulaire ou rétine; de l'externe, constituée par la pie et la dure-mère, l'uvée et la cornée. L' « esprit visoire » peut ainsi, en un moment, être porté jusques à la prunelle « pour faire la vue »; la *deuxième paire* de nerfs sert aux mouvements des yeux et des paupières. La *troisième* s'incère à la tunique de la langue, organe principal du goût, non sans avoir envoyé auparavant nombre de scions à quelques muscles des yeux, du front, des tempes et de la face, ainsi qu'aux narines et aux racines des dents. La *quatrième* sert aussi au goût et va au palais, à la partie inférieure de la langue, et, selon **Riolan**, aux yeux. La *cinquième* se divise en deux scions : le plus gros est porté par le méat auditif au tambour de l'oreille et finit là; le moindre descend au pharynx, aux narines, aux joues, aux racines des dents et à la langue. La *sixième* « se traîne à quasi tous les viscères » et s'y distribue par trois rameaux nommés « récurrents, costal et stomachique ». La *septième*, enfin, la plus dure, sortie du cerveau tout près de la moelle épinière, se divise en deux rameaux : le plus gros donne des scions à tous les muscles de la langue, le moindre s'en va aux muscles du larynx. A ces sept paires, les modernes en ont ajouté d'autres. Quant aux *apophyses mamillaires*, ou nerfs olfactifs, organes principaux de l'odorat, « elles ne sont point comptées entre les nerfs, parce qu'elles ne sortent point du crâne et ne sont point revêtues de méninges ».

La *moelle de l'épine* a été produite du cerveau, « comme un tronc de sa racine, pour lui servir comme de vicaire et lieutenant, laquelle, descendant par le long canal de l'épine, envoie en toute sûreté des nerfs à toutes les parties, » nerfs « infinis en nombre », mais dont les anatomistes comptent trente couples, sept du col, douze du dos, cinq des lombes et six de l'os sacrum; d'autres n'en comptent que vingt-huit.

La *figure* du *cerveau* « est semblable à celle du test qui le contient ». Sa grandeur est telle que le cerveau d'un homme est six fois plus gros que celui d'un bœuf (Riolan) et « pèse trois livres de poids marchand, qui en valent quatre de médecine. Or il l'a aussi grand pour la diversité et perfection de ses fonctions. » La *substance* du cerveau est moelleuse, blanche, molle et engendrée de la meilleure et plus pure partie de la semence et des esprits. Elle est *blanche* parce qu'elle est *spermatique*, et *molle pour recevoir plus promptement l'impression des images des objets*. Son *tempérament* est *froid* et *humide* : il fallait qu'il fût tel pour empêcher que cet organe, occupé d'imaginations perpétuelles, ne s'échauffât outre mesure et ne rendît les mouvements précipités et les sentiments égarés, comme il arrive chez les phrénétiques. Ses *usages*, les voici : *engendrer l'esprit animal* et faire toutes les fonctions animales, « princesses, motrices et sensitives ». Son *mouvement* lui est propre en partie, pour la génération, l'expurgation et le rafraîchissement de l'esprit animal, en partie il lui vient des artères : il se dilate et se resserre. « Quand le cerveau se dilate, il tire l'esprit vital de la rets admirable et l'air des narines; quand il se resserre, il chasse l'esprit animal des ventricules supérieurs (antérieurs) dans le troisième et le quatrième ventricule ainsi qu'aux organes des sens. » Le cerveau sent activement, il est « l'auteur de tous les sens, et toutefois il n'a point de sentiment ». Pourquoi? parce que le cerveau est « le siège du sens commun et le juge de tous les sens; or le juge doit être dépouillé de toutes passions » (425). Riolan divisait « tout le grand corps du cerveau » en trois régions, supérieure, moyenne et inférieure : 1° la région *supérieure* comprend des « anfractuosités », « la faucille » et le corps calleux; 2° la *moyenne*, les quatre ventricules, les éminences qui ferment le canal qui va du troisième au quatrième, le lacis choroïde et le cervelet; 3° l'*inférieure*, l'entonnoir, les apophyses mamillaires, les sept paires de nerfs et les racines de la médulle spinale. La *face supérieure et externe du cerveau* est de couleur cendrée; elle est entrecoupée d'une infinité de circonvolutions qui ressemblent aux anfractuosités des « menus boyaux », lesquelles ont été faites afin que la *pie-mère* puisse descendre plus profondément et départir la nourriture à toute la substance de ce viscère. C'est par le moyen du *corps calleux*, dont la substance est blanche et dure, que toutes les parties du cerveau sont continues. En pratiquant une série de coupes, on découvre les deux *ventricules antérieurs*, séparés par une cloison très déliée et transparente (*septum lucidum, speculum lucidum*). Ces deux ventricules latéraux sont les plus grands de tous « parce qu'ils contiennent l'*esprit animal* grossier et non encore raffiné »; ils ont trois usages : 1° préparation de l'esprit animal; 2° respiration du cerveau; 3° odorat. Le lacis ou *plexus choroïde* a été fait pour l'élaboration première et la préparation de l'esprit animal; les *apophyses mamillaires*, qui sont comme des « allongements du cerveau », et qui, des ventricules antérieurs, vont à l'os « cribleux », pour inspirer l'air et les odeurs, chassent au dehors, par l'expiration, les « excréments fuligineux et, avec iceux, les pituiteux par les narines ». Le *corps voûté* est porté sur *trois piliers* : son usage est pareil à celui des voûtes, car il porte et soutient la lourde masse du cerveau pour garder qu'elle ne presse et offusque le troisième ventricule. De ce *troisième ventricule* sortent deux conduits : l'un, à l'entrée, porte les excréments du cerveau à l'*entonnoir*, que celui-ci décharge sur la *glande pituitaire*, qui les vide à son tour dans la bouche par le palais; l'autre conduit se rend en droiture au quatrième ventricule. À l'entrée de cette dernière cavité se voit une glande pointue qui ressemble assez bien à une pomme de pin (*conarion*). Pour les uns, elle sert uniquement, ainsi que les autres glandes, à affermir les veines et les artères du lacis choroïde; pour les autres, elle sert de valvule ou de portillon, c'est-à-dire qu'elle ouvre et ferme le chemin qui du troisième va au quatrième ventricule. Comme le disait Charles Estienne, « elle engarde et déffend que les esprits qui ne sont encore du tout bien confitz et labourez aux premiers ventricules du cerveau, soient transférez ou transportez devant qu'il en soit besoing au cerebelle. » (*La Diss. des parties du corps hum., avec... les incisions...* par Estienne de la Rivière, chirurgien. Paris, 1546, 265.) Sur la longueur du canal et de chaque côté sont de petites éminences élevées en manière de collines : les deux premières, les plus grosses (*nates*), « ont été faites, si l'on en croit GALIEN, en faveur des *nerfs optiques* »; si l'on écoute RIOLAN, elles sont « les commencements des apophyses mamillaires » ; les deux qui suivent (*testes*) sont plus petites; une fissure (*anus*) les sépare. Sous le *conarion* commence le *quatrième ventricule;* à l'entrée se voit l'*épiphyse vermiforme* en manière d'un petit ver; il se termine en une fente pointue, entaillée dans la moelle de l'épine, qui ressemble à une plume à écrire (*calamus* d'HÉROPHILE). Ce quatrième ventricule, situé sous le *cervelet*, est le plus petit et le plus solide de tous : c'est là que l'esprit animal reçoit sa perfection, et d'où il est ensuite envoyé dans la *moelle du cerveau et de l'épine* et, par icelle dans les *nerfs*. Quoique la moelle épinière, « production ou allongement du cerveau », diffère du cerveau par sa consistance et sa sécheresse plus grandes, par l' « absence de ventricules ou de cavités », de pouls ou battement, etc., sa substance est semblable à celle du cerveau, et son usage n'en diffère guère : elle *contient*, en effet, elle *élabore* et *perfectionne* les *esprits animaux* qui doivent être distribués aux parties pour faire le sentiment et le mouvemeut volontaire.

VII. Descartes. — Chez **Descartes**, aussi bien que chez WILLIS, ce sont toujours les doctrines galéniques qui expliquent les fonctions du système nerveux central. Mais l'exemple d'ARISTOTE prouve bien qu'avec les idées les plus fausses sur la structure du cerveau on peut faire une étude singulièrement approfondie des fonctions de cet organe. C'est le cas de DESCARTES, dont le solide génie a laissé dans les sciences biologiques une trace non moins profonde que dans les autres disciplines de l'esprit humain. Le savant qui a compris que, la quantité de matière et de mouvement demeurant invariable dans le monde, l'âme ne peut que déterminer la direction des mouvements, sans augmenter ni diminuer la somme de ceux-ci; qui, des lois mécaniques du choc et de la pression, explication suffisante de tous les phénomènes, à cherché à déduire non seulement les mouvements de l'univers, mais encore ceux des plantes et des animaux; qui, toujours fidèle à l'interprétation mécanique des rapports des choses, la seule que la science puisse concevoir, a ramené l'origine et l'association des idées aux changements matériels que souffre le cerveau consécutivement aux affections des sens; qui reconnut l'acte élémentaire, primordial, simple, du système nerveux central, l'action réflexe, et distingua ce mouvement des autres mouvements; qui étudia la nature et les conditions physiologiques des passions, créa toute une théorie de la perception sensible et enrichit de découvertes aussi bien l'acoustique que l'optique physiologiques, un tel savant peut avoir erré autant qu'ARISTOTE sur « le siège de l'âme » : il a plus fait pour la théorie des sensations, des passions et de l'intelligence que les plus exacts anatomistes et physiologistes d'aucun temps. N'y eût-il chez DESCARTES que cette vue profonde, que les êtres vivants doivent être considérés comme des machines, que la psychologie physiologique devrait revendiquer DESCARTES pour un de ses fondateurs. « Les êtres vivants sont de véritables machines, a écrit CHARLES RICHET, en rappelant que la science moderne a prouvé ce qu'avait pressenti DESCARTES, machines extrêmement délicates et complexes, mais enfin machines, qui sont disposées de telle sorte qu'elles réagissent suivant des lois immuables aux forces extérieures. Cette réaction nécessaire de l'être aux changements qui l'ébranlent fait que l'apparente spontanéité des animaux supérieurs n'est qu'un des modes de l'irritabilité : car, quoique la machine vivante paraisse produire de la force, elle ne la produit pas spontanément et ne fait jamais que répondre à l'excitation du dehors. Son activité n'est qu'une activité de réponse. Mais, grâce à l'accumulation dans l'organisme des forces chimiques de tension, le dégagement de force provoqué par un ébranlement extérieur est énorme et hors de toute proportion avec l'ébranlement extérieur. C'est surtout la cellule nerveuse qui possède une énergie latente extrême : mais elle répond à l'excitation suivant les mêmes lois que le nerf et le muscle (*Phys. des muscles et des nerfs*, 898). » En somme, on le sait aujourd'hui, DESCARTES avait raison : tous les êtres vivants ne sont que des machines, non point sans doute des machines insensibles, mais sensibles et conscientes à des degrés divers. L'erreur de DESCARTES a été de tirer l'homme de la foule innombrable de ses frères inférieurs. Inconscients ou conscients, les processus psychiques n'en sont pas moins toujours des actes réflexes ou automatiques. La conscience n'ajoute rien, quand elle existe, à ces processus, pas plus que l'ombre au corps qu'elle accompagne. Si la sensation et l'intelligence, qui en est résultée, quand les appareils des sens et les organes psychiques ont apparu, ne sont, comme la vie elle-même, qu'elles servent à définir, que des forces naturelles, elles ne sauraient échapper aux lois du mécanisme universel. Or nul n'a sans doute plus fait que DESCARTES pour la conception mécanique, et partant strictement scientifique, du monde et de la vie.

Les idées de RENÉ DESCARTES (1596-1650) sur la structure et les fonctions du cerveau dans leurs rapports avec les sensations, les passions et l'intelligence, ne sont point, je le répète, plus erronées que celles d'ARISTOTE; elles reflètent naturellement les conceptions anciennes et contemporaines sur ce sujet; nous croyons qu'il en faut tenir compte, non seulement pour l'histoire des doctrines, mais pour l'intelligence des faits de l'anatomie et de la physiologie du système nerveux. La localisation du *sensorium commune* dans la glande pinéale ne fut point particulière à DESCARTES. Un contemporain du philosophe, DIEMERBROECK (1609-1674), qui professa la médecine et l'anatomie à l'université d'Utrecht, témoigne que, de son temps, cette opinion était « fortement et opiniâtrément soutenue par plusieurs et combattue par d'autres. » Bien avant la publication du traité des *Passions de l'âme* (Paris, 1649; Amsterdam, 1650), et, à plus forte raison, des traités de l'*Homme* et de la *Formation du fœtus* (Paris, 1664), une thèse avait été présentée, par un candidat du nom de JEAN COUSIN, à l'école de médecine de Paris, en 1641, sous ce titre : *An* κωνάριον *sensus communis sedes?* L'auteur, après avoir mêlé dans une sorte d'éclectisme des idées d'ARISTOTE et de GALIEN sur la nature du cerveau, « froid et humide », et « siège des facultés animales », écrit que, parmi les parties qu'on distingue dans le cerveau, il existe une glande, appelée κωνάριον, située au milieu des ventricules, vers laquelle convergent les sens externes, « comme des lignes menées de la circonférence au centre ». C'est dans cette glande, qui est unique, soutenue par le plexus choroïde, toujours turgide d'esprits élaborés en elle, que peuvent et doivent s'unir les doubles espèces (images) recueillies par les yeux et par les oreilles. ARISTOTE a donc eu tort, dit le candidat, d'avoir localisé le sens commun dans le cœur; les Arabes n'ont point erré en le situant dans la partie antérieure du cerveau et les Metoposcopi dans le front et dans ses lignes. Voici la conclusion de cette thèse : *Ergo* κωνάριον *sensus communis sedes*. Dans les *Meditationes de prima philosophia*, publiées la même année (1641), DESCARTES désigne seulement, sans la nommer, la glande pinéale : « Je remarque aussi que l'esprit ne reçoit pas immédiatement l'impression de toutes les parties du corps, mais seulement du cerveau, ou peut-être même d'une de ses petites parties (*a cerebro vel forte etiam ab una tantum exigua ejus parte*), à savoir de celle où est dit résider le sens commun (*sensus communis*) (3e médit.). Dans la *Dioptrique*, qui parut, on le sait, avec les *Météores* et la *Géométrie*, en français, à la suite du *Discours de la méthode* (Leyde, 1637), DESCARTES faisait descendre des ventricules du cerveau dans les muscles les esprits animaux (Discours IVe, *des Sens en général*). Il ne nommait pas davantage la glande pinéale dans les *Principia philosophiae* (Amsterdam, 1644) : il parle seulement de « cet endroit du cerveau où est le siège du sens commun » (IV P. § 189-196). Il faut arriver au traité des *Passions de l'âme*, qui n'a été publié qu'en 1649 à Paris, pour qu'il soit fait expressément mention de la glande (I P. art. XXXI et sq.). La thèse du médecin que j'ai retrouvée montre donc qu'avant DESCARTES, ou en même temps que lui, quelques-uns de ses contemporains avaient déjà publiquement soutenu l'hypothèse pour laquelle il finit par se déclarer.

Les anatomistes qui avaient décrit la glande pinéale ne s'accordaient guère, les uns (SYLVIUS, WARTHON) considérant comme des nerfs ce que d'autres prenaient pour des artérioles dans la structure du conarion. En outre la plupart témoignaient avoir trouvé dans cette glande du sable, du gravier, de petits calculs. FLORENTINUS SCHUYL, dans la préface qu'il écrivit pour le traité de l'*Homme* (2e édit. Paris, 1677, in-4°, 401), confesse y avoir trouvé une fois, en la présence de deux de ses élèves, « une petite pierre qui occupait plus de la moitié de la glande », laquelle se pouvait voir, ajoute-t-il, « dans le cabinet de raretés de M. d'HOORN, célèbre anatomiste »; or cette glande n'avait pas laissé de faire en quelque sorte son office : « Ce n'est donc pas cette pierre qui aura causé la mort de cette personne, et elle ne l'aurait jamais pu faire mourir, si ce n'est peut-être qu'elle fût devenue assez grosse pour empêcher et boucher le passage nécessaire aux esprits. » SCHUYL compare cette partie du cerveau au « timon ou au gouvernail de tous les mouvements corporels ». Cette glande, unique et solitaire, « cachée dans le milieu de la substance du cerveau, où tous les nerfs regardent, comme si c'en était le cœur », là où les artères et les veines, les esprits vitaux et animaux, semblent s'unir et concourir, le flux continuel du sang et des esprits vitaux que le cœur envoie vers le cerveau étant suivi du reflux du même sang vers le cœur et de l'écoulement des esprits animaux, coulant sans cesse du cerveau, comme d'une source intarissable, vers toutes les parties, — cette glande « où l'âme fait sa demeure, fait songer à une araignée au centre de sa toile ». D'autres disciples de DESCARTES, tels que REGIUS et L. DELAFORGE, n'étaient pas moins convaincus. Mais les anatomistes demeuraient incrédules, je ne dis pas toujours sceptiques, car si FRANÇOIS DE LE BOE SYLVIUS soupçonnait que dans cette glande pouvait s'élaborer quelque humeur de nature et de rôle inconnus, WARTHON faisait sur l'usage de cette glande des hypothèses « très frivoles » et DIONIS (*Anat. de l'homme*, 1690) estimait que « plus on a cette glande petite, plus on a l'esprit vif, parce qu'un petit corps est plus aisé à remuer qu'un gros », etc. Ce célèbre professeur d'anatomie au Jardin des Plantes se persuadait que c'était la cause pour laquelle, avec les autres parties du cerveau plus grosses que celles des animaux, en tenant compte des proportions du corps, l'homme a la glande pinéale la plus petite. DIEMERBROECK convenait, au contraire, que l'usage de cette glande était encore inconnu et que l'on n'en pouvait rien dire que par pure conjecture et d'après des raisonnements incertains.

Mais, en localisant dans les ventricules du cerveau, spécialement, il est vrai, dans une évagination cérébrale du plafond du thalamencéphalon, à l'entrée du canal allant du troisième au quatrième ventricule, le siège de l'âme, DESCARTES était d'accord, en somme, quant à la localisation générale, avec presque tous les philosophes et médecins de son temps. Et il était d'accord avec ces savants parce que ceux-ci l'étaient avec GALIEN. Les anatomistes et les physiologistes ne croyaient pas que les fonctions du système nerveux central fussent ce que nous appelons une propriété des tissus de l'écorce ou de la matière cendrée du cerveau : ces « actions animales » n'étaient point la fonction immédiate du cerveau ; elles se faisaient uniquement par les esprits animaux engendrés en lui ; c'est par leur intermédiaire que l'âme exerçait son activité dans les organes. Le cerveau et la moelle n'étaient que la fabrique où se créaient les esprits animaux et d'où ils s'écoulaient, par les canaux des nerfs, dans toutes les parties du corps. Quoique provenant des esprits vitaux, engendrés dans le cœur, les esprits animaux en étaient aussi spécifiquement différents, du moins pour certains médecins, que « le pain l'est du chyle, le chyle du sang et le sang de la substance des parties ». DESCARTES, qui ne croyait pas à cette spécificité des esprits animaux au regard des esprits vitaux, s'attirait les railleries des médecins. Tout le monde attribuait donc au cerveau, avec GALIEN, l'office d'engendrer et de faire les esprits animaux. Mais, tandis que les uns croyaient que les esprits animaux s'engendraient dans les sinus de la faux (D. SENNERT), d'autres estimaient qu'ils se fabriquaient dans les ventricules, du sang artériel le plus chaud qui s'exhale des plexus choroïdes (A. DU LAURENS, RIOLAN le fils, L. MERCATUS), et d'autres encore soutenaient qu'après s'être formés dans les artères qui parcourent la surface du cerveau et du cervelet, ces esprits pénétraient de ces artères dans l'écorce cendrée du cerveau et du cervelet, et, de là, dans la substance blanche (FR. DE LE BOE SYLVIUS, DIEMERBROECK). Mais les facultés animales étant divisées, dans l'École, en sensitives, appétitives, motrices, on cherchait dans quelles parties du cerveau étaient leurs sièges.

Comment les contemporains de DESCARTES, et ce grand philosophe lui-même, se représentaient-ils les esprits animaux? « Pour ce qui est des parties du sang qui pénètrent jusqu'au cerveau, dit DESCARTES, elles n'y servent pas seulement à nourrir et entretenir sa substance, mais principalement aussi à y produire *un certain vent très subtil*, ou plutôt une *flamme très vive et très pure*, qu'on nomme les *esprits animaux*. Car il faut savoir que les artères qui les apportent du cœur, après s'être divisées en une infinité de petites branches et avoir composé ces petits tissus qui sont étendus comme des tapisseries au fond des concavités du cerveau [plexus choroïdes], se rassemblent autour d'une certaine petite glande située environ le milieu de la substance du cerveau, tout à l'entrée de ses concavités, et ont, en cet endroit-là, un grand nombre de petits trous par où les plus subtiles parties du sang qu'elles contiennent se peuvent écouler dans cette glande, mais qui sont si étroits qu'ils ne donnent aucun passage aux plus grossières. D'où il est facile de concevoir que lorsque les plus grosses montent tout droit vers la superficie extérieure du cerveau, où elles servent de nourriture à sa substance, elles sont causes que les plus petites et les plus agitées se détournent et entrent toutes en cette glande, qui doit être imaginée comme *une source fort abondante*, d'où elles coulent en même temps de tous côtés dans les concavités du cerveau ; et ainsi, sans autre préparation ni changement, sinon qu'elles sont séparées des plus grossières, et qu'elles retiennent encore l'*extrême vitesse* que la chaleur du cœur leur a donnée, *elles cessent d'avoir la forme du sang* et se nomment les *esprits animaux* » (*De l'Homme*). Ainsi, selon Descartes, les esprits animaux ne s'engendrent pas dans les ventricules : ils s'élaborent des parties les plus subtiles du sang artériel s'écoulant des plus fines parties des artérioles des plexus choroïdes dans la glande pinéale. De cette glande, les esprits se répandent dans les ventricules du cerveau ; ils passent de là dans les pores de sa substance, et de ces pores dans les nerfs, où ils ont la force de changer « la figure des muscles » auxquels « s'insèrent » ces nerfs et, par ce moyen, de faire mouvoir les membres. Les esprits animaux ne sont donc pas spécifiquement distincts des esprits vitaux venus du cœur au cerveau : ils n'en sont, sous un autre nom, que les parties les plus subtiles.

L'hypothèse de Descartes sur la nature des esprits animaux se présente, on le voit, avec une simplicité tout antique : Un vent très subtil, ou plutôt une flamme très vive et très pure, qui possède une extrême vitesse qu'elle a reçue de la chaleur du cœur. En quoi cette imagination diffère-t-elle au fond de celles des vieux penseurs hellènes, pour qui l'âme était l'air ou le feu, des atomes invisibles, ou le sang? C'est par cet air et ce feu que nous vivons ; il n'y a point d'autres principes des sensations, de la mémoire, de la pensée et de la volonté, de la raison et de la science. « La vie consiste, dit Fl. Schuyl en sa préface au *Traité de l'Homme*, dans le flux continuel du sang et des esprits vitaux que le cœur envoie vers le cerveau et les autres parties du corps, et dans le reflux du même sang vers le cœur, comme aussi dans l'écoulement des esprits animaux qui coulent sans cesse du cerveau comme d'une source intarrissable vers le cœur et les autres parties. » Tous les médecins convenaient aussi que les esprits animaux servaient non seulement à ces actions *naturelles* que Galien a énumérées, mais surtout aux actions *animales*, à l'imagination, au jugement, à la mémoire, aux sensations, aux mouvements des muscles (chez le fœtus lui-même), si bien que, toujours avec Galien, ils faisaient dériver des vices ou altérations du mouvement de ces esprits animaux les maladies et les affections du système nerveux, tels que vertiges, apoplexie, incube, manie, convulsions, phrénésie.

Ces exhalaisons invisibles, très subtiles et très volatiles, appelées esprits animaux, en tant qu'issues du sang, c'est-à-dire, d'après les idées des physiologistes contemporains de Descartes, d'un suc sulfureux, salin et séreux, passaient pour renfermer dans leur constitution chimique des particules salines et sulfureuses. Après Galien, Vésale, Du Laurens, Columbo, Sennert, Fracassatus croyaient que, outre le sang, l'air concourrait aussi à la génération des esprits animaux, celui-ci pénétrant, suivant l'opinion commune, par les trous de l'os ethmoïde dans les ventricules antérieurs du cerveau. Or la séparation de la partie saline du sang artériel d'avec la sulfureuse était attribuée à la propriété de la substance du cerveau, des « glandes » de l'écorce en particulier, où le sang artériel était versé par d'innombrables vaisseaux extrêmement fins. Les particules salines, esprit très subtil d'un sel très volatilisé, pénétraient librement dans les pores invisibles des nerfs. Quant à la diversité des opérations des esprits animaux, elle résultait, non de la nature différente de ces esprits, qui sont de constitution homogène, mais de celle des parties auxquelles ils apportaient le sentiment et le mouvement : selon qu'ils se distribuaient à la peau, aux muqueuses, à l'œil, à l'oreille, ou aux muscles, des sensations du tact, de la vue, de l'ouïe, où des mouvements apparaissaient. En d'autres termes, et, comme nous dirions aujourd'hui, la nature des appareils périphériques de la sensibilité et du mouvement déterminait celle des fonctions des organes centraux correspondants. Il y a plus ; les esprits animaux ne servaient pas seulement à la production de la sensibilité et du mouvement : ils servaient à la nutrition. Les parties plus fréquemment exercées (bras droit, jambes de marcheurs) étaient les plus fortes et les plus robustes, car l'écoulement des esprits animaux y était abondant et continuel (Diemerbroeck) ; dans les membres paralysés, au contraire, il y a résolution musculaire, œdème, atrophie, etc., quoique les artères ne laissent pas d'y apporter du sang. L'atrophie de ces parties était en effet directement attribuée aux affections du cerveau. A la suite de blessures de cet organe, par exemple, par le fait d'une consommation exagérée d'esprits, ou d'une production insuffisante, ou d'une altération qualitative de ces sécrétions glandulaires, Malpighi avait observé une terminaison fatale par « éthisie ». Enfin, lorsqu'un nerf, sectionné ou détruit par un traumatisme, ne distribue plus les esprits animaux à une partie, celle-ci maigrit. Les anatomistes, les physiologistes et les médecins ne doutaient donc plus en général que les esprits animaux fussent localisés dans le cerveau. S'ils ne se montraient guère favorables à l'hypothèse de Descartes relative à la glande pinéale, c'est que dans leur pratique et dans leurs dissections ils avaient souvent observé des cas pathologiques en contradiction avec cette supposition toute gratuite. Alors comme aujourd'hui, les cas d'hydropisie ventriculaire n'étaient pas rares dans lesquels la glande avait été nécessairement fort comprimée, sans que les fonctions des sens et de l'intelligence eûssent été pendant la vie aussi altérées qu'elles auraient dû l'être. De leur côté, les théologiens n'étaient pas très aises de voir confiner l'âme incorporelle divinement infuse au corps dans un district reculé et perdu de l'encéphale, dans une petite glande presque invisible, appendue au-dessus d'un conduit par lequel les esprits des ventricules antérieurs communiquaient avec ceux du quatrième ventricule. Cette localisation déplaisait même franchement à quelques gens d'Église : ils refusaient de croire que « le siège de l'âme raisonnable » fût placé dans une glandule qui, chez l'homme, est trois fois plus petite que chez les animaux privés d'âme!

René Descartes discute encore la théorie du siège de l'âme dans le cœur; il l'oppose à celle de la localisation dans le cerveau. C'est bien au cerveau, selon lui, que se rapportent les organes des sens, mais les passions paraissent avoir le cœur pour organe. Après avoir examiné les choses avec soin, dit-il, il lui semble « avoir évidemment reconnu que la partie du corps en laquelle l'âme exerce immédiatement ses fonctions n'est nullement le cœur, ni aussi tout le cerveau, mais seulement la plus intérieure de ces parties, qui est une certaine glande fort petite située dans le milieu de sa substance, et tellement suspendue au-dessus du conduit par lequel les esprits de ses cavités antérieures ont communication avec ceux de la postérieure, que les moindres mouvements qui sont en elle peuvent beaucoup pour changer le cours des esprits, et, réciproquement, que les moindres changements qui arrivent au cours des esprits peuvent beaucoup pour changer les mouvements de cette glande (*Les Passions de l'âme*. 1re p., art. XXXI). » Pour quelle raison cette « glande » a-t-elle paru à Descartes être le principal siège de l'âme, car l'âme, selon lui, est jointe à tout le corps (*Ibid.* et *Principia philos.*, IVe P., § 189)? parce que les autres parties du cerveau sont doubles; elles sont doubles comme les organes des sens extérieurs; or nous n'avons qu'une seule idée d'une même chose en même temps; il faut donc qu'il y ait quelque lieu où les deux impressions causées par un seul objet et les deux images qui viennent par les deux yeux, les deux oreilles, les deux mains, etc., « se puissent assembler en une » avant de parvenir à l'âme. Autrement deux objets seraient présentés à l'âme au lieu d'un. Voilà pourquoi ces images ou autres impressions doivent se réunir en cette glande unique par l'entremise des esprits qui remplissent les ventricules du cerveau (*Ibid.*, art. XXXII). Cette petite glande, qu'il appelle ailleurs *conarium* (*De la formation du fœtus*), comme Galien, Descartes en avait fait l'anatomie : sa matière est fort molle, dit-il; elle n'est pas jointe à la substance du cerveau; elle n'y est qu'attachée par de petites « artères », assez lâches et flexibles; elle est soutenue comme une balance par la force du sang que la chaleur du cœur pousse vers elle; grâce à cet équilibre instable, un rien la fait incliner tantôt d'un côté, tantôt de l'autre, et elle peut ainsi imprimer au cours ultérieur des esprits qui sortent d'elle telle ou telle direction, des ventricules aux pores du cerveau, et de ceux-ci aux nerfs et aux muscles correspondants. Dans les nerfs, Descartes distinguait (*Dioptrique*, Dis. IV) trois choses : 1° *les peaux ou membranes* qui les enveloppent, prenant leur origine dans celles qui enveloppent le cerveau : ce sont, dit-il, des façons de petits tuyaux qui se vont épandre çà et là par tous les membres, tout à fait comme les veines et les artères; 2° *la substance interne* du nerf, c'est-à-dire de petits filets, allant du cerveau aux extrémités; 3° *les esprits animaux*, sorte d'air ou de vent très subtil, venus des ventricules du cerveau, et s'écoulant par ces mêmes tuyaux dans les muscles. Descartes n'admet point deux sortes de nerfs, les uns pour le sentiment, les autres pour le mouvement, admis par « les anatomistes et médecins ». Il va même jusqu'à écrire : « Qui a jamais pu remarquer aucun nerf qui servît au mouvement, sans servir aussi à quelque sens? » En réalité, il professe que les nerfs sont mixtes. Voici comment : entre la « peau » ou gaine externe du nerf, dont il a parlé, et les « filets » axiles, courent toujours des esprits qui, en se rendant aux muscles, les enflent plus ou moins, « selon les diverses façons que le cerveau les distribue », et déterminent ainsi les mouvements des différentes parties du corps : les esprits sont donc, dans le nerf, l'élément moteur. Au contraire, les filets axiles, constituant l'intérieur du nerf, « servent aux sens ». Ailleurs Descartes dit expressément qu' « il y a divers mouvements en chaque nerf » (*Principia philos.*, IV, P., § 192). Il se représentait comme local le mode de distribution des nerfs du sentiment au moyen des « branches » : une lésion circonscrite à un nerf n'abolissait le sentiment que dans les parties « où ce nerf envoyait ses branches, sans rien diminuer » de la sensibilité des autres parties (*Ibid.*).

Outre les sens extérieurs, Descartes distingue deux *sens intérieurs*, c'est-à-dire « les appétits naturels » et « les passions ». Le premier de ces sens intérieurs comprend la faim, la soif et tous les autres appétits naturels; ce sens est excité en l'âme par les mouvements des nerfs qui innervent, dirions-nous, l'estomac, l'œsophage, le gosier et les autres parties intimes. Le second sens intérieur comprend la joie, la tristesse, l'amour, la haine, et toutes les autres passions (*omnes animi commotiones sive pathemata et affectus*) : ce sens dépend de petits nerfs (*nervuli*) qui vont au cœur et aux parties qui environnent le cœur. Comment se produit, par exemple, le sentiment de la joie? « Lorsqu'il arrive que notre sang est fort pur et bien tempéré, en sorte qu'il se dilate dans le cœur plus aisément et plus fort que de coutume, cela dilate les petits nerfs qui sont distribués aux orifices et les meut d'une certaine façon qui répond jusque dans le cerveau, et y excite notre âme à sentir naturellement la joie (*naturali quodam sensu hilaritatis afficit mentem*). Et toutes et quantes fois ces mêmes petits nerfs sont mus de la même façon, bien que ce soit pour d'autres causes, ils excitent en nôtre âme ce même sentiment de joie. Aussi, lorsque nous pensons jouir de quelque bien, l'imagination de cette jouissance (*imaginatio fruitionis alicujus boni*) ne contient pas, en soi, le sentiment de la joie (*sensum lætitiæ*), mais elle fait que les esprits animaux passent du cerveau dans les muscles auxquels ces nerfs sont insérés, et faisant par ce moyen que les entrées du cœur se dilatent, elle fait aussi que ces petits nerfs se meuvent en la façon d'où doit résulter ce sentiment de la joie. » Descartes distingue comme indépendante des émotions du corps qui l'accompagnent une joie purement intellectuelle ou spirituelle; ce n'est que lorsqu'elle vient en l'imagination (*cum illud imaginatur*) qu'elle détermine l'écoulement des esprits animaux du cerveau vers les muscles qui environnent le cœur et excitent là le mouvement des petits nerfs; *le cœur réagit à son tour sur le cerveau et y excite un mouvement qui affecte l'âme du sentiment de la joie.* Dans la tristesse, le sang est si grossier (*crassus*) qu'il coule mal dans les ventricules du cœur et ne s'y dilate qu'à peine : le mouvement excité dans les petits nerfs de la région précordiale est alors tout différent du précédent; *la propagation de ce mouvement au cerveau donne à l'âme le sentiment de la tristesse, quoique souvent elle ne sache pas pourquoi elle est triste.* Toutes les autres causes qui meuvent ces nerfs en même façon affectent l'âme du sentiment correspondant. De même pour les autres passions et affections de l'âme, telles que l'amour, la haine, la crainte, la colère, etc., pensées confuses, que l'âme n'a point de soi seule; son étroite union avec le corps fait qu'elle reçoit l'impression des mouvements qui agitent celui-ci.

Quant aux cinq *sens extérieurs*, Descartes établit le caractère purement subjectif des sensations, voire de la dureté, de la pesanteur, de la chaleur, de l'humidité, etc. Les corps qui affectent par contact les nerfs qui se terminent dans la peau n'ont aucune de ces qualités : il y a seulement, en ces corps, « ce qui est requis pour faire que nos nerfs excitent en notre âme le sentiment de dureté, de pesanteur, de chaleur », etc. La diversité des sentiments ou des perceptions sensibles excités par les nerfs dans l'âme est en rapport avec les formes du mouvement, provoqué ou empêché, communiqué aux extrémités des nerfs par les corps du monde extérieur, affectant les appareils des sens. Ainsi, selon qu'elles diffèrent en figure, grandeur, mouvement, les particules des corps nageant dans la salive agitent diversement les extrémités des nerfs de la langue et des parties voisines, et le résultat pour l'âme est la sensation des diverses saveurs. Si les nerfs sont mus un peu plus fort que de coutume, sans dommage aucun pour le corps, il en résulte ce que Descartes appelle un sentiment de titillation, naturellement agréable à l'âme « parce qu'il atteste les forces du corps auquel elle est étroitement jointe »; si l'intensité du mouvement est telle qu'elle offense notre corps en quelque façon, l'âme est affectée du sentiment de la douleur (*fit sensus doloris*) (*Principia philos.*, IV, § 191). On voit donc que, si la douleur et la volupté sont pour nous des sentiments entièrement contraires, l'une dérive de l'autre, et que leurs causes sont de même nature. C'est dans le cerveau, et uniquement dans le cerveau, que l'on éprouve ces sensations. A preuve les illusions des amputés (*Ibid.*, § 196) : dans ces cas, la douleur ne peut être sentie en tant qu'elle serait dans le membre ou segment du membre qui n'existe plus, comme s'en plaint l'infirme; elle n'est donc sentie que dans le cerveau.

Le nombre et la qualité des perceptions de l'âme, localisés dans la glande pinéale, sont en rapport avec les divers mouvements de cette glande : voilà comment l'âme et le corps agissent l'un sur l'autre, non pas directement, on le voit, mais par l'intermédiaire du *conarion*. Il suit que la nature des opérations supérieures de l'entendement dépend de la structure des organismes. Nous voyons, par exemple, un animal venir vers nous : la lumière réfléchie du corps de cet animal en peint deux images sur chacune de nos rétines, et, par les nerfs optiques, ces deux images sont finalement projetées « à la surface intérieure du cerveau qui regarde les cavités ». De là, par l'entremise des esprits animaux, dont ces ventricules sont remplis, ces images rayonnent vers la petite glande, mais de telle sorte que « le mouvement qui compose chaque point de l'une des deux images tend vers le même point de la glande où tend le mouvement du point correspondant de l'autre image, chacun de ces deux points représentant la même partie de l'animal ». Il en résulte que les *deux* images n'en composent qu'*une* seule sur la glande qui, agissant à son tour sur l'âme, ne lui donne la vision que d'un animal (*Les Passions de l'âme*, XXXIV-V). Voilà l'office de la glande pinéale dans les rapports de l'âme avec le monde extérieur, tel qu'elle peut le connaître par l'intermédiaire de ce que nous appelons le système nerveux périphérique et central. Comment s'exerce maintenant l'action de l'âme sur le corps? « Toute l'action de l'âme consiste en ce que, par cela seul qu'elle veut quelque chose, elle fait que la petite glande à qui elle est étroitement jointe, se meut en la façon qui est requise pour produire l'effet qui se rapporte à notre volonté » (*Ibid.*, XLI). L'âme veut-elle arrêter son attention à considerer quelque temps un objet, elle retient pendant ce temps la glande pinéale dans une même direction. Veut-on marcher, mouvoir le corps, la glande pousse les esprits dans les muscles qui doivent se contracter.

La psychologie physiologique et l'étude des fonctions du cerveau et du système nerveux central devront toujours tenir grand compte des théories de Descartes sur la *mémoire* et la *reconnaissance* (*les Pass. de l'âme*, XLII), sur l'*inhibition* (XLVII) et le *mécanisme de l'activité cérébrale* (L). C'est ainsi que Descartes a conçu comme possible la dissociation de certains états d'esprit qu'on pourrait croire organiques. En d'autres termes, les mouvements, tant de la glande pinéale que des esprits animaux, représentant à l'âme certains objets, quoique associés par la nature avec ceux qu'excitent en elle certaines passions, peuvent être « séparés et joints à d'autres fort différents ». Un chien voit une perdrix, il tend naturellement à lui courir sus; il entend un coup de fusil, ce bruit l'incite à fuir. Pourtant on dresse les chiens couchants de telle sorte qu'ils s'arrêtent à la vue d'une perdrix et partent en quête de l'oiseau après le coup de fusil. « Puisqu'on peut, dit Descartes, avec un peu d'industrie, changer les mouvements du cerveau chez les animaux dépourvus de raison, il est évident qu'on le peut encore mieux dans les hommes. » Ce dressage, on le sait, est toute l'éducation. Les bêtes n'ont point de raison, peut-être même point de pensée, estime Descartes, qui réalise ici des abstractions et joue avec des entités d'école. Mais ce qui nous importe, c'est que, pour ce philosophe, tous les mouvements des esprits animaux et de la glande pinéale qui en nous excitent des passions, ne laissent pas d'exister aussi chez les bêtes, et d'y déterminer, non pas comme en nous des passions, mais les mouvements des nerfs et des muscles qui d'ordinaire les accompagnent et servent à les manifester. Nous croyons aujourd'hui que les animaux sont comme nous sensibles et conscients à divers degrés : ils n'en agissent pas moins mécaniquement, et leurs sensations, leurs pensées, leurs appétits, leurs réactions volontaires sont une suite des arrangements de leurs machines. « Au point où en est la science actuelle, a dit Huxley, les animaux sont des automates conscients. » Naturellement ce qui est vrai de l'animal, l'est dans son entier de l'homme (*Les animaux sont-ils des automates?* etc. *Rev. Scientif.*, 24 oct., 1874). « La physiologie moderne est toute mécaniste, a écrit Charles Richet, et en ce sens nous sommes tous plus ou moins cartésiens. » C'est que les phénomènes de la vie, aussi bien que tous les autres phénomènes de l'univers, nous ont paru réductibles aux lois de la mécanique, et que l'étude de la biologie implique, dans toutes ses parties, l'existence des sciences de la physique et de la chimie. Il y a, certes, quelque exagération à soutenir que Descartes a fait autant pour la connaissance du système nerveux qu'Harvey pour la circulation du sang. Il sut l'anatomie et la physiologie de son temps. Au fond, c'est toujours Galien, ce sont les grands anatomistes de l'École d'Alexandrie, les physiologistes grecs qui, dans l'étude des sensations et de l'intelligence, ont fourni la matière des trois quarts des traités de Descartes. Il en est encore ainsi aujourd'hui, car il importe peu naturellement qu'on parle d'esprits animaux, de force nerveuse, d'influx ou de courants nerveux, voire d'onde nerveuse, pour désigner le processus élémentaire de toute vie psychique chez les animaux. Qu'on localise les fonctions de l'innervation supérieure dans les ventricules de l'encéphale, dans l'épiphyse, ou dans l'écorce du cerveau antérieur, cela n'est pas indifférent, sans doute, pour la vérité des doctrines, mais le principe de la localisation des fonctions dans les organes persiste et survit aux erreurs qu'il traverse. L'erreur, cette ombre qui suit et accompagne toute vérité, ne l'arrête pas. Érasistrate, qui découvrit les valvules du cœur et jeta les fondements de la théorie de la circulation du sang, croyait les artères vides de sang et pleines d'air. Galien établit au contraire que, tout aussi bien que les veines, les artères sont remplies de sang pendant la vie. Mais la démonstration expérimentale de ce fait n'aurait pas été possible sans la connaissance de la structure du cœur et du mécanisme de ses valvules. Les théories de Descartes sur les rapports réciproques de la glande pinéale et des esprits animaux n'enlèvent donc rien à ce qu'il y a de vrai et de profond dans sa physiologie cérébrale. Ni la doctrine de la subjectivité de nos sensations et de nos idées, ni celle des actes automatiques et réflexes des êtres vivants ne sont nées, on l'a pu voir par ce qui précède, au XVIIe siècle. Descartes a répété, avec tous les médecins instruits de son temps, que le système nerveux peut agir mécaniquement, sans conscience ni volonté, et souvent même en opposition avec celle-ci. Mais, outre qu'il n'a point poussé très loin l'analyse de ces entités scholastiques, et qu'à l'égard de la critique son génie est loin d'avoir l'étendue et la pénétration de celui de Spinoza, par son dualisme métaphysique et son spiritualisme chrétien, Descartes, si on le compare aux Grecs, est un représentant des âges de foi aux conceptions surnaturelles du monde et de la vie, qui ont interrompu le progrès de la raison de l'homme sur cette planète et creusé comme un abîme de ténèbres entre Démocrite, Aristote, Galien lui-même, et Galilée, Lavoisier, Laplace, Bichat.

VIII. T. Willis. — « C'est probablement Willis (1622-1675) qui, de Galien à Charles Bell, a fait le plus pour la physiologie du système nerveux (Ch. Richet). » Le grand livre de **Thomas Willis**, *Cerebri anatome, cui accessit nervovum descriptio et usus* (Lond., 1664), le *Pathologiæ cerebri et nervosi generis Specimen* (Oxon., 1667), le *De Anima Brutorum* (Lond., 1672) présentent, en effet, avec une largeur de vues, une pénétration vraiment géniale des phénomènes de la vie, une ardeur et un enthousiasme d'artiste, toute l'anatomie, la physiologie et la pathologie du système nerveux cérébro-spinal. Que l'on considère la structure, les fonctions ou les maladies du cerveau, surtout les grandes névroses, telles que l'épilepsie et l'hystérie, il n'est pas un point de fait ou de doctrine dans lequel on ne puisse encore démêler aujourd'hui l'influence de Willis, et l'on se persuade sans peine, en relisant les œuvres du vieux maître, que la force vive de son génie n'est pas encore épuisée. Je n'invoquerai à ce sujet qu'un seul fait : Willis, en 1667, dans de longs chapitres d'un traité de pathologie nerveuse, établit expressément que l'épilepsie et l'hystérie sont des affections du cerveau (*Pathol. cereb. Specimen*, c. II et c. X). *L'Anatomie du cerveau* est conçue et exécutée comme une anatomie comparée. Car, dit-il, outre qu'on n'a pas toujours sous la main des cervaux humains, pour l'étude journalière du cerveau, pour celle de la structure, de la situation, de la comparaison et de la dépendance de ses parties, « la masse immense du cerveau de l'homme » constitue souvent un empêchement pour l'investigation de cet organe. La zootomie est comme un procédé abrégé et commode de cette étude. « Entre l'homme et les quadrupèdes, voire même les oiseaux et les poissons, il existe une analogie remarquable relativement aux parties principales τοῦ ἐγκεφάλου. » C'est en ce sens que Willis témoigne que, chez le chien, le veau, le mouton, le porc, etc., « la forme et la composition du cerveau diffèrent peu de celles de l'homme, » assertion, en somme, beaucoup plus exacte que celle de quelques cliniciens contemporains qui nient qu'on puisse rien conclure de l'anatomie et de la physiologie cérébrales des mammifères et de certains vertébrés inférieurs à celle de l'homme. Vicq d'Azyr, dans des paroles que nous citerons, devait, plus d'un siècle après Willis, consacrer la doctrine de l'unité fondamentale de composition du système nerveux, doctrine élevée plus tard au-dessus de tout doute par Serres quant à l'anatomie comparée du cerveau dans les quatre classes de vertébrés. Ce qu'il faut retenir ici, c'est que, au moyen de l'anatomie comparée du cerveau, Willis se flattait de découvrir, non seulement « les facultés et les usages » de chaque organe de l'encéphale et de la moelle épinière, mais les traces (*vestigia*), les influences et « les modes secrets de fonctionnement » de l'âme sensitive (*Cer. An.*, 4). En d'autres termes, Willis enseignait que l'anatomie comparée est la condition d'une physiologie plus complète et plus exacte de l'usage des parties (*Ibid.*, 66, c. v. *Volucrum et piscium cerebra describuntur*).

Willis distingue, dans le cerveau et dans le cervelet, deux substances : l'une *corticale*, où s'engendrent les esprits animaux, provenant du sang artériel; l'autre *médullaire*, d'où ces esprits sont distribués au reste de l'organisme, auquel ils communiquent la sensibilité et le mouvement. Ces esprits parcourent d'un cours égal et continu ou d'une manière intermittente et en quelque sorte par accès, dans toutes les directions, les innombrables faisceaux de fibres nerveuses. C'est donc dans la substance corticale elle-même du cerveau et du cervelet que sont créés les esprits animaux (*Cer. An.*, 97, 108, 113, 122, 126, 196; 250; *De an. Brut.*, 75 sq.; *Pathol. cer. Spec.*, 28, etc.); de là ils descendent et s'assemblent dans les régions intermédiaires (*meditullia*) du cerveau et du cervelet, c'est-à-dire dans la substance blanche ou médullaire de ces organes, véritables réservoirs, où « les esprits sont conservés en grande quantité pour servir aux fonctions de l'âme supérieure », avant de s'écouler, de ces hautes provinces du système nerveux, dans la moelle allongée, la moelle épinière, les nerfs, et d'être distribués aux muscles, aux membranes et aux viscères, bref, aux organes de la sensibilité, du mouvement volontaire et involontaire et de la vie végétative. La fabrication des esprits animaux dans l'écorce grise du cerveau et du cervelet est une véritable distillation. Le sang artériel, qui est la matière des esprits, avant de devenir, pour ainsi dire, chimiquement pur (*velut in opus chymicum præparatus*), est réparti par les ramifications des vaisseaux sanguins sur les sommets comme dans les vallées des circonvolutions. Ces vaisseaux sont comme des appareils de distillation (*organa destillatoria*) qui, par une sorte de sublimation, doivent séparer du sang « les particules les plus pures et les plus actives ». Aussi Willis compare-t-il les plexus vasculaires de la pie-mère aux méandres si variés et si compliqués, dit-il, aux serpentins des alambics (*Cer. An.*, 97, 111) : ce n'est qu'après avoir traversé ces longs et étroits circuits, où se déposent ses parties les plus grossières, que le sang artériel sort tout à fait pur, élaboré, spiritualisé; la partie du sang appelé *cruor* a été absorbée par les veines, le *sérum* par les glandules mêlées partout aux vaisseaux sanguins de la pie-mère. Ces vaisseaux sont anastomosés dans l'écorce du cerveau : *inter vasa totum ἐγκέφαλον irrigantia communicatio habetur, et licet quælibet arteria ad unicam regionem seu peculiarem sibi provinciam feratur,... tamen ne pars ulla sanguinis influentia privetur ad quamlibet plures viæ — per istorum vasorum inosculationes — patescunt, ita ut si vasa appropriata muneri suo forte defuerint, defectus iste statim ab aliis vicinis compensetur* (*Cer. An.*, 94). Willis, on le voit, est ici encore un précurseur de la doctrine qui a définitivement prévalu et montré, contre Duret et Charcot, que les artères de l'écorce forment un réticulum étendu d'anastomoses. Plus heureux que Haller, Willis avait aussi constaté que la dure-mère est douée d'une sensibilité exquisse (*Ibid.*, 84). Le cerveau proprement dit ne jouit d'aucune motilité, mais la dure-mère et la pie-mère sont sensibles et mobiles. La céphalalgie est due à cette sensibilité aiguë de la pie-mère. Les sinus de la dure-mère, distendus par le sang, fournissent, comme « un bain-marie », la chaleur requise pour la distillation des esprits.

Le tronc commun du cerveau et du cervelet est la moelle allongée (*medulla oblongata est caudex communis*); aussi le cerveau et le cervelet ont-ils été considérés comme des appendices du cordon médullaire. C'est, pour Willis, une erreur; le rôle du cerveau et du cervelet dans la génération et la distribution des esprits animaux démontrant la précellence de ces organes sur la moelle allongée. Le cerveau est le siège de l'âme raisonnable dans l'homme et de l'âme sensitive chez les animaux; il est l'origine et la source des mouvements et des idées (*Ibid.*, 121). Parmi ces fonctions, que Willis distingue, avec Galien, en *animales* et *naturelles*, les unes ont avec le cerveau un rapport direct, les autres un rapport seulement médiat. Aux premières appartiennent ce que Willis appelle *imaginatio*, *memoria*, *appetitus;* aux secondes, purement naturelles, et qui, tout en dépendant du *cerveau* dans une certaine mesure, s'accomplissent dans la *moelle allongée* et le *cervelet* ou en procèdent, la *sensibilité* et le *mouvement*, les *passions* et les *intincts* ou *impulsions*.

Le cerveau est divisé en deux hémisphères, chaque hémisphère en deux lobes, l'un antérieur, l'autre postérieur, dont un rameau de l'artère carotide (la sylvienne) limite « à l'instar d'un fleuve » les deux provinces. La surface tout entière du cerveau, c'est-à-dire « la substance corticale, » les « plis, » inégale et creusée d'anfractuosités, est constituée par des circonvolutions (*gyri* et *circonvolutiones*) qui rappellent celles des intestins (*Cer. An.*, 122). L'écorce du cerveau, grâce à ces replis, « acquiert une extension beaucoup plus grande que si sa surface était plane et égale ». Ces circonvolutions, où rampent les vaisseaux sanguins, peuvent être comparées à des celliers et à des magasins de réserve (*cellulis et apothecis*) dans lesquels sont « conservées les images ou idées des choses sensibles (*sensibilium species*) pour en être évoquées à l'occasion ». Dans l'homme, les circonvolutions sont beaucoup plus nombreuses et plus grandes que chez tout autre animal; « la cause en est dans la variété et la multiplicité de ses fonctions supérieures ». Toutefois ces plis de l'écorce n'ont « aucun ordre déterminé et varient en quelque sorte d'une façon fortuite dans leur disposition pour que l'exercice des fonctions animales soit libre et susceptible de changement et non absolument déterminé » (*Cer. An.*, 125). Ces plis sont beaucoup moins nombreux chez les quadrupèdes, les brutes n'ayant d'autres pensées ou souvenirs que ceux que leur suggèrent leurs instincts et les exigences de la nature. Chez les petits mammifères, chez les oiseaux et les poissons, la surface du cerveau est unie et égale, sans plis ni circonvolutions aucunes : comme ils n'ont qu'un petit nombre d'idées et presque toujours les mêmes, ils ne sont point pourvus de « celliers distincts et à compartiments où se conservent les différentes images et idées des choses ».

C'est donc dans cette écorce grise ou cendrée du cerveau, où le sang artériel afflue constamment par d'innombrables artères, que s'élaborent exclusivement, ou pour la plus grande part, les esprits animaux. Le sang n'irrigue qu'en petite quantité la substance médullaire ou blanche du cerveau, et, sans doute, plus pour y entretenir la chaleur que pour y engendrer des esprits animaux. Cette substance médullaire du cerveau ressemble à celle de la moelle allongée et de la moelle spinale : ces parties ne servent pas à la génération, mais à la distribution et à l'exercice des fonctions des esprits animaux. Toute obstruction de ces parties médullaires détermine en effet une « éclipse » fonctionnelle des parties du névraxe inférieurement situées, privées qu'elles sont de l'influx des esprits. Cette substance médullaire du cerveau et du cervelet, que Willis appelle toujours *meditullium*, que Vieussens nommera le centre oval, est bien plus une sorte d'*emporium* que l'officine des esprits animaux (*Cer. An.*, 126).

La substance médullaire appelée *corps calleux* qui, « couvrant comme une voûte » la surface intérieure du cerveau, « reçoit les filets médullaires de toutes les circonvolutions », semble avoir pour destination d'être l' « emporium public » où affluent de tous côtés et séjournent plus ou moins les esprits animaux récemment produits, à l'état naissant, en quelque sorte, qui commencent à opérer les actes de leurs fonctions, soit qu'ils servent à l'imagination, soit que, pénétrant dans les jambes ou pédoncules de la moelle allongée (*medullæ oblongatæ crura*), ils actionnent, dans la moelle épinière et dans les viscères, les mouvements correspondants aux appétits. Le *fornix*, la voûte à trois piliers ou trigone, constitué de substance médullaire comme le corps calleux dont il semble n'être qu'un processus, entre autres usages posséderait celui-ci : les esprits animaux passeraient en le traversant d'une extrémité du cerveau à l'autre et circuleraient comme par les becs d'un pélican dans la cucurbite de cette manière d'alambic (*Ibid.*, 130). Quant à la *glande pinéale*, elle n'est pas le moins du monde le siège de l'âme. Willis, qui ne prononce guère les noms de ses grands émules dans l'antiquité et les temps modernes, cite bien celui de Descartes, mais seulement à propos des processus nerveux que le philosophe français a considérés comme appartenant à la glande pinéale (*Ibid.*, 31 et 36). Quant à la localisation du siège de l'âme, il se borne à y faire une brève allusion, et ajoute qu'une formation qu'on retrouve plus ou moins développée, dans toute la série animale, depuis les poissons et les oiseaux jusqu'aux mammifères, doit être d'un usage nécessaire pour l'organisme, mais sans rapport aucun avec les fonctions de la sensibilité et de l'intelligence. Les animaux les plus dénués d'imagination, de mémoire, etc., ne laissent pas d'avoir, en effet, une glande pinéale d'un volume souvent considérable au regard de celui de cette glande chez l'homme. Aussi sa fonction ne diffère-t-elle pas, selon Willis, de celle des autres glandes situées à proximité des plexus vasculaires, ici des plexus choroïdes, « pour recueillir et conserver les humeurs séreuses déposées par le sang artériel, jusqu'à ce que les veines les résorbent ou que des conduits lymphatiques les emportent au dehors ».

Les esprits animaux du cerveau ne sont pas plus engendrés dans les plexus choroïdes que dans la glande pinéale ou dans les ventricules. De ceux-ci, à qui tant et de si hautes fonctions ont été attribuées dans l'antiquité et au moyen âge, il n'y a rien de plus à dire, suivant l'expression de Willis, que du vide que les astronomes constatent dans la cavité des sphères. Les esprits animaux, subtils ou volatiles de leur nature, ne sauraient remplir d'aussi grands espaces ouverts : les ventricules sont simplement des cloaques pour les humeurs excrémentitielles du cerveau, rejetées au dehors par *l'entonnoir* (*infundibulum*) et le *pharynx*. Quoique contemporain de Conrad Victor Schneider (1614-1680), qui démontra, anatomiquement et cliniquement, que ces sérosités sont sécrétées, non par le cerveau, mais par les muqueuses nasales, constatation qui devait bouleverser de fond en comble toute la doctrine des anciens sur les maladies catarrhales, Willis croit encore que l'humeur des ventricules cérébraux passe par l'infundibulum pour se rendre à la *glande pituitaire* dont la fonction, comme celles des autres glandes, est de collecter les sérosités superflues de l'organisme. Un autre émonctoire du cerveau, ce sont les *processus mamillaires*, ou nerfs olfactifs, qui, à travers les trous de l'os cribriforme, déverseraient dans les narines les sérosités des ventricules.

Là où le *corps calleux* finit, la *moelle allongée* commence. La moelle allongée remonte, on le voit, très haut dans l'encéphale (*Cer. An.*, c. xiii). C'est une « voie large et pour ainsi dire royale », où coulent toujours abondamment les esprits animaux, nés de leur double source, le cerveau et le cervelet, pour être envoyés de là dans toutes les parties nerveuses du corps entier. Cette voie conduit en droiture à la *moelle épinière*, où elle se termine. Les extrémités supérieures ou le sommet, le faîte des pédoncules de la moelle allongée (*crurum medullæ oblongatæ apices*) sont les deux *corps striés* intraventriculaires, en continuité de tissus avec le *corps calleux*. Les coupes du corps strié présentent des stries médullaires à direction descendante et ascendante (*tractus a cerebro in medullam oblongatam et a medullâ oblongatâ in cerebrum*). Quant à l'usage de ces parties, situées entre le cerveau et l'appendice du cerveau, c'est-à-dire la moelle allongée et la moelle épinière, ce sont de véritables docks (*diversoria*) qui reçoivent et expédient partout les esprits animaux, le lieu où, de tous les organes des sens : vue, ouïe, olfaction, goût, tact, les images ou simulacres des choses sensibles arrivent par le canal des nerfs ; c'est aux corps striés que s'« irradient » toutes les impressions des organes externes et internes, les nerfs, tendus dans chaque sensorium particulier comme de vastes filets, recueillant les particules diffuses des objet sensibles par lesquels sont affectés les esprits animaux qui remplissent et distendent ces tubes (*Cer. An.*, 22, 29, 136-7, 159-61, 212 ; *De an. Brut.*, 104, 160, 164, 169). Qu'une impression optique ou olfactive, par exemple, affecte les organes de la vue ou de l'odorat, elle est transmise aux corps striés, et la perception, ou conscience interne de la sensation, tenue pour extérieure, y a lieu. Selon son intensité, l'impression ou ne va pas au delà des *corps striés* et se *réfléchit* sous forme de mouvements locaux inconscients, ou dépasse les corps striés et atteint l'*écorce cérébrale* à travers le *corps calleux*. Ainsi, dans le sommeil, lorsqu'une douleur se fait sentir sur un point de notre corps, nous portons aussitôt la main au point douloureux et nous le frottons sans en avoir conscience.

L'action réflexe, la chose et le mot, a été nettement observée et décrite par WILLIS : *Motus est reflexus qui a sensione praevia dependens illico retorquetur* (*De motu musculari*. Amsterd., 1682, IV, 28. Cité par CHARLES RICHET).

La situation anatomique des *corps striés*, placés comme des internodes (*internodia*) entre le cerveau et les pédoncules de la moelle allongée, qu'ils réunissent, indique leurs fonctions physiologiques : là retentissent tous les ictus des choses sensibles, transmis par les nerfs respectifs de chaque organe des sens; là a lieu la perception de toute sensation; de là partent toutes les impulsions primitives des mouvements locaux. En d'autres termes les *corps striés* représentent le *sensorium commune*, le πρῶτον αἰσθητήριον d'ARISTOTE. Que les impulsions motrices volontaires partent des corps striés, c'est ce dont WILLIS s'était convaincu en ouvrant des cadavres d'anciens paralytiques : *Deprehendi semper hæc corpora prae aliis in cerebro minus firma*. Si donc l'impression ne dépasse pas ce centre commun des perceptions, les *corps striés*, l'âme rationnelle y peut déjà voir une image de l'objet (*rei iconem ibi depictam*). Mais elle ne la contemple pleinement, cette image, que dans le *corps calleux*, où les simulacres, au sortir des corps striés, sont clairement représentés : *sensui imaginatio succedit*. Là, dans le corps calleux, est l'*imaginatio*, l'ancienne faculté appelée encore φαντασία par WILLIS. A ce niveau aussi, l'image éveillée peut se réfléchir en mouvement en se propageant à la moelle et y exciter, grâce aux états affectifs correspondants, des mouvements locaux. Ici encore WILLIS décrit les *réflexes* et les nomme : *spiritus abinde reflexi, et versus appendicem nervosum reflui*... (*Cer. An.*, 137). Si, au delà du corps calleux, et à travers les tractus médullaires du cerveau, à la manière d'une onde, l'impression sensible que nous avons vue naître et se propager à travers les *corps striés* et le *corps calleux*, gagne l'*écorce cérébrale* et vient en quelque sorte y mourir, comme la vague écumante, des vestiges en restent cachés dans les *plis* de cette écorce, constituant la mémoire et le souvenir. *Inter plicas cerebri memoria et reminiscentia*. L'image s'évanouit (*phantasmate evanescente*), sa trace persiste dans les circonvolutions du cerveau. La mémoire « dépend d'ailleurs de l'imagination », et à tel point qu'elle m'en paraît être uniquement, dit WILLIS, l'action réflexe, *actio reflexa* (*Ibid.*, 187). Le siège de la mémoire est donc, comme celui des représentations, dans le cerveau seulement. La trace ou vestige de l'objet sensible, WILLIS la nomme aussi expressément « image » ou caractère qui s'imprime sur l'écorce du cerveau. Lorsque cette image est « réfléchie » ultérieurement, elle « ressuscite la mémoire de l'objet ». *Toute impression sensible peut donc, en pénétrant dans les plis de l'écorce, y réveiller les images qui y existent à l'état latent* (*species inibi latentes*), si bien que cet éveil de la mémoire, de concert avec l'imagination, peut provoquer les états affectifs et les mouvements locaux qui les manifestent. Si l'objet sensible présent à l'imagination s'accompagne, en effet, du sentiment d'un bien à rechercher ou d'un mal à éviter, aussitôt les esprits animaux d'envoyer les ordres les plus rapides pour l'exécution des mouvements qui doivent suivre. Ainsi les sensations et les images, en ravivant les vestiges de la mémoire, et en provoquant le réveil des états affectifs, émotions et passions, *se réfléchissent* en mouvements locaux qu'exécutent les muscles grâce aux esprits qui s'y portent par le canal de tractus nerveux distincts et spéciaux. En résumé le *sensorium commune*, le lieu de la perception des impressions des sens, est localisé, par WILLIS, dans les *corps striés*, l'*imagination* ou les représentations dans le *corps calleux*, la *mémoire* dans les *plis de l'écorce cérébrale*.

Les *couches optiques*, dont « la substance médullaire commence là où finissent les corps striés », sont simplement, pour WILLIS comme pour GALIEN, les origines des nerfs optiques. La rencontre (*coalitus*) et la séparation ultérieure de ces nerfs a pour but d'identifier l'image visuelle sentie par chacun des deux yeux et d'empêcher qu'elle ne paraisse double. Les *thalami* font partie de la moelle allongée de WILLIS. Après les *thalami* vient la *glande pinéale*, dont nous avons parlé, puis apparaissent les *nates* et les *testes* au-dessus d'un canal étroit et long dont l'extrémité postérieure se termine dans le quatrième ventricule. La structure et les fonctions de ces quatre protubérances ont beaucoup préoccupé WILLIS. Il en donne, à son ordinaire, une véritable anatomie comparée. Ainsi il avait observé que, dans les *nates*, ou tubercules quadrijumeaux antérieurs, la substance médullaire est entourée de substance corticale chez le mouton, la chèvre, le bœuf et la plupart des quadrupèdes, tandis que ces éminences seraient uniquement constituées de substance blanche chez les animaux plus intelligents tels que l'homme, le chien, le renard. Or il est exact que, chez beaucoup de mammifères (herbivores), la couche médullaire superficielle (*stratum zonale*) de la paire antérieure des tubercules quadrijumeaux est si mince que le « tubercule quadrijumeau, qui est blanc chez l'homme, prend chez eux une coloration grise à cause de la substance grise sous-jacente » (Obersteiner). Willis a vu aussi que chez l'homme, cette même paire, « qui est en grande partie médullaire », est moins développée que dans la plupart des mammifères : *Prominentia natiformis quæ in homine minor est et maxima ex parte medullaris* (*De an. Brut.*, tabula V[a] et VIII[a]). Quant aux fonctions de ces éminences, et les *testes* ne sont pour Willis que des épiphyses des *nates*, voici ce qu'il conjecture. Mais d'abord parlons du *cervelet* (*Cer. An.*, c. XV-XVII). Entre le cerveau et le cervelet il n'existe pas des rapports immédiats. Le cerveau, nous l'avons vu, est le siège des perceptions, des images, de la mémoire, c'est-à-dire des fonctions animales supérieures; grâce à l'écoulement des esprits du cerveau dans le système nerveux, nous exécutons des mouvements conscients et dont nous sommes maîtres (*arbitrii*). Au contraire, l'office du *cervelet* paraît être de fournir aux nerfs par lesquels s'exécutent les mouvements involontaires, tels que ceux des pulsations du cœur, de la respiration, de la digestion, de la protrusion du chyle, tous mouvements qui ont lieu régulièrement sans que nous en ayons conscience, ou même malgré nous. Toutes les fois que nous nous disposons à accomplir un mouvement volontaire, il nous semble, écrit Willis, mettre en mouvement les esprits qui résident dans le sinciput et en déterminer l'influx. Mais les esprits qui habitent le cervelet exécutent toutes les fonctions naturelles en silence sans que nous en ayons cure. Le cervelet sert donc à distiller des esprits animaux pour les fonctions involontaires. Aussi, tandis que les *anfractuosités et les méandres du cerveau présentent une diversité pour ainsi dire sans règle*, le cervelet a des plis et des lamelles disposés en un ordre déterminé où se répandent les esprits animaux. Dans le cervelet, comme dans un automate artificiel, ces esprits coulent sans *auriga* qui dirige et tempère leurs mouvements. Aussi Willis croit-il que les esprits nés dans les circonvolutions du cervelet ne doivent être employés qu'à certains usages fixes et déterminés une fois pour toutes. A l'appui il signale la ressemblance ou l'identité de la figure du cervelet chez tous les mammifères. C'est le contraire quant au cerveau et à la moelle allongée. C'est que l'imagination, la mémoire, les passions ne s'exécutent pas de la même manière chez tous les animaux : la conformation du cerveau doit donc différer. Mais les mouvements du cœur et de la respiration sont les mêmes chez tous les animaux à sang chaud : la structure du cervelet devra donc être uniforme. Le cours et la distribution des esprits animaux diffèrent de même dans le cerveau et le cervelet. Dans le cervelet, le flux des esprits allant se distribuer aux nerfs d'actions et de passions involontaires, aux organes de la vie végétative, est égal, constant, ininterrompu. Dans le cerveau, au contraire, le cours des esprits est inégal, inconstant, interrompu, parce que les actes qu'il accomplit ne sont ni constants ni toujours les mêmes. Mais qu'une passion violente, joie ou tristesse, colère ou crainte, vienne à naître dans le cerveau, le pouls et la respiration s'accélèrent ou se ralentissent, leur rythme s'altère, la chylification est troublée, des spasmes ou des paralysies affectent les viscères, les intestins, toujours à notre insu ou même malgré nous. Inversement, certains états de la région précordiale et des viscères peuvent retentir sur le cerveau et y déterminer des réactions aboutissant aux mêmes troubles de sécrétions et des mouvements involontaires, mouvements réflexes, automatiques, dépendant d'une « mémoire naturelle », dont le siège est dans le cervelet (*cerebellum naturalis memoriæ locus est*) (*Cer. An.*, 211), comme le siège de la mémoire acquise ou artificielle est dans le cerveau. Bref, le cerveau est l'organe des fonctions animales et des mouvements volontaires, le cervelet l'organe des fonctions végétatives et le régulateur des mouvements involontaires. Il existe donc des nerfs de mouvements volontaires et des nerfs de mouvements involontaires.

Nous avons dit que, entre le cerveau et le cervelet, il n'y a point, selon Willis, de rapports directs. Par quelles voies, lorsqu'une passion s'éveille dans le cerveau, et que sa représentation grandit, le cervelet en est-il affecté, et, par le cervelet, dont les esprits sont endogènes, les origines des nerfs qui se distribuent aux præcordia, aux viscères, aux muscles de la face, de sorte que les mouvements et les sécrétions manifestent au dehors cette passion?

C'est ici qu'intervient le rôle des *tubercules quadrijumeaux* et de la *protubérance annulaire*.

S'il n'y a point de commerce immédiat entre le cerveau et le cervelet, il en existe un entre le cerveau et les organes de la sensibilité et du mouvement volontaire : il est réalisé par le cours des esprits animaux du cerveau dans la moelle allongée. Mais, parmi ces mouvements, il en est qui, destinés au cervelet, doivent s'écarter de la voie de la moelle allongée : ce sont les mouvements destinés à être transmis au diaphragme, aux hypochondres, aux viscères, aux entrailles, au cœur, etc., dont les changements, sous l'influence des états mentaux, retentissent sur le cours et la composition du sang; bref, sur toute l'économie. Inversement, les affections des viscères retentissent sur le cerveau. Ce *détour* du courant direct du cerveau à la moelle allongée, détour nécessaire pour que les sensations externes et les mouvements volontaires ne troublent pas l'exercice des mouvements involontaires, a lieu par les *éminences quadrigéminées*, reliées au *cervelet* par des pédoncules. Sur la planche III de son *Anatomie du cerveau*, Willis a indiqué les processus médullaires qui montent obliquement des *testes* au *cervelet* et entrent dans la constitution de sa substance blanche, ainsi que la commissure de ces pédoncules au moyen d'un autre processus transverse. Sous l'influence de cette projection indirecte, les esprits endogènes du cervelet, destinés aux fonctions dites vitales ou purement naturelles, entrent en branle et déterminent l'activité des organes de ces fonctions.

Mais les tubercules quadrijumeaux ne servent pas moins à la projection inverse des affections et des impulsions naturelles au cerveau par l'intermédiaire du cervelet; alors naissent les appétits correspondants qui se réfléchissent en mouvements locaux appropriés. *Cum in fœtu recens edito stomachus præ fame latrat, hujus instinctus, nervorum ductu, ad cerebellum, et exinde per medullares processus ad has protuberantias defertur, atque spiritus, ibi degentes, impressionis ideam formant, illamque ad cerebrum transferunt, in quo statim, sine prævia quavis notitia aut experientia, ejusmodi animæ conceptus excitantur ut animalcula quævis statim ubera materna exquirant.* Les tubercules quadrijumeaux sont ainsi secondairement affectés par les états du cœur et des viscères qui retentissent sur le cervelet et ils communiquent ces affections au cerveau. Inversement encore, ils transmettent aux organes thoraciques et abdominaux, toujours par l'intermédiaire du cervelet, les passions et les états affectifs du cerveau. Ainsi sont effectués les rapports mutuels, quoique indirects, du cerveau et du cervelet. L'union du cerveau et du cervelet est réalisée par les tubercules quadrijumeaux. Le cerveau doit beaucoup au cervelet, car l'intelligence, c'est-à-dire, en dernière analyse, les esprits animaux issus du sang artériel, dépend des fonctions et des organes de la vie végétative (*Cer. An.*, 220).

Les *tubercules quadrijumeaux* sont un appendice antérieur du *cervelet*, la *protubérance annulaire* en est l'appendice postérieur (c. XVIII). Les fonctions de la protubérance annulaire sont donc identiques à celles des *nates* et *testes*. C'est dire que cette région de l'encéphale sert, d'une part, à transmettre du cervelet aux organes de la vie végétative les effets des différents états affectifs nés dans le cerveau, d'autre part, à propager jusqu'au cervelet les modifications fonctionnelles des vicères des parties moyenne et inférieure de l'abdomen, modifications qui, par l'intermédiaire des *nates* et des *testes*, affectent finalement le cerveau. Les esprits logés dans la protubérance annulaire sont surtout destinés à transmettre aux régions précordiales et viscérales les mouvements intestins des passions. C'est ce qui paraît bien par les fonctions des nerfs qui sortent de la protubérance et du cervelet : 1° les *nerfs pathétiques*, ou de la quatrième paire, par lesquels les mouvements des yeux, ternes ou brillants, se montrent dans une si étroite sympathie avec les affections pénibles ou agréables de la poitrine et des vicères, telles que la douleur, la tristesse, la colère, la haine ou la joie et l'amour; bref, avec les passions et les instincts naturels; 2° les nerfs de la cinquième paire, dont les branches se distribuent aux yeux, aux narines, au palais, aux dents, à la face, à la bouche, etc.; 3° les nerfs moteurs des muscles es yeux ou de la sixième paire; 4° le *nervus auditorius* ou de la septième paire, constitué par deux nerfs jusqu'à un certain point distincts : l'un mou, de nature sensorielle; l'autre dur, moteur, et qui se distribuent à des organes différents (*Cer. An.*, 209, 274, 286 sq.); 5° le nerf vague ou de la huitième paire. Tous ces nerfs, conformément à la nature de la source d'où ils tirent leurs esprits, c'est-à-dire du cervelet, ne président qu'aux actes involontaires du sentiment et du mouvement.

Willis, en se fondant sur ce qu'il avait observé en disséquant l'encéphale des différents animaux, s'élève aux plus hautes généralisations de la physiologie des parties de cet organe, en particulier des tubercules quadrijumeaux et de la protubérance annulaire. Vraies ou fausses, ces hypothèses physiologiques ont toujours leurs racines dans l'anatomie comparée, et, quand cela est possible, sont vérifiées par l'embryologie, l'anatomie pathologique et la clinique. Si les fonctions de la protubérance annulaire et des tubercules quadrijumeaux sont celles qu'il leur attribue, Willis en cherche la démonstration dans les rapports relatifs de structure (surtout de volume) et de fonctions de ces mêmes organes chez les différentes espèces des mammifères (*Cer. An.*, 31-35, 225-6). Si les passions de l'homme possèdent le plus de force et d'impétuosité, sa protubérance devra être beaucoup plus grosse que celle des autres animaux, et c'est ce que Willis constate en effet. Après l'homme, vient à cet égard le chien, le chat, le renard; dans le veau, le mouton, la chèvre, le lièvre et les autres animaux de mœurs douces, cet appendice inférieur du cervelet est très petit. Inversement, les *nates* seront plus développées chez les brutes impulsives, veaux, moutons, porcs; elles seront petites chez les animaux susceptibles de dressage et d'éducation, tels que l'homme, le chien, le renard. Willis peut donc déjà formuler la loi suivante : Parmi les animaux, ceux chez qui l'instinct prédomine, et qui ont peu de passions (moutons, bœufs, chèvres, porcs), possèdent une *protubérance annulaire* petite et des *nates* et *testes* très grosses; le rapport inverse existe chez les mammifères dont l'intelligence l'emporte sur l'instinct et qui ont beaucoup de passions. Cette loi, Willis l'avait également trouvée exacte chez le singe; car, en disséquant un cercopithèque, les *nates* et les *testes* et la protubérance annulaire lui apparurent de tous points ressemblant à celles de l'homme quant à la figure et aux dimensions relatives (*Ibid.*, 357). D'après cette hypothèse, à l'inspection du volume relatif des éminences quadrigéminées d'un mammifère, on aurait pu diagnostiquer l'importance des instincts naturels, puisque les tubercules quadrijumeaux sont, selon Willis, les organes principaux des instincts (*præcipua instinctuum naturalium organa*), et que le volume et la complexité de ces organes, comme ceux de tout autre organe, doivent être en rapport avec leur activité fonctionnelle. Willis avait fait les mêmes remarques sur les dimensions comparées de la *glande pituitaire* chez les diverses espèces de mammifères (*Ibid.*, 54-55); il avait noté aussi que les processus mamillaires, ou nerfs olfactifs, sont beaucoup plus ténus chez l'homme que chez les quadrupèdes doués d'un odorat supérieur. Les *corpora pyramidalia*, qu'il suppose être des manières de tuyaux de décharge par lesquels s'écoulent les esprits surabondants dans le réservoir annulaire, lui ont paru, dans la série, posséder un volume en rapport avec celui de la protubérance annulaire (*Ibid.*, 230). Il compare très bien la substance blanche du cerveau et du cervelet et le tronc de l'encéphale à une vaste mer (*æquor diffusum*) où les esprits affluent et se rassemblent avant de s'écouler, soit d'une manière continue (cervelet), soit d'une façon intermittente (cerveau) dans les innombrables canaux de la moelle allongée et de la moelle épinière. Le reflux des esprits vers le cerveau par les canaux des nerfs est la condition des sensations. La moelle épinière en particulier est le « canal commun » par lequel s'écoulent dans les nerfs les esprits émanés de l'encéphale : elle augmente de volume dans les parties où les canaux de décharge sont en plus grand nombre, c'est-à-dire aux renflements « brachial et crural » (*Ibid.*, 233). Les substances corticales du cerveau et du cervelet sont comme les racines d'où sort le tronc de l'arbre médullaire, dont les rameaux, les ramuscules et les dernières frondaisons sont les *nerfs* et les *fibres*.

Les esprits, condition de la sensation et du mouvement, en pénétrant jusqu'aux dernières ramifications de cet arbre, coulent de concert avec une autre humeur, *le suc nutritif et nerveux* (*succus nutritivus ac nervosus*), dérivé, comme les esprits animaux eux-mêmes, du cerveau et du cervelet, et également fourni par le sang, mais plus huileux et sulfureux que les esprits animaux, extrêmement volatiles (*Ibid.*, 112, 115, 243, 261 sq.). « La principale fonction de cette humeur (*nervosus humor, liquor*) paraît être de servir de véhicule aux esprits animaux. » La nutrition des parties et leur accroissement dépendent de ce suc qui, par la canalisation des nerfs, irrigue tout le système nerveux. Dans la paralysie, l'atrophie musculaire succède rapidement à la perte du mouvement et de la sensibilité. La matière nutritive est distribuée par les artères dans toutes les parties du corps : la conversion de cette matière en nutriment et son assimilation ont lieu au moyen du suc nerveux, considéré par Willis comme un ferment. Le sang ne possédant point d'esprits animaux ne fournit ainsi que la matière de la nutrition : le suc nerveux en réalise la forme.

Il nous faut mentionner au moins encore une théorie qui, comme un rejeton sorti de la racine du vieux tronc centenaire des doctrines de Thomas Willis, est aujourd'hui en pleine fleur, celle de la *décharge nerveuse*. Toute la doctrine des spasmes et convulsions est fondée, chez Willis, sur « la vertu élastique ou explosive des esprits animaux » (v. *Pathol. cer. Specimen*). D'ailleurs le mouvement normal et régulier du muscle dépend, aussi bien que les contractions spasmodiques, de cette explosion qu'il compare à l'effet de la poudre à canon. Le mot et la chose étaient alors insolites en philosophie et en médecine : Willis invoque le haut patronage de Gassendi. Énumérant les preuves qu'on peut alléguer pour montrer que l'âme est « une certaine espèce de feu (*quamdam ignis speciem*), » Gassendi parle, en effet, de la « force et de l'efficace qu'une chose si ténue qu'est l'âme a pour mouvoir une masse si grande qu'est le corps ». A ce propos, il admire fort que la masse immense du corps d'un éléphant soit mue par une substance si substile que, l'animal mort, on ne saurait dire ce qui en est sorti. « Cette force, ajoute-t-il, semble être particulière au feu ; elle se fait surtout voir dans la flamme qui jaillit de la poudre à canon enflammée (*quæ excitatur ex pulvere pyrio*), ou qui, dans le canon, tout en faisant reculer la pièce, pourtant d'un si grand poids, lance au loin le boulet, et avec une telle vitesse, malgré la pesanteur du projectile (*dum simul globum adeo gravem perniciter adeo antrorsum explodit*) (Pierre Gassendi, *Physicæ sectio* III, lib. 3, c. 3, *Quid sit anima bruturum. Opera*, Lugd., 1658, in fol., II, 250). Ainsi toute la pathologie des affections convulsives repose sur la *théorie de l'explosion des esprits animaux*, ou, comme nous dirions, de la décharge nerveuse, aussi bien d'ailleurs que la physiologie des mouvements. Érasistrate, au témoignage de Galien, parlant des convulsions de l'hystérie (*Des lieux affectés*, VI, V, Kühn, VIII, 429), expliquait le mécanisme des spasmes par une sorte de pléthore des muscles remplis d'esprits animaux (ἐκ τοῦ πληροῦσθαι πνεύματος) : sous l'influence de cette fluxion, « les muscles s'étendent en largeur, mais diminuent de longueur, et, pour cette raison, se rétractent ». Le siège ou la lésion primitive de l'épilepsie n'est point, selon Willis, ainsi qu'on l'avait soutenu, dans les méninges ni même dans la substance blanche du cerveau, mais dans les esprits animaux qui habitent cet espace intermédiaire entre l'écorce et les ganglions centraux que Willis nomme toujours *cerebri meditullium*. La cause de l'attaque (*paroxysmus epilepticus*), ce sont les explosions désordonnées de ces esprits animaux. Or comme ces esprits sont la condition de la conscience, des représentations et des passions, on s'explique « l'éclipse » que subissent alors ces fonctions supérieures. A cette vaste explosion des esprits du cerveau succèdent celles des esprits de la moelle et des nerfs, « prédisposés », chez ces malades, à de semblables explosions, frappés du même degré d'incoordination, de la même « ataxie », dont les décharges éclatent également en mouvements convulsifs. Bref, et par l'effet de cette prédisposition à l'explosivité, à l'instar d'une longue traînée de poudre à canon, la série entière des esprits, tant du cerveau que du reste du système nerveux, fait successivement explosion. Les affections spasmodiques ne procèdent pas toujours d'ailleurs d'une lésion de la tête : elles peuvent être la suite d'une irritation des extrémités périphériques des nerfs, des vers intestinaux, etc. Les doctrines du chapitre X de la *Pathologie du cerveau* de Willis, intitulé : *De passionibus quæ vulgo dicantur hystericæ*, sont tout à fait modernes et même fort en avance sur nombre de traités contemporains de l'hystérie. La maladie ne procède, suivant Willis, ni de l'utérus, ni de son ascension, ni des vapeurs : « Cette prétendue affection utérine est convulsive et dépend surtout d'une altération du cerveau et du système nerveux : elle est produite par les explosions des esprits animaux. » L'origine de cette maladie, dit-il encore, doit être cherchée dans les affections du cerveau (περὶ τὸν ἐγκέφαλον), telles qu'une peur, un violent chagrin ou quelque autre passion affectant particulièrement les esprits du cerveau. Cette « diathèse convulsive », spasmodique, l'hystérie, est un mal qui ne s'observe pas seulement chez les femmes; les hommes en sont aussi frappés.

IX. Marcello Malpighi (1628-1694). — **Malpighi** me semble avoir écrit les pages les plus solides sur la structure de l'écorce du cerveau. Mais il faut avoir bien présente la lettre même de son texte et ne pas faire de ce grand anatomiste un précurseur de la théorie cellulaire, ni lui attribuer la découverte des cellules nerveuses de l'écorce. Comparé à WILLIS, dont la grande imagination, l'éclat du style et la profondeur des pensées font songer à SHAKESPEARE, MALPIGHI, d'un esprit philosophique médiocre, est déjà précis, exact et clair comme un histologiste contemporain : il possède à un degré éminent la finesse et la force du génie italien. Dans sa Réponse à FRACASSATUS, MALPIGHI estime déjà que la substance corticale du cerveau est un parenchyme particulier formé de petits pores qui servent comme de crible pour séparer d'avec le sang le sérum coagulable. Mais au cours de nouvelles dissections il acquit, dit-il, une connaissance plus précise de cette substance, et, quoiqu'il ignorât toujours la structure extraordinairement fine et délicate de cette matière, « par laquelle la nature réalise les plus grandes choses », voici ce qu'il vit à l'aide du microscope (*De viscerum structura. Exercitatio anatomica*, Amstelod., 1669). L'écorce du cerveau et du cervelet est un amas de petites glandes; ces glandes, entassées dans les circonvolutions, constituent la surface extérieure du cerveau. Dans ces circonvolutions, en forme d'anses intestinales, se terminent les racines blanches des nerfs ou, si l'on aime mieux, ces racines en sortent (47). Sur ce point, MALPIGHI, qui se décidera pour la dernière hypothèse au point de vue physiologique, ne rejette pas entièrement la première au point de vue anatomique. On a longtemps disputé, dit-il, de la véritable origine de la moelle épinière et des nerfs. Après PLATON, MALPIGHI avait répété que le cerveau est un appendice de la moelle épinière dont les faisceaux remontent en rayonnant jusqu'à l'écorce du cerveau. Les petits cerveaux et les larges cordes dorsales des poissons l'avaient affermi dans cette doctrine. « Le corps calleux, écrivait-il en 1667 (*Transactions philosophiques*, dans *Collection académique*, II, 1755), n'est qu'un tissu de petites fibres qui sortent de la moelle épinière et viennent se terminer dans la partie extérieure du cerveau », c'est-à-dire dans l'écorce, que MALPIGHI avait trouvée « plus molle » que la partie interne. Mais VAROLE (1543-75) avait prouvé, au moyen d'un artifice de dissection, que la moelle épinière procédait du cerveau et du cervelet. MALPIGHI écrit pourtant encore : « La moelle épinière est un faisceau de nerfs qui, en formant le cerveau, se divise en deux parties par l'enroulement desquelles sont produits les côtés des ventricules et elle se termine dans l'écorce (*tandem in corticem definit*), où les extrémités des racines des nerfs s'implantent (*in quo extremæ nervorum radices implantantur*) dans les grappes minuscules de ces glandules », c'est-à-dire dans l'écorce cérébrale (59). Toutefois il sort aussi des nerfs de ces glandules : « c'est pourquoi, encore que les fibres des nerfs optiques semblent se diriger en avant dans le cerveau et le cervelet, pourtant, comme elles adhèrent fortement aux éminences corticales des ventricules, il y a apparence qu'elles y ont en quelque manière leurs racines. »

Les *glandules corticales* constituant les circonvolutions du cerveau sont de forme ovale; aplaties par les autres glandules qui les pressent de tous côtés, elles présentent des angles obtus ; les espaces interglandulaires sont à peu près égaux. La face externe de l'écorce est recouverte par la pie-mère dont les vaisseaux sanguins pénètrent profondément dans les circonvolutions. La partie interne ou inférieure de chaque glandule émet une fibre blanche, nerveuse (*fibram albam, nerveam*), qui en est comme le vaisseau propre (*veluti proprium vas*); la claire transparence de ces corpuscules permet de s'en assurer. De toutes ces fibres assemblées en fascicules résulte la substance blanche médullaire du cerveau (*alba medullaris cerebri substantia*). La structure de l'écorce cérébrale, MALPIGHI la compare à celle d'une grenade : les glandules du cerveau sont unies et pressées entre elles comme les grains d'une grenade, et les fibres qui sortent de chacun de ces grains présentent l'image de celles qui forment la substance blanche du cerveau. De même, les dattes représenteraient assez bien cette architecture élémentaire de l'écorce. L'écorce du cerveau des poissons et des oiseaux offre la même structure, de sorte que celle-ci est « la même chez tous les animaux ». La technique microscopique de MALPIGHI pour l'étude de ces glandules était de les examiner, non pas sur un cerveau frais, mais cuit (*in cocto cerebro*, 48, 55). Toute section transversale d'une circonvolution du cerveau ou du cervelet permet alors de voir les fibres médullaires, ou vaisseaux propres des glandules, sortir de ces éléments. La substance corticale des ventricules est de même nature que celle de la surface du cerveau. Il en est ainsi pour la moelle allongée et la moelle épinière. Dans tout le cerveau et le cervelet, si l'on en excepte les fibrilles nerveuses de la substance blanche, il n'y a que des glandules : elles constituent la masse même de l'écorce et « correspondent peut-être à la structure des lobules du foie ». La petitesse de ces glandules échappe d'ailleurs en partie au microscope.

Contre Warthon, Malpighi soutient la nature glandulaire de la portion corticale du cerveau, du cervelet et des ventricules; il en est de même pour la substance grise de la moelle allongée et de la moelle épinière. Ces glandes, comme toutes les autres glandes, doivent avoir des vaisseaux qui leur apportent du sang: le vaste lacis de vaisseaux en forme de rets de la pie-mère irrigue les glandules superficielles de l'écorce et envoie des ramuscules jusqu'au fond des sillons des circonvolutions. « Comme la moitié ou au moins le tiers du sang d'un animal est porté au cerveau, où il ne peut cependant être entièrement consumé, la sérosité la plus subtile est filtrée par la partie extérieure de ce viscère, et, passant alors dans les fibres, elle se porte de là dans les nerfs » (*Collect. acad.*, II, 1755. *Trans. philos.*, 1667). Les « fibres nerveuses ». dont la réunion en faisceaux forme la substance blanche du cerveau et du cervelet, appartiennent, elles aussi, aux vaisseaux (*inter vasorum genus reponendas esse hujusmodi nerveas fibras*), non aux vaisseaux sanguins, mais aux vaisseaux qui assurent la circulation, dans tout l'organisme, d'une humeur appelée *suc nerveux*. Issu des glandules corticales, ce suc nerveux s'écoule dans ces canaux et va se distribuer aux parties. La preuve, c'est que si l'on sectionne une de ces fibres nerveuses, il en sort une notable quantité d'humeur et de suc ressemblant au blanc d'œuf, qui se coagule à la chaleur. Malpighi ne croyait pas possible le reflux de ce sérum dans les nerfs vers le cerveau pour expliquer la sensation. Ces glandules séparent donc un suc particulier et le versent dans les nerfs qui en sortent, « comme il arrive d'ailleurs dans les autres glandes fournies d'un vaisseau ou conduit excrétoire propre ».

Voilà tout ce que Malpighi croyait savoir, au moins comme probable, touchant les fonctions de l'écorce du cerveau. Ce qu'il ajoute est une pure critique des théories qui ont été avancées dans l'antiquité et dans les temps modernes sur l'usage des différentes parties de ce viscère. Il incline à croire, avec Hippocrate, en son traité de la *Maladie sacrée*, que la moindre corruption ou altération de l'air affecte primitivement le cerveau, et cela à cause de l'extrême délicatesse de ses petites glandes. De même, si quelque humeur peccante se mêle au sang, on éprouve des « troubles de la tête, » ainsi que l'a dit encore Hippocrate au livre des *Glandes*. Quand les humeurs deviennent plus épaisses, qu'elles tendent à se coaguler et que le suc nerveux stagne dans la lumière des propres canaux des glandes corticales, il en résulte des affections que Malpighi dénomme *apoplexiæ, aphoniæ, nervorum fluxiones* et *tabes dorsales*. Ce n'est qu'avec d'infinies précautions et une profonde défiance qu'il s'aventure sur le terrain psychologique et toujours en mettant en avant le grand nom d'Hippocrate. On sait que, dans le traité de la *Maladie sacrée*, le cerveau est considéré comme l'organe des perceptions des sens, des passions et de l'intelligence. Malpighi incline donc à croire que c'est dans ces petites glandes que sont séparées du sang les *particules* destinées par la nature à faire naître le sentiment dans les parties où elles se portent par les tuyaux des nerfs. Arrosées et gonflées de suc nerveux, ces parties ont le sentiment et le mouvement. Mais, si le cours du suc nerveux est interrompu dans sa route par quelque obstacle, la partie où le suc s'accumule est le siège d'une sensibilité des plus vives, tandis que dans les parties où ce suc ne se distribue pas, par l'effet d'une ligature ou d'une compression locale, par exemple dans une luxation des vertèbres, la sensibilité et le mouvement sont abolis. Puis, comme s'il ne se sentait déjà plus soutenu et appuyé de l'autorité d'Hippocrate, Malpighi redevient purement critique en ce chapitre de psychologie physiologique et se tourne surtout contre Willis, dont il révoque en doute presque tous les points de doctrine en cette province de la science. Il doute, par exemple, que les esprits animés de mouvements contraires puissent passer par un même conduit, car « ce n'est pas ainsi que la nature agit d'ordinaire ». Supposé même que le suc nerveux pût remonter jusqu'aux glandules de l'écorce, d'où il est auparavant descendu, il paraît tout à fait impossible qu'il atteigne toujours le corps strié, le corps calleux, etc., où Willis avait localisé les sièges de l'imagination, du sens commun et de la mémoire. Malpighi doute encore que les corps striés ou cannelés possèdent deux sortes de fibres à direction opposée, les unes pour percevoir les « impressions ascendantes » des choses sensibles, les autres pour déterminer les impulsions des mouvements de haut en bas, car les fibres qui se réunissent au commencement de la moelle allongée ne nous découvrent pas, dit-il, de routes différentes, qui seraient destinées les unes aux parties supérieures, les autres aux inférieures : toutes ces fibres, issues des glandules corticales, sont uniquement tirées de haut en bas. Mêmes doutes sur la structure de la moelle allongée, où aurait lieu le concours des esprits animaux et pour la perception des sensations et pour les premières impulsions des mouvements locaux. En somme, tous les nerfs naissent du cerveau et du cervelet et portent, de haut en bas, le suc séparé de leurs propres glandes, car il y a dans ces viscères assez de vaisseaux sanguins (artériels) pour fournir une matière abondante du suc nerveux et assez de veines pour en remporter les résidus (*residuum cribrati succi*), après filtration et séparation, comme on l'observe dans les autres glandes.

On voit dans quel sens exact et précis on doit entendre la doctrine qui substitua aux ventricules l'écorce du cerveau pour la fabrication des esprits animaux et du suc nerveux. Chassés des ventricules, les esprits émigrèrent dans les régions les plus élevées du cerveau, et, avec eux, les perceptions des sens, l'imagination ou les représentations, et la mémoire.

X. Raymond Vieussens (1641-1716). — **Vieussens** en sa *Nevrographia Universalis* (Lugd., 1684) distingue très bien les deux substances du cerveau, la « cendrée » et la « blanche », et reproduit presque dans les mêmes termes la description des glandules corticales de Malpighi. Mais il a fait de la substance blanche l'étude approfondie que l'on sait et d'où est sortie notre notion anatomique du *centre ovale*. Grâce à un procédé de durcissement du cerveau, cuit dans l'huile à feu lent (le médecin François Bayle [1622-1709], qui professa à Toulouse, le lui avait enseigné), Vieussens constata très nettement la structure fibrillaire de toute cette masse de substance blanche formant le centre des hémisphères cérébraux et séparant les circonvolutions des corps opto-striés « *alba cerebri substantia, quam passim substantiam medullarem imo et aliquando medullam nominabimus, innumeris e fibrillis simul connexis ac veluti plures in fasciculos distinctis conflatur, quod aparte patet dum hæc in oleo excoquitur* ». Ce procédé de durcissement ne lui réussit pas pour la substance blanche de la moelle épinière, qui, après coction dans l'huile, tombe en poussière sous le doigt et ne peut être divisée en fibrilles, parce que, dit-il, ses fibres sont plus ténues que celles du centre ovale. Mais il se hâte d'ajouter que ces différences n'ont rien à faire avec la nature des substances blanches de la moelle et du cerveau. On peut dire sans doute avec Hippocrate et Galien que la moelle épinière est une production, un prolongement du cerveau : en fait, on ne doit pas croire qu'elle soit produite par le cerveau; elle est simplement en continuité avec le cerveau (*Lib.* II, c. III).

Voici quelles sont, selon Vieussens, les fonctions du cerveau, premier et principal organe des facultés animales, siège de l'âme. Comme la plupart des anatomistes qui l'ont précédé, il voudrait indiquer, au moins à titre d'hypothèse, dans quelles parties du cerveau et comment ces fonctions animales, les plus élevées de l'organisme, sont produites. Et d'abord, de par sa structure, le cerveau est destiné à la production et à la distribution de l'esprit animal, et aussi du suc nerveux. Avant de se diffuser dans l'écorce cérébrale, le sang artériel, qui doit fournir la matière brute en quelque sorte de cet esprit et de ce suc, passe, comme par le serpentin d'un alambic, à travers les artérioles qui rampent de concert avec les veines dans les plexus de la pie-mère. L'esprit animal n'est produit que dans la substance grise ou cendrée du cerveau : les petites glandes qui la constituent sont seules capables de séparer les parties les plus ténues du sang, d'où sortiront les esprits animaux, des plus épaisses. Tout le grand œuvre de la production des esprits et du suc nerveux dépend donc de la fermentation du sang artériel et de la structure de la substance grise du cerveau (113). Le suc nerveux, en particulier, est une humeur aqueuse et très pure, élaborée du sang artériel dans la substance grise du cerveau et de la moelle épinière : il nourrit, et le cerveau lui-même, et la moelle épinière, et le système nerveux tout entier; il forme une sorte d'atmosphère aqueuse à l'esprit animal qui, autrement, emporté d'un mouvement trop rapide, et que Vieussens compare à celui de la lumière, s'évaporerait. C'est grâce à cette association qu'on peut dire que les esprits animaux ne servent pas seulement à la sensibilité et à la motilité, mais aussi à la nutrition, si bien que les parties qui en sont privées, comme dans les paralysies, ne sont point seulement insensibles et inertes, mais atrophiées.

Jusqu'ici, on le voit, ce sont surtout les idées de Willis et de Malpighi qui se rencontrent chez Vieussens. De même pour la glande pinéale : la partie épaisse du suc aqueux et lymphatique du sang artériel montant au cerveau est séparée dans cette glande et dans celles du plexus choroïde, comme dans la glande pituitaire. Pas un mot de l'hypothèse de DESCARTES, quoique VIEUSSENS exalte tel philosophe cartésien comme SYLVAIN REGIS (1632-1707). Mais les recherches de VIEUSSENS sur la direction et les connexions des voies nerveuses dans le cerveau, le centre ovale, la capsule interne et la moelle épinière, sont originales et ont frappé avec raison les anatomistes de notre temps, tels que PITRES (*Recherches sur les lésions du centre ovale des hémisphères cérébraux étudiées au point de vue des localisations cérébrales*. Paris, 1877). En outre, VIEUSSENS est un psychologue d'un fort et subtil génie, et je ne vois pas, en le lisant, qu'il ait rien ignoré des problèmes que nous continuons à envisager, mais avec moins de confiance et de joyeuse ardeur. Les fibres blanches composant la substance du centre ovale dérivent des glandes dont est constituée la substance grise : elles sont « appendues à ces glandes à l'instar de petits vases communicants ». Les esprits animaux élaborés dans l'écorce passent ainsi en partie dans le centre ovale (*ovale centrum*), en partie par les tractus blancs ou stries obliques et transverses qui apparaissent après abrasion de la couche grise superficielle des corps striés antérieurs ou intraventriculaires. Les esprits animaux qui prennent cette dernière route arrivent, par les canaux invisibles des fibres de ces tractus médullaires, au double centre semi-circulaire (*geminum semicirculare centrum*), ou capsule interne, et, de là, dans les « innombrables et très fins tractus » des corps striés postérieurs, ou noyaux lenticulaires; enfin, par ces faisceaux, ils parviennent aux origines postérieures des nerfs spinaux et descendent dans la région *postérieure* de la moelle épinière. Les esprits animaux qui traversent le centre ovale arrivent, par les tractus blancs émergeant des corps striés moyens (*planche* XVI) qui dérivent du centre ovale (pédoncules cérébraux), aux origines antérieures des nerfs spinaux et descendent dans la région *antérieure* de la moelle épinière, où se terminent les faisceaux issus du centre ovale. Toutes ces régions formées de substance blanche, centre ovale, tractus médullaires des corps striés, capsule interne, substance blanche du cervelet, sont des réservoirs (*conceptacula, promptuaria*) d'esprits animaux, dont le cours assez lent augmente de vitesse à mesure qu'il approche du principe des nerfs. VIEUSSENS distingue plusieurs sortes de mouvements, dont l'unique cause sont les esprits animaux produits dans les glandules de la substance grise et conservés dans la substance blanche du cerveau, du cervelet, de la moelle allongée et de la moelle épinière. Les *mouvements involontaires* intrinsèques, et qu'on pourrait appeler automatiques, sont : 1° les mouvements du cœur, du thorax, des intestins, du diaphragme, résultant mécaniquement de la structure des parties et de l'influx de l'esprit animal; ils s'accomplisssent sans qu'aucun ordre de la volonté les précède ou même à l'insu de l'âme; 2° les mouvements intrinsèques accompagnés d'états affectifs, mais qu'aucun ordre de la volonté ne précède non plus et qui sont toujours excités par des objets extérieurs, et qui s'exécutent même malgré l'opposition de la volonté; 3° les mouvements dits *mixtes* qui, s'exécutant comme les actes d'habitude sans ordre préalable de la volonté, peuvent cependant être inhibés à temps par la volonté et modifiés. La cause de ces actes qui, d'abord volontaires, sont devenus involontaires par le fait de la répétition, c'est l'état des voies parcourues (*vias maxime tritas et apertas*). Les *mouvements volontaires* qui, par les nerfs spinaux, font contracter les muscles de la tête, des extrémités et du tronc, viennent de la *région supérieure du centre ovale* et de la capsule interne. Les mouvements involontaires et mixtes dérivent des *parties moyenne et inférieure du centre ovale*, des corps striés inférieurs, des pyramides, des corps olivaires, du cervelet.

Quant aux localisations cérébrales des fonctions de l'innervation supérieure, VIEUSSENS situe la *sensorium commune*, terme ultime et commun des actes des cinq sens, dans les tractus blancs des corps striés supérieur et moyen, comme il s'exprime, et le siège principal de l'*imaginatio* dans le centre ovale. L'étroite connexion anatomique existant entre ces deux parties du cerveau explique les rapports également intimes de la sensation et de l'image consécutive. La sensation précède toujours l'imagination, dit VIEUSSENS, mais, dans la pratique, la sensation et l'image ou représentation diffèrent peu ou même se confondent, « quoiqu'elles soient deux actes parfaitement distincts ». Les mouvements propagés aux corps striés et qui y produisent les sensations s'épuisent dans le centre ovale en y excitant les différents actes de l' « imagination première ». La conception de

Vieussens relative aux deux imaginations (*imaginatio duplex, prima nempe et secunda*) correspond à ce que nous appelons présentation et représentation. La présentation se confond, nous l'avons dit, avec la sensation. Toutes les sensations tendent à produire cette imagination « première » et s'y terminent. La seconde, ou représentation, a lieu à l'occasion des mouvements internes des esprits du centre ovale. Les idées des objets absents sont évoquées et ces objets apparaissent comme s'ils étaient présents, toutefois avec moins d'éclat et d'intensité. C'est, dit Vieussens, que les mouvements qu'excitent dans le centre ovale les objets présents dans le *sensorium commune* sont beaucoup plus grands que ceux qui résultent du seul courant naturel des esprits animaux. Mais la sensation qui avait déterminé et accompagné la présentation ressuscite aussi dans la représentation idéale de l'objet, ce qui explique que le mouvement correspondant excité dans le centre ovale, mouvement nécessairement de même nature que celui qu'y avait produit l'objet réel, se propage au *sensorium commune*. En imaginant ou en nous représentant un corps absent, nous le percevons avec les mêmes qualités sensibles qui le caractérisaient lorsque les sens nous en donnaient la notion. Il en résulte que la sensation paraît *suivre* cet acte de l'imagination seconde, c'est-à-dire la représentation. La mémoire n'est rien de plus que la réexcitation, dans le centre ovale, toujours turgide d'esprits animaux s'écoulant de la substance cendrée du cerveau, de mouvements particuliers et de même nature que ceux qui ont été d'abord excités par les objets présents. La mémoire et les représentations coexistent donc dans la même région du cerveau, le centre ovale. Les innombrables fibrilles de cette substance médullaire sont alors mises en mouvement par les esprits, successivement ou simultanément, par groupes ordonnés en systèmes plus ou moins vastes, mais toujours d'une façon identique et exactement correspondante aux vibrations qui se sont produites à l'occasion de la présentation de l'objet. Vieussens parle de signes ou empreintes (*vestigiorum notæ*) laissés ou imprimés aux fibres du centre ovale, et il attribue la puissance de discrémination qui nous permet d'être affectés de tant de façons par les différences des objets à la ténuité extrême de ces fibrilles. Les propriétés que nous attribuons aux choses sensibles sont ainsi fonction des mouvements de ces fibrilles, et l'idée qui en résulte nécessairement ne peut être qu'une modalité de ces vibrations. Le jugement, et le raisonnement qui le suppose, ont leurs conditions dans les représentations.

L'unité de substance, la constance et l'uniformité de composition des esprits animaux est un point de dogme pour Vieussens. Le *spiritus animalis* est défini une substance immatérielle, très ténue, volatile, présentant en quelque manière le caractère de la « matière éthérée ». C'est à peu près, on le voit, la nature de l'esprit nitro-aérien dont **John Mayow** avait reconnu l'existence dans l'atmosphère et qu'il identifiait avec les esprits animaux. « Les esprits nitro-aériens (l'oxygène de Lavoisier) sont des esprits animaux », dit expressément ce grand chimiste, l'émule et presque toujours l'adversaire de Willis (*Opera omnia medico-physica*. Hagae Comitum, 1681. *Tractatus* IV, *de Motu musculari et spiritibus animalibus*, p. 318 sq.). Les particules nitro-aériennes lui semblaient en effet convenir à la nature des esprits animaux : subtils, élastiques, agiles, elles parcourent en un moment les « filaments des nerfs », et, arrivées aux muscles, elles en déterminent la contraction. « Le sang revenu du cerveau au cœur, dit Mayow, est pour la plus grande partie privé des particules nitro-aériennes qu'il a laissées dans le cerveau et dans le cervelet pour engendrer les esprits animaux (p. 327). » Ajoutons que l'afflux du sang artériel au cerveau ne paraissant pas apporter à cet organe une quantité suffisante d'esprits nitro-aériens pendant la veille, Mayow croyait que, dans le pouls cérébral (*pulsatio cerebri*), la dure-mère imprimait en se contractant une pression sur le sang envoyé au cerveau, dont l'effet était d'exprimer en quelque sorte les particules nitro-aériennes de la masse du cruor dans le cerveau. La dure-mère agissait « comme un autre diaphragme », favorisant la « respiration » du cerveau. C'est même sur ce principe du mouvement des méninges qu'est fondée la théorie du sommeil de Mayow (p. 333). L'apoplexie, enfin, et la paralysie provenaient ou de ce que les particules nitro-aériennes n'arrivaient pas en quantité voulue dans le cerveau (asphyxie) ou ne pouvaient traverser les nerfs altérés dans leur structure.

Vieussens n'ignorait pas plus les doctrines scientifiques de Mayow que celles de Malpighi ou de Willis. Quoique ce qu'il appelle le « suc lymphatique » fût homogène, il ne laissait pas d'y distinguer deux parties : l'une, humide et épaisse, « éparse comme une rosée brillante » dans toute la substance du cerveau, le *suc nerveux;* l'autre, plus sèche, l'*esprit animal*. Or, estimait Vieussens, Mayow paraît avoir prouvé par de très solides raisons et par de belles expériences, son opinion sur la nécessité absolue de l'esprit nitro-aérien pour l'entretien de la vie et la restauration perpétuelle de l'immense consommation d'esprits animaux qui se fait dans l'organisme. Toutefois, outre qu'il maintenait que les esprits animaux n'étaient produits que de la substance grise ou glandulaire du névraxe, Vieussens pensait qu'ils n'étaient pas formés uniquement des particules nitro-aériennes introduites dans le sang par les poumons et portées au cerveau sous l'impulsion du cœur, mais aussi des particules volatiles des aliments (I, c. xviii). Quand l'esprit animal descend, de la substance grise du cerveau, du cervelet, de la moelle allongée et de la moelle épinière, dans la substance blanche, puis dans les nerfs, il ne change pas de nature, que le nerf serve à la sensibilité ou à la sensibilité et au mouvement (*unus et idem nervus*). Le principal usage du nerf, c'est de distribuer, avec le suc nerveux, condition de la nutrition, l'esprit animal aux différents organes du sentiment et du mouvement, aux membranes (peau et muqueuse) et aux fibres musculaires. Ce n'est qu'en tant qu'il dispense l'esprit animal à un organe de sensibilité ou de motilité qu'il pourrait être appelé sensible ou moteur. Par lui-même, le nerf n'est ni l'un ni l'autre. La diversité des fonctions n'implique aucune différence dans les nerfs ni dans l'esprit animal : la diversité des fonctions animales dépend de la structure différente des organes (*actionum animalium diversitas e diversa organorum structura pendet*).

XI. Bontekoë. — Le médecin hollandais **Corneille Bontekoë** (1647-1685) personnifie avec moins de profondeur que de bruit la réaction contre la doctrine des esprits animaux. La doctrine du suc nerveux, par laquelle il la remplace, n'en est pourtant qu'un rejeton d'arrière saison, car c'est toujours le sang, envoyé au cerveau par les principaux organes de la circulation, le cœur et le poumon, qui reste la matière du suc nerveux. « Les anciens et la plupart des modernes se sont imaginé qu'il y avait des *esprits animaux*. Mais, après que les *esprits naturels* et *vitaux* se sont dissipés, nous estimons que les *esprits animaux* doivent aussi disparaître. » (*Nouveaux éléments de médecine ou Réflexions physiques sur les divers états de l'homme*. Paris 1698. Trad. du hollandais, i, xxv, 105.) Willis n'a pas seulement eu grand tort, au dire de Bontekoë de faire du suc nerveux le simple véhicule des esprits animaux, « ce qui est aussi peu raisonnable que de prendre de la fumée pour de l'eau » : l'opinion du savant anglais à cet égard est tout à fait « absurde, et elle entraîne après elle les plus grossières erreurs du paganisme. Outre que l'on peut dire qu'elle est montée sur les trois échasses de l'âme *raisonnable, sensitive* et *végétative*, ce qui passe dans ce siècle pour l'aveu d'une honteuse ignorance qui ne mérite pas de réplique (p. 156). » Descartes et son hypothèse des fonctions de la glande pinéale n'ont point trouvé grâce non plus devant l'ardent et bruyant apôtre de l'eau de thé. Mais ses instincts étroits et bornés de cause-finalier, son goût des nouveautés et sa haine de la tradition, l'inclinaient décidément du côté du philosophe; il était cartésien et se faisait fort de démontrer mécaniquement « que les animaux n'ont point de sentiment ». « Dans le cerveau (substance corticale et moelle du cerveau), il n'y a autre chose que des *sucs*, des *glandes* imperceptibles et des *tuyaux* fort déliés. » Ce suc, très subtil, chaud, animé d'un mouvement très rapide, peut se répandre « comme un éclair » dans tout le corps par le moyen des nerfs; ce n'est ni un feu, ni une lumière ainsi que Willis et quelques autres l'ont imaginé (Mayow avait déjà ruiné cette hypothèse) : « Ce suc est composé, affirme Bontekoë, des parties les plus fines du sel volatile dissoutes dans une eau très subtile, lesquelles sont continuellement séparées du sang par les glandes de la substance corticale du cerveau ». Une autre grande erreur de Willis, c'est d'avoir considéré comme « premiers moteurs » des mouvements de l'organisme les esprits animaux ou le suc nerveux : le suc nerveux emprunte uniquement au sang son mouvement; les mouvements de tous les muscles s'exécutent par l'influence du suc nerveux et du sang qui y coulent. Car « nous savons par l'anatomie, poursuit Bontekoë, avec son assurance ordinaire, que les nerfs ne sont pas composés de fibres, mais qu'ils sont des tuyaux qui laissent couler le suc nerveux avec beaucoup de rapidité jusqu'à leurs extrémités... » Ici se présente une hypothèse que Bontekoë déclare naturellement « très bien fondée, parce qu'elle explique tous les phénomènes », et que, déduite de la circulation du sang, elle est, dit-il, établie sur la structure du cerveau, des nerfs et des organes des sens. En tout cas, elle jette une nouvelle lumière sur un côté assez obscur de la physiologie du système nerveux chez les anciens et les modernes, et que DESCARTES lui-même n'avait guère éclairé : le mécanisme de la transmission centripète des impressions périphériques de la sensibilité générale et spéciale. Puisque tout est plein de suc nerveux dans les organes des sens comme dans les nerfs, par les canaux desquels ce suc découle du cerveau, non seulement la pression que font les objets extérieurs sur les membres, c'est-à-dire sur la peau et sur les muqueuses, mais l'ébranlement que la lumière communique à la rétine, etc., détermineront un courant centripète du suc nerveux dans ces canaux, jusqu'à sa source, jusqu'au cerveau. « C'est pendant que cette pression se fait que l'on a du sentiment (151-3). » Ainsi, s'il est vrai que le cours du suc nerveux se fait du cerveau jusqu'aux extrémités des organes, il n'est pas moins vrai que, sous l'action d'une pression extérieure, les courants du suc nerveux refluent vers le cerveau et l'ébranlent; et, comme tout est pareillement plein dans le cerveau, il est d'une conséquence infaillible qu'il arrive une nouvelle détermination au suc nerveux pour couler vers certains muscles ou dans certains viscères, et cela d'autant plus que la pression extérieure sera forte, que les voies seront plus ouvertes, et qu'il s'y trouvera moins d'obstacle au passage du suc nerveux. Voilà donc une explication des courants centrifuges et centripètes au moyen des « ondulations » du suc nerveux « dans les tuyaux qui composent la moelle » du cerveau et du système nerveux tout entier. Mais est-il nécessaire d'admettre que, en arrivant au cerveau, ces ondes de pression, déterminées dans les différents organes périphériques des sens sous l'action des changements du monde extérieur, concourent et se réunissent en un *sens commun?* BONTEKOË n'a pas manqué d'envoyer une dernière ruade à l'antique doctrine aristotélicienne du *sensorium commune* : « Ce serait quelque chose de plaisant, écrit-il, que ce sens commun dans lequel se ferait la vue, l'ouïe, l'odorat, le goût et tous les autres sens (il en admet huit, ajoutant aux cinq sens la faim, la soif et la « volupté génitale »). Disons donc que chaque organe, étant touché par les objets extérieurs, occasionne un reflux du suc nerveux jusque dans le cerveau *à l'endroit d'où partent les nerfs.* » Ce qui, après tout, n'était pas trop mal raisonner.

XII. Hermann Boerhaave (1668-1738). — **Boerhaave**, dont l'heureux génie fut surtout fait de méthode et d'ordre lucide, parvint presque à renouveler la doctrine du *sensorium commune* en invoquant deux hypothèses anatomiques dont le tour élégant et ingénieux a séduit quelques médecins du XVIIIe siècle. Le *sensorium commune* est la partie du cerveau où tous les points de cet organe se trouvent rassemblés, où tous les nerfs du sentiment se terminent, d'où partent tous les nerfs moteurs. Dans toute affection de l'âme, BOERHAAVE distingue : 1° la représentation de la chose qui est hors de nous; 2° l'idée qui accompagne (*comes*) cette représentation, laquelle exprime la chose et fait naître l'affection de l'âme; 3° les mouvements des muscles tendant à conserver le bien-être, à écarter le mal-être. Le siège des affections de l'âme est donc « où l'objet externe a donné le premier sentiment intérieur de lui-même (*primam sui conscientiam*) » : là est le *sensorium commune* et de ces affections et de toute perception des sensations. Le *sensorium* est donc la partie du cerveau où se terminent les sensations ou actions de tous les nerfs, provoquées dans chaque organe des sens par les impressions des choses extérieures, où la perception de ces actions a lieu, où la volonté est déterminée à l'amour ou à la haine. Là naît ce que BOERHAAVE appelle encore, d'un mot employé par HIPPOCRATE, τὰ ἐνορμῶντα (qu'on traduit par *impetum faciens*), principe d'où partent tous les mouvements allant aux muscles volontaires. Quant à la localisation de ce *sensorium commune*, BOERHAAVE inclina d'abord à le situer, avec VIEUSSENS, dans le centre oval. Ce *sensorium* semble avoir des territoires différents, chaque nerf ayant une partie déterminée du cerveau où résident les idées apportées par ce nerf, celles des odeurs par l'olfactorius, celles des couleurs par l'opticus, celles des mouvements par les nerfs moteurs. Qu'une artère s'étant rompue, un peu de sang se répande dans les cavités des ventricules et comprime « la masse de moelle faite en voûte qui environne ces cavités », comme GALIEN ne l'a pas mal indiqué, il y aura une apoplexie, et dès lors plus de perceptions, plus d'idées, plus de passions, plus de mouvements des muscles. Le siège de l'âme n'est donc pas dans la glande pinéale : le moyen de croire qu'une aussi petite partie donne origine à tant de nerfs destinés à tant de sensations et de mouvements différents? Il n'est pas dans la moelle épinière, il n'est pas dans le cervelet : il est dans la substance médullaire disposée en voûte qui environne la cavité des ventricules (*in fornicata medulla circumstante cavitatem ventriculorum cerebri*) ». (*Prælectiones acad. in proprias Institut. rei medicae edidit.*, Alb. Haller, Göttingæ, 1743, iv, § 574.) Mais plus tard, Boerhaave localisa ailleurs le siège du *sensorium commune* chez l'homme. Dans les *Prælectiones academicæ de morbis nervorum* (Ludg. Batav., 1761, ii, 492), où il témoigne avoir constamment sous les yeux de l'esprit, en parlant, les planches anatomiques d'Eustachius, de Vieussens, de Willis, Boerhaave arrive à se convaincre que le *sensorium commune* ou, comme il s'exprime, *illud movens et sentiens universale*, loin d'être confiné en un point du cerveau, est à l'origine de tous les nerfs. Des point de ce genre, il y en a autant qu'il y a de millions de millions de nerfs. Le *sensorium commune*, c'est l'ensemble de tous les points du cerveau où, de l'écorce cérébrale, naît une fibre médullaire et nerveuse ; il se compose de « tous les points où finit l'écorce et où commence la moelle du cerveau (*omnia loca ubi finitur corticalis fabrica et ubi inchoatur primordium medullæ constituunt hanc partem*). Ce sont les vivisections de Wepfer qui ont amené Boerhaave à cette manière de penser. Si, après avoir enlevé le crâne et sectionné la dure-mère d'un animal vivant, on lèse l'écorce de toutes les manières, si on la pique, si même on la détruit en grande partie, à peine survient-il quelque changement : mais, dès qu'avec l'extrémité mousse d'une sonde on touche l'origine de la substance blanche du cerveau, des convulsions intenses éclatent. Dans les conditions ordinaires, cette expérience réussit toujours et de la même façon. Voilà qui semble prouver, estimait Boerhaave, que le *primum sentiens* et l'*impetum faciens* sont localisés dans l'écorce tout à proximité de la substance blanche.

XIII. La Peyronie. — C'est encore la question du siège des fonctions de l'âme dans le cerveau qui, durant de longues années d'observations cliniques, en particulier de chirurgie cérébrale, a produit le beau mémoire de **La Peyronie** (1678-1747), dont le retentissement fut si grand, au dernier siècle, chez les médecins et les philosophes. Aussi bien notre étude actuelle des localisations fonctionnelles du cerveau répond au même ordre de préoccupations; elle ne diffère si profondément des essais empiriques des anciens et des modernes en pareille matière que par la nouveauté des méthodes dont le principe remonte à la grande découverte de Fritsch et de Hitzig en 1870. C'est, on le sait, dans le corps calleux, « ce petit corps blanc, un peu ferme et oblong, qui est comme détaché de la masse du cerveau et que l'on découvre quand on éloigne les deux hémisphères l'un de l'autre », que La Peyronie situa son fameux siège de l'âme. Il se décida pour cette hypothèse, non pas, comme Descartes, pour des considérations tirées de l'inspection de la partie, mais « d'après les faits et par voie d'exclusion ». Ces faits, recueillis en grand nombre au cours d'une longue pratique par ce chirurgien, établissent, selon lui, que toutes les parties de l'encéphale, écorce du cerveau, glande pinéale, tubercules quadrijumeaux (*nates et testes*), corps cannelés ou striés, couches des nerfs optiques, cervelet, peuvent être altérées ou détruites entièrement sans qu'apparaisse « aucune lésion des fonctions de l'âme », c'est-à-dire des sensations, des pensées et des mouvements volontaires. La glande pinéale, par exemple, a été trouvée absente dans certains sujets; chez d'autres, elle apparut à l'autopsie « oblitérée, pétrifiée, pourrie », sans que les fonctions de l'âme en eussent souffert pendant la vie. Une première conclusion, c'est que « l'âme ne réside pas dans toute l'étendue du cerveau », et qu'aucune des localisations proposées n'est la vraie. Ce n'est pas que celle que produit à son tour La Peyronie soit nouvelle : « Il n'y a, dit-il, en parlant du siège de l'âme, aucun recoin dans le cerveau où on ne l'ait supposé. » Mais il existe une partie de ce viscère, le corps calleux, qui, à la différence de toutes les autres, ne saurait être lésée le moins du monde sans que les opérations de l'âme ne soient troublées ou ne cessent totalement; il y a même tels cas où ces fonctions ont pu être alternativement et comme à volonté, de la part du chirurgien, suspendues ou rétablies. La raison et l'insensibilité du malade s'éclipsaient ou reparaissaient tour à tour (Obs. X) : « Dès que le pus (il s'agissait d'un abcès) qui pesait sur le corps calleux (face externe ou supérieure) fut vidé, l'assoupissement cessa, la vue et la liberté des sens revinrent; les accidents recommençaient à mesure que la cavité se remplissait d'une nouvelle suppuration et ils disparaissaient à mesure que les matières sortaient. L'injection produisait le même effet. *Dès que j'en remplissais la cavité, le malade perdait la raison et le sentiment, et je lui* *redonnais l'un et l'autre en pompant l'injection par le moyen d'une seringue.* Je crois apercevoir plusieurs fois qu'en abandonnant sur le corps calleux le méningophylax à son propre poids les accidents se renouvelaient et qu'ils disparaissaient dans l'instant que je le retirais. » Dans l'observation XI, on voit qu'une simple pression sur la face interne ou inférieure du corps calleux entraînait constamment les mêmes désordres (*Sur le siège de l'âme dans le cerveau. Hist. de l'acad. roy. des sciences*, 1741, 39. *Observations par lesquelles on tâche de découvrir la partie du cerveau où l'âme exerce ses fonctions. Mémoires. Ibid.*, 199). Des observations cliniques recueillies dans ce mémoire et de ces expériences directes sur l'homme, LA PEYRONIE a cru pouvoir conclure que « le *corps calleux* est véritablement cet organe primitif de la raison et des sensations auquel tous les autres ne font pour ainsi dire que porter le résultat de ce qui se passe chez eux et les impressions qu'ils ont reçues des objets, en un mot, le siège de l'âme. » Accessoirement, la question des suppléances cérébrales est déjà traitée par LA PEYRONIE dans les termes de la physiologie du XVIIIe siècle. Dans les cas où, par l'effet de blessures, d'abcès, etc., la substance corticale du cerveau, amas de glandes qui filtrent les esprits, et aussi la substance médullaire constituée par les filets qui partent de ces glandes, conduisant les esprits dans l'intérieur du cerveau, ont été détruites dans une étendue plus ou moins considérable, « il faut, dit LA PEYRONIE, que le reste de la substance grise ou corticale et les filets ou tuyaux excrétoires *suppléent* au défaut de ceux qui peuvent être détruits... et fournissent une quantité suffisante d'esprits pour toutes les fonctions de l'âme et du corps. » En outre, les filets nerveux qui sortent des glandes de l'écorce ne sont pas destinés à porter directement et immédiatement dans toute l'étendue du corps les esprits nécessaires pour le mouvement et le sentiment. Ce qui le prouve, c'est que les parties du corps qui étaient animées par les parties centrales détruites ne sont pas privées de leurs fonctions. Il paraît donc probable à LA PEYRONIE que ce que nous appelons les faisceaux de projection représentent en quelque sorte deux voies nerveuses : l'une primitive, l'autre secondaire. Les premiers forment le tissu compact de la substance blanche de l'intérieur du cerveau, du cervelet, de la moelle allongée et de l'épine : ces régions du système nerveux sont les principes des « nerfs secondaires », des vrais nerfs qui portent, directement et immédiatement, le sentiment et le mouvement dans toutes les parties du corps. BONTEKOE, J. MARIA, LANCISI ont également considéré le corps calleux comme le siège des perceptions et le principe des mouvements volontaires. Les expériences de ZINN, de HALLER, de LORRY, ne confirmèrent pas cette hypothèse.

XIV. Lorry. — **Lorry** (1725-1785), dans les recherches qu'il institua sur le cerveau des animaux vivants pour y découvrir « la source du sentiment et du mouvement », a trouvé, on le sait, « la substance de ce viscère absolument insensible ». J'ai fait souvent, dit-il, différentes tentatives pour irriter, et sa substance corticale, et sa substance médullaire, soit avec des liqueurs irritantes, soit avec des instruments tranchants ou contondants, mais inutilement, « M. GEOFFROI, de l'Académie des sciences, qui m'a fait l'honneur de vouloir bien contribuer à mes expériences, a vu comme moi de l'eau seconde, mise sur le cerveau d'un pigeon, changer, et la couleur du sang, et la substance du cerveau sans y exciter la moindre impression de douleur, sans même que l'animal parût en avoir la moindre sensation. » (*Sur les mouvements du cerveau.* Second mémoire. *Sur les mouvement contre nature de ce viscère et sur les organes qui font le principe de son action. Mémoires de mathém. et de phys. présentés à l'Acad. roy. des sc. par divers savants.* III, 1760, 352-4, 370, 373, 376-7.) Le cerveau n'est donc pas plus l'organe du sentiment que du mouvement si, par cerveau, on entend les lobes des hémisphères. LORRY, en effet, considérant, avec WINSLOW, la moelle allongée comme « une production commune et un *allongement réuni* de toute la substance médullaire du grand et du petit cerveau », divise en trois parties principales ce qu'il appelle le cerveau : 1° les grands lobes du cerveau; 2° le cervelet; 3° la moelle allongée. Or tout le cerveau n'est pas également l'organe du sentiment et du mouvement. Des parties qui le composent, plusieurs n'ont qu'un emploi subalterne, et il est permis de croire que le cerveau des hémisphères était pour LORRY une de ces parties. Comme, au cours de ses vivisections, il a vu les fonctions « animales » et « vitales » survivre à l'ablation du cerveau et du cervelet, il se persuade que les faits expérimentaux, rapprochés de certaines observations, « ont détruit tous les raisonnements qu'on avait faits sur le cerveau ». Tel, par exemple, le cas du bœuf dont

Duverney apporta le cerveau à l'Académie : « Quoique pétrifié dans toute sa substance jusqu'à égaler la dureté d'un caillou, à l'exception d'un peu de substance molle et spongieuse à la base du crâne », ce cerveau avait pourtant servi à ce bœuf pour l'exécution de ses fonctions; ce bœuf se portait bien, était plein d'embonpoint et s'était soustrait quatre fois aux coups des bouchers. « Un seul exemple de cette espèce suffisait, ajoutait Lorry, pour faire écrouler toute une théorie (365). » Dans ses expériences, fort nombreuses, sur la théorie du sommeil et de l'assoupissement, des convulsions de la mort, Lorry apparaît physiologiste instruit, naïf et sagace comme il convient, mais sans méthode. Il a insisté, comme Vieussens, sur la nécessité d'une connaissance approfondie de l'arrangement des fibres dans le cerveau. Il conseille de faire durcir ce viscère dans « moitié eau et moitié eau forte »; après une macération de vingt-quatre heures, ce procédé de durcissement, qu'il préfère à celui de l'esprit-de-vin, donnerait à l'organe une consistance suffisante pour l'étude anatomique. Dans son premier mémoire, présenté en 1751 à l'Académie (*Sur les mouvements du cerveau et de la dure-mère, ibid.*, 277, 1760), Lorry témoigne avoir « toujours trouvé la dure-mère très sensible » (287, 355), et cela après avoir produit toutes les irritations possibles pour s'en assurer. Mais ayant répété plusieurs fois, sur divers animaux, l'expérience de Vieussens, qui consiste à montrer qu'après l'ablation par tranches du cerveau des hémisphères, l'animal tombe dans « l'assoupissement », Lorry a vu, dit-il, positivement le contraire, même lorsqu'il avait réduit « ces lobes du cerveau en une pure bouillie, détruisant toute organisation dans cette masse. » La destruction ou la compression du corps calleux, non plus que celle d'une autre partie du cerveau, ne produisent le sommeil ou l'assoupissement : « Le sommeil ne dépend donc point de l'action des deux grands lobes du cerveau » (354); c'est dans la *moelle allongée* qu'il faut chercher le « siège de l'assoupissement ». Car, quoique dans les expériences de Lorry la compression du cervelet ait paru opérer l'assoupissement, « ce n'était sûrement que par son action sur la moelle allongée ». L'opinion commune, que la lésion ou l'irritation de toutes les parties du cerveau produit des convulsions, n'était pas moins erronée, selon Lorry; il s'en était convaincu. « Le corps calleux lui-même n'a pas plus cette propriété que les autres parties du cerveau. » Entre toutes ces parties, Lorry n'en a découvert qu'une seule dont l'irritation excitât toujours et uniformément des convulsions : c'est la moelle allongée. La moelle allongée est le seul principe du mouvement, comme elle est la source du sentiment. « J'ose me flatter, écrivait Lorry, qu'il est décidé par ces expériences que c'est *la moelle allongée qui est le seul organe actif du cerveau*, que c'est dans la moelle allongée que l'on peut trouver la source du *mouvement* et du *sentiment*. »

XV. Haller. — **Haller** (1708-1777), qui fut avec Boerhaave et Tissot le dernier représentant de la doctrine des esprits animaux, considérait le siège de l'âme, et par conséquent le sensorium, comme « s'étendant aussi loin que la moelle du cerveau et du cervelet, parce que tous les nerfs en naissent » (*Elementa physiologiæ*, Lausannæ, 1762, iv, l. x, sect. viii, § 23, 393). La moelle épinière est volumineuse chez les animaux dont le corps est long et la tête petite, tels que les poissons et les reptiles : le cerveau surpasse à peine en grosseur quelque petit nœud de la moelle dorsale; on s'explique par là que Praxagoras et Plistonicus, blâmés par Galien, aient considéré le cerveau comme un appendice de le moelle épinière. Chez les oiseaux et chez les quadrupèdes, c'est l'inverse, et la moelle épinière semble n'être qu'un prolongement exigu du cerveau (Rufus d'Éphèse). Comme la substance grise corticale du cerveau, ainsi que l'avait constaté Lorry, est tout à fait inexcitable, quelque lésion destructive qu'on lui inflige, il ne paraît pas possible que les fonctions de la sensibilité aient pour siège l'écorce du cerveau et qu'on doive y faire remonter la cause des mouvements des muscles (l. X, sect. VIII, § 23). Dans des expériences célèbres, Haller a pu léser cette substance sans que l'animal donnât aucun signe de réaction. Toutefois, « ayant percé lentement et légèrement la substance corticale avec une sonde, un chevreau ne laissa pas que de faire entendre des cris pitoyables » (Exp. 148). *Non ergo in cerebri cortice sensus sedes erit, aut plena causæ muscularis motus origo.* Comme un grand nombre d'expériences le démontrent, il faut aller au delà de l'écorce, et très loin, pour qu'une lésion de la moelle du cerveau provoque des convulsions. Cette substance paraît donc être sensible : irritée, elle exalte la sensibilité en douleur, le mouvement en convulsions; comprimée, la sensibilité et le mouvement disparaissent. *Medulla cerebri sensus sedes est et causam motus musculorum generat* (*Ibid.* Cf. X, sect. VII, § 20). L'un et l'autre siège de la sensibilité et du mouvement sont donc dans la moelle du cerveau et du cervelet. Hartley ajoute, comme le fera plus tard Prochaska, et de la moelle épinière. Toute cette substance blanche est le véritable *sensorium commune*, si l'on nomme ainsi le lieu où s'exercent toutes les fonctions de la sensibilité et d'où partent tous les mouvements des muscles. Sans parler de ses expériences qui établissent ce point de doctrine, Haller déclare donc impossible de considérer comme le siège de l'âme le corps calleux (Willis), le *septum lucidum* (Digby), la glande pinéale (Descartes), les corps striés (Vieussens), les méninges, les sinus du cerveau, etc. La sensation se produira toutes les fois qu'une pression, provenant des esprits animaux mis en mouvement par les objets extérieurs, s'exercera sur la moelle du cerveau. « Cependant, dit Charles Richet, Haller a, plus que tout autre, déterminé avec précision le sens de l'influx nerveux sensitif. Il reconnaît que le courant nerveux va de la partie sensible au cerveau : *Sensum per nervos exerceri et ad cerebrum venire, ibique animæ repræsentari ostendimus. Verum similia experimenta demonstrant etiam motus causam ex cerebro per nervos in eam partem derivari quæ movetur.* » Le *sensorium commune* ne doit pas être étendu au corps tout entier comme l'ont admis ceux qui refusent tout privilège au cerveau, tels que Claude Perrault (1613-1688) et Stahl (1660-1734) et son école. Mais le siège de l'âme ne doit pas non plus avoir de limites plus étroites que l'origine de tous les nerfs de la sensibilité et du mouvement; ces derniers eux-mêmes doivent avoir leur origine dans le *sensorium commune* pour en tirer la cause des mouvements (*Ibid.*, § 24). Peut-on assigner aux diverses fonctions psychiques des provinces distinctes dans le cerveau? Haller a posé cette question; il y a répondu négativement (§ 26). Sans doute les expériences sur les animaux et l'observation clinique démontrent que tel ordre de sensations ou telle catégorie de mouvements peuvent être isolément affectés : la cécité peut résulter de la compression des nerfs optiques, la surdité être l'effet de tumeurs et d'autres altérations du cerveau, etc. De même pour les troubles de la déglutition, la paralysie de la langue, etc. Mais les nerfs des organes des sens, l'olfactorius, l'opticus, etc., tirent leur origine de points différents du cerveau et n'ont point dans la « moelle sentante » (substance blanche) de territoires délimités. S'il en est ainsi, on ne saurait attribuer des aires définies aux fonctions psychiques ni assigner dans l'encéphale un siège à l'imagination, à la mémoire, etc. Haller repousse les localisations des Arabes, de Willis, de Vieussens et de beaucoup d'autres, dans les ventricules, le corps calleux, le centre ovale, les tubercules quadrijumeaux, le pont de Varole, le cervelet, la moelle allongée. L'unique moyen d'atteindre à une connaissance scientifique des parties de l'encéphale, Haller l'indique en termes fort précis : disséquer le plus grand nombre de cerveaux d'aliénés dont on possède des observations cliniques et comparer avec le cerveau de l'homme les encéphales des animaux dont nous connaissons bien les facultés mentales. Quant à l'usage des circonvolutions du cerveau et du cervelet (l. X, sect. VIII, § 29, 402-3), Haller note que la surface du cerveau est lisse chez les animaux peu intelligents, surtout chez les oiseaux; creusée, au contraire, de profonds sillons et très plissée chez l'homme; il en est de même du cervelet, quoique les circonvolutions y soient moins tortueuses. La raison d'être ou la fin de cette structure, c'est d'augmenter la quantité de la substance corticale, la superficie de la pie-mère, le nombre des vaisseaux qui pénètrent dans l'écorce et partant le nombre des fibres médullaires qui ont leur origine dans le cerveau. Devant ces faits, on ne peut guère, dit Haller, se défendre de croire que les innombrables *vestiges* de la mémoire humaine imprimés au cerveau (*innumerabilia vestigia memoriæ humanæ cerebro impressa*) réclament une plus grande quantité de substance blanche et un plus grand cerveau (*majorem medullæ copiam grandiusque cerebrum*). Les exemples sont nombreux de grosses têtes douées d'un bon entendement; les animaux ont de plus petites têtes; chez les poissons, elles sont très petites et surtout chez ceux qui semblent le plus stupides.

XVI. Prochaska. Unzer. — La *force nerveuse* (*Nervenkraft, vis nervosa*) de Prochaska (1749-1820) marque un nouveau progrès dans l'interprétation, sinon dans l'intelligence des phénomènes de la substance nerveuse. Des ventricules du cerveau, où ils étaient élaborés de l'air respiré par les narines et des esprits vitaux venus du cœur avec le sang artériel, les esprits animaux avaient émigré dans l'écorce du cerveau et du cervelet, voire dans la substance grise de la moelle épinière, et le suc nerveux avait même dû servir de véhicule à la matière subtile, ignée ou éthérée des esprits, identifiée finalement à l'oxygène de l'air (Mayow) et à l'électricité (Prochaska). Pour d'autres, ce n'était pas un fluide, ni feu, ni air, ni eau (Sömmerring), mais une vibration de la substance nerveuse elle-même. Galien, les Arabes, les Scholastiques et la plupart des grands anatomistes et physiologistes des xvie et xviie sciècles appartiennent à la première période de cette histoire de la nature des fonctions psychiques de la matière vivante. G. Bartholin répète encore, après Hérophile et Galien, que c'est dans le quatrième ventricule, au *calamus scriptorius*, que s'engendrent les esprits animaux. Bauhin (1550-1624), professeur à Bâle, fut un des premiers à transporter l'officine des esprits animaux dans la substance du cerveau d'où ils sont distribués, par le moyen des nerfs, aux organes du sentiment et du mouvement. Des trois fonctions attribuées aux ventricules par Galien, une seule persistait encore : c'étaient les cloaques et les réceptacles des *excreta* formés par la nutrition du cerveau et la production des esprits animaux, *excreta* qui devaient être évacués : 1° à travers les processus mamillaires et l'os cribriforme par les narines ; 2° par l'infundibulum et la glande pituitaire dans la cavité buccale. Puis, comme il arrive aux doctrines qui vont mourir, une nouvelle interprétation éclectique des faits se produisit : Jean Riolan le fils (1577-1657) voulut établir contre Caspar Hoffmann, professeur à Altdorf, lequel avait localisé le siège de l'épilepsie et de l'apoplexie dans la substance du cerveau, et non dans les ventricules, que les esprits animaux, engendrés à la vérité des esprits vitaux dans les ventricules, se répandent de ces cavités par tout le cerveau, et que si l'air inspiré par les narines n'entre pas dans les ventricules pour se mélanger avec les esprits vitaux, il sert à refroidir le cerveau en se diffusant autour de la dure-mère. Puis J. J. Wepfer (1620-1690) réfuta Riolan, et l'antique doctrine de la génération et de la conservation des esprits dans les ventricules s'éteignit pour toujours. La seconde fonction attribuée aux ventricules par Galien avait déjà été démontrée fausse et mise à néant par Conrad Victor Schneider (1614-1680) qui, par l'étude anatomique approfondie de l'os cribriforme, avait prouvé que les particules odorantes ne peuvent pénétrer dans les ventricules du cerveau et que ceux-ci ne sont pas le siège de l'olfaction. L'hypothèse de l'existence même des esprits animaux, niée d'ailleurs d'assez bonne heure par Fernel, F. Plater, etc., mais encore défendue au xviiie siècle par Haller, Boerhaave et Tissot, disparut enfin par le progrès naturel du temps et se transforma en celle de la *force nerveuse*.

Déjà chez Albert de Haller le mot est employé pour désigner la cause en vertu de laquelle les nerfs excitent les contractions musculaires. Joh. Aug. Unzer (1727-1799), interprète fort disert des doctrines de Stahl et de Haller, avait fort avancé cette transformation des idées. Mais c'est Georges Prochaska, né en Moravie en 1749, nous l'avons rappelé, qui, rejetant tout fluide ou esprit, entreprit d'expliquer les fonctions du système nerveux sans recourir à « aucune hypothèse », non plus *a priori*, selon la méthode cartésienne, mais *a posteriori*, par la méthode inductive ou newtonienne. De même, en effet, que Newton avait désigné la cause inconnue de l'attraction par le terme de *vis attractiva* et qu'en partant uniquement de l'observation des effets de cette force il s'était élevé à la connaissance des lois du monde, Prochaska appela *vis nervosa* la cause inconnue des effets observés dans l'étude du système nerveux. De la connaissance de ces effets, qui sont les fonctions du système nerveux, devait résulter la connaissance des lois de ces phénomènes naturels. Ainsi devait être fondée, et uniquement sur les faits, *per mera facta*, la doctrine scientifique des fonctions du système nerveux. (*De functionibus systematis nervosi. Adnotationes academicæ*, 3e fascic., 1784 ; *Opera omnia*, ii, 1800 ; *Introd.*, sect. viii ; *Lehrsaetze aus der Physiologie der Menschen*. Wien, 1797, i, § 166 sq.) Ce scepticisme vraiment scientifique, qui se refuse à rien affirmer et se résigne à tout ignorer de ce qui est au delà de l'observation et de l'expérimentation, on le retrouve dans l'œuvre entière de ce physiologiste, plus connu par sa théorie générale des actions réflexes que par sa méthode d'interprétation des fonctions du cerveau. Cette méthode est pourtant d'une originalité bien plus haute, car il va de soi que Prochaska n'a point parlé le premier de la réflexion dans les centres nerveux, phénomène explicitement décrit non seulement par Descartes et par Willis, mais observé par tous les physiologistes anciens et modernes sous le nom de mouvement de réflexion. La notion de l'action réflexe est aussi vieille que la physiologie de la moelle et de l'encéphale : la théorie générale de cet ordre de phénomènes appartient seulement à PROCHASKA.

Toutes les théories fondées sur l'hypothèse des fluides et des esprits parurent donc insoutenables du moment que l'hypothèse elle-même fut démontrée fausse. La *force nerveuse* est engendrée dans le système nerveux tout entier par la vie; la circulation du sang, la respiration, les échanges matériels de la nutrition sont donc nécessaires à l'entretien de cette force; elle est produite non pas seulement dans le cerveau, mais dans chaque nerf (fœtus, anencéphales, etc.). Un nerf séparé du cerveau par une section conserve la propriété de mouvoir les muscles; *vis nervosa est divisibilis et absque cerebro in nervis subsistit.* Chaque partie du névraxe possède ainsi sa force nerveuse propre par le fait de son organisation et de l'état de sa nutrition (air, sang, nourriture), assurant l'intégrité de sa structure (§ 169-171). En outre, pour agir, la force nerveuse a besoin d'excitant (*stimulus*) : *vis nervosa latet, nec actiones systematis nervosi prius producit donec stimulo applicito excitetur.* Ce stimulus est de deux sortes : corporel et psychique. Alors seulement, sous la double action de la force nerveuse et du stimulus, a lieu l'effet des nerfs sur les *vaisseaux* et leur contenu, sur les *sécrétions*, sur la *chaleur animale*, sur la *nutrition*, etc. L'irritabilité présuppose la *vis nervosa.* L'irritabilité n'appartient d'ailleurs qu'aux muscles, le sensibilité qu'aux nerfs. La sensation et le mouvement n'emploient pas seulement la force nerveuse pour produire leurs effets, ils la détruisent (174). L'organe propre du mouvement est le muscle. Les nerfs ne sont que des conducteurs; la propagation a lieu dans les deux sens. L'organe propre de la sensation (*Empfindung*) ou de la sensibiliié générale (*Seelengefühl*) est le cerveau. La sensation a lieu avec ou sans conscience (207; cf. 215). Ce point de doctrine capital est établi dans le chapitre IV des *Fonctions du système nerveux.*

Qu'est-ce que le sensorium commune? Quel est son siège et quelles sont ses fonctions? Voici d'abord la réponse que fait PROCHASKA à la première question (les paroles que nous transcrivons renferment toute la théorie générale des actions réflexes) : *Impressiones externæ quæ in nervos sensorios fiunt, per totam eorum longitudinem celerrime ad originem usque propagantur; quo, ubi pervenerunt, reflectuntur certa lege, et in certos ac respondentes nervos motorios transeunt, per quos iterum celerrime usque ad musculos propagatæ motus certos ac determinatos excitant. Hic locus, in quo tanquam centro nervi tum sensui quam motui dicati concurrunt ac communicant, et in quo impressiones nervorum sensoriorum reflectuntur in nervos motorios, vocatur, termino plerisque physiologis jam recepto, sensorium commune.* Le mouvement réflexe peut être ou non accompagné de conscience : *Ista reflexio vel anima inscia vel vero anima conscia.* Ce qui caractérise le réflexe, ce n'est donc pas la sensation ou la non-sensation de l'excitation : c'est la fatalité, l'automatisme de la réaction d'ordre motrice ou sécrétoire. Il s'agit bien d'une réflexion comparable à celle que subit la lumière, encore que ce phénomène « n'ait pas lieu d'après les seules lois de la physique, où l'angle de réflexion est égal à l'angle d'incidence, et où la réaction est en proportion de l'action; cette réflexion suit des lois spéciales, inscrites pour ainsi dire par la nature dans la pulpe médullaire du sensorium, lois que nous pouvons connaître uniquement par leurs effets, mais non comprendre. » (*De funct. syst. nerv.*, 154.)

Cette réflexion des impressions des nerfs du sentiment sur les nerfs du mouvement par l'intermédiaire d'un *centre* appelé *sensorium commune*, c'est ce que PROCHASKA nomme une loi générale. On sait par combien d'exemples, souvent rapportés dans les Traités de physiologie (LONGET, M. DUVAL, etc.), PROCHASKA a vérifié cette loi; le plus probant est sans doute celui du réflexe défensif de l'occlusion des paupières à l'approche du doigt d'un ami. « *Si amicus digito suo appropinquat ad oculum nostrum, licet persuasissimus nihil mali nobis inferendum esse, tamen jam impressio illa per opticum nervum ad sensorium commune delata, in sensorio ita reflectitur in nervos palpebrarum motui dicatos, ut nolentibus claudantur palpebræ et arceant molestum digiti ad oculum attactum.* » (*Ibid.*, 155.)

Quant au siège du centre de réflexion (*sensorium commune*) où se terminent les nerfs du sentiment et d'où partent les nerfs du mouvement, PROCHASKA n'est point tenté de le localiser dans le corps calleux (LANCISI, LA PEYRONIE), dans les corps striés (WILLIS), dans le centre oval (VIEUSSENS), le *gyrus fornicatus* (BOERHAAVE), la moelle allongée (LORRY, MAYER, METZGER), voire dans la glande pinéale, quoique DESCARTES eût trouvé dans

Camper un défenseur inattendu à la fin même du xviiie siècle. Camper, en effet, disséquant un jeune éléphant, témoigne avoir été surpris de la grande ressemblance entre la glande pinéale, les *nates* et les *testes* de cet animal et ceux de notre cerveau. A ce sujet il a écrit textuellement ce qui suit : « Si le *sensorium commune* doit siéger quelque part, c'est dans la glande pinéale qu'il faut chercher ce siège; l'opinion de Descartes n'était donc pas si absurde que le pensent beaucoup de gens. » (*Kurze Nachricht von der Zergliederung eines jungen Elephanten.* Saemmtl. Kleine Schriften. Leipz., 1784, i, § 21, 87.) D'après Prochaska, le sensorium commune doit être coextensif à l'origine des nerfs; il doit comprendre par conséquent la *moelle allongée*, les *pédoncules cérébraux* et *cérébelleux*, le *thalamus* en partie, la *moelle épinière* tout entière. Que le sensorium commune s'étende à la moelle épinière, cela apparaît manifestement, dit-il, par les mouvements qui subsistent chez les animaux décapités, mouvements qui ne peuvent se produire sans une sorte de consensus des nerfs issus de la moelle épinière. La grenouille décapitée ne retire pas seulement la partie affectée par la piqûre, mais elle marche, elle saute, ce qui est impossible sans le consensus des nerfs de la sensibilité et de la motilité; il faut donc que le siège de ce consensus, de cette coordination, soit dans la moelle épinière, seule partie du sensorium commune qui subsiste alors chez ce batracien.

Ce consensus des nerfs n'est-il réalisé que par le sensorium commune? Est-ce le seul centre où les nerfs communiquent entre eux? Ou bien existe-t-il encore dans le système nerveux d'autres centres de coordination, du moins pour certains nerfs? C'est l'opinion de Willis, de Vieussens, de Boerhaave, de Meckel, de Gasser, de Camper; Perrault, Haller, Whytt, Monro, Tissot étaient d'avis contraire. Prochaska se range parmi les premiers : *Credo a nobis concludi posse, quamvis nervorum consensus præcipuus et maximus in sensorio communi sit, non posse usum aliquem in ligandis ac communicandis ipsis nervorum functionibus denegari nervornm anastomosibus ac concatenationibus.* Le consensus des nerfs a lieu également dans leurs ganglions; les impressions extérieures s'y réfléchissent comme dans le sensorium commune. Prochaska croit très vraisemblable que les ganglions du nerf intercostal ou sympathique sont, comme l'enseignait Unzer, autant de *sensoria particularia.* Ainsi il est probable que, outre le sensorium commune, il existe dans la moelle allongée, la moelle épinière, le pont de Varole, les pédoncules du cerveau et du cervelet, des sensoriums particuliers dans les ganglions et du plexus des nerfs : les impressions externes, projetées par les nerfs centripètes, s'y réfléchissent directement sans qu'il soit nécessaire que ces impressions remontent au sensorium commune pour y être réfléchies (*De funct. syst. nerv.*, 159, sq ; *Lehrsaetze*, § 215, sq.).

Prochaska distingue naturellement la substance corticale du cerveau de la substance blanche. Il est frappé de l'étendue occupée par celle-ci dans tout le système nerveux, il incline à croire que la moelle du cerveau doit être destinée à d'autres usages encore qu'à la production des nerfs. On doutait encore à cette époque si la substance cendrée des ganglions nerveux devait être assimilée à celle de l'écorce du cerveau. Les injections et les observations microscopiques, auxquelles se livra constamment Prochaska, dont les travaux sur l'anatomie fine des nerfs et des muscles étaient célèbres, révèlent que cette substance corticale est une pulpe dont le tissu est fait « d'un grand nombre de vaisseaux sanguins extrêmement fins »; d'après les recherches de Fourcroy, la matière qui constitue cette pulpe était particulière entre celle des autres organes. Dans la substance blanche, cette pulpe s'organisait en fibres. La direction transverse de ces fibres apparaissait dans le corps calleux, qui relie les deux moitiés du cerveau; à la surface du corps calleux, deux stries blanches longitudinales. Au centre des deux hémisphères du cerveau, les fibres médullaires semblaient aussi se croiser en différentes directions. Une partie considérable de ces fibres allait, sous forme de faisceaux, à travers les corps striés, aux couches optiques et aux pédoncules cérébraux; les fibres de ces pédoncules, après s'être croisées et unies avec celles du cervelet, dans les ganglions cérébraux, passent dans la moelle allongée et dans la moelle épinière. Prochaska avait devant lui, sans parler de Winslow et de Haller, de Leber, Meckel, Zinn, Walter, les grands livres d'anatomie du cerveau et de la moelle de Mayer, de Vicq d'Azyr, de Sömmerring.

Les sens externes, les sens internes et le mouvement musculaire sont en quelque sorte la matière des fonctions psychiques. Des *sens externes*, la sensibilité générale

(*Gefühl*) est le plus important et le plus étendu, tant à la face extérieure que dans les parties internes de notre corps. Et même les autres sens : vue, ouïe, odorat, goût, ne sont que des modes de sensibilité générale. Outre les propriétés sensibles des corps, forme et volume, mollesse ou dureté, température, sécheresse, humidité, etc., que nous font connaître les organes de ces sens distribués à la surface de la peau (MALPIGHI), nous éprouvons par lui le sentiment de la faim et de la soif, de l'état sain ou malade de notre corps, les besoins de l'urination et de la défécation, l'instinct sexuel, la douleur, le dégoût, le chatouillement, avec son rire involontaire et spasmodique. Les *sens internes*, ou fonctions animales, sont la pensée, la raison, l'intelligence, la conscience. L'organe de ces fonctions (perception, jugement, volonté, imagination, mémoire) est le *cerveau* avec toutes ses parties. Les animaux sans cerveau dont les mouvements dépendent de la seule force nerveuse sont des automates. Chez l'homme même un grand nombre des mouvements doivent être appelés automatiques. Aux mouvements volontaires ou animaux, PROCHASKA oppose donc des mouvements involontaires, spontanés, mécaniques, brefs, automatiques, qui s'orientent sans que l'âme en ait conscience, ou malgré elle quoiqu'elle en ait conscience : tels les mouvements du cœur, de l'œsophage, de l'estomac, des intestins, de l'iris, etc., ce que GALIEN appelait les mouvements naturels. Mais, quoique exécutés par des muscles dits volontaires, nombre de mouvements sont automatiques, par exemple les convulsions des hystériques et des épileptiques, celles des enfants, etc. Chez le fœtus dans l'utérus et chez le nouveau-né, ces muscles ne peuvent être appelés volontaires. De même pour les mouvements exécutés par les malades frappés d'apoplexie, les somnambules, les dormeurs, encore que ces mouvements paraissent devoir être rapportés en partie, suivant une vue assez profonde de PROCHASKA, à d'obscures sensations et volitions que l'âme oublie aussitôt. Enfin PROCHASKA a étudié une troisième sorte de mouvements, de nature mixte, tels que ceux de la respiration, à la fois soustraits et soumis dans une certaine mesure à la volonté.

Dans les *Lehrsaetze* (§ 312-339), PROCHASKA, ici infidèle à sa méthode, n'admet pas que la masse organisée du cerveau puisse suffire à produire la pensée : il invoque une force psychique ou âme (*Seelenkraft*). En percevant les impressions externes faites sur les nerfs et transmises au sensorium commune, l'âme en tire certaines connaissances ou notions que nous appelons images ou idées. La raison grandit avec le développement et la perfection du cerveau; tout ce qui s'oppose au développement du cerveau affaiblit les forces de la raison. Celles-ci sont inégales chez tous les hommes. Le délire, la perte de la conscience ou seulement celle de la mémoire dépendent des maladies du cerveau. Quant à déterminer quelle partie du cerveau est l'organe de ces sens internes, on ne pourrait le faire avec quelque certitude. Les hypothèses des physiologistes sur l'usage des différentes parties du cerveau et sur le siège de l'âme sont erronées. L'observation exacte des maladies mentales et les résultats des nécropsies, bref, la clinique et l'anatomie pathologique, telles que BONNET (*Sepulchretum*), MORGAGNI (*De sedibus et causis morborum per anatomen indagatis*, 1762), LIEUTAUD, SÉNAC, SANDIFORT, PORTAL, CONRADI, REIL, SÖMMERRING, BLUMENBACH, CHR. FR. LUDWIG, les avaient pratiquées, et comme l'avait en toute occurrence recommandé HALLER, jetteront peut-être un peu de lumière sur ce domaine. Outre la localisation croisée du siège et des symptômes dans les paralysies, PROCHASKA signale le fait que si la conscience peut être abolie par une compression brusque du cerveau due à une hémorrhagie, une compression lente, résultant, par exemple, d'une hydropisie ventriculaire ou d'une tumeur de la dure-mère, peut ne léser que médiocrement les sens internes ou même passer complètement inaperçue pendant la vie.

Des observations d'une bien autre portée pour l'anatomie et la physiologie pathologiques du cerveau avaient été publiées alors, qui contenaient déjà presque toute la doctrine moderne des localisations cérébrales. FARABEUF a extrait d'un mémoire fondé sur des observations recueillies à Vienne même, entre 1746 et 1750, et dues à **Joseph Baader**, professeur à Fribourg en Brisgau, le passage suivant, traduit sur le texte latin par A. BROCA, où l'auteur résume les réflexions que lui inspire une de ses observations (XXII) : « Si maintenant nous comparons avec soin aux lésions trouvées sur le cadavre les symtômes notés sur le vivant, nous pourrons en déduire trois conséquences utiles à la pratique médicale. D'abord que les éléments et l'action du cerveau subissent la décussation, en sorte que la sensibilité et la motilité d'un côté du corps sont sous la dépendance de l'hémisphère cérébral opposé. Toujours, en effet, notre malade souffrit du côté droit de la tête, et de ce côté fut trouvé l'abcès, tandis que l'hyperesthésie et les convulsions ont toujours occupé le bras gauche... En troisième lieu, il devient évident pour nous que, par de nombreuses observations recueillies avec soin et comparées attentivement entre elles, nous pourrons *savoir* et *prévoir*, pour le grand bénifice des praticiens, *quelle partie du cerveau donne à tel ou tel membre la sensibilité ou le mouvement; en sorte que, connaissant le membre souffrant, l'on pourra déterminer quel point du cerveau est malade, et, inversement, étant donnée une lésion déterminée du cerveau, prévoir quel membre doit être affecté.* Ainsi, chez notre malade, la douleur et l'abcès siégeaient sous le pariétal droit, et les convulsions occupaient le bras gauche. Or nous verrons plus loin (Obs. XXV) un jeune homme paralysé et contracturé à droite, dans le cerveau duquel nous trouvâmes, sous le pariétal, deux tubercules de la dure-mère, et, dans l'hémisphère gauche, au niveau des lobes moyen et antérieur, des hydatides, ou mieux des phlegmatides, si je puis m'exprimer ainsi. Peut-être, après comparaison semblable de plusieurs observations, pourrons-nous enfin conclure avec certitude que la *région du cerveau qui siège sous le pariétal commande à la motilité et à la sensibilité du membre supérieur du côté opposé.* » (*Observ. med., incisionibus cadaverum anatom. illustratæ*, 1762; cf. *Thes. dissertat.* de E. SANDIFORT. Lugd. Batav., 1778, III, 29.)

Enfin l'expérimentation physiologique devait aussi contribuer, selon PROCHASKA, à nous faire connaître l'usage des diverses parties du cerveau. Aussi bien il ne paraît pas douter qu'il existe dans le cerveau des sièges différents pour les différentes fonctions de l'intelligence. *An diversis intellectus partibus diversa in cerebro sedes?* se demande-t-il (*De funct. syst. nerv.*, 184.) Les parties du sensorium commune réfléchissent, avec ou sans conscience, et d'après des lois particulières, les impressions sensibles en mouvements. Ces parties, nous l'avons dit, sont, pour PROCHASKA, coextensives à l'origine des nerfs, et comprennent, outre les thalami et les pédoncules cérébraux et cérébelleux, la moelle allongée et la moelle épinière. Mais les organes de la pensée sont le cerveau et le cervelet, et, si « jusqu'ici on n'a pu déterminer quelles parties du cerveau et du cervelet servent à telles ou telles fonctions de l'intellect », si, en dépit des conjectures, très improbables, par lesquelles des auteurs célèbres se sont efforcés d'y arriver, cette partie de la physiologie demeure enveloppée de ténèbres aussi épaisses que jamais, « il n'est pas improbable que les différentes parties de l'intelligence aient, dans le cerveau, leurs organes : *haud itaque improbabile est dari singulis intellectus partibus sua in cerebro organa* » (*Ibid.*, 187). L'organe des perceptions serait autre que celui du jugement, de la volonté, de l'imagination, de la mémoire, encore que ces organes concourent aux mêmes fins et s'incitent mutuellement à l'action. La théorie de la pluralité des organes cérébraux, au moins distincts et localement séparés, la théorie de l'organologie de GALL, est déjà si présente à l'esprit de PROCHASKA qu'il estime que l'« organe de l'imagination » doit être, dans le cerveau, le plus éloigné de l'« organe des perceptions », et cela parce que, quand celui-ci est assoupi par le sommeil, celui-là peut entrer en action et produire les rêves.

XVII. Vicq d'Azyr. — Des rares passages de l'œuvre de **Vicq d'Azyr** (1748-1794), où ce grand descripteur du cerveau parle des fonctions de cet organe, on emporte l'impression qu'il avait plus médité sur ce sujet qu'il ne le laisse paraître. Outre les « éminences cérébrales pulpeuses interposées entre les cordons destinés aux actions nerveuses externes et internes », il parle d'une « masse pulpeuse », organe des fonctions intellectuelles, où « les images se peignent avec plus d'étendue et se combinent avec plus de fécondité ». Bref, « il y a, dans le cerveau de l'homme, dit VICQ D'AZYR, une partie automatique qui en forme principalement la base, et, au-dessus des tubercules qui la constituent, est une région plus élevée et destinée à des usages plus importants, etc. » (*De la sensibilité. Œuvres*, 1805, V, 33). Avec BOERHAAVE, KAAW, HALLER, PETIT, ZIMMERMANN, on croyait toujours la « substance médullaire beaucoup plus sensible que la corticale »; l'examen microscopique de la substance cendrée y faisait voir « une grande quantité de globules irrégulièrement arrondis, d'une grosseur inégale et huit fois plus petits que les vésicules du sang. Dans la substance blanche, les globules sont longitudinalement disposés et se montrent avec l'apparence fibreuse » (MOREAU de la Sarthe. *Disc. prélim.*, VI, 11). Le procédé le plus employé de durcissement du cerveau était toujours la coction. Dans la substance blanche du cerveau, Fourcroy avait isolé « une substance albumineuse demi-concrète, remarquable par la quantité d'eau qui entre dans sa composition ». En somme, tout ce que l'on savait sur les fonctions des nerfs et du cerveau se réduisait à peu près, suivant Vicq d'Azyr, aux trois propositions suivantes : 1° le cerveau, le cervelet, la moelle allongée, la moelle épinière et les nerfs sont les organes immédiats de la sensibilité; 2° en même temps que les nerfs sont les instruments des sensations, ils sont aussi ceux dont la volonté se sert pour mouvoir les muscles; 3° l'action nerveuse établit entre toutes les parties du corps humain une correspondance, une sympathie, qui, réunissant tous les efforts des diverses puissances organiques, maintiennent entre elles une harmonie déterminée par les impressions reçues et transmises dans tout le système nerveux. Les sensations, les mouvements des muscles et les sympathies des viscères, voilà les trois principaux effets de cette influence. Quant au mécanisme des fonctions intellectuelles, Vicq d'Azyr avait conscience de son ignorance à cette égard. Il possédait cependant une connaissance approfondie des différentes pièces de la machine qu'il regardait si curieusement fonctionner (*Mémoire sur la structure du cerveau des animaux comparée avec celle du cerveau de l'homme*, vi). Dans le cerveau des quadrupèdes, il retrouvait presque toutes les parties du cerveau de l'homme, non sans de très notables différences, qu'il signalait ainsi : petitesse et symétrie des hémisphères cérébraux avec absence du « sillon de Sylvius » chez les mammifères inférieurs à l'homme; volume plus considérable des nerfs olfactifs, dont la cavité communique avec les ventricules latéraux, de la glande pinéale et de ses pédoncules, de l'entonnoir, de la glande pituitaire, du vermis, des tubercules quadrijumeaux (Willis), des corps striés, des couches optiques, de la voûte à trois piliers, de la corne d'Ammon et des corps bordés; traces à peine sensibles des cornes postérieures ou cavités digitales des ventricules supérieurs (latéraux) dont l'homme et les singes sont pourvus; absence de la « tache noire » dans les jambes cérébrales. Le cerveau de l'homme, au contraire, se caractérise par le grand volume des hémisphères cérébraux, l'étendue des parties latérales du cervelet, le développement du pont de Varole, l'existence des éminences olivaires et pyramidales, etc. Le cerveau des oiseaux est fait « sur un autre plan que celui de l'homme et des quadrupèdes ». Le cerveau des poissons est principalement composé des tubercules olfactifs et des optiques : « Le reste de ce viscère, qui est très rétréci, devant suffire aux autres fonctions nerveuses, il est facile de concevoir combien elles sont bornées. » — « En considérant les organes nerveux dans toute l'étendue de la chaîne, depuis l'homme jusqu'aux reptiles, on aperçoit toujours les traces du même système qui va toujours en décroissant, les brutes ne présentant aucune partie dont l'homme ne soit pourvu et celui-ci en ayant plusieurs qui leur manquent. » Le sens de la vue est le plus développé chez les oiseaux, le sens de l'odorat chez les quadrupèdes, et, par une analogie remarquable, ajoute Vicq d'Azyr, les couches optiques des uns et les nerfs olfactifs des autres sont également excavés.

Vicq d'Azyr paraît avoir été plus frappé des différences que des ressemblances que présente la structure du cerveau dans la série des vertébrés. Ainsi, quoique ses observations sur les singes n'eussent porté que « sur deux pithèques que Desfontaines lui avait envoyés d'Afrique », il écrit : « Qu'on ne dise donc pas, comme certains philosophes peu versés dans la structure des animaux, que le cerveau des singes est le même que celui de l'homme. » (*Cf. Anatomie des Singes*, v.) Dès 1781, il avait observé, mais sans être le premier, les petites ouvertures ovales, appelées plus tard trous de Monro, situées « à la partie antérieure des couches optiques, entre elle et les piliers de la voûte », par lesquelles le troisième ventricule communique avec les ventricules latéraux (vi, 227). On sait qu'il conseillait de diviser la convexité du cerveau en trois régions : frontale, pariétale, ocipitale, et que Pitres s'est inspiré de cette division dans les coupes du cerveau qui portent son nom. (*Traité de l'anatomie du Cerveau*. Nouv. édit., Paris, 1813, in-4°, 22; Cf. *Traité d'anatomie et de physiologie*, i, Paris, 1786, in-fol.) A la fin du xviiie siècle, Vicq d'Azyr croit devoir réfuter la vieille erreur de la jeunesse d'Érasistrate, à savoir, que les nerfs ne naissent pas des membranes du cerveau (*Pl.* xv). Les nerfs, au nombre de treize paires, diffèrent d'ailleurs et par rapport à la région d'où ils sortent (cerveau, jambes de ce viscère, pont de Varole, jambes du cervelet, moelle allongée) et « à raison de leur consistance », quelques-uns étant tout à fait « mous et pulpeux » comme le nerf olfactif et le nerf auditif (portion molle de la septième paire). Quant à la « jonction » ou chiasma des nerfs optiques, « les anatomistes les plus exacts ont, dit Vicq d'Azyr, adopté l'opinion de Galien, qui n'admettait point le croisement de ces nerfs. Leur substance médullaire communique et se confond, pour ainsi dire, d'un côté à l'autre. *Totis medullis confunduntur*, dit Haller. Les phénomènes morbifiques confirment cette assertion et ne permettent pas d'ajouter foi au croisement de ces nerfs. Vésale et Morgagni rapportent quelques observations dans lesquelles l'œil était malade *du même côté* où le tractus optique avait souffert quelque lésion » (Pl. xv, 32, 75). Dans les « poissons épineux » et dans plusieurs de ceux « à nageoires molles », les nerfs optiques se croisent.

XVIII. Bichat. — **Bichat** (1771-1802) considérait bien le cerveau comme l'organe de la vie animale, comme le centre de tout ce qui a trait à l'intelligence, mémoire, perception, imagination, fondements des opérations de l'entendement, reposant eux-mêmes sur l' « action des sens ». Il signale la grandeur relative du cerveau chez l'homme et chez les animaux, grandeur en rapport avec l'activité fonctionnelle de cet organe, les altérations diverses dont il est le siège « et qui toutes sont marquées par des « troubles notables de l'entendement ». Mais, si « toute espèce de sensations a son centre dans le cerveau », si les sensations sont l'occasion des passions, celles-ci en diffèrent essentiellement et appartiennent exclusivement à la vie organique. « Le cerveau, dit Bichat, n'est jamais affecté dans les passions; les organes de la vie interne en sont le siège unique. La vie organique est le terme où aboutissent et le centre d'où partent les passions. » Voilà, écrivait Bichat, ce que la stricte observation nous prouve. Les lésions du foie, de l'estomac, de la rate, des intestins, du cœur, etc., déterminent dans nos affections une foule de variétés, d'altérations, qui cessent d'avoir lieu dès l'instant où la cause qui les entretenait cesse elle-même d'exister. Ainsi la peur a sa cause dans l'estomac, la colère dans le foie, la bonté dans le cœur, la joie dans les entrailles. « Ils connaissaient, mieux que nos modernes mécaniciens, les lois de l'économie, les anciens qui croyaient que *les sombres affections s'évacuaient par les purgatifs avec les mauvaises humeurs*. En débarrassant les premières voies, ils en faisaient disparaître la *cause* de ces affections. » (*Recherches physiologiques sur la vie et la mort*, 1re édit., Paris, an viii, 58, 71-3; Cf. § iii : Comment les passions modifient les actes de la vie animale, quoiqu'elles aient leur *siège* dans la vie organique.) Pinel (1745-1826) estimait en général que le siège primitif de la manie était dans la région de l'estomac : c'est de ce centre que le mal s'irradiait dans l'entendement pour le troubler (*Traité médico-philosophique sur l'aliénation mentale ou la manie*. Paris, an ix, section iii. La manie consiste-t-elle dans une lésion organique du cerveau? 106). De même Esquirol : « Les causes de l'aliénation mentale n'exercent pas toujours leur action directe sur le cerveau... Tantôt, les extrémités du système nerveux et les foyers de la sensibilité placés dans diverses régions, tantôt le système sanguin et lymphatique, tantôt l'appareil digestif, tantôt le foie et ses dépendances, tantôt les organes de la reproduction, sont le premier point de départ de la maladie. » (*Des maladies mentales*. Bruxelles, 1838, i, 38.) Pour Fodéré (mort en 1835) aussi, « les passions sont des mouvements communiqués au cerveau par l'intermédiaire du système nerveux, et provenant de l'action augmentée du cœur, des poumons, de l'estomac, du foie, de la rate, des organes de la génération des deux sexes. » (*Essai de physiologie positive*, Avignon, 1806, iii, 410 sq.) Les passions sont donc des mouvements intérieurs qui des viscères vont au cerveau et du cerveau aux viscères. C'est, dit Fodéré, des hypochondres que partent ces vapeurs noires qui nous font juger au pire les hommes et les choses. Il avait été souvent témoin de ce « délire mélancolique qu'on réussit quelquefois à dissiper par les délayants et les purgatifs, conformément à la doctrine des anciens, si bien développée dans les ouvrages de Lorry ». Quant à la théorie de la connaissance, elle est, chez Cabanis, comme chez Démocrite et chez la plupart des matérialistes instruits, et qui pensent, tout à fait identique, au fond, à celle des grands idéalistes de la famille de Berkeley : « Puisque nos idées ne sont, disait Cabanis, que le résultat de nos sensations comparées, il ne peut y avoir que des vérités relatives à la manière générale de sentir de la nature humaine; et la prétention de connaître l'essence même des choses est d'une absurdité que la plus légère attention fait apercevoir avec évidence. »

XIX. Sömmerring. Kant. — Il n'est pas un chapitre de l'histoire de la nature et du siège ou de l'organe de l'âme dans le cerveau qui nous étonne plus profondément que celui de la localisation des plus hautes fonctions nerveuses dans les ventricules cérébraux.

Ce n'est pas une vulgaire page d'histoire que celle qui s'ouvre par les noms d'Hérophile et de Galien et se termine par ceux de Sömmerring et de Kant. Comment le grand anatomiste Sömmerring fut-il amené à soutenir, comme il l'a fait dans son mémoire intitulé *Ueber das Organ der Seele* (Königsb., 1796), que le siège commun de la sensibilité ou le *sensorium commune*, et par conséquent « l'organe de l'âme », se trouve dans la sérosité des ventricules? Car ce ne sont plus les esprits animaux, cette exhalaison du sang que personne ne peut voir des yeux de la chair, c'est l'eau des ventricules cérébraux (*aqua ventriculorum cerebri*) qui est devenue le *sensorium commune*. Sömmerring sortait d'une étude approfondie de l'origine des nerf craniens, lorsqu'il eut, dit-il, l'intuition subite de la solution du problème agité depuis tant de siècles par les anatomistes et les physiologistes, sans parler des philosophes. Il avait trouvé que la plupart des nerfs craniens, sinon tous, ont leur terminaison cérébrale ou leur origine véritable sur certains points déterminés des parois des ventricules cérébraux, que baigne le liquide de ces cavités. Ainsi les nerfs auditifs, partis des labyrinthes, se terminent sur les parois du quatrième ventricule. Dès 1778, dans sa dissertation inaugurale (*De originibus nervorum*. Goettingae), Sömmerring avait écrit : *verum est originem nervi auditorii ventriculorum undis allui*. Or les mouvements excités et transmis à ce nerf par l'organe de l'ouïe, s'ils se propagent au delà des terminaisons du nerf, doivent se communiquer à la sérosité du quatrième ventricule. Si cela est vrai, il est vraisemblable que « les sensations de l'ouïe naissent au delà des terminaisons cérébrales du nerf auditif, c'est-à-dire dans la sérosité des ventricules cérébraux. Mais si les sensations de l'ouïe naissent là dans ce liquide des ventricules cérébraux, leur *sensorium commune* (*gemeinschaftlicher Empfindungsort*) doit s'y trouver » (§ 16). De même pour les nerfs optiques, dont l'origine ou les terminaisons avaient été de tout temps attribuées aux couches optiques. *Nascuntur ex thalamis*, dit Haller, *exque eorum parte ad ventriculos anteriores pertinente*. Et Henckel (1738) : *E Thalamis, humore cavernarum cerebri irrigatis, oriuntur nervi optici*. Donc, là aussi, les « racines des nerfs optiques et la sérosité des ventricules étaient réciproquement en contact ; » les mouvements imprimés à ces nerfs par les organes de la vue devaient se communiquer à la sérosité du troisième ventricule. Et si cela est vrai, on peut dire des sensations de la vue qu'elles naissent au delà de la terminaison cérébrale des nerfs optiques, par conséquent dans la sérosité des ventricules, et que là se trouve leur *sensorium commune* (§ 17). A propos des nerfs olfactifs, Sömmerring ne manque pas de faire observer que ces nerfs, si minces et si frêles chez l'adulte, et « non manifestement creux », sont, chez l'embryon humain de trois à cinq mois, comme chez la plupart des mammifères, où ils proéminent en avant du lobe frontal, épais et manifestement creux. Or cette cavité du nerf olfactif communique avec les ventricules latéraux. Les origines ou les terminaisons des nerfs olfactifs sont donc, comme celles des nerfs auditifs ou optiques, baignées dans le liquide des ventricules. Sömmerring témoigne avoir souvent suivi les origines de la troisième paire « presque » jusqu'aux parois des ventricules (Zinn les avait suivies jusqu'à la commissure antérieure) ; il n'a pu réussir pour la septième paire. Bref, les terminaisons centrales des nerfs de la sensibilité spéciale, comme celles des nerfs de la sensibilité (*Gefühl*), baignent toutes dans la sérosité des ventricules du cerveau à laquelle elles communiquent les vibrations résultant de l'activité de leurs organes respectifs. Ce liquide est le *medium uniens* des actions des nerfs; c'est donc proprement le *sensorium commune*, l'« organe de l'âme », et sans doute son véritable « siège ».

Mais un liquide peut-il être animé ? se demande Sömmerring. On n'en saurait guère douter, à son avis, et il entreprend longuement de le prouver (§ 34-35). Aussi bien, ceux qui ont cherché avant lui dans le cerveau une partie solide où tous les nerfs se rencontreraient ont échoué. Ni la glande pinéale (Descartes), ni le corps calleux (Lancisi, La Peyronnie, Bonnet, Bontekoe), ni la cloison transparente (Digby), ni le centre ovale (Vieussens), ni le corps strié (Willis), ni le cervelet (Drelincourt), ni le pont de Varole (Haller, Wrisberg), ou la moelle épinière (Crusius, Mieg), ni les tubercules quadrijumeaux, ni les couches optiques, etc., ne sont le lieu où tous les nerfs du sentiment se réuniraient, d'où tous les nerfs moteurs partiraient. Seule, la sérosité aqueuse des ventricules du cerveau peut servir de milieu unique et commun aux nerfs de la sensibilité générale et spéciale. L'hétérogénéité des vibrations transmises au liquide ventriculaire par les cinq organes des sens implique simplement que ce fluide est susceptible de cinq espèces de mouvements. Et ce qui peut bien nous le faire entendre, ce sont les expériences de Chladni, où le sable étendu sur des plaques de verre se range en diverses figures sous un archet au frémissement des divers sons de la gamme. Ces recherches de Chladni sur la correspondance des formes des vibrations avec les différents sons montrent comment chaque sens peut communiquer au liquide des ventricules ses formes propres de vibration, distinctes de celles des autres sens (§ 37, sq.), et comment cette humeur peut recevoir à la fois, sans trouble ni confusion, les mouvements que transmettent aux nerfs la lumière et les couleurs, les sons, les particules odorantes ou sapides, la chaleur, le froid, la pression, etc. Ajoutez que les ventricules cérébraux de l'homme sont ou différents ou plus grands que ceux des autres vertébrés. Sömmerring a même noté que dans les affections qui s'accompagnent d'une augmentation de liquide dans les ventricules, telles que le rachitisme et l'hydrocéphalie, l'intelligence est souvent d'un degré remarquable (§ 46-48). Magendie devait écrire au contraire que « le développement des facultés de l'esprit est en raison inverse de la quantité du liquide céphalo-rachidien ».

Quant aux précurseurs de sa doctrine, Sömmerring nomme Hérophile, Galien, les Arabes, Arantius, Wepfer, Ith, Descartes. Mais ce qui est bien à Sömmerring, ce sont les deux admirables planches qu'il a jointes à ce travail représentant la face interne de l'hémisphère gauche et le quatrième ventricule. L'anatomie macroscopique de ces régions est encore aujourd'hui celle de Vicq d'Azyr et de Sömmerring.

Kant, à qui le livre est dédié, voulut bien reconnaître l'honneur que Sömmerring lui avait fait de solliciter son avis sur l'idée de ce travail, par une réponse de six grandes pages. Kant rejette *a priori* l'existence dans l'espace d'un siège de l'âme : il y a contradiction à vouloir assigner un rapport dans l'espace à une chose qui n'est, dit-il, déterminable que dans le temps. Seule, l'hypothèse de « la présence virtuelle, » non « locale » de l'âme, peut être discutée au point de vue physiologique. Le thème proposé est celui du lieu du *sensorium commune*. Quoique la plupart des hommes croient sentir la pensée dans la tête (*das Denken im Kopfe*), c'est là pour Kant un simple vice de subreption, qui consiste à juger que la cause de la sensation est où elle est éprouvée et à faire résulter les pensées de traces laissées sur le cerveau par les impressions des sens. Ces traces hypothétiques n'impliquent nullement l'existence d'un siège de l'âme. Et d'ailleurs le problème physiologique n'a rien à démêler avec la métaphysique ; on n'a affaire ici, dit Kant, qu'avec la matière qui rend possible « la réunion de toutes les représentations des sens dans l'esprit. » Or la seule matière qui soit qualifiée pour cela (comme *sensorium commune*) c'est, d'après la découverte de Sömmerring, l'eau contenue dans la cavité du cerveau, et ce n'est que de l'eau : tel est l'*organe* immédiat de l'âme qui, d'une part, *isole* les faisceaux des nerfs se terminant là, dans ces ventricules, afin que les sensations ne se confondent point, et, d'autre part, opère entre eux une *communauté* parfaite. La grande difficulté, sans doute, c'est qu'il est difficile de concevoir que l'eau, en tant que liquide, soit organisée. Et sans organisation, aucune matière ne peut servir d'organe immédiat de l'âme. La « belle découverte » de Sömmerring serait-elle donc encore vaine ? Kant veut sauver cette hypothèse. A l'organisation mécanique d'un fluide, il propose de substituer une organisation dynamique, reposant sur des principes chimiques, et partant mathématiques. « L'eau pure commune, regardée naguère encore comme un élément chimique, écrit Kant, a été décomposée par des expériences pneumatiques en deux gaz différents ; chacun de ces gaz, outre sa base, possède le calorique (*Wärmestoff*) qui est peut-être susceptible de se décomposer encore en lumière et en une autre matière, comme la lumière, à son tour, se décompose en diverses couleurs, etc. » Les végétaux savent tirer de cette eau commune une quantité immense de matériaux, probablement par voie de décomposition et de composition. Après cela, on peut concevoir « quelle diversité d'instruments les nerfs rencontrent à leurs terminaisons dans l'eau du cerveau », à l'effet « d'être sensibles au monde extérieur (*Sinnenwelt*) et de pouvoir à leur tour réagir sur lui. » Si l'on admet donc, à titre d'hypothèse, que les nerfs ont la propriété, suivant leurs différences propres, de décomposer l'eau des ventricules du cerveau en ces matières ou éléments et, par la séparation de l'un ou de l'autre, de faire naître des sensations différentes (par exemple, celle de la lumière par l'excitation du nerf optique, du son par celle du nerf acoustique, etc.), de telle sorte toutefois, que ces matières élémentaires, l'excitation finie, se retrouvent de nouveau réunies, il serait loisible alors de dire que « cette eau sera continuellement organisée, sans être cependant jamais organisée ». On arriverait ainsi, grâce à cette hypothèse d'une décomposition chimique de l'eau des ventricules par les terminaisons des nerfs, au même résultat que SÖMMERRING avait en vue avec sa propre hypothèse : rendre intelligible l'unité collective de toutes les représentations sensibles en un organe commun (*sensorium commune*). Malgré tout, concluait KANT, « la solution demandée, celle du problème du siège de l'âme, qui a été adressée à la métaphysique, conduit à une quantité impossible ($\sqrt{-2}$). A celui qui entreprend de la donner on peut dire, avec TÉRENCE : *Incerta hæc si tu postules ratione certa facere, nihilo plus agas, quam si des operam ut cum ratione insanias*.

Ainsi finit, après plus de deux mille ans, d'HÉROPHILE d'Alexandrie à KANT de Königsberg, cette grande dispute de la localisation ventriculaire des fonctions centrales de l'innervation supérieure et du siège de l'âme, une des matières les plus fécondes des doctes rêveries de la pensée humaine réfléchissant sur la nature et l'origine, sinon d'elle-même, au moins de ce qu'elle a si longtemps considéré comme l'organe nécessaire de son activité cérébrale.

XX. Gall et Spurzheim. — L'ère des localisations ventriculaires se ferme avec SÖMMERRING; l'ère des localisations cérébrales s'ouvre enfin avec **Gall** (1757-1828) et **Spurzheim**. SPURZHEIM (1776-1832) : « Les anatomistes, même les plus versés dans la physiologie, ont toujours fait trop peu de cas des *circonvolutions des hémisphères*; mais ils ont toujours fait jouer un rôle des plus importants aux *ventricules* du cerveau. » Ainsi s'expriment ces auteurs, dans les premières pages du grand mémoire qu'ils présentèrent à l'Institut de France, le 14 mars 1808 : *Recherches sur le système nerveux en général et sur celui du cerveau en particulier* (Paris, 1809, in-4°). Parti de Vienne, où il avait déjà donné, pendant dix ans, des conférences sur les fonctions du cerveau, le 5 mars 1805, GALL fit, avec SPURZHEIM, en 1806 et 1807, des démonstrations publiques du cerveau à Berlin, Halle, Leipsig, Iéna, Dresde, etc., Copenhague, Leyde, Amsterdam, etc., Hambourg, Munich, Francfort, Zurich, Bâle, Paris. Les journaux avaient publié des comptes rendus de ces cours. C'est dans le mémoire soumis à l'Institut que les découvertes anatomiques des deux auteurs étaient consignées. La commission, composée de TENON, PORTAL, SABATIER, PINEL, et dont CUVIER était le rapporteur, avait terminé son rapport le 15 avril 1808; il fut lu par CUVIER dans les séances du 25 avril et du 2 mai 1808. L'opinion encore la plus généralement reçue touchant l'organisation du cerveau, c'était, comme le rappelle CUVIER, que la substance corticale des hémisphères cérébraux et du cervelet, de nature presque entièrement vasculaire, était une sorte d'organe « sécrétoire. » La quantité d'artères qui se rendent en effet dans la matière grise, et qui semblent la forme presque en entier, « ne pouvait guère avoir d'objet qu'une sécrétion abondante ». La substance blanche ou médullaire, d'apparence fibreuse, n'était qu'un amas de vaisseaux ou d'organes excréteurs de la substance sécrétée par l'écorce grise du cerveau et du cervelet; tous les nerfs, filaments conducteurs, étaient des émanations de la substance des faisceaux de ces vaisseaux les moelles allongée et épinière en dérivaient et « les nerfs appelés cérébraux se détachaient de la grande masse médullaire de l'encéphale ». Enfin, on n'avait pas renoncé à chercher quelque endroit circonscrit d'où tous les nerfs devaient partir et où ils devaient aboutir, « ce que l'on appelle en anatomie, disait CUVIER, le siège de l'âme ». Pour CUVIER, « la liaison de l'âme et du corps était par sa nature insaisissable pour notre esprit ». Quoique l'illustre rapporteur pût être édifié par l'étude du mémoire de GALL et de SPURZHEIM et par les démonstrations répétées devant la commission, sur la conception nouvelle de la structure et des fonctions du cerveau, il confesse encore « ne pas savoir à quelle partie de l'encéphale ni à quelle circonstance de son organisation sont attachées les facultés intellectuelles ». CUVIER prétend qu'aussi longtemps qu'on ignorera la nature des fonctions de la glande pituitaire, de l'infundibulum, des éminences mamillaires, de la glande pinéale et de ses pédoncules, etc., « il faudra craindre qu'un système quelconque sur les fonctions du cerveau ne soit bien incomplet, puisqu'il n'embrassera point ces parties si nombreuses, si considérables et si intimement liées à l'ensemble de ce noble viscère. » (*Mém. de la classe des sciences ma-*

thématiques et physiques de l'Institut, 1808, 109, 150, 159.) Cuvier, ni peut-être aucun des membres de la Commission, ne semble pas avoir bien compris l'importance que Gall et Spurzheim accordaient à la substance grise de l'écorce et des ganglions du système nerveux. Cette substance, qu'ils nomment la « matrice des nerfs », forme déjà, chez les vers, les insectes et les mollusques, des ganglions d'où naissent des filaments nerveux; les ganglions qui se trouvent sur le parcours des nerfs servent, non seulement à « renforcer » les nerfs qui les traversent, mais aussi à « modifier leurs fonctions ». Sans doute, avant Bichat, Winslow avait comparé les ganglions à de petits cerveaux indépendants du grand encéphale; Willis et Vieussens les avaient nommés des réservoirs d'esprits animaux, et Lancisi les avait comparés à des cœurs capables d'exprimer à ces esprits un mouvement plus rapide; Meckel, Zinn, Scarpa s'étaient rapprochés de l'idée de Bichat, pour qui les ganglions de la vie organique étaient des centres ou foyers indépendants des autres centres du système nerveux. Mais, quoique depuis longtemps les anatomistes n'ignorassent pas que les nerfs sortent des ganglions (Lyonet, Blumenbach, Vicq d'Azyr, etc.), Sömmerring faisait encore dériver les nerfs spinaux de la substance blanche de la moelle épinière, les nerfs cérébraux de la substance blanche du cerveau. Gall et Spurzheim montrèrent que c'était, non la substance blanche, mais la substance grise centrale de la moelle et la substance grise corticale du cerveau et des ganglions qui était l'origine, la matrice, l'organe de nutrition de la substance blanche, ce que niaient Tiedemann, Rolando (1809), Desmoulins (1823), Magendie (1825), Serres, etc. « Partout où il y a de la substance grise, il y a aussi des nerfs, et tous les nerfs prennent leur origine dans la substance grise; en la traversant, ils se lient intimement avec elle et en reçoivent des filets de renfort. Nous appelons ganglions tous les renflements où il y a des nerfs et de la substance grise. » Et contre Serres qui soutenait la priorité de la substance blanche au regard de la substance grise : « Il est faux de dire que les nerfs se rendent aux ganglions, au lieu de dire qu'ils en naissent et qu'ils en sortent; c'est prétendre que les blanches se rendent dans la tige, tandis qu'elles en sortent. La formation de la moelle épinière et du cerveau se fait du centre à la périphérie. » Les ganglions des nerfs spinaux et ceux de la vie organique s'atrophient dans la vieillesse, comme la substance grise de l'encéphale (écorce des hémisphères et ganglions de la base du cerveau). Les « renflements de la moelle épinière », indépendamment des renflements cervical et lombaire, devaient être regardés, suivant Gall et Spurzheim, comme autant de ganglions ou masses de substance grise propres à des systèmes nerveux particuliers, indépendants, quoique réunis par des commissures et s'influençant réciproquement. Plus le volume de ces ganglions ou renflements est considérable, plus l'action de la volonté ou du cerveau qui s'exerce par leur intermédiaire est énergique.

Gall et Spurzheim avaient-ils le droit de dire, comme ils l'ont écrit : « Nos devanciers ne connaissaient point l'usage de la substance grise » (*Recherches*, 72)? Ils oublient vraiment trop Malpighi. Ils renversèrent l'ordre traditionnel de la démonstration du névraxe « en suivant la marche de la nature », qui va, non de haut en bas (Vieussens), mais de bas en haut, ainsi que l'avaient d'ailleurs déjà fait Varole et Gasp. Bartholin parmi les modernes. C'est sur cette méthode de dissection que repose la *loi de l'accroissement ou du renforcement des faisceaux médullaires* à travers les amas de matière grise, ou ganglions nerveux, qu'ils traversent. « Avant nous, on ne connaissait rien du renforcement successif des nerfs par le moyen de la substance grise. » (*Recherches*, 143.) Mais, avant eux, non seulement on avait soutenu, contre l'opinion commune, et cela au XVIe siècle, qu'aucun nerf ne sort du cerveau, mais que tous les nerfs ont pour origine la moelle allongée et la moelle épinière. G. Bartholin, loin de faire dériver la moelle du cerveau, faisait de la moelle le principe du cerveau, si bien qu'il compare les deux hémisphères du cerveau à une double apophyse ou production de la moelle épinière (*Instit. anat.* III, c. IV, 265). Qu'était la matière grise pour Gall et Spurzheim, en dehors de ses fonctions trophiques? La texture de cette substance leur était « inconnue »; on savait qu'elle était toujours *inséparable* de la substance blanche, qu'elle était vraiment la matrice nourricière du système nerveux, soit qu'on la considérât comme l'origine première de celui-ci, soit qu'on y reconnût un appareil de renforcements et de modifications nouvelles. Tous les systèmes nerveux s'épanouissaient finalement en gerbe dans la substance grise des circonvolutions cérébrales : le cerveau et le cervelet sont la continuation renforcée aussi bien des cordons antérieurs que des cordons postérieurs et latéraux de la moelle épinière. De systèmes nerveux particuliers, il y en avait autant que de fonctions différentes, chaque système de la vie animale étant d'ailleurs double. Mais tous ces systèmes étaient ramenés à l'unité par le moyen des commissures. Il n'existait donc pas, et il ne pouvait exister, aucun « centre commun » de toutes les sensations, de toutes les pensées, de toutes les volontés. Voilà tout. Quant à prétendre expliquer l'essence et la manière d'agir du système nerveux, et du cerveau en particulier, GALL et SPURZHEIM s'en défendaient presque dans les mêmes termes que plus tard MAGENDIE et CLAUDE BERNARD. « Nous tâchons, écrivaient-ils, d'arriver à la connaissance des *conditions* des diverses fonctions du cerveau, tant en santé qu'en maladie. » Il y a une différence entre « *expliquer* la cause d'un phénomène et *indiquer les conditions voulues pour qu'il puisse avoir lieu.* Il est certain qu'il *n'y a que les phénomènes et les conditions naturelles de leur existence* qui soient du domaine de nos recherches. » (*Recherches*, 7-8.)

Dès ce premier mémoire, dont le rapport, assez malveillant, ou, comme dit GALL, « diplomatique », de CUVIER (on sait la haine de NAPOLÉON Ier contre le « matérialisme » de GALL), est loin d'avoir saisi toute la valeur scientifique, l'esprit de décentralisation des centres nerveux apparaît manifeste. GALL accuse les anatomistes et les physiologistes de vouloir toujours substituer aux données de la nature les idées métaphysiques des écoles. « L'âme est simple, dit-on; son siège doit donc être simple; il n'y a qu'une conscience, dont il n'y a non plus qu'un siège de l'âme. » D'où les localisations du trône de l'âme dans la glande pinéale. En étendant le siège de l'âme à tout le cerveau (substance blanche), HALLER, ZINN et BONNET avaient déjà scandalisé les métaphysiciens. Il est pourtant établi, disait GALL, que l'ensemble des nerfs se compose de plusieurs systèmes particuliers, et que ces systèmes diffèrent entre eux, aussi bien par leur structure que par leurs fonctions; que ces fonctions sont en rapport avec la nature et le développement des organes, mais que ces divers appareils sont reliés entre eux par des connexions et s'influencent réciproquement. Avec des propriétés communes, tous les systèmes ont des fonctions spécifiques. « Le cerveau se compose d'autant de systèmes particuliers qu'il exerce de fonctions distinctes » (*Recherches*, 228). Or ces idées physiologiques dérivaient de faits anatomiques, à savoir, que les nerfs naissent des divers amas de substance grise, et que les divers systèmes particuliers du cerveau résultent de la pluralité des faisceaux s'épanouissant dans les ganglions de la base et dans les « circonvolutions ». Bref, aux commissaires de l'Institut insistant à dessein sur l'absence de liaison nécessaire entre les faits anatomiques du mémoire et les doctrines physiologiques des auteurs sur les fonctions du cerveau, GALL répondait hautement que la physiologie du cerveau est, au contraire, dans le rapport le plus étroit avec l'anatomie de cet organe.

GALL et SPURZHEIM, surtout GALL, qui resta toujours physiologiste, n'étaient pourtant pas partis de l'anatomie dans leur enquête sur la nature du système nerveux. Avant de parvenir à quelque « induction raisonnable sur la nature du cerveau et de l'ensemble des nerfs, » racontent-ils, ils avaient dû recueillir, durant plusieurs années, un grand nombre de faits physiologiques et pathologiques. C'est préparés « par les leçons de la physiologie et de la pathologie », qu'ils firent bientôt après des découvertes auxquelles « le scapel seul » n'eût jamais pu les conduire. Ainsi, bien loin que leur doctrine eût résulté, comme on le leur reprochait, d'applications arbitraires de leurs découvertes anatomiques à l'interprétation des phénomènes physiologiques, c'est de la physiologie normale et pathologique qu'ils étaient partis pour arriver à l'anatomie, c'est-à-dire à l'étude des conditions matérielles des fonctions du cerveau. « Si nous avons obtenu une anatomie du cerveau que le temps ne peut plus anéantir, nous la devons presque toute à nos conceptions physiologiques et pathologiques. » Ce point de fait devait, il nous semble, être bien établi. Mais il n'est pas en contradiction avec l'importance qu'ont toujours accordée à l'anatomie GALL et SPURZHEIM. « Une doctrine sur les fonctions du cerveau, si elle se trouvait en contradiction avec sa structure, serait nécessairement fausse. » Si c'est une « vérité éternelle » que le cerveau se compose d'un système nerveux, divisé en plusieurs systèmes tellement distincts entre eux que la diversité de leurs origines, de leurs faisceaux, de leurs directions, de leurs points de réunion, peut « se démontrer à l'œil », alors l'anatomie du cerveau apparaît dans une liaison immédiate et dans une concordance parfaite avec la physiologie de cet organe. Du même coup, la

« métaphysique ne peut plus, pour avoir le droit de se perdre dans le vague des spéculations, dire que les opérations de l'âme sont trop cachées pour qu'il soit possible d'en découvrir les organes ou les conditions matérielles ». Devant les conséquences qui se lèvent et planent déjà en quelque sorte au-dessus de leur œuvre commencée, Gall et Spurzheim entrevoient les hautes destinées que réserve l'avenir à la science des fonctions du cerveau ou, comme ils disent, des « organes de l'esprit » : « Il n'est pas loin le temps où, vaincu par l'évidence, l'on conviendra avec Bonnet, Condillac, Herder, Cabanis, Prochaska, Sömmerring, Reil, etc., que tous les phénomènes de la nature animée sont basés sur l'organisme en général et que tous les phénomènes intellectuels sont fondés sur le cerveau en particulier. » — « Quelques gouttes de sang extravasé dans les ventricules du cerveau, quelques grains d'opium suffisent déjà pour nous démontrer que, dans cette vie, la volonté et la pensée sont inséparables de leurs conditions matérielles. » Toute doctrine solide des fonctions intellectuelles et morales de l'homme sain d'esprit ou de l'aliéné n'aura désormais plus d'autres fondements que l'anatomie et la physiologie normales et pathologiques du système nerveux.

Gall et Spurzheim revendiquaient entièrement, au regard de leurs prédécesseurs : 1° leur méthode de dissection pour l'examen du cerveau et des nerfs avec les renforcements et les épanouissements successifs de ceux-ci ; 2° leur doctrine sur l'usage ou la fonction de la substance grise, origine des nerfs ; 3° la comparaison du système nerveux tout entier à un réseau, comparaison qu'ils ne prenaient d'ailleurs pas à la lettre ; 4° la connaissance des prolongements des pyramides à travers la protubérance annulaire, les couches optiques et les corps striés, jusque dans les circonvolutions du cerveau où ces faisceaux s'épanouissaient (Ici pourtant ils se rencontraient avec Louis Rolando comme ils avaient trouvé des précurseurs dans Varole et G. Bartholin) ; 5° l'explication de la véritable formation des commissures : la matière médullaire des hémisphères se compose de deux sortes de fibres nerveuses, dont les unes divergent en venant des pédoncules, tandis que les autres convergent en se rendant vers les commissures. C'est à la connaissance approfondie qu'ils possédaient de l'anatomie du cerveau que ces auteurs ont affermi ou réformé nombre de doctrines chez Cuvier lui-même, et en mettant hors de doute la décussation des pyramides, et en faisant disparaître la confusion des tubercules bijumeaux antérieurs avec les couches optiques chez les oiseaux, et en montrant que la paire antérieure des tubercules quadrijumeaux des mammifères et les corps genouillés externes, et non les couches optiques, sont les véritables ganglions d'origine des nerfs optiques. Aussi Flourens, le grand adversaire du « système absurde » de la phrénologie, ne parle qu'avec une sorte d'enthousiasme de l' « observateur profond qui nous a ouvert, avec génie, l'étude de l'anatomie et de la physiologie du cerveau. » Gall, qui avait si bien « étudié le cerveau réel et l'a si bien connu, nous a donné, s'écriait Flourens, la vraie anatomie du cerveau » (*De la phrénologie et des études vraies sur le cerveau.* Paris, 1863,188). « Je n'oublierai jamais l'impression que j'éprouvai la première fois que je vis Gall disséquer un cerveau. Il me semblait que je n'avais pas encore vu cet organe. » (*Ibid.*, 180.)

Un autre service, et le plus grand de tous, selon Flourens lui-même, que Gall et Spurzheim aient rendu à la physiologie du cerveau, ç'a été de dissiper l'ignorance où l'on était encore des fonctions véritables de cet organe à l'époque de Bichat et de Pinel, en ramenant le moral à l'intellectuel, en montrant que les passions et l'intelligence sont des fonctions du même ordre et en les localisant toutes dans le cerveau. « Le cerveau n'est jamais affecté par les passions », avait dit Bichat ; tout ce qui est des passions appartient à la vie organique, non à la vie animale, comme l'intelligence. Bichat et ses successeurs n'avaient pas pris garde qu'il faut, en bonne physiologie, distinguer strictement les parties où siègent les passions des parties qu'elles affectent : le moral de l'homme était séparé en deux tronçons. « Croirait-on que Pinel et Esquirol, écrivait Flourens, ces deux hommes qui ont si profondément étudié la folie, n'ont jamais osé chercher dans le cerveau la cause immédiate de la manie, de la démence, de l'imbécillité ! » (*De la phrénologie*, 160.) Gall montra que la folie a son siège immédiat dans le cerveau. « Lorsqu'on commença à regarder le cerveau comme faisant partie du système nerveux, on put se convaincre que le cerveau préside ou sert d'organe à l'intelligence. Mais l'homme moral, les affections, les penchants, les passions, les sentiments restaient réservés pour les tempéraments, pour le cœur, pour les plexus et les ganglions des viscères de la poitrine et du bas-ventre. Il n'y a que quelques années que tous ceux qui étaient à la tête d'hospices d'aliénés, ou qui écrivaient sur la folie, tenaient les aliénations mentales pour des maladies de l'âme et de l'esprit auxquelles le corps n'avait pas la moindre part; où ils plaçaient leur siège immédiat dans la poitrine et dans les entrailles du bas-ventre. Non seulement cette croyance générale détournait l'attention du véritable siège de ces maladies, mais elle privait encore les médecins des maisons de fous d'un des plus précieux et des plus féconds moyens de découvrir... le rapport de leurs altérations (des facultés fondamentales) avec des altérations du cerveau, et de démasquer enfin les doctrines erronées de ces philosophies qui sont encore professées dans toutes les Universités. Je me réjouis d'avoir été le premier qui ai attaqué ces erreurs de nos plus respectables autorités et d'avoir opéré la plus heureuse révolution, non seulement pour l'étude de la nature des maladies mentales, mais aussi pour leur traitement. Que l'on compare les anciens articles : *Aliénation mentale, manie, folie, délire, monomanie*, etc., dans le *Dictionnaire des sciences médicales*, l'ouvrage sous tant de rapports inestimable de M. Pinel, avec les nouvelles opinions de M. Esquirol, avec les excellents ouvrages de MM. Georget et Falret. » En effet, alors même que Gall insiste tant sur les formes de la tête et du crâne pour découvrir les qualités morales et les facultés intellectuelles, ainsi que le siège des organes de ces fonctions, il ne doute pas que les différences que présentent ces formes extérieures ne soient l'expression de différences correspondantes dans les formes extérieures du cerveau. « Jamais, déclare Gall, il ne me vint en l'idée que la cause des qualités morales ou des facultés intellectuelles fût dans tel ou tel endroit des os du crâne. » Le vulgaire seul pouvait parler de « bosses » et de « cranioscopie » à propos de ces études, selon Gall. « Il ne peut être question, dit-il, d'interpréter les différentes formes de la tête ou du crâne qu'autant qu'elles révèlent la forme du cerveau, puisqu'elles ne sont qu'une suite du développement soit de tout l'encéphale, soit de telle de ses parties intégrantes. » Aussi, après avoir indiqué les prétendus signes extérieurs d'un sentiment ou d'une faculté sur la tête, Gall localise *toujours le substratum de cette qualité ou de ce sentiment dans une circonvolution cérébrale;* il renvoie constamment à cet effet aux planches de son grand ouvrage.

XXI. Rolando. — Le nom de **Louis Rolando** qui, dès 1809, a écrit, comme Gall, qu'il était « le premier qui eût donné une connaissance exacte de la structure du cerveau » (*Saggio sopra la vera struttura del cervello e sopra le funzioni del sistema nervoso*, 1809; 2ᵃ ed. Torino, 1828, II, 222), mérite assurément d'être associé aux noms de Gall et de Flourens. Il est étrange que ce grand compatriote de Malpighi ait méconnu, comme il l'a fait, la nature et le rôle de la substance grise. Pour Rolando, « les opérations cérébrales sont de vrais mouvements des fibres du cerveau ». Les hémisphères sont un amas de fibres qui, d'abord réunies en faisceaux dans leurs pédoncules, dirigent ensuite et se ramifient pour former les lobes du cerveau. La mobilité de ces fibres est extrême; est-elle paralysée, diminuée ou augmentée, on s'explique ainsi les divers états morbides qu'on a toujours localisés dans la masse cérébrale « sans oser imaginer quelle était la véritable altération de cet organe ». Dans les hémisphères du cerveau est le siège principal de la cause prochaine du sommeil, de la démence, de l'apoplexie, de la mélancolie et de la manie. Rolando, Flourens en a fait la remarque, n'a nulle part établi que c'était dans les lobes du cerveau que résidaient exclusivement les perceptions de l'intelligence. Mais c'est que Rolando a localisé ces fonctions dans la moelle allongée. La moelle allongée est, pour Rolando, le *sensorium commune*, le *nœud vital*, le centre principal de la sensibilité physique: « Toutes les impressions faites sur les extrémités périphériques des nerfs doivent être nécessairement transmises à ce point, et de ce point aussi doivent partir toutes les déterminations. » Ce même organe, la moelle allongée, est aussi « le siège de ce principe immatériel qui exerce un si grand empire sur tous les organes et sur toutes les fonctions de l'économie animale, et d'où dépend la sensibilité morale, donnant lieu en outre à la production d'une série infinie d'opérations transcendentales. *Hic animæ sedes, hic solium...* » (*Ibid.*, 9, 223. Cf. *Archives générales de médecine*, 1823, I, 359. Expériences sur le système nerveux de l'homme et des animaux publiées en Italie en 1809. Article de Coster, Turin.) Ce sont surtout les expériences sur les fonctions du cervelet qui ont naguère rappelé de l'oubli le livre de Rolando. Le cervelet était pour Rolando l'organe destiné à la préparation ou sécrétion de la force nerveuse qui, diversement modifiée, produit le mouvement en excitant les contractions des muscles; le cervelet est donc un organe moteur par excellence, le moteur électrique de la machine animale. Avec sa structure lamellaire, en effet, le cervelet paraissait à ROLANDO réaliser toutes les conditions nécessaires pour former un véritable électro-moteur analogue à la pile de VOLTA; le fluide sécrété par cette partie de l'encéphale est analogue au fluide galvanique : transporté par les nerfs, qui lui servent de conducteur, il va stimuler les muscles destinés à la locomotion. Les lésions unies ou bilatérales du cervelet, comme aussi celles de la moelle allongée, donnent naissance à des paralysies, tandis que les épilepsies et les affections spasmodiques résultent des irritations de la moelle allongée. Les relations étroites du cervelet, machine électro-motrice au service de la volonté, avec la moelle allongée et avec le cerveau explique que ses fonctions se montrent dépendantes tantôt du sensorium, tantôt des « opérations exécutées par les hémisphères du cerveau ». Sans insister sur les expériences de ROLANDO relatives aux fonctions du cervelet, expériences presque toujours appuyées d'observations cliniques, il nous faut tenir compte de l'opinion d'un bon juge en la matière, L. LUCIANI, qui témoigne qu'on ne saurait contester à ROLANDO le mérite d'avoir le premier, et bien avant FLOURENS, signalé quelques faits interessants touchant la physiologie du cervelet et d'avoir eu une sorte d'intuition des fonctions fondamentales de cet organe, quoique ses arguments fussent peu démonstratifs et que sa doctrine fût d'ailleurs absolument erronée. Comme FLOURENS, et bien d'autres, ROLANDO a confondu les phénomènes irritatifs qui suivent les traumatismes opératoires, et qui sont transitoires, avec les phénomènes de déficit, qui demeurent permanents; il a appelé paralytiques des phénomènes qui, d'après sa propre description, apparaissent bien plutôt comme asthéniques, atoniques et astatiques. ROLANDO a pourtant vu, après MORGAGNI, que l'action du cervelet est directe, contrairement à celle des hémisphères cérébraux, qui est croisée. FLOURENS a cru que cette action du cervelet était croisée comme celle du cerveau. Il s'agit, bien entendu, de la connexion prédominante de chaque moitié du cervelet avec la moitié de la moelle épinière du même côté et avec l'hémisphère cérébral du côté opposé (L. LUCIANI. *Il cervelletto.* Firenze, 1891, 247). C'était d'ailleurs un assez médiocre expérimentateur que ROLANDO, et FLOURENS a pu l'accuser à bon droit de n'avoir fait que mutiler les parties sur lesquelles il avait opéré. Nous ne citerons qu'une de ces expériences, portant sur le *cerveau* des mammifères, où ROLANDO s'est servi de l'électricité pour exciter le système nerveux central. « Conduit par l'idée d'observer quels effets produit un courant de fluide galvanique dirigé du cerveau aux différentes parties du corps, je trépanai le crâne d'un porc, dit ROLANDO, et j'introduisis un conducteur de l'électromoteur de Volta dans les *hémisphères du cerveau*, en le portant tantôt sur un point, tantôt sur un autre, tandis que l'autre fil était appliqué sur diverses parties du corps. De ces expériences répétées sur différents quadrupèdes et sur des oiseaux, je n'ai obtenu que de *violentes contractions*, et j'observai que celles-ci étaient beaucoup plus fortes quand le métal conducteur pénétrait dans le cervelet. Les hémisphères du cerveau du porc avaient été beaucoup déchirés par l'introduction répétée de la pointe du conducteur, de sorte que les corps striés et les ventricules en furent assez gravement endommagés. Mais l'animal vécut cependant douze heures encore dans un état d'assoupissement, et il aurait vécu d'avantage si d'autres lésions ne lui avaient été infligées. Je ne tirai pas d'abord de ces expériences les conséquences que j'en ai tirées depuis que j'ai découvert que les *hémisphères du cerveau* étaient un amas de fibres destinées à produire des mouvements particuliers, et après avoir tenté sur le cervelet les expériences que je rapporterai. » (*Saggio*, etc. : *Sperienze sul cervello dei Mammiferi,* 183.)

XXII. Flourens. — **Flourens** était un tout autre expérimentateur que ROLANDO : il savait voir, observer, décrire. Ses expériences ont la sûreté, la précision, la clarté, la simplicité lumineuse de son style; elles n'ont même d'autre défaut que d'être trop simples et trop élégantes. La structure et les fonctions du système nerveux central sont choses infiniment plus complexes et plus obscures. FLOURENS avait d'ailleurs le sentiment de cette complexité, sinon de cette obscurité. Il s'efforçait de décomposer les phénomènes et les organes et d'arriver ainsi par l'analyse aux « fait simples » : « L'art de démêler les faits simples est tout l'art des expériences, » disait-il. Ce fut certes une idée géniale, au lieu d'enfoncer — au hasard un troquart ou un scalpel dans le cerveau pour explorer ses fonctions, selon le mode d'opérer traditionnel des physiologistes, SAUCEROTTE, LORRY, HALLER, ZINN, —

d'instituer une méthode d'expérience qui, en détruisant isolément les différentes parties de l'encéphale, devait permettre d'en déceler les fonctions spéciales. Avant FLOURENS, on n'isolait point les unes des autres les parties soumises à l'expérience; on n'avait donc que des expériences confuses, et, par ces expériences confuses, que des phénomènes complexes; et, par ces phénomènes complexes, que des conclusions vagues et incertaines. Tout, dans les recherches expérimentales, dépend de la méthode; car c'est la méthode qui donne les résultats. Deux points principaux constituent la méthode expérimentale nouvelle, la méthode *isolatrice :* 1° mettre d'abord à nu l'encéphale par l'ablation de ses enveloppes; 2° n'intéresser que l'une après l'autre, et toujours l'une à l'exclusion de l'autre, chaque partie ainsi mise à nu. Le but étant de parvenir à déterminer la fonction de chaque partie, le moyen c'est l'isolement des parties pour isoler les fonctions. Outre l'isolement, il faut, dans certains cas, enlever les parties en entier, non les mutiler, et toujours prévenir les épanchements. ROLANDO confondait tous les phénomènes comme il confondait tous les organes d'où ces phénomènes dérivent, disait FLOURENS, parce que la méthode de ROLANDO n'isolait rien. Voici maintenant, dans ses grandes lignes, et dans les termes mêmes dont il s'est servi, la doctrine de FLOURENS sur les fonctions du cerveau et du système nerveux. Il y a, dans le système nerveux, trois propriétés essentiellement distinctes : l'une, de *percevoir* et de *vouloir*, c'est l'*intelligence;* l'autre de *recevoir* et de *transmettre* des impressions, c'est la *sensibilité;* la troisième d'*exciter immédiatement la contraction musculaire*. FLOURENS proposait de l'appeler *excitabilité* au sens d'excitation immédiate des contractions musculaires. L'*irritabilité* ou *contractilité* est la propriété exclusive au muscle de se contracter ou raccourcir avec effort quand une excitation quelconque l'y détermine. Enfin, dans le cervelet réside une propriété « dont rien ne donnait encore l'idée en physiologie » et qui consiste, suivant FLOURENS, à *coordonner* les mouvements *voulus* par certaines parties du système nerveux, *excités* par d'autres.

Les *facultés intellectuelles* et *perceptives* résident dans les lobes cérébraux, l'*excitation immédiate des contractions musculaires* dans la moelle épinière et ses nerfs, la *coordination* des mouvements de locomotion, marche, course, vol, ceux de la station, etc., dans le cervelet. De la moelle allongée dérivent tous les mouvements coordonnés de conservation (respiration, etc.); du cervelet tous les mouvements coordonnés de locomotion. Quoique unique, le système nerveux n'est point homogène. Les lobes cérébraux n'agissent point comme le cervelet, ni le cervelet comme la moelle épinière, ni la moelle épinière absolument comme le nerf. Toutes ces parties concourent, conspirent, consentent; elles sont distinctes, quoique l'énergie de chacune influe sur l'énergie de toutes les autres. L'ablation des lobes cérébraux se borne à affaiblir les mouvements; celle du cervelet à les affaiblir plus encore; tandis que celle de la moelle épinière, de la moelle allongée ou des nerfs les abolit radicalement. C'est que les lobes cérébraux se bornent à *vouloir* le mouvement, le cervelet à le *coordonner*, tandis que la moelle épinière et les nerfs le *produisent*. Appliqué à la destruction des lobes cérébraux ou du cervelet, le mot *paralysie* ne peut signifier, quant aux facultés locomotrices, qu'*affaiblissement;* appliqué à la destruction des moelles épinière ou allongée, il signifie abolition radicale de ces facultés. Mais on peut abolir la volition des mouvements en laissant subsister la coordination et la contraction ou abolir à la fois la volonté et la coordination en ne respectant que la contraction, ces trois grands phénomènes, essentiellement distincts, résidant dans trois organes essentiellement distincts, le cerveau, le cervelet, la moelle épinière et ses nerfs. Ce qui montre l'indépendance de ces fonctions spéciales du système nerveux, c'est que l'organe par lequel l'animal *perçoit* et *veut* ne *coordonne* ni n'*excite :* nul mouvement ne dérive directement de la volonté; la volonté n'est que la cause provocatrice de certains mouvements; « elle n'est jamais la cause effective d'aucun ». L'organe qui *coordonne* n'excite pas; celui qui *excite* ne coordonne pas. De l'indépendance des organes découle l'indépendance des fonctions. Ainsi, « les irritations des lobes cérébraux ou du cervelet n'*excitent* jamais de contractions musculaires » (*Recherches expérimentales sur les propriétés et les fonctions du système nerveux dans les animaux vertébrés*. Paris, 1842, 2e édit., XIV). « Les lobes cérébraux ne sont le siège ni du principe immédiat des mouvements musculaires, ni du principe qui coordonne les mouvements en marche, saut, vol, station » : ils sont le siège exclusif de la volition et des perceptions (*Ibid.*, 35). La moelle épinière, qui *excite* toutes les contractions, et par ces contractions tous les mouvements, n'en *veut* ni n'en *coordonne* aucun. Un animal privé de ses lobes cérébraux perd toutes ses facultés intellectuelles et conserve toute la régularité de ses mouvements; un animal privé de son cervelet perd toute régularité de ses mouvements et conserve toutes ses facultés intellectuelles. Que, dans les lobes cérébraux, résident exclusivement toutes les perceptions (vue, ouïe, goût, odorat, toucher), la volonté, le souvenir, les jugements, les instincts, FLOURENS en a le premier fourni une démonstration scientifique. Lorsqu'on enlève les deux lobes cérébraux, non seulement l'animal devient aveugle et sourd, mais, quel que temps qu'il survive à cette opération, il ne goûte ni ne flaire plus, il ne touche ni n'explore plus, il reste constamment assoupi, de lui-même il ne mange plus, il ne veut plus, il ne se souvient plus, il ne juge plus : il a perdu toute intelligence. « Les animaux privés de leurs lobes cérébraux ont donc réellement perdu toutes leurs perceptions, tous leurs instincts, toutes leurs facultés intellectuelles; toutes ces facultés, tous ces instincts, toutes ces perceptions résident donc exclusivement dans ces lobes. » Toutes les fonctions psychiques ont donc un même siège, le cerveau. Dans cet organe occupent-elles toutes conjointement le même point ou chacune a-t-elle son siège différent de celui des autres? Comme, quelque graduée que soit l'ablation des lobes cérébraux, quels que soient le point, la direction, les limites dans lesquels on opère, dès qu'une perception est perdue toutes le sont, dès qu'une faculté disparaît toutes disparaissent, il suit que toutes ces facultés, toutes ces perceptions, tous ces instincts ne constituent qu'une faculté essentiellement *une* et résident essentiellement dans un même organe, y occupent la même place. « Il n'y a donc, dit FLOURENS, de siège divers ni pour les diverses facultés ni pour les diverses perceptions. La faculté de percevoir, de juger, de vouloir une chose réside dans le même lieu que celle d'en percevoir, d'en juger, d'en vouloir une autre. » Les divers organes des sens n'en ont pas moins chacun une origine distincte dans la masse cérébrale; on peut donc, en détruisant séparément chacune de ces origines particulières, détruire séparément chacun des sens qui dérivent d'elles. La destruction de l'organe central où les *sensations* de ces sens se transforment en *perceptions* détruit d'un seul coup, « sinon tous ces sens, du moins tout leur résultat ». L'unité du cerveau, de l'organe siège de l'intelligence, était un des résultats les plus importants auxquels croyait être arrivé FLOURENS. La conservation ou la perte des fonctions de l'intelligence dépendait, non de tel ou tel point donné des lobes cérébraux, mais du degré de l'altération des lobes, quels que soient d'ailleurs le point ou les points attaqués. Les lobes cérébraux concourant effectivement, par tout leur ensemble, à l'exercice de leurs fonctions, il est tout naturel, dans cette hypothèse, qu'une de leurs parties puisse suppléer à l'autre, que l'intelligence puisse subsister ou se perdre par chacune d'elles. « Et voilà bien plus de raisons qu'il n'en faut pour placer tour à tour le siège de cette intelligence dans chacune de ces parties et pour l'exclure ensuite tour à tour de chacune. L'erreur consistait à ne considérer que tels ou tels points donnés des lobes cérébraux, quand il fallait les considérer tous. » (*Ibid.*, 264.) Un seul lobe ou hémisphère cérébral suffit à l'exercice complet de l'intelligence. Anatomiquement, un lobe n'est que la répétition de l'autre. Physiologiquement, les deux lobes ne font qu'un appareil : le grand appareil de l'intelligence.

Un autre fait résultait de ces expériences : les lobes cérébraux, le cervelet, les tubercules bijumeaux ou quadrijumeaux peuvent perdre une portion assez étendue de leur substance sans perdre l'exercice de leurs fonctions; ils peuvent même « réacquérir ces fonctions après les avoir totalement perdues », enseignait FLOURENS. Les observations de plaies du cerveau rassemblées par QUESNAY montraient aussi que le cerveau de l'homme peut être blessé, qu'il peut l'être avec perte de substance et que néanmoins il peut conserver ses fonctions ou les réacquérir après les avoir perdues. La condition de ce retour des fonctions, c'est que la perte de substance éprouvée ne dépassât point certaines limites, sinon, les fonctions ou sont imparfaites ou ne réapparaissent plus. Il ne saurait être question d'une prétendue régénération de substance. « Ce qui sans doute a pu faire imaginer une pareille régénération, dit FLOURENS, c'est la tuméfaction énorme qu'éprouvent d'abord les parties cérébrales blessées. » Au bout de quelque temps, quand les parties sont revenues à leur volume naturel, « on voit que tout ce qui a été enlevé manque et ne se reproduit plus, quel que temps que l'animal survive à l'opération »

(*Ibid.*, 109). Les lobes cérébraux tout entiers étant retranchés, si l'on pince les *racines antérieures* de la moelle épinière, les muscles correspondants se contractent; si l'on pince les *racines postérieures*, l'animal le sent, il souffre, il s'agite, il crie, la *sensibilité* résidant « dans le faisceau postérieur de la moelle épinière et dans les nerfs venus des racines de ce faisceau », comme l'*excitabilité*, c'est-à-dire toujours la condition immédiate des contractions musculaires, réside « dans le faisceau antérieur de la moelle épinière et dans les nerfs venus des racines de ce faisceau ». Si l'on coupe la racine postérieure de l'un des nerfs qui sortent de cette moelle, l'animal perd aussitôt le *sentiment* dans toutes les parties auxquelles ce nerf se rend, mais le mouvement s'y conserve encore; si l'on coupe la racine antérieure, c'est au contraire le mouvement qui se perd et le sentiment qui subsiste. Le mouvement peut donc être séparé du sentiment; l'un peut donc être aboli sans l'autre et chacun a son siège propre. Ainsi, d'une part, la sensation survit au retranchement des lobes cérébraux, lobes dans lesquels la perception réside; la sensation est donc distincte de la perception. D'autre part, la sensation a, dans la moelle épinière et dans les nerfs, un siège distinct de l'excitabilité (toujours entendue au sens d'excitation immédiate des contractions musculaires). Partout, jusque dans les effets des organes mêmes des sens, la sensation proprement dite, la sensibilité générale, se distingue de la perception ou de l'intelligence. Les nerfs, la moelle épinière, la moelle allongée, les tubercules bijumeaux ou quadrijumeaux, les pédoncules du cerveau possèdent, avec la propriété d'*exciter* immédiatement les contractions musculaires, celle de *sentir* les impressions; la perception ou l'intelligence ne réside dans aucune de ces parties; elle est exclusivement localisée dans les hémisphères cérébraux.

Le plus beau spectacle et le mieux fait pour porter à de profondes méditations, c'était, suivant Flourens, de réunir devant soi une série de cerveaux de mammifères : « Si l'on place donc devant soi une série de cerveaux de mammifères, depuis le rongeur, l'animal le plus hébété, jusqu'à l'animal le plus intelligent, jusqu'au chien, jusqu'au singe, on verra, spectacle dont on ne pourra se lasser, *le développement du cerveau correspondre, de la manière la plus exacte, au développement de l'intelligence.* » Les différents cerveaux des mammifères se distinguent : 1° par la richesse des circonvolutions; 2° par le nombre des lobes de chaque hémisphère; 3° par l'étendue totale des hémisphères d'avant en arrière. Chez les rongeurs, qui ont le moins d'intelligence, les hémisphères n'ont pas de circonvolutions; ceux des ruminants en ont; ceux des pachydermes en ont davantage, et ainsi de plus en plus dans les carnassiers, dans les singes, dans l'homme. Même développement corrélatif quant aux lobes et à l'étendue des hémisphères. Ainsi, dans les rongeurs, ils ne recouvrent pas les tubercules quadrijumeaux, ils les recouvrent dans les ruminants, dans les pachydermes ils atteignent le cervelet; dans les carnassiers et les singes ils recouvrent une partie du cervelet, tout le cervelet dans les orangs : chez l'homme ils le dépassent.

XXIII. Magendie. — Quoique **Magendie** (1783-1855) estimât que l'étude spéciale de l'intelligence appartenait de son temps plutôt à l'idéologie qu'à la physiologie, il a trop contribué lui-même à l'avancement de la science des fonctions du cerveau pour qu'on ne doive pas le considérer comme un des pères de la physiologie cérébrale. Ce n'est pas que l'étude des fonctions du cerveau lui parût d'un autre ordre, ni surtout plus difficile, que celle des fonctions des autres organes. « Les fonctions du cerveau, dit-il, sont absolument soumises aux mêmes lois générales que les autres fonctions; elles se développent et se détériorent avec les progrès de l'âge; elles se modifient par l'habitude, le sexe, le tempérament, la disposition individuelle; elles se troublent, s'affaiblissent ou s'exaltent dans les maladies; les lésions physiques du cerveau les pervertissent ou les détruisent; enfin, de même que toutes les autres actions d'organes, elles ne sont susceptibles d'aucune explication, et, pour les étudier, il faut se borner à l'observation et aux expériences en se dépouillant autant que possible de toute idée hypothétique. » Il faut donc bien se garder de croire que cette étude, l'étude de l'intelligence, appartienne exclusivement à la métaphysique, dit Magendie : « En s'en tenant rigoureusement à l'observation et en évitant avec soin de se livrer à aucune explication, ni à aucune conjecture, cette étude devient purement physiologique. » Par « cerveau », Magendie, on le sait, entendait l'organe qui remplit la cavité du crâne et celle du canal vertébral, c'est-à-dire le cerveau, le cervelet et la moelle épinière : « Dans la réalité, ces trois parties ne font qu'un seul et même organe. » La moelle épinière n'est pas plus un prolongement du cerveau et du cervelet que ceux-ci ne sont un épanouissement de la moelle épinière (*Précis élémentaire de physiologie*. Paris, 1825, 2e édit., 183).

Le cerveau ou système cérébro-spinal est l'organe matériel de la pensée ou de l'intelligence. La disposition des circonvolutions des hémisphères cérébraux diffère chez chaque individu; « celles du côté droit ne sont pas disposées comme celles du côté gauche ». « Il serait curieux, disait MAGENDIE, de rechercher s'il n'existe pas un *rapport entre le nombre des circonvolutions et la perfection ou l'imperfection des facultés intellectuelles*, entre les modifications de l'esprit et la disposition individuelle des circonvolutions cérébrales. » MAGENDIE laisse clairement paraître dans ces paroles que pour lui les fonctions de l'intelligence pouvaient varier avec la masse, le volume et le mode de structure des circonvolutions cérébrales. Ce n'est pas qu'il inclinât vers l'organologie de GALL. Il appelle avec raison la phrénologie une pseudo-science, telle qu'étaient l'astrologie et la nécromancie, et qui ne supporte pas l'examen. Il condamne même comme essentiellement fausse cette partie du système anatomique de GALL et de SPURZHEIM qui enseigne que la substance grise du cerveau produit la substance blanche : c'est là, dit-il, avancer une supposition gratuite; « la matière grise ne produit pas la blanche. » La plus grande partie des hémisphères, « sinon la totalité », est insensible aux piqûres, déchirements, sections, cautérisations. De même pour la surface du cervelet. Touchant les fonctions de cet organe, MAGENDIE ne partageait ni l'opinion de ROLANDO ni celle de FLOURENS. « J'ai vu, dit-il, et j'ai fait voir bien des fois dans mes cours, des animaux privés de cervelet et qui cependant exécutaient des mouvements très réguliers. Or, ici un seul fait positif l'emporte sur tous les faits négatifs. » MAGENDIE répéta avec beaucoup de succès les expériences oubliées de POURFOUR DU PETIT (1663-1741) sur les pédoncules du cervelet. Mais, pas plus que ROLANDO ou FLOURENS, MAGENDIE n'a distingué dans ses expériences sur le cervelet les phénomènes de déficit ou de perte permanente des fonctions, des phénomènes transitoires, d'exaltation fonctionnelle, qui succèdent au traumatisme opératoire. La moelle épinière, au contraire, est sensible : « La sensibilité de cette partie du cerveau est des plus prononcées, surtout sur la face postérieure. » La sensibilité du quatrième ventricule et de la moelle allongée est aussi très vive. Il s'agit toutefois de la substance médullaire, non de la substance grise centrale de la moelle. Celle-ci, on peut la toucher, la déchirer pour ainsi dire impunément. « J'ai plusieurs fois, dit MAGENDIE, enfoncé des stylets dans presque toute la longueur de la moelle sans que le mouvement ou la sensibilité de l'animal me parussent diminués. » (*Journal de physiol. expérim.*, 1823.) A la même époque, SERRES protestait à peu près seul, depuis HALLER, contre le préjugé de l'insensibilité des lobes du cerveau et du cervelet (*Anatomie comp. du cerveau*, etc. Paris, 1826, 662). Encore que MAGENDIE, avec presque tous ses contemporains, rapportât les « innombrables phénomènes qui forment l'intelligence de l'homme » à de simples « modifications de la faculté de sentir », ce n'était pas dans le cerveau proprement dit ni dans le cervelet qu'il localisait le siège principal de la sensibilité et des sens spéciaux; il en donnait une démonstration qu'il considérait comme satisfaisante : « Enlevez les hémisphères du cerveau et ceux du cervelet sur un mammifère, cherchez ensuite à vous assurer s'il peut éprouver des sensations, et vous reconnaîtrez facilement qu'il est sensible aux odeurs, aux saveurs, aux sons, aux impressions sapides. » Seule, la vue est dans un cas particulier : il résulte des expériences de ROLANDO et de FLOURENS que ce sens est aboli par la soustraction des hémisphères du cerveau. MAGENDIE avait vérifié ce fait d'observation; il avait noté aussi que la lésion de la couche optique est suivie de la perte de la vue pour l'œil opposé chez les mammifères. Mais, sauf le sens de la vue, aucun des autres sens n'avait paru aboli à MAGENDIE dans l'ablation des hémisphères. « Il est donc bien positif, conclue-t-il expressément, que les sensations n'ont pas leur siège dans les hémisphères. » Et cependant, non seulement le cerveau peut percevoir les sensations : il lui est encore donné de reproduire celles qu'il a déjà perçues. Cette action *cérébrale* se nomme *mémoire*. Dans certaines maladies du cerveau, la mémoire est complètement détruite. Les maladies nous offrent précisément des « analyses psychologiques de la mémoire ». Ainsi tel malade perd la mémoire des noms propres, tel autre celle des substantifs, tel autre celle des nombres, etc.; celui-ci « oublie jusqu'à sa propre langue et perd ainsi la faculté de s'exprimer sur aucun sujet. » Il y a donc une mémoire des mots, une mémoire des noms, des formes, des lieux, de la musique, etc. Gall avait tenté de localiser ces « diverses sortes de mémoires ». Magendie repousse naturellement ces essais de localisation; mais, après avoir constaté qu'il existe des mémoires et non une mémoire, il confesse ignorer « s'il existe quelque partie du cerveau qui soit plus particulièrement destinée à exercer la mémoire ». Il semble donc que Magendie ait encore été tenté de faire une faculté de l'âme de ce que Gall avait considéré comme un attribut commun des organes cérébraux, comme une propriété générale de la matière nerveuse des circonvolutions. Mais il est plus probable que ce n'était chez Magendie qu'une manière traditionnelle de s'exprimer, car il ajoute que dans tous les cas de perte ou d'altération de la mémoire, après la mort, on observe « des lésions plus ou moins graves du cerveau ou de la *moelle allongée;* mais l'anatomie morbide n'a pu encore établir, ajoute Magendie, aucune relation entre le lieu lésé et l'espèce de mémoire abolie ». Le progrès des idées et l'émancipation du passé ne sont pas moins manifestes chez Magendie à propos du siège des passions : « Dirons-nous avec Bichat qu'elles résident dans la vie organique? Mais les passions sont des sensations internes; elles ne peuvent avoir de siège. Elles résultent de l'action du système nerveux, et particulièrement de celle du *cerveau.* »

XXIV. École de la Salpêtrière. Delaye. Foville. Pinel-Grandchamp. — C'est de l'**École de la Salpêtrière** que sortit en partie, vers 1820, une doctrine nouvelle des fonctions motrices et sensitives du cerveau qui, pour avoir été fondée dans le principe sur la clinique, l'anatomie pathologique et la physiologie expérimentales, devait pourtant tromper les grandes espérances qu'elle avait fait naître, et cela parce qu'elle reposait sur une erreur fondamentale de l'anatomie du névraxe. Pinel vivait encore à la Salpêtrière; les leçons d'Esquirol et de Rostan attiraient une foule nombreuse dans cet hospice; Georget y écrivait alors sa thèse; Delaye, Foville, Pinel-Grandchamp, Trélat recueillaient des observations aux lits des malades et rédigeaient leurs premiers mémoires. C'est avec **Delaye**, alors interne de la Salpêtrière, que **Foville**, en 1820, publia les premiers résultats auxquels l'avaient conduit ses études de clinique et d'anatomo-pathologie. Dès cette époque, Delaye et Foville exprimaient la pensée que « la *substance corticale du cerveau* était affectée à l'exercice des opérations intellectuelles, en d'autres termes, devait être considérée comme le siège de l'intelligence », et que « la substance fibreuse » servait à l'exercice des mouvements volontaires. Les altérations diverses rencontrées et notées au cours des autopsies dans le cerveau des malades ayant succombé à des affections mentales occupaient « la substance grise superficielle »; les désordres cérébraux dont l'effet portait exclusivement sur la locomotion se montraient au contraire constamment dans la substance blanche ou dans les « renflements gris situés profondément dans les hémisphères ». D'où la conclusion des auteurs : la substance grise superficielle préside aux fonctions intellectuelles, la substance blanche et les ganglions de la base à la locomotion, « puisque les dérangements de ces deux ordres de fonctions correspondaient réciproquement aux altérations de la superficie ou de la profondeur du cerveau ». « Nous avions, disent les auteurs, été guidés par cette observation dont la vérité peut être constatée tous les jours que, tantôt le trouble de l'intelligence a lieu sans que les mouvements soient lésés, tantôt que, dans d'autres cas, les mouvements sont profondément compromis sans que l'intelligence présente le moindre égarement. L'aliénation mentale offre une multitude d'exemples du premier genre; les apoplexies, les ramollissements en offrent un aussi grand nombre du second. » Dans les maladies mentales, les altérations pathologiques portent donc sur la substance corticale, dans les paralysies sur la substance blanche des hémisphères ou la substance grise des corps striés et des couches optiques. Enfin, dans un grand nombre de cas où les lésions de l'intelligence et celles du mouvement coexistent, les auteurs avaient trouvé à la fois des altérations de la substance corticale et de la substance blanche. A. Foville demeura fidèle à cette doctrine. Dans son article **Aliénation mentale** du *Dictionnaire de médecine et de chirurgie pratique* (1829, I, 558-9), rappelant les observations qu'il avait faites avec Delaye et Pinel-Grandchamp et dans lesquelles « l'altération de la substance corticale ne correspondait à d'autres phénomènes qu'à des troubles intellectuels », il demandait : « Que devient cette opinion que l'altération de la substance corticale des circonvolutions est la cause de la paralysie dans les cas si nombreux d'altération de cette substance corticale sans la moindre altération des mouvements? » L'atrophie, l'absence même d'une grande partie de la substance corticale « n'ont pas d'effet sur les mouvements », tandis que les altérations de la substance blanche ou fibreuse entraînent nécessairement la perte ou l'affaiblissement des *mouvements volontaires*. Plus tard, sans rien sacrifier de sa doctrine du siège des fonctions intellectuelles dans l'écorce grise du cerveau, FOVILLE dut convenir que cette substance des circonvolutions paraissait être le substratum matériel par l'intermédiaire duquel la volonté dirige les mouvements (*Considérations sur la structure de l'encéphale et sur les relations du crâne avec cet organe*, par FOVILLE. Rapport de BOUILLAUD, etc. Paris, 1840). FOVILLE signale expressément comme les circonvolutions en rapport de continuité avec les pyramides celles qui occupent le centre de la convexité des hémisphères. Nous savons par TRÉLAT que, dès 1818 et 1819, DELAYE, frappé du bégaiement de certains aliénés et de l'embarras de leurs mouvements, s'appliquait à distinguer et à reconnaître les signes de cette grande maladie qui se caractérise par l'affaiblissement graduel et incurable de l'intelligence et de la motilité, la paralysie générale. « Notre maître ESQUIROL, écrivait TRÉLAT à DELAYE, ne tarda pas à donner à nos travaux la recommandation de sa parole et à traiter, dans son cours, de la paralysie générale des aliénés. » (*De la paralysie générale. Annales médico-psychol.*, 1855, 3e série, I, 233. -- Cf. FOVILLE, *Traité complet d'anatomie, de la physiologie et de la pathologie du système nerveux cérébro-spinal*, Ire partie, *Anatomie*. Paris, 1844, 42. -- DELAYE, *Considérations sur une espèce de paralysie qui affecte particulièrement les aliénés*, Th. Paris, 1824, n° 224.)

En 1823, FOVILLE et PINEL-GRANDCHAMP, tous deux encore internes de la Salpêtrière, assistés d'ailleurs dans ce nouveau travail par leur collègue, DELAYE, publiaient, sous les auspices de FERRUS et de ROSTAN, de nouvelles *Recherches sur le siège spécial de différentes fonctions du système nerveux* (Paris, 1823). Laissant cette fois de côté tout ce qui avait trait aux maladies mentales, il s'attachèrent à déterminer la cause organique des diverses espèces de paralysies (hémiplégie, monoplégie) qui résultaient d'hémorragies ou de ramollissement cérébral. Ils notaient que, dans certains cas, les mouvements étant abolis, la sensibilité continue à s'exercer dans la moitié du corps où les membres sont paralysés, tandis que dans d'autres cas la perte de la sensibilité de ces parties coïncide avec la conservation des mouvements. Au point de vue des localisations fonctionnelles du cerveau, deux inductions ressortaient clairement de ces observations cliniques. Puisque la jambe et le bras peuvent être paralysés isolément, le siège spécial des mouvements du bras n'est pas le même que celui de la jambe. En outre, le siège de la sensibilité générale ne peut être le même que celui du mouvement volontaire. Bref, les fonctions qui peuvent être troublées ou abolies isolément ne sauraient avoir exactement le même siège. Or, des observations cliniques et anatomo-pathologiques, c'est-à-dire de la comparaison et des rapports des symptômes avec les altérations de l'encéphale trouvées à l'autopsie, les auteurs arrivèrent à la conclusion que, lorsque la paralysie n'affectait que le bras, le siège de la lésion occupait la couche optique ou les radiations qui lui correspondent, et que, si la jambe était seule paralysée, c'était le corps strié, avec ses radiations médullaires, qui était altéré. La gravité de la lésion des couches optiques et des corps striés leur a toujours paru en rapport avec celle de la paralysie du bras ou de la jambe. Dans les cas d'hémiplégie classique, le corps strié et la couche optique, ou leurs radiations, étaient également intéressés. Les observations recueillies et publiées paraissaient donc déjà suffire aux auteurs pour la démonstration que l'innervation motrice des mouvements de la jambe dérive du corps strié et de la substance blanche située au-devant de ce ganglion, celle des mouvements du bras de la couche optique et de la substance blanche du lobe postérieur de ce ganglion. Il restait à déterminer le siège de la *sensibilité*. Si l'on admet que le siège de la sensibilité est dans les régions postérieures de la moelle épinière, comme celui du mouvement est dans les parties antérieures (MAGENDIE, CH. BELL), « il n'y a plus rien à chercher ». Mais comme les observations font voir que des maladies du cerveau et du cervelet, coexistant avec l'intégrité de la moelle, abolissent ou altèrent d'une manière quelconque la sensibilité et le mouvement des parties animées par les nerfs spinaux, force était bien de conclure que « la moelle épinière, tout comme les nerfs, est sous la dépendance d'un foyer central d'action qu'il faut chercher dans le cerveau et dans le cervelet ». Les expériences sur les animaux (mammifères et oiseaux) que tentèrent, en janvier 1823, les jeunes internes de la Salpêtrière, « pour juger comparativement de la sensibilité du cerveau et du cervelet », ne leur révélèrent que l'insensibilité absolue du cerveau à toute espèce d'irritation (piqûres, brûlures, etc.). Il leur semblait toutefois « naturel de croire » que si, à l'aide du scalpel, on pouvait poursuivre les faisceaux antérieurs et postérieurs de la moelle épinière dans leurs connexions avec le cerveau et le cervelet, on arriverait à quelques probabilité « sur le siège du foyer central des *mouvements* et de la *sensibilité* ». Pour ce qui était des parties antérieures de la moelle épinière, il ne pouvait exister, suivant les auteurs, aucun doute : « Chacun sait que les pyramides antérieures et les corps olivaires, après avoir traversé le pont de Varole, vont s'épanouir dans les couches optiques et dans les corps striés. » Quant aux parties postérieures de la moelle, il était facile de se convaincre, par une dissection soignée, que les « éminences restiformes, après s'être écartées pour former le calamus scriptorius, vont s'épanouir dans les hémisphères du cervelet ». Ainsi, pour A. FOVILLE, les parties centrales du cerveau, couches optiques, corps striés, n'étaient qu'un prolongement développé de la moelle épinière; la « vaste membrane corticale des circonvolutions » était la partie essentiellement active du cerveau, et « le grand plan de substance fibreuse », étendu de cette substance corticale aux parties centrales, l'analogue des nerfs de la moelle épinière : une voie de communication entre la substance corticale périphérique et les parties centrales, et réciproquement. Le cervelet, au contraire, dans les hémisphères duquel les éminences restiformes allaient s'épanouir, devait être considéré comme le « foyer central de la sensibilité ». Sans doute, FLOURENS enseignait une autre doctrine des fonctions du cervelet : les auteurs n'avaient même pas le loisir d'analyser cette doctrine; ils concluaient, avec la belle assurance de la jeunesse, que « la réfutation des opinions de FLOURENS résultait nécessairement des leurs, si on les trouvait fondées ». ROSTAN, il est vrai, leur maître de la Salpêtrière, donnait l'exemple de cette ingratitude envers les physiologistes dont les cliniciens ont donné tant d'exemples jusqu'à CHARCOT. D'un trait de plume ROSTAN supprime toute cette doctrine des fonctions du cervelet si laborieusement édifiée par ROLANDO et par FLOURENS, doctrine erronée sans doute, mais pas plus que ne l'était celle des élèves de ROSTAN et de ROSTAN lui-même sur les fonctions du même organe. « Je dois prévenir, dit-il, que je considère les recherches d'anatomie pathologique comme beaucoup plus directes, plus positives que toutes les expériences tentées sur les animaux. » (*Recherches sur le ramollissememt du cerveau.* Paris, 1823, 2e édit., 247.) Puis ROSTAN expose, en y acquiesçant pleinement, les résultats auxquels DELAYE, FOVILLE et PINEL-GRANCHAMP avaient été conduits touchant la localisation de l'intelligence dans la substance grise corticale, celle de la locomotion dans la substance blanche du centre ovale et dans les « renflements de substance grise, profondément situés », les corps striés et les couches optiques, avec leurs radiations fibrillaires, étant les centres moteurs de la jambe et du bras, enfin celle de la sensibilité dans le cervelet, et cela de par des raisons anatomiques (connexion du cervelet avec les faisceaux postérieurs de la moelle épinière), des recherches expérimentales instituées sur le cervelet, et la comparaison des altérations pathologiques de cet organe avec les symptômes.

Desmoulins écrivait que la moelle épinière n'avait, très probablement, que la propriété générale de propager les excitations des mouvements du cerveau vers les nerfs où la motilité réside et les sentiments vers l'encéphale où ils sont perçus : « dans certains reptiles seulement la moelle épinière participe à la faculté de produire elle-même et la volonté percevante et l'excitation des mouvements » (*Archives génér. de médecine*, mai 1823, II, 223 sq.). OLLIVIER (d'Angers), dans son livre *De la moelle épinière et de ses maladies* (Paris, 1823), rappelait déjà les résultats des recherches de FOVILLE et de PINEL-GRANCHAMP sur e s fonctions des couches optiques, des corps striés et du cervelet, les approuvant pleinement, et partageant en particulier l'opinion de ces auteurs sur le cervelet, considéré comme « le foyer de la sensibilité ». C'étaient là, disait OLLIVIER, des opinions qui s'accordaient avec ce que les expériences avaient démontré sur les fonctions de la moelle épinière. Que cette fonction ne fût pas celle que FLOURENS attribuait au cervelet, il n'importait; OLLIVIER, lui aussi, passait outre, n'estimant pas d'ailleurs que les conclusions de ces expériences, « faites seulement sur des oiseaux », pussent être appliquées à tous les vertébrés. Ce n'est pas que la doctrine physiologique et clinique, qui regardait le cervelet comme le foyer de la sensibilité, fût nouvelle (Lapeyronie, Pourfour Du petit, Saucerotte, etc.). Pour Ollivier aussi, la partie antérieure de la moelle épinière était en rapport avec les couches optiques et les corps striés, la partie postérieure avec le cervelet. C'était le temps où Magendie écrivait ses *Notes* célèbres sur les *fonctions des racines des nerfs* et sur *le siège du mouvement et du sentiment dans la moelle épinière* (*Journal de physiol. expérimen.*, 1822, 1823). « Il serait sans doute à désirer, écrivait Magendie, dans un esprit vraiment scientifique, qu'on pût savoir comment le *sentiment* et le *mouvement* se propagent de la moelle dans le cerveau. La disposition anatomique indique que le *sentiment* doit se diriger plus particulièrement vers le *cervelet*, et le *mouvement* vers le *cerveau*. Mais l'anatomie ne suffit pas; il faut que la physiologie et les faits pathologiques viennent confirmer l'indication. Or jusqu'ici ni l'un ni l'autre de ces moyens n'a établi ce que l'anatomie semble montrer d'une manière si évidente. *Les lésions du cervelet ne font point perdre la sensibilité*. La soustraction des hémisphères n'emporte pas nécessairement la perte du mouvement. L'assertion contraire, énoncée par M. Rolando, n'est point exacte... Quand on enlève les hémisphères en totalité, il se fait aussitôt un épanchement sanguin et il se forme un caillot qui remplit la cavité du crâne, comprime la moelle allongée, et produit l'état d'assoupissement observé par M. Rolando. Mais si l'on empêche la formation de ce caillot, les symptômes sont différents; les animaux sont dans une agitation continuelle; ils courent ou volent avec une agilité singulière, à moins qu'ils ne soient trop affaiblis par la perte du sang... Il me paraît évident que les *couches optiques*, les *cuisses du cerveau*, les *tubercules quadrijumeaux*, ont des fonctions relatives aux mouvements. » Mais, pour ce qui avait trait spécialement au cervelet, Magendie déclare que des lésions profondes, voire des ablations totales de cet organe, ne faisaient point perdre la sensibilité. Ce qu'il avait le plus souvent remarqué, c'est que le cervelet semble nécessaire à l'intégrité des mouvements en avant. Un canard, auquel il avait enlevé une grande partie du cervelet, ne nageait plus qu'en reculant. (Cf. Fodera. *Rech. expériment. sur le système nerveux. Journ. de physiol. expériment.*, III, 1823.) Mais, pour les usages des corps olivaires et des pyramides antérieures ou postérieures, Magendie confessait les ignorer encore (1823).

XXV. Serres. — Serres, en cette même année (1823), était arrivé aux mêmes idées que Foville sur les localisations fonctionnelles des paralysies des extrémités. Il accusa formellement, dans le *Journal* de Magendie, « d'autres médecins de s'être, disait-il, servi de ses observations, en altérant le nom et le sexe des malades, afin de publier ses propres découvertes ». Cette accusation ne pouvait viser que Foville et Pinel-Grandchamp, qui, seuls, mais avant Serres, avaient publié un mémoire sur ce sujet. Foville protesta (V. *Arch. génér. de méd.*, 1823, 629). Il eût pu en appeler à son maître Rostan, qui témoigne que Foville et Pinel-Granchamp ont publié « leurs idées » avant que Serres eût énoncé la même opinion sur « le siège précis, dans le cerveau, des mouvements du bras et de la jambe ». Il est certain qu'en même temps qu'à la Salpêtrière, Serres enseignait, à la Pitié, cette doctrine. « Toujours les paralysies partielles du bras et de la jambe, disait Serres, dépendant d'une lésion des *lobes cérébraux*, coïncident avec des altérations limitées aussi, soit des radiations de la *couche optique*, dans le premier cas, soit des radiations antérieures du *corps strié*, dans le second. Il suit de là, comme conséquence immédiate, que l'altération ou la destruction (au moyen d'une « section profonde », par exemple) de la partie moyenne du demi-centre oval (*capsule interne*), ou de l'entrelacement inférieur des radiations de la couche optique et du corps strié, est constamment suivie d'une hémiplégie complète. » (*Anat. comp. du cerveau dans les quatre classes des animaux vertébrés.* Paris, 1826, II, 664, 683, 689, 693-4.) Les hémisphères du *cervelet* lui semblaient exercer en général une influence plus grande sur les membres inférieurs que sur les supérieurs, tout au contraire des lobes cérébraux qui tiennent plus sous leur dépendance le bras que la jambe : d'où l'action puissante exercée sur les mouvements volontaires par le cerveau. Les altérations de la *moelle allongée* et de la *protubérance annulaire* frappent également de paralysie les extrémités supérieures et inférieures. Contre Flourens, enseignant que « les hémisphères du cerveau ne produisent directement aucun mouvement », contre Rolando, regardant le cervelet comme la source presque unique des mouvements volontaires, Serres établit que les expériences de physiologie aussi bien que les faits pathologiques, prouvent incontestablement que « les hémisphère, cérébraux de la classe supérieure des vertébrés concourent directement à la production des mouvements ; la solution de continuité de leurs fibres produit la paralysie ; leur irritation détermine des convulsions » ; les convulsions, de même que les paralysies, peuvent être limitées à un membre ou étendues à la moitié du corps, selon que la lésion irritative ou destructive est circonscrite ou généralisée.

Serres faisait marcher de front, on le voit, la clinique, l'anatomie pathologique et la physiologie expérimentale. Il avait lu, dans les œuvres de Sandifort, l'observation, avec les réflexions si pénétrantes qui l'accompagnent, que nous avons rappelée après Farabeuf. Mais ce sont surtout les expériences célèbres de vivisection de **Saucerotte** qui semblent l'avoir frappé. On sait qu'au cours de ces expériences, Saucerotte avait cru constater que les fibres médullaires destinées à la formation des nerfs des extrémités venaient, de tous les points des hémisphères, se réunir aux corps cannelés ou striés, et que ces ganglions, étant « l'endroit de concours des fibres médullaires », devaient même posséder une sensibilité plus exquise que les hémisphères. Outre les nerfs des extrémités, Saucerotte avait admis que ceux qui vont innerver, toujours du côté opposé, les « muscles des lèvres », passent aussi par les corps cannelés. Enfin, en plus de l'entre-croisement classique des nerfs, connu depuis Arétée, Saucerotte pensait avoir observé qu'un autre croisement de fibres, servant aux mouvements des extrémités, allait, dans le cerveau, de la partie antérieure à la partie postérieure, et *vice versa*, si bien que l'origine des nerfs destinés aux mouvements volontaires des membres supérieurs ou antérieurs (les pattes de devant du chien) était dans la région postérieure du cerveau ; celle des extrémités inférieures ou postérieures (les pattes de derrière du chien), dans la région antérieure. Depuis que Willis, considérant les corps striés comme le *sensorium commune*, avait vu dans ces ganglions le point où aboutissaient toutes les sensations, d'où partaient tous les mouvements volontaires, après Pourfour du Petit et bien d'autres, tels que Chopart et Sabouraut, Saucerotte avait cru, comme on l'a cru jusqu'à Meynert, que les nerfs moteurs des extrémités et de la face passent par les corps striés. Saucerotte avait signalé aussi la « léthargie » et la perte du sentiment dans les lésions du corps calleux ; il avait observé une véritable hyperesthésie généralisée par tout le corps lorsque son scalpel avait par hasard atteint le « centre du cervelet », non sans qu'il se fût produit des courbures latérales et de l'opisthotonos suivant le siège de la lésion cérébelleuse (*Mém. sur les contre-coups dans les lésions de la tête*, 1768. Obs. IV, VI, 398-407. Prix de l'Acad. roy. de chirurgie. Paris, 1778, IV). Nul doute que ces idées, où la part de vérité est assurément fort petite, n'aient inspiré nombre de physiologistes et de cliniciens jusque fort avant dans notre siècle. Aussi, lorsque, après Récamier, Serres chercha le siège de la parole dans la partie moyenne de la capsule interne ou demi-centre ovale, ce siège que Bouillaud localisait exclusivement dans les lobes antérieurs du cerveau, il se persuada que la voix et la parole, en tant qu'elles dépendent de la capsule interne, étaient surtout influencées : la parole, par les radiations du corps strié, centre déjà en rapport avec les mouvements de l'extrémité inférieure, la voix et la formation des sons, par les radiations des couches optiques. L'aphonie résultait de la paralysie des mouvements de la langue dans les altérations du corps strié. Quand l'aphonie était due à la paralysie du larynx, les altérations de la couche optique en étaient cause. Bref, dans les lésions du demi-centre ovale, l'aphonie résultait de cette double action exercée sur le larynx et sur la langue (*Ibid.*, II, 688-9).

Quant aux fonctions de la matière grise au regard de la blanche, Serres ne croyait pas plus que Foville que la substance grise du cerveau fût l'organe de la sensibilité ni le principe du mouvement. On suppose, disait Serres, que deux parties, dont l'une est blanche et l'autre grise, ne sauraient concourir à des actions semblables. Selon les uns, la matière grise est la partie éminemment active de l'encéphale : c'est l'organe de la sensibilité ; selon les autres, elle est le principe unique des mouvements ; pour ceux-ci la substance blanche doit être la partie sensible de l'encéphale, elle est pour ceux-là l'organe du mouvement. Pour Serres, la matière grise n'était ni l'organe unique de la sensibilité ni le principe des mouvements ; la matière blanche pouvait à la fois exciter et les mouvements et les différents états de la sensibilité. La moelle allongée était d'ailleurs, suivant Serres, le siège principal de la sensibilité : « Il est évident que, d'après les expériences physiologiques, la moelle allongée est le foyer principal de la sensibilité. Il n'est pas moins certain que les altérations pathologiques du pont de Varole et de la partie de la moelle allongée qu'il embrasse sont toujours accompagnées de la perte de la sensibilité. » Mais en suit-il que le cervelet et les lobes cérébraux sont insensibles? Non; « car toutes les fois que l'on plonge un instrument à une certaine profondeur, soit dans les lobes cérébraux, soit dans le cervelet, une *douleur* vive se manifeste : la sensibilité est mise en jeu. » Les maladies donnent le même résultat que les expériences. SERRES croyait donc que la sensibilité était répandue « dans toute la masse de l'encéphale », quoiqu'il lui parût, je le répète, bien établi que la moelle allongée était le principal siège de cette propriété.

SERRES localisait encore dans le *vermis* ou lobe médian du cervelet l' « excitateur des organes de la génération » (*Ibid.*, II, 661); les hémisphères du cervelet étaient « les excitateurs des mouvements des membres », et plus spécialement des membres pelviens : les maladies et les mutilations artificielles de cet organe affectaient plus les extrémités inférieures que les supérieures. Chez les oiseaux, après l'ablation du cervelet, « les pattes sont immobiles, tandis que les ailes se meuvent encore ». Lancez l'oiseau en l'air, il vole; mais, tombé à terre, il ne se relève plus, parce que les pattes étant paralysées, il ne peut s'élancer de nouveau : « Dans cet état, un oiseau est comme si on lui avait coupé les pattes. » Si, au lieu de paralysie, on voit simplement dans ces phénomènes de l'asthénie et de l'atonie neuro-musculaire, on devra reconnaître la vérité de ces observations de SERRES. Renouvelant une vieille erreur de SAUCEROTTE, dans laquelle FLOURENS était retombé, SERRES avait admis que l'action du cervelet est croisée, comme celle du cerveau. Les tubercules quadrijumeaux étaient « les excitateurs de l'association des mouvements volontaires ou de l'équilibration, et, de plus, du sens de la vue, dans les trois classes inférieures des animaux vertébrés ». L'esprit philosophique de SERRES, qui a bien mérité, en somme, de la physiologie et de la pathologie du système nerveux, perce surtout dans quelques pages de biologie qui, en dépit de l'impatience qu'en ressentait GALL, ne laissaient pas d'être en avance sur les idées de quelques naturalistes fort célèbres. SERRES, il est vrai, en pensant et en écrivant ainsi, était d'accord avec les plus hautes intelligences du temps où il vivait; sa pensée, entraînée par le courant, était sûre d'arriver au port. Voici comment il décrit l'unité d'origine et de composition de l'encéphale, ou, comme nous dirions, la phylogénie du cerveau des vertébrés : « Si l'on voulait, de prime abord, ramener les hémisphères cérébraux des *singes* aux lobes cérébraux des *poissons*, on échouerait dans cette entreprise. On verrait d'une part des organes très simples, de l'autre des organes très compliqués, n'ayant aucun rapport extérieur, ni dans leur forme, ni dans leur configuration, ni dans leur structure... Mais remontez très haut dans la vie utérine des *mammifères*, vous apercevrez d'abord les hémisphères cérébraux roulés, comme chez les *poissons*, en deux vésicules isolées l'une de l'autre; plus tard vous leur verrez affecter la configuration des hémisphères cérébraux des *reptiles;* plus tard encore ils vous présenteront les formes de ceux des *oiseaux;* enfin ils n'acquerront qu'à l'époque de la naissance, et quelquefois plus tard, les formes permanentes que présente l'adulte chez les *mammifères*... Si, par la pensée, nous réduisons à quatre périodes l'ensemble de toutes ces évolutions, nous verrons, dans la première, naître les lobes cérébraux des *poissons;* la seconde nous donnera les hémisphères des *reptiles;* la troisième produira ceux des *oiseaux;* et la quatrième enfin donnera naissance aux hémisphères si complexes des *mammifères*. Soit un singe considéré à la naissance; vous trouverez dans son encéphale toutes les parties qui distinguent les mammifères des autres vertébrés. Remontez dans la vie utérine; vous voyez d'abord disparaître certains lobes des hémisphères cérébraux, les hémisphères du cervelet, le corps calleux et la protubérance annulaire : ce qui reste correspond à l'encéphale des *oiseaux*. Examinez un embryon plus jeune; la voûte disparaît, les hémisphères se contractent en arrière, les tubercules quadrijumeaux sont à découvert sur la face supérieure du cerveau : ce sont alors deux lobes jumeaux comme chez les *reptiles*, dont cet encéphale vous reproduit le type. Enfin, remontez plus haut encore dans la vie utérine, vous trouvez cet encéphale formé par des lobes alignés symétriquement l'un à côté de l'autre; vous trouvez un cervelet formé de deux parties, l'une droite, l'autre gauche, ou d'une lame mince recouvrant en partie le quatrième ventricule : vous avez enfin l'ensemble de l'encéphale des *poissons*. Ainsi en remontant dans l'échelle animale, des *poissons* aux *singes*, vous voyez l'encéphale se compliquer graduellement, comme en descendant des mammifères adultes à leur différentes époques de formation embryonnaire, vous apercevez cet organe se décomposer successivement. Vous arrivez par ces deux voies au même résultat, à *l'unité de leur formation et de leur composition.* » (*Ibid.*, I, LXI sq. *Cf.* A. DESMOULINS, *Anatomie des systèmes nerveux des animaux à vertèbres.* 2e Partie, 599 sq. Paris, 1825.)

XXVI. Legallois. — Quoique **Legallois** n'eût d'abord considéré dans le cerveau que son action sur les mouvements inspiratoires et sur les organes intérieurs par les nerfs de la huitième paire, il savait et reconnaissait, comme il l'a écrit plus tard [1], que c'est le cerveau « qui *détermine* et qui *règle* tous les actes des fonctious animales ». Ainsi que le remarque PARISET, dans une de ses *Notes*, on trouve chez LEGALLOIS, très nettement exprimée, l'opinion qui localise dans les parties supérieures du système cérébro-spinal « le siège de la faculté *régulatrice* des mouvements ». Les animaux à sang froid lui en fournissent, dit-il, une preuve évidente (1809) : « Lorsqu'on a décapité une salamandre sur les premières vertèbres, elle peut continuer de vivre plusieurs jours; mais quoiqu'elle fasse mouvoir son corps et ses membres avec autant de force qu'il en faudrait pour se transporter d'un lieu à un autre, elle reste à la même place... Si l'on examine tous les mouvements qu'elle fait, on voit qu'ils sont déréglés et sans but : elle meut ses pattes en sens contraire les unes des autres, en sorte qu'elle ne peut avancer... On observe la même chose dans les grenouilles décapitées : elles ne savent plus sauter... Tous ces animaux font en général peu de mouvement, à moins qu'on ne les touche, et l'on conçoit que cela doit être, puisque, de tous les sens, il n'y a plus que le toucher qui puisse leur transmettre des impressions. » Si, après avoir été décapités, des reptiles continuent de « gouverner leurs mouvements » et de marcher, c'est que la décapitation n'a été que partielle et que la partie postérieure du cerveau est demeurée unie avec le corps : ce qui indique que c'est dans quelque endroit de cette partie que réside la faculté qu'ont les animaux de régler leurs mouvements. Pour trouver quel est cet endroit, il suffirait d'enlever successivement les portions antérieures du cerveau et de continuer cette opération jusqu'à ce qu'on arrivât à faire perdre tout à coup à l'animal la faculté de marcher. « *Les recherches que j'ai déjà faites sur ce sujet m'ont appris qu'il a son siège vers la moelle allongée.* » LEGALLOIS remarque toutefois que les mouvements que fait un tronc vivant sans tête semblent assez souvent provoqués par une sorte *d'instinct* ou de *volonté*. Comment le cerveau règle-t-il les mouvements du corps sans en fournir le principe immédiat, c'est-à-dire sans en être l'origine et le point de départ nécessaire? LEGALLOIS estimait que « le cerveau paraît agir sur la moelle épinière comme celle-ci sur les parties qu'elle anime. C'est par les nerfs que la moelle épinière transmet son action, et les nerfs paraissent être formés par la même substance que la partie blanche et médullaire du cerveau et de la moelle. Je conçois donc que la partie blanche de la moelle épinière est composée de filets nerveux qui ont leur origine ou leur terminaison, d'une part dans le cerveau et, de l'autre, dans tous les points de la moelle, et que c'est dans *la partie grise de la moelle* que naissent et les nerfs spinaux et le *principe* qui les anime directement. Les recherches anatomiques de M. GALL me paraissent donner beaucoup de poids à cette opinion. » L'action du cerveau sur chaque point de la moelle n'a pas uniquement pour effet de *déterminer* et de *régler* les mouvements : elle paraît encore en augmenter *l'énergie*. C'est dans les rapports intimes du cerveau et de la moelle épinière qu'il pesérait voir sortir l'explication de certains faits encore fort difficiles à concilier avec ses expériences : « Telle est, disait-il, la paralysie de tout un côté du corps produite par des causes qui n'ont affecté que le cerveau. » Ce qui était vrai, c'est qu'une affection de ce genre peut ôter le sentiment et le mouvement volontaire à la moitié du corps, quoique, chez un animal décapité, « le sentiment et le mouvement volontaire » puissent subsister et être entretenus. « Quelque opposés que ces faits puissent paraître, il faut se souvenir que deux faits bien constatés ne peuvent jamais s'exclure l'un l'autre, et que la contradiction qu'on croit y remarquer tient à ce qu'il y a entre eux quelque intermédiaire, quelque point de contact qui nous échappe. » C'est, on le voit, une simple question de

1. C. LEGALLOIS. *Œuvres* (Paris, 1824), I, 14 sq. *Avant-Propos. Expériences sur le principe de la vie, notamment sur celui des mouvements du cœur et sur le siège de ce principe.*

définition de mot, celle de la nature des « mouvements volontaires », qui jette dans cette confusion le grand et profond esprit d'observateur de LEGALLOIS, malgré tout confiant dans le triomphe final de la vérité, laquelle ne peut que sortir des contradictions apparentes des faits. C'est à cette assurance inébranlable dans la force et la toute-puissance des observations et des expériences bien faites que se reconnaît l'esprit du savant de grande race, du biologiste en particulier, qui étudie des phénomènes trop complexes pour ne point prolonger à chaque instant par l'imagination des séries de faits dont il n'aperçoit que quelques fragments, mais qui *doivent* finir par se rencontrer et s'unir. CLAUDE BERNARD parle quelque part de cette divination des lois de la nature qui fait du physiologiste, dans son laboratoire, une sorte de prophète du monde de la vie. On ne peut nier que les lois de l'intelligence humaine ne soient des lois naturelles au même titre que toutes celles de l'univers, et que les fonctions logiques d'un organe tel que le cerveau, voire le névraxe tout entier, ne portent en quelque sorte la marque d'origine et comme l'empreinte que le monde imprime sur tout ce qu'il façonne. Mais il ne peut exister de dessin inconscient et, pour ainsi dire, latent, des réalités de l'organisation végétale ou animale dans l'esprit de l'homme; il n'y a point de révélation subjective de la nature et des formes des organismes vivants : c'est par l'effort individuel, préparé et soutenu par la tradition des connaissances humaines et l'état général des sciences contemporaines, que le physiologiste découvre les rapports des choses, invente, imagine, vérifie, sans jamais se lasser. « J'avais répété, vérifié tant de fois mes premières expériences, dit LEGALLOIS, qu'il ne pouvait me rester aucun doute sur leur exactitude. » (74, 128, 149, etc.) Les définitions de mots peuvent l'embarrasser, comme il arrive à LEGALLOIS : elles ne l'arrêtent pas plus que lui, car il sait que la nature est infiniment plus vaste que notre esprit, et que des milliers de possibilités se pressent et s'agitent dans l'inconnu qui, à l'heure dite, rendront manifestes les liaisons cachées des phénomènes.

Ce que LEGALLOIS a écrit sur l'unité apparente du *moi* vaut également d'être rappelé. « L'unité du *moi*, dont nous avons la *conscience*, est encore un fait qui semble répugner à la dissémination du principe de la vie dans toute l'étendue du cerveau et de la moelle épinière. Mais il faut prendre garde que *la connexion et l'harmonie de toutes les parties de la puissance nerveuse suffisent pour donner le sentiment de cette unité, sans que cette puissance soit concentrée dans un seul point.* Qu'on suppose, si l'on veut me permettre cette comparaison grossière, qu'on suppose, dis-je, un assemblage de roues qui s'engrènent les unes dans les autres; elles ne formeront toutes qu'un seul système et aucune ne pourra faire un mouvement qu'il ne soit partagé par les autres. Mais que les engrenages viennent à être interrompus dans un ou plusieurs endroits, il en résultera plusieurs systèmes qui pourront avoir du mouvement indépendamment les uns des autres. De même, si l'on opère des interruptions dans le siège de la puissance nerveuse, on établit, par cela seul, plusieurs centres de sensations entièrement distincts. Mais ce qu'il importe d'observer, c'est que ces divers centres ne peuvent jamais avoir lieu que par des interruptions faites à dessein ou par accident, et que chacun d'eux suppose toujours la coexistence d'une portion du siège de la puissance nerveuse. Ce qui est bien différent de l'opinion suivant laquelle on admet que dans l'état naturel il y a dans chaque organe un centre de sensation et une sorte de vie particulière. » Selon LEGALLOIS, quoique ce soit du cerveau qu'émanent incontestablement les déterminations de la plupart des actes, le « principe du sentiment et des mouvements volontaires » ne réside pas dans le cerveau, comme le veut, dit-il encore, l'opinion la plus générale; du moins il n'y réside pas exclusivement : « Le cerveau n'est pas la source unique de la puissance nerveuse (p. 84). » Quel est le siège de ce *principe?* « Les expériences suivantes me convainquirent bientôt que c'est uniquement dans la moelle épinière qu'il réside. » Cette « prérogative de la *moelle épinière* d'être la source du sentiment et de tous les mouvements volontaires du tronc » lui appartient exclusivement à tout autre organe. Et pourtant les phénomènes mécaniques de la respiration, c'est-à-dire les mouvements par lesquels l'animal fait entrer l'air dans les poumons, dépendent immédiatement du *cerveau.* Ainsi, c'est principalement en tant que l'entretien de la vie dépend de la respiration que l'animal dépend du *cerveau;* ce qui donne lieu, selon LEGALLOIS, à une grande difficulté. En tout cas, et quel que soit ce « grand mystère de la puissance nerveuse, mystère qui sera dévoilé tôt ou tard », la respiration dépend bien du *cerveau;* cette dépendance est certaine, et il n'est pas moins avéré que c'est par la *moelle épinière* qu'elle s'exerce, puisque, si l'on coupe cette moelle près de l'occiput, « l'animal se trouve sensiblement dans le même cas que si on lui eût coupé la tête ». Ce n'est pas d'ailleurs du cerveau tout entier que dépend la respiration, mais bien « d'un endroit assez circonscrit de la *moelle allongée* », situé à une petite distance du trou occipital et vers l'origine des nerfs de la huitième paire (ou pneumogastrique). « Car si l'on ouvre le crâne d'un jeune lapin, et que l'on fasse l'extraction du cerveau par portions successives d'avant en arrière, en le coupant par tranches, on peut enlever de cette manière tout le *cerveau* proprement dit, et ensuite tout le *cervelet* et une partie de la *moelle allongée*. Mais elle cesse subitement lorsqu'on arrive à comprendre dans une tranche l'origine des nerfs de la huitième paire (64-65). » Ainsi, c'est dans ce lieu de la moelle allongée que réside le « premier mobile de la respiration », et, dans les animaux à sang chaud, *lorsqu'ils sont fort jeunes*, on peut voir encore persister la respiration lorsque ce lieu de la *moelle allongée* a été épargné par l'instrument tranchant, pendant un temps qui n'excède guère une demi-heure. Les physiologistes contemporains qui, comme F. Semon, Victor Horsley, Spencer, Beevor, Schäfer, etc., ont institué des expériences sur les centres d'innervation des appareils de la respiration[1], n'ont eu garde d'oublier les remarques si justes que Legallois avait faites touchant l'importance de l'*espèce* et de l'*âge* des mammifères employés dans les expériences : « La répétition des mêmes expériences à différents *âges*, disait-il, est propre à jeter une grande lumière sur beaucoup de questions de physiologie. » Ainsi, lorsqu'on arrête tout à coup la circulation dans les lapins, soit en liant, soit en arrachant le cœur, la sensibilité ne s'éteint qu'au bout d'environ quatorze minutes, quand ils sont nouvellement nés ; au bout de deux minutes et demie quand ils ont quinze jours ; et au bout d'une minute quand ils en ont trente. Dans les animaux à sang froid elle ne s'éteint qu'au bout de plusieurs heures. Ces faits, observe Pariset, confirment bien les remarques de Legallois sur la réalité des *vies partielles* dans un animal qui se forme et sur celle d'une *vie commune* dans un animal tout formé et qui a déjà vécu. La portion de la moelle épinière qu'il faut détruire pour porter l'affaiblissement des forces du cœur au-dessous du degré nécessaire à l'entretien de la circulation « *varie* dans les *différentes espèces*, et elle est d'autant plus longue dans la même espèce que l'animal est plus voisin de l'époque de sa naissance » (139, 268-271).

Legallois définit la vie une « impression du sang artériel sur le *cerveau* et la *moelle épinière* » ou « un principe résultant de cette impression ». La *mort* n'est donc que « l'extinction du principe formé dans le cerveau et la moelle épinière par l'action du sang artériel ; elle peut n'être que *partielle* quand l'extinction l'est elle-même ; elle est générale quand l'extinction a lieu dans toute l'étendue du *cerveau* et de la *moelle épinière*. La *mort partielle*, en quelque région du corps qu'elle survienne, admet une véritable *résurrection*, toutes les fois que la portion de moelle épinière demeurée vivante peut fournir au cœur des forces suffisantes pour ranimer la circulation dans la portion *morte*. Si la *mort générale* est irrévocable, ce n'est pas que la reproduction du principe dont il s'agit ne puisse s'opérer dans toute l'étendue de la *moelle épinière*, tout aussi bien que dans une portion, au bout d'un temps plus ou moins long après son entière extinction ; mais c'est que le cœur ayant perdu toutes ses forces par l'effet même de l'extinction de ce principe, sans aucun moyen de les recouvrer, la circulation a cessé pour jamais. » Mais si les poumons et le cœur pouvaient continuer leurs fonctions en restant en rapport avec la moelle épinière d'un tronçon quelconque du corps, la vie pourrait persister dans ce tronçon. « Il est donc démontré, par une expérience directe, que la moelle épinière d'un tronçon quelconque peut à la fois animer toutes les parties de ce tronçon et donner au cœur les forces dont il a besoin pour y entretenir la circulation. » Si l'on ne peut prolonger la vie dans un tronçon pris à volonté, c'est uniquement la disposition anatomique des organes qui s'y oppose. « Si, au lieu de détruire la *moelle*, on y fait des sections transversales, les parties correspondant à chaque segment de la *moelle* jouissent du *sentiment* et du *mouvement volontaire*, mais

1. F. Semon et V. Horsley. *An experimental Investigation of the central motor Innervation of the Larynx* (*Philos. Trans. of the R. Soc. of Lond.*, vol. CLXXXI, 1890, 187-211). Cf. W. G. Spencer. *The Effect produced upon Respiration by Faradic Excitation of the Cerebrum in the Monkey, Dog, Cat and Rabbit* (*Ibid.*, 1894, vol. CLXXXV, p. 611, Lond., 1895).

sans aucune harmonie et d'une manière aussi indépendante entre elles que si on eût coupé transversalement tout le corps de l'animal aux mêmes endroits; en un mot, il y a dans ce cas autant de centres de sensations, bien distincts, qu'on a fait de segments à la moelle (135-6). » Pour que la vie continue dans une partie quelconque du corps, outre l'intégrité de la *moelle* correspondante, la seule condition nécessaire, c'est la circulation. Intercepte-t-on la circulation dans une partie, la mort y survient constamment. Mais lors même que ce dernier effet, c'est-à-dire la mort, a lieu de la manière la moins équivoque, la vie ne tarde pas à renaître, dit Legallois, si l'on parvient à établir la circulation dans cette partie et notamment dans la moelle. « Si l'on pouvait suppléer au cœur par une sorte d'injection, et si en même temps on avait, pour fournir à l'injection d'une manière continue, une provision de sang artériel, soit naturel, soit formé artificiellement, en supposant qu'une telle formation soit possible, on parviendrait sans peine à *entretenir la vie indéfiniment dans quelque tronçon que ce soit;* et par conséquent, après la *décapitation, on l'entretiendrait dans la tête elle-même avec les fonctions qui sont propres au cerveau.* Non seulement on pourrait entretenir la vie de cette manière, soit dans la tête, soit dans toute autre portion isolée du corps d'un animal, mais on pourrait l'y rappeler après son entière extinction; on pourrait la rappeler de même dans le corps entier, et opérer par là une *résurrection* véritable, et dans toute la force de l'expression... De même, en liant toutes les artères qui vont à la tête, on réduirait cette partie à l'état de mort; et toutes les *fonctions intellectuelles* propres à l'animal, sujet de l'expérience, seraient non pas seulement affaiblies, troublées ou suspendues comme dans l'asphyxie ou la syncope, mais totalement anéanties, pendant que le reste du corps serait bien vivant. Ces mêmes fonctions renaîtraient ensuite après qu'on aurait délié les artères. On voit assez, sans que je m'arrête davantage sur cette matière, pourquoi ces *résurrections partielles* sont les seules qui soient au pouvoir du physiologiste, et les seules en même temps qu'il puisse admettre dans le cours ordinaire des choses (131, 133). »

Le physiologiste qui a écrit cette page extraordinaire, dont la pensée, ou plutôt l'intuition profonde, est peut-être celle qui témoignera le plus hautement, à travers la suite des siècles que doit encore parcourir notre espèce, de l'audace sereine et de la puissance du génie de l'homme armé des procédés et des méthodes de la science, s'est élevé contre la théorie des deux vies distinctes professées par Bichat : la vie animale et la vie organique. Sans méconnaître qu'il y a une distinction très réelle entre les organes qui reçoivent leurs nerfs du grand sympathique et ceux qui reçoivent immédiatement les leurs des moelles allongée et épinière, Legallois ne croyait plus, on l'a vu, que le *cerveau* fût le centre unique de la vie animale, ni que le cœur, indépendant du cerveau, fût le centre de la vie organique : « C'est du grand sympathique que le cœur reçoit ses principaux filets nerveux et c'est uniquement par ce nerf qu'il peut emprunter ses forces de tous les points de la moelle épinière. Il faut donc que le *grand sympathique* ait ses racines dans cette *moelle.* Et dès lors toutes les questions qui se sont élevées sur l'origine de ce nerf, savoir : s'il naît du *cerveau,* ou de la moelle épinière, ou bien, comme l'a prétendu Bichat, si ses différentes portions ne sont que des branches communicantes des ganglions que cet auteur considère comme autant de petits cerveaux, lesquels forment un système nerveux distinct et indépendant du *cerveau* et de la moelle épinière; toutes ces questions, dis-je, insolubles jusqu'ici par l'anatomie, se trouvent complètement résolues par la voie expérimentale, et il est démontré en même temps que *les ganglions ne peuvent point être assimilés à de petits cerveaux* (144-5). » Enfin, Legallois était certainement entré dans la voie de la grande explication des localisations fonctionnelles du cerveau, ainsi qu'en témoigne avec éclat cette page, trop peu connue, des *Expériences sur le principe de la vie.* C'est par la considération de la vie, définie ou conçue comme une impression locale du sang artériel, continuellement renouvelée, sur tel ou tel organe de l'économie, cerveau, moelle épinière, segment quelconque d'animal, c'est sur la possibilité de survie isolée des fonctions d'un centre nerveux, tel que celui du siège de la respiration dans la moelle allongée, par exemple, que Legallois s'est élevé à l'idée d'une méthode vraiment scientifique applicable à l'étude des localisations fonctionnelles des différentes parties du cerveau. « Cette propriété du principe dont il s'agit, dit-il, de survivre aux lésions, aux délabrements les plus considérables du reste du corps, pourvu qu'on n'ait pas offensé le siège où il réside, offre un moyen aussi sûr que facile de déterminer dans quelle partie de la puissance nerveuse réside le premier mobile de telle ou telle fonction. Car *toutes les fois qu'en détruisant une certaine portion*, soit du *cerveau*, soit de la *moelle épinière*, *on fait cesser une fonction subitement*, et avant l'époque connue d'avance où elle aurait cessé naturellement, *on peut être assuré que cette fonction dépend du lieu qu'on a détruit*. C'est de cette manière que j'ai reconnu que le premier mobile de la respiration a son siège dans le lieu de la moelle allongée qui donne naissance aux nerfs de la huitième paire; *et c'est par cette même méthode* que l'on pourrait, jusqu'à un certain point, *découvrir l'usage de certaines parties du cerveau*, question tant de fois agitée, mais dont l'imagination seule s'est presque toujours emparée pour n'enfanter que des systèmes. Ces recherches auraient d'autant plus de succès qu'on choisirait pour les faire des animaux capables, par leur *âge* et leur *espèce*, de survivre plus longtemps à la cessation de la circulation (142-3). »

XXVII. Lallemand. — Un autre esprit moins étendu, mais singulièrement vigoureux, précis et clair, **Lallemand**, a plus contribué qu'aucun clinicien et anatomo-pathologiste de son temps, fût-ce même Cruveilhier, à éclairer d'une lumière un peu crue, mais intense, la structure et les mécanismes de l'encéphale. Ses *Recherches anatomo-pathologiques sur l'encéphale et ses dépendances* (Paris, 1820-1823, 1824-1834) ne sont pas seulement un recueil d'observations cliniques et de protocoles d'autopsies : les réflexions qui terminent les *Lettres* constituent à vrai dire autant de solides monographies sur les affections les plus diverses du système nerveux central, du cerveau en particulier. Lallemand est pourtant tombé dans des erreurs dont Serres avait fait bonne justice. On conçoit que Lallemand ait repoussé l'hypothèse récente qui situait dans les couches optiques et les lobes postérieurs du cerveau les centres d'innervation des membres supérieurs, dans les corps striés et les lobes antérieurs ceux des membres inférieurs. Les faits y étaient pour la plus grande part opposés. Lallemand avait noté que quand la motilité volontaire n'est pas entièrement abolie dans le côté paralysé, si l'un des membres est fléchi ou contracturé, c'est toujours le supérieur, l'avant-bras étant fléchi sur le bras, ou le poignet sur l'avant-bras. De même pour les phénomènes spasmodiques, les atrophies, les anesthésies cutanées. L'idée de placer les membres supérieurs et inférieurs sous la dépendance exclusive des couches optiques et des corps striés lui paraissait avoir été inspirée par le système de Gall; c'était là une erreur. Mais il croit devoir démontrer lui-même que l'hypothèse physiologique en question était inconciliable avec ce système, les régions considérées du cerveau, les lobes antérieurs et postérieurs, étant occupées par des organes qui n'ont rien de commun avec l'innervation des extrémités. C'est dire que Lallemand, loin de répugner à l'organologie cérébrale, dont il appelle quelque part le fondateur un « homme de génie » (viiie *Lettre*, 202), confessait naïvement sa foi en la doctrine de Gall : « Si, *comme je n'en doute pas*, disait-il, chaque fonction intellectuelle ou morale distincte a son siège dans une partie du cerveau, il faut bien admettre que chacune de ces parties a une influence directe et immédiate sur tous les organes du mouvement; car il n'est pas une seule de ces facultés qui ne soit susceptible de provoquer des mouvements prompts, énergiques et compliqués... La supposition que les fonctions motrices des membres peuvent résider exclusivement *dans une partie quelconque de l'encéphale* est donc incompatible avec le système de Gall. *A priori*, il était facile de prévoir que cette hypothèse se trouverait démentie par les faits (*Ibid.*, iii, 319). » Lorsqu'on songe que les faits qu'invoque ici Lallemand sont ceux de l'organologie cérébrale de Gall, il est peut-être permis de s'étonner. La vérité, c'est que, déjà quinze ans auparavant, Lallemand enseignait, et avait élevé à la hauteur d'une *loi*, qu'il n'existe pas dans l'encéphale de territoires spéciaux affectés à de prétendus organes distincts, soit pour la perception des sensations, soit pour la détermination des mouvements volontaires. Un fœtus privé de cerveau et de cervelet n'éprouve-t-il pas des sensations distinctes? Ne réagit-il pas sur les sensations d'une manière assez régulière pour serrer un corps placé dans la main, pour embrasser des lèvres le mamelon du sein, exercer la succion et la déglutition? C'est donc, concluait Lallemand, que chaque portion de la moelle, après avoir perçu les sensations que lui transmettent les nerfs du sentiment, réagit en conséquence sur les nerfs du mouvement pour provoquer des contractions en rapport avec ces sensations. C'est à cette impulsion irrésistible, immédiate, que se ramène « l'instinct » chez le fœtus. Mais, à mesure que le cerveau s'organise et que son pouvoir sur la moelle s'établit, c'est au cerveau qu'aboutissent de plus en plus les sensations; le cerveau devient exclusivement le lieu des perceptions et le point de départ des mouvements. Les sensations doivent désormais subir une plus vaste élaboration avant de se réfléchir en actes. Or, « nous devons supposer par analogie que les choses se passent dans le tissu de l'encéphale comme dans celui de la moelle; et c'est en effet ce qui a lieu ». Ce qui prouve sans réplique que « *les sensations sont perçues par les mêmes portions du cerveau qui provoquent les contractions musculaires*, c'est que, *dans toutes les affections cérébrales, ce sont les mêmes parties qui sont privées du mouvement et du sentiment* ». Que l'on pince le bras d'un malade qui a perdu la faculté de remuer volontairement ce membre, par exemple, on déterminera une « réaction de la pulpe cérébrale sur la sensation qui se manifestera par une contraction musculaire » indépendante de la volonté du patient, contraction qui serait déterminée, ajoute LALLEMAND, sans doute à titre d'hypothèse, par « les portions demeurées saines de l'hémisphère » : c'est, selon lui, exactement ce qui a lieu pour la moelle chez les fœtus anencéphales. De ce que le cerveau est « passif dans la perception des sensations », tandis qu'il doit devenir actif pour susciter des mouvements, LALLEMAND s'explique comment la sensibilité peut persister quoique le mouvement volontaire ait cessé (*Ibid.*, III, 325; cf. *Lettre* 2e, I, 274). Mais quoiqu'on doive accorder aujourd'hui à LALLEMAND que le point de l'écorce cérébrale où les sensations sont perçues est aussi celui d'où part l'incitation qui doit aboutir à la contraction d'un muscle ou d'un groupe de muscles; quoique nous ne voyions, dans le cerveau comme dans la moelle, que des organes dont toutes les propriétés se résument dans la sensibilité, c'est-à-dire dans un mode de l'irritabilité, les fonctions motrices n'ayant en réalité d'autre substratum que les tissus musculaires, on ne comprend pas pourquoi les extrémités n'auraient point de centres d'innervation distincts dans le cerveau, pourquoi la sensibilité, sinon le mouvement, des membres et de la face ne dépendrait pas d'organes encéphaliques particuliers. Ajoutons que LALLEMAND dit ailleurs que le siège spécial d'une altération du cerveau peut avoir de l'influence sur la nature de certains symptômes (*Ibid.*, III, 338). C'est que les faits s'imposent quelquefois à l'attention toujours si éveillée de LALLEMAND. « On a prétendu, dit-il sans nommer DELAYE ni FOVILLE, que la surface du cerveau était exclusivement destinée à l'intelligence et que la lésion de la substance corticale n'a pas d'influence sur les mouvements. Or, dans l'observation X, la tumeur avait son siège entre l'arachnoïde et les circonvolutions : non seulement l'encéphalite a été accompagnée de paralysie, mais encore l'hémiplégie a duré jusqu'à la mort (*Ibid.*, III, 115). » C'est ainsi encore qu'il a remarqué que, lorsqu'un des lobes antérieurs du cerveau était conservé, les malades perdaient moins de leur intelligence que lorsqu'ils étaient affectés tous les deux; alors on voit, par exemple chez les idiots, les instincts non seulement persister, mais se déchaîner en quelque sorte, parce qu'ils ne sont plus dominés par la « raison ». Dans tous les cas où il a semblé que l'intelligence avait été moins altérée que le mouvement et la sensibilité, un seul hémisphère était malade; toutes les fois que les deux hémisphères étaient affectés, les fonctions intellectuelles paraissaient au contraire avoir plus perdu que la motilité et la sensibilité. Dans la première alternative, en effet, l'un des deux hémisphères continuant à fonctionner, les fonctions intellectuelles ne devaient avoir diminué que de moitié par la même raison qu'une seule moitié du corps était paralysée avec ou sans anesthésie; dans la seconde, tandis que chaque membre n'était affecté qu'en proportion de la lésion de l'hémisphère opposé, l'intelligence souffrait de la lésion des deux moitiés de l'encéphale. Aussi bien LALLEMAND en était arrivé à croire que, comme tous les autres organes, l'encéphale pouvait présenter, dans son ensemble et dans ses parties, des nuances infinies qui dépendaient de l'organisation native ou primitive; c'était là le domaine de l'étude de la « psychologie », qu'il appelle « physiologie cérébrale ». LALLEMAND voulait rester sur le terrain de la pathologie cérébrale; il s'y croyait inexpugnable ainsi qu'en une forteresse. Toutefois, ainsi que nombre de cliniciens qui sont loin d'avoir possédé sa vaste expérience des affections du cerveau, LALLEMAND accordait parfois aux faits négatifs l'importance qu'on ne doit attribuer qu'aux faits positifs. BOUILLAUD soutenait que l'organe de la parole avait son siège dans les lobes antérieurs du cerveau. D'une manière générale, rien n'était plus exact, mais LALLEMAND avait, disait-il, constaté l'absence complète de ces deux obes chez un malade qui parlait; il en concluait sans plus la fausseté de la localisation de BOUILLAUD, malgré l'origine de cette doctrine. On sait combien d'objections semblables ont été faites par CRUVEILHIER, par ANDRAL, par VELPEAU, par TROUSSEAU lui-même.

XXVIII. Desmoulins. — On ne constate plus aujourd'hui sans étonnement l'influence exercée par les idées de l'organologie cérébrale de GALL et de SPURZHEIM sur de vrais savants, tout pénétrés de l'étude des faits et familiers avec tous les procédés des méthodes d'observation et d'expérimentation, sur des physiologistes et des cliniciens tels que BURDACH, LALLEMAND, BOUILLAUD, BROCA et tant d'autres. RICHERAND écrivait : « On doit conjecturer, avec beaucoup de vraisemblance, que chaque perception, chaque classe d'idées, chaque faculté de l'entendement est attribuée à telle ou telle partie du cerveau ; il nous est, à la vérité, impossible d'assigner les fonctions spéciales de chacune, de dire à quoi sont destinés les ventricules, quel usage remplissent les commissures, ce qui se passe dans les pédoncules; mais il est impossible d'étudier un arrangement aussi combiné et de penser qu'aucun dessein n'y est attaché. » (*Nouv. Élem. de physiol.*, II, 164, 7e édit.) C'est peut-être que ce qu'il y avait de vrai et de fécond dans ce système a passé dans les doctrines et les théories sur la structure et les fonctions du cerveau qui nous paraissent l'évidence même. J'estime pourtant que cette âme de vérité est en somme trop faible pour que notre étonnement ne soit point légitime, surtout si l'on prend garde que le principe des localisations cérébrales qui a triomphé est tout autre que celui de l'organologie des facultés primitives du cerveau. J'ignore quelle est la part qu'a prise exactement MAGENDIE à la rédaction du livre IV de l'*Anatomie des systèmes nerveux des animaux vertébrés* (Paris, 1825), de **A. Desmoulins** (1796-1828). Ce livre IV, intitulé : *Physiologie du système nerveux central*, renferme à côté des doctrines les plus erronées sur la nature de l'intelligence et sur les localisations des fonctions psychiques des vertébrés dans les différents départements de l'encéphale, doctrines qui étaient alors celles de MAGENDIE, des vues et des aperçus excellents sur la véritable interprétation de la doctrine des localisations, qui semblent appartenir à DESMOULINS. « Le nombre et la perfection des facultés intellectuelles dans la série des espèces et dans les individus de la même espèce sont en proportion de l'étendue des surfaces cérébrales. » Voilà la thèse, qui nous paraît inattaquable, si l'on fait abstraction des considérations de texture, car cela revient à dire non seulement que l'intelligence croît avec les surfaces cérébrales, mais qu'il ne peut y avoir d'autre mesure de l'étendue et de la perfection des facultés intellectuelles que la quantité relative du plissement des surfaces cérébrales (IIe Partie, 600 sq.). « L'étendue des surfaces développées par les plis est en raison de la *grandeur* du cerveau, du *nombre* et de la *profondeur* de ces plis. » Or l'étendue de ces surfaces est proportionnellement et absolument plus grande dans l'homme que dans aucun autre animal. Voici maintenant la critique du système de GALL et de SPURZHEIM. Il n'existe, et il ne peut exister aucun rapport, aucune relation entre cette « quantité du plissement du cerveau » et l'étendue ou la figure du crâne, « puisqu'un cerveau très volumineux peut avoir cinq ou six fois moins de surface qu'un cerveau plus petit de deux tiers. » Le *volume* du cerveau ne peut donc pas donner une mesure de l'intelligence (594) ; l'examen de la « boîte cérébrale », du crâne d'un individu vivant, n'apprendra jamais rien sur le nombre, l'étendue et la profondeur des plis de son cerveau, c'est-à-dire sur la nature et la puissance de son intelligence. La cranioscopie ne pourrait avoir quelque valeur de diagnostic à cet égard que chez des animaux lissencéphales (rongeurs, édentés, oiseaux), où les courbures de la table interne du crâne correspondent aux contours de l'encéphale. Cette critique fondamentale et décisive de l'organologie de GALL et de SPURZHEIM n'empêche pas DESMOULINS, qui demeure d'ailleurs sous le charme, de reconnaître comme une « conjecture plausible », que, entre une « faculté » et un « penchant » donné, et un endroit particulier de la surface du cerveau, bref, entre cette même faculté et un développement plus ou moins considérable des plis cérébraux de ce point, quelque rapport doive exister. La démonstration des auteurs allemands n'était point faite sans doute pour convaincre, « puisqu'elle ne repose que sur la configuration extérieure du crâne » (ce que GALL et SPURZHEIM avaient nié énergiquement). Mais, si la faculté du langage occupe bien un siège déterminé et limité dans le cerveau, comme le prouvent nombre de faits observés dans les « apoplexies », et si le siège de cette faculté se subdivise lui-même en « sièges partiels », la faculté d'articuler pouvant se perdre sans que la mémoire et l'intelligence de la parole soient abolies, ne pourrait-on admettre avec une grande vraisemblance que « les diverses facultés ont chacune un siège spécial »? Dans tous les cas, ajoute DESMOULINS, qui ne pouvait encore connaître les expériences de BOUILLAUD, et qui ne nomme à ce sujet que SPURZHEIM, la partie antérieure des hémisphères était altérée, c'est-à-dire « la partie du cerveau qui repose sur la voûte de l'orbite ». Mais, outre LALLEMAND, dont il cite les *Lettres*, DESMOULINS semble avoir connu les travaux de l'École de la Salpêtrière et de l'École de la Pitié dont nous avons parlé. Il rappelle, en effet, que des cas cliniques d'apoplexie et de paralysie d'une moitié du corps, il résulte que les *lobes cérébraux* sont en rapport avec les sensations tactiles et les mouvements musculaires des hémisphères opposées. C'est naturellement dans la substance blanche qu'il localise ces fonctions. « Or dans tous les cas de paralysie, dit-il, les fibres blanches sont seules altérées. L'usage des couches concentriques si nombreuses de fibres blanches ou médullaires, formant la plus grande partie de la masse cérébrale, est donc relatif aux facultés de *locomotion* et à la perception du *toucher* et du *tact général.* » Nous ne voulions que signaler, chez DESMOULINS, l'origine d'un certain nombre d'idées qui ne reparaîtront que beaucoup plus tard, avec PAUL BROCA, et, grâce à la découverte de ce savant, feront une trouée dans le monde. Au point de vue de la physiologie générale du système nerveux, il ne faut pas oublier que, pour DESMOULINS, « l'intensité des fonctions nerveuses était partout proportionnelle à la quantité de matière nerveuse et surtout à l'étendue de surface qu'elle déploie ». Ces notions se retrouveront aussi chez BAILLARGER. Le mérite de pareilles intuitions, qui ne nous semblent plus très profondes aujourd'hui, n'était pourtant pas mince avec des maîtres tels que GALL et SPURZHEIM, et MAGENDIE lui-même à cette époque. On triomphait enfin de LOCKE et de CONDILLAC. C'était un dogme, dans le grand diocèse de la nouvelle Église, que « penser n'est pas sentir ». Ennemis irréconciliables en matière d'expériences physiologiques, MAGENDIE et FLOURENS s'accordaient pour trouver que cette doctrine de GALL « donnait plus de dignité au principe de la pensée ». On écrivait couramment que, loin de dériver des sens, « les plus nobles facultés de notre intelligence » étaient indépendantes de l'existence même des sens (*Ibid.*, 537, 631); ces facultés, en effet, étaient « primitives » dans le fameux système. Ainsi « l'intelligence existe et agit indépendamment des sens ». Les *mouvements*, la *sensibilité*, l'*intelligence* étaient trois ordres de phénomènes nerveux tout à fait distincts. On accordait toutefois, du moins DESMOULINS, avec GALL et SPURZHEIM, que les diverses facultés consistent très probablement dans les « localisations ». Outre ces trois forces primitives, DESMOULINS en admettait une quatrième, la *conscience*, et peut-être une cinquième, la *volonté*. Comme l'intelligence, la conscience, la volonté, les affections existent et agissent indépendamment des sensations (*Ibid.*, 639). Impossible de rêver une psychologie physiologique plus rudimentaire et naïve. MAGENDIE et DESMOULINS, qui n'auraient trouvé que de la matière blanche fibreuse, mais « pas un atome de matière grise au centre de la moelle épinière » des reptiles et des poissons, localisaient, chez tous les vertébrés inférieurs, dans le quatrième ventricule, la conscience de toutes les sensations, moins la vue; en outre, chez les poissons, l'instinct et l'intelligence; chez les reptiles, la volonté; dans les mammifères, les lobes cérébraux paraissaient le siège unique de la volonté; les instincts et l'intelligence y résidaient aussi. La coordination des mouvements locaux ou partiels en mouvements d'ensemble, non plus d'ailleurs que les facultés génératrices, n'avait son siège dans le cervelet, soit médian, soit latéral. Quant à l'usage du corps calleux, cette grande commissure des deux hémisphères, on le rapporte, dans le livre de DESMOULINS, aux « seules facultés intellectuelles ». Il croît, en effet, en raison directe de l'étendue de la « membrane nerveuse des hémisphères » et des plissements de cette membrane; il n'existe que chez les mammifères, supérieurs aux ovipares par l'intelligence; enfin, pour DESMOULINS, il n'aurait d'action « ni sur les mouvements ni sur la sensibilité d'aucune partie du corps ». Il soupçonnait donc le corps calleux d'être en étroite relation avec les processus de l'intelligence, soit parce qu'en commissurant les hémisphères il était un moyen de concert pour leurs actions, soit parce qu'il pouvait faire « participer un lobe plus faible aux efforts des actions d'un autre lobe plus fort ». La voûte possédait des fonctions analogues à celles du corps calleux. On va retrouver, quant à cette commissure, une conception analogue chez BURDACH, que le plus beau génie du monde et l'immense labeur n'ont pu sauver non plus de l'étrange fascination de l'organologie de GALL en matière de localisation cérébrale.

C'est en effet un immense labeur, et sans doute un des plus grands livres que celui qu'a écrit **K. F. Burdach** spécialement sur l'anatomie et la physiologie cérébrales, *De la structure et de la vie du cerveau* (*Vom Baue und Leben des Gehirns.* Leipzig, 1819-1826, 3 vol. in-4°). Connaître la vie du cerveau, c'est connaître les différentes fonctions des parties différentes qui le constituent : c'est l'œuvre d'une science qui pousse ses investigations jusqu'aux extrêmes limites de la connaissance possible (III. Bd. II. Th., 261). En rassemblant les 1,117 observations suivies d'autopsies qui servent d'assise et de fondement à sa doctrine, Burdach choisit surtout celles où la description des symptômes des maladies accompagnait, avec la plus grande exactitude possible, la description des lésions des différentes parties de l'encéphale. Ce grand arsenal de faits n'a point suffi pour détourner Burdach des rêveries souvent les plus étranges dans l'interprétation des connexions anatomiques et des fonctions physiologiques du cerveau humain.

XXIX. Andral (1797-1851) lui-même prenait en considération les essais de localisations tentés dans les écoles de la Salpêtrière et de la Pitié pour déterminer le siège des centres d'innervation motrice des membres thoraciques et abdominaux dans les couches optiques et les corps striés, y compris les masses médullaires situées à leur niveau. Il entreprit d'interroger les faits pour s'assurer de l'exactitude de ces opinions. Naturellement, devant ce grand esprit critique, cette théorie ne tint pas plus que celles qui dominaient sur les fonctions du cervelet. Sur 93 cas cliniques, il ne s'en était guère trouvé de favorables aux doctrines de Gall, de Flourens, de Magendie, de Foville, de Serres touchant ce dernier organe (*Clinique médicale*, 1833, v, 658 sq.). Andral entraîna plus tard Longet qui, après avoir établi que ni la physiologie expérimentale ni la pathologie ne permettaient d'admettre les rapports du cervelet avec la sensibilité générale ou l'instinct de la génération, ajoutait ces paroles significatives à l'adresse de Flourens : « Nous sommes bien loin de vouloir affirmer que le cervelet ait pour rôle exclusif de coordonner les mouvements volontaires des membres. » (*Anatomie et physiologie du système nerveux de l'homme*, 1842, I, 769.) Le résultat négatif de l'examen des faits relatifs aux sièges distincts des mouvements des membres supérieur et inférieur dans le cerveau n'empêcha pas Andral d'affirmer que « ce siège distinct existe », et cela sans nul doute, puisque chacun des membres peut être paralysé isolément. Seulement nous ne le connaissons point encore. D'autres parties, d'ailleurs, en même temps que les membres d'un côté du corps, sont souvent frappées de paralysies à divers degrés : les globes oculaires, les paupières, les différentes parties de la face et les lèvres, la langue, le cou, le larynx, le pharynx et l'œsophage, la vessie, le rectum. Quoique les efforts faits à diverses époques pour assigner à quelque partie du cerveau la faculté d'articuler et de coordonner le langage lui semblent au moins prématurés (*Ibid.*, 532), Andral a recherché jusqu'à quel point l'hémorragie cérébrale affectait un siège spécial dans les cas où, à sa suite, la vue restait atteinte; ce siège, il ne l'avait pas découvert. Mais, encore que tant de faits nous montrent sans cesse, dans les altérations du cerveau, les sièges les plus divers pour expliquer les troubles d'une même fonction, « nierons-nous que certaines parties de l'encéphale sont spécialement destinées à l'accomplissement de certains actes? Nous n'en aurions pas le droit; car il est vraisemblable que certains points du cerveau ont entre eux un rapport tel que la lésion de tel d'entre eux va spécialement retentir sur tel autre; et ce pourra être l'altération secondaire de celui-ci, inappréciable par le scalpel, qui produira la spécialité du désordre fonctionnel » (*Ibid.*, 362). Il est surtout frappé de la « merveilleuse solidarité qui unit entre elles, et ramène à l'unité d'action, toutes les parties du système nerveux ». « Le trouble des facultés intellectuelles ne saurait non plus être regardé comme lié plus spécialement au ramollissement des lobes antérieurs ou postérieurs, comme quelques-uns l'ont prétendu », disait Andral. Les faits cliniques lui avaient « prouvé » que la lésion de ces différents lobes est également suivie de délire ou de tout autre désordre de l'intelligence. Dans l'état actuel de la science, Andral déclarait impossible d'établir d'une manière rigoureuse, d'après l'existence ou la nature du désordre intellectuel, « le siège et l'étendue du ramollissement ». Enfin, « des différents troubles de l'intelligence qui peuvent accompagner le ramollissement du cerveau, il n'en est non plus aucun qui, par sa forme spéciale, suffise pour faire reconnaître pendant la vie la nature de l'altération qui a frappé l'encéphale. Une simple injection, soit des méninges, soit de la substance nerveuse, une accumulation considérable de liquide autour du cerveau ou dans ses ventricules, une hémorragie qui a déchiré sa pulpe, des produits accidentels qui s'y sont développés, peuvent en effet également produire soit le délire avec toutes ses variétés, soit un simple affaiblissement de l'intelligence, soit la perte subite de la connaissance » (*Ibid.*, 522).

XXX. Longet. — Sur cette même question, celle de savoir si des deux substances dont sont composés les lobes cérébraux, l'une, la substance blanche, était affectée aux mouvements volontaires (Foville, Pinel-Grandchamp), à l'exclusion de la substance grise des circonvolutions (les lésions de celle-ci n'étant point susceptibles par conséquent de produire la paralysie), ou si c'était l'autre au contraire, la substance grise, dont les altérations provoquaient les troubles et l'abolition de la motilité, tels que ceux de la paralysie générale des aliénés (Parchappe, Calmeil, Bottex, Bayle, Ferrus, Bouchet et Cazauvielh), Longet avouait n'adopter encore, d'une manière définitive, ni l'une ni l'autre de ces manières de voir. Longet savait que les affections partielles des lobes provoquent des phénomènes épileptiformes et souvent des convulsions, également partielles, de la face, de la bouche, etc. (*Anat. et phys. du syst. nerv.*, 1842, ii, 644). On pouvait admettre, disait-il, que, dans l'état normal, l'incitation à laquelle succèdent les mouvements volontaires naît principalement, sinon exclusivement, dans les lobes cérébraux : « La volonté donne l'impulsion déterminante; mais la contraction des muscles qui est nécessaire pour produire le mouvement s'exécute à l'insu d'elle et doit son origine à un tout autre principe qui émane spécialement de la moelle allongée (Lorry). Aussi l'*irritation artificielle* de celle-ci met-elle immédiatement en jeu la contractilité musculaire, tandis que celle des *lobes cérébraux*, où siège la volonté, *n'est suivie d'aucun effet analogue.* » (*Ibid.*, 656 sq.) Longet localisait donc les *mouvements volontaires* dans l'écorce du cerveau. « Il faudrait savoir, ajoutait-il, si chacun des mouvements volontaires ne serait pas influencé par des fonctions déterminées des lobes cérébraux : après avoir reconnu qu'il n'est pas rare de rencontrer, chez l'homme, des *lésions partielles des fonctions musculaires* par l'effet d'*affections locales du cerveau* proprement dit, il devenait naturel de rechercher à la lésion de *quelle partie de cet organe correspondait la paralysie de telle région du corps.* Ces recherches, entreprises à diverses époques, poursuivies de nos jours avec ardeur, sont loin d'avoir donné, jusqu'à présent, des résultats satisfaisants. Déjà, ayant examiné la valeur de quelques-unes des *localisations* proposées, nous avons cru devoir rejeter l'opinion de Saucerotte, qui fait siéger le principe du mouvement des membres thoraciques dans les lobules postérieurs du cerveau, et celui du mouvement des membres pelviens dans les lobules antérieurs; nous avons cru aussi ne pas devoir partager l'avis d'après lequel les lobules moyens et les cornes d'Ammon seraient le siège spécial des mouvements de la langue (Foville). » Longet n'admettait pas non plus que « l'organe qui coordonne les mouvements de la prononciation siège spécialement dans les lobules antérieurs du cerveau (Bouillaud) ». « En somme, concluait Longet, et à supposer qu'on doive admettre dans le cerveau des régions distinctes et déterminées pour correspondre aux divers mouvements volontaires, il n'est point démontré, du moins selon nous, qu'il y ait rien de positif dans les localisations proposées pour les principes actifs de ces mouvements. » Dans les lobes cérébraux se trouveraient surtout les conditions matérielles de l'intelligence, des sentiments et des instincts, comme celles des mouvements volontaires.

Quant à la valeur des localisations relatives aux organes et aux fonctions des sens et de l'intelligence, les observations de blessures graves et de perte de substance aux dépens des lobules antérieurs ou postérieurs des hémisphères ne révélaient, suivant Longet, aucune altération grave de ces fonctions; on ne constatait d'ordinaire que des troubles de la motilité, et quelquefois des accès épileptiformes. Après Desmoulins, pour qui la protubérance annulaire était l'organe où réside la conscience des sensations de tout le corps, moins la vue, après Jean Müller, Gerdy, Serres, Longet croyait que la sensibilité générale qui subsiste après l'ablation de tout l'encéphale, hormis la protubérance et le bulbe, était, avec les impressions tactiles, perçues dans la protubérance. Quant aux impressions olfactives, visuelles, auditives, gustatives, on n'avait aucune donnée pour oser croire que leur perception s'opère, même partiellement, dans la protubérance, les hémisphères cérébraux étant les seules parties encéphaliques où les sensations soient soumises à une élaboration définitive. Ainsi les idées en rapport avec les impressions tactiles elles-mêmes ne se forment, dit expressément Longet, que dans les hémisphères du cerveau. Vulpian devait conclure, à la suite de Longet, que « la protubérance annulaire est le véritable centre perceptif des impressions sensitives ». Mais Vulpian non seulement fait présider la protubérance à la sensibilité générale : il lui paraît certain que les sensations auditives et gustatives ont lieu dans cette partie des centres nerveux (*Leçons de phys. du syst. nerv.*, 548). Loin que les lobules antérieurs fussent exclusivement affectés à l'intelligence, Cruveilhier avait cru devoir affirmer que tout vice grave de conformation des lobes cérébraux, quelle que soit la partie de ces organes sur laquelle il porte spécialement, peut avoir pour résultat l'idiotie. Il est vrai que Cruveilhier prétendait aussi avoir bien souvent observé que l'atrophie du cerveau des vieillards en démence porte sur les circonvolutions occipitales beaucoup plus encore que sur les circonvolutions frontales (*Anatomie descriptive*, IV, 668). « La pathologie n'autorise pas jusqu'à présent à dire que ce soit plutôt telle région des lobes cérébraux que telle autre qui jouisse du privilège d'être le siège exclusif de l'intelligence. Elle n'a rien prouvé relativement aux sièges spéciaux qu'on a prétendu assigner aux diverses facultés intellectuelles. » (Longet, l.l, II, 691.) Bref, jusqu'ici la physiologie expérimentale a été aussi inhabile que la clinique à démontrer le siège précis de l'intelligence dans les lobes cérébraux (II, 696).

Ce n'est pas que Longet ait nié, d'une manière absolue, l'existence possible, dans les lobes cérébraux, de divers instruments en rapport avec les différents phénomènes psychiques : « Mais, si l'on veut admettre la pluralité de ces instruments, quand et comment seront fournies les preuves péremptoires qui pourraient permettre d'indiquer le point limité du cerveau ou du *cervelet* où se passeraient les modifications relatives à telle ou telle série d'idées, de qualités morales ou instinctives? » (II, 695.) Quant aux résultats des expériences de Bouillaud et de celles de Flourens, Longet inclinait à penser que, dans le domaine des localisations, la lumière et les renseignements précis seraient fournis encore plutôt par des observations pathologiques bien faites que par des vivisections. C'était exactement le contraire de ce que pensait Jean Müller : « Les résultats de l'anatomie pathologique ne peuvent jamais avoir, disait-il, qu'une application très limitée à la physiologie du cerveau. » (*Manuel de Physiol.* Littré, I, 780.) Quant à la physiologie psychologique, telle que l'entendait Gall, quant aux prétendues « facultés primitives », après les travaux de Lafargue, de Lélut et de Leuret, Longet les condamnait sans appel, et certes avec toute raison, mais sans avoir eu le moindre pressentiment de la vérité du principe sur lequel cette doctrine avait été édifiée.

L'avenir devait montrer que Longet n'avait pas eu plus de clairvoyance sur la question, je ne dis pas de l'insensibilité, mais de l'inexcitabilité des substances blanche et grise des centres nerveux. Quant à l'insensibilité de ces substances, il avait avec lui, sauf Haller, Zinn, Serres et quelques autres, tous les physiologistes, anciens et modernes. Il est certain que Haller et Zinn avaient vu des mouvements convulsifs en blessant la substance médullaire des hémisphères cérébraux; rien ne démontre que, comme le prétend Longet, et ainsi qu'incline à le croire Hitzig, ces mouvements résultaient en réalité d'une lésion de la moelle allongée. Quoi qu'il en soit, Longet a irrité les lobes cérébraux mécaniquement, chimiquement, galvaniquement, chez les animaux, sans déterminer ces convulsions. Il en fut de même des couches optiques, des corps striés et du cervelet qui, suivant Longet, n'étaient pas excitables; il n'y avait de parties excitables que la protubérance annulaire, le bulbe rachidien et la moelle épinière. « Nos propres expériences, dit-il, ont été faites sur des chiens, des chats, des chevaux, des lapins, et enfin sur des pigeons. Nous les avons reproduites dans nos cours un grand nombre de fois, et constamment, chez tous ces animaux, nous avons trouvé la substance corticale et la substance médullaire des lobes cérébraux complètement insensibles à toute espèce d'irritations mécaniques ou chimiques. A nos yeux, c'est là une vérité expérimentale des mieux établies (II, 642). » Les expériences de Flourens, parmi les contemporains, comme celles d'André Dulaurens, de Lecat, etc., ne permettaient point de douter de « l'inaptitude du cerveau proprement dit à exciter des contractions musculaires sous l'influence d'irritations artificielles ou immédiates ». Ainsi, Longet témoigne avoir cautérisé avec la potasse et l'acide azotique la substance blanche des hémisphères, y avoir fait passer des courants galvaniques en tout sens, sans parvenir à mettre en jeu la contractilité volontaire, à produire des secousses convulsives. Même résultat négatif en dirigeant les mêmes agents sur la substance grise corticale. « Cependant, ajoutait Longet le pathologiste tomberait dans une grave erreur si, généralisant ce que l'expérimentation révèle, il en induisait que, dans les affections partielles des lobes cérébraux, chez l'homme, tout doive se passer comme dans les expériences. » (II, 644.) Pour expliquer la production des phénomènes convulsifs dans les diverses affections du cerveau, il fallait supposer, pensait LONGET, que ce qu'une stimulation artificielle ne saurait faire, la maladie le réalise, ou plutôt admettre une excitation sympathique de la moelle allongée.

XXXI. Parchappe. — De 1837 à 1848, dans ses cours de physiologie à l'École de médecine de Rouen, dans ses *Recherches sur l'encéphale, sa structure, ses fonctions et ses maladies* (Paris, 1836 et 1838), surtout dans son grand mémoire *Du siège commun de l'intelligence, de la volonté et de la sensibilité chez l'homme* (Paris, 1856), PARCHAPPE a plus fait qu'aucun physiologiste ou clinicien de son temps pour l'avancement de la vraie doctrine de l'innervation cérébrale. Sa voix n'a pas percé ; elle n'a pas été entendue, si ce n'est d'un petit nombre de bons juges, tel que BAILLARGER. Mais si l'on cherche, vers le milieu du siècle, un savant qui puisse être considéré comme un précurseur de nos idées actuelles sur le siège de ce complexus indissociable de fonctions psychiques qu'on appelle sensibilité, intelligence et volonté, PARCHAPPE se présente seul à nous. Clinicien, c'est de la considération des troubles fonctionnels et des lésions anatomiques observés surtout dans la paralysie générale que PARCHAPPE s'est élevé à sa théorie des fonctions de l'écorce du cerveau. Cette théorie est construite sur les larges et solides assises de l'anatomie pathologique. Sans doute, après GALL et LALLEMAND, DELAYE, FOVILLE, PINEL-GRANDCHAMP avaient localisé dans la substance grise corticale des hémisphères « le siège de l'intelligence », opinion déjà impliquée dans la théorie de la sécrétion des esprits animaux par les glandules constituant cette substance du cerveau, mais, quelque inintelligible que soit devenue pour nous cette façon de penser, ni la volonté, ni la sensibilité n'avaient été localisées dans le substratum organique des fonctions intellectuelles. La condition centrale des phénomènes de mouvement volontaire avait pour siège la substance blanche du centre ovale; la sensibilité était une fonction du cervelet et de la moelle allongée. Lorsque HALLER avait considéré le cerveau en général comme le siège de la sensibilité, du mouvement volontaire et de l'intelligence, c'est, on le sait, de la substance blanche du cerveau et du cervelet qu'il parlait et uniquement de celle-ci, véritable *sensorium commune*. Les expériences lui avaient appris que la substance grise n'était pas plus le siège de la sensibilité que le point de départ des mouvements volontaires. Pour BURDACH aussi, on l'a vu, l'encéphale, en masse, est l'organe de l'âme. Bref, loin de regarder la substance blanche comme étant simplement conductrice, la plupart des physiologistes et des cliniciens l'avaient considérée, plus encore que la substance grise de l'écorce du cerveau, du cervelet et des ganglions de la base, comme un centre d'action et d'élaboration psychique.

REIL, TIEDEMANN, etc., se représentaient la substance corticale comme sécrétée par la face interne de la pie-mère. « Peut-être, disait REIL, le cerveau se produit-il par de semblables précipités, que fournit successivement cette membrane. » REIL croyait même que toute la substance corticale n'est qu'appliquée à la surface de la médullaire; elle a si peu de connexions avec celle-ci qu'elle s'en sépare net. C'était déjà l'idée de G. BARTHOLIN, qui s'exprime ainsi : « La partie blanche du cerveau paraît plongée (*demersa*) dans la cendrée. Quoique ces deux substances, la blanche et la grise, *paraissent* continues dans les cadavres en putréfaction, chez les sujets sains qui viennent d'être tués, *elles se distinguent par diverses lignes, de sorte qu'on les peut effectivement séparer* (*ut ab invicem separari actu optime queant*). (*Institut. anat.*, liv. III, III, 259.) L'étude anatomo-pathologique du cerveau dans la folie, et, en particulier, dans la paralysie générale des aliénés, avait pénétré de toutes autres idées DELAYE, FOVILLE, CALMEIL, PARCHAPPE, BAILLARGER. « La simple juxtaposition des deux substances est une opinion inadmissible, écrit BAILLARGER : la substance blanche au sommet des circonvolutions est entièrement unie à la substance grise par un grand nombre de fibres. » Après STENON et GALL, mais par un procédé original, consistant à examiner par transparence, entre deux verres, une couche très mince de substance grise, **Baillarger** reconnut facilement l'existence d'un grand nombre de fibres « pénétrant de la substance blanche centrale dans la substance corticale; ces fibres sont coniques, à grosses extrémités en bas » (*Recherches sur la structure de la couche corticale des circonvolutions du cerveau*. Paris, 1840, Mém. de l'Acad. roy. de médecine, VIII, 154, pl. II, fig. 8). Après avoir observé au microscope les fibres de la couche corticale du cerveau de l'enfant nouveau-né, Baillarger touche presque le vrai, mais les préjugés du temps (*idola fori*) l'en écartent aussitôt : « Peut-être pourrait-on conclure de là , dit-il, qu'une partie des fibres de la substance blanche centrale *tire son origine de la couche corticale;* mais on est, je crois, désormais d'accord pour réformer ce langage (168). » C'est donc la substance blanche qui envoie des fibres dans la couche grise corticale où ces fibres se terminent en pointe. Baillarger a pourtant vu encore dans les couches blanches de l'épaisseur de la substance grise, « des fibres qui semblent *propres* aux couches intermédiaires » de cette écorce; il a vu aussi, chez les mammifères inférieurs, des fibres transversales croisant des fibres verticales. L'intelligence est-elle en rapport avec le nombre des circonvolutions? Après Desmoulins, et contre Leuret, Baillarger estime que « si l'on considère que les animaux les plus intelligents non seulement ont le cerveau le plus ondulé, mais qu'ils ont des circonvolutions qui leur sont propres, si l'on se rappelle la facilité avec laquelle apparaît le délire dans les inflammations des surfaces cérébrales, les altérations de la couche corticale dans la folie, surtout celles qu'elle offre dans la paralysie générale des aliénés qui s'accompagne d'une démence si profonde, l'atrophie des circonvolutions dans la démence, etc., on ne balancera pas à attribuer un rôle important aux surfaces cérébrales. La structure si compliquée de la couche corticale peut être invoquée comme un argument de plus. » Baillarger, en effet, établit dans ce mémoire que la couche corticale du cerveau est formée ou apparaît, par transparence, comme formée de six lames ou couches superposées, alternativement grises et blanches. La disposition stratifiée que Vicq d'Azyr avait vue dans les lobes postérieurs du cerveau, Meckel dans la corne d'Ammon, Cazauvieilh dans toute l'étendue des circonvolutions, Baillarger l'a étudiée chez l'homme et chez les mammifères. Cette stratification avait aussi été décrite par Serres pour les lobes optiques des oiseaux, des reptiles et des poissons. Quel rôle jouaient ces parties stratifiées? Était-ce là, demandait-on, que s'élabore le fluide nerveux? A quoi servent ces innombrables fibres que la substance blanche irradie partout dans la substance grise, où elles vont se terminer en pointe? Les pointes, en plongeant dans la substance grise, y soutirent-elles le fluide nerveux? Baillarger ne voulait à son tour que poser ces questions. Mais, après tout ce qu'on avait dit de l'analogie des fluides nerveux et galvanique, on ne pouvait s'étonner que cette stratification des couches de la surface du cerveau ait rappelé l'idée d'une pile de Volta. C'est ce qu'avait vu Rolando dans la structure lamellaire du cervelet; son appareil électro-moteur n'avait qu'une seule paire d'une pile galvanique. Dans les six lames d'écorce du cerveau décrites par Baillarger, Rolando aurait pu voir trois paires d'une pile galvanique. L'analogie entre la structure de la surface cérébrale et la disposition des appareils galvaniques semble encore à Baillarger pouvoir être invoquée comme un argument de plus en faveur de ces deux propositions : 1° « L'action nerveuse comme l'action électrique est en raison, non des masses, mais des surfaces. 2° L'influx nerveux, comme l'électricité, se transmet par les surfaces (*Ibid.*, 181). » Cet influx ou fluide nerveux, survivance des esprits animaux, était donc devenu pour quelques-uns, grâce aux progrès de la physique, un fluide électrique. Claude Bernard, qui devait montrer que les propriétés électriques des nerfs et des muscles « paraissent » distinctes de la propriété nerveuse proprement dite, et que la « force nerveuse », quoique liée à l'accomplissement des phénomènes chimiques de l'organisme, « diffère essentiellement de la force électrique », comprenait pourtant qu'on se fût laissé « séduire » par de pareilles analogies. Car de la nature et des propriétés spéciales de l'agent nerveux, quelque nom qu'on lui donnât, on ne savait rien. « On a pu changer les mots, disait l'illustre physiologiste, remplacer les esprits animaux par un fluide impondérable, sans réaliser pour cela un véritable progrès. Tant qu'on n'a fait que substituer une théorie à une théorie sans preuve directe, la science n'y a rien gagné; celle des anciens en vaut une autre. » (*Leçons sur la physiologie et la pathologie du système nerveux*. Paris, 1858, I, 3; II, 2-3.)

La doctrine physiologique de Parchappe, qui fait de l'écorce grise du cerveau le siège commun et exclusif de l'intelligence, de la volonté et de la sensibilité, est fondée en partie sur les résultats généraux qui se dégagent de l'étude des faits cliniques et anatomo-pathologiques contenus dans les traités de Lallemand, d'Ollivier (d'Angers), d'Andral, de Bouillaud, recueils les plus complets d'observations sur les maladies de l'encéphale et de la moelle épinière; d'autre part, et avant tout, sur la démonstration faite

Pour la suite après la page 912

par Parchappe lui-même, dès 1838, que la paralysie générale des aliénés résulte d'une altération destructive de la couche corticale du cerveau. Cette altération qui, pour Delaye (1824), était surtout une sclérose du tissu cérébral; pour Bayle (1822, 1825, 1826), une méningite chronique, avec ramollissement superficiel de la substance grise; pour Calmeil (1826), le ramollissement de l'écorce avec adhérences de la pie-mère à la surface cérébrale et sclérose de la substance blanche; pour Foville (1829), une « altération variable » de la substance blanche; pour Belhomme (1834, 1836), le ramollissement de la couche corticale avec adhérences de la pie-mère, cette altération consistait essentiellement pour Parchappe dans le ramollissement de la couche corticale. Aux troubles de l'intelligence et de la motilité volontaire, tenus pour les symptômes les plus directs des lésions de l'écorce, Parchappe ajouta ceux de la sensibilité. « La couche corticale du cerveau, écrivait-il en 1847, doit être considérée comme l'aboutissant des impressions *sensitives.* » De bonne heure, il eut le grand mérite de voir que les trois fonctions qui servent à définir la vie psychique, la sensibilité, le mouvement volontaire et l'intelligence, se supposant réciproquement, encore que fonctionnellement dissociables, au moins en apparence, à l'état pathologique, doivent avoir un même siège. Il vit bien, selon nous, que la complexité croissante des phénomènes qui s'accomplissent dans l'écorce du cerveau peut créer l'illusion de leur indépendance réciproque. « L'intelligence, dit-il, est plus facilement lésée que la volonté et la sensibilité, et la volonté, en tant que force motrice, est plus facilement atteinte que la sensibilité. La connaissance et la faculté de penser se perdent avant la faculté de se mouvoir et surtout avant la faculté de sentir. Dans la folie paralytique, au summum de son développement, la lésion de l'intelligence est plus profonde que celle du mouvement, la lésion commune de l'intelligence et du mouvement est plus profonde que la lésion de la sensibilité; celle-ci n'est abolie, avec le mouvement volontaire, que quand toute l'épaisseur de la couche corticale est désorganisée. » (*Du siège commun de l'intelligence, de la volonté et de la sensibilité chez l'homme.* Paris, 1856, 21.)

A la substance blanche de l'encéphale et de la moelle, Parchappe n'attribue que le rôle exclusif de conducteur des « influences nerveuses », centrifuges ou centripètes; à la substance grise des mêmes régions, que celui du mouvement et de la sensibilité : de là les paralysies du mouvement, et, d'une manière plus ou moins constante, celles de la sensibilité, des extrémités supérieures et inférieures du côté opposé du corps, dans les lésions circonscrites des « couches optiques et des corps striés ». En dehors de l'écorce du cerveau, les altérations pathologiques des différents organes centraux constitués en partie de substance grise, cervelet, couches optiques et corps striés, moelles allongée et épinière, laissent intacte « la fonction essentielle de l'âme » sous ses trois modes : intelligence, volonté, sensibilité. Outre la paralysie générale des aliénés, dans tous les cas d'encéphalite, de ramollissement, d'hémorragie, les lésions destructives de la couche corticale ont déterminé, lorsqu'elles s'étendaient aux deux hémisphères, une altération fonctionnelle de ces trois modes de la vie psychique, et, si elles étaient limitées à l'un des hémisphères, des troubles de la sensibilité et de la motilité volontaire du côté opposé du corps. Comme la plupart de ses contemporains, Parchappe avait subi l'influence du « génie de Gall » (voir le premier mémoire des *Recherches sur l'encéphale,* 1836). Dans quelques cas de folie, ce médecin avait même cru pouvoir saisir un rapport entre la région où étaient localisés les altérations et « le siège attribué aux facultés intellectuelles les plus lésées. » — « Si la doctrine de Gall est exacte, écrivait Parchappe, en 1838, on peut concevoir *l'espérance* de la vérifier par le siège des altérations dans l'aliénation mentale, en même temps qu'on expliquerait les différences du délire. » Mais ce sont surtout les observations cliniques et anatamo-pathologiques de paralysie générale qui ont permis à Parchappe de faire « la preuve pathologique de la réalité du rôle physiologique » de l'écorce cérébrale. D'une intelligence plus compréhensive de la liaison et de la complexité des phénomènes les plus élevés de l'innervation cérébrale résulta donc pour Parchappe une vue très claire de l'illusion où étaient tombés tant de physiologistes et de cliniciens du plus grand mérite en croyant démontrer, soit au moyen des vivisections, soit autrement, qu'il existe des organes distincts pour des fonctions inséparables. L'observation clinique, en effet, lui avait montré que la perception des impressions *sensitives* diminue, dans la même mesure que la force des mouvements volontaires, « en raison de l'étendue et de la profondeur des altérations », orga-

en « coupant par tranches le lobe cérébral antérieur, aurait observé de vifs mouvements dans les extrémités antérieures ». Si l'expérience, dont on ignore les détails, a été exécutée avec toutes les garanties nécessaires, cela suffisait, au témoignage de Hitzig, pour établir ce principe qu'une excitation mécanique d'un lobe cérébral peut provoquer les mouvements des muscles volontaires. Mais, nous l'avons rappelé, Magendie, Flourens, Bouillaud, Longet, Vulpian avaient trouvé la substance corticale des hémisphères inexcitable aussi bien que Schiff, Matteucci, Van Deen, Ed. Weber, Budge, etc. Jamais question n'avait été jugée avec une telle unanimité; le verdict rendu paraissait sans appel. La question de l'inexcitabilité de l'écorce cérébrale, qui ne doit pas être confondue avec celle de sa sensibilité, doit encore être distinguée de celle des localisations fonctionnelles dont cette écorce pouvait être le substratum anatomique, localisations dont le principe est aussi ancien que la physiologie cérébrale elle-même, et qui déjà avaient été admises, soit comme nécessaires (Andral), soit comme scientifiquement démontrées (Bouillaud, Broca). Au point de vue purement anatomique, Meynert s'était nettement retourné contre l'opinion générale de son temps : l'écorce du cerveau, organe des représentations, lui apparaissait divisée en un certain nombre de territoires plus ou moins distincts dont le rôle et la nature étaient déterminés, quant aux différentes espèces de représentations, pour les connexions des faisceaux de projection avec les organes périphériques et centraux. « Les énergies spécifiques de cellules nerveuses, disait Meynert, ne sont que le résultat des différences existant dans les organes terminaux des nerfs; la seule énergie spécifique de la cellule nerveuse, c'est la sensibilité (*Empfindungsfaehigkeit*) », qui n'est qu'un mode de l'irritabilité. Meynert a même soutenu que les centres prétendus moteurs de l'écorce n'étaient, en réalité, que des centres de sensibilité générale. C'était donc, pour Meynert, une explication superflue que celle de Jean Müller. L'hétérogénéité des sensations (vue, ouïe, toucher, etc.) résultait ainsi : 1° de la diversité des forces du monde extérieur nécessaires à la production des sensations; 2° de la structure des organes terminaux des nerfs. Bref, c'était à la structure des appareils périphériques des sens, non aux énergies spécifiques des cellules nerveuses des différentes aires corticales du cerveau que Meynert rapportait les différents modes de la sensibilité générale et spéciale. Ces aires corticales, au cours de l'évolution, avaient subi une différenciation physiologique évidente, par exemple celle du lobe olfactif chez les animaux osmatiques, celle du langage articulé chez l'homme. « Ainsi, quoique d'une autre manière que Gall, Meynert, dit Hitzig, s'était déclaré pour l'existence d'une localisation circonscrite des diverses facultés psychiques. » Au point de vue clinique et à celui de ce que Bouillaud appelait la physiologie pathologique, Hughlings Jackson, sans parler de Samuel Wilks, avait cherché à déterminer dans les circonvolutions la cause des troubles du mouvement dans l' « hémiplégie choréique », l' « hémicontracture », etc. La pathogénie de l'épilepsie partielle ou corticale, bien observée cliniquement par Bravais, avait même inspiré à David Ferrier ses premières expériences dans le but de vérifier et de démontrer la justesse des vues de H. Jackson. L'étude des convulsions épileptiformes, unilatérales et localisées, avait amené ce médecin à conclure qu'elles étaient dues à l'action de certaines lésions irritatives de l'hémisphère cérébral opposé, relié fonctionnellement au corps strié et en rapport avec les mouvements musculaires, si bien que les phénomènes convulsifs résultaient de ces lésions irritatives, ou *par décharge*, de la substance corticale de l'hémisphère lésé.

Mais, jusqu'à Fritsch et Hitzig, toutes les tentatives de localisations cérébrales ont manqué, et il ne pouvait guère en être autrement pour celle de Broca, de la seule démonstration qui s'impose en physiologie, celle de l'expérimentation. L'origine de ces expériences fut une observation que Hitzig avait faite sur l'homme, observation qui prouvait qu'une excitation électrique directe des centres nerveux de l'homme provoque des mouvements des muscles volontaires : « En faisant passer des courants galvaniques par la partie postérieure de la tête, j'obtins facilement des mouvements des yeux, mouvements qui, à en juger par leur nature, ne pouvaient être produits que par l'excitation directe des centres cérébraux. Ces mouvements ne se produisant qu'en galvanisant cette région de la tête, on pouvait les considérer comme causés par l'excitation des tubercules quadrijumaux, par exemple. » Mais comme les mêmes mouvements des yeux apparaissaient aussi en galvanisant le lobe temporal, on pouvait se demander si, avec cette dernière méthode, les courants ne diffusaient pas jusqu'à la base, ou « si le cerveau, contrairement à l'opinion générale, ne possédait pas d'excitabilité électrique » (*Ibid.*, 9, Cf. *Ueber die beim Galvanisiren des Kopfes entstehenden Störungen der Muskelinnervation und der Vorstellungen vom Verhalten im Raume*, 196-247). Une expérience préliminaire, instituée sur le lapin, ayant donné à HITZIG un résultat positif, il commença bientôt avec FRITSCH une série d'expériences sur le chien. Voici comment HITZIG formulait le résultat de ces premières recherches : « Une partie de la convexité du cerveau du chien est motrice (en entendant cette expression au sens de SCHIFF), une autre n'est pas motrice. La partie motrice est située, d'une manière générale, plus en avant, la non motrice en arrière. Au moyen de l'excitation électrique de la partie motrice on obtient des contractions musculaires combinées dans la moitié opposée du corps. Ces contractions musculaires peuvent être localisées, en se servant de courants tout à fait faibles, à certains groupes musculaires étroitement circonscrits. Avec des courants plus forts et consécutivement à l'excitation des mêmes points ou de points très rapprochés, d'autres muscles participent à l'excitation, et même des muscles de la *moitié correspondante du corps*. La possibilité d'une excitation isolée d'un groupe musculaire circonscrit est limitée, avec l'emploi de courants tout à fait faibles, à des points très petits que nous appellerons, pour abréger, centres. » Un très léger déplacement des électrodes déterminait, si les membres étaient, par exemple, en extension, un mouvement de flexion ou de rotation dans la même extrémité. « Si nous éloignions l'un de l'autre les deux électrodes ou que nous augmentions la force du courant, des *convulsions* apparaissaient : ces contractions musculaires envahissaient tout le corps, si bien qu'on ne pouvait plus distinguer si elles étaient latérales ou bilatérales. » (*Ibid.*, 11 et 12.)

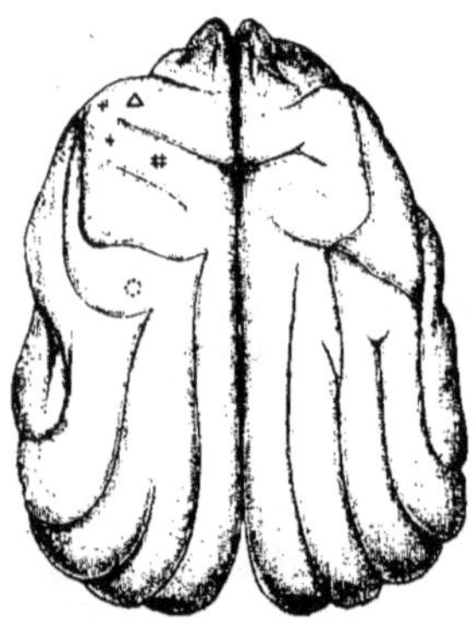

FIG. 49.

Δ Muscles du cou, à la partie latérale du gyrus préfrontal.

Centre des extenseurs et des adducteurs, du membre antérieur à l'extrémité externe du gyrus post-frontal.

+ Centre des fléchisseurs et des rotateurs du même membre, un peu en arrière du centre précédent, sur le gyrus postfrontal.

+̈ Centre du membre postérieur, sur le gyrus postfrontal, mais plus rapproché de la ligne médiane.

○ Centre du facial, innervé par la partie moyenne du gyrus supersylvien.

Chez le chien, le siège de ces centres (*centra*) est très constant. Pour déterminer exactement ces centres, les auteurs recherchèrent les points qui, avec le courant le plus faible, provoquaient la plus forte contraction du groupe de muscles considéré; ils enfonçaient ensuite, entre les deux électrodes, dans le cerveau de l'animal encore vivant, une épingle, et comparaient, après avoir retiré le cerveau de sa boîte cranienne, les points ainsi marqués avec ceux que présentaient d'autres cerveaux conservés dans l'esprit-de-vin, qui avaient servi aux expériences antérieures. Quoique les différentes circonvolutions cérébrales soient constantes, le développement de leur différentes parties et leur situation respective ne laissent pas de différer beaucoup. « C'est bien plus la règle que l'exception que les circonvolutions correspondantes des deux hémisphères du même animal sont différemment conformées dans quelques parties. Tantôt c'est la région moyenne de la convexité, tantôt la région antérieure ou postérieure qui est plus développée. » Pour faciliter la répétition de leurs expériences, les auteurs ont donné, dans le schéma suivant (fig. 49), les points où se trouvent localisés les centres moteurs cérébraux du chien. La partie postérieure du crâne du chien, sous laquelle, d'ailleurs, il n'y a aucun centre moteur, se recommandait par sa forme pour l'application des couronnes de trépan; on commençait vraisemblablement à l'opération, et l'on omettait de faire des ouvertures dans les parties antérieures du crâne, partant de l'idée erronée que les divers territoires de la surface du cerveau étaient fonctionnellement équivalents. On s'appuyait sur l'hypothèse, encore très répandue aujourd'hui, continuent les auteurs, de l'omniprésence de toutes les fonctions psychiques dans toutes les parties du cerveau. « Si l'on avait seulement pensé à une *localisation des fonctions psychiques*, on eût considéré comme quelque chose d'évident par soi-même l'inexcitabilité apparente de certaines parties du substratum et l'on n'eût laissé inexplorée aucune de ses parties.

« Cette région, ajoutent les auteurs, dépasse souvent en étendue 0m,5 centimètres et s'étend en avant et en arrière de la courbe au-dessus de la scissure de Sylvius. Nous devons ajouter que nous n'avons pas toujours réussi à mettre en mouvement les muscles du cou par le point cité en premier lieu. Nous avons assez souvent provoqué la contraction des muscles du dos, de la queue et de l'abdomen par l'intermédiaire de points situés entre ceux qui sont indiqués, mais nous ne pûmes déterminer d'une manière précise un point circonscrit par où chacun d'eux pût être *isolément* provoqué. La totalité de la convexité située en arrière du centre du facial a été trouvée par nous absolument inexcitable, même en nous servant de courants d'une intensité tout à fait disproportionnée. » (*Ibid.*, 13-14.) Ils appelaient « inexcitables », sans rien préjuger, d'ailleurs, tous les territoires qui ne répondaient pas aux excitations. En résumé, les quatre premiers centres moteurs connus du cerveau se trouvaient groupés autour du sillon crucial, sur les deux circonvolutions marginales ou pré et postcruciales du chien; le dernier, à la partie antérieure de la deuxième circonvolution externe.

Une des remarques les plus importantes faites par les auteurs au cours de ces expériences, au point de vue physiologique et pathologique, c'est que, « avec l'hémorragie, l'excitabilité du cerveau (*Gehirn*) tombe très vite, au point de disparaître presque entièrement déjà avant la mort. Immédiatement après la mort, elle est totalement perdue, même pour les courants les plus intenses, tandis que les muscles et les nerfs réagissent très bien » (19) : les expériences sur l'excitabilité des centres nerveux ne devaient donc être instituées que lorsqu'il n'existait aucun trouble de circulation.

Comment tant d'expérimentateurs — et parmi eux se trouvent les plus grands noms de la physiologie — ont-ils pu arriver à des résultats diamétralement opposés touchant la question de l'excitabilité du cerveau? A cette question qu'on peut leur adresser, les auteurs répondent simplement : « La méthode crée les résultats. » Il est impossible que leurs prédécesseurs aient mis à nu la convexité tout entière du cerveau : ils auraient alors sûrement provoqué des contractions musculaires. « Les parties du cerveau ne sont pas fonctionnellement équivalentes. » Ce qui, dès cette première heure, reste acquis à la science, le fait expérimentalement prouvé et qu'on peut reproduire à chaque instant, c'est que : « 1° Les organes nerveux centraux répondent à nos excitations par une réaction manifeste; 2° une portion considérable des masses nerveuses constituant les hémisphères cérébraux, on peut dire presque toute la moitié, est dans un rapport immédiat avec les mouvements musculaires, tandis que l'autre partie n'a évidemment, au moins directement, rien à faire avec ceux-ci (25). »

Les effets obtenus par l'excitation électrique de l'écorce cérébrale peuvent-ils être produits par une action directe sur ces centres de la substance grise où naît l'impulsion motrice volontaire (*der motorische Willenimpuls*)? Doit-on penser à une excitation des fibres de la substance blanche? C'était encore la question, que nous avons rencontrée si souvent, de la valeur respective des substances blanche et grise pour la production des effets obtenus que se posaient à leur tour Fritsch et Hitzig. Du premier coup, ils arrivent au vrai et donnent à cette question la seule réponse qui fût alors possible : « Comme, dans la substance grise, disent-ils, les fibres et les cellules nerveuses se mêlent inextricablement, une recherche isolée, portant sur des éléments morphologiquement distincts, est impossible. Alors même que la preuve directe de l'excitabilité de la substance grise pourrait être ainsi produite, on pourrait toujours objecter que ce ne sont pas les cellules ganglionnaires, mais les fibres nerveuses qui passent entre ces cellules que l'excitation a atteintes (26). » La preuve de l'excitabilité de la substance blanche ressortait clairement d'expériences antérieures où ils avaient provoqué des mouvements en enfonçant des aiguilles isolées dans cette substance. La continuité de ces fibres avec la substance grise de l'écorce impliquait que leurs propriétés physiologiques demeuraient identiques en dehors comme au dedans de cette écorce. L'écorce est excitable; « mais il n'était pas encore possible de décider sûrement, avec les moyens actuels, si, seules, les fibres ou les cellules nerveuses aussi étaient excitables » (27).

Deux possibilités se présentaient. Ou bien le stimulus est reçu par les cellules ganglionnaires se trouvant à proximité immédiate des électrodes et transformé par ces cellules en mouvement musculaire, ou, précisément en ces points, existent des fibres médullaires excitables, passant près de la surface de l'écorce, de sorte que leur situation est favorable à l'excitation. Schiff avait admis, en effet, l'existence dans le cerveau de fibres sensitives, et l'on a pu remarquer combien les jeunes auteurs avaient montré de déférence pour ce savant. Mais « l'insensibilité absolue » de la substance cérébrale, constatée par Fritsch et Hitzig, ne donnait pas le moindre appui à l'hypothèse de Schiff. Ce physiologiste devait d'ailleurs modifier plus d'une fois ses idées sur la localisation cérébrale de son centre de perceptions tactiles (*Tastcentrum*); il expliquait tous les effets immédiats obtenus par Hitzig en excitant les prétendus « centres moteurs » de l'écorce, par des réactions dues à l'excitation de centres d'actions réflexes. « S'il s'agissait de réflexes, objectera Hitzig, les contractions ne devraient plus se produire après l'ablation de l'écorce, puisque l'écorce représente le centre réflexe, ce qui n'est point le cas. C'est évidemment pour parer à cette objection que, dans son hypothèse la plus récente, Schiff a situé ce centre réflexe ailleurs que dans l'écorce, mais sans désigner autrement le lieu. » Et en effet, comme s'il avait pénétré dans un pays inconnu et absolument inexploré, Schiff imagina l'existence d'un centre réflexe sous-cortical où monteraient les cordons postérieurs de la moelle épinière et d'où descendraient les faisceaux pyramidaux; il ne fallait plus le chercher dans l'écorce cérébrale; il devait siéger quelque part, dans les parties plus profondes du cerveau.

Fritsch et Hitzig, pour résoudre expérimentalement la question du rôle des différentes parties de l'écorce, entrèrent dans une nouvelle voie : celle des expériences d'extirpation de parties circonscrites de l'écorce dont les fonctions avaient été exactement connues et démontrées par l'excitation électrique. Après avoir ouvert le crâne par une couronne de trépan sur deux chiens, au point où ils pensaient qu'était situé le centre de l'extrémité antérieure droite, la dure-mère, « très sensible » (tout au contraire de la pie-mère), mise à nu, incisée et écartée, ils constatèrent, par l'excitation électrique, qu'ils avaient bien rencontré le centre cherché; la pie-mère fut sectionnée et, avec un fin manche de scalpel, un peu de substance corticale fut enlevée en ce point, un peu plus chez l'un des deux chiens que chez l'autre. Puis la plaie fut refermée; elle guérit *per primam* chez l'animal qui n'avait perdu que quelques gouttes de sang durant l'opération. Les *troubles moteurs* présentés par les deux chiens furent aussi semblables que possible. Dès ce premier mémoire, les auteurs croient donc devoir signaler l'accord complet des résultats de ces deux expériences, tout en se réservant de réunir à l'avenir un plus grand nombre d'observations à l'appui. Mais il ont trouvé ce qu'ils cherchaient et peuvent déjà tirer quelques conclusions. Immédiatement après l'opération, et au sortir de la narcose, faiblesse générale des deux chiens. On constata ensuite les faits suivants : 1° En marchant, ils lèvent le membre antérieur droit sans adaptation des mouvements au but, ils glissent de ce côté, uniquement, de sorte qu'ils tombent à terre; 2° mêmes phénomènes dans la station ; en outre la face dorsale de la patte antérieure reposait sur le sol sans que le chien le remarquât; 3° assis. et les deux pattes antérieures sur le sol, le chien tombait du côté droit, le membre antérieur de ce côté ne le soutenant pas; il peut toutefois se relever aussitôt. Point de trouble appréciable de la sensibilité cutanée ou à la pression sur ce membre. Ces deux animaux n'avaient évidemment qu'une « *conscience imparfaite* des états ou position de ce membre » (*ein mangelhaftes Bewusstsein von den Zuständen dieses Gliedes*), dont le centre cortical avait été détruit; la fonction motrice n'était qu'incomplètement perdue et la sensibilité tactile n'était vraisemblablement pas altérée. Ce qu'ils avaient perdu, c'était « la faculté de se former des idées ou *représentations* complètes (*volkommene Vorstellungen*) de ce membre » (30). Les auteurs rapprochaient ce symptôme de celui qui s'observe dans le tabes, avec cette réserve qu'il n'y avait certainement pas ici de lésion d'une voie nerveuse sensitive. On pouvait dire encore, selon eux, qu'il existait une voie motrice *quelconque* allant de l'âme au muscle, alors que la voie allant du muscle à l'âme avait subi quelque part une interruption : « Celle-ci affectait peut-être la *station terminale de la voie hypothétique du sens musculaire* (*Muskelsinn*); en tous cas elle avait son siège au point du centre lésé. » Quoi qu'il en soit, « il est certain qu'une lésion de ce centre altère uniquement le *mouvement volontaire* du membre qui dépend sûrement de ce centre, mais sans l'abolir », et que d'autres sièges, d'autres voies ouvertes restent encore, qui permettent aux muscles de ce membre de recevoir une impulsion motrice. Or ces symptômes, nettement appréciables, se montrent précisément sur le membre dont les muscles se contractaient lorsqu'on électrisait le point de l'écorce grise dont la destruction a provoqué ces troubles de motilité volontaire. H. Munk (Berlin) et Nasse (Marbourg), entre autres physiologistes, avaient assisté à ces premières expériences.

Après les expériences d'excitation et d'ablation de l'écorce, la méthode clinique et anatomo-pathologique apporta presque en même temps à Hitzig une nouvelle confirmation de la vérité de la doctrine des localisations cérébrales. Ce physiologiste avait établi jusqu'ici par l'expérimentation les trois principes suivants : 1° L'excitation électrique de certains centres déterminés de l'écorce provoque des mouvements des muscles volontaires d'un *membre* ou segment de membre également déterminés, voire d'une région de la *face* ou de la *nuque;* 2° la destruction de ces centres a pour effet un trouble correspondant de la motilité volontaire dans les mêmes muscles. Il restait à vérifier sur l'homme la réalité des faits provoqués et observés sur le chien. L'observation clinique permit à Hitzig de faire cette preuve. Parmi les soldats blessés qui, dans la dernière guerre, passaient par la ville de Nancy, un soldat d'infanterie de ligne, Joseph Masseau, âgé de vingt ans, admis le 14 décembre 1870 au lazaret de la Manufacture de tabac, avait reçu, le 10 décembre, à Orléans, un coup de feu au côté droit de la tête. La plaie, qui paraissait d'abord peu grave, mesurait, le 15 janvier 1871, lorsque Hitzig, qui avait été malade, revit le blessé, 6 centimètres environ de largeur et 7 de longueur. Le 3 février, l'extrémité inférieure de la blessure se trouvait à 5 centimètres du conduit auditif externe, le bord supérieur à 11 centimètres; au centre de la plaie, l'os était à nu sur une surface de 3 centimètres de longueur et de 1 centimètre et demi de largeur. Le lendemain, à dix heures, céphalalgie violente du côté droit, et, dans la même matinée, accès subit de convulsions cloniques, sans perte de connaissance, principalement dans la région du facial gauche : les muscles de la commissure labiale, de l'aile du nez et de la paupière, se convulsent avec la plus grande violence, d'abord à intervalles d'une seconde environ, puis plus rapidement, et les convulsions deviennent tétaniformes : le processus convulsif atteint les muscles de la langue et ceux de la respiration. Pâleur de la face; anxiété. Après l'accès, qui dure cinq minutes, paralysie passagère, mais alors presque complète, de tout le facial gauche et des muscles de la langue du même côté. Dix minutes après, mouvements cloniques, de fréquence et d'intensité moindres, dans tous les fléchisseurs des doigts (y compris le pouce) de la main gauche, le facial était impliqué dans le processus. Après l'attaque, la couleur du visage redevient presque instantanément normale. La langue fut encore toute la journée agitée de petits mouvements cloniques des deux côtés, mais plus à gauche. Point de changement des pupilles. Pendant l'attaque, le pouls accéléré était beaucoup plus petit à droite qu'à gauche; après ce fut exactement le contraire. Le même jour, nouvel accès tout à fait semblable au premier et de même durée, mais peut-être encore plus violent. Vers le soir, la paralysie du facial gauche avait presque entièrement disparu. Cependant le cercle des idées du malade allait se rétrécissant; il était difficile d'en obtenir une réponse précise, il avait d'ailleurs une conscience exacte des choses extérieures et comprenait ce qu'on lui disait; il le retenait même assez dans sa mémoire pour en rendre compte après l'accès. Légère parésie des muscles innervés par la branche inférieure du facial avec contracture du triangulaire, de l'orbiculaire des lèvres et des muscles de l'aile gauche du nez; déviation de la langue à gauche et de la luette à droite. Sensibilité intacte. Les accès se succèdent en s'étendant. Quant à la « volonté », le malade pouvait marcher pendant l'accès, tendre la main droite et serrer, ce qu'il ne peut faire avec la gauche. Mort le 10 février. Élévation *post mortem* de la température. *Autopsie :* la table interne, la dure-mère, perforée, et la pie-mère, transformée en une couche lardacée, étaient recouvertes de pus sur une grande étendue de l'hémisphère droit. Coïncidant avec la perte de substance de la dure-mère, abcès du cerveau qui, à l'ouverture du crâne, donne issue à du pus. Le bord supérieur de cet abcès est à 6 centimètres et demi de la ligne médiane, le bord postérieur à 2 centimètres 1/3 en avant de la fosse de Sylvius, sur la circonvolution marginale antérieure de la scissure de Rolando, donc la circonvolution centrale antérieure (FA) dans l'opercule, et déjà dans l'épaisseur de celui-ci. Sur presque toute la convexité de l'hémisphère droit, adhérence de la pie-mère.

L'importance de cette observation est manifeste. A une lésion irritative et destructive isolée d'un point circonscrit de l'écorce ont correspondu des convulsions et une paralysie dont l'aire a été également comprise entre certaines limites. Les troubles fonctionnels décrits, ceux du facial et de l'hypoglosse, ont donc eu pour cause la destruction de cette partie de l'écorce. Or le siège de l'abcès coïncidait avec le centre cérébral du facial découvert par Fritsch et Hitzig sur le cerveau du chien.

Dans la discussion de cette observation, nous relevons ces paroles qui, pour n'avoir point d'application au présent cas, nous découvrent le grand sens critique de Hitzig : On ne doit pas oublier, dit-il, que, dans la destruction d'une partie de l'écorce par un abcès ou quelque néoplasme, des faisceaux de fibres tout à fait étrangers à cette région et passant à proximité peuvent être irrités par le néoplasme et déterminer ainsi des phénomènes spasmodiques sur des territoires musculaires dont les centres corticaux n'ont, en fait, subi jusque-là aucune altération. C'est là une complication capable d'égarer le diagnostic qui doit se présenter souvent dans la chirurgie cérébrale, science très vieille, mais redevenue jeune et tout entière renouvelée par la doctrine scientifique des localisations (*Ueber einen interessanten Abscess der Hirnrinde. Ibid.*, 114, sq.).

Quant à l'équivalence morphologique et physiologique des régions du cerveau chez le chien et chez l'homme, Hitzig, qui n'avait pu se procurer qu'un seul singe vivant, don du directeur du Jardin zoologique de Berlin, vérifia que tous les points ou centres dont l'excitation, avec un faible courant de pile, provoquait, chez le chien, les contractions de tel ou tel groupe de muscles déterminé, se trouvaient, chez le singe, localisés sur la circonvolution centrale antérieure (FA). La circonvolution centrale antérieure appartient-elle au lobe frontal ou au lobe pariétal ? c'est une question sur laquelle les anatomistes discutaient encore et n'étaient pas d'accord. Hitzig se borne à constater que, comme l'avait montré Bischoff, cette circonvolution se trouve sous le pariétal et qu' « elle est dans un rapport naturel et génétique avec les autres circonvolutions recouvertes par le même os. » Hitzig, d'ailleurs, n'a eu garde de considérer les deux circonvolutions motrices du chien et la circonvolution centrale antérieure du singe et de l'homme comme les seules régions de l'écorce qui fussent en rapport avec la motilité des muscles volontaires. En dehors de ces centres, « il en existe, dit-il, sûrement d'autres encore, soit de même nature, soit de nature différente ». En rapprochant l'observation clinique et anatomo-pathologique que nous venons de rapporter d'autres cas analogues de Wernher, de Griesinger, de Löffler, de Th. Simon, Hitzig dégage déjà, en dépit du petit nombre de ces cas, de l'accord des symptômes avec le siège des lésions, les conséquences suivantes : « Nous trouvons partout que les lésions de la région supérieure du lobe pariétal (FA) sont accompagnées de troubles de la motilité des extrémités, tandis que les lésions de la base de ce lobe déterminent des troubles de la motilité dans le domaine des muscles de la bouche et de la langue (facial inférieur et hypoglosse). » Les groupes musculaires affectés peuvent d'ailleurs augmenter en nombre avec l'extension des lésions de la circonvolution centrale antérieure (*extrémités, facial* et *hypoglosse*). Une remarque que Hitzig désire bien mettre en lumière, c'est que, même lorsque le lobe frontal a été trouvé entièrement détruit, on n'a point noté de troubles de la motilité (*Ueber æquivalente Regionen am Gehirn des Hundes, des Affen und des Menschen. Ibid.*, 126, sq.).

Hitzig vit le premier, avec Fritsch (1870), que l'excitation électrique de l'écorce cérébrale peut provoquer des *accès convulsifs* sur le côté opposé du corps; ces accès débutaient par la contraction musculaire correspondant au point cortical irrité et pouvaient même s'étendre aux deux moitiés du corps : « Dans deux de nos expériences, des attaques d'*épilepsie* bien caractérisées succédèrent aux mouvements provoqués par la tétanisation de l'écorce cérébrale. » Hitzig compare ces « mouvements consécutifs » (*Nachbewegungen*) à ceux qu'avait observés Ed. Weber dans tous les muscles du corps des grenouilles dont il avait tétanisé la moelle épinière. « Ces attaques peuvent se répéter, même si le cerveau est laissé en repos. » Quelques années après, Hitzig constata que plusieurs des chiens qui avaient survécu aux opérations pratiquées pour déterminer la topographie des points moteurs de l'écorce cérébrale tombaient dans de entre l'extrémité inférieure de celle-ci et le sulcus precentralis, au point de passage de véritables attaques d'épilepsie, remarque que devaient faire aussi plus tard L. Luciani sur un grand nombre de chiens frappés d'épilepsie traumatique après mutilation des régions antérieures ou postérieures du cerveau. L'étude expérimentale de l'épilepsie corticale était donc fondée dès 1870. Dès le même temps, Fritsch et Hitzig observèrent des faits dont la physiologie a tenu compte pour la question, encore si discutée, de la nature et du mécanisme de l'action bilatérale de chaque hémisphère : Si les courants faibles localisent leurs effets sur les muscles du côté opposé du corps, des courants plus forts agissent à la fois sur les muscles du côté opposé et du côté correspondant. La doctrine de la pathogénie de l'épilepsie qui régnait alors était celle qui avait résulté des expériences de Kussmaul, de Tenner, de Nothnagel et des observations cliniques de Schröder van der Kolk : on expliquait l'attaque par un spasme vasculaire parti de la moelle allongée. En regard de cette doctrine, Hitzig présenta les résultats de l'observation clinique que nous avons rapportée et de celle de Wernher, surtout ceux d'un petit nombre d'expériences nouvelles sur les animaux instituées spécialement pour cette étude (*Ueber Production von Epilepsie durch experimentelle Verletzung der Hirnrinde. Ibid.*, 271, sq.). Le phénomène de l'aura épileptique, aussi bien que les troubles mentaux de la folie épileptique, étaient déjà, selon Hitzig, des raisons suffisantes pour qu'on ne fût plus satisfait d'une théorie qui, dans l'enchaînement des phénomènes, n'accordait au cerveau que la seconde place. Les symptômes d'épilepsie partielle, localisée, très bien décrits par Hughlings Jackson et par Odier, « ne peuvent rien avoir à faire directement avec la moelle allongée; on est forcé d'admettre qu'il faut les attribuer comme à leur cause à des lésions du cerveau, et sans doute de l'écorce. » Certes, tout indiquait que ce qu'il y avait d'essentiel dans l'attaque consistait bien en spasmes vaso-moteurs; ces symptômes, Hitzig les avait notés chez Joseph Masseau. Était-il possible, au moyen de l'expérimentation, d'en rapporter la cause déterminante à une irritation du cerveau? Des quatre expériences qu'on lit chez Hitzig et dans lesquelles il extirpa ou cautérisa le centre cortical d'une extrémité antérieure ou postérieure, il ressort une fois de plus qu' « une lésion de l'écorce peut produire l'épilepsie ».

Une des grandes découvertes de ce siècle, également due, au point de vue expérimental, à Hitzig, est celle de la *localisation du centre cérébral de la vision dans le lobe occipital*. A cette époque (1874) presque tous les physiologistes niaient qu'une simple mutilation du cerveau pût léser le sens de la vue. Schiff avait expressément déclaré que la destruction même d'un hémisphère entier n'exerce sur cette fonction aucune influence. A la fin de juillet 1874, Hitzig découvrit, au cours de ses expériences (chiens), qu'après des ablations de l'écorce pratiquées dans toute l'étendue du lobe occipital, l'œil opposé était frappé de cécité, en même temps qu'une dilatation paralytique affectait la pupille de l'œil du côté correspondant. « Les phénomènes de cécité hémilatérale sont si caractéristiques, écrivait Hitzig, qu'il est impossible de commettre une erreur à ce sujet. » (*Centralblatt für die med. Wissensch.*, 1874, 548.) A la vérité, Hitzig devait aussi soutenir plus tard (1883) que les lésions du cerveau antérieur, ou lobe frontal, déterminent des troubles de la vision de l'œil du côté opposé (*Arch. für Psychiatrie*, xv, 270, sq.). Dans un autre ordre de phénomènes, c'est aussi depuis les recherches expérimentales de Hitzig (1874) que l'on sait que dans les lésions superficielles de la zone motrice apparaissent des troubles de la *thermogenèse*, observation vérifiée bien souvent depuis, en particulier par Horsley (1889), au point de vue clinique.

Pour la physiologie générale, les idées de Hitzig sur la nature des phénomènes qui, consécutivement aux expériences d'excitation ou de destruction des centres moteurs, produisent des convulsions ou des paralysies, sont encore aujourd'hui d'une importance très grande. Pour Schiff, ces mouvements provoqués sont de simples réflexes et la paralysie résulte de la perte de la sensibilité tactile : les animaux dont les prétendus centres moteurs ont été extirpés ressemblent à ceux qu'une lésion des cordons postérieurs a rendus ataxiques, ils n'ont plus conscience de la position de leurs membres; parce que l'anesthésie tactile abolit cette notion aussi bien que celle du contact d'un os dans la gueule du chien ou de l'eau qui lui mouille la patte sans qu'il la retire. L'énergie des mouvements musculaires subsiste, ainsi que la sensibilité à la douleur et à la pression. Ainsi cette ataxie motrice est l'effet, non d'une paralysie motrice, mais d'une paralysie de la sensibilité tactile. Pour MUNK, la prétendue zone motrice se décompose en sphères sensitives, sièges des images ou représentations nées des sensations cutanées, musculaires, etc., des régions correspondantes du corps, si bien que l'excitation de ces centres ne détermine des mouvements ni directement ni d'une façon réflexe, mais par réveil de ces résidus mentaux des sensations de nature diverse qui accompagnent l'exécution des mouvements. Aussi, sans parler de NOTHNAGEL, SCHIFF et MUNK « ont fait, dit HITZIG, d'une sphère motrice une sphère de sensibilité ». Si l'on considère les faits qui suivent immédiatement la destruction d'un centre moteur de l'écorce, HITZIG avait noté les troubles du mouvement, SCHIFF ceux de la sensibilité. Les chiens auxquels FRITSCH et HITZIG avaient lésé un point des gyrus sigmoïdes ne présentaient pas, on l'a vu, de paralysie motrice proprement dite, si l'on entend par là un défaut absolu de motilité. Aucun trouble de sensibilité n'avait non plus été remarqué. Mais HITZIG découvrit bientôt qu'un chien dont une des extrémités a été paralysée par un traumatisme opératoire correspondant tombe d'une table, par exemple, dans le vide, si on ne l'en empêche, dès qu'il s'approche du bord. Avant de connaître l'existence des troubles de la sensibilité qui accompagnent ceux de la motilité dans ces lésions circonscrites et limitées des centres moteurs, HITZIG les avait discernés. Ce n'est pas que l'état présenté par l'animal eût jamais, été pour HITZIG, celui d'une paralysie proprement dite. Dès la première heure, en quelque sorte (1870), il parle de la « conscience imparfaite » qu'a l'animal de la position de ses membres et en particulier de la perte de ses « représentations » ou images mentales à cet égard. Ces troubles des mouvements volontaires, consécutifs à la destruction des différents centres de l'écorce, HITZIG les avait considérés, dans deux travaux de 1873 et de 1876, comme « l'expression de troubles de l'activité représentative » (*Vorstellungshätigkeit*), c'est-à-dire comme l'effet de la destruction des images motrices de telles ou telles catégories de mouvements volontaires. Si donc l'animal opéré n'exécute plus certains mouvements, ou ne le fait que d'une façon défectueuse, ce n'est point parce que ses muscles sont paralysés : c'est parce qu'il ne peut plus se représenter idéalement ces mouvements, c'est parce qu'il a perdu la conscience musculaire d'une partie de son corps. HITZIG ne trouvait donc aucun progrès dans la manière de penser de SCHIFF et de MUNK : « Ils ne disent rien de plus que ceci : les idées, images ou représentations de la partie du corps considéré ont été altérées par la lésion expérimentale et cette altération devient sensible extérieurement par les troubles et désordres du mouvement. »

Y a-t-il des centres moteurs dans l'écorce? La question, on le voit, est complexe et appelle plus d'une réponse. La réaction électrique des centres délimités sur l'écorce par FRITSCH et HITZIG, et de ces centres seulement, ou d'autres qui seraient semblables, démontre bien l'existence des points ou centres moteurs dans la substance grise du cerveau. Les expériences d'ablation avaient confirmé les résultats des expériences d'excitation : les mouvements ainsi provoqués étaient bien dus à l'excitabilité propre de l'écorce du cerveau. En effet, éclairé par les expériences de BUBNOFF et de HEIDENHAIN, de FRANÇOIS FRANCK et de PITRES, HITZIG n'hésite plus, en 1886, comme il l'avait fait en 1870, avec une critique d'ailleurs si judicieuse et si pénétrante. Mais ces expériences ont démontré que le retard des réactions diffère selon que l'excitation est appliquée à la surface libre de l'écorce ou à la substance blanche sous-jacente, sur une coupe du centre ovale, et que *le retard de la secousse musculaire subit une réduction très notable à la suite de l'ablation de l'écorce :* « On peut interroger tout d'abord la surface d'un territoire limité de la zone motrice correspondant au membre antérieur, par exemple, dit FRANÇOIS FRANCK; puis, cette portion d'écorce étant soigneusement enlevée avec une curette tranchante, l'hémorragie étant arrêtée, répéter l'expérience sur la coupe des faisceaux blancs : la mesure des retards, dans les deux cas, indique une réduction de un quart ou un tiers pour la réaction de la substance blanche. » (*Leçons sur les fonctions motrices du cerveau*, 36.) Bref, loin de se laisser simplement traverser par les excitations, la substance grise leur fait subir certaines transformations. La comparaison des effets produits par les excitations tétanisantes, appliquées à la substance grise et à la substance blanche, celle de l'action des réfrigérents, de certains anesthésiques, etc., forcent également d'admettre cette excitabilité propre de l'écorce du cerveau. En outre, pour la transmission des processus moteurs aux muscles striés, « l'excitation organique doit être, selon Hitzig, assimilée en principe à celle de l'excitation électrique ». Les objections de Schiff, fondées sur l'hypothèse de l'excitation d'un centre inconnu, soit cortical. soit sous-cortical, formé par les expansions des cordons postérieurs, n'ont donc pas plus de raison d'être que celles de Goltz, invoquant une autre hypothèse pour l'explication des mêmes phénomènes, celle de l'action à distance. Au célèbre physiologiste de Strasbourg, Hitzig répond par une expérience directe : en pratiquant de simples piqûres ou incisions exactement limitées à un point moteur de l'écorce, lésions incompatibles avec toute idée d'action à distance, les résultats sont au fond les mêmes, c'est-à-dire quant à la nature des phénomènes sinon quant à leur extension, que si l'on pratiquait des extirpations étendues et profondes de l'écorce. Il n'est pas plus exact, comme le prétendait Goltz, que, par les lésions expérimentales de l'écorce, il soit impossible de n'affecter que les mouvements d'une seule extrémité : Hitzig a réalisé des paralysies corticales n'affectant que le membre correspondant au centre cérébral lésé. Hitzig se défend d'ailleurs de paraître vouloir ainsi soutenir l'hypothèse de centres moteurs isolés et juxtaposés; il tient plutôt maintenant pour très vraisemblable, avec Exner et Paneth, que « chacun des territoires d'innervation centrale empiète l'un sur l'autre ».

La plus claire démonstration de l'existence de ces centres fonctionnels de l'écorce cérébrale, c'est qu'une fois détruits, leurs fonctions sont à jamais perdues. Munk irait peut-être trop loin à cet égard, au sentiment de Hitzig du moins. Mais lui-même, après avoir conservé en vie plusieurs années des animaux opérés de la zone motrice, a pu constater des troubles persistants, de vraies lésions de déficit, de la motilité et de la sensibilité. Ainsi les mouvements proprement volontaires sont pour toujours abolis. Schiff a vu un singe qui, dans ces conditions, savait très bien se servir de ses membres pour marcher et grimper, mais était incapable d'ajuster les mouvements musculaires du bras et de la main nécessaires à la préhension d'un fruit. Aussi bien, voici une expérience de Hitzig, reproduite bien souvent par Schiff, Luciani, Bianchi, etc., qui prouverait que les troubles ou l'abolition de la motilité d'un membre doivent plutôt être rapportés à une altération de la motilité volontaire qu'à une pure affection de la sensibilité tactile, ainsi que Hitzig l'avait fait d'abord. Au lieu de soutenir en l'air le chien par la peau du dos pour explorer les réactions de ses extrémités, on le place dans un morceau de grosse toile percée de quatre trous par lesquels passent les membres de l'animal; les bords de la toile sont ensuite réunis en haut et suspendus, à l'aide de crochets, à une poutre du laboratoire. Soit un chien auquel le gyrus sigmoïde gauche a été extirpé : on approche successivement une longue aiguille de chaque patte; l'animal retire sa patte gauche, mais non pas la droite; ce membre reste dans l'état de relâchement, quoique le chien ait suivi des yeux le mouvement de l'aiguille. Répète-t-on l'expérience, le chien finit par gémir, aboyer, etc., mais il ne met jamais en mouvement *isolément* l'extrémité droite. Il exécute ensuite des mouvements d'ensemble, de ses quatre membres, mouvements de course, de natation, etc. Ce défaut de réaction motrice à l'approche de l'aiguille ne peut être attribué, selon Hitzig, à une altération de la sensibilité tactile : c'est un symptôme très net d'une paralysie isolée de la motilité volontaire. Quand tout le gyrus sigmoïde a été exactement extirpé sur les deux hémisphères, jamais la capacité de retirer la patte menacée ne reparaît, non plus d'ailleurs que celle de présenter la patte (Goltz) ou de saisir un fruit avec la main (singe). Lorsque ces troubles de motilité volontaire s'amendent, il y a toujours une portion considérable du gyrus sigmoïde conservée.

Et cependant, même chez l'animal qui a subi les plus graves lésions destructives de ces régions de l'écorce, et dont l' « activité représentative » se trouve en quelque sorte réduite au minimum, au moins pour cet ordre de représentations, on ne saurait parler de paralysie proprement dite. Si un lapin, auquel le cerveau tout entier a été enlevé, peut encore courir, pourquoi l'ablation des zones motrices du chien, une fois les effets du traumatisme opératoire disparus, empêcherait-elle cet animal de courir, de nager, d'exécuter tous les mouvements d'ensemble, à l'exception des seuls mouvements dont les représentations idéales ont été pour toujours détruites par l'ablation ou la désorganisation du substratum de ces images, c'est-à-dire des deux gyrus sigmoïdes? De ce qu'un chien peut marcher, courir, sauter, éviter les obstacles, broyer et déglutir les aliments, bref, exécuter tous les mouvements automatiques et réflexes, tous les mouvements associés et profondément organisés, et dont l'intégrité des centres bulbo-médullaires est la condition nécessaire et suffisante, il ne suit point qu'il puisse présenter volontairement la patte, la retirer devant une aiguille menaçante, ou s'en servir avec adresse pour saisir un os. Hitzig estime même que les hémiplégies observées les premiers jours après des mutilations étendues de l'écorce ne sont que des phénomènes de shok. Ces phénomènes diminuent peu à peu et l'ataxie de toute l'innervation musculaire consécutive disparaît jusqu'à un certain degré. L'explication véritable, d'ailleurs, lui paraît être celle-ci : les centres moteurs inférieurs, ceux de la moelle épinière en particulier, dont la régulation est placée sous le contrôle constant des centres moteurs du cerveau, se trouvent d'abord, après la destruction des centres supérieurs, dans le plus grand état de désarroi quant au train ordinaire de leur activité. Mais, peu à peu, ces mécanismes, adaptés dé longue date à certains exercices de nature purement réflexe, suppléent dans une mesure toujours plus parfaite à la perte irréparable des incitations centrales de l'écorce du cerveau. Naturellement le degré de restitution de l'activité motrice sera d'autant plus bas que le cerveau lésé appartiendra à un animal, tel que le singe ou l'homme, chez lequel les mouvements volontaires étaient plus nombreux et mieux organisés. Ainsi que le chien, d'ailleurs, l'homme hémiplégique peut d'ordinaire exécuter encore certaines catégories de mouvements, ceux de la locomotion, etc. Cette théorie, exposée par Hitzig en 1886 (*Ueber Funktionen des Grosshirns. Biolog. Centralblatt*, vi, 569), est celle de la suppléance par perfectionnement de l'action médullaire, de François Franck (1877), seule hypothèse scientifique qui puisse rendre compte, selon nous, des phénomènes de prétendue suppléance des régions détruites de l'écorce du cerveau.

L'activité de nos appareils moteurs ne nous est connue, abstraction faite du sens de la vue, que par les perceptions des différents états de nos muscles et de leurs annexes, par les sensations cutanées, articulaires, etc. Il n'entre pas d'autres éléments dans nos images motrices (*Bewegungsbilder*). « Il est clair, disait Hitzig, dans ses premiers Mémoires, que ces images motrices doivent être rapportées surtout à la perception des états de nos muscles (*Perception der Muskelzustände*), moins aux articulations, à la peau, etc. » (*Untersuchungen zur Physiologie des Grosshirns. Reichert's u. du Bois Reymond's Archiv*, 1873.) C'était donc bien au sens musculaire que Hitzig attribuait déjà un rôle de premier ordre dans la formation des idées de mouvement. Aussi est-ce une erreur de Bastian d'avoir cru que les sensations cutanées et articulaires étaient comprises dans la notion du sens musculaire de Hitzig. Les centres dits moteurs étaient pour ce physiologiste les organes centraux de la « conscience musculaire »; les mouvements provoqués par l'excitation de ces centres résultaient de l'évocation des images motrices, formées surtout de perceptions des sensations musculaires; les paralysies consécutives aux destructions de ces mêmes points de l'écorce étaient la conséquence de la perte de ces images. Touchant l'hypothèse d'un « sens de la force » (*Kraftsinn*), c'est-à-dire d'une perception de sensations centrales de l'effort volontaire, indépendante et distincte de celle des sensations centripètes résultant des contractions des muscles et de leurs annexes, Hitzig se montre enclin à croire que, tout mouvement volontaire dérivant de l'action à la fois isolée et diversement combinée d'un très grand nombre de muscles concourant à la réalisation de l'image motrice, c'est-à-dire d'un événement de la conscience, « celle-ci doit posséder quelque connaissance aussi bien des effets extérieurs de la force qu'elle emploie que de la mesure de cette force », et non seulement de cette force en général, mais des différentes forces particulières employées par chaque muscle en activité. Hitzig reconnaît pourtant que ces processus internes ne franchissent sans doute point le seuil de la conscience, de telle sorte que leur existence ou leur non-existence peut être discutée. C'est là un cas particulier d'une loi générale, d'après laquelle nous ne pouvons apercevoir du dedans les états de nos différents organes qu'autant que cela est nécessaire à l'usage qu'il nous faut faire de ces organes pour l'entretien de la vie. Ajoutons que les sensations de ce « sens de la force », loin d'être indépendantes des autres sensations, seraient dérivées, comme toutes les autres, d'excitations périphériques à direction centripète. Enfin, Hitzig, mieux inspiré, selon nous, finit par reconnaître que les sensations résultant des mouvements des tendons, des ligaments et des surfaces articulaires, sensations distinctes de celles de la sensibilité cutanée et musculaire, doivent jouer un plus grand rôle qu'on ne l'avait admis jusque-là dans l'exécution des mouvements volontaires, et partant dans la constitution élémentaire des représentations motrices de l'écorce cérébrale (*Ein Kinesiæsthesiometer nebst einigen Bemerkungen über den Muskelsinn. Neurol. Centralbl.*, 1888).

Il nous reste à parler des fonctions attribuées au *lobe frontal* par Hitzig : il le considère comme le siège ou l'organe de l'intelligence. Tous les faits expérimentaux découverts et décrits par Fritsch et Hitzig, puis par Hitzig, relatifs aux centres excitables de l'écorce cérébrale, ont été reconnus exacts par les physiologistes du monde entier. Il en est un cependant que Munk a contesté : l'inexcitabilité des lobes antérieurs du cerveau. Contrairement à Hitzig, qui n'avait pu déterminer ni réaction motrice ni troubles de la motilité volontaire en électrisant ou en détruisant la pointe de ces lobes chez le chien, Munk témoigne avoir provoqué des mouvements et des paralysies des muscles du tronc en excitant ces territoires de l'écorce avec des courants d'induction ou en les extirpant; il en a conclu naturellement que le lobe frontal n'est point, comme le veut un préjugé indéracinable, et ainsi que le soutient Hitzig, « le siège de l'intelligence », mais un simple centre d'innervation motrice des muscles du tronc. Quatorze ans après ses premières expériences, Hitzig reprit l'étude expérimentale des fonctions du lobe frontal. Aux expériences d'excitation de Munk, il fit l'objection qu'il a souvent reproduite contre l'emploi des courants induits : ceux-ci étaient d'une telle intensité dans ces expériences, que, selon Hitzig, elles ne prouveraient rien. Il n'en est pas de même des expériences d'ablation. Dans celles-ci, Munk avait trouvé que, après l'ablation unilatérale d'un lobe antérieur, les muscles du tronc sont paralysés d'une manière permanente du côté opposé : le chien ne peut plus courber sa colonne vertébrale de l'autre côté. Si l'ablation est bilatérale, la colonne vertébrale se courbe en dos de chat. Enfin, contrairement encore à ce qu'avait avancé Hitzig, Munk n'a observé aucun trouble de la vision (non plus que de l'audition) dans ces expériences, et il a nettement constaté l'intégrité de l'intelligence chez les animaux opérés des lobes antérieurs du cerveau. Sans contester ces résultats des expériences de Munk, que ni lui ni d'autres n'ont d'ailleurs pu reproduire, Hitzig affirme qu'après les plus graves lésions destructives, unilatérales et bilatérales, de ces lobes, il n'a pas observé les phénomènes de paralysie des mouvements latéraux du tronc, non plus que ceux de la courbure de l'épine dorsale en dos de chat. D'autre part, il a encore noté des troubles de la vision sur l'œil du côté opposé, des troubles moteurs des extrémités, et enfin une altération considérable de l'intelligence. Les troubles des mouvements volontaires des extrémités pouvaient sans doute être dus à l'extension du traumatisme opératoire aux gyrus sigmoïdes. Quant aux troubles de la vision, encore qu'il ne puisse s'expliquer comment un traumatisme de la pointe des lobes antérieurs, siège de l'intelligence, a pu retentir sur la région occipitale, siège de la vision mentale, ce qui impliquerait des rapports directs entre ces deux provinces du cerveau, Hitzig maintient qu'il a bien constaté le fait, ainsi d'ailleurs que Goltz (*Zur Physiologie des Grosshirns. Arch. für Psych.*, xv, 1884, 270 sq.). Inversement, dans ce même mémoire, Hitzig va jusqu'à admettre que des lésions étendues et profondes du lobe occipital entraîneraient les mêmes troubles fonctionnels que les lésions des lobes antérieurs du cerveau : il parle, en effet, « de perte de l'énergie volontaire » (*Defect der Willensenergie*), c'est-à-dire d'un manque de résistance contre les mouvements passifs imprimés à l'animal, véritable altération du sens ou de la conscience musculaire. Quant à l'altération des fonctions de l'intelligence, elle était bien manifeste : Hitzig insiste sur la déchéance de cette fonction après l'ablation des deux lobes antérieurs ou frontaux. Pour ces expériences, il s'était servi d'animaux dont il connaissait les mœurs et les habitudes : ils avaient été dressés à venir chercher sur une table, avec ou sans l'aide d'une chaise, leur nourriture. Or, après avoir été opérés des deux lobes antérieurs, les chiens oublièrent cet exercice et ne le réapprirent jamais plus. Cet affaiblissement de la mémoire (*Gedächtnisschwäche*) était si profond, que ces animaux oubliaient, dès qu'ils ne le voyaient plus, le morceau de viande qu'on venait de leur présenter; ils mangeaient la viande qu'ils voyaient; quand ils ne la voyaient plus, ils ne se mettaient point en quête d'aller la chercher où d'ordinaire ils savaient la trouver.

A cette question : où est le siège de l'*intelligence?* Munk répondait, au contraire : « L'intelligence a son siège partout dans l'écorce cérébrale, et nulle part en particulier; elle est la somme et la résultante de toutes les images ou représentations issues des perceptions des sens. Toute lésion de l'écorce du cerveau altère l'intelligence d'autant plus profondément que la lésion est plus étendue, et cela toujours par la perte de ces groupes d'images ou représentations, simples ou complexes, qui avaient pour fondement les perceptions du territoire local lésé. Le trouble intellectuel sera définitif : 1° si les éléments perceptifs sont détruits; 2° s'il ne reste plus de substance qui puisse redevenir le siège des notions perdues. La cécité psychique, la surdité psychique, la paralysie psychique, complète ou incomplète, d'une partie du corps ou d'une autre, entraînent, chacune pour son compte, un rétrécissement du champ de l'intelligence; et plus elles s'ajoutent les unes aux autres, plus elles diminuent l'étendue de l'intelligence, plus elles resserrent, la perception étant conservée, la cercle des notions persistantes, en mettant obstacle à la formation de nouvelles idées, si bien que, tôt ou tard, l'animal paraît frappé d'imbécillité, de démence. » (*Ueber die Functionen der Grosshirnrinde*, 59, sq.) Comme Hermann Munk aussi, Frédéric Goltz s'était élevé dans le même temps contre l'antique préjugé qui fait du lobe frontal le siège de l'intelligence. Prisonnier de ce préjugé, disait-il, Hitzig, comme Ferrier, soutenait encore que dans les lobes antérieurs du cerveau se trouvait l'organe de l'idéation. Or il n'existe pas plus de rapport entre l'intelligence et ces lobes qu'avec n'importe quelle autre région du cerveau. Les troubles de l'intelligence seraient même, suivant Goltz, incomparablement plus graves après des lésions étendues des deux lobes occipitaux qu'après l'ablation des deux lobes frontaux. C'est là certainement une exagération dans un sens opposé. Mais Goltz avait peut-être le droit de soutenir que chaque territoire de la substance corticale du cerveau participe à la fois aux fonctions que nous désignons par les mots d'instinct, d'intelligence, de pensée, de sentiment, de passion, de volonté : ces manifestations élevées de la vie psychique sont des fonctions d'ensemble du cerveau; elles ne sauraient être localisées dans des centres circonscrits de l'écorce cérébrale. « Je considère comme le résultat le plus important de mes recherches, a écrit Goltz, la démonstration que l'écorce du cerveau est, dans toutes ses parties, l'organe des fonctions psychiques supérieures, de celles en particulier qui, pour nous, constituent l'intelligence. Par intelligence, j'entends la faculté d'élaborer avec réflexion les perceptions des sens en vue d'actions appropriées à une fin. Je ne sais si les philosophes seront satisfaits de cette définition; elle suffit au physiologiste. »

En 1884, Hitzig continuait au contraire à soutenir que l'intelligence ou la pensée, en un mot que les fonctions psychiques possèdent dans le cerveau des organes particuliers, des centres ou un siège circonscrits, et que ces organes ou ce siège sont localisés dans les lobes antérieurs ou cerveau frontal : « De la somme de toutes nos recherches il ressort que l'âme n'est nullement, comme l'ont pensé Flourens et la plupart de ceux qui sont venus après lui, une sorte de fonction d'ensemble (*Gesammtfunction*) du cerveau tout entier, dont on peut bien supprimer la manifestation *in toto*, mais non partiellement, dans ses diverses parties, par des moyens mécaniques : au contraire, certaines fonctions psychiques sûrement, vraisemblablement toutes, dépendent de centres circonscrits de l'écorce du cerveau. » (*Ueber die elektrische Erregbarkeit des Grosshirns*, 1870. *Unters. über das Gehirn*, 31.) Cette vérité, déduite avec la plus sévère logique de ses premières recherches, Hitzig la tenait aussi pour la plus précieuse conquête de son travail. Car « si l'excitation de certains points déterminés de l'écorce met en mouvement certains muscles, et si la destruction de ces points altère l'innervation de ces mêmes muscles, si l'excitation et la destruction d'autres points n'exercent aucune influence sur l'innervation musculaire, cela me paraît suffisant pour démontrer que les différentes parties du cerveau ne sont pas fonctionnellement équivalentes; et c'est ce principe que nous voulions démontrer ». L'idée de Flourens est donc *a priori* impossible, ajoute Hitzig, si notre conception des fonctions des différentes parties du système nerveux est juste : « La doctrine de Flourens suppose, en effet, que nous pouvons nous servir aujourd'hui pour marcher de cellules et de fibres nerveuses dont nous nous sommes servis hier, non pour marcher, mais peut-être pour entendre ou pour odorer, en tout cas pour quelque autre but. Elle suppose que les organes où se termine un nerf, le nerf auditif par exemple, pourraient devenir subitement étrangers en partie à leur fonction primitive et être employés à quelque autre chose, par exemple au mouvement musculaire. Et qu'adviendrait-il de l'audition dans l'intervalle? » Bref, elle suppose, cette doctrine, l'unité du substratum organique de toutes les fonctions psychiques, de quelque nature qu'elles soient, alors que la morphologie nous enseigne déjà que ce substratum doit être considéré « comme un complexus d'organes terminaux de mécanismes périphériques de différente valeur ». « Nous avons voulu établir le principe, et nous le maintenons, que les diverses fonctions du cerveau se servent d'organes cérébraux (*Hirnorgane*) déterminés, exactement délimités, quel qu'en soit le lieu, comme d'organes cérébraux terminaux des expansions nerveuses périphériques, et que ces organes sont et demeurent les organes spéciaux de ces fonctions, et non d'autres fonctions. » (*Unters. zur Physiologie des Grosshirns*, 1873. *Ibid.*, 56-58.)

« J'admets donc encore aujourd'hui ce que j'admettais déjà en 1870, lorsque je disais bien que sous forme hypothétique, que les centres corticaux par moi découverts ne sont que des centres (*Sammelplätze*); j'étends aujourd'hui cette théorie aux autres centres découverts depuis cette époque (*Arch. für Psych.*, xv, 1884, 274). Je représente en outre l'opinion, souvent exprimée, que des lésions profondes ou très étendues affectant le mécanisme central rompent nécessairement une multitude de faisceaux, reliant entre elles les différentes régions particulières du cerveau, et doivent par conséquent produire des symptômes susceptibles d'un amendement relativement rapide. C'est à cette catégorie qu'appartiennent les troubles de la vision qu'on voit apparaître et disparaître rapidement après des lésions profondes de diverses régions des hémisphères. Mais je fais front contre l'opinion de Munk touchant la nature des fonctions intellectuelles supérieures et celle de leur rapport avec le substratum matériel. D'après Munk, en effet, il n'existe pas d'organes spéciaux pour ces fonctions, et ils ne sont pas nécessaires. J'accorde avec lui que l'intelligence, disons mieux, le trésor des idées (*Vorstellungen*), doit être cherchée dans toutes les parties de l'écorce, ou plutôt dans toutes les parties du cerveau. Mais je soutiens que la pensée abstraite exige nécessairement des organes particuliers, et ces organes, je les cherche provisoirement dans le cerveau frontal (*Stirnhirn*). *A priori* il serait au plus haut point invraisemblable que l'énorme masse de substance cérébrale qui constitue les lobes frontaux de l'homme, dût servir presque entièrement à des fonctions aussi simples que les mouvements de la colonne vertébrale, et les recherches accomplies jusqu'ici n'ont fait que donner plus de force à mes doutes sur ce sujet. »

Cette page d'Édouard Hitzig vaut d'être méditée; sa portée est considérable. Elle nous apparaît comme le testament de l'ancienne psychologie et comme l'annonce d'une ère où, grâce à Hitzig lui-même, l'étude scientifique des fonctions du cerveau est enfin entrée. On distingue ici très nettement, il me semble, la transition des idées anciennes aux idées nouvelles. Hitzig a été vraiment le précurseur de Munk. Parler de centres ou d'organes particuliers de l'intelligence, comme on parle d'un centre sensoriel ou d'un centre moteur, me paraît une survivance des traditions psychologiques de l'École. En France, les médecins parlent encore couramment de « l'intelligence » comme on parlait de la mémoire avant Gall, car c'est ce célèbre anatomiste qui a le premier nettement posé, comme un postulat physiologique, la pluralité des mémoires. Il n'existe pas plus de centre de l'intelligence que de centre de la mémoire en général. Comme la mémoire, l'intelligence, à ses divers degrés, est une propriété de la matière organisée, vivante, en voie de rénovation moléculaire. L'intelligence ne nous apparaît comme liée à certains organes que parce qu'elle s'y manifeste avec une intensité particulière. Mais l'Amphioxus, pour n'avoir point de cerveau, n'en possède pas moins une vie psychique. Le système nerveux n'étant qu'un appareil de perfectionnement, l'effet d'une différenciation histologique, indéfiniment progressive peut-être, le résultat séculaire d'une division du travail physiologique poussée très loin, il n'y a rien dans ses fonctions, même les plus élevées, qui ne soit réductible par l'analyse biologique aux propriétés élémentaires du protoplasma. Il en est donc sans doute de l'intelligence comme de la mémoire, de la volonté, de la conscience : en soi, ce sont des abstractions; par conséquent elles ne sauraient être localisées comme la vue, l'ouïe, l'olfaction ou le toucher. L'intelligence qui, chez les invertébrés comme chez les vertébrés, ne peut être que la somme des activités coordonnées de tous les éléments nerveux, nous paraît être surtout une fonction des fibres ou faisceaux d'association. La différenciation physiologique des différentes aires de l'écorce du cerveau des vertébrés dépend de la nature des sensations qu'y projettent les divers organes des sens. Le siège des sensations, des perceptions, des images mentales, et, partant, des raisonnements, des jugements et des volitions, bref, des fonctions psychiques, est sans doute, dans l'homme et les mammifères supérieurs, la substance grise des hémisphères. Quoique les lobes frontaux et préfrontaux renferment des centres d'innervation des muscles de la nuque et du tronc, et que le développement de cette partie du cerveau, chez les anthropoïdes et chez l'homme, soit peut-être en rapport avec la station verticale (MUNK, MEYNERT), il est certain qu'il s'y trouve bien d'autres centres, encore inconnus, en rapport avec l'ensemble des processus de l'écorce cérébrale.

JULES SOURY.

§ II. — MORPHOLOGIE GÉNÉRALE. — ANATOMIE COMPARÉE RAPPORTS DU POIDS ET DE LA FORME DU CERVEAU AVEC L'INTELLIGENCE

Volume et forme. — Le développement du cerveau considéré dans son ensemble aboutit à la réalisation d'un certain volume total et d'une certaine forme générale.

Cette forme résulte, elle-même, soit de la forme du crâne, soit du volume relatif atteint par les différentes portions du cerveau : portion centrale et portion périphérique ou *manteau*, portions diverses du manteau ou lobes, portions diverses des lobes ou circonvolutions.

La forme du cerveau est donc, aussi bien que le volume, représentée par des dimensions mesurables avec une précision plus ou moins grande. Il s'agit toujours, au fond, de quantités absolues ou relatives; de résultantes anatomiques dont il est intéressant d'étudier les variations suivant les espèces, les races, les sexes, les âges et les individus. Ces variations sont à confronter avec les variations du développement intellectuel également considéré dans son ensemble et aussi dans sa forme générale, autant qu'on peut saisir et évaluer ces résultantes fonctionnelles.

C'est la méthode de l'Anatomie comparative ou *explicative*. Pour cette science, la considération de l'organe est inséparable de celle de la fonction. Elle doit aboutir à une superposition aussi complète que possible de l'histoire des organes à l'histoire des fonctions dans la série, deux histoires intimement unies qui s'éclairent mutuellement, puisque l'organe résulte de la fonction en s'adaptant aux variations fonctionnelles nécessitées par les influences extérieures. Les variations quantitatives et qualitatives des fonctions sont donc traduites par celles des organes; mais ce n'est pas, il est vrai, sans d'énormes difficultés d'observation et surtout d'interprétation.

La méthode en question est impuissante à nous faire connaître les processus physiologiques et le mécanisme de l'intelligence, mais elle n'en est pas moins utilisable au point de vue de la physiologie et, plus spécialement, de la psychologie. Elle peut, en effet, fournir parfois des indications prémonitoires sur la nature des fonctions de tel ou tel organe, en révélant l'existence d'une corrélation entre certaines variations fonctionnelles et certaines variations anatomiques; elle peut servir à reconstituer l'évolution des fonctions, une fois connue leur nature, par l'évolution des organes; elle peut donner des renseignements sur l'état actuel d'une fonction comparée dans divers groupes zoologiques ou dans diverses catégories d'individus, et sur des changements en voie de réalisation; elle peut servir enfin à contrôler certaines déductions ou interprétations psychologiques tirées de données acquises par les autres procédés d'investigation.

Au fond, tous les procédés consistent à rapprocher des variations fonctionnelles de variations organiques. On supprime ou l'on modifie artificiellement un organe par la vivisection pour savoir quelles conséquences physiologiques en résulteront; — on examine sur le cadavre les altérations organiques accompagnant des altérations fontionnelles déterminées cliniquement pendant la vie; — on rapproche de différences psychologiques normales constatées entre différents individus ou catégories d'individus de différences de conformation; ce sont bien là trois procédés différents appartenant à une même méthode générale et présentant chacun ses avantages spéciaux. Les deux premiers procédés l'emportent en précision sur le troisième, parce que, dans le dernier, parmi des variations organiques le plus souvent très nombreuses, on ne sait à laquelle doit être attribuée telle variation fonctionnelle particulière. Il a fallu, par exemple, une indication anatomo-pathologique pour que l'on pût songer, à propos du langage ou de l'élocution, à examiner les variations de forme et de grandeur du pied de la troisième circonvolution frontale plutôt que celles de toute autre partie quelconque du cerveau.

En ce qui concerne spécialement le volume et la forme du cerveau, ces deux résultantes d'une multitude de faits anatomiques ne sauraient avoir, évidemment, qu'une signification synthétique au point de vue physiologique. Mais cette signification synthétique tire précisément son haut intérêt de son caractère synthétique, car ce que nous nommons intelligence représente aussi une synthèse d'une foule de faits physiologiques dont le détail, en l'état actuel de la science, ne nous est pas mieux connu que le détail des faits anatomiques. On peut apercevoir, tout au moins, les grandes variations de cet ensemble fonctionnel qui constitue l'intelligence, et l'on peut les rapprocher utilement des variations de cet ensemble de faits anatomiques résumés dans le poids et la forme générale du cerveau.

Ce qui ajoute encore à l'intérêt de ce rapprochement, c'est la possibilité de traduire numériquement ces dernières variations et d'appliquer parfois à leur étude, dans une certaine mesure, les procédés de l'analyse mathématique; — c'est, en même temps, la possibilité de les observer et, jusqu'à certain point, de les évaluer *sur le vivant*, tandis que les variations intimes de l'appareil cérébral ne peuvent être saisies que par la dissection et les procédés histologiques ou chimiques. L'infériorité analytique relative des recherches dont je dois exposer les résultats est donc compensée par des avantages qu'on ne saurait méconnaître.

Je m'occuperai d'abord du volume du cerveau dont les grandes variations sont suffisamment représentées par celles du poids total de l'encéphale. Je m'occuperai ensuite de la forme générale du cerveau et du développement, soit absolu, soit relatif, de diverses parties de l'encéphale, sans sortir de la morphologie extérieure.

I. — POIDS DE L'ENCÉPHALE

Signification théorique. — Le cerveau représentant environ chez l'homme les neuf dixièmes de l'encéphale, les variations pondérales de celui-ci représentent d'une façon suffisamment approximative les variations du poids cérébral. C'est pourquoi s'est établi l'usage de dire à peu près indifféremment « poids du cerveau » ou « poids de l'encéphale » lorsqu'il s'agit, en réalité, de ce dernier. Lorsqu'on a l'intention de préciser, on a soin, à cause de cet usage incorrect, de substituer au mot cerveau le mot *hémisphères* qui évite toute ambiguïté.

Les variations du développement quantitatif de l'encéphale et du cerveau ont paru à divers auteurs n'avoir qu'une importance nulle ou faible au point de vue physiologique. Cela provient soit de l'insuffisance de leur étude, soit d'une répugnance, parfois franchement déclarée, à admettre une relation entre quelque chose d'aussi subtil que l'esprit et quelque chose d'aussi grossier que des qualités mesurables avec une balance ou des compas.

Il a fallu la réunion de ces deux causes pour inspirer la plupart des objections formulées contre la valeur physiologique de la quantité dans l'encéphale. Il n'y sera répondu, ici, qu'indirectement. Aussi bien les dissensions vraiment sérieuses sur ce sujet naquirent surtout de malentendus. « C'est ce que l'on peut voir, par exemple, dans la longue discussion qui eut lieu à ce sujet à la Société d'anthropologie (1861) entre Broca et Gratiolet, le premier croyant que son adversaire refusait toute signification physiologique au poids du cerveau, le second croyant que Broca sacrifiait au poids la *forme* du cerveau. En réalité Broca était loin de méconnaître l'importance physiologique de la forme du cerveau, mais Gratiolet avait peut-être le tort d'introduire dans la question (1861, 269) un troisième élément, tout métaphysique, dont nous pouvons accomplir, aujourd'hui, la matérialisation.

Gratiolet résuma sa manière de voir dans les propositions suivantes:

« 1° Il y a, pour chaque race, un terme où l'homme atteint sa perfection dernière, et cette perfection suppose une certaine masse et une certaine forme; on exprime cela en disant que cette masse et cette forme sont normales.

« 2° L'état normal oscille entre deux limites extrêmes; entre ces limites le plus ou moins de grandeur du cerveau n'a, eu égard à l'intelligence, aucune signification certaine.

« 3° La forme importe plus que le poids, parce qu'elle est, en quelque sorte, le chiffre de la vie, l'expression visible d'un développement achevé et d'une harmonie complète.

« 4° Au-dessus de la forme, il y a la force qui vit dans le cerveau et qui ne peut être mesurée que dans ses manifestations. En effet, la perfection d'une machine quelconque est dans le jeu de son action intérieure bien plus que dans sa forme visible, elle est dans le mouvement bien plus que dans la masse.

« 5° L'importance qu'on accorde aux pesées en masse est incompatible avec la doctrine des localisations cérébrales, de quelque façon qu'on les imagine.

« 6° L'observation et le raisonnement démontrent que le cerveau est un dans ses rapports avec l'intelligence.

« 7° Ils démontrent, en outre, que les rapports du cerveau avec le corps sont multiples, et, suivant la nature de ces rapports, il y a probablement dans les hémisphères des régions de dignité différente (1861, 274). »

On sait que Gratiolet attribuait au lobe frontal une dignité supérieure et qu'il divisait les races humaines en *frontales*, *pariétales* et *occipitales* (1857, 297 et 300).

Broca faisait observer la contradiction existant entre ces diverses propositions de Gratiolet. « Si le cerveau pensant, disait-il, ne fonctionne que comme organe d'ensemble, la forme de cet organe n'a pas plus d'importance que celle du foie, dont toutes les parties remplissent les mêmes fonctions et peuvent se suppléer mutuellement. Or, là où la forme est insignifiante, tout permet de croire que la puissance de l'organe dépend principalement de son volume. Si, au contraire, le développement des facultés intellectuelles et des aptitudes propres à chaque individu et à chaque race est indépendant du volume du cerveau, s'il ne dépend que de la forme de cet organe, il en résulte logiquement que toutes les régions cérébrales n'ont pas les mêmes attributions, car les différences de forme impliquent nécessairement l'idée que certaines parties du cerveau sont diversement développées (1861, 142). »

Gratiolet admettait (1re propos. ci-dessus) que la perfection dernière du cerveau suppose une certaine masse; il reconnaissait ainsi implicitement l'importance de cette masse, et puisqu'il reconnaissait des degrés très divers de perfectionnement intellectuel, il aurait dû, par celà même, reconnaître l'importance des variations de masse aussi bien que des variations de forme.

Aujourd'hui, c'est la *qualité* du cerveau que l'on voit opposer le plus souvent à la quantité, mais sans que l'on prenne soin de définir cette qualité ni de montrer en quoi elle est incompatible avec la quantité. Si la qualité est quelque chose de variable comme la quantité, les variations de celle-ci peuvent être importantes à qualité égale. Broca s'est évertué, vainement, paraît-il, à faire observer que personne n'a jamais admis l'existence d'un rapport absolu entre l'intelligence et le poids du cerveau (1861), car on est obligé souvent encore revenir sur cette réserve qui devrait être superflue si les contempteurs du poids cérébral prenaient seulement la peine de parcourir les travaux publiés sur la question depuis cette époque, et notamment les miens (1883, 1894, etc.). La supériorité qualitative est une condition de supériorité intellectuelle; la supériorité quantitative en est une autre; la supériorité morphologique en est encore une autre. Et c'est parce qu'il y a des conditions anatomiques diverses en rapport avec la supériorité intellectuelle qu'aucune de ces conditions ne saurait être, isolément, une base suffisante pour évaluer la supériorité intellectuelle. Sans parler des conditions de supériorité extérieures à l'organisme.

L'anatomie comparative nous a révélé l'importance de l'une des conditions organiques; cela n'empêche pas de reconnaître l'existence et l'importance de conditions d'un autre ordre. Il serait absurde, d'ailleurs, de supposer que la supériorité quantitative pût avoir une valeur physiologique en l'absence de toute autre qualité; cela impliquerait que le cerveau influe sur l'intelligence en vertu de sa masse, comme les poids agissent sur les plateaux d'une balance.

Les objections de Gratiolet reparaissant encore de temps en temps, il n'est pas inutile d'y insister un peu plus.

Si l'on accorde au développement relatif des différentes parties du cerveau quelque importance physiologique, on accorde par là-même une importance au développement quantitatif des parties qui prédominent parmi les autres, car elles ne prédomineraient pas si elles n'atteignaient pas un certain volume absolument ou relativement supérieur.

A l'exemple de Gratiolet, quelques auteurs affectent un certain mépris pour la connaissance du volume du cerveau alors qu'ils semblent reconnaître l'importance du développement remarquable atteint par telle ou telle circonvolution dans une certaine espèce ou race, ou bien chez certains individus. Or il se peut que ce développement, qui est bien *quantitatif*, n'ajoute que dix ou vingt grammes au poids total du cerveau; mais s un certain nombre de circonvolutions possèdent une supériorité analogue (et le cas est loin d'être rare), n'en pourra-t-il pas résulter une supériorité pondérale de 50, 100, 200 grammes ou plus?

On peut répéter à propos de la qualité ce qui a été dit plus haut à propos de la forme; l'analyse des qualités de texture et de composition chimique aboutit nécessairement à des rapports quantitatifs.

Le mépris souvent affecté à l'égard de la quantité n'est pas toujours un vestige de doctrines métaphysiques. Il semble résulter parfois d'une répugnance à admettre que la supériorité du poids cérébral puisse avoir quelque importance psychologique lorsqu'on est privé soi-même de cette qualité. Mieux vaudrait se contenter, en pareil cas, de supposer que l'on possède, à un très haut degré, tous les genres de supériorité psychologique indépendants de la supériorité pondérale, genres qui seront indiqués plus loin.

Mais le principal obstacle à l'accord des auteurs en cette matière a été la complexité de celle-ci. L'attention accordée à l'une des conditions anatomiques du perfectionnement intellectuel a fait perdre de vue les autres conditions.

De là des oublis et des exagérations qui en ont provoqué d'autres en sens contraire, jusqu'à ce qu'une attention suffisamment soutenue et une étude suffisamment laborieuse permissent de dénouer la question et de mettre chaque chose à sa place.

L'importance de la quantité dans l'encéphale est apparue de plus en plus clairement à mesure que l'analyse anatomique et l'analyse psychologique ont progressé davantage, si bien qu'aujourd'hui cette importance pourrait être théoriquement déduite de ces deux analyses dont les résultats se superposent en quelque sorte. Plaçons-nous d'abord au point de vue anatomique.

Le cerveau est essentiellement composé d'éléments cellulaires plus ou moins nombreux, unis entre eux par des prolongements plus ou moins nombreux eux-mêmes et plus ou moins abondamment ramifiés. Ces organes élémentaires constituent, dans les différentes espèces animales, des systèmes plus ou moins variés et complexes unis entre eux par des communications dont le nombre et l'étendue dépendent de la variété et de la complexité des systèmes à réunir. Cette variété et cette complexité sont liées d'ailleurs, d'une part au nombre et à la complexité des parties sensibles du corps, d'autre part au nombre et à la complexité des parties à mouvoir, des mouvements exécutés, enfin à la variété et à la complexité des associations et des opérations intra-cérébrales qui représentent l'intelligence. Sans doute la complexité de cet ensemble apparaît *a priori* comme plus importante que le nombre et la grandeur des éléments actifs, au point de vue du perfectionnement intellectuel; mais la complexité d'un appareil ne se conçoit guère indépendamment du nombre des parties composantes et unissantes; et l'accroissement numérique des cellules, de leurs prolongements, de leurs ramifications semble *a priori* devoir se traduire, au moins probablement et *cæteris paribus*, par un accroissement en poids et en volume de l'ensemble de l'appareil.

Passons au point de vue psychologique.

D'après les résultats derniers de l'analyse purement psychologique, l'intelligence, considérée *in abstracto*, peut être considérée comme un perfectionnement de la vie elle-même, comme une correspondance entre des relations internes et des relations externes, correspondance croissant en espace, temps, variété, généralité, complexité. Telle est la définition donnée et admirablement développée par Herbert Spencer (1870). Physiologiquement cette multiple correspondance se résout en relations plus ou moins variées et complexes, et comporte, par conséquent, le jeu d'un appareil corrélativement plus ou moins complexe et composé d'éléments plus ou moins nombreux.

En se plaçant, donc, soit au point de vue psychologique, soit au point de vue anatomique, on arrive à considérer le développement quantitatif du cerveau comme pouvant et même devant être en relation intime avec le développement intellectuel. On reviendra plus loin sur cette relation. Il faut, auparavant, démontrer son existence par l'observation directe des variations des poids de l'encéphale suivant les espèces, les races, les sexes, les âges et dans divers groupes d'individus établis de façon à mettre en évidence la relation théoriquement entrevue.

Évolution de la question. — Les investigations faites dans ce sens ont été nombreuses, à partir de 1824, comme on peut le voir d'après la liste bibliographique terminant cet article.

L'interprétation physiologique des résultats s'est nécessairement mélangée à l'investigation statistique dans un certain nombre de travaux, mais a été bornée, jusqu'à ces dernières années, à la seule question de savoir si les chiffres recueillis sur le poids absolu et le poids relatif de l'encéphale permettaient ou non d'affirmer l'existence d'une relation quelconque entre le volume du cerveau et l'intelligence. C'est principalement sur cette question physiologique qu'il convient d'insister ici.

Elle a été difficile à élucider parce que toutes les recherches faites pendant un demi-siècle ont abouti à des résultats en apparence incohérents. On fut loin de constater l'existence d'un parallélisme entre les variations du poids de l'encéphale et celles de l'intelligence. Le défaut de parallélisme fut bien attribué à la perturbation apportée par les variations de la masse du corps; c'est pourquoi l'on pensa mieux réussir en calculant le poids relatif de l'encéphale, mais il n'en fut rien. On ne réussit pas même à placer l'homme en tête de la série des vertébrés. Par son poids cérébral absolu il se trouvait placé au-dessous de plusieurs grands mammifères; par le poids relatif plusieurs espèces de très petite taille l'emportaient sur lui.

Parchappe (1835, 83) crut pouvoir trancher la difficulté en disant que « l'homme l'emporte sur la plupart des animaux à la fois par le volume absolu et par le volume relatif de l'encéphale, et qu'il l'emporte sur tous *par l'un ou par l'autre* ». Mais cette ingénieuse formule n'expliquait rien. On pouvait la retourner et dire que certains animaux l'emportaient sur la plupart des autres et même sur l'homme, soit par le volume absolu de leur encéphale (baleine, éléphant, etc.), soit par le volume relatif (petits rongeurs, petits oiseaux, etc.).

A ces faits embarrassants se joignit la rencontre d'un certain nombre de cerveaux énormes ayant appartenu à des hommes dont l'intelligence paraissait avoir été des plus médiocres, à des artisans, à des épileptiques, tandis que d'autre part on pouvait citer quelques hommes à cerveau peu volumineux qui avaient occupé de très hautes positions sociales.

En somme, plus les observations se multipliaient et plus nombreux devenaient les faits propres à appuyer ou à infirmer la valeur physiologique du développement quantitatif du cerveau.

C'est que la relation qu'il s'agissait de découvrir est constamment enveloppée, pour ainsi dire, dans une autre toute différente qui est celle du poids de l'encéphale avec la masse du corps. Ces deux relations étant très étroites l'une et l'autre se masquent mutuellement et si complètement, parfois, que chacune d'entre elles a été cause de la négation de l'autre. Sappey (1861) fit une statistique sur le poids de l'encéphale dans les deux sexes sans s'occuper de la taille, disant que ce facteur taille lui avait paru sans importance. Parisot (1862) fit, à Nancy, des recherches semblables en partageant cette erreur qui fut renouvelée plus tard par Colin à propos des variations du poids de l'encéphale chez les animaux domestiques.

La méthode des moyennes avec le procédé de l'ordination eût assez facilement permis de mettre séparément en relief chacune des deux relations, en comparant entre eux des groupes semblables quant à la masse du corps et inégaux quant au développement intellectuel.

Mais, si les différences intellectuelles ne sont pas facilement appréciables, la mesure de la masse du corps elle-même a été un sujet d'embarras et d'erreurs. Dans les premières observations faites sur des hommes, on ne mesura que le poids de l'encéphale. Plus tard on reconnut la nécessité de mesurer la taille. Mais la taille n'est qu'une seule dimension du corps. Aussi d'autres auteurs mesurèrent-ils de préférence le poids du corps. Mais ce poids varie tellement avec l'embonpoint ou l'émaciation qu'un puissant athlète réduit presque à l'état de squelette par la maladie peut avoir un poids très inférieur à celui d'un individu chétif mort sans amoindrissement. Ces causes d'erreur ont été assez grandes pour rendre divers résultats complètement illusoires.

C'est pourquoi, après avoir mis en relief ces causes d'erreur et les raisons multiples qui empêchaient d'obtenir des courbes régulières lorsqu'on essayait de mettre en série des poids encéphaliques, soit en fonction de la masse du corps, soit en fonction du développement intellectuel, je cherchai (1882) à faire disparaître ces causes d'erreur : 1° en choisissant une quantité anatomique propre à représenter la masse *active* du corps; 2° à expliquer par des raisons physiologiques l'opposition générale depuis longtemps remarquée entre la supériorité du poids absolu et celle du poids relatif de l'encéphale. En même temps j'utilisai les chiffres nombreux recueillis par divers auteurs et notamment les chiffres inédits recueillis par Broca dans les hôpitaux de Paris, et je complétai par des recherches méthodiques sur la capacité cranienne les données capables de rendre plus évidente la double relation du volume de l'encéphale avec l'intelligence et avec la masse active du corps.

Puis, je parvins à trouver un procédé pour isoler chacune des deux relations, c'est-à-dire pour diviser le poids de l'encéphale en deux parties, l'une en rapport avec la masse active du corps, l'autre indépendante de cette masse (1883).

Enfin, dans une récente série de recherches, je me suis occupé de distinguer, parmi les diverses qualités intellectuelles, celles qui sont en relation avec le développement quantitatif de l'encéphale et celles qui sont dues à des causes d'un ordre tout différent (1894).

Cette double analyse, appuyée sur des faits qui seront exposés plus loin, a ouvert aux investigations comparatives une voie nouvelle dans laquelle je n'ai pu réunir jusqu'à présent que des données trop incomplètes pour être exposées dans le présent article.

Volume de l'encéphale chez les invertébrés. — Au point de vue physiologique il n'y a pas une homologie parfaite entre le cerveau des invertébrés et celui des vertébrés, ni entre le cerveau des vertébrés inférieurs et celui des vertébrés supérieurs, ni entre le cerveau de l'homme et celui des autres mammifères. C'est ce que semble démontrer principalement la différence considérable des effets produits par les lésions de l'encéphale dans les différentes classes d'animaux. Mais ce fait n'enlève aucun intérêt à l'étude du développement quantitatif de l'encéphale jusque chez les invertébrés. Si les centres encéphaliques ont assumé une part de plus en plus grande à la direction de l'organisme et si, en même temps, leur volume s'est accru, c'est précisément cet accroissement de volume corrélatif à l'accroissement fonctionnel qui est ici en question. L'absence d'une telle corrélation serait, en vérité, bien difficile à comprendre pour ceux-là mêmes qui refusent de la reconnaître dans l'espèce humaine, s'ils considéraient un peu l'anatomie et la physiologie comparées d'un bout à l'autre de la série animale.

J'emprunte à l'excellent ouvrage de Leuret (1839) les passages suivants :

Chez les *mollusques*, le ganglion céphalique reçoit les nerfs des organes des sens. Il est plus petit que les ganglions viscéral et pédieux; mais son diamètre relativement à celui de ses nerfs est plus considérable; il peut donc avoir sur ses nerfs une action plus puissante (16).

Le volume des nerfs est en rapport avec celui des organes dans lesquels ils se divisent, et non avec celui des centres nerveux auxquels leurs troncs viennent aboutir (23).

D'après Leuret, le ganglion céphalique, par sa contexture, ses relations et ses usages, représente, chez les mollusques, l'encéphale des vertébrés et non pas les lobes cérébraux ni la moelle allongée. Le grand volume relatif du ganglion céphalique par rapport à ses nerfs vient à l'appui de la loi de Sœmmering « qui donne à l'encéphale un volume d'autant plus considérable proportionnellement aux nerfs qui en partent, que l'animal a des facultés plus développées » (44).

Le ganglion céphalique des mollusques a plus d'analogie avec la moelle allongée qu'avec le cervelet, les tubercules quadrijumeaux ou le cerveau (45).

Chez les *Articulés*, le ganglion céphalique acquiert une grande perfection. Chez les *Insectes*, c'est toujours le ganglion le plus considérable. Sous ce rapport, le bourdon et l'abeille se placent bien au-dessus de tous les autres insectes. Leurs ganglions céphaliques sont tellement volumineux qu'ils constituent véritablement une tête, surtout si l'on y joint le ganglion optique (p. 68).

Le ganglion céphalique des *Crustacés* est comparativement plus considérable que celui des Annélides, celui des Arachnides et des Insectes plus considérable que celui des crustacés (p. 71).

Encéphale des vertébrés. — Comme le fait observer LEURET, passer des insectes aux poissons, dans l'ordre intellectuel, ce n'est pas monter, c'est descendre; dans l'ordre organique, c'est suivre le perfectionnement du système nerveux (p. 136). Cela me paraît signifier que les insectes occupent le sommet d'une série formée d'après un certain type du système nerveux, tandis que les poissons appartiennent à un type supérieur formant une autre série, à l'extrémité supérieure de laquelle on trouve l'homme. Mais les poissons représentent dans cette série une phase tout à fait primitive, inférieure à la phase la plus élevée du type des invertébrés.

Poissons. — LEURET donna le poids absolu de l'encéphale pour un squale renard $=9^{gr},4$ et un brochet $=1^{gr},3$. Pour le poids relatif comparé au poids du corps, il donne une liste de neuf chiffres d'après les mesures de REDI (1766), de CUVIER (1800, 152) et les siennes propres :

La moyenne de ces chiffres = 1 : 5668, mais avec un écart de 1 : 248 chez une carpe à 1 : 37440 chez un thon.

LEURET fait observer que cet écart énorme est dû en partie à ce que l'on a pu comparer des individus jeunes à des adultes. Il est dû surtout à l'énorme différence de taille des animaux observés, soit de même espèce, soit d'espèces différentes; car quelle que soit la cause des variations du poids du corps, on verra plus loin que le poids du cerveau ne les suit point proportionnellement. LEURET reconnaît que la moyenne ci-dessus pourrait être différente avec d'autres observations, mais elle représenterait toujours un poids relatif très faible.

Reptiles et Batraciens. — Sur le poids absolu de l'encéphale, voici quelques chiffres seulement :

Tortue de mer.	$5^{gr},09$	Lézard vert.	$0^{gr},05$
Tortue de terre.	$0^{gr},37$	Grenouille	$0^{gr},01$

Sur le poids relatif, LEURET donne, d'après les pesées de CALDESI (cité par HALLER, 1766), de CUVIER (1800), de CARUS (1835) et les siennes, une liste de neuf chiffres que voici :

Lézard vert.	: : 1 :	160	
Grenouille	—	172.	— (2e) 414. — (3e) 500.
Salamandre.	—	380	
Couleuvre à collier . . .	—	792.	— (2e) 1 580.
Tortue de terre.	—	2 240	
Tortue de mer	—	5 680	
MOYENNE. . .	1 :	1 321	

Même remarque à faire qu'à propos des poissons.

Les chiffres sont, en somme, insuffisants pour permettre une comparaison fructueuse entre les classes de vertébrés que nous venons d'examiner. On est aussi mal fixé, en outre, sur la valeur intellectuelle comparée des reptiles et des poissons. Tout porte à croire, cependant, que les poissons sont inférieurs en général sous ce rapport. M. DELBEUF a publié dernièrement (*Revue Scientifique*, 1895) des observations psychologiques fort intéressantes sur ses lézards verts, qui contribuent à inspirer des doutes sur l'équivalence intellectuelle des poissons.

Un fait important ressort, toutefois, des chiffres concernant le poids de l'encéphale dans les classes les plus inférieures des vertébrés : c'est l'infériorité incontestable de ce poids, soit absolu, soit relatif, comparativement à la classe évidemment plus intelligente des oiseaux et surtout à celle des mammifères.

Oiseaux. — Les observations faites dans cette classe deviennent plus abondantes. Bien que les chiffres recueillis représentent encore des cas individuels, les différences qui peuvent exister d'un individu à l'autre ne sont pas assez grandes pour contrarier la comparaison des espèces entre elles. Voici une liste des chiffres les plus significatifs publiés par HALLER, CUVIER, CARUS et LEURET :

	gr.		
Autruche.	30,65		
Oie.	7,65		
Perroquet.	4,30		
Perruche.	3,00.	— Femelle.	3,9
Pie mâle.	4,20.	— Femelle.	3,70
Poule.	3,30.	— Coq.	2,15
Grive.	1,90		
Moineau	1,11		
Serin.	0,68.	— Femelle.	0,55

Les chiffres concernant les sexes ne figurent ici que pour confirmer les différences spécifiques, car les différences sexuelles ne pourraient être fixées que par des moyennes.

Il est évident qu'à taille égale les oiseaux ont un encéphale beaucoup plus volumineux que les animaux des classes précédentes. Leur encéphale se compose, d'ailleurs, des mêmes parties que celui des reptiles.

Voici quelques poids relatifs empruntés au tableau de Leuret (p. 284) :

Mésange.	: : 1 :	12		
Serin.	—	14.	— Femelle.	18
Perruche femelle. . .	—	23		
Moineau.	—	25		
Pie femelle.	—	27.	— Mâle.	44
Perroquet.	—	45		
Choucas.	—	46		
Vanneau.	—	70.	— Autre.	76
Pigeon.	—	91.	— Autre.	217
Canard sauvage . . .	—	107.	— Domestique. . .	257
Aigle	—	160		
Faucon	—	202		
Oie.	—	467.	— Autre.	3 600
Autruche	—	1 200		
La moyenne du tableau de Leuret.			1 :	212

La moyenne du tableau de Leuret = 1 : 212 proportion bien supérieure à celle des reptiles et des poissons.

Il n'en est pas moins vrai qu'un examen superficiel des deux listes ci-dessus conduirait à méconnaître la relation étroite qui existe entre le développement intellectuel et le développement quantitatif de l'encéphale, car les différentes espèces d'oiseaux sont loin d'occuper dans ces deux listes un rang en rapport avec leur intelligence. Cependant elles ne sont pas rangées d'une façon plus régulière si l'on considère la relation existant entre le poids de l'encéphale et la taille, même en tenant compte du développement très variable du tissu adipeux qui, surtout dans les espèces domestiquées, peut tripler et quadrupler le poids régulier du corps.

Une grande perspicacité n'est pas nécessaire pour apercevoir que si les différentes espèces ne sont pas rangées par ordre d'intelligence dans les listes précédentes, c'est en vertu de l'influence de la taille sur le poids de l'encéphale, et que la relation de ce poids avec l'intelligence empêche, de son côté, l'ordre des poids encéphaliques d'être identique à celui des tailles.

Mammifères. — Les chiffres concernant la classe des Mammifères donneront lieu aux mêmes remarques :

Dans le tableau suivant, p. 678, figurent des chiffres empruntés à divers auteurs d'après l'ouvrage de Leuret. Les chiffres marqués d'un * proviennent des registres inédits du Laboratoire d'Anthropologie (Broca, Chudzinski, etc.).

Ces chiffres concernant presque tous des cas individuels sont sujets aux mêmes réserves que ceux des tableaux précédents. Dans leur ensemble, ils donnent lieu aux mêmes remarques. Les diverses espèces, rangées ici d'après le poids absolu de l'encéphale, se trouveraient placées à peu près selon le degré d'intelligence si l'influence de la taille ne venait pas troubler cet ordre. L'homme, par exemple, n'est dépassé que par des animaux d'une taille énorme par rapport à la sienne, et il dépasse de beaucoup nombre d'animaux plus grands que lui. De même les autres espèces ne sont dépassées que par des espèces de taille supérieure ou bien par des espèces plus intelligentes.

	POIDS ABSOLU.	POIDS RELATIF.		POIDS ABSOLU.	POIDS RELATIF.
		: : 1 :			1 :
Éléphant	4 896	»	*Gibbon	103	48
Baleine	2 816	»	*Magot	94	105
Dauphin	1 773	»	*Chien de berger	93	»
Homme français (moy.)	1 360	40	*Macaque	73	96
*Bœuf	734	750	*Chat sauvage	72	»
Cheval (moy.)	517	648	*Chacal	71	»
Marsouin	504	93	*Kanguroo	53	»
*Gorille	416	»	*Chien havanais	46	»
*Chimpanzé	387	»	*Chien griffon	45	»
*Ane	377	254	*Castor	43	290
*Orang-outang	365	»	Chat	28	94
Cerf	355	290	Lapin	16	140
*Papion	158	104	Furet	8,7	138
Loup	135	230	*Roussette	8,0	»
Cochon	122	312	*Rat	1 à 4,0	136
*Sanglier	117	672	*Taupe (moy.)	0,96	93
*Chien (terre-neuve)	116	»	Chauve-souris	0,65	48
*Mouton	110	351	Souris	0,37	43

Le poids relatif de l'encéphale suit d'une manière générale un ordre inverse. Il diminue à mesure que la taille augmente, parce que l'encéphale est loin de croître proportionnellement à la masse du corps. En général, malgré les causes d'erreur introduites par les différences d'âge et d'embonpoint, une espèce a un poids encéphalique relatif d'autant plus grand qu'elle est plus intelligente ou qu'elle est de plus petite taille.

Aussi l'homme l'emporte, par ce poids relatif, sur toutes les espèces d'une taille supérieure à la sienne, à cause de sa supériorité intellectuelle; mais il est dépassé par certaines espèces de très petite taille, malgré l'infériorité intellectuelle de ces dernières par rapport à lui.

Aux espèces qui l'emportent sur l'homme ou s'en rapprochent beaucoup dans le tableau ci-dessus, on peut joindre les suivantes d'après un tableau de Leuret :

Saïmiri	: : 1 :	22	Mulot	: : 1 :	31
Saï	—	25	Callitriche	—	41
Ouistiti	—	28	Rat vulgaire	—	43
Rat des champs	—	31	Chauve-souris femelle	—	43
Coaïta	—	41	Mone	—	44

Il faut y joindre encore les très petits oiseaux, tels que la mésange et le moineau, ainsi que plusieurs espèces d'oiseaux moins petits, mais d'une intelligence relativement remarquable, tels que la pie, le corbeau et le perroquet (v. plus haut). Ces faits trouveront plus loin leur explication.

Le poids de l'encéphale chez les jeunes animaux. — Le poids relatif de l'encéphale dans une même espèce est en raison inverse de l'âge.

Rapport au poids du corps :

Chez un porc d'un jour	: : 1 :	27. — Adulte	: : 1 :	512
— un lapin de 4 jours	—	31. — —	—	140
— — — — 15 jours	—	69. (Leuret, p. 421).		
— 2 jeunes chiens	—	53. — Adultes (moy.)	—	171
— 2 jeunes chats	—	43. — — —	—	92
— un fœtus de mouton	—	33. — Adulte	—	331

Le développement de l'encéphale est donc précoce. Il progresse plus vite que celui du corps. Ce fait sera mieux mis en relief plus loin par les chiffres concernant l'espèce humaine.

Données histologiques. — Avant d'aller plus loin dans l'exposé des résultats numériques, il convient de noter quelques faits histologiques d'après les récentes recherches de Ramon y Cajal (1895) :

D'une manière générale, les organes sensitifs et sensoriaux ne subissent d'autres modifications, dans le perfectionnement zoologique, que celles qui se rapportent au nombre et à la distribution des corpuscules nerveux. Le degré de différenciation morphologique et même intra-protoplasmatique de ces appareils reste à peu près invariable depuis le poisson jusqu'à l'homme.

Il n'en est pas de même pour le cerveau antérieur. A mesure que l'on monte dans l'échelle des vertébrés, on voit la cellule pyramidale de l'écorce devenir de plus en plus abondante. En même temps les couches deviennent plus nombreuses et les expansions protoplasmatiques augmentent progressivement en nombre et en longueur.

La moelle spinale, le bulbe et le cervelet occupent, sous ce rapport, un rang intermédiaire; ces parties croissent bien plus dans le sens de l'extension que par différenciation spécifique.

Le progrès philogénique d'une cellule se traduit par l'apparition de nouvelles expansions protoplasmatiques, d'où résulte la possibilité de nouvelles associations intellectuelles sans que le nombre des expansions protoplasmatiques augmente nécessairement. On conçoit donc la possibilité d'une économie de substance dans la progression cérébrale quantitative en rapport avec la progression intellectuelle.

Ramon a aussi observé que le nombre, l'extension et les ramifications secondaires et tertiaires des cylindres-axes des cellules pyramidales augmentent du batracien au mammifère.

La richesse et la longueur des expansions protoplasmatiques est, dit Ramon, une conséquence du nombre de fibrilles nerveuses terminales avec lesquelles chaque cellule doit entretenir des relations intimes.

La grandeur des cellules nerveuses diminue à mesure que l'on descend dans la série des vertébrés. Cette diminution n'est pas exactement proportionnelle à la taille de l'animal, si elle marche d'une façon constante avec le degré de simplicité de l'arborisation protoplasmatique. Toutefois elle est assez accentuée pour compenser dans une certaine limite la réduction totale de l'axe cérébro-spinal par un raccoursissement corrélatif de fibres et de cellules. Grâce à cette compensation, le cerveau des vertébrés inférieurs est moins simple qu'il n'est petit. Par là s'explique ce fait, que la différence intellectuelle soit nulle entre animaux qui, comme les lapins, les cobayes et les souris, ont cependant un cerveau d'une grandeur différente.

Ramon y Cajal résout ainsi une question que j'avais posée dans mon mémoire de 1883, 178. Il ajoute que le nombre des cellules ganglionnaires de l'encéphale et de la moelle garde aussi un rapport intime avec la quantité d'éléments musculaires, glandulaires et sympathiques qu'elles doivent influencer, ainsi qu'avec l'importance des surfaces sensibles.

L'énorme développement des lobes optiques chez les oiseaux et chez les reptiles, et des lobes olfactifs chez le chien, ne provient que de l'extraordinaire richesse en cellules ganglionnaires de la rétine chez les premiers et du nombre considérable de cellules bipolaires de la muqueuse olfactive chez le second.

Ces faits sont considérés par Ramon comme suffisants pour expliquer la différence de puissance intellectuelle chez des individus ayant un cerveau du même poids et du même volume, Ils me paraissent, en effet, très importants, en ce qu'ils donnent la raison histologique de plusieurs des résultats qui vont être exposés. Ils ne font d'ailleurs que corroborer l'interprétation des variations de la quantité dans l'encéphale telle que je l'ai donnée en 1883. On trouvera plus loin cette interprétation physiologique, et l'on verra que les considérations histologiques n'y doivent pas intervenir exclusivement.

Poids de l'encéphale suivant la taille ou le poids du corps. — Pour serrer de plus près l'influence de la *taille* (ce mot étant pris dans son sens le plus large) sur le poids de l'encéphale, il faut examiner les variations, non plus dans les diverses classes d'animaux, ni à des âges divers, mais dans une même espèce et au même âge. Voici les moyennes que j'ai pu calculer à ce sujet en utilisant des documents divers et que j'emprunte à mes mémoires sur cette question (1882, 1883). L'examen de ces chiffres permet d'apercevoir déjà plus nettement l'influence dont il s'agit et, en même temps, sa dissimulation plus ou moins prononcée sous l'influence du développement intellectuel que nous ferons ressortir à son tour :

24 *taupes* (*pesées au Laboratoire d'Anthropologie*).

	POIDS du corps C.	ENCÉPHALE E.	RAPPORT (C=100).
	gr.	gr.	
7 mâles de 90 à 104 grammes.	97,0	0,974	1,0
7 — — 77 à 90 —	85,5	0,973	1,13
7 femelles de 90 à 97 grammes. . . .	93,2	0,950	1,02
5 — — 77 à 89 —	82,0	0,922	1,12

45 *chevaux et juments* (*utilisation des pesées de* G. COLIN).

	kil.	gr.	
15 plus lourds.	428,9	626,7	0,14
15 moyens.	375,9	640,5	0,17
15 plus petits.	300,4	592,8	0,19
4 ânes.	122,5	368,0	0,30

La supériorité du poids relatif de l'encéphale des taupes comparées aux chevaux paraîtra très faible pour une différence de taille aussi énorme. Cela tient à ce que les taupes étaient toutes grasses, tandis que les chevaux et juments abattus étaient certainement d'une maigreur extrême, pour la plupart.

40 *chiens* (*utilisation des pesées de* G. COLIN).

	kil.	gr.	
9 chiens de 30 kil. à 39k,5.	35,187	108,17	0,30
9 — — 20 — à 30 excl.	23,095	99,50	0,43
10 — — 10 — à 20 excl.	14,791	86,25	0,58
10 — au-dessous de 10 kil. . . .	7,259	68,53	0,94
2 jeunes.	2,990	55,75	1,86
12 chats adultes.	2,526	27,33	1,08
2 jeunes.	1,023	23,50	2,29

On voit qu'en opérant sur des groupes et en utilisant la méthode des moyennes, on met très bien en évidence la relation qui existe entre le poids de l'encéphale et la masse du corps, relation que les variations individuelles et accidentelles avaient fait considérer comme douteuse ou faible par divers auteurs troublés par le fait que des animaux de même espèce et de même poids présentaient des différences de poids encéphalique considérables.

Cette relation est pourtant assez étroite pour apparaître sans exception dans une série de neuf chiens de races diverses et rangés dans l'ordre de leur poids. Les chiffres ci-dessous ont été obtenus au Laboratoire d'anthropologie :

	kil.	gr.	
Un chien Terre-neuve	40,0	116	0,29
— — de berger.	24,6	93	0,37
— — de bouvier mâle.	20,0	103,5	0,51
— — boule mâle	13,0	93,5	0,71
— — griffon femelle.	3,6	62	1,72
— — lévrier femelle.	3,5	72	2,05
— — griffon femelle.	1,7	45	2,66
— — métis de Terre-Neuve et griffonne. .	1,6	58	3,23
— — havanais	1,3	46	3,63

Il n'en est pas moins vrai que l'emploi des moyennes calculées sur des groupes suffisamment forts d'individus est indispensable pour fournir des chiffres valables sur la question. Et cette condition ne dispense pas de faire attention aux causes d'erreur indiquées plus haut qui peuvent encore influencer les chiffres moyens obtenus sur des groupes.

Ainsi, par exemple, parmi les trois groupes de chevaux et juments dont il a été question plus haut, c'est le groupe du poids moyen qui présente la moyenne de poids encéphalique la plus élevée. Ce fait irrégulier est très probablement dû à ce que plusieurs individus de petite taille, mais peu émaciés, se sont trouvés inscrits, par ce fait, dans le groupe de taille supérieure, pendant que d'autres individus de forte taille et à l'encéphale lourd ont été relégués dans le deuxième groupe à cause d'une perte exceptionnelle de poids général.

L'ensemble des chiffres qui précèdent montre déjà que le poids du cerveau est en rapport : 1° avec la masse active du corps ; 2° avec le degré du développement intellectuel.

Ces deux facteurs n'étant pas proportionnels l'un à l'autre et étant souvent développés en sens inverse l'un de l'autre, il s'ensuit que ni le poids absolu du cerveau ni son poids relatif ne peuvent s'élever parallèlement à l'un quelconque de ces deux facteurs.

En ordonnant d'après le poids du corps des séries d'animaux adultes *de même espèce*, on voit que le poids de l'encéphale s'élève en même temps que le poids du corps, mais non proportionnellement à celui-ci.

Le poids relatif du cerveau croît en raison inverse de l'âge jusqu'à l'âge adulte.

Chez les adultes comparés entre eux par groupes formés d'après le poids du corps, le poids relatif du cerveau et son poids absolu sont en raison inverse l'un de l'autre. C'est d'ailleurs un corollaire du fait que le poids cérébral ne progresse pas proportionnellement au poids du corps, fait dont les diverses causes seront exposées plus loin.

Poursuivons d'abord l'exposé des résultats numériques acquis. Ces résultats concernant l'espèce humaine sont de beaucoup les plus considérables. En raison de la grande étendue des variations de la taille et de l'intelligence dans cette espèce, il a été possible de réunir systématiquement des données propres à mettre en évidence la relation existante entre ces variations et les variations du poids cérébral.

Espèce humaine. Croissance de l'encéphale en volume. — On a vu plus haut que le poids absolu de l'encéphale s'élève avec l'âge en même temps que le poids relatif diminue. Ces faits sont établis, pour l'espèce humaine, par des observations beaucoup plus nombreuses. Voici le résultat général de la statistique de Boyd (1861) d'après les résumés de Thurnam (1866) et de Topinard (1885) :

	SEXE MASCULIN.			SEXE FÉMININ.		
	NOMBRE de cas.	POIDS absolu.	POIDS relatif.	NOMBRE de cas.	POIDS absolu.	POIDS relatif.
A la naissance.	42	331	: : 1 : 7,4	39	283	: : 1 : 7,1
Naissance à 3 mois. . .	16	493	— 7,2	20	452	— 8,4
3 à 6 mois	15	603	— 6,6	25	560	— 6,2
6 mois à 1 an.	46	777	— 7,4	40	728	— 6,6
1 an à 2 ans	34	942	— 6,9	33	844	— 7,0
2 à 4 ans	29	1 097	— 8,2	29	991	— 8,4
4 à 7 —	27	1 140	— 10,1	19	1 136	— 9,5
7 à 14 —	22	1 302	— 14,7	18	1 155	— 15,0
14 à 20 —	19	1 374	— 22,4	16	1 244	— 23,2
20 à 30 —	59	1 357	— 31,0	72	1 238	— 31,8
30 à 40 —	110	1 366	— 32,5	89	1 218	— 32,3
40 à 50 —	137	1 352	— 34,1	106	1 213	— 31,6
50 à 60 —	119	1 343	— 34,4	103	1 221	— 32,0
60 à 70 —	127	1 315	— 36,0	149	1 207	— 31,8
70 à 80 —	104	1 289	— 37,3	148	1 167	— 31,1
80 à 90 —	4	1 284	— 35,0	77	1 125	— 31,8

Ce tableau montre l'extrême rapidité de la croissance du cerveau, puisqu'à l'âge de six mois le poids de l'encéphale est déjà presque double de ce qu'il était à la naissance.

Il est triplé vers l'âge de deux ans, presque quadruplé à l'âge de sept ans. Le poids maximum est atteint, en moyenne, avant l'âge de vingt ans. Ce fait avait été remarqué déjà par Sims (1835), puis par Broca dans son relevé des 347 cas normaux du tableau de Wagner, où la moyenne de onze à vingt ans s'élevait à 1465 grammes et n'atteignait plus ce chiffre aux âges suivants. Broca (1861, 157), ayant observé que ce maximum précoce était dû en grande partie à deux cerveaux énormes pesant l'un 1732 grammes et l'autre 1610 grammes, l'attribuait à ce que l'exubérance de la masse encéphalique était un danger et que les enfants qui ont de trop gros cerveaux meurent le plus souvent avant l'âge adulte. La statistique de Boyd viendrait à l'appui de cette interprétation, car elle confirme la réalité du fait en question que l'on aurait pu soupçonner d'être un résultat illusoire dû à la faiblesse des séries.

Un autre fait très remarquable ressort du tableau précédent : c'est que le poids relatif de l'encéphale est loin de baisser régulièrement à mesure que l'âge augmente.

Des oscillations curieuses sous ce rapport se montrent dans les moyennes jusqu'à l'âge de un à deux ans, âge auquel le poids relatif, dans les deux sexes, est plus faible qu'à la naissance.

J'ai obtenu (1883) un résultat analogue en mettant en œuvre une liste d'observations faites par J. Parrot et consignées par lui dans les registres du Laboratoire d'Anthropologie. Le tableau suivant vient confirmer très utilement celui qui précède, en ce qui concerne les deux premières années de la vie, pendant lesquelles l'extrême rapidité de la croissance cérébrale arrive à maintenir le poids relatif de l'encéphale à un chiffre plus élevé qu'au jour de la naissance.

	POIDS de l'encéphale E.	POIDS du corps C.	RAPPORT de E à C = 100.
	gr.	gr.	
10 enfants de 1 à 7 jours	286,7	1 994	14,4
26 — — 8 à 36 —	359,7	1 969	18,3
1 exceptionnel de 11 jours	967,0	4 830	20,0
2 de 2 à 4 mois	440,0	2 431	18,1
1 — 7 mois 1/2	685,0	4 140	16,5
9 — 1 an à 18 mois	827,1	5 661	14,61
9 — 2 ans à 2 ans 1/2	1 103,1	7 836	14,07
7 — 3 ans à 4 ans	1 167,8	9 909	11,78
2 — 5 ans à 5 ans 1/2	1 350,7	14 760	9,15
. . . .	. . . .	. . . .	. . .
Adultes (hommes) Moyenne	1 360,0	65 000	2,1

La diminution du poids relatif de l'encéphale, depuis la naissance jusqu'à l'âge adulte, est vérifiée par la fin de ce tableau. Les irrégularités de la dernière colonne peuvent provenir en partie de la faiblesse numérique de certains groupes, mais elles existent aussi dans le tableau précédent, et l'on ne peut attribuer à cette cause d'erreur tout au moins l'irrégularité constatée dans les deux premiers groupes. Le poids relatif de l'encéphale est très notablement plus élevé chez les enfants de huit à trente-six jours que chez ceux de un à sept jours. Ce fait mérite de nous arrêter, car il concourt à démontrer un autre fait d'une grande importance pour la physiologie cérébrale et la psychologie.

Dans les premiers jours qui suivent la naissance, les enfants perdent, même indépendamment de toute maladie, un peu de leur poids. Cette diminution peut être accrue par la maladie, mais elle ne peut être très considérable, car la mort, à cet âge, est nécessairement rapide. Au contraire, chez les enfants qui meurent du 8e au 38e jour, l'émaciation résultant de la maladie a eu le temps de faire des progrès considérables. C'est ainsi que le poids du corps de ces enfants et même de ceux de deux à quatre ans, dans le tableau ci-dessus, n'atteint pas même le poids moyen des nouveau-nés.

Pendant ce temps, au contraire, la moyenne du poids de l'encéphale ne continue pas moins de monter avec rapidité; c'est ce fait qui me paraît très remarquable. Il établirait, en effet, que la nutrition cérébrale jouit d'une certaine indépendance par rapport à la nutrition générale, puisque le cerveau continue à croître pendant que le reste du corps reste stationnaire ou, même, dépérit. Cette indépendance ne saurait, évidemment, être absolue, et l'on sait bien, d'ailleurs, que les troubles de la nutrition générale retentissent souvent d'une façon très sensible sur l'énergie fonctionnelle du cerveau. Mais l'on voit, d'autre part, des individus valétudinaires, anémiés, vieux ou jeunes, déployer une activité intellectuelle qui contraste avec l'affaissement de l'ensemble de l'organisme.

Atrophie sénile. — Il n'en est pas moins certain que le poids du cerveau subit une décroissance sénile et qu'il peut diminuer aussi sous l'influence des maladies à l'âge adulte. A propos de l'influence de la vieillesse, on pourrait révoquer ici en doute la signification des moyennes, parce qu'il y a toujours lieu de se demander si la diminution de la moyenne du poids cérébral à un certain âge ne proviendrait pas, comme pour l'âge de vingt à trente ans comparé à l'âge de onze à vingt, de la disparition relativement plus précoce des individus à cerveau très volumineux. Mais j'ai pu démontrer (1883, 156 et suiv.), par la comparaison du poids de l'encéphale avec la capacité cranienne chez un certain nombre d'individus, la réalité de la déperdition encéphalique en question. Le rapport moyen du poids à la capacité que j'ai nommé *indice pondéral* étant 0,870, j'ai trouvé les indices les plus faibles 0,744 et 0,714 chez les deux individus les plus âgés de la série étudiée (59 ans et 91 ans).

Dans une autre série de 23 individus de race jaune dont la cause de la mort avait été notée par Neis, médecin de la marine, j'ai trouvé le plus faible indice pondéral (0,745) chez un individu mort de faim. J'évalue à 70 grammes, d'après mes recherches, la perte moyenne de poids encéphalique subie par les individus morts dans les hôpitaux de Paris, et j'estime que cette perte peut s'élever à 300 grammes chez certains vieillards dont le poids cérébral faible contraste parfois avec une capacité cranienne considérable.

Des recherches plus étendues que les miennes seraient à faire sur ce point, notamment au point de vue de l'influence des diverses maladies. Mais les résultats que j'ai obtenus suffisent pour mettre hors de doute cette influence considérée en général ainsi que l'influence de la vieillesse.

Ages. — Les moyennes concernant ce dernier point présentent donc un véritable intérêt. Pour les établir sur des séries suffisantes j'ai fondu ensemble un certain nombre de statistiques comprenant 2260 cas masculins et 1633 féminins. Voici les résultats de cette opération disposés de façon à montrer des moyennes calculées sur des nombres croissants d'individus pour les divers groupes d'âges.

Hommes.

STATISTIQUES FUSIONNÉES.	POIDS DE L'ENCÉPHALE.					
	DE 11 à 20 ans.	DE 21 à 30 ans.	DE 31 à 40 ans.	DE 41 à 50 ans.	DE 51 à 60 ans.	AU DELA de 60 ans.
	gr.	gr.	gr.	gr.	gr.	gr.
Broca, +Wagner, +Bischoff. . .	1 380	1 389	1 378	1 355	1 358	1 288
Nombre des cas.	41	127	266	182	167	230
+Parchappe, +Sappey, +Parisot.	1 374	1 384	1 377	1 354	1 358	1 288
Nombre des cas.	43	135	278	194	178	246
+Boyd.	1 374	1 376	1 374	1 353	1 352	1 295
Nombre des cas.	62	194	388	331	297	501
+Peacock, +Calori	»	1 364	1 374	1 354	1 347	1 296
Nombre des cas.	»	316	496	420	379	587

Femmes.

STATISTIQUES FUSIONNÉES.	POIDS DE L'ENCÉPHALE.					
	DE 11 à 20 ans.	DE 21 à 30 ans.	DE 31 à 40 ans.	DE 41 à 50 ans.	DE 51 à 60 ans.	AU DELA de 60 ans.
	gr.	gr.	gr.	gr.	gr.	gr.
Broca, +Wagner, +Bischoff. . .	1 259	1 235	1 234	1 241	1 200	1 142
Nombre de cas.	34	125	122	85	68	169
+Parchappe, +Sappey, +Parisot.	1 263	1 235	1 234	1 238	1 198	1 145
Nombre de cas.	39	143	128	91	76	176
+Boyd.	1 257	1 236	1 228	1 225	1 211	1 165
Nombre de cas.	55	215	217	197	179	550
+Peacock, +Calori	»	1 236	1 228	1 233	1 210	1 162
Nombre de cas.	»	261	27[illegible]	230	204	612

Les séries ainsi formées n'ont pas autant de valeur que des séries de même force concernant une seule population. Mais l'avantage des deux tableaux qui précèdent est de montrer la stabilité de certains résultats, nonobstant l'accroissement du nombre des cas et la diversité des pays d'Europe où ont été faites les observations (France, Grande-Bretagne, Allemagne et Italie).

Les faits suivants sont à remarquer :

1° La supériorité du poids de l'encéphale, dans la période 11 à 20 ans par rapport à la période suivante, est assez notable chez les femmes, tandis qu'il y a égalité à peu près chez les hommes. Ce fait peut tenir à ce que la croissance de l'ensemble du corps et, corrélativement, de l'encéphale se continue plus longtemps dans le sexe masculin, ou bien à ce que les cerveaux volumineux sont plus exposés à la disparition précoce dans le sexe féminin.

2° La moyenne du poids encéphalique commence à baisser chez l'homme entre 40 et 50 ans. Est-ce encore par suite de la disparition relativement précoce des cerveaux très volumineux? C'est beaucoup moins probable que dans le cas examiné plus haut. Ou bien s'agit-il d'un déclin précoce chez un certain nombre d'individus? Cela me semble plus probable; en tout cas, le nombre des individus atteints serait faible, car la moyenne se maintient au même niveau jusqu'à l'âge de 51 à 60 ans. Mais le déclin est très sensible au delà de 60 ans dans les deux sexes.

3° Chez les femmes, la moyenne ne varie pas sensiblement de 21 à 50 ans. Mais on observe dans la période de 51 à 60 ans un léger déclin analogue à celui qui se produit chez les hommes entre 41 et 50 ans. Peut-être ce fait est-il dû à ce que les causes de déchéance précoce sont moins actives dans le sexe féminin avant 50 ans.

Ces résultats sont propres à soulever des questions intéressantes, mais leur signification reste pour le moment ambiguë. Pour serrer de plus près les causes entrevues, il faudra mesurer les dimensions du crâne chez un très grand nombre d'individus suivis depuis l'enfance jusqu'à l'âge adulte, pour ce qui concerne la croissance de l'encéphale et ses rapports avec la croissance générale, avec la culture intellectuelle, etc. En ce qui concerne la décroissance de l'encéphale, il faudra comparer à chaque âge les poids encéphaliques avec les capacités craniennes et former encore des séries très diversement combinées d'après le genre de maladie, d'après l'âge, le genre de vie, etc.

Variations du poids de l'encéphale suivant la masse du corps. — Avec les mesures publiées par Budin et Ribemont (1879), j'ai obtenu (1882) le tableau suivant qui montre le rapport de la circonférence de la tête au poids du corps = 100) pour des groupes de nouveau-nés, garçons et filles, rangés d'après le poids croissant du corps :

GROUPES.	GARÇONS.				FILLES.			
	NOMBRE.	POIDS.	CIRCONFÉRENCE.	RAPPORT.	NOMBRE.	POIDS.	CIRCONFÉRENCE.	RAPPORT.
		gr.	millim.			gr.	millim.	
I	2	1 710	320	18,7	2	1 715	315	18,3
II.	10	2 269	350	15,4	11	2 202	337	15,3
III.	16	2 766	362	13,1	43	2 649	362	13,4
IV.	31	3 230	379	11,7	31	3 197	377	11,8
V.	32	3 733	380	10,1	25	3 685	387	10,3
VI.	5	4 104	389	9,4	3	4 233	407	9,5
	94			11,5	115			12,2

Comme précédemment le volume absolu de l'encéphale s'élève avec le poids du corps, mais non proportionnellement, de sorte que le volume relatif de l'encéphale diminue à mesure que s'élève le poids du corps.

Passons à l'âge adulte : le tableau suivant contient les résultats que j'ai obtenus en ordonnant, d'après la taille, les poids encéphaliques de tous les individus âgés de 19 à 60 ans figurant dans les registres de Broca (1883, 250).

	168 HOMMES.			50 FEMMES.	
Nombre d'individus. .	56	54	58	23	27
Tailles extrêmes . . .	1m,53 à 1m,65	1m,66 à 1m,70	1m,71 à 1m,85	1m,46 à 1m,57	1m,58 à 1m,72
Taille moyenne. . . .	1m,610	1m,682	1m,743	1m,526	1m,619
Poids moyen de l'encéphale.	1 329gr,4	1 343gr,7	1 398gr,4	1 198gr,0	1 218gr,2
Rapport à la taille = 100	8,24	7,98	8,02	7,85	7,52
Poids moyen de l'encéphale des 168 hommes. . . .			1 357gr,5	des 50 femmes.	1 208gr,9
Taille moyenne (cadavres).			1m,679	. . . .	1m,576

La taille moyenne se trouve un peu majorée, parce qu'elle a été mesurée sur le cadavre. La moyenne réelle à Paris est d'environ 1m,65 pour les hommes et de 1m,53 pour les femmes.

Le rapport du poids de l'encéphale à la taille est plus élevé chez les hommes de petite taille que chez ceux de moyenne taille. Il se relève un peu chez les hommes de grande taille.

Mais on sait qu'il est incorrect de comparer un volume ou poids à une dimension linéaire, la longueur du corps, d'autant plus que cette longueur est loin d'être proportionnelle, dans l'espèce, aux autres dimensions et au développement du système musculaire. Aussi voit-on le rapport à la taille s'abaisser chez les femmes au lieu de s'élever; mais on reviendra plus loin sur ce fait à propos des variations suivant le sexe.

Le poids du corps représente, au contraire, le produit des trois dimensions; c'est donc une quantité plus correctement utilisable en théorie. Mais, en pratique, elle est également très défectueuse, car elle comprend un « poids mort » dont les variations propres sont énormes. Un homme chétif, mais gras, se trouvera placé, en vertu de son seul embonpoint, dans le groupe des hommes de la plus forte taille, et *vice versa*. La longueur du corps présente au moins cet avantage d'être indépendante de l'embonpoint. En outre, à un même âge, dans un même sexe et une même race, l'élévation de la taille s'accompagne, le plus souvent, d'une augmentation plus ou moins notable des autres dimensions.

En définitive, l'emploi de la taille pour représenter l'ensemble de la masse organique n'est pas beaucoup plus défectueux que l'emploi du poids brut du corps. Dans l'observation des cas particuliers il est préférable de mesurer la taille et le poids.

Voici le résultat général des observations de Bischoff (1880) ordonnées d'après le poids croissant du corps. Il s'agit de l'âge adulte :

POIDS DU CORPS.	HOMMES.		FEMMES.	
	NOMBRE d'observations.	POIDS MOYEN encéphale.	NOMBRE d'observations.	POIDS MOYEN encéphale.
		gr.		gr.
20 à 29 kil.	»	»	28	1 173
30 à 39 —	91	1 348	116	1 206
40 à 49 —	206	1 362	123	1 215
50 à 59 —	149	1 370	50	1 245
60 à 69 —	62	1 386	15	1 281
70 à 79 —	18	1 419	»	»

Pour le rapport du poids de l'encéphale au poids du corps = 100, Bischoff donne les chiffres suivants :

		HOMMES.	FEMMES.
Individus du poids de	20 kil.	3,7	4,47
— —	30 —	2,98	3,37
— —	40 —	2,5	2,70
— —	50 —	2,16	2,29
— —	60 —	2,16	1,99
— —	70 —	1,99	»
— —	80 —	1,59	»

Ici le poids relatif de l'encéphale va donc en diminuant à mesure que montent le poids absolu de l'encéphale et celui du corps, selon la règle générale déjà établie précédemment. La progression du poids relatif est un peu moins irrégulière que si on le rapporte à la longueur du corps.

Races humaines. — En considérant les races ou populations humaines au point de vue du rapport existant entre le poids de l'encéphale et la masse du corps, on obtient des chiffres confirmant l'existence de ce rapport.

Voici d'abord les moyennes calculées d'après les pesées directes de l'encéphale pour divers peuples de l'Europe :

Écossais.	125 hommes	1 425 gr.	(Peacock)
Bavarois.	364 —	1 372 —	(Bischoff)
Anglais.	306 —	1 358 —	(Boyd)
Français.	158 —	1 358 —	(Broca)
Italiens.	194 —	1 316 —	(Calori)

Quatre-vingt-treize encéphales d'Autrichiens, pesés par Weisbach, donnent une moyenne de 1300 grammes; mais il faudrait y ajouter environ 60 grammes en raison du procédé opératoire particulier de l'auteur.

Giltchenko (1892) a publié les chiffres obtenus par lui sur 55 hommes de diverses contrées du Caucase. En rassemblant ces chiffres j'ai obtenu comme moyenne du poids encéphalique 1415^{gr},8, pour une taille moyenne de 1^{m},675 qui ne dépasse pas celle des Anglais.

Giltchenko, qui a pesé plus de 450 cerveaux de Caucasiens, n'a publié que les 55 utilisés ci-dessus. L'élévation remarquable de la moyenne obtenue pourrait être en rapport avec la carrure généralement forte des montagnards du Caucase. Ce facteur me paraît avoir une importance considérable d'après mes propres observations. Il est certainement plus important que la longueur du corps, et cela s'expliquerait par le fait que l'énergie motrice des muscles est bien plus en rapport avec leur section transversale qu'avec leur longueur.

Il importe certainement de mesurer la largeur biacromiale de tous les sujets dont on pèse l'encéphale. Cette largeur multipliée par la taille représenterait mieux la masse active du corps, indépendamment du tissu adipeux dont les variations énormes troublent beaucoup les résultats obtenus avec le poids total des sujets. En ce qui concerne l'insuffisance de la taille, j'ai cité (1883) les chiffres suivants empruntés à Boudin (*De l'accr. de la taille et de l'aptit. milit. en France*) :

705 soldats français (Dr Allaire).	Taille. . .	1^{m},679	Poids. . .	64,500
Infanterie indigène du Bengale.	— . . .	1^{m},733	— . . .	58,437
— — de Madras..	— . . .	1^{m},682	— . . .	44,394

Les soldats de Madras, avec une taille moyenne un peu supérieure à celle des soldats français, pèsent 20 kilogrammes de moins. Ici, c'est la carrure et non la graisse qui entre en jeu. Il est probable que les montagnards du Caucase l'emporteraient, au contraire, sur les Parisiens sous le rapport de la carrure à taille égale.

J'ai déduit les chiffres suivants de la capacité du crâne qui, lorsqu'elle est correctement mesurée, fournit un excellent moyen d'évaluation du poids de l'encéphale, comme je l'ai montré en 1883. Il est inutile de citer des moyennes calculées sur des séries comprenant moins de vingt individus. Ce nombre est lui-même insuffisant pour fournir des moyennes stables; mais l'erreur encourue ne dépasse guère 20 à 30 grammes.

187 Parisiens modernes.	1 357 gr.	(BROCA, MANOUVRIER)
42 Auvergnats (Saint-Nectaire). .	1 390 —	(BROCA)
64 Bretons.	1 367 —	—
61 Basques.	1 360 —	—
31 Nègres divers.	1 238 —	—
23 Néo-Calédoniens.	1 270 —	—
110 Polynésiens.	1 380 —	(MANOUVRIER)
50 Bengalis.	1 184 —	—

La moyenne des Polynésiens est un peu majorée parce que presque tous les crânes qu'il m'a été impossible de cuber à cause de leur mauvais état étaient d'un volume médiocre. Sans cela la moyenne n'eût probablement pas dépassé celle des Parisiens. Mais il n'en serait pas moins remarquable de voir les Polynésiens atteindre la moyenne des peuples les plus civilisés. On doit voir dans ce fait l'influence d'une grande supériorité de taille ($1^m,75$, Clavel) coïncidant avec une carrure proportionnée.

Cette influence n'est pas moins rendue sensible par la comparaison des Polynésiens aux Bengalis, dont l'intelligence n'est certainement pas inférieure, mais dont la masse squelettique est des plus exiguës.

La même influence est mise en relief par la comparaison des femmes entre elles. J'ai cubé 62 crânes de Parisiennes et 55 de Polynésiennes. Les capacités craniennes converties en poids encéphaliques donnent :

Parisiennes : 1 211 grammes. Polynésiennes : 1 216 grammes.

On possède, au sujet du volume de l'encéphale dans les races humaines, un grand nombre de documents incomplets, mais qui n'en concourent pas moins par leur ensemble à corroborer les résultats ici exposés.

La comparaison des races humaines entre elles donne lieu à la même remarque que la comparaison des différentes espèces de mammifères : les rapports du poids du cerveau avec l'intelligence et avec la taille sont très manifestes l'un et l'autre, mais tantôt ils se superposent l'un à l'autre et tantôt ils se masquent mutuellement. Quand on voit une espèce ou une race placée trop bas dans la série des poids encéphaliques eu égard à son développement intellectuel, c'est une espèce ou race de très petite taille ; et si l'on voit une espèce ou race placée trop haut d'après le même point de vue, c'est une espèce ou race supérieure par sa taille.

Séries formées d'après le développement intellectuel. — Le fait ci-dessus se produit aussi lorsqu'on met en série un certain nombre d'individus dont on connait plus ou moins bien la valeur intellectuelle et la masse organique. Toutefois l'on rencontre parfois des exceptions réelles ou apparentes dues à l'intervention de causes diverses dont nous nous occuperons plus loin.

La méthode des moyennes permet pourtant de mettre en évidence les relations les plus générales qui émergent, en quelque sorte, pendant que les relations relativement peu importantes et les causes d'erreur disparaissent par effacement réciproque dans les moyennes.

Celles-ci ont une stabilité parfaite lorsqu'elles sont calculées d'après des séries suffisantes. Pour le poids de l'encéphale, une série de 50 à 60 individus donne une moyenne stable à 10 ou 15 grammes près, pourvu que la série soit formée d'individus non choisis à l'exclusion des cas pathologiques seulement. Chaque population possède ainsi sa moyenne et, si l'on détaille la série, sa courbe binomiale.

Cinq séries d'encéphales ou crânes parisiens quelconques ont été étudiées jusqu'à présent (BROCA, SAPPEY, MANOUVRIER, PAPILLAULT).

Les cinq moyennes du poids encéphalique obtenues sont : 1 358, 1 357, 1 357, 1 360, 1 355. D'autre part, on a vu plus haut que la moyenne du poids encéphalique varie trop peu en Europe suivant les pays pour que l'on puisse admettre qu'une série d'individus non choisis provenant des divers pays de l'Europe fournisse une moyenne sensiblement différente de celle des Parisiens.

Comparons donc à une série de Parisiens quelconques une série composée, au contraire, d'individus plus ou moins distingués intellectuellement à des titres divers, comme on l'a fait plus haut pour la taille et le poids du corps. Nous verrons si le poids de l'encéphale est plus élevé en moyenne chez ces hommes distingués, comme il l'est chez les hommes de grande taille comparés aux petits.

Voici une série que j'ai formée en 1884 en ajoutant plusieurs noms à la liste de Charlton Bastian et qui s'est accrue de quatre nouveaux noms publiés par Marshall, à savoir : Thackeray, Lasualx, Babbage et Grant.

	AGE.	ENCÉPHALE.		AGE.	ENCÉPHALE.
	ans.	gr.		ans.	gr.
Döllinger, anatomiste	71	1 207	Ch.-H. Bischoff, médecin	79	1 452
Haussmann, minéralogiste	77	1 226	Skobelef, général	39	1 457
Harless, physiologiste	40	1 238	Asseline, publiciste	49	1 468
Lasualx, médecin	57	1 250	Wulfert, juriste	?	1 485
Tiedemann, anatomiste	79	1 254	Broca, anthropologiste	56	1 485
Grant, anatomiste	80	1 290	Pfeufer, médecin	60	1 488
Gambetta, homme d'État	43	1 294	Gauss, mathématicien	78	1 492
Senzel, sculpteur	5?	1 312	De Morgan, mathématicien	73	1 496
Hugues Bennett, médecin	63	1 332	Fuchs, pathologiste	52	1 499
Fallmereyer, historien	74	1 349	Chalmers, prédicateur	67	1 502
Liebig, chimiste	70	1 352	Schleich, écrivain	55	1 503
Hermann, philologue	51	1 358	L. Agassiz, naturaliste	66	1 512
Coudereau, médecin	50	1 378	Chauncky-Wright, mathématicien	45	1 516
Whewell, philosophe	71	1 390	Campbell, lord-chancelier	80	1 516
A. Bertillon, démographe	62	1 398	Daniel Webster, homme d'État	70	1 516
Assézat, publiciste	45	1 403	De Morny, homme d'État	50	1 520
Babbage, mathématicien	79	1 403	Dirichlet, mathématicien	54	1 520
J. Huber, philosophe	71	1 409	J. Simpson, médecin	59	1 533
Grote, historien	76	1 410	Spurzheim, phrénologue	56	1 559
Melchior Mayer, poète	?	1 415	Hermann, économiste	60	1 590
Lamarque, général	62	1 449	Goodsir, anatomiste	53	1 629
Dupuytren, chirurgien	58	1 436	Thackeray, nouvelliste	53	1 644

Les cas suivants, étant trop éloignés du reste de la série, n'ont pas été compris dans le calcul de la moyenne. Ils n'en doivent pas moins être pris en considération, d'autant plus que l'on ne trouve pas un pareil nombre de chiffres très élevés dans des séries de 50 hommes quelconques.

Schiller, poète	»	1 785 gr.
Abercrombie, médecin	64 ans.	1 785 —
G. Cuvier, naturaliste	63 —	1 829 —
Tourguénef, romancier	?	2 012 —
Cromwell, homme d'État	?	2 231 —
Byron, poète	?	2 238 —

La moyenne des 44 autres cas = 1 430,^{gr}3 et dépasse par conséquent de 70 grammes la moyenne des Parisiens quelconques = 1 360 grammes.

Mais cette moyenne ordinaire est celle des Parisiens de vingt à soixante ans, tandis que 20 des personnages compris dans notre liste ont atteint l'âge de soixante et un à quatre-vingts ans. Pour faire disparaître cette cause d'inexactitude, j'ai formé, avec le registre des pesées de Broca, deux séries de 50 hommes chacune, ne comprenant que des individus du même âge, un à un, que ceux de la série distinguée, sans faire aucun autre choix. Les moyennes de ces deux séries ont été 1290, 0 et 1 290, 4. La supériorité cérébrale quantitative de la série distinguée, = donc en réalité 1 430 grammes — 1290 = 140 grammes, si l'on fait la comparaison à âge égal.

Il reste à tenir compte de la taille, qui, peut-être, était supérieure en moyenne chez les hommes distingués. Pour cela j'ai formé, avec les registres de Broca, une série de 62 hommes ayant une taille de 1^{m},71 à 1^{m},85 et comprenant une proportion de vieillards égale à celle que renferme la série distinguée. La moyenne de ces 62 Parisiens tous de très haute taille = 1 365^{gr},1. On ne pourrait donc expliquer par une supériorité de taille même très grande, et d'ailleurs non démontrée, qu'une partie de la supériorité cérébrale quantitative de la série des hommes distingués.

Cette série de 44 individus, non compris les cinq éliminés, pourrait être jugée insuffisante. J'ai pu en former une seconde en cubant les 35 crânes d'hommes distingués recueillis par Gall et Dumoutier (*Muséum d'Hist. nat. de Paris*). Voici cette 2e série que j'ai publiée en 1883. Ici la cause d'erreur provenant de l'âge n'intervient pas.

	CAPACITÉ CRANIENNE.	POIDS ENCÉPHALIQUE correspondant.
	c. c.	gr.
Roquelaure, évêque, aumônier de Louis XIV. . . .	1 372 × 0,87	1 193
Cl. de Terrin d'Arles, antiquaire	1 420 —	1 234
Alxinger, poète allemand.	1 507 —	1 310
Ceracchi, statuaire.	1 520 —	1 321
Wurmser, général autrichien.	1 521 —	1 321
Juvénal des Ursins, historien.	1 530 —	1 330
Sallaba, médecin.	1 575 —	1 369
Kreutzer, musicien.	1 579 —	1 373
Choron, musicien.	1 608 —	1 400
Thouvenin, relieur artiste	1 615 —	1 405
Homme de peine très intelligent	1 620 —	1 409
Abbé Laclotube.	1 630 —	1 418
Père Mallet, prédicateur	1 650 —	1 435
Unterberger, peintre et mécanicien.	1 665 —	1 448
R. P. X., prédicateur distingué.	1 663 —	1 447
Hett, médecin autrichien..	1 675 —	1 457
Père Prosper, prédicateur distingué.	1 680 —	1 462
Bigonnet, membre de la Convention	1 685 —	1 466
Boileau-Despréaux, poète.	1 690 —	1 470
Unterberger, fils	1 692 —	1 471
Gall, anatomiste, phrénologue.	1 700 —	1 478
Descartes, philosophe (douteux).	1 706 —	1 484
Carême, cuisinier	1 708 —	1 486
Chenovix, chimiste.	1 709 —	1 486
De Zach, mathématicien, astronome	1 715 —	1 492
Jourdan, maréchal de France	1 729 —	1 504
Frère David, mathématicien.	1 736 —	1 510
Cassaigne, conseiller (Cour de cassation)	1 750 —	1 522
Abbé Gautier, pédagogue.	1 770 —	1 539
Junger, poète et acteur allemand.	1 773 —	1 543
Kreibig, violoniste viennois	1 785 —	1 551
Blanchard, aéronaute.	1 793 —	1 559
Voigt Lander, mécanicien.	1 826 —	1 587
Blumauer, poète allemand.	1 846 —	1 605
Sestini, célèbre improvisateur	1 850 —	1 608
Moyennes.	1 665,5	1 448,9

Cette 2e série n'est peut-être pas aussi riche que la précédente en hommes vraiment supérieurs ; cependant elle donne une moyenne un peu plus élevée. Mais, ici, le poids de l'encéphale, étant calculé d'après la capacité cranienne, est exempt de la perte résultant de la vieillesse. Dans les mêmes conditions, la 1re série eût certainement donné un chiffre très supérieur à celui de la seconde.

La moyenne de la 2e série doit être comparée à la moyenne des Parisiens de vingt à soixante ans = 1 360 grammes; sa supériorité est donc de 1 449 — 1 360 = 89 grammes.

Il est intéressant de connaître, outre les moyennes, la composition centésimale des deux catégories comparées entre elles :

ENCÉPHALE.	PARISIENS QUELCONQUES D'AGE COMPARABLE.				HOMMES DISTINGUÉS.	
	2 séries réunies.		Série de haute taille.		2 séries réunies = 84 individus.	
900 à 1 000 grammes	2		»		»	
1 000 à 1 099 —	4		1,6		»	
1 100 à 1 199 —	11	54	8,1	30,7	1,2	10,7
1 200 à 1 299 —	37		21,0		9,5	
1 300 à 1 399 —	29		27,4		16,6	
1 400 à 1 499 —	9		30,7		39,3	
1 500 à 1 599 —	6		9,6		22,6	
1 600 à 1 699 —	2	17	1,6	41,9	4,8	72,7
1 700 à 1 799 —	»		»		1,2	
1 800 à 2 238 —	»		»		4,8	
	100,0		100,0		100,0	

Ces chiffres ne sont pas moins démonstratifs que ceux par lesquels nous avons établi la relation existant entre le poids de l'encéphale et la taille ou le poids du corps. Le procédé de démonstration est le même dans les deux cas. Il comporte aussi des causes d'erreur analogues et qui, dans l'un et l'autre cas, ne font que dissimuler en partie les deux relations démontrées.

On a vu plus haut comment est dissimulée en partie la relation existant entre la masse organique et le poids de l'encéphale : dans une série ordonnée d'après la taille ou d'après le poids du corps, les sujets ne sont que très imparfaitement rangés d'après leur véritable masse organique ou active seule en rapport avec la masse encéphalique. Ici, de même, les sujets distingués ont dû être choisis d'après des apparences de supériorité intellectuelle qu'un peu d'analyse psychologique réduit facilement à leur juste valeur sans permettre pour cela de douter de la différence intellectuelle existant entre les séries comparées, si on les envisage dans leur ensemble.

Il est clair que le fait d'avoir écrit un livre quelconque ou plusieurs, le fait d'avoir atteint une position sociale élevée, le fait même d'avoir rendu certains services réels à la science, etc., ne sont pas toujours des preuves irrécusables d'une intelligence supérieure à la moyenne, pas plus qu'une haute stature ou un poids très élevé ne sont des indices suffisants de la supériorité de masse organique et spécialement du système musculaire.

Dans une série d'hommes uniquement formée d'après le poids brut ou la longueur du corps, il y a toujours un certain nombre d'individus qui, au point de vue dont nous nous occupons, devraient figurer au bas de la série plutôt qu'au sommet, et *vice versa*, de sorte que la supériorité de poids encéphalique en rapport avec la supériorité musculaire n'est pas indiquée tout entière par nos tableaux.

De même, nos séries d'hommes distingués renferment une certaine proportion d'individus dont la supériorité intellectuelle proprement dite, par rapport à la moyenne, est très douteuse. Une haute position sociale conquise *per fas et nefas*, par la haute mendicité, par les jeux de coteries politiques ou autres, par des travaux faciles ou sans originalité, n'est évidemment par un critérium de premier ordre pour l'appréciation de la valeur intellectuelle entendue au sens strictement physiologique. Cependant ce critérium est suffisant pour éliminer d'une série distinguée les imbéciles les plus avérés, ce qui est déjà une cause sérieuse d'ascension de la moyenne.

Il est impossible de ne pas rapprocher de ce fait la rareté vraiment remarquable des poids inférieurs à 1 300 grammes dans notre série distinguée. Il semble qu'au-dessous du poids encéphalique de 1200 grammes la distinction intellectuelle, même avec la limite assez basse que nous avons admise, devient impossible. Mais une telle conclusion ne s'impose pas en l'absence de données sur la taille des individus mis en série. Il se pourrait que l'absence de poids inférieurs à 1200 grammes dans notre série fût simplement due à l'absence de personnages d'une taille absolument minime. Le fait ci-dessus prouve seulement que dans les limites *ordinaires* de la taille masculine, une intelligence au moins moyenne comporte un minimum de poids encéphalique de 1 200 grammes environ. Je manque de renseignements sur la taille de l'évêque ROQUELAURE et sur l'antiquaire TERRIN D'ARLES. Peut être n'eurent-ils pas besoin de déployer une intelligence supérieure à la moyenne pour être, l'un aumônier de cour, l'autre antiquaire. Dans le cas contraire, il est probable que tous deux furent de très petite et faible stature.

Dans la liste des poids encéphaliques mesurés directement, il n'y a aucun poids inférieur à 1 200 grammes; mais il y en a 5 compris entre 1 200 et 1 300 et 5 autres qui ne sont pas supérieurs à la moyenne vulgaire (1360 grammes).

Or, parmi ces 10 cerveaux, 6 appartenaient à des vieillards, dont 5 étaient âgés de 70 à 79 ans. Les cerveaux de DÖLLINGER et de HARLESS n'ont été pesés qu'après une conservation de plusieurs années dans l'alcool; il s'agit d'une simple évaluation, de sorte que, étant donné les deux énormes causes d'erreur indiquées, ces deux cas devront être rayés de la liste. Pour TIEDEMANN et LIEBIG l'atrophie était telle qu'elle fut notée à l'autopsie (BISCHOFF 1880). Le minéralogiste HAUSSMANN avait soixante-dix-sept ans, ce qui enlève toute valeur à la citation particulière de son cas. Reste valable, parmi les chiffres inférieurs à 1 300 grammes, celui de GAMBETTA, fixé par MATHIAS DUVAL avec une approximation que je considère comme très suffisante. J'ai interprété ce cas spécialement (1888) et l'on verra plus loin qu'il n'infirme en rien la valeur physiologique du poids cérébral.

Parmi les autres chiffres, compris entre 1300 grammes et 1360 grammes figurent, encore ceux de deux vieillards, BENNETT et FALLMEREYER. Restent le philologue HERMANN dont le chiffre est à peu près moyen et le sculpteur SENZEL que j'ai introduit moi-même dans la liste parce qu'il avait du talent dans son art, mais sans être certain, pour cela, qu'il eût une intelligence supérieure à la moyenne.

Dans la liste des poids déduits de la capacité crânienne; figurent parmi les poids de 1300 à 1360 plusieurs noms dont l'illustration n'est peut-être pas mieux justifiée; mais, en l'absence de renseignements suffisants, je ne me suis pas cru en droit d'éliminer un seul crâne de la collection de GALL. J'ai cubé tous ces crânes, bien que GALL lui-même n'ait probablement attribué à un certain nombre de leurs possesseurs que des particularités intéressantes pour son système plutôt qu'une véritable supériorité intellectuelle. Notre 2e série n'en comprend pas moins une forte majorité d'hommes réellement distingués à des titres divers. Si l'on veut former avec les deux listes une série unique dans laquelle on introduira seulement des noms de choix, une série sévèrement triée, on verra les exceptions apparentes dont nous venons de parler disparaître à peu près complètement.

Ce n'est point grâce à leurs défectuosités que nos deux séries démontrent l'existence d'une relation assez étroite entre le volume du cerveau et l'intelligence; c'est malgré ces défectuosités qui proviennent, en grande partie, de ce que l'on a voulu éviter le reproche d'avoir éliminé systématiquement certains cerveaux d'un médiocre volume.

Pour quiconque tiendra compte des faits ci-dessus exposés, la relation dont il s'agit ne sera pas moins évidente que celle qui existe entre la grosseur des muscles et la force musculaire. Cette dernière relation ne sera pas niée sous le prétexte que l'on voit des individus fortement musclés n'accomplissant que peu de travail, tandis que d'autres, dont les muscles sont très ordinaires, accomplissent des « tours de force » plus ou moins remarquables. L'ordre des fonctions intellectuelles a aussi ses gymnasiarques, ses équilibristes, jongleurs et acrobates, sans parler des œuvres de patience. Celles-ci peuvent atteindre une très haute valeur scientifique ou littéraire sans que leurs auteurs aient nécessairement dépensé une intelligence supérieure à la moyenne. Il faut songer à l'énorme influence de l'éducation, de l'instruction de la spécialisation et de diverses conditions de milieu sur la valeur productive des intelligences de tout rang. Même sans invoquer la chance de succès que procure à nombre d'individus convenablement placés leur nullité même. BROCA faisait observer à GRATIOLET que la robe de professeur n'est pas un signe irrécusable de haute intelligence. J'ajoutais (1883, 286) qu'il faut se garder, en pareille matière, de mesurer la valeur intellectuelle d'un homme à l'importance des événements auxquels il a été mêlé et dont il a pu être la cause, alors que son mérite intrinsèque n'a souvent joué qu'un rôle très restreint, voire nul ou même négatif, dans la production de ces événements. Ce sont surtout les hommes d'État et les généraux que l'on est porté à grandir démesurément lorsqu'on oublie le jeu propre des phénomènes sociologiques.

Il est, certes, difficile de savoir à quoi s'en tenir sur la valeur intrinsèque, physiologique, de chacun des personnages compris dans nos listes d'hommes distingués. Dans leur ensemble ils constituent indubitablement une série supérieure à un certain degré, et c'est seulement à ce degré que correspond la supériorité cérébrale constatée, car nous n'avons nullement comparé une collection de génies à une collection d'imbéciles.

Dans la série de choix se trouvent un certain nombre d'individus d'intelligence moyenne, très probablement, tandis que les séries de Parisiens quelconques renfermaient non moins vraisemblablement un certain nombre d'individus très bien doués cérébralement, mais psychologiquement incultes. La différence de 150 grammes environ trouvée entre les deux moyennes ne représente donc pas exactement la supériorité pondérale correspondant à la supériorité intellectuelle d'un homme très bien doué sous ce rapport sur un homme moyennement doué. On verra d'ailleurs, un peu plus loin, que la supériorité intellectuelle est en rapport avec diverses conditions anatomiques et physiologiques indépendantes de la supériorité pondérale. Il n'en est pas moins évident que cette supériorité pondérale doit correspondre à des conditions de supériorité physiologique des plus importantes, puisqu'elle fait si rarement défaut dans une série, déjà considérable, d'hommes distingués à des titres et à des degrés très divers.

Puisque parmi ces hommes choisis, les uns étaient très grands et robustes, les autres très petits, puisque leur supériorité intellectuelle pouvait dépendre pour une part plus ou moins grande de conditions indépendantes de la supériorité pondérale et même de conditions étrangères à l'organisme, il serait superflu de s'arrêter ici à l'objection faite maintes fois que, dans notre série distinguée, on peut observer un défaut de proportionnalité entre le poids encéphalique et la valeur intellectuelle.

Hypermégalie cérébrale. — Ici, pourtant, se pose la question de savoir si les poids encéphaliques extrêmement élevés, qui ne se rattachent pas au reste de la série, sont pourtant normaux. Leur authenticité a même paru douteuse en ce qui concerne Byron et Cromwell, mais le cas de Cuvier et celui de Tourguénef sont venus trancher au moins la question de possibilité.

L'ensemble de cette série montre d'ailleurs qu'il ne s'agit point là d'un jeu du hasard, car la supériorité se continue d'un bout à l'autre avec une régularité non moins parfaite, que si l'on comparait une série d'Européens à une série de Néo-Calédoniens. Cette régularité indique sûrement l'intervention d'un facteur nouveau, différent du facteur taille. Ce nouveau facteur pourrait même être considéré comme plus influent que la supériorité de taille, d'après la comparaison des trois courbes entre elles, si l'on était certain que l'influence du facteur taille fût entièrement hors de cause dans la supériorité de la troisième série.

Il a été dit que, dans son enfance, Cuvier aurait été atteint d'hydrocéphalie. Cependant E. Rousseau, dans son rapport médical sur l'autopsie de Cuvier, dit que le crâne « est un des plus réguliers qu'il ait vus ». Il dit aussi que les parois en étaient « généralement peu épaisses et même assez minces en divers endroits », paroles qui ont été regardées à tort comme confirmatives de l'hydrocéphalie. Mais un grand cerveau chez un homme de taille ordinaire entraîne très régulièrement les caractères observés par E. Rousseau. Et cet observateur n'eût pas déclaré parfaitement régulier un crâne déformé par l'hydrocéphalie.

Enfin Bérard écrit qu'aucune des personnes présentes à l'autopsie (Dupuytren, Orfila, Duméril etc.), « n'avait mémoire d'avoir vu un cerveau aussi plissé, des circonvolutions aussi nombreuses et aussi pressées, des anfractuosités si profondes ». Tant qu'elle ne sera pas mieux justifiée, l'hypothèse de l'hydrocéphalie de Cuvier devra être considérée comme douteuse. Pourtant il se pourrait qu'une hydrocéphalie guérie favorisât l'agrandissement du cerveau.

J'ai dû insister sur cette importante question, mais je n'en crois pas moins probable que les poids cérébraux atteignant 1800 et 2 000 grammes chez des hommes d'une taille ordinaire comme Cuvier sont irréguliers sous quelque rapport, dont la nature sera sans doute révélée par l'histologie. Les poids beaucoup moindres, notés chez des hommes dont la puissance intellectuelle paraît avoir été de premier ordre, semblent indiquer la possibilité d'une réalisation plus économique, en quelque sorte, de la supériorité cérébrale quantitative. Il existe un gigantisme cérébral irrégulier comme le gigantisme général, et dont la cause n'est pas mieux connue. Mais l'un et l'autre sont compatibles, dans certains cas, avec une supériorité fonctionnelle.

Le gigantisme cérébral des Cuvier, des Cromwell, etc., est tout autre que celui des géants par la stature, car ceux-ci sont loin de briller par leur intelligence, et ils n'ont pas, d'ailleurs, des cerveaux d'un volume suffisant pour leur taille.

Le géant Joachin (Musée Broca) qui, par exception, était bien proportionné avec une taille de 2m,10, avait un poids encéphalique de 1 735 grammes, poids trop faible pour son énorme corps d'après le procédé d'analyse que l'on trouvera plus loin. Aussi était-il peu intelligent, bien que moins mal doué sous le rapport du poids cérébral que les géants ordinaires. Ce fait tend à prouver que le gigantisme cérébral en rapport avec la taille est différent du gigantisme cérébral de Cuvier. Le premier est supérieur au point de vue de la motricité, le second au point de vue de l'intelligence, et tout concourt à démontrer que la supériorité intellectuelle correspond à un plus grand accroissement encéphalique que la supériorité motrice, comme on le verra plus loin et comme peuvent le faire pressentir les tableaux précédents. Une série choisie d'après la taille donne une moyenne de poids encéphalique très inférieure à celle que donne une série choisie d'après la distinction intellectuelle. La première série aurait pour sommet le géant Joachim avec un cerveau de 1 735 grammes. La deuxième se termine par cinq poids supérieurs à ce chiffre.

Quand les deux influences se superposent, c'est-à-dire quand une intelligence supérieure coïncide avec une forte stature, comme chez Tourguénef, l'énormité du poids encéphalique est peut-être régulière. Diverses raisons portent à croire que l'accroissement en rapport avec l'intelligence est d'autant plus considérable que l'encéphale est déjà plus accru par la taille, de sorte que pour réaliser une même supériorité intellectuelle chez un homme de faible stature, toutes conditions égales d'ailleurs, il n'y aurait pas besoin d'un accroissement de volume encéphalique aussi grand que chez un homme de forte taille. Cela se conçoit assez facilement si l'on considère que l'accroissement cérébral en rapport avec la taille porte sur toutes les parties du cerveau, bien qu'à des degrés divers. Il s'en suit qu'un accroissement de complexité entraînera un accroissement de poids d'autant plus grand que le cerveau sera d'ailleurs plus volumineux.

Inversement, l'accroissement du cerveau déterminé par l'accroissement de la masse du corps sera d'autant plus considérable que l'appareil cérébral sera plus compliqué.

Cette explication me paraît pouvoir être étendue jusqu'aux cas d'hypermégalie cérébrale dans lesquels, comme dans le cas Cuvier, la stature était très ordinaire; à la condition que le sujet soit issu de parents d'une taille très supérieure. Car, en vertu de la rapidité du développement cérébral, un homme issu d'un père ou aïeul de très forte stature peut hériter d'un encéphale très grand dont le volume se trouve réalisé pour une très large part, vers l'âge de 10 à 15 ans, de sorte que si, pour une cause quelconque, la masse du corps reste très inférieure au niveau paternel, l'encéphale n'en est pas moins très volumineux. Je ne puis citer de chiffres à l'appui de ce fait parce que les observations qui me l'on révélé ont toujours dû être, jusqu'à présent, complétées par des questions adressées aux personnes dont je mesurais les diamètres céphaliques. Toutefois, si l'on demande à un homme instruit, présentant des dimensions craniennes un peu extraordinaires pour sa taille, s'il est resté très inférieur à ses parents de même sexe que lui sous le rapport de la taille ou de la carrure, on peut attacher une sérieuse valeur à la réponse quand elle est nettement affirmative ou négative. Sans doute il y a des exceptions, puisque des causes pathologiques diverses peuvent influencer le volume du cerveau ou l'épaisseur des parois du crâne, et il ne s'agit pas ici de l'interprétation de tel ou tel cas particulier. Il s'agit de la possibilité d'hériter d'un volume encéphalique réalisé sous l'influence d'une forte taille de l'ancêtre sans posséder soi-même une taille aussi forte. Un enfant hérite, par exemple, d'une tendance paternelle à l'accroissement cérébral en rapport avec une forte taille; il hérite en même temps d'une tendance maternelle ou atavique à un degré de complexité cérébrale supérieure; s'il n'atteint pas la taille de son père, il pourra néanmoins atteindre, grâce à la précocité du développement cérébral et à la combinaison des deux qualités héritées, un volume encéphalique égal et même supérieur à celui de son père. Alors son cerveau sera-t-il, au point de vue intellectuel, supérieur à ce qu'il eût été sans l'accroissement déterminé par la tendance paternelle? Rien n'oblige à le croire, de sorte que l'individu en question pourra n'être pas mieux doué intellectuellement avec son gros cerveau qu'il ne l'eût été avec un volume cérébral strictement en rapport avec sa propre taille.

Nous sommes ainsi amené à considérer le poids cérébral extraordinaire de certains hommes supérieurs comme excessif, en égard à leur supériorité intellectuelle, ce poids étant déterminé sous l'influence d'une forte taille réalisée ou non. Dans le dernier cas, il y aurait histologiquement un défaut d'économie, puisque la même somme fonctionnelle est supposée pouvoir exister chez un individu de même taille réelle et à volume cérébral moindre.

Nous aboutissons ainsi théoriquement à regarder comme possible et probable l'existence, dans une même espèce animale, de cerveaux constitués plus ou moins économiquement.

Il ne faut pas ériger en dogme l'opinion très répandue d'après laquelle « la Nature » opère biologiquement toujours avec le maximum d'économie. La conséquence théorique ci-dessus trouve d'ailleurs, comme on l'a déjà vu (p. 679), sa confirmation dans plusieurs faits notés par Ramon y Cajal. Il est probable que l'on découvrira dans les cas d'hypermégalie cérébrale, tels que ceux dont nous venons de parler, un défaut, d'économie histologique par rapport à l'économie moyenne de la race. Dans cette direction, il est à présumer que les belles recherches de Ramon sont destinées à éclairer considérablement plusieurs des questions ici traitées.

Relations générales entre l'intelligence et le poids du cerveau. — D'après les remarques et considérations précédentes, il serait absurde de croire que le poids du cerveau peut servir à mesurer l'intelligence, mais l'ensemble des faits acquis n'en établit pas moins l'existence d'une relation importante entre ces deux choses, aussi bien qu'entre le poids du cerveau et la masse active de l'organisme. La différence pondérale correspondant à une certaine différence intellectuelle peut être tantôt plus, tantôt moins grande, puisque l'élévation du poids cérébral n'est évidemment pas la seule condition avantageuse au point de vue du développement intellectuel.

Mais on considère trop simplement l'intelligence, quand on prétend l'évaluer d'après ses produits. Considérée *in abstracto*, l'intelligence peut être définie (H. Spencer) une correspondance entre des relations internes et des relations externes, mais au point de vue physiologique où nous sommes ici placé, il s'agit surtout des conditions cérébrales grâce auxquelles s'établit plus ou moins facilement et plus ou moins largement cette correspondauce. Or il n'est pas douteux que ces conditions anatomo-physiologiques varient beaucoup en puissance effective, suivant qu'elles sont mises ou non en valeur par des conditions extérieures, notamment par l'éducation et l'instruction, à tel point qu'il n'est pas moins nécessaire de tenir compte de ces dernières conditions dans l'évaluation des virtualités intellectuelles que de tenir compte de la taille dans l'interprétation du poids brut de l'encéphale. Un simple ouvrier, un pauvre campagnard auront beau acquérir un haut degré de correspondance dans leur vulgaire milieu, leur correspondance aura beau être étendue en variété et complexité dans ce milieu, on ne saurait demander à leur intelligence de suppléer au défaut d'instruction, tandis qu'un homme très médiocrement doué cérébralement pourra acquérir en quelques années une foule de relations internes d'un ordre plus élevé dont l'acquisition première a été le fruit de longs siècles de travail et des efforts réunis d'une multitude d'investigateurs. Chacun de ceux-ci n'a contribué que pour une faible part à l'accroissement du fonds réalisé; encore a-t-il fallu pour cela le concours de bien des conditions extérieures dont la réunion est d'autant plus fréquente que la civilisation est plus avancée.

De plus, à mesurer que s'accroissent les progrès scientifiques, industriels, artistiques, les individus qui ne sont point placés dans les conditions sociologiques nécessaires pour la connaissance et l'utilisation de ces progrès deviennent d'autant plus arriérés et plus incapables de contribuer à l'avancement des sciences, des arts et de l'industrie. Quelle que puisse être leur supériorité cérébrale, elle ne se manifestera donc que par l'acquisition d'une correspondance intellectuelle supérieure par rapport à la correspondance communément réalisée par la moyenne des individus placés dans des conditions semblables. Des campagnards et même des ouvriers citadins, admirablement doués, risquent fort d'être considérés comme des imbéciles si on les examine en dehors de leur milieu, tandis que le premier cuistre venu, pour peu qu'il ait été frotté de science ou de littérature et qu'il s'adonne aux « travaux de l'esprit », sera facilement rangé parmi les intelligents et ne manquera pas de se classer lui-même comme « intellectuel ». Mais un fait, entre beaucoup d'autres, montre que l'acquisition de la correspondance intellectuelle des paysans et des ouvriers constitue, elle aussi, un « travail de l'esprit » au même titre que les occupations scientifiques ou littéraires ; c'est que, parmi ces agriculteurs et ces ouvriers, naissent des enfants capables de devenir, moyennant des conditions extérieures favorables, des hommes illustres en toutes sortes de choses.

Il ne faut donc pas considérer, comme arguments valables contre la valeur physiologique du volume cérébral, les poids encéphaliques très élevés que l'on rencontre dans toute série tant soit peu nombreuse formée dans les hôpitaux. Il se peut que, dans certains cas, il s'agisse d'altérations pathologiques ou bien de tailles athlétiques ou bien même de cerveaux réellement doués de ce même genre de supériorité qui se traduit par l'élévation considérable du poids de l'encéphale dans une série d'hommes distingués.

THURNAM (cité par CH. BASTIAN, II, 30) dit que sur 157 cerveaux écossais pesés par PEACOK, il y en a 4 de 1 728 à 1 778 grammes qui appartenaient tous, en apparence, à des artisans; l'un était marin, un autre imprimeur, un autre tailleur. — On ne pouvait s'attendre évidemment à ce que les cerveaux les plus lourds d'une série formée à l'hôpital, appartinssent à des hommes illustres. — Rien ne montre, ajoute THURNAM, que ces individus se soient distingués de leurs camarades par des facultés supérieures. Mais il eût été intéressant de s'enquérir à ce sujet sans oublier la taille et sans oublier aussi que la supériorité intellectuelle dont avaient joui peut-être ces artisans pouvait se manifester d'une façon peu propre à attirer l'attention publique.

CH. BASTIAN cite un autre cas extraordinaire publié par JAMES MORRIS (*Brit. med. journ.*, 1872, 465), cette fois avec un peu plus de renseignements. Il s'agit d'un cerveau pesant plus de 1 900 grammes et d'apparence normale d'ailleurs. La taille du sujet était de 5 pieds 9 pouces; il était solidement charpenté. C'était un briqueteur âgé de trente-huit ans et mort de pyhémie à l'hôpital. On put savoir seulement qu'il avait quitté son village natal et changé de nom à cause de quelque histoire de braconnage, qu'il n'était pas très sobre, avait une bonne mémoire et était entiché de politique. Il ne savait ni lire ni écrire. « Quelles qu'aient donc pu être ses capacités virtuelles, il est évident qu'il n'avait pas beaucoup d'acquis, » ajoute MORRIS.

Il est très possible que, dans ce dernier cas, l'élévation du poids de l'encéphale ait été en rapport avec une taille athlétique et en même temps avec de « grandes capacités virtuelles », car c'est alors que le cerveau peut présenter régulièrement un volume énorme.

L'exercice doit être la condition essentielle du perfectionnement cérébral, sa condition première. L'augmentation de volume du cerveau, en tant que corrélatif à l'accroissement intellectuel, doit avoir pour cause primitive précisément l'exercice de ces mêmes fonctions à la supériorité desquelles elle contribue une fois réalisée. Par le fait même que la corrélation dont il s'agit est démontrée, nous devons considérer comme évidente l'influence de l'exercice des fonctions intellectuelles sur l'accroissement cérébral. Mais comment saisir et évaluer cet accroissement chez l'individu? Il faudrait comparer entre eux des groupes de sujets dont toutes les autres conditions d'accroissement cérébral seraient identiques (hérédité, classe sociale, genre de travail, âge, taille et carrure, etc.); et dont les uns travailleraient beaucoup cérébralement, tandis que les autres travailleraient peu. Mais il n'est pas facile d'évaluer l'exercice de l'intelligence. Formerait-on des groupes d'après tel ou tel genre d'études? Mais on ne connaît pas la quantité de travail fonctionnel exigé par les différents genres, et rien ne prouve qu'un individu *entraîné* dans une certaine direction a plus exercé l'ensemble de son appareil cérébral qu'un autre individu qui aura pu accomplir, sans surmenage, un travail peut-être plus général et en même temps plus fructueux au point de vue du développement physiologique et anatomique.

Si l'on tient compte de ces considérations l'on ne regardera pas comme démonstratives de l'influence de l'éducation et des études classiques sur le volume de l'encéphale les mesures céphaliques comparatives effectuées sur des groupes de jeunes gens des écoles aux diverses années de leur scolarité, ou bien sur des groupes d'étudiants des universités comparés à des groupes de jeunes gens sans instruction, ou encore sur des soldats pourvus d'une instruction primaire comparés à des soldats ne sachant point lire.

Ces diverses comparaisons peuvent seulement contribuer à établir l'existence d'une relation entre le développement intellectuel considéré en général et le volume du cerveau, relation qui, je le répète, n'en implique pas moins l'influence de l'exercice fonctionnel du cerveau sur l'accroissement de celui-ci. Cet exercice seul peut être la cause originelle de la supériorité du poids cérébral dans les séries d'individus plus ou moins distingués. Cette supériorité anatomique a nécessairement une origine fonctionnelle, mais elle peut se transmettre héréditairement sans être mise en valeur chez les descendants; elle peut se maintenir et s'accentuer dans une race, une population, une classe sociale sous l'influence de divers modes de sélection, de sorte que les individus chez lesquels nous constatons cette supériorité peuvent être plus ou moins complètement étrangers à sa formation.

Il n'y a point, jusqu'à présent, de chiffres propres à indiquer un accroissement cérébral sous l'influence d'une grande activité intellectuelle chez un homme adulte. Cet accroissement ne pourrait être traduit que par une augmentation des diamètres de la tête mesurés d'une façon très rigoureuse et d'année en année sur des hommes choisis dont le reste du corps aurait complètement cessé de croître et dont l'augmentation de l'embonpoint ne pourrait être soupçonné d'être en cause dans l'augmentation nécessairement minime que l'on pourrait constater. Une augmentation de 1 ou 2 millimètres, portant sur une ou plusieurs dimensions, serait à considérer si l'on pouvait être certain que le bénéfice en appartînt au cerveau, mais cette condition me paraît très difficile à réaliser. Je possède quelques observations sur ce sujet, mais il n'est pas possible de les présenter ici avec les détails et discussions nécessaires. Elles concourent à montrer que le volume de l'encéphale est influencé comme le volume des muscles par l'activité fonctionnelle. Il ne faut pas, évidemment, faire des rapprochements aveugles entre le poids cérébral d'un individu et son intelligence ni surtout avec la valeur et la portée de ses œuvres, comme on l'a fait trop souvent, soit pour démontrer, soit pour infirmer la valeur physiologique du poids du cerveau. La question est des plus complexes et exige de nombreuses distinctions.

Cas pathologiques : Aliénés. Idiots. Microcéphalie. — Nous avons examiné jusqu'ici des séries d'individus qui, au point de vue du développement intellectuel, peuvent être considérés dans leur ensemble comme situés au-dessus de la limite inférieure de l'écart probable. Il semble, au premier abord, qu'après avoir comparé des séries supérieures à des séries d'hommes quelconques, on puisse trouver un nouvel élément d'appréciation dans la comparaison de ces séries d'hommes quelconques à des séries d'individus caractérisés par la perte ou l'infériorité native de leur intelligence. Mais cette comparaison, sans être dénuée d'intérêt, n'a que très peu de valeur au point de vue de la signification physiologique du volume du cerveau. Ici, en effet, l'infériorité de volume s'accompagne de lésions et de troubles pathologiques plus ou moins manifestes, et la supériorité de volume peut toujours être soupçonnée d'être, pour une part plus ou moins grande et non évaluée, en rapport avec des altérations anatomiques.

On confond sous le non d'aliénation mentale des maladies très diverses, qui peuvent affecter les individus les plus diversement doués au point de vue du volume du cerveau et au point de vue de l'intelligence, à part les troubles de celle-ci. Des aliénés, des épileptiques, etc., peuvent avoir une très forte taille ou posséder ou avoir possédé une intelligence supérieure. Il n'y a d'autre raison pour rattacher la supériorité du poids encéphalique chez certains aliénés ou épileptiques à leur maladie que le fait de rencontrer une forte proportion de ces malades dans la liste des cerveaux les plus volumineux. Or cette raison est sans valeur attendu que la plupart des statisticiens ont opéré surtout dans des asiles d'aliénés. Ils devaient donc trouver nécessairement aux deux extrémités de leurs listes, aussi bien que dans les portions médiocres, une forte proportion d'aliénés.

Le poids maximum a été rencontré chez un épileptique par Bucknill (1 830 gr.), par Tiedemann (1 784 gr.), par Wagner (1 783 gr.), par Thurman (1 760 gr.); chez un aliéné par Parchappe (1 750 gr.) et par Cr. Clapham (1 729 gr.). Il ne s'ensuit pas que les épileptiques aient, en général, un cerveau volumineux. D'après la statistique de BRA (1 882 gr.), le poids moyen du cerveau n'est pas supérieur dans le groupe de l'épilepsie et de la manie épileptique.

Chez les aliénés, d'après les statistiques de BOYD (1861) et de PEACOCK (1847), les moyennes du poids encéphalique par groupes d'âges ne fournissent aucun résultat concluant. D'après PARCHAPPE (1836) et THURNAM, le poids du cerveau tendrait plutôt à s'abaisser dans les formes les plus graves de l'aliénation. Dans la statistique de BRA et de DAGONET (1882), les aliénés sont divisés en plusieurs catégories; c'est celle des mélancoliques dont la moyenne = 1 414 grammes qui est la plus élevée. La manie aiguë donne également un chiffre élevée, mais il n'y a que douze cas masculins et dix féminins. Ici la congestion peut être mise en cause. D'après BUCKNILL, l'œdème et la dégénérescence graisseuse tendraient, au contraire, à diminuer le poids de l'encéphale.

La mesure de la capacité cranienne indique le volume maximum atteint par l'encéphale, sans que l'on sache si ce maximum a été réalisé ou non avant la maladie. AMADE (1882) a cubé de nombreux crânes d'aliénés : 195 masculins et 280 féminins, dont il a comparé la capacité à celle de 212 crânes du Musée national anthropologique de Florence. Cette comparaison indiquerait une légère supériorité en faveur des aliénés; mais elle ne fournit que des résultats douteux en raison de l'insuffisance des séries et de la diversité de leur provenance. Les groupes épileptiques n'ont rien présenté de particulier. Voici les moyennes :

	HOMMES.		FEMMES.	
	NOMBRE.	MOYENNES.	NOMBRE.	MOYENNES.
		c. c.		c. c.
Imbécillité	9	1 426	13	1 218
Épilepsie	16	1 479	7	1 358
Manie	38	1 544	47	1 370
Mélancolie	32	1 574	67	1 347
Pellagre	60	1 546	90	1 336
Démence	8	1 534	34	1 343
Démence sénile	10	1 598	8	1 330
Paralysie progressive	17	1 568	7	1 287
Alcoolisme	5	1 551	»	»
Hystérie	»	»	6	1 361

Les moyennes normales seraient 1 474 cc. pour les hommes et 1 316 pour les femmes.

D'après les tables de BOYD, DONALDSON (1895, p. 138) donne les moyennes suivantes concernant le poids de l'encéphale :

	HOMMES.		FEMMES.	
	NOMBRE.	ENCÉPHALE.	NOMBRE.	ENCÉPHALE.
		gr.		gr.
Manie	108	1 393	107	1 227
Manie récurrente	30	1 383	33	1 238
Mélancolie	52	1 355	68	1 261
Épilepsie	89	1 310	60	1 216
Démence	49	1 307	61	1 188
Paralysie générale	122	1 304	30	1 162
Démence sénile	29	1 259	12	1 226

Ce tableau ne laisse aucun doute sur le fait que l'épilepsie ne peut être mise en cause dans la surélévation du poids de l'encéphale.

Dans la démence sénile et dans la paralysie générale, il s'agit d'une atrophie et d'une destruction bien connues qui caractérisent anatomiquement ces deux états.

Dans la folie paralytique, PARCHAPPE (3e Mémoire) a noté la décroissance graduelle du cerveau à mesure que progresse la maladie.

Dans les conditions où ont été faites les statistiques, celles-ci établissent que la folie peut atteindre des individus à cerveau exceptionnellement volumineux, mais elles ne prouvent pas que ces individus soient plus exposés que les autres à la folie. TOPINARD (1885, p. 551) cite un aliéné dont l'encéphale pesait 1 700 grammes, et qui, dès son enfance avait la tête énorme. « Il avait été exempté du service militaire à cause du volume de sa tête; peu à peu apparurent les symptômes de l'aliénation... ce que je veux retenir de ce fait, c'est que l'aliénation y est *consécutive* au développement de la tête; le sujet est devenu fou *parce qu'il* avait trop de substance cérébrale. » On avouera que la démonstration laisse à désirer, mais il est possible qu'un accroissement exceptionnel du poids du cerveau soit dû, dans certains cas, à des processus plus ou moins périlleux, comme le pensait GRATIOLET.

Chez les idiots, en dehors de la microcéphalie avérée, la moyenne du poids de l'encéphale est abaissée d'après toutes les statistiques.

LÉLUT.	10 idiots ♂ de 24 à 47 ans : 975 à 1 380 gr.	MOYENNE.	1 218 gr.
THURNAM.	14 — masculins.	—	1 190 —
DOWN (THURNAM). . .	50 — des deux sexes, de 5 à 33 ans.	—	1 211 —
BRA.	5 idiots. Age moyen : 32 ans.	—	1 264 —

Mais déjà dans l'imbécillité franche l'infériorité pondérale peut être accompagnée d'altérations diverses. Celles-ci, en tout cas, ne semblent guère favorables à l'exagération du poids de l'encéphale. On trouve seulement dans la liste de LÉLUT un poids maximum de 1 380 grammes, — dans celle de DOWN un de 1 404 grammes. CR. CLAPHAM cite un cas de 1 530 grammes.

Quant à la *microcéphalie* proprement dite, elle entraîne toujours l'idiotie. Cette monstruosité consiste en un arrêt de développement cérébral survenu pendant la vie fœtale ou peu après la naissance et entraînant, en conséquence, aussi bien une infériorité morphologique et histologique qu'une supériorité de volume. Un certain accroissement peut, néanmoins, se produire jusqu'à un âge variable et indéterminé, mais le poids définitivement atteint n'en reste pas moins toujours très inférieur à la moyenne. Il peut rester, à l'âge adulte, au-dessous de 300 grammes.

La constitution interne du cerveau dans la microcéphalie est considérée comme présentant des altérations susceptibles de contribuer à l'inertie intellectuelle. La croissance générale du corps est elle-même compromise, ainsi que la force musculaire. Cependant on a vu des microcéphales dont la taille était normale. Le microcéphale Edern, complètement idiot, était « très grand et très vigoureux ». Cependant, d'après un moulage conservé au Musée Broca, son cerveau devait avoir un poids inférieur à 400 grammes. Ce cerveau fut présenté par BROCA à la Société d'Anthropologie, mais la notice ne paraît pas avoir été publiée. CUNNINGHAM (Dublin, 1895) a aussi observé un microcéphale de très haute taille (5 pieds 9 p.) dont l'intelligence était à peu près réduite à ses réflexes cérébraux.

Une question intéressante ici est celle de savoir s'il existe une limite au-dessous de laquelle le volume du cerveau est incompatible avec une intelligence normale. Cette question ne me paraît pas comporter de solution nette, puisqu'il n'y a pas d'échelle établie pour l'intelligence entre la moyenne ordinaire et l'idiotie. BROCA constatait (1861, Mém. I, 172), dans la liste des pesées de WAGNER, que la limite inférieure des cerveaux d'adultes sains et non idiots était jusqu'alors de 975 grammes pour les femmes et 1 133 grammes pour les hommes, mais il ne considérait évidemment pas ces chiffres comme définitifs, puisqu'ils pouvaient dépendre des hasards d'une statistique très limitée. TOPINARD, alléguant un besoin de symétrie dans les nomenclatures, prit le parti de « considérer définitivement comme variations anormales toutes celles au-dessous de 1 000 grammes en commençant par 999 » (1885, 556). Tant pis pour la réalité si elle se met en désaccord avec un nombre aussi rond!

Mais puisque la taille influe considérablement sur le poids de l'encéphale, comme on l'a vu plus haut, un poids de 1 000 grammes étant supposé suffisant pour une taille minime deviendra microcéphalique pour une taille supérieure en dépit de la nomenclature.

La taille diminuant jusqu'à descendre au-dessous de un mètre, l'intelligence peut rester néanmoins normale et même supérieure à la moyenne, comme le montrent le cas du célèbre Tom Pouce, celui du gentilhomme polonais Barwilowski, celui du nain A. Tuaillon, que j'ai décrit en 1896, etc. Jusqu'à quel chiffre peut s'abaisser, chez les nains de cette sorte, le poids du cerveau? On ne possède pas, à ce sujet, d'observations suffisantes. On en trouvera difficilement de démonstratives parce que les nains ne sont pas fils de nains et parce qu'ils peuvent avoir hérité, en conséquence, d'un volume cérébral correspondant à une taille très supérieure à la leur (v. plus haut, p. 693), sans avoir pu réaliser cette taille. La question sera examinée plus loin théoriquement.

En tout cas, la microcéphalie proprement dite s'accompagne de caractères morphologiques en l'absence desquels on n'est pas en droit, jusqu'à plus ample informé, de considérer un individu comme microcéphale. J'ai montré (1885) que, parmi les crânes d'un volume inférieur à 1 200 centimètres cubes, capacité correspondant à un poids encéphalique de 1 040 grammes environ, les uns présentent une forme inférieure tendant vers la forme des idiots microcéphales, tandis que les autres présentent simplement une exagération des caractères opposés liés à l'exiguité de la taille et à l'élévation du poids relatif de l'encéphale. Tant que ce poids relatif monte au lieu de s'abaisser, en même temps que diminue le poids absolu de l'encéphale, la forme du crâne s'éloigne de la forme microcéphalique au lieu de s'en rapprocher. Mais si la région frontale diminue par rapport à l'ensemble du crâne, et si celui-ci diminue par rapport à la face, alors c'est que la diminution de la taille n'est plus seule en cause dans l'amoindrissement du volume du cerveau. Je dois ajouter que presque tous les crânes d'une capacité inférieure à 1 000 centimètres cubes que j'ai vus jusqu'à présent m'ont paru ne point posséder la supériorité de forme qui indiquerait la compatibilité de leur petitesse avec une intelligence moyenne. Mais un degré moyen d'intelligence est déjà loin de l'imbécillité. Il y a sans doute une limite de volume au-dessous de laquelle un cerveau humain ne possède plus la place nécessaire au nombre et à la complexité des organes élémentaires et centraux que comporte une intelligence moyenne dans son ensemble, et quelle que soit l'exiguité de la masse du corps. Cette limite est inconnue, mais, en fait et toutes conditions égales d'ailleurs, nous ne connaissons aucun cas démontrant la possibilité d'une intelligence moyenne chez un homme, si petit qu'il soit, avec un cerveau d'un poids de 1 000 grammes.

Sexe. — Les auteurs qni ont interprété physiologiquement les variations sexuelles du poids de l'encéphale, sans analyse suffisante, n'ont pas manqué de rattacher à une infériorité intellectuelle l'infériorité pondérale du cerveau féminin.

Cette infériorité pondérale est assez exactement connue pour diverses populations européennes dont les moyennes ont été calculées sur des séries suffisantes. Chez les Parisiens de vingt à soixante ans j'ai obtenu comme différence sexuelle 148 grammes d'après les registres de Broca. Cette différence est de 141 grammes d'après la statistique allemande de Bischoff; elle est de 142 en Écosse (Peacock) de 133 en Angleterre (Boyd). La variabilité de ces résultats peut tenir à des causes diverses, à des conditions de pure statistique. On peut admettre comme résultat moyen qu'en Europe le poids du cerveau féminin est au masculin : : 90 : 100.

La différence est-elle la même chez les peuples non civilisés? Il faudrait, pour le savoir, posséder des séries capables de fournir des moyennes stables. Jusqu'à présent les séries sont insuffisantes, mais elles montrent, dans leur ensemble, que la proportion ci-dessus de 90 p. 100 varierait, suivant les races, trop faiblement pour donner lieu à des essais d'interprétation physiologique convenablement motivés. Il semble seulement que, chez les peuples de petite taille, la différence sexuelle du poids de l'encéphale tende à diminuer un peu comme la différence sexuelle de la taille. D'après mes cubages (1883, 233 et 262) de crânes polynésiens, la différence sexuelle du poids de l'encéphale = 164 grammes serait un peu plus grande dans cette race de très forte taille qu'à Paris.

Polynésiens. .	110 hommes.	Crâne . .	1 587 c. c.	Encéphale. .	1 380 gr.
	55 femmes.	— . .	1 397 —	— . .	1 216 —
				Diff.	164 gr.

De même que les Polynésiens, en raison de leur énorme taille, arrivent à dépasser un peu le poids de l'encéphale des Parisiens, les Polynésiennes dépassent aussi les Françaises. Elles dépassent même les Bengalis *masculins* de l'Hindoustan, dont la moyenne, d'après les cinquante crânes que j'ai cubés, serait seulement de 1 184 grammes.

On sait que ces Bengalis sont de très chétive stature, et il est intéressant de voir la différence sexuelle du poids de l'encéphale renversée lorsque la différence de la taille *et de la carrure* est en faveur du sexe féminin. Il s'agit ici de deux races différentes, mais tout concourt à nous faire admettre l'identité des causes de variation du poids cérébral dans toutes les races humaines.

La différence sexuelle de masse du corps suffit-elle à expliquer la différence de poids encéphalique sans faire intervenir une différence intellectuelle? C'est là une question assez compliquée pour le détail de laquelle je suis obligé de renvoyer le lecteur à mon mémoire de 1883.

On a vu plus haut qu'à intelligence égale les espèces, races et groupes d'individus ont un poids encéphalique *relatif* d'autant plus élevé qu'ils sont de plus petite taille. D'après cette loi générale, dont l'explication sera donnée plus loin, l'hypothèse de l'égalité intellectuelle des sexes implique, chez la femme, un poids cérébral relatif non seulement égal, mais encore supérieur à celui de l'homme. Telle est la première nécessité à laquelle me conduisit l'étude de la question (1883).

A cette époque le sexe féminin était considéré comme inférieur par le poids relatif aussi bien que par le poids absolu du cerveau, soit que ce poids fût comparé à la taille, soit qu'on le comparât au poids du corps.

D'après les diverses statistiques européennes, la femme était à l'homme par la taille ou le poids du corps : : 92 à 94 : 100, tandis que, par le poids de l'encéphale, elle était seulement : : 87 à 91 : 100.

Il ne pouvait être douteux que cette différence était due, au moins en partie, à la différence de masse du corps, aussi bien que l'infériorité des hommes de petite taille par rapport aux hommes de grande taille. Mais on ne pouvait baser aucune évaluation sur la longueur du corps, cette dimension étant loin de représenter la masse active totale de l'organisme, surtout lorsqu'il s'agit d'êtres aussi différents sous le rapport de la carrure et du développement musculaire que le sont l'homme et la femme. Une évaluation de ce genre eût évidemment constitué une erreur géométrique, anatomique et physiologique. Cette triple erreur n'en fut pas moins commise par Topinard (1885, 561) dans son empressement à appliquer à l'étude du poids de l'encéphale un procédé d'analyse que j'avais indiqué en janvier 1882 et qu'il semble n'avoir pas compris. Croyant qu'il s'agissait simplement d'une « question de règle de trois », cet auteur évalua à 56 grammes le déficit du cerveau féminin, pour tenir compte de la taille. Ce chiffre ne représente absolument rien, sinon l'erreur qui devait être relevée ici à cause de sa diffusion par un livre d'enseignement.

Pour obtenir des chiffres représentant plus correctement que la longueur et le poids total du corps, la masse active de l'organisme dans les deux sexes, et représentant cette masse plus spécialement au point de vue de la fonction motrice du cerveau, j'entrepris de longues recherches sur le poids du squelette à l'état sec et de ses diverses parties, notamment sur le poids du crâne, du fémur et de la mandibule, parce que ces trois parties représentent indirectement le développement d'appareils divers méritant chacun une considération spéciale dans la question étudiée. Parmi les résultats exposés dans mon mémoire (1882) les suivants doivent trouver place ici, parce qu'ils m'ont révélé la supériorité du poids relatif de l'encéphale dans le sexe féminin.

Le poids du crâne est influencé par le volume de l'encéphale et par la masse générale du squelette, de sorte que si on le compare au poids des fémurs (indice cranio-fémoral), il représente le développement de l'encéphale; — et, si on le compare au volume de l'encéphale (indice cranio-cérébral), il représente le développement squelettique.

Or j'ai trouvé que le poids du crâne est beaucoup plus élevé dans le sexe féminin relativement au poids fémoral. Sous ce rapport, la femme est comme un homme de très petite taille; elle se rapproche de l'enfant dont le poids cérébral relatif est le plus élevé.

J'ai trouvé, en outre, que le poids de l'encéphale est plus élevé dans le sexe féminin relativement au poids du crâne, autre caractère qui rapproche la femme de l'enfant, toujours à cause de l'élévation du poids relatif de l'encéphale (1882).

Enfin, étudiant les caractères morphologiques du crâne en rapport avec l'élévation du poids relatif de l'encéphale, j'ai trouvé que ces caractères sont précisément les caractères typiques du crâne féminin. Par là, encore, la femme se rapproche de l'enfant, chez lequel le poids relatif de l'encéphale atteint son maximum (1882).

Il ne peut donc y avoir de doute au sujet de la supériorité du poids relatif de l'encéphale dans le sexe féminin. Cette supériorité n'était méconnue que par suite de l'emploi de termes de comparaison vicieux, tels que la longueur et le poids total du corps, pour représenter la masse active de l'organisme.

J'ai montré d'ailleurs directement (1882), par quelques autres comparaisons, que l'homme et la femme diffèrent beaucoup plus entre eux par le développement squelettique et musculaire, par la force musculaire et par la somme d'activité végétative que par le développement cérébral.

C'est ce que prouvent les chiffres suivants qui représentent les quantités féminines exprimées en centièmes des masculines.

	HOMME = 100. FEMME =	
Taille et poids du corps. . . .	88,5 à 94	(Divers).
Poids de l'encéphale	90,0	(BROCA et divers).
Poids du squelette (fémurs). .	62,5	(L. M., 1882).
CO^2 exhalé en 24 heures. . . .	64,5	(D'après des chiffres d'ANDRAL et GAVARRET, 1843, p. 3).
Capacité vitale (à 18 ans). . .	72,6	(PAGLIANI, 1876).
Force de serrement des mains.	57,1	(L. M., 1882).
Force de traction verticale . .	52,6	(QUÉTELET, 1869, p. 359).

Au point de vue du développement cérébral, la femme est donc, par rapport à l'homme, dans le même cas qu'un homme de très faible taille par rapport à un homme de très forte taille. Elle possède un cerveau absolument plus petit, mais relativement plus volumineux. J'ai dit plus haut que cette dernière condition était nécessaire pour qu'il y eût égalité intellectuelle entre la femme et l'homme; mais cette condition est réalisée dans une très large mesure. Cette mesure est-elle surabondante ou insuffisante? c'est une question qui ne peut être tranchée en l'état actuel de nos moyens d'évaluation, soit de la quantité du cerveau, soit de l'intelligence.

Pour le moment la supériorité du poids cérébral absolu appartenant à l'homme et la supériorité du poids relatif à la femme, aucun des deux sexes ne peut revendiquer pour lui la prééminence au point de vue du développement cérébral quantitatif.

C'est là un fait assez important pour qu'on doive l'examiner d'aussi près que possible. Il importe de montrer que d'après les données actuellement existantes l'infériorité du poids absolu du cerveau féminin est compensée très probablement d'une façon complète par la supériorité du poids relatif.

D'après les chiffres proportionnels représentant diverses quantités féminines comparées au mêmes quantités masculines (tableau ci-dessus), on a vu que, sous le rapport de sa masse organique réelle elle diffère de l'homme beaucoup plus que ne l'indiquent les différences sexuelles de la longueur et du poids du corps. Au lieu de prendre une moyenne entre les rapports 52,6 : 100 et 72,6 : 100, admettons comme rapport général 80 : 100 afin d'être bien certains de ne pas avantager la femme dans notre comparaison. En ce cas, si la taille ou la longueur du corps représentait la masse organique d'une façon semblable dans les deux sexes, la taille moyenne féminine serait à la masculine : 80 : 100; elle serait donc $1^m,32$, au lieu de $1^m,52$. Cherchons maintenant, sans sortir du sexe masculin, à quelle différence de poids encéphalique correspondrait une différence de taille de 20 p. 100. Ici nous ne sommes plus autorisé à dire qu'en moyenne les autres dimensions du corps diminuent plus que la longueur; il est possible qu'au contraire elles diminuent moins, de sorte que les hommes de petite taille seraient plutôt plus avantagés que les grands sous le rapport de la carrure et de la force musculaire relatives.

Or, d'après notre relevé des chiffres de BROCA (tableau), les deux groupes masculins extrêmes, pour une différence de taille de $0^m,15$ = 8 p. 100 présentent une différence de poids encéphalique de 69 grammes.

Que deviendrait cette dernière différence si la première s'élevait à 20 p. 100 comme chez les femmes et toutes choses égales d'ailleurs ? Elle s'éléverait à 172 grammes.

Or la différence sexuelle du poids de l'encéphale est seulement de 150 grammes. L'avantage, d'après nos données actuelles, serait donc au sexe féminin.

Mais ces calculs ne comportent pas une précision satisfaisante, comme je l'ai déjà dit, et ils ne sont bons qu'à montrer approximativement la suffisance de la compensation de l'infériorité du poids absolu de l'encéphale féminin par la supériorité désormais incontestable du poids relatif.

La question qui vient d'être traitée est des plus propres à mettre en relief l'insuffisance de la longueur et du poids du corps pour représenter la masse musculaire soumise à l'influence du cerveau. Cette insuffisance n'a pu échapper à aucun observateur sérieux, mais on s'est contenté pendant très longtemps de l'une ou de l'autre de ces deux quantités facilement mesurables et que leur interprétation n'empêche pas de constituer des renseignements d'une réelle importance.

J'indiquai en 1882 la nécessité d'adopter un terme de comparaison plus rationnel représentant les parties actives du corps affectées aux mouvements sur lesquels le cerveau peut avoir une influence. Ces parties sont les muscles et spécialement ceux de la « vie de relation ».

Or les muscles sont sujets, comme le poids du corps, à des fluctuations énormes, surtout en cas de maladie ; mais de même que le développement cérébral est attesté par la capacité du crâne, le développement musculaire est attesté par les os qui présentent, en outre, l'avantage d'une conservation presque indéfinie. C'est pourquoi je fis choix du fémur comme étant l'os dont le poids représente le plus fidèlement le développement général du squelette (ce que j'ai montré en 1882) et du système musculaire par conséquent.

La question avait été comprise tout différemment par divers auteurs. Carl Vogt (1865) avait proposé de remplacer le poids du corps par une quantité sujette à des variations moins étendues, telle que la longueur de la colonne vertébrale. Mais l'insuffisance du poids du corps provient non pas de ce que ces variations sont trop étendues, mais de ce qu'elles sont souvent indépendantes et même en sens inverse de celles qui peuvent influer sur le poids du cerveau. Les variations de ce dernier poids doivent être évidemment comparées à celles des parties du corps dont le cerveau reçoit des impressions et qui reçoivent du cerveau des incitations.

Dans une discussion provoquée par la note que je communiquai à ce sujet à la Société d'Anthropologie (1882, 85-105), une manière de voir très analogue fut soutenue par Pozzi (101) qui proposait de peser quelques muscles, par exemple les pectoraux et les gastro-cnémiens. Parrot, de son côté (105), annonça qu'il avait préféré, dans ses recherches personnelles, s'adresser au système viscéral et qu'il avait choisi le cœur comme « représentant la valeur la plus fixe et comme étant l'organe le plus brutal ».

Parrot pesait des cerveaux de jeunes enfants, ce qui explique son choix ; mais chez l'adulte le poids du cœur est sujet à des variations si grandes et si indépendantes de celles du système musculaire considéré en général, qu'il ne présente réellement aucun avantage sur le poids du corps. En outre, le cœur est un muscle dont les fonctions appartiennent à la vie végétative, tandis que le cerveau régit bien plus spécialement les fonctions de relation. Il n'est pourtant pas étranger aux fonctions de nutrition, mais le poids du squelette ou du fémur représente nécessairement, outre le développement de l'appareil de la locomotion, le développement des organes de la nutrition dans la mesure où ces derniers suivent nécessairement le développement du système musculaire et, à plus forte raison, dans la mesure du développement de la fonction trophique du cerveau.

J'ai fait cette observation (1891, 516), à propos de l'appréciation des intéressants résultats obtenus par Ch. Richet (1891), en comparant au poids du cerveau le poids du foie et le poids du corps chez un grand nombre de chiens.

Ch. Richet montra que le poids du foie croît proportionnellement à la surface du corps, comme les combustions chimiques et la radiation calorique, mais que la quantité de cerveau par unité de surface du corps va en augmentant à mesure que cette surface diminue.

Ce dernier fait présente une certaine importance au point de vue de l'interprétation des variations pondérales du cerveau, car il prouve que ces variations ne sont pas plus proportionnelles aux variations de la surface qu'à celles du poids ou volume du corps, bien que la surface ne varie pas, elle-même, proportionnellement au poids. Les chiffres de CH. RICHET confirment, en même temps, la loi générale précédemment établie : que le poids ou le volume du corps augmentant, *cœteris paribus*, le poids absolu du cerveau augmente, mais non proportionnellement, de sorte que son poids relatif diminue.

Interprétation du poids cérébral. — L'interprétation de la loi ci-dessus resta, pendant un demi-siècle, un sujet d'embarras pour tous les anatomistes qui s'en occupèrent. DARESTE (1862) ne recula point devant une solution physiologique : il émit l'hypothèse que, dans un même groupe naturel, les petites espèces seraient plus intelligentes que les grandes et que, dans les espèces de grande taille, l'intelligence serait plus considérable pendant l'enfance que pendant l'âge adulte. Il y a dans cette hypothèse une part de vérité, car c'est pendant la jeunesse que l'animal acquiert la majeure partie de la correspondance intellectuelle dont il est capable; mais c'est là une une question d'activité, d'énergie du fonctionnement qui ne doit pas être confondue avec la question de développement quantitatif de l'appareil pensant. A chaque âge existent les différences quantitatives, spécifiques et individuelles, qu'il s'agit d'interpréter.

Ces différences, l'ensemble des résultats anatomiques fournis par l'emploi de la méthode des moyennes montre qu'elles sont liées régulièrement, dans chaque espèce animale, et en laissant de côté les variations pathologiques: 1° aux variations de la masse active de l'organisme; 2° aux variations de l'intelligence.

Si ces deux relations générales ont pu être méconnues, c'est parce qu'elles se masquent réciproquement dans un très grand nombre de cas, de sorte qu'il a fallu, pour les faire ressortir isolément, une analyse statistique déjà compliquée. Il est certain que si l'on se borne à considérer une série d'individus simplement ordonnée d'après le poids du cerveau l'on constate un désordre complet. On trouve, aux deux extrémités et dans toute l'étendue de la série ainsi ordonnée, des individus de toutes les tailles et présentant tous les degrés d'intelligence. C'est ainsi que divers auteurs ont été conduits à nier l'existence des deux relations cherchées, ou bien à les considérer l'une et l'autre comme insignifiantes.

Le résultat devient beaucoup plus démonstratif lorsqu'on forme des séries ordonnées d'après la taille ou le poids du corps, ou bien d'après la valeur intellectuelle. Alors les relations cherchées apparaissent avec une grande évidence, mais avec une grande irrégularité et des exceptions nombreuses. Comment en serait-il autrement puisque, dans les séries ordonnées d'après la taille ou le poids du corps figurent des individus présentant les degrés les plus divers d'intelligence, des imbéciles et des hommes supérieurement doués grands ou petits, et puisque, dans les séries d'hommes distingués, figurent des individus de toutes les tailles, sans parler des autres causes d'incohérence apparente déjà mentionnées.

Dans les deux genres de séries la plupart des exceptions s'expliquent par l'intervention de celui des deux facteurs qui a été négligé dans l'ordination. D'autres exceptions disparaissent lorsqu'on tient compte de l'âge, d'autres lorsqu'on tient compte de la carrure, de l'embonpoint ou de la maigreur, etc., en un mot de l'imperfection du poids ou de la taille pour représenter la masse organique. D'autres exceptions encore disparaissent lorsqu'on tient compte de l'insuffisance de la position sociale et même du succès des œuvres pour représenter exactement la valeur intellectuelle des individus, lorsqu'on tient compte des différences d'éducation, d'instruction, de milieu en un mot qui contrarient, annihilent ou mettent en valeur la supériorité anatomique. Si l'on tient compte enfin des causes pathologiques susceptibles d'influencer le volume du cerveau, alors les variations de ce volume apparaissent comme liées très étroitement aux variations intellectuelles, ou tout au moins deux variations d'un certain ordre qui sera spécifié plus loin moyennant une analyse plus approfondie.

Aucun doute ne peut donc subsister au sujet de la relation existant entre le développement quantitatif du cerveau et le développement de ses fonctions, soit motrices, soit intellectuelles. Cette relation n'a rien, du reste, qui puisse nous étonner si nous cherchons à l'analyser et à en saisir les causes. Je ne puis que résumer, ici, les chapitres consacrés à ce sujet dans mon mémoire de 1883 (ch. II et III, 166 à 213).

L'étude comparative du poids de l'encéphale dans la série des vertébrés conduit à expliquer les variations de ce poids par les variations d'étendue et de complexité des fonctions encéphaliques, et cela d'une façon uniforme dans toute la série. La même explication peut même s'étendre jusqu'aux invertébrés.

Si l'on examine de près les variations pondérales de l'encéphale dans la série, on voit qu'elles correspondent toujours, soit à des variations dans la masse des divers appareils en rapport avec les centres nerveux supérieurs, soit dans la nature et dans le nombre de ces appareils, soit à des variations dans leur énergie fonctionnelle, soit à ces diverses causes réunies qui se groupent différemment suivant les classes, les ordres, les genres, les espèces, et même suivant les individus. Pour apprécier le degré d'influence d'un appareil organique sur le poids de l'encéphale, il importe de distinguer : la masse de cet appareil, la rapidité, la fréquence et l'énergie de son fonctionnement, sa complexité, son rang dans la hiérarchie organique.

L'influence de la masse organique s'explique par la nécesssité d'un influx nerveux plus considérable pour animer des organes plus volumineux et par la nécessité d'éléments nerveux plus nombreux pour recevoir des impressions plus nombreuses et plus variées.

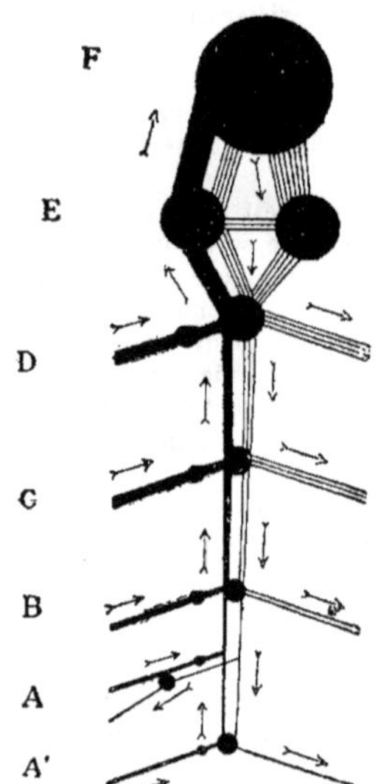

Fig. 50 (L. M., 1884, *Rev. philos.*). Schéma des relations mutuelles du cerveau et du reste de l'organisme. A, *ganglion du sympathique*. Réflexes viscéraux sympathiques; A', *centre médullaire*. Réflexes viscéraux médullaires; B, *centre médullaire*. Réflexes des membres inférieurs; C, *centre médullaire*. Réflexes des membres supérieurs; D, *bulbe et protubérance*. Réflexes des organes des sens spéciaux et des organes céphaliques d'expression; E, *couches optiques. Corps striés. Cervelet*. Réflexes cérébraux inférieurs ou instinctifs. Distribution, coordination et appropriation de courants nerveux centripètes ou centrifuges; F, *cerveau*. Activité psycho-motrice.

L'influence de la surface des organes sensibles est difficilement séparable de celle du volume des organes de mouvement, car surface et volume croissent ensemble d'une façon générale et les éléments sensitifs du cerveau sont associés très étroitement aux éléments moteurs.

L'influence de la fréquence et de l'énergie du fonctionnement des appareils s'explique de la même façon ; elle est mise en relief par la comparaison des animaux à sang froid avec les animaux à sang chaud.

L'influence de la complexité des appareils résulte de la multiplicité des communications qui doivent exister entre les appareils compliqués et l'encéphale, en raison de la multiplicité des sensations fournies par ces appareils, des mouvements volontaires qu'ils exécutent, des éléments d'association et de coordination qu'ils nécessitent dans les centres encéphaliques.

L'influence du sang hiérarchique des appareils se rattache à la précédente. Elle résulte de la différenciation et de la spécialisation progressives des centres nerveux à mesure que l'on s'élève dans la série zoologique, d'où le resserrement des relations entre le cerveau et les appareils les plus *directement* utiles à la correspondance intellectuelle (voir fig. 50).

L'anatomie comparative démontre nettement que la masse des appareils organiques exerce, directement ou non, une influence considérable même sur le volume des parties du cerveau les plus spécialement affectées aux fonctions intellectuelles proprement dites. Comparons, par exemple, deux espèces d'un même ordre très différentes par la taille et semblables par l'intelligence, autant qu'il est possible d'en juger : le lapin dont l'encéphale pèse 10 grammes et le rat dont l'encéphale pèse 1 gramme. S'il y a des éléments cérébraux spécialement affectés aux fonctions psychiques, leur poids total est inférieur à 1 gramme chez le rat. Il faut donc admettre que, chez le lapin, ou bien le poids des éléments cérébraux homologues est également inférieur à 1 gramme, ce qui est à peu près absurde, étant donnée la couche corticale des hémisphères, ou bien que ce poids est supérieur tout en ne produisant pas plus d'effet, au point de vue du développement intellectuel, que le poids minimum des éléments psychiques du rat. On est donc conduit à considérer la masse de l'appareil psychique comme subordonné de la façon la plus étroite à la masse de l'organisme. Que le cerveau soit consacré en totalité ou seulement en partie aux fonctions intellectuelles, cette conclusion s'impose rigoureusement. Et si la masse du corps influe à ce point sur la masse de l'appareil intellectuel qu'un rat puisse être, avec un cerveau de 1 gramme, aussi intelligent qu'un lapin, on conçoit qu'un animal aussi petit que la fourmi puisse être aussi intelligente ou plus qu'un rat avec un cerveau pesant une fraction de milligramme, si la complexité cérébrale reste la même ou est supérieure. Il est donc évident que la masse du cerveau n'a d'importance, au point de vue du développement intellectuel, que si l'on compare des êtres ayant une même structure et une même masse organique, sans parler des autres conditions dont il sera question plus loin.

La masse du corps influe sur le développement quantitatif de toutes les parties du cerveau sans exception connue.

Pour démontrer l'existence de centres moteurs dans la couche corticale des hémisphères, FERRIER (103, 113, etc.) invoquait la substitution physiologique partielle du cerveau à la moelle. J'ai indiqué (1883, 175) par divers rapprochements la réalité d'une substitution pondérale. La moelle est peu développée chez l'homme relativement à la masse de l'appareil locomoteur. Chez le chat, par exemple, la moelle pèse environ 8 grammes, d'après LEURET, elle pèse 27 grammes chez l'homme d'après SAPPEY. Le chat possède donc, par rapport à sa masse, beaucoup plus de moelle épinière que l'homme, ce qui est l'inverse pour l'encéphale, comme s'il y avait eu effectivement une sorte de substitution physiologique et anatomique au profit du centre supérieur. Cette substitution se rattacherait à l'accroissement de l'intervention psychique dans les fonctions organiques, en même temps que l'immixion plus grande de celles-ci dans les processus psychiques.

Les différences des effets produits par les lésions cérébrales chez l'homme et chez les animaux, la multiplicité des effets somatiques des émotions chez l'homme et la multiplication des émotions elles-mêmes par ces effets seraient des résultats de la substitution dont il s'agit.

Quelques considérations sur le volume des nerfs ne seront pas déplacées ici.

Les nerfs qui traversent les ganglions y subissent une réduction de volume (Ch. ROBIN). Une réduction analogue a évidemment lieu dans les centres médullaires.

L'axe gris médullaire présente, en effet, plusieurs centres dans lesquels s'épuisent partiellement, en quelque sorte, les nerfs qui viennent y aboutir.

Cette réduction doit être plus grande pour les nerfs viscéraux qui traversent en outre des ganglions spéciaux propres au système sympathique.

Les nerfs de la sensibilité spéciale, au contraire, parviennent directement à l'encéphale.

SAPPEY a fait remarquer la prépondérance du volume des nerfs sensitifs sur les nerfs moteurs (1874, 202). Or les nerfs sensitifs sont d'autant plus volumineux, par rapport aux organes dont ils proviennent, que ces derniers sont la source de sensations plus nombreuses et plus variées. Le nombre des sensations viscérales est très restreint. Les sensations musculaires et tactiles sont beaucoup plus nombreuses et variées. Les sensations visuelles et auditives sont extrêmement nombreuses et variées, ainsi que les idées que nous acquérons par l'ouïe et par la vue.

Les mêmes considérations peuvent s'appliquer aux nerfs moteurs. Ceux-ci ont un volume d'autant plus grand par rapport aux organes qu'ils animent que ces derniers sont plus petits, qu'ils sont plus compliqués et que leurs mouvements sont plus intimement liés au fonctionnement psychique. Par exemple, les nerfs moteurs de la main, de la face, de l'œil, etc., sont relativement volumineux par rapport au volume des muscles. Or ces organes sont, par excellence, des instruments d'intelligence (fonctions de manipulation, d'expression, etc.).

Ainsi la relation qui existe entre le développement quantitatif du cerveau et l'intelligence peut déjà être aperçue dans le volume relatif des nerfs, et cela pour des raisons analogues.

Le volume relatif des nerfs paraît être en rapport avec le degré d'influence exercé par les divers appareils sur l'intelligence et avec le degré d'influence exercé par le cerveau sur ces appareils. Le volume relatif des nerfs est en rapport avec la variété et la complexité des sensations et des mouvements qu'ils servent à réaliser. Il en est de même du volume relatif du cerveau, comme on le verra plus loin. On verra aussi que, de même que les nerfs sensitifs sont plus gros que les nerfs moteurs, de même le volume du cerveau est plus influencé par le développement de sa fonction proprement psychique que par celui de sa fonction motrice.

Nous pouvons passer maintenant à l'interprétation du poids relatif du cerveau et à l'explication des faits exposés dans les paragraphes précédents.

C'est Herbert Spencer qui, dans ses principes de psychologie, a commencé à expliquer physiologiquement les variations du poids relatif de l'encéphale qui ont embarrassé pendant si longtemps les auteurs. « Partout, dit-il, où il y a beaucoup de mouvement produit, il existe un système nerveux relativement grand; partout où le mouvement produit est d'espèce hétérogène, quoique en petite quantité, il y a un système nerveux relativement grand; partout où le mouvement produit est à la fois hétérogène et en grande quantité, il y a de grands systèmes nerveux (1875, i, 11). » H. Spencer a cherché à expliquer par l'énergie des changements moléculaires une exception relative aux oiseaux chez lesquels, bien que l'activité soit considérable et la complexité des mouvements à peu près égale à celle des mammifères, le système nerveux serait relativement un peu plus petit. Ceci, dit-il, s'explique parce que les oiseaux ont un sang plus chaud, leur respiration étant plus active, et ces deux choses impliquent une moyenne plus élevée de changement moléculaire, d'où résulte la possibilité de produire une plus grande quantité de mouvement. — Cette raison peut avoir sa valeur, mais l'intelligence généralement supérieure des mammifères fournit une explication plus complète.

Un mémoire de Brandt (1868) contient plusieurs considérations du même genre et non moins judicieuses que les précédentes.

Brandt invoquait d'abord le fait que la surface des petits animaux étant plus grande que celle des grands relativement à leur masse, le maintien de leur température exige une grande activité des fonctions de nutrition. Pour le même motif les nerfs sensitifs de la peau doivent être relativement plus développés, en raison de l'étendue relative de la surface sensible. Enfin la section transversale du corps, ainsi que sa surface, croît moins rapidement que son volume, d'où il suivrait qu'un petit animal possèderait plus de fibres nerveuses motrices qu'un grand, relativement au volume de ses muscles.

A ces considérations justes mais insuffisantes, j'en ai ajouté beaucoup d'autres qui ont achevé et rendu surabondante l'explication cherchée.

Il convient d'abord de mettre à part l'interprétation du poids relatif élevé de l'encéphale dans le jeune âge. Il s'agit ici, avant tout, de la précocité du développement du cerveau par rapport au reste de l'organisme. A un âge où les éléments nerveux sont encore à l'état embryonnaire et incapables de fonctionner, le cerveau présente déjà un volume considérable. L'enfant naît avec une véritable provision nerveuse qui, sauf accident ultérieur, se développera plus tard sous l'influence des sollicitations fonctionnelles de toutes sortes. Ce fait doit être pris en considération d'autant plus exclusive que l'on envisage une phase plus primitive de la vie. A mesure que le cerveau se développe, les considérations suivantes s'appliquent de plus en plus au cerveau des enfants aussi bien qu'à celui des adultes.

Il reste à interpréter le poids relatif de l'encéphale dans les espèces inférieures comparées aux supérieures, chez les espèces, races et individus de petite taille comparées aux groupes et individus de taille supérieure. Pour cela il faut envisager le cerveau : 1° comme centre sensitif; 2° comme centre moteur; 3° comme centre idéateur.

Le nombre, la variété, la complexité des sensations, des mouvements, des idées et de tous les processus intellectuels croissent avec la supériorité du type zoologique et sont indépendants de la taille dans un même type. Il s'ensuit que pour l'unité de masse organique générale, il doit y avoir une plus grande masse cérébrale dans les espèces supérieures et, dans une même espèce, chez les individus de petite taille. Le poids relatif de l'encéphale doit donc croître en raison inverse de la taille.

Examinons les choses d'un peu plus près :

Le nombre, la variété et la complexité des mouvements et des sensations sont en rapport avec le nombre des parties définies de l'organisme et non avec la grandeur de ces parties.

Les parties sensibles du corps sont loin d'avoir une étendue proportionnelle à celle de la masse totale du corps. Les organes de sensibilité spéciale sont ceux dont le volume est le moins proportionnel à l'ensemble de la masse organique. Pourtant ce sont eux qui possèdent les plus gros nerfs sensitifs (olfactif, optique, acoustique) arrivant le plus directement à l'encéphale et fournissant les sensations les plus nombreuses, variées et complexes. Les organes du toucher ne transmettent pas de sensations moins nombreuses et moins parfaites chez un individu à petites mains que chez un homme à mains larges et puissantes. Il y a donc de bonnes raisons pour que les centres de perception n'aient pas un volume proportionné à celui du corps.

Déjà le volume des nerfs n'est pas proportionnel à la taille; il n'est pas même proportionnel au volume des organes sensibles, car les parties sensibles sont disposées en surfaces et ces surfaces elles-mêmes sont très petites relativement à l'ensemble de la surface du corps.

Mais suivons les nerfs centripètes dans leur trajet. Ils traversent une série de centres ganglionnaires ou médullaires dans lesquels ils semblent se réduire en quelque sorte à leur plus simple expression. Et ces centres nerveux inférieurs sont très loin d'être proportionnels à la masse du corps. Les courants nerveux sensitifs qui parviennent jusqu'à l'encéphale sont évidemment réduits à la quantité strictement nécessaire à la fonction psycho-motrice; les courants centripètes intra-cérébraux sont spécialisés de telle sorte que les faisceaux blancs sensitifs de la capsule interne ne sont plus excitables artificiellement. Ils ne transmettent plus que les impressions très spéciales dont le nombre, la variété et la complexité sont absolument indépendants de la masse de l'organisme.

Plus indépendants encore, si c'est possible, sont le nombre, la variété et la complexité des représentations dont le jeu constitue par ses diverses phases ce que l'on a nommé les facultés intellectuelles.

Si nous suivons les courants nerveux centrifuges ou moteurs comme, ci-dessus, les courants centripètes, nous rencontrons une série de considérations analogues aux précédentes pour le développement desquelles je renvoie à mon mémoire de 1883 (ch. v). On ne voit d'ailleurs aucune nécessité théorique à ce que les courants cérébraux centrifuges doivent avoir une intensité proportionnelle au volume des organes excités. Ces courants sont des résultantes plus ou moins intelligentes, comparables à des ordres donnés aux muscles par l'intermédiaire de centres nerveux inférieurs. Et ceux-ci, bien qu'ils soient plus directement moteurs, ont un volume relatif d'autant plus grand que la masse du corps est plus faible (1893).

La loi générale concernant la progression en sens inverse du poids absolu et du poids relatif du cerveau, quand la masse du corps s'accroît *cœteris paribus*, cette loi a donc reçu l'explication la plus complète.

Analyse du poids de l'encéphale. — Les variations du volume absolu et relatif de l'encéphale, une fois rattachées à deux grandes causes régulières, c'est-à-dire à leur double relation avec la taille et avec l'intelligence, cette explication n'empêchait pas chacune des deux relations d'être pour ainsi dire enveloppée dans l'autre, de telle sorte que l'appréciation du degré d'influence de l'une ou de l'autre sur le poids cérébral d'une espèce ou d'un individu restait toujours problématique. L'interprétation ci-dessus montrait d'ailleurs que l'impossibilité de rattacher le degré d'intelligence au poids relatif du cerveau ne pouvait pas être supprimée par la possession d'une quantité anatomique ou physiologique quelconque, si capable qu'elle pût être de représenter exactement la masse organique influant sur le poids de l'encéphale. Une telle quantité ne ferait point disparaître les variations du poids relatif exposées plus haut; elle ne servirait qu'à les exprimer avec plus de vérité et de précision.

Néanmoins, une fois en possession d'une explication satisfaisante des variations du poids de l'encéphale et d'une quantité squelettique mesurable représentant assez bien l'ensemble de la masse organique mue sous l'influence du cerveau, il devenait possible d'évaluer séparément, dans le poids de l'encéphale C une portion *m* proportionnelle à la masse organique M représentée par le poids fémoral. Retranchant m de C on devait obtenir une quantité i indépendante de M et, par suite, représentant la quantité cérébrale en rapport avec l'intelligence dans la mesure où celle-ci est en rapport avec le développement quantitatif de ses organes spéciaux.

J'imaginai dans ce but (1883) de former deux groupes d'individus de même espèce pouvant être considérés comme égaux en intelligence, mais très inégaux quant aux masses M et M′ représentées par les poids fémoraux et par suite, quant aux poids encéphaliques C et C′. La différence C — C′, en ce cas, doit être attribuée tout entière à la différence M — M′. La quantité m à isoler étant supposée proportionnelle à M et à C — C′ on a $\frac{m}{M} = \frac{C - C'}{M - M'}$ d'où $m = \frac{(C - C')M}{M - M'}$. Alors $i = C - m$. Et la quantité i étant égale, par hypothèse, dans les deux groupes envisagés, on a $m' = C' - i$.

J'appliquai d'abord ce procédé à l'espèce humaine en opérant sur divers groupes et notamment sur les moyennes des deux sexes dont les différences M — M′ et C — C′ ont l'avantage d'être très grandes sans que la dernière puisse être rattachée, comme je l'ai montré plus haut, à une autre infériorité que celle de M. Ces deux différences étant, l'une et l'autre, 150 grammes à peu près, il s'ensuit que, dans l'espèce humaine, une différence fémorale de 1 gramme entraîne une différence cérébrale de 1 gramme. La quantité m peut donc être représentée dans l'espèce humaine par le poids total du fémur (à l'état sec) = 400 grammes chez l'homme et 250 grammes chez la femme. En retranchant ces deux nombres des poids encéphaliques, on obtient la quantité i qui s'élèverait alors à 957 grammes dans les deux sexes.

Le poids cérébral serait donc beaucoup plus influencé par sa relation avec l'intelligence que par sa relation avec fonction purement motrice, comme pouvaient le faire pressentir plusieurs des faits exposés plus haut.

Grâce à l'égalité des différences C — C′ et M — M′ dans la comparaison ci-dessus des deux sexes, le calcul de i, pour l'espèce humaine, se réduit à retrancher du poids de l'encéphale le poids du fémur qui représente m. Ayant fait ce calcul pour 24 individus de diverses races dont j'ai pu mesurer les poids encéphaliques, j'ai trouvé 6 nègres au-dessus de la moyenne des Français et 13 au-dessous. Le géant Joachim, dont le poids encéphalique s'élevait à 1 735 grammes, se trouve au-dessous de la moyenne avec $i = 885$; et l'assassin Prévost, dont le poids encéphalique de 1 422 grammes avait paru étonnant, se trouve dans le même cas avec $i = 902$.

Il est superflu de dire que l'homme se trouve ainsi placé, cette fois, en tête de la série des vertébrés et à une grande distance des animaux les moins éloignés de lui. Comparant deux gorilles très différents par la taille et vraisemblablement peu différents sous le rapport de l'intelligence, j'ai obtenu $i = 167$ grammes, $m = 359$ grammes chez le premier, 188 grammes chez le second, avec M = 620 grammes et M′ = 325 grammes.

Opérant de la même façon sur un chien terre-neuve et sur un griffon supposés égaux en intelligence, j'ai obtenu $i = 40$ grammes, $m = 75$ grammes, $m' = 4^{gr},5$.

La quantité d'encéphale pour 1 gramme de M doit évidemment varier suivant les espèces et doit croître avec la supériorité du type zoologique, avec la complexité des mouvements régis par les centres encéphaliques, avec le degré d'influence de ces centres sur les divers appareils. Il est donc indispensable de calculer séparément pour chaque groupe zoologique la quantité en question $\frac{m}{M}$. Elle serait 1 gramme chez l'homme, $0^{gr},58$ chez le gorille, $0^{gr},65$ chez le chien; mais d'après des comparaisons beaucoup trop restreintes en ce qui concerne les deux dernières espèces.

Notre procédé d'analyse a été reproduit en 1890 par LATASTE et utilisé en 1891 par CH. RICHET dans ses recherches déjà citées sur les rapports du poids du cerveau de la rate et du foie chez les chiens. Ayant formé plusieurs groupes de chiens d'après le poids du corps, et prenant pour base la différence de poids du foie comme nous avions pris la différence de poids fémoral, CH. RICHET a obtenu comme quantité i chez le chien 45 grammes, nombre peu différent de celui que j'avais obtenu en 1883 avec deux chiens seulement. Bien que le poids du foie me paraisse moins bon que le poids du fémur au point de vue de la recherche en question, pour la raison indiquée plus haut, j'ai repris l'étude des chiffres très intéressants de CH. RICHET, ordonnant la série d'après le poids du foie au lieu du poids du corps et en évitant quelques causes d'erreur. J'ai obtenu comme quantité *i* 55 grammes, ce qui tient probablement à ce que les petits chiens diffèrent moins des gros par le poids du foie que par le poids du corps ou du fémur.

Classant ensuite les chiens d'après la race, j'ai obtenu ce résultat bien frappant : que la quantité *i* est la même pour les diverses races bien qu'elle varie beaucoup suivant les individus :

12	chiens griffons ou caniches.	M. . .	384 gr.	C. . .	78 gr.	*i*. . .	54 gr.
10	— terriers ou bulls. . .	—	369 —	—	77 —	—	54 —
8	— épagneuls.	—	526 —	—	89 —	—	56 —
11	— de montagne.	—	731 —	—	100 —	—	55 —
11	— braques.	—	477 —	—	82 —	—	52 —

D'après ces chiffres les diverses races de chiens seraient également douées sous le rapport de l'intelligence en tant que celle-ci dépend de la quantité cérébrale. Mais il est probable que presque tous les chiens du laboratoire de Ch. Richet étaient métissés.

Pour un groupe de 9 chiennes j'ai obtenu $i = 53$ grammes. Il n'y a évidemment pas à tenir compte de différences de trois ou quatre grammes, le procédé d'analyse et les chiffres utilisés ne comportant pas une précision parfaite.

Les quantités i et m. — Très importante est la question de savoir ce que représente la quantité *i*. Ch. Richet a pensé (1891, 414) qu'elle représente approximativement la quantité invariable de cerveau servant à l'intelligence d'un chien, qu'il soit grand ou petit. Autrement dit, à supposer un chien adulte réduit au minimum de taille imaginable, « il aura encore 45 grammes du cerveau ».

Pour moi, j'ai fait (1882 et 1883) des réserves expresses à ce sujet. J'ai considéré la quantité *i* comme ne pouvant être une constante indépendante de la quantité *m* ou de la masse organique générale, et j'ai maintenu ces réserves en 1891 (519).

Dans la quantité *m* entre certainement le poids de parties anatomiques servant à l'intelligence au même titre que dans la quantité *i*. Le procédé d'analyse ici exposé permet seulement d'évaluer l'influence de la masse organique M sur ces parties dont la plupart, peut-être, ne sauraient être réduites au delà d'un certain degré sans dommage pour l'intelligence. Pour prendre un exemple très simple, on peut dire que pour rendre sensible une plus grande surface il faut une plus grande quantité nerveuse que pour une petite surface, et que s'il est possible de mesurer l'influence de la grandeur de la surface sensible sur le développement quantitatif des éléments nerveux, la totalité de ces éléments n'en était pas moins indispensable pour donner à la surface en question son degré de sensibilité.

En réalité notre procédé d'évaluation aboutit à ce résultat : qu'étant donné des animaux de tailles différentes dont la masse organique totale varie, je suppose de 100 à 25, nous arrivons à savoir à quel chiffre descendrait le poids cérébral de chacun d'eux si la masse organique était uniformément réduite pour tous au minimum 25 de la série observée. Encore faut-il supposer que ce minimum de taille est capable de supporter le volume et le poids cérébral que comporte une certaine quantité absolue de *neurones* ayant une certaine complexité et formant eux-mêmes, avec toutes leurs connexions et leur minimum de support névroglique, un appareil possédant le minimum possible de volume et de complexité absolus nécessaire à la réalisation du degré d'intelligence du groupe zoologique envisagé.

Il est plus que probable que, dans chaque espèce, l'économie histologique des dimensions a une limite extrême, de sorte qu'au-dessous d'un certain poids cérébral inconnu la quantité *m* aura beau être faible, la quantité restante *i* ne pourra pas atteindre le taux nécessaire pour le degré moyen d'intelligence de la race. Si l'économie quantitative pouvait atteindre dans une espèce de grande taille le maximum atteint dans la série zoologique, on peut croire que la quantité *i* pourrait s'abaisser énormément sans préjudice pour l'intelligence, comme semble le montrer le cas de la fourmi,.

Dans un même ordre, celui des rongeurs, nous voyons le poids de l'encéphale s'abaisser jusqu'à une fraction de gramme chez la souris, sans que l'intelligence diminue pour cela. Or la fourmi n'est pas moins intelligente que le rat ou le lapin, semble-t-il. Donc si l'on imagine une espèce de rongeurs de la taille d'une fourmi, on peut supposer que son poids encéphalique pourrait se réduire à une fraction de milligramme sans diminution intellectuelle.

La quantité i que nous calculons dépend donc elle-même, certainement, de la taille; c'est pourquoi j'ai admis (1882 et 1883) la nécessité de comparer la quantité i elle-même à la taille en calculant, pour chaque espèce, le rapport $\frac{i}{M}$.

On n'en est pas moins obligé d'admettre une limite au poids absolu de i, et de croire que si un homme pouvait être réduit aux dimensions d'une fourmi, toutes choses égales d'ailleurs, il serait incapable de supporter le poids des neurones nécessaires à la réalisation d'une intelligence humaine.

Nous sommes ici sur le terrain de la théorie pure. En fait, il y a des obstacles à la réduction indéfinie du poids cérébral, de sorte que ce poids présente, dans chaque espèce, des variations limitées, quelle que soit la réduction de la taille, et nous ne devons pas, sous prétexte de faire de la théorie pure, traiter comme un problème de géométrie analytique une question biologique aussi complexe. L'un des obstacles en question, c'est la précocité du développement cérébral, d'où il résulte que, chez un nain dont la croissance générale s'arrête, par exemple, à l'âge de quatre ou cinq ans, le cerveau peut avoir atteint déjà des dimensions presque normales pour l'âge adulte et une taille ordinaire.

Je viens d'observer un cas de ce genre dans lequel l'intelligence paraît être absolument moyenne. En pareil cas, il est plus que probable que l'économie histologique du cerveau est loin d'être aussi parfaite qu'elle peut l'être lorsque les corrélations de volume existantes et nécessaires entre les divers éléments cérébraux, d'une part, entre ceux-ci et les diverses parties du corps d'autre part, sont déterminées, au point de vue quantitatif, par la lente et longue évolution d'une espèce ou par les lois du développement suivant les causes normales de variation telles que la taille et le travail intellectuel entre les limites de l'écart régulier. C'est entre ces limites que la nature opère avec la plus grande économie possible en ce qui concerne la morphologie, mais il est vrai que ces limites ne peuvent guère être précisées. Les nains sont en dehors ainsi que les géants; certains hommes intellectuellement supérieurs sont, sans doute, dans le même cas, d'après l'élévation extrême de leur poids cérébral. Nous ne savons pas jusqu'à quel poids ou volume pourrait descendre le cerveau d'un nain dont la taille serait réduite à $0^{m},50$ par exemple et dont l'intelligence serait ordinaire; il est certain que la réduction cérébrale ne serait pas proportionnelle à celle de la taille, mais tout porte à croire que, si l'économie histologiqne atteignait son taux normal, le poids total du cerveau de ce nain descendrait fort au-dessous de 957 grammes, chiffre de la seule quantité i telle que nous l'avons déduite de la comparaison des moyennes sexuelles. L'examen histologique de cerveaux de nains révélera, sans doute, dans ces cerveaux surabondamment volumineux, comme dans ceux de certains hommes distingués, un défaut d'économie anatomique.

J'insiste sur ce fait que les quantités i et m représentent simplement les deux termes d'un rapport abstrait entre les deux grandes influences qui gouvernent les variations régulières du poids de l'encéphale. Aucune de ces deux quantités n'est isolable anatomiquement; dans chacune des deux entre nécessairement une partie du poids des éléments cérébraux de toutes sortes et, *a fortiori*, de régions cérébrales quelconques, mais dans des proportions variables, probablement, pour chaque portion de l'encéphale et pour chaque sorte d'éléments.

C'est pourquoi les quantités m et i sont à comparer l'une et l'autre à la masse organique M. Les rapports $\frac{i}{M}$ et $\frac{m}{M}$ expriment tous deux le perfectionnement cérébral en relation avec le perfectionnement intellectuel. Le rapport $\frac{m}{M}$ doit suivre dans la série zoologique les grandes variations du rapport $\frac{i}{m}$, puisque la fonction motrice du cerveau prend une part croissante à la direction de tout l'organisme, à mesure que celui-ci se complique davantage, et puisque cette complication est-elle-même l'une des causes du perfectionnement intellectuel.

Un autre rapport très important est le rapport $\frac{i}{M}$, car, s'il existe dans le cerveau des spécialisations fonctionnelles, des « localisations », la forme du cerveau résultant du développement relatif de ses différentes parties sera d'autant plus parfaite que i sera plus grand par rapport à m. Réciproquement l'infériorité morphologique indiquera un développement supérieur de m par rapport à i. Ce sont là des faits dont la considération doit intervenir à chaque instant dans l'étude de la morphologie cranienne et cérébrale, mais qui ont été jusqu'à présent trop méconnus. Pour ne citer qu'un exemple très récent, ils ont été d'une grande utilité dans l'interprétation des restes fossiles du *Pithecanthropus erectus*.

D'après l'exposé ci-dessus, on voit que l'interprétation du volume cérébral au point de vue physiologique est loin d'être un problème simple. Pour résoudre ce problème dans les cas individuels il faudrait posséder des données assez nombreuses dont plusieurs font toujours défaut et ne peuvent guère être remplacées que par des probabilités. Pour un individu vivant, le volume du cerveau ne peut être lui-même évalué qu'avec une erreur possible pouvant atteindre 200 grammes. Mais très nombreux néanmoins sont les individus que l'on peut classer avec certitude dans la catégorie des cerveaux d'un volume à peu près moyen ou inférieur ou supérieur à la moyenne, en même temps que l'on peut les classer de la même façon sous le rapport de la masse squelettique et musculaire. Cela ne suffit certes pas au diagnostic des possibilités intellectuelles, mais c'est un renseignement qui est loin d'être à dédaigner lorsqu'il est accompagné de quelques autres dont nous allons nous occuper.

L'évaluation du volume cérébral sur le vivant est sujette à des erreurs considérables, même si l'on a recours aux procédés de mensuration les plus précis. Les cas d'hydrocéphalie plus ou moins guérie sont rares et peuvent être assez facilement évités; mais l'épaisseur variable du cuir chevelu et des parois du crâne est une cause d'erreur moins facilement évitable, ainsi que les variations de la forme générale du crâne. Quant à la variabilité de l'épaisseur des méninges, c'est une cause d'erreur négligeable. Il suffit, d'ailleurs, en l'état actuel de l'interprétation du volume cérébral, que l'on puisse diviser les cerveaux en petits, moyens et grands, sans chercher à évaluer des différences mieux précisées dont l'interprétation serait nécessairement illusoire.

Qualités intellectuelles dépendantes et qualités indépendantes de la supériorité cérébrale quantitative. — La longue analyse qui précède a mis en évidence l'existence d'une relation entre le volume du cerveau et l'intelligence. La supériorité cérébrale quantitative, dans les conditions exposées ci-dessus, est une qualité anatomique très importante au point de vue physiologique. La restriction *cœteris paribus* est puérile, tant elle est nécessaire. Mais il faut chercher en quoi la supériorité quantitative est importante physiologiquement, à quelles qualités psychologiques elle peut correspondre et quelles qualités physiologiques en sont, au contraire, indépendantes. Ces distinctions que j'ai cherché à établir dans un récent essai (1895) peuvent être ici résumées. Elles ouvrent une voie dans laquelle de nombreuses et intéressantes recherches d'anatomie et de physiologie comparatives sont dès à présent réalisables.

L'intelligence, considérée abstraitement, est une correspondance entre des relations internes et des relations externes (H. Spencer, 1875). Cette correspondance est un ajustement, une adaptation qui, dans son évolution zoologique, croît en espace, temps, variété, généralité, complexité (H. Spencer). La correspondance intellectuelle évolue semblablement dans chaque individu suivant le degré d'évolution psychique atteint par son espèce et par sa race, suivant les conditions particulières de sa propre conformation et de ses rapports avec son milieu.

Les relations externes sont en nombre infini.

Mais chaque homme n'est mis en rapport qu'avec une certaine quantité plus ou moins considérable de relations externes, et sa conformation ne comporte que l'établissement en lui d'un certain nombre de relations internes correspondantes. Celles de ces relations internes qui sont établies constituent son intelligence effective. C'est ainsi que l'on applique souvent l'épithète *inintelligent* à un acte, à un jugement, à une façon de comprendre qui ne sont pas conformes aux relations externes réellement existantes.

Mais si vous fréquentez un peu tel individu qui vous a paru inintelligent, il pourra vous arriver de voir qu'il existe chez lui une quantité de relations internes correspondant à des relations externes différentes de celles auxquelles vous l'avez d'abord soumis. Vous vous apercevrez que c'est un homme intelligent, mais dans une autre sphère que la vôtre. Il vous sera permis alors de supposer que votre sphère intellectuelle est plus élevée, plus importante que la sienne, que vos relations internes correspondent à des relations externes plus nombreuses, plus générales, plus complexes, plus étendues. Et il pourra arriver que cette supposition, que l'on manque rarement de faire en pareil cas, soit conforme à la réalité.

L'intelligence dont on vient de parler est l'intelligence réalisée, effective. Elle répond parfaitement à la lumineuse définition de H. Spencer. Elle répond aussi à un sens réel du mot *intelligence* dans le langage courant, quoique dans ce sens elle se confonde en partie avec *l'instruction, l'acquit* en général. Il est certain, du reste, que les connaissances acquises constituent un accroissement de l'intelligence telle que nous venons de l'envisager, et en même temps de l'intelligence au point de vue que nous allons examiner, car toute notion acquise facilite l'acquisition d'autres notions.

En dehors de l'intelligence effective ou réalisée, on distingue une intelligence qu'on peut appeler *virtuelle* et qui consiste dans la facilité organique plus ou moins grande avec laquelle s'établit la correspondance qui constitue l'intelligence effective. Cette intelligence virtuelle est reconnue dans le langage courant comme une possibilité. Un homme, un enfant chez lesquels n'existent que des degrés absolument inférieurs de correspondance seront dits néanmoins très intelligents si l'on voit que, mis en rapport avec des relations externes nouvelles pour eux, plus variées, plus générales et complexes, des relations internes correspondantes s'établissent en eux facilement et rapidement. Tel est, même, le sens le plus communément attribué au qualificatif *intelligent*.

Les « facultés intellectuelles » de la psychologie classique ne sont autre chose que des divisions établies dans l'ensemble des phénomènes d'ajustement intellectuel, conformément à la façon dont ces phénomènes se succèdent ou ont paru se succéder. Si nous considérons les conditions anatomo-physiologiques de leur production qui constituent l'intelligence virtuelle, nous pouvons trouver que telles de ces conditions correspondent à tel ou tel genre de supériorité, à telle ou telle *qualité* intellectuelle. C'est ainsi qu'il convient de se demander quelles sont les qualités psychologiques les plus directement en rapport avec la qualité anatomique consistant dans la supériorité cérébrale quantitative.

On a souvent dit que si le développement quantitatif du cerveau avait une réelle importance, tout homme distingué posséderait un cerveau volumineux. — C'est comme si l'on disait que la propriété immobilière n'a aucune importance comme condition de richesse, attendu qu'il existe aussi des valeurs mobilières.

On entend dire aussi que ce n'est pas la quantité du cerveau qu'il faut considérer mais bien sa qualité, comme si l'on avait démontré que cette qualité, fort peu connue, est quelque chose d'incompatible avec la quantité. Les variations de celle-ci doivent être importantes à qualité égale. La supériorité qualitative est une condition de supériorité intellectuelle; la supériorité quantitative en est une autre; la supériorité morphologique en est encore une autre, et c'est parce qu'il y a plusieurs sortes de conditions anatomiques en rapport avec la supériorité intellectuelle qu'aucune de ces conditions isolées ne serait une base suffisante pour évaluer la supériorité intellectuelle. L'anatomie comparative a révélé l'importance de l'une de ces conditions; cela n'empêche pas de reconnaître l'existence et l'importance de conditions d'un autre ordre.

Mais quand on aura étudié les variations de ces autres conditions autant que l'on a pu étudier les variations de volume les plus facilement accessibles à l'observation précise, on s'apercevra que ces conditions, d'autant plus haut cotées qu'on les connaît moins, n'expliqueront, elles aussi, les variations intellectuelles que sous la réserve *cæteris paribus*. Cherchons maintenant à préciser les raisons pour lesquelles l'intelligence ne varie point proportionnellement au volume du cerveau ni au volume de la quantité i elle-même.

Il faut d'abord bien se pénétrer de ce fait que le défaut de supériorité cérébrale quantitative ne constitue qu'une infériorité relative. La moyenne du développement quantitatif comporte une somme fort respectable de possibilités intellectuelles. C'est encore un luxe par rapport à la moitié environ des individus.

Examinons maintenant les diverses causes des différences intellectuelles pour une même *quantité i* de cerveau.

1° *Conditions morphologiques.* — La variété des formes du cerveau résulte de la variété des combinaisons quantitatives des parties qui le composent; de même l'intelligence peut présenter dans sa composition des variétés auxquelles on peut attacher des valeurs inégales, suivant les points de vue, sans que ces variétés correspondent à des différences sensibles dans la quantité *i*. Le cas contraire peut également se produire, car il est possible que certains départements de l'intelligence correspondent à un substratum plus étendu que d'autres, sans qu'ils puissent être considérés comme plus importants pour cela au point de vue de la perfection de la correspondance générale qui constitue l'intelligence effective. Il n'y a certainement pas deux individus semblables sous le rapport de cette correspondance, pas plus qu'il n'y a deux arbres semblables. Mais si l'on considère l'ensemble des possibilités purement physiologiques, alors on peut parler d'intelligences égales, de même que l'on établit une comparaison quantitative entre un losange et un carré qui peuvent être égaux sans être semblables.

Il peut y avoir des différences dans la composition de la quantité *i* correspondantes à des différences dans la forme et la valeur générale de l'intelligence. Et s'il existe des localisations cérébrales fonctionnelles, de telles différences de composition doivent correspondre à des différences dans la forme générale du cerveau et dans le développement relatif des différentes circonvolutions.

Comme exemples des différences psychologiques liées aux différences de composition de la quantité *i*, on peut citer diverses aptitudes (mémoires spéciales des sons, des couleurs, des formes, des lieux, des mots, facilité d'élocution, etc.) très développées chez certains individus dont le volume cérébral n'offre rien de remarquable. On conçoit d'ailleurs que, si la composition de la quantité *i* est variable, telle fraction de cette quantité puisse être plus développée dans un petit cerveau que dans un cerveau volumineux dont la quantité *i* l'emportera dans son ensemble, si bien que tel individu, relativement microcéphale, pourra manifester telle distinction partielle qui fera défaut chez un mégacéphale mieux doué quant à l'ensemble des aptitudes intellectuelles.

2° *Conditions histologiques.* — La complexité du tissu cérébral est susceptible de variations. Ramon y Cajal considère comme vraisemblable « que la cellule psychique déploie son activité d'autant plus largement et utilement qu'elle offre un plus grand nombre d'expansions protoplasmiques, somatiques et collatérales, et que les collatérales émergeant de son cylindre-axe sont plus abondantes, plus longues et plus ramifiées » (1893, 862). Pour expliquer la coexistance d'un talent de marque et même d'un véritable génie avec un volume cérébral moyen ou même inférieur à la moyenne, coexistence que nous expliquons ici par des considérations multiples, cet auteur admet la possibilité d'une richesse plus ou moins grande des éléments cérébraux actifs par rapport à la trame névroglique. Cette possibilité contribuerait aussi à expliquer l'infériorité physiologique observée chez certains individus qui paraîtraient devoir être des hommes supérieurs d'après la considération exclusive de leur volume cérébral. On peut supposer encore que, dans un cerveau volumineux reçu héréditairement et peu utilisé, une certaine pauvreté histologique puisse résulter d'un incomplet développement des éléments psychiques consécutivement à leur inexcitation.

3° *Conditions chimiques.* — C'est généralement à des différences dans la composition chimique des éléments nerveux qu'ont paru songer les auteurs à propos de la qualité du cerveau. L'on conçoit, en effet, que de telles différences puissent avoir une grande importance, puisque l'on est conduit, en dernière analyse, à rattacher à des changements moléculaires, à des désintégrations, au passage d'un état moléculaire très instable à un état plus stable, le développement d'énergie qui constitue les phénomènes psychiques. S'il y a des qualités protoplasmiques d'ordre chimique, variables suivant les individus, on conçoit que de telles variations puissent entraîner des variations de toutes sortes dans le fonctionnement cérébral. Délicatesse de la sensibilité, résistance et fidélité de la mémoire, facilité et rapidité des processus quelconques, tout cela pourrait être influencé par des différences dans la composition chimique. Mais on ne conçoit guère que la qualité chimique puisse remplacer le nombre des éléments cellulaires, leurs complications, et la complexité de leurs rapports, toutes choses dont la supériorité est liée aux variations pondérales et qui correspondent, comme on le verra plus loin, à un genre spécial de supériorité intellectuelle. La valeur psychologique de la qualité des éléments cérébraux ne saurait suppléer à la valeur de la quantité. Mais la valeur psychologique de la quantité est évidemment amoindrie par une infériorité qualitative, et cela seul suffirait à expliquer l'infériorité intellectuelle notoire de certains individus à gros cerveaux. C'est en vain qu'un appareil sera compliqué s'il fonctionne mal et surtout s'il ne fonctionne point. Mais c'est en vain que vous exigerez des opérations complexes d'un appareil trop simple.

4° *Conditions de nutrition.* — Ces conditions se rattachent étroitement aux précédentes, car elles déterminent les réintégrations moléculaires qui rendent possible la désintégration d'où résulte la force nerveuse. Rien n'est plus important à considérer en psychologie que l'influence de ces états de vigueur ou de dépression nerveuse que l'on peut appeler neurosthénie et neurasthénie (σθενος, ασθενεια). J'ai insisté sur ce point dans un autre travail (1894), où j'ai essayé en même temps de classer les causes très diverses de l'état neurasthénique sans désigner par ce mot le syndrome décrit par les cliniciens. Cet état, dont la fréquence est extrême, n'influe pas moins sur la complexité des processus mentaux que sur leur vigueur et leur rapidité. Si une représentation complexe nécessite l'excitation simultanée d'une série d'images associées A F C D N I... cette représentation ne pourra se produire si l'image A a déjà disparu quand se produit l'image F, et ainsi de suite, ou si l'excitation de l'agrégat A F C ne peut se propager jusqu'à l'agrégat D N I. Toute opération psychique un peu compliquée deviendra donc impossible, qu'il s'agisse de la mémoire, de la raison, de l'imagination, de la réflexion ou de la volition. L'état neurasthénique pourra produire jusqu'à une incohérence et une aboulie complètes, même chez des individus dont le cerveau sera en quelque sorte très richement meublé. Herbert Spencer a fort bien noté l'opposition qui existe entre le travail nerveux « sous une haute pression » et le travail à basse pression [1]. A un faible degré l'état neurasthénique diminue seulement l'attention, la complication des processus associatifs, la présence d'esprit, augmente le temps de réflexion et tend à imprimer aux séries d'images excitées cette forme linéaire et incohérente que l'on observe dans le rêve ou l'assoupissement. L'état opposé ou neurosthénique peut être procuré passagèrement par des excitants artificiels. Il semble être habituel chez certains individus qui peuvent ainsi, avec un volume cérébral très ordinaire ou médiocre, briller beaucoup plus que certains autres dont le luxe cérébral quantitatif pourra être rendu inutile par la neurasthénie. Dans une récente étude sur le tempérament, j'ai conclu à l'existence de deux tempéraments : le sthénique et l'hyposthénique (1896). Le tempérament gît surtout dans le système nerveux et domine ainsi la totalité de l'organisme,

Peut-être les hommes à petit cerveau sont-ils moins sujets à l'affaiblissement neurasthénique que les individus à cerveau volumineux. L'énergie du métabolisme cérébral est évidemment liée à des conditions du liquide nourricier et à des conditions de circulation générale et locale. Les variations individuelles des organes circulatoires du cerveau, de leur abondance, de leur calibre, etc., sont certainement considérables, et il y a lieu de se demander si l'accroissement du volume cérébral est toujours accompagné d'un accroissement proportionnel du système circulatoire intra-cranien, de façon que la supériorité de volume soit complètement utilisée. Je n'ai pas à traiter ici ce chapitre important, je me borne donc à indiquer son haut intérêt physiologique et ses rapports avec la question du volume cérébral. Il suffira de rappeler de même, en passant, les effets produits par divers ingesta tels que l'alcool, le thé, le café, le haschich, etc.

5° *Conditions de milieu.* — Nous venons de passer en revue plusieurs sortes de conditions qui peuvent varier suivant les individus indépendamment du développement cérébral quantitatif, mais dont les variations sont, en général, difficiles à évaluer avec quelque précision. Il nous reste à parler des conditions le plus évidemment et le plus éminemment variables, dont l'importance au point de vue du développement intellectuel est énorme, mais dont pourtant il est généralement peu tenu compte quand on daigne y faire attention. L'éducation sous l'influence de laquelle sont contractées tant d'habi-

1. H. Spencer : *Principes de Psych.*, I, 641, ss.

tudes jouant le plus grand rôle dans le fonctionnement psychique, l'instruction, le milieu familial, le milieu social, la civilisation, le langage, les moyens de travail et d'acquisition, tout cela varie infiniment et peut faire que tel homme médiocrement doué au point de vue du poids cérébral n'en deviendra pas moins un citoyen très instruit, capable, habile, brillant, haut placé, « un homme distingué », tandis que tel autre, beaucoup mieux doué quantitativement, et tout aussi bien doué sous les autres rapports anatomiques ou physiologiques, restera ignare ou mal instruit, mal élevé, et sera peut-être conduit tout simplement par ses qualités intellectuelles et un milieu mauvais à se distinguer parmi d'obscurs filous.

Il n'est pas besoin, je crois, d'insister d'avantage pour montrer que l'on ne discrédite pas beaucoup la quantité cérébrale au point de vue psychologique lorsqu'on fait observer, sans même se préoccuper de la taille ni des états pathologiques, que l'on a rencontré parmi les hommes à cerveau volumineux un briqueteur, un terrassier, des aliénés et même des idiots. D'autre part il n'y a pas lieu le moins du monde d'être surpris de trouver dans une série de 80 hommes plus ou moins distingués 5 ou 6 cerveaux d'un poids inférieur à la moyenne. Si, à masse égale du corps, et toutes conditions anatomiques, physiologiques ou mésologiques égales d'ailleurs, un encéphale de 1 500 grammes a plus de valeur qu'un encéphale de 1 300 grammes, on n'est point pour cela microcéphale avec ces 1 300 grammes. Et si ces 1 300 grammes sont bien employés, ils produiront plus et mieux que 1 500 grammes et 1 800 grammes dans des conditions défectueuses. L'examen qui précède donnera plus de précision à cette réserve, « toutes choses égales d'ailleurs », qui a toujours été formulée ou sous-entendue trop vaguement toutes les fois qu'elle n'a pas été oubliée. On vient de voir que si la supériorité quantitative constitue une qualité de l'encéphale, et une qualité très importante puisqu'elle accompagne à peu près sans exception toute supériorité intellectuelle un peu large, il y a aussi d'autres qualités anatomo-physiologiques et diverses conditions en l'absence desquelles la supériorité pondérale ne peut être mise en valeur. Il est vraisemblablement rare que toutes ces qualités et conditions soient réunies à un haut degré chez un même individu, mais il n'est pas impossible qu'elles le soient; et cette réunion plus ou moins parfaite me paraît être autrement importante pour la constitution du génie que tout le ramassis psychiatrique hétérogène et incohérent, par lequel une école soit-disant nouvelle, mais arriérée, a cru pouvoir remplacer l'analyse psychologique. Il entre, toutefois, dans le génie, un élément particulier qui est, je crois, un degré d'impressionnabilité, d'émotivité dont l'exagération peut, parfois, confiner à des états pathologiques. Cette émotivité ne possède sa valeur géniale, évidemment, que par combinaison avec une supériorité intellectuelle. Le génie serait donc caractérisé par une qualité indépendante de la supériorité cérébrale quantitative, mais c'est de cette supériorité que dépendent l'étendue et la profondeur, le calibre du génie.

La supériorité pondérale du cerveau ne peut remplacer aucune des autres conditions de supériorité intellectuelle. Mais elle ne peut être remplacée par aucune autre. Elle possède une valeur propre d'un ordre spécial qu'il nous reste à indiquer, autant qu'il est possible de le faire très brièvement.

Le matériel de l'intelligence se compose de sensations d'où dérivent des images, des idées, — des représentations d'attributs, d'objets, de mouvements. Tout cela varie en nombre, variété et complexité. Il doit en être de même pour le substratum cérébral. C'est ainsi, d'ailleurs, que l'on voit croître le poids du cerveau dans la série animale, à masse du corps égale, parallèlement aux possibilités intellectuelles. De même ces possibilités doivent croître, chez l'homme, en raison du développement et de la complexité de leur substratum. Il y a moins de différences intellectuelles entre un homme très supérieur et un homme d'intelligence moyenne qu'entre un Australien et un anthropoïde, mais ces différences sont pourtant considérables. Elles semblent concerner surtout la complexité des acquisitions et des opérations mentales en général. Il est manifeste que beaucoup de personnes ayant montré d'excellentes aptitudes sous le rapport de l'acquisivité, de la mémoire, et même du raisonnement pendant une certaine période de leur instruction, ayant obtenu même de brillants succès dans certains examens ou concours difficiles, n'en restent pas moins impuissantes dès qu'il faut passer à un ordre d'études de complexité supérieure. A. Comte a signalé ce fait à propos de l'aptitude aux mathématiques. Il n'est pas moins évident dans l'ordre des sciences biologiques où les examens supérieurs exigent pourtant une forte somme de connaissances et comportent des questions parfois compliquées. Mais il existe une grande différence entre la simple acquisition ou la pure répétition et la production. Une œuvre littéraire, artistique, scientifique est toujours très simple relativement à l'ensemble des opérations mentales qu'a exigées sa production. Avant d'arriver à un résultat dont la connaissance est accessible à l'esprit le plus médiocre moyennant quelques minutes ou quelques heures d'étude, le producteur a dû souvent, pendant des mois et des années, chercher le résultat à travers des labyrinthes de faits, d'hypothèses, de comparaisons, etc., représentant dans le cerveau des plexus nombreux et compliqués d'éléments nerveux et un travail physiologique d'une complication corrélative. Tel orateur brillant qui expose une théorie scientifique élaborée par un autre serait fort embarrassé si ce dernier le mettait aux prises avec quelques-unes des difficultés qui ont dû être surmontées avant d'arriver au résultat. N'est-il pas curieux, parfois, de voir comment certains vulgarisateurs comprennent une question complexe et se représentent la genèse d'une découverte, même dans le domaine de leur compétence — ou bien la façon expéditive dont ils veulent appliquer une théorie à des cas dont leur cerveau ne parvient pas à saisir la complexité? Cela peut arriver à des esprits supérieurs dans des conditions d'instruction ou d'attention désavantageuses, mais cela doit arriver de préférence aux petits cerveaux. Et ce n'est point seulement là une vue théorique : j'ai été maintes fois frappé de ce fait que les individus à petite tête, d'abord s'intéressent peu aux questions très complexes dès qu'il faut les étudier dans leur complexité, ce qui est tout autre chose que d'en acquérir une connaissance schématisée; ensuite que ces questions générales revêtent chez eux une forme catéchismale, si je puis dire ainsi, lorsque leur profession les oblige à s'en occuper. La même chose arrive généralement dans la vieillesse, lorsque le cerveau tend à perdre ses complications et à se réduire en quelque sorte à sa plus simple expression. L'état neurasthénique produit d'ailleurs un effet analogue chez les individus les mieux doués au point de vue quantitatif. Que le défaut de complexité des opérations mentales soit le résultat de l'exiguïté de l'appareil cérébral, ou bien d'une réduction sénile portant sur les complications d'acquisition récente dans la race ou chez l'individu, ou bien d'un affaiblissement physiologique limitant aux voies banales l'étendue des processus psychiques, on conçoit que les rétrécissements fonctionnels consécutifs à ces différentes causes soient analogues entre eux.

H. Spencer, qui a très bien compris l'importance du développement quantitatif du cerveau, déduit cette importance du fait que l'évolution psychique consiste en un éloignement progressif du type primordial des réflexes simples ou des actions automatiques, éloignement corrélatif à la complexité cérébrale et d'où résulte une décroissance progressive du rapport entre les adaptations automatiques ou instinctives et l'ensemble des adaptations — une faculté de préméditation relativement considérable, une représentation habituellement plus variée de motifs, de moyens et de conséquences, une tendance plus grande à suspendre les jugements et à les corriger, une fois formés. Les hommes qui auront le cerveau moins développé, avec des plexus composés de groupes de connexions plus simples et moins nombreux, ne montreront pas la moindre hésitation et seront portés à précipiter des conclusions qu'il leur sera difficile de modifier. Spencer (1875, i, 631) ajoute qu'une différence de ce genre apparaît quand nous comparons les races à cervelle volumineuse avec les races à cervelle étroite.

En considérant la liaison qui doit exister entre le nombre et la complexité des représentations mentales et le nombre et la complexité des éléments cérébraux qui en sont le substratum, on est amené forcément à admettre que si la supériorité pondérale moyenne du cerveau humain correspond à la supériorité moyenne de l'espèce au point de vue physiologique, il doit y avoir en général une corrélation analogue entre les variations anatomiques et les possibilités psychologiques au-dessous et au-dessus de l'état moyen dans l'espèce humaine. Cette induction est d'ailleurs confirmée par des résultats statistiques très nets, comme on l'a vu plus haut.

Si l'on envisage, non plus l'ensemble de la correspondance intellectuelle, mais ses diverses phases qui représentent ce que l'on nomme habituellement facultés, l'on peut trouver des raisons de croire que chacune de ces phases profite de l'accroissement en nombre et en complexité des éléments et groupes d'éléments cérébraux.

Toutes ces diverses phases : instinct, mémoire, raison, volonté, etc., profitent sans doute de la supériorité de différentes conditions indépendantes de la supériorité pondérale que nous avons examinées plus haut. Mais, comme on l'a vu, parmi ces différentes conditions, la supériorité morphologique représente une distribution relativement avantageuse de la supériorité quantitative : la supériorité histologique représente une supériorité quantitative sous une forme condensée, et rien ne prouve que ces deux sortes de supériorité existent plus généralement dans les cerveaux où la quantité *i*, déduite de l'analyse du poids total du cerveau, n'atteint pas un chiffre élevé. Il est naturel et plus conforme aux résultats acquis de supposer que l'accroissement de la quantité *i* est le moyen le plus simple et le plus général d'agrandissement et de complication du substratum cérébral de l'intelligence, de sorte que la possibilité de variations morphologiques et histologiques à quantité *i* égale permet simplement d'expliquer certaines exceptions individuelles.

Quant aux conditions désignées sous les noms de neurasthénie ou de neurosthénie, leurs variations sont des plus importantes, mais l'état neurosthénique ne peut que permettre à un cerveau de bien utiliser le degré de développement qu'il possède. L'énergie, la promptitude, la plénitude du fonctionnement cérébral résultant de la neurosthénie constituent de précieuses qualités, mais ces qualités en elles-mêmes ne font que mettre en valeur des possibilités quantitativement limitées par le degré de développement quantitatif de l'appareil intellectuel.

Il n'y a pas lieu d'insister ici sur les conditions mésologiques du développement mental, puisque nous n'envisageons ce développement qu'en fonction des seules conditions anatomo-physiologiques. Il ne nous reste donc qu'à spécifier autant que possible les qualités intellectuelles spécialement liées à la supériorité cérébrale quantitative.

Cette supériorité, si elle est régulière, implique la possibilité de formation de représentations plus nombreuses et par suite de la possibilité de représentations plus complexes. Or, qu'il s'agisse de phases quelconques de l'ajustement intellectuel : mémoire, réflexion, etc., on ne conçoit pas que cet accroissement en nombre et en complexité puisse favoriser leur vivacité, leur rapidité, leur intensité, leur facilité, tandis que ces diverses qualités paraissent étroitement liées aux conditions anatomo-physiologiques d'où résulte la neurosthénie. Mais le nombre et la complexité des images ou groupes d'images associées dont la réapparition opportune constitue la mémoire effective; mais le nombre et la complexité des groupes excités dans la réflexion; mais le nombre et la complexité des groupes d'images dont la confrontation constitue la raison; le nombre et la complexité des images qui se suscitent mutuellement dans l'imagination; le nombre et la complexité des images-motifs qui entrent en jeu dans la délibération et du conflit desquelles résulte la volonté, tout cela est en relation nécessaire avec le nombre et la complexité des éléments cérébraux et, par suite, avec la supériorité cérébrale quantitative. Si l'on cherche à caractériser plus brièvement les qualités intellectuelles correspondantes à cette supériorité, on trouve, en définitive, que ces qualités se résument en ce que l'on appelle ordinairement l'*étendue* et la *profondeur* de l'intelligence.

Toutes autres conditions anatomiques, physiologiques et mésologiques égales, l'étendue et la profondeur intellectuelles doivent être en rapport avec la quantité *i*.

J'insiste sur l'importance capitale de cette réserve, « toutes autres conditions égales d'ailleurs », puisque, comme on l'a vu plus haut, la supériorité cérébrale quantitative ne peut avoir son efficacité psychologique en l'absence de ces autres conditions, puisque l'état neurosthénique et les conditions de milieu favorables suffisent pour assurer à un individu médiocrement doué, quant au poids cérébral, une certaine étendue et une certaine profondeur intellectuelles irréalisables chez un individu dont la supériorité cérébrale quantitative ne sera pas accompagnée d'une neurosthénie suffisante et de condition de milieu (éducation, instruction, etc.), passablement bonnes. En l'absence de ces dernières conditions la supériorité cérébrale quantitative pourra correspondre à une intelligence virtuelle supérieure, à un intellect puissant; mais l'intelligence effective, distinguée plus haut de l'intelligence virtuelle, restera nécessairement très bornée. Toutefois il me semble que, même dans des conditions de milieu très défavorables, on peut encore constater (chez des paysans incultes par exemple) l'aptitude à cet ajustement étendu et complexe que rend possible la supériorité cérébrale quantitative, comme aussi l'on peut constater bien souvent chez des sujets à « cerveau étroit », très favorisés sous tous les autres rapports et très brillants, très cultivés, très utiles, certaines lacunes dans le sens de l'étendue et de la profondeur intellectuelles.

Il est vrai que la complexité supérieure des opérations psychiques expose très probablement à une lenteur relative, à un certain degré d'indécision, à un défaut de présence d'esprit. — l'action nerveuse devant être d'autant plus rapide qu'elle se rapproche davantage du type des réflexes; ensuite parce qu'une réflexion ou une délibération compliquée risque souvent d'être interrompue avant d'aboutir à un résultat ferme. Inversement, l'infériorité quantitative doit comporter des qualités en sens contraire de ces défauts. Les uns et les autres sont d'ailleurs qualités ou défauts suivant les circonstances.

C'est fort bien d'avoir tout son esprit sous la main, en quelque sorte, mais on ne peut avoir sous la main que l'esprit que l'on possède; et, souvent, le tout n'est pas assez. Un simple chien peut avoir une présence d'esprit de premier ordre. — D'autre part, c'est très bien d'avoir de larges possibilités mentales; encore faut-il qu'elles aient le temps de se produire au moment opportun.

L'homme à petite cervelle est en général très simpliste et plus disposé à l'action. Ses réflexions courtes et ses délibérations étroites sont rapidement tout ce qu'elles peuvent être. Souvent, au contraire, à un esprit plus compliqué des combinaisons nouvelles d'images, de motifs continuent encore à se présenter lorsque l'action est une fois accomplie ou lorsque le moment d'agir est déjà passé.

La supériorité cérébrale quantitative n'est pas indispensable dans tous les ordres de travaux scientifiques; elle ne l'est point, par exemple, dans les recherches de détail où l'application et la patience suffisent souvent pour obtenir de très beaux résultats. Mais partout où l'homme est obligé d'adapter ses pensées et ses actes à des relations externes compliquées, la supériorité cérébrale quantitative est une condition de réussite assez importante pour que l'on puisse s'attendre à rencontrer une moyenne de volume cérébral relativement supérieure dans tout groupe d'individus d'élite appartenant à une classe sociale quelconque. Car la complexité des relations externes ne fait défaut nulle part, et toujours l'ajustement intellectuel à ces relations est une condition du succès.

II. — FORME DE L'ENCÉPHALE ET DU CERVEAU

Évolution générale. — Les variations de la forme d'un appareil ou d'un organe résultent du développement relatif de ses différentes parties. Ce développement relatif peut varier suffisamment pour entraîner des changements de disposition considérables, au point qu'il devient souvent très difficile, par ce seul fait, de déterminer les homologies anatomiques et de reconnaître une même partie à travers toutes les transformations qu'elle subit dans la série des mammifères, des vertébrés.

Les modifications du développement relatif des différentes parties de l'encéphale peuvent se compliquer, si l'on veut suivre cet appareil aussi loin que possible dans la série zoologique, d'additions, de disparitions, de substitutions correspondant à des additions, à des disparitions et à des substitutions fonctionnelles très difficiles à déterminer dans une partie du corps aussi imparfaitement connue anatomiquement et physiologiquement.

Le fait le plus général qui semble se dégager de l'histoire du cerveau, c'est l'intervention progressivement croissante de cette partie du système nerveux dans la direction de l'organisme, aux dépens des centres nerveux inférieurs, sans que ces derniers soient, pourtant, dépossédés de leurs fonctions. Tandis que ces centres inférieurs président aux mouvements purement réflexes toujours en rapport avec une correspondance simple et peu variée entre les organismes les plus simples et les conditions peu changeantes dans lesquels ils sont capables de vivre, on voit ces centres se différencier, se multiplier, s'associer et se hiérarchiser de plus en plus, à mesure que les fonctions sensorielles et les mouvements se différencient et se multiplient, à mesure que les organismes deviennent capables de recevoir des impressions plus variées et plus complexes et d'y réagir par des mouvements également plus variés et complexes, à mesure, en un mot, que s'accroît l'intelligence, puisque celle-ci consiste essentiellement en une correspondance entre des relations internes et des relations externes, ou un ajustement progressif qui n'est autre chose (H. SPENCER, 1870) qu'un perfectionnement de la vie elle-même. La vie, en effet, consiste en un ajustement continu de relations internes à des relations externes et le perfectionnement intellectuel est un véritable perfectionnement de l'ajustement vital (H. SPENCER).

Dans son développement phylogénique le cerveau prend une part croissante à la direction de l'organisme, à mesure que progressent l'intelligence et, corrélativement, la *fonction psycho-motrice*(1884). Cette fonction est essentiellement celle du cerveau, parce que c'est cet appareil qui reçoit les sensations et parce que c'est en lui que s'établissent, en conséquence, les relations internes correspondant aux relations externes, et parce que c'est grâce à cette correspondance que les actes de l'organisme s'adaptent à des conditions extérieures de plus en plus nombreuses, variées et complexes. Sous ce rapport, le développement ontogénique récapitule physiologiquement aussi l'évolution phylogénique (voir plus haut fig. 50).

Mais cette évolution n'a point fait disparaître les fonctions nerveuses les plus inférieures, pas plus que les centres nerveux les plus simples. Si nous considérons l'ensemble de notre système nerveux depuis les ganglions viscéraux jusqu'aux hémisphères cérébraux, nous y trouvons représentées toutes les phases de l'évolution, depuis les plus primitives, c'est-à-dire, au point de vue physiologique, depuis les réflexes les plus automatiques jusqu'aux actes volontaires les mieux délibérés, depuis la réaction motrice la plus instinctivement réglée des centres nerveux inférieurs jusqu'à la réaction consciente, intelligente et voulue qui paraît être l'apanage exclusif du manteau cérébral.

A mesure que la fonction psycho-motrice se perfectionne dans la série animale, on voit le volume cérébral (quantité *i*) s'accroître. La forme de l'encéphale et du cerveau subit en même temps des modifications considérables en rapport avec l'importance plus ou moins grande de chaque sens dans la constitution des représentations, avec la complexité plus ou moins grande du jeu de ces représentations, avec le nombre, la variété et la complexité des mouvements commandés par le cerveau.

Mais le mécanisme suivant lequel s'accomplit la fonction psycho-motrice aux divers degrés de son développement est encore si obscur, que la plupart des variations morphologiques de l'encéphale et des hémisphères cérébraux échappent à toute interprétation physiologique pour le moment. C'est pourquoi il y a lieu de chercher dans l'étude comparative de ces variations elles-mêmes quelques données susceptibles d'indiquer à quel ordre de modifications fonctionnelles elles peuvent se rattacher.

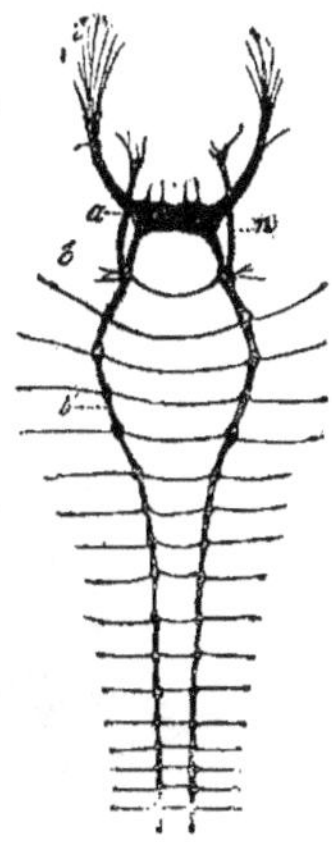
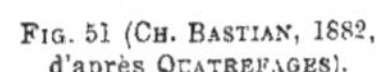

FIG. 51 (CH. BASTIAN, 1882, d'après QUATREFAGES).

Système nerveux des *Serpula contortuplicata*, ver marin tubicole : *a*, ganglions sus-œsophagiens; *b*, un des cordons ganglionnés; *n*, nerfs moteurs buccaux; *t*, nerfs tactiles.

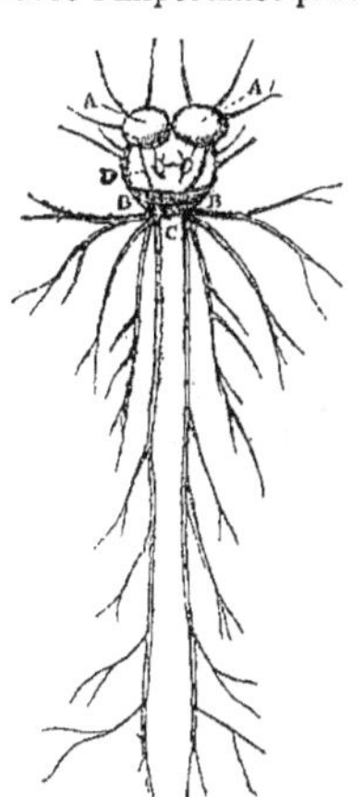

FIG. 52 (CH. BASTIAN, I, 288 d'après BALY).

Système nerveux de la limace commune; AA, ganglions cérébraux; BB, ganglions branchiaux et C, ganglions pédieux confondus en une seule masse; D, ganglions pharyngiens.

Développement relatif des diverses parties de l'encéphale. — Invertébrés. — Chez les mollusques l'homologie de certains ganglions avec l'encéphale des vertébrés ne semble pas être douteuse, CUVIER considérant, chez le poulpe, une dépression transversale séparant en deux parties le ganglion sus-œsophagien, assimilait la partie antérieure au cerveau et la postérieure au cervelet. OWEN appelle cerveau le même ganglion, chez le nautile. Pour GARNER, le cerveau des mollusques est divisé en plusieurs ganglions péri-œsophagiens; le ganglion sus-œsophagien représenterait le lobe optique des poissons, et la partie antérieure de ce ganglion serait peut-être un rudiment des hémisphères cérébraux. Pour Carus, le ganglion céphalique, placé au-dessus de l'œsophage, c'est-à-dire au « pôle lumineux », serait l'organe des facultés les plus élevées des mollusques. D'après Serres, le ganglion céphalique serait simplement l'analogue du ganglion du trijumeau des vertébrés.

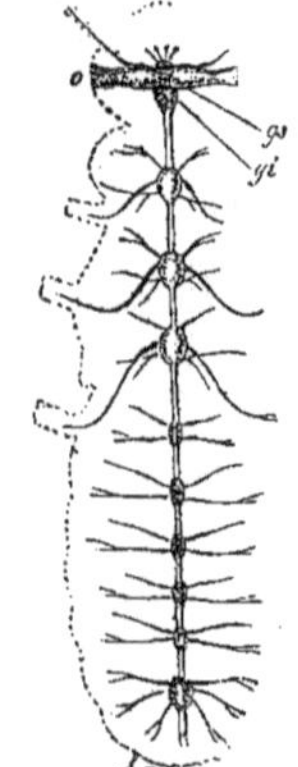

Fig. 53 (Ch. Bastian, d'après Lespès). Système nerveux d'une fourmi blanche (termes).

Leuret, auquel nous empruntons ces renseignements, et la plupart de ceux qui suivent, conclut (1839, 45) que le ganglion céphalique des mollusques n'est pas l'analogue des lobes cérébraux, mais bien de l'encéphale des vertébrés. Il y a plus d'analogie avec la moelle allongée qu'avec le cervelet, les tubercules quadrijumeaux ou le cerveau.

Chez les animaux articulés, le ganglion céphalique représente l'encéphale des vertébrés.

Vertébrés. — Chez les vertébrés les plus inférieurs, l'homologation devient relativement claire. Leuret pose les conclusions suivantes :

L'encéphale des poissons se compose de ganglions distincts, implantés sur les prolongements antérieurs de la moelle épinière. Il existe, en outre, notamment chez les poissons osseux, un corps calleux, une voûte, des ventricules latéraux et moyens, un *infundibulum*, des commissures, un aqueduc de Sylvius et presque tous les nerfs encéphaliques de l'homme. — A l'exception du ganglion cérébral et du cervelet, tous les ganglions encéphaliques donnent naissance à des nerfs.

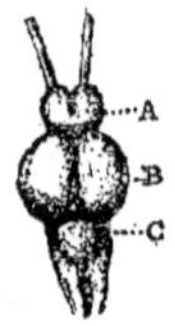

Fig. 54 (Ch. Bastian, d'après Ferrier). Cerveau de carpe : A, lobes cérébraux; B, lobes optiques; C, cervelet et moelle allongée.

Leuret a recherché, chez les poissons, si chaque faculté spéciale correspond à une forme déterminée d'une portion quelconque de l'encéphale. Il n'a obtenu sur ce point que des résultats négatifs et il donne, à ce sujet, quelques curieux détails sur la façon d'observer fantaisiste de Gall et de Spurzheim. Il établit, notamment, que la lamellation du cervelet, indice du perfectionnement de cet organe, n'est pas liée au développement de l'amour physique chez les poissons. On sait que, sous ce rapport, il y a de très grandes différences entre diverses espèces de poissons.

Chez les *reptiles*, l'encéphale se compose de trois ganglions principaux réunis entre eux par des commissures. Le cerveau est le ganglion le plus volumineux. Le cervelet est lisse. Chez beaucoup de reptiles il est à l'état rudimentaire.

Leuret distingue, chez tous les animaux de cette classe, un corps strié, un commencement de couche optique, un corps calleux, une commissure antérieure, une posté-

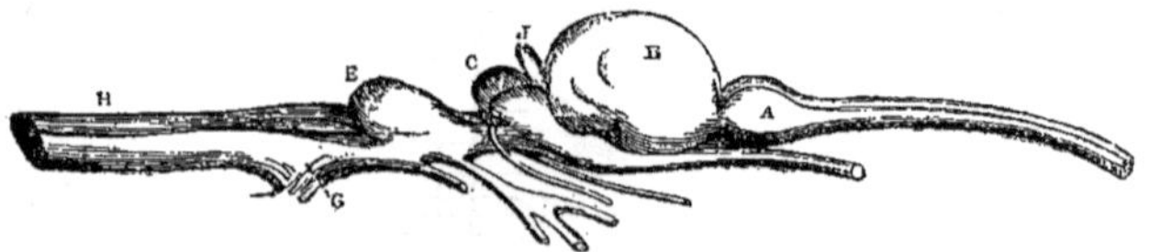

Fig. 55 (Ch. Bastian, 1882, d'après Solly).
Vue latérale du cerveau d'une tortue : A, ganglion olfactif; B, hémisphère cérébral; C, ganglion optique; E, cervelet; G, ganglion à la racine du nerf vague; J, glande pinéale.

rieure et une inférieure, une voûte, un infundibulum, un aqueduc de Sylvius, un quatrième ventricule. La moelle allongée ne se présente pas encore comme partie distincte de l'encéphale; elle n'a pas de Pont de Varole.

La forme générale du cerveau est sensiblement la même chez des reptiles dont les instincts sont différents, d'après Leuret. L'amour physique est très ardent dans cette classe où le cervelet est plus petit que chez tous les autres vertébrés.

Chez les *oiseaux*, l'encéphale se compose de trois ganglions principaux : le cerveau, le cervelet, les lobes optiques, et d'un ganglion supplémentaire, la couche optique. Des commissures réunissent entre elles ces différentes parties.

La face convexe du cerveau présente un léger sillon chez quelques oiseaux.

Le cerveau recouvre les lobes optiques en totalité ou en partie; il dépasse ces lobes en arrière et latéralement chez la pie, le corbeau, le merle, le canard, l'oie et surtout chez le perroquet. Toujours il se prolonge jusqu'au cervelet dont il recouvre même quelquefois la moitié environ.

Le lobe cérébral n'a pas de cavité. Les substances grise et blanche n'y sont pas disposées par couches distinctes. Les couches optiques sont rudimentaires.

Les lobes optiques sont beaucoup moins volumineux que le cerveau. A leur base, on trouve les couches optiques, tandis que les corps striés se trouvent à la base des lobes cérébraux. Chez les mammifères, le lobe optique se réduit aux petits tubercules quadrijumeaux et la couche optique, unie au corps strié, se rattache comme celui-ci à l'hémisphère cérébral.

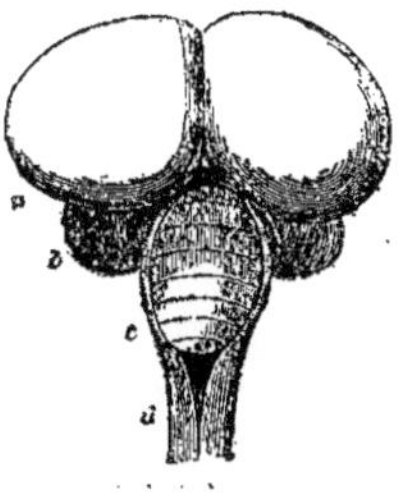

Fig. 56 (Ch. Bastian, 1882, d'après Anderson).

Cerveau de goéland : *a*, hémisphères cérébraux ; *b*, lobes optiques : *c*, cervelet ; *d*, moelle épinière.

Le cervelet des oiseaux est toujours divisé en lamelles dont le nombre varie, suivant les espèces, de 10 à 20.

Le volume du nerf pathétique, du moteur commun des yeux et du nerf optique est relativement au volume de l'encéphale moins considérable chez les oiseaux que chez les reptiles et les poissons.

Le diamètre transverse du cerveau des oiseaux est presque constamment plus long que l'antéro-postérieur.

L'élargissement du cerveau des oiseaux est plus considérable chez les oiseaux stupides que chez les oiseaux intelligents, mais il n'y a pas un rapport direct et nécessaire entre ces deux ordres de phénomènes (Leuret, 1839 356). Il n'est pas vrai non plus que les oiseaux courageux ou féroces aient le cerveau plus large que les autres.

Leuret (*ibid.*) dit que la hauteur du cerveau et son développement en arrière sont d'autant plus considérables que les oiseaux ont les facultés intellectuelles plus nombreuses et plus étendues. Les deux sexes ne diffèrent pas sensiblement sous ce rapport.

Comparant le poids du cervelet C et de la moelle allongée M au poids du cerveau, Leuret a obtenu le classement qui suit, l'ordination étant faite d'après le poids relatif croissant du cervelet.

Le poids absolu du cervelet = 1 ; le poids du cerveau varie ainsi :

	C	M		C	M
Chouca mâle	11,33	5,23	Oie	5	6,4
Pic femelle	10,6	5	Perdreau	5	1,53
Pic mâle	10.5	4.2	Combattant	5	2
Perroquet amazone	8.6	6,66	Alouette	5	2,5
Perruche femelle	7,5	6	Sarcelle	4,62	2,64
Serin femelle	7	2,33	Poule	4	1
Geai mâle	6.44	3,25	Coq	3,41	2,04
Canard sauvage	6	6	Vanneau	2,88	2
Pluvier	5.8	2,9	Vanneau	2,75	1,83

Chez l'homme, le poids du cervelet est au poids du cerveau :: 1 : 9,4.

Ces chiffres, surtout ceux qui concernent la moelle allongée, ne peuvent avoir beaucoup de précision, à cause du très faible poids absolu des parties pesées. Cependant il est assez remarquable que la première partie de la liste comprend les oiseaux les plus intelligents. Mais on voit qu'il s'agit là d'une question demandant à être analysée.

Leuret a aussi comparé le poids de la moelle épinière au poids de l'encéphale chez divers oiseaux. Il a obtenu les rapports suivants :

Une pie femelle	1 : 9.6	Un perroquet	1 : 7,7
Une pie mâle	9,25	Plusieurs moineaux	4,2
Un geai mâle	8	Un vanneau	2,5

Ce qui donne pour moyenne 1 : 8,87 ou environ le neuvième du poids de l'encéphale, tandis que, chez les reptiles, l'encéphale et la moelle sont d'un poids à peu près égal (*loc. cit.*, 289).

Chez les *mammifères*, le poids du cervelet a été comparé au poids du cerveau par Daubenton, Cuvier, Leuret. D'après le tableau publié par ce dernier auteur, on ne saisit aucune relation entre le poids du cervelet et l'intelligence ou la taille. Voici quelques chiffres :

Saïmiri, 1 : 14 (maximum). — Hérisson, 12. — Lièvre, 11,3. — Bœuf, 9. — Chien, 8. — Cheval, 7,45. — Papion, 7. — Magot, 7. — Sanglier, 7. — Ouistiti, 6,3. — Chat, 6. — Mouton, 5. — Taupe, 4,5. — Gibbon, 4,48. — Rat, 4,28. — Lapin, 3,84. — Castor, 3. — Souris, 2.

D'après les pesées de Marchant et Lassaigne sur 10 chevaux étalons, 12 juments et 21 chevaux hongres, Leuret a obtenu les moyennes suivantes :

Étalons	Cerveau : 433 grammes.	Cervelet : 61 grammes.	Rapport : 1 : 7,07
Hongres.	— 419 —	— 70 —	— 5,97
Juments.	— 402 —	— 61 —	— 6,59

Les fonctions du cervelet sont, du reste, bien différentes de celles qu'avaient imaginées les phrénologistes, mais ces fonctions ne sont pas encore assez connues pour que les dimensions relatives dont nous nous occupons ici puissent recevoir une explication satisfaisante. Ces dimensions relatives, ainsi que celles de la protubérance et du bulbe, méritent d'être fixées aussi exactement que possible, car elles peuvent fournir quelques indications utiles à la physiologie expérimentale.

Espèce humaine. — Les variations sous ce rapport ont été étudiées surtout dans l'espèce humaine. Les tables de Boyd (1861) comprennent 698 cas masculins et 552 féminins qui ont été mis en séries d'après l'âge et d'après la taille par John Marshall (1892). J'avais fait le même travail en 1884 (*Assoc. franç.*) pour utiliser les registres de Broca, ainsi que les observations de Sappey et Parisot, et obtenu les résultats suivants publiés *in extenso* seulement en 1893 :

D'après les pesées de Broca. — Sujets de 20 à 60 ans. — Paris.

	154 HOMMES.	41 FEMMES.
Moyennes absolues.		
Taille	1m,680	1m,583
Poids de l'encéphale	1361gr,5	1201gr,3
— des hémisphères	1190gr	1045gr,4
— du cervelet.	145gr,2	131gr,7
— de la protubérance	19gr,51	17gr,8
— du bulbe.	6gr,805	6gr,36
— de la protubérance et du bulbe	26gr,32	24gr,25
Rapports centésimaux.		
Des hémisphères à la taille = 100	7,085	6,603
Du cervelet à la taille = 100.	0,864	0,832
Du bulbe et de la protubérance à la taille = 100 . . .	0,156	0,153
Du cervelet aux hémisphères = 100	12,20	12,60
Du bulbe et de la protubérance aux hémisphères = 100.	2,21	2,319
Du bulbe et de la protubérance au cervelet = 100. . . .	18,12	18,40
Du bulbe à la protubérance = 100.	34,8	35,7

Groupes de différentes tailles dans chaque sexe.

	154 HOMMES.		44 FEMMES.	
	76 plus petits.	78 plus grands.	21 plus petites.	23 plus grandes.
Moyennes brutes.				
Taille	1m,63	1m,729	1m,535	1m,626
Poids des hémisphères	1166gr,6	1213gr,9	1032gr,5	1057gr,2
— du cervelet	143gr,6	147gr,3	131gr,4	132gr,0
— de la protubérance	19gr,31	19gr,71	17gr,76	18gr,0
— du bulbe	6gr,75	6gr,85	6gr,42	6gr,30
— du bulbe et de la protubérance	26gr,06	26gr,57	24gr,19	24gr,3
Rapports centésimaux à la taille = 100.				
des hémisphères	7,155	7,019	6,723	6,500
du cervelet	0,877	0,852	0,855	0,811
du bulbe + la protubérance	0,159	0,153	0,157	0,149
Rapports centésimaux.				
Du cervelet aux hémisphères = 100	12,26	12,14	12,72	12,48
Du bulbe + la protubérance aux hémisph. = 100	2,234	2,18	2,34	2,29
Du bulbe + la protubérance au cervelet = 100	18,218	18,03	18,40	18,40
Du bulbe à la protubérance = 100	34,9	34,7	36,1	35,0

Les tableaux ci-dessus établissent trois faits principaux :

Le cervelet, le bulbe et la protubérance sont moins influencés par la taille que le cerveau.

Les centres encéphaliques inférieurs sont un peu plus développés dans le sexe féminin relativement à la taille et relativement au cerveau.

Il en est de même chez les individus de petite taille en général comparés aux individus de grande taille.

Ces faits sont confirmés par les tableaux de Marshall dont les moyennes ont été calculées, pour la plupart, d'après un très grand nombre d'observations, et converties suivant le système métrique par Donaldson dans l'ouvrage duquel (1895) on pourra les trouver.

Pour mieux faire ressortir les différences liées au sexe et à la taille, j'ai dressé les deux tableaux suivants :

			D'après les pesées de Broca.	D'après les pesées de Sappey et Parisot.
Cerveau	Homme = 100.	Femme =	87,8	93,1
Cervelet	—	—	90,7	94,3
Protubérance	—	—	91,2	95,1
Bulbe	—	—	93,5	96,2

	D'après les pesées de Broca.		
	Homme = 100. Femme =	Hommes grands = 100. Hommes petits =	Femmes grandes = 100. Femmes petites =
Cerveau	87,8	96,10	97,66
Cervelet	90,7	97,48	99,54
Protubérance	91,23	97,97	98,66
Bulbe	93,46	98,54	101,9

L'ordre des divers centres encéphaliques rangés d'après leur poids proportionnel est troublé partiellement, si l'on compare entre eux les deux groupes féminins, mais il n'est pas douteux qu'il en serait autrement si les conditions des statistiques avaient été parfaites.

On peut remarquer aussi que les groupes de même sexe sont beaucoup plus rapprochés l'un de l'autre que le groupe féminin ne l'est du groupe masculin. Ce fait est dû à ce qu'une même différence de longueur du corps correspond à une différence de masse organique beaucoup plus grande, si l'on compare des hommes et des femmes que si l'on compare entre eux des groupes masculins. On sait que beaucoup d'hommes petits sont égaux et même supérieurs, sous le rapport de la musculature, à des hommes plus grands, tandis qu'une telle compensation n'existe presque jamais chez les femmes comparées aux hommes. Comme on l'a vu plus haut, les femmes diffèrent des hommes par la masse totale des organes bien plus que ne l'indique la différence sexuelle de la stature. Et quant aux femmes de grande taille, elles diffèrent, au contraire, très souvent des petites femmes beaucoup plus par la longueur du corps que par la masse organique totale.

En tenant compte de ces faits, on s'explique facilement les irrégularités de quelques-unes des différences selon le sexe ou selon la taille que l'on rencontre dans les tableaux précédents, et aussi bien dans les tableaux formés par Marshall avec les observations de Boyd.

Voici les tableaux de pourcentage du poids des diverses parties de l'encéphale suivant la taille et suivant l'âge, tels que Donaldson les a publiés d'après Marshall.

	HOMMES.					FEMMES.			
	Encéph.	Cerveau.	Cervelet.	Reste.		Encéph.	Cerveau.	Cervelet.	Reste.
TAILLE. 1m,75 et +	100	87,5	10,5	1,90	TAILLE. 1m,63 et +	100	86,93	10,86	1,91
TAILLE. 1m,72-1m,67	100	87,2	10,65	2,08	TAILLE. 1m,60-1m,55	100	86,68	11,16	2,10
TAILLE. 1m,64 et —	100	87,17	10,6.	1,86	TAILLE. 1m,52 et —	100	87,06	10,83	2,09
AGE. 20-40	100	87,52	10,49	1,91	AGE. 20-40	100	87,13	10,9	1,96
AGE. 41-70	100	87,00	10,6	1,94	AGE. 41-70	100	87,14	10,8	2,02
AGE. 71-90	100	87,33	10,6	1,98	AGE. 71-90	100	86,4	11,16	2,11

Voici maintenant le tableau des résultats que j'ai obtenus en mettant en œuvre les observations de Broca au point de vue de l'âge.

Influence de l'âge dans les deux sexes. (D'après les pesées de Broca.)

	276 HOMMES.			129 FEMMES.	
	88 de 20 à 40 ans.	87 de 41 à 60 ans.	101 de 61 à 91 ans.	44 de 19 à 60 ans.	85 de 61 à 92 ans.
MOYENNES.					
Age moyen	30 ans.	50 ans.	71 ans.	41 ans.	77 ans.
Poids de l'encéphale	1397gr,5	1325gr,6	1268gr,3	1201gr,3	1110gr,2
— des hémisphères	1224,3	1156,8	1105,0	1045,4	966,3
— du cervelet	146,9	141,9	137,0	131,7	120,7
— de la protubérance	19,38	19,75	19,91	17,89	17,20
— du bulbe	6,82	6,86	6,91	6,36	5,94
Protubérance + bulbe	26,20	26,61	26,82	24,25	23,14
RAPPORTS.					
Hémisphères — 100.					
Cervelet =	12,00	12,26	12,33	12,60	12,49
Protubérance =	1,58	1,70	1,80	1,70	1,78
Bulbe =	0,56	0,59	0,62	0,610	0,614
Cervelet = 100.					
Protubérance + bulbe =	17,8	18,7	19,5	18,40	19,17
Protubérance = 100.					
Bulbe =	35,1	34,73	34,70	35,7	34,5

Les chiffres proportionnels, dans ces différents tableaux, représentent des différences morphologiques insaisissables par l'œil, mais qui n'en sont pas moins des différences de forme de l'encéphale, puisqu'il s'agit de la grandeur relative de ses différentes parties.

Ce dernier tableau, ainsi que le précédent de Marshall, montre que la diminution sénile porte plus, relativement, sur le cerveau que sur les centres encéphaliques inférieurs, et que la protubérance et le bulbe diminuent d'une quantité relativement très faible. Le poids de ces deux parties ne subit même aucune diminution dans plusieurs groupes de vieillards; il augmente au contraire avec l'âge, en moyenne, résultat qui se répète dans plusieurs des groupes de Marshall, mais qui ne pourrait être dû qu'à une sélection. L'absence ou la faiblesse de la diminution sénile peut s'expliquer physiologiquement.

Variations pondérales des diverses parties de l'encéphale. — Voici l'interprétation que j'ai donnée (1893) des faits exposés ci-dessus. Comme les différences sexuelles sont liées à la différence sexuelle de la masse de l'organisme imparfaitement représentée par la longueur du corps, puisque les différences sexuelles constatées ci-dessus se retrouvent entre des séries de même sexe et de tailles différentes, nous n'avons plus à interpréter que des variations suivant la taille et suivant l'âge.

Cervelet. — 1° Le fait que le cervelet est influencé par la taille, comme le cerveau, indiquerait simplement que le cervelet, comme l'ensemble du système nerveux, est en rapport de masse avec l'ensemble des systèmes osseux et musculaire qui constituent la plus grande partie de la masse du corps. Cela s'accorde avec l'opinion très généralement acceptée que les fonctions du cervelet se rattachent aux mouvements.

2° Le fait que le poids du cervelet n'augmente pas proportionnellement à la masse du corps s'accorde avec l'opinion, également très générale, que la principale fonction du cervelet concerne non pas tant l'incitation des mouvements que leur coordination. En effet, puisque les incitations motrices sont tout aussi nombreuses et tout aussi complexes chez les individus petits que chez les grands, il s'ensuit que la fonction de coordination est d'autant plus développée en quantité relativement à la masse des organes de mouvement que cette masse est plus petite. Il doit donc en être de même du cervelet, organe de coordination. Et, puisqu'il en est ainsi, le fait de la non-proportionnalité du poids cérébelleux à la masse du corps peut être regardé comme une raison de plus (quoique indirecte) à l'appui de l'attribution au cervelet d'une fonction coordinatrice.

Le fait que le poids du cervelet tend à croître relativement au poids du cerveau à mesure que la taille diminue, pourrait résulter d'une infériorité cérébrale physiologique en même temps que pondérale en rapport avec la diminution de la taille. Mais cette infériorité cérébrale aurait besoin d'être démontrée; il ne semble pas que les hommes de petite taille soient moins bien doués cérébralement que les hommes de forte taille. On sait d'ailleurs que si le poids absolu du cerveau s'abaisse quand la taille diminue, le poids relatif s'élève au contraire par rapport à la taille, et j'ai montré que, précisément, il doit en être ainsi dans l'hypothèse où l'intelligence est indépendante de la taille.

Il faut donc chercher une autre interprétation à l'accroissement relatif du cervelet par rapport au cerveau à mesure que la taille diminue. Or ce fait peut encore résulter de ce que l'influence de la taille sur le cerveau est plus grande que l'influence de la taille sur le cervelet. On pourrait expliquer cela en admettant que le cerveau, tout en possédant des fonctions indépendantes de la taille, possède un pouvoir moteur directement en rapport avec la masse à mouvoir représentée par la taille, tandis que dans le cervelet cette fonction d'incitation motrice proprement dite n'existerait pas ou existerait à un degré beaucoup moindre, la fonction cérébelleuse étant exclusivement ou presque exclusivement une fonction de distribution coordonnée dont l'indépendance, relativement à la taille, a été indiquée plus haut.

C'est donc cette interprétation qui me paraît la seule plausible dans l'état imparfait de nos connaissances sur les fonctions du cervelet.

Protubérance et bulbe. — L'interprétation des variations pondérales de ces parties suivant la taille est un problème plus complexe que le précédent. Cette complexité supérieure, à la vérité, provient peut-être uniquement de ce que les fonctions bulbo-protubérantielles sont moins imparfaitement connues que les fonctions cérébelleuses.

On peut recourir ici à des considérations analogues à celles qui nous ont servi pour l'interprétation des variations du poids de l'encéphale, Rappelons d'abord brièvement quelques faits concernant la composition et les fonctions du bulbe et de la protubérance.

Ces deux centres contiennent l'un et l'autre des noyaux sensitifs et des noyaux moteurs.

Les formations terminales des têtes des cornes antérieures et postérieures se trouvent côte à côte dans la protubérance (Mathias Duval, Sappey).

Le noyau inférieur du facial (nerf moteur) est situé au niveau du plan de séparation entre le bulbe et la protubérance. — Le noyau masticateur du trijumeau (branche motrice : mouvements d'élévation, d'abaissement et de diduction de la mâchoire inférieure) se trouve situé dans la protubérance.

Au bulbe appartiennent les noyaux sensitifs des nerfs craniens mixtes, c'est-à-dire du spinal, du glosso-pharyngien et du pneumo-gastrique, le noyau de l'hypoglosse, le noyau commun du facial et du moteur oculaire externe, le noyau du pathétique. Cette région comprend aussi l'un des centres bulbaires du nerf acoustique et l'une des masses d'origine du trijumeau.

Physiologiquement, la protubérance est un centre de mouvements d'expression involontaires, rire, pleurs, cri de douleur : un centre d'impressions sensitives correspondant à ces mouvements, en un mot un centre de phénomènes sensori-moteurs, se rattachant surtout à la fonction d'expression, mais aussi à la mastication. En vertu de cette dernière fonction elle anime donc les muscles les plus volumineux du segment céphalique.

Mais tous les muscles en relation avec la protubérance n'en sont pas moins petits relativement à ceux de l'appareil locomoteur, lequel influe le plus sur la masse totale du corps.

Il en est de même des organes en relation avec le bulbe. Les uns sont des organes d'expression (muscles servant à la phonation particulièrement), dont le volume est loin de varier proportionnellement à celui de la masse totale du corps. Les autres sont des organes dont les fonctions appartiennent à la vie végétative : circulation, déglutition, sécrétions, et l'on sait que la masse de ces organes ne varie pas non plus proportionnellement à la masse de l'appareil locomoteur qui constitue la plus grande partie de la masse totale du corps, et qui est très imparfaitement représentée par la taille.

Cela dit, l'on peut expliquer assez facilement pourquoi le poids relatif de la protubérance et du bulbe par rapport à la masse du corps croît en sens inverse de cette masse. En effet :

1° Quand la taille s'accroît, le nombre et la complexité des phénomènes sensori-moteurs ayant pour substratum les centres bulbaires et protubérantiels restent les mêmes. Ce nombre et cette complexité sont donc d'autant plus grands par rapport à la masse du corps que celle-ci est plus petite. Il doit donc en être de même du poids du bulbe et de la protubérance.

2° Quand la taille s'accroît, l'accroissement porte surtout sur l'appareil locomoteur, sur l'ensemble des systèmes osseux et musculaire qui constituent la plus grande partie de la masse du corps. Les organes d'expression et les organes de nutrition en rapport avec le bulbe et la protubérance ne s'accroissent pas dans la même proportion. Le poids relatif de ces centres nerveux par rapport à la masse totale du corps doit donc diminuer à mesure que cette masse totale augmente.

Des considérations analogues permettent d'expliquer pourquoi le poids du bulbe et de la protubérance est relativement plus élevé chez les individus petits que chez les grands par rapport au poids du cerveau et même par rapport au poids du cervelet.

Le cerveau, en effet, fournit ses courants incitateurs aux organes de la locomotion dont la masse influe d'une façon prépondérante sur la masse totale du corps, tandis que le bulbe et la protubérance incitent les organes d'expression et de nutrition dont la masse ne croît pas proportionnellement à celle de l'ensemble du corps.

Le cervelet est dans le même cas que le cerveau, mais le poids relatif du bulbe et de la protubérance suit de plus près le poids relatif du cervelet que celui du cerveau, probablement en vertu de ce que la fonction cérébelleuse, étant plutôt coordinatrice que directement incitatrice, le poids du cervelet est moins directement lié que le poids du cerveau à la masse de l'appareil locomoteur.

Pourquoi le poids relatif de la protubérance suit-il de plus près que le poids du bulbe la masse du corps, de telle sorte que le poids relatif du bulbe par rapport à cette masse est le plus élevé des deux chez les individus de petite taille? Cela tient, je suppose, à ce que le poids de la protubérance comprend le poids d'une partie des pédoncules cérébraux et cérébelleux qu'il faut sectionner lorsqu'on procède à l'ablation de l'isthme de l'encéphale. Étant donné que le poids de la protubérance proprement dite est très faible, cette adjonction d'une partie des pédoncules peut influer très sensiblement sur ses variations.

Reste à interpréter le fait, très net dans les deux sexes, que le poids du bulbe et de la protubérance croît avec l'âge relativement au poids du cerveau. Il suffit de considérer, pour cela, que la déchéance sénile des fonctions intellectuelles et psycho-motrices cérébrales, c'est-à-dire des fonctions le plus tardivement développées dans l'évolution phylogénique, doit être proportionnellement supérieure à la déchéance des réflexes instinctifs bulbo-protubérantiels plus indispensables à la conservation de la vie.

Quant à l'ascension sénile du poids *absolu* moyen de la protubérance et du bulbe dans plusieurs de mes séries, alors que tout le reste de l'encéphale a subi une diminution considérable, c'est un fait assurément inattendu et dont la réalité m'eût été suspecte s'il ne se répétait avec une certaine régularité dans plusieurs séries numériquement importantes. Il est vraisemblablement dû à une sélection en vertu de laquelle les individus les mieux pourvus sous le rapport des centres encéphaliques inférieurs et de leurs fonctions essentiellement vitales ont plus de chances de parvenir à un âge avancé.

Sans avoir la prétention d'être complètes et définitives, les interprétations qui précèdent contribuent, je crois, à montrer que les variations pondérales des centres nerveux possèdent une signification physiologique et méritent, à cet égard, une sérieuse attention. Il est déjà fort important, au point de vue de l'anatomie dite philosophique, de voir que certains rapports pondéraux des divers centres nerveux entre eux et avec la masse des organes régis par ces centres correspondent à des variations fonctionnelles, sans constituer nécessairement par eux-mêmes des caractères propres à classer hiérarchiquement les espèces, les sexes ou les individus. Ces rapports pondéraux assez difficiles à déterminer avec une précision suffisante demandent à être analysés au double point de vue anatomo-physiologique, et l'on a pu voir combien ces rapports peuvent devenir instructifs après avoir paru incohérents. L'incohérence semble être actuellement complète en ce qui concerne les poids relatifs des divers centres encéphaliques dans la série des vertébrés ou dans celle des mammifères.

Mais l'incohérence n'était pas moindre dans les variations du seul poids de l'encéphale envisagé chez les mammifères; et pourtant elle résultait à peu près exclusivement de ce que ces variations dépendent de deux facteurs généraux (taille et intelligence) qui varient indépendamment l'un de l'autre, tantôt dans le même sens et tantôt en des sens opposés. Il est donc à présumer que les variations pondérales relatives du cervelet dans la série des vertébrés pourront être interprétées à leur tour. Mais, comme il a été dit au début de cet article, l'anatomie comparative ne peut fournir à la physiologie que des indications prémonitoires, des suggestions, tant qu'elle n'est pas elle-même éclairée sur la nature des fonctions de l'organe étudié. La fonction une fois connue, la question se pose, aussi bien pour le physiologiste que pour l'anatomiste, de savoir pourquoi les théories existantes n'aperçoivent aucune différence physiologique correspondant à telle variation quantitative ou morphologique de l'organe, ou inversement.

Il se peut que les données anatomiques acquises soient insuffisantes, mais il se peut aussi que les théories physiologiques et les opinions psychologiques soient fausses. En tout cas la confrontation de celles-ci avec les variations anatomiques doit être considérée comme une méthode d'investigation aussi fructueuse pour la physiologie que pour l'anatomie.

En ce qui concerne les différences sexuelles, par exemple, on a fait grand cas de l'infériorité du poids cérébral féminin tant que cette infériorité pondérale a paru démontrer l'infériorité intellectuelle des femmes. L'importance du poids cérébral n'est en rien diminuée par le fait qu'une analyse moins sommaire a fait disparaître l'infériorité anatomique en question, d'autant moins que si l'analyse du poids cérébral était viciée par des causes d'erreur aujourd'hui connues, il n'est pas difficile d'apercevoir des causes d'erreur plus énormes encore dans l'analyse psychologique d'où est résulté le dogme de la supériorité intellectuelle du sexe masculin.

On a vu plus haut que la différence sexuelle de la masse active de l'organisme est beaucoup plus grande que ne l'indique la différence de longueur ou de poids du corps. Autrement dit, la femme diffère de l'homme, en moyenne et sous ce rapport, beaucoup plus que les groupes masculins de la plus petite taille ne diffèrent de la moyenne masculine. C'est pourquoi les divers centres encéphaliques sont moins volumineux chez les femmes que dans les groupes masculins de petite taille. C'est pourquoi les différences sexuelles pondérales de ces centres nerveux ne sont qu'une simple accentuation des différences liées à la taille dans un même sexe, et l'on peut trouver dans les variations des centres encéphaliques inférieurs une preuve de plus que la différence sexuelle du poids des divers centres encéphaliques n'implique aucune infériorité physiologique. Par la perfection des fonctions bulbaires et protubérantielles, mouvements des yeux, de la face, de la langue, par la sensibilité de ces parties, par la phonation, le rire, les pleurs, les cris réflexes, la sécrétion salivaire, la rougeur réflexe, la circulation, la déglutition, la femme ne passe certes pas pour être inférieure à l'homme. Et cependant l'isthme et le bulbe sont plus petits dans le sexe féminin. Ils ne sont pas tout à fait aussi petits, relativement, que le cerveau, mais je viens d'indiquer les causes de cette différence qui s'élève à 4 centièmes seulement et qui existe aussi bien, dans chaque sexe, entre les groupes formés d'après la taille, avec des différences dues, évidemment, à ce que la hauteur du corps représente trop infidèlement l'ensemble de la masse organique.

C'est certainement à la même cause que sont dues beaucoup de variations individuelles dans un même sexe, une même longueur de corps et un même âge. Mais il n'est pas douteux qu'à beaucoup de variations individuelles sont liées des variations physiologiques, de sorte que l'étude comparative des cas particuliers, préparée par l'étude des variations moyennes, sera des plus intéressantes.

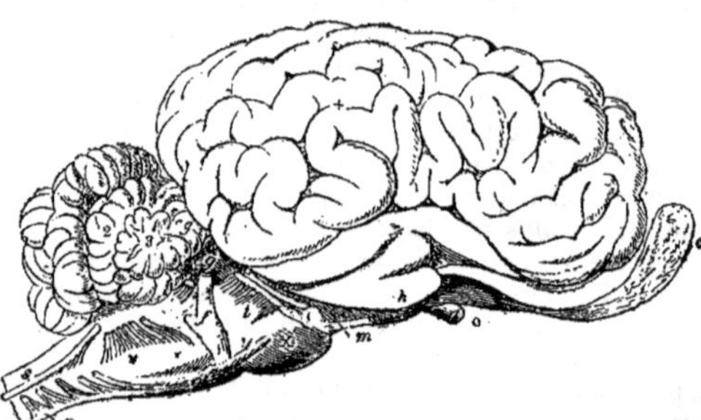

Fig. 57 (Ch. Bastian, d'après Leuret).
Cerveau de cheval ; *e*, lobe olfactif ; *h*, lobe de l'hippocampe ; X, protubérance. 2, 3, cervelet.

Plissement de l'écorce cérébrale. — On sait que les diverses espèces de mammifères diffèrent beaucoup entre elles sous ce rapport. Mais la distinction faite par Owen des espèces lissencéphales et des gyrencéphales n'a plus qu'une valeur descriptive depuis que l'on connaît l'influence de la taille sur le plissement du cerveau. La taille, en effet, influe sur le degré de plissement du cerveau aussi bien que sur son volume, indépendamment du degré de développement intellectuel. On retrouve donc ici un caractère anatomique soumis comme le volume cérébral à deux sortes d'influences indépendantes l'une de l'autre ; on retrouve deux relations qui peuvent se masquer mutuellement.

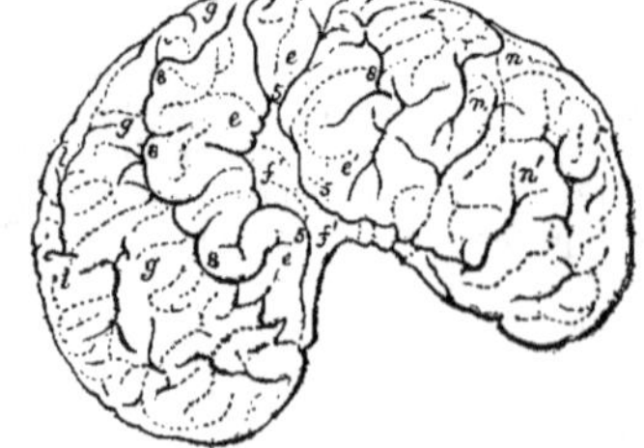

Fig. 58 (Ch. Bastian, 1882).
Cerveau d'éléphant.

La relation du plissement cérébral avec la taille a été mise en évidence surtout par Dareste et expliquée par Baillarger (1853). Elle résulte de ce que les volumes des corps semblables sont entre eux comme les cubes de leurs diamètres, tandis que leurs surfaces sont entre elles comme les carrés de ces diamètres. Si le volume d'un cerveau croît sous l'influence de la taille il doit se plisse pour que sa surface reçoive un accroissement proportionné. A intelligence égale et dans un même type zoologique, les animaux les plus grands auront donc le cerveau plus plissé que les espèces de plus petite taille. Ce fait bien connu nécessite, pour l'interprétation physiologique des différences observées sous ce rapport entre des individus ou des groupes d'individus, une analyse analogue à celle que nous avons faite à propos du poids de l'encéphale. Mais cette nécessité a été oubliée le plus souvent; c'est pourquoi il y a lieu de la rappeler ici.

Dans quelques cas exceptionnels le degré de plissement du cerveau semble être influencé par quelque autre chose que la taille ou le degré d'intelligence. Par exemple, chez le *mouton* dont le cerveau n'est pas moins plissé que chez le chien, et chez le *Loris grêle*, très petit singe dont le cerveau n'est pourtant pas lisse comme celui des autres singes de même taille (Chudzinski, 1895).

Développement relatif des diverses parties du cerveau. Ganglions opto-striés. — Nous n'avons à nous occuper ici que des variations morphologiques susceptibles de présenter, dans l'état actuel de nos connaissances, un intérêt physiologique. Telles sont, en premier lieu, les variations du développement des ganglions opto-striés par rapport au développement du manteau des hémisphères considéré comme le siège des fonctions intellectuelles de l'ordre le plus élevé.

D'après la forme interne du crâne, les parties centrales et inférieures du cerveau semblent être beaucoup plus développées chez les mammifères quadrupèdes et chez les singes que chez l'homme relativement au manteau cérébral.

D'après les évaluations de Huschke, le poids du cerveau étant 100, le poids des ganglions opto-striés serait :

Chez le mouton, 14; chez le cheval, le bœuf et le chat, 13; chez le chien, 11; chez le singe, 8, et chez l'homme, 5.

D'après mes recherches sur les modifications du profil encéphalique dans le passage à l'état adulte chez les anthropoïdes, ces modifications semblent indiquer un développement relatif supérieur des portions centrales et inférieures des hémisphères chez les adultes. La forme générale du cerveau s'éloigne de la forme humaine à mesure que la taille des anthropoïdes s'accroît avec l'âge (1884).

Dans l'espèce humaine des recherches comparatives ont été faites par Franceschi (1888). Donaldson (1890) en résume les résultats dans le tableau suivant :

Poids des corps striés et des couches optiques.

AGE.	MALES.			FEMELLES.		
	NOMBRE.	DROITE.	GAUCHE.	NOMBRE.	DROITE.	GAUCHE.
Avant 5 ans	2	25	24			
21 à 40	16	41,2	40,8	20	36,0	36,0
41 à 70	38	41,6	42,3	45	37,7	38,0
71 à 87	22	42,4	42,4	21	37,7	41,0

D'après ces chiffres, le poids des corps striés et des couches optiques varierait suivant le sexe proportionnellement au poids du cerveau; il n'y aurait pas de différence sensible suivant le côté du corps. Il n'y en aurait pas non plus suivant l'âge, comme pour le bulbe et la protubérance, alors que la diminution sénile du manteau cérébral est très grande. Cela me paraît explicable, hypothétiquement, par le fait que les fonctions des couches optiques et des corps striés appartiendraient surtout à l'ordre des instincts et se rattacheraient, par suite, plus étroitement, dans la correspondance intellectuelle, à l'ajustement vital.

Évolution du grand lobe limbique. — Parmi les nombreuses variations du développement relatif des différentes portions du manteau cérébral chez les mammifères, il en est deux qui présentent un intérêt particulier au point de vue physiologique : ce sont : 1° les variations du grand lobe limbique; 2° les variations du lobe frontal.

Broca à donné le nom de lobe limbique à la circonvolution du corps calleux ou de l'ourlet, dont la circonvolution de l'hippocampe forme l'arc inférieur. En montrant que l'évolution de ce lobe dans la série des mammifères est étroitement liée à celle du lobe olfactif et à l'importance décroissante du sens de l'odorat, il a considérablement éclairé à la fois la morphologie du cerveau et sa signification physiologique.

Broca (1878) remarque d'abord que la vue est le plus intellectuel des sens; elle vaut, pour un animal, ce que vaut son intelligence. Chez les animaux qui sont capables d'interpréter convenablement les impressions visuelles, toutes pleines d'illusions, la vue est à la fois la principale sentinelle et le principal guide; elle est le sens le plus utile; le rôle des autres est amoindri; l'odorat en particulier perd une grande partie de son importance, comme le montre l'atrophie considérable de l'appareil olfactif chez les primates et surtout chez l'homme.

Cet appareil est, au contraire, extrêmement développé chez la plupart des autres mammifères. L'odorat joue, chez eux, un rôle souvent égal et même supérieur à celui de la vue : choix de la nourriture, poursuite de la proie, fuite du danger, recherche de la femelle, retour au gîte. L'exercice de ce sens est simple et n'exige qu'une faible opération intellectuelle. L'animal qui fait, d'après son odorat, les meilleurs diagnostics n'est pas le plus intelligent, c'est celui qui possède l'appareil olfactif le plus développé. Le sens de l'odorat tire son importance du degré de perfection de son appareil organique propre, bien plus que des actes intellectuels qu'il met en jeu dans l'ensemble du cerveau. Cet appareil peut même fonctionner indépendamment du cerveau proprement dit, puisque, chez presque tous les vertébrés inférieurs, il n'a aucune connexion avec la partie de l'encéphale qui représente les hémisphères cérébraux des mammifères. De ce fait, Broca conclut avec beaucoup de probabilité que dans les cas où une partie du rôle du centre olfactif est attribué au cerveau, la portion de l'hémisphère qui en est le siège doit occuper un rang peu élevé dans la hiérarchie cérébrale.

Cette portion de l'hémisphère constitue le grand lobe limbique des mammifères. Elle diffère, du reste, du manteau de l'hémisphère par une évolution toute spéciale. C'est elle qui, dans les cerveaux lisses se distingue la première. Chez les gyrencéphales elle reste étrangère au plissement qui produit les circonvolutions, et demeure stationnaire pendant que tout progresse autour d'elle. Elle rétrograde et s'atrophie en grande partie lorsque le grand développement des circonvolutions antérieures donne, chez les primates, la prééminence au lobe frontal.

Au point de vue de la constitution du grand lobe limbique, les mammifères se divisent en deux grandes catégories très inégales. La première comprend ceux dont le lobe olfactif est très développé et dont le lobe limbique est par conséquent au complet. La seconde, caractérisée par l'état rudimentaire ou par l'absence total du lobe olfactif, ne comprend que les cétacés, les carnassiers amphibies et les primates. [La composition hétérogène de cette catégorie est facile à expliquer.

Chez les mammifères qui vivent constamment ou habituellement dans l'eau, l'appareil olfactif n'étant pas approprié, comme chez les poissons, à l'odoration dans l'eau, s'atrophie au point que, parfois, on a pu le prendre pour un nerf. Chez les primates cette atrophie résulte de ce que le rôle de l'olfaction est devenu accessoire en raison de la prépondérance des renseignements plus parfaits fournis par les autres sens consécutivement au développement intellectuel attesté par le grand développement du lobe frontal.

Broca a nommé *osmatiques* les mammifères dont l'appareil olfactif est très développé, *anosmatiques* ceux chez lesquels le sens de l'odorat, pour un motif quelconque, a perdu sa suprématie; le mot *microsmatiques*, employé par sir W. Turner, est plus exact lorsqu'il s'agit d'animaux dont l'appareil olfactif n'a pas disparu complètement en perdant sa prépondérance, comme chez l'homme.

Prenant pour type le cerveau de la loutre, animal carnassier qui cherche sa nourriture dans l'eau, mais dont l'appareil olfactif est encore au complet quoique médiocrement développé, Broca a décrit ingénieusement, dans un de ses plus beaux mémoires (1878), les transformations du grand lobe limbique et explique ainsi les principales transformations du cerveau dans la série des mammifères. Il a rattaché en même temps ces transformations anatomiques à des transformations physiologiques. De là résulte l'intérêt que nous trouvons à résumer ici cette importante question.

L'hémisphère de la loutre se compose de deux parties bien distinctes : 1° le grand lobe limbique formé par la réunion du lobe olfactif, du lobe de l'hippocampe et du lobe du corps calleux; 2° la masse circonvolutionnaire dans laquelle on distingue seulement un lobe frontal très rudimentaire et un immense lobe pariétal, séparés l'un de l'autre par la scissure de Rolando.

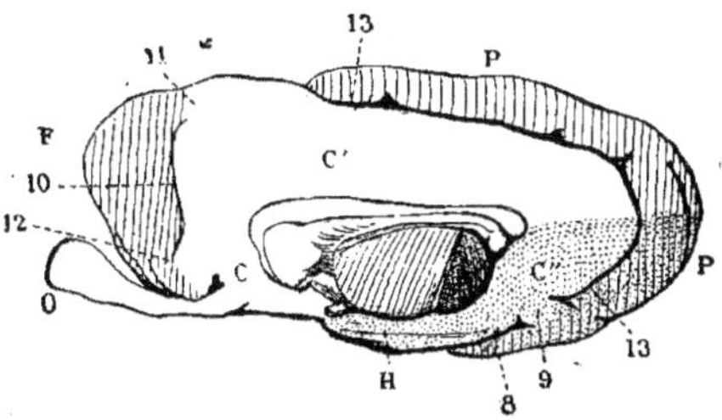

Fig. 59. — (D'après Broca. *Soc. d'Anthr.* 1877).

Face interne de l'hémisphère droit de la loutre; *o*, lobe olfactif; *h*, lobe de l'hippocampe : *c*, origine du lobe du corps calleux ; *ccc*, lobe du corps calleux ; *f*, lobe frontal : *pp*, lobe pariétal ; 9, pli de passage rétro-limbique ; 11, pli de passage fronto-limbique.

Dans les cerveaux osmatiques lisses (édentés, rongeurs, chéiroptères, insectivores), les limites du grand lobe limbique restent indécises en certains points parce que la scissure limbique est incomplète et parce que la surface de ce lobe, à l'exception de l'olfactif, présente à peu près la même apparence que le reste du manteau. Mais la distinction du grand lobe limbique et sa nature toute spéciale deviennent tout à fait évidentes sur les cerveaux gyrencéphales (cétacés, ruminants, pachydermes, carnassiers et primates, excepté l'homme). Chez les cétacés delphiniens (anosmatiques) l'appareil olfactif disparaît tout entier, et le grand lobe limbique ne se compose plus que du lobe de l'hippocampe et du lobe du corps calleux. Et ce fait montre bien la solidarité anatomique et fonctionnelle du lobe olfactif et du lobe de l'hippocampe, celui-ci est réduit au minimum de volume; il est plus petit non seulement que chez les amphibies, mais que chez les primates eux-mêmes. En outre, il a perdu partiellement son indépendance. La scissure limbique qui le limite ne se prolonge pas sur son extrémité antérieure qui se fusionne avec les circonvolutions adjacentes. Cette fusion est, en quelque sorte, le premier degré de la formation du lobe temporal dont la constitution ne s'achève que chez les primates. La portion postérieure du lobe frontal, sur laquelle se fait l'insertion de la racine olfactive supérieure, devient absolument lisse chez les cétacés, ce qui y produit un contraste frappant avec la grande complication de tout le reste du manteau, d'où le nom de *lobule désert* ou de *désert olfactif* que lui a donné Broca. La portion postérieure et inférieure du lobe frontal doit donc participer à la fonction olfactive, puisque c'est par là seulement que le lobe olfactif communique *directement* avec le cerveau intellectuel, et il est probable que son rôle consiste à interpréter et à discuter, à transformer en idées les impressions olfactives qui lui sont transmises. Ce rôle est indépendant du volume de l'appareil olfactif.

De même que l'absence de la racine olfactive supérieure amène l'aplanissement du lobule désert, de même l'absence des trois racines inférieures, et particulièrement de la grise ou moyenne, amène la dépression qui constitue la vallée de Sylvius. Chez les osmatiques cette vallée transversale reste séparée de la scissure limbique par la racine olfactive externe, mais, chez les amphibies, celle-ci étant atrophiée, la vallée sylvienne se prolonge en dehors jusqu'à la scissure limbique qui est rejointe dans le même point par la scissure de Sylvius. De là résulte la disposition que l'on observe chez les primates à un degré plus prononcé encore.

Broca établit de la façon suivante le passage de la forme cérébrale des carnassiers terrestres à celle des primates :

1° Le lobe olfactif, devenu rudimentaire, se réduit à un petit renflement (ganglion olfactif) et son pédoncule, devenu long et grêle, ne forme plus qu'un petit ruban improprement appelé *nerf olfactif*.

2° Le lobe de l'hippocampe, considérablement atrophié, perd son indépendance et se fusionne plus ou moins avec la circonvolution adjacente; il ne forme plus que la dernière circonvolution du lobe temporal.

3° Le lobe du corps calleux est beaucoup moins réduit, mais sa partie antérieure est relativement atrophiée et sa largeur, par conséquent, va croissant d'avance en arrière.

4° Par suite de l'atrophie des racines olfactives, l'espace quadrilatère se déprime et devient *l espace perforé;* la vallée de SYLVIUS se déprime profondément et son extrémité externe se met en continuité avec la scissure de SYLVIUS. Néanmoins, la continuité du lobe du corps calleux et du lobe de l'hippocampe est maintenue en avant par les deux racines olfactives blanches.

Les belles recherches de BROCA dont nous venons de résumer les indications physiologiques n'ont pas été sans laisser subsister certaines difficultés au sujet desquelles mes propres recherches m'ont conduit (1893) à compléter sur divers points la théorie de mon regretté maître. Il s'agit en quelque sorte de la disparition du rôle physiologique primitif du grand lobe limbique et de la fusion anatomique et physiologique de la partie restante de ce lobe, dans l'espèce humaine, avec les lobes adjacents à la circonvolution du corps calleux.

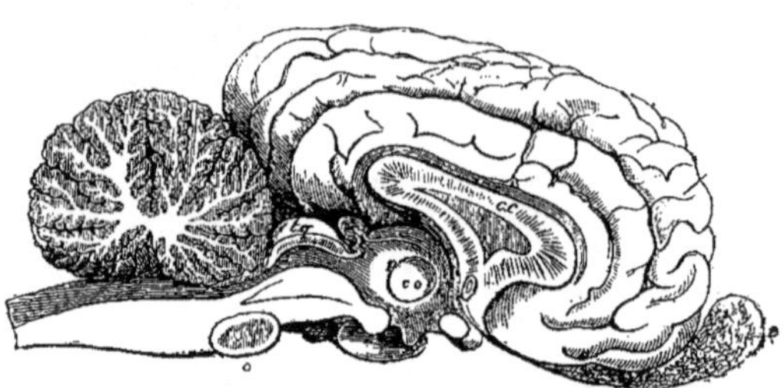

FIG. 60. — Face interne d'un hémisphère de cheval (d'après LEURET).
On voit à la partie antérieure du lobe du corps calleux un grand sillon longitudinal qui reparait parfois chez l'homme où il constitue la formation frontolimbique.

Cette circonvolution n'est pas toujours dépourvue de plis chez les osmatiques gyrencéphales. BROCA signale lui-même sur le lobe du corps calleux du cheval un sillon longitudinal, mais très superficiel. Sir W. TURNER a mentionné ce sillon (1890) chez le cheval et, d'après une figure d'OWEN, chez le rhinocéros. TENCHINI et NEGRINI (1889) ont décrit également des sillons chez les équidés et les bovidés, mais sans y attacher d'importance.

Enfin GIACOMINI a noté chez l'homme, en passant, la présence de sillons au même endroit. BEAUREGARD (1883, 513) a noté le plissement considérable du lobe du corps calleux chez les Balénides (anosmatiques) qui n'avait pas échappé à BROCA. « Cela donne à penser, dit-il, que ce lobe pourrait bien jouer un rôle particulier, peut-être indépendant de celui qu'il est appelé à remplir chez les autres mammifères. » J'ai noté aussi la présence d'un sillon intra-limbique sous-pariétal, chez un certain nombre d'animaux osmatiques. Mais j'ai été conduit à m'en occuper en le découvrant, sur les cerveaux d'EUGÈNE VÉRON et de BERTILLON que ce sillon intra-limbique peut atteindre chez l'homme un tel développement qu'il arrive à simuler la scissure sous-frontale avec laquelle on l'a parfois confondu, celle-ci ayant été considérée, en ce cas, comme un grand sillon de dédoublement de la circonvolution frontale interne (BRISSAUD). Du reste la théorie ci-dessous enlève à cette divergence d'interprétation anatomique toute puissance physiologique. Le sillon sous-frontal intra-limbique peut être remplacé par des tronçons, incisures dont je remarquai la présence presque constamment sur les points où la

FIG. 61. — (L. M. 1887. *Soc. d'Anthr.*). Face interne de l'hémisphère droit d'Adolphe Bertillon montrant un degré supérieur de plissement et la formation frontolimbique.

circonvolution frontale interne était étroite ou peu plissée, comme si ce plissement intra-limbique constituait une compensation à une insuffisance de largeur ou de plissement frontal. Prenant donc pour base la théorie de Broca exposée ci-dessus, j'ai été amené à admettre que le lobe limbique, après avoir subi dans l'évolution humaine une marche régressive sous l'influence de la régression de la fonction olfactive et de la progression frontale, manifeste chez les anosmatiques gyrencéphales et dans l'espèce humaine une appropriation aux fonctions des lobes adjacents, et, chez l'homme, aux fonctions du lobe frontal plus spécialement. Le lobe limbique, si réduit déjà dans l'espèce humaine, ou tout au moins son arc supérieur, ne pourrait donc plus être considéré comme lobe olfactif; il serait devenu une simple portion du lobe frontal avec lequel, d'ailleurs, il a des relations chez les animaux osmatiques eux-mêmes. L'homme est le seul primate chez lequel j'ai pu constater d'une façon évidente les signes de cette appropriation nouvelle de la circonvolution du corps calleux. Je ne les ai pas trouvés chez les anthropoïdes, mais je les ai observés sur des cerveaux humains exotiques et non pas seulement sur des cerveaux d'Européens.

Quelle fonction peut-on attribuer au lobe du corps calleux quand il se plisse au lieu de disparaître, chez des microsmatiques, ou des anosmatiques tels que les baleines? Il me semble difficile d'admettre que la fonction olfactive ait été remplacée, chez des cétacés, par on ne sait quelle fonction nouvelle qui se serait approprié la portion devenue libre du lobe du corps calleux. On doit convenir que la vie aquatique n'est guère favorable à un accroissement de la différenciation sensorielle, psychique ou psycho-motrice. Il est beaucoup plus rationnel de supposer que la nouvelle appropriation de la région olfactive devenue vacante s'est faite conformément aux connexions anatomo-physiologiques précédemment existantes de cette région. Or de telles connexions existaient évidemment entre la région olfactive en question et le lobe frontal, car les impressions olfactives sont associées aux autres impressions sensorielles, et la portion juxta-frontale du grand lobe limbique était vraisemblablement la plus directement intellectuelle de toutes les régions olfactives. Il est donc assez plausible d'admettre que la portion du lobe du corps calleux qui a perdu plus ou moins ses relations avec le sens de l'olfaction, n'en a pas moins conservé les relations qu'elle avait avec le lobe frontal, et qu'elle est devenue partie intégrante de ce lobe sans que la scissure limbique ait eu besoin de disparaître pour cela. Le lobe frontal des cétacés, extrêmement court, a pu trouver, dans ce terrain devenu libre, un moyen d'extension latérale compensant son faible développement en longueur. Le plissement particulièrement remarquable chez les balaénoptères résulterait de leur énorme taille.

Chez l'homme, le plissement de la région limbique peut être attribué à la fusion physiologique du lobe du corps calleux avec les lobes adjacents. Cette fusion se traduit par les compensations de plissement que j'ai signalées entre ces derniers lobes et l'arc supérieur du lobe limbique. Chez les autres primates, l'absence de plissement du lobe limbique peut résulter d'un moindre développement intellectuel. En somme l'ensemble des faits ici en question s'explique par la progression de la fonction intellectuelle du lobe limbique, fonction qui existait déjà, en somme, chez les osmatiques eux-mêmes avec un moindre développement. Progression intellectuelle et régression olfactive, voilà ce qui correspond physiologiquement au passage du type des osmatiques au type des primates et notamment au type humain. Le passage au type des anosmatiques s'explique par la disparition de la fonction olfactive, et le cas particulier des baloénoptères s'explique par l'influence de la taille sur le plissement cérébral. Ainsi mes recherches n'ont fait que compléter et corroborer la théorie de Broca sur les variations de la forme générale du cerveau dans la série des mammifères, et leur rattachement à des variations physiologiques.

Caractères cérébraux propres aux primates. — Broca les résume ainsi :

1° Développement énorme du lobe frontal, d'où résultent le recul et le changement de direction de la scissure de Rolando;

2° Subdivision du lobe pariétal en trois lobes : occipital, temporal et pariétal proprement dit;

3° Constitution du lobe occipital, par suite de la formation de la scissure occipitale; agrandissement du sillon calcarin, qui devient la scissure calcarine;

4° Constitution du lobe temporal, par suite de l'allongement du lobule temporal et de la disparition partielle de l'arc inférieur de la scissure limbique ;

5° Constitution du lobe pariétal proprement dit, par suite de la formation des deux lobes précédents ;

6° Constitution particulière du lobe de l'insula dans la scissure de SYLVIUS ;

7° Développement considérable de la scissure sous-frontale ;

8° Effacement presque complet de la scissure sous-pariétale.

En réalité, tous ces caractères du type cérébral des primates, qui est aussi le type humain, sont subordonnés à un caractère fondamental ; la prédominance frontale.

L'évolution morphologique ainsi indiquée par BROCA et si bien rattachée par lui à une évolution physiologique, n'est que la continuation de l'évolution réalisée dans la série des vertébrés et dont l'évolution des lobes optiques fournit le meilleur exemple. Ces lobes extrêmement développés chez les vertébrés inférieurs jusqu'aux oiseaux sont représentés, chez les mammifères, par les tubercules quadrijumeaux. Ils ont perdu leur importance à mesure que les hémisphères ont grandi et se sont perfectionnés (BROCA, 1878, *Mém., d'anthr.*, V, 380).

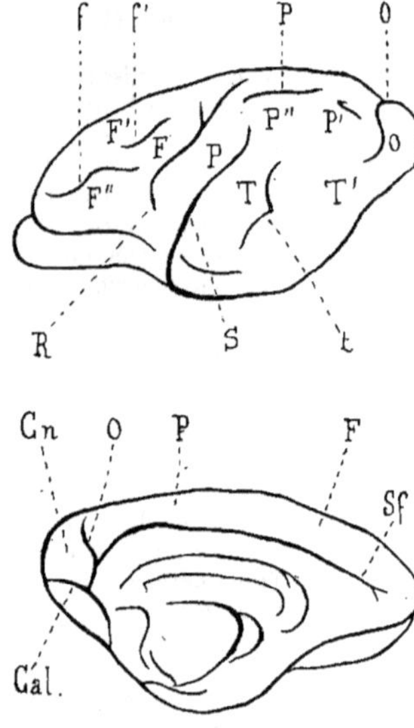

FIG. 62. — Cerveau d'un singe lémurien (Face ext. et int.) (d'après CHUDINSZKI, 1895). Début du type des Primates.
F, scissure de ROLANDO; F' F", circonvolutions frontales; Sf, scissure sous-frontale.

Il nous resterait à étudier les modifications de la forme générale du cerveau dans le passage de l'état simien à l'état humain. Mais les nombreuses recherches comparatives faites sur cette question ont abouti à des résultats qui ne sauraient être exposés sans de longs développements et sans une critique attentive, si l'on voulait envisager ces résultats au point de vue physiologique. C'est dans des mémoires spéciaux qu'une pareille question doit être exposée tout d'abord. Elle est d'autant plus compliquée que l'étude de la forme générale du crâne chez l'homme et chez les anthropoïdes a été faite principalement d'après la morphologie cranienne. Or si la forme interne du crâne indique très exactement la forme générale du cerveau, elle n'indique pas pour cela le développement relatif des différents lobes avec une précision suffisante. La connaissance des foncions de ces différents lobes n'est pas assez avancée, en outre, pour permettre de faire à ce sujet des rapprochements physiologiques très lumineux.

On sait, toutefois, que le lobe frontal s'est agrandi considérablement dans l'évolution humaine, et cela dans toutes ses parties. L'accroissement semble avoir porté sur la largeur et la hauteur du lobe, ce qui s'explique par le développement majeur de la circonvolution de BROCA (3e frontale), évidemment corrélatif au développement de la fonction de langage articulé.

Un autre grand fait physiologique a dû précéder celui-là, parce qu'il a dû être le fait primordial de la genèse de l'espèce humaine; c'est l'émancipation des membres supérieurs par rapport à la fonction de locomotion, et l'appropriation des mains à une multitude de nouveaux usages qui ont été à la fois les causes et les effets de l'accroissement intellectuel.

L'importance acquise simultanément par le lobe frontal pourrait faire attribuer à ce lobe, au moins en grande partie, la direction intellectuelle des mouvements de manipulation. La situation des centres recteurs de l'expression écrite comme de l'expression orale articulée dans le lobe frontal viendrait à l'appui de cette manière de voir. Mais l'anatomie seule ne permet pas de s'engager dans des inductions de ce genre. Mes recherches personnelles me permettent d'affirmer un fait important et certain : c'est que toutes les régions du manteau cérébral sans exception sont plus développées chez l'homme que chez les anthropoïdes, et je ne fais pas d'exception pour la zone rolandique généralement

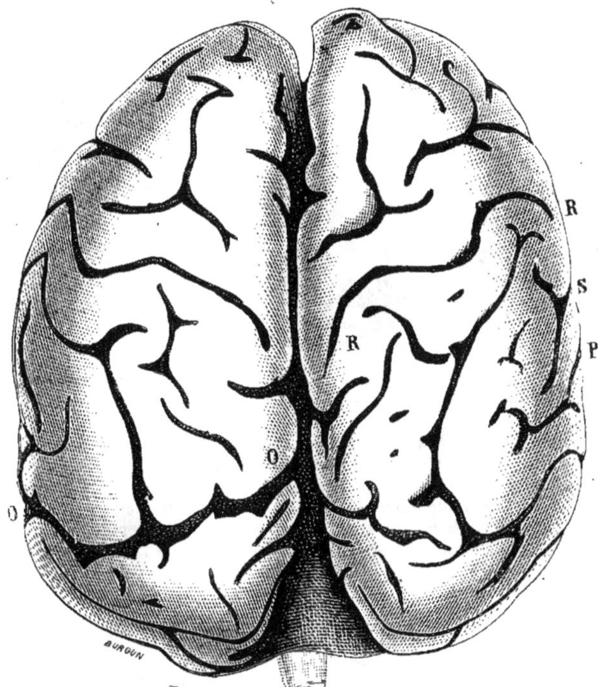

Fig. 63. — Cerveau d'un gorille mâle adulte, d'après Broca (*Soc. d'Anthr.*, 1876).

nommée zone motrice : si donc cette zone est plus spécialement motrice, comme semblent l'indiquer les recherches expérimentales, l'anatomie comparative nous porte à la considérer comme *intellectuellement* motrice. Les circonvolutions frontale et pariétale ascendantes possèdent chez l'homme une étendue plus grande que chez les anthropoïdes d'une musculature supérieure à la sienne. Mais j'ai publié à ce sujet un autre fait bien frappant : c'est la largeur et la complication extraordinaires atteintes par la pariétale ascendante sur l'hémisphère gauche du cerveau de Bertillon. Or ce savant était de très petite taille, et son cas présente un intérêt spécial, mais je ne puis ici m'y arrêter davantage sans sortir de la question de la forme générale du cerveau.

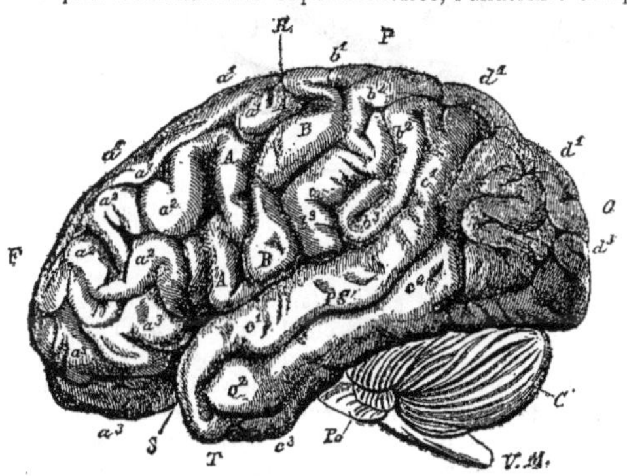

Fig. 64. — Cerveau de la Vénus Hottentote (Gratiolet).

Sous la réserve faite plus haut, il est intéressant d'examiner les modifications de cette forme qui ont accompagné la progression intellectuelle de l'espèce humaine. La surface du cerveau s'est agrandie par rapport à sa base, même en faisant abstraction du plissement; les courbures frontales et pariétales se sont accentuées.

Si l'on considère la base du cerveau isolément, on trouve que le manteau cérébral a recouvert plus largement les parties inférieures et centrales, soit en avant, soit en arrière, de sorte que la région médullaire occupe chez l'homme une situation beaucoup moins reculée que chez les anthropoïdes adultes. Si l'on poursuit les comparaisons dans l'espèce humaine, on peut apercevoir la continuation du progrès morphologique réalisé depuis le stade simien. On voit aussi la forme générale du cerveau régresser et redevenir simienne chez les idiots microcéphales. On n'a pu étudier jusqu'à présent qu'un petit nombre de cerveaux provenant des races les plus arriérées; mais l'infériorité de leur forme générale semble être incontestable en moyenne.

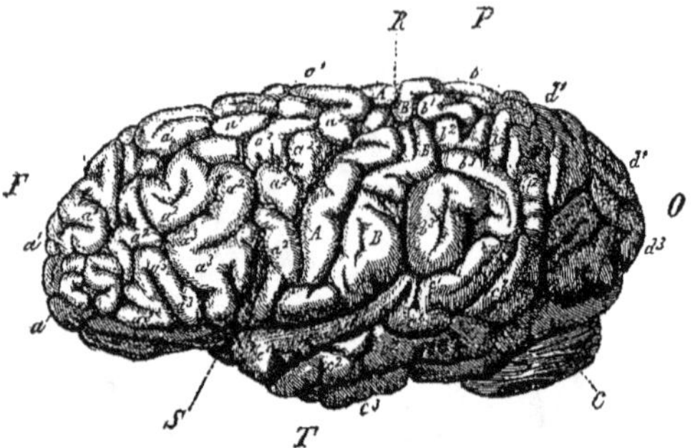

FIG. 65. — Cerveau de GAUSS (d'après R. WAGNER).

Les crânes humains de l'époque quaternaire (NÉANDERTHAL, SPY, etc.) attestent une forme générale peu différente de celle des Australiens actuels. Mais la récente découverte du *Pithecanthropus erectus* (EUG. DUBOIS) de Java nous a mis en présence de l'homme pliocène dont la forme cranienne est aussi intermédiaire entre l'état humain parfait et l'état simien qu'on pouvait le supposer théoriquement. La relation générale entre la forme du cerveau et l'intelligence est assez solidement établie pour que personne ne puisse douter qu'à cette forme intermédiaire correspondît un état intellectuel également intermédiaire.

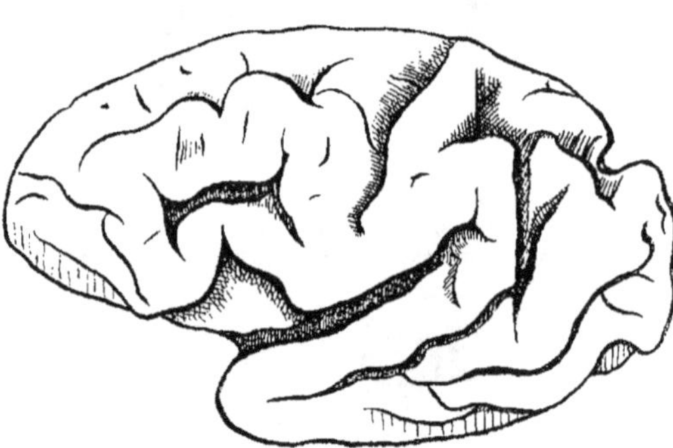
FIG. 66. — Cerveau d'une femme idiote microcéphale, d'après DOUTREBENTE et MANOUVRIER (*Soc. d'Anthr.*, 1887).

Comme je l'ai dit à propos du poids de l'encéphale, il existe une relation entre la *quantité i* relative, ou mieux entre le rapport $\frac{i}{m}$ et la forme du cerveau. C'est-à-dire que cette forme est d'autant plus intellectuelle, en quelque sorte, que le poids relatif du cerveau est plus élevé. Mais on a vu que le poids relatif du cerveau n'est en rapport avec le degré d'intelligence que dans certaines conditions de taille et de quantité *i*, de sorte que la forme du cerveau peut devenir plus intellectuelle, soit par diminution de la taille, soit par augmentation de la quantité *i*. Ainsi l'appréciation de la forme du cerveau au point de vue physiologique est plus compliquée que l'appréciation du volume cérébral au même point de vue; et la complexité de ce problème est encore accrue par l'influence propre de certains caractères craniologiques sur la forme du cerveau.

La question de savoir si la forme du cerveau dépend de la forme du crâne, ou si la forme du crâne résulte de celle du cerveau doit être discutée sur de nouvelles bases. En réalité la dépendance est réciproque. La forme générale du cerveau est en partie subordonnée à celle du crâne. Les déformations craniennes artificielles ou pathologiques peuvent imposer au cerveau les formes les plus irrégulières sans que l'intelligence paraisse s'en ressentir, à la condition que le développement quantitatif des diverses parties du cerveau puisse se faire intégralement. Une diminution de la largeur peut être compensée par une augmentation de la longueur ou de la hauteur et *vice versa;* comme le démontrent de nombreux cas de scaphocéphalie, d'acrocéphalie, etc., observés sur des individus fort intelligents et très régulièrement développés d'ailleurs. Mais on n'observe plus l'intégrité de l'intelligence quand l'altération de la forme du crâne est incompatible avec l'intégrité du développement d'une partie du cerveau. La synostose prématurée de la suture métopique, par exemple, d'où résulte la trigonocéphalie, s'oppose au développement intégral de la partie antérieure du lobe frontal et entraîne l'imbécillité.

Quant aux variations normales de la forme du crâne qui constituent la brachycéphalie et la dolicéphalie, elles permettent, l'une et l'autre, le plus haut degré de développement cérébral et intellectuel. Dans chacune de ces deux formes ethniques se rencontrent tous les degrés d'intelligence, et les essais de différenciation physiologique ou psychologique de ces variétés ethniques ont été jusqu'à présent aussi infructueux que fantaisistes. Mais, dans l'une et l'autre variété, le volume total du cerveau et le développement régulier des différents lobes semblent avoir la plus grande importance, ainsi que concourt à le démontrer toute l'histoire des déformations craniennes.

Proportions des divers lobes cérébraux. — Le développement des différentes parties du cerveau a été l'objet d'un grand nombre de mesures et d'évaluations plus ou moins précises. En ce qui concerne la forme générale, seule en question ici, les résultats obtenus dans l'espèce humaine considérée isolément ne me paraissent pas avoir une signification suffisamment établie au point de vue physiologique.

La petitesse relative du lobe frontal, par rapport au reste du cerveau, correspond très vraisemblablement, d'après les faits exposés plus haut sur l'évolution de la forme cérébrale dans la série des mammifères, à une infériorité intellectuelle. Il semble qu'il en soit ainsi dans l'espèce humaine si l'on s'en rapporte aux données craniologiques. Mais la mesure du crâne ne remplace pas la mesure directe des lobes cérébraux.

Ainsi j'ai montré par des faits nombreux et précis (1882) que le crâne féminin présente, par rapport au masculin, de nombreux caractères de supériorité morphologique en rapport avec l'élévation du volume relatif de l'encéphale. La région frontale est plus grande chez la femme, ainsi que la région occipitale, par rapport à l'ensemble du crâne. Cependant la supériorité cranienne ne correspond pas à une supériorité sensible du lobe frontal dans le sexe féminin.

Les résultats obtenus sur ce point par Huschke et Bischoff ne reposent pas sur un nombre suffisant d'observations.

Huschke a adopté comme lignes de démarcation les limites des régions du crâne.

TOTAL — 100.	RÉGION FRONTALE.	PARIÉTO-TEMPORALE.	POSTÉRIEURE.
15 hommes	24,4	60.7	14,5
7 femmes	23,9	59,7	16,4

Bischoff (1880) a pris pour limites les scissures, mais il a pris comme limite du lobe frontal le sillon prérolandique, ce qui est peut-être préférable au point de vue physiologique. Il n'a opéré que sur quatre hommes et deux femmes.

D'après les chiffres de Meynert, cités par Charpy (*Traité d'Anat. de* Poirier, etc., 1895, 358), les proportions pondérales des trois régions seraient identiques pour les deux sexes :

Lobe frontal : 42 centièmes ; pariétal, 23 centièmes ; temporo-occipital, 35 centièmes.

Wagner (1860) a mesuré la surface du cerveau et de ses différents lobes sur quatre sujets :

	HOMMES DISTINGUÉS.	UN OUVRIER.	UNE FEMME.
		centimètres carrés.	
Lobes frontaux	923 à 895	728	843
— pariétaux	447 à 454	401	418
— temporaux	434 à 440	398	429
— occipitaux	379 à 382	324	328
Cerveau total	2210 à 2195	1876	2041

On a déjà vu les raisons pour lequel la surface du cerveau, comme le volume, est influencée par la taille.

Les recherches sur les proportions des divers lobes cérébraux soulèvent une objection au point de vue physiologique : c'est que les scissures qui séparent les différents lobes ne paraissent pas délimiter des départements fonctionnels aussi tranchés que les régions anatomiques. Mais il faut voir déjà dans ce fait une indication de la solidarité fonctionnelle des divers lobes, solidarité qui va être mise en relief par les résultats suivants.

Les chiffres ci-dessus étaient basés sur un trop petit nombre d'observations. Il importait, en outre, pour éclairer la question, que les proportions dont il s'agit fussent établies suivant la taille, l'âge, le développement relatif de l'encéphale. C'est ce que j'ai pu faire au moyen du registre des observations de Broca, conservé au Laboratoire d'Anthropologie. J'ai opéré exclusivement sur des cas complets, de sorte que les moyennes additionnées des divers lobes réunies égalent exactement le poids total des hémisphères Les chiffres suivants représentent donc très fidèlement le résultat du travail poursuivi par Broca pendant de nombreuses années dans les hôpitaux de la Salpêtrière, de Bicêtre, de Saint-Antoine et de la Pitié. Les limites adoptées ont été les scissures rolandique, occipitale et sylvienne.

Voici d'abord les proportions des lobes cérébraux dans les deux sexes :

	242 HOMMES.	116 FEMMES.
Poids des lobes frontaux	42,99	43,13
— — occipitaux	10,00	10,05
— — pariétal et temporal	47,01	46,81
— des hémisphères	100,00	100,00

Les différences sont si faibles qu'il est impossible de savoir si elles représentent des faits réels. S'il n'y avait, en effet, aucune différence réelle, les chances d'erreur inhérentes à la statistique suffiraient probablement pour produire des différences aussi minimes entre les moyennes. Toutefois, les éléments nerveux sont si petits que l'on n'aurait pas le droit de considérer comme complètement insignifiantes ces différences, si l'on était certain de leur réalité. En tout cas, elles sont trop faibles pour que nous puissions tenter actuellement leur interprétation, de sorte que l'unique fait, bien remarquable, établi par les chiffres ci-dessus, c'est que les proportions des divers lobes cérébraux sont pour ainsi dire *identiques* dans les deux sexes.

Pourtant la différence sexuelle du poids cérébral est très grande. Or cette différence est imputable en totalité à la différence de la taille (masse M). La taille, alors, doit donc être sans influence sur les proportions pondérales des lobes cérébraux. Tel est, effectivement, le résultat que j'ai obtenu en formant deux séries : l'une avec les plus petits hommes des registres de Broca (1^{m},46 à 1^{m},60), l'autre avec les plus grands (1^{m},71 à 1^{m},85) :

	40 HOMMES — petits.	63 HOMMES — grands.
Lobes frontaux	42,85	43,10
— occipitaux	10,01	9,74
— pariétaux et temporaux	47,13	47,16
	100,00	100,00

On peut douter de la réalité de la minime différence de trois millièmes trouvée au profit du lobe occipital chez les individus petits. Dans le cas où elle ne serait pas due à un simple hasard de statistique, on pourrait s'attendre à trouver cette différence exagérée entre les deux sexes, en raison de l'exagération de la différence de taille (masse M). Mais, si le lobe occipital est effectivement avantagé chez les femmes, c'est à un degré moindre et non supérieur : 5 dix-millièmes. Chez les femmes, le lobe frontal aurait gagné à la différence 2 millièmes, tandis qu'il aurait perdu, chez les hommes de petite taille, 14 dix-millièmes. Il est vraiment difficile de tabler sur des quantités si faibles.

D'après l'interprétation physiologique des variations du poids relatif de l'encéphale que j'ai donnée dans la première partie de cet article, si une région du cerveau avait une importance supérieure au point de vue du développement intellectuel, cette région devrait être *relativement* plus développée dans le sexe féminin, en supposant l'égalité intellectuelle des sexes. Or la différence sexuelle des proportions des divers lobes cérébraux est à peu près nulle. Si donc il y a égalité intellectuelle entre les sexes, et si notre interprétation du poids relatif de l'encéphale est juste, les proportions des lobes cérébraux, dans l'espèce humaine ne doivent avoir qu'une importance insignifiante au point de vue du développement de l'intelligence.

C'est, en effet, ce que montre déjà la comparaison ci-dessus entre les hommes petits et les grands, car il ne semble pas que l'intelligence varie suivant la taille, pas plus que ne varient les proportions des lobes cérébraux. Pour être plus complètement fixé sur ce chapitre, j'ai formé dans les registres de Broca deux séries masculines : l'une comprenant vingt hommes à poids cérébral relatif supérieur, et l'autre vingt hommes à poids relatif inférieur. La *quantité i* étant, par ce fait, beaucoup plus grande dans la première série, celle-ci doit être, en moyenne, plus intelligente. Or les proportions des lobes cérébraux restent encore à peu près identiques dans les deux séries :

	20 hommes de poids cérébral relatif	
	supérieur.	inférieur.
Lobes frontaux	43,07	42,62
— occipitaux	9,63	10,31
— pariétaux et temporaux	47,29	47,05
Hémisphères	100,00	100,00

Si l'on pouvait tenir compte de différences de 4 millièmes, le lobe frontal serait avantagé de cette quantité dans la première série aux dépens du lobe occipital. Mais que sont des différences si faibles ? C'est bien plutôt l'égalité qui doit nous frapper.

Je m'explique, d'après ce résultat, comment toutes les mesures que j'ai prises dans tous les sens sur les cerveaux d'hommes aussi distingués que Bertillon père et E. Véron, et d'autre part sur les cerveaux d'un Fuégien et d'un Polynésien, n'ont pu me fournir que des différences peu satisfaisantes pour la théorie qui accorde au lobe frontal une dignité supérieure à celle du lobe pariétal. Cette dignité supérieure paraît exister si l'on compare entre eux des types zoologiques différents, mais le grand développement *relatif* du lobe frontal, qui est l'une des caratéristiques de l'espèce humaine, reste tellement lié au type de l'espèce qu'il ne présente pas de variations sensibles suivant la taille et le degré d'intelligence.

Une autre épreuve est possible avec les registres de Broca. On a vu que la vieillesse est une cause d'abaissement considérable du poids du cerveau, et il y avait lieu de rechercher si quelque lobe se ressent plus que les autres de cet abaissement. J'ai donc formé une série avec les hommes les plus âgés (66 à 91 ans), au nombre de 32, comparée à une série de 67 hommes adultes de 31 à 45 ans.

J'ai obtenu le résultat suivant :

	Adultes.	Vieillards.
Lobes frontaux	43,00	43,22
— occipitaux	9,66	10,81
— pariétaux et temporaux	47,34	45,96
Hémisphères	100,00	100,00

Ici donc les différences sont presque nulles. Cependant il semble y avoir eu, chez les vieillards, une certaine diminution relative des lobes pariétaux et temporaux dont profiterait à peu près exclusivement le lobe occipital. Si ces différences sont réelles, elles sont d'autant plus difficiles à interpréter physiologiquement que le déclin sénile porte, en général, sur toutes les fonctions. Les chiffres ci-dessus ne servent donc guère qu'à montrer une fois de plus la fixité des proportions des lobes cérébraux. Ni le sexe, ni la taille, ni le degré d'intelligence, ni la vieillesse n'influent d'une façon sensible sur les proportions des lobes cérébraux, alors que chacune de ces influences se traduit par des variations considérables du poids absolu de chaque lobe.

Le poids du cerveau comparé à la masse active du corps, c'est-à-dire la quantité *i*, n'en doit acquérir que plus d'importance, puisque l'accroissement ou la diminution de cette quantité, répartie proportionnellement au volume de chaque lobe, sont les seules variations pondérales dont la relation avec les variations intellectuelles soit bien établie.

La fixité des proportions pondérales des lobes cérébraux conduit à admettre, non pas l'égale dignité de ceux-ci au point de vue de l'évolution, mais seulement l'importance d'un certain développement de chacun d'eux au point de vue du développement intellectuel. Comme je l'ai déjà indiqué plus haut, le cerveau est un appareil intellectuel dans sa totalité, et les régions dites motrices sont *intellectuellement motrices*.

J'ai vu la circonvolution pariétale ascendante atteindre son maximum de largeur et de complication sur l'un des hémisphères de Bertillon (homme d'une intelligence supérieure et de petite taille); j'ai vu la même circonvolution réduite à son minimum de largeur et de complication chez un Polynésien peu intelligent et de forte taille.

La fixité remarquable, établie ci-dessus, des proportions pondérales des lobes cérébraux dans diverses catégories d'individus comparées entre elles, n'implique pas nécessairement l'absence de variations individuelles, car il se pourrait que des variations importantes fussent noyées dans les moyennes. Par le fait, j'ai trouvé des variations individuelles notables dans le poids centésimal du lobe frontal (40,03 à 44,68) du lobe occipital (7,8 à 12,7), etc. Bien que la section des lobes cérébraux puisse être soupçonnée à bon droit de produire de telles différences, je ne crois pas que les écarts du couteau soient seuls en cause. Bien que, d'autre part, j'aie insisté, avec Brissaud (1893), sur les compensations extrêmement nombreuses que l'on trouve dans la grandeur et la forme de plis cérébraux contigus entre eux, comme s'ils avaient la même fonction, je crois qu'il ne faudrait pas généraliser cette vue sans faire d'importantes distinctions.

On conçoit que des plis formés pour l'agrandissement d'une même région physiologique puissent se suppléer mutuellement, et il semble qu'il en soit ainsi dans la plupart des grandes régions cérébrales; mais il ne me semble pas admissible que le développement de parties affectées à une certaine fonction puisse être compensé au point de vue de la même fonction par le développement supérieur d'une partie dont les attributions fonctionnelles sont différentes. Un faible développement du pied de la troisième frontale, par exemple, n'est pas compensé au point de vue de la mémoire motrice des mots par la deuxième frontale. Aussi voit-on ce pied de la troisième frontale atteindre un volume et une complication exceptionnels coïncidant avec une facilité d'élocution exceptionnelle, parce qu'il s'agit d'une petite région physiologiquement spécialisée. Chudzinski et Mathias Duval ont noté la complication de cette région sur le cerveau de Gambetta (v. dessin colorié de Hervé, 1888), et j'ai montré sur le moulage intra-cranien une saillie correspondante (1887, 567). Rüdinger avait déjà montré (1882) des faits analogues. Giacomini, d'autre part, a signalé chez trois sourds-muets la petitesse et la simplicité de la même région, qui est presque absente chez certains microcéphales.

La fixité remarquable des proportions des lobes cérébraux semble être, au premier abord, en contradiction avec la valeur généralement attribuée à la forme générale du crâne. Mais cette valeur, au point de vue de l'évolution intellectuelle, est assez solidement établie par les faits pour subsister, alors même qu'elle deviendrait un résultat purement empirique. Comment se fait-il que le développement relatif des régions frontale, pariétale supérieure et inférieure du crâne aient plus de signification que les proportions des lobes cérébraux, et jusqu'à quel point cette signification est-elle digne de confiance? ce sont là des questions d'une trop grande complexité pour pouvoir être abordées ici où il s'agit d'exposer leur état et non de travailler à leur avancement. Je dirai seulement que la forme générale du crâne est surtout déterminée, à l'état normal, par le volume relatif du cerveau comparé à l'ensemble de la masse squelettique, et que cette relation suffit pour expliquer les principales variations morphologiques considérées, en craniologie, comme liées à l'évolution intellectuelle.

Il nous faut chercher à expliquer la répartition à peu près égale de la quantité dans toutes les régions du cerveau. Ce fait pourrait paraître, au premier abord, en contradiction avec l'existence des localisations cérébrales. Mais il n'en est rien ; car, s'il existe des départements cérébraux physiologiquement différenciés d'après la différenciation sensorielle, comme je le pense, il n'en existe pas moins entre eux des connexions extrêmement nombreuses correspondant aux associations des sensations de toutes sortes entre elles, ainsi que des représentations qui en résultent d'une part, et, d'autre part, à l'intervention dans les mouvements de représentations de toutes sortes ayant pour origine des perceptions procurées par tous les sens. Dans une réflexion ou une délibération tant soit peu complexes, entrent en jeu des représentations à la constitution desquelles prennent part des images fournies par tous les sens, et l'on conçoit que, si les actes sont régis, en conséquence, par le cerveau tout entier, tous les lobes cérébraux doivent participer à l'accroissement de volume en rapport avec l'accroissement de la masse musculaire à mouvoir. Il doit y avoir, dans un même type organique, un certain équilibre entre le développement quantitatif des éléments cérébraux dont le consensus physiologique préside à des déterminations intellectuelles d'une puissance motrice donnée. Celle-ci variant avec la masse à mouvoir, et la grandeur des parties sensibles du corps déterminant de son côté des variations cérébrales quantitatives, on conçoit que, dans un même type zoologique, la masse de tous les départements cérébraux, sans exception, soit influencée par la taille suivant des proportions typiques. Les modifications de ces proportions indiqueront, dès lors, des modifications du type, c'est-à-dire soit du nombre et de l'importance relatives des sensations ou des mouvements de telle ou telle catégorie, soit de la variété et de la complexité des processus intellectuels.

Ces variations du type sont particulièrement nombreuses et étendues dans l'espèce humaine. C'est pourquoi l'on peut s'attendre, suivant la théorie ci-dessus, à rencontrer dans cette espèce de grandes variations dans le volume relatif des différents lobes cérébraux et, par suite, dans la forme générale du cerveau. Mais les variations individuelles disparaissent dans les moyennes, de sorte que, si l'on prend dans une même race une série masculine et une féminine suffisamment fortes, le type sensoriel sera le même dans les deux séries; le type du travail moteur ne variera guère que dans la quantité du travail produit; et si les deux sexes s'équivalent au point de vue de la variété et de la complexité des processus psychiques, on devra trouver des proportions pondérales à peu près identiques dans les divers départements cérébraux, puisque le poids de chacun d'eux ne sera plus influencé que par la différence de taille.

Par le fait, les moyennes obtenues pour chaque lobe cérébral sont exactement les mêmes dans les deux sexes, comme si la différence sexuelle du poids cérébral (150 grammes) était également répartie dans toutes les régions du cerveau proportionnellement au volume de chacune de ces régions. Pas plus sous le rapport de la quantité *i* que sous le rapport de la répartition du poids cérébral, l'analyse du poids et de la forme du cerveau ne nous montrent la preuve anatomique d'une différence de développement intellectuel entre les deux sexes. Il existe entre les deux sexes des différences dans ce que l'on peut appeler le caractère intellectuel, mais il ne paraît pas que ces différences soient de celles qui se traduisent par des différences dans le volume ou dans la forme générale du cerveau. Peut-être l'étude comparative de chaque circonvolution en particulier ou de caractères cérébraux d'un autre ordre donnera-t-elle des résultats différents. Au moins faudra-t-il tenir compte, en ce qui concerne les circonvolutions, de l'influence de la taille.

D'après les faits et considérations qui précèdent, on peut conclure provisoirement qu'à intelligence égale, le poids relatif des diverses régions cérébrales ne varie pas sensiblement sous la seule influence des variations de la taille. Autrement dit, la taille influe également sur tous les lobes cérébraux, et, si les proportions pondérales de ces lobes varient, il y a lieu de les rattacher à une variation dans le type de la répartition de la quantité *i*.

Cette variation pourrait être rattachée, hypothétiquement, aux variations physiologiques reconnues dans l'importance relative des représentations acquises par les divers sens, d'où résultent les types visuel, auditif, moteur, etc. Suivant cette hypothèse, le développement relatif des diverses régions du cerveau, très variable *suivant les individus*, devrait donner lieu à d'importantes recherches comparatives sur des individus chez lesquels on aurait noté avec certitude les divers types sensorio-psychiques et psychomoteurs.

Quant au développement intellectuel proprement dit, consistant dans l'aptitude à une « correspondance » plus ou moins complexe et variée, il semble pouvoir être rattaché beaucoup moins aux proportions des divers lobes qu'à la *quantité i* existant dans chacun de ces lobes, c'est-à-dire dans l'ensemble du cerveau.

Le développement intellectuel dépend du nombre et de la complexité des relations que rendent possibles le nombre et la complexité des neurones et de leurs rapports, une fois éliminée l'influence de la taille. Les proportions des divers lobes comparés entre eux varient suivant le type zoologique et ne semblent guère varier dans un même type suivant le degré d'intelligence, tandis que le développement de chacun d'eux par rapport à la masse de l'organisme varie considérablement suivant la grandeur de cette masse et suivant le degré d'intelligence, comme on l'a vu dans la première partie de cet article.

L'influence de la taille sur le volume des différents lobes cérébraux doit être d'autant plus grande que ces lobes présentent un degré supérieur de complication; c'est pourquoi nous avons vu le poids du cerveau atteindre des chiffres extrêmement élevés chez les hommes distingués dont la supériorité intellectuelle coïncide avec une supériorité de taille. On s'explique facilement ainsi ce fait, sur lequel nous avons attiré l'attention : que la supériorité cérébrale quantitative déterminée par un accroissement donné de masse du corps est d'autant plus grande que les individus sont plus supérieurs intellectuellement. On s'explique par là même ce fait, également observé plus haut, qu'il n'y a aucune proportionnalité à établir entre le degré de supériorité intellectuelle et le degré de supériorité du volume cérébral. L'influence de la taille sur le poids du cerveau doit être d'autant plus grande que l'individu est plus intelligent.

Il resterait à parler des altérations, déviations ou anomalies dans les rapports des différentes circonvolutions cérébrales. Mais c'est là une question qui ne paraît pas comporter, dans son état actuel, des applications physiologiques suffisamment justifiées. Le type général du plissement cérébral reste le même dans toute la série des primates et ne varie, dans l'espèce humaine, que dans des cas absolument tératologiques dont je n'ai pas à m'occuper ici. Quant aux variations de détail, elles sont extrêmement fréquentes et très diverses chez l'homme, à un tel point que, si l'on essaye d'établir comme type régulier un type moyen, comme l'ont fait Broca, Giacomini et d'autres auteurs, les cas extra-typiques, sur certains points, se rencontrent presque aussi fréquemment que les cas typiques. Les variations de chaque pli, de chaque scissure, échappent pour la plupart à toute interprétation physiologique pour le moment; si bien que l'on ignore si elles correspondent à un perfectionnement ou à une infériorité. Divers auteurs ont pu trouver sur des cerveaux de criminels, d'aliénés, d'épileptiques, des caractères qu'ils ont cru être des signes distinctifs de la dégénérescence; mais les conditions n'étaient pas celles d'une statistique démonstrative. Benedikt, par exemple, a noté sur des cerveaux de criminels la fréquence du type à 4 circonvolutions frontales. Mais Giacomini, étudiant des cerveaux d'hommes quelconques, a rencontré le même type aussi fréquemment. Benedikt a noté aussi chez des criminels la fréquence d'un type à scissures confluentes; mais cela prouve surtout que cet éminent neurologiste a étudié de préférence des cerveaux de criminels. Dans cet ordre de recherches, dont je ne saurais médire, puisque je m'en occupe à l'occasion, les rapprochements psychologiques tentés jusqu'à présent ont été prématurés. En ce qui concerne l'explication du crime, j'ai montré ailleurs (1892-1893, etc.), sans méconnaître aucunement la criminalité pathologique ni l'importance de la conformation, comment et jusqu'à quel point s'abusent ceux qui cherchent la genèse du crime dans les anomalies du crâne et du cerveau.

Bibliographie. — 1766. — Haller. *Elem. Phys.* Lausanne, iv. Cite les observations de Redi.

1785. — Sœmmering. *Ueber die körperliche Verschiedenheit des Negers von Europäer.* Francfort.

1794. — Sœmmering. *De corporis humani fabrica*, i.
1800. — Cuvier. *Leçons d'Anat. comp.* Paris, ii.
1821. — Tiedemann. *Icones cerebri simiarum*, etc. Heidelberg.
1822. — Desmoulins. *Rapport entre l'étendue de la surface des circonvolutions et le développement de l'intelligence* (*Journal complém. des sciences médicales*, sept. 1822, xiii, 206).
1824. — Serres. *Anatomie comp. du cerveau dans les quatre classes d'animaux vertébrés*, i.
1825. — Serres. *Anat. du système nerveux des animaux à vertèbres.* Paris, in-8, ii, 606.
1830. — W. Hamilton. *The anatomy of the brain.* Edinburgh.
1835. — Carus. *Traité d'anat. comp.*, i. Paris. — Sims. *On hypertrophy and atrophy of the brain* (*Med. chirurg. Trans.*, xix).
1836. — Tiedemann. *Sur l'encéphale du Nègre comparé à celui de l'Européen et à celui de l'orang-outang* (*Philos. Trans.* Londres). — Parchappe. *Recherches sur l'encéphale* (1er Mém.). Paris, in-8.
1837. — Lélut. *Du poids du cerveau considéré dans ses rapports avec le développ. de l'intelligence* (*Gazette méd. de Paris*).
1838. — Clendinning. *Facts and Inferences relative to the condition of the vital organs and viscera* (*Med. chir. Transact.*, xxi). — A. Dugès. *Physiol. comp. de l'homme et des animaux*, i. Montpellier.
1839. — Leuret. *Anat. comp. du système nerveux.*
1843. — J. Reid. *Rech. physiol., anat. et pathol.* (*Edinburgh. Med. chirurg. Trans.*, xxv).
1845. — Baillarger. *De l'étendue de la surface du cerveau et de ses rapports avec l'intelligence* (*Ac. de méd.*, 15 août). — G. Cuvier. *Leçons d'Anat. comp. recueillies et publ. par* Duméril, 2e éd., iii. Paris.
1847. — Peacock. *Tables of weight of the brain*, etc. (*Monthly journ. of med.*).
1852. — Bergmann. *Gewicht des Gehirns*, etc. (*Zeitschr. für Psych.*).
1853. — Baillarger. *Rech. sur les malad. mentales et sur quelq. points d'anat. et de phys. du système nerveux.* Paris.
1854. — Em. Huschke. *Schädel, Hirn und Seele des Menschen und der Thiere.* Iéna, in-f°.
1855. — Dareste. *Troisième mém. sur les circonv. du cerveau chez les mammifères* (*Ann. des sciences nat. Zool.*, 4, iii).
1857. — Morton et Aitken Meigs. *Catalogue de la coll. de l'Acad. des sciences nat. de Philadelphie*, 8°.
1860. — R. Wagner. *Vorstudien zu einer wissench. Morphol. und Phys. des Menschen Gehirns. — Ueber die typischen Verschiedenheiten der Windungen der Hemispheren, und über die Lehre von Hirngewicht.* Göttingen.
1861. — Boyd. *Tables of weight of the human body in the sane and the insane* (*Philos. Trans.*, cli). — Broca, Gratiolet, etc. *Discussion sur le volume et la forme du cerveau* (*Bull. Soc. d'Anthr.* Paris, 139-204 et 301-321). — Ph. Sappey. *Rech. sur le volume et le poids de l'encéph.*, etc. (*Mém. Soc. de Biologie*).
1862. — Dareste. *Sur les rapports de la masse encéphalique avec le développ. de l'intelligence* (*Bull. Soc. d'Anthr.* Paris). — Parisot. *Rech. sur le volume et le poids de l'encéphale*, etc. Nancy.
1864. — P. Broca. *Sur le crâne de Schiller et sur l'indice cubique des crânes* (*Bull. Soc. d'Anthr.*, 435-7 et 449-55).
1865. — Karl Vogt. *Leç. sur l'homme.* Paris, 8°, 632 p.
1866. — J. Thurnam. *Weight of the brain and the circumstances affecting it.* London.
1867. — C. Vogt. *Sur les microcéphales ou hommes-singes.* Genève. — Quain and Sharpey. *Anatomy*, 7e éd. London. — Th. Meynert. *Vierteljahresschrift für Psychiatrie*, ii.
1868. — Weisbach. *Die Gewichtsverhältnisse der Gehirne œsterreichischen Völker, mit Rücksicht auf Körpergrösse, Alter, Geschlecht und Krankheiten* (*Arch. für Anthr.*, fasc. 1 et 2). — Al. Brandt jun. *Sur le rapport du poids du cerveau à celui du corps chez différents animaux* (*Bull. de la Soc. imp. des naturalistes.* Moscou). — R. Owen. *Comparative anatomy and physiol. of vertebrates*, iii. London.
1869. — Sandifort B. Hunt. *Negro as a soldier* (*Anal. in Anthrop. Review.*, vol. III).
1870. — L. Calori, *Del cervello nei due tipi brachicefalo e dolicoc. italiani.* Bologna. — Herbert Spencer. *Principles of Psychology*, 2e éd. (trad. française en 1875, 1re éd., 1855).

1872. — Welcker. *Untersuchungen uber Wachstum und Bau des menschl. Schädels.* Leipzig. — Sappey. *Traité d'anatomie descr.*, iii, 2ᵉ éd. Paris. — P. Broca. *De l'influence de l'éducation sur le volume et la forme de la tête* (*Bull. Soc. d'Anthr.*, 879-896).

1873. — P. Broca. *Sur la mensuration de la capacité du crâne* (*Mém. de la Soc. d'Anthr.*, 2, i, 63-152). — Crochley Clapham. *The weight of the Brain in the insane* (*West Riding lunatic Asylum reports*).

1874. — P. Broca. *Cubage des crânes. Revision et correction des résultats stéréométriques publiés avant* 1872. (*Bull. Soc. d'Anthr.*, 563-573).

1875. — P. Broca. *Sur le poids relatif des deux hémisphères cérébraux et de leurs lobes frontaux* (*Bull. Soc. d'Anthr.*, 534-536).

1876. — Moriz Benedikt. *Der Raubthiertypus am menschlichen Gehirne* (*C. W.*).

1877. — Th. Meynert. *Die Windungen der convexen Oberfläche des Vorderhirnes bei Menschen, Affen und Kauthieren* (*Arch. für Psych.* Berlin, i).

1878. — S. Pozzi. *Du poids du cerveau suivant les races et suiv. les individus* (*Revue critique* in *Revue d'Anthr.*, 277-285).

1879. — G. Le Bon. *Rech. anat. et mathém. sur les lois des variations du vol. du cerveau et sur leurs relat. avec l'intell.* (*Revue d'Anthr.*, 27-104). — Budin. *La tête du fœtus au point de vue de l'obstétrique* (*D.* Paris. *Arch. de Tocol.*). — P. Broca. *Localisations cérébrales. Rech. sur les centres olfactifs* (*Mém. d'Anthr.*, v, 383-461).

1880. — Bischoff. *Das Hirngewicht des Menschen.* Bonn. — L. Manouvrier. *Sur l'indice cubique du crâne* (*Assoc. française*, 869-874).

1881. — Nicolucci. *Sul peso del cervello dell' uomo.* Napoli. — Pfleger. *Untersuchungen ueber das Gewicht der menschlichen Gehirns* (*Jahrb. f. Psych.*, iii).

1882. — Giuseppe Amadei. *La capacità del cranio negli alienati* (*Arch. per l'antropologia*, xii, 185-197. Firenze). — Bra. *Étude sur le poids de l'encéphale dans les maladies mentales* (Thèse méd. Paris). — Giacomini. *Varietà delle circonvoluzioni cerebrali.* Torino. — Charlton Bastian. — *Le cerveau, org. de la pensée chez l'homme et les animaux*, ii (*Bibl. scient. internat.*). — L. Manouvrier. A. *Valeur de la taille et du poids du corps comme termes de comparaison entre la masse de l'encéphale et la masse du corps* (*Bull. Soc. d'Anthr.* Paris, 85, 133). — B. *Sur la grandeur des principales régions du crâne dans les deux sexes et dans diverses races* (*Ass. franç.*, 16 p.). — C. *Sur l'interprétation du poids de l'encéphale et ses applications* (*C. R.*, 16 janv.). — D. *Sur le développement quantitatif comparé de l'encéphale et de diverses parties du squelette* (*Bull. Soc. zool. de France*, vii, et *D. Paris*, 117 p.).

1883. — H. Beauregard. *Rech. sur l'encéphale des Balænides* (*Journ. de l'Anat. et de la Phys.*, xix). — L. Manouvrier. *Mém. sur l'interprétation de la quantité dans l'encéphale* (*Mém. de la Soc. d'Anthr.* Paris, 2, iii, 137-326). — P. Topinard. *Le poids du cerveau d'après les registres de* Broca (*Ibid.*, 1-41).

1884. — G. Amadei. *Il peso del cervello in rapp. alla capac. del cranio negli alienati* (*Atti del Congr. freniatr. in Voghera*). — L. Manouvrier. A. *La fonction psycho-motrice* (*Rev. philos.*, mai et juin, 36 p.). — B. *Sur les modifications du profil encéphalique dans le passage à l'état adulte chez l'homme et les Anthropoïdes* (*Bull. Soc. d'anthr. de Bordeaux*, i, 11 p.). — C. *Microcéphalie* (*Dict. des sciences anthr.*, 4°. Paris, Doin).

1885. — P. Topinard. *Élém. d'Anthropologie générale.* Paris.

1886. — Chudzinski et Mathias Duval. *Descr. morph. du cerveau de Gambetta* (*Bull. Soc. d'Anthr.* Paris).

1887. — Chudzinski et Manouvrier. *Descr. du cerveau de Bertillon* (*Ibid.*). — E. Morselli. *Sul peso compar. dei due emisferi cerebrali negli alienati* (*Psichiatria.* Napoli).

1888. — Franceschi. *Sul peso dell' encefalo, etc.* (*Bull. d. sc. medic.* Bologna). — G. Hervé. *La circonvolution de* Broca (*Thèse méd. Paris*). — L. Manouvrier. *Comparaison entre le cerveau de Gambetta et celui de Bertillon* (*Soc. de psych. phys.* in *Revue philos.*).

1889. — Tenchini e Negrini. *Sulla corteccia cerebrale degli equini e bovini.* Parma.

1890. — Eberstaller. *Das Stirnhirn.* — Sir W. Turner. *The convolutions of the brain.*

1891. — F. Courmont. *Le cervelet et ses fonctions*, 8°, 600 p. Paris. — Manouvrier. *Sur un procédé d'analyse du poids cérébral* (*B. B.*, 514-521). — Ch. Richet. *Poids du cerveau, de la rate et du foie chez les chiens de différentes tailles* (*Ibid.*, 405-415).

1892. — J. D. Cunningham. *Contrib. to the surface anatomy of the cerebral hemisph., etc.* (*R. Irish Acad. Cunningham Memoires*, n° VII). — N. Giltchenko. *Le poids du cerveau chez quelques peuples du Caucase* (*Congr. intern, d'Anthr.*, Moscou, I, 184-196). — L. MANOUVRIER. *Descript. du cerveau d'un indigène des îles Marquises* (*Ass. franç.*, 1892, 11 p.). — *Questions préalables dans l'étude comp. des criminels* (*Congr. intern. d'anthr. crim.* Bruxelles). — JOHN MARSHALL. *On the relations between the weight of the Brain and its parts, and the stature and map of the Body, in Man* (*Journ. of Anat. and Phys.*, XXVI, 445-500).

1893. — BRISSAUD. *Anat. du cerveau de l'homme.* Paris. — L. MANOUVRIER. *Les variations du poids absolu et relatif du cervelet, de la protubérance et du bulbe, et leur interprétation* (*Ass. franç.*). — *La genèse normale du crime* (*Soc. d'Anthr.* Paris, 405-458). — RAMON Y CAJAL. *Les Nouvelles idées sur l'histologie des centres nerveux*, trad. L. Azoulay (*Bull. médical*, 862).

1894. — Mme et M. DÉJERINE. *Anat. des centres nerveux.* Paris. — L. MANOUVRIER. *Descr. du cerveau d'un Fuégien* (*Bull. Soc. d'Anthr.* Paris). — *Essai sur les qualités intellectuelles considérées en fonction de la supériorité cérébrale quantitative* (*Rev. de l'École d'Anthr.* Paris, Alcan, 65-84). — *La volonté* (*Rev. de l'hypnotisme*, nos 7, 8 et 9).

1895. — TH. CHUDZINSKI. *Plis cérébraux des Lémuriens en général et du Loris grêle en particulier* (*Bull. Soc. d'Anthr. de Paris*, 435-464). — D. J. CUNNINGHAM. *The Brain of a microcephalic idiot.* (*Scient. Transact. of the R. Dublin Soc.*). — HENRY HERBERT DONALDSON. *The Growth of the brain.* London, 374 p. — RAMON Y CAJAL. *La morphologie de la cellule nerveuse* (*Rev. scientifique*, 7 déc.).

1896. — G. PAPILLAULT. *La suture métopique et ses rapports avec la morphologie cranienne* (*Mém. Soc. d'Anthr. de Paris*, 3e I, 1-120). — L. MANOUVRIER. *Sur le nain Auguste Tuaillon et sur le nanisme simple avec ou sans microcéphalie* (*Bull. Soc. d'Anthr.*, 264-287). — *Le Tempérament* (*Rev. de l'Ec. d'Anthr.*, 25 p.).

L. MANOUVRIER.

§ III. — CIRCULATION CÉRÉBRALE

A. **Résumé anatomique.** — Pour bien faire comprendre la circulation cérébrale nous devons d'abord indiquer sommairement les dispositions anatomiques générales.

La masse encéphalique (cerveau, cervelet et protubérance) reçoit, comme tous les autres tissus, des artères qui se résolvent en capillaires, et reviennent au cœur par des veines; mais l'organisation de ce système circulatoire est tout à fait spéciale.

En effet: 1° les artères, avant de pénétrer dans l'encéphale, s'anostomosent largement entre elles, par de gros troncs d'abord, puis par un réseau capillaire très fin; 2° les veines, avant de se terminer dans les grosses veines efférentes, forment des lacs ou sinus, qui font communiquer le système veineux cérébral avec le système veineux facial et cutané; 3° l'encéphale est plongé dans un liquide, de manière à permettre l'abord du sang en quantités variables dans la masse du tissu sans déterminer de compression.

1° Artères cérébrales et **Réseau de la pie-mère**. — Les artères cérébrales proviennent du système carotidien d'une part et d'autre part du système vertébral. Le système carotidien est formé par les deux carotides internes; le système vertébral par les deux vertébrales qui s'abouchent pour former un tronc unique, le tronc basilaire. Ces quatre grosses artères, carotides et vertébrales, s'anastomosent à plein canal entre elles pour former à la base du cerveau un cercle artériel (hexagone de WILLIS) assurant la circulation encéphalique en toute sécurité, même s'il y a arrêt dans le cours du sang d'un côté du corps; ou interruption de la circulation dans le système carotidien total, ou dans le système vertébral total.

Il s'ensuit que la ligature d'une carotide ne trouble ni longtemps, ni notablement, la circulation du cerveau. C'est une opération qui est sans danger chez les animaux.

Chez l'homme cependant la ligature d'une seule carotide est accompagnée d'accidents primitifs et secondaires. Les phénomènes primitifs et généraux sont: vertiges, perte de connaissance, éblouissements, stupeur, palpitations, syncope, parfois de légères secousses convulsives, tous accidents imputables à l'anémie passagère du cerveau, et qui disparaissent rapidement. En somme ces accidents ne sont pas graves, et la ligature d'une seule carotide n'entraîne pas la mort immédiate chez l'homme plus que chez l'animal.

Mais il n'en est pas de même pour les accidents secondaires, au moins chez l'homme. En effet, les chirurgiens admettent qu'ils sont assez graves, si graves que la mortalité n'est pas moindre de 20 à 30 p. 100. On a attribué à l'anémie cérébrale ces morts consécutives. Mais A. Richet (1867) a très bien établi que l'anémie ne pouvait être mise en cause, non seulement parce l'anastomose des carotides entre elles et avec les vertébrales empêche toute interruption importante de la circulation; mais surtout parce que les accidents de l'anémie doivent aller en diminuant après la ligature; au lieu de s'accentuer au fur et à mesure que l'on s'éloigne du moment de l'opération.

En effet, comme l'a prouvé récemment L. Fredericq (1895); par le fait de l'établissement d'une circulation collatérale qui remédie à l'oblitération d'une partie du système artériel, les capillaires se distendent de plus en plus; si bien qu'au bout d'un quart d'heure ou d'une demi-heure on ne peut plus, par la ligature même des quatre vaisseaux principaux, chez le lapin, obtenir l'arrêt complet de la circulation encéphalique.

Quant à la ligature des deux carotides, si elle est faite en même temps, elle entraîne la mort, chez l'homme; et chez les animaux elle produit des troubles graves, sans cependant que l'anémie totale du cerveau puisse être obtenue par ce moyen. Mayer (cité par A. Richet, 1867, p. 403) aurait vu la mort survenir chez le cheval, mais non sur le chien, le lapin et le cobaye.

Mais si on fait cette ligature de la seconde carotide à quelques jours et même à quelques heures de distance, comme je m'en suis maintes fois assuré, cela n'entraîne, au moins chez le chien, aucun inconvénient; car la circulation collatérale a pris un développement suffisant et compensateur.

Nous reviendrons d'ailleurs sur ces effets de l'interruption du cours du sang artériel, quand nous arriverons à l'histoire de l'anémie cérébrale.

Les artères du cerveau, après s'être ainsi anastomosées entre elles à plein canal, se subdivisent en un réseau de plus en plus fin de manière à former un *rete mirabile*. Ce réseau pial, nié par Duret (1874), a été positivement constaté par beaucoup d'anatomistes : Heubner, Cadiat, Charpy (1895, p. 700). Il semble qu'il y ait là une disposition générale, commune à tous les tissus délicats, et ayant pour effet, non seulement d'assurer, en cas d'oblitération partielle d'une artériole, une circulation suffisante; mais encore d'empêcher l'abord trop brusque d'une grande quantité de sang, poussé par le cœur avec une grande force dans le cerveau. Grâce à ces communications, les variations de la pression du sang deviennent insignifiantes; et l'intermittent courant sanguin est transformé en un afflux continu et régulier, sans heurts ni *à coups*.

Malgré cette division dans la pie-mère (et dans la toile choroïdienne qui, pour les artères centrales, remplace la pie-mère corticale) chaque portion du cerveau semble irriguée par un système artériel qui lui est spécial, tout en étant en rapport avec les systèmes artériels voisins. Les anastomoses n'excluent pas une sorte d'autonomie; on a alors divisé ainsi ces régions vasculaires du cerveau :

1° Artères corticales.
- α. Cérébrale antérieure.
- β. Cérébrale moyenne.
- γ. Cérébrale postérieure.

2° Artères cérébrales.
- α. Groupe antérieur.
- β. Groupe postérieur.

3° Artères ventriculaires ou choroïdiennes.
- α. Choroïdienne antérieure.
- β. Choroïdienne postérieure latérale.
- γ. Choroïdienne postérieure moyenne.

Ainsi chaque région du cerveau reçoit plus spécialement du sang de telle ou telle branche artérielle.

Les artères, en pénétrant dans la masse nerveuse cérébrale sous la forme d'artérioles très fines, ne se distribuent pas également à la substance grise et à la substance blanche. La substance grise est très abondamment irriguée, très vasculaire — Ruysch en avait fait un plexus artériel, — tandis que la substance blanche est plus pauvre en vaisseaux. Les artérioles sont dites artères nourricières, longues ou courtes; les courtes, très abondantes, se distribuant à la substance grise, les longues, très grêles et relativement rares, allant à la substance blanche. Ces artères nourricières se terminent en fines arborisations, et elles ne communiquent pas entre elles, de sorte que le régime anastomotique qui est si développé pour le système artériel des gros troncs et du réseau pial, est remplacé par un système d'autonomie absolue, une fois que l'artériole émerge du pial pour pénétrer dans le cerveau.

Le mode de terminaison des artères en capillaires et en veines dans le cerveau a été longtemps discuté. J'ai résumé ainsi (1878) les idées opposées de Duret, Heubner, Cadiat, Charcot, sur cette question difficile (p. 47-48). « Il paraît probable qu'il n'y a pas de communication entre les artères et les veines de l'écorce grise autrement que par des capillaires. Pour Duret et pour Charcot, qui se sont placés surtout au point de vue pathologique, il y a dans la distribution des artères cérébrales deux régions bien distinctes : la région corticale, et la région centrale (corps opto-striés). Ces deux systèmes, dit Charcot, bien qu'ils aient une origine commune, sont tout à fait indépendants l'un de l'autre et, à la périphérie de leur domaine, ils ne communiquent sur aucun point. Pour Duret les artérioles n'ont pas plus d'un quart de millimètre. En somme, pour Duret, les anastomoses sont peu importantes, et, pour Cadiat, elles sont très notables. » Charpy (1895) a remarqué que les injections même pénétrantes ne passent que très difficilement des artères dans les veines, et il en conclut que, s'il y a des anastomoses directes, ce qui n'est pas certain, elles sont au moins très rares et de faible volume.

Pour l'historique de cette circulation on consultera avec profit la thèse de Lucas (1879) qui, après quelques expériences personnelles, peu probantes d'ailleurs, confirme les idées de Duret sur l'indépendance relative des divers territoires vasculaires de l'encéphale. On trouvera dans la bibliographie que nous donnons plus loin sur cette question l'indication de quelques récents travaux d'anatomie n'offrant pas d'intérêt physiologique immédiat.

Nous pouvons donc, en résumé et d'une manière générale, considérer ainsi la circulation artérielle encéphalique comme constituée :

α. Par de grosses artères anastomosées à plein canal faisant communiquer le côté droit avec le côté gauche; la carotide interne avec la carotide externe, le système cortical avec le système central du cerveau.

β. Par un réseau anastomotique très fin, pie-mère et toile choroïdienne, établissant un nouveau système d'anastomoses entre toutes les parties du cerveau.

γ. Par un système d'artérioles arborescentes qui émergent de la pie-mère sans s'anastomoser et sans se confondre pour se distribuer à telle ou telle région de l'encéphale.

Ainsi la nature a résolu le double problème de l'unité dans la circulation cérébrale avec l'indépendance circulatoire des diverses régions.

2° **Veines cérébrales et sinus.** — Les veines forment un double système, et elles s'anastomosent entre elles, comme le font les artères, lorsqu'elles ont acquis un certain volume. Il y a le système des veines corticales, périphériques, et le système des veines centrales, ganglionnaires, qui aboutit à une veine unique, la veine de Galien.

Ces veines sont dépourvues de valvules et de tuniques musculaire; elles sont très minces, et, contrairement à ce qui se passe pour la plupart des organes, elles n'accompagnent pas les artères, si bien que la configuration du réseau artériel est tout à fait différente de la configuration du réseau veineux.

En outre, comme l'ont bien montré Browning (1890), Trolard (1889) et Hédon (1888), ces troncs veineux baignent dans le liquide céphalo-rachidien, de sorte que les pulsations veineuses, si elles se produisent, refoulent et compriment le liquide céphalo-rachidien : inversement toute compression du liquide céphalo-rachidien diminue l'activité de la circulation veineuse.

Les veines cérébrales s'abouchent dans les sinus suivant une direction oblique, en sens inverse du cours du sang dans ces sinus (Hédon, 1888).

Enfin les sinus de la dure-mère dans lesquels aboutissent les veines de l'encéphale communiquent avec les sinus craniens qui reçoivent les veines de la face et du crâne, de sorte que par ces sinus il y a une large communication anastomotique entre le système encéphalique et le système facial.

Si donc on avait à caractériser la circulation veineuse du cerveau, on lui trouverait les mêmes caractères qu'à la circulation artérielle, c'est-à-dire un système anastomotique très vaste des gros troncs, assez vaste pour que le retour du sang au cœur soit assuré, et la congestion évitée, même si un ou deux gros troncs venaient à subir quelque oblitération.

Enfin le volume considérable de ces veines et sinus constitue dans son ensemble un vrai lac sanguin, plus ou moins extensible, permettant de grandes variations dans la quantité de sang qui y est contenu, de nature par conséquent à éviter toute chute brusque ou toute élévation brusque de la pression.

Ainsi se trouvent réalisées, par la disposition anatomique des vaisseaux artériels et veineux de l'encéphale, les trois conditions indispensables : sécurité, abondance, régularité de l'irrigation sanguine.

Nous ne parlons pas des lymphatiques cérébraux, ni des dispositions spéciales des gaines lymphatiques périvasculaires; car ces particularités anatomiques semblent assez mal connues.

3° **Liquide céphalo-rachidien.** — Entre la masse cérébrale recouverte de son réseau pial, et la dure-mère qui tapisse les os du crâne existe un espace libre : c'est l'espace sus-arachnoïdien, comparé non sans raison à une séreuse; car il est revêtu d'une couche épithéliale. « Complètement libre dans le rachis où il forme une sorte de citerne circulaire autour de la moelle, cet espace est coupé dans certains points du crâne par des brides fibreuses très ténues (tissu sous-arachnoïdien) qui réunissent le feuillet viscéral de l'arachnoïde à la pie-mère, comme cela se voit à la surface des circonvolutions et sur toutes les parties saillantes de l'encéphale. Dans certaines régions, au contraire, à la base du cerveau principalement, il y a des espaces dilatés qui servent de réservoirs au liquide céphalo-rachidien, et auxquels Magendie a donné le nom de *confluents* (Debierre). »

Le liquide contenu dans l'espace sous-arachnoïdien communique avec le liquide contenu dans les ventricules cérébraux; mais il y a lieu de modifier quelque peu les idées de Magendie à ce sujet. Magendie pensait qu'il y a au niveau du bec du calamus scriptorius, en avant du lobe médian du cervelet, un orifice normal, qui permet la communication entre le liquide ventriculaire qui arrive par l'aqueduc de Sylvius, et le liquide périencéphalique qui entoure le cerveau. Or il semble prouvé, d'une part que cet orifice n'existe pas chez tous les animaux. Renault (cité par M. Sée, 1878, p. 295) a montré qu'il n'y en a pas chez le cheval. Il ne paraît pas qu'il y en ait chez le chien; et quelques auteurs l'ont contesté chez l'homme; mais, comme l'a bien montré M. Sée, qui a beaucoup étudié ce point de détail, et à l'opinion de qui nous nous rallions complètement, il y a des expériences positives qui prouvent que, sans aucune déchirure, le liquide peut passer des ventricules cérébraux dans les espaces sous-arachnoïdiens de la base, et, inversement, des espaces sous-arachnoïdiens dans les ventricules cérébraux. Ce passage se fait non par le trou de Magendie seulement, qui manque chez quelques espèces animales, mais par les orifices latéraux (trous de Luschka) du quatrième ventricule, de sorte qu'il y aurait trois voies de communication : une centrale (trou de Magendie), deux latérales (trous de Luschka) répondant à la toile choroïdienne, au moment où elle s'engage dans le quatrième ventricule. A. Key et Retzius (cités par M. Sée, 1878) virent le liquide injecté suivre le trajet des vaisseaux et pénétrer dans les ventricules cérébraux en suivant la voie des vaisseaux, toile choroïdienne et plexus. Toutefois, comme le remarque M. Sée, cette circulation du liquide cérébro-spinal ne doit pas être conçue comme celle d'une masse fluide coulant à plein canal d'une cavité dans une autre par des orifices parfaitement libres; mais bien comme une véritable filtration à travers les mailles d'un tissu conjonctif, lâche et facile à infiltrer, qui soutient les vaisseaux des plexus choroïdes et des toiles choroïdiennes supérieures et inférieures. Il s'ensuit que la communication entre les cavités cérébrales et les espaces sous-arachnoïdiens a lieu par tous les points où la pie-mère s'engage dans l'intérieur de l'encéphale, et que l'oblitération du trou de Magendie, normale chez quelques espèces, accidentelle dans certains cas pathologiques, n'apporte aucun trouble au mécanisme de la circulation du liquide cérébro-spinal.

A. Key et Retzius ont prétendu que les injections faites dans les espaces sous-arachnoïdiens pénètrent, sans effraction, dans les sinus veineux et le système veineux. « Pour ces auteurs, dit M. Sée, les granulations de Pacchioni jouent le rôle de soupapes de sûreté, permettant le passage du liquide sous-arachnoïdien dans les vaisseaux sanguins, et empêchant la marche du sang en sens inverse. »

Le liquide céphalo-rachidien, ou cérébro-spinal, est un liquide non coagulable par la chaleur, par conséquent essentiellement différent de la lymphe à laquelle il a été imprudemment assimilé. C'est un liquide clair, légèrement alcalin, très pauvre en matières solides. Il a été pour la première fois décrit par COTUGNO; mais c'est MAGENDIE, qui, par des expériences mémorables, en a montré le premier l'importance.

Quant à sa composition chimique, nous trouvons quelques analyses dans PAULET (1873), et nous y ajouterons quatre analyses données par TOISON et LENOBLE; et deux autres, de SCHORBAKOFF et de C. SCHMIDT, données par GORUP-BESANEZ (1880).

De ces vingt-cinq analyses j'en élimine deux aberrantes; une de HALDAT, où la proportion d'eau était de 96,5 p. 100; et une de BAUDRIMONT, où cette proportion était de 97,56 p. 100; deux chiffres manifestement trop faibles.

Dans les vingt-trois autres analyses portant surtout sur des hydropisies rachidienne ou céphalique, la moyenne de la proportion d'eau sur 1 000 grammes de liquide a été de 987,5 avec un maximum de 990,8 et un minimum de 980,0. On peut donc admettre une proportion moyenne de $12^{gr},5$ par litre de matières solides, chiffre extrêmement faible. Parmi les liquides de l'organisme, il n'est de comparable à ce point de vue que la sueur (990) et la salive (990).

La densité est en rapport avec cette faible teneur en matériaux solides; CH. ROBIN (1867, p. 259) l'a trouvée égale à 1 005, chez le cheval. TOISON et LENOBLE l'ont trouvée (moy. de IV analyses) égale à 1 007,5. LASSAIGNE a trouvé 1 000,8; MARCET 1006; LHÉRITIER 1 002 : ces divers chiffres nous donnent une moyenne de 1 006 environ.

Les matières solides inorganiques, consistant en traces de carbonates alcalins et en chlorures, représentent plus de la moitié des matériaux solides; soit (moy. de XXIII analyses des auteurs cités) environ $7^{gr},80$ par litre. Les chlorures forment la majeure partie de ces substances salines, soit environ 6 grammes. On admet que le chlorure de sodium est en grand excès; mais, d'après C. SCHMIDT, on trouverait surtout du chlorure de potassium. Les phosphates, les sulfates, les carbonates ne sont qu'en proportion très faible.

Les matières organiques sont mal déterminées. En admettant 12,5 de matières solides dont 7,80 de sels; on voit qu'elles forment en moyenne $4^{gr},7$, soit 5 grammes par litre. Il y a constamment de l'albumine; mais à l'état de traces ne dépassant que très peu 1 gramme p. 1 000; quelques vestiges de fibrine spontanément coagulable. La chaleur détermine un léger nuage qui ne disparaît pas par l'addition d'acide acétique. CH. ROBIN admet la présence d'acide lactique, ce que ne mentionnent pas les autres auteurs. Il y a toujours de la cholestérine et des matières grasses, peut-être de l'urée.

Il existe aussi des substances, dites extractives, dont la nature chimique précise est encore inconnue. Ainsi j'ai pu constater (*Exp. inédites*) que le liquide céphalo-rachidien des poissons (squales), non coagulable par la chaleur, contenait cependant un ferment diastasique assez actif, capable de saccharifier l'empois d'amidon.

Il est possible qu'il y ait une petite quantité de glycose dans le liquide céphalo-rachidien. A coup sûr, on en a trouvé chez les diabétiques; mais, même chez les sujets normaux, on trouve que le liquide céphalo-rachidien peut réduire la liqueur cupro-potassique. TOISON et LENOBLE, dans quatre analyses portant sur quatre liquides différents, ont trouvé chaque fois un corps réduisant la liqueur de FEHLING. Mais peut-être, disent-ils, s'agissait-il de peptones, ou de corps analogues. PAULET a trouvé aussi des traces de sucre dans le liquide céphalo-rachidien d'un chien, ou plutôt il a constaté la réduction de la liqueur cupro-potassique par un corps existant à l'état de traces. CLAUDE BERNARD (1858) admet aussi qu'il y a du sucre.

On voit en définitive que, par sa constitution chimique, le liquide céphalo-rachidien est complètement différent de la lymphe et des autres sérosités. Nous rappellerons que, dans les fractures du crâne, l'écoulement d'un liquide non coagulable par la chaleur est un bon élément de diagnostic, permettant d'affirmer qu'il y a bien une fracture, et non un suintement de sérum sanguin.

Quant à la quantité de ce liquide, elle est difficile à déterminer. Sur l'animal vivant et normal, il n'y en a que de petites quantités. PAULET n'en a pu recueillir sur quatre chiens de grande taille que 15 grammes, 4 grammes, 3 grammes et 1 grammes; et, de fait, le plus souvent on n'en extrait que fort peu. Sur l'homme, on admet 60 grammes (Magendie). Luschka admet 75 grammes, et R. Wagner 82 grammes (cités par H. Vierordt, 1893). Mais il est à remarquer que, sur les cadavres, ce liquide est rapidement résorbé, de sorte que, quelques heures après la mort, on en trouve beaucoup moins qu'au moment même de la mort. Dans les cas pathologiques (atrophie cérébrale, hydrorachis, hydrocéphalie), il y en a des quantités considérables, qui s'élèvent parfois à plusieurs litres. Il semble aussi qu'il se régénère rapidement, de manière que l'écoulement en est presque continu. Un malade de Tillaux (cité par Debierre, 1894) en perdait 200 grammes par jour. Claude Bernard a vu un malade atteint de fracture du rocher, en perdre plusieurs litres (?) en vingt-quatre heures. (*Syst. nerv.*, I, p. 503.)

Quant aux fonctions du liquide céphalo-rachidien, elles sont intimement liées à la physiologie de la circulation cérébrale, et nous devons les étudier avec détail.

B. **Historique.** — Les mouvements du cerveau ont été observés par les plus anciens médecins. Galien reconnut que les mouvements cérébraux accompagnent les mouvements respiratoires. Plus nettement que Galien, Oribase parle du cerveau qui se gonfle sur un animal dont le crâne a été enlevé, et s'élève pendant les cris. Il s'y ajoute aussi, dit il, un autre mouvement, même quand les cris cessent, c'est un mouvement synchrone avec les mouvements des artères et du cœur.

Tout cet historique d'ailleurs a été admirablement traité par Longet (1873). On consultera aussi l'excellente introduction de Mosso (1876).

Parmi les auteurs qui ont bien étudié (au XVIIIe siècle) les mouvements du cerveau, Longet cite surtout Schlichsing et Lamure (1752); Schlichsing qui reconnaît, comme l'avait fait Oribase, que le cerveau se gonfle pendant l'expiration, et s'affaisse pendant l'inspiration, et Lamure qui attribue au cœur une influence sur la fonction cérébrale. Lamure, d'après Longet, a fait quelques expériences bien nettes : la ligature des carotides, par exemple, qui fait disparaître les mouvements du cerveau, tandis que la ligature des veines jugulaires et la section des veines vertébrales sont sans effet.

Quelques années plus tard, en 1750, Lorry précise mieux les conditions de cette expansion cérébrale. « La force dilatante des artères, dit-il, tend à faire gonfler et à dilater tous les organes dans lesquels le sang est porté, et plus encore ceux qui, par leur mollesse et leur flexibilité, sont moins en état de résister à la force impulsive du sang. ».

A cette époque une discussion s'engagea entre les physiologistes; et elle a été bien résumée par Haller (1767). Les uns attribuent les mouvements du cerveau aux artères et au cœur; les autres à la respiration, comme Lamure de Montpellier; d'autres encore à des contractions de la dure-mère; et Haller n'a pas de peine à montrer que cette opinion des contractions de la dure-mère est tout à fait inadmissible.

Quant au liquide céphalo-rachidien, il fut reconnu pour la première fois par Cotugno (1769); mais cet anatomiste ne put réussir à en déceler la présence chez les chiens vivants; quoiqu'il l'ait constatée chez les poissons et les tortues, et sur les cadavres humains. Le premier auteur qui ait fait faire un vrai progrès à l'histoire de la circulation cérébrale est Ravina. Ayant eu l'occasion d'observer les mouvements du cerveau chez un homme dont le crâne avait été détruit, il répéta l'expérience sur des animaux divers en mesurant les mouvements d'élévation et d'abaissement d'un corps léger placé à la surface du cerveau et se déplaçant au-devant d'un cercle gradué. Il fit aussi cette expérience qui est fondamentale, et qui est pour ainsi dire la base de toutes nos connaissances sur la physiologie de la circulation cérébrale : une virole de cuivre, étant fixée et vissée sur le crâne, est remplie d'eau, et les mouvements du liquide traduisent les mouvements du cerveau qui se déplace au milieu de ce liquide. C'est encore Ravina qui a eu l'idée de la fenêtre cranienne constituée par une rondelle de verre qu'il fixait dans l'orifice d'une trépanation pour suivre par transparence les changements de calibre des vaisseaux de la pie-mère, à l'abri des variations de la pression extérieure.

Toutefois le véritable et essentiel phénomène de la circulation cérébrale, à savoir le déplacement du liquide céphalo-rachidien par l'expansion du cerveau, lui avait échappé, et c'est à Magendie que revient l'honneur de cette importante démonstration (1825, 1827, 1828). Malgré les importants travaux qui ont été exécutés par divers physiologistes depuis cette époque déjà lointaine, ce sont encore les mémoires de Magendie qui doivent servir de point de départ.

Nous devons les analyser ici, car ils sont plus ou moins inexactement rapportés; ce qui est dommage, attendu qu'une expérience de Magendie, même après trois quarts de siècle, a conservé toute son actualité.

Entre la pie-mère et l'arachnoïde se trouve, dit Magendie, un liquide que je propose d'appeler cérébro-spinal, ou céphalo-rachidien : il existe chez l'homme et chez tous les mammifères; il sert à combler le vide qui existerait entre le cerveau et le crâne osseux; il se régénère avec une grande rapidité, peut circuler à travers les ventricules cérébraux et les epaces sous-arachnoïdiens du cerveau et de la moelle. Au moment de l'expiration le cerveau se gonfle; et le liquide cérébro-spinal passe du crâne dans le canal vertébral. Quand on augmente la pression du liquide, on produit des phénomènes de paralysie, et d'autre part, quand par une ouverture on provoque l'issue de ce liquide, le cerveau et la moelle n'étant plus protégés, il survient une débilité et une faiblesse générales de l'animal.

Il s'ensuit que l'intégrité de la circulation cérébrale nécessite la présence du liquide céphalo-rachidien.

Bourgougnon (1839) ayant assisté à des expériences de Magendie au Collège de France dans lesquelles, comme dans celles de Ravina, un tube de verre, rempli d'un liquide coloré, était fixé à la membrane occipito-atloïdienne, fit quelques expériences où il vit le liquide se déplacer, et il conclut de là, en faisant une singulière faute de logique, que, lorsque le crâne est ouvert, le cerveau est animé de mouvements; mais que ces mouvements n'existent pas quand le cerveau est complètement enfermé dans la boîte cranienne non ouverte. C'était déjà l'opinion de Pelletan (cité par A. Richet. 1877, p. 586) disant qu'à l'état normal, chez l'adulte les mouvements du cerveau sont impossibles.

L'idée absolument erronée de Bourgougnon fut combattue par Magendie, et surtout, avec une grande perspicacité, par A. Richet qui, en 1857, commentant et interprétant des expériences précises faites par lui quelques annnées auparavant, donna enfin la théorie complète de la circulation cérébrale, si bien que, sauf deux ou trois points de détail, c'est cette théorie qui est maintenant classique et qu'il me paraît difficile de révoquer en doute.

En adaptant au crâne d'un chien un tube rempli d'eau vissé sur le crâne ouvert, A. Richet vit que les mouvements du liquide dans le tube sont isochrones avec ceux de la respiration et de la circulation; mais cela n'a lieu que si le tube est ouvert; car, si le tube est fermé (par le robinet qui le surmonte), le liquide est immobile. Or cette immobilité du liquide quand le tube est fermé ne prouve pas du tout, comme le remarque justement A. Richet, qu'il n'y ait pas à l'état normal, par les mouvements d'ampliation ou de retrait du cerveau, refoulement en dehors du crâne du liquide céphalo-rachidien; au contraire, puisque le liquide se déplace quand le tube est ouvert à l'air, c'est que le liquide comprimé pendant la systole cardiaque tend à sortir du crâne, et il en sort par le canal vertébral. En somme, le canal vertébral représente un tuyau d'échappement et de dégagement. Si la pression augmente dans la cavité cranienne, le liquide céphalo-rachidien fuit devant cette pression, se réfugie dans le canal rachidien, dans lequel il remplace le sang des plexus veineux qu'à son tour il expulse.

De là cette triple conclusion, formulée par A. Richet, et qui est aujourd'hui, par des expériences multiples, empruntant à la méthode graphique une précision irréprochable et que nous exposerons tout à l'heure, absolument démontrée.

1° Les centres nerveux encéphaliques, quoique renfermés dans une boîte osseuse incompressible, sont cependant soumis, chez les adultes comme chez les nouveau-nés, à des alternatives d'expansion et de retrait qui correspondent aux contractions du cœur et aux mouvements respiratoires.

2° Le liquide céphalo-rachidien, par ses oscillations, remplit l'office d'un régulateur des courants artériels et veineux intracraniens, dont les intermittences auraient compromis les fonctions des organes cérébraux.

3° Le canal rachidien doit être regardé comme le tuyau d'échappement ou de dégagement au moyen duquel s'effectuent ces oscillations antagonistes du sang et du liquide céphalo-rachidien sans lequel elles eussent été impossibles.

A partir de cette époque (1857) les expériences se succèdent et donnent sur la circulation cérébrale des renseignements précis et nombreux. La méthode graphique a été appliquée d'abord d'une manière imparfaite par LEYDEN en 1866, et LANGLET en 1872; mais c'est principalement Mosso (1876) et SALATHÉ (1877) qui ont pu l'employer dans toute sa rigueur à la fonction circulatoire du cerveau et lui donner tous les développements qu'elle comporte. De nombreux travaux, notamment ceux des physiologistes italiens, que nous aurons l'occasion de citer, nous ont appris beaucoup de faits de détails; mais dans l'ensemble, c'est la théorie de MAGENDIE, modifiée par A. RICHET, qui constitue le fondement de nos connaissances sur la circulation cérébrale.

C. **Pulsation cérébrale.** — Chaque fois que la contraction du cœur lance dans les artères une certaine quantité de sang; les tissus irrigués par ce sang reçoivent en ce moment même une plus grande quantité de liquide; en effet, elles sont élastiques, et, étant élastiques, elles se distendent, sous l'effort de l'impulsion cardiaque, d'une certaine quantité, minime sans doute pour chaque artère ou artériole; mais très appréciable lorsqu'il s'agit de toute la masse d'un tissu pourvu de nombreux vaisseaux. Il s'ensuit que chaque organe, au moment de la systole cardiaque, change de volume, augmentant d'une petite quantité qui est précisément égale à la quantité supplémentaire de sang qu'il reçoit, par le fait de la systole cardiaque et de la distension artérielle.

PIÉGU, en 1846, a le premier établi ce phénomène important. CHELIUS, FICK, CH. BUISSON, et surtout A. Mosso (1874) l'ont étudié avec de grands détails. Mosso a imaginé un appareil indicateur du changement de volume des organes, le pléthysmographe, et FR. FRANCK a fait aussi de très intéressantes expériences, de sorte que le changement de volume des organes est maintenant une des questions les mieux connues de la physiologie. D'ailleurs, c'est un phénomène général, en ce sens que tous les organes recevant du sang le présentent avec autant de netteté que le cerveau lui-même. Le rein, la rate, les membres, le cœur, la peau même (A. RUAULT, 1883) ont un pouls total, dû au changement de leur volume.

Il s'ensuit que, si nous connaissons bien les phénomènes généraux pléthysmographiques pour tel ou tel organe, nous pourrons en déduire, selon toute vraisemblance, les conditions de la circulation cérébrale, et nous n'aurons que quelques points de détail à modifier.

On peut, ce semble, résumer ainsi les lois générales, relatives au changement de volume des membres et des organes.

1° Le courant veineux étant supposé constant, il y a, à chaque systole artérielle, une augmentation de volume qui, si on fait l'inscription pléthysmographique, se traduit par une courbe, analogue, sinon absolument identique, à celle du pouls.

2° Ce pouls total est légèrement dicrote, et la cause de ce dicrotisme est évidemment la même que celle du dicrotisme du pouls.

3° Il y a un retard du pouls total sur la systole cardiaque, retard qui est identique au retard du pouls artériel.

4° Le volume d'un organe diminue quand on comprime l'artère qui l'irrigue, par suite de l'élasticité artérielle qui continue à chasser le sang qui y est contenu.

5° Le volume d'un organe augmente quand on comprime la veine efférente; mais on ne supprime pas, au moins au début, les oscillations systoliques; tandis que la compression artérielle supprime complètement les oscillations systoliques.

6° Le pouls total d'un organe présente quelquefois la forme tricuspidale (Mosso).

7° Le volume des organes augmente, en valeur absolue, suivant l'influence de la pesanteur; l'organe ou le membre se congestionne quand on l'abaisse et s'anémie quand on l'enlève, toutes conditions égales d'ailleurs.

8° Le volume des organes varie énormément avec les influences respiratoires. Dans la respiration régulière, normale, modérée, le volume augmente pendant l'expiration (par suite du ralentissement de la circulation veineuse) et diminue pendant l'inspiration (par suite de l'accélération de la circulation veineuse). Ces variations sont portées au maximum pendant l'effort, qui ralentit la circulation veineuse et augmente le volume de tous les organes périphériques, et pendant les inspirations profondes qui accélèrent la circulation veineuse et diminuent énormément le volume de tous les organes périphériques.

9° Les influences vaso-motrices, réflexes ou directes, produisant une contraction ou un relâchement des vaisseaux, modifient le volume des organes.

10° Des oscillations rythmiques (courbes de Traube, et ondulations de Mosso), d'un rythme plus lent que le rythme respiratoire, modifient le volume des organes. Elles semblent dues à des contractions lentes et rythmiques des vaso-moteurs (cœurs périphériques). C'est donc un cas particulier des variations vaso-motrices.

Tels sont, très brièvement résumés, les faits principaux relatifs aux changements rythmiques du volume des organes. Nous allons les retrouver tous avec certains caractères spéciaux pour l'encéphale.

L'examen direct peut se faire de diverses manières. Sur les animaux, chats, lapins, et surtout chiens, on peut, suivant la méthode de Ravina, Magendie, A. Richet, visser un tube sur le crâne, le remplir de liquide et inscrire les variations de la colonne liquide au moyen d'un dispositif graphique quelconque. Il est clair que les variations de la colonne liquide traduiront les variations du volume cérébral, sinon tout à fait exactement, au moins *presque* exactement; la pression variable se communiquant plutôt au tube ouvert à l'air qu'aux sinus veineux, aux plexus rachidiens, au canal vertébral. Ce sera donc une inscription quelque peu atténuée, mais en somme très suffisante pour une bonne étude. On peut aussi appliquer un léger levier sur le cerveau et voir le déplacement de ce levier, méthode évidemment bien inférieure à la précédente. Sur l'enfant normal on peut d'abord prendre l'inscription du mouvement de soulèvement ou d'abaissement des fontanelles, ainsi que l'a fait entre autres Salathé (1876). On peut aussi profiter, comme l'ont fait Mays (1882), Mosso (1880), Fr. Franck et Brissaud (1877), Fredericq (1885), Rummo et Ferranini (1888), de certains cas pathologiques, c'est-à-dire observer et inscrire les mouvements du cerveau d'individus qui ont une perforation cranienne accidentelle. En effet, il n'est pas besoin que le liquide du tube servant à l'inscription soit en directe communication avec le liquide céphalo-rachidien, puisque les mouvements de la fontanelle ou de la dure-mère, ou de la membrane pathologique qui recouvre le cerveau, se transmettent intégralement au liquide qui le surmonte. Hammond et Weir Mitchell (cités par Salathé, 1876, p. 363), chez l'animal, ont même fermé à la partie inférieure, par une mince membrane de caoutchouc, le tube vissé dans le crâne.

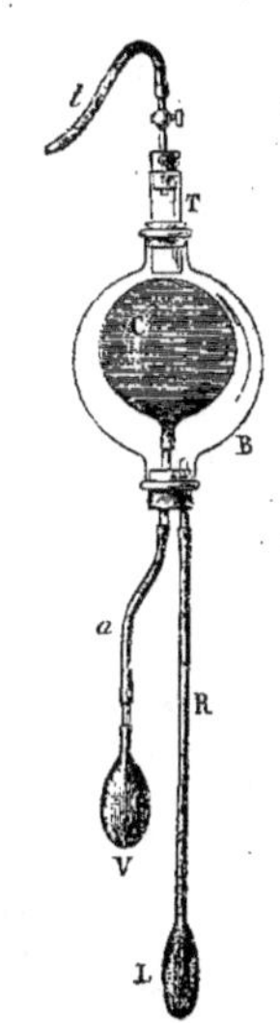

Fig. 67. — Schéma de la disposition du cerveau et du liquide céphalo-rachidien (d'après Salathé). — Le ballon de caoutchouc C représente le cerveau relié par un tube *a* à l'ampoule V qui représente le cœur. Des compressions intermittentes de l'ampoule V produisent des gonflements intermittents de l'ampoule C et déplacent le liquide contenu dans le ballon de verre B, liquide représentant le liquide céphalo-rachidien. Ce liquide peut refluer, soit dans le tube R, homologue du canal rachidien extensible, soit inscrire ses mouvements par le tube T, qui représente le trou fait au crâne, avec un tube ouvert sur la paroi cranienne.

Dans toutes ces conditions on obtient une inscription graphique très nette.

Éliminons tout d'abord une hypothèse ancienne de Richerand, tout à fait abandonnée aujourd'hui; c'est que les mouvements du cerveau sont dus, non à l'expansion totale de sa masse, mais au soulèvement produit par les artères de la base. Il est certain que ce soulèvement rythmique par la pulsation des artères sous-jacentes doit avoir lieu; mais il est très faible, vraiment négligeable, et il n'explique pas du tout l'expansion du cerveau qui se fait dans tous les sens, au moment de la systole du cœur. Nous devons donc considérer l'expansion cérébrale comme le résultat d'une augmentation totale du volume cérébral au moment où se fait la systole.

Le sang qui arrive au cerveau n'y arrive pas avec toute sa violence; et en effet il semble que la nature ait pris des précautions multiples pour ménager l'irruption vasculaire soudaine. Je ne parle pas seulement de l'anastomose, en forme de *rete mirabile*, qui constitue la pie-mère, et qui a, somme toute, pour effet principal de régulariser et d'égaliser tous les courants des artères ; mais je veux surtout faire allusion aux courbures et aux sinuosités, soit des vertébrales qui contournent l'atlas, soit des carotides qui contournent la selle turcique. Fr. Franck (1877, p. 320) s'est assuré qu'une artère carotide toute droite ayant une certaine pression avait une pression notablement abaissée (de 18 à 24 millimètres de mercure) si l'on fléchissait la tête de l'animal. L'effort de cette pression se perd donc en partie dans les courbures artérielles, et le sang arrive ainsi, avec une impulsion quelque peu diminuée, dans la pie-mère, où une bonne partie de sa violence va s'éteindre. Peut-être l'existence de courants dirigés en sens contraire, dans l'hexagone de Willis, a-t-elle un effet quelque peu analogue, de sorte que les larges anastomoses artérielles, qui se font à plein canal, paraissent avoir un double effet; d'une part elles assurent la circulation en cas d'oblitération d'une des voies; d'autre part elles amortissent le choc trop brusque du sang artériel faisant irruption dans le crâne, à chaque systole.

Il est probable d'ailleurs que, suivant le rétrécissement (vaso-moteur) de certaines régions de l'encéphale, le courant change de sens, et prédomine dans l'hexagone de Willis, tantôt des vertébrales vers les carotides, tantôt des carotides vers les vertébrales. Fr. Franck dit avoir constaté souvent que la pression récurrente fournie par le bout périphérique d'une carotide et d'une vertébrale peut devenir prédominante dans l'un ou dans l'autre vaisseau d'un moment à l'autre d'un même examen.

Il est très évident que l'expansion du cerveau a lieu au moment de la systole artérielle. La méthode graphique en fournit une démonstration irréprochable. Mais, même à l'œil nu, sans le secours d'aucun appareil, on voit manifestement cette relation. C'est un intéressant spectacle que celui du cerveau mis à nu, avec la dure-mère ouverte, ayant des battements isochrones avec ceux du pouls; on voit bien alors, en même temps que le pouls d'une artère lointaine (fémorale par exemple) et la systole cardiaque, se produire le gonflement du cerveau, qui tend à faire hernie par suite de sont gonflement; et on aperçoit les petites artérioles qui se dilatent à chaque pulsation, étan distendues par l'effort du sang et l'augmentation de la pression. En même temps la petite quantité du liquide céphalo-rachidien qui s'est amassée entre la masse cérébrale et la dure-mère fendue, qu'on peut soulever avec une pince, est sujette à des oscillations qui coïncident précisément avec cette expansion cérébrale; et elle vient remonter, étant refoulée à chaque systole, jusque à l'orifice du trou fait à la dure-mère.

D'ailleurs, s'il fallait prouver, ce qui est à peine nécessaire, que cette ampliation cérébrale est due à la diastole artérielle, l'expérience suivante de Salathé (1876) en fournirait la démonstration. On prit le tracé des oscillations cérébrales d'un chien, et on lia ensuite une carotide (p. 368); presque aucun changement. Alors on lia l'autre carotide; mais, peu après, le pouls revint au même niveau que précédemment, par suite évidemment des anastomoses. Alors on lia une vertébrale, ce qui amena une diminution considérable, mais non l'abolition des pulsations cérébrales. Pour que celles-ci fussent abolies, il fallut lier l'autre vertébrale. Alors tout cessa.

Cette expérience est en outre intéressante pour montrer quel rôle jouent les larges anastomoses artérielles. Elles rétablissent la circulation cérébrale après qu'une ou deux ou trois grosses artères ont été liées.

Le retard de la pulsation cérébrale paraît être de 1 neuvième de seconde sur le choc cardiaque (Fr. Franck). D'après les graphiques de L. Fredericq, pris sur un jeune garçon (1885), la pulsation radiale retarde de 5 centièmes de seconde sur la pulsation cérébrale.

L'amplitude est en raison inverse de la pression artérielle, comme d'ailleurs pour le pouls radial et pour le pouls total de chaque organe, de sorte qu'on peut, par toutes les causes qui font varier la pression du sang dans les artères, faire varier la pulsation du cerveau. Nous examinerons plus loin les modifications, étudiées par Mosso, que les intoxications diverses font subir à la forme du graphique obtenu.

En tout cas le pouls du cerveau (autrement dit la variation du volume du cerveau) n'est pas seulement dépendant de la systole cardiaque et de la respiration. Il est aussi, dans une assez large mesure, fonction de l'état des artères du cerveau, si bien que le parallélisme n'est pas absolu entre le pouls cérébral et le pouls d'un organe périphérique quelconque. Il y a assurément synchronisme — cela va sans dire; — mais l'amplitude des pulsations n'est pas la même. Les vaso-moteurs cérébraux modifient la résistance à la pression, et les vaso-moteurs de chaque organe font de même; de sorte que tout organe, que ce soit le cerveau, ou le rein, ou la main, a une circulation propre, personnelle, indépendante pour ainsi dire, qui vient donner à la pulsation son caractère localisé, malgré l'identité du rythme. Autrement dit encore, il y a une cause commune au pouls de chaque organe : c'est la systole du cœur. Mais il y a aussi pour chaque organe une réaction différente et spéciale; c'est l'état vaso-moteur de cet organe, état qui offre une résistance spéciale, changeante, et qui, au milieu de la circulation générale, uniforme, crée une multitude de circulations spéciales, nettement différenciées.

C'est sans doute par cette réaction vaso-motrice qu'il faut expliquer la forme particulière de la pulsation cérébrale, forme dite tricuspidale, observée d'abord par Mosso, puis par L. Frederico, qui en a donné d'excellents graphiques, puis par Mays, puis par Rummo; mais c'est surtout Mosso qui en a donné, — sinon l'explication adéquate; car l'interprétation comporte encore quelques obscurités, — du moins les conditions générales de production. Pour lui, le pouls tricuspidal, qu'on peut observer aussi dans le pouls de l'avant-bras, de la carotide et des gros vaisseaux, n'est pas spécial au cerveau, quoiqu'on l'y constate plus facilement et plus souvent qu'ailleurs. Ce n'est pas de la forme de la contraction du cœur que dépend la forme tricuspidale de la pulsation, mais de la réaction des vaisseaux. Si donc on l'observe sur le cerveau, c'est parce que les artères cérébrales, en réagissant à la systole cardiaque, ont, plus que tout autre appareil vasomoteur, le pouvoir de modifier la forme du pouls. L'état de digestion en particulier peut exercer la même influence sur la pulsation de l'avant-bras. Une émotion morale, une contraction musculaire font le même effet. Dans quelques cas, le pouls est tricuspidal à un membre, et ne l'est pas au membre du côté opposé, toutes preuves décisives établissant que la forme tricuspidale est bien due aux vaisseaux; le cœur périphérique venant ajouter sa réaction propre à celle du cœur central.

Je renvoie d'ailleurs au mémoire de Mosso et à celui de Frederico (1885) pour de plus amples détails relatifs à cette forme tricuspidienne de la pulsation cérébrale.

Quant au départ du sang cérébral par les veines, il présente quelques points importants à étudier. C'est surtout la respiration qui modifie le cours du sang dans les veines cérébrales; mais le cœur exerce aussi une influence. Mosso remarque (1880, p. 122) que l'absence de valvules doit faire supposer un cours facile du sang dans les veines, avec reflux possible. Mais Fr. Franck nie que ce reflux existe, et, expérimentalement, il n'a pas pu le constater.

C'est Berthold (cité par Mosso, 1880), qui aurait vu le pouls veineux des sinus. Mosso en a donné un bon tracé (fig. 8, p. 121). Après avoir ouvert le sinus d'un chien et avoir lié la veine jugulaire, Mosso a vu le sang du sinus sortir par jets saccadés, absolument comme le sang d'une artère.

Quoi qu'il en soit, le cerveau présente manifestement un pouls veineux, dû, selon Fr. Franck, qui a bien étudié la question, à deux causes, d'abord à l'augmentation totale de la pression intra-cranienne qui refoule le sang dans les sinus et les jugulaires, avec une force d'autant plus grande que la pression veineuse est plus forte; et en second lieu à l'aspiration (encore quelque peu hypothétique, et, en tout cas, assez faible) que la déplétion du ventricule exerce sur la colonne veineuse dont elle constitue, avec l'oreillette, l'aboutissant. A ces deux causes, dont la première est de beaucoup la plus importante, on peut en ajouter une troisième qui paraît vraiment de minime valeur; c'est le changement de calibre exercé sur les sinus de la base par l'expansion diastolique des grosses artères qui les entourent.

Nous reviendrons sur ces faits importants en étudiant les mouvements du liquide céphalo-rachidien.

Influence de la respiration sur les mouvements du cerveau. — Les mouvements respiratoires du cerveau ne peuvent s'observer sur la fontanelle des enfants, quand ils sont calmes, et alors cependant qu'on voit distinctement les mouvements cérébraux dus aux contractions du cœur. Mais, quand l'enfant crie, fait un effort, s'agite, alors les influences respiratoires deviennent tellement prépondérantes que les influences cardiaques ne sont plus perceptibles.

Mais, si l'on opère par le procédé classique sur un animal, en vissant un tube à son crâne, on voit toujours les oscillations respiratoires, très nettes, sauf dans le cas où l'animal est profondément anesthésié.

Cette influence de la respiration sur la circulation veineuse est un phénomène général à la circulation de chaque organe et on peut le constater nettement sur les membres, sur la rate, sur le rein. Mosso, étudiant les variations du volume de l'avant-bras sous l'influence de la respiration a montré (1875) qu'une seule grande inspiration peut faire varier de 6 centimètres cubes le volume de l'avant-bras, et que ce volume peut diminuer de 8 à 10 centimètres cubes environ par l'effet d'une série de longues et profondes inspirations.

Il est clair que cet effet peut aussi se manifester sur le cerveau, et des faits nombreux le démontrent, pris, tantôt sur des individus dont le crâne était perforé accidentellement, tantôt sur des animaux en expérience.

Déjà la simple inspection des fontanelles d'un enfant qui crie et se débat montre qu'elles se gonflent, se dilatent, en même temps que tous les vaisseaux veineux de la face deviennent turgides, comme s'ils allaient se rompre.

C'est qu'en effet pendant l'expiration la quantité de sang qui pénètre dans le cœur est diminuée; la pression de l'air dans le thorax étant forte, cette pression comprime les veines intra-thoraciques et empêche les veines de se dilater. Alors le sang de la périphérie ne peut plus entrer dans le thorax, ou du moins ne peut plus entrer qu'en faible quantité. Au contraire chaque inspiration produit non seulement un appel d'air dans la poitrine, mais encore un appel de sang. Les capillaires pulmonaires se dilatent pendant l'inspiration, et se rétrécissent pendant l'expiration; et c'est là un phénomène mécanique, puisque on peut, sur un poumon retiré du corps, en déterminant par la respiration artificielle des mouvements de retrait et d'expansion, observer ces mêmes variations dans la quantité de sang qui y entre ou qui en sort.

Nous ne saurions entrer dans la discussion approfondie de cette difficile question, qui sera traitée à l'art. **Circulation.** Il nous suffira, pour le moment, d'admettre ce fait fondamental, que chaque inspiration détermine un appel de sang dans le thorax. Sous une autre forme nous formulerons cette loi en disant : *l'inspiration amène une congestion thoracique (et par conséquent une anémie organique), l'expiration amène une anémie thoracique (et par conséquent une congestion organique).*

On peut d'ailleurs faire sur soi-même une expérience intéressante qui prouve bien l'influence des grandes et successives inspirations sur la circulation du cerveau. Je suppose que, pendant une ou deux minutes, pour se mettre, par exemple, en état d'apnée, on répète de profondes et rapides inspirations; au bout de ce temps on constatera un état de vertige et d'étourdissement, absolument analogue à la sensation qu'on éprouve, quand, après être resté quelque temps la tête penchée en bas, on se relève brusquement. Ce brusque relèvement amène, par un procédé purement mécanique, l'anémie cérébrale, comme font les grands mouvements inspiratoires.

Il ne semble pas toutefois que les choses soient toujours aussi simples. Mosso a montré que, suivant l'état de jeûne ou de digestion, à l'état normal, ou après une hémorrhagie, on observe des changements considérables dans la forme des oscillations respiratoires.

Notons aussi que, comme Salathé l'a bien fait remarquer, la respiration artificielle agit en sens inverse de la respiration normale, naturelle; si bien qu'alors l'inspiration ou distension du poumon refoule le sang à la périphérie, au lieu de l'attirer. On pourrait sans doute faire la démonstration schématique de cette différence, en prenant, comme dans l'expérience de Mosso, un poumon de chien, et en pratiquant la respiration artificielle, tantôt par l'insufflation trachéale, tantôt en faisant le vide dans le flacon où il est contenu. Alors la distension par le vide détermine un courant sanguin plus rapide; tandis que la distension par l'insufflation trachéale ralentira la masse du sang qui passe dans le poumon.

Sans faire d'expériences directes, A. Richet avait cru devoir admettre une sorte de balancement entre la déplétion du système veineux cranien et la déplétion du système veineux rachidien. Mais il ne paraît pas que ce balancement existe. Au contraire, les expériences de Salathé, de Fr. Franck, de Mosso, ont montré que, pendant l'inspiration, quoique le diaphragme comprime alors les viscères abdominaux, il n'y a pas d'augmentation de la pression veineuse abdominale. Pour le crâne, aussi bien que pour l'abdomen, l'inspiration entraîne toujours une diminution de la pression veineuse. Les expériences de Mosso, faites avec la grande balance pléthysmographique, en donnent la démonstration formelle.

Ainsi, dans les grands efforts d'inspiration, la déplétion du système veineux cranien est accompagnée d'une déplétion parallèle du système veineux rachidien : c'est donc nécessairement par un afflux de sang artériel plus abondant que doit se compenser le vide qui tend alors à se faire dans la cavité crânienne.

Les efforts d'expiration agissent en sens inverse de l'inspiration : on a supposé, sans grandes preuves à l'appui, que le corps thyroïde exerçait quelque influence; de fait, s'il se gonfle pendant l'expiration, c'est qu'il se comporte comme les autres organes. La face bleuit, se congestionne, les veines frontales deviennent turgescentes, énormes, et le cerveau fait comme la face. Il se gonfle énormément, à un tel point que c'est à peine s'il peut encore recevoir du sang, comme l'indiquent tous les tracés directement obtenus. (Il en est ainsi d'ailleurs pour tous les organes dont la circulation veineuse est arrêtée.) Alors la circulation cérébrale est presque arrêtée, parce que la pression artérielle est insuffisante à vaincre la pression intra-cranienne. A ce moment le sang veineux ne peut plus s'écouler du cerveau (pression veineuse très forte) et la presque totalité du liquide céphalo-rachidien a déjà reflué dans la cavité verébrale.

Nous pouvons résumer tous ces faits en établissant les deux lois suivantes.

A. Chaque systole cardiaque augmente d'une certaine quantité le volume du cerveau.

B. Chaque inspiration a pour effet d'accélérer la déplétion du système veineux, et inversement chaque expiration ralentit le cours du sang veineux.

Pression du liquide céphalo-rachidien. — Sécrétion et absorption. — Quant à la pression du liquide céphalo-rachidien, c'est-à-dire la hauteur à laquelle arrive la colonne liquide d'un tube vissé, dans le crâne, Bochefontaine (1878) pense que cette hauteur est nulle à l'état de repos; ce qui est probablement une erreur, tandis que, par l'effet de fortes expirations, elle s'élève à 75 millimètres d'eau. Cybulski (1891) admet au contraire qu'elle varie, suivant les diverses conditions de la systole cardiaque et de la respiration, entre 72 et 90 millimètres d'eau. Adamkiewicz (1883) pense que cette pression est égale (un peu plus faible) à la pression du sang dans les capillaires du cerveau, et il lui attribue en conséquence une pression moyenne de 80 à 100 millimètres d'eau.

Falkenheim et Naunyn (1887) ont donné avec beaucoup de soin les mesures fournies par différents auteurs sur la pression cérébrale, et ils citent Axel Key et Retzius qui ont trouvé 160-200 millimètres d'eau dans l'inspiration, et 250-275 millimètres dans l'expiration; Koch, qui a trouvé 60 millimètres chez un chien curarisé; Bergmann, 80 millimètres et 160 millimètres chez deux chiens narcotisés; et, chez un enfant, pendant les cris de l'expiration, de 204 à 300 millimètres. Quincke aurait trouvé 54 chez un enfant, et de 163 à 270 chez un enfant pendant les cris de l'expiration. Eux-mêmes, dans leurs expériences, ont trouvé 30 millimètres sur un chien curarisé, 38 millimètres chez un chien éthérisé, 140 millimètres, 70 millimètres, 115 millimètres chez d'autres chiens curarisés; sur un chien pendant l'asphyxie ils ont constaté le chiffre maximum de 325 millimètres (p. 285).

Schulten (1884) admet de 52 à 100 millimètres d'eau.

En résumant toutes ces observations et mensurations, et en prenant la moyenne générale, nous devons admettre que la pression moyenne du liquide céphalo-rachidien est extrêmement variable; qu'elle peut, par les mouvements respiratoires surtout, mais aussi par l'effet de beaucoup d'autres actions diverses, changer du simple au triple; étant en moyenne de 100 millimètres d'eau; terme autour duquel elle peut varier de 20 à 300 millimètres.

Quant à la sécrétion du liquide céphalo-rachidien, on est réduit à des hypothèses : Il est vraisemblable qu'il est produit par l'arachnoïde et la pie-mère, et qu'il se régénère très vite, comme le pensait Magendie, qui l'a vu revenir à sa proportion normale après vingt-quatre heures, lorsqu'il avait au préalable vidé la cavité cranio-rachidienne de tout le liquide qu'elle contenait. Falkenheim et Naunyn (1887) ont essayé de faire la mensuration de cette quantité sécrétée en mettant pendant plusieurs heures une petite sonde à l'extrémité inférieure de la région vertébrale. La quantité qui s'écoule, assez variable au début, finit par prendre un régime régulier, au bout d'une demi-heure environ. Dans six expériences faites sur des chiens d'assez grande taille (20 kil.), ils ont vu un écoulement par minute de 0cc,180; 0,cc,030; 0cc,100, 0cc 040; et sur deux très gros chiens 0cc,070; 0cc,100 par minute; la moyenne est donc sensiblement de 0cc,08 par minute; il faut ainsi à peu près douze minutes pour un centimètre cube; c'est un chiffre très faible. Mais les variations individuelles sont notables; puisqu'un chien a donné 240 centimètres cubes en vingt-quatre heures, et un autre seulement 36 centimètres cubes. La taille de l'animal et la pression générale du sang dans les artères ne leur ont pas paru exercer d'influence.

Les mêmes auteurs, dans leur important travail, ont aussi recherché les conditions de l'absorption du liquide céphalo-rachidien; et ils ont constaté, là encore, que la pression artérielle est sans influence bien nette. Toutefois la vitesse de la résorption augmente quand on augmente la pression de la colonne d'eau qui surmonte l'encéphale. D'ailleurs, pour que cette résorption ait lieu, il faut que la pression de l'eau soit égale au moins à 200 millimètres d'eau; au-dessous de ce chiffre l'absorption est nulle. Après la mort, elle continue encore, et elle paraît même alors être un peu plus active que pendant la vie. Voici les chiffres qui mesurent le taux de l'absorption par minute, en centimètres cubes, suivant la pression :

PRESSION. en millimètres de mercure.	CENTIMÈTRES CUBES aborbés par minute.
200	0,21
200	0,02
240	0,28
350	0,17
330	0,20
350	0,15
375	0,20
960	0,60
800	0,50

Mouvements du liquide céphalo-rachidien. — Ces faits étant admis et démontrés, il s'agit maintenant d'établir le rôle du liquide céphalo-rachidien.

Nous éliminerons d'abord, *a priori*, l'opinion de Longet (1873) et de Bochefontaine (1879). Longet dit que le volume du cerveau ne varie pas, et Bochefontaine va jusqu'à dire que la pression du liquide céphalo-rachidien dans une cavité fermée, résistante, fait éprouver un certain degré de compression aux masses nerveuses centrales. Or il s'agit là d'un phénomène physique très simple. On sait que les liquides et les solides ne peuvent subir, par le fait de la compression, qu'une très faible diminution de volume, de un vingt millième tout au plus. Donc, si une certaine quantité de sang entre à chaque systole cardiaque dans le cerveau, comme le volume du cerveau ne diminue pas; il est nécessaire que l'entrée de cette quantité liquide soit compensée par le départ d'une quantité équivalente. Bochefontaine dit bien, il est vrai, que la quantité de sang arrivant dans le crâne augmente à chaque systole; mais il pense que cela ne fait pas varier le volume du cerveau. Or ce double fait est contradictoire. S'il entre du sang dans le cerveau à chaque poussée de sang, le volume du cerveau augmente. Il y a là une nécessité physique absolue. Bochefontaine ajoute que la pression du liquide céphalo-rachidien augmente à chaque ondée sanguine; par conséquent, à chaque ondée sanguine le cerveau est comprimé. Certes, il se fait une certaine compresion du cerveau; mais cette compression est très faible; c'est celle qui correspond à l'élévation de la colonne liquide du tube vissé sur le crâne; c'est celle qui suffit pour faire passer le liquide céphalo-rachidien du crâne dans le rachis.

Laissant donc de côté l'opinion absolument inacceptable de Longet, de Bourgougnon, et de Bochefontaine, nous voyons très bien qu'il y a une augmentation du volume du cerveau, à chaque systole et à chaque expiration, qui nécessite le départ d'une certaine quantité de liquide.

Or, deux opinions sont en présence pour expliquer ce départ du liquide cranien; c'est : 1° l'opinion de A. Richet que c'est le liquide céphalo-rachidien qui va du crâne dans le rachis; 2° l'opinion de A. Mosso qui pense que ce sont les veines cérébrales qui, comprimées par l'augmentation de volume du cerveau, laissent à ce moment passer hors du crâne une quantité plus grande de sang veineux.

Il nous sera permis d'adopter une théorie mixte; car des expériences positives établissent la réalité formelle des deux faits établis par A. Richet et par A. Mosso.

Nous n'invoquerons pas pour cette double démonstration le schéma ingénieux construit par Salathé; car ce schéma, excellent quand il s'agit de donner à des élèves l'explication du phénomène, ne prouve rien quant à la réalité du phénomène lui-même; il donne ce qu'on veut lui faire donner; il est construit d'après une théorie, et les résultats qu'il fournit dépendent de sa construction même.

Les expériences de Salathé, faites par la méthode graphique, établissent bien que les oscillations de la pression du cerveau coïncident avec les oscillations de la pression du rachis. Les unes et les autres sont synchrones. Tout se passe donc comme si le gonflement du cerveau refoulait du liquide dans le canal vertébral pour aller distendre les parois de ce canal, parois tout autrement extensibles, comme le dit si bien A. Richet, que le crâne, enveloppe osseuse absolument rigide.

L'observation même de Bochefontaine qui voit la pression du liquide céphalo-rachidien monter de 0 à 1 millimètre de mercure (?) au moment de la systole, de 0 à 5,5 millimètres de mercure au moment de l'expiration, conduit à cette conclusion nécessaire que dans le crâne intact le liquide céphalo-rachidien est comprimé. Étant comprimé, il passe dans les régions où il y a moins de résistance, c'est-à-dire dans le canal vertébral.

Adamkiewicz (1883) a fait à cette circulation du liquide céphalo-rachidien une objection absolument théorique; en supposant qu'une pression forte ne peut pas se maintenir pendant longtemps dans la cavité cranienne (par suite de l'absorption du liquide). Il admet, sans en donner de preuves bien rigoureuses, que le liquide céphalo-rachidien n'exerce aucune influence sur le cours du sang dans le cerveau. C'est là une opinion bien paradoxale. Comment est-il possible que ces 60 grammes de liquide accumulés entre l'encéphale et la dure-mère, ou dans les ventricules cérébraux, soient sans action sur la circulation cérébrale? On s'explique d'ailleurs facilement la confusion dans laquelle il est tombé en voyant son expérience. L'ouverture de l'arachnoïde n'a pas modifié la circulation cérébrale; mais ce résultat était évident *a priori;* l'ouverture de la cavité cranio-rachidienne ne devant pas avoir d'autre effet que de rendre quelque peu plus faciles les expansions et retraits du cerveau, sans en modifier le sens, ni la forme, ni l'intensité.

D'ailleurs une expérience directe, très élégante, a permis à Fr. Franck de constater ce mouvement de va-et-vient du liquide céphalo-rachidien entre le cerveau et la moelle. En plaçant une aiguille avec palette hémodromométrique dans l'espace occipito-atloïdien, Fr. Franck a noté une série de petites inclinations du levier, rythmées avec le cœur, et allant de l'encéphale au rachis (p. 328). « Il semblait donc que les déplacements du liquide s'opéraient du crâne vers le rachis sous l'influence des expansions artérielles intra-craniennes, et qu'entre deux poussées une rétrogradation s'opérait. » En comprimant les veines, ce qui empêchait la déplétion cranienne (systolique et expiratoire) de se faire par les veines, et ce qui la forçait à se faire par le liquide céphalo-rachidien, on a rendu beaucoup plus évidentes les oscillations de l'aiguille hémodromométrique.

C'est là l'expérience que Mosso déclarait en 1880 nécessaire pour faire admettre le transport du liquide céphalo-rachidien du crâne dans le canal vertébral.

L'observation d'Albert (cité par Lewy, 1880) que l'on voit à travers la membrane atloïdo-occipitale, non ouverte, passer le liquide céphalo-rachidien dans un mouvement de va-et-vient entre le rachis et le crâne, est aussi une constatation bien importante.

Il est donc établi, à la fois théoriquement et expérimentalement, qu'il se fait des déplacements du liquide céphalo-rachidien qui correspondent aux changements de volume du cerveau. Mais certainement le système veineux joue aussi un rôle important, comme l'expérience directe le prouve.

D'ailleurs, il est impossible qu'il en soit autrement. Étant donné, je suppose, que, par le fait d'une systole, la quantité de sang augmente, par exemple de 10 centimètres cubes, il faut que 10 centimètres cubes soient déplacés par cet abord de sang artériel;

et, comme nécessairement la pression s'élève, tous les liquides intra-craniens, que ce soit le sang veineux ou le liquide céphalo-rachidien, vont subir une poussée qui va déterminer leur issue hors du crâne.

En prenant directement la pression des sinus veineux, Mosso a pu (fig. 28, p. 121) montrer que le pouls veineux est parfaitement synchrone avec le pouls artériel, et que par conséquent les variations du volume cérébral (sang artériel) se compensent par l'issue d'une plus ou moins grande quantité de sang (veineux).

« Les changements continuels de volume auxquels est soumis le cerveau, soit par la diastole de ses artères, soit par les influences respiratoires, soit, peut-être aussi, par les variations de la pesanteur dues aux diverses positions de la tête pouvant facilement mettre obstacle à l'issue libre du sang par les veines, il était nécessaire que les gros troncs veineux efférents fussent à l'abri de ces variations du volume du cerveau : la nature est arrivée à ce but en faisant déboucher les petits rameaux veineux dans la cavité résistante des sinus. La rigidité de ces canaux veineux constitue le plus simple des mécanismes pour résoudre le problème très compliqué d'assurer la circulation du cerveau, tout en laissant les artères et les capillaires libres de se dilater ou de se contracter pendant que tout l'organe reste protégé et enfermé dans la paroi résistante et rigide du crâne. »

Il est difficile de dire si la part principale dans la déplétion rythmique cranienne (c'est ainsi que nous proposons d'appeler le départ de liquide correspondant à la réplétion rythmique cranienne) revient au liquide céphalo-rachidien ou au sang veineux. Il est probable que le sang veineux joue un rôle plus important, au moins quand il n'y a pas de grands changements de volume, dus à de fortes inspirations ou à des expirations prolongées. Si même l'on augmente, comme l'a fait dans une expérience Mosso, la pression du cerveau, on ne voit pas augmenter notablement la pression du rachis.

Jolyet (1893) a donné une ingénieuse explication du mode suivant lequel se fait l'échappement du liquide céphalo-rachidien et il a construit des appareils schématiques sur lesquels il appuie son opinion. (Mais on sait que les schémas ne peuvent jamais être que l'éclaircissement d'une hypothèse.) Rappelant ce fait anatomique, démontré par Ch. Robin, que les petits vaisseaux artériels sont entourés d'une gaine lymphatique, gaine remplie d'un liquide qui communique avec le liquide céphalo-rachidien, il pense que la diastole artérielle (répondant à la systole du cœur) exerce son influence sur le manchon liquide qui entoure les artères. Si ce manchon liquide est librement ouvert, le cours du liquide central, à l'origine intermittent, se transforme en un courant régulier. Il se fait alors deux ondes; une onde artérielle et une onde lymphatique, c'est-à-dire de liquide céphalo-rachidien; ces deux ondes vont en sens inverse; elles sont parallèles et opposées; et toutes deux régulières et continues, malgré l'intermittence de l'afflux. Le liquide céphalo-rachidien, par sa grande fluidité et la mobilité de ses molécules, semble se prêter, mieux que tout autre liquide, à la propagation de l'onde pour produire un débit régulier et maximum. De là, selon Jolyet, l'explication des troubles qu'amène la soustraction du liquide céphalo-rachidien. Le cerveau, avec cette gaine de liquide qui enveloppe les artères à l'état normal, ne reçoit pas le sang par des *à-coups* répétés; mais il reçoit régulièrement, sans intermittence, le liquide sanguin, et n'est alors pas modifié dans sa nutrition par les variations de la pression artérielle.

C'est là une remarque bien intéressante, qui, à vrai dire, ne change rien à tout ce que nous avons rapporté plus haut sur le départ du liquide céphalo-rachidien; puisque aussi bien cet efflux de liquide doit se faire quelque part, et probablement, comme nous l'avons expliqué, dans le canal rachidien. Mais cela nous amène à concevoir une circulation cérébrale régulière et non plus intermittente quant à la pénétration du sang dans le tissu cérébral.

Quoi qu'il en soit, nous pouvons donc maintenant nous faire une idée très nette de la circulation cérébrale, et la formuler ainsi en ces deux propositions très simples :

A. La pression artérielle variant avec les périodes de la contraction et de relâchement du cœur, d'inspiration et d'expiration, fait varier suivant le même rythme la pression à laquelle est soumis l'encéphale.

B. Les variations de cette pression sont faibles; car l'augmentation rythmique du volume du cerveau est compensée par le départ rythmique corrélatif d'une quantité plus ou moins abondante de sang veineux et par les oscillations du liquide céphalo-rachidien entre le crâne et le canal vertébral.

C. Les contractions du cœur agissent *surtout* sur l'afflux du sang artériel; les respirations agissent *surtout* sur l'efflux du sang veineux. L'afflux plus abondant de sang artériel est compensé par un efflux plus abondant de sang veineux; l'efflux plus abondant de sang veineux étant compensé par un afflux plus abondant de sang artériel; tandis que le liquide céphalo-rachidien compense et régularise, d'une manière plus parfaite, par ses oscillations, ce que ces compensations par le sang peuvent avoir d'incomplet et d'insuffisant.

Influences mécaniques agissant sur la circulation cérébrale. — A un simple examen on peut constater que l'état de la circulation encéphalique se modifie profondément par la position de la tête. Abaisse-t-on la tête; la face se congestionne; et, si on l'élève, elle s'anémie. Il est évident que ces modifications de la circulation portent aussi bien sur le cerveau que sur la face.

On peut, en enregistrant les mouvements des fontanelles, mettre en lumière ces influences de l'attitude. Salathé en a donné un bon graphique (fig. 6, p. 59). A un enfant endormi, il a abaissé la tête, et aussitôt la pression a augmenté. En même temps, ce qui est toujours produit par l'augmentation de pression, les battements de la fontanelle ont diminué : pendant quelque temps cette pression élevée s'est maintenue, puis peu à peu un régime régulier s'est établi, à un niveau supérieur toutefois au niveau de repos précédent. Alors on a élevé la tête, et la pression a diminué; en même temps le rythme cardiaque s'est accusé avec une plus grande force sur les battements de la fontanelle (V. plus loin, fig. 68, p. 762).

Cette influence de l'attitude sur la circulation cérébrale peut avoir des conséquences graves dans quelques cas, pour les animaux qui ne vivent pas comme l'homme avec *os sublime et erectos ad sidera vultus;* de sorte qu'il suffit de placer tels ou tels animaux dans l'attitude verticale pour déterminer une anémie encéphalique mortelle.

C'est A. Regnard (cité par Salathé, 1877) qui semble avoir fait le premier, en 1868, cette expérience remarquable. Il prend deux lapins qu'il attache à une planche; l'un est placé la tête en bas; l'autre est placé la tête en l'air. Celui qui a la tête en bas ne paraît pas malade; tandis que celui qui a la tête en l'air, au bout de deux minutes, paraît menacé de syncope mortelle. Salathé, répétant à diverses reprises cette importante expérience, a constaté que, dans tous les cas, pourvu qu'on attende assez longtemps, la position verticale suffit pour amener la mort des lapins. D'une manière générale la mort survint en moyenne au bout d'une demi-heure à trois quarts d'heure. Trois fois elle eut lieu en moins d'un quart d'heure; dans d'autres cas elle ne se produisit qu'au bout d'une heure et demie, et même de deux heures et quart d'expérience.

Il est difficile d'expliquer la cause de cette variabilité. Souvent, voulant faire dans mon cours cette expérience, j'ai pu obtenir en moins de dix minutes la mort d'un lapin attaché à une planche verticale; mais parfois aussi l'animal attaché pendant une heure, depuis le début jusqu'à la fin de la leçon, était encore parfaitement vivant.

Quoi qu'il en soit, il n'est pas douteux que la cause de la mort soit l'anémie cérébrale (ou plutôt bulbaire). Avant de mourir, les lapins ont de l'agitation et des convulsions, tout à fait comme dans la mort par hémorrhagie, ou par la ligature des artères carotides et vertébrales. La respiration se ralentit, et s'arrête avant le cœur; le cœur dès le début s'est ralenti, ce qui, comme le dit très bien Salathé, tend encore à augmenter l'anémie cérébrale. Il suffit, tant que le cœur bat, de replacer l'animal dans la position horizontale, et de faire un ou deux mouvements de respiration artificielle pour le ramener à la vie.

En revanche, la position déclive de la tête ne paraît pas devoir causer d'accidents. Salathé cite l'exemple d'un homme qui est resté trois heures suspendu par une jambe, la tête en bas; et il a vu survivre un lapin qui était resté six heures attaché à une planche la tête en bas.

Il ne paraît pas que sur le chien normal l'influence de l'attitude ait tant de puissance. Ni Salathé, ni moi nous n'avons pu tuer des chiens en les attachant sur une planche pendant longtemps avec la tête en l'air. J'ai pourtant rendu manifeste cette influence de l'attitude en faisant subir au préalable à un chien une hémorrhagie abondante (1891), ce qui était à prévoir d'après les expériences antérieures de HAYEM (1882). Soit, dit Ch. RICHET, un chien ayant perdu une assez grande quantité de sang, pas assez cependant pour que la respiration et la circulation soient arrêtées; il continue à vivre, et le cœur bat avec force; la respiration est profonde, mais régulière et assez fréquente. Or il suffit de mettre ce chien dans la position verticale pour amener immédiatement la mort, c'est-à-dire en une ou deux minutes. Il fait deux, trois, quatre respirations; mais elles deviennent tout de suite extrêmement profondes, asphyxiques, séparées par des pauses de plus en plus longues; puis elles cessent, le cœur continuant encore à battre pendant quelques instants. Pour ramener l'animal à la vie, il suffit de faire cesser la position verticale, ou mieux encore de lui mettre la tête en bas. On peut répéter l'expérience deux ou trois fois, en faisant basculer la planche sur laquelle le chien est attaché. Chaque fois qu'on lui met la tête en bas, la respiration s'arrête, et la mort est imminente, alors que la position déclive de la tête fait reparaître la respiration et la vie.

Il serait intéressant d'étudier ces effets de l'attitude sur d'autres animaux que les chiens ou les lapins; mais à notre connaissance cela n'a pas été fait encore d'une manière méthodique.

Ces faits prouvent en toute évidence les effets manifestes de la pesanteur sur la circulation cérébrale, et nous n'avons pas besoin d'insister sur les conclusions qu'on en peut

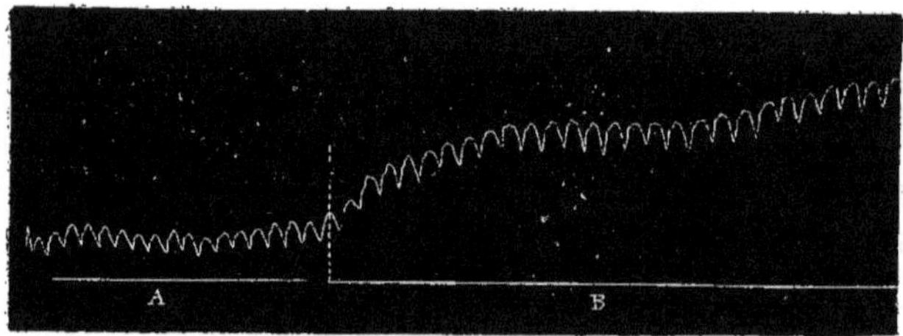

FIG. 68. — (D'après FRANÇOIS FRANCK). Augmentation du volume du cerveau sous l'influence de l'abaissement de la tête en B.

déduire au point de vue thérapeutique. Comme, dans les morts par hémorrhagie, la mort survient par anémie du système nerveux central, il s'ensuit que l'indication première, urgente, est de mettre l'individu dans la position horizontale, et même de lui abaisser fortement la tête.

Rien n'est plus simple d'ailleurs que de noter sur soi-même les modifications de l'anémie cérébrale par le fait de la pesanteur. Il suffit de rester pendant quelque temps avec la tête fortement penchée, puis de se redresser brusquement; on sent alors aussitôt un étourdissement intense; sans qu'il y ait à proprement parler défaut d'équilibre, il y a comme une sarabande folle de toutes les choses alentour qui paraissent même obscurcies, et ne se voient que comme à travers un voile. On tomberait si on ne se retenait pas aux objets voisins : en tout cas l'intelligence reste parfaitement intacte, et il n'y a pas de perte de connaissance. Il est même assez remarquable que, de tous les phénomènes cérébraux, y compris l'intelligence, c'est l'équilibration qui paraît être le plus délicat, le plus facile à atteindre par l'anémie.

Dans cette étude de la pesanteur il faut aussi examiner ce que devient la circulation cérébrale, sous l'influence de la giration. C'est encore une action mécanique qui agit; mais ce n'est plus la pesanteur, c'est la force centrifuge.

Les expériences faites par PURKINJE en 1825, par MACH en 1875, par SALATHÉ (1877), et la critique qu'en a faite CYON (1878) ne nous donnent malheureusement que des documents assez peu précis.

Nous mentionnerons spécialement les expériences de SALATHÉ, qui paraissent les plus probantes; car il a employé la méthode graphique, et les conclusions qu'il donne sont bien plus acceptables que les considérations hypothétiques de PURKINJE, MACH et CYON.

Si l'on place un chien ou un lapin sur une planche qui tourne rapidement autour de son axe; et qu'on prolonge cette giration, la mort survient au bout d'un temps assez court. Soit un appareil faisant soixante-quinze tours par minute, si la tête est placée au centre, la mort survient au bout de 10 minutes environ pour le lapin; au bout d'une demi-heure pour le chien, et il faut un temps double à peu près si la tête est placée à la périphérie. La respiration se ralentit graduellement, puis surviennent les convulsions, puis la mort; tous symptômes analogues à ceux que produit l'anémie céphalique.

Si la tête est placée au centre, par suite de la force centrifuge, il se fait évidemment une anémie cérébrale, comme le raisonnement le fait prévoir, et comme l'autopsie le démontre. En plaçant les extrémités inférieures et l'abdomen d'un lapin dans un vase où on fait le vide et l'aspiration, sorte de grande ventouse Junod, Salathé a pu faire mourir d'anémie des animaux. La force centrifuge, dans la giration, ne semble pas agir autrement, quand la tête est placée au centre de l'appareil rotateur.

Mais quand la tête est placée à la périphérie, c'est la congestion qu'on observe; et, si la mort survient par anémie dans le cas de la tête placée au centre de l'appareil rotateur, la mort survient par congestion, comme l'autopsie le prouve, dans le cas de la tête placée à la périphérie de l'appareil rotateur.

Puisque, dans ces conditions, l'anémie et la congestion peuvent amener la mort, il est tout naturel que, poussées moins loin, elles amènent du vertige; et en effet, si, après quelques tours de l'appareil, on remet l'animal dans la position normale, on le verra décrire des mouvements de manège, et faire avec les yeux des mouvements de rotation très curieux.

Mach a pensé qu'il s'agit là non pas d'un trouble de la circulation cérébrale, mais d'une excitation (accélération angulaire) des terminaisons de la VIIIe paire par le liquide de l'endolymphe contenu dans les canaux semi-circulaires; et il tend à assimiler les phénomènes vertgineux au phénomène du *mal de mer*, qui résulterait d'après lui d'un déplacement anormal du liquide contenu dans les canaux semi-circulaires.

Mais cette explication ne paraît pas rationnelle. Certes la lésion des canaux semi-circulaires produit des troubles de l'équilibre; cependant la destruction de ces canaux n'est pas mortelle, et nous venons de voir que la giration amène une anémie mortelle. Sans déplacement angulaire, l'anémie cérébrale amène le vertige. Enfin la section des nerfs de la VIIIe paire n'empêche pas les phénomènes consécutifs à la giration de se manifester (Cyon).

Les autres hypothèses, de Purkinje et d'autres auteurs (Voyez **Mal de mer, Vertige**) sont également peu acceptables. La fixation d'un objet, la cécité, l'obscurité, l'immobilisation des viscères abdominaux, rien de tout cela n'empêche, chez les individus sensibles, le mal de mer, vertige et nausées, de se déclarer : de sorte que, de toutes les explications données jusque à présent, c'est encore celle d'un trouble circulatoire, cérébral ou bulbaire, d'origine mécanique, qui paraît la plus vraisemblable. Nous savons tous que l'anémie cérébrale modérée, (tout à fait différente de l'anémie cérébrale de cause mécanique), qu'on obtient en injectant de l'eau salée dans les veines, suffit chez les chiens à déterminer des vomissements.

Luys (1884), à la suite d'expériences ingénieuses faites sur le cadavre, a conclu que, par le fait de l'attitude, il se faisait des mouvements de l'encéphale, locomobilité du cerveau dans sa totalité; il y a, dit-il, un espace libre entre le cerveau et la dure-mère (évidemment quand il dit espace libre, il veut dire espace rempli par le liquide céphalo-rachidien) et cet espace augmente quand l'individu est dans l'attitude verticale, de manière à atteindre 5 à 6 millimètres. Il paraît difficile de nier qu'il en soit ainsi, malgré les objections qu'ont faites, à l'Académie de médecine, Béclard et Sappey; tout au plus peut-on supposer que sur les vivants les déplacements du cerveau sont moindres que les déplacements notés par Luys sur le cadavre : mais le fait essentiel persiste, à savoir une locomotion du cerveau par le fait de la pesanteur suivant l'attitude. L'étendue de ce déplacement, sur le vivant, reste à déterminer. Elle exerce assurément une certaine influence (mais peut-être pas très considérable) sur la circulation cérébrale dans ses rapports avec l'attitude.

De la quantité de sang circulant dans l'encéphale. — Autant sont nombreuses les expériences faites pour déterminer les variations de la circulation encéphalique, autant nous manquons de documents précis pour donner un chiffre à la quantité de sang qui est dans le cerveau. RANKE (cité par VIERORDT (1893) dit bien que, chez le lapin, le cerveau contient 1,24 p. 100 de la totalité du sang du corps. LOYE (1888) a mesuré la quantité de sang qui s'écoule de la tête après la décapitation, et il a trouvé pour des chiens les quantités suivantes (le poids de la tête étant de 100) : 3gr,7, 2gr,9, 3 grammes, chiffres très peu satisfaisants; puisqu'une partie de ce sang venait de la face, et que d'autre part tout le sang du cerveau ne s'est pas vidé par les carotides et les jugulaires ouvertes. Il n'y a guère que SPEHL (1887) qui ait essayé de faire cette mesure avec quelque précision. Mais combien imparfaite encore! Il ne mesure pas en effet le sang de l'encéphale seulement, mais le sang de toute la tête. Plaçant une chaîne d'écraseur autour du cou d'un lapin, à un moment donné, il serre la chaîne et mesure alors la quantité de sang total contenu dans toute la tête. Il a essayé par cette méthode de prouver que pendant le sommeil il y a moins de sang que pendant la veille; mais il provoquait le sommeil par le chloral; et il est absolument impossible d'assimiler le sommeil chloralique au sommeil normal. Quoi qu'il en soit de ces objections qui diminuent beaucoup la valeur des expériences de SPEHL, pendant le sommeil il y avait 8 grammes de sang dans la tête, et pendant la veille 11 grammes. Mais quelle est la part du cerveau et quelle est celle de la tête (face et peau)?

A vrai dire la quantité absolue du sang contenu dans l'encéphale n'est pas importante à connaître. Comme ALTHAUS, et après lui GEIGEL (1890) l'ont fait remarquer avec

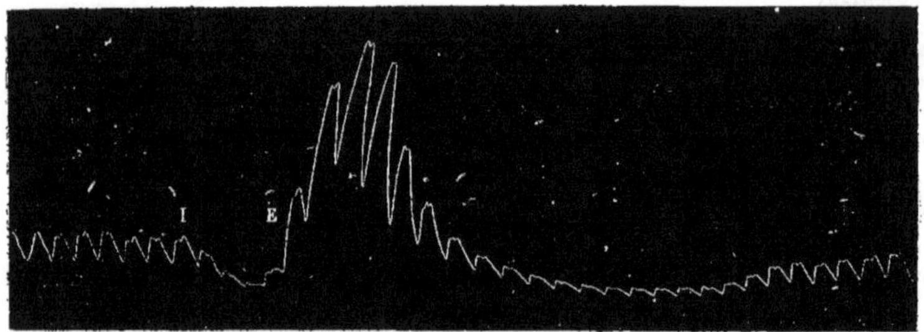

FIG. 69. — (D'après MOSSO). Circulation cérébrale chez l'homme. En I profonde inspiration qui est accompagnée d'un affaissement cérébral. En E il fait une grande expiration, le cerveau se gonfle énormément, puis, au moment d'une nouvelle inspiration, retombe au-dessous de son niveau primitif.

raison, ce n'est pas la quantité totale qui importe, mais seulement la quantité de sang artériel, qui arrive à chaque systole. Les mots d'anémie et d'hypérémie, encore qu'ils traduisent un fait réel, brut, n'ont pas de signification physiologique. Un cerveau gorgé de sang veineux est, à vrai dire, aussi *anoxhémié* (sinon anémié) que s'il ne contenait que peu de sang.

Nous sommes donc réduits à des calculs fort incertains pour apprécier la masse du sang qui arrive à chaque systole cardiaque. En supposant qu'en une demi-minute il y a eu un circuit total du sang (soixante-quatorze pulsations par minute, vingt-sept pulsations pour une révolution totale), et en évaluant à 5000 grammes la quantité totale du sang, on voit que par minute il passe dans le corps 10 kilogrammes de sang. Le cerveau chez l'homme représente sensiblement 1/40 du poids du corps : par conséquent, en supposant que le sang se répartit également entre le cerveau et les autres organes, la circulation cérébrale représenterait par minute à peu près 250 grammes de sang, soit 3gr,5 de sang lancé dans l'encéphale à chaque systole artérielle. Mais ce chiffre est trop faible assurément, car le cerveau est bien plus vasculaire que quantité d'autres tissus, le foie et le rein exceptés.

Quant aux considérations mathématiques de GEIGEL (1890) et de LEWY (1890), elles me paraissent peu précises, malgré l'apparence de la précision; et j'attache plus de prix à une bonne expérience qu'à un calcul mathématique sur la résistance des vaisseaux. Je ne crois donc pas pouvoir discuter la théorie, bien paradoxale, de GEIGEL, d'après laquelle la constriction artérielle augmente l'apport du sang dans le cerveau, tandis que la dilatation artérielle amène un résultat inverse, d'autant plus que LEWY, à la suite de diverses considérations mathématiques, a précisément conclu dans un sens opposé, à savoir : que l'afflux de sang artériel est diminué par la constriction des petits vaisseaux et augmenté par leur dilatation, au moins à l'état normal.

Nous devons toutefois retenir de cette discussion un fait assez important, c'est que, pour bien apprécier la circulation cérébrale, ce qui importe, c'est l'afflux artériel, non pas la quantité de sang contenu dans l'encéphale. Or les belles observations faites sur le pouls cérébral, quelque intéressantes qu'elles soient, ne nous donnent sur ce point que des renseignements très imparfaits. Il faudrait pouvoir mesurer le *débit* des artères carotides (ou, ce qui revient à peu près au même, le débit des veines jugulaires); car ce débit n'est pas absolument parallèle à la pression. Il est fonction du diamètre des vaisseaux, de la vitesse du sang et de la pression aortique : trois valeurs difficiles à apprécier autrement que par des approximations.

Influence des diverses substances toxiques sur la circulation cérébrale. — L'influence des substances toxiques a été étudiée par beaucoup d'auteurs; mais, malgré la complexité apparente de ce problème, il peut être ramené à quelques lois fondamentales très simples que nous allons d'abord énoncer pour arriver ensuite au détail.

1° Toutes les substances qui élèvent la pression artérielle et augmentent la fréquence des battements du cœur, accroissent la quantité de sang qui se rend au cerveau : inversement, toutes les substances qui abaissent la pression artérielle et ralentissent le cours, diminuent l'activité de la circulation cérébrale;

2° Toutes les substances qui paralysent les vaso-moteurs, quoique abaissant la pression artérielle.

Parmi les auteurs qui se sont occupés de l'influence des substances toxiques sur la circulation cérébrale nous citerons surtout celles qui ont été faites sur l'homme par MOSSO (1880), RUMMO et FERRANINI (1884), DE SARLO et BERNARDINI (1892), et sur les animaux par WERTHEIMER (1893), ROY et SHERRINGTON (1890).

Effets des anesthésiques et des hypnogènes. — Quoique nous unissions ici les diverses substances qui produisent l'anesthésie et le sommeil, il paraîtrait, d'après RUMMO et FERRANINI, que leur effets ne sont pas identiques; ils distinguent en effet les substances qui, comme la narcéine et la morphine, modifient l'excitabilité des centres nerveux sans changer notablement la circulation cérébrale; un autre groupe de substances, le chloral, la paraldéhyde, l'éthyle-uréthane agissent puissamment sur la circulation cérébrale en la rendant plus active. C'est surtout le chloral qui produit constamment de l'hypérémie. Chez un individu, ayant absorbé du chloral, Mosso a constaté aussi une hypérémie cérébrale suivie d'une légère constriction dès qu'il se réveillait, et il en conclut que l'hypothèse de l'anémie cause du sommeil est tout à fait insoutenable. Il faut remarquer que, d'après ROY et SHERRINGTON, le chloral produirait de l'anémie et non de l'hypérémie.

La morphine ne produit pas une hypérémie cérébrale comme le chloral; au contraire, elle paraît plutôt anémier le cerveau; par conséquent, il semble bien que, comme les substances hypnogènes produisent : les unes l'anémie, les autres l'hypérémie, sans cesser d'être hypnogènes, ce n'est pas à un trouble de la circulation cérébrale qu'il faut attribuer les effets hypnotiques qu'elles produisent.

D'ailleurs, sans aucune vivisection, ni observation du cerveau mis à nu, on pouvait prévoir ces effets différents du chloral et de la morphine. Les individus chloralisés ont la face rouge, injectée; tandis que la morphine donne de la pâleur et de la lividité presque à la face qui paraît froide et exsangue. Il est probable que la circulation de la face et celle du cerveau suivent une marche plus ou moins parallèle. Dans ce cas, le chloralose, qui, à ce point de vue a été si bien étudié par MARAGLIANO (1893), serait encore un hypérémiant du cerveau, puisqu'il provoque une congestion faciale considérable pendant la période même où il est hypnotique.

Le nitrite d'amyle, qui peut à certains égards se rapprocher des anesthésiques, a, comme on sait, la propriété d'amener la dilatation des vaisseaux du corps. Sous l'influence de ce corps les pulsations cérébrales deviennent très amples (pl. VII du mém. de Mosso). Le pouls cérébral, qui était d'abord petit et tricuspide, devient très fort et bigéminé. Tout se passe comme si la dilatation artérielle avait lieu pour les artères du cerveau comme pour les autres vaisseaux de l'organisme.

D'après de Sarlo et Bernardini, l'éther serait aussi, comme le chloral, un tonique de la circulation cérébrale; ils rangent parmi les toniques, c'est-à-dire les substances qui augmentent la tonicité des vaisseaux et rendent la pulsation cérébrale nettement catacrotique: l'alcool, le chloral, l'atropine, l'éther, la duboisine, l'hyoscyamine, le haschich, la daturine. Au contraire, il y a des substances qui hypérémient; l'opium, par exemple (il y a probablement lieu de distinguer les effets de l'opium des effets de la morphine), le camphre et le bromure de potassium. Le chloroforme serait hypotonisant; et il différerait à ce point de vue de l'éther, quoique les effets sur l'intelligence et la sensibilité de ces deux substances soient à peu près les mêmes. Mais on sait que l'éther dilate les vaisseaux périphériques, tandis que le chloroforme amène leur constriction. Roy et Sherrington ont aussi constaté cette différence entre l'éther et le chloroforme.

Le glucoside du boldo, qui produit le sommeil, exercerait, d'après Gley (1885), une anémie cérébrale légère pendant la période de sommeil. Dès que l'animal se réveille on voit la circulation cérébrale devenir plus intense.

Quant au café, au thé, au maté, ils agiraient, d'après de Sarlo et Bernardini, comme substance ischémisantes; produisant une constriction vasculaire aussi bien dans les capillaires périphériques généraux que dans les capillaires du cerveau.

Effets de diverses autres substances. — La strychnine, d'après Roy et Sherrington, et Wertheimer (1894) produit une énorme congestion du cerveau qui est en rapport sans doute avec l'élévation énorme de la pression artérielle et qui commence en même temps qu'elle, soit une minute environ après l'injection de la dose tétanisante. Gartner et Wagner ont vu le sang qui revient du sinus latéral s'écouler alors, non plus en bavant, et goutte à goutte, mais par un jet continu, comme si le sang passait librement des artères dans les veines.

Les acides, injectés dans les veines, produisent aussi une congestion cérébrale qui se rapproche par son intensité de la congestion que produit la strychnine. Au contraire, les alcalins produisent constamment de l'anémie.

La nicotine est, de tous les excitants, celui dont l'effet de congestion sur le cerveau est le plus marqué (Wertheimer). A l'influence vaso-motrice vient se joindre une accélération considérable du cœur; l'augmentation de volume du cerveau débute avec l'élévation de pression, bien que le cœur soit encore ralenti à ce moment; mais elle arrive à son maximum quand la paralysie du pneumogastrique a succédé à son excitation initiale.

L'ergotinine congestionne, comme aussi le bromure de potassium et les sels ammoniacaux.

Quant au sulfate de quinine, il semble avoir peu d'effet, comme aussi l'urée.

Du reste, comme le remarque Mosso, il est remarquable de voir quelle influence considérable les plus légères intoxications exercent aussitôt, en quelques secondes, sur la forme de la pulsation cérébrale. C'est, au même titre que la dimension de la pupille, ou la fréquence du cœur, ou la fréquence de la respiration, une fonction tellement susceptible et délicate que les moindres modifications organiques agissent sur elle et rendent l'observation fort difficile.

En tout cas, on ne peut songer, pour étudier les effets des substances toxiques sur a circulation du cerveau, à les juger par les changements de la température cérébrale. Si on met en face l'une de l'autre la courbe cérébro-pléthysmographique et la courbe cérébro-thermométrique, il n'y a pas de parallélisme. La température du cerveau ne varie pas, même quand l'état de la circulation est profondément modifié, et inversement.

Il semble donc résulter de ces faits que d'une part la pulsation cérébrale, d'autre part la congestion ou l'anémie cérébrales soient sous la dépendance de deux causes : la circulation générale et la circulation locale. Mais, pour bien déterminer cette double influence, il nous faut examiner et rapporter toute une autre série d'expériences qui ont pour effet d'établir un certain rapport entre la pression artérielle et la circulation du sang dans le cerveau.

Influence de la pression artérielle sur la circulation cérébrale. — Trois théories peuvent être soutenues, et on peut les formuler ainsi :

1° La circulation cérébrale est fonction directe de la circulation générale ; autrement dit le volume du cerveau augmente en même temps que la pression artérielle ;

2° La circulation cérébrale est fonction des vaso-moteurs cérébraux ; autrement dit, c'est l'état de constriction ou de dilatation des vaisseaux du cerveau qui règle le volume du sang cérébral ;

3° La circulation cérébrale est fonction à la fois de la circulation générale et de l'état des vaso-moteurs cérébraux ; autrement dit, deux influences distinctes règlent la

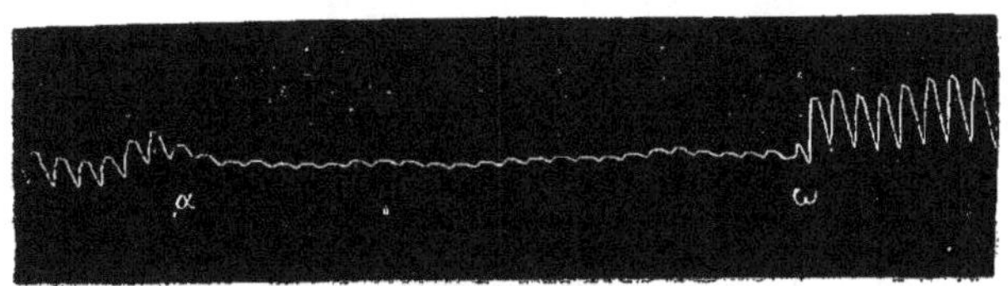

Fig. 70. — (D'après Mosso). Pouls cérébral. En α on comprime les carotides qu'on décomprime en ω.

quantité de sang qui passe dans l'encéphale : la pression générale du sang dans les artères et la pression locale du sang dans le cerveau.

Nous verrons que, sans aucune hésitation possible, c'est cette dernière théorie qu'il faut admettre.

D'abord l'influence de la pression du sang est évidente, telle même que, pour Roy et Sherrington, c'est la principale cause qu'ils admettent (1890). Il n'y a pas de raison, disent-ils (p. 103), pour admettre des nerfs vaso-moteurs du cerveau. Si une excitation périphérique augmente le volume du cerveau et la quantité de sang qui y circule, c'est par un effet médiat, en élevant la pression générale et en rétrécissant les capillaires généraux, de sorte que la pression aortique s'élève, et tous les organes, y compris le cerveau, subissent l'effet de cette pression accrue. C'est une sorte d'effet protecteur qui fait que l'organisme répond à une excitation en envoyant une plus grande quantité de sang dans l'encéphale. Mais, alors que les autres organes réagissent par leur constriction vasculaire à cette pression accrue, le cerveau ne réagit pas et subit docilement les variations de la pression artérielle.

Si l'on enregistre non pas seulement la pression, mais encore le volume, de tel ou tel organe, par exemple le volume des membres, comme A. Mosso, ou le volume du rein,

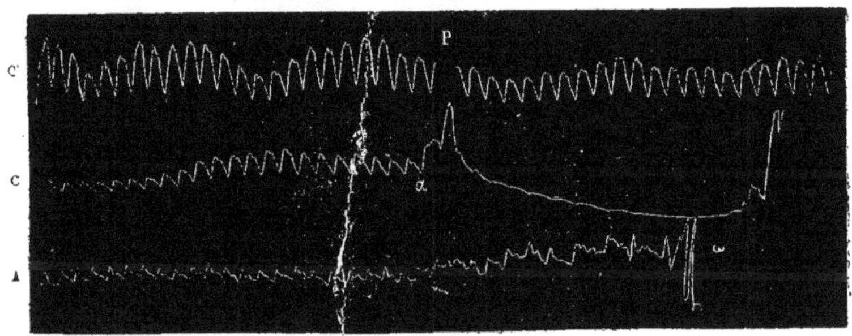

Fig. 71 (D'après Mosso). — Comparaison de la circulation dans l'avant-bras (A) ; et dans le cerveau C. En α compression des carotides pendant le temps α ω, ce qui détermine un accès convulsif. — En C' est encore marquée la circulation cérébrale : mais le tracé est pris 20 secondes après l'anémie marquée en α.

comme Roy et Sherrington, et Wertheimer, on observe que *d'une manière très générale* le volume des divers organes, cerveau, membres et rein, croît en même temps que la pression. La strychnine et l'asphyxie, qui font monter très haut la pression générale, font croître énormément le volume du cerveau. SCHULTEN (cité par HÜRTHLE, 1889) mesurant la pression du liquide céphalo-rachidien, l'a vu s'élever dans l'asphyxie. CRAMER (cité aussi par HÜRTHLE) a vu la pression monter dans le rapport de 1 à 4,40 dans les veines cérébrales. GÄRTNER et WAGNER ont noté que les vaisseaux cérébraux ne se rétrécissent pas dans l'asphyxie, et même HÜRTHLE, mesurant la pression dans le bout périphérique de la carotide, constate que par le fait de l'asphyxie la résistance dans les artères diminue. On peut en conclure que, si le volume du cerveau croît, c'est bien parce que la pression générale s'est élevée, et non parce qu'il y a un rétrécissement vasomoteur dans les artères cérébrales.

Il est vrai que pendant l'asphyxie la pression veineuse s'élève à cause des efforts d'expiration violente et que cela tend à diminuer l'écoulement du sang cérébral. Mais il ne semble pas que cette cause soit suffisante pour expliquer l'énorme congestion cérébrale qui apparaît alors. Donc, par l'élévation de la tension artérielle, toutes choses égales d'ailleurs, le cerveau se gonfle et augmente de volume.

Effets des excitations vaso-motrices sur la circulation cérébrale. — Si importante que soit cette influence de la pression artérielle sur la circulation cérébrale, ce n'est certainement pas la seule, et même, peut-être, est-elle moins importante que l'influence des excitations locales.

En effet, d'abord, malgré l'opinion contraire de quelques auteurs, il y a certainement des vaso-moteurs aux artères cérébrales. Si les preuves négatives avaient même valeur que les preuves positives, on serait tenté de croire que les vaisseaux du cerveau ne sont pas contractiles par voie réflexe; car bien des observateurs ont cru voir l'absence de toute constriction réflexe. RIEGEL et JOLLY (cités par HURTHLE, 1887) disent que l'excitation du sympathique cervical chez le lapin n'a aucun effet sur les vaisseaux de la première, et SCHULTZ, d'après eux, aurait observé le même fait négatif. NOTHNAGEL aurait eu des effets nuls dans la majorité des cas. CRAMER, GAERTNER et WAGNER n'auraient pas vu la constriction. (Tous ces auteurs sont cités par HURTHLE, qui donne encore d'autres indications expérimentales et bibliographiques auxquelles nous renvoyons.)

Cependant il est difficile de révoquer en doute les faits positifs qui établissent qu'il y a une influence des excitations nerveuses sur le volume du cerveau sans intervention de la pression artérielle commune. FR. FRANCK et PITRES, rappelant les expériences de CLAUDE BERNARD qui a vu la température du cerveau augmenter après la section du sympathique cervical, de VULPIAN qui a nettement observé des phénomènes vaso-moteurs cérébraux par l'excitation du sympathique, de DONDERS, de CALLENFELS, de NOTHNAGEL, invoquent des considérations anatomiques qui viennent à l'appui de ces expériences : distribution aux rameaux des artères vertébrales et carotides de troncs nerveux venant du grand sympathique. Mais surtout, ce qui, à notre sens, a plus de poids qu'une déduction anatomique, ils citent l'expérience suivante; en prenant la pression à la fois dans le bout périphérique d'une carotide et le bout périphérique d'une vertébrale, on voit que les deux pressions ne sont pas parallèles dans leurs oscillations : or leur discordance ne peut être due qu'à des variations dans la pression périphérique, contractions ou relâchements variables des artérioles de telle ou telle région de l'encéphale.

Les expériences récentes de E. CAVAZZANI (1892) semblent avoir dissipé tous les doutes quant à la réalité des vaso-moteurs cérébraux. Tantôt en mesurant les oscillations de la pression dans l'hexagone de WILLIS, tantôt en enregistrant directement la pression dans le bout périphérique d'une carotide, tantôt sur l'animal normal, tantôt avec des injections de sérum, CAVAZZANI s'est assuré que l'excitation électrique du sympathique cervical amène une constriction des artères du cerveau. La section du sympathique au cou et son excitation ne se sont *jamais* montrées sans effets sur la circulation cérébrale. Ce qui complique l'étude de ses effets, c'est que les résultats sont bien différents lorsqu'il s'agit d'un cerveau à circulation normale ou d'un cerveau à circulation ralentie (par exemple après ligature d'une carotide). Alors l'excitation du sympathique, au lieu de produire la constriction, produit la dilatation des vaisseaux cérébraux.

« Il existe donc, dit en se résumant CAVAZZANI, deux espèces de fibres dans le sympathique cervical. Les plus faciles à exciter et à épuiser sont les fibres vaso-constrictrices; elles sont actives tant que les conditions de la circulation se maintiennent normales. Les fibres vaso-dilatatrices sont au contraire appelées à agir quand surviennent les conditions pathologiques, et alors leur majeure excitabilité est causée par l'anémie. »

Ainsi, dirons-nous en interprétant ces remarquables résultats, la nature semble avoir voulu assurer avant tout une circulation suffisante dans le cerveau, et, pour cela, établi une prédominance des vaso-dilatateurs sur les vaso-constricteurs. Comme tous les organes, le cerveau possède les deux ordres de fibres vaso-motrices, mais les vaso-dilatateurs prédominent, et l'appareil vaso-constricteur, rapidement épuisé, est réduit à son minimum.

Les excitations agissent facilement sur cet appareil vaso-dilatateur.

Burckhardt et Mays (cité par Mosso, 1894, 151) pensent qu'il y a dans le cerveau des nerfs vaso-moteurs ou plutôt vaso-dilatateurs qui entrent en jeu sous l'influence des phénomènes psychiques, et, d'autre part, Mosso a vu maintes fois une émotion morale déterminer aussitôt la congestion du cerveau; congestion passagère, mais évidente cependant, alors que le même phénomène détermine une légère diminution dans le volume des autres organes.

Mosso conclut donc que les deux opinions adverses : celle de Fr. Franck, Burckhardt et Mays, d'une part; d'autre part celle de Hürthle, Roy et Sherrington, sont trop exclusives l'une et l'autre, et c'est aussi, ce semble, à cette opinion mixte que se rattache Wertheimer (1893), dont les expériences doivent être mentionnées avec quelque détail car elles complètent très heureusement celles de Knoll, et celles de Roy et Sherrington.

Si l'on excite un nerf sensitif quelconque, on voit la pression artérielle s'élever et en même temps le volume du cerveau s'accroître, tout à fait parallèlement; mais, si en même temps on inscrit le volume d'un organe périphérique, on ne voit pas ce même phénomène inverse, c'est-à-dire la diminution de volume. Ainsi la même cause, une excitation centripète, douloureuse, produit une constriction vasculaire générale, avec élévation de la pression, et en même temps une dilatation des artérioles du cerveau. Un bel exemple de cet antagonisme est donné par l'application de l'eau froide (Fredericq, 1892, et Wertheimer, 1893, fig. 8, 9, 180, pp. 308-309). Dès que l'eau froide est appliquée à l'abdomen, le volume des organes abdominaux diminue, celui du rein entre autres; et la pression artérielle s'élève dans la fémorale: mais au contraire le volume du cerveau augmente légèrement.

Ainsi il y a un balancement, un antagonisme entre la circulation viscérale et la circulation cérébrale; de même que, d'après Mosso, l'antagonisme existe entre le volume des membres et celui du cerveau. Le froid, qui rétrécit les vaisseaux du corps et diminue tous les organes, congestionne le cerveau; la chaleur, qui congestionne les vaisseaux de la périphérie et augmente le volume des organes, produit une anémie relative du cerveau. Le travail intellectuel, les phénomènes pyschiques, les émotions morales, ainsi que l'a si nettement vu Mosso chez les individus dont il étudiait la pléthysmographie cérébrale, sont toutes causes qui diminuent énormément le volume des organes, mais qui congestionnent un peu le cerveau.

Autrement dit encore, les excitations qui mettent en jeu les vaso-constricteurs de la peau, des viscères, du rein, mettent en jeu les vaso-dilatateurs du cerveau, à moins qu'on ne suppose, ce qui me paraît assez peu vraisemblable, que cette congestion cérébrale est purement passive, due à la distension des artères du cerveau par une pression artérielle plus forte.

En tout cas, il semble bien que cette réaction du cerveau soit en rapport avec les fonctions générales de l'être. Cette réaction vaso-dilatatrice du cerveau est un moyen de défense, comme le sont toutes les manifestations de la vie. Plus on étudie la physiologie de l'être vivant, plus on voit que, même dans ses manifestations les plus compliquées, il est admirablement adapté à la résistance. Il y a comme une prévision admirable qui proportionne la réponse à l'attaque. Vienne une offense extérieure, un traumatisme, le froid, une douleur quelconque, il faut que les organes périphériques se fassent petits pour ainsi dire, afin d'offrir une moindre surface, de diminuer les hémorrhagies, d'accroître la densité de leur tissu. Le cerveau doit au contraire augmenter de vigueur. Placé dans sa boîte cranienne, rigide et invulnérable, il n'a pas à craindre d'être offensé; mais, ce qui lui est alors nécessaire, c'est une quantité de sang abondante qui lui donnera plus d'énergie et de vigueur pour les décharges nerveuses, à l'aide desquelles il résistera au traumatisme extérieur.

Il n'est pas inutile de rappeler ici que dans l'asphyxie (*D. Ph.*, Art. **Asphyxie**, 752) il y a antagonisme, d'après DASTRE et MORAT, entre la circulation périphérique cutanée et

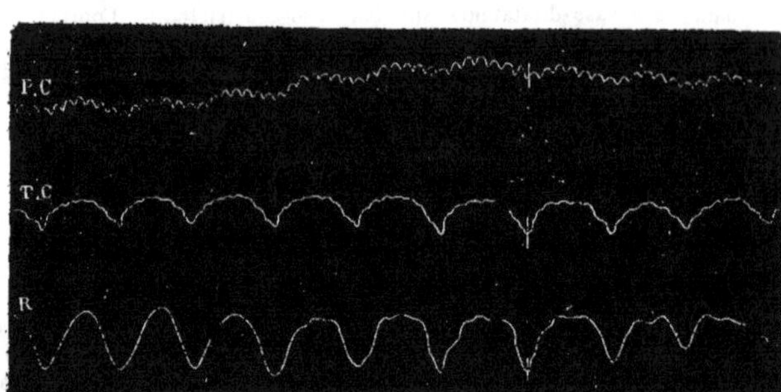

FIG. 72. — (D'après SALATHÉ) Inscription simultanée (sur le chien) de la pression carotidienne P C; des mouvements du cerveau, T C; de la respiration, R. Les changements de volume du cerveau sont liés aux variations cardiaques et respiratoires de la pression du sang.

la circulation viscérale; les vaisseaux cutanés sont dilatés, les vaisseaux intestinaux sont rétrécis, comme si la nature prévoyante voulait faire affluer le sang à la périphérie où il y a de l'oxygène, et diminuer dans les viscères et le cœur l'abord d'un sang noir impropre à la vie.

De même, soit par la présence de vaso-dilatateurs, prépondérants sur les vaso-constricteurs, soit par l'absence même de nerfs vaso-constricteurs, toute excitation douloureuse ou émotionnelle, par cela même qu'elle rétrécit les vaisseaux périphériques, va provoquer la congestion de l'encéphale utile à la défense de l'être.

Rapports de la circulation cérébrale avec le sommeil. — Les anciens auteurs n'étaient pas d'accord sur l'état du cerveau pendant le sommeil. Ainsi, alors que BLUMENBACH (cité par H. MILNE-EDWARDS, 1880, 152) attribuait le sommeil à une anémie relative du cerveau, MARSHALL HALL (cité par MACKENSIE, 1891) estimait que le sommeil est dû à la congestion du cerveau.

C'est en 1860 que DURHAM publia des expériences demeurées célèbres sur l'influence que la circulation cérébrale exerce sur l'état de veille ou de sommeil. Ayant enlevé sur

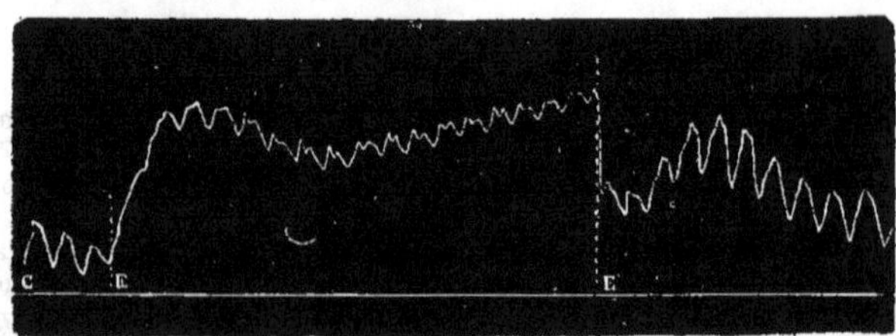

FIG. 73. — Effets d'un effort sur les mouvements du cerveau (d'après FRANÇOIS FRANCK). En E, effort qui fait monter la pression cérébrale. En E' cessation de l'effort.

des chiens par une couronne de trépan une petite rondelle de la boîte cranienne, il mit à la place de la portion osseuse enlevée une petite plaque de verre, qui lui permettait de suivre par cette ouverture l'état de la circulation d'un cerveau soustrait à l'action de l'air. Il constata ainsi que pendant le sommeil le cerveau s'affaisse et pâlit; que, si l'animal s'éveille, il devient turgescent et rougit; que l'animal chloroformé a, au début, pendant la période d'agitation, une turgescence de toute la masse cérébrale; mais que,

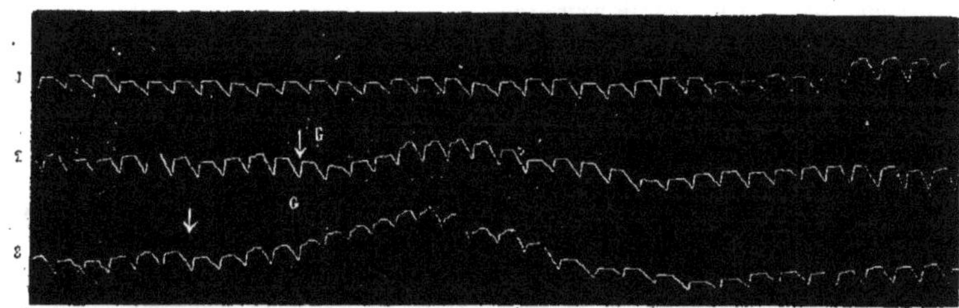

FIG. 74. — (D'après MOSSO) Pouls cérébral d'un homme endormi (THRON). Pendant son sommeil, en G et en G', on l'appelle par son nom sans qu'il s'éveille, comme pour la figure 76. Cette excitation, qui ne va pas jusqu'à la conscience, suffit pour modifier la circulation cérébrale.

quand l'agitation se dissipe et fait place à un sommeil tranquille, le cerveau pâlit et s'anémie, pour rougir et se gonfler de nouveau chaque fois que l'animal se réveille ou s'agite.

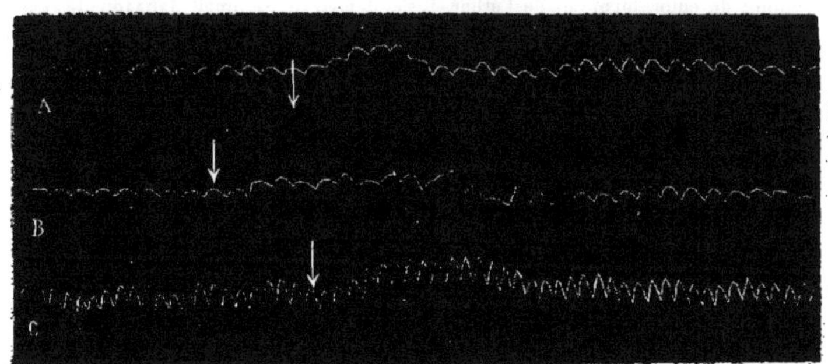

FIG. 75 — (D'après MOSSO). Pouls cérébral pendant le sommeil et la veille (CATERINA). En A elle est endormie, et au point marqué d'une flèche elle se réveille pour s'endormir de nouveau profondément en B. A la ligne B, au point marqué d'une flèche, elle se réveille. En C elle est endormie et sous l'influence du chloral. Au point marqué d'une flèche, on la réveille.

Ces faits, assurément bien observés, ont été dans leur ensemble, confirmés par HAMMOND (voir, pour plus de détails, VULPIAN, 1875), et d'une manière générale acceptés par beaucoup d'auteurs, entre autres par H. MILNE-EDWARDS (1880) et CLAUDE BERNARD.

FIG. 76 — (D'après MOSSO). Pouls cérébral d'un homme endormi (BERTINO). Pendant son sommeil, au point marqué par la flèche, on l'appelle à haute voix par son nom sans qu'il s'éveille. Cela suffit pour modifier la circulation cérébrale.

C'était en effet une théorie séduisante par son extrême simplicité. La veille est l'état d'activité du cerveau, le sommeil est l'état de repos; et au repos correspond l'anémie, comme la congestion à l'activité, aussi bien pour le cerveau que pour les glandes et les muscles.

Disons-le tout d'abord : cette hypothèse du sommeil par l'anémie cérébrale au fond n'explique rien. Car il faudrait pour expliquer le sommeil montrer non seulement qu'il y a une légère anémie cérébrale, mais encore expliquer pourquoi cette anémie se produit régulièrement, rythmiquement, après un certain temps de veille; c'est, si l'on veut, le *comment* du sommeil, mais ce n'est pas le *pourquoi*.

D'ailleurs, les expériences faites par des méthodes plus rigoureuses que celles de Durham et Hammond; celles en particulier de Mosso, de Ferranini et Rummo, de Fr. Franck et de tous les autres physiologistes dont nous avons cité plus haut les travaux, à propos de la circulation cérébrale, ont précisé les conditions dans lesquelles se trouve le cerveau pendant le sommeil, et cela avec la méthode graphique, si facilement et si heureusement applicable à cette étude. Or il ne semble pas que dans l'ensemble la théorie de l'anémie cérébrale soit acceptable.

D'abord les substances hypnogènes ne produisent pas le même effet sur la circulation du cerveau, de sorte qu'il n'y a pas de relation entre les propriétés hypnotiques d'une substance et les modifications qu'elle amène dans la pulsation cérébrale. On trouve même parmi les hypnotiques presque les deux extrêmes; le chloral qui congestionne beaucoup, et la morphine qui anémie beaucoup, l'éther qui congestionne et le chloroforme qui anémie. La paraldéhyde et le bromure de potassium congestionnent; la narcéine est sans action. Or, malgré les différences entre les effets psychiques du chloral et de la morphine; du chloroforme et de l'éther, il s'agit bien de sommeil dans tous les cas. Il paraît donc bien prouvé que le sommeil, par des substances hypnogènes toxiques, ne relève pas d'une circulation cérébrale plus ou moins intense. Nulle loi ne peut être établie entre les effets circulatoires d'un poison sur l'encéphale, et son action hypnogénique.

Par des procédés hémodromographiques, Guinard (1896) a constaté que, dans l'empoisonnement par la morphine, et dans le sommeil narcotique qu'elle provoque, il y a tantôt vaso-dilatation, tantôt vaso-constriction, de sorte qu'on doit supposer que l'état de sommeil morphinique n'est pas du tout déterminé par une modification de la circulation cérébrale.

Inversement on voit des modifications profondes dans la circulation cérébrale sans que le sommeil ou l'anémie s'en suive. Jamais l'état de sommeil ou de veille n'amène des changements aussi considérables dans la circulation cérébrale que ne font les variations dans la position de la tête. Si vraiment le sommeil était dû à l'anémie cérébrale, il suffirait de la position verticale pour le provoquer; et, s'il était dû à la congestion, il suffirait de la position horizontale. Avec une ventouse Junod, qui fait affluer le sang à la périphérie, on anémie l'encéphale; et en élevant les deux bras on le congestionne. Est-ce que ces manœuvres ont quelque effet sur le sommeil?

De même encore la ligature d'une carotide, ou même de deux carotides, qui produit assurément une anémie très marquée, encore qu'elle ne soit pas mortelle, ne produit pas le sommeil. Les physiologistes n'ont jamais rien observé de semblable. Fleming (cité par Vulpian, 1875, 146) aurait observé que la compression des carotides, soit sur lui-même, soit sur d'autres personnes, a pour effet d'amener au bout de quelques secondes un état qu'il compare au sommeil. Mais il paraît que ce résultat ne peut s'obtenir que si la compression est très forte et bilatérale; car par la compression d'une seule des carotides nous n'avons jamais rien pu voir de semblable. Et puis, comme le remarque Vulpian, cette perte de connaissance avec insensibilité complète n'a vraiment qu'un lointain rapport avec le sommeil normal. Chez le lapin, dit encore Vulpian, la faradisation des bouts céphaliques des deux sympathiques cervicaux amène un certain degré d'anémie cérébrale, mais sans la moindre tendance à la somnolence.

Ce que nous disons de l'anémie cause du sommeil s'appliquerait encore mieux à la congestion cause de sommeil, opinion cependant soutenue par Kennedy (cité par Serguéyeff (II, 1890, 83). En outre cette opinion va directement contre les faits bien constatés par tous les observateurs, que dans le sommeil normal il y a plutôt une légère anémie du cerveau.

D'autres faits encore confirment l'impuissance de la théorie d'une anémie ou d'une hypérémie cérébrale comme cause de sommeil. Chez les oiseaux, pigeons, dont l'encéphale a été enlevé, il y a encore des alternatives de veille et de sommeil (Brown-Séquard, 1889). M. Schiff (cité par Serguéyeff, ii, 1890, 129) aurait vu une différence notable, suivant les moments de la journée, entre les états psychiques de rats privés de cerveau et de corps striés, états psychiques divers qu'il compare à l'état de veille et à l'état de sommeil. Enfin le sommeil est un phénomène absolument général dans toute la série des êtres, bien plus général que le fait d'un cerveau irrigué par du sang, ou même que le fait d'un système nerveux, puisqu'il y a un sommeil des végétaux, ce qui permet évidemment de supposer qu'il y a une cause plus générale à ce grand phénomène naturel, qu'une circulation de sang plus ou moins abondante.

Enfin il est une autre considération, un peu théorique peut-être, mais à laquelle cependant on ne peut refuser quelque importance, qui nous pousse à rejeter l'hypothèse de Durham, c'est que les phénomènes dus à l'activité d'un tissu quelconque, glande, ou muscle, ou nerf, sont presque absolument indépendants de la quantité de sang qui l'irrigue. Le sang répare les pertes, élimine les produits de la dénutrition, mais il n'exerce pas d'action propre sur la fonction même du tissu. Un nerf anémié, un muscle anémié, une glande anémiée, continuent à vivre, fût-ce pendant un temps très court. Quoique, pour le cerveau, cette vie après l'anémie soit prodigieusement courte, elle n'en existe pas moins; et il n'y a pas lieu de supposer qu'une minuscule diminution de la quantité du sang irrigateur exerce quelque action sur la fonction cérébrale, puisque, sur aucun autre tissu, nous ne voyons changer la fonction par le fait des changements dans a quantité du sang circulant.

En résumé nous pouvons conclure en disant :

1° Il y a sommeil tantôt avec congestion, tantôt avec anémie du cerveau.

2° Il y a anémie du cerveau sans sommeil, et congestion du cerveau sans sommeil.

3° Par conséquent, l'état de veille ou de sommeil n'est pas lié à l'état de la circulation cérébrale.

C'est là, il faut bien le dire, une opinion toute négative; et autant nous pouvons être affirmatifs dans cette négation, autant, s'il s'agissait de donner une théorie quelconque du sommeil, nous serions embarrassés pour formuler une théorie quelconque ayant quelques apparences de vraisemblance. (Voy. **Sommeil.**)

Toute cette discussion ne doit pas cependant nous conduire à une conclusion qui serait manifestement fausse, c'est que l'état de sommeil ne modifie pas la circulation cérébrale. Au contraire, il semble bien prouvé que le sommeil entraîne une *très légère* anémie du cerveau; mais, comme le dit bien Mosso (il ne s'agit d'ailleurs que du sommeil normal), c'est le sommeil qui produit l'anémie, et non l'anémie qui produit le sommeil.

La pulsation cérébrale, bien étudiée sur les malades de Mosso, de Rummo et Ferranini, de Mays (1882), permet de connaître certaines curieuses modifications circulatoires produites par le sommeil.

Il y aurait, d'après Rummo, trois phases bien distinctes, de deux heures ou de trois heures chacune : une première d'hypérémie générale (et spécialement du cerveau); une seconde d'ischémie des organes périphériques (avant-bras) coïncidant avec une hypérémie plus marquée du cerveau; une troisième avec ischémie du cerveau, et état variable de l'avant-bras.

Mais le fait le plus remarquable, c'est que, pendant le sommeil, les excitations psychiques, sans que l'individu se réveille, provoquent aussitôt des modifications de la circulation cérébrale (Mosso, 1880). Le graphique 28, p. 45, du mémoire de Mosso est remarquable à cet égard. Bertino, le sujet sur lequel Mosso faisait ses expériences, commençait à s'endormir, et l'inscription se faisait régulièrement. Alors Mosso se levant, et voulant savoir si Bertino était endormi, l'appelle à demi-voix, mais n'obtient pas de réponse. Cependant en réalité Bertino avait entendu, quoique d'une manière inconsciente, l'appel de son nom; puisque la pulsation cérébrale avait, de ce fait, subi une notable modification. Cette importante expérience, répétée plusieurs fois, a donné le même résultat, constamment. Elle prouve d'une part que toute excitation psychique s'accompagne d'une légère congestion cérébrale, d'autre part que ces modifications de la circulation cérébrale ne sont pas suffisantes pour troubler le sommeil, et enfin, fait bien important, que, même pendant le sommeil, l'activité intellectuelle n'est pas abolie. La conscience peut être endormie, alors que l'intelligence reste éveillée, capable de percevoir et de comprendre les excitations périphériques qui viennent frapper les sens.

Dans l'assoupissement profond en lequel est plongé l'organisme, dit Mosso, les cellules nerveuses conservent leurs fonction inaltérée et restent éveillées aux excitations du monde extérieur. Une parole, une rumeur lointaine, un rayon lumineux qui traverse les paupières, un léger attouchement suffisent pour accélérer la respiration, faire contracter les vaisseaux de la périphérie, augmenter l'énergie et la fréquence des battements du cœur, élever la pression artérielle et rendre plus abondant le cours du sang dans le cerveau. Ainsi se rétablissent les conditions matérielles nécessaires à la conscience; ainsi, l'être, grâce à cette vigilance inconsciente qui reste intacte au milieu du sommeil, peut sortir rapidement, pour échapper aux dangers du monde extérieur qui le menacent, de l'état de profond repos à l'état d'activité complète.

Tout travail psychique modifie aussitôt la circulation cérébrale : c'est là un fait bien prouvé. Est-ce toujours à la suite d'un travail intellectuel, comme le dit Mosso, ou plutôt d'une émotion morale, comme le pense Mays? Cela est difficile à juger; car on aura quelque peine à trouver un travail intellectuel qui ne soit pas accompagné d'un certain degré d'émotion. Au fond cela importe assez peu, puisque, dans un cas comme dans l'autre, il s'agit toujours d'une élaboration intellectuelle accompagnée ou non d'émotion. Patrizzi (1896) a montré l'influence du rythme musical.

La cause immédiate de cette congestion cérébrale, de cause psychique, reste assez obscure. Elle peut en effet se produire par deux mécanismes différents : 1° par une modification dans la pression artérielle générale due à des changements du rythme respiratoire, du rythme cardiaque, de l'état des vaisseaux de la périphérie; 2° par une modification des vaso-moteurs cérébraux eux-mêmes. Or le plus souvent, en même temps que la pulsation cérébrale change et que le volume du cerveau s'accroît, le volume des organes périphériques diminue; mais cela n'est pas constant, et, dans quelques tracés notoirement bien pris, on voit qu'il y a variation du volume cérébral, sans une variation corrélative des organes de la périphérie, ou du cœur, ou de la respiration, de sorte que, selon toute vraisemblance, la nature a voulu assurer l'hypérémie cérébrale coïncidant avec un travail psychique plus actif par un mécanisme double : d'une part l'élévation générale de la pression artérielle, d'autre part la dilatation localisée des artères du cerveau.

S'il est vrai que les organes travaillent par eux-mêmes, ayant dans leur protoplasme cellulaire les matériaux de leur activité, il n'en est pas moins vrai que le sang leur est nécessaire, soit pour leur apporter les matériaux utiles à leur dépense de forces, soit pour enlever les substances nuisibles qu'a produites le travail; de sorte que tout organe en activité est parcouru par une quantité de sang plus abondante. C'est le système nerveux qui règle cet afflux sanguin plus abondant. Eh bien! à ce point de vue le système nerveux ne fait pas exception à la loi; mais il y a cette condition remarquable qu'il se règle lui-même; c'est un parfait exemple de régulation automatique, et le cerveau doit nous apparaître comme un organe qui détermine lui-même, tout à fait inconsciemment d'ailleurs, la quantité de sang dont il a besoin pour suffire à ses échanges nutritifs.

Effets de l'anémie et de l'hypérémie du cerveau. — L'anémie cérébrale peut être complète ou partielle. Si elle est complète et totale, elle entraîne la mort rapide; si au contraire elle ne porte que sur certaines parties de l'encéphale, et encore sans les anémier absolument, elle peut entraîner certains troubles.

Ce sont ces phénomènes de l'anémie incomplète que nous allons étudier en premier lieu.

Mentionnons d'abord la théorie de Brown-Séquard (1872) d'après laquelle l'anémie par constriction vaso-motrice des ruisseaux encéphaliques de la convexité cérébrale serait la cause de l'épilepsie. Cette théorie semble, d'ailleurs, avoir été abandonnée par lui, puisqu'il disait en 1889 (333) : « Dans l'épilepsie et dans les affections organiques ou lésions traumatiques de l'encéphale, la perte de connaissance temporaire est due à une inhibition de l'activité intellectuelle. » Il n'est plus question de vaso-moteurs; et d'ailleurs on a, comme il arrive souvent, exagéré l'opinion qu'il avait émise. En 1871, à propos de la communication de Prévost et Waller, il disait : « Le grand sympathique, en agissant dans l'attaque d'épilepsie, ajoute une cause, et n'est pas la cause même de l'attaque. Ce n'est pas la seule contraction des vaisseaux qui agit; elle ne suffirait pas. » On trouvera d'ailleurs dans Vulpian (1875) une série de bonnes expériences, qui prouvent qu'après ablation des ganglions cervicaux et section du grand sympathique, l'épilepsie (d'origine expérimentale, par section du sciatique) continue à se produire, et que, d'autre part, l'électrisation du grand sympathique, qui produit manifestement de l'anémie cérébrale, ne provoque pas l'épilepsie, malgré des expériences de Prévost et Waller, dont le détail n'a pas été publié.

L'épilepsie corticale qu'on produit par l'excitation électrique des régions rolandiques du cerveau a été aussi, tout à fait à tort, attribuée à un phénomène vaso-moteur. Il est certain qu'en excitant telle ou telle portion du gyrus sigmoïde on ne voit jamais les vaisseaux encéphaliques se rétrécir d'une manière notable. Dans certains cas même il y a plutôt dilatation, de sorte que l'hypothèse d'une constriction vasculaire ne peut être défendue, puisque cette constriction vasculaire n'existe pas. Même si elle était bien nettement constatée, il y aurait lieu encore de se demander si c'est un phénomène déterminant l'attaque épileptique ou concomitant avec elle; mais, puisqu'il n'y a pas de changement vasculaire, il faut bien admettre que la cause de l'attaque épileptique est une modification dynamique quelconque de la cellule nerveuse, et non un trouble dans l'irrigation sanguine.

Il paraît toutefois bien avéré qu'une anémie relative exerce une grande influence sur l'excitabilité cérébrale, et les expériences à cet égard sont nombreuses. Tarchanoff (cité par Fr. Franck, 1887) aurait observé que la dérivation d'une masse de sang assez abondante, produite par l'application d'une sorte de ventouse Junod sur le train postérieur des animaux, diminue très notablement l'excitabilité corticale qui, inversement, s'exagère par la congestion encéphalique. Eckhard a observé la disparition de l'excitabilité corticale après une hémorrhagie abondante, et Fr. Franck, qui le cite, a vu une fois le même fait. Orchansky (1883) a constaté qu'une hémorrhagie moyenne (1/7 du sang total) fait croître l'excitabilité; qu'une hémorrhagie forte, quand elle atteint les 2/3 de la masse totale du sang, fait disparaître l'excitabilité. Il en conclut que, dans les variations de l'excitabilité cérébrale, il y aurait à tenir compte de la plus ou moins grande quantité de sang. Incidemment il ajoute que l'exposition à l'air de la surface cérébrale, qui amène toujours un certain degré de congestion, est sans influence bien appréciable.

Spanbock (1888) a procédé un peu autrement : il a déterminé des changements dans la circulation cérébrale, soit en élevant la pression artérielle générale, soit en arrêtant le pneumogastrique, et il a d'abord constaté qu'il y a un certain rapport entre l'élévation de la pression du sang dans l'aorte (et par conséquent dans le cerveau) et l'excitabilité corticale qui s'accroît un peu, à mesure que la pression s'élève. Pour abaisser la pression et par conséquent diminuer la quantité du sang cérébral, il irritait le nerf vague (bout périphérique). L'arrêt cardiaque qui en est la conséquence amène une légère diminution de l'excitabilité corticale, qui est précédée, pendant les premières secondes, d'une certaine augmentation, et qui continue quelques secondes après que l'excitation du nerf vague a pris fin. L'expérience répétée plusieurs fois finit par ne plus produire aucun effet; de sorte que l'arrêt de la circulation encéphalique se produisant à plusieurs reprises ne modifie pas l'excitabilité cérébrale. On observe les mêmes effets chez les jeunes chiens âgés seulement de six semaines.

Aducco (1891) a constaté aussi que les hémorrhagies modérées augmentent l'excitabilité corticale. Il a oblitéré les carotides pendant quarante minutes, et pendant ce temps l'excitabilité était accrue. Il est vrai que la circulation cérébrale, comme il le fait justement remarquer, était diminuée et non arrêtée. Couty (1884) a vu des chiens dont les quatre artères encéphaliques étaient liées depuis plusieurs heures. Souvent le cerveau ne paraissait avoir aucune circulation (?) : ses artères ne battaient plus; sa surface était pâle, et on pouvait le sectionner en obtenant à peine quelques gouttes de sang froid et violet; cependant l'électrisation de ces circonvolutions privées de sang déterminait des mouvements très amples du côté opposé.

Il me paraît vraisemblable que les excitations qu'employait Couty étaient trop fortes, et que très probablement elles dépassaient la couche corticale de la substance grise pour atteindre les faisceaux blancs sous-jacents : la substance blanche étant, comme l'on sait, très résistante à l'anémie et à la fatigue, tandis que la substance grise est très sensible. La diminution immédiate d'excitabilité observée par Spanbock prouve que la couche corticale subit immédiatement l'effet d'une privation totale de sang et répond alors par une inexcitabilité absolue; tandis que l'anémie incomplète produit plutôt, si elle n'est pas trop marquée, une augmentation d'excitabilité. Les faits d'Aducco, conformes d'ailleurs à tous les enseignements de la physiologie générale, ne permettent pas d'en douter.

D'autres expériences d'ailleurs vont nous prouver que les parties de l'encéphale, qui servent à l'intelligence, sont extrêmement sensibles à l'interruption complète de toute circulation.

Si l'expérience est faite sur l'homme par la simple compression des carotides, on produit quelquefois des symptômes très marqués. « Si, dit Fleming (cité par Langlet, 1872), on appuie le pouce sur les vaisseaux carotidiens, l'effet est net et immédiat. Il se produit un sourd bourdonnement d'oreilles, une sensation de tintement qui semble courir dans le corps, et en quelques secondes une perte de connaissance et une insensibilité complète qui continuent aussi longtemps que dure la compression... pendant ce sommeil profond la respiration est stertoreuse, mais libre; l'esprit rêve avec beaucoup d'activité, et quelques secondes paraissent être des heures en raison du nombre et de la rapidité des pensées qui traversent le cerveau. » Voilà, comme le fait remarquer Langlet avec raison, un état très singulier qu'on a voulu bien imprudemment comparer au sommeil.

On rapprochera ces faits de l'intéressante observation de Mosso (1880, 115), qui a vu chez son malade la compression des deux carotides amener aussitôt, après deux pulsations cérébrales plus fortes, une certaine dépression du volume du cerveau, et des convulsions épileptoïdes, elles qu'il n'a pas osé recommencer l'expérience. Sur une autre malade, à vrai dire, la compression des carotides n'a rien amené de semblable : l'anémie cérébrale s'est accompagnée d'une augmentation notable de volume dans le pouls total de l'avant-bras.

Si l'on compare ces faits aux faits ci-dessus décrits, il est probable que les variations entre la réaction d'individus d'espèce différente, ou même d'individus de même espèce, tiennent aux anastomoses plus ou moins larges des vaisseaux de la base de l'encéphale.

Il y a lieu de mentionner ici une intéressante expérience de Cardarelli (1890). La compression de la carotide n'agirait, suivant lui, que parce que simultanément on excite le nerf vague. Cette excitation arrête le cœur, et l'arrêt du cœur entraîne des troubles nerveux notables, vertige, obscurcissement de la vue, *aura*, qui des doigts se porte vers la tête; quelquefois les phénomènes sont plus graves : une fois le cœur s'arrêta pendant six secondes, et l'individu resta comme foudroyé, privé de sentiment, avec des mouvements convulsifs dans les muscles, les yeux convulsés, le visage livide. Ces individus chez qui la compression du nerf pneumogastrique au cou produit, en même temps qu'un arrêt du cœur, le vertige, sont sujets à des accès spontanés de vertige, qu'on peut vraisemblablement attribuer au nerf vague, puisque l'atropine supprime les accès.

Kussmaul et Tenner (1857) ont essayé, il y a déjà longtemps, de rattacher les phénomènes de l'épilepsie à l'anémie cérébrale. Chez les individus qui ont subi une forte hémorrhagie on voit quelquefois, mais non toujours, apparaître des convulsions épileptiques. Or, par la ligature des carotides et des vertébrales, on obtient les mêmes effets que par une hémorrhagie abondante, c'est-à-dire des convulsions. Le cerveau pâlit, comme on peut s'en assurer en pratiquant une ouverture au crâne, et en même temps les convulsions apparaissent. Si on fait l'asphyxie, ou si l'on comprime les veines du cou, on voit le cerveau se congestionner, et il ne survient pas de convulsions. Par conséquent, les phénomènes épileptiques sont dus à l'anémie de la substance. Ces expériences répétées avec quelques modifications par divers auteurs, entre autres L. Hermann et Escher (1870), ont prouvé que, chez le lapin et chez le chat, tout au moins, l'anémie des centres nerveux par ligature artérielle produit des attaques épileptiques.

Les opinions de Brown-Séquard sur ce sujet ont quelque peu varié. A partir de 1880 environ, il a supposé comme cause de l'épilepsie un phénomène dynamogénique sans trouble de la fonction circulatoire; mais antérieurement il admettait, semble-t-il, que l'arrêt de la circulation encéphalique entraine la convulsion et l'épilepsie; car il se fait alors une accumulation d'acide carbonique dans les cellules nerveuses que le sang ne peut plus entraîner (1858). La perte de la connaissance dans l'attaque complète ou dans l'accès de vertige sans convulsions dépend de la contraction des vaisseaux sanguins des lobes cérébraux et de la circulation du sang noir; le siège central de ces convulsions serait dans les parties de l'encéphale placées derrière les couches optiques, et dans ces parties il y aurait congestion veineuse et accumulation d'acide carbonique, substance épileptogène.

On voit que, dans l'hypothèse de Brown-Séquard, il faudrait dissocier les deux phénomènes fondamentaux de l'épilepsie : le vertige et la perte de connaissance, dus aux circonvolutions cérébrales anémiées; l'épilepsie, due à la congestion veineuse et à la toxicité de l'acide carbonique excitant les centres protubérantiels.

On peut accepter la première partie de cette proposition, à savoir que l'anémie des régions corticales, quand elle est complète, entraîne la perte de connaissance; mais il est difficile de supposer que l'acide carbonique soit convulsivant : car, en faisant respirer de l'air très chargé d'acide carbonique, on n'observe pas de convulsions (Gréhant). J'attribuerais plutôt les effets convulsivants à quelque substance, autre que CO^2, produite par la désassimilation des cellules nerveuses; mais ce n'est là qu'une hypothèse.

Quant à l'épilepsie expérimentale, de cause réflexe, telle que celle qu'a observée Brown-Séquard sur les cobayes, ou à l'épilepsie idiopathique, de cause inconnue, telle qu'on l'observe chez les malades, il y a peut-être coïncidence entre le vertige et les convulsions, d'une part, et, d'autre part, l'anémie cérébrale; mais il faut n'accepter qu'avec réserve cette supposition que le spasme artériel est primitif et que l'ictus épileptique est consécutif au spasme artériel des ganglions protubérantiels. Vulpian (1875) donne d'excellentes raisons pour prouver que c'est là une hypothèse encore bien imparfaite; d'ailleurs les expériences faites sur l'épilepsie corticale, par l'excitation directe des régions rolandiques, prouvent que l'épilepsie a au moins d'autres causes qu'un spasme vasculaire. Quant aux anémies cérébrales totales, elles produisent la cessation presque immédiate de tout mouvement, et non des convulsions.

Mentionnons encore quelques faits relatifs à l'anémie incomplète du cerveau. Les ligatures ont été faites sur les carotides et les vertébrales, mais on ne peut pas affirmer que la privation de sang est alors absolue : c'est ce qui explique sans doute l'inconstance des résultats obtenus. D'après L. Fredericq, les convulsions que l'occlusion des quatre artères cérébrales produit chez le lapin finissent par ne plus s'observer quand on répète l'expérience deux ou trois fois, parce que la circulation collatérale prend alors rapidement un développement considérable. Nous avons mentionné plus haut l'effet variable de ces ligatures artérielles suivant qu'on opère sur tel ou tel animal. S. Mayer et Friedrich, complétant les expériences de Nawalichin (1876, 1880), ont vu un état analogue à l'état asphyxique succéder à l'occlusion des artères cérébrales. Tous les auteurs sont donc d'accord pour constater l'énorme excitation bulbo-protubérantielle qui est consécutive à l'anémie cérébrale produite par la ligature des artères.

S. Mayer (1880), qui a fait de ces désordres produits par l'anémie cérébrale une étude attentive, formule la loi suivante que je transcris textuellement :

« Quand les substances terminales nerveuses (centrales ou périphériques) sont soustraites à leur nutrition normale, pendant un certain temps, qui, pour chaque sorte de substance terminale, ne doit pas dépasser une certaine durée variable avec chacune d'elles, alors elles répondent au moment du retour à la nutrition normale par des phénomènes d'excitation plus ou moins intenses. »

C'est pourquoi le rétablissement de la circulation du sang dans le cerveau préalablement anémié est accompagné de phénomènes analogues aux phénomènes mêmes de l'anémie, et S. Mayer les formule ainsi :

α. Mouvements dans les bulbes oculaires (nystagmus).

β. Excitations des centres convulsifs et convulsions générales.

γ. Excitations des centres modérateurs du cœur.

Probablement tous ces phénomènes d'excitation sont dus bien plutôt aux centres ganglionaires qu'à la périphérie corticale; il serait intéressant de voir ce qu'ils deviendraient dans le cas d'ablation plus ou moins complète des hémisphères cérébraux.

S. Mayer (1876) a aussi étudié au bout de combien de temps l'abolition des fonctions cérébrales par l'anémie était définitive. Si, dit-il, l'interruption de la circulation n'a duré que cinq à dix minutes, on peut être presque assuré qu'au bout de cinq minutes, dix minutes, quinze minutes, après que la circulation sera revenue, il y aura retour à l'état normal, *restitutio ad integrum*. Si l'anémie a duré plus de quinze minutes, le retour à la vie est très problématique; et enfin, si l'anémie a duré plus de quinze minutes, il n'y a pas, sauf exception, de rétablissement possible.

Bien entendu, les variations individuelles sont considérables, et plus encore les variations spécifiques. L'expérience faite sur les lapins avec les résultats que nous venons de mentionner est tout à fait différente chez le chien; ce que Panum (cité par S. Mayer) attribue à des vaisseaux récurrents, relativement volumineux, des artères vertébrales, vaisseaux qui, après avoir donné les branches à la moelle, s'anastomosent avec les artères spinales.

De Bœck et Verhoogen (1890) ont essayé d'expliquer l'alternance des phénomènes cérébraux proprement dits et des phénomènes protubérantiels en admettant en quelque sorte deux voies circulatoires; une première, très largement ouverte; c'est celle de la base du cerveau et des corps opto-striés; une autre, plus difficile à franchir, c'est celle de la périphérie corticale qui a des vaisseaux étroits, longs et flexueux. On peut, par des mensurations thermo-électriques, se rendre compte qu'un arrêt momentané du cours du sang interrompt la circulation corticale sans toucher à la circulation bulbaire. Il y aurait, dans le sommeil normal ou provoqué par des substances hypnogènes, anémie de l'écorce et congestion des corps ganglionnaires.

Nous ne reviendrons pas sur les effets de l'anémie produite, soit sur les animaux (par l'attitude verticale et les appareils), soit sur l'homme (par les changements de position et la pesanteur). Contentons-nous de rapprocher ces faits des observation faites par les physiologistes. En somme, il est maintenant prouvé que l'anémie incomplète produit l'étourdissement, le vertige, le défaut d'équilibre; tandis que l'anémie complète entraîne la perte immédiate de la conscience. Un bon exemple d'anémie incomplète s'observe en médecine dans les cas de lésions aortiques qui sont souvent causes de vertige, comme Grasset entre autres (1890) l'a bien établi à propos du vertige cardio-vasculaire des artério-scléreux : tandis qu'un bon exemple d'anémie complète est donné par la syncope cardiaque. Quelle que soit l'origine de cet arrêt immédiat du cœur, les conséquences psychiques en sont soudaines, et la perte de la connaissance est totale et immédiate.

En somme, les incertitudes, les hésitations des divers auteurs sur les effets de l'anémie tiennent sans doute à ce que la circulation n'a jamais été, dans leurs expériences, complètement abolie, même après ligature des quatre artères, de sorte qu'il faut procéder autrement et d'une manière plus rigoureuse pour avoir l'anémie totale.

La méthode de Vulpian (1875), qui consiste à injecter de la poudre de lycopode, ne peut pas donner de résultats très probants. Couty (1876) l'a employée aussi, en la modifiant quelque peu, injectant de l'air dans les veines. Il opérait sur des chiens curarisés soumis à la respiration artificielle, de sorte qu'il ne pouvait voir que quelques-uns des phénomènes de l'anémie. Il a noté une élévation considérable de la tension artérielle et un ralentissement consécutif du cœur. Ce sont là phénomènes coïncidant bien avec l'état de convulsions épileptoïdes qu'on constate chez les animaux non curarisés.

L'injection de sérum salé, d'après la méthode de Cohnheim et Ortmann, ne réussit que chez les animaux à sang froid. Il reste donc, en réalité, deux méthodes : l'arrêt définitif du cœur et la décapitation. Encore convient-il de noter que, dans l'arrêt du cœur, il n'y a pas anémie totale, immédiate.

Or si l'on arrête (par l'électrisation directe) le cœur d'un animal (chien) ou si l'on fait la section de l'aorte, on voit les fonctions cérébrales se supprimer avec une rapidité extrême. Au bout de vingt à trente secondes environ (*D. Ph.* Art. **Anémie**, **I**, 497) les mouvements volontaires ont cessé, après une agitation intense.

Mais la décapitation produit des effets bien plus marqués encore; car l'anémie artérielle est accompagnée aussi d'une anémie veineuse, ce qui n'a pas lieu dans le cas d'électrisation du cœur.

L'anémie totale par décapitation, si bien étudiée par Loye (1888) (V. **Anémie** et **Décapitation**), entraîne presque aussitôt la cessation de toute fonction pyschique; et il semble qu'il ne pourrait guère en être autrement, puisque, même dans le cas d'anémie incomplète, comme dans les compressions des carotides, ou dans le cas encore de syncope cardiaque, il y a soudain anéantissement de la conscience :

En définitive nous pouvons déduire de là trois conclusions importantes :

A. Une anémie légère produit une augmentation de l'excitabilité corticale.

B. Une anémie forte produit une diminution de l'excitabilité corticale, coïncidant avec une excitation énorme des centres bulbo-protubérantiels, laquelle se traduit par des convulsions.

C. Une anémie totale produit la mort presque soudaine de la conscience.

Il résulte de cette dernière proposition un fait d'importance fondamentale qui domine toute la physiologie générale du cerveau, c'est que le *métabolisme* cérébral est d'une activité supérieure à celle de tout autre tissu, et que nulle cellule de l'organisme n'est aussi susceptible que la cellule nerveuse centrale psychique à la privation d'oxygène (Voir plus loin le chapitre relatif à l'excitabilité cérébrale).

Compression du cerveau. — Dans ses premières expériences, Magendie, ayant soustrait une certaine quantité de liquide céphalo-rachidien, a vu les animaux opérés présenter certains phénomènes de déséquilibration, de vertige, de titubation et d'impuissance, qu'il a attribués à la privation du liquide céphalo-rachidien. D'après lui cette masse liquide accumulée à la base de l'encéphale, protégerait les gros troncs artériels contre la compression que le poids du cerveau exercerait sur leurs parois; et en effet, ajoute-t-il, quand le liquide céphalo-rachidien s'est régénéré, l'animal revient à l'état normal et retrouve son équilibre. Mais Longet (1873) a montré dès 1845 que ces troubles de l'équilibre étaient dus à une tout autre cause qu'à l'absence de liquide céphalo-rachidien; et il a pu prouver : 1° que la soustraction du liquide céphalo-rachidien n'a aucune influence sur l'exercice régulier des organes locomoteurs, alors que la section des parties molles de la nuque (muscles de la nuque) entraîne la perte immédiate de la station et de la locomotion régulière; 2° que la cause de ce trouble est probablement la compression et le tiraillement (par la tête qui ne peut plus se relever de certaines portions de l'axe cérébro-spinal représentées surtout par les pédoncules cérébelleux; 3° que, par l'effet de l'habitude (?), ces parties peuvent ensuite être comprimées et tiraillées sans qu'il s'ensuive trop de désordres locomoteurs. Ajoutons que, d'après M. Schiff, la cause de ces phénomènes serait la flexion angulaire de la tête sur l'atlas qui comprimerait l'extrémité céphalique de l'artère vertébrale.

Quant à l'influence qu'une pression plus forte que la pression normale exerce sur le cerveau, depuis Magendie, bien des physiologistes ont fait cette étude, Leyden (1865), Pagenstecher, (1869), François-Franck (1877), Adamkiewicz, (1884), Bonnot (1882), Falkenheim et Naunyn (1886), Schulten (1884) et ils sont arrivés à des résultats très concordants.

Les méthodes techniques employées pour augmenter la pression intra-cranienne sont très simples et reposent toutes sur le même principe : un tube est vissé à la paroi cranienne, et on introduit dans ce tube, soit de l'eau comme Magendie et la plupart des expérimentateurs, soit de l'air comme François-Franck, soit de la cire comme Pagenstecher, soit des tiges de laminaire comme Adamkiewicz, soit du sang comme Bonnot

Le phénomène fondamental qu'on constate alors, c'est un ralentissement extrême du cœur et de la respiration qui survient quand la pression intra-cranienne atteint 5 à 8 centimètres de Hg.

Pour Leyden, la mort survient quand la pression est égale à 19 centimètres de Hg. Chaque élévation de pression, allant de 5 à 19 centimètres, amène aussitôt un phénomène pathologique correspondant; successivement on voit apparaître, à mesure qu'augmente la compression, du nystagmus, le ralentissement du cœur et de la respiration, les vomissements, les convulsions et le coma; finalement l'arrêt respiratoire et la mort. Mais, d'après Naunyn et Schreiber, tous les chiffres de Leyden sont trop faibles de moitié.

Adamkiewicz (1884), qui a constaté ces mêmes faits, s'élève contre l'opinion que le cerveau est incompressible. Mais personne n'a prétendu que le cerveau est incompressible. On a dit, et on a eu absolument raison, qu'aucune compression, si forte qu'elle soit, ne peut faire changer le volume du cerveau; mais cela ne prouve pas du tout que le cerveau ne subit pas les effets de la pression; on exerce sur une masse de cuivre une pression de 1000 kilos : le volume ne change que dans des proportions extrêmement faibles, mais il n'en subit pas moins la pression : de même le cerveau est sensible à une faible compression de 5 centimètres de Hg, quoique son volume ne se modifie en rien.

Bonnot, qui a étudié avec soin, sous la direction de Vulpian et de Bochefontaine, ces phénomènes de la compression cérébrale, distingue quatre périodes : une période latente; une période d'excitation douloureuse caractérisée par des cris et de l'agitation; une période de convulsions toniques, avec contractures généralisées, et arrêt respiratoire, et enfin une dernière période de coma, tous phénomènes liés à une compression cérébrale de plus en plus forte; de sorte que, malgré certaines divergences sur quelques points de détail, sa description concorde dans l'ensemble avec celles que donnent les autres expérimentateurs.

D'après Schulten (1885) les phénomènes de compression seraient des phénomènes d'excitation et non de paralysie. Il y a toujours une forte dilatation pupillaire (due sans doute à l'excitation du centre du nerf dilatateur) et de l'anémie rétinienne.

Mais, si l'on est d'accord sur les symptômes, on ne l'est plus quand il s'agit de l'interprétation. Deux opinions bien différentes sont en présence, l'une qui est celle de Leyden et qui a été acceptée par la plupart des auteurs classiques, entre autres Bergmann et plus récemment Cybulski (1890). C'est que la compression n'agit que par l'obstacle apporté à la circulation artérielle, de sorte qu'en fin de compte elle agit par le même mécanisme que l'anémie cérébrale; l'autre, qui est celle d'Adamkiewicz, d'après laquelle la compression agit *per se*, comme un stimulant mécanique de la cellule nerveuse. Fr. Franck adopte une opinion mixte, mais en penchant pour l'hypothèse d'une excitation mécanique des éléments nerveux.

Il nous paraît difficile en effet de se refuser à admettre l'une et l'autre explication, pour les raisons suivantes.

D'abord il y a une relation entre la pression artérielle et la pression cérébrale (intra-cranienne); car, si la compression du cerveau produit quelques symptômes (douleur, nystagmus, ralentissement cardiaque), on en diminue les effets en élevant par un procédé quelconque la pression cardiaque (Naunyn et Schreiber, 1881; Falkenheim et Naunyn, 1886); et inversement, si une compression intra-cranienne ne détermine pas de symptômes, on fait apparaître les phénomènes ordinaires de compression en abaissant la pression aortique, par un procédé quelconque, une hémorrhagie par exemple. Donc ces phénomènes sont bien dus à l'anémie cérébrale, puisqu'on les combat efficacement en renforçant la pression du sang dans l'aorte, de manière à permettre au sang d'arriver dans les vaisseaux cérébraux et de vaincre la résistance qu'ils présentent. Par conséquent la compression du cerveau ne semble agir que lorsqu'elle est suffisante pour empêcher d'une manière appréciable la circulation du sang.

L'objection de Fr. Franck qu'il faut une pression égale à la pression artérielle pour arrêter la circulation, ne me paraît pas valable; car, même lorsque la circulation du sang n'est pas complètement supprimée, mais seulement ralentie, il y a encore anémie; une anémie relative peut très bien amener quelques symptômes, et il n'est pas besoin que la circulation du sang soit absolument arrêtée, pour qu'on puisse parler de phénomènes anémiques. L'objection d'Adamkiewicz qu'on trouve à l'examen microscopique les vaisseaux plutôt dilatés que rétrécis me paraît aussi sans grande valeur; car des causes diverses peuvent nous induire en erreur pour l'appréciation exacte du volume des vaisseaux cérébraux, appréciation faite au microscope, après la mort, sur des fragments de tissu nerveux.

Il est donc bien exact de dire, en présence de l'expérience positive de Naunyn et Schreiber, que la compression agit par l'anémie; mais sous cette forme la proposition est trop générale, et il faut y ajouter un correctif important : il faut que la compression soit lente. En effet, si elle est brusque, soudaine, forte, même si elle est suivie immédiatement après d'un retour à l'état normal, cette compression momentanée a déterminé une excitation mécanique du cerveau. La commotion cérébrale revient en somme à une compression cérébrale (ou bulbaire) momentanée, au moins d'après Duret qui en a fait une étude très approfondie. Il serait d'ailleurs absurde de supposer que les cellules cérébrales ne sont pas sensibles, en dehors de toute anémie, au choc brusque que provoque un changement soudain de pression. Une autre preuve que l'excitation mécanique agit, c'est l'influence d'une décompression brusque, qui produit un ralentissement du cœur (voy. Fr. Franck 1887, 285, fig. 136) tout comme la compression brusque.

Aussi croyons-nous devoir adopter une opinion mixte, comme Fr. Franck, mais cependant un peu différente de la sienne, en disant que la compression agit par action mécanique, quand elle est brusque, mais qu'elle agit par l'anémie cérébrale, quand elle est graduelle et sans heurts.

Quant à la cause immédiate des phénomènes observés, il faut les attribuer à la même cause que l'anémie et l'asphyxie. Le ralentissement du cœur et de la respiration tiennent à une excitation des centres du pneumogastrique modérateur du cœur et modérateur de la respiration. Les convulsions et l'élévation de la pression artérielle dépendent de l'excitation des centres convulsifs et des centres vaso-constricteurs. La douleur tient sans doute à la compression de la dure-mère, organe très sensible, et dont l'exquise sensibilité contraste avec l'insensibilité du cerveau lui-même.

Au lieu de faire la compression générale du cerveau, on a essayé de faire des compressions locales. Spencer et Horsley (1890) ont chez des chiens et des singes introduit des ampoules de caoutchouc qu'on peut dilater en y injectant de l'eau. Ils admettent, contrairement à l'opinion générale, que le ralentissement du cœur n'est pas dû à l'excitation des vagues. Adamkiewicz (1884) a placé des tiges de laminaire chez des lapins entre la dure-mère et l'encéphale ; c'est une méthode intéressante pour étudier les effets localisés de la compression cérébrale; mais l'étude détaillée et la discussion des expériences qu'il invoque nous écarteraient de la physiologie générale du cerveau. Disons seulement que les faits qu'il apporte à l'appui de son opinion (diminution par une tige de laminaire des 2/3 du volume du cerveau) ne prouvent pas du tout que le cerveau est compressible, même si l'on n'admet pas que, comme le croit Cybulski (1890) et comme c'est vraisemblable, ces chiffres sont exagérés. C'est comme si l'on disait qu'une éponge est compressible parce qu'elle diminue de volume (apparent) quand on la comprime. Or la physique nous indique formellement que ses éléments mêmes ne peuvent pas changer de volume.

L'étude de la commotion cérébrale est liée à celle de la compression; mais son histoire relève plutôt de la pathologie que de la physiologie expérimentale; et nous renvoyons aux auteurs classiques de chirurgie (Duplay et Reclus, 1891). L'ensemble des phénomènes est caractérisé par : 1° vertiges, éblouissement, hébétude; c'est la forme légère; 2° lenteur du pouls, lenteur de la respiration, qui souvent présente la forme de Cheyne Stokes; vomissements, hébétude profonde, état demi-comateux; amnésie rétrograde; c'est la forme grave; 3° coma immédiat, résolution musculaire générale, perte immédiate et totale de la conscience, et mort rapide, par affaiblissement du cœur et de la respiration; c'est la forme foudroyante.

Tous ces phénomènes sont liés évidemment à la mort ou à l'arrêt des fonctions de l'appareil encéphalique. Mais quelle en est la cause? Est-ce une anémie qui a été totale et rapide? Il est bien difficile de le supposer. Est-ce une série de petites hémorrhagies interstitielles (apoplexie capillaire)? Est-ce encore, comme l'a prétendu Duret, le flot du liquide céphalo-rachidien qui viendrait faire porter l'effort brusque et soudain de son choc sur le plancher du quatrième ventricule? Toutes ces théories paraissent bien peu satisfaisantes. Il nous semble que l'explication la plus simple est celle d'un choc mécanique qui altérerait par sa violence la structure délicate des cellules nerveuses. Si, au lieu d'avoir affaire à des cellules cérébrales, nous supposons de petites cellules fragiles, en verre, par exemple, placées les unes à côté des autres, un choc violent déterminerait leur rupture; pourquoi la commotion cérébrale n'agirait-elle pas de la même manière? Est-ce que les cellules cérébrales, avec leurs neurones délicats et fragiles, ne sont pas aussi fragiles que des ampoules de verre? Il nous semble donc assez inutile de chercher d'autres causes aux phénomènes de la commotion cérébrale que l'ébranlement mécanique lui-même.

Les phénomènes psychiques que la commotion cérébrale forte, ou l'ébranlement cérébral léger, mais répété, produisent sur l'intelligence ont été étudiés avec beaucoup de détails par Azam, qui en a fait le sujet d'un intéressant mémoire. Il semble que l'effet psychologique essentiel de cette commotion cérébrale soit de produire de l'amnésie.

Expérimentalement on peut produire sur les animaux les mêmes effets que chez l'homme. VULPIAN (1863) a bien montré, par une expérience maintenant classique, qu'un choc brusque sur la tête d'une grenouille détermine la convulsion générale de tous ses membres avec arrêt ou ralentissement du cœur, et GOLTZ a prouvé que ce ralentissement du cœur était dû à une irritation par l'intermédiaire des nerfs vagues.

Rapports de la circulation cerébrale avec la circulation oculaire. — Des relations étroites unissent assurément la circulation de l'œil et la circulation du cerveau; du côté de l'iris, et du côté de la rétine.

Pour ce qui est de l'iris, on sait bien dans quelles conditions de l'irrigation cérébrale il se fait une contraction de la pupille. Si l'on suspend un lapin la tête en bas, la pupille se resserre; comme lorsqu'on a fait l'ablation du ganglion cervical supérieur; comme aussi dans les convulsions de l'asphyxie. Dans tous ces cas il y a congestion cérébrale. Mais il serait assez téméraire d'en conclure, ainsi que l'a fait LANGLET (1872) après GUBLER, que l'on peut apprécier la circulation du cerveau d'après le rétrécissement plus ou moins marqué de l'iris. Dans le sommeil chloroformique très profond, qui correspond, comme on sait, à de l'anémie cérébrale, le myosis est poussé à l'extrême; et de même, dans le sommeil normal, où il y a plutôt diminution de la circulation dans l'encéphale, l'iris est rétréci (RAEHLMANN et WITKOWSKI, 1878). Il est certain que la congestion de l'iris produit du myosis; mais il n'est pas prouvé du tout que la congestion de l'encéphale coïncide nécessairement avec la congestion de l'iris. Au contraire il n'y a pas de raison pour admettre la dépendance circulatoire de ces deux appareils.

Il n'en reste pas moins établi que dans la majorité des cas la congestion cérébrale s'accompagne de congestion de l'iris, et que la congestion de l'iris se traduit par un rétrécissement de la pupille (V. DROUIN, 1876, 197-202 et 133-149).

Quant aux rapports de la circulation rétinienne avec celle de l'encéphale, il faut surtout mentionner les travaux persévérants de BOUCHUT qui a appelé *cérébroscopie* la méthode qui consiste à connaître l'état de la circulation cérébrale d'après l'état des vaisseaux rétiniens. Voici comment il s'exprime pour établir cette relation (1889) : « Le moindre obstacle apporté à la circulation du cerveau gêne le retour du sang des veines de la rétine dans le sinus caverneux et produit dans l'œil des lésions de mouvement et de circulation. »

A vrai dire, il s'agit là de phénomènes plutôt pathologiques que normaux, et il est fort douteux qu'il y ait parallélisme entre la circulation de la rétine et celle du cerveau. LORING (1875) a donc, semble-t-il, commis une erreur d'appréciation en concluant de l'absence de troubles circulatoires dans les vaisseaux de la rétine que la circulation cérébrale n'est pas modifiée. Il paraît au contraire que la rétine est, dans une certaine mesure, indépendante du cerveau.

La pression totale du globe oculaire semble aussi être indépendante de la pression cérébrale. HIPPEL et GRÜNHAGEN ont très bien montré que cette pression de l'œil est fonction de la circulation des vaisseaux choroïdiens et, par conséquent, de la circulation générale. Comme la pression arachnoïdienne est aussi fonction de la circulation générale, il est donc nécessaire qu'il y ait quelque parallélisme; mais le parallélisme n'exclut pas l'indépendance. C'est à une conclusion analogue qu'aboutit SCHULTEN, après une étude détaillée des conditions de la circulation dans la rétine et dans l'encéphale après ligature d'une carotide.

De fait, les vaisseaux de la choroïde, de l'iris, de la rétine possèdent leur autonomie vaso-motrice, comme les vaisseaux de l'encéphale. Mais leur pression est évidemment dépendante aussi de la pression vasculaire générale; et, à ce titre, ils sont quelque peu solidaires : mais cette solidarité n'est pas beaucoup plus étroite que pour les autres organes; de sorte que l'état d'anémie ou de congestion du cerveau ne peut guère être mieux connu par l'étude de l'iris, de la choroïde ou de la rétine que par l'étude du pouls total de l'avant-bras ou de la circulation de la face.

Aperçu d'ensemble sur la circulation cérébrale. Résumé. — Il faut reprendre ces faits dans un aperçu général pour se former une idée nette de la circulation cérébrale; car les détails nombreux dans lesquels on est forcé d'entrer font perdre quelque peu de vue l'ensemble.

La circulation cérébrale est assurément dans la physiologie du cerveau la partie la mieux connue, et on peut formuler des faits très précis et indiscutables :

1° Quoique le débit artériel soit ininterrompu, chaque systole cardiaque amène une plus grande quantité de sang au cerveau et fait croître la pression : il y a donc alors augmentation du volume total, augmentation correspondant à chaque systole artérielle.

2° Chaque inspiration diminue la pression veineuse et, par conséquent, la quantité de sang du cerveau ; l'expiration a un effet inverse.

3° Les oscillations du cœur périphérique (pression exercée à la périphérie par le tonus artériel) sont plus lentes ; mais elles modifient aussi, cinq à six fois par minute, quoique dans de faibles proportions, la teneur du cerveau en liquide sanguin.

4° Ces trois causes (systole et diastole cardiaques, inspiration et expiration ; tonus oscillatoire des vaisseaux) font que le volume du cerveau est variable incessamment ; et, comme il n'est pas compressible, il faut qu'une certaine quantité de liquide soit déplacée à chaque changement de volume.

5° Ce déplacement de liquide porte à la fois sur le sang veineux qui reflue dans les sinus du diploé (ou qui en afflue) et sur le liquide céphalo-rachidien qui va et vient de la cavité encéphalique à la cavité rachidienne. La circulation cérébrale serait impossible sans ces déplacements de liquide ; car les autres organes du corps, soumis aux mêmes oscillations, ne sont pas enclos dans une cavité inextensible.

6° Le pouls du cerveau exprime ce changement de volume suivant ces trois causes ; il présente fréquemment une forme tricuspide due à la réaction des vaisseaux.

7° A ces trois causes il faut encore ajouter l'influence de la pesanteur et de la situation déclive ou relevée de la tête, influence que beaucoup d'expériences établissent.

8° Par suite des anastomoses multiples entre les gros vaisseaux d'une part qui s'abouchent à plein canal, et entre les artérioles qui composent ce réseau admirable de la pie-mère, la circulation du cerveau est assurée, même après oblitération d'une ou deux ou trois artères.

9° Une autre cause détermine encore des modifications dans la quantité du sang de l'encéphale ; c'est la réaction des vaso-moteurs cérébraux. Sous l'influence des émotions morales ou des excitations périphériques diverses, ils se dilatent, alors que les vaisseaux des autres organes se contractent. Il y a donc une sorte d'antagonisme entre la circulation cérébrale qui est plus active pendant que la circulation des autres organes se ralentit.

10° A l'état normal il n'y a ni vraie anémie, ni vraie congestion de l'encéphale, de sorte que, malgré les oscillations de la quantité du sang qui circule, les phénomènes psychiques ne sont pas intermittents ; mais la moindre interruption complète dans le cours du sang artériel amène des troubles psychiques.

11° L'anémie cérébrale produit, après la perte rapide de la conscience, des phénomènes épileptiformes, dus vraisemblablement à l'anémie des centres nerveux protubérantiels.

12° La pression du liquide céphalo-rachidien, voisine, à l'état normal de 100 millimètres d'eau, peut varier sans inconvénients de 20 à 300 millimètres. Mais, au delà de ce terme, la pression, en s'élevant, produit de l'anémie cérébrale et les accidents de l'anémie.

13° Il est impossible d'attribuer le sommeil à un changement dans la circulation du cerveau. Pendant le sommeil normal le cerveau est très légèrement anémié ; mais ce n'est pas cet état d'anémie qui permet d'expliquer le sommeil. Les substances hypnogènes provoquent des réactions circulatoires dans l'encéphale, qui sont variables selon la substance même, anémie par exemple avec le chloroforme et congestion avec le chloral.

Bibliographie. — 1766. — HALLER (A.). *Elementa physiologiæ corporis humani*, IV, lib. X, sect. V, § XLI, XLII, 176-182.

1769. — COTUGNO. *De ischiade nervosa commentarius* (in *Journ. de phys. exp. et prat.*, 1827, VII, 85-96). Avec les notes de MAGENDIE.

1825. — MAGENDIE (F.). *Mémoire sur un liquide qui se trouve dans le crâne et le canal vertébral de l'homme et des animaux mammifères* (*Journ. de physiol. expér. et prat.*, Paris, v, 27-37).

1827. — Magendie (F.). *Second mémoire sur le liquide qui se trouve dans le crâne et l'épine de l'homme et des animaux vertébrés* (*Journ. de physiol. expér. et prat.*, Paris, vii, 1-30).

1828. — Magendie (F.). *Mémoire physiologique sur le cerveau* (*Journ. de physiol. expér. et prat.*, Paris, viii, 211-229).

1839. — Bourgougnon (M.-R.). *Rech. sur les mouvements du cerveau* (*Th. in.* Paris, Rignoux, 4°, 20 p. 1 pl.).

1842. — Magendie (F.). *Rech. physiolog. et chim. sur le liquide céphalo-rachidien.* Paris.

1858. — Bernard (Claude). *Leç. sur la physiol. et la path. du syst. nerveux* (8°, Paris, J.-Baillière, i, 495-504). — Brown-Séquard. *Note sur des faits nouveaux concernant l'épilepsie consécutive aux lésions de la moelle épinière* (*Journ. de la physiol. de l'h. et des animaux.* Paris, i, 475-478). — Kussmaul et Tenner. *Rech. sur l'origine et les conditions d'existence des convulsions épileptiformes consécutives à une hémorrhagie et sur l'épilepsie en général* (*Journ. de la physiol. de l'h. et des animaux*, Paris, i, 201-207). (*Analyse et remarques à propos de ce travail par* Brown-Séquard.)

1863. — Vulpian (A.). *Note sur les effets produits par la commotion des centres nerveux chez la grenouille* (*B. B.*, 123-132).

1867. — Richet (A.). *Art.* Carotide *du Nouv. Dictionn. de médec. et de chir. pratiques.* Paris, J.-B. Baillière, vi, 374-425. — Robin (Ch.). *Leçons sur les humeurs normales ou morbides du corps de l'homme*, 8°, Paris, J.-B. Baillière, 848 p.

1868. — Girondeau (L.-A.). *De la circulation cérébrale intime dans ses rapports avec le sommeil* (*Th. in.* Paris, Parent, 4°, 48 p.).

1870. — Hermann (L.) et Escher (Th.). *Uber die Krämpfe bei Circulationsstörungen im Gehirn* (*A. g. P.*, iii, 3-8).

1871. — Prévost et Waller. *Contraction des vaso-moteurs du cerveau* (*B. B.*, 142).

1872. — Brown-Séquard. *Leç. sur les nerfs vaso-moteurs et sur l'épilepsie et sur les actions réflexes normales et morbides* (trad. par Béni-Barde. 8°, Paris, Masson, 211 p.). — Langlet (J.-B.). *Étude critique sur quelques points de la physiologie du sommeil* (*D. P.*). — Quincke (H.). *Zur Physiologie der cerebrospinal Flüssigkeit* (*Arch. f. Anat. Physiol. u. wiss. Med.* Leipzig, 153-177).

1873. — Longet (F.-A). *Traité de physiologie*, 3e édit., 2e tir., Paris, J. Baillière, iii, 280-312. — Mach (E.). *Physikalische Versuche uber den Gleichgewichtssinn des Menschen* (*Sitzb. d. k. Ak. d. Wiss. Wien*, P. iii, lxvii, 124-140). — Paulet (V.). *Céphalo-rachidien, liquide* (*D. D.*, (1), xiv, 46-65).

1874. — Schüller (M.). *Uber die Einwirk. einiger Artzneimittel auf die Gehirngefässe* (*Berl. klin. Woch.*, xi, 294-305). — Tuke (J.-B.). *Brain blood supply* (*Edimb. med. journ.*, xx, 481-492).

1875. — Loring (E.-G.). *The retinal circulation* (*Jb. P.*, iv, 77-78). — Mosso (A.). *Sopro un nuovo metodo per scrivere i movimenti dei vasi sanguigni nell' uomo* (*Mem. d. R. Accad. delle scienze di Torino*, nov.). — Vulpian (A.). *Leç. sur l'appareil vaso-moteur; physiol. et path.*, ii, 96-163.

1876. — Dalton (J.-C.). *Experiment. product. of anæsthesia by cerebral compression* (*N.-York med. Journ.*, xxiv, 27-34). — Drouin (A.). *De la pupille; anatomie, physiologie, sémiologie* (*D. P.*, 382 p.). — François-Franck (A.). *Du volume des organes dans ses rapports avec la circulation du sang* (*Trav. du laborat. de* M. Marey, 1876, ii, 2-62). — Mayer (S.). *Studien zur Physiol. des Herzens und der Blutgefässe; Veränderungen der arteriellen Blutdruckes nach Verschluss sämmtlicher Hirnarterien* (*Sitzb. d. k. Ak. d. Wiss. Wien.* P. III, lxxxiii, 85-108). — Mosso (A.). *Introduzione ad una serie di esperienze sui movimenti del cervello nell' uomo* (*Arch. p. l. sc. med.* Torino, i, 206-244). — Couty. *De l'action de l'arrêt circulatoire encéphalique sur les fonctions circulatoires* (*B. B.*, 296-298). — Panas. *Des troubles circulatoires du fond de l'œil considérés comme signes d'un traumatisme cérébral* (*Union médic.*, Paris, (1), 740-743). — Salathé (A.). *Rech. sur le mécanisme de la circulat. dans la cavité céph.-rachid.* (*Trav. du laborat. de* M. Marey, ii, 345-401). — Shaw (J.-C.). *The intra cranial and intra ocular circulation* (*Journ. nerv. et mental diseases*,

Chicago, III, 207-214). — TURNER (R.). *On passive cerebral pressure* (*Edimb. med. journ.*, XXII, 250-257).

1877. — FRANÇOIS-FRANCK. *Rech. sur l'influence que les variations de la pression intracranienne et intracardiaque exercent sur le rythme des battement du cœur* (*Trav. du lab. de* M. MAREY, III, 273-292). — RICHET (A.). *Traité d'anatomie médico-chirurgicale*, 5e édit., 8°, Paris, Lauwereyns, 373-397. — SALATHÉ (A.). *De l'anémie et de la congestion cérébrales provoquées mécaniquement chez les animaux, par l'attitude verticale ou par un mouvement giratoire* (*Trav. du lab. de* M. MAREY, III, 251-272). — SALATHÉ (A.). *Rech. sur les mouvements du cerveau et sur le mécanisme de la circulation des centres nerveux* (*Th. in.* Paris, Parent, 8°, 144 p., 29 pl.).

1878. — ABADIE (P.-A.). *Rech. historiques et critiques sur les mouvements du cerveau* (*D. P.*, 145 p.). — BOCHEFONTAINE. *Sur la pression du liquide céphalo-rachidien* (*C. R.*, LXXXVI, 1555-1557). — CYON (E. DE). *Rech. exp. sur les fonctions des canaux semi-circulaires et sur leur rôle dans la formation de la notion de l'espace* (*D. P.*, n° 114, 106 p.). — RAEHLMANN (E.) et WIDKOWSKI (L.). *Ueber das Verhalten der Pupillen während des Schlafes, nebst Bemerkungen zur Innervation der Iris* (*A. P.*, 109-121). — RICHET (CH.). *Structure des circonvolutions cérébrales* (*Anatomie et physiologie*, 8°, Paris, G. Baillière, 172 p., 21 fig., 1 pl.). — SÉE (M.). *Sur la communication des cavités ventriculaires de l'encéphale avec les espaces sous-arachnoïdiens* (*Rev. mens. de méd. et de chir.* Paris, II, 424-428; 1879, III, 295-304). — VIEUSSE. *De la communicat. entre la cavité arachnoïdienne et la capsule de Ténon* (*Recueil d'opht.*, Paris, V, 314-324).

1879. — BOCHEFONTAINE. *Sur la compression de l'encéphale déterminée par l'augmentation de la pression sanguine intra-artérielle* (*A. de P.*, 1879, (2), VI, 791-793). — LABBÉ (CH.) *Note sur la circulation veineuse du cerveau* (*A. de P.*, 135). — LUCAS (E.). *Essai historique, crit. et expériment. sur la circulat. artér. du cerveau* (*D. P.*, 50 p., 1 pl.).

1880. — CARLE et MOSSO. *Sulle modificazioni della circol. del sangue nel cervello durante la narcosi cloroform.* (*Riv. Clinica di Bologna*). — GORUP-BESANEZ (*Traité de chimie physiolog.*, trad. franç. d'après la 4e édit. allem. par SCHLAGDENHAUFFEN, 8°, Paris, Dunod, 2 vol., I, 566-576). — MAYER (S.). *Ueber ein Gesetz der Erregung terminaler Nervensubstanz* (*Sitzb. d. K. Ak. d. Wiss. Wien.*, 3e part., LXXXI, 121-142). — MILNE-EDWARDS (H.). *Leç. sur la physiol. et l'anat. comparée de l'homme et des animaux*, XIV, 150-161. — MOSSO (A.). *Sulla circolazione del sangue nel cervello dell' uomo, ricerche sfigmografiche* (*R. Acc. dei Lincei*, Roma, 1879-1880, sér. 3a, V, tir. à p., 126 p., 7 pl., 86 fig., 4°).

1881. — AZAM. *Les troubles intellectuels provoqués par les traumatismes du cerveau* (*Arch. gén. de méd.*, Paris, févr., 48 p.). — BURCKHARDT (G.). *Ueber Gehirnbewegungen.* Berne. — NAUNYN (B.) et SCHREIBER (J.). *Ueber Gehirndruck* (*A. P. P.*, XIV, 1-112, 7 pl.).

1882. — ALBERTONI (P.). *Unt. über die Wirkung einiger Artzneimittel auf die Erregbarkeit des Grosshirns nebst Beiträgen zur Therapie der Epilepsie* (*A. P. P.*, XV). — BONNOT (PH.). *Contribution à l'étude de l'hémorrhagie méningée expérimentale avec déductions cliniques* (*D. P.*, 8°. Davy, 40 p.). — HAYEM (G.). *Leç. sur les modifications du sang sous l'influence des agents médicament. et des pratiques thérapeut.* Paris, Masson, 8°, 135-149. — MARCACCI. *Ét. crit. et expér. sur les centres moteurs corticaux* (*A. i. B.*, I, 261). — MAYS (K.). *Ueber die Bewegungen des menschlichen Gehirns* (*A. A. P.*, LXXXVIII, 125-164, 2 pl.). — MOSSO (A.). *Sulla circulazione del sangue nel cervello dell' uomo; ricerche sfigmografiche* (*Arch. p. l. sc. med.*, Torino, V, 44-72; 97-115). — RICHET (CH.). *Physiologie des muscles et des nerfs.* Paris, G. Baillière, 802-842.

1883. — ADAMKIEWICZ (A.). *Die Lehre vom Hirndruck und die Pathologie der Hirncompression nach Thierversuchen und Krankenbeobachtungen* (*Sitzb. d. kais. Ak. d. Wiss., Math. nat. Cl.*, LXXXVIII, (3), 15-97, 231-355, 7 graph., 15 fig., VII pl.). — ORCHANSKY (J.). *Ueber den Einfluss der Anæmie auf die elektrische Erregbarkeit des Grosshirns* (*A. P.*, 297-309). — RUAULT (A.). *Rech. sur le pouls capillaire visible* (*D. P.*, 90 p.). — VIVIEN (G.). *Essai sur les tumeurs de la voûte du crâne constituées par du liquide céph. rachid. consécutivement au traumatisme, ou de la céphalhydrocèle traumatique* (*D. P.*, Derenne, 4°, 72 p.).

1884. — ADAMKIEWICZ (A.). *Ueber Gehirndruck und Gehirncompression* (*Wiener Klinik*, 201-252). — COUTY. *Sur le cerveau moteur* (2e partie) (*A. de P.*, (3), III, 46-97). — CURCI. *Azione di alc. medicam. sulla circolaz. del sangue nel cervello* (*Sperimentale*). — LUYS. *De la locomobilité ou changements de position du cerveau suivant les différentes attitudes de la tête* (*Encéphale*, Paris, IV, 276-299, 1 pl.). — *La locomobilité intra-cranienne du cerveau devant l'Académie de médecine* (*Ibid.*, 417-434). — SCHULTEN. *Experimentelle Untersuchungen über die Circulationsverhältnisse des Auges und über den Zusemmenhang zwischen den Circul. Verh. des Auges and des Gehirns* (*Arch. f. Ophth.*, XXX, 1, 4, 61. AB. *in Jb. P.*, XIII, 79-85). — DE VARIGNY (H.-C.). *Rech. exp. sur l'excitabilité électr. des circonvolut. cérébrales et sur la période d'excitat. latente du cerveau* (*Th. in.* Paris, Davy, 180 p.).

1885. — FREDERICQ (L.). *Note sur les mouvements du cerveau de l'homme* (*Bull. Ac. R. des sc. de Bruxelles*, 536-544). — FREDERICQ (L.). *Note sur les mouvements du cerveau chez le chien* (*Bull. Ac. R. des sc. de Bruxelles*, 362-375). — GLEY (E.). *État de la pression sanguine et de la circulation cérébrale pendant le sommeil produit par la boldo-glucine, contribution à la physiologie du sommeil* (*B. B.*, (8), II. 550). — MUSSO (G.) et BERGESIO (B.). *Influenza di alcune applicazioni idroterapiche sulla circolazione cerebrale nell' uomo* (*Riv. sp. di freniatria*, etc., XI, 124-158). — SCHULTEN. *Unters. über den Hirndruck, mit besonderer Rücksicht auf seine Einwirk. auf die Circul. Verhältn. des Auges* (*A. P. P.*, XIV, 81-82). — VENTURI (S.). *Sulla meccanica della locomozione del cervello in rapporto di movimenti del capo* (*Riv. sp. di fren.*, XI, 159-176).

1886. — KNOLL. *Ueber die Drückschwankungen in der Cerebrospinalflüssigkeit und den Wechsel der Blutfülle der centralen Nervensystem* (*Sitzb. d. k. Ak. d. W. Wien*, (3), XCIII, 217-248, 3 pl.)

1887. — CORIN (G.). *Sur la circulation du sang dans le cercle artériel de Willis* (*Bull. Ac. roy. des sc. de Belgique*. Bruxelles, (3), XIV, 90-100). — FALKENHEIM (H.) et NAUNYN (B.). *Ueber Hirndruck* (*A. P. P.*, XXII, 261-305). — FRANÇOIS-FRANCK. *Leç. sur les fonctions motrices du cerveau* (*réactions volontaires et organiques*) *et sur l'épilepsie cérébrale*, 8°. Paris, Doin, 571 p., 83 fig. — FRANÇOIS-FRANCK et PITRES. *Encéphale, circulation* (*D. D.*, (1), XXXIV, 314-360). — SPEH (E.). *De la répartition du sang circulant dans l'encéphale; expér. du lab. de physiol. de l'Univ. de Bruxelles. Encéphale*, Paris, VII, 55-74.

1888. — HÉDON (E.). *Étude anatomique sur la circulation veineuse de l'encéphale*, 8°, Paris, Doin, 96 p., 6 pl. — LOYE (P.). *La mort par la décapitation*, 8°, Paris, Lecrosnier et Babé, 285 p. — RUMMO (G.) et FERRANNINI (A.). *La circolazione cerebrale dell' uomo allo stato normale e sotto l'influenza dei farmaci ipnogeni; ricerche di fisiopatologia e di terapia clinica e speriment.* (1 vol. 4°, Napoli, Trani, 69 p., XVI pl., 17 fig.). — RUMMO (G.) et FERRANINI (A.). *La circulation cérébrale chez l'homme à l'état normal et sous l'influence des substances hysnogènes* (*A. i. B.*, XI, 272-291). — SPANBOCK (A.). *Ueber die Bewegungseffecte, die bei erhöhtem und herabgesetstem Drucke im Arteriensysteme von der Hirnrinde auserhalten werden* (*Beitr. zur path. Anat. und zur allg. Path.*, VIII, 1888, 283-303).

1889. — BLUMENAU (L.). *Sur la pression du cerveau* (*Th. inaug.*, en russe. Pétersbourg, Lebedeff, 158 p., 2 pl., 8°). — BOUCHUT et DESPRÉS (A.). *Dict. de médec. et de chir. prat.* Art. *Cérébroscopie*, 260, 261. — BROWN-SÉQUARD. *Le sommeil normal comme le sommeil hypnotique est le résultat d'une inhibition de l'activité intellectuelle* (*A. de P.*, (5), I, 333-335). — HÜRTHLE (K.). *Beiträge zur Hämodynamik; dritte Abtheilung; Untersuchungen über die Innervation der Hirngefässe* (*A. g. P.*, XLIV, 561-618, 7 fig.). — NAGEL (K.). *Variations de la pression du cerveau* (*Th. inaug.*, en russe. Moscou, 159 p., 4 pl., 8°). — TEDESCHI (A.). *Contributo allo studio della circolazione cerebrale* (*Rassegna di sc. med.*, Modena, VI, 6-19).

1890. — ADAMKIEWICZ. *Ueber das Wesen des vermeintlichen Hirndrucks und die Principien der Behandlung der sogenannten Hirndrucksymptome* (*Sitzb. d. k. Ak. d. Wiss. Wien; math. nat. Cl.*, XCIX, 450-485, 4 pl.). — DE BECK (J.) et VERHOOGEN (J.). *Contribution à l'étude de la circulation cérébrale* (*J. de méd. chir. et pharm. de Bruxelles*, XC, 1-71, 2 pl.). — CAPPIE (J.). *The intracranial circulation and its relation to the physiology of the brain* (*Edinb.*, 1890. 188 p., 4 pl., 8°). — CARDARELLI. *Une forme non décrite du vertige, dépendant de l'excitation du vague, au cou* (*A. i. B.*, XIV, 205-206). — CYBULSKI (N.). *Zur Frage des Gehirndruckes* (*C. P.*, IV, 834-836). — FREDERICQ (L.). *Sur la circulation céphalique croisée ou échange de sang carotidien entre deux animaux* (*Arch. de Biol.*, Gand et Leipzig, X, 127-130). — GEIGEL (R.). *Die Circulation im Gehirn und ihre Störungen* (*A. A. P.*, CXIX, 93-105, CXXI, 432-443; 1891, CXXIII, 27-32, CXXV, 92-101). — GRASSET (J.). *Du vertige cardio-vasculaire, ou vertige des artério-scléreux; leç. recueillies par* RAUZIER, (9), 8°, Paris, Masson, 80 p. (Extrait du *Montpellier médical*, XIV, (2). — LEWY (B.). *Die Regulirung der*

Blutbewegung im Gehirn (*A. P. P.*, CXXII, 146-200, 1 pl.). — LUSSANA (F.). *Sulla pressione endocranica* (*Riv. ven. di. sc. med.* Venezia, XIII, 293-310). — ROY (C.-S.) et SHERRINGTON (C.-S.). *On the regulation of the blood supply of the brain* (*J. P.*, XI, 85-138, 3 pl.). — SCHERBAK (A.-E.). *Effets de certaines substances sur la circulation cérébrale* (en russe). (*Vratch*, XI, 991-995). — SERGUÉYEFF (S.). *Le sommeil et le système nerveux. Physiologie de la veille et du sommeil*, 2 vol., 8°, Paris. — SPENCER (W.) et HORSLEY. *On the changes produced in the circulation and respiration by increase of the intracranial pressure or tension* (*Proc. Roy. Soc., London*, XLVIII, 273-275; *Jb. P.*, XIX, 65). — TROCARD. *De l'appareil veineux des art. encéphal.* (*Journ. de l'an. et de la physiol.* Paris, XXVI, 496-518, 1 pl.).

1891. — ADAMKIEWICZ. *Ueber die Steigerung des intracraniellen Druckes und deren Phänomene* (*Verh. d. X. int. med. Congr.*, 1890, Berlin, 5ᵉ part., 32-36). — ADUCCO. *Action de l'anémie sur l'excitabilité des centres nerveux* (*A. i. B.*, XIV, 141). — BROWNING (W.). *The arrangement of the supracerebral veins in man, as bearing on Hill's theory of a developmental rotation of the brain* (*J. nerv. and mental diseases*. New-York, XVIII, 713-717). — CAVAZZANI (E.). *Sulla genesi del circolo collaterale, suoi rapporti coll' influenza nervosa, particolarmente nel circulo di Willis* (*Riv. veneta di science mediche*). — CYBULSKI (N.). *Zur Frage des Gehirndruckes* (*C. P.*, IV, 834-836). — DUPLAY (S.) et RECLUS (P.). *Traité de chirurgie.* 8°, Paris, Masson, III, 499-513, in *Maladies du crâne* par GÉRARD-MARCHANT. — MACKENSIE (J.-C.). *The circulation of the blood and lymph in the cranium during Sleep and Sleepessness, with observations on hypnotics* (*Journ. of ment. sc.*, XXXVII, 18-61). — RICHET (CH.). *Influence de l'attitude sur l'anémie cérébrale* (*B. B.*, 35-36). — DE SARLO (G.). et BERNARDINI (C.). *Ricerche sulla circolazione cerebrale durante l'attivita psichiche, e sotto l'anurie dei veleni intellettuali* (*Riv. Sperm. di frenatria*, Reggio Emilia, XVII, 503-528, 3 pl. et 1892, XVIII, 1-48, 7 pl.). — TOISON (J.) et LENOBLE (E.). *Note sur la structure et la composition du liquide céphalo-rachidien chez l'homme* (*B. B.*, (9), III, 373-379).

1892. — ALEZAÏS (H.) et D'ASTROS (L.). *La circulation artérielle du pédoncule cérébral* (*Journ. de l'an. et de la physiol.* Paris, XXVIII, 519-528). — CAVAZZANI (A.). *Dell' azione dell' asfissia sui vasi cerebrali* (*Arch. p. l. sc. med.*, Torino, XVI, 225-240, 3 fig.). — AZOULAY. *Procédé pour rendre le pouls capillaire sous-unguéal plus visible* (*B. B.*, 319-320). — CAVAZZANI (E.). *Sull' influenza vaso-motrice del simpatico cervicale: contributo allo studio della circolaz. cerebr.* (*Rivist. sperim. di freniatria e d. med. leg.*, XVIII, 262-291). — CAVAZZANI (A. et E.). *Ueber die Circulation der cerebrospinal Flüssigkeit* (*C. P.*, VI, 533-536). — DEWÈVRE. *Rech. expér. et clin. sur la circulation du sang dans les artères vertébrales* (*Rev. de méd.* Paris, XII, 341-336, 6 fig.). — FREDERICQ (L.). *Manipulations de physiologie*, 8°, Paris, J.-B. Baillière, 274. — GRASHEY (H.). *Exper. Beiträge zur Lehre von der Blutcirculation in der Schädel-Rückgratshöhle.* München, Lehman, 75 p., f°.

1893. — CAVAZZANI (E.). *Sur l'influence vaso-motrice du sympathique cervical; contribut. à l'étude de la circulat. cérébr.* (*A. i. B.*, XIX, 214-219). — DESUET (L.). *Contribution à l'étude de la physiol. de la circulation cérébrale* (*Th. doct.* Lille, 54 p., 4°). — FRENCH (H.-W.). *Some considerat. on the value of the heart's impulse, with regard to the circulation in the brain* (*Cincinn. Lancet Clinic.*, 1893, XXXI, 563-567). — HAIG (A.). *The physics of the cranial circulation and the pathology of headache, epilepsy and mental depression* (*Brain*, Lond., XVI, 230-258). — STEFANI (A.). *Comment se modifie la capacité des différents territoires vasculaires avec la modification de la pression* (*A. i. B.*, XX, 91-109). — FICK (A.). *Ueber den Druck in den Blutcapillären* (*A. g. P.*, XLII, 482). — HALLEY (G.). *Some effects of the taking off of the cerebrospinal pressure; anemia of the brain and wounds of the sinusses* (*Tr. med. associat. Missouri.* Jefferson City, 248-257). — HARRINGTON (A.-F.). *A case of compression of the Brain* (*Med. News*, Philadelph., LXIII, 716). — JOLYET (F.). *Du rôle du liqu. céph.-rachid. dans la circulation cérébrale* (*Gaz. hebd. des sc. médic. de Bordeaux*, XIV, 386-388; et *B. B.*, 716-718; 765-766). — MARAGLIANO (E.). *Il cloralosio* (*Cronaca della clinica medica di Genova*, 27 mars, et *Boll. d. r. Acc. med. di Genova*, VIII, 45-50). — VIERORDT (H.). *Anatom., physiol. und physik. Daten und Tabellen zum Gebrauche für Mediciner*; 2ᵉ édit., 8°, Iéna, Fischer, 400 p. — VINAJ (G.-S.). *Contribuzione allo studio della circolazione cerebrale in sequito alla doccia* (*Idrol. e climat.*, Torino, IV, 243-257). — WERTHEIMER (E.). *Sur l'antagonisme entre la circulation du cerveau et celle de l'abdomen* (*A. de P.*, 297-311).

1894. — CAMPBELL (H.). *On the resistance offered by the blood capillaries to the circulation* (*Lancet*, (1), 594-596). — ALBERT (E.) et SCHNITZLER (J.). *Einige Versuche über Hirndruck.*

(*Intern. klin. Rundsch.*, Wien., VIII, 1, 36, 81). — BROWNING (W.). *Lumbar puncture for the removal of cerebrospinal fluid.* (*J. nerv. and ment. diseases.* New-York, XXI, 651-656). — DEBIERRE (CH.). *La moelle épinière et l'encéphale avec applicat. physiolog. et méd. chirurg., suivies d'un aperçu sur la physiol. de l'esprit*; 8°, Paris, F. Alcan, 452 p., 242 fig., 1 pl. — HILL (L.). *On intra-cranial pressure* (*Proc. Roy. Soc., London*, LV, 52-57). — HALLION (L.) et COMTE (C.). *Rech. sur la circulation capill. chez l'homme à l'aide d'un nouvel appareil pléthysmographique* (*A. de P.*, (5), VI, 381-390). — BAYLISS (W.-M.) et STARLING (E.-H.). *Observat. of venous pressures and their relationship to capillary pressures* (*J. P.*, XVI, 159-202). — MOSSO (A.). *La temperatura del cervello, studi termometrici;* 8°, Milano, Fr. Treves, 197 p., 49 fig., 5 pl.

1895. — CHARPY (A.). *Vaisseaux de l'encéphale*, 681-731 (in POIRIER (P.). *Traité d'anat. hum.*, III, 2° fasc., Paris, Bataille, 8°). — BAYLISS (W. M.) et HILL (L.). *On intra-cranial pressure and the cerebral circulation* (*Part I : physiological*) (*J. P.*, XVIII, 334-362). — BINET (A.) et SOLLIER (P.). *Recherches sur le pouls cérébral dans ses rapports avec les attitudes du corps, la respiration et les actes psychiques* (*A. de P.*, (5), VII, 719-734). — CAPRIATI (V.). *Influence de l'électricité sur la circulation cérébrale chez l'homme* (*A. i. B.*, 1895, XXIII, 288-290). — CAVAZZANI (E.). *Le sympathique cervical concourt avec des fibres constrictrices et dilatatrices à l'innervation des vaisseaux cérébraux* (*A. i. B.*, 1895, XXIII, 88, XI° Congrès de médecine, Rome, 1894). — GAUDUCHEAU (A.) et BUSSIÈRE (J.). *Expérience tendant à réaliser une condition de la circulation cérébrale* (*B. B.*, XLVII, 747-749). — GIANNELLI (A.). *Sui fenomeni osservati colla compressione di una breccia cranica* (*R. sp. d. fren.*, Reggio, XXI, 281-286). — KIESOW (Fr.) *Expériences avec le sphygmomanomètre de Mosso sur les changements de la pression du sang chez l'homme produits par les excitations psychiques* (*A. i. B.*, XXIII, 198-211). — JOACHIMSTHAL (G.). *Ueber den Einfluss der Suspension am Kopfe auf den Kreislauf* (*A. P.*, 200-202). — REINER et SCHMITZLER. *Zur Lehre von Hirndruck.* (*Wien. klin. Woch.*, 371). — SHIELDS (T. E.). *The effect of olfactory sensations upon the Bloods supply to the Brain.* (*J. Hopk. Univers. Circulars*, XIV, 71). — GUINARD (L.). *Modificat. de la vitesse du courant sanguin par la morphine. Mécanisme des effets circulat. produits par ce médicament* (*B. B.*, 572-573).

1896. — GILTAY (C.). *Sur l'occlusion des artères nourricières de la tête chez le lapin* (*Arch. de biol.*, XIV, 395-402). — COURTIER (J.). *Recherches sur l'influence exercée par les émotions sur la circulation capillaire* (*III° Congr. f. Psychol.*, Munich, 206). — PATRIZZI (M. L.). *Il tempo dei riflessi vasali del cervello e delle membrane nella veglia e nel sonno* (*ibid.*, 422-423). — *L'equazione personale studiata in rapporto colla curva pletismografica cerebrale* (*ibid.*, 217). — *Primi sperimenti intorno all' influenza della musica sulla circolazione del sangue nel cervello umano* (*ibid.*, 176-177). — ZIEGLER (P.). *Ueber die Mechanik des normalen und pathologischen Hirndruckes* (*Verhandl. d. deutsch. Gesellsch. f. Chir.*, Berlin, XXV, t. II, 133-144). — CAVAZZANI (E.). *Weiteres über die Cerebrospinalflüssigkeit* (*C. P.*, X, 145-147). — ZANIER (G.). *Ueber die osmotische Spannkraft der Cerebrospinalflüssigkeit* (*ibid.*, 353-354). — HILL (L.). *The Physiology and Pathology of the Cerebral Circulation, an Experim. Research*, 8°, Churchill, London.

§ IV. — ROLE DE L'ÉCORCE CÉRÉBRALE EN GÉNÉRAL PSYCHOLOGIE COMPARÉE

Fonctions de l'écorce cérébrale chez les vertébrés inférieurs. — Le premier problème psychologique, celui de la nature des *fonctions sensorielles les plus anciennes de l'écorce cérébrale*, n'a reçu que tout récemment une solution scientifique fondée sur l'anatomie comparée. Chez les amphibiens et chez les reptiles, le rudiment de l'écorce cérébrale n'est guère relié qu'avec l'appareil olfactif. Tous les autres appareils des sens n'ont été reliés à l'écorce que postérieurement à l'établissement de ces rapports primitifs de l'appareil olfactif avec le manteau des hémisphères cérébraux. La pensée a donc commencé, dans la série animale, par l'élaboration des perceptions olfactives. Nous connaissons ainsi la nature des sensations qui, pour la première fois, trouvèrent, dans le cerveau antérieur, un substratum anatomique, condition de la conservation et de l'association des souvenirs de ces sensations avec d'autres modes de sentir, inégalement développés. Phylogéniquement l'écorce cérébrale la plus ancienne, reliée par des faisceaux de fibres nerveuses au lobe olfactif, a servi au sens de l'olfaction. Chez les reptiles, outre le lobe olfactif lui-même, toute l'aire de la base du cerveau et une grande partie du « ganglion de la base » appartiennent encore et toujours à l'appareil olfactif. La voûte du manteau, qui se courbe au-dessus de l'appareil olfactif, relativement petite par rapport à cet appareil, contient cependant, pour la première fois, une écorce régulière[1]. Des cellules épithéliales de la muqueuse olfactive, les fibres olfactives gagnent l'écorce du lobe olfactif où elles s'arborisent dans les dendrites des cellules mitrales, homologues des grandes cellules pyramidales du reste de l'écorce. Les cylindraxes des cellules mitrales se terminent, comme radiation olfactive, en partie dans l'écorce du lobe olfactif, en partie dans la couche des fibres tangentielles de l'écorce et dans le réseau sous-cortical du reste de cette écorce cérébrale ; une autre partie enfin, renfoncée de faisceaux issus de l'écorce du lobe lui-même, va dans l'épistriatum. Parmi les faisceaux les plus complexes de ce système est la radiation olfactive qui se rend au *ganglion de l'habénule*, constituant la partie principale du *taenia thalami* : elle relie le territoire de l'*aire olfactive* (*area olfactoria*), désigné chez les mammifères par le nom de *lobus olfactorius posterior*, avec le *cerveau intermédiaire*. Du lobe olfactif et de l'aire olfactive de la base du cerveau un faisceau monte à l'écorce du manteau où il se termine. Ce *faisceau olfactif* représente *la première connexion connue d'un appareil des sens avec l'écorce du cerveau.*

Peut-être existe-t-il déjà pourtant chez les amphibiens; ce n'est, en tout cas, que chez les reptiles qu'on peut démontrer son existence. Par la commissure antérieure et les commissures du manteau (*psalteria*) passent les fibres qui réunissent les parties identiques des deux hémisphères, reliant ainsi les territoires olfactifs, et ces territoires seulement, du cerveau des reptiles. Comparé à l'appareil olfactif, tout le reste du cerveau antérieur des reptiles semble de peu d'importance. L'écorce de ce cerveau a été bien étudiée par Edinger au moyen de la méthode de Golgi. Outre une couche stratifiée de cellules pyramidales, cette écorce contient encore des cellules situées en dehors de celle-ci, ainsi que dans la couche sous-corticale. Un puissant plexus de fibres tangentielles la parcourt ; elle envoie et reçoit des faisceaux de fibres nerveuses. Il n'y a aucun point de cette écorce, aucune cellule nerveuse qui ne puisse entrer en rapport avec d'autres points au moyen de fibres nerveuses. On n'y a pourtant pas encore découvert de longues voies d'association proprement dites, même chez les grands reptiles, dont l'écorce se distingue souvent de celle des petits par un plus haut développement, en particulier par la plus grande épaisseur de ses courtes voies d'association. En dehors des faisceaux appartenant à l'appareil olfactif, aucun autre faisceau important ne saurait être suivi avec sûreté dans l'écorce, quoiqu'on doive considérer comme très vraisemblable l'existence d'un faisceau cortical allant au *tectum mesencephali*, où se terminent le nerf optique ainsi qu'une grande partie des fibres de sensibilité : cette radiation optique allant des centres de l'opticus à l'écorce est d'ailleurs ici peu visible et ne se reconnaît que lorsqu'on connaît bien le puissant développement de ce même faisceau chez les oiseaux. On doit encore signaler un faisceau qui de l'écorce irait se terminer dans le thalamus, première apparition d'une de ces radiations thalamo-corticales si développées chez les mammifères. Ainsi, il n'y a point de doute que la plus grande partie de l'écorce du cerveau des Reptiles ne soit une « écorce olfactive » (*Riechrinde*). Que l'écorce cérébrale, là où elle se montre pour la première fois dans la série des vertébrés, ne soit que le centre d'un seul sens, celui de l'olfaction ; que toutes les associations que cette écorce réalise, tous ses souvenirs, toutes ses images mentales appartiennent à ce sens unique, c'est là sans doute un des résultats les plus considérables que l'anatomie comparée ait livrés à l'étude des fonctions du cerveau, et en particulier à celle de la psychologie comparée. Avant d'inaugurer d'une façon scientifique de pareilles études, il fallait savoir quelles impressions des sens, quelles perceptions les vertébrés inférieurs avaient d'abord éla-

1. L. Edinger. *Untersuchungen üb. die vergleichende Anat. des Gehirns. 3. Neue Studien über das Vorderhirn der Reptilien. Abhand. der Senckenberg. naturf. Gesellsch. Frankf. a. M.* 1896.

borées, conservées, associées sous la forme de symboles de la pensée. Edinger, à qui l'on doit surtout cette découverte, avait du reste indiqué depuis longtemps déjà que l'écorce du cerveau des reptiles correspondait, en tout ou en partie, à la corne d'Ammon, région du cerveau des mammifères dont les rapports avec l'olfaction sont bien établis. Les nouvelles études de ce savant ont confirmé ces vues. S'il n'est pas encore possible de dire jusqu'à quel point l'écorce du cerveau des reptiles correspond uniquement à la corne d'Ammon et à tout le *gyrus limbicus*, et si d'autres centres ne s'y rencontrent point déjà, au moins la plus grande partie de cette écorce est-elle bien en rapport avec l'appareil olfactif. Ajoutez qu'elle donne naissance à un *fornix*, où Edinger a pu démêler deux faisceaux, dont l'un va au *corps mamillaire*, l'autre au *ganglion de l'habénule*. Pour Edinger, les connexions et le développement de ce ganglion, qui varient chez les mammifères avec l'importance relative de l'appareil olfactif, indiquent qu'il fait partie de cette province du système nerveux central. Des fibres provenant du *taenia thalami*, et remontant du territoire olfactif, aboutissent certainement en grand nombre dans le ganglion de l'habénule. En tous cas, le *taenia thalami* et le *ganglion habenulae* sont atrophiés, chez l'homme, comme l'appareil olfactif. Si l'écorce de la face interne du cerveau des reptiles correspond à la *corne d'Ammon*, s'il en naît un *fornix*, les commissures qui réunissent ces territoirs corticaux doivent être l'analogue du psalterium. Dans les cerveaux des marsupiaux et des monotrèmes étudiés jusqu'ici, le corps calleux fait défaut: les commissures de ces cerveaux doivent également être considérées comme une formation identique aux fibres blanches de la lyre de David, parce qu'elles ne réunissent que des parties des deux circonvolutions d'Ammon.

Du cerveau des reptiles à celui des marsupiaux le progrès accompli est bien plus petit que du cerveau des marsupiaux à celui de l'homme. G. Elliot Smith (Sidney), après Zuckerkandl et Edinger, a surtout bien mis en lumière les relations histologiques de l'hippocampe avec le lobe olfactif (*The connection between the olfactory Bulb and the Hippocampus. Anat. Anzeiger*, 1895, x, 470-4) : il a pu suivre les fibres de la racine olfactive interne qui, comme cylindraxes des cellules mitrales, au sortir du bulbe olfactif, vont, sous forme de collatérales et d'arborisations terminales, se mettre en contact avec les expansions protoplasmiques des cellules du lobe piriforme (*uncus*).

On sait enfin que les diverses régions de l'écorce du cerveau des mammifères atteignent un développement différent, et, après Meynert et Broca, Edinger oppose le territoire olfactif des animaux osmatiques à celui des cétacés, des singes et de l'homme.

Et pourtant, quoiqu'ils ne possèdent encore qu'un bulbe et un lobe olfactif sans écorce cérébrale, les poissons osseux ne laissent pas de percevoir les odeurs, et tout pisciculteur sait que, après le sens de la vue, dont ils se servent surtout, ces vertébrés sont très souvent guidés dans leurs actions par le sens de l'odorat. Quand, chez les amphibiens et surtout les reptiles apparaît une nouvelle formation, l'écorce du manteau cérébral, cette écorce n'est presque uniquement en rapport qu'avec le lobe olfactif, et l'on sait le développement énorme qu'a pris l'écorce olfactive chez les mamifères osmatiques. On connaît, d'autre part, l'involution régressive de cette même écorce chez les mammifères aquatiques (dauphins, baleines), chez les singes et chez l'homme, évolution et involution corticales strictement parallèles à celle du *bulbe*, du *lobe* et du *nerf olfactif*[1]. Quelle peut être la nature des *sensations* et des *perceptions olfactives* chez les poissons? S'ils *reconnaissent* les odeurs, s'ils possèdent une *mémoire olfactive*, ils doivent avoir des *représentations* de cette nature, et des *images olfactives* doivent entrer pour une part prédominante dans les *processus d'association* qui sont, chez les poissons comme chez l'homme, toute l'*intelligence*. Malheureusement, à part quelques observations bien faites, telles que celles de Möbius, il n'existe pas plus d'expériences méthodiques sur ce sujet chez les poissons que chez les reptiles, qui d'ailleurs offrent déjà des conditions

1. L. Edinger. *Ueber die Entwicklung des höheren Seelenlebens bei den Thieren.* (*Jahresb. d. Senkenbergischen naturforsch. Gesellsch.*, 1894). *Vergleichend-entwickelungsgesch. u. anat. Studien im Bereiche der Hirnanatomie. Riechapparat u. Ammonshorn. Anat. Anz.* 1893. *Ueber die phylogen. Ursprung der Rindencentren u. üb. den Riechapparat.* (*Wandersamml. der Neurol. u. Irrenärtze zu Baden-Baden*, 1893).

anatomiques de vie mentale bien supérieures, puisqu'ils possèdent une véritable écorce cérébrale.

Effets de l'ablation de l'écorce cérébrale chez les Batraciens. — L'écorce cérébrale, avec ses innombrables cellules nerveuses et faisceaux d'association, voilà donc le substratum des fonctions psychiques supérieures. Mais l'anatomie comparée, aussi bien que les expériences de Steiner, de Goltz, de Schrader, montrent que l'existence de cet organe n'est pas nécessaire pour l'exercice des fonctions psychiques considérées en général comme inférieures, comme instinctives, disait-on autrefois, et qui sont en partie indépendantes de la mémoire individuelle consciente. Si l'on enlève ou détruit l'écorce et les connexions de cet organe, ce qu'on supprime, c'est l'organe de toutes ces fonctions psychiques supérieures qui s'appellent mémoire, association des idées, expérience acquise et réflexion.

Lorsque Goltz publia, en 1869, son travail sur les *Fonctions des centres nerveux de la grenouille* (*Beitraege zur Lehre von den Functionen der Nervencentren des Frosches.* Berlin, 1869), il démontra, contrairement aux doctrines de Flourens, de Longet et de Schiff, qu'après l'ablation du cerveau tout entier, une grenouille peut encore, non seulement voir, mais éviter avec adresse les obstacles placés sur son chemin. Quelques années auparavant, Renzi avait soutenu que, par l'ablation du cerveau, la grenouille ne perd que la vision mentale; elle conserve, grâce au mésocéphale, les sensations brutes de la vue: elle voit sans conscience; elle sent; elle ne perçoit plus; elle est, comme le dira Munk, frappée de cécité psychique; ce qui ne l'empêche pas d'éviter les obstacles, de voir et de réagir par ses mouvements d'une façon appropriée. Or l'opinion reçue était alors que les animaux dont les hémisphères cérébraux ont été enlevés sont ou complètement aveugles, ou incapables d'ajuster leurs mouvements à leurs impressions visuelles. Il fallait distinguer : ce qui est vrai ou paraît vrai pour les oiseaux et les mammifères, dont l'organe central de la vision est dans le cerveau antérieur, ne l'est point pour les amphibiens, pour les reptiles, qui voient avec leur mésocéphale, avec leurs lobes optiques. Un élève distingué de Goltz, Max E. G. Schrader a prouvé naguère que, loin d'être incapable de se mouvoir « spontanément » et de s'alimenter, la grenouille, dont les deux hémisphères cérébraux ont été totalement enlevés, peut encore d'elle-même changer de place et de milieu, suivant les saisons, comme les grenouilles normales, et se nourrir de mouches qu'elle attrape, quand les effets de traumatisme expérimental ont été dissipés. Les symptômes attribués jusqu'ici à la grenouille privée de ses hémisphères cérébraux ne s'observent que lorsque, avec le cerveau, les *thalami optici* ont été détruits. Bref la perte des mouvements « volontaires », comme les appelait encore Goltz, et l'incapacité de se nourrir, dérivent directement des lésions du cerveau intermédiaire et du cerveau moyen de la grenouille : là sont situés, outre les centres des nerfs optiques, des éléments nerveux dont la destruction provoque des troubles graves et permanents de la motilité, des phénomènes d'arrêt et de déficit. Schrader a constaté que le *couak* réflexe n'a point son centre dans les lobes optiques (Goltz, Steiner), mais dans la moelle allongée de la grenouille; que la lésion d'aucun point de la moelle allongée n'entraîne nécessairement la perte des mouvements coordonnés, et qu'il est facile, au moyen de sections du système nerveux central, de partager une grenouille en trois animaux indépendants, en quelque sorte : en segments de la tête, du membre antérieur et du membre postérieur. Cette démonstration de l'autonomie fonctionnelle de chaque segment de la moelle épinière permet de rapprocher ce centre nerveux d'animaux vertébrés du système nerveux central des invertébrés dont les ganglions, d'où partent les nerfs, sont reliés par de simples commissures. La forte centralisation du système nerveux des vertébrés supérieurs n'a pas encore apparu chez les batraciens [1].

Effets de l'ablation de l'écorce cérébrale chez les oiseaux. — Chez les oiseaux, quoique Munk nous paraisse avoir prouvé que chaque hémisphère est en rapport avec les deux rétines, comme chez les mammifères, on soutient dans l'École de Strasbourg qu'après l'ablation complète des hémisphères cérébraux, et partant des

1. Schrader. *Zur Physiologie des Froschgehirns. Arch. f. d. ges. Phys.*, xli, (1887), 75 sq. — *Ueber die Stellung des Grosshirns im Reflexmechanismus des centralen Nervensystems der Wirbelthiere.* Leipz., 1891, p. 10, sq.

centres de la vision mentale, les oiseaux voient encore. Max Schrader raconte comment les pigeons qui avaient subi cette opération, au sortir de l'état d'anéantissement, ressemblant à un sommeil profond, bien décrit par Rolando et par Flourens, allaient çà et là infatigablement dans le laboratoire, évitant tous les obstacles placés sur leur chemin, les cloches de verre transparentes aussi bien que les tables et les chaises. Placés sur le bord de la main, ces pigeons sans cerveau se balançaient, compensant exactement tous les changements d'équilibre par des mouvements correspondants; les fausses positions imprimées aux membres étaient aussitôt corrigées; seuls, les pigeons dont les *couches optiques* avaient été lésées en même temps que le cerveau laissaient paraître des troubles d'adaption. La vivacité des mouvements n'était point, chez ces oiseaux, l'effet d'une irritation due au traumatisme, car ils dormaient paisiblement la nuit. Posé sur la main, l'oiseau s'envolait quelquefois tout à coup vers un objet et s'y posait; il appréciait les distances, en jugeant parfaitement. Au contraire, il ne s'envolait presque jamais spontanément du sol. Or on ne peut point dire que le pigeon opéré avait réappris à voir; car, aussitôt après l'opération, certains pigeons se comportent à cet égard comme d'autres après la deuxième semaine : ils évitent tous les obstacles *et voient encore :* « L'animal privé de son cerveau se meut dans *un monde de corps* dont la situation dans l'espace, la grandeur et la forme déterminent la nature de ses propres mouvements, *mais qui lui sont tout à fait indifférents.* » Le mâle roucoule sans observer une femelle qui se trouve à proximité; la femelle n'a souci des jeunes, qui crient après leur nourriture. Pour le pigeon sans cerveau, le monde n'est qu'une masse remplissant vaguement l'espace. La crainte et la sympathie font également défaut. Les réactions correspondent exactement aux excitations. Schrader n'a pas observé que ces pigeons mangeassent seuls, aptitude qui lui paraît liée, chez les oiseaux comme chez les mammifères, au cerveau frontal. Peut-être ces troubles étaient-ils dus à de simples phénomènes d'arrêt portant sur les fonctions du mésocéphale. Quoique l'élève de Goltz, devenu un observateur aussi sagace, ne laisse pas d'affirmer que le cerveau du pigeon n'est pas plus un centre de motilité qu'un centre sensoriel, si l'on entend par là que l'ablation de cet organe entraînerait la perte des mouvements et de l'activité des sens, c'est dans les différences que présentent à cet égard les pigeons opérés d'avec les pigeons normaux qu'il faut chercher à déceler les phénomènes de déficit plus ou moins masqués par les phénomènes d'arrêt.

Toutes les actions de ces oiseaux donnent absolument l'impression des mouvements d'un automate. En dépit de leur variété et de leur complexité, elles ont un cours régulier et sont déterminables à un très haut degré; elles présentent bien le caractère des mouvements de réponse (Goltz) et semblent n'être que des actions réflexes. Quoique Recklinghausen ait constaté, au moins macroscopiquement, dans deux autopsies pratiquées sur les pigeons observés par Schrader, que l'écorce du cerveau avait été complètement enlevée, Munk a écrit que ce protocole d'autopsie ne saurait servir à la thèse de Schrader : « Il faut, dit Munk, ou que des restes de cerveau aient échappé à la vue de M. Schrader, ou que chez mes pigeons tout à fait aveugles il ait existé une lésion de cerveau dépassant les limites des hémisphères. Mais cette dernière supposition n'est pas admissible, non seulement parce que, à un examen attentif, j'ai trouvé complètement intactes toutes les parties du cerveau situées en dehors des hémisphères chez mes pigeons tout à fait aveugles, mais aussi parce que ces oiseaux ont vécu durant quatre à sept mois dans un état de santé parfait; or, comme on l'observe souvent, les lésions des régions profondes du cerveau, dues soit à l'opération elle-même, soit par le fait d'inflammations et de ramollissements précoces ou tardifs, entraînent toujours la mort des pigeons. » Reste donc l'autre hypothèse, que Munk admet comme très probable : la nature de la mort et la courte survie des pigeons de Schrader (aucun n'a survécu plus de six semaines) ont été la conséquence certaine d'un ramollissement des pédoncules et des couches optiques (*Ueber die Functionen der Grossh.* Berlin, 1890, 279-80). L'étude de la localisation des fonctions de l'écorce chez les oiseaux a été reprise et continuée par Max Schrader dans un travail où, au lieu de pigeons, il a choisi pour sujets d'expérience des oiseaux de proie, des hiboux et des faucons (*Zur vergleich. Physiologie des Grosshirns. Aus. d. phys. Institut des Univers.* Strassburg. 1890). Après l'ablation de l'hémisphère cérébral droit, il vit un hibou boiter de la patte gauche, l'œil gauche paraissait *aveugle,* les réflexes pupillaires étaient d'ailleurs égaux et le vol ne semblait pas modifié. Trois semaines après l'opération, les troubles de la motilité s'étaient un peu amendés : la serre gauche rappelait par son attitude celle que présente la patte d'un chien opéré d'un hémisphère. Mais les troubles de la vue persistaient; la sensibilité générale était aussi altérée : on pouvait impunément caresser l'oiseau sur la moitié gauche du corps; à droite, tout contact lui faisait tourner la tête et l'excitait à mordre. Chez le faucon, l'ablation symétrique bilatérale du lobe frontal entraîna une paraplégie complète des deux jambes, les ailes et la queue continuant, dit SCHRADER, à fonctionner normalement. Les symptômes déterminés par ces lésions expérimentales présentent des ressemblances frappantes avec ce que l'on observe chez les chiens et chez les singes dans les mêmes circonstances : toutefois, chez les oiseaux de proie, ce sont surtout les extrémités postérieures qui sont affectées, chez les mammifères, les extrémités antérieures. Les pigeons ne présenteraient aucun trouble de l'usage des membres. Or, chez les oiseaux de proie, les altérations de la motilité ont précisément frappé les organes conformés « comme des mains », servant à prendre et à grimper. CH. RICHET (*Expér. sur le cerveau des oiseaux. B. B.*, 129-133 et 1886, 306) a montré que les canards dont la surface encéphalique (lobes optiques) avait été cautérisée se comportaient à peu près comme des canards normaux, et que les cris divers poussés par ces canards sans cerveau ressemblaient beaucoup aux cris poussés par les canards normaux. Toutefois, il y a une différence; les canards privés de cerveau, lorsqu'on les pourchasse dans une salle fermée, étant poursuivis, ne sont plus assez intelligents pour s'échapper : ils se blottissent dans un des angles de la pièce, et là, restent immobiles, et se laissent prendre. Des canards avec cerveau se comportent tout différemment, et ils savent s'échapper en courant à droite ou à gauche, sans se laisser acculer à un angle de la salle.

Effets de l'ablation de l'écorce cérébrale chez les chiens. Expériences de Goltz.—Parmi les nombreux matériaux d'anatomie comparée qu'a rassemblés EDINGER, un certain nombre, ayant trait surtout à l'anatomie pathologique du cerveau, proviennent des chiens sur lesquels le physiologiste GOLTZ a, durant tant d'années, institué ses expériences d'ablations plus ou moins étendues des hémisphères. Parmi ces cerveaux se trouve celui du chien célèbre auquel l'éminent physiologiste de Strasbourg a réussi à enlever toute l'écorce du cerveau antérieur en plusieurs opérations sucessives, et qui a survécu plus de dix-huit mois. Je veux parler du *Chien sans cerveau*. Tous les documents, j'entends les pièces anatomiques, n'ont pas encore été publiés par EDINGER. La littérature que l'on possède sur ce sujet est cependant déjà assez complète pour qu'il soit permis d'en tirer quelques inductions scientifiques sur les fonctions de l'écorce [1]. J'admets par provision que l'ablation de l'écorce du cerveau a été complète chez ce chien, quoique nous sachions, par GOLTZ, par SCHRADER et par EDINGER, que l'*uncus* du lobe temporal avait été conservé, des deux côtés, par l'opérateur, pour ne pas léser le nerf optique, ce qui réussit en effet du côté droit, mais non à gauche, de sorte que, de ce côté, le *corps genouillé externe* fut enlevé, que le *tubercule quadrijumeau antérieur* et la *couche optique*, dont tous les noyaux étaient atrophiés, dégénérèrent, et que le *nerf optique* fut naturellement trouvé atrophié. Sur un cerveau normal, ces lésions auraient déterminé simplement une hémianopsie; la vision serait restée normale dans la moitié gauche du champ visuel. Ce qui prouve que, chez ce chien, les centres optiques sous-corticaux fonctionnaient, c'est la persistance des réflexes pupillaires à la lumière. L'importance des dégénérescences secondaires qui ont affecté les centres nerveux sous-corticaux dans cette opération, dont la réussite a été jusqu'ici unique, frappera les moins prévenus. Mais, nous le répétons, l'étude des documents, qui sera fort longue, est encore inachevée. Pour le manteau, j'avoue avoir été frappé de la conservation du sens du goût chez ce chien décérébré, auquel GOLTZ accorde d'ailleurs libéralement, à son habitude, presque tous les modes de la sensibilité (trois sur cinq) : or le sens du

1. GOLTZ. *Der Hund ohne Grosshirn. Pflüger's Arch.*, XLI. — L. EDINGER. *Ueber die Bedeutung der Hirnrinde im Anschlusse an den Bericht über die Untersuchung eines Hundes, dem Prof. Goltz das ganze Vorderhirn entfernt habe. Aus d. Verdhandl. d. Congr. f. inn. Medicin*, XII, 1893. — H. MUNK. *Ueber den Hund ohne Grosshirn. Verhandl. der physiol. Gesellsch. zu Berlin, Iahrg.* 1893-4, 20 April 1894.

goût a été précisément localisé dans les deux portions du manteau épargnées par l'opérateur, l'*uncus* des deux lobes temporaux. On affirme sans doute que ces régions atrophiées, ramollies, privées de toute connexion nerveuse avec le reste du cerveau, étaient incapables de fonctionner. Il faudrait prouver, à ce propos, par l'examen microscopique, l'absence d'éléments nerveux non entièrement dégénérés dans ces centres fonctionnels, ainsi que l'a suggéré un critique, Th. Ziehen. Quoi qu'il en soit, voici sur cette grave opération, dont les résultats feront époque dans l'histoire des fonctions du cerveau, comment s'exprime Goltz lui-même. En réalité, l'ablation du cerveau tout entier avec le couteau a été exécutée avec succès sur trois chiens; le premier vécut encore cinquante et un jours, le second quatre-vingt-douze jours, le troisième, le chien célèbre dont nous parlons, survécut plus de dix-huit mois. Le 17 juin 1890, Goltz enleva tout l'hémisphère droit de ce chien; l'hémisphère gauche avait été enlevé dans deux opérations pratiquées le 27 juin et le 13 novembre 1889. L'ablation de chaque hémisphère eut lieu en quelque sorte en trois temps : 1° les lobes frontal et pariétal; 2° le lobe temporal; 3° le lobe occipital. « Du manteau tout entier, je ne laissai subsister que l'extrémité de la base du lobe temporal, l'*uncus*, pour ne pas léser les prolongements des nerfs optiques » (*l. c.* 571).

Goltz décrit ainsi l'état de ce chien sans cerveau, tel qu'il l'a observé dans les derniers jours qui précédèrent le sacrifice de l'animal (fin de décembre 1891). Lorsqu'on arrivait, le matin, devant la cage ouverte, il dormait paisiblement, comme on le reconnaissait à la régularité de sa respiration; ses yeux étaient fermés, les membres et la tête reposaient immobiles. On le réveillait comme tout autre chien; il fallait seulement de plus fortes excitations, par exemple un bruit intense et prolongé, tel que celui d'une corne de conducteur de tramway, en prenant la précaution d'empêcher le courant d'air d'atteindre les poils de l'animal et d'irriter ainsi ses nerfs cutanés. En s'éveillant, il agitait brusquement les oreilles, comme pour se délivrer de quelque chose de désagréable, secouait tout son corps et se dressait enfin. Si l'instrument continuait à se faire entendre, Goltz dit avoir vu ce chien agir avec l'une ou l'autre patte antérieure « comme s'il avait voulu se boucher les oreilles », geste bien observé chez les singes par Joh. v. Fischer (*Der Zool. Garten*, XXIV, 234). On le réveillait plus vite par des excitations tactiles : si l'on empoignait l'animal quelque part, soit par les membres, par le tronc ou par la tête, il s'éveillait en grondant; si l'on tentait de tirer de sa cage l'animal éveillé, il entrait en fureur, résistait de toutes ses forces, aboyait très fort et mordait autour de lui. Remis dans sa cage, il se calmait aussitôt. Il marchait sans repos, d'ordinaire en allant à droite; tout à coup, il tournait à gauche sans raison connue, pour reprendre à droite ses mouvements de manège. Sur un terrain inégal, la marche était assez assurée; sur un sol uni, le chien glissait facilement, mais il se relevait de lui-même sans aide. Ainsi que les autres chiens qu'on peut observer dans les rues, avant l'évacuation de ses fèces il faisait un certain nombre de mouvements circulaires rapides et vifs; cette évacuation avait lieu exactement dans la même posture que chez un chien normal. Ce chien était d'ailleurs une chienne, et elle urinait tout à fait aussi dans la même attitude que les autres chiennes : celles-ci urinent, on le sait, en inclinant l'arrière-train, tandis que les chiens adultes ont coutume, en urinant, de se tenir sur trois jambes et d'en lever une de derrière. Les mouvements de locomotion étaient surtout vifs quand il y avait longtemps que ce chien n'avait pas été nourri : il se dressait alors sur les pieds de derrière et posait ses pattes antérieures sur le bord de la barrière, haute de 74 centimètres, environnant la cage. Si l'on tiraillait ou pinçait en quelque point que ce fût le tégument cutané de ce chien, il manifestait « son mécontentement », nous l'avons dit, par des expressions variées de la voix, c'est-à-dire par des grondements, des jappements, des aboiements furieux, selon le degré d'intensité des excitations, en même temps qu'il cherchait, par des mouvements appropriés des membres, de la tête et du tronc, à se délivrer de la main qui le tenait; s'il n'y réussissait pas, il mordait en tournant sa colonne vertébrale du côté de l'agression; il atteignait pourtant rarement la main qui le tenait; il ne faisait que l'effleurer de ses crocs et mordait à vide. « Il avait évidemment perdu la faculté de trouver d'une manière consciente le point de molestation. » A ce sujet, Goltz rappelle qu'après une très petite lésion de la zone excitable, on peut d'ordinaire mettre le membre opposé dans une position anormale, sans que l'animal oppose aucune résistance et ne replace son membre dans l'attitude normale : il a perdu, avait dit Hitzig, la « conscience musculaire » de l'extrémité dont les centres corticaux ont été détruits. Il en va tout autrement ici : ce chien sans écorce posséderait donc encore une conscience musculaire ; il n'a pourtant pas perdu seulement les «centres» que Hitzig a pu déterminer au moyen de l'excitation galvanique; il n'en possède plus aucun. Le chien décérébré de Goltz n'a jamais marché non plus sur le dos, mais sur la plante des pieds. Quant à la conservation de l'équilibre, voici le résultat des expériences de l'abattant de la table. Placé sur une table, de manière qu'une patte repose sur l'abattant, si l'on abaisse celui-ci, le pied l'accompagne quelque temps, mais le chien ne perd pas l'équilibre : il relève aussitôt la patte. Dans la même situation, un chien auquel on avait enlevé quelques jours auparavant la «zone motrice», suivit l'abattant sans pouvoir se redresser et fut précipité. « Notre expérience enseigne, dit Goltz, qu'un chien qui a perdu son cerveau tout entier, depuis plus d'un an, peut conserver beaucoup mieux l'équilibre qu'un animal qui n'a perdu, quelques jours auparavant, qu'une portion de son cerveau (575). » Naturellement, le chien décérébré ne peut faire, pour conserver l'équilibre, ce que fait un chien normal : celui-ci relève la patte beaucoup plus vite quand on abaisse l'abattant et laisse paraître son étonnement en tournant la tête; ces manifestations d'intelligence ont fait ici complètement défaut. Jusqu'à quel point, chez un pareil animal, une adaptation nouvelle et délicate de nouveaux ajustements musculaires est-elle possible? Une blessure que ce chien s'était faite à une jambe postérieure l'empêchait de se servir de ce membre ; jusqu'à la guérison, qui demanda un certain nombre de jours, il tint ce membre «volontairement» élevé et boita des trois jambes saines. Voilà pour les sensibilités *tactile* et *musculaire*.

Quant au sens de la *température*, Goltz a vu ce chien retirer vivement les pattes d'une écuelle remplie d'eau froide. Ajoutons que si ce chien réagissait d'une manière appropriée aux excitations tactiles, « le sens du toucher était pourtant fort émoussé ». Si, au moyen d'un tube capillaire, on envoyait un courant d'air entre les poils du dos du pied, il ne réagissait pas comme un chien normal, qui dans ce cas lève la patte et témoigne par un mouvement de la tête qu'il a senti le souffle. De même, si l'on dirigeait celui-ci sur le nez. D'autres parties se montraient plus sensibles : un courant d'air dirigé à l'intérieur de la conque de l'oreille ou sur la conjonctive provoquait un mouvement violent des oreilles et de la tête; si l'on soufflait dans les yeux, il fermait aussitôt énergiquement les paupières et détournait la tête. Les mouvements réflexes observés et décrits par Goltz chez un grand nombre de chiens à cerveaux mutilés existaient tous ici ; le contact des poils du milieu du dos fait que le chien se secoue comme s'il sortait de l'eau; protrusion rythmique de la langue et mouvements de mordre si l'on gratte la racine de la queue, etc. Les chiens normaux aiment beaucoup, on le sait, à être caressés de la main ; ceux mêmes qui ont subi des pertes considérables des deux hémisphères expriment encore leur joie en remuant la queue. « A notre chien sans cerveau toute expression de *joie* faisait défaut. » Ainsi, les plus douces caresses pratiquées sur sa peau le laissaient indifférent. Il ne réagissait pas davantage à l'appel amical qui lui était adressé; il restait sourd aux mots caressants comme à tous les sons; on a dit comment il réagissait aux bruits intenses et prolongés. Selon Goltz, ce chien n'était pourtant pas *sourd*. Quant à la perception des impressions lumineuses, les pupilles des deux yeux se contractaient vivement à la lumière, et si, dans l'obscurité, on tournait vers ce chien la lumière éclatante d'une lanterne sourde, il fermait les yeux. Il est impossible de savoir, il est vrai, si une impression de la vue aurait eu quelque effet sur la nature ou la direction des mouvements de son corps. Goltz n'a pu se convaincre qu'une impression de ce genre lui eût fait éviter les obstacles placés sur son chemin. Le regard fixe, dément, de ses yeux clairs et brillants, ne changea point jusqu'à la mort, pas même lorsqu'on faisait des gestes de menace ou qu'on projetait sur ses rétines les images d'autres animaux (chats, lapins). Ce chien, suivant Goltz, n'était pourtant pas *aveugle*, « car on ne peut appeler aveugle un chien qui ferme les yeux à une lumière éclatante ». Quant à la perception des *odeurs*, Goltz, ne peut rien affirmer : la fumée de tabac projetée dans le nez le faisait éternuer, et pouvait même le réveiller. La respiration des vapeurs d'ammoniaque provoquait des mouvements de défense de la tête. Tous les mouvements consécutifs à l'excitation de la muqueuse des voies respiratoires paraissent ici sagement à Goltz avoir été causés par l'irritation des nerfs sensitifs sans participation des nerfs olfactifs. Mais, si la question de savoir si le chien sans cerveau avait ou n'avait point de sensations olfactives demeure irrésolue, il ne fait point doute, pour Goltz, qu'il éprouvât des sensations de *goût*. A ce propos, il rapporte sur la manière dont ce chien a pu être nourri quelques faits du plus haut intérêt physiologique. S'il y avait longtemps qu'il n'avait pas été nourri, il allait çà et là sans repos dans la cage, en tirant rythmiquement la langue; souvent des mouvements de mastication à vide s'associaient à ces mouvements de la langue. Tiré de la cage et placé sur une table, une terrine de lait devant la gueule, il commençait aussitôt à boire le lait avec les mêmes mouvements de la langue qu'un chien normal. Si, comme c'était l'habitude, de gros morceaux de viande de cheval étaient mélangés au lait et que le chien, en lappant le lait, mît dans sa gueule un morceau de viande, il le mâchait exactement comme un chien ordinaire. La déglutition était aussi normale que la mastication, qu'il mangeât de la viande ou du pain ou broyât des os, et quoique l'ablation de presque toute sa calotte cranienne lui eût fait perdre la plus grande partie de ses muscles temporaux. A le voir boire et manger, il paraissait avoir de l'appétit et dévorer avec satisfaction. Mais plus l'estomac se remplissait, plus les mouvements de mastication se ralentissaient. Enfin, lorsqu'il avait pris environ 500 grammes de viande et 250 grammes de lait, il refusait d'en avaler davantage. Replacé dans sa cage, il tournait encore quelque temps en cercle, se couchait, se mettait en rond et s'endormait profondément

Rêvait-il? Goltz avoue se l'être demandé. Beaucoup de chiens, il l'a très souvent observé, font des rêves fort intenses. Si, plongé dans un sommeil calme et profond, un chien remue légèrement la queue, il fait évidemment un rêve agréable. Fait-il entendre un faible grondement, il rêve peut-être qu'il se bat dans la rue. Or, chez le chien sans cerveau, on n'a jamais rien noté qu'il soit possible d'interpréter ainsi; il ne donnait pendant la veille, on l'a vu, aucun signe de *joie* habituel en agitant la queue; *il n'aboyait et ne grondait que lorsqu'il était directement excité*. Chez un enfant dont les parties de la base du cerveau existaient seules jusqu'à la paire inférieure des tubercules quadrijumeaux inclusivement, et qui ne vécut qu'un jour et demi, Flechsig a observé, non seulement que l'enfant gémissait et donnait des signes de mal-être, mais que les plaintes et les mouvements des extrémités qui les accompagnaient dévenaient plus vifs lorsqu'on pinçait la peau. Flechsig estime que ce que Goltz a constaté à cet égard sur le chien sans cerveau vaut aussi en partie pour l'homme.

Ainsi ce chien sans cerveau avait acquis de nouveau la faculté de manger et de boire de lui-même (579). Goltz revient à la question de savoir s'il éprouvait des *sensations gustatives*. De deux portions de viande de cheval dont l'une avait trempé dans le lait, l'autre dans une solution de quinine, l'une était acceptée, mastiquée et déglutie, l'autre prise, mais bientôt rejetée. Il en fut toujours ainsi. Schiff avait d'ailleurs institué des expériences semblables et avec le même résultat chez un chien nouveau-né, auquel le cerveau avait été enlevé. Goltz, qui est, on le voit, un des plus fins psychologues, et dont les délicates observations sont souvent relevées d'un trait d'humour, remarque ici qu'un chien sans cerveau peut être plus difficile quant au choix de la nourriture qu'un chien normal. Ayant jeté à son propre chien un morceau de viande trempé dans une solution de quinine, Goltz vit l'animal le prendre dans sa gueule, faire une grimace d'étonnement, mais l'avaler. Peut-être, dit-il, tient-il pour inconvenant de paraître ingrat envers son bienfaiteur et de cracher un don si gracieux : il surmonte son dégoût et avale la viande. Par cet acte d'empire sur soi-même il prouve bien qu'il possède un cerveau intact.

Mais si le chien sans cerveau mangeait fort bien ce qu'on lui avait mis dans la gueule, *il était incapable de rechercher de lui-même sa nourriture;* il ne la trouvait pas, même lorsqu'il aurait pu la prendre tout à fait à proximité. Comme les chiens qui ont perdu des portions étendues et profondes des deux lobes pariétaux, ce chien ne put jamais se servir de ses deux pattes antérieures comme de mains pour tenir un os, etc. Il était naturellement impossible d'entrer avec lui dans aucun rapport personnel, parce qu'on ne pouvait se faire entendre par aucun organe des sens. Il n'avait cure des bêtes ni des gens; un chien pouvait le toucher sans qu'il s'en aperçût. *L'instinct sexuel* paraissait faire complètement défaut, ainsi que les autres signes du rut chez cette chienne.

Voilà quel était l'état général des fonctions de ce chien sans cerveau dans les jours qui précédèrent sa mort violente (31 décembre 1891), car il aurait pu vivre longtemps encore. GOLTZ communique ensuite quelques observations qui vont du jour de la dernière opération (17 juin 1890) à cette dernière date. Les unes portent d'abord sur les mouvements de locomotion de l'animal et sur les progrès qu'il accomplit dans l'acte de la préhension de la nourriture. Durant des mois entiers, ce chien dut être nourri au moyen d'artifices fort ingénieux ; il opposa d'abord la plus entière résistance à l'alimentation artificielle, rejetant violemment la tête en arrière et pressant fortement les mâchoires l'une contre l'autre. Un aide tenait la tête immobile, tandis qu'un second aide ouvrait de force les mâchoires, et que GOLTZ lui-même introduisait les morceaux de viande au fond du pharynx. Alors le chien déglutissait. Puis on recommençait la même opération. Si la viande n'était pas poussée au fond du pharynx, mais placée sur la partie antérieure de la langue, elle n'était ni mâche ni déglutie. Le lait versé en petites portions dans le pharynx, s'il était en partie avalé, tombait aussi en partie dans le pharynx et provoquait de violents accès de toux, d'où possibilité d'une pleuropneumonie mortelle, comme il était arrivé au chien décérébré conservé par GOLTZ cinquante et un jours en vie. Pour parer à ce danger, GOLTZ trouva mieux que la sonde œsophagienne : on remplit chaque jour de lait frais de petites andouilles de boyaux de mouton liées par des bandelettes de même matière; elles glissaient très facilement, au moyen des mouvements naturels de déglutition, dans l'estomac du chien où, après digestion des parois, le lait sortait librement. Mais dès le 8 juillet, c'est-à-dire vingt-trois jours après l'ablation totale du cerveau, on n'eut plus besoin de recourir à cet artifice et à quelques autres encore; le 9 juillet, le chien commença à lapper quelques gouttes de lait et celui-ci tomba dans l'estomac sans passer de travers; à la fin du mois, il buvait de lui-même son lait, si toutefois on tenait sa tête de façon que le museau fût à proximité immédiate du lait (589). Les progrès furent plus longs pour la préhension de la nourritur solide; le chien dût être nourri de longs mois comme il a été dit : on ouvrait la gueule de l'animal et on y introduisait de la viande. Plus tard, on lui faisait toucher avec son museau des morceaux de viande épars sur un plat; il en prenait et en avalait des morceaux. Si, pour dévorer sa viande, il lui fallait d'abord la toucher avec son museau, c'est qu'il ne pouvait avoir aucune notion de la présence de cette viande ni par l'*odorat*, ni par la *vue;* le premier de ces sens lui « manquait complètement »; le second, sans être tout à fait éteint, ne se décelait que par l'espèce d'éblouissement que produisait une lumière éclatante (ce qui fut constaté seulement le 15 novembre 1890). Le 22 juillet on avait constaté l'effet obtenu par le son d'une corne de tramway sur son réveil. La variété des manifestations tonales de sa *voix* fut notée dès le 24 juin, lorsqu'on nettoya ses plaies; il grondait et aboyait, non seulement lorsqu'on l'attachait, mais lorsque, dans ses pérégrinations, il heurtait un peu rudement contre quelque objet; vers la fin de sa vie on l'entendit même aboyer spontanément d'impatience parce qu'il avait faim, mais les aboiements des autres chiens ne le faisaient jamais aboyer. L'urine de ce chien n'a jamais contenu de sucre ni d'albumine. La couleur et la consistance des excréments étaient normales. La tendance à l'amaigrissement fut combattue par la suralimentation. Pour maintenir le poids du corps de ce petit animal, qui ne pesait que cinq kilogrammes, on lui donnait chaque jour 1000 grammes de viande et 500 grammes de lait. Une partie de cette quantité si considérable de nourriture devait sûrement être rejetée avec les fèces sans avoir été digérée. D'ailleurs aucun trouble notable de la digestion, en dépit de cette surcharge des organes de cette fonction. Comme le poids du corps n'a pas augmenté, il faut que la *dépense de force* ait été extraordinaire. Les *mouvements* du corps étaient beaucoup plus continus que chez les chiens normaux, qui ne changent de place que pour quelque fin : ce chien tournait sans cesse dans sa cage. Le *repos* et le *sommeil* étaient chez lui de beaucoup plus courte durée que chez les chiens intacts. Il devait perdre aussi beaucoup plus de chaleur par le *rayonnement*, selon GOLTZ, la peau des chiens décérébrés étant d'ordinaire très chaude. Contre les fortes variations de la température, ces chiens réagissent par les mêmes fonctions de régulation que les animaux normaux. Dans un lieu surchauffé, leur respiration s'accélère et ils laissent pendre leur langue. Dans un endroit trop froid, ils sont agités de violents frissons. En somme, ils résistent beaucoup moins bien que les chiens normaux

aux conditions défavorables de la température et, dans un espace froid, la température de leur sang tombe très vite au-dessous de la normale.

L'autopsie de cette chienne sans cerveau fut faite par Schrader. Nous ne voulons retenir du protocole d'autopsie de Schrader (car nous reviendrons sur ce sujet avec Edinger et Munk) que ces simples constatations : des deux côtés, mais surtout à gauche, il existait « des restes du lobe olfactif, consistant en masses brunes très ramollies ». La face supérieure de la moelle allongée, le cervelet, le quatrième ventricule étaient normaux. Outre l'ablation de toute la substance du manteau cérébral, à l'exception de l'extrémité inférieure du lobe temporal (*uncus*), atrophiée et ramollie, et sans connexion nerveuse avec le reste du cerveau, ce qui restait des corps striés et des couches optiques était en état de ramollissement et ce processus comprenait également la paire gauche des tubercules quadrijumeaux. Par conséquent, et c'est Goltz lui-même qui va dégager dans ce qui suit les résultats de son étude directement applicables à nos idées sur les fonctions de l'écorce du cerveau, les phénomènes biologiques présentés par le chien sans cerveau étaient ceux d'un animal qui avait perdu, non seulement toute l'écorce du cerveau antérieur, mais une grande partie des ganglions de la base et une partie moindre des tubercules quadrijumeaux. Les phénomènes de déficit observés chez ce chien ne doivent donc pas être attribués exclusivement à l'ablation de l'écorce cérébrale. C'est là une remarque très juste et fort importante de Goltz lui-même, et l'on ne peut se défendre d'admettre, avec ce savant physiologiste, qu'un chien qui n'aurait perdu que l'écorce possèderait sans doute un plus grand nombre encore de fonctions que celui-ci.

Fonctions intellectuelles du chien décérébré de Goltz. — L'intérêt considérable qui ressort pour l'histoire de la physiologie du cerveau de l'observation continuée, durant tant de mois, d'un mammifère aussi élevé que le chien, auquel tout l'organe de l'intelligence avait été enlevé avec le couteau, dissipera sans doute « les légendes qui se trouvent dans tous les manuels sur l'état des mammifères décérébrés ». Il est certain que les traits du tableau avaient surtout été empruntés jusqu'ici à de tout jeunes mammifères, à des oiseaux, à des vertébrés inférieurs. On citait le fameux pigeon décérébré de Flourens qui, sur un tas de grains, serait mort de faim si on ne l'avait nourri. On en concluait, *a fortiori*, qu'un mammifère sans cerveau devait être incapable de boire et de manger. Sans doute, ces mammifères ne déploient pas les fonctions que Steiner et Schrader ont observées chez des poissons et chez des grenouilles sans cerveau, qui font encore la chasse aux vers et aux mouches. Mais outre qu'on rencontrera peut-être un chien qui montrera plus d'aptitude que le chien de Goltz à « prendre de lui-même de la nourriture », comme s'exprime Goltz, il est certain que la destruction partielle des couches optiques avait privé ce chien d'un organe dont l'importance paraît capitale, d'après les travaux de Schrader : « un chien dont le cerveau intermédiaire serait complètement conservé et dont les nerfs optiques seraient restés indemnes jusqu'à leurs origines, dit Goltz, montrera sûrement un plus grand nombre de phénomènes que notre chien, malgré la perte de la substance du manteau et des corps striés (597, 606-7). » Toutefois Goltz ne croit pas que ce chien puisse jamais « aller à la chasse et prendre du gibier » comme les grenouilles de Schrader. Mais il est bien d'autres choses que le chien de Goltz aurait été incapable de faire, et il m'est impossible d'apercevoir en quoi il différait si fort, quant à l'alimentation volontaire, du pigeon de Flourens. « L'idée reçue jusqu'ici, écrit Goltz, que des mammifères sans cerveau ne peuvent que déglutir ce qu'on leur a enfoncé profondément dans la gueule, doit être rayée d'un trait de plume. Les chiens sans cerveau prennent volontiers (*freiwillig*) de la nourriture du monde extérieur et la mangent. » Cette proposition dépasse de beaucoup l'induction légitime qu'on peut inférer des faits observés par Goltz lui-même. Pas une seule fois le chien décérébré n'a pris « de lui-même », « spontanément », « volontairement » de la nourriture. Sans reparler de l'alimentation artificielle grâce à laquelle on put maintenir cet animal en vie, et sans laquelle il serait mort de faim, comme il ne pouvait ni voir ni sentir sa nourriture, même « placée à proximité de son corps », il n'aurait pas plus survécu que le pigeon décérébré de Flourens au milieu d'un amas de morceaux de viandes, si ces morceaux n'avaient été enfoncés dans sa gueule ou mis en contact immédiat avec son museau. C'est d'ailleurs ce qu'a reconnu

Goltz, quelques lignes plus haut : « Notre chien, laissé en liberté en ce monde, serait aussi mort de faim (comme le pigeon de Flourens), parce qu'il était incapable, dans sa démence profonde, de *chercher* et de *trouver* de la nourriture (597). »

Il est pourtant constant que la série des actes relatifs à la *préhension* et à la *déglutition* de la nourriture a varié dans un sens très nettement accusé chez la chienne décérébrée de Goltz. Des modifications organiques doivent avoir correspondu à ces changements dans l'exercice d'une fonction physiologique. La tendance si nette et si prolongée que présentent les chiens sans cerveau à avaler de travers doit être rapportée à un trouble secondaire, à un phénomène d'arrêt, selon Goltz, de la moelle allongée. Quant au retour des fonctions « volontaires » du boire et du manger, on pourrait dire qu'elles ne sont pas revenues, mais qu'elles ont été en quelque sorte réapprises par l'exercice, si bien que, d'un simple réflexe, se serait progressivement développée une action proprement dite. Cela est possible, sans doute, concède Goltz; mais prenons garde qu'on emploierait ainsi les mots « exercice » et « apprendre » dans un autre sens que d'ordinaire. On ne prononce ces mots, d'habitude, qu'au sujet d'êtres qui tendent à acquérir quelque pratique d'une chose en étant parfaitement conscient du but qu'ils poursuivent. Or il est absolument certain que les chiens décérébrés n'ont jamais donné la moindre preuve d'une action de ce genre, c'est-à-dire accompagnée de la conscience d'une fin à réaliser. La seule explication qui semble vraisemblable à Goltz, c'est que, dans les parties de l'encéphale situées derrière le cerveau, peut très bien se développer, par le fait de la répétition d'un certain acte, une disposition préexistante (606). Avant la mutilation du cerveau, ces parties agissaient de concert avec le cerveau, et jouaient peu-être même un rôle subordonné dans cette activité. Après l'ablation du cerveau, devenues indépendantes, ces parties se renforcent, de même qu'un organe périphérique devient plus actif après la perte de l'autre. Il ne s'agirait donc pas d'une production nouvelle de centres nerveux, laquelle serait tout à fait sans analogie, dit très bien Goltz : il s'agit bien plutôt du « *retour* et d'un *développement* de fonctions centrales que possédaient déjà, avant l'opération, les parties situées derrière le cerveau ». Comme les phénomènes d'arrêt persistent souvent fort longtemps, il est extrêmement difficile d'établir l'étendue réelle des phénomènes de déficit. Un plus heureux observateur pourra voir s'amender plus tôt ces phénomènes d'arrêt, qui ont duré si longtemps chez le chien décérébré de Goltz. Aussi bien ce chien n'avait point perdu que l'écorce cérébrale; c'est un point que l'éminent physiologiste ne veut pas qu'on oublie. On ne peut dire quels phénomènes présenterait un animal dont les cerveaux intermédiaire et moyen n'auraient pas subi en partie le sort du cerveau antérieur du chien de Goltz.

Les chiens sans cerveau, a-t-on dit, sont muets. D'abord Schrader a prouvé que cela n'est vrai ni des pigeons ni des grenouille décérébrés. Les mammifères inférieurs (rats, cobayes), auxquels on a enlevé le cerveau, poussent encore des cris, qu'on a appelés réflexes, dès qu'on les excite d'une manière intense. Mais on n'avait aucune idée qu'un chien sans cerveau fût capable d'exprimer par la voix des états aussi variés du sentiment. A la vérité, les déments crient, et aussi les tout jeunes enfants nouveau-nés qui possèdent « aussi peu de raison qu'un chien sans cerveau » : l'enfant nouveau-né crie lorsqu'il a faim, il crie si quelque chose le gêne ou l'indispose; s'il est rassasié et commodément couché, il reste calme et dort. Le chien sans cerveau ne devient, lui aussi, agité, que s'il a faim; il gémit, hurle, gronde, si quelque chose le blesse; il demeure en repos et dort s'il a été bien nourri et que rien ne le fasse souffrir. « Qui refuse d'accorder des sensations à ce chien sans cerveau doit porter un jugement semblable sur la vie psychique de l'enfant à la mamelle. » Que pouvons-nous dire, en effet, de l'existence des sensations chez un autre être que nous-même? « Si, en dehors de nous, un autre être éprouve des sensations semblables aux nôtres, nous ne pouvons le *savoir*, nous ne pouvons que le conclure avec plus ou moins de sûreté des phénomènes de mouvement que nous percevons chez les autres êtres. » Parmi ces phénomènes moteurs, ce sont surtout ceux qu'exprime la voix, en particulier sous la forme du langage, qui nous frappent. Que d'autres hommes sentent comme nous sentons, nous le croyons; car ils nous le disent. Un homme, il est vrai, peut feindre des sensations qu'il n'éprouve pas; le langage inarticulé des animaux est, écrit Goltz, une expression beaucoup plus véridique de leurs sentiments Si je marche sur la patte d'un chien, je lui fais mal ; je n'en puis douter : il glapit ou hurle.

Pourquoi ne devrais-je pas considérer les réactions tout à fait semblables d'un chien sans cerveau comme l'expression de sensations et de sentiments correspondants? Ce n'est pas, nous l'avons dit, parce qu'il est profondément dément. Serait-ce parce qu'il n'est qu'une machine réflexe dépourvue de toute sensation? Sans doute, GOLTZ le reconnaît, tous les faits tendent à faire considérer un chien sans cerveau comme « une machine réflexe compliquée » (610). Mais on n'aurait rien gagné, selon lui, en s'exprimant de la sorte. Et d'abord, on doit tenir pour accordé qu'il est *impossible* d'établir une distinction tranchée, voire une distintion quelconque, du côté objectif des phénomènes, entre les purs mouvements réflexes et les mouvements volontaires conscients. Dans la plupart des cas, tout indice fait défaut pour reconnaître avec certitude si tel mouvement d'un organisme vivant est accompli avec ou sans conscience. D'autre part, l'idée que les animaux sans cerveau n'éprouvent plus de sensations est surtout fondée sur la croyance qu'ils n'accomplissent plus des mouvements spontanés. Si c'est là une erreur, SCHRADER l'a prouvé, pour d'autres animaux, tels que les batraciens et les oiseaux, c'en est certainement une aussi pour les chiens décérébrés, qui ont montré, au contraire, une si forte tendance à exécuter de tels mouvements qu'il faut rapporter à cette cause l'amaigrissement et la perte des forces de ces animaux. A côté des mouvements purement réflexes de ces animaux, GOLTZ estime que le chien décérébré qui devient agité quand le repas se fait attendre, qui veut mordre la main qui le saisit, etc., n'est pas une pure machine réflexe, un automate insensible, encore qu'il renonce d'avance à convertir ceux qu'il ne saurait amener à son sentiment.

GOLTZ agit en cela fort sagement, car aucun des mouvements de réaction ou d'expression qu'il a décrits n'implique, je ne dis pas seulement l'existence d'une volonté consciente, c'est-à-dire d'une vie de représentations mentales, mais celle même de perceptions conscientes de sensations générales ou spéciales. Ainsi que TH. ZIEHEN en a fait la remarque, l'intégrité même des mouvements d'expression, par exemple l'expression variée de la voix d'un chien décérébré dans les états différents de la sensibilité organique, sensitive ou sensorielle, n'implique pas l'existence des sentiments correspondants à ces sensations. On connaît chez l'homme nombre d'états pathologiques où les mouvements d'expression les plus variés et les plus intenses ont lieu involairement (maladies des tics) et sans le moindre accompagnement de ton affectif ou émotif. Les réflexes les plus complexes, s'ils ont atteint ce degré d'organisation qui constitue l'acte automatique, manquent certainement de processus psychiques parallèles. Quant à ces mouvements incessants de locomotion, que GOLTZ appelle « spontanés », quand il ne les appelle pas « volontaires », et qu'on observe souvent dans les déments comme chez les chiens décérébrés, véritables déments, eux aussi, on peut les attribuer à l'action lente et continue, de nature irritative, des processus de dégénération.

Cette interprétation des faits n'enlève rien au mérite de les avoir provoqués et observés. Outre que nous savons maintenant que des mammifères sans cerveau peuvent encore exécuter des actions aussi complexes et délicates que la plupart des mouvements de relation, tels que la marche, la station, la préhension et la mastication de la nourriture, la déglutition des liquides, etc., et que des excitations tactiles et musculaires provoquent des réactions motrices appropriées au but, adaptées à certaines fins, ajustées à certains actes, sans parler des mouvements d'expression de ce qu'on appelle sentiments chez les êtres normaux, on doit reconnaître que le chapitre de psychologie le plus difficile à écrire, celui des phénomènes de l'innervation supérieure, des fonctions de l'écorce du cerveau, trouvera ses matériaux les plus rares et les plus authentiques dans l'observation du *Chien sans cerveau*. « Selon moi, a écrit GOLTZ, la lésion de déficit la plus importante qu'on observe après l'ablation du cerveau, c'est la perte de toutes les manifestations ou expressions d'où nous inférons la *raison*, la *mémoire*, la *réflexion* et l'*intelligence* de l'animal (607 et sq.). »

Un exemple à l'appui. On comprime une patte de derrière d'un chien sans cerveau : il gronde et voudrait mordre la main qui le fait souffrir. Je détermine une douleur encore plus forte en marchant par mégarde sur la même extrémité de mon chien; peut-être fera-t-il entendre un cri plaintif vite réprimé : il ne gronde pas, il mord encore moins. Il sait, dit GOLTZ, que son maître ne l'a pas fait exprès et réprime la manifestation de la douleur. S'il s'agissait d'un étranger, il n'aurait sans doute pas autant d'empire sur lui-même. Selon les circonstances le chien normal répond donc d'une manière différente à la même excitation. Le chien sans cerveau en est incapable; entre l'homme et l'animal, il ne distingue pas; il gronde et aboie aussi bien lorsqu'il s'est heurté à un corps inanimé, semblable au petit enfant qui bat la table contre laquelle il s'est cogné le front. Goltz suppose qu'on lui adressera cette objection : le chien ne pouvait pas distinguer l'homme de l'animal parce que ses nerfs olfactifs avaient été coupés et que, très vraisemblablement, les nerfs des bandelettes optiques, reliant ses yeux avec le reste de son cerveau, étaient gravement lésés à cause du ramollissement des couches optiques. Les deux sens de l'*olfaction* et de la *vision* n'existaient pour ainsi dire plus, et l'animal ne pouvait recourir à leur aide pour la connaissance du monde extérieur. Voici sa réponse : « Soit; mais voici un fait : ce chien ne s'est pas servi davantage, pour agir d'une façon intelligente, des sens de l'*ouïe*, du *goût* et du *toucher*, quoique les connexions nerveuses de ces trois sens fussent intactes. Le chien ne comprenait pas ce qu'on lui disait. Il faisait aussi peu attention aux menaces qu'aux paroles de caresse. Pourtant, il entendait; car il pouvait être réveillé par le bruit, et, réveillé, en paraissait éprouver des sensation désagréables. » Nous ne relèverons pas l'assertion de Goltz qui, après l'ablation de l'écorce tout entière du cerveau antérieur d'un mammifère, parle de l'intégrité des connexions anatomiques des centres de l'audition, du goût et du toucher. Un exemple encore, pour prouver que le chien décérébré n'a plus de *mémoire* et ne saurait *réfléchir*, en un mot, qu'il est moins capable *d'apprendre* quoi que ce soit par *expérience* que l'animal le plus stupide : ce chien qui semblait éprouver les sensations de la *faim* et de la *soif*, puisque, aux heures des repas, il accélérait ses mouvements de manège, poussait même quelquefois des cris d' « impatience », et, de ses deux pattes de devant, se dressait sur le bord de sa cage, d'où il était tiré deux fois par jour pour être immédiatement alimenté sur une table placée à proximité; ce chien, « s'il avait eu seulement une étincelle de *mémoire* et de *raison* », aurait dû remarquer la suite des actions, répétées durant des mois et des mois, qui le concernaient si étroitement. L'animal le plus stupide aurait appris qu'un rapport de succession existait entre l'extraction de la cage et le repas. Le chien décérébré entra, le dernier jour de sa vie, dans la même *fureur* que tous les mois passés, lorsqu'on le prit pour l'emporter : il *trépignait*, *aboyait*, *mordait;* posé sur la table, il se calmait aussitôt. C'est que l'expérience implique des *souvenirs*. Un chien normal se montre reconnaissant si on le tire d'embarras, si l'on lui enlève sa muselière ou qu'on détache sa chaîne, etc. : le chien sans cerveau n'en a cure; il ne témoigne, nous l'avons dit, ni *joie*, ni *tristesse*, ni *envie*, ni *jalousie*. Il mordrait la main qui le délivre, car il ne comprend pas le service qu'on lui rendrait. Il mâche impassible le morceau de viande qu'on lui tend et l'avale.

Goltz compare avec raison, selon nous, les déments des asiles d'aliénés à son chien décérébré : ce sont des *hommes sans cerveau*. « Je suis, dit-il, convaincu que, dans les cas pathologiques humains aussi, quand le ramollissement progressif du cerveau ne laisse subsister qu'un petit reste de l'organe, ce reste peut à peine conserver quelque activité. » On a observé des mammifères adultes dont une tumeur tenait la place du cerveau. Il parle aussi de ces cerveaux « pétrifiés » de ruminants, c'est-à-dire dans lesquels on a découvert des exostoses intracranielles (W. Roth), et qui, quoique atrophiés et réduits à peu de choses, n'empêchaient pas ces animaux d'aller aux pâturages jusqu'à la fin et de donner même de la tablature aux bouchers qui les assommaient. « Depuis que nous connaissons nos chiens sans cerveau, ces bœufs à cerveau pétrifié nous paraissent du plus haut intérêt. » On rapporte de quelques-uns qu'ils étaient aussi étonnamment maigres. Ces bœufs à cerveau pétrifié mangeaient l'herbe des prés, comme les grenouilles décérébrées de Schrader prenaient les vers. « En somme, tous ces faits prouvent, avec une netteté suffisante, que les fonctions des parties cérébrales (*Hirnteile*) situées derrière le cerveau sont, chez tous les vertébrés, à peu près les mêmes. J'ai établi, il y a des années, que la moelle épinière des animaux supérieurs possède des fonctions indépendantes, autonomes, aussi variées que la moelle épinière de la grenouille. Ce principe, je dois aujourd'hui en étendre la portée : il ne vaut pas seulement pour la moelle épinière, mais pour toutes les parties du système nerveux central situées en arrière du cerveau. » (Goltz.)

Discussion des observations de Goltz. Critiques de H. Munk et de Edinger. — Une première critique adressée par Hermann Munk à Frédéric Goltz à l'occasion des doctrines physiologiques de cette observation, c'est que, si la physiologie est une science naturelle, si les fonctions de l'innervation supérieure doivent, comme toutes les autres fonctions des organismes vivants, être rattachées à un substratum défini, tissu, organe ou appareil, le chien sans cerveau ne pouvait être qu'une machine réflexe, un automate sans sensation. Il n'odorait pas, Goltz le concède : il ne pouvait pas voir non plus, ni entendre, ni goûter, ni éprouver des sensations tactiles, car le siège des sensations chez les mammifères, l'écorce du cerveau, n'existait plus. Munk enseigne, en effet, que non seulement les représentations, nées des résidus des sensations, mais les sensations élémentaires elles-mêmes et leurs perceptions sont des fonctions de l'écorce cérébrale. Goltz n'a jamais observé qu'une impression lumineuse quelconque eût déterminé la nature ou la direction des mouvements du chien sans cerveau ; il ne voyait pas plus sa nourriture que quoi que ce soit ; il n'évitait pas les obstacles placés sur son chemin ; il était donc aveugle, et la cécité résultait de l'ablation des centres de la vision cérébrale ou mentale, centres localisés par Munk, et que le couteau de l'opérateur avait enlevés avec tous les autres. Cependant Goltz soutient que ce chien n'était pas aveugle, et la preuve qu'il en donne, c'est que, en dehors de la conservation des réflexes pupillaires, ce chien fermait les yeux et détournait la tête si, dans l'obscurité, on projetait tout à coup sur lui l'éclat d'une lumière intense. Par quelle voie nerveuse ce processus moteur a-t-il été déterminé? Résultait-il d'une excitation du trijumeau ou du nerf optique? Munk n'a pas de peine à ramener ce prétendu réflexe lumineux, qui aurait été accompagné d'un sentiment *désagréable*, à un réflexe du trijumeau sur le facial, réflexe commun, qui, en provoquant l'occlusion subite des paupières, veille en quelque sorte sur la sécurité de l'œil. Alors même que l'on soutiendrait que l'excitation lumineuse a bien été conduite vers les centres par les fibres centripètes des nerfs optiques, on sait aujourd'hui qu'en traversant les ganglions intercalaires des tubercules quadrijumeaux antérieurs, des corps genouillés externes et du pulvinar, les fibres de l'opticus entrent en rapport fonctionnel avec les cellules d'origine de fibres centrifuges du même faisceau, si bien que des réactions motrices purement réflexes peuvent déterminer des mouvements appropriés des muscles des yeux sans qu'aucune sensation ou perception lumineuse consciente ait existé. On peut donc choisir entre un réflexe du trijumeau sur le facial ou de l'opticus sur l'oculomoteur. Quant au réflexe pupillaire, que Goltz d'ailleurs n'a pas invoqué, il peut persister, on le sait, chez tous les animaux rendus aveugles par l'ablation des sphères visuelles et dans l'hémianopsie bilatérale homonyme de cause pathologique chez l'homme. Munk signale même des cas d'amaurose complète où, avec l'absence de toute sensation lumineuse, il existait de la photophobie. C'est le « réflexe d'éblouissement » du chien décérébré de Goltz.

Ce chien était aussi nécessairement sourd qu'il était aveugle. L'ablation du centre cortical de l'audition (*Hörsphäre*) implique la surdité corticale absolue. Avec un déplacement de l'air aussi violent et aussi prolongé que celui que déterminaient les sons de la trompe de tramway, les vibrations aériennes, même propagées d'une chambre voisine, ont fort bien pu exciter les nerfs cutanés de l'oreille externe et provoquer les mouvements réflexes décrits par Goltz. Lorsqu'un chien entend, il dresse les oreilles et sa tête se tourne du côté de la source du bruit; ce n'était point le cas ici. Les mouvements décrits résultaient de l'*addition* d'excitations de la nature de celles qui produisent les réflexes communs de l'organisme; une sensation spécifique, telle que celle de l'ouïe, diminue au contraire d'intensité avec la durée de l'excitation. Les mouvements exécutés par le chien étaient bien des *mouvements de défense*, de même nature que ceux qu'avait produits la projection d'une lumière trop vive sur les yeux de ce chien aveugle. Les secousses qu'il imprimait à ses oreilles et à sa tête, sous l'action de ces sons trop intenses, n'étaient qu'un réflexe commun des nerfs cervicaux, déterminé soit par le trijumeau, soit par l'acoustique, et, dans cette dernière hypothèse, par l'intermédiaire des centres acoustiques sous-corticaux, qui sont des centres réflexes au même titre que les centres optiques sous-corticaux. Il y a des cas pathologiques dans lesquels la douleur et les mouvements correspondants dépendaient simplement de l'action du bruit ou des sons, des vibrations de l'air, non de l'audition, car on les a observés chez des gens complètement sourds. Munk avait été frappé du fait qu'après l'ablation des sphères auditives un chien n'aboie plus guère, et qu'en même temps qu'il est devenu sourd on pourrait le croire muet.

Or le chien décérébré de Goltz, s'il était sourd, n'était pas muet. Pour Goltz il n'était ni l'un ni l'autre; de là un argument contre le résultat des expériences de Munk. Mais Munk y répond en faisant remarquer que le chien sans cerveau ne glapissait, grondait, aboyait, hurlait que par l'effet *direct* d'une excitation infligée à l'animal, par exemple lorsqu'on l'enlevait de sa cage, qu'on le nettoyait, qu'il se heurtait, etc., sans répondre jamais d'ailleurs aux aboiements des autres chiens par son aboiement ni hurler avec eux. Goltz aurait donc, suivant Munk, confondu la surdi-mutité avec la mutité des chiens frappés de surdité corticale. Les sourds-muets, lorsqu'on les maltraite, font entendre aussi, on le sait, des sons et des cris très variés. Quant à la *sensibilité tactile* (*Tastsinn*) qui, quoique très émoussée, subsistait, suivant Goltz, chez le chien décérébré, Munk fait précéder l'examen des faits de quelques définitions nécessaires pour l'analyse exacte des différents modes de cette propriété du système nerveux. Les « sensations de contact » et de « pression » sont liées indissolublement à des signes locaux : de faibles excitations de la peau, d'une intensité et d'une durée peu élevées, suffisent pour les faire naître; avec des excitations plus fortes, « les sentiments communs » (*Gemeingefühle*) et les « réflexes communs » apparaissent; enfin les « réflexes de contact », c'est-à-dire des mouvements localisés dans les parties excitées, se manifestent à leur tour. Or le chien, dans les efforts inutiles qu'il faisait pour mordre la main qui le tenait ou tiraillait sa peau, avait perdu, dit Goltz lui-même, « la faculté de trouver le point de molestation avec quelque conscience du but » : il n'atteignait que rarement la main, il l'effleurait des dents ou mordait dans le vide. Ce qui caractérise surtout la sensibilité tactile, le *sens local* (*Ortsinn*), faisait donc tout à fait défaut à cet animal. En outre, pour provoquer des réactions motrices, les excitations de la peau devaient être plus fortes qu'à l'état normal : la sensibilité tactile n'était pas seulement diminuée; elle n'existait plus. Toutes les causes d'irritation infligées à la peau de ce chien étaient bien suivies de signes d'intolérance, de colère ou de fureur : il n'est jamais question de *douleur*.

Goltz croit à tort avoir, au moyen d'excitations tactiles, provoqué des mouvements de réponse correspondants : il n'a déterminé que la production de *réflexes communs*. Le chien répondait au courant d'air dirigé à l'intérieur du pavillon de son oreille en secouant les oreilles et la tête, en fermant les paupières et en détournant la tête si l'on soufflait sur sa conjonctive. La compression d'une patte, etc., était suivie de mouvements des membres, de la tête et du tronc. La nature des réactions motrices de la voix, grondement, aboiement, hurlement, différait également avec l'intensité et la durée des excitations. Tous ces faits rentrent sans effort dans les *lois des réflexes*, ce qui est ici bien naturel. On ne s'explique même pas que la nature des mouvements ait pu être méconnue. En insistant comme il l'a fait sur la variété des expressions de la voix, Goltz ne paraît pas avoir pris garde que, dans « la transmission des phénomènes d'excitation au système nerveux central, les centres de la moelle allongée qui commandent aux muscles du larynx, et les centres encore plus haut situés de la phonation, se trouvaient engagés dans le processus, et qu'avec des causes différentes d'excitation l'activité de ces centres doit varier aussi bien que celle des centres d'innervation des muscles des extrémités, du tronc et de la tête » (12). Quant au caractère d'adaption des mouvements, il appartient en propre à tous les réflexes communs de l'organisme. Ce chien à sensibilité générale si obtuse était hyperexcitable : il grondait, hurlait, mordait, entrait en fureur lorsqu'on le tirait de sa cage, qu'on lui comprimait une patte, etc. Ce n'est pas, comme le répète Goltz, parce qu'il manquait d'empire sur soi-même, ou parce qu'il avait perdu ses fonctions d'inhibition cérébrales. Munk vit se produire cette *hyperexcitabilité réflexe* chez les animaux dont les parties inférieures du système nerveux ont été séparées des parties supérieures avec lesquelles elles se trouvaient en rapport fonctionnel : c'est à elle qu'il rapporte en particulier les mouvements de locomotion du chien décérébré ainsi que ceux qu'il déployait dans l'acte de manger et de boire. Quant au sens du *goût*, chacun sait que les substances trop sucrées ou trop amères qui affectent les nerfs tactiles et gustatifs de la cavité buccale, au point de provoquer le dégoût, sont crachées ou vomies, et que, si l'excitation a été suffisamment intense, elle peut déterminer ce réflexe commun indépendemment de toute sensation sapide, par l'effet de l'irritation du glosso-pharyngien ou du trijumeau : c'est un *réflexe de protection* de l'appareil digestif, comme l'éternûment et la toux pour l'appareil de la respiration; c'est aussi un *réflexe commun de défense* pour la sensibilité gustative et tactile de la cavité buccale comparable à ceux qui protègent les sens de la vue, de l'ouïe et du toucher. C'est en vertu d'un réflexe de ce genre, d'un réflexe de défense ou de protection, que le chien décérébré crachait la viande trempée dans une solution de quinine : il n'éprouvait aucune sensation de saveur. Munk fait bien remarquer, en effet, que la viande n'était rejetée qu'après avoir été mâchée à plusieurs reprises, et qu'ici encore le réflexe commun résultait d'une addition d'excitations transmises aux autres réflexes du système nerveux central.

En somme, et c'est la conclusion physiologique à laquelle cet examen critique amène Munk, « les sens, qui, normalement excités, nous livrent la connaissance du monde extérieur, sont protégés contre les effets anormaux, dangereux pour eux, de certaines excitations périphériques, par un mécanisme en vertu duquel les excitations trop intenses des nerfs périphériques provoquent, sans aucune participation des sensations proprement dites, par la voie des réflexes communs, des mouvements qui écartent ou éloignent les stimuli des terminaisons des nerfs et éveillent en outre la sensibilité générale, de sorte que des mouvements conscients ou volontaires peuvent concourir au même but. Ces *mouvements réflexes communs de protection*, dont les centres réflexes sont situés, dans le système nerveux central, au-dessous du cerveau, se trouvaient conservés chez le chien décérébré. » Ce sont ces réflexes que Goltz a pris par erreur pour des signes de la persistance des sensations. Tout au contraire, du moment que les excitations périphériques des sens n'ont point provoqué, chez ce chien, d'autres mouvements que ces réflexes communs de protection, l'observation de Goltz démontre, de la façon la plus éclatante, ce qu'avaient d'ailleurs établi les extirpations partielles de l'écorce cérébrale chez le chien et les observations pathologiques correspondantes du cerveau de l'homme, que même les sensations élémentaires de lumière, de son, etc., ont pour siège ou substratum anatomique l'*écorce cérébrale*.

Pour Édinger non plus, le chien décérébré n'était pas « complètement aveugle », quoique rien n'atteste qu'il se soit, en une seule circonstance, servi de la vue pour une action quelconque. Cependant il possédait une partie de ces ganglions optiques de la base que Goltz avait autrefois considérés comme suffisants, chez le chien comme chez la grenouille, pour faire éviter les obstacles. L'interprétation vraie du réflexe du clignement, Munk, je n'en doute pas quant à moi, vient de nous la donner, avec cette pénétration et cette précision qui caractérisent sa critique. Aussi, ce qui importe, ce n'est pas ici l'interprétation d'Édinger à ce sujet, qui aussi bien est celle de Goltz : c'est la belle généralisation d'anatomie comparée qui est sortie de cette étude toute technique de pièces anatomiques, c'est cette sorte d'introduction nécessaire à toute psychologie physiologique de l'avenir, envisagée comme science des fonctions de l'écorce du cerveau. Là est le grand mérite d'Édinger, qui ne s'était proposé que de concilier les contradictions doctrinales existant entre ceux qui affirment, avec Goltz, qu'un mammifère sans cerveau peut encore éprouver des sensations, traduire ses sentiments par des expressions variées de la voix, exécuter des mouvements adaptés à des buts fonctionels, quoique absolument dénué d'intelligence, de mémoire, de réflexion, — et ceux qui nient la réalité de ces sensations et expliquent par l'automatisme toutes les réactions de l'animal, simple machine, dont le mécanisme très complexe crée toute l'illusion.

Et d'abord, la vue seule des coupes des tubercules quadrijumeaux et de la moelle allongée ne ferait jamais croire que le système nerveux central avait subi, chez ce chien décérébré, des destructions si étendues, quoique toute la voie des pyramides ait dégénéré des deux côtés, ainsi que quelques faisceaux des cordons postérieurs de la moelle épinière. Un premier enseignement qu'en tire Édinger, c'est l'indépendance relative, l'espèce d'autonomie, dont jouissent, en regard des parties du cerveau antérieurement situées, les centres postérieurs de cet organe, moelle épinière, moelle allongée, ganglions de la base, cerveau moyen, cerveau intermédiaire. Les fonctions de ces centres, telles que la coordination réflexe des mouvements, n'étaient pas, en effet, chez ce mammifère, essentiellement troublées. Il avait pourtant, avec les deux hémisphères, perdu une partie des corps striés. Chez l'homme et le singe, une destruction, même minime, de l'écorce cérébrale des circonvolutions rolandiques détermine une parésie ou une paralysie si nettement circonscrites parfois, qu'on peut diagnostiquer le siège de la lésion cérébrale : l'impotence, accompagnée des troubles plus ou moins nets de tous les modes de la sensibilité générale, persiste et subsiste dans le domaine des mouvements volontaires. Chez le chien, au contraire, comme chez tous les vertébrés inférieurs, l'écorce peut être enlevée sans perte essentielle des mouvements de la vie de relation, à l'exception, toutefois, chez les mammifères, des mouvements volontaires ou acquis, c'est-à-dire représentés dans l'écorce cérébrale.

En clinique, la paralysie générale, la démence paralytique, qui détruit progressivement les différents territoires de l'écorce cérébrale, réalise admirablement l'état de la plupart des mammifères qui ont subi des ablations relativement considérables de l'écorce des deux hémisphères, comme dans les expériences de Goltz. Je crois avoir été des premiers à prononcer le mot de démence pour caractériser l'état des animaux que Goltz avait cru pouvoir faire servir à la démonstration de sa doctrine antilocalisatrice. « S'il en est ainsi, écrivais-je, c'est-à-dire si ces animaux sont déments, il est clair que les expériences de Goltz n'ont aucune valeur pour ou contre la doctrine moderne des localisations cérébrales. » Depuis, les disciples de l'éminent professeur, Jacques Loeb, entre autres, ont dû se rendre à l'évidence sur la nature de l'état mental créé de toutes pièces sur ces mammifères. Une différence importante, toutefois, entre le dément paralytique et l'animal rendu dément, c'est que, chez l'homme, l'écorce cérébrale étant bien plus exercée que chez le chien, bien plus différenciée au point de vue fonctionnel, les moindres lésions de cette partie de l'organisme, qui affectent à peine l'animal, ont chez nous des retentissements prolongés dans les domaines de l'intelligence, de la sensibilité et des mouvements volontaires. L'état psychique du nouveau-né peut encore être rapproché, comme l'a fait Édinger, de celui d'un mammifère décérébré ou d'un vertébré inférieur. Chez le nouveau-né, en effet, l'écorce du cerveau et les centres primaires sous-corticaux ne sont encore reliés que par un petit nombre de connexions; les radiations optiques, par exemple, ne se développent que plusieurs semaines après la naissance chez l'homme. La sphère visuelle, complètement développée chez le chien au quarantième jour, ne l'est, chez l'enfant, d'après Steiner, qu'au cinquième mois : alors seulement ce centre cortical du cerveau antérieur pourrait répondre à l'excitation électrique par des mouvements associés des yeux et des mouvements correspondants de la tête. Il résulte, en effet, des observations de E. Raehlmann, que si, dès la *cinquième semaine*, l'enfant est capable de fixer un objet se trouvant dans la direction de sa ligne visuelle, les mouvements des yeux nécessaires à la fixation des objets périphériques font encore défaut : ce n'est qu'au *cinquième mois* que ces mouvements existent; l'enfant peut alors suivre du regard les objets qui se déplacent dans son champ visuel et acquérir des notions d'orientation dans l'espace[1]. Pourtant il est certain que le jeune enfant voit : il lui manque seulement, et longtemps encore, comme au chien sans écorce cérébrale, l'intelligence de ce qu'il voit et la possibilité de faire servir ce qu'il a vu à quelque fin voulue et appropriée. Ce n'est qu'avec le développement de ces faisceaux de fibres optiques qu'il peut se servir de son écorce cérébrale pour ces fins.

Mais que, par l'effet d'une lésion destructive totale de l'écorce des deux lobes occipitaux, d'un ramollissement embolique, par exemple, un homme soit frappé de cécité absolue : il ne peut pas voir avec ses centres optiques inférieurs, sous-corticaux, comme le font les amphibiens et les reptiles, comme l'aurait fait le chien décérébré de Goltz, si nous en croyions ce physiologiste, et ainsi que paraît l'admettre Édinger. Luciani et Tamburini avaient aussi cru pouvoir admettre, outre les centres corticaux de la vision, des centres basilaires de cette même fonction, sans doute localisés dans les tubercules quadrijumeaux et les couches optiques, capables de suppléer, chez les mammifères, l'écorce des plis courbes et des lobes occipitaux détruite dans toute son étendue. Il faut aujourd'hui très résolument affirmer que ces auteurs ont erré. Un mammifère sans écorce cérébrale ne peut, comme une grenouille qui a subi la même opération, donner des preuves de la persistance du sens de la vue. Les prétendues preuves apportées par Goltz doivent être interprétées, on l'a dit, dans un sens tout contraire. Les expériences et les observations de Munk ont établi que les mammifères et les oiseaux voient avec leur cerveau : ces vertébrés deviennent complètement aveugles après l'ablation complète

1. Steiner. *Ueber die Entwickelung der Sinnesphaeren, insbesondere der Sehsphaere, auf der Grosshirnrinde des Neugeborenen*. Sitzungsb. der k. pr. Akad. d. Wiss., 1895, 303.

des lobes occipitaux. Plus on s'élève dans la série animale, plus l'écorce cérébrale devient un organe important, puis tout à fait indispensable, pour les fonctions psychiques supérieures. Les effets de l'ablation des lobes occipitaux sur la vision mentale doivent donc différer fort chez le singe, le chien et le lapin. Mais, chez tous les mammifères, la perte de ces régions du cerveau antérieur entraîne fatalement la cécité. Voilà un point de doctrine que je considère comme acquis, en dépit des assertions contraires de l'École de Strasbourg.

Relations de l'écorce cérébrale avec les ganglions cérébraux chez les vertébrés inférieurs. — En dehors même des points spéciaux de physiologie des fonctions sensitives et sensorielles du manteau cérébral que nous venons de signaler, quel est, considéré dans l'ensemble de ses fonctions, le rôle de l'*écorce du cerveau?* C'est un second problème non moins vaste assurément que le premier. « Je crois que les faits que nous enseigne l'anatomie comparée du cerveau antérieur, a écrit Edinger, sont bien propres à jeter de la lumière sur le rôle de l'écorce cérébrale et à nous donner la raison de la contradiction, admise par tant de gens, entre les résultats de l'excitation et ceux des extirpations totales de l'écorce. Une grande classe d'animaux — les poissons osseux — manque complètement d'écorce cérébrale et des faisceaux de projection qui en sortent. Chez ces vertébrés, le cerveau *commence, sit venia verbo*, par le *ganglion de la base*, le corps strié. Les ganglions du thalamus sont relativement petits, et ce n'est qu'à partir du cerveau moyen qu'on trouve des cellules et des faisceaux de fibres considérables. » Rabl-Ruckhardt, au cours de ses belles recherches embryologiques, a montré que les *lobes antérieurs* des poissons osseux (*téléostéens*) sont uniquement représentés par les *ganglions de la base* (corps striés) du cerveau antérieur.

Le manteau, c'est-à-dire la substance blanche et grise de l'écorce du cerveau antérieur des vertébrés, n'est représenté, chez les poissons osseux, que par une *mince couche de cellules épithéliales* étendue comme une voûte au-dessus d'une cavité encéphalique et formant le toit de cette cavité ou ventricule du cerveau antérieur des poissons osseux qui correspond aux deux ventricules latéraux du cerveau des mammifères. Une *commissure* transversale ou *interlobaire* relie entre eux les lobes antérieurs. A chaque lobe antérieur aboutissent, en avant, les fibres du *nerf olfactif*. Les *cellules épithéliales* constituant la voûte du cerveau antérieur des poissons osseux sont de véritables cellules épendymaires, semblables à celles des cavités médullaires et encéphaliques des oiseaux et des mammifères, cellules longues, dont le prolongement nucléé est au voisinage immédiat de la cavité ventriculaire, le prolongement périphérique à la surface périphérique du cerveau ou du centre nerveux, s'il existe; ces cellules occupent donc tout l'espace intermédiaire (Ramon y Cajal, Van Gehuchten, etc.). Les *lobes antérieurs* du cerveau des poissons osseux sont les ganglions d'origine du *faisceau basal du cerveau antérieur* (Edinger) ou *pédoncule cérébral*. D'après Van Gehuchten, le *faisceau basal* d'Edinger est formé essentiellement non d'une, mais de deux espèces de fibres nerveuses, fibres descendantes à conduction *centrifuge, motrices*, qui, des lobes antérieurs de ces cerveaux, vont se terminer dans une région inférieure de l'axe cérébro-spinal; fibres ascendantes, à conduction *centripète, sensitives*, qui s'arborisent dans les lobes antérieurs, et dont les cellules d'origine doivent se trouver dans des centres nerveux inférieurs. Van Gehuchten peut ainsi considérer ce *faisceau basal* comme formé à la fois de faisceaux *sensitifs* et *moteurs*, et rapprocher ceux-ci du faisceau sensitif et des voies des pyramides des vertébrés supérieurs[1]. La *commissure interlobaire* du cerveau antérieur de ces poissons serait formée par l'entre-croisement partiel d'une grande partie des fibres centrales de ce faisceau sensitif (Van Gehuchten), non par des fibres commissurales analogues à celles du corps calleux et de la commissure antérieure du cerveau des mammifères, lesquelles ont leurs cellules d'origine dans un lobe et se terminent dans l'autre. Ici une partie des fibres du faisceau sensitif se termine par des arborisations libres dans le lobe *correspondant*, une autre dans le lobe *opposé* en passant par la commissure interlobaire.

Mais les prolongements cylindraxiles des cellules nerveuses des lobes antérieurs ne passent point par cette commissure. La commissure interlobaire du cerveau antérieur

1. Van Gehuchten. *Contribution à l'étude du système nerveux des Téléostéens. La cellule*, x, 1893. Cf. *La moelle épinière de la truite. Ibid.*, xi, 1895.

des poissons osseux, commissure double, paraît donc être constituée par un entre-croisement partiel des *fibres sensitives centrales.* Van Gehuchten a pu suivre jusqu'à une certaine distance les fibres du *pédoncule cérébral* ou faisceau basal du cerveau antérieur des téléostéens. Les fibres centrifuges motrices de ce faisceau ont bien leurs cellules d'origine, nous le répétons, dans les lobes antérieurs, dont celles-ci forment la matière principale, surtout dans les régions voisines de la paroi ventriculaire. Une fois descendues dans le faisceau basal, ces fibres se dirigent en arrière et se terminent, pour une partie d'entre elles au moins, dans l'*infundibulum;* on ignore encore où s'arborisent les autres fibres centrifuges du faisceau basal. Quant aux fibres centripètes, ascendantes, sensitives, de ce faisceau, dont les ramifications cylindraxiles se terminent librement dans les prolongements protoplasmiques des cellules motrices des lobes antérieurs, un grand nombre d'entre elles représentent les prolongements cellulifuges de neurones situés dans la partie antérieure de l'*infundibulum :* « Ces cellules d'origine ont conservé, tout comme les cellules épendymaires, leur rapport avec la cavité centrale. Ce sont des cellules bipolaires dont un des prolongements, court et irrégulier, se termine à la surface libre de la cavité ventriculaire, tandis que l'autre prolongement, après avoir émis quelques branches collatérales, se terminant dans le voisinage de la cellule, se continue directement avec le prolongement cylindraxile. Celui-ci pénètre donc dans le faisceau basal pour aller se terminer entre les cellules constitutives des lobes antérieurs du cerveau. » A propos de l'étude de ce faisceau des poissons osseux, Van Gehuchten fait une remarque d'une très grande portée générale : « Les fibres ascendantes ou *sensitives* du faisceau basal viennent se terminer dans le voisinage immédiat des cellules motrices des lobes antérieurs, de telle sorte qu'entre les branches terminales des fibres sensitives et les cellules d'origine des fibres motrices *le contact est immédiat sans interposition d'un troisième élément nerveux.* Cette disposition est absolument identique à celle que l'on observe chez les mammifères et chez l'homme, au moins dans certaines régions de l'axe nerveux : telle la substance grise de la moelle, où les collatérales sensitivo-motrices des fibres du cordon postérieur viennent en contact avec les cellules radiculaires; telles les éminences antérieures des tubercules quadrijumeaux, où les fibres optiques et les fibres acoustiques se terminent dans le voisinage des cellules d'origine du faisceau réflexe de Held; telle encore la couche corticale grise de la zone motrice du cerveau où, d'après Flechsig et Hösel, les fibres sensitives viennent se mettre en contact avec les cellules d'origine des fibres de la voie pyramidale. » La partie interne de chaque lobe antérieur du cerveau des téléostéens, correspondant aux deux tiers de l'épaisseur et limitant la cavité ventriculaire, est exclusivement formée de cellules épendymaires et de cellules nerveuses multipolaires à vastes prolongements protoplasmiques; la partie externe, d'apparence plus claire sur les coupes, est constituée par des cellules nerveuses éparses entre les faisceaux de fibres ascendantes du pédoncule cérébral. Les prolongements cylindraxiles des cellules nerveuses des lobes antérieurs, fibres constitutives de la voie centrifuge du faisceau basal, sortent soit des corps cellulaires, soit des prolongements protoplasmiques de ces neurones. Sans nier qu'il en existe dans les lobes antérieurs du cerveau de ces vertébrés, sur les coupes d'une quarantaine de lobes traités par la méthode de Golgi, Van Gehuchten n'a jamais rencontré ces cellules nerveuses à cylindraxe court, ou cellules de Golgi, signalées par Bellonci dans ces mêmes régions, et qui, sous le nom de *cellules d'association*, prennent une part si grande, selon von Monakow, comme d'après Flechsig, aux fonctions supérieures de l'innervation centrale, c'est-à-dire de l'intelligence.

Ainsi, tandis que les ganglions de la base du cerveau antérieur sont demeurés essentiellement les mêmes, quant à leur structure et à leur situation, dans toute la série des vertébrés, où ils forment les corps striés, le manteau (*pallium*) au contraire s'est transformé sans discontinuité de la mince couche de cellules épithéliales qui s'étendait comme une voûte sur le ventricule du cerveau antérieur des poissons osseux jusqu'à l'écorce grise circonvolutionnée des hémisphères cérébraux des anthropoïdes et de l'homme. Le *corps strié*, apparaissant maintenant divisé, chez les mammifères, en deux masses, *noyau caudé* et *noyau lenticulaire*, par les fibres de la *capsule interne*, qui passent en quelque sorte à travers ces masses grises, n'est plus qu'une portion relativement peu importante de ce cerveau antérieur qu'il constituait à l'origine presque tout entier, dont il formait la masse principale chez les poissons osseux. Entre les puissants *ganglions de la base* des époques primordiales et le *manteau*, qui, pour la première fois, apparaît chez les reptiles comme une véritable écorce cérébrale, siège de la vie psychique des repésentations, le développement a été successif et certainement inverse. Nul doute, cependant, que, chez les poissons osseux, le ganglion de la base ne fût un cerveau rudimentaire et en remplît, en tout cas, les fonctions. Qui voudrait soutenir que ces poissons sans cerveau, au sens de manteau cérébral, fussent privés de sensibilité ou de motilité volontaire? La lutte pour l'existence aurait bientôt pris fin. Suivant Édinger, il manquait pourtant à ce ganglion basal du cerveau antérieur toutes ces voies nerveuses qui, chez les vertébrés supérieurs, montent des appareils périphériques de la sensibilité générale et spéciale à l'écorce cérébrale. Van Gehuchten a démêlé au contraire dans le faisceau basal d'Édinger des faisceaux de fibres afférentes, partant, de nature sensitive, dont un grand nombre représenterait les prolongements cylindraxiles de neurones situés dans la partie centrale de l'*infundibulum*. Quoi qu'il en soit, il est peut-être permis de conclure de ces faits, que les stations terminales primaires des nerfs suffisent à réaliser jusqu'à un certain degré ce que nous connaissons comme fonctions des organes du système nerveux central.

Avec les méthodes actuelles d'imprégnation et de coloration des éléments du système nerveux, il est possible de distinguer sûrement, grâce à la forme et à la disposition des cellules, l'écorce cérébrale des autres parties du cerveau. Or c'est bien pour la première fois, sous forme d'amas irréguliers et en petit nombre, que les cellules nerveuses de l'écorce apparaissent chez les *Amphibiens*. De l'examen histologique du cerveau antérieur de quelques amphibiens (grenouille, salamandre, triton), avec la méthode de Golgi-Cajal, par A. Oyarzun, sous les auspices et d'après les conseils d'Édinger, à l'Institut de Senckenberg de Francfort, il résulte que, des deux couches dont sont constitués les hémisphères, l'*interne*, regardant la cavité du ventricule, est limitée par une couche de *cellules épithéliales*, dont les prolongements ramifiés peuvent atteindre la surface externe du manteau, tandis que la couche *externe* des hémisphères renferme des *corpuscules nerveux*, dont les prolongements protoplasmiques s'élèvent vers la périphérie et dont le prolongement cylindaxile descend en bas. Après être resté indivis durant un court trajet, le prolongement des cellules épithéliales se divise bientôt à angle droit en fibrilles qui, se subdivisant à leur tour, produisent, en s'enchevêtrant avec les prolongements voisins de même nature, un feutrage des plus fins qui atteint la couche externe des hémisphères. Les corps de ces cellules ne sont pas pressés les uns contre les autres: entre deux, il existe toujours la place d'une cellule épithéliale. On n'a pas aperçu de cils vibratiles avec le chromate d'argent. « Ce qui est nouveau, ce qui était inconnu jusqu'ici dans le cerveau des amphibiens, c'est la longueur extraordinaire et les ramifications des fibriles terminales de ces cellules épithéliales, » dit Oyarzun. Ces prolongements constituent ici l'ensemble du tissu de soutènement. Quant aux cellules de la partie externe du manteau, qui sont situées à différentes hauteurs dans l'épaisseur de cette couche, leur forme aussi bien que l'orientation de leurs prolongements ne laissent aucun doute sur leur nature nerveuse. D'abord tangentielles, les ramifications de ces neurones, d'une richesse aussi peu ordinaire, envoient quelques ramescences vers la périphérie de l'écorce, tandis qu'un prolongement cylindraxile, émettant quelques rares collatérales, descend en bas. Les prolongements cylindraxiles de ces neurones se réunissent en longs faisceaux près de la base du cerveau. (*Ueber den feineren Bau des Vorderhirns der Amphibien. Arch. f. mikrosk. Anatomie*, XXXV, 1890, 330). Chez les *Reptiles*, on l'a vu, le manteau est relié aux centres inférieurs par de puissants faisceaux. De même chez les *Oiseaux*, dont la substance grise corticale n'est représentée que par une mince lame située au-dessus de la cavité ventriculaire. Les expansions protoplasmiques, surtout les expansions basilaires, y ont paru plus abondantes que dans le cerveau des reptiles à Sala y Pons (Barcelone). (*L'écorce cérébrale des Oiseaux*, B. B., 1893, 974.) De même, tandis que, chez les reptiles, la *névroglie* n'est encore constituée que par les cellules épithéliales des ventricules, prolongées à travers l'écorce grise jusqu'à la surface du cerveau, chez les oiseaux ces éléments, je veux dire les cellules de la névroglie, ne présentent déjà plus partout l'apparence des éléments épithéliaux épendymaires: ils apparaissent sous la forme de véritables cellules en araignée. Sala y Pons distingue cinq couches dans l'écorce cérébrale des oiseaux : 1° zone moléculaire ; 2° couche de petites cellules étoilées ; 3° couche des grandes cellules étoilées et des grandes cellules pyramidales ; 4° couche des cellules étoilées profondes ; 5° zone épithéliale. Les cellules des deuxième et troisième couches envoient à la zone moléculaire non une tige protoplasmique terminée par des ramifications, mais « un certain nombre d'expansions périphériques isolées, à orientations diverses ». Les cellules de la troisième couche sont de deux espèces au moins : *a*) *cellules de projection*, à cylindraxe descendant ; *b*) *cellules d'association*, à cylindraxe se terminant dans l'épaisseur de la substance grise de l'écorce, au moyen d'arborisations étendues ou courtes. Ainsi peut-être dans toutes les couches. Le plexus fibrillaire formé de toutes les collatérales des cylindraxes des fibres de projection et d'association « enveloppant les corps cellulaires » feutre tout l'espace de l'écorce cérébrale compris entre l'épithélium épendymaire des ventricules sous-jacents et la surface du cerveau. Les fibres de projection ne passent point par le volumineux corps strié des oiseaux (du moins celles de la portion sus-ventriculaire de l'écorce) : le corps strié possède des cellules spéciales de projection qui quittent le cerveau par sa partie postérieure (*faisceau basal* du cerveau antérieur d'Édinger). Quoique déjà différenciés, on retrouve chez les oiseaux les deux sortes d'éléments de la *névroglie :* 1° les cellules épithéliales s'allongeant de la cavité du ventricule jusqu'à la surface du cerveau où elles se terminent sous la pie-mère par des boutons coniques ; 2° des cellules éparses à des distances diverses des surfaces pie-mériennes et ventriculaires, véritables corpuscules névrogliques en voie de formation, cellules épithéliales émigrées dans la substance grise (Cajal, von Lenhossek, Retzius), et dont celles qui s'approchent le plus de la périphérie sont presque déjà des cellules en araignée.

Relations de l'écorce cérébrale avec les ganglions cérébraux chez les mammifères. — Chez les mammifères eux-mêmes, l'écorce cérébrale présente de très grandes différences. Très petite encore, relativement au volume des ganglions du thalamus et du cerveau des tubercules quadrijumeaux, chez les rongeurs et beaucoup d'autres mammifères inférieurs, ce n'est que chez les mammifères supérieurs que se développe de plus en plus cette puissante couche corticale du cerveau antérieur qui, par son étendue, par le grand nombre de ses connexions, par les radiations qu'elle reçoit des couches optiques et des autres ganglions sous-corticaux et sous-thalamiques et qu'elle y projette, aboutit au vaste déploiement des circonvolutions de la surface du cerveau de l'orang ou de l'homme.

L'observation paléontologique démontre que, à partir de l'époque crétacée, le cerveau des différents groupes de vertébrés s'est constamment accru, et que, dans un même groupe, le cerveau de la race qui était destinée à persister dans l'être et à se développer était plus grand que le cerveau moyen de ce groupe pour une même période. Inversement, le cerveau d'une race éteinte était plus petit (Ch. Marsh. *Dinocerata. A monographie of a extinct order of gigantic mammals.* Washington, 1886).

L'écorce cérébrale est donc quelque chose qui ne fait point partie absolument de la notion du cerveau d'un vertébré : elle n'apparaît que progressivement dans la série animale et s'accroît surtout chez les mammifères. La partie de l'écorce cérébrale qu'on nomme, avec ses variations, le lobe frontal, lobe très petit chez les carnassiers, n'est encore que peu développée chez les singes. Le lobe frontal des anthropoïdes eux-mêmes diffère non seulement de volume, mais morphologiquement de celui des races les plus inférieures de l'humanité. C'est, on le sait, pendant la période de développement, pendant l'enfance et la jeunesse, que le squelette des anthropoïdes offre avec celui de l'homme les ressemblances les plus frappantes. Bien que déjà au cinquième et sixième mois de la vie intra-utérine, on trouve chez le gorille un grand nombre de caractères propres à l'adulte, tous ces caractères sont encore atténués : ce n'est qu'à l'apparition des premières molaires temporaires, à la fin de la première année, que les traits caractéristiques des anthropoïdes vont s'accentuant. Les espèces de petite taille, chimpanzé et gibbon, présentent dans leur développement encore plus de ressemblances avec l'homme (M. I. Deniker. *Les Singes anthropoïdes*). Dans toute comparaison de la structure anatomique et des fonctions physiologiques et psychologiques des anthropoïdes et de l'homme on doit tenir le plus grand compte de l'âge. « L'enfant simien, a dit Carl Vogt, est sous tous les rapports plus voisin de l'enfant humain que le singe adulte ne l'est de l'homme adulte. » C'est donc dans l'enfance, dans le premier âge surtout, que les singes anthropoïdes et l'homme réflèteraient avec le plus de fidélité les caractères de quelque commun ancêtre, de quelque *Dryopithecus* encore inconnu. Car on peut dire de ces singes ce qu'on a établi à propos des caractères larvaires qui ont fait longtemps considérer les ascidies comme les ancêtres des vertébrés : le développement des ascidies indique bien plutôt qu'ils descendent eux-mêmes des vertébrés; ce sont des vertébrés dégénérés par adaptation à un nouveau genre de vie; l'adaptation à l'ancien mode de vivre pélagique des ascidies explique l'organisation des thaliacés et leur descendance des ascidies (B. Rawitz). Déprimé en son milieu chez les vieux gorilles, l'os frontal est, chez les jeunes gorilles des deux sexes, haut, large et bombé. L'arrondissement de l'occipital atteint fréquemment le même degré de développement chez les jeunes anthropoïdes et chez certains hommes. L'écaille occipitale d'un Nigritien, d'un Papou, d'un Malais jeune, peut même se montrer plus aplatie que celle d'un jeune gorille ou d'un jeune chimpanzé. Les points d'ossification du crâne sont d'ailleurs les mêmes chez l'homme et chez les singes anthropoïdes : en général la *région frontale* s'ossifie plus rapidement, tandis que les *régions occipitale, mastoïdienne* et *pétreuse* s'ossifient plus tardivement que chez l'homme. Les *sutures* se ferment à un âge plus jeune; la brachycéphalie des jeunes anthropoïdes diminue avec l'âge (Deniker). L'encéphale des gorilles, qui a d'abord une forme ovoïde allongée, non arrondie comme celle du chimpanzé et de l'orang, se distingue de l'encéphale du chimpanzé, mais non de celui de l'orang, par la complexité des *circonvolutions*. L'ordre d'apparition des *scissures* et *sillons*, chez le gorille et le gibbon, est à peu près le même que chez l'homme : le *lobe frontal* se développe chez eux avant le lobe *occipital;* cependant son développement est moins rapide et s'arrête beaucoup plus tôt que chez l'homme (Deniker). *L'insula* de Reil est, dans la scissure de Sylvius, en général débordée par l'*opercule*; la *scissure* de Sylvius se rapproche davantage de l'horizontale chez le gorille que chez les autres singes anthropoïdes; le *sillon* de Rolando est surtout très accusé chez le chimpanzé, ainsi que le *sillon du singe*. R. Hartmann a noté avec toute raison que, loin d'être très faiblement développée chez le chimpanzé, l'orang et le gibbon, ou même de faire absolument défaut chez la plupart des autres singes, comme le voulait Bischoff, la F^3 ou *circonvolution de* Broca, dont le grand développement chez l'homme constituerait une des principales différences entre son encéphale et celui du singe, est au contraire bien développée chez les singes, y compris naturellement les anthropoïdes (Pansch) : « Ce qui frappe tout d'abord dans la structure interne du cerveau de ces animaux, c'est la brièveté du *corps calleux;* on signale aussi l'épaisseur et la mollesse de la *commissure antérieure*, ainsi que la minceur de la *commissure postérieure* du troisième ventricule. Dans les ventricules latéraux on retrouve toutes les parties décrites dans le cerveau humain. Les *tubercules quadrijumeaux* sont très semblables à ceux de l'homme. Le *quatrième ventricule* ne renferme aucune formation remarquable. La *base de l'encéphale* enfin ne diffère guère non plus du type humain. » Quant aux hommes *microcéphales*, R. Hartmann reproduit, contre C. Vogt, les conclusions de Virchow : « 1° Il n'existe aucune espèce simienne qui présente exactement la configuration particulière de l'encéphale des microcéphales; 2° la psychologie fournit précisément les plus puissants arguments contre les *hommes-singes;* 3° le côté instinctif de l'activité psychique, qui fait presque entièrement défaut aux microcéphales, occupe le premier rang chez les anthropoïdes, comme chez les autres animaux. »

Et pourtant les microcéphales n'ont pas eu de plus grand peintre que Carl Vogt[1]. « J'ai vu, dit-il, dans une petite résidence d'Allemagne, un monument que Frédéric le Grand, si je ne me trompe, a fait élever à une princesse de ses amies : *Corpore femina, intellectu vir* est la simple légende de la pierre tumulaire. On pourrait dire de chaque microcéphale : *Corpore homo, intellectu simia.* » Il a fallu renoncer absolument à ces idées. Par microcéphalie *vraie* ou *pure*, c'est-à-dire primitive, on entend aujourd'hui un trouble ou arrêt de développement s'étendant à *tout le système nerveux central*, survenu au cours de l'évolution ontogénique de la vie de l'embryon, mais sans processus tératologiques ni pathologiques proprements dits. Il s'agit d'une espèce d'atrophie congénitale, à laquelle

1. *Mémoire sur les microcéphales ou hommes-singes.* Genève, 1865 (*Mémoires de l'Institut national genevois*, x, 198).

les vieux auteurs donnaient le nom d'agénésie cérébrale : c'est un cerveau en miniature que celui du microcéphale, avait dit WILLIS. Mais si le volume et le poids de l'organe diffèrent de ceux d'un organe normal, les parties en sont régulières, les méninges ne sont pas épaissies, les ventricules ne sont pas dilatés, le liquide céphalo-rachidien n'est pas en excès. Les neurones du système nerveux central sont moins nombreux, et surtout moins développés, leurs prolongements protoplasmiques et cylindraxiles sont moins ramifiés et moins longs, les faisceaux de fibres à myéline plus grêles. Mais cette indigence générale, qui affecte également, symétriquement, les deux hémisphères, cet arrêt de développement qui a frappé l'axe spinal aussi bien que l'encéphale, car à la *microcéphalie* vraie s'associe la *micromyélie*, n'est accompagnée d'aucun processus pathologique ni tératologique, comme dans la pseudomicrocéphalie, laquelle est *secondaire* à des lésions primitives, soit antérieures, soit postérieures à l'apparition des plis du manteau, lésions qui ont paru pouvoir être rapportées quelquefois à quelque défaut de symétrie ou de développement des os du crâne. La pauvreté relative des organes de la vie psychique, le petit nombre des éléments nerveux que séparent en quelque sorte de vastes espaces, où de rares ondes nerveuses ne se propagent qu'avec peine par défaut de conducteurs : voilà qui explique suffisamment, dans la microcéphalie pure, la profonde médiocrité des sensations, de la mémoire, des images, des associations, bref, de l'intelligence et des réactions motrices du névraxe en rapport avec les instincts, les tendances, le langage des signes et le langage articulé, les mouvements adaptés et volontaires, l'arrêt de developpement du cerveau et de la moelle déterminant celui des voies nerveuses centripètes et centrifuges, comme l'attestent les dimensions du centre ovale et des pédoncules cérébraux. Les systèmes de fibres d'association ne sont pas moins altérés quant au nombre et à la longueur des prolongements cylindraxiles qui les constituent : le corps calleux est remarquablement court et mince, en particulier dans la région du splénium.

Voici les conclusions du Mémoire qu'après de longues études (1884-1890) C. GIACOMINI a consacré à cet important sujet[1] : « 1° Dans la microcéphalie, le processus qui a frappé l'organisme s'est localisé essentiellement dans le système nerveux central. 2° La difformité du crâne est une *conséquence* du développement incomplet de l'encéphale : il n'existe pas de microcéphalie primitive *ostéale;* elle est toujours *neurale.* 3° La microcéphalie ne se limite pas seulement au cerveau proprement dit : elle s'étend aux autres parties du système nerveux central : il existe une *microcéphalie* et une *micromyélie.* 4° La microcéphalie consiste en un arrêt de développement du système nerveux central survenu à diverses époques de la vie embryonnaire. 5° Le système nerveux des microcéphales ne présente pas d'altérations pathologiques qui puissent être rapportées à l'arrêt de développement. 6° Les *cerveaux des microcéphales appartiennent tous au type humain;* ils diffèrent entre eux suivant l'époque à laquelle ils furent frappés d'arrêt de développement ; ils forment une série complète, qui s'étend du cerveau normal de l'adulte à l'anencéphale. 7° Dans la conformation de la surface du cerveau des microcéphales, outre les signes d'arrêt de développement, on trouve, dans la microcéphalie profonde, d'autres dispositions constituant de vraies ressemblances animales et ne pouvant être interprêtées que comme des faits d'atavisme. 8° La microcéphalie ne peut être invoquée en faveur de la théorie de la descendance, car *elle ne représente aucune période historique du développement de l'homme*[2]. »

Psychologie comparée, intelligence des singes. — La remarque de VIRCHOW apparaîtra toujours plus vraie, et c'est une intuition profonde que celle qui, abstraction

1. C. GIACOMINI. *Studio anatomico della microcefalia. I cervelli dei microcefali.* (*Istituto anat di Torino*, 1890.)

2. Cf. outre les travaux d'AEBY, de BISCHOFF, de JOHN MARSHALL, de LOMBROSO, sur la microcéphalie et sur la théorie de CARL VOGT, WILLIAM W. IRELAND, *Idiocy and Imbecility.* Lond., 1877, ch. VI. *Microcephalic Idiocy.* — EDM. DUCATTE. *La microcéphalie au point de vue de l'atavisme*, Paris, 1880. — F. SCHOLZ. *Handbuch der Irrenheilkunde*, 1890, 64 sq. — BOURNEVILLE. *Recherches cliniques... sur l'épilepsie, l'hystérie et l'idiotie.* Paris, I-VXI (1880-1896). *Bibliothèque d'Education spéciale.* Paris, I-V (1891-1896). Relativement à l'opération de la craniectomie et à la prétendue liberté rendue ainsi au cerveau dans les cas où l'idiotie doit être attribuée à un arrêt de développement des circonvolutions cérébrales (microcéphalie congénitale), BOURNEVILLE a rappelé que, sur 470 calottes craniennes rassemblées au Musée de Bicêtre, 6 seulement sont le siège d'une synostose partielle prématurée (1896).

faite des considérations anatomiques, invoque la psychologie pour montrer l'abîme qui sépare en quelque sorte la vie intellectuelle et morale des singes, fût-ce celle d'un macaque, de celle d'un microcéphale. Les naturalistes qui, comme DARWIN, ont acquis une longue pratique des mœurs, des habitudes et de l'intelligence de ces mammifères, ne laissent guère subsister le moindre vestige de frontière morale entre le singe et l'homme. JOHANNES von FISCHER[1], de Gotha, que DARWIN a appelé un « observateur habile et consciencieux », et l'un des principaux rédacteurs du *Zoologische Garten* de Francfort, dans ses études sur la vie et l'intelligence des singes, où il montre bien quelle étroite parenté, au physique comme au moral, unit le singe à l'homme, en dépit de l'ignorance et de l'orgueil humain, fait cette remarque profonde : « Si le singe se gratte, mange ou boit à la manière humaine, ce n'est pas, comme on le répète, par suite de sa prétendue manie d'*imitation*, ce qui est absurde, mais par un effet de sa structure

FIG. 77. — Région motrice de l'écorce cérébrale du singe (d'après BEEVOR et HORSLEY).

plus ou moins analogue à celle de l'homme, en particulier parce qu'il possède de vraies mains. » (*Der zoolog. Garten*, XXIV, 292-3.) Le même savant naturaliste a donné les preuves les plus démonstratives de l'existence, chez le singe, de tous ces signes de la vie intellectuelle et morale qui, de même que chez l'homme, après tout, sont les seuls critères que nous possédions de la vérité de ces états internes : l'attachement, le dévouement, l'affection allant jusqu'au sacrifice, l'obéissance, le besoin de sympathie, le sentiment de la compassion qui fait prendre la défense du faible en le couvrant même de son propre corps (*Ibid.*, XXIV, 233), la commisération s'étendant jusqu'aux animaux d'une autre espèce, toutes « qualités », comme on dit, qui ne vont pas sans nombre « de défauts », une susceptibilité excessive, la rancune, la haine, la colère, l'envie, la

1. JOHANNES von FISCHER. *Der Zoologische Garten. Zeitschrift für Beobachtung, Pflege und Zucht der Thiere.* Frankfurt a. M. XVII. JAHRG., 1876. *Aus dem Leben eines junges Mandril* (*Cynocephalus mormon*), *seine Erkrankung und sein Tod*, 116-127, 174-179, XVIII, JAHRG., 1877. *Aus dem Leben eines Drill's* (*Cynocephalus leucophacus*), 73-97; *Besuch bei M' Pungu*, 165-170, XXIV, JAHRG., 1883. *Aus dem Seelenleben eines Bhunders* (*Macacus erythraeus seu Rhesus*) *und verwandter Affen*, 177-182, 193-203, 227-235, 257-265, 289-298, 325-332. Cf. J. de FISCHER. *Études psychologiques sur les singes* (*Revue des sciences naturelles*, Montpellier, 3ᵉ série, III, 11ᵉ an., 1883, 336-361. — *Rev. Scientif.*, 17 mai 1884).

cupidité, le vol, la gourmandise et le goût de l'ivresse, deux choses peut-être aussi différentes chez le singe que chez l'homme, encore qu'il soit difficile de dire du singe ce que le poète SHEENSTONE disait de SOMMERVILLE, « qu'il buvait pour se procurer les peines du corps et se délivrer ainsi de celles de l'esprit »[1]. FISCHER nous montre un rhésus, dont la boisson ordinaire était le lait, se grisant quelquefois de vin blanc de Tokaï, lorsqu'il parvenait à pénétrer dans une pièce où se trouvait une bouteille de cette liqueur. Maintes fois le domestique dut le porter dans sa cage, comme CÉSAR l'avait été dans sa maison sur les épaules de ses soldats. « Dans cet état, il ressemblait beaucoup à l'homme ivre. » Après force cabrioles, il tombait, restait étendu, sur une table, sur un tapis, incapable de remuer, manifestant une colère sourde contre tout homme qui osait s'approcher. Même dans cet état, jamais il n'aurait essayé de mordre FISCHER. Ce singe avait acquis une très claire conscience de ces « cordes » dont parle PASCAL, qui attachent, dans la société, « le respect à tel ou tel », mais qui, pour être « cordes de nécessité », n'en sont pas moins « des cordes d'imagination » : il avait conscience de l'infériorité du domestique au regard du maître et le lui faisait bien sentir. Il s'emportait contre le domestique lorsque je le réprimandais, dit FISCHER; sa colère se montait au ton de mes reproches et pouvait l'inciter à des voies de fait. Il me secondait dans tous mes simulacres de bataille, si je faisais mine de battre une personne ou un chien (*Ibid.*, XVIII, 91; XXIV, 233). Le sentiment du droit de propriété est très vif chez tous les singes. FISCHER avait donné à un macaque de Java une couverture rouge, une couverture bleue à un autre macaque; chacun était jaloux de la possession de sa couverture, et le moindre empiètement sur le droit du propriétaire amenait un combat (*Ibid.*, XXIV, 257). La servilité envers les forts et l'oppression des faibles sont aussi communes chez les singes que chez l'homme. Lorsque FISCHER recevait une nouvelle caisse d'animaux et qu'un cercle de badauds s'était formé, si l'hôte de la cage était un singe, toutes les cérémonies d'usage commençaient : grognements joyeux, sourires, rires même, enfin le « salut des singes », dont il sera parlé. Une fois débarqué, l'inspection du nouveau venu commençait. D'un coup d'œil rapide, le rhésus et les autres singes avaient bientôt pris sa mesure et porté un jugement sans appel sur son intelligence, son courage et sa force, qu'ils mettaient d'ailleurs bientôt à l'épreuve par mille taquineries, avanies et violences. L'attitude de la recrue décidait de son avenir, et aussi sa taille et la dureté de ses crocs; selon l'événement, ce singe était voué aux brimades ou désormais entouré de la considération générale. Timide ou craintif, il est moqué, maltraité, en butte à toutes les vexations, « comme un étranger dans une ville de province »; il faut l'en tirer à tout prix (*Ibid.*, XXIV, 259-60).

La *peur* est, chez le singe, l'affection qui dégage les réactions les plus violentes et les plus étendues. FISCHER fit un jour passer à un mandrill un prospectus du voyage de SEMPER aux Philippines, dans les feuillets duquel il avait glissé un dessin d'holoturie. A la vue de cet échinoderme, au corps allongé, aux nombreux suçoirs tentaculiformes, le mandrill fit un saut en l'air de près d'un pied; il frappait le sol d'une main (signe violent de colère chez les cynocéphales), les poils hérissés, le corps tout tremblant de la tête aux pieds; il cria longtemps encore; il avait évidemment pris l'holothurie pour un serpent (*Der Zool. Gart.*, XVII, 119; XVIII, 83, 85; XXIV, 229, 235). La vue d'un serpent, voire d'une peau de serpent, inspire à tous les singes une profonde terreur. Non seulement la vue de l'objet, mais sa représentation figurée, mais l'articulation du nom qui sert à le désigner déterminent chez ces êtres des mouvements d'expression très énergiques et dont l'intensité paraît souvent, ainsi que chez l'homme, hors de proportion avec l'excitation, indice certain du développement de ces centres corticaux d'intégration que BEEVOR et HORSLEY ont étudiés chez l'orang, P. FLECHSIG dans le cerveau humain. Avec les représentations des reptiles et des animaux à forme allongée ou vermiforme, l'aspect des tuyaux de caoutchouc, des boas que portent les dames dans l'hiver, produisent sur l'imagination des singes les effets que nous venons de rappeler. Cette terreur des reptiles est-elle innée chez les singes? C'est une question que JOH. von FISCHER, avec un scepticisme vraiment scientifique, se garde bien de croire résolue aussi longtemps que des expériences à ce sujet n'auront pas été faites sur des singes nés en captivité. Chez l'enfant, la crainte des crapauds, des serpents, etc., n'est pas innée; les sentiments de

1. C. LOMBROSO. *L'homme de génie*. Paris, 2e édit., 1896, 87.

peur et de dégoût que ces êtres inspirent plus tard sont nés de l'éducation et des préjugés (*Ibid.*, XXIV, 229).

«Je ne connais, dit FISCHER, aucun animal domestique qui puisse distinguer et comprendre la signification d'un dessin. On a beau montrer aux chiens de fidèles dessins de chiens ou de gibier, le résultat est presque toujours le même : ils flairent le papier pour se rendre compte de sa substance, non de son dessin, et, une fois convaincus qu'il n'y a rien à mettre sous la dent (*nichts geniessbares*), ils s'abstiennent de tout examen plus approfondi. Le mandrill ayant eu en main un livre d'images qu'il feuilletait, commença aussi par le flairer, il le lécha, puis finit par gratter les feuillets. Pour satisfaire leur curiosité toujours en éveil, le drill, ainsi que le mandrill ou le rhésus, non seulement examinaient tout, ils flairaient et ils léchaient quand cela était possible (*Ibid.*, XVII, 119; XVIII 89). Le rhésus ayant été épouvanté, au delà de toute expression, par l'explosion inattendue de la capsule d'un petit pistolet que FISCHER portait à sa chaîne de montre, il suffit désormais de faire mine de toucher cet instrument, parmi les autres appendices de la chaîne (qu'il ne redoutait nullement) pour qu'il courût aussitôt se cacher dans la paille de sa cage ou sous quelque meuble : la vue d'un revolver dessiné sur un catalogue illustré d'armurier lui fit tomber des mains ce livre et précipiter sa fuite avec les mêmes signes de frayeur que devant. Or le singe n'avait jamais vu de revolver; FISCHER n'en possédait point; il ne connaissait que le petit pistolet de la chaîne de montre. Le fait de reconnaître des objets dessinés par pure *analogie* de forme avec des objets déjà connus nous paraît, comme à FISCHER , une des preuves les plus manifestes de l'intelligence supérieure des singes (*Ibid.*, XXIV, 197). L'éléphant, au dire de MAXIMILIEN PERTY (*Das Seelenleben der Tiere*, 39), reconnaît les dessins des objets qui lui sont familiers; FISCHER n'a pu vérifier le fait qui, au moins chez le singe de l'ancien monde, est d'observation courante. Le rhésus, un magot, trois macaques de Java et un sajou ayant été dessinés au crayon pour un grand journal illustré, FISCHER montra à chaque singe son portrait, d'une ressemblance frappante. Le rhésus et les macaques reconnurent tout de suite les dessins et se comportèrent exactement comme en face d'un miroir. Le rhésus commença à sourire, puis à rire, et finalement tourna, en poussant de joyeux grognements, son derrière au dessin. Les macaques fixèrent l'image, la peau du front tirée en arrière, les lèvres allongées, avec des murmures et des grognements, considérant le dessin tantôt de près, tantôt de loin. Les autres espèces de singes, tout en reconnaissant aussi la nature des dessins, ne réagirent pas aussi vivement. Le sajou fut le moins intelligent : dodelinant de la tête, il avança la main vers le portrait, essayant de le déchirer avec ses ongles. Ce sajou, FISCHER n'en doute point, n'a pas reconnu ce portrait ni pour le sien ni pour celui d'un singe; il saisit pourtant fort bien les insectes dessinés et prit peur à la vue de la représentation d'une couleuvre. Il n'en fut pas ainsi des dessins de paysages, de maisons, etc. : aucun des nombreux singes de FISCHER ne les reconnut, semblables à cet égard aux sauvages, qui reconnaissent bien armes, animaux et hommes en images, mais regardent étonnés les vues de pays sans pouvoir deviner ce qu'elles représentent (DENHAM, KOLLINGWOOD). C'est exactement ce que fit le rhésus, que le paysage fût peint ou dessiné, sans doute par manque de notion de la perspective (*Ibid.*, XVIII, 85; XXIV, 199).

Devant un miroir, le rhésus regardait joyeusement son image, les muscles des oreilles tendus, la peau du front et les sourcils très en arrière, les lèvres allongées et faisant des mouvements de mastication; après avoir souri, puis ri, il finissait par tourner son postérieur, aux couleurs éclatantes, à l'image du miroir (qu'il prenait évidemment pour celle d'un autre singe), geste qui est, chez ces singes, une marque de faveur amicale. L'observation et la description fort exactes de ce geste valurent au savant naturaliste de Gotha une lettre de CHARLES DARWIN lui-même. L'illustre auteur de la *Descendance de l'homme* désirait savoir le sentiment de JOH. VON FISCHER sur la signification de cette coutume simienne. La correspondance a été publiée par DARWIN dans *Nature*[1]. DARWIN, vérifia les observations de FISCHER. Il dépeint et interprète ainsi le geste en question dans la *Note supplémentaire sur la sélection sexuelle dans ses rapports avec les singes :* « L'habitude

1. *Nature*, XV, 1876, 18. V. *La descendance de l'homme*, 3e édit. fr., 1881, 679 sq. Cf. *Der zool. Garten*, XVII, 119; XVIII, 76 sq. ; XXIV, 200.

d'accueillir un vieil ami ou une nouvelle connaissance, écrit Darwin, en lui présentant son derrière nous semble sans doute fort étrange; toutefois elle n'est certainement pas plus extraordinaire que quelques habitudes analogues des sauvages qui, dans la même occasion, se frottent réciproquement le ventre avec la main ou se frottent le nez l'un contre l'autre. L'habitude chez le mandrill et chez le drill paraît instinctive ou héréditaire, car on l'observe chez de très jeunes animaux. » Il ne s'agit, en somme, dans ce geste que d'une sorte de salut ou de bonjour amical : c'est le *salut des singes* (*Affengruss*), comme l'appelle Fischer, après Darwin, mais seulement chez les singes mâles dont les régions anales présentent de vives couleurs plus ou moins brillantes et qui font étalage de ces parties, comme fait « un paon de sa queue magnifique » (Darwin). Les singes ont d'ailleurs, on le sait, la passion du nettoyage, sur autrui comme sur eux-mêmes, envahis qu'ils sont, dans les forêts, par les insectes parasites, et même très souvent blessés par les épines et autres organes de protection et de défense de végétaux.

Très peu de chiens réagissent à la vue de leur image dans un miroir; quelques-uns la distinguent à peine et y demeurent indifférents, d'autres grondent ou aboient: aucun ne se soucie de s'assurer de la réalité de l'existence d'un second individu. Il en est de même des chats, malgré ce que raconte Perty de la chatte de Blanchard. Le singe, au contraire, passe sa main derrière le miroir, il regarde derrière la glace pour se convaincre lui-même de l'existence du faux singe. Fischer profita une fois de la présence de la main du rhésus derrière le miroir pour la lui pincer fortement. La colère du singe se tourna, non contre l'homme, mais contre le prétendu singe dont la glace reflétait l'image. Son visage, enflammé de fureur, devint rouge; il pointa ses oreilles en avant, ouvrit la gueule et, grinçant des dents, fut pris de violents bâillements spasmodiques, ininterrompus, pouvant se répéter cinquante à soixante fois; dans cet état de crise, il ne peut ni mâcher ni déglutir (*Ibid.*, xvii, 126; xviii, 89-90; xxiv, 200, 258). D'autres fois, il secouait violemment des quatre mains les barreaux de sa cage. L'habitude qu'ont les singes, dans la forêt, de secouer ainsi les branches d'arbre, semble avoir pour but, selon Fischer, de faire du bruit afin d'écarter l'agression de l'ennemi. Le savant naturaliste cite quelques preuves à l'appui tirées de l'observation directe. Outre la colère, ce besoin de faire du tapage serait l'effet, chez certains singes, de l'impatience et de l'ennui (*Ungeduld und Langeweile*), ou seulement du besoin d'attirer l'attention. On observe, dit-il, quelque chose d'analogue chez l'homme qui, lorsqu'il est impatient ou s'ennuie, tambourine avec les doigts sur la table ou sur les vitres. Quand le rhésus avait été longtemps enfermé, et qu'il soupirait après la liberté et la nourriture, il poussait un long cri dont l'intensité variait avec le ton affectif de ces besoins : des lèvres allongées, ne laissant qu'un petit orifice, sortait un *oh* ou un *o-oh*, la deuxième syllabe plus haute d'une quinte. Chez le mandrill aussi les sons émis varient avec les états d'excitation émotionnels. Dans le contentement et la joie, par exemple, les lèvres allongées et pressées émettent un *uh* guttural; dans la contrariété et le dépit un cri plaintif, *ih* — —, qui rappelle celui du petit enfant en larmes; l'étonnement se manifeste sous cette forme par un *á á á*. L'affection et l'amitié s'expriment souvent, on l'a vu, par un joyeux grognement et la protrusion des lèvres (*Ibid.*, xvii, 120; xviii, 84; xxiv, 228). Dans le *sourire*, sorte de ricanement muet, les dents sont serrées les unes contre les autres, la lèvre supérieure se relève et découvre les incisives jusqu'à la racine (Cf. Darwin, *l'Expression des émotions*, 222). Les sons émis dans les expirations courtes et saccadées du *rire* ne sont pas les mêmes chez les différents singes : le singe de Java fait entendre un *ki, ki, ki*. Comme chez l'homme on peut, surtout chez le mandrill et le drill, provoquer le rire ou le sourire, soit en imitant les contractions des muscles qui expriment ces états émotionnels, soit en excitant les sensations du chatouillement. Les jeunes singes rient plus facilement que les vieux (*Ibid.*, xvii, 122-3; xxiv).

Les lieux obscurs inspirent aux singes une assez grande frayeur; on les voit passer rapidement devant un corridor sombre comme s'ils craignaient quelque surprise. Enfermé dans une chambre noire, le rhésus jetait des cris intenses et prolongés; on le trouvait accroupi dans un coin ou caché sous quelque meuble. Toute émotion violente due à la peur provoque d'ordinaire un flux diarrhéique (*Ibid.*, xviii, 92). Pour dormir, les singes apprennent bientôt à s'envelopper d'une couverture, comme le sauvage de l'Aveyron; ils la tirent quelquefois jusque par dessus leur tête. Ils *rêvent* beaucoup, et quelques-uns font des songes terrifiants. J'entendais souvent le soir, raconte Fischer, lorsque déjà tout reposait en silence dans la chambre des animaux, à peine éclairée par la lampe de nuit, des *cris* subits d'angoisse et de terreur. En pénétrant dans la salle je ne trouvais rien d'insolite. Mais j'apercevais alors le drill, par exemple, assis sur le plancher de sa cage ou sur le perchoir le plus élevé, épiant tout autour de lui avec anxiété, cherchant l'objet qui l'avait épouvanté en rêve. Dans le sommeil, ce singe émettait souvent des cris de ce genre; si on l'éveillait alors, il fuyait de sa couche et courait se réfugier dans les jambes de son maître comme pour implorer sa protection. Fischer l'a vu aussi sourire en rêve deux fois; l'expression de ce geste était moins marqué qu'à l'état de veille (*Ibid.*, xviii, 84; xxiv, 234).

Les singes lisent mieux que les enfants et que les chiens sur la physionomie humaine; du moins ceux de l'ancien monde (*Ibid.*, xviii, 82-86). Fischer possédait parmi ses singes une petite femelle du macaque de Java (*Macacus cynomolgus*) d'un naturel excessivement doux et timide. Il suffisait d'élever la voix en prononçant un mot pour arrêter subitement chez elle l'action ou le mouvement commencés. Lorsqu'il entrait dans la chambre, elle le suivait des yeux, cherchant à lire sur ses traits, du coin sombre où elle se tenait en silence, rampant sous les meubles et sous les sièges; elle s'efforçait ensuite de gagner sa sympathie, par un léger murmure, s'éloignant ou se rapprochant du maître selon le jeu des muscles de son visage. S'il était ou affectait d'être de méchante humeur, elle s'en retournait sans bruit par le même chemin dans sa cage. S'il lui avait souri, elle poussait un grand cri de joie, grimpait sur ses genoux, se serrait contre lui, sur sa poitrine, les lèvres agitées de contractions rapides, les yeux plongés dans ses yeux. Mais au premier regard dirigé fixement sur elle, au moindre plissement du front, la macaque sautait à terre, affolée, et s'enfuyait en criant. Cette émotivité exquise, cette nervosité aiguë et presque maladive, Fischer l'a bien des fois constatée chez les singes. Dans deux cas, par exemple, où un singe, d'abord puni, avait été aussitôt après traité amicalement et caressé, Fischer observa un ébranlement nerveux si intense, que, par l'effet de ce changement rapide d'émotions, « les yeux se remplirent de larmes », sans couler toutefois (*Ibid.*, xvii, 124; xviii, 82, 85, 86; xxiv, 230 sq.). Le rhésus savait aussi reconnaître sur le champ, dès qu'il rentrait, l'humeur du maître. Il restait d'abord complètement tranquille, observant une grande réserve, se bornant à chercher à éveiller sa sympathie par des grognements discrets. Si le maître n'y faisait pas attention, le rhésus demeurait en silence, dans l'attitude de l'attente. Mais, au moindre « regard » amical, le singe changeait avec la rapidité de l'éclair : il courait çà et là, agité d'une impatience fébrile, poussant de son gosier les modulations les plus diverses, les commissures des lèvres rétractées par un sourire ou par le rire.

Quoique fort capables, comme les chiens, de juger les gens à la mine et de poursuivre jusque dans la rue, avec des cris aigus, les mendiants et les loqueteux (Fischer a observé cette conduite chez tous les singes), ces animaux sont trop sensibles pour ne pas connaître le sentiment de la pitié. Les blessures des singes à qui quelque accident est arrivé sont léchées par tous leurs compagnons; ils sont souvent l'objet de la part de ceux-ci des soins les plus touchants. La commisération des singes s'étend même à d'autres espèces. « Lorsqu'il voyait mes furets, pour leur dressage, faire aux rats des morsures mortelles, le rhésus entrait en fureur contre le furet, il le tirait par la queue, il le mordait même, cherchant à sauver le rat. Les autres singes en faisaient autant. » (*Der zool. Gart.*, xxiv, 233, 292-3.) Fischer explique ainsi ce sentiment. Animaux sociaux, relativement faibles en tant qu'individus, les singes sont naturellement enclins à se porter secours et assistance et poussent quelquefois très loin l'oubli de soi-même pour autrui. Il croirait volontiers aussi que cette sympathie n'est si profonde, et souvent, on vient de le voir, si irrésistible, que parce que le système nerveux des singes est d'une rare excitabilité. Ainsi ces animaux ne peuvent supporter les bruits accidentels, tels que la percussion d'un clou. Pendant une opération de ce genre, le rhésus secouait la tête à chaque coup de marteau, clignait des paupières, garantissait ses oreilles avec ses mains; enfin, n'y pouvant tenir, il alla se fourrer dans la paille de sa cage. Il fit tout de même un jour qu'on jouait du cor de chasse devant sa cage (*Ibid.*, xxiv, 234, 263).

Les singes ont une notion assez délicate de la différence de *poids*. Fischer donna au rhésus des œufs pleins et des œufs vidés avec une telle perfection qu'il était presque impossible de les discerner. Au début, le rhésus mordit indistinctement les œufs pleins et les œufs vides; mais à la fin il rejeta ceux-ci sans les mordre, ce que les autres singes n'ont, paraît-il, jamais fait. Fischer lui ayant présenté des œufs remplis de sciure de bois, de sable, etc., le singe, après quelques essais, ne se laissa plus tromper que par des œufs dont le contenu (une solution saline concentrée) était d'une densité sensiblement égale à celle des œufs normaux (*Ibid.*, xxiv, 262). La notion du *nombre* n'était pas moins nette chez ce rhésus. Il recevait tous les jours quatre pommes, à peu près de même grosseur. Dès qu'il les avait reçues, il allait les manger à sa place accoutumée, dans sa cage. Pour l'éprouver, Fischer ne lui donna un jour que trois pommes. Le singe les accepta comme d'ordinaire, mais il ne s'éloigna pas; il attendit. Fischer lui montra ses mains vides, geste que le singe comprit fort bien. Cependant il continua d'attendre la quatrième pomme. Lorsqu'enfin Fischer la lui donnait, le rhésus la prenait et, grognant joyeusement, s'éloignait en toute hâte.

La capacité d'*attention* est au plus haut point développée chez les singes. Rien ne leur échappe, non plus d'ailleurs qu'aux sauvages ou aux enfants. Cette acuité de l'attention est, selon Fischer, une conséquence de la curiosité autant que de l'habitude d'observer dans la forêt tout ce qui peut trahir quelque danger ou fournir quelque nourriture. C'est donc une condition d'existence pour des êtres vivants à l'état de nature. L'attitude seule du rhésus faisait clairement connaître que quelque chose d'insolite devait se passer dans la ménagerie ou qu'un objet quelconque n'était pas à sa place. Pour le découvrir, Fischer n'avait qu'à suivre la direction des regards de son singe. Il constatait bientôt, ou qu'un oiseau s'était envolé, ou qu'un gecko était sorti de son terrarium, bref, que quelque chose d'extraordinaire en effet s'était passé. « Mon rhésus, dit-il, m'a ainsi aidé à conserver maint animal en m'indiquant, par son attitude, que la porte d'une cage était ouverte ou que la cage était vide. » Point de chiens de garde qui, soit de nuit, soit de jour, vaillent à cet égard les singes. A Java, il n'y a pas d'écurie qui n'ait pour gardien un macaque (*Ibid.*, xxiv, 264).

A l'égard de la haute intelligence, de la « raison », chez le singe, en particulier chez les anthropoïdes, dont Fischer ne possédait malheureusement aucun exemplaire dans sa ménagerie, le fait suivant, dont Geoffroy Saint-Hilaire fut témoin, rapporté par Leuret lui-même (*Anat. comp. du syst. nerv.*, i, 540), et reproduit par Bastian et par Romanes, paraîtra sans doute des plus significatifs : « Un orang, qui est mort récemment à la ménagerie du Muséum, avait coutume, lorsqu'était venue l'heure du dîner, d'ouvrir la porte de la chambre où il prenait son repas en compagnie de plusieurs personnes. Comme il n'était pas assez grand pour *atteindre la clef de la porte*, il se pendait à une corde, se balançait et, après quelques oscillations, arrivait rapidement à la clef. Son gardien, ennuyé de tant d'exactitude, profita un jour de l'occasion pour faire trois nœuds à la corde qui, ainsi raccourcie, ne permettait plus à l'orang d'atteindre la clef. L'animal, après un essai infructueux, *reconnaissant la nature de l'obstacle qui s'opposait à la réalisation de son désir*, grimpa à la corde, *monta au-dessus des trois nœuds et les défit tous trois*, en présence de M. Geoffroy Saint-Hilaire, qui me rapporta le fait. Le même singe, *désirant ouvrir une porte*, son gardien lui donna un trousseau de quinze clefs; *le singe les essaya l'une après l'autre, jusqu'à ce qu'il eût trouvé celle qui ouvrait*. Une autre fois, une barre de fer ayant été mise entre ses mains, il s'en servit comme d'un levier. »

D'après Romanes, qui rapporte plusieurs faits à ce sujet dont la véracité lui paraît au-dessus du doute[1], les singes « font le mort » de propos délibéré, non point pour échapper à leurs ennemis, comme diverses espèces animales d'ordres et même de classes différentes, depuis les insectes jusqu'aux mammifères, mais pour induire en erreur d'autres animaux. « Thompson (*Passions of animals*, 455-457) cite le cas d'un singe captif qui était attaché à une longue tige de bambou dans les jongles de Tillicherry. Comme l'anneau passé autour de la tige était plus large que celle-ci, le singe pouvait monter et descendre le long de la tige glissante tant qu'il voulait, l'anneau l'accompagnant aisément. Il avait l'habitude de s'asseoir au sommet de la tige, et les corbeaux, profitant de son éloignement, avaient coutume de voler la nourriture que, chaque matin et chaque soir, on disposait au pied du bambou pour son usage. Il avait en vain exprimé son déplaisir par

1. G. J. Romanes. *L'évolution mentale chez les animaux*, 316.

des marmottements et par d'autres signes aussi inefficaces : les corbeaux continuaient leurs déprédations périodiques. Voyant qu'on ne tenait aucun compte de lui, il adopta un plan de vengeance aussi efficace qu'ingénieux. Un matin, il fit comme s'il était sérieusement indisposé : il fermait les yeux, laissait tomber sa tête, manifestait divers symptômes d'une souffrance vive. A peine sa ration accoutumée fut-elle placée au pied du bambou, que les corbeaux, guettant le moment, s'abattirent en grand nombre, et, selon leur coutume, commencèrent le pillage des provisions. Le singe commença alors à descendre le bambou, lentement, comme si ce lui était un travail douloureux, comme si ses forces étaient à tel point abattues par la maladie qu'elles suffisaient à peine à l'effort. Arrivé à terre, il se roule quelque temps, semblant en proie à une vive angoisse, jusqu'à ce qu'il fût proche du bassin où l'on mettait ses aliments, à ce moment presque entièrement dévorés par les corbeaux. Cependant il restait quelques morceaux : un corbeau isolé, enhardi par l'indisposition apparente du singe, s'avança pour les prendre. A ce moment, la rusée créature gisait, en apparence insensible, au pied du bambou et près du bassin. Au moment où le corbeau étendit le cou, et avant même qu'il eût pu prendre une bouchée du fruit défendu, le vengeur vigilant attrapa le voleur par le cou avec la rapidité de la pensée et l'empêcha de faire de nouveaux dégâts. Il se mit alors à grogner et à grimacer avec une expression de triomphe et de joie, tandis que les corbeaux, croassant et volant à l'entour, paraissaient s'inquiéter du châtiment qui allait être infligé à leur compagnon captif. Le singe continua quelque temps à grogner triomphalement, puis il plaça le corbeau entre ses genoux et se mit gravement à le plumer. Quand il l'eut complètement plumé, sauf les grandes pennes des ailes et de la queue, il le jeta en l'air aussi haut que le lui permettait sa force; après quelques coups d'ailes le corbeau retomba à terre, lourdement... Les autres corbeaux entourèrent leur compagnon et le tuèrent à coups de bec. Le singe remonta alors sur son bambou, et, quand on lui apporta sa nourriture, pas un corbeau n'y toucha. »

Jusqu'à quel point ces êtres, si fins observateurs, si attentifs à noter tout ce qui se passe dans le monde extérieur, si capables d'analyser, de raisonner et de porter des jugements d'une logique sûre et correcte sur toute chose, se connaissent-ils et se jugent-ils eux-mêmes? Possèdent-ils une conscience morale du mal et du bien? Cette conscience a-t-elle de ces délicatesses dont l'homme s'est si longtemps conféré le privilège? Connaît-elle le remords? Il paraît bien. « Lorsque mon rhésus, dit Fischer, à mon insu ou pendant mon absence, avait commis quelque chose de défendu, on s'en apercevait dans toute sa manière d'être et de se conduire. Il s'efforçait de toute façon, sans que rien pût en expliquer la cause, par ses gestes et par ses mines, à me bien disposer. Il était excité, se refusait souvent à prendre aucune nourriture, et son agitation croissait toujours plus quand (sans m'en douter le moins du monde) je m'approchais du théâtre de son méfait. » En proie à l'anxiété, l'élévation de la voix, etc., suffisait pour le jeter dans une terreur panique. Si Fischer, n'ayant encore rien découvert, lui adressait un mot amical, la joie du coupable ne connaissait plus de bornes (*Ibid.*, xxiv, 292).

De l'intelligence des mots (intonation et articulation) chez les mammifères et les oiseaux. Origine du langage. — C'est un fait d'observation bien établi que les singes saisissent complètement les rapports de certains *mots* et des objets correspondants. Des expériences, faites, non pas quelques fois, mais par centaines, et devant nombre de témoins, attestent que le singe emporte et possède la *notion* (*Begriff*) des objets qu'on nomme devant lui (*Ibid.*, xxiv, 228). Voici qui prouve avec quelle rapidité le singe apprend à connaître la signification des mots, voire de propositions entières. Fischer reçut un jour un gros python auquel il devait donner des soins. Lorsqu'on l'apportait dans la chambre des animaux pour qu'il y prît son bain d'eau chaude, les singes étaient chaque fois saisis d'une anxiété extrême. Or, après neuf jours, le rhésus comprenait déjà l'appel adressé au domestique : « Apportez le serpent! » (*Bringen sie die Schlange herein!*) A ces mots, le rhésus disparaissait aussitôt dans la paille de sa cage. Le serpent était depuis longtemps guéri et réexpédié, qu'il suffisait de ces cinq mots pour jeter hors de lui le rhésus, à tout moment du jour ou de la nuit. Le singe comprend le sens des mots beaucoup mieux que le chien le plus intelligent (*Ibid.*, xviii, 86; xxiv, 229). L'orang du Jardin zoologique de Francfort comprenait chaque mot de son gardien qui, sans aucune menace, rien qu'en lui adressant la parole, faisait exécuter à cet anthropoïde toutes les actions possibles (*Ibid.*, xxiv, 231).

Quand à la compréhension des mots, c'est-à-dire des sons articulés, indépendamment de l'intonation avec laquelle ils sont prononcés, Romanes s'exprime ainsi sur un chimpanzé du Jardin zoologique, que beaucoup de naturalistes anglais, dit-il, peuvent avoir observé : « Ce singe a appris de son gardien *la signification* de tant de *mots* et de *phrases* que, sous ce rapport, il rappelle l'enfant peu de temps avant qu'il ait commencé à parler. Au surplus, ce ne sont pas seulement des mots et des phrases particulières qu'il a ainsi appris à *comprendre : il comprend aussi, dans une grande mesure, la combinaison de ces mots et de ces expressions en phrases, de manière que le gardien peut expliquer à l'animal ce qu'il réclame de lui.* Par exemple, il lui fera pousser une paille à travers une maille quelconque du treillis de sa cage qu'il lui plaira d'indiquer, par des phrases comme celles-ci : « La plus proche de votre pied »; « maintenant celle qui est voisine du trou de la serrure »; « maintenaut celle qui est au-dessus de la barre », etc. Il va de soi que les points désignés verbalement ne sont pas autrement indiqués, et qu'aucune succession particulière n'est observée dans les ordres donnés. *L'animal comprend ce que veulent dire les mots seuls*... La faculté *de comprendre les mots* à un si haut degré nous amène aux limites mêmes de la faculté d'employer les mots avec une appréciation intelligente de leur sens. » (*L'Evolution mentale chez l'homme*, 125 sq.) Le rhésus de Fischer connaissait les noms de tous les animaux en captivité dont les cages se trouvaient avec la sienne dans la même salle (il y en avait 60 à 70). Il suffisait au maître de la ménagerie de prononcer le nom d'un de ces animaux, sans élever la voix ni regarder l'animal désigné : le rhésus passait aussitôt la tête par le trou de sa cage, son attention portée dans la direction de l'animal en question (*Ibid.*, xxiv, 229). Si, devant le rhésus, mais sans paraître prendre garde à lui, Fischer parlait avec quelqu'un de lait, de pommes, de pommes de terre ou de riz, mets favoris de ce singe, il poussait des grognements de satisfaction à l'audition de ces mots et faisait entendre le cri par lequel il exprime ses désirs à ce sujet : *o-oh*, les lèvres allongées.

« L'animal, a dit Jæger (*Der zool. Gart.*, iii, 268), *parle* au moyen de *l'expression des traits* de sa face, par ses *gestes*, et par les *sons* qu'il émet, d'une manière très nette et distincte : on arrive toujours à apprendre cette langue pour peu qu'on s'y applique avec une attention soutenue... Les *sons* émis par les animaux sont loin de n'avoir toujours que la signification d'interjections : ils sont *plus* que cela. *L'animal peut exprimer plusieurs sensations en modifiant sa voix et par la modulation du son.* C'est pour cette raison que, pendant la nuit, où ils ne peuvent plus apercevoir leur mimique, les animaux peuvent se communiquer leurs sensations et les états correspondants. » Ces paroles de Jæger sont la meilleure définition qu'on puisse donner, suivant Joh. von Fischer, de la nature du *langage des animaux*. Il estime, lui aussi, qu'on peut apprendre et comprendre la langue de ces êtres en très peu de temps : « Je comprends le langage phonétique de chacun de mes singes et connais toujours très exactement l'état de ses sentiments. » (*Ibid.*, xxiv, 294, 325.) Les expressions tonales du rhésus étaient très simples; elles se composaient de voyelles; elles présentaient la plus grande analogie avec les interjections du langage humain. Mais ces sons variaient beaucoup en hauteur, en intensité et en couleur suivant les sentiments et les émotions qu'ils exprimaient, de sorte que le singe dispose en réalité d'une assez grande richesse de modes d'expressions pour ses différents états d'âme. Avec la *voix*, mimique sonore, et l'expression de la mimique muette de la *face* et des *gestes*, le rhésus était donc parfaitement capable de communiquer et de faire comprendre ceux-ci. Ainsi, le désir de ce que réclame la faim ou la soif, par exemple, s'exprimait, chez ce singe, nous le répétons, par un *oh* ou un *o-oh* plus ou moins long, variant beaucoup, quant à la hauteur, à l'intensité et au timbre du son, avec la force et l'acuité de ce désir; dans le dernier cas, la seconde syllabe était plus élevée que la première. En outre, le singe rapproche en même temps les oreilles de la tête, rétracte les sourcils, allonge les lèvres. L'expression tonale du même besoin différera plus ou moins avec les différentes espèces de singes, sans parler des différences individuelles et des modifications qu'apportent à cet égard le sexe et l'âge chez les singes comme chez l'homme. La joie, la satisfaction, l'impatience, le dépit, la colère, l'indignation, la douleur, la crainte, la terreur, l'angoisse, etc., varient également dans leurs divers modes d'expression. Les singes d'une même espèce ou d'espèces apparentées se comprendraient fort bien. L'intelligence du langage présenterait au contraire d'autant plus de difficulté que ces espèces diffèrent entre elles. Mais JOH. von FISCHER ne doute pas que le rhésus, qui était comme le vétéran des habitants de sa ménagerie, n'ait fini par entendre toutes ces langues d'espèces différentes de singes.

Les mammifères les plus intelligents, les singes, les chiens, les éléphants, peuvent donc arriver à comprendre la signification des mots articulés, même en dehors de l'intonation et de la mimique : voilà le fait capital qui résulte d'une partie de ces observations. Il en existe beaucoup d'autres, mais qui n'ont pas le même caractère de rigueur scientifique. C'est à propos des observations de ce genre que G. J. ROMANES a écrit que, si ces animaux étaient capables d'articuler, « ils feraient usage de sons articulés comme ils font usage maintenant d'*intonations* et de *gestes* conventionnels pour exprimer des idées telles que celles qu'ils expriment de l'une ou l'autre de ces manières [1] ».

Il faut bien distinguer, en effet, dans les conditions de l'intelligence ou de la compréhension d'un mot, ce qui revient : 1° à l'*intonation* et au *geste*, qui souvent l'accompagne, et 2° à la simple *articulation*. Le langage articulé est certainement sorti de ce langage naturel qui exprime les émotions au moyen de cris, de gestes, d'attitudes, bref, de toute cette mimique expressive qui accompagne l'articulation verbale dans certains pays, chez les gens du commun, sous l'influence des passions, ou dans certains états maniaques. Le langage articulé n'est qu'un geste, comme l'a très bien vu GALL. « On cite aujourd'hui encore, a dit ABEL HOVELACQUE, certaines populations peu avancées en évolution, chez lesquelles l'entretien est malaisé dans l'obscurité, alors que la mimique ne peut utilement venir en aide au langage articulé [2]. »

Outre la mimique du *geste* et de la *physionomie*, il y a, dans le langage, un élément antérieur à l'articulation, l'*intonation*, que BRISSAUD a si joliment appelée la *musique* ou la *chanson des mots*. « Le langage, quel qu'il soit, dit-il, n'est pas seulement parlé, il est

1. G. J. ROMANES. *L'Évolution mentale chez l'homme. Origine des facultés humaines.* Paris, 1891, 127-128. « Les *oiseaux parleurs*, qui se trouvent être les seuls animaux auxquels leurs organes vocaux permettent d'émettre des *sons articulés*, se montrent capables d'employer correctement les noms propres, les substantifs, les adjectifs et des phrases appropriées, bien qu'ils ne fassent ceci que par associations... Pour eux, les *mots* sont des *gestes vocaux*, et qui expriment aussi immédiatement la logique des récepts que le ferait tout autre signe... Il est donc établi que les oiseaux parleurs peuvent apprendre à *associer certains mots avec certains objets* et *qualités* et certains autres *mots* ou *phrases avec la satisfaction de désirs particuliers et l'observation d'actions particulières;* les mots ainsi employés peuvent être appelés des *gestes vocaux...* » 133, 138. DARWIN a écrit : « Il est certain que quelques perroquets à qui l'on a appris à parler unissent infailliblement des *mots* aux *choses* et les personnes aux événements. » De même HOUZEAU (*Facment. des anim.*, II, 309). La requête : « gratter Poll » ou « Poll a soif », quand elle est employée intentionnellement comme signe par un perroquet, consiste en « gestes vocaux », que ROMANES assimile aux « gestes musculaires » du chien qui tire la robe ou du chat qui miaule devant une porte pour rendre l'idée : « Venez » ou « Ouvrez ». SAMUEL WILKS, de la Société Royale de Londres, écrit de son propre perroquet : « Il aime beaucoup les noix; quand celles-ci sont sur la table, il pousse un *cri* particulier; ceci ne lui a pas été enseigné, mais s'est le nom que Poll donn aux noix, car ce son spécial ne se fait jamais entendre que lorsque les noix sont en vue. Il fait entendre encore quelques sons qui lui ont été fournis par les objets eux-mêmes, comme celui du tire-bouchon à la vue d'une bouteille de vin, ou le bruit que fait l'eau versée dans un verre, en voyant une carafe d'eau. » Les oiseaux parleurs peuvent donc « inventer des sons de leur propre initiative, qu'ils emploient encore comme des *gestes vocaux*, et ces mots peuvent être soit des *imitations* des objets qu'ils veulent désigner, comme le son d'un liquide qui coule pour « l'eau », ou, d'une manière plus arbitraire, comme le bruit particulier qui a pour objet de désigner les « noix ». Or le « langage enfantin », on l'a souvent noté, est dans une large mesure *onomatopéique* aussi; il faut en dire autant des *mots arbitraires* qu'invente le jeune enfant. ROMANES signale dans la psychologie des oiseaux un autre trait qui n'avait pas été jusqu'ici relevé : l'aptitude qu'ont les perroquets intelligents à étendre leurs signes articulés d'un objet, d'une qualité ou d'une action, à un autre objet, qualité ou action de nature tout à fait semblable. Ainsi, un de ses perroquets apprit à imiter l'aboiement d'un terrier qui vivait dans la maison. Après quelque temps, cet aboiement fut employé par le perroquet comme nom propre du terrier : toutes les fois que l'oiseau voyait le chien, il aboyait. Puis, il appliqua invariablement ce nom à tout chien qui venait dans la maison. « En d'autres termes, le nom que le perroquet avait donné à un chien particulier s'étendit, *d'une manière générique*, à tous les chiens. »

2. ABEL HOVELACQUE. *Conférence transformiste de l'École d'anthropologie.* Mai 1885.

chanté. Une phrase articulée a toujours sa mélodie caractéristique, suivant qu'elle exprime la surprise, la colère, la joie, l'indignation, le doute, etc.; et si jamais il a pu exister un langage universel que tous les hommes aient compris, c'est assurément celui qui réside dans les seules modalités de l'*intonation*. Les vocables varient, la musique phonétique reste la même. Cette musique spéciale exprime, tout comme l'autre, les mêmes sentiments dans toutes les langues : *le langage est une chanson articulée*. On a eu tort de prétendre que l'intonation est un complément de l'articulation; c'est l'articulation qui est le complément de l'intonation. L'articulation a commencé lorsque les onomatopées et les intonations franches, simples et spontanées du langage primitif, sont devenues insuffisantes pour l'expression des idées complexes ou abstraites... Les intonations de voix, l'accent, *la musique du langage* peuvent, au même titre que l'articulation, subir de graves modifications par suite d'un déficit de la substance *corticale*. Et, de même qu'il existe des *aphasies d'articulation*, de même il existe des *aphasies d'intonation*[1]. »

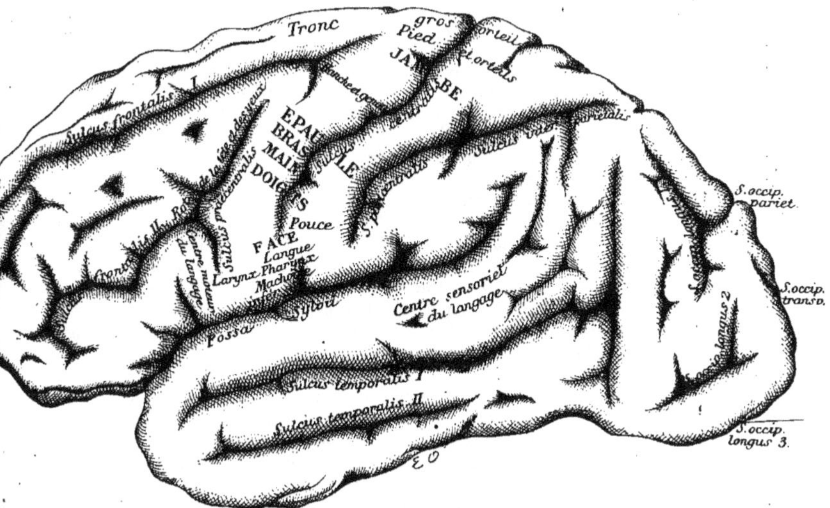

FIG. 78. — Région motrice de la convexité de l'écorce cérébrale de l'homme (d'après OPPENHEIM).

Or ce n'est pas seulement la mimique et l'intonation verbale que comprennent les mammifères supérieurs, mais l'articulation simple du mot. Les intonations de la voix humaine sont comprises par tous les animaux qui obéissent à des ordres ou répondent à leur nom, ainsi que par les enfants de quelques semaines. « Les nourrices, remarque JEAN-JACQUES ROUSSEAU, entendent tout ce que disent leurs nourrissons; elles leur répondent; elles ont avec eux des dialogues très bien suivis; et, quoiqu'elles prononcent des mots, ces mots sont parfaitement inutiles; ce n'est point le sens du mot qu'ils entendent, mais l'*accent* dont il est accompagné. » « Il n'y a pas moins d'éloquence dans le ton de la voix, a dit LA ROCHEFOUCAULD, que dans le choix des paroles... Les pensées et les sentiments ont chacun un ton de voix, une action et un *air* qui leur sont propres. C'est ce qui fait les bons et les mauvais comédiens... » (*Maximes.*) C'est sur le développement de l'audition par « l'éducation physiologique » de ce sens chez les demi-sourds et chez les sourds à différents degrés, non sur l'enseignement oral de la parole par la vue, le toucher, la mimique expressive des gestes de la phonation et de l'articulation verbale, que reposait l'enseignement auriculaire de la parole institué par ITARD

1. E. BRISSAUD. *Leçons sur les maladies nerveuses* (Salpêtrière, 1893-1894). Paris, 1895, 526 sq.

chez les sourds-muets. C'est à l'*intonation* qu'il faisait la plus large part dans le mécanisme du langage. Or partout on semble revenir à la méthode auriculaire d'enseignement de la parole aux sourds-muets. A ce sujet on doit lire les Rapports dans lesquels Itard a exposé les procédés dont il s'était servi pour conduire à l'usage de la parole le *Sauvage de l'Aveyron*.

Rapports de la nature et du développement de l'intelligence avec l'évolution du cerveau antérieur des mammifères. — Le *lobe frontal* et le *lobe de l'insula* ont leur histoire, comme le *lobe pariéto-occipito-temporal*, et c'est encore un problème de savoir pour quelle part chacun de ces trois centres du cerveau antérieur contribue, en cette grande province du névraxe, à la fonction d'ensemble par excellence, résultante de toutes les activités de l'organisme, l'intelligence, à tous les degrés de conscience. Or, dit Kant, après Leibnitz, « il y a un nombre infini de degrés de conscience jusqu'à son extinction[1] ». Chez les carnassiers terrestres et aquatiques, chez le chien et le phoque, par exemple, et chez les félins, chez les périssodactyles, tels que le cheval et le tapir, chez les artiodactyles, pachydermes et ruminants, chez les cétacés et chez les primates, le lobe frontal et le lobe de l'insula ont constamment varié avec l'étendue et les changements des conditions d'adaption, ainsi qu'avec les effets correspondants de l'action permanente, encore qu'indéfiniment variable, du milieu externe et du milieu interne des organismes. Petit et lisse chez les petits carnassiers, par exemple, le lobe frontal augmente de volume dans les grandes espèces. Une remarque aussi simple, et qui ne paraissait guère emporter de conséquences pour l'étude des fonctions de l'innervation supérieure, est pourtant susceptible d'une interprétation toute différente depuis que nous connaissons les connexions anatomiques et fonctionnelles de la sphère sensitive du corps avec le lobe frontal, et que l'étendue de ce grand centre d'association chez l'homme est sans doute en rapport avec le développement, ici également le plus élevé dans la série, du territoire cortical où l'animal a conscience de ses états internes et des réactions sans nombre de sa vie de relation. Chez les invertébrés comme chez les vertébrés, il y a lieu de trouver, dit Charlton Bastian (*Le cerveau, organe de la pensée*), que « les impressions émanant des viscères constituent une partie importante du stock général d'impressions afférentes qui excitent l'activité cérébrale et la vie mentale des animaux »; les impressions de cette sorte fournissent les stimuli internes qui déterminent le plus grand nombre de leurs actes et de leurs mouvements. « Chez les poissons, les reptiles, les oiseaux, beaucoup d'impressions viscérales peuvent parfaitement être *plus conscientes* que celles que nous éprouvons; elle peuvent entrer pour une proportion beaucoup plus grande dans la trame d'impressions sensitives qui constituent le fondement de la vie consciente de ces êtres. » Owen a écrit des poissons que « l'appétit pour la nourriture paraît être leur désir prédominant et sa satisfaction leur occupation principale ». Il est également certain pour Bastian qu'il suffit que ces animaux, aussi bien que les reptiles, les oiseaux et les mammifères, soient excités par divers états viscéraux, pour qu'ils déploient une activité extraordinaire des sens et de l'intelligence, avec une vitesse, une puissance, et une sureté de contractions musculaires correspondantes. La faim et l'amour, et tous les instincts et tendances qui retentissent dans les ganglions encéphaliques et l'écorce des hémisphères exaltent singulièrement l'acuité de l'odorat, de la vue et de l'audition des requins, des pythons, des vautours, des lions et des tigres. Ils réagissent alors à une foule d'impressions externes qui les laissent indifférents dans l'état de satiété. Dans le grand silence des sensations viscérales, les sens de la vie de relation se ferment en quelque sorte et un lourd sommeil s'étend comme un voile entre l'animal et le reste du monde. Mais, avec le développement d'instincts et d'habitudes plus complexes, les réactions du cerveau deviendront de moins en moins simples; elles s'adapteront à des conditions d'existence qui, en laissant subsister les désirs et les besoins qui sont comme les ressorts primitifs de la machine animale, en rendront en quelque sorte les effets moins violents et surtout moins terribles pour les autres êtres vivants, soit que la domestication supprime les causes d'explosion des instincts les plus puissants, tels que la faim et l'amour, soit que le dressage séculaire de certains mammifères, tels que le chien, ait réussi à créer des états mentaux antago-

1. Imm. Kants *Kritik der reinen Vernunft* (Herausg. v. Adikes.). Berlin, 1889, 337.

nistes assez fortement organisés pour mater les impulsions « irrationnelles » qui s'agitent toujours dans la moelle allongée (*formatio reticularis*) et les régions des ganglions de la base, mais ne sauraient plus dépasser le seuil de la conscience. « Jusqu'à la Révolution française, le chien de berger est resté ce qu'il était du temps des Romains, le protecteur et le défenseur des troupeaux contre les attaques des loups; mais, après la création de la petite propriété, il a dû changer de rôle : il est devenu surtout le guide, le conducteur des troupeaux, le protecteur des récoltes contre la dent des moutons. Dans ce nouveau rôle, il a dû perdre un peu de son humeur batailleuse : il a dû surtout déployer une plus forte dose de patience et d'intelligence. » Intelligent, ce chien « l'est plus que tout autre, car aucun ne montre comme lui une vigilance sans cesse en éveil et à l'épreuve, un attachement aussi profond, allant jusqu'à l'abnégation absolue[1] ». C'est particulièrement au chien de Brie, selon P. Mégnin, qu'on peut appliquer ces paroles de M. Reul : « Le chien de berger est remarquable par sa sagacité. Ses dispositions à garder les troupeaux paraissent innées; elles sont héréditaires. Au bout de peu de temps, il connaît chaque signe, chaque regard du berger, et remplit avec une patience, une obéissance rares, les tâches qu'il lui impose. Il en est qui comprennent toutes ses paroles. » Non seulement le cerveau du chien de berger est plus différencié dans son ensemble que le cerveau du chien de chasse : le lobe limbique paraît avoir subi chez les diverses races de chien le contre-coup de la modification des instincts et des habitudes nés de nouvelles adaptations; il serait plus développé chez le chien de chasse que chez le chien de berger. Chez le chat, qui se sert plus de son ouïe et de sa vue que de son odorat pour chasser, la scissure limbique aurait déjà subi un changement correspondant de structure.

Anatomie et physiologie comparées du lobe frontal, de l'insula et du lobe pariéto-occipito-temporal. — Si le poids de l'écorce du cerveau humain représente, en chiffres ronds, 80 p. 100 de tout le cerveau, selon Meynert, et si l'on s'explique déjà par là sa puissance d'arrêt sur les organes sous-corticaux, le *lobe frontal* lui-même, qui, chez l'homme, représente 41 p. 100 de toutes les circonvolutions des hémisphères, 35 p. 100 chez le singe, ne représente pas moins de 30 p. 100 chez l'ours. Le *lobe frontal* du cheval est un des plus complexes qu'on rencontre chez les mammifères osmatiques, avec ceux de l'âne, du rhinocéros et du tapir. Il présente sur la face externe un sillon bien marqué parallèle à la scissure de Rolando et un second qui part au-dessus du lobe olfactif : il peut donc déjà être divisé en circonvolutions frontales supérieure et inférieure (F^1 et F^2). En arrière du lobe frontal, et limitée en avant par la scissure de Rolando, une circonvolution de direction presque verticale, déjà décrite chez le chien, et appartenant au lobe pariétal, est une pariétale ascendante (PA). Les circonvolutions pariétales, au lieu de former des arcs autour de la scissure de Sylvius comme chez les carnassiers, demeurent en général parallèles au bord sagittal et ne décrivent plus de courbures chez les artiodactyles et chez les périssodactyles. Le lobe pariétal du cheval est, en somme, composé de sept circonvolutions : la PA, les deux sylviennes inférieure et supérieure et les quatre pariétales. L. Tenchini et F. Negrini ont insisté sur les homologies que présente avec l'écorce cérébrale de l'homme le manteau des chevaux et des bœufs. Les différents territoires vasculaires correspondants permettent d'abord d'identifier les aires cérébrales qui y correspondent aux territoires corticaux de même nom chez l'homme. Ainsi, l'*artère cérébrale antérieure* se distribue au lobe frontal et à une partie du lobe pariétal, l'*artère cérébrale moyenne*, ou *sylvienne*, à la sciscure de Rolando, au lobe pariétal et au lobe temporal, l'*artère cérébrale postérieure* au lobe occipital. L'étude du développement embryologique de l'écorce cérébrale, de l'apparition des scissures, a montré à ces auteurs l'existence d' « homologies incontestables » portant : 1° sur la *face interne*, entre le *lobe du corps calleux* de ces artiodactyles et de ces périssodactyles et celui de l'homme; 2° sur la *face externe*, entre le *lobe frontal*, relativement bien développé, avec ses sillons; le *lobe pariétal*, avec une scissure centrale qui le traverse, homologue de l'interpariétale; le *lobe* ou *lobule occipital*, véritable appendice du lobe pariétal, mais où n'existe encore aucune trace de la scissure pariéto-occipitale; enfin sur la *face inférieure* entre le *lobe sphénoïdal*, où l'homologie avec la *circonvolution de l'hippocampe* est évidente, et le *lobe olfactif*. Déjà sur ces cerveaux de bovidés et de solipèdes, on distingue des

1. P. Mégnin. *Le chien de berger*. *Rev. scientif.*, 1er avril 1893.

structures et comme des substructions d'âges différents : les fondations sont en quelque sorte toujours représentées par le lobe du corps calleux et la circonvolution de l'hippocampe avec le lobe olfactif, tandis que les circonvolutions du lobe frontal, et en particulier la circonvolution frontale externe, le lobule occipital et les circonvolutions temporales et temporo-occipitales sont dénommés par TENCHINI et par NEGRINI des « organes de perfectionnement ». Le lobe olfactif est ici en régression. Ce n'est, ajoutent ces auteurs, que par le développement des organes de perfectionnement que des formes plus complexes, plus différenciées sortiront de plus simples : l'activité psychique supérieure est liée au développement des organes cérébraux constitués par les circonvolutions frontales, occipitales, temporo-sphénoïdales. A cet égard les chevaux ont supérieurs aux ruminants[1]. Le lobe frontal est plus développé d'ailleurs chez le bœuf que chez le mouton et la chèvre; ce développement est dû au redressement de la scissure de Rolando. Le lobe limbique, énorme sur la face inférieure, se complique, sur la face interne, de sillons longitudinaux et transversaux qui divisent le lobe du corps calleux. Chez les cétacés, on sait ce qu'est devenu le grand lobe limbique : il est réduit, chez les dauphins, au lobe de l'hippocampe et à celui du corps calleux. Chez les mammifères aquatiques, la scissure de Rolando, qui s'étend presque jusqu'à la scissure de Sylvius, limite en avant un *lobe frontal*, fort développé, incisé de plusieurs sillons plus ou moins profonds, mais laissant absolument lisse la partie postérieure de ce lobe : c'est le *désert olfactif* de BROCA; il résulte, nous l'avons rappelé, de l'atrophie du lobe olfactif dont la quatrième racine ou *racine olfactive supérieure* s'insère directement chez les osmatiques sur la partie postérieure du lobe frontal et est en connexion avec ce centre. « Nous nous sommes demandé, écrit BOLE, pourquoi les phoques et les dauphins avaient un lobe olfactif rudimentaire ou complètement atrophié, alors que dans un autre groupe, celui des sélaciens, les squales et les requins avaient conservé et même développé l'organe olfactif et la partie du cerveau qui analyse et comprend les sensations perçues. Tous deux sont chasseurs, tout deux sont aquatiques; si la vie aquatique a détruit le sens de l'olfaction chez l'un, pourquoi l'a-t-elle amélioré, augmenté chez l'autre? Nous avons cru trouver l'explication dans ce fait que les requins ont toujours vécu de la vie aquatique, et la lutte pour l'existence les a forcés à rendre plus complet, mieux développé, l'organe qui leur était le plus utile; pour vivre, il faut manger et pour cela la chasse leur est indispensable; les yeux sont, nous le voulons bien, d'un utile secours, mais nous croyons que le nez leur est indispensable; rien, dans leur cerveau, ne leur permettrait de remplacer le sens de l'olfaction, si celui-ci venait à faire défaut... Le lobe olfactif de la raie, du squale, très probablement est *autonome*, il forme un cerveau spécial, analysant lui-même les sensations olfactives perçues; rien, croyons-nous, ne pourrait remplacer ce lobe, véritable cerveau autonome, s'il venait à s'atrophier. » Chez les mammifères aquatiques où les membres, devenus inutiles, se sont aussi atrophiés et transformés en nageoires, l'appareil olfactif, le lobe limbique, qui était déjà dégénéré lorsqu'ils étaient des mammifères terrestres, a fini d'involuer lorsqu'ils ont dû vivre d'une vie aquatique, tandis que les lobes optiques, déjà relativement plus développés, ont continué d'évoluer dans le nouveau milieu, par une véritable sélection des organes cérébraux, qui devait assurer la survivance des plus aptes à la conservation de l'individu et de l'espèce. Et de fait, l'appareil olfactif s'est ici à ce point dégradé que non seulement les nerfs olfactifs qui passent d'ordinaire par la lame criblée ont disparu : cette lame même est devenue pleine, les trous n'étant plus d'aucune utilité. Avec BROCA, BOLE considère l'espèce de balancement des organes ayant eu lieu entre les lobes olfactif et optique chez les mammifères aquatiques comme la cause déterminante du développement du lobe frontal chez ces êtres, et il rapporte à l'exercice prédominant du sens de la vue l'énorme différenciation morphologique qu'ont subie, chez ces mammifères, les circonvolutions du manteau[2].

Le lobe de l'*insula*, que GRATIOLET appelait le *lobe central* (*lobus opertus*, ARNOLD; *lobus caudicis*, HENLE), situé dans cette région de la scissure de SYLVIUS que ROLANDO

1. L. TENCHINI e F. NEGRINI. *Sulla corteccia cerebrale degli Equini e Bovini studiata nelle sue omologie con quella dell' uomo...* Parma, 1889.

2. D.-E BOLE. *Le lobe limbique dans la série des mammifères*. Lille, 1893, 39-40, 69.

appelait déjà vallée de SYLVIUS, est, chez les carnivores, les artiodactydes, les cétacés, les singes et l'homme, plus ou moins caché par une série de plis ou circonvolutions des lobes frontal, pariétal et temporal qui le recouvrent comme des toits (*opercules*). Du deuxième au troisième mois de la vie fœtale, ce lobe est encore à découvert chez l'homme (MENDEL). Dans les cas d'involution ou d'arrêt de développement du cerveau, chez maints idiots et microcéphales, cet état fœtal peut persister. La base de l'éminence triangulaire que représente l'insula est située en haut, la pointe, ou pôle de l'insula, en bas : cinq ou neuf petites circonvolutions (*gyri breves* d'ARNOLD) en partent vers le septième mois de la vie intra-utérine, que divisent des sillons plus ou moins profonds interrompus par des tractus anastomotiques. De toutes la plus longue de ces circonvolutions est la postérieure, *gyrus longus insulæ*, qui se continuerait, suivant GIACOMINI, avec le pied de la circonvolution frontale ascendante (FA); la circonvolution antérieure de l'insula, la plus courte, est en continuité directe avec l'extrémité antérieure de F3 et la portion orbitaire du lobe frontal : « Toute la base de l'insula est donc ainsi en rapport, écrivait le même savant anatomiste, avec le lobe frontal; son développement en dépend sans doute[1]. » Pour avoir une idée exacte des rapports de l'insula avec les lobes adjacents du cerveau, GIACOMINI a pratiqué des séries de coupes en différents sens sur des hémisphères durcis. Avant de parler des travaux de BROCA, d'EBERSTALLER et de GULDBERG sur le même sujet, nous rappellerons que les recherches de GIACOMINI ont confirmé celles de ROLANDO sur ce centre important du cerveau antérieur, considéré aujourd'hui par FLECHSIG comme un centre d'association du manteau au même titre que les grands centres d'association antérieur et postérieur, partant comme « un organe de la pensée ». Or, pour le centre insulaire, ainsi que pour les centres frontal et pariéto-occipito-temporal de même nature, l'étude des connexions anatomiques, quelque imparfaite qu'elle soit encore, demeure la seule explication des conditions dernières des fonctions. Quels sont les rapports des circonvolutions de l'insula avec les tractus de substance grise et blanche interposés entre ce lobe et le noyau lenticulaire du corps strié? ROLANDO avait signalé (*Della struttura degli emisferi cerebrali*, 1829) l'existence, entre les circonvolutions de l'insula et le ganglion extraventriculaire du corps strié, de « deux lames de substance blanche séparées par un mince tractus de substance grise » et appelé l'externe, *lamina della valle del Silvio*, l'interne, *lamina dei processi enteroidi verticali*; le tractus de substance grise séparant ces deux lamelles de substance blanche, c'est l'*avant-mur*, le *claustrum* de BURDACH, et la lame interne de substance blanche qui le sépare de la surface externe du noyau lenticulaire, c'est ce qu'on nomme également, depuis BURDACH, la *capsule externe* (la *lamina dei processi enter. vert.* de ROLANDO). Les extrémités antérieure et postérieure de l'*avant-mur* se perdent dans la substance grise des circonvolutions qui limitent en avant et en arrière la scissure de SYLVIUS, dans les *lobes frontal* et *temporal*. Par conséquent l'*avant-mur* doit être considéré comme une dépendance de la substance grise des circonvolutions de l'insula, dit GIACOMINI, et plus spécialement leur cinquième couche de cellules nerveuses, ou couches de *cellules fusiformes*. MEYNERT avait observé que l'*avant-mur* est uniquement constitué d'éléments nerveux identiques à ceux qu'il avait rencontrés en majorité dans la cinquième couche de son type général de l'écorce cérébrale; il avait donc donné à cette couche le nom de *formation de l'avant-mur*. On appelle aussi cellules claustrales ces mêmes cellules fusiformes. Sur des cerveaux d'idiots, BETZ a souvent trouvé l'*avant-mur* presque indiscernable d'avec la substance grise des circonvolutions de l'insula. La *capsule externe*, qui a bien des rapports de voisinage avec le noyau lenticulaire, n'en soutiendrait ni de fibrillaires ni de vasculaires : les fibres qui la constituent seraient celles des fibres arciformes reliant la substance grise des circonvolutions des lobes qui environnent la scissure de SYLVIUS. Quant au mince tractus de substance blanche qui sépare l'écorce des circonvolutions de l'insula de l'*avant-mur*, et que ROLANDO avait fort bien nommé *lamina della valle del Silvio*, il serait formé de fibres nerveuses reliant entre elles les circonvolutions de l'insula, de même nature par conséquent que celles de la capsule externe, et désignées aussi par le nom de *fibræ arcuatæ*.

Chez aucun peuple et dans aucun temps, personne n'a mieux montré que PAUL BROCA

1. GIACOMINI. *Guida allo studio delle circonvoluzioni cerebrali dell' uomo*. Torino, 1884, 92 sq.

la grandeur et l'importance scientifique de l'anatomie comparée dans l'étude des fonctions du cerveau en général et, en particulier, dans celle des localisations cérébrales. Leuret, qui encore après sa mort a inspiré tant de beaux travaux de Pierre Gratiolet, avait établi, parmi les mammifères, jusqu'à quatorze groupes caractérisés par autant de types cérébraux distincts. A la fin il se demanda : « Y a-t-il des degrés intermédiaires entre tous les cerveaux? » (*Anat. comparée du syst. nerv. considérée dans ses rapports avec l'intelligence.* Paris, 1839, 400.) Leuret témoigne nettement qu'il a vu tout l'intérêt d'une pareille question pour l'anatomie et aussi pour la « physiologie ». Broca a répondu. Sans se laisser égarer par les différences excessives que présente la morphologie cérébrale dans les divers groupes des mammifères, il a eu l'intuition profonde des *connexions anatomiques* qui sous les dissemblances permettent presque toujours de saisir les ressemblances des caractères fondamentaux, variables en degré, non en nature, alors même que la « croissance » et la « décroissance » des parties du cerveau peuvent changer « à tel point la forme de la région correspondante, ou même celle de l'hémisphère entier », que la morphologie de l'organe en soit considérablement modifiée. Mais il ne s'agit toujours, chez les mammifères, que de modifications, d'évolution, d'involution relative des diverses parties préexistantes du manteau, non de créations nouvelles, d'apparition brusque d'organes inconnus, de révolutions de la surface des hémisphères cérébraux, telles qu'a pu le faire admettre la production du manteau de l'hémisphère chez les primates. Ici encore c'est la théorie des transformations lentes et continues qui a permis à Broca de retrouver, dans le cerveau des primates, les diverses parties du cerveau des autres mammifères, de déterminer la genèse et la « filiation » de ces changements, et d'en reconnaître « la raison d'être ». « L'anatomie comparée, a écrit Broca, peut nous révéler certaines connexions, certaines solidarités anatomiques et fonctionnelles que la dissection la plus attentive du cerveau n'a pu constater jusqu'ici, et l'interprétation de ces faits anatomiques peut être d'un grand secours dans les recherches des *localisations cérébrales.* »

Morphologie et psychologie comparées du grand lobe limbique. Centres olfactifs du cerveau des mammifères. — Les mémoires de Broca sur *le grand lobe limbique et la scissure limbique dans la série des mammifères*, ainsi que les *Recherches sur les centres olfactifs*, nous paraissent d'impérissables monuments élevés à la science de l'anatomie comparée et des localisations cérébrales du cerveau[1]. C'est de cet esprit qu'il faut s'inspirer, et c'est dans cette direction d'études que devront s'engager tous ceux qui ont encore conscience qu'un fait n'est connu que lorsqu'il est intelligible. C'est en France qu'ont été cultivées pour la première fois ces belles études d'anatomie comparée qui ont permis à Rabl-Ruckhard, à Steiner, à Edinger, de retrouver et de reconstituer, par la connaissance des structures et des connexions des organes centraux du système nerveux, la nature et l'étendue de ces fonctions primordiales du névraxe dont la vie de nos sens et de notre intelligence n'est que la continuité et la perpétuité. « Il y a, dit Broca, dans le manteau de l'hémisphère, une partie commune à tous les types cérébraux des mammifères : c'est le *grand lobe limbique* qui, tantôt grand, développé et distinct dans toutes ses parties, tantôt plus ou moins modifié par l'atrophie et par la fusion, *conserve toujours néanmoins son identité anatomique*. Peu variable chez les osmatiques, presque étranger aux changements qui s'effectuent autour de lui, il reste toujours assez semblable à lui-même pour que la détermination de ses diverses parties et la démonstration de leur analogie soient de la dernière évidence; il fournit donc une base certaine pour la comparaison et le classement des plis qui se produisent dans le reste du manteau et qui, tout en revêtant des formes protéiques, conservent avec lui leurs connexions caractéristiques; puis, lorsqu'il devient, chez les anosmatiques, le siège d'une atrophie qui modifie notablement quelques-uns de ses caractères, ces mêmes connexions permettent, d'une part, de retrouver en lui tous les éléments essentiels de sa constitution, de déterminer, d'une autre part, les rapports analogiques des circonvolutions qui l'entourent et des scissures qui y aboutissent, et de constater ainsi que *tous les types cérébraux, jusques et y compris celui des primates, ne diffèrent les uns des autres que par des caractères d'évolution*, c'est-à-dire par la *forme* et le *volume relatif*, et non par la nature de leurs parties constituantes. »

1. Paul Broca. *Mémoires sur le cerveau de l'homme et des primates*. Paris, 1888.

Le grand lobe limbique, siège de la vie psychique la plus intense chez tous les mammifères, puisque c'est dans cette région que retentissent les impressions les plus nombreuses et les plus sensibles du monde extérieur pour ces êtres, et qu'elles persistent sous forme de représentations ou d'images olfactives, domine bien, en effet, toute l'architecture du cerveau antérieur : en connexion avec toutes les autres parties des hémisphères, l'étude des transformations par lesquelles ont passé les trois grands centres qui le constituent sur les faces inférieure, interne et externe du manteau ne laisse pas seulement apercevoir l'unité toujours grandiose, même sous ses ruines, de cette sorte de construction antique des plus vieux âges de la pensée : elle nous permet d'entrevoir comment toute la morphologie des hémisphères du cerveau des primates est la suite et l'effet nécessaire des variations fonctionnelles d'un sens et des organes de ce sens.

Rapports du lobe olfactif avec le lobe frontal, le lobe de l'hippocampe et le lobe du corps calleux chez les mammifères osmatiques, les primates et les cétacés. — Chez les mammifères terrestres inférieurs, les premiers indices d'une scissure sur la convexité du cerveau encore sans circonvolution sont ceux qui marquent déjà la limite externe du lobe olfactif et du lobe de l'hippocampe, tandis que, sur la face interne, une légère dépression dessine la limite supérieure de la circonvolution ou lobe du corps calleux. Ce que Broca devait appeler le *grand lobe limbique* a donc déjà commencé à se distinguer du reste du manteau des hémisphères. Il est composé de trois parties : 1° le *lobe olfactif*, faisant saillie en avant du pôle frontal du cerveau et se prolongeant, en arrière, avec la circonvolution de l'hippocampe, en haut, avec le lobe du corps calleux ; 2° le *lobe de l'hippocampe,* formant l'arc inférieur : 3° le *lobe du corps calleux*, formant l'arc supérieur. Le lobe du corps calleux et celui de l'hippocampe, réunis en avant par la base du lobe olfactif, se continuent en arrière sous le bourrelet du corps calleux. Les deux arcs du grand lobe limbique se rejoignent ainsi en arrière comme en avant. Du *pédoncule du lobe olfactif*, creusé chez l'embryon d'une cavité qui se continue avec le ventricule latéral, et qui persiste chez quelques mammifères adultes, sortent quatre *racines olfactives :* les deux principales, qui sont blanches, divergent, l'*interne* sur l'origine du lobe du corps calleux, l'*externe* sur le bord de l'hippocampe ; la troisième racine olfactive, racine *moyenne,* dont la couche grise occupe l'*espace quadrilatère* de Broca, et dont les fibres blanches, motrices, se continuent, par le pédoncule cérébral, avec celles de la moelle, non sans contracter de rapport avec la *commissure cérébrale antérieure ;* la quatrième racine olfactive, racine *supérieure* ou frontale, en continuité avec la substance blanche des deux circonvolutions frontales orbitaires. Ce centre olfactif orbitaire existe, dit Broca, chez tous les mammifères doués à un degré quelconque de l'odorat. Quant aux connexions de la racine olfactive moyenne avec la commissure cérébrale antérieure, Desmoulins avait cru remarquer que le volume de cette commissure est en rapport avec le degré de développement du lobe olfactif dans la série des vertébrés. La nature des fonctions attribuées par Broca aux fibres blanches de la racine moyenne prouverait que « le lobe olfactif n'est pas seulement un organe de réception et de transmission » : ce serait aussi « un organe excito-moteur, capable de transformer directement en action motrice les impressions olfactives que lui apportent, à travers la lame criblée, les nerfs des fosses nasales ». Quoi qu'il en soit, le *lobe olfactif* est en connexion directe avec trois centres distincts du cerveau antérieur : le *lobe frontal,* le *lobe de l'hippocampe,* le *lobe du corps calleux.* Les limites des trois centres olfactifs distincts du manteau des hémisphères sont donc : 1° pour le centre olfactif *antérieur* ou *orbitaire* du lobe frontal, le *tiers postérieur des deux premières circonvolutions frontales orbitaires* et, pour la deuxième circonvolution orbitaire, jusqu'au niveau de l'incisure en H. Chez les primates et l'homme en particulier, le centre olfactif antérieur occupe, sur les deux circonvolutions orbitaires, l'espace compris entre le bord antérieur de la vallée de Sylvius, où se termine le lobule orbitaire, et le point où les branches de l'incisure en H sont ordinairement unies par une incisure transversale. La première circonvolution orbitaire reçoit, comme la seconde, sur son extrémité postérieure, l'insertion de la racine olfactive supérieure. 2° Pour le centre olfactif *postérieur* du lobe de l'hippocampe, sur la face *externe* des hémisphères, le *tiers antérieur de ce lobe.* 3° Pour le centre olfactif *supérieur* du lobe du corps calleux, sur la face *interne,* le carrefour de l'hémisphère et la *première partie du lobe du corps calleux.*

L'existence d'une fonction commune à ces deux derniers lobes, celle de l'olfaction, n'impliquait pas, pour Broca, qu'ils fussent exclusivement, dans toute leur étendue, affectés à l'olfaction. L'anatomie comparée lui avait démontré que, outre la fonction de l'odorat, le lobe de l'hippocampe devait en posséder d'autres, de nature encore inconnue, et il en était sans doute de même du lobe du corps calleux. Chez les mammifères osmatiques, en effet, le lobe du corps calleux acquiert son plus grand volume au-dessus du genou du corps calleux, à proximité de la racine olfactive interne; ce lobe diminue ensuite, d'avant en arrière, jusqu'au-dessous du bourrelet du corps calleux où il se continue, par sa partie la plus étroite, avec le lobe de l'hippocampe. Chez les primates (chimpanzé), c'est au contraire l'extrémité antérieure du lobe du corps calleux qui est la plus étroite, la partie postérieure étant relativement aussi développée (ou même davantage) que chez les mammifères osmatiques : l'atrophie de la portion antérieure coïncide ainsi, chez les primates, avec celle du lobe olfactif et de sa racine interne, ce qui rend manifestes les rapports du lobe du corps calleux dans cette région avec la fonction de l'olfaction. Quant à la persistance du volume normal de la portion postérieure de ce lobe, elle implique que cette région de l'organe possède une autre fonction que celle de la perception et de l'élaboration des impressions de l'odorat. Chez les cétacés, où l'absence de la racine olfactive interne devrait sûrement entraîner une atrophie bien plus marquée encore de la partie antérieure du lobe du corps calleux que chez les primates, c'est au contraire la partie antérieure de ce lobe qui présente le plus de largeur. « En outre, cette partie antérieure, loin d'être déserte, est creusée de sillons qui la subdivisent en circonvolutions ou en plis secondaires, » semblables à ceux du reste du manteau, « caractère d'autant plus frappant, ajoute Broca, que chez tous les autres mammifères, osmatiques ou anosmatiques, le lobe du corps calleux est toujours bien plus simple que les lobes extra-limbiques, et est même presque toujours tout à fait lisse. Cette partie se présente donc avec tous les caractères qui dénotent une pleine activité fonctionnelle, et ce fait serait tout à fait inexplicable si le lobe du corps calleux n'avait d'autres fonctions que celle de l'olfaction. La psychologie des cétacés est actuellement (et pour longtemps sans doute) trop inconnue pour que l'on puisse savoir quelles sont ces fonctions cérébrales. »

Que deviennent, chez les mammifères anosmatiques (cétacés, carnassiers amphibies, primates), les organes périphériques et centraux du grand lobe limbique? Ils persistent toujours, si l'on excepte les cétacés delphiniens, où ces organes ont cessé d'exister, mais plus ou moins considérablement atrophiés. Chez les primates, le lobe olfactif est réduit à un petit renflement terminal, le *ganglion olfactif*, le pédoncule à une *bandelette olfactive*, longue, étroite et mince, souvent comparée, bien à tort, à un nerf (*nerf olfactif*), et les trois racines qui se détachaient, larges et volumineuses, de la base du lobe olfactif, ne subsistent plus qu'à l'état de vestige. Les trois centres olfactifs du cerveau antérieur, le centre orbitaire et ceux des lobes de l'hippocampe et du corps calleux, ont subi, ainsi que leurs racines olfactives, les racines supérieure, externe et interne, une diminution d'activité fonctionnelle qui a nécessairement retenti sur leur nutrition et, partant, modifié leur structure. La racine olfactive *moyenne* a en partie disparu avec le centre qui lui correspondait dans le *lobe olfactif*. Chez les osmatiques, elle occupait tout l'*espace quadrilatère* de Broca; cette région est affaissée, creusée en une vallée profonde à l'origine de la scissure de Sylvius, la vallée de Sylvius; elle prend maintenant le nom d'*espace perforé* de Vicq-d'Azyr, parce que la très mince couche de substance grise qui la tapisse est criblée de trous, gros orifices vasculaires donnant passage à de nombreux vaisseaux de la pie-mère : la *substantia perforata anterior* n'est donc chez l'homme que ce qui subsiste de l'ancien territoire olfactif, ou espace quadrilatère (Broca), dégénéré. Sur le bord interne de la *substantia perforata anterior* descendent jusqu'à la base du cerveau les faisceaux du corps calleux. On nomme *gyrus subcallosus* l'éminence qu'ils forment dans cette région interne de l'écorce des hémisphères à proximité de la base; entre les deux *gyri subcallosi* se trouve une plaque de substance grise qui peut être suivie en haut jusqu'au genou du corps calleux : c'est la *lamina terminalis*, reste de la plaque terminale qui, chez l'embryon, limitait le cerveau antérieur primaire; ce qui subsiste de cette formation, dont la substance grise est très délicate et se déchire facilement, s'avance à l'extrémité antérieure de la base du cerveau. Le sillon médian de la substance perforée antérieure mène jusqu'au bec du corps calleux; sous ce dernier et sur le côté du sillon médian sortent deux minces renflements allongés qui s'épanouissent en arrière contre l'écorce : ce sont les pédoncules de la cloison transparente (*pedunculus septi pellucidi*), qui se perdent ensuite sur la substance perforée antérieure. Des fibres de la racine olfactive *interne* paraissent être en rapport avec le *septum pellucidum* (Édinger). L'espace triangulaire situé entre le corps calleux, le genou et le bec de cette commissure jusqu'au *trigone cérébral* (*fornix*, voûte à trois ou quatre piliers), est rempli par les deux minces lames nerveuses de la cloison transparente; ces deux lames de substance grise restées entre le corps calleux et le fornix faisaient partie de la vésicule cérébrale antérieure secondaire; les parois des hémisphères se continuent donc dans le *septum*, et la portion de la fente interhémisphérique qui a persisté entre les deux cloisons droite et gauche est le *ventricule de la cloison*, que recouvre le corps calleux. La face de la lame du septum qui regarde dans ce ventricule correspond ainsi à la face libre ou externe de l'écorce des hémisphères; outre la couche superficielle des fibres tangentielles, on y trouve les couches stratifiées de cellules nerveuses pyramidales et autres du type à cinq couches, en allant du ventricule de la cloison dans les régions profondes. Du côté du ventricule latéral, au contraire, apparaît l'épendyme qui tapisse ces cavités. « Chez beaucoup d'animaux, la cloison transparente est manifestement moins réduite que chez l'homme; on y reconnaît des cellules nerveuses plus nombreuses et mieux développées (Obersteiner). »

Le désert olfactif de P. BROCA. — Entre le bord postérieur du lobule orbitaire du lobe frontal et le bord antérieur du lobe temporal existe donc un vaste intervalle dont le fond est formé par l'espace perforé. Chez les mammifères osmatiques, la vallée de Sylvius, très peu déprimée, ne constitue pas une grande anfractuosité transversale de ce genre et reste d'ailleurs séparée de la scissure de Sylvius par la racine olfactive *externe*. La racine olfactive externe du lobe olfactif se porte en dehors sur le bord antérieur de la scissure de Sylvius, se recourbe en arrière, franchit le fond de la vallée et va se jeter sur le *lobule de l'hippocampe*. Le cercle du grand lobe limbique semble donc complètement interrompu en avant par la vallée de Sylvius. L'origine du *lobe du corps calleux* n'est plus reliée directement au *lobe de l'hippocampe* par la base du *lobus olfactorius*. Il reste pourtant un vestige de cette connexion primordiale : les deux racines olfactives interne et externe vont toujours en effet de la base de la bandelette olfactive à l'origine du lobe du corps calleux et à l'extrémité antérieure du lobule de l'hippocampe. Peut-être la racine olfactive *interne* est-elle, nous le répétons, en connexion avec la cloison transparente. Chez les cétacés, la zone du centre olfactif supérieur devient déserte par suite de l'absence de la racine olfactive supérieure qui, chez les mammifères osmatiques, se distribue, à l'extrémité postérieure du lobe orbitaire du lobe frontal, aux deux circonvolutions longitudinales et parallèles, séparées par le sillon où se loge le pédoncule du lobe olfactif (*sulcus olfactorius*). « Ce n'est pas sans étonnement, écrit Broca en parlant des cétacés, qu'on aperçoit sur ces cerveaux extraordinairement compliqués une région entièrement lisse, qui occupe la partie postérieure du lobule orbitaire et qui se distingue du reste de la surface de l'hémisphère comme se dessine, sur une carte de géographie, un désert entouré de pays fertiles. Cette zone déserte, que j'appelle *désert olfactif*, n'occupe chez le Dauphin que le tiers postérieur de la surface, d'ailleurs très grande, du lobule orbitaire. » Rien n'établit mieux, en tout cas, qu'un pareil fait d'observation, le rapport existant, quant aux localisations fonctionnelles de l'écorce cérébrale, entre le lobe olfactif et le lobe orbitaire du cerveau, puisque l'anéantissement du lobe olfactif chez ces mammifères a entraîné l'effacement des sillons et des plis d'une surface relativement considérable du manteau, autrefois en connexion avec la racine olfactive supérieure. De même la partie antérieure du lobule de l'hippocampe est extrêmement atrophiée par suite de l'absence de la racine olfactive externe. Quoique le lobe de l'hippocampe ne soit pas atrophié au même degré que le lobe olfactif, il ne forme pourtant plus, chez les mammifères anosmatiques, qu'une simple circonvolution qui se fusionne avec le lobe temporal quand celui-ci apparaît : chez les amphibies et chez les cétacés ce lobe n'est pas encore assez distinct du lobe pariétal pour constituer un vrai lobe; mais, chez les primates, les anthropoïdes et l'homme, l'antique lobe de l'hippocampe n'est plus un lobe distinct : c'est la T5. En perdant son indépendance fonctionnelle, le lobe de l'hippocampe a perdu son indépendance anatomique, son autonomie morphologique. C'est là, comme l'a noté Broca, « un fait général d'évolution ». La partie correspondante de la scissure limbique a aussi disparu, quoique non complètement, même chez l'homme blanc, où elle tend décidément à s'effacer : ce vestige de la scissure limbique, qui n'est plus que sillon limbique, Broca l'a retrouvé, dans les races humaines inférieures, quelquefois aussi prononcé que chez les singes. Les deux lobes qui formaient l'arc inférieur du grand lobe limbique, le lobe olfactif et le lobe de l'hippocampe, sont donc atrophiés chez les primates; l'arc supérieur, le lobe du corps calleux, participe aussi à cette atrophie, mais surtout dans sa portion antérieure, la plus voisine du lobe olfactif. Au moins les scissures sous-frontale et sous-pariétale limitent-elles encore ici le grand lobe limbique.

Hypothèse de BROCA sur l'origine olfactive de la supériorité intellectuelle du lobe frontal. — Toutefois, des modifications peuvent se produire dans un organe par suite d'un nouvel état de ses fonctions, j'entends de nouvelles localisations fonctionnelles. Quoique le lobe de l'hippocampe croisse et décroisse dans la série en même temps que le lobe olfactif et la racine olfactive externe, jamais il n'a disparu entièrement, en quoi il diffère du centre olfactif antérieur ou orbitaire. D'un volume réduit au minimum chez les cétacés, moins atrophié chez les primates, qui possèdent encore un lobe olfactif rudimentaire, le lobe de l'hippocampe l'est encore moins chez les amphibies, dont l'appareil olfactif est un peu plus développé que celui des primates. Du fait que le lobe de l'hippocampe, même fusionné en apparence avec le lobe temporal des primates, n'a point cessé d'exister, Broca avait conclu que, si ce lobe était principalement affecté aux fonctions de l'olfaction, il devait « servir aussi à quelque autre usage encore inconnu ». « Si, dit Broca à ce sujet, une *fonction*, qui était assez importante pour occuper toute l'étendue de l'organe, s'atténue de manière à n'en occuper maintenant qu'une portion, il y aura, entre cette portion et le reste de l'organe, une *différence fonctionnelle qui n'existait pas auparavant* et qui pourra se traduire extérieurement par une démarcation plus ou moins nette. C'est ainsi que, chez les amphibies et les primates, le centre olfactif postérieur (le lobe de l'hippocampe) se dessine, sur la *partie antérieure de la circonvolution de l'hippocampe*, sous la forme d'un lobule moins atrophié que le reste de la circonvolution, et c'est ainsi encore que, sur la *seconde circonvolution orbitaire* des primates, une dépression ou une incisure transversale marque la limite du centre olfactif antérieur qui, *ayant cessé de s'étendre à tout le lobe orbitaire, a rétrogradé jusque là.* » Chez les mammifères osmatiques, en effet, Broca n'a relevé aucune démarcation analogue à celle qu'indique, chez les primates, l'incisure en H de la deuxième circonvolution orbitaire. « Serait-ce parce que le *centre olfactif antérieur occuperait toute la région orbitaire et s'étendrait jusqu'à la pointe du lobe frontal?* C'est fort probable, continue Broca, et si l'on songe à l'importance prépondérante du rôle que joue chez ces animaux le sens de l'olfaction, on comprendra peut-être qu'une grande partie, ou même la *plus grande partie de leur lobe frontal, puisse être affectée aux actes intellectuels que ce sens met en jeu*, et on pourra même se demander si ce ne serait pas la *raison d'être* de la *supériorité intellectuelle du lobe frontal*, appelé, par ses connexions avec le *lobe olfactif*, à interpréter, à discuter sans cesse les sensations qui ont le plus d'utilité pour l'existence de l'animal. Devenu ainsi le siège des déterminations les plus importantes et constamment tenu en éveil, ce lobe acquerrait dans l'hémisphère une sorte d'hégémonie, et, sa prépondérance intellectuelle une fois établie, une fois devenue la loi du type cérébral des mammifères, se maintiendrait et se développerait ensuite par elle-même, en dépit des vicissitudes et de la décadence du lobe olfactif chez les anosmatiques[1]. »

L'étendue et la complexité du sens de l'olfaction, chez l'immense majorité des mammifères, rendent ces considérations de Broca bien dignes d'attention. Dans l'avenir, elles apparaîtront toujours plus vraisemblables; un jour, peut-être, elles seront reconnues vraies. « La règle, en effet, comme il le dit, c'est que les mammifères sont osmatiques; les anosmatiques font exception au type général des mammifères. » Le sens de l'olfaction cessa pourtant, chez un grand nombre de familles de mammifères, de jouer le rôle de « sens recteur », et, par l'effet de nouvelles adaptations au milieu, il perdit toujours davantage son importance chez ces animaux, au point de tomber au-dessous des autres sens; ses appareils périphériques et centraux subirent une réduction de volume correspondant et toute la morphologie des hémisphères s'en trouva

1. Paul Broca. *Localisations cérébrales. Recherches sur les centres olfactifs. Ibid.*, 424, 429-30.

profondément modifiée. Relativement médiocre chez le cheval et l'éléphant, les plus favorisés à cet égard, le lobe frontal des mammifères se développe chez les carnassiers, l'ordre le plus voisin de celui des primates, pour atteindre chez ceux-ci des dimensions très grandes. La scissure de Rolando, située bien au-devant de la scissure de Sylvius, et obliquée d'arrière en avant chez les carnassiers, s'incline chez les primates de plus en plus en arrière et s'élève au-dessus de la partie moyenne de la scissure de Sylvius. Sous l'influence de la poussée antéro-postérieure exercée sur le reste de l'hémisphère par le *lobe frontal*, gêné en avant comme en bas par la résistance de la paroi cranienne, le lobe pariétal se subdivisa en plusieurs régions que l'on désigne, d'après les noms des différents os du crâne, par les mots de *lobe occipital, lobe temporal* et *lobe pariétal*.

Origine des lobes pariétal occipital et temporal. — En réalité, ces noms ne doivent pas faire illusion : ce ne sont pas des cerveaux nouveaux qui apparaissent chez les primates. Les *lobes frontal* et *pariétal* préexistaient dans le cerveau antérieur des mammifères; sous les effets de la croissance et de l'allongement du lobe frontal dans le seul sens où cette croissance et cet allongement pouvaient se produire, le reste du manteau, c'est-à-dire l'écorce sous-jacente à l'os pariétal, se trouva refoulé en arrière et en bas, et les prolongements de ces parties du lobe pariétal dans ces deux dernières directions devinrent ce que les anatomistes ont appelé lobes occipital et temporal. Ainsi, du lobe pariétal, de ce vaste lobe qui avait jusqu'alors formé, chez les mammifères, presque toute la convexité des hémisphères, un tiers environ devint, chez les primates, le lobe occipital, un autre tiers le lobe temporal et le nom de lobe pariétal ne fut plus donné qu'à un territoire du même lobe s'étendant, sur la face externe, entre la scissure de Rolando et la scissure occipitale d'une part, de l'autre entre le bord sagittal de l'hémisphère et la scissure de Sylvius, et, sur la face interne, en avant du lobe occipital, à ce que Foville avait appelé le lobule quadrilatère, à ce que nous appelons le lobe carré ou avant-coin (Burdach). La fusion apparente de cette province démembrée du lobe pariétal avec le lobe du corps calleux lui avait même fait donner par Rolando le nom de « circonvolution crêtée ». Mais, si la scissure sous-pariétale qui sépare la face interne de P^1 s'efface progressivement chez les primates, tandis que la scissure sous-frontale (*sulcus calloso-marginalis.* Huxley), séparant la F^1 interne du lobe du corps calleux, grandit au contraire et se développe, elle se reconnaît encore. « Le lobule quadrilatère ne fait pas partie du lobe du corps calleux, dit Broca; il n'appartient qu'au lobe pariétal, et quoique sa base soit en grande partie fusionnée avec le lobe du corps calleux, on y retrouve toujours le *vestige de la grande scissure sous-pariétale.* » La scissure sous-frontale de la face interne de l'hémisphère, s'étendant, en arrière de l'origine de la scissure de Rolando, entre le lobe paracentral, qui appartient au lobe frontal, et le lobe carré, qui appartient au lobe pariétal, existe chez tous les primates; la scissure sous-pariétale existe chez tous les mammifères : l'une et l'autre limitent le grand lobe limbique; elles font partie de la scissure limbique; la différence qui existe entre ces deux scissures n'est donc pas essentielle.

Il me semble même que Broca a trop insisté sur le développement du lobe frontal chez les primates au regard de la prétendue diminution de l'ancien lobe pariétal des mammifères, puisqu'il résulte des termes mêmes de l'hypothèse géniale de ce savant que les lobes occipital, temporal et pariétal actuels de l'homme ne sont qu'une « subdivision » en trois lobes de l'antique lobe pariétal des mammifères. « Il y avait, dit-il, chez les gyrencéphales osmatiques de trois à cinq circonvolutions pariétales : il n'y en a plus que deux chez les primates. La zone sagittale a une seule circonvolution, qui est la P^1, la zone sylvienne se réduit également à une seule circonvolution, qui est la P^2, et il ne reste plus qu'un seul sillon longitudinal, qui est le sillon pariétal (intrapariétal de Turner). » Malgré cette double modification, il est, ajoute Broca, facile de montrer l'analogie des circonvolutions pariétales chez les primates et chez les autres gyrencéphales. Le pli antérieur de la portion sylvienne du lobe pariétal (P^2), moins réduite que la portion sagittale (P^1) sur la face externe comme sur la face interne (lobe carré), contourne l'extrémité de la scissure de Sylvius (*lobule supramarginal*) pour aller constituer la première circonvolution temporale (T^1), le pli postérieur et inférieur de P^2, *le pli courbe* (Gratiolet) ou gyrus angulaire, contourne l'extrémité du premier sillon temporal ou scissure parallèle, et va se continuer à la fois avec la seconde circonvolution du lobe temporal (T^2) et avec la deuxième circonvolution du lobe occipital (O^2). Ainsi, la portion postérieure de P^2 est *encore* en continuité directe, d'une part avec le *lobe temporal*, d'autre part avec le *lobe occipital*. La première circonvolution occipitale (O^1) n'est que la continuité du lobule pariétal supérieur (P^1) qui, sur la face externe, contourne l'extrémité de la scissure pariéto-occipitale, et, sur la face interne du lobe occipital (*cuneus*), celle du sillon occipital transverse, lorsqu'il existe. Les trois circonvolutions de la convexité du lobe occipital appartiennent sur la face interne au *coin*, et par conséquent ont pour limite inférieure, sur ce côté, la *scissure calcarine*, qui n'est que l'ancien sillon calcarin agrandi et développé.

Quant à la partie du manteau occupant le fond de la scissure de Sylvius qui, sous le nom de *lobe de l'insula*, se développe et se différencie toujours davantage chez les primates, surtout chez les grands singes et chez l'homme, c'est exactement, pour la situation et la constitution, le *lobule sous-sylvien* dont Broca a si bien décrit, chez les mammifères osmatiques, les deux plis sous-sylviens, le *pli temporo-frontal* et le *pli temporo-pariétal*. *L'insula* établit toujours, au fond et à l'entrée de la fosse de Sylvius, une communication entre le lobe temporal et le lobe frontal. D'après ses connexions, on doit, suivant Broca lui-même, considérer *l'insula* comme l'analogue du *pli temporo-frontal* des mammifères osmatiques. Toujours simple chez les cébiens et les pithéciens, ainsi que chez les gibbons, l'insula se subdivsie, chez les grands anthropoïdes et chez l'homme, en un certain nombre de plis qui convergent vers le pôle de ce lobe cérébral et qui, après avoir gagné les divers points de la rigole supérieure qu'ils traversent, se jettent profondément dans le lobe frontal.

Critique de l'opposition physiologique établie entre le grand lobe limbique et le lobe frontal avec le reste du manteau. — Il semble que Broca, à qui la science de l'anatomie et de la physiologie cérébrale doit ces vues admirables sur l'histoire de l'évolution du cerveau antérieur dans la série des mammifères, n'ait pas aperçu toute la portée de la doctrine qu'il édifiait sur des fondements si solides. L'antagonisme qui lui paraît exister entre le lobe frontal et le lobe pariétal, subdivisé en trois lobes, dont les fonctions devaient se différencier toujours davantage sans cesser d'être, au fond, de même nature, n'a point, en réalité, l'importance physiologique et psychologique qu'il signale. Le développement, sans doute considérable, du lobe frontal des primates, au regard de celui du même lobe chez les carnassiers, n'a pas déterminé une « évolution inverse » du lobe pariétal, si l'on prend toujours garde à ce qu'est devenu ce lobe sous la poussée de croissance du lobe frontal. Au contraire. Lorsque Broca insiste sur le développement du lobe frontal, attesté par le « plissement longitudinal qui le subdivise d'abord en deux, puis en trois circonvolutions » ; lorsqu'il fait remarquer l'importance corrélative des fonctions de ce lobe chez les grands singes et dans l'homme; bref, lorsqu'il déclare que le lobe frontal « s'est en quelque sorte emparé de l'hégémonie cérébrale », Broca subit visiblement encore, ainsi que Gratiolet et tant d'autres, l'influence des doctrines de Gall sur les fonctions supérieures du lobe frontal considéré comme le siège de l'intelligence. De là l'opposition, ici tout à fait injustifiée, qu'il croit apercevoir entre les deux parties dont se composerait le manteau des hémisphères : l'une « brutale », représentée par le grand lobe limbique; l'autre « intellectuelle », représentée par le reste du manteau. Ces deux portions des hémisphères, si différentes par leur structure, au dire de Broca, le seraient aussi par la nature de leurs fonctions : l'une serait le « siège des fonctions inférieures qui prédominent chez la brute », l'autre le « siège des facultés supérieures qui prédominent chez les animaux intelligents ».

Si de pareils errements nous étonnent aujourd'hui, il ne faut pas oublier que nous les avons partagés presque tous : ils correspondaient à une phase du développement des sciences que nous avons dû traverser; après nous, ce stade de la pensée deviendra si court qu'il finira sans doute par ne laisser aucun souvenir chez le psychologue. Pourquoi les impressions, les sensations et les perceptions olfactives, avec leurs résidus, entrant comme éléments constitutifs pour la part qui leur revient dans nos images ou représentations du monde extérieur, seraient-elles d'essence moins rare que celles de la vue ou de l'ouïe? Or l'intelligence qu'exalte Broca, et qu'il situe dans le lobe frontal, n'est rien de plus que la somme ou la résultante de ces représentations. Si, ce qui était sans doute impossible avec les conditions nouvelles d'adaptation des primates, les fonctions du lobe olfactif avaient pu conserver chez ces êtres la même acuité, la même perfection de discrémination délicate et subtile qu'elles gardaient chez les carnassiers, l'intelligence humaine n'en serait à coup sûr que plus étendue, plus brillante et plus forte. D'antagonisme entre les sens et l'intelligence, il n'en saurait exister, avant tout parce que l'intelligence et ses conditions, c'est-à-dire la sensibilité, ne sont pas des choses distinctes, susceptibles par conséquent d'être jamais isolées. Mais, nous l'avons rappelé, pour GALL et ses disciples, comme pour MAGENDIE et les biologistes qui à une certaine époque avaient cru devoir réagir contre les doctrines de l'École sensualiste, les sens et l'intelligence, loin de s'engendrer, étaient choses si hétérogènes que, quoique SPURZHEIM ait augmenté de six le nombre des organes de l'âme de GALL, le sens fondamental de toute vie psychique, la sensibilité tactile, est encore oublié.

Quant au *lobe frontal*, il n'a cessé de déchoir de son ancienne grandeur, surtout depuis les travaux d'anatomie comparée et de physiologie expérimentale de MEYNERT, de GOLTZ et de MUNK.

Hypothèses de FLECHSIG sur les fonctions des lobes frontal et pariétal, du lobe ou circonvolution du corps calleux, et du lobe de l'hippocampe. — Il n'y a plus, écrit FLECHSIG en 1896, un organe de l'intelligence, le lobe frontal : il y en a trois, ou au moins deux, — ce qui est une façon de parler d'ailleurs aussi fâcheuse que celle dont s'est servi BROCA pour désigner le *lobe frontal*. FLECHSIG appelle « organes de l'intelligence » non seulement le *lobe frontal*, « centre d'association antérieur », mais aussi et surtout précisément les trois provinces démembrées du vieil empire, si dédaignées de BROCA, je veux dire du lobe pariétal des mammifères, le « grand centre d'association postérieur, pariéto-occipito-temporal ». C'était autrefois une opinion très répandue (peut-être l'est-elle encore) que le lobe ou cerveau frontal était particulièrement propre à nous renseigner sur la nature et l'étendue de l'intelligence; il fallait y chercher le siège de toute activité psychique supérieure; GALL y avait localisé, entre beaucoup d'autres, la faculté d'induction. « D'après mes recherches, écrit FLECHSIG, il y a bien en réalité dans le lobe frontal un centre psychique (*ein geistiges Centrum*); mais il existe, en outre, d'autres organes encore de la pensée (*Denkorgane*), dont un, particulièrement étendu, se trouve localisé sous les bosses pariétales. » Les fonctions olfactives des circonvolutions orbitaires du lobe frontal et les fonctions sensitives des circonvolutions centrales sont les seules dont les rapports avec le centre d'association frontal antérieur (F^1 et F^2 en grande partie et le gyrus rectus) soient certains et assurés, encore qu'il ne semble point douteux que ce grand centre ne doive être en connexion anatomique et fonctionnelle avec toutes les sphères de sensibilité générale et spéciale. L'attitude de la station suppose très vraisemblablement, chez l'homme, l'intégrité de certains territoires corticaux de la région du tronc (*Rumpfregion*) en particulier, qu'on localise dans la F^1. La hauteur du front, si elle dépend en partie de l'étendue du centre d'association antérieur, dépend surtout de la grandeur de la sphère sensitive, au sens de MUNK et de FLECHSIG, c'est-à-dire du territoire cortical où retentissent et s'irradient tous les modes de la sensibilité générale des téguments externes et internes du corps : toucher, pression, température, douleurs, etc., des muscles, des articulations, des tendons et des aponévroses, des viscères, des glandes à sécrétion interne et externe, etc. L'étendue de cette sphère sensitive (*Fühlsphäre* ou *Körperfühlsphäre*), qui détermine la hauteur et la largeur du front, serait simplement en rapport avec la grandeur du corps. « Cette hauteur du front, on le voit déjà, dit FLECHSIG, ne saurait donc servir de mesure pour apprécier l'intelligence, alors même qu'on ferait abstraction des puissants organes intellectuels situés dans les parties postérieures du cerveau, » c'est-à-dire dans le grand centre pariéto-occipito-temporal.

Si les régions antérieures du cerveau de l'homme sont si développées, si elles l'emportent à cet égard sur celles des singes supérieurs, ce qui est bien par conséquent un caractère propre du cerveau humain, c'est, non pas parce que son intelligence est la plus vaste et la plus élevée, mais parce que la sphère de sa sensibilité générale dépasse en étendue tous les autres territoires de sa sensibilité (visuelle, acoustique, olfactive, etc.). Le centre cortical de l'audition n'a, suivant FLECHSIG, qu'un petit nombre de connexions connues avec les ganglions de la base du cerveau; ce savant incline même à voir dans cette circonstance « la condition du caractère plus idéal des impressions de l'ouïe », qu fait de la musique l'intermédiaire naturel des sentiments de l'âme humaine. Au con-

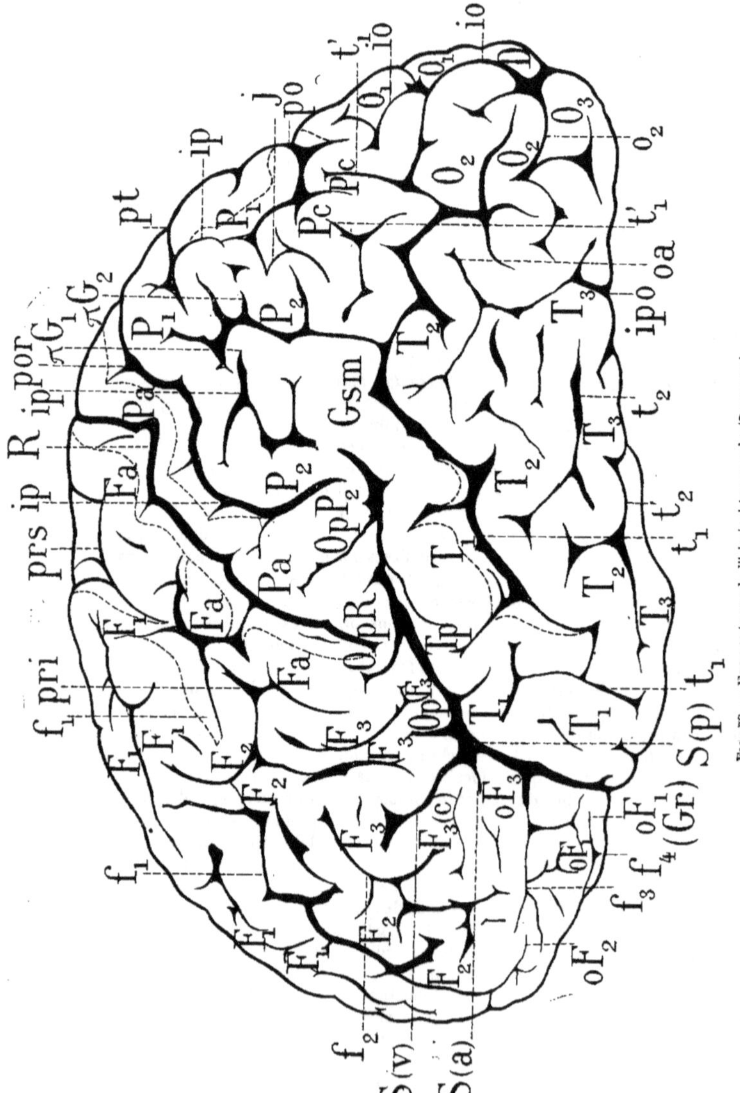

FIG. 79. — Face externe de l'hémisphère gauche (DEJERINE).

D, circonvolution descendante. — F^1, F^2, F^3 première, deuxième, troisième circonvolutions frontales. — F^3 (c), cap de la troisième circonvolution frontale. — *Fa*, circonvolution frontale ascendante. — f^1, f^2, premier et deuxième sillons frontaux. — f^3, troisième sillon frontal ou incisure en H. — f^4, sillon olfactif ou quatrième sillon frontal. — *Gsm*, circonvolution marginale supérieure. — *io*, sillon interoccipital. — *ip*, sillon interpariétal. — *ipo*, incisure pré-occipitale. — *j*, incisure de JENSEN. — O^1, O^2, O^3, première, deuxième, troisième circonvolutions occipitales. — O^2, deuxième sillon occipital. — *oa*, sillon occipital antérieur. — oF^1, oF^2, oF^3, partie orbitaire des première, deuxième, troisième circonvolutions frontales. — oF^1(G), gyrus rectus. — OpF^3, opercule frontal. — OpR, opercule rolandique. — OpP^2, opercule pariétal. — P^1, P^2, première et deuxième circonvolutions pariétales. — *Pa*, circonvolution pariétale ascendante. — *Pc*, pli courbe. — *po*, scissure pariéto-occipitale. — *por*, sillon postrolandique. — *pri*, *prs*, sillons prérolandiques inférieur et supérieur. — *pt*, sillon pariétal transverse. — πG^1, πG^2, premier et deuxième plis verticaux de GROMIER. — R, scissure de ROLANDO. — S(*a*), S(*v*), S(*p*), branches antérieure, verticale et postérieure de la scissure de SYLVIUS. — T^1, T^2, T_1, première, deuxième, troisième circonvolutions temporales. — *Tp*, circonvolution temporale profonde — t^1, sillon parallèle ou premie sillon temporal ; t'^1, sa branche verticale. — t^2, deuxième sillon temporal

traire, le territoire cortical du sens de l'olfaction, si étroitement uni avec les instincts inférieurs, possède les connexions les plus étendues avec les ganglions de la base, remarque en accord cette fois avec les idées de BROCA sur la nature des fonctions de cette région du manteau. Chez les mammifères osmatiques, c'est l'écorce des centres olfactifs, le grand lobe limbique, qui l'emporterait ainsi « absolument en étendue sur tous les autres territoires » du cerveau antérieur. De même, chez quelques singes catarhiniens inférieurs, la sphère corticale de la vision est d'une étendue relative vraiment extraordinaire. Dans ce grand lobe du corps calleux (*gyrus fornicatus*), dont l'étude restera toujours attachée au nom de PAUL BROCA, on constate l'existence, sur toute la *moitié antérieure*, de très grosses *cellules fusiformes*, telles qu'il ne s'en rencontre nulle part ailleurs dans le reste de l'écorce cérébrale. Les sens chimiques, tels que la vue et l'odorat, se distinguant surtout, au regard des sens mécaniques, comme le tact et l'ouïe, par une structure histologique spéciale de leurs territoires corticaux, on incline à penser que la moitié antérieure du *gyrus fornicatus* doit servir de substratum à un sens chimique, peut-être au *goût*. En tout cas, comme l'*odorat*, le *goût* fait bien partie, par les rapports qu'il soutient avec la cinquième paire, de cette sphère de la sensibilité générale (*Körperfühlsphäre*) où peuvent être perçues les sensations élémentaires des tendances et des instincts primordiaux de la nutrition, sensations dans lesquelles les sens de l'olfaction et du goût jouent un si grand rôle : ces deux sens sont, on le sait, affectés dans l'hémianesthésie de TÜRCK. Cette localisation paraît infiniment plus naturelle que celle que propose FLECHSIG relativement au siège de la *douleur* dans ce même *gyrus fornicatus*, le lobe du corps calleux de BROCA. La raison que donne l'éminent anatomiste de Leipzig pour dissocier la sensation de douleur des autres modes de la sensibilité générale est celle qu'on rencontre chez tant d'auteurs : les sensations de douleur (*Schmerzempfindungen*) ne sont pas perçues en même temps que celles de contact (*Tastempfindungen*). Quoi qu'il en soit, FLECHSIG ne propose le *gyrus fornicatus* que parce que ce lobe ou cette circonvolution apartient en grande partie, dit-il, à la sphère de la sensibilité générale du corps et sert sans doute à la perception d'autres modes encore de sensibilité. Ailleurs FLECHSIG semble croire à quelque rapport entre l'*instinct sexuel* et le tiers antérieur du *gyrus fornicatus*. TUCZEK, dans l'étude de la paralysie générale, a souvent trouvé des lésions dans cette région.

Le lobe de l'hippocampe de BROCA, *gyrus hippocampi*, est rattaché par FLECHSIG à la sphère de la sensibilité générale du corps, la couronne rayonnante de ces deux territoires du manteau étant tout à fait contiguë dans la région inférieure et postérieure de la capsule interne (*carrefour sensitif*) : dans plusieurs cas pathologiques, cette partie de la *capsule interne* a été trouvée lésée en même temps qu'il existait des foyers de ramollissement du *gyrus hippocampi*, lésions auxquelles on rapportait l'abolition du sens musculaire ou de la notion de position des parties du corps. C'est à la destruction de la couronne rayonnante de la sphère sensitive du corps qu'il convient d'attribuer ces troubles de la sensibilité, non aux lésions de la circonvolution de l'hippocampe, contrairement aux doctrines de l'École anglaise. Seules, des observations cliniques où cette circonvolution serait exclusivement le siège de lésions destructives permettraient d'y localiser les fonctions de la nature de celles que lui attribuent DAVID FERRIER et quelques-uns de ses savants élèves. Les connexions si multiples de la circonvolution de l'hippocampe, chez l'homme, avec la sphère de l'olfaction sont bien confirmées. FLECHSIG se demande pourtant encore si ce lobe lui-même élabore les sensations de cette espèce. En tout cas, ainsi que l'avait vu BROCA, il est absolument improbable qu'il n'ait pas d'autres fonctions que celles de l'olfaction. Peut-être cette circonvolution, grâce à ses connexions avec le thalamus et le noyau lenticulaire, par conséquent avec le pédoncule cérébelleux supérieur et le ruban de Reil, et partant avec les prolongements du glosso-pharyngien, du vague, du trijumeau, perçoit-elle les « sensations de la faim », comme le lobe du corps calleux (*gyrus fornicatus*) percevrait celles du *goût*. Des connexions du lobe frontal, dans sa partie antérieure, avec le reste du manteau, on ne connaît guère jusqu'ici d'une façon certaine que celles qui, par de longues fibres d'association, relient le pôle de ce lobe avec les sphères de la sensibilité générale et de l'olfaction.

Rapports du lobe pariétal avec le développement supérieur de l'intelligence. — Mais c'est surtout le *lobe pariétal*, j'entends les parties qui en restent après son démembrement, où l'on voit aujourd'hui un centre de l'intelligence qui paraît ne le céder en rien au lobe frontal lui-même, au moins dans la production des plus hautes œuvres du génie, de l'œuvre d'art en particulier. Ce centre psychique ou intellectuel postérieur, situé sous des bosses pariétales, a été trouvé singulièrement développé chez *tous* les hommes de génie dont on a jusqu'ici étudié scientifiquement le cerveau ou le crâne. Chez plusieurs artistes, tels que Beethoven, et sans doute aussi S. Bach, c'est exclusivement l'énorme développement de cette région cérébrale qui frappe, tandis que chez les savants, comme le mathématicien Gauss, etc., le développement porte sur les centres postérieur et antérieur du cerveau. Le génie scientifique présenterait ainsi d'autres conditions anatomiques que le génie artistique. Richard Wagner, par le grand développement de son lobe frontal, occuperait manifestement une place à part à côté de S. Bach et de Beethoven. La *circonvolution supramarginale* (et aussi, il est vrai, la T^1 chez les musiciens) devait être très développée, à en juger par les moulages et par les crânes, chez J. Seb. Bach et chez Beethoven. Chez Justus von Liebig, Lasaulx, Döllinger, Kant, Gauss, Dirichlet, etc., les régions pariétales étaient également fort développées. Ainsi, ce ne sont pas seulement les grands musiciens, ce sont aussi des philosophes, des mathématiciens, des chimistes, des physiologistes et des anatomistes qui ont possédé des circonvolutions pariétales d'un volume considérable. Ces études contemporaines de cranioscopie ont été faites par des savants dont les noms sont célèbres en anatomie : Rüdinger, Kupffer, His, Flechsig.

C'est Rüdinger qui, dans sa monographie de 1882, appela le premier l'attention sur le développement extraordinaire des circonvolutions pariétales chez les hommes d'une haute intelligence; il les trouva à un degré d'évolution bien moindre chez les gens ordinaires et dans les races humaines inférieures[1]. Les observations qu'on avait faites jusqu'alors sur le poids et le volume de l'encéphale, le nombre et la différenciation morphologique des plis de l'écorce, la profondeur des scissures et des sillons, etc., sur les cerveaux des hommes illustres justifiaient bien, à part quelques exceptions, l'opinion que la surface du manteau est plus étendue et plus variée chez les hommes d'une grande intelligence que chez ceux d'une intelligence moyenne ou inférieure. On devait toutefois se borner à ces généralités, et cela malgré les beaux travaux de Huschke et de R. Wagner sur ce sujet. Bischoff et Rüdinger, après être parvenus à se procurer dix-huit cerveaux d'hommes éminents à divers titres, parmi lesquels figurent ceux de Döllinger, de Tiedemann, de Bischoff, de Lasaulx, de Liebig, s'aperçurent bien vite que la comparaison de quelques groupes déterminés de circonvolutions donnait des résultats tout autres que celle de la surface des hémisphères considérés dans leur ensemble. Au lieu d'être vagues, les résultats d'un examen limité, par exemple, à la scissure interpariétale et aux circonvolutions qui l'environnent présentaient une précision jusqu'alors inconnue. Le fait qui frappa le plus Rüdinger dans l'étude de ces dix-huit cerveaux, ce fut le développement du *lobe pariétal*. Toutes les circonvolutions et toutes les scissures y étaient, dit-il, si développées, que la région pariéto-occipitale offrait un tout autre caractère que sur les cerveaux d'hommes et de femmes d'une intelligence inculte, de manouvriers, de nègres, etc.

Ainsi, le changement de direction qu'avait subi la scissure interpariétale résultait essentiellement du degré de développement extraordinaire du premier pli de passage externe de Gratiolet : il en résultait que sur les cerveaux de Lasaulx, Döllinger, Liebig, ainsi que sur celui du mathématicien Dirichlet, d'après la figure donnée par R. Wagner, on ne pouvait plus indiquer sûrement l'endroit où se trouvait la scissure du singe (*Affenspalte*), effacée. Bref, toute l'économie des circonvolutions et des scissures du lobe pariétal se trouvait profondément modifiée sur les cerveaux de ces savants, comme l'avait d'ailleurs déjà trouvé Kupffer en décrivant le crâne de Kant. Ce développement du lobe pariétal s'étend, dit Rüdinger, chez les hommes intelligents,« à toute la surface du lobe, depuis la scissure postcentrale jusqu'à la scissure du singe ». Tout en se bornant à signaler ces résultats acquis à la science, et en se réservant de les interpréter quand s'ouvriraient les discussions qu'il prévoyait sur la question des localisations fonctionnelles du cerveau, le célèbre professeur d'anatomie de Munich écrivait que, dès maintenant (1882), les faits qui ressortaient de ses recherches d'anatomie comparée pouvaient servir à une étude de ce genre. Dans son idée, elles étaient tout à fait propres à appuyer l'hypothèse

1. N. Rüdinger (München). *Ein Beitrag zur Anatomie der Affenspalte und der Interparietalfurche beim Menschen nach Rasse, Geschlecht und Individualität.* Mit. 4 Taf. Bonn, 1882, S-12.

que, « dans la couche corticale du cerveau, de même que dans la moelle épinière et la moelle allongée, où la division du travail physiologique est bien nette, les différents processus de nature fonctionnelle sont liés à des territoires cellulaires déterminés, et que ceux-ci augmentent de volume d'une façon correspondante à leur activité... Le plus grand déploiement en surface du lobe pariétal se rencontre, ajoutait Rüdinger, avec le plus de fréquence, chez les hommes d'une intelligence élevée. L'activité cérébrale qui du lobe pariétal peut ainsi faire un organe plus parfait, plus développé, doit être particulière à l'homme, car si cette fonction n'était que motrice ou simplement en rapport avec la sensibilité, la forme externe du lobe pariétal ne présenterait pas d'aussi grandes différences chez les individus d'une intelligence inférieure et supérieure. » Les résultats de ces recherches autorisaient sans nul doute Rüdinger à affirmer, comme il le fait, « qu'un organe cérébral acquiert un développement proportionnel au degré de l'activité fonctionnelle qu'il déploie ». Si ce principe n'était pas nouveau, il était du moins fondé cette fois sur un ensemble de démonstrations anatomiques positives portant sur un lobe déterminé du cerveau, le lobe pariétal.

Le crâne de Beethoven, étudié successivement par His et par Flechsig, à côté d'un développement considérable des régions postérieures du cerveau (pariéto-occipito-temporales), et aussi d'un développement remarquable des régions moyennes du manteau (FA et PA correspondant à la sphère sensitive du corps), ne présentait que des dimensions relativement médiocres du lobe frontal (centre d'association antérieur ou frontal de Flechsig) ; il en était de même du crâne de J. Seb. Bach. Quelles seraient les dispositions psychiques d'individus qui, avec un lobe frontal plus développé, posséderaient au contraire des centres d'association postérieurs moins développés et moins circonvolutionnés ? Flechsig témoigne qu'en pareil cas il serait bien surpris si l'on venait à constater que de pareils cerveaux avaient appartenu à des artistes d'un talent véritable. La question toutefois est à l'étude ; elle ne peut être résolue que par des observations étendues et toujours plus délicates. Peut-être doit-on déjà attribuer aux processus d'irritation intense des régions postérieures du cerveau l'éclat et la variété de certaines productions de l'imagination chez quelques délirants, productions dénuées en général de toute valeur artistique, et ne rappelant que d'une façon tout à fait superficielle les productions du talent. Le dessin, la sculpture, la gravure représentent bien un langage figuré par lequel s'expriment certains états émotionnels définis. Il suffit de parcourir quelque recueil de travaux artistiques exécutés dans les asiles par les aliénés, délirants chroniques, déments, etc., pour se persuader que ces sculptures sur bois, ces dessins, ces terres cuites, d'un symbolisme souvent fort obscur, sont bien la traduction des idées délirantes de ces malades, la forme plastique de leurs hallucinations[1].

§ V. — DES CENTRES DE L'ÉCORCE CÉRÉBRALE (CENTRES D'ASSOCIATION ET DE PROJECTION).

1. Centres d'association ou intellectuels. — Centres de projection. — Avec Flechsig, on doit reconnaître que c'est surtout au procédé de coloration à l'hématoxyline de C. Weigert que l'étude de la myélinisation successive des différentes parties du système nerveux central a permis de suivre, dans le temps et dans l'espace, l'apparition et la distribution des faisceaux de fibres nerveuses et de rattacher entre eux, par des rapports de dépendance ou de causalité fonctionnelle, les divers centres du névraxe dans lesquels ces faisceaux se terminent ou d'où ils tirent leur origine. C'est aux progrès de la technique histologique qu'est due la théorie la plus exacte et la plus profonde de notre temps sur la structure et les fonctions du cerveau, celle des *centres de projection*

1. G. Angelucci et A. Pieraccini. *Di alcuni lavori artistici eseguiti da alienati. Contributo allo studio dell'arte nei pazzi.* Macerata, 1894. Ces matériaux, réunis à ceux qu'ont déjà rassemblés Tardieu, Max Simon, Frigerio, Séglas, Hospital, Morselli, Lombroso, mèneront peut-être sur la voie d'une étude scientifique de ces phénomènes. Nul doute que l'œuvre d'art, même la plus naïve et la plus informe, ne puisse être, comme l'écriture, un élément de diagnostic important pour la connaissance du caractère, des tendances, de la vie affective et intellectuelle d'un individu. Mais, pas plus que la *graphologie*, l'étude des *productions artistiques*, à ce point de vue, ne possède encore de méthode scientifique.

et des *centres d'association*, la *méthode embryologique de* Flechsig (*Entwickelungsgeschichtliche Methode*), qui à cet égard s'est montrée jusqu'ici plus féconde que celle des dégénérations secondaires (Türk) ou celle des ablations expérimentales (Gudden) : elle a trouvé ses plus sûres et fidèles alliées dans l'anatomie comparée, l'observation clinique et la méthode anatomo-pathologique. La méthode de Flechsig repose sur ce fait que, si les connexions anatomiques des centres nerveux existent d'assez bonne heure chez le fœtus, au moyen des prolongements nerveux des neurones de ces centres, ces fibres ne s'entourent de myéline que lorsque ces ganglions commencent à fonctionner, et sans doute par l'effet même de leur activité physiologique, dans un ordre dont la constance et la régularité, depuis la moelle épinière jusqu'au cerveau antérieur, permet de suivre l'époque d'apparition, et, sur l'étendue des différents centres nerveux, la direction, le trajet et les connexions de ces « milliards de fibres et de fibrilles » composant, par exemple, la substance blanche des hémisphères cérébraux. L'écorce du cerveau de l'homme est un organe dont la superficie mesure en moyenne plus de 2000 centimètres carrés; une coupe de la moelle épinière en mesure à peine deux. La gaine de myéline entourant le cylindraxe et formant la substance blanche des nerfs apparaît très tard : elle se forme d'ordinaire trois ou quatre mois après l'apparition du filament axile. Ainsi un faisceau fibrillaire apparu au dixième mois de la vie fœtale sera myélinisé au sixième.

Maints faisceaux sont déjà prêts à fonctionner chez des fœtus de huit mois; d'autres ne le sont que plusieurs mois plus tard, longtemps après la naissance. Sur des préparations de cerveaux de fœtus et de nouveau-nés, traités par la coloration de Weigert, les faisceaux arrivés à maturité se distinguent par une teinte bleuâtre de ceux qui, ne l'étant point, ne se colorent pas : on peut donc suivre les premiers souvent sur un assez long parcours. La méthode de Weigert complète ainsi celle de Golgi. L'imprégnation des pièces par le chromate d'argent fait saillir les particularités morphologiques du neurone et de ses prolongements, montre la structure extérieure et les rapports immédiats de ces individus, dont le système nerveux n'est que la somme. L'origine, le trajet et la terminaison des faisceaux nerveux ne sauraient être suivis ainsi sur de grands espaces et, partant, les connexions et les rapports de dépendance des centres nerveux ne peuvent être découverts à ce stade de développement que par la méthode embryologique de Flechsig. Quand la myélinisation d'un centre nerveux est achevé, la topographie de ce centre, ses connexions, et par conséquent sa nature, ne peuvent plus être connues qu'en recourant à la méthode des dégénérations secondaires. Sur un cerveau normal, les fibres de projection et les fibres d'association, et surtout les fibres calleuses, très précoces, ne peuvent plus être suivies isolément. Flechsig estime donc difficile de soutenir, comme on l'a fait, qu'il est possible de démontrer que, dons le cerveau adulte, chaque territoire de l'écorce est pourvu de fibres de projection. Les faisceaux de projection centripètes ou ascendants, de nature sensitive ou sensorielle, se myélinisent avant les faisceaux centrifuges ou descendants, de nature motrice. C'est donc une loi, que *les faisceaux de nature physiologique différente se myélinisent à des époques différentes*. Si l'on admet qu'un fœtus humain de 41 à 44 centimètres puisse continuer à vivre, parmi les faisceaux du système nerveux central dont le développement complet assure alors la vie, Flechsig signale déjà, dans la moelle épinière et dans la moelle allongée, la plupart des faisceaux (à l'exception des voies des pyramides, de la voie centrale de la calotte, etc.); dans le cervelet, le vermis et le floculus sont complètement développés, mais les faisceaux des hémisphères sont, pour la plupart, encore dépourvus de myéline. Dans le cerveau sont myélinisés alors le faisceau de Meynert (du ganglion de l'habénule au pont), les prolongements des pédoncules cérébelleux supérieurs, allant par le noyau rouge au thalamus opticus, etc., les faisceaux du ruban de Reil qui pénètrent dans ces masses grises. Si, à cette période, le ruban de Reil est déjà myélinisé jusqu'à l'écorce des circonvolutions centrales ou rolandiques, c'est ce que l'examen microscopique ne permet pas d'affirmer; de même pour les bandelettes optiques; mais la myélinisation a lieu vers ce temps. Quant aux fibres radiculaires des cordons postérieurs, dont on connaît les rapports avec le ruban de Reil, où passent les conducteurs des impressions d'où résultent nos sensations tactiles, articulaires, viscérales, etc., et nos notions de position des différentes régions du corps, elles arrivent les premières de toutes à maturité, de sorte que ces faisceaux « servent en quelque sorte de fondement à tout l'édifice de la conscience » : déjà, dans le corps de la mère, le fœtus acquiert et enregistre un certain nombre d'expériences sur son propre corps, à l'occasion du contact de ses téguments et de ses mouvements réflexes (muscles, articulations, etc.). Comme, chez le fœtus de huit mois, les faisceaux issus des cellules pyramidales sont encore dépourvus de myéline, les mouvements réflexes en réponse à des excitations des nerfs sensitifs des muscles, des tendons, des articulations, etc., ne peuvent se transmettre que par la couche optique ou par le noyau rouge aux centres inférieurement situés.

Peut-être un certain nombre de faisceaux centrifuges capables de fonctionner existent-ils, chez le nouveau-né, dans les parties de la couronne rayonnante déjà myélinisées, ce qui expliquerait les contractions musculaires obtenues par Soltmann en excitant le cerveau de ces êtres. La plupart des faisceaux de sensibilité du cerveau sont sûrement encore amyélinisés chez un fœtus de huit mois. Nombre de mammifères (chien, chat, etc.) viennent au monde à ce stade de développement; ils sont mûrs pour la vie extra-utérine. Encore au premier mois, si les rayons qui affectent la rétine du nouveau-né sont projetés jusque sur la sphère visuelle, ils ne sont perçus que pendant la durée de l'excitation rétinienne, sans laisser d'image cérébrale. De même pour les impressions de l'ouïe, perçues isolément, comme celles de la vue, dans leurs centres respectifs, encore à l'état d'îlots, non reliés soit entre eux, soit aux centres d'association, alors incapables de fonctionner par défaut de myélinisation. Ce n'est qu'entre les sphères *sensitive* et *olfactive* qu'existent quelques rares faisceaux qui semblent suffisamment développés pour permettre déjà la transmission d'une aire à l'autre. Ainsi dans le cerveau les *centres de projection* se développent avant les *centres d'association*[1]. Le nouveau-né ne saurait donc répondre que par des mouvements réflexes, non par des mouvements volontaires, aux excitations du milieu interne ou externe. Mais ces excitations répétées hâtent la maturité des organes de relation. « Si, vers le huitième mois, un fœtus humain voit la lumière du monde, le nerf optique se myélinise bientôt (beaucoup plus tôt que si le fœtus était demeuré dans l'utérus jusqu'à sa maturité), et tout d'abord, dans les parties centrales, correspondant au point de la vision distincte, à la *macula lutea*. Chez l'enfant né à terme, les fibres maculaires et périphériques de la rétine sont, au contraire, également myélinisées. Les connexions entre la rétine et les masses grises du mésencéphale (cerveau moyen) ont dû s'établir à la même époque chez l'enfant né avant terme que chez l'enfant né à terme; mais la myélinisation du nerf optique a eu lieu plus vite chez le premier, du fait de la précocité de l'entrée en fonction. De même que le nerf optique, mais sous l'influence d'autres excitants, des stimuli des milieux interne et externe, les cordons postérieurs de la moelle épinière qui, de relai en relai, parviennent dans l'écorce des circonvolutions centrales, s'entourent rapidement de fortes gaines de myéline. Aucun organe périphérique des sens n'est, on le sait, directement relié à l'écorce cérébrale : la transmission des impressions du milieu interne et du milieu externe a lieu par une succession de neurones associés dont les cylindraxes, les uns très courts (nerfs craniens), atteignent pour d'autres jusqu'à un demi-mètre, voire un mètre (fibres du sciatique). Or les neurones périphériques apparaissent avant les neurones centraux qui s'arborisent dans les centres de projection de l'écorce cérébrale. Les bandelettes *olfactives* ne se myélinisent pas essentiellement plus vite chez le fœtus demeuré dans l'utérus que chez l'enfant né avant terme et il en est ainsi du nerf *acoustique*, le dernier de tous les faisceaux de projection à se myéliniser. La voie corticale acoustique directe de Held fait seule exception : elle se myélinise à une époque où, dans le lobe temporal, ni le *gyrus hippocampi* ni T[1] ne laissent encore apercevoir aucun indice de ce processus. Peut-être la grande précocité de la sensibilité tactile chez l'enfant né avant terme, au regard des autres enfants ne laisse-t-elle pas d'avoir de l'importance sur le développement intellectuel.

Ainsi, chez l'enfant nouveau-né, ce sont seulement les centres inférieurs du névraxe moelle épinière, moelle allongée, cervelet, tubercules quadrijumeaux, couche optique et certains territoires de l'écorce, centres de sensibilité générale et spéciale, ou centres de projection, — en rapport avec le milieu interne et externe au moyen de faisceaux à

1. Paul Flechsig. — *Gehirn und Seele.* Rectoratswechsel an der Universität Leipzig am 31. Oct. 1894, Leipzig. *Gehirn und Seele.* 2te Aufl., Leipzig, 1896.

direction centripète, qui, seuls, sont susceptibles de fonctionner, et d'une manière purement réflexe. Les prolongements indirects des cordons postérieurs de la moelle épinière et des faisceaux équivalents de la moelle allongée transmettent toutes les impressions de la sensibilité générale issues de la peau et des muqueuses, des articulations, des tendons, des muscles, des sentiments de douleur ou de plaisir, de température, de faim, de soif, etc., qui sont les matériaux mêmes de la conscience de notre corps, de ce moi dont la continuité et l'unité apparente constituent la personnalité, mais dont la notion n'est pas moins subjective ou phénoménale que celle d'un monde extérieur, postulé par l'expérience et par l'observation, monde auquel notre corps appartient.

C'est dans la *sphère tactile* du cerveau que, après s'être réfléchi une première fois dans les centres nerveux inférieurs du bulbe et de l'encéphale et y avoir déterminé les mouvements automatiques et réflexes nécessaires à l'accomplissement des besoins et des instincts indispensables à la conversation de l'existence, le corps se réfléchit une seconde fois dans toute son étendue; c'est dans ces territoires corticaux des racines postérieures, territoires dont la superficie dépasse de beaucoup celle de toutes les autres aires de la sensibilité, que sont réalisées les conditions de la cénesthésie, de la connaissance ou conscience des différents états des organes de la vie de relation et de la vie végétative, et c'est de ces mêmes régions que partent les réflexes psychiques volontaires de la déglutition et de la mastication, de la respiration, de la locomotion, de l'articulation verbale, etc. Les besoins, les instincts, les tendances vagues et obscures de l'organisme, toutes nos inclinations naturelles n'acquièrent, selon Flechsig, un caractère psychique qu'en s'élevant dans la sphère sensitive du corps (*Körperfühlsphäre*), où ils sont perçus comme sentiments conscients de la faim, de la soif, etc. On ne connaît pas encore les nerfs qui transmettent les sensations de la faim ; peut-être s'agit-il du splanchnique (Carl Ludwig). Quand la soif devient consciente, elle est sûrement perçue dans la sphère sensitive du corps par l'intermédiaire du trijumeau et du glosso-pharyngien : après la destruction de la couronne rayonnante de cette sphère, toute la muqueuse de la bouche et du pharynx du côté opposé est complètement insensible. Ces sortes de sensations élémentaires arrivent certainement aux noyaux bulbaires du vague, du trijumeau, dont les fibres accompagnent dans la moelle allongée celles du ruban de Reil ; elles retentissent à l'origine sur les grosses cellules de la *formatio reticularis*, dont l'apparition est des plus précoces, cellules qui plus tard subissent les influences modératrices du cerveau. Flechsig, qui attribue avec toute raison une *mémoire* aux centres de projection de l'écorce, ne parle pourtant d'actions volontaires (*Willenshandlungen*) qu'au sujet des besoins instinctifs (faim, etc.,) perçus par l'écorce et associés, dans cette région du névraxe, à d'autres perceptions de nature et d'origine analogues (satiété, gustation, etc.) capables de modifier les premiers: ce n'est que lorsque ces association sont réalisées que le cri du nouveau-né, indiquant d'abord une souffrance de l'organisme, devient l'expression d'un besoin perçu susceptible de susciter des réactions motrices appropriées ; toutes ces associations rudimentaires ont pour théâtre « la sphère sensitive du corps », dont les connexions anatomiques avec les aires corticales de l'olfaction, et sans doute de la gustation, se montrent de très bonne heure.

On peut voir dans ces considérations d'embryologie et de psychologie physiologique du nouveau-né, auxquelles Flechsig est arrivé par sa méthode, un piquant commentaire de la doctrine de Schopenhauer sur la genèse de la volonté ; le savant anatomiste de Leipzig en a fait lui même la remarque. Dans la *sphère tactile* des nouveau-nés, les fibres des neurones d'association ne sont pas encore myélinisées; il ne peut donc s'y produire que des sensations et des réflexes psychiques : or, « la plus grande partie des mouvements volontaires se développent probablement de ces réflexes psychiques, servant à l'origine à une fine discrimination des impressions sensibles; une autre partie de ces mouvements se développerait de réflexes inférieurs plus simples encore », servant à l'accomplissement des besoins et des instincts. Il serait donc intéressant de « classer les diverses catégories de mouvements volontaires de l'homme adulte d'après cette genèse différente ». Il semble bien que la première synthèse psychique ait été constituée élémentairement par les impressions sensitives issues des deux moitiés du corps, car chez le nouveau-né à terme des fibres calleuses myélinisées associent les deux moitiés du corps; les sensations et perceptions des deux sphères tactiles sont les premières associées; elles arrivent ainsi à réaliser l'illusion de l'unité du moi. Ce n'est pas le cas pour les sphères gauche et droite de la vision et de l'audition mentales. Il est très peu probable que, chez le nouveau-né, les perceptions de la vue soient associées à celles de la sphère sensitive du corps, car, si l'on fait abstraction des faisceaux optiques qui vont aux centres corticaux, il n'existe point alors de connexion entre ces deux aires corticales.

Le nouveau-né possède ainsi plusieurs consciences élémentaires, séparées, dont le substratum est une aire corticale de sensibilité, autonome, isolée encore, ne recevant de l'appareil périphérique des sens, auquel il est uniquement relié, que des impressions d'une seule qualité, impressions qu'il élabore plus ou moins, et d'ou résultent des réactions motrices transmises à la musculature de l'appareil périphérique du sens considéré. Chaque aire sensitive ou sensorielle de l'écorce est reliée dès lors, par un double faisceau de fibres ascendantes et descendantes, à l'organe périphérique des sens correspondants. L'existence de ce double faisceau de fibres, de direction contraire, est prouvée pour les sphères *tactile*, *olfactive*, *visuelle* et *auditive*. Chaque sphère corticale de sensibilité, sphère sensitivo-motrice, est ainsi à la fois le point de terminaison ou de projection des faisceaux de sensibilité et le point d'origine des faisceaux de fibres motrices correspondants. Les centres de projection, considérés en eux-mêmes, sont donc des centres nerveux pour les réflexes d'origine corticale. A ce sujet, on peut songer sans doute à certains états crépusculaires de la conscience dans l'épilepsie (vertige), l'hystérie, la syncope, la narcose chloroformique, etc., où, à diverses phases du processus, la dissociation des sphères sensorielles, isolées des centres d'association, est poussée si loin, que le malade peut éprouver des sensations tactiles, sans voir ni entendre. La conscience des centres de projection et celle des centres d'association peuvent être abolies séparément, comme elles sont sans nul doute successivement atteintes dans les différentes formes d'intoxication des neurones corticaux. Il existe donc, en dehors de toute participation des centres d'association, des perceptions, certainement conscientes (si les conditions d'intensité et de durée de l'excitation sont présentes), des aires sensitives et sensorielles de l'écorce, mais sans évocation possible d'images, ni de représentations d'objets du monde extérieur, toute représentation de ce genre, dont la synthèse s'opère dans les centres d'association, étant constituée par des perceptions élémentaires dérivées de l'activité synergiquement associée de *plusieurs* sphères de sensibilité.

Chez les animaux, dont l'écorce cérébrale est surtout composée de sphères de sensibilité, il existe de la mémoire, c'est-à-dire des représentations associées. Flechsig remarque lui-même que sur certains points de l'écorce de ces mammifères, les sphères sensorielles et les sphères d'association empiètent les unes sur les autres, s'« engrènent », dirait Luciani, et se continuent insensiblement. L'étude de la mémoire des sphères corticales de sensibilité a certes encore besoin de recherches approfondies. On peut pourtant concevoir, selon nous, l'existence, dans l'écorce du cerveau, comme dans la substance grise de la moelle ou des ganglions du grand sympathique, de réflexes coordonnés et adaptés, en réponse à certaines stimulations de la sensibilité organique ou cutanée, de l'odorat, de la vue, de l'ouïe, sans qu'aucun souvenir proprement dit ne survive à l'acte accompli, aucune image ou représentation susceptible d'être évoquée en l'absence d'excitations du milieu interne ou externe. C'est là, dirais-je, l'automate parfait, réalisé à souhait, et de toutes pièces, par la physiologie moderne, l'automate de Descartes et de Malebranche : « Il n'est pas plus difficile de concevoir que les bêtes, quoique sans âme et incapables d'aucune perception, *se souviennent*, en leurs manières, des choses qui ont fait impression dans leur cerveau, que de concevoir qu'elles soient capables d'acquérir certaines habitudes. Et après ce que je viens de dire des *habitudes*, je ne vois pas qu'il y ait beaucoup plus de difficulté à se représenter comment les membres de leur corps acquièrent peu à peu différentes habitudes, qu'à concevoir comment une machine nouvellement faite ne joue pas si facilement que lorsqu'on en a fait quelque usage. » (*De la Recherche de la Vérité*, II, v.) La mémoire n'est pour Malebranche qu'une espèce d'habitude : la première consiste dans les traces que les esprits animaux ont imprimées dans le cerveau, la seconde dans la facilité que les esprits ont acquise de passer par certains endroits de notre corps. « De sorte que, s'il n'y avait point de *perceptions* attachées au cours des esprits animaux ni à ces traces, il n'y aurait aucune différence entre la mémoire et les autres habitudes. » Or les « traces » ou « vestiges » des impressions reçues par le cerveau se conservant, selon le savant oratorien, à travers toutes les générations, ces habitudes, ces réactions réflexes, sans doute devenues automatiques, doivent persister dans la lignée aussi longtemps que les conditions externes et internes resteront les mêmes, et il en est ainsi, en effet, pour ce philosophe cartésien : ces traces, imprimées héréditairement dans leur cerveau, sont cause, dit-il, que « les animaux de même espèce ont les mêmes sympathies et antipathies, et qu'ils font les mêmes actions dans les mêmes rencontres. » (II, VII.)

Le chien décérébré de GOLTZ, non seulement réagissait par des mouvements appropriés aux excitations du dehors, telles que pression, lumière, bruit, mais aux incitations du milieu interne, comme la faim. Chez l'enfant né avant terme, qui, physiologiquement, est un enfant dépourvu d'hémisphères cérébraux, les besoins de la vie s'éveillent avec la première inspiration, et « c'est en criant qu'il en réclame la satisfaction » (FLECHSIG). La partie « réflexe » de notre axe nerveux s'étendrait depuis l'extrémité inférieure du cône médullaire jusqu'aux couches optiques. « Cette vie réflexe, écrit VAN GEHUCHTEN, est la même chez tous les mammifères; la structure interne des centres nerveux qui y président est, à peu de chose près, identique chez tous. » Ainsi, tant que les ébranlements du névraxe déterminés par l'arrivée des ondes nerveuses centripètes ne se propagent pas jusqu'à l'écorce cérébrale, ils ne produisent aucune modification de la conscience. L'organisme, toutefois, répond à ces excitations par des contractions et des ajustements musculaires souvent fort complexes : mais ces mouvements réflexes, quelquefois automatiques (c'est le cas pour les plus anciens), réflexes de protection ou de défense, réflexes communs ou associées, peuvent se réaliser sans conscience, non seulement chez l'animal sans cerveau, chez le fœtus anencéphale, chez l'enfant né avant terme et chez le nouveau-né, mais dans l'animal intact, normal, adulte, et, dans la série des vertébrés, depuis le poisson jusqu'à l'homme.

Si l'on va au fond des choses, on sentira tout ce qu'il y a d'arbitraire dans cette sorte de dualisme fonctionnel que l'on postule pour deux grandes provinces, l'une postérieure, l'autre antérieure, de l'axe cérébro-spinal, à seule fin de pouvoir expliquer l'absence ou la présence d'un phénomène, la conscience. On n'établit pas la même distinction pour la mémoire, propriété organique de tout protoplasma vivant, et que les réflexes spinaux ou bulbaires manifestent comme le font les réflexes corticaux. Il y a donc une *mémoire inconsciente*, constituée par des traces ou résidus d'impressions perçues, des centres inférieurs du névraxe, ou, dans l'écorce, des aires de sensibilité générale et spéciale; il y a des besoins, des instincts, des tendances, des inclinations inconscients; il y a des habitudes, des passions, des perceptions, des pensées inconscientes. Pour que tous ces processus psychiques deviennent conscients, il suffit qu'ils dépassent le cerveau intermédiaire et retentissent jusque dans le cerveau antérieur.

Mais la structure élémentaire de l'écorce, les neurones constituant ce tissu, ne sauraient, à la complexité près, différer du tout au tout, par aucun caractère entièrement nouveau de structure et de propriété, du reste des éléments nerveux du névraxe. Nous ignorons si les réflexes spinaux et bulbaires, voire cérébelleux, ne sont pas précédés et suivis de perceptions comme le sont ceux de l'écorce cérébrale. La conscience cérébrale ne connaît pas ou, si elle existe, ne connaît la conscience spinale, par exemple, que comme ces perceptions confuses du bruit des vagues dont parle LEIBNITZ, et dans lesquelles nous ne saurions isoler distinctement les bruits élémentaires dont la somme totale nous est seule sensible, encore que nous les devions percevoir : « Il est vrai, dit LEIBNITZ, que nous ne nous apercevons pas distinctement de tous les mouvements de notre corps, comme, par exemple, de celui de la lymphe, mais, pour me servir d'un exemple que j'ai déjà employé, c'est comme il faut bien que j'aie quelque perception de chaque vague du rivage, afin de me pouvoir apercevoir de ce qui résulte de leur assemblage, savoir, de ce grand bruit qu'on entend proche de la mer. Ainsi nous sentons quelque résultat confus de tous les mouvements qui se passent en nous; mais, étant accoutumés à ce mouvement interne, nous ne nous en apercevons distinctement et avec réflexion que lorsqu'il y a une altération considérable, comme dans les commencements des maladies. » (*Correspond. de* LEIBNITZ *avec* ARNAUD, *Œuvres phil.*, I, 1866, 669.) Mais que cette conscience, pour nous inconsciente, existe ou n'existe pas d'ordinaire, en particulier dans ces mécanismes très anciens qui ne « jouent » plus depuis longtemps, à cause du grand « usage » qu'on en a fait dès l'origine, ce n'est point là, selon nous, un caractère différentiel suffisant pour scinder l'axe nerveux en deux portions, d'autant qu'il n'est aucun ganglion nerveux, fût-il le plus humble et le plus silencieux en apparence, qui ne crie à certains moments et ne se fasse entendre jusque sur les sommets du névraxe, du fait de quelque stimulation intempestive. Au fond, ce n'est donc pas le réflexe, mais la *résistance plus ou moins grande qu'il rencontre à se manifester*, qui s'accompagne d'un état affectif interne, d'une sensation, d'une perception ou d'une pensée conscientes. Les conditions de cette résistance dans la transmision augmentant avec le nombre des rouages de la machine, les perceptions doivent devenir plus intenses à mesure qu'elles progressent, comme des ondes ou des vibrations, du mésocéphale au cerveau intermédiaire et à cette écorce du cerveau antérieur qui n'avait pas encore apparu chez les plus anciens vertébrés, chez les poissons osseux. Peut-être le jeu des mécanismes de cette écorce ne s'accompagne-t-il de ces sensations, de ces perceptions conscientes ou de ces pensées, que parce qu'il sont infiniment plus compliqués que ceux d'un ganglion du grand sympathique ou d'un segment de moelle épinière; peut-être aussi parce qu'ils ont moins d' « usage », et que la machine, comme parle MALEBRANCHE, ne joue pas encore facilement.

Dans cette hypothèse, l'activité de l'écorce serait seule accompagnée de ces états internes ou subjectifs de sensations, de perceptions et de représentations conscientes où l'on a cru trouver un critérium suffisant pour distinguer, en régions fonctionnellement hétérogènes, non seulement l'axe nerveux inférieur et supérieur à la couche optique, mais, dans l'écorce cérébrale elle-même, les centres de projection et les centres d'association. Quant aux sensations perçues par les aires de sensibilité, soit encore isolées comme chez le fœtus, soit dissociées comme dans les états pathologiques, elles sont liées, chez l'homme et les mammifères supérieurs, aux territoires mêmes de projection corticale (MUNK). Une destruction bilatérale des aires de la vision, de la « rétine corticale », abolit pour toujours toute perception lumineuse actuelle, même dans le cas d'intégrité de tous les centres optiques primaires ou sous-corticaux. Le souvenir des images verbales de l'audition et la valeur conventionnelle des mots ont certainement leur condition d'existence en dehors de la sphère sensorielle de l'audition (cas de HEUBNER). L'intelligence des choses vues, des formes, des lieux, bref, des représentations de la vision mentale, n'est certainement pas localisée dans la « rétine corticale ». Mais, en dépit de ces considérations, que j'estime fondées en fait et en doctrine, et qui donneraient gain de cause à FLECHSIG, je crois que lorsque ce savant soutient que les centres d'association manquent à peu près complètement chez les rongeurs; qu'ils ne sont que peu développés chez les carnivores; que chez les singes supérieurs ils le sont autant que les centres de projection, et qu'ils n'arrivent que dans l'homme à couvrir les deux tiers de la face externe du manteau, il convient de suspendre notre jugement définitif jusqu'à nouvelle et plus ample information. Aussi bien est-ce FLECHSIG lui-même qui a indiqué et la nécessité de nouvelles recherches à ce sujet et l'interprétation la plus probable sur la nature de la constitution de l'écorce des mammifères inférieurs, où les centres de projection et d'association des mammifères supérieurs sont encore à l'état de confusion histologique et ne forment pas, comme chez les singes, des îlots anatomiquement distincts. VAN GEHUCHTEN a présenté une critique très juste de ces idées. Il remarque qu'on peut admettre le même mélange de neurones de projection et d'association dans le cerveau antérieur des oiseaux, des reptiles et des batraciens. Chez les poissons osseux complètement dépourvus d'écorce cérébrale et dont le cerveau antérieur proprement dit se réduit aux deux ganglions de la base, on ne saurait conclure assurément à l'absence de mémoire ou d'habitudes psychiques (c'est même chose); force est donc d'attribuer à ces masses grises, homologues des corps striés des vertébrés supérieurs, des fonctions physiologiques qu'ils ne possèdent plus chez les vertébrés pourvus d'une écorce cérébrale.

La conscience du corps précède celle du monde extérieur : les nerfs de sensibilité tactile parviennent les premiers à l'écorce cérébrale. FLECHSIG vient de trouver (1897), contrairement à ce qu'avait cru voir VULPIUS, dont KÖLLIKER a suivi et partagé le sentiment, que la circonvolution pariétale ascendante (PA) se myélinise plus tôt que la circonvolution frontale ascendante (FA). A peu près en même temps que les nerfs du *faisceau sensitif*, ceux des *tractus olfactifs* se projettent sur l'écorce. Les *nerfs optiques* apparaissent beaucoup plus tard, quoique chez le fœtus à terme ils soient déjà myélinisés jusqu'à l'écorce. Le *nerf acoustique*, du moins la partie en rapport avec le limaçon, le nerf cochléaire, arrive le dernier à maturité; d'autres parties de ce faiceau sont au contraire déjà myélinisées longtemps avant le nerf optique. FLECHSIG rapport aux cent mille fibres et plus sans doute des voies des pyramides le nombre et la délicatesse de ces ajustements musculaires des doigts et de la main, qui ne sont que des mouvements de réponse aux sensations tactiles, musculaires, etc. Aux centres de sensibilité corticaux, FLECHSIG ajoute des centres sous-corticaux de même nature, tels que les tubercules quadrijumeaux, la couche optique, etc. Chez l'homme, les centres de sensibilité ou centres de projection de l'écorce cérébrale se présentent sous forme d'îlots séparés par de vastes territoires corticaux. La division de l'écorce du cerveau antérieur en cinq lobes, y compris l'insula, manque de tout fondement dans la réalité; les limites de ces territoires sont artificiselles. La division de la corticalité en territoires délimités par les scissures primaires est plus rationnelle. Quant au rôle fonctionnel d'une circonvolution ou d'un groupe de circonvolutions, il est déterminé par les faisceaux de projection qui s'y terminent et qui en partent, faisceaux dont les connexions périphériques et centrales racontent tout ce qu'il nous est possible de savoir sur leur physiologie. « La nature fonctionnelle des faisceaux nerveux qui se terminent dans une aire de l'écorce du cervean démontre celle de cette région, écrivais-je en 1894. En d'autres termes, l'origine d'un faisceau ou d'un groupe de faisceaux nerveux étant connue, son irradiation terminale dans un centre nerveux indique les fonctions de ce centre. Les directions et les connexions sont le plus sûr indice qu'on puisse suivre dans l'étude des fonctions du système nerveux. La démonstration anatomique du faisceau sensitif que nous avons donnée implique celle de la nature fonctionnelle des régions de l'écorce où il se distribue, car il ne saurait en être autrement pour la sensibilité générale que pour la vision, l'audition, la gustation et l'olfaction[1]. »

Les *centres de sensibilité*, pourvus d'une couronne rayonnante, qui fourniront aux centres d'association, presque dépourvus de couronne rayonnante, les matériaux d'élaboration psychique de toute vie mentale, forment, sur les faces externe, interne et inférieure des hémisphères *quatre* aires de grandeur différente, la sphère de la gustation n'ayant pas été jusqu'ici localisée et faisant partie soit de la sphère olfactive, soit de la sphère de sensibilité générale du corps, que FLECHSIG a proposé de dénommer sphère tactile (*Tastsphäre*) : 1° *L'aire des prolongements nerveux des racines postérieures de la moelle épinière*, dont les faisceaux s'arborisent dans les régions centrales de la corticalité, autour de la scissure de ROLANDO, dans les circonvolutions centrales. Cette aire comprend ainsi : FA et PA, le lobule paracentral, la partie voisine de la circonvolution du corps calleux (*gyrus fornicatus*), les parties postérieures des trois circonvolutions frontales. 2° *L'aire des faisceaux olfactifs*, qui s'arborisent en partie dans le lobe frontal (la sphère olfactive frontale s'étendant jusqu'au *gyrus fornicatus*), en partie dans le lobe temporal (circonvolution en crochet), territoires associés par de nombreux faisceaux au *gyrus hippocampi*, lequel possède sans doute des fonctions d'autre nature encore. Cette aire comprend ainsi : le trigone olfactif et la partie voisine de la circonvolution du corps calleux, la substance perforée antérieure, le repli unciforme et la partie voisine de la circonvolution de l'hippocampe. 3° *L'aire des faisceaux optiques*, dont les fibres s'arborisent dans la sphère visuelle, c'est-à-dire dans tout le cunéus, la portion supérieure du gyrus lingual et le pôle du lobe occipital. Cette aire comprend ainsi la face interne de chaque hémisphère cérébral entourant la scissure calcarine. De cette sphère partiraient des fibres centrifuges ou motrices qui s'arboriseraient dans la couche optique correspondante et, par l'intermédiaire de celle-ci, seraient reliées soit aux noyaux moteurs destinés aux muscles des globes oculaires et de la tête, soit à d'autres masses grises inférieures, soit à la sphère tactile (influence de la vision sur les mouvements volontaires). 4° *L'aire du nerf acoustique* proprement dit, qui s'arborise dans le *gyrus transversus antérieur* de la première circonvolution du lobe temporal[2], caché au fond de la scissure de SYLVIUS. Elle comprend ainsi : la partie postérieure de T^1 et la partie voisine de cette circonvolution qui concourt

1. JULES SOURY. *Le Faisceau sensitif; la Localisation de la sensililité générale*. (*Revue génér. des sciences*, 30 mars et 30 avril 1894).

2. P. FLECHSIG, *Zur Anatomie des vorderen Sehügelstiels, des Cingulum und der Acusticusbahn* (*Neurol. Centralbl.*, 1897,290).

à former l'opercule inférieur de la scissure de Sylvius. C'est un caractère propre et constant des aires corticales de sensibilité générale et spéciale d'être groupées autour des scissures principales : la sphère tactile autour de la scissure de Rolando, la sphère visuelle autour de la scissure calcarine, la sphère auditive et la sphère olfactive sur la paroi de la scissure de Sylvius. Ce n'est donc point là une pure rencontre. Les scissures qui passent entre les territoires des sphères tactile et visuelle servent, sans doute aucun, à étendre ces territoires, et à assurer l'espace nécessaire à la terminaison centrale des faisceaux de fibres de sensibilité générale et spéciale qui s'arborisent dans ces sphères; celles-ci réfléchissent pour ainsi dire les surfaces sensibles du corps; on peut avec toute raison parler d'une « rétine corticale ». De même pour l'aire de projection où sont représentées les surfaces externe ou interne de notre corps avec ses différents appareils et organes (viscères, glandes, etc.). La disproportion considérable d'étendue des diverses aires corticales de la sensibilité sont l'expression même de cette loi de Flechsig : *L'étendue en surface de chaque sphère sensible varie comme la surface de section des nerfs périphériques correspondants.* Ainsi les nerfs tactiles, les nerfs des tendons, etc., bref, le faisceau sensitif, présentent une surface bien plus considérable que celle des nerfs optiques, et celle des nerfs optiques que celle des nerfs acoustiques. Il existe donc un rapport constant et déterminé entre les surfaces des appareils périphériques des sens et l'étendue correspondante des aires corticales respectives, qui ne sont que des territoires de projection sur l'écorce de ces surfaces sensibles. La sphère olfactive de l'écorce est peu développée chez l'homme, parce qu'elle n'est que la projection corticale de la muqueuse de ses fosses nasales, siège des cellules d'origine des fibres olfactives. La sphère auditive est la projection de la surface sensible de l'organe de Corti dans l'oreille interne; la sphère visuelle est la projection de la rétine; la sphère tactile enfin, projection de la surface cutanée de notre corps et de toute l'étendue de nos muqueuses, est extraordinairement vaste; les impressions gustatives s'irradient sans doute aussi dans cette aire, ainsi que toutes les sensations endogènes nées dans la profondeur des organes thoraciques et abdominaux.

Outre l'étendue des surfaces sensibles, il faut tenir compte de la différenciation extrême de certains organes périphériques, tels que la main ou l'appareil phonomoteur du langage. A proximité immédiate des arborisations terminales des faisceaux de sensibilité, générale ou spéciale, les aires sensibles de l'écorce renferment, en effet, les cellules d'origine de voies nerveuses dites « motrices », de sorte que tout centre de ce genre, à la différence des centres d'association, au moins en partie, possédant à la fois des faisceaux de projection ascendants et descendants, est aussi bien un centre moteur qu'un centre sensitif ou sensoriel : ces centres sont *mixtes*, ainsi que Tamburini l'a établi le premier. Tous les centres corticaux de sensibilité sont des centres mixtes ou sensitivo-moteurs. Il n'existe donc pas plus de centres moteurs que de centres sensitifs ou sensoriels, au sens étroit et ancien du mot, dans l'écorce du cerveau, encore qu'on puisse continuer à les désigner de ces noms en considérant leurs connexions périphériques avec les organes et appareils de sensibilité et de motilité. Dans les commencements de la doctrine moderne des localisations cérébrales, l'expérimentation et l'observation clinique avaient persuadé les savants que la motilité réflexe volontaire n'avait d'autre organe dans le cerveau que la région rolandique (zone motrice de Charcot). Il n'existe point de zone motrice du cerveau circonscrite, puisqu'il y a autant de centres moteurs que d'aires sensitives ou sensorielles. En réalité, les circonvolutions frontale et pariétale ascendantes ne se distinguent à cet égard des autres aires corticales de sensibilité que par le nombre des fibres de projection ascendantes et descendantes. Ces dernières constituent les voies des pyramides. Les faisceaux de la sphère sensitive du corps forment de beaucoup la plus grande partie du pédoncule cérébral (environ les quatre cinquièmes). Simples prolongements cyndraxiles des cellules pyramidales de la sphère sensitive corticale, où le corps tout entier est représenté, c'est uniquement en vertu de leurs connexions centrales et périphériques que les fibres des faisceaux pyramidaux innervent *indirectement*, par l'intermédiaire des grosses cellules radiculaires antérieures des cornes antérieures de la moelle, autour desquelles elles s'arborisent, les muscles des extrémités, du tronc, de la face, de la langue, etc. Si les fibres motrices des centres sensoriels de la vision et de l'audition ne paraissent pas avoir d'influence sur ces groupes de muscles, ce qu'explique la nature de leurs connexions, elles innervent ceux de la tête et des yeux qui sont en rapport avec les fonctions de la vue ou de l'ouïe, de sorte que certains organes périphériques des sens peuvent subir l'action combinée ou successive de plusieurs zones d'innervation motrice, remarque qui ne laisse pas d'être importante pour l'étude de l'attention passive et active, dont l'intelligence est en grande partie sortie. Toutefois, dans les états physiologiques, les réactions motrices, de quelque nature qu'elles soient, ne sont jamais l'événement primitif : dans chaque centre nerveux, les réflexes psychiques sont toujours des mouvements de réponse aux incitations parties des arborisations terminales ou des collatérales des fibres de sensibilité en contact avec les dendrites des neurones « moteurs ».

La plupart de ces résultats ont été trouvés ou confirmés par la méthode de Flechsig ; l'observation clinique et la méthode anatomo-pathologique les ont souvent en partie vérifiés. La destruction d'une sphère sensitive du corps est fatalement suivie d'hémianesthésie et d'hémiplégie du côté opposé à la lésion destructive. Si les deux sphères sensitives sont détruites ou incapables de fonctionner (anesthésie sensitive), la notion immédiate de la conscience du moi s'évanouit. Le malade voit son corps; il ne le perçoit plus comme sien. Si l'on ferme alors ses yeux et ses oreilles, il perd toute conscience représentative actuelle de ce corps. Les lésions partielles des circonvolutions centrales déterminent la perte de la perception des impressions des parties correspondantes du corps, membres ou segments de membre, pouce, gros orteil, etc., représentés dans la sphère tactile. Outre cette anesthésie tactile, musculaire, articulaire, etc., partielle, qui n'est qu'un cas particulier de l'anesthésie totale de Türck, les signes locaux sont perdus. La destruction d'une sphère visuelle provoque une anesthésie partielle bilatérale des deux rétines (hémianopsie bilatérale homonyme). La destruction bilatérale du gyrus transversus antérieur du lobe temporal amène la surdité complète. Toutefois, après le développement des centres d'association, ces anesthésies de la sensibilité, à la condition qu'elles soient partielles et n'intéressent pas tous les sens, n'auraient guère d'influence sur la persistance et la survie générale des images et des représentations correspondantes. Un hémiplégique avec hémianesthésie par lésion capsulaire, dont une sphère tactile corticale, séparée de ses faisceaux de projection, est désormais aussi complètement hors d'usage que si elle avait été enlevée par le couteau du vivisecteur, peut n'avoir point, chez l'adulte, de retentissement fort appréciable sur les fonctions supérieures de l'intelligence, au cas où la cause de cette hémiplégie a respecté toutes les fibres d'association intercentrales du cerveau, ainsi que paraît le prouver l'exemple de Pasteur. C'est un fait clinique d'observation courante que l'hémianesthésie des racines postérieures est bien plus intense à la suite d'une lésion destructive du tiers postérieur de la capsule interne qu'après une lésion de même nature du territoire cortical de projection du faisceau sensitif. Quant aux sphères sensorielles, Nothnagel et d'autres cliniciens ont insisté sur la persistance des souvenirs et des images d'un sens dont les centres corticaux auraient été détruits sur les deux hémisphères. Naturellement, il ne pouvait s'agir que des centres de projection. La cécité peut résulter de la destruction bilatérale des territoires de la « rétine corticale » localisés dans la scissure calcarine aussi bien que de l'interruption des radiations optiques. Mais, si les images de la vision mentale sont conservées, c'est que les territoires de l'écorce du lobe occipital où se trouvent les conditions de la persistance de ces images n'ont pas été primitivement détruits par la lésion du centre de projection; ils peuvent dégénérer secondairement. Van Gehuchten s'est demandé ce qu'il adviendrait d'un cerveau d'adulte dont toutes les aires de sensibilité générale et spéciale auraient, par hypothèse, été exactement enlevées ou détruites sans lésions d'aucune sorte des centres d'association. Il croit que les fonctions de l'intelligence ne seraient pas troublées directement, mais indirectement. Cet « homme hypothétique pourvu d'un tel cerveau vivrait complètement séparé du monde extérieur; aucune excitation du dedans ni du dehors n'arriverait plus à sa couche corticale; il serait donc incapable d'acquérir des connaissances nouvelles, mais toutes les connaissances antérieurement acquises lui resteraient intactes »[1]. Cependant la destruction des neurones des centres de projection,

1. A. van Gehuchten, *Anatomie du système nerveux de l'homme*. Leçons. Louvain, 2e édit., 1897, 685 sq. — *Structure du télencéphale. Centres de projection et centres d'association*, Louv., 1897.

où se trouvent aussi les cellules d'origine des faisceaux d'association centripètes qui s'arborisent dans les centres d'association, ne laisserait pas de retentir sur les manifestations de l'entendement. L'homme ne pourrait plus par aucun signe traduire au dehors les états internes de sa sensibilité et de sa pensée. Dans ce cerveau soustrait à toutes les stimulations du milieu interne et externe, dans ces grands centres d'association qui, d'après une comparaison que nous avons faite, ressembleraient maintenant à de vastes mers de glace, immobiles, ensevelies dans la nuit et le silence, l'absence de toute excitation, de tout ébranlement nerveux, venu des aires détruites de sensibilité, empêcherait le réveil, dans les neurones d'association, de ces « traces » laissées par les perceptions antérieures, condition même de toute vie intellectuelle et morale, c'est-à-dire de tout processus de représentation mentale.

Les centres corticaux des différents sens, des sens chimiques tout au moins, possèdent une structure histologique particulière, une disposition spéciale des différentes couches cellulaires. On connaît depuis longtemps la différence de structure des circonvolutions centrales, de la scissure calcarine, du *gyrus hippocampi*. Alors que la région de l'écorce en rapport avec la muqueuse olfactive ne possède, d'une manière correspondante à l'unique couche des neurones périphériques de cette muqueuse, que le plus petit nombre connu de stratifications (à peine deux), l'aire corticale en rapport avec la rétine, l'organe périphérique du sens le plus richement différencié au point de vue anatomique et fonctionnel, présente neuf couches de cellules stratifiées (Meynert). Dans le *gyrus fornicatus*, qui appartient pour une grande partie à la sphère sensitive du corps, on a trouvé de grandes cellules fusiformes (cellules géantes fusiformes de W. de Branca), qui n'existent nulle part ailleurs. Enfin, les cellules pyramidales géantes sont aussi propres aux circonvolutions centrales. Dans les régions limitrophes des centres de projection et d'association, on démèle la présence de neurones appartenant à des types de passage ou de transition. Évidemment chaque sphère sensorielle, outre les neurones communs à tous les centres de l'écorce cérébrale, centres de projection ou d'association, représentés dans le type à cinq couches de Meynert, type propre aux centres d'association, renferme aussi, en dehors des première, deuxième et dernière couches, des neurones spécifiques (cellules fusiformes du *gyrus fornicatus*, grains de la sphère visuelle, pyramides géantes des circonvolutions centrales, etc.). La troisième circonvolution frontale (F^3), qui appartient pour une part assez grande au centre d'association frontal, présente en effet, d'une manière générale, le type à cinq couches. Mais, de même que les régions inférieures des circonvolutions frontales, Flechsig la signale comme un territoire de transition (*Uebergangsgebiet*). Ajoutez que les faisceaux de fibres parallèles ou horizontales, ou tangentielles [1], dont les fonctions d'association sont certaines et qui, à un moment du développement histologique de cette catégorie de fibres, alors qu'elles sont myélinisées, servent à associer les sensations élémentaires, sont particulièrement nets, avec la coloration de Weigert, sur les sphères sensorielles. Ces territoires corticaux se distinguent ainsi, en regard des centres d'association, par un nombre extraordinairement grand de fibres d'association intracorticales myélinisées. Ces couches de fibres tangentielles apparaissent à l'œil nu, superficiellement, sur le *gyrus uncinatus*, et sur la sphère tactile; profondément, dans la sphère visuelle (ruban de Vicq d'Azyr). Chez le chimpanzé adulte, la sphère tactile présente une zone blanchâtre rappelant celle du *gyrus uncinatus* de l'homme. Il serait intéressant de savoir dans quelle mesure cette particularité de structure des centres de sensibilité générale et spéciale est en rapport avec la « coordination » des sensations élémentaires en perceptions.

Kölliker soutient que, quelles que soient leurs formes, les cellules nerveuses ont toutes essentiellement la même fonction (*Gewebelehre*, 6te Aufl., II, 809); c'est une idée de Meynert, nous l'avons rappelé. Le rôle physiologique différent des neurones dépend de la diversité des rapports qu'ils soutiennent avec les organes périphériques, en conflit avec les forces variées du monde extérieur. Cette doctrine avait aussi été formulée par Flechsig, il y a plus de vingt ans. Mais Kölliker nie même que les neurones des différentes sphères sensitives et sensorielles de l'écorce décèlent des différences de structure

1. Cf. Th. Kaes, *Beiträge zur Kenntniss des Reichthums der Grosshirnrinde des Menschen an markhaltigen Nervenfasern*. (*Arch. f. Psych.*, 1893, xxv, 695, sq.)

spécifique : « Les différences qu'on signale, écrit-il, ont trait au volume, au nombre et à la distribution des cellules pyramidales, à la quantité et à l'extension des fibres myéliniques et amyéliniques ; cela n'a guère d'importance physiologique quant aux processus principaux de la vie psychique. » Il faut reconnaître, avec Flechsig, que Kölliker n'a point traité ici avec toute l'application désirable, ni surtout avec une critique assez pénétrante, le grave problème qu'il soulève en passant. D'ailleurs il se contredit lorsque, pour confirmer son dire touchant l'unité de structure des centres sensoriels, il renvoie précisément à un paragraphe de son livre dans lequel il signale des diversités de structure entre le rhinencéphalon et le pallium. Or le rhinencéphalon est une sphère sensorielle ; il parle enfin de différences « assez considérables » dans la structure du pallium. Quelle est la cause de ces jugements déconcertants de Kölliker? « Dans son exposition de l'histologie de l'écorce cérébrale, dit Flechsig, Kölliker s'appuie surtout sur le travail posthume de Hammarberg et sur ses recherches originales, évidemment assez peu étendues. Ni l'une ni l'autre de ces deux enquêtes ne sont assez complètes pour embrasser l'ensemble de toutes les régions de l'écorce dont il s'agit là. » Sans rien retrancher aux termes de l'examen critique que nous avons consacré au livre de Hammarberg, il est certain qu'il n'a point traité l'embryologie du cerveau antérieur du point de vue de Flechsig et qu'il n'a pas institué d'étude méthodique de l'histologie des sphères sensorielles; il ne mentionne même pas les *gyri transversi* du lobe temporal; il n'a point figuré la partie du *gyrus fornicatus* où se pressent les fibres des faisceaux de projection destinées à la sphère sensitive du corps, non plus que la scissure calcarine, quoiqu'il fasse d'ailleurs mention, après tous les auteurs qui depuis Meynert ont étudié cette région, de la « puissante stratification que forment, dans la sphère visuelle, des cellules extrêmement petites ». Et en effet, tout observateur un peu exercé distinguera aussi facilement une coupe de l'écorce de la scissure calcarine d'une coupe du pied de F_1, qu'il ferait une coupe du foie de celle du rein. Kölliker n'est pas plus fondé à rectifier Hammarberg relativement à la rareté des grandes cellules pyramidales de la sphère visuelle : d'après les observations de Flechsig, ces cellules sont bien là, en effet, « solitaires » sur certains espaces de la sphère visuelle proprement dite, dans le territoire du ruban de Vicq d'Azyr. Golgi aussi, nous l'avons fait observer, avait pensé avoir démontré que des régions de l'écorce dont les fonctions différaient autant, d'après les idées reçues, que F A et O_1 — qu'une zone motrice et une aire sensorielle, — présentent absolument la même structure. La fortune n'avait pas en cette circonstance favorisé Golgi : le territoire cortical étudié par Golgi comme appartenant au centre de la vision mentale n'en faisait point partie. La structure de l'écorce que Golgi a figurée rappelle bien en effet celle de F A ; c'est même une question de savoir si, comme le soutient Sachs, il existe au bord antérieur ou à proximité de la sphère visuelle proprement dite un territoire cortical spécial « optico-moteur ». Mais, quant à la structure histologique de la sphère visuelle, Golgi a cru la décrire, ce jour-là, sans l'avoir fait. C'est là un événement historique que l'on doit constater, sans rien rabattre naturellement de l'admiration qu'inspirent les découvertes impérissables de Golgi. « En somme, conclut Flechsig qui convie les histologistes à un nouvel examen spécial des sphères sensorielles de l'écorce cérébrale, et surtout des aires corticales de projection des sens chimiques, je ne doute pas que toutes les variations de structure du manteau ne se laissent dériver d'un type fondamental commun ; j'ai moi-même fait la remarque que certaines couches de cellules existent sur toute l'étendue de l'écorce dans les centres d'association comme dans les centres de projection ou de sensibilité. Mais les particularités locales n'en paraissent que plus dignes d'attention sur tous les points de terminaison des faisceaux de fibres de projection. »

En réalité, les expériences de Nissl, de Lugaro, etc., semblent démontrer qu'il y a des espèces cellulaires distinctes, réagissant d'une manière différente aux mêmes excitants, et que ces individus, de nature hétérogène, sont localisés dans des territoires différents du névraxe, mais en des points toujours identiques pour les animaux construits d'après un même type. Nissl enseigne donc que, dans toute la série des vertébrés, la plupart des centres nerveux sont de structure ou de composition hétérogène, c'est-à-dire qu'ils sont formés de cellules nerveuses d'espèces différentes. Cette disposition anatomique est d'autant plus nette que le centre nerveux est plus complexe : elle est au plus haut point frappante dans l'écorce du cerveau antérieur. Il s'étonne à quel point cette hétérogénéité histologique des différentes aires du manteau a été méconnue des plus illustres anatomistes contemporains, qui sont sans doute ici GOLGI et KÖLLIKER. Quoi qu'il en soit, en faisant connaître comment, de par l'anatomie normale et pathologique de la cellule nerveuse, on possède un moyen d' « analyser cliniquement et psychologiquement » l'action élective de certains poisons pour les différentes espèces de neurones, NISSL a indiqué la possibilité de pouvoir déterminer, avec le rôle fonctionnel de ces neurones, leur localisation dans le névraxe. La physiologie du système nerveux a reçu ainsi de l'histopathologie un de ses plus puissants instruments d'analyse. FLECHSIG a tort, à notre gré, de se montrer trop sévère à l'endroit de certaines interprétations psychologiques, plus ou moins heureuses, de RAMON Y CAJAL, tout entières fondées sur l'histologie du névraxe. S'il existe, comme FLECHSIG vient de le montrer contre KÖLLIKER, des éléments spécifiques, une structure, une histologie spéciale pour chaque centre cortical de sensibilité générale et spéciale, pour chaque sphère sensorielle, pour chaque aire de projection, sinon d'association, il y a de nécessité, avec une histophysiologie et une histopathologie de l'écorce, une histopsychologie.

2. Centres d'association. — Ainsi, dans l'immense manteau gris qui recouvre les hémisphères cérébraux, les aires de sensibilité générale et spéciale représentent des arcs réflexes construits, en dépit de leur complexité, sur le même plan que ceux du reste du névraxe : ces centres sont affectés par les sensations qu'ils perçoivent, ils réagissent par des mouvements d'habitude, adaptés à des fins, coordonnés. Ces aires n'occupent, d'après FLECHSIG, qu'un *tiers* de l'écorce du cerveau. Les *deux autres tiers* sont constitués par d'autres centres nerveux qui, interposés entre les premiers comme des « mers étendues entre des continents », n'apparaissent que plus tard. Ces territoires, découverts au moyen de la méthode embryologique, ne sont ni à l'origine ni plus tard en rapport *direct* avec les centres de projection, avec les aires corticales de sensibilité générale et spéciale. FLECHSIG lui-même n'a pu, contrairement à ce qu'il avait d'abord supposé, établir, même avec la coloration de GOLGI, la présence dans ces centres de collatérales issues des faisceaux de projection de sensibilité ou de mouvement. Ces vastes territoires, dont les neurones ne se développent que longtemps après ceux des sphères sensorielles, ne contiennent que des cellules nerveuses appartenant au type général de l'écorce, c'est-à-dire au type à cinq couches. Chez les enfants de trois mois, ces centres se distinguent très nettement encore des centres de projection par le faible avancement de leur myélinisation.

Les centres d'association sont constitués par trois centres : 1° le *grand centre d'association postérieur* ou centre *pariéto-occipito-temporal;* situé entre les sphères tactiles, visuelles et auditives, il occupe une grande partie des lobes pariétal, occipital et temporal. Il comprend : P^1 et P^2, T^2 et T^3 avec le pôle temporal, le gyrus occipito-temporal, des parties de la circonvolution linguale, la circonvolution fusiforme, O^2 et O^3, et le *praecuneus* ou avant-coin presque tout entier; 2° le *centre d'association moyen* ou *insulaire*, plus petit, correspondant au territoire de l'insula de REIL; 3° le *centre d'association antérieur*, formé de la région antérieure du lobe frontal et en particulier de la base de ce lobe; il comprend : les parties antérieures de F^1 et F^2, des portions de F^3 et le *gyrus rectus*[1]. Les scissures qui traversent les centres d'association, phylogéniquement de beaucoup moins anciennes que celles qui traversent ou limitent les centres de sensibilité générale et spéciale, apparaissent beaucoup plus tard : ce sont le *sulcus interparietalis*, le *s. frontalis superior*, le *s. temporalis inferior*, le *s. occipito-temporalis;* le sulcus calloso-marginal forme la limite antérieure du grand centre d'association postérieur. Les scissures et sillons de l'écorce cérébrale ayant surtout pour effet d'augmenter l'étendue des surfaces, avec l'augmentation du nombre des sillons secondaires des centres d'association ces organes sont devenus plus vastes. La richesse et la complexité des circonvolutions ne sont d'ailleurs pas uniformes dans chacun des trois centres d'association. Le grand centre d'association postérieur peut être à cet égard dans un rapport inverse avec le centre antérieur et réciproquement. A cet égard, comme à tant d'autres, chaque cerveau a sa physionomie propre,

1. P. FLECHSIG. *Die Localisation der geistigen Vorgänge insbesondere der Sinnesempfindungen des Menschen.* Leipzig, 1896. — *Ueber die Associationscentren des menschlichen Gehirns,* III[ter] Congr. f. Psychologie in München, 1896.

et il est impossible de découvrir une commune mesure applicable aux rapports d'étendue existant entre les centres d'association et de projection. On peut toutefois comparer sur un même cerveau, ou sur des séries de cerveaux dont les fonctions prédominantes étaient connues, le développement relatif des différentes régions ou centres d'association et de projection. Dans tous les cerveaux dont le développement intellectuel avait été remarquable ou considérable, les centres d'association, tantôt le centre antérieur, plus souvent le centre postérieur, ont été trouvés très vastes. Dans les cerveaux d'une culture intellectuelle inférieure ou basse, la différence entre les centres d'association et les centres de projection est plus faiblement marquée. Enfin, dans les cerveaux d'arriérés et d'idiots, avec un centre d'association jusqu'à un certain point développé, un autre peut être atrophié, ce qui permet de songer à la coexistence éventuelle, chez ces individus, d'absence complète ou partielle de certaines facultés mentales unie à des talents ou à des dons intellectuels (calcul, etc.) parfois extraordinaires. Flechsig croit qu'il sera possible un jour de déterminer, dans le fonctionnement de l'intelligence, la part qui revient à chacun des trois centres d'association, voire de subdiviser chacun de ces centres en territoires ou régions présidant à des fonctions toujours plus différenciées.

Dans la série des mammifères, les ordres les plus inférieurs ne possèdent point de centres d'association « nettement délimitables » : les hémisphères paraissent essentiellement formés d'aires de sensibilité. Chez les rongeurs (hamsters, etc.), ces aires, à quelques petites régions près en forme de stries, se touchent: on ne découvre d'autres systèmes d'association que ceux qui relient entre eux certains territoires de projection, tels que le *cingulum*, le *fornix longus*, les bandelettes de Lancisi. Chez les carnassiers, les centres d'association sont encore petits. Chez les singes inférieurs, tels que les pavians, ces centres sont encore très peu développés; il n'acquièrent un développement égal à celui des centres de projection que chez les singes supérieurs (singes cartarhiniens); enfin, chez l'homme, ils les débordent. Ce serait surtout le grand centre d'association postérieur qui, plus qu'aucune autre région du cerveau, attesterait, dit Rüdinger, du singe à l'homme, un perfectionnement progressif de l'écorce cérébrale. Il en résulterait que les conclusions tirées de l'étude des fonctions d'un cerveau de rongeur ou de carnassier ne seraient guère directement applicables à un cerveau d'anthropoïde ou d'homme, et que la physiologie des centres d'association devrait se borner à l'investigation de l'encéphale de l'homme et des singes catarhiniens. Seule, la pathologie cérébrale serait appelée à déterminer, chez l'homme, le rôle fonctionnel des centres d'association. La physiologie expérimentale pourrait, au contraire, pousser assez loin cette étude chez les singes dont l'écorce présente déjà un degré élevé de différenciation anatomique et physiologique. Toutefois l'absence du langage chez ces mammifères prive évidemment la science d'une des sources les plus abondantes d'observations sur la structure et les fonctions de l'écorce cérébrale. Mais, nous l'avons déjà fait remarquer, d'après Flechsig lui-même, les centres d'association et de projection peuvent exister encore à l'état de confusion histologique chez les mammifères inférieurs, voire chez les oiseaux, les reptiles et les amphibiens, où l'écorce cérébrale commence à apparaître.

Déjà, au deuxième mois de la vie extra-utérine, des fibres myélinisées, sorties des aires corticales de sensibilité, pénètrent de tous côtés dans les centres d'association. Il s'agit de faisceaux nerveux constituant ce qu'on nomme, depuis Meynert, « systèmes d'association ». La fonction de ces faisceaux de fibres est certainement d'associer entre elles diverses régions de l'écorce cérébrale et partant de réaliser la synergie fonctionnelle des éléments nerveux des différents territoires corticaux. Avec les progrès de la croissance du nouveau-né, ce sont, dit Flechsig, des millions et des millions de fibres d'association de ce genre qui se jettent, comme des affluents, dans ces mers étendues entre les continents, c'est-à-dire entre les sphères de sensibilité de l'écorce, où se trouvent les cellules d'origine de ces prolongements nerveux centripètes au regard des centres d'association. Plus tard, sortent à leur tour de ces « mers », ou centres d'association, d'innombrables fibres dont les cellules d'origine sont naturellement dans ces centres, et qui s'arborisent à proximité des sphères de sensibilité du côté opposé. Les fibres d'association sont donc, par rapport aux centres d'association, centripètes et centrifuges :

I. Les *fibres centripètes d'association*, dont les cellules d'origine sont dans les centres de projection et dont les prolongements cylindraxiles s'arborisent dans les centres d'association, transmettent à ces vastes territoires les ébranlements qui, du milieu interne ou externe, ont retenti jusqu'aux sphères cérébrales, tactiles, visuelles, olfactives, auditives, etc., de l'écorce du cerveau. Ces zones corticales sont, en outre, reliées par des faisceaux de fibres ascendants et descendants aux masses grises inférieures de l'axe cérébro-spinal.

II. Les *fibres centrifuges d'association*, dont les cellules d'origine sont dans les centres d'association et dont les prolongements cylindraxiles s'arborisent dans les centres de projection, ou sphères de sensibilité générale et spéciale, exercent sur celles-ci une action modératrice ou inhibitrice en réponse aux excitations, soit antérieures, soit actuelles, qu'elles ont transmises ou transmettent aux centres d'association.

Les centres d'association, reliés ainsi intimement aux aires de sensibilité générale et spéciale de l'écorce, sont *presque* dépourvus de fibres de projection ou de couronne rayonnante autre que celle que nous venons de décrire : ils sont donc indépendants des masses grises inférieures du névraxe; aucune excitation du milieu interne ou externe ne se propage *directement* dans ces centres. Inversement, ils n'exercent aucune influence immédiate, *directe*, sur nos muscles et sur nos organes. Les *fibres calleuses*, réunissant les deux hémisphères cérébraux, sont particulièrement nombreuses dans les centres d'association : les « systèmes d'association » partent de toutes les couches de l'écorce, et non pas seulement, comme l'avait cru MEYNERT, de la couche inférieure des cellules fusiformes.

Ainsi, de chaque sphère sensitive ou sensorielle rayonnent dans les centres d'association des « systèmes d'association », si bien que ces faisceaux, partis des sphères tactiles, visuelles, olfactives, acoustiques, etc., affluent et se rencontrent dans ces centres. Anatomiquement, ce sont donc bien des centres d'association. Ils ne séparent pas les aires corticales de sensibilité : ils les unissent au contraire, mais plusieurs mois seulement après la naissance, et beaucoup plus tard encore, avec le progrès des adaptations fonctionnelles des différentes régions du corps aux milieux, aux habitudes, aux mouvements de la vie de relation. La comparaison entre les perceptions actuelles et les perceptions antérieures devient possible, car les « traces » de celles-ci pourront toujours être ravivées par le réveil de quelques-unes des sensations hétérogènes (tactiles, visuelles, olfactives, etc.) qui entrent dans le complexus de toute représentation mentale. Et, avec le réveil simultané ou successif des images, les réactions motrices ou centrifuges, parties des neurones moteurs d'association des centres de ce nom, et transmises par ces neurones aux sphères de sensibilité générale ou spéciale de l'écorce, détermineront des mouvements qu'on appellera « volontaires », parce qu'au lieu de suivre immédiatement une stimulation extérieure des surfaces sensibles du corps, ils répondront avec un retard plus ou moins long à ces excitations, et en provoquant un ensemble souvent si compliqué de contractions musculaires, de changements vaso-moteurs et sécrétoires, qu'ils feront l'illusion d'être d'une autre nature que les purs réflexes de la moelle ou des sphères sensorielles, sous-corticales et corticales. En réalité, ils ne seront que d'une complexité plus élevée. L'éveil de l'intelligence et des fonctions supérieures de l'entendement humain apparaît avec la myélinisation des centres des systèmes d'association de l'écorce cérébrale. Le développement de ces fonctions, médiocre ou puissant, dépendra toujours directement de l'activité des sphères de sensibilité générale et spéciale, car ce sont les seules voies où les impressions transmises du monde inconnu dont on postule l'existence, puissent arriver aux centres d'association par le canal des fibres d'association centripètes. Il suit que si, pour une cause quelconque, les centres de sensibilité générale ou spéciale, ou de projection, sont frappés d'arrêt de développement au cours du développement de l'embryon ou au premier mois de la vie extra-utérine, les centres d'association subiront les effets de cet arrêt, c'est-à-dire qu'ils ne se développeront pas, et que l'intelligence et la volonté n'apparaîtront pas. « Tout ce qui existe dans nos sphères intellectuelles, a écrit VAN GEHUCHTEN, commentant la théorie de FLECHSIG, nous vient de nos sphères sensorielles, et tout ce qui existe dans nos sphères sensorielles nous arrive, par nos fibres centripètes, du dedans ou du dehors. Nous n'avons et ne pouvons avoir dans nos sphères intellectuelles que ce qui nous a été amené par les sens. » Ainsi se vérifie, en cette fin du XIXe siècle, la vérité de l'antique axiome aristotélicien : *Nihil est in intellectu quod non fuerit prius in sensu.*

On est frappé du nombre restreint de connexions directes reliant entre elles les *aires de sensibilité générale et spéciale* au regard de la multitude des « systèmes d'association » qui, de ces aires, pénètrent dans les *centres d'association*. Des faisceaux de la corne d'Ammon et de la sphère *olfactive* parviennent bien à la sphère *tactile;* quelques fibres des sphères *visuelles* et *auditives* semblent bien aussi gagner directement la sphère *tactile*. Le nombre de ces faisceaux est toutefois presque imperceptible, comparé à l'étendue de ces sphères. Peut-être y a-t-il là des voies nerveuses issues des sphères olfactive, auditive et visuelle qui s'arborisent autour des cellules motrices de la sphère tactile et de la corne d'Ammon. Les différentes circonvolutions du grand centre d'association postérieur (pariéto-occipito-temporal) ne se myélinisent pas toutes en même temps: celles des régions occipitales sont les plus précoces à cet égard. Ce grand centre, par la partie postérieure qui confine à PA, est sans doute étroitement uni aux images de la sensibilité tactile et musculaire, comme il l'est avec celles de l'audition par le lobe temporal, avec celles de la vision par le lobe occipital. Le *gyrus angularis* ou pli courbe n'appartient pas à la sphère visuelle, ainsi que l'a établi Vialet (1893). Les doctrines de David Ferrier à ce sujet sont erronées, au moins pour l'homme : « On ne trouve, dit Flechsig, dans le gyrus angulaire, ni fibres corticopétales ni fibres corticofugales. » Le gyrus angulaire ne possède donc point de faisceaux de projection au sens ordinaire du mot : c'est un centre d'association (P^2). Comme la partie supérieure de la radiation optique qui, de l'écorce du *cuneus* et de O^1, passe, pour se rendre à la couche optique, ou à la capsule interne, sous le gyrus angulaire, on conçoit que les lésions de cette région puissent déterminer une dégénération secondaire de cette partie de la radiation. Mais le gyrus angulaire n'a point d'autre rapport avec les radiations optiques. Jamais les lésions du pli courbe qui n'ont point retenti sur ces faisceaux sous-jacents n'ont provoqué d'altérations de la vision, telles que l'hémianopsie. L'alexie est une lésion symptomatique d'un centre d'association; l'hémianopsie est au contraire symptomatique d'une anesthésie de la rétine et relève bien d'une lésion de la face interne ou du pôle du lobe occipital (Wilbrand, Nothnagel, Henschen). Peut-être le rétrécissement du champ visuel observé dans les lésions du gyrus angulaire (amblyopie croisée de Gowers) est-il l'effet d'un accroissement de résistance apporté au passage du courant nerveux du fait de la compression exercée sur la radiation optique sous-jacente (Flechsig).

Centre d'association postérieur. — Ce ne sont d'ordinaire que les lésions unilatérales des centres d'association de l'hémisphère gauche qui se manifestent par des symptômes évidents, encore ces lésions doivent-elles affecter les centres d'association *postérieur* ou *moyen*, non ceux d'association *antérieurs:* des lésions bilatérales de ces centres déterminent toujours des troubles profonds de l'intelligence. La nature de ces troubles varie selon que ce sont les régions du centre d'association des lobes frontaux ou celles de l'aire pariéto-occipito-temporale du grand centre d'association postérieur qui sont frappées. Les lésions partielles de ce dernier centre, à gauche chez les droitiers, se manifestent souvent par des troubles ou par l'abolition des signes phonétiques ou graphiques du langage. Ainsi, la lésion du territoire où se rencontrent et confluent les circonvolutions O^2 et T^2, correspondant au gyrus angulaire du singe, détermine, non de l'hémianopsie, mais de *l'alexie :* le malade qui voit nettement les mots écrits n'y associe plus les images tonales correspondantes des mots; il n'en peut donc comprendre la signification. Il existe d'ailleurs des formes très diverses d'alexie. L'une d'elles résulterait même d'une lésion de F^3. *L'alexie n'est qu'une forme de l'aphasie optique* (Redlich), une cécité verbale consistant dans l'incapacité d'associer les impressions de la vision avec les mots correspondants et de comprendre l'écriture. Cette forme de cécité psychique (Munk), où les mots sont perçus sans pouvoir être compris, devrait être appelée « aperceptive » (Flechsig). Avec la destruction du *gyrus supramarginalis* et de la partie limitrophe de T^2, on a observé de l'*aphasie sensorielle transcorticale*, surdité verbale où les mots, entendus et pouvant être répétés, ne sont plus compris par le malade. Cette surdité psychique, où les sons des mots sont perçus sans que leur sens puisse être compris, devrait également recevoir le nom d'aperceptive. La forme « perceptive » (*aphasie sensorielle* de Wernicke) résulte d'une lésion de l'écorce du centre même de projection de l'audition. Cette surdité verbale « perceptive » dérive donc, si elle n'est pas d'origine sous-corticale, d'une lésion de l'écorce de la sphère auditive gauche chez les droitiers, droite chez les gauchers (NAUNYN). Ce qui est perdu, ce n'est pas l'image tonale du mot, c'est la capacité d'appréhender isolément, distinctement et dans l'ordre où ils sont émis, la succession des sons d'un mot prononcé, des rythmes d'une composition musicale, etc., de distinguer les intervalles des syllabes. Le malade ne perçoit plus qu'un chaos de sons et de bruit. Mais, en dépit de la destruction de la sphère auditive, mais de l'écorce de cette aire uniquement, les malades peuvent prononcer un grand nombre de mots correctement : les images tonales des mots sont donc conservées. C'est le contraire si, la sphère auditive elle-même étant intacte, les territoires corticaux qui l'environnent sont détruits (cas de HEUBNER). Dans l'*aphasie sensorielle transcorticale* (au sens de LICHTHEIM et de WERNICKE) qui en résulte, les malades n'émettent plus qu'un très petit nombre de mots (*aphasie amnésique* des auteurs anciens), car ils ne retrouvent plus les images tonales des mots correspondant aux idées présentes à la conscience, ou bien il existe de la *paraphasie* verbale très intense, et celle-ci trahit également une lésion d'un centre d'association : le rappel des images tonales des mots est partiel et désordonné. Les malades entendent correctement les mots prononcés puisqu'ils sont capables de les répéter. La faculté de percevoir distinctement et sans désordres, avec les intervalles normaux, les sons d'un mot, a par conséquent persisté. Ces malades sont pourtant frappés de surdité verbale : c'est que les mots entendus n'évoquent plus, par association, les images d'où résultent le sens et la signification du mot, son symbole intelligible; il convient alors de parler de *surdité verbale* (*transcorticale*) *aperceptive* (FLECHSIG). Dans la nature, les deux formes s'observent rarement séparées ; presque toujours la sphère auditive et les territoires circonvoisins sont plus ou moins atteints ensemble par la lésion. Ces formes mixtes ne peuvent servir à la solution de la question de la nature propre de la sphère auditive. La *forme corticale* de la *surdité verbale perceptive* n'a donc point pour caractéristique essentielle la perte des *images* tonales des mots. Très vraisemblablement, ce n'est qu'une ataxie sensorielle, résultant du trouble apporté dans l'ordre de la succession normale des sensations de l'ouïe. Une distinction de ce genre a été faite par les physiologistes et les cliniciens pour la vision. Comme les images de ce sens peuvent survivre à la perte des sensations et perceptions centrales de la vue, MUNK, WILBRAND, NOTHNAGEL en avaient même conclu que les images (*Erinnerungsbilder*) et les perceptions de la vision mentale devaient avoir, pour substratums organiques, des territoires corticaux distincts.

Toute destruction étendue des centres d'association altère si profondément la mémoire tactile, visuelle, auditive, que les impressions projetées sur les centres corticaux correspondants s'évanouissent presque aussitôt. On observe de l'*apraxie* et de l'*agnosie* (FREUD), un affaiblissement de l'énergie représentative des images de la vision (v. MONAKOW) ou de l'audition mentales. L'incohérence qui en résulte peut être aussi la suite des lésions en foyer du centre d'association postérieure. Les perceptions des sens peuvent être intactes : elles ne sont plus reliées aux images, ou ne le sont plus qu'à quelques éléments de ces *synthèses mentales*, et celles-ci ne se forment plus. Comme l'anatomie pathologique démontre que, dans les cas d'alexie ou d'aphasie optique, les lésions destructives affectent les points du cerveau par lesquels passent ou convergent des fibres d'association parties des aires visuelles, acoustiques ou tactiles, elle décèle la cause du mal et prouve d'abondance que les symptômes dérivent uniquement de troubles d'association des représentations dans le territoire considéré. Ce territoire est, dans ce cas, celui qui réunit les sphères sensorielles de projection de la vue, de l'ouïe et de la sensibilité générale ; ce centre postérieur d'association sert, comme les autres, à associer les différents états d'activité fonctionnelle des centres de sensibilité : le rôle des neurones endogènes de ces vastes territoires est d'associer des représentations. Les lésions destructives du grand centre d'association postérieur ne déterminent donc ni cécité, ni surdité, ni anesthésie tactile « perceptive », du moment que les lésions n'intéressent ni les sphères sensorielles elles-mêmes ni leurs couronnes rayonnantes. Le phénomène clinique observé alors est une cécité, une surdité, une anesthésie psychique ou « aperceptive ». En résumé, ce que les observations cliniques permettent de conclure touchant les fonctions du grand centre d'association postérieur de FLECHSIG, c'est que ce centre représente surtout le substratum des images des choses extérieures et des signes ou symboles du langage. C'est dans ce centre que, de l'association des représentations des choses, résulte le savoir positif, la science du monde extérieur, bref, la connaissance de la nature et des êtres vivants, connaissance de nécessité toute subjective, encore qu'expérimentale. L'activité représentative de l'imagination y a aussi, selon Flechsig, son principal foyer. Là enfin s'ordonnent et se classent, suivant les lois du discours et les formes grammaticales, les signes innombrables du langage humain articulé. Tandis que les différentes tentatives de localiser l'intelligence dans les centres nerveux supérieurs ont surtout jusqu'ici considéré le lobe frontal comme le siège de ces fonctions, les découvertes anatomiques de Flechsig, tout en établissant l'existence de trois centres intellectuels, et non d'un seul, pourraient plutôt être invoquées en faveur du grand lobe pariéto-occipito-temporal.

Centre d'association moyen ou insulaire. — Les centres d'association *postérieur* et *moyen* sont souvent réunis dans l'exposition de cette doctrine. L'écorce du centre d'association moyen ou insulaire relie entre eux tous les territoires situés autour de la scissure de Sylvius (*fossa Sylvii*), territoires appartenant en partie à la région de la sphère *sensitive* du corps, où se trouvent les organes « moteurs » du langage, en partie à la sphère *auditive* et à la sphère *olfactive*. C'est donc bien aussi un centre d'associatiou. Meynert avait déjà supposé qu'il devait exister dans cette région un centre nerveux d'association des aires corticales acoustiques et kinesthésiques ou motrices du langage. Cette idée, les observations cliniques jusqu'ici connues n'y contredisent point, si elles ne la confirment pas encore pleinement. Elle paraît à Flechsig tout à fait digne de sérieuse attention. Le centre insulaire, très développé chez l'homme et les primates, possède en un certain sens une fonction plutôt locale; il est plus isolé que les deux autres centres d'association, si étroitement reliés, entre les deux hémisphères, par le grand nombre de fibres calleuses signalées plus haut. Le centre insulaire n'est relié que par un nombre relativement faible de fibres calleuses avec les territoires du côté correspondant pour le principal. Peut-être ce qu'il y a d'étrange au premier abord, ainsi que Broca lui-même et ses contemporains l'ont bien fait paraître, dans la localisation unilatérale des fonctions du langage, s'expliquerait-il par ce fait d'anatomie. Grâce aux connexions réalisées par le corps calleux, la séparation du cerveau en deux moitiés n'est qu'apparente et en quelque sorte extérieure : les systèmes d'association du corps calleux réalisent mieux l'unité des fonctions du cerveau que ne le ferait une confusion des hémisphères sur la ligne médiane. Le cerveau ne représente pas deux organes : c'est un organe double.

Centre d'association antérieur ou frontal. — Le centre d'association *antérieur* ou centre *frontal*, comprenant la moitié antérieure de F^1, la plus grande partie de F_2, et, sur la face inférieure, le *gyrus rectus*, est environné de sphères de sensibilité de nature assez hétérogène, limité qu'il est à la base par la sphère *olfactive*, et, sur la convexité, par la sphère *tactile* ou zone sensitive du corps. Si l'on songe que chez l'homme le sens de l'olfaction a au moins involué autant que le lobe frontal a évolué, il paraît peu vraisemblable qu'un centre nerveux aussi considérable ne serve qu'à associer les images olfactives et celles de la sensibilité générale. Mais si l'on réfléchit à l'étendue et au rôle physiologique immense de l'aire de projection du corps, je crois qu'on cessera d'admirer l'ampleur du centre d'association antérieur. Les grandes cellules pyramidales sont rares dans ce territoire, encore qu'il s'en trouve d'assez volumineuses dans la cinquième couche, et, sur la face interne, aux confins du *gyrus fornicatus*. Par l'examen de coupes en séries d'un cerveau de chimpanzé adulte, Flechsig a pu se convaincre que, malgré l'aspect extérieur, le cerveau frontal des anthropoïdes possède un développement bien inférieur à celui de l'homme; le grand centre d'association postérieur y est relativement beaucoup mieux développé. De longues fibres d'association relient la sphère tactile et la sphère olfactive avec le pôle du cerveau frontal. Les sphères visuelle et auditive sont-elles en connexion avec le centre d'association frontal? Jusqu'ici il n'y a de démontré que les connexions de ce centre avec les sphères tactile et olfactive. Peut-être l'unité de la vie psychique est-elle réalisée par l'intermédiaire de la sphère sensitive du corps, interposé entre les deux grands centres d'association postérieur et antérieur, comme l'est la sphère auditive entre le centre insulaire et le centre d'association postérieur. En tout cas, le centre d'association frontal est dans le plus étroit rapport avec l'aire de la conscience du moi : de toutes les parties de cette aire, on voit des fibres d'association pénétrer dans le lobe frontal (Fig. 80 et 81).

Cependant le centre d'association frontal semble, quant aux fibres de projection,

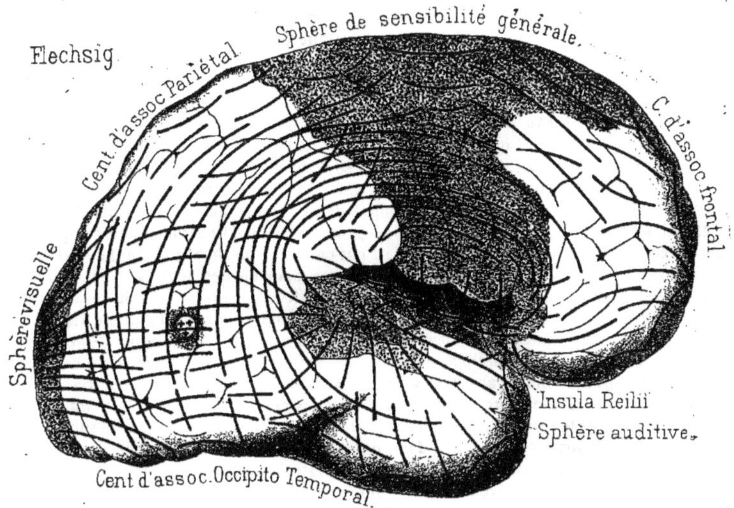

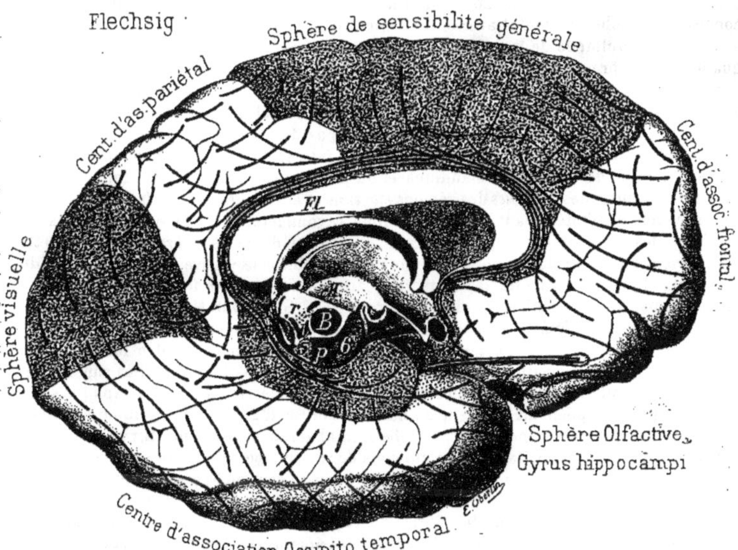

FIG. 80 et 81. — Toutes les stries ou raies des circonvolutions cérébrales représentent, sans exception, des systèmes d'association.

Calotte du pédoncule cérébral : B. Pédoncule cérébelleux supérieur (noyau rouge). — *l*, Partie principale du ruban de Reil ou ruban de Reil médian. — *r*, *formatio articularis.* — *c*H, voie centrale de la calotte. *Pied du pédoncule cérébral :* P, voie pyramidale. — 5, voie cortico-protubérantielle temporale. — 6, voie cortico-protubérantielle frontale. — *g*, corps genouillé interne. — *Fl*, Fornix longus.

différer quelque peu des centres d'association postérieur et moyen. Le centre d'association frontal paraît être relié avec la couche obtique; des faiceaux de fibres isolés et épars, issus des régions préfrontales, semblent se rassembler dans le pédicule antérieur du thalamus. Après avoir commencé par admettre que toute l'écorce du cerveau était reliée avec la couche optique[1], Flechsig se persuada plus tard que ces connexions du thalamus avec le manteau n'avaient pas toutes la même importance quant au nombre des fibres de projection, et qu'à côté de territoires où l'on suivait d'abondants faisceaux de la couronne rayonnante, d'autres territoires se rencontraient où aucun faisceau nettement délimitable ne pénétrait dans l'écorce. En 1894, se fondant sur des observations empruntées aussi bien à des enfants de cinq et de neuf mois, qu'à des enfants de deux ans et à des adultes, Flechsig écrivait que les centres d'association manquent complètement de couronne rayonnante. Il n'entendait pas contester par là absolument l'existence de faisceaux de projection isolés dans la substance blanche des centres d'association. Ceux-ci existent, mais sans comparaison possible avec les fibres de projection des centres corticaux de sensibilité générale et spéciale, de la radiation optique de la sphère visuelle, de la radiation acoustique de la sphère auditive, de la couronne rayonnante des circonvolutions centrales, où des millions de fibres de projection suivent leur route de conserve sans presque se mêler aux fibres calleuses. Les dégénérations secondaires de la *capsule interne* et du *thalamus*, consécutives à des lésions en foyer du *lobe frontal*, sont connues depuis très longtemps. L'existence d'un système de projection dans la substance blanche du lobe frontal est certaine. Mais, outre que ce système, rapproché du système d'association de ce lobe, est des plus minimes, il reste à déterminer si les cellules d'origine de ces faisceaux se trouvent dans la sphère frontale de la sensibilité générale ou dans les régions préfrontales du centre d'association antérieur proprement dit. On ne saurait donc admettre que sous bénéfice d'inventaire que la dégénération secondaire du pédicule antérieur de la couche optique dans les lésions du lobe frontal démontre la connexion du lobe préfrontal avec le thalamus. De purs foyers corticaux du pôle frontal, sans lésion simultanée de la substance blanche, pourraient seuls nous renseigner sur la quantité des fibres de projection de ce territoire. Des foyers dont la profondeur n'est pas exactement mesurée en millimètres ne sauraient éclairer cette question. Dejerine a établi (1893) que les trois quarts antérieurs du lobe frontal n'envoient, non plus que le lobe occipital jusqu'au pli courbe inclusivement, pas de fibres dans l'étage inférieur du pédoncule cérébral; il a montré que le faisceau *interne* du pied du pédoncule cérébral tire son origine de l'opercule rolandique et du pied d'insertion de F^3. Or dans trois cas de « lésions corticales *étendues* des régions *moyenne* et antérieure du lobe frontal », lésions superficielles et n'intéressant pas la couronne rayonnante, Dejerine a constaté, par la méthode des coupes microscopiques sériées, l'existence d'une dégénérescence très nette du segment antérieur de la *capsule interne* avec atrophie consécutive du *noyau interne* du thalamus. Il en conclut que les deux tiers antérieurs du lobe frontal sont reliés au thalamus par de très nombreuses fibres de projection[2]. Sachs, von Monakow, Hitzig revendiquent également l'existence d'une couronne rayonnante pour le lobe frontal[3]. Mais Hitzig reconnaît que celle-ci est peu étendue et que la distinction entre les territoires de projection et d'association persiste. L'absence de fonctions intellectuelles supérieures chez les mammifères qui servent aux expériences courantes de laboratoire explique suffisamment le développement inférieur ou nul des centres d'association. Comme centre de la sphère sensitive du tronc (Munk), le lobe frontal serait trop grand; Hitzig croit donc que la doctrine ancienne était fondée qui considérait ce lobe comme un organe d'activité psychique supérieur, comme un centre d'association au sens où Flechsig l'entend, comme un centre intellectuel. Monakow accorde également que la couronne rayonnante du lobe frontal est très petite, et que les fibres d'association dominent dans cette région du manteau. Mais il résulte de ses recherches expérimentales et anatomo-pathologiques

1. P. Flechsig. *Plan des menschlichen Gehirns*. Leipzig, 1883.

2. Dejerine. *Sur les fibres de projection et d'association des hémisphères cérébraux* (*Soc. de Biol.*, 20 fév. 1897).

3. *Versamml. Deutscher Naturforscher u. Aerzte in Frankfurt a. M.* 1896 (*Neurol. Centralbl.*, 1896, 995 sq.)

que des fibres de projection du lobe frontal traversent la couronne rayonnante, la capsule interne et se distribuent au noyau interne de la couche optique. Flechsig ne révoque en doute la réalité d'aucune de ces observations. Il demande seulement : Jusqu'où s'étend la sphère tactile sur le lobe frontal ? La limite antérieure est difficile à fixer, d'autant plus que ce lobe varie de grandeur avec les individus. Flechsig croit que la sphère sensitive du corps s'étend jusqu'au tiers moyen du lobe frontal. Quant aux fibres de projection de ce lobe, elles sont fort peu nombreuses ; Monakow l'atteste. Il en est ainsi pour tous les centres d'association : les fibres de projection y sont « bien moins nombreuses que les autres éléments » (Flechsig, 1896). Si, comme Flechsig l'avait admis autrefois par hypothèse, d'après une méthode insuffisante et des observations cliniques mal interprétées, et comme Dejerine et von Monakow le soutiennent, les centres d'association étaient reliés au thalamus, cela modifierait la psychologie qu'on se peut former de ces centres, mais aussi longtemps que la connexion du centre préfrontal d'association avec le noyau interne du thalamus n'aura pas été sûrement établie, les limites des différentes aires fonctionnelles de l'écorce cérébrale indiquées par Flechsig subsistent, tout en restant indéfiniment susceptibles de rectifications. A propos de ce noyau interne du thalamus, « formation postérieure, phylogéniquement comme ontogéniquement », ce savant emprunte à l'anatomie comparée une remarque dont la portée deviendra peut-être ici considérable : le noyau interne du thalamus, si développé chez l'homme, l'est déjà bien moins chez les anthropoïdes (chimpanzé) ; il diminue encore chez les carnassiers et chez les rongeurs[1]. Le volume de ce noyau semble ainsi varier parallèlement avec les centres d'association.

L'interprétation de la nature du lobe frontal continue donc à offrir plus de difficultés qu'aucun autre centre cérébral. Il est très difficile de définir avec précision une seule des fonctions du centre antérieur d'association. Ce n'est pas que les affections pathologiques du lobe préfrontal soient rares ; mais les démences paralytiques, alcooliques, séniles ne produisent guère de lésions exactement limitées. Dans ces formes d'affaiblissement de l'intelligence, les principales altérations trahissent moins la perte de ces acquisitions du savoir positif dont on a parlé, de la conscience représentative du monde, que la destruction des conditions de l'attention et de la réflexion, permettant d'élaborer les matériaux de l'observation et de l'expérience et de faire servir les connaissances qui en dérivent au maintien ou au développement de la conscience représentative du moi, de la personnalité intellectuelle et morale. Et cet affaiblissement des représentations mentales s'étend jusqu'à l'extinction non seulement de tout « bon sens », de toute activité pratique, mais de toute conscience du moi. Le jugement faiblit et s'évanouit comme la pensée abstraite. L'idée ou la représentation de la personne, du moi agissant, apparaît à Flechsig comme étant aussi essentiellement liée au centre d'association antérieur que la représentation générale du monde extérieur l'est au centre d'association postérieur. De là, souvent après certaines périodes d'excitation plus ou moins vives et prolongées, correspondant dans la paralysie générale aux altérations irritatives et destructives des fibres tangentielles et de leurs centres trophiques, des états d'apathie traversés encore de vagues hallucinations, de la confusion mentale, une absence toujours plus profonde de tout intérêt aux événements du milieu interne et externe. L'état d'hébétude semble à Flechsig pathognomonique des lésions de déficit des centres d'association, du centre antérieur ou frontal en particulier. La formation de l'idée du moi dérivée, en dernière analyse, des impressions des racines postérieures de la moelle épinière, s'effondre et n'est plus que ruine. Toute activité spontanée de la pensée et de la volonté fait défaut parce que tous les foyers de l'intelligence semblent éteints. Chez les malades dont la sphère sensitive du corps et le centre d'association antérieur sont au contraire intacts, fussent-ils aveugles, sourds, privés des sensations de l'olfaction et du goût, les fonctions supérieures de l'intelligence et l'énergie volontaire de la personnalité persistent. Que l'on songe à Laura Bridgeman.

Se référant aux expériences de Goltz et aux observations pathologiques, Flechsig a admis à son tour, par hypothèse, que le centre d'association antérieur était un *centre*

1. P. Flechsig. *Zur Anatomie des vord. Sehhügelstiels, des Cingulum u. der Acusticusbahn.* (*Neurol. Centralbl.* 1897, 290-5).

d'arrêt volontaire des réflexes, des instincts, etc., en même temps que la condition de l' « aperception active ». Il sait que les modifications du *caractère* accompagnent assez souvent certaines lésions (tumeurs, etc.) du lobe frontal. Dans un cas de ramollissement étendu du grand centre d'association postérieur de FLECHSIG, étudié par v. MONAKOW, où la lésion comprenait T^2 et T^3, O^2 et O^3, ainsi que le *gyrus subangularis*, et dans lequel, entre parenthèse, il n'existait pas de dégénérations secondaires appréciables dans le thalamus ni dans la capsule interne, outre les troubles d'association intellectuels que FLECHSIG tient pour caractéristiques de ce centre d'association, tels que surdité verbale et cécité psychique, on put constater pendant la vie du malade qu'il avait conservé intacte sa *sensibilité morale*, qu'il prenait intérêt à ce qui concernait le prochain et éprouvait encore de l'affection et de la sympathie. FLECHSIG avait fait la même observation dans un cas de lésion bilatérale du grand centre d'association postérieur avec *intégrité complète de la moitié antérieure du cerveau*. Mais, dans la démence paralytique, si la dégénération de la région préfrontale est la plus commune, à certain stade de l'affection, dont la marche peut être d'ailleurs aiguë et suraiguë, les lésions destructives des circonvolutions centrales (FA et PA) et de P^1 sont fréquentes aussi, sans parler d'autres régions de l'écorce. Or la coexistence de ces affections du lobe frontal et des circonvolutions rolandiques, projection médiate du corps, siège de la conscience individuelle, éclaire d'un jour singulièrement intense les symptômes observés : ceux-ci semblent bien résulter de cette association anatomique et fonctionnelle du centre de sensibilité générale, le plus vaste de l'écorce, avec le centre d'association antérieur ou préfrontal. C'est par l'effet de ces connexions que les images des besoins organiques, des instincts et des passions, aussi bien que celles de toutes les affections de la sensibilité des téguments internes et externes du corps, des organes thoraciques et abdominaux, des glandes, des muscles, tendons, aponévroses, etc., arrivent dans le centre frontal d'association et que, de la synthèse qui s'y opère, se dégage cette résultante, la personnalité, l'individualité, le moi, plus ou moins vaste, plus ou moins étroit, plus ou moins « associé » ou « dissocié », plus ou moins conscient, subconscient ou intermittent, régulateur de nos actions.

S'il en est ainsi, les maladies du lobe frontal détermineront, dans les phases d'excitation, des erreurs de jugement sur ce moi si instable, si mobile, et si dépendant des effets du milieu interne et externe sur le névraxe, des altérations de la nutrition, des empoisonnements, des atrophies à distance, des lésions de déficit de la sénescence et des réactions « compensatrices » de la névroglie. Le malade sera *déterminé* à exagérer ou à diminuer l'estime qu'il fait de son activité volontaire ou de la nature de ses sentiments et de ses pensées. Après ces troubles de représentation de la conscience de l'être, encore vivante, et agissant soit par impulsion, soit par inhibition, l'involution régressive des éléments nerveux de l'écorce cérébrale de l'aire sensitive du corps provoquera la dégénération à distance des neurones d'association centripètes du centre d'association antérieur; une atrophie secondaire frappera ce centre, à son tour, dans ses neurones centrifuges d'association comme dans ses autres éléments nerveux endogènes. De plus en plus isolé du reste des territoires corticaux, s'étiolant dans un marasme incurable, le centre préfrontal d'association succombera sans résistance contre l'invasion sourde et continue des éléments de la névroglie, qui ne prendront d'ailleurs la place que des neurones dégénérés, incapables de vivre, déjà nécrobiosés.

Les centres d'association unissent entre elles, on l'a vu, les diverses sphères de sensibilité générale et spéciale, mais indirectement. Les différentes sphères de sensibilité ne sont guère reliées entre elles non plus par des systèmes d'association, la plupart des faisceaux considérés jusqu'ici comme des systèmes directs d'association des sphères sensorielles, tels que le *fasciculus longitudinalis inferior*, ayant d'autres fonctions. La sphère sensitive du corps, qui dépasse tellement en surface toutes les autres aires corticales de la sensibilité, siège, autour du sillon de ROLANDO, au centre du pallium. Elle possède beaucoup plus de systèmes d'association que les autres sphères de sensibilité. Les sphères visuelle et auditive ne sont directement en rapport qu'avec les circonvolutions voisines : FLECHSIG n'en a pas vu partir de longues fibres d'association, si ce n'est en petit nombre. Chacune de ces sphères est environnée d'un territoire qu'il appelle *zone marginale*, dans lequel pénètrent d'innombrables fibres d'association, nées des sphères sensorielles. Les zones marginales des sphères sensorielles appartiennent déjà aux centres d'association; elles semblent avoir une importance capitale pour les « traces » de la mémoire. La zone marginale de la *sphère auditive* est formée par l'*insula*, le *gyrus supramarginalis*, T^2 et la portion antérieure de T^1. La zone marginale de la *sphère visuelle* est constituée par O^2 et O^3, par une partie du *præcuneus* et par le *gyrus occipito-temporalis*. La *sphère sensitive* du corps possède, elle aussi, sa zone marginale; mais en outre elle envoie de longues fibres, en quantité énorme, dans les grands centres d'association. Un puissant faisceau de fibres d'association qui, des circonvolutions centrales, va dans le centre d'association postérieur, est à cet égard des plus caractéristiques. Wernicke l'a décrit sous le nom de *faisceau occipital perpendiculaire*, quoiqu'il soutienne des rapports bien plus nombreux avec le lobe temporal. Il se distingue de tous les faisceaux de la substance blanche du cerveau par un développement extraordinairement tardif; sa fonction doit donc être des plus élevées. On pourrait supposer qu'il transmet des excitations parties du grand centre d'association postérieur aux cellules d'origine des voies motrices de la sphère tactile. Mais les recherches embryologiques montrent que ce système de fibres d'association se compose de deux parties : l'une, à fibres d'épais calibre, se dirige des circonvolutions centrales au grand centre d'association postérieur; l'autre, à fibres fines, affecte une direction opposée. Au point de vue pathologique, ce faisceau de la sphère tactile, par ses connexions avec les lobes temporal et occipital, détermine sans doute à distance nombre d'actions inhibitrices ou stimulatrices. Une lésion en foyer des circonvolutions rolandiques, par exemple, pourrait ainsi provoquer à distance des troubles des fonctions d'association du langage, de l'aphasie optique, etc. Les connexions associatives de la sphère sensitive du corps, c'est-à-dire des circonvolutions centrales, avec les trois centres d'association postérieur, moyen et antérieur, font que cette aire est parcourue par des faisceaux émanés de l'écorce tout entière, les neurones centraux des centres d'association étant, de leur côté, unis de la façon la plus étroite avec les zones marginales des sphères sensorielles.

Tous ces détails permettent de se représenter l'importance capitale de la sphère sensitive du corps pour la vie psychique du cerveau; une foule d'incitations et d'inhibitions en partent incessamment qui retentissent sur tout le reste de l'écorce. La vie psychique y est vraiment centralisée : aussi Flechsig estime-t-il qu'on devrait parler de centralisation, non d'unité de la conscience. Par l'intermédiaire de cette grande aire corticale de sensibilité, les centres d'association postérieur et antérieur réagissent peut-être l'un sur l'autre, ce qui suppléerait à l'indigence des connexions connues de ces deux centres. L'idée du moi, issue des impressions des racines postérieures, s'est dégagée peu à peu de cette *centralisation* des processus psychiques dans les sphères sensitives des deux hémisphères, apparues les premières, et réalisant, grâce aux systèmes d'association intracorticaux et intercorticaux, toutes les conditions de synergie des fonctions. Le corps calleux se développe en effet d'abord entre les circonvolutions centrales. Ce n'est qu'après avoir d'abord vécu concentré dans le monde des impressions de son propre corps, que le fœtus et le nouveau-né explorent, pour la première fois, par l'exercice des sens externes, comme ferait une amibe au moyen de ses pseudopodes, cet autre monde, cet univers appelé extérieur, quoiqu'il ne soit pas plus que l'autre, l'intérieur, différent de nous-mêmes, puisqu'il n'existe pour nous qu'en tant que nous le percevons. Les divers centres de sensibilité qui, comme des fleuves, se jettent dans les vastes mers des centres d'association, et qui entretiennent et alimentent ainsi l'activité de ces centres, ne sont point d'égal rang : les sphères sensorielles sont subordonnées, chez l'homme, à la sphère tactile ou de sensibilité générale du corps. A cette aire immense revient, dès l'origine de la vie, et pendant toute la durée de l'existence, l'hégémonie, la direction suprême et la maîtrise de la conscience. Voilà pourquoi les altérations bilatérales de cette aire et celles du centre d'association antérieur frappent l'intelligence des troubles les plus graves et les plus irrémédiables, tels que ceux de la démence paralytique.

De nombreuses observations cliniques inclinent à faire croire que c'est dans les centres d'association que se réalise, au moyen des neurones d'association, la synthèse des perceptions (*Sinneswahrnehmungen*) des différentes aires sensorielles en images (*Erinnerungsbilder*), lesquelles existent toujours en fait dans les représentations (*Vorstellungen*). Là, dans les centres d'association, se rencontrent, s'unissent et se confondent les perceptions tactiles, visuelles, olfactives, acoustiques. Ce que nous appelons *penser* commence avec l'association, avec la synthèse de l'activité des différentes aires corticales de la sensibilité. Les « traces » des impressions des sens (*Sinneseindrücke*) laissées dans la mémoire doivent donc être très probablement cherchées dans les centres d'association, où retentissent tous les états d'excitation des centres de sensibilité ou de projection (Flechsig). Les différentes circonvolutions des centres d'association ne sont nullement homogènes. Ainsi, *les territoires limitrophes* des sphères de sensibilité, *les zones marginales*, sont rattachées à ces centres par des systèmes d'association beaucoup plus nombreux que les *régions centrales* des centres d'association, où prédominent les systèmes d'association qui ne sont pas en connexion immédiate avec les sphères sensitives ou sensorielles : là sont les *neurones centraux des centres d'association*. Ces neurones, auxquels Flechsig attribue « une importance psychique d'un ordre élevé », seraient particuliers au cerveau de l'homme; ils ne le sont pas moins, sans doute, au cerveau des anthropoïdes et des autres singes, voire des mammifères dont les centres d'association commencent à se différencier des centres de projection. Il convient en tous cas de réserver notre jugement touchant ce point d'histologie comparée des centres corticaux d'association. Les territoires des neurones centraux sont reliés à la sphère sensitive, qui, par ses vastes associations, est comme le centre de l'écorce cérébrale tout entière, au moyen de « systèmes d'association longs », tels que le *faciculus arcuatus* et le *cingulum* secondaire. C'est de cette manière que serait réalisée *l'unité* ou la *centralisation des mécanismes psychiques*, non par des systèmes d'association qui relieraient entre eux les grands centres d'association. Ceux-ci, couvrant les deux tiers de la convexité de l'écorce, n'en constituent pas moins un puissant organe d'association où rayonnent des faisceaux de fibres d'association centripètes et d'où partent des faisceaux de fibres d'association centrifuges.

Mais la nature des opérations psychiques des centres de sensibilité générale et spéciale, sièges des perceptions des impressions des sens, diffère-t-elle au fond de celle des centres d'association ? Quoique localement distinctes, ces deux espèces de centres possèdent des rapports d'association si étroits, anatomiquement et physiologiquement, qu'il n'existe, à coup sûr, entre les uns et les autres, aucune ligne de démarcation absolue, au moins sur un cerveau d'adulte. Entre les uns et les autres, Flechsig aperçoit la même relation qu'entre la sensibilité et l'entendement, « lesquels, encore que théoriquement séparables, dit-il, sont en réalité très intimement associés ». Les centres de sensibilité, avec leurs neurones d'association endogènes, dont les cylindraxes peuvent aller s'arboriser très loin de leurs cellules d'origine, sont appelés les vrais organes psychiques (*Seelenorgane*). Les centres d'association sont le lien associatif de ces organes. Sans les centres de sensibilité, les centres d'association ne sauraient d'eux-mêmes produire des représentations. Les uns et les autres agissent et réagissent donc de concert, ils concourent au même résultat, ils conspirent à une même fin. Les matériaux, la matière première de l'activité primordiale des centres d'association doivent être fournis par les centres de sensibilité. Ce sont là des rapports semblables ou analogues, dirais-je, à ceux de l'intellect passif et de l'intellect actif d'Aristote. Les matériaux livrés par les sphères de sensibilité, les éléments spécifiquement hétérogènes qui entrent dans la représentation d'un objet, j'entends le faisceau de sensations irréductibles qui le constituent, doivent être élaborés par les centres d'association : des mécanismes de ces centres sort un groupe d'images, une image générique ou d'ensemble, une représentation plus ou moins abstraite, c'est-à-dire plus ou moins complexe ou composite, une notion, un concept, pure synthèse associative, symbole idéal, intelligible, de réalités en soi inconnues et inconnaissables. Existe-t-il, a-t-il existé, au cours de l'évolution des espèces, des cerveaux où cette synthèse des éléments particuliers d'un objet en une unité intelligible, en un signe dont la complexité corresponde à celle de l'objet, n'ait point lieu par défaut de centres d'association? La pathologie cérébrale, en tout cas, en fournirait quelques exemplaires.

La conception de Flechsig d'une division de l'écorce cérébrale en aires de sensibilité et d'association diffère certainement de celle de Meynert et de Wernicke, où les différentes sphères de sensibilité (*Sinnessphæren*) constituant l'écorce sont simplement reliées par des faisceaux d'association, non par des centres d'association. De centres d'association, il n'est pas question dans Wernicke, mais de centres de projection étendus sur toute l'écorce. Je n'examine pas si, comme le soutient Sachs, ces centres de projection et leurs faisceaux d'association suffisent pleinement à expliquer les processus d'association, c'est-à-dire intellectuels, de l'écorce cérébrale. Je constate un simple fait d'histoire. On a d'ailleurs très souvent tenté d'expliquer la synergie fonctionnelle et en une certaine mesure l'unité de l'organe de l'intelligence par des anastomoses centrales des différents territoires corticaux. La théorie de l'engrenage associative des sphères sensorielles et sensitivo-motrices des physiologistes italiens, tels que Luciani (1880), Tamburini, Seppilli, Tanzi, etc., est un essai de ce genre. Bianchi s'était demandé (1890) si tous les processus psychiques ont uniquement pour substratum anatomique les aires sensitives et sensorielles de l'écorce cérébrale, ou si d'autres territoires encore ne sont pas nécessaires au fonctionnement de l'intelligence : par ceux-ci Bianchi entendait les régions du *lobe frontal* que la plupart des auteurs considèrent comme n'ayant poin de fonction connue en rapport avec la sensibilité et la motilité volontaire. D'autre part, les lésions pathologiques ou expérimentales de ces lobes altèrent, selon l'opinion commune, beaucoup plus l'intelligence que celles de n'importe quelle autre aire corticale. Quelques expériences nouvelles d'ablation du lobe frontal du chien et du singe, mais dont les résultats sont encore incomplets, ont naguère confirmé le physiologiste italien dans cette manière de voir. Bianchi suppose donc que, en vertu des lois de l'association, comme il s'exprime, des processus de plus en plus complexes de coordination des fonctions psychiques (perceptions, images, etc.) « ont pour siège un organe *distinct des organes de perception simples* », en d'autres termes, des ires sensitives et sensorielles de l'écorce. Cet organe, siège des plus vastes associations i tellectuelles et des plus délicates coordinations psychiques, recevrait des centres de la sensibilité générale et spéciale les matériaux de ses élaborations supérieures. C'est ainsi que les coordinations psychiques de la sensibilité et du mouvement croissent en complexité, des ganglions de la moelle épinière à ceux des corps opto-striés, et de ceux-ci aux différents centres du manteau : « Cet organe serait, écrit Bianchi, aux aires corticales de la sensibilité et du mouvement, ce que ces centres sont au *thalamus opticus* et aux noyaux du corps strié, et ce que sont les ganglions de la base à la moelle épinière. » Pour François-Franck, la zone motrice, assimilée à une surface sensible périphérique, simple point de départ d'incitations volontaires, est constituée par des *centres d'association* proprement dits, de nature psychique, les véritables appareils moteurs étant formés des neurones radiculaires des différents centres moteurs échelonnés sur l'axe bulbo-médullaire. Les cliniciens, surtout depuis les travaux de Tuczek et de Zacher sur la dégénération des fibres tangentielles dans l'écorce des paralytiques généraux, ont pu s'expliquer le trouble ou l'absence de *liens d'association* dans les *idées* ou *représentations mentales* de ces malades. Presque tous les cliniciens ont admis aussi, surtout dans l'interprétation des symptômes de l'aphasie, l'existence d'un « centre conceptuel » (*Begriffscentrum*), d'un « centre d'aperception », de « centres d'idéation », etc., qu'ils ne pouvaient d'ailleurs localiser. Ce centre hypothétique, c'est maintenant, pour Ebbinghaus (1896), les trois centres d'association de Flechsig. Enfin les cliniciens avaient été à peu près unanimes à reconnaître que les lésions des deux tiers antérieurs des circonvolutions du lobe frontal ne déterminent aucun trouble de la sensibilité cutanée et musculaire, à moins que le processus morbide ne s'étende aux régions rolandiques. Mais ce fut surtout Meynert qui, avec sa profondeur d'intuition ordinaire, comprit que *l'intelligence* n'était *qu'une fonction des faisceaux d'association* unissant tous les éléments hétérogènes dont se compose chaque image ou groupe d'images mentales; un raisonnement, un jugement, résultait pour Meynert des processus d'association corticaux que réalisent les faisceaux d'association reliant les régions les plus distantes des hémisphères cérébraux, tels que le faisceau longitudinal inférieur, le cingulum, le faisceau unciforme et le faisceau arqué qui, dans les descriptions du grand anatomiste de Vienne, unissaient le lobe frontal aux lobes temporal, pariétal et occipital (*Psychiatrie. Klinik der Erkrankungen des Vorderhirns*, 1884). Edinger insiste sur l'importance de l'écorce cérébrale pour *l'activité associative*, c'est-à-dire pour les fonctions de l'intelligence. La considération seule de la structure de l'écorce cérébrale, abstraction faite des expériences de décortication et des observations cliniques de lésions destructives du manteau, démontre ce fait, et l'étude de l'histologie comparée des cerveaux de reptiles, d'oiseaux et de mammifères le met en pleine lumière : le système des *fibres d'association* représente le substratum anatomique des « processus les plus variés d'associations de la pensée, du mouvement et des sensations, constituant les fonctions du cerveau » (*Vorles. über den Bau der nervösen Centralorgane*.. Leipz., 1896, 173, 228). L'intelligence a été définie par GOLGI la somme des *activités coordonnées* de tous les éléments nerveux. MUNK, à son tour, l'a définie la somme et la résultante de toutes les images nées des perceptions, ces images n'étant elles-mêmes que des résidus de perceptions sensibles.

Tous les auteurs, sans exception aucune, y compris par conséquent WERNICKE, ont toujours cru jusqu'à FLECHSIG que les fibres d'association et les fibres de projection existaient sur toute l'étendue des hémisphères cérébraux. Les vues très systématiques présentées par PITRES au Congrès de médecine interne de Lyon, en 1894, presque en même temps que FLECHSIG, témoignent de profondes affinités avec celles de ce savant. A propos de l'aphasie sous-corticale, PITRES montra ce qu'il y a d'erroné dans la façon dont on conçoit généralement les rapports des circonvolutions avec les centres sous-jacents de l'écorce. Ainsi, le centre de BROCA est surtout relié par des faisceaux d'association aux autres centres, voisins ou éloignés, de l'écorce cérébrale : une infime minorité des fibres de ce centre traverse la capsule interne. Par elle-même, la circonvolution de BROCA n'est pas un centre moteur : lorsque les lésions destructives qui l'affectent ne dépassent pas en arrière le sillon précentral, on n'observe aucune paralysie de la langue, des lèvres, du larynx, bref, des organes phonateurs, que ce centre n'actionne qu'*indirectement*. Une lésion destructive du pied de la circonvolution frontale antérieure (FA), où sont les centres de l'hypoglosse, du facial inférieur, du larynx, du trijumeau, abolira au contraire les mouvements volontaires de la langue, des lèvres, du larynx : c'est que ces centres ont des faisceaux de projection qui vont directement innerver les muscles des organes auxquels ils se distribuent; ce sont les centres de sensibilité ou de projection de FLECHSIG. Au contraire, toute lésion de déficit du pli de substance grise compris entre la branche verticale de la scissure de SYLVIUS et le sillon précentral se manifeste par des altérations que PITRES appelle purement psychiques, car elles consistent, dit-il, en perte des images verbales, absence d'incitation psychomotrice, inertie consécutive *sans paralysie vraie* des organes de la phonation. Ces phénomènes diffèrent totalement de ceux qui résultent d'une paralysie glosso-labio-laryngée pseudo-bulbaire, consécutive aux lésions en foyer de la région capsulaire traversée par les faisceaux descendants de l'aire corticale du facial et de l'hypoglosse. La lésion de cette partie de la capsule interne ne produit pas plus de l'aphasie que celle des fibres de la partie postérieure de cette voie nerveuse ne détermine de la cécité ou de la surdité verbales. L'une produit des phénomènes de dysarthrie ou d'anarthrie du langage, non de l'aphasie; l'autre, de l'hémianesthésie, mais ni surdité ni cécité verbales. C'est que, vraisemblablement, les « centres spécialisés » du langage ne sont pas reliés directement par des faisceaux de projection aux centres d'exécution bulbo-médullaires. Qu'il s'agisse de l'*articulation*, de l'*audition* ou de la *vision des mots*, les *centres respectifs de ces fonctions*, F^3, T^1, P^2, *devront, pour manifester leurs fonctions, emprunter le concours des centres moteurs et sensoriels auxquels ils sont associés par leurs faisceaux d'association*. Ces centres, que PITRES appelle des organes d'élaboration psychique, et dont il a mis en lumière le caractère très élevé de spécialisation fonctionnelle, ne sont-ils pas les mêmes que ceux que FLECHSIG, BEEVOR et HORSLEY ont opposés aux centres de projection? Ce sont bien des *centres d'association*.

Revenant, il y a quelques mois, sur cet ordre de considérations, qui font, selon nous, de cet éminent neurologiste, l'émule de PAUL FLECHSIG, encore qu'il n'admette pas « le groupement en îlots anatomiquement séparés » des centres d'association et de projection et qu'il continue à localiser, dans les « lobes sphéno-occipitaux, les cellules à images sensitives, servant aux représentations sensitives », dans les « lobes fronto-pariétaux », les « cellules à images motrices, servant aux représentations motrices », PITRES insiste plus qu'il ne l'avait fait sur les fonctions des neurones d'association et des neurones de projection : les lésions destructives de la capsule interne qui donnent lieu [à l'hémianesthésie sensitivo-sensorielle et à l'hémiplégie motrice ne retentissent pas gravement, dit-il, sur les fonctions psychiques supérieures; la pensée, l'intelligence, l'association des idées, la reviviscence des images, le jugement, la volonté ne sont pas manifestement altérés; la cécité psychique, la surdité verbale, l'aphémie ne résultent jamais des lésion destructives de la capsule interne. Ainsi, « les cellules pyramidales de l'écorce sont en rapport, les unes avec l'appareil moteur, les autres avec l'appareil sensitif extra-cérébral et servent à l'exécution de l'un des stades des fonctions motrices et sensitives, mais elles ne sont qu'*indirectement rattachées aux fonctions psychiques: celles-ci siègent dans les innombrables neurones d'association*, de forme et de volume très variés, dont les arborisations terminales sillonnent en tous les sens la substance grise des circonvolutions. *Ces neurones n'ayant pas de projection capsulaire*, n'étant nullement groupés en îlots anatomiquement séparés, ne sont pas accessibles à nos moyens d'expérimentation. Ils échappent même à la méthode anatomo-clinique, à cause des retentissements lointains et à extension indéterminable des lésions, même les plus limitées, du cortex. Tout porte à croire cependant que les fonctions qui leur sont attribuées ne sont pas localisables. C'est vraisemblablement courir après une chimère, que de rechercher le siège de l'intelligence, de la mémoire, du jugement, de la volonté. Ces mots qui, dans le langage scholastique, représentaient des entités, ne sont, en réalité, que des abstractions qui nous ont trop longtemps fait illusion et nous donnent encore trop souvent une idée fausse des phénomènes très complexes qu'ils désignent... Rien jusqu'à présent ne permet de supposer qu'il existe un centre de l'intelligence, un centre de la conscience, un centre du jugement, etc. Cependant le *réseau inextricable des neurones corticaux dans l'ensemble desquels s'élaborent les fonctions psychiques supérieures est nécessairement relié aux cellules pyramidales dans lesquelles résident les images sensorielles et motrices.* Les *fonctions cérébrales* paraissent s'opérer à la manière des *actes réflexes* élémentaires. Elles ont pour origine des excitations sensitives et pour résultat des excitations motrices. Dans les réflexes simples, l'excitation passe, sans intermédiaire, des terminaisons du neurone sensitif à celles du neurone moteur contigu, et la réaction suit immédiatement l'irritation provocatrice. *Dans le cerveau*, au contraire, *l'acte réflexe est plus compliqué, parce que le réseau des neurones psychiques s'interpose entre les neurones sensitifs et les neurones moteurs;* mais, au fond, il y a toujours une excitation initiale de nature sensitive, et un résultat final de nature motrice » [1].

Le monde possède-t-il enfin une théorie scientifique des fonctions du cerveau antérieur ? Nous le croyons. La théorie anatomique des centres de projection et d'association de Paul Flechsig explique le mécanisme des processus psychiques connus et n'est en désaccord avec aucun; elle satisfait donc provisoirement à toutes les exigences d'une théorie scientifique. La démonstration n'est pas seulement d'une rigueur, d'une correction et d'une élégance rares : on sent partout que Flechsig a l'intuition de beaucoup plus de choses encore qu'il n'en découvre, qu'il a plus de clairvoyance que de clartés. La plupart des philosophes et des psychologues, souvent étrangers à l'anatomie du cerveau, science fort longue à acquérir, n'ont pas tout d'abord compris ce genre de preuves. Voilà bien des années que nous avons rappelé que, pour penser physiologiquement (ou psychologiquement, c'est tout un), il fallait penser anatomiquement. Flechsig le démontre : la structure de l'intelligence correspond à celle du cerveau, dont l'intelligence n'est qu'une des fonctions biologiques. « Ce parallélisme, écrit Flechsig, apparaît d'autant plus nettement qu'on pénètre plus profondément dans le plan de structure de l'organe psychique. » Il faut voir dans ces paroles l'expression exacte de la doctrine de Flechsig. Lorsqu'il assigne comme but à la physiologie cérébrale d'arriver à pouvoir « exprimer en formules mathématiques les mouvements moléculaires du cerveau qui correspondent parallèlement à un événement psychologique », il propose à cette science le terme le plus élevé auquel toute connaissance humaine, quand elle sera parfaite, puisse jamais parvenir. Il demeure fidèle à l'interprétation scientifique des phénomènes, et ne confond pas la description des conditions d'un fait avec l'explication dernière de la force qu'il manifeste. Une sensation est évidemment quelque chose d'irréductible à un mouvement. Il définit fort bien la vie psychique « l'ensemble des événements internes donnés dans une conscience individuelle »; les phénomènes psychiques sont des « processus biologiques accompagnés de conscience », quoiqu'il estime véritable qu'un mammifère sans cerveau, tel que le chien décérébré de Goltz, loin d'être privé de toute vie psychique, éprouve encore des besoins et satisfait ses instincts par des mouvements adaptés et coordonnés. Mais il admet que les besoins élémentaires de l'organisme, celui

1. Pitres. Congrès franç. de médecine de Nancy, 6 août 1896.

de respirer, par exemple, sont surtout des processus physico-chimiques, d'abord dénués de tout caractère psychique : ce caractère, ils ne l'acquièrent qu'en retentissant de proche en proche sur les ganglions de l'écorce, où ils sont perçus comme des états conscients de la sensibilité organique. Cet aspect, ce côté psychique que présentent ces phénomènes dans l'écorce cérébrale ne saurait rien changer à leur nature. Longtemps inconscients, devenus conscients par intermittence, ils redeviennent bientôt inconscients ; c'est d'eux surtout qu'il serait inexact de répéter, avec BERKELEY, qu'ils n'existent qu'en tant qu'ils sont perçus. S'ils le sont toujours à quelque degré, ce qui *doit* être, du moins n'en avons-nous pas conscience dans le train commun des esprits et des corps. D'une manière générale, l'activité des centres nerveux des ganglions de l'écorce, comme celle des ganglions sous-corticaux ou bulbaires, est indépendante de la conscience; elle ne saurait jamais, à aucun degré, modifier directement les mécanismes du névraxe, qu'il s'agisse des réflexes les plus élémentaires de la moelle ou des associations les plus complexes des centres nerveux les plus hautement différenciés de l'écorce cérébrale, car la conscience n'est cause de quoi que ce soit. Simple état d'accompagnement subjectif des opérations du système nerveux central, état intermittent, transitoire, des perceptions et de la pensée, toujours en raison inverse de la facilité et de la rapidité de la transmission nerveuse, variable avec le degré d'évolution des centres nerveux dans la série organique, la conscience varie encore dans l'espèce comme chez l'individu avec les changements de la nutrition, les altérations de la composition du milieu interne et externe, l'involution fatalement régressive des neurones au cours de l'âge et sous l'influence des intoxications et des infections.

Comme la plupart des auteurs, FLECHSIG est souvent trahi par l'expression de sa pensée. Il parle couramment, en effet, « d'organes pensants », de « centres intellectuels », de substratum de la « conscience » et de l' « intelligence, » etc.[1]. Des anatomistes du plus grand mérite l'ont même dépassé dans cette voie d'erreur. Pour VAN GEHUCHTEN, le cerveau terminal ou télencéphale de l'homme n'est pas seulement, dans « certaines de ses parties », un centre réflexe comme le reste du névraxe : il est surtout et avant tout le centre de la « vie consciente, intellectuelle et morale ». Les centres d'association, dont VAN GEHUCHTEN admet d'ailleurs, avec toute raison, que les éléments, pour être confondus, n'en doivent pas moins exister chez les mammifères inférieurs, deviennent des « parties cérébrales surajoutées en quelque sorte au cerveau de ces mammifères pour constituer le cerveau de l'homme ». Les centres de projection corticaux président avec les masses grises inférieures du névraxe à la « vie animale »; les centres d'association « font l'homme raisonnable, libre et responsable ». Si de pareilles déductions ont pu paraître légitimes à l'un des interprètes les plus autorisés de la doctrine de FLECHSIG, c'est, je le répète, que le savant professeur de Leipzig est souvent trahi par les mots. Il importe d'y prendre garde. Il faut très résolument exorciser tous ces fantômes ; ce sont des revenants, des survivances des vagues et mystérieuses traditions d' « esprit » et d' « âme » considérés comme des êtres réels. Les centres d'association de l'écorce cérébrale ne sont et ne sauraient être, ainsi que tous les ganglions nerveux du névraxe, que des centres réflexes ; ce ne sont point des tabernacles où veillent l'esprit, la pensée et la conscience. Dans la conception de FLECHSIG, comme dans celles de MUNK, de GOLTZ, de LUCIANI, de FERRIER, d'EXNER, de CHARCOT, de FRANÇOIS-FRANCK, de PITRES et de CHARLES RICHET[2], l'écorce du cerveau antérieur n'est, sur toute son étendue, qu'un organe d'activité réflexe. Les réflexes cérébraux n'existent pas seulement dans les centres de projection, mais dans les centres d'association qui sont, eux aussi, des centres mixtes. Leur activité dépend de la transmission d'ondes nerveuses qui leur sont apportées par des nerfs centripètes d'association dont les cellules d'origine sont dans les aires sensitives et sensorielles de l'écorce. Cette activité se manifeste, comme dans tous les autres centres nerveux du névraxe, par des réactions motrices, de nature inhibitrice ou incitatrice, transmises aux centres de projection par le canal des prolongements cylindraxiles de neurones d'association centrifuges, dont les cellules d'origine sont dans les centres mêmes d'association. Ajoutez que si les trois centres d'association postérieur, moyen et antérieur manquent

1. P. SCHULTZ, *Gehirn und Seele*. (*Deutsche med. Wochenschr.*, 1897, 88-90).
2. CHARLES RICHET, *Essai de Psychologie générale*, ch. III.

presque de fibres de projection ou de couronne rayonnante, il n'en sont point absolument dépourvus, surtout le centre d'association antérieur ou frontal. On doit donc, encore une fois, se garder d'exagérer, sous peine de les dénaturer, les caractères différentiels, d'ailleurs très réels, des différents centres corticaux du manteau. Pour être véritablement explicative, au sens où les logiciens entendent le mot, toute théorie des fonctions du cerveau, ou de n'importe quel autre organe du corps, doit demeurer strictement mécanique. Flechsig l'a si bien compris qu'au lieu de parler, comme on le fait d'ordinaire, de l'unité de la conscience, il croit plus juste et plus exact de parler de centralisation, substituant ainsi à une prétendue unité réelle, une unité spécieuse, une apparence, une illusion.

3. Centres moteurs. — **Nature des centres moteurs.** — On convient généralement aujourd'hui que les *centres moteurs* ou *sensitivo-moteurs* de l'écorce cérébrale peuvent être déterminés avec tant de sûreté et de précision par les physiologistes que, s'il est possible au clinicien de porter un diagnostic régional presque exact de certaines affections de ces mêmes régions, le chirurgien connaît presque par millimètres carrés les différentes aires corticales sur lesquelles doit porter son intervention : la zone dite motrice a été divisée « en petits carrés de deux millimètres chacun » (Horsley et Beevor). Ces résultats de la grande découverte de Fritsch et Hitzig étant devenus des vérités de pratique, personne ne les met plus en doute. L'ère des discordes et des luttes sur la réalité d'une localisation des fonctions motrices du cerveau est fermée. L'étude des centres fonctionnels de la vision n'est guère moins avancée, on le verra, quoiqu'elle n'ait été jusqu'ici que d'une application pratique assez rare. Mais là aussi les physiologistes ont déterminé la topographie des diverses régions, fonctionnellement différentes, des centres de la vision mentale, tandis que les cliniciens, par la méthode anatomo-clinique, arrivaient à localiser, sur la face interne du lobe occipital, d'autres fonctions de la vision que sur la face externe de ce lobe. Mais, s'il peut suffire au médecin et au chirurgien de connaître les points, d'ailleurs nullement séparés comme par des fossés, mais présentant entre eux au contraire toutes les transitions de passage, d'où partent les réactions excito-motrices de l'écorce cérébrale, et auxquels les paralysies du mouvement et de la sensibilité générale doivent être rapportées, le physiologiste ne saurait naturellement se contenter de ces données empiriques. Certaines régions du cerveau sont en rapport avec les fonctions motrices ou sensitives de telle ou telle partie du corps : cela suffit à la pathologie interne et externe. Mais quelle est la nature de ces centres de l'écorce cérébrale, qu'on appelle « moteurs » parce que, en effet, leur excitation expérimentale ou leur irritation pathologique détermine des réactions motrices, simples ou convulsives, de la face, des extrémités ou du tronc, suivant l'intensité et la durée de l'excitation des cellules nerveuses de ces centres? Rien de plus net que les paralysies motrices qui succèdent à l'ablation et aux lésions destructives des mêmes aires corticales; mais de quelle nature sont ces phénomènes de parésie ou de paralysie des mouvements? Le chien auquel on a enlevé les deux gyrus sigmoïdes ne présente point pour cela de paralysie motrice proprement dite, si l'on entend par ces mots un défaut absolu de motilité. Personne, pas même Munk, n'a jamais soutenu rien de semblable (Hitzig. *Ueber Funktionen des Grosshirns. Biol. Centralbl.*, vi, 569). Si un lapin, dont le cerveau tout entier a été enlevé, peut encore courir, pourquoi l'ablation des zones motrices du chien, une fois les effets du traumatisme opératoire disparus, empêcherait-elle cet animal de mordre, de nager, d'exécuter tous les mouvements, à l'exception toutefois de ceux dont les représentations corticales ont été pour toujours détruites par l'ablation de leur substratum organique, c'est-à-dire ici des deux gyrus sigmoïdes? Ainsi tombent les arguments spécieux de l'éternelle polémique de Goltz contre la doctrine des localisations cérébrales. De ce qu'un chien, après l'ablation des zones motrices, peut marcher, éviter les obstacles, broyer et déglutir ses aliments, bref, exécuter tous les mouvements automatiques et réflexes, tous les mouvements associés et profondément organisés, dont l'intégrité des centres bulbo-médullaires est la condition suffisante, il ne suit pas qu'il puisse présenter volontairement la patte, la retirer devant une aiguille menaçante ou s'en servir avec adresse pour saisir un os.

Ces troubles de la motilité volontaire, en entendant par cette expression tout mouvement précédé d'une représentation mentale de l'action à effectuer, ni Hitzig, ni Munk, ni Goltz, ne les ont jamais vus s'amender et disparaître quand les régions motrices avaient été exactement enlevées sur les deux hémisphères; dans le cas contraire, une portion de ces centres avait sûrement été épargnée. Après une lésion profonde, bilatérale, du cerveau antérieur, écrit Goltz lui-même, « les chiens ont perdu la faculté de faire jouer certains groupes de fibres musculaires d'une manière appropriée dans certains actes ». Ces troubles du mouvement volontaire consécutifs aux destructions de la zone motrice, Hitzig, dans deux travaux de 1873 et de 1876, les avait considérés comme « l'expression de troubles de l'activité représentative », c'est-à-dire comme l'effet de la destruction des images motrices de telles ou telles catégories de mouvements volontaires. Si donc l'animal opéré n'exécute plus certains mouvements, ou ne le fait que d'une façon défectueuse, ce n'est pas parce que ses muscles sont paralysés : c'est parce qu'il ne peut plus se représenter ces mouvements isolés et intentionnels qui étaient la fonction même de la « conscience musculaire » de l'écorce cérébrale. De même, et *a fortiori*, pour le singe : après l'ablation du centre moteur cortical gauche du membre antérieur droit, par exemple, la main droite pend presque paralysée; en marchant le singe ne se sert plus de la main droite ou s'appuie sur la face dorsale de cette main; il ne sait plus saisir de la main droite le bâton de sa cage; il prend toujours et exclusivement de la main gauche les fruits qu'on lui présente.

Motilité volontaire et sensibilité générale. — La coïncidence des troubles de la motilité volontaire et de la sensibilité générale dans les régions de l'écorce cérébrale considérées comme motrices avait frappé Schiff dès 1871 ; un an après les expériences de Fritsch et Hitzig, un rédacteur d'un journal de médecine, *l'Imparziale medico*, de Florence, écrivait, sous son inspiration, que tous les effets immédiats de la destruction des prétendus centres moteurs dérivent des lésions de la sensibilité et « restent bornés à cette sphère ». Sans rappeler les arguments que tirait Schiff de l'absence de réponse aux excitations électriques du gyrus sigmoïde chez l'animal profondément narcotisé, sur la longue durée du retard des réactions déterminées par l'excitation de ces régions de l'écorce, ce qui permet de les assimiler à des centres d'actions réflexes, le savant professeur de Florence prétendait qu'il suffit d'être familier avec la nature des mouvements que présentent les animaux après la perte de la sensibilité tactile par section des cordons postérieurs de la moelle épinière, pour les reconnaître chez les animaux dont les lobes antérieurs du cerveau ont été extirpés. Ce que le chien avait perdu dans les membres, le tronc ou la face du côté opposé à la lésion cérébrale, ce n'était pas l'énergie des mouvements musculaires, mais, avec les sensations de tact et de contact, la sûreté et l'ajustement exact de ces mouvements. S'il arrive au chien opéré de s'appuyer en marchant sur la face dorsale du pied, s'il glisse sur un terrain uni, tombe sur les genoux, c'est qu'avec la perte de la sensibilité tactile, il n'est plus exactement renseigné sur la position de ses membres ou sur la qualité du sol qui le porte. Il mâche bien des deux côtés sa nourriture (avec une lésion unilatérale du cerveau), et la force des muscles de la mastication est très grande : si on lui offre un os du côté opposé à la lésion, il le prend dans sa gueule et le brise avec ses dents; mais après la première bouchée il ne sent plus le contact de l'os sur sa joue; il s'arrête. Si on lui présente l'os du côté sain, il sent le contact et continue son repas. « Existe-t-il, demandait Schiff, rien de plus caractéristique d'une anesthésie tactile? » Schiff, qui à l'*anesthésie cutanée* devait plus tard ajouter l'*insensibilité au froid*, après que Herzen eut localisé dans la même région du cerveau (gyrus sygmoïde) le centre (ou les conducteurs nerveux conduisant au centre) des sensations du tact et du froid, ces deux sensations étant transmises au cerveau par les cordons postérieurs de la moelle épinière (1885), avait trouvé conservée dans ses expériences la sensibilité à la *douleur* et à la *pression*. Bref, cette ataxie motrice des extrémités était l'effet, non d'une paralysie motrice, mais d'une paralysie de la sensibilité tactile : tous les troubles de la motilité observés, ceux de la position et des mouvements des membres, dérivaient de cette altération de la sensibilité cutanée et étaient purement secondaires. Goltz avait également noté de bonne heure qu'après la destruction de deux lobes pariétaux la sensibilité générale est bien plus émoussée et d'une façon permanente qu'après les lésions d'autres parties du cerveau : dans les lésions de la zone motrice, la sensibilité et le mouvement se trouvaient altérés simultanément. « Les *parties antérieures* de l'écorce cérébrale, écrivait Goltz, sont dans un rapport fonctionnel plus étroit avec les mouvements du corps d'une part, et d'autre part avec la sensibilité cutanée, que les parties postérieures (1881). » Aussi, en discutant entre autres les résultats comparés de Fritsch et Hitzig et de Schiff, Goltz accordait aux deux premiers qu'en effet, après une destruction de la zone motrice, le *sens* ou la *conscience musculaire* est altérée d'une façon durable, mais il n'admettait point avec eux que la *sensibilité tactile* fût indemne. Seulement, outre la *sensibilité tactile*, la *sensibilité à la pression* et la *thermo-esthésie* lui avaient paru diminuées, contrairement à ce qu'avait vu Schiff : celui-ci attribuait ces derniers troubles qu'il n'avait pas observés à l'étendue et à la profondeur des mutilations du cerveau pratiquées par Goltz. Schiff continua donc d'enseigner que « les prétendus centres moteurs étaient en réalité des voies de passage servant à la conduction des sensations *tactiles* du côté opposé du corps : ce sont par excellence des prolongements physiologiques des cordons postérieurs de la moelle épinière (*Plüger's Arch.*, 1882, 1883, 1884). Nous n'insisterons pas sur la localisation du centre réflexe sous-cortical des perceptions tactiles (*Tastcentrum*) de Schiff. Les idées de Moritz Schiff s'étaient d'ailleurs modifiées avec les années. Dans une *Addition* de l'année 1895 à son Mémoire de 1883, publié dans le *Recueil des Mémoires* de ce physiologiste (M. Schiff's *gesammelte Beiträge zur Physiologie*, Bd. III, Lausanne, 1896, 582 et 586), Schiff parle d'un centre moteur (*ein bewegendes Centrum*) qui doit exister chez l'homme comme chez le singe ; en outre il ne localise plus le *Tastcentrum* dans les régions infra-corticales, mais dans des « régions superficielles du cerveau ».

En somme, si Hitzig avait découvert les troubles moteurs consécutifs aux lésions de la zone dite motrice, Schiff avait révélé ceux de la sensibilité tactile. Ni l'un ni l'autre ne sont tombés dans l'explication banale d'une paralysie véritable. Les troubles de la motilité volontaire, tous deux les ont attribués à une altération, soit de la conscience musculaire, soit des représentations centrales de la sensibilité tactile ; tous deux ont rapporté les altérations du mouvement à des troubles de la sensibilité générale. Goltz a concilié et résumé, comme le fera H. Munk, les idées de Schiff et de Hitzig sur la nature de ces troubles, puisqu'il a constaté, dans ses expériences, à la fois des lésions de la sensibilité tactile et du sens musculaire. Peut-être l'avenir appartient-il à la doctrine qui considère la zone motrice comme une manière de surface sensible dont les réactions provoquées seraient identiques à des réflexes. François Franck incline décidément vers la théorie de l'influence réflexe et ne voit dans la zone motrice, assimilée à une surface sensible périphérique, que le point de départ d'incitations motrices volontaires, l'appareil incitateur des réactions motrices volontaires, dont les véritables appareils moteurs ou d'exécution sont les cellules nerveuses motrices du bulbe et de la moelle. « Psychologiquement, a écrit Gley, ces organes de l'écorce apparaissent comme des centres de représentations des divers mouvements qui déterminent la véritable action motrice par un mode assimilable au mécanisme purement réflexe. » Ces « organes de l'écorce » sont, pour François Franck, des *centres d'association volontaire* plutôt que des centres moteurs proprement dits. « En envisageant, dit-il, les mouvements produits par l'excitation de points déterminés de l'écorce cérébrale comme analogues aux mouvements réflexes, la différence essentielle entre les mouvements ainsi provoqués et les réflexes ordinaires consisterait dans le point de départ, ici cérébral, là cutané, mais en tout cas périphérique par rapport aux centres du mouvement (centres médullaires[1]). Aussi le faisceau pyramidal, qui transmet aux centres moteurs bulbo-médullaires les incitations motrices de l'écorce cérébrale, constitue-t-il, au point de vue physiologique, un système *afférent* aux cellules motrices du bulbe et de la moelle.

Théorie de D. Ferrier et de ses élèves sur la localisation fonctionnelle des représentations corticales de la motilité et de la sensibilité générale. — Il n'est pas utile d'insister aujourd'hui, comme on aurait dû le faire il y a quelque vingt ans, sur les théories du célèbre physiologiste anglais David Ferrier touchant la localisation corticale des fonctions de la zone motrice qu'il considère comme distinctes de celles des centres corticaux de la sensibilité cutanée et musculaire. La théorie purement motrice (*purely motor theory*) des fonctions de la région centrale de l'écorce cérébrale,

1. *Leçons sur les fonctions motrices du cerveau*, 299. Cf. *Dict. des Sc. méd.*, 2ᵉ série, XII, 577 (Syst. nerv. *Physiologie*).

encore assez communément admise en Angleterre, n'a jamais réuni les suffrages de la plupart des physiologistes et des neurologistes du continent et de l'Amérique, et, surtout depuis le mémoire de Bastian sur le *sens musculaire*, lu en 1886, devant la « Neurological Society », la réaction contre les idées de D. Ferrier a commencé en Angleterre même. En Amérique, après avoir apporté la démonstration de « l'union intime, sinon de l'identité » des sensations cutanées et musculaires avec les autres moteurs, Dana s'étonnait naguère que David Ferrier, en ses derniers ouvrages sur les localisations cérébrales, non seulement parût ignorer les preuves de la doctrine contraire à la sienne, mais, n'en fit même pas mention. La doctrine de Ferrier et celle de ses élèves, que nous allons rappeler, n'est guère fondée que sur des expériences de physiologie : il n'existe pas une seule preuve clinique indiscutable à l'appui. Au contraire, les observations cliniques et anatomo-pathologiques rassemblées en faveur de la doctrine qui a prévalu ont atteint un chiffre très élevé et se multiplient tous les jours.

Que soutient donc, depuis tant d'années, David Ferrier ? Depuis 1875 il n'a point varié. Ferrier enseigne encore aujourd'hui, contre l'évidence des faits, « qu'il n'y a aucun rapport entre le degré de l'altération de la sensibilité et celui de la paralysie motrice ». Loin d'être, comme le soutient Bain, un concomitant inséparable du mouvement, « la sensibilité n'en est au contraire qu'un accident contingent : dans les conditions normales ou physiologiques, la sensibilité est un accident inséparable du mouvement, mais, anatomiquement et pathologiquement, elle en est séparable. »[1] Voici la dernière expression de sa doctrine à cet égard, telle qu'on la peut lire dans ses *Croonian Lectures* : « Les centres moteurs de l'écorce ne sont pas les centres de la sensibilité tactile ou générale ni du sens musculaire, soit qu'on regarde ce sens comme venant d'impressions centripètes, conscientes ou inconcientes, ou comme un sens de l'innervation : ces centres sont moteurs de la même façon que les autres centres moteurs, et, quoique unis fonctionnellement et organiquement, ils sont anatomiquement différenciés des centres de sensibilité générale et spéciale[2]. » Depuis 1875, David Ferrier répète que les lésions de l'écorce des centres moteurs ne sont suivies chez le singe d'aucun trouble de la sensibilité générale. Il en est du reste ainsi, selon ce physiologiste, pour toutes les régions de la convexité des hémisphères. Seules, les lésions de la *région de l'hippocampe* (*corne d'Ammon et circonvolution de l'hippocampe*) lui ont paru déterminer des troubles de la sensibilité générale (*tactile* et *musculaire*) du côté opposé du corps (*anesthésie* et *analgésie*). Ferrier s'est donc ingénié à détruire les régions de l'hippocampe et ses connexions par des méthodes qui, de son aveu, entraînent une destruction plus ou moins considérable du lobe occipital et de la région inférieure du lobe temporal. Ce qui frappe, dès les premières expériences de Ferrier, comme dans presque toutes celles qui ont suivi, c'est qu'en outre des troubles sensitifs, il est toujours fait mention de troubles de la motilité : lourdeur, maladresse des mouvements, dans les membres anesthésiques. Voici comme il résume les résultats des nouvelles recherches qu'il avait reprises, sur le même sujet, en 1884, avec le professeur Yeo : « Ces expériences prouvent que les formes variées de sensations comprises sous les noms de sensibilité générale et tactile, sensibilité cutanée et musculaire, peuvent être profondément atteintes ou abolies, au moins momentanément, par des lésions destructives de la région de l'hippocampe, et que le degré et la durée de l'anesthésie varient avec l'étendue de la destruction de ces régions. »

Lorsque, en 1888, Horsley et Schaefer refirent ces expériences, — et ce sont les seuls physiologistes qui, à la connaissance de Ferrier lui-même, les aient répétées, — ils ne purent d'abord corroborer les observations de leur maître. Ferrier « dut leur démontrer que cela dépendait de l'imperfection de la section de l'hippocampe et les assister dans quelques-unes de leurs expériences, qu'ils poursuivirent ensuite parfaitement ». David Ferrier « suggéra » à Horsley et à Schaefer d'étendre leurs investigations au gyrus fornicatus et à tout le reste du lobe falciforme (le grand lobe limbique de Broca), dont la région de l'hippocampe n'est qu'une partie, afin de vérifier si le centre de la sensibilité générale ne s'y étendait pas également.

L'événement donna raison aux prévisions, et, sans doute aussi, aux suggestions de

1. D. Ferrier. *The Functions of the Brain*, 2[d] ed., 1886, 438.
2. D. Ferrier. *Leçons sur les localications cérébrales*, traduites par R. Sorel. Paris, 1891.

David Ferrier : Horsley et Schaefer témoignèrent hautement que « toute lésion extensive du gyrus fornicatus est suivie d'une hémianesthésie [plus ou moins marquée et persistante ». En général, l'anesthésie et l'analgésie affectaient tout le côté opposé du corps, face, bras, jambe et tronc. Aucun rapport constant ne put être noté entre telle partie du corps et telle région du lobe falciforme. « Il est probable cependant, dit Ferrier, qu'un certain degré de localisation peut être établi par les fibres d'association qui unissent cette région aux centres moteurs de l'écorce. » En outre, Ferrier incline à croire que la sensibilité générale des deux côtés du corps peut être, jusqu'à un certain point, représentée dans un seul hémisphère : un lobe falciforme pourrait donc compenser la perte des fonctions de l'autre, quand celui-ci a été détruit. Ferrier s'élève contre l'inexactitude de tous les schémas de la distribution, dans l'écorce, des fibres sensitives, qui ne font point rayonner ces faisceaux dans l'écorce des circonvolutions du corps calleux et de l'hippocampe. « Il est *certain*, affirmet-il, que l'hypothèse de Flechsig sur la distribution des fibres sensitives dans le lobe pariétal doit être modifiée. »

On le voit, le progrès naturel des connaissances actuelles sur la direction, les connexions centrales et la terminaison des faisceaux sensitifs dans les circonvolutions fronto-pariétales du cerveau ne devaient pas confirmer à cet égard tous les postulats de Ferrier et de ses disciples, aujourd'hui un peu isolés dans ce vaste domaine de la science. Certes, ces savants ont décrit ce qu'ils ont vu. Il resterait à rechercher pourquoi, non seulement ils n'ont pas vu ce que tout le monde avait vu, mais ont cru voir ce que personne n'a vu.

Sphère sensitive du corps de H. MUNK. — Hermann Munk a montré les causes de ces erreurs. D'après cet éminent physiologiste, les lésions (cautérisations ou extirpations) de la région dite motrice, pratiquées par Ferrier et ses élèves, ont été trop peu étendues. « Il est exact, écrit-il, qu'avec des lésions aussi petites que celles de la plupart de ces expériences, les troubles de la sensibilité ne s'observent point. Ne décidons pas s'ils n'existent point ou ne se laissent pas constater. Si, dans les cas où les lésions était plus considérables, ces troubles n'ont pas été notés, cela tient à l'imperfection des expériences. » Bref, l'examen de ces troubles n'a été ni systématique, ni rigoureux, ni critique. Tout ce que les auteurs anglais ont le droit de soutenir, c'est que dans les expériences sur la région « motrice » du cerveau, et avec ce genre de lésions, il n'y a pas eu de troubles appréciables de la sensibilité générale. Mais c'est une affirmation purement gratuite que de prétendre que les lésions de cette zone n'entraînent jamais que des troubles du mouvement volontaire, sans altération de la sensibilité.

Quant aux résultats positifs que ces auteurs croient avoir obtenus en expérimentant, d'abord sur la région de l'hippocampe, puis sur tout le lobe falciforme, Munk a démontré également qu'ils reposaient sur une erreur d'interprétation. Les troubles de la sensibilité générale consécutifs à la destruction de l'écorce du gyrus fornicatus sont très réels comme il l'a constaté au cours de recherches personnelles. Mais ces troubles ne sont pas l'effet de la lésion de cette circonvolution : ils dépendent du procédé opératoire. « En effet, pour pouvoir opérer au fond de la scissure inter-hémisphérique sur le gyrus fornicatus, on doit mettre à nu une partie considérable des centres dits moteurs des extrémités, lier les veines qui vont de ces régions au sinus longitudinal, et là encore écarter latéralement l'hémisphère de la faux du cerveau avec le manche d'un couteau, de sorte qu'une lésion des territoires « moteurs » de l'écorce est absolument inévitable. Horsley et Schaefer disent bien que, dans plusieurs cas, ils ont réussi à extirper des parties considérables du gyrus fornicatus sans lésions d'autres parties, ou avec une lésion insignifiante de la circonvolution marginale (F^1 interne). Mais, outre que le texte et les figures y contredisent, les troubles du mouvement qui ont été notés dans toutes les expériences (Munk en a fait aussi la remarque expresse) témoignent assez que, dans ces expériences, le territoire « moteur » de l'écorce a toujours été lésé. » D'ailleurs, en examinant, dans six cas, le système nerveux central des singes dont Horsley et Schaefer avaient détruit le gyrus fornicatus, Franck a trouvé une dégénération secondaire étendue de la voie des pyramides dans le pédoncule cérébral et dans la moelle. Aussi Ferrier lui-même reconnaît-il, dans les *Croonian Lectures*, que cette dégénérescence descendante doit être attribuée aux lésions plus ou moins graves de la circonvolution marginale et des autres centres moteurs qui souvent accompagnent la destruction du gyrus fornicatus.

Si, dans leurs expériences sur cette circonvolution, Horsley et Schaefer n'ont pas vu se produire de paralysies proprement dites avec les altérations de la sensibilité générale, quoiqu'ils parlent de parésies, c'est que les extirpations de la zone « motrice » déterminent naturellement de plus grands désordres de la motilité que les lésions de la même région par compression ou par trouble de la circulation. MUNK a observé, après l'extirpation du gyrus fornicatus, depuis le genou du corps calleux jusqu'au lobe carré, des troubles passagers du mouvement et de la sensibilité générale dans les extrémités et sur la face du côté opposé. Mais ces désordres ne résultent pas de la lésion destructive du lobe falciforme : ils sont la suite inévitable des traumatismes expérimentaux portant sur les circonvolutions qu'on appelle motrices, en particulier ici sur la circonvolution marginale, mais dont la nature fonctionnelle est en réalité sensitive.

On sait les progrès de la doctrine d'une représentation bilatérale des extrémités, du tronc et de la face dans chaque hémisphère cérébral, représentation sans doute inégale et toujours moindre pour le côté correspondant, si ce n'est quant aux mouvements du tronc, du larynx, de la face, des yeux, et des organes dont les mouvements sont d'ordinaire associés et simultanés. D'où la nécessité d'une extirpation bilatérale des centres corticaux de ces organes pour déterminer une paralysie : paralysie purement motrice pour les auteurs anglais qui, considérant comme anatomiquement séparés les centres moteurs et sensitifs, situent ailleurs les centres de la sensibilité générale. Nous ne suivrons pas FERRIER dans son examen critique des observations cliniques de PETRINA, EXNER, LUCIANI et SEPPILI, STARR, DANA, LISSO, etc., sur ce sujet[1]. « Il n'est point douteux pour moi, répète GOLTZ, que *chaque hémisphère du cerveau* est en rapport, au moyen des nerfs, avec tous les *muscles* et avec tous les *organes des sens* du corps entier. *Chaque territoire de la substance corticale du cerveau* est, indépendamment des autres, relié par les nerfs d'une part avec tous les *muscles* volontaires, de l'autre avec tous les *nerfs de la sensibilité* », c'est-à-dire avec tous les points sensibles des deux moitiés du corps. Les faisceaux croisés représentent seulement les voies d'un parcours plus facile que les faisceaux directs, reliant les moitiés homonymes du cerveau et du corps. Voilà pourquoi l'animal privé d'une moitié de ses hémisphères cérébraux doit déployer plus d'effort pour exécuter des mouvements du côté opposé à la lésion, les voies de transmission présentant plus de résistance (GOLTZ, VI, *Mém.*, 1888).

Quant à l'hypothèse de FERRIER d'après laquelle le centre de la sensibilité générale siégerait dans le gyrus fornicatus et dans la portion hippocampale de cette circonvolution, l'observation clinique n'a jusqu'ici apporté aucune preuve décisive à l'appui. « Les cas de lésions limitées à l'hippocampe sont d'ailleurs si rares que FERRIER avoue lui-même n'en avoir pu trouver un seul (SEPPILI). » Ajoutez les cas cliniques où les troubles de la sensibilité font défaut en dépit des plus graves lésions destructives de l'hippocampe, et ceux, innombrables, où ces troubles existent sans lésion de l'hippocampe. Enfin, dans les cas d'épilepsie chronique, où la sclérose et l'atrophie de la corne d'AMMON ont été quelquefois constatées à l'autopsie (MEYNERT, SNELL, TAMBURINI, etc.), on ne rencontre point d'ordinaire d'altérations permanentes et bien circonscrites de la sensibilité générale. Cependant, au point de vue expérimental, HORSLEY, SCHAEFER, SANGER-BROWN persistent à croire, avec D. FERRIER, que la destruction des régions indiquées détermine une hémianesthésie du côté opposé, et cela encore qu'une démonstration complète du fait n'ait jamais été faite par ces physiologistes eux-mêmes. Il faudrait enlever entièrement ces parties du grand lobe limbique, « opération de la plus grande difficulté, écrit SCHAEFER, mais que je n'abandonne pourtant pas l'espoir d'effectuer un jour. En attendant, j'*affirmerais* l'extrême probabilité de cette hypothèse en raisonnant par exclusion, etc. » (A. SCHAEFER. *Experiments on special sense localisation in the cortex cerebri of the monkey. Brain*, janv. 1888, 379).

Touchant le sens musculaire, qui fait partie de la sensibilité générale, FERRIER persiste à soutenir, contre CHARLTON BASTIAN, que « nos idées de mouvement » ont, dans l'écorce cérébrale, un siège distinct et séparé des centres moteurs par lesquels les mouvements sont effectués. « La destruction des centres moteurs corticaux paralyse, dit FERRIER, la puissance d'exécution, mais non la conception idéale du mouvement lui-même. Il n'est

1. Voir, pour les textes et la discussion critique des faits, J. SOURY, *Les fonctions du cerveau*, Paris, 2e édition, 1892, 55-65.

pas rare qu'un malade qui est hémiplégique par embolie de son artère sylvienne ne découvre son état par l'impuissance où il est d'exécuter les mouvements qu'il a distinctement conçus. »

Si DAVID FERRIER veut dire que, dans la constitution du complexus d'une image motrice, il entre des éléments qui font partie de groupes d'images appartenant à tous les centres sensoriels de l'écorce : vision, audition, olfaction, etc., de sorte que la représentation d'un mouvement en rapport avec ces images peut surgir alors que l'exécution en est devenue impossible, il a tout à fait raison, selon nous du moins. Loin d'être isolées, les images motrices nées de la sensibilité générale, et en particulier du sens musculaire, articulaire, tendineux, etc., sont, partout et toujours, associées aux sensations des sens spéciaux, de quelque nature qu'elles soient. Les rapports si étroits de la vision et des mouvements volontaires sont bien connus ; ceux de la motilité et de l'audition, chez l'homme, de l'olfaction chez les animaux osmatiques, ne sont pas moins étroits. Toute représentation subjective ou idée est saturée de résidus « moteurs », c'est-à-dire sensitifs.

Où est le siège de ces résidus de sensations perçues et associées ? Très probablement dans les grands centres d'association de l'écorce. On pourrait donc encore avoir la « conception idéale d'un mouvement » avec une lésion destructive des centres dits moteurs. Mais doit-on voir dans ces derniers centres de simples points nodaux (NOTHNAGEL, etc.), où convergent des fibres d'association parties des points les plus différents et les plus distants de l'écorce cérébrale ? Ces vastes territoires, les plus vastes de l'écorce cérébrale, ne seraient que de simples voies de transmission motrice ! Le lobe pariétal, où NOTHNAGEL situe, depuis dix ans et plus, le siège des images motrices, et en particulier du sens musculaire, ne contient que des représentations de ce sens en rapport avec certains segments des extrémités inférieures, au même titre sans doute que le tiers supérieur des circonvolutions centrales et le lobule paracentral, ou de même encore que le tiers moyen des circonvolutions centrales renferme des représentations du même sens en rapport avec les extrémités antérieures. L'autonomie de ces centres ne peut être que relative, comme celle de toutes les autres provinces de cette grande fédération d'états qu'on appelle le cerveau. Mais, on n'a pas plus le droit de localiser par hypothèse le sens musculaire dans le lobe pariétal que la sensibilité cutanée dans le lobe falciforme. En dépit de sa localisation erronée de la sensibilité générale, FERRIER a raison contre BASTIAN, de même que contre NOTHNAGEL, lorsqu'il refuse de dissocier la sensibilité musculaire des autres formes de la sensibilité générale.

Voici, sur le cerveau du chien et sur celui du singe, la topographie des régions que MUNK a dénommées « sensitives » (*Gefühlsphäre*). Elles correspondent à toutes les parties de l'organisme qui s'y réfléchissent, en quelque sorte, et qui s'y trouvent représentées (fig. 82-83).

Les fonctions de la sensibilité générale de l'organisme sont aussi représentées, on le voit, sur la face interne de la F^1 ou circonvolution marginale. Avant HORSLEY et SCHAEFER, MUNK avait, dès 1878, indiqué ces régions. « La région des extrémités postérieures, disait-il, s'étend aussi, chez le singe comme chez le chien, *sur la face interne de l'hémisphère* jusqu'au gyrus fornicatus. J'ignore si la même chose existe pour l'extrémité antérieure de la région des membres antérieurs du singe ; ce n'est sûrement pas le cas pour le chien. Cette dernière région ne s'étend pas aussi loin que je l'avais indiqué, jusqu'à la *fissura longitudinalis ;* mais, entre l'extrémité interne de sa moitié antérieure et le gyrus fornicatus existe, sur la face supérieure et *interne* des hémisphères, la sixième région de la sphère sensitive (*Fühlsphäre*) du chien, la région de la nuque[1]. » Ce serait à tort, selon MUNK, que les auteurs anglais ont localisé sur cette circonvolution marginale les centres du tronc entre ceux des bras et des jambes. Néanmoins, on doit rendre hommage aux beaux travaux de ces auteurs sur cette région du lobe frontal, qu'ils croient être d'ailleurs, avec FERRIER, de nature purement motrice. N'importe ; ils ont établi que les mouvements du tronc et des extrémités des deux côtés du corps étaient surtout représentés dans chaque circonvolution marginale.

1. HERMANN MUNK. *Ueber die Functionen der Grosshirnrinde*.. 2e Auflage, 54, 55, 58 (Berlin, Hirschwald), 1890. — *Ueber die Fühlsphaeren der Grosshirnrinde*, 1892-6.

Notons encore que HORSLEY a été conduit, par l'examen des faits cliniques et expérimentaux, à admettre que les impressions du toucher et de la sensibilité générale sont aussi enregistrées dans l'aire rolandique, partant que cette région est sensitivo-motrice (1891). SCHAEFER estime aussi que cette même région reçoit des impressions afférentes et n'est point purement motrice. HUGHLINGS JACKSON n'a pas cru non plus que les centres dits

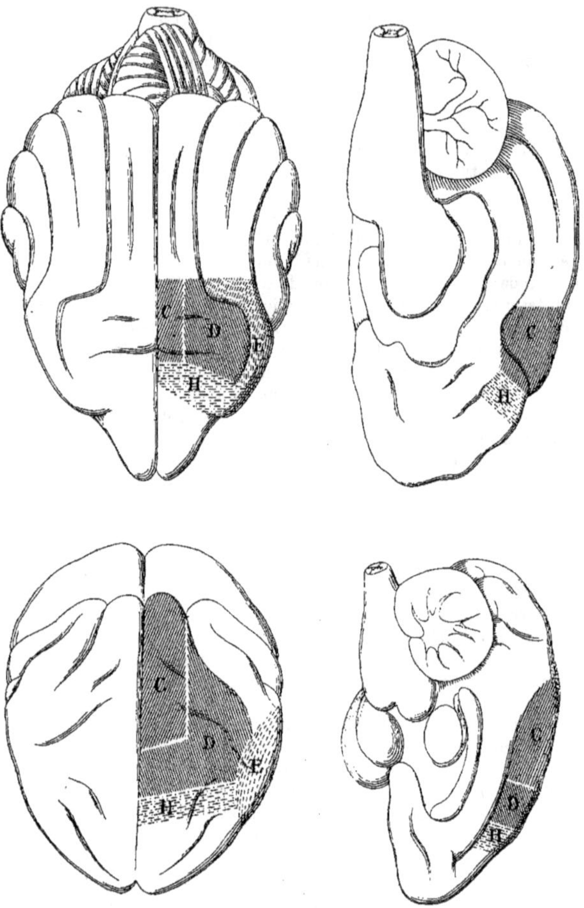

FIG. 82 et 83. — Aires corticales de la sphère sensitive du corps. Écorce cérébrale du chien et du singe.

C, région des extrémités inférieures. — D, région des extrémités supérieures. — E, région de la tête. — H, région du cou et de la nuque.

moteurs fussent « purement moteurs » (*On convulsive Seizures. Lumleian lectures*, 1890). Enfin, CHARLES BELL, dans son mémoire célèbre sur *la Main* (*The Hand*, etc.), était arrivé à des idées analogues sur la nature complexe du sens musculaire.

Théorie de BECHTEREW sur les centres moteurs de l'écorce. — En Russie, BECHTEREW affirme toujours qu'il existe, dans l'écorce cérébrale, de « vrais centres moteurs ». Contre les résultats obtenus par SCHIFF après l'ablation de la zone excitable, BECHTEREW maintient qu'il n'a jamais pu constater le moindre trouble de la sensibilité quand la lésion ne dépassait pas les limites de la zone motrice corticale, c'est-à-dire les limites du gyrus sigmoïde chez le chien. Schiff, en extirpant cette zone, aurait empiété « sur la substance cérébrale située *derrière le gyrus sigmoïde* ». Cette région, qui, sur le cerveau humain, correspond aux circonvolutions pariétales, est précisément celle où Bechterew a essayé de localiser les centres de la *sensibilité tactile*, de la *sensibilité musculaire* et de la *sensibilité à la douleur*. Les premiers de ces centres seraient situés immédiatement derrière la zone motrice et en dehors de ce territoire ; les seconds et les troisièmes, étroitement rapprochés, mais non identiques, au-dessus de la scissure de Sylvius (*Ueber die Localis. der Hautsensibilität [Tast und Schmerzempfindungen] und des Muskelsinnes an der Oberflaeche der Grosshirnhemisphaeren. Neurol. Centralbl.*, 1883). Ainsi, pour Bechterew, l'aire corticale dont l'excitation détermine les mouvements est purement motrice, au sens de David Ferrier : c'est le gyrus sigmoïde. Toutefois, en dehors de la zone motrice proprement dite, Bechterew a déterminé des points aussi constants que ceux de cette région, dont l'excitation provoque toujours des mouvements des yeux, des oreilles, etc. L'excitation de la deuxième circonvolution externe du chien, par exemple, entre le bord postérieur du gyrus sigmoïde et la pointe du lobe occipital, produit une déviation conjuguée des yeux du côté opposé, un rétrécissement des pupilles, une légère occlusion des paupières ; appliqué à quelques millimètres en arrière du gyrus sigmoïde, sur la même circonvolution, le stimulus électrique provoque un plissement du nez et des joues ; les dents se découvrent ; l'excitation de la troisième circonvolution, toujours en arrière du gyrus sigmoïde, est suivie du redressement de l'oreille opposée, quelquefois aussi du même côté. Ces mouvements ne sont point dus à la propagation du courant aux régions « motrices », car si on isole ces centres par la méthode des circonvallations, les mouvements en réponse persistent. En outre, pour être excités, ces centres exigent l'application d'un courant plus fort et d'une plus longue durée que ceux de l'aire corticale d'où partent les fibres du faisceau pyramidal ; leur destruction n'entraîne pas de troubles manifestes de la motilité ; enfin les mouvements qu'ils provoquent ne sont pas aussi bien différenciés que ceux qui résultent de la zone motrice proprement dite. Ces centres disséminés à la surface de l'écorce sont bien, cependant, pour Bechterew, des centres moteurs véritables, des points d'origine de faisceaux moteurs indépendants, dont les fibres centrifuges vont innerver des muscles de la moitié opposée du corps. Selon toute apparence, « ils transmettraient aux muscles leur excitation par l'intermédiaire de masses grises situées profondément dans le cerveau, probablement les couches optiques » (*Physiologie de la région motrice de la substance corticale du cerveau. Arch. slaves de biol.*, 1887, III, 117 sq.). Il existerait donc des centres corticaux moteurs de deux sortes, les uns plus facilement, les autres plus difficilement excitables, et cette distinction, Bechterew l'aurait trouvée également fondée dans ses expériences sur l'*Excitabilité des différents territoires de l'écorce cérébrale chez les animaux nouveau-nés* (*Neurol. Centralbl.*, 1889). Ainsi l'excitation des points facilement excitables du gyrus sigmoïde provoque déjà des mouvements des membres, alors que celle des autres centres demeure encore sans effet. Les mouvements du pavillon de l'oreille n'ont pu être produits qu'une semaine environ après l'apparition des réactions motrices des membres dues à l'excitation du gyrus sigmoïde. Quant aux mouvements conjugués des yeux, déterminés par l'excitation du lobe occipital, ils n'ont apparu qu'après a fin du premier mois.

Chez le singe, pour obtenir des altérations de la sensibilité générale, il faut enlever la circonvolution centrale postérieure (PA), qui contient aussi des centres moteurs : on doit en conclure que les centres moteurs et sensitifs sont bien ici indépendants en soi, mais situés très près les uns des autres et évidemment jusqu'à un certain degré superposés (W. v. Bechterew, *Die Leitungsbahnen im Gehirn und Rückenmark*. Leipzig, 1894, 146-7). Chez l'homme, dans les cas de lésions destructives des circonvolutions centrales, on n'observe d'ordinaire qu'une paralysie de la motilité sans participation de la sphère sensitive : « Sans doute, il existe aussi, chez l'homme, des troubles de la sensibilité consécutifs aux affections de l'écorce. Mais, dans la plupart des cas, la lésion en foyer se trouve alors ou tout à fait en dehors du territoire moteur, ou elle intéresse encore d'autres territoires corticaux en dehors de la zone motrice. De l'examen de la plus grande partie des observations existant sur ce sujet dans la science, nous sommes amenés à conclure que ce sont les *circonvolutions pariétales* dont la lésion s'accompagne le plus fréquemment de troubles de la *sensibilité cutanée et musculaire*. Il se trouve d'ailleurs des cas où, chez l'homme, des lésions de la région inférieure de la *circonvolution centrale postérieure* (PA) sont associés à des troubles de sensibilité : ces observations sont tout à fait d'accord avec les résultats de mes expériences sur les animaux. » Les centres de l'écorce cérébrale ne doivent point, selon Bechterew, être considérés comme séparés par des limites tranchées : « Il est au contraire non seulement possible, mais très vraisemblable, qu'un seul et même territoire de l'écorce puisse servir à la fois, grâce à ses connexions variées avec la périphérie du corps, à des fonctions différentes. » C'est ainsi qu'il nous est loisible de comprendre comment, par exemple, chez les animaux, ce territoire, relativement petit de l'écorce cérébrale qui représente le *gyrus sigmoïde* ou, chez l'homme et les singes, les *circonvolutions centrales* et les territoires limitrophes (*les pieds des trois frontales*), peut être à la fois le centre des mouvements des membres, des mouvements des différents organes internes (cœur, estomac, canal intestinal, vessie, etc.), et contenir encore les centres vaso-moteurs, les centres de la sécrétion des larmes, etc.

Théorie d'Exner sur la nature des centres moteurs de l'écorce. — Pour Exner, « les différents centres ou territoires de la *sensibilité tactile* des différentes parties du corps se confondent en général avec les centres ou territoires moteurs de l'écorce cérébrale ». Il n'existe pas de territoires *moteurs* et *sensitifs* distincts dans l'écorce du cerveau. Exner professe que chaque zone dite motrice est en rapport avec les mouvements des deux côtés du corps (1881), doctrine qui est aussi celle de Goltz et de Brown-Séquard, si l'on applique à chaque hémisphère ce qui est dit ici de chaque zone excitable de l'écorce. Hitzig, Albertoni, François-Franck et Pitres ont constaté que l'excitation unilatérale de l'écorce est suivie, chez le lapin et le chien, de mouvements bilatéraux, c'est-à-dire du côté opposé et du côté correspondant, pourvu que l'excitation ait une intensité suffisante ou que la moelle soit très excitable. La contraction musculaire est plus intense du côté croisé que du côté direct, Exner l'a montré aussi (1881). La *méthode des cas négatifs* et *positifs* d'Exner (il existe trois méthodes en réalité), en dépit des critiques qu'on peut lui adresser, n'a pas peu contribué à la détermination de la nature et du siège des fonctions cérébrales. Pour déterminer l'aire d'un centre cortical, la sphère d'une fonction donnée, par exemple du mouvement volontaire d'un membre, Exner réunit tous les cas de lésions cérébrales dans lesquels la motilité de ce membre était demeurée intacte ; il reporte ensuite sur un schéma du cerveau toutes les lésions révélées dans ces cas par l'autopsie : ce qui ressort d'un tel graphique, c'est qu'au milieu des différents centres corticaux plus ou moins chargés et remplis, le centre du membre considéré reste en blanc : il coïncide avec le centre cherché ; tous les autres demeurent en dehors. Voilà la méthode des cas négatifs ; voici celle des cas positifs. Procédant à l'inverse, Exner réunit les observations cliniques dans lesquelles la fonction du centre cherché est altérée, puis il reporte et superpose sur un schéma les lésions trouvées à l'autopsie, de manière à faire ressortir, grâce à l'intensité différente des teintes plus ou moins foncées, les régions les plus fréquemment lésés. A l'aide de cet artifice chromographique (douze gradations de teintes), une zone corticale assez étendue se détache des régions environnantes restées intactes : c'est dans cette zone qu'est le centre cherché, ou plus exactement dans *l'aire centrale* de cette zone : là est le *centre absolu* de la fonction corticale considérée ; son *centre relatif*, beaucoup plus étendu, rayonne au loin, constitué d'éléments nerveux de même nature fonctionnelle, mais en proportion progressivement décroissante. La destruction d'un centre relatif *peut* produire quelquefois, s'il s'agit d'un centre « moteur » par exemple, la parésie ou la paralysie du groupe musculaire correspondant : la destruction du centre absolu *doit* la produire presque sûrement (*Untersuchungen über die Localisation der Functionen in der Grosshirnrinde der Menschen*. Wien, 1881, 63, sq.). Loin d'être séparés par des limites tranchées comme ceux de Ferrier, « qui n'ont plus qu'un intérêt historique », les centres de l'écorce cérébrale empiètent les uns sur les autres en partie. Comme on ne connaît aucun point de l'écorce qui ne soit en connexion anatomique avec tous les territoires nerveux qui l'environnent, cette seule considération suffirait déjà pour écarter toute possibilité de frontières nettement distinctes entre les centres. L'hétérogénéité fonctionnelle de l'écorce du cerveau est chose démontrée. Avec Meynert et

Nothnagel, dont il invoque les noms, avec l'École de Vienne, Exner se déclare pour l'existence d'une localisation, en quelque sorte entourée de tempéraments et de nuances, des fonctions du cerveau (*gemässigte Lokalisation*), mais contre la théorie qui, à l'instar de Gall, divise l'écorce en territoires nettement tranchés, rappellant l'aspect des cartes de géographie (*Landkarten*) (*Ueber neuere Forschungsresultate, die Localisation in der Hirnrinde betreffend. Wien. med. Wochenschr.*, 1886, n°s 49-51). Les territoires corticaux *absolus* et *relatifs* des membres supérieurs et inférieurs sont plus étendus sur l'hémisphère gauche que sur l'hémisphère droit. Pour les fonctions sensorielles, l'hémisphère droit a plus d'importance que le gauche. La déviation des deux yeux après la lésion d'un seul hémisphère implique que ces mouvements combinés dépendent de chaque hémisphère.

Les muscles qui, d'ordinaire ou toujours, sont innervés de concert et président aux mouvements associés et symétriques des deux côtés du corps, tels que ceux des yeux, des paupières, de la langue, de la mastication, des extrémités antérieures des mammifères inférieurs (lapin), ont leur territoire cortical d'innervation motrice non seulement dans l'hémisphère opposé, mais aussi dans l'hémisphère correspondant. Exner ne soutient pas que deux muscles symétriques des deux moitiés du corps sont représentés dans un même point de l'écorce d'un hémisphère : les mouvements qu'on observe sur les deux pattes antérieures du lapin, par exemple, en excitant un seul hémisphère, présentent tout le caractère de combinaisons de mouvements volontaires. Si l'excitation a lieu à droite, les deux extrémités se dirigent à gauche, et *vice versa*, comme si l'animal devait mouvoir ses deux pattes pour se tourner à droite ou à gauche (*Zur Kenntniss der motorischen Rindenfelder. Sitzungsber. d. k. Akad. d. Wiss.* Wien. B. 84, 1881, 185). Toutefois, dans un important chapitre de physiologie qu'a écrit Exner sous le nom de *sensomobilité*, et dont nous allons parler, on voit que, toujours bilatérale chez l'homme, la réaction des pupilles n'affecte que l'œil éclairé chez un grand nombre de vertébrés, tels que les oiseaux, beaucoup de mammifères, le cheval, par exemple (Steinach. *Pfluger's Arch.*, XLVII, 289). Chez le cheval aussi une moitié du larynx est paralysée lorsqu'on coupe le nerf laryngé supérieur, qui n'innerve pourtant ici aucun muscle du larynx (Pineles. *Ueber Lähmungsartige Erscheinungen nach Durchschneidung sensorischer Nerven. C. P.*, IV, 741). Charles Bell et Magendie savaient que la paralysie du mouvement peut résulter de la perte de la sensibilité. La sensomobilité, et en général toute motilité, dépend donc de l'existence d'excitations sensitives ou sensorielles. Pourquoi un sourd de naissance est-il muet? Parce que les impressions sensorielles qui lui auraient permis de régler les mouvements du langage articulé lui ont fait défaut. Mais l'étude physiologique de la sensomobilité ne permet de bien comprendre la nature des *mouvements volontaires* qu'après une intelligence préalable de celle des *mouvements purement réflexes* et des *mouvements instinctifs*.

Doctrine de la sensomobilité d'EXNER. — I. Mouvements réflexes. — Ainsi, l'*ouverture du pylore* par le fait de l'excitation mécanique du contenu de l'estomac, la *contraction de la pupille* à l'éclairage, voilà des réflexes qui, non seulement se produisent après l'ablation du cerveau, mais dont rien n'arrive à la conscience lorsqu'elle existe : nous ne pouvons réagir sur le cours de ces processus. Parmi les réflexes d'un degré plus élevé, sur lesquels la conscience peut exercer quelque influence, Exner cite le *clignement de l'œil*, qui répond à l'excitation tactile de la cornée ou des cils ; ce réflexe échappe d'ailleurs souvent à la conscience et se produit contre la volonté ; il se produit aussi après l'ablation du cerveau et de la moelle épinière jusqu'au calamus scriptorius ; ce réflexe est localisé : il s'agit surtout évidemment du noyau sensible du trijumeau et du noyau moteur du facial, avec leurs connexions centrales. Chez l'homme, les deux noyaux du nerf facial fonctionnent toujours de concert, que l'un ou l'autre œil soit mécaniquement excité. Exner le rappelle, car, chez les animaux, ce mouvement réflexe peut être unilatéral (lapins, chats, etc.), ce qui prouve l'indépendance fonctionnelle des deux noyaux de ces nerfs moteurs, même dans les réflexes, et l'existence de différences très importantes à cet égard dans la série des mammifères. Une influence réciproque peut s'exercer entre ce réflexe et la conscience : il détermine en effet des sensations tactiles consécutives au mouvement des paupières, peut-être aussi des sensations de la cornée et des muscles. Les *réflexes tendineux* sont encore plus élevés : le lieu de la réflexion est ici la moelle épinière. Comme dans le clignement, l'impression sensible déterminante et la sensation du mouvement de réponse (faux pas redressé, etc.) arrivent à la conscience, mais le mécanisme réflexe est beaucoup plus complexe. Les réflexes tendineux sont une forme spéciale de régulation des mouvements que nous exécutons, par exemple, dans la marche. Un mouvement volontaire, la marche, est régularisé par des sensations provenant de nos ligaments, de nos tendons, de nos muscles; les coordinations si complexes de cet ordre de mouvements sont certainement réalisées dans la moelle épinière sous l'influence des sensations tendinenses, articulaires, etc. : c'est le rôle des « voies courtes » de la moelle, et quand ces voies dégénèrent les symptômes du tabes dorsal apparaissent. L'écorce cérébrale interviendrait toujours trop tard lorsque, dans la marche, le genou plie, qu'en nageant on heurte une pierre, etc.: dans ce dernier cas, la contraction réflexe qui écarte la jambe de la pierre exige, pour chaque point de la peau, l'action d'un autre groupe de muscles ou celle des mêmes muscles dans des états de contractions différents: le mécanisme de ce simple réflexe est donc déjà des plus complexes. Après la décollation, les mammifères eux-mêmes accomplissent encore des mouvements réguliers de course; le rythme et la succession des mouvements des extrémités étaient, plus que chez l'homme encore, préformés dans la moelle. Mais on conçoit que le moindre trouble dans la perception des impressions sensibles retentira sur la succession et le rythme de ces mouvements (Exner, *Sensomobilität. A. g. P.*, 1891, 592 sq. *Entwurf zu einer physiol. Erklärung der psychischen Erscheinungen.* Leipzig u. Wien, 1894, 124-140). Un autre exemple, mieux fait encore pour montrer avec quelle fatalité un acte physiologique peut être empêché par un trouble apporté dans la suite régulière des mouvements réflexes du fait d'une anesthésie purement locale. Dans la déglutition, l'impulsion volontaire intervient d'ordinaire et donne en quelque sorte la première impulsion aux mécanismes sous-corticaux qui vont entrer en jeu. Mais le réflexe de la déglutition n'aura pas lieu si, après avoir badigeonné la cavité buccale et pharyngienne avec une solution de cocaïne, le contact de l'aliment porté volontairement au fond de la bouche n'est point senti.

II. **Mouvements instinctifs.** — Les *mouvements instinctifs* éclairent bien le mécanisme de la sensomobilité. L'image d'un objet projeté sur notre champ visuel excite notre attention; nous le regardons, c'est-à-dire que nous innervons nos douze muscles oculaires externes à ce degré de tension suffisant pour que les deux rayons visuels convergent vers l'objet. Si une cornée est opaque, le rayon visuel de l'œil sain sera seul dirigé vers l'objet; l'autre œil louchera : les impressions sensibles de l'œil ont été la condition nécessaire de cette innervation motrice, celles de la rétine en particulier. La lésion fonctionnelle d'un œil a empêché la coordination des mouvements. Ici il n'y a pas de paralysie; le trouble moteur dépend simplement d'une altération de la sensibilité : c'est un trouble typique de sensomobilité. Ce qu'il faut noter, c'est qu'une incitation motrice volontaire n'est pas capable de produire des contractions musculaires exactement adaptées. Dans le cas actuel, par exemple, l'élaboration des impressions rétiniennes dans les centres souscorticaux est nécessaire pour réaliser l'adaptation exacte des mouvements des muscles de l'œil. Exner voudrait appeler *instinctives* toutes ces formes de mouvement auxquelles appartiennent, outre les mouvements des yeux, certains mouvements de locomotion, ceux de la mastication, certains mouvements de la face, bref, tout un groupe de phénomènes fort bien étudiés dans la première moitié de ce siècle (Ch. Bell, Magendie), puis oubliés, dont la perte est déterminée uniquement par la section ou la destruction des nerfs de la sensibilité. Ainsi, un aveugle par atrophie des nerfs optiques, encore que tout son appareil moteur oculaire soit intact, et alors même qu'il exécutera des mouvements avec ses yeux, conservera toujours la fixité du regard que l'on sait. Exner parle des rides du visage des militaires et des marins exposés aux vents et aux intempéries : elles résultent des mouvements de protection *instinctive* des yeux. Si l'on suppose anesthésique une moitié du visage, elle resterait lisse, sans rides; l'autre moitié, au contraire, garderait les plis de ces contractions *réflexes*.

Avant de parler des mouvements volontaires de la sensomobilité, il convient de rappeler que l'éminent physiologiste de Vienne a très logiquement fait sortir, selon nous, de la considération des réflexes et des instincts, une théorie de l'origine des erreurs générales (*Ueber allgemeine Denkfehler. Deutsche Rundschau*, LVIII, 1889, 103-16). Ce qui, chez l'homme comme chez les animaux, caractérise l'instinct, auquel les actions réflexes appartiennent, c'est son caractère de finalité étroite; il n'est adapté qu'en vue des cas les plus généraux. Chez l'individu, comme au cours de l'évolution phylogénique des races et des espèces, il n'a pu être utile, en effet, qu'en réalisant l'adaptation des organismes aux conditions les plus générales de la vie. Le clignement instinctif des paupières protège notre œil bien mieux qu'il le serait par un mouvement volontaire. Mais s'il nous faut subir une opération sur les yeux, ce réflexe se déchaînera, en dépit de la réflexion et de la volonté la plus consciente, avec une force si irrésistible, que nous demanderons au médecin de tenir nos paupières ouvertes : nous ne le pouvons pas nous-mêmes. Voilà un cas spécial dans lequel un mécanisme préformé de protection de l'œil devient non seulement inutile, mais nuisible. C'est ainsi que la poule couveuse continue à couver alors même qu'on a enlevé les œufs du nid. Selon EXNER, qui a fait cette comparaison, ce qu'il y a de typique ou de caractéristique dans l'instinct se montre et *reparaît toujours* dans les fonctions du système nerveux de l'homme. Quelles que soient ces fonctions, et depuis les plus simples jusqu'aux plus élevées, jusqu'aux notions les plus abstraites de l'art, de la science et de la logique, jusqu'au problème de ZÉNON D'ÉLÉE, toujours et partout, nos jugements particuliers sont dominés par la puissance d'association de sentiments et d'idées qui dérivent bien des impressions de notre enfance et de notre jeunesse, mais qui ne nous ont été transmises alors que parce qu'elles l'avaient déjà été à des centaines et à des milliers de générations humaines. L'application de façons de sentir et de penser de la communauté à tel cas spécial, voilà le fondement des errements de la pensée. La plupart des illusions des sens pourraient sans doute déjà illustrer ce principe. Mais comment les jugements ne correspondraient-ils pas à l'expérience générale d'un groupe d'êtres? Or, entre les *jugements* et les *actes instinctifs*, d'une part, la *pensée consciente*, de l'autre, il n'existe point, dit EXNER, de limites tranchées. La pensée, en effet, repose sur des processus d'association, c'est-à-dire sur des fonctions psychiques, dont le réflexe est et demeure le type, ajouterai-je. Si nous avons l'illusion de les dominer, ces processus, ce ne peut toujours être qu'en opposant le jeu de mécanismes réflexes à celui d'autres mécanismes réflexes. Mais ce n'est point *nous* qui suscitons ces conflits : ils se déchaînent d'eux-mêmes. Les expressions *Je pense, Je sens* (*ich denke, ich fühle*) ne sont point de bonnes façons de s'exprimer. Selon EXNER, dont la remarque nous semble d'une rare profondeur, il faudrait dire : *Il pense en moi* (*es denkt in mir*), *Il sent en moi* (*es fühlt in mir*). C'est qu'en effet nous subissons nos associations d'idées comme nous subissons nos sentiments. Nous assistons aux cent actes divers de notre vie physique comme au reste du spectacle du monde. *Que* sommes-nous donc? serait peut-être, je crois, une question moins insoluble que celle-ci : Qui sommes-nous? En tout cas, nous ne sommes pas plus les maîtres de nos pensées que de nos sentiments et de nos actions. Les « opérations de la raison » elle-même échappent à nos prises, car, d'elles-mêmes, les idées s'évoquent et s'appellent chez le savant, le philosophe et l'artiste : « Il ne dépend point de nous, dit EXNER, de faire ou non apparaître dans la conscience telle série d'associations. De même, le *poids des arguments* ne dépend point de notre volonté : il se forme un jugement en nous, voilà tout : *es denkt in uns.* »

III. **Mouvements volontaires.** — Dans la forme supérieure de nos mouvements, qui, pour être appelés *volontaires*, n'en sont pas moins toujours instinctifs et réflexes, la régulation de l'écorce cérébrale prend l'importance qu'avaient les centres sous-corticaux dans les mécanismes de la sensomobilité. Ces mouvements échappent souvent aussi, au moins en partie, à la conscience. Il existe toute une série de cas pathologiques (STRÜMPELL, ZIEMSSEN, RAYMOND, etc.) où, du fait d'une anesthésie étendue, les malades ne peuvent serrer le poing, lever le bras, tenir un objet, s'ils ne contrôlent du regard les mouvements; s'ils ferment les yeux, ils se comportent à cet égard comme s'ils étaient paralysés. EXNER rapproche ces fausses paralysies du défaut d'adaptation d'un œil qui louche du fait d'une opacité de la cornée. Bref, « la régulation motrice corticale a lieu sous le contrôle conscient des organes des sens. » Pour l'organisation et la répétition des mouvements du langage articulé, ce n'est plus l'œil dont l'office est indispensable : c'est l'oreille. Le sourd n'est muet que parce qu'il manque de cette régulation corticale; la mutité est un trouble de sensomobilité; pour que le sourd-muet apprenne le langage des sons, les impressions tactiles des organes de la phonation et la vue doivent suppléer l'absence des sensations acoustiques dans la régulation motrice de l'écorce du cerveau.

La topographie et la nature des centres corticaux (*Rindenfelder*) *absolus* et *relatifs* du cerveau ont été particulièrement étudiées par quelques élèves d'Exner, et sous la direction d'Exner lui-même. Vareth, après avoir déterminé au moyen de courants constants la localisation exacte des différents centres moteurs de l'écorce cérébrale du chien, pratiqua successivement ensuite : 1° une section circulaire du centre; 2° une section sous-jacente du même centre. On voit l'importance de pareilles expériences. Si, après la section circulaire, c'est-à-dire après l'isolement du centre des parties voisines de l'écorce cérébrale, l'excitation de ce point provoque les mêmes contractions des mêmes groupes musculaires qu'auparavant, on ne pourra point soutenir que cet effet résulte d'une excitation indirecte qui, au moyen des fibres *d'association*, se serait propagée au centre moteur : toutes les voies nerveuses d'association ont été coupées. D'autre part, si, après la section des faisceaux sous-jacents de *projection* issus de ce centre, l'excitation de ce point de l'écorce n'est plus suivie des mêmes contractions, ce sera une preuve nouvelle et des rapports de ce centre avec les territoires musculaires considérés, et de son autonomie fonctionnelle. Ces faits furent démontrés par Vareth, qui trouva, en outre, que, loin d'être tranchées, les limites qui séparent les différents centres moteurs corticaux empiètent les unes sur les autres, comme l'avait enseigné Exner dans ses *Recherches* cliniques et anatomo-pathologiques. Les territoires du facial et des extrémités sont complètement distincts et séparés (*Ueber Lage, Ausdehnung und Bedeutung der absoluten motorischen Felder auf der Hirnoberfläche des Hundes. Pflüger's Arch.*, xxxvii, 1885, 523-561). Joseph Paneth, dont les recherches expérimentales sur le territoire cortical du facial (*Das Rindenfeld des Facialis und seine Verbindungen bei Hund u. Kaninchen. Pflüger's Arch.*, xli, 1887, 349) ont confirmé celles d'Exner, indiquées plus haut, a repris, avec Exner, l'étude expérimentale des effets consécutifs à la section des fibres d'association sur le cerveau du chien (*Versuche über die Folgen der Durchschneidung von Associationsfasern am Hundehirn. Ibid.*, xliv, 1889).

Il s'agissait de contrôler les expériences de J.-M.-L. Marique, dont nous allons parler, après avoir rappelé celles de Fr. Franck et de Pitres comme nous avons fait celles de Vareth. Après la section circulaire ou circonvallation d'une région limitée, éprouvée comme motrice, de l'écorce cérébrale, les auteurs français ont vu se conserver les mouvements dépendant du point circonscrit isolé du reste de l'écorce, et la paralysie motrice succéder à l'ablation de la même région, si bien que « les points dits centres moteurs conservent tout au moins une influence directrice sur le mouvement, malgré leur séparation du reste de l'écorce » (*Leçons sur les fonctions motrices du cerveau*, 371). En appliquant la méthode de section des fibres d'association, qu'il appelle « méthode par isolement », Marique, après l'isolement du gyrus sigmoïde, c'est-à-dire après la section des fibres d'association qui rattachent ce territoire moteur aux régions voisines (*frontale*, *temporale* et *pariéto-occipitale*), constate des phénomènes paralytiques, identiques à ceux qui suivent l'ablation du gyrus sigmoïde lui-même. Marique en conclut que *les centres moteurs n'ont point de fonctionnement spontané*, autonome, et que *leur mise en activité est subordonnée aux excitations venant des régions sensitives et sensorielles voisines, surtout de la région pariéto-occipitale*, par un mécanisme analogue à celui des centres réflexes de la moelle. Les actes dits *volontaires* ne sont, en dernière analyse, comme les *réflexes spinaux*, que des *réflexes cérébraux;* ils n'en diffèrent que par le degré de complexité. Ces recherches furent en partie poursuivies au Laboratoire de physiologie de Bruxelles. Au nombre « des symptômes consécutifs » à l'isolement complet du gyrus, l'auteur signale une paralysie des mouvements purement volontaires ou intentionnels, encore très nette plusieurs semaines après que les troubles de locomotion (troubles dans la marche) avaient complètement disparu : cette paralysie disparut à son tour six à huit semaines après l'opération (*Recherches expérimentales sur le mécanisme de fonctionnement des centres psycho-moteurs du cerveau.* Bruxelles, 1885, 73-83).

Dans l'examen des objections qui peuvent être soulevées contre la méthode d'isolement, Marique répond à celle de ces objections qui voudrait expliquer les phénomènes décrits par la section non pas seulement des fibres d'association, mais encore des fibres de la couronne rayonnante, de sorte que la méthode par isolement complet du gyrus reviendrait à la destruction complète du gyrus par énucléation : « L'excitation électrique, employée après les sections, nous permettait chaque fois de nous assurer que nos incisions n'avaient pas détruit cet ordre de fibres et que *notre centre restait parfaitement en communication* avec les ganglions de la base... Les fibres de la couronne rayonnante, parallèles à la ligne d'introduction de notre couteau, restaient intactes. » A l'autopsie de quelques chiens morts peu de jours après l'expérience, MARIQUE constata « l'intégrité parfaite des fibres de la couronne rayonnante ». Suivant MARIQUE, « les phénomènes de paralysie presque complète obtenus par la section transversale postérieure démontrent également que les modifications fonctionnelles observées sont bien dues à la section des fibres d'association ». En répétant ces belles et élégantes recherches de MARIQUE, S. EXNER et Jos. PANETH ont constaté qu'après l'isolement du gyrus sigmoïde (pratiqué aussi sur la face interne), l'excitabilité électrique de cette région de l'écorce persistait immédiatement après l'opération. Les phénomènes consécutifs furent les mêmes, quoique moins graves, qu'après l'extirpation du gyrus ; ils purent encore être constatés quatre mois après l'opération (aucun animal ne vécut plus longtemps). A l'autopsie, outre la diminution du volume de l'hémisphère lésé, l'enfoncement en sous-sol de la partie circumsectionnée et la dilatation des ventricules, l'examen microscopique montra une dégénérescence profonde des fibres des faisceaux sous-jacents qui put être suivie très bas dans la moelle épinière. « Lorsque, ont écrit ces auteurs, la partie de la région motrice du cerveau d'un chien qui contient les territoires corticaux (*Rindenfelder*) des extrémités est séparée, par une section circulaire, de ses connexions avec le reste de l'écorce cérébrale, en épargnant le plus possible les vaisseaux de la pie-mère sus-jacente, des phénomènes se manifestent qui ressemblent à ceux qu'on observe après l'extirpatation complète de cette partie. La partie circumsectionnée s'atrophie. Il est vraisemblable qu'une part de ces phénomènes doit être rapportée à la lésion proprement dite, au traumatisme, comme disent les Français, une autre part à la section des fibres d'association. »

Voici, en somme, quelle idée générale des processus nerveux de l'écorce cérébrale ressort des travaux d'EXNER. La structure histologique de la plus grande partie de l'écorce cérébrale étant à peu près la même, le mode de fonctionnement doit être aussi à peu près semblable dans les diverses régions de cet organe : la diversité fonctionnelle qu'on y constate doit donc surtout dépendre des connexions de l'écorce avec la périphérie. Les expériences sur les animaux et les observations cliniques et anatomo-pathologiques de dégénérescences secondaires ont fait connaître l'origine et le trajet des faisceaux qui, par les pédoncules cérébraux, vont à travers la longue voie de la moelle épinière se distribuer aux cellules des cornes antérieures, d'où sortent les racines des nerfs moteurs qui transmettent aux différents groupes de muscles correspondants l'excitation partie de l'écorce du cerveau. Les processus centraux des territoires d'innervation des extrémités supérieures et du facial doivent être semblables, par exemple : seuls, les rapports de ces territoires corticaux avec les territoires musculaires considérés sont cause de la diversité des manifestations. Jamais la paralysie qui résulte de la destruction de tout un territoire cortical *absolu* ne disparaît chez l'homme ; les désordres moteurs consécutifs aux lésions d'un territoire cortical *relatif* peuvent s'amender. Quand l'excitation d'une zone corticale limitée est très intense, elle tend à se propager aux régions voisines. Ce qui vient d'être dit des territoires corticaux du mouvement, c'est-à-dire de ceux de la sensibilité générale, vaut pour les territoires corticaux de la sensibilité spéciale. Ainsi, aux *paralysies* correspondent les *anesthésies*, aux *convulsions* (épilepsies partielles, etc.) d'origine corticale les *hallucinations*.

Centres kinesthésiques de BASTIAN. — H. CHARLTON BASTIAN, rappelant les résultats des expériences de MARIQUE, confirmées par celles d'EXNER et de PANETH, estime pareillement que ces faits démontrent que l'isolement des centres kinesthésiques, c'est-à-dire du gyrus zigmoïde ou des circonvolutions rolandiques, par la section des fibres qui les unissent aux autres centres de sensibilité de l'écorce, détermine une paralysie identique à celle que cause l'extirpation des prétendus centres moteurs de FERRIER. En outre, MARIQUE a constaté que les mêmes contractions musculaires apparaissent après comme avant l'isolement de ces régions, sous l'influence de l'excitation électrique de l'écorce ; on ne peut donc douter que les centres musculaires avaient conservé, avec leur excitabilité, leurs connexions avec les faisceaux pyramidaux (BASTIAN. *On the Relations of sen-*

sory Impressions and sensory Centres to voluntary Movements). Ces expériences établissent que les centres des mouvements des membres et des autres parties du corps, de même que ceux du langage, semblent ne pas avoir d'action indépendante, mais réagir simplement aux excitations parties des centres de la vision, de l'audition, etc. Les images tonales des mots auraient ainsi, pour les mouvements du langage, une importance comparable (mais beaucoup plus évidente) à celle que possèdent les images visuelles pour les mouvements des extrémités (mouvements volontaires de la main suscités par la vision chez l'enfant, etc.). La vue prend presque autant de part, en effet, à l'apprentissage des mouvements du corps, en réagissant sur les régions corticales du sens musculaire et des autres modes de la sensibilité générale, articulaire, tendineuse, etc. (sensibilité kinesthésique de Bastian), que l'audition aux mouvements de la parole, au moins de la parole articulée. De la partie postérieure de T^1 gauche, siège de la perception des sensations auditives verbales et de l'enregistrement des images tonales des mots, des fibres d'association, passant au-dessous de l'insula de Reil, vont s'arboriser dans les prolongements protoplasmiques des neurones d'un second centre de sensibilité, appelé par Bastian *glosso- kinesthésique*, siège des sensations, perceptions et images des mouvements de la langue, du larynx, etc., dans l'articulation, constitué par les régions postérieures de la F^3 gauche et par celles des entours de cette circonvolution. De la F^3, la transmission de l'onde nerveuse se propage, à travers la capsule interne, jusqu'aux véritables centres moteurs du langage, dans le bulbe. Des paralysies des mouvements de la parole résulteront aussi bien des lésions du premier que du second de ces centres de sensibilité, — du centre de l'audition verbale que du centre glosso-kinesthésique, c'est-à-dire du territoire d'innervation musculaire des centres moteurs du langage.

Et ce qui est vrai de la destruction des centres ne l'est pas moins des faisceaux transcorticaux qui réalisent leur synergie fonctionnelle, quoique les images tonales et kinesthésiques des mots puissent, dans cette dernière occurrence, persister dans les centres ainsi isolés, comme dans les expériences de circonvallation. Mais la « méthode d'isolement » pratiquée par la maladie est rarement aussi radicale que celle des physiologistes; en l'absence du centre des images tonales des mots, le centre optique des images graphiques peut encore actionner le centre kinesthésique des mêmes symboles et en réveiller la conscience. Le centre de la vision verbale serait, en outre, associé avec un centre des mouvements de l'écriture, et ce centre kinesthésique serait localisé à peu près là où Exner et Charcot l'avaient déjà situé, c'est-à-dire dans la partie moyenne des circonvolutions rolandiques, si bien que la cécité verbale dominerait les troubles de l'écriture (agraphie) comme fait la surdité verbale les troubles de la parole (paraphasie, aphémie). Toutefois, selon Bastian, les images kinesthésiques qui déterminent les mouvements de la main dans l'écriture permettraient la survie de cette fonction même dans certains cas de cécité verbale. Pour la lecture à haute voix, voici ce qui se passe : du centre de la vision verbale, les perceptions transmises par des fibres commissurales au centre de l'audition verbale, retentissent de là sur le centre glosso-kinesthésique, d'où part l'incitation qui doit mettre en branle les centres moteurs bulbaires. Qu'une lésion atteigne isolément un des trois centres de sensibilité énumérés, et, en particulier, le centre de la vision verbale, qui commande ici les autres, et la lecture à haute voix sera impossible par défaut d'innervation des appareils phono-moteurs, encore que la répétition des mots et des lettres demeure possible, puisque en ce cas l'excitation porterait directement sur le centre de l'audition verbale, demeuré en rapports anatomiques et physiologiques avec le centre glosso-kinesthésique, ou centre des images verbales d'articulation, comme celui-ci l'est avec les centres moteurs d'exécution instrumentale du langage articulé. Il va de soi que si la lésion porte sur ces derniers centres ou sur les faisceaux de projection par lesquels ils sont associés au centre glosso-kinesthésique, il se produira de l'anarthrie.

Rien ne démontre mieux, selon Bastian, qu'on doit localiser dans les centres de sensibilité générale et spéciale de l'écorce (et il n'y en a point d'autres) l'excitation et comme l'impulsion initiale nécessaire à la production du mouvement. Chez l'homme, il n'y a pas d'exemple de paralysie des mouvements du corps consécutive à une lésion des centres de la vision mentale ou des faisceaux d'association de ces régions avec ceux des centres kinesthésiques qui se puisse comparer à la paralysie des mouvements de la parole consécutive aux lésions du centre de l'audition verbale ou des faisceaux d'association de ce centre avec la circonvolution de Broca. Quelque chose de semblable existerait cependant pour les mouvements de l'écriture, car Bastian dit, dans un passage de la *Note* que nous analysons, que la destruction du centre de la vision verbale gauche ne permet plus au sujet d'écrire soit un mot, soit une lettre. Chez les animaux, au contraire, il semble résulter des expériences de Marique que la section des fibres d'association reliant les régions postérieures du cerveau, par exemple les centres de la vision, aux territoires de la sensibilité musculaire, articulaire, etc., du corps, détermine la même paralysie des extrémités que la destruction des centres kinesthésiques eux-mêmes. Cependant Anton, au point de vue clinique, a cité plusieurs cas de troubles graves de la motilité volontaire déterminés, à plusieurs reprises, par une altération des sensations musculaires, cutanées et optiques (hémianopsie), suivis d'atrophie précoce des muscles du côté paralysé. Ces troubles du mouvement, Anton les attribue à la perte du sens musculaire en particulier, dont les courants afférents n'arrivaient plus aux « centres psycho-moteurs » de la région pariétale de l'écorce. Dans la capsule interne comme dans la couronne rayonnante, les différentes voies nerveuses sensitives sont distinctes et séparées; dans le cerveau, ces faisceaux semblent s'irradier dans les régions pariétales, « en arrière de la voie motrice ». Anton en conclut, lui aussi, que les centres dits moteurs ne semblent pas fonctionner spontanément: ils doivent être actionnés par des excitations transmises des régions de la sensibilité générale et spéciale de l'écorce. La suppléance importante qu'exerce la vue pour l'accomplissement des mouvements volontaires indique que les perceptions et les images du centre sensoriel de la vision peuvent agir comme celles des territoires de sensibilité générale d'où partent les incitations des mouvements volontaires. Rien de plus complexe, par conséquent, que les sensations et les images motrices. Déjà, chez le nouveau-né, les mouvements réflexes déterminent la projection, dans l'écorce, des sensations apportées par les nerfs sensitifs des articulations, des muscles, des ligaments, etc., bien avant qu'un mouvement volontaire puisse être exécuté, les voies nerveuses du faisceau sensitif fonctionnant avant celles du faisceau moteur. Voilà même qui explique, selon Anton, quant à l'évolution, le fait que chaque mouvement volontaire est précédé plus tard d'une sensation ou représentation motrice, résidu de ce que Bastian appelle sensations kinesthésiques, sensations qui préexistaient dans l'organe de l'association à la possibilité de l'accomplissement de tout acte intentionnel et conscient (Anton. *Beitrag zur klinischen Beurtheilung und zur Localisation der Muskelsinnstörungen im Grosshirn. Zeitschr. f. Heilkunde*, 1893).

A côté des paralysies dues à des lésions organiques, Bastian a étudié avec une rare pénétration, on le sait, les troubles de même nature dérivant d'altérations fonctionnelles, soit du cerveau, soit de la moelle (*Various Forms of Hysterical, or Functional, Paralysis.* London, 1893). Les phénomènes des maladies purement fonctionnelles ne sauraient différer en nature, mais seulement en degré, suivant Bastian, des formes des maladies « structurales » ou organiques avec lesquelles elles sont apparentées. Les névroses, telles que l'hystérie, que l'on continue d'opposer comme désordres fonctionnels, ou dynamiques, aux troubles organiques à lésion matérielle bien définie, sont pourtant susceptibles d'être *localisées* : leur caractère ne doit pas dispenser le neurologiste de rechercher le siège, cérébral ou spinal, des affections dites fonctionnelles du système nerveux. Une étude anatomique de l'hystérie est déjà aujourd'hui possible. Quelle que soit la nature des troubles, généralement temporaires, de certaines névroses, et ces troubles semblent dus surtout à des spasmes vaso-moteurs, *ils occupent les mêmes régions, provoquent les mêmes symptômes, par le même mécanisme* que les maladies organiques. Les observations et expériences de Horsley, relatives aux lésions destructives des circonvolutions ascendantes, ont confirmé l'exactitude du tableau symptomatique des troubles fonctionnels de ces centres dans la paralysie hystérique, par exemple : perte du sens musculaire des organes périphériques correspondants, perte du sens ou de la notion de position des membres, des images des mouvements qu'exécutaient ces organes, etc. Cette paralysie du sens musculaire et partant des mouvements, voire du rappel des images motrices, cette amnésie des mouvements kinesthésiques, sont des phénomènes dont la localisation est assez nettement indiquée dans l'aire rolandique. Aux altérations fonctionnelles de cette aire, et du cerveau en général, appartiennent donc les cas de paralysie hystérique (monoplégies, hémiplégies, paraplégies), toujours associés à une perte correspondante du sens musculaire (*kinaesthetic anaesthesia*) et à des troubles plus ou moins nets de la sensibilité, dus à des troubles, plus ou moins passagers, de la nutrition des centres kinesthésiques (circonvolutions rolandiques et marginales); l'hémianesthésie (*sensory anaesthesia*), simple ou double, qui accompagne souvent ces paralysies fonctionnelles, Bastian l'attribue à des troubles du même genre de la région du tiers postérieur de la capsule interne, ainsi que Meynert l'a fait jusqu'à la fin, nous l'avons rappelé. Si ces malades sont incapables, en certains cas, d'exécuter, les yeux fermés, des mouvements fort simples, qu'ils accomplissent les yeux ouverts, c'est que, pour fonctionner, les centres kinesthésiques ont besoin, chez eux, de l'excitation sensorielle qui, lorsqu'ils ont les yeux ouverts, leur est transmise des centres de la vision. Les yeux fermés, cette excitation est trop faible pour actionner les territoires d'où partent les incitations des mouvements volontaires.

Quant aux paralysies fonctionnelles d'origine spinale, Mott et Sherrington, en des expériences célèbres, où ils avaient déterminé une paralysie motrice durable des extrémités rendues anesthésiques par la section de toutes les racines sensitives correspondantes, ont invoqué les vues de Bastian quant à l'importance des sensations pour la production des mouvements volontaires[1]. D'après ces savants, leurs expériences indiquaient que « non seulement l'écorce, mais tous les tractus sensitifs, depuis la périphérie jusqu'au *cortex cerebri*, sont en activité pendant les mouvements volontaires (*voluntary movement*) ». En réalité, cette paralysie fonctionnelle d'origine spinale résulte simplement d'une diminution de l'activité fonctionnelle des centres moteurs de la moelle : ceux-ci ne répondent plus aux excitations transmises par les faisceaux de projections descendant des centres kinesthésiques du cerveau parce que, du fait de la section des racines postérieures, l'absence de stimulation physiologique provenant de la périphérie du corps a diminué l'excitabilité de ces centres moteurs médullaires, lesquels, avec ceux de la protubérance et du bulbe, sont d'ailleurs les seuls centres moteurs du névraxe. L'importance de ces expériences, surtout celle de l'interprétation que Mott et Sherrington en avaient d'abord donnée, pour les fonctions les plus élevées de l'innervation centrale, de la volonté en particulier, ont amené Bastian à faire les déclarations suivantes. Il y était d'ailleurs directement intéressé, puisque son nom et ses doctrines sur ce sujet avaient été invoqués. L'explication rigoureusement scientifique que Bastian a donnée de ces faits nous semble la seule légitime et vraie en physiologie cérébrale. « Il y a trois ans, dit Bastian, j'ai cherché à établir qu'il existe des cas de paralysie fonctionnelle de type médullaire dus à des troubles fonctionnels des mêmes régions de la moelle qu'on doit nettement séparer des troubles d'origine cérébrale désignés d'ordinaire du nom de troubles hystériques. » Les expériences de Mott et Sherrington me paraissent fournir la preuve expérimentale de l'existence de l'une de ces formes de paralysie fonctionnelle d'origine spinale. Au lieu d'une activité fonctionnelle diminuée des centres kinesthésiques cérébraux (ayant quelque chose à faire avec la volition), il s'agit ici d'une activité fonctionnelle diminuée des centres moteurs de la moelle, centres dont l'activité moléculaire est si altérée qu'ils ne sont plus capables de répondre aux stimuli volitionnels ordinaires venant du *cortex cerebri*. Voilà l'explication que je propose, au lieu de supposer, comme le font les auteurs, que le pouvoir volitionnel lui-même « a été absolument aboli par la perte locale de toutes les formes de sensibilité » dans les membres paralysés. Une perte locale de toutes les formes de sensibilité par une lésion cérébrale de la capsule interne, Bastian l'a montré, ne détermine pas non plus une paralysie de ce genre. Tous les détails des expériences de Mott et Sherrington concordent sur un point : l'animal est incapable, avec les forces ordinaires de sa volonté, de mettre en activité les centres moteurs spinaux, et cela en raison du défaut d'excitations qui, à l'état normal, proviennent des stimuli périphériques et par les collatérales-réflexes se distribuent aux cellules motrices des cornes antérieures.

L'effet immédiat de l'opération est ici une « diminution de la subactivité habituelle des centres moteurs de la moelle dont dépend la condition du tonus des muscles ». Le

1. Mott et Sherrington. *On the Influence of sensory Nerves upon Movement* (*Proceedings of the R. Soc.*, 1895, 481.)

fait que les résultats de l'expérience ne sont produits que lorsque toutes les racines sensitives sont coupées, et que « la paralysie (*defect in motility*) va croissant de la racine à l'extrémité des membres », de sorte que « les mouvements les plus indépendants et les plus délicatement ajustés qu'emploient surtout les masses musculaires les plus petites et les plus individualisées de la main et du pied » sont ceux qui sont le plus complètement altérés ou abolis : ces faits, quoique en apparence d'accord avec l'interprétation de MOTT et SHERRINGTON, ne s'accordent pas moins avec l'hypothèse de BASTIAN. On le comprendra si l'on a présent à l'esprit le chevauchement des territoires de distribution des racines sensitives de la moelle épinière (comme l'a montré SHERRINGTON [1]), et le fait que les stimuli les plus délicats allant à de très petits muscles doivent être naturellement les moins capables de mettre en activité les centres spinaux dont le fonctionnement est ralenti. Voilà pourquoi ces centres ne réagissent plus aux incitations ordinaires d'origine corticale. On ne saurait donc parler ici, avec MOTT et SHERRINGTON, d'une lésion de la « volonté ». Le singe était si peu incapable de vouloir que, comme l'ont noté les auteurs, s'il était amené à lutter (*struggle*), à se débattre, les muscles, sous l'influence de cet appoint émotionnel, répondaient à l'insulte par des mouvements de défense et de protection. L'excitation électrique de l'écorce, plus intense que celle que transmettent les centres kinesthésiques aux centres moteurs de la moelle au cours d'une action volontaire, explique aussi que, sous cette influence, des mouvements en apparence « aussi aisés que dans un membre normal » aient apparu dans l'extrémité dont l'innervation sensitive avait été abolie et qui était paralysée. Cette expérience prouve en tout cas que la suppression de toutes les impressions afférentes par section des racines sensitives de la moelle ne diminue pas l'excitabilité des centres kinesthésiques de l'écorce; c'est plutôt l'inverse qui a lieu, si l'on prend garde à la diminution réelle de l'activité fonctionnelle des centres spinaux qui avait causé l'absence du tonus normal. Ce résultat, disent MOTT et SHERRINGTON, montra bien « la différence profonde entre les mouvements délicats des membres sous l'influence de la volition, d'une part, et du fait de la stimulation expérimentale de l'écorce, de l'autre ». BASTIAN n'y contredit pas. Il reconnaît que l'excitation électrique constitue, en réalité, un stimulus différent de celui qui part de l'écorce durant une action volontaire. Les cas de paralysie fonctionnelle d'origine cérébrale permettent d'entrevoir combien sont en quelque sorte « subtiles » les conditions déterminantes de ces états des centres nerveux puisque, chez le même sujet, et à des moments qui peuvent se succéder sans interruption, une paralysie complète des extrémités peut apparaître ou disparaître avec l'occlusion ou l'ouverture des paupières. Enfin BASTIAN a bien mis en lumière ce fait capital, dont l'interprétation physiologique avait d'abord paru favorable à l'hypothèse de MOTT et SHERRINGTON : si, dans ces expériences, la paralysie augmentait de la racine des membres aux extrémités, et était le plus marquée dans des « doigts », tandis que les « mouvements associés », les mouvements d'ensemble, les réflexes communs de défense et de protection étaient le moins altérés, c'est que l'innervation centrale des mouvements volontaires les plus différenciés des membres antérieurs éprouvait le plus de difficulté à se réaliser au moyen de centres moteurs spinaux dont l'excitabilité avait été si fort abaissée par la section des racines postérieures correspondantes.

Nature des troubles de la sensibilité générale et de la motilité volontaire. — La doctrine de la *sphère sensitive* (*Fühlsphäre*) de MUNK peut être considérée comme une synthèse des idées de HITZIG, de SCHIFF et de NOTHNAGEL sur la nature des fonctions de la zone motrice : il la divise en régions dont la destruction est suivie d'anesthésies dans les parties opposées du corps qui ont, dans ces régions, leur centre cortical d'innervation. Comme les autres centres ou sphères de la sensibilité spéciale, la sphère sensitive est donc composée de centres où les impressions de la sensibilité générale, avec leurs divers modes, sont perçues, associées et conservées sous forme d'images. La « sphère sensitive », disons mieux, les « sphères sensitives » sont le siège de la mémoire de ces images, comme la sphère de la vision mentale est le siège des images visuelles, comme

1. CHARLES S. SHERRINGTON. *Experiments in Examination of the peripheral Distribution of the fibres of the posterior Roots of some spinal nerves* (*Philos. Trans. of. the R. Soc. of Lond.* vol. 184, 1893, 641-763).

la sphère de l'audition mentale est le siège des images auditives, etc. Après avoir déterminé expérimentalement les rapports des diverses régions du corps — telles que celles des *bras* et des *jambes*, de la *tête*, des *yeux*, des *oreilles*, de la *nuque*, du *tronc*, — avec les différents points de l'écorce du cerveau, MUNK constitua cette « sphère sensitive » qui comprend les circonvolutions *frontales*, *rolandiques* et *pariétales*, région du manteau qui coïncide précisément en grande partie avec l'ancienne zone motrice, mais avec une extension considérable. Quant à la nature des troubles de la sensibilité générale observés dans ses expériences, MUNK, dissociant en psychologue exercé les différents modes de cette sensibilité, a distingué : 1° la perte des idées ou *images* (*Vorstellungen*) de *contact* et de *pression*, et aussi de *température*, nées des *sensations* élémentaires et des *perceptions cutanées* ; 2° la perte des images de *localisation* et de *notion de la situation dans l'espace* (*Lagevorstellungen*) des parties du corps, dérivant à la fois des *sensations cutanées* et des *sensations musculaires* et *articulaires* ; 3° et 4° la perte des *images tactiles* et des *images motrices* (*Tast-und Bewegungsvorstellungen*), nées de l'association du *sentiment de l'innervation* avec les *sensations musculaires et cutanées* : c'est par ces images ou représentations que nous avons conscience des formes et de l'étendue, ainsi que des mouvements actifs ou passifs de notre corps. Il ressort déjà de cette simple esquisse que les *troubles de la motilité volontaire* doivent être attribués, selon MUNK, à la perte des images de la *situation* des parties du corps dans l'espace et de celles qui résultent des impressions *tactiles* et *motrices*. Car ces images de la sensibilité générale sont bien nées des sensations et des perceptions de même nature, projetées dans l'écorce cérébrale, et leurs souvenirs (*Erinnerungsbilder*) persistent, à l'état latent, dans l'écorce, de sorte que toute lésion destructive des sphères sensitives (*Fühlsphaeren der Grosshirnrinde*) déterminera des troubles correspondants de la motilité (parésie, paralysie) par la perte de la mémoire de ces images. Les troubles du mouvement volontaire ne sont qu'un des modes de *l'anesthésie*. Les *paralysies d'origine corticale* ne sont que la suite de l'effacement ou de la perte des images qui représentaient pour la conscience, sous forme de signes ou de symboles de nature sensitive, l'existence, la situation et les différents ajustements musculaires de la partie paralysée. Comme pour l'audition et la vision, MUNK a distingué une *paralysie psychique* de la *sensibilité* et du *mouvement*, correspondant à une perte partielle des représentations sensitives (*Gefühlsvorstellungen*), et une *paralysie corticale* des mêmes propriétés du système nerveux central, qui suit fatalement la destruction totale des sphères sensitives de l'écorce du cerveau antérieur.

De centres moteurs ou psycho-moteurs, il n'en existe pas dans l'écorce cérébrale : seules, les images motrices, dont tous les éléments sont de nature purement sensitive, sont les causes des mouvements appelés volontaires. Il n'y a en effet dans l'écorce que des sensations, des perceptions et des représentations. C'est donc ainsi qu'il faut entendre, avec MEYNERT et avec WERNICKE, que les représentations ou images motrices sont les causes des mouvements volontaires : dès que l'image, évoquée par voie d'association, atteint le degré d'intensité nécessaire et suffisant, le mouvement se manifeste de toute nécessité, s'il n'est point par ailleurs inhibé : sa puissance, son étendue, le haut degré de sa différenciation ne dépendent pas seulement de l'état des voies nerveuses, lesquelles peuvent être plus ou moins frayées, mais de la force des décharges nerveuses et du nombre des neurones associés dans le processus. « Volonté », « mouvement volontaire » (*Wille*, *willkürliche Bewegung*), avec siège et origine dans l'écorce cérébrale sont, à la vérité, dit MUNK, des façons de parler très commodes ; elles peuvent être utiles en ce sens : mais ces mots n'ont point, en fait, de base physiologique (*Ueber die Functionen der Grosshirnrinde*. 2e éd. Berlin, 1890, 40). » Il faut en dire autant de l'intelligence, de la conscience et de l'inconscience. Le lieu de l'intelligence est l'écorce cérébrale tout entière ; les lésions de l'intelligence dépendent, quant à l'*intensité* et à la *durée*, de l'étendue des territoires corticaux dégénérés ou atrophiés, et, quant à la nature, du *siège* de l'altération fonctionnelle ou organique. Les destructions partielles ou générales de l'écorce diminuent d'autant le champ de la conscience et de l'intelligence, lesquelles peuvent sombrer tout à fait, avec la perte de leur substratum, dans la démence et l'inconscience.

HERMANN MUNK, tenant pour suffisamment assurée, tant au point de vue de l'expérimentation physiologique qu'à celui de l'observation clinique, notre connaissance actuelle des centres de l'audition et de la vision mentales, a publié, de 1892 à 1896, une série d'importants mémoires sur les *Sphères sensitives de l'écorce du cerveau* (*Ueber die Fühlsphaeren der Grosshirnrinde. Sitzungsb. der K. Preuss. Akad. der Wissench. zu Berlin*, 1892-96; cf. *Verhandl. der physiol. Gesellsh. zu Berlin, Iahrg.* 1894-96). C'est que l'étude de ce domaine de la physiologie cérébrale est encore très obscure, ou du moins très obscurcie par le manque d'entente entre les expérimentateurs touchant les conditions et l'interprétation exacte des expériences. Il s'agit ici de recherches absolument nouvelles que Munk n'entend rattacher ni à ses communications antérieures, ni à d'autres travaux sur le même sujet. Pour l'histoire critique de la question, il renvoie à notre livre (J. Soury. *Les Fonctions du cerveau*, Paris, 1892, 2e éd.). Les expériences d'extirpation (ablation au couteau) ont porté sur des singes et sur des chiens, dont la guérison avait lieu *per primam* huit ou douze jours après l'opération et qui restaient en état de santé jusqu'à la mort. Les limites du champs opératoire étaient, sur les faces externe et interne du cerveau, celles mêmes des sphères sensitives de Munk : *Région de la tête* (E), *Région du cou ou de la nuque* (H), *Région de l'extrémité supérieure ou antérieure* (D), *Région de l'extrémité inférieure et postérieure* (C, fig. 6-9). Ce territoire cortical correspond, sur la face externe, chez le chien, au gyrus sigmoïde tout entier, c'est-à-dire, en arrière et en dehors, aussi bien qu'en avant, un peu au delà des limites où, avec un faible courant électrique, on obtient des contractions musculaires: les résultats négatifs des expériences de Bechterew proviennent de ce qu'il n'a pas enlevé l'écorce de la région située en arrière et en dehors du gyrus sigmoïde; il a cru à tort que cette région ne faisait point partie du territoire cortical des extrémités; l'extirpation avait été incomplète. Chez le singe, le territoire des sphères sensitives s'étend du sillon précentral au sillon intrapariétal et à la scissure de Sylvius. Dans cet « agrégat de régions », comme s'exprime Munk, de nature fonctionnelle au fond équivalente, chacune ne commande qu'une partie différente du corps. Les lésions d'autres régions que celles des extrémités, par exemple, ne déterminent jamais d'altérations de la sensibilité et de la motilité dans les membres. Toutefois, il est d'observation courante que la lésion d'un de ces centres, outre le point correspondant du corps, affecte d'abord, dans les premiers jours, et simultanément, d'autres régions du corps. Ainsi, après une extirpation de D, en même temps qu'il existe toujours des troubles de la motilité et de la sensibilité de l'extrémité supérieure opposée, des troubles du même genre peuvent se montrer dans les régions de la tête, ou du cou, ou de la jambe, surtout si l'extirpation atteint les limites de E, de H, ou de C, ou dépasse même un peu ces limites. Si deux régions ou sphères sensitives voisines sont à la fois intéressées, des troubles de longue durée apparaissent sur les deux parties du corps correspondantes. Comme, parmi ces régions, celles du bras et de la jambe sont les plus propres à l'étude, les troubles des extrémités étant les plus nets, il ne sera question que de ces territoires corticaux; Munk les désigne du nom de *région des extrémités*. Pour bien apprécier la nature des troubles consécutifs à l'ablation de ces régions, il importe de ne pas confondre, comme l'a fait Goltz, les sensations proprement dites (*Sinnesempfindungen*), telles que celles de pression ou de contact (sensibilité tactile) et la sensibilité générale (*Gemeinempfindlichkeit*).

Par la destruction des régions des extrémités, le chien perd pour toujours les sensations, les perceptions, et partant les représentations et les images-souvenirs qui en résultent, de pression et de contact. A cet égard, les sphères sensitives sont, de tous points, comparables à celles de la vision ou de l'audition. Comme pour ces sphères, l'excitation des divers points des territoires corticaux de la sensibilité du corps peut déterminer des mouvements réflexes appropriés dans les extrémités, le tronc ou la face. Mais la comparaison peut être poussée plus loin. Munk a distingué, on le sait, un *réflexe rétinien*, qui se produit encore après l'ablation du cerveau, par l'intermédiaire des centres optiques sous-corticaux, et un *réflexe de la vision* (*Sehreflex*) qui implique, au contraire, l'existence de la sphère visuelle. Pour les sphères sensitives, il existe des *réflexes de contact*, etc., par exemple, dont l'extirpation des régions corticales des extrémités entraîne la perte, et qu'on peut rapprocher des réflexes de la vision, et des *réflexes communs*, que la destruction des mêmes régions n'abolit point, et qui correspondent aux réflexes rétiniens, Et, de même que les *réflexes de la vision* ont été distingués par Munk en réflexes *innés* et *acquis*, il a reconnu dans les *réflexes communs* (*Gemeinreflexe, Fühlreflexe*) des reflexes *innés*, dans les *réflexes de contact*, etc., des réflexes *acquis*. La sensibilité générale, la douleur, par exemple, quoique modifiée, se conserve sur les extrémités dont les sensations tactiles (contact, pression, etc.) sont pour toujours abolies du fait de l'extirpation des régions corticales correspondantes.

Si, sur un chien dont ces régions ont été enlevées à gauche, on comprime dans les mors de petites pinces à pression la peau des extrémités droites, cette compression finit par déterminer des symptômes très nets de douleur (gémissements, cris, mouvements violents) : mais, si l'animal a les yeux bandés, il ne sait où localiser, à droite, la cause de sa douleur, les sensations tactiles, toujours accompagnées de leurs signes locaux, faisant défaut. Les réactions à la douleur sont bien moins vives dans les premiers temps qui suivent l'opération que plus tard. Le retour de ce mode de sensibilité générale a fait croire que cet affaiblissement passager de la douleur n'était pas tant la conséquence de la destruction des points extirpés que celle du trouble consécutif apporté à d'autres parties centrales. C'était, pour Goltz, l'effet d'un phénomène d'arrêt, dû au traumatisme opératoire, phénomène qu'une lésion étendue de l'écorce peut provoquer à distance, non seulement dans le cerveau moyen et le cervelet, mais dans la moelle allongée et la moelle épinière. Voici comment Hermann Munk explique la diminution très accusée de la douleur observée après l'extirpation totale des régions des extrémités et l'augmentation progressive de ce mode de sensibilité dans les membres du côté opposé à la lésion. Puisque, après la perte des régions des extrémités, le chien n'a point perdu d'une manière définitive, tout au contraire, la sensibilité à la douleur (*Schmerzempfindlichkeit*), il suit que l'existence de ces sensations n'est pas liée absolument à celle des régions considérées. D'autre part, les profondes modifications notées dans l'expression de ces sensations après la lésion destructive des centres corticaux des extrémités, sans que ni la tête, ni le cou, ni le tronc de l'animal aient participé à cette douleur, impliquent que les sensations douloureuses des extrémités ne sont point sans rapport avec les régions corticales des membres. Pour expliquer ces deux faits, on doit admettre qu'il existe quelque part, ailleurs que dans l'écorce, un centre nerveux capable de suppléer, quoique d'une manière incomplète, puisque la sensation de douleur demeure toujours bien moins intense qu'à l'état normal, les régions des extrémités. Selon Munk, il n'y a guère d'apparence qu'on se trompe si l'on considère ces mêmes régions pour le siège exclusif, à l'état normal, des sensations de douleur des extrémités, encore qu'il soit impossible de l'affirmer. Que la suppléance dont il s'agit n'ait point lieu dans les régions homologues de l'autre hémisphère, c'est ce qui résulte de l'observation qu'après l'extirpation bilatérale des régions des extrémités, la sensibilité à la douleur revient également, peut-être avec plus de lenteur. Pourtant, si l'une des deux régions est conservée, elle paraît jouer un rôle notable dans la suppléance (32). Peut-être aussi toute sensation de douleur est-elle associée à un *signe local* aussi grossier et obscur que celui que possèdent les sensations douloureuses des os et des viscères : l'extirpation des régions des extrémités abolirait ces signes locaux sur les membres du côté opposé. Où et comment se produisent, dans les sphères sensitives de l'écorce, les sensations de douleur des différentes parties du corps? Les expériences, dit Munk, ne nous l'apprennent pas.

Ces expériences ne sont pas, toutefois, opposées à la doctrine suivant laquelle les impressions tactiles et douloureuses de la peau arriveraient au cerveau par des voies différentes de la moelle épinière, car les voies des cordons postérieurs et celles de la substance grise de la moelle épinière peuvent aboutir en un même point de l'écorce cérébrale. Munk ne croit pas ici ses expériences inconciliables avec ceux des résultats de l'étude consacrée par Goltz au chien sans cerveau qui font mention de « sensations et de dispositions émotionnelles », telles que douleur, colère, etc. « Cette manière de voir suppose qu'il existe dans les parties du système nerveux central situées derrière le cerveau une sorte de conscience inférieure, dont non seulement nous n'avons aucune connaissance, mais dont nous ne pouvons nous faire aucune idée (*Vorstellung*), si bien qu'on ne saurait ni en prouver ni en contester la réalité, ainsi que nous l'ont suffisamment appris depuis longtemps les discussions sur « l'âme de la moelle épinière ». Mais celui qui admet cette hypothèse devrait voir dans tout réflexe, même dans le réflexe lumineux des pupilles, la manifestation de sensations, d'impressions perçues. Dans les sensations de douleur, que nous considérons, il s'agit toujours, au contraire, de phénomènes de la conscience que nous connaissons. Et les observations démontrent, sans doute possible, qu'en attribuant au cerveau ces sensations de douleur, on ne tombe pas dans une illusion.

Chez le singe, les effets de l'extirpation totale des régions des extrémités ne diffèrent point de ceux observés chez le chien. Munk comprimait les doigts et les orteils des extrémités opposées, tandis que l'attention du singe était détournée, parce que l'occlusion des yeux excite et dispose toujours très mal ces animaux. L'ablation ayant eu lieu à gauche, comme toujours, le singe enlevait la pince du pied gauche avec la main gauche, et se débarrassait de celle qui comprimait sa main gauche avec la bouche, et cela fort habilement. Mais les pinces placées à la main et au pied droit, le singe finissait par ne plus y prendre garde : ce n'est que lorsqu'il les voyait qu'il les enlevait avec la main gauche. Pendant longtemps la pince ne causait jamais de douleur au singe, sans aucun doute à cause de la moindre sensibilité à la douleur de la peau de cet animal au regard de celle du chien. Comment concilier ce fait avec ce que soutient Ferrier, depuis 1875, que les lésions du « territoire moteur cortical » n'entraînent chez le singe aucun trouble de sensibilité ? Les expériences répétées de Ferrier et de ses élèves n'ont été, sur ce domaine, ni systématiques ni rigoureuses. Outre que la distinction des sensations de contact, etc., et de douleur n'a pas plus préoccupé ces auteurs que Frédéric Goltz, les lésions n'ont jamais été assez étendues pour provoquer, avec les troubles du mouvement, ceux de la sensibilité : dans ces expériences sur le singe, les auteurs anglais ont précisément commis la même erreur que celle où est tombé Bechterew dans les mêmes expériences sur le chien.

Après l'extirpation totale des régions des extrémités, à gauche, par exemple, chez le singe, les membres du côté opposé pendent sans mouvement le long du tronc et conservent la position qu'on leur donne. De tous les mouvements isolés, indépendants, ajustés en vue des actes volontaires, que le bras et la jambe, avec leurs divers segments, exécutaient chez l'animal normal, il ne reste plus trace, et pour toujours. Comme le chien, quand l'extirpation a été *bilatérale*, c'est exclusivement avec la bouche que le singe non seulement prend sa nourriture, mais va à la chasse des parasites sur la peau de ses camarades, opération qu'il accomplissait si prestement auparavant avec la main; les deux extrémités antérieures sont maintenant inactives. Les seuls mouvements qui persistent sont des mouvements associés ou d'ensemble, des réflexes communs, des réflexes sous-corticaux et spinaux, dont les centres peuvent toujours continuer à produire des mouvements des extrémités sans la participation du cerveau. Mais ces mouvemements, marcher, courir, grimper, etc., s'exécutent sans l'accompagnement des processus psychiques correspondants. Aussi bien, même quand les régions corticales des extrémités existent, le *réflexe cortical* qui détermine les mouvements des membres demeure certainement le plus souvent au-dessous du seuil de la conscience : ces régions n'interviennent que pour les mouvements isolés, indépendants, et, comme on dit, spontanés ou volontaires, des divers segments des extrémités opposées. Ce sont ces derniers mouvements qui sont pour toujours perdus. Les régions corticales des extrémités, les « sphères sensitives », dont l'excitation détermine ces mouvements isolés des extrémités, sont en effet le territoire de projection des centres sensitifs de la moelle épinière en rapport avec ces extrémités : là montent, entre autres, par les faisceaux sensitifs, les impressions de contact et de pression. De leur côté, les régions corticales des extrémités ne laissent pas d'être en connexion, par des voies de conduction spéciale, à direction centrifuge, avec les centres réflexes de la moelle épinière des extrémités opposées qu'elles excitent. Avant l'extirpation des régions des extrémités, les mouvements isolés, indépendants, des divers segments des membres pouvaient même avoir lieu sans qu'aucune impression tactile (contact, etc.) les eût provoqués : la vue d'une cerise, l'appel du nom de l'animal, suffisaient pour produire les excitations des centres moteurs spinaux dont les décharges nerveuses mettaient en œuvre la contractilité musculaire des organes de préhension, de palpation, etc., l'excitation des régions corticales des extrémités pouvant être éveillée par des perceptions ou des représentations venues des points les plus différents du cerveau.

Les mouvements associés ou d'ensemble (*Gemeinschaftsbewegungen*), c'est-à-dire ceux qui s'accomplissent en même temps que d'autres, ou successivement, — marcher, courir sauter, se dresser, grimper, etc., — dépendent, suivant Munk, de centres (*Principalcentren*) situés, dans le cerveau, au-dessous de l'écorce cérébrale (*unterhalb der Grosshirnrinde*), entre l'écorce et la moelle épinière, lesquels envoient des fibres centrifuges aux centres spinaux des extrémités. Ces centres sous-corticaux existent également, comme le prouvent sans réplique les phénomènes de la vie de relation observés après l'extirpation des hémisphères du cerveau (Goltz), chez d'autres mammifères que le singe, et par exemple chez les rats, les cobayes, les lapins, les chiens. Avant leur destruction, les régions corticales des extrémités exerçaient par l'intermédiaire de ces centres sous-corticaux une influence régulatrice sur les extrémités opposées. Ces centres réflexes sous-corticaux n'étant en rapport direct qu'avec les centres médullaires des segments des membres supérieurs, ce n'est que médiatement, au moyen de ces derniers centres, que les centres spinaux des membres inférieurs, nécessaires pour la coordination des mouvements peu différenciés de la marche, du saut, etc., peuvent être excités. A ces « mouvements secondaires » des extrémités, à ces mouvements d'ensemble (*Mitbewegungen)*, manque désormais la régulation qui, à l'état normal du cerveau, dérivait des régions corticales des extrémités. Comme les réflexes communs des extrémités, purement spinaux les réflexes sous-corticaux subissent, et *a fortiori*, le contre-coup de l'extirpation totale des régions corticales des extrémités. Aussi les mouvements d'ensemble des extrémités déterminés par l'excitation de ces centres, qui subsistent après la destruction des régions des extrémités, sont-ils évidemment altérés : les centres de la moelle épinière, au lieu d'être excités par les régions des extrémités opposées, ne peuvent plus l'être, en effet, que par les centres corticaux de même nature du côté correspondant. Si, au lieu d'extirper les régions des extrémités du cerveau gauche, comme d'ordinaire, on enlève celles du cerveau droit, la sensibilité et la motilité sont abolies sur les extrémités gauches exactement comme elles le sont du côté droit après la même opération du cerveau gauche : les sensations de contact et de pression ont disparu avec les réflexes de contact, et d'une façon permanente. Seule, la sensibilité à la douleur, d'abord très diminuée, augmente avec le temps, et reparaît au bout de quelques semaines. Il en est de même pour l'excitabilité des *réflexes communs* de la moelle épinière : ils sont conservés, mais leur excitabilité est abaissée, et le retour de leur activité n'a lieu que progressivement; la maladresse persiste, surtout dans les mouvements des membres inférieurs : toute lésion destructive de l'écorce cérébrale des régions des extrémités diminue l'excitabilité des *centres spinaux* des extrémités opposées (Munk).

Quand l'extirpation des régions des extrémités a été unilatérale, si tout mouvement isolé, toute action indépendante exécutée avec les divers segments des extrémités du côté opposé sont pour toujours abolis, des mouvementsassociés ou d'ensemble, des « mouvements secondaires », réflexes sous-corticaux ou spinaux, peuvent encore s'accomplir (*Principalbewegungen* de Munk) : ce sont ces mouvements secondaires que Goltz a confondus avec les mouvements primitifs qui, suivant lui, pourraient réapparaître après la disparition des phénomènes d'inhibition consécutifs aux traumatismes opératoires de l'écorce du cerveau. Dans ses premières expériences, Goltz avait d'abord noté au nombre des troubles persistants, ne s'amendant pas, bref, des phénomènes de déficit, consécutifs aux lésions destructives d'un hémisphère cérébral, de l'hémisphère gauche, par exemple, que, si un chien savait auparavant présenter la patte droite, il ne présentait plus que la gauche. Dans quelques cas, ajoutait-il, il réapprend à donner la patte droite, mais il lui est toujours plus commode de tendre la gauche. « Si, en le flattant, et en lui touchant la patte droite, je demande au chien de me tendre cette patte, je puis très nettement constater par l'impression de son visage qu'il comprend mon ordre, et si, à la fin, comme en désespoir de cause, il me présente la patte gauche, je vois bien que l'animal a la meilleure volonté de me satisfaire, mais il lui est impossible de faire ce qui lui est ordonné. Entre l'organe de la volonté et les nerfs qui exécutent la volonté, une résistance insurmontable s'est quelque part élevée. » Dans le sixième de ses *Mémoires* (1888), Goltz dit d'un chien qui avait, depuis plus d'un an, subi l'ablation d'une moitié entière du cerveau (hémisphère gauche) : « La patte antérieure droite est moins habile que la gauche dans la préhension d'un os ; elle est moins forte. Le chien doit déployer un plus grand effort pour mettre en activité les muscles des membres, de la face et du tronc du côté droit; la sensibilité est diminuée sur tout le côté droit du corps, sans qu'aucun point de la peau soit d'ailleurs insensible. Si l'on explore la sensibilité générale (au moyen de la poire en caoutchouc), à droite le chien ne sent rien; c'est le contraire à gauche. Il laisse pendre sa patte droite dans l'eau froide; il la retire à gauche. » Il semble qu'à ce moment Goltz n'ait pas douté que l'ablation de l'hémisphère gauche n'eût provoqué des troubles *durables* des mouvements et de la sensibilité du côté droit du corps.

Quand deux ou trois mois après l'opération, c'est-à-dire après l'extirpation unilatérale des « régions des extrémités » à gauche, l'excitabilité des *centres spinaux* de l'extrémité antérieure droite du chien a reparu peu à peu, l'excitation de ces centres de la moelle épinière par ceux du côté correspondant ou homolatéral (gauche) permet la production, avec le membre antérieur droit, de certains « mouvements secondaires »; on note que, par le fait de la répétition, ces mouvements deviennent, dans de certaines limites, mieux ajustés et plus étendus, tandis que les mouvements simultanés de l'extrémité gauche, laquelle est intacte, deviennent plus faibles. Munk attribue le premier de ces deux phénomènes à ce que la transmission, par une voie nerveuse son habituelle, d'abord mal « frayée », de l'excitation partie des « régions droites des extrémités » pour aller aux centres de la moelle épinière de l'extrémité antérieure droite, rencontre toujours moins de résistance avec la répétition de l'acte. Le second fait, Munk l'explique par la diminution progressive des mouvements superflus de l'extrémité antérieure gauche, due au pouvoir croissant qu'exercent les « régions droites des extrémités » sur le membre antérieur droit par l'intermédiaire des centres de la moelle épinière de l'extrémité gauche. Ainsi, au cas où le chien avait été dressé à tendre les deux pattes antérieures, il perd pour toujours cette faculté après une destruction bilatérale des « zones motrices »; si la destruction n'a été qu'unilatérale, il ne perd cette faculté que pour la patte du côté opposé. Or, au dire de Goltz, il pourrait plus tard recouvrer cette faculté. En réalité, Munk l'a démontré, il ne s'agit plus d'un mouvement isolé, indépendant, mais d'un « mouvement secondaire ». Quand le chien commence à tendre la patte droite dont tout le centre cortical gauche a été détruit, l'extrémité gauche se lève ou s'avance *avant* que l'extrémité droite ne soit levée. Chaque fois que l'animal met en mouvement la patte droite, on sent une forte tension des muscles de l'extrémité gauche. Plus tard, avec le temps et la répétition des mêmes actes, ce dernier phénomène peut diminuer d'intensité ou du moins ne se manifester plus avec la même évidence. La simplicité rudimentaire en quelque sorte d'un pareil mouvement (le *secundäre Pfotegeben*), où les orteils n'ont aucune part, explique qu'il soit moins imparfait qu'aucun autre « mouvement secondaire », tel que celui de l'élévation d'une extrémité postérieure paralysée dans l'acte d'uriner chez le chien mâle : les centres spinaux de l'extrémité lésée sont excités par ceux de l'autre extrémité postérieure ou par les centres du tronc. Ces « mouvements secondaires » ont été trouvés, par Munk, plus ou moins parfaits chez les différents animaux : chez certains chiens ils ne se réalisent jamais, sans que cela dépende d'ailleurs du dressage antérieur de l'animal. Ces réflexes communs, que l'on observe aussi bien chez les singes que chez les chiens dans les extrémités opposées à la lésion destructive des régions corticales de ces membres, demeurent, selon nous, un critère des plus délicats et des plus exacts, découvert par la physiologie expérimentale, pour l'analyse des fonctions supérieures des centres corticaux, sous-corticaux et spinaux du névraxe.

Théorie des contractures. — Au cours de ces belles études sur les sphères sensitives de l'écorce du cerveau, Munk a tiré de sa longue pratique des vivisections quelques principes nouveaux de pathologie expérimentale et clinique sur la *théorie des contractures* consécutives aux lésions de l'écorce. Sans faire grand état des explications reçues de ces phénomènes, Munk commence par remarquer que chez la plupart des mammifères qui servent aux expériences de laboratoire (chiens, chats, lapins, etc.), la contracture ne se produit pas, et que, chez ceux où elle se montre (singes), elle peut manquer quelquefois. Les contractures étudiées par Munk sont exclusivement déterminées par des lésions de l'écorce et de la substance blanche cérébrale des sphères sensitives : elles apparaissent dans les parties du corps subordonnées à ces régions. Chez les singes, il existe deux sortes de contractures tout à fait différentes : les unes assez rares, les autres très communes. Dans les premières, qui peuvent être précoces ou tardives, les muscles affectés ne sont jamais ceux d'une extrémité tout entière, mais une partie seulement de ces muscles, d'ailleurs fort différents les uns des autres, formant des combinaisons diverses et successives, appartenant rarement à deux groupes antagonistes. Dans quelques cas, la contracture qui avait cessé et même disparu lorsque le singe restait complètement en repos, reparaissait à l'ébauche du moindre mouvement. Ces contractures ont toujours persisté jusqu'à la mort du singe, laquelle a lieu au plus tard dans la troisième semaine. Jamais on ne les observe après l'extirpation totale ou presque totale des régions des extrémités : il reste toujours, quand elles se produisent, une portion plus ou moins considérable de ces régions, et ce sont toujours des muscles dont la contractilité peut être provoquée par l'excitation électrique de cette partie qui se contracturent. Toujours aussi le mauvais état des blessures du cerveau a été constaté. Ces contractures résultent donc d'irritation de la substance cérébrale à proximité des points d'extirpation dans les blessures septiques. Dans les cas de contractures passagères, la cicatrice avait eu lieu *per primam*. Le siège de l'irritation est uniquement la substance grise de l'écorce. Autrement, dit Munk, on ne s'expliquerait pas qu'après l'extirpation totale des régions des extrémités il n'y ait jamais de contracture, quoique la substance blanche sous-jacente soit conservée, ni qu'après des extirpations partielles les muscles qui ne peuvent plus être actionnés par l'écorce demeurée indemne ne se contracturent jamais. Par conséquent, ces contractures doivent être appelées *contractures par excitation corticale* (*Rindenreizcontracturen*).

L'autre sorte de contractures, la plus fréquente, est, au contraire de la première, caractérisée par le raccourcissement des muscles, par leur extensibilité très diminuée ou nulle. Quoiqu'une partie seulement des muscles des extrémités soit affectée, ici aussi, ce sont toujours les mêmes muscles : ces contractures, qui n'apparaissent qu'après cinq ou six semaines, ou même plusieurs mois après l'opération, ne rétrocèdent jamais; on ne les observe que dans les cas d'ablation très étendue ou totale des régions des extrémités, non après de petites extirpations, ni surtout lorsque la blessure a guéri *per primam*. Et pourtant ces contractures cessent lorsque les singes, au lieu de rester immobiles et pressés dans les cages, assis ou accroupis comme ont accoutumé les macaques, vont et viennent, courent, grimpent, etc. Par l'extirpation totale des régions des extrémités, ce que le singe a perdu, ce sont les mouvements isolés et indépendants, on le sait, de ces extrémités, non les mouvements associés ou d'ensemble, les réflexes communs; ces mouvements persistent, en effet, quoiqu'ils s'exécutent avec moins d'adresse qu'auparavant, surtout ceux des extrémités inférieures.

C'est donc lorsque ces singes demeurent immobilisés dans la position qui leur est habituelle que se produit le raccourcissement des muscles considérés : « Comme les contractures n'apparaissent que sur ces muscles, et uniquement sur ces muscles, écrit Munk, elles résultent bien d'un raccourcissement lié à la position gardée par le macaque assis ou accroupi; ce raccourcissement des muscles persiste pour toujours. » On peut donc à volonté provoquer ou empêcher ces contractures : il suffit de tenir les singes dans des cages étroites ou de les laisser en liberté. Si une des deux extrémités est contracturée, il suffit pour préserver l'autre du même accident de faire sortir l'animal de sa cage et de l'exciter à marcher, à courir, etc. Chez le singe maintenu en cage, on peut empêcher les contractures d'apparaître en faisant faire chaque jour des mouvements d'extension aux muscles menacés. On s'explique maintenant que les physiologistes, après des extirpations étendues de l'écorce cérébrale des régions des membres, aient constaté tantôt l'existence, tantôt l'absence de contractures des extrémités opposées. Des protocoles des expériences de David Ferrier et de Yeo, de Horsley et de Schäfer, il résulte que les singes laissés en repos dans les cages après l'opération ont été trouvés contracturés. Au contraire, dans ses anciennes expériences, où les singes étaient presque chaque jour tirés de leurs cages pour être soumis à des examens répétés, Schiff n'observa pas de contractures; mais, quand ce physiologiste ne fut plus aussi curieux d'examiner ses singes, ils se contracturèrent : Schiff parle du moins d'atrophie musculaire considérable. Chez les singes sans contracture, l'atrophie des muscles des extrémités intéressées demeure, même après plusieurs mois, toujours modérée; elle est considérable chez les autres, et cela dès les premiers temps où les contractures se montrent.

L'*atrophie musculaire* chez les singes non contracturés, c'est une pure atrophie d'inactivité due à l'absence des mouvements intentionnels ou isolés; chez les singes contracturés, c'est l'effet du manque d'exercice des mouvements associés ou d'ensemble des extrémités. Cette seconde espèce de contracture, MUNK la désigne du nom de *Defectcontracturen* : elles ne sont plus, comme les premières, causées par l'irritation de l'écorce cérébrale, mais par une lésion de *déficit* de cette écorce, par une perte de substance du cerveau.

Toutes ces conclusions, empruntées à la physiologie expérimentale, MUNK estime qu'il a le droit de les appliquer à l'homme. Il existe, chez l'homme comme chez le singe, des *contractures par irritation de l'écorce cérébrale* et des *contractures par perte de substance* du manteau du cerveau antérieur. Aux premières appartiennent les contractures précoces ou primitives, spasmodiques ou actives, aux secondes les contractures postérieures ou secondaires, paralytiques ou passives. A la vérité les deux espèces de contractures ne sont pas toujours aussi distinctes chez l'homme que chez le singe. Si les contractures de la seconde espèce affectent chez l'homme d'autres muscles que chez le singe, la cause en est dans la situation différente, dans l'attitude, libre ou forcée, que prennent à l'état de repos les muscles des extrémités lésées de l'homme.

Pourquoi les contractures se produisent-elles chez l'homme et chez le singe, non chez le chien, le chat, le lapin? La raison en est différente selon que l'on considère l'une ou l'autre espèce de contractures. L'excitabilité diverse du système nerveux de ces mammifères, voilà la cause principale de ces variations. Très excitable chez le chien et le chat, le système nerveux central l'est peu chez le lapin : il n'est chez l'homme et le singe que de « moyenne excitabilité ». Il suit que, chez ces derniers, quant à la première espèce de contractures, des irritations persistantes de l'écorce cérébrale ne déterminent, tant qu'elles sont modérées, que des contractures; lorsqu'elles sont intenses, des attaques d'épilepsie. Chez le chien et chez le chat, les attaques d'épilepsie résultent toujours d'excitations, même modérées, de l'écorce, si elles sont durables. Chez le lapin, les contractures apparaissent aussi peu que les convulsions épileptiformes après de fortes excitations de l'écorce cérébrale. Enfin, pour ce qui a trait aux contractures de la seconde espèce, il est permis de les écarter *a priori* pour le chien, le chat et le lapin : après l'extirpation totale des régions des extrémités, c'est tout au plus si, dans les premiers jours, ces mammifères éprouvent quelque empêchement dans la marche, la station, etc., car les mouvements associés ou d'ensemble persistent et ne diffèrent pas ou ne diffèrent guère, nous l'avons vu, de ce qu'ils étaient avant cette opération.

Cette théorie des contractures de H. MUNK doit être, il me semble, rapprochée de celle qu'a donnée naguère lui-même J. THOMSEN de la maladie qui porte son nom. Dans la *maladie de* THOMSEN, appelée par STRÜMPELL *myotonia congenita*, les muscles entrés en état de contraction, de raideur spasmodique extrême, ne peuvent pas être relâchés volontairement. Sous l'influence d'une action intentionnelle, d'une émotion, du froid, d'un heurt accidentel en marchant, etc., une « sensation de choc électrique parcourt tout le corps », dit THOMSEN, et va retentir, soit sur un territoire musculaire déterminé, soit, se généralisant, sur toute la musculature, contractée spasmodiquement : le corps entier devient raide, le sujet tombe, n'importe où, sur la voie publique, etc., comme dans l'épilepsie, quoique celle-ci soit inconnue dans la famille de THOMSEN, où l'affection dont nous rappelons le principal symptôme est héréditaire. Déjà THOMSEN avait indiqué le rapport des états psychiques avec la provocation des phénomènes myotoniques. THOMSEN rappelle que, par l'effet de certaines influences morales, on observe, dans l'expression de la pensée, un empêchement comparable à celui qui se produit dans les muscles au moment de leur mise en activité, par exemple, dans la *myotonia congenita*. L'hésitation et l'embarras de la parole au début d'un discours, l'impossibilité fréquente de continuer, etc., s'expliquent par un état spasmodique des muscles du langage. L'interruption, l'arrêt des pensées, se trouvent liés à un sentiment d'anxiété aussi violent que celui qu'éprouve le malade lorsqu'il est sur le point de tomber par le fait de la raideur spasmodique, de l'excessive tension de ses muscles volontaires. THOMSEN estime donc aujourd'hui que, dans cette affection familiale, héréditaire (quoiqu'elle saute souvent plusieurs générations), il s'agit d'une innervation défectueuse, de cause centrale, de la musculature, dérivant de l'écorce du cerveau. NONNE a observé un enfant de huit ans, souffrant, depuis la première enfance, de troubles musculaires de nature myotonique, troubles d'ailleurs variables avec les jours et les semaines. Sous l'influence d'excitations psychiques, par exemple, quand l'enfant, très anxieux, se sentait observé, les troubles passaient à l'état aigu et de véritables attaques du mal éclataient. Sous l'influence du froid aussi, tel malade, tout à coup, ne peut ni marcher, ni déglutir, ni même modifier la direction de son regard. Or, avec la chaleur, l'*exercice musculaire continu* paraît à Thomsen le moyen le plus capable d'amender ces états spasmodiques des muscles (J. Thomsen. *Nachträgliche Bemerkungen über Myotonia congenita* (Strümpell), *Thomsen' sche Krankheit. Arch. f. Psych.*, xxiv, 1892, p. 918 sq.).

Doctrine de TAMBURINI et de LUCIANI sur la constitution de la zone dite sensitivo-motrice. — Frappé de la force des arguments des deux théories sensitive et motrice sur la nature des centres de l'écorce cérébrale en rapport avec les fonctions des mouvements et de la sensibilité générale des différentes parties du corps, Tamburini avait cherché, dès 1876, la conciliation des doctrines adverses dans une sorte de théorie éclectique. Déjà, d'ailleurs, Hitzig avait vaguement indiqué que la zone excitable de l'écorce cérébrale devait renfermer à la fois des éléments nerveux en rapport avec les mouvements volontaires des différents groupes musculaires et avec la perception des impressions sensibles de la périphérie (*Unters. über das Gehirn*, 1874, 31). Hitzig aurait déjà pu admettre la nature mixte ou sensitivo-motrice de cette zone : on chercherait en vain dans l'œuvre du physiologiste allemand la confirmation explicite de cette interprétation. La constance des mouvements localisés produits par l'excitation électrique de régions déterminées de l'écorce, la localisation des convulsions et des paralysies d'origine corticale, plaidaient fortement, aux yeux de Tamburini, pour la nature motrice de ces centres. D'autre part, les phénomènes d'ataxie et d'anesthésie qui suivent l'ablation de ces mêmes régions ne témoignaient pas moins en faveur de la nature sensitive de ces territoires corticaux. Dans ce domaine de la sensibilité générale, quelle était donc la fonction physiologique des cellules nerveuses de l'écorce cérébrale? Sentir et percevoir les excitations centripètes, transmises par l'appareil spinal, et les transformer en impulsions motrices volontaires. « Il doit donc exister nécessairement, écrivait Tamburini, des points qui sont le siège primitif où l'excitation sensitive, devenue perception consciente, se transforme en impulsion motrice. » Ces points devaient être en grand nombre et en rapport spécial avec les différentes régions du corps. Tamburini admettait donc comme très probable que ces « points premiers de transformation sensitivo-motrice correspondaient précisément aux centres corticaux étudiés » par les auteurs. Ainsi, « chacun de ces centres serait à la fois un foyer de réception et de perception des excitations sensitives provenant d'une partie donnée du corps, et le point de départ du stimulus centrifuge volontaire allant aux muscles de cette partie. » (*Contribuzione alla fisiologia e patologia del linguaggio. Reggio-Emilia*, 1876, 33.) La production directe des mouvements localisés s'expliquerait alors aussi bien que la perte de la sensibilité. Dans le premier cas, le courant électrique serait l'équivalent du courant nerveux; dans l'autre l'ablation des centres abolirait la perception des impressions périphériques. Dans le mémoire publié avec Luciani, *Sui centri psico-sensori corticali* (*Riv. speriment. di fren.*, v, 1879, 47, 70), Tamburini a étendu aux centres de la vision et de l'audition l'hypothèse qu'il avait appliquée à ceux de la zone excitable : celle-ci n'est plus confinée, d'ailleurs, à la « zone motrice », car les effets de l'électrisation des régions sensorielles de l'ouïe et de la vue « ne diffèrent en rien de ceux qu'on observe en excitant les centres moteurs de la zone de Hitzig ». Les mouvements du pavillon de l'oreille et des muscles oculo-palpébraux qu'on détermine en excitant les régions sensorielles correspondantes ne sont sans doute pas de nature réflexe (Ferrier); ils impliquent plutôt l'existence, dans ces aires sensorielles, d'éléments moteurs, soit confondus avec les cellules de la sensibilité spéciale, soit groupés et isolés en nids. Les impressions périphériques des sens spécifiques, parvenues à ces centres, s'y transforment aussi en impulsionss motrices volontaires des muscles des organes de ces sens. On peut également provoquer un accès d'épilepsie générale en excitant ces centres sensoriels avec un courant d'une durée et d'une intensité suffisantes; si l'on excite, par exemple, la zone de l'audition, les convulsions débutent par le pavillon de l'oreille du côté opposé.

En 1880, Luciani déclarait que l'étude des faits l'avait amené à une notion peut-être moins précise que celle qui ressort des expériences de FERRIER, mais certainement plus vraie, moins exclusive, des localisations cérébrales. La surface du cerveau ne doit pas être divisée en zones distinctes de la sensibilité et du mouvement : « Nous croyons, disait-il, que les centres moteurs et les centres de sensibilité qui concourent à l'effectuation d'une fonction complexe sont confondus (*commisti*) ou très rapprochés dans l'écorce cérébrale. » Avec SEPPILLI, TAMBURINI avait constaté que les effets qui suivent la destruction d'un centre moteur cortical ne consistent pas uniquement en une paralysie ou une parésie du mouvement, mais aussi en une altération plus ou moins nette des diverses formes de la sensibilité cutanée et musculaire, il avait vérifié l'existence des phénomènes décrits par MUNK: seulement, ces paralysies de la motilité, il ne les attribuait pas à des paralysies de la sensibilité générale, à la perte des images ou représentations qui doivent précéder l'exécution de tout mouvement volontaire ou intentionnel, bref, à des paralysies psychiques. LUCIANI soutenait que, mêlés aux vrais centres moteurs des différents groupes musculaires; et fonctionnant simultanément, il existe dans l'écorce des centres de sensibilité cutanée et musculaire, des centres sensitivo-moteurs. Et de même qu'il existerait des centres moteurs confondus avec les centres sensoriels de la vue et de l'ouïe, il existerait, confondus avec les centres moteurs de la zone excitable, des centres de sensibilité générale : « Les centres moteurs, disait LUCIANI, ne se trouvent pas localisés dans l'aire corticale appelée jusqu'ici « zone « motrice », dénomination à abandonner, puisque cette zone n'est pas exclusivement motrice. Toutes les différentes régions de l'écorce sont, à des degrés divers, semées de *centres moteurs spéciaux*. Pour être sûr d'avoir détruit tous les centres moteurs, il faudrait donc enlever toute l'écorce cérébrale. » L'expression de pareilles idées chez les auteurs italiens, de 1876 à 1881, nous paraît bien digne d'être remarquée. Elles n'avaient pas encore de base anatomique suffisante; elles manquaient des solides fondements que les grandes études histologiques de GOLGI devaient leur apporter. L'hypothèse de TAMBURINI nous apparaît d'autant plus géniale. Les idées théoriques d'ALBERTONI sur la nature fonctionnelle des centres moteurs sont aussi en accord avec celles de TAMBURINI, dont il adopte l'hypothèse. Il en résulte que la dénomination d'aire psycho-motrice appliquée, d'une manière spéciale, à la région rolandique, si elle a été utile en clinique, ne lui paraissait plus fondée au point de vue physiologique, car le cerveau tout entier, et non pas seulement une certaine région, participe plus ou moins à la production des mouvements volontaires. La vie psychique, qui se manifeste par les mouvements les plus variés, n'a-t-elle pas pour substratum anatomique toute l'écorce cérébrale? Toutefois, avec VULPIAN, ALBERTONI admettait que, partie des points des plus différents de l'écorce, l'impulsion motrice volontaire devait passer par certaines régions plus particulièrement considérées comme motrices pour atteindre les faisceaux en rapport avec les noyaux gris moteurs du bulbe et de la moelle épinière. Ces régions ne seraient d'ailleurs qu'indirectement motrices : elles ne provoqueraient des mouvements que par l'intermédiaire de centres directement moteurs.

Si nous considérons les résultats des expériences célèbres de LUCIANI sur les centres corticaux de la sensibilité et de la motilité volontaire, voici ce qu'on en peut dire :

I. Dans aucune des expériences d'ablation totale ou partielle de la zone dite motrice les troubles les plus nets de la sensibilité générale n'ont manqué, associés à ceux de la motilité volontaire; la *sensibilité tactile* s'est constamment montrée la plus altérée; les *sensibilités à la douleur* et à la *température* étaient aussi diminuées, et, dans les premiers jours, quelquefois abolies. Quant au *sens* ou à la *conscience musculaire*, dont le principal trouble se manifeste par l'indifférence absolue ou relative de l'animal dont on place les membres dans des positions anormales (HITZIG, MUNK, NOTHNAGEL), LUCIANI l'a trouvé aussi souvent altéré ou même aboli que la sensibilité cutanée. La durée des désordres fonctionnels varie avec l'étendue des lésions.

II. Les phénomènes de déficit consécutifs à l'extirpation circonscrite de différentes aires corticales motrices d'un hémisphère ne sont pas limités exclusivement aux parties du corps correspondant au siège de la lésion centrale : les paralysies s'étendent plus ou moins à d'autres parties du corps, quoique les phénomènes soient plus nets et plus accusés dans les territoires périphériques dont le centre cortical a été détruit en tout ou en partie (*Le localizzazioni funzionali del cervello*, Napoli, 1885, 252).

Il résulte de ces expériences que si, pour délimiter exactement un centre quelconque de la zone excitable, on se fonde, non sur les réactions motrices des excitations électriques, mais sur les effets des destructions partielles de l'écorce, on échouera. Cette *extension des lésions fonctionnelles* du mouvement et de la sensibilité générale dépend-elle de phénomènes d'arrêt ou de phénomènes de déficit? Est-elle due au retentissement passager des suites du traumatisme opératoire sur les parties voisines de l'aire corticale extirpée, ou à la circonstance que les différents centres corticaux sont si étroitement « engrenés » entre eux, qu'il est impossible d'en détruire un sans en léser fatalement plusieurs autres? Les auteurs italiens adoptèrent décidément la dernière hypothèse. La méthode des extirpations ne permettait pas de localiser nettement les différents centres sensitivo-moteurs de la zone excitable, attendu que ces centres, comme ceux de la sensibilité spéciale (vue, audition, etc.), étaient étroitement unis et « engrenés » entre eux. Voici comment on pouvait se représenter, suivant LUCIANI, la topographie de l'aire sensitivo-motrice. Toute la partie antérieure du cerveau fait certainement partie de cette aire : elle comprend donc le *lobe frontal*, depuis la pointe des hémisphères jusqu'au sillon crucial, et la moitié antérieure du *lobe pariétal*, représentée par la région postcruciale du gyrus sigmoïde et par les segments correspondants de la deuxième et de la troisième circonvolution externe. Mais l'aire sensitivo-motrice, en particulier pour ce qui a trait aux impressions tactiles, n'est pas circonscrite aux régions antérieures du cerveau : elle rayonne et s'irradie aux régions postérieures; elle s'unit et « s'engrène » avec les centres de la sensibilité spéciale, avec les sphères de la vision, de l'audition et de l'olfaction. Ces irradiations des sensations et des perceptions tactiles n'atteignent sans doute ni le lobe occipital, ni le lobe temporo-sphénoïdal, ni la corne d'AMMON, ainsi qu'en témoignent les expériences : elles s'étendent sûrement jusqu'aux parties postérieures du lobe pariétal.

Théorie de WERNICKE sur la nature des territoires corticaux de projection des impressions sensitives. — C. WERNICKE, dont le célèbre mémoire, *der aphasische Symptomencomplex, eine psychologische Studie auf anatomischer Basis* (Breslau, 1874), a fait époque dans l'histoire de la physiologie du cerveau, non seulement par la découverte de l'aphasie sensorielle, la plus grande en ce domaine, après celle de BROCA, mais par un certain nombre d'idées, vraiment géniales, sur la nature et le mécanisme des fonctions les plus élevées de l'écorce cérébrale, vient de publier, sous forme de synthèse, le fruit de ses méditations et de sa longue pratique des maladies mentales sur ce difficile sujet. Il faut saluer en C. WERNICKE un savant demeuré fidèle à la grande manière de THÉODORE MEYNERT. La physiologie, normale ou pathologique, est, pour lui aussi, la fin même de la science de la vie : l'anatomie est le plus sûr moyen d'y atteindre, car une connaisance véritable des fonctions d'un organe, et surtout d'un organe tel que l'encéphale, implique celle de sa structure.

L'écorce cérébrale est l'ensemble des territoires de terminaison et d'origine des faisceaux de projection dont la continuité physiologique est partout sauvegardée en dépit des ganglions ou relais intercalés sur le parcours de toutes les voies nerveuses, centripètes ou centrifuges. Les lobes occipitaux, les lobes temporaux, les circonvolutions centrales, représentent les territoires de projection des impressions optiques, acoustiques, sensitives. Dans ces territoires s'associent en un fonctionnement commun les activités sans nombre dérivées des organes périphériques de la sensibilité générale et spéciale. Les territoires de projection sont donc, en même temps, le siège des images nées des résidus (*Residuen*) des sensations transmises du monde extérieur et perçues par les cellules nerveuses de l'écorce (*Wahrnehmungszellen*) : ces images (*Erinnerungsbilder*) sont les « premières unités physiologiques » de la vie mentale ou de représentation. Mais ces souvenirs persistant sous forme d'images, nécessairement localisés dans des régions différentes de l'écorce, anatomiquement distinctes, doivent être en quelque sorte solidarisés au moyen de ces fibres d'association dont BURDACH et MEYNERT ont les premiers compris toute la portée psychologique. Si, dans chaque territoire de projection, l'*identification primaire* ou la reconnaissance d'une sensation de même nature est possible, l'*identification secondaire*, c'est-à-dire l'intelligence des choses vues, entendues, etc., la notion des objets concrets, dont la somme est pour nous l'équivalent, sous forme de symboles, de l'univers, ne peut résulter, anatomiquement, que de l'association des images des souvenirs propres à chaque territoire de projection, reliées en complexus de plus en plus vastes grâce aux faisceaux d'association trans-corticaux. Ces faisceaux diffèrent des « fibres propres » intra-corticales qui ne relient entre elles que les parties d'un même territoire de projection. Avec les faisceaux trans-corticaux, les grandes commissures du corps calleux et de la commissure antérieure constituent la majeure partie des innombrables fibres à myéline de l'écorce cérébrale et du centre ovale : voilà le fondement anatomique de l'association des idées. Le cerveau n'est ainsi qu'un organe d'association, et la plus haute de ses activités, la conscience, une fonction des territoires centraux de projection. Et s'il n'existe dans le cerveau que des territoires de projection, comme l'enseigne Wernicke, la conscience pourra être définie « une fonction de l'écorce du manteau cérébral ». Le substratum anatomique d'une notion, de l'idée d'un objet concret, homme, animal, fleur, voire celle d'un mot, c'est donc une association d'images ou de résidus d'un grand nombre de perceptions persistant dans les cellules nerveuse de l'écorce, association réalisée par des faisceaux sans nombre et orientés en toute direction, assurant le réveil successif, en apparence simultané, de toutes les activités élémentaires qui concourent à l'apparition de l'idée. Celle-ci, une fois organisée, peut être excitée par chacun des éléments qui la constituent, toujours grâce aux faisceaux d'association unissant synergiquement les groupes d'images élémentaires localisés dans les divers territoires de projection. Ces images, résidus de perceptions sensitives ou sensorielles, sont, dit Wernicke, associées avec des « représentations motrices » : c'est là une hypothèse d'un des élèves les plus distingués de C. Wernicke, Heinrich Sachs, qui a constitué un territoire central de projection des mouvements des yeux. Cette hypothèse, que nous examinons ailleurs est, selon nous, de tous points inutile; il n'existe pas dans l'écorce de représentations exclusivement motrices, localisées dans des territoires distincts, séparés, au sens de D. Ferrier, de Charcot, et de Pitres, de Bechterew : les éléments de toute « image motrice », si l'on veut conserver le mot, ne sont que des résidus de sensations articulaires, tendineuses, musculaires, etc., partant des « images sensitives », et les conditions anatomiques et physiologiques du réveil de celles-ci se trouvent réalisées dans chaque territoire cortical de projection des organes des sens. Les images sensitives sont partout associées aux images sensorielles. Au fond, c'est bien ainsi que l'entendent Wernicke et Sachs.

Ainsi, outre les images de souvenir des différentes perceptions, la conscience renferme des complexus de plus en plus étendus de ces images associées en groupes secondaires, tertiaires, etc., d'où résulte ce qu'on nomme l'idée, la notion, le mot. Le nombre des objets concrets de l'univers que nous connaissons correspond à celui des notions (*Begriffe*) que nous en possédons. Ce nombre n'est pas si grand et la vérité de ces objets n'est pas si vaste que l'homme incline à le croire, surtout si l'on songe au milliard de cellules nerveuses dont Meynert a peuplé l'écorce. En tout cas, notre conscience du monde extérieur est fonction de notre monde cérébral. Le monde est la somme de nos idées, voilà tout. Wernicke estime même que l'*ordre* des phénomènes et notre *croyance* dans les rapports que nous y découvrons ne sont qu'approchants. « Le *besoin de causalité,* écrit-il avec profondeur, est un vice inné ou un privilège de notre cerveau; les phénomènes de l'univers sont bien loin de posséder entre eux une liaison quelconque; ce n'est que dans notre cerveau qu'existe ce lien ; il ne saurait réunir les choses elles-mêmes, mais seulement les traces qu'elles laissent dans notre cerveau (*Grundriss der Psychiatrie in klinischen Vorlesungen.* Th. I. *Psycho-physiologische Einleitung.* Leipzig, 1894, 33). En somme, il n'y a pas d'autre réalité pour nous que celle des voies d'association que parcourent incessament les impressions qui, du monde extérieur, se projettent dans les territoires de l'écorce du cerveau. Ce que nous appelons la constance et l'uniformité des lois naturelles résulte de la fréquence avec laquelle telles voies nerveuses sont parcourues, bref, de la facilité et viabilité de ces voies (*Bahnung*). Une autre illusion est de croire à l'existence du réveil des états de conscience par association simultanée (espace) : il n'y a que des associations par succession (temps). De la succession régulière d'un ordre de phénomènes, nous concluons à l'existence d'une loi : un premier phénomène *doit* être suivi d'un second; c'est le principe même de l'expérimentation, du déterminisme scientifique dans l'étude de la nature; à cet égard, notre conviction est irrésistible. Mais cette conviction n'est qu'une croyance. Par le fait de la répétition du passage des courants nerveux soit entre deux points de l'écorce d'un seul et même territoire de projection central (identification primaire), soit entre différents territoires (identification secondaire), les résistances qui s'opposaient dans le principe à cette transmission s'applanissent; la voie est désormais frayée (*gebahnt*). Avec Meynert, Wernicke admet que les cellules nerveuses fusiformes appartiennent au système d'association : par chacun de leurs prolongements, ces cellules entrent en rapport avec celles des territoires voisins de projection et servent ainsi à les associer entre eux. Le nombre des fibres constituant les systèmes d'association est tel, a écrit Th. Meynert, et les différentes régions de l'écorce cérébrale d'un même hémisphère sont si étroitement associées, qu'il n'y a pas deux points de l'écorce associables qui demeurent sans liaison physiologique en largeur, hauteur et profondeur, c'est-à-dire dans n'importe quelle dimension. (Th. Meynert. *Neue Studien über die Associationsbündel des Hirnmantels. Sitzungsb. d. K. Akad. d. Wissench. in Wien.* Bd. CI, 1892.)

De même que la conscience que nous avons du monde, celle de notre corps est fonction des nerfs de sensibilité générale qui, des membres supérieurs et inférieurs, du tronc, de la nuque et de la tête (Munk), se projettent dans les circonvolutions centrales. « Les mêmes points de la surface du *cortex cerebri* dont l'excitation expérimentale provoque des mouvements, et qui sont bien ainsi des centres moteurs, sont en même temps le siège des sensations musculaires (*zugleich der Sitz des Muskelgefühles*), de la représentation de l'intensité et du mode de l'innervation musculaire, bref, des images ou représentations motrices (*Bewegungsvorstellungen*), » écrivait Wernicke en 1874. Depuis qu'on n'attribue plus aux sensations musculaires la plus grande part dans la formation des notions de position ou de situation des parties du corps (*Lagevorstellungen*), Wernicke a renoncé à l'usage du mot « sens musculaire ». La lourdeur et la maladresse des mouvements chez les paralytiques dépendent, comme chez les animaux opérés des régions corticales des extrémités, de la perte de ces notions, non de l'état des muscles, en particulier chez les paralytiques généraux, et lorsqu'il n'existe pas de contracture posthémiplégique. Les mouvements de notre corps, simples processus ou images de la conscience dérivés des sensations articulaires, tendineuses, etc., dont les résidus ont persisté dans l'écorce, sont donc des représentations du *cerveau frontal* (*Stirnhirn*), comme celles de l'audition et de la vision sont des représentations du *cerveau occipito-temporal* (*Hinterhaupts-Schläfehirn*). Wernicke a déjà considéré le *cerveau pariétal* (*Scheitelhirn*) comme un territoire « intermédiaire », ou de transition, dont la nature des fonctions était encore en litige. Il n'en était pas de même du cerveau occipito-temporal, dont l'anatomie démontrait sans conteste le caractère sensoriel : tous les nerfs de la sensibilité dont le trajet central jusqu'à l'écorce nous est connu, écrivait Wernicke, se terminent dans ces deux lobes; il citait les nerfs olfactif et optique, ceux du goût, dont le parcours central était d'ailleurs inconnu, les cordons postérieurs de la moelle épinière (Meynert), l'acoustique enfin, « dont le parcours ultérieur dans le cerveau (on ne l'avait suivi que jusqu'au cervelet) est indubitable (*unzweifelhaft*) » et qui doit se terminer dans la première circonvolution temporale (T^1). Mais ce n'est pas le lieu d'insister sur les fonctions de l'audition. Nous devons rappeler, au sujet des représentations motrices de la conscience, que, selon Wernicke, le mouvement volontaire se distingue du mouvement réflexe par les deux caractères suivants : 1° Il ne suit point immédiatement l'excitation; le réveil des images de cette nature par l'excitation précède l'impulsion qui doit partir de l'écorce, si l'incitation est suffisante, pour mettre en branle tous les mécanismes moteurs bulbo-médullaires ; 2° La forme du mouvement volontaire se distingue par la réalisation de mouvements isolés, indépendants des mouvements d'ensemble, adaptés à un but particulier, bref, par une représentation antécédente. On parle de délibération, de choix, de volonté libre. C'est une pure illusion. D'abord, la conscience d'une image motrice, ou l'idée d'un mouvement, et le mouvement lui-même ne sont, dit fort bien Wernicke, que des degrés d'intensité différents d'un même processus nerveux. La projection ou l'arrêt du mouvement, c'est-à-dire de l'action, dépend uniquement de ce degré d'intensité d'un groupe ou de groupes plus ou moins vastes, souvent antagonistes (contraste, etc.) de représentations. Plus un individu possède de représentations ou d'idées, plus le jeu des associations de ces images est riche et varié, plus le choix paraît libre, car il échappe d'autant aux prévisions de l'individu même et de ceux qui l'observent. Mais pour qui posséderait tous les termes du problème, le résultat pourrait toujours être prédit, car il s'agit de purs mécanismes.

Territoires corticaux de projection des sensations organiques. — Dans les territoires de projection de l'écorce sont donc représentés tous les organes, appareils et tissus du corps (organes tactiles des revêtements cutanés et muqueux, parenchymes glandulaires et non glandulaires, etc.) Mais, outre sa qualité spécifique, chaque sensation possède encore une autre qualité, élément capital de la conscience du corps, le ton affectif (*Gefühlston der Empfindung*), sentiment de *peine* ou de *plaisir*, qui sont des affections de la substance grise de l'écorce du cerveau. D'ordinaire la sensation spécifique masque la sensation organique : le degré d'intensité de celle-ci, sous forme de douleur en particulier, est souvent nécessaire pour provoquer ces mouvements réflexes de défense ou de protection, réflexes innés, adaptés à certaines sensations trop vives même des organes et appareils des sens spéciaux (bruit violent, lumière aveuglante, goût d'amertume, etc.) que MEYNERT a signalés (*Abwehr oder Angriffsbewegung*). Chez la grenouille décapitée, les réflexes spinaux sont plus que de simples mouvements réflexes : l'adaptation à une fin organique semble encore possible. Les réflexes médullaires sont étrangers à la conscience cérébrale : ils sont innés. De là le caractère d'adaptation et de finalité mécanique de ces actes. Dans le sommeil le plus profond, de même que dans certains états inconscients, ils veillent encore, quoiqu'ils disparaissent naturellement avant les fonctions automatiques. Mais, si les réflexes médullaires ne connaissent pas le cerveau, la conscience corticale les connaît : le mollusque auquel MEYNERT aime à comparer l'écorce cérébrale, dont les tentacules et les bras seraient les faisceaux de projection afférents et efférents, a conscience des mouvements réflexes des segments différents de son corps et conserve les résidus de ces sensations articulaires, musculaires, etc., sous formes d'images motrices.

Aux sensations organiques du corps appartiennent, outre celles des muscles et des articulations, les sensations des viscères, des glandes, etc., surtout dans l'état de souffrance de ces organes, quoique nous ayons d'ordinaire une conscience assez nette des sensations de la faim et de la soif, de la satiété, de l'urination et de la défécation, des besoins sexuels, etc. Le ton affectif l'emporte ici sur les sensations spéciales des viscères ; il obscurcit même les signes locaux de ces sensations. WERNICKE ne doute pas que les territoires de projection des images, résultant de ces sensations, ne soient localisés dans l'encéphale, ce qu'impliquent d'ailleurs, selon lui, les symptômes hypochondriaques de certains aliénés. Mais où siège la « conscience du corps » ? Elle serait localisée dans la couche de l'écorce cérébrale la plus voisine de la substance blanche. Là retentiraient, sous forme de perceptions et d'images, dans l'organe même de la conscience, les changements que subit le corps au cours, par exemple, des phases de la puberté, du climacterium, de la grossesse, du puerperium, de l'involution sénile : cette région de l'écorce serait un terrain tout préparé pour le développement de nombre de « maladies de la conscience ». Quoi qu'il en soit, de même que notre idée ou représentation du monde extérieur n'est que la somme des images mentales résultant de nos sensations externes, la conscience que nous avons de notre corps n'est également que la somme des images formées par les souvenirs de toutes nos sensations organiques ou internes. Au regard des parties du monde extérieur, celles de notre corps soutiennent des rapports rélativement stables : la représentation de notre corps correspond, dans la conscience, à ce que WERNICKE appelle une notion (*Begriff*) d'ensemble, à un grand tout unique (*totum*). Aucune des images des diverses régions de ce milieu interne n'atteint le degré de discrimination de nos représentations du monde. Variété ici, unité là. WERNICKE incline même à voir dans cette sorte d'unité indivisible de la « conscience corporelle » la condition de la simplicité et de l'indivisibilité apparente de l'idée du moi, au moins du « moi primaire » de MEYNERT.

Les idées de WERNICKE qui, quoique d'une originalité si élevée, ont tant d'affinités avec celles de MEYNERT, et aussi avec celles de GRIESINGER et de H. MUNK, se sont très largement répandues, en ces dernières années, grâce aux travaux si remarquables des élèves de ce maître, HEINRICH SACHS, LISSAUER, C. S. FREUND. Tous ces travaux sont pénétrés d'un véritable esprit philosophique, au sens vraiment scientifique du mot. Les faits cliniques servant de point de départ aux études anatomiques et physiologiques de ces auteurs ont été, par un bonheur qui ne peut être tout à fait l'œuvre de pures rencontres, presque toujours d'une rare pureté. De là, chez ces cliniciens, des aperçus d'une pénétration peu ordinaire sur le mécanisme des fonctions de l'intelligence. Il sera parlé ailleurs des travaux de C. S. Freund sur l'aphasie optique, ou aphasie sensorielle optique, comme il appelle cette affection, qui serait le pendant de l'aphasie sensorielle acoustique de Wernicke, et la cécité psychique. Nous ne signalerons ici que la théorie des *Paralysies psychiques* du même auteur (Freund. *Ueber psychische Lähmungen. Neurol. Centralbl.*, 1895), représentant également les doctrines de l'Ecole de Breslau.

IV. — CENTRES SENSITIFS ET SENSORIELS DU CERVEAU

α. **Vision.** — On ne saurait trop admirer le grand mouvement d'études dont a été l'objet, depuis quelques années, le centre cérébral de la vision mentale et l'appareil nerveux intracérébral de cette fonction, constitué par les centres primaires optiques, corps genouillés externes, pulvinars des couches optiques, tubercules quadrijumeaux antérieurs, et par les faisceaux de projection et d'association qui relient les fibres rétiniennes aux ganglions d'origine du nerf optique, et ceux-ci à l'écorce du lobe occipital.

H. Munk, Monakow, Henschen, Sachs, Dejerine et Vialet, ont jeté la plus vive lumière sur cet immense domaine de la psychologie considérée comme une science naturelle, comme une province de la biologie. Dès 1855, au cours d'une étude à la fois anatomique, expérimentale et clinique, sur les origines centrales du nerf optique et sur les rapports de ce nerf avec le cerveau. Panizza avait constaté la dégénérescence secondaire des corps genouillés externes, des couches optiques, des tubercules quadrijumeaux et des aisceaux qui s'irradient dans le lobe occipital, consécutivement aux lésions expérimentales et pathologiques des radiations optiques et de l'appareil périphérique de la vision. Nous passerons en revue les diverses solutions apportées au problème des conditions anatomiques et de la nature physiologique de la vision mentale par des documents originaux d'une valeur scientifique incontestable : tels sont le mémoire de Munk, *Sehsphaere und Augenbewegungen*[1]; celui de Steiner, non moins important pour la physiologie comparée[2]; le travail considérable de Monakow[3], où le célèbre anatomiste de Zurich a fait subir à sa conception, devenue classique, des centres de la vision mentale une modification si profonde[4]; les travaux de Henschen, dont la théorie sur le centre de la vision est à coup sûr le plus propre à nous frapper, sinon à nous convaincre encore entièrement[5]; les idées de Wilbrand, dont nous critiquerons la théorie sur la dualité des centres de perception et d'idéation visuelles; la belle monographie de Sachs sur le lobe occipital[6], dont la science et la hauteur de vues sont tout à fait dignes de son illustre maître, Wernicke; le livre de Vialet, *les Centres cérébraux de la vision*[7], qui n'a pas seulement mis en œuvre les documents de la précieuse collection anatomo-pathologique de son maître, Déjerine, mais qui a écrit une œuvre originale, nourrie de faits nouveaux et de recherches personnelles.

Mouvements réflexes et volontaires des yeux — Voici, avec le résultat des

1. *Sitzungsberichte der königl. preussischen Ak. der Wiss. zu Berlin*, 1890. Cf. *Sehsphäre und Raumvorstellungen*, 1891. *Ueber die Funct. der Grosshirnrinde.* Berlin, 1890, 293.

2. I. Steiner. *Sinnessphaeren und Bewegungen. Pflüger's Arch. f. Phys.*, 1891, L, 603.

3. *Experimentelle und pathol. anat. Unters. über die optischen Centren und Bahnen nebst klinischen Beiträgen zur corticalen Hemianopsie und Alexie. Arch. f. Psych.*, XXIV, 1892.

4. Pour l'indication des textes et l'histoire critique des faits et des doctrines de Monakow, de Munk, de D. Ferrier, de Luciani, de Mauthner, etc., relatifs à la vision mentale, voyez Jules Soury, *Les fonctions du cerveau* (2e édit, 1892) ou nos articles des *Archives de neurologie*, dans lesquels, en 1889, 1890, 1891, la synthèse de ces travaux étrangers a été présentée.

5. *Klinische und anatomische Beiträge zur Pathologie des Gehirns.* Upsala, I, 1890; II, 1892; III, 1894. — *On the visual path and centre. Brain*, 1893. — *Om synbanans anatomi ur diagnostisk synpunkt.* Upsala, 1893 (Programme d'Université). — *Sur les centres optiques cérébraux* (*Congrès internat. de Rome*, 2 avril 1894), *Revue générale d'ophtalmologie*, 1894, 337.

6. *Das Hemisphärenmark des menschlichen Grosshirns.* I. Das Hinterhauptslappen. Leipzig, 1892, in-4.

7. *Les centres cérébraux de la vision et l'appareil nerveux visuel intra-cérébral.* Avec une Préface de Déjerine, 90 figures, par H. Gillet et Vialet. Paris, 1893.

expériences de Munk, dont parle Monakow, expériences qui ont ici une très grande portée, un bref résumé de la question des mouvements réflexes et volontaires des yeux. Le travail de l'éminent physiologiste de Berlin et le compte rendu des expériences instituées avec le concours d'Obregia, de Bucharest, ont paru en 1890. Mais il est à la fois équitable et instructif de signaler quelques expériences qui, un ou deux ans auparavant, avaient déjà jeté une vive lumière sur ce problème capital de la physiologie du cerveau. Nous ne parlons pas ici de la production des mouvements des yeux déterminés par l'excitation de l'écorce cérébrale sur d'autres régions que celles du lobe occipital. Fritsch et Hitzig, les premiers, délimitèrent sur un point de l'écorce cérébrale du chien, qui coïncide avec une partie du centre du facial, le centre des muscles oculaires. David Ferrier indiqua plus tard d'autres centres dont l'excitation provoque des mouvements des yeux. Luciani et Tamburini obtinrent des résultats semblables en électrisant la deuxième circonvolution primitive ou externe du chien. Bechterew a vu l'excitation de cette circonvolution, entre le bord postérieur du gyrus sigmoïde et la pointe du lobe occipital, produire une déviation conjuguée des yeux du côté opposé, une légère occlusion des paupières, un rétrécissement des pupilles. Mais c'est Schaefer qui institua les premières expériences systématiques à ce sujet sur la sphère visuelle du lobe occipital du singe, et vit se produire des mouvements associés des yeux du côté opposé à l'excitation par des courants d'induction [1]. Après l'excitation de la zone supérieure du lobe occipital, les yeux se dirigeaient en bas, en haut après l'excitation de la zone inférieure. Dans les deux cas, remarque capitale, surtout lorsqu'il s'agit du singe, le phénomène est plus intense si les électrodes sont placées à la *face interne* du lobe occipital. L'excitation de la zone intermédiaire détermine des mouvements latéraux. Laissons de côté l'interprétation de la nature de ces mouvements, qui semblent être la suite ou l'accompagnement de sensations subjectives de la vue provoquées par l'excitation, de sorte que les mouvements suivraient la direction de la projection de ces sensations au dehors [2]. Ces expériences prouvaient qu'il existe un rapport déterminé entre les centres cérébraux de la vision et les rétines. On peut le formuler ainsi : 1° Tout le centre visuel d'un hémisphère est en relation avec les deux moitiés homonymes des deux rétines; 2° la zone supérieure du centre visuel d'un hémisphère est en rapport avec la portion supérieure des moitiés homonymes des deux rétines, la zone inférieure avec la portion inférieure, la zone intermédiaire avec la partie intermédiaire. Schaefer a noté en outre les mouvements concomitants de la *paupière* supérieure et les modifications des *pupilles*. La même année, il constata qu'après l'ablation successive des deux lobes frontaux en avant de la scissure de Sylvius et la section du corps calleux, l'excitation électrique du lobe occipital produisait encore des mouvements associés des yeux. Il résultait de ces nouvelles expériences que ce n'est pas en éveillant directement l'activité de l'écorce des régions antérieures du cerveau que l'excitation du lobe occipital détermine les mouvements des yeux, et que le centre de ces mouvements doit être cherché dans une région sous-corticale, très vraisemblablement dans la substance grise des tubercules quadrijumeaux.

Unverricht, en étudiant les rapports des régions postérieures de l'écorce avec l'attaque d'épilepsie, signale aussi la déviation conjuguée des yeux après l'excitation de la sphère visuelle de Munk (1888). Danillo détermina chez de jeunes chiens et chats, au cinquième mois, le même phénomène moteur en excitant l'écorce du lobe occipital (1888). Jusqu'au troisième mois, même avec des courants d'induction de longue durée, pas de réaction oculo-motrice. Si l'on excite la substance blanche de ce lobe après ablation de l'écorce ou introduction d'électrodes isolées jusqu'à un centimètre de profondeur, au premier mois, pas de mouvements, mais, au deuxième mois, déviation des yeux. Or, et l'intérêt de pareilles recherches n'échappera à personne, que l'on enlève l'écorce de la région motrice antérieure du cerveau ou que l'on pratique des coupes soit verticales, séparant les régions antérieures des régions postérieures du cerveau,

1. *Experiments on the electrical excitation of the visual area of the cerebral cortex in the Monkey*. Brain, avril 1888.

2. Cette interprétation de Schaefer, qui revient à celle de D. Ferrier, a été repoussée par Luciani et Tamburini, Bechterew, Danillo, etc.

soit horizontales, les mouvements des yeux déterminés par l'excitation du lobe occipital persistent les mêmes. D'autre part, l'excitation de la substance blanche de la zone motrice ne provoquerait alors aucun mouvement des yeux. DANILLO avait tiré de ces faits les conclusions suivantes : 1° les lobes occipitaux ne renferment pas de centres analogues à ceux de la zone motrice; 2° l'hypothèse de FERRIER est insoutenable, d'après laquelle les mouvements des yeux seraient dus à des sensations optiques subjectives provoquées par l'excitation du lobe occipital, puisque l'excitation de la substance blanche provoque les mêmes mouvements, soit après l'ablation de la substance grise, soit à une époque de la vie où l'écorce est encore inexcitable; 3° les phénomènes observés après les sections verticales et horizontales du cerveau, ou après l'extirpation de la zone motrice, impliquent que les centres de la déviation conjuguée des yeux ne siègent ni dans la région motrice de l'écorce ni dans le lobe occipital : il faut les chercher plus bas.

Cependant je ne vois pas pourquoi les mouvements des yeux, observés consécutivement à l'excitation du lobe occipital, ne résulteraient pas, à l'état physiologique, de sensations optiques subjectives, parce que, après l'ablation totale de l'écorce de ce lobe, siège des sensations et des images optiques, les mouvements se produisent encore si la substance blanche est seule excitée. N'en est-il pas ainsi des territoires moteurs de l'écorce? Tous les mécanismes de la machine cérébrale sont préformés et strictement adaptés à leurs fonctions. DANILLO a simplement prouvé que les conducteurs moteurs du lobe occipital entrent en activité sans y être incités par des perceptions ou des images visuelles, c'est-à-dire par des décharges nerveuses de certains groupes de cellules du lobe occipital. Mais, en substituant le stimulus électrique au stimulus nerveux, il a déterminé les mêmes courants et obtenu les mêmes résultats [1].

Les expériences de MUNK semblent avoir été indépendantes des travaux que nous venons d'énumérer. Aussi bien ont-elles été faites simultanément, en 1888 et 1889, dans le Laboratoire de physiologie de l'École vétérinaire de Berlin, puisque MUNK lut son mémoire dans la séance du 16 janvier 1890 de l'Académie des sciences de cette ville. Des procédés opératoires et de la technique des vivisections, relatés spécialement par OBREGIA [2], nous ne mentionnerons ici que cette circonstance, qui nous est une garantie de l'exactitude parfaite des résultats obtenus : les expériences ont toujours été faites sur des chiens non narcotisés.

Pour établir la nature et l'indépendance des mouvements des yeux provoqués par l'excitation du lobe occipital, les auteurs durent se convaincre d'abord que ces mouvements n'avaient rien de commun avec ceux qu'on détermine en excitant le territoire cortical situé en avant de la sphère visuelle, et reconnu depuis longtemps, par FRITSH et HITZIG, comme centre des muscles des yeux, que MUNK a denommé *région de l'œil* (*Augenregion* F). Ainsi, l'excitation électrique de cette région sur un chien auquel on avait extirpé presque entièrement, cinq mois auparavant, les deux sphères visuelles, provoqua les mouvements ordinaires : or les sphères visuelles n'avaient certainement aucune part à ces réactions motrices puisqu'elles avaient été enlevées. L'isolation des sphères visuelles, au moyen de coupes : 1° du reste du manteau (et par conséquent des régions F et H de l'écorce, dont l'excitation détermine des mouvements des yeux); 2° du corps calleux, sectionné à la partie postérieure, ne changèrent rien aux résultats de l'excitation du lobe occipital; la section de la commissure du corps calleux prouva nettement que chaque sphère visuelle est capable, isolément, de provoquer des mouvements des yeux. Mais, après une coupe horizontale sectionnant les fibres de la couronne rayonnante des sphères visuelles, l'excitation de ces centres demeura sans effet, quelle que fût l'intensité du courant. La même expérience fut toujours suivie du même résultat. Ainsi non seulement les fonctions oculo-motrices du lobe occipital sont indépendantes, puisqu'elles persistent après l'isolement de ce lobe : elles sont en rapport avec les ganglions

1. Je n'insisterai pas sur la critique que BECHTEREW a faite des conclusions de DANILLO, parce que je ne la crois pas démonstrative. ROSENBACH enfin a très bien vu, comme DANILLO, qu'après la destruction complète de la région motrice du cerveau, la déviation des yeux provoquée par l'excitation de la sphère visuelle de MUNK persiste toujours.

2. ALEX. OBREGIA, *Ueber Augenbewegungen auf Sehsphaerenreizung* (*Arch. f. Anat. u. Physiol.*, 1890).

de la base du cerveau, puisque la section des radiations optiques de GRATIOLET abolit les mouvements en réponse à l'excitation des mêmes régions du lobe occipital.

Comment concilier ces nouvelles expériences avec ce qu'on avait su jusqu'alors des fonctions purement sensorielles des lobes occipitaux, considérés comme organes centraux de la vision mentale? Car les *mouvements des yeux*, et aussi des *paupières* supérieures et de l'*iris*, qui sont des plus considérables, avaient échappé à tous les expérimentateurs. MUNK se félicite, en profond connaisseur du cœur humain, de ce long retard dans notre connaissance des propriétés de l'écorce du lobe occipital. Si, à l'origine, on n'avait nettement distingué dans l'écorce cérébrale un territoire antérieur moteur et un territoire postérieur non moteur, la découverte de FRITSCH et HITZIG n'aurait convaincu personne. Il est certain qu'aujourd'hui encore un grand nombre de cliniciens ne parviennent pas à comprendre comment les centres prétendus moteurs du cerveau ne sont en réalité que des centres sensitifs. Il y a vingt ans et plus, si l'on avait su que l'excitation du lobe occipital, comme celle du lobe temporal, régions sensorielles, détermine des mouvements des muscles de l'œil ou de l'oreille, de même que l'excitation des circonvolutions rolandiques provoque des contractions musculaires des extrémités et de la face, beaucoup auraient demandé, et avec toute apparence de raison, à l'aide de quel critérium on prétendait établir la doctrine de l'hétérogénéité fonctionnelle de l'écorce cérébrale.

Selon MUNK, les mouvements des yeux que provoque l'excitation des sphères visuelles résultent de sensations visuelles; ils n'ont rien à faire avec d'autres mouvements des yeux qui persistent chez l'animal aveugle, par exemple après l'ablation des deux centres corticaux de la vision. MUNK distingue donc : 1° des *réflexes rétiniens*, en vertu desquels, sous l'incidence d'un rayon lumineux, la pupille se rétrécit, et cela alors même que le cerveau a été enlevé et que les centres sous-corticaux de la vision persistent seuls : ces réflexes n'impliquent pas l'existence d'une sensation lumineuse; 2° des *réflexes visuels*, innés d'ailleurs comme les précédents, et qui, sans que l'attention ni la pensée interviennent, font cligner l'œil, par exemple, à l'approche subite d'une main, détournent un animal d'un obstacle placé sur son chemin, déterminent ces mouvements involontaires qui sont nécessaires à la fixation d'un objet aperçu d'abord indistinctement. Ces réflexes, d'ordre tout à fait inférieur, ne supposent encore aucune représentation mentale de la vision, et les mouvements qu'ils déterminent n'ont lieu qu'à l'occasion de sensations ou de perceptions de la vue; 3° des *réflexes acquis* de la vision, tels que la fuite de l'animal devant le fouet, résultant bien de représentations mentales de la vision, et d'autres représentations encore, associées à celle-ci, de l'attention et de la réflexion. Ce sont naturellement des réflexes de la deuxième catégorie que provoque l'excitation du lobe occipital. « Nous savons aujourd'hui, écrit MUNK, que la *couronne rayonnante des sphères visuelles* contient, outre les fibres des nerfs optiques, dont l'excitation, allant dans une direction centripète à la sphère visuelle, détermine la vision, d'autres fibres encore, cheminant dans les mêmes radiations, dont l'excitation, partie de la sphère visuelle, et allant dans une direction centrifuge aux régions inférieures, sous-corticales, du cerveau, détermine des mouvements; que des mouvements simples des *yeux* (et aussi des mouvements des *paupières*, etc.), résultant de la vision, ont lieu par cette voie, tandis que tous les autres mouvements qui sont les conséquences de la vue ont besoin pour se manifester de l'intermédiaire de faisceaux d'association et d'autres territoires de l'écorce. » Une seule explication est donc possible : les mouvements des yeux dont il s'agit résultent uniquement de la transmission, par les fibres à direction centrifuge de la couronne rayonnante du lobe occipital, de l'excitation de ce lobe à certains centres sous-corticaux [1]. Il s'agirait, suivant MONAKOW (MUNK ne précise pas autrement), des tubercules quadrijumeaux antérieurs.

Toutes les fibres nerveuses de la radiation optique de GRATIOLET qui se terminent dans la sphère visuelle servent-elles à la conduction des impressions rétiniennes? FLECHSIG a calculé que ces fibres sont au moins cinq fois aussi nombreuses que celles qui entrent dans la constitution du nerf optique. Le même savant signale l'existence d'un faisceau de fibres, en grande partie centrifuges, qui, de la sphère visuelle, s'arborisent dans la *couche*

1. Cf. C. S. SHERRINGTON, *Experimental Note on two movements of the eye. Journ. of Physiology*, 1894.

optique (fibres cortico-thalamiques) et, par l'intermédiaire de celle-ci, réagissent sur les noyaux moteurs des muscles des *globes oculaires* et de la *tête*. Ce faisceau moteur de la sphère visuelle serait donc, contrairement à celui des sphères tactiles, relié indirectement, par la couche optique, aux neurones moteurs des muscles périphériques. En effet, après la destruction de la sphère visuelle, ces muscles ne sont pas frappés de paralysie. D'autre part, les mouvements des yeux provoqués par l'excitation de la sphère visuelle (Schäfer, Munk) impliquent que cette aire est en connexion, très probablement indirecte, avec les noyaux d'origine des nerfs moteurs oculaires.

Dans ses belles expériences sur les mouvements en réponse à l'excitation électrique des sphères visuelles chez les oiseaux et les mammifères, ou du *tectum mesencephali* des poissons et des batraciens, qui est une formation « analogue » à la sphère visuelle des mammifères[1], Steiner put confirmer, chez les vertébrés inférieurs, la réalité des faits observés par Schaefer et par Munk sur le singe et le chien. Au cours de ses expériences, instituées et exécutées avec cette élégance et cette rare pénétration que l'on admire chez ce physiologiste, il résolut maints problèmes toujours pendants. Ainsi, chez le pigeon, l'excitation, avec des courants induits, des régions postérieures du cerveau, excitation suivie de mouvements des yeux et de la tête, résultait bien de la stimulation de l'écorce, et non de celle des ganglions sous-corticaux. Contrairement aussi à l'opinion d'après laquelle les nerfs optiques sont chez cet oiseau totalement entre-croisés, Steiner témoigne, d'accord avec Munk, qu'il ne lui est jamais arrivé de produire un mouvement *unilatéral* de l'œil : les mouvements des yeux provoqués par l'excitation d'un hémisphère ont toujours été bilatéraux et sous forme de mouvements associés; il suit qu' « un hémisphère du cerveau agit sur les deux yeux ». Il a noté trois mouvements de réponse différents aux stimulations de l'écorce, mais sans pouvoir toutefois localiser avec exactitude les parties correspondantes du manteau. Toujours l'excitation d'un hémisphère déterminait un rétrécissement énergique de la *pupille* de l'œil opposé, une dilatation de celle de l'œil correspondant, chez le pigeon. Au début de l'excitation, il y a occlusion complète, et toujours bilatérale, des *paupières;* celles-ci s'ouvrent ensuite, ce qui permet d'observer l'état des pupilles et des globes oculaires. L'excitation de l'écorce cérébrale du pigeon a fait connaître, *cæteris paribus*, dans le domaine des yeux, les mêmes *phénomènes moteurs* que chez le singe et le chien. Pour Steiner aussi, ces mouvements des yeux sont, chez les oiseaux comme chez les mammifères, l'*effet de la vision :* ils suivent l'excursion du regard. Le mouvement d'accompagnement de la tête ne s'obtient que par l'excitation du point de l'écorce qui provoque les mouvements des yeux. Ces deux mouvements sont d'ordre différent chez les oiseaux : on détermine le mouvement de la tête avec un courant d'intensité bien inférieur à celui qu'exige la production des mouvements des yeux; mais le premier est bien « la conséquence immédiate des *impressions de la vue*, non d'une excitation propagée à distance de la sphère motrice de l'écorce cérébrale de cet oiseau »[2].

Chez les mammifères, et d'abord chez le lapin, Steiner a obtenu, en excitant la région postérieure du cerveau correspondant à la sphère visuelle, des mouvements associés des yeux et un mouvement de la tête du côté opposé exactement comme chez le pigeon, ainsi que des mouvements des paupières et des pupilles. Chez le lapin, toutefois, les mouvements des yeux et de la tête ont toujours lieu en même temps avec un courant de même intensité. Dans ces expériences sur les mammifères, Steiner n'a eu garde d'oublier de provoquer des mouvements des yeux et de la tête en excitant aussi la région antérieure ou motrice du cortex : il a même observé que celle-ci est plus excitable que la sphère visuelle et qu'elle réagit encore par des mouvements des yeux et de la tête, quand ce dernier centre ne réagit plus. Il en résulte manifestement que les phénomènes moteurs de la sphère visuelle ne sont pas attribuables à la diffusion du courant électrique d'arrière en avant : dans cette supposition, en effet, la sphère visuelle devrait pouvoir réagir aussi longtemps que la région motrice du cerveau. En général, « la sphère visuelle est, dit Steiner, plus délicate (*delikater*), c'est-à-dire plus facilement épuisable, que la zone motrice ». Ce savant s'est assuré, après Munk, que les mouvements des yeux pro-

1. I. Steiner. *Die Functionen des Centralnervensystems und ihre Phylogenese*, 1888.
2. I. Steiner. *Sinnessphären und Bewegungen*. (Pflüger's Arch., 1891, l, 603 sq.)

voqués par l'excitation de la sphère visuelle ne s'effectuaient pas au moyen de faisceaux d'association reliant cette sphère sensorielle à la zone motrice : une coupe perpendiculaire de l'écorce menée entre ces deux territoires cérébraux n'a pas empêché la production des mouvements des yeux consécutifs à la stimulation de la sphère visuelle. Enfin, le mouvement caractéristique des yeux et de la tête existe aussi, chez le chien, lorsqu'on excite cette dernière région : ces mouvements accompagnent bien l'excursion du regard. Les chiens furent légèrement éthérisés; les pigeons et les lapins ne furent pas narcotisés, FLEISCHL et BECK (1890) ayant montré combien l'éther, le chloroforme, etc., paralysent les sphères de sensibilité de l'écorce du cerveau. STEINER établit donc à son tour que les voies nerveuses centrifuges qui transmettent ces excitations motrices de la sphère visuelle et qui ne se terminent pas dans la zone motrice du cerveau, doivent gagner directement certains centres nerveux sous-corticaux (611); bref, « il existe des voies directes centrifuges qui vont de la sphère visuelle à des centres sous-corticaux ». Les mouvements de la tête notés chez les pigeons dérivent d'une même origine.

Si, sous l'influence de courants d'induction appliqués à la sphère visuelle, des mouvements, que STEINER propose d'appeler *adéquats*, se manifestent comme résultat d'une *sensation de la vue* (*Sehempfindung*), on est amené à conclure qu'un mécanisme identique doit exister aussi pour les autres sphères de la sensibilité de l'écorce cérébrale, pour celles de l'audition, etc. Et, de fait, en excitant le lobe qui, chez le lapin, correspond à la *sphère auditive* (lobe temporal), STEINER vit l'oreille du côté opposé à l'excitation se mouvoir, mais sans être accompagnée de mouvements de la tête. Non plus que ceux des yeux ces mouvements ne sont pas projetés dans la zone motrice au moyen de faisceaux d'association, car une coupe frontale pratiquée en avant de la sphère auditive n'empêcha pas davantage les effets moteurs résultant de l'excitation de la sphère auditive (*Hörsphäre*) de se produire. BAGINSKY avait déjà, à l'insu de STEINER, décrit, quelques mois auparavant, cette catégorie de mouvements chez le chien[1]. STEINER n'a donc pas poussé plus avant ses recherches dans cette direction; il note expressément que l'on obtient, chez le lapin, les mêmes mouvements de l'oreille en excitant un point déterminé de la zone motrice proprement dite.

Après MUNK, qui admet que, dans la couronne rayonnante de la *sphère visuelle*, un faisceau de fibres nerveuses doit exister, par le canal duquel les courants centrifuges provoqués par l'excitation de l'écorce de ce centre sensoriel se propagent à des centres nerveux sous-corticaux, STEINER croit pouvoir annoncer que, dans la même couronne rayonnante, doit exister aussi un faisceau à conduction de même sens pour les mouvements de la tête en rapport avec les sensations subjectives de la vision. De même, dans la couronne rayonnante de la *sphère auditive*, STEINER admet l'existence de faisceaux centrifuges pour les mouvements de l'oreille, aussi bien que pour les *mouvements adéquats* des centres sensoriels corticaux de l'*olfaction* et du *goût*, quoique ses investigations ne se soient pas étendues à ce domaine. Ainsi, dans la couronne rayonnante de l'écorce, STEINER postule l'existence de cinq faisceaux de fibres environ dont l'anatomie devra démontrer la réalité *in natura* : « Nous pouvons, d'après nos expériences, prédire que ces faisceaux existent, au moins pour le lapin, le chien et le singe, ainsi que pour les pigeons, quant aux mouvements des yeux et de la tête. » Chez les poissons, l'excitation, avec de faibles courants, du *tectum mesencephali*, ne produit que des mouvements de l'œil opposé seulement; des courants plus intenses déterminent seuls des mouvements associés des yeux. Il en est de même chez les batraciens. Il suit que cette partie de l'encéphale du cerveau moyen correspond, chez ces vertébrés, aux sphères visuelles du cerveau antérieur des mammifères et de certains oiseaux. Chez tous ces êtres, l'excitation électrique des régions considérées détermine des mouvements des yeux. Le fait que le pigeon répond par des mouvements associés des *yeux*, aussi bien que par des mouvements des *paupières*, des *pupilles* et de la *tête*, à l'excitation électrique des régions postérieures de son cerveau, tout de même que les poissons, les grenouilles et les mammifères consécutivement à la même stimulation du *tectum mesencephali* et des lobes occipitaux, permet de conclure que ces régions du cerveau du pigeon possèdent bien le caractère d'une sphère visuelle,

1. BAGINSKY. *Hörsphäre und Ohrbewegungen.* (*Vorläuf. Mittheil. Centralblatt f. Neurol.*, 1890, 458).

et, ce qu'on a si souvent contesté, que le pigeon voit avec son cerveau (*Grosshirn*). Si STEINER n'avait pu réussir à déterminer des mouvements des yeux en stimulant cette région de l'écorce chez le pigeon, la conclusion opposée s'imposait naturellement. MUNK avait soutenu, en effet, après FLOURENS, que le pigeon voit avec son cerveau et qu'il est aveugle après l'ablation de cet organe. Mais SCHRADER croyait avoir prouvé et démontré le contraire[1]. Les observations de STEINER à cet égard ne sont pas seulement en contradiction avec celles de SCHRADER : elles témoignent hautement en faveur du point de fait et de doctrine professé par MUNK, à savoir, que, chez les pigeons de même que chez les mammifères, chaque hémisphère cérébral est en rapport avec les deux rétines.

En 1876, SOLTMANN avait fait connaître que la zone motrice ou sphère de la sensibilité générale (*Fühlsphaere*) de l'écorce cérebrale du chien n'était électriquement excitable que vers le temps où l'animal ouvre les yeux, c'est-à-dire du neuvième au dixième jour; avant ce temps, cette partie de l'écorce cérébrale est inexcitable (*Jahrb. f. Kinderheilk.*, N. F. 1876, IX, 106). On en avait conclu que la *zone motrice* est alors développée. A quelle époque de la vie post-embryonnaire les autres sphères sensorielles (*Sinnessphaere*), en particulier la sphère de la vision cérébrale (*Sehsphaere*) de MUNK, apparaissent-elles dans l'écorce cérébrale? On l'ignorait. « Ce sont des questions de nature phylogénique qui, il y a quelques années déjà, avaient éveillé en moi le désir de faire des observations précises sur la vue des animaux nouveau-nés, des animaux à sang chaud surtout, et parmi eux des mammifères. Il fallait trouver une méthode exacte, car on sait combien il est difficile, et presque impossible, de constater à cet égard quelque chose de certain, même chez l'enfant nouveau-né. Or, du jour où il a été possible de *transformer la sensation subjective en un mouvement objectif soustrait à la volonté de l'individu*, la méthode fut trouvée. Aussi, en 1888, les expériences de SCHAEFER et celles de MUNK, et, trois ans après, celles de STEINER lui-même, établirent-elles que la sphère visuelle du singe, du chien, du lapin et du pigeon répond au stimulus électrique par des mouvements associés des yeux et par un mouvement de la tête, — *mouvements qui sont manifestememt la conséquence de la vision* (*nachweisbar Folge des Sehens*)[2]. C'est guidé par cette hypothèse que STEINER institua ses expériences d'excitation de la sphère visuelle et observa les effets de cette excitation sur les *yeux* et sur la *tête* , afin de pouvoir se former une opinion raisonnée touchant l'époque où ce centre cortical commence à fonctionner. Le procédé opératoire est des plus simples chez des chats de quinze à vingt jours : après division de la peau, la paroi crânienne s'enlève très facilement avec un simple couteau ordinaire; la mise à nu de la région des sphères visuelles est encore facilitée par le faible développement du crâne à la partie postérieure de la tête; l'hémorrhagie, souvent insignifiante, est arrêtée au moyen de fines éponges imbibées d'eau salée; STEINER avait même commencé par laisser la dure-mère *in situ*, comme pour le cerveau des pigeons ; il se persuada bientôt qu'il y avait dans ce procédé une source d'erreur possible, la sphère visuelle, qui souvent ne réagissait pas dans ces conditions, réagissant au contraire après l'ablation de la dure-mère. Aussi, dans toutes les expériences qui ont suivi, la sphère visuelle a-t-elle été directement excitée après ablation de cette membrane.

D'abord les expériences portèrent sur des animaux âgés de deux jours: pour pouvoir observer les effets de l'excitation, les paupières fermées furent maintenues artificiellement ouvertes. « Dans les premiers jours, ni la *sphère motrice* ni la *sphère visuelle* n'étaient excitables. Lorsque, du neuvième au dixième jour, la première fut devenue excitable, la sphère visuelle, quoique les paupières s'ouvrissent alors spontanément, ne réagissait pas encore. En d'autres termes, l'*excitabilité des sphères visuelles corticales semble dans tous les cas plus tardive que celle de la zone motrice*. Du dixième au vingtième jour apparut la limite la plus basse de cette excitabilité : chez des chats de *quatorze jours* et davantage la sphère visuelle réagissait à l'excitation électrique en déterminant des mouvements associés des yeux et un mouvement de la tête du côté opposé à celui de l'application du stimulus, et cela de la manière la plus élégante, chez ces jeunes ani-

1. *Pfluger's Arch.*, XLIV, 1888, 197.
2. J. STEINER (in Köln). *Ueber die Entkwickelung der Sinnessphaeren, insbesondere der Sehsphaere auf der Grosshirnrinde des Neugeborenen.* (*Sitzungsb. d. Kön. preuss. Akad. d. Wissensch. zu Berlin*, 1895, 303).

maux. » Ce phénomène fut constaté par Steiner le quatorzième, le quinzième, le seizième jour chez des chats de portées différentes, voire d'une même portée. Le *quatorzième jour* est donc la date la plus précoce de l'excitabilité de la sphère visuelle du chat. Les variations d'apparition de cette propriété de l'écorce du cerveau chez ces animaux, du quatorzième au seizième jour, s'expliquent par des « variétés de race, des états différents de nutrition des individus d'une même portée et peut-être encore par d'autres causes ».

Chez les lapins, l'excitabilité de la sphère visuelle apparaît au *quinzième jour*. Cette région du cerveau semble être chez ces mammifères particulièrement « sensible » : il est arrivé qu'elle ne réagissait plus après quatre ou cinq excitations. Comme chez le chat, la sphère visuelle réagit, chez le lapin, plus tardivement que la sphère motrice corticale (quatre ou cinq jours environ). Entre un lapin ou un chat de dix et de quinze jours il existe, quant à la vision, une différence très nette : l'animal de quinze jours voit distinctement, car il cherche à fuir lorsqu'on veut le prendre, tandis qu'un animal de dix jours demeure tranquille. Steiner a observé, en outre, que, chez ces derniers animaux, à cette époque, la cornée n'est pas encore tout à fait transparente comme elle l'est au quinzième jour.

Chez le chien, l'excitabilité des sphères visuelles a lieu beaucoup plus tard que chez le chat et le lapin : cette région du cerveau est inexcitable aux quinzième, vingtième et vingt-sixième jours mêmes ; l'excitabilité de la sphère sensorielle de la vision est également plus tardive que celle des territoires moteurs de l'écorce. Au contraire, chez le cobaye, dont les régions motrices du cerveau réagissent déjà, on le sait, au moment de la naissance (Tarchanow), ce fut au *cinquième jour* que la sphère visuelle répondit à l'excitation électrique. Si, au vingt-troisième jour, on laisse vaguer un chien dans une chambre où se trouvent des chaises et des meubles, il s'y heurte constamment, quoiqu'il se dirige en droiture dans la direction de la voix qui l'appelle ; si l'appel cesse, le chien s'arrête, perplexe, « ainsi qu'un chien adulte dont les deux sphères visuelles ont été enlevées ». Bref, le chien de *vingt-trois jours* est encore *aveugle*, quoiqu'il ait les yeux ouverts ; mais son *ouïe* est manifestement *développée*. Il en est ainsi du sens de l'olfaction : ce chien trouve la viande jetée en morceau sur le sol, non parce qu'il la voit, mais parce qu'il la sent ; le sens de l'olfaction est donc également développé avant celui de la vue. Ce n'est qu'au *trente-quatrième* jour que le chien ne se heurte plus aux meubles et semble suivre l'homme sans avoir besoin d'être orienté par la voix ; il *voit* certainement. Comment voit-il ? Si on lui présente à quelque distance un morceau de viande directement devant ses yeux, il s'élance et cherche à le happer. Mais si l'image de l'objet est projetée latéralement sur le champ visuel, le chien ne le suit pas des yeux ni par un mouvement correspondant de la tête ; il demeure surpris et interroge du regard. Ce chien voit donc bien, mais sa vision n'est pas encore complètement développée : il ne voit que les objets qui se trouvent dans la direction de sa ligne visuelle, non ceux qui sont à la périphérie de son champ visuel. Steiner ajoute que la sphère visuelle de l'écorce de ce chien est encore *inexcitable* par le courant électrique. Mais au *quarantième jour* le chien suit du regard et de la tête le morceau de viande et le retrouve dans toutes les directions : sa sphère visuelle est également devenue *excitable* par le stimulus électrique.

C'est donc plus tard que chez des mammifères précédemment étudiés, au quarantième jour seulement environ, que la sphère visuelle du chien est complètement développée. Ce développement est très lent : quoiqu'il ait les yeux ouverts depuis le quatorzième jour, il n'est pas encore capable, au vingt-quatrième jour, d'éviter les obstacles, il s'y heurte, et semble bien par conséquent être aveugle, encore que tout l'appareil périphérique de la vision ressemble à celui de l'animal adulte. Vers ce même temps l'ouïe et l'odorat fonctionnent très nettement. Dix jours plus tard, au *trente-quatrième* jour, le chien évite les obstacles ; il doit donc voir, mais s'il voit directement devant lui, il est encore incapable de suivre du regard les objets périphériques de son champ visuel. Cela n'arrive qu'au *quarantième jour*. Des observations plus nombreuses pourraient sans doute, Steiner en convient, faire varier ces époques de quelques jours, mais les rapports de relation entre les faits demeurent exacts, et c'est l'essentiel : le développement de la sphère visuelle exige un temps beaucoup plus considérable que celui des mêmes régions du cerveau chez le cobaye, le chat et le lapin. « Si la perception de l'image des objets projetée latéralement sur le champ visuel implique de nécessité la faculté d'orientation dans l'espace et que la vue n'acquiert son développement complet qu'avec cette fonction, nous ne saurions déterminer, au moyen de ces méthodes, comme nous l'avions souhaité, le moment où l'individu voit pour la première fois : nous ne déterminons que le moment où *la sphère visuelle a atteint tout son développement*, où l'appareil optique suffit à toutes les nécessités de la vision et de l'orientation dans l'espace. »

Chez l'enfant nouveau-né, où les méthodes expérimentales que nous avons suivies jusqu'ici ne sont plus applicables, il est toutefois possible, en combinant les observations avec les résultats des expériences sur les animaux, de déterminer le moment où la sphère visuelle est excitable par le courant électrique. Si l'on considère que le chien possède un cerveau beaucoup plus développé, en rapport avec son intelligence, que le lapin et le chat, et que l'excitabilité de la sphère visuelle s'y manifeste beaucoup plus tard que chez ces mammifères, force est d'admettre que, chez l'homme, le centre cortical de la vision mentale, supérieur encore en évolution, n'arrivera que beaucoup plus tard à son développement. Or, par analogie avec ce qu'on sait des mouvements du regard chez le chien, on peut dire à quel moment l'enfant nouveau-né est capable de percevoir les objets périphériques et de s'orienter dans l'espace. Ce sont les observations de Raehlmann [1] qu'invoque ici Steiner. Le développement de la vision chez l'enfant se partage en deux périodes : 1° dans la *cinquième semaine*, l'enfant peut fixer un objet dont la direction se trouve dans la ligne visuelle; les mouvements des yeux nécessaires à la fixation des objets périphériques lui font encore défaut; 2° au *cinquième mois*, existent les mouvements des yeux qui permettent de suivre le déplacement des objets sur le champ visuel et l'orientation dans l'espace. Cette seconde période correspond à celle que Steiner a fixée au *quarantième jour* pour le chien. L'éminent physiologiste en conclut donc que, « au cinquième mois, la sphère visuelle est développée chez l'enfant et répondrait à l'excitation électrique par des mouvements associés des yeux et un mouvement correspondant de la tête ».

L'anatomie, l'expérimentation et la clinique ont inspiré à Knies, dans le même ordre d'idées, un travail que nous estimons remarquable. Les mouvements de *convergence* et *d'accommodation* des yeux y sont considérés comme dépendant du territoire cortical de la vision du lobe occipital, territoire qui n'est pas seulement, dit Knies, le centre sensoriel des perceptions lumineuses conscientes, mais le centre moteur des mouvements volontaires et conscients des yeux, en tant que ces mouvements sont déterminés par des perceptions de la vue [2]. Toute excitation du champ visuel, si l'intensité est suffisante, rayonne sur l'écorce entière du centre de la vision mentale, mais il y a toujours un point de cette sphère plus excité que les autres : de ce foyer partent des réactions motrices appropriées qui vont aux cellules nerveuses des noyaux des muscles oculaires, oculomoteur, trochléaire, abducteur; ces noyaux, à leur tour, provoquent les mouvements des fossettes centrales des deux yeux dans la direction de l'excitation du champ visuel. Ces mouvements, Knies les appelle volontaires pour les distinguer des mouvements involontaires des yeux, réflexes élémentaires dont les causes résident uniquement dans les noyaux des muscles oculaires, lesquels, contenant des terminaisons nerveuses de provenances très diverses, réagissent aux innombrables excitations, de nature variée, qui assaillent les appareils périphériques des sens. Quant aux mouvements volontaires et conscients, ils arrivent aux cellules nerveuses des noyaux oculaires par le canal des fibres de la couronne rayonnante du lobe occipital. L'écorce de ce lobe est donc à la fois un centre cortical sensoriel et moteur pour les mouvements volontaires des yeux résultant d'impressions lumineuses conscientes. Si cette hypothèse est exacte, les troubles des mouvements volontaires des yeux doivent pouvoir se produire indépendamment de ceux des mouvements involontaires, et la convergence et l'accommodation peuvent être altérées alors que les réflexes oculaires d'ordre inférieur sont conservés : et c'est ce qu'on observe en effet dans tous les troubles de la vision d'origine corticale; c'est ce que Knies

1. E. Raehlmann. *Physiologisch-pathologische Studien über die Entwickelung der Gesichtswahrnehmungen bei Kindern und bei operirten Blindgeborenen. (Zeitschr. f. Psychologie u. f. Physiologie der Sinnesorgane*, II, 53).

2. Knies. *Uber die centralen Störungen der willkürlichen Augenmuskeln. Knapp-Schweigger's Archiv f. Augenheilkunde*, XXII.

appelle troubles centraux des muscles volontaires des yeux. Le diagnostic différentiel de ces mêmes troubles par lésion de la couronne rayonnante ou de l'écorce du lobe occipital, s'obtient en constatant, si l'écorce est intacte, la persistance des images mentales.

Fonctions des tubercules quadrijumeaux antérieurs et des lobes optiques, des ganglions de l'habénule et de de la commissure postérieure du cerveau. — Nous avons dit que les centres optiques sous-corticaux du cerveau avec lesquels les fibres à direction centrifuge des faisceaux de projection du lobe occipital sont sûrement en rapport, étaient surtout les tubercules quadrijumeaux antérieurs. Dans ses longues recherches, poursuivies durant tant d'années, sur les centres d'origine du nerf optique et sur les rapports de ces centres avec l'écorce cérébrale, Monakow a vu, soit en observant les lésions consécutives aux traumatismes opératoires pratiqués sur le système nerveux central ou périphérique des animaux nouveau-nés, soit en étudiant les préparations pathologiques provenant de cas cliniques, que les tubercules quadrijumeaux antérieurs dégénéraient en partie, de concert avec les corps genouillés externes et le pulvinar, après l'ablation ou le ramollissement des sphères visuelles. Après l'énucléation des organes périphériques de la vision, la substance grise superficielle et la substance blanche moyenne des tubercules quadrijumaux antérieurs semblent présenter des lésions spéciales au regard de celles des corps genouillés et du pulvinar. Dans de nouvelles observations pathologiques qu'il cite, la lésion d'un tubercule quadrijumeau antérieur avait évolué sans altération essentielle de la vision, mais avec des troubles des mouvements des yeux et de l'innervation des pupilles.

Le réflexe lumineux pupillaire, en tant que mouvement involontaire, c'est-à-dire non précédé d'une représentation consciente, se distingue très nettement des mouvements réflexes d'accommodation et de convergence des axes visuelles, qui, pour être innés comme le premier, impliquent, nous l'avons vu, l'existence de perceptions visuelles dans le lobe occipal. Or ces réflexes peuvent être abolis isolément. En 1869, Argyll Robertson observa que, au cours de certaines affections du système nerveux central, dans le tabes et la paralysie générale, les pupilles perdent la faculté de se contracter sous l'incidence d'un rayon lumineux, tandis qu'elles se contractent encore normalement dans l'accommodation et la convergence : c'est ce phénomène que les neurologistes appellent le signe d'Argyll Robertson. Quel est l'organe dont la lésion abolit le réflexe pupillaire lumineux, qui persiste quelquefois même chez les aveugles, rend la pupille inerte, immobile? Il doit se trouver, non dans les nerfs phériphériques, mais dans l'appareil central, « dans l'arc réflexe entre le nerf optique et l'oculo-moteur » (Erb). Autrement, ni la vision ni l'accommodation ne seraient possibles. Le point en question doit donc être, dans le cerveau, entre la station terminale de certaines fibres du nerf optique et la station d'origine des branches du noyau de l'oculo-moteur qui innervent (contractent) le sphincter de l'iris. Il existe, en effet, dans le nerf optique, des fibres spéciales, décrites pour la première fois, chez l'homme, par Key et Retzius, chez les autres mammifères par Gudden, Monakow et Bechterew, servant à transmettre le stimulus lumineux qui détermine le mouvement des pupilles, fibres irido-motrices, d'épais calibre, distinctes des fibres visuelles proprement dites. L'anatomie aussi bien que la physiologie enseignent que les fibres qui vont au sphincter de l'iris passent dans l'oculo-moteur.

D'après Wernicke, l'arc réflexe entre la rétine et la branche de l'oculo-moteur qui innerve l'iris, ne s'étend pas au delà des tubercules quadrijumeaux. D'où le diagnostic qui porte le nom de ce savant :

1° Si la voie nerveuse des fibres pupillaires du nerf optique est interrompue derrière les tubercules quadrijumeaux, l'arc réflexe allant de la rétine à ces ganglions demeure intact et les pupilles réagissent comme d'ordinaire à l'excitation lumineuse;

2° Si la voie nerveuse est interrompue en avant des tubercules quadrijumeaux, le réflexe lumineux pupillaire fera défaut.

Une observation, la première, due à Leyden, avec autopsie, aurait confirmé la justesse de cette hypothèse, fondée sur une exacte analyse des rapports anatomiques[1].

Mendel a fait connaître les résultats de recherches sur ce sujet dus à la méthode des

1. E. Leyden. *Ueber die hemiopische Pupillenreaction Wernicke's (Hemianopische Pupillenstarre). Deutsche med. Wochenschr.*, 1892.

dégénérescences. Chez un grand nombre de chiens, de chats et de lapins, peu après la naissance, dès que les yeux s'étaient ouverts, il pratiqua, avec le concours de Hirschberg et d'Uhthoff, l'ablation de la plus grande partie de l'iris. Dans les cas où l'œil put être conservé sans lésions essentielles de la vision, l'animal fut tué quelques mois après, le cerveau durci et des coupes en séries, verticales et horizontales, furent faites par Kronthal. Dans ces mêmes cas, peu ou pas d'atrophie du nerf optique ni d'altération du tubercule quadrijumeau antérieur, ni du corps genouillé externe. Mais la lésion constante, caractéristique, fut une atrophie de la masse et des cellules constituantes du *ganglion habenulae* du côté opéré. Cet organe, situé, dans toute la série des vertébrés, immédiatement en avant de la glande pinéale, dégénérerait après l'iridectomie, qui abolit les mouvements de l'iris. Des recherches anatomiques et physiologiques de Darkschewitsch il semblait résulter que les fibres pupillaires du tractus optique passent dans la glande pinéale et le ganglion de l'habénule : ce ganglion nerveux paraissait donc bien être un centre réflexe des mouvements pupillaires. D'autres fibres, avec d'autres fonctions physiologiques, ont aussi d'ailleurs leurs origines et leurs terminaisons dans le ganglion de l'habénule. Il est probable que Gudden, en enlevant les tubercules quadrijumeaux antérieurs, avait réalisé la même expérience que Mendel en excisant une partie qui paraît avoir été le ganglion de l'habénule. Ajoutez que les expériences physiologiques de Bechterew, qui toutes établissent l'importance de la paroi postérieure du troisième ventricule pour les mouvements de l'iris, s'accordaient avec les observations de Mendel, étant donnée la place qu'occupe dans le cerveau le *ganglion habenulae*.

Quel chemin suivait l'arc réflexe du ganglion de l'habénule au noyau de l'oculomoteur, ou noyau du sphincter de l'iris? Entre le ganglion de l'habénule se trouve des deux côtés une commissure. Les fibres de cette commissure appartiennent à la partie inférieure externe de la commissure postérieure du cerveau. Le rôle physiologique de cette commissure serait en rapport avec l'activité synergique des deux pupilles. La partie de la commissure du ganglion atrophié présentait une atrophie que Mendel a pu suivre assez loin dans la commissure postérieure du cerveau : c'était la voie conduisant au noyau du sphincter de l'iris. Sans insister davantage, citons la conclusion de Mendel : La voie nerveuse suivie par le réflexe lumineux pupillaire aurait été le nerf optique et le ganglion de l'habénule du même côté, puis, par la commissure postérieure, le noyau de Gudden, et, de ce noyau, les fibres du tronc de l'oculo-moteur[1].

Ces recherches sur les connexions et les fonctions s'accordaient avec la coexistence de la perte du réflexe lumineux de la pupille et de la conservation des mouvements d'accommodation et de convergence des axes dans la paralysie générale, où la lésion des ventricules en général (épendymite ventriculaire), et du troisième ventricule en particulier, est d'observation commune. Naturellement, lorsque les lésions de cette affection se sont étendues à l'écorce du lobe occipital, le réflexe pupillaire de l'accommodation est aussi bien aboli que celui dont le centre moteur est dans les ganglions optiques sous-corticaux. L'inertie de la pupille à la lumière, signe précoce et fréquent, se rencontre chez 55 à 60 paralytiques généraux sur 100, d'après Magnan et Sérieux; chez 47 p. 100 environ, d'après Mœli et Mendel.

Une indépendance anatomique et fonctionnelle du même genre s'observe pour l'expression des émotions, selon que les mouvements sont d'origine réflexe ou volontaire. Il y a des cas de paralysie d'origine cérébrale où le facial, tout à fait immobile d'un côté pour les mouvements volontaires, n'en fonctionne pas moins comme du côté sain sous l'influence d'une émotion purement réflexe et involontaire. Dans d'autres cas, l'innervation des mouvements volontaires du facial existe, tandis que celle des mouvements émotionnels involontaires est abolie. La raison de ces phénomènes se trouve encore dans de pures considérations d'anatomie. Le parcours des voies nerveuses présidant aux mouvements volontaires et involontaires de la face n'est pas, en effet, le même : les premières passent par la capsule interne et le pied du pédoncule cérébral, les secondes par le thalamus opticus et la calotte de ce pédoncule. La perte du réflexe émotionnel, involontaire, du facial, dépend, comme celle du réflexe lumineux pupillaire, de la lésion

1. *Berliner klinische Wochenschrift*, 25 nov. 1889, 1029-30. Cf. E. Heese, *Ueber den Einfluss des Sympathicus auf das Auge, insbesondere auf die Irisbewegung* (*Pflüger's Archiv*, LII).

d'un ganglion sous-cortical, des couches optiques ici ou des fibres de la couronne rayonnante qui unissent le thalamus à l'écorce du cerveau antérieur. Les lésions du centre cortical du facial déterminent au contraire la perte des mouvements volontaires servant à l'expression de la mimique des émotions au moyen des contractions des muscles de la face (Nothnagel, Bechterew, etc.).

Les recherches expérimentales et cliniques postérieures à celles de Mendel sur le trajet des fibres du réflexe lumineux pupillaire n'ont point confirmé la réalité des résultats auxquels ce savant croyait être arrivé et dont il continue à maintenir l'exactitude : l'atrophie du ganglion de l'habénule après l'iridectomie. Ni Monakow, ni Siemerling (*Ueber die Veränderungen der Pupillenreaction bei Geisteskranken. Verein der deutsch. Irrenärzte in Heidelberg*, 1896), ni surtout H. Massaut (*Experimentaluntersuchungen üb. den Verlauf der den Pupillarreflex vermittelnden Fasern. Arch. f. Psych.*, XXVIII, 1896), n'ont pu constater d'atrophie ou de dégénérescence du *ganglion de l'habénule* après des iridectomies datant de plusieurs semaines. On a en vain cherché la station intermédiaire, le relai nucléaire, qui aurait pour office de relier les deux *termini* de l'arc diastaltique que parcourt le réflexe lumineux de l'iris : ce n'est ni le *ganglion de l'habénule*, ni le *noyau de* Gudden. Dans les expériences d'iridectomie de Massaut sur les lapins de quelques jours à l'âge adulte, sacrifiés après 35 à 73 jours, les *fibres pupillaires* avaient bien dégénéré (coloration de Marchi); on pouvait suivre cette dégénérescence au delà du chiasma du côté opposé dans la bandelette optique, dans la commissure inférieure, dans les tubercules quadrijumeaux antérieurs et dans le faisceau pédonculaire; bref, la distribution des fibres pupillaires a certainement une étendue considérable, encore que ces fibres semblent toutes confluer, par des voies différentes, au noyau de l'oculo-moteur. Mais ni les cellules nerveuses du *ganglion de l'habénule*, ni celles du *noyau de* Gudden ne présentèrent, à la réaction de Nissl, de dégénérescence. Ces centres nerveux doivent donc être étrangers aux fonctions de l'iris : ce ne sont point des « centres réflexes » des mouvements des pupilles (Mendel). L'onde nerveuse centripète doit se décharger *directement* sur le noyau de l'oculo-moteur. La méthode de Marchi ne rendant manifestes que les altérations dégénératives des fibres nerveuses séparées de leur centre trophique, il faut admettre que dans l'iris existent les cellules d'origine dont les cylindraxes passent dans le nerf optique.

Centres trophiques des nerfs optiques. — Tout ce qui précède a montré dans quels étroits rapports anatomiques et fonctionnels se trouvent les centres optiques primaires, corps genouillés externes, pulvinar, tubercules quadrijumeaux antérieurs, avec les faisceaux de fibres à direction opposée constituant la bandelette et le nerf optique et avec les éléments nerveux de la rétine. Comme l'a démontré Monakow, ces centres optiques primaires, y compris les bandelettes et les nerfs optiques, dégénèrent après les lésions destructives du lobe occipital. Et pourtant, si l'on excepte les faisceaux optiques à direction centrifuge qui, issus des circonvolutions du lobe occipital, se rendent aux tubercules quadrijumeaux antérieurs, centres des mouvements réflexes de l'œil, la plus grande partie des fibres optiques rayonnent certainement dans une direction inverse, c'est-à-dire de la rétine aux ganglions de la base, corps genouillé externe et pulvinar, points d'arrivée des fibres rétiniennes, points de départ des fibres optiques cérébrales, et, en passant par la partie postérieure de la capsule interne, au lobe occipital. La rétine, ce ganglion nerveux périphérique, d'origine ectodermique, étalée en membrane, comme la définit Ramon y Cajal, est donc bien le centre trophique de la plupart des fibres optiques, lesquelles se terminent en s'arborisant dans les dendrites des cellules des ganglions nerveux interposés. Or ceux-ci sont bien de véritables *ganglions d'origine* des nerfs optiques[1].

Peut-on constater l'influence trophique directe de la rétine sur les nerfs optiques Pierret, chez deux monstres pseudencéphales nés à terme, avec des yeux bien développés, mais dont le cerveau était remplacé par une tumeur, a trouvé à peu près normaux la rétine et les nerfs optiques. Au contraire, dans les cas de microphtalmie et d'anophtalmie, le nerf optique est atrophié. Parmi les observations d'anophtalmie con-

1. Stefan Bernheimer. *Ueber die Sehnervenwurzeln des Menschen. Ursprung, Entwicklung u. Verlauf ihrer Markfasern.* Wiesbaden, 1892.

génitale. d'une si grande portée pour l'anatomie et la physiologie des centres de la vue, il en est très peu où l'on ait tenu compte de l'état du cerveau. Voici un cas bien observé par Giovanardi. Chez une fille de quatorze mois, aveugle-née et manquant des deux globes oculaires, les nerfs optiques, le chiasma et les bandelettes faisaient défaut entièrement, et les circonvolutions occipitales étaient, des deux côtés, atrophiées. Inversement, chez un fœtus humain de huit mois, auquel manquaient les deux lobes occipitaux et une partie du lobe pariétal (porencéphalie), Monakow a trouvé une atrophie descendante dégénérative des tubercules quadrijumeaux antérieurs, du corps genouillé externe, du pulvinar, des tractus et des nerfs optiques, comme chez les mammifères dont on extirpe les lobes occipitaux quelques jours après la naissance. C'est dans cette observation que Monakow a démontré, contre Meynert et Huguenin, que les centres optiques sous-corticaux n'envoient de radiations que dans le lobe occipital, non dans le lobe temporal aussi, et que le corps genouillé interne n'est pas en rapport avec le lobe occipital, c'est-à-dire avec la vision, mais avec le lobe temporal, c'est-à-dire avec l'audition.

On connaît l'atrophie des éléments rétiniens, des nerfs et des lobes optiques chez les invertébrés et chez les vertébrés qui vivent sous terre ou dans les eaux souterraines. Les formes extrêmes de dégénération fonctionnelle, d'atrophie, que la théorie des neurones nous a fait connaître en montrant que cette atrophie peut s'étendre à plusieurs neurones, apparaissent surtout en anatomie comparée, par exemple dans les centres optiques de la taupe ou d'autres espèces aveugles de la faune des cavernes. Non seulement à la suite de la perte des fonctions d'un organe périphérique des sens tels que l'œil, les cellules nerveuses des centres primaires optiques s'atrophient : toutes les voies nerveuses qui reliaient ces centres avec d'autres centres ou avec l'écorce cérébrale ont subi les mêmes effets de dégénérescence. Le processus involutif s'est étendu, on le voit, bien au delà des premiers neurones successivement associés. Cette atrophie entraîne d'ordinaire des phénomènes de compensation du côté du toucher et de l'olfaction. « Dans les cavernes et les lacs, ce sont les descendants d'animaux quaternaires; dans les océans, ce sont les descendants d'animaux du tertiaire ou même du crétacé[1]. » Ces animaux, devenus ainsi aveugles dans ces conditions d'habitat, sont très sensibles aux excitations lumineuses qui peuvent affecter leur sens tactile. Chez quelques-uns des plus lointains ancêtres des plantes et des animaux, chez les protozoaires photophiles[2], toutes les parties en apparence homogènes du corps protoplasmique et de ses prolongements sont également excitables, on le sait, à l'action des rayons lumineux. La rétine des nautiles, des gastéropodes et des céphalopodes montre bien comment, par l'effet de la division du travail physiologique, certaines cellules de l'ectoderme, en conflit perpétuel avec les forces du monde extérieur, se sont différenciées en cellules plus particulièrement propres à être affectées par la lumière[3]. R. Dubois a établi que le mécanisme de la vision se réduit, en dernière analyse, à un véritable phénomène tactile. Chez les mollusques étudiés par R. Dubois, comme chez les vers (Darwin), le passage de l'obscurité à la lumière, l'intensité lumineuse et la longueur d'onde, durée de l'excitation lumineuse, provoquent des contractions d'une certaine espèce, encore qu'aucun rudiment d'œil n'existe. Les fonctions photodermatiques nous apparaissent comme les plus anciennes du sens de la vision. Sous l'influence des rayons lumineux, la peau de ces invertébrés agit déjà comme une rétine élémentaire, et, en se propageant à travers les téguments superficiels, la lumière détermine des contractions réflexes analogues à celles de l'iris. « Toute la couche papillaire de la peau est, selon moi, a écrit sir William Broadbent, une expansion sentante, une rétine tactile. » (*Brain origin. Brain*, 1895, 185 sq.) « La vision proprement dite est comparable au toucher, avait dit Aug. Charpentier (Nancy). La rétine est sous beaucoup de rapports comparable à la *peau*. La rétine a un excitant spécial, la lumière. » Mais la peau est elle-même sensible aux radiations lumineuses; seulement elle les ressent surtout sous forme de chaleur; « de

1. A. S. Packard. *The Cave Fauna of North America, with Remarks on the anatomy of the Brain and Origin of the blind species.* H. de Varigny. *Rev. Scientifique*, 1890, I, 656.

2. J. Soury. *La psychologie physiologique des protozoaires.* (*Revue philosophique*, 1891, I, 19)

3. R. Dubois. *Anatomie et physiologie comparées de la pholade dactyle. Structure, locomotion, tact, olfaction, gustation, vision dermatoptique, photogénie. Avec une théorie générale des sensations.* Paris, 1892.

plus, la sensibilité de la peau n'est point, comme celle de la rétine, limitée à la partie moyenne du spectre; elle est plus générale et plus étendue ». Malgré tout, conclut CHARPENTIER, il n'existe pas à cette égard de différence essentielle. Comme la peau, la rétine s'étale sous forme de membrane accessible à une foule d'excitations simultanées : sensation *lumineuse* dans la rétine, sensation de *contact* dans la peau, sensation de *couleur* dans celle-là, sensation de *température* dans celle-ci; à un degré plus élevé, *distinction des formes* dans l'une et dans l'autre. Bref, « le parallélisme est presque complet des modes de sensations qui prennent leur origine dans ces deux membranes ». (*Examen de la vision*, Paris, 1881, 11, 13, 14, 103. Cf. *La lumière et les couleurs au point de vue physiologique*. Paris, 1888.)

Modes de connexion de la rétine avec les centres optiques primaires. — C'est un principe admis et démontré par HIS, FOREL, RAMON Y CAJAL, KÖLLIKER, RETZIUS, VON LENHOSSEK, VAN GEHUCHTEN, que toutes les fibres nerveuses d'origine périphérique se terminent, d'une façon presque identique, par des arborisations libres, dans une partie déterminée de l'axe cérébro-spinal. Les fibres du nerf optique, c'est-à-dire les prolongements cylindraxiles des cellules ganglionnaires ou nerveuses de la rétine, ne font pas exception à cette loi. Ces fibres se terminent dans les lobes optiques des oiseaux, des reptiles, des brataciens, des poissons et dans les corps genouillés externes des mammifères. En tant que la rétine renferme les cellules d'origine de ces fibres, on les doit appeler *fibres rétiniennes*. C'est ainsi qu'on appelle *fibres olfactives* les fibres qui ont, chez les mammifères, les oiseaux, les reptiles, leurs cellules d'origine dans la muqueuse olfactive et qui s'arborisent dans le bulbe olfactif en s'entrelaçant aux prolongements protoplasmiques descendant des cellules mitrales dans les glomérules. C'est ainsi que les *fibres gustatives* ont leurs cellules d'origine dans la muqueuse linguale, et les *fibres auditives* dans les cellules nerveuses de l'organe de Corti[1]. Bref, contrairement à ce qu'on avait toujours cru jusqu'ici, le nerf optique ne prend pas son origine dans les lobes optiques : il s'y termine, au contraire. L'origine véritable du nerf optique est dans les cellules nerveuses de la couche ganglionnaire de la rétine. Voilà ce qu'a démontré, après DOGIEL, TARTUFERI, RAMOM Y CAJAL et PEDRO RAMON, VAN GEHUCHTEN, dans une étude magistrale sur la *Structure des lobes optiques chez l'embryon de poulet* (*La cellule*, 1892). C'est, avec les derniers travaux de l'illustre histologiste de Barcelone et de son frère, RAMON Y CAJAL et PEDRO RAMON, la source la plus abondante où l'on doive puiser pour la connaissance des rapports de la rétine et des centres primaires optiques sous-corticaux. L'esprit de synthèse de VAN GEHUCHTEN n'a point fait tort, quoi qu'on dise, à l'originalité de ce savant. J'incline plutôt à croire qu'il n'a montré tant de pénétration et de critique dans cette monographie que parce qu'il domine la matière si vaste de l'histologie, entièrement renouvelée, du système nerveux.

Des cônes et des bâtonnets de la rétine, sorte de lamelle ou de revêtement épithélial, les excitations lumineuses se propagent par les innombrables contacts des prolongements protoplasmiques et cylindraxiles des éléments cellulaires constituant, par leurs stratifications, les sept couches de ce centre nerveux périphérique, d'origine ectodermique comme tous les organes des sens. Les excitations des *cellules visuelles* sont donc transmises, par l'intermédiaire de la couche des *cellules bipolaires*, aux panaches des *cellules ganglionnaires* de la rétine, dont les cylindraxes forment la plus grande partie des fibres du *nerf optique*. Il existe, en outre, dans la couche des grains internes de la rétine, de petites et de grandes *cellules horizontales* qui paraissent remplir un rôle d'association entre les cônes et les bâtonnets de deux régions plus ou moins distantes de la rétine, et des *spongioblastes*, organites dont les uniques expansions sont en relation avec les cellules ganglionnaires de la rétine. Les *spongioblastes* étant les seuls éléments de la rétine qui reçoivent les arborisations terminales des *fibres centrifuges*, on peut conjecturer qu'ils servent à transmettre à ces cellules nerveuses de la rétine quelque excitation émanée des centres optiques, impulsion qui serait peut-être nécessaire pour le jeu fonctionnel des cellules bipolaires. « De toute façon, le rôle joué par les *spongioblastes* doit être de grande importance, dit RAMON Y CAJAL, car ces éléments ne

1. RETZIUS. *Die früheste Entwicklung der Nervenzellen im Ganglion n. acustici. Swenska Läkaresällskap*, 12 déc. 1893.

manquent chez aucun vertébré. » Nous avons insisté sur l'origine des fibres centrifuges du nerf optique : continuons à suivre le courant nerveux centripète des ébranlements de la rétine.

C'est, on le sait, une doctrine reçue, que chaque espèce de cellules visuelles nous donne des sensations lumineuses distinctes : les bâtonnets, dont l'excitation se fait par l'intermédiaire du pourpre rétinien, des sensations purement lumineuses; les cônes, des sensations de couleurs. Lorsqu'on étudie l'influence des couleurs spectrales sur les altérations pigmentaires de l'œil, on constate, comme l'a vu Dogiel, que le pigment visuel disparaît surtout à la lumière blanche, moins à la rouge, et à peine dans l'obscurité. Dans les névroses, en particulier chez les hystériques qui présentent des troubles de la sensibilité, le rétrécissement concentrique du champ visuel s'accompagne d'une diminution parallèle de la perception de la lumière et des couleurs (Frankl-Hochwart).

On distingue, toujours quant à la marche des excitations lumineuses, la région de la vision distincte (*macula lutea, fovea centralis*) de celle du reste de la rétine. Un ébranlement de la rétine affecte toujours un ou plusieurs groupes de cellules visuelles, et, plus l'impression est forte, plus grand est le nombre des éléments affectés. Par exemple, l'impression apportée par un cône est recueillie par plusieurs cellules bipolaires à panache aplati; il en résulte que plusieurs cellules ganglionnaires, pour le moins en aussi grand nombre que les cellules bipolaires, prennent part à la conduction de l'impression (Ramon y Cajal). Mais, « au niveau de la *fovea centralis*, la conduction est plus individuelle, plus précise, car on peut dire que *chaque* pied de cône ne se met en rapport qu'avec *un* panache de cellule bipolaire, et chaque cellule bipolaire, à son tour, par sa partie inférieure, paraît ne se mettre en contact qu'avec *une* arborisation protoplasmique limitée de cellule ganglionnaire. Cela, joint à l'extrême délicatesse des cônes, ainsi que de tous les éléments qui interviennent dans la conduction de cette région, explique suffisamment l'*acuité visuelle* très grande de la fossette de la rétine. » A ce sujet, et pour fixer les idées, rappelons que d'après Kunt et L. Wolffberg, le nombre des cônes de la *fovea centralis* de la rétine serait de 7 000 à 7 500[1]. En projetant sur un écran, à huit mètres de distance, l'image entoptique de sa tache jaune, Wolffberg trouva qu'elle occupait une surface circulaire, ou plutôt polygonale, de vingt centimètres de diamètre. Cette image, composée d'un nombre considérable de petits cercles brillants, avait l'aspect d'une mosaïque. En comptant cinquante de ces cercles par rayon, cent pour le diamètre, Wolffberg arriva au chiffre d'environ 7 500 cônes pour la surface de la *macula lutea*, nombre aussi d'accord que possible avec celui (7 000) des numérations microscopiques de Kunt, car le *fundus foveae* anatomique sur lequel portèrent ses calculs était plus petit que la *fovea* entoptique de Wolffberg.

L'autonomie du territoire maculaire, expression de la haute différenciation fonctionnelle de cette partie de la rétine, persiste dans le mode de conduction des fibres du nerf optique émanées de cette région, et dans le nerf optique, et dans le chiasma, et dans les bandelettes, et sans doute dans les centres optiques primaires. Il y a, en effet, trois faisceaux de *fibres visuelles* : le faisceau croisé, le faisceau direct, le faisceau maculaire, dont on connaît la position respective aux différents points de cette longue route. De plus, et quoique nous nous réservions d'examiner la théorie de la projection des différents segments de la rétine sur les territoires corticaux distincts de la sphère visuelle, théorie dont Monakow a pu faire justice au point de vue anatomique, mais non, selon nous, au point de vue physiologique, la conservation de la vision centrale dans la grande majorité des cas où, comme dans l'hémianopsie, tout un centre visuel est détruit d'un côté, nous force d'admettre que chaque région maculaire rétinienne est à la fois en connexion avec les deux hémisphères du cerveau, partant, que les fibres nerveuses nées des cellules ganglionnaires correspondantes aux cellules bipolaires des cônes de la rétine, subissent, elles aussi, une décussation au niveau du chiasma, et se divisent en faisceaux direct et croisé (Wilbrand). Ce fait de la persistance de la vision centrale ou maculaire dans la plupart des cas d'hémianopsie a profondément modifié les anciennes idées. Un examen périmétrique attentif a montré que, dans ces cas, la ligne de démarcation qui sépare la

1. L. Wolffberg (Berlin). *Die entoptische Wahrnehmung der Fovea centralis und ihrer Zapfenmosaik.* (*Archiv. f. Augenheilk.*, xvi, 1).

niques de l'écorce grise. « J'ai positivement constaté, dit-il, dans la dernière période de la folie paralytique, une diminution très prononcée de *la sensibilité tactile.* »

XXXII. Bouillaud. — Si l'on suivait le sentiment de Vulpian, c'est à **Bouillaud** qu'il faudrait attribuer la première localisation incontestable des fonctions du cerveau : « A l'aide de faits pathologiques très démonstratifs, Bouillaud a fait voir que les lésions des lobes antérieurs du cerveau déterminent des troubles du langage articulé, et il a été ainsi conduit à placer dans ces lobes l'organe législateur de la parole... La pathologie de l'encéphale doit un de ses progrès les plus considérables à la découverte de Bouillaud. » (*Rapport sur le livre de* M. Charcot : *Leçons sur les localisations dans les maladies du cerveau.* C. R., 1881, 587, sq.) Nous ne croyons pas fondée cette revendication, en faveur de Bouillaud, de la première localisation cérébrale scientifiquement démontrée. Cette découverte n'appartient qu'à P. Broca. En réalité, comme les faits que nous allons rappeler l'établissent d'eux-mêmes, et d'après le témoignage solennel de Bouillaud lui-même, une partie des travaux de ce grand médecin français « rentre dans ceux de Gall ». Jamais Bouillaud, pour localiser le centre de l'articulation verbale, n'est sorti du vague de cette expression : lobes ou lobules antérieurs du cerveau. Dans un passage du travail intitulé : *Discussion sur l'organologie phrénologique* (1865), il dit qu'il est porté à croire que c'est particulièrement « à l'extrémité antérieure du cerveau que réside la fonction de la parole », mais il ajoute aussitôt : « Les recherches de M. Broca ne seraient pas trop en faveur de cette localisation spéciale. » Il écrit ailleurs : « Il me paraît que l'altération d'un seul lobule antérieur n'entraîne pas la perte plus ou moins complète de la parole et de la mémoire (des mots). » (*Note sur un article de* M. Pinel *fils*, etc. *Journ. de physiologie*, vi, janv. 1826, 28, note.) E. Aubertin, doublement allié, on le sait, à Bouillaud, et qui a comme provoqué la grande découverte de Broca, croyait aussi que, dans les cas où la faculté du langage persiste malgré une lésion des lobes antérieurs, le lobe droit, resté intact, pouvait suppléer en partie les fonctions du lobe gauche (chez l'adulte). Enfin, dans son mémoire de 1848, Bouillaud estimait que « la face inférieure et l'extrémité antérieure des lobules antérieurs paraissent être le siège » de la faculté du langage articulé.

Toutefois, si l'ère moderne de la doctrine scientifique des localisations cérébrales ne commence pas avec Bouillaud, personne n'a combattu avec de meilleures armes et une constance plus admirable pour le triomphe du principe des localisations fonctionnelles du cerveau considéré comme un assemblage d'organes. Seulement par organes du cerveau nous entendons autre chose que Bouillaud, beaucoup plus près de Gall et de cette doctrine de l'organologie phrénologique qu'il avait confessée, avec sa robuste foi d'apôtre, dès 1825, et que, quarante ans plus tard, il défendait encore à la tribune de l'Académie de médecine, seul à peu près contre tous, avec la même ardeur et la même confiance. Bouillaud est donc un des précurseurs, et le plus grand sans doute, de notre conception actuelle des fonctions du cerveau. L'année même où parut son *Traité clinique et physiologique de l'encéphalite* (Paris, 1825), il publia, dans les *Archives générales de médecine* (viii, mai 1825, 25, sq), le premier des mémoires qu'il devait écrire sur les fonctions du langage articulé : *Recherches cliniques propres à démontrer que la perte de la parole correspond à la lésion des lobules antérieurs du cerveau et à confirmer l'opinion de* M. Gall *sur le siège de l'organe du langage articulé.* C'est contre l'adversaire le plus puissant de la doctrine qu'il acclame, contre Flourens, que Bouillaud livre sa première bataille. Lui aussi avait lu avec surprise, dans les recherches de Flourens sur les *Propriétés et les fonctions du système nerveux*, que le cerveau n'exerce aucune influence immédiate et directe sur les mouvements des muscles. Tous les cliniciens observent pourtant chaque jour des paralysies et des convulsions dont ils s'accordent à rapporter la cause aux maladies du cerveau, « inflammations », « compressions cérébrales », etc. Flourens admet lui-même que le cerveau est le siège unique de la volonté et de l'intelligence : c'est donc le cerveau qui détermine et régit, disait Bouillaud, les contractions musculaires dépendant de ces deux « facultés ». Or un grand nombre de nos mouvements sont dirigés par l'intelligence et par la volonté. Mais ce n'est pas assez dire, d'une manière générale, que le cerveau est indispensable à la production de ces mouvements : il faut rechercher si les diverses parties dont se compose le cerveau ne président point chacune à des mouvements particuliers, en d'autres termes, « s'il n'existe pas plusieurs centres nerveux cérébraux affectés aux mouvements musculaires ». Ce qui permet de croire que la doctrine de « la pluralité des organes cérébraux considérée sous ce dernier point de vue deviendra un fait infiniment probable, ou plutôt rigoureusement démontré », c'est qu'il n'est pas rare de rencontrer des « lésions partielles des fonctions musculaires » dues à une affection locale du cerveau. Telles sont les paralysies des membres supérieurs et inférieurs résultant d'une lésion d'une partie déterminée de la masse du cerveau. Bouillaud, rappelant qu'on a tenté depuis longtemps de « localiser les fonctions du cerveau considéré comme centre des mouvements », nomme Saucerotte, Sabouraut, Serres, Foville et Pinel-Grandchamp. Mais les extrémités supérieures et inférieures sont-elles les seules parties pour les mouvements desquelles il existe, dans le cerveau, des centres particuliers? N'en est-il pas de même pour tous les organes chargés d'exécuter des mouvements « sous l'empire de l'intelligence »? Il en est certainement ainsi pour les mouvements de l'œil. Quant à l'influence du cerveau sur les mouvements de la langue, comme instrument de la parole, et sur ceux des autres muscles qui concourent avec elle à la production du phénomène, Bouillaud en était si fort persuadé qu'il ne s'explique pas, dit-il, qu'on n'ait pas encore enseigné que « les mouvements des organes de la parole doivent avoir dans le cerveau un centre spécial », tant cette vérité lui paraissait simple et naturelle. Pour le démontrer, il n'est besoin que de constater par l'observation clinique que la langue, par exemple, ou les autres organes servant à l'articulation des mots, peuvent être paralysés isolément, en tant qu'organes de la parole, tout en conservant leur motilité volontaire pour d'autres fonctions. Puisque les mouvements qui, dans les organes de la parole, sont spécialement affectés à cette fonction, peuvent être abolis, tandis que les mouvements des mêmes organes, en tant que servant à d'autres usages et ceux de tous les autres organes de l'économie, persistent inaltérés, il suit que les uns et les autres ne sont pas tous sous l'influence d'un seul et même centre nerveux. Il doit donc exister un centre nerveux cérébral qui coordonne les mouvements des organes de la parole. Où localiser dans le cerveau cette « force particulière »? D'après les observations qu'il avait recueillies lui-même (Obs. I-III), d'après un grand nombre de celles qu'il avait notées dans les ouvrages de Lallemand et de Rostan (*Recherches sur le ramollissement de l'encéphale*, 2e édit., 1823), Bouillaud pensait que c'était dans les lobules antérieurs du cerveau qu'était le siège du « principe nerveux » dont il est question; cet organe, il l'appelle déjà l'organe législateur de la parole. Bouillaud classa en positives et négatives les observations cliniques qu'il cherchait dans les auteurs pour confirmer son diagnostic. Dans les premières, la perte ou l'altération de la parole était accompagnée de lésions organiques des lobes antérieurs du cerveau; dans les secondes, où la parole avait été conservée, les lésions portaient sur d'autres parties du cerveau. D'où cette première généralisation : « Les lésions des parties moyenne et postérieure du cerveau n'exercent pas sur les mouvements des organes de la parole la même influence que celles des lobules antérieurs. » Après Gall, Bouillaud appelle la parole une sorte de « geste articulé ». Les membres et les autres organes du geste ne sont pas animés par le même centre nerveux que la *langue*, les *lèvres* et la *glotte*, intruments essentiels de la parole. Là, dans la partie antérieure du cerveau, « l'un des plus illustres observateurs de notre époque (c'est-à-dire Gall) avait placé, Bouillaud le rappelle, une espèce particulière de mémoire, celle des mots ». Mais ce n'est pas cette sorte de mémoire que Bouillaud localise dans les lobes antérieurs du cerveau : c'est « le principe nerveux qui dirige les mouvements de la parole », c'est « l'organe du langage articulé, dont la mémoire des mots n'est qu'un attribut ». Peut-être la *substance grise* des lobes antérieurs est-elle l' « organe de la partie intellectuelle de la parole (parole intérieure) », la *substance blanche*, l' « organe qui exécute et coordonne les mouvements musculaires nécessaires à la production de la parole (parole extérieure) ». Voici les conclusions générales de ce beau mémoire : « 1° Le cerveau, chez l'homme, joue un rôle essentiel dans le mécanisme d'un grand nombre de mouvements; il règle ceux qui sont soumis à l'empire de l'intelligence et de la volonté; 2° Il existe dans le cerveau plusieurs organes spéciaux dont chacun a sous sa dépendance des mouvements musculaires particuliers; 3° Les *organes des mouvements de la parole*, en particulier, sont régis par un *centre cérébral spécial, distinct, indépendant;* 4° *Ce centre cérébral occupe les lobes antérieurs;* 5° La perte de la parole dépend tantôt de celle de la *mémoire des mots*, et tantôt de celle des *mouvements musculaires* dont la parole se compose, ou, ce qui est peut-être la même chose, tantôt de la lésion de la *substance grise* et tantôt de celle de la *substance blanche* des lobules antérieurs; 6° La perte de la parole n'entraîne pas celle des mouvements de la langue, considérée comme organe de la préhension, de la mastication et de la déglutition des aliments, non plus que la perte du goût, ce qui suppose que la *langue a, dans le centre nerveux, trois sources d'action distinctes,* hypothèse ou plutôt vérité qui s'accorde admirablement avec la présence d'un triple organe nerveux dans le tissu de la langue; 7° Plusieurs nerfs ont leur origine dans le cerveau lui-même, ou plutôt communiquent avec lui par des fibres anastomotiques; les nerfs qui animent les muscles qui concourent à la production de la parole, par exemple, tirent leur origine des lobules antérieurs ou du moins ont des communications nécessaires avec eux. »

Dès 1825, Bouillaud pose en principe que les symptômes des affections du cerveau en général, et ceux de l'encéphalite en particulier, doivent varier avec la partie du cerveau affectée. Ces altérations doivent porter : 1° sur les fonctions des muscles volontaires; 2° sur les sensations; 3° sur l'intelligence. Quant aux premières, les paralysies ou les convulsions peuvent affecter un seul membre, ou les deux membres supérieur ou inférieur, ou tout un côté du corps. Les paralysies partielles se combinent souvent de plusieurs manières, et, dans l'hémiplégie incomplète, l'œil, les paupières, la joue, la langue conservent l'usage de leurs mouvements. Or des paralysies (ou des convulsions) de siège différent impliquent l'existence de sièges centraux également différents. Sabouraut, qui partagea avec Saucerotte, en 1768, le prix de l'Académie royale de chirurgie, avait écrit que, si l'on pouvait suivre les fibres nerveuses jusqu'à leur première origine dans le cerveau et découvrir ainsi de quelle partie de ce viscère chaque nerf prend naissance, l'on pourrait tirer les plus grands avantages de l'altération des fonctions des parties où ces nerfs vont se distribuer, pour déterminer « à quel endroit du cerveau est le foyer du désordre... Chaque partie du corps reçoit sans doute assez constamment ses nerfs d'un certain endroit de la masse cérébrale; et une lésion de cet endroit du cerveau doit nécessairement porter quelque atteinte particulière dans les fonctions des parties du corps où ces nerfs vont aboutir; de manière que des observations cliniques faites avec grand soin découvriront peut-être quelque jour l'origine des nerfs de chaque organe. » (*Mémoire sur les contre-coups dans les lésions de la tête.* Mémoires... pour le prix de l'Acad. roy. de chir., IV, 1778, p. 485.) Telles étaient les doctrines de cette grande École française si dignement représentée par l'Académie de chirurgie. Bouillaud était donc naturellement amené à déterminer déjà un certain nombre de localisations fonctionnelles du cerveau. Ainsi les paralysies du membre inférieur résultaient d'une lésion des *lobules moyens* du cerveau ou des corps striés, mais non plus des lobes antérieurs, comme l'avaient admis Saucerotte, Foville, Pinel-Grandchamp, Serres, Lacrampe-Loustau, puisque les *lobes antérieurs* étaient le siège des organes de la parole; les paralysies du membre supérieur étaient l'effet de l'action du *lobe postérieur* du cerveau ou des couches optiques, ainsi que l'avaient observé ces auteurs. Toutefois, Bouillaud témoignait avoir rencontré une paralysie *isolée* du bras dont la lésion occupait, non le lobe postérieur du cerveau, mais « le point de jonction de ce lobule avec le moyen ou même une partie de ce dernier », ce qui correspond à peu près à nos régions rolandiques (*Traité clinique et physiol. de l'encéphalite.* Paris, 1825, 277). Enfin la paralysie des organes de la parole dépend de la lésion des lobes antérieurs du cerveau.

Le fait capital qu'il faut ici dégager, c'est que, pour Bouillaud, il existe, dans le cerveau, plusieurs centres de mouvement ou centres moteurs, ou encore « conducteurs de mouvements musculaires », comme il existe plusieurs organes de perception des impressions de la sensibilité et plusieurs organes intellectuels. « La pluralité des organes cérébraux destinés au mouvement est prouvée, disait-il, par l'existence seule des paralysies partielles correspondantes à une altération locale du cerveau. » Bouillaud n'ignorait pas l'objection qu'on lui pouvait adresser en invoquant les résultats des expériences instituées sur les animaux qui, après l'ablation des lobes cérébraux, peuvent encore marcher, courir, mouvoir les mâchoires, les yeux et les paupières, etc. Il n'en demeurait pas moins constant que, chez l'homme, telle lésion d'un hémisphère cérébral produit une paralysie plus ou moins étendue des muscles volontaires du côté opposé du corps. Un temps viendrait sûrement où de nouvelles lumières feraient disparaître cette contradiction apparente. D'ailleurs l'observation clinique n'était point si fort en désacord avec l'expérimentation physiologique. Une lésion du cerveau, organe de l'intelligence et de la volonté (Flourens), tout en paralysant plus ou moins complètement, chez l'homme, les mouvements volontaires réfléchis, intellectuels, laisse subsister les mouvements d'un autre ordre, tels que les mouvements des « muscles intérieurs », du cœur, des intestins, de la respiration, etc. Chez les animaux auxquels on a enlevé les lobes cérébraux, ce sont également tous les mouvements volontaires, « réfléchis, et dirigés par des combinaisons intellectuelles » qui sont perdus. Mais, de même que ces animaux, les hommes dont les mouvements volontaires sont pour toujours abolis, exécutent pourtant encore différents mouvements « automatiques et instinctifs », tels que celui de retirer la jambe lorsqu'on la pique.

De même, puisque chacun de nos sens a une fonction spéciale, il existe des « centres nerveux qui sont les organes immédiats où s'opère la perception de l'impression *sensitive* ». Ainsi, l'altération du centre nerveux cérébral où s'opère la *vision* déterminera, disait Bouillaud, une lésion dans les fonctions de l'œil, la cécité, par exemple. L'altération de l'organe cérébral affecté à l'*audition* occasionnera un trouble dans les fonctions de l'oreille, tel que la surdité. Quant à la sensation « en quelque sorte universelle », tact ou toucher, elle ne paraissait pas avoir un siège central aussi circonscrit que la vue ou l'ouïe. Chacun des « nerfs du sentiment » jouit, pour ainsi dire, d'un tact qui lui appartient, d'une fonction qui lui est propre, et qu'il peut conserver lorsque les autres nerfs du même genre ont perdu leur faculté sensitive, ou qu'il peut perdre lorsque ces derniers ont conservé toute leur énergie. Voilà pourquoi on observait des « paralysies partielles du sentiment comme du mouvement » : le bras peut jouir de la sensibilité normale, par exemple, tandis que la face ou la cuisse sera privée de la sienne, et réciproquement. Or c'est à l'*altération isolée d'un centre cérébral*, où il se termine, qu'il faut rapporter la perte du sentiment de la partie dans laquelle se distribue un nerf du sentiment. *Le foyer cérébral qui perçoit les impressions tactiles s'étend donc dans tous les points où aboutissent les divers nerfs du sentiment.* Enfin les altérations des fonctions intellectuelles doivent varier aussi avec le siège de la lésion du cerveau. A cette question se rattachait expressément, pour Bouillaud, la doctrine de la pluralité et de la spécialité des organes cérébraux de Gall, doctrine « qui mérite bien, disait-il, d'être soumise au creuset de l'observation pathologique ». Mais les observations cliniques ne sont pas aussi propres qu'on le croirait à éclaircir l'histoire des fonctions du cerveau. Bouillaud en donne les raisons avec sa pénétration ordinaire : 1° il n'arrive pas toujours que les deux hémisphères soient affectés en même temps; or un seul hémisphère suffit à l'exercice complet des facultés intellectuelles; 2° une lésion un peu étendue du cerveau réagit sur toute sa masse, de manière à en déranger toutes les fonctions; il est donc difficile de démêler exactement les symptômes propres à la lésion; 3° les affections du cerveau altèrent souvent profondément l'usage de la parole, si bien qu'on ne peut obtenir les renseignements dont on aurait besoin. De ces organes cérébraux intellectuels, Bouillaud ne connaît que ceux qu'il a localisés dans les lobules antérieurs du cerveau, les organes de la formation et de la mémoire des mots. C'est l'organe du langage articulé, que Gall avait « plutôt annoncé que démontré ». Cet organe cérébral, affecté au langage articulé, est lui-même composé de plusieurs parties distinctes dont chacune peut être altérée isolément. Ainsi Broussonnet avait perdu la mémoire des substantifs; Brisson n'avait conservé que quelques mots de patois, etc. En attendant la découverte d'autres organes cérébraux, on pouvait toujours admettre, comme très probable, l'opinion que tout désordre de l'intelligence dépend d'une altération localisée de la *substance corticale du cerveau*, et que « la partie distincte du cerveau dont la lésion produit celle de l'intelligence est le substratum cortical de cet organe ». Les faits cliniques à l'appui de cette opinion pouvaient, disait Bouillaud, être multipliés presque à l'infini. C'était là, aussi bien, la doctrine de Delaye, Foville, Pinel-Grandchamp. Mais Bouillaud admettait aussi, à titre d'hypothèse, que la substance grise cérébrale était « le centre *sensitif* ». (*Ibid.*, 294.) Il s'élève donc avec véhémence, à son ordinaire, contre la localisation de la sensibilité dans le cervelet, localisation proposée, on le sait, par Foville et Pinel-Grandchamp, lesquels situaient en outre l'organe du mouvement dans la substance blanche des hémisphères. « La moindre réflexion suffit, s'écriait Bouillaud, pour faire sentir le peu de réalité de la première assertion. En effet, si le cervelet était l'organe unique de la sensibilité, comment pourrait-on expliquer la paralysie du sentiment qui accompagne un si grand nombre d'affections cérébrales? »

Quant au cervelet, Bouillaud avait entrepris de longues recherches expérimentales et cliniques sur ses fonctions dans l'espoir évident de venger Gall des négations de Flourens. Lorsqu'il commença ses expériences sur ce sujet, outre la doctrine de Flourens (1822), il se proposait aussi de vérifier celles de Saucerotte, de Rolando, de Foville et de Pinel (1825), de Serres (1826). « Mais, dit-il, je croyais encore, avec M. Gall, que ce centre nerveux était l'organe législateur des fonctions génératives. Quand j'observai pour la première fois sur les animaux cette agitation universelle, ces accès hystériformes que j'ai décrits, je me disais : des phénomènes semblables se remarquent dans les maladies dont la passion de l'amour est la source; rien ne prouve donc encore que la doctrine de M. Gall ne soit pas vraie. » Voilà une preuve nouvelle et éclatante de la foi de Bouillaud dans l'organologie de Gall. Au fond il espérait trouver dans ses expériences sur le cervelet, comme dans ses observations cliniques sur les troubles du langage, la vérification de la doctrine localisatrice du physiologiste allemand. Mais Bouillaud était avant tout, lui aussi, physiologiste et clinicien, ce qui pour lui sonnait à peu près de même, puisqu'il appelait « la physiologie clinique ou pathologique » la « véritable sœur de la physiologie expérimentale » (*Journ. de phys.* vi, 1826, 19 sq). Celle-ci, en effet, avant les méthodes d'antisepsie chirurgicale, et, pour ce qui a trait à l'encéphale, avant que la chirurgie cérébrale reposât sur la doctrine scientifique des localisations, était réduite à quelques faits recueillis sur les champs de bataille par les chirurgiens militaires (Pirey, Larrey, Baudens, Bonnafond, Sédillot). Force fut donc à Bouillaud de se rendre à l'évidence des faits qu'il provoquait lui-même sur les mammifères et les oiseaux. Comme Flourens et plus encore que Flourens qui, dans ses expériences, avait procédé par la méthode de l'ablation, Bouillaud n'a pu observer en cautérisant le cervelet que des phénomènes irritatifs, qu'il aurait vus disparaître s'il avait conservé ses animaux en vie. Mais il sacrifiait, le second ou le troisième jour, ceux chez lesquels persistaient les phénomènes, et cautérisait à nouveau et plus profondément ceux chez qui ces mêmes phénomènes semblaient s'amender. Il n'a donc observé aucun phénomène de déficit, c'est-à-dire permanent, qui seul peut nous renseigner sur la fonction propre et véritable d'un organe. Bouillaud a noté chez ces animaux les bonds, sauts déréglés, culbutes, pirouettes, chutes dans tous les sens, roulement, marche en arrière, titubation, tremblement, agitation générale, accès épileptiformes, etc., que tous les physiologistes contemporains avaient notés dans les mêmes circonstances. Naturellement il opposa ces phénomènes d'irritation aux phénomènes d'ablation du cervelet observés par Flourens. Je constate que Bouillaud n'a relevé ni paralysie, ni altérations directes de la sensibilité ou de l'intelligence, non plus que l'érection ni l'éjaculation. Il fut donc convaincu que le cervelet n'était pas l' « organe de l'instinct de la propagation ». Il croit pourtant devoir déclarer ceci : « Nous n'en admettons pas moins, avec M. Gall et beaucoup d'autres physiologistes, l'existence d'un centre nerveux spécial pour la faculté dont il s'agit. Mais on doit chercher cet organe ailleurs que dans le cervelet. » Le cervelet n'est pas non plus « le foyer de la sensibilité ». Quelle est donc sa fonction? Parti en guerre contre Flourens, Bouillaud passe dans le camp ennemi. Le cervelet est non seulement, dit-il, le siège d'une force locomotrice spéciale, mais de toutes les forces dont se composent les actes si nombreux et si multiples de l'*attitude*, de la *station*, de la *progression*. Enfin il *coordonne*, non pas tous les monuments en général, mais ceux d'où résultent l'*équilibre*, le *repos* et les divers modes de locomotion. Cette force est essentiellement distincte de celle qui régit les mouvements simples du tronc et des membres, encore qu'il existe entre elles deux les connexions les plus intimes. Les mouvements des yeux, de la glotte, de la mastication, sont aussi indépendants de l'action du cervelet (*Recherches expérimentales tendant à prouver que le cervelet préside aux actes de la station et de la progression, et non à l'instinct de la propagation. Arch. génér. de méd.*, xv, 1827, 64 et 88). Les recherches cliniques qui forment le fond du second mémoire ont une plus grande valeur. La critique des observations de Gall et de Serres est des plus judicieuses. Bouillaud fait pour toujours justice de la localisation de l'amour physique dans le cervelet tout entier ou dans son lobe médian. Il montre l'accord qu'il surprend entre les faits cliniques et les phénomènes qu'il a provoqués par l'expérimentation chez les animaux, et naturellement il y réussit lorsqu'il choisit des cas de maladies aiguës du cervelet où prédominent les symptômes irritatifs de cet organe (*Recherches cliniques tendant à réfuter l'opinion de M.* Gall *sur les fonctions du cervelet*, etc. *Ibid.*, 225 sq).

Bouillaud revint bientôt à l'étude des fonctions du cerveau. En septembre 1827, il lut à l'Académie des sciences un mémoire intitulé : *Recherches expérimentales sur les fonctions du cerveau (lobes cérébraux) en général, et sur celles de la portion antérieure en particulier* (Cf. *Journ. de phys.*, x, janvier et avril 1830, 36 sq.). Le problème capital dont il poursuit et poursuivra, jusqu'à la fin de sa vie, la solution, est toujours celui de savoir si les diverses parties du cerveau sont affectées à une seule et même fonction où si, au contraire, elles remplissent des fonctions différentes. Dans ce dernier cas, Bouillaud voudrait faire connaître par des expériences quelles fonctions sont propres à telles ou telles de ces régions, et surtout à laquelle des deux substances, grise ou blanche, constituant cette « grosse masse nerveuse ». Cette fois, il a employé, quand cela, dit-il, lui a été possible, la méthode opératoire de Flourens, celle de l'ablation. Les expériences ont porté sur des mammifères et sur des oiseaux. Il s'agissait, nous le répétons, de déterminer quelles sont les fonctions des lobes cérébraux en général, de la partie antérieure ou frontale en particulier. Ces lobes sont le siège et de la mémoire des sensations (ouïe, vue) et de toutes les opérations intellectuelles dérivées de ces sensations, telles que la comparaison, le jugement, l'induction, le raisonnement, opérations d'où resulte la connaissance des principales propriétés des objets extérieurs. Les lobes antérieurs régissent également toutes les actions qui supposent la connaissance de ces objets : rechercher la nourriture, manger, éviter l'ennemi ou lui échapper par la ruse, revenir au gîte, suivre des individus de la même espèce, etc. Toutefois, et contrairement à la doctrine de Flourens, Bouillaud soutient que les lobes cérébraux ne sont pas le « réceptacle unique des sensations, des instincts, de l'intelligence et des volitions ». L'animal privé de ses lobes cérébraux conserve le tact et la sensibilité à la douleur, probablement le goût, l'odorat et une foule de sensations internes. Il serait même difficile d'affirmer que les lobes cérébraux sont le siège exclusif des sensations de la vue et de l'ouïe. S'il en est ainsi, dans quelles parties du cerveau résident ces sensations ? Car « on peut enlever certaines portions de ces organes sans que la vue et l'ouïe soient détruites ». Ainsi, Bouillaud ayant enlevé la portion antérieure ou frontale du cerveau, la vue et l'ouïe ont été conservées. Il ajoute même : « J'ai cautérisé, désorganisé, enlevé la *partie postérieure* des lobes cérébraux chez plusieurs animaux, sans que ces expériences aient été accompagnées de la perte des sensations; » il n'indique pas si ces sensations étaient celles de l'ouïe et de la vue. Par les mots partie antérieure ou frontale du cerveau, Bouillaud entend le tiers au moins ou la moitié au plus de toute l'étendue des lobes cérébraux. Il réservait pour un mémoire ultérieur la relation des recherches qu'il avait faites sur les usages de la *partie postérieure* du cerveau. Il annonçait ce grand fait : « On verra plus tard que la soustraction de la partie postérieure du cerveau ne détermine pas les mêmes phénomènes que celle de la *partie antérieure* ou frontale. » (*Ibid.*, 95; cf. 62.) Les diverses régions du cerveau n'avaient donc pas toutes les mêmes fonctions.

Le grand travail intitulé par Bouillaud : *Discussion sur l'organologie phrénologique en général et sur la localisation de la faculté du langage articulé en particulier*, fut lu à l'Académie de médecine au mois d'avril 1865. Bouillaud y salue Gall, l'inventeur et le fondateur de l'organologie cérébrale, comme « un des plus beaux et des plus hardis génies dont les sciences physiologiques et psychologiques puissent se glorifier ». Phrénologie, c'est maintenant pour Bouillaud un mot synonyme de psychologie. Si l'on va au fond des choses, il n'y a aucune raison de le contredire. Pour Gerdy aussi, la psychologie n'était qu'une branche de la physiologie (*Physiologie philosophique des sensations et de l'intelligence*. Paris, 1846, 10). Ce que Bouillaud prise plus que jamais dans le système de Gall, ce père de la « nouvelle physiologie du cerveau », c'est la localisation ou la détermination topographique de chacun des organes cérébraux, de ces petits « cerveaux » dont l'ensemble constitue le grand cerveau. Bouillaud répondait à un rapport de Lélut sur un travail de Dax fils, envoyé aux Académies des sciences et de médecine depuis 1863 : *Observations tendant à prouver la coïncidence constante des dérangements de la parole avec une lésion de l'hémisphère gauche du cerveau.* « Ceci, disait Lélut, qui n'avait pas voulu lire lui-même son rapport, n'est ni plus ni moins que de la phrénologie. » En quoi LÉLUT commettait l'erreur la plus grave qui se puisse imaginer. Ni **Marc Dax** de Sommières (Gard), ni **G. Dax**, n'étaient des phrénologistes, encore que l'influence de GALL n'ait pas été étrangère aux premières recherches de DAX père, recherches qui dataient de 1800, quoique le mémoire dans lequel elles avaient été consignées n'ait été lu (mais il n'est pas même probable qu'il l'ait été) qu'en 1836, dans une session du Congrès méridional tenu à Montpellier (du 1er au 10 juillet), sous ce titre : *Lésions de la moitié gauche de l'encéphale coïncidant avec l'oubli des signes de la pensée.* « Dans le mois de septembre 1800, disait MARC DAX, je fis connaissance avec un ancien capitaine de cavalerie qui, blessé à la tête par un coup de sabre dans une bataille, avait plus tard éprouvé une grande altération dans la mémoire des mots, tandis que la mémoire des choses conservait toute son intégrité. Une distinction aussi tranchée entre les deux mémoires me faisait vivement désirer d'en connaître la cause. Après deux ou trois ans d'inutiles recherches, j'espérais trouver enfin le mot de l'énigme dans le système du docteur GALL qui commençait à se répandre en France... Je m'informai donc auprès des parents du militaire, qui était mort depuis peu de temps, de la partie du crâne qui avait été blessée. Ils me répondirent que c'était le centre du pariétal gauche... En l'an 1806, le célèbre naturaliste BROUSSONNET perdit la mémoire des mots à la suite d'une attaque d'apoplexie, à laquelle il survécut pendant plus d'un an... Je recueillis en 1809 une troisième observation de l'oubli des mots, chez un homme atteint d'un cancer à la face... Ces trois exemples étaient pour moi sans liaison et ne m'apprenaient rien, lorsqu'en 1811 j'eus l'occasion de lire l'Éloge de BROUSSONNET par CUVIER; j'y remarquai entre autres choses que l'on avait trouvé un large ulcère *à la surface du cerveau* du côté gauche. Aussitôt ma pensée se reporta sur le sujet de ma première observation, qui avait été blessé du côté gauche, et, quant au troisième, je me rappelai fort bien que la tumeur cancéreuse était placée sur la moitié gauche du visage. » MARC DAX avait, dit-il, recueilli quarante observations pareilles; il en avait découvert autant dans les auteurs. Mais il ne paraît pas avoir pratiqué d'autopsie. « De tout ce qui précède, je crois, écrivait-il, pouvoir conclure, non que toutes les maladies de l'hémisphère gauche doivent altérer la mémoire verbale, mais que, lorsque cette mémoire est altérée par une maladie du cerveau, il faut chercher la cause du désordre dans l'hémisphère gauche, et l'y chercher encore si les deux hémisphères sont malades ensemble... GALL et son École attribuent cet oubli des mots à une lésion des lobes antérieurs du cerveau; mais on a vu, dans plusieurs cas, *les lobes antérieurs détruits par une maladie sans que cette mémoire fût altérée.* » MARC DAX adoptait de préférence l'explication de LORDAT, qui attribuait ce phénomène à « une aberration dans les synergies des muscles qui concourent à l'exécution de la parole, synergies formées par l'habitude des mouvements musculaires simultanés qui s'enchaînent mutuellement, et qui finissent par s'appeler l'un l'autre sans l'intervention de la volonté » (1820). Enfin, dans son mémoire, publié avec celui de son père, dans la *Gazette hebdomadaire* (1865, 28 mai, 259), G. DAX écrivait ceci : « Un point de l'hémisphère gauche lésé, la parole ne s'articule plus régulièrement; tous les autres points du même hémisphère et le point correspondant de l'hémisphère droit non plus qu'aucune autre partie de ce dernier n'amènent par leur lésion l'altération fonctionnelle en question. » LORDAT (1842) et ALQUIÉ (1841) avaient, à Montpellier, écrit et fait des cours, le premier sur divers cas d'alalie et de paralalie (1843), le second sur la *détermination clinique et anatomo-pathologique de l'organe particulier à chacun des principaux phénomènes de l'encéphale* (Mémoire présenté à l'Institut, août 1841. Cf. *Clinique chirurgicale de l'Hôtel-Dieu de Montpellier*, 1852-1858, II, 278 sq.): « La parole est gênée ou perdue par la désorganisation d'un point d'un lobe antérieur ou des deux lobes antérieurs du cerveau, disait ALQUIÉ : la parole peut être troublée par la désorganisation du centre des hémisphères, » etc. (383).

BOUILLAUD ignorait tous ces travaux. Quoique MARC DAX n'ait pas su lui rendre justice, et ne l'ait même pas compris, BOUILLAUD prit sa défense contre LÉLUT. Cette localisation, disait-il, en parlant du siège constant et exclusif des lésions dans l'hémisphère gauche, n'est pas aussi extraordinaire que semble le croire M. LÉLUT. En effet, parmi nos organes doubles, il est un certain nombre d'actes que nous n'exécutons qu'avec le membre droit : tels sont l'écriture, le dessin, la peinture, l'escrime, tous mouvements associés, combinés, coordonnés, impliquant un sens ou un organe cérébral particulier, un centre moteur déterminé, une mémoire spéciale, tout à fait au même titre que les organes articulateurs de la parole. « Eh bien, serait-il absolument impossible que pour certains actes auxquels sont affectés les hémisphères cérébraux, la parole, par exemple, nous fussions pour ainsi dire *gauchers?* » Les observations faisaient encore défaut à BOUILLAUD pour la solution de cette question. Dans les conclusions de ce discours, il estime même encore, en 1865, à propos de la localisation du langage articulé « dans la troisième circonvolution du lobe antérieur ou frontal gauche », que cette doctrine est « bien loin d'être suffisamment démontrée ». Il insiste plus qu'autrefois, et toujours davantage, sur la double origine possible de la perte de la parole : 1° par lésion de la faculté ou mémoire des mots, considérés comme signes de nos idées ; 2° par lésion de la faculté ou mémoire qui coordonne les mouvements de la voix articulée. Ce dernier mode de dérangement de la parole avait, dit BOUILLAUD, échappé à GALL ; il l'avait signalé, le premier, dans son mémoire de 1825 : l'aphasique n'a rien oublié, si ce n'est la mémoire spéciale des mouvements de l'articulation.

Dans sa réplique au discours de TROUSSEAU, BOUILLAUD a perdu visiblement de sa belle et superbe assurance. TROUSSEAU marchait visiblement avec BROCA, quoiqu'il fût au fond plus éloigné de BROCA que de BOUILLAUD, puisqu'il considérait encore, comme pouvant entraîner l'aphasie, et les lésions « les plus diverses » de la F^3 « surtout du côté gauche », et celles de l'insula de Reil, et celles du corps strié, et celles des lobes moyen et postérieur du cerveau (*Clinique médicale de l'Hôtel-Dieu de Paris*, II, 723, 1885). TROUSSEAU avait décrit, il est vrai, à peu près tout le complexus symptômatique de cette multiple affection cérébrale. Mais, après BROCA lui-même, TROUSSEAU passait sans la voir à côté de cette découverte, capitale dans l'histoire des fonctions du cerveau, de la localisation anatomique et physiologigue du langage articulé, découverte que l'on pouvait bien prévoir n'être que la première d'une suite d'autres semblables, découverte qui déjà impliquait la vérité du principe apporté par GALL et défendu, pendant tant d'années, par BOUILLAUD : le principe de l'hétérogénéité fonctionnelle du cerveau. BOUILLAUD était bien sûr d'avoir raison contre LÉLUT. TROUSSEAU et P. BROCA ne laissaient pas de le troubler, l'un par l'éclat de sa parole, l'autre par la froide précision de sa méthode. BOUILLAUD a désormais le pressentiment, et il l'avoue, qu'il n'entrera pas dans la terre promise. Il croit qu'il a laissé échapper l'occasion de rechercher et de trouver, dans ses observations, l'indication de la constance de la lésion de l'aphasie en ce point de l'écorce du lobe frontal où BROCA l'a découverte : « Et certes, si cette *heureuse idée*, dont M. BROCA a le droit d'être fier, m'eût été réservée, *je n'avais qu'à choisir*, parmi les nombreuses observations déjà recueillies par moi, avant l'époque où M. BROCA l'a conçue, pour y trouver la confirmation de sa vérité. » Il était trop tard; et BOUILLAUD devait finir par proclamer solennellement que c'est à BROCA que revient « tout l'honneur » d'avoir découvert le siège de la faculté du langage articulé (*Bull. de l'Acad. de médecine*, 2e sér., VI, 1877, 534 et 539).

XXXIII. P. Broca. — C'est donc par le nom de **Paul Broca** que s'ouvre l'histoire moderne des localisations cérébrales.

Le 18 avril 1861, BROCA présentait à la Société d'anthropologie de Paris le cerveau d'un homme de cinquante et un ans, nommé Leborgne, qui depuis vingt et un ans, époque où il avait été admis à Bicêtre, avait perdu l'usage de la parole ; il ne prononçait qu'une seule syllabe, qu'il répétait ordinairement deux ou trois fois de suite, tan, tan. Intelligent et valide à l'époque de son admission à l'hospice, six ans après il commença de perdre le mouvement du bras droit, puis la paralysie gagna le membre inférieur du même côté ; la vue s'était affaiblie ; l'intelligence avait baissé. Transporté, le 12 avril, dans le service de chirurgie pour un vaste phlegmon diffus gangreneux qui occupait toute l'étendue du membre inférieur paralysé, il fut jusqu'à la mort soumis à un examen méthodique d'une rare et admirable pénétration critique par P. BROCA. La moitié droite du corps, c'est-à-dire la moitié paralysée, était moins sensible que l'autre. Les muscles de la face et de la langue n'étaient pas paralysés, non plus que ceux du bras et de la jambe gauches. La déglutition se faisait pourtant avec quelque difficulté au troisième temps (parésie du pharynx); les muscles du larynx n'étaient pas altérés dans leurs mouvements ; l'ouïe était fine. Le malade comprenait presque tout ce qu'on lui disait : il manifestait ses idées ou ses désirs par des gestes; il indiquait exactement en ouvrant ou fermant les doigts l'heure d'une montre qu'on lui présentait, le nombre des années qu'il avait passées à Bicêtre. Dans un court accès de colère, il articula un juron. Bref, cet homme avait conservé, dans une certaine mesure, la mémoire des choses anciennes; il pouvait même comprendre des idées assez compliquées : « Il était beaucoup plus intelligent qu'il ne faut l'être pour parler. » Pourtant diverses questions paraissaient n'avoir pas été comprises; quoiqu'il n'eût pas d'enfants, il prétendait en avoir. L'intelligence avait subi, en somme, une atteinte profonde. Il mourut le 17 avril; l'autopsie fut pratiquée vingt-quatre heures après. Le cerveau fut montré à la Société d'anthropologie, puis plongé dans l'alcool : l'encéphale tout entier, pesé avec la pie-mère, ne dépassait pas le poids de 987 grammes; il était donc inférieur de près de 400 grammes au poids moyen du cerveau chez les hommes de cinquante ans. Cette perte considérable portait presque entièrement sur les hémisphères cérébraux qui, sur toute leur étendue, avaient subi une atrophie assez notable. Lorsque le cerveau put être examiné, on constata sur la partie latérale de l'hémisphère gauche, au niveau de la scissure de Sylvius, une large et profonde dépression de la substance cérébrale se prolongeant en arrière jusqu'au sillon de Rolando. Le ramollissement s'étendait d'ailleurs bien au delà des limites de la cavité : il avait détruit la circonvolution marginale inférieure ou pli marginal du lobe tempéro-sphéroïdal (T^1), jusqu'à la scissure parallèle, le lobe de l'insula et la partie sous-jacente du corps strié, *la moitié postérieure* de F^3 et F^2, le tiers inférieur de FA jusqu'au sillon de Rolando. Mais le foyer principal et le siège primitif de ce ramollissement, qui s'était propagé très lentement, c'était le lobe frontal, et, sur ce lobe, la troisième circonvolution, laquelle « présentait la perte de substance la plus étendue » et était entièrement « détruite dans toute sa moitié postérieure ». Broca en concluait que, « selon toute probabilité, c'est dans la troisième circonvolution frontale que le mal avait débuté ».

Nous n'insisterons pas sur les autres observations, de même valeur, recueillies par Broca au cours des années suivantes, et qui ne firent que confirmer cette grande découverte. Dans l'étude des fonctions du cerveau, c'est l'événement capital, la date historique d'une science nouvelle, et de la plus élevée peut-être, puisque toute connaissance humaine, de quelque ordre qu'elle soit, n'est qu'une production de l'activité cérébrale. La plus simple comme la plus complexe des sciences se résout forcément, en dernière analyse, dans quelques signes ou symboles mentaux résumant les généralisations de l'observation et de l'expérimentation. Or ces signes ou symboles sont de simples complexus d'images dont la nature dépend nécessairement de la structure et des propriétés des neurones psychiques constituant en partie l'écorce du cerveau humain. L'histoire des fonctions du cerveau, c'est-à-dire de l'organe de l'intelligence, demeure la source la plus élevée de l'histoire du monde considéré comme un phénomène cérébral.

Dès la première heure, Broca eut la claire conscience que le fait qu'il venait de constater se rattachait « à de grandes questions de doctrines », et que le trouble de l'intelligence, dont le substratum organique venait de lui apparaître, relevait bien d'une altération d'une « faculté appartenant à la partie pensante du cerveau ». Puisque cette fonction de l'intelligence, le langage articulé, pouvait être abolie isolément, indépendamment de toutes les autres, il existait, dans l'écorce cérébrale, des organes psychiques distincts, isolés, relativement indépendants. Et, « si toutes les facultés cérébrales étaient aussi distinctes, aussi nettement circonscrites que celle-là, on aurait enfin un point de départ positif pour aborder la question si controversée des *localisations cérébrales* ». Quoique Broca envoyât encore un salut filial à Gall et à Bouillaud, il disait clairement que ce qui, à cette heure, était en question, ce n'était plus tel ou tel système phrénologique, mais « le principe même des localisations, c'est-à-dire la question préalable de savoir si toutes les parties du cerveau qui sont affectées à la pensée ont des attributions identiques ou des attributions différentes (*Remarques sur le siège de la faculté du langage articulé suivies d'une observation d'aphémie. Bull. de la société anatomique*, 1861, 2e sér., VI, 330-357). « Je crois, disait Broca, au principe des localisations. Je ne puis admettre que la complication des hémisphères cérébraux soit un simple jeu de nature. » L'anatomie pathologique de l'aphémie n'éclairait pas une question particulière : elle jetait une vive lueur sur une question bien plus haute et bien plus générale : « L'existence d'une première localisation une fois admise, le *principe des localisations* par circonvolutions serait établi. » De ce principe sortirait une théorie scientifique des localisations fonctionnelles de l'écorce cérébrale. La physiologie du cerveau serait renouvelée : « Du moment qu'il sera démontré sans réplique qu'une faculté intellectuelle réside dans un point déterminé des hémisphères, *la doctrine de l'unité du centre nerveux intellectuel sera renversée*, et il sera hautement probable, sinon tout à fait certain, que chaque circonvolution est affectée à des fonctions particulières. » (1863) (*Mém. d'anthropologie* de P. Broca, v, 61.) Ainsi, ce qui avait péri dans l'aphémique de Broca, comme chez les malades dont Gall et Spurzheim, Dax, Bouillaud, avaient recueilli les observations cliniques de même nature, ce n'était pas la mémoire des mots, ce n'était pas l'action des nerfs et des muscles qui, entres autres usages, servent à la phonation et à l'articulation verbale : c'était la mémoire d'un certain ordre de mouvements coordonnés nécessaires pour articuler les mots. Broca avait hésité d'abord sur la place qu'il devait assigner dans la « hiérarchie cérébrale » à cette « faculté ». L'aphémie était-elle une espèce d'ataxie locomotrice limitée aux muscles de l'articulation des sons? S'agissait-il d'une faculté intellectuelle, d'une « mémoire », d'une fonction de la « partie pensante du cerveau »? L'anatomie pathologique l'avait décidé à embrasser cette dernière hypothèse : l'aphémie est un trouble de l'intelligence. « En effet, disait Broca, dans tous les cas où jusqu'ici l'autopsie a pu être pratiquée, on a trouvé la *substance des circonvolutions* profondément altérée dans une notable étendue... Or on admet généralement que toutes les facultés dites intellectuelles ont leur siège dans cette partie de l'encéphale, et il paraît dès lors fort probable que, réciproquement, toutes les facultés qui résident dans les circonvolutions cérébrales sont des facultés de l'ordre intellectuel. » Comme venait de le dire Auburtin, au sein de la Société d'anthropologie (4 avril 1861), pour la nature spéciale de cette affection, *le siège*, non le caractère de la maladie, importe seul. Que la lésion déterminant la perte du langage articulé soit un foyer de ramollissement ou d'hémorragie cérébrale, un abcès ou une tumeur, le point seul de la lésion entraîne le trouble ou l'abolition de cette fonction, et de cette fonction uniquement. Certes, Broca était un partisan de la veille du principe des localisations cérébrales. Mais son génie connaissait le doute philosophique; il hésitait, se demandant dans quelles limites ce principe était applicable, lorsque l'évidence des faits triompha de son scepticisme, si véritablement scientifique.

L'année, la veille même de son immortelle découverte, Broca, répondant à Gratiolet, dans la discussion qui eut lieu à la Société d'anthropologie, sur le poids et le volume ou la forme du cerveau (*Bulletin*, II, 1861. *Mém. d'anthrop.* de P. Broca, I, 155), après avoir confessé, théoriquement encore, sa croyance au principe des localisations cérébrales, et écartant du débat non seulement le système phrénologique de Gall, mais tout système phrénologique quelconque, sans renier jamais pourtant les pères d'une doctrine dont les applications lui semblaient seules erronées, faisait la grave déclaration suivante : « Nous ignorons encore si chaque circonvolution, considérée isolément, remplit des fonctions différentes de celles des circonvolutions voisines. Nous ne pouvons faire à cet égard que des suppositions, mais nous savons du moins que toutes les parties du cerveau proprement dit n'ont pas les mêmes fonctions, que l'ensemble des circonvolutions ne constitue pas un seul organe, mais plusieurs organes ou plusieurs groupes d'organes, et *qu'il y a, dans le cerveau, de grandes régions distinctes correspondant aux grandes régions de l'esprit.* » Le principe des localisations cérébrales lui semble déjà constitué à la fois et par la physiologie et la pathologie, qui montrent l'indépendance des fonctions, et par l'anatomie normale et pathologique, qui montre la diversité des organes. C'est sur cette dernière assise, en particulier, comme le dira Broca bien des années plus tard, que Gall et Spurzheim auraient dû faire reposer tout leur édifice, car c'était bien, non dans les bosses et les dépressions du crâne, mais dans les organes cérébraux qu'ils s'étaient proposé de localiser leurs facultés. Là fut la raison principale de l'impuissance de l'École phrénologique, car « un système physiologique qui ne repose pas sur des déterminations anatomiques précises ne peut résister à la critique ». Gall n'en avait pas moins été l'auteur d'une espèce de « réforme scientifique » dans l'étude des fonctions du cerveau. Il eut l'incontestable mérite de proclamer « le grand principe des localisations cérébrales, qui a été le point de départ de toutes les découvertes de notre siècle sur la physiologie de l'encéphale ». La doctrine phrénologique s'était écroulée ; le principe des localisations fonctionnelles du cerveau demeurait debout.

La différence fonctionnelle, de nature antagoniste, des *lobes frontaux, moyens* et *occipitaux*, aurait seule suffi, selon Broca, à l'établissement du principe des localisations cérébrales. « Ce qui distingue le cerveau de l'homme, même dans les races les plus inférieures, c'est le grand développement des *circonvolutions de la région frontale* » (*Mém.*, III, 128). Chez l'orang, le chimpanzé, le gorille, ce développement est déjà égal ou même supérieur à celui qu'on a quelquefois observé dans certains cas de microcéphalie. A la verité, les *lobes occipitaux* rapprochent encore plus les anthropoïdes de l'homme. Le défaut de symétrie des plis secondaires de l'écorce est à peu près aussi marqué chez l'homme, l'orang et le chimpanzé. La surface du *lobe de l'insula*, lisse chez tous les pithéciens et les cébiens, est également soulevée par cinq plis radiés chez ces grands singes et dans l'homme. L'homme parle cependant; les singes ne parlent pas. Pourquoi? « Ce qui leur manque, ce n'est pas, dit Broca, l'appareil de l'*articulation*, ce n'est pas non plus la *circonvolution spéciale* où elle se localise chez l'homme, car cette circonvolution existe chez la plupart des singes : c'est le degré d'intelligence qui leur serait nécessaire pour analyser les éléments du discours, pour attacher un sens de convention à chacun des mots qui frappent leur oreille ou pour chercher par de longs tâtonnements à combiner le jeu de leurs muscles phonateurs de manière à reproduire et à articuler les mêmes sons (*Mém.*, v, 154). » Les animaux ont certainement des idées; ils savent les communiquer par un véritable langage; le langage articulé est au-dessus de leur portée. Mais comment expliquer ce que Broca appelait d'abord, avant de connaître l'existence du mémoire de Dax père, l'étrange et singulière prédilection des lésions de l'aphémie pour l'hémisphère gauche du cerveau? Broca espérait que d'autres, plus heureux que lui, trouveraient enfin un exemple d'aphémie produite par une lésion de l'hémisphère droit. Déjà il conjecturait que cette influence spéciale de l'hémisphère gauche ne s'étendait pas seulement au langage articulé, mais probablement au « langage en général » (1865). Qu'il existât une différence fonctionnelle entre les deux hémisphères, c'est ce qu'il était impossible d'admettre sans méconnaître une loi physiologique qui se vérifie dans toute l'économie : deux organes pairs ont les mêmes attributions. Un premier fait, qui expliquait la prédisposition organique de presque tous les hommes à se servir naturellement de la main droite, c'est que, dans le développement du cerveau, les circonvolutions de l'hémisphère gauche, qui tient sous sa dépendance les mouvements des membres droits, seraient en avance sur celles de l'hémisphère droit (Leuret et Gratiolet. *Anat. comparée du système nerveux*, II, 241). Et de même que nous dirigeons les mouvements de l'écriture, du dessin, de la broderie, etc., avec l'hémisphère gauche, de même nous parlons avec l'hémisphère gauche, par une habitude que nous prenons dès notre première enfance. Le langage articulé, fonction de l'ordre intellectuel, et qui consiste à établir une relation entre une idée et un mot articulé, et dont les organes cérébraux moteurs ne sont en quelque sorte que « les ministres », paraît donc être l'apanage des circonvolutions de l'hémisphère gauche, quoique l'hémisphère droit ne soit pas plus étranger que le gauche à cette faculté spéciale, puisque l'aphémique par lésion de l'hémisphère gauche continue à comprendre ce qu'on lui dit, c'est-à-dire à connaître les rapports des idées avec les mots. La conception de ces rapports appartient donc aux deux hémisphères. Seule, la faculté de les exprimer par des mouvements coordonnés paraît n'appartenir qu'à un seul hémisphère. Quant aux « organes moteurs », qui n'ont rien de commun avec la fonction purement intellectuelle du langage articulé et qui concourent à la production de l'articulation, phénomène purement musculaire, ce sont les corps striés et les couches optiques, les nerfs moteurs, les muscles de la langue, des lèvres, du voile du palais, etc. L'articulation dépend, à un égal degré, des deux hémisphères cérébraux : « Elle est produite simultanément et uniformément par les muscles des deux côtés, associés dans leurs mouvements. » Mais, si l'on n'avait que ces organes moteurs de l'articulation, on ne parlerait pas; car ils existent quelquefois parfaitement sains chez les aphémiques, voire chez des idiots qui jamais n'ont pu apprendre ni comprendre aucun langage articulé. La prééminence notoire de l'hémisphère droit chez certains individus renversera l'ordre des phénomènes : l'aphémie sera la conséquence d'une lésion de cet hémisphère. La F^3 droite pourra donc suppléer la F^3 gauche congénitalement atrophiée. Comment se fait-il même, demandait Broca, que la F^3 droite ne supplée pas à la destruction totale ou partielle de la F^3 gauche dans les cas d'hémiplégie chez l'adulte? C'est que, chez la plupart des aphémiques, il existe « des lésions cérébrales plus ou moins étendues qui, sans abolir l'intelligence, lui portent une atteinte notable », la lésion anatomique occupant le plus souvent un territoire assez considérable de l'écorce pour affecter gravement l'intelligence proprement dite. Les aphémiques ont donc pour la plupart l'esprit trop affaibli pour apprendre à parler avec l'hémispbère droit (*Mém.*, v, 84).

Un second fait, qu'il est permis d'invoquer pour expliquer la différence fonctionnelle des deux hémisphères du cerveau et l'existence d'une relation particulière entre la faculté du langage et l'hémisphère gauche, c'est l'inégale facilité de la circulation dans les deux carotides primitives. Broca pensait, avec Armand de Fleury (*Recherches anatomiques, physiologiques et cliniques sur l'inégalité dynamique des deux hémisphères cérébraux.* 1874. Cf. W. Ogle, *On dextral preeminence*), que cette disposition des vaisseaux aortiques contribuait d'une manière très efficace à déterminer la localisation naturelle du langage articulé dans l'hémisphère gauche. L'intérêt et la portée de ce fait paraissent avoir frappé Broca : « Si l'inégale activité de la circulation dans les deux hémisphères n'est pas, disait-il, la seule cause de la disparité fonctionnelle des deux hémisphères cérébraux de l'homme, elle y prend certainement *une part importante*, et c'est l'un des éléments dont on devra désormais tenir compte dans l'étude de cette grave question. » (*Mém.*, v, 156.) En tout cas, cette disparité fonctionnelle entre les deux moitiés de l'encéphale n'impliquait point que l'hémisphère droit, dont la structure est la même que celle de l'hémisphère gauche, eût non plus d'autres fonctions. La plus haute spécialisation de certaines fonctions, d'ailleurs communes aux deux hémisphères, au moins en puissance, sur un hémisphère plutôt que sur l'autre, selon que les individus étaient gauchers ou droitiers, était simplement l'effet de conditions inégales de nutrition.

XXXIV. Gratiolet. — **Gratiolet** avait soutenu, lui aussi, que « les facultés supérieures de l'entendement » croissent et décroissent, dans les races humaines, avec les lobes antérieurs du cerveau. Broca admirait fort le beau génie et la science de l'homme qui « débrouilla définitivement le chaos des circonvolutions humaines ». En outre, Gratiolet, le plus courtois des adversaires, n'admirait pas moins Gall comme anatomiste : « L'injustice de Cuvier et de son École ne l'amoindrit point, disait Gratiolet. Provençal a pu écrire que le principal mérite de Gall était d'avoir forcé M. Cuvier, en présentant un mémoire à l'Institut, de s'occuper de l'anatomie du cerveau. Ne rappelons de pareilles platitudes que pour les flétrir. » Gratiolet avait aussi admis que les différentes formes du cerveau *caucasique* ou frontal, *mongolique* ou pariétal, *éthiopique* ou occipital devaient correspondre à un développement inégal des fonctions intellectuelles. Il avait insisté sur les effets qui résultent, pour l'arrêt ou le développement du cerveau, et partant de l'intelligence, de l'ossification précoce ou tardive des sutures crâniennes dans les différentes races humaines. Chez les plus abjects des hommes, les Australiens, Gratiolet constate l'existence d'une dolichocéphalie occipitale ; les races pariétales étaient, selon lui, supérieures : elles dominent en Asie et en Amérique, où elles déploient une activité et une intelligence remarquables. Mais le cerveau frontal des crânes adultes dans les races banches, voilà l'origine de cette souveraineté de l'esprit qui devait assurer à ces races l'empire du monde. Et Gratiolet, qui appelait les lobes frontaux « la fleur du cerveau », convenait que tout indique qu'ils ont « une dignité physiologique supérieure ». N'était-ce pas la doctrine que soutenait Broca, lorsqu'il s'écriait que « les facultés cérébrales les plus élevées, celles qui constituent l'entendement proprement dit, comme le jugement, la réflexion, les facultés de comparaison et d'abstraction, ont leur siège dans les circonvolutions *frontales*, tandis que les circonvolutions des lobes *temporaux, pariétaux* et *occipitaux* sont affectés aux sentiments, aux penchants et aux passions? » (*Mém.*, v, 12.) Il est désormais avéré, dira Broca dans sa *Notice* sur le crâne de Dante Alighieri, que la supériorité de l'intelligence ne peut se reconnaître au volume du cerveau, mais à la « prééminence de certaines parties de cet organe ». Dès cette époque (1861), Broca ne faisait aucune difficulté d'avouer, quant à la question du volume du cerveau, « qu'il ne peut venir à la pensée d'un homme éclairé de mesurer l'intelligence en mesurant l'encéphale ». Il rendait hommage à Desmoulins, à sa découverte de l'existence d'un rapport entre l'étendue de la surface des circonvolutions et le développement de l'intelligence (1822). « Il est, disait-il, parfaitement établi que, dans la série des singes, comme dans la série humaine, les cerveaux les plus plissés sont, toutes choses égales d'ailleurs, plus intelligents que les autres. » C'est qu'à l'accroissement de surface des circonvolutions correspond d'ordinaire une augmentation proportionnelle de la masse totale de substance grise, et que cette substance est « l'organe proprement dit de la pensée ». En outre, à côté de la question de masse, ou de quantité, il y a la question de structure et de texture, ou de qualité, doctrine capitale, et que n'avait point vue Desmoulins.

Gratiolet n'accordait-il pas qu'il était possible, probable même, que certaines fonctions du cerveau fussent plus particulièrement en rapport avec tels phénomènes psychiques? On serait parfois tenté de voir dans Pierre Gratiolet un précurseur direct de la doctrine scientifique des localisations cérébrales : « On pourrait très légitimement supposer, disait-il, dans les hémisphères, *autant de régions distinctes qu'il y a, à la périphérie du corps, d'organes de sensations diverses.* Nous aurions ainsi le cerveau de l'œil, celui de l'oreille, et ainsi de suite ; et, dans chacun de ces cerveaux, on pourrait aisément loger une *mémoire* et une *imagination.* Mais la raison qui commande, où la placerions-nous? etc. » (*Observations sur la forme et le poids du cerveau.* Paris, 1861, 36.) Probablement dans le lobe frontal, dans lequel « réside, en quelque sorte, la majesté du cerveau humain », aurait pu répondre à Gratiolet quelqu'un de ses collègues de la Société d'anthropologie, selon les préjugés du temps, préjugés contre lesquels Gratiolet lui-même avait peine à se défendre, on l'a bien vu. Pour Gratiolet, les expériences de Flourens avaient démontré l'homogénéité fonctionnelle de toutes les parties du cerveau; c'était là un dogme scientifique, il fallait s'y tenir. Ajoutez que Gratiolet croyait, dit-il, « à l'existence de l'âme ». En outre, la raison, cette raison qu'il ne savait où localiser, militait contre l'hypothèse de la pluralité des organes : « S'il y avait plusieurs organes, plusieurs cerveaux, de quel secours l'un serait-il à l'autre? En quoi, par exemple, le cerveau de l'oreille pourrait-il venir en aide au cerveau de l'œil? *La condition anatomique de ces associations et de cette synergie se trouve peut-être dans ces commissures multiples* dont j'ai parlé et qui, *unissant de la façon la plus complète tous les plis d'un même hémisphère* font, pour ainsi dire, toucher au doigt *l'unité fonctionnelle du cerveau.* »

Si au lieu d'être l'adversaire de la doctrine des localisations cérébrales, qu'il ne croyait pas conforme à la nature des choses, Gratiolet en avait été un des fondateurs, c'est à lui qu'il serait légitime d'attribuer la théorie d'une science dont Broca aurait découvert le fait fondamental. Les paroles de Gratiolet que nous venons de citer renferment, en effet, la théorie même des fonctions du cerveau dans la doctrine actuelle des localisations. Elles lui ont été inspirées par cette considération que, dans l'estimation du poids du cerveau, on ne pouvait faire le départ exact des différentes parties qui le constituent, et que la substance blanche du centre ovale, par exemple, avait sans doute autant de droit que l'écorce grise des hémisphères à être regardée comme le siège de l'intelligence. « L'intelligence réside-t-elle simultanément dans le centre ovale et dans les couches corticales, ou bien a-t-elle dans ces dernières son siège exclusif? » demandait Gratiolet. Broca affirmait que l'écorce cérébrale était le siège de l'intelligence. Mais ce n'était point pour Gratiolet un fait démontré; il en doutait : « Je doute fort qu'on puisse en toute sécurité, dans l'*histoire physiologique de l'intelligence*, faire abstraction du centre ovale. » Or là, dans le centre ovale, était précisément la condition anatomique de ces associations et de ces commissures qui, en assurant la synergie fonctionnelle des centres nerveux et de chaque hémisphère et des deux hémisphères, pouvaient seules expliquer et réaliser ce fait de l'unité des fonctions du cerveau, celle en particulier de la conscience et des opérations de l'entendement. Nous ne connaissons pas aujourd'hui encore d'autre interprétation scientifique des phénomènes de l'intelligence dans tous les êtres capables de se représenter les choses à quelque degré, et partant, de penser. Mais cette vague esquisse d'une théorie dont les destinées sont loin d'être accomplies, on la doit à la rare clairvoyance du grand anatomiste qu'était Pierre Gratiolet. Ce qu'il croyait et soutenait était bien différent : aucune lésion des hémisphères, aucune perte de substance dans un lobe quelconque, n'étaient selon lui capable d'anéantir nécessairement l'intelligence, le mouvement, la sensibilité, non plus que la faculté du langage. La doctrine des localisations cérébrales n'était pas fausse seulement dans les applications qu'on en avait faites, ce que Broca accordait à Gratiolet, elle était fausse dans son principe même. Toujours le cerveau fonctionne comme un organe d'ensemble dont toutes les régions concourent à la fois à chaque manifestation. En tant qu'organe de la pensée, le cerveau est un comme la pensée elle-même : les différentes parties qui le composent n'ont donc point des attributions diverses correspondant aux diverses facultés de l'esprit. Mais si l'intelligence a pour organe unique l'ensemble du cerveau, « elle n'est pas sollicitée dans tous les points du cerveau de la même manière ». GRATIOLET faisait expressément cette concession, dont on aperçoit toutes les conséquences. Comme il ne divisait pas le cerveau en plusieurs organes distincts, il déclarait ne vouloir essayer de déterminer le siège de la faculté du langage, par exemple; mais « les rapports du cerveau avec le corps sont multiples, disait-il, et, suivant la nature de ces rapports, il y a probablement dans les hémisphères des régions de dignité différente ».

XXXV. Vulpian. — Le jugement que **Vulpian** porta sur le principe et sur la théorie des localisations cérébrales, même lorsque cette théorie eut été vérifiée par des faits éclatants, fut sévère. Loin d'être spiritualiste à la façon de GRATIOLET ou de JEAN MÜLLER, VULPIAN réduisait, on le sait, la plupart des phénomènes de l'entendement et de la volonté à un pur mécanisme d'actions réflexes cérébrales. Mais rechercher si les différents modes d'activité du cerveau appartenaient à des régions déterminées et distinctes, à des îlots circonscrits de la couche corticale, lui paraissait une tentative vaine et condamnée d'avance. « Les résultats expérimentaux, disait-il avec LONGET, et un bon nombre d'observations pathologiques parlent contre cette dislocation des différentes facultés » instinctives, intellectuelles et affectives. De pareilles entreprises doivent donc être « bannies de la biologie positive, c'est-à-dire de celle qui ne s'appuie que sur des faits d'observation et d'expérimentation ». Pour VULPIAN, on ne découvrait dans les divers points de la substance grise du cerveau, susceptibles d'ailleurs de se suppléer réciproquement, que les mêmes modes variés d'activité. Même esprit de négation en face non seulement des essais de localication des fonctions de l'intelligence dans les lobes antérieurs, mais des faits cliniques et anatomo-pathologiques les plus certains relatifs à la localisation fonctionnelle de l'articulation verbale dans le pied de la F^3 gauche : « On ne saurait placer le siège de l'intelligence dans les *lobes antérieurs* », comme l'ont fait GALL et ses successeurs, enseignait VULPIAN, dans ses leçons au Muséum d'histoire naturelle : « Si l'on a vu, dans quelques cas, des lésions de ces lobes déterminer une altération plus ou moins grande des facultés intellectuelles, il serait facile de citer d'autres cas dans lesquels on a observé des troubles tout aussi grands de ces facultés coïncidant avec des lésions soit des *lobes postérieurs*, soit des *lobes moyens*. » (*Leçons sur la physiologie du système nerveux*, Paris, 1866, 710, sq.) Comme on peut observer un affaiblissement plus ou moins considérable de toutes les facultés intellectuelles par suite de lésions limitées du cerveau, occupant les sièges les plus variés, l'observation clinique, complétée par l'examen nécroscopique, n'aurait, suivant VULPIAN, que « peu de renseignements nets » à nous livrer. Avant de citer un autre passage de VULPIAN, non moins important à méditer, il nous faut rappeler ce que BROCA écrivait encore en 1861 : « Nul n'ignore que les circonvolutions cérébrales ne sont pas des organes moteurs; » c'est à la lésion du corps strié uniquement qu'il rapportait la cause de la paralysie des deux extrémités du côté droit de LEBORGNE (*Mém. d'anthrop.* de P. BROCA, V, 30). Au sujet de la paralysie incomplète des muscles de la joue, qu'il croyait avoir observée à gauche, c'est-à-dire du côté opposé à celui où existait la paralysie des membres, BROCA ajoutait : « Il est inutile de rappeler que les paralysies de cause cérébrale sont croisées pour le tronc et les membres, et directes pour la face. » (Cf. encore *ibid.*, V, 93.) Pour BROCA, les lobes cérébraux étaient seuls affectés à la pensée; le cervelet et les organes compris entre le bulbe et le corps strié étaient en rapport soit avec la *sensibilité*, soit avec la *motilité* : « Les fonctions particulières de plusieurs de ces organes ne sont pas encore précisées, mais il ne vient à l'idée de personne de supposer que le corps strié, la couche optique, les tubercules quadrijumeaux, le cervelet, la protubérance, l'olive, etc., aient les mêmes attributions... La mutiplicité des centres nerveux, considérés comme organes de la sensibilité et comme organes de la motilité est un fait à la fois anatomique et physiologique. » Demandera-t-on pourquoi tant d'organes différents ont été affectés à deux fonctions seulement? C'est, répond BROCA, que la *motilité* et la *sensibilité* ne sont pas des fonctions simples; en énumérant les diverses espèces de mouvement et de sensibilité, il trouvait que la multiplicité de ces organes était sans doute en rapport avec la multiplicité de ces fonctions. Quant aux *fonctions intellectuelles*, elles sont nécessairement plus complexes encore que les *fonctions sensitives* et *motrices*, et les *organes cérébraux* sont bien plus différenciés que ceux du reste de l'encéphale. Bien des années après, VULPIAN résumait toutes ces doctrines dans un rapport à l'Académie des sciences (1881) sur un livre célèbre de CHARCOT, les *Leçons sur les localisations dans les maladies du cerveau :* jusqu'aux premières publications sur les effets des excitations ou des lésions expérimentales de l'écorce grise du cerveau, « on croyait très communément que les lésions morbides, bornées à la substance grise superficielle du cerveau, n'agissent que faiblement sur la *motilité*, ou même qu'elles n'ont aucune action directe constante sur le mouvement des diverses parties du corps ».

Voici maintenant comment s'exprimait VULPIAN sur un des arguments allégués en faveur de la doctrine des localisations cérébrales, argument qui, s'il était fondé, aurait eu, il le reconnaît, une très grande valeur : c'est que des lésions limitées de l'écorce auraient paralysé telle ou telle partie également déterminée du corps. « Mais il faut bien remarquer que l'on omet de dire si la lésion d'une région déterminée produit constamment une paralysie de la même partie du corps. » DUPLAY avait publié des observations dans lesquelles une paralysie faciale paraissait bien dépendre de lésions du cerveau proprement dit. Pour VULPIAN, outre que ces faits lui semblent tout à fait exceptionnels, il se demande si, dans ces cas, il n'y aurait pas eu quelque autre lésion qui serait passée inaperçue, les altérations cérébrales indiquées n'ayant pas un siège constant. Bref, ni l'expérimentation physiologique, ni les observations pathologiques, ni l'anatomie comparée n'avaient produit un seul argument sérieux, au gré de VULPIAN, en faveur de la doctrine des localisations cérébrales. Il en était ainsi du moins jusqu'à ce que la doctrine de l'aphémie ou aphasie eût semblé apporter quelque appui solide à cette doctrine. Qu'un individu puisse perdre la faculté du langage articulé en conservant encore une partie de son intelligence, il ne fallait rien de moins que les noms de BROCA, de CHARCOT et de TROUSSEAU pour que VULPIAN voulût bien reconnaître, de la meilleure foi du monde, son embarras. Il s'expliquait ce trouble par l'état plus ou moins démentiel des aphasiques, car, avec CHARCOT et TROUSSEAU, et contrairement à l'opinion de BOUILLAUD, il croyait « la plupart des aphasiques plus ou moins déments ». Il ne s'agissait point de la perte d'une faculté spéciale, mais d'un trouble général de l'intelligence. Quant à la localisation de l'affection dans une région déterminée du cerveau, à gauche, comment était-il possible de l'admettre ? C'était une vérité absolument certaine que les deux hémisphères cérébraux avaient ou devaient avoir mêmes fonctions. Puis on citait des cas d'aphémie où il n'y avait pas eu la moindre lésion de la F^3 gauche. VULPIAN repoussait donc absolument aussi bien l'opinion qui localisait exclusivement la faculté du langage articulé dans les lobes antérieurs du cerveau que celle qui en circonscrit le siège dans une circonvolution de ces lobes sur l'hémisphère gauche.

XXXVI. Fritsch et Hitzig. Découverte des localisations cérébrales (1870). — Dès son premier Mémoire, publié avec **Fritsch** en 1870, sur l'*Excitabilité électrique du cerveau* (REICHERT's *und* DU BOIS-REYMOND's *Archiv*, 1870, H. 3), **Hitzig** laisse nettement voir qu'il a compris toute la portée, et surtout la signification profonde de sa découverte, l'excitabilité de l'écorce cérébrale, pour la science future des fonctions du cerveau. C'est sur la connaissance des propriétés de l'écorce cérébrale que sera fondée la psychologie. L'ignorance de ces propriétés et les théories arbitraires de GALL et de ses successeurs avaient éloigné les psychologues soucieux de vérité des matériaux empruntés à la physiologie. Mais ce qui prouve mieux que tous les raisonnements avec quelle force l'homme désire jeter un regard dans le monde obscur de la conscience, c'est l' « étonnant succès dont avait joui, dans le public, en dépit de sa méthode non scientifique, la phrénologie ». Les résultats des recherches qu'apportaient les auteurs sur ce problème formaient le plus éclatant contraste avec une autre doctrine, encore adoptée par presque tous les physiologistes (1870), celle de FLOURENS : les lobes cérébraux participent, *par toute leur masse*, à l'exercice complet de leurs fonctions; il n'existe aucun siège distinctif ni pour les perceptions ni pour les facultés de l'âme. Entre cette ancienne doctrine, devenue en quelque sorte officielle, et la doctrine nouvelle qui reposait sur la démonstration de l'existence de centres ou foyers circonscrits de l'écorce cérébrale, l'opposition apparut si évidente que, à un premier examen superficiel, on répéta que Fritsch et Hitzig ne faisaient que continuer ou ressusciter l'organologie.

Rien n'était plus erroné; je n'ai jamais laissé passer une seule occasion de le montrer. La doctrine moderne, scientifique, des localisations cérébrales, telle qu'elle résulte en particulier de la découverte de Fritsch et Hitzig, ne localise ni les facultés classiques de l'âme ni les organes fondamentaux de la phrénologie, parce que ces facultés et ces organes n'existent point, que ce ne sont pas des êtres, mais des rapports, des résultantes de l'activité des seules réalités connues, je veux dire les perceptions et leurs résidus, localisés, et partant localisables, dans les différents territoires plus ou moins nettement différenciés, de l'écorce grise du cerveau. « On peut se représenter l'écorce entière du cerveau comme divisée en un certain nombre de territoires d'égale grandeur, et ces territoires reliés entre eux et avec les gros ganglions centraux par des faisceaux de fibres. Leur aire formerait le substratum matériel de toutes les forces dont le mode de manifestation phénoménale nous est connu sous le nom de *fonctions psychiques*... D'après Flourens, le cerveau tout entier participe à toutes ces fonctions; il n'existe pas de foyers fonctionnels distincts. Nous aurions donc à considérer chaque territoire particulier de l'écorce comme un petit cerveau... J'admets, au contraire, qu'un nombre plus ou moins grand de territoires qu'il serait prématuré de déterminer, pourvus de propriétés semblables, agit de concert pour l'accomplissement du même but, et qu'il existe un nombre indéterminé de complexus servant à des buts différents... Il existe sans aucun doute des paralysies (*Paresen*) dues à des désorganisations de certains territoires de l'écorce, tandis que d'autres territoires peuvent être détruits sans symptômes moteurs appréciables. Les recherches sur la production expérimentale des paralysies, celles de Nothnagel, auquel je renvoie le lecteur, conduisent aux mêmes résultats. » De même pour l'aphasie : « Il est établi aujourd'hui que ce symptôme est produit par la lésion d'un territoire déterminé de l'écorce. » En toute hypothèse, les observations d'aphasie « parlent encore contre la théorie de Flourens ». « Si l'on admet que la formation du mot est quelque chose de plus complexe et dépend du concours régulier de plusieurs groupes associés de territoires (*Zusammenwirken mehrerer Complexe von Feldern*), alors les exceptions se comprennent à côté de la règle. Dans ce cas, la solution de continuité de toutes ou des plus essentielles des connexions entre deux complexus pourra produire des phénomènes analogues à la destruction de l'un d'eux, ou, ce qui est la même chose, à la destruction de ses voies nerveuses périphériques. » Tout de même encore pour la production des mouvements volontaires ou des actions. « Toute action, même presque mécanique, peut être ramenée à des impressions sensibles antérieures ou actuelles. De la somme des idées (*Vorstellungen*) formées par l'activité primitive des organes des sens naît l'*incitation* qui a pour effet le *mouvement*. Les mouvements ont leur racine dans les territoires propres des surfaces sensibles (*Sinnesfläche*), et par conséquent je puis me représenter qu'un centre moteur soit lui-même intact et se trouve cependant mis hors de fonction par l'isolation des facteurs concourant à son activité. Je ne serais même pas surpris s'il était démontré sur des animaux psychiquement inférieurs, que la destruction d'une région reconnue comme une pure surface sensible entraîne un trouble du mouvement sans que l'excitation du même point ait déterminé un mouvement (Edouard Hitzig, *Untersuchungen über das Gehirn*. Berlin, 1874, IX-XIII).

Lorsque Fritsch et Hitzig publièrent leur premier mémoire, c'était depuis des siècles une manière de dogme scientifique que les hémisphères du cerveau sont inexcitables par tous les modes d'excitation connus des physiologistes. On différait d'opinions sur la possibilité de provoquer, par d'autres stimuli que les excitations organiques, l'excitabilité de la moelle de l'épine et celle des ganglions de la base du cerveau (pont de Varole, couche optique). Et pourtant la physiologie avait, depuis des siècles aussi, revendiqué pour tous les nerfs, comme la condition même de la conception qu'on s'en faisait, la propriété d'être excitables, c'est-à-dire de répondre par leur énergie propre à toutes les influences capables de modifier leur état en un temps déterminé. Seules les parties centrales du système nerveux semblaient échapper à cette loi. Haller et Zinn avaient bien vu se produire des mouvements convulsifs en enfonçant un instrument dans la substance des hémisphères du cerveau. Eckhard, sans le nommer, cite un auteur qui, moitié aveugle du champ visuel de la moitié saine, ne passe pas par la ligne médiane : elle la dépasse de cinq à dix degrés en moyenne, en respectant l'intégrité fonctionnelle de la région maculaire. On observe d'ailleurs, à cet égard, relativement au mode d'entre-croisement de ces fibres optiques, des différences individuelles qui rappellent les variations anatomiques du faisceau direct et du faisceau croisé pyramidal, si bien étudiées par Flechsig et par Pitres.

Les terminaisons arborescentes des prolongements cylindraxiles des cellules ganglionnaires de la rétine, c'est-à-dire des nerfs optiques, ou, comme il faudrait dire, des *fibres rétiniennes*, s'entrelacent, tout en restant libres et indépendantes, dans les centres optiques sous-corticaux, avec les prolongements protoplasmiques, ou dendrites, des cellules nerveuses de ces ganglions. Le premier, Ramon y Cajal les a vues « se décomposer en de magnifiques arborisations libres » et entrer en contact avec les ramifications plus ou moins vastes des dendrites. Les prolongements protoplasmiques doivent être de nature nerveuse et ne peuvent avoir exclusivement pour fonction, déclare expressément Van Gehuchten, la nutrition des éléments nerveux (doctrine de Golgi et de ses disciples). Les dendrites doivent donc servir, aussi bien que les arborisations terminales et collatérales des fibres nerveuses, à la transmission des processus nerveux. L'excitation se propage, toujours par simple contiguïté, des expansions protoplasmiques d'une cellule nerveuse (*appareil de réception du courant nerveux cellulipète*) au corps de cette cellule et à son cylindraxe, dont les collatérales transportent à distance les vibrations moléculaires, ainsi qu'aux libres arborisations terminales de ce cylindraxe (*appareil de conduction et de distribution des courants nerveux cellulifuges*), dont les fibres s'entrelacent aux plexus dendritiques d'une ou de plusieurs cellules à proximité.

Ainsi se forme la chaîne sans fin des neurones.

Mais on peut descendre de ces généralités histologiques du système nerveux central à l'étude de quelques faits précis sur la structure, et, partant, sur les conditions élémentaires des fonctions de la vision. C'est le cas pour les centres optiques sous-corticaux qui, mieux connus, ne sont plus pour nous des ganglions intercalaires, mais des ganglions d'origine des nerfs optiques, véritables relais où, arrivées au terme de leur course, les fibres rétiniennes transmettent leurs messages à d'autres courriers.

Comme dans l'ancienne poste, la longue route ne se fait pas tout d'une traite, et, à chaque relais, partent des chevaux frais.

Quel est le mode de distribution des fibres rétiniennes dans les centres optiques sous-corticaux, dans les lobes optiques de l'oiseau, par exemple? Quelles connexions associent entre eux ces éléments de provenance différente et dont la rencontre assure la continuité physiologique des courants nerveux dans les deux directions? Qu'on se représente un organe où l'on peut distinguer trois couches d'éléments : 1° une couche externe, *couche des fibres rétiniennes;* 2° une couche moyenne, de beaucoup la plus épaisse, *couche des cellules nerveuses du lobe optique;* 3° une couche interne, *couche blanche des fibres centrales*, qui sortent du lobe optique comme les fibres rétiniennes y sont entrées.

Dans la première couche, les fines arborisations terminales des fibres rétiniennes rencontrent des ramifications protoplasmiques dont les structures variées ne laissent pas d'avoir une influence tout à fait particulière sur le mode de conduction et de propagation de l'ébranlement nerveux périphérique aux centres optiques primaires. Selon, en effet, que les arborisations cylindraxiles s'entrelacent aux branches d'un bouquet protoplasmique unique ou à de puissantes ramures dendritiques s'étendant à des distances considérables, le résultat sera tout autre quant à la transmission des impressions rétiniennes. Dans le premier cas, telle cellule du lobe optique ne recevra l'ébranlement nerveux que d'un petit nombre de fibres rétiniennes voisines : chaque cellule de ce groupe pourra ainsi ne transmettre au cerveau que l'excitation propagée par une seule fibre rétinienne ou par un petit nombre de fibres rétiniennes voisines, disposition structurale qui rappelle celle de la conduction des cônes de la tâche jaune dans la rétine. Dans le second cas, au contraire, où l'étendue considérable des ramifications protoplasmiques multiplie les points de contact, un seul élément du lobe optique pourra recevoir, dans la couche externe, l'ébranlement d'un grand nombre de fibres rétiniennes. On sera ainsi renseigné sur la nature d'une excitation limitée à un point déterminé de la rétine ou sur celle d'une impression ayant simultanément ou successivement agi sur les points les plus distants de cette membrane, si bien qu'il nous sera loisible de *comparer* ces excitations entre elles.

Cette dernière fonction pourrait être dévolue aux cellules à longs prolongements protoplasmiques : leurs ramifications s'élèvent en effet à la fois en des points différents de la couche externe. Outre ces cellules nerveuses de la couche moyenne, les unes à vastes ramures, les autres à unique bouquet protoplasmique, il est une troisième espèce de cellules qu'on rencontre presque partout dans le système nerveux central, cellules que Golgi avait dénommées « sensitives », et qu'il faut appeler *neurones d'association*. Ce sont des cellules nerveuses à cylindraxe court qu'on trouve interposées entre les arborisations terminales et les ramifications protoplasmiques des cellules nerveuses. Dans le lobe optique, ces petites cellules envoient, dans la couche externe, des branches protoplasmiques peu étendues qui, après avoir reçu l'ébranlement nerveux transmis par l'arborisation d'une fibre rétinienne, transmettent cette vibration, au moyen des longues fibrilles grêles de leur propre arborisation terminale, aux dendrites d'un grand nombre de cellules de ce lobe. L'ébranlement d'une seule fibre rétinienne pourrait être ainsi transmis à des groupes entiers de cellules de ce centre optique, comme dans le premier des cas énumérés.

On voit combien les conditions de contact, et par conséquent de transmission nerveuse, sont multiples et variées dans les centres nerveux. C'est sans doute à la multitude des conducteurs qu'il faut attribuer la constance, la régularité et la persistance de la transmission des courants nerveux, en dépit de la durée souvent longue de l'existence, et des altérations de tout genre du système nerveux central et périphérique. L'image des relais que nous évoquions tout à l'heure, pour expliquer les rapports des fibres rétiniennes avec les centres optiques sous-corticaux, s'applique aussi sans doute à ces cellules à cylindraxes courts, à ces neurones d'association, interposés entre le point d'arrivée et le point de départ d'un courant nerveux. Peut-être ces cellules recèlent-elles une provision d'énergie nécessaire pour assurer la transmission d'un message apporté par un courrier épuisé. Quoi qu'il en soit, on aperçoit maintenant comment une excitation très localisée ou très étendue de la rétine, telle qu'une excitation de la *région centrale* ou des *parties périphériques*, peut être transmise à un ou à plusieurs groupes, souvent très vastes, d'éléments nerveux d'un centre optique. Les dispositions anatomiques dont nous parlons sont à la fois les conditions de l'*acuité visuelle* de la *fovea centralis* et de ces impressions rétiniennes, sans doute beaucoup plus nombreuses, qui, pour n'être pas enregistrées avec conscience, n'en persistent pas moins dans les centres nerveux en quelque sorte à l'état latent. Qu'une vision de nature analogue ou identique vienne ressusciter un de ces groupes d'images visuelles ignorées, c'est-à-dire réaliser les conditions d'intensité et de durée suffisantes et nécessaires des processus nerveux correspondants, et ce seront des formes et des couleurs, des choses et des êtres absolument inconnus de nous qui surgiront et s'imposeront, comme dans les rêves et les hallucinations.

Voici donc les différents anneaux de la chaîne nerveuse qui, de la rétine aux centres primaires optiques sous-corticaux et à l'écorce cérébrale, assurent, par une série ininterrompue d'éléments nerveux en contact, la conduction centripète des impressions rétiniennes : cônes et bâtonnets de la rétine, cellules bipolaires de la rétine, cellules ganglionnaires de la rétine, cellules nerveuses des différentes couches stratifiées des centres optiques, stratifications qui ne sont d'ailleurs pas plus absolues dans ces ganglions que dans le cerveau, le cervelet ou le bulbe olfactif, la division classique en couches indépendantes ne reposant en somme que sur la prédominance d'une forme d'éléments nerveux sur les autres. Dans tous ces éléments, l'ébranlement nerveux est toujours recueilli par les dendrites, transmis par les cylindraxes, réparti par des arborisations terminales cylindraxiles et collatérales.

Mais, nous l'avons dit, la conduction des fibres contenues dans les nerfs et les bandelettes optiques est double et de direction opposée. Et, de même qu'entre le lobe occipital et les centres optiques sous-corticaux, il existe entre ceux-ci et la rétine une voix mixte, centripète et centrifuge. Les *fibres centrifuges*, parties des grandes cellules solitaires du lobe occipital, selon Wernicke, trouvent aussi des relais sur leur longue route du pôle occipital à la rétine. Nous en avons indiqué quelques-uns. Dans les centres optiques sous-corticaux il existe aussi des cellules d'origine de ces fibres centrifuges du nerf optique qui se trouvent mêlées aux fibres centripètes. Après RAMON Y CAJAL, VAN GEHUCHTEN a parfaitement décrit les cellules nerveuses de la couche moyenne du lobe optique des oiseaux, à cylindraxe périphérique long et épais, à trajet ascendant, qui, après avoir traversé la couche externe dans toute sa hauteur, se recourbe à angle droit sur lui-même et devient une fibre constitutive du faisceau des fibres rétiniennes. Les arborisations terminales de ces fibres centrifuges du nerf optique ont sans doute lieu dans les couches profondes de la rétine, où RAMON Y CAJAL a trouvé de ces arborisations libres dans la couche des grains internes, en rapport avec les ramuscules des spongioblastes : ceux-ci transporteraient aux cellules ganglionnaires de la rétine les excitations centrifuges émanées des centres optiques, « impulsions peut-être nécessaires au jeu fonctionnel des cellules bipolaires de la rétine ». Selon VAN GEHUCHTEN, ces cellules d'origine des fibres centrifuges « auraient pour principale fonction de renseigner les cellules de la rétine sur la nature et l'intensité des ébranlements amenés par les fibres rétiniennes » aux centres optiques. Dans la couche externe du lobe optique, en effet, les dendrites de ces cellules, qu'on eût naguère appelées motrices, se ramifient et s'entrelacent aux arborisations cylindraxiles des fibres rétiniennes.

Les belles recherches physiologiques d'ENGELMANN sur les mouvements des cônes et du pigment de la rétine sous l'influence de la lumière et du système nerveux[1], recherches qui semblent avoir été oubliées par les fondateurs de la nouvelle histologie du système nerveux, constituent pourtant un des plus solides fondements de la théorie des *fibres centrifuges* ou *motrices* du nerf optique. ENGELMANN fut conduit à la découverte des faits que nous croyons devoir rappeler par l'observation de la « réaction photomécanique », comme il s'exprimait, des segments internes des cônes : sous l'influence de la lumière, ils se racourcissent et s'allongent dans l'obscurité, se comportant à cet égard comme le protoplasma, dont la contractilité est une des propriétés primordiales, ou la fibre musculaire ; tous les rayons visibles du spectre, pourvu que la durée et l'intensité de l'excitation soient suffisantes, provoquent cette réaction motrice des cônes, réaction dont la vitesse est relativement grande. Or si l'on éclaire un œil chez une grenouille tenue dans l'obscurité, ENGELMANN remarqua que dans l'autre œil, protégé contre la lumière, les cônes et le pigment de la rétine se comportent tout à fait comme ceux de l'œil éclairé. La seule différence, c'est que les segments externes des bâtonnets sont décolorés dans l'œil éclairé, par suite de la disparition du pourpre rétinien, tandis que leur coloration est intense dans l'œil resté à l'obscurité. Ainsi, l'éclairage d'un seul œil détermine à la fois dans les deux yeux, et avec la même intensité, la réaction photomécanique des cônes. Après la destruction du cerveau, au contraire, les effets de la lumière sur ces organites demeurèrent toujours limités à l'œil directement éclairé. Que l'œil tenu à l'obscurité pût être directement éclairé par la lumière de l'autre œil, on ne pouvait songer à l'admettre. La seule explication de cette « sympathie » fonctionnelle des deux rétines, c'est que les cônes des deux yeux étaient synergiquement associés par les nerfs optiques, fonctionnant, dans ce cas, non comme nerfs centripètes, mais comme nerfs centrifuges ou moteurs. De là l'hypothèse, expressément admise par ENGELMANN, de deux sortes de fibres nerveuses dans le nerf optique, les unes sensorielles, centripètes, conductrices des impressions lumineuses et chromatiques, les autres centrifuges, motrices ou « rétino-motrices ».

Chez *Rana esculenta* et chez *Rana temporaria*, ENGELMANN avait vu déjà ces « fibres rétino-motrices aller des gros centres nerveux à l'œil par le canal des nerfs optiques ». La contraction à la lumière des cellules épithéliales de la rétine n'étant qu'un cas de ces fonctions photodermiques que nous avons considérées comme les plus anciennes du sens de la vision, et que présentent encore les cellules épidermiques de la peau des grenouilles, ENGELMANN se demanda si, en éclairant exclusivement la peau du dos et des extrémités, par exemple, de ces batraciens, on ne provoquerait pas de réactions motrices des cônes rétiniens d'une manière réflexe. Le résultat de l'expérience confirma encore cette supposition. La lumière n'est pas d'ailleurs le seul stimulus capable de déterminer ces mouvements, car chez les grenouilles tétanisées par la strychnine, et tenues à l'obscurité, les cônes ont été trouvés contractés comme s'ils avaient été exposés à la lumière.

1. Th. W. ENGELMANN. *Ueber Bewegungen der Zapfen u. Pigmentzellen der Netzhaut unter dem Einfluss des Lichtes u. des Nervensystems.* (*Arch. f. d. ges. Phys.*, 1885, XXXV, 498.)

Ainsi l'excitation, directe ou réflexe, des fibres du nerf optique, provoque des mouvements des cônes et de la couche de pigment de la rétine. De nouvelles expériences, instituées par W. Nahmmacher sur les amphibiens (1893), par Gotch et Horsley (1892) sur les mammifères, ont confirmé, avec les résultats d'Engelmann, l'existence, dans le nerf optique, à côté des fibres centripètes, issues des cellules ganglionnaires de la rétine, de fibres motrices ou centrifuges, venant des lobes optiques ou des tubercules quadrijumeaux antérieurs et se terminant librement, par de fines arborisations, dans les couches profondes de la rétine.

Des centres primaires optiques à l'écorce du lobe occipital. Territoire calcarinien et rétine corticale. — Le lobe occipital est le centre cérébral de la vision mentale. De la rétine aux centres primaires optiques — corps genouillé externe, pulvinar de la couche optique, tubercules quadrijumeaux antérieurs, — et des centres primaires optiques à l'écorce du lobe occipital, des faisceaux de projection relient les fibres rétiniennes (nerfs optiques, chiasma, tractus), aux ganglions d'origine des irradiations optiques, dont les fibres se terminent, par des arborisations libres, sur la face interne du lobe occipital, dans le territoire de la scissure calcarine, véritable « rétine corticale » (Henschen). On a déjà parlé brièvement des centres des nerfs optiques. Quant aux conducteurs, leur constitution anatomique ne saurait naturellement être moins complexe que celle des centres nerveux d'où ils tirent leur origine et où ils se terminent. Outre les fibres nerveuses de direction opposée, centripètes et centrifuges, issues de la rétine et du lobe occipital, le nerf optique, avec les faisceaux directs et croisés des parties périphériques et centrales de la rétine, contient encore des fibres pupillaires servant au réflexe lumineux de l'iris. Les éléments constitutifs de ce grand appareil, empruntés au cerveau intermédiaire, au cerveau moyen et au cerveau antérieur, siège de la vision mentale, sont de nature fort diverse. La sphère visuelle est à coup sûr beaucoup plus étendue que le centre de perception des sensations de lumière et de couleur. Nous exposerons les doctrines variées, d'inégale valeur, des anatomistes, des physiologistes et des cliniciens sur les fonctions des différentes régions du lobe occipital et du lobe pariétal, considérés comme appartenant au domaine de la sphère visuelle.

Pas plus que l'anatomie pure ou les méthodes expérimentales d'ablation et d'excitation de l'écorce cérébrale, l'étude des dégénérescences n'a révélé la nature fonctionnelle propre des centres nerveux, presque toujours fort hétérogènes, dont elle montre les rapports et les connexions. Seule, la méthode anatomo-clinique, contrôlée par la méthode des dégénérescences et par les résultats de la physiologie expérimentale, de l'anatomie comparée et de l'embryologie, peut jeter une vive lumière sur les fonctions des centres nerveux. Un examen clinique minutieux, l'étude de coupes microscopiques en séries, bref, la méthode anatomo-pathologique, a beaucoup plus fait, en quelques années, avec Monakow, Henschen, Dejerine, Sachs, Vialet, Redlich, pour éclairer les mécanismes des fonctions intellectuelles les plus élevées, telles que celles du langage, de la formation des concepts et de la logique de l'esprit humain, que les anatomistes et les physiologistes les plus éminents des deux derniers siècles.

David Ferrier, par exemple, dont nous avons toujours admiré les beaux travaux de physiologie expérimentale, et quelquefois aussi l'esprit vraiment philosophique, persiste à localiser le centre cortical de la vision distincte, des *maculæ luteæ*, dans le pli courbe de l'hémisphère opposé[1]. Nous rappellerons seulement les faits qui expliquent l'erreur de ce savant, et nous passerons, sans nous arrêter à démontrer l'évidence. Parce que Charcot et ses élèves ont localisé la sensibilité cutanée dans des régions du cerveau qui sont incontestablement les centres de la vision et attribué les troubles de ce mode de la sensibilité à des affections du lobe occipital, bref, parce qu'ils ont donné le nom de faisceaux sensitifs internes et externes, toujours dans l'hypothèse qu'ils serviraient à des fonctions de sensibilité générale, au faisceau même des conducteurs visuels, aux radiations optiques, faisceau sensoriel de projection, et au faisceau longitudinal inférieur, faisceau d'association, est-il nécessaire de rappeler que cette théorie, devenue déjà presque incompréhensible par les progrès naturels de la science, n'aurait pas été étouffée et remplacée par une nouvelle végétation de faits et d'idées, si elle avait vraiment été

1. David Ferrier. *Leçons sur les localisations cérébrales*. Paris, 1891, 52.

vivace? Mais qui a jamais observé un trouble d'anesthésie ou d'hyperesthésie de la sensibilité cutanée dans les lésions circonscrites du cunéus et du lobe lingual[1]? Pourquoi n'avoir pas continué à localiser, avec FERRIER, les sensations viscérales de la faim et de la soif dans les lobes occipitaux!

Le centre optique est-il localisé à la face externe ou à la face interne de ce lobe? Les expériences de MUNK et de la plupart des physiologistes ont porté naturellement sur la convexité du lobe occipital; les résultats de ces expériences, si souvent admirables, et qui ont ouvert les voies à l'étude de la vision centrale, restent et demeurent vraies, mais elles doivent être interprétées dans le sens que nous venons d'indiquer. Chez l'homme on ne connaît point de cas de cécité relevant d'une lésion de la convexité du lobe occipital, toujours avec la réserve que ni la radiation optique ni son territoire d'expansion n'aient été lésés en même temps. Au contraire, les lésions de la face interne du lobe occipital produisent l'hémianopsie. Mais quelle partie de la face interne? HENSCHEN l'indique en ces termes : « Une analyse de tous les cas que j'ai pu réunir m'a convaincu qu'une lésion ne provoque l'hémianopsie que si elle détruit l'écorce calcarine ou le faisceau optique qui unit le corps genouillé à cette partie du lobe occipital. Ce faisceau occupe la portion inférieure de la radiation de GRATIOLET. »

Le cas type où la lésion provocatrice d'une hémianopsie est strictement limitée à cette écorce de la scissure calcarine, a été décrit et étudié par HENSCHEN. L'examen clinique et anatomo-pathologique de ce cas présente toute la rigueur scientifique qu'on exigera de plus en plus dans l'avenir de ce genre d'investigation. La lésion, demeurée stationnaire durant plusieurs mois, au cours desquels le champ visuel a été examiné plusieurs fois par des observateurs différents, et sur un malade intelligent, non sur un dément, était un ramollissement par thrombose, ramollissement borné exactement à l'écorce cachée dans la profondeur de la scissure calcarine, et n'intéressant pas la substance blanche sous-jacente au delà de un à deux millimètres. Aucune lésion des ganglions centraux ne compliquait ce cas. L'examen microscopique le plus exact ne montra qu'une *dégénération secondaire dans les radiations optiques*, conséquence du ramollissement cortical. Il y a dans cette observation[2], pour HENSCHEN, toutes les garanties qui permettent de conclure. Le centre optique est donc limité à l'écorce de la scissure calcarine.

La structure anatomique de cette écorce, sur laquelle nous reviendrons, et qui diffère de celle du reste du lobe occipital, non seulement par l'épaisseur de la couche moléculaire, mais par le développement des fibres horizontales formant le ruban de VICQ-D'AZYR, particularité qui ne se rencontre nulle part avec plus d'évidence, — cette structure anatomique n'est pourtant pas spéciale au fond de la scissure calcarine : le ruban de VICQ-D'AZYR s'étend aussi à quelques millimètres sur les deux lèvres de la scissure, qui appartiennent, la supérieure au cunéus, l'inférieure au lobe lingual. Il semble donc bien qu'on pourrait soutenir, comme l'a fait VIALET, que, de cette identité de structure de la portion des deux circonvolutions de la face interne du lobe occipital qui bordent la scissure calcarine, doit résulter une identité de fonctions. Le cas de HUN montre, en effet, qu'une atrophie de la lèvre supérieure de la scissure calcarine produit une hémianopsie dans le quart inférieur du champ visuel des deux côtés. Un cas de WILBRAND montre que la lèvre inférieure correspond au champ visuel supérieur. Il existerait donc, semble-t-il, une projection de la rétine sur l'écorce du lobe occipital, comme le soutient MUNK; on connaît l'opinion contraire de MONAKOW. HENSCHEN le croit; aussi voudrait-il qu'on donnât le nom de « rétine calcarine » à la partie de l'écorce de la scissure de ce nom où a lieu, suivant lui, la projection des éléments de la rétine périphérique par l'intermédiaire des fibres visuelles des nerfs optiques, du chiasma, du tractus et des radiations optiques. Dans ses *Beiträge zur Pathologie des Gehirns*, HENSCHEN a étudié la position relative des différents faisceaux constituant la voie nerveuse des fibres visuelles, faisceaux macu-

1. E. BRISSAUD. *La fonction visuelle et le cunéus*. Étude anatomique sur la terminaison corticale des radiations optiques (*Annales d'oculistique*, CX, 1893, 321 et suiv.).
VIALET. *Les centres cérébraux de la vision et l'appareil nerveux visuel intra-cérébral* (*Ibid.*, mars 1894).
2. Cas de HENSCHEN-NORDENSON. HENSCHEN, *Klin. und anat. Beiträge zur Pathologie des Gehirns*, II, 387, Obs. XL.

laires, faisceaux directs, faisceaux croisés. Or il est bien remarquable que la position du faisceau maculaire, de latérale qu'elle était dans la papille du nerf optique, reste centrale dans le chiasma et le tractus[1]. Mais cet ordre peut-il être conservé au sortir du corps genouillé externe? C'est ici que les objections de von Monakow sont, il faut l'avouer, très fortes, au point de vue anatomique. Mais, physiologiquement, Vialet croyait possible la théorie de la projection. « Sans doute, disait-il, la projection des impressions visuelles peut se diffuser dans les centres ganglionnaires, et l'excitation d'une fibre du nerf optique peut mettre en jeu différentes cellules du corps genouillé externe, ainsi que plusieurs groupes de fibres visuelles cérébrales correspondantes, mais, d'autre part, rien ne prouve qu'il ne puisse s'établir des *voies physiologiques* passant par le plus court chemin, et qu'une cellule ganglionnaire de la rétine n'entre pas toujours en relation, soit avec le même élément cellulaire cortical, soit avec le même groupe d'éléments cellulaires corticaux, par suite de la répétition incessante des impressions transmises[2]. » Il y a donc quelque apparence que la rétine périphérique se projette sur l'écorce cérébrale de la scissure calcarine et que l'on peut parler, avec Henschen, de rétine corticale, où sont perçues en un même point, et non séparément, les impressions de lumière et de couleurs, qu'il existe ou non des cellules ou des couches de cellules affectées dans l'écorce à ces perceptions. Les deux faisceaux croisés et directs sont également représentés dans l'écorce de la scissure calcarine, où leurs éléments sont probablement juxtaposés, non dans des territoires différents, au moins chez l'homme. Les parties centrale et périphérique de la « rétine corticale », correspondant aux régions de même nom de la rétine du globe oculaire, seraient situées, d'après Henschen, dans les parties antérieure et postérieure de l'écorce de la scissure calcarine. Nous étudierons pourtant, avec Sachs, un cas qui ne peut s'accorder avec cette localisation fonctionnelle, sans doute un peu étroite, du point d'irradiation de la *macula lutea* dans l'écorce du cerveau antérieur.

Nous venons de rappeler les rapports qui existeraient entre les parties supérieure et inférieure du champ visuel et les lèvres de la scissure calcarine. Avec Wilbrand, Henschen admet que chaque moitié des deux *maculæ lutæ* est en connexion avec les deux hémisphères cérébraux, et, partant, que les fibres maculaires subissent, elles aussi, une décussation partielle dans le chiasma, et se divisent en faisceau direct et en faisceau croisé, division qui souffre d'ailleurs des variations individuelles, analogues à celles qu'ont rencontrées, nous le répétons, Flechsig et Pitres dans la proportion du nombre des fibres constituant les faisceaux pyramidaux direct et croisé.

Tout ce qui vient d'être dit s'applique uniquement à la « rétine cérébrale », non à la sphère visuelle. Par cette dernière expression il faut entendre toute la région, beaucoup plus étendue, qui sert de substratum anatomique à la vision mentale. Ainsi, quoiqu'il n'existe pas une seule preuve d'une extension de la projection des fibres visuelles à la convexité du lobe occipital ou du pli courbe, et que jamais une lésion de ces parties ne provoque par elle-même la cécité, il est très probable que ces mêmes régions possèdent des fonctions en rapport avec la vision. Les divers territoires de l'appareil central de la vision auraient donc des fonctions très différentes. Tandis que le territoire de *projection* des impressions visuelles est limité, celui des représentations visuelles serait très vaste. « La surface calcarine, dit Henschen, reçoit probablement les impressions visuelles de la même manière que la rétine. Les impressions viennent et s'en vont pour être conservées dans un autre endroit. » Bref, les territoires de perception et de représentation, loin de coïncider, occuperaient, selon ce savant, des régions distinctes et fort éloignées sur les lobes occipital et pariétal. Cela est possible; Vialet distingue aussi « un centre visuel de perception » et « un centre visuel de souvenirs », dont il explique les rapports au moyen de faisceaux d'association. Dejerine localise dans le pli courbe le « centre visuel des mots ».

Notons toutefois que ces auteurs, les deux premiers surtout, n'ont en réalité établi qu'un seul point de fait : la détermination, sur la face interne du lobe occipital, d'un centre de perception des impressions visuelles. Que ce centre soit plus ou moins étendu,

1. Cf. A. Pick. *Ueber die topographischen Beziehungen zwischen Retina, Opticus, und gekreuztem Tractus beim Kaninchen.* (*Neurol. Centralblatt* 1894, 734.)

2. Vialet. *Les centres cérébraux de la vision et l'appareil nerveux intra-cérébral,* 342.

suivant les auteurs, peu importe. Ils ont indiqué, après Monakow, les conditions de l'hémianopsie corticale : ils n'ont rien démontré de plus. Lorsque, du domaine de l'hémianopsie, ils s'élèvent à celui de la cécité psychique, ils n'apportent plus de preuves décisives, mais de simples interprétations de phénomènes.

Est-il donc si difficile de se résigner à ignorer, à veiller en attendant que le jour se lève et que l'aube blanchisse? Si l'homme vulgaire est incapable de faire le départ de ce qui est certain, vraisemblable ou faux, n'est-ce pas le propre de l'esprit scientifique, tout en multipliant sans fin les hypothèses, ces coups de sonde dans l'inconnu, d'avoir l'obscure vision et comme un vague sentiment de ce qui est ou non en accord avec les grandes lignes de la synthèse toujours flottante de nos connaissances? Or rien ne répugne plus que d'admettre, sans la moindre preuve, l'existence, dans l'écorce cérébrale, de cellules distinctes de perception et de représentation. La cellule nerveuse qui perçoit demeure l'un des éléments constituants de la représentation, celle-ci n'étant pas une chose, un être, un objet à trois dimensions, mais un rapport. Je n'insisterai pas ici davantage; le problème sera étudié plus loin avec les faits et les développements qu'il comporte.

En somme, et c'est par cet autre point de fait que je termine ces considérations générales, qui doivent servir à nous orienter dans toute cette étude, si l'on fait abstraction des neurones de la rétine et de l'écorce cérébrale, la voie optique, le trajet des fibres visuelles proprement dites, est essentiellement constitué par deux neurones : 1° un *neurone antérieur*, formé des grandes cellules ganglionnaires de la rétine et de leurs prolongements, éléments des faisceaux du nerf optique, du chiasma, du tractus optique, et dont les ramifications terminales des cylindraxes s'arborisent dans les ramures protoplasmiques des cellules du corps genouillé externe; 2° un *neurone postérieur*, formé des cellules du corps genouillé externe et de leurs prolongements, qui, comme fibres de la portion inférieure des radiations optiques, s'arborisent au milieu des différentes couches de cellules nerveuses de l'écorce du fond et des lèvres de la scissure calcarine.

I. Les hémianopsies. — *Amblyopie croisée. Réaction pupillaire hémiopique. Dégénérescences ascendantes et descendantes.* — Le symptôme caractéristique des lésions du centre cortical de la vision, dont nous avons essayé de déterminer le territoire sur le lobe occipital, c'est l'hémianopsie bilatérale homonyme. Les expériences physiologiques aussi bien que les observations cliniques démontrent qu'une lésion du lobe occipital *droit* abolit la fonction des moitiés *droites* de chaque rétine : l'individu ne peut plus rien percevoir de ce qui est à sa gauche. De même si la lésion affecte le lobe occipital *gauche*, la fonction des moitiés *gauches* de chaque rétine est détruite ; l'individu ne perçoit plus rien de ce qui est à sa droite. La moitié de la rétine qui voit est séparée de celle qui est aveugle par une ligne passant par le milieu de la fovea centralis. Un hémianope qui regarde le visage d'un autre homme ne voit que la moitié de la tête ; l'autre moitié, il ne la voit point du tout. Hughlings Jackson rapporte l'histoire d'un tailleur hémianesthésique et hémianope du côté gauche qui se brûlait souvent la main avec son fer parce qu'il n'existait de ce côté ni sensibilité cutanée ni vision. La cécité peut porter sur le sens de la lumière ou sur celui des couleurs. Dans les moitiés affectées du champ visuel, la perte de la perception de quelques couleurs (hémidyschromatopsie), ou de toutes les couleurs (hémiachromatopsie) peut précéder l'hémianopsie. Dans la migraine opththalamique, dont les troubles transitoires (hémianopsie, cécité corticale, aphasie, anesthésie et parésie, etc.) paraissent être déterminés par des états également transitoires d'anémie de l'écorce cérébrale des lobes temporal et occipital, et plus spécialement par des anémies limitées au centre corticale de la vision, la perte du sens des couleurs peut précéder aussi celle des sens de la lumière et de l'espace. Le scotome transitoire de l'hémicranie ophthalmique est bien de nature centrale (c'est une hallucination), un trouble du centre cortical de la vision, quoique le malade voie noir, particularité que l'on croyait pouvoir invoquer pour distinguer l'hémianopsie corticale de l'hémianopsie sous-corticale. Mauthner, en effet, puis, d'une manière indépendante, Dufour, avaient théoriquement postulé que le malade atteint d'hémianopsie corticale, incapable par conséquent de percevoir aucune sensation lumineuse, ne doit rien voir dans les parties aveugles de son champ visuel, tandis que dans l'hémianopsie sous-corticale la moitié de chaque champ visuel aboli devrait être vue noire par le centre cortical, demeuré intact, de la vision centrale. D'où la possibilité des photopsies, des hallucinations, chez ces malades, dans la moitié aveugle du champ visuel, sous l'influence des états d'excitation que peuvent déterminer, dans les territoires de l'écorce, les lésions qui ont causé l'hémianopsie sous-corticale. Malgré les observations de WILBRAND et de GROENOUW, la valeur de ce critérium est aujourd'hui révoquée en doute de plusieurs côtés, par MOEBIUS, GOLDSCHEIDER, PICK[1]. La lésion de la face interne d'un lobe occipital produit toujours une cécité de la moitié correspondante des deux rétines, et par conséquent des deux yeux, *jamais* une cécité croisée, monoculaire, de l'œil opposé. Dès 1881, dans un travail où il examinait les cas de prétendus troubles unilatéraux et croisés de la vision chez des paralytiques généraux observés par FUERSTNER, WILBRAND écrivait : « Il n'existe pas jusqu'ici dans toute la littérature, et, vraisemblablement, on ne trouvera *jamais* un cas qui prouve, sans un doute possible, qu'une lésion corticale unilatérale puisse provoquer une amaurose de l'œil du côté opposé[2] ». Les physiologistes et les cliniciens ont cru pourtant souvent avoir observé celle-ci dans les lésions d'un lobe occipital. Quelques-uns, comme NIEDEN, ont reconnu plus tard leur erreur et témoigné que le trouble de la vision qu'ils avaient cru unilatéral était en réalité bilatéral[3]. Dans son mémoire sur les troubles de la vision chez les paralytiques généraux, FUERSTNER n'avait observé que des troubles unilatéraux. STENGER et d'autres auteurs ont depuis établi que chez les paralytiques généraux ces troubles de la vue étaient en réalité bilatéraux. Pour rendre raison de l'amblyopie croisée, FERRIER supposait que, si le lobe occipital est en rapport avec les moitiés de même nom des deux rétines, le gyrus angulaire ou pli courbe, centre cortical de la vision distincte, suivant ce physiologiste, serait plus particulièrement en relation avec la tache jaune de l'œil opposé. L'influence fâcheuse des idées de D. FERRIER se retrouve avec une constance presque invariable chez la plupart des physiologistes anglais, et aussi chez nombre d'auteurs français, qui n'ont connu pendant longtemps que par les livres de l'éminent physiologiste anglais les doctrines nouvelles des fonctions du cerveau. Toutes les erreurs de D. FERRIER sur la nature des fonctions du pli courbe, sur l'amblyopie croisée, etc., sont condensées comme à plaisir dans la dernière théorie du siège de la vision centrale qui ait paru en Angleterre[4]. FERRIER expliquait ainsi, dans un cas l'hémianopsie homonyme, dans l'autre l'amblyopie croisée. Or, anatomiquement déjà cette conception ne soutient pas l'examen, puisqu'il n'existe aucune connexion directe du gyrus angulaire avec les radiations de GRATIOLET. Il est tout aussi contraire à l'anatomie d'essayer d'expliquer les cas d'hémianopsie et d'amblyopie croisées par des anomalies individuelles portant sur l'entre-croisement partiel du nerf optique dans le chiasma. La tentative faite par CHARCOT pour expliquer la cécité croisée qu'on observe d'ordinaire dans l'hémianesthésie des hystériques ne fut pas plus heureuse. Comme les lésions du tractus optique, du pulvinar de la couche optique, du corps genouillé externe ne déterminent qu'une hémianopsie des deux yeux, CHARCOT avait supposé que, dans la région des tubercules quadrijumeaux, les faisceaux directs de la bandelette optique non entre-croisés dans le chiasma, subissaient un entre-croisement, de sorte que le nerf optique, pénétrant dans le cerveau complètement croisé, une lésion unilatérale d'un hémisphère devait produire une cécité croisée sur l'œil opposé. Or cela est impossible. Une telle lésion, répétons-le, produit une hémianopsie bilatérale homonyme, non une amblyopie croisée. Aussi bien, voici comment SÉGUIN s'exprimait, en 1886, dans les *Archives de Neurologie*, sur le schéma et sur la théorie de CHARCOT : « Ce schéma fut fait

1. A. PICK (Prag). *Zum Symptomatologie der functionnellen Aphasien, nebst Bemerkungen zur Migraine ophthalamique.* (*Berl. klin. Wochenschr.*, 1894, n° 47.)

2. H. WILBRAND. *Ueber Hemianopsie und ihr Verhältniss zur topischen Diagnose der Gehirnkrankheiten.* Berlin, 1881.

3. NIEDEN. *Ein Fall von einseitiger temporaler Hemianopsie des rechten Auges nach Trepanation des linkes Hinterhauptbeines.* (*Albr. v. Graefe's Arch. f. Ophthalm.*, XXIX, 143, et *Nachschrift*, 271.)

4. EWENS. *A theory of cortical visual représentation. Brain*, 1893. Dans le même recueil (*Brain*, 1892) a paru un travail de DUNN sur un cas d'hémianopsie suivi d'autopsie, dans lequel, en dépit de la lésion du gyrus angulaire, il n'y avait pas eu d'amblyopie croisée, « comme FERRIER l'admet pourtant ».

par CHARCOT pour expliquer et appuyer sa théorie de la production de l'amblyopie d'un œil par lésion du lobe occipital et de la capsule interne du côté opposé. Il pensait avoir observé cette amblyopie d'un œil et non l'hémianopsie accompagnant l'hémianesthésie produite par la lésion de la capsule interne. Je regrette de dire que la théorie de mon illustre maître n'a pas été confirmée par les résultats de l'observation clinique et de l'examen anatomo-pathologique. »

En outre, comme dans l'hystérie, et dans d'autres névroses, ainsi que dans certaines affections organiques du cerveau (lésions en foyer), l'hémianesthésie sensitive s'accompagne d'ordinaire d'hémianesthésie sensorielle, et que dans ce trouble de la sensibilité générale on a souvent rencontré une lésion du tiers postérieur du segment postérieur de la capsule interne, on a soutenu qu'en ce point se trouvaient réunies toutes les voies de la sensibilité générale et spéciale (carrefour sensitif de CHARCOT). On expliquait ainsi la coïncidence des deux hémianopsies, sensitive et sensorielle. Mais BECHTEREW, en s'appuyant sur les données de l'expérimentation et de la clinique, a judicieusement fait la remarque que, pour que les fibres olfactives, avant d'atteindre l'écorce du lobe temporal (uncus), fussent lésées par une lésion en foyer du tiers postérieur de la capsule interne, lésion qui serait capable de produire un affaiblissement du sens de l'odorat du côté hémianesthésique, il faudrait qu'elles pénétrassent dans la capsule interne, sinon il est impossible de rapporter, avec CHARCOT, à une lésion de cette partie l'hémianosmie plus ou moins nette observée dans l'hémianesthésie sensitive.

Il en est probablement ainsi pour l'ouïe. Ni les fibres du nerf optique, ni celles du nerf olfactif, ni celles du nerf auditif ne traversent le carrefour sensitif. Des voies centrales des organes des sens, il n'y a sans doute que celle des nerfs du goût qui corresponde à la doctrine de CHARCOT. Cette doctrine, qui, dans l'anesthésie sensitive, fait dériver l'anesthésie sensorielle d'une lésion du segment postérieur de la capsule interne, en désaccord avec ce qu'on sait du trajet central de la plupart des nerfs des organes des sens, n'est plus exacte.

Il reste à expliquer les faits cliniques, naturellement fort bien observés par CHARCOT. Ces faits, tels que les a notés un des élèves les plus distingués du maître, CH. FÉRÉ, peuvent se résumer ainsi[1].

1° L'intensité de l'amblyopie est toujours proportionnelle à l'intensité de l'anesthésie de l'œil; elle est moins accusée lorsque la conjonctive est seule insensible; elle l'est davantage si la cornée est également anesthésique;

2° Si l'hémianesthésie n'affecte que les extrémités et laisse la face intacte, le trouble de la vision peut manquer; mais si la face est affectée d'hémianesthésie et que les extrémités soient intactes, il y a amblyopie;

3° Si, dans l'hémianesthésie hystérique, cette hémianesthésie elle-même est supprimée, l'amblyopie disparaît aussi.

Il en va de même dans les cas d'amblyopie croisée consécutifs à des lésions organiques du cerveau. « L'anesthésie de l'œil apparaît comme l'accompagnement obligé de l'amblyopie et *vice versa* », a écrit LANNEGRACE[2]. CHARCOT, croyant porter un coup décisif à la théorie déjà presque universellement admise de l'hémianopsie bilatérale homonyme par lésion cérébrale, enseignait que « les lésions des hémisphères cérébraux qui produisent l'hémianesthésie déterminent également l'amblyopie croisée et non l'hémiopie latérale »[3].

Ce rapport entre l'anesthésie générale et l'affaiblissement de la vue du même côté, entre l'anesthésie sensitive et sensorielle, BECHTEREW témoigne l'avoir constamment

1. CH. FÉRÉ. *Contribution à l'étude des troubles fonctionnels de la vision par lésions cérébrales* (1882). Cf. *Sensation et mouvement* (1887), p. 79.

2. LANNEGRACE. *Influence des lésions corticales sur la vue* (*Arch. de médecine expérim.*, 1889, 87 et 289).

3. CHARCOT. *Leçons sur les localisations dans les maladies du cerveau* (1876, 121). Voyez la très curieuse note, p. 119, où CHARCOT a cru devoir admettre, après les recherches de LANDOLT, que dans l'hémianesthésie hystérique comme dans l'hémianesthésie cérébrale par lésion organique, l'obnubilation porte, quoique inégalement, sur les *deux* yeux, si bien que le terme amblyopie croisée, employé dans ses *Leçons*, « ne saurait, dit-il, être pris absolument au pied de la lettre ».

vérifié ; il l'étend même aux phénomènes du même genre observés dans le transfert et dans l'hypnose. Frankl-Hochwart avait noté que dans l'hystérie non accompagnée de troubles de la sensibilité le champ visuel est d'ordinaire normal, ainsi que l'acuité visuelle et la perception des couleurs, encore que celle-ci soit parfois un peu diminuée. Mais c'est surtout chez les hystériques anesthésiques que le champ visuel est concentriquement rétréci et la perception de la lumière et des couleurs abaissée. L'intensité des troubles fonctionnels de l'œil est donc bien en rapport avec ceux de la sensibilité de cet organe et de ses annexes. A. Antonelli a signalé aussi les troubles hystériques de la sensibilité qui accompagnent les attaques d'amblyopie et rappelé les rapports intimes de l'amblyopie transitoire avec les affections nerveuses liées à des anomalies vaso-motrices.

Au cours de son étude sur les *Troubles centraux unilatéraux de la vision dans l'hystérie*, Knies (Fribourg-en-Brisgau) a rappelé la nature de ces troubles, accompagnant l'hémianesthésie sensitive du corps en général et en particulier de l'œil et de ses annexes (cornée, conjonctive, etc.) : diminution de l'acuité visuelle centrale, presque toujours avec rétrécissement concentrique du champ visuel et altération de la sensibilité chromatique, le fond de l'œil étant normal et l'état des pupilles variable, sans lésion anatomique correspondante connue. Ces troubles peuvent être modifiés par des influences psychiques, et, en dépit d'un rétrécissement souvent extrême du champ visuel, la faculté d'orientation persiste. La principale objection contre l'hypothèse d'une origine cérébrale de ces troubles unilatéraux de la vision est de nature anatomique. A partir du chiasma, en effet, on ne connaît aucune lésion des conducteurs ou des centres optiques qui détermine un trouble visuel unilatéral. L'hypothèse d'un chiasma postérieur, inventé par Charcot, pour échapper à ce fait, inconciliable avec l'amblyopie croisée de cause centrale, a depuis longtemps vécu. Voici maintenant l'hypothèse de Knies : la cause prochaine de ce trouble unilatéral de la vision chez les hystériques est localisée dans l'appareil optique périphérique ; la cause efficiente est centrale : c'est un trouble cérébral d'innervation vasculaire[1].

Toute activité du cerveau est accompagnée de processus vaso-moteurs : l'action de ces processus sur l'organe ou le membre auquel arrive le courant nerveux centrifuge est de nature vaso-constrictive. L'ablation ou la destruction de tout un hémisphère cérébral est suivie, entre autres symptômes, d'une paralysie hémilatérale du sympathique de la tête. Dans l'hystérie, la perte de cette action vaso-constrictive exercée à l'état normal par les courants nerveux centrifuges de l'écorce déterminera une vaso-dilatation vasculaire de certains territoires périphériques : sur ce point, le calibre des vaissaux augmentera, et si, comme cela a lieu pour le nerf optique, au passage du *foramen opticum*, les nerfs éprouvent une compression mécanique, celle-ci se traduira, du côté correspondant, par un trouble ou une abolition transitoire de la conduction, et partant de la fonction de l'organe des sens considéré. Ainsi s'expliquera l'unilatéralité de l'altération fonctionnelle. La dilatation des vaisseaux, dont la cause est bien centrale, déterminera donc sur les fibres périphériques du nerf optique, à leur passage dans le *foramen*, une compression de la myéline de ces fibres situées à la périphérie de ce nerf, en respectant davantage celles du faisceau maculaire qui occupent dans le nerf une position centrale. Lober, dans ses études sur les amblyopies hystériques, aurait constaté ces altérations de la myéline sur les fibres du nerf optique dans la région du *foramen opticum*. La compression de la myéline d'un nerf peut déterminer un trouble allant jusqu'à l'abolition de la conduction de ce nerf sans que le cylindraxe soit détruit. Aussi, quand la dilatation vasculaire, c'est-à-dire la cause du trouble fonctionnel, vient à cesser, l'effet disparaît également, subitement. L'hystérie serait donc, d'après Knies, et par excellence, « un trouble d'innervation vaso-motrice d'origine cérébrale ». Beaucoup d'autres symptômes de l'hystérie s'expliqueraient par cette cause, sans parler du sommeil [2].

Avant d'exposer l'interprétation qu'a donnée de ces faits Bechterew, rappelons avec le

1. Knies. *Die einseitigen centralen Sehstörungen und deren Beziehungen zur Hysterie* (*Neurol. Centralbl.*, 1893, 570, sq.).

2. Knies. *Die Beziehungen des Sehorgans und seiner Erkrankungen zu den übrigen Krankheiten des Körpers und seiner Organe.* Wiesbaden, 1893.

physiologiste russe, les expériences de LANNEGRACE sur les rapports et sur la dépendance de l'anesthésie générale et spéciale. Ces expériences, qui ont porté sur l'écorce du lobe pariétal et sur la région du segment postérieur de la capsule interne, ont établi une fois de plus l'étroite corrélation existant entre l'amblyopie et l'anesthésie de l'œil : la cause de la coexistence de ce phénomène depuis longtemps connu est restée inconnue. Au cours de ses expériences de lésions destructives du lobe pariétal, BECHTEREW avait observé aussi, outre de l'amblyopie de l'œil opposé, de l'anesthésie du même côté, y compris celle du globe de l'œil. L'observation clinique confirmait ces résultats de l'expérimentation : l'amblyopie dépendait de l'anesthésie de la capsule oculaire. La section de la racine sensible ou ascendante du trijumeau, en déterminant l'anesthésie tactile et dolorifique de la moitié de la face et de la tête, avec amblyopie du côté anesthétique, et diminution de la sensibilité des autres organes des sens de ce même côté — quoique la racine du trijumeau fût seule coupée — éclaira comme d'un trait de lumière la théorie. Il était démontré que l'amblyopie peut être provoquée par lésion d'un nerf de sensibilité générale dont les rameaux se distribuent à la face et en particulier à la capsule oculaire. De plus la diminution de fonction des autres organes des sens est en rapport avec l'anesthésie des surfaces de ces organes. De même en clinique : toujours, du côté anesthésique de la face, il existait un abaissement plus au moins accusé des fonctions de la vision et de celles des autres modes de sensation. Voilà qui explique, d'après BECHTEREW, la production de l'amblyopie, et, en général, de l'anesthésie sensorielle, dans les cas d'anesthésie unilatérale de la face et des organes des sens, d'origine cérébrale, c'est-à-dire dans les cas de lésions de l'écorce et de la région du tiers postérieur de la capsule interne, mais sans affection des conducteurs spéciaux des organes des sens, du nerf optique, du nerf acoustique, etc., non plus que des centres corticaux ou sous-corticaux de ces organes.

Mais comment l'anesthésie de la face peut-elle entraîner une diminution fonctionnelle des organes des sens? La clinique et l'expérimentation enseignent que la nutrition d'un organe n'est parfaite qu'à la condition que les nerfs de sensibilité et de mouvement qui s'y distribuent, et surtout les nerfs vaso-moteurs, soient dans un état normal. Que l'origine des troubles soit périphérique ou centrale, l'effet sera le même. MATHIAS DUVAL et LABORDE ont prouvé qu'une lésion de la racine ascendante du trijumeau détermine des troubles de nutrition de l'œil, et il ressort des travaux de LANNEGRACE que des troubles de même nature dérivent des lésions de l'écorce. Tout trouble dans la nutrition d'un organe périphérique de la sensibilité se traduira par une altération fonctionnelle correspondante, c'est-à-dire par une altération de la perception. Et il n'y a pas de doute, pour BECHTEREW, que ce trouble de nutrition, cause de l'anesthésie sensorielle, ne dépende d'une irrigation sanguine insuffisante de l'organe. D'où l'importance capitale, attribuée, selon nous, avec raison, à l'état du système nerveux vaso-moteur pour l'interprétation étiologique de l'amblyopie, et, en général, de l'anesthésie sensorielle, dans l'hémianesthésie sensitive.

Au lieu de diminuer, l'acuité de la perception peut au contraire augmenter, si l'afflux du sang est considérable dans les organes des sens spéciaux et sur les surfaces de la peau et des muqueuses servant à la perception des excitations tactiles, dolorifiques, etc. Sous l'influence de la contraction des vaisseaux, déterminée par le froid, la perception des excitations cutanées diminue, on le sait, jusqu'à l'anesthésie, tandis qu'elle s'exalte jusqu'à l'hyperesthésie sous l'action des causes faisant dilater les vaisseaux (chaleur, sinapisme, etc.). La sensation de froid, l'absence de sécrétion de sueur, l'analgésie, le défaut d'hémorragie consécutive aux plus profondes piqûres chez les hystériques s'explique, comme l'anesthésie, par le rétrécissement des plus fins vaisseaux artériels de la surface de la peau. La réalité de cet état de spasme vasculaire dans l'hémianesthésie des hystériques résulte encore de recherches spéciales sur la déperdition de chaleur du côté insensible du corps, sur la plus grande résistance qu'y rencontre le courant électrique, etc. Dans l'anesthésie dite d'origine organique, centrale, provoquée et réalisée expérimentalement chez les animaux, les territoires cutanés frappés d'insensibilité sont aussi d'une température inférieure aux autres territoires.

La rétine hyperémiée est d'une très grande excitabilité; l'anémie émousse et éteint les fonctions de ce centre nerveux périphérique. Un rapport semblable existe entre l'acuité des sensations de l'olfaction, du goût et sans doute de l'ouïe, et l'état de l'irrigation sanguine de la cavité nasale, de la langue et de l'oreille interne. Une *anesthésie de la peau et des muqueuses* ne détermine donc une *anesthésie de la rétine*, une amblyopie de l'œil du côté correspondant à ce trouble de la sensibilité générale, qu'en appauvrissant la nutrition des éléments anatomiques de cet organe qu'impressionnent les stimuli externes des sensations lumineuses et chromatiques, et cela uniquement en vertu de troubles vaso-moteurs, par une irrigation insuffisante de l'organe périphérique de la vision. Ce spasme artériel, Bechterew témoigne l'avoir souvent observé sur les vaisseaux de la rétine dans l'amblyopie nettement constatable qui accompagne l'anesthésie. Le même savant ajoute que les organes des sens les plus importants, tels que la vue et l'ouïe, possèdent des appareils spéciaux d'adaptation (zonule de Zinn, muscle ciliaire de l'œil, muscle *tensor tympani* de l'oreille, etc.) dont les fonctions régulatrices doivent, jusqu'à un certain degré, dépendre de la conservation de la sensibilité générale de ces organes. Si les contractions du muscle tenseur du tympan sont sous l'influence des réflexes partis de cette membrane, l'anesthésie de celle-ci, en modifiant les réflexes qui régularisent les ajustements du muscle, déterminera une perception défectueuse des impressions auditives. Pour les organes de l'odorat et du goût, outre la sécheresse de la muqueuse résultant des troubles vaso-moteurs dont nous parlons, il ne faut pas oublier que les « impressions spécifiques perçues par ces organes ne sont pas tout à fait absolument différenciées des impressions tactiles et des sensations de la sensibilité générale (*Allgemeingefühl*) : ces impressions peuvent donc, en partie du moins, dépendre immédiatement des nerfs sensitifs ». Bref, cette théorie de Bechterew, que nous venons d'exposer dans les termes de l'auteur[1], sur les rapports de l'anesthésie sensitive et des anesthésies sensorielles, explique l'amblyopie croisée dans l'hémianesthésie symptomatique de certaines névroses ou d'affections organiques du cerveau, sans que ni les conducteurs optiques, ni les centres primaires optiques, ni le territoire calcarinien du lobe occipital puissent être considérés comme cause de cette grave altération fonctionnelle du sens de la vue. C'est à un trouble de l'innervation vaso-motrice, c'est à une anémie de l'organe périphérique de la vision, suite de l'anesthésie cutanée s'étendant à cet organe, comme aux autres organes des sens, qu'il faut attribuer l'anesthésie sensorielle. Ni la doctrine, d'ailleurs reconnue fausse, du carrefour sensitif, ni l'hypothèse, également erronée, d'un entre-croisement complémentaire des faisceaux directs des bandelettes optiques en arrière « ou peut-être dans les tubercules quadrijumeaux », ne sauraient plus, en tout cas, être désormais invoquées pour expliquer l'amblyopie croisée ou unilatérale soit dans les névroses soit dans les lésions organiques du lobe occipital.

L'hémianopsie de cause centrale n'est donc jamais monoculaire. L'hémianopsie monoculaire, temporale ou nasale, peut résulter d'une lésion par compression des côtés interne ou externe des fibres visuelles du nerf optique avant l'entre-croisement partiel dans le chiasma. Par le fait de cette lésion, qui affecte en même temps les fibres pupillaires de ce nerf, la pupille de l'œil correspondant ne réagira que faiblement ou ne réagira pas à l'éclairage direct, mais elle réagira synergiquement à l'éclairage de l'autre œil, non affecté, les voies réflexes étant libres du côté du nerf optique intact, ainsi que la voie centrifuge qui des centres réflexes va à l'iris de l'œil affecté : bref, on observe la réaction consensuelle des deux pupilles. Les cellules nerveuses d'origine des fibres pupillaires sont certainement dans la rétine. Le réflexe pupillaire peut être déterminé par chaque point de la rétine. Des deux sortes de fibres, de calibre différent, qui se trouvent dans le nerf optique, Gudden (1882) avait vu les plus fines aller, chez les mammifères, aux tubercules quadrijumeaux antérieurs, les plus épaisses se terminer dans le corps genouillé externe, après avoir subi, les unes aussi bien que les autres, un entre-croisement partiel dans le chiasma. Quelles étaient les fibres visuelles? Quelles étaient les fibres pupillaires? Chez l'homme Key et Retzius ont constaté l'existence de ces deux systèmes de fibres dans le nerf optique et dans le chiasma. Mais au delà, quelle place

1. Bechterew. *Ueber die Wechselbeziehung zwischen der gewöhnlichen und sensoriellen Anästhesie* (*Functionsabnahme der Sinnesorgane*) *auf Grund klinischer und experimenteller Daten.* (*Neurol. Centralbl.* 1894. Cf., *ibid.*, *Aus der Gesellschaft der Neuropath. und Psychiater an der Universität zu Kasan. Sitz.* 13 déc. 1892).

occupent les fibres pupillaires dans les tractus? Elles ne se trouvent certainement pas dans le faisceau des radiations optiques occipitales. Dans la cécité complète ou corticale, résultant d'une hémianopsie double ou bilatérale, due à des lésions des deux lobes occipitaux, le réflexe pupillaire lumineux est conservé. HENSCHEN admet sans hésiter la présence des fibres pupillaires dans le tractus optique, au moins jusqu'à la hauteur du corps genouillé externe, où ces fibres ne pénètrent pas : la réaction pupillaire hémiopique ne saurait donc être provoquée par une lésion du corps genouillé externe[1]. BECHTEREW estime, au contraire, que, dès le chiasma, les fibres pupillaires s'écartent du tractus pour aller dans la paroi du troisième ventricule (CHRISTIANI, MORLI). Les expériences instituées à ce sujet sur les oiseaux par le physiologiste russe sont des plus intéressantes[2]. La cécité croisée, déterminée chez ces vertébrés par la destruction d'un des *lobi optici*, laisse intacte la contractilité à la lumière de la pupille de l'œil aveugle. C'est qu'avant de pénétrer dans les lobes optiques avec les fibres visuelles, les fibres pupillaires se sépareraient du tractus et iraient directement à la région des noyaux du nerf de la troisième paire.

Chez les mammifères, après la section du tractus optique, BECHTEREW a vu les deux pupilles réagir à la lumière. Chez l'homme, dans des cas de cécité due à la destruction des tubercules quadrijumeaux par compression d'une tumeur de la glande pinéale, le même auteur a constaté la persistance du réflexe lumineux pupillaire. Dans la paralysie générale et dans le tabes, la pupille peut avoir perdu le réflexe lumineux et avoir conservé celui de l'accommodation et de la convergence, ni la vue, ni les mouvements de l'œil n'ayant d'ailleurs subi aucune altération. Les fibres pupillaires, absolument distinctes des fibres visuelles, ont donc, à partir d'un certain point, un trajet également séparé de celui des fibres visuelles. Quant à ce trajet, d'après DARKSCHEWITSCH, les fibres pupillaires, au sortir du tractus optique, passent devant le corps genouillé externe dans la direction du ganglion de l'habénule d'où, par le *thalamus opticus* et le *pedunculus conarii*, il gagne la glande pinéale, puis, par la commissure cérébrale postérieure, le groupe supérieur des noyaux du moteur oculaire commun. La théorie de MENDEL, quoiqu'elle reposât sur des expériences physiologiques originales, n'était qu'un cas de celle de DARKSCHEWITSCH. Chez les reptiles et les poissons, EDINGER a découvert une racine du nerf optique issue d'un noyau de la base du cerveau qui correspondrait au corps mamillaire : ce noyau est relié au ganglion de l'habénule, origine du nerf optique de l'œil pariétal des reptiles. Chez l'homme, où la glande pinéale n'est que le rudiment d'un troisième œil, cet organe est en rapport avec la commissure postérieure du cerveau. Selon BECHTEREW (1883, 1894), immédiatement derrière le chiasma, les fibres pupillaires centripètes pénètrent sans entre-croisement dans la subtance grise centrale tapissant la cavité du troisième ventricule, pour se rendre ensuite aux noyaux du moteur oculaire commun : c'est dans un de ces noyaux que serait le centre réflexe des fibres pupillaires. Mais FLECHSIG et BOGROW ont signalé aussi des fibres qui vont du tractus optique à la substance grise centrale du troisième ventricule et se termineraient également dans les noyaux de l'oculo-moteur commun : BOGROW considère ces faisceaux comme servant au réflexe lumineux des pupilles. Il existe donc au moins deux faisceaux qui vont du tractus optique à la région de la substance grise centrale du troisième ventricule. On ne sait encore rien de certain sur les rapports de l'un ou de l'autre de ces faisceaux avec les noyaux du moteur oculaire commun.

La réaction hémiopique pupillaire (WERNICKE) fait partie du chapitre des hémianopsies. L'arc réflexe du réflexe lumineux des pupilles serait ainsi constitué (PICK) : *centre réflexe*, localisé sans doute dans le groupe supérieur des noyaux du moteur oculaire commun; *voie nerveuse centripète* : nerf optique, chiasma, tractus (HENSCHEN), tubercules quadrijumeaux (MEYNERT), noyaux de la troisième paire. Une lésion des fibres visuelles du tractus optique, par exemple, affectant en même temps, sur les deux moitiés homonymes des deux rétines, les fibres pupillaires qui déterminent le réflexe lumineux de la pupille, si l'on éclaire, en évitant toute diffusion de la lumière, les deux moitiés anesthésiques des rétines, les pupilles ne se contractent pas; si la lumière tombe sur les

1. HENSCHEN. *Klin. und anat. Beiträge zur Pathologie des Gehirns*, III, 100 sq.
2. BECHTEREW. *Ueber pupillenverengernde Fasern.* (*Neurol. Centralbl.*, 1894, 802).

deux moitiés sensibles des rétines, le réflexe pupillaire aura lieu : c'est la *réaction pupillaire hémiopique*. Nous avons déjà reproduit les termes du diagnostic différentiel de WERNICKE. Des recherches étendues ont été faites sur le mode de réaction de l'iris des oiseaux et des reptiles aux différents poisons : l'action paralysante ou excitante de ces substances a été étudiée sur les terminaisons de l'oculo-moteur commun dans le *sphincter pupillæ* et sur celles du trijumeau dans le *dilatator pupillæ*[1]. Enfin CH. FÉRÉ a noté, dans les hallucinations de la vue, les changements de dimensions de l'orifice pupillaire, évidemment en rapport avec les efforts d'accommodation provoqués par l'éloignement ou le rapprochement des images hallucinatoires[2].

Suivant la localisation des diverses compressions exercées sur le chiasma, on observe de l'*hémianopsie bitemporale*, correspondant à la perte de fonction du faisceau croisé de l'opticus, ou interne, de l'*hémianopsie nasale*, si le faisceau externe de l'opticus, ou direct, est lésé à l'angle externe du chiasma, et une double lésion de ce genre produira de l'hémianopsie binasale, enfin de l'*hémianopsie supérieure* ou *inférieure* selon que le chiasma est comprimé d'en haut ou d'en bas. Depuis les recherches de GUDDEN et de GANSER sur les mammifères (lapins et chats), il n'y a plus que MICHEL qui, aujourd'hui encore[3], persiste à soutenir l'existence d'un entre-croisement total des nerfs optiques, non seulement chez ces mammifères, mais chez l'homme. SINGER et MÜNZER[4], après énucléation d'un œil et examen, trois semaines après, avec la méthode de MARCHI, des nerfs optiques, du chiasma et des bandelettes, ont trouvé un entre-croisement total des nerfs optiques chez les pigeons, les hiboux, les souris, les cobayes, mais partiel chez le lapin, le chien et le chat : chez le premier de ces derniers mammifères, le faisceau direct est très faible ; il est plus fort chez le second, et, chez le troisième, les auteurs ont pu suivre ce même faisceau jusqu'au corps genouillé externe. Les cas d'hémianopsie bitemporale par tumeur ou hypertrophie de l'hypophyse dans l'acromégalie ne sont pas très rares[5]. L'atrophie des fibres visuelles par compression du chiasma peut résulter aussi d'une hydrocéphale interne. Au delà du chiasma, les lésions des bandelettes optiques déterminent toujours et nécessairement, ainsi que celles des corps genouillés externes, des radiations optiques et du territoire calcarinien, l'hémianopsie bilatérale homonyme.

Ce n'est ni la physiologie, ni la clinique, c'est l'anatomie pure qui a découvert les origines centrales du nerf optique et les rapports de ce nerf avec le cerveau. Nous avons, à ce sujet, rappelé le grand nom de PIERRE GRATIOLET, et cité les termes mêmes dans lesquels il annonçait, en 1854, à l'Académie des sciences, sa découverte. GRATIOLET, suivant les fibres visuelles de leur ganglion d'origine jusqu'à l'écorce des lobes pariétal et occipital, est bien le véritable précurseur de la théorie de la vision mentale, quoique les idées de FLOURENS, bien plus que les siennes propres, l'aient empêché d'admettre une localisation fonctionnelle de la vision dans un lobe du cerveau. Le faisceau optique, qu'avait vu le premier PIERRE GRATIOLET, admis par MEYNERT, a été décrit, on le sait, par WERNICKE, avec une science aussi étendue que profonde. Aussi associe-t-on quelquefois, pour désigner le faisceau des radiations optiques, le nom de WERNICKE au nom de GRATIO-

1. H. MEYER. *Ueber einige pharmakologische Reactionen der Vogel und Reptilieniris* (*Arch. f. experim. Pathol. u. Pharmakol.*, XXIII, 101).
2. CH. FÉRÉ. *Les signes physiques des hallucinations* (*Rev. de médecine*. 1890, 758).
3. Soc. ophthalmol. de Heidelberg, 29e session, août 1895. Encore en 1896, KOLLIKER lui-même s'est appuyé sur des préparations de chiasmas des nerfs optiques normaux de différents mammifères et de l'homme (WEIGERT-PAL) pour soutenir la doctrine de l'entre-croisement *total* des fibres optiques. (Cf. *Handbuch der Gewebelehre des Menschen*, IIer B., 6te Aufl.).
4. J. SINGER et E. MÜNZER. *Beiträge zur Kenntniss der Sehnervenkreuzung* (*Denkschrift der mathem.-naturwiss. Classe d. K. Akad. d. Wiss.* Vienne, 1888). L. JACOBSOHN a repris, sans les connaître, les expériences de SINGER et MÜNZER, et est arrivé, avec la méthode de MARCHI, aux mêmes résultats (sinon pour le lapin) pour le *singe* : l'entre-croisement *partiel* dans le chiasma des fibres optiques. Pour *l'homme*, au dernier Congrès d'ophtalmologie de Heidelberg (5-8 août 1896), SCHMIDT-RIMPLER a montré des préparations provenant d'un homme qui, treize ans avant sa mort, avait contracté une phtisie de l'œil droit : toutes les fibres du nerf optique droit étaient atrophiées, celles du nerf optique gauche normales. Or dans les *deux* tractus, il y avait des faisceaux atrophiés et la dégénérescence se poursuivait dans les deux tractus jusque dans l'écorce du cerveau. (*Neurol. Centralbl.*, 1896, 838-40, 960. *Zur Frage der Sehnervenkreuzung*.)
5. R. BOLTZ (Breslau). *Ein Fall von Akromegalie mit bitemporaler Hemianopsie* (*Deutsche medicin. Wochenschrift*, 1892, n° 27).

LET. Presque en même temps que GRATIOLET, en 1855, BARTOLOMEO PANIZZA, au cours d'une étude à la fois anatomique, expérimentale et clinique, indiquait « les faisceaux de fibres issus des circonvolutions cérébrales postérieures » comme concourant à la formation du nerf optique. Au point de vue expérimental, il avait observé qu'une lésion intéressant les faisceaux qui, du pulvinar de la couche optique, viennent s'épanouir dans les « circonvolutions postérieures », détermine toujours la cécité de l'œil opposé (il croyait à l'entre-croisement total des nerfs optiques dans le chiasma), et, si la lésion est bilatérale, la cécité complète, « sans qu'il en résulte aucun désordre dans les autres fonctions cérébrales ». Quant aux faits pathologiques, PANIZZA a vu des atrophies secondaires du nerf optique, des centres primaires optiques et des circonvolutions du « cerveau pariéto-occipital » chez des sujets devenus aveugles depuis nombre d'années : la perte d'un œil détermine une atrophie ascendante des tubercules quadrijumeaux, des corps genouillés externes, de la couche optique et des faisceaux qui s'irradient dans le lobe occipital. Mais les descriptions anatomiques sont bien plus vagues que celles de GRATIOLET. Quoique le corps genouillé externe fasse bien partie, pour PANIZZA, de la voie de transmission des impressions optiques, il n'a pas, comme GRATIOLET, aperçu l'importance, chez l'homme, de ce ganglion nerveux.

Pour MEYNERT, l'expansion des fibres de la couronne rayonnante, issue du thalamus opticus, des corps genouillés externes et internes, des tubercules quadrijumeaux antérieurs et postérieurs, se terminait dans l'écorce des lobes temporal et occipital. WERNICKE considéra comme ganglion d'origine des tractus optiques le pulvinar de la couche optique, le corps genouillé externe et le tubercule quadrijumeau antérieur : les fibres de la couronne rayonnante issues de ces ganglions et dont les rayons s'irradient sur le lobe occipital, il les appela *substance blanche sagittale du lobe occipital.* Dès 1874, l'année même où HITZIG, en une courte notice du *Centralblatt für die med. Wissenchaften*, écrivait qu'après une lésion du lobe occipital l'œil du côté opposé était frappé de cécité, GUDDEN avait produit les preuves expérimentales que, chez le chien aussi bien que chez le singe, l'entre-croisement des nerfs optiques n'est pas total[1]. En 1878, NICATI constata le même fait chez le chat. En 1879, LUCIANI et TAMBURINI constataient, au cours de leurs expériences sur la décortication du gyrus angulaire et du lobe occipital des singes, qu'une lésion unilatérale du centre de la vision détermine, non une cécité complète de l'œil opposé, comme le voulait FERRIER, mais une cécité partielle des deux rétines correspondantes au côté opéré. « Nous fûmes les premiers à démontrer, ont écrit ces auteurs, que non seulement chez les singes, mais aussi chez les chiens, la sphère visuelle d'un côté est en rapport avec les deux rétines, et non uniquement avec la rétine de l'œil du côté opposé, les faisceaux croisés du nerf optique l'emportant seulement en quantité sur les faisceaux directs[2]. » Ainsi, une lésion unilatérale de la sphère visuelle du chien provoquait une amaurose presque complète de l'œil opposé à la lésion et une légère amblyopie de l'œil du côté correspondant.

GOLTZ, qui croit que MUNK a le premier découvert qu'après les lésions du lobe occipital il se produit une hémianopsie bilatérale homonyme, n'avait longtemps observé dans ces cas qu'une amblyopie croisée. Or, en 1878, MUNK n'avait pu encore se persuader de l'existence, chez le chien, dans ces conditions, d'un trouble bilatéral de la vision. A cet égard, le chien diffère du singe, pensait encore le célèbre physiologiste, qui devait établir que, non seulement chez les mammifères, mais chez les oiseaux, chaque hémisphère est en rapport avec les deux rétines. Voici comment MUNK décrivait à cette date l'hémianopsie expérimentale chez le singe : « Si l'on extirpe toute l'écorce de la convexité d'un lobe occipital, le singe est hémiopique : il est aveugle, atteint de cécité corticale, pour les moitiés des deux rétines du même côté que la lésion. Si, par exemple, l'hémisphère gauche a été lésé, non seulement il ne reconnaît pas, il ne voit même aucun objet dont l'image est projetée sur les moitiés gauches de ses rétines, tandis qu'il voit et reconnaît d'une façon normale tout ce qui se forme sur les moitiés droites de ses rétines. Si la même extirpation est pratiquée sur les deux lobes occipitaux, c'est la cécité corticale complète; le singe ne voit plus rien[3]. »

1. Voir *Graefe's Arch. f. Ophtalmol.*, XX, 1874, 249; XXI, 1875, 199; XXV, 1879, 1.
2. LUCIANI et TAMBURINI. *Sui centri psico-sensori corticali.* Reggio-Emilia, 1879.
3. H. MUNK. *Ueber die Functionen der Grosshirnrinde.* Berlin, 1890, 29.

Quant à Goltz, il avait, dès 1876, dans le premier de ses mémoires, exprimé sa conviction que, chez le chien, chaque hémisphère cérébral est en relation avec les deux yeux. Le physiologiste de Strasbourg conteste seulement qu'il s'agisse ici d'une véritable hémianopsie. Il avait admis d'abord, pour expliquer chez ces animaux la nature des troubles de la vision, l'hypothèse d'une lésion du sens des couleurs et du sens de de l'espace : il parle d'hémiamblyopie, d'affaiblissement cérébral ou mental de la vision. En réalité, il s'agit dans ces expériences de Goltz, qui ne sauraient servir à l'étude des localisations fonctionnelles de l'écorce cérébrale, d'un affaiblissement général de toutes les perceptions, et non point de celui d'un seul sens. Par les vastes destructions qu'il pratique souvent sur un hémisphère entier, quelquefois sur les deux, Goltz crée des démences expérimentales : il n'y a rien de plus dans l'affaiblissement de la vision mentale observée chez les chiens de Goltz qui ont subi des pertes considérables de substance cérébrale. L'anatomie, la physiologie expérimentale et l'observation clinique ont trop nettement circonscrit le siège de la vision centrale dans les lobes occipitaux pour que, sur ce point de doctrine, le sentiment général varie désormais[1].

Alex. Vitzou, professeur à l'Université de Bucharest, a repris et confirmé les expériences de Munk sur le centre fonctionnel de la vision mentale du chien. Le tiers postérieur des 1re, 2e et 3e circonvolutions parallèles du cerveau de ce mammifère correspondant aux lobes occipitaux du singe, l'ablation totale soit d'un hémisphère entier, soit d'un seul lobe occipital, produit une hémianopsie bilatérale homonyme permanente, comprenant les trois quarts internes de la rétine de l'œil opposé à la lésion expérimentale (ce qui correspond aux trois quarts du champ visuel externe) et le quart externe de la rétine de l'œil du même côté. La nature fonctionnelle de cette lésion destructive de l'écorce est donc désormais bien établie chez les mammifères inférieurs, chez le singe et l'homme : il ne s'agit jamais d'une amblyopie croisée, il s'agit toujours d'une hémianopsie portant sur les deux moitiés rétiniennes des deux yeux en rapport avec l'hémisphère cérébral de même nom, sur lequel se projettent les radiations optiques provenant indirectement des neurones visuels périphériques. Quant à l'ablation soit des lobes frontaux, soit des gyrus sigmoïdes, Vitzou n'a jamais observé de troubles permanents de la vue succéder à la guérison des plaies opératoires[2]. Nous ne pouvons insister ici sur les effets consécutifs à l'ablation partielle ou totale des hémisphères chez les oiseaux[3].

Les expériences de Gudden, qui, après avoir vu une atrophie du corps genouillé externe, du thalamus opticus, du tubercule quadrijumeau antérieur et du tractus optique, du même côté, et, du côté opposé, du nerf optique, succéder à une extirpation partielle du cerveau occipital chez le chien, ne voulut pourtant pas admettre de rapport de cause à effet entre cette atrophie et la lésion expérimentale, furent répétées et confirmées par Ganser sur deux chats nouveau-nés. Mais c'est à Monakow que revient le grand mérite, dans une série de recherches expérimentales et anatomo-pathologiques sur les rapports de la sphère visuelle avec les centres optiques primaires infra-corticaux et le nerf optique, d'avoir démontré, chez les animaux et chez l'homme, à l'aide des méthodes modernes de l'anatomie microscopique, la nature et les conditions de l'hémianopsie bilatérale homonyme. Cette longue série de mémoires publiés depuis tant d'années dans l'*Archiv für Psychiatrie* (1882-1895), et qui continue de paraître, ont été pour la psychologie physiologique contemporaine une des sources les plus abondantes de faits, de documents et d'idées. Dès 1882, en provoquant des arrêts de développement au moyen d'extirpations de régions circonscrites de l'écorce du cerveau, il vérifia la jus-

1. J. Soury. *Les Fonctions du cerveau.* Doctrines de l'École de Strasbourg, p. 1 à 146, Paris, 2e éd., 1892.

2. Alex. N. Vitzou. *Effets de l'ablation totale des lobes occipitaux sur la vision chez le chien.* Travail de l'Institut de physiologie de Bucharest (*Arch. de physiologie*, 1893, n° 4).

3. Hermann Munk. *L. c.*, p. 179 et suiv. — Guiseppe Fasola. *Effetti di scervellazioni parziali e totali negli ucceli in ordine alla visione; Ricerche sperimentali* (*Riv. sperim. di freniatria*, 1889, xv, 229 sq.). — Stefani. *Contribution à la physiologie des fibres commissurales* (*Arch. ital. de biol.*, xiii, 1890, 350). — Cf. *ibid.*, xii, 1889, le travail de G. Gallerani (Padoue) sur la *Physiologie des commissures.* — Bechterew. *Ueber den Einfluss der Abtragung der Grosshirnhemisphären an Thieren auf das Gesicht und Gehör* (*Neurol. Centralbl.*, 1883, 536). — *Ueber das Sehfeld an der Oberflæche der Grosshirnhemisphären* (*Ibid.*, 1890, 237).

tesse du postulat physiologique qu'il avait posé : l'ablation complète d'un centre cortical doit retentir sur le développement des fibres et des centres nerveux primaires en étroite connexion physiologique avec ce centre cortical par l'effet de l'inactivité fonctionnelle dont ces fibres et ces ganglions sont alors frappés.

Ce centre cortical, c'était la sphère visuelle de MUNK. Après plusieurs mois, les animaux étaient sacrifiés, et, selon l'étendue et la localisation de l'extirpation du lobe occipital, la dégénération secondaire descendante pouvait être suivie jusqu'aux tractus et aux nerfs optiques. Chez l'homme, les observations cliniques de foyers de ramollissement, isolés et circonscrits, du lobe occipital, les dégénérations secondaires des radiations optiques, du cerveau moyen et du cerveau intermédiaire, correspondaient aux effets des lésions déterminées par le couteau de l'opérateur. Des tableaux dressés par l'éminent anatomiste en 1892 pour montrer le rapport de la localisation des foyers primitifs et des lésions secondaires observées dans chaque cas, il ressort que les lésions destructives et les atrophies partielles du corps genouillé externe et du pulvinar, ainsi que celles des couches superficielles des tubercules quadrijumeaux antérieurs, retentissent surtout, du même côté, sur le territoire de la scissure calcarine, s'étendant, suivant MONAKOW, sur la face interne, au cunéus et au lobe lingual ; sur la face externe, vraisemblablement aussi à O^1 et O^2. « J'appelle, dit-il, ce territoire dans son ensemble non strictement limité, le territoire de la scissure calcarine. » En outre, la sphère visuelle comprend, toujours d'après les nouvelles idées de MONAKOW, l'aire corticale appartenant aux parties postérieures de P^1 et P^2 (sphère visuelle antérieure), en tout cas, aux trois circonvolutions de la convexité du lobe occipital. La zone corticale spéciale du corps genouillé externe se trouve surtout localisée dans le cunéus et le lobe lingual, celle du pulvinar et des tubercules quadrijumeaux antérieurs dans un territoire plus étendu. Les fibres de projection du corps genouillé externe occupent dans les radiations la portion inférieure.

En partant du caractère histologique des dégénérations secondaires chez les mammifères inférieurs et chez l'homme, MONAKOW est arrivé à la conclusion que la plupart, et de beaucoup, des cellules nerveuses des corps genouillés externes, ainsi que presque toutes celles du pulvinar, envoient leurs cylindraxes vers l'écorce[1]. L'origine du faisceau de projection des radiations optiques, dont les arborisations se terminent dans l'écorce du lobe pariéto-occipital, se trouve donc bien pour la plus grande part dans les cerveaux intermédiaire et moyen, non dans l'écorce du cerveau antérieur. MONAKOW considère comme également prouvé que les grandes cellules solitaires du lobe occipital sont les cellules d'origine de fibres à direction centrifuge qui passent dans les radiations optiques et vont en grande partie aux tubercules quadrijumeaux antérieurs. Telles seraient les connexions anatomiques des cerveaux intermédiaire, moyen et antérieur dans la fonction de la vision. Les longs faisceaux de fibres de projection et d'association, disposés autour de la corne postérieure du ventricule latéral, constituent la substance blanche sagittale de WERNIKE. Les fibres courtes d'association se terminent à proximité de la surface, dans l'écorce même, les plus courtes étant les plus superficielles. MONAKOW tient les fibres du tapis du corps calleux pour des fibres d'association reliant le lobe occipital en partie avec le lobe pariétal, en partie avec le lobe frontal (faisceau longitudinal supérieur). Que le corps calleux, d'une manière générale, ne soit pas une simple commissure, mais contienne aussi des systèmes d'association entre des parties localement et fonc-

1. MONAKOW. *Experimentelle und pathol.-anat. Untersuchungen über die Haubenregion, die Sehhügel und die Regio subthalamica...* (*Arch. f. Psych.*, 1895, XXVII, 1-128, 386-478). Les différentes régions de l'écorce en rapport avec le *corps genouillé externe* sont sûrement, dans le lobe occipital, le *cunéus*, le *lobe lingual*, le *gyrus descendens* (inclusivement l'*écorce de la scissure calcarine*), mais aussi O^2 et O^3, de même que, probablement, les parties postérieures du *gyrus angularis*. La zone du *pulvinar* coïncide en partie avec celle du corps genouillé externe, mais le dépasse en avant, de sorte que, outre O^1, O^2 et O^3, surtout en rapport avec les parties postérieures et latérales du *pulvinar*, des régions de P^1 et P^2 sont surtout en connexion avec les parties antérieures du *pulvinar*, ainsi que certains territoires du *gyrus occipito-temporalis*. Mais le *pulvinar* ne soutient aucun rapport avec le lobe frontal, l'opercule, les circonvolutions centrales, T^1. La zone corticale du *tubercule bijumeau antérieur* coïncide en partie avec celle du corps genouillé externe (*cunéus, lobe lingual*, O^1, O^2, O^3 et peut-être aussi les parties postérieures du *gyrus angularis*). Cf. p. 474.

tionnellement différentes des deux hémisphères, c'est ce qu'on peut considérer comme certain d'après les travaux de SCHNOPFHAGEN, de MEYNERT, de SACHS, d'ANTON, de DÉJERINE. Quelques auteurs, tels que FOREL, ONUFROWICZ, KAUFMANN, MURATOW, etc., ont nié que le tapis fût en rapport avec le corps calleux. DÉJERINE soutient aussi, dans son *Anatomie des centres nerveux*[1], que le tapétum est essentiellement formé par le faisceau occipito-frontal, quoiqu'il admette que le corps calleux « prend une certaine part dans la constitution de la paroi externe de la corne occipitale ». ANTON a montré, au Congrès des naturalistes et médecins allemands de Vienne de 1894, des préparations d'un cas où un ramollissement de l'extrémité postérieure du corps calleux à droite avait déterminé une dégénération de tout le tapis gauche[2]. Le faisceau longitudinal inférieur renferme des fibres de provenances diverses, parmi lesquelles les faisceaux d'association unissant le lobe occipital au lobe temporal.

L'étendue extraordinaire que MONAKOW accorde aujourd'hui aux territoires de la vision cérébrale dont les lésions produisent l'hémianopsie est une réaction contre les doctrines de SÉGUIN, de NOTHNAGEL, de HENSCHEN. Mais, il le reconnaît, même dans la nouvelle hypothèse, l'étendue réelle de la sphère visuelle est, anatomiquement aussi bien que cliniquement, fort loin d'être exactement connue. La question des rapports des différentes régions du lobe occipital avec les divers segments rétiniens est aussi loin d'être résolue. Tous les schémas du trajet de la voie optique sont construits comme si les faisceaux de projection qui s'irradient sur la sphère visuelle formaient le prolongement direct des bandelettes optiques : on n'a pas tenu assez de compte des centres optiques primaires interposés sur cette longue voie, surtout du corps genouillé externe, où la plupart des fibres visuelles du tractus optique viennent se terminer et perdre leur individualité. C'est pour justifier en quelque sorte cette critique générale de MONAKOW que dans tout ce travail nous avons particulièrement insisté sur la nature anatomique et sur la signification physiologique des centres primaires optiques.

Si, au point de vue physiologique, nous inclinons à croire, avec VIALET, que la doctrine de la projection de la rétine périphérique sur la rétine corticale peut légitimement subsister au sens de MUNK, nous avons tout d'abord suivi MONAKOW dans sa réaction contre la tendance des auteurs à méconnaître le rôle des ganglions interposés sur les voies nerveuses en général et sur celle des nerfs optiques en particulier. Ces relais nucléaires sont, en quelque sorte, les anneaux des divers enchaînements de neurones dont toute voie nerveuse se compose. Chacun de ces relais, où se terminent les neurones d'une station précédente et d'où partent d'autres neurones vers la station suivante, sont à la fois des centres de projection et d'origine des fibres nerveuses. Dans les centres primaires optiques, ou, si l'on veut, dans les corps genouillés externes, existent donc et une terminaison des fibres du tactus optique, et l'origine des faisceaux de projection du lobe occipital. Entre les deux systèmes, MONAKOW admet toujours l'existence d'un système de neurones d'association (*Schaltzellen.*, *Uebertragungszellen*). Il veut donc qu'on prenne garde que la transmission des excitations rétiniennes a lieu, non pas directement des cellules ganglionnaires de la rétine aux radiations de GRATIOLET, mais par l'intermédiaire de masses grises interposées, de ganglions nerveux constitués d'innombrables cellules, et que le mode de propagation d'une impression à travers ces centres, encore peu connue, non seulement autorise mainte hypothèse, mais exclut en tout cas l'idée d'une conduction directe et isolée.

La théorie de MONAKOW touchant les rapports du système nerveux central et périphérique de la vision repose sur les dégénérescences secondaires ascendantes et descendantes. Après GUDDEN et d'autres auteurs, il a montré, par exemple, que l'énucléation des deux bulbes oculaires détermine, dans le système optique tout entier, une atrophie

1. J. DÉJERINE et DÉJERINE KLUMPKE. *Anatomie des centres nerveux*, 1895, I, 758. « Le tapetum n'appartient pas au corps calleux, mais au faisceau occipito-frontal. Le faisceau occipito-frontal forme le tapetum et s'irradie dans la face externe du lobe temporo-occipital. L'indépendance du tapetum et du système calleux, démontrée par FOREL et ONUFROWICZ à l'aide de la tératologie, se trouve confirmée par la pathologie expérimentale (MURATOW). »

2. ANTON. *Ueber Balkendegeneration im menschlichen Grossgehirn (Neurol. Centralbl.*, 1894, 741). Résumé d'après Emil REDLICH (Vienne), *Ueber die sogen. subcorticale Alexie*, Leipzig und Wien, 1895, 33 et 34.

ascendante, avec des caractères histologiques différents de ceux qui accompagnent la dégénération descendante. Une des plus belles expériences qu'il y ait dans la science à ce sujet, suivie d'un examen anatomo-pathologique aussi complet qu'il était possible de le faire en 1889, a trait à un chien dont les deux yeux furent énucléés le deuxième jour après la naissance. Nous ne pouvons insister sur le développement de l'intelligence et des sentiments de ce jeune aveugle, qui ne fut sacrifié qu'au sixième mois. On trouve ici, chez Monakow, comme chez Goltz parfois, et surtout chez Munk, une fort belle page de la psychologie du chien. Si, jusqu'à la quatrième semaine, la démarche de cet animal était incertaine, dès le troisième mois il trouvait facilement sa nourriture, allait et venait, sans se heurter, dans l'Institut et dans le jardin, montait l'escalier sans tâter les marches (il n'en était pas de même pour le descendre), et, dès que le terrain lui était familier, il s'orientait dans l'espace avec la même sûreté qu'un chien non aveugle. L'intelligence a paru intacte; ce chien était fort attaché à ses maîtres et jouait avec leurs enfants en sautant autour d'eux sans se heurter jamais; il se heurtait au contraire aux choses, quelle que fût sa prudence, dans un lieu qu'il ne connaissait pas. Rien ne pouvait le décider à sauter par terre d'un banc où on l'avait posé. Extraordinairement craintif avec les étrangers dont il sentait la présence, il notait exactement le moindre bruit et distinguait toujours les paroles prononcées par son maître, fût-ce à voix très basse, de celles des visiteurs. Il échappait aussi à qui voulait le prendre. Cette orientation d'un chien aveugle dans un milieu dont il avait acquis une connaissance si parfaite ne s'observe jamais chez les mammifères dont les lésions destructives de la vue ont été centrales, qui ont subi par conséquent une destruction bilatérale de l'écorce des régions postérieures du cerveau. Évidemment, ce chien ne s'orientait pas avec la vue, mais avec l'ouïe et l'odorat, dont la finesse s'était accrue d'autant. Dans ses recherches expérimentales sur la cécité corticale du chien, Vitzou a insisté sur le développement considérable qu'acquièrent les sens de l'ouïe et du tact chez les mammifères dont la cécité expérimentale est d'origine centrale. Le même physiologiste a noté que, si ce chien évite un obstacle ou un danger, c'est grâce à d'autres sens que celui de la vue. Ce fait réduit à sa juste valeur l'argument que faisait valoir Gudden contre la localisation de la vision dans le lobe occipital. Il prétendait qu'un lapin persiste à voir après l'ablation bilatérale du lobe occipital. Quoiqu'il ne soit pas permis de conclure sans plus du chien au lapin, on peut croire que les lapins de Gudden se servaient, pour s'orienter, d'autres sens que la vue.

Chez le chien de Monakow, le lobe temporal, siège de l'audition et de l'olfaction, était aussi plus développé que chez les autres chiens de la même portée qui n'avaient point subi la perte de la vue; les éminences bigéminées postérieures, dont on connaît le rapport avec l'audition, étaient également des deux côtés très volumineuses. Les lobes frontal et pariétal avaient à peu près la même étendue que sur les cerveaux normaux. Mais le lobe occipital, siège de la vision mentale, était très diminué de volume, quoique l'épaisseur de la substance grise fût normale et qu'on n'y décelât pas d'altération histologique appréciable. La substance blanche était très réduite, ce qui faisait paraître les sillons extrêmements profonds. Cette diminution de volume du lobe occipital dans le domaine de la sphère visuelle, déjà notée par Munk et par Vulpian dans des cas semblables, frappait à première vue : elle faisait l'impression d'un « arrêt de développement ». Cette réduction de volume du lobe occipital était due à une croissance défectueuse, à un arrêt de développement des faisceaux d'association et de projection résultant de l'inactivité fonctionnelle du corps genouillé externe, considérablement atrophié.

Voici les lésions des voies et des centres primaires optiques qui résultaient de l'énucléation des deux bulbes oculaires : Les deux nerfs optiques, adhérents aux gaines, étaient sclérosés; les tractus optiques presque complètement dégénérés; les nerfs moteurs des muscles de l'œil, le moteur oculaire commun, le pathétique et le moteur oculaire externe étaient un peu diminués de volume, quoique tous les noyaux de ces nerfs fussent d'aspect normal : le nombre des cellules nerveuses était pourtant un peu moins grand, surtout dans le noyau de l'oculo-moteur commun. Le faisceau longitudinal postérieur était aussi plus pauvre en fibres. Les tubercules quadrijumeaux antérieurs n'accusaient aucune réduction de volume essentielle; la substance blanche superficielle, composée de fibres rétiniennes (Gudden, Forel, Ganser), était d'ailleurs très atrophiée, mais les cellules nerveuses ne semblaient pas avoir subi de réduction, ce qui diffère du tout au tout avec le haut degré d'atrophie de ces ganglions quand, chez le lapin, on a énucléé un œil. C'est que, chez le chien, le chat et l'homme, on observe précisément le contraire de ce qui existe chez le lapin, où les éminences bigéminées antérieures jouent, en regard du corps genouillé externe, le principal rôle dans la vision, ainsi que les lobes optiques chez les oiseaux et les poissons, seul ou principal centre visuel de ces vertébrés (Steiner, Edinger). Ici, chez le chien, après une énucléation bilatérale, on ne note qu'une atrophie à peine appréciable des tubercules quadrijumeaux antérieurs.

Les corps genouillés externes sont au contraire, nous l'avons dit, considérablement atrophiés, et l'examen microscopique montre que cette atrophie a porté sur toute la substance grise du ganglion. Chez le chien, comme chez l'homme, la plus grande partie des fibres rétiniennes est donc dans le rapport le plus étroit avec le corps genouillé externe, qui apparaît si fort atrophié après l'énucléation des organes périphériques de la vue. Après l'ablation de tout le territoire cortical de la vision chez le chien (qu'il soit nouveau-né ou adulte au moment de l'opération), ce ganglion n'est pas aussi atteint. J'ai rappelé l'hypertrophie compensatrice du corps genouillé interne, déterminée par la suractivité du sens de l'ouïe chez ce chien aveugle. Le pulvinar de la couche optique était aussi atrophié que le corps genouillé externe. Le reste du cerveau, normal.

Après une destruction par la maladie d'un organe périphérique des sens, chez un très jeune enfant, Tomaschewski a constaté les mêmes atrophies ascendantes[1]. A la suite d'une méningite cérébro-spinale, un enfant était devenu, à l'âge de deux ans, aveugle et sourd. Les bulbes oculaires, qu'une affection inflammatoire avait détruits, étaient atrophiés. Comme chez le chien de Monakow, la perte de la vue, et aussi de l'ouïe dans ce cas, était compensée par une plus grande finesse du toucher et de l'odorat. Lorsque cet enfant mourut, à huit ans, on trouva une atrophie des deux nerfs optiques, du chiasma, du tractus optique, des tubercules quadrijumeaux, du lobe occipital (cunéus, O^2 et O^3), du *gyrus* angulaire et de T_1, centre de l'audition, surtout à gauche. Dans toutes ces régions la substance grise était atrophiée.

La section de la partie postérieure de la capsule interne, c'est-à-dire des radiations optiques à ce niveau, a été suivie : 1° d'une dégénération ascendante des faisceaux de projection et de l'écorce du lobe occipital ; les grandes cellules pyramidales de la troisième couche ont surtout dégénéré ainsi que les réseaux nerveux de la troisième et de la cinquième ; 2° d'altérations périphériques toutes semblables à celles qui suivent l'ablation des sphères visuelles. Dans ces cas, les lésions de la dégénérescence descendante affectent successivement, on le verra, les faisceaux de projection, d'association et de commissuration du lobe occipital, le corps genouillé externe, le pulvinar, les tubercules quadrijumeaux antérieurs et le tractus optique du côté opéré, le nerf optique du côté opposé et les neurones de la rétine elle-même (Ganser, v. Monakow).

Ce qui ressort avec évidence de ces études des voies et des centres optiques, c'est que, dans chaque centre, un système de fibres se termine et qu'un autre en part, ces différents systèmes étant associés entre eux au moyen de ces « cellules intermédiaires » de Monakow, qui ne sont autres que les cellules du deuxième type de Golgi, neurones d'association, vrais internodes si souvent postulés par l'anatomie du cerveau, qui reçoivent et transmettent les courants nerveux de plusieurs systèmes différents.

Nous voudrions insister maintenant sur la dégénérescence rétrograde (Sottas, Gombault et Philippe). A côté de la dégénérescence wallérienne, frappant le bout périphérique d'un nerf séparé de son centre trophique, il existe une dégénérescence rétrograde, une altération cellulipète du bout central, se propageant du point sectionné vers le centre trophique, c'est-à-dire vers la cellule d'origine du nerf, et pouvant même, dans certains cas, dépasser ce centre, pour envahir secondairement le neurone suivant. Dans le bout central des nerfs périphériques des membres amputés, Marinesco a observé une dégénération de degré variable, intéressant la myéline et le cylindraxe, et déterminant, par places, une atrophie complète des nerfs avec prolifération du tissu interstitiel. Anatomiquement, ce processus ne diffère pas essentiellement de celui de la dégénération wallérienne du bout périphérique ; il se produit seulement plus tard et a une marche plus

1. Tomaschewski, *Zur Frage über die Veränderungen in der Gehirnrinde in einem Falle von in früher Kindheit erworbener Blind und Taubheit.* (*Centralblatt f. Nervenheilkunde*, 1889, 21).

lente ; il est plus rapide chez les jeunes animaux que chez les adultes. Ces faits et un grand nombre d'autres ne s'accordent évidemment pas avec la théorie classique des centres trophiques. Pourquoi, après l'amputation d'un membre, les nerfs sensitifs du moignon s'atrophient-ils, puisqu'ils sont restés en rapport avec leurs centres trophiques, les ganglions spinaux? Pourquoi, dans ce cas, les cylindraxes centraux des cellules des ganglions spinaux, en rapport avec leur centre trophique également : les racines postérieures, les fibres des cordons postérieurs, avec leurs collatérales pénétrant dans la corne postérieure de la moelle épinière, dégénèrent-ils, dégénérescence qui explique l'atrophie correspondante d'un certain nombre de cellules des cornes antérieures ? Comment les nerfs moteurs, restés en rapport avec leurs centres trophiques, avec les cellules des cornes antérieures de la moelle épinière, peuvent-ils dégénérer ? C'est que les autres centres trophiques eux-mêmes ont subi l'atteinte des lésions de leurs prolongements nerveux, c'est que les prolongements protoplasmiques et le prolongement cylindraxile d'une cellule nerveuse, avec ses arborisations terminales et ses branches collatérales, font partie de cette cellule comme les membres font partie du corps d'un individu, que l'unité de la cellule et de son cylindraxe est absolue, bref, qu'un neurone est un individu.

Or les neurones ne sont pas seulement des individus anatomiques et fonctionnels : ce sont aussi des centres trophiques du nerf. Golgi, Forel, Monakow, van Gehuchten, admettent que toute lésion affectant, en un point quelconque, le neurone, doit amener une destruction rapide dans la portion séparée de l'élément entier, puis la mort, plus lente, mais inévitable, de la portion centrale du neurone. Sans doute, les segments interannulaires des nerfs, sortes de « cellules adipeuses traversées par le cylindraxe d'une celulle nerveuse » (Durante), peuvent, au point de vue trophique, constituer des voies de nutrition propres et le nerf pourrait ainsi posséder une certaine indépendance au regard de la cellule mère. On ne sait, en effet, si le cylindraxe tire directement de la cellule ses matériaux de nutrition ou s'il les emprunte à des échanges localement réalisés sur son parcours, l'influence du corps cellulaire n'intervenant peut-être que pour régler les processus d'assimilation. Mais que le cylindraxe soit exposé, comme tout autre élément de l'organisme, à subir les influences locales des milieux qu'il traverse, et par exemple l'effet des agents chimiques en circulation (névrites, etc.), c'est l'évidence même [1].

Renaut (de Lyon) a été amené à conclure, au sujet des névrites périphériques, que, dans nombre de cas, la réaction d'un nerf à l'encontre des actions pathogènes qu'il reçoit à sa terminaison ou dans sa continuité est et demeure toute locale. « Et sans nier l'influence grande de la cellule ganglionnaire sur un nerf dans tout son parcours, j'estime, dit l'éminent histologiste, qu'au point lésé le cordon nerveux peut et doit réagir. C'est dire que le processus réactionnel et local du nerf, la névrite périphérique, doit conserver son individualité et sa place en neurologie [2]. » Nous n'en avons pas moins le droit de considérer le cylindraxe, toujours de structure uniforme, qu'il émane d'une cellule sensitive, sensorielle ou motrice, comme faisant partie intégrante de la cellule d'origine.

Cela posé, de quelle nature sont les troubles de la nutrition qui, des centres trophiques des nerfs — cellules des ganglions cérébro-spinaux, cellules des cornes antérieures de la moelle, cellules des noyaux des nerfs craniens, cellules de l'écorce cérébrale de la voie des pyramides, de la voie centrifuge des nerfs optiques, etc. — retentissent sur les nerfs, les muscles et les centres nerveux et déterminent des dégénérescences secondaires, soit ascendantes, soit descendantes, soit dans les deux directions opposées à la fois, directe-

1. Marinesco. *Ueber Veränderung der Nerven und des Rückenmarkes nach Amputationen; ein Beitrag zur Nerventrophik* (*Neurol. Centralbl*, 1892, 463 sq.). — Marinesco et Paul Sérieux. *Sur un cas de lésion traumatique du trijumeau et du facial avec troubles trophiques consécutifs* (*Arch. de physiologie*, 1893, 464). — Goldscheider. *Zur allegemeinen Pathologie des Nervensystems. I. Ueber die Lehre von den trophischen Centren*; II. *Ueber Neuron-Erkrankungen. Berlin. klin. Wochenschr.* (1894, n° 18-19). — G. Durante. *De la dégénérescence rétrograde dans les nerfs périphériques et les centres cérébro-spinaux* (*Bulletin médical*, 1895, 443). — Klippel et Durante. *Des dégénérescences rétrogrades dans les nerfs périphériques et les centres nerveux* (*Rev. de méd.*, xv, 1895).

2. Congrès français des médecins aliénistes et neurologistes, août 1894.

ment ou indirectement par l'intermédiaire des neurones associés? Conciliant les idées d'inactivité fonctionnelle et d'influence trophique subie par le nerf, émises par Türk et par Bouchard pour expliquer les dégénérescences secondaires, Marinesco, sans nier la dissociation toujours possible de l'activité nutritive et fonctionnelle du neurone, fait dépendre les fonctions trophiques des cellules nerveuses, leur propriété de nourrir et de conserver la structrure du neurone, de la continuité des excitations périphériques. L'activité trophique des cellules n'est donc pas purement automatique : elles ne puisent pas en elles-mêmes leur énergie; les courants d'excitation périphériques ou centraux qui les traversent servent aussi à entretenir l'intégrité de leurs fonctions trophiques. La trophicité des cellules musculaires est d'ailleurs soumise aux mêmes conditions, c'est-à-dire à la continuité des excitations fonctionnelles. Les muscles striés, comme les cellules nerveuses, peuvent être sans doute primitivement affectés (atrophie musculaire myopathique primitive).

Lorsqu'un membre est amputé, les cellules des ganglions spinaux ne reçoivent plus les excitations parties des ramifications terminales des troncs nerveux sensitifs; les excitations parties du tissû cicatriciel du nerf sont insuffisantes pour assurer la persistance de la fonction normale du ganglion, et il est bien connu, d'autre part, que les terminaisons des nerfs sont beaucoup plus sensibles que les nerfs mêmes; la fonction trophique de ces cellules diminue donc toujours, et finalement apparaissent les troubles de nutrition aussi bien des fibres périphériques de la sensibilité que des racines et des cordons postérieurs de la moelle épinière. En outre, et toujours dans l'hypothèse d'une amputation, les cellules des cornes antérieures de la moelle ne recevront plus les mêmes excitations qu'auparavant des collatérales des cordons postérieurs, lorsque des mouvements réflexes avaient lieu dans le membre maintenant disparu, — car Flechsig, Singer et Münzer, Ramon y Cajal, etc., ont décrit les fibres qui des racines postérieures vont directement dans la région des racines antérieures et s'arborisent entre les dendrites des cellules des cornes antérieures; ces neurones radiculaires ne seront plus actionnés que par les cellules motrices corticales d'origine de la voie des pyramides, et les mouvements volontaires relatifs au membre ou segment de membre amputé seront très rares (associations motrices automatiques, rêves, hallucinations des amputés) : les troubles trophiques de ces cellules retentiront donc à distance et pourront affecter les nerfs moteurs et les muscles où ces nerfs se distribuent. Ces nerfs et ces muscles pourront dégénérer avant qu'aucune altération histologique appréciable apparaisse dans le corps cellulaire lui-même sous l'influence du ralentissement de la nutrition.

Quant à la continuité de l'excitation fonctionnelle à laquelle Marinesco attribue la persistance de l'activité trophique d'une cellule, il n'est pas nécessaire qu'elle soit d'origine périphérique : elle peut aussi bien provenir d'un centre nerveux du névraxe. Mais, pour la fonction trophique, des excitations centrales, volontaires, conscientes, ont bien moins d'importance que les excitations continues dont nous avons parlé et qui restent d'ordinaire au-dessous du seuil de la conscience. Après certaines lésions destructives de l'écorce cérébrale, des atrophies musculaires relativement précoces apparaissent, dont la symptomatologie permet de faire le diagnostic d'avec les atrophies musculaires dégénératives, à réaction de dégénérescence, consécutives aux affections des cornes antérieures ou aux altérations périphériques. On connaît les interprétations divergentes qu'ont données les auteurs de l'atrophie musculaire cérébrale, celles de Joffroy et d'Achard, de Borgherini, d'Eisenlohr; on peut aujourd'hui résolument écarter l'hypothèse (Quincke) d'un centre trophique cérébral spécial.

Or les voies sensorielles du nerf optique ne sauraient différer au fond, non plus que celles d'aucun autre nerf des sens, des voies sensitives des nerfs spinaux. Les cellules bipolaires des couches moyennes de la rétine correspondent aux cellules des ganglions spinaux[1]. Les *neurones directs* ou de *premier ordre* de la voie optique sont constitués par le corps et les prolongements périphique et central d'une cellule bipolaire, les terminaisons centrales entrant en contact avec les dendrites des grosses cellules ganglionnaires des couches profondes de la rétine. Ces dernières cellules correspondent aux cellules des cordons postérieurs de la moelle épinière. Les *neurones indirects* ou de *deuxième ordre* de

1. Flatau. *Atlas du cerveau humain et du trajet des fibres nerveuses*, 1894.

la voie optique sont constitués par les grosses cellules ganglionnaires de la rétine, par les prolongements dendritiques et cylindraxiles de ces cellules, ces derniers constituant les fibres visuelles du nerf optique, du chiasma, des bandelettes optiques. Je comparerai ce neurone sensoriel de deuxième ordre, non seulement aux cordons antéro-latéraux de la moelle, mais aux fibres du ruban de Reil, des issues, dans la moelle allongée, des noyaux de Goll et de Burdach, et formant le second neurone du faisceau sensitif[1]. Les fibres nerveuses de cette voie optique se terminent en s'arborisant dans les corps genouillés externes et peut-être dans le pulvinar de la couche optique, comme les fibres du ruban de Reil se terminent dans les couches optiques, d'après Meynert, Forel, Obersteiner, Mahaim, Déjerine. Des corps genouillés externes à l'écorce du lobe occipital, les radiations de Gratiolet constituent le *neurone de troisième ordre*, de même que les fibres du ruban de Reil, au sortir du thalamus, s'irradient dans l'écorce des régions pariétales du cerveau.

Quoique tous ces neurones aient leurs centres trophiques dans leurs cellules d'origine, ils peuvent dégénérer et dégénèrent en effet souvent dans la direction rétrograde ou cellulipète sous l'influence de lésions soit de l'écorce du lobe occipital, soit du corps genouillé externe, si bien qu'on peut suivre la dégénération descendante jusqu'au tractus et au nerf optique. L'intégrité des territoires de l'écorce est une condition essentielle d'existence pour les centres primaires optiques et leurs prolongements nerveux. On a vu que, dans la série animale, le développement des corps genouillés externes et de certaines parties caudales du pulvinar est inverse de celui des tubercules quadrijumeaux antérieurs, c'est-à-dire que leur importance fonctionnelle a grandi avec la croissance et la différenciation des organes encéphaliques, tandis que le rôle des tubercules quadrijumeaux antérieurs, du moins quant aux fonctions visuelles, perdait toujours plus d'importance chez les vertébrés supérieurs. Or comme la plus grande partie des cellules nerveuses des corps genouillés externes et du pulvinar dégénèrent secondairement après les lésions de la sphère visuelle, on en doit conclure que ces ganglions sont dans un étroit rapport avec cette région de l'écorce.

Quel est, au regard de l'écorce, le rôle physiologique des centres primaires optiques? Constituent-ils, d'après une manière de voir encore fort répandue, quoique tout à fait injustifiée, des centres primaires d'élaboration des impressions rétiniennes, où celles-ci devraient passer comme dans une sorte de purgatoire avant de pénétrer dans l'écorce, et d'y être perçues? C'est là une interprétation que nous écartons avec Monakow. Ces ganglions dégénèrent entièrement après l'ablation des territoires corticaux de la vision : on doit donc leur refuser « toute activité propre, autonome, dans l'acte de la vision », en particulier toute activité réflexe de la nature de celle qu'on doit admettre pour le lobe optique des vertébrés inférieurs. Autrement, il n'y aurait aucune raison pour que les cellules du corps genouillé externe dégénérassent dans les conditions indiquées. Dans la cécité corticale, Munk a noté que tous les réflexes optiques, même le clignement — mais non le réflexe pupillaire, si la lésion est purement corticale — font défaut : c'est une preuve que le corps genouillé externe ne saurait conduire les excitations dans une autre direction que vers la sphère visuelle. Aussi bien cet étroit rapport de dépendance fonctionnelle et trophique des centres optiques primaires et du territoire cortical de la vision n'est qu'un cas particulier d'une loi beaucoup plus générale et que von Monakow a souvent vérifiée : à chaque segment de la couche optique correspond, d'après les recherches de ce savant, un territoire cortical assez nettement circonscrit dont l'intégrité est indispensable à la persistance de l'activité trophique et fonctionnelle de chacune de ces parties du thalamus. Mais, pour ne parler ici que des corps genouillés externes et des tubercules quadrijumeaux, c'est-à-dire des principales stations ou relais des courants centripètes ou centrifuges de la voie optique, il est certain qu'après une section des faisceaux passant dans la partie postérieure de la capsule interne Monakow a observé une atrophie des grandes cellules solitaires de l'écorce du lobe occipital et qu'il a toujours pu déterminer une dégénérescence secondaire descendante des radiations optiques, du corps genouillé externe, des bandelettes et du nerf optique après des lésions destructives du lobe occipital. Ce sont autant d'exemples de ces dégénérescences

1. Jules Soury. *Le faisceau sensitif* (*Revue générale des sciences*, 30 mars 1894).

rétrogrades ou cellulipètes que nous venons d'étudier chez quelques-uns seulement des auteurs qui les ont le mieux observées et interprétées. La dégénérescence du ruban de Reil, que Hösel a suivie de l'écorce des régions pariétales du cerveau jusqu'aux noyaux sensitifs du bulbe, par exemple, est de tous points comparable aux dégénérations secondaire de cause pathologique ou expérimentale que l'on constate de l'écorce du lobe occipital aux corps genouillés externes, et l'altération atrophique descendante, cellulipète, des radiations optiques, des bandelettes, du chiasma et des nerfs optiques consécutive aux lésions du territoire calcarinien n'est pas moins certaine que celle du ruban de Reil après les lésions de l'écorce ou du thalamus. Monakow, Langley, Marchi et Algeri, après extirpation des régions pariétales du cerveau, ont vu une dégénérescence descendante des cordons postérieurs s'étendant quelquefois même sur toute la hauteur de la moelle. Ces dégénérescences secondaires, tant rétrogrades que wallériennes, se propagent donc souvent bien au delà des limites d'un neurone : elles peuvent s'étendre, à travers les relais nucléaires, aux différents neurones associés qui constituent, comme autant de segments animés, les différentes voies nerveuses sensitives, sensorielles, motrices. L'existence des collatérales des cylindraxes permet de concevoir, comme le remarque Durante, que les dégénérescences descendantes sensitives ou sensorielles d'origine corticale seront plus diffuses que les dégénérescences ascendantes. Au début, la dégénérescence rétrograde est caractérisée par une atrophie plus ou moins marquée de la myéline, puis la myéline disparaît complètement, laissant les cylindres nus, enfin le cylindraxe lui-même.

Dans les expériences de résection du nerf optique instituées par Cesare Colucci sur des mammifères, des reptiles et des batraciens, pour étudier les processus dégénératifs consécutifs de la rétine, on observe, dans les premiers jours après l'opération, une atrophie des fibres de l'opticus ; après un mois, on peut suivre les phénomènes de dégénération dans les différentes couches de la rétine, depuis la couche des cellules ganglionnaires jusqu'à celle des cônes et des bâtonnets, la couche des grains internes dégénérant avant celle des grains externes. A toutes les hauteurs, les prolongements cellulaires disparaissent d'abord[1]. Chez le chien, la destruction de la couche des cellules ganglionnaires est déjà complète deux mois après la résection du nerf optique. Puis la dégénération rétrograde envahit de proche en proche la couche plexiforme interne, la couche des grains internes, la couche plexiforme externe, la couche des grains externes, ou du corps des cellules visuelles, laquelle présente la plus grande résistance, enfin celle des cônes et des bâtonnets, sorte de lamelle épithéliale, simple produit de sécrétion du protoplasma des cellules sous-jacentes.

La clinique et l'anatomie pathologique ont fait avancer aussi près que possible d'une solution définitive le problème de la localisation corticale de l'hémianopsie bilatérale homonyme, en d'autres termes, du centre cérébral de la vision. Comme l'a montré Séguin, les observations cliniques à lésion minima, dont le foyer, ancien et stationnaire, peut être plus étroitement circonscrit, sont absolument contraires aux thèses doctrinales de D. Ferrier et décidément favorables à la doctrine de Munk touchant le territoire cortical de la vision mentale. Munk attribue l'hémianopsie transitoire consécutive à l'extirpation du pli courbe (*gyrus angularis*) à la réaction inflammatoire du lobe occipital, surtout à la lésion (par compression, etc., mais non destructive ici) des radiations optiques de Gratiolet et de Wernicke qui, des corps genouillés externes, gagnent les lobes occipitaux en passant sous le lobe pariétal inférieur et le pli courbe. C'est ce simple fait d'anatomie qui explique l'erreur célèbre de D. Ferrier et de ceux qui l'ont suivi. Toute lésion du *gyrus angularis*, de la circonvolution supramarginale et du lobe pariétal inférieur atteint presque sûrement le faisceau de projection des fibres visuelles. Si elle le détruit, la rupture du câble, pour ainsi dire, qui assurait la communication entre la dernière station optique sous-corticale et l'écorce du lobe occipital est fatalement suivie de la cécité corticale, absolue, hémianopique, des deux moitiés rétiniennes dont ce câble transmettait en quelque sorte les messages. De même, si une lésion destructive intéresse la station terminale où ces fibres devaient aboutir. Cette station, pour Séguin, se trouve sur

1. C. Colucci. *Conseguenze della recisione del nervo ottico nella retina di alcuni vertebrati* (*Ann. di Nevrologia*, XI).

la face interne du lobe occipital, dans le cunéus. Sur les quarante-cinq cas d'hémianopie par lésions de l'encéphale, SÉGUIN en a superposé seize, dont les lésions étaient purement d'origine occipitale, sur une feuille de papier, au moyen d'applications successives de couches d'encre de Chine : le maximum d'intensité de coloration due à la superposition du plus grand nombre de couches d'encre correspondait au cunéus.

Le mémoire de SÉGUIN[1] est demeuré une des pierres d'angle de la doctrine de l'hémianopsie corticale. FOREL, qui avait vu dès le principe que les faits ne s'accordent pas avec une « localisation générale » des fonctions du cerveau, à la manière de GOLGI et de GUDDEN, s'était rangé à l'opinion de SÉGUIN : « Certains éléments du réticulum de l'écorce du coin méritent bien, dans leur ensemble, a écrit FOREL, le nom de « sphères visuelles » (SÉGUIN), parce que, dans ces éléments, a lieu la terminaison du système des fibres (*Sehstrahlungen, fasciculus opticus*) issues des centres du nerf optique, et parce que toute destruction notable, soit de ce système de fibres, soit de l'écorce du coin, provoque des troubles de la vision (hémiopie, etc.). Quand les excitations optiques ont atteint cette région de l'écorce, elles y sont sans doute conservées sous forme d'images visuelles commémoratives, et s'y trouvent naturellement reliées, au moyen de systèmes de fibres d'association des plus variés, avec d'autres territoires de l'écorce, qui peuvent servir de substratum organique aux images mnémoniques associatives. Que la transmission de ces excitations ait lieu par continuité ou par contiguïté des ramifications des fibrilles nerveuses enchevêtrées, cela ne change absolument rien aux faits anatomo-physiologiques des localisations[2]. »

NOTHNAGEL n'a pas montré moins de pénétration et de sens vraiment clinique dans cette question capitale de l'hémianopsie, où l'on a vu CHARCOT lui-même errer et finalement se perdre. Qu'une lésion unilatérale de l'écorce cérébrale puisse frapper d'amblyopie uniquement l'œil opposé, NOTHNAGEL ne peut pas l'admettre, et, à toutes les objections il *sent* qu'on peut répondre victorieusement en appelant d'un examen périmétrique incomplet ou même nul à un examen plus exact; on *doit* trouver l'hémianopsie. Chez l'homme, cette cécité partielle d'origine corticale est liée exclusivement aux lésions du lobe occipital; les lésions corticales d'autres parties du cerveau n'ont jamais eu pour effet une hémianopsie durable, permanente, une lésion de déficit de la vision. Des matériaux anatomo-cliniques rassemblés par NOTHNAGEL, il résulte que l'écorce du lobe occipital n'est pas dans sa totalité physiologiquement homogène quant à la vision. « La perception des impressions lumineuses venue des objets éclairés est limitée à une partie assez circonscrite de l'écorce du lobe occipital[3]. » Ce centre de perception optique, NOTHNAGEL le localise, avec SÉGUIN, dans l'écorce du cunéus, mais il y comprend en outre O^1. Déjà EXNER avait conclu d'un petit nombre de cas que *le territoire cortical de l'œil* (*Rindenfeld des Auges*) devait être situé dans cette dernière circonvolution (O^1); il avait vu la lésion s'étendre à O^2, et, sur la face interne, au cunéus[4]. Deux autopsies de cerveaux d'aveugles publiées par HUGUENIN, dans lesquels l'extrémité supérieure de O^1 était atrophiée, et qui s'accordaient aussi bien entre elles qu'avec les résultats connus jusqu'alors par EXNER, le confirmèrent dans sa doctrine. O. BERGER localisa aussi dans O^1 le point d'irradiation terminale des radiations optiques. Mais NOTHNAGEL apporte cet argument en faveur de la différenciation physiologique du cunéus et de O^1 : c'est que O^2 et O^3, le lobe lingual et le lobe fusiforme, ont été, dans les autopsies, trouvés détruits sans qu'il eût existé d'hémianopsie.

Naturellement les lésions destructives de la substance blanche sagittale, en isolant les radiations optiques du cunéus et de O^1, peuvent toujours provoquer les mêmes symptômes que les lésions du territoire cortical où ces faisceaux se terminent. Ainsi, pour le clinicien de notre temps qui a le plus fait pour l'avancement de la science du diagnostic topographique des affections du système nerveux central, pour NOTHNAGEL, le champ

1. SÉGUIN (New-York). *Contribution à l'étude de l'hémianopsie d'origine centrale* (*Arch. de neurologie*, 1886, 296).
2. AUG. FOREL. *Einige hirnanatomische Betrachtungen und Ergebnisse* (*Arch. f. Psych.*, XVIII).
3. *Ueber die Localisation der Gehirnkrankheiten*, par H. NOTHNAGEL et B. NAUNYN. Wiesbaden, 1887, 10.
4. SIGM. EXNER. *Untersuchungen über die Localisation der Functionen in der Grosshirnrinde des Menschen*. Wien, 1881, 60 sq.

optique de perception (*das optische Warhnehmungsfeld*) est localisé dans le cunéus et O[1]; une lésion unilatérale de ces parties produit l'hémianopsie; une lésion bilatérale, la cécité complète, absolue. C. Reinhard à cru que O[2] correspondait à la *macula lutea* et que les faisceaux de fibres maculaires s'y projetaient; il ajoutait que chaque point de l'expansion corticale du nerf optique est en rapport avec deux points identiques des moitiés rétiniennes homonymes correspondantes.

II. Hallucinations hémiopiques homonymes. — *Hémianopsies en secteur, hallucinations visuelles unilatérales.* — Les hallucinations de la vue dans la partie abolie du champ visuel s'observent quelquefois dans l'hémianopsie d'origine corticale. Mais ce phénomène, déterminé par une lésion irritative de l'écorce du lobe occipital est ici simplement surajouté à la lésion destructive qui a produit la cécité partielle des deux yeux. Avec Tamburini, nous définissons l'hallucination *une sorte d'épilepsie des centres sensoriels.* Les cas de lésions destructives du lobe occipital ont souvent été précédés de processus irritatifs qui ont provoqué des hallucinations de la vue. Charcot, Ferrier, Séguin, Gowers, etc., l'ont noté expressément. Westphal, Gowers, Monakow, Seppilli, Tamburini et Riva ont constaté à l'autopsie des lésions du lobe occipital dans des cas d'hallucination de la vue. Il y a plus : les hallucinations de la vue peuvent servir à déterminer le point circonscrit de l'écorce cérébrale où siège la lésion dont elle est le symptôme. Dans le cas célèbre de Arnold Pick, le malade, avant de s'endormir, le soir, voyait de l'œil droit des personnes à lui connues, de grandeur naturelle, mais la tête et le buste lui apparaissaient seuls le plus souvent. De même, si dans ses hallucinations, il voyait une forêt, il ne distinguait que la cime des arbres, les parties inférieures restant dans l'ombre. Le périmètre indiqua un rétrécissement considérable du champ visuel de l'œil droit, en haut et un peu en dedans, c'est-à-dire une cécité du segment inférieur et externe de la rétine droite. Sur la « rétine corticale », dans le cerveau, la lésion devait occuper la région correspondant, chez l'homme, à la zone postérieure ou inférieure de la sphère visuelle du singe (Schäfer, Munk). De même que le diagnostic topographique des lésions soit irritatives, soit destructives, des circonvolutions centrales, déterminant des épilepsies ou des paralysies d'origine corticale, est aujourd'hui assez certain pour que le siège exact en puisse être circonscrit[1], il devient possible également, à l'aide des faits expérimentaux et anatomo-cliniques, de délimiter la région cérébrale des lésions, soit irritatives, soit destructives, du centre de la vision, qui déterminent soit la production des hallucinations, soit l'abolition de la fonction.

Encore relativement aux hallucinations dans les hémianopsies en secteur, Hun a observé qu'une destruction de la lèvre supérieure de la scissure calcarine par atrophie de la moitié inférieure du cunéus droit avait produit une hémianopsie dans le quart inférieur gauche du champ visuel des deux côtés. Rétrécissement concentrique du champ visuel conservé[2]. Le cas d'hémianopsie inférieure bilatérale décrit par Hoche est surtout d'un vif intérêt. Il s'agissait d'une femme de vingt-sept ans qui, après de graves accidents post-puerpéraux (hémorragie, fièvre, etc.), et d'ailleurs héréditaire, présenta au cours d'une psychose consécutive une perte absolue bilatérale de toute la moitié inférieure du champ visuel. En présentant à la malade le cadran d'une montre marquant neuf heures treize minutes, elle vit bien les deux aiguilles et les chiffres X, XI, XII, I et II du haut du cadran, mais ne distingua rien plus bas. Durant quelques jours, elle aperçut une tête dont la moitié inférieure restait dans l'ombre. Entre autres hallucinations du champ visuel hémiopique inférieur, la malade voyait des fleurs de couleur bleue et jaune en mouvement. Elle se plaignait en outre d'hallucinations olfactives, quoique l'odorat fût aussi complètement aboli sur les deux narines que la vue sur toute la moitié inférieure du champ visuel. Il existait aussi des hallucinations de l'ouïe à droite; les saveurs n'étaient pas senties; sensibilité diminuée sur tout le corps; anesthésie du pharynx. La limite horizontale des champs visuels supérieur et inférieur était très nette, l'examen périmétrique l'établit; le fond de l'œil était normal; les pupilles réagissaient

1. Allen Star. *La chirurgie de l'encéphale.* Trad. par A. Chipault. Préface de S. Duplay. Paris, 1895. Cf. pour la localisation de la sphère visuelle, A. Starr, *American Journal of medic. sciences*, 1884, vol, 88.

2. Hun. Obs. 1. *American Journ. of medic. sciences*, 1887.

aussi bien à l'accommodation qu'à la lumière ; les réflexes pupillaires étaient conservés sur les moitiés inférieure et supérieure de la rétine[1].

Le cas de Frederik Peterson est également fort curieux. Une femme de quarante-cinq ans, à la suite d'hémorragies post-puerpérales profuses, éprouve une violente céphalalgie dans la région temporale droite; les choses lui apparaissent dans un brouillard, puis une hémianopsie homonyme gauche survient; des hallucinations apparaissent bientôt dans la moitié obscure du champ visuel; des rats, des chiens, des enfants. Les enfants formaient une procession, marchaient en rond, les animaux demeuraient immobiles. Ces hallucinations hémiopiques ont persisté, sans interruption, excepté durant le sommeil, quatre semaines ; elles ont disparu tout à coup, mais l'hémianopsie a persisté[2].

Nous ne pouvons citer que pour mémoire les autres cas, très peu nombreux encore, d'hallucinations hémiopiques homonymes dont on doit la connaissance à Séguin, à Féré, à Bidon, à Higier. Dans un cas d'hémianopsie gauche accompagné d'hémiplégie et d'hémianesthésie du même côté, rapporté par Colman[3], la malade voyait une foule de visages dans son champ visuel aveugle ; elle avait parfaitement conscience de la nature hallucinatoire de ces visions. L'observation que H. Lamy vient de publier avec des considérations générales sur la nature et le mécanisme de ces hallucinations[4] se distingue des autres par une particularité essentielle : l'hallucination visuelle se manifeste ici sous la forme clinique d'une véritable épilepsie sensorielle surajoutée à une hémianopsie permanente. L'hallucination a le caractère d'un paroxysme et coïncide avec une légère perte de conscience ; l'absence était même autrefois accompagnée de mouvements convulsifs de la face, c'est-à-dire d'épilepsie partielle motrice. Ainsi, chez une femme de trente-cinq ans, dont les accidents cérébraux, d'origine syphilitique, consistaient en absences fréquentes et en perte croissante de la mémoire, il y eut d'abord de l'hémianopsie homonyme gauche : la malade ne voyait que la moitié des gens et des choses ; il y a eu ensuite (1892) de l'hémianopsie homonyme droite avec conservation de la vision centrale, ce qui indique sûrement le siège cortical ou immédiatement sous-cortical de la lésion. Pendant l'absence, la vue se brouille tout à coup : alors la malade aperçoit, un peu à droite de la ligne médiane, dans la partie du champ visuel où les objets extérieurs ne sont plus perçus, une figure qui lui paraît très voisine de son œil droit; c'est une tête d'enfant souriante, tournée à l'envers, avec deux yeux qui la regardent fixement ; les yeux et le front sont très distincts : le reste de la figure est vague. Au sortir des absences, la malade a le souvenir très net de cette apparition. Le caractère de constance et d'uniformité de cette hallucination permet de l'identifier complètement, selon moi, avec les auras sensorielles des épilepsies.

Ces hallucinations de la vue ne paraissent pas s'étendre aux autres centres sensoriels et sensitifs de l'écorce cérébrale : la malade de Hoche et celle d'Higier voient des fleurs diversement colorées, mais ne témoignent pas en sentir l'odeur. Presque toutes ces visions, d'une plasticité singulière, se meuvent et se déplacent, progressent en longues files disparaissant à l'horizon, etc. Je crois pourtant que, lorsque le nombre des cas de ce genre d'hallucinations visuelles sera plus grand, on constatera l'existence d'hallucinations concomitantes d'autres sens, de l'audition surtout et de l'odorat, quoique moins intenses, et subordonnées à l'élément visuel de l'hallucination, comme dans l'audition colorée et les autres synesthésies d'origine corticale.

En somme, il s'agit, dans ces cas d'hallucinations hémiopiques homonymes, d'un phénomène comparable aux hallucinations unilatérales[5]. Qu'elles affectent une moitié

1. Hoche. *Doppelseitige Hemianopsia inferior und andere sensorischsensible Störungen bei einer functionellen Psychose* (*Arch. f. Psych.*, XXIII.) D'autres cas d'hémianopsie en secteur ont été observés par Wilbrand, Henschen, etc.

2. Fr. Peterson. *A second note upon homonymous hemiopic Hallucinations* (*New-York med. Journal*, 1891, 31 *janv.*).

3. S. Colman. *Hallucinations in the sane associated with local organic disease of the sensory organs* (*Brit. med. Journ.*, 1894).

4. H. Lamy. *Hémianopsie avec hallucinations dans la partie abolie du champ de la vision* (*Revue neurologique*, 15 mars 1895).

5. G. Seppilli. *Contributo allo studio delle allucinazioni unilaterali* (*Riv. speriment. di freniatria*, 1890, XVI, 82).

ou les deux moitiés du champ visuel, les hallucinations sont ce qu'après TAMBURINI, EXNER appelle des épilepsies corticales partielles et NOTHNAGEL « l'analogue des convulsions corticales comme effet de processus irritatifs des régions de l'écorce dont d'autres lésions produisent l'hémianopsie et la cécité psychique ». On a vu, pour ne parler que des cas d'hallucinations qui viennent d'être décrits, que l'image hallucinatoire est projetée et extériorisée comme l'est une image réelle dans la perception normale des choses du monde extérieur. Car il va de soi qu'on ne perçoit qu'une image subjective des choses, non les choses elles-mêmes, et que c'est par une illusion qu'on identifie cette image purement subjective ou imaginaire aux impressions des sens déterminés par l'objet dont l'existence ne saurait être admise par la raison humaine qu'à titre de postulat. TAINE a appelé la perception une hallucination vraie, et cela est parfaitement exact, quoique l'autre hallucination, la fausse, ne soit pas moins vraie, puisque la perception ne saurait être de nature différente, je ne dis pas seulement chez l'homme sain d'esprit et chez l'aliéné, mais chez le même individu tour à tour obsédé ou libre d'hallucinations, sans être le moins du monde aliéné.

L'intensité de l'image mentale fait sa vérité. Quand cette intensité est suffisante, l'image mentale est perçue et interprétée comme une sensation rétinienne. S'il en est ainsi, si toute perception, vraie ou fausse, est une hallucination, et si l'hallucination est une excitation des centres sensoriels ou sensitifs de l'écorce cérébrale des hémisphères, une lésion irritative d'un lobe occipital projettera au dehors, sur les moitiés homonymes des deux champs visuels, une image ou un groupe d'images dites hallucinatoires. De même qu'une lésion destructive unilatérale du lobe occipital détermine une hémianopsie bilatérale homonyme, affectant de cécité partielle les deux moitiés correspondantes du champ visuel, une lésion irritative unilatérale des mêmes régions *doit* déterminer une hallucination bilatérale homonyme affectant partiellement les champs visuels des deux yeux. Dans un cas bien observé de FR. PETERSON[1], les hallucinations de la vue (squelettes) n'apparaissaient que dans la moitié des deux champs visuels droits, ne dépassant jamais la ligne verticale de démarcation des deux moitiés saine et aveugle du champ visuel.

Ce ne serait rien objecter de valable que de prétendre que les malades n'accusent d'ordinaire qu'une hallucination unilatérale de la vue ou de l'ouïe. Les malades ne savent pas observer et n'ont point mission de faire la science. Que d'hémianopsiques qui, sans être des hystériques, telle que la malade de A. LAMY, ne s'aperçoivent plus ou ne se sont jamais aperçu de leur hémicécité! Si l'on songe au petit nombre d'hallucinations unilatérales que la science possède, et aux conditions dans lesquelles les observations ont été faites pour la plupart, on inclinera sans doute à penser qu'avant de chercher à expliquer un fait aussi inexplicable que celui d'hallucinations unilatérales, il serait utile d'établir s'il existe. Or il n'existe pas, parce qu'il ne peut pas plus exister que la cécité unilatérale et croisée par lésions centrales ou corticales de l'appareil de la vision.

Cécité corticale. — *Vision des couleurs; mémoire des lieux; idées d'espace.* — La cécité complète, la cécité corticale de MUNK (*Rindenblindheit*), l'amaurose cérébrale comme on devrait peut-être dire, n'est qu'une hémianopsie cérébrale double. Une double hémianopsie produit une cécité totale. Qu'un ramollissement par oblitération embolique, par exemple, des artères cérébrales postérieures, détruise d'emblée l'écorce des deux coins de la face interne des lobes occipitaux, comme dans le cas de BOUVERET[2], la cécité sera soudaine, entière, permanente, quoique les nerfs optiques, le chiasma, les bandelettes optiques, les corps genouillés externes, les couches optiques et les tubercules quadrijumeaux antérieurs puissent être intacts comme dans ce cas. C'est que l'homme ne voit pas avec ses centres optiques primaires. Chez le chien, l'ablation totale et simultanée du tiers postérieur des trois premières circonvolutions parallèles, c'est-à-dire de la région correspondant aux lobes occipitaux des singes, est également suivie de cécité immédiate

1. F. PETERSON. *Homonymous hemiopic Hallucinations* (*New-York med. Journ.*, 1890, 30 Aug.).

2. L. BOUVERET. *Observation de cécité totale par lésion corticale. Ramollissement de la face interne des deux lobes occipitaux* (*Revue génér. d'ophtalmologie*, 30 novembre 1887. Cf. *Lyon médical*, 1887, 338). Outre le cunéus, le ramollissement comprenait, sur la face interne, les parties postérieures du lobe lingual et du lobe fusiforme.

complète, permanente, des yeux (Munk, Schäfer, Vitzou). Il en va autrement, on le sait, chez les vertébrés inférieurs. Une lésion double sur la face interne des deux coins, ou plus exactement sur les deux territoires calcariniens, voilà la cause unique et suffisante de la perte subite des perceptions de la lumière, des couleurs et des formes chez le singe et chez l'homme. Dans le cas d'Oulmont où, comme dans celui de Bouveret, la cécité s'est constituée d'un seul coup, le ramollissement s'étendait aussi aux deux lobes occipitaux, mais sur les faces interne et externe[1], tandis qu'il était presque confiné au coin dans la première observation, ce qui a même induit Bouveret à écrire ceci : « Il est probable que, chez l'homme, la face externe du lobe occipital est étrangère à la vision. » Le ramollissement intéressait d'ailleurs la substance blanche, dans le cas de Bouveret, et s'étendait jusqu'à la paroi de la corne postérieure du ventricule latéral. Ces deux cas, réunis à ceux qu'a rassemblés A. Chauffard dans son beau mémoire intitulé : *De la cécité par lésions combinées des deux lobes occipitaux*[2], renferment des matériaux précieux pour l'histoire de la cécité corticale. Chauffard considère le cunéus et O^1 comme le point d'irradiation terminale des fibres visuelles. Il a proposé d'appeler la cécité corticale *anopsie corticale*. Voici les caractères du syndrome qui, selon lui, se montreraient constants : cécité complète, avec perte même des sensations lumineuses, conservation des souvenirs optiques, intégrité ophtalmoscopique du fond de l'œil, égalité des pupilles, moyennement dilatées, conservant leur réactivité réflexe lumineuse, ce qui implique l'intégrité anatomique et fonctionnelle des centres primaires optiques.

Mais aucune de ces observations cliniques ne présente l'intérêt scientifique du cas de Förster. Nous possédons aujourd'hui sur cette observation non seulement l'étude clinique de Förster, mais une étude anatomo-pathologique du cerveau du malade que Sachs vient de publier[3]. C'est à ces deux sources, abondantes et profondes, qu'il faut aller pour la connaissance de la cécité corticale. Il s'agissait d'un fonctionnaire de l'administration des postes, buveur de bière, qui, vers trente-neuf ans, eut à cinq ans de distance, en 1884 et en 1889, deux attaques suivies d'une hémianopsie droite d'abord, puis d'une hémianopsie gauche. La cause des deux foyers de ramollissement qui successivement ont détruit des points symétriques des deux hémisphères, Förster l'attribua chaque fois à une thrombose des vaisseaux de l'écorce du lobe occipital, comme en témoignait l'absence de tout symptôme général grave : il n'y avait eu ni paralysie, ni perte de conscience; le réflexe lumineux pupillaire était conservé, ce qui permettait de localiser la lésion dans l'écorce ou dans la substance blanche de la face interne du lobe occipital. En outre, comme il arrive dans le cas d'hémianopsie corticale, unilatérale ou bilatérale, la ligne de démarcation des deux champs visuels ne passait point par la ligne médiane : autour du point de fixation, correspondant à la vision centrale, un tout petit champ visuel persistait, de 3 à 5 degrés, pourvu d'une bonne acuité. Aussi ce malade pouvait-il lire et écrire en accommodant la vision à ce champ visuel minuscule; il écrivait spontanément ou sous la dictée, en allemand et en français. Quoique altérée, la mémoire optique des choses vues, des images, des objets, subsistait; le malade pouvait dessiner de souvenir une clef, une table, une chaise, etc. Il reconnaissait les objets après les avoir explorés, en quelque sorte, au moyen de sa vision centrale. Ainsi point de cécité psychique, pas d'aphasie optique non plus, ni alexie, ni agraphie.

Ces lésions en foyer des lobes occipitaux n'avaient-elles donc pas détruit les images qu'on localise dans cette région du cerveau? Après Wernicke, Förster laissait entendre,

1. Oulmont. *Cécité subite par ramollissement des deux lobes occipitaux (Gazette hebdomadaire*, 1889, 607). Sur l'hémisphère droit le ramollissement occupait presque tout le lobe occipital : O^2 O^3, et la partie inférieure de P^2; les deux tiers postérieurs des T^2 et T^3, sur la face externe; sur la face interne, tout le cunéus, les lobules lingual et fusiforme. Sur l'hémisphère gauche : le ramollissement comprenait, sur la face externe, O^1, O^2, O^3, la partie supérieure de P^1, sur la face interne, le cunéus, la moitié postérieure des lobules lingual et fusiforme et la moitié de l'avant-coin ou lobe carré.

2. *Revue de médecine*, 1888, 131.

3. Förster (Breslau). *Ueber Rindenblindheit* (*A. v. Graefe's Archiv f. Ophthalmologie*, Leipz., 1890, I, 94).

Sachs. *Das Gehirn des Förster'schen Rindenblinden* (*Arbeiten aus der psychiatrischen Klinik in Breslau. Herausgegeben* von Carl Wernicke, II, Leipz., 1895, 53 sq.).

comme le dira la psychologie de l'avenir, que, par localisation des représentations mentales, il ne faut pas se représenter un dépôt d'images qui seraient en quelque sorte conservées dans les cellules de l'écorce comme un testament dans une cassette. Peut-être, estimait-il, ces images ne sont-elles que le produit d'associations variées.

La *vision des couleurs* était abolie. C'est, suivant Förster, que la fonction du sens chromatique ne s'accommode pas d'un territoire cortical aussi restreint que l'était celui de ce malade : cette fonction est perdue alors que persiste encore celle de la perception des formes, de celles des lettres par exemple. La plus grande lésion de déficit psychique observée chez ce malade fut la *perte de l'orientation*, du *sens de l'espace* ou *des lieux* (*Raumsinn, Ortssinn*), de la *mémoire des localités* (*Ortsgedächtniss*), comme on devrait dire, selon Förster. Il ne pouvait plus se présenter la situation respective des choses, non seulement dans l'espace en général, telle que la position géographique des différentes nations de l'Europe sur une carte, mais les allées du jardin de la maison, la disposition des meubles et des portes de sa propre chambre. Sachs, qui observa ce malade dans les derniers jours de sa vie, en 1893, témoigne qu'il était encore incapable de s'orienter dans sa chambre à coucher, qu'il habitait depuis longtemps, de trouver sa table à trois pas de son lit. Il distinguait pourtant la droite de la gauche et s'orientait sur son propre corps; il pouvait s'habiller. De même pour les images anciennes de la mémoire visuelle, les représentations topographiques du bureau de l'administration des postes où il avait travaillé quatre ans. Or ces représentations n'avaient pas été acquises uniquement par la vue : les sensations tactiles, musculaires, tendineuses, articulaires, etc., étaient entrées nécessairement, comme éléments constituants, dans ces souvenirs. La perte de la mémoire des lieux est donc, comme celle d'ailleurs de toutes les mémoires, une lésion de déficit qui, pour être plus directement en rapport avec tel ou tel centre sensoriel, avec celui de la vision mentale dans l'espèce, n'en affecte pas moins indirectement toutes les représentations partielles, de nature différente, anatomiquement distantes du point lésé, mais physiologiquement associées avec ce point, ici avec le lobe occipital, et dont la synergie consensuelle est la condition nécessaire de la reproduction de l'image.

Les *idées d'espace* dépendent donc de l'intégrité du lobe occipital. Il en est autrement, on le sait, dans les lésions destructives des parties périphériques, non centrales ni corticales, de l'organe de la vue (rétine, nerf optique, etc.). L'aveugle dont la cécité relève de cette dernière cause possède, d'une manière remarquable, la faculté de s'orienter dans des lieux qui lui sont devenus familiers; il fait de longues courses en tâtant avec son bâton et dit connaître son chemin. Si, au cours d'une affection des yeux, remarque Förster, on applique un bandeau sur les deux yeux d'un malade, il ne s'écoule pas deux jours avant qu'il ne s'oriente parfaitement dans la chambre, qu'il ne sache trouver son lit, sa commode, sa table. C'est que chez ces malades les conditions anatomiques et physiologiques des représentations de ce genre persistent dans le cerveau. Il n'en était pas ainsi chez le malade de Förster, non plus que chez d'autres malades atteints de cécité par hémianopsie homonyme d'origine corticale.

Un homme, dit Jastrowitz, dont les deux lobes occipitaux sont détruits, reste pour toujours aveugle (Munk). Mais il différera toujours essentiellement d'un aveugle par lésion de l'appareil périphérique de la vision, même de l'aveugle-né. Il lui sera en effet impossible de former de *nouvelles* représentations et d'acquérir de *nouvelles* notions en rapport avec le centre de la vision mentale : toutes les émotions, tous les mouvements, toutes les sensations et perceptions de l'ouïe, de l'odorat, etc., associés à l'activité de ce territoire cortical sont à jamais perdus. En outre, des dégénérescences secondaires interviendront certainement qui atteindront d'autres régions encore du cerveau que celle de la vision; bref, « l'individu, en un certain sens, deviendra dément[1] ».

Quoique ces malades ne soient pas tout à fait aveugles, puisqu'ils possèdent encore un petit champ visuel, ils s'orientent beaucoup moins bien que les aveugles proprement dits, chez lesquels la cécité passe pour être absolue, ou que les animaux auxquels on bande étroitement les yeux. Il ne faut pas dire avec Förster qu'ils voient, avec ce champ visuel minimum, comme à travers un stéthoscope double. On doit admettre, et les

1. *Beiträge zur Lehre von der Localisation im Gehirn und über deren praktische Verwerthung*. par E. Leyden et M. Jastrowitz. Leipz. u. Berlin, 1888, 25.

observations cliniques le démontrent d'abondance, qu'il y a chez ces malades un affaiblissement ou un effacement complet des représentations des choses dans l'espace, bref, de leur vision interne ou mentale. Le chien nouveau-né, auquel Monakow avait enlevé les globes oculaires, et dont nous avons décrit la vie intellectuelle et morale, ainsi que les lésions constatées à l'autopsie, nous est un bel exemple, scientifiquement étudié, du genre de cécité que déterminent relativement à l'orientation dans l'espace les lésions périphériques de l'appareil de la vision. Dans le même ordre de phénomènes, il faut insister sur les résultats de l'étude magistrale que Munk a consacrée naguère à la démonstration expérimentale de la perte des représentations idéales de l'espace chez les chiens et chez les singes rendus aveugles par l'ablation des lobes occipitaux.

Quand nous connaissons les lieux, notre chambre, le jardin, l'escalier, avec ses paliers, nous nous orientons sûrement, quoique avec quelque lenteur et quelque précaution, si la nuit est obscure ou qu'un bandeau ait été placé sur nos yeux. Toutefois nous allons en droiture à l'objet dont nous savons la place habituelle sur une table, dans une armoire. Les images de l'espace visuel et tactile, qui nous guident ainsi, sont plus ou moins anciennes, plus ou moins solidement associées; elles suffisent, dans un espace où tout nous est devenu familier, à nous orienter. Mais, sur un terrain inconnu, ces images ne peuvent plus servir qu'à la connaissance très générale que nous emportons d'un escalier, d'une chambre, d'un jardin; dans tel cas particulier, nous devons nous faire un nouvel atlas topographique des lieux; nous ne progressons d'abord qu'à l'aide des sensations tactiles, articulaires et musculaires des mains et des pieds.

Il en est naturellement ainsi pour les animaux. Le chien, par la nuit la plus sombre, est avant son maître à la porte de la maison. Si on lui bande les yeux ou qu'on lui extirpe les globes oculaires, à peine sorti de la narcose chloroformique, on le voit, après une hésitation de courte durée et quelques tâtonnements, aller çà et là dans le laboratoire dont il possède, dans son cerveau, une carte topographique. Il saute hors de sa niche et va au-devant du maître qui l'appelle; il gagne avec la même agilité l'endroit bien connu où l'on dépose sa nourriture. Au contraire, sur un terrain qu'il ne connaît pas, dans une autre chambre, tout en marchant avec prudence, il se heurte et peut tomber, par exemple s'il se présente devant lui un escalier. Pourtant, si on le préserve de cette chute en lui faisant tâter successivement les marches, en descendant et en remontant, l'animal ne tombe pas; il va de degré en degré, n'avançant jamais une extrémité antérieure avant que celles de derrière ne reposent sur la même marche. Quelques semaines plus tard, ce chien aveugle court et saute comme devant sans se heurter dans les lieux qui lui sont devenus familiers. A peine subsiste-t-il quelques signes d'hésitation et de maladresse en présence d'obstacles qu'il n'a pu prévoir[1].

Le tableau clinique s'assombrit, il change même du tout au tout, chez le chien ou le singe dont les deux lobes occipitaux ont été enlevés; car, si on laisse subsister les sphères visuelles d'un hémisphère, les lieux restent familiers à l'animal, puisqu'il les voit encore sur le même atlas topographique dont il portait dans son cerveau deux exemplaires, et que, par les moitiés des rétines de ses deux yeux demeurées en rapport anatomique et fonctionnel avec l'hémisphère restant, il continue de recevoir les impressions venues du monde extérieur. Mais, si l'ablation a été bilatérale, le chien demeure au moins trois jours, couché ou assis, sans bouger de l'endroit où il est, et, quelles que soient sa faim ou sa soif, sans boire ni manger. Il remarque tout ce qui se passe autour de lui, comme l'indiquent les mouvements de ses oreilles. A l'appel connu, il tourne la tête, remue la queue, mais ne bouge toujours point. Il faut lui mettre de la viande sous le museau pour le décider à faire quelques pas. Le tronc bas, la tête allongée, la queue appuyée sur le sol, il remue avec une extrême lenteur une jambe l'une après l'autre, puis s'arrête, s'assied ou se couche de nouveau. Rien de plus dans les premiers jours; plus tard, la route s'allonge un peu, surtout si au sortir d'un jeûne on jette devant lui, sur le sol, des morceaux de viande. Vers le commencement de la deuxième semaine, il fait de lui-même quelques pas, quête en flairant; à la fin de la troisième semaine, il fait d'assez longues traites dans la chambre sans but apparent. Puis la marche perd sa

1. Hermann Munk. *Sehsphäre und Raumvorstellungen*, 1891. *Sonder-Abdruck aus « Internat. Beiträge zur wissenschaftlichen Medicin »*, F. I.

grande lenteur des premiers jours, l'échine se redresse, les mouvements hésitants des extrémités antérieures, à chaque pas, ont diminué; le chien, repassant par les mêmes chemins, ne se heurte plus aux murailles, aux armoires, aux tables. Trois ou quatre mois après l'opération, ce chien aveugle s'oriente décidément presque aussi bien, quoique toujours avec prudence, qu'un chien voyant, dans les lieux qu'il a désormais appris à connaître. Le porte-t-on dans un espace inconnu de lui, il présente, à l'état atténué, les mêmes phénomènes qui viennent d'être décrits. Les progrès de l'adaptation au nouveau milieu sont en effet plus rapides. Les difficultés du terrain, nouveau pour lui, l'exposent moins aux chutes et autres accidents, car il est devenu plus prudent, reconnaît le sol avec sa queue, retire avec précaution le pied avancé, s'arrête ou retourne en arrière; s'il sent le vide, il s'assied ou se couche et rien ne peut le faire avancer. De même, il demeure des heures sur la table, sur la chaise où on l'a placé, sans courir les risques d'un saut périlleux; il va, vient jusqu'au bord, penche la tête en bas sans perdre l'équilibre, témoigne par ses cris et ses mouvements qu'il voudrait bien descendre : il ne descend pas. De plus, et c'est un point d'observation sur lequel MUNK a insisté, quand même ce chien ou ce singe survivraient un an et plus, on ne les voit plus jamais courir ni sauter.

Voilà ce qu'a observé MUNK, avec un admirable talent de psychologue, chez les chiens et chez les singes frappés de cécité corticale, au moyen d'une opération qui réalise, en l'exagérant sans doute, un état d'esprit qu'avaient produit les lésions destructives du ramollissement dans le cerveau du malade de FÖRSTER. En dépit de l'étendue et de la gravité du traumatisme expérimental subi par ces animaux, l'état de la mémoire des lieux ne différait pas autant qu'on aurait pu le croire chez le chien ou le singe et chez l'homme. Chez l'homme, en effet, la lésion de l'hémianopsie bilatérale ou double est d'ordinaire infiniment moins grave, puisque certaines fonctions de la vue, et des plus délicates, telles que la lecture et l'écriture, peuvent persister et s'exercer encore, grâce à la conservation de la vision centrale. Dans ce genre de cécité, causée par une destruction bilatérale des territoires calcariniens, le reste des lobes occipitaux subsiste, avec leurs connexions cérébrales, et l'aveugle peut encore évoquer certaines catégories d'images visuelles ou de signes des choses, avec la forme, le relief, la couleur. L'ablation bilatérale des lobes occipitaux ne permet au contraire aucune survie de la vision mentale chez l'animal. Il n'a pas seulement perdu la mémoire visuelle des lieux : il ne peut plus évoquer la vision subjective des formes et des couleurs des objets du monde extérieur qu'il connaissait le mieux; pour lui, il n'y aura plus d'espace visuel, mais un espace tactile et musculaire, suppléant peu à peu la première de ces notions à jamais perdue.

Chez l'homme comme chez l'animal ce ne sont pas, d'ailleurs, des images visuelles comme telles, sortes de copies ou de photographies des objets et des lieux, qu'efface la lésion destructive du lobe occipital : ce sont les conditions de la reproduction de l'élément visuel qui entrait dans la constitution de ces représentations. Les autres sens, avec leur cortège d'images mentales, où manque désormais l'élément visuel (perceptions lumineuses et chromatiques, acuité, formes des objets isolées ou en séries, etc.), les émotions, les passions, avec leurs réactions appropriées, bref, les fonctions intellectuelles et affectives peuvent encore paraître normales si la lésion de déficit est strictement limitée au lobe occipital. Quand les ablations cérébrales portent sur un hémisphère entier ou sur les deux, comme dans les expériences de FLOURENS et de GOLTZ, ce n'est plus l'anesthésie d'un sens avec ou sans la perte des représentations de ce sens qui en résulte : c'est la démence, l'extinction de toute vie de représentation, parce que les foyers de la sensibilité générale et spéciale ont été éteints.

J'estime d'ailleurs qu'après l'ablation ou la destruction d'un centre sensoriel ou sensitif de l'écorce cérébrale, les fonctions du reste de l'organe amputé ne sauraient être considérées comme normales, ainsi que le disent nombre de cliniciens et de physiologistes, car il n'est point dans l'écorce de centres fonctionnels isolés, absolument autonomes et se suffisant à eux-mêmes. Les troubles fonctionnels de l'hystérie diffèrent beaucoup, par exemple, de ceux qui résultent des dégénérescences ou des atrophies secondaires qu'entraîne la perte d'un organe ou d'une portion d'organe de l'écorce cérébrale. Qu'un traumatisme expérimental, un foyer d'hémorragie ou de ramollissement, détruise, comme dans le cas du malade de Förster, des territoires étendus de l'écorce, alors même que les processus nécrobiotiques des fibres et des cellules nerveuses paraîtraient limités à ces territoires, les régions du cerveau que des connexions sous-corticales et trans-corticales associaient fonctionnellement à ces territoires disparus ne demeurent pas intactes. Ceux mêmes des neurones de ces centres qui, après avoir subi des altérations plus ou moins profondes, altérations de voisinage, ainsi qu'on les appelle quelquefois et qu'on oppose aux lésions de déficit, paraissent se relever et recommencer à vivre, n'en demeureront pas moins « invalides » : s'ils suffisent encore à d'humbles besognes, ils ne suffisent plus aux fonctions normales de leurs centres respectifs.

Quand on parle de lésions fonctionnelles en ce sens, on ne doit pas douter de l'existence d'altérations anatomiques. La cellule nerveuse qui a subi à distance, par le fait de troubles de nutrition, le contre-coup des lésions destructives d'autres régions de l'écorce, peut bien paraître guérir : elle a, elle aussi, une lésion de déficit que les réactifs de la sensibilité et de l'intelligence, employés par les cliniciens et les physiologistes, peuvent rendre souvent manifeste. Objectivement, les associations des perceptions, des images, des concepts, qui sont toute l'intelligence, ne sont rien de plus que les rapports de contiguïté des neurones au moyen des prolongements protoplasmiques et cylindraxiles des cellules nerveuses. Or on a montré l'importance de l'intégrité de ces prolongements, souvent très longs, pour la continuité de la vie des cellules d'origine, qui, en même temps que des centres fonctionnels, sont des centres trophiques, toutes les fonctions de la vie, de la vie des cellules nerveuses aussi bien que de celle des glandes, présupposant, aujourd'hui comme au temps d'Aristote, la nutrition. Le premier effet de la destruction d'un centre nerveux, ce n'est pas seulement l'extinction locale d'une fonction de la sensibilité ou du mouvement, c'est aussi la mort, aiguë ou lente, sous forme de dégénérescence ascendante ou descendante, d'atrophie secondaire ou tertiaire, d'innombrables dendrites, cylindraxes et collatérales, qui végétaient dans ce centre nerveux, bois dans une forêt, et trouvaient dans les excitations incessantes qui le traversaient en toutes les directions, les conditions de leur activité fonctionnelle, partant trophique, dont l'effet retentissait sur les mêmes fonctions de la cellule-mère. L'ablation ou la perte d'un centre nerveux, c'est la diminution ou la fin de la vie d'innombrables neurones qui se trouvaient, dans tout le reste de l'organe, anatomiquement et fonctionnellement associés avec ce centre. L'effet de ces dégénérescences et de ces atrophies à distance est naturellement incalculable; il est réel : les progrès de la technique microscopique l'ont bien mis en lumière. Le mort entraîne le vif après soi. Un cerveau, amputé d'un de ses lobes par le couteau ou par la maladie, se survit beaucoup plus qu'il ne vit d'une existence normale.

Dans la *cécité psychique* comme dans la *perte de la mémoire des lieux* et de *l'orientation dans l'espace*, qui n'est aussi, naturellement, qu'une cécité psychique, la cause du processus est pour nous tout entière dans la diminution du nombre des voies d'association ou dans la rupture complète de ces voies, lesquelles assuraient la continuité des processus mentaux par le réveil successif ou simultané de l'activité des neurones associés. De même que l'effacement ou la perte des éléments visuels de nos représentations ne laisse pas de retentir sur les autres éléments constituants de nos images mentales, la perte ou l'effacement des éléments tactiles, auditifs, olfactifs ou gustatifs de ces images exerce un effet tout semblable sur la nature de nos représentations de l'espace ou des formes. Les perceptions lumineuses et chromatiques elles-mêmes perdront de leur intensité si la nutrition des cellules nerveuses d'un ou de plusieurs centres fonctionnels de l'écorce, nécessairement en rapport avec le lobe occipital, a faibli ou subit les effets de dégénérations soit wallériennes, soit rétrogrades. Ajoutez que, pour une même fonction psychique, l'importance relative des éléments constituants de l'image change et se modifie quelquefois profondément au cours de l'existence d'un même individu. Notre vieil atlas tactile de l'espace est peu à peu envahi et recouvert par les signes de l'espace visuel; il en résulte que, quand nous perdons la mémoire visuelle des lieux, ce qui subsiste des éléments tactiles, articulaires et musculaires de nos représentations de ce genre a subi trop profondément les effets de l'atrophie d'inactivité pour nous être d'un grand secours dans les premiers temps qui suivent la cécité. Les nouvelles adaptations du toucher et du sens musculaire qu'il nous faut réaliser pour nous orienter sont, à l'âge adulte, lentes et laborieuses. Il n'en est pas de même de l'animal nouveau-né dont les globes oculaires ont été extirpés : comme les éléments de ses idées d'espace sont et demeurent de nature tactile et musculaire, quoique nécessairement associés aux résidus des sensations provenant des canaux semi-circulaires, de celles de l'audition, de l'olfaction et du goût, les signes de l'atlas topographique de ces aveugles-nés, pour ainsi dire, conservent une netteté et une sûreté que ne connaissent jamais les animaux qui, après s'être longtemps orientés avec la vue, sont privés du secours des images mentales de ce sens par une cécité d'origine centrale.

Le malade de Förster mourut subitement. Six heures après, Sachs enleva le cerveau et le mit durcir dans le liquide de Müller. Voici la nature des lésions qui avaient déterminé les symptômes observés pendant la vie de cet homme, devenu aveugle après deux attaques successives, suivies chaque fois d'une hémianopsie bilatérale homonyme, c'est-à-dire d'une cécité partielle des moitiés rétiniennes en rapport avec chaque lobe occipital, ces deux cécités partielles ayant déterminé une cécité complète, quoique un champ visuel de quelques degrés eût été conservé autour du point de fixation, comme on l'observe dans les cas d'hémianopsie unilatérale ou bilatérale d'origine corticale, ou sous-corticale, en entendant par cette dernière expression que la destruction des faisceaux sous-jacents au point de l'écorce où ils se terminent équivaut à celle de cette région de l'écorce.

Sur la table d'autopsie, ce cerveau ne laissa pas, à première vue, de causer quelque surprise. Les foyers de ramollissement considérables qui, sur les deux hémisphères, occupaient des points symétriques des circonvolutions, ne paraissaient pas être en rapport avec les régions du territoire cortical de la vision : le cunéus, le calcar avis et le gyrus lingal semblaient à peine détruits sur quelques points. L'examen par coupes sériées dissipa cette illusion. Sous l'écorce de ces parties, conservées en apparence, des foyers de ramollissement avaient détruit une partie considérable des faisceaux de fibres nerveuses, soit directement, soit par l'effet des dégénérations secondaires. Les lésions destructives de l'écorce, aussi bien à la surface que dans la profondeur du lobe temporo-occipital, intéressaient entre autres, sur les deux hémisphères, le *cunéus*, le fond de la *scissure calcarine*, avec la portion inférieure des lèvres de cette scissure appartenant au coin et au lobe lingual, le *lobe lingual*, le *lobe fusiforme*, la *corne d'Ammon*, détruite tout entière à l'exception d'une partie de son subiculum; l'*avant-coin* et le *lobe frontal* présentaient aussi de petits foyers de ramollissement. Outre les fibres d'association courtes des circonvolutions et de la substance grise du fond des scissures, les lésions de la substance blanche avaient détruit, sans en laisser une fibre, le *faisceau transverse du coin* et le *faisceau longitudinal inférieur* (*stratum sag. externum*) jusque fort avant dans le lobe temporal.

Pour expliquer, dans l'hémianopsie de cause corticale, la persistance, du côté aveugle, de la *vision centrale*, la conservation d'un petit champ visuel de 2 à 4 degrés autour du point de fixation, il existe présentement trois théories :

1° Chaque *macula lutea* rétinienne est en rapport avec les deux hémisphères au moyen de faisceaux maculaires croisés et directs.

2° Le territoire cortical correspondant à la *macula lutea* se trouve dans des conditions très favorables de vascularisation, grâce à la richesse des anastomoses du réseau artériel en ce point, de sorte qu'il est plus particulièrement à l'abri des ramollissements. — Cette théorie, que Förster a proposée, précisément à l'occasion du cas qui nous occupe, explique bien et la préservation du territoire environnant le point de la vision centrale ou maculaire dans les lésions en foyer bilatérales et n'est pas inconciliable avec la première théorie. Förster a même tiré de cette hypothèse les éléments d'un diagnostic différentiel sur le siège de la lésion qui cause l'hémianopsie : lorsque, dans l'hémianopsie, la ligne de séparation des deux champs visuels passe directement par le point de fixation, le siège du foyer ne doit pas être dans l'écorce du lobe occipital; il faut le chercher dans les voies et les centres optiques sous-corticaux. L'absence ou la conservation du réflexe lumineux pupillaire dans les moitiés hémiopiques des rétines confirmera le diagnostic.

3° Outre que la rétine est représentée en général dans le territoire cortical de la vision cérébrale, des parties des ganglions sous-corticaux en rapport avec les faisceaux maculaires rayonnent des fibres dans toute l'écorce de ce territoire : la conservation même d'un pli minuscule de cette écorce suffira donc pour que les excitations de la *macula lutea* soient encore perçues. Cette hypothèse de von Monakow contient, selon Sachs, une part incontestable de vérité. En effet, sans parler de l'interruption de la voie optique dans les relais nucléaires sous-corticaux, il serait étrange que le principe de l'irradiation, anatomiquement fondé sur la découverte des collatérales des fibres nerveuses, ne fût pas admis pour les centres optiques comme il l'est pour le reste du névraxe. Avec l'intensité croissante des excitations, celles-ci rayonnent toujours plus loin et affectent de vastes territoires du système nerveux central.

L'hypothèse ici la plus vraisemblable, c'est que l'îlot de substance grise du calcar avis préservé, sur l'hémisphère droit, du ramollissement, a réalisé les conditions de la sensation lumineuse au point de fixation des deux yeux. Ce point avait échappé à la destruction du lobe occipital droit, due à la thrombose progressive des vaisseaux. Si l'on s'en tient à l'hypothèse de Munk, à l'hypothèse de la projection, en vertu de laquelle la rétine se projetterait sur la sphère visuelle, si bien qu'à un point de la rétine correspondrait un point du territoire de la vision cérébrale, on sera logiquement amené à conclure que, chez l'homme, cet îlot de substance grise du calcar avis correspond exactement au point de la vision distincte de la rétine. C'est là une possibilité qu'il ne faut pas écarter *a priori*, selon Sachs. Mais un cas unique ne prouve guère, et nous avons rappelé, comme l'a fait aussi Sachs dans un appendice, que le point de la vision maculaire corticale a été localisé par Henschen dans une autre région de l'écorce de la scissure calcarine. Puis, la projection de la rétine sur la sphère visuelle est-elle une hypothèse nécessaire, et que postule invinciblement la théorie des localisations cérébrales? « J'ai montré ailleurs, écrit Sachs, que, dans la vision (tout de même que dans le tact), il y a deux choses tout à fait différentes à considérer : 1° la perception de la lumière d'intensité déterminée, et souvent aussi de qualité déterminée, c'est-à-dire les couleurs; 2° la perception de la forme de l'objet vu. La perception de la forme n'est pas le fait immédiat de la simple vision : elle est le produit d'un travail psychique complexe. La représentation de la forme est une représentation motrice, une représentation tactile de l'œil. Pour qu'elle existe, les sensations d'innervation des muscles de l'œil sont nécessaires. Les représentations de la forme (ou mieux leur corrélatif physiologique) n'ont donc pas leur siège dans le territoire des perceptions lumineuses, dans le territoire sensoriel de la vue, mais dans cette région de l'écorce où naissent les sensations d'innervation des muscles de l'œil, dans le territoire optico-moteur de l'écorce. A cette région doit donc être liée l'acuité visuelle. J'ai exprimé l'opinion que le territoire optico-sensoriel est constitué par le territoire cortical, à structure anatomique spéciale, de la scissure calcarine et de son entourage, tandis que le territoire optico-moteur, le champ des images visuelles de la forme, occupe le reste du lobe occipital, en particulier l'écorce de la convexité, et s'étend en avant sur le lobule pariétal inférieur. »

L'hypothèse que soutient Sachs dans ces lignes est de celles qui n'ont pas atteint ce degré de maturité où la discussion est possible et peut être fructueuse. Comme il l'a reconnu lui-même, dans l'insuffisance actuelle des observations, mieux vaut s'abstenir de déductions théoriques; les autopsies futures de cas bien observés nous apprendront peut-être ce que nous ignorons; il suffit d'indiquer les interprétations possibles des phénomènes. Je répugne pourtant, jusqu'à ce que le fait ait été démontré, à cette dissociation anatomique et physiologique des éléments moteurs et sensoriels des images acquises par le sens de la vue. La dissociation des éléments moteurs et sensitifs des images de la sensibilité tactile, articulaire et musculaire, telle que l'ont professée Ferrier et Charcot, n'a pas été confirmée par les faits d'observation clinique et expérimentale. La réaction motrice, l'adaptation des mouvements et l'ajustement musculaire de tout organe qui foctionne semblent bien plus favorables à l'hypothèse des centres mixtes de l'écorce qu'à celle des centres fonctionnellement distincts. L'histologie des différents territoires de projection de l'écorce, quoique nullement homogène, ne s'accorde pas moins que la physiologie et la clinique avec l'idée de l'unité fonctionnelle de ces différents centres des fonctions du cerveau. Les temps sont déjà loin où de grands cliniciens, tels que Nothnagel et Charcot, pouvaient n'être point frappés de la rencontre fréquente des troubles de la sensibilité générale et de la motilité volontaire dans les affections résultant de lésions des centres corticaux qu'on appelait alors moteurs. Nous savons aujourd'hui qu'il n'y a pas plus de centres moteurs que de cellules motrices dans l'écorce cérébrale, non plus d'ailleurs que dans le reste du névraxe, et que la seule et unique propriété de la cellule nerveuse, c'est la sensibilité, cas spécial de l'irritabilité. En dépit des apparences, et surtout des mots, les phénomènes de la sensibilité et du mouvement doivent être ramenés à des processus au fond identiques. Les réactions motrices de l'organisme sont le fait, non des cellules nerveuses et des prolongements de ces cellules, mais des appareils périphériques de contractilité avec lesquels toutes les régions de l'écorce et de la moelle sont par ces prolongements en rapport anatomique et fonctionnel. Je ne suis donc point disposé à admettre la théorie d'un couple anatomique et physiologique de centres moteurs et de centres sensoriels. Les lésions des lobes occipitaux déterminent, comme celles des autres régions de l'écorce du cerveau, des troubles moteurs. A l'origine, sans doute, les centres de la vision, de l'audition, etc., de l'écorce cérébrale furent considérés comme purement sensoriels. Mais Munk lui-même a démontré, par de nouvelles expériences, la nature à la fois sensorielle et motrice du lobe occipital. Ces expériences ont trait aux excitations du lobe occipital, non à celles du lobe pariétal, et les mouvements provoqués sont exclusivement en rapport avec l'innervation des muscles de l'œil. Baginsky, en excitant, non « la région de l'oreille » de Munk, mais la sphère sensorielle de l'audition elle-même, a également déterminé des mouvements du pavillon de l'oreille, ce que Munk n'avait pas plus observé dans le principe que les mouvements des yeux dans l'excitation expérimentale des lobes occipitaux. Enfin, au point de vue anatomique et clinique, Knies, nous le répétons, considère le lobe occipital, non seulement comme le centre sensoriel des perceptions de la vue, mais comme le centre des mouvements volontaires et conscients des yeux, si bien que les mouvements de convergence et d'accommodation de ces organes n'ont point d'autre centre d'innervation, d'origine corticale, que l'écorce de la sphère sensorielle de l'œil.

Le malade de Förster présentait de la *cécité pour les couleurs*. L'îlot de substance grise du calcar avis épargné à droite par le ramollissement, suffisant pour les perceptions lumineuses, ne suffirait donc pas pour celles des couleurs. Ce dernier genre de perceptions, sans doute plus différenciées, et où la division du travail physiologique paraît poussée plus loin, exigerait soit un travail fonctionnel des cellules de la « rétine corticale » que les troubles de circulation et de nutrition ne permettaient guère dans ce cas pathologique, soit une portion plus étendue du territoire de la vision centrale. Peut-être le rétrécissement du champ visuel des couleurs dans l'hystérie ne doit-il pas être invoqué ici, car il s'agit d'une dyschromatopsie ou d'une achromatopsie d'origine corticale. Il est vrai qu'une lésion fonctionnelle, un spasme vasculaire des mêmes régions corticales, etc., peut aussi bien rendre compte des troubles de la vision des couleurs dans l'hystérie que la théorie invoquée plus haut sur la nature de l'anesthésie sensitive et sensorielle dans cette névrose. Le centre des perceptions lumineuses coïncide-t-il dans l'écorce avec celui des couleurs? Faut-il admettre, avec la plupart des auteurs, avec Samelsohn, Landolt, Wilbrand, un centre spécial ou une couche de cellules spéciales? Pour expliquer, du point de vue symptomatique, la dissociation de l'hémianopsie des *couleurs*, de la *lumière* et des *formes*, Wilbrand a supposé qu'il existe dans l'écorce du lobe occipital, sous forme de trois couches de cellules stratifiées : 1° un *centre des couleurs*, situé dans la partie la plus superficielle du lobe occipital; 2° un *centre de l'acuité visuelle*, en rapport avec la vision des formes et le sens de l'espace, localisé au-dessous du centre des couleurs; 3° un *centre du sens de la lumière*, le plus rapproché des radiations optiques. La destruction de ce dernier centre entraîne celle des deux autres centres séparément localisés dans l'écorce, car les faisceaux de projections se trouvent ainsi interrompus. Mais l'hémiachromatopsie peut exister sans hémianesthésie du sens de la lumière. Enfin, des rapports plus étroits entre la vision des formes et celle des couleurs feraient que les troubles de l'acuité visuelle seraient toujours proportionnels à la perte du sens des couleurs. Il nous paraît inutile de discuter cette hypothèse de Wilbrand, contre laquelle O. Bull et Otto Dahms ont fait naguère valoir des arguments, dans l'ignorance où nous sommes d'un substratum anatomique des sensations de lumière, de couleurs et de forme. Nul doute que l'hémidyschromatopsie et l'hémiachromatopsie de cause corticale existent et que l'hémianopsie typique puisse être précédée de la perte de quelques couleurs ou de toutes dans les moitiés affectées du champ visuel. Avec HENSCHEN, on peut incliner à croire que les centres des couleurs et de la lumière coïncident. VIALET témoigne aussi que l'hypothèse de WILBRAND n'est pas conciliable avec les faits anatomiques. Voici les paroles de VIALET : « Nous ne pensons pas, dit-il, qu'il y ait des centres distincts pour la perception des différentes sensations lumineuses, pas plus qu'il n'y a de conducteurs spéciaux pour le bleu, le rouge, le vert. Les troubles dans la perception des couleurs résultent de lésions d'intensité différente. » Il ressort des expériences de HOLDEN[1] qu'un léger trouble dans la conductibilité des fibres du tractus visuel empêche de reconnaître le *vert* et le *rouge* et de discerner une faible différence dans l'intensité de la lumière. Un trouble plus grand dans la conductibilité rend incapable de distinguer le *bleu* ou de discerner des différences plus grandes d'intensité lumineuse. Un trouble encore plus grave dans la conductibilité détruit la distinction du *blanc* et du *noir* et abolit toute perception de lumière.

La faculté de distinguer les différentes couleurs varie donc avec celle de percevoir les divers degrés d'intensité lumineuse. S'il en est ainsi, l'hypothèse de l'existence d'un *centre cortical spécial des couleurs* n'est pas seulement inutile : c'est une erreur[2].

Le malade de FÖRSTER *reconnaissait* et *nommait*, malgré le rétrécissement extrême de son champ visuel et sa cécité des couleurs, tout ce qu'il voyait, les lettres comme les autres objets. Il faut donc admettre, puisqu'il ne lui restait qu'un fragment de substance nerveuse active dans l'hémisphère droit, que ce pli de l'écorce du calcar avis était en rapport avec le lobe temporal gauche par la voie du forceps-tapetum (SACHS). Dans le *forceps* existent les deux voies requises physiologiquement comme anatomiquement pour commissurer, d'une part, les deux lobes occipitaux, et relier, d'autre part, chaque lobe occipital au lobe temporal opposé (voie du *forceps-tapetum*). Le *tapetum*, le *tapis* de GRATIOLET, est formé d'au moins deux systèmes de fibres, étroitement mêlées, que SACHS a le grand mérite d'avoir séparées : 1° la voie du *forceps-tapetum*, qui relie, nous le répétons, chaque lobe occipital au lobe temporal opposé, condition des plus hautes opérations abstraites de l'entendement humain ; 2° la commissure des deux lobes temporaux, surtout dans leur partie postérieure, la portion antérieure des circonvolutions du lobe temporal étant symétriquement reliée par la commissure cérébrale antérieure. Un fait très important a même été relevé : la commissure antérieure était intacte dans cette observation, alors que le faisceau longitudinal inférieur n'existait plus. On peut donc affirmer que la commissure antérieure n'a aucun rapport avec le lobe occipital, contrairement à ce qu'enseignait MEYNERT, qui croyait avoir suivi les fibres de cette commissure jusqu'à la pointe du lobe occipital.

Nous avons dit que le malade de FÖRSTER était jusqu'à la fin demeuré incapable de s'orienter, et cela d'une façon absolue, même dans l'étroit espace où sa vie s'était confinée. Les *troubles de l'orientation* dataient de la dernière attaque (1889). D'ordinaire, quand un clinicien observe un fait de ce genre, il établit sans plus un rapport de cause à effet entre la lésion et le symptôme et dote la science des fonctions du cerveau d'une nouvelle localisation. Ce n'est ni SACHS ni aucun élève de WERNICKE qu'on prendra à commettre semblable paralogisme. Mais, à l'appui de mon dire, et précisément dans un cas d'hémianopsie double avec perte des notions d'orientation, je puis citer un médecin américain, DUNN[3]. Comme dans les cas de FÖRSTER, de SCHWEIGGER, de GROENOUW, VORSTER, MAGNUS, SCHMIDT-RIMPLER, etc., il y avait eu, dans celui de DUNN, après deux attaques successives, hémianopsie latérale double avec conservation de la vision centrale. Le

1. HOLDEN. *Observations on cases of hemichromatopsia indicating the non-existence of a separate cortical color. centre* (*Arch. of ophthalmology*, oct. 1896).

2. Les plus récentes hypothèses relatives à la *perception des couleurs*, de KÖNIG, VON KRIES, PARINAUD, n'ont pu être confirmées par les expériences de W. KOSTER. Le phénomène de PURKINJE, concernant la sensibilité relative de l'œil au bleu et au rouge, dans son rapport avec les variations de l'intensité de l'éclairage, s'observe aussi bien dans la région de la fossette centrale, dépourvue de bâtonnets, que dans les parties excentriques de la rétine : ce phénomène n'est donc pas lié à l'existence des bâtonnets et du poupre visuel, ce que KRIES avait soutenu (W. KOSTER, *Untersuchungen zur Lehre vom Farbensinn*, *A. v. Graefe's Arch.*, XLI, 1-20).

3. THOMAS DUNN. *Double Hemiplegia with double Hemianopsia and loss of geographical centre* (*University med. Magazine Philadelphia*, VII, may 1895, n° 8).

malade ne pouvait se représenter la situation respective des lieux, pas même celle de sa propre maison; il savait qu'elle était située à la rencontre de deux rues, mais il ne savait plus rien des rapports de ces rues avec les autres rues de la ville. Mais comme la perte du « sens des lieux » n'avait apparu qu'après la seconde attaque, ayant déterminé l'hémianopsie gauche par lésion de l'hémisphère cérébral droit, Dunn estime qu'il pourrait bien exister, dans le cerveau droit, un « centre de souvenir des images optiques des lieux ». L'explication du fait paraît pourtant simple. D'abord l'orientation dans l'espace n'est pas un sens dont on doive chercher la localisation dans l'écorce cérébrale, pour l'excellente raison que, ni chez l'homme ni chez les autres animaux, il n'existe de « sens de l'orientation ». Ensuite les observations cliniques prouvent manifestement que, si la mémoire des lieux s'efface et disparaît souvent après la dernière attaque, déterminant une seconde hémianopsie bilatérale homonyme, c'est-à-dire désormais la cécité, la cause de ce phénomène n'est point dans la destruction d'un prétendu centre d'orientation qui serait localisé dans le lobe occipital droit ou gauche: les faits montrent simplement que le lobe occipital d'un hémisphère suffit à la conservation de cette fonction de relation, tandis qu'une destruction bilatérale des deux sphères visuelles l'abolit pour toujours.

Les images, c'est-à-dire naturellement les souvenirs, les relations topographiques des choses entre elles qui servent à nous orienter dans l'espace, ne sauraient être des représentations des choses considérées séparément: Sachs appelle ces images des « séries optiques de souvenirs », sortes de complexus dont les éléments surajoutés sont les souvenirs d'*objets perçus successivement dans l'ordre où ils existent*. Dans l'état d'insuffisance fonctionnelle dû aux conditions organiques de la nutrition où se trouvait le reste du champ visuel du malade de Förster, et auquel nous avons déjà rattaché son achromatopsie, si la vision des formes était encore possible, ainsi que la transmission de ces perceptions au reste de l'écorce, le réveil des associations en séries des représentations ne l'était plus. Voilà pourquoi ce patient avait non seulement perdu ses anciennes représentations d'espace, sa mémoire des localités, mais était désormais incapable d'en acquérir de nouvelles. Un objet peut être vu, en effet, sans être reconnu. Je crois, avec la plupart des physiologistes de notre temps, que le rôle du lobe occipital, quoique absolument indispensable, n'a guère plus d'importance qu'un autre dans le phénomène de la reconnaissance. Une association simple, *primitive*, suffit pour faire apparaître l'image de l'objet dans l'écorce du lobe occipital: l'objet est vu. Mais, pour qu'il soit reconnu, les longues voies d'association qui relient ce centre nerveux au reste de l'écorce cérébrale, et en particulier au lobe temporal, sont nécessaires; cette association *secondaire* est la condition essentielle de la reconnaissance. On peut dire, avec Sachs, qui a surtout insisté sur l'importance des connexions extraordinairement multiples, selon lui, du lobe temporal, que la reconnaissance d'un objet quelconque, qu'il soit vu, entendu, odoré, goûté ou senti, est l'œuvre de l'écorce cérébrale tout entière.

Quant aux « séries optiques », telles que nous venons de les définir, et qui serviraient à l'orientation dans l'espace, l'association des différentes images *visuelles* constituant le complexus aurait lieu exclusivement dans le lobe occipital lui-même, et en particulier dans la région que Sachs appelle le territoire moteur de la vision : cette région serait pour les « séries optiques » ce qu'est le lobe temporal pour la reconnaissance des objets vus. Or, quoique conservé chez le malade, ce territoire « optico-moteur » n'en avait pas moins grandement souffert, à gauche plus qu'à droite, des effets du foyer de ramollissement, car même les parties qui n'avaient pas été détruites directement par une lésion destructive avaient subi, du fait de leur association anatomique et fonctionnelle avec le centre détruit, des altérations plus ou moins profondes, retentissant sur la vie des neurones et de leurs prolongements. Cette lésion fonctionnelle de tout le territoire affecté à la vision cérébrale paraît encore plus importante que la lésion de déficit qui avait détruit entièrement une portion de ce centre. J'incline fort à le croire; mais, quant à l'abolition de la mémoire des lieux, je préfère l'interprétation plus générale de la conservation ou de la perte des conditions de la reconnaissance dérivant de l'association de n'importe quel territoire sensoriel ou sensitif avec le reste de l'écorce.

Quoique opposé en principe à l'idée d'une dualité fonctionnelle des centres nerveux corticaux, d'une division élémentaire de ces centres en moteurs et sensoriels ou sensitifs, aussi bien qu'à celle d'une subdivision de ces mêmes centres de projection en territoires de perception et de représentation (MUNK, WILBRAND), je n'aurais, on le conçoit, aucune objection, s'il existait un seul fait contraire. Encore que les catégories de l'entendement humain ne soient et ne puissent être que le reflet, plus ou moins déformé, de cette lumière du monde qui éclaire tout homme; quoique notre intelligence ne puisse avoir reçu ses formes que de l'action séculaire des choses, façonnant, avec notre cerveau, les concepts fondamentaux de cet organe, qu'un neurologiste éminent, doublé d'un anatomiste tout à fait supérieur, BRISSAUD, compare à un « appareil photographique »[1]; malgré tout, ou plutôt à cause de ces conditions élémentaires de toute connaissance humaine, je ne puis me croire le droit d'imposer aux choses les conceptions logiques de mon esprit. La structure des centres nerveux, dans un arrangement différent de la matière vivante et pensante, aurait sans doute pu être autre. Mais, telle que nous commençons à la connaître, cette structure, et surtout si nous avons moins en vue les centres anatomiques que les centres fonctionnels du cerveau, il n'y a guère d'apparence d'une dualité physiologique, et partant anatomique, au sens de SACHS, dans les différents territoires de projection de l'écorce cérébrale. Quoiqu'il n'existe pas de fibres et de cellules nerveuses motrices au sens naïf où d'abord on l'avait entendu, il est certain que dans la substance grise du cerveau, comme dans celle de la moelle, des groupes considérables de neurones, morphologiquement distincts, sont des cellules d'origine de fibres nerveuses qui se terminent, soit directement, soit indirectement, en s'arborisant, dans les organes proprement moteurs de l'organisme, dans les muscles. Mais ces neurones, qui apparaissent aussi bien, quoique beaucoup plus rares, solitaires, dans le lobe occipital que dans les régions rolandiques, font toujours partie intégrante des différents centres de sensibilité générale ou spéciale constituant l'écorce tout entière : ils ne forment point d'îlots moteurs séparés et reliés seulement par des ponts aux arborisations terminales ou collatérales des cylindraxes des cellules nerveuses sensorielles, ou sensitives, de leur centre respectif de sensibilité, du moins dans l'écorce cérébrale, sinon dans la moelle épinière et la moelle allongée. Peut-être aussi, il est vrai, les neurones d'association de GOLGI et de CAJAL jouent-ils le rôle que leur attribue von MONAKOW dans les processus de transmission des courants afférents aux neurones dont les cylindraxes constituent les faisceaux de projection efférents du névraxe.

Toutefois, entre les arborisations terminales des fibres sensitives et les expansions protoplasmiques des cellules d'origine des fibres motrices, le contact est immédiat, sans interposition d'un troisième élément nerveux, et dans la substance grise de la moelle, où les collatérales sensitivo-motrices des fibres du cordon postérieur entrent en contact avec les dendrites des cellules motrices radiculaires, et dans les éminences antérieures des tubercules quadrijumeaux, où les fibres optiques et les fibres acoustiques s'arborisent au voisinage des cellules d'origine de faisceaux tels que le faisceau réflexe de HELD, et dans l'écorce grise de la zone dite motrice du cerveau, où les arborisations des fibres sensitives s'entrelacent aux ramures des cellules nerveuses d'origine du faisceau pyramidal.

C'est aussi uniquement la clinique et l'expérimentation physiologique qui, pour expliquer la perte des représentations alors que les perceptions étaient conservées, ont de toutes pièces construit des centres, au mécanisme peu compliqué, où les différentes fonctions psychiques de perception et de représentation sont considérées comme l'activité propre d'éléments nerveux hétérogènes, juxtaposés ou superposés dans la même province de l'écorce cérébrale. Mais les fonctions psychiques, — j'entends les perceptions, les images, les concepts, associés en complexus anatomiques et fonctionnels de plus en plus étendus, grâce aux contacts efficaces des prolongements des neurones, réalisant en quelque sorte la solidarité physiologique de toutes les provinces autonomes de l'écorce, *centres de projection* et *centres d'association*, — les fonctions psychiques ne sont ni localisées ni localisables dans les éléments histologiques considérés isolément. L'idée d'un cheval ou celle d'une cathédrale, à la fois sensorielle, sensitive ou motrice, comme toutes les images, même les plus abstraites, car l'évocation des êtres ou des choses réveille des sensations musculaires, articulaires, etc., en même temps que des sensations visuelles, auditives, tactiles, organiques, etc., cette idée n'existe qu'au moment de son

1. E. BRISSAUD, *Maladies de l'encéphale* (*Traité de médecine*, VI, 4).

évocation : elle n'était plus présente à l'intelligence depuis sa dernière résurrection; elle ne l'est plus quand l'évocation a pris fin. Ce qui subsiste et persiste, ce sont les conditions de ces renaissances incessantes, suivies d'évanouissements plus ou moins longs, et ces conditions sont bien dans les neurones de l'écorce cérébrale, mais seulement en tant que ces éléments nerveux, dont les fonctions sont purement sensorielles ou sensitives, réalisent, par leurs associations, le rétablissement d'états antérieurs correspondant à la notion d'un cheval ou d'une cathédrale. Les sensations perçues, conservées, associées, de ces objets, dans les différents territoires de projection et d'association de l'écorce en rapport avec les divers sens affectés par ces mêmes objets, vision, organe du tact, sens musculaire, articulaire, ouïe, odorat, etc., voilà les conditions des images renaissantes dans les centres d'association. Mais isolez par la pensée, comme dans l'ablation d'un lobe cérébral avec le couteau ou dans la perte des fibres d'association chez les paralytiques généraux, les sièges de ces différents substrata : si les centres de l'écorce sont restés en connexion avec les faisceaux de projection afférents, il y aura encore des choses vues, senties, odorées, etc., mais ces choses ne seront pas plus *reconnues* que les lettres de l'alphabet que voit le plus savant homme frappé de cécité littérale au verbale.

La reconnaissance, l'identification des choses vues, senties, etc., avec des séries d'associations antérieures de même nature, voilà le processus psychique proprement dit; il présuppose sans doute l'existence de résidus sensitifs et sensoriels aussi hétérogènes que les sens eux-mêmes, comme l'illumination d'une ville, un soir de fête, présuppose l'existence de conduites et de rampes de gaz. Mais, de même qu'ici le dessin lumineux n'apparaît dans la nuit qu'après que la flamme, en longues traînées, s'est propagée de proche en proche, l'image du cheval ou de la cathédrale ne se dessine avec tout son relief et toutes ses colorations spéciales, que lorsque les associations préétablies entre les éléments constituants de ces apparitions mentales redeviennent pour un moment actives, sous l'influence des décharges nerveuses des cellules d'origine. L'intelligence, et les processus dont se compose l'intelligence, perceptions, images, concepts, ne sont rien de plus; à un moment donné, que la somme des résidus associés de toutes les perceptions sensibles : isolées, ces perceptions, ces images, ne feraient jamais une somme. Nul doute que l'intelligence ne soit l'expression, la résultante des rapports des perceptions élémentaires, localisées dans des territoires différents et distants les uns des autres, mais synergiquement associées, par des fibres longues et courtes, dans des centres d'association. L'intelligence est donc bien, comme l'avait enseigné MEYNERT, une fonction des faisceaux d'association, unissant, au milieu d'une complexité inouïe, les divers éléments dont se compose une perception, une image, un groupe d'images, un concept, un jugement, un raisonnement.

β. Audition (Voy. **Audition**).

γ. Olfaction, Gustation (Voy. **Olfaction, Gustation**).

δ. Sensibilité tactile et organique (Voy. **Toucher**).

§ VI. — ÉPILEPSIE CORTICALE (V. ÉPILEPSIE)

§ VII. — FONCTIONS CONDUCTRICES DU CERVEAU

L'étude des connexions existant entre les diverses régions du cerveau antérieur, du cerveau intermédiaire, du cerveau moyen, des masses grises du pont et du cervelet, de la moelle allongée et de la moelle épinière, repose sur la méthode embryologique, fondée sur la connaissance de l'ordre successif de myélinisation des faisceaux, physiologiquement différents, du névraxe, sur l'anatomie et la physiologie comparées, sur la méthode expérimentale des dégénérations secondaires, sur l'observation clinique et anatomo-pathologique. Déterminer l'origine, le trajet, la terminaison et les connexions des faisceaux de fibres nerveuses constituant les voies courtes et les voies longues, ce n'est pas seulement montrer la structure externe du système nerveux central, c'est en expliquer les fonctions. Car si les propriétés élémentaires du protoplasma vivant d'un neurone sentant et réagissant sont encore irréductibles, dans l'état de la science, aux propriétés connues des atomes et des molécules qui le constituent, dès que la sensibilité et la motilité organiques apparaissent, toutes les fonctions de la vie de relation d'un protozoaire ou d'un métazoaire ne sont plus, comme tous les autres phénomènes de la nature, que des phénomènes déterminés dont il est possible de démontrer les rapports nécessaires de dépendance avec la structure et les connexions des éléments nerveux.

Quoique les différentes parties du système nerveux se développent ou puissent se développer, chez l'embryon, tout à fait indépendamment les unes des autres, et se disposent comme les pièces d'un mécanisme dont toutes les parties semblent d'abord exister pour elles-mêmes, avant de réaliser les conditions de cette synergie anatomique et fonctionnelle qui, avec la survie de l'individu et celle de l'espèce, peut seule permettre aux êtres vivants, pendant la durée d'une espèce ou d'une faune, de persister dans l'être, il s'en faut bien que toutes les parties de l'axe cérébro-spinal d'un vertébré soutiennent entre elles des rapports de dépendance identiques. Ces rapports, qui s'établissent et s'organisent par des voies nerveuses, reliant les masses grises inférieures du névraxe à l'écorce du cervelet et du cerveau, diffèrent avec les groupes de neurones superposés qui, de la moelle épinière et de la moelle allongée à la protubérance annulaire, au cerveau moyen et au cerveau intermédiaire, se terminent, directement ou indirectement, dans la substance grise des hémisphères cérébraux et cérébelleux, ou en sortent sous forme de faisceaux de projection centrifuges, constituant, avec les faisceaux de projection centripètes, de grands arcs nerveux diastaltiques.

Découvrir et fixer ces degrés divers de dépendance relative d'organes associés et conspirant, en somme, à une même fin, c'est faire plus que de montrer que l'existence des uns dépend, également à différents degrés, de celle des autres : c'est surprendre leurs rapports fonctionnels et fonder la science des fonctions du système nerveux central sur les solides fondements de l'observation et de l'expérimentation, sur les sciences les plus certaines et les plus éprouvées de la vie, sur les méthodes, aujourd'hui les mieux armées, de l'embryologie, de la physiologie expérimentale et de l'anatomie pathologique. Flechsig et Bechterew, von Monakow, Edinger, Golgi, Ramon y Cajal, van Gehuchten, Déjerine, Retzius, Held ont découvert et réuni les matériaux de cette vaste synthèse de disciplines biologiques, qui toutes convergent et tendent à la connaissance du cerveau antérieur ou télencéphale.

Déjà Théodore Meynert, dont il convient toujours d'évoquer le souvenir lorsqu'il s'agit de l'anatomie du cerveau, avait décrit, à l'aide des méthodes alors connues, un nombre considérable de masses fibrillaires des systèmes nerveux de projection et d'association, non seulement sur la face externe, mais dans la substance blanche des hémisphères et dans les diverses régions du tronc cérébral. Meynert donna le nom de faisceaux d'association (*Associationsbündel*) aux fibres arciformes (*Bogenbündel*) qui, sur chaque hémisphère, associent anatomiquement les circonvolutions séparées par des sillons : ces fibres étaient pour Meynert « l'expression, le lien de l'unité du cerveau antérieur » auquel elles appartiennent uniquement, ajoutait-il, tandis que « les faisceaux de projection, également sur tous les points de l'écorce, sont l'expression de la diversité des organes et des surfaces du corps auxquels ils s'étendent », c'est-à-dire avec lesquels ils sont en connexion par les voies nerveuses centrales, ou voies longues. De là cette vision géniale du grand anatomiste de Vienne : « Si l'on se représente anatomiquement le système nerveux de l'homme tout entier, de *l'homme nerveux*, dont les organes, reflets de son corps, ne consisteraient que dans les troncs nerveux de tous les nerfs et de leurs branches, l'écorce cérébrale apparaît alors, *mutatis mutandis*, comme le champ sur lequel tout le corps de l'animal est projeté par les nerfs[1]. »

Les matériaux dont j'ai parlé sont trop nombreux pour être tous classés ou même simplement énumérés ici, et cela malgré l'étendue de l'article Cerveau du *Dictionnaire de Physiologie*. On insistera donc sur les voies nerveuses du cerveau dont les fonctions ont le plus d'importance en physiologie cérébrale, et partant mentale, sur les *voies courtes*, en renvoyant toutefois, pour les *centres de projection* et les centres *d'association* de l'écorce du cerveau antérieur, au § V de cet article. L'étude du *rhombencéphale* (isthme de l'encéphale, cervelet, pont, moelle allongée), celle même du *rhinencéphale* doivent

1. Th. Meynert. *Psychiatrie. Klinik der Erkrank. d. Vorderhirns* (Wien, 1884). *Formen und Zusammenhang des Gehirnes*, 35-51.

être ici sacrifiées en quelque sorte à celle du *télencéphale*, de la *couche optique* et des *régions sous-optiques*.

Le rhinencéphale et le pallium. — Depuis Paul Broca, dont les idées géniales sur l'anatomie et la physiologie comparées du grand lobe limbique ont été adoptées et confirmées par Schwalbe, Zuckerkandl, Turner, His, l'étude du cerveau antérieur forme en quelque sorte deux grandes provinces, le *rhinencéphale* et le *pallium*. Retzius, appuyé sur un nombre considérable de recherches originales d'anatomie comparée et d'embryologie, vient d'apporter à son tour un magnifique témoignage de science et de philosophie anatomiques en faveur de cette doctrine : « A plusieurs égards, dit ce savant suédois, le *pallium* et le *rhinencéphalon* sont en principe de nature et de signification très différentes[1]. » Une scissure typique, profonde, la *fissura rhinica*, qui s'étend entre le *gyrus hippocampi* et le lobe temporal, séparant ainsi le rhinencéphale du pallium, est des plus constantes chez l'homme même. Zuckerkandl l'a trouvée 86 fois sur cent, et, sur deux cents hémisphères, Retzius ne l'a presque jamais vue manquer. Le rhinencéphale est phylogéniquement la partie la plus ancienne du cerveau (Edinger); c'est lui qui, chez les animaux macrosmatiques, sinon chez les animaux microsmatiques, tels que l'homme (Flechsig), se développe le premier. Suivant Retzius, chez l'homme aussi, c'est l'organe central de l'olfaction, le *rhinencéphale*, qui se différencie encore le premier dans le cerveau antérieur, « organe des sens représentant évidemment, dit-il, l'héritage le plus ancien de nos ancêtres les *Chordoniens*; c'est, phylogéniquement, l'organe qui se développe le premier et avec le plus de force et de vigueur. » Le *rhinencéphale* apparaît séparé du *pallium*, chez l'homme, au troisième ou quatrième mois; les premières dispositions des scissures et des circonvolutions sont déjà indiquées. Au cinquième mois, c'est l'organe central de la vision qui présente le même développement dans la scissure calcarine. La région motrice du cerveau, c'est-à-dire la sphère tactile, se forme à son tour, creusée du sillon central, vers la fin du cinquième et au sixième mois. Enfin apparaît l'organe central de l'audition, la première circonvolution du lobe temporal, le *gyrus supramarginalis*. Les centres d'association pariétal, insulaire et frontal de Flechsig s'étendent les derniers sur la face des hémisphères. Le pallium des hémisphères, qui n'existe pas encore chez les poissons osseux, a eu un développement relativement beaucoup plus lent, au cours de l'évolution des vertébrés, que le rhinencéphale, développement dont l'ontogénie raconte encore aujourd'hui, en un bref et rapide sommaire, l'histoire prodigieusement ancienne. « Toutefois, encore que chez l'homme et les autres mammifères microsmatiques, le *rhinencéphale* ait si fort « involué » et, à quelques égards, soit devenu plus ou moins rudimentaire, il paraît juste et exact, morphologiquement, de conserver, écrit Retzius, dans la division du cerveau, en regard du *pallium*, le *rhinencéphale*, qui constitue la première partie principale des hémisphères. Chez l'homme, à la vérité, il n'est pas sûrement démontré, physiologiquement, que toutes les parties du *rhinencéphale* servent à l'olfaction; les diverses régions du *rhinencéphale* (le *gyrus hippocampi* et le *gyrus cinguli* constituent les arcs inférieurs et supérieurs du *gyrus fornicatus*) peuvent, certes, appartenir en même temps à d'autres systèmes d'organes : toutes ces régions n'en font pas moins partie du *rhinencéphale*, et peut-être encore plus physiologiquement que morphologiquement. »

Dépendance directe ou indirecte du pallium ou du rhinencéphale des différents organes du névraxe. Dégénérescence et atrophie. — C'est naturellement le *cerveau intermédiaire* qui soutient avec le *pallium* des hémisphères les rapports les plus étroits et les plus multipliés. Le cerveau antérieur secondaire s'est, en effet, développé du cerveau antérieur primaire, ou cerveau intermédiaire, dont les couches optiques représentent la masse grise principale. Le *thalamus opticus* appartient, entre tous, aux organes qui dépendent directement du cerveau antérieur, et dont la structure et les fonctions sont associées beaucoup plus intimement à celles de la substance grise et de la substance blanche des hémisphères cérébraux que ce n'est le cas pour des organes qui ne sont qu'indirectement en rapport avec le télencéphale. Les faisceaux de la couronne rayonnante de la couche optique se myélinisent successivement, dans un ordre parallèle à celui de la myélisation des aires corticales avec lesquelles les zones thalamiques sont

1. Gustaf Retzius (Stockholm). *Das Menschenhirn. Studien in der makroskopischen Morphologie*. Stockh. 1896, 2 vol. in-fol., 73.

en relation trophique et fonctionnelle. « Chez le nouveau-né, dit Flechsig, on voit que ces faisceaux ou radiations (*Stiele*) du thalamus sont surtout en rapport avec les sphères sensitives de l'écorce du cerveau antérieur (*Sinnessphäre der Grosshirnrinde*).[1] »

Il faut distinguer et classer, avec von Monakow, à qui la science doit les recherches les plus approfondies sur ce chapitre capital des fonctions conductrices du cerveau, les différents organes du névraxe en *dépendances cérébrales directes* et *indirectes*. Ainsi, aux différents noyaux ou groupes de noyaux de la couche optique correspondent, reliés par des faisceaux de fibres nerveuses, des territoires plus ou moins circonscrits de l'écorce cérébrale, qui sont pour ces zones thalamiques à la fois des centres trophiques et fonctionnels. Au contraire, et dans le cerveau intermédiaire même, voire dans le thalamus, certains organes, tels que le *ganglion habenulae* et la *substance grise centrale* du diencéphale, ne dégénèrent pas après la destruction d'un hémisphère cérébral : ils ne subissent qu'une atrophie secondaire simple, comme celle que présentent, en pareil cas, les masses grises du cerveau moyen, du cerveau postérieur et de l'arrière-cerveau. Après l'ablation d'une sphère visuelle du lobe occipital, les dépendances cérébrales directes de ce territoire cortical, le corps genouillé externe, les éminences antérieures des tubercules quadrijumeaux, dégénèrent secondairement; mais tous les neurones du corps genouillé ne dégénèrent pas de ce fait, non plus que toutes les fibres des radiations optiques; c'est que les diverses espèces d'éléments nerveux d'un même organe, d'une même formation anatomique, peuvent posséder des connexions directes et indirectes avec l'écorce du cerveau.

L'intelligence de ces connexions, représentant les rouages principaux et comme les pièces maîtresses du mécanisme cérébral, ferait certainement défaut si l'on ne se rappelait l'histoire du cerveau antérieur et de l'encéphale, telle qu'elle est sortie des travaux de Steiner, d'Edinger, de His, de Retzius, de Cajal, de van Gehuchten et d'autres anatomistes, dont les noms et les principaux travaux ont été souvent rappelés. Ce n'est qu'alors qu'on s'explique que les dégénérescences et les atrophies secondaires qu'entraîne, chez l'homme et les mammifères supérieurs, la destruction d'un hémisphère cérébral, n'existent pas chez des vertébrés tels que les Sélaciens et les Téléostéens, auxquels manquent, en tout ou en partie, les neurones du *pallium*. L'absence de la masse grise principale du cerveau intermédiaire, des noyaux du thalamus, a entraîné, chez les poissons, celle de l'écorce grise du cerveau antérieur; la substance grise du cerveau intermédiaire est encore presque exclusivement composée du *ganglion habenulae* et de la *substance grise centrale*, c'est-à-dire de formations qui, chez les mammifères supérieurs, ne dégénèrent point après l'ablation du cerveau antérieur. Chez les batraciens et les reptiles, où les cellules nerveuses du *pallium* constituent déjà une véritable couche de neurones stratifiés, les premières masses grises rappelant les noyaux du thalamus, dont elles sont des formations homologues, apparaissent. En remontant dans la série, le développement des couches optiques ira de pair avec celui des hémisphères du cerveau (Forel). Chez les batraciens et chez les reptiles le corps genouillé externe se dessine nettement, puis la formation correspondant au noyau ventral de la couche optique (Edinger, Meyer). Les premiers noyaux apparus chez les vertébrés seraient donc ceux qui ne dégénèrent pas entièrement, mais partiellement, après la destruction du cerveau antérieur (von Monakow). On connaît le puissant développement, l'autonomie anatomique et fonctionnelle, des organes des vertébrés inférieurs (sélaciens, téléostéens) qui, tels que le *lobus opticus* et les *noyaux* de substance grise du *pont*, ne sont qu'indirectement associés, chez les mammifères supérieurs, au cerveau antérieur. Les fonctions de ces mêmes organes sont également beaucoup plus complexes chez les vertébrés inférieurs. Les expériences de Steiner sur ces animaux semblent avoir établi que ces régions encéphaliques, tout au moins le toit du cerveau moyen (*tectum mesencephali*), représentent, encore confondus, des organes qui, chez les mammifères, se différencieront, partie dans l'écorce du tubercule bijumeau antérieur, partie dans l'écorce du lobe occipital. La *vision centrale* a lieu, chez les vertébrés inférieurs, presque exclusivement par le *lobe optique* : on conçoit qu'après l'ablation du cerveau les poissons soient encore capables d'élaborer, d'une manière psychique, ce qu'ils voient. C'est, en tout cas, un fait bien établi que « le rôle physiologique aussi bien que le

1. P. Flechsig. *Zur Entwickelungsgeschichte der Associationssysteme im menschl. Gehirn. Königl. Sächs. Ges. d. Wiss. zu Leipzig*. 1894

volume du tubercule bijumeau antérieur (*lobus opticus*)' a constamment diminué avec l'accroissement du développement de l'écorce du *lobe occipital*, et que l'importance du *corps genouillé externe* et du *pulvinar* pour la vision mentale a également augmenté d'une manière constante dans la série ascendante des vertébrés[1]. » Le développement des *centres acoustiques* a également été de pair avec celui des *corps genouillés internes* et des régions du *lobe temporal* qui longent la scissure de Sylvius. Aux appareils rudimentaires de locomotion des poissons et des amphibiens, localisés dans la région cervicale, se sont ajoutés, chez les oiseaux et les mammifères inférieurs, ceux de la *substance grise du pont*; chez les mammifères supérieurs, ceux des *circonvolutions centrales*, toujours reliés aux constructions archaïques du pont de Varole, du cervelet, de la moelle allongée et de la moelle épinière. Mais, chez l'homme, tous les mouvements *volontaires* sont étroitement subordonnés à l'intégrité des cellules d'origine de la voie des pyramides, c'est-à-dire des territoires des circonvolutions frontales et pariétales ascendantes d'où part la *voie directe cortico-spinale*, encore que les cellules de ces territoires puissent réagir sur les neurones radiculaires des cornes antérieures de la moelle par la *voie indirecte cortico-ponto-cérébelleuse*, à laquelle font suite les fibres *cérébello-spinales* (van Gehuchten). Il en a été de même des organes inférieurs qui ne sont qu'indirectement associés au cerveau antérieur. Stieda, Bellonci, Edinger avaient noté que le cerveau postérieur et l'arrière cerveau des poissons et des amphibiens, loin d'être plus simples, possèdent au contraire une structure plus complexe que celle de ces parties chez les mammifères supérieurs. On doit donc étendre à l'arrière-cerveau et au cerveau postérieur ce qu'on vient de dire du tubercule bijumeau antérieur et du toit du cerveau moyen : chez les animaux inférieurs, les régions postérieures de l'encéphale, les noyaux gris du pont ou ceux des cordons postérieurs, par exemple, au lieu d'envoyer, comme chez les mammifères supérieurs, une partie considérable de leurs faisceaux dans le cerveau antérieur et le cerveau intermédiaire, entrent en connexion avec des groupes de neurones plus prochains, avec ceux du cerveau postérieur et du cerveau moyen. Comme ces groupes de neurones correspondent en partie, chez ces vertébrés, aux éléments nerveux de l'écorce du cerveau antérieur des mammifères, ils ont dû favoriser le développement, souvent considérable, de ces parties de l'encéphale.

Quels sont, chez les mammifères, les organes du système nerveux central dont les fonctions et l'existence mêmes dépendent, directement ou indirectement, du *pallium* des hémisphères et qui dégénèrent ou s'atrophient soit après la destruction du cerveau antérieur, soit, ce qui revient au même, lorsqu'ils sont isolés de cet organe? Inversement, les parties qui ne dégénèrent ni ne s'atrophient, même après des mois, consécutivement aux lésions destructives, expérimentales ou pathologiques, du *rhinencéphale* ou du *pallium*, devront être regardées comme relativement indépendantes de ces centres nerveux supérieurs, et la cause de cette indépendance devra être cherchée soit, on vient de le voir, dans l'anatomie comparée, soit dans l'embryologie du système nerveux central.

Systèmes des conducteurs sensitifs. Voie sensitive principale. — Le tiers postérieur du segment lenticulo-optique de la capsule interne est, dit Flechsig, le premier territoire cérébral où apparaissent des fibres myélinisées. La couronne rayonnante de la sphère tactile du corps se développe en plusieurs fois. Chez le fœtus de huit mois, on ne trouve que dans des *circonvolutions centrales*, surtout dans la *pariétale ascendante* et dans la moitié supérieure de la *frontale ascendante*, des faisceaux de fibres myélinisées, faisceaux certainement en rapport direct avec la *partie principale du ruban de* Reil, avec le *noyau externe du thalamus*, le *noyau rouge de la calotte* et le *pédoncule cérébelleux supérieur*. On peut ainsi connaître, chez le fœtus et le nouveau-né, le trajet des fibres sensitives, prolongements indirects des racines postérieures de la moelle et du bulbe, dans la capsule interne, la couronne rayonnante, le centre ovale, ainsi que la distribution de ces faisceaux de projection dans l'écorce du télencéphale. Flechsig distingue trois systèmes de ces conducteurs sensitifs : I. Le *premier système*, myélinisé au début du neuvième mois fœtal, et occupant, dans la capsule interne, presque toute l'aire située immédiatement en arrière des

1. Von Monakow. *Experimentelle und pathologisch-anatomische Untersuchungen über die Haubenregion, den Sehhügel und die Regio subthalamica, nebst Beiträgen zur Kenntniss früh erworbener Gross-und Kleindefecte. Arch. f. Psych.*, 1895, xxvii, 1-128, 386-478. — Cf. Edinger, *Vorles. üb. den Bau der nervösen Centralorgane des Menschen und der Thiere*, 1896, 269.

fibres pyramidales, provient surtout de la base du *noyau latéral* ou externe et du *noyau cupuliforme* du thalamus (le groupe ventro-latéral du thalamus de FLECHSIG correspond en partie au groupe des noyaux ventraux de von MONAKOW), en partie directement de la partie principale du ruban de REIL : les fibres de ce système se terminent exclusivement dans l'écorce des *circonvolutions centrales;* le sulcus *postcentralis* forme la limite postérieure de projection de ce système de fibres. Les circonvolutions centrales ou rolandiques sont donc, de tous les territoires de l'écorce, les premières en rapport avec la périphérie du corps. Une partie insignifiante des fibres de ce système passe en longeant le bord postérieur du noyau lenticulaire dans la capsule externe et dans la portion postérieure de la *lamina medullaris externa* du noyau lenticulaire; un petit faisceau semble atteindre la région inférieure de la radiation optique; FLECHSIG ne saurait affirmer qu'il atteigne la sphère visuelle. A ce stade de développement, il n'existe, en tout cas, aucune fibre myélinisée dans le lobe temporal, tandis qu'il y a quelques faisceaux myélinisés dans les radiations optiques. — II. Le *second système* de conducteurs sensitifs apparaît dans la capsule interne environ un mois après le premier; ses fibres proviennent également du *noyau latéral* du thalamus, mais plus dorsalement; elles montent en partie dans les mêmes régions cérébrales que celles du premier système, dans le *lobule paracentral* et dans le *pied* de la *première circonvolution frontale* (F^1) ; une autre partie se recourbe à angle aigu en dedans et entre en connexion avec le *gyrus fornicatus* sur presque toute sa longueur. Les faisceaux les plus postérieurs entrent dans le *cingulum* et se dirigent vers la *corne d'*AMMON. A ces fibres vient se joindre un autre faisceau parti du *noyau latéral* de la couche optique : il se dirige en bas, pénètre dans la *circonvolution en crochet* et arrive au *subiculum cornu* AMMONIS ; de sorte que le *lobe limbique* tout entier est en rapport avec le *noyau latéral* du thalamus. Les faisceaux qui atteignent le pied de la première circonvolution frontale (F^1 et peut-être F^2) semblent venir du *centre médian* de LUYS. Les rapports de «dépendance» signalés par von MONAKOW entre le *centre médian* et la *troisième circonvolution frontale* (F^3), ne concordent pas, selon FLECHSIG, avec l'époque de développement des faisceaux de la couronne rayonnante de ces deux régions. — III Pendant les mois qui suivent la naissance, un *troisième système* de fibres de la capsule interne se myélinise : il entre en connexion avec le *noyau latéral* du thalamus et sort de la partie antérieure de ce noyau : ses fibres vont en partie directement au pied de la *troisième circonvolution frontale* (F^3) ; d'autres décrivent de nombreuses courbes en lacet pour arriver à l'écorce; des faisceaux de cette dernière espèce parviennent dans le *fasciculus subcallosus* et descendent en longeant le bord antérieur du noyau caudé jusqu'à F^3 : un second groupe de fibres passe par le segment antérieur de la capsule interne, s'avance presque jusqu'au pôle du lobe frontal et se recourbe à angle aigu pour aboutir soit à la *partie moyenne* du *gyrus fornicatus*, soit à la *moitié antérieure* de la *première circonvolution frontale* (F^1), et aussi au *pied* de F^2. La partie du *gyrus fornicatus* située au-dessous du pied de F^1 se trouve donc en rapport avec deux systèmes de fibres sensitives de la capsule interne, prolongements des racines postérieures; elle est beaucoup plus riche en fibres de projection de cette nature que les autres régions de la *sphère tactile corporelle.*

Si l'on considère les rapports du *noyau latéral* de la couche optique avec les parties inférieures du névraxe et la périphérie du corps, on voit que tous les faisceaux sensitifs ascendants, qu'on doit tenir pour la continuation des *racines postérieures*, s'y projettent : partie principale de la couche du ruban de REIL, pédoncules cérébelleux supérieurs, faisceaux longitudinaux de la *formatio reticularis*. Des parties du *faisceau longitudinal postérieur* passent aussi dans le *groupe ventro-latéral* du thalamus. Comme, d'après HELD, non seulement le *trijumeau*, mais aussi le *nerf vestibulaire* envoient des fibres dans ce faisceau, une voie centripète du nerf vestibulaire y pourrait exister. D'autres faisceaux de ce nerf passent dans la *formatio reticularis* avec les voies centrales du *trijumeau*, du *glossopharyngien*, etc., non loin du plancher de la fosse rhomboïdale ; on les peut suivre en partie jusque dans le *ruban de* REIL *pédonculaire* (*Fussschleife*) et le *noyau lenticulaire*. Le reste passe avec le *ruban de* REIL *de la calotte*. FLECHSIG considère comme très vraisemblable que les *nerfs des canaux semi-circulaires*, aussi bien que ceux de la *gustation*, sont en rapport avec la *sphère tactile* du corps[1]. Là où les fibres de la *couche du ruban de* REIL pénètrent

1. P. FLECHSIG. *Die Localisation der geistigen Vorgänge*... Leipz., 1896, 14 sq.

dans le thalamus (en arrière du centre médian, auquel elles envoient des ramifications), des faisceaux issus de l'extrémité supérieure de la *formatio reticularis* viennent s'y joindre, de sorte que les voies nerveuses centripètes ici rassemblées (un grand nombre de fibres des noyaux des nerfs sensibles y parviennent encore) s'unissent aux fibres du ruban de REIL dans son trajet vers l'écorce cérébrale. C'est à tout ce complexus de faisceaux sensitifs que FLECHSIG a donné le nom de *radiation de la calotte* (*Haubenstrahlung*) (*Arch. f. Anat. u. Phys.*, 1881, *Anat. Abth.*, 49 sq.).

Les fibres de la couche du ruban de REIL pénètrent ainsi dans les régions antérieure et postérieure du *noyau latéral* (en particulier dans la moitié postérieure des noyaux ventraux de von MONAKOW); les faisceaux situés le plus bas passent directement dans la capsule interne. Le *noyau latéral* du thalamus est donc une station générale, intercalée comme un relai sur le parcours de la *voie des racines postérieures à l'écorce du cerveau antérieur*, un « point nodal », comme s'exprime FLECHSIG : là se réunissent en commun et s'arborisent toutes ces fibres; les nouveaux faisceaux, nés des cellules endogènes de ce noyau, qui sont bien la continuation physiologique directe, mais le prolongement anatomique indirect de la voie sensitive centrale, montent alors aux régions de l'écorce que nous avons énumérées, et ceux-là mêmes qui ne doivent pas s'y terminer; le reste de ces mêmes fibres se distribue à d'autres territoires du thalamus, au *noyau cupuliforme* de FLECHSIG et von TSCHISCH, au *centre médian* de LUYS. Quant aux autres noyaux de la couche optique, ils sont étrangers à la voie sensitive des racines postérieures. FLECHSIG croit donc devoir désigner d'une façon générale sous le nom de *groupe des noyaux ventro-latéraux* du thalamus tous les noyaux (*noyau latéral, corps cupuliforme, centre médian*) en rapport avec la voie centrale de la sensibilité, afin de les distinguer des autres centres nerveux de la couche optique.

Connexions du cerveau antérieur avec les cerveaux intermédiaire, moyen, postérieur et avec le myélencéphale. — Chez les mammifères supérieurs et chez l'homme, la méthode expérimentale des dégénérescences secondaires (GUDDEN, von MONAKOW), avec les études de vérification anatomique qui les complètent (LANGLEY, EDINGER, ROTHMANN), ainsi que l'observation clinique et anatomo-pathologique, ont permis de déterminer, d'une part, quelles sont les parties directement ou indirectement associées au cerveau antérieur, dont l'intégrité est la condition d'existence, d'autre part, d'aborder l'étude de la localisation spéciale, au point de vue des fonctions conductrices, des connexions anatomiques entre le *pallium* et les organes qui en dépendent. C'a été surtout l'œuvre de von MONAKOW qui, au cours de longues années, a étudié, à la lumière de l'embryologie, de l'anatomie comparée, de la physiologie expérimentale et de l'anatomie pathologique, la nature des rapports existant entre les masses grises thalamiques et sous-thalamiques et les différentes régions correspondantes du manteau. La distinction, aujourd'hui classique, établie par ce savant, entre la *dégénération secondaire*, lésion de déficit, entraînant la mort des éléments nerveux, la sclérose des tissus nerveux, et l'*atrophie simple secondaire*, ne déterminant qu'une réduction des cylindraxes et de leurs gaines de myéline, a été le meilleur critérium de ces rapports de « dépendance cérébrale » entre le télencéphale et les autres formations encéphaliques issues des vésicules cérébrales primitives. La plupart des organes du cerveau moyen, du cerveau postérieur et de l'arrière-cerveau, ainsi que ceux de la moelle épinière, peuvent demeurer longtemps inaltérés ou ne subir que les effets de l'atrophie simple après les lésions du manteau, alors que la plupart des organes du cerveau intermédiaire dégénèrent fatalement. Souvent, comme dans les noyaux gris du pont et de la couche grise superficielle des tubercules quadrijumeaux antérieurs, les deux processus de dégénérescence et d'atrophie secondaires, quoique distincts, coexistent.

I. Cerveau intermédiaire (Diencéphale). — Après l'ablation unilatérale du cerveau antérieur (*Télencéphale*), y compris le ganglion de la base de ce cerveau, le *corps strié*, les altérations de dégénération secondaire constatées par von MONAKOW furent les suivantes : La masse grise du thalamus présente tout d'abord, dans son ensemble, une notable réduction de volume, due à une dégénérescence « en masse » des éléments nerveux. Toutefois, cette dégénération secondaire diffère avec les différents noyaux et groupes de noyaux. On sait, depuis NISSL (1889), à quel point sont hétérogènes les neurones constituants de ces noyaux de la courbe optique ; ce sont souvent, d'ailleurs, moins des centres définis, autonomes, que des agglomérations de cellules mal délimitées. Von Monakow a donné de ces noyaux une anatomie nouvelle ; il a pu ainsi mieux localiser les altérations secondaires de cette grande province du névraxe. Même dans le thalamus, on constate, selon les régions, à l'examen microscopique, la coexistence des divers genres de dégénération établis par l'éminent anatomiste de Zurich. Suivant la manière dont ils réagissent aux ablations ou destructions du cerveau antérieur, il distingue trois catégories de centres nerveux : 1° Complexus de neurones qui, même dans les mois qui suivent l'opération, ne présentent point d'altération (la plupart des masses grises du cerveau moyen, du cerveau postérieur, de l'arrière cerveau et de la moelle épinière); 2° complexus de neurones qui ne sauraient exister sans le cerveau et qui, quelques semaines après l'opération, dégénèrent : ils constituent les *dépendances cérébrales directes* (*directe Grosshirntheile*); 3° complexus de neurones qui, après l'ablation d'un hémisphère, s'atrophient, c'est-à-dire dont « les éléments perdent en partie leur forme naturelle et subissent surtout une réduction de volume » : ce sont les *dépendances cérébrales indirectes* (*indirecte Grosshirntheile*). A la première de ces catégories appartiennent le *ganglion habenulæ* avec les faisceaux de Meynert, les *tæniæ thalami*, la *substance grise centrale*. Mais les noyaux propres du thalamus présentent des altérations dont la nature appartient avec nombre de transitions à la seconde et à la troisième catégorie. Les régions du thalamus qui dégénèrent complètement du côté opéré, chez les mammifères (chat, chien), sont les *noyaux antérieurs* (correspondant au *tuberculum antérius* de l'homme), les groupes des *noyaux médians*, le *pulvinar*, le *noyau postérieur* (masse grise en avant du pulvinar, entrant en forme de coin entre les corps genouillés internes et externes), le *noyau latéral*. Les *corps genouillés internes* et *externes*, même réduits à un cinquième de leur volume normal, présentent toujours un petit nombre de cellules d'aspect normal. Mais le *noyau ventral* du thalamus, que von Monakow a subdivisé en quatre noyaux, n'offre guère que des altérations qui relèvent de la troisième catégorie; elles diffèrent, en tous cas, très nettement, de celles des autres noyaux du thalamus, encore qu'on y constate, outre une réduction générale de volume, toutes les transitions dégénératives, depuis l'atrophie simple jusqu'à la sclérose. Il en est de même du *noyau médian* du *corps mamillaire;* le *noyau latéral* du *corps mamillaire* et la *zona incerta* de la région sous-thalamique présentent un caractère de dégénérescence intermédiaire entre la deuxième et la troisième catégorie de ces troubles, la *tuber cinereum* entre la première et la troisième. Un autre organe de la région sous-thalamique, le *corpus Luysii*, dégénère chez ces mammifères comme les parties qui dépendent directement du cerveau : c'est une « dépendance cérébrale directe ».

II. Cerveau moyen (Mésencéphale) et région de la calotte. — Von Monakow a trouvé « complètement indépendants » du cerveau antérieur, la *substance grise* de la *formatio reticularis*, la *substance grise moyenne du tubercule bijumeau antérieur*, la *substance grise centrale*, le *noyau latéral du ruban de* Reil, l'ensemble des réseaux gris situés en arrière de la couche du ruban de Reil, les noyaux des nerfs des muscles oculaires (IIIe et IVe paires). Les parties qui sont ici des « dépendances cérébrales directes » sont, outre les faisceaux du pédoncule cérébral, la *substantia nigra* et, en partie, la *substance grise superficielle du tubercule bijumeau antérieur*. Les autres parties, dont les lésions relèvent de celles de la troisième catégorie, c'est-à-dire de l'atrophie simple, ne trahissant par conséquent que des rapports indirects avec l'écorce du cerveau antérieur, sont : le *noyau rouge de la calotte*, le *tubercule bijumeau postérieur*, la *radiation de la calotte* (capsule du noyau rouge subdivisée par Monakow en radiations ou substance blanche *dorsale*, *frontale*, *latérale* et *ventrale* du *noyau rouge*), les *faisceaux de la calotte* de Forel, surtout la *couche du ruban de* Reil et le *bras du tubercule bijumeau postérieur* : l'ablation d'un hémisphère cérébral n'avait entraîné qu'une atrophie simple de la plupart de ces faisceaux de fibres nerveuses.

III. Cerveau postérieur (Métencéphale). — Les parties qui dépendent directement du télencéphale sont celles de la *substance grise du pont de Varole*; le degré et l'étendue de leur dégénérescence sont en rapport avec la gravité du traumatisme opératoire des hémisphères du cerveau antérieur, quoique un certain nombre de masses grises ou noyaux de la protubérance demeurent plus ou moins épargnés : « la substance grise du pont joue, dans le cerveau postérieur, un rôle en partie fort semblable à celui des noyaux de la couche optique dans le cerveau intermédiaire. » L'atrophie du *pédoncule cérébelleux moyen croisé* relève sans aucun doute de cette dégénération secondaire de la substance grise du pont. Il en est de même de l'atrophie simple de *l'hémisphère opposé du cervelet*. Chez les mammifères inférieurs (lapin), après l'ablation du cerveau antérieur, le cervelet demeure intact avec ses pédoncules. Ces altérations secondaires dépendent bien indirectement, en somme, de la lésion initiale du cerveau antérieur, et les organes du cerveau postérieur qui en subissent le contre coup doivent être considérés comme des dépendances directes ou indirectes du télencéphale. Mais il y a ici des parties qui paraissent en être complètement indépendantes : la *substance grise de la formation réticulaire*, les réseaux gris environnant le raphé et siégeant au-dessus de la couche du ruban de Reil, *le noyau du corps trapézoïde*, les *olives supérieures*, les *fibres arciformes*, le *corps trapézoïde*, la *substance blanche des olives supérieures*, la portion interne du pédoncule cérébelleux moyen, tous les nerfs craniens ayant là, c'est-à-dire dans la protubérance annulaire, leurs noyaux d'origine, y compris le *noyau sensible du trijumeau* qui, s'il ne dégénère pas fatalement après l'ablation d'un hémisphère cérébral, ne laisse pourtant pas de s'atrophier.

IV. Arrière-cerveau (Myélencéphale). — Quoique les différentes régions puissent présenter le tableau de l'atrophie simple secondaire, voire un certain degré de sclérose, les cellules nerveuses ne sont jamais, même après de longs mois, détruites et résorbées comme celles de certains noyaux du thalamus. On ne saurait par conséquent affirmer qu'il y a, dans la moelle allongée, des parties directement en rapport avec le télencéphale (*directe Grosshirntheile*). Les parties qui décelaient ces altérations histologiques après l'ablation du cerveau antérieur étaient des groupes de cellules disséminées de la portion médiane du noyau du cordon de Burdach et de la portion postérieure du noyau des cordons de Goll. Chez le chat sur lequel von Monakow trouva pour la première fois, après l'ablation du lobe pariétal, des lésions dégénératives des deux noyaux des cordons postérieurs, le noyau ventral du thalamus avait été lésé aussi dans l'opération, ce qui explique la gravité des altérations secondaires dans ce cas. D'ordinaire on ne tient pas compte de ce fait lorsqu'on répète, en parlant des travaux de Monakow à ce sujet, que, dans cette opération, « les noyaux des cordons de Goll et de Burdach dégénèrent toujours » ; cela est inexact, proteste Monakow : la moitié environ des cellules de ces noyaux ne participent pas en général à l'altération secondaire. Il en faut dire autant du noyau des *processus reticulares* de la moelle cervicale : après une destruction totale de la voie des pyramides, un grand nombre de cellules de ce noyau s'atrophient plutôt qu'elles ne dégénèrent.

En résumé, l'ablation unilatérale d'un hémisphère cérébral, avec le corps strié, entraîne, chez le chien, etc., une dégénération secondaire complète de certains noyaux de la couche optique, du *corpus Luysii*, de la *substantia nigra ;* une dégénérescence moyenne, combinée à de l'atrophie simple, de la substance grise du pont, de la substance superficielle du tubercule bijumeau antérieur, des noyaux des cordons postérieurs et du noyau des *processus reticulares* de la moelle cervicale ; enfin une atrophie simple du noyau rouge, du tubercule bijumeau postérieur et de l'hémisphère croisé du cervelet.

Rapports des noyaux du thalamus avec l'écorce du télencéphale. — De toutes les parties de l'encéphale, c'est évidemment la couche optique qui se trouve « représentée » sur les aires de projection les plus étendues de l'écorce du cerveau antérieur : c'est la source la plus abondante de stimulation fonctionnelle du *pallium ;* ce n'est pas la seule, et la physiologie expérimentale, aussi bien que l'observation clinique et anatomo-pathologique, établissent que bien d'autres sources encore (nous en avons énuméré quelques-unes) servent à alimenter le grand réservoir de la vie psychique. La plus grande partie et de beaucoup, des fibres de la couronne rayonnante, si l'on fait abstraction des faisceaux pyramidaux, proviennent de la couche optique. Vieussens donnait le nom de « grand soleil rayonnant » à l'ensemble de faisceaux entourant la couche optique. Mais de toutes les masses grises hypothalamiques (*corpus Luysii*, etc.) rayonnent des faisceaux de fibres qui, par le pédoncule cérébral, par la région de la calotte, pénètrent dans la capsule interne et s'arborisent dans l'écorce des hémisphères cérébraux sur des territoires plus ou moins vastes, mais localement distincts ; de nouvelles expériences et de nouvelles observations pathologiques seront nécessaires pour délimiter ces territoires fonctionnels. Mais c'est dans les noyaux du thalamus que se terminent en partie, directement ou indirectement, les voies sensitives centrales issues des noyaux sensitifs du névraxe. Les fibres de la voie sensitive centrale du *rhombencéphale* (arrière-cerveau, cerveau postérieur et isthme) doivent se terminer dans la couche optique : toute lésion destructive de ces fibres survenue dans le métencéphale ou le mésencéphale est en effet suivie d'une dégénérescence secondaire ascendante qui s'arrête dans la couche optique; la destruction des noyaux des cordons de Goll et de Burdach entraîne également la dégénération secondaire des fibres de la couche interolivaire jusque dans le cerveau intermédiaire ou cerveau des couches optiques (Vejas, Singer et Münzer, Mott). Sur cinq cas d'ablation des noyaux de Goll et de Burdach chez le singe, Mott n'a pu suivre la dégénérescence du ruban de Reil au delà de la région sous-optique. C'est dans les masses grises du thalamus que sont les cellules d'origine du dernier relai des conducteurs sensitifs avant leur arrivée dans les hémisphères cérébraux. « C'est aussi par l'intermédiaire de la couche optique, écrit von Monakow, que se projettent dans l'écorce du cerveau antérieur des excitations optiques, acoustiques et différents autres *stimuli*. Chaque groupe de cellules de la couche optique appartenant aux parties de l'encéphale dont le cerveau est la condition même de l'existence, n'est pas seulement dans un rapport trophique, mais, sans aucun doute, fonctionnel, avec l'aire corticale où il est représenté. » En d'autres termes, chaque groupe de cellules du thalamus est condamné à l'inactivité, et par conséquent à la mort, lorsque son territoire cortical d'excitation trophique et fonctionnel vient à être détruit. Et ce ne sont pas seulement les fonctions de la sensibilité générale et spéciale, mais aussi celles de la régulation des mouvements qui semblent dépendre du thalamus. Von Monakow considère comme très probable qu'un rôle important revient à cet égard aux *noyaux ventraux* du thalamus, étroitement associés aux circonvolutions centrales, et cela au sens d'une source d'incitation projetée sur l'écorce de ces circonvolutions. Nous rappellerons ce que Meynert avait entrevu à ce sujet : Qu'il existe, disait-il, une connexion, par des voies centripètes, entre l'écorce et les centres sous-corticaux des sensations d'innervation, des *foyers d'innervation de l'écorce* (*Innervationsherden der Rinde*), et que ces centres nerveux, comme la *couche optique*, représentent une station anatomique intermédiaire pour la formation des mouvements secondaires (c'est-à-dire volontaires ou acquis, non réflexes) dont le siège est dans l'écorce cérébrale, c'est une déduction qu'il croyait solide et que confirmaient les expériences de Soltmann, expériences qui avaient démontré la nécessité, en regard des mouvements réflexes ou primaires des animaux nouveau-nés, de « trouver une genèse des mouvements conscients » ou secondaires. « La couche optique constitue, relativement à l'extrémité supérieure, un mécanisme moteur où les représentations de régions déterminées de la musculature, soit directes, soit croisées, déterminent des formes de mouvements également déterminées ou spéciales » (*Psychiatrie*, 154). Meynert signale aussi les faisceaux du système de projection issus du lobe frontal en connexion avec le thalamus.

La plupart des voies nerveuses qui, de la *sphère tactile* du manteau, c'est-à-dire des circonvolutions centrales, descendent dans le thalamus, s'irradient dans le *noyau antérieur*, le *noyau interne* et le *pulvinar*, territoires que Flechsig a réunis sous le nom de « noyau principal », puis de *groupe nucléaire dorso-médian* de la couche optique. Ces noyaux comprennent tout le thalamus à l'exception du *noyau latéral*, du *corps cupuliforme* et du *centre médian*, c'est-à-dire des parties que Flechsig comprend sous la désignation de *groupe nucléaire ventro-latéral*. Quoique la démonstration rigoureuse ne soit pas encore faite, il ne peut y avoir de doute que les fibres qui pénètrent dans le groupe des *noyaux ventro-latéraux* ne soient, par rapport à l'écorce, *centripètes*, et que celles qui pénètrent dans le groupe des *noyaux dorso-médians* ne soient *centrifuges*. Les différentes parties des noyaux du groupe dorso-médian du thalamus dégénèrent après une lésion destructive de l'écorce plus rapidement que les neurones du groupe des noyaux ventro-latéraux, ce qui s'explique si l'on admet que les noyaux dorso-médians ont dans l'écorce leurs centres trophiques et fonctionnels, tandis que ceux des noyaux ventro-latéraux se trouvent dans les régions sous-thalamiques[1]. Chaque partie du groupe nucléaire dorso-médian est en rapport avec un territoire déterminé de l'écorce : le *noyau antérieur* avec le *lobe limbique* surtout (avec la *corne d'Ammon* spécialement par le *fornix*, le *corpus mammillare* et le *faisceau de* Vicq d'Azyr) ; la partie dorsale du *noyau interne* (noyau latéral de Monakow) avec les *circonvolutions centrales*, sa partie interne avec le

1. V. Kölliker. *Gewebelehre*, 6 Aufl., II, § 169. P. Flechsig. *Die Localis. der geistigen Vorgänge*, 31 et 73.

pied de toutes les *circonvolutions frontales* et le *corps strié*. Le *pulvinar* n'a rien à faire, dit FLECHSIG, avec la *sphère tactile* du corps; il est exclusivement en rapport avec la *sphère visuelle*, et peut-être aussi avec la *sphère auditive*. L'importance de ces faits anatomiques apparaîtra lorsqu'on aura découvert toutes les connexions périphériques des noyaux dorso-médians du thalamus. Les dernières recherches de FLECHSIG (1897) l'induisent à songer à la voie centrale de la calotte et aux fibres qui, du thalamus, aboutissent à la substance grise centrale des tubercules quadrijumeaux et de la fosse rhomboïdale (noyau du vague, etc.).

La sphère tactile du corps, où se termine la voie sensitive centrale, contient donc aussi les cellules d'origine de *voies motrices*, extraordinairement nombreuses, qui forment en quelque sorte deux grands groupes : 1° les fibres du premier de ces groupes passent, au sortir du cerveau, par le *pied du pédoncule;* 2° celles du second groupe sont mises en rapport, par l'intermédiaire de la *couche optique* et de la *calotte du pédoncule cérébral*, avec des centres nerveux inférieurs.

Voies descendantes du pied du pédoncule cérébral. Le faisceau frontal cortico-protubérantiel. — Les voies motrices centrifuges de la sphère tactile du corps forment les quatre cinquièmes du pied du pédoncule (FLECHSIG). Au point de vue embryologique, FLECHSIG a établi un parallèle entre ces fibres et celles des systèmes sensitifs de la capsule interne. Ainsi, au *premier système* de ces fibres correspond, relativement aux régions de l'écorce où sont ses cellules d'origine, la *voie des faisceaux pyramidaux* qui, en descendant directement de l'écorce aux cellules d'origine des nerfs moteurs de la moelle allongée et de la moelle épinière, innervent indirectement tous les muscles dont la participation est indispensable à l'exercice du toucher. Quant à un faisceau moteur correspondant au *deuxième système* des faisceaux sensitifs de la capsule interne, il est possible qu'il en existe un dans le pied du pédoncule cérébral; FLECHSIG ne saurait encore rien dire de certain à cet égard; mais, anatomiquement comme embryologiquement, cela paraît probable. Au *troisième système* des faisceaux sensitifs de la capsule interne correspond le *faisceau frontal cortico-protubérantiel* de FLECHSIG, qui forme le *tiers interne* du *pied du pédoncule cérébral* et relie l'écorce du télencéphale aux masses grises du pont de VAROLE, dans lesquelles il se termine, au moins en grande partie. Les fibres cortico-protubérantielles frontales ne proviennent pas d'ailleurs, ainsi qu'on l'avait admis, de toute l'étendue des circonvolutions du lobe frontal; le centre antérieur d'association occupe le pôle du lobe frontal; les lésions destructives de cette zone ne sauraient par conséquent amener la dégénérescence ni l'atrophie des fibres du faisceau frontal cortico-protubérantiel. Les fibres de ce faisceau proviennent de la circonvolution frontale ascendante et de la partie voisine des circonvolutions frontales. Les régions antérieures de la sphère tactile, remarque FLECHSIG lui-même, sont plus riches en grandes cellules pyramidales que tous les autres territoires corticaux : la moitié postérieure de la première circonvolution frontale (F¹) présente, en particulier, des couches entières de « grandes cellules »; c'est d'elles très probablement que partent les fibres du faisceau frontal cortico-protubérantiel. Ce faisceau, qui ne se myélinise qu'un ou deux mois après la naissance, sort bien de la *sphère tactile du corps*, et partant d'un centre de projection (ZACHER) : il dégénère secondairement dans les lésions destructives de la *troisième circonvolution frontale* (F³), des parties inférieures de la *circonvolution frontale ascendante* (FA), des pieds des première et deuxième circonvolutions frontales (F¹ et F²).

Le faisceau frontal cortico-protubérantiel est une *voie motrice de la sphère tactile*, destinée sans doute aux groupes de muscles qui ne reçoivent pas leur innervation de la voie motrice des pyramides, tels que les muscles du *tronc*, de la *nuque*, des *yeux*, partant à des territoires musculaires dont l'innervation est surtout bilatérale. FLECHSIG ne saurait indiquer exactement la provenance des fibres des faisceaux sensitifs qui se ramifient et s'arborisent dans le territoire des cellules pyramidales d'origine de son faisceau frontal cortico-protubérantiel : ces fibres sont contenues dans les faisceaux de la couronne rayonnante du thalamus et du noyau lenticulaire, reliés aux pédoncules cérébelleux supérieurs, au ruban de REIL, à la *formatio reticularis*. Les fibres du faisceau frontal cortico-protubérantiel descendent dans la capsule interne où elles passent par le genou et occupent, mélangées aux fibres motrices centrales, non pas le bras ou segment antérieur de cette capsule, dont les fibres appartiennent exclusivement aux faisceaux cortico-thalamiques, mais le *segment lenticulaire du bras postérieur*. De là les fibres cortico-protubérantielles frontales continuent à descendre dans le pied du pédoncule cérébral où, toujours mélangées aux fibres motrices, elles occupent les quatre cinquièmes internes de ce pied. Elles pénètrent ensuite dans le pont de VAROLE, et là elles se séparent des fibres de la *voie motrice principale* pour se terminer, par de libres ramifications cylindraxiles, dans la substance grise des noyaux du pont. Cette *voie motrice secondaire*, c'était la partie cortico-protubérantielle du faisceau volumineux de fibres nerveuses qui, avec les fibres de ce faisceau, comprenait celles des *faisceaux pyramidaux;* celles-ci traversent simplement le pont de VAROLE en envoyant des collatérales aux masses grises de ce grand centre nerveux avant de descendre dans la moelle allongée et la moelle épinière, constituant la partie *cortico-bulbaire* et *cortico-médullaire* de la voie motrice principale.

Voici ce qui ressort en toute évidence des recherches de DÉJERINE sur l'origine corticale et le trajet des faisceaux du pied du pédoncule cérébral, recherches basées sur l'étude de vingt-trois cas de dégénérescence secondaire consécutive à des lésions limitées de l'écorce cérébrale : 1° Le *bras antérieur* de la *capsule interne* n'est pas formé de fibres « cortico-protubérantielles », mais de fibres *cortico-thalamiques;* ces fibres horizontales ne descendent pas dans le pied du pédoncule cérébral : elles relient l'écorce cérébrale à la couche optique. 2° Les lésions corticales du *lobe frontal* et du *lobe occipital* n'entraînent jamais la dégénérescence des fibres du pied du pédoncule cérébral. 3° Les fibres du *pied du pédoncule cérébral* dégénèrent dans leur totalité à la suite de lésions corticales intéressant : *a)* les *circonvolutions centrales; b)* le *lobule paracentral; c)* les parties immédiatement voisines du *lobe frontal* et du *lobe pariétal*, et *d)* la partie moyenne des circonvolutions *temporales*. Deux ordres différents de fibres nerveuses existent dans le pied du pédoncule cérébral :

1° Les fibres formant le *cinquième externe* de cet étage inférieur, le faisceau de TÜRK, ou *faisceau temporal cortico-protubérantiel* de FLECHSIG, tirent leur origine de la partie moyenne du lobe temporal, et principalement des *deuxième* et *troisième* circonvolutions *temporales* (T^2 et T^3); le système de neurones corticaux constituant ce faisceau est bien un système à part, car il n'appartient pas, comme les autres parties du pied du pédoncule, à la région thalamique de la capsule interne; il passe au-dessous du noyau lenticulaire et ne peut aborder la capsule interne que dans la région sous-optique; ses fibres ne sont donc jamais atteintes dans les hémorrhagies capsulaires. Le faisceau de TÜRK est un faisceau de projection temporo-protubérantiel; il s'épuise dans les masses grises de la protubérance; si quelques-unes de ses fibres vont jusqu'au bulbe, elles ne passent pas par la pyramide. C'est ce faisceau qui, considéré par MEYNERT comme venant de l'écorce du lobe occipital et constitué de fibres sensitives, fut si longtemps admis, et joua un si grand rôle, sous le nom de « faisceau sensitif », dans l'enseignement de CHARCOT. Or le faisceau externe du pédoncule vient du *lobe temporal*, non du *lobe occipital*. En outre, l'observation clinique et l'expérimentation (FERRIER) ont démontré que ce faisceau n'était pas un faisceau sensitif.

2° Les fibres formant les *trois cinquièmes moyens* du pied du pédoncule cérébral : ces neurones tirent leur origine corticale des cinq sixièmes supérieurs de la région rolandique : des *frontale* et *pariétale ascendantes* (FA, PA), la partie tout à fait postérieure des deuxième et troisième frontales y comprise, du *lobule paracentral* et de la *partie antérieure du lobule pariétal supérieur*. Toutes ces fibres, qui descendent *directement* dans le pied du pédoncule, appartiennent au *faisceau pyramidal;* elles sont de toutes longueurs.

3° Les fibres formant le *cinquième interne* du pied du pédoncule proviennent de *l'opercule rolandique* et de la partie adjacente de *l'opercule frontal* (extrémité tout à fait inférieure des *frontale* et *pariétale ascendantes* et *pied de la troisième frontale*); ce faisceau correspond au genou et à la partie antérieure du segment postérieur de la capsule interne dans la région thalamique de cette dernière (WERNICKE, VON MONAKOW). « Ce faisceau interne, a écrit DÉJERINE avec beaucoup de justesse, désigné aussi quelquefois sous le nom de « faisceau psychique ou intellectuel », n'est ni plus ni moins *psychique* ou *intellectuel* que les autres faisceaux du pédoncule.[1] » Ce faisceau interne du pédoncule

1. J. DÉJERINE, *Sur l'origine corticale et le trajet intra-cérébral des fibres de l'étage inférieur ou pied du pédoncule cérébral*. Paris, 1894, 6.

n'est pas constitué par l'anse du noyau lenticulaire; l'anse du noyau lenticulaire appartient en effet, non au pied du pédoncule, mais à l'étage supérieur, à la calotte; le *locus niger* sépare l'anse lenticulaire du pied du pédoncule. Le *cinquième* interne des fibres du pied du pédoncule est en connexion avec les noyaux d'origine du *facial inférieur* et de l'*hypoglosse*. Dans trois cas de lésions limitées à l'opercule frontal et rolandique étudiés par Déjerine, la *protubérance* présentait des fibres dégénérées dans son segment antérieur, et si les coupes du *bulbe* ne décelaient point sûrement l'existence de fibres dégénérées dans la pyramide correspondante, celle-ci paraissait pourtant atteinte d'atrophie simple.

Les fibres des *quatre cinquièmes* internes du *pied pédonculaire* ont donc leurs cellules d'origine dans la zone « motrice » de l'écorce cérébrale; elles passent par le bras postérieur de la capsule interne; voilà leur origine et une partie de leur trajet. Où se terminent-elles? dans les noyaux d'origine des nerfs moteurs périphériques, enseigne Déjerine. Les fibres des trois cinquièmes moyens du pied, c'est-à-dire les faisceaux pyramidaux, ne font que traverser la protubérance annulaire pour se rendre dans la pyramide du bulbe; les fibres du cinquième interne et du cinquième externe du pied du pédoncule doivent seules se terminer dans la protubérance.

Le ruban de Reil médian. — C'est avec toute raison que Flechsig tient pour « une des conquêtes les plus assurées de l'anatomie le rapport général du ruban de Reil principal avec les circonvolutions centrales », avec la *sphère tactile* du corps : ces circonvolutions sont ainsi reliées, en partie directement, selon lui, en partie et pour le principal indirectement, avec les noyaux sensitifs des cordons postérieurs et latéraux de la moelle épinière. Von Gudden avait établi que le ruban de Reil dépend en partie des hémisphères cérébraux. Quelques années plus tard (1884), von Monakow démontrait expérimentalement qu'après l'ablation du lobe pariétal, c'est-à-dire surtout du *gyrus suprasplenius* ou du *gyrus coronarius* (zone F de Munk), chez le chat, une atrophie considérable du ruban de Reil se développe qu'il est possible de suivre, au delà de la région du corps trapézoïde, dans la couche interolivaire du bulbe et finalement dans les *fibræ arcuatæ internæ*; en outre, que, de ce fait, dégénèrent les cellules nerveuses du noyau des cordons grêles et de la portion interne du noyau des cordons de Burdach du côté opposé. Monakow donna à cette partie du ruban de Reil dont l'*atrophie* avait suivi cette opération le nom de *ruban de Reil cortical* (*Rindenschleife*), dénomination qui, depuis, a conquis droit de cité. Bientôt après, il trouva encore que l'ablation du gyrus sigmoïde, à côté de la dégénération des pyramides, n'entraîne pas une atrophie notable du ruban de Reil. Monakow avait donc livré la preuve expérimentale des rapports qui existent entre le lobe pariétal du cerveau antérieur et le ruban de Reil, la couche interolivaire, les *fibræ arcuatæ* et les noyaux croisés des cordons postérieurs. Il chercha alors à découvrir les connexions du ruban de Reil, de la calotte, de la couche optique et du lobe pariétal. Déjà il s'était convaincu qu'entre les fibres du ruban de Reil et les faisceaux de la couronne rayonnante du lobe pariétal, il n'y a pas de continuité directe, et que le ruban de Reil devait se terminer provisoirement dans le thalamus, c'est-à-dire dans les noyaux ventral et latéral. Selon d'autres auteurs, le ruban de Reil devait, au contraire, traverser directement la capsule interne et pénétrer dans le centre ovale des hémisphères. L'apparition de la théorie des neurones renouvela la question. On se demanda si le ruban de Reil cortical était constitué par un ou par deux neurones superposés. Dans la première hypothèse, il fallait admettre qu'un neurone de cette voie nerveuse s'étend, sans interruption, des noyaux des cordons postérieurs, où il a sa cellule d'origine, jusqu'à l'écorce du cerveau. Dans la seconde, ce neurone devait s'arboriser dans la couche optique et un neurone du thalamus fournir la dernière étape de la route. C'est alors que Hösel publia, avec Flechsig, une observation devenue célèbre[1]. Il s'agissait d'un cas de porencéphalie, lésion de déficit datant d'environ cinquante ans, qui avait surtout détruit la circonvolution pariétale ascendante (PA), complètement résorbée, et déterminé une atrophie secondaire du ruban de Reil médian dans toute sa hauteur, des pédoncules cérébelleux supérieurs et de la *formatio reticularis*. Voici quelles étaient les parties du thalamus dont tous les éléments nerveux avaient, dit Flechsig (1890), dégénéré secondairement : outre le *corps cupuliforme*,

1. Flechsig et Hösel. *Die Centralwindungen ein Centralorgan der Hinterstränge. Neurol. Centralbl.*, 1890, 417.

le *noyau latéral* avait subi cette involution, là exactement d'où sort, au neuvième mois de la vie fœtale, le *premier système* de fibres myélinisées de la voie sensitive centrale. FLECHSIG n'avait pas d'abord aperçu la dégénération de ces cellules du thalamus, car elles avaient disparu, écrit-il, sans laisser de traces. Ce n'est qu'après avoir appris à distinguer sur les fœtus les groupes de neurones où la *partie principale du ruban de Reil* se termine pour le plus grand nombre de ses fibres, que ce savant se persuada que, dans le cas de HÖSEL, le territoire d'origine du *premier système* fœtal manquait tout spécialement. Seule, restreinte à l'étude exclusive des lésions en foyer, la méthode anatomo-clinique n'aurait pu circonscrire ainsi la limite de ce territoire fonctionnel, non plus d'ailleurs que ceux du *pallium* où se terminent les faisceaux de projection des racines postérieures, HÖSEL tira de cette observation la conclusion que « la plus grande partie et de beaucoup (au moins les 5/6) des fibres provenant des noyaux des cordons postérieurs et se dirigeant vers le cerveau par la couche interolivaire aboutit aux circonvolutions centrales, sans doute dans la *circonvolution pariétale ascendante* (PA) et le *lobule paracentral* » ; la zone « motrice », qui doit être considérée comme étant en même temps un « centre sensitif », est un *centre réflexe des cordons postérieurs* (*Reflexcentrum der Hinterstränge*). Le ruban de REIL passait directement de la calotte dans la capsule interne et dans l'écorce du cerveau. Mais, en 1893, à propos d'un cas de lésion corticale et sous-corticale beaucoup plus étendue, puisque celle-ci comprenait la substance blanche des deux circonvolutions centrales (FA et PA), et remontant également à la première enfance, MAHAIM faisait remarquer que l'altération secondaire du ruban de REIL n'était pas de nature dégénérative, mais présentait l'aspect d'une atrophie simple secondaire ; toute la capsule interne était complètement transformée en tissu dégénéré ; or les fibres du ruban de REIL qui s'y terminaient étaient simplement atrophiées. Comme une seule et même fibre nerveuse ne peut, disait MAHAIM, par une transition brusque passer de l'état de dégénérescence à celui d'atrophie simple, cette observation démontrait qu'entre l'écorce du cerveau antérieur et le faisceau rubanné de REIL il n'existe pas, si ce n'est dans une mesure très discrète, de continuité directe[1]. En admettant dans la suite, à côté d'un *ruban de Reil cortical direct* se rendant directement par la capsule interne du cerveau moyen dans l'écorce du cerveau antérieur, l'existence d'un *ruban de Reil thalamique*, HOSEL, qui n'était pas d'ailleurs absolument éloigné, à l'origine, de l'opinion certainement plus exacte de MAHAIM et de von MONAKOW sur la terminaison du ruban de REIL dans le thalamus, s'est enfin rallié, en partie du moins, avec FLECHSIG, à cette vérité (1894). LANGLEY, GRÜNBAUM, von MONAKOW, BIKELES avaient été amenés au même résultat par la méthode expérimentale : après une lésion destructive du cerveau, le ruban de REIL ne dégénère pas : il s'atrophie.

La destruction de la voie sensitive centrale entre la couche optique et l'écorce cérébrale est naturellement suivie de dégénérescence des *fibres sensitives thalamo-corticales* ; elle ne détermine qu'une atrophie secondaire des fibres du ruban de REIL dans la région bulbo-protubérantielle. Il en résulte manifestement que les fibres sensitives sus-thalamiques et sous-thalamiques ne sont pas en continuité directe les unes avec les autres et qu'elles doivent être interrompues dans la couche optique. L'atrophie du ruban de REIL consécutive aux anciennes lésions de déficit de l'écorce cérébrale n'est donc qu'une atrophie indirecte résultant d'une dégénération secondaire du groupe nucléaire ventral du thalamus, atrophie simple, de deuxième ordre, ou d'*inactivité* fonctionnelle[2]. Comme conséquence de la dégénération secondaire du ruban de REIL, von MONAKOW et SPITZKA ont signalé celle des fibres arciformes de la moelle allongée et celle des noyaux des cordons postérieurs de GOLL et de BURDACH, dont les cellules dégénèrent d'une manière directement proportionnelle à la dégénération du ruban de REIL (HÖSEL, HENSCHEN, BRUCE, JACOB). D'anciennes lésions en foyer de l'écorce des circonvolutions centrales et pariétales peuvent déterminer une atrophie secondaire des cellules nerveuses des noyaux des cordons postérieurs, c'est-à-dire des cellule d'origine des fibres du ruban de REIL.

Von MONAKOW admet d'ailleurs qu'un « petit nombre de fibres du ruban de REIL

1. ALB. MAHAIM. *Ein Fall von sekundärer Erkrankung des Thalamus opticus und der Regio subthalamica. Arch. f. Psych.*, XXV.

2. C. von MONAKOW. *Allgem. pathol. Anat. des Gehirns. Ergebnisse der allg. Pathologie und pathol. Anat. des Menschen und der Tiere.* Wiesb., 583.

peuvent certes passer directement dans le cerveau (et ces fibres pourraient se résorber sans laisser de traces). Mais la majorité des fibres du ruban de Reil qui s'atrophient après la destruction d'un hémisphère se terminent bien dans la couche ventrale du thalamus. Après l'ablation du cerveau, ces fibres s'atrophient simplement comme le tractus optique après une destruction d'un lobe occipital » (*Arch. f. Psych.* 1895, XXVII, 431-32). De son côté, et tout en maintenant que ses préparations le forcent à soutenir qu'une partie du ruban de Reil cortical passe directement dans la capsule interne (*ruban de Reil cortical direct*), Flechsig déclare qu'au fond il n'existe plus de divergences touchant « la terminaison » du ruban de Reil dans la couche optique.

Or cette question avait pour la doctrine des fonctions du cerveau une importance capitale. Il s'agissait en effet de la voie nerveuse par laquelle les impressions sensitives se propagent du bulbe rachidien au cerveau. La terminaison corticale de ces fibres centripètes a été déterminée, grâce surtout à la méthode embryologique, sur toute l'étendue de la circonvolution pariétale ascendante et dans la partie voisine de la circonvolution frontale ascendante, et le nom de *sphère tactile corporelle* a été donné précisément pour cette raison à ces vastes territoires où se projette tout le corps de l'animal. Mais, si dès 1881 Flechsig avait indiqué que des faisceaux en rapport avec les cordons postérieurs de la moelle épinière par les fibres de la calotte du pédoncule cérébral et par la couche du ruban de Reil se terminent dans la circonvolution pariétale ascendante (PA) et dans les territoires corticaux qui s'y rattachent immédiatement en arrière, on continuait à admettre, avec Meynert, avec Charcot et ses élèves, que les fibres sensitives issues des noyaux de Goll et de Burdach, après leur entre-croisement dans le bulbe, où elles forment la partie externe ou sensitive des pyramides, traversaient l'étage antérieur de la protubérance, constituaient le faisceau externe du pied du pédoncule cérébral et s'irradiaient dans le lobe occipital. Flechsig montra que les fibres du faisceau externe du pied du pédoncule cérébral se terminaient dans la protubérance et constituaient une voie cortico-protubérentielle. Déjerine établit que ce faisceau externe du pied du pédoncule cérébral tire son origine de la partie moyenne du *lobe temporal* (T^2 et T^3). On a cru, jusqu'en 1877, avec Meynert, que la voie sensitive centrale du ruban de Reil se terminait dans le tubercule quadrijumeau antérieur : Forel fit voir que les fibres de cette voie se rendaient en outre dans la couche optique (*ruban de* Reil *thalamique, ruban de* Reil *supérieur*). La partie du ruban de Reil médian dont Édinger et Flechsig déterminèrent les origines bulbaires en 1885 était ignorée des anciens auteurs : ce qu'ils désignaient sous le nom de *laqueus*, de faisceau triangulaire latéral de l'isthme, de *ruban de* Reil *latéral* ou *ruban de* Reil *inférieur*, n'a, on le sait, rien à faire avec les fibres de l'entre-croisement sensitif, originaires des noyaux de Goll et de Burdach, qui concourent à la formation de la couche interolivaire du bulbe : le ruban de Reil latéral, reliant l'olive protubérantielle au tubercule quadrijumeau postérieur, n'est qu'une des voies centrales du nerf auditif. D'après Flechsig, le *faisceau pédonculaire du ruban de* Reil, qui était seul intact dans le cas de Hösel, se termine pour la plus grande part dans le *globus pallidus* du noyau lenticulaire; peut-être est-il indirectement en connexion avec la moitié inférieure de la circonvolution frontale ascendante. Pour Déjerine, le ruban de Reil n'est pas plus en connexion directe avec le *globus pallidus* et le *corpus* Luysii qu'il ne se continue avec l'anse lenticulaire.

Des cas personnels étudiés par cet éminent anatomiste au moyen de coupes microscopiques sériées, il résulte que la dégénérescence du ruban de Reil médian ou principal, à la suite de lésions protubérantielles ou bulbaires, est une dégénération ascendante, et que cette dégénérescence ne peut être suivie au delà de la partie inférieure de la couche optique. Dans les lésions anciennes du thalamus, en particulier lorsque les lésions occupent le centre médian de Luys, le ruban de Reil médian est frappé d'une *atrophie lente* pouvant aller jusqu'à la disparition complète des fibres, non d'une dégénérescence proprement dite : cette atrophie diminue de haut en bas, du thalamus vers les noyaux de Goll et de Burdach, où sont les cellules d'origine de la majorité des fibres du ruban de Reil médian; enfin cette atrophie est proportionnelle au degré de destruction du ruban de Reil et à la durée de la survie des malades. « Nous croyons, écrit Déjerine, que dans les cas d'atrophie du ruban de Reil à la suite de lésions *thalamiques, sous-thalamiques* ou *pédonculaires*, il s'agit d'une atrophie rétrograde, cellulipète, c'est-à-dire s'effectuant de la périphérie du neurone vers sa cellule d'origine[1]. »

Quant aux connexions du ruban de Reil avec l'*écorce cérébrale*, Déjerine a examiné dix-neuf cas de lésions corticales intéressant la région rolandique et le lobe pariétal, sans participation des masses grises centrales à la lésion, lésions dont l'ancienneté variait de dix à soixante-dix-sept ans, et qui avaient causé pendant la vie des hémiplégies très accusées avec contracture : « Or, quelque longue qu'eût été l'affection, quelque intense que fût la dégénérescence du faisceau pyramidal, dans aucun de ces cas le ruban de Reil n'était dégénéré. Dans les cas très anciens ou remontant à l'enfance, ce faisceau était diminué de volume, mais il s'agissait d'une atrophie simple, d'une diminution du calibre et non du nombre des fibres, et cela quelle que fût l'intensité de l'atrophie secondaire de la couche optique constatée dans ces dix-neuf cas. » De même, chez deux chiens auxquels Goltz avait enlevé le manteau cérébral et le corps strié, pièces anatomiques provenant de la collection d'Édinger, Bielschowsky constata l'intégrité du ruban de Reil; celui-ci ne présentait aucun indice de dégénérescence descendante; c'est que les couches optiques se trouvaient conservées pour l'essentiel. Bielschowsky se rattache donc à l'opinion de Mahaim et de Monakow et conclut que, si les *thalami* sont épargnés, l'ablation d'un hémisphère n'entraîne chez le chien aucune dégénérescence secondaire du ruban de Reil[2].

Il est donc aujourd'hui démontré que la voie sensitive centrale des fibres du ruban de Reil, prolongement indirect des voies longues des cordons postérieurs issus des cellules des ganglions spinaux, ne monte pas directement des noyaux de Goll et de Burdach à l'écorce du télencéphale. Du bulbe au *pallium*, la voie sensitive centrale ou principale comprend deux neurones : un neurone inférieur, *bulbo-thalamique*, représenté par le ruban de Reil médian, et un neurone supérieur, *thalamo-cortical*, reliant le thalamus au manteau des hémisphères cérébraux.

Voie sensitive cérébelleuse. Faisceau cérébello-cérébral. — Outre la voie sensitive tactile *principale*, ou voie du ruban de Reil, une autre voie sensitive tactile *secondaire* existe, la *voie sensitive cérébelleuse*, qui relie, comme la première, les nerfs sensitifs périphériques à la sphère tactile de l'écorce cérébrale en passant par l'écorce du cervelet. De même qu'il existe un faisceau moteur ou descendant, le faisceau *cérébro-cérébelleux*, provenant de la sphère tactile du télencéphale, qui passe par le pied du pédoncule cérébral et par les *pédoncules cérébelleux moyens*, il existe un faisceau sensitif ou ascendant, le faisceau *cérébello-cérébral*, provenant de l'écorce du cervelet, qui passe par les *pédoncules cérébelleux supérieurs*, les *noyaux rouges* et les *couches optiques* avant de se terminer dans la *sphère tactile* du télencéphale.

L'écorce du cervelet, qui forme la grande station intermédiaire située sur le trajet de cette voie tactile secondaire, reçoit, dans sa couche granuleuse et dans sa couche moléculaire, les arborisations terminales des fibres constitutives des faisceaux cérébelleux inférieurs. Les fibres constitutives de ces faisceaux sont les prolongements cylindraxiles de neurones de diverses espèces : 1° Neurones des colonnes de Clarke de la moelle épinière, où viennent s'arboriser un grand nombre de collatérales des fibres radiculaires des cordons postérieurs de la moelle. Les cellules de Clarke sont les cellules d'origine du *faisceau cérébelleux direct* dont les fibres, à la hauteur du myélencéphale, s'inclinent en arrière pour former une partie des pédoncules cérébelleux inférieurs. Les prolongements cylindraxiles des fibres des cellules de Clarke (et des noyaux bulbaires) se ramifient dans la *couche des grains* de l'écorce du cervelet : ce sont les *fibres moussues*. 2° Dans cette région du myélencéphale, où se terminent en majeure partie les fibres longues des cordons postérieurs dans les noyaux des faisceaux de Goll et de Burdarch, origine du ruban de Reil, un certain nombre de ces mêmes fibres sensitives, au lieu de suivre la même voie, se rendent, d'une façon directe ou croisée, dans les pédoncules cérébelleux inférieurs. 3° Des fibres provenant de l'*olive bulbaire* et du *tubercule acoustique latéral* du côté opposé font encore partie des *fibres ascendantes* des pédoncules

1. M. et Mme Déjerine. *Sur les connexions du ruban de Reil avec la corticalité cérébrale. C. R. Soc. de Biol.*, 6 avr. 1895, 4. Cf. C. Mayer. *Zur Kenntniss des Faserverlaufes in der Haube des Mittel-und Zwischenhirns auf Grund eines Falles von secund. aufsteigender Degeneration. Jahrb. f. Psych. und Neurol.*, 1897, xvi, 221-282.

2. M. Bielschowsky. *Obere Schleife und Hirnrinde. Neurol. Centralbl.*, 1895, 205.

cérébelleux inférieurs. Les fibres de ces faisceaux, arrivées dans l'écorce du cervelet, entrent en connexion par leurs ramifications cylindraxiles, soit directement, soit par l'intermédiaire des grains de la couche granuleuse, avec les cellules de Purkinje (Ramon y Cajal, van Gehuchten) : ces neurones envoient au moins en partie leurs prolongements cylindraxiles, soit directement dans le pédoncule cérébelleux supérieur correspondant, soit dans l'olive cérébelleuse du même côté, olive d'où partent des fibres constitutives du pédoncule cérébelleux supérieur. C'est donc de l'écorce du cervelet, des cellules de Purkinje et de celles du *noyau denté*, que partent les deux faisceaux de fibres nerveuses, les *pédoncules cérébelleux supérieurs*, destinés à relier chaque hémisphère du cervelet au noyau rouge de la calotte du pédoncule cérébral, à la couche optique et à l'écorce du télencéphale. Cette voie est croisée. L'entre-croisement de ses fibres dans le cerveau n'est pourtant pas complète (Marchi, Mahaim). Tandis qu'une partie des fibres de chaque pédoncule cérébelleux entre en connexion avec le noyau rouge, la couche optique et l'écorce cérébrale du côté correspondant, la plus grande partie de ces fibres traversent la ligne médiane dans la région de la calotte du cerveau moyen, au-devant des éminences postérieures des tubercules quadrijumeaux, pour se terminer dans les mêmes organes.

Cette voie, c'est la *voie cérébello-cérébrale*, qui forme le pendant de la voie *cérébro-cérébelleuse*. Elle apparaît d'ensemble comme la continuation vers l'écorce du télencéphale, après interruption dans l'écorce du cervelet, d'une voie secondaire, sensitive, ascendante, reliant à la *sphère tactile cérébrale* les territoires de terminaison des nerfs sensitifs périphériques.

Et de fait, les fibres des pédoncules cérébelleux supérieurs se myélinisent au huitième mois de la vie intra-utérine, en même temps que celles de la voie sensitive principale ou du ruban de Reil, partant à une époque où aucune fibre motrice d'origine corticale n'est encore myélinisée. En outre, à la suite d'extirpations de régions limitées de l'écorce du cervelet, Marchi et Ramon y Cajal ont observé une dégénérescence *ascendante* des fibres du pédoncule cérébelleux supérieur; Cajal a même pu poursuivre directement le prolongement cylindraxile des cellules de l'olive cérébelleuse jusque dans ce pédoncule. Il en résulte que les fibres constitutives du pédoncule cérébelleux supérieur doivent être, *au moins en majorité*, des fibres sensitives, centripètes ou ascendantes, reliant le noyau denté et l'écorce du cervelet au noyau rouge, à la couche optique, à la sphère tactile de l'écorce cérébrale, et propageant jusque dans ces régions centrales du télencéphale les ondes nerveuses nées à la périphérie du corps.

Les opinions diffèrent pourtant touchant la nature des fibres constitutives des pédoncules supérieurs du cervelet. La plupart des auteurs croient encore que les fibres de ces faisceaux sont des fibres motrices. Ainsi que Mingazzini, Déjerine admet une voie descendante; elle serait double, l'une passerait par la couche optique, l'autre non. La première serait formée de quatre neurones superposés : cortico-thalamiques, thalamo-rubriques, rubro-cérébelleux (reliant le noyau rouge à l'olive cérébelleuse) et cérébelleux (reliant l'olive à la couche corticale du cervelet). La seconde voie, reliant directement l'écorce au noyau rouge, serait constituée par trois neurones : cortico-rubriques, rubro-cérébelleux et cérébelleux. L'atrophie secondaire des noyaux rouges à la suite de lésions corticales a été signalée par Flechsig et Hösel, Mahaim, Monakow, Déjerine. Dans le cas célèbre de Flechsig et Hösel, il s'agissait, on le sait, d'une porencéphalie congénitale de la circonvolution pariétale ascendante. Cette atrophie du noyau rouge indique que la lésion destructive de l'écorce cérébrale n'avait retenti sur la vie trophique et fonctionnelle de cet organe que par l'intermédiaire du thalamus, intermédiaire que postule Mingazzini. Dans un cas personnel de Déjerine un secteur du noyau rouge avait *dégénéré*, ce qui démontre l'existence, à côté de fibres cortico-thalamiques et thalamo-rubriques, de *fibres cortico-rubriques directes*.

Avec Van Gehuchten, nous croyons, au contraire, que la longue chaîne de neurones associés constituant la *voie sensitive* ou tactile *secondaire*, reliant les terminaisons des nerfs sensitifs périphériques à l'écorce cérébrale en passant par l'écorce du cervelet, est une voie ascendante et qu'elle est ainsi composée : 1° *Neurones sensitifs périphériques* des ganglions spinaux, dont les fibres radiculaires centrales envoient des collatérales aux cellules des colonnes de Clarke dans la moitié correspondante de la moelle;

2° *neurones médullo-cérébelleux;* 3° *neurones cérébello-olivaires;* 4° *neurones cérébello* et *olivo-rubriques* et *thalamiques;* 5° *neurones rubrico* et *thalamo-corticaux*. Une voie sensitive aussi complexe doit sans doute moins servir à transmettre des excitations périphériques à l'écorce cérébrale qu'à propager, sur tout son trajet, ces excitations aux diverses parties du névraxe. Ces centres réagiraient, au moyen de fibres motrices ou descendantes, par des mouvements de réponse adaptés, réflexes ou automatiques, à ces stimulations ainsi propagées en quelque sorte à tous les niveaux de l'axe cérébro-spinal.

La projection de ces courants nerveux centripètes dans *l'écorce du cervelet* peut d'abord retentir sur les cellules radiculaires des cornes antérieures de la moelle et partant sur les nerfs moteurs périphériques par le canal des *fibres cérébello-spinales*, dont les cellules d'origine sont dans l'écorce cérébelleuse (sens statique). L'arrivée de ces courants dans les noyaux moteurs de la *couche optique* pourra déterminer des réactions de même nature, surtout réflexes ou automatiques (mimique expressive des émotions et des passions, etc.). Enfin, pour les *nerfs craniens* doivent exister aussi des connexions cérébello-cérébrales, reliant les noyaux terminaux de ces nerfs périphériques aux masses grises cérébelleuses. Quelques faits inclinent à croire que, outre la voie *médullo-cérébelleuse* par laquelle les impressions des *nerfs sensitifs périphériques* de la moelle épinière arrivent à l'écorce du cervelet, il existe encore une voie *bulbo* et *ponto-cérébelleuse*, reliant aux cellules de Purkinje les nerfs sensitifs de la *moelle allongée* et de la *protubérance annulaire*. En descendant dans le tronc cérébral, les fibres des faisceaux cérébelleux supérieurs abandonnent des collatérales qui s'arborisent entre les cellules des noyaux moteurs des nerfs craniens de ces mêmes régions, c'est-à-dire du bulbe et du pont de Varole. Par ces connexions, l'écorce du cervelet pourrait exercer sur les cellules d'origine des nerfs moteurs craniens une action directe comparable à celle qu'exerce indirectement l'écorce du cerveau antérieur sur l'écorce du cervelet par l'intermédiaire des *collatérales* des faisceaux pyramidaux qui s'arborisent, en traversant le pont, entre les cellules motrices des noyaux protubérantiels.

Voie motrice secondaire. Faisceau cortico-ponto-cérébelleux. — Enfin, de même qu'il existe, outre la voie sensitive *principale*, traversant presque en ligne droite tout l'axe cérébro-spinal, la voie du ruban de Reil, reliant les nerfs sensitifs périphériques à la *sphère tactile* de l'écorce cérébrale, une seconde voie ascendante indirecte, voie sensitive tactile *secondaire*, reliant également à l'écorce du télencéphale les nerfs sensitifs périphériques en passant par l'écorce du cervelet, — il existe, chez l'homme, outre la voie motrice tactile *principale*, ou *cortico-spinale*, traversant en ligne directe toute l'étendue de l'axe cérébro-spinal, et reliant la sphère tactile motrice aux cellules radiculaires du bulbe et de la moelle épinière, une seconde voie descendante, indirecte, *voie motrice tactile secondaire*, reliant pareillement l'écorce du télencéphale aux cellules radiculaires des cornes antérieures de la moelle en passant par l'écorce du cervelet.

L'hémiatrophie croisée d'un hémisphère du cervelet dans les cas de lésion de déficit (porencéphalie, etc.) de l'hémisphère cérébral opposé, signalée depuis longtemps dans la science (Cruveilhier, Cazauvielh, etc.), a de bonne heure fait admettre l'existence d'une *voie cérébro-cérébelleuse* croisée, reliant l'hémisphère cérébral d'un côté à l'hémisphère cérébelleux du côté opposé, formée des fibres des *pédoncules cérébelleux moyens*, s'entre-croisant dans le raphé, et, par la substance grise du pont de Varole, se rendant à l'hémisphère opposé du cervelet (Meynert, Turner). Flechsig avait signalé l'existence d'une « seconde voie motrice » représentée par des faisceaux reliant les circonvolutions centrales du cerveau antérieur aux hémisphères du cervelet (1890). Si l'ablation d'un hémisphère cérébelleux n'entraîne d'ordinaire ni l'atrophie du pied du pédoncule cérébral ni celle des fibres des faisceaux pyramidaux, c'est que la voie *cérébro-cérébelleuse* n'est pas une voie ascendante, mais une voie *descendante* ou centrifuge. En d'autres termes, la voie *cérébro-cérébelleuse* ou *cortico-cérébelleuse* est formée de deux neurones : 1° un neurone *cortico-protubérantiel*, direct, s'arborisant dans les noyaux gris du pont; 2° un neurone *ponto-cérébelleux*, croisé. L'extirpation d'un hémisphère du cervelet déterminera la dégénérescence de la substance grise du pont du côté opposé, où sont les cellules d'origine du faisceau *ponto-cérébelleux;* elle peut être suivie d'une atrophie de la voie motrice principale. Les fibres corticales reliant l'écorce du télencéphale aux masses grises du pont, fibres *cortico-protubérantielles*, *faisceau frontal cortico-protubérantiel* de Flechsig, proviennent, non de la partie antérieure du lobe frontal, où siège le centre d'association antérieur, mais de la sphère tactile du corps : elles ne dégénèrent ni ne s'atrophient consécutivement à la destruction du pôle frontal (Zacher, Déjerine, Flechsig), mais à la suite de la destruction de la circonvolution frontale ascendante et du pied des deux premières circonvolutions frontales, surtout du pied de F[1]. Après avoir traversé le centre ovale, la capsule interne, non par le bras antérieur, mais par le genou et par le segment lenticulaire du bras postérieur, les *fibres cortico-protubérantielles frontales* descendent dans le pied du pédoncule cérébral, dont elles occupent les quatre cinquièmes internes, toujours mélangés aux fibres de la voie motrice principale, dont elles ne se séparent que dans le pont de Varole pour se terminer dans les masses grises des noyaux de la protubérance, masses grises où les fibres de projection des faisceaux pyramidaux, fibres de la voie motrice principale, envoient de leur côté, en traversant ce centre nerveux, des ramifications collatérales. Ces connexions fibrillaires, ainsi réalisées par les ramifications cylindraxiles terminales des *faisceaux cortico-protubérantiels* et par les ramifications cylindraxiles collatérales des *faisceaux pyramidaux*, relient l'écorce des circonvolutions centrales et des circonvolutions frontales adjacentes à la moitié correspondante du pont de Varole. Là, tandis que les fibres des faisceaux pyramidaux traversent simplement, tout en abandonnant des collatérales aux noyaux du pont de Varole, la protubérance, pour descendre dans la moelle allongée et la moelle épinière, où elles constituent les voies *cortico-bulbaires* et *cortico-médullaires* de la voie motrice *principale*, les fibres constituant les faisceaux frontaux cortico-protubérantiels se terminent, les unes dans les noyaux moteurs de la région de la calotte du métencéphale, les autres dans les noyaux de la protubérance, masses grises dont les neurones multipolaires envoient leurs prolongements cylindraxiles dans l'écorce du cervelet : les faisceaux nerveux que forment ces axones constituent en particulier les *pédoncules cérébelleux moyens*. Ces fibres, provenant des cellules des noyaux du pont, sont les *fibres grimpantes du cervelet*, c'est-à-dire dont les cylindraxes se terminent par des arborisations grimpantes, qui, une fois arrivées dans la *zone moléculaire* de l'écorce du cervelet, s'appliquent contre la tige ascendante et les branches maîtresses des cellules de Purkinje, s'élevant par l'intermédiaire de ces rameaux « comme des lianes le long des branches d'un arbre des tropiques » (Ramon y Cajal). Les fibres ponto-cérébelleuses ou fibres proximales du pédoncule cérébelleux moyen sont en partie directes, en partie croisées. Les premières, les moins nombreuses, relient les noyaux du pont à l'hémisphère cérébelleux correspondant; les secondes, de beaucoup les plus nombreuses, relient les masses grises d'une moitié du pont à l'hémisphère cérébelleux opposé.

La voie motrice croisée *cortico-ponto-cérébelleuse*, voie motrice tactile *secondaire*, est donc, nous le répétons, formée de deux neurones : un neurone cortico-protubérantiel direct, et un neurone ponto-cérébelleux croisé. Voilà la portion supérieure de cette voie motrice secondaire. Voici la portion inférieure : elle est formée par des fibres nerveuses reliant l'écorce du cervelet aux cellules radiculaires des cornes antérieures de la moelle épinière, *fibres cérébello-spinales*, dont le trajet n'est pas encore sûrement établi. Ces fibres, prolongements cylindraxiles d'un certain nombre de cellules de Purkinje, descendent par les *fibres descendantes* des *pédoncules cérébelleux inférieurs* dans la partie antérieure du cordon latéral de la moelle épinière, soit directement (Marchi), soit après entre-croisement dans l'olive bulbaire (Kölliker). Les fibres distales des *pédoncules cérébelleux moyens* ayant leurs cellules d'origine dans les cellules de Purkinje descendraient aussi, selon Cajal, dans la moelle épinière. Au sortir de la substance blanche du cervelet, les fibres des *pédoncules cérébelleux supérieurs* donnent également naissance à des branches descendantes que l'on a pu suivre jusque dans la moelle cervicale : le petit faisceau cérébelleux descendant de Cajal. Tous les pédoncules cérébelleux appartiennent aux voies courtes du tronc cérébral.

En somme, l'écorce de chaque hémisphère du cervelet est reliée, par des fibres descendantes, *fibres cérébello-spinales*, aux cellules radiculaires des cornes antérieures de la moelle épinière. Ces fibres forment une voie descendante, motrice, par laquelle l'écorce cérébrale de la *sphère tactile* d'un hémisphère est reliée indirectement aux *cellules d'origine des nerfs moteurs périphériques*. La sphère tactile de chaque hémisphère cérébral est donc reliée par une double voie motrice aux noyaux d'origine des nerfs moteurs : 1° par une voie directe, voie *cortico-spinale* ou voie motrice tactile *principale ;* 2° par une voie indirecte, voie motrice *secondaire* ou voie *cortico-ponto-cérébelleuse*, qui se prolonge, à son tour, par une voie dont l'origine et le trajet seraient en quelque sorte parallèles à la voie motrice directe, *voie cérébello-spinale*, par l'intermédiaire de laquelle les processus nerveux de l'écorce cérébrale peuvent retentir à travers l'écorce cérébelleuse sur les cellules radiculaires motrices. Les collatérales que les faisceaux pyramidaux émettent à leur passage à travers le pont de Varole et qui vont s'arboriser entre les cellules des noyaux protubérantiels, cellules d'origine des fibres des pédoncules cérébelleux moyens, ne laissent pas de transmettre à ces cellules une partie des courants qu'ils transmettent aux cellules radiculaires des cornes antérieures de la moelle. Il en résulte que par les prolongements cylindraxiles des cellules des noyaux du pont, qui se terminent, sous forme d'arborisations grimpantes, autour de la tige ascendante des cellules de Purkinje, l'écorce du cervelet peut participer, dans une certaine mesure, à tout mouvement volontaire parti de la zone rolandique de l'écorce du télencéphale; l'action propre des cellules du cervelet peut être destinée à compenser le trouble d'équilibre du corps que tout mouvement, volontaire ou non, doit tendre à produire en déplaçant le centre de gravité (sens statique). Toute lésion destructive des fibres de la voie *cortico-spinale* et de la voie *cortico-ponto-cérébelleuse*, lorsque ces fibres sont encore mélangées, dans le centre ovale, dans la capsule interne et dans le pied du pédoncule cérébral, bref, dans la partie cérébrale de leur trajet, produira, comme l'a montré Van Gehuchten, une paralysie flasque et abolira complètement l'influence de la volonté sur les parties paralysées. Il en sera de même si quelque lésion transverse, totale, de la moelle épinière interrompt à la fois les *deux voies motrices* de ce centre nerveux : 1° celle de la voie *principale* ou voie *cortico-spinale* descendue de l'écorce cérébrale dans le bulbe et la moelle épinière; 2° celle de la voie *secondaire* ou voie *cérébello-spinale*, descendue de l'écorce du cervelet dans la moelle. Mais si, dans la moelle épinière, une seule de ces voies est interrompue, les symptômes différeront selon que la lésion aura atteint la voie d'origine cérébrale ou celle d'origine cérébelleuse. Dans le premier cas, Van Gehuchten signale la démarche spasmodique; dans le second, la démarche titubante et l'absence de coordination des mouvements. Dans l'un et l'autre cas, aussi longtemps que l'écorce du télencéphale demeurera reliée aux cellules radiculaires des cornes antérieures de la moelle épinière, non seulement il n'y aura point de paralysie : le pouvoir de la volonté sur les muscles périphériques persistera.

Fibres d'association. — Les fibres d'association, pour être distinctes des fibres de projection, quant à la topographie cérébrale, ne présentent pourtant aucune différence quant à leurs modes d'origine et de terminaison. Au fond, il n'existe que des neurones d'association. Le rôle physiologique différent d'une fibre d'un centre d'association de Flechsig ou d'un centre de projection de Wernicke, d'une sphère sensitive ou sensorielle de l'écorce, dépend uniquement de la nature de ces centres nerveux, c'est-à-dire des propriétés des cellules d'origine des fibres, propriétés réductibles elles-mêmes à divers modes de connexion réalisés par la division du travail physiologique et devenues peut-être spécifiques au cours de l'évolution organique. Que les fibres afférentes ou efférentes s'élèvent ou descendent, soit directement, soit indirectement, des centres sous-corticaux à l'écorce ou de l'écorce aux masses grises inférieures du névraxe, ou encore qu'elles proviennent, dans l'écorce même, de centres plus ou moins éloignés, où elles ont leurs cellules d'origine et dans lesquels elle se terminent, suivant un trajet plus ou moins horizontal, comme c'est le cas pour les neurones des centres d'association, il nous semble impossible de découvrir la moindre différence dans tous ces mécanismes de coordination. Les voies d'association, qu'elles soient longues ou courtes, intra ou intercorticales, transmettent et propagent les courants nerveux comme les faisceaux de projection. Les longues voies d'association manquent dans le cervelet.

Le nombre, l'épaisseur et la longueur des fibres nerveuses constitutives d'un faisceau dépendent de plusieurs facteurs anatomiques et physiologiques. Le nombre ou la quantité des fibres d'un faisceau résulte de l'étendue des centres de projection et de la complexité des centres d'association. Les faisceaux de projection qui se terminent dans l'écorce sont l'expression anatomique de l'extension en surface, mais aussi de la différenciation relative des membranes neuro-épithéliales et de la structure histologique des organes périphériques des sens, ou encore du développement et de la puissance des appareils moteurs volontaires ou involontaires. Les faisceaux d'association sont l'expression anatomique de l'étendue et de la complexité des fonctions de l'innervation supérieure ou de l'intelligence. Le volume du calibre des fibres nerveuses correspond, selon Lugaro, à l'économie de matériaux, au meilleur mode de conduction, aux conditions les plus favorables d'isolation et de nutrition du cylindraxe[1]. Enfin, la longueur des fibres est l'expression anatomique de la tendance à abréger le plus possible les distances entre les centres nerveux pour que la transmission soit plus rapide : l'onde nerveuse se propage par le plus court chemin (Ramon y Cajal). Tous phénomènes d'adaptation organique rentrant dans les lois les plus générales de la téléologie mécanique de la biologie.

Fibres commissurales. — *Corps calleux. Forceps anterior* et *forceps posterior*. Les fibres calleuses appartiennent au système d'association du *pallium*. Ces fibres proviennent :

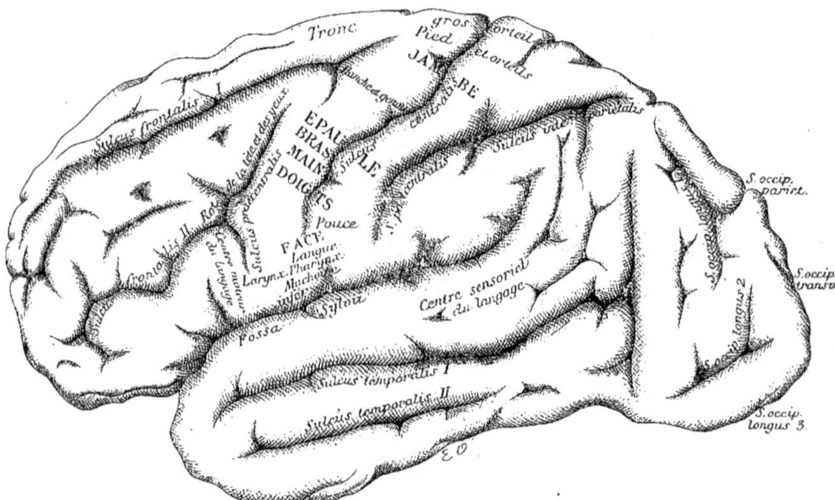

Fig. 84. — Régions motrices ou sphère tactile de la convexité corticale du cerveau humain.

1° des prolongements cylindraxiles de certaines cellules pyramidales de la couche corticale de l'un et de l'autre hémisphère cérébral (Muratoff); 2° de branches collatérales des fibres des faisceaux de projection (Ramon y Cajal); elles se terminent dans la couche des cellules pyramidales ou dans la couche moléculaire de l'hémisphère du côté opposé. Les fibres calleuses servent, sans aucun doute, à associer les deux hémisphères cérébraux, mais non symétriquement, comme on l'avait admis; en d'autres termes, les parties homologues des deux hémisphères ne sont pas exactement reliées par ces commissures. La lame épaisse de substance blanche de la grande scissure médiane interhémisphérique n'est qu'un point d'entre-croisement de fibres établissant des connexions entre les régions plus ou moins distantes d'un même organe cérébral sur les deux hémisphères du pallium.

En excitant soit la face supérieure intacte du *corps calleux*, au moyen de fines électrodes introduites par la grande scissure longitudinale entre les hémisphères, soit une surface de section du corps calleux après l'ablation d'un hémisphère, Mott et Schäfer[2]

1. E Lugaro. *Sulla genesi delle circonvoluzioni cerebrali e cerebellari. Riv. di patol. nerv. e ment.*, 1897, 97 sq.

2. E. W. Mott et E. A. Schæfer. *On Movements resulting from faradic Excitation of the corpus callosum in Monkeys*, Brain, 1890, xiii, 174-177.

ont pu établir la situation topographique, dans cette commissure, des fibres dont l'excitation détermine, d'avant en arrière, des mouvements de la tête et des yeux, des bras et des épaules et de la partie supérieure du tronc, des avant-bras, des mains et des doigts, de la partie inférieure du tronc et de la queue, enfin des extrémités inférieures. Les premières, c'est-à-dire les fibres calleuses commissurales des mouvements des *yeux* et de la *tête*, sont situées *en avant*, celles du *membre inférieur en arrière*, celles du *membre supérieur* et du *tronc*, au *milieu*, par conséquent dans l'ordre correspondant qu'affectent les centres « moteurs » de même nom sur la *circonvolution marginale*. L'excitation du corps calleux *intact* produit des mouvements *bilatéraux* de la tête, du tronc et des extrémités, suivant le point excité : ces mouvements sont bien dus à l'excitation des fibres calleuses, non à une diffusion des courants électriques aux aires « motrices » du cortex. Les mouvements provoqués par l'excitation directe d'une surface de section du corps calleux sont des mouvements *unilatéraux* limités au côté du corps demeuré en connexion avec l'hémisphère intact.

Le corps calleux est donc bien constitué de fibres commissurantes des différentes aires corticales des *deux* hémisphères; les *fibres calleuses ne sont d'ailleurs pas disposées en faisceaux isolés*, quoique « plus massées sur certains points » : elles sont *plus ou moins éparses dans la commissure* (ce qui s'accorde avec les effets de dégénération observés par Sherrington dans le corps calleux après des destructions unilatérales de certaines parties des centres corticaux moteurs); aussi les résultats de l'excitation du corps calleux sont-ils rarement aussi simples, les mouvements provoqués aussi isolés et circonscrits que ceux qu'on obtient par l'excitation directe des zones motrices correspondantes.

Après l'ablation de parties du cerveau antérieur, alors même qu'il n'existe qu'une lésion en foyer unilatérale, les fibres du corps calleux dégénèrent, ainsi qu'on l'a constaté chez l'homme (v. Monakow, Déjerine, Vialet, Anton) et chez les animaux (Sherrington, Muratoff, Bikeles). Sur un chat nouveau-né, auquel il avait enlevé le gyrus sigmoïde, et qui survécut quatorze semaines, outre les lésions dégénératives secondaires, succédant à ce traumatisme, qui avait déterminé une dilatation énorme du ventricule latéral et une atrophie en masse des hémisphères, Bikeles constata une atrophie des plus marquées du corps calleux.

Le *tapetum* n'appartient plus au corps calleux.

Même dans les cas d'absence du corps calleux, il n'existe point d'atrophie de la capsule interne (cas de Onufrowitsch et de Kaufmann) : ce fait ruine l'hypothèse de Hamilton et des auteurs qui, dans le corps calleux, supposent l'existence d'un entre-croisement de masses fibrillaires qui iraient de l'écorce aux ganglions de la base [1].

Commissure antérieure et Psaltérium ou Commissure de la corne d'Ammon. — Les fibres de la commissure antérieure appartiennent au *rhinencéphale*. C'est par cette puissante commissure que sont associées les différentes régions du *lobe limbique* des deux hémisphères. La partie de cette commissure reliant les bulles olfactifs, *partie antérieure* ou olfactive, mince bandelette chez l'homme, a des dimensions beaucoup plus considérables chez les animaux macrosmatiques. La *partie postérieure* de la même commissure relie, avec les *lobi cornu Ammonis*, les circonvolutions de l'hippocampe. Les cornes d'Ammon possèdent encore une commissure propre : le *psalterium ou commissure des cornes d'*Ammon. Les piliers postérieurs de la voute à trois piliers, ou trigone cérébral (*fornix*), se continuent avec la corne d'Ammon et la *fimbria* ou corps bordant. Les fibres des piliers antérieurs du trigone, qui ont leurs cellules d'origine dans la corne d'Ammon, s'arborisent entre les cellules constitutives du *corps mamillaire* (Cajal), où se termineraient également des fibres venues directement des bulbes olfactifs (Edinger). Chez les macrosmatiques, le *corpus mammillare* est beaucoup plus développé que chez les primates. Chez les mammifères inférieurs, les rapports de la *fimbria*, du *psalterium*, du *fornix*, sont mieux connus que dans l'homme. Ce n'est pas seulement, au témoignage d'Edinger lui-même, parce que ces formations ont atteint, chez les animaux macrosmatiques, un degré d'évolution bien plus élevé : le maître expérimentateur qu'était Gudden a surtout éclairé d'une vive lumière le domaine de l'anatomie du *fornix* par ses expériences sur les animaux. (V. **Olfaction**.)

1. W. von Bechterew. *Die Leitungsbahnen im Gehirn und Rückenmarck*, Leipzig, 1894, 170.

Fibres d'association. Fibres longues. — 1. *Fasciculus longitudinalis superior.* Les fibres de ce faisceau traversent tout l'hémisphère du lobe occipital au lobe frontal.

2. *Fasciculus longitudinalis subcallosus. Faisceau d'association fronto-occipital* d'Onufrowitsch et de Kaufmann. *Fasciculus subcallosus* de Muratoff. Comme le faisceau précédent, il relie le lobe frontal au lobe occipital. Bechterew avait depuis longtemps lui-même reconnu ce faisceau, à l'aide de la méthode embryologique, car ses fibres se myélinisent plus tard que les faisceaux voisins et le corps calleux.

3. *Fasciculus longitudinalis inferior* (Burdach). Ce faisceau, qu'il est facile de suivre, selon Bechterew, sur des coupes pratiquées dans le sens de sa direction, et qui relierait les régions occipitales de l'hémisphère à la pointe du lobe temporal, a en réalité, selon Flechsig, de tout autres connexions. Ce faisceau n'est point, suivant Flechsig, un faisceau d'association. S'il se termine bien en arrière dans le lobe occipital, dans la sphère visuelle en particulier, en avant il n'est point rélié à l'écorce d'un territoire de l'écorce du *pallium*, mais à la couche optique, dans laquelle il pénètre. Flechsig a décrit les connexions de ce faisceau avec le noyau latéral et avec d'autres noyaux du thalamus. Le *fasciculus longitudinalis inferior* n'est donc qu'une portion de la radiation optique de Gratiolet; il est presque exclusivement constitué de fibres de la couronne rayonnante, *de fibres de projection*, non d'association. Il en est de même d'ailleurs, selon Flechsig, du faisceau *fronto-occipital*. Ce savant explique comment la marche de conserve du faisceau longitudinal inférieur avec les fibres de la couronne rayonnante du thalamus qui vont à la sphère olfactive et à la corne d'Ammon, produit l'illusion de son trajet à la circonvolution en crochet. En arrière du thalamus, d'innombrables fibres provenant et du thalamus et des faisceaux des corps genouillés internes formant la couronne rayonnante de la sphère auditive s'irradient dans le lobe temporal; la plupart vont au *gyrus temporalis tranversus anterior*, centre de projection corticale des fibres du nerf acoustique. Ce gyrus se myélinise avant toutes les autres circonvolutions du lobe temporal. Ces faits semblent décisifs; ils ruinent les conséquences si séduisantes que Sachs avait tirées de l'hypothèse que son *stratum sagittale externum*, identique au faisceau longitudinal inférieur, représentait le système d'association le plus important entre la sphère visuelle et les territoires du lobe temporal (T^1) affectés à l'audition verbale, au langage humain. « Le *stratum sagittale externum* n'a sûrement rien à faire, affirme Flechsig, avec les processus d'association, partant avec ceux des impressions de la vue et de l'ouïe, ou avec les images et représentations mentales de ces sens: c'est un faisceau de la couronne rayonnante. »

Ainsi disparaît la doctrine, qui déjà s'était répandue, qu'entre tous les centres fonctionnels de l'écorce cérébrale, le lobe temporal possédait le plus de faisceaux d'association, surtout longs, et que l'anatomie seule de ces régions révélait déjà les causes de la puissance que « le mot, ou la parole, exerce sur l'homme ». La solution du problème, pour être formulée dans d'autres termes, nous semble pourtant rester la même. La *première circonvolution temporale* n'est qu'un centre de projection. Mais, dans le centre temporal d'association de Flechsig (*temporales Associationscentrum*), c'est-à-dire dans les *deuxième et troisième circonvolutions temporales* (T^2 et T^3) et dans la *circonvolution fusiforme*, existent des systèmes d'association extraordinairement nombreux, ainsi que beaucoup de fibres calleuses, quoiqu'il n'y en ait pas plus que dans le *centre pariétal d'association* (*parietales Associationscentrum*), qui paraît même plus riche en fibres calleuses. Flechsig signale enfin l'existence d'un puissant faisceau de la première circonvolution temporale reliant la sphère auditive à la pointe de ce lobe [1].

4. *Fasciculus uncinatus.* Il va, en contournant l'insula de Reil, du territoire cortical de F^3 au lobe temporal par le *claustrum* et la *capsula externa*. Interrompu sur son trajet par les éléments nerveux du *claustrum*, ce faisceau paraît destiné à relier les circonvolutions qui environnent l'insula, en particulier la troisième circonvolution frontale avec les circonvolutions du lobe temporal. D'après Édinger, la direction de ce faisceau va au contraire de l'écorce du lobe temporal à celle du lobe frontal.

5. *Cingulum.* Faisceaux du *gyrus fornicatus*. Ce faisceau, parallèlement à la circonvolution du corps calleux, *gyrus cinguli* (Burdach), sous laquelle il passe dans toute son

1. P. Flechsig. *Weitere Mittheilungen üb. den Stabkranz des menschl. Grosshirns. Neurol. Centralbl.*, 1896, 2 sq.

étendue, se dirige, d'avant en arrière, du lobe frontal (*substantia perforata anterior*) au lobe temporal (*subiculum cornu* Ammonis). D'après Édinger, ce long faisceau va de l'écorce de la corne d'Ammon à la région antérieure du lobe frontal et peut-être au lobe olfactif (chien, lapin); il est constitué de parties hétérogènes que Beevor a fait connaître : la *pars horizontalis* du *cingulum* est formée de fibres courtes qui vont du *gyrus fornicatus* au *centrum semiovale;* les fibres de la partie antérieure du *cingulum* relient le *bulbus olfactorius* au lobe frontal ; celles de la partie postérieure le *gyrus hippocampi* avec le lobe temporal.

6. *Fasciculus verticalis* (Wernicke). Il descend de la partie supérieure du lobule pariétal inférieur (P^2) au *gyrus fusiformis*.

Enfin Broca a décrit le premier un faisceau d'association, que l'on peut déjà quelquefois distinguer à l'œil nu, qui par la *substantia perforata anterior* s'étend, en avant et en dedans, de la pointe de la corne d'Ammon à l'extrémité inférieure du *gyrus fornicatus*.

Fibres courtes. — On entend d'ordinaire par fibres courtes d'association les *fibræ arcuatæ propriæ* de Meynert, reliant deux circonvolutions voisines, que ces fibres se trouvent sous l'écorce ou dans l'écorce même, dans les couches profondes des cellules fusiformes. D'autres faisceaux de fibres blanches horizontales ou obliques existent encore et en grand nombre dans d'autres couches de l'écorce cérébrale : elles abondent surtout dans les régions supérieures de la première couche, sous la pie-mère; ce sont les fibres tangentielles, parallèles à la surface de l'écorce. Ces fibrilles, dont les cellules d'origine existent surtout dans la couche moléculaire, mais aussi dans les couches inférieures, sont bien des fibres d'association. Depuis Exner, Tuczek, puis Zacher, Fischl, Targowla, etc., ont montré que ces fibres dégénèrent et disparaissent dans les états d'affaiblissement de l'intelligence, dans la démence, qu'elle soit paralytique, sénile, etc., primitive ou secondaire. Il est curieux de noter que les observateurs ont surtout été frappés de la localisation de ces lésions dégénératives des fibrilles transversales ou horizontales (dont les zones existent d'ailleurs dans toutes les couches de l'écorce) dans les régions antérieures du cerveau, et que cette altération involutive, qui atteint particulièrement, mais non exclusivement, les neurones du centre d'association antérieur de Flechsig, ait pour principal symptôme une altération correspondante, également destructive, du moi, c'est-à-dire de la conscience cénesthésique du corps, de la conscience de l'individu considéré comme une personne dont le passé, en ses grandes lignes naturellement, est demeuré présent dans la conscience actuelle, et dont les actes et les paroles donnent l'impression d'une certaine unité morale et intellectuelle. Relativement aux fibres d'association du fond des sillons, il n'en a été fait mention jusqu'ici dans aucune des nombreuses études histologiques de l'écorce faites avec la méthode d'imprégnation au chromate d'argent. Les fibrilles du fond des sillons que Lugaro a souvent observées, avec la disposition arciforme classique, appartenaient à des systèmes de projection. Bechterew a décrit une couche spéciale de fibres transversales située au fond de la première et aux confins de la seconde couche de l'écorce; cette zone, inégalement développée, est surtout nette à la face interne du lobe occipital, dans le *subiculum cornu* Ammonis, et dans la corne d'Ammon. Les fibres d'association de la strie ou raie de Bechterew serviraient surtout à relier les différents territoires, souvent assez distants, d'une *seule* et *même* circonvolution. Outre les *fibræ propriæ* de Meynert et les fibrilles de la couche corticale externe de Bechterew, on connaît nombre d'autres systèmes de fibres d'association courtes, transversales, dans d'autres régions de l'écorce, dans les couches des petites et des grandes cellules pyramidales, etc., systèmes décrits par Vicq d'Azyr, Gennari, Baillarger, Édinger (faisceaux superradiaire et interradiaire), Kaes.

Tous ces réseaux fibrillaires, souvent très denses, représentent surtout des ramifications collatérales des prolongements cylindraxiles qui feutrent l'écorce cérébrale en tous sens, cylindraxes des cellules endogènes du *pallium*, surtout de cellules d'association (von Monakow), mais aussi des longues fibres des faisceaux radiés qui montent de la couronne rayonnante provenant de régions inconnues, et qui se terminent en s'arborisant dans les couches supérieures de l'écorce, dans la couche moléculaire en particulier. La strie de Gennari est entièrement formée de collatérales émises par les cylindraxes des cellules pyramidales. Le réseau interradiaire est également constitué, pour la plus grande part, de ramifications collatérales de même provenance. Ces zones de fibrilles tangentielles varient non seulement avec les différents territoires de l'écorce, avec le développement relatif et les arrêts de croissance du cerveau, mais aux différents âges de la vie. Si l'on arrivait un jour à établir un type général de ce mode d'association fibrillaire s'étendant à toutes les régions de l'écorce, il serait sans doute possible, ainsi que l'estime EDINGER, de déterminer certains rapports entre l'intelligence et le nombre, les connexions et le degré de myélinisation de ces fibres. Les découvertes de KAES nous confirment dans cette idée : entre les fonctions du cerveau, entre celles en particulier des centres d'association, et la densité et le développement relatifs des zones tangentielles de l'écorce cérébrale, un rapport constant doit exister. Dans certaines parties de l'écorce la myélinisation de ces fibres peut avoir lieu encore très tard, jusqu'à quarante ans et au delà. Comme la myélinisation d'une fibre nerveuse est en corrélation avec l'activité fonctionnelle de sa cellule d'origine, de nouvelles voies d'association, surtout formées de collatérales, peuvent ainsi apparaître sous l'influence d'une suractivité physiologique du cerveau, et cela aux divers âges de la vie, sans qu'il soit encore nécessaire de supposer une néoformation de ramifications des cylindraxes ou des dendrites des cellules nerveuses, hypothèse qui ne nous paraît pas plus fondée que celle des mouvements amiboïdes des neurones. Il ne s'agirait que de myélinisation, en quelque sorte fonctionnelle, de voies nerveuses préexistantes et préétablies. On peut déjà, en considérant les coupes de KAES, se donner le spectacle des différents types de richesse ou d'indigence fibrillaire de l'écorce cérébrale aux diverses périodes de l'existence et suivant les différentes régions de ce centre nerveux. Je ne sais pas de démonstration plus saisissante et plus vraie des modifications, et surtout des altérations anatomiques, que l'âge ou l'usure de la vie apporte à la structure, et par conséquent aux fonctions du système nerveux central.

JULES SOURY.

TABLE DES MATIÈRES

DU DEUXIÈME VOLUME

IMPRIMÉ

PAR

CHAMEROT ET RENOUARD

19, rue des Saints-Pères, 19

PARIS

[illegible]

DICTIONNAIRE

DE

PHYSIOLOGIE

PAR

CHARLES RICHET

PROFESSEUR DE PHYSIOLOGIE A LA FACULTÉ DE MÉDECINE DE PARIS

AVEC LA COLLABORATION

DE

MM. E. ABELOUS (Toulouse) — ANDRÉ (Paris) — S. ARLOING (Lyon) — ATHANASIU (Paris)
BEAUREGARD (Paris) — R. DU BOIS-REYMOND (Berlin) — P. BONNIER (Paris) — BOTTAZZI (Florence)
E. BOURQUELOT (Paris) — J. CARVALLO (Paris) — CHARRIN (Paris) — A. CHASSEVANT (Paris)
CORIN (Liège) — A. DASTRE (Paris) — R. DUBOIS (Lyon) — W. ENGELMANN (Utrecht) — G. FANO (Florence)
X. FRANCOTTE (Liège) — L. FREDERICQ (Liège) — J. GAD (Leipzig) — GELLÉ (Paris)
F. GLEY (Paris) — L. GUINARD (Lyon) — M. HANRIOT (Paris) — HÉDON (Montpellier) — F. HEIM (Paris)
P. HENRIJEAN (Liège) — J. HÉRICOURT (Paris) — F. HEYMANS (Gand) — H. KRONECKER (Berne)
P. JANET (Paris) — LAHOUSSE (Gand) — LAMBERT (Nancy) — E. LAMBLING (Lille) — P. LANGLOIS (Paris)
L. LAPICQUE (Paris) — CH. LIVON (Marseille) — E. MACÉ (Nancy) — MANOUVRIER (Paris)
L. MARILLIER (Paris) — M. MENDELSSOHN (Pétersbourg) — E. MEYER (Nancy)
MISLAWSKI (Kazan) — J.-P. MORAT (Lyon) — A. MOSSO (Turin) — J.-P. NUEL (Liège)
V. PACHON (Bordeaux) — F. PLATEAU (Gand) — G. POUCHET (Paris) — E. RETTERER (Paris)
P. SÉBILEAU (Paris) — C. SCHÉPILOFF (Genève) — J. SOURY (Paris)
W. STIRLING (Manchester) — J. TARCHANOFF (Pétersbourg) — TRIBOULET (Paris)
E. TROUESSART (Paris) — H. DE VARIGNY (Paris) — VIDAL (Paris) — E. WERTHEIMER (Lille)

DEUXIÈME FASCICULE DU TOME II

AVEC GRAVURES DANS LE TEXTE

PARIS

ANCIENNE LIBRAIRIE GERMER BAILLIÈRE ET Cie

FÉLIX ALCAN, ÉDITEUR

108, BOULEVARD SAINT-GERMAIN, 108

1897

Tome II. — 2e Fascicule.

CONDITIONS DE LA PUBLICATION

L'ouvrage formera probablement cinq volumes in-4° de 1 000 pages chacun. Chaque volume se composera de trois fascicules.

Il paraîtra environ trois fascicules par an.

Prix du volume : **25** francs — Prix du fascicule : **8** fr. **50**.

DICTIONNAIRE

DE

PHYSIOLOGIE

PAR

CHARLES RICHET

PROFESSEUR DE PHYSIOLOGIE A LA FACULTÉ DE MÉDECINE DE PARIS

AVEC LA COLLABORATION

DE

MM. E. ABELOUS (Toulouse) — ANDRÉ (Paris) — S. ARLOING (Lyon) — ATHANASIU (Paris)
BEAUREGARD (Paris) — R. DU BOIS-REYMOND (Berlin) — P. BONNIER (Paris) — BOTTAZZI (Florence)
E. BOURQUELOT (Paris) — ANDRÉ BROCA (Paris) — J. CARVALLO (Paris) — CHARRIN (Paris)
A. CHASSEVANT (Paris) — CORIN (Liège) — A. DASTRE (Paris) — R. DUBOIS (Lyon) — W. ENGELMANN (Utrecht)
G. FANO (Florence) — X. FRANCOTTE (Liège) — L. FREDERICQ (Liège) — J. GAD (Leipzig)
GELLÉ (Paris) — E. GLEY (Paris) — L. GUINARD (Lyon) — M. HANRIOT (Paris) — HÉDON (Montpellier)
F. HEIM (Paris) — P. HENRIJEAN (Liège) — J. HÉRICOURT (Paris) — F. HEYMANS (Gand)
H. KRONECKER (Berne) — P. JANET (Paris) — LAHOUSSE (Gand) — LAMBERT (Nancy)
E. LAMBLING (Lille) — P. LANGLOIS (Paris) — L. LAPICQUE (Paris) — CH. LIVON (Marseille) — E. MACÉ (Nancy)
GR. MANCA (Padoue) — MANOUVRIER (Paris) — L. MARILLIER (Paris)
M. MENDELSSOHN (Pétersbourg) — E. MEYER (Nancy) — MISLAWSKI (Kazan) — J. P. MORAT (Lyon)
A. MOSSO (Turin) — J.-P. NUEL (Liège) — V. PACHON (Bordeaux) — F. PLATEAU (Gand)
G. POUCHET (Paris) — E. RETTERER (Paris) — P. SÉBILEAU (Paris) — C. SCHÉPILOFF (Genève)
J. SOURY (Paris) — W. STIRLING (Manchester) — J. TARCHANOFF (Pétersbourg) — TRIBOULET (Paris)
E. TROUESSART (Paris) — H. DE VARIGNY (Paris) — E. VIDAL (Paris)
G. WEISS (Paris) — E. WERTHEIMER (Lille)

TROISIÈME FASCICULE DU TOME II

AVEC 36 GRAVURES DANS LE TEXTE

PARIS

ANCIENNE LIBRAIRIE GERMER BAILLIÈRE ET Cie

FÉLIX ALCAN, ÉDITEUR

108, BOULEVARD SAINT-GERMAIN, 108

1897

6

www.ingramcontent.com/pod-product-compliance
Lightning Source LLC
Chambersburg PA
CBHW060710220326
41598CB00020B/2044